動物と人間
関係史の生物学

三浦慎悟——著

ANIMALS AND HUMANS:
BIOLOGY IN THE HISTORY OF RELATIONS
SHINGO MIURA

東京大学出版会

人類にとっての最大の疑問——あらゆることに通底し，他の何よりも深く関心を引く問題は，
自然における人間の位置と，生きとし生けるものとの関係を見定めることである．
トーマス・H. ハクスリー『自然における人間の位置』(Huxley 1863)

人間のあらゆる歴史の第一の前提は，いうまでもなく，生きた人間個人の存在である．
それゆえに第一に確認されるべき事実は，これら個人の肉体と，
これによって与えられる人間と自然との関係である．……
すべての歴史記述は，この自然の基本原則と，そして歴史的な過程における
人間の営為によって生じた自然改変から，出発しなければならない．
K. マルクスと F. エンゲルス『ドイツ・イデオロギー』(Marx & Engels 1845-1846)

地球は，そのもっとも高貴な住人にとってふさわしくない故郷へと急速に変貌しつつある．
罪深く先見の明を欠くような時代がさらにもう一時代続くとすれば，
劣化し野蛮な，おそらくは種の絶滅すら引き起こしかねない，
不毛な生産，破壊された地表，異常気象といった状況に
地球を陥落させしまうことになるだろう．
ジョージ，P. マーシュ『人間と自然，または人間活動によって変容した自然地理学』(Marsh 1864)

（人間にとって）究極の目的とは何だろうか．……それは，神がわれわれに自己意識的
人生という贈り物を与えられたところの創造と進化過程への敬意と継続を
前提とするということは示唆できるだろう．
最初にいかなる価値が置かれようとも，それらのさらにすすんだ現実化は
生命の継続——生物圏の生き残りとその進化過程である．
ハーマン・デイリー『定常状態の経済』(Daly 1983)

生態系の概念の誕生とダーウィン理論の誕生は，人間活動の結果，
つまり人間活動が引き起こした攪乱の研究の成果である．（中略）
科学は往々にして，世界を受動的に観察した結果ではなく，
人間の意図的な活動の結果だということを思い出すことにしよう．
ミッシェル・モランジュ『生物科学の歴史』(2017)

「持続可能な開発」，「持続可能な成長」，「持続可能な利用」
という用語の意味は同じではない．
「持続可能な成長」は用語自体が矛盾している．
無制限に成長するものなど物理的にありえないからである．
「持続可能な利用」は更新可能な生物資源に対してだけ使用可能な用語で，
その更新能力を下回る速度で生物資源を利用する場合に限られる．
「持続可能な開発」は，人間生活の質を向上させつつ，
それを支えている生態系の環境収容力の範囲内で生活することを意味する．
「持続可能な経済」は持続可能な開発の産物である．
それは土台となる自然の資源を持続させる．
IUCN/UNEP/WWF "Caring for the Earth: A Strategy for Sustainable Living" (1991)

私たちは見知らぬ存在の親切によって生きている．
ポール・G. フォーコウスキー『微生物が地球をつくった』(2015)

Animals and Humans:

Biology in the History of Relations

Shingo MIURA

University of Tokyo Press, 2018
ISBN 978-4-13-060232-7

はじめに

人間と動物の風景

　小さなエピソードから始めたい．30年ほど前，私は中国四川省北部のチベット自治区で野生有蹄類の行動生態学のフィールドワークを行っていた．標高4600 m．チベット遊牧民の黒い"ナツォン"（ヤクの毛で編まれたテント）のかたわらに日本製の小さな青いテントを張って，遊牧民に寄生しながら約2カ月間を過ごした．ある日のこと，1人の少年が，小さなナイフをもってつながれた家畜ヤクのところに近づいていった．なんだろう，と目をやると，少年はいきなりヤクの首元にナイフを突き立て，そこから一気に心臓を突いたようで，一瞬のうちにヤクの巨体を押し斃したのだった．そのせつな私にはなにが起こったのかを理解できずにいた．呆然，唖然．すると少年は，今度は手慣れた手つきで巨体の腹を切り裂き，体内から立ちのぼる湯気のなかから肝臓を切り取って，口のまわりを真っ赤に染めながら，私のほうを向いてニコニコと，むさぼり始めたのだった．それは遊牧民とヤクとの日常茶飯の光景だったのかもしれない．けれど私には，動物の命と引き換えに人間の生きる原型をあけすけに，そしてまざまざとみせてくれた光景だった．人間と動物との結びつきはじつに多彩であり，地域や共同体，文化によって大きな隔たりがある．とはいえ，自明なのは次のことである．人間はほかの（野生）動物との結びつきなしには生存できない，と．

　私たちは，普段，家畜や家禽（それらもかつては野生動物だった）がもたらす食肉や加工品，乳製品，卵，皮革，毛皮，毛糸，羽毛などを日々の糧や日用品として生活を組み立てている．その1つである食肉に（輸入肉も含めて）着目すると，この大半は大規模な「工場畜産」によって効率的，集約的に生産され，マーケットへと流通している．そこでは，生産する人間と動物との関係や，生身としての動物はいっさい捨象され，たんなるタンパク質の各種断片として消費者に受け渡される．ここには自然や野生のにおいはすでにない．いっぽう，同じく食膳にのぼる海産魚類は，ほぼすべてが海洋で漁獲され，利用されている．魚類は自然条件のなかで個体数変動を繰り返す野生個体群であり，一部は「養殖」されているとはいえ，自然から完璧に切り離された「完全養殖」はほとんどなく，稚魚の大半は野生個体群に依拠しているか，その成長を自然の運動に委ねている．人間の動物利用は家畜か野生かにかかわりない．

　このあたりまえの関係は，動物の種類や利用形態がちがっていても，世界共通であり，動物との結びつきは人間の生活様式さえ規定してきた．ユーラシアやアフリカには，定住を強制され，人口は激減しつつあるが，家畜を放牧し，草の豊凶に依存しながら，季節に応じて移動する遊牧民がいまなお各地に生活している．ヨーロッパ中央部では中世以降20世紀初頭まで「三圃制」と呼ばれる農耕と放牧を一体化させた農業を展開していた．収穫を終えた畑にはヒツジなどの家畜を入れて休耕とし，ムギわらや雑草を食べさせ，彼らの糞尿によって土壌を回復させるローテーションが確立していた．極北の地には，短い夏には営巣する野鳥を採集し，冬にはホッキョククジラやアザラシを猟獲するイヌイットたち狩猟採集民が生活している．商

品経済が浸透し，猟具や住居は変わり，資源は減少しても，彼らの季節に応じた狩猟カレンダーに変わりはない．アフリカでは，"ブッシュミート"と呼ばれる伝統的な食物──さまざまな野生動物がほぼ原形のままに利用されている．昆虫の幼虫，カタツムリ，トカゲ，陸ガメ類，ネズミ類，そして小型偶蹄類やサル類などが青空マーケットに並べられ売買されている．この伝統的なブッシュミートの総量は，都市住民も含め全動物性タンパク質量の70%を超える国々も少なくない．動物は人間の生活と一体なのだ．

　動物との関係は，食料や生物資源といった生存には直接かかわらない領域にも広がっている．日本では空前のペットブームだ．イヌとネコは"伴侶動物"とも呼ばれ，それぞれ約1000万頭が飼育され，その総計は15歳未満の子どもの人口より多い．ペット産業は，専用フードやグッズを含め，いまや1兆円を超え，子イヌや子ネコがネットや通販でも取引されている．それは動物が発揮する，すぐれた癒し効果や，心理的一体感がもたらすヒトとの新たな結びつきとの見解も少なくない．少子高齢化の進行のなかで，日本人はいつしかペットの存在なしには生きられなくなっているのかもしれない．だが，その行き過ぎた商品化の裏側では，常軌を逸したブリーディングや，理不尽な死が横溢しているのは見過ごせない．遺棄されたイヌやネコのうち，減少傾向にはあるが，毎年数万頭が殺処分されている．また放し飼いにされたり，野生化したネコは，身近な自然の野生動物を，奄美大島ではアマミノクロウサギなどの希少種を，御蔵島では天然記念物オオミズナギドリを捕食している．ドイツを含めたヨーロッパ諸国では，イヌ・ネコを純粋に商品として販売する日本型"ペットショップ"は（ほとんど）みかけない．懸念されるのは，希薄化する人間関係に反比例するかのように，ペットへの傾倒が個人の充足の域を超えて社会に蔓延することだ．ペット（やロボット）だけが剝落する人間社会の絆を埋める存在であってはならないだろう．

歴史のなかの動物

　本書は，動物と人間の関係を歴史的に追跡する，つまり関係史をたどることを目的にしている．動物は時空間の広がりのなかに生きてきたし，生きている．空間とは動物の分布であり，多様な生息環境に特徴づけられた生息地であり，関係史の舞台である．この舞台では，時代とともにキャストを替えながら，さまざまなドラマが繰り広げられてきた．

　いっぽう，時間には2種類ある．1つは「進化」という生物学的な時間だ．すべての動物（生物）は，この悠久の時間のなかで，生息環境への適応を通じて，独自の生物学的な特性（形態や生理，生態や行動）をつくりあげてきた．これは動物としてのヒトにもあてはまる．すべての生物とその特性は進化の産物である．

　もう1つは，人間に働きかけられ，関係づけられた「歴史」という時間だ．動物（生物）は，ほぼ例外なく，人類の登場以降，時代や地域を超え，程度の濃淡はあるが，その活動や影響にいやおうなく巻き込まれてきた．この結果，ドードーやステラーカイギュウのように絶滅した種，あるいはイヌやヒツジのように家畜化され，人間の庇護のもとで繁栄している種など，じつに多彩な運命をたどってきた．この関係性に注目すると，人間は働きかける能動者であり，動物は受動者ということになるが，両者はつねに一方向の，単線的関係だったわけではない．受動者のさまざまな反作用は能動者に影響を与え，ときには能動者を鍛え，能力を向上させることに貢献してきた．ホミニゼーションにおける石器の発見と改良，生活用具の発明，狩猟技術や武器の発達，定住と社会組織の形成などはその証左といってよいだろう．関係史とは，動

物と人間の双方向性の相互作用系であり，人間の本性と切り離せないプロセスだからこそ分析され，検証される価値がある．本書の焦点もここにある．では，関係史の多彩な舞台で相互作用がどのように展開されてきたのか，時代ごとに区切った各章のテーマと，そこでの私の問題意識を述べておきたい．

第1章では，"メガファウナの絶滅"を取り上げる．最終氷期，現生人類はヨーロッパ北部一帯を覆い尽くした氷床を避けて南部の"リフュージア（避難地）"に疎開していた．そこにはマンモスやケサイが同所的にいた．ちょうどこのころを境にメガファウナは減少し，絶滅していった．人類はこの絶滅に直接関与したのか．欧米ではこの論争が，その他の地域（南米大陸やオーストラリア大陸など）も巻き込んで，新たな知見を加えつつ，延々40年以上にわたり激しく闘われ，まだまだ決着しそうにない．人類は，血塗られた"過剰殺戮（オーバーキル）"の主犯なのか，それとも無辜の第三者なのか．それは，生物としてのヒトから「人間」へと跳躍した人類が，出発点で示した自然や野生動物に対する本性であり，姿勢であったといってよい．はたして人間は，歴史を歩み始めたその瞬間から，自然や動物の敵対者だったのか．

第2章では，ヨーロッパの主要家畜であるヤギ，ヒツジ，ウシ，ブタの家畜化を取り上げる．これらの家畜は，いまから1万年以前に，農耕が胚胎した"肥沃の三日月弧（ファータイル・クレセント）"（アナトリア半島やメソポタミア）とその周辺で，農耕成立の直後に原種である野生動物から家畜化されている．人類は，これ以前にもこれ以後にもいろいろな動物を対象に家畜化を試みただろうが，成功した主要メンバーはこの時代のこの顔ぶれなのである．なぜヤギ，ヒツジ，ウシ，ブタが家畜になりえたのか，なぜ肥沃の三日月弧で家畜化が試みられたのか，そしてなぜ家畜化は農耕と結合するように進行したのか．

第3章では，古代オリエントで生まれた農畜文明は，新石器農耕民の植民によってヨーロッパへもたらされた．農耕と牧畜を融合させた農業形態は，それまでの人間と自然との関係を抜本的に変え，多様な生活様式を派生させた．その1つが草原地帯の遊牧であるが，この生活様式を生起させ，確実にしたのはウマの家畜化であった．ウマは卓越した動物で，役畜として農業を牽引したばかりでなく，人間集団の軍事力や戦争形態さえ変貌させていった．そのウマはどこでなぜ，どのようにして家畜化されたのか．そしてそれはどのように各地へ伝播されていったのか．

第4章では，古代における人間と動物との関係を取り上げる．農畜融合文化は，生産技術の発展とあいまって人口扶養力を格段に向上させた．人々は，豊作と家畜の繁殖，そして自身の繁栄を願い，動物や女性を「豊穣（饒）神」とする多神教世界と，豊かな自然観を創造した．古代ギリシャ・ローマ文明もこのたわわな農畜文化と精神世界を基盤としている．それは後に支配宗教となっていくキリスト教との間に強い相克をもたらすことになる．それでも現代に継承される古代の遺産がある．それはなにか．

第5章の前半では，中世温暖期（10-13世紀）の自然改変について，後半では，キリスト教の定着がもたらした軋轢について取り上げる．この時代，鬱蒼とした森林は，修道士や領主，農民らの手によって開拓され，草原や農地に転換された．これらのオープンランドは，森林性動物（クマやリンクス）を追いやるいっぽうで，下層植生が増えたために，狩猟鳥獣（シカやウサギ，オオライチョウなど）の生息数を増加させた．封建領主や貴族の間で狩猟が流行した背景にはこの自然改変がある．とくにシカ猟は領地支配のシンボルと同時に，封建的主従関係を築く支配者相互の，接待ゴルフさながらの外交手段となった．森林（フォレスト）とはシカの「猟場」のこ

とであり，森林の管理制度はシカ猟区の保護と密猟対策を嚆矢に始動していく．そこでは，「狩猟権」なるものを強弁し，狩猟鳥獣の独占をもくろんだ支配層と，食料を奪われ鳥獣被害に苦しめられた農民層とののっぴきならない対立があった．このつばぜり合いはどのように展開されていったのか．

　キリスト教の導入はヨーロッパ土着文化や自然観との間に矛盾と対立を引き起こさずにはおかなかった．長期の習合を経つつも，定着は困難であった．動物裁判，魔女裁判，狼男裁判はこの定着過程で発生した．なぜ奇妙な審理とおぞましい判決がくだされたのか．それは教会 − 支配者側による民衆の思想改善，宗教教育の一環ではなかったのか．この過程で民衆の思想や動物観がどのように変えられたのか，オオカミの動向もここに合流する．

　第6章では，セイウチ（イッカクを含む）猟とその牙の交易を目的としたノース人の北方進出を前史として，ヨーロッパにおける毛皮交易と広域経済圏の成立について取り上げる．14世紀以降，ヨーロッパは寒冷化し，衣料や防寒用毛皮が切望された．この需要をまかなったのはヨーロッパ北東の辺境地だった．ドイツ商人は「ハンザ同盟」と呼ばれる交易ネットワークをつくり，ヨーロッパ東部からキタリスなどの毛皮獣を輸入した．それはヨーロッパ最初の本格的な貿易だった．この広域商取引は塩漬け魚類や毛織物を取り込み，主導権はやがてオランダへ，そしてイギリスへと移っていった．疑いようのない歴史の基調は，この生物資源を軸とした広域経済圏の確立が近代ヨーロッパの礎になったことである．セイウチや毛皮獣はその後どのような帰趨をたどったのか．

　第7章では，「世界商品」となった生物資源の，際限のない争奪戦を追跡する．世界商品とは，世界の複数地域で生産されるが，汎世界的に需要があり，国際貿易の依存度の高い商品をいう．前半では，ヒツジとスパイスを，後半では，漁業と捕鯨について取り上げる．中世後期最大の世界商品はウールと毛織物で，ルネサンスや「百年戦争」の端緒になった．スペインは最上質のウールを生産したメリノ種を独占し，国家の基盤をつくった．大航海時代は，このスペインと，その影響を受けた隣国ポルトガルによる世界商品の争奪戦であった．スペインは銀を，ポルトガルは奴隷とスパイスを掠奪した．なぜヨーロッパ人はスパイスを熱愛するのか．そこには農畜文化とホミニゼーションの食物史が投影されているように思われる．

　北海は過去も現在も水産資源の宝庫だ．造船技術と漁具の発展を背景に，この海で漁業が開始されたのは中世後期であった．漁業は人口増加を支え，豊かな魚食文化を育んだ．これには，社会的な要請とともに，宗教上の理由が存在した．ニシンやタラを中心に各国はこの漁業資源の開発を競い，現代に至るもその争奪戦を繰り広げている．捕鯨は，鯨油が灯油に使われると，重要な産業となった．牽引したのはバスク人で，大型船を建造し，16世紀には北米大陸の一画に捕鯨基地さえつくった．バスク人を雇い指導を受けたオランダとイギリスは，北極海一帯で乱獲を行い，ホッキョククジラをほぼ絶滅させた．この乱獲を推し進めた思想とはなにか．

　第8章では，ポルトガルやスペインの後塵を拝したオランダ，フランス，イギリス，そしてロシアの生物資源をめぐる覇権争いを取り上げる．各国は，世界各地に植民地を分割し，スパイスやハーブ，タラやクジラ類（鯨油），ビーヴァー（毛皮），そして奴隷を掠奪した．列強がせめぎ合った北米大陸では，新興国アメリカも加わり，野生動物の未曾有の乱獲が展開され，大量絶滅が起こった．この坩堝のような不条理な世界，その延長線上に「現代」があるといってよい．ハンザ交易の中世都市ノヴゴロドを吸収したロシアもまた例外ではなかった．この国は，テンからクロテン，そしてラッコへと毛皮獣を乱獲しつつ，これを原資に近代化をはかり，

シベリアからアラスカ，北米大陸へ至る道のりを領有していった．動物たちはどのような運命をたどったのか．

社会経済学者，イマニュエル・ウォーラーステイン（1981）は，かつて，ヨーロッパを「中核」とし，非ヨーロッパを「周辺（周縁）」とし，前者が後者を従属化して組み込んでいく社会経済の体制を「近代世界システム」と名づけた．このグローバルな歴史経済の概念が適切かどうかは別として，まちがいなく指摘できるのは，この活発な商取引を回転させ，広域システムとして有機的に結合させた主要な歯車は，野生動物を軸とした生物資源であった．このことは記憶されてよいだろう．

第9章では，イギリスを中心とした動物ブームと，博物学の成立過程を取り上げる．なぜこの時代に人々は動物に密着し，熱狂したのだろうか．ペットと呼ばれる動物がもてはやされ普及したのは18世紀になってからだった．それを愛玩したのは「囲い込み」を主導した"ジェントリ"（下層の地主）と，毛織物工業を興した有産階級で，彼らは，貴族の高貴さと血統に「擬態」すべく，ステータス・シンボルとしてのペットを飼育した（リトヴォ 2001）．ペットとの密着と（とくに婦人層の）溺愛が，後の「動物愛護運動」の源流となっていく．この愛護運動とはいったいなにをめざしたのか．

動物との交流，動植物の知識の普及，プラント・ハンターの活躍，珍奇物の蒐集，自然史の探究とブームは，博物館や動物園，植物園の設立を誘発し，新たな自然観を醸成させていった．リンネの二名法は生物の実証主義的な記載をうながし，ダーウィンは生物種の起源を自然史の過程に位置づけ，無数の博物学の客観的な記載が，神の呪縛からの離脱と自然科学の成立に扉を開いていった．

第10章では，北米大陸における野生動物の未曾有の乱獲と絶滅，その後の足どりを追う．ヨーロッパ人によるシカやバイソンの乱獲はアメリカ先住民（インディアン）から土地や食糧を奪う，兵糧攻めの過程で発生した．リョコウバトは大規模な自然改変を契機に爆発的に発生し，乱獲によって絶滅した．開拓者の無謀な土地利用と自然破壊は自然のしっぺ返しを受けることになる．アメリカは，マッコウクジラを含むあらゆる鯨種を乱獲し，国家の基盤をつくった．はめをはずした乱獲の荒廃のなかから自然保護運動が芽生え，やがて国立公園や，国際条約をふくむ野生動物保全の制度が整備されていく．この諸制度や法律はどのような意義と限界，そして普遍性をもつのか．

第11章はアフリカとナチス・ドイツの動物保護，自然保護を扱う．両者はまったくの別物ではない．アフリカの国立公園は，アメリカのそれをモデルに，宗主国の意向と指導でつくられた．そこでは，ロッジやホテルが整備され，多数の観光客が観光サファリを楽しむ．それは広大な生態系と野生動物を保全し，莫大な国庫収入を得るすぐれた政策にちがいない．だが，他方では，この地に生活し，ブッシュミートを糧に生きる人々がいたし，現在もいる．彼らは排除され，公園周辺で細々と営農し，狩猟は禁止されたままに，公園からあふれ出す野生動物によって農作物被害と，ときには人身被害を受ける．野生動物との共存と住民参加型管理とはなにか，それはどのように構築できるのか．

ナチスは先進的な動物愛護と自然保護の政策を導入し，国民から歓迎された．その政策の大半は戦争へと突き進む破局のなかで反故にされるが，奇妙なのは，なぜ，もっとも非人道的な政権が動物や自然に対しもっとも熱心に共生を謳ったのか，であり，その原点にはヘッケルを含む知識人らの人種差別と全体論思想があったように思われる．私たちは現在，この思想から

完全に自由なのだろうか．

　第 12 章では，日本の生物資源管理の軌跡とアメリカの環境倫理学の勃興をたどる．クジラ類とマグロ類は希有の生物資源であり世界の共有財であるといってよい．20 世紀後半から，生物資源の存続と持続可能な利用という思想と，それを裏づける科学が発展した．南氷洋を含む日本の商業捕鯨とマグロ類の遠洋漁業は，こうした資源利用の歴史的な流れと合流し，推進させてきたのか，検証されるべきだろう．

　環境倫理学は，ヴェトナム反戦運動のうねりを背景に，アメリカ自然保護運動の高揚を契機に生まれた．それは，近代生態学の成果より，むしろアメリカの伝統的な思想潮流を吸着している．この倫理学の意義と弱点をおもに「動物権利論」と「自然の権利論」の分野において分析し，レビューするとともに，環境倫理学と地球環境のグローバルな危機との関係について考察する．環境倫理学はほんとうに地球環境保全の武器になりうるのか．

　最終章では，人類存続の前提である生物多様性について 3 つの視点から考察する．最初は生物学的視点で，生物多様性の自然史的な成立過程をたどる．それは地球生命の歴史性，連続性，相互関係性，階層性の凝縮で，その全体性を継承する必要がある．第 2 は条約・体制論で，生物多様性を保全し，生態系サービスを持続させる制度について，ほかの地球関連条約とともに，考察する．組織や制度は弱いが克服可能である．第 3 は経済学の視点で，新自由主義経済の跳梁に抗して，人間と環境を対置する経済学を展望しなければならない．それは存続可能な人類と環境，および持続可能な社会のための経済学である．

　すべての時代の章は，私たち人類がこの地球上で動物たちとともに生きてきたことを証明している．

本書の視点

　私は，この関係史を動物側の視点に立って分析・考察したいと思う．「動物側の視点」とはいったいなにか．それは，ひとことでいえば軸足を動物主体に置く，つまり，相互作用が成立する端緒や背景となった動物の生物学的な特性，あるいは関係を継続させた生物学的な要因に注目して，関係史を分析・考察する立場である．この視座からなにがみえるのか．たとえば「家畜化」についてもう一度考えてみよう．

　動物と人間の関係史のなかで「家畜」の存在は重要だ．人類はその生存基盤の相当部分を彼らに依存しているからだ．だが奇妙なのは，世界中に無数の動物種が生息するにもかかわらず，家畜化されたのはほんのわずかの種であり，しかも特定の地域に限定されていたことだ．代表的な家畜であるヤギ，ヒツジ，ウシは，BP 約 1.3 万年に，肥沃の三日月弧周辺で，農耕とほぼ同時に家畜化されたことはすでに述べた．当時，人々がもっとも身近に接していたのは，ガゼルやシカ類といった狩猟獣だった．けれど彼らは家畜にはならなかった（できなかった）．家畜になったのは，むしろ希少種の動物たちだった．なぜか．

　家畜には，なわばりをつくらないこと，群れ生活であることなど，いくつかの「適性」が指摘されてきた（クラットン＝ブロック 1989，ダイアモンド 2000）．いずれも大切な指摘だが，しかし，それ以上に重要だったのは，初期農耕の環境条件と天敵回避パターンという生態的な背景と動物の行動特性だったのではないか．初期農耕は水源のある丘陵地帯で生まれたために，そこでは草食獣との競合が避けられなかった．このため，農耕地周囲には仕切りや石垣などの垂直的な構造物を発達させただろう．こうした環境は，平坦な草原に生息し，捕食者から水平

的に逃走するという「天敵回避行動」を発達させたガゼルやシカ類にとっては生息適地ではなかった．これに対しヤギやヒツジ（おそらくウシも）にとっては，山（岳）地のテラスのような草原が好適環境であり，同時に垂直方向へ逃げる天敵回避行動も適応的であった．初期農耕はこうした動物群を誘引した．だからこそ家畜化は肥沃の三日月弧の複数の地点で一斉多元的に起こったのではないか．関係の起点には動物の生物学的特性が関与している．

　ではウマはどうか．草原のランナーであるウマは，ユーラシア西部の黒海北部やカスピ海北部の低地帯でBP約6000-5500年に家畜化された．なぜ疾駆するウマを家畜にできたのか，また「乗馬」という発想がなぜ，どのように生まれたのか，興味深い．この動物の家畜化の過程にもウマのもつ生物学的特性が重要な役割を果たしている．その1つを先取りすれば，乗馬に必須なのは制動装置である「ハミ」だ．このハミは歯槽間縁と呼ばれる切（前）歯と臼（奥）歯の空隙（歯隙）に差し入れるが，この空隙は鼻が長く伸びるにしたがって広がる．鼻は吸気に湿気を与え，血液の空冷装置であるから，大きな歯槽間縁，つまり馬面はウマが草原のランナーとして適応する過程で形成された．乗馬はこのウマの生物学的特性に依拠して成り立っている．

　もう少し例をあげよう．ヨーロッパの漁業史は捕鯨の歴史でもある．捕鯨は"ストランディング"と呼ばれるクジラ類独自の座礁行動を端緒に発展した．利用目的はおもに「鯨油」であったが，それは「脂皮」と呼ばれる彼らの皮下脂肪層で，海に適応する体温維持の生理・解剖学的な理由から形成されている．脂皮層はとくに寒冷海域で厚く，このために銛で殺された後でも浮上していた．これが，初期の捕鯨が北大西洋の北極周辺域から始まり，なかんずくホッキョククジラやセミクジラに限定された理由だった．これらのクジラ類が乱獲され，資源が枯渇すると，商業捕鯨の主標的はマッコウクジラに転換するが，それはこのクジラが「鯨蠟」（スパーマセティ）と呼ばれる大量の脳油を頭部に蓄積していたことによる．これが良質の「灯油」を求めた人間の資源開発史の道程だった．だが，ぜひ問われてよいのは，なぜマッコウクジラが大量の鯨蠟を頭部にもつのかである．解答の一部を先取りすれば，そこには彼ら独特の採餌行動と，それと結びついた反響定位器官の発達がある．それは適応形質の進化にかかわる問題だ．

　たびたび酷寒にみまわれたヨーロッパの歴史に毛皮獣の貢献はみのがせない．リスやオコジョ，テンから始まってクロテン，ラッコ，ビーヴァーへと至る毛皮資源の変遷史には，これらの動物の環境要求と空間的分布，毛皮の特性，生物群集の構造と食物連鎖，生態的な地位や形質置換などが濃厚に反映されている．人間はこのいわば生態学的な「規則」（ルール）にしたがって毛皮資源を開拓してきたのである．

　日本人はマグロ好きだ．北太平洋に生息するタイヘイヨウクロマグロは，日本近海で産卵し，太平洋を横断して回遊ながら成長する．マグロ類は海洋生態系の頂点に君臨するトップ・プレデターであり，巡航速度約20 km以上の高速で泳ぎ続けなければ窒息してしまう．彼らは「恒温動物」であり，体内には熱交換システムをもち高速遊泳を実現している．「赤身」はそのメイン・エンジンであり，「トロ」はその燃料タンクである．日本人がこよなく愛してやまないごちそうは，魚類進化がたどり着いた1つの到達点なのである．

　ほんの一部の紹介だが，こうしてみると，家畜にせよ，乗馬にせよ，捕鯨にせよ，毛皮獣にせよ，マグロにせよ，人間との関係史の基底には，動物たちの「生物学」が滲み出ている．否むしろ，どっかりと居座り，根を張っているのに気づかされる．ここでいう生物学とは，いうまでもなく，動物の独自の形態や生理，生態や行動，生活史，遺伝，生態系での位置といった

生物学や生態学上の属性や特性を指している．この生物学が架橋や接着材となって，人間と動物との接点が生まれ，関係に点火され，そして関係史が紡がれてきたのである．つまり，関係史とは人間による動物の生物学の発見史でもあった．動物側の視点に立つとは，この独創ともいえる動物の能力を掘り起し，解明し，歴史の文脈に位置づけることにほかならない．書名を「人間と動物」ではなく，「動物と人間」と転置した理由もここにある．そこにはまず動物たちがいたのである．さらにこの生物学の源流をたどると，それは，とりもなおさず，それぞれの動物が進化の過程で獲得してきた適応的な属性や特性と大幅に重なることがみてとれる．とすれば，人間の「歴史」というテーマと，動物（生物）の「進化」というテーマは，まったく切り離された別範疇のものではなく，ともに分析，議論され，統合的に考察されてよいテーマだとの理解に至る．本論ではこのことを検証しようと思う．

　さて，この生物学の発見や究明は関係史の継続や発展にも貢献してきた．品種改良や資源利用，博物学や後代の自然科学の成立はその果実であり，そこには人間の自然や動物に対するあくなき好奇心と知識への欲求と，そして留意や配慮があった．それは人類の進歩にふさわしい．だが同時に，こうした姿勢や営為はしばしばほかの（宗教，商品化，私有制など社会・経済的）要因や理由によって阻害され，蹂躙され，放棄されてきた．生物学の欠落や無理解がいかに生態系や動物の存続を危うくし，正常な関係を断絶させ，破壊や絶滅を引き起こしてきたのか，そしてこのことが人間をいかに不幸にしてきたのか，これも関係史の別の側面である．この教訓を，歴史家エドワード・H. カー（1962）の「歴史とは現在と過去との間の尽きることを知らぬ対話」にしたがって，現代に拡張すれば，そこから引き出される最大のメッセージは，生物多様性とその構成要素である動物（生物）の保護と，道理と科学にもとづく利用，保全と管理，そして次世代への継承にあると思われる．この問題意識が関係史をつらぬくもう１つの「動物側の視点」である．はたして人類は隣人に対し持続的な関係を築き，ともに共存できるのだろうか．

なぜ西欧史なのか

　動物との関係史を追跡する最適な舞台はどこか．章立てからもわかるように，私は西欧史に置いた．それは次のような理由による．

　第１は，一貫した通時性だ．ヨーロッパは，後に述べるように農耕と家畜の起源地に隣接し，農畜融合の文化を実質的に発展させていった地域であると同時に，人間と野生動物との濃密な関係が間断なく，現代に至るまで連綿と継続してきた地域であること．したがって，先史時代→古代→中世→近世→近代と区分される歴史モデルに沿って，人間と多数の動物たちとの関係を検討できる主要な舞台であるといえる．

　第２は，波及性と影響力だ．人間の主要な歴史を駆動し，世界中の環境を改変し，動物ともっとも深い相互作用を展開しつつ，主要な自然観や価値観をつくりだしたのはまぎれもなく西欧世界であったこと．かつて中世技術史家，リン・ホワイト Jr.（1972）は，『機械と神』という論集のなかで，現代の生態的危機を招いた歴史的な根源が「西欧キリスト教世界観」にあったと告発し，西欧社会に大きな衝撃をもたらしたことがある．この断罪が適切だったかどうかは別としても，西欧社会の広域で多彩な活動と，自然観や価値観のもとで，世界と自然環境は大幅に改変され，そこに生息していた野生動物もまた深刻な影響を受け，現在に至っていることは疑いようのない事実である．ヨーロッパは人間と動物とを交差させ続けてきた震源であり

原点であった．

　第3は，客観性と拠りどころにある．人間と動物との関係が旧く，しかもその経緯が詳細かつ継時的に追跡できる地域であること．環境史や動物相の変遷，遺跡や文化，文書や史料など，自然科学と社会科学を含むあらゆる分野の資料が，これほどよく残され，さまざまな角度から研究され，いまも継続されている地域はほかにはない．人間と動物の足跡はどこよりもくっきりと，鮮明なのである．

　もちろんそれぞれの文脈で，関連する日本やアジアの状況も可能な限り取り上げる．とくに第12章は日本の資源管理を主要テーマとした．

　西欧史のなかの動物はこれまでにもさまざまな角度から追跡され，浩瀚の書に出会うことができる．しかしその大半は特定の時代や，特定の動物に焦点を合わせるか，あるいは特定の分野や自然観，思想の領域から動物を照射したものであったように思われる．人間と動物との関係は，繰り返すが，脈々とした相互作用系であり，私には，特定の時代や特定の領域に切り離すのではなく，時間の連続と共時性のなかに動物たちを位置づけ，通史として追跡されてよい課題のように思われる．こうした作業の延長線上に，人間と自然，人間と動物との関係を見つめ直す出発点がある，と確信する．

　現代がいかに市場経済の下でグローバル化されようと，人類にとって明確なのは，地球環境を維持し，生物多様性を保全し，持続可能な形で動物と生物資源を利用していかなければならないとの命題である．そこに，人類と全生物種，そしてあらゆる生態系の運命のすべてが集約されている．その意味で，私の問題意識の中心は，ヨーロッパ史から敷衍される現代の，そして日本を含めた世界にある．

　では，歴史のなかの動物たちはどのように生を営み，躍動したのか．現代生物学の到達点からその活躍を蘇らせてみよう．

文献
カー，E. H. 1962. 歴史とは何か（清水幾太郎訳）．岩波書店，東京．252pp.
クラットン＝ブロック，J. 1989. 動物文化史事典（増井久代訳）．原書房，東京．333pp.
ダイアモンド，J. 2000. 銃・病原菌・鉄［上・下］（倉骨彰訳）．草思社，東京．679pp.
リトヴォ，H. 2001. 階級としての動物（三好みゆき訳）．国文社，東京．409pp.
ウォーラーステイン，I. 1981. 近代世界システム［I・II］（川北稔訳）．岩波書店，東京．594pp.
ホワイト，L. Jr. 1972. 機械と神（青木靖三訳）．みすず書房，東京．186pp.

扉裏文献
デイリー，H. 1983. 定常状態の経済（八塚みどり・植田和弘訳 2006）．リーディングス環境（植田和弘ほか編），第5巻『持続可能な発展』pp. 335-354, 有斐閣，東京．Daly, H. E. 1983. The Steady-State of Economy: In: An Annotated Reader in Environmental Planning and Management (O'Riordan, T. and R. K. Turner eds.), Pergamon Press, Oxford の部分訳．
フォーコウスキー，P. G. 2015. 微生物が地球をつくった（松浦俊輔訳）．青土社，東京．253pp.
Huxley, T. H. 1863. Evidence as to Man's Place in Nature. Williams & Norgate, London. (URL: Thomas huxley man's place in nature　閲覧 2015. 7. 17)
IUCN/UNEP/WWF. 1991. Caring for the Earth: A Strategy for Sustainable Living. IUCN, Gland. 239pp.
Marsh, G. P. 1864. Man and Nature or, Physical Geography as Modified by Human Action. Charles Scribner & Co., NY. 587pp.
Marx, K. & F. Engels. 1845-1846. Die deutsche Ideologie. Marx-Engels-Lenin-Institut, Moskou, 1932 veröffentlicht. (http://www.mlwerke.de/me/me03/me03_017.htm#I_I_A　閲覧 2015. 7. 17)
モランジュ，M. 2017. 生物学の歴史（佐藤直樹訳）．みすず書房，東京．394pp.

凡例

地名と国名，動物名および人名の表記について

（1）重要または歴史的な人名は『詳説世界史（B）』（山川出版社 2010）にしたがい，原則として母国語で表記した．

（2）国名と地名の表記は『新詳高等地図（初訂版）』（帝国書院 2010）に準拠した（例外：ヴェトナム，リューベックなど）．ただし正式名に「王国」（例：オランダ王国），「共和国」（イタリア共和国），「連邦」（ロシア連邦）などがつく場合には，これらを削除した略称とした．「グレート・ブリテンおよび北アイルランド連合王国」，略称「連合王国」は，スコットランドを併合する1707年（合同法）までは「イングランド」と，それ以降は通称「イギリス（英国）」としたが，厳密には区別せず，一般的な略称として後者を使う場合もある．またアメリカ合衆国は通称の「アメリカ」とした．

（3）動物の和名（標準的な和名）は，哺乳類では『世界哺乳類和名辞典』（今泉吉典監修 1988，平凡社）に，鳥類では『世界鳥類和名辞典』（山階芳麿 1986，大学書林）に，それぞれ準拠した．なお適切ではないと判断された一部は筆者の責任で適宜変更した．

（4）王，国王，大統領，首相などのカッコ内の年号は，断らない限り，前2者では在位期間を，後2者では在任期間を初出時に示した．

年代の表記について

（1）BP（before the present）＝「前」（現在から過去にさかのぼる）は厳密には放射性炭素年代測定法による推定値に対して用いられる（なおここでいう「現在」"present"とは，核実験の影響がほとんどなかった1950年を起点としていることに注意）．ただしこの推定値は過去にさかのぼるほど実年代より過小評価される傾向があり，年輪年代法などによって歴年代は「較正」（calibration）され，この値は"cal.BP"と表記される．しかしこの較正が正しくできるのは1.2万年前程度が限度で，それ以前の年代についてはかなりの誤差が生じる．炭素年代法の適用限界は約4万年前で，それ以前については別の核種か，または自然放射線による物質の損傷程度を評価する「フィッショントラック法」や，「電子スピン共鳴法」などの方法が用いられる．第1章から第3章までの年代表記には可能な限りcal.BPを採用し，"BP"と表記したが，論文によっては明示されてないものについては，ほかの文献を参照して筆者の責任で可能な限り統一をはかった．また別の年代推定法（DNAの分子時計や年輪年代法など）による推定値が採用されている論文，さらには一般的な記述として「前」が用いられ，ほかとの比較ができない場合には，そのままの表記を採用した．

（2）BC（before Christ），またはBCE（before the common era）＝「紀元前」は一括してBCとし，比較的最近の考古学的な歴史年代を表記した．AD（*anno Domini*，「主の年」より）＝「西暦」はBCとの比較上だけで使用し，断らない限りはADを省き「西暦」で示した．

文献の引用について

（1）邦訳書の引用は以下のように列記した．
①邦訳のある「古典」：
著者名．執筆または発表年．タイトル（邦訳者名，出版年）．出版社，出版地．ページ数．
②近年出版された邦訳書：
著者名．出版年．タイトル（邦訳者名）．出版社，出版地．ページ数．
③重要な歴史的文献：
著者名．出版年．タイトル（邦訳者名，邦訳書出版年）．出版社，出版地．ページ数．
このうちとくに重要で，直接参照したものは，オリジナルの表記を付記した．

（2）3名以上による文献は基本的に，「ほか」または"*et al.*"とした（邦訳書についてもこれに準じたが，監訳者がいる場合には，監訳者のみを表記）が，とくに重要なものはすべての著者名を表記した．

（3）引用文献では，Proceedings of the National Academy of Sciences of the United States of America（米国国立科学アカデミー紀要）は"PNAS"と，Trends in Ecology and Evolution（生態学と進化学トレンド誌）は"TREE"と，Public Library of Science社発行の電子ジャーナル誌は"PLOS"と，その他の雑誌も一般的な略号を用いた．なお電子ジャーナルではページ数の代わりに論文番号を付した．

目次

はじめに　i

凡例　x

序章　ヨーロッパ文化のなかの自然 …………………………………………………… 1
- 0.1　森林の国ヨーロッパ　1
- 0.2　人工化された自然　3
- 0.3　ヨーロッパの農業と牧畜　5

第 1 章　巨大動物相(メガファウナ)の鎮魂歌(レクイエム) …………………………………… 13
- 1.1　先史時代の人類と野生動物　14
  - (1) ヨーロッパにおける人類の足跡　14　　(2) メガファウナとはなにか　15
  - (3) オーバーキル仮説　18　　(4) オーバーキル仮説への疑問と反論　22
  - (5) メガファウナと環境の変化　27
    - 〈コラム 1-1　C_3 植物と C_4 植物〉　29
  - (6) メガファウナの誕生と盛衰　31
    - 〈コラム 1-2　低冠歯と高冠歯〉　32
  - (7) 日本のメガファウナとその絶滅　36
- 1.2　旧石器時代における人類の狩猟, 狩られる側の論理　38
  - (1) ヨーロッパにおける狩猟の実態　38　　(2) 北米における先史時代の狩猟　40
    - 〈コラム 1-3　歯の分析〉　41
  - (3) 先史時代の武器　43
- 1.3　最初の家畜——イヌ　46
  - (1) イヌの起源を求めて　47　　(2) イヌと人間を結びつけるもの　52

第 2 章　西アジアでの創造 ……………………………………………………………… 63
- 2.1　肥沃の三日月弧(ファータイル・クレッセント)　64
- 2.2　動物の家畜化　76
  - (1) 家畜とはなにか　76　　(2) 家畜化前夜の狩猟　78　　(3) 草食獣の生物学　81
  - (4) 家畜化とはなにか　82　　(5) 農耕の展開と家畜化　86
- 2.3　家畜化とミルク利用　91
  - (1) ミルクは食品なのか　91　　(2) 搾乳の起源　91　　(3) ミルク利用の原点　93
  - (4) 農耕の発展と遊牧民　95
- 2.4　ネコの家畜化？　95

2.5　家畜化の利益とコスト　99
　2.6　現代の家畜　102
　2.7　ミツバチは"ドメスティケート"されたか？　104
　　　（1）ミツバチの生物学　104　（2）養蜂の歴史とドメスティケーション　106

第3章　農畜融合文化の波紋　……………………………………………………………115

　3.1　ヨーロッパへの道程　116
　　　（1）チャタル・ホユックの衝撃　116　（2）ヨーロッパの中石器時代　118
　　　（3）ヨーロッパ新石器時代への飛躍　119
　3.2　ヨーロッパ人とは何者か　121
　　　（1）ヨーロッパ人の遺伝学　122
　　　〈コラム 3-1　遺伝系統地理学〉　123
　　　（2）DNAによる現代のヨーロッパ人像　124
　3.3　ヨーロッパの新石器時代　128
　　　（1）新石器時代は人間になにをもたらしたか　128
　　　（2）新石器時代の農耕と動物　135
　3.4　遊牧社会の成立とウマの家畜化　139
　　　（1）牧畜から遊牧社会への移行　139　（2）ウマの起源と家畜化　140
　　　（3）遊牧社会とウマとの出会い　143
　　　〈コラム 3-2　ランナーを支える器官〉　145
　　　（4）ウマの家畜化と騎乗の証明　147
　3.5　乾燥草原地帯での動物の家畜化　148
　　　（1）ラクダの家畜化　149　（2）ロバの家畜化　149
　3.6　新石器時代から青銅器時代へ　150
　　　（1）ヨーロッパ，その後　150　（2）農耕民と遊牧民の軋轢　151
　　　（3）草原文化のヨーロッパへの波及　152

第4章　ヨーロッパ古代社会の動物と人間　………………………………………163

　4.1　ケルト社会の成立　164
　　　（1）鉄器時代の成立　164　（2）ケルト社会の輪郭と動物　165
　　　〈コラム 4-1　食肉と宗教〉　172
　4.2　ヨーロッパの自然観の源流　172
　4.3　農畜融合文化が環境に与えた影響　176
　4.4　古代ギリシャとローマ帝国における動物と人間　178
　　　（1）古典にみる動物と人間の関係　180　（2）食材としての野生動物　187
　　　（3）料理とスパイス　189　（4）古代ヨーロッパから姿を消した野生動物たち　191
　　　（5）家禽の起源とヨーロッパでの飼育　194

第5章　中世ヨーロッパの動物と人間　……………………………………………201

　5.1　中世前期の農業と家畜　202
　　　（1）農民の生活と地域差　202　（2）中世初期の農業革命と森林の消失　206
　5.2　中世における野生動物と森林の管理　212
　　　（1）狩猟と森林管理　212　（2）国王の狩猟と狩猟権　217
　　　（3）農民たちの反乱と密猟　219　（4）シカの角の生物学　221

　　　　（5）パークと動物園の誕生　224　　（6）森林の利用と評価　226
　　　　（7）中世の食生活　228　　（8）森林の管理制度の展開　232
　　5.3　キリスト教と動物　233
　　　　（1）キリスト教における自然と動物　233　　（2）狩猟に対するキリスト教の視線　241
　　　　（3）キリスト教と動物裁判　243　　（4）キリスト教と魔女（狼人間）裁判　247
　　　　（5）魔女狩りと動物　253　　（6）キリスト教とミツバチ　262
　　5.4　オオカミへの迫害と根絶　263
　　　　（1）ヨーロッパとオオカミ　263　　（2）フランスのオオカミ　264
　　　　（3）ヨーロッパにおけるオオカミの現状　268　　（4）オオカミの再導入　269

第6章　近世への始動 ……………………………………………………………………277
　　6.1　ヨーロッパの辺境　277
　　　　（1）サーミ人の物語　279　　（2）ヴァイキングの遺産（レガシー）　285
　　6.2　衣料としての動物　290
　　　　（1）裸のサルの登場　290　　（2）人類はいつから服を着たのか　293
　　　　（3）衣類の歴史　294
　　6.3　古代の服装と動物との関係　295
　　　　（1）古代文明と衣料素材　295　　（2）古代ギリシャとローマの服装　297
　　　　（3）イスラム世界との交易　300
　　6.4　中世の服装と毛皮交易　302
　　　　（1）毛皮となめし技術の歴史　305
　　　　（2）毛皮交易のダイナミズム——ハンザ同盟　309

第7章　ヒツジとスパイス，そしてクジラ ……………………………………………325
　　7.1　近代を切り拓いたヒツジ　326
　　　　（1）メリノ種とスペイン　326　　（2）羊毛産業の発展と対立　330
　　　　〈コラム 7-1　ヒツジと英国議会の椅子〉　333
　　7.2　奢侈禁止条例　337
　　7.3　スパイスの欲望——大航海時代　341
　　　　（1）ポルトガルという国　341　　（2）スパイスとヨーロッパ　342
　　　　（3）中世期のスパイス交易　345　　（4）ポルトガルの挑戦　346
　　　　（5）大航海時代の意識と環境　347
　　7.4　海洋生態系における生物資源の争奪と乱獲　349
　　　　（1）ヨーロッパの食糧事情——飢饉とジャガイモ　349
　　　　（2）オランダの勃興とニシン　350
　　　　〈コラム 7-2　ニシンの資源管理の現在〉　357
　　7.5　バスク人の捕鯨　358
　　　　（1）北大西洋におけるクジラの乱獲　359　　（2）世界を変えた魚——タラ　366
　　7.6　乱獲を支えた自然観　371
　　　　（1）自然と生物の有限性　372　　（2）無主物の所有　373
　　　　（3）精神的バリアの解除　374

第8章　1つに結ばれる世界 ……………………………………………………………383
　　8.1　"モンゴロイド"の旅　385

8.2 中南米の文明と家畜　387
　　(1) 南米アンデス文明と動物　387　　(2) メソアメリカ文明とその盛衰　399
　　〈コラム 8-1　中南米の野菜〉　404
8.3 北米大陸への植民と開拓　406
　　(1) 北米における初期の毛皮交易　407　　(2) ハドソン湾株式会社と毛皮交易　411
　　〈コラム 8-2　リンクスとカンジキウサギ〉　418
8.4 ロシアのシベリア開拓と毛皮獣　419
　　(1) ロシアのシベリア征服　420　　(2) ラッコの乱獲がもたらしたもの　430

第9章　近代ヨーロッパでの動物の再発見　441

9.1 イギリスにおける動物（博物学）ブーム　441
　　(1) 博物学（動物）ブームをもたらした社会の動向　442
　　(2) 農業の発展と家畜の品種改良　449　　(3) イヌとネコ，ペットの世紀　456
　　(4) 博物学の誕生とその背景　464
9.2 大陸における博物学の煌き　469
　　(1) フランスの博物学　469　　(2) リンネの貢献　471　　(3) 収集から蒐集へ　477
　　〈コラム 9-1　もう1つの動物園——"メナジェリー"〉　484
9.3 イギリスにおける博物学の発展と成熟　486
　　(1) 博物学の離陸と自立　486　　(2) ロンドンの光と影——動物いじめ　490
　　(3) 自然保護運動の萌芽　498　　(4) 動物愛護運動の展開　501

第10章　北米での野生動物の激動と保全　521

10.1 北米大陸での開拓と「発展」　521
　　(1) 北米大陸での農業の原型　522　　(2) 北米大陸の開拓と野生動物　524
　　(3) バイソンの王国　530　　(4) ジェノサイドの系譜　538
　　(5) 海洋でのクジラの乱獲　545
10.2 アメリカにおける自然保護の覚醒　559
　　(1) 灰燼の後に　559　　(2) 森林の危機から森林の管理へ　566
　　(3) 科学としての野生動物管理の始動　571
10.3 アメリカにおける野生動物保全のうねり　579
　　(1) アラスカと日本　580　　(2) 国際条約への道のり　584
　　(3) サイレント・スプリングの波紋　586
　　(4) 北米での野生動物の保全の到達点　592

第11章　動物保護の異相　605

11.1 野生の王国——アフリカ　605
　　(1) アフリカの野生動物と植民地支配の歴史　606
　　(2) アフリカの国立公園の歴史　614　　(3) アフリカ国立公園の政策と現実　624
　　〈コラム 11-1　サファリ・ハンティング〉　629
11.2 ナチス・ドイツと動物愛護，自然保護　632
　　(1) ナチスの動物法と環境法　633
　　〈コラム 11-2　ゲーリングの夢〉　636
　　(2) ナチス・ドイツを準備した生物学——ヘッケルの一元論　641
　　(3) 全体論生物学の系譜　647

第 12 章　保全・管理と環境倫理の架橋……………………………………………………………659

12.1　日本の生物資源管理　659
（1）捕鯨の歴史　659　　（2）南氷洋とヒゲクジラ類　667
（3）現代捕鯨と日本　674
〈コラム 12-1　最大持続生産量——MSY 理論〉　684
（4）捕鯨への視座——資源を利用し管理することの責任　685
（5）漁業資源の持続可能な管理　689　　（6）マグロ——日本から世界へ　692
（7）日本の資源管理　699

12.2　環境倫理学の始動　701
（1）環境大国アメリカ　701
〈コラム 12-2　ヴェトナム戦争のエコサイド〉　703
（2）環境倫理学の誕生　704　　（3）生物権利論の系譜　707
（4）自然の権利論　711　　（5）地球全体主義の系譜　715
（5）アメリカ環境倫理学の到達点　719

終章　生物多様性と持続可能な社会……………………………………………………………731

13.1　生物多様性とはなにか　731
（1）地球には何種の生物種が存在するのか　731
（2）生物界を構成する生物　734　　（3）地球における生物多様性の起源　737
（4）生命によってつくられる地球　745

13.2　生物多様性と生態系保全への道程　746
（1）関連する地球環境条約　746　　（2）生物多様性条約　753
（3）ミレニアム生態系評価　761
〈コラム 13-1　緑の革命と特許〉　764
〈コラム 13-2　ハチの CCD と農薬〉　766

13.3　人間と生物多様性を守る価値観と経済学　768
（1）環境経済学の行方　768　　（2）近代経済学における環境　771
（3）経済学の復権　774
〈コラム 13-3　エコロジカル・フットプリント〉　779

おわりに　791

事項索引　793

生物名索引　805

人名索引　815

序章　ヨーロッパ文化のなかの自然

0.1　森林の国ヨーロッパ

ケルン大聖堂

　ケルン大聖堂は世界最大のゴシック様式の建築物であり，ヨーロッパの代表的な世界文化遺産の1つだ（図0-1）．ドイツ，ケルン中央駅に隣接し，ライン川のほとりに威容を誇るその建物は，高さ157 mの2つの巨大な尖塔を正面（ファサード）に，天空をめざしてひたすらに屹立している．幾層にも重なる石積みは，怪物の彫刻（ガーゴイル）やレリーフの装飾をまといながら上層へと向かい，多数の小尖塔群（ピナクル）へと分岐する．この高くそびえる石柱は飛梁（フライング・バットレス）と呼ばれる外側の補強構造によって支えられている．

　内部へと進む．蠟燭のほのかな明かりにたたずむ聖堂（カテドラル）は静けさにつつまれどこまでも荘厳だ．直立した柱ははるか上空に達して枝分かれし，交差「穹窿」（リブ・ヴォールト）によってほかの分枝と合流して天空のアーチを形づくる．この垂直空間にステンドグラスからの光束が射し込み，あたかも神の降臨を祝うかのようにまばゆい．

　この教会は1248年に起工し，1880年に完成したという．途中約200年の中断があったが，それでも約400年間にわたり営々と築き上げられてきた．当時の教会の権威を背景に，教区の人々から取り立てた「十分の一税」の莫大な収入がこの建設を可能にしたとはいえ，この巨大な建築物に託した司教や修道士，そして民衆の思いや精神とはいったいなんだったのだろうか．

　ゴシック建築は，フランスを発祥の地として12世紀後半からドイツ，北部イタリア，イギリスなどヨーロッパ各地で一世を風靡した建築

図0-1　ケルン大聖堂はあたかも鬱蒼とした「森」のようにそびえ立つ（2012年6月著者撮影）．

様式だ．ノートルダム寺院，サン・レミ大聖堂，マクデブルク大聖堂，カンタベリー大聖堂など，枚挙にいとまがない．ゴシックとはそもそも「ゴート族風」または「ドイツ風」の意味で，「粗野な」や「野暮ったい」と同義語，つまり蔑称だった．この洗練されない田舎風の建築物がなぜヨーロッパ人の心をとらえて離さなかったのか．

　それはヨーロッパの"森"なのだ，と見抜いたのは文豪ゲーテやフランス革命期の作家シャトーブリアンたちだった[1]．自然哲学者でもあったゲーテは『ドイツ建築について』（1772）という論考を書き，そのなかでこの建築様式を「崇高な神の木のように天にそそり立つ」と表現し，絶賛したといわれる（酒井2006）．シャトーブリアンは『キリスト教精髄』（1802）のなかで「私たちのナラの森はゴシック教会の中で聖なる起源を保った」と綴っている（伊藤2002）．このゴシックの「種明かし」は現在もなお圧倒的な支持を受けている（たとえば木村1988）．確かにそれは森のイ

メージに重なる．大伽藍のシルエットは鬱蒼とそそり立つ巨大な森そのものだし，直立する石柱と放射状にのびる梁は，ヨーロッパブナ，オーク（カシやナラ）の巨木である．人々が集う礼拝堂(チャペル)は森の広場であり，射し込むステンドグラスの光は木漏れ日にちがいない．そこにケルト人[2]やゲルマン人が故郷とした森があり，ヨーロッパの原風景がある．ヨーロッパ文明はみずからの拠って立つ基盤をこの巨大な建造物に託して表現していた．そう，ヨーロッパはかつて森の国だった．

共和政ローマのユリウス・カエサルは『ガリア戦記』（BC58-52?）のなかで，フランス，ラングル高地とおぼしき場所に軍を進め，そこから東方を望みながら次のように述べている．「この森を60日間歩いて行きながら，森の東端に達したといいきれる人はまだいないし，この森林がどのあたりでおわっているかを聞いて知っている人もいないありさまである」（第6巻『六年目の戦争』）．そして，「掌状の角をもつシカに似た牛」，「山羊に似た大鹿」，「大きさは象にややおとる野牛」と表現し，この森に生息していたムース，アカシカ，オーロックス（原牛）を記録している．

帝政ローマ時代の歴史家，タキトゥスは『ゲルマニア』[3]のなかで，ローマ帝国の北方外縁に広がるその地を「鬱蒼たる戦慄すべき森か，荒涼たる忌むべき沼沢であるかの地」と表現し，また同時代のプリニウスは『博物誌』[4]のなかで，「ゲルマニアの森の中ではしばしば途方もない大樹があり，その林冠は騎兵1個中隊を丸ごと覆うほどである」と記している．紀元をはさむ前後，ヨーロッパは，地中海地域の一部を除き，深い樹海のなかにたたずんでいた．

ヨーロッパの自然と植生

ヨーロッパ，それは，南を地中海と黒海，北を北極海，西を大西洋，そして東をウラル山脈によって切り取られるユーラシア西部の一角である．総面積約1000万km^2（日本の約26倍）．この呼称は，ギリシャの主神ゼウスが女神エウロペをさらい，さまよい歩いた"闇の世界(エレボス)"にちなむといわれる．闇の世界とはすなわち森の世界だ．この森はどのように形成されたのか．

ヨーロッパの環境は，最終氷期が終わり，気温の上昇と下降が幾度か繰り返された後，約5000年前から徐々に安定し，現在に至る．それは，大西洋を北上するメキシコ暖流とその上空を駆け抜ける偏西風の影響を受けて，1年を通して安定した降水量と，温暖でやや乾燥した気候を特徴とする．このため東西の広い範囲に環境の同質性をもたらすが，偏西風の影響はしだいに減衰するため東に向かうほどに乾燥と寒冷が増していく．このことと山脈の配置が関係して，おもに3つの森林群系が形成される．森林群系は領域面積に比べると，驚くほど少なく，単純である．そして群系を構成する樹種は広葉樹で約30種，針葉樹は7種にすぎない（ドロールとワルテール 2007）．

1つは，夏は高温で乾燥し，降雨は冬に限られる地中海地域で，ここにはオリーブやコルクガシに代表される常緑樹，とくに葉が硬いことから「常緑硬葉樹林」と呼ばれる森林が成立する．2つは，黒海からスカンディナヴィア半島へと至る大陸性の地域で，ナラやシナノキ，トウヒなどの針広混交林が境界をつくりながらやがてはタイガの針葉樹林へと移行する．針葉樹を主体とした混交林は古くから"黒い森"(シュバルツバルト)と呼ばれてきた．3つは，ブナ，カシを中心とする落葉広葉樹（夏緑）林で，上記に対応して"白い森"(バイスバルト)と呼ばれ，ヨーロッパの大部分を占める．この地域は湿潤で，氷河が破砕した細かい"黄土"(レス)と呼ばれる土壌が厚い沖積層の上に形成される．ブナやカシは秋にはたくさんの堅果類(ドングリ)をつけて，ブタや野生動物に豊富な食料を提供してきた．同時にそこは農業の最適地であり，新石器時代以降の人間活動によって大きな変貌を遂げることになる．

人類の歴史や文化の本流の1つはこの森を源に流れ下っている．ネアンデルタール人やクロマニョン人はこの森のなかでオーロックス，ノウマ（ターパン）[5]，ヨーロッパバイソン，トナカイを追い，狩猟し，後者はその躍動をアルタミラやラスコーの壁画に刻んだ．人間の生活

様式はその後大きく様変わりしたものの，森と結びついた伝統や文化は連綿と受け継がれ，現在に至っている．文化とは社会が共有する自然とのつながりにほかならない．この森がもたらす恵みとロマン，そしてそこから湧き出る着想(インスピレーション)は，ヨーロッパの人々にいまなお豊かに息づいている．ケルト人の神話や民話，キリスト教以前の宗教と祭り，叙事詩や古典文学の数々，グリム兄弟の民間伝承と童話，森と人々の生活を切り取った絵画，森や小川をさまよい歩く詩，そして自然と神々を謳い上げる音楽，いずれもがこの森に生まれ，現在も人々の心をとらえてはなさない．1935年，ナチス・ドイツは政権を奪った早い段階で，「帝国自然保護法」を制定し，その「前文」のなかでこう宣言している．「過去も現在も，森林と原野の自然は，ドイツ民族の憧憬であり，喜びであり，癒しである」．この精神は戦後の「連邦自然保護法」(1976年) にも受け継がれている．

0.2 人工化された自然

ヨーロッパ中世と城

"ドイツではお城が買えるウサギ小屋"．
1990年代初め，円高バブルと異常な土地高騰のさなかに新聞のかたすみに載っていた川柳．ヨーロッパではどこに行っても目をひくのが，教会とともに (古) 城である．多くはいまでは朽ち果て，荒れるにまかされているが，平野を見下ろす小高い丘に，川の蛇行点や合流点に，そして交通の要衝や地形的境界に，じつにたくさんの城や城跡が点在している．城の間隔はほぼ一定で，地理的には人々が1日で十分に往復できる距離に配置されている．この城の大半は10-12世紀の中世中期に築造されているが，このことはヨーロッパ封建制の成立過程と密接に関係している．

ヨーロッパ史は侵略と戦乱に彩られている．スキタイ，ゲルマン，フン，ヴァイキング (北方系ノルマン人の一族)，モンゴル，マジャール (ハンガリー民族) などの異民族の侵入，そしてその後に常態化していった有力豪族同士の覇権争い．農民たちは，異民族の跳梁と虐殺になす術はなかったし，破壊と殺害，強奪をもたらす有力者の抗争にはつねにおびえ，逃げまどうばかりだった．繰り返された戦乱は，やがてこれに立ち向かうプロの武力集団を生み出した．このことは，日本も同様で，時代や国を問わない．封建領主はこの職業的戦士集団の長として名乗りを上げることからその地位を確立していった．

20世紀の代表的な歴史学者マルク・ブロック[6]は，なお輝きを失ってない名著，『封建社会』(1939-1940) のなかで，「村」という生活者共同体の単位がどのように形成されたのか，その成立過程を次のように解き明かしている．「農民たちの安全を求める気持ちが極端な散在を妨げ，早期中世の混乱と無秩序が，領主の圧力とあいまって集住を加速させた」．領主はその後，村落を中心に「荘園」という所領のまとまりをつくり，このなかに領民たちが避難できる「安全地帯」を確保した．それは，最初，頑丈な柵に張りめぐらされる木造の構築物にすぎなかったが，やがては水濠と石積みの塀によって囲われる要害堅固な城へと発展していった．今日，中世の古城として私たちが目にする多くはこの時代以降のものである．領主は有事のさい領民をそのなかに収容して，外敵と闘う．この安全保障の見返りとして，領民は生活資材や食料を税として支払い，労働力を提供した．この「対等」ともいえる関係が中世封建社会の芽生えだった．

その後の歴史をかなり荒削りにたどれば，この城を中心に物々交換や市場が成立し，職人層や商人が生まれ，その多くが城やその周辺へと居住し，やがては町へ，そして都市へと成長していった．この過程で，領主は軍事力を背景に社会的強制力として領民を支配し，両者の関係は，双務的なそれから支配-被支配の関係へと転化した．領主は世襲制となり，領主たちはたがいに臣従関係を結び，さらに強大な権力を獲得し，人々の上に君臨することになる (堀越 2006)．この過程はさておき，この城に由来する都市に対するヨーロッパ人の感性には，その

成り立ちを物語る城壁や石だたみといった施設や道路，景観に，それがどんなに不便ではあっても，強いこだわりと愛着がある．

ヨーロッパ各国では「都市計画法」や「風景法」といった景観に関する法律がよく整備されている．たとえば，ドイツ，プロイセンでは「景観の傑出した地域の醜悪化防止法」という法律をつくり，1902年の時点ですでに，広告宣伝の看板を禁止し，建物の新築・改築を規制している（野呂 2002）．行政は，市民の圧倒的な支持を受けて，開発を厳しく規制し，伝統的な街並みや建物を保存している．それは，あたかも自分たち自身の出自の記録，「出生証明書」を保存しているようにみえる．この人工空間こそが，彼らの安住の地であり，精神的な拠りどころだったのではないか．だからそれを壊し，台なしにするようなものは拒絶するのである．ヨーロッパの街を歩いて気づくことの1つが，電柱や電線が地下に埋設され，視界に入らないことだ．無造作に林立する電柱と，そこから縦横にのびる電線がいかに風景を切り裂いて不自然なのか，日本の街並みと対比するとよくわかる．景観を守るという背景には，それを支える人々の圧倒的な執着と，行政の不断の努力が並走している．

ヨーロッパの庭園

おまけにヨーロッパ人はこの徹底した人工化空間のなかに"自然"を持ち込むのがこよなく好きなのだ．あちこちに配置される街路樹や公園，窓辺に置かれた小さな花壇の点景，その緑や花がうるおいを与え，伝統的な景観に映えて美しい．この人工的自然は，その後，強大な権力をもつようになった封建領主や国王の庭園によく表現されている．

西洋式庭園にはフランス式，イギリス式，イタリア式などと呼ばれるいくつかの様式がある．フランス式といえば，ヴェルサイユ宮殿の庭やヴォー・ル・ヴィコントの庭などを典型とし，いずれも徹底した平面上の幾何学的模様のなかに池や噴水，架橋が配され，そのなかをよく刈り込まれた生垣や芝生花壇がほぼ左右対称にあ

図 0-2 フランス式庭園（ヴェルサイユ宮殿）（2012年10月著者撮影）．

たかも刺繍のように配置される（図 0-2）．17世紀のイギリスの詩人アレクサンダー・ポープはこの庭園様式をこう皮肉っている．「どこを見ても壁，壁，壁．何らおもしろい複雑性が邪魔することもなく，芸術的な野性味が景観を混乱させることもない．木立はお互いを向き合ってお辞儀し，どの細道も似たりよったりで，花壇はちょうど左右対称」[7]．宮殿と庭園は一体化され，美しいのだが，あまりにも人工化されすぎて落ち着かないのだ．噴水と剪定は反自然の典型でもある（トゥアン 1988）．

フランスの「幾何学式庭園」は，イタリアのルネサンス期の「テラス式庭園」をまねて，15世紀後半から絶対君主の居城の庭園として，ヨーロッパ一円に拡大していった（岩切 2008）．この人工美の極致は，あたかも君主の権威とその号令の下で行われた自然征服の証かのようにみえる．そこには森への「回帰」に対する，森からの「離脱」が表象されている．

イギリス式庭園はややおもむきを異にしている．それは「風景式庭園（ランドスケープ・ガーデン）」と呼ばれるもので，幾何学的直線性や左右対称性を排して，起伏があり，より曲線的で森の景観を取り入れて自然風ではある．といってもこの庭園様式は18世紀以降にブラウンらの著名な造園師が「鹿園（パーク）」に着想を得て，それまでの，徹底して刈り込まれた，刺繍のような幾何学式を改造したものが少なくない（遠山 2002）．なぜ19世紀ヴィクトリア朝にこのような庭園が流行したのか，同時期の博物学の流行に呼応しているようで，興味深い．庭園の境界である塀がなくなり，自然

風とはいえ，そこには広大な池と芝生が配され，橋に加えてさまざまな建造物が点景物として置かれている．このような景観は 18 世紀後半から流行語になる"ピクチャレスク"，すなわち「絵のように美しい」と形容されるもので，そのエッセンスはイタリアの風景画に求められ（遠山 2002），歴史を感じさせる建造物，とくに古代の塔や神殿の廃墟や古い水車小屋などを取り入れていることにある．イギリス式庭園とは，自然の風景，自然の借景ではけっしてなく，イギリス貴族と農民たちが開拓してきた農牧地の風景そのものである（岩切 2008）．形式は異なるが，ここにもまた人間が徹底して加工してきた自然があり，その人工美を美しいと感じるヨーロッパ人共通の感性がある．

とはいえ，そこに自然の断片がまったくないかといえば，そうではない．フランス式，イギリス式のちがいはあるが，共通しているのは「森」だ．イギリス式には自然の樹林が借景され，フランス式の場合には森の形は徹底してデフォルメされてはいるが生垣に表現されている．加えて共通するのが池であり，川の流れである．フランス式の場合には豪華な噴水がこれに加わる．これらはいったいなにを意味するのか．ヨーロッパ人にとって水の意味は深い．とくに水のある地，「泉」，「川」，「湖水」は特別な領域であり，通常，そこは妖精のすむところであり，女性の象徴であり，そして異教の領域であると解釈されてきた（たとえば池上 1992）．ダ・ヴィンチの傑作"モナリザ"はその凝縮である．おそらく実景ではないその背景には峻険な山並みがかすみ，そこからは川が蛇行して下り，その 1 つには橋が架けられている．異教の地とは，キリスト教定着以前，ケルト人やゲルマン人が宗教祭祀を行った伝統の場所であり，人々はかの地で農業の豊作と，家畜の多産，そして自分たち自身の繁栄を祈った．この聖地を庭園に持ち込んでいる．庭園に配された池や小川は神々がおわす神域であり，噴水は森にこんこんとわき出る泉のシンボルではないか．そう解釈できる．ヨーロッパ人はここでもまたみずからの出自とその精神にこだわっている．

あわせて注目したいのが「橋」だ．ヨーロッパにはライン川，ダニューブ（ドナウ）川をはじめとして多くの河川があり，現在ではそこにたくさんの橋があるが，中世に架けられたものは驚くほど少ない．当時は川幅が広く，難工事だったからだ．川を隔てた彼岸と此岸は別の世界だった．この川に橋を架けて両者をつないだのは聖人や聖職者だった（ドークール 1975）．その橋を庭園のなかの小川や池に設けている．池上（1992）によれば，橋もまた中世ヨーロッパでは特別な意味をもっていたという．それはたんなる通行路の延長ではなく，天国と異界との境界，試練の関門として機能していた．この舞台で人々は，善行を行った者と，悪行を重ねた者とに選別され，後者は水のなかへ，すなわち地獄へと突き落とされた．橋は「現世と来世」，「天国と地獄」，「彼岸と此岸」を隔て，かつつないだ隠喩(メタファー)だった．この人生の重い審判をこともあろうに庭園のなかに持ち込んでいる．ヨーロッパ人の人工空間のなかには彼らがたどった精神と自然観が流れ降りている．

0.3 ヨーロッパの農業と牧畜

中世の農業革命

ヨーロッパは農業国である．FAO（国連食糧農業機関）の最近の統計によれば[8]，国土面積の約 30% が耕地面積（日本は 12.8%）で，一部の農産物は輸入にたよるが，農産物の自給率は大半が 100% を超え，輸出されている．この農業の歴史は森の開拓という長い闘いの歴史でもあった．中世以前，ヨーロッパにどれほどの森林が広がっていたのかは推測の域を出ないが，「鬱蒼たる」森はおそらく国土面積の 75-90% に達していただろう．この森林は 11-13 世紀の中世初期の大開墾運動が進むなかで，フランスでは約 2 割に，ドイツでは約 3 割に，イギリスでは約 1.5 割に減少した（ハーゼル 1996, ウェストビー 1990, ドロールとワルテール 2007）．現在の状況は，国によって大きくちがい，最小がアイルランド 8%，最大がフィンランド 72%，平均約 30% 程度で，1980 年代以

降，各国はおしなべて森林（とくに自然林）の回復に努力している．

ヨーロッパに農耕や牧畜が定着した歴史はかなり古い．それは新石器時代にさかのぼるが，後にみるように，そこにはさまざまな民族の移動と，農耕民と牧畜民の相克や融合の歴史が投影されている．先住民であるケルト人やゲルマン人は，もともとは遊牧民であり，農耕圏へと侵入する過程で定着し，農耕と牧畜の基層文化を築くようになった．とはいえ，原始的な木製の鋤(すき)程度しかない時代だったから，家畜を森に放すいっぽうで，土壌の表面を軽く掻く程度の耕作か，森林に火をつける焼畑によって生活を成り立たせていた．

時代を大きく変えたのは鉄製の農具の登場だった．金属としての鉄はBC1200年ころに発見されたといわれるが，その鉄から鋤，カマ，斧などの農具がつくられ，ヨーロッパに普及するようになったのははるか後，8-9世紀になってからだった．この農業技術の革新によって自然はその様相を大きく変えていくことになる．森林の伐採と開墾．なかでも重要だったのは「鋤」で，人力の鋤から動物を利用して引かせる「犂(すき)」にとってかわられた．犂には車輪が取り付けられ，犂の鉄製刃を安定して地面に押し付けられるように工夫された（これを「有輪犂」という）．最初の引き手はウシだったが，このことは人間と動物の関係史からみると大きな飛躍だった．動物が肉や乳製品の有用性だけではなく，農業の主要な担い手として昇格したからである．

ところで，ヨーロッパの土壌は表土が薄く侵食されやすいために，つねに肥料を供給しなければならないという宿命を負っていた．このために，ムギ栽培は毎年行うのではなく，1年は休耕（休閑）し，そこにヤギやヒツジなどの家畜を入れ，たくさんの糞尿をしてもらって土壌を回復し，翌年植える「二圃制」という生産方法をとった．この二圃制は地中海地域ではホメロスの時代から一貫して行われてきた人々の知恵であったし，帝政ローマのプリニウスは『博物誌』のなかで輪作や施肥の方法をくわしく解

	1年目	2年目	3年目	4年目	5年目
	春夏秋冬	春夏秋冬	春夏秋冬	春夏秋冬	春夏秋冬
第1の条（畑）					
第2の条					
第3の条					

種播き　収穫　　休耕（家畜）

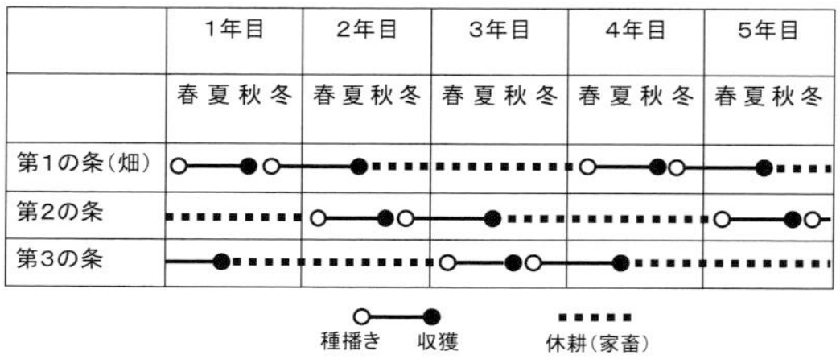

図 0-3　三圃制ローテーションの図式．

説している．古代ギリシャの土地賃貸文書のなかには，家畜による施肥を義務づけたものがあるという（村上ほか 1993）．ヨーロッパ人はこれをさらに発展させた．

二圃制から三圃制へ，である．従来2つに分けていた耕地をさらに3つに分け，1つには春にオオムギ（やエンバク）を播き，秋に収穫した後に耕作し，今度はコムギ（やライムギ）を播き，翌年初夏に収穫し，そのまま休耕地として家畜を入れるのである．家畜はムギの刈り株やひこばえを食べ，さらには翌春生える雑草を食べてたくさんの排泄物（糞や尿）を落とし，施肥する．これを繰り返すのだ（図0-3）．この用途にもっぱら使われたのがヒツジだった．農業経済史家ブルース・キャンベル（Campbell 1981）はヒツジを"歩く施肥機械"（walking dung machine）と呼び，その飼育法がイギリス農業の地域的な特色をつくりだしたと述べた．農畜一体のきわめて効率のよいシステムだ．この休耕地は草食獣にとって魅力的だったので，ウサギやシカなどの野生動物をひきつけた．なかでもめだったのはヨーロッパに広く生息する中型シカで，そのシカは"休耕地ジカ"(ファロー)（fallow deer，ダマジカ）と名づけられた．施肥も行う格好の狩猟獣として歓迎された．

だが，このローテーションを実現するためには輪作の間や休耕の後というように，同じ畑を何度も何度も耕さなければならなかった．その原動力がウマだった．とくにヨーロッパ北部の粘土層の深い土壌にはより強力な犂耕が必要で，ウシでは非力だった．ウシとウマでは牽引力には大差ない．だがスピードがちがう．中世技術史の権威，リン・ホワイト Jr.（1985）は，ウマのほうが速いために1秒あたりの牽引重量と

図 0-4　ウマの重量犁（4頭立て）．矢印が「軛(くびき)」．

距離の積はウシに比べ約5割増加すること，しかもウマの持続力ははるかに長く，使役時間は1-2時間のびることなどの実験データを紹介し，ウマの優秀性に軍配を上げている．ヨーロッパ人はこの牽引用のウマを2頭からなんと2頭4列，8頭も並べて強力な有輪の「重量犁(カルッカ)」[9]を工夫した（図 0-4）．

この犁の工夫にはさまざまな技術の発展が付随する．第1は「軛(くびき)」の発明だ．ウマの牽引力を引き出すために従来は「首輪」が用いられた．しかしこれでは首を絞め，窒息させてしまう．これに対して新しい軛は，複数のウマの背中側で横に心棒を渡し，それぞれにU字型の木製（皮革製）の首あてを肩甲骨にあたるようにはめ，その心棒に合成した力を牽引力として使う（図 0-4，矢印）．これによって従来に比べ，4-5倍の力が発揮できるようになった（ホワイト 1985）．

もう1つは「蹄鉄」だ．ウシやウマなどは有蹄類に属し，脚の先端にある骨（趾骨）を厚い角質層が覆い「蹄(ひづめ)」を形成している．蹄は巨大な爪のかたまりといってよい．このうち偶蹄類であるウシは偶数（2本）の趾骨をもち，それぞれに蹄がついている．このため，走行だけでなく，分かれた蹄が地面をしっかりととらえ，岩場やぬかるんだところでも移動できる．これに対してウマは趾骨と蹄は1つしかない（奇蹄類）．これは速力をより増すために「脚」をさらに走行専用に特殊化させた結果であり，硬い地面と見晴らしのよい草原環境にあって天敵からすばやく逃れるための適応といってよい．このためウマはぬかるんだ場所では脚を取られやすく，また蹄を損傷しやすい．これを回避するには，蹄と土の接点に硬いインターフェースをはさむのがよい．これが蹄鉄である．この蹄鉄によって場所や条件を問わず，しかも長時間にわたってウマを働かせることが可能となった．

ヨハン・ベックマンは18世紀初頭の技術史の草分け的名著『西洋事物起原』（1780）のなかで，蹄鉄はアレクサンダー大王や古代ローマの時代には存在せず，ずっと後世，おそらく8世紀になって発明されたのではないかと推測した．おそらくそうなのだろう．蹄鉄について確かなのは，遊牧民によって伝えられ，ようやく11世紀の終わりになって一般化し，ヨーロッパにも普及したことだ（ホワイト 1985）．鉄製のさまざまな農具や蹄鉄を扱う鍛冶職人が，この時代になって初めて村々のなかに確たる職業として成立し，定着していった．

ウマの重量犁は大きな革新をもたらした．それらを列挙すれば，人力やウシに比べはるかに大面積の農地を効率よく耕作できるようになったこと，しかも土壌をより深い深度で粉砕し，地表面の堆積物や家畜の排泄物とよく攪拌できたために肥沃度が増したこと，さらに，それまで荒れ地だった湿地帯や硬い粘土層が覆う森林が耕作地へ編入されたことだった．ウマはウシより手がかかり，手厚い配慮と管理が必要な動物だ．だが，その手間をはるかに上回る利得があった．そしてこの重量犁と三圃制の結合はさらに大きな飛躍をもたらした．1つは，圃場ごとに耕起，播種，収穫を分散させることで労働を効率的に分配し，作物を多作・多様化したこと，もう1つは，耕作面積の拡大と収穫量の増加が，前者とあいまって，飢饉のリスクを大幅に減少させたことである．

ムギはもともと生産性の高い作物ではない．播種量で比較すると，コメは水による養分の補給作用によって江戸時代の無施肥条件であっても30-40倍に達していたのに対して，中世のムギではわずか2倍程度（鯖田 1966），3倍を超えない（堀越 1997, 2009），あるいは2-8倍

（Campbell 1988）といった推定値が並び，しかも相当量は翌年の種籾に回さなければならなかった．驚くべき生産性の低さだ．農民は，戦乱とともに，寒冷，水害，干ばつなどの天候不順，病害虫の発生におびえ，つねに飢饉と隣り合わせのところにいた．これが三圃制と重量犂，そして中世の温暖期を味方に，13世紀の収穫量は一気に5-8倍へと跳ね上がった（木村1988）．しかもコムギ以外にもオオムギ，エンバク（燕麦，カラスムギ，オーツムギ，オート），ライムギなどに加えて，エンドウ，インゲンマメ，ソラマメ，レンズマメ，その他の野菜（レタス，キャベツ，カブ，ニンジン，ダイコン）が栽培されるようになり，この多作化が飢饉に対する保険となった．

農畜複合文化の形成

この中世の農業革新は人間社会にも大きな影響をもたらした．ヨーロッパの畑の単位は「地条」（ストリップ）と呼ばれるが，この地条は従来まちまちの形だった．それが重量犂の導入と農地面積の拡大の結果，より機動性の高い，大規模かつ幾何学的な短冊状の長方形へとつくりかえられていった．それは日本の圃場整備も同じことで，機械の大型化には画一的な大面積農地のほうが適している．この改変はそれまで家族単位で経営されていた農業を集約化する方向に導いた．散在していた農家は1カ所に集まり，耕作方法や作物の作付について，集団で合意しながら共同作業を行うようになった．中世の「村」の形成には，すでに述べた「安全・安心のための集住」という側面に，「協働のための集住」という要素が加わった．村は共同体化し，農地の再編，排水の整備，開墾といった共同作業だけではなく，周辺の荒れ地，森林，草地などの土地利用についても共同体の意志のもとで管理，運営するようになった．それが今日，多くは後に領主や地主，教会にかすめ取られてしまうが，ヨーロッパに広くみられるいわゆる"コモンズ"（入会地）の起源である．

より重要なのは，農業生産量の増加や食料の備蓄が着実に人口の増加を促したことだ．さまざまな推計があるが，ヨーロッパ全体では，8世紀初頭に2700万人であった人口は14世紀初頭には7300万人，3倍弱へと増加したようだ（バート1969）．人口増と共同体化は人々を緊密に結びつけ，村を活性化し，にぎわいある世界へ変えていった．鍛冶屋や大工などが分業化し，職人層が生まれ，食料や生活用具などさまざまな物資が流通するようになった．行商から始まった商人や業者は店を構え，取引の範囲は拡大し，商業が確固たる地歩を占めた．ヨーロッパは農業を基盤として出発し，人口の90％以上はつねに農民だったが，このことが後の都市形成と，その発展を準備する大きなステップとなった．

三圃制定着の意義はそれだけに留まらない．それは人間と動物との関係を抜本的に変え，初めて両者は有機的に結合し，一体化したといってよい．それは，この本の主題である「動物と人間の関係史」という点でも際立っている．家畜との関係を，再びウマでたどると，いうまでもなくウマは騎兵や戦車などの戦力として重要だったから，重量犂以前にも領主や騎士層が荘園のなかで飼育していた．ウマは，良質の柔らかい草から繊維質の多い粗い茎までなんでも食べるが，労役用の飼料にはエンバクが最適だ．栄養価が高く，しかも嗜好性が強い．重量犂を引くウシからウマへの転換は，このエンバクが三圃制によって大量に生産できるようになって初めて実現する．エンバクはオートミールやビスケットとして人間の食用でもあったから，飢饉への備蓄としても重要だった．その飼料生産を三圃制のなかに組み入れたことは，家畜の役割と利用をより明確にし，合理的な土地利用をいっそう促進した．

ヨーロッパで広く飼育されている家畜は，いまも昔も，ヤギ，ヒツジ，ウシ，ウマ，ブタであることに変わりはない．この取り合わせ（コンビネーション）は絶妙というほかはない．いずれも草食獣で，サイズがちがい，用途や利用法が異なる点も出色だが，生態学的にみると，食性が少しずつずれて「食い分け」が成立しているのが重要だ．ヤギは草とともに木の葉を，ヒツジは柔らかい草を，

ウシは柔らかい草と繊維質の多い草の両方を，ウマはすでに述べたように状況に応じて，というように分担している．加えてブタは木の実から野菜くずや小動物までを雑食する．これはそれぞれの種の食性と消化方法，つまり胃や腸の構造と密接に関係しているのだが（この点は後述），いずれにしてもこのちがいが三圃制の土地利用を推進した生物学的な原動力だった．

もう一度，模式図にもどろう．第1の地条（畑）を例にとれば，秋の収穫後に残された切り株や葉はウシやウマに，翌春生えた柔らかい雑草はヒツジに，その後はウシやウマに，そして耕起し，冬にはコムギを播き，翌夏の収穫後に再びウシやウマに，そして，春から夏にかけてはヒツジにそれぞれ食べさせ，施肥してもらうのである．いつでもどこかに条件の異なる草が生育し，そのすべてを利用できるシステムとなっている．ウマにはこれに加えて春播きであるエンバクを，ヤギは畑周辺の雑草や森林の木の葉を，そしてブタには周辺の森林がもたらす大量の堅果類に加え，普段は野菜くずや残飯を，それぞれに与えられる．まったくむだのない循環の土地利用だ．

中世ヨーロッパの家畜構成にはさまざまな推測値があるが，たとえば，13世紀のイングランド南部では，1家族あたりの平均は，ヒツジ6.2頭，ウシ4.5頭，ブタ3.1頭，それに集落全体で共有する労役用のウマが2.4頭だったという（ギースとギース 2008）．これだけ多数の家畜が人々と同居していたのにあらためて驚かされるが，同時にこの家畜との一体性は，このシステムがいかに有効に機能していたかの証でもある．

農畜複合体の土地利用

ところが，ここに大きな問題が生じる．当然，草食獣である家畜は雑草と作物の区別なく食べてしまう．このため村民は「家畜番」を選任し，家畜が畑に入らないようにつねに見張り，コントロールしていた．だがこれだけの家畜数，彼らは草を求めどこへも移動するから，完璧ではありえない．家畜との共存には畑を荒らさない

図0-5 ヘッジローのある景観．イギリス，ケンドール（カンブリア州）近郊（柏雅之氏撮影）．

抜本的な解決法が求められた．これが"生垣（帯状樹林帯，hedgerow）"だ．ヘッジローは高さ1-2mの土塁や石，垣根や樹林でつくられた障壁で，三圃制の耕地を地条ごとに囲い込んでいる．イングランド南部では現代でもおなじみの田園風景だが，草原や丘陵を縦横に突っ切る細長い樹林帯はヨーロッパ各地に広くみられる（図0-5）．ヘッジローは，ラテン語では"verpis"，フランス語では"bocages"，ドイツ語では"Hecke"といい，地域や国によって発達の程度や残存状況にちがいはあるが，ヨーロッパ共通の土地利用の形態だ．そしてこの結果できあがる，まるでパッチワークのような田園風景，それがヨーロッパ独自の景観なのである．

ヘッジローの起源はBC2000年ころ，農耕と牧畜が定着した時代にさかのぼるといわれている（バート 1969）．イギリスでも先史時代にはすでに築かれていたようで（Clare 1996），現在の多くの景観は500年以上前に成立したとされる（ラッカム 2012）．農畜複合文化には不可欠の工作物なのである．中世では各村に村民の互選による専任の"生垣管理人"がいて，新たな構築はもちろん村民総出の共同作業だったが，これ以外の日常的な改修や補修にあたっていたという（ギースとギース 2005）．有名な当時の暦，『ベリー公のいとも華麗なる時禱書』[10]（15世紀）の3月の分には，堅固な要塞のようなお城（リュジニャン城）を背に，ヒツジの放牧，ブドウの剪定，ウシによる犂耕，種播きなどを

行う農民の姿が描かれている．その畑のいくつかは塀のような仕切りではっきりと区画されていた．ヘッジローには付随的に，畑や放牧地の境界を仕切り，表土の流出を抑えたり，さらには戦争の防塁としての機能が期待されるが，主要な役割は家畜の移動を制限し，農耕地への侵入を防ぐことにあった（バート 1969）．いまもその役割に変わりはない．この方式が動物の生息を前提にしながら農業を展開する原則なのである．

ところで，近年，日本と同様に，ヨーロッパでも野生動物による農林業被害が増加し，対策が急がれている．ウサギやノロジカ，アカシカなどが農地に侵入し，農作物を食害する．これが，野生動物の生息地と重なる場で展開される農業の，世界共通の宿命だ．だが，ヨーロッパでの状況をくわしくたどると，日本のように被害が爆発的に増加したり，慢性的に継続することはほとんどない．多くは一過性である．この理由の1つには，農業がそもそも，家畜であれ野生動物であれ，動物の生息（それによる施肥）とその排除を前提に営まれていたことがあげられよう．ヨーロッパのヘッジローはなお多くの地域で健在であり，食害の防止に機能している．それどころか最近では，このような帯状の垣根は小動物や野鳥の生息地や移動路（"生態学的コリドー"）として見直され，生物多様性の保全手法としてあらためて評価されるようになった（たとえば Bennett 1999）．ヘッジローを構成する植物の種数はつくられた年代が古いほど増加し，多様になる（ラッカム 2012）．ヨーロッパの人々はここを住処とするハリネズミやカヤクグリを，"垣根の子豚"（hedgehog），"垣根の雀"（hedge sparrow）などと名づけて親しんできた．

日本にもかつては野生動物の生息地と農地とを仕切る"ヘッジロー"があった．「シシ垣」と呼ばれる障壁で，水田や畑のまわりを石や土，木の塀などの工作物で囲い，シカやイノシシの侵入を防いだ．関東から沖縄に至る西日本各地でつくられ，なかには小豆島のように，野生動物の生息地と人間の居住地域を 150 km 以上にわたって島ごと仕切った地域もある．そのすべてがいまでは崩壊し，機能していないが，それに代わって，農業被害地には，金属製のフェンスや電気柵が出現している．伝統が生かされるヨーロッパと，伝統を捨て去ってしまった日本．この対照は，都市や街の景観と同様に，農耕地と野生動物の保全や管理の分野にもあてはまる．

話をもどしてこの序章をまとめよう．ヨーロッパののどかな田園風景，それは三圃制を起点とする農業と牧畜との結合によってつくりだされた．三圃制はその後，四圃制や輪作を取り込んでより複雑な土地利用形態へと発展していくが，農業と牧畜の基本的なローテーションはいまに至るも変わりない．その結合から生まれる多彩な農作物，畜産物，乳製品が豊かな食文化を育み，同時に，動物たちとの間に深い絆と交流を築いてきた．これらがヨーロッパ人の精神や自然観に強い影響を与えたことは疑いない．深い神秘の森がかもす荒々しい自然美，明るい都市とそれに付随する徹底した人工美，そして農業と牧畜の一体化が織りなす田園美，さまざまな顔をもつヨーロッパの自然，それらが人々の生活を支え，感性に語りかけ，文明や文化と呼ばれるものをつくりだした源泉だった．それはヨーロッパの「独創」といってよいだろう．

だが，その発展を駆動した農畜文化の素材と祖型，すなわちムギ類や豆類，多彩な野菜類，そして主要な5種の家畜，そのすべてはヨーロッパのオリジナルではない．もちろん重量犂の開発など，その発展には独自のすぐれた技術や工夫が伴走するものの，そのエッセンスのすべてはヨーロッパの圏外でつくられ，持ち込まれた「焼き直し」にすぎない．ヨーロッパ文化の成り立ちは別のところでなされた創造の模倣，「二番煎じ」なのである．このオリジナルからどのようにコピーがなされたのか，時間の針を大幅にもどして，ヨーロッパの原型とその成立過程をたどることにしよう．

序章 注

1) このほかにイギリスの詩人アレクサンダー・ポープも同様の解釈をしている．

2) ケルト人とは，ヨーロッパ北部の先住民族．古代ギリシャ人の呼称で西ヨーロッパの森のなかに生活していた人々，"Keltoi (Celt)" と表記．野蛮，蛮族の意味．古代ローマ人が相手にしたケルト人で，ガリア人（Gaul）と呼んだ．ガリアはイタリア北部の地理的総称のこともある．
3) タキトゥス『ゲルマニア』（AD98 ころ）．ゲルマニアは現在のドイツとほぼ重なる地域を指す．原文に近い訳は「幾分の変化はあっても，総体的には森林に蔽われてもの凄いか，あるいは沼地が連なって荒涼たるもの」．この訳はハーゼル（1996，山縣光晶訳）『森が語るドイツの歴史』による．
4) プリニウス（大プリニウス，AD22-80）『博物誌』．この文章はハーゼル（1996）による．原文に近い訳では「（ゲルマニアではカシ）の根が出会ってぶつかり合い土を押し上げてちょっとした丘をつくっていたり，根が張り合い枝の高さにまでも高まってアーチをなしていて，その下を騎兵中隊が通過することができる」（中野定雄ほか訳 1986）．
5) ノウマ（Equus ferus）は野生ウマの一般的な名称として使用される．ノウマのロシア産亜種につけられたターパン（tarpan）が E. ferus の標準名として使われる．同様にプルツェワルスキーウマまたはモウコノウマも亜種名で，これらを含めノウマとする．なお，亜種ターパンは20世紀初頭に絶滅している．
6) マルク・ブロックはフランス，アナール派第1世代を代表する歴史学者，『封建社会』（1939-1940）はその代表作（邦訳 1973）．
7) ポープ（A. Pope）『倫理についての随筆』（1731）の部分，カートミル（1995）から引用．
8) FAOSTAT（URL: http://faostat.fao.org/）による 2007 年の統計．耕地面積には牧草地や果樹園などを含む．便宜上ロシアを除いて算出．
9) 重量犂はカルッカ（carruca）と呼ばれ，北部ヨーロッパを中心に発達した．これに対して南部のウシ1頭による軽量犂をアラトラム（aratrum）という．
10) 『ベリー公のいとも華麗なる時禱書』（"Les Très Riches Heures du duc de Berry"，15世紀），中世フランスの領主ベリー公ジャン1世（1340-1416）がつくらせた羊皮紙よる華麗な時禱書，つまり聖務日課書や祈禱文を含む暦．

序章　文献

バート，B. H. T.　1969．西ヨーロッパ農業発達史（500-1850）（速水融訳）．日本評論社，東京．464pp．
ベックマン，J. 1780．西洋事物起原（第2巻）（特許庁内技術史研究会訳 1999）．岩波文庫，岩波書店，東京．501pp．
Bennett, A. F. 1999. Linkages in the Landscape. The Role of Corridors and Connectivity in Wildlife 6. IUCN, Cambridge. 254pp.
ブロック，M. 1973．封建社会（1）（新村猛ほか訳）．みすず書房，東京．304pp．
カエサル．BC58-52? ガリア戦記（近山金次訳 2010）．岩波文庫，岩波書店，東京．363pp．
Campbell, B. M. S. 1981. The regional uniqueness of English field systems? Some evidence from Eastern Norfolk. Agri. Hist. Rev. 29: 16-28.
Campbell, B. M. S. 1988. Arable productivity in medieval England: some evidence from Norfolk. J. Econ. Hist. 43: 379-404.
カートミル，M. 1995．人はなぜ殺すか（内田亮子訳）．新曜社，東京．480pp．
Clare, T. 1996. Archaeology, conservation and the late twentieth-century village landscape, with particular reference to Westmorland and North Lancashire in northwestern England. Conserv. Manage. Archaeol. Site 1: 169-188.
ドークール，G. 1975．中世ヨーロッパの生活（大島誠訳）．クセジュ文庫，白水社，東京．172pp．
ドロール，D. & F. ワルテール．2007．環境の歴史（桃木暁子・門脇仁訳）．みすず書房，東京．328pp．
ギース，J. & F. ギース．2005．中世ヨーロッパの城の生活（栗原泉訳）．講談社学術文庫，講談社，東京．304pp．
ギース，J. & F. ギース．2008．中世ヨーロッパの農村の生活（青島淑子訳）．講談社学術文庫，講談社，東京．320pp．
ハーゼル，K. 1996．森が語るドイツの歴史（山縣光晶訳）．築地書館，東京．280pp．
堀越孝一．2006．中世ヨーロッパの歴史．講談社学術文庫，講談社，東京．459pp．
堀越宏一．1997．中世ヨーロッパの農村世界（世界史リブレット）．山川出版社，東京．90pp．
堀越宏一．2009．ものと技術の弁証法（ヨーロッパの中世 5）．岩波書店，東京．318pp．
池上俊一．1992．狼男伝説（朝日選書）．朝日新聞社，東京．356pp．
伊藤進．2002．中世・ルネサンスの闇の系譜学．岩波書店，東京．451pp．
岩切正介．2008．ヨーロッパの庭園——美の楽園をめぐる旅．中央公論新社，東京．261pp．
木村尚三郎．1988．西欧文明の原像．講談社，東京．418pp．
村上堅太郎・長谷川博隆・高橋秀．1993．ギリシャ・ローマの盛衰．講談社学術文庫，講談社，東京．375pp．
野呂充．2002．ドイツにおける都市景観法制の形成（一）——プロイセンの醜悪化防止法．広島法学 26：117-143.
プリニウス．AD22-80．博物誌（全3巻）（中野定雄ほか訳 1986）．有山閣，東京．
ラッカム，O. 2012．イギリスのカントリーサイド（奥敬一ほか訳）．昭和堂，京都．653pp．
鯖田豊之．1966．肉食の思想．中公新書，中央公論社，東京．176pp．
酒井健．2006．ゴシックとは何か．ちくま学芸文庫，筑摩書房，東京．314pp．
タキトゥス．AD98 ころ．ゲルマニア（泉井久之助訳 1979）．岩波文庫，岩波書店，東京．259pp．
遠山茂樹．2002．森と庭園の英国史．文春文庫，文芸春秋，東京．206pp．
トゥアン，Y. 1988．愛と支配の博物誌（片岡しのぶ・金利光訳）．工作舎，東京．286pp．
ウェストビー，J. 1990．森と人間の歴史（熊崎実訳）．築地書館，東京．275pp．
ホワイト，L. Jr. 1985．中世の技術と社会変動（内田星美訳）．思索社，東京．331pp．

第1章　巨大動物相の鎮魂歌（メガファウナ レクイエム）

　1940年9月8日，ドイツ軍の電撃的侵攻によってパリが陥落してから3カ月ほど過ぎたフランス南部のヴェゼール渓谷にある小さな村，モンティニャック．村から数km離れたヴェゼール川の河岸段丘の上を，18歳の新米自動車修理工マルセル・ラヴィダが愛犬ロボを連れて散歩していた．のどかな田舎のたたずまいは戦時下にあることを忘れさせたが，彼の心はレジスタンスに参加する決意で騒いでいた．とそのとき，前を走っていたロボが突然，キャンキャンの吠声だけを残して姿を消した．みると地表にはオークの枯木が倒れた跡にぽっかりと穴があいていて，ロボはそこに落ちていた．イヌを助け出し，穴をのぞき込むと意外にも深い闇が奥へと続いていた．体が入るには狭すぎたので，いったんはあきらめ他日を期した．9月11日，誘った仲間3人と，ナイフとアセチレン・ランプで「武装」した彼は，入口を掘り広げて，体を差し入れた．穴の直下は思いもよらない空洞で，ホールのような空間へと滑り落ちた．ランプをかざすと，その壁には，巨大なオーロックスの絵が，揺れ動く光のなかにあたかも生きているかのように躍動していた．

　ラスコー洞窟（Grotte de Lascaux）の発見だ．降り立った"部屋"（チャンバー）は後に「雄牛の部屋」と名づけられた最大の空隙で，奥でさらに分岐し，多数のチャンバーから構成されていた（図1-1）．全長約200 mの洞穴の壁には，オーロックス，ノウマ（ターパン），バイソン，トナカイ，アカシカ，ケサイなどの野生動物の姿が，槍で追走する人間を脇役に，ダイナミックに，そしてところ狭しと活写されていた．

図1-1　ラスコーの壁画「雄牛の部屋」．2頭のオーロックスの間に，ノウマ（上）とアカシカ（下）が躍動している（Delluc & Delluc 2006より）．

　発見の報は，ただちに，後にラスコー洞窟博物館の初代学芸員となる地元中学の先生，レオン・ラーバルにもたらされ，現場の尋常ではない状況を確認したこの先生は，国立先史博物館へ急報，後の精査によって一躍，世界史的発見へとつなげた．それはオーリニャック文化期からソリュートレ文化期へと続くBP1.7万-1.5万年の現生人類，クロマニヨン人たちが心魂込めて描いたまぎれもない「遺作」だった．最初の発見者ラヴィダは短期間，現地ガイドをつとめた後に，レジスタンスに出立していった．

　ラスコーは戦後（1947年）に一般公開され，復員したラヴィダはガイド業に転身するが，おびただしい数の来訪者のために洞窟内の環境は激変，さらには落書きなどの損傷を受け，たちまちのうちに劣化していった．フランス政府は1963年に一般公開を中止して封鎖した．洞窟内を侵蝕した「緑のカビ」を最初に発見したのもまたラヴィダだった．なお，ラスコー洞窟は，現在，その近在に"ラスコーII"（2016年にはラスコーIVが完成）が公開されている．複製（レプリカ）

表 1-1 ヨーロッパ時代区分と文化.

年代	時代	文化	年代(万年)	期間	環境と人類	地域
旧石器	中期	ムスティエ	BP60-4		ネアンデルタール人	フランス, ドイツ
	後期	シャテルペロン	BP4.1-3.9		現生人類	フランス
		オーリニャック	BP3.8-2.9			ヨーロッパ中南部
		グラヴェット	BP2.9-2.2		LGM期	フランス (オーリニャックの分流)
		ソリュートレ	BP2.7-1.7		温暖期	フランス (オーリニャックの分流)
		マグダレニアン (マドレーヌ)	BP1.7-1.2		ヤンガードリアス期	ヨーロッパ中部
		ハンブルグ	BP1.4-1.1			ヨーロッパ中部, 北ドイツ (トナカイ狩猟)
		フェデルメザー	BP1.4-1.3			ヨーロッパ北部, 北ドイツ, ポーランド (トナカイ狩猟)
		オーレンスブルグ	BP1.2-1.1		温暖期	ドイツ北部, スカンディナヴィア, ポーランド
		スウィデリアン	BP1.1-0.8			ヨーロッパ北部, ポーランド
中石器		アジール	BP1.2-0.7			スペイン, フランス
		マグレモーゼ	BP0.9-0.8			スカンディナヴィア
新石器			BP0.9-			

とはいえその迫力に息を呑む（Delluc & Delluc 2006 を参考).

　南フランスにはラスコー以外にも壁画やレリーフをもつ多数の洞窟が知られている（年代は表1-1参照). ラスコーのあるヴェゼール渓谷には，マンモス，ケサイ，ヤギのレリーフがあるルーフィニャック洞窟（マグダレニアン文化期中期，BP1.3万年）や，トナカイの彩色画で有名なフォン・ドゥ・ゴーム洞窟（マグダレニアン文化期前期，BP1.7万年）があり，この渓谷一帯には約4万年間の人々の生活痕跡が残されている. また，南仏ニーム近郊には1994年に発見されたショーヴェ洞窟（ポン・デュ・ガール遺跡，BP3.2万-3万年，オーリニャック文化期）があり，オーロックス，ノウマ，ケサイ，クマ（ヒグマかホラアナグマ），ホラアナライオン，ホラアナハイエナなどの壁画がある. トゥルーズ近郊のニオー洞窟（BP1.1万年，マグダレニアン文化期）にはバイソン，アカシカ，イノシシなど線刻画がある. さらに，ラスコー同様有名な，スペイン北部のアルタミラ洞窟（BP1.8万-1万年，マグダレニアン文化期）には，オーロックス，ノウマ，トナカイの壁画がある. 描かれた年代は別々だが，これらすべての遺跡は北緯43-45度の幅のなかに位置する. それらは最終氷期最寒冷期をはさみ，一進一退した北部の氷床を避けた人間と野生動物の"リフュージア"（refugia）だった. 先史時代に人類はどのような生活を営み，野生動物とどのように出会い，そして，どのような関係を築いたのか，たどってみる. それは生物学的なヒト（ホモ・サピエンス）から社会生活を営み，成長した人間，その人々と野生動物の最初の出会いであった.

1.1　先史時代の人類と野生動物

（1）　ヨーロッパにおける人類の足跡

　現在へとつながる時代を地質学では「第四紀」という. それはかつて地質時代を大きく4つに区分したとき，その最後を人類の出現に割りあてたことの名残りだ. ほかの時代区分はその後大幅に変更，細分されても，第四紀が「人類の時代」であることに変わりはない. 第四紀は更新世（約180万-1.3万年前，Pleistocene，"Pleistocene"はもっとも最近の意味）と完新世（BP1.3万年以降，Holocene，"Holo"はギリシャ語で「全体」，「完全」，「完成」，「最近」の意味）とに細分され，先行した更新世は氷期と間氷期の繰り返しによって特徴づけられる. この章では，ヨーロッパを舞台に，初期人類と野生動物との接点や関係，両者の相互作用につ

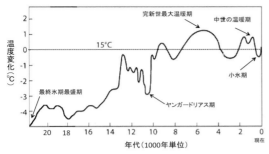

図 1-2　更新世−完新世の気温変化（Marshak 2006 を改変）．

いて探るが，その前にもう少しその舞台背景を確認しておく．

第四紀の最終氷期は，ヨーロッパではドイツ・ミュンヘン南西の湖[1]の名にちなんで，"ヴュルム（Würm）氷期"と呼ばれる．それは7.5万年前から1.6万年前までの約6万年間続いた．氷河の最盛期（最終氷期最寒冷期，LGM 期，Last Glacial Maximum）は約2.5万-2.2万年前で，この時代，氷床はヨーロッパの北半分をほぼ覆い尽くした．その後（1.6万年以降），気温は，変動しながらも，ゆっくりと上昇に転じ，氷床は北へと押し上げられた．氷床の跡には広大なツンドラが広がり，その後にはステップやカバ（カンバ）林が成立した．ところがBP1.3万-1.2万年に，ヤンガードリアス（ドライアス）期[2]と呼ばれる大規模な「寒の戻り」（亜氷期）が起こり，ヨーロッパ中・北部は再びツンドラや氷床へ押し戻された（図1-2）．この後，気温は大きな振動を繰り返しながらも再び上昇し，現世へと至る．これにともなって中・北部の植生は，ツンドラ→カバ林→カバやトウヒ・マツなどの針広混交林→オーク（ナラ）混交林→オーク・ブナ落葉樹林へ徐々に移行した．

ヨーロッパにおける現生人類（Homo sapiens，クロマニョン人）の足跡はさほど古いものではない．共通の祖先をもつ同属別種（姉妹種）のネアンデルタール人（H. neanderthalensis）はすでにBP約13万年からこの地で生活していたが，現生人類のヨーロッパへの到着ははるかに遅れ，BP約5万-4万年と推定されて

いる（Semino et al. 2000，オッペンハイマー 2007など，最新の情報は国際遺伝系統学会のHP, http://www.isogg.org/tree など．第3章参照）．この気候と環境の激動期にあって，人類は，ほかの野生動物と同様に，氷期には南部をリフュージアに，間氷期には全域に，その分布域を拡大・縮小させながら，狩猟採集活動を営んでいた．生活の拠点は自然の洞窟，断崖の横穴などであったが，ヴュルム氷期中期から更新世末になるにしたがって，平野や平地部へと住居を移すようになった（クラークとピゴット 1970）．中部ヨーロッパのゲナスドルフ，アンデルナッハなどBP約1.3万年（マグダレニアン期）の遺跡からは，旧石器をともなうテント状の住居跡が発掘されたり（Bosinski 1981，小野 2002），BP1.1万年には定住生活を行い，一定にまとまった集落が形成されていたようだ（Torksdolf 2009）．人類は野生動物を狩猟しつつ，森林や疎開林のさまざまな恵みに依拠しながらその生活を組み立てていた．彼らはいったいどのような獲物を追い，狩っていたのだろうか．これに関連して私たちは解き明かされてよい大きな「謎」と向き合うことになる．

（2）メガファウナとはなにか

地質時代は，絶対的な時間ではなく，生物相の大きな変動を基準に区分される．更新世と完新世との境界にも大きな生物相の変化が確認できる．それは人類の狩猟対象であった哺乳類相の大きな変化だった．通常，私たちは大きな哺乳類を便宜的に「大型」（ラージ）などと呼ぶが，絶対的な基準があるわけではない．現生の哺乳類は5400種ほどに分類されるが，このうち私たち人類より大きなサイズの種は数えるほどで，95％以上は人類よりも小さい（Nowak 1999）．なぜなら大多数の哺乳類はネズミなどの齧歯類とコウモリの翼手類だからだ．体重45 kgを基準にとると，人類はれっきとした大型哺乳類である．マーティン（Martin 1984）は，これから述べる一連の論争の起点となる論文で，この45 kgを基準（つまり100ポンド以上）に，それ以上の種を"メガファウナ"（mega-fauna）

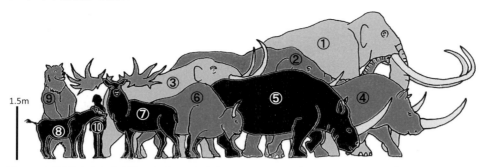

図 1-3　更新世末から完新世にかけてのおもなメガファウナ．①ケナガマンモス，②ステゴマストドン，③マストドン，④ケサイ，⑤エラスモテリウム，⑥ステップバイソン，⑦オオツノジカ，⑧ホモテリウム，⑨ホラアナグマ，⑩ヒト．

と呼んだ（以降，これが踏襲）．しかし"メガ"＝巨大という語感からすると，この基準はふさわしいとは思えないし，実際の主要な議論もこれをはるかに上回る巨大種の帰趨と運命に集中している．そこで，私たちもまたここではこの巨大種——一応の目安として体重 200 kg 以上，捕食者の食肉類では 100 kg 以上を想定——を中心に議論を進めていくことにしたい．

更新世後期から完新世への移行期直前まで，そのメガファウナたちがヨーロッパや北米を闊歩していた．有名どころを紹介すれば，長い体毛と厚い皮下脂肪，小さな耳をもち，肩高 3-3.5 m，体重 6 トンに達していたケナガマンモス（*Mammuthus primigenius*），同じくゾウの仲間で肩高 3 m の北米にいたマストドン（*Mammut americanum*），頭胴長 4 m で同じく長い体毛もつケサイあるいはケブカサイ（*Coelodonta antiquitatis*），同じくサイの仲間の最大種で体長 4.5 m に達したエラスモテリウム（*Elasmotherium* sp.），肩高 1.8 m で左右の角の重さだけで 45 kg に達したオオツノジカ（*Megaloceros giganteus*），頭胴長 2-2.7 m で，タテガミをもたないホラアナライオン（*Panthera spelaea*），巨大な犬歯をもつサーベルパンサーの一種ホモテリウム（*Homotherium serum*），体長 2 m 以上でヒグマより巨大だったホラアナグマ（*Ursus spelaeus*），巨大なホラアナハイエナ（*Crocuta spelaea*），肩高 2 m を超えるステップバイソン（*Bison priscus*），肩高 1.8 m の巨大なウシの仲間オーロックス（*Bos primigenius*）などなど（図 1-3）．草食獣とそれを捕食する肉食獣，いずれもが巨大，両者のせめぎ合いは圧巻だったことだろう．これらのメガファウナはなぜ生まれ，進化したのか，まずその生物学的背景と要因を探る．

メガファウナの成立と動向

さまざまな生物学的要因が取り上げられ，議論されるが，おそらく複数の要因が関係している．1 つは，草食獣の栄養条件が劇的に改善されたことだ．氷河は巨大な水のかたまりであり，莫大な重さなのでわずかずつだが動く特性がある．この性質は硬い岩盤を砕き，岩盤を礫からシルトへ，そして粘土へ破砕する．この過程では大量のミネラルを表出させ，それを含む氷河水があふれ，肥沃な土壌が広範囲に形成された．この土壌を基盤に大量のミネラルとタンパク質を含む栄養豊かな草原が成立した（この草原の生物学的性質については後に検討）．体の大型化は一足飛びで起こるわけではない．それは，出産から成長を遂げる若齢期に，高カロリーの食物を大量にしかも長期に利用できることが必要条件だ（Byers & Schelling 1988 など）．この大型化が生存上（たとえば捕食からの回避や病気への抵抗性など）有利であれば，大型化に関与する遺伝子（たとえば成長ホルモン）が世代交代のなかで選択され，固定化される（Blanckenhorn 2000 など）．その草原に依存した草食獣がまず大型化の先陣を切り，それらを捕食しようとした肉食獣が後を追った．

もう1つは，体のサイズとエネルギー効率との関係で，次のように説明される．哺乳類を含む恒温動物の体温は，体内でつくられる熱と体表面から放出される熱が，つねにバランスされることで維持される．つくられる熱量は体のサイズが大きいほど，放出される熱量は体の表面積が広いほど増加するが，この関係に注目すると，体のサイズは体積だから長さの3乗に比例するのに対して，体の表面積は（面積だから）2乗に比例する．つまり，体表面積は体のサイズが増加した割には増えない．哺乳類の基礎代謝量は体重のほぼ4分の3乗に比例するので，体が大きいほど必要とするエネルギー量の比率は少ない[3]．したがって，寒冷な生息地（ハビタット）では哺乳類は体のサイズを増加させたほうが有利となる．この有利性が，体を大きくするためのコスト（成長期間が長い，繁殖年齢が遅いなど）を上回れば，大型化が自然選択される．北半球に生息する大型哺乳類は，同種の個体間で比較すると，緯度が高くなるにしたがってサイズが増加する傾向がある．これを"ベルグマンの規則"という．寒冷地に進出した哺乳類はこの規則にしたがって大型化していった可能性がある．ついでに動物の規則をもう1つ紹介すると，動物の体から突起する耳などは熱をより放散するために，高緯度になるにしたがって逆に小さくなる傾向がある．これを"アレンの規則"という．現生のゾウに比べ，ケナガマンモスの小さな耳はそのことを示している．これらの規則は，今日では例外が多数あって（Geist 1987など），必ずしも完璧なルールとはいえないが，それでも，熱という物理法則が生物の体の基本デザインを貫いていることを示した点で意義深い．

さらにもう1つ．前の要因とも関連するが，体の大型化を可能にした背景がある．体のサイズと代謝率（これは酸素消費率で測定）との間には，2つを両対数グラフにプロットすると，きれいな直線的関係があること（スケーリング，マウス-ゾウ曲線）が知られてきた（図1-4）．つまり体が大型化するほど代謝率は高く，酸素要求量が増加することがわかる[4]．大気中の酸素濃度は，現在約21%であるが，地史的時代

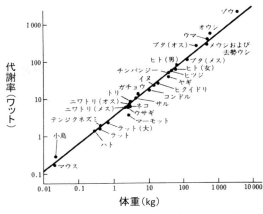

図1-4　哺乳類と鳥類の体重と代謝率との関係（両対数グラフ）（シュミット＝ニールセン1995を改変）．

とともに大きく変動してきた．有胎盤哺乳類は白亜紀と第三紀の境界で出現していて（Wible et al. 2007），この時代の酸素濃度は約17%と推定されている．この濃度はしだいに増加し，巨大な哺乳類が出現した漸新世，中新世では23%以上に急増し，鮮新世以降再び低下，現在に至っている．酸素濃度の増加が，哺乳類の胎生や大型化を促したとの指摘がある（Falkowski et al. 2005）．

体の大型化についてはこのほかに，同一資源をめぐる近縁種間の競争や競合，あるいは捕食者と被食者との関係の「軍拡競争」（共進化）といった要因が関係していると考えられるが，その詳細なメカニズムはいまのところはわかっていない．ともあれ，先行した鮮新世の環境と，その後の更新世の繰り返された氷期と間氷期の寒冷・乾燥環境が哺乳類の体軀をしだいに巨大なそれへとつくりかえていった．

さて，そのメガファウナ．更新世末の約4.5万年前から完新世へ向かうBP約1.3万年の間に，汎世界的に多くのメンバーが次々と絶滅したのが注目されるようになった．北米大陸では45属のうち，巨大な犬歯をもったスミロドン（*Smilodon* sp.），ラクダ類，マストドン，北米最大のマンモス（コロンビアマンモス），その他の巨大な草食獣（バイソンやプロングホーン科など）を含む33属が姿を消している．

南米大陸[5]では58属のうち，巨大なナマケ

モノの1種メガテリウム（*Megatherium americanum*），ゾウの1種であるステゴマストドン（*Stegomastodon* sp.），そのほか南蹄類と呼ばれる南米大陸固有の有蹄類を含む46属が絶滅した．オーストラリア大陸では2トンを超える巨大なウォンバット，ディプロトドン（*Diprotodon optatum*）や，巨大なカンガルーなどの有袋類を含む16属のうち15属が絶滅したとみなされた．そして，ヨーロッパ大陸では23属のうち，先に紹介したケナガマンモスなど7属が絶滅している．なかでもめだつのは北米大陸の状況で，温暖化に向かっていたクローヴィス期[6]（BP1.3万–0.85万年）に絶滅が集中していた（といっても1500年間）ことである．メガファウナの大量絶滅だ．

メガファウナの動向と著しい対照をなしたのが"ミニファウナ"（齧歯類やウサギ類など5kg以下の小型哺乳類）で，その大半は，ほとんどの地域で絶滅することもなく，体のサイズはほとんど変わらないまま現在に引き継がれている．現生の小哺乳類の大多数は更新世以前からの生残者たちである．多くは地下に巣穴をつくる穴居性（一部は冬眠する）で，この習性が氷期という過酷な環境を乗り切ったすぐれた生活史特性であったのは疑いない．なぜ，世界的な規模で，しかも地質学的にはきわめて短い間に，メガファウナだけが絶滅したのだろうか．

（3）オーバーキル仮説

それは人類の狩猟活動，人為による"過剰殺戮"だ，と最初にはっきりと，そして大々的に主張したのが古生物学者，ポール・マーティンだった．それ以前にも同様の見解はあった．たとえば，アメリカの代表的な人類学者，ローレン・エイズリー（Eisley 1943）は，更新世北米大陸の大型哺乳類の絶滅は先史時代人によると主張した．マーティンはこの見解を踏襲し，アフリカやマダガスカルでは絶滅時期が異なり，エイズリーの見解はどこでも同じではないと指摘した（Martin 1967）．それは人類の到達時期の問題で，彼には，メガファウナの絶滅は人為によるとの確信が最初からあったようだ．続い

て1967年には『更新世における絶滅』という大著を編著し，その後もいくつかの論文や著書（Martin 1973, 1984, Martin & Steadman 1999）のなかで以下の自説を展開してきた．①大量絶滅はゆっくりとした自然史的過程ではなくきわめて短期間に発生した．②大量絶滅は時期や場所を変えて起こったが，人類の到達した後に発生した点で共通している．③人類の狩猟活動は，数多くの洞穴画や，遺跡から発掘された少なくない動物骨に，矢尻や，石器の痕が残っていることから明らかである．④ヒトと接したことのない動物は警戒心をもたなかったため容易に狩猟できた．人類と野生動物が長期にわたりいっしょに進化したアフリカなどでは絶滅は起こらなかったが，新たに進出した処女地の，ヨーロッパ，南北アメリカ，オーストラリア，マダガスカルではオーバーキルが発生した．⑤人類が狩猟対象とした草食性メガファウナを絶滅させた結果，玉突き現象として捕食性メガファウナが絶滅した．⑥人類が進出できなかった場所では絶滅は起こらなかった．

洞察力にあふれた，するどい指摘だ．このために，クルテン（1976）などの著名な古生物研究者がこれに同調し，喧伝した．とくにこれらの知見をまとめた図1-5は説得的で，人間の環境破壊のすさまじさを示す端的な例としてしばしば（自戒を込めながら）引用されてきた．そして，現在もなお，多数の有名人がこの説を支持し，さまざまな著作を通して取り上げている（たとえばウィルソン 1995，ダイアモンド 1993, 2000，石 1995 など）．

その後，炭素年代測定法，エンシャント（古代）DNA[7]（骨などの組織のなかに保存された古いDNA）の分析，安定同位体元素の分析法など，新しい技術が開発・普及し，研究が大きく進展するとともに，人類の狩猟に関する生々しい痕跡が相次いで報告され，人類はオーバーキルの最有力容疑者としてその地位を不動のものにした（ようにみえる）．たとえば，北米で発見されたマンモスの骨をともなう遺跡群は人類による"殺した場所"と考えられ，初期人類であるパレオインディアンの，時代にとも

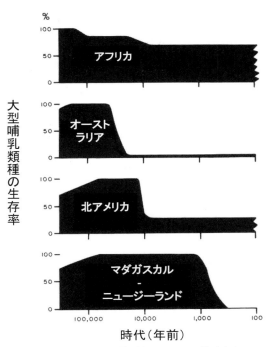

図 1-5 マーティンが『更新世における絶滅』(Martin 1967) に掲載した有名な図. 横軸が対数スケールであることに注意.

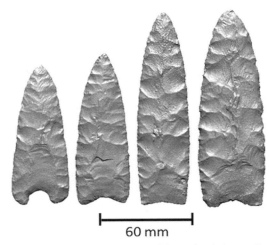

図 1-6 クローヴィス型石器(尖頭器). きわめて精巧につくられている. ワイオミング州, 1.2 万年前ころ (Sholts et al. 2012 より).

なう移動路に沿い, 北から南へと波状的に分布していた (Agenbroad 1984). その途上の1つであるカリフォルニア沿岸部の島のマンモスは炭素年代法によって人類の到達後のBP1.1万年に絶滅したと確認された (Agenbroad et al. 2002). しかも, このいくつかの場所では, おそらく解体用に使用されたと考えられる石器(クローヴィス型石器, 図 1-6)が発見され, そこに付着していた肉片から抽出されたDNAは, 絶滅した大型のラクダ類やウマ類, マンモスだったと分析, 同定された (Högberg et al. 2009). さらにはシベリアからはマンモスの骨をともなう多数の人類の住居跡が発見されている (Stuart et al. 2004).

これ以外の地域でも新たな発見があった. オーストラリアでは有袋類を中心にメガファウナ(この場合は45kg以上)の90%が, 人類(アボリジニ)到達後の約4.6万年前までに絶滅した (Roberts et al. 2001, Miller et al. 2005, Rule et al. 2012). そして当時は陸続きだった, 南部のタスマニア島では, 人類が約4.1万年前に到達し, 複数の有袋類を絶滅させたようだ. この時間差には北部ニューギニア方面から侵入した人類の経路と移動速度が関係しているらしい (Turney et al. 2008). この地の絶滅が人為によるのはもはや疑いなく, 焦点は「どのように」に行われたのかだ, と主張する研究者もいる (Brook et al. 2007). マーティンが最初の論文で指摘したマダガスカル島では, 人類 [インドまたは東南アジア方面から渡来したと考えられている (Crowther et al. 2016)] の到達後のBP1400-600年の間に巨大なアイアイの仲間やレムール類, 巨大な陸鳥エピオルニス, 巨大な陸ガメ, カバなどが次々と絶滅した (Burney et al. 1997). また遺跡から出土したレムールの骨には石器痕が確認され, 人類が捕食したことはほぼまちがいないらしい (Godfrey & Jungers 2003).

ニュージーランドでは先住民マオリ族が13世紀初頭に到達し, 巨大な陸鳥のモア類(少なくとも11種, 体重20-250kgがいた)を食用に捕獲し, 15世紀ころにはほぼ全滅させたようだ. ホルダウェイとヤコブ (Holdaway & Jacomb 2000) は, 遺跡出土の骨の年代測定と, 個体群のシミュレーションから, それは, 従来考えられていたような, 200-400年間のゆっくりした過程ではなく, わずか100-150年間に集

中した出来事だったとした．しかも渡来したマオリ族の人口はわずか400人程度だったらしい (Holdaway et al. 2014)．このモア類の絶滅にともない，専門の捕食者だった巨大なワシ（ハルパゴルニスワシ Harpagornis moorei）も道連れとなった．

地中海のキプロス島，クレタ島，マルタ島には小型のゾウやカバがいたが，いずれもBP8500年以後の人類の定住後に絶滅したらしい (Lyrintzis & Papanastasis 1995)．これらの知見はあたかもゆるぎない既定事実かのように紹介されてきた（たとえばウィルソン1995）．人類はメガファウナの不倶戴天の敵であり，絶滅の主犯だったのはもはや疑いない（ようにみえる）．

メガファウナと狩猟

おそらくメガファウナは，ゾウやサイなどの現生大型種の生活史から判断して，長い寿命，長い妊娠期間，少ない子ども（大半の種は産子数1），長い繁殖間隔といった特徴をもっていたことだろう．このため個体群の増加率は低く，急速に増加できるような能力ももたなかったと考えられる．このような種を生態学では"K-戦略種"といい，一般的には，安定した餌環境下で，同種個体間の競争をできる限り避け，環境収容力 (K) の近傍で変動の少ない個体数変動を示すという特徴をもっている．したがって，こうした種に対する狩猟や捕獲は，集団に対してきわめて強いインパクトをおよぼすと考えられる (McDonald 1984, Johnson 2002)．とくに子どもを産むメスの成獣や若い世代の捕獲や除去は，集団に大きな変動を招き，存続を危うくする．こうした生活史特性は大型ヒゲクジラ類などにも共通していて，その資源管理には慎重で抑制的な配慮が求められるゆえんでもある．

なるほどホモ属人類はメガファウナに重大な影響をおよぼした可能性がある．たとえば，ユーラシアの東，南京近郊の古猿人洞遺跡は更新世中期（約50万年前）のネアンデルタール系人類遺跡で，そこでは，狩猟によって集積されたと考えられる野生動物の骨が多数出土する．その代表種がメルクサイ（ケサイの近縁種）で，砕けた骨と歯を再構成した総数は60頭分に達した．この歯を丹念に分析すると，年齢の構成は著しく若齢に偏り，74%が乳歯をもつ幼獣（1.5歳以下）であったという (Tong 2001)．

ヨーロッパでもドイツ中央部には同じくメルクサイのタウバッハ遺跡がある．エーミアン間氷期（13万-11.5万年前）につくられたネアンデルタール人の遺跡だ．少なくとも76個体分のサイ，51個体分のヒグマ，大型偶蹄類などが出土していて，骨には各種の傷痕が多数残されていた．このうちいくつかには石器痕が確認され，人類が利用したのは明らかだった．このサイの年齢構成をみると，25歳以上の成獣は14%以下で，大半（86%以上）は10歳以下の幼獣だった (Gaudzinski 2004)．アジアやヨーロッパでみられた動物の年齢の偏りはなにを物語るのだろうか．おそらくネアンデルタール人は，メガファウナの成獣を相手にまともに対峙することはできなかったのだろう．だがその代わりに，小型（とはいえ体重は500 kgに達する），動きの鈍い幼獣や若齢個体を主要なターゲットにしたにちがいない．この解釈はネアンデルタール人にとってかわった現生人類にもあてはまる．もしそうなら人類は毎年補充される少数の新世代を執拗に捕獲し，その存続にまちがいなく致命的な影響を与えていたはずだ．

代表的なメガファウナであるゾウ類についてみると，ヨーロッパには更新世中・後期のパレオロクソドン (Paleoloxodon antiquus, ナウマンゾウの近縁種）やマンモスの遺跡がスペイン（アリドス），イタリア（ノタルチリコ），チェコ（クルナ），ハンガリー（タタ），ドイツ（アリエンドルフ），ポーランド（スパジスタ）などに多数残されている．これらの遺跡は，1頭が出土する単独遺跡から複数の個体がまとまる集団遺跡まで規模はさまざまだ．遺跡から出土した多数の骨の表面には，その頻度や程度にはちがいがあるが，石器によると推定される"カットマーク"や剥ぎ取り痕，あるいは人為的に変形させた打ち欠き痕などが確認できる (Santonja & Villa 1990など)．ゾウは40歳以上の

オスやメスを含む成獣から若齢個体まで，性や年齢には偏りがみられない．おそらくこれらの遺跡は狩猟のキルサイトか，斃れたゾウの解体場所か，あるいは事故などでいっしょに死亡した場所であり，ここで巨大な体を処理し，肉を剝ぎ取り，骨髄まで取り出していたらしい（Yravedra *et al.* 2012）．ネアンデルタールを含めた人類は，ゾウを食料とし，骨や象牙からは矢尻や槍，あるいはフィギュアを製作し，残された肋骨などの骨はなんらかの構造物をつくるために利用されたのはまちがいない（Gaudzinski *et al.* 2005）．それは風や捕食者の侵入を防ぐバリケードとして住んでいた洞窟の入口をふさいだり，後にはゲナスドルフにみられるような住居の建材になった．こうした構造物はヨーロッパ東部では現在までに70カ所以上が発見されている（Klein 1989）．はたしてほんとうに人類と，人類に連なる系統はメガファウナを狩猟し，絶滅へと追い込んだのだろうか．

このことを検証するにはまったく別のアプローチ，コンピューター上で"シミュレーション(模擬実験)"を行うという方法がある．いくつかの試み（すでに述べたモア類の絶滅経過もその1例）があるが，ここでは有名なジョン・アルロイ（Alroy 2001）の試みを取り上げる．彼は，北米におけるメガファウナの分布域を754個のセルに細分し，その1つに人類が到達して，その後にメガファウナを含む哺乳類を狩猟しながら分布域を拡大していくとのシナリオにもとづき，絶滅がどのように発生するかをシミュレーションした．初期人類の人口は100人，低い人口増加率，肉の消費量は1人1日あたり64-97g，動物のサイズにかかわりなく一定の捕獲率で無差別に狩猟といった仮定を置いて，拡散方程式によって計算した．この結果は，人口増加率を1.66%と置くと，人類の侵入後，約750年で絶滅が始まり，約2500年を経過すると，11種の大型種は生残するのに対し，30種のメガファウナは絶滅する，との結論を引き出した（図1-7）．それはマーティンらの説に驚くほど一致する内容だった．オーバーキル仮説は妥当であるばかりでなく，人類の進出にともなう不可避

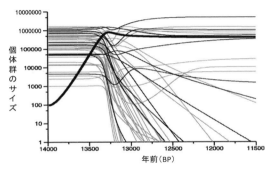

図1-7 Alroy（2001）によるシミュレーション．太いカーブは初期人類の人口変動．100人から出発．人口増加率1.66%，1人1日あたり64-97gの肉を消費，動物のサイズにかかわりなく一定の捕獲率で無差別に狩猟すると仮定．拡散方程式によって計算．この結果は，人類の侵入後，約2500年を経過すると，11種の大型種は生残するのに対して，30種のメガファウナは絶滅する．

な現象であった，とアルロイは自信満々である．

しかし，こうしたシミュレーションが成立するには，アルロイ自身も指摘するように，多くの生態学的変数(パラメーター)を組み込むことが必要だが，その複雑な過程をあまりにも単純化しすぎてはいないだろうか（シミュレーションの利点が単純化にあるとはいえ）．なかでも人口増加率は高く，しかも単調に増加し，100万人に到達した後には安定すること，さらにはセル間での動物の移動を想定していないことなど，その恣意性が指摘できる．低い増加率とはいえ1.66%は41.8年で個体数が倍加する値であり，歴史上の狩猟採集民の平均増加率0.5%や現生のそれ0.015%を上回り（Pennington 2001），現在の世界人口の相対増加率1.6%（よりわずかに高い）とほぼ一致している（コーエン 1998）．北米に到達したばかりの初期人類は，強力な武器と悠々自適のなかでレジャーハンティングを楽しんだわけではない．その人口がかくも順調に増加しただろうか，はたまたメガファウナは，環境の変化や人類の狩猟圧にもかかわらず，変わることなく同じモニター上のセルのなかに留まり続けただろうか，多くの疑問が残る．化石は事実だが，モデルはあくまでも仮説なのだ．実際にもその後に仮定を変えた複数のシミュレーションが試みられ，なかには必ずしも絶滅に

至らないケースも多数確認されている（Brook & Bowman 2004 など）．

とはいえ，人類による狩猟がいきおい乱獲に，そしてオーバーキルへとエスカレーションした可能性は否定できない．マーティン（Martin 1984）やアルロイは，人類のこの「無差別，非選択的な大量殺戮」を，第二次世界大戦のドイツ軍のポーランドやフランスへの侵攻にたとえて，"電撃戦（Blitzkrieg）"仮説と名づけている．確かに，ニュージーランドや南太平洋上の島々，地中海諸島のように，生息地が限定された島という閉鎖系で，しかももともと生息数が多くなかった地域では，ヒトを恐れないという習性も仇となって，それなりに発達した武器をもった人類が電撃的に襲い，絶滅の「墓掘り人」になった可能性はある．しかし，地球規模で起こった一斉大量絶滅のすべてに有罪判決を下すのは尚早のように思われる．もしそうなら，人類は，その"プロメテウスの火"をかざした瞬間から動物虐殺者，反自然の存在として立ち現れたということになる．はたして人類は原罪を背負った存在なのだろうか．

（4）オーバーキル仮説への疑問と反論

メガファウナの絶滅をめぐっては，オーバーキル仮説のほかにこれまで「気候変動説」，「植生変化説」，「病気説」，「捕食者除去説」，はては「彗星衝突説」[8]といった（どこかで聞いたような）仮説までが登場し，はてしない論争が繰り広げられてきた（経過の詳細は，たとえば Koch & Barnosky 2006 を参照）．しかしオーバーキル仮説がその単純明快さゆえにもっとも受け入れられ，論争がこの仮説をめぐって闘わされてきたのは事実である．そこで，この仮説の論拠や問題点を整理しつつ，ここで私は従来の仮説の1つである「環境変動＝植生変化説」を新たな視点から再構築してみたいと思う．オーバーキル仮説にはどのような問題点があるのだろうか．

この論争は，メガファウナの絶滅時期は，アボリジニがオーストラリアに進出した5万-4万年前から，マオリ族がニュージーランドへと到達したAD14世紀までのきわめて幅広い期間を包摂している．このうちオーバーキル仮説は，時代ごとに異なる人間集団の状況，とくに動物に影響が直結するような，人間の集団サイズや移動規模，武器や力量，捕獲技術などを捨象して，一律に「人類の到達＝動物の絶滅」という図式を単純にあてはめている．人間と動物とが対立的構図なのだ．これに関連してその後どのような知見がもたらされたのか，まず確認しておこう．

オーストラリアについては，人類の到達時期とメガファウナの絶滅時期が再吟味されている（Field et al. 2013）．その1つの報告（Wroe et al. 2013）を紹介すると，該当する絶滅種38種のうち，16種は人間の到着以前に絶滅していること，11種は人類到達後も生き残り，長期間人類と共存していたこと，問題なのは人類が関係したと推測される残り11種で，3種は人類が関与していたらしいが，残り8種は可能性が低い（5種は人間の到達以前に絶滅，3種は到達後も生存していたらしい）．また，巨大な有袋類を殺戮し，食べたキルサイトや遺跡はまったくみつかっていないが[9]，それは到達した初期人類があまりにも少数で，しかもまだ稚拙な武器しかなく（4万年以上前だから旧石器時代，武器は投石と原始的な槍），オーバーキルを行うほどの，したがって絶滅させるほどの実力は持ち合わせず（Wroe et al. 2004），長期にわたり共存していたとの見解もある（Trueman et al. 2003）．同様に，タスマニアでは初期人類の住居遺跡からはメガファウナの骨は（いまのところ）まったくみつかっていない（Turney et al. 2008）．

マダガスカルでは，人類の到達は当初BP1400年と見積もられ，その直後から殺戮が開始されたと推定されていたが，その後の調査で，じつは人類の到達はBP2300年であり，少なくとも約1000年間は，人類はメガファウナと共存していたらしい（Virah-Sawmy et al. 2009）．そればかりではない．異常な乾燥化（BP1300-950年），頻繁な野火（BP1230-1110年），家畜（ウシ）の導入（BP1100年）などがメガファ

ウナの絶滅とほぼ同時期に発生していたと考えられた（Crowley 2010）．マダガスカルに関する限り人類の単独犯行説はゆらいでいるようにみえる．

次に指摘したいのは，メガファウナに対する人類のインパクトの問題だ．メガファウナがいったいどれくらい生息し，人類がどれほどの個体数を調達していたのか，つまり個体群への捕獲圧（狩猟圧）が皆目わからない点である．アルロイのシミュレーションでもこの点がはっきりとしない．メガファウナの個体群サイズについてはさまざまな推定が試みられているが，ネバダ大学のゲイリー・ヘインズ（Haynes 2009）は，遺跡からの化石の量と分布，現生種の体のサイズと生息密度との関係から，最終氷期後（クローヴィス期）の北米の代表的なメガファウナ2種（アメリカマストドンとコロンビアマンモス）の個体数を，それぞれ58万-160万頭，83万-250万頭と推定した．相当な生息数だ．これに対し遺跡に残っていた化石骨数から推定された総捕獲数は0.02％以下にすぎないという．また遺跡にはすべての個体が残ってはいないので，未発見数も考慮して狩猟圧を見積もると，最大で13％，最小で0.9％だったという．もちろん，この最大値が成獣メスだけをねらっていたとすれば，絶滅の脅威となるが，実際にはオスの骨もあったので，混獲が遂行されていた．したがって実際の捕獲圧を中央値程度と見積もれば，狩猟が絶滅要因になる可能性はほとんどないと結論した．しかもヘインズは，動物遺物に占めるメガファウナの割合がどこでも共通して少ないのに注目し，これは，2種のメガファウナ以外にもおびただしい数の中・大型草食獣たちが生息していて，初期人類は，むしろ捕獲しやすいこれらの種を中心に狩猟活動を展開していたのではないかと推論している．

このことを裏づけるデータがヨーロッパからもたらされている．時代は4万-2.6万年前のヴュルム氷期初期，ヨーロッパではオーリニャック文化期と呼ばれる到達したばかりのクロマニョン人の中期旧石器時代の洞窟遺跡がフランス南西部を中心に多数みつかっている（壁画が

ないため有名ではないが）．この発掘状況をまとめた結果が報告されている（Grayson & Delpech 2002）．どれもが氷床を避け人間と動物が避難したリフュージアである．それによれば，30カ所の遺跡のうち23カ所ではトナカイが優占種で，79.6％（全体で11万114個体分の標本）を占めた．その他の種では，アカシカ（*Cervus elaphus*），バイソン，オーロックス，ヤギ類が多く，多数生息していたと考えられるメガファウナは少数派であったという．さらにそれ以前のネアンデルタール人のムスティエ文化期（中期旧石器，約4万年以前）の遺跡も残っているが，この95カ所の遺跡のうち後半のオーリニャック期に属する31カ所ではトナカイが優占し，上記よりやや低いが68.5％を占めたという．ヨーロッパに到達して以降，人類は新天地において飛び切りめだつメガファウナではなく，もっぱらトナカイなどの大型種をターゲットにしていたようだ．

北米でも同様で，優占種は場所によってややちがうが，クローヴィス期の多くの遺跡では，オジロジカ，ノウマ類，ラクダ類の比率が高いことが共通する（Haynes 2007）．しかし，こうした獲物の選択性や優占度はみかけにすぎないとの批判がある．メガファウナはあまりにも大きいために，キルサイトで解体処理し，肉片だけを持ち込むのに対して，中・大型種は全身または主要部分に分けて持ち運ばれ，結果として骨は多数が残るのだと．はたして人類はメガファウナを殺して，その肉だけを洞窟へと持ち込んだのだろうか．

同じくオーリニャック文化期に属するドイツ南西部の有名なフォーゲルヘルト洞窟では，70年以上にわたってくわしい動物骨調査が進められてきた．その興味深い分析結果によると，これまでに18種以上の動物骨が同定された（BP約3.2万-3.1万年）．主要なものをあげると，ケナガマンモス，ケサイ，ホラアナライオン，ホラアナグマなどのメガファウナに加え，トナカイ，ノウマなどだった．骨を復元し，個体数に換算すると，マンモスとトナカイが同数で28，次いでノウマ27，ケサイ12，ホラアナグ

マ8，キツネ7，オオカミ7，バイソンまたはオーロックス6の順だった（Niven 2007）。この構成はメガファウナの狩猟とオーバーキルの動かしがたい物証のようにみえる。

だが，この数はそのまま人類の狩猟活動を反映しているわけではない。問題の1つは，ホラアナグマやホラアナライオン，ヒョウ，ハイエナなどの捕食者（または掃除屋〈スカベンジャー〉）の獲物，または拾った獲物を洞窟に持ち込んだ可能性だ。そこですべての骨の傷や解体処理の痕を精査し，捕食者による歯痕なのか，人類の石器などの処理痕なのかを区別した。その結果，以下のことがわかった。トナカイとノウマの大半は人類が捕獲処理し，食べたと推定された（打製石器による破砕痕や石器ナイフによる線条痕が残る）。これに対してマンモスやケサイは，四肢の小さな末端骨などはなく，すべてが肋骨など長くて大きな骨か牙ばかりだったこと，さらには骨の表面には線条痕や歯痕がなかったことなどが特徴で，おそらくメガファウナの骨は自然死亡した後に，骨となった場所から運び込まれた可能性が高いと判定された。

こうしてみると，オーバーキル仮説には2つの大きな問題点があるように思われる。1つは，動物をほんとうに"キル"したのかどうか，つまり狩猟個体の確定ができないことだ。残された骨に石器による打撃痕や剥ぎ取り痕がどのように多く認められても，それが「死に至らしめた獲物」なのか「死後にたまたま利用したもの」なのかが判然としないのである。遺跡の規模や骨の残存状況，骨表面の痕跡の詳細な観察，石器の種類や多寡，分布状況などから，狩猟個体かどうかを推測する以外にはないが，状況証拠であり，断定はできない。

もう1つは，こちらがより重要だが，動物遺体が狩猟による死亡と断定できたとしても，またその数がいかに多数残されていたとしても，この状況がただちに"過剰〈オーバー〉"を意味しないことだ。狩猟はつねに乱獲をともなうわけではない。過剰かどうかを評価するには，前述のヘインズの試みのように個体群サイズと，それに対する狩猟圧を冷静に見積もる必要があるのだが，こ

うしたアプローチは驚くほど少ないのである。これに代わって，オーバーキル仮説には，暗黙のうちに，狩猟には強い攻撃性が（必然のように）ともない，無秩序かつ場あたり的で，獲物の追跡や殺戮に歯止めがかかりにくいことを前提にしているようにみえる。マーティン（やアルロイ）もまた自説をドイツ軍の"電撃戦"にたとえ，狩猟がひとたび発動されると無差別な大量殺戮がノンストップで進行することをことさらに強調している。この説の特徴は，狩猟と攻撃性や暴力が不可分に結びつくことにある。これはなにを根拠に発想されるのだろうか。

"狩猟仮説"とはなにか

マーティンが"オーバーキル仮説"を提唱した前後から，人類進化〈ホミニゼーション〉の分野でも新しい仮説が登場しつつあった。名づけて"狩猟仮説"または"キラー・エイプ仮説"。オーストラロピテクスの発見者，レイモンド・ダートの知見とアイデアにもとづき，生物学博士にして著名な劇作家でもあったロバート・アードレイが発展させた「合作」ともいえる仮説で，『アフリカ創世記』（アードレイ 1973，原作1961）や『狩りをするサル』（アードレイ 1978，同1966）など一連の著作と，そのなかのすぐれた時代感覚とたくみな文章によって，日本を含め世界中に広まった。この仮説の骨子は，人類史の99%はハンターとしての歴史であり，この殺戮行為こそが人類をつくった本質なのだというところにある。肉食の過程は直立二足歩行を生み，手の自由と武器の発達をもたらし，脳を肥大化させた。グループ・ハンティングによる狩猟活動はコミュニケーション能力を向上させ協力関係を生み出すいっぽうで，「武器に頼り続けてきた結果，実質上それが生物学的装備の一部となった」と解釈する。そして「猛々しい生活を余儀なくされ，追跡と殺戮に喜びを見出さないものは自然淘汰されていった」（アードレイ 1978）結果，攻撃性や暴力という人間の本性が形成されたと結論する。戦争の根源にあるのはこの肉食と狩猟が誘起させた攻撃性と暴力であるとし，人類の歴史を戦闘と残忍性の赤い血で染め上げ

る．それは，第二次世界大戦の記憶が鮮明な時代にあって，人々に強い説得力をもち，すんなりと受け入れられた．

人類は本来攻撃性をもつとの主張は，草創期の動物行動学者，コンラート・ローレンツ（1970）らによっても援護射撃が加えられた．動物もまた種内闘争を行うが，動物の攻撃行動や闘いのパターンは儀式化され，相手を傷つけることはない．けれど人類の場合には武器だけを発達させたために，生物学的な抑止機構が進化することなく攻撃性ばかりが膨張していったのだ，戦争はその結末であると．

狩猟仮説は思想や科学などさまざまな分野に影響をおよぼしたが，なかでも当時の人類学，とくに狩猟採集民の研究にはある種の偏見を生じさせている．1965年，大戦後最初の国際シンポジウム『人間，狩猟するもの』("Man the Hunter"，この記録は1968年に出版）が開催され，世界各地の狩猟採集民の社会構造や資源利用に関する知見が報告された．その客観的で冷静であるはずの学術集会の場において，著名で指導的な人類学者，シャーウッド・ウォッシュバーンらは「狩猟民男性は，もはや経済的に必要としなくとも，狩猟と殺戮を楽しんでいる」，「狩猟の動機の一部は直接的な喜び」などと発言し，論文も執筆した（Washburn & Lancaster 1968）．またムブチやイクといった狩猟採集民を調査したコリン・ターンブルは「狩猟民は攻撃的か」との質問に何度も悩まされたと吐露し，このシンポジウムの異常な雰囲気を伝えている（Turnbull 1968）．狩猟仮説がいかに大きな影響力をもっていたのかがわかる．オーバーキル仮説がこの狩猟仮説と強い親和性があるのは明らかで，その発想は同根であるといってよい．実際，アードレイはその著作（たとえばアードレイ1978）のなかでマーティンを繰り返し肯定的に引用している．

この狩猟仮説は，力点は少しずつ変更されながらも，少なくない研究者によって継承され，支持されてきた（Ghiglieri 1984, 2000, スタンフォード 2001など）．「人間が普遍的な暴力性をもっているということだけではなく，オスが気質的（人格を構成する情動的な要素）に凶暴なのだ」とは，世界的な霊長類学者，リチャード・ランガムの見解だ（ランガムとピーターソン 1998）．同時に反論も根強く，何度も表明されている（Strum et al. 1999, ハートとサスマン 2007など）．狩猟仮説を思想史的に追跡したマット・カートミル（1995）はこう述べる．「人間とその祖先を本能的に血に飢えた攻撃的な生き物ととらえる．その眼差しは寒々として悲観的だ」．人間の本質の邪悪性を説くこの仮説は，神の恩寵を失って「原罪」をもった存在とするキリスト教的教理に重なるとの指摘がある（ハートとサスマン 2007）．

狩猟仮説がその大胆なメッセージで研究を刺激し，新たな知見の集積やその後の発展に寄与したことは評価できたとしても，人間の道徳や倫理，思想に直結する問題提起は，粗雑であってはならないと思う．この杜撰さは，意図的かどうかは別に，とくに研究対象である人間集団に向けられる場合には問題がある．狩猟仮説では狩猟採集民に，オーバーキル仮説ではアボリジニ，マオリ族，パレオインディアンに向けられているが，そこには西欧社会の伝統的意識（つまりキリスト教的通念）である「野蛮」や「未開」の偏見が投影されてはいないだろうか．強烈な仮説のブルドーザーによって整地された土地に知的生産の畑を回復させるには，データを蓄積し，冷静で客観的な分析の種子を播く以外に道はない．

さてここで，先史時代，人類は動物やメガファウナとどのように接したのか，まったく別の視点からアプローチして，この節をとりあえず締めくくろう．ヨーロッパ各地の遺跡から出土した女性の小さな人形（いわゆる"ヴィーナス"）だ．この数はこれまでに40体以上に達している（Conard 2009）．素材は石や木，骨や角，象牙など，BP3.5万年-LGM期のBP2.5万年の期間，おもにグラヴェット文化期を中心に，クロマニョン人（現生人類）によって製作されている．その形やサイズ（2-40 cm）は多様で，地域ごとに独自の造形が追求されたようだ（図1-8）．狩猟仮説の「寒々」とした世界とは対照

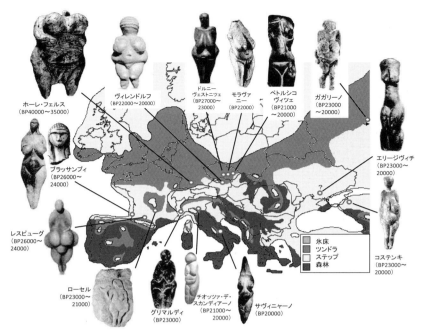

図 1-8 ヨーロッパ旧石器時代の植生と出土した小型の女性像（ヴィーナス）の分布．それらはリフュージアのあった南部に偏る（Dixson & Dixson 2012, Jenett 2008, および Frost 2006 を参考に描く）．

的に，人間は豊かな精神世界をつくっていた．これらの人形は従来「性的なシンボル」あるいは「多産のシンボル」と解釈されてきた．

アラン・ディクソンとバーナビー・ディクソン（Dixson & Dixson 2012）はヨーロッパで出土した典型的な 14 体のヴィーナス像を詳細に分析し，なにに対する畏敬なのか，そのシンボル性を検証している．ご夫妻は，像のウェスト／ヒップの比率はいずれも低く，性的なシンボルの役割は果たさないと論証した．これをふまえ，多数の像は妊娠状態にはなく，直接的には多産のシンボルではないと推定した．つまり大半の像は肥満した中年女性を造形しているらしく，けっきょくは"ヴィーナス"ではない，と結論している．これらは，女性像が，生殖よりはむしろ生存や長命，豊かな食料，そして子だくさんを願った共同体のシンボルであったことを示唆している．おばあちゃんは共同体の守護神だった．

ラスコーにほど近いローセル洞窟からは"ローセルのヴィーナス"と呼ばれる BP2.3 万-2.1 万年のレリーフ像が発掘された．この女性はその右手にバイソンと思われる大きな角をかざし（図 1-8），多産の願いは人間から獲物へと拡張されていることを示している．各地からは女性像に加えたくさんの動物の像や彫刻が出土している．これらもまた石や木材，骨や角，ときには象牙でつくられている．動物はじつにさまざまだが，やはりオーロックスやバイソン，ノウマやトナカイ，アカシカやゾウなどの狩猟対象が多く，時代が進むほどに増加していく（Mellars 2008; 図 1-9）．これらの動物像は猟果を誇らしげに記録したものではなく，情け容赦なく殺戮を楽しんだ相手の記念でもない．マグダレニアン期（BP1.5 万年）のモンタストリュック洞窟（仏，ガロンヌ県）からは，トナカイの角やマンモスの象牙に彫られた，マンモスやトナカイの像が出土している．前者はデフォルメされ，後者はオスメス 2 頭のトナカイの泳ぐ姿をリアルに表現していて，氷河期（末だが）芸術の傑作とされている（マクレガー 2012）．そこには対象との関係性を主張する深い精神的なシンパシーがあるように思われる．

像や彫刻だけではない．ラスコーを含めた

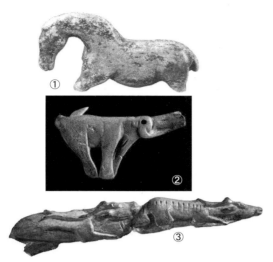

図1-9 各種の動物像. ①フォーゲルヘルド（ドイツ南部）のウマの像, マンモスの牙製, BP2.8万-2.7万年（Gaudzinski *et al.* 2005より）. ②マンモス像, BP1.5万年, トナカイの角製. ③「泳ぐトナカイ」像, 象牙製, BP1.5万年. ②と③はフランス・モンタストリュック出土, 大英博物館所蔵（マクレガー 2012より）.

数々の壁画もまた, ヴィーナス像をつくりだした同じ心性の延長として描かれたのだろう. それらを描いた動機が, 呪術や祈り, トーテムなど, どのように解釈されようとも, そこには狩猟した動物への共鳴と一体感がある. みずからが帰属する共同体の繁栄と動物集団の多産を重ね合せる心情がある. この感性は, 少なくとも狩猟仮説やオーバーキル仮説が想定する荒寥たる世界にはない. このことはラスコーよりさらに1.5万年さかのぼったショーヴェ洞窟にもあてはまる. この洞窟には現在までに100面以上の壁画が確認されているが, 獲物と想定されたトナカイやアカシカなどはほとんどない. これに代わってメガファウナのケサイやマンモス, ホラアナライオン, クマが大半で, 驚くほど丹念に描かれている. しかもクマにいたっては円形の部屋のまんなかに頭蓋骨がまとめられ, あたかも祭壇らしきものがつくられている（Clottes 2001）. この場所はホラアナグマの生息穴だったかもしれないが, 頭蓋骨の配置は偶然の産物ではない. そこには明らかに動物への畏敬と祈りがある.

おそらく人類はこの地でメガファウナと正面から向き合い, 自分自身と動物たちがともに生きていることに想いを馳せていたにちがいない. 動物たちのすぐれた能力を崇拝し, それとの一体性を祈り, 自分たちと動物たちを隔て, かつ統合するものはなになのか, 真剣に対面していた. いずれにせよ人類はメガファウナとの接触を通して, この世界の成り立ちを初めて解明しようとしたのである. メガファウナと同所的に生活していた人類は, 強い嗜好性と選択性をもったたんなる殺戮者ではなかった. 人類は根っからのマンモスハンターだったのではなく, 死体に遭遇すれば肉は調達しただろうが, むしろ傍観し合う隣人であった可能性が高い. 根絶の下手人が人類でないとすれば, ではいったいどのような要因がメガファウナを絶滅へと追いやったのだろうか.

（5）メガファウナと環境の変化

北米での絶滅がクローヴィス期の短期間（BP1.15万-1万年）に集中していたのとは異なり, ヨーロッパを含むユーラシアでの絶滅は同時一斉ではなく, より長期で複雑な経過をたどったようだ. 最近, ユーラシア北部やシベリアで発掘されたケナガマンモス, ケサイ, オオツノジカの年代測定が行われ, 正確な絶滅年代と分布変遷がたどれるようになった. マンモスはシベリア西部ではBP1万-9000年まで生息し, これらの地域では人類が到達する以前に絶滅したか, ごくわずかな個体数へ減少していたようだ（Guthrie 2004, Markova *et al.* 2013）. また人類がいなかったベーリング半島のセント・ポール島ではBP5600年まで, ランゲル島ではBP3700年まで, 小型化[10]しながら生き残り, その後人間不在のままに絶滅した. ケサイはユーラシア中北部に広く分布していたが, ウラルではBP1.2万-1万年まで生息していた.

ロレンツェンら（Lorenzen *et al.* 2011）は, 大量の遺跡骨（総数は約3000頭分）の年代測定とエンシャントDNAの分析に, 人類（約6300個体分）の分布とを重ねて, 絶滅との関係を追跡している. それによればシベリアにお

けるケサイの分布は人類のそれとは重なっていなかったこと（したがって狩猟とは無関係），ヨーロッパの一部では絶滅以前の約2000年間と重なるものの，シベリアとヨーロッパではほぼ同時期に絶滅していることを明らかにした．それは人為よりも植生の変化など環境条件の影響が示唆された．これに対してケナガマンモスでは，その分布域は人類のそれと，ヨーロッパでは40％，シベリアでは35％重なっていたものの，この重なりは時代が進むにしたがい減少していったと推定された．絶滅に向かうほど人間との関係は希薄になったのである．

また最大の角をもつオオツノジカ（図1-3）は，アイルランドのように人類の到達以前に絶滅するいっぽうで，スコットランドのように，人類到達後も長期にわたって生き残っていたところもある（Woodman et al. 1997）．時代の推移とともに生息地は大幅にシフトし，ウラル山脈一帯ではBP7000年まで生き残っていた．バイカル湖西部のカミュシュロフで発見された最後と思われる個体は，左右の角の幅2.56 mに達した立派なオスで，まったく無傷であったことから，おそらくBP6900年に人類の狩猟とは無関係に死亡したとみなされた．スチュアートら（Stuart et al. 2004）は主要な絶滅要因は草原から森林への移行であったと論じている．これらの事実は，メガファウナの絶滅と人類の狩猟活動が直結しているのではなく，地域ごとに状況は異なり，動物と生息地との関係を精査する必要があることを示している．メガファウナとそれを支えた草原環境の動向を追ってみよう．

メガファウナの生息地

私たちはふつう低い草が繁茂する植生を一括して「草原」と呼ぶが，厳密な意味でこれは正しくない．日本にも「草原」と呼ぶ場所がいくつかあるが，降水量が多いために，そのまま放置すれば例外なく森林へと遷移する．草原状態を維持するには火入れ，刈り取り，放牧などの人為が定期的に加えられなければならない．このような場所は「人工草地」と呼び，生態学上の草原とは区別される．草原とはこうした人為的な撹乱なしに草本群落（多くはイネ科植物）が成立する場所だ．この草原は，気温，降水量，土壌，風などの影響を受け，さらにはそこに生息する草食動物の採食圧に対応して，植物の組成が変化するという特性をもつ．また草原は，程度の差はあるが，降水量が季節的に偏る（雨季と乾季）ために，植物の生産量は，オセロの表裏のように，大きく変動する．それは草食獣にとって不安定な環境だ．雨季には栄養豊富で大量の餌にあふれるが，乾季には乾燥と水不足，枯れ草だけの世界となる．

通常こうした変動しやすい環境には，寿命が短く，性成熟が早く，短い妊娠期間で，多数の子どもを産み，短い世代時間をもつ種が有利となる．このような生活史をもつ種を，K-戦略種に対してr-戦略種という．イノシシやハタネズミなどがその典型で，端的にいえば，不安定な環境に対して，可能な限り多数の子どもをつくり，生き残りを確率的に期待する生活史といってよい．これらは明らかにメガファウナの対極にある特徴だ．したがって，メガファウナがこうした草原環境に適応するためには，変化に応じて生息地を変える「移動（渡り）」という行動習性を獲得していたと推測される．それはサバンナのヌーやツンドラのトナカイのように現在の大型哺乳類も継承している．メガファウナは，1年ごとの季節変化にも，寒冷期や温暖期といった長期の環境変化にも，それぞれ対応して，生息地を柔軟にシフトさせる能力を持ち合わせていた．

ところでメガファウナはなにを食べていたのか．ケナガマンモスについては，死後そのまま凍結された標本がいくつか発見されている．2002年にシベリア，ユカギル近郊で発見されたオス成獣もその1頭で，保存状態がよいためくわしく分析された．このオスの死亡年は炭素年代法によりBP2.25万年，つまりLGM期末と推定され，腸内からはよく保存された糞が採取，分析された（Bas van Geel et al. 2008）．それによれば，糞の80％がイネ科草本，ヨモギ類の1種などの草本類と各種のコケ類，残り20％が矮性ヤナギだったという[11]．これらの植

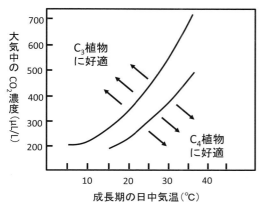

図 1-10　C_3 植物と C_4 植物の分化（Ehleringer 1997 より）．

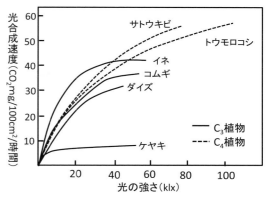

図 1-11　植物による光合成速度のちがい（高校生物の教科書を参考に描く）．

物はいわゆる"マンモス・ステップ"を構成する典型的な種で，かつてはユーラシア北部の氷床辺縁や，ベーリング陸橋周辺に広く生育していた．体重 6 トンのマンモスはそこで 1 日 180 kg もの植物を採食しながら生きていた．とはいうものの，それはただたんに「量」だけの問題に留まらなかったように思われる．

表情を変える草原環境

ここでマンモス・ステップの植物をもう少し別の角度から掘り下げる．それはメガファウナの誕生や進化とも密接に関係した特徴のようにみえる．植物は，一般に，光合成の固定経路に関する生理特性のちがいによって"C_3 植物"と"C_4 植物"とに大別される（コラム 1-1 参照）．この分化には，温度，CO_2 濃度，湿度が関係し

〈**コラム 1-1　C_3 植物と C_4 植物**〉

　いうまでもなく植物は二酸化炭素（CO_2）を固定してデンプンやセルロースなどの糖類を合成する．このため光合成という光エネルギーを利用した 1 種の合成エンジンをもつ．この合成過程では，炭素（C）数 1 つの CO_2 分子から最終的には C が 6 つの糖類がつくられるが，その途中では，C が 3 つの有機酸（ホスホグリセリン酸）をつくる植物と，C が 4 つのそれ（オキザロサク酸）をつくる植物とがある．前者を C_3 植物，後者を C_4 植物という．C が 4 つの有機酸をつくる過程はたいへん効率がよく，1 種の補助エンジンとして働く．このため C_4 植物は高温や乾燥，強い光と少ない CO_2 条件下でも水の蒸散量は少なく，光合成能力は高い（光飽和点がほとんどない，つまり光が強ければ強いほど光合成速度は増加する）．これに対し C_3 植物は光の量が少なく，低温で，湿った土壌といった条件下で有利となる．この生理的な分化は，単子葉植物と双子葉植物の両方にみられ，進化の起源は多元的であったと考えられている．多くの木本やイネ，コムギといった主要作物は C_3 植物で，トウモロコシ，サトウキビ，ソルガム，ススキ，アワなどの草本は C_4 植物である（図 1-11）．

　さて，動物たちがこの C_3，C_4 植物のうち，どちらをおもに食べていたのかは安定同位体を使って調べることができる．同位体とは同じ原子で質量数の異なる物質で，放射線を放出して崩壊（壊変）するもの（放射性同位体）と，放射線壊変せずに安定しているもの（安定同位体）がある．炭素（C）を例にとると，12C（$\delta^{12}C$ と表記），13C，14C があり，前 2 者が安定同位体で，後者が放射性同位体である．この比率を測定するといろいろなことがわかる．たとえば C_4 植物は $\delta^{13}C$ が有意に多いという特徴をもつために，動物の組織（内臓，筋肉，骨，歯）を調べれば，C_3 植物か C_4 植物のうち，どちらに依存していたかがわかる．それは定性的であり，食性の長期的な傾向を反映している．また，放射性同位体である $\delta^{14}C$ は化合物中の炭素に 1 兆分の 1 程度含まれている．したがってこの量を測定すると，その崩壊率（半減期は約 5730 年）から年代が推定できる．

ていて，湿度が一定であれば，CO_2 高濃度と低温下では C_3 植物が，CO_2 低濃度と高温下では C_4 植物が，それぞれ有利となり，優占する（図1-10）．したがってサバンナなどの熱帯や低緯度の草原では C_4 植物が，ツンドラや高山など高緯度，高標高の草原では C_3 植物が優占種となる．トウモロコシ，（サトウ）キビ，モロコシ，ススキ，パピルスなどが代表的な C_4 植物で，約1万種以上のイネ科草本のうち約6000種と，双子葉植物の一部（約2000種）がこれに属している．その種数は全植物種の約2％にすぎないが，高い光合成能力によって陸上の一次生産量（全光合成量）の約4分の1を支えている（Edwards et al. 2010）．いっぽう，イネ，ムギ類などの草本や大多数の木本類は C_3 植物に属し，シベリアのマンモスの胃内容物，ヨモギ，ヤナギ類など，マンモス・ステップを構成した草本類はすべて C_3 植物である（図1-11）．

　追究されるべきは，地史的にみると地球の気候（温度や湿度）と CO_2 濃度が一定ではなく，時代とともに大幅に変動してきた経過であり，これにともなって草原の分布とその組成がたえず改変されてきたことである．そもそも草原は地球が乾燥化と寒冷化を開始する白亜紀末に，退行していく森林にとってかわり生まれた植生だった．その後，乾燥・温暖，そして CO_2 の高濃度化が進む第三紀始新世から中新世にかけて堰を切ったように増加し，ピーク時には陸地の42％を覆い尽くした（Anderson 2006）．哺乳類はいわばこの草原環境の劇的な拡大に引っ張られるように進化した動物群だ．最初は草食性哺乳類（つまりイネ科草本専門の草食獣，嗜食者（グレーザー）という，第2章）が，次いでそれを捕食する食肉類がそれぞれ分化した．ただし，この時代の草本はすべてが C_3 植物であり，哺乳類の時代は C_3 植物の草原によって演出されたといえる．だが地球環境は一定ではない．第三紀中新世末になると，寒冷化と乾燥化が進み，CO_2 濃度が急速に減少していった（Berner 1997）．C_4 植物は，こうした条件が続いた800万-600万年前に，少ない CO_2 を効率的に利用できる草本として C_3 植物のなかから分化し，進化したと考えられている（Cerling et al. 1997）．その後，両者はたえず変化した環境のなかにあって，組成と分布域をせめぎ合いながら共存してきた（Edwards et al. 2010）．草原は，曠野の表情こそ変えないものの，その組成をダイナミックに変化させてきたのである．この C_3／C_4 植物の競争は哺乳類にどのような影響をおよぼしたのだろうか．

草食獣にとっての C_3／C_4 植物

　C_3／C_4 植物のちがいを餌とする草食獣の側から比較すると（Bamforth 1987），一般に，C_3 植物は成長が遅く，成長期間が長いために柔らかく，タンパク質や糖などの代謝産物をゆっくりと生成し，循環させるという特徴をもつ．しかも種によっては秋に出芽し，周年利用できるとの利点がある．これに対し C_4 植物は1年のうちもっとも暑い時期に合わせて発芽し，高い光合成能力を発揮しながら短期間で成長を終える．この結果，セルロース（繊維）やデンプン（糖）などの代謝産物を急速に，しかも大量につくって蓄積する．流動性に富んだ栄養，利用期間，消化効率といった点からみると，明らかに餌としての植物は C_3 植物のほうに軍配が上がる（Caswell et al. 1973）．とすれば，草食獣は C_3 植物にこだわって選別し，食性には強い偏りが存在するはずだ．だが，実際の食物選択はそれほど単純ではない．草食獣の食性には多様な変異と，それに対応した歯の形態的分化がみられる．

　哺乳類の食性は，実際の採食行動の観察，胃内容物や糞の分析，歯のすき間に残された微細な食物断片，歯のエナメル質や骨のコラーゲンに残る炭素安定同位体（$\delta^{13}C$）の量，さらには歯のエナメル質に刻まれたミクロな磨滅痕から推定できる（コラム1-2）．とくに後2者は化石になった哺乳類にも適用でき，過去の食性を分析する有力な方法だ．食べるための歯は食べたものの残像をそのなかに刷り込んでいる．

　サーリングら（Cerling et al. 1999, Cerling & Harris 1999）は，アフリカサバンナ（この地域の多くの草本は C_4 植物である）の代表的

いて，しかもかなり固定的・保守的であること，である．食物選択はそう簡単には切り替えができないらしい．この種による嗜好性のちがいはおそらく消化器官の生理的な特性によってもたらされるのだろう（Ehleringer *et al.* 2002）．この餌植物の偏食と「食べ分け」がサバンナでの多種多様な草食獣の繁栄をもたらしてきた．

（6）メガファウナの誕生と盛衰

C_4植物の登場によって草原の拡大と多様化が進んだことを背景に，中新世末から鮮新世にかけて（800万-600万年前），哺乳類はさらに爆発的に進化した（Janis 1993）．多くのメガファウナもまたこの時代に登場し，適応放散している．このうち草食獣の動向に注目すると，森林の分布と草原の組成がめまぐるしく変化したことを受けて，種による植物の食べ分け（食性の種特異性）と，それに対応した歯の構造と形態的な分化（コラム 1-2 参照）が起こっている．このことが後の絶滅の経過と様相を変えていくことになる．以下に，ユーラシア（ヨーロッパを含む）での状況と北米でのそれを比較しながらたどってみる．

ユーラシアを席巻したケナガマンモスやケサイ，オオツノジカなどのメガファウナや，オーロックスやトナカイなどの大型哺乳類はすべてC_3植物に依存していた．このことは第三紀中新世（の化石獣）から現代まで一貫して変わりがない（Cerling *et al.* 1998）．メガファウナは，鮮新世から更新世にかけての氷期と間氷期の繰り返し，それにともなう氷床の前進と後退のなかで，その辺縁に成立したC_3植物の，大規模な草原と湿性群落（マンモス・ステップ）に依拠した動物群だった．巨大化は，氷河がもたらした豊富な水とミネラルによって生育したC_3植物の，遅い成長，長い生育期間，柔らかく栄養豊富な餌植物をベースに昂進されていった．これが更新世に繰り広げられた氷河と植物，そして動物たちの躍動（ダイナミズム）だったのではないか．氷期と間氷期の繰り返しはこのマンモス・ステップの上下振動と，それに付随した拡大と縮小をみちびき，大きな個体数変動をもたらしたが，

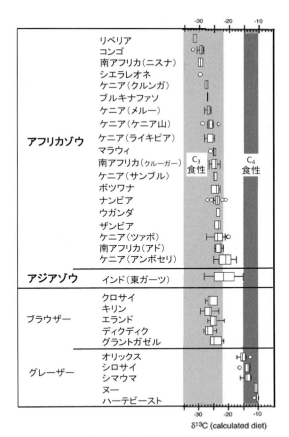

図 1-12 草食獣の食性（安定同位体の分析による）．アフリカゾウは地域環境に応じて食性を変化させていることがわかる．ブラウザーとグレーザーで著しい対照を示す．ボックスは四分位，中央ラインは中央値，横線はレンジ（Cerling *et al.* 1999 にもとづき，一部修正）．

な草食獣を対象に安定同位体からその食性を分析した（図 1-12）．それによれば，アフリカゾウやクロサイ，キリン，ラクダ類や小型アンテロープ類は強くC_3植物へ依存するが，アフリカスイギュウ（*Syncerus caffer*）やシロサイ，シマウマ類，ヌーやトピはC_4植物に強い傾斜を示した．興味深いのは両者の中間型，両方を利用する混合採食者がほとんどいないことで，わずかに草原に生息するアフリカゾウやアジアゾウの一部集団が季節によってC_4を利用する程度だった．このことは以下のことを物語る．第1は，草食獣は餌植物を無選択に見境なく食べているわけではないこと，第2は種によってC_3 / C_4植物のどちらかに明確な偏りをもって

〈コラム 1-2　低冠歯と高冠歯〉

　消化器官である歯は，機能からみると，食物を切断する切歯（門歯），より細かく裁断する前臼歯，そしてすりつぶす臼歯とから成り立ち，咀嚼の順にしたがって前から後ろへと配置される．歯は，構造からみると，外側に出ている歯冠部と，歯肉から下の骨のなかに入っている歯根部から構成され，歯冠部の外側（咀嚼面）にはエナメル質が，内側にはセメント質が，歯根の外側にはセメント質が，それぞれ形成される（図1-13）．もっとも硬い化学的組成をもつエナメル質が食物を破砕するのだが，この層は年齢とともに磨滅するとの欠点がある．草食獣はこの欠点を次のような方法で突破した．臼歯の歯冠部を高くし，その発生過程でエナメル質を象牙質に深く蛇行させて，エナメル質をつねに咀嚼面に露出させるのである．これによって草食獣は生涯，その臼歯を使って植物をより細かくすりつぶすことができるようになった．これを高（長）冠歯（hypsodont），もとの構造を低（短）冠歯（brachydont）という．このことは生物の進化が，ありあわせの材料をやりくりした試行錯誤であることをよく示している．フランスの生化学者ジャコブ（Jacob 1977）はこれを"tinkering"（よろず修繕のいじくり回し）と呼んだ．名言である．

　ところで，ほとんどの草食獣の臼歯はある程度高冠歯化しているが，硬い草を食べる種ではその程度は高く，柔らかい木の葉やハーブを食べるそれでは低い傾向がある．そこで歯冠高の相対的な評価（体や顎のサイズ）から，草食獣を高冠歯，低冠歯，その間を中冠歯（mesodont）と分類することがある．図1-13はジャニスら（Janis et al. 2002）が示した，始新世以降の北米での草食獣の多様性（属の数）の推移と，歯の構造による組成の変化である．C_3植物による草原の拡大，C_4植物の登場，C_3植物からC_4植物への移行のそれぞれのエポックに草食獣の再編があったことがわかる．更新世末はその最右端にあたり，草食獣はなお縮小再編過程にあった．メガファウナの絶滅とは，ダイナミックに変化した地球環境という大著の最後の1ページにすぎないことが理解できよう．

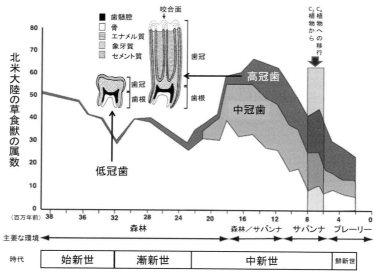

図 1-13　北米における草食獣の属数の変化．草原環境の拡大とともに高冠歯の草食獣が増加，低冠歯が減少した．長方形の時代にC_3植物／C_4植物の構成が変動した（Janis et al. 2002, Janis 2008 にもとづいて描く）．

最終氷期以降の温暖化と湿潤はこのマンモス・ステップを一挙に北へと押し上げてしまい，代わって各地に森林を成立させていった（Nogués-Bravo et al. 2008）．

　ヨーロッパ各地で蓄積されてきた多数の花粉分析のデータは，この植生遷移が急速に進行したことを示している（Huntley 1990 など）．氷期以後マンモス・ステップはヤナギやビャクシンの林から，北部では針葉樹林（タイガ），中部ではカンバやニレ林へ，次いでブナやナラ・

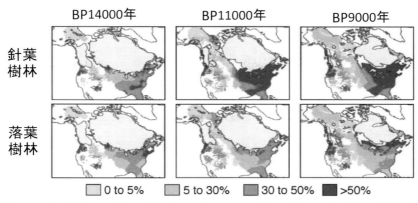

図 1-14　北米大陸での植生の変遷（BP1万4000-9000年）．森林の被度で示す．北部の淡色部分は氷床（ローレンタイド氷床とコルディエラ氷床），南部の白色部分は短茎草原．短期間の間に大きく変動したことがわかる（Williams 2002 より）．

カシの森林へと数百年の単位で遷移していった．この森林もまたすべてC_3植物群落だが，グレーザー（イネ科草本食）だったメガファウナにとっては景観的な変化，本来の生息地の縮小と分断化を意味していた．最近，エンシャントDNAの分析から，マンモスの体毛には明るい色からこげ茶色までのヴァリエーションがあったことが報告されている（Römpler et al. 2006）．氷と雪が多いところでは前者の，森林地帯では後者の色をもつ地域集団が分化していた可能性がある．最終氷期以降，マンモスやケサイ，オオツノジカなどのメガファウナの分布がめまぐるしく変化したとの知見（Guthrie 2004, Markova et al. 2013）は，こうした地域集団の構造を攪乱し，最適な生息地を求めての流浪だったことを示している．そして絶滅時期に大きな地域差と，絶滅期間に長短が存在するのは終着点となった生息地の大きさとその環境収容力の反映であったと考えられる．これに対し，オーロックスやアカシカ，トナカイ，ノウマなど，その後も生き残った大型哺乳類は木本と草本の両方（どちらもC_3植物）を食べる混合採食者（ミックスドフィーダー）か，高い移動性を獲得して，季節に応じて生息地を変えることができた動物群だった．

では，北米はどのような状況にあったのだろうか．興味深いのは，マンモス・ステップが北半球全体を覆い尽くしていたわけではないことだ．この巨大なC_3植物の草原はベーリング陸橋を通りぬけて北米へも到達していたが，その範囲はアラスカ周辺だけに限られていた（Muhs et al. 2001, Rivals et al. 2010）．大規模な草原が成立していたのは同じだが，巨大な氷床（ローレンタイド氷床）が居座っていたカナダ北東部を除き，北米中央部には，最終氷期以降，北太平洋海流とメキシコ湾海流による風と，さらには北からの冷たい風の影響を受けて，多様な草原と森林が成立していた（Anderson 2006）．北にはC_3植物からなる短茎草原が，南西部にはC_4植物からなる高茎草原が，その間にはC_3/C_4混合の中茎草原が，そして南東部では森林が分布していた．この草原と森林のモザイクのなかにメガファウナはそれぞれ独自の食性を選択していたのである（図1-14）．

炭素同位体によって調べられた代表的な動物の食性をあげる．アラスカのケナガマンモス（おそらくユーラシアから移動）はC_3草本依存（Bocherens et al. 1994）．アメリカ南西部産マンモスは完璧なC_4草本依存（Connin et al. 1998）．メキシコ産コロンビアマンモスは大多数がC_4草本依存で，北部と山地部の一部個体群はC_3草本を利用（Pérez-Crespo et al. 2012）．南部のフロリダ，テキサス，アリゾナ産のマンモスは完璧なC_4草本依存だが，アイダホ産ではC_3草本も利用（Cerling et al. 1999）．フロリダ産のマストドンはC_3木本を主にC_4草本も食

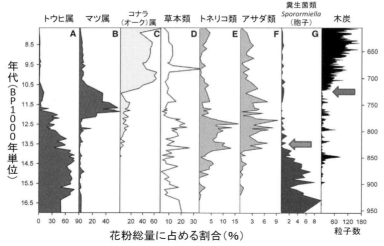

図1-15 ニューヨーク近郊，アップルマン湖の花粉分析．木炭の粒子数と大型草食獣の糞に寄生する糞性菌の変動に注目．矢印は出現増減期を示す（Gill et al. 2009から一部変更）．

べていた混合採食者（Koch et al. 1998, Green et al. 2005）．メキシコ産の巨大なラクダ（Hemiauchenia sp.）は完全なC_4草本依存（Nunez et al. 2010）などである．多彩な植生環境にそれぞれのメガファウナが対応していたのがわかる．

しかしどこでも共通するが，北米においても800万年前の中新世後期の段階では，すべての動物がC_3植物依存だったことから判断すると，こうしたファウナの分化は，600万年前（鮮新世）以降のC_4植物の出現と拡大に並行して起こったと考えられる（Cerling et al. 1999, Janis et al. 2002）．生息地の分化と多様化が多彩な動物群を生み出すのだ．おそらくそれぞれの食性への分化は種ごとに特異的，あるいは集団ごとにちがう特性だったにちがいない．そして，このグレートプレーンズを中心とした北米中央部でのC_3/C_4植物のせめぎあい，草原の組成変化や森林の回復が時代とともに一進一退を繰り広げていたのである（Nordt et al. 2002, Coltrain et al. 2004, Cotton et al. 2016など）．その変化を大枠で俯瞰すれば，氷期終了後（BP1.6万年）にはC_3植物の優占→BP1.1万年のC_4植物の侵入と北部への拡大→BP8000年のC_4植物の優占と森林（C_3植物）の回復，

となるだろう．激動の地球環境，この間の温度ギャップの平均は6℃以上におよんでいた．その後も地域的な差異をともなうが，ちょうどこの期間が北米でのメガファウナの大量一斉絶滅期にあたっている．

この期間における①植生環境の変遷，②人間の活動，③メガファウナの盛衰，この3者の関係をある場所で同時にしかも定量的に追跡できれば興味深い．①は花粉分析，②は微量な木炭分子（自然発火にもよるが人間の火使用に由来）から定量化できるとして，問題は③である．これを突破したのがジルら（Gill et al. 2009）の研究で，なんと大型草食動物の糞に生育する「糞生菌」（Sporormiella属のスポルミナリンなど）の胞子の数を測定している．場所はシカゴの東部，グレートプレーンズの東端にあたる湖，アップルマン湖で，ここにはBP1.7万年以降の泥が堆積し，この層ごとに，花粉，木炭，糞生菌の胞子の量がカウントされた（図1-15）．なぜ糞生菌なのか．この菌がたかったのはおもにマンモスとマストドンの糞だからである．植生がトウヒ林→マツ林→オーク林に大きく変化し，草本（C_3/C_4の区別はないが）の変動が著しいことがわかる．この地のメガファウナはBP1.4万年まで多数生息していたが（胞子の量

は糞の量，すなわち個体数に比例），その後は漸減し，BP 1.25万年ごろにはほとんど消えてしまう（＝絶滅）．これに対し，木炭の量はBP 1.1万年以降，継続的に増加するようになり，人類の活動がこのころに始まったことを示している．このことからメガファウナは人類の到着する約1000年以上前にはすでに（植生の変化に応じて）個体数が激減し，絶滅寸前であった可能性が高い．今後，草原の構成などがくわしく分析されてよいだろう．

メガファウナは人為に巻き込まれる以前，すでに絶滅へと突き進んでいた．「絶滅の渦」に巻き込まれた要因とはなにか，焦点はここにある．そしてそこではどのようなドラマが展開されていたのだろうか．

絶滅のシナリオ

生息地の変化に対応してメガファウナが採用した行動は，おそらくみずからの餌の嗜好に合わせ最適な生息地を探し，移動することだったにちがいない．これは絶滅について新しい視点を提供する．ユーラシアでもそうだが，ここ北米ではC_3/C_4植物の競合が激しく，そしてより急速に進行し，生息地のモザイク化と分断化がよりめまぐるしく展開されただろう．一般に，生物個体群は，個体数が減少しても，別の大きな集団と，移動や交流を通じて連結していれば絶滅を回避することができる．このようなネットワークの構造を，保全生物学では，"メタ個体群"（ポピュレーション）と呼び，大きな集団を"ソース"（中核）と，小さな分節集団を"シンク"（周縁）と名づける．グラハムやアゲンブロード（Graham et al. 1981, Agenbroad et al. 2005）らは，北米のマストドンを対象に，化石産地と過去の草原と森林の分布（C_3/C_4草原やC_3の森林）の変遷から，この動物のメタ個体群構造を再現した．それによれば，マストドンは北米に広く分布するものの，3つの大きなソースと，少なくとも6つ以上のシンクから構成され，相互に移動・交流していたと推定した（図1-16）．ヘインズによる個体数推定値は，すでに紹介したように，総数では58万-160万頭に達したものの，いくつかのシ

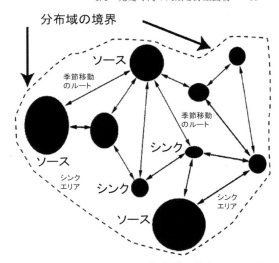

図1-16 マストドンのメタ個体群の構造．ソースとシンク，移動路の構造が破壊，分断されると絶滅が起こる（Haynes 2007より）．

ンクでは4万-6万km^2以下の分布域で1万頭以下の個体数と推定された．

この分布面積と生息数は注目に値する．なぜならIUCN（国際自然保護連合）は，現生の野生動物を対象に，分布域2万km^2以下で個体数1万頭以下の生物を「危急種」（Vulnerable）というカテゴリーに指定しているからだ．しかもその集団サイズは生息地の縮減によって短期間に減少したことも見逃せない．個体群のトレンドは激減を示し，絶滅リスクが懸念される水準なのだ．それは，メタ個体群構造が維持されるという条件のもとで，分節集団の存続がようやく確保できるレベルなのである．だが，この構造が変化したり，崩れた場合には，ソースから切り離され，孤立し，絶滅への道をたどることになる．どうだろうか，草原や森林が劇的に分布を変化させるただなかにあって，この動物のメタ個体群構造が安定して維持されたとはむしろ考えにくい．マストドンはC_3の木本に依存しながら同時に10-15%はC_4草本を食べていた混合採食者だったが，アフリカゾウよりは木本に依拠したスペシャリストだったと考えられる（Koch et al. 1998）．回復しつつあった森林と新たに登場したC_4草原，そのモザイクが彼らの故郷だった．こうした過渡的な植生

が永住地であったはずはない．生息地は寸断され，個体群は各地で分断され，孤立化していったにちがいない．メガの帰趨はメタの構造に支配されていた．

マストドンはアラスカにも生息していた．アラスカ産の化石年代はかつてBP1.8万-1万年と推定され，ベーリング陸橋を渡ったクローヴィス人の到達とともに絶滅したと解釈されていた．ザズーラら（Zazula et al. 2014）は，新たに発掘された化石も含め従来の化石の年代測定を行い，アラスカ産のものはすべてBP5万-3万年の，最終氷期以前の間氷期のものであると報告した．このマストドンは明らかにC_3植物依存で，ベーリンジア一帯が北方林であった時代にこの地に分布域を広げ，北部の1つのソースを形成したが，その後の1万年前には，氷床に閉じ込められ，孤立化した小集団状態となり，クローヴィス人が到達した時点ではすでに絶滅していたと推定された．アラスカのマストドンは気候と植生変動によってシンクになっていたのである．

生物個体群の分断化は，個体の移動や交流が断たれるために，集団の遺伝子組成を変え，遺伝的多様性を減少させていく．その1例を紹介する．ジャコウウシ（Ovibos moschatus）は現在，極北だけに生息する希少種だが，C_3植物食で更新世には大型化し，メガファウナを構成した一員だった．キャンポスら（Campos et al. 2010）は，発掘された骨や現生個体から149個体分のDNAを抽出して，遺伝的多様性（ミトコンドリアDNAの塩基配列）の地史的な変化を追跡した．それによれば，ジャコウウシのそれは，最適な生息環境が広がった最終氷期直後に（個体数が激増して）最大の変異を示したが，その後は温暖と生息地の縮小のために急速に減少した．ヤンガードリアス期には一時的に回復したものの，その後，再び減少に転じ現在に至っている．この動物の分布域は広く，現在では保護されているので個体数は安定しているが，遺伝的多様性は驚くほど低く，この落差が絶滅リスクをなお危惧させている．

結論はこうなる．メガファウナの絶滅の主因は，人類のオーバーキルではなく，環境の激変とそのなかで展開された草原や植生の大規模な変化と入れ替わり，このなかで進行した生息地の消失，個体群の分断化，集団構造の脆弱化によって起こった．それらは，現在でも広く共通した，もっとも深刻な絶滅要因だ．ただし，更新世末の絶滅は地球が引き起こした自然的要因だが，現代のそれは明らかにちがう．

（7）日本のメガファウナとその絶滅

日本もまたメガファウナの多産地であった．第四紀後期更新世，最終氷期の動物相は，地域変異はあるが，ケナガマンモス，ナウマンゾウ（Palaeoloxodon naumanni），ヤベオオツノジカ（Sinomegaceros yabei），ヘラジカ（Alces alces），ステップバイソン，オーロックス，ウマ，ニホンムカシジカ（Cervus praenipponicus）などに加え，トラやヒョウ，さらには現生種のシカやイノシシ，ヒグマ，ツキノワグマなどで構成されていた（河村ほか1989，Kawamura 2007）．これらのうち，現生種以外はすべて遅くともBP1.5万年までには絶滅している．このメガファウナと人間集団の活動はどのような関係にあったのだろうか．

木村（1997）はシベリア，バイカル湖畔のBP2.3万年の旧石器遺跡として有名なマルタ遺跡で石器とともに，動物骨の発掘を行い，その最少個体数の構成を，トナカイ589頭，ホッキョクギツネ50頭，ケサイ25頭，マンモス16頭と推定した．彼らがトナカイ・ハンターであったことは明らかだが，ケサイやマンモスも標的にしたのはまちがいない．蛇足だが，このマルタを含むシベリア各地の遺跡からは象牙や骨製のヴィーナス像が多数出土する（木村1997，Soffer et al. 2000）．この北方のハンター集団の一部が北から北海道へ（そして本州北部にも）渡来したようだが，マンモスの化石はみつかるものの，石器をともなう明確なキルサイトは報告されていない．いっぽう，琉球列島や朝鮮半島を経由して旧石器時代人が列島に渡来し，本州北部へも到達している．本州ではこれからの派生集団が野尻湖周辺で狩猟を行い，ナウマン

ゾウやヤベオオツノジカの遺物を残している．この地からは多数の石器や骨器がいっしょに出土し，動物骨の一部には矢尻や石器によるとされる「痕」が残され，キルサイトと解釈されてきた（野尻湖発掘調査団1997）．彼らは，はたしてオーバーキルを行い，メガファウナを絶滅させたのだろうか．

確かに，大半がナウマンゾウとヤベオオツノジカであり，しかも骨のほとんどすべての部分が出土すること，狭い地域にまとまっていること，ゾウが埋没する地層より上層からはゾウはまったく出土しない，つまりある時点でゾウは消失したこと，この地の地形が湖に突き落とすといった狩猟法に適していることなどの知見は，この地で短期間のうちに集中的な狩猟がなされ，しかもキルサイトだった可能性を示唆する．だが，ある程度の狩猟活動が行われたとしても，「オーバーキルが背景にあったのは，ほとんど疑いない」（野尻湖発掘調査団1997）との断定は早計だろう．たとえば，1990年までに発掘された75頭のナウマンゾウの年齢構成をみると，0-3歳が2頭，4-13歳0，15-24歳10，26-34歳22，36-47歳20，49歳以上21で，大きく成獣や老齢に偏っていることが注目される．これは，たとえばすでに紹介した狩猟されたメルクサイの場合には齢構成が著しく若齢に偏っていたのとは対照的で，（大した武器をもたなかった）野尻湖人が体重4-5トンと推定されるナウマンゾウの成獣を選択的に狩猟していたことを示唆し，実際にはきわめて想定しにくい．春成（2001，2008）は，上記の点に加え，限られた場所に時期を異にするメガファウナの骨が複数の層にわたって蓄積していること，すべての骨が狩猟によって死亡したと判定ができないことなどから，野尻湖人がオーバーキルと呼ぶような狩猟を行っていたとの推測には疑問を投げかけている．

最近，ノートンら（Norton et al. 2010）は，骨に残された「痕」を化石生成学的に検討し，一部は確かに石器を用いた人為要因によって形成されてはいるが，浅く不規則なものが多く，大型動物の踏みつけを含め，狩猟や解体だけではない要因によって形成されたと報告している．ノートンら（Norton et al. 2007）はまた，メガファウナのもう1つのキルサイトとみなされてきた岩手県・花泉遺跡のステップバイソンの骨の分析を行い，バイソンを解体・処理した痕跡はわずかにあったものの，大半は無関係で，キルサイトというよりもむしろ河川によって運ばれた遺物の集積地だったのではないかと推測している．

岩瀬ら（Iwase et al. 2012）は，後期更新世以後の日本産メガファウナのおもな化石標本を「加速器質量分析法」（AMS）によって新たに年代測定を行い，その結果と環境変動を照合している．それによれば，南方性のナウマンゾウの生息年代はBP4.9万-2.3万年，同じくヤベオオツノジカはBP4.9万-4万年で，両者は温帯林を中心に生息していたこと，これに対し北方性のマンモスはBP4.5万-1.9万年，同じくバイソンはBP1.8万年で，両者はモミ・トウヒの北方針葉樹林に生息していたことを明らかにした．日本の最終氷期最寒冷（LGM）期はBP約3万-1.9万年であることから，メガファウナの生息年代の差異にはLGM期をはさむ大きな環境変動があり，ナウマンゾウとヤベオオツノジカは最終氷期以前の間氷期に本州以南の温帯林に，マンモスとバイソンはLGM期に北方から分布域を広げ，本州以北の針葉樹林に，それぞれ時代と場所を変えてすみわけてきた，と総括している．日本のメガファウナの絶滅もまた，人間の狩猟はあったとしても，その主因は生息環境の大きな変動であったと考えられる．ところで，日本では秋吉台などの堆積層に小型哺乳類の化石がよく保存され，同定されている．このなかにはニホンモグラジネズミ（*Anourosorex japonicas*），シカマトガリネズミ（*Shikamainosorex densicingulata*），ニホンムカシハタネズミ（*Microtus epiratticepoides*），複数のコウモリ類などの絶滅種が多数リストされる（河村ほか1989）．これら小哺乳類の絶滅要因は，人為というより，環境変動のほうが説明しやすい．

1.2 旧石器時代における人類の狩猟，狩られる側の論理

　メガファウナは絶滅しても，ヨーロッパに農耕と牧畜がもたらされる BP 約7500年の新石器時代に至るまで（いな，新石器時代以降も），人類は，ハシバミ（ヘーゼルナッツ），カシやナラなどの堅果類，多種多様な果実，そして河川の魚類を採集するいっぽうで，野生動物をさまざまな方法で狩猟しながら生活を組み立ててきた．その依存度はきわめて高く，野生動物の狩猟なしには人類の存続はありえなかったといえよう．そして狩った動物の骨や毛皮，角を加工して，衣料のほかにさまざまな生活用具をつくりだした．この後期旧石器時代のヨーロッパでの人類の足跡をいましばらくたどってみよう．人類は野生動物をどのように狩猟し，どのような関係を築いていたのだろうか．

(1) ヨーロッパにおける狩猟の実態

ネアンデルタール人からクロマニョン人へ

　すでに述べたように最終氷期最寒冷期（LGM期），北部が氷床（スカンディナヴィア氷床）で覆われた時代，ヨーロッパの西・南部地域は，人類を含む動物たちが避難したリフュージアとなっていた．この最終氷期をはさんだ激動の時代に，ヨーロッパでは現生人類がネアンデルタール人へと徐々にとってかわっていき，オーリニャック文化期へ移行していく．そのリフュージアの1つであったフランス南部，バウデルオベジール遺跡は20万年前からの動物遺物と多数のネアンデルタール人骨が発見された旧石器遺跡として有名である．これらの動物遺物は，しかし，ネアンデルタール人の活動だけではなく，ホラアナグマ，ホラアナハイエナ，ホラアナライオンなどの肉食獣が持ち込んだ"成果"でもあった．そこで，例によって骨に残った痕跡から，肉食獣の"攪乱層"を取り除くと，残されていたのはアシュール文化期（約170万-10万年前）からムスティエ文化期末（約5万年前）に至るネアンデルタール人の中期旧石器時代に展開された狩猟の足跡だった．フェルナンデスとルジャンドル（Fernandez & Legendre 2003）は，これらの遺物を分析している．

　ネアンデルタール人が狩猟した動物は，オーロックスやトナカイなども含まれてはいたが，大半はノウマだった．それは狩猟がすでに地域や環境に応じて専門化しつつあったことを示唆する．この5万年は，後述するように，投石や石斧程度の武器から手持ちの槍へと移行する期間で，狩猟技術には大きな進展があったようだ．2人は，このウマ化石を層位ごとに取り出し，捕獲個体の歯の磨滅の程度から年齢を査定して，年齢構成を比較している．この結果，古い時代ほど成獣が多数を占めていたのに対して，時代が進むにしたがって若齢個体の割合が増加していた．つまり，成獣中心の選択的な狩猟から，年齢を問わない無差別の狩猟へと変化していったことを明らかにした．ウマは，非繁殖期，子どもを含むメス群，若齢を中心としたオス群，単独の成獣オスに分かれて生活するから，この変化には狩猟場所のちがいが反映していると解釈されたが，別の解釈も可能である．すなわち，体のサイズが大きい（したがって肉量の多い）成獣をターゲットとした小規模な「待ち伏せ猟」から，群れ全体を狭い袋小路や窪地へと組織的に追い込んで一網打尽にする「集団猟」への移行だ．2人はこちらを採用している．もしそうであれば，そこにはネアンデルタール人の狩猟法の発展が投影されている．現生人類に先行したネアンデルタール人もまた特定の動物の生態や行動を観察し，その知識にもとづき新たな猟法を編み出していたにちがいない．その技術革新の足取りを追ってみよう．

　ヨーロッパに現生人類が最初に到達したのは約5万年前ころと推定される（後述）．このオーリニャック文化期の遺跡がヨーロッパ南部には多数存在し，ラスコーもその1つだ．それぞれの遺跡遺物には，地域ごとの環境と動物相のちがいを反映して，程度の差はあるが，特定の動物を選択的に狩猟する傾向がみられる．スティール（Steel 2004, 2005）は，アカシカが多数出土するオーリニャック期の遺跡から，捕獲

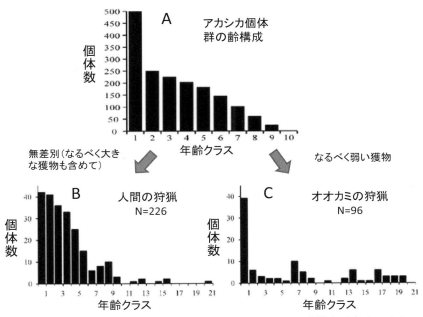

図1-17 現生アカシカ個体群の齢構成（A），人間の狩猟による齢構成（B）とオオカミの狩猟による齢構成（C）の比較．Bはオーリニャック期の遺跡出土，Cはイエローストーンの現在のオオカミ（Steel 2005を改変）．

集団の年齢構成を復元して狩猟形態を検討している．その結果，BP4.6万-3.4万年，クロマニョン人が狩猟したアカシカ集団の齢構成には，多数の若齢個体を含む点で，たとえばオオカミなどの肉食獣が捕食したそれとは明確なちがいがあることを指摘している．図1-17は，彼が示した遺跡出土のアカシカの齢構成と，イエローストーン国立公園でオオカミが捕食したエルク（アカシカの北米亜種）の齢構成の比較で，オオカミのターゲットは明らかに幼獣と老齢個体に偏っていることがわかる．これはオオカミが集団中でもっとも弱い個体を選別し，執拗に追いかけ回して体力を奪い，捕食するという狩猟法を採用した結果である．これに対して人類は，アカシカの集団の齢構成をほぼそのまま反映していて，老若を問わず非選択に狩猟していたことがわかる．おそらくそれは，群れ全体を組織的に追い込んで，一挙に捕獲する「集団猟」を行っていたことを示唆する．クロマニョン人はネアンデルタール人の猟法をつぶさに観察し，学習していたのかもしれない．

2種の共存は相互に影響し合ったようだ．ネアンデルタール人のムスティエ文化，旧石器群はBP約3.5万年を境に，より進んだ石刃や動物骨を加工したものに置き換わっている．これは発掘されたフランスの村にちなんでシャテルペロン文化と呼ばれ，クロマニョン人が持ち込んだオーリニャック文化の影響と解釈されている（河合1999, Higham et al. 2010）．

トナカイ猟

もう少し時代を下る．最終氷期末から温暖化へと向かうBP1.6万年以降，ヨーロッパでは各地でトナカイ猟がさかんに行われていた．一部の人間集団はトナカイ猟専門の"トナカイ・ハンター"になっていた．狩猟の武器にはするどい石の尖頭器をつけた槍と，投げ槍器（後述）が使われた．トナカイは肉量が多く，しかも肉は栄養的にもすぐれ，脂肪を多く含む高タンパク質，高カロリーの食品だ．毛皮は保温性にすぐれ，角は各種の生活用具をはじめ槍の尖頭器にも細工された．ウェインストック（Weinstock 2002）は，この時代のヨーロッパ，7ヵ所の遺跡から得られた2000頭以上のトナ

カイ標本を，ユニークな形質に注目して分析した．捕獲集団のオスとメスの比率，すなわち「性比」である．シカ類はオスに角があるから性の判別は簡単そうだが，実際にはむずかしい．トナカイは，シカ科動物のなかでは例外的に，メスも角をもつこと，さらに獲物は食べ尽くされるために徹底して壊されていたからだ．角に代わって彼が性の指標として注目したのは，頭骨から2番目の首の骨（「環椎(アキシス)」）で，オスのほうが大きく形態的にも性差がある（しかも1頭に1つしかなく，破壊されにくい）．この骨を判別しながら各地の捕獲集団の性比を比較すると興味深い結果が得られた．ほとんどオスだけから構成される集団と，メスに著しく偏る集団とが，場所をちがえて併存していた．もし前者のようにオスに偏る狩猟が意図的に行われていたとすれば，画期的だったといえよう．トナカイは一夫多妻性だから少数のオスが残っている限り繁殖は可能であり，集団の存続に影響を与えることはない．したがってそれは，人類最初の持続可能な狩猟法として評価できるからだ．真実はどうか，分析は続く．

比較した遺跡はほぼ同時代だったことから，差異は武器のちがいではない．ところで，トナカイにはいくつかの狩猟法が知られ，その大半は現在も踏襲されている．たとえば，春の出産期には，子どもの声（"ブーブー"と鳴く）をまねてメスをおびき寄せて捕獲する方法．秋の繁殖期には，メスの毛皮をかぶせたデコイを置きオスをおびき寄せる方法などだ．しかし，こうした猟法は，どれもが小規模な個人猟で，多数の遺物が堆積していたことから集団猟が行われていたと解釈される遺跡の状況とは異なっていた．想定されたのは次のような状況だ．

トナカイは群れをつくって生活するが，非繁殖期には，メスは子どもとともに「メスの群れ」を，オスは「オスの群れ」をつくり，両者は環境要求のちがいから別々の場所にすみわける．これは「性による生息地の分離」と呼ばれる現象で，大型の有蹄類では現在でも広く観察される（Ruckstuhl & Neuhaus 2002 など）．繁殖期は秋の移動と重なり，2つの群れは合流して越冬地へと向かう．そして春にはまた別々に夏の生息地へと移動する．こうした季節（周期）的な移動とそのルートが，BP1.5万-1万年のフランスとベルギーの間で以前から推定されてきた（ラッカム 1997）．トナカイは，氷河期末の環境激変のなかで，こうした季節ごとの生息地や移動ルートを再編していったにちがいない．遺跡の場所ごとに異なる捕獲集団の性比のちがいは，ハンターが性を選別した結果ではなく，トナカイの環境利用とその移動ルートが投影されていた可能性が高い．

ドイツ北部のマイエンドルフ遺跡はBP1.2万-9000年の氷床後退直後の遺跡で，大型の鳥類（ハクチョウなど）を含むさまざまな動物遺体が出土することで有名だが，大多数はトナカイで，しかもオスの成獣にやや偏る傾向が認められた．ここではヨーロッパ最古の弓矢100本以上が同時に発掘され，骨には矢の貫通痕（小さな穴があく）が確認された．これらの動物遺体の状況からブラトルント（Bratlund 1996）は，この地はトナカイの移動路につくられた専用のキャンプ地で，人類は弓矢と槍を武器に集団猟を行い，角の大きなオスを選択的に狩猟したと推測している．

（2）北米における先史時代の狩猟

バイソン猟

メガファウナの絶滅後の北米の状況をみる．この地でも多彩な狩猟が引き続き行われていた．とくに北米中央部のグレートプレーンズでは，アメリカ先住民（クローヴィス期のパレオインディアン）の到達（BP1.2万年）以降，バイソンを対象とした大規模な狩猟が営々と続けられてきた．この地にはバイソンを大量に屠殺したキルサイトが多数みつかっている．これらの骨を，人類到達以前の化石も加え，時代順に比較すると，バイソンの体が劇的に変化していることに気づかされる．現生種より 12-20% も大きかった体と角は BP 約 8500 年を境に，急速に小さくなっていく（図1-18）．この小型化は人類の継続的な狩猟が引き起こした結果ではないか，とオーバーキル仮説と結びつけて，ずいぶ

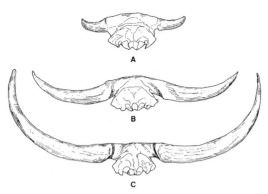

図 1-18 バイソンの頭骨と角芯（後方から）．A：現生種 *Bison bison*，B：*B. priscus*，C：*B. latifrons*（Kurten & Anderson 1980 より）．北米のバイソン属は化石種を含め合計 6 種に分類されているが，エンシャント DNA の分析は，1 種から分岐したことを示している（Douglas 2007 より）．

んと古くから指摘されてきた．確かに，高い狩猟圧で成獣だけを選択的，継続的に狩猟していくと，個体群は若齢化し，小型化することは，たとえば，長期にわたって狩猟対象とされてきたビッグホーン類の体型と角のサイズの研究からも証明されている（Coltman *et al.* 2004）．小型化は，はたして人為の影響なのだろうか．

ヒルら（Hill *et al.* 2008）は，グレートプレーンズの 24 のキルサイト（後述の近代アメリカ人が行ったバイソンの大量殺戮跡ではない）で，その年齢構成を分析し（上腕骨と踵骨の関節状況から成獣と幼獣とを区分），狩猟方法を検討している．それによれば，年齢構成には，地点によってやや差はあったが，おおむね老若の偏りはなく，特定の性や年齢だけをねらった選択的な狩猟ではないことがわかった．この点から判断すると，猟法はおそらく「待ち伏せ猟」か，いわゆる"バイソン・ジャンプ猟"だったと推察された．バイソン・ジャンプ猟とは，切り立った崖に追い込んで，突き落とす猟で，アメリカインディアンは近世までこの猟法をしばしば採用していたことが知られている．この猟法には，動物の生態を知悉したうえでの，周到な計画と準備，チームプレイが必要だから，北米到達からまもない人類がすでに集団としてよく組織されていたことを示唆する．では，小型化をもたらしたのが人類でないとすれば，どのような要因が関与していたのか．ここでもまた最終氷期以降の植生の変化が重要だった．

ヒルらは，グレートプレーンズを構成した C_3 植物から C_4 植物への転換と，バイソンの形

〈コラム 1-3　歯の分析〉

歯からはじつにさまざまなことがわかる．歯の形と配列は大まかにいえば動物の食性を表す．また歯の萌出，乳歯と永久歯の交換状態，あるいは磨滅の程度は年齢とともに変化するので，年齢の指標になる．さらに最近ではエナメル質表面に残される微細な磨滅痕（マイクロウェア；図 1-19）のパターンや頻度が，草食獣の食性，つまり柔らかい葉を主とした C_3 植物と，硬い葉の傾向がある C_4 植物のどちらに依存するのかを判定する手法として使われるようになった．C_4 植物依存であればエナメル質には多数の線状のひっかき痕が残り，食性の傾向とひっかき痕の頻度には強い相関があることがわかっている（Rivals *et al.* 2010 など）．このひっかき痕は植物がもっているプラントオパール（シリカ）の量を反映していると解釈されてきたが，最近，シリカとエナメル質の硬度の分析が行われた結果，興味深いことにエナメル質の硬度はシリカよりはるかに高いことがわかった（Sanson *et al.* 2007）．シリカでは傷がつかないのだ．それではなにがこの微細な磨滅痕を残すのか，また従来，プラントオパールは草食獣への採食対抗物質と解釈されてきたが，なお詳細な研究が待たれている．

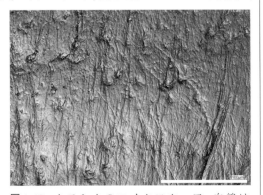

図 1-19 カモシカのマイクロウェア．白線は $100\,\mu m$ [饗場木香氏提供．東京大学大学院新領域創成科学研究科自然環境学専攻所有．3D レーザー顕微鏡 VK-9700（Keyence 社製）で撮影]．

態的な変化との間には強い相関関係が存在していることを明らかにした．バイソンの体と角は，すでに紹介したように，C_3植物からC_4植物へ移行するにしたがって，劇的に縮小したが，これには，もともとC_3植物である草本や矮性の木本に依存していたバイソンが，C_4植物の優占化にともないその食性を，柔軟だったかどうかはともかく，変化させたことに起因している．炭素同位体による食性分析が，北部ほどC_3植物に，南部ほどC_4植物に，時代にともないそれぞれ変化しているのはそのことを裏づけている（Coltrain et al. 2004, Koch et al. 2004）．同様に，歯の微細な磨滅パターン（コラム 1-3）もまた，北部ほど少なく，南部ほど多くなる傾向があり（Rivals et al. 2007），食性分化があったことを示している．おそらくこの草原環境の巨大な変化が，北半球北部を巻き込んで起こったのだろう．バイソンを含む現生の大型草食獣は，体が相対的には小型だったために新たな植生環境に適応できたが，マンモスやステゴドンなどのメガファウナは，その巨体ゆえに適応能力の限度を超えたにちがいない．それは地史的にみれば，地球環境という舞台装置が入れ替わる連続ドラマの小さな一場面だったのかもしれない．

プロングホーン猟

同じことは別の動物群でも起きていた．中型の草食獣であるプロングホーン（*Antilocapra americana*）は，現在では，1科1属1種を構成する北アメリカの固有種だ．その名は分枝したフォーク状の角をもつことに由来する．この仲間は中新世中期以降に，ほかの草食獣と同様に爆発的に適応放散し，これまでに18属（種数はおそらく100種以上）が記載された（Janis & Manning 1998）．化石となったプロングホーン類はすべてC_3植物に依存していたと考えられる（Janis & Manning 1998）．C_3植物の草原やブッシュ，森林など多様な植生に適応して多種多様なプロングホーンが進化した．そのすべてが，現生のプロングホーン1種だけを残し，人類到達以前に次々と絶滅した．C_4植物の大規模な草原拡大が絶滅への引き金になったと考えられる．現生のプロングホーンはそれでもなおC_3植物に固執している．彼らはC_4植物が優占するプレーリーの草原で，そのなかに細々と生き残るC_3植物を選択的に食べている（Yoakum 2004）．

アメリカ先住民であるパレオインディアンはクローヴィス期以降，グレートプレーンズで，ウサギや齧歯類などの捕獲と同時に，バイソンやプロングホーンを狩猟していた．このキルサイト（おそらくキャンプサイト）がこの地に点々と残されている．そこからは彼らが残した桶状に剝離された独自の尖頭器型石器群が多数発掘されてきた（Hockett 2005）．彼らは，ときどき行った"バイソン・ジャンプ猟"とともに，集団でプロングホーンを追跡，狩猟した（Frison 1998）．複数のサイトには多数のプロングホーンの骨が残るが，それらはどのような狩猟法で調達されたのか．オーバーキルを連想させる無差別大量殺戮か，それとも小グループによる追跡猟か．これもまた初期人類の本性をうらなう重要な論点だ．だが残された骨の性や年齢にははっきりとした特徴は認められなかった．しかし最近，フェナー（Fenner 2008）は放射性同位体を使い，独創的な分析を加え当時の狩猟状況を再現した．

フェナーはこう考える．$δ^{13}C$は，これまでも述べてきたように食性（C_3植物とC_4植物の比率）を反映するので，そのちがいには植生環境が刻まれている．$δ^{18}O$はおもに水の組成に影響を受けるので，水飲み場のちがいを反映している．さらに，重金属のSr（ストロンチウム，$^{87}Sr/^{86}Sr$の比率）は土壌によって異なるので，堆積層のちがいを投影している．3つの放射性同位体は生息地（ハビタット）の有力な指標なのだ．もしサイトごとに骨の同位体を調べ，その変異が少なければ，同一の生息地で一挙に捕獲されたことを，変異が多ければサイトを拠点に各地を転戦しながら持ち帰った獲物であることを，それぞれに示唆するだろう．調査された17カ所以上のサイトにおける同位体の変異（標準偏差）は，いずれも高い値で，同一場所から同一時点

で捕獲されたものではないこと，すなわち一斉大量殺戮ではないことを示唆した．パレオインディアンたちは季節ごとに猟場を変えながら，異なる地域集団から少しずつ捕獲していたようだ．それは，持続可能な収穫というよりも，環境と狩猟技術による制約だったのだろう．

（3）先史時代の武器

投げることの意味

少し脇道にそれて，ここでは人類の狩猟技術の発達史をたどる．「狩猟仮説」では狩猟とその技術，つまり武器が並行して発達したと解釈されたが，実際にはどのような経緯をたどったのだろうか．人類の最初の武器は，おそらく石や棒を投げることだったにちがいない．霊長類のなかには，チンパンジーのように，状況によっては石や棒切れを投げて，威嚇したり，攻撃する種類がいる．しかし手ごろなサイズと適当な重さの物体を選び出し，手でつかみ，独特のフォームで，高速にしかも高い精度で投げられる能力は人類固有のものだ．意志と一連の動作とが合目的的に連結している．このことを最初に指摘したのはダーウィンだった．彼は，直立二足歩行によって解放された腕を用いたこの投擲能力こそが人類独自のものであり，これで他種を圧倒し，効率的な狩猟を可能にさせた，と力説した（『人間の由来』Darwin 1871）．最初は，石や棍棒程度だったが，この飛び道具の威力の発見と，そのたえざる鍛錬（練習）が一連の投擲動作を磨き上げ，それにふさわしい体型をつくりだしたのだろう．投擲が練習のたまものであることは，初心者が野球の投球をまともにできないことからも了解できる．

それはおもに2つの運動から構成される．体全体の重心を水平にずらす移動運動と，円運動のコンビネーションで，後者では腕と体の，それぞれ別個の回転運動から組み立てられている．かなり複雑なのだ．ローチら（Roach et al. 2013）は，初期人類（ここでは現生人類ではなくホモ属の意味）は約200万年前からこの動作を開始して，肩にためられた弾性エネルギーを一挙に解放させる術を習得し，それにふさわしい解剖学的特性（肩，肘，手首の屈曲と回転運動を可能にさせる構造）を進化させたと述べている．この投石練習に少し先行して最古の石器が約250万–230万年前からつくられたようだ（Semaw et al. 1997, Roche et al. 1999）．それでも疎開林やサバンナに降り立ってまもない初期人類にとっては，周囲は天敵ばかり，被食されるサルの一群にすぎなかったから，投石はおもに防御的な武器だったにちがいない．食物はおそらくラブジョイ（Lovejoy 1981）が指摘するように，なんでも食べた「広い雑食性」（広食性）で，果実や木の実を軸に，種子，豆，地下茎，塊茎のほかに，動物性タンパク質を摂っていた（Teaford & Unger 2000）．250万–200万年前とされるオーストラロピテクス（ホモ属の祖先）の化石骨による炭素安定同位体（$\delta^{13}C$）分析は，その食性の70%が植物性（果実・木の実），動物性が30%以下であったという（Sponheimer & Lee-Thorp 1999, van der Merwe et al. 2003）．地上には昆虫類やその幼虫，トカゲなど爬虫類が多数生息し，簡単に獲れた．生活様式は「狩猟採集」というより明らかに「採集捕獲」である．

左手に棍棒，右手に石をたずさえての採集（捕獲）活動は，やがて防御的だが集団による飛礫攻撃を編み出しただろう．正確で適当なサイズの「石攻撃」は捕食者に対しかなり有効だったと思われる．これにはおそらく男女が参加しただろうが，後に狩猟の分業化とともに投擲能力には性差が生まれた（Watson 2001）．この集団行動こそが人類に飛躍をもたらした（クロスビー 2006）．生存をかけた投擲動作はさらに磨きがかけられ，ついにはライオンやヒョウ，ハイエナを圧倒し，その獲物を横取りするのに十分な威力をもつまでになったと思われる．ロジャー・レーウィン（Lewin 1984）やルイス・ビンフォード（Binford 1985）は，初期人類が200万年前から骨髄などを石器で破砕して利用する腐肉食だったことを強調している．主食だったかどうかは不明としてもメニューの幅が広がったのは確かであり，この用途にこそごつい打製石器が有用だったのではないか．肉の利用

は捕食者から獲物を奪い取ることができる段階（"攻撃的スカベンジャー"という）になって初めて本格化しただろう．これには火を使い，調理にも使われたことも重なる．最初に火を使用し，コントロールできるようになったとされるのはアシュール文化期で，南アフリカでは100万年前（Berna et al. 2012），中東地域では79万年前（Goren-Inbar et al. 2004）とみなされている．この段階で人類の食性は「採集捕獲」から「採集腐肉あさり」に移行した．

石は投げられたが，いっぽう棍棒は独自に発展していった．手ごろな太さと長さが選別され，規格化された．武器としての「槍（スピア）」の誕生だ．おそらく最初は捕食者に対する護身用の手持ちだった．この種の槍の先端につけられたと考えられる旧石器が，最近，南アフリカで発掘され，約50万年前と推定された（Wilkins et al. 2012）．この石器は大きく，これを取り付けた槍は投げるには重すぎる．また，ヨーロッパからは40万年前と推定される槍がドイツ・シェーニンゲンのネアンデルタール人遺跡から発見されている（Thieme 1997）．こちらは1.8-2.3 mの木製で，先端には石器はなく，鋭利に尖るだけだった．この槍は，もちろん状況しだいでは投げられただろうが，専門の「投げ槍」というよりは「止め槍」あるいは「刺し槍」だったと解釈されている．というのは投擲実験による距離がせいぜい6-7 m程度だったからだ（Churchill 1993）．ネアンデルタール人などの先行人類に教えられながら，現生人類はここから新たな革新を模索した．投げるための槍の工夫と，その練習である．

鋭利に加工された石や骨を先端に装着し，空力学的な合理性（非対称で，やや曲線）をもち，遠くに飛ばすように工夫された真の「投げ槍」が登場したのは，アフリカでは約8万年前，近東では5万-4万年前，ヨーロッパに広がったのは約2万年前と推定されている（Shea 2006）．これらの槍は，十分な練習を積むと15 m以上の飛距離になった（Churchill & Rhodes 2009）．この距離は画期的である．動物の「警戒距離」のぎりぎりか，その外側だったからだ．この結果，狩猟は，出合いまかせ（運頼み）から，獲物を選別し，ねらいを定めた合目的な活動へと転換した．これによって人類は初めてハンターとなり，名実ともに「狩猟採集」時代が開始されたのである．

ここまでをまとめておこう．人類の系統はもともと果実食者から出発したと考えられる．人間の"フルーツ好き"，とくに高カロリー・熟したものへの嗜好，つまり"無類の甘いもの好き"はこの食性を反映したものである（Milton 1993, Bellisari 2008, 山極 2012）．果実ほど1カ所にまとまり，高カロリーで労働節約型の食物はない．人類の味覚は苦味や甘味に高い感度を示し（Scott 2004），甘みの感度は，ブドウ糖やショ糖より果実由来の「果糖」に対してもっとも鋭敏だ（橋本・高田 2006 など）．

この果実食性は歯の特徴からも裏づけられる（Teaford & Unger 2000, Suwa et al. 2009, リーバーマン 2015 など）．ホモ属（ヒト族）人類は単純な「肉食」（切歯が小さく，犬歯が大きく，臼歯は凹凸があり筋肉繊維を引き裂くように並ぶ）でも，「草食」（大きな切歯が並び，犬歯は小さく，臼歯は大きく広く並び，エナメル質がなかに入り込む．コラム 1-2 参照）でも，そして「雑食」（この2つの中間で，臼歯は尖ったものと平たいものが並ぶ），のいずれでもない．大きく平たい切歯と臼歯は果実食に特化して独特である．この基本食性に利用可能な多彩な食物が，環境の変化とホミニゼーションの進行にともなって加えられていった．

人類は甘いもの好きであると同時に，無類の"脂肪好き"でもある（Drewnowski 1997）．これほどエネルギー密度が高い，高カロリー食品はない．ここにも腐肉・骨髄食の食性史が投影されている．さらに火の使用と捕食者を襲って肉が奪えるようになると，肉食が加わる．火の使用は調理と加熱殺菌にも好都合だった．肉食への傾斜は脳の発達にとって必要であり，"甘いもの"とともに強い生理的な要求だったのかもしれない．

従来，「狩猟採集」と呼ばれてきた生活様式は，食物の構成や調達方法をひとくくりにまと

めてしまい，概念が大きくなりすぎている．食物と武器の発達を考慮して細分すると，①採集捕獲，②採集腐肉あさり，③狩猟採集の3段階に区分できよう．これにもとづいてホミニゼーションの過程を見直すと，全体を約250万年とすれば，最初の50万年（5分の1）の期間はおもに①で，ほかの捕食者とは石だけで対抗したものの，もっぱら被食者の存在だった．次が組織的な「石攻撃」によって他種を凌駕できるようになった②の段階が続き，この期間の最後にようやく火の使用が開始され，他種を完全に圧倒できるようになった．槍や投げ槍が発明され，真の意味での③が確立されたのは，かなり長く見積もっても，最終の50万年程度にすぎない．250万年に対する50万年以下，それは，ダートやアードレイが人類史の99%がハンターであったと想定した"狩猟仮説"の期間とは大きな時間的乖離がある．

ところで，狩猟採集社会では女性は生殖（妊娠，出産，子育て）の制約からおもに採集を，男性は狩猟を分担する傾向がある．この分業は，性的二型による男女のサイズ差や運動力のちがいからも順当だが，投げ槍を軸とした狩猟活動は，男女の形態差をさらに促進させたようだ．旧石器時代の中期と後期のクロマニョン人の男性の肩甲骨と上腕骨の関節部分を比較すると，前者の肩甲骨関節窩は浅くて細いのに対し，後者ではより広く，深くなっていたことが明らかにされた（Rhodes & Churchill 2009）．約1.5万年間にわたって繰り広げられた投げ槍猟は，2つの骨をしっかりと連結させ，後方に十分そらせた姿勢からの投擲を可能にした．骨と筋肉はさらに発達し，現生人類はよりがっしりとした体型に変身している．この男性特異的な形態上の進化は，投げ槍の投擲能力とその猟果が男性の繁殖成功度（多数の配偶者を獲得し，たくさんの子どもの父親になる）に著しい影響をおよぼしたので，急速に進化したと考えられる（第2章参照）．

系統的にみると，ヒト亜科霊長類から初期ヒト族へ，そしてホモ属に至る過程で，犬歯のサイズや体重などの性的二型が急速に減少してい

図1-20 投槍器を使った槍投げの動作（Knecht 1997を参考に描く）．

く．これには，一夫多妻性の程度が減少して一夫一妻に接近するというよりも，メスの獲得やメスの選好性にまつわるオスの性選択が，体型や種内闘争用の武器（牙など）などの形態的な特徴からしだいに，狩猟にかかわる能力や技量，体力，獲物の量，骨や筋肉の構造へと移行，転換した結果と考えられる．現生人類へのマクロな系統進化の過程でも狩猟採集生活の徹底と狩猟能力の向上が並行して起こっている．

そしてこの投げ槍には，BP1.9万-1.7万年ころに"投槍器"（atlatl）の発明が加えられた（Knecht 1997; 図1-20）．これは槍に添える道具で，この部分を手にもち槍を放つと，回転運動の半径が腕よりも長くなるために，さらに遠くへ飛ばせることができるようになった．これも大きな飛躍だ．15m程度だった槍の飛距離は，投槍器の採用により25-50mへと更新された（Churchill & Rhodes 2009）．ランチャーから発射された槍は石器時代のミサイルだった．

槍から弓へ

ちなみにさらに革命的な武器，猟具の「弓」が「発明」されるのはもう少し後である．まだ確定的ではないが，ヨーロッパではおそらくBP1.5万-0.8万年ころと推定されている（デンマークの泥炭地からはBP約1万1000年；Cattelain 1997，ドイツ北部での出土物はBP約9000年；Bratlund 1996）．ヨーロッパのオリジナルではなく近東から持ち込まれた可能性も指摘されている（Shea 2006）．弓は，おそらく最初は，樹木の弾性を利用したいろいろな罠（はじき罠など）が先行して発明され，それをヒントに転用され，しだいに携行できる独立の道具に発展したと考えられる．おもしろいのは

その到達距離で，復元された道具の実験によれば，初期の弓では25-45 mと，アトラトルの投げ槍より長いが，大差はない（Cattelain 1997）．飛び道具の優秀性は，その飛距離ばかりではなく，携帯上の手軽さや速射性にあったのかもしれない．マンモス・ステップ（ツンドラ）が後退し，代わって疎開林やブッシュが，次いで北部にはタイガが，南部には落葉広葉樹林が拡大していき，槍はオープンランドでは有効だが，森林では便利とは思えない．弓の飛距離と命中精度を上げるには矢尻の技術革新が必要だ．人類はその後も，じつに精巧な，小さくて鋭利な矢尻用の石器加工に励んだ．それは一発勝負ではなく連続発射をも可能にした．

1991年9月，オーストリア・イタリア国境のアルプス，エッチ地方の氷河の淵で一部が露出したミイラ化した人間の死体が発見された．後に"アイスマン"と名づけられたこの人物は，BP5300年，つまり後期新石器（銅器）時代にこの地に狩猟に訪れ，左肩に矢尻が刺さっていてその出血がもとで死亡したと推定された．胃には一部消化されたアイベックスの肉が残っていた．身長1.65 m，体重約50 kg，年齢46歳と推定されたアイスマンは，褐色の目，血液型O型，乳糖不耐性で（Keller et al. 2012），心臓血管疾患と胆石をもち，腸には鞭虫が寄生していてあまり健康とはいえず，骨のX線検査から"ハリス線"[12]が鮮明に残り，幼少時に何度か栄養失調を経験したようだ．興味深いのはその身支度で，毛皮製の衣服を着て，バックパックを背負い，靴をはき，そしてフリント（石）製のナイフと銅製の斧，弓矢をもっていた．弓は長さが1.82 mもあり，イチイの太枝製，弦はおそらく動物の足の腱が張られていたと考えられた．矢はガマズミの枝製，合計14本のうち，2本が完成品だった．長さ84-87 cmで，先端のフリントはカンバのやにで接着されていた（Spindler 1996, Dickson et al. 2000, Gostner & Vigl 2002, http://www.iceman.it/en/node）．ずいぶんと長い弓だ．これでは投げ槍と変わりなく，携行するには不便だったと思われる．とはいえ，これが当時の標準的なハンターのいでたちだった．

弓の長短には紆余曲折がある．張力を増すほど短く頑健になるが，どちらが有利かは矢のサイズ，威力，距離で異なる．人類はこの弓の長短を競った戦争をはるか後年に実行している（第5章注3, p. 270）．ついでに，この弓に工夫を加えてカタパルトを装着し，矢を発射する安定性と速射性，そして携行性を増した"クロスボー"（crossbow，ボーガンという言葉は欧米ではほとんど使用しない）が発明されたのは，おそらく約2400年前の中国，秦時代で，「弩」と表記されるものがこれにあたると解釈されている．この新兵器はいち早くギリシャ，ローマへ伝播したようだが，小型であるために威力は弱く，さらに矢には小さな羽しかつけられなかったので命中精度は低かったようだ．こうしてみると，人類の武器の歴史は，前半約1.5万年までが槍，後半約1万年が弓，銃の時代は両者の約1%にも満たない．

1.3 最初の家畜——イヌ

イヌほど人間に身近な動物はいない．けれども両者の距離は，人類が狩猟採集段階を経過しなければこれほどに接近することはなかっただろう．イヌは人間が家畜化した最古の動物だ．なぜそうなのか，動物と人間の関係史，その原点を探るもっとも重要で身近なテーマにちがいない．明白なのは，ヒトと（家畜化以前の）イヌは，生態学的にはほぼ同じ"生態学的地位"（ニッチ）を占め，狩猟圏（採食なわばり）をもち，グループ・ハンターまたはグループ・スカベンジャー（掃除屋）として，同一の獲物を似たような方法でねらっていたことである．したがって獲物をめぐる狩りの場面では，幾度となく出会い，競合者であったと同時に，ヒトはイヌの鋭い嗅覚や追跡能力によって，いっぽうイヌはヒトが廃棄した残飯（残骨）によって，相利的な関係にあったことを認知し合ったにちがいない．この関係がやがて協力から協働へと導く背景にあったはずである．とはいうものの，それはけっして生態学的意味での「相利共生」ではなく，片（偏）

利的な共生関係だった．ヒトにとってイヌはいつでも利用可能な補完的なメニューの1つでもあったのだから．

現代のイヌは1kgに満たない小型犬から100kgをはるかに超える大型犬まで，その体形を含めて，少なくとも600品種以上，驚くほどに多様化してしまい，生物学的にはとても1つの種に属する動物とは思えない．品種交配の歴史は古く，アリストテレスは『動物誌』のなかで，すでにテリアなど多数の犬種を記載し，より強いイヌの交配法を伝授している．『イソップ寓話』にはマルチーズが登場し，プリニウスもまた『博物誌』のなかで猟犬のほかに軍用犬がいて戦争で活躍したことを紹介している．これほどに人間が自分たちの勝手な都合を押しつけた動物種はいない．このイヌたちはいったいどこからやってきたのか．そのルーツ探しの興味深いストーリーが多くの人々によって語られてきた．

たとえば，動物行動学の始祖の1人，ローレンツは『人イヌにあう』（1966）のなかで，ジャッカル起源説を展開し（この説は後に撤回，オオカミ起源説に修正），ヒトとの出会いとその順化の過程を感動的に描いている．なるほどジャッカル（*Canis aureus*）は形態的にイヌに似ていて，ペアを核とした群れ（パック）を形成し，優位な個体への服従という強い順位機構をもち，温厚利発で人間を攻撃することもなく，しかも順化しやすいとの特徴がある．これらがその論拠だった．だがイヌに似たイヌ科動物はジャッカルだけではない．タイリクオオカミ（ハイイロオオカミ），アメリカオオカミ[13]，コヨーテ，リカオン，タテガミオオカミ，ドール，ヤブイヌ，ディンゴと多種多彩で，どの種もほぼ同様の社会と行動をもつ．これらのうちどれがイヌの祖先なのか．ルーツ探しはその後も多くの研究者によって続けられてきた．

（1）イヌの起源を求めて

課せられた宿題は，イヌの原種，起源地，起源時期，そして家畜化の目的と経緯を解明することである．その研究史を簡単に振り返ると，初期段階では，さまざまな遺跡から発掘されるイヌ様（状）化石と，その他の化石種や現生種との比較に集中した．たとえば，オルセン親子（Olsen & Olsen 1977）は，中国北部の更新世初期（ヴィラフランキアン）の遺跡から人骨とともに出土したBP約50万年の小型オオカミの化石を最初の家畜イヌとみなし，しかもそのヒトとイヌの系統がベーリング陸橋を渡り北米大陸に移動した祖先にあたるとした．しかし，この人類化石はその後ホモ・サピエンスではないことが判明し，イヌも家畜かどうか確定できなかった．こうした人骨や石器をともなう遺跡から出土するイヌ似またはオオカミ様の化石は，これまでにも各地で多数みつかっている．すなわち，シベリアではBP2万年，中国の別の場所ではBP4800年，北米ではBP8400年，スペインではBP1.7万年，ドイツではBP1.4万年，中東ではBP1.2万年などだ．そして発見者らは，件の場所（と年代）こそがイヌの起源地だと主張し，論争は収拾しそうになかった．

1980年代後半には，多数の現生品種のイヌからDNAが採取され，その塩基配列が比較され類縁関係がたどれるようになった．物語はようやく「科学」になった．ウェイン（Wayne 1993）は，イヌ科で最初のDNA解析（ミトコンドリアDNA）を行い，イヌはオオカミともっとも近縁であり，ジャッカルやコヨーテの系統とは明確に異なることを確認し，家畜化の時期を，オオカミ1頭の単元に由来するとすればBP約4万年，複数のオオカミ個体による多元であるとすればBP1.5万年と推定した．その後，動物遺体からエンシャントDNAを抽出する技術が開発され，それが解析され，研究はさらに新しい段階へと進んだ．

それまでに知られていた現生種や化石種の形態比較に，新たなDNAの分析結果をふまえて，イヌのルーツ像を初めて提出したのはロンドン動物園のクラットン＝ブロック（Clutton-Brock 1995）だった．彼女は，それまでに得られた知見をとりまとめ，イヌはオオカミから起源したこと，遺伝的にはきわめて多様であり，特定の系統には収斂できないこと，人類の分布域とオ

オカミのそれとは北半球において広く重なっていて同所的であることから，イヌの起源は多発的，多元的であり，時間的にも異なる複数の場所で相互独立に家畜化されたと結論した．しかし，このすぐれた総説は議論を収拾するどころか，むしろ，多くの犬好き研究者を刺激する端緒となったようで，その後，現生種や化石種から抽出されたDNA分析と，その比較結果が，雑誌"ネイチャー"や"サイエンス"に続々と報告されるようになった．骨やDNAに変わり果てても，イヌは人間を魅了してやまない．

DNAからみたイヌのルーツ

もっとも衝撃的だったのは，ウェインやヴィラらのグループ（Vilà et al. 1997）で，各地で得られた162頭のオオカミ，140頭のイヌのミトコンドリアDNAを分析して，イヌの祖先はオオカミであり，その家畜化は，別時期に別地域，別々のオオカミ集団から何度も繰り返し試みられたとのクラットン=ブロックの見解を裏づけたうえで，さらにその起源を13.5万-7.6万年前にさかのぼると報告したことであった．イヌとヒトとの絆ははるかな過去に，現生人類がまだアフリカかその周辺に留まっていた時代へ，一挙に回帰した［この時期，オオカミはアフリカにも生息していた（Rueness et al. 2011）］．彼らは，そのうえで家畜化のシナリオをこう描いた．イヌは，遊動的な狩猟採集民によって「家畜化」された後も，各地でオオカミとの再交雑や戻し交配が繰り返され，徐々にオオカミ集団から切り離されていった．そして狩猟採集民が定住的な農耕民へと移行していくBP約1.5万-1万年に（したがって西アジアにおいて），各地の人間集団がストックしていた品種との間で，繰り返し何度も人為交雑され，あらためて多数の品種がつくられた，と．

いっぽうこの時期，日本でも日本犬に対する熱い研究が進行していた．日本もまた古い品種を有するイヌの多産地であった．帯広畜産大学（現岩手大学）の奥村ら（Okumura et al. 1996）は，柴犬，秋田犬，北海道（アイヌ）犬，琉球犬などの日本産犬種と，海外品種のミトコンドリアDNAの比較を行い，その共通祖先が12万-7.6万年前にさかのぼると報告した．同様に，麻布大学の津田（Tsuda 1997）は，複数の日本産犬種と大陸産オオカミのDNAを比較し，分岐年代は確定しなかったものの，中国産オオカミを含む複数の系統に分化していることを明らかにした．やはり古いのである．

DNAの変化を分子時計とする年代推定値には幅があることを考慮しても，ヒトはかなり昔，おそらく現生人類が誕生してまもない時期に，イヌと最初に接触し，手なずけ，深い交流を保ちつつ，完全に家畜として取り込み，同化するまでに，なお10万年以上の過渡的期間が存在していた，ということになる．この古さは人間と動物の交流史上特筆されてよい．確かに，イヌの原種はオオカミにまちがいないとしても，両者の間には，後述するように，認知能力や社会行動に関して，ヘイルら（Hare et al. 2002）や菊水（2012）が指摘するように，大きな乖離が存在し，オオカミからイヌへの飛躍には，別種に分岐するほどの長い時間経過[14]と強い人為選択があったことを示唆している．問題なのはその悠久の時間のなかでヒトとイヌはどのように接触を維持し，相互交渉を続けてきたのか，それである．

イヌの起源をめぐる論争はなお沸騰中，百家争鳴状態にある．DNA分析の結果を続けよう．サヴォラィネンら（Savolainen et al. 2002）は，イヌにはタイリクオオカミ（*Canis lupus*）を1つの起源とする大きな共通の遺伝的なプールが存在し，それはBP4万年-1.5万年に東アジア地域で単元的につくられたとの説，「東アジア単元説」を提唱した．彼らは，2004年の論文（Savolainen et al. 2004）では，オーストラリアのディンゴはこの遺伝子プールから派生した家畜イヌであり，オーストラリアに持ち込まれたのはBP約5000年以上と推定した．これに対して，パーカーら（Parker et al. 2004）は，イヌはヨーロッパ起源種と古代種の2つに大別でき，後者をさらに①チャウチャウや秋田犬など=東アジア起源，②バセンジーなど=アフリカ起源，③シベリアンハスキーなど=アラスカ起

源、④サルキなど＝中東起源、の4系統に分け、それぞれは独立に家畜化されたとの多元説を主張した。フォンハルトら（vonHoldt et al. 2010）は、イヌの原種は東アジア起源のタイリクオオカミではなく、主要な系統は西アジアのハイイロオオカミで、BP約1.2万年ころ中東地域で家畜化されたとの単元説を展開し、それは考古学的な知見とも一致すると述べた。いっぽうスコグランドら（Skoglund et al. 2010）は、原種が南アジアのタイリクオオカミであるとし、世代時間から見積もると9000-1.2万年前になるが、ここにオオカミからの遺伝子流動の効果を考慮すると、分岐はBP約3万年以上になると推定した。これを受けてワンら（Wang et al. 2013）は、各地のイヌとオオカミのゲノムを比較し、旧石器人類が残飯を生み出すようになったBP約3.2万年ころ、中国南部でイヌが残飯あさりによって家畜化されたと主張し、有力な仮説に押し上げた。しかし中国南部とはどこなのか、さらに詳細な研究が必要だ（Wang et al. 2016）。この知見に関連して、最近、興味深い報告がなされている。

アクセルソンら（Axelsson et al. 2013）は、オオカミとイヌのゲノム全体を比較して、オオカミからイヌへの移行過程にかかわる合計36カ所の遺伝子領域を識別した。このうち19カ所は脳機能に（うち8カ所は家畜化にともなう行動変化に関与）、10カ所はデンプンの消化と脂肪の代謝に、それぞれ関与しているという。注目したのは後者で、肉食のオオカミから雑食のイヌへの移行には、デンプンが多くなる食物条件への適応がかなめであり、このためにはデンプンの消化に関与する遺伝子が突然変異によって生じる必要があるとし、このことが、農業が誕生する約1万年前の中東地域周辺のイヌ集団に起こったと推測した。中国とは場所こそちがうが、イヌの誕生には農耕とその残飯が結びついていたとの視点だ。したがって家畜化の起源はずいぶんと新しくなる。しかし消化遺伝子の誕生と家畜化とは必ずしも直結している必要はない。家畜化された後だってかまわないのだ。1万年はオオカミ様のイヌがほんとうのイヌとなるには短すぎるように私には思われる。

イヌの起源をめぐる論争はなお当分の間続くにちがいない。DNAの分析によるイヌのルーツ探しがなぜこれほどまでにむずかしいのか。その理由の1つがイヌの遺伝子には大きな攪乱が生じていることである。分析や報告に共通しているのは、人為交雑（ブリーディング）による遺伝的攪乱が、分子時計的には、きわめて「古い時代」と、ごく「新しい時代」の、おもに2回発生していることで、このうち後者の攪乱が、あたかも考古学の発掘のように、表層を覆い、層序にしたがって古層へとたどることを困難にしているのだ。このことはゲノムの一塩基多型（SNP）の解析でも共通する（Larson et al. 2012）。その「新しい時代」の攪乱層とはなにか。分子時計と歴史学の検証が指し示すのは、おおむね17-18世紀のヨーロッパ、なかでもヴィクトリア朝時代のイギリスであることがわかってきた。いったいなぜこの時代のイヌには大きな遺伝的攪乱が生じたのか、第9章で再検討しよう。

イヌはオオカミから分岐した。でもそのイヌの起源を現代の犬種からたどるのはむずかしい。とすれば、別のアプローチがある。過去からたどるのだ。イヌの起源を13.5万年前までにさかのぼらせたフリーマン、ウェインやヴィラらのグループ（Freeman et al. 2014）は、生息地のちがう3つのオオカミの地理的変異個体（中国産、クロアチア産、イスラエル産）、最古のイヌとされるアフリカのバセンジーとオーストラリアのディンゴ、最近品種化されたボクサー、そして別種のキンイロジャッカル（アウトグループ）のゲノムを相互に比較した。この結果、イヌの家畜化は農耕のはるか以前であり、タイリクオオカミから分岐したのではなく、オオカミとイヌとの共通祖先から分岐し、イヌの祖先はすでに絶滅した可能性が高いと報告した。

エンシャントDNAによる再吟味

ヨーロッパやレヴァント地域には最古とされたイヌ化石が出土した複数の遺跡がある。このイヌの化石（骨や歯）がほんとうにイヌなのか

オオカミなのか，エンシャントDNAの分析からあらためて吟味できるようになった．とくにドイツ，ベルギー，ウクライナ，ロシアなど，ヨーロッパ東部で出土したイヌ化石は，一般に，オオカミと同程度の大きさで，骨学的には区別しにくく，この方法が待望されていた．この分析には新たに発掘された遺跡の化石も加えられ，ヨーロッパでは，ベルギーのガヨット（BP約3.2万年），ウクライナのメジン（BP約2万-1.6万年），ロシアのエリセビッチ（BP1.7万-1.3万年）で出土した大型食肉類の化石は，すべてオオカミではなくイヌだったことが判明した（Germonpré et al. 2009）．同様に，ドイツのオバーカッセル（BP約1.4万年），フランスのベリアなどのそれもイヌだった（Deguilloux et al. 2009）．このことから判断して，ヨーロッパ東部ではイヌの家畜化は少なくとも3万年以上前から繰り返し試みられ，かなり広域に遺伝子プールが確立されたと結論できる．それらは化石研究とエンシャントDNAの分析の結合がもたらした初めての強力な証拠だった．これにはさらに興味深い知見が付随していた．

　この巨大なイヌの遺伝子プールは，そのまま現代ヨーロッパのイヌ集団には継承されなかったようだ．デギユーら（Deguilloux et al. 2009）によれば，両者が重なるのはわずか5％で，現代のイヌ集団は後に別の集団に置換されて成立したのだという．ではそのイヌ集団はいったいいつ，どこからきたのだろうか．なお謎である．また，チェコのプシェドモスティ遺跡からは7つのイヌ科動物が出土しているが，3つはイヌ，ほかはより大きなオオカミ様別種で，トナカイを餌に，いっしょに飼われていたらしい（Germonpré 2012）．おそらく持ち込まれたイヌとオオカミが交雑していたと推測されるが，詳細は不明だ．

　ところで出土した骨はほとんどが石器などで砕かれ，分断され，骨髄や脳は取り出され，食べられていたと考えられる．イヌは家畜化された直後からそのすぐれた能力によって狩猟や見張りに重用されたのはまちがいない．だが同時にそれは貴重なタンパク質源であり，食用でも

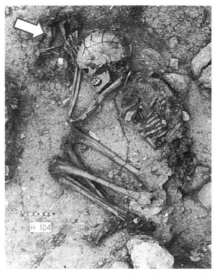

図1-21　ヒトといっしょに埋葬（？）された子イヌ（矢印）．アイン・マラッハ遺跡（イスラエル）（Davis & Valla 1978より）．

あった．ヒトといっしょに埋葬された最古のイヌの化石は，レヴァントのアイン・マラッハから出土したもので，BP1万2300-1万1300年と推定された．イヌは幼獣でヒトの頭のそばに置かれ，そこに手が差し伸べられている（図1-21; Davis & Valla 1978）．オバーカッセルから出土したイヌもヒトといっしょだが，埋葬されていたかどうかは不明だ．これらのことは，家畜化が始まった初期の段階からイヌはヒトの伴侶になりえたことを示唆する．この精神的な絆はその後にも埋葬されたイヌやイヌ型土製品が続々と発掘されることからも続いていたと理解できる．それは現代にもつながる．しかし他方では，イヌが食用であったこともまた確認される．この伝統は，古代ギリシャやローマでも（Snyder & Klippel 2003など），古代から近代までのイギリスやフランスなどでも（たとえばHarcourt 1974），古代から現在に至る東アジアでも（たとえば内山 2014），共通している．人間とイヌとの関係はアンビヴァレンツな縦糸と横糸で織られている．不思議な動物である．

イヌの順化と家畜化

　これらの結果から推測されるその大まかなル

ーツ像はこうなる．レベッカ・キャン（Cann et al. 1987）の説——それは現代遺伝学からみて大枠ではほぼ確定的な"ミトコンドリア・イブ"説によれば，現生人類は20万年前以内に，1つの遺伝子系統としてアフリカで誕生し，その単一の母系集団が，後に「出アフリカ」を果たし，そして各地へと移動しながら複数の集団に分化していった．その狩猟採集生活と移動の，おそらくかなり早い段階で人類は将来イヌの候補となるオオカミに出会っている．それがアフリカなのか，西アジアか，東アジアか，1カ所であったのか，複数だったのかはわからない．ヒトにある程度馴れ，恐れない，つまりヒトをみても逃げないオオカミ集団と遭遇したのだろう．そのオオカミに余った食物を与えたのか，それとも残骨をあさりにきたのかは不明だが，結果として餌付けが行われた（Mech & Boitani 2003）．あるいは子どもを巣穴から連れてきたのかもしれない．いずれかの方法でオオカミとの接触が始まった．生物の相利共生の始まりは，つねにいっぽうの片利共生（つまり寄生）から始まるから，私はどちらかといえば後者，子どもは非常食用に捕獲され，育てられたのではないかと考える．子どもはよくなつき，やがて成獣になり，定住地に放し飼いにされたり，人間集団といっしょに移動したのだろう．それはイヌのもつ圧倒的な有用性，すぐれた嗅覚と探索行動を示す猟犬，危険な夜間にも警戒行動をとる番犬，飢餓に備える食用犬，そしてコンパニオンとしての愛玩犬，いずれもが人類にとって，気の置けない，不可欠の隣人へと昇格させるにふさわしい動物だった．

オオカミの群れ（パック）はきわめて排他的で，厳格ななわばりをもつために，通常，群れで産まれた個体はそのまま居残ってヘルパーとなるが，オスとメスの一部は出生地を離れて分散する．おそらくこのような野生個体が順化個体と結びつき，新たなパックが形成されたか，一時的なペアとなったのだろう．2頭は繁殖して次世代をつくり，子どもはその有用性ゆえに継代飼育されたにちがいない．こうした家畜化されつつあるイヌとオオカミとの行ったり来たりの関係がかなり長期にわたって継続されたことだろう．

ヘイルやロシアのトラット（Trutt）ら（Hare et al. 2005, 菊水 2012 の紹介による）はギンギツネ（アカギツネ Vulpes vulpes の毛色多型）の飼育と交配実験を繰り返し，興味深い結果を報告している．トラットは，人間に対して攻撃性の低い個体とそうでない個体を世代ごとに分割し，50年間以上継代飼育を行った．この結果，8世代以降になると系統は固定し，温厚な個体の系統からはすべて攻撃性の低い子どもが，他方からは攻撃的な子どもが誕生したという．しかも強調すべきは，前者の系統では，あたかも「柴犬」のように，巻き尾と垂れ耳になり．白い斑点までが登場し，愛嬌ある姿に変身したのだという．このことがオオカミからイヌへの移行にそのままあてはまるかどうかはわからないが，攻撃性という形質の系統的な抜き取りが形態や行動に大きな変化を引き起こすことは確実なようだ．このことはラットやマウスの実験動物化の過程でも起こった．もしそうであればイヌの順化と家畜化は予想以上に急速に進行したのかもしれない．

このような繰り返しが，継代か断続かはともかく，数万年間にわたって試みられただろう．この無限に近い時間の長さはイヌに対するヒトのあらゆる試行錯誤の可能性を許容する．こうして人間集団ごとにブリーディング・ストックが形成され，その交流の範囲は徐々に拡大されていった．明確なのは，こうした先史時代のブリーディング・ネットワークがBP1.5万–1.2万年に初めて確立したことで，その原動力はやはり狩猟採集活動とその後の定住生活でのイヌの突出した有益性にあったことはまちがいない．単元か多元か，東アジアか中東か，イヌの起源をめぐる白熱した論争は当分の間決着がつきそうにない．それはイヌが人類の友であることのまぎれもない証左である．とはいえ，このイヌの祖先であるオオカミに対し，人間はその後，あろうことか徹底した迫害を加えることになる．動物種としては変わらないけれど，そこには狩猟採集社会から農耕牧畜社会へと移行した人間

自身の生産様式の変化が色濃く投影されている．

（2）イヌと人間を結びつけるもの

　イヌがすぐれた運動能力や感覚能力をもつことはいまさら指摘するまでもない（解説は猪熊 2001 など）．視覚は「二色型色覚」で青系，紫外線域の識別能力は良好だが，黄色，黄緑，赤系は識別できないようだ．これは朝夕，薄暮の時間帯に集中していたオオカミのハンティング行動を反映しているのだろう．動体視力にすぐれ，動いていれば 800-900 m 先の飼い主を識別するといわれている（コレン 2007）．動く物体，玩具，シルエットなどに興味を示すものの，接触刺激がなければ好奇心は急速に薄れてしまう．イヌにとって必要なのはともかくも社会的な接触刺激なのだ．聴覚のレンジは，通常 67 Hz-44 kHz で，人間の 20 Hz-20 kHz と比較すると，低音域は聴き取れていないようだが，高音の可聴域ははるかに上回る（Heffner 1998, 60 kHz くらいまで聞こえるとの説もある）．ちなみにイヌ笛は 16-22 kHz 高音域で，人間には聞こえない．しかも耳（介）は動くので，音源を定位し，より正確に聴くことが可能だ．嗅覚はいうまでもなくすぐれ，においの情報を処理する嗅球のサイズは人間の約 40 倍で，嗅覚受容器は通常，1.2 億-2.2 億（人間の 10 万-100 万倍），ブラッドハウンドにいたっては約 3 億もの受容器をもつ（コレン 2007）．

　こうしたすぐれた感覚能力をイヌはオオカミから受け継いだ．これに加えてイヌは飼育者への絶対的ともいえる忠実性や服従性を示すが，この性質もまた，オオカミがもともともつ「順位」（強-弱による直線的な優劣関係）にもとづいて群れ（パック）をつくるという属性——優位個体＝飼い主への絶対的な服従——を継承している，と解釈されてきた．さらには，見知らぬヒトやほかのイヌに対する強い攻撃性は，オオカミの群れがもつ排他的で，厳格な「なわばり」とその防衛行動に由来している，と理解されてきた．これらは，ローレンツ（1966）やツィーメン（1977）以来なされてきた，きわめて説得的な解釈であった．

　だがこれらの行動は，複数のオオカミを狭いケージに収容したときに起こる行動から類推されたもので，実際の野外集団においては，オオカミは非血縁個体同士では群れをつくらないこと，攻撃行動を介して優劣関係は確立されないことが明らかにされた（Mech 1999, Mech & Boitani 2003）．けっきょく，オオカミにあっては，群れ（パック）を形成する社会機構として「順位」は機能していない．つまり，オオカミは特定のオスとメスとの強い親和的な結合をベースに，その子どもをヘルパーとして加えながら，群れをつくるのであって，力と攻撃行動を基盤とする順位によって組織されているわけではない．さらに近年では，オオカミとイヌとの間には，いくつかの決定的なちがいがあることが確認されるようになった．イヌはオオカミに起源しているが，イヌはイヌなのだ．

　その最大のちがいは認知能力である．オオカミもヒトによくなつくが，飼い主か他人かを十分に識別できているかどうかは疑問だ．トパルら（Topal et al. 2005）は，ヒトの手で育てた生後 16 週目のオオカミとイヌの子ども，9 週目までは母親によって育てられたイヌの子ども（テスト時は 16 週目）の 3 組の間で，飼い主と他者に対する認知能力を，追随行動，接触行動，挨拶行動などを指標に実験した．この結果，オオカミの子どもは飼い主と他人をまったく識別できなかったのに対して，イヌの子どもは，ヒトが育てようと母親が途中まで育てようとにかかわりなく，飼い主を明確に識別した．移動する 800 m 以上先の人間を識別できる動体視力を発揮すると述べたが，反応したこの「人間」はあくまでも飼い主なのである．この能力は成長しても持続していて，引き取られた成犬や老犬も新たな飼い主との間に絆をつくることができるという（Gácsi et al. 2001）．

　ユーデルら（Udell et al. 2008）は，人間の「指差し」，「凝視」などに対し，イヌは的確にその対象に応答するが，オオカミはその意味をまったく理解できないと報告した．ヒトではこの能力は約 14 カ月の幼児段階で獲得するが，チンパンジーにはないという（Hare & Toma-

1.3 最初の家畜——イヌ

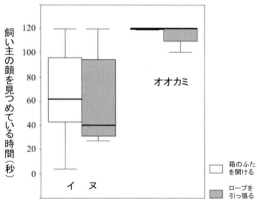

図 1-22　イヌとオオカミのちがい．イヌもオオカミも飼い主とよく遊ぶ（ふた開けやロープ）．オオカミは命令に対しすぐ実行するが，イヌは飼い主の顔をみつめた後に実行する．ボックスは四分位レンジ，横線は中央値，縦線はレンジ（Miklósi *et al.* 2003 より）．

sello 2005）．イヌは人間の行うさまざまなジェスチャーを見分ける能力をもつが，この能力は，人間を社会的な対象（相手）として受容することと，ジェスチャーに条件づけられることの2つの複雑な段階が必要であり，それがどのように行われたのかは，家畜化の解明にとっても重要な問題であるという（Udell *et al.* 2010）．イヌもオオカミも，ヒトとよく遊ぶが，"綱を引っ張る"や"箱のふたを開ける"などを命じると，オオカミはすぐさまにとりかかるが，イヌは飼い主（命令者）の顔を有意に長くみつめた後に実行するとの報告がある．オオカミとイヌとの決定的なちがいは，オオカミにはないが，イヌは「人間の顔を観る」能力（そしてその表情を読み取る能力）をもつということである（Miklósi *et al.* 2003; 図 1-22）．そればかりではない．

カミンスキーら（Kaminski *et al.* 2004）は"リコ"と名づけられたボーダーコリーが 200 以上の語彙と「もの」（大半は子どものおもちゃと球体）を識別していて，名前を呼ぶとそれをくわえてもってくることを報告している．その実験の詳細は，2つの部屋があり，1つには 40 アイテム（200 のうちからランダムに選ぶ）を置いておき，もう1つの部屋にリコと飼い主がいて，飼い主がアイテムの名前を呼んで取ってくるように指示する．リコは隣の部屋に行って，アイテムを取ってくるが，この間飼い主はまったくみえない状態にする．この結果，リコは 40 回の指示のうち，37 のアイテムは正確に持ち運んだ．驚くべき能力だ．このような能力はどのように獲得されたのか．それは「即時マッピング」（fast mapping）と呼ばれる幼児の学習法に似たプロセスで，たとえば，リンゴとバナナを知っている幼児に，今度は「イチゴ」といって，リンゴとバナナといっしょに並べると，「イチゴ」＝「新たな知らない物体」であることが理解され，語彙が習得されることになる．リコにはこれと同じ手法を適用し，既知のアイテム 7 つに加え，新奇のアイテム 1 つを，名前を呼びながら付け足すことを繰り返したという．記憶は 1 カ月以上維持されたらしい．これが厳密な意味で「即時マッピング」法にあてはまるかどうかは議論の余地があるが，少なくともこの方法が適用できたのは，チンパンジーもできなかったので，幼児とリコ（イヌ）だけということになる．

心理的にも人間との関係は驚くほど微妙だ．イヌは飼い主が適度にかまってやらないと，幼児のような「分離不安」を引き起こし，むやみに，吠える，特定の方向に向く，あえぐ，活気がなくなる，ものを壊す，排泄などの症状を示す（Palestrini *et al.* 2010）．カナックら（Konok *et al.* 2011）は，飼い主がいないとイヌは通常，飼い主がいた場所から離れないが，分離不安を引き起こしたイヌは飼い主がいた場所や飼い主のものに執着できないのだという．さらに，飼い主が神経質で，ほかの人間との間に正常な心理的関係が築けない場合には，イヌもまた分離不安を引き起こしやすいという（Konok *et al.* 2015）．イヌは飼い主の性格を写す鏡でもある．

イヌのこうした能力や人間との関係は，家畜化の過程で獲得されたのか，それとも家畜化の後に，ヒトとの相互作用の過程で生じたのか，あるいは現在もなお生じつつあるのか，よくわかってはいない．明確なのは，動物の異種間の関係としてはかなり「異常」だということだ．ヒトとイヌとの関係はたんなる愛玩(ペット)を超え

仲間の次元に突入しているからだ．オデンダールとメインチェス（Odendaal & Meintjes 2003）は，ヒトとイヌとが交流する前・後でのヒト，イヌそれぞれの各種ホルモンの血中濃度を測定し，エンドルフィン，オキシトシン，ドーパミン，フェニル酢酸が交流後に，ヒトとイヌの双方で顕著に増加したことを発見した．どれもが苦痛の緩和作用，麻薬様作用，報酬様作用をもつ物質である．なかでもオキシトシンはイヌでは約5倍に，ヒトでは約2倍に増加した．オキシトシンは，ヒトでは子宮の収縮や乳汁の分泌（つまり母性行動）に関与するほか，良好な人間関係が維持されているときに分泌されることが知られている（Donaldson & Young 2008など）．また動物では（たとえばプレーリーハタネズミ）社会行動の発達や個体間の親和性に関与していることが確認されている（Lim et al. 2004）．永澤ら（Nagasawa et al. 2009, 2015）は，飼い主のオキシトシンの尿中濃度が，イヌが飼い主を「みつめる」ことによって増加すること，しかも飼い主の犬への満足度が高いほど濃度は上昇したことを明らかにした．まるで恋人同士なのだ．種のバリアーを超えたこの異常な「共感」はヒトとイヌとの間でのみ成立している．複数の生物種において，ある生物の状態が他方の生物に影響を与え，双方に進化が起こることを「共進化」というが，イヌとヒトの間にみられる「社会性」は両者が共進化のただなかにあることを示している．

第1章 注

1) ヴュルム（Würm）湖にちなむ．なお，北米の最終氷期はウィスコンシン（Wisconsin）氷期といい，最寒冷期はBP約2万年と推定される．
2) ドリアス（Dryas）とはツンドラに生育する代表的なバラ科植物で，日本ではチョウノスケソウと呼ばれ，南北アルプス，北海道に生育する．厳しい寒冷条件のなかに生育する植物の名前にちなみ，時代を区分している．前期・後期の2期があり，古いほうを"オルダー"，新しいほうを"ヤンガー"と呼ぶ．後者がじつは更新世と完新世の境界にあたる．この時期は炭素年代測定法によって推定され，較正されるが，推定値には幅がある．ここではBP1.3万–1.17万年を採用する．くわしい議論はFairbanks（1990）などを参照．なお，この寒冷期がなぜ発生したのかは第2章注2参照．
3) 基礎代謝量が体表面積に比例しているとすれば，基礎代謝量は体の体積（＝体のサイズ，体重）の3分の2乗に比例するはずだが，実際には4分の3乗となる．なぜそうなるのかはまだ明らかではない．シュミット＝ニールセン（1995）に興味深い解説がある．
4) 体のサイズが大きいほど酸素消費量は増加するが，体重あたりに換算すると，酸素消費速度は，体が小さくなるほど急激に増加し，トガリネズミの1gあたりの組織は，ゾウのそれの約100倍の酸素を消費している（シュミット＝ニールセン 2007）．
5) 南米の環境を多少説明しておく．更新世-完新世の移行期，南米大陸では，極南部やアンデスなどの一部を除き氷河はなかった．しかし，寒冷な気候は全球的で，森林はほとんどなく，分断化された森林が島状に分布し，ほかは広大な乾燥パンパが広がっていた．
6) クローヴィス期（Clovis era），最終氷期以降の北米最初の文化期．放射性炭素年代測定では，BP1.3万年からヤンガードリアス期のBP8500年まで，アメリカ先住民がベーリング陸橋を移動してきて最初に築いた文化で，パレオインディアン期に符合する．独自の樋状に剝離された石器の尖頭器を特徴とし，遺跡は北米大陸全体に分布している．
7) エンシャントDNAはしばしば「古代」DNAと訳される．「古代」は特定の時代区分や「先史時代」と混同されるので，ここではそのまま「エンシャント」とした．エンシャントDNAは保存状況にもよるが，条件がよければ数万年，きわめて恵まれた状態では数十万年は保持される．しかし，それ以上古いと完全に分解してしまう．白亜紀以前の恐竜のDNAが琥珀から取り出されることはありえない．DNAの抽出と増幅（PCR）は，異物混入を避けるために，物理的に完全に遮断して行われる必要がある（解説はペーボ 2015）．
8) この説は完全に否定されている（Kerr 2010）．
9) たとえば，近年，オーストラリア南西部（パース近郊）で5万年前以降に，連続的に累積した多数の動物骨を含む洞窟が発見された（Ayliffe et al. 2008）．そこにはカンガルー類のメガファウナが多数含まれていたが，人類や石器，人為による解体処理の痕跡はみつかっていない．動物個体の骨はまとまって残っていて，洞窟に落下して自然死亡したものと推定された．
10) 大型の哺乳類は島などに取り残されたり，移動すると一般に小型化する．これを島嶼化という．キプロス島，クレタ島，マルタ島などには小型化したゾウやカバがいたが，これも島嶼化による．
11) なお，この分析からは次のような副産物がもたらされた．外に排泄された糞には特異的なカビが繁殖するが，このカビの胞子が腸管内の糞からもみつかった．つまりマンモスは一度排泄された糞をもう一度食べなおしていたのである．これは「糞食」（coprophagy）という習性で，ネズミ類やウサギ類のほか，現生のゾウも行うことが知られている．ゾウは，ウマと同様に，植物を大腸で発酵させて消化する．消化効率はよくないために糞には未消化の栄養産物が豊富に残っている．したがって，それをもう一度食べるということは，餌を効率よく利用するすぐれたシステムといってよい．
12) ハリス線（Harris' line）は骨の成長過程での極度な栄養ストレス（飢餓状態）が骨のなかに残す成長異常線で，X線からわかる．

13) アメリカオオカミは北米南東部に生息するオオカミ様イヌ科動物．この動物の分類については，①独立種説，②タイリクオオカミの亜種説，③タイリクオオカミとコヨーテの交雑説があった．全ゲノムを比較した最新の研究（vonHoldt et al. 2016）は，③のタイリクオオカミとコヨーテの交雑説を支持した．

14) 哺乳類の分類の標準的なテキストブックである"Mammal Species of the World"は，最新版（Wilson & Reeder 2005）ではイヌをオオカミの亜種（*Canis lupus familiaris*）へと記載変更しているが，従前どおり独立種（*Canis familiaris*）とする研究者は少なくない．私もこれに賛成したい．

第1章 文献

Agenbroad, L. D. 1984. New World Mammoth distribution. In: Quaternary Extinctions (Martin, P. S. and R. G. Klein, eds.), pp. 90-127. Univ. Arizona Press, Tucson.

Agenbroad, L. D. *et al.* 2002. Mammoths and humans as late Pleistocene contemporaries on Santa Rosa Island, Channel Islands National Park, California. Am. Quat. Assoc. Progr. 17th Annual. Meeting, Abstracts: 9.

Agenbroad, L. D. *et al.* 2005. Mammoths and humans as late Pleistocene contemporaries on Santa Rosa Island. Proc. 6th California Island Symp. (Garcelon, D. K. and C. A. Schwemm, eds.), pp. 3-7. Nat. Park Serv. Tech. Publ., Inst. Wildl. Stud. Arcata.

Alroy, J. 2001. A multi-species overkill simulation of the end-Pleistocene megafaunal mass extinction. Science 292: 1893-1896.

Anderson, R. C. 2006. Evolution and origin of the Central Grassland of North America: climate, fire, and mammalian grazers. J. Torrey Bot. Soc. 133: 626-647.

アードレイ，R. 1973. アフリカ創世記（徳田喜三郎ほか訳）．筑摩書房，東京．353pp.

アードレイ，R. 1978. 狩りをするサル（徳田喜三郎訳）．河出書房新社，東京．274pp.

Axelsson, E. *et al.* 2013. The genomic signature of dog domestication reveals adaptation to a starch-rich diet. Nature 495: 360-365.

Ayliffe, L. K. *et al.* 2008. Age constraints on Pleistocene megafauna at Tight Entrance Cave in southwestern Australia. Quat. Sci. Rev. 27: 1784-1788.

Bamforth, D. 1987. Historical documents and bison ecology of the Great Plains. Plains Anthrop. 32: 1-16.

Bas van Geel *et al.* 2008. The ecological implications of a Yakutian mammoth's last meal. Quat. Res. 69: 361-376.

Bellisari, A. 2008. Evolutionary origins of obseity. Obesity Rev. 9: 165-180.

Berna, F. *et al.* 2012. Microstratigraphic evidence of insitu fire in the Acheulean strata of Wonderwerk Cave, Northern Cape province, South Africa. PNAS 109: 1215-1220.

Berner, R. A. 1997. The rise of plants and their effect on weathering and atmospheric CO_2. Science 276: 544-545.

Binford, L. R. 1985. Human ancestors: changing views of their behavior. J. Anthrop. Archaeol. 4: 292-327.

Blanckenhorn, W. U. 2000. The evolution of body size: what keeps organisms small? Quart. Rev. Biol. 75: 385-407.

Bocherens, H. *et al.* 1994. Contribution of isotopic biogeochemistry (^{13}C, ^{15}N, ^{18}O) to the paleoecology of mammoths (*Mammuthus primigenius*). Hist. Biol. 7: 187-202.

ボジンスキー，G. 1991. ゲナスドルフ（小野昭訳）．六興出版，東京．205pp.

Bratlund, B. 1996. Hunting strategies in the late glacial of northern Europe: a survey of the faunal evidence. J. World Prehist. 10: 2-47.

Brook, B. W. & D. M. Bowman. 2004. The uncertain blitzkrieg of Pleistocene megafauna. J. Biogeogr. 31: 517-523.

Brook, B. *et al.* 2007. Would the Australian megafauna have become extinct if humans had never colonized the continent? Quat. Sci. Rev. 26: 560-564.

Burney, D. A. *et al.* 1997. Environmental change, extinction and human activity evidence from caves in NW Madagascar. J. Biogeogr. 24: 755-767.

Byers, F. M. & G. T. Schelling. 1988. Lipids in ruminant nutrition. In: The Ruminant Animal, Digestive Physiology and Nutrition. (Church, D. C. ed.), pp. 298-312. The Prentice Hall, Englewood Cliffs.

Campos, P. F. *et al.* 2010. Ancient DNA analyses exclude humans as the driving force behind late Pleistocene musk ox (*Ovibos moschatus*) population dynamics. PNAS 107: 5675-5680.

Cann, R. L. *et al.* 1987. Mitochondrial DNA and human evolution. Nature 325: 31-36.

カートミル，M. 1995. ヒトはなぜ殺すか（内田亮子訳）．新曜社，東京．384pp.

Caswell, H. *et al.* 1973. Photosynthetic pathways and selective herbivory: a hypothesis. Am. Nat. 107: 465-480.

Cattelain, P. 1997. Hunting during the Upper Paleolithic: bow, spearthrower, or both? In: Projectile Technology (Knecht, H. ed.), pp. 213-240. Springer, NY.

Cerling, T. E. *et al.* 1997. Global change through the Miocene/Pliocene boundary. Nature 389: 153-158.

Cerling, T. E. *et al.* 1998. Carbon dioxide starvation, the development of C_4 ecosystems, and mammalian evolution. Phil. Trans. Roy. Soc. B 353: 159-171.

Cerling, T. E. *et al.* 1999. Browsing and grazing in elephants: the isotope record of modern and fossil probascideans. Oecologia 120: 364-374.

Cerling, T. E. & J. M. Harris. 1999. Carbon isotope fractionation between diet and bioapatite in ungulate mammals and implications for ecological and paleoecological studies. Oecologia 120: 347-363.

Churchill, S. E. 1993. Weapon technology, prey size selection, and hunting methods in modern hunter-gatherers: implications for hunting in the Paleolithic and Mesolithic. Archaeol. Papers Am. Anthrop. Assoc. 4: 11-24.

Churchill, S. E. & J. A. Rhodes. 2009. The evolution of human capacity for "killing at a distance": the human fossil evidence for the evolution of projectile weaponry. In: The Evolution of Hominin Diets: Integrating Approaches to the Study of Palaeolithic Subsistence (Hublin J.

and M.P. Richards, eds.), pp. 201-210. Springer, NY.

クラーク, G. & S. ピゴット. 1970. 先史時代の社会（田辺義一・梅原達治訳）. 法政大学出版局, 東京. 437pp.

Clottes, J. 2001. La Grotte Chauve: L'art des origins. Éd. du Seuil, Paris. 224pp.

Clutton-Brock, J. 1995. Origins of the dog: domestication and early history. In: The Domestic Dog, its Evolution, Behaviour and Interactions with People. (Serpell, J. ed.), pp. 7-20. Cambridge Univ. Press, Cambridge.

コーエン, J. E. 1998. 新人口論（重定奈南子ほか訳）. 農文協, 東京. 656pp.

Coltman, D. W. et al. 2004. Undesirable evolutionary consequences of trophy hunting. Nature 426: 655-658.

Coltrain, J. B. et al. 2004. Rancho La Brea stable isotope biogeochemistry and its applications for palaeoecology of Late Pleistocene coastal southern California. Palaeogeogr. Palaeoclim. Palaeoecol. 205: 199-219.

Conard, N. J. 2009. A female figurine from the basal Aurignacian of Hohle Fels Cave in southwestern Germany. Nature 459: 248-252.

Connin, S. L. et al. 1998. Late Pleistocene C_4 plant dominance and summer rainfall in the Southwestern United States from isotopic study of herbivore teeth. Quat. Res. 50: 179-193.

コレン, S. 2007. 犬も平気でうそをつく？（木村博江訳）. 文芸春秋, 東京. 366pp.

Cotton, J. M. et al. 2016. Climate, CO_2, and the history of North American grasses since the last Glacial Maximum. Sci. Advances 2016:2: e1501346.

クロスビー, A.W. 2006. 飛び道具の人類史（小沢千重子訳）. 紀伊國屋書店, 東京. 310pp.

Crowley, B. E. 2010. A refined chronology of prehistoric Madagascar and the demise of the megafauna. Qyat. Sci. Rev. 29: 2591-2603.

Crowther, A. et al. 2016. Ancient crops provide first archaeological signature of the westward Austronesian expansion. PNAS 113: 6635-6640.

ダーウィン, C. 1871. 人間の由来［上・下］（長谷川眞理子訳 2016). 講談社学術文庫, 講談社, 東京. 997pp.（Darwin, C. The Descent of Man, and Selection in relation to Sex. John Murray, London. 原題『人間の由来と性選択』. 以下参照. http://darwin-online.org.uk/content/frameset?pageseq=1&itemID=F937.1&viewtype=text 閲覧 2016.3.10)

Davis, S. J. M. & F. R. Valla. 1978. Evidence for domestication of the dog 12000 years ago in Natufian of Israel. Nature 276: 608-610.

Deguilloux, M. F. et al. 2009. Ancient DNA supports lineage replacement in European dog gene pool: insight into Neolithic southeast France. J. Archaeol. Sci. 36: 513-519.

Delluc, B. & G. Delluc. 2006. Discovering Lascaux. Loire Offset Titoulet, 77pp.

ダイアモンド, J. 1993. 人間はどこまでチンパンジーか（長谷川眞理子・長谷川寿一訳）. 新曜社, 東京. 541pp.

ダイアモンド, J. 2000. 銃・病原菌・鉄［上・下］（倉骨彰訳）. 草思社, 東京. 679pp.

Dickson, J. H. et al. 2000. The omnivorous Tyrolean Iceman; colon contents and stable isotope analysis. Phylosoph. Trans. Roy. Soc. Lond. Series B, 335:1843-1849.

Dixon, A. & B. Dixon. 2012. Venus figurines of the European Paleolithic: symbols of fertility or attractiveness. J. Anthrop. 2011: 1-11.

Donaldson, Z. R. & L. J. Young. 2008. Oxytocin, vasopressin, and the neurogenetics of sociality. Science 322: 900-904.

Douglas, K. C. 2007. Comparing the genetic diversity of late Pleistocene Bison with modern Bison bison using ancient DNA technique and the mitochondrial DNA control region. Ms. Thesis, Baylor Univ. 64pp.

Drewnowski, A. 1997. Why do we like fat? J. Am. Dietetic Assoc. 97: 58-62.

Edwards, E. J. et al. 2010. The origins of C_4 grasslands: integrating evolutionary and ecosystem science. Science 328: 587-591.

Ehleringer, J. R. 1997. C_4 photosynthesis, atmospheric CO_2, and climate. Oecologia 112: 285-299.

Ehleringer, J. R. et al. 2002. Atmospheric CO_2 as a global change driver influencing plant-animal interactions. Integ. Comp. Biol. 42: 424-430.

Eiseley, L. C. 1943. Archaeological observations on the problem of post glacial extinction. Am. Antiquity 8: 209-217.

Fairbanks, R. G. 1990. The age and origin of the "Younger Dryas climate event" in Greenland ice cores. Paleoceanogr. 5: 937-948.

Falkowski, P. G. et al. 2005. The rise of oxygen over the past 205 million years and the evolution of large placental mammals. Science 309: 2202-2204.

Fenner, J. N. 2008. The use of stable isotope ratio analysis to distinguish multiple prey kill events from mass kill events. J. Archaeol. Sci. 35: 704-716.

Fernandez, P. & S. Legendre. 2003. Morality curves for horses from the Middle Palaeolthic site of Bau de l'Aubesier (Vaucluse, France) : methodological, palaeoethnological, and palaeo-ecological approaches. J. Archaeol. Sci. 30: 1577-1598.

Field, J. et al. 2013. Looking for the archaeological signature in Australian megafaunal extinctions. Quat. Int. 285: 76-88.

Freeman, A. H. et al. 2014. Genome sequencing highlights the dynamic early history of dogs. PLOS Genet. 10: e1004016.

Frison, G. 1998. Paleoindian large mammal hunters on the plains of North America. PNAS 95: 14576-14583.

Frost, P. 2006. European hair and eye color: a case of frequency-dependent sexual selection. Evol. Human Behav. 27: 85-103.

Gácsi, M. et al. 2001. Attachment behavior of adult dogs living at rescue centers, forming new bonds. J. Comp. Psychol.

Gaudzinski, S. 2004. A matter of high resolution? The Eemian interglacial (OIS 5e) in North-central Europe and Middle Palaeolithic subsistence. Int. J. Osteoarchaeol. 14: 201-211.

Gaudzinski, S. et al. 2005. The use of Proboscidean remains in every-day Palaeolithic life. Quat. Int. 126/128: 179-194.

Geist, V. 1987. Bergmann's rule is invalid. Canad. J. Zool. 65:1035-1038.

Germonpré, M. 2009. Fossil dogs and wolves from Palaeolithic sites in Belgium, the Ukraine and Russia: osteometry, ancient DNA and stable isotopes. J. Archaeol. Sci. 36: 473-490.

Germonpré, M. 2012. Palaeolithic dog skulls at the Gravettian Předmostí site, the Czech Republic. J. Archaeol. Sci. 39: 184-202.

Ghiglieri, M. P. 1984. The Chimpanzees of Kibale Forest: A Field Study of Ecology and Social Structure. Columbia Univ. Press, NY. 226pp.

Ghiglieri, M. P. 2000. The Dark Side of Man: Tracing the Origins of Male Violence. Perseus Pub., NY. 336pp.

Gill, J. L. et al. 2009. Pleistocene megafaunal collapse, novel plant communities, and enhanced fire regimes in North America. Science 326: 1100-1103.

Godfrey, L. R. & W. L. Jungers. 2003. The extinct sloth lemurs of Madagascar. Evol. Anthrop. 12: 252-263.

Goren-Inbar, N. et al. 2004. Evidence of hominin control of fire at Gesher Benot Ya'agov, Israel. Science 304: 725-727.

Gostner, P. & E. E. Vigl. 2002. Insight: report of radiological forensic findings on the iceman. J. Archaeol. Sci. 29:323-326.

Graham, W. R. et al. 1981. Kimmswick: a Clovis-Mastodon association in Eastern Missouri. Science 213: 1115-1117.

Grayson, D. K. & F. Delpech. 2002. Specialized Early Upper Palaeolithic hunters in Southwestern France? J. Archaeol. Sci. 29: 1439-1449.

Green, J. L. et al. 2005. Reconstructing the palaeodiet of Florida Mammut americanum via low-magnification stereomicroscopy. Palaeogeogr. Palaeoclimat. Palaeoecol. 223: 34-48.

Guthrie, R. D. 2004. Radiocarbon evidence of mid-Holocene mammoths stranded on an Alaskan Bering Sea island. Nature 429: 746-749

Harcourt, R. A. 1974. The dog in prehistoric and early historic Britain. J. Archaeol. Sci. 1: 151-175.

Hare, B. et al. 2002. The domestication of social cognition in dogs. Science 298: 1634-1636.

Hare, B. et al. 2005. Social cognitive evolution in captive foxes is a correlated by-product of experimental domestication. Current Biol. 15: 226-230.

Hare, B. & M. Tomasello. 2005. Human-like social skills in dogs? Trends Cognitive Sci. 9: 439-444.

ハート, D. & R. W. サスマン. 2007. ヒトは食べられて進化した（伊藤伸子訳）. 化学同人, 東京. 348pp.

春成秀爾. 2001. 更新世末の大型獣の絶滅と人類. 国立歴史民俗博物館研究報告 90：1-52.

春成秀爾. 2008. 野生動物の絶滅と人類.『野生と環境』ヒトと動物の関係学④（林良博ほか編）, pp. 22-44. 岩波書店, 東京.

橋本仁・高田明和（編）. 2006. 砂糖の科学. 朝倉書店, 東京. 232pp.

Haynes, G. 2007. A review of some attacks on the overkill hypothesis, with special attention to misrepresentations and doubletalk. Quat. Int. 169-170: 84-94

Haynes, G. 2009. Estimates of Clovis-Era megafaunal populations and their extinction risks. In: American Megafaunal Extinctions at the End of the Pleistocene (Haynes, G. ed.), pp. 39-54. Springer, NY.

Heffner, H. E. 1998. Auditory awareness. Appl. Anim. Behav. Sci. 57: 259-268.

Higham, T. et al. 2010. Chronology of the Grotte du Renne (France) and implications for the context of ornaments and human remains within the Chatelperronian. PNAS 107: 20234-20239.

Hill, M. E. et al. 2008. Late Quaternary Bison diminution on the Great Plains of North America: evaluating the role of human hunting versus climate change. Quat. Sci. Rev. 27: 1752-1771.

Hockett, B. 2005. Middle and Late Holocene hunting in the Great Basin: a critical review of the debate and future prospect. Am. Antiquity 70: 713-731.

Högberg, A. et al. 2009. Integration of use-wear with protein residue analysis: a study of tool use and function in the south Scandinavian Early Neolithic. J. Archaeol. Sci. 36: 1725-1737.

Holdaway, R. N. & C. Jacomb. 2000. Rapid extinction of the Moas (Aves: Dinornithiformes): model, test, and implications. Science 287: 2250-2254.

Holdaway, R. N. et al. 2014. An extremely low-density human population exterminated New Zealand moa. Nature Comm. 5: e5436.

Huntley, B. 1990. European vegetation history. Palaeovegetation maps from pollen data-13000 yr BP to present. J. Quat. Sci. 5: 103-122.

猪熊壽. 2001. イヌの動物学（アニマルサイエンス③）. 東京大学出版会, 東京. 202pp.

石弘之. 1995. 大型動物の絶滅と人類.『農耕と文明』講座文明と環境③（梅原猛ほか総編集）, pp. 77-90. 朝倉書店, 東京.

Iwase, A. et al. 2012. Timing of megafaunal extinction in the late Plaeistocene on the Japanese Archipelago. Quat. Int. 255: 114-124.

Jacob, F. 1977. Evolution and tinkering. Science 196: 1161-1166.

Janis, C. M. 1993. Tertiary mammal evolution in the context of changing climates, vegetation, and tectonic events. Ann. Rev. Ecol. Syst. 24: 467-500.

Janis, C. M. & E. Manning. 1998. Antilocapridae. In: Evolution of Tertiary Mammals of North America: Terrestrial Carnivores, Ungulates, and Ungulate like Mammals, Vol. 1 (Janis, C. M. et al., eds.), pp. 491-507. Cambridge Univ. Press, Cambridge.

Janis, C. M. et al. 2002. The origins and evolution of the North American grassland biome: the story from the hoofed mammals. Palaeogeogr. Palaeoclimat. Palaeoecol. 177: 183-198.

Janis, C. 2008. An evolutionary history of browsing and grazing ungulates. In: The Ecology of Browsing and Grazing (Gordon, I. J. and H. H. T. Prins, eds.), pp. 21-45. Springer, Berlin.

Jennett, K. D. 2008. Female figurines of the Upper Paleolithic. Texas State Univ. Honors Thesis. 77pp.

Johnson, C. N. 2002. Determinants of loss of mammal species during the Late Quaternary "megafaunal" extinctions: life history and ecology, but not body size. Proc. Roy. Soc. Lond. B 269: 2221-2227.

Kaminski, J. et al. 2004. Word learning in a domestic dog: evidence for "Fast Mapping". Science 304: 1682-1683.

河合信和．1999．ネアンデルタールと現代人．文春新書，文芸春秋，東京．238pp.

河村善也ほか1989．日本の中・後期更新世の哺乳動物相．第四紀研究 28: 317-326.

Kawamura, Y. 2007. Last Glacial and Holocene land mammals of the Japanese Islands: their fauna, extinction and immigration. Quat. Res. 46: 171-177.

Keller, A. et al. 2012. New insights into the Tyrolean Iceman's origin and phenotype as inferred by whole-genome sequencing. Nature Comm. 3: doi: 10. 1038

Kerr, R. A. 2010. Mammoth-killer impact flunks out. Science 329: 1140-1141.

菊水健史．2012．ヒトとイヌを絆ぐ．動物心理学研究 62: 101-110.

木村英明．1997．シベリアの旧石器文化．北海道大学図書刊行会，札幌．426pp.

Klein, R. G. 1989. The Human Career. The Univ. Chicago Press, Chicago. 524pp.

Knecht, H. 1997. The history and development of projectile technology research. In: Projectile Technology (Knecht, H., ed.), pp. 3-35. Springer, NY.

Koch, P. L. et al. 1998. The isotopic ecology of late Pleistocene mammals in North America: Part 1, Florida. Chem. Geol. 152, 119-138.

Koch, P. L. et al. 2004. The effects of Late Quaternary climate and pCO_2 change on C_4 plant abundance in the South-Central United States. Palaeogeogr. Palaeoclim. Palaeoecol. 207: 331-357.

Koch, P. L. & A. D. Barnosky. 2006. Late Quaternary extinctions: state of the debate. Ann. Rev. Ecol. Evol. Syst. 37: 215-250.

Konok, V. et al. 2011. The behavior of the domestic dog (Canis familiaris) during separation from and reunion with the owner, a questionnaire and an experimental study. Appl. Anim. Behav. Sci. 135: 300-308.

Konok, V. et al. 2015. Influence of owners attachment style and personality on their dogs separation related disorder. PLOS ONE10: e0118375.

クルテン，B. 1976．哺乳類の時代（小原秀雄・浦本昌紀訳）．平凡社，東京．322pp.

Kurtén, B. & E. Anderson. 1980. Pleistocene Mammals of North America. Columbia Univ. Press, NY. 442pp.

Larson, G. et al. 2012. Rethinking dog domestication by integrating genetics, archeology, and biogeography. PNAS 109: 8878-8883.

Lewin, R. 1984. Man the scavenger. Science 224: 861-862.

Lim, M. M. et al. 2004. Ventral striatopallidal oxytocin and vasopressin V1a receptors in the monogamous prairie vole (Microtus ochrogaster). J. Comp. Nerol. 468: 555-570.

ローレンツ，K. 1966．人イヌにあう（小原秀雄訳）．早川書房，東京．328pp.

ローレンツ，K. 1970．攻撃 1, 2（日高敏隆・久保和彦訳）．みすず書房，東京．383pp.

Lorenzen, E. D. et al. 2011. Species-specific responses of Late Quaternary megafauna to climate and humans. Nature 479: 359-365.

Lovejoy, C. O. 1981. The origin of man. Science 211: 341-350.

Lyrintzis, G. & V. Papanastasis. 1995. Human activities and their impact on land degradation-Psilorites Mountain in Crete: a historical perspective. Land Degrad. Rehabil. 6: 79-93.

MacDonald, J. N. 1984. The reordered North American selection regime and Late Quaternary megafaunal extinction. In: Quaternary Extinctions (Martin, P. S. and R. G. Klein, eds.), pp. 404-439. Univ. Arizona Press, Tucson.

マクレガー，N. 2012．100のモノが語る世界の歴史（1）文明の誕生（東郷えりか訳）．筑摩書房，東京．286pp.

Markova, A. K. et al. 2013. New data on changes in the European distribution of the mammoth and the woolly rhinoceros during the second half of the Late Pleistocene and the early Holocene. Quat. Int. 292: 4-14.

Marshak, S. 2006. Essentials of Geology, 2nd ed. W. W. Norton, NY. 545pp.

Martin, P. S. 1967. Prehistoric overkill. In: Pleistocene Extinctions, the Search for the Cause (Martin, P. S. and H. E. Wright, eds.), pp. 75-120. Yale Univ. Press, New Haven.

Martin, P. S. 1973. The discovery of America. Science 179: 969-974.

Martin, P. S. 1984. Prehistoric overkill: the global model. In: Quaternary Extinctions (Martin, P. S. and R. G. Klein, eds.), pp. 354-403. Univ. Arizona Press, Tucson.

Martin, P. S. & D. W. Steadman. 1999. Prehistoric extinctions on islands and continents. In: Extinctions in Near Time: Causes, Contexts, and Consequences (MacPhee, R. D. E., ed.), pp. 17-53. Kluwer Academic/Plenum Press, NY.

Mech, L. D. 1999. Alpha status, dominance, and division of labor in wolf pack. Canad. J. Zool. 77: 1196-1203.

Mech, L. D. & Boitani, L. (eds.) 2003. Wolves, Behavior, Ecology, and Conservation. The Univ. Chicago Press, Chicago. 448pp.

Mellars, P. 2008. Cognitive changes and the emergence of modern humans in Europe. Cambridge Archaeol. J. 1: 63-76.

Miklósi, A. et al. 2003. A simple reason for a big difference: wolves do not look back at humans, but dogs do. Current Biol. 13: 763-766.

Miller, G. H. et al. 2005. Ecosystem collapse in Pleistocene Australia and a human role in megafaunal extinction. Science 309: 287-290.

Milton, K. 1993. Diet and primate evolution. Sci. Am. 269: 86-93.

Muhs, D. R. et al. 2001. Vegetation and paleoclimate of the last interglacial period, central Alaska. Quat. Sci. Rev. 20: 41-61.

Nagasawa, M. et al. 2009. Dog's gaze at its owner increases owner's urinary oxytocin during social interaction. Hor-

mones Behav. 55: 434-441.
Nagasawa, M. *et al.* 2015. Oxytocin gaze positive loop and the coevolution of human dog bonds. Science 348: 333-336.
Niven, L. 2007. From carcass to cave: large mammals exploitation during the Aurgnacian at Vogelherd, Germany. J. Human Evol. 53: 362-382.
Nogués-Bravo, D. *et al.* 2008. Climate change, humans, and the extinction of the woolly mammoth. PLOSBiol. 6: e79.
野尻湖発掘調査団．1997．最終氷期の自然と人類．朝倉書店，東京．229pp.
Nordt, L. C. *et al.* 2002. C_4 plant productivity and climate-CO_2 variations in South-Central Texas during the late quaternary. Quat. Res. 58: 182-188.
Norton, C. J. *et al.* 2007. Distinguishing archaeological and paleontological faunal collections from Pleistocene Japan: taphonomic perspective from Hanaizumi. Anthrop. Sci. 115: 91-106.
Norton, C. J. *et al.* 2010. The nature of megafaunal extinctions during the MIS3-2 transition in Japan. Quat. Int. 211: 113-122.
Nowak, R. M. 1999. Walker's Mammals of the World. 6 th ed.（Vol. 1,2）. The John Hopkins Univ. Press, Baltimore. 2015pp.
Nunez, E. E. *et al.* 2010. Ancient forests and grasslands in the desert: diet and habitat Late Pleistocene mammals form Northcentral Sonora, Mexico. Palaeogeogr. Palaeoclimat. Palaeoecol. 297: 391-4000.
Odendaal, J. S. J. & R. A. Meintjes. 2003. Neurophysiological correlates of affiliative behaviour between human and dogs. Vet. J. 165: 296-301.
Okumura, N. *et al.* 1996. Intra- and interbreed genetic variations of mitochondrial DNA major non-coding regions in Japanese native dog breeds（*Canis familiaris*）. Anim. Genet. 27: 397-405.
Olsen, S. J. & J. W. Olsen. 1977. The Chinese wolf, ancestor of New World dogs. Science 197: 533-535.
小野昭．2002．中部ヨーロッパの最終氷期と人類の適応．地学雑誌 111：840-848.
オッペンハイマー，S．2007．人類の足跡10万年全史（仲村明子訳）．草思社，東京．413pp.
ペーボ，S．2015．ネアンデルタール人は私たちと交配した（野中香万子訳）．文芸春秋，東京．365pp.
Palestrini, C. *et al.* 2010. Video analysis of dogs with separation related behaviors. Appl. Anim. Behav. Sci. 124:61-67.
Parker, H. G. *et al.* 2004. Genetic structure of the purebred domestic dog. Science 304: 1160-1164.
Pennington, R. 2001. Hunter-gatherer demography. In: Hunter-Gatherer: An Interdisciplinary Perspective（Panter-Brick, C. *et al.*, eds）, pp. 170-204. Cambridge Univ. Press, Cambridge.
Pérez-Crespo, V. A. *et al.* 2012. Diet and habitat definitions for Mexican glyptodonts from Cedral (San Luis Potosí, Mexico) based on stable isotope analysis. Geolog. Mag. 149: 153-157.
ラッカム，J．1997．動物の考古学（本郷一美訳）．学藝書林，東京．133pp.
Rhodes, J. A. & S. E. Churchill. 2009. Throwing in the Middle and Upper Paleolithic: inferences from an analysis of humeral retroversion. J. Human Evol. 56: 1-10.
Rivals, F. *et al.* 2007. Evidence for geographic variation in the diets of late Pleistocene and early Holocene Bison in North America, and differences from the diets of recent Bison. Quat. Res. 68: 338-346.
Rivals, F. *et al.* 2010. Palaeoecology of the mammoth steppe fauna from the late Pleistocene of the North Sea and Alaska: separating species preferences from geographic influence in paleoecological dental wear analysis. Palaeogeogr. Palaeoclimat. Palaeoecol. 286: 42-54.
Roach, N. T. *et al.* 2013. Elastic energy in the shoulder and the evolution of high-speed throwing in *Homo*. Nature 498: 483-486.
Roberts, R. G. *et al.* 2001. New ages for the last Australian megafauna: continent-wide extinction about 46,000 years ago. Science 292: 1888-1892.
Roche, H. *et al.* 1999. Early hominid stone tool production and technical skill 2.34 Myr ago in West Turkana, Kenya. Nature 399: 57-60.
Römpler, H. *et al.* 2006. Nuclear gene indicates coat-color polymorphism in mammoths. Science 313: 62.
Ruckstuhl, K. E. & P. Neuhaus. 2002. Sexual segregation in ungulates: a comparative test of three hypotheses. Biol. Rev. 77: 77-96.
Rueness, E. K. *et al.* 2011. The cryptic African wolf : *Canis aureus lepaster* is not a golden jackal and is not endemic to Egypt. PLOS ONE 6: e16385.
Rule, S. *et al.* 2012. The aftermath megafaunal extinction: ecosystem transformation in Pleistocene Australia. Science 335: 1483-1486.
Sanson, G. D. *et al.* 2007. Do silica phytoliths really wear mammalian teeth. J. Archaeol. Sci. 34: 526-531.
Santonja, M. & P. Villa. 1990. The Lower Paleolithic of Spain and Portugal. J. World Prehist. 4: 45-94.
Savolainen, P. *et al.* 2002. Genetic evidence for an East Asian origin of domestic dog. Science 298: 1610-1613.
Savolainen, P. *et al.* 2004. A detailed picture of the origin of the Australian dingo, obtained from the study of mitochondrial DNA. PNAS 101: 12387-12390.
シュミット＝ニールセン，K．1995．スケーリング（下澤楯夫監訳）．コロナ社，東京．302pp.
シュミット＝ニールセン，K．2007．動物生理学［原書第5版］（沼田英治・中嶋康裕監訳）．東京大学出版会，東京．578pp.
Scott, K. 2004. The sweet and the bitter of mammalian taste. Curr. Opin. Neurobiol. 14: 423-427.
Semaw, S. *et al.* 1997. 2.5-million-year-old stone tools from Gona, Ethiopia. Nature 385: 333-336.
Semino, O. *et al.* 2000. The genetic legacy of Paleolithic *Homo sapiens sapiens* in extant Europeans: a Y chromosome perspective. Science 290: 1155-1159.
Shea, J. J. 2006. The origins of lithic projectile point technology: evidence from Africa, the Levant, and Europe. J. Archaeol. Sci. 33: 823-846.
Sholts, S. B. *et al.* 2012. Flake scar patterns of Clovis points

analyzed with a new digital morphometrics approach: evidence for direct transimission of technological knowledge across early North America. J. Archaeol. Sci. 39: 3018-3026.

Skoglund, P. *et al*. 2010. Estimation population divergence times form non-overlapping genomic sequences: examples from dogs and wolves. Mol. Biol. Evol. 28: 1505-1517.

Snyder, L. M. & W. E. Klippel. 2003. From Lerna to Kastro: further thoughts on dogs as food in ancient Greece; perceptions, prejudices and reinvestigations. British School Athens Stud. 9: 221-231.

Soffer, O. *et al*. 2000. The "venus" figurines, textiles, basketry, gender, and status in the Upper Paleolithic. Curr. Anthrop. 41: 511-537.

Spindler, K. 1996. Iceman's last week. In: Human Mummies: A Global Survey of their Status and the Techniques of Conservation (Spindler, K. *et al*., eds.), pp. 249-264. Springer, Wien.

Sponheimer, M. & J. A. Lee-Thorp. 1999. Isotopic evidence for the diet of an early Hominid, *Australopithecus africanus*. Science 283: 368-370.

スタンフォード, C. B. 2001. 狩りをするサル（瀬戸口美恵子・瀬戸口烈司訳）. 青土社, 東京. 261pp.

Steel, T. E. 2004. Variation in mortality profiles of red deer (*Cervus elaphus*) in Middle Palaeolithic assemblages from Western Europe. Int. J. Osteoarchaeol. 14: 307-320.

Steel, T. E. 2005. Comparing methods for analyzing mortality profiles in zooarchaeological and palaeontological samples. Int. J. Osteoarchaeol. 15: 404-420.

Strum, S. C. *et al*. 1999. Theory, method, gender, and culture: what changed our views of primate society? In: The New Physical Anthropology: Science, Humanism and Critical Reflection (Strum, S. C. and D. G. Lindburg, eds.), pp. 67-105. Prentice Hall, NJ.

Stuart, A. J. *et al*. 2004. Pleistocene to Holocene extinction dynamics in giant deer and woolly mammoth. Nature 431: 684-689.

Suwa, G. *et al*. 2009. Paleobiological implications of the *Ardipithecus ramidus* dentition. Science 326: 94-99.

Teaford, M. F. & P. S. Unger. 2000. Diet and the evolution of the earliest human ancestors. PNAS 97: 13506-13511.

Thieme, H. 1997. Lower Paleolithic hunting spears form Germany. Nature 385: 807-810.

Tong, H. 2001. Age profiles of rhino fauna from the Middle Pleistocene Nanjing Man Site, South China: explained by the rhino specimens of living species. Int. J. Osteoarchaeol. 11: 231-237.

Topal, J. *et al*. 2005. Attachment to humans: a comparative study on hand-reared wolves and differently socialized dog puppies. Anim. Behav. 70: 1367-1375.

Torksdolf, J. F. 2009. Aeolian sedimentation in the Rhine and Main area from the Late Glacial until the Mid-Holocene. Quat. Sci. J. 59: 36-43.

Trueman, C. *et al*. 2003. Prolonged coexistence of humans and megafauna in Pleistocen Australia. PNAS 102: 8381-8385.

Tsuda, K. 1997. Extensive interbreeding occurred among multiple matriarchal ancestors during the domestication of dogs: evidence from inter- and intraspecies polymorphisms in the D-loop region of mitochondrial DNA between dogs and wolves. Genes Genet. Syst. 72: 229-238.

Turnbull, C. M. 1968. The importance of flux in two hunting societies. In: Man the Hunter (Lee, R. B. and I. DeVore, eds.), pp. 132-137. Aldine, Chicago.

Turney, C. S. M. *et al*. 2008. Late-surviving megafauna in Tasmania, Australia, implicate human involvement in their extinction. PNAS 105: 12150-12153.

内山幸子. 2014. イヌの考古学（ものが語る歴史30）. 同成社, 東京. 267pp.

Udell, M. *et al*. 2008. Wolves outperform dogs in following human social cues. Anim. Behav. 76: 1767-1773.

Udell, M. *et al*. 2010. What did domestication do to dogs? A new account of dogs' sensitivity to human actions. Biol. Rev. 85: 327-345.

van der Merwe, N. *et al*. 2003. The carbon isotope ecology and diet of *Australopithecus africanus* at Sterkfontein, South Africa. J. Hum. Evol. 44: 581-597.

Vilà, C. *et al*. 1997. Multiple and ancient origins of the domestic dog. Science 276: 1687-1689.

Virah-Sawmy, M. *et al*. 2009. Evidence for drought and forest declines during the recent megafaual extinctions in Madagascar. J. Biogeogr. 37: 506-519.

vonHoldt, B. M. *et al*. 2010. Genome-wide SNP and haplotype analyses reveal a rich history underlying dog domestication. Nature 464: 898-903.

vonHoldt, B. M. *et al*. 2016. Whole-genome sequence analysis shows that two endemic species of North American wolf are admixtures of the coyote and gray wolf. Sci. Adv. e1501714.

Wang, G-d. *et al*. 2013. The genomics of selection in dogs and the parallel evolution between dogs and humans. Nature Comm. 4:1860（1-9）.

Wang, G-d. *et al*. 2016. Out of southern East Asia: the natural history of domestic dogs across the world. Cell Res. 26: 21-33.

Washburn, S. L. & J. B. Lancaster. 1968. The evolution of hunting. In: Man the Hunter (Lee, R.B. and I. DeVore, eds.), pp. 293-303. Aldine, Chicago.

Watson, N. V. 2001. Sex differences in throwing: monkeys having a fling. Trends Cog. Sci. 15: 98-99.

Wayne, R. 1993. Molecular evolution of the dog family. Trends Genet. 9: 218-224.

Weinstock, J. 2002. Reindeer hunting in the Upper Palaeolithic: sex ratios as a reflection of different procurement strategies. J. Archaeol. Sci. 29: 365-377.

Wible, J. R. *et al*. 2007. Cretaceous eutherians and Laurasian origin for placental mammals near K/T boundary. Nature 447: 1003-1005.

Wilkins, J. *et al*. 2012. Evidence for early hafted hunting technology. Science 338:942-946.

Williams, J. W. 2002. Variations in tree cover in North America since the last glacial maximum. Global Planet. Change 35: 1-23.

Wilson, D. E. & D. M. Reeder. 2005. Mammal Species of the World: A Taxonomic and Geographic Reference. The Johns Hopkins Univ. Press, Baltimore. 2145pp.

ウィルソン, E. O. 1995. 生命の多様性 (I, II) (大貫昌子・牧野俊一訳). 岩波書店, 東京. 559pp.

Woodman, P. *et al.* 1997. The Irish quaternary fauna project. Qut. Sci. Rev. 16: 129-159.

ランガム, R. & D. ピーターソン. 1998. 男の凶暴性はどこからきたか (山下篤子訳). 三田出版会, 東京. 341pp.

Wroe, S. *et al.* 2004. Megafaunal extinction in the late Quaternary and the global overkill hypothesis. Alcheringa 28: 291-331.

Wroe, S. *et al.* 2013. Climate change frames debate over the extinction of megafauna in Sahl (Pleistocene Australia-New Guinea). PNAS 110: 8777-8781.

山極寿一. 2012. 家族進化論. 東京大学出版会, 東京. 358pp.

Yoakum, J. D. 2004. Foraging ecology, diet studies and nutrient values. In: Pronghorn. Ecology and Management (O'Gara, B. W. and J. D. Yoakum, eds.), pp. 447-502. Univ. Press Colorado, Boulder.

Yravedra, J. *et al.* 2012. Elephant and subsistence: evidence of the human exploitation of extremely large mammal bones from the Middle Palaeolithic site of Prepesa. J. Archaeol. Sci. 39: 1063-1071.

Zazula, G. D. *et al.* 2014. American mastodon extirpation in the Arctic and subarctic predates human colonization and terminal Pleistocene climate change. PNAS 111: 18460-18465.

ツィーメン, E. 1977. オオカミとイヌ (白石哲訳). 思索社, 東京. 384pp.

第2章　西アジアでの創造

　乾いた砂の大地，みはるかす地平線，灼熱の太陽，生命の輝きがない静寂だけの世界．そこに，悠久の昔，豊かな水が流れ，緑野が広がり，人々の生活とにぎわいがあったとはだれが想像するだろうか．だが，それはまごうことなき事実なのだ．イラク，イランに点在するウルク，ラガシュ，マリ，ニップル，エリドゥ，バビロンなどの古代遺跡群は，その地にかつて巨大な文明の光芒があったことをいまに伝えている．多くは砂のなかに崩れ去り，荒涼とした大地へと溶解しているが，数千年のときを経てなお往時の燦然たる輝きは失ってはいない．その1つ，ユーフラテス川の河口に近い，イラク・ナシリア近郊のウル（Ur）遺跡は，シュメール人によるウル第三王朝，ナンム王の時代（BC3900年ころ）の遺跡群だ．その中心は，シュメール語で"オーラを放つ寺院"と名づけられた，日干し煉瓦でつくられた塚状神殿で，「天上の神々と地上の人間世界とを結」（月本 2010）んでいた．基礎の周囲は，約63×45 mにおよぶ巨大な長方形の神殿で，高さ20 m以上の三層構造をいただき（図2-1），"バベルの塔"のモデルともいわれてきた．ウルはこの神殿を中心に周囲に長大な防壁を築き，5000人以上の人々が暮らし，約100年間にわたって栄華を誇った，当時世界最大の都市国家だった．この壮大な建築物を誇示する巨大な都市国家をつくりだした文明の力とはいったいなんだったのだろうか．

　メソポタミア文明はティグリス川とユーフラテス川にはさまれた"川の間"の沖積平野に栄えた人類最古の文明である．その歴史はBP 7000年以前にさかのぼるといわれ，幾多の王

図2-1　ウル（現イラク）のジグラート"エ・テメン・ニグル"．ウルは，ペルシャ湾岸に近いティグリス川とユーフラテス川の河口付近にBC3900年ころ成立したシュメール人の都市国家である．前方のクレーターは1991-1992年の湾岸戦争の際，多国籍軍のミサイル攻撃によってつくられたという（Nashef 1992より）．

朝の覇権争いと興亡，ヒッタイトやアッシリアをはじめとする異民族の侵入と征服を繰り返し，やがては歴史の舞台からフェードアウトしていった．だが，その遺産は偉大だ．文字の発明，暦や法律の制定，国家機構の整備，陶器や金属加工技術，車輪や煉瓦，自然科学の発展（六十進法の数学や建築学）など，どれもが時代に先駆け，その後の人類の発展を切り開いてきた．この都市国家の基盤は大規模な灌漑事業による農業生産力の飛躍的な発展にあったのは明らかで，こうした工事を組織し統率する中央集権的な支配体勢が，膨大な余剰生産物と巨大な軍事力を背景に整備され，国家の権力構造が確立されたことによる．ウルの王墓から発掘された"ウルのスタンダード（軍旗）"[1]には，巨大な権

64　第2章　西アジアでの創造

図2-2　ウルのスタンダード．スタンダードとは軍旗の意味．ウルの王家の墓からみつかったモザイク画が施された木製の箱．上が「平和（饗宴）の場面」，下が「戦闘の場面」である（マクレガー 2012より）．

力をもった王（ひときわ大きい）の祝宴と，家畜化されたヤギ，ヒツジ，ウシの豊かな牧畜風景が描かれている（マクレガー 2012；図2-2）．国家は，四大文明のすべてがそうだったように，農業を基盤に成立している．とはいえ，多数の人々を組織し，周到に計画された大規模灌漑工事を成し遂げる農業国家が一朝一夕に興るわけではない．ではこの農耕が，ほかの文明に先駆けてメソポタミアの地で，どのような経緯をたどって生まれたのだろうか．

2.1　肥沃の三日月弧 (ファータイル・クレッセント)

農耕を育むゆりかご

ムギ，イネ，トウモロコシ（メイズ）は世界三大（ムギをオオムギとコムギに分けると四大）穀物と呼ばれ，年間の総収穫量は20億トン以上に達し，世界の人々（と多くの家畜）の食糧を支えているが，その生産量や配分には国家間の格差が大きい．いずれもイネ科植物で，前2者がC_3植物であるのに対し，トウモロコシは典型的なC_4植物だ．これら穀物の栽培化の起源については，人類の文明をつくった基盤として，古くから注目され，現在もなお考古学や民族学，生物学（とくに遺伝学やDNAの解析）の分野で，日本人を含む多くの研究者によって追究されてきた．

これの研究成果を概括すると，イネは中国南部からヒマラヤ山麓にかけての，1カ所での単元説と，複数個所の多元説とが存在し，結論には達していない（Sang 2009など）．トウモロコシは，原種とは著しい形態差があって複数の候補種があるが，BP6300年のメキシコ南部との説が有力だ（Matsuoka et al. 2002など；第8章参照）．これに対しムギは，BP1万-7000年に「近東」（Near East）地域というのがほぼ定説となっている（Bar-Yosef 1998, Burger et al. 2008など）が，その詳細な過程はなおおぼろげだ．とはいえ，ムギは，おそらくイネに先行して，人類最初の栽培植物であったのは確からしい．メソポタミア文明はそのムギを基盤に成立している．それにしてもなぜムギなのか，そして近東なのだろうか．

過去の気候変動が種々の手法を駆使して追跡されてきた．花粉分析や有孔虫の組成，その殻にふくまれる放射性酸素同位体の分析などで，これらによって最終氷期最寒冷期（LGM期，BP約2.5万-2.2万年）からヤンガードリアス期（BP約1.3万-1.2万年）にかけての気温が目まぐるしく変動したことが明らかにされてきた．この変動は，近年，グリーンランド氷床から掘削された過去12万年間分の氷柱に含まれる酸素同位体（その濃度は気温と湿度の関数）の定量でよりくわしく追跡できるようになった（Hinnov et al. 2002）．それによれば，この変動は従来想定されたよりさらに激しく小刻みで，数十年で一挙に約5℃以上上昇した後，数百年間にわたりゆっくりと寒冷化するというパターンを繰り返していた．この比較的短い（約1500年の）周期は"ダンスガード-オシュガー振動"（D-O振動）といい，BP6万-3万年に極大化し，20回以上にわたってまるで"ヨーヨー"のように上下動を繰り返し，完新世に向かい徐々に減衰していった（図2-3）．ヤンガードリアス期[2]はその最後の，そして最下降した振動でもあった．野生動物と植物，そして旧石器時代の人類は，LGM期以降に激しい気候変

2.1 肥沃の三日月弧　65

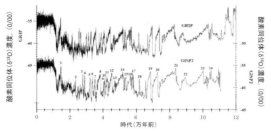

図 2-3　グリーンランド氷床の2つの地点（GRIPおよびGISP2）から掘削された過去12万年間分の氷柱に含まれる酸素同位体（その濃度は気温と湿度の関数）の濃度変化．GISP2のグラフの番号は亜間氷期（気温上昇期）で，周期的に振動（D-O振動）していることがわかる（Hinnov et al. 2002 を改変）．

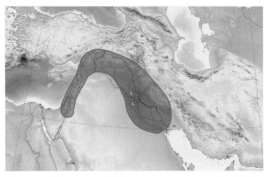

図 2-4　肥沃の三日月弧．このゾーンのなかに野生（アインコーンやエンマー）コムギ，オオムギ，ライムギなどが自生していた（Harlan & Zohary 1966, Feuillet et al. 2007 などを参考に描く）．

動に見舞われた後，ゆっくりと安定へと向かったのである．

　この，（地質学的な時間では）短期の急速な温度上昇と湿潤，そして長期にわたる乾燥と寒冷化の振動は，植物にどのような影響をもたらしたのだろうか．短い温暖期には灌木林や森林，そして高温に適したC_4植物が，ある程度は生育し繁茂したと考えられるが，それに連結した長い寒冷と乾燥環境，そして相対的に少ないCO_2濃度条件は，第1章（図1-10）でみたように，植生をたえずC_3植物に更新し，保存したと考えられる．この現象は，北米大陸とは異なり，海流の影響をほとんど受けなかったユーラシア内陸部では共通している．とくに新第三紀以降，爆発的に適応放散し（Linder and Rudall 2005），広範囲に分布した約2万種のイネ科草本のうち，種子休眠性をもち，したがって穀粒の大きな，耐寒性と耐乾性にすぐれたC_3植物が選択（淘汰）されていった．なかでもそれはユーラシア中緯度地域でもっとも顕著だった．なぜなのか，それは次のような理由による．

　北極（または南極）の寒気団と熱帯の温気団の接する境界は"ポーラー・フロント"（寒帯前線）といい，この境界は季節によっても（南北に）動くが，長期的には，氷河の前進と後退，そしておそらくD-O振動によって，上下運動を繰り返したと考えられる．この温度振動は当然，高緯度地域を巻き込むが，植物からみればその変動幅はつねに15°C以下の「低温」の範囲内にあり，もともとC_4植物が浸透できる余

地はなかった．したがって，ここでは一貫して耐寒性と耐乾性のあるイネ科C_3植物が優占していた．これに対して，ユーラシア中緯度地域ではどうだったのか．高温と強い日差しに恵まれた温暖期には光合成能力の高いC_4植物が優勢となるが，寒冷期には一転して耐寒・耐乾性のC_3植物に入れ替わる．この交代がもっとも劇的に繰り返された．D-O振動はまさに自然選択の"ふるい"であり，それがこの地域に，さらに耐寒性と耐乾性の強い独自のイネ科C_3植物を進化させていった．

　耐寒性と耐乾性とを兼ね備えるとは，サイズが大きく長期貯蔵が可能な種子であり，したがって人間にとっては好都合な「穀物」であることを意味する．これに該当したのが西南アジア（近東）であり，メソポタミアはその辺縁部の1つであった．しかも西南アジアは，ダイアモンド（2000）が指摘するように，ヤンガードリアス期以降，世界最大の地中海性気候――夏の高温乾燥と冬の低温湿潤の差が著しい――がどっかりと居すわった地域だった．だからこそいっそう入念に"ふるわれ"たにちがいない．野生コムギ（一粒系および二粒系）と野生オオムギ（二条型）など，重要ないくつかのムギ類の分布が西南アジアに局在するのはこの証である（Zohary and Hopf 2000）．この豊穣の地を，古代エジプト学者のブレステッド（J. H. Breasted）は，著作『古代』（1916）のなかで，愛着と敬意を込めて"肥沃の三日月弧"（ファータイル・クレッセント）[3]と呼んだ

(図2-4).

農耕の起源地を探す旅を続けたハーラン (Harlan 1967) はかつて，その三日月弧の中央部北縁にあたるトルコ東部（ディヤルバクル近郊）の山地に自生していた野生一粒系（アインコーン）コムギの群落で，手とフリント石器で収穫実験を行い，1時間で約2kgを得たと報告し，こう述べている．「季節の進行に合わせ家族総出で重労働なしにゆっくりと3週間ほど働けば1年分以上の収穫が得られるだろう」．ゾハリー (Zohary 1969) も，今度は三日月弧の西南縁のキリスト教胚胎の地，ガラリア（イスラエル）で，野生コムギの自生地をみつけて追試を行い，1haあたり500-800 kgの収穫を得たと報告している．その収量は中世期イングランドのそれに匹敵する．そこには，ヒトが探し出すのを待つかのような豊かさがあった．

人類の農耕と文明の発生の背景には，まぎれもなく野生植物の自然選択とその豊穣な実りがあった．四大文明発祥の地がいずれも北緯30度を中心に前後10度の中緯度地域に共通しているのはけっして偶然ではない．長江・黄河文明ではイネ，アワ，キビの，インダス文明ではイネ，ムギの，そしてエジプト文明ではムギやモロコシ（タカキビ）の，自然によるイネ科植物の「選抜」がそれぞれ行われている．C_3植物とC_4植物が混じり合うが，両者は同所的に競合し，多数の実をつける多産か，大きな種子をつける植物の生育地であったことに変わりない．およそ文明には，主食となる穀類の発見と，それを基盤とした農業生産の発展，それにともなう人口の増加，そして社会制度の整備が通底している．時代ははるかに遅れるが，北米でもほぼ同じ緯度帯に独自の農耕を基盤としたマヤ・アステカ文明が起こった．ただし，そこはC_3植物の優勢地ではなかったが．

農耕が始まるとき——ムギの生物学

農耕開始以前，人類はありとあらゆる種類の食用可能な植物を採集したにちがいない．このなかから，①発芽が一斉に起き純群落をつくり，収穫しやすい種，②利用部分（種子や果実）がなるべく大きく，まとまっている種，③物理的・化学的防御（異常に硬くて割れなかったり，有毒成分をもつ）が少ない種，人類はこれらを選別し，収斂させていった．ムギ類はこれらの条件によくあてはまる．外見的によく似ているため日本語では「ムギ」と一括するが，生物学的には，複数の異なる植物の総称で，オオムギ類（barley），コムギ類（wheat），エンバク（oat），ライムギ（rye）などに分類される．この場合，前2者の「大」と「小」とのちがいは，サイズではなく，「真」と「代用」という意味だ．もともと少雨乾燥地の雑草であり，他種との競争に強く，環境への適応能力は高い．とくに，エンバクやライムギはコムギ類よりさらに耐寒性と耐乾性にすぐれ，劣悪な環境でも生育できる．おそらく両種は，前2種の農耕が定着した後で，ムギ畑の雑草のなかからみいだされ，栽培化されたのだろう．

ムギ類は一年生草本（発芽後1年以内に生活史を終える）で，秋に芽生えそのまま冬を越し翌年初夏に実をつけるオオムギタイプと，春に芽生え晩秋に実をつけるコムギタイプの2つがある．また，コムギ類は小穂に稔実する粒の数により，一粒系，二粒系，普通系（3粒以上）の3種類に分類される．これに対してオオムギ類は1つの小穂に3つの花をつけるが，このうち中央だけが稔実し，左右が退化してしまうものと，3つすべてが稔実するものとに分けられる．小穂は節ごとに交互につくので，これを上からみると，前者は粒が2列に並ぶので二条型といい，後者は6列なので六条型という．

ムギ類は，茎の先端の節ごとに花をつけ，多数の花を集めて「穂」をつくる．その節ごとの花を「小穂」といい，99％以上は，イネと同様に，自家受粉によって実（種子）をつける．種子は「苞穎」と呼ばれる硬い殻で包まれ，その先端には「芒」という長い棘状突起がのびる．ムギ類特有のおなじみの形だ．

ここでムギ類の野生型と栽培型を比べる．いろいろなちがいに気づくが，おもな点は，第1に，粒系や条型のちがいだ．野生コムギ類には一粒系と二粒系はあるが三粒系はない．この粒

数のちがいは染色体の数（倍数体）によって決まり，栽培型は明らかに遺伝的な性質の異なる人為的な交雑（倍数性進化）によって生まれる．また野生オオムギ類は二条型で，栽培六条型は突然変異体の人為による選抜と品種化によって生まれたと考えられている．粒系や条型，種子の大きさは収穫量の差となって表れるので，栽培化の過程では，品種改良が無意識のうちにさまざまな形で行われたのだろう．

　第2は，野生型は，苞頴と種子が接着していて脱穀はむずかしいが，栽培型はこの「難脱穀性」を「易脱穀性」か，剝がれやすい「裸性」という性質に変えた．この性質にはコムギでもオオムギでも1つの遺伝子が関与し，その転換には突然変異した株を人為的に選抜することが必要だ．この変化は脱穀を容易にしただけでなく，必然的に種子の休眠性を失わせたため，農耕成立後には，水さえあれば時期を選ばずに栽培できるのを可能にした（ベルウッド 2005）．

　第3に，野生型の小穂は熟するとはじけ，ばらばらと落ちる「小穂脱落性」という性質をもつ．この性質は乾燥地に生えるマメ類にも共通していて，実は莢から外れ自然に落下する．こちらを「裂莢性」という．どちらも落下した種子は，寒さと乾燥に耐えて発芽するまでの間，休眠する．なぜムギ類の実は殻をまとい，棘をもち，そして自然に脱落するのだろうか．最大の理由は種子を動物（とくに鳥類）の捕食から守ることだ．棘は槍であり，殻は鎧(よろい)であると同時に乾燥や寒さを防ぎ，そして熟した種子は早々に脱落して土のなかに身を隠す．このため農耕の出発がまさに「落ち穂拾い」だったことを推測させる．この小穂脱落性は，現在では複数の遺伝子が関係していることが解明され，たとえばオオムギでは2つの遺伝子が関与するので，少なくとも2回の人為選択が行われたとされる（武田 2005）．もちろん収穫には非脱落性のほうが有利だったので，意図的ではなかったとしても，非脱落性の突然変異体を刈り取って選抜し，継代にわたって栽培した過程が存在したと考えられる．

　こうしてみると，ムギ類の野生型から栽培型への移行，つまり農耕は，「脱落性」，「脱穀性」，「粒数または条数」という遺伝的性質を，人間にとって都合のよいように改変する，長期にわたる多段階で複雑な過程を経ながら定着したと解釈できる．かつてゾハリーやブルムラー（Zohary 1969, Blumler 1992）は，1つの起源地でのただ1回の栽培成功が，農耕の桁外れの優秀性ゆえに，燎原の火のように広まったという一元論を展開した．はたしてそうだろうか．この遺伝的性質については，現在，遺伝子レベルの解析が行われつつあるが，単元説の可能性は捨てきれないものの，肥沃の三日月弧の複数の場所でいろいろな形質に対するさまざまな試行が行われたとの多元説が有力で（Özkan *et al.* 2005 など），考古学的知見とも一致する（Zeder 2011 など）．最近，農耕が行われた複数の地域から出土した人骨のゲノムが分析され，集団間には遺伝的なちがいがあることが確認された．これは，農耕が複数の人間集団によって開始されたとの説を裏づける（Broushaki *et al.* 2016）．おそらく農耕は突然に起源したのではなく，狩猟採集段階での野生ムギ類の採集→ムギ類のメニュー化と重要度の増加→野生ムギ類の栽培→ムギ畑の造成と品種選別や改良へと進んだ，試行錯誤と紆余曲折の長い助走段階が存在していたと推測される．藤井（2001）は『ムギとヒツジの考古学』のなかで，その過程を「狩猟採集民の農耕」と表現している．けだし名言だ．狩猟採集民の農耕とはどのような過程をたどったのか，最初に考古学分野の研究からその経過を検証してみよう．

農耕への助走

　肥沃の三日月弧，それはイラクからシリア，レバノン，イスラエル，ヨルダン（これにエジプト・ナイル河口地帯も加えることがある）をつないだ"ブーメラン"状地域だ．この一帯は，BP 約2万年以上前，平野部や氾濫原にイネ科草本の大草原が広がり，山地帯はヒマラヤスギ，レバノンスギ，カバ，落葉性ナラ類（オーク）の森林に覆われていた．この時代に人類はこの地に定住を開始した．三日月弧の核心部，シリ

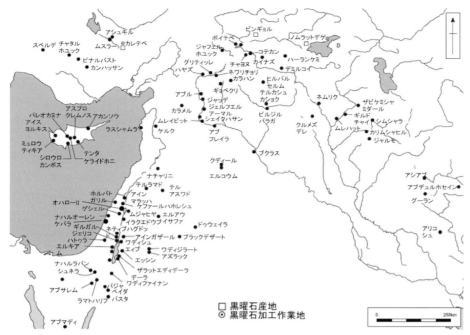

図 2-5　肥沃の三日月弧と周辺の代表的な旧石器末および新石器時代遺跡（Asouti 2006 より，遺跡の表記は藤井 2001 を参考にした）．

ア，レバノン，ヨルダン，イスラエル，パレスチナの一帯は，古くから"レヴァント"（Levant, 仏語で「（太陽の）昇る地」）と呼ばれ，この地には人類の足跡を示す旧石器後期から土器をともなう新石器までの遺跡が連続して残っている．その分布をたどると，古いものほどレヴァント周辺に集中する傾向があり，その後に，タウルス山脈（タロス山脈）やアナトリア高原（トルコ）の北部一帯からザグロス山脈へ拡散しながらティグリス・ユーフラテス沖積平野一帯の巨大都市遺跡へとつながる（藤井 2001）．つまりメソポタミア文明とは，三日月弧の西端であるレヴァントから始まって，もういっぽうの東端に向かい，そこを終点として花開いた文明だった（時代区分と文化は表 2-1 参照）．

レヴァント地域の最古の遺跡は，イスラエルの有名なケバラ洞窟で，後期旧石器時代のムスティエ文化期（ケバラ文化期），BP6万-4.8万年のネアンデルタール人遺跡で，おそらく遊動生活での一時的な拠点だったと考えられる（図 2-5 は，この章で取り上げる主要な遺跡）．多数の動物骨とともに，4000点弱の炭化した植物種子が発掘され，うち約3500点は各種マメ類，ナラ・カシのドングリ，ピスタチオ，アーモンド，ベニバナ，野生のブドウなどで，ムギ類の種子はわずか10粒ほどにすぎなかった（Albert et al. 2000, Lev et al. 2005）．ムギ類はまだ「試食」の段階で，メニューではない．

レヴァント南部のオハローⅡ遺跡は，イスラエル，ガラリア湖畔に位置する BP2.3万-1.9万年と推定された，つまりLGM期直後に，一定期間，定住的な生活を行った現生人類の遺跡だ．この地はイスラエルのナーデルら（Nadel & Hershkovitz 1991）のグループによって精力的に発掘が進められてきた．その出土物に驚く．9万点以上の植物遺物（142分類群）のうち，2万点近くがイネ科植物の穀類（よく保存されていた）であった（Kislev et al. 1992）．このほかに，魚類や鳥類，ネズミやウサギなど小哺乳類の骨，ナツメ，野生ブドウ，ナラ・カシのドングリ，ピスタチオ，アーモンド，オリーブ，イチゴ，サンザシ，イチジクなどの種子が確認された．それは，この地域の生態系でおよそ食用になるほぼすべてがメニューとして出そろっ

ていた．イネ科草本のなかでは，スズメノチャヒキ類やスズメノテッポウ類などもリストされたが，大半は野生型エンマーコムギとオオムギだった．この遺物の構成は，きわめて幅広い食物を季節に応じて利用していたこと，野生穀類の利用が開始され，なかでもムギ類の比重が増しつつあったことを示している．それは肥沃の三日月弧での必然ともいえる移行だった．

この傾向は次の時代に引き継がれる．イスラエル北部のゴラン高原の麓にあるアイン・マラッハ遺跡はナトゥーフ文化期前期（終末期旧石器前期，BP1.5万-1.3万年）の村落遺跡で，多数の現生人類が埋葬されていたことでも有名だ（Davis & Valla 1978，イヌも埋葬された）．ここでは，多数のカメ類，ガゼル，ダマジカ，イノシシ，ウサギなどの動物に加えて，おびただしい量のドングリ，そして野生ムギ類が発掘された（Valla et al. 2001）．また石のボウルや皿とともに，複数の石盤（擦り石）と擦り引き石が発掘されたのが注目された．石盤の表面の磨滅痕をくわしく分析すると，それはおもにドングリをひいた道具と判明した（Dubreuil 2004）．なお，この小さな村落跡からは複数のハツカネズミ（*Mus musculus*）の遺体が確認され（Bridault et al. 2008），すでに人間の住居に侵入，寄生していたらしい．したたかなりマウス．

このムギ類への傾斜は時代とともにどのように変化していったのか．ワイスら（Weiss et al. 2004）は，その後のナトゥーフ文化期後期（終末期旧石器後期，BP1.3万-1.1万年）から，先土器新石器時代[4]（PPN期，BP1.05万-7900年）までの，レヴァント地域合計19地点の遺跡で発掘されたイネ科植物種子とムギ類との構成比率の推移を報告した（図2-6）．それによると，地域によって多少の差はあるが，野生のイネ科植物やドングリの種子は，時代が進むにつれて減少し，代わってムギ類の比率が増加し，BP約1万年以降になると大幅に入れ替わるようになった．この変化は歴代の層序が重なる同じ遺跡（たとえばムレイビット遺跡やアブフレイラ遺跡）の経時的な変化としても表れていた

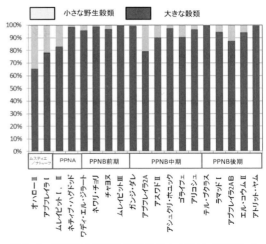

図2-6 代表的な遺跡で発掘された大きい「穀類」と小さい「野生穀類」の割合の推移．Weiss et al. (2004) の表をもとに図化．時代が進むにしたがって，小さい野生穀物種の割合は減少していく傾向がある．

表2-1 肥沃の三日月弧一帯での文化と時代区分．時代区分と文化は場所によって変わる．

年代（BP）	文化	区分 （BP 千年）	区分
7900		C期 PPNC (8.2-7.9)	
	先土器新石器文化 PPN	B期 PPNB (9.6-8.2)	後期 中期 前期
		A期 PPNA (10.7-9.6)	
10700 14000	ナトゥーフ文化 ケバラ文化		

（Moore et al. 2000）．またフラー（Fuller 2007）は，オオムギとアインコーンコムギのサイズ（長さと厚さ）に着目し，便宜的に大きいものを「栽培種」，小さいものを「野生種」，中間のそれを「不明」として，その構成比率を遺跡ごと，時代ごとに追跡した（図2-7）．種子のサイズは生育環境にも依存するから一概には栽培種の基準にはなりえないが，この点は保留して，それによると，遺跡ごとにちがいはあるが，時代が進むにしたがい「栽培種」が増加していき，先土器新石器時代B期末からC期にはっきりと逆転している．さまざまな試行，成功と失敗，情報のやりとり，栽培化はこうした一進一退を

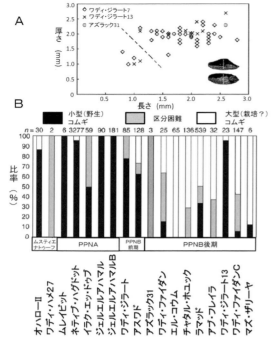

図 2-7 A: ヨルダン渓谷のいくつかの遺跡で出土したコムギ（図右下写真）を計測すると，長さと厚さには有意なギャップが認められた（点線）．そこで右側の種子を栽培化タイプ（？），左側を野生タイプとした．B: 上記の区分にもとづいて，各遺跡から出土したコムギの割合を時代にしたがって比較した（数字はサンプル数）．時代が進むほど栽培化タイプが増加している（Fuller 2007を改変）．

経て成立したにちがいない．松井（1989）はこれを"セミ・ドメスティケーション"と呼んだ．おそらく先土器新石器時代 B 期の中期から後期にかけて，粗放的とはいえ，ムギ類の栽培法がまがりなりにも確立し，主要穀物としての地位を築きつつあったと解釈できる．

それはおりしもヤンガードリアス期が終了した，更新世から完新世への境界をなしている．この移行期は，寒冷と乾燥が植生を再び過去へともどし，豊かな森のドングリやピスタチオを激減させ，野生動物相を大きく変化させるいっぽうで，ムギ類の穂をいっそう充実させ，輝かす役割を果たした．農耕は，この環境の逆転に対する人間側の反作用，「完新世」と呼ぶにふさわしい新たな適応行動として根を下ろした．見逃せないのは，この農耕の発展に付随して，「麦畑」に特有な広葉性雑草（アブラナ科のキ

ャベツやブロッコリー，エンドウマメ，レンズマメなど）が野菜として利用されたことである．これらのラインアップがムギ類といっしょにそのままヨーロッパへと伝播していく（後述）．

農耕の発展と文明の帰趨

ムギの発見からその栽培化に至る狩猟採集民の農耕は，地域的な条件を巻き込みつつ，少なくとも 1 万年間にわたって続いた．農耕の成立は人々の生活様式を変え，さまざまな技術を編み出した．主要な道具である石器は，打製の旧石器から研磨工程を含む新石器へと発展し，ムギの穂を切り取る，より精緻で鋭利な石製鎌刃や，半月形細石器，石臼などを生み出した．この時代を示すスルタン文化期の遺跡（たとえば死海北岸のイェリコ遺跡，先土器新石器時代 A 期）をみると，扇状地や沼沢，湖などの低湿地帯に定住し，数百人規模の集落を形成していたと推測される．農耕は人口を増加させ，人々の協働と紐帯を深め，確固たる共同体を形成していった．

この文化は確実に拡大していく．後のムレイビット文化期（先土器新石器時代 B 期，BP1万 800-9050 年）には，北部のアブフレイラやティグリス川沿いのチャヨヌ（図 2-8），ザグロス山脈側のジャルモやアリコシュ，ガンジダレなど，三日月弧全体へ広がる．地理的にはレヴァント北部（キプロスも包摂）から東部へ，標高的には平野部から丘陵部や高原へのシフトだった．このシフトは，おそらく「洪水」を避け，あるいは「マラリア」を回避するための行動だったと理解される．前記のイェリコ遺跡の村落周囲には「城壁」状の構造物が確認されている．これは当初，穀物を掠奪から守る防壁とみなされたが，近年では，洪水時の堤防か灌漑施設との解釈が有力だ（Bar-Yosef 1986，藤井，2001）．ヤンガードリアス期の到来はこのシフトをさらに加速させた．乾燥と水不足は，今度は人々をして，高度な土木技術をたずさえつつ豊かな水のある水源域へと川を遡上させた．各地に分散したこの周辺地域で，おびただしい数の定住型住居をもつ天水粗放型農耕が成立する．

2.1 肥沃の三日月弧　71

図 2-8　ティグリス川上流部にある先土器新石器時代のチャヨヌ（Çayönü）遺跡と周辺．PPNA 期から PPNB 期にかけて長期間定住していた．ティグリス川の支流，ムギ類が属するイチゴツナギ亜科の植物がみえる（トルコ，ディヤルバクル近郊，2012 年 5 月著者撮影）．

図 2-9　イスラエル北部，シャハル・ハゴラン（Sha'ar Hagolan）遺跡はヤルムキアン文化の中心地．1990 年代以降発掘が本格的に行われ，出土した土製の女神（Garfinkel 2004 より）．

遺跡からは，土器こそ出土しないものの，煉瓦でつくられた複数の部屋をもった住居，多様で精巧な石器類，石を加工し研磨した多彩な容器や皿，多数の土偶や装飾品が発掘されている．それは真の意味の農耕文化の確立といってよいだろう（Weiss *et al.* 2004, Zeder 2011）．

　こうした地域でやがて土器がつくられた．ここでいう土器[5]とは，粘土を 600-900℃ で焼いた「焼成土器」で，中国や日本ではすでに BP2 万年以前に製作されていた（Wu *et al.* 2012）．このことから，かの地へ伝播したとの説がある（Shelach 2012）が，おそらくは定住型の生活様式がみちびいた独自の，そして必然の発明だったのではないか，と思われる．泥や粘土は，すでに容器をつくる材料であったし，あるいは石の家やかまどのしっくいに多用されていた．この土や粘土の容器は食物の加熱調理によって変性する——この現象の発見はかなり

の普遍性をもつからだ．とくに先土器時代の農耕先進地では主食となった穀類には加熱処理が不可欠だった．土器は BP8500 年ころからザグロス山脈，タウルス山脈，アナトリア高原，レヴァントの北部の各遺跡から，さまざまな形や文様，彩色をともなって出土する．おそらく，相互の交流はあっただろうが，各地で独自につくられたのだろう．この時代以降を土器新石器文化というが，興味深いのは，レヴァントの南部がその文化の終着点で，ヤルムキアン文化と呼ばれる各種の精巧な土器群がつくりだされた（Aurenche *et al.* 2001, 藤井 2001）．なかでもめだつのは地母神と思われる女性の座位像だ（Garfinkel 2004; 図 2-9）．文明のすごろくは再び振り出しの地へともどったのである．

　農耕はこうした長い道のりを経て，肥沃の三日月弧のなかで完成していった．この回廊のネットワークをバール・ヨーゼフやアソーチら（Bar-Yosef & Meadow 1995, Asouti 2006）は"先土器新石器時代の相互作用領域"と呼んだ．農耕の完成とは各地での試行錯誤，情報，そして「もの」が行き交ったネットワークの回廊だった．木原均（1954 など）は，かつてゲノムの倍数化によるコムギ類の進化という，いまでは高校「生物」の教科書に載る先駆的な業績を発表した．それはおなじみのパンコムギやマカロニ（デュラム）コムギがどのように生まれたのかを染色体の突然変異と交雑による染色体の倍数化によって説明したものである．そこに登

場する野生一粒系アインコーンコムギ，野生ク
サビコムギ，二粒系エンマーコムギ，野生タル
ホコムギは，西アジアに広くあるいは狭く，重
なり，あるいはずれて分布する種類だ．これら
は，各地で交雑され，品種化され，さらに交配
されて生まれてきた．この背景には人々が結び
合ったネットワークが存在していた．

　この地にはその後再び温暖と乾燥の地中海性
気候がもどる．レバノンスギなどの森林は後退
し，落葉性ナラ類，マツ類，照葉性のカシ類の
混交林へと移行する．気候の変化は農業生産力
を飛躍させ，食糧の余剰は人口増加をうながし，
やがては巨大な中央集権的な権力をもつ都市国
家を誕生させた．国家はさらに大規模な灌漑事
業を行い，環境との軋轢を生み出すようになっ
た．とくに木材は燃料，住居，そして灌漑事業
に使われたために大規模な森林乱伐が進行した
（安田 1995）．叙事詩『ギルガメッシュ』の時
代（BC2600 年ころ）には，すでに森林荒廃は
深刻で，古代ウルク王朝の伝説の王ギルガメッ
シュが船をつくるためにレバノンスギを求めて
苦難の旅に出るくだりがある．この巨大な文明
がなぜ衰亡していったのか．森林の伐採，乾燥
化の進行，表土の流失，そして塩類集積による
土地の荒廃，どれもが正解にちがいない．肥沃
の三日月弧は，そのうるわしき看板をみずから
の手で砂のなかに葬り去ったというほかはない．
それは人間による生態系の，最初の「抹殺」だ
った．

狩猟採集民の農耕とは

　すでにみたように農耕の完成には長い過渡的
な経過が存在していた．その端緒は明らかに狩
猟採集民の食物の採集行為，なかでも大量のド
ングリ類，さらにはピスタチオやアーモンドな
どの収穫にあった．どれもが長期保存がきき，
重要なメニューだった．これらの堅果がたわわ
に実る時期，人々は一定期間滞在し，収穫に励
んだのだろう．ただしドングリ類には大きな障
害があった．有毒なタンニンを含み，直接調理
できなかったからだ．ではどうしたのか．旧石
器時代終末期のアイン・マラッハ遺跡やハヨニ

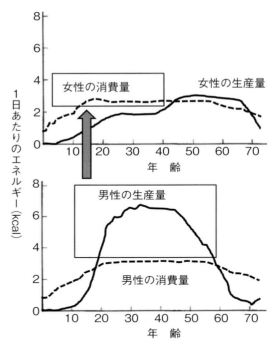

図 2-10　現代の 3 つの狩猟採集民における年齢にと
もなう男性と女性の食物生産量と消費量の変化（Ka-
plan *et al.* 2000，Hill & Kaplan 1993 にもとづきボイドとシ
ルク 2011 が作成．一部を加筆・変更した）．

ム遺跡からは，インド人がカレーをつくるとき
に使うような，擦り石盤とすりこ木のような石
が発見されている．この擦り石の微細な研磨痕
は，いろいろな穀類をひいたそれとの比較から，
ドングリ類によると推定された（Dubreuil
2004）．人々はこれを使ってドングリ類を砕き，
粉にし，水にさらしてデンプンだけを取り出し
たのだろう．水にさらすのはドングリに含まれ
る有毒なタンニン（第 6 章参照）を取り除くた
めで，たいへんな作業だったようだ．実験が行
われている．なんでも徹底してやるのがよい．
条件（石のサイズや質）によって変わるが，
1 kg のドングリは，殻取りに平均 1 時間，砕
いて粉にするのに約 2 時間が必要で，これを長
時間水にさらし，最終的には 85% 以上の収量，
約 5060 kcal が得られたという（Wright 1994）．

　これはおもに女性の役割だったようだ．狩猟
採集社会で労働が分業化するのは汎世界的に共
通する．狩猟は男性に，採集はおもに女性によ
って担われる．これは体のサイズもさることな
がらおもに女性の生殖上の制約と，体力や運動

能力の性差によってもたらされる．このことは食物の質と生産量，および消費量に反映されている．図2-10はカプランやヒル（Kaplan et al. 2000, Hill & Kaplan 1993）らの調査によって得られた3つの狩猟採集民（アチェ族，ハッザ族，ヒウィ族）のデータをもとにボイドとシルク（2011）が作成した，年齢にともなう食物の生産量と消費量の男女比較だ．ここから次のような特徴が抽出できる．①女性・男性ともに幼少期は食物を他者に依存する．②男性は17-18歳以降消費量を上回る余剰の食物を獲得できる．③この能力は老齢になるほど減少する．いっぽう，女性は，④40歳過ぎまでは一定の生産量はあるが，長期間にわたって他者に依存しなければならない．⑤40歳以降の生産量は消費量を上回るが，わずかである．40歳までの女性のこの他者依存はおもに出産と子育てに起因する．この結果，大人の総カロリーの必要量，その約8割が20歳から約55歳の男性の狩猟によってもたらされる．

　子どもを産み授乳を行う，繁殖コストのかかる性が，他方の活動的な性に食物の獲得を依存し，そしてこの性は配偶者であることの見返りとして食物を分配しているようだ．実際にもたくさんの食物（獲物）を調達する能力が高い男性ほど，より多数の元気な子どもの父親になっている（Kaplan & Hill 1985, Hill & Kaplan 1993, Marlowe 2001）．この分業の性差は生活している生態的条件によって異なるだろうが，一般的には，温帯や極地ほど狩猟の肉に，したがって男性への依存度は高くなる傾向がある（ボイドとシルク 2011）．おそらくレヴァントの狩猟採集民も同様の状況にあったものと思われる．

　しかし，この地，レヴァントの大きな特色は季節によって大量のドングリや木の実を調達できたことにある．集団は，この季節，そのような場所に一定期間定着し，男性は周辺で狩猟を行い，女性はおもにドングリを収穫し，食料用に処理しただろう．オハローⅡなどの初期定住遺跡での出土物の状況はこの過渡的な状況を示している．この「定住」は出産と子育てを行う女性にとってメリットだった．もう一度，図2-10にもどると，女性は40歳まで生産性が低いことがわかるが，これは養育のかたわら多種多様な食物を各所に探し，集める手間によって生じる．これに対しおびただしい量のドングリには収穫コストは少ない．コストはむしろその処理にあるが，時間は要したものの，軽労働のため女性にとっては好都合で，安定した食料の確保のほうが出産や育児には肝心だった．定住生活は加速され，おそらくこれによって女性の生産量カーブの水準は上方へとシフトしたにちがいない．

　これが「狩猟採集民の農耕」の実態だったのだろう．西田（2007）は，農耕が「定住」をもたらしたのではなく，定住こそが農耕や家畜化を生み出したと述べ，定住の意義を高く評価した．すぐれた視点だ．遊動をつねとする狩猟採集生活において，女性によるドングリの収穫と処理は定住への第一歩，最大の契機だったにちがいない．ドングリは年による豊凶が多少あるものの，処理してしまえば長期の貯蔵が可能だ．定住はこれを軸に開始され，長期の滞在は，環境の変化とあいまって，周辺地域でのほかの食物の探索，新たなメニューの開拓へと結びついていった．ムギ類の発見と補助メニューへの組み入れは，自然ななりゆきであり，定住地での栽培の試みは必然の結果であった．それは「創造」というよりは肥沃の三日月弧がもたらした「おぜん立て」という表現がふさわしい．

農耕がもたらしたもの
　農耕は長期にわたる過程だった．それは人類に，新石器革命と呼ばれるさまざまな技術に加えて，生活様式や考え方，自然観や価値観の大きな変化をもたらした．その全体像を述べるのは，本書の目的ではないが，ここでは次節の「家畜化」との関連で，主要な点を指摘しておきたい．家畜化は農耕と切り離された別個の現象ではけっしてない．そうではなくそれは農耕の成立と，技術的にも精神的にも切り離せない，連動した過程だと私は考えるからである．

　自然人類学の分野では，1960年代以降，世

界各地の狩猟採集民の生活誌がフィールドワークによって研究されてきた（Lee and Devore 1968，田中 1971 など）．狩猟採集民たちはどのように生活を成り立たせているのか，おそらくは苛酷な自然環境のなかで辛苦をきわめているのではないか，それでもなぜ狩猟採集生活を捨てないのか，研究者たちの問題意識はたぶんこの点にあったにちがいない．だが，フィールドデータがもたらした彼らの実際の素顔はじつに意外だった．その截然の1つが労働時間である．たとえば，田中（1971）のカラハリ砂漠のサン族（ブッシュマン）に関する先駆的な研究によれば，彼らは予想に反し，1日2-4時間程度の採集と狩猟の労働によって 40 種以上の動物と，100 種以上の植物性食物を得て，充実した食生活を送っていることが明らかにされた．残りの大半は昼寝と社交に配分されていたという（Lee 1968，田中 1971）．またタンザニア北部の疎開林に生活するハッザ族では，狩猟採集に要する時間は長くなるが，それでも，男性は 6.1 時間，女性は 4.1 時間であるという（Berbesque & Marlowe 2011）．

アフリカの熱帯雨林の狩猟採集民アカ族では狩猟にかける時間は短く，狩猟の合間には座談や踊りが行われるという（竹内 2002）．またカメルーン熱帯雨林の狩猟採集民を調査した佐藤ら（佐藤ほか 2006，Sato et al. 2012）によれば，ヤマノイモ類やナッツ類，ダイカーなどのブッシュミートに依存するバカ族では食料は安定的に調達され，健康面に問題はなく，狩猟採集生活が困難であるとの証拠は得られなかったと報告している．さらにアマゾンのヤノマミ族では，1日あたりの平均労働時間は，男性2時間51分でおもに狩猟に，女性1時間58分で採集と魚獲りに割りあてられ，残り時間は，昼寝とおしゃべり，そして余興（遊びや踊り）に費やされていた（Lizot 1977）．この時間配分はおおむねアジア熱帯雨林での狩猟採集社会にも共通する（たとえば小泉 2017）．うらやましいほどの余裕だ．しかも彼らの食生活は現代人よりもすぐれているとの評価は少なくない．コルダインら（Cordain et al. 2000）はアフリカの狩猟採集民の食物割合を分析して，現代人よりタンパク質や多価不飽和脂肪酸は高く，リノレン酸が低い傾向にあり，これらが肥満や病気を防ぐ効果をもたらし，現代人はこの食生活を見習うべきだと述べている．

これに対して農耕は，はるかに多くの労働と精神的負担を強いるようにみえる．粗放的とはいえ，水を補給し，種を播き，水と天気を気にしながら毎日を送り，そして石刀で収穫する．ときには豪雨や洪水，干ばつに見舞われ，収穫に至らないことさえある．緊張の連続．労多くして，はたして見合うかどうかは疑わしい．にもかかわらず多くの人類集団が，結果としてこの生活様式を採用した．それはなぜか．人間の本質にかかわる疑問だが，ここでは，2つの生活様式を比較して，農耕が人間の内面におよぼした影響，とくに思考様式や価値観になにをもたらしたのかについて考えてみたい．

第1は時間の「概念」だ．もちろん狩猟採集社会にも時間は共通に流れ，あいまいとはいえ日課は存在し，雨季や乾季，四季の変化には敏感に応答するという点では時間概念は存在する．1年は毎日の単純な連続ではない．しかし，ここで問題にしたいのは時間の進行との関連性だ．狩猟採集民の意識はすぐれて現在に射程があり，現在の充足を最大の目標にしている．そこに明日とのつながりはない．この意識を具体的な事象とともに突破させたのは，やはり農耕（と牧畜）社会だったのではないか．農耕は明確な目的志向性をもつ．耕作，種播き，芽生え，成長，開花，実り，一喜一憂しながらも，現在の行き着く先に収穫があることを予定し，期待しなければ成り立たない営為だ．そこには「現在」と「将来」の結合と連関がはっきりと自覚されている．この意識の醸成は，植物や動物の生活史や年周期活動に合わせて生活様式を再編し，転換することをゆっくりとしかし確実に促したにちがいない．時間概念の拡張とスケジュール化である．とくに季節が明確である北半球では，このことが積極的な形で取り込まれていった．人類は，農耕によって初めて，過去と現在の延長線上に将来が存在することを認識した．

エヴェレット（2012）はアマゾンの狩猟採集民，"ピダハン"との交流とその言語学的研究を著した著作のなかで，彼らの言語には単純な現在形，過去形，未来形が存在していることを指摘しつつも，その行動や表現の特徴をこう述べる．「ピダハンは食料を保存しない．その日より先の計画を立てない．遠い将来や昔のことは話さない．どれも『いま』に着目し，直接的な体験に集中している」．それは狩猟採集生活の豊かで十分な食料の裏づけからくる余裕であり，現在が充足され不安がない限りは，将来を想定する必要はない．そもそも在庫や貯蔵，株を意味する"ストック"（stock）とは「木の幹」を原義とし，そこからの分枝である「将来」が想定されている．しかし，あり余る木の幹に囲まれた彼らに「将来」の心配はない．

この時間概念の拡張は，はるか後に，月や太陽，星座の観測を通して「暦」となって結実していく（BC2700 年のシュメール初期王朝ですでに太陰暦がつくられていた）．それは同時に自然現象に対する鋭い観察，自然科学的な視点が育つようになった成果だった．狩猟採集民の枚挙的な知識を超え，時間概念の拡張は自然界の因果性や秩序，運動や循環などの認識へと発展していった．それはさらに，農耕民の「祖先崇拝」（後述）という世代認識と並行し，自然を支配し，動かすものへの洞察，多神教的な自然観の形成へと導いていった．狩猟採集民もまた超自然的な力の存在と，そこから派生する多神教的な世界観を有している．しかしそれらを整理し，関係づけ，宗教としての体系をまとい，それにもとづく創世神話や儀礼をつくり，規範として人々を統合できた力は，なによりも農耕（と牧畜）社会のなかで培われた時間概念に対する確信だったように思われる．メソポタミア文明における信仰は，個人の時代と時間を超越した神々との関係をふまえ，「人間の存在理由は神々に仕え，神々に代わって労役に就くことにある」（月本 2010）との精神的高みに達している．農耕は人類史のパラダイムシフトだったといわなければならない．

第2は「所有」概念である．所有にカッコをつけたのは法的拘束力をもつ近代的な所有権という意味ではなく，ここではある程度は排他的な占有権，あるいは自由な使用権ほどの意味である．狩猟採集は明らかに自然の生態的条件に依拠した他律的な社会だ．こうした社会では，一般にハリス（1987，2001）が指摘するように，他者への分配行動，すなわち「互酬制」という相互扶助システムが発達し，能力や運のちがいが相殺される．それは，獲物を気前よく集団に還元する狩猟成功者の行動や態度を称賛したり，尊敬することによって成り立つ．ブッシュマンにあっては，成功者はけっして「自慢することなく控えめな態度をとりつつ」（田中 1978），アフリカ熱帯雨林の狩猟採集民アカ族にあっては，直接の手渡しではなく「ぞんざいに，放り投げたり，置いておかれ」（竹内 2002），ピダハンにあっては受け取るほうも「返礼などまったくないままに」分配される（エヴェレット 2012）．とはいえ，詳細にみると肉などの配分には血縁関係が介在していて，家族重視のようだ（Hill & Kaplan 1993）．それはこの分配システムが社会の存続にとって不可欠であることを意味し，進化上の選択（淘汰）要因と解釈され，行動生態学ではこの行動を「互恵的利他主義」と呼んできた（Trivers 1971）．

しかも重ねて指摘したいのは，彼らには道具や家財といったたぐいがほとんどなく，ものへの執着は希薄で，「所有」や「貧しい」といった観念は存在していないことだ．これに付随してエヴェレット（2012）は次のことに注目する．ピダハンを8カ月間特訓してもだれひとりとして10までの数詞を理解し，学習できなかったこと．つまり彼らにはそもそも数の概念や計算の体系が存在していないのである．この平等互恵の社会は，所有意識が希薄であることを土壌に，ある時点での受益者＝別の機会の供与者，「今日の借りは明日返す」との行動等式が集団全体に貫徹された結果，成立したと考えられる．

トリヴァース（Trivers 1971）は，こうした社会の成立要件の1つに「構成員はたがいに個体識別し，過去にどんなやりとりがあったのかを記憶できるような認知能力をもつこと」をあ

げる．そうでなければ社会には「背信」と「詐欺」がはびこるので，これは不正をつねに排除する装置でもある．また，狩猟採集民が他者を厳格に区別するのとは正反対に集団のメンバーの血縁さえ完全に知悉していること，集団サイズが一般に100人は超えないこと（Lee and Devore 1968）などもこのことの証左のように思われる．田中（1978）は，ブッシュマンの社会では，気前のよい分配のいっぽうで，分配や貸し借りに関する言葉が多数あり，それら1つ1つが厳密に規定されていることに注目している．互恵主義という心の箱のなかには分厚い「貸借対照表」が折り重ねられているのである．

これに対して農耕社会ははっきりとした対比を示す．このちがいを生み出す最大の理由は，おそらく，①生産の源泉が土地にあること，②この土地に労働は集中的，継続的に投下される必要があること，しかし，③そこから得られる生産物はいったいだれに帰属するのか，その命題解決にあったように思われる．土地は最初明らかに共同体全体の所有であり，農耕はその共同作業として出発したにちがいない．しかし，後にはメンバー相互にさまざまな軋轢が生じた．この解決には2つの方向性があったように思われる．1つは権威や権力の所有に転化すること，もう1つは，土地を労働する者へ分配し，生産物はその者に帰属させたことで，歴史的には，複雑な過程をはらみつつも大筋では後者から前者へと移行した，と推測される．共同体は適当な労働単位――もっとも安定している家族や親族組織へと分解し（共同体からの自立の程度はさまざまだが），これらにはある程度排他的な土地利用が許容された．農耕社会はこれを基盤に，つまり土地の家族や親族による独占的な利用を前提にして成立していった．これがどのような「所有形態や制度」となって結実していくかは別として，「所有意識」は，単位の有する各種の道具や家具，各種の生産物，家財や住居などへと拡張された．農耕は狩猟採集社会に比べればはるかに大量の「もの」にあふれた社会をつくりあげた．多数の道具，一定面積の土地，大量の生産物とその保存，そこにはつねに計量や計数による評価がつきまとっていた．

この家族を単位とする生産や生産物の私的所有は，後になって，再分配的な過程をつくりだす．このことがなければ商品や貨幣，流通や商業の発展などありえない．また平等から不平等への格差社会，そして制度化された階級社会へと変貌を遂げ，メソポタミア文明へと結実していく．加えて注目したいのは，家族と土地との長期の安定した結びつきが，そこに死者を埋葬することが世代ごとに繰り返されることを通して，また「延長された時間概念」ともあいまって，やがて人々の心のなかに祖先崇拝や土地の守護神といった抽象世界を現像させたことである．土地の守護神とは豊作をもたらす「豊穣神」であり，これをつつがなく見守る「天候神」だった．墓は共同体が定住する終末期旧石器のナトゥーフ文化期のアイン・マラッハ遺跡やハヨニム遺跡などにも出現する（Byrd & Monahan 1995）が，その後，農耕がほぼ確立された先土器新石器文化B期以降のアブフレイラ遺跡，アイン・ガザール遺跡，アブゴシュ遺跡，チャヨヌ遺跡などからは，女性の地母神像や動物をかたどった無数の土偶とともに，副葬品をともなう規模の大きな墓跡が発掘された．

以上，かなり荒削りだが，農耕が射影した人間の精神的な側面への影響について，なかでも「時間概念の拡張」と「所有概念の成立」に焦点をあててスケッチした．じつは農耕社会が培ったこの2つの精神的土壌が生まれない限り，あるいは並走しない限り，生態学的背景や技術論とは別の次元で，私は，次に述べる動物の家畜化は成立しなかったと確信する．

2.2 動物の家畜化

（1）家畜とはなにか

現在，世界には約15億頭のウシ，12億頭のヒツジ，10億頭のヤギ，10億頭のブタ，6000万頭のウマが家畜として飼育されている（FAO 2015）．これらを「主要な5家畜」といい，ロバ（4400万頭）やラクダ（2800万頭）

など，ほかの家畜種を圧倒する．この5種すべてが肥沃の三日月弧か，その周辺地域で家畜化された——大多数の研究者の見解はこの点で一致している．そして，このラインナップがそのまま，紆余曲折を経つつも，ヨーロッパへもたらされたと考えられる．ヨーロッパ人の生活基盤を支え，農畜融合文化を生み出した，その故郷がここにある．

「家畜」とはなにか．まずその定義から考えてみよう．それは飼育の状況や順化の程度，所有権の有無で定義されるわけではない．たとえば，アジアゾウは人間に馴れ，各種の労働や作業に使役され，所有者が存在するが，その個体は野生集団から子どもを捕獲してきて，順化させて調教する．また，後述のラップランドのトナカイは，人間にはほとんど馴れることなく，大半の個体はその一生を野外で過ごすが，明確な所有権が存在し，所有者がその肉や毛皮を独占的に利用する．所有者は，定期的に捕獲し，その際に耳縁を決まった形状に切り取ることでその所有権を主張し，認められる．また一部のオスを選択的に屠殺したり，去勢するが，一般的には野生個体の参入も含め繁殖を自然に委ねている．これらは「家畜化された」(domesticated) 動物＝家畜ではない，と私は考える．

野生動物種を家畜に，あるいは野生植物種を栽培品種に転換することを"ドメスティケーション" (domestication) といい，動物にも植物にも適用されるが，ここには，両者は本質的に同じ過程だとの認識がある．前の議論に立ちもどれば，野草を植木鉢に植えたところでドメスティケーションとはいわないのだ．ダーウィン (1859) は『種の起源』(第1章「飼育栽培のもとでの変異」) で，ドメスティケーションでの生物の形態的な変異について論じ，品種が何世代もの系統的な人為交雑によって生じた，つまり遺伝的な操作の産物であることを解説している．これまでの研究史を振り返ると，「家畜」や「家畜化」については，順化や有益性，人為コントロールの内容や程度などを基準に，さまざまに定義されてきた．代表的な定義をあげよう．

● 家畜とは「人間の経済にとってある意義をもち」かつ「その繁殖が人間の力によって左右されている」動物（加茂 1973）．この定義は現時点からみるとほぼ正鵠を射たものと思われる．なお，家畜文化の歴史的な検討を行った大著『家畜文化史』（加茂 1973）は時代に先駆けたすぐれた著作である．

● 家畜とは，「繁殖や保護，餌がさまざまな程度で人為的にコントロールされた状態にある生物」(Clutton-Brock 1999など)，あるいは「その繁殖，なわばりの構成，給餌を完全な支配下に置かれ，人間の共同社会の経済的な利潤ために飼養されてきたもの」（クラットン＝ブロック 1989）．ここでは繁殖，飼育，給餌が同等の条件にある．

●「家畜化とは飼育条件の環境刺激に対して順化され条件づけられる過程」(Ochieng'-Odero 1994)．行動心理学的アプローチで，飼育に特化しすぎている．

●「家畜化とは動物集団が人間や飼育環境に適応し，世代交代のなかで遺伝的な変化が起こる過程」(Price 1984)．ここでは飼育に加えて繁殖と遺伝的変異に着目している．

●「家畜とは，人間が自分たちの役に立つように，飼育しながら食餌や交配をコントロールし，選抜的に繁殖させて，野生の原種からつくりだした動物」（ダイアモンド 2000）．ややあいまいな後半部分は「人為交雑による品種化」とのいいかえが可能だろう．

以上簡単な紹介だが，定義はさまざまな要素や要件に修飾され，枚挙にいとまがない．この修飾を可能な限りそぎ落としていくと，その核心にあるのは「繁殖への人為介入」であることがわかる．いみじくも野澤 (1987, 2009) は端的に「家畜とはその生殖がヒトの管理のもとにある動物である」と定義している．これは『家畜の歴史』を著したドイツ人歴史学者，ゾイナー (1983)，あるいはアブフレイラ遺跡で発掘を進める植物考古学者，ムーアら (Moore et al. 2000) の定義，「対象となる生物種の繁殖を人間がコントロールすること」などの定義，「人間の管理のもとに繁殖する動物」とともに，

じつに明快だ．この定義は，家畜化の本質が，動物の繁殖に関与することを通じて，有用な変異を人為選択することにある——この点を明確にしていて，それを見抜いていたダーウィン (1859) の見解（金科玉条にするつもりはないが）とも一致する．ここでもこの定義から出発しよう．

野澤 (2009) はこの定義をふまえてさらに次のように解説する．家畜化とは，「人の生態環境に自発的に接近し，入りこみ，あるいは人によって強制的に引き抜かれた」野生動物に対して，その生殖管理を，①最初は無意識的に，②後にはそれによる利益にめざめて意識的に，③そして世代を超えて強化していく，全体としては「連続的なスペクトラム」の過程であるとした．したがって野生動物と家畜を区分するのは困難であり，このスペクトラムの「どの範囲の動物を家畜とするかは多分に便宜的」にならざるをえないと述べた．

いっぽうゾイナー (1983) は家畜化の過程を，①人間の社会環境に結びつく段階，②人間の社会環境に依存させる段階，③動物のある形質に着目し意図的に発達させる段階，④家畜品種を標準化し，野生原種とはまるでちがうものになる段階，に区分している．両者には家畜化の過程を「連続」（量）とみるのか，「段階」（質）ととらえるかの（大きな）差異があるが，少なくとも家畜化の完了形 (domesticated) としての「家畜」は，野澤のスペクトラムでは③の「強化」の後に，ゾイナーでは④の段階にプロットされてよいと思われる．そうでなければ家畜の定義は再びあいまいになってしまうからだ．

また，量的過程か，質的過程かとの議論とは別に，人間側の意識に着目すると，①人間環境に接近したままで，その存在を許容しているもの（ネズミやスズメ），②人間は利用するが，繁殖に介入する意図はなく，繁殖を自然に委ねているもの（アジアゾウやトナカイ），③過去には介入の形跡はあるが，その後に繁殖管理を放棄したもの（アルパカ，第8章参照）など，連続的なスペクトラムの途中段階にあって，現在も将来も家畜にする意図がない動物が存在していることに気づく．これらもまた「家畜」とは分離されてよいだろう．これらをまとめここでは，家畜を人間の繁殖管理の下で遺伝的組成とさまざまな表現型（行動や形態など）がもとの種（原種）から分岐した動物と定義し，これへの移行過程にあって，家畜化の意図がある動物を「家畜化されつつある動物」とし，途中で放棄または停止しているそれは家畜とは呼ばないことにする．

前置きが長くなったが，本題にもどる．人類は狩猟採集社会において狩猟対象とした多くの野生動物（とくに草食獣）に対して家畜化を試みたにちがいない．だが，それに成功したのはほんのひとにぎりの動物群にすぎなかった．なぜそうなのか．家畜化直前の人間と野生動物との関係を，肥沃の三日月弧での狩猟に着目して検討を進めよう．

（2）家畜化前夜の狩猟

話を肥沃の三日月弧の狩猟採集民の農耕にもどす．人々はムギ栽培を開始するいっぽうで狩猟はなお重要な生業であり続けた．その狩猟とはいったいどのようなものだったのか．レヴァント一帯を中心にその推移をたどる．

エルサレム西方5kmに位置するモトザ遺跡は，先土器新石器時代B期を代表する遺跡の1つだ．この遺跡は2つの層（PPNB前期と中期）を含み，これまでに合計で7000点を超える動物骨が発掘され，サピール-ヘンら (Sapir-Hen *et al.* 2009) によって同定されてきた．それは，当時どのような野生動物が狩猟されていたのかを示す貴重な手がかりだ．同定された動物はガゼル，イノシシ，キツネ，ヤギ，ヒツジ，ウサギ，ネコなどのほかに，この遺跡が海に近いことを反映して地中海産ウミガメ（*Tetsudo graeca*）が含まれていた．このうちもっとも多かったのはガゼルで，前期では82%，後期では62%を占めた（前期と後期では動物のリストはほぼ同じだが標本数が後期では著しく少ない．このちがいはおそらくサンプリングと誤差による）．狩猟は明らかにガゼルをターゲットに行われていた．

このガゼル群の性と年齢（歯の萌出と磨滅パターンによる）を推定し，性比や年齢構成を復元すると，狩猟は特定の性や年齢にこだわることなく，無差別的に行われ，狩猟圧は個体群の構成を変えたり，体のサイズを小型化するほどには強くなかったと推定された．

　ガゼルはどのように捕獲されたのだろうか．おそらく人々は「砂漠の凧(デザート・カイト)」と呼ばれる石垣の囲い罠に追い込み，群れごと一網打尽に近い状態で捕獲したと考えられる（Zeder *et al.* 2013）．捕獲された集団の性・年齢構成に偏りがみられないのはこの猟法のためである．砂漠の凧とは漏斗状の構築物で，長さ1 kmから数百 mの2本の長い石積みが扇をつくり，この「かなめ」にめがけて動物を追い込む囲い罠だ（図2-11）．こうした構築物は，レヴァント，トランスヨルダン一帯の乾燥地帯では旧石器末期からつくられ始め，20世紀前半まで使われていたらしい．この構築物は驚くことに"グーグル・アース"で直接みることができる．この猟には，槍に加えおそらく弓矢も併用されていて，追い込んだガゼルにとどめを刺したことは，その情景を描いた岩刻画からも確認できる（図2-11）．この猟法はおそらくBP約1.5万年ころから始まったと推測され，ナトゥーフ文化晩期やムレイビット文化期の遺跡からは，これに歩調を合わせるかのように，矢尻用の尖頭器が多数出土する．

　ここで注目したいのは，大量捕獲が可能になって，一時的にせよ囲い場に動物群を留め置き，コントロールできる，つまり家畜化の一歩手前ともいえる状況であったにもかかわらず，ガゼルはついぞ家畜化されることはなかったことだ．家畜化直前の狩猟の状況は，地域の環境とそこに生息する草食獣相を反映して多様であり，モトザのような低地帯では，オーロックス，ヤギ，ヒツジはリストされるものの，比率はいずれも3％以下であるのに対して，周辺部であるヨルダンの山地帯（ベイダ遺跡），ザグロス地域（ガンジダレ遺跡，アリコシュ遺跡など）では，むしろヤギやヒツジが多数派を占めていた（Perkins 1973, Zeder & Hesse 2000, Wasse 2002など）．

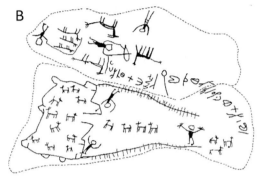

図2-11　A：ヨルダン，シリア砂漠に残る「砂漠の凧」．グーグル・アースから確認できる．星状の部分から石垣が放射状に広がり，そこへ動物を追い込んだ（Zeder *et al.* 2013より）．B：ゲネブ砂漠の岩に描かれた「砂漠の凧」による狩猟風景．2000年前と推定され，弓矢が使われていたことがわかる（Bar-Oz & Nadel 2013より）．

　いましばらくレヴァント地域での動物遺物の構成を時代とともに追ってみる．バール＝ヨーゼフ（Bar-Yosef 1998），藤井（1999, 2001），ヴィーニュ（Vigne 2008）は，この地域の遺跡における動物構成を年代順にまとめ，その推移を追跡している．多数の発掘の努力とその成果が凝縮された1枚の図は説得力にあふれ，印象的だ（図2-12，図2-13）．驚かされるのは，その構成がBP約9000年前後を境に劇的に変化することだ．それ以前は，ガゼルやシカ類（ダマジカとアカシカ）が大半を占めていた（なかでもガゼル）ものが，この時期以降になると，まずヤギが，ついでヒツジが多数出現するようになり，後にはこの2種と，ウシが加わって，完全に入れ換わってしまう．それは狩猟から家畜化への転換を示唆している．

　なお，レヴァントの地ではその後も狩猟が長

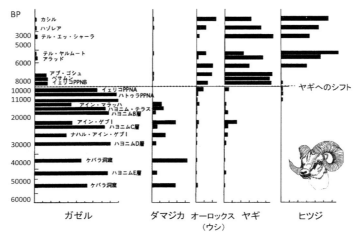

図 2-12 レヴァント地域における遺跡から出土した動物相の構成の変化（藤井 2001 を改変）．

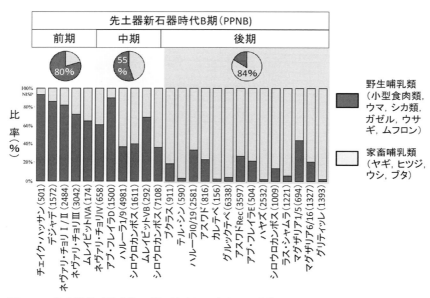

図 2-13 先土器新石器時代B期の遺跡から出土した動物骨の比率．時代が進むほど野生哺乳類は家畜哺乳類へ移行している．遺跡名のカッコはサンプル数（Vigne 2008 より）．

期にわたって続き，人類は鉄器時代までにはハーテビースト（Alcelaphus buselaphus）やカバ（Hippopotamus amphibius）などを絶滅させ，多くのシカ類もその分布域を縮小させた（Tsahar et al. 2009）．そこはかつてアフリカ系（動物地理区でいうエチオピア区）とアジア系（旧北区と東洋区）の哺乳類が濃密に交錯した移行帯にあたる．

この家畜化の起源地はレヴァント地域ではないようにみえる．なぜなら人間ともっとも強い関係をもっていたのはガゼルであって，家畜化されたヤギ，ヒツジ，ウシ（オーロックス）などは見向きもされない存在だったからである．おそらくその起源地は低地平野部ではなく，レヴァント北部，タウルス（タロス）山脈，ザグロス山脈西部の丘陵と山地部で，後に平野部へともたらされたと考えられる．ゼダーとヘッセ（Zeder & Hesse 2000）はザグロス山脈のガンジダレやアリコシュ遺跡などから出土したBP約1万年のヤギの骨の性と年齢の査定を行い，

それがオスの若齢個体に著しく偏っていたことから，人間が関与した結果であり，ヤギの家畜化の起源地がこの周辺であったと主張した．はたしてそうか．このことは次節であらためて吟味するが，もしそうであれば，いみじくもそこはムギの農耕が定着し，本格化した場所でもある．BP 約1万年，家畜化は農耕の開始とほぼ同時か，わずかに遅れるものの，おおむね同じ場所で始まったことになる．なぜ農耕と家畜化の起源地が空間的にこれほどに重なるのだろうか．それを探る前に，家畜の候補となった動物たちの生態的プロフィールを紹介しておく．

（3）草食獣の生物学

ガゼル，シカ類（ダマジカとアカシカ），ヤギ，ヒツジ，ウシ，ブタ，ウマは肥沃の三日月弧の代表的な野生動物で，いずれも蹄をもつ有蹄類だ．ウマは奇蹄類に属し，蹄は1つで脚は走行専用に特殊化している．残りはすべて偶蹄類（2本の蹄）に属し，シカ類とブタを除くといずれもウシ科に属する近縁種である．これらを消化器官で比較すると，ブタは1つの胃をもち，ウマは1つの胃と大きな大腸をもつのに対して，残りの種は4つの複雑な胃をもち「反芻」を行うのを特徴とする．草食獣は，植物を主食とするが，植物に多く含まれる繊維質（セルロース）は消化できないために，消化器官の一部を肥大化させ，微生物（バクテリアや原生動物）の発酵タンクをつくり，分解（発酵）産物と，増殖した微生物そのものを消化し，利用する．草食動物はじつは微生物という動物を食べる肉食動物でもある．反芻類では第1番目の胃（「瘤胃，ルーメン」）が，ウマでは大腸の一部（盲腸や結腸）が，この発酵タンクにあたる．

この消化器官の分化は，つねに天敵にねらわれる草食獣の採食行動を特徴づける．すなわち，反芻類は草のある場所で十分に採食する．食物はまず瘤胃に送られ，微生物によって一部分解された後，再び口にもどされあらためて咀嚼される（反芻）．これが何度か繰り返され，順次2番目以降の胃で消化・吸収される．反芻類は天敵のいないときを見計らって植物を「食いだめ」し，茂みのある安全な場所へ移動し，後にゆっくり消化するという採食戦略をあみだした．

これに対してウマは見通しのよい草原で採食する．体を隠し反芻できる場所などない代わりに自慢の脚力は天敵をよせつけない．そのような環境で彼らはつねに食べ続けるという習性をもつ．柔らかい良質の植物も，セルロースが多く栄養分の少ない低質の植物も取り込むが，胃は小さい．近藤（2001）によれば，ウマの大腸発酵には，分解されやすい部位は選択的に消化するいっぽうで，低質の餌はさっさと直腸に送って排泄するという興味深い特徴があるという．したがって，消化効率は悪くともたくさんの餌を摂取することで，必要な養分を確保するのだという．それは「大草原のランナー」としての採食戦略である．

ブタはどうだろう．ブタの祖先種であるイノシシは反芻胃をもたないが，胃と大腸が大きく，大腸発酵を行っている．本来，森林性で，森林のなかにある植物の塊茎，根，葉，茎，若芽，種子などに加えて，動物質の昆虫やミミズ，小動物などあらゆるものを採食する．とくにナラやカシなどの堅果類に対する嗜好性が強く，このタイプの森林が分布する地域を生息地とする．またイノシシやブタは汗腺をもたないため，高温には抵抗性が低く，完全に水辺を離れて生活することはできない．

草食獣をその食性からさらに細かくみると，樹木や広葉性草本の葉を選択的に食べるブラウザー（browser，摘み取り者）と，イネ科草本や C_4 植物を中心に非選択的に食べるグレーザー（grazer，喫食者）とに分けられ，草食獣の食性はこの2つを極に，両者の連続のどこかにプロットされる．サーバーと接続して情報リソースを取得することを"ウェブ・ブラウザー"というが，そこには取捨選別の過程が含まれる．同じことだ．一般的に，エネルギーの必要量と消化効率からみると小型の草食獣はブラウザーで，大型になるほどグレーザーになる傾向があるが，生息環境や季節によっても変化する．ホフマン（Hofmann 1988）によれば，ヤギ，ダマジカ，アカシカ，ヒツジ，ウシ，ウマの順で，

ブラウザーからグレーザーへと移行している.

（4）家畜化とはなにか

家畜となる動物とならない動物

一般に，家畜に向く動物には次のような属性が指摘できる．①ヒトへの攻撃性が少なく，襲ったりしないこと，②繁殖期になわばりをもち他個体を排除したり，強い攻撃行動を示さないこと，③群れをつくり，他個体への追随性が強いこと，④成長が速いこと，⑤体が適当なサイズである（大きすぎず小さすぎない）こと，⑥飼育下で容易に繁殖する（メスはなわばりをつくり，他個体を攻撃したりせず，集団のなかで子どもを出産できる）こと，⑦栄養段階では一次消費者（草食）であり（栄養段階が上がるほど餌効率は悪くなる），幅広い柔軟な食性をもつこと，などである．これらの属性はすべての家畜に完全に合致するわけではないが，概要はあてはまる．そこでこの属性を適正基準に肥沃の三日月弧に生息する家畜候補種を選別してみる．

（a）**ガゼル**　これまでガゼルと呼んできた動物は，正確にはマウンテンガゼル（ヤマガゼル *Gazella gazella*）とドルカスガゼル（*G. dorcas*）で，前者はシリア，ヨルダン，イスラエル，シナイ半島，サウジアラビアなど近東一帯の山地および丘陵地に，後者はアフリカ北部，中東，インドの平野部半砂漠地帯に広く生息しているが，両種ともに継続的な狩猟によって生息数は減少し，IUCNのレッドリストでは"危急種（絶滅危惧Ⅱ種）"に指定されている．ガゼルは通常メスとその子どもを含む数十頭のメスの群れと，オスの群れから構成され，オスは約2歳でメスの群れから離れ，オスの群れに合流する．繁殖期は12-1月で，オスはメスの生息地になわばりを形成し，強い攻撃性を示す．このため，柵で囲うような飼育は困難で，家畜候補種としては失格だ．

（b）**シカ類**　2種のシカ類のうちダマジカ（*Dama dama*, *D. mesapotamica* と独立種にすることがある）は，ヨーロッパ南部と地中海周辺地域の森林と草原が入り混じる環境に生息し，草本と木本の葉を食べる．群れのサイズは生息環境によって変動し，単独性の強い集団もいるが，多くは30頭程度の群れを形成する．繁殖期は秋で，オスはなわばりをつくり，メスと交尾する．生息密度が高い場合にはレックと呼ばれる小さななわばりが形成される．したがってこの動物も家畜には不適切である．

アカシカはもともとユーラシア北部に生息，肥沃の三日月弧はその分布の縁にあたるため，もともと生息密度は高くない．ダマジカ同様に，森林と草原が入り混じる山地帯に生息．非繁殖期はメスの群れとオスの群れに分かれるが，繁殖期にはオス同士は角を使って激しく闘い，強いオスがメスをまとめてハレムを形成する．したがって，複数のオスをまとめて飼育することは困難である．

（c）**ヤギとヒツジ類**　ヤギとヒツジはヤギ亜科に属する偶蹄類で，両種ともにメスはその子どもを含むメスの群れを，オスはオスの群れをそれぞれつくり，繁殖期には2つの群れが合流する．群れの大きさは生息環境によって異なるが，100頭以上の大きな群れを形成することもある．群れの凝集性は強く，群れには「順位」が存在し，劣位個体はつねに優位個体にしたがう傾向が強い．繁殖期のオスはこの順位をめぐり激しい角の闘いを行うが，群れは維持されるので，集団で飼育することは可能だ．

野生ヤギにはアイベックスなど複数の種が存在するが，家畜種のヤギ（*Capra hircus*）はノヤギ（パサンまたはベゾアール *Capra aegagrus*）に由来する．この種は家畜種に比べると半月刀状の大きな角をもち，山地帯の急峻な岩場に多く生息する．

野生ヒツジもまた複数の種から構成される．中東で起源したこの系統は，ユーラシアの山岳地域づたいに東進し，更新世中期にベーリング陸橋を経由し，北米に到達している．現在，ロッキー山脈を中心に生息するビッグホーンやドールシープはその末裔である．いずれの種も山岳地帯の草原に生息する．巨大な巻角をもち，繁殖期のオスはこの角をぶつけ合って順位を争う．家畜種のヒツジ（*Ovis aries*）はその姿形

と形態的特徴から，西アジア山地帯に生息するムフロン（*O. musimon*），ウリアル（*O. vignei*），アルガリ（*O. ammon*）のいずれかに由来する．ゾイナー（1983）は『家畜の歴史』のなかでその起源種について初めて言及し，アラル-カスピ海地域の低地丘陵部に生息しているウリアルと断定した．しかし，その後にくわしく分析された染色体の研究によって，ウリアルは $2n=58$，アルガリは $2n=56$，ムフロンは $2n=54$，そして家畜種は $2n=54$ であることが判明し，現在では，家畜種はムフロンに由来することがほぼ確定している．これは染色体数のちがいだけではなく（染色体のちがいは必ずしも家畜化のハードルになるわけではない，角田 2009），後述する DNA の分析からも確認されている．

(d) **ウシ類** ウシ（*Bos taurus*）はオーロックス（*B. primigenius*）が原種であることは確実だ．オーロックス（aurochs）とは独語で"太古のウシ"，"原牛"の意味である．かつてはユーラシアと北アフリカの一部に広く分布していたが，家畜種として取り込まれたため野生集団は急速に減少した．ポーランドに最後の集団が残っていたが，保護のかいもなく 1627 年に絶滅した．カエサルがガリアの地で見聞し「象より小さな野牛」（『ガリア戦記』第 6 巻）と書き記した動物はまぎれもなくオーロックスだった．推定されるサイズは，カエサルの指摘どおりで，体重 700 kg から 1 トン，肩高 175-185 cm に達する．その生態の詳細は不明だが，おそらく山地帯の森林のどちらかといえば水の多い環境で生活し，10-30 頭程度の群れをつくり，繁殖期にはオスが合流したと考えられる．家畜候補種としてはあまりにも巨大であるために，家畜の先駆けではなく，他種の家畜化が成立した後で家畜化が試みられたと考えられる．

(e) **ブタ** ブタ（*Sus domesticus*）は明らかにイノシシ（*S. scrofa*）に由来し，現在でも交雑が可能だ．森林地帯に生息し，群れサイズは環境条件によって大きく変化する．通常，メスはその子どもといっしょに小さな群れをつくり，オスは単独生活をするが，ときには多数の群れやオスが合流し，巨大な群れをつくって森林内を移動する．私は南インドの国立公園でメスを中心とした 150 頭以上の巨大な集団を観察したことがある．それはさながら激流のように私のそばを駆け抜けていった．

さて，ここまで家畜候補種の生態を概観してきたが，繁殖期や出産期のオスやメスのなわばり性や攻撃行動，さらにはそのサイズといった属性が家畜化には障害となる．多くの野生動物はこの点で候補脱落だ．ここでさらにもう 1 つの属性を加えたい（属性⑧）．最初の家畜化は，野生集団を一定の限られた空間に収容する試みだったと想定することができる．もしそうであるなら，この空間内で動物たちがどのように反応し，ふるまったのか，そのパターンがとりわけ重要である．動物は，こうした閉鎖状況に置かれる（あるいはそこに人間が接近する）と，通常 2 通りの反応を示す．1 つは，極度に神経質になり，暴れまくり，パニックを引き起こすタイプ，もう 1 つは個体が密集し，じっと動かなくなるタイプである．家畜化にはもちろん前者より後者でなければならない．私は，調査のため研究仲間とともにニホンジカを何度か捕獲した経験をもつが，中央部に餌を置きそれに接触するとトリガーが外れ，周囲を高さ 2 m 程度の幕が跳ね上がるタイプのトラップ（"アルパイン・キャプチャー"）を使用した際，その反応の異常さに愕然としたことがある．捕獲された個体は幕沿いに全速力で駆け回り，その幕に激突を繰り返すのだった．最終的には人間がなかに入りタックルして捕まえなければならないのだが，捕獲した 1 歳のメスは，爆走による発熱と心臓への負荷のために，捕まえてほどなく私の手のなかで死んだ．

この属性⑧をあてはめると，ガゼル，シカ類は前者に，ヤギ，ヒツジ，ウシは後者になる．このような行動特性は，必ずしも分類群ごとに決まっているのではなく，生息環境と結びついた天敵回避行動と密接に関連していて，行動はパターン化していると考えられる．ガゼルやシカ類は山地帯にも分布するが，通常は起伏のなだらかな平野部に生息する．そこは平面的な自

図 2-14 山岳地帯の野生ヒツジ，ブルーシープ（バーラル）の群れ．下にいる私を見下ろしている．中国四川省チベット自治区標高 4500 m（1988 年 10 月著者撮影）．

由が確保され，天敵に襲われた場合，もっとも有効な回避法はとにかく逃げること，全速力で走ること以外にはない．これに対し，山地帯の岩場や急峻な山岳地に生息するヤギやヒツジは，天敵が接近すると，個体が寄り集まり，より急峻な上方の場所へと立体（垂直）的に移動しながら，天敵をやりすごす．野生ヤギ類や野生ヒツジ類のほとんどがこの行動パターンを採用している．私はかつて，四川チベットの山岳地帯で，野生ヒツジのバーラル（ブルーシープ *Pseudois nayaur*）の群れが天敵であるタイリクオオカミ（以下オオカミ）やキツネと遭遇したのを何度か観察したことがある．バーラルは崖の上から悠然と，つねに下にいるオオカミやキツネ，そして私の行動を注視しているのだった（図 2-14）．

オーロックスがどのような天敵回避行動をとったかはわからない．だが，巨大な体軀からは少なくとも全速力で逃走していたとは想像しにくい．あるいはジャコウウシのように，子どもを中心に凝集し，円陣をつくるといった回避行動を採用していたのかもしれない．イノシシはどのような反応をしただろうか．おそらく，閉鎖空間にあっても，天敵（人間を含む）が異常に接近しない限り，餌を食べ続け，パニックを引き起こすことはなかったと推測される．

家畜化の起源・場所と年代・DNA の分析から

家畜候補種はけっきょく，ヤギ，ヒツジ，ウシ，ブタの 4 種に絞られる．今度はその直接的なルーツを，DNA を手がかりにさらに探ってみよう．1990 年代以降，DNA の分析技術は飛躍的に進歩し，DNA は各地の現生家畜，原種，遺跡遺物の骨などから抽出され，ミトコンドリア領域や核 DNA の各種マーカーを使ってくわしく分析されるようになってきた．概要を紹介する．

ヤギについては，ノヤギ（パサン）が原種であることが DNA の分析から追認された．さらにフェルナンデスら（Fernandez *et al.* 2006）は南部ヨーロッパの遺跡から発掘された骨の DNA（エンシャント DNA）を分析した結果，多数の遺伝的多型が存在し，複雑に分岐していて，BP7000 年以前には，すでに複数の系統がヨーロッパに渡来していたことを突き止めた．ナエリら（Naeri *et al.* 2008）はさらに多数の家畜と，各地の現生野生種のサンプルを集め，より詳細な分析を行った．この結果，①現生家畜種の DNA（ミトコンドリア DNA の多型を示す領域）に対する起源種の寄与率はわずか 1.4% にすぎず，家畜化以後に大幅に変化してきたこと，②少なくとも 4 つの系統群が BP1 万 500-9500 年にユーフラテス上流部，ザグロス山脈，アナトリア平原東部で独立に家畜化されたこと，などを明らかにした．つまり肥沃の三日月弧の北部や北東部山岳地帯で家畜化は多元的に起こったのである．その一部はレヴァント南部に持ち込まれ，ヨーロッパには 2 つのルート（地中海ルートと北部ルート）をたどり，複数回にわたって繰り返し伝搬したようだ．DNA の分析は大きな知見をもたらした．

ヒツジについては，ハイエンドルダーら（Hiendleder *et al.* 1998, 2002）が，ミトコンドリア DNA（チトクローム *b* やコントロール領域）を分析し，ヒツジの原種は，ウリアルやアルガリではなく，やはり西アジア産ムフロンの複数の亜種に由来することが判明した．これは，その後も追認され，ヒツジは，母系的にみると，BP 約 1 万 500 年，ユーフラテス上流部，ザグロス山脈，アナトリア平原の複数の場所で複数の集団を対象に，それぞれ独立に家畜化された

と推測された（Pedrosa et al. 2005, Guo et al. 2005, Tapio et al. 2006）．最近は，Y染色体遺伝子の解析や，核遺伝子のマイクロサテライトやSNP（1塩基多型）を使った分析が行われている．これらの研究をまとめると，ヒツジの原種は，ムフロンの祖先型の1つの大きな遺伝子プールから家畜化されたという（Kijas et al. 2012）．ヨーロッパにもムフロンは生息するが，家畜化されたヒツジには，このDNAは含まれていなかった．この遺伝子がヒツジに流入するのは，ヨーロッパでの飼育が進んだずっと後のことらしい（Kijas et al. 2012）．ヤギとヒツジの分布域は，一般に，山地帯ごとに（川や平野によって）分断される傾向が強く，遺伝子は地域個体群ごとに強い固有性を示すことが多い．したがって多元的な家畜化は，家畜化以後の交雑によって，複雑な遺伝的組成を家畜種にもたらしている．

ウシはどうだろうか．オーロックスは更新世末にはユーラシア北西部一帯に広く分布していた．このためヨーロッパのウシはヨーロッパ産オーロックスから由来したとの説（「ヨーロッパ独自説」）が旧くからあったが，この説は骨学上の比較や，DNAの分析により否定され，現在では，ヨーロッパのウシもまた近東起源であることがあらためて確認されている（Troy et al. 2001, Beja-Pereira et al. 2006, Edwards et al. 2007）．しかし，現生の家畜ウシには明らかに2種類がいる．1つはインドで広く飼育されているコブウシ（ゼブー zebu, Bos indicus），もう1つはヨーロッパ-中東系のいわゆるウシ（B. taurus）で，この2種は頭骨の形状と血清タンパク質の組成が異なっていて，前者のほうが高温環境に適応し耐暑性にすぐれ，寄生虫や病気などへの抵抗性が強い（Hansen 2004）．

DNAの分析結果は，ウシはザグロス山脈，タウルス山脈，シリア北部など肥沃の三日月弧でBP1.1万-1万年に，コブウシはインド，インダス川渓谷周辺でBP約8000年に（Chen et al. 2010），それぞれの地域のオーロックスから独立に家畜化された可能性を示した．つまりオーロックスはユーラシアの広い範囲に生息し，多様な亜種に分化していたと考えられる．近東にはBos primigenius taurusが，インド西部にはB. p. nomandicus（またはindicus）が生息し，前者からはウシが，後者からコブウシが家畜化されたようだ（Magee et al. 2007）．家畜ウシは亜種や地域個体群を想定すれば多元的だが，全体を1つの種とみれば単元的といってよい．ヨーロッパの家畜種はこのウシがBP約8800年に導入され（Edwards et al. 2007），その後にヨーロッパ在来のオーロックス亜種と交雑したとする説（Götherström et al. 2005）と，否定的なそれ（Bollongino et al. 2008）がある（コラム11-2参照）．

ブタの起源種であるイノシシもまたユーラシアに広く分布することから，ヨーロッパ独自説が現在もなお根強い．確かにヨーロッパのブタにはヨーロッパイノシシのDNAが色濃く流動しているのはまちがいない（Giuffra et al. 2000）．現生家畜種のブタとイノシシ，遺跡出土の骨から得た多数のDNAを分析したラーソンら（Larson et al. 2007a）は，BP1万年からBP4000年までのヨーロッパの遺跡から出土した（イノシシまたはブタの）骨のエンシャントDNAには近東起源のものが含まれるが，それ以後のほんの短い間（500年間）に，ヨーロッパ産イノシシのDNAが5％から95％へ急増したことを明らかにした．

おそらくブタはアナトリア高原周辺でBP約1万年，他種と同様にかなり早い段階で，家畜化され，その後にレヴァントやメソポタミア周辺に持ち込まれ，広い範囲で強い人為交雑が繰り返された結果，家畜ブタへ移行したものと推測される．ティグリス川上流のチャヨヌ遺跡（図2-8）では，先土器新石器時代B期の中期にはすでに野生イノシシより有意に小型化した「ブタ」が出土することから，BP約9000年に家畜ブタが完成したとの見解がある（Ervynck et al. 2010）．この地の動物骨を分析している本郷（2002）は，サイズの変化はほかの動物でも共通して起こっていて，小型化をもって，ただちに「家畜化の開始」と結びつけるのは尚早であると指摘した．それでもアナトリア周辺では

かなり古い時期からブタの家畜化が「徐々に，しかし加速度的に」（本郷 2002）進行したのは確からしい．近隣のハーラン・ケミでは，まとまったイノシシの骨——それはイノシシと家畜ブタの中間サイズ——が出土し，オスや若齢の個体に偏っていたことが知られている（Rosenberg et al. 1998）．おそらくアナトリア周辺で家畜化されたブタか，あるいは別の場所でブタ化したイノシシがヨーロッパに持ち込まれ，土着のイノシシと交雑し，急速に家畜ブタに置き換わったと考えられる．なお，ラーソンら（Larson et al. 2005）は，ブタは BP9000 年に近東とアジア（中国など）の複数の地域で独立に家畜化されたとの多元説を展開している．この説にもとづき，その後も多数の現生種の DNA とエンシャント DNA が分析され，起源地の 1 つであるアジアにおいても複数の家畜化センターが存在していたことを強調している（Larson et al. 2007b, 2010）．

　こうしてみていくと，ヤギ，ヒツジ，ウシ，ブタ，いずれもが肥沃の三日月弧かその周辺で家畜化されたのは確かなようだ．そしてこの年代は BP 約 1 万年前後に集中し，ヤギ・ヒツジ→ウシ→ブタの順を示唆している．もちろん DNA による分岐年代は，分子時計と呼ばれる塩基の確率的な置換率にもとづく推定値なので，さらには家畜化されたといってもただちに DNA の変化に現れるわけではないから，かなりの推定幅をもつことはしかたがない．家畜化という文化現象の検出は，分子生物学は強力に補完するものの，本質的には考古学上の課題なのである．はっきりとした家畜化年代はまだ確定できないが，私は，巨大なオーロックスをいきなり家畜化できたとは考えにくく，まずヤギとヒツジが，ついでウシが，そしてブタの順で進行したと推測する．なぜそのような順番なのか，家畜化が始まったとされるザグロス山脈，アナトリア高原，レヴァント北部での状況を農耕の発展と関連させて考えてみたい．

（5）農耕の展開と家畜化

家畜化の引き金

　家畜化は，親をなくした子どもや，出産直後の子どもを捕獲したことを契機に始まったとするストーリーがしばしば語られてきた．たとえば梅棹（1976）は，子どもを捕獲することで，母親を引き止め，群れ全体をコントロールできたとする「子どもの人質説」を提出した．またブルーム（1987）は，同様に，家畜化は親をなくした子どもを捕えることで実現したと述べている．草食獣のなかには，生後すぐに（0.5-1 時間程度で）親について歩くタイプ（フォロアーと呼ばれる．ヌーやガゼルなど）と，生後 2 週間ほどは授乳時間以外，母親と離れて茂みなどにじっとしゃがみこむタイプ（ハイダー）がいる（Lent 1974）．ヤギやヒツジ，アカシカは後者に属するから，確かに子どもは生後一定期間であれば容易に捕獲することができる．梅棹説では捕獲した子どもをその後どのように処置したのかは明確ではない．ヒトが過度に接触したり，別の場所に移せば，親は子どもを放棄してしまう．ブルーム説では，捕獲した子どもをどのように養育するのかがわからない．子どもはミルク以外には飲まないし，それをどのように調達できるのだろうか．問題の時代は，「搾乳文化」が生まれる以前の段階なのである．また，こうした初動メカニズムであれば，農耕の展開や確立とはまったく無関係に家畜化は成立するはずだ．だが，私たちが検討してきた肥沃の三日月弧の状況は，家畜化が農耕文化と一体であることを示唆している．家畜化は農耕の申し子であり，その端緒は農耕の展開そのもののなかに求められなければならない．

　前節で，先土器新石器時代に誕生したムギ栽培が，レヴァント周辺の平野部や低湿地帯から後期になるにしたがって丘陵部や山地帯へとシフトし，農耕そのものが，集落の定着やその規模の拡大をともないつつ本格化していくことを指摘した．藤井（2001）はそれを「丘陵部粗放天水農耕」と呼んだ．集落の遺構は，ヒトの居住専用の円形から，明らかに穀物を貯蔵し，家

畜を収容したと考えられる矩形の石積みへと複室化している．石臼やパン焼き窯とおぼしき多数の道具や，精巧な種々の石器が随伴している．この住居を拠点にどのような農耕が営まれたのだろうか．耕作地はおそらく集落に隣接させ，段々畑のようにつくられていたにちがいない．住居跡ほど明確ではないにしても，その輪郭を示す石積みや囲いのような石垣の遺構が，多くはなお深い地層の下に埋もれているが，たとえばベイダ遺跡（ヨルダンの標高約1000mの山岳台地）などで確認されている（藤井2001）．このような構造はいったいなにを意味するのだろうか．もちろんそれは土地を区分した境界かもしれないし，天水や上流からの水を誘導した水路であった可能性も残る．しかし，さらに重要で，決定的な機能があったように思われる．

考えてもみよう．農耕が定着したとはいえ，狩猟採集はなお続けられていた．かの地は野生動物の生息地のただなかに位置していた．なだらかな場所にはガゼルやアカシカが，山地丘陵部には野生ヤギやヒツジ，イノシシ，あるいはウシが，それぞれ高密度に生息していた．こうした場所で展開された農耕とはまとまった緑地をつくることであり，草食獣には餌場をつくり餌付けする行為に等しい．せっかくの丹精込めたムギ類も無防備では被害にさらされる．それは人類最初の「野生動物による農業被害」の経験だっただろう．人間はそれまでにもピスタチオやドングリの堅果で同じような争奪をしただろうが，今回は事情がちがう．かなめの食糧なのだ．家畜化の前夜，人類は農業をめぐり野生動物と競合し，窮地に立たされていた．

ゾイナー（1983）やクラットン=ブロック（1989, Clutton-Brock 1999）は，草食獣のこの「作物泥棒」という側面に注目し，家畜化を推し進めた1つの契機になったとみなしている．卓見だ．クラットン=ブロックは，「農地周辺を徘徊して食害を引き起こしそうな，シカ，ガゼル，ウシは容赦なく追い払い，狩る」という対処法が採用され，この密接な関係を通じて「管理ができ適応性に富む種類」が家畜として選別されたと主張した．害獣と益獣の区分だ．

同様に，藤井（1999, 2001）は「追い込み猟が加速しそれが家畜化の契機になった」とし，さらに福井（1987）は「対象動物の競合を避けるために群れ管理が行われた」と述べている．管理できる種がどのように選別され，どのように群れ管理＝家畜化が成立するのかは判然としないが，この人間と動物の緊張関係が家畜化を促した発端だったことはまちがいない．では，人々はこの事態にどのように対処したのだろう．

当時可能な唯一の方法は，農耕地の周囲や重要な樹のまわりに石積みや石垣をつくり，囲うことだった，と想定される．材料と技術から判断してこれ以外にはない．この対処法は，銃やフェンス，ネットなどない時代，すでに「序章」で紹介した二圃制や三圃制のヨーロッパでも，そして日本にも共通する．かつての日本では，イノシシやシカの農業被害に対抗し，自分たちの農地のまわりを石や土，材木を使って垣塁を張りめぐらした．それは「シシ垣」と呼ばれ，いまでは大半が崩れ去ってはいるが，なお残骸は各地に残っている（高橋2010）．この方法は，人間の生産と野生動物とをすみわけるもっともプリミティブで普遍的な対抗手段だった．

レヴァント北部の丘陵地，アナトリア高原，ザグロス山脈一帯に広がる先土器新石器時代B期の遺構周辺や隣接地に点在する帯状の石垣は，すべてではないとしても，農耕地の周囲に張りめぐらされた被害防止用の「囲い」，その残骸ではないだろうか．これが「作物泥棒」に対処する決定版だった，と私は考える．藤井（2001）はベイダ遺跡にみられる大型の石垣遺構がヤギ飼育用の「囲い」であった可能性を指摘している．もちろんこの可能性は否定できない．けれど，そこに至る前段階では，まず石垣は農耕地を守る「被害防止用」としてつくられた可能性がある．クラットン=ブロック（1989）は，家畜化された動物とその子どもを「囲い」や柵に囲わなければならない理由として，放置しておくと作物を食害してしまうこと，天敵の大型捕食者（オオカミやライオン，ハイエナやヒョウ，クマ）を誘引するので，守ってやらなければならないことの2つをあげている．

つまり,「農業被害防止用」と「天敵侵入防止用」である. これらは別々に発想されたのではない. 強調したいのは, もともと石垣は「野生動物に対する被害防止用」には不可欠であり, 当初はこの目的のためにつくられ, 後に, この延長線上に天敵防止機能がそなわったのではないか. そう考えられる.

この垂直の構造物が, 高さや形状はさまざまだが, 農耕の定着にともない初期農耕地帯に広く採用されていった. ここには, しばしばヤギやヒツジがまぎれ込んだにちがいない. 2種は山岳性であり, 急峻な崖や石垣を上下移動し, もっぱら狭い階段状のテラスで採食する習性があるからだ. しかもそこには彼らを誘引するまとまった草地が, あたかも高山草原のように生育していた. 初期農耕は, 結果として, ヤギやヒツジの生息適地を模倣(シミュレーション)していた. こうした垂直構造は, ときには, 偶然に侵入した動物を閉じ込めるハプニングを誘発したにちがいない. 入ったはよいが出られない, 大型の囲いわなである. みてきたように書けば,「畑にヤギ(かヒツジ)が閉じ込められている!」だ. ヤギやヒツジが捕獲されたかどうかはともかく, この異常接近の経験の蓄積が重要である. もちろん捕獲できれば, タナボタの獲物としてごちそうに供され, しかも獲物はときに「群れ」ごとだった. こうした僥倖が繰り返されると, 石垣は改良・工夫され, くだんの動物たちが, 畑の作物を食べてパニックを引き起こすことなしに, そのまま維持できる——このことを発見するのに長い時間は要しなかっただろう. 捕獲から飼育へ, 両者の距離がこれほどに短い場所はほかにない. 農耕地はそのまま(家畜?の)飼育場に昇格した. この即製の飼育場は同時に「天敵防止用」としても機能した. ヒョウはともかく, オオカミやライオン, ハイエナには十分対抗できた.

この「畑トラップ」では, おそらくイノシシやウシも捕獲できただろう. 森林内をくまなく探索する採餌習性をもつ2種は迷路のような石垣畑の出入口から入り込み, 閉じ込められたにちがいない.

家畜化という人類の巨大な飛躍は初期の農耕形態そのもののなかに準備されていた. 生物の進化において, ある機能をもつそれまでの形質が新たな環境変化に対応して別の機能に転用されることを「前適応(プレアダプテーション)」というが, 家畜化は人間活動がもたらした農耕という前適応の産物だったといえよう. だからこそ, 丘陵部粗放天水農耕が開始され定着し始めた時期に, 肥沃の三日月弧の北部・東部の複数地域で, 多元的独立に, ヤギやヒツジの家畜化がほぼ同時一斉に開始されたのではないだろうか. また同時に, この営為には, 精神的な「前適応」が不可欠であったことも強調しておきたい. それは, 前節で指摘した, 農耕社会が醸成した「所有概念の成立」と「時間概念の拡張」だ. 前者では, 家畜が家族に帰属する明らかな財産であり, 所有をめぐる数多の諸問題をあらかじめ解消していた. また後者では, 家畜がたんなる目先の利益ではなく, 飼育を通じて将来のストックを確保する「収穫(獲)の先送り」(Alvard & Kuznar 2001)であるとの認識にごくあたりまえに到達させている. この初動の精神的メカニズムによって家畜化は急速に進展していった. それは, 農耕がある程度軌道に乗った段階で, 農業が編み出した技術と精神のアンサンブルだった.

DNA の分析や考古学の時間区分でいえば, ウシもまたほぼこの時期に家畜化されている. だが実際には, ウシの家畜化は偶然というより, ヤギやヒツジの家畜化が成功し, 飼育法が確立された後に, その経験を生かした試行錯誤のなかで, 意図的, 戦略的に行われたように思われる. なぜなら, オーロックスを収容するにはそれにふさわしいサイズの囲いをあらかじめ用意する必要があるからだ. 野生草食獣は緑の餌場であるムギ畑に誘引できるとの学習や経験はさまざまな試みを誘発したにちがいない. 巨大な囲いにゲートをつくって誘導する——このような発想もまた実践に移されただろう. いずれにしてもそれは丘陵部粗放天水農耕にまつわる知恵と知識の応用問題だったといってよい.

ではブタはどうか. イノシシの家畜化は, DNA の分析や考古学的には, 3種に比べやや

遅れるものの，家畜化に近い接近状況は採集生活から丘陵部天水農耕の展開のなかで生まれていただろう．すでに紹介したチャヨヌ遺跡ではBP約1万年の初期時代から多数のイノシシが発掘され，継続的に利用された形跡があり，ヒトとの距離が接近していたことがわかる（本郷2002）．イノシシは餌のある場所ならどこにでも入り込むので，堅果類やムギの畑を囲った石垣内に閉じ込められるという状況は頻出しただろう．また大きくなった集落内に必然的に出現した「ゴミ捨て場」にも頻繁に訪れるようになったのではないか．この状況を本気で家畜化に向かわせた条件は，やはり農耕が軌道に乗って定着した後だった．農耕による食糧の充実が人口の増加と残飯，そして排泄物をもたらしたからだ．

野生ムギの落ち穂拾いをしていたハツカネズミやイエスズメもまた穀物庫周辺へと「引越し」し，人間の廃棄したさまざまな食物をあさるようになった（Tchernov 1984）．先土器新石器時代B期のアイン・ガザールやイェリコには，石づくりの頑丈な貯蔵庫がすでにつくられ，余剰穀類が貯蔵されていた（Kuijt 2008）．そしてこれらをねらうネコもまた集落周辺に出没するようになったにちがいない．生態系の循環のなかに包摂されていた人類が，農耕という営為によって定住地を確立し，畑の造成を通して生態系を少しずつゆっくりと，しかし確実に変容させていった．ダムをつくるビーヴァーのように，生態系を改変できる能力をもつ動物を生態学では"生態系エンジニア"（ecosystem engineer）というが，それは人類がこの一員としてデビューしたまぎれもない証拠であった．

野生動物と「家畜」との境界

人間の飼育下に置かれても「家畜」はまだ野生動物そのものだ．交雑や品種改良を経てほんとうの「家畜」になるのはずっと後のことである．この人間に取り込まれ「虜」となった動物と，野生動物とを峻別する特徴や基準はあるのだろうか．それは家畜化の起源を判定する重要なポイントである．これまでに①体のサイズの変化，②各部位の骨のサイズの変化，③性差の減少（オスの小型化），④体色など，の形態的な変化が注目されてきた（Leach 2003など）が，一般的に感度は低い．こうした変化が起こるとしても，品種改良を重ねた，かなりの時間経過の後になるからだ．これに代わる基準はないか．最大のちがいは，動物は生物資源のたんなる浪費ではなく，収穫を引き延ばし，最大の利益が得られる時点で処理されたことである．それは，多くの研究者が「利子生活」にたとえたように（たとえば石毛1992など），あるいはラッセル（Russell 1988）が「家畜化とは生物資源の『保全』あるいは『管理』の一形態である」と指摘したように，明確な目的志向性をもつ文化的な営為にとってかわられたことを意味する．したがってその兆候を検知すればよい．ではそれはどのような形で出現するのだろうか．

このことに最初に気づいたのはイギリス人考古学者セバスチャン・ペイン（Payne 1973）だった．彼の論拠はこうである．動物が「肉」を目的にする場合には，適当なサイズに達した若い個体（18-30カ月齢）のうち，繁殖用に残すメスを除いて，大半の個体をこの時期に屠殺．また成獣に達した個体のうち繁殖齢を超えた老齢個体も集中的に屠殺．次に「ミルク」を目的とする場合には，適当なサイズに達した若い（6-9カ月齢）オスは屠殺．子どものメスは，泌乳中の成獣メスと競争にならない頭数だけを残す．この数は餌や牧草地の面積に依存する．さらに，ずっと後代の話になるが，「ウール」を目的とする場合には，両性の子どもを，飼育可能な範囲と，世代交代を考慮して，すべて残す，である．この3つの利用形態にもとづいた生存曲線を描くと図2-15のようになる．そのちがいは明らかだろう．この異なる屠殺法は現代でも踏襲されている．

この基準にしたがってペインはアナトリア高原地域のヒツジの齢構成を検討し，1-3歳の個体が有意に多い，つまりこの年齢群が肉のために集中的に利用されたこと，したがってこの地域がヒツジ家畜化の起源地であることを説得的に展開した（Payne 1973）．その後，この方法

90　第2章　西アジアでの創造

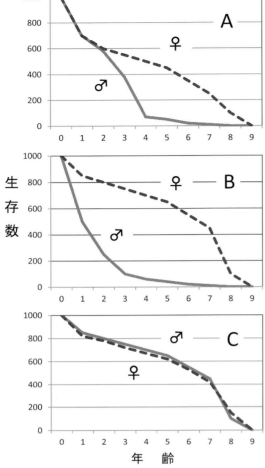

図2-15　利用目的が異なる家畜の生存曲線のちがい（ペインのモデル）．A: 肉生産；オスは繁殖用だけに残して一定に収穫．メスは繁殖用に残しながら一定ずつ収穫．B: ミルク生産；オスは繁殖用だけに残す．メスは繁殖期間内は可能な限り残す．C: ウール生産；オスもメスも可能な限り残す．老齢個体だけを収穫（Payne 1973, Marom & Bar-Oz 2009, 三宅 1996 などを参考に描く）．

は各地のさまざまな遺跡の動物遺体に適用され，検証されてきた．ゼダーとヘッセ（Zeder & Hesse 2000, Zeder 2008）はティグリス・ユーフラテス最上流部（ザグロス山脈）の一角に位置するガンジダレやアリコシュ遺跡から出土したヤギ集団の性・年齢構成をくわしく分析し，それがとくにオスの亜成獣に偏っていたことを論拠に，BP約1万年にこの地域で肉を目的とした家畜化が始まったと主張した．

また，これらの成果をまとめたマンソン（Munson 2000）は，肉のために利用されたヤギやヒツジは，歴史時代以降と近世では，50％以上，多くは75％以上が2-12カ月齢の若齢で屠殺される傾向があるのに対して，新石器時代を含む過去にさかのぼるほどその比率は減少し，多くは25％以下だったという．そして，これは，おそらく骨の残りやすさに起因していて，古い時代ほど屠殺した骨をイヌに餌として与えたのではないか，と推測した．

マンソンの批判は留保しても，この性・年齢構成の偏りを指標にした家畜化の開始時期の特定は，唯一ともいえる興味深い方法ではあるが，問題点も少なくない．その主要な1つは，ペインの対象はどう考えても専門的な「業者」の動物集団なのであって，家畜化の発端となった家族単位のごく小規模な集団を対象には考えにくいのである（この種の批判はたとえばCraig 2005）．こうした偏りは，肉がかなり流通し，牧畜集団か，共同体による商業ベースに近い集団飼育がなされるようになった段階では出現するだろうが，家畜化のスタート段階からいきなり現れるとは想定しにくい．食料計画にもとづいた"屠殺マニュアル"まがいなどずっと後代の話だろう．もし性・年齢構成に有意な偏りが認められたとしても，実際の家畜化開始時期とはかなりのタイムラグが存在しているのではないか（三宅 1996）．その偏りは，家畜化のスタートではなく，むしろ狩猟採集生活の実質的な終焉，農畜複合文化の本格的な導入時期を指し示しているように思われる．

総じて，BP1.1万-1.05万年にまずヤギとヒツジが，ついでBP約1万年にウシが，そしてBP9000年にブタが，ザグロス山脈とタウルス山脈で家畜化が開始され，BP約9000年までにはレヴァント，アナトリア高原の各地で「家畜」は広く飼育されるようになった．そしてそれらはアナトリアを経由して，BP9000年以降にヨーロッパへと伝えられた．これがこの節の結論である．

肥沃の三日月弧の北部・東部の山地・丘陵部で誕生した農耕は，それを母体に，あたかも強力な協力者を求めるかのように，家畜化を胚胎

させた．この農畜複合体は"新石器文化パッケージ"としてほどなくヨーロッパへと「伝播」していく．その足跡をたどる前に，もう１つ確認しなければならない重要な営為がある．家畜化は明らかに狩猟行為の延長として肉を目的に出発している．だが家畜にはもう１つ重要な目的がある．ミルクを利用するための「搾乳」だ．ヨーロッパでは，このミルクから多彩な乳製品をつくる食文化が，家畜と有機的に結合して花開いている．確認しなければならないのは，この搾乳という営為がいったいいつ，どこで，そしてなぜ誕生したかである．搾乳は，はたしてヨーロッパのオリジナルなのか，あるいは模倣なのか，である．

2.3 家畜化とミルク利用

（１）ミルクは食品なのか

考えてみれば不思議な営為だ．生物がほかの生物の栄養（物）を横取りすることは「寄生」や「片利共生」と名づけられ，いろいろな生物種間で広く知られている．哺乳類に限れば，ほかの個体から食物や栄養物を奪うという行動は同種間でも，異種間でも「競争」関係としてごく普通にみられる．しかし，同種個体間で食物を自発的に他個体に与える分配行動はきわめてまれで，チスイコウモリや少数の霊長類（オマキザルやタマリン，マーモセットなど）などに限られる．とくにめだつのはチンパンジーやボノボで，前者ではときには子どもを殺してその肉を分配する．また同種母子間に限ると，母親がほかの母親の子どもに授乳することは，血縁と非血縁を含めて，しばしば観察される（「他子授乳」，三浦 2010）．だが，そのミルクをまったく異種の個体が横取りして利用するという例は皆無といってよい．搾乳は人間だけが獲得したきわめて奇妙で，特殊な行動なのだ．もっとも似た例を探すとすれば，アリとアリマキ（アブラムシ）[6]の関係で，アリマキが分泌する蜜（昆虫学ではこれを「甘露」と呼ぶ）をアリは利用し，アリはアリマキをテントウムシなど

図 2-16 古代エジプトとメソポタミアでの搾乳風景．A: メンチュヘテプⅡ世葬祭殿のレリーフ（BC 約 2000 年，Roman 2004 より）．B: テル・アル・ウバイド遺丘に残されたフリーズ（搾乳とミルクの加工風景，BC 約 2400 年，Avilova 2012 より）．

の天敵から守る．アリ類のなかにはアリマキを巣に運んで越冬させる種もいる．ただし，それは相利共生であって搾取ではない．

人類は動物を家畜化した．繰り返すが，その出発は肉を食用としたものであり，目的はミルクではない．ヤギやヒツジ，ウシ，ウマ，そしてラクダから搾乳可能だが，ミルクを飲むという発想は本来なかったものと思われる．家畜が，肉だけでなくミルクという二次産品をもたらし，しかもそこからは高い扶養力をもつ多数の食品が引き出される――このことを発見するのは，狩猟採集民が定住し，農耕を取り入れ，家畜化に成功した後だった．考古学者，アンドリュー・シェラット（Sherratt 1983）はこれを"家畜の二次産品革命"と呼んだ．この革命はいったいいつどこで起こったのだろうか．

（２）搾乳の起源

搾乳を描いた図象は多数ある．エジプト，ルクソールにあるハトシェプスト女王葬祭殿には，世界を生んだ天の牝牛であるハトホル女神から直接乳を飲むハトシェプスト女王の有名なレリーフがある．年代からすると BC 約 1500 年．ほぼ同じ時代には，第 19 代ラムセス王の時代，テーベの墳墓には搾乳風景そのものを描いたレリーフ（図 2-16A）や壁画がある．もう少し

さかのぼると，メソポタミアではウルからほど近いテル・アル・ウバイド遺丘には，シュメールの豊穣神であるニンフルサグ神を祭った神殿があり，そこにはウシからの搾乳風景とミルクの加工風景（バターづくり）とおぼしき浮彫壁(フリーズ)がある．こちらはBC2400年と推定されている（図2-16B）．このほかにも搾乳風景は円筒印章にも写し取られている．どれもが搾乳という文化が広く定着したずっと後のことであり，図象からはせいぜいBP5000年程度までしかたどれない．

考古学に立ちもどり，ここでもう一度ペインの基準（Payne 1973）をあてはめてみたい．「ミルク」を目的とする場合には，若いオスをすべて屠殺するいっぽうで，メスは，泌乳中のほかの成メスと競争にならない頭数を残すので，年齢構成は著しくメスの成獣に偏る傾向を示す，であった．サケラリディス（Sakellaridis 1979）は，BP5800-5300年のスイス，新石器時代遺跡で，ウシの年齢構成を分析している．この結果，40-80%の個体が2-3歳以上のメスであったことから，この時代にはすでに搾乳が開始されていたと結論した．また，「革命」の提唱者シェラット（Sherratt 1983）は，BP約6000年のドイツ・エッシェンの遺跡から出土したウシの性・年齢組成を分析し，80%以上が2-3歳以上のメスだったことからミルク利用が行われていたと推論した．この時代，ヨーロッパではすでに搾乳が広く行われていた．では，その起源地はどこか．

バルカン半島（ユーゴスラヴィア-ブルガリア国境周辺）各地の遺跡から出土したウシ年齢構成を詳細に検討したグリーンフィールド（Greenfield et al. 1988）は，①後期新石器時代（BP6500-5500年）のうち，地中海性気候の乾燥地である沿岸低地部では飼育家畜の大半（71-85%）はヒツジ・ヤギで，ウシはほとんど飼育されていなかったけれど，温帯気候である内陸北部ほどウシの比率が高く（53-63%）なる傾向があったこと，②このうち後者の高標高地帯では，新石器末期の最初（BP約6000年）に，ウシの年齢組成が著しく成メスに偏っていたこと，などを報告した．これらの知見から，この地域では新石器末期にミルク利用が開始されたこと，そして搾乳がこの地域独自の文化であり，起源地がこの地であることを強調した．ほんとうだろうか．時代は確かにさかのぼったが，この地からエジプトやメソポタミアへ伝播したとは考えにくい．バルカン半島が搾乳文化の要衝の1つであったとしても，起源地と断定するには根拠は薄い．

土器と搾乳

ヨーロッパでは以前からも素焼きはあったが（ドルニーのヴィーナスなど，図1-8），土器は新石器時代以降に登場する．さまざまな様式の土器がバルカン半島を起点にヨーロッパ全域へと拡散し（Budja 2009），その代表がBP約7500-6500年の"線状紋土器"で，ドイツで最初に発見されたことから"LBK"（Linearbandkeramik）と呼ばれた．表面に直線の簡単な模様を刻んだ土器で，さまざまに造形された，はち，かめ，つぼ，水差し，皿などが各地から多数出土している（ヨーロッパの新石器時代遺跡の分布は図3-3を参照）．もしミルク利用を行っていたとすれば，これら土器の破片にはミルクの残渣が残っているはずだ．

1990年代に入ると，高性能の放射性元素分析装置やガスクロマトグラフィーが開発され，この微量のミルクの名残り（乳脂肪は脂肪酸として残る）が，肉や骨に含まれる脂肪とは区別され，検出できるようになった．たくさんの土器断片が分析にかけられると，驚くことに，イングランドを含む，ヨーロッパ各地の土器のなかには乳脂肪の残渣が高い頻度で残されていることが確認された．ドナウ（ダニューブ）川沿いのルーマニアではBP約8000年（Craig 2005），イングランドではBP6000年以前（Copley et al. 2005）など，つまり鉄器時代初期には，すでにイギリスにもミルク文化は到達していたのである．

知見はそれだけにとどまらなかった．乳製品の加工にはいろいろな道具が使われる．ゴウイン（Gouin 1977）は土器の形をミルク加工と関

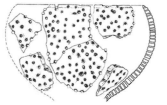 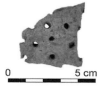

図2-17 上：現代の陶器製チーズストレーナー（Bridges Pottery社のHP：http://www.blog.bridgespottery.com/2013_07_01_archive.html より）．下：ポーランド・クヤヴィ地域から出土した"チーズストレーナー"と考えられる土器片と想定された土器．分析の結果，乳脂肪が検出された（Salque et al. 2013 より）．

連させて分析し，バターやチーズをつくる過程では独自の形状をもつ特有の土器がつくられたことを明らかにした．これら土器群のうち，もっとも奇妙なのは，多数の穴をうがったつぼ状容器だ．水やミルクを入れたらこぼれてしまう土器がチーズ作成用の"チーズストレーナー"であると見破ったのは考古学者ピーター・ボグツキ（Bogucki 1986）だった．それは今日でもヨーロッパの田舎では，形こそ変わったが，使われている（図2-17上）．このストレーナーは変性したミルクをカゼインの沈殿物である"カード"（凝乳 curd）と"ホエー"（乳清 whey）に分離する道具で，チーズづくりには欠かせない．この穴のあいた土器断片は同じくヨーロッパ各地で発見され，そのいくつかが分析に供された．すると，ヨーロッパ中部のドイツ，バートナウハイムやブロダウ，ツヴィカウの各遺跡，あるいはイタリアのコロサントステファーノ遺跡などの断片からは，予想どおり乳脂肪が検出され，まちがいなくチーズづくりが行われていたことが判明した（図2-17下）．ボグツキも加わったサルケらの最新の論文（Salque et al. 2013）によれば，ヨーロッパの最古のものは

（いまのところ）ポーランドのBP約7400年だとされるが，土器サンプルはまだ一部でしかない．

そしてこの道具をめぐる起源の旅は再び肥沃の三日月弧へと回帰していった．アナトリア高原のチャヨヌ，チャタル・ホユックなどではこの原型と思われる土器断片が以前から発掘されていた（三宅 1996）．そこであらためてエバーシェッドら（Evershed et al. 2008）は，アナトリア高原周辺で発掘された土器断片を対象に，乳脂肪の検出を試みた．この結果，チャタル・ホユックではBP約9000年，チャヨヌ（チャヨヌ・テペシ）ではBP約8500年に，その他の地域でもBP8000年までにはすでにミルク利用が行われていたことが確認された．しかもチャタル・ホユックではウシの骨がまとまって出土していたことから，ミルクは「牛乳」である可能性が高いと指摘された．実際にもチャタル・ホユックとその周辺でのウシの体のサイズは急速に小型化している（Arbuckle 2013）．それは原種だった巨大なオーロックスが家畜化とともに適度なサイズへと品種改良される過程を示唆していた．搾乳の起源地もまた肥沃の三日月弧の北縁，アナトリア高原——農耕と家畜化の故郷だった．しかもその年代が正しいとすれば，人間が家畜化に成功した，その直後（約1000年後程度）から，搾乳とミルク利用が開始されたことになる．それはなぜか，なぜそれほど速いテンポで農耕と搾乳の結合は進んだのだろうか．

（3）ミルク利用の原点

乳糖不耐性

搾乳，これ自体もまた不思議な行動だ．母子の授乳行動に介入し，メスの乳首（乳頭）を手でつかみミルクを搾り取るのである．通常，母親はとことん嫌がり逃げてしまい，思うようには搾れない．まとまった量を採るには相当の努力が必要で，こうした動作をあえて行おうなどとは思わない．また白い奇妙な液体だ．いきなり飲む無謀を冒すだろうか．しかもそれは大半のヒトにとって「有毒」でさえあるのだから．

乳糖不耐性（lactose intolerance）は，乳糖(ラクトース)の分解酵素であるラクターゼ（lactase）を十分につくることができないために下痢や腹痛を引き起こす症状だ．ラクターゼは，多くの人類と哺乳類では，乳離れにともなってつくられなくなるが，ヨーロッパ人といくつかの集団（たとえばアフリカのマサイ族）では，一生を通じてつくられる（ミルクを飲み続ければラクターゼは産生される）．不耐性の主要な原因は，ラクターゼをつくる遺伝子に隣接する部位の塩基が別の塩基に入れ換わる突然変異にある（解説はたとえばCampbell et al. 2005）．たった1カ所の塩基置換が大人になっても乳飲可能かどうかの分岐点となる――興味深い話だ[7]．食品としてのミルクには，飲めるかどうか以上に，それを受け入れられるかどうかの生理的な障壁(ブロック)がある．

乳糖耐性の割合は，日本人では約28％，イタリア人49％，フィンランド人83％，アイルランド人96％といったデータが示すように，ミルクに依存する文化と結びついていて，ヨーロッパでは高緯度の地域（イギリスやスカンディナヴィア）ほど耐性の割合が高く，南下するにしたがって低くなるという地理的傾向が認められる（Itan et al. 2010）．また歴史的にみると，新石器時代，家畜導入以前の鉄器時代，大半のヨーロッパ人と，家畜化を行った近東人は，驚くべきことに，乳糖不耐性だったらしい（Burger et al. 2007）．現代の酪農国家の1つスウェーデン人に至ってはこの時代，95％以上が不耐性だったという（Malmström et al. 2010）．乳糖耐性は，ミルク利用に比例して，急速な進化上の選択（淘汰）を受けつつ，歴史的に増加してきたと解釈できる．搾乳文化が萌芽したアナトリア高原では，おそらくすべてのヒトは乳糖不耐性であり，そもそもミルクは食品として利用対象にはならなかったものと推察できる．

蛇足を加えたい．乳糖不耐性は，ミルクから乳糖を分離するか，乳糖を別の糖[8]へ変化させるか，どちらかの方法を採用すれば，克服できる．前者の方法では，乳糖は「乳清」へ溶け込むためにチーズであれば，後者のそれでは，乳酸菌によって乳糖が発酵し乳酸に変えられたヨーグルト（乳糖の30％以上が乳酸に変化）であれば，それぞれに問題はない．両方とも不耐性を含むすべての人間にとってすぐれた食品となる．

農耕とミルク

農耕の端緒だったムギ類は，丘陵地でも山岳地の斜面であっても，水さえ供給できれば，地形とは無関係に栽培が可能との大きな利点がある．この点では地形を水平にしなければならないイネ（水稲）とはちがう．だが，大きな欠点もまた指摘できる．生産性が低いことに加えて，連作が困難であることだ．同じ場所で栽培を繰り返せば収量は数年を経ずして減少してしまう．初期農耕民もまたこのマイナスに直面しただろう．ムギ類が主要食糧に入れ換わるのに反比例して，これは生存上の大問題となったはずだ．なぜそうなるのかと，人々は，ムギの生育をつぶさに観察しながら熟思したにちがいない．こうしたなかで，「家畜」がいた囲いや畑では，植物の生育がよかったり，回復したりといった現象が観察されたことだろう．そしてさらに，その再生がどうやら「家畜」の落とした糞や尿に起因している――このことにも思い至ったにちがいない．だからこそ，この発見から出発して後に二圃制や三圃制の農耕が生まれ，発展するのである．

ここから想像をたくましくしよう．ミルクという「毒物」を，嫌がる「家畜」からあえて収集しなければならない動機である．連作障害は「家畜」が排泄するもの，あるいはそれに似た分泌物によって克服できるのではないか．「肥料」という発想だ．この肥料とおぼしきものは，第3章でみるように，農耕初期にあたるヨーロッパ新石器時代の遺跡からも発見される（Bakels 1997）ように，農耕民の一貫した渇望だったように思われる．実際にもこの「肥料」は試されたにちがいない．ムギ畑のためとあれば，意にそわない家畜に躊躇は不要，無理矢理にでも搾乳し，ミルクを容器にためておき，適当な

時期に農耕地に撒く．これは特効薬であり，まちがいなく施肥効果を発揮した．そしてまた発見するのである．このためられたミルクはかすかに芳香を発し，食気をそそり，同時に無害であり，とびきりの美味だった！　搾乳という奇妙な営為は，ここでもまた農耕と家畜化とが一体となった産物——ヨーグルトを通して発展した行動ではなかったのではないか．「農耕」と「家畜化」と「搾乳」は一連・一体なのである．これを「農耕・家畜化・搾乳の同時一体起源説」と名づけたい．

（4）農耕の発展と遊牧民

　肥沃の三日月弧，とりわけアナトリア高原で花咲いた農畜融合文明は搾乳文化をともないながら，メソポタミアへ，あるいはレヴァントを経由してエジプトへ，さらには黒海周辺やその北部へ拡散していった．農畜の高い扶養力は，やがて家畜の搾乳という新たな生産様式を分流させた．遊牧民だ．とくに黒海周辺の草原地帯では，家畜を放牧しながら遊動する生活様式が発展していったが，それは農耕からの完全な独立だったわけではない．生活は牧畜に傾斜しつつも農耕は営まれていたし，遊牧が主流になっても交易によって農産物は得なければならなかった．遊牧は農耕の発展型として起源したのであって，その逆ではない．この歴史的な経過は重い．

　今西（1948）はかつて，モンゴル高原での牧畜民の観察に着想を得て，遊牧の起源論を展開した．このなかで彼は，牧畜は狩猟採集民が動物の群れ（を追い立てたのではなく）に追随した結果であるとする独自の「群れ単位の家畜化」説を提唱した．動物が人間に取り込まれたのではなく，人間が動物に取り込まれたとの新たな発想で，これにより遊牧民は狩猟採集民から直接派生したとした．これを受けて梅棹（1976）は，家畜化の起源が，捕獲しやすい幼獣をいわば人質にしてメスの成獣が授乳のために子どものところにもどる習性を利用した，とその契機を具体化し，今西の「群れ単位の家畜化」説を補強した．すでに紹介した「子どもの人質説」がそれである．また谷（1995）は，「群れ単位の家畜化」説を前提に，搾乳の起源を考察している．このなかでは，ミルク利用に先行して，牧夫が，授乳を放棄したメスや死亡したメスに代わり，ほかのメスのミルクを搾乳して子どもに与える「乳利用を目的としない搾乳」段階が存在したとの仮説を提唱している．飲用を目的としない搾乳段階が存在していたとの説には賛成だが，人間が乳母になるために搾乳したとの動機は，想定としてはありえても，複数の人間集団を西アジア各地で巻き込んだと推測される家畜化や搾乳の多元的な同時発生の根拠としては薄弱のように思われる．松井（1989）は，「群れ単位の家畜化」論の立場から，臨界距離内にヒトがつねに介在するセミ・ドメスティケーションの段階を経由して，家畜化が起こったとしている．しかし，その具体的経過は不明だ．いずれにしてもこれらの説は農耕とは切り離された家畜化＝牧畜の枠組みを前提にした議論なのであって，近年の肥沃の三日月弧やアナトリア高原での研究成果とは乖離があるといわなければならない（藤井 1999）．

　この節の最後にいま一度総括しておきたい．文明の主流は，狩猟採集文化→定住型狩猟採集農耕文化→定住型農耕文化と家畜化→集落型農畜複合文化とたどったのであって，今西や梅棹の，農耕とは切り離された，遊動的狩猟文化→家畜化による遊牧社会の成立→遊牧的牧畜ではない．農畜の有機的な一体化から出発したからこそ，後に巨大な文明を誘導しうる力をもちえたのである．

2.4　ネコの家畜化？

ネコはペットか

　これまでに"ドメスティケート"された植物種と動物種を通観してきた．イヌを除き，すべてが農耕と結びついて，肥沃の三日月弧とその周辺で，連続的にドメスティケートされた．1種1種がそのすぐれた有用性によって人々の生活様式を大幅に変える役割を果たした．だがネコはこの範疇にはあてはまらない．行動学的に

みても，ネコは単独性が強く，なわばり性をもち，他個体に対し排他的で，ヤギやヒツジのように群れはつくらない．ネコに近縁なヤマネコ類はすべて単独性で厳格ななわばりをもつことが知られている（土肥ほか 1989）．しかも人間の期待した任務や，与えた命令には，ネズミ捕りでさえ，したがうわけではない．すでに述べた家畜の適性基準（p.80 参照）からはことごとく外れる．①の「ヒトへの攻撃性が少なく，襲ったりしない」には該当するものの，はたして，「場所馴れ」はあっても「人馴れ」しているかどうかは疑わしい．また⑦の食性については「一次消費者で，幅広い草食性」どころか，動物性タンパク質だけを食べる潔癖な高次消費者なのである．おまけに「家具に爪を立てない，齧らない」といった「ペット基準？」を加えれば，もう完全に資格剥奪である．まったく風変わりだ．そのネコはいつ，どこで，なぜ「家畜（ペット）化」されたのだろうか．

ネコの歴史もまた古い．古代エジプトの墳墓からは，埋葬されたミイラや壁画が発見され，最古のものは BP5700 年にさかのぼるといわれている（Linseele et al. 2007）．レヴァントの集落跡からは BP8700 年の骨が発見されている．最近では，キプロス島の墳墓から，ヒトと一緒に丁重に葬られた（リビアヤマネコと推定される約 8 カ月齢の子）ネコがみつかっていて，それは BP9500 年以前と推定された（Vigne et al. 2004）．葬礼の供犠なのか，それともネコ好きだったのか，人間はすでに先土器新石器時代からネコを身近に置いていたようだ．キプロス島にはリビアヤマネコが生息していたとの考古学的証拠はないので，このネコは明らかに外部から持ち込まれたものである．しかし，このネコが家畜化されていたかどうかは不明だ．

イエネコ（*Felis catus*）には多数の近縁種，つまり家畜候補種がいる．ヨーロッパヤマネコ（ヨーロッパに広く分布），リビアヤマネコ（北アフリカ，近東），アジアヤマネコ（中東，中央アジア），ハイイロネコ（中国西部）に加え，スナネコ（北アフリカ，南西アジア，*F. margarita*），ヌマルネコ（イラン，中国西部，*F. manul*）など．なかでも前 3 種がイエネコにもっとも近縁で，このうちどれかが原種となり，その後，各地に導入されてたがいに交雑を繰り返した「姉妹種」と考えられている．このため最近では，イエネコ，前 3 種，そしてハイイロネコを，一括してネコ（*F. silvestris*）という 1 つの種にまとめ，それぞれをネコの亜種とする分類が定着するようになった（イエネコ *F.s. catus*，ヨーロッパヤマネコ *F.s. silvestris*，リビアヤマネコ *F.s. libyca*，アジアヤマネコ *F.s. ornata*，ハイイロネコ *F.s. bieti*）．では，いったいどれがイエネコの原種なのだろうか．

世界各地のネコ類，約 1000 頭の DNA を採集し（ミトコンドリアとマイクロサテライトにより）分析したドリスコールら（Driscoll et al. 2007, 2009）は，ネコ類にはリビアヤマネコ，ヨーロッパヤマネコ，ミナミアフリカヤマネコ，アジアヤマネコ，ハイイロヤマネコの 5 つの主要系統があり，地理的に分離しているものの，イエネコはこのうちリビアヤマネコにもっとも近縁で，近東，肥沃の三日月弧のどこかに生息していたリビアヤマネコの 1 つの地域集団から BP 約 1 万 3000 年に家畜化されたと推定した（図 2-18）．イエネコの家畜化は多元的ではなく，農耕の成立とほぼ同時に，単元的に起こったことを強調している．そしてこれを原種に，後にキプロスに導入されたように，各地に持ち込まれ，地域の野生ヤマネコ類との複雑な交雑過程を経て現在に至ったと推論した．

この仮説は，イエネコの成立年代が正確かどうかは留保しても，人間とネコとの基本的な関係を示唆していて興味深い．多くの研究者が指摘するように，ネコとの接点は，人間の狩猟採集経済が発展し，その延長として農耕と定住が成立し，人々が居住と穀物貯蔵のために空間を確保したのと無関係ではない．ゴミ捨て場や穀物貯蔵庫は人間が創出した新たな環境だった．そこは周辺から野生のハツカネズミやクマネズミを誘引し，彼らの高密度生息地となった．BP1 万年のレヴァントには，すでに述べたように，それらの生息が確認されている（Tchernov 1984）．とすれば，今度はそこに捕食者で

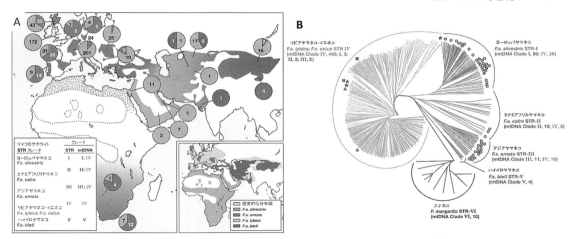

図 2-18 ネコの系統と地理的分化．A の数値はサンプル数．クレード（Clade）とはある段階にある生物から進化した一群の生物群を指す．B は STR にもとづく系統図．STR とはマイクロサテライト遺伝子の 1 種．イエネコはリビアヤマネコから進化したことを示している（Driscoll et al. 2007 より）．

あるネコが吸い寄せられ，格好の餌場として利用したのは疑いない．ネコは徐々に生息地をシフトさせ，その行動圏を人間の居住圏と重ねるようになった．ネコはしばしば目撃され，ときにはネズミを捕食する光景にも出会ったにちがいない．人間はネコを，ネズミ被害から穀物を守る有益な動物と，ネコもまた人間を，危害をおよぼさない無害な存在と，たがいに認知し合うようになった．切羽詰まれば食料にもされただろうが，肉量が少なくまずいので獲物とはならなかった．こうしてネコは農耕社会の友として人間の居住地周辺で勝手に生きることが許された．なかには自分の住居に招き入れ，ペット？として飼育する奇特な人間も現れただろうが，繁殖に深く介入し，徹底して家畜化することはなかった．ネコは農耕社会を追尾しながらも，つねに自由にふるまい，地域ごとに在来ヤマネコとの交雑を繰り返した．この微妙な没交渉こそが人間とネコとの主要な関係だった．

この農耕社会での滞在許可証は，レヴァント，アナトリア，地中海沿岸，北アフリカ，ヨーロッパへ，農耕の行く先々で交付されただろう．前節（p.78）で「家畜」を定義したが，ネコはおそらく「人間環境に接近し，有用性によりその存在は許容されたが，長期にわたって家畜化される意志がまるでなかった動物」だった．そしてこの結果，もともと少数の創始者集団から出発したり，各地で在来の野生ヤマネコ類と交雑して，独自の地域品種が形成されてきた．DNA 分析（Randi et al. 2000, Beaumont et al. 2001 など）は，地域ごとにイエネコと野生ヤマネコとの間に遺伝的な交流があったことを明らかにしてきた．

農耕が発達し穀類が備蓄されると，ネズミが，そしてネコが集まり，家畜化されるとの図式は，稲作の場合にもあてはまる．中国科学院の胡耀武ら（Hu et al. 2014）は陝西省長沙郊外の泉湖村の稲作初期段階の遺跡から，BP5560-5280 年のネコ骨を発掘している．このネコは小型化していて家畜化の程度が進んだイエネコと判定され，同位体の分析からは穀物食にかなり偏っていたことを明らかにした．それはネコがイネを食べていたのではなく，ネコがもっぱらイネ食専門のネズミを捕食していた結果である．このネコが近東地域から伝来してきたのか，それともこの地で独自に家畜化されたのかはまだ不明だ．

ところで日本にも独自の DNA をもつ在来のネコ品種がいる．"ジャパニーズ・ボブテイル"で，小型で，巻き込まれた短い尾と，聡明そうな顔立ちを特徴としている．この品種の由来がわからない．アジア系のシンガポールネコ，チョウセンネコ，中国品種と近縁ではあるが，これらの原種に近いと考えられている（Lipinski et al. 2008).稲作の伝来といっしょに導入されたのは疑いないが,いつ,どこから,どのような経路で渡来したのか,解明は今後の課題である.

ネコは,ネコ以上でもネコ以下でもなく,たんたんとネコであり続けてきた.その処遇が変わって,家畜化の意図がむき出しになるのは,イヌと同様に,はるか後の「つい最近」のことだった.ネコと人間の間には長期にわたりたがいに利益を分かち合う奇妙な「共生」関係が成立していた.

ネコの矜持

そもそもネコは人間ではなく餌場を選好していたのだ.このことは現在もなお変わっていないようにみえる.ペットとしてのネコへの強い関心はたかだかここ300年程度のもので,その意味では,人為選択というほんとうの家畜化への移行はごく最近のものでしかない(これについては後述).大半の家畜は,餌条件の改善によって,さらには人為選択によって,成長が速く,性的成熟や初産齢が野生種と比べ早くなるのだが,ネコにそのような兆候は現れてはいない.ネコは飼われながらもすべてを人間に委ねてはいない.ネコはネコなのだ.ネコは本来,人間とは独立し,独自の自然選択のなかで生き抜いてきた.この習性は,多くのネコが飼われてはいても地域を徘徊し,なわばりをもち,適当に交雑することに現れている.

ネコの尿には独特の強い臭気がある.それはフェリニン(Felinine)と呼ばれる硫黄を含む揮発性の化合物に由来し,おそらくフェロモンとして機能している.この物質の生成にはコーキシン(Cauxin)と呼ばれる腎臓でつくられるタンパク質が関与している.ネコは,ヒトとはちがって,腎機能が正常でも,尿中には大量のタンパク質を排泄する.コーキシンは宮崎雅雄氏(Miyazaki et al. 2006)の発見によるもので,ネコの"好奇心"にちなんでいる.この物質は,ネコ科(Felidae)全体に共通しているわけではなく,ネコ属(Felis)とヤマネコ属(Lynx)だけが特異的に合成している.分泌量は成オスが多く,成メスも分泌するものの,去勢オスや卵巣を切除したメスからは出ない.このことから判断して,コーキシンは,おそらく,なわばりのマーキング用の物質で,個体間のコミュニケーション手段の1つと思われる.ネコはヒトと結びついていながらも,なおなわばり行動を発動し,確固として維持している.こうしたネコの行動をみると,生息地は森林から都会のコンクリートジャングルに変貌しても,生息環境は本質的には変わりないのかもしれない.

ネコの旅

地中海の島々や沿岸地域にはネコが多く,どこに行ってもめだつ.飼われているのかどうかは判然としない.近くに漁港があり餌には困らないのだろう.ずいぶん古くからいるらしく,景色に溶け込んで悠然としている.地中海の歴史は古く,BP約5500年には船が航行していて,クレタ島のミノア文明やミケーネ文明が栄えた.おそらくこれらの船にはハツカネズミやクマネズミが穀物をねらって同船していたものと思われる.クマネズミの別名はずばり"シップ・ラット"という.青銅器時代(BP4500-3000年)にはクレタ島やキプロス島にはハツカネズミ,クマネズミ,そしてネコがいたことが知られている(McCormick 2003).ローマ時代には,その版図のほぼ全域に3種は広がっていて,エジプトのミイラ化したネコの胃からはクマネズミが取り出されている(Armitage et al. 1984).ネコはローマの穀物輸送船に侵入したネズミを駆除するために,各地で大切に扱われていたにちがいない.ランディとラグニ(Randi & Ragni 1991)はサルデーニャ島のネコの遺伝子を分析し,近東産のイエネコに,リビアヤマネコやヨーロッパヤマネコの系統が混じっていることを明らかにした.おそらく沿岸各地にいたネコが周辺地域の野生ネコと混血し,それらが各地を行き交ったと思われる.3種は「船旅」を満喫した(ヒト以外の)最初の哺乳類だった.ボナウドら(Bonnaud et al. 2007)は,鉄器時代に人間が移住し,現在では住人40人に満たない地中海の小さな国立公園の島(ポルトクロ

ス島）で野生化したイエネコの食性を分析した．70％以上の主要な餌はいっしょに渡ってきたクマネズミであったという．ネコは人間がいなくともなお自立できている．

それはよいとしても，ネコはジェネラリストの捕食者であるので，小動物ならなんでも捕食してしまう．ポルトクロス島でも希少な在来種であるチチュウカイミズナギドリ（*Puffinus yelkouan*）が頻繁に襲われることが知られ，その存続が懸念されている（Bonnaud *et al.* 2007）．日本でも御蔵島では島にすむイエネコがオオミズナギドリ（*Calonectris leucomelas*）を襲い，捕食することが知られているし（岡・山本 2016），奄美大島ではアマミノクロウサギ（*Pentalagus furnessi*）やケナガネズミ（*Diplothrix legata*）などの希少種を高い比率で捕食することが報告されている（塩野崎 2016）．放し飼いにされるペットネコは，希少在来種の天敵にもなり，予想以上に，生態系に強いインパクト与えている．

2.5　家畜化の利益とコスト

人畜共通伝染病とはなにか

野生動物の家畜化は人類に多大な利益をもたらした．だが，そのいっぽうで人間はまた大きなコストを支払わなければならなかった．野生動物の多くは病気に感染している．だから，家畜化という動物との密着した関係の成立は，病原菌に「ヒト」という新たな植民地を提供したことに等しい．家畜と病気，この損益の天秤はどちらに傾くのだろうか．

病原菌，それは宿主（ホスト）から生存に必要な栄養を奪い病原性を引き起こす寄生者（パラサイト）だ．そのラインアップは，寄生虫・原虫から細菌，ウイルスまでと多種多彩で，軽度から重度，ときには直接・間接の死因を構成する．人間にはさまざまな病気があるが，毎年約5700万人の死者のうち4分の1（約1500万人）以上は病原菌による感染症の死亡だ．生物種には通常複数の寄生者がとりつき，ごく少数（たとえば狂犬病ウィルスはヒトを含む大半の哺乳類に感染）はほかの種にもまたがって寄生するが，多くは特定の種だけをターゲットとする「宿主特異性」をもつ．したがって，寄生者の数（種数でも個体数でも）は宿主の数に勝る．寄生者は宿主とともに進化し，あらゆる手段を駆使し宿主にとりついてきた．両者の関係は「防御→突破→新たな防御→新たな突破」の連続であり，明日のない軍拡競争である．現在の寄生者，病原菌はこれを突破してきた精鋭の強者だけなのだ．宿主が寄生者を防御する手段は基本的にはない．小さくしかも進化速度が速いため，つねに生物学的（遺伝的）性質を変えるからだ．宿主が採用できる唯一の対抗手段は，遺伝的多様性を増やし，防御機構をたえず改変していく以外にはない．生物の「性」，「有性生殖」はこのためにこそ進化してきたのではないか，との仮説がある（Hamilton 1980）．有性生殖は世代ごとに親の遺伝子を組み換え，たえず遺伝的変異を更新するからだ．これを"赤の女王"仮説という．『不思議の国のアリス』のなかで，赤の女王は「なぜ走り続けるのか」とアリスに問われ，こう答える．「同じところに留まるためには，必死で走らなければならないのだ」と．

ヒトとそれ以外の動物に感染して引き起こされる病気を"人獣共通感染症（ズーノーシス）"という．現在，ヒトに感染する病原菌は約1400種を数える．このうち約820種（58％）が人獣共通感染症であるといわれている（山田 2004）．病原菌のサイズはさまざまで，肉眼でもみえる寄生虫，単細胞性の原虫，クラミジア，リケッチア，細菌，バクテリア，ウイルスなどで，ヒトと家畜に感染する以外の種類についてはほとんど研究されていない．感染動物から直接あるいは「中間宿主」（媒介者（ベクター））を介して侵入するタイプと，複数の宿主を経由して複雑な感染環を形成するタイプとに分けられる．寄生虫の多くは後者で，食物連鎖の流れに乗り巧妙な感染環を形成する．典型例をエキノコックスでみると，そこにはヒトと動物との関係が透けてみえる．

エキノコックスは条虫類に属し，イヌやキツネなどのイヌ科動物を「終宿主」（成虫となって産卵），ヒツジなどの草食獣やネズミ類を中

間宿主（幼虫段階）とするが，イヌとヒツジの環を形成するものを単包条虫（*Echinococcus granulosus*），キツネとネズミのそれを多包条虫（*E. multilocularis*）といい，ヒトはいずれの環でも終宿主となる．エキノコックスはヒポクラテスの時代から知られ，ヒトが感染すると長い潜伏期間を経て肝機能障害をもたらす．おそらく狩猟採集時代にはオオカミと草食獣との感染環が，そして農耕と家畜化が成立した段階では，イヌとヤギ，ヒツジの感染環がそれぞれに成立し，ヒトも巻き込まれ，主要な病気の1つとなった．だからこそヒポクラテスはエキノコックスの囊胞を特別に記録したのだ．ところで，北海道には単包条虫と多包条虫の2種がいるが，近年では圧倒的に後者が優勢だ（神谷1989）．前者は，明治時代以前のオオカミとシカの感染環の名残りであり，後者は，ヒトに順化して個体数と分布域を拡大しているキタキツネ（アカギツネの北海道産亜種）の新たな環である．感染環には動物と人間との関係史が刻印されている．

病原菌の起源

人類の病気は歴史的性格を帯びている．人間と動物との関係は農耕と家畜化を契機に大きく様変わりしたといってよい．このことを最初に指摘したのは2016年に物故した歴史家，ウイリアム・マクニールだった．彼はその代表的な著作『疾病と世界史』（McNeill 1976）のなかで，農耕と家畜化が人口増加をうながし，人間の定住化と集住を加速させたことによって病原菌が疫病化したことを強調して，こう述べる．「宿主と寄生生物の間の適応の過程はきわめて急速で変化が大きいから，様々な病気の今日普通に見られる感染パターンは，いずれも歴史時代を通じて大幅にその様態をかえてきた」（佐々木訳 1985）．もしそうなら，人類の病気は家畜化以前と以後においてまったくちがう様相を呈したにちがいない．家畜化以前，人間の病気はさほど多くはなく，多くの病気は家畜によってもたらされたのではないか．「文明特有と見なされる感染症は，大部分，いや恐らくはそのすべてが，動物の群れからヒトのポピュレーションに移行したものである」（同上 1985）．この，病気の「家畜起源説」は，マクニール以降多くの研究者によって提唱されてきた（Fiennes 1978）．

最近，この説が再び脚光を浴びている．ウォルフら（Wolfe *et al.* 2007）は，人間の主要な感染症，ジフテリア，A型インフルエンザ，麻疹（はしか），ムンプス（おたふくかぜ），百日咳，ロタウィルス，天然痘，結核，このすべてが家畜に由来し，さらにペストと発疹チフスは農耕開始以降にネズミ類が，B型肝炎はサル類が，それぞれ持ち込んだものであるとした．したがって，BP 約1.1万年に始まった農耕は，人間と動物がかかわる病原菌の進化において多面的な役割を果たした，と結論した．ただし，風疹，梅毒，破傷風，チフスについては，その起源がなお不明であると指摘している．はたしてほんとうにこれらの病気は農耕と家畜化の帰結なのだろうか．

この論文の共同著者の1人であるダイアモンド（2000）は『銃・病原菌・鉄』のなかで，「家畜化された動物からの恐ろしい贈り物」として1章を割き，麻疹，結核，天然痘，インフルエンザ，百日咳，熱帯熱マラリアの6種を家畜起源の病原菌として紹介している．これらはほんとうに家畜起源なのか．

家畜起源説への反論

ピアス゠デュベ（Pearce-Duvet 2006）は，家畜起源説が流行しているが，検証は十分ではないとし，冷静な対応を求め，これまでの研究成果をまとめ，紹介している．彼女によれば，①麻疹は，牛疫やイヌのディステンパーと同属のウィルス（Morbillivirus）で，DNA の分析からみると，牛疫がもっとも古く，それから麻疹が，そして二次的にディステンパーが分岐したと考えられること，②百日咳はバクテリア（*Bordetella pertussis*）によるヒトに特有の病気であるものの，同じ症状はヒツジの同属別種（*B. parapertussis*）や，イヌ，ウマ，ブタ，ネコなどの同属別種（*B. bronchiseptica*）にも現

れ，DNA の解析から判断すると，ヒトのそれはほかの家畜種と共通なジェネラリストから後に分岐した可能性が高いと指摘した．したがって，この2つの病気については，なるほど家畜起源である強い証拠が存在している．だが，このほかの病気については，はたしてそうなのか，疑義があるという．くわしい研究が待たれる．彼女の論文（Pearce-Duvet 2006）に依拠し，これまでの知見のいくつかを紹介する．

① 天然痘と結核　この2つが家畜起源としてつねに筆頭にあげられる．1980年に WHO によって根絶宣言された天然痘は，DNA の塩基配列から，ネズミ，ウシ，ラクダ，ヒトの型があり，ヒトにもっとも近いのは，ウシではなくラクダであり，しかも両者（ヒトとラクダ）はネズミからそれぞれ独立に進化した可能性が高いと指摘されている．また，結核を引き起こすバクテリアの1種（*Mycobacterium tuberculosis*）にはウシ科とヒトに感染する5系統あるが，DNA の解析では，ウシのそれと結核菌とではまったく異なり，結核菌がより祖先系であり，結核菌は家畜化以前の早い段階でウシとは無関係にすでに分岐していた可能性が高い．

② サナダムシ　エキノコックスに近縁の条虫類で，ウシやブタが中間宿主となる3種のサナダムシ類[9]についてみると，ヒトのそれは家畜化のはるか以前，新人以前の旧人段階ですでに存在していて，ネコ科またはハイエナ科を終宿主とする感染環に組み込まれていた．つまり，人類発祥のアフリカ起源であるとするホーベルクら（Hoberg *et al.* 2001）のくわしい研究によれば，サナダムシは少なく見積もっても170万-78万年前，すでに人類（またはその祖先系統）を宿主としていた可能性が高いようだ．構図はむしろ逆で，ヒトは家畜化したウシやブタにサナダムシを感染させた可能性がある．

③ マラリア　マラリアは，ハマダラカ類（*Anopheles* 属）のカによって媒介される4種の住血胞子虫類（*Plasmodium* 属）によって引き起こされる感染症である．ハマダラカ類は世界中に460種以上が知られ，このうち100種以上がマラリア原虫を伝染させる．原虫はカの体内で有性生殖を，ヒトの肝細胞内で無性生殖を行うので，ヒトは終宿主ではなく中間宿主だ．原虫の種類によって症状が異なり，「熱帯熱マラリア」（*P. falciparum* による）がもっとも重篤で，死亡率は60%を超える．この熱帯熱マラリアは鳥類に感染する別の原虫に近いため，かつては農耕の展開とともに，鳥からヒトへの宿主転換が起こったとの仮説が提出され，DNA の解析でもその分岐年代は BP7700-3200年（ちょうどニワトリの家禽化の年代に一致）と推定された（Volkman *et al.* 2001）．だが，近年の DNA の解析は，ヒトのそれはチンパンジーを宿主とするグループに近く，鳥類のそれとはかけ離れていることを明らかにした．最近では，熱帯熱マラリア原虫は，チンパンジー，ボノボ，ゴリラが共有していて（Prugnolle *et al.* 2010, Kierf *et al.* 2010），このなかのどれかがヒトに転移したと解釈されている（Liu *et al.* 2010）．その転移年代は，700万-500万年前（Joy *et al.* 2003）との説もあるが，高い死亡率からみると，それほど古くはなく，「出アフリカ」前後との推測もある（小澤 2016）が，私は下記のような理由から後者よりはもう少し古いと考える．少なくとも熱帯熱マラリアは家畜起源ではなく，農耕開始のはるか以前から存在していたのはまちがいない．

鎌状赤血球症はマラリアに一定の抵抗性をもつ．それは溶血のために原虫の殺虫効果があるためだ．このような遺伝子型はヘモグロビンをつくる1個のアミノ酸置換によって生じる．ホモ接合であればひどい貧血症のため若齢で死亡するが，ヘテロ接合の場合にはマラリアに耐性を示し，有利となる．それは人類がその進化の過程で古くからマラリアに悩まされ，これに対する一定の有利性と適応度をもちえてきたことを示している（フツイマ 1991）．

感染症については，その治療法とともに，起源を探る研究が期待される．いくつかの例外があるとしても，多くの感染症は，農耕や家畜化にともなう副産物ではなく，人類進化の長い途上で，1つの生物種としてほかの多くの生物種と関係してきた進化上の産物のようにみえる．

とはいえ，それは農畜融合文化と感染症が無関係であることを意味するわけではない．ピアス＝デュベ（Pearce-Duvet 2006）がいみじくも指摘するように，農畜融合文化は，既存の感染症の感染環や伝播生態を大幅に改変し，ヒトと野生動物との間の感染可能性と，感染経路を新たに開拓し，ヒトと家畜の間に安定した感染系をつくりだしたのはまちがいない．そして，現代における環境破壊と人口増加は，その危険性を，1万年前とは比ぶべくもない頻度と規模で，私たちに押し迫っているのである．過ぐる30年，エボラウイルスやHIV，ラッサウイルスなど，"エマージング・ウィルス"と呼ばれる新たな感染症が，そして同時に，抗生物質の濫用によって薬剤耐性菌が，それぞれに出現している．これら新興，再興の病原菌の出現は，生物進化の必然であり，「歩みを止めてはならない」ことをあらためて私たちに教えている．"1つの世界，1つの健康"（One World, One Health）との標語は，人間，動物，生態系は相互に結びつき，すべてのリスクが1つであることを表現している．

2.6　現代の家畜

2010年に宮崎県を中心に口蹄疫が発生し，ウシ，ブタなど約29万頭が殺処分されたのは記憶に新しい．口蹄疫は，アフトウイルス属（*Aphtovirus*）の1種（口蹄疫ウイルス）によって発症する．ヤギ，ヒツジ，ウシ，ブタなどの偶蹄類に特異的な感染症（とはいえゾウ，ハリネズミなどのほかヒトにもまれに感染する）である．したがって野生のイノシシ，シカ，カモシカにも発症する．ウイルスは感染動物の排泄物に移行するために，感染しないその他の動物（野鳥やイヌ，ネコ）がベクターとなるのに加え，空気感染の可能性がある．舌や口中，とくに蹄の付け根部分に水疱が形成される．幼獣の死亡率は高いが，成獣のそれは数％に留まる．毎年のように世界各地で発生するが，野生動物が保菌者であるので根絶は困難だ．ただ，その規模がとくに先進畜産国で大きい背景には，その飼育法との関係がありそうだ．

日本の畜産業の自給率（2004年度）を1965年度比でみると，貿易の自由化にともない，牛肉が95％から44％へ，豚肉は100％から51％へ，鶏肉は97％から69％へ，とそれぞれ激減しているいっぽうで，生産量をみると，ウシは25倍，ブタは220倍，ニワトリは1400倍に激増してきた．それは大規模経営化と集中化によってもたらされた成果だ．そこでは，狭い空間のなかで，いかに速く成長させ，太らせ，肉質を改善するのか，あるいは大量の卵を生産するのか，その飼料法や技術の改良と，徹底した効率化が追求されてきた．また，それにともない大量の廃棄物（糞尿）が発生し，においとともに環境問題を引き起こしてきた．こうした飼育環境は，感染の温床であり，つねに感染する危険性をはらむ．大量の殺処分と地域的な封鎖だけで，この病原菌に対処するのが可能なのか，いつでも保菌者になりうる野生動物が近隣には生息するなかで，疑問を感じざるをえない．このことは，数年おきに流行する（鳥）インフルエンザにより10万羽単位で殺処分されるニワトリにも共通する．

この飼育法の生産効率を極端なまでに推し進めたのがいわゆる「工場畜産」だ（フォア 2011）．この工場群がいまや世界の食肉の40％以上を生産している．詳細は避けるが，このような生産方式の問題点を列挙すれば，家（禽）畜に対しては反道徳的で劣悪な飼育環境を強制し，人間に対しては不衛生な加工過程と，地域環境を汚染する排泄物をもたらし，両者に対しては，病原菌の温床，過剰な抗生物質の使用，穀類や魚類飼料の大量消費を誘導するなど，枚挙にいとまがない．動物福祉，公衆衛生，環境，地域社会，そして生態系の循環に危機をもたらす生産方式がまかり通っている．肉骨粉やBSE（プリオン病）はこの生産方式の帰結であるといってよい．この生産方式は，さらに，人間にとっても，家畜自身にとっても深刻な問題を引き起こす．それは人間がつくりだした農畜融合文化の根底にかかわる問題である．

家畜は絶滅危惧種である

動物には個性があり，それぞれの個体を1頭として私たちは数える．それは遺伝学的にも独自の遺伝子のセット，「ゲノム」をもつ，名実ともに1頭だからである．あたりまえだ．だが，もしすべてのDNAが同じ，つまりクローンならばどうなるのか．どんなに多数であってもそれは遺伝的にみれば1頭にすぎない．集団遺伝学の分野では，集団の遺伝的組成（遺伝子頻度）の変化に寄与できる個体数を「集団の有効なサイズ」（有効集団サイズ effective population size ; Ne）という概念で表現する．この個体数は，繁殖に加わる成獣の数，近親交配の程度，オスとメスの比率（性比）などによって異なり，通常は，みかけの個体数より（場合によってははるかに）少ない．この数が多いほど，集団の遺伝的多様性は増し，有性生殖の過程で多様な遺伝子がつくられることになる．それは予期しない環境の変化や新興の感染症などにも適応能力や抵抗性を発揮する可能性をもつ．その有効集団サイズを指標にすると，現在の家畜たちはどのように評価されるだろうか．

FAO（FAOSTAT）によれば，全世界の家畜の品種数は，ウシが1224，ヒツジが1313，ヤギが570と登録されるが，このうちウシでは254品種（21％）が，ヒツジでは181品種（14％）が，ヤギでは17品種（3％）が，すでに絶滅したといわれている．ウシには，すでに述べたように，コブウシ系統とウシ系統とがあり，インドと三日月弧周辺でそれぞれ独立に家畜化された後，引き続き地域ごとに交配が繰り返されたようだ．このことは（ミトコンドリア）DNA変異の85％が地域固有である（Bradley *et al.* 1996）ことからも裏づけられる．品種と呼ばれる集団は，長期にわたる限定した地域での人為交配の結果，形態，体色，行動が固定されたものである．この品種化はほぼ200年前に確立され，以降，品種間の交雑（交流）はほとんど行われていない．いいかえれば，きわめて分断化された集団なのである．

テイバレットら（Taberlet *et al.* 2008）は各国で調査された品種ごとの有効集団サイズを紹介している．その結果に驚くほかはない．約850万頭いるアメリカのホルスタインはわずか39頭，370万頭いる畜産国デンマークのホルスタインは49頭，合計470万頭のドイツとフランスのそれは，それぞれ52頭と46頭と，似たような数字が並ぶ．有効サイズは実際の個体数に比べ10万分の1のオーダーでしかない．このサイズの減少は明らかに人工授精——それは人為的な近親交配——に起因するもので，特定のオスの遺伝子だけが選抜され，次世代へと受け継がれていった結果だ．同様に，野村哲郎ら（Nomura *et al.* 2001）は53万頭と推定される日本産黒毛和牛を対象に，その有効集団サイズを評価し，17.2頭と見積もった．家畜ウシの実質的な個体数は，見かけのそれよりはるかに少なく，存続のおぼつかないサイズ，保全生物学的にはきわめて危険なレベル，「絶滅危惧（危機）種」なのである．

この状況は，ヒツジやヤギでも変わりない．たとえば，ヒツジ，"ナバホ・チュロ種"は，角が2本以上（4本ときに6本）生えることで有名で，かつてスペインでは200万頭が飼育されていたが，現在では約1500頭に減少している．近親交配と極端な個体数の減少が加わって，その有効サイズは92頭と見積もられている（Maiwashe & Blackburn 2004）．ヒツジの起源に関する研究を進めているタピオら（Tapio *et al.* 2005, 2006）は，ヨーロッパ各地のヒツジ家畜種がいずれも有効サイズが減少していることを報告し，警鐘を鳴らしている．ヤギについての研究はほとんどないが，おそらく同じ状況が進行していると考えられる．

この有効集団サイズの減少は，規模の拡大と集約化によって推し進められてきた．産業という経済活動が，経済的効率性をめざす以上，個体を同質化し，多様性を抑制し，集中的な管理を志向することは当然であるとしても，他方では，かけがえのない遺伝資源を廃棄処分するのではなく，保全し，生み出すような態勢が必要だと思われる．テイバレットらは先の論文のなかで，こうした動向に対する3つの処方箋を提示している．①伝統的な品種を安定して保存す

ること，②畜産経営のなかでも品種改良を奨励すること，③多様な遺伝子を提供してきた野生種の個体群を保全すること．賛成である．

この集約化を極端なまでに推し進めたのが多国籍アグリビジネスによる工場生産で，いまやニワトリ，ブタ，ウシに拡大している．それは生産工程を，繁殖，育成，肥育などの段階に分け，バイテクによる遺伝子の操作，同じく遺伝子操作された餌，過剰な薬物の使用に裏づけられ，徹底した分業化と専門化を基礎に，動物タンパク質の「工業」生産を行っている．技術的には可能だとしても，生物学（生態学，遺伝学）的にみていかに脆弱な基盤の上に成立しているのか，BSEや感染症，環境汚染はそのことを示している．このような生産のあり方がはたして持続可能なのか，見直すべき時代にあるといえるだろう（松原2009など）．家畜とはなによりも人類が1万年間をかけてつくりだしてきた文化であり，財産である．それぞれの品種は，地域の野生原種，自然環境，生産の形態や歴史，伝統や風土と，その相互作用を背景にもつ存在である．アニマル・ウェルフェア（動物福祉）に配慮し，飼育下での生活の質を改善すべき対象なのであって，工場で工業製品同様に生産すべき対象では断じてない．

このことはまた農業生産の分野でも指摘できる．ムギ類をはじめ，イネ，トウモロコシ（メイズ）の多種多様な品種には，地域ごとの自然条件，土壌，気象，人々の歴史などが結実されている．これらもまた人類の財産であり，それらに依拠して人々は営々と農業を営んできた．だが，現在，これらの品種の多くが絶滅危惧化し，駆逐されるいっぽうで，主要穀類の種子は，ごく少数の品種（とバイテク）から生産され，それらは世界的規模で栽培されるようになった．この方向はグローバル化と多国籍アグリ企業の巨大化によって促進されている．農業技術は画一化され，「緑の革命」によって生産量は一時的には増加したものの，地域によっては病虫害の発生や塩類集積のために壊滅的な不作が襲い，貧困化を加速している．現在，多くの地域では合成薬剤の大量投与によってこうした事態を回避しようとしているが，生態系の汚染の上に成り立つこうした農業形態がはたして持続的といえるのか．疑問というほかはない．

2.7 ミツバチは"ドメスティケート"されたか？

ヨーロッパでは，養蜂が古くからさかんで，蜂蜜は生活必需品だ．大きな街には蜂蜜専門店があるし，市場には蜂蜜屋さんが出店している（図2-19）．ミツバチと人間との距離は，日本に比べはるかに近く，養蜂は家畜の世話と同じくらいに身近で日常化している．中央ヨーロッパやイギリスの養蜂家はミツバチに家族の慶弔——子どもの出産，婚姻，死亡を知らせなければならないとの習慣をもつ（小西1992，Lawrence 1993）．報告を怠ると，子どもが死んだり，結婚が解消されたり，あるいはミツバチが悲嘆や憤慨のあまり巣を放棄してしまうという．ミツバチは家族の一員として遇されてきた．しかし，これだけ身近にミツバチと結びついていても，はたして人間は彼らをドメスティケートした，といえるだろうか．

(1) ミツバチの生物学

昆虫が花の蜜を食べ，集めるという習性は，おそらく花粉を食べにきた昆虫がその花粉を偶然にほかの花へと運び，うまく受粉させたのを出発点に始まったと考えられる．この送・受粉システムの成立は，その確実性と信頼性ゆえに相互依存関係を強化していった．植物は粘着性の花粉をつくるようになり，送粉者への報酬と誘引のために花蜜を分泌し，さらには送粉者に対する大々的な広報のために花やにおいをまとうようになった．花はヒトのために咲くわけではない．複数の生物種間において，ほかの生物の状態がたがいの選択圧となって両者に進化が起こることを「共進化」（coevolution）という．白亜期前期から中期にかけて，植物と訪花昆虫との間には爆発的な共進化が起こった．クレーン（Crane 1989）は，花粉化石の出現状況の時代推移から被子植物の種数がアルビアン期（1

図 2-19 市場の蜂蜜屋さん（ドイツ，マインツ）。いろいろな花の蜂蜜が売られている。写真左上側に，蜜蠟燭とミツバチの人工巣（ぶら下がっている）があるのに注意（2012年6月著者撮影）．

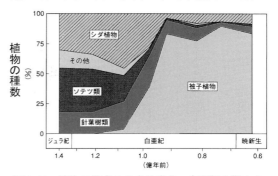

図 2-20 植物の構成の地史的変化．白亜紀中期から被子植物が爆発的に増加する．これは植物と昆虫との間に共進化が成立したことによる．植物の花も多様化したことは化石からも裏づけられる（Crane 1989を改変）．

図 2-21 セイヨウミツバチのカースト．このすてきな精密画はアメリカで養蜂の手ほどきを初期に解説した Root（1895）の本に掲載されている．

億1300万-1億50万年前）- セノマニアン期（1億50万-9390万年前）に急増し，シダ類や裸子植物にとってかわったことを明らかにした（図2-20）．またこの時期に並行して，花が多様化し，大きくなったことが化石からも復元されている（高橋 2006）．そしてこの被子植物の多様性に引っ張られるように昆虫もまた爆発的に進化した（Labandeira et al. 1994）．最初の訪花性ハチ類は，琥珀中に封印された化石から，白亜紀前期に出現している（Poinar & Danforth 2006）．

ハチが属するハチ（膜翅）目昆虫は世界中で約13万種が記載され，おそらくは20万種以上と推察される．このうち "bee" と呼ばれるハナバチ類は約2万種で，訪花性で花蜜と花粉を餌とするが，その大半は単独性で，ミツバチのようにコロニーはつくらない．いわゆる "ミツバチ" というのは，ハナバチ類のなかで "Apis"（ミツバチ）属に分類される7種44亜種のハチ類を指す［Engel 1999，種数と亜種数については異論もある（高橋 2006）］．このミツバチ類のうち，もっとも一般的なのが，セイヨウミツバチ（Apis mellifera）で，ヨーロッパ，中東，アフリカに広く分布する．日本産はトウヨウミツバチ（A. cerana）の日本産亜種，ニホンミツバチ（A. c. japonica）である．

ミツバチのコロニーには形態や行動が異なる3種類の個体がいる（図2-21）．この同種内の多型を，インドの身分制度にならって，"カースト"（caste）という．セイヨウミツバチでは，女王（Queen），働き蜂（Worker），オスバチの3つのカーストに分けられる（Winston 1987）．クィーンは繁殖を行うが，語感から連想されるような，集団を統率する行動をしているわけではない．体長は約2cm弱で，ワーカーに比べ，腹部は細長くやや大きい．クィーンは毎日約1000-2000個の卵をワーカーがつくった巣房（六角柱の構造，これを honeycomb 構造という）に産卵管で産みつける．寿命は通常1-3年で，最長では8-9年に達する個体もいる．ワーカーはクィーンと同様にメスだが，前者が蜂蜜と花粉を食物にして成長するのに対し，後者はワーカーの頭部から分泌されるローヤルゼリーだけを食物にして成長する．

オスバチ（drone，怠け者の意．無人機，模型ヘリの意味もある）は分封のときに出現するワーカーよりも巨大な個体．ハチ類やアリ類の性は染色体数によって決まるわけではなく（半

倍数性決定），受精卵（二倍体）はすべてメス（ワーカーもクィーンも）となるのにオスは単為生殖（一倍体）で，未受精卵がそのまま成長した個体だ．寿命は20-30日だが，ワーカーなしには生存できない．

コロニーの成員はほぼすべてがワーカーで，総数は3万-5万匹に達する．蜜と花粉，その他の産物を収集し，巣をつくりだす．蜂蜜，蜜蠟，プロポリス，ローヤルゼリーは，いずれもワーカーが自分の体内で加工，合成した代謝産物である[10]．クィーンとワーカーの間には遺伝的な差異はまったくなく，どのワーカーもクィーンになりうる．産卵管はワーカーでは毒針となる．寿命は，活発に花蜜を集める最盛期で15-38日，急速な世代交代が行われる．越冬期は140日程度で，クィーンを中心に蓄えた蜂蜜を消費しながらじっと密集している．

越冬した集団は春になると，クィーンはオスバチを産卵し，ワーカーは複数の個体にローヤルゼリーを与え，クィーンは15日後に出現する．最初に孵化したクィーンはほかのクィーン候補個体を殺してしまう．新クィーンはオスバチと，巣のメンバーの約半分のワーカーを引き連れて，新しい巣を探す集団移動を行う．これを分封（swarming）という．この飛行中にクィーンは複数のオスバチと交尾し，オスの精子を精子囊にためる．オスは見捨てられるか殺される．新たな巣にたどり着いた新クィーンとワーカーが次世代の繁殖を開始する．

（2）養蜂の歴史とドメスティケーション

蜂蜜は果実を除けば唯一の甘味料だった．人類はその進化上の食物特性から，すでに述べたように，もともと「甘党」の傾向が強い（p. 44）．つねに甘いものを探すなかで，蜂蜜は第一級のごちそうだった．それはミツバチがつくりだすものであり，痛い目に合わずにいかにうまく収穫するのかは人類史的な課題だったといえよう．このミツバチとの歴史が最初に記録されているのは，スペイン，バレンシア近郊のアラナ洞窟に残される線刻画で，木に梯子を掛けてよじ登り，蜜を採集するシーンだが，まわりにはハチがぶんぶんと飛び交い，散々に刺されていたようだ．BP1.5万-8000年と推定される（http://healthywithhoney.com/honey-in-history-prehistory-ancient-egypt-ancient-china/ 閲覧2016.6.6）．次はエジプトで，独特の"象形文字"（ヒエログリフ）の1つにミツバチがある．この文字を使って"蜂蜜"や"養蜂"が表記される．エヴァ・クレーン（Crane 1999）によれば，エジプトではBC3000年から円筒の壺を用いて，養蜂が始まったらしい．またメソポタミアでも蜂蜜を取り出す光景が円筒印章に残され，養蜂がBC2000年ころから始まったと推定されている．それでもミツバチの巣やミツバチそのものは保存されないので，出土しなかったが，最近，ヨルダン渓谷のテル・レホフ遺跡で，たまたま保存条件がよかったために，ミツバチの巣板が大量に発見された．その巣の間にはミツバチの死骸も保存され，同定の結果，セイヨウミツバチの中東亜種，シリアミツバチ（*Apis mellifera syriaca*）と確認された．巣材の同位体分析からはBP2735±25年と推定された．この地には，紀元以前から大規模な養蜂基地が存在したのだろう（Bloch *et al.* 2010）．聖書には，「乳と蜜の流れる地」との表現が頻出し（『旧約』「出エジプト記」3:8,17,13:5，「レビ記」20:24），この「蜜」とは蜂蜜だろうと解釈されてきた．BC600年ころに創作されたとされる『イソップ物語』には「蜜蜂」や「養蜂家」が登場するので，この解釈は適切と考えられたが，確証はなかった．テル・レホフ遺跡での発見は，聖書が書かれる以前から養蜂は人々の生業として根づいていたことを証明した．

蜂蜜だけではなく，蜜蠟もまた蠟燭として使われた．それは当時もっとも明るい光源だった．BC181年，ローマ帝国がコルシカを侵略した主要な目的は蜜蠟だったとの説がある（Bogdanov 2009）．後に紹介する古代ギリシャ・ローマ人の何人かはミツバチに関する記録を残している．このうちヘシオドスは「カシワの木のうろにミツバチが巣をつくった」と記述し，ほかには，プリニウス，ヴァッロ，コルメラ，その他の人々が養蜂について記している．どのよう

な方法を用いたのか，詳細は不明だが，おそらくは木の樽，繊維で編んだかご，陶器のつぼなどが使われていたものと推測される．ウェルギリウスは『農耕詩』(BC39-37年ころ，小川訳2004)のなかで「窪んだ樹皮を縫い合わせる」か「しなやかな細枝で編ん」で巣箱をつくれと指示している．これらは中世を通じ長い間にわたって踏襲され，現代にもつながっている（ドロール1998)．人類によるミツバチの人工巣への取り込みは歴史のかなり早い段階で成功している．ただし，これをもって「家畜化された」(ドメスティケーティッド)とみなすのは，私には早計のように思われる．

多数の文献にはほとんど躊躇なく"ドメスティケートされたミツバチ"と書かれている．どのような形態にせよ人工巣箱を設置し，そこにミツバチを誘導し，営巣させ，その巣箱をいろいろな花の開花状況に合わせながら移動したり，身近に置き，蜂蜜を収穫している．それは徹底的な管理だ．しかし，そうであってもミツバチは"ドメスティケート"されたとはいえない．これまでも繰り返し述べたように"家畜化"の本質的な定義が「繁殖への人為介入」であり「生殖の管理」だからである．ミツバチとの距離がいかに接近していようと，人間はミツバチの繁殖行動（メーティング）そのものには介入できていない．もし介入ができていたなら，人間はいちはやく毒針のない個体や攻撃性の低い品種を作成していたはずである．いまだに実現できていない．それどころか逆に予想だにしなかった品種さえ生まれている．きわめて攻撃的な"殺人バチ"(キラー・ビー)だ[11]．ジェンセンら（Jensen et al. 2005）は，ミツバチでは，その繁殖活動を制御するのが困難なために，亜種間の遺伝子流動や遺伝子移入がつねに高率で発生すると述べた．また，ハーパーら（Harpur et al. 2012）は，飼育セイヨウミツバチの遺伝的変異は，開花に合わせて巣箱を移動する結果，遺伝子プールがたえず攪乱され，遺伝的多様性は高くなると報告した．一般に，動物や植物は，ドメスティケーションに成功し，品種改良が進むにしたがって，遺伝的多様性は低下する傾向がある．だがミツバチはその逆なのである．ルーら（Rúa et al. 2013）は，

人間はミツバチをドメスティケートしようと試み続けてきたが，けっきょくはその繁殖活動に介入できずに失敗したと総括している．人類はどうやらミツバチをどのように管理すべきかは習得できても，その「家虫化」はできなかったようだ．養蜂家は相変わらず防護服と燻煙器を使わなければならないのである．

第2章 注

1) イギリス隊によりウル第一王朝（BC2500年ころ）の王墓から1922-1934年に発掘された，長さ約58 cm，高さ約20 cmの木製の箱で，瀝青の2面の板には，ラピスラズリや貝殻で象嵌された，「平和（饗宴）の場面」と「戦闘の場面」と名づけられた，モザイク画が施されている（図2-2)．スタンダードとは「軍旗」または「儀仗旗」の意味だが，それがどのように旗になりえたのかはわからない（マクレガー 2012)．王の行く先々に持ち運ばれた1種の「ディスプレイ・ボード」だったのかもしれない．なお，これは2015年に開催された「大英博物館展」の目玉の1つだった．

2) ここでヤンガードリアス期はなにを原因に発生したのかについて述べるのは有益かもしれない．次のような説がもっとも有力である（Broecker et al. 1989, Broecker 2006)．北米の北東部一帯は巨大な氷床，ローレンタイド（Laurentide）氷床に覆われていた．氷期が終わるとこの氷床はゆっくりと溶け始めた．その量は膨大で，北米北部中央部一帯（現在の五大湖西部）に巨大な融水湖，アガシー（Agassize）湖をつくりだした．北米最大の湖に成長したアガシー湖は，その東端をローレンタイド氷床が張り出した一種の"耳"でふさがれ，ダム湖のような状態になっていた．あふれる湖面に押され，溶けつつあった耳状延長部はついに決壊し，膨大な水量が五大湖を通過し，セントローレンス川へと一気に駆け下り，大西洋へと流れ込んだ．BP1万3000-1万1700年の壮大な大洪水．冷却された大量の氷河水はメキシコ湾から北上する世界最大の暖流（メキシコ湾流）にブレーキをかけ，大西洋の巨大な海洋循環のベルトコンベアをブロックしてしまった．この影響は北大西洋海流にも影響を与え，ユーラシア西部（ヨーロッパ）を含めて世界的な小氷期を1000年以上にわたって引き起こした．それが"ヤンガードリアスイベント"と呼ばれる出来事である．なお，アガシー湖の跡にはウィニベグ湖などの湖と広大な湿地帯が広がっていた．そこはビーヴァーの格好の生息地であり，毛皮を求めて西欧人が到達するのは18世紀になってからだ．

3) 日本語では「肥沃な三日月弧」としばしば訳されるが，2語（「肥沃な」と「三日月弧」）は一体であり，固有名詞化しているので，ここではこの点を強調し「肥沃の」とした．

4) 先土器新石器時代（PPN期；Pre-Pottery Neolithic）は終末期旧石器時代以降（BP約1.1万年以降）に近東で発展する文化で，通常，A期（PPNA；BP1.07万-0.96万年），B期（PPNB；BP0.96万-0.82万年），C期（PPNC；BP0.82万-0.79万年）に分類される（表2-1)．

B期はさらに前期（Early），中期（Middle），後（末）期（Late）に分類される．石を用途に合わせて研磨したり薄片にし，さらに精巧に加工した．また動物の骨を加工し，針や釣り針，装身具などもつくった．石を研磨して容器や皿をつくってもいた．これらの技術は，土器の製作をともなって，後の土器新石器時代（PN期）へと引き継がれる．

5) 西欧では，焼成土器と陶器は"pottery"で区別しない．磁器はすべて"セラミックス"（ceramics）である．
6) アリマキは英語で"ant cow"（アリのウシ）と呼ぶ．なんと示唆的なのだろう．
7) ラクターゼは小腸の絨毛細胞でつくられる．ラクターゼは正確には"ラクターゼ・フロリジン加水分解酵素"（LPH; Lactase-Phlorizin Hydrolase）である．この酵素をコードする遺伝子（約5万個の塩基対）は第2染色体（大きさの順に数える）にあって，ヨーロッパ人では，この遺伝子の上流部（5'末端方向）に隣接する"MCM6"（Minichorosome Maintenance 6 Gene）というプロモーターの役割を果たす遺伝子のなかにある"イントロン13"の1万3910番目の塩基CがTに突然変異すると，ラクターゼの転写が活性化され，ラクターゼ持続性（lactase persistent）を獲得できることがわかっている（Enattah et al. 2002）．同様に"イントロン9"の2万2018番目の塩基GがAに置換してもほぼ同様にラクターゼ持続性となる．なお，マサイ族などアフリカ遊牧民がもつラクターゼ持続性は，このヨーロッパ人とはまったく別系統で発生していて，"イントロン13"の3カ所の塩基配列（1万3907番目，1万3915番目，1万4010番目）のうち，少なくとも1カ所以上の塩基（C→G，T→G，G→Cのいずれか）が突然変異することで獲得されることが知られるようになった（Tishkoff et al. 2007）．このことは，後に述べるように，乳糖耐性が2つの人類集団で別々に獲得され，進化してきたことを示唆している．
8) 乳糖はラクトースとガラクトースが結合した二糖類なので，この結合を切り離し単糖類に分解すればよい．
9) 有鉤条虫（Cysticercus cellulosae），無鉤条虫（Taenia saginata），広節裂頭条虫（Diphyllobothrium latum）である．
10) 蜂蜜（honey）はワーカーが採取した花蜜ではない．唾液と混ぜられ，一定の酵素作用を受け成分を変更され，糖度を増加させた液体である．蜜蝋（beewax）はワーカーが蝋分泌腺から分泌するパラフィン状物質であり，巣房の構築に使用する．プロポリス（propolis）は植物が新芽や新葉を保護するために分泌した滲出物を収集，変性させた物質で，ハチ自身は巣房の補強やパテとして使うが，その薬効が注目されている．ローヤルゼリー（royal jelly）は花蜜や花粉を食べた若いワーカーが咽頭腺や大腸腺から分泌するクリーム状物質で，これで成長した個体がクィーンとなる．
11) アメリカ大陸にはミツバチはいない．ヨーロッパ産亜種が導入された．ここにアフリカ原産亜種も持ち込まれエスケープし，ヨーロッパ産亜種と交雑した．この結果，極度に攻撃性の強い，殺人バチ（killer bee）が出現するようになった．"アフリカナイズド・ビー"（Africanized bee）ともいう．

第2章　文献

Albert, R. M. *et al.* 2000. phytoliths in the Middle Palaeolithic deposits of Kebara Cave, Mt Carmel, Israel: study of the plant materials used for fuel and other purposes. J. Archaeol. Sci. 27: 931-947.

Alvard, M. S. & L. Kuznar. 2001. Deferred harvests: the transition from hunting to animal husbandry. Am. Anthrop. 103: 295-311.

Arbuckle, B. S. 2013. The late adoption of cattle and pig husbandry in Neolithic Central Turkey. J. Archaeol. Sci. 40: 1805-1815.

Armitage, P. *et al.* 1984. New evidence of the black rat in Roman London. Lond. Archaeol. 4: 375-383.

Asouti, E. 2006. Beyond the pre-pottery Neolithic B interaction sphere. J. World. Prehist. 20: 87-126.

Aurenche, O. *et al.* 2001. ProtoNeolithic and Neolithic cultures in the Middle East, a calibration 14C chronology. Radiocarbon 43: 1191-1202.

Avilova, L. 2012. On the characteristic of temple complexes in the Near East in the 4th-3rd Millennia BC. Asian Cult. Hist. 4: 3-14.

Bakels, C.C. 1997. The beginnings of manuring in western Europe. Antiquity 71: 442-445.

Bar-Oz, G. & D. Nadel. 2013. Worldwide large-scale trapping and hunting of ungulates. Quat. Int. 297: 1-7.

Bar-Yosef, O. 1986. The walls of Jericho: an alternative interpretation. Curr. Anthrop. 27: 157-162.

Bar-Yosef, O. & R. Meadow. 1995. The origins of agriculture in the Near East. In: Last Hunters, First Farmers: New Perspectives on the Prehistoric Transition to Agriculture (Price, T. D. and A. B. Gebauer, eds.), pp. 39-94. New Mexico: School of American Research Press, Santa Fe.

Bar-Yosef, O. 1998. On the nature of transitions, the Middle to Upper Palaeolithic and the Neolithic revolution. Cambridge. Archaeol. J. 8:141-163.

Beaumont, M. *et al.* 2001. Genetic diversity and introgression in the Scottish wildcat. Mol. Ecol. 10: 319-336.

Beja-Pereira, A. *et al.* 2006. The origin of European cattle: evidence from modern and ancient DNA. PNAS 103: 8113-8118.

ベルウッド，P. 2005. 農耕起源の人類史（長田俊樹・佐藤洋一郎監訳）．京都大学学術出版会，京都．580pp.

Berbesque, J. C. & F. Marlowe. 2011. Sex differences in Hadza eating frequency by food type. Am. J. Human Biol. 23: 339-345.

Bloch, G. *et al.* 2010. Industrial apiculture in the Jordan valley during Biblical times with Anatolian honeybees. PNAS 107: 11240-11244.

ブルーム，D. M.（編）1987. 動物大百科⑩家畜（正田陽一監修）．平凡社，東京．157pp.

Blumler, M. A. 1992. Independent inventionism and recent genetic evidence on plant domestication. Econ. Bot. 46: 98-111.

Bogdanov, S. 2009. Beeswax: uses and trade. Bee Products Sci. Chapter 1: 1-16.

Bogucki, P. 1986. The antiquity of dairying in temperate Eu-

rope. Expedition 28: 51-58.
Bollongino, R. et al. 2008. Y-SNPs do not indicate hybridization between European aurochs and domestic cattle. PLOS ONE 3: e3418.
Bonnand, E. et al. 2007. Feeding ecology of a feral cat population on a small Mediterranean island. J. Mamm. 88: 1074-1081.
ボイド, R. & J. B. シルク. 2011. ヒトはどのように進化してきたか（松本晶子・小田亮監訳）. ミネルヴァ書房, 京都. 788pp.
Bradley, D. G. et al. 1996. Mitochondrial diversity and the origins of African and European cattle. PNAS 93:5131-5135.
Breasted, J. H. 1916. Ancient Times: A History of the Early World. Ginn and Company. Boston. 次のURLで読める. https://archive.org/details/ancienttimeshist00brea
Bridault, A. et al. 2008. Human activities, site location and taphonomic process: a relevant combination for understanding the fauna of Eynan (Ain Mallaha), level IB (Final Natufian, Israel). Archeol. Near East, VIII Proc. 8 th Int. Symp. Archaeol. Southwestern Asia and Adjacent Areas: 99-117.
Broecker, W. S. et al. 1989. Routing of meltwater from the Laurentide Ice Sheet during the Yonger Dryas cold episode. Nature 341: 318-321.
Broecker, W. S. 2006. Was the Younger Dryas triggered by a flood? Science 312: 1146-1148.
Broushaki, F. et al. 2016. Early Neolithic genomes from the eastern Fertile Crescent. Science online aaf7943 (1-15).
Budja, M. 2009. Early Neolithic pottery dispersals and demic diffusion in Southeastern Europe. Doc. Praehisorica 36: 117-137.
Burger, J. et al. 2007. Absence of the lactase-persistence-associated allele in early Neolithic Europeans. PNAS 104: 3736-3741.
Burger, J. C. et al. 2008. Molecular insights into the evolution of crop plants. Am. J. Bot. 95: 113-122.
Byrd, B. F. & C. M. Monahan. 1995. Death, mortuary ritual, and Natufian social structure. J. Anthrop. Archaeol. 14: 251-287.
Campbell, A. K. et al. 2005. The molecular basis of lactose intolerance. Sci. Prog. 88: 157-202.
Chen, S. et al. 2010. Zebu cattle are an exclusive legacy of the South Asia Neolithic. Mol. Biol. Evol. 27: 1-6.
クラットン=ブロック, J. 1989. 動物文化史事典（増井久代訳）. 原書房, 東京. 333pp.
Clutton-Brock, J. 1999. A Natural History of Domesticated Mammals, 2nd ed. Cambridge Univ. Press, Cambridge. 248pp.
Copley, M. S. et al. 2005. Processing of milk products in pottery vessels through British prehistory. Antiquity 79: 895-908.
Cordain, L. et al. 2000. Plant-animal subsistence ratios and macronutrient energy estimations in worldwide hunter-gatherer diets. Am. J. Clinic. Nutrit. 71: 682-692.
Craig, O. E. 2005. Did the first farmers of central and eastern Europe produce dairy food? Antiquity 79: 882-894.
Crane, E. 1999. The World History of Beekeeping and Honey Hunting. Routledge, UK. 720pp.
Crane, P. R. 1989. Palaeobotanical evidence on the early radiation of nonmagnoliid dicotyledons. Plant Syst. Evol. 162: 165-191.
ダーウィン, C. 1859. 種の起源［上・中・下］（八杉龍一1963, 1968, 1971）. 岩波文庫, 岩波書店, 東京. 846pp.（原著は以下参照. http://darwin-online.org.uk/content/frameset?itemID=F373&viewtype=text&pageseq=1 閲覧 2015. 10. 1）
Davis, J. M. & F. R. Valla. 1978. Evidence for domestication of the dog 12,000 years ago in the Natufian of Israel. Nature 276: 608-610.
ダイアモンド, J. 1993. 人間はどこまでチンパンジーか（長谷川眞理子・長谷川寿一訳）. 新曜社, 東京. 541pp.
ダイアモンド, J. 2000. 銃・病原菌・鉄［上・下］（倉骨彰訳）. 草思社, 東京. 679pp.
ドロール, R. 1998. 動物の歴史（桃木暁子訳）. みすず書房, 東京. 443pp.
土肥昭夫ほか. 1989. 哺乳類の生態学. 東京大学出版会, 東京. 261pp.
Driscoll, C. et al. 2007. The Near Eastern origin of cat domestication. Science 317: 519-523.
Driscoll, C. et al. 2009. From wild animals to domestic pet, an evolutionary view of domestication. PNAS 106: 9972-9978.
Dubreuil, L. 2004. Long-term trends in Natufian subsistence: a use-wear analysis of ground stone tool. J. Archaeol. Sci. 31: 1613-1629.
Edwards, C. J. et al. 2007. Mitochondrial DNA analysis shows a Near Eastern Neolithic origin for domestic cattle and no indication of domestication of European aurochs. Proc. Roy. Soc. Lond. B 274: 1377-1385.
Enattah, N. S. et al. 2002. Identification of a variant associated with adult-type hypolactasia. Nat. Genet. 30: 233-237.
Engel, M. 1999. The taxonomy of recent and fossil honey bees (Hymenoptera: Apidae: *Apis*). J. Hymenoptera Res. 8: 165-196.
Ervynck, A. et al. 2010. Beyond affluence, the zooarchaeology of luxury. World Archaeol. 34: 428-441.
Eshed, V. et al. 2004. Has the transition to agriculture reshaped the demographic structure of prehistoric populations? New evidence from the Levant. Am. J. Phyic. Anthrop. 124: 315-329.
Evershed, R. P. et al. 2008. Earliest date for milk use in the Near East and southeastern Europe linked to cattle herding. Nature 455: 528-531.
エヴェレット, D. L. 2012. ピダハン（屋代通子訳）. みすず書房, 東京. 390pp.
FAO 2015. FAOSTAT (http://faostat3.fao.org/browse/Q/*/E 閲覧 2016. 8. 10)
Fernandez, H. et al. 2006. Divergent mtDNA lineages of goat in Early Neolithic site, far from the initial domestication areas. PNAS 103: 15375-15379.
Feuillet, C. et al. 2007. Cereal breeding takes a walk on the wild side. Trends Genet. 24: 24-32.
Fiennes, R. N. T. W. 1978. Zoonoses and the Origins and Ecology of Human Disease. Academic Press, NY. 196pp.

フォア, J. S. 2011. イーティング・アニマル（黒川由美訳）. 東洋書林, 東京. 318pp.

藤井純夫. 1999.「群れ単位の家畜化」説——西アジア考古学との照合. 民族学研究 64 (1)：28-57.

藤井純夫. 2001. ムギとヒツジの考古学. 同成社, 東京. 344pp.

福井勝義. 1987. 序論 牧畜社会へのアプローチと課題.『牧畜社会の原像』（福井勝義・谷泰編）, pp. 3-60. 日本放送文化協会, 東京.

Fuller, D. Q. 2007. Contrasting patterns in crop domestication and domestication rates: recent archaeobotanincal insights from the Old World. Annals Bot. 100: 903-924.

フツイマ, D. J. 1991. 進化生物学（岸由二ほか訳）. 蒼樹書房, 東京. 612pp.

Garfinkel, Y. 2004. The Goddess of Sha`ar Hagolan. Excavations at a Neolithic Site in Israel (2004) 216 pp. Israel Exploration Soc.

Giuffra, E. et al. 2000. The origin of the domestic pig: independent domestication and subsequent introgression. Genetics 154: 1785-1791.

Götherström, A. et al. 2005. Cattle domestication in the Near East was followed by hybridization with aurochs bulls in Europe. Proc. Roy. Soc. Lond. B 272: 2345-2350.

Gouin, P. 1977. Ancient oriental dairy techniques driven from archaeological evidence. Food Foodways: Explorat. Hist. Cult. Human Nourish. 7: 157-188.

Greenfield, H. J. et al. 1988. The origins of milk and wool production in the Old World: a zooarchaeological perspective from the Central Balkans. Curr. Anthrop. 29: 573-593.

Guo, J. et al. 2005. A novel maternal lineage revealed in sheep (*Ovis aries*). Anim. Genet. 36: 331-336.

Haak, W. et al. 2010. Ancient DNA from European Early Neolithic farmers reveals their Near Eastern affinities. PLOS Biol. 8: e1000536.

Hamilton, W. D. 1980. Sex versus non-sex versus parasite. Oikos 35: 282-290.

Hansen, P. J. 2004. Physiological and cellular adaptations of zebu cattle to thermal stress. Anim. Reprod. Sci. 82-83: 349-360.

Harlan, J. R. & D. Zohary. 1966. Distribution of wild wheats and barley. Science 153: 1074-1080.

Harlan, J. R. 1967. A wild wheat harvest in Turkey. Archaeology 20:197-201.

Harpur, B. A. et al. 2012. Management increases genetic diversity of honey bees via admixture. Mol. Ecol. 21: 4414-4421.

ハリス, M. 1987. 文化唯物論［上・下］（長島信弘・鈴木洋一訳）. 早川書房, 東京. 597pp.

ハリス, M. 2001. 食と文化の謎（板橋作美訳）. 岩波現代文庫, 岩波書店, 東京. 360pp.

Hiendleder, S. et al. 1998. Analysis of mitochondrial DNA indicates that domestic sheep are derived from two different ancestral maternal sources: no evidence for contributions from urial and argali sheep. J. Heredity 89: 113-120.

Hiendleder, S. et al. 2002. Molecular analysis of wild and domestic sheep questions current nomenclature and provides evidence for domestication from two different subspecies. Proc. Roy. Soc. Lond. B 269：893-904.

Hill, K. & H. Kaplan. 1993. On why male foragers hunt and share food. Current. Anthop. 34: 701-706.

Hinnov, L. A. et al. 2002. Interhemispheric space-time attributes of the Dansgaard-Oeschger oscilltions between 100 and 0 ka. Quat. Sci. Rev. 21: 1213-1228.

Hoberg, E. P. et al. 2001. Out of Africa: origins of the Taenia tapeworms in humans. Proc. Roy. Soc. Lond. B 268: 781-787.

Hofmann, R. R. 1988. Morphophysiological evolutionary adaptations of the ruminant digestive system. In: Comparative Aspects of Physiology of Digestion in Ruminants (Dobson, A. ed.), pp. 1-20. Cornell Univ. Press, NY.

本郷一美. 2002. 狩猟採集から食料生産への緩やかな移行. 国立民族学博物館調査報告 33：109-158.

Hu, Y. et al. 2014. Earliest evidence for commensal processes of cat domestication. PNAS 111: 117-120.

今西錦司. 1948. 遊牧論. 秋田屋, 大阪. 264pp.

石毛直道. 1992. 乳利用の文化史.『乳利用の民族誌』（雪印乳業健康生活研究所編）, pp. 9-21. 中央法規, 東京.

Itan, Y. et al. 2010. A worldwide correlation of lactase persistence phenotype and genotypes. BMC Evol. Biol. 10: 36. http://www.biomedcentral.com/1471-2148/10/36

Jensen, A. B. et al. 2005. Varying degrees of *Apis mellifera* ligustica introgression in protected populations of the balack honeybee, *Apis mellifera mellifera*, in northwest Europe. Mol. Ecol. 14: 93-106.

Joy, D. A. et al. 2003. Early origin and recent expansion of *Plasmodium falciparum*. Science 300: 318-321.

神谷正男. 1989. 包条虫, エキノコックスの現状とその対策. 臨床と微生物 16：46-52.

加茂儀一. 1973. 家畜文化史. 法政大学出版局, 東京. 1058pp.

Kaplan, H. & K. Hill. 1985. Food sharing among Ache foragers. Current Anthropol. 26:223-246

Kaplan, H. et al. 2000. A theory of human life history evolution, diet, intelligence, and longevity. Evol. Anthrop. 9: 156-185.

Kierf, S. et al. 2010. On the diversity of malaria in African apes and the origin of *Plasmodium falciparum* from Bonobos. PLOS Pathogens 6: e1000765.

木原均（編）. 1954. 小麦の研究. 養賢堂, 東京. 753pp.

Kijas, J. et al. 2012. Genome-wide analysis of the world's sheep breeds reveals high levels of historic mixture and strong recent selection. PLOS Biol. 10:2, e4668.

Kislev, M. E. et al. 1992. Epipalaeolithic (19,000 BP) cereal and fruit diet at Ohalo II, Sea of Galilee, Israel. Rev. Palaeobot. Palymol. 73: 161-166.

小泉都. 2017. 人類を支えてきた狩猟採集.『環境』東南アジア地域研究入門 1（山本信人・井上真 編）, pp. 71-90. 慶応義塾大学出版会, 東京.

小西正泰. 1992. 虫の文化誌. 朝日新聞社, 東京. 275pp.

近藤誠司. 2001. ウマの動物学（アニマルサイエンス①）. 東京大学出版会, 東京. 197pp.

Kuijt, I. 2008. Demography and storage systems during the southern Levantine Neolithic demographic transition.

In: The Neolithic Demographic Transition and its Consequences (Jean-Pierre, B. A. and O. Bar-Yosef, eds.), pp. 291-314. Springer, NY.

Labandeira, C. et al. 1994. Ninety-seven million years of angiosperm-insect association: palaeobiological insights into the meaning of coevolution. PNAS 91: 12278-12282.

Larson, G. et al. 2005. Worldwide phylogeography of wild boar reveals multiple centers of pig domestication. Science 307: 1618-1621.

Larson, G. et al. 2007a. Ancient DNA, pig domestication, and the spread of the Neolithic into Europe. PNAS 104: 15276-15281.

Larson, G. et al. 2007b. Phylogeny and ancient DNA of *Sus* provides insight into Neolithic expansion in island southeast Asia and Oceania. PNAS 104: 4834-4839.

Larson, G. et al. 2010. Patterns of East Asia pig domestication, migration, and turnover revealed by modern and ancient DNA. PNAS 107: 7686-7691.

Lawrence, E. A. 1993. The sacred bee, the filthy pig, and the bat out of hell: animal symbolism as cognitive biophilia. In: The Biophilia Hypothesis (Kellert, S. R. and E. O. Wilson, eds.), pp. 301-344. Island Press, NY.

Leach, H. M. 2003. Human domestication reconsidered. Curr. Anthrop. 44: 349-368.

Lee, R. B. 1968. What hunters do for a living, or, how to make out on scarce resources. In: Man the Hunter (Lee, R. B. and I. DeVore, eds.), pp. 30-48. Aldine, Chicago.

Lee, R. B. & I. DeVore. 1968. Problems in the study of hunters and gatherers. In: Man the Hunter (Lee, R. B. and I. DeVore, eds.), pp. 3-12. Aldine, Chicago.

Lent, P. C. 1974. Mother-infant relationships in ungulates. In: The Behavior of Ungulates and its Relation to Management (Geist, V. and F. Walther, eds.), pp. 14-55. IUCN, Morges.

Lev, E. et al. 2005. Mousterial vegetal food in Kebara Cave, Mt. Carmel. J. Archaeol. Sci. 32: 475-484.

Linder, H. P. & P. J. Rudall. 2005. Evolutionary history of Poales. Ann. Rev. Ecol. Evol. Syst. 36: 107-124.

Linseele, V. et al. 2007. Evidence fro early cat taming in Egypt. J. Archaeol. Sci. 34: 2081-2090.

Lipinski, M. J. et al. 2008. The ascent of cat breeds: genetic evaluations of breeds and worldwide random-bred populations. Genomics 91: 12-21.

Liu, W. et al. 2010. Origin of the human malaria parasite *Plasmodium falciparum* in gorillas. Nature 467: 420-425.

Lizot, J. 1977. Population, resources and warfare among the Yanomami. Man 12: 497-517.

Magee, D. et al. 2007. Duality in *Bos indicus* mtDNA diversity: supoort for geographical complexity in zebu domestication. In: The Evolution and Human Populations in South Asia (Petragulia, M. D. and B. Allchin, eds.), pp. 385-391. Springer, Dordrecht.

Maiwashe, A. N. & H. D. Blackburn 2004. Genetic diversity in and conservation strategy considerations for Navajo Churro sheep. J. Anim. Sci. 82: 2900-2905.

Malmström, H. et al. 2010. High frequency of lactose intolerance in a prehistoric hunter-gatherer population in northern Europe. BMC Evol. Biol. doi: 10:1186/1471-2148/10/89.

Marlowe, F. 2001. Male contribution to diet and female reproductive success among foragers. Curr. Anthrop. 42: 755-759.

Marom, N. & G. Bar-Oz. 2009. Culling profiles: the indeterminacy of archaeozoological data to survivorship curve modelling of sheep and goat herd maintenance strategies. J. Archaeol. Sci, 36: 1184-1187.

松井健. 1989. セミ・ドメスティケイション. 海鳴社, 東京. 244pp.

松原豊彦. 2009. アグリビジネスと家畜産業. 『家畜の文化』ヒトと動物の関係学②（林良博ほか編）, pp. 238-255. 岩波書店, 東京.

Matsuoka, Y. et al. 2002. A single domestication for maize shown by multilocus microsatellite genotyping. PNAS 99: 6080-6084.

McCormick, M. 2003. Rats, communications, and plague: towards an ecological history. J. Interdiscip. Hist. 34: 1-25.

マクレガー, N. 2012. 100のモノが語る世界の歴史（1）文明の誕生（東郷えりか訳）, 筑摩書房, 東京. 286pp.

マクニール, W. H. 1976. 疫病と世界史（佐々木昭夫訳 1985）. 新潮社, 東京. 335pp.

三浦慎悟. 2010. 動物におけるアロマザリング——哺乳類を中心に. 『ヒトの子育ての進化と文化』（根ケ山光一・柏木恵子編）, pp. 11-30. 有斐閣, 東京.

三宅裕. 1996. 西アジア先史時代における乳利用の開始について——考古学的にどのようなアプローチが可能か. オリエント 39: 83-101.

Miyazaki, M. et al. 2006. A major urinary protein of the domestic cat regulates the production of Felinine, a putative pheromone precursor. Chem. Biol. 13: 1071-1079.

Moore, A. M. T. et al. (eds.). 2000. Village on the Euphrates: From Foraging to Farming at Abu Hureyra. Oxford Univ. Press, NY. 585pp.

Munson, P. J. 2000. Age-correlated differential destruction of bones and its effect on archaeological mortality profiles of domestic sheep and goats. J. Archaeol. Sci. 27: 391-407.

Nadel, D. & I. Hershkovitz. 1991. New subsistence data and human remains from the earliest Levantine Epipalaeolithic. Curr. Anthrop. 32: 631-635.

Naeri, S. et al. 2008. The goat domestication process inferred from large-scale mitochondrial DNA analysis of wild and domestic individuals. PNAS 105: 17659-17664.

Nashef, K. 1992. Archaeology in Iraq. Am. J. Archaeol. 96: 301-323.

西田正規. 2007. 人類史のなかの定住革命. 講談社学術文庫, 講談社, 東京. 272pp.

Nomura, T. et al. 2001. Inbreeding and effective population size of Japanese black cattle. J. Anim. Sci. 79: 366-370.

野澤謙. 1987. 家畜化の生物学的意義. 『牧畜社会の原像』（福井勝義・谷泰編）, pp. 63-107. 日本放送出版協会, 東京.

野澤謙. 2009. 家畜化と家畜. 『アジア在来家畜』（在来家畜研究会編）, pp. 3-14. 名古屋大学出版会, 名古屋.

Ochieng'-Odero, J.P.R. 1994. Does adaptation occur in insect rearing systems, or is it a case of selection, acclimatization and domestication? Insect Sci. Appl. 15:1-7.

岡奈理子・山本麻希．2016．日本有数のオオミズナギドリ繁殖島とネコ問題の取組み．月刊海洋 48：405-408.

小澤祥司．2016．マラリアはどこから来たか．科学 86：373-378.

Özkan, H. et al. 2005. A reconsideration of the domestication geography of tetraploid wheats. Theoret. Appl. Genet. 110: 1052-1060.

Payne, S. 1973. Kill-off patterns in sheep and goats: the mandibles from Aşvan Kale. Anatolia Stud. 23: 281-303.

Pearce-Duvet, J. M. G. 2006. The origin of human pathogens: evaluating the role of agriculture and domestic animals in the evolution of human disease. Biol. Rev. 81: 369-382.

Pedrosa, S. et al. 2005. Evidence of three maternal lineages in near eastern sheep supporting multiple domestication events. Proc. Roy. Soc. Lond. B 272: 2211-2217.

Perkins, D. 1973. The beginnings of animal domestication in the near East. Am. J. Archaeol. 77: 279-282.

Poinar, G. O. & B. N. Danforth. 2006. A fossil bee from early Cretaceous Burmese amber. Science 314: 614.

Price, E. O. 1984. Behavioral aspects of animal domestication. Quat. Rev. Biol. 59: 1-32.

Prugnolle, F. et al. 2010. African great apes are natural hosts of multiple related malaria species, including Plamodium falciparum. PNAS 107: 1458-1463.

Randi, E. & B. Ragni. 1991. Genetic variability and biochemical systematics of domestic and wild cat populations (Felis silvestris: Felidae). J. Mamm. 72: 79-88.

Randi, E. et al. 2000. Genetic identification of wild and domestic cat (Felis silverstris) and their hybrids using Bayesian clustering methods. Mol. Biol. Evol. 18: 1679-1693.

Roman, A. 2004. L'e;evage bovin en Egypte antique. Bull. Soc. Fr. Hist. Med. Sci. Vet. 3: 35-45.

Root, A. I. 1895. The ABC of Bee Culture. Media Ohio, 524pp.（以下のURL参照．https://archive.org/details/CAT11016094　閲覧2016. 6. 3）

Rosenberg, M. et al. 1998. Hallan Çemi, pig husbandry, and Post-Pleistocene adaptation along the Taurus-Zagros Arc (Turkey). Paléorient 24: 25-41.

Rúa, P. D. et al. 2013. Conserving genetic diversity in the honeybee: comments on Harpur et al. (2012). Mol. Ecol. 22: 3208-3210.

Russell, K. 1988. After Eden: Behavioral Ecology of Early Food Production in the Near East and North Africa. BAR International Series 391. British Archaeological Reports, Oxford. 262pp.

Sakellaridis, M. 1979. The Economic Exploitation of the Swiss Area in the Mesolithic and Neolithic Periods. British Archaeol. Rep. Oxford. 433pp.

Salque, M. et al. 2013. Earliest evidence for cheese making in the sixth millennium BC in northern Europe. Nature 493: 522-525.

Sang, T. 2009. Genes and mutations underlying domestication transitions in grasses. Plant Physiol. 149: 63-70.

Sapir-Hen, L. et al. 2009 Gazelle exploitation in Israel: the last of the gazelle hunters in the southern Levant. J. Archaeol. Sci. 36: 1538-1546.

佐藤弘明ほか．2006．カメルーン南部熱帯多雨林における"純粋"な狩猟採集生活——小乾季における狩猟採集民Bakaの20日間の調査．アフリカ研究69：1-14.

Sato, H. et al. 2012. Addressing the wild yam question: how Baka hunter-gatherers acted and lived during two controlled foraging trips in the tropical rainforest of southeastern Cameroon. Anthrop. Sci. 120: 129-149.

Shelach, G. 2012. On the invention of pottery. Science 336: 1644-1645.

Sherratt, A. 1983. The secondary exploitation of animals in the Old World. World Archaeol. 15: 90-104.

塩野崎和美．2016．奄美大島における外来種としてのイエネコが希少在来哺乳類に及ぼす影響と希少種保全を目的とした対策についての研究．京都大学学位（地球環境学）論文，123pp.

Taberlet, P. et al. 2008. Are cattle, sheep, and goats endangered species? Mol. Ecol. 17: 275-284.

高橋春成（編）．2010．日本のシシ垣．古今書院，東京．358pp.

高橋純一．2006．ミツバチ属の分類と系統について．ミツバチ科学 26：145-152.

高橋正道．2006．被子植物の起源と初期進化．北海道大学出版会，札幌．506pp.

武田和義．2005．東アジア特有の半矮性オオムギ'渦'の話．育種学研究 7：205-211.

竹内潔．2002．分かち合う世界——アフリカ熱帯森林の狩猟採取民アカの分配．『カネと人生』（子馬徹編），pp. 24-52．雄山閣，東京．

田中二郎．1971．ブッシュマン．思索社，東京．148pp.

田中二郎．1978．砂漠の狩人．中公新書，中央公論社，東京．213pp.

谷泰．1995．考古学的意味での家畜化とは何であったか——人－羊・山羊間のインターラクションの過程として．人文學報 76: 229-274.

Tapio, M. et al. 2006. Sheep mitochondrial DNA variation in European, Caucasian, and Central Asia areas. Mol. Biol. Evol. 23: 1776-1783.

Tchernov, E. 1984. Commensal animals and human sedentism in the Middle East. In: Animals and Archaeology, Vol. 3, Early Herders and their Flocks (Grigson, C. and J. Cltton-Brock, eds.), pp. 91-115. British Archaeol. Rep.

Tishkoff, S. et al. 2007. Convergent adaptation of human lactase persistence in Africa and Europe. Nature Genet. 39: 31-40.

Trivers, R. L. 1971. The evolution of reciprocal altruism. Quart. Rev. Biol. 46: 35-57.

Troy, C. S. et al. 2001. Genetic evidence for Near-Eastern origins of European cattle. Nature 410: 1088-1091.

Tsahar, E. et al. 2009. Distribution and extinction of ungulates during Holocene of the southern Levant. PLOS ONE 4：e5316.

月本昭男．2010．古代メソポタミアの神話と儀礼．岩波書店，東京．400pp.

角田健司．2009．ヒツジ——アジア在来羊の系統．『アジア在来家畜』（在来家畜研究会編），pp. 253-279．名古屋

大学出版会，名古屋．

梅棹忠夫．1976．狩猟と遊牧の世界．講談社，東京．174pp.

Valla, F. et al. 2001. Le Natouflen Final de Mallaha (Eynan), Deuxicme Rapport Préliminaire: Les Fouilles de 1998-1999. J. Israel Prehist. Soc. 31: 9-151.

ウェルギリウス，P. M. BC39-37年ころ．牧歌／農耕詩．西洋古典叢書（小川正廣訳，2004）．京都大学学術出版会，京都．279pp.

Vigne, J. -D. et al. 2004. Early taming of the cat in Cyprus. Science 304: 259

Vigne, J. -D. 2008. Zooarchaeological aspects of the Neolithic diet transition in the Near East and Europe, and their putative relationships with the Neolithic demographic transition. In: The Neolithic Demographic Transition and its Consequences (Bocquet-Applel, J.-P. and O. Bar-Yosef, eds.), pp. 179-204. Springer, London.

Volkman, S. K. et al. 2001. Recent origin of *Plasmodium falciparum* from a single progenitor. Science 293: 482-484.

Wasse, A. 2002. Final results of an analysis of sheep and goat bones from Ain Ghazal, Jordan. Levant 34: 59-82.

Weiss, E. et al. 2004. The broad spectrum revisited: evidence from plant remains. PNAS 101: 9551-9555.

Winston, M. L. 1987. The Biology of the Honey Bee. Harvard Univ. Press, Cambridge. 294pp.

Wolfe, N. D. et al. 2007. Origins of major human infectious diseases. Nature 447: 279-283.

Wright, K. I. 1994. Ground-stone tools, implications for the transition to farming. Am. Antiquity 59: 238-263.

Wu, X. et al. 2012. Early pottery at 20,000 years ago in Xianrendong Cave, China. Science 336: 1696-1700.

山田章雄．2004．人獣共通感染症．ウイルス 54：17-22.

山極寿一．2012．家族進化論．東京大学出版会，東京．358pp.

安田善憲．1995．森林の荒廃と文明の盛衰．思索社，東京．277pp.

Zeder, M. A. & B. Hesse. 2000. The initial domestication of goats in the Zagros Mountains 10,000 years ago. Science 287: 2254-2257.

Zeder, M. 2008. Animal domestication in the Zagros: an update and directions for future research. Archaeozool. N.E. 49: 1-36.

Zeder, M. 2011. The origin of agriculture in the Near East. Current Anthrop. 52（Suppl.）: 221-235.

Zeder, M. et al. 2013. New perspective on the use of kites in mass kills of Levantine gazelle: a view from northeastern Syria. Quat. Int. 297: 110-125.

ゾイナー，F. E. 1983．家畜の歴史（国分直一・木村伸義訳）．法政大学出版局，東京．590pp.

Zohary, D. 1969. The progenitors of wheat and barley in relation to domestication and agricultural dispersal in the Old World. In: The Domestication and Exploitation of Plants and Animals (Ucko, P. J. and G. W. Dimbleby, eds.), pp. 47-66. Duckworth, London.

Zohary, D. & M. Hopf. 2000. Domestication of Plants in the Old World, 3rd ed. Oxford Univ. Press, NY. 316pp.

第3章　農畜融合文化の波紋

　トルコ，アナトリア高原の都市，コンヤから南東にのびるいなか道を150 kmほど走った広い平野のムギ畑のただなかに，取り立ててめだつわけでもないが，周囲より10 mほど隆起した双こぶ状の丘がある．雑草が生い茂るなだらかな斜面を登ると，一面のムギ畑が初夏の陽光を浴びてかすみ，はるか遠くの地平線へと溶解していた．この地に，BP9500-7700年の土器新石器時代，人類最初の都市があった．"チャタル・ホユック"，ホユックとはトルコ語で"丘"の意だ（図3-1）．この遺丘は1958年にイギリスの考古学者ジェームズ・メラートによって発見され，以来，現在まで，地元セルチュク大学のほかに，ケンブリッジ大学，ロンドン大学，スタンフォード大学などの合同チームによって，丘の頂上と，その裾野のおもに2カ所で慎重な発掘が進められている．発掘現場は全体が巨大な体育館のようなテント屋根で覆われ，遺構はそのままに保存されている．裾野のそれは住居址だ．斜面に沿って階段状に何層か積み上げられ，家々は狭い空間に，あたかもスラムのように密集していたようだ（図3-1）．人々は狭い路地をねり歩き，声をかけ合いながら取引を行っていたのだろうか，バザールを彷彿とさせるその面影はいまも昔も変わらないように，私には思えた．

　2012年に世界遺産に登録されたこの遺丘がなぜ注目されるのか．人類最古の都市であることはいうまでもないが，農畜の融合文化がたどり着いた1つの成熟型であり，そしてアジアからヨーロッパへと向かった"ゲートウェイ"だったからである．推定人口およそ6000-8000人

図 3-1　上：新石器時代世界最古にして最大の都市，チャタル・ホユック（Çatal Höyük）．なだらかな丘に発掘用のドームがみえる．下：ドーム内の発掘現場．トルコ・コンヤより南東約150 km（2012年5月著者撮影）．

（Balter 1998）．まぎれもない当時世界最大の都市だった．この都市の近在には黒曜石の産地がいくつか点在し（図2-5参照），この貴重な石がさかんに取引された巨大マーケットでもあった．黒曜石は火山ガラスの1種で，たたくと薄い鋭利な断片へと剥離する性質をもつ．石刃，矢尻など各種スクレーパーに加工できる新石器時代のレアメタルだった．人々はこの都市に引き寄せられ，獲物や農産物，畜産物などを持ち

図 3-2 豊饒地母神とされる女性の座位像（焼成土偶）．チャタル・ホユックの資料室に展示されたレプリカ（2012年5月著者撮影）．

寄って物々交換していた．区画された多数の部屋（チャンバー）の壁には，動物との交流を描いた壁画が残されている．狩猟はなおさかんに行われていたのだろう．シカやイノシシを弓矢で狩る人々の姿がある．なかでも巨大なウシ（オーロックス）のまわりに人間が群がる絵が目をひく．狩猟図なのか，崇め奉っているのかは判然としない．

多数の出土品が貴重だ．このなかにはすでに紹介したチーズストレーナーの断片や，線状紋土器（LBK，第2章参照）の原型のような多種多様な土器群がある．また粘土製の剝製のような，さまざまなサイズのウシの胸像が複数みつかっている．ウシは神聖視されていたのはまちがいない．そして見逃せないのが，"豊饒地母神（マザー・ガドネス）"と名づけられた女性の座位像（図3-2）で，メラートが，この地で発掘を開始した1961年に発見し，現在はアンカラのアナトリア文明博物館に展示されている．巨大な乳房をあけすけに，2頭のネコ科動物に両手を置きしたがえて，堂々と座っている．明らかに女性と乳房は豊饒と多産を示し，ネコ科動物はヒョウかライオン（当時は多数生息）で，狩猟の獲物か家畜を襲う捕食者（プレデター）を統御し，君臨することを願った像だと思われる．これはすでにみたレヴァントの女性座位像（図2-9参照）の発展型であるにちがいない．ここには農と畜，あるいは狩猟の永続を祈る当時の人々の心性が具象化されている．もちろん後代にはより精巧で，はるかに洗練され，芸術性を兼ね備えつつ発展していくが，この農畜の守護神への祈りが，ヨーロッパ旧石器時代の宗教的祖型（ヴィレンドルフのヴィーナスなど，図1-8参照）と合流して，多彩なヴァリエーションを生み出しながら各地に分散し，ヨーロッパの精神的な源流を形づくったように，私には思えた．

3.1　ヨーロッパへの道程

（1）チャタル・ホユックの衝撃

農畜の複合文化は人間の身体にさまざまな形で影響をおよぼした．リチャーズら（Richards et al. 2003a）は，チャタル・ホユックで出土した人間の安定同位体を分析して，その食生活にせまっている．十分なサンプル数ではないが，ヤギと穀類（C_3植物）が主食で，ヒツジには個体差があって（階層分化か），食べることができる人々とそうでない人々がいたようだ．またC_4植物も家畜か，野菜経由かで取り込まれていた．ウシは食料の対象ではなく，ほとんど食べられていなかった．相当なごちそうだったか，インドでみられるような「禁忌」が存在していたのかもしれない．また子どもは1.5歳ころに離乳していたようだ．アナトリア地域で出土した人骨のサイズを初期新石器時代と後期新石器時代で比較すると，ごくわずかだが，身長が減少し，男女差が少なくなっている（Özer et al. 2011）．このことは狩猟採集から農耕への移行期に一般的にみられる現象だ．

エシェッドら（Eshed et al. 2004）は，農耕以前のナトゥーフ期と農耕成立後の各時期で複数の遺跡から出土した人骨の年齢査定を行い，これらをもとに2つの時期の人間の生命表と生存曲線を描いている．顕著な差はないが，農耕はとくに30歳以上の大人の生存率を有意に高めたようだ．農耕は通常，女性の子どもの数を

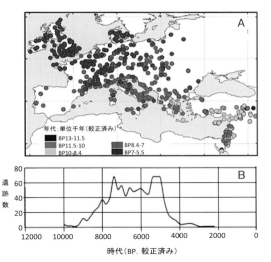

図 3-3 Aはヨーロッパ新石器時代の遺跡の分布と年代（Turney & Brown 2007 より）．Bはその時間的推移（Zaitseva & Dergachev 2009 より）．

増やして繁殖率を増加させた（Bellwood & Oxenham 2008 など）のに加えて，定住と労働の軽減（?）は子育ての成功率を上昇させた．これらが食糧の安定化とあいまって人口を増加させたのはまちがいない．このことは，レヴァントにおいて農耕を契機に集落数と集落サイズが飛躍的に増加したことにみてとれる（Guerrero et al. 2008.）．さらに家畜化がこれに拍車をかけたとの推測は，チャタル・ホユックの人口増加や，先土器新石器時代終末期のジェリコの人口が 2000-3000 人に増えたことにも現れている（Davison et al. 2006）．

　農畜融合文化はいよいよその高い扶養力を発揮して各地で人口を増加させていった．これらの人々は家族と家畜をともない，穀類と種子，新石器をたずさえて，新天地を求めてアナトリアの地から，あらゆる方角へと旅立ったにちがいない．なぜなら農耕には土地の占有（ときには争奪）という側面があるからだ．それを裏づけるかのように，ヨーロッパの新石器時代遺跡（LBK を含む土器群が発掘される）の分布とその成立年代には，明確な方向性が認められる（図 3-3A）．初期にはバルカン半島からエーゲ海に分布し，そこからは，アナトリアから直接持ち込まれたような土器製の椅子，フォーク，土偶が発見された（Ozdogan 2011）．そして後にはヨーロッパ中央部，イングランドを含む北部一帯へと拡散していった．それだけではない．黒海の西部から北部を突き抜け，ヨーロッパ・ロシアへも広がっている．この遺跡年代とその数の推移をみると（Zaitseva & Dergachev 2009；図 3-3B），BP9000 年ころから徐々に増え，BP7800 年ころから急増していき，BP5000 年ころまで継続し，以後は消失してしまう（鉄器時代へと移行）．

黒海異聞

　いささか旧聞に属するが，1997 年，衝撃的な論文が"海洋地質学雑誌"という国際誌に掲載された．著者はコロンビア大学のウィリアム・ライアンほか（Ryan et al. 1997），題して「黒海における突然の大洪水」．淡水湖であった黒海はボスポラス海峡によって地中海とは隔てられていたが，BP7200 年にその仕切りが突然に崩れ，落差 100 m 以上の，ナイアガラの滝のじつに 200 倍を超える膨大な量の海水が 300 日以上も流れ込み，その周囲 10 万 km^2 以上にわたって未曾有の大洪水を引き起こしたのだという．そのおもな論拠は，淡水産の大きな（通常は表層の砂のなかにいる）二枚貝（Dreissena rostriformis）の化石が水深 100 m 以下の湖底でみつかることだった．その経過はこうだ．ユーラシア北部を覆っていた氷床の後退とともに大量の淡水がドナウ川やドニエプル川から黒海に流れ込み，水量は増加した．しかし，その後の温暖化と乾燥化は（海水位を増加させたいっぽうで）湖水位を極端に低下させ，この落差の帳尻合わせがボスポラスの決壊と海峡形成につながったのだという．おりしもそれはアナトリアから黒海周辺へと移住を開始した新石器時代人の植民期にあたり，人々がヨーロッパへの植民を急いだのはこのカタストロフを回避した行動だったのではないか．

　この，ノアのそれを想起させる"大洪水仮説"は，その後さまざまな角度から検証が行われたり，反論（Yanko-Hombach et al. 2007）が提起され，2007 年にはユネスコと国際地質学会に

よる「合同総合調査」が実施された．この結果，仮説の基本プロットは正しかったが，落差は30 m程度で，流入は「まったく穏やか」に進行したとの結論に達した（Giosan et al. 2009）．それでも衝撃的な仮説はときに科学を進歩させる．黒海はその地形や堆積，形成史が世界でもっとも理解された湖の1つとなった．そしてもう1つ．結論は黒海周辺をある程度は水浸しにしたのだ．居住地や農地を奪われた多数の人々が新たな植民地を求めて移動し，拡散した．このことに変わりはない．

（2）ヨーロッパの中石器時代

西アジア（アナトリア）での農畜融合文化の成立はヨーロッパへの人間の移動をうながしただろうが，ヨーロッパは無人地帯だったわけではない．第1章でみたように，ネアンデルタール人と一部混血した，あるいはとってかわった現生人類の，旧石器時代のままの狩猟採集活動が続いていた．気候はめまぐるしく変動し，人類はその都度大きな影響を受けた．最終氷期が終わるBP約1.6万年以降，ヨーロッパは温暖でやや乾燥した気候へと急速に変わるものの，BP約1.3万-1.2万年にはヤンガードリアス期の寒冷気候に再び襲われた．そしてこれ以後，ヨーロッパは徐々に温暖になり，ニレ，ハシバミ（実はヘーゼルナッツ）の混じるナラ・カシ林に広く覆われるようになった．南部のリフュージアに避難していた狩猟採集民は，それまでの生活拠点であった山地の洞窟などを捨てて平地へと移動し，竪穴式の住居をつくり，森林に依拠しながら各地で定住生活を始めた．

この生活様式の変化はグループ・ハンターとしてのヒトの社会化や武器の発達と無縁ではない．なかでも投げ槍に加えて新たに弓が発明されたのが大きい．この強力な武器の発明によって人類は初めて名実ともにほかの野生動物を圧倒し，狩る者としての不動の地位を築いたにちがいない．弓は飛翔体を発射する画期的な道具ではあったが，遠距離から正確に射るためには，矢尻をより精巧に加工する必要がある．石や骨を細かくたたき精密な形に仕上げなければならない．石の加工技術はこの矢尻の製作を中心に格段に進歩した．この氷期以後の旧石器の革新から，ヤンガードリアス期をはさんだ，農耕と家畜をともなう新石器時代（BP7500-5000年で，地域差が著しい）までの移行期を「中石器時代」（MesolithicあるいはEpipaleolithic）という．その期間は，ヨーロッパ中央部でみると，約4000年間続いた．道具の発達は水辺地域では簡単な船やカヌーまでもが製作され，漁労が営まれるようになった．そうした創意工夫にもかかわらず，旧石器時代後期（マグダレニアン期）に約4万人と推定されたヨーロッパの人口は中石器時代を通じて大きな変化はなく（Bocquet-Apple & Demars 2000），5000年以上を経過してもおそらく50万人には，はるかに達しなかったようだ（Shennan & Edinborough 2007）．

中石器時代の野生動物と人間との関係を点描しておこう．メガファウナはすでに絶滅し，ヨーロッパの動物相は大きく様変わりした．最大のオーロックスを除けば，そのメンバーは，種ごとの浮沈はあるが，現在とほぼ一致している．各地の中石器時代の遺跡から出土した人骨や動物骨は分析され，当時の生活像が復元されている．なかでも注目されたのは，発掘された動物種のリストとともに，人骨の放射性同位体分析から大まかな食性が分析されたことだった．

チェコ，ボヘミア地方の遺跡からは，ウサギ，ノロジカ，アカシカ，ムースのほか，各種鳥類，テン，リス，ビーヴァー，ヤマネコ，キツネなどの毛皮獣が出土し，狩猟され，肉や毛皮が利用されていたことがわかった．ヨーロッパはなお寒く，毛皮獣は唯一の貴重な衣料だった．このほかに淡水性の二枚貝やヘーゼルナッツが収穫されていた（Hardy & Svoboda 2009）．ポーランド，ワルシャワ近郊の遺跡からは，上記の狩猟動物に加え，炭化したクワイ，ヒシ，ソバ，ロシアアザミ，ミツガシワ，カヤツリグサ科の植物種子が大量にみつかった（Kubiak-Martens 1996）．ポルトガルの旧石器時代末の遺跡からは，アカシカやイノシシに加えて，9000頭分以上のアナウサギの骨が大量にみつかった．

それは偶然に獲られた量ではない．明らかに狩猟は専門化し，ウサギ猟を生業とした集団が成立していたようだ（Hockett & Bicho 2000）．

イギリス北東部，ノース・ヨークシャー州のノース・ジルは BP 約 6300 年の中石器末の遺跡で，シカやウサギなど多数の動物骨や，木炭が出土することで知られている．ロンドン大学のイネスとブラックフォード（Innes & Blackford 2003）はこの地の花粉，木炭，菌類の胞子を詳細に調べ，環境の変動を追跡した．それによれば，この時代，花粉はカシやハンノキからヤナギやシナノキ，草本類へ転換し，これにともなって木炭と，菌類ではスポルミナリン（*Sporormiella*）などの糞生菌の胞子が増加していた．このことから2人は，木炭の出現頻度が高いのは，この地の人々が森林にさかんに火入れを行い，ブッシュや草本の草原をつくり，草食獣を誘導する環境改変を積極的に行っていた，と推測した．

中石器時代人の食物は，ネアンデルタール人や旧石器時代人のそれに比べ，明らかに小型哺乳類の割合が増加する傾向がある．沿岸部では，アカシカ，イノシシ，ウサギ，カシのドングリ，ピスタチオ，マツの実などの陸上生物に加えて，二枚貝，カニ，エイなどの魚介類が広く利用されていたようだ（Lubell *et al.* 1994）．また北海周辺のデンマークやフランスでは，各種二枚貝，甲殻類，魚類と一緒に，アザラシやオットセイ，クジラやイルカなどの海生哺乳類が食されていた（Richards & Hedges 1999）．さらに黒海北部のドニエプル川沿いの遺跡では，カメ類，ナマズ，カワマス，スズキなどの淡水魚類を主食に，貝類や陸生小型哺乳類などが食べられていた（Lillie *et al.* 2003）．こうした地域の実情に合わせて食性の柔軟性を発揮するヨーロッパ人の特性は，同時期，北米海岸部ではサケ漁専門や，アザラシ猟に特化した人間集団が成立したことと対照的だ．ヨーロッパでは，アジール文化やマグレモーゼ文化など，地域生態系ごとに独自の文化が花開いていた．だがそれらは，大きな地域的変異をともないつつ，さらに巨大な変化を遂げることになる．新石器時代の

到来だ．前述のノース・ジルを含むイギリス北部で農耕が開始されたのは BP 約 7900 年以降で，花粉分析によれば，コムギとオオムギが主だった（Innes *et al.* 2003）．

（3）ヨーロッパ新石器時代への飛躍

新石器時代，それは農耕と家畜の出現を基準にした時代区分だが，とくに考古学的には線状紋の LBK を代表とする土器群に特徴づけられた文化だ．これらの土器は，実用的で，かなり洗練されているが，不思議なのは，これらが，土器の片鱗さえなかったヨーロッパに唐突に出現したことだ．明らかに外部から持ち込まれている．ではいったいどこからきたのだろうか．

さまざまな様式の土器が出土する遺跡の年代とその分布を手がかりに伝播ルートを探ると，土器文化は明らかにアナトリア高原を源流にバルカン半島を経由し，BP8400 年ころに各地へと拡散している（たとえば Bogucki 1984, Budja 2009 など）．その分流はおもに3つある（図 3-4）．1番目は，バルカン半島からギリシャへ達し，地中海沿岸部沿いに西へと向かうルート．この人々は地中海系の貝紋状土器[1]文化をつくる．2番目は，バルカン半島からルーマニア，ハンガリー平原へ北西向きルートと，ドナウ川やライン川をたどってヨーロッパ中央部に到達するルートで，これらは合流し BP7500 年ころに LBK 文化を成立させている．新石器時代の土器文化はわずか 500 年でヨーロッパを駆け抜けた（Dolukhanov *et al.* 2005, Davison *et al.*

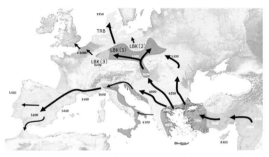

図 3-4　新石器土器の伝播ルート．数字は BP 年代，濃度は土器様式のちがいを示す．LBK は線状紋土器文化（タイプ別に 1-3），TRB は漏斗状ビーカー土器文化（Burger & Thomas 2011 を改変）．

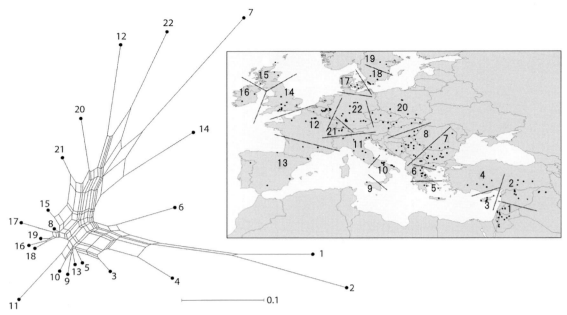

図 3-5 ヨーロッパとレヴァント周辺の新石器時代遺跡から出土した種子の種構成をもとに相互の近接（類似）度を「クモの巣図」に表現．番号は遺跡位置番号（図右）に対応．農耕の伝播ルートと植物種構成の近接度はよく一致する（Coward *et al.* 2008 より）．

2006). 3番目は，バルカン半島からの別ルートで，ルーマニア平原東部を経由して東ヨーロッパ（ロシア，エストニア，フィンランド南部）へ入るルート（Zaitseva & Dergachev 2009）で，これはBP約7700年ころに別の土器様式をつくりだした．

この文化の伝播ルートは，土器だけではなく，さまざまな「もの」からもたどることができる．1つは，大きな石斧を含む充実した石器群と，おそらくこの斧で伐採された木材でつくられた"ロングハウス"と呼ばれる長大な木造の住居址で，このルートに沿ったヨーロッパ新石器時代の遺跡から共通して出土する（Hofmann & Smyth 2013）．もう1つは興味深い．ヨーロッパの新石器時代遺跡では，そこに保存されていた植物種子が徹底して調べられ，リスト化されている．もしこれらの種子が農耕といっしょに持ち出されたものであれば，その構成は，起源地に近いほどに酷似し，遠くになるほど差異が生じるはずだ．カウォードら（Coward *et al.* 2008）は，近東地域（レヴァントやアナトリア）を含む，250遺跡で記録された約7500の種子リストの組成を比較し，相互の近接（類似）度を分析した．そこから得られた相互の結びつきを示す図（図3-5）には，レヴァントとアナトリアを出発→バルカン半島→ハンガリー平原へ，そこを起点に，ポーランドへ，ドイツやフランスへ，あるいは北欧へ，それぞれに分岐している．当然，その構成は環境条件に強く左右されるが，それでもそこには農業の伝播ルートがくっきりと浮かび上がっている．しかも土器群から想定されたルートと基本的には一致している．

農耕との関連でさらに付け加えたい．すでに述べたように，ネコは残飯や備蓄された穀類に誘引されたネズミ類を捕食するために人間の居住圏に入り込んだ歴史をもち，その意味では農耕と結びついて分布域を広げた動物といってよい．完全には家畜化されることはなく移動した先々で野生ヤマネコ類とも交雑し，雑種がつくられた．このネコには"ネコ免疫不全ウイルス"（FIV; Feline Immunodeficiency Virus）が引き起こす特有の「感染症」がある．それは，人間のHIV（ヒト免疫不全ウイルス）と同様

に，レトロウイルス［遺伝物質として RNA をもち，感染細胞（宿主細胞）内で逆転写によって DNA を合成するウイルスの総称］によって引き起こされる病気だ．FIV は噛むことなど，体液の接触によって感染する．感染したネコは約 5 年間の潜伏期間を経て免疫不全症（呼吸器疾患や貧血などの症状）を発症し，個体によっては衰弱死するが，発病しないまま無症候キャリアーとして生存する個体も多い．ネコのうち 10％強が感染していると推定されている．

さて，このウイルスは感染細胞と結合するためのタンパク質をつくる複数の遺伝子をもつ．この遺伝子には変異型があって，A 型から E 型までの 5 つのタイプがある．ヨーロッパではおもに A 型と B 型だが，2 つのタイプの分布を飼育ネコで調査すると，イタリア，地中海域，イベリア半島，フランス，スイスは後者，ルーマニア，ポーランド，ドイツ，イギリスは前者であることがわかった（Bachmann et al. 1997, Steinrigl & Klein 2003）．これは農耕の伝播ルートを反映していないだろうか．いまもみたように，近東を出発した農耕は，バルカン半島から，1 つは地中海沿岸域からイベリア半島からフランス，ヨーロッパ中央部へ，もう 1 つはバルカン半島北部や黒海西北部を経由して，ヨーロッパ東部からイギリスやスカンディナヴィアなどの北部へと分岐している．このタイプのちがいは，出発からほどなくしてそれぞれ別の FIV に感染したか，もともとどちらかに感染していた別々のネコ集団を随伴したのか，そのどちらかと解釈されている（Steinrigl et al. 2010）．

ところで，FIV には D 型という日本に特有のタイプがあることが知られている（Kakinuma et al. 1995）．このタイプの詳細な分布と形成過程が究明されれば，ジャパニーズ・ボブテイルなど日本のネコと稲作の歴史がより詳細に追跡できるかもしれない．期待したい．

3.2 ヨーロッパ人とは何者か

肥沃の三日月弧で生まれた新石器文化が，ヨーロッパの在来狩猟採集民の中石器文化と入れ替わったのは疑いようのない事実だ．けれどここに大きな謎がある．問題解明はつねに新たな問題提起の扉でもある．ヨーロッパに突然出現した「土器をもつ新石器農耕民」とはいったい何者なのか，である．チーズストレーナー，LBK，チャタル・ホユックなどの紹介からすでに多くが示唆され，新鮮味はないが，あらためて問題提起をしてみたい．端的にいえば，その人々は次のうちのどちらかの末裔ということになる．

（a）基本的には BP4 万年以上の旧石器時代以降にもともといた狩猟採集民．

（b）アナトリア平原あるいはヨーロッパ東部から新たに植民してきた農耕民．

いいかえると，(a) であれば文化の「伝播と受容」であり，(b) であれば「移民者」ということになる．どちらを採用しても，次のような難問が付随する．(a) とすれば，狩猟採集と農耕牧畜との間には大きな文化的ギャップ，心理的障壁が存在するが，狩猟採集民はその文化をどのように受け入れたのか．また (b) とすれば，なぜ農耕民は移民したのか，いったいそれはどれくらいの人数と規模だったのか，そして，もともといた狩猟採集民との間にはどのような関係が生じたのか，である．

狩猟採集民による文化の受容なのか，新たな農耕民の登場なのか，このパンドラの箱を最初に開けたのは"家畜のオアシス起源論"で有名なゴードン・チャイルドだった．彼は，『ヨーロッパ文明のあけぼの』（Childe 1939）という有名な本のなかで，「ヨーロッパの穀物や家畜は交易や取引によってもたらされたのではなく，農耕者や羊飼いが近東から移動し，入植したことによってもたらされたのだ」と，人間と「もの」との直接的な結びつきを強調した自論を展開した．これは，文化というものが「伝播」によって単線的に連結し，進歩するのだと解釈されてきたそれまでの考古学の常識をくつがえすものだった．だが，この「光はオリエントから」というさりげない（が衝撃的な）記述はほとんど注目されなかった．西アジアでの考古学

的知見がまだ決定的に不足していたからだった．

再び注目を集めたのは，文化形成に果たす外部要因と人間の「内力」の重要性を強調する"新考古学運動"の勃興によるものだった．その旗手，ビンフォード夫妻（Binford & Binford 1968）は，文化は気象変動やさまざまな生態的圧力，あるいは人口圧に対して人間自身が積極的に切り開く営為であって，農耕と家畜文化も狩猟採集民が新たな環境変動に対応して自立的に開発したものだ，とチャイルドに反論した．そこでは生存の危機を背景にした文化の伝播と人間の適応能力が強調されていた．しかし，多くの研究者はなお当時大勢であったグレーブナー（Graebner, F.）やウィッスラー（Wissler, C.）の「文化伝播説」を漠然と信じていて，中石器から新石器への移行はゆっくりとした漸進的な過程であったとの説に固執していた．それでも1960-1980年代の地道な遺跡調査は，たとえばクラーク（Clark 1965）が明らかにしたように，発掘された土器の年代が古い順に東から西へ，あるいは南から北へと連続的に移行していたこと，すなわちチャイルドの仮説が無視できないことを示唆していた．

(1) ヨーロッパ人の遺伝学

転機は1970年代後半にこの分野に人類遺伝学が合流してから始まった．それは分子遺伝学の急速な進歩によるもので，ヨーロッパ各地の人間集団の血液型やタンパク質の「型」が解析され，比較できるようになった．そしてこの比較の結果は，ヨーロッパ人の遺伝子は均一ではなく，地域差が著しいことを明らかにした．最初，この不均一性は，地域集団ごとの人口変動の歴史（増加と減少のうち減少時の"ボトルネック"による遺伝子の選抜）を反映したものと解釈されたが，マクロにみると，さまざまな遺伝子の頻度（対立遺伝子の割合）には，東西方向，あるいは一部では南北方向の地理的"勾配"（クライン）が存在していると認識された．

最初の発見者はスタンフォード大学のカヴァッリ＝スフォルツァ（Menozzi et al. 1978, Cavalli-Sforza et al. 1993, カヴァッリ＝スフォル

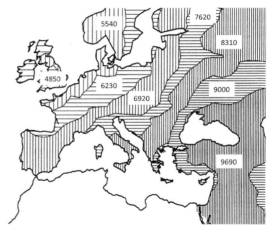

図3-6 血液型など95の遺伝的マーカーの頻度の地理的変異．遺伝子頻度には一定の地理的勾配が認められる．数字は頻度のちがいから推定された到達（BP）年代（Cavalli-Sforza & Minch 1997より）．

ツァ 2001）らで，集団ごとの血液型（ABO，MN，Rh±），白血球抗原（HLA）などの多型の頻度が，おぼろげだが，トルコから北西へ，あるいはロシアから西へと連続的に変化する傾向があることを報告した（図3-6）．そして，このクラインこそが人間集団が通過していった移動の足跡ではないかと推論した．

もしこの解釈が正しいとすれば，起源地と目される場所からの遺伝子の変異と，移動した距離と時間との間には（移動速度が一定だとすれば）強い相関が認められるはずだ．彼は後に，考古遺伝学者のアマーマン（Ammerman & Cavalli-Sforza 1984）と共同してこの関係を解析し，ヨーロッパ人のいくつかの遺伝子頻度が，近東（すなわち肥沃の三日月弧）を起点にとると，そこからの距離と時間にしたがって変化し，そこに統計的な有意性があることを確認し，この相関関係から導かれる人間の移動距離を1年あたり平均1kmと見積もった．新石器時代人はなんと速足だったのだろうか．そして，この人間集団の移動のうねりを"進歩の波"（the wave of advance）と名づけた．2人のシナリオは，農耕と家畜による人口増加が次々と新たな土地に人間を分散させつつ，その最前線では，土着の狩猟民との間には敵対的な関係なしに（遺伝的に交雑しながら）定着した，というも

〈コラム 3-1　遺伝系統地理学〉

　生物集団の遺伝的組成には地理的なちがいがある．遺伝系統地理学はこの地理的変異がどのような歴史的な過程を経て生じたのかを研究する分野である．それを解く鍵は遺伝子の共通性や類似性の地理的勾配をみつけることにある．ヒトの場合には，おもにミトコンドリア DNA と Y 染色体が使われてきた．両方とも有性生殖にともなって染色体の組み換えが起こらないので，遺伝情報が世代間で保存されやすいためである．ミトコンドリアは細胞内で代謝（物質の異化作用で「呼吸」と呼ばれる）を行う重要な細胞小器官だが，もともとは母親の卵子に由来している．したがって，そのなかに含まれる DNA からは母方の系統がたどれる．いっぽう，Y 染色体の DNA は男性から男性へと受け継がれるので父方の系統をたどることができる．

　これら DNA の特定領域の塩基配列を分析すると，部位によって頻度はちがうが，複数の変異（ハプロタイプ haplotype）がみつかる．これらは突然変異（世代ごとにほぼ一定の確率で生じるが，ばらつきはある）によって生じたもので，世代から世代へと受け継がれ，蓄積されていくことになる．したがって，その数が多いものほど後代に，少ないものほど共通祖先へと収斂されることになる．これがハプログループの系統樹をつくる原理で，突然変異の発生頻度が世代時間とほぼ比例する（分子時計）ことから，系統の分岐年代をあわせて推定できる（ただし誤差を含む）．各地の人間集団は，最近の移動や移民がない限り，その来歴を DNA のなかに刻んでいる．

　世界中の人々から採集されたミトコンドリア DNA から人類の母系を追跡したのが，すでに紹介したキャン（Cann et al. 1987）による"ミトコンドリアイブ"説（p.51）で，人類は BP20 万年以内にアフリカで誕生した単一の母系集団に由来し，その後に「出アフリカ」を果たして，世界中へと移動・分散していった．この説は分析技術や方法論的にはかなり未熟な点はあるものの，基本骨格は現在でも支持され，変わりはない．この説はその後に行われた各地の人類集団の頭蓋骨の詳細な形態分析——それは DNA 以外の表現型によるアプローチ——からも支持されている（Manica et al. 2007）．その後の経過は，"ヒューマンゲノムプロジェクト"などのプロジェクトで世界各地数十万人以上から収集されたミトコンドリア DNA，Y 染色体 DNA に関するメガデータの分析によって，よりくわしくその足取りが追跡できるようになった［日本語の解説はオッペンハイマー（2007），ウェルズ（2008）など］．なお，最近では核 DNA を含むさまざまな遺伝的マーカーのほかに，ゲノム全体が分析対象にされつつある．

　人間の遺伝系統地理学の研究がもたらした知見は多数あるが，なかでも次の 2 つが重要だ．第 1 は，従来，漠然と信じられてきた「多地域進化モデル」が完全に否定されたこと，すなわち，人類は，ホモ属の他種である早期人類から，ヨーロッパではネアンデルタール人から，アジアではホモ・エレクトスから，というように地域ごとに独立，別々に進化したものではないこと．この延長として第 2 に，人類，ホモ・サピエンスは単一の系統であり，遺伝的には地理的変異はあるものの，1 つの種に属していること．したがって，肌の色をおもな基準とする「人種」と呼ばれる人類の地域集団を生み出す主要な要因は気候的なもので，その差異を決める基準には生物学的な客観性はない．それぞれの「人種」内の変異は多様，かつ連続的であり，明確な境界は存在しない．「人種」などという概念はもとより成立しないのだ．カヴァッリ＝スフォルツァ（2001）はこう述べる．一部の人間には人類を区分しなければならないという強迫観念が存在し，「ほとんど連続的である現象に人為的な不連続を課すおろかさにぶつかる」と．

のだった．2 人はこの説を"人口学的拡散説"（demic diffusion）と呼び，"文化伝播説"に対置させた．この仮説は，多くの考古学者によって支持されるようになり，この農業と家畜のひとまとまりは，いつしか"新石器文化パッケージ"（Neolithic package）と呼ばれるようになった（Cilingiroğlu 2005）．はたしてこのようなシナリオがほんとうにあったのだろうか．その後，この仮説は，シミュレーションや，より詳細なアロザイム分析（酵素タンパク質や免疫グロブリンなど）によって検証され，支持された（Sokal et al. 1991）ものの，確証には至らなかった．求められていたのは，特定の遺伝子の塩基配列を直接読み取り，時間と空間を異にする人間集団を相互に比較して，その類縁関係をたどることだった．これは，1990 年代以降に実

用化されたPCR（ポリメラーゼ連鎖反応）法の急速な進展によって，現生人類や化石人類のDNAが大量に分析できるようになって初めて可能になった．

（2）DNAによる現代のヨーロッパ人像

人類はつねに移動と定着を繰り返してきた．したがってどこの地域でもそうだが，そこには人間集団が折り重なった複雑な階層構造がある．ヨーロッパももちろんそうで，氷河の進出と後退，リフュージア，気候の激変，農耕民の植民，遊牧民の拡大・縮小，民族の大移動，無数の侵略と戦乱，戦争などのイベントにより人間集団はめまぐるしく入れ替わった歴史をもつ．このため階層構造はいっそう複雑だ．ミトコンドリアDNAやY染色体遺伝子（エンシャントDNAを含む）を分析すると，この人間集団の歴史を反映して，各種の遺伝的変異をもつ集団，すなわち"ハプログループ"（haplogroup）が識別され，それぞれに特有の分布やクラインを示すが，課題は，それらがどのような順番でどのように折り重なったのかを，ちょうどバラバラになったページを復元するように，読み解くことである．

いまなお多数の研究者が分析し，数多くの報告が蓄積される分野だが，以下にこれまでに判明した人間集団の移動シナリオをおもにミトコンドリアDNAのハプロタイプを中心に箇条にする．そのダイナミックな歴史に驚かされる．なお，これまでの知見は以下のURLにまとめられ，ハプログループごとに紹介されている（http://www.eupedia.com/europe/origins_haplogroups_europe.shtml 閲覧2016.9.5）．

① アフリカに出現した現生人類につながる1つの母系単一集団（おそらく十数人，ミトコンドリアハプログループL3集団）が約9万-8万年前にアフリカを出る．場所は，想定されがちなスエズ運河ではなく，当時の海面高から陸続きだった，紅海の入口（「アフリカの角」の基部）からアラビア半島へと到達したようだ（Kivisild et al. 2004）．

② この「出アフリカ集団」がユーラシア南部を海沿いに定着と移動を繰り返しながら東へ向かう（Macaulay et al. 2005）．この過程で，約6.5万-6万年前に，ユーラシアにはL3から分岐した3つの始祖集団が形成される（ハプログループM，N，R）．集団Rは集団Nから分岐し，集団Mとともに西アジア一帯に定着し，その一部は北上する．

③ これらのハプログループのうち，集団MとNがさらに東アジアへと向かい，1つは約6万年前にスンダ大陸（マレー半島，インドネシア），サフル大陸（ニューギニア，オーストラリア）へと達する（Palanichamy et al. 2004）．もう1つはBP約4.2万-3.9万年にさらに北上し中国へと到達する（Hu et al. 2007）．この後者のグループはさらに北上し（Torroni et al. 2006），1つはBP約3万年にバイカル湖方面へ拡散し（Endicott et al. 2009），この集団の1つが最終的にはベーリング陸橋を渡り北米大陸へと移動する．

④ ②の集団Rから分岐したハプログループU，HVと，集団Mの一部がBP約5万-4万年に近東地域を経由してヨーロッパへ到達している（Torroni et al. 2006）．なかでも前者のハプログループ（UとHV）が主要な始祖系統をつくる．これらの人間集団が後に，近東では後期旧石器終末期のナトゥーフ文化を，ヨーロッパへは幾度かの移動が行われたようで，後期旧石器時代のオーリニャック文化や後継のグラヴェット文化を持ち込んだ．またこれと並行して，西アジア集団MとNはイランやインドから黒海東部（カフカス山脈低地帯）を経由して東ヨーロッパへと移動している（Richards et al. 2000）．

⑤ ヨーロッパにたどり着いた各集団は，氷床の前進後退，温暖化，ヤンガードリアス期の寒冷化など，大規模な気象変動の影響を受け，南部リフュージアへの縮小，氷期後の拡大といった移動が繰り返され，集団同士の交流や遺伝子流動（ジーンフロー）によって，遺伝子は大きくシャッフルされた．それは"創始者効果"（ファウンダーエフェクト）（初期集団の個体数が少ないことにより，遺伝的構成が強く影響を受ける）によってさらに加速された．現代ヨー

図 3-7 ヨーロッパにおけるミトコンドリア DNA ハプログループ H1, H3 の分布と比率〔Eupedia (http://www.eupedia.com/europe/origins_haplogroups_europe.shtml) による図, 閲覧 2016.9.5〕.

ロッパ人の主要なハプログループである H1, H3, V3, U5b (U と HV から分岐) には, 東西, あるいは南北に明確な地理的クラインが認められるのは, この結果形成された変異型と考えられるからである (Pereira *et al.* 2005, Torroni *et al.* 2006). H1, H3 を含むハプログループ H はヨーロッパ人の 40-50% が共有する主要なハプロタイプである (図 3-7).

この大まかな動向は, 男子系統である Y 染色体遺伝子のハプログループの分布やその勾配とも一致していた. このうち主要なハプログループ R1a はインドと東ヨーロッパと (Underhill *et al.* 2010), ハプログループ R1b は西アジアと西ヨーロッパと (Myers *et al.* 2011), またハプログループ I はスカンディナヴィア, ヨーロッパ, バルカン半島, 小アジアと (Rootsi *et al.* 2004), それぞれ密接につながっていると示唆された.

遺伝学からみたヨーロッパ新石器時代人

ここまでが中石器時代末までのヨーロッパ人の遺伝的構成だ. シナリオはここに新石器時代人が流入するとの設定である. はたしてこの植民集団は新たなハプロタイプをもって, 混血し, 現在に受け継がれているのか, そして, それが識別できるかどうかである. この課題に最初にチャレンジしたのはパヴィア大学 (イタリア) のオルネラ・セミノら (Semino *et al.* 1996) で,

ヨーロッパ人の Y 染色体遺伝子には, 在来系と新石器時代系のハプログループ (複数のハプロタイプ, M35, M172, M89, M201) が存在することを突き止め, その頻度は, 近東からヨーロッパへクラインが存在することを確認した. さらに 2000 年の論文で彼女らは, この新石器時代人の遺伝子は現代ヨーロッパ人のジーンプールの 22% 以下に貢献すると報告した (Semino *et al.* 2000). 続いて, マーティン・リチャーズら (Richards *et al.* 1996) は, ヨーロッパと周辺諸国の人間のミトコンドリア DNA を多数分析して, 系統樹解析を行い, ハプログループ H, J, I, K は新石器時代人の由来であるとし, このグループの現代ヨーロッパ人に対する遺伝的な寄与率は 13-20% 程度とした. またオーストラリア, アデレード大学のハアックを筆頭とするグループ (Haak *et al.* 2005) は, 別の方法からこの課題にアプローチした. LBK の遺跡から出土した古代人のエンシャント DNA を分析し, ミトコンドリア DNA のなかに新石器時代人に特異的な遺伝子, ハプロタイプ N1a をみいだし, この遺伝子は新石器時代人の 8-42% がもつと見積もった. しかしそれは, 現代人のわずか 0.2% しか保有していないと報告した. 新石器時代人が移入してきたのはどうやら確かなようだが, その (現代人への) 遺伝的貢献度はあまり高くないようだ (Soares *et al.* 2010). 人類集団の移動の分析には明らか

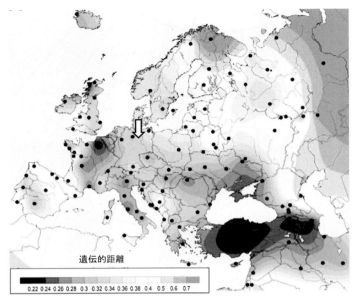

図 3-8 ドイツ，ドランブルグ遺跡（ハノーファー近郊，矢印）で出土した新石器農耕民のエンシャント DNA とヨーロッパ各地の現代人の DNA の遺伝的距離．濃色ほど距離が短い．黒丸は DNA を分析した現代人の分布．明らかにアナトリア半島との類縁関係が近く，ヨーロッパの新石器農耕民はこの地域に出自したことを物語る（Haak et al. 2010 を改変）．

にハプロタイプだけでは限界があるようだ．

　これに対しロンドン大学のルネス・チキーら（Chikhi et al. 2002）は，貢献度（寄与率）の推定法には問題があると反論し，別の統計的な手法（マルコフ連鎖モンテカルロ法による"最尤値"推定）でセミノらの測定値を再計算し，貢献度は平均 65% に達すると推定した．その方法論上の最大のちがいは，寄与率は現在に残された過去の平均値ではなく，確率的な系統関係をたどることにあった．そしてチキーら（Chikhi et al. 2009）はヨーロッパ中で集められた染色体の核 DNA（約 13 万個以上）の遺伝子頻度と近東からの距離との間には明確な相関があると報告した．アナトリア半島の遺伝子ははるかに高い頻度でヨーロッパ人に受け継がれた可能性がある．

　このハアックらによるエンシャント DNA の分析は，その後の研究を進展させる契機となった．ブラマンティら（Bramanti et al. 2009）は，中央ヨーロッパと東欧ロシアを含む 23 の遺跡から出土した古代人のミトコンドリア DNA を分析し，ヨーロッパにはおもに 3 つの遺伝的グループが存在し，新石器農耕民は在来の狩猟採集民ではなく，外部から移入してきたとした．続いてハアックら（Haak et al. 2010）は，ドイツ中央部の LBK をともなうドランブルグ遺跡から出土した 42 人の古代人（BP7500-6900 年）の DNA（ミトコンドリア，Y 染色体，SNP など）と，西ヨーロッパ各地の現代人（2万 3394 人）の DNA を分析，比較して，相互の遺伝的距離（類縁関係）を計算した．その結果，これら新石器時代農耕民は明らかに近東に起源し，アナトリア半島から移動してきたことを直接的に証明した（図 3-8）．スコグランドら（Skoglund et al. 2012）は，スカンディナヴィア半島の 4 つの新石器時代遺跡（BP 約 7000年）から，3 体の狩猟採集民と 1 体の農耕民のエンシャント DNA（核とミトコンドリア DNA）を比較し，農耕民のそれは狩猟採集民とはまったく異なり，ヨーロッパ中央部やアナトリア半島の現代人と近縁であるとした．さらにラカンら（Lacan et al. 2011）は，フランス南部，ツールーズ近郊の新石器末の遺跡（BP 約 5000 年）から出土した 55 人のエンシャント

DNA を分析し，それらが，イタリア，ギリシャ，バルカン半島，アナトリア半島と類縁性が高いことを示した．それはまぎれもない新石器農耕民の"地中海ルート"の証明だった．そして，これらの研究結果は，あらためてカヴァッリ＝スフォルツァの推論が正しかったことを裏づけた．

最近，ヨーロッパ全域で発掘された中石器時代人，新石器時代人（合計 542 個体），そして現代人の頭蓋骨の計測値が分析され，現代人は，中石器時代人ではなく，新石器時代人に酷似しているのが確認された（Cramon-Taubadel & Pinhasi 2011）．これは遺伝子以外の特性から，新石器時代人の移動を証明した最初の報告であった．今後さらにさまざまな表現型が分析されるだろう．

けっきょく，近東からの新石器時代人の移動と植民があったことはまちがいない．だが，その規模や人数はなおわからないままだ．また，植民者らがその後どのように経過していったのかも不明だ．これには，先住ヨーロッパ人と積極的に婚姻して交雑したとの解釈（Gronenborn 2003）や，地域的には断絶状態のままに推移したとの見解（Bramanti et al. 2009）があるが，実際には，地域ごとにかなり複雑な経緯をたどったように思われる．最近，ラザリディスら（Lazaridis et al. 2014，ハアックやペーボを含む 120 名の連名）は，ドイツで発掘された 1 体の新石器時代農耕民（BP7000 年以前）と，ルクセンブルクとスウェーデンで発掘された 8 体の狩猟採集民（BP8000 年以前）のエンシャント DNA（ゲノム）と，現代人 2345 人のゲノムの塩基配列を比較し，現代ヨーロッパ人の大半は，3 つに分化した集団に由来していることを明らかにした．第 1 は西ヨーロッパの狩猟採集民で，遺伝的には全ヨーロッパ人の祖先に寄与しているが，近東人には寄与していない．第 2 は後期旧石器時代のシベリア人に近縁な古代北ユーラシア人で，遺伝的には，ヨーロッパ人と近東人の両者に寄与している．第 3 は初期ヨーロッパ農耕民で，おもに近東人起源だが，一部はヨーロッパ狩猟採集民とも重なる，と報告した．まだまだ謎だ．より多数のエンシャント DNA による包括的な研究が期待される．

問われていた設問にいまの時点で立ち返れば，ヨーロッパの新石器文化は，(a)旧・中石器時代以降にもともといたヨーロッパの狩猟採集先住民と，(b)肥沃の三日月弧からの農耕民の「合作」，ということになる．ともあれ，ヨーロッパ人を含む人類は，いまようやく自分たち自身のルーツとそのたどってきた道を振り返り，詳細は今後も追跡されなければならないが，その意味するところを理解できる段階に到達しつつある．この人類に関する「遺伝系統地理学」（コラム 3-1 参照）という分野を構想し，開拓したイタリア人研究者，ルイジ・ルーカ・カヴァッリ＝スフォルツァ（Luigi Luca Cavalli-Sforza）の名前は記憶されてよい．

新石器時代人の置土産

遺伝的な貢献度はわからないけれど，まちがいなくいえるのは，近東からの移住者集団は，おそらく複数のルートを通り，何度か波状的に繰り返し，農畜融合文化を，ヨーロッパのあらゆる地域に持ち込んだことである．それだけではない．彼らは農産物や家畜，さまざまな道具や技術の伝道者だったばかりでなく，さらに重要な「道具」をたずさえ，そして広めたのである．「ことば」である．言語は人間集団といっしょに，遺伝子のように，浸透していく．

言語は，時代とともに変化し，地域的にも方言となって分化していく．しかし，その語彙，音韻，単語の配置，文法など，基本的な骨格部分はかなり保守的であり，変わりにくい．地理的ちがいはあってもこの構造部分に高い共通性がある言語群を「語族」（language family）といい，各言語は，ちょうど遺伝子のハプログループのように，1 つの共通祖語から分岐したと考えられる．ヨーロッパの多彩な言語は，言語学的にはインド，ロシア，ウクライナなどを含む，1 つの巨大集団"インド-ヨーロッパ語族"に括られ，この祖型となった共通語を"インド-ヨーロッパ祖語"（PIE; Proto-Indo-European Language）という．このことは次のことから

もよくわかる.

　私たちは，EU 旅行者たちが 8000 語を収録した『多国語辞書』(Goursau & Goursau 1989) を使うのをしばしばみかける．このなかには仏語，英語，スペイン語，独語，伊語，ポルトガル語の 6 カ国語が対照されている．これをみると，驚くことに 15% にあたる約 1200 語はいわゆる「同綴語(どうてつご)」で，発音はちがうがほぼ同じ綴りなのだ．しかもこのうちの大多数（1009 語）はギリシャ・ラテン語に起源しているらしい（ヴァルテール 2006）．それは，かつてのローマ帝国支配の影響を物語ると同時に，すべてが 1 つの共通祖語 (PIE) から派生したことを示している．

　問題なのはこのインド-ヨーロッパ祖語がどこに起源したのか，である．古い言語はほとんど絶滅しているが，碑文，木簡，粘土板，写本などに記録され解読された語彙を手がかりに，インド-ヨーロッパ祖語の起源とその分岐をたどる作業が「比較言語学」という分野で続けられてきた．いまでは絶滅したさまざまな候補言語が比較，検討されたなかで，もっとも有力だったのは，南ロシア，遊牧民が使用した「言語」であったとする説．この根拠となったのは，「ウマ」，「ヒツジ」，「車輪」などの言葉の類似性で，ここには後述する"クルガン仮説"（p. 153 参照）の強い影響が認められる．

　これに対し，考古学の立場から反論を唱えたのはレンフルー（Renfrew 1989）だった．彼は，言語が定着し変化するプロセスには，①人間集団の新たな入植，②置換，③混淆を含む継続的な発達，の 3 つがあり，「植民による波動」，「優等民による支配」，「体制の崩壊」など複数のモデルを提示したうえで，ヨーロッパ全体に最大の影響をおよぼしたのは農耕民の入植と農耕開始で，その言語である"アナトリア語"が祖語であったと主張した．そこには明らかにカヴァッリ=スフォルツァの強い影響がみてとれる（Piazza et al. 1995）．それはともかく，それにしてもアナトリア語とはなんだろうか．

　原郷アナトリアで使用されていた言語はすべて絶滅しているが，唯一残されていたのはヒッタイトの首都があったとされるハトゥーサ遺跡やヤズルカヤ遺跡に残されていたたくさんの碑文である（p. 166 参照）．それを手がかりにいくつかの語彙が復元されている．この"ヒッタイト語"（これもまた近東地域の方言の 1 つと推測される）とインド-ヨーロッパ祖語との間にははたして共通性はあるのだろうか．グレイとアトキンソン（Gray & Atkinson 2003）は，ユーラシア地域の 87 の言語，このうち 2449 の単語を比較し，統計的な手法を駆使して，その系統を再現した．結果はまぎれもなくヒッタイト語が祖語で，この結論は，統計的な解析法に依存しない頑健性(ロバスト)を備えていると強調した．またセルヴァとペトローニ（Serva & Petroni 2008）やブッカートら（Bouckaert et al. 2012）は，より詳細な追試を行い，ほぼ同じ結論に達している．驚くことにこの言語は，遠くタリム盆地北西縁（東トルキスタン，現中国新疆ウイグル自治区）へも到達していたようで，そこで使用されていた言語"トカラ語"とも一定の共通性が認められた．おそらく肥沃の三日月弧北部で話されていた言語は，東へ向かってはイラン，パキスタン，インド北部，そして中国北西部へと，西に向かってはバルカン半島や地中海沿岸部を経由しながら全ヨーロッパへ伝播したにちがいない．その残されていたヒッタイト語の一部を紹介したい．ひざ "genu"（英 "knee"），水 "watar"（英 "water"），遠い "para"（英 "far"）などなど．興味のある方は以下参照（http://en.wikipedia.org/wiki/Indo-European_vocabulary　閲覧 2016. 8. 20）．

3.3　ヨーロッパの新石器時代

（1）新石器時代は人間になにをもたらしたか

　こうして，農畜融合の技術や文化は，植民者の手で直接に，あるいは狩猟採集先住民に受容されて間接に，ヨーロッパへと確実に浸透した．この生活様式の抜本的転換をチャイルド（Childe 1939）は"新石器時代革命"と呼んだ．

図 3-9 ヨアヒム・ブーケラール（Joachim Beuckelaer, フランドルの画家）作, "八百屋"（1564 年）. アンズ, ブドウ, 洋ナシ, イチジクなどの果実, キャベツ, 葉菜, ニンジン, ズッキーニ, カリフラワー, レタス, カボチャ, ウリ, キノコ類, 豆類（ヒヨコマメ, レンズマメ, エンドウマメ）などの野菜が売られている.

狩猟採集経済から生産経済への移行, 農耕と家畜がもたらした社会の急激な改変は「革命」と呼ぶにふさわしい. しかしそれは, 時間と地域変異をともなう漸進的な過程なのであって, 一挙に起こったわけではない. 人々の生活基盤は徐々にそして確実に変化していった. 農業ではコムギ, オオムギに加えて, ムギ畑の雑草か, 随伴植物にすぎなかった葉菜類（ブロッコリー, キャベツ, レタス）, また豆類（ヒヨコマメ, レンズマメ, エンドウマメ）, オリーブなどの栽培が始まった.

油彩画（図 3-9）は, かなり先取りをするが, 16 世紀のフランドル派の画家, ヨアヒム・ブーケラールによる"八百屋"と題された絵[2]である. 細緻な写実からはアンズ, ブドウ, 洋ナシ, イチジクなどの果物, キャベツ, ニンジン, カブ, ズッキーニ, カリフラワー, カボチャ, レタスなどの野菜, キノコ類, 加えてヤマシギやヒワ（？）などの野鳥が売られていたのがわかる. 豊かな稔りに彩られた晩夏のシーンだ. ヨーロッパは新石器時代にもたらされた農産物を 6000 年以上にわたって継承し, 支えられてきたのである. この絵がもし 100 年以上遅れて製作されたなら, そこにはトマト, ジャガイモ, トウモロコシなどが並べられたにちがいないが, 農業生産は, 気候変動や地域の気象条件, 土壌条件, あるいは技術に大きく制約を受けるから, 肥沃の三日月弧とは環境がちがうヨーロッパでは, どこでも初期農耕は通用したわけではないだろう. ブーケラールの豊作の絵からは, その後に人々が行った（耕作法や品種改良など）努力の跡がうかがえる. これに, ヤギ, ヒツジ, ウシ, ブタの家畜が加わり, その飼育が定着し, 肉やミルク, 乳製品が利用された. ヨーロッパの出発である. ただしここにはまだウマはいない.

古人類学者のローレンス・エンジェル（Angel 1984）は, 新石器時代前後の地中海地域で, 遺跡や人骨の数の比較から人口密度の推移を追跡して, 農畜文化の到達後に人口は 10-50 倍に跳ね上がったと推定した. バルカン半島地域でも同じ状況だったようだ. しかしこの高い生産力は, 肥沃の三日月弧と同緯度で, 似たような生態学的条件だったことにもよる. ヨーロッパ中央部から西部にかけては, ライン川沿いなど肥沃なレス土壌地帯（後述）に農畜融合文化が定着した. だが, 湿潤で森林の多いドイツをはじめとする東北部では, 自然条件を反映して, 農耕は採用されず, おもに家畜と, 従来通りの狩猟採集生活が継続したとようだ（Dürrwächter et al. 2006）. バルト海周辺地域でも家畜は導入されたものの魚類やアザラシに依存する生活がその後も続いた. イングランドでも同様で, 農耕は定着せずに, むしろ牧畜が浸透し, 沿岸地帯では魚食から家畜への劇的な転換があったらしい（Richards et al. 2003b）.

農畜複合文化は, 導入されたとはいえ, 長期にわたる前進と後退, 紆余曲折の狭間のなかで, しばしば飢饉さえ引き起こしながら, 人口は大幅に変動したようだ（Shennan et al. 2013）. とくにムギ類は近東地域の品種であり, ヨーロッパの環境にただちに適応できたとは考えにくく, 収量は, 近東地域やアナトリアに比べ大幅に落ち込んだだろう（Bowles 2011）. 気象の変動, 洪水や干ばつ, 各種の生物被害とともに飢饉が起こり, そのたびごとに人々は狩猟採集生活へと立ち返ったにちがいない. この点は後に再び検討するが, それでも穀類・豆類の貯蔵,

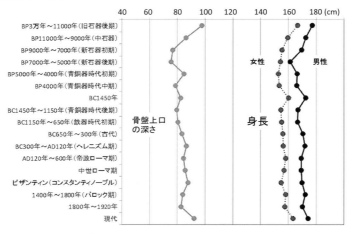

図 3-10 人間の身長と骨盤上口の深さの歴史的な変化．旧石器時代以降減少し，長期間減少したまま推移してきたことがわかる．骨盤上口とは骨盤腔の入口を指す（Angel 1984 より作図）．

家畜の温存という最大の利点を生かして，生活基盤を確立していった．人類は，狩猟採集時代の肉食中心の雑食性から，農耕による植物食中心の雑食性へと転換した．それは，利用可能なありとあらゆる食物を取り込んだ「広食性」(ユーリファガス)からむしろ穀類を核とした「狭食性」(ステノファガス)への移行だった．この食生活の大きな変化は人間や人間集団にどのような影響をもたらしたのだろうか．

人間の体型の変化と人口増加

まず人間の身体の変化である．現代のヨーロッパ人の平均身長は男性が約 181 cm，女性が約 169 cm で，かなりの長身だ．この身長（や体重）は，おおむね大腿骨や上腕骨の長さと相関関係（アロメトリー）があり，出土した骨から推定可能であり，時代の異なる骨からその変化が追跡されてきた．それによれば，LGM 期以前の旧石器時代人では，男性は長身できゃしゃ（身長 179 cm，体重 67 kg）だったのに対し，女性は小さくがっしり（158 cm，67 kg）していたが，氷期が終わる旧石器終末期には，低くがっしりとした体型（男性 166 cm，64 kg）に変化し，その縮小化の傾向は中石器，新石器初期（男性 164 cm，64 kg；女性 150 cm，49 kg）と後期を通じて進み，ようやく青銅器時代以後に停止する．また骨盤の発育程度を示す「骨盤上口の深さ」[3]（高い値ほど発達）は，身長と同様に，新石器時代に急激に低下し，以後わずかに回復したことがわかる．この例を地中海地域で図示するが（Angel 1984; 図 3-10），ヨーロッパ全体でも傾向は共通する（Formicola et al. 1999）．体型は成長期でのタンパク質の摂取量に大きく影響されるから，農業や家畜の導入はむしろ栄養的には劣化した結果なのだろうか．

長身という特性には，栄養条件の反映だけでなく，寒冷環境への適応という側面もあって，氷期から温暖期，ヤンガードリアス期，再温暖期といった劇的な気候変動と無関係ではない．しかし気温変化を切り離して，栄養条件だけを吟味すると，多種多様な動物性タンパク質と，炭水化物が少なく繊維質が豊富だった旧石器や中石器時代の食性のほうが，人類本来の雑食性にかなっていた，との見解がある（Larsen 2003 など）．また，穀類依存は成長に必要な鉄や亜鉛などのミネラルやビタミン（とくに C）の摂取を著しく困難にした可能性がある（Zucoloto 2011）．さらに農耕や家畜飼育には複数の人間と動物が同居するため，病気に感染しやすく，1 人あたりの栄養条件はむしろ悪化した，との分析結果がある（Larsen 1995）．これらの意見や指摘はきわめて重要で，さらなる研究が待たれる．

エンジェル（Angel 1984）は，新石器時代の以前と以後で肉の消費量が 10-20% 減少したと

3.3 ヨーロッパの新石器時代　131

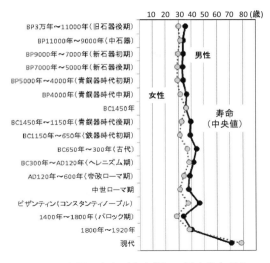

図 3-11　人間の寿命（中央値）の歴史的な変化
（Angel 1984 より作図）．

推定したし，モールソン（Molleson 1994）は農耕の労働と穀物食によって女性の骨密度が低下したこと，あるいは新石器時代以前にはなかった「虫歯」が炭水化物の摂取によって一挙に増加したと指摘した．新石器革命は人間の健康にとって必ずしも歓迎すべきものだけではなかったようだ．この生活基盤の転換は多くの側面で根本的な影響をおよぼしていく．栄養的に改善されたかどうかはともかく，農耕や家畜は食料確保の確実性や安定度を（それなりに）高めたのはまちがいないようで，新石器時代の以前と以後で，女性の初潮年齢と初産齢を比較すると，16 歳（初潮齢）と 19 歳（初産齢）から 13 歳と 18 歳へと早まったという（Angel 1984）．性的成熟齢や繁殖齢が個体の栄養条件や体調に強く左右されるのは人間だけでなくほぼすべての動物に共通の現象で，おそらくこの場合には質よりも量的な安定度がより強く影響したのではないだろうか．

　同様に，時代ごとの寿命の中央値を比較すると，図 3-11 のようになる．興味深いことに，新石器時代以前のほうが長く，農耕と家畜の導入とともにやや短くなった．その後わずかに増加するものの，この短さは古代，中世，近世と一貫していて，反転して上昇するのは，地域を問わず，近代に至ってからのことだった．この

ことは，農耕や家畜が必ずしも労働時間を短くし，軽減したわけではなく，すでに指摘したように，むしろ過酷な長時間労働を推進し，同時に，人間の集団化をうながし，それらがストレスや感染症のリスクを増加させたことを示唆している．また，女性の寿命が男性より一貫して低いのが注目され，これは妊娠や出産にともなう危険が最大の要因で，農耕の導入とともにむしろ男性との格差が大きくなる傾向がある．女性にとって農耕は，子どもへの負担も加わり，男性より厳しいものだったにちがいない．女性の寿命が男性と逆転するのは，妊娠，出産の危険性がかなり回避されたようやく近代になってからだった．

　新石器時代をはさんで，人間集団は死亡率の増加と寿命の低下をまねくが，初産齢の若齢化によって，人口は，けっして爆発的にではなく，わずかずつ増加したようだ．さまざまな研究者が人口増加率の推定を試みている．たとえば近代人口学の創設者の 1 人であるネイサン・キーフィッツ（Keyfitz 1966）は，旧石器-新石器時代を通じて平均 0.0015%/年という値（倍加時間つまり人口が倍になるには約 4 万 6000 年が必要）を算出したが，現在でもよく使われる推定値は，狩猟採集時代の約 0.0016%/年（倍加時間は約 4 万年），農耕導入後の約 0.021%/年（約 3300 年）である（コーエン 1998）．これらの推定値は 2 つの時間における人口推定値から算定された平均値であって，実際には増加と減少を繰り返す人口動態が存在していた．時代を異にする遺跡の分布状況からも増加率が推定され，0.64-1.96%/年などの値が見積もられている（Galeta & Burzek 2009）．またバンディ（Bandy 2008）は，農耕導入以前は 0.5-1%/年，以後は 0.2%/年と，むしろ減少したとの興味深い推定値を報告している．いっぽう，ジニューら（Gignoux et al. 2011）は，遺伝子のハプログループの出現数から人口増加率を推定し，旧石器時代終末期の 0.021%/年から農耕導入後の新石器時代には 0.058%/年と「急速に」増加したと推定した．いずれにしてもこれらの低い増加率では，その過程で，当然だが，

地域集団の絶滅が頻繁に起こったことはまちがいない．地域ごとの人口密度の試算があるが，それでもまだ新石器時代末のヨーロッパの人口は過大に評価しても100万人（BP1万年の世界の総人口は1000万人と推定される）は超えなかったようだ（大塚2015）．じつに多難な船出だった．

ヨーロッパ人の特徴1──肌の色

ヨーロッパ人の体型が生産活動のちがいによって変化したのをみた．ヨーロッパ人は体型だけでなく，私たちアジア人（以下"モンゴロイド"は習慣的・便宜的に使用），アフリカ人（"ネグロイド"同上）と比べると，身体的にも大きなちがいがある．身長とともに，鼻もひときわ高い．肌の色は白く，目（虹彩）の色は褐色，緑色，灰色，青色に，頭髪の色は黒色，褐色，金，赤などに多様化している．とくに目や髪の色は，ほかの地域集団と比べ，変異がめだつ．なぜこうしたちがいが生まれてきたのだろうか．まずは鼻の高さからみていこう．

モンゴロイドの鼻は，指摘するまでもなく，低い．これは寒冷乾燥への適応だとしばしば解釈される．突起物は寒冷乾燥条件下ではより放熱するので不利になるという"アレンの規則"（p.17）にあてはまるからだ．いっぽう，大きな鼻もまた寒冷乾燥環境には適している．それはムースやサイガ，あるいはウマが長く巨大な鼻をもっていることからもわかる．鼻は呼吸器官であると同時に嗅覚器官であるが，その空気の通り道である鼻腔内の皮膚には毛細血管が発達し，吸気をたえず温め，そして湿気を与える役割を果たす．この機能が，冷たく乾燥した空気が直接肺に送られること，したがって肺炎になることを防ぐ．寒冷乾燥環境では，小さな鼻も，また大きな鼻も適応的なのだ．

次が肌の色．肌の色は皮膚の表皮の最下層にある色素細胞でつくられるメラニン色素が決めている．メラニン色素にはユーメラニンとフェオメラニンの2種類があって，それぞれの量と配分のちがいが多彩な変異をつくる．それは頭髪を含めて同じで，すべての哺乳類に共通する．

この変異には複数の遺伝子群が関与するが，なかでも重要なのが，"MC1R"（Melanocortin 1 Receptor；下垂体ホルモンの支配を受けるレセプタータンパク質をつくる遺伝子）と呼ばれるユーメラニン合成に関与する遺伝子である．これに突然変異が起こると，さまざまな体色変化が生じる．アフリカ人には遺伝子異常は認められないが，欧米人では18カ所の塩基が置換し，ほかのアミノ酸に入れ替わっているのが知られている（Harding et al. 2000）．なぜ，欧米人はユーメラニン色素がなくてもだいじょうぶなのか．進化的には1万年間以上白い肌が維持された点を考えれば，むしろ色素がないほうが適応的（有利）だったのだろう．

これはビタミンD（VD）の生合成と密接に関連している．VDにはD2とD3があるが，ヒトではとくにD3がカルシウムの代謝（したがって骨の生成）や血圧，免疫，肝機能などに関与して重要だ．D3は，栄養として取り入れた前駆物質をもとに，皮膚内側（真皮）で太陽光の紫外線により光化学的に合成される．だが，ここに問題がある．日光を浴びることはD3の合成には必須であるいっぽうで，紫外線を大量に浴びることは，皮下の毛細血管中の"葉酸"を破壊し，さらに皮膚がんなどのリスクを招く．葉酸（ビタミンMまたはビタミンB9）とはDNAの生合成や赤血球の合成に必須の水溶性ビタミン群に属する生理活性物質で，ホウレンソウの葉から最初に抽出されたために，この名がある．したがって，皮膚は2つの重要物質の合成と破壊の最適なバランスをとらなければならない．とすれば，太陽光を過剰に浴びてしまう地域では，メラニンをフィルターにして紫外線を適当に遮断するのが適応的だ．それがアフリカに起源した人類がすべて黒色の肌をもっていた理由である．アメリカ農務省の調査によれば，アメリカ在住の黒人の87%はVD欠乏症であるという．フィルターの利きすぎなのだ．

こうしてみると，人間の肌の色と日光の紫外線総量との間には強い相関が予測できる．このことに最初に気づいたのはフルール（Fleure 1945）で，肌の色には地理的な勾配が存在して

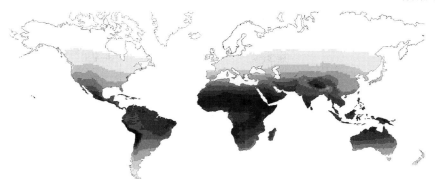

図 3-12　年間紫外線量から予測された肌の色．色の濃さは濃度勾配．実際の肌の色の分布とよく一致する．人間の肌の色は紫外線量に対する適応なのである（Jablonski & Chaplin 2000 より）．

いると指摘した．その後，いくつかの研究を経て（Roberts & Kahlon 1976 など），ヤブロンスキーとチャップリン夫妻（Jablonski & Chaplin 2000）は，世界 200 カ所以上の地域で年間の紫外線総量と肌の色との関係を分析し，両者の間には明確な相関関係があることを発見し，この結果から，逆に図 3-12 のような肌の色の分布を予測した．この予測は，驚くことに，実際の分布とほぼ一致している．尾本（1996）は BP 約 1.5 万年には氷河が溶ける水分蒸発によって曇天が多く，太陽光線は弱かったと推測したうえで，西アジアから北西に向かって移動した集団には過剰な紫外線から体を守るメラニン色素の厚い層が不要だったと同時に，VD 不足のため，むしろ皮膚色が薄いほうが有利となり，このような個体が選択されたと述べた．人類の肌の色は基本的には「適応」によって染められてきた．それでもなおこの予測と実際との間には多少の乖離があるが，これはおそらく次節で紹介するカヴァッリ＝スフォルツァ（2001）の指摘した要因によると考えられる．ところで最近，ネアンデルタール人や，中石器時代人（BP7900-7700 年）からエンシャント DNA が抽出され，MC1R やゲノムが分析されつつある．それらによれば，ネアンデルタール人は，黒肌のごつい復元像とは異なって，むしろ白い肌をしていた可能性（Lalueza-Fox et al. 2007）や，逆に，中石器時代スペイン人の肌はまだ白くなかった可能性（Olalde et al. 2014）

が，それぞれに指摘されている．それが適応的に変化していく形質である以上，当然の結果でもある．

ヨーロッパ人の特徴 2 ―― 目と髪の色

では目や頭髪の色はどうだろうか．目と髪の色はともに複数のメラニン類の量と配分によって決まり，メラニン類は前者では虹彩のなかの，後者では毛根のなかの，色素細胞によってそれぞれつくられる．肌の色と同様に複数の遺伝子が関与する．図 3-13A は黒色や濃褐色以外の，濃度の低い青，緑，淡褐色の目を"ライト・アイ"としてその比率の分布図である．周辺地域ではライト・アイの比率が一様に低いが，ヨーロッパだけが異常に多いのがわかる．この傾向は髪の色にもあてはまり，赤毛はヨーロッパ中央部とスカンディナヴィア，ロシアの一部だけに集中する（図 3-13B）．なぜヨーロッパだけが"異色"なのだろうか．

動物のある部位の色のちがい，すなわち多型化現象は広く知られ，有名なところではガの一種（オオシモフリエダシャク）の"工業暗化"（第 9 章参照）があり，大気汚染が進んだ地域では，突然変異の羽の黒い暗色型が，よくカムフラージュされ，鳥などの天敵の捕食率が低下した結果，増加した，と自然選択の好例として高校の教科書に登場する．また毒をもつ種類では，他種とまちがえて捕食することがないように，しばしば（黄色と黒などの）警戒色が進化

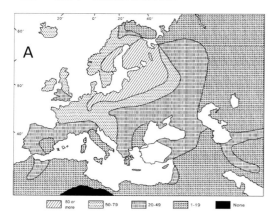

明るい瞳の色（ライト・アイ）の分布と頻度

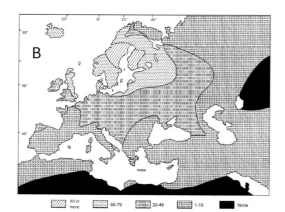

明るい髪色（ライト・ヘアー）の分布と頻度

図3-13　ヨーロッパにおけるライト・アイ（A）とライト・ヘアー（B）の分布と頻度．なぜ人類のヨーロッパ地域個体群だけにライト・ヘアーやライト・アイの多型が多いのか（Frost 2006 より）．

する．だが，目や髪の色は，VDの生合成とは無関係で，天敵の捕食といった自然選択とも関連性はない．動物行動学からこの問題を設定すると以下のようになる．「広域分布種の1種である Homo sapiens 集団のうち，なぜヨーロッパ地域個体群だけに適応的な形質とは考えにくい目や体毛の色の多型が発生するのか」．

意外な答え——それは「メスが選好したからだ」，と最初に指摘したのが，すでに紹介した"人口拡散説"の提唱者，カヴァッリ＝スフォルツァ（Cavallli-Sforza 1993，カヴァッリ＝スフォルツァ 2001）だった．彼は，このような形質には，新しく流入した"創始者効果"（初期集団の遺伝的特性が強く残ること）ではなく，

"性選択"という進化的メカニズムが働いたと主張した．

性選択は，シカやゾウの角や牙などの武器，鳥類の美しい飾り羽など，一見生存には不利な非適応的形質がなぜ進化したのかを説明するダーウィンの理論である．ダーウィンは，生物のさまざまな形質は，生存と繁殖にとって有利な形質が多数となる自然選択のほかに，性選択という一種のバイパスがあることを指摘して，『人間の由来』（1871）という有名な本を著した．ダーウィンは，性選択には，武器のように同じ性の間（この場合はオス）の競争で有利な形質が進化する「同性間選択」と，飾り羽のようにほかの性（この場合はメス）をよりひきつける形質が進化する「異性間選択」の2つがあるとした．目や髪の色に関係するのはこのうちの後者で，異性から選り好みされる魅力あふれる形質とみなされるのである．この魅力的な形質はどのように進化するのだろうか．性選択理論をさらに発展させた（統計学者としても著名な）フィッシャー（Fisher 1930）は次のように述べた．「最初，その形質はわずかにちがっただけだが，たまたまそれをメスが選好し，その形質と選好性が遺伝したとしよう．そうすれば，そのメスから産まれた息子は父親の形質を受け継ぎ，娘は母親からのその選好性を受け継ぎ，この相乗的な効果を通じて，オスの形質は，止まることなく進化していく」と．はたしてこのような状況がヨーロッパの先史時代に存在したのだろうか．

女性がこうした形質を選好した状況がヨーロッパの旧石器時代，狩猟採集生活にはあったのではないか，との刺激的な論文をピーター・フロスト（Frost 2006）がまとめている．彼は，BP1万8000年ころの植生が，ヨーロッパの北半分は氷河に，南半分がおもにツンドラとステップに覆われ，このような環境条件での狩猟採集生活では，女性は採集，男性は狩猟の分業が成立していた，と考えた．適切である．とはいえ定住生活に傾斜していたので，すでにみたように，出産と子育てを行う女性は，男性への依存度が高く，男性にはより大きな負担がかかっ

ていた．男性は大型哺乳類を狩るために広域を移動し，リスクの高い狩猟活動が強いられた，と想定する．これもまた妥当だろう．したがって，とくに狩猟の中心的な担い手だった若い男性の死亡率は跳ね上がったにちがいない．この結果どのようなことが起こったか．適齢期の男女の比率（特定の時点での実質的な性比を"実効性比"という）は著しく女性に偏り，多数の女性は少数の男性と配偶する「一夫多妻」をうながすような状況が現出した，とこの説の佳境に誘導される．1人の女性は1人の男性を独占できるわけではない．逆も真．では女性はなにを基準にだれを選ぶ（んだ）か．生活力，身長，体力，優しさ，体格，魅力的な瞳と髪の色などなど．結論はいうまでもない．この著しい実効性比の偏りは，氷河期が終わり，森林に再び覆われさまざまな動物相や植物相が回復し，男性の生存率が再び上昇し，女性の採集活動が活発になるにしたがって，修正された，とフロストは述べている．

　もちろんこの現象の説明には，別の仮説がいくつかある．たとえばライト・アイは氷河期の少ない光量に対して感度を上げる適応的な形質だとする（Short 1975）ものなどだ．このほかもっとも代表的なのは，そうした多型は，すでにそこにいた旧人，ネアンデルタール人との混血によって生じたとする説である（Rogers et al. 2004）．これも同様にヨーロッパ特有の理由ではあるが，もしそうだとすれば，ネアンデルタール人はかなり親和的に現生人類に吸収されたことになる．少し以前では，ネアンデルタール人と現生人類との間には遺伝的交流はなかったとされてきた（Noonan et al. 2006 など）が，その混血否定論の筆頭だったスヴァンテ・ペーボ（2015）らのグループは，その後に，ネアンデルタール人のDNAを回収，核DNAを分析することに成功し，人類は5%未満のDNAをネアンデルタール人から受け継いでいることを証明してみせた（Green et al. 2010）．この混血がどこでどのように起こったのか，デニソア人の発見（Krause et al. 2010）も含めて，人類のたどった道にはまだ多くの謎がある．さらに最近では，ヨーロッパ人のライト・ヘアーやライト・アイは，はるか後年，鉄器時代になって獲得された形質であるとの説がエンシャントDNAの解析から示唆されるようになった（Bramanti et al 2009, Gamba et al. 2014 など）．いずれにせよ，人類の身長や体格，皮膚や髪の色といった身体的特徴は，最終氷期をはさむ過去数万年の間，その環境の激変とともに，急速に変化した形質であることに変わりはない．

（2）新石器時代の農耕と動物

農業の定着と森林

　人間と環境の歴史において新石器時代ほど大きな画期をもたらした時代はない．人間が初めて自然環境に手を加え，それを変容させた起点だったからだ．農畜融合文化は森の国ヨーロッパでどのように定着していったのだろうか．森林地帯の農業では，世界的にみると通常，「焼畑」が広く採用される．ヨーロッパでもこの方式が，堆積層中に炭化した遺物が含まれる地域が存在している（Zvelebil & Rowley-Conwy 1984）から，部分的には採用されたと推測されるが，初期農耕が行われたほとんどの地域にその痕跡はない．ヨーロッパの農耕は焼畑を主流に出発したわけではない．それは幸いだった．焼畑は生態系に不可逆的な影響をおよぼし，土壌を劣化させ，森林の再生を阻んでしまう．BP7000-6000年の農耕民の選択は，現在のヨーロッパ農業の発展に貢献したといってよい．では，新石器時代の農耕とは実際どのようなものだったのだろうか．

　ヨーロッパ各地では新石器時代遺跡が発掘され，遺物の分析と年代測定が進められてきた（図3-3参照）．多くの新石器遺跡では，ロングハウスと呼ばれる住居跡，LBKや装身具が発掘されてきた．これらの遺跡は，すでに述べたように，ルーマニア・ハンガリー平原から，ヨーロッパ中央部，北部へと，方向やスピードは一様ではないが，わずかな期間で浸透している．その分布をもう少しくわしくたどると，いずれもドナウ，ビスワ，マルヌ，マイン，オーデル，ラインなど主要河川の，河岸段丘や氾濫原に集

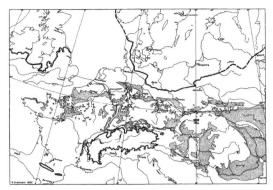

図3-14 ヨーロッパのレス土壌の分布（灰色の部分）．主要河川の流域沿いに広がる．新石器時代遺跡の分布（図3-3，図3-4）とよく重なる．太い線は最終氷期の氷床の前線（Haase *et al.* 2007 より）．

中している．そこは"レス(黄土)"と呼ばれる土壌地帯で，遺跡と土壌の分布がみごとに重なっている（図3-14）．レスとは，氷河の破砕作用で細かく砕かれた岩石のうち，細かい粒子が風によって運ばれ堆積した土壌で，ヨーロッパではとくに流域沿いに形成された．水はけがよく氷河作用のミネラルを豊富に含み，ムギ類の栽培にはうってつけだ．初期農耕民は，この肥沃な土壌地帯をみつけだし，定住したのである．

新石器遺跡では，通常，大きなもので幅6 m，長さ50 mにおよぶ柱の跡が発掘される．それは"ロングハウス"と呼ばれる，当時，世界最大の木造建築物の跡だ．建物の内部はすべてが人間の居住空間というわけではなく，家畜の収容部分と，それほど大きいとはいえない穀物倉庫で構成されていたと考えられる．ロングハウス遺跡は，多くの場合複数（10棟以上），ときには（新石器後期）100棟以上がまとまっていることがある．建物は堅牢で，一時的な仮住居ではなく，柱跡が重なり建て替えられた遺跡があることからも，おそらく数世代，百年以上にわたって同一地点に定着していたと推察された．それは「村落」といってよい．人々がどのような社会組織をつくったのかは不明だが，ロングハウスの出土品の量や質にはちがいはなく，社会階層がまだ未分化な段階にあったらしい（de-Groot 1987など）．おそらく1棟を世帯単位に，母系または氏族的な共同体が形成されていた．

ロングハウスの建築には大量の木材を必要としたが，にもかかわらず，森林の伐採や火入れを大規模に行った形跡は少なく，森林利用が限定的だったと考えられる．巨大な石斧をもってしても伐採には限度があったらしい．おそらく建築用材の調達以外には，燃料用の萌芽林の伐採，ハシバミやナラ・カシなどの選別と育成など，生態系への負荷が少ない森林管理が行われていたようだ（Gardner 2002）．このロングハウスを拠りどころに人々は農耕と牧畜を営んだ．

農業の展開と現実

遺跡からは例外なく炭化したムギ類の種子が確認されることから，農耕が営まれていたことは疑問の余地がない．だが，農耕とはいっても，規模は小さく，収量は少なく，不安定だったと思われる．この傾向は北部になるほど強い．順調だったはずはないのだ．そのおもな理由は，何度も述べたが，あらためて整理すると，①近東産ムギ類はヨーロッパの環境に適応した品種ではなかったこと，②農業技術が未発達で，まったく耕さないか，棒でひっかく程度の耕起だったこと，③洪水，冷害，干ばつなど自然条件の影響を強く受けたこと，また，生育過程では病気や害虫の発生（とくにイナゴ），雑草の侵入，草食獣や鳥類などの被害を頻繁に受けたこと，などがあげられる．

①についていえば，肥沃の三日月弧とヨーロッパ中央部（たとえばミュンヘン）の地理的位置をみれば，緯度差にしておよそ20度（札幌と那覇の差に相当）だから，環境条件の懸隔は指摘するまでもない．人々は，これ以後数千年以上にわたり品種改良に努力するのだが，おそらく収穫量は好条件に恵まれても播種量の3-4倍を超えなかっただろう．

ムギ類は，再三述べたように，もともと収量が少なく，連作障害の発生しやすい穀類だ．したがって，耕地をたえずシフトし，ローテーションを行う必要があった．このことを②に関連させて述べれば，耕起や肥料の重要性は早くから認知されていたようで，土壌をひっかいた跡や木製犂の耕作跡が各地の遺跡からみつかって

いるし，また，ウシやヒツジの糞を回収した遺構や施肥したと考えられるピット，あるいは淡水藻を集めてばら撒いたと解釈される層などが確認されてきた（Buurman 1988, Bakels 1997など）．ヨーロッパの農業は悪戦苦闘と試行錯誤の船出だった．したがって，生産規模はきわめて限定的で，主業というより副業の性格が強かったかもしれない．この分，生活基盤は家畜や野生動物に傾斜していた．ヨーロッパの農業にはそもそも補助エンジンとして家畜が必要だった．また万が一，余剰が生まれ，ある程度の備蓄が可能だったとしても，それなりの保存をしない限り，穀類は昆虫（コクゾウムシ[4]など），カビ，そしてネズミ類の餌食になったことは想像にかたくない．したがって，生産は短期間に食べ尽くす消費的な性格をなお帯びていた．新石器時代の農業は脆弱な基盤の上にかろうじて成り立っていた．

次に③と関連して，さまざまな生物被害（各種病原菌，害虫や害鳥，雑草の侵入など）が発生したのは疑いようがない（Dark & Gent 2001）．野生動物被害も甚大であっただろう．とくに初期農耕民が選んだ適地は，川と森林とをはさんだ移行帯（エコトーン）であり，もともと草地が一時的に形成され，多くの草食獣が集まるところだった．農耕はすでにみたように「餌場」づくりであり，多数の草食獣を誘引したにちがいない．このため農業は，野生動物への対抗策なしには成立しなかった．対抗策の1つは，有害鳥獣駆除で，農耕民は狩猟を積極的に行った．それは家畜以外からの肉の調達でもあり，実益も兼ねていた．

もう1つは，野生動物の侵入を防止する対策で，耕地のまわりに溝や柵，石や土などの塁を築くことだった．おそらくこれは，肥沃の三日月弧での初期農耕段階から採用され，踏襲された方法で，野生動物や自分たちの家畜（草食獣）から農業を守るほとんど唯一の手段だった．こうした耕地の造成や維持，管理には多大なコストがかかったために，農耕の規模はおのずと制限されたと考えられる．

新石器時代遺跡からは，ほとんど例外なく，深い溝や柵のピット，石垣の遺跡が発掘された（Keeley & Cahen 1989）．多くは，家畜用のエンクロージャーか，農耕地の侵入防止用の囲いと解釈され，上記の推測を裏づけた（Grygiel & Bogucki 1997など）．農耕地には動物侵入防止用の柵や溝，塁がめぐらされ，家畜は石垣や塁で囲われた施設のなかに，少なくとも夜間には収容して，飼育されたと考えられる．これは同時に捕食者の攻撃も回避していた．また休耕地がつくられ，そこに家畜を入れて施肥するような二圃制が早い段階から採用されていたようだ．ボガード（Bogaard 2005）は，こうした新石器時代の小規模・集約的な農業を"園芸農業ガーデンアグリカルチャー"と名づけた．ヨーロッパの農業は，家畜との一体化と，野生動物の生息を前提に，その歩みを開始した．

新石器農耕の定着と軋轢

園芸農業は具体的にどのように行われたのか．推測の域を出ないが，そのモデルをグレック（Gregg 1988）が描いている．彼女は6世帯30人の村落を想定して，農耕地面積の配分を試み，ロングハウス敷地面積＝4-5 ha，ムギ農耕地＝13.2 ha，休耕地＝13.2 ha，木材と燃料用の森林＝57.6 ha，40頭のウシと40頭のヒツジ，またはヤギ用の牧草地と森林内の放牧地＝275.66 ha，合計で約4 km^2（1人あたり13 ha）と想定した．ずいぶんと贅沢な土地利用のように思われるが，収穫できたムギ類は，どんなに多めに見積もっても1 haあたり170 kgを超えないから，最大で2240 kgとなる．この量は30人が1日1人あたり1ポンド（453.6 g，この見積もりはかなり少ない，第4章のアテネの消費量を参照）を消費したとすれば，165日分程度の食糧でしかない．家畜と，狩猟採集への依存は当然の結果であり，穀類は貴重な補助食糧だった．ともあれ，こうした村が流域に沿って次々と成立していった．

人間集団の移動と定着は，いつの時代でも，社会に緊張と激動をもたらす．新石器時代農耕民の拡散は，もともとそこに居住していた中石器時代人との間にどのような軋轢を生み出した

のだろうか．彼らは肥沃なレス土壌をめざして流域沿いに移動し定住した――これは，彼らがなぜかくも短期間にヨーロッパ中に広がったかをよく説明している．定住好適地が線状分布だったので，いわば尺取り虫のように，ライン上を次々と占有しなければならなかったからだ．先陣を競うスピード・ゲーム．植民者の数はまったく不明だが，ギリシャの南部地域には3000-4000人，ブルガリア，ルーマニア東部にはこれをはるかに上回る規模で，そして最終的にイングランドに到達したのはわずか50-100人程度だったらしい（Angel 1984）．これらのことから判断して，ヨーロッパへの移民者はおそらく全体でも数万人程度だったようだ．このスピードは，青木ら（Aoki & Shida 1996）の理論を根拠に，0.7-1.2 km/年と見積もられた（Pinhasi et al. 2005, Davison et al. 2006）．当時としては，かなり多数が，けっこうな早足でヨーロッパに向かうパイオニアになった．

この状況はまた次のことを示唆する．先住の中石器狩猟採集民は，森林が拠点で，そこに定住していたので，河川沿いを狩猟場の一部として利用しただろうが，植民者と先住民との間にはある程度のすみわけが成立し，さらには人口密度が低く，大部分は未開地だったので，接触はほとんどなく，葛藤や軋轢は発生しなかったらしい（Vanmontfort 2008）．とはいえ，これはやや楽観的な状況説明で，地域や環境条件によっては，紛争や戦争が勃発したのは否定できない．北イタリア，スカンディナヴィア，スペイン，イギリス南部などのヨーロッパ各地には岩のキャンバスに顔料を塗った「岩絵」が多数みつかる．これらの多くは中石器時代人が描いたとされる（一部は新石器時代人によると推定）が，そこにはオーロックスやアイベックスなどの狩猟シーンとともに，明らかに人間の集団同士が闘う「戦争」シーンが刻まれている．弓や槍を使い，数人から数十人の戦士たちが戦闘を繰り広げ，死傷者らしき人間も描かれている（Nash 2005）．

また複数の新石器時代遺跡の墓からは斧，槍，ナイフ，弓などの石器で傷つけられた男性の人骨（100人以上の場合もある）が発掘され，戦闘の犠牲者（あるいは食人？）と解釈されている（Keeley 1997）．戦争が紛争解決の最終手段だったことはいまも昔も変わらない．新石器時代人のヨーロッパへの植民がおしなべて平和的であったとは考えにくく，むしろ軋轢と紛争をともなう熾烈な闘いだったかもしれない．

新石器時代の農畜文化のその後

新石器時代の農畜文化は曲がりなりにも定着し，ヨーロッパのかなりの地域に浸透した．けれどそれは，過酷な環境条件と，生産力の低さゆえにバラ色だったわけではない．現在，BP9000-4000年のヨーロッパ中の遺跡とその成立年代が，炭素同位体法によって正確に測定しなおされ，膨大なデータベースとして構築されている．シェンナンとエディンバラ（Shennan & Edinborough 2007）は，このデータベースを駆使して，ドイツ，ポーランド，デンマーク3地域の遺跡の出現頻度を時系列で比較した．それは，この期間の人口動態と，人間活動の活性度を大まかに反映していて興味深い．

これによると，ドイツ，ポーランドでは，新石器文化が到来するBP約7500年から遺跡数は急速に増加し，BP約7000年前後にピークに到達した．農業が定着し，順調に発展し，人口や村落が増加したことが示唆された．ところが，その後は徐々に減少していき，以後1000-1500年間はきわめて低いレベルで推移した．この「停滞期」は，ちょうどこの期間の中ごろにヨーロッパを再び寒冷期（BP6200-5800年）が襲い，その影響があったと推察されたが，他方では，この農業形態そのものが，土壌や寒さなどの制約条件にあって，ほぼその限界に達した結果ではないか，と解釈された．それは肥沃の三日月弧で生まれた農業のヨーロッパ新天地における限界でもあった．

遺跡数が再び増加に転じるのは，地域差が大きいが，ポーランドではBP5600年から，ドイツではBP4300年からで，新石器時代後期から青銅器時代に入ってからだった．また，デンマークでは農業はほとんど定着せず，遺跡数は低

いレベルで推移したが，BP約6000年から一挙に増加した（図3-15）．これはこの地域ではLBKとは別の文化（CWC，後述）が流入したことと関係している．新石器時代農業の挫折から再び飛躍を遂げるには，新たな生産様式と文化の登場が必要だった．それは家畜にいっそう重心を移して，乳製品やミルクを利用すること，役（使）畜（とくにウシ）として農業に活用すること——いずれも家畜の能力を徹底して開発することだった．そしてさらにもう1つ，新たな家畜の登場が待たれた．とはいえ，新たな文化は無痛のまますんなりと誕生したわけではなかった．

3.4 遊牧社会の成立とウマの家畜化

（1）牧畜から遊牧社会への移行

旧石器時代を通じて，東ヨーロッパにも狩猟採集民がいたことは遺跡が証明している（Anikovich *et al.* 2007）．ここに肥沃の三日月弧から農畜融合文化をたずさえた人間集団が，地中海やバルカン半島とは別に，黒海とカスピ海の間（カフカス山脈の山麓）から北へ，あるいは黒海西岸沿いから北東へと移動した．このことはLBK遺跡の分布も証明している（図3-15, Zaitseva & Dergachev 2009）．この狩猟採集民と農耕民のせめぎ合いはその後どのように進んだのか．

ツヴェルビルとドルカノフ（Zvelebil & Dolukhanov 1991）は，時代ごとに両者の遺跡の分布を比較し，その動向を追跡した．それによると，農耕民はBP約8000-6500年には東ヨーロッパへ順調に分布域を広げるものの，黒海北岸周辺ではなかなか定着しなかったようだ．BP約5000年には，農耕民は"漏斗状ビーカー型土器"（FBC; Funnell Beaker Cultureあるいは TRBとかTBK[5]と呼ばれる）などを発明しつつ，東部中央ヨーロッパ一帯をほぼ席巻した．そのいっぽうで，黒海北部にもようやく広がりをみせるが，一部にはなお浸透していない．それどころか農耕が定着した後で再び狩猟採集生

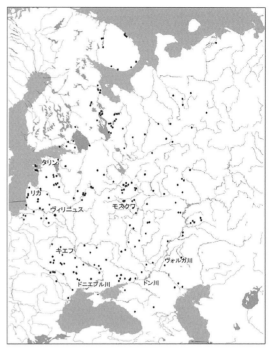

図3-15 東ヨーロッパの新石器時代遺跡の分布（Zaitseva & Dergachev 2009より）．

活へもどった地域があるなど，混乱している．こうした地域ではいったいなにが進行したのだろうか．それはたんなる後退ではない．

再びレヴァントでの状況を振り返ってみたい．農耕とヤギやヒツジの家畜化にまがりなりにも成功した先土器新石器文化B後期，レヴァント南部やヨルダン渓谷などの低地平野部のステップや乾燥地域では，一斉にヒツジやヤギの出現頻度が突出して高くなる定住遺跡が発掘される．たとえば，トランスヨルダン（ヨルダン東部）のジラート遺跡では，居住地のほかに明らかに家畜を飼育した円形の石垣が認められ，農耕種子のほかに多数の動物骨が発掘されたが，ガゼル5%，ウサギ16%以外ではヒツジとヤギが圧倒的多数（60%以上）を占めた（Garrard *et al.* 1994）．この時代，ヤギやヒツジへの傾斜はほかの乾燥地域でも共通している（藤井 2001）．このことは農畜融合文化がその辺縁部である乾燥草原地帯では家畜に重心を移す牧畜文化を萌芽させるポテンシャルをもつことを示唆する．しかし，おそらくこの段階では家畜

の消費的な利用に留まっていて，農耕とは分離していない．この文化がほんとうの意味で成熟を果たすには家畜の乳産物利用，すなわちシェラット（Sherratt 1983, 前章 p. 91）のいう"二次産品革命"を経過することが必要だった．

同様の状況は黒海北部やカフカス山脈麓の草原地帯でも起こったにちがいない．農耕民の進出と，おそらくは狩猟採集民の農耕民への転換によって農耕は浸透しただろう．だがかの地は農耕が定着するにはあまりにも不適で，森林辺縁部では農業は成立したが，ステップでは農畜のうち「畜」だけが採用された．BP5000年前後の一進一退はこのことを示していたと解釈できよう．乳産物利用を十分にマスターした人々にとって，専業牧畜は肥沃な草地の地の利も得て，十分な成功を収めたにちがいない．それは新たな生活様式として確立され，浸透した．当初の主力はおそらくヒツジだっただろう．ヒツジは，肉に加え，ミルク，体毛（ウール）や皮革も有用で，未発達な段階ではあったが，農産品との交易品にもなった．またヤギに比べるとサイズが大きく，よりグレーザーであるために，農耕の辺縁部，ステップの草原地帯では格好の家畜だった．

アナトリア地域の牧畜を研究したロジャー・クライブ（Cribb 1991）は，「遊牧社会」が農耕社会を基礎に発展したことをふまえたうえで，その展開過程を以下の4つの段階に分類した．

（ⅰ）牧畜（pastoralism）：定住し農耕を営みながら家畜の放牧を行う．

（ⅱ）圏外放牧（mobile pastoralism）：定住しつつも農耕ゾーンの外側に家畜を放牧する．

（ⅲ）移牧（transhumant pastoralism）：定住地はもつが，季節によっては農耕ゾーンのさらに外部へと家畜を移動させ，一時的に居住しながら放牧を行う．

（ⅳ）遊牧（nomadism）：定住地はもたず家畜とともに移動する．農耕社会とは結びつきは維持するが半独立的．

家畜の高い扶養力によって農耕なしに生計が成立することが立証された．しかし牧畜が農業から自立するには，人口以上の家畜を保持しなければならない．この頭数は，家畜種や環境条件，あるいは管理する人数にもよるが，ヒツジサイズであれば1家族あたり200頭を超える必要があると見積もられる．かなりの頭数といえる．このことは，牧畜や放牧の発生が農耕の辺縁部だったとしても，定住生活から遊動生活へと転換させていく，つまり上記の（ⅰ）→（ⅳ）へと移行していく必然性をもつ．なぜなら自分たちを支える一定数の家畜たちに安定した餌を供給するためには餌場を複数確保し，季節に応じて移動させなければならないからだ．ひとたび確立された家畜依存社会はやがて通常の農耕定住圏を超え，農耕社会からは空間的にも離脱し，遊牧へと発展していく．この宿命をもっている．実際にもこのことが起こった．しかし，それはまだ本格的な「遊牧」に発展することはなかっただろう．なぜなら遊牧の完成にはその長距離移動と，家畜をこまめに管理できるもう1種の傑出した動物の家畜化が必要だった．ウマである．黒海北部のステップはこのウマの濃密な生息地，その故郷の1つだった．

（2）ウマの起源と家畜化

ウマは人類の歴史をよくも悪くもすっかり塗り替えた動物だった．（青銅器時代中期以降の）メソポタミアの時代から近代に至るまで，それは戦争の帰趨を制した軍事力であり続けてきたからだ．騎兵隊の編成，訓練，行軍や戦闘法については，すでに紀元前ギリシャのクセノポン（BC430-355年ころ）が，祖国への感謝と騎兵隊の重要性，そしてウマへの愛情を込めて『騎兵隊長について』や『馬術について』を執筆して以来，戦争指導者らによって数多の著作が書き連ねられてきた．第二次世界大戦中，日本を含む列強各国は数百万頭を超える軍馬を徴用し，騎兵隊や兵站を編成した．戦争とは別に忘れてならないのは，ヨーロッパでは（ウシとともに）三圃制農業を切り開く役（使）畜として，人間と深いかかわりをもったことだ．この動物の家畜化は，おなじみの家畜群よりはるかに遅れるものの，古いことに変わりはない．

ウマ類は第三紀鮮新世の寒冷乾燥化と草原の

拡大とともに草原のランナーとして北米大陸で起源し，その後ユーラシアや南米にわたって爆発的に適応放散した分類群だ（シンプソン1989）．多くはその後の環境変動とともに絶滅し，現在は7種の現生種と1種の家畜種が生き残っているだけだ．それらは①ロバ（*Equus asinus*, アフリカノロバを別種 *E. africanus* とする場合もある），②オナガー（またはクーラン, *E. hemionus*, アジアノロバ系），③キャン（*E. kiang*, アジアノロバ系），④グレビーシマウマ（*E. grevyi*），⑤ヤマシマウマ（*E. zebra*），⑥サバンナシマウマ（*E. quagga*），⑦アジアノウマ（*E. ferus*, 亜種にはすでに述べたターパン *E. f. ferus*, プルツェワルスキーウマ *E. f. przewalski* がいる）．そして⑧ウマ（*E. caballus*）である．このほかに，南部アフリカに生息し，1788年に絶滅したクアッガがいる．これはかつて独立種とされたが，近年では残された標本のDNAが分析され，サバンナシマウマの1亜種（*E. q. auagga*）とみなされるようになった（Higuchi *et al.* 1984）．

問われているのは，この⑧がどの種から生まれたのか，である．①, ②, ③はノロバ系統，④, ⑤, ⑥はシマウマ系統（分布域はアフリカ中部以南に限定され地理的にも異なる）だからその可能性はない．このため⑧は，まず②オナガーや③キャンといったノロバ系が家畜化され，その後に品種化されたとの説が旧くからあった（加茂1973）．だが，オナガーとキャンの類縁関係は生物学的には遠い．最有力なのは⑦のノウマ系なのだが，決定的な差異はその染色体数にあって，家畜ウマはすべて $2n=64$ であるのに対し，⑦のプルツェワルスキーウマは $2n=66$ なのだ．家畜化の過程で，⑦系統のノウマと交雑した可能性や，染色体数が減少する可能性（ロバートソン型転座）は否定できないが，$2n=64$ の家畜ウマの祖先そのものは存在していない．家畜ウマはいったいどこからやってきたのだろうか．

多くの研究者が現生種のDNAや遺跡骨からエンシャントDNAを分析し，家畜ウマの起源探索に挑戦してきた（Lister *et al.* 1998, Vilà *et al.* 2001, Jansen *et al.* 2002, Lira *et al.* 2010）．だが結論を先取りすれば，どの地域の現生種のDNAも，遺跡出土のエンシャントDNAも，変異があまりにも多く，始祖集団にたどり着くことはできていない．家畜化された場所や時期はなお芒洋としたままなのだ．おそらくそれはウマの図抜けた特性によるもので，優秀なウマをつくるために人間は競うように，地域別の野生集団を含めて，ありとあらゆる組み合わせで交雑を繰り返した結果と考えられる．したがって今後も莫大なサンプル数や，DNAの異なる部位（たとえば核DNAやSNP）を分析したとしても，結果は大幅に変わらないだろう．これまでにわかったことを整理しておくと，①プルツェワルスキーウマは直接の祖先種ではない．②野生種は存在したが，すべて家畜化の過程で取り込まれてしまい生き残ってはいない．③ウマは少なくとも17系統以上（93タイプ以上）に分岐していて，ユーラシア・ステップ産のものと，イベリア半島産のものが古く，有力な祖先集団である．④イベリア産のものはヨーロッパ産のものの50%以上に遺伝的に寄与するが直接の祖先集団ではない．⑤出自の異なる，したがって遺伝的性質が異なる少なくとも77頭のメスが始祖集団を形成し，家畜化の過程でさまざまな野生個体の遺伝子が取り込まれてきた，などである．

ラディックら（Ludwig *et al.* 2009）は体色の変化を支配する遺伝子に注目してその変異を追跡した．これによると，BP約1万4000年の祖先種は明らかに栗毛の単色であったが，BP6400年ころから黒毛，鹿毛，白毛，芦毛，トビアノ（まだら）が増加し，一挙に多色化したらしい．総じて，ウマはおそらくアジアノウマの一部が家畜化されたものだろう．その起源が単元だったとしても，その圧倒的な有用性ゆえに，祖先集団はまたたくまに各地で交雑が試みられ，また伝播した各地域の野生集団と交雑が繰り返され，これらの結果，遺伝子は短期間で劇的に変化したようだ（Librado *et al.* 2017）．

図3-16 天然記念物,岬馬(宮崎県都井岬,2015年1月著者撮影).

ウマの社会と家畜化

ウマはどのような社会をもつのだろうか.ウマに魅せられた多くの研究者が野生ウマを対象にこのことに取り組んできた(Klingel 1975など).わが国でも今西(1955)が先駆的研究を行い,『都井岬の馬』を執筆した.都井岬のウマは,「御崎(岬)馬」とも呼ばれ,国の天然記念物に指定され,宮崎県串間市の手厚い管理のもと,現在も約90頭が半野生条件で放牧されている(図3-16).ウマ類の社会は大きくみると2つのタイプがある.メスが母子を中心としたさまざまなサイズのメス集団をつくることは共通するが,1つはグレビーシマウマやノロバが示すなわばり型の社会で,雨季の繁殖期になると強いオスは平均約 $6 km^2$ の広大ななわばりを確立し,そのなかにメス集団を引き入れて交尾を行うタイプ.もう1つはハレム型で,ヘイゲンシマウマやヤマシマウマでは,1頭のオスが複数のメスと子どもからなる群れといっしょに行動し,群れをほかのオスから防衛するタイプだ.岬馬は後者である(秋田 2013).とはいえこの社会の分岐は流動的で,一般に餌が少ない半砂漠の環境では前者に,草が豊富な環境では後者になる傾向があり,同じ種でも生息環境や時期によって可塑的である.

なわばりをつくるか,それともメスの群れと合流するかという動物社会におけるオスの繁殖戦略は,基本的にはどちらのほうがより多くのメスと交尾できるのか,すなわちメスの群れ性に依存していて,メスが安定的で緊密な群れをつくり,広い範囲を遊動するような場合にはハレム型が,メスが散在し,離合集散を繰り返すような場合にはなわばり性が有利となる(三浦 1998).では,そのメスの群れ性はどのような要因によって決まるのだろうか.最大の要因はメスの繁殖を支配している生息環境の餌の量とその安定度,そして天敵の存在である.メスは子どもを産み育てることで自己の適応度を上げる.餌資源が豊富で安定している環境(そこには多数の天敵が存在する)では,血縁を中心とした緊密かつ永続的な群れが形成され,生まれた娘を通じてその資源が受け渡されていく.これに対して餌資源が少なくまばらで,天敵が比較的少ない環境では,個体間の結合の弱い離合集散の激しい社会が形成される.適応度は群れではなく個体の活動によって担われる.こうしてみると,動物の社会は,けっきょくメスとその娘との関係のあり方に大きく依存しているといえよう(たとえば三浦 1998).

では焦点であるウマはどのような社会をもつのだろうか.おそらく,血縁関係を基盤としたメスの群れと,そこに1頭の成獣オスが合流するハレム型の社会だったと考えられる.北米ロッキー山脈ネバダ州のグレートベイスンで野生化したウマを長期間観察したベルガー(Berger 1986)は,3-4頭のメス成獣とその子どもを中心とした群れ(バンド)が基本単位となっていて,その88%はオス成獣1頭が加わるハレム型,残りは複数のオスが加わる複雄群型だったと報告した.ハレムのオスは,若い未成熟のオスは許容するものの,ライバルとなるオスへは攻撃的で,噛みついたり蹴ったりの追い払い行動を行い,繁殖期を中心に約7カ月間,群れを防衛する.しかし,なかには新たなオスが,体力の落ちた老齢のオスに挑戦して,とってかわることも報告している.人間がウマと出会ったとき,ウマはこのような社会をもっていたにちがいない.

ハレム型か,なわばり型か,いずれにせよオス間に激しい攻撃行動がみられる動物は,一般に,一定の空間に閉じ込める家畜には向かない——それは「家畜の基準」ですでに述べた.だ

が，収容するオスが1頭に限った場合にはむしろ群れは安定的に維持できる．とくにハレム型の場合にはオスとメスの間には社会的な結合が生まれ，他オスの介入がない分だけ群れは安定する．人間は結果としてウマとロバの家畜化に成功したが，その背景にはこうした習性を熟知し，オス1頭の単雄群を飼育の原則にしたことがある．それにしても，こうした動物を家畜にするには大きなハードルがある．巨大な施設と，そしてどのように捕獲するのか，生きたままに．

（3）遊牧社会とウマとの出会い

「馬力」という言葉が現在でも定着しているように，ウマはほんのわずか前まで使役畜（運搬や動力源）や移動手段として重要だった．しかし，ウマを捕獲する最初の目的はやはり食料なのであって，使役などではない．家畜化はどのような経過をたどったのだろうか．

ウマはなんのために家畜にされたか

注目すべき遺跡がある．トリポリエ遺跡群は，ウクライナのキエフ南西部から黒海北岸にかけての18万km²に散開する大規模な村落遺跡で，1300カ所以上の住居跡から構成される．ここからは新石器時代末から銅石器時代初期（BP6000-5500年）にかけての彩色土器や土偶，石器，骨角器，生活用具が発掘され，トリポリエ文化と呼ばれている．旧ソビエト時代から発掘作業が続けられ，膨大な出土品が蓄積されてきた．これを分析したズベノビッチ（Zbenovich 1996）によれば，植物種子では，コムギやオオムギ，キビ，エンドウなどが多く，明らかに農耕とともに，アンズやプラムも採集された．動物骨では，ウシ，ブタ，ヤギ，ヒツジが多く，イヌも加わって，家畜として飼育されていたのがわかる．注目されるのはこのなかに多数のウマ（家畜かどうかは不明）の骨があったことで，多い地点では動物骨の18%に達していた．また同時に，シカ類（アカシカと考えられる），ノロジカ，イノシシなどの野生動物骨も多数出土し，肉のうち30-35%は狩猟によって得ていたと推定された．船や多数の魚類骨が出土しているので，漁労がさかんに行われていたようだ．それはひとことでいえば定住型の「農畜・狩猟採集混合文化」であり，アナトリア高原やタウルス山脈で定着した農畜複合文化の北方草原型ヴァージョンだったといえよう．

問題なのはこのウマで，野生なのか，家畜なのかは判然としないが，肉が主目的だったと考えられる．このウマを人間はどのように調達したのだろうか．遺跡の周辺には「砂漠の凧」のような捕獲場の痕跡はなく，よほど高くて頑丈な垣でない限り捕獲は困難だったようだ．有力な方法は，湿地帯や川のなかに追い込み，泳ぐ個体を捕縛することだった，と私は推測する．ウマは泳げるし，水にも入る．しかもこの地域は，地理的には無数の池や河川が交錯する"黒海沿岸低地帯"にあたる．いまでは耕地に整備されウクライナの大穀倉地帯だが，かつては大湿地帯だったのだ．人間と野生ウマがこれほど接近できる場所はほかにない．人々はウマをこの湿地帯へと追い込み，船を駆って追跡し，槍や弓で射た，と同時に，投げ縄を使って生きたまま捕えることができたのだ．さらにはその格闘の最中では，泳ぐウマにタックルして飛び移り，背中にしがみつくことさえできたのである．暴れ振り落とされても所詮は水のなか，支障などない．

いうまでもなく人間とウマとの関係は「乗馬」という形で開花する．とはいえ野生ウマの背中にいきなり乗るという構図は奇想天外だ．通常ではひらめきようがない発想．したがって「乗れる」ことの発見は，勇気ある無謀な試みだとしても，「乗る」こととは別の目的の追求として着想されたにちがいない．それは「捕獲」行為の延長だったのではないかというのが私の推論だ．首に絡んだ投げ縄やたてがみにしがみついた捕獲が無数に繰り返されると，やがてこれらの「じゃじゃ馬」のなかに，人間の騎乗を許す個体を発見したのではないだろうか．これはロデオの光景としてもなじみ深い．ウマは強い個性をもった動物だが，最近の「迷路実験」などによると，多くの研究者はその高い認知能力，記憶能力や学習能力を認めている

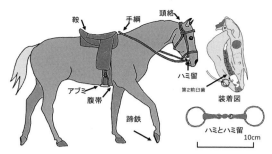

図 3-17 ウマの乗馬用具．ハミとハミ留と装着図．

(Murphy & Arkins 2007 など)．とくに若齢 (1–2 歳) 個体はすぐれていて，さまざまな訓練に対応することができるようだ (Nicol 2002 など)．たまたましがみついた獲物のなかに人間の騎乗を許したすぐれた若齢個体がいたとの想定は無理ではないだろう．

泳いでいる個体を生け捕るという猟法は，肉のために直後に屠殺してしまうことも，頸に縄を巻いたまま生かすことも可能であった．とくに制御可能な小さな幼獣は選別され，そのまま飼育することもできただろう．それが「収穫の先送り」原則（第2章）にも合致していたからだ．これらの個体はどのように飼育されたのか．馴れさえすれば小さなパドックで十分であり，雑草で肥育でき，成獣になっても放牧さえできただろう．だから大規模な収容施設など最初から不要だったのだ．体のサイズと飼育施設は比例関係ではなく，運動能力が高く巨大な家畜ほど逆に施設は小さいほうが適切だ．こうした飼育施設と，親密で継続的な関係を通して「乗馬」は訓練されたのかもしれない．また搾乳もかなり早い段階から試みられたと考えられる．ウマは黒海沿岸地帯のこの地ですでに家畜化されていた可能性がある．

「乗れる」ことの発見と，一般的な乗用手段となることの間にもまた距離がある．ウマの場合にはさまざまな用具（馬具）が必要だからだ．それらを列挙する（図3-17）．

①ハミ（銜 bit, cheekpiece）：ウマの口に含ませる棒状の道具で，左右にリング状のハミ留（環）があり，手綱につながっている．

②頭絡（勒 bridle）：ウマの頭部にかける紐で，ハミと手綱と連結している．

③クラ（鞍 saddle）：騎乗するために尻をのせる道具で，腹帯で固定する．

④アブミ（鐙 stirrup）：鞍から吊り下げて騎乗時に足をのせる．

このほかには蹄鉄や肢巻，胸懸（シマキ・ムナガイ）など多数あるが，歴史的にみるとその発明は①→④の順となる．蹄鉄についてはすでに述べたように8世紀（序章 p.7），鐙（アブミ）は5世紀初めに中国で発明され，西ヨーロッパに伝えられたのはようやく8世紀になってからだし（ホワイト 1985），鞍が発明されたのは4世紀といわれ（ベックマン 1999），いずれもはるか後代の発明品なのだ．多くの本や歴史教科書にはしばしば歴代の王や領主の騎乗姿の絵やレリーフ，像が掲載されているが，鐙が使用されていないことに気づく．たとえば，後述するフランク王国のカール（シャルルマーニュ）大帝（図5-4参照，p.203）の像は，9世紀初頭の時点だが，鐙はまだなく，足は所在なげに突っ張り投げ出されている．最初の発明は①と②，なかでもハミと手綱で，騎乗できてもこれなしにはウマを制動できない．乗馬用の決定的な用具なのだ．おそらく初期段階の長い期間，投げ縄状の紐を首に巻いていたのではないかと思われるが，上首尾ではないだろう．首の絞まるウマも，制動できない人間も．ハミはいったいいつ，どこで発明されたのか，それは人間とウマとの関係を抜本的に変えた最大の発明品であり，この発見こそがウマの真の家畜化の決定的な証拠なのだ．

ハミの生物学

少し脱線する．多くの草食獣（有蹄類）の歯は切歯と臼歯の間に大きな隙間（この歯隙はとくに歯槽間縁と呼ばれる）がある．これは齧歯類やウサギ類にも共通する．なかでもウマのそれは長く，下顎でいえば全体の長さの約6分の1に達する．異常な長さだ．ハミはこの空隙にはさみ込まれ顎を横断する．だから歯で噛むこともないし，咀嚼のじゃまにもならない．ハミはめだたないが，ウマの特徴をたくみに利用した画期的な発明品だ（図3-17）．この空隙は進

〈コラム 3-2　ランナーを支える器官〉

　ウマの最高速度は時速約 65 km で，チーター（120 km）やプロングホーン（95 km），ダチョウ（90 km）といった脚自慢，はてはノウサギ（70-80 km）にさえ，負けてしまう．しかしこれは短距離全力疾走の瞬間速度なのであって，平均速度や持続距離を考慮したものではない．平均時速 50 km の襲歩（ギャロップ）で 5 km 以上走ることができるのはやはりウマだけだろう．この驚くべきランナーとしての能力はどのような体の仕組みによって支えられるのか．走行を支えるエンジンである心臓や肺は，体のサイズに比べ特段に大きいわけではない．このことは体のサイズと器官のサイズとの相関関係を分析する「スケーリング則」でも確かめられる（図 3-18）．しかし，このありふれた心臓や肺が走行時にはフル回転する．心臓の拍動数は休息時 40 回/分から最大 260 回/分へ，これにともなって血液量は 40 リットル/分から 240 リットル/分に跳ね上がる．肺の呼吸回数は休息時 12 回/分から最大 180 回/分へ，呼吸量は 100 リットル/分から 1500 リットル/分へ急上昇する．これらが全身の筋肉の躍動を支える．ウマの血液の量は，体のサイズに比べやや多いが，際立って大量というわけではない（Joint Working Group 1993）．またウマの赤血球は比較的小さく（直径約 5.5 μm, ヒトは 7.5 μm, ヒツジは 4.8 μm），多数含まれるが（Altmann & Dittmer 1974），飛び抜けて小型・多数というわけではない．これらの特性を総合的に生かして高速走行を可能にしている．ただ 1 つだけほかの哺乳類の追随を許さない器官がある．脾臓だ．脾臓は①高い免疫応答の場，②胎生期では造血機能をもつ，③赤血球を選別し，古いそれを破壊する，などの機能がもつことが知られているが，もう 1 つある．それは③とも関連するが，赤血球の貯蔵機能である．ウマの脾臓はきわめて大きく可変的で，安静時には全体の約 30 % もの赤血球（と血液）が蓄えられ，約 40 リットルもの大きさにふくれ上がっている．運動に移行すると，脾臓は収縮し，そこから大量の赤血球が血管に放出され，ヘマトクリット値（血液中に占める［赤］血球の体積比）は急上昇し，走行時の酸素供給を支える（Persson et al. 1973）．それはランナーとしての余力である．

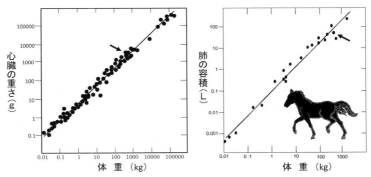

図 3-18　体のサイズと心臓の重さ，肺の容積とのスケーリング．矢印がウマで，どちらの器官のサイズも体のサイズの関数，つまり見合っていることがわかる．左は Protehero（1979），右はシュミット＝ニールセン（1995）に Anisworth et al.（1997）のデータを加える．

化的にみると，鼻が長く巨大化する，つまり馬面（うまづら）になるほど拡張する傾向がある．ウマの祖先種（ヒラコテリウム）が草原環境に進出し，ミオヒップス→メリキップス→プリオヒップスと，体の巨大化と脚の発達，蹄の数の減少と進化していくなかで，鼻もまた長大になっていった．なぜ草食獣は草原環境への進出にともなって鼻が長くなっていくのだろうか．これもまた天敵からの回避戦略と関係している．とくにウマは草原のランナーとして長距離を走行し，この走りによって天敵を出し抜く戦略を採用している．大きい脾臓と小さな赤血球などの生理・解剖学的特性がこれを支え（コラム 3-2），鼻の長さもまたこれと切り離せない．

　ヒトもウマも全力で走行すれば，筋肉が躍動し，体温が上がり，発汗することに変わりない．しかし，ウマの体温上昇や発汗量はごくわずかである．これは体のなかに巧妙な冷却装置を備

えているからだ．鼻である．鼻に流れ込む動脈（大部分が外頸動脈）は，篩骨や鼻甲介骨のなかで網状血管系となって発達し，鼻腔壁を取り巻く．鼻腔内の粘膜からは水分がたえず分泌され，その湿ったなかを空気が流れる．水分は蒸発する際に気化熱によって周囲の熱を奪う．このため，動脈血は冷やされ静脈血となって心臓へもどり，結果，体温の上昇は抑えられる．それだけではない．心臓へともどる途中では，脳へとのびる動脈（脳底動脈）を包み込んで交差し，脳への血液温を下げて脳の損傷を防止する．長距離走行で避けなければならないのは脳温度の上昇，すなわち「熱射病」である．驚くことにこの仕組みは，寒冷乾燥の環境や厳冬期でも威力を発揮する．このことはすでに人間の鼻の大きさ（高さ）で説明したが，長い鼻は呼気に十分な湿気と温度を与え，乾燥した冷たい空気が直接肺に送られるのを回避する．ウマもヒトも同じである．

冷却装置はこれだけではない．サイやバク，ウマ類などの奇蹄類には"耳管憩室"（または喉嚢）と呼ばれる器官がある．これは咽頭と左右の耳とをつなぐ耳管の一部がふくらみ風船状の空洞となって脳の下部に広がる．これもまた脳冷却システムの1つとみなされてきた（Sasaki et al. 1999, Manglai et al. 2000）．カナダの獣医師，キース・バプティストら（Baptiste et al. 2000）は，この空洞や周辺の動脈の温度を測定し，空洞内の温度は運動とかかわりなくもっとも低温で安定していて明らかに脳温の上昇を抑えていた．鼻が水冷方式なら，こちらは空冷方式なのだ．細島ら（2010）によれば，この風船のサイズは走行速度に比例して膨張するという．驚くべき適応装置ではないか．

ウマは長距離の走行にずばぬけた持久力を発揮するが，その持久力をこれらの器官が精妙に支えている．そしてこの走行特性こそ，車が登場するまでの間，人間が移動手段として採用した最大の理由だった．鼻の発達が歯隙（歯槽間縁）をつくり，その歯隙にハミを差し入れ，人間が利用する．絶妙な組み合わせだ．ハミの存在はウマの家畜化と騎乗の証左である．そのハ

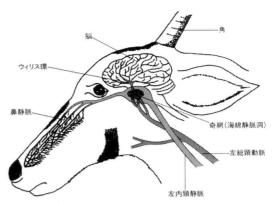

図3-19 偶蹄類の「奇網」は頭部の熱交換システムとして機能する（三浦1992より）．

ミはいったいどこで生まれたのだろうか．

関連で再び脱線する．草原性の偶蹄類は，ウマよりもさらにまとまった熱交換システムを進化させている．構造は基本的にウマと同じだが，鼻からの静脈と，心臓から脳へ入る外頸動脈は脳底部で交差し，ここで静脈はスポンジ状の「洞」をつくり，動脈はそのなかで細かく枝分かれし「叢」となって通過し，出口で再びまとまり，ウィリス環を経て脳に入る（図3-19）．原理は同じ．温かい動脈血は鼻腔内で冷やされた静脈血によって冷却され脳に送られる．この洞はすでに2000年以上前，古代ギリシャの医学者ヘロフィロスがヒツジで発見し，「奇網」（rete mirabile）と名づけた．"驚異の網"という意味だ．家畜となったヤギ，ヒツジ，ウシ，ブタにもある．たとえば，灼熱のサバンナに生息するオリックスは，この奇網のおかげで，外気温40℃でもまったく正常に（熱中症や熱射病にならずに）しかも発汗することなく（したがって水分をとらずに）生活できる．彼らの通常体温は35.7℃だ．しかし外気温が40℃になると，体温はそれ以上の42.1℃に上昇する．つまり，外気温より高い体温を維持することで水分の蒸散を抑えるのである．このときの脳温は，外気温より約3℃以上低くなる（Taylor 1969, Fuller et al. 2013）．こうした脳のラジエーター構造は，偶蹄類や食肉類には発達しているが，ウマ類，齧歯類，ウサギ類，ヒトを含む霊長類にはない（Gillilan 1974）．ウマのもつ耳

管腔室はその代替として進化したと解釈できる．驚くことに，一部の魚類はこの「奇網」の構造を体内で精緻に発達させている．なぜか，後章で述べる（第12章）．

（4）ウマの家畜化と騎乗の証明

1980年代から90年代にかけて驚くべき発見が中央アジアで2つあった．1つは前述したトリポリエ遺跡の東部に隣接する"デレイフカ遺跡"（ウクライナ共和国），もう1つはさらに東方，アラル海東北部に位置する"ボタイ遺跡"（カザフスタン共和国）だ（図3-20）．前者はBP6200-5700年の遺跡で，ウシ，ヒツジ，ヤギに加えて，52体分のウマの遺骨が発見された．前3種は明らかに家畜で，埋葬されていたらしい．大半のウマの年齢は5-7歳で，たくさんの土偶といっしょにこちらもていねいに埋葬され，家畜と推定された．

注目されたのは「車輪」の発見で，明らかに家畜は役畜だった．車輪がこの地のオリジナルかどうかの確証はない．しかし，おそらくこの周辺を起源に，その後メソポタミアに伝播した可能性が高い（車輪とみなされたメソポタミアの木製ディスクはBP約4700年）．車輪をつけた各種のワゴンは遊牧生活には格好の移動・運搬手段だ．だからそれは活用されつつ改良もされていった．近年，スロベニアからもBP5350-5100年の車輪状木製ディスクが発見された（Gasser 2003）．いつの時代も有益なものの伝播は速い（とはいえ500年以上はかかっているが）．このほかには，多数の彩色土器が発掘されたり，装飾品を身にまとった人間の墓がみつかっていて，人間社会のなかに階級的な分化が芽生えていたようだ．デレイフカ遺跡は，草原ステップに適応した本格的な遊牧社会が，ウマの家畜化とともに，ゆっくりとその姿を現したことを示している．

焦点は，ウマが役畜として使われ，しかも騎乗されたのか，だ．インド-ヨーロッパ文化研究の重鎮ジェームズ・マロリー（Mallory 1977）やデビィッド・アンソニー（Anthony et al. 1986）らは，荷車を引いたのはウマであり，

図3-20 中央アジアステップの遺跡群（BP6200-5000年）．多数の遺跡があるが，主要なものだけを図示（Anthony & Brown 2011より作成）．

ウマにはハミが着けられ，複数発見された角や骨に穴のある出土品こそがハミ留（環）なのだと主張し，注目された．これに対しレーヴィン（Levine 1990）は，あくまでも慎重で，荷車を引いたのはウシであり（いっしょに埋められていた），ハミ留とされたのは，ほとんどが土器や生活用具とともに出土し，ウマといっしょではなかったことを根拠に，「騎乗説」に疑問を投げかけた．はたしてウマはハミをはめられて騎乗されていたのか，確証はなかった．

論争に決着をつけたのは次の発見だった．ボタイ遺跡は，カザフステップの中央部に位置する，BP5400-4700年の，多数の住居址からなる村落遺跡だ．驚くことにここでは30万体分の動物骨が発掘され，うち90-99%はウマだったという．ウマ以外にはオーロックス，アカシカ，ビーヴァー，クマ，サイガなどが確認され，狩猟も行われたようだが，出土骨の99.9%がウマで占められた住居址もあるなど，ウマ偏重の遊牧民社会だったようだ（Anthony & Brown 2011）．そのウマの骨，なかでも下顎最前部の臼歯（第2前臼歯，図3-17参照）の磨減状況が，アンソニーら（Brown & Anthony 1998）によって慎重に分析された．なぜならもしハミが使用されたとすれば，それが始終歯にあたり，歯は不自然な形ですり減っているはずだからだ．

この予測はみごとに的中．無傷で発掘された20体分以上の前臼歯の前部は奇妙に磨減して

148　第3章　農畜融合文化の波紋

図 3-21　ボタイ遺跡で発掘されたウマの下顎第2前臼歯の前部につけられた列状の磨滅痕（部分の拡大）．これは麻縄の「ハミ」をはめた実験による磨滅痕と一致した（Outram et al. 2009 より）．

いて，それは麻縄でつくった「ハミ」を600-800時間はめた実験の磨滅状況と一致した（Outram et al. 2009 より；図3-21）．最近，ダラム大学（イギリス）のアラン・オートラムら（Outram et al. 2009）は，発掘されたウマの形態学的解析から，ボタイのウマは野生ウマより（家畜化によって）小型化していたこと，土器に残っていた残滓からウマのミルクが利用されていたこと，さらに前臼歯前面に鮮明なハミによる磨滅があることを報告した．ボタイ人は，ウマを飼い，ウマから搾乳し，ウマの肉を食らい，ウマに乗って，家畜を管理し，ときどきは野生動物を狩猟した遊牧社会を形成していたのはまちがいない．乳糖耐性はこの文化のなかで獲得されたにちがいない．それは肥沃の三日月弧の文明がたどり着いた1つの極でもあった．

おそらくウマはBP約6000年に黒海北部草原地帯（あるいはカスピ海北縁）で家畜化され，騎乗されたのだろう．この地域一帯では，ハミ状馬具がさまざまに試作されたにちがいない．ボタイのそれは成功した試作品の1つだったと思われる．しかし，たった1回の成功例は，ウマの桁外れの優秀さゆえに馬具とともにまた

くまに中央アジアステップ全域を席巻したにちがいない．その波動は各地に伝わり，「縄」のハミは鉄の発見とともにいち早く鉄器製のそれにとってかわった．その後の歴史はウマの二輪戦車（チャリオット）と騎兵の登場によって大きく塗り替えられた．人類の歴史にこれほど大きな影響をおよぼした動物はいない．これは記憶されてよい．

はるか後代に，ホメロスはトロイア戦争（BC12世紀ころ）を題材に，ギリシャ最古の叙事詩『イーリアス』を書いた．その1節には「馬乳を飲む堂々たるヒッペモルギス人」（13歌）が登場する．ヒッペモルギス人とは，ヘロドトスの『歴史』（BC5世紀ころ）によれば，黒海北西部の草原地帯に住んでいた遊牧民であり，馬乳は「竪笛によく似た骨性の管を雌馬の陰部に挿入し，一人が管を吹き膨らませている間に，別の一人が搾乳」したと記録している（『歴史』8巻4）．専用の搾乳器があったのはわかるが，しかし，この記述からは具体的にどのように搾乳されたのかがわからない．それはともかくも，この馬乳利用と搾乳文化がバルカン半島やヨーロッパ東部に持ち込まれ，本格的なウシやヒツジの乳産物利用とあいまって牧畜文化を発展させた．それが新石器時代の農耕の限界を突破し，農畜融合の新たな段階へと導いた原動力だったのはまちがいない．

人類は草原でウマと出会い，遊牧社会をつくりだし，活動領域を拡大していった．草原は乾燥化とともにやがて半砂漠へ移行していくが，ここでも人類は別の動物に遭遇した．ここで，メジャー5家畜に加え，残されたマイナー2家畜について紹介しておこう．

3.5　乾燥草原地帯での動物の家畜化

肥沃の三日月弧を嚆矢とした農畜融合社会は，北部側ではユーラシア・ステップでウマと出会い本格的な遊牧社会を形成した．いっぽう，南部側ではレヴァント周縁部，とくにヨルダン渓谷，シリア砂漠周辺で牧畜社会を形成した．後者に注目する．砂漠周辺の牧畜社会とはいえ，それはせいぜいクライブ（Cribb 1991）のいう

「(iii) 移牧」(p.140) までの段階であり，遊牧までには到達していない．一般に，農耕と牧畜とを比較すると，農耕も気象条件に左右されるが，それ以上に牧畜は，動物の生存と繁殖が，降水量とそれに影響される草の生育状況に強く依存し，より不安定だといえる．このリスクを回避する方法は，生態的特性や生活史の異なる複数の種類の家畜を飼う以外にはない．多くの遊牧民が単一種類の家畜ではなく，たとえば，マサイ族はウシ（ゼブ種，コブウシ系）を中心にヤギ，ヒツジを，チベット族はヤクとともにヤギ，ヒツジを放牧するように，複数の家畜種を保有する点で共通している．放牧という生活様式はもともと家畜種を増やそうとする潜在的願望をもつ．それが乾燥環境への生活領域の拡大にともなう危険分散（リスクヘッジ）である．

(1) ラクダの家畜化

ラクダ類は，ウマ同様に，北アメリカで起源し，ベーリング陸橋を渡り，ユーラシアで適応放散した動物だ．ヒトコブラクダ（*Camelus dromedarius*）とフタコブラクダ（*C. bactrianus*）の2種いるが，前者の野生種はおそらくBP約2000年までに絶滅，後者のそれは中国・モンゴルのゴビ砂漠に現在でも1000頭程度生き残っているらしい．染色体数は同じ（$2n=74$）でおそらく共通の祖先から分岐したと考えられる．ほかの草食獣が生息できない，植物の少ない乾燥砂漠地帯の環境によく適応している．とくに赤血球はほかの哺乳類とは異なって涙滴状（楕円赤血球）で，脱水状態での血液の浸透圧が高い状態でも血管内を流れやすい．また一挙に100リットル以上もの水を飲み，逆に浸透圧が低下しても溶血することはない．暑さに強く，体毛は断熱性にすぐれていて，40℃でもほとんど汗をかかない．これはウマと同様に，その鼻の仕組みによる．

ラクダはきわめて有用だ．肉は高タンパク質であり，ミルクは牛乳より栄養価が高く，体毛は衣料に，糞は燃料になり，なんといっても砂漠での主要な交通手段だ．この優秀性にもかかわらず，ラクダ類の家畜化の過程はほとんどわかっていない．断片的な考古学的遺物，たとえば，BP約4500年とされる，鼻を貫通させるペグ（ハミの代わり）や頭絡がトルクメニスタンやイラン北西部で発見されたが，この地で家畜化されたかどうかはわからない（Peters & von den Driesch 1997）．多くの研究者の一致点は，ヒトコブラクダがBP約5000年にアラビアで，フタコブラクダがBP約4600年にイラン東部で，それぞれに家畜化されたとの説だ（Driscoll *et al.* 2009）．しかし確証はない．両方とも肥沃の三日月弧の辺縁部にあたるが．

DNAの分析によってもその起源が不明な主要な理由は，多型がほとんどないこと，遺伝的な多様性が少ないことによる（Mahrous *et al.* 2011）．おそらくこの2種もそのすぐれた特性から家畜化とともにほぼすべての野生群が人間に取り込まれ，そして半砂漠・砂漠地帯での移動能力と，唯一ともいえる運搬手段だったゆえに，各地に移動させられ，分散し，集団同士が頻繁に交雑された結果，遺伝的には早い段階で均一化したと推測できる．

(2) ロバの家畜化

乾燥環境にはもう1種の有用な家畜がいる．ロバだ．ロバはウマよりさらに粗食に耐え，ミルクと労働力を提供する．あまりの苛酷さにときどきは癇癪を起こして噛みつきはするけれど．現在，世界で4000万頭以上が飼育されている（ウマは約6000万頭だからかなり多い）．欧米ではオスロバをなぜか固有名詞のように"ジャック"，メスを"ジェニー"または"ジェネット"と呼ぶ．その由来は明らかではないが，おそらくもっともありふれた男子（オス）と女子（メス）の名を，愛着を込めて代名詞として使ったのが始まりなのだろう．またウマとの間には種間雑種が生まれ，オスロバとメスウマのそれは"ミュール（Mule）"，オスウマとメスロバのそれは"ヒニー（Hinny）"といい，これらの雑種には妊（稔）性はない．

野生種であるノロバには，すでにみたように，ノロバ系（*Equus asinus* か *E. africanus*）とアジアノロバ系（オナガーやクーラン）がいる．

前者はさらにアフリカ産とアジア産のもの（キャンなど）に分けられる．家畜種は明らかにノロバ系であるが，この祖先がいったい，いつどこで家畜化されたのかはわからない．アフリカ産ノロバはヌビア集団とソマリ集団に分けられ，現在なお野生下でわずかに生き残り，絶滅危惧種に指定されている．いっぽう，アジア産のものはほとんどが家畜化されたようだが，チベット高原やカシミール地方に一部の野生集団が生息している．

DNA（ミトコンドリア）解析を行ったベジャ＝ペレイラら（Beja-Pereira et al. 2004）は，ロバの祖先は単元ではなく複数地域で家畜化されたことを明らかにし，アジア産が近東周辺で先行した可能性は残るが，アフリカ産ノロバのヌビア集団から家畜化された可能性が高いとした．これはロバの骨や壁画がBP4850-4700年のエジプト古王国時代の墳墓から発見されたとの考古学的知見とも一致する．おそらくBP7000年に始まるサハラの砂漠化に応答するようにロバは家畜化されたのだろう．最近，木村ら（Kimura et al. 2011）は野生と家畜ロバのDNA，およびエンシャントDNAを比較して，家畜種にはヌビア系統とソマリ系統があるが，家畜化はまずヌビア集団から始まり，その一部がソマリへ持ち込まれた，という基本的にはベジャ＝ペレイラの説を追認した．ロバは，ラクダ同様，乾燥地帯には欠かせない家畜で，家畜化された後にはいち早く陸路で古代エジプトから各地に運ばれたのだろう．

エジプト初期王朝（ナルメル王，BP5000-4500年）の墳墓（ナイル中流域，アビダス）からは丁重に埋葬されたロバ遺体が複数（10体分）発見されたが，最近その骨学的分析が行われた（Rossel et al. 2008）．これらのロバは，形態学的には野生集団とほとんど変わりなく，その体形は家畜化後の約1000年を経て急速に変化したことを示唆した．とくに中足骨（足につながる1本にまとまった骨）の長さや幅は，大きな個体変異がみられ，平均では家畜よりも大きく，なお家畜化（小型化）の過程にあったことを示した．めざされたのは小型で小まわりが利きおとなしいこと．ロバの家畜化の旅はなお続いているようだ．

ところで，第2章（p.64）で紹介したウルのスタンダードには「戦闘の場面」と呼ばれる「裏側」がある．そこには武装した勇壮な軍隊といっしょに戦車(チャリオット)を牽引するウマ様動物が描かれている．戦車は2頭立だ（図2-2）．はたしてこれはウマだろうか．ウル第1王朝の時代（BC約2500年）には，ウマはすでに西アジアで家畜化されつつあったが，しかし，この時代にメソポタミアへ伝来したとの証拠はない（マクレガー 2012）．とするとそれは，捕獲され，訓練されたアジアノロバ（オナガー）だとの説がある（Sherratt 1983，大貫ほか 2009）．これもちがうだろう．もしそうなら家畜ロバの歴史は大きく変わってしまうからだ．そうではなく，これは正真正銘のロバ（Oates et al. 2008），エジプト経由で伝えられたアフリカ産のロバとみなすのが妥当だ．とすれば，牽引力は十分だとしてもやや迫力不足で，戦闘はずいぶんとのんびり，牧歌的な様相だったにちがいない．

3.6 新石器時代から青銅器時代へ

(1) ヨーロッパ，その後

ヨーロッパに定着した新石器時代農業は，野生動物や自分たちの家畜（草食獣）から作物を守るために，あるいは捕食獣から家畜を守るために，前章でみたように，石垣や深い溝，柵のピットを構築した（Grygiel & Bogucki 1997など）．ただし，すべてをそう解釈できるわけではない．こうした施設のなかには，深くて大規模な濠（深さ2m以上，幅3m以上のV字状の溝がある）や二重，三重に囲われた石垣や柵などがあり，野生動物や家畜への対策にしては明らかに度を超え，ものものしい．これらは，祭祀や儀式用の施設ではないかとの解釈もあるが，むしろ，ほかの人間集団に対する防御用の砦か陣地とみなされる場合が多い（Christensen 2004）．しかも時代が下るほどに，より堅牢で強固になっていく．

もう少しくわしくたどると，すなわち新石器時代初期（BP7500-6200年）にはV字状の堀や柵，石垣だったものが，しだいに，住居を中心に卵形の深い濠と柵（ときには二重）で囲われる環濠集落となっていき，中期（BP6200-4800年）になると，住居は小高い丘に移動し，場所によっては五重の濠や石垣が構築され，あたかも城壁のように発展していった（Parkinson & Duffy 2007）．なかには弓場が各所に配置され，石の矢尻が多数発掘され，明らかに戦闘が行われたことを示す遺跡も出現している．

ところがこのような要塞化は，新石器時代後期（BP4800-4200年）になると，不思議なことにヨーロッパ中北部の遺跡からはしだいに姿を消してしまう（Christensen 2004）．それは，平和が到来し，戦闘が減少したのではなく，戦争形態そのものが変化したためではないか，との冷徹で物騒な推論がある．つまりそれは従来の拠点争奪ではなく，戦争はより日常化し，平地部において集団同士がぶつかり合う本格的な軍事衝突に発展したとの可能性だ（Christensen 2004）．ともあれ，新石器時代中期以降，ヨーロッパは動乱のなかにあったのは確かなようだ．いったいなにが起こったのだろうか．そしてこの防衛や戦闘の相手とはだれだったのだろうか．初期農耕民同士の対立，在来狩猟採集民の攻撃，あるいはまったく別の人間集団の侵略，その憶測は広がる．

初期農耕民同士の対立だったことは否定できない．農耕は土地の占有であり，他者の排除だったからだ．しかしその対立が決定的となり，他者の殲滅へとエスカレートするのは封建制の後代になってからで，占有すべき未開の地はまだ十分に残されていた．先住の狩猟採集民の攻撃．これもまたありうる．狩猟採集先住民は集団ごとに狩猟テリトリーをもっていたからだ．そこに農耕民が侵入し土地を占有すれば軋轢は当然生じただろう．ただ，農耕民は流域沿いに細長いテリトリーを形成していただろうから，ある程度は許容された余地はあった．また，農畜融合文化の定着にともない，とくに家畜は先住の狩猟採集民にとっては魅力的だった．このため初期には掠奪や紛争が頻発しただろう．しかし狩猟民もしだいに家畜文化を取り入れ，また農耕民とも交雑し，テリトリーは同質化し解消していったと推測される．ヨーロッパの狩猟採集民を農耕民に変身させたのは農耕ではなく，家畜だったようだ．では，新石器時代農耕民に要塞化を余儀なくさせた人間集団とはいったいだれだったのだろうか．

（2）農耕民と遊牧民の軋轢

前節で，私たちは，BP約6000年に，黒海，カスピ海北岸の中央アジアステップで，ウマが家畜化され，独自の遊牧社会が形成されたことをみてきた．この地域の人々はヤムナ（Yamna，またはヤムナヤ Yamnaya）文化やマイコプ文化など（図3-20），遊牧社会独自の文化を創造した．このうちもっとも代表的なのは，ミルクを入れるのに都合のよい，鐘状で，縄目模様をもつビーカー型土器（bell beaker または CWC[6]様式という）を作成したこと，マウンド型の個人単位の墳墓（墳丘）をつくったことなどだった．いずれも草の薫る草原の文化だ．

ところで，遊牧民は環境の変化に敏感に応答するという特性をもっている．草の生育の良悪が家畜の肥育に直結しているからだ．彼らにとっての財産は家畜であり，土地は主要なものではない．草の生育が悪ければ，別の場所に移動すればよく，土地との結びつきは過度に固定的ではない．この流動性こそが遊牧社会の本質だ．けれども家畜を移動させる遊動生活は，土地との関係は表層的には希薄だが，じつはそうではない．あてどない放浪などではけっしてなく，遊牧地は季節ごとにローテーションされている．春から夏と秋，大地にはどこにも草が生育するから，放牧地の選択範囲は広い．だが，問題なのは冬なのだ．冬の放牧地は風や雪の影響が少なく，わずかに草の残る限られた場所に限定されることになる．この冬の放牧地をめぐって放牧圏を共有する共同体にはその割り当ての調整と，構成員の合意が必要となる．いったいだれが行うのか，そうでなければ過放牧となってしまい熾烈な争いへと発展してしまう．さまざま

な経緯を経て，最終的にたどり着く先は特定の男性実力者へ収斂していくことになる．腕力，知力，経験，年齢など選考基準はさまざまだろうが，紛争の調停能力を有した，そして構成員が了解できる1人の男性に委ねられることになる．これは共同体内での調整であるが，他方マクロにみると共同体相互間の調整も必要となる．冬の放牧地を共同体ごとに配分する広域的な意思決定システムだ．この重層的な集権性は，やがて制度化され，家父長的な氏族制地域共同体へ統合される必然性をもつ（Kradin 2002など）．それは1人の族長のもとでの意思決定と軋轢回避の機構（メカニズム）であり，軍事色の濃厚な階層社会を形成する．武器の発達とウマの戦力化がこれを加速させた．墳丘は氏族社会における階級分化の象徴である．

特徴をもう1つあげよう．すべての遊牧社会は家畜の肉やミルクだけに依存しているわけではなく，つねに一定量の穀物を食べる．むしろ穀類（やヨーグルトなどの乳製品）が主食なのだ．このことは遊牧社会が農耕社会を母体としてその辺縁部に成立してきた1つの証である．その穀物を彼らは交易によって獲得するために両者の間には交易システムが発達してきた．とはいえ，遊牧民には取り立てた交易品はない．資源は有限で，決定的に少ないなかで草原の特産物をつくりだすことがつねに求められた．家畜からの各種産品（羊毛や乳製品），車輪やワゴンなど，発明と工夫は彼らの持ち味だった．また遊牧民にはものの情報には敏感であるいっぽうで，その所有にはあまりこだわらないとの特性があるようだ（堀田 2012）．占有することは移動の妨げになるからだろう．創意工夫によるものの生産は交易を加速し，遊牧民は情報ネットワークの中心的な担い手になっていった．

（3）草原文化のヨーロッパへの波及

青銅器の誕生と遊牧民

BP5000年ころから，銅，青銅，金から，剣や斧などの武器や生活用具，装飾品が本格的につくられるが，この金属の精錬と加工技術を積極的に推進したのは遊牧民だったと考えられる（Chernykh 2008）．なかでも銅だ（青銅というのは錫5-10%を含む合金，なお錫の融点は232℃）．銅を"copper"というが，その語源は古代ローマ人が"キプロスの金属（Cypriumaes）"と呼んだキプロス"cuprum"に由来するといわれている．それがなぜまた"警官"（カパー）になるのかはよくわからない．ラテン語で「捕まえる」を意味する"capera"か，あるいは昔の警官がひときわ大きな「銅」のボタンをつけていた，との説があるが，どちらも「銅メダル」級で，腑に落ちない．

銅は，青く錆びた自然銅の形で存在するためにその発見は容易で，利用もまたかなり古い歴史をもつ．レヴァント周辺のシャニダー洞窟などでもBP1.3万年ころに製作された自然銅からの加工品，球形にたたき出した数珠状の装身具が発見された（Bar-Yosef Mayer & Porat 2008）．チャヨヌ，その他BP1万年ころの遺跡からは，火入れをしてたたきなおした珠や矢尻が発見された（Maddin et al. 1999）．しかし銅を本格的に利用するには，銅鉱石を採掘し，精錬して鋳造できる，すなわち冶金技術の獲得が必須で，これには土器のさらなる発展を待たなければならなかった．熱は当時土器とだけに結びついていたからだ．つまり焼成土器をより高温にして陶器あるいは磁器（第2章注5）をつくれる技術——1300℃に達するため融点1084℃の銅が初めて溶出する——をマスターすることが必要だった．FBC（またはTRB，漏斗状ビーカー型土器）などの陶磁器の製作によって初めて純度の高い銅を得ることができた．チャタル・ホユックからは精錬してできたと考えられる銅の鉱滓（のろ）がずいぶん以前に発掘されていた（Neuninger et al. 1964）が，人間がつくったものかどうかは確定できなかった．大火のあった地層と重なっていて，偶然の産物だった可能性があった．では本命はどこか．

ヨーロッパ各地にはスペイン，北イタリア，バルカン半島などに複数の銅鉱山と溶鉱炉（？）とおぼしき跡が残され，溶解した粒状の銅や「のろ」が発掘された．北イタリアではBP約5500年，フランスではBP5100年（Maggi & Pearce 2005, Roberts 2008) など，時代決定はコンテストの様相を呈したが，おそらくバルカン半島が最有力地と考えられてきた．BP 約 7500 年，これまでの最古だ（Radivojevic et al. 2010）．バルカン半島は銅鉱脈が豊かで，ヨーロッパの主要な産地でもある．この地にある遺跡，ベロボーデ，ヴィンカ（セルビア東部）からは純度の高い銅，鉄，マグネシウム，鉛の合金が発掘され，溶解と精錬がかなり古くから行われていた（Renfrew 1969）．おそらくこの一帯から銅の精錬法がアナトリア，ギリシャ，北イタリア，エジプト，そして西方へ伝播していったと考えられる．

　この精錬法はいち早くユーラシアの草原を駆け抜けたようだ．トリポリエ遺跡（図 3-20）では BP 約 7300 年の，ドニエプル川周辺では BP 約 7000 年の銅製品が，それぞれ出土した（したがって場合によってはバルカン半島に先行した可能性もある）．しかもそれはたんなる銅の断片ではなく，釣り針，縫い針，矢尻，ナイフなど，加工された実用品へと発展していた．そしてこの文化は黒海北部，「ハミ」のボタイ，カスピ海北部を巻き込みながら一挙に東進した．ウマの家畜化や騎乗もこの文化のうねりのなかにあった．チェルニーク（Chernykh 2008）は，この遊牧民によるユーラシアの文化伝播ルートを"ステップ・ベルト"と呼んだ．それは遠くバイカル湖南西部へ達し，そこから，中国北部へ，あるいはウラル山脈を越えロシア北部やスカンディナヴィアへ到達した，と推測している．その末端である，たとえば BP 約 4500 年のモスクワ東部のシャイタン・スコエ遺跡では，矢尻，釣り針，槍先のほかに，均整がとれ装飾が施された短剣(ダガー)や斧(ケルト)，驚くことに矢尻など各種の新石器やビーカー状陶器といっしょに出土している（Serikov et al. 2009）．新旧が入り混じって絢爛だ．この草原地帯(ステップ)では新石器時代から一挙に青銅器時代へとステップしている．

　この進取の精神と創意工夫の技術力こそが遊牧民の特質なのだ．彼らは，毛皮や乳産物のほかに，銅からもさまざまな「商品」をつくり，農耕民と交易したにちがいない．それは交易だけに留まらなかった．ウマの騎乗と合流して自分たち自身をも武装化していったのである．

　気象などの激変はときとして生産基盤である草原を壊滅的に破壊することがある．こうしたとき，戦闘的な組織とすぐれた戦力（ウマと銅の武器）をもつ遊牧民はどのように応答しただろうか．それは歴史が教えている．中央アジア遊牧民が西部の農耕民を襲い，その文明を破壊した例は，古くはヒッタイト，スキタイ，フン，マジャール，モンゴルなど，枚挙にいとまがない．ただし，そのいずれの場合にも，軍事社会はほどなく農耕社会のなかに取り込まれ，けっきょくウマのように飼いならされてしまう．遊牧社会はもともとダイナミックに変動する環境下での組織形態であり，安定した社会における日常的な統治や支配には向いていない．こうした遊牧民の集団がヨーロッパ農耕社会を侵略したのではないか．村落の要塞化はその対抗策だったのではないか．そしてこの侵略が，結果として，乳産物の利用，すぐれた陶器，ウマ，青銅器，車輪などをヨーロッパに伝え，新石器時代中期の停頓を打ち破る巨大な原動力になったのではないか．この壮大な仮説は 1 人のリトアニア人女性，マリア・ギンブタスによって提出された．"クルガン仮説"という．

クルガン仮説

　クルガン（Kurgan）とは，チュルク（アルタイ）語で"マウンドのある墓"を意味する．ギンブタスは，1965 年に『中東部ヨーロッパの青銅器文化』（Gimbutas 1965）という著作を発表し，そのなかで，遊牧民が BP6000-5000 年の期間に，複数回にわたってヨーロッパ各地を侵略したとする仮説を展開した．その論拠として彼女は，この期間に，①青銅製の武器（戦闘斧や刀）や道具がヨーロッパ東部を中心に突然出現すること，②これにともないウマや車輪の遺骨（物）が増加すること，③ LBK 土器にとってかわり CWC（または鐘状土器）など新たな土器が優勢になること，④乳産物利用が定着すること，⑤火葬や集団葬であったそれまでの埋葬形態がマウンドをもつ墳丘に変わ

ったこと，などをあげた（Gimbutas 1963, 1965, 1966, 1978）．CWC は，日本の縄文土器のように縄目紋がほどこされた広口のビーカー状陶器で，BP 約 5000 年以降にヨーロッパ北部，東部から広く出土するようになる．

そして⑥，これらに加えて彼女がもっとも強調したのは，すでに紹介した"インド-ヨーロッパ祖語"がこの侵略者集団の言語であり，彼らの移動によってヨーロッパ各地やインドへと広がったことだった．語彙は，一般的にいえば，血族関係，家畜，穀物，鉱物，自然現象，あるいは代名詞，数詞，動作を示す動詞などは保守的で，「容易に他の言語の侵入を許さない」傾向がある（高津 1992）．彼女もこの点に着目し，ロシア南部のこの地域の言語とヨーロッパ諸語との間には類似性があることから，この巨大な言語圏が成立するためには，武力と強制力をもつ人間集団の移動と支配が必要だったと想定した．なお，この説（「クルガン仮説」あるいは「ステップ仮説」）は歴史言語学の権威，レーマン（Lehmann 1973）などによって支持され，現在もその支持者は少なくない（たとえばダイアモンド[7] 1993, 2000）．

彼女は，おもに 3 つの移動の波があったとの自説を展開する（Gimbutas 1965, 1978）．最初は BP 約 6500 年に始まる断続的な浸透で，おもに黒海北部の遊牧民（ストッグ・カヴァリンスク文化）がヨーロッパ北東部やバルカン半島，メソポタミア，インド方面へと拡散した．それはちょうどヨーロッパが寒冷期に移行する時期と一致していた．第 2 回目が BP5500-5000 年のもっとも大規模なもので，マイコプ文化の遊牧民を主役に，ヨーロッパの中央部へ到達した．このときに青銅器や車輪が伝播した．第 3 回目が BP5000-4900 年で，ヤムナ文化や言語がヨーロッパに広く根付いた．注目したいのはその移動形態で，最初の浸透は波状的だったようだが，後代になるほど組織的な侵略に変貌していったと主張し，こう述べる．「インド-ヨーロッパ語族化の過程は，人間の身体的変換ではなく，文化的な転換ではあったが，土着民のグループに対しては新たな支配システム，言語，宗教を強要した軍事的勝利であったと理解すべきである」．それは軍事力を背景としたブルドーザーだった．はたして真実なのだろうか，後に検討しよう．

武装してウマに騎乗した遊牧民が多数の家畜とワゴンを引き連れて，ヨーロッパ東部へ進攻し，農耕社会を征服した．集落の要塞化はその紛争やトラブルに対する応答だったかもしれない．血なまぐさい虐殺か，平和的な併呑か，その実相はわからないが，まちがいないのはこの期間に文化の急速で巨大な流入が起こったことだった．先述のマロリー（Mallory 1989）やアンソニー（Anthony 2007）らは彼女の描いた基本的な構図を支持したが，この「軍事的侵攻説」には必ずしも与しなかった．彼女が軍事説に傾くのは，これによってヨーロッパが本来もっていた農耕の母系的な文化が家父長的な氏族支配の強制力によって踏みにじられたことを強調する（Gimbutas 1974）ためであって，軍事侵略を是認していたわけではない．彼女自身，第二次世界大戦中にナチスドイツやソ連からの侵攻を逃れ，ポーランドやドイツを転々とした経歴をもっている．

おそらくクルガン文化の浸透はギンブタスが構想したような大規模な軍事的侵略というよりは，はるか後のゲルマン民族の大移動と同じように，環境の変動に呼応して部族共同体ごとに連綿と続いた長期の漸進的な移動と定着だったのではないだろうか（Anthony 2007）．この定着過程のなかでウマと乳産物，そして青銅器が農耕文化圏にもたらされたいっぽうで，遊牧民は徐々に農耕文化圏に取り込まれていったのだろう．この相互浸透の程度によって，そしてまた後代の幾多の共同体や集団の移動が重なり，ヨーロッパには地域的にヘテロで，多元かつ重層的な文化と社会が成立していった．

クルガン仮説の検証

クルガン仮説の眼目は，黒海北部からカスピ海北部を広く包摂した草原の遊牧民文化がヨーロッパへ深く浸透したことにある．DNA 分析，とくに Y 染色体のハプログループ R1a の分布

がそのことを強く裏づけている，とされる．このハプログループは上記の草原を核としてヨーロッパ東部北部一帯に広がるとともにインド中央北部，イラン北部，バイカル湖西部に濃密に分布し，ユーラシア中央圏内で人間の大規模な移動と交流があったことを示唆する（図3-22）．しかもこの遺伝子は（Y染色体なので）男性の動向をたどるから，騎馬軍団の侵入とその地での女性との交雑を示唆し，この交流を通じて広がったと理解できる．しかし，この人間集団と遺伝子の頻度分布をもってインド-ヨーロッパ祖語が成立したと解釈するのは，やや短絡ではないだろうか．おもな理由は以下だ．

①なるほどこの集団の言語はインドや東ヨーロッパに強い影響を与えたと思われるが，スペイン語を含むヨーロッパ西部，（イタリア半島を含む）中央部ではほぼ空白で，これらの地域を含めた言語学的な共通性が説明できない．②このロシア南部には，ほとんど隣接するように非インド-ヨーロッパ語族である"ウラル-ヴォルガ"（Ural-Volga）語族あるいは"フィン-ウゴル"（Finno-Ugric）語族が分布していて，これらとの交流がなかったとは考えにくい．これらから判断すると，インド-ヨーロッパ祖語は，すでにクルガンの侵攻以前の段階で，つまりハプログループでいえばM，UH，Vの文化とヨーロッパへの移動過程ですでに基層として成立していた可能性が高い（第3章3.2節）．インド-ヨーロッパ祖語は新石器農耕民によりアナトリアの地からすでに持ち込まれていた．おそらくクルガンの一部の語彙は借用語や混成語として普及，定着したと考えられる．ともあれ，新石器時代ヨーロッパは，ある日突然，ウマのいななきと蹄の地響きに驚かされたことだろう．そしてもっと驚かされたのはこのウマに人間が騎乗していたことだったかもしれない．

このクルガン侵攻とは実際どのようなものだったのか，そしてどれほどの影響を与えたのか，最近，注目すべき論文が次々と報告されている．いくつかを紹介する．最初の舞台は，侵攻の最前線ではないが，ドイツ北東部，ライプツィヒにほど近いミッテレルベ・ザーレ地域．ここに

図 3-22 Y染色体DNAハプロタイプR1aの分布と比率．東西の移動が示唆される [Europedia (http://www.eupedia.com/europe/origins_haplogroups_europe.shtml) による図，閲覧 2016.9.5].

は初期新石器時代から初期青銅器時代までの約4000年間の25遺跡が集中している．ブラントや前述のハアックら（Brandt et al. 2013）はこの地域で発掘された人骨，合計364体分のエンシャントDNAを分析し，そのハプロタイプの組成を追跡した．地域を固定し，時間軸に沿って人間集団の構成を分析するのである．この結果を追う（図3-23）．BP約8000年の新石器時代以前ではハプログループUの狩猟採集民だけ．それが農耕とLBKがもたらされたBP約7500年にはハプログループN，K，J，HV，あるいは別のハプログループH，U3など，多様な集団が混入し，これらの比率は約80％に達し，先住のUグループはほぼ消失してしまう．問題なのはその後だ．クルガンの最初の侵攻以降とされるBP約6500-6200年ではハプログループN，K，J，H，Vはやや減少し，H，U3が増加するが，構成は基本的に変わっていない．続いてクルガンの第2陣以降（BP約5200年）では，ハプログループN，K，J，H，V，ハプログループH，U3が多いのに変わりないが，ここで一度消失したはずの狩猟採集民のハプログループUが増加し，多数派の次点を占めた．第3回目以降も基本的に変わらない．

以上からやや内陸のヨーロッパ西部では，新石器時代初頭の農耕集団の侵入は，その構成に大きなインパクトをたらしたものの，数次にわたる騎馬集団クルガンの侵攻は人口構成にはほとんど影響をもたらさなかったようだ．農畜融

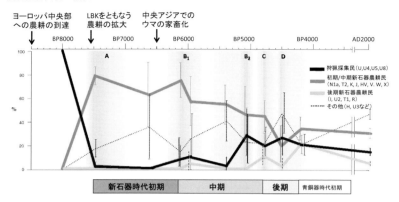

図 3-23 ドイツ・ミッテルレルベ・ザーレ地域で発掘された364体のエンシャントDNAのハプロタイプの構成の変遷．A-Dは主要なイベント期．Aは狩猟採集から農耕への移行，B_1は農耕文化の北欧への到達，B_2はヨーロッパ中央部での狩猟採集の衰退，Cは網目紋土器（CWC）の出現，Dは漏斗状ビーカー型土器（FBC）の出現（Brandt *et al.* 2013を改変）．

合文化は，言語も含めて頑健であり，そこに土とともに暮らす人々の底力をみる思いがする．このことは狩猟採集民だった集団が農耕へと転向し，再び人口を盛り返すことにも表れている．

いっぽう，クリスティーナ・ガンバら（Gamba *et al.* 2014）は，ハンガリーの遺跡から出土した新石器，青銅器，鉄器時代に埋葬された13体の人間のエンシャントDNAを収集し，ゲノムやSNPを分析し，その構成の5000年間の変遷を追跡した．この地にはもともと狩猟採集民がいたが，農耕民の植民とともに交雑していること，まだ肌は白くなく，乳糖不耐性であったが，鉄器時代に入り牧畜民と交雑し，白色化と乳糖耐性を獲得したと報告した．鉄器時代でも狩猟採集民であった"アイスマン"（BP5300年）が乳糖不耐性だったことはすでに述べた（Keller *et al.* 2012）．またハアックら（Haak *et al.* 2015）は，ロシアを含むヨーロッパ各地の遺跡から発掘された，BP4.3万-2.2万年の旧石器時代人，BP8000-6600年の狩猟採集民，BP8000-7500年の新石器農耕民，BP6000-5000年の新石器中期人，BP5300-4700年の青銅器遊牧民（ステップ），BP4500-4200年の新石器後期人，BP4200-3800年の青銅器時代人，BP2900年の鉄器時代人，合計69人のエンシャントDNAを採集し，DNAライブラリ（ゲノムの断片を集めたもの）を作成し，

約40万個のSNP（一塩基多型）を標的に分析を行い，ヨーロッパと周辺地域での人口移動と文化伝播の歴史を総括している．その壮大な人類史をみよう．

ヨーロッパには先住の狩猟採集民がいたが，新石器時代の到来とともにドイツ，ハンガリー，スペインなど多くの地域に，初期農耕民の血縁集団が出現した．ロシアにはBP2.4万年前のシベリア人と類縁性が高い独自の狩猟採集民が生活していた．BP8000-7000年までにヨーロッパの各地に広がった農耕民では，狩猟採集民の系統のほうが，移民した農耕民より，多数派を占めるようになった．ロシアでは，ステップ遊牧民のヤムナヤ文化が成立するが，ここにはヨーロッパ東部の狩猟採集民だけではなく，肥沃の三日月弧起源の近東集団も合流していた．西ヨーロッパと東ヨーロッパの集団はBP4500年までに接触した．ドイツで出土した縄目状土器（CWC）をもつ集団の約75%の遺伝的構成はヤムナヤ系統で，クルガンの移動はかなり大規模であったと推定された．この系統は少なくともBP3000年までに出土したヨーロッパ中央部の古代人すべてが有し，現代にも受け継がれている．したがって，ヨーロッパのインド-ヨーロッパ語族の少なくとも一部はステップ起源であることはまちがいない．クルガン仮説はやはり正しかったのである．

図3-24 クラスノヤルスク近郊の遺跡から出土した26体のエンシャントDNAから得られた特異的なハプロタイプをもつ現代人の分布（黒点）．各地に散在するが、なかでもヨーロッパ東部に多いことがわかる．矢印はクラスノヤルスク（A）とアルタイ（B）（Keyser et al. 2009を改変）．

　近年では、さらに東の人間集団の動向も注目を集めるようになった．ケイザーら（Keyser et al. 2009）はクラスノヤルスク近郊で埋葬されていた青銅器中期（BP3800年）からAD100年の人骨26体からエンシャントDNAを採集し、ミトコンドリアやY染色体のDNA、核DNAのマイクロサテライトやSNPを分析し、特定的なハプロタイプがあることを突き止め、これをユーラシア各地の現代人と比較した．その結果、この地域の人々のハプロタイプが東ヨーロッパ人と共通していることを報告し、彼らを"南シベリア・クルガン"と呼んだ（図3-24）．またホラードら（Hollard et al. 2014）は、青銅器時代中期のアルタイ人12体を対象に別のハプロタイプの分析を行い、同様に、ヨーロッパとの共通性を確認している．クルガンとヨーロッパとの交流は、私たちの予測を超えた、速度と広がりをもっていたのである．

第3章 注

1) 貝紋状土器（CardialまたはCardium ware）とは土器の表面に（赤貝のような）二枚貝の凹凸の模様が残されていたことによる．この貝の学名は *Cardium edulis* と名づけられていた（現在は *Cerastoderma edule* である）．
2) ブーケラールは当時の街中の風景を好んで描いていて、"八百屋"または"野菜市場"と題する絵は複数ある．
3) 骨盤上口の深さの指標（pelvic inlet depth index）とは、骨盤上部の空隙の、前後径と最大横径の比率で示す．骨盤の発育程度の指標となり、高いほど体力や運動能力が発達している．
4) 古代ローマ期以前、ヨーロッパにはコクゾウムシはいなかったようだ．ローマとの交易によってもたらされたらしい（Dark & Gent 2001）．
5) TRBはドイツ語 "Trichterrandbecher" の略、TBKはオランダ語 "Trechterbeaker" の略．
6) CWCは "Corded Ware Culture"（縄目をつけた土器）の略．
7) ダイアモンド（2000）は次のように述べる．「もともとウクライナ地方でインド-ヨーロッパ言語を話していた人々の居住地域が西方に広がっていった背景には、軍事的な要素としての馬の存在が欠かせなかったのではないかと思われる．こうして広まっていったインド-ヨーロッパ言語は、バスク語を除く初期の西ヨーロッパ言語のすべてにとってかわっている」．

第3章 文献

秋田優．2013．岬馬の生態——都井岬の野生馬たち．宮崎県文化講座研究紀要 40: 1-13.

Altmann, P. L. & D. S. Dittmer. 1974. Biology Data Book, 2nd ed. Vol. 3. Bethesda, Maryland. 2123pp.

Ammerman, A. J. & L. L. Cavalli-Sforza. 1984. The Neolithic Transition and the Genetic of Population in Europe. Princeton Univ. Press, Princeton. 194pp.

Angel, J. L. 1984. Health as a crucial factor in the changes from hunting to developed farming in the eastern Mediterranean. In: Paleopathology at the Origins of Agriculture (Cohen M. N. and G. J. Armelagos, eds.), pp. 51-74. Academic Press, Orland.

Anikovich, M. V. et al. 2007. Early upper paleolithic in eastern Europe and implications for the dispersal of modern humans. Science 315: 223-226.

Anisworth, D. M. et al. 1997. Pulmonary-locomotory interactions in exercising dogs and horses. Respiration Physiol. 110: 287-294.

Anthony, D. W. et al. 1986. The 'kurgan culture', Indo-European origins and the domestication of the horse: a reconsideration. Current Anthrop. 27: 291-313.

Anthony, D. W. 2007. The Horse, the Wheel, and Language: How Bronze-Age Riders from the Eurasian Steppes Shaped the Modern World. Princeton Univ. Press, Princeton. 568pp.

Anthony, D. W. & D. R. Brown. 2011. The secondary products revolution, horse-riding, and mounted warfare. J. World Prehist. 24: 131-160.

Aoki, K. & M. Shida. 1996. Travelling wave solutions for the spread of farmers into a region occupied by hunter-gatherers. Theoret. Pop. Biol. 50: 1-17.

Bachmann, M. H. et al. 1997. Genetic diversity of feline immunodeficiency virus: dual infection, recombination, and distinct evolutionary rates among envelope sequence clades. J. Virol. 71: 4241-4253.

Bakels, C.C. 1997. The beginnings of manuring in western Europe. Antiquity 71, 442-445.

Balter, M. 1998. Why settle down? The mystery of communities. Science 282: 1442-1443.

Bandy, M. 2008. Global patterns of early village development. In: The Neolithic Demographic Transition and its Consequences (Jean-Pierre, B. A. and O. Bar-Yosef, eds.), pp. 333-354. Springer, NY.

Baptiste, K. E. et al. 2000. A function for guttural pouches in the horse. Nature 403: 382-383.

Bar-Yosef Mayer, D. E. & N. Porat. 2008. Green stone beads at the dawn of agriculture. PNAS 105: 8548-8551.

ベックマン，J. 1999. 西洋事物起原（第2巻）（特許庁内技術史研究会訳）．岩波文庫，岩波書店，東京．501pp.

Beja-Pereira, A. et al. 2004. African origin of the domestic donkey. Science 304: 1781.

Bellwood, P. & M. Oxenham. 2008. The expansions of farming societies and the role of the neolithic demographic transition. In: The Neolithic Demographic Transition and its Consequences (Jean-Pierre, B. A. and O. Bar-Yosef, eds.), pp. 13-34. Springer, NY.

Berger, J. 1986. Wild Horses of the Great Basin, Social Competition and Population Size. The Univ. Chicago Press, Chicago. 326pp.

Binford, S. B. & L. B. Binford. 1968. New Perspectives in Archaeology. Aldine Pub. Comp., Chicago. 373pp.（以下参照．https://www.researchgate.net/publication/240122181_New_perspectives_in_archaeology_Edited_by_Sally_R_Binford_and_Lewis_R_Binford_373_pp_Aldine_Publishing_Company_Chicago_1968_975 閲覧 2016.6.3）

Bocquet-Apple, J. P. & P. Y. Demars. 2000. Population kinetics in the Upper Palaeolithic in western Europe. J. Archaeol. Sci. 27: 551-570.

Bogaard, A. 2005. 'Garden agriculture' and the nature of early farming in Europe and the Near East. World Archaeol. 37: 177-196.

Bogucki, P. 1984. Ceramic sieves of the linear pottery culture and their economic implications. Oxford J. Archaeol. 3: 15-30.

Bouckaert, R. et al. 2012. Mapping the origins and expansion of the Indo-European language family. Science 337: 957-960.

Bowles, S. 2011. Cultivation of cereal by the first farmers was not more productive than foraging. PNAS 108: 4760-4765.

Bramanti, B. et al. 2009. Genetic discontinuity between local hunter-gatherers and central Europe's first farmers. Science 326: 137-140.

Brandt, G. et al. 2013. Ancient DNA reveals key stages in the formation of central European mitochondrial genetic diversity. Science 342: 257-261.

Brown, D. & D. Anthony. 1998. Bit wear, horseback riding and the Botai Site in Kazakstan. J. Archaeol. Sci. 25: 331-347.

Budja, M. 2009. Early Neolithic pottery dispersals and demic diffusion in Southeastern Europe. Doc. Praehisorica 36: 117-137.

Burger, J. & M. G. Thomas. 2011. The paleopopulationgenetics of humans, cattle and dairying in Neolithic Europe. In: Human Bioarchaeology of the Transition to Agriculture (Pinhasi, R. and J. T. Stock, eds.), pp. 370-384. John Wiley, London.

Buurman, J. 1988. Economy and environment in Bronze Age West-Friesland, Noord-Holland (from wetland to wetland). In: The Exploitation of Wetlands (Murphy, P. and C. French, eds.), pp. 267-292. British Series 186. British Archaeological Reports Limited, Oxford.

Cann, R. L. et al. 1987. Mitochondrial DNA and human evolution. Nature 325: 31-36.

Cavalli-Sforza, L. L. et al. 1993. Demic expansions and human evolution. Science 259: 639-646.

Cavalli-Sforza, L. L. & E. Minch. 1997. Paleolithic and Neolithic lineages in the European mitochondrial gene pool. J. Hum. Genet. 61: 247-254.

カヴァッリ＝スフォルツァ，L. 2001. 文化インフォマティックス（赤木昭夫訳）．産業図書，東京．273pp.

Chernykh, E. N. 2008. Formation of the Eurasian "Steppe Belt" of stockbreeding culture: viewed through the prism of archeometallurgy and radiocarbon dating. Archaeol. Ethnol. Anthropol. Eurasia 35: 36-53.

Chikhi, L. et al. 2002. Y genetic data support the Neolithic demic diffusion model. PNAS 99: 11008-11013.

Chikhi, L. et al. 2009. Clinal variation in the nuclear DNA of Europeans. Human Biol. 81: 625-638.

Childe, V. G. 1939. The Dawn of European Civilization. Knopf, NY. 351pp.（以下参照．http://www.archive.org/stream/dawnofeuropeanci012430 mbp/dawnofeuropeanci012430 mbp_djvu.txt 閲覧 2015.10.3）

Christenssen, J. 2004. Warfare in the Euopean Neolithic. Acta Archaeol. 75: 129-156.

Cilingroğlu, C. 2005. The concept of "Neolithic package": considering its meaning and applicability. Doc. Praehist. 32: 1-13.

Clark, J. G. D. 1965. Radiocarbon dating and the expansion of farming culture from the Near East over Europe. Proc. Prehist. Soc. 31: 57-73.

コーエン，J. E. 1998. 新「人口論」（重定南奈子ほか訳）．農文協，東京．656pp.

Coward, F. et al. 2008. The spread of Neolithic plant economies from the Near East to northwest Europe: a phylogenetic analysis. J. Archaeol. Sci. 35: 42-56.

Cramon-Taubadel, N. V. & R. Pinhasi. 2011. Craniometric data support a mosaic model of demic and cultural Neolithic diffusion to outlying regions of Europe. Proc. Roy. Soc. Lond. B 278: 2874-2880.

Cribb, R. L. D. 1991. Nomads and Archaeology. Cambridge Univ. Press, Cambridge. 255pp.

Dark, P. & H. Gent. 2001. Pest and diseases of prehistoric crops: a yield "honeymoon" for early grain crops in Europe? Oxford J. Archeol. 20: 59-78.

ダーウィン，C. 1871. 人間の由来［上・下］（長谷川眞理子訳 2016）．講談社学術文庫，講談社，東京．997pp.（Darwin, C. The Descent of Man, and Selection in relation to Sex. John Murray, London. 原題『人間の由来と性選択』．以下参照．http://darwin-online.org.uk/content/frameset?pageseq=1&itemID=F937.1&viewtype=text 閲覧 2016.3.10）．

Davison, K. *et al.* 2006. The role of waterways in the spread of the Neolithic. J. Archaeol. Sci. 33: 641-652.

deGroot, R. S. 1987. Environmental functions as a unifying concept for ecolgy and economics. Environmentalist 7: 105-109.

ダイアモンド, J. 1993. 人間はどこまでチンパンジーか（長谷川眞理子・長谷川寿一訳）．新曜社，東京．541pp.

ダイアモンド, J. 2000. 銃・病原菌・鉄［上・下］（倉骨彰訳）．草思社，東京．679pp.

Dolukhanov, P. *et al.* 2005. The chronology of Neolithic dispersal in Central and Eastern Europe. J. Archaeol. Sci. 32: 1441-1458.

Driscoll, C. A. *et al.* 2009. From wild animals to domestic pets, an evolutionary view of domestication. PNAS 106: 9971-9978.

Dürrwächter, C. *et al.* 2006. Beyond the grave: variability in Neolithic diets in Southern Germany? J. Arcaheol. Sci. 33: 39-48.

Endicott, P. *et al.* 2009. Evaluating the mitochondrial timescale human evolution. TREE 24: 515-521.

Eshed, V. *et al.* 2004. Has the transition to agriculture reshaped the demographic structure of prehistoric populations? New evidence from the Levant. Am. J. Physic. Anthrop. 124: 315-329.

Fisher, R. A. 1930. The Genetical Theory of Natural Selection. Oxford Univ. Press, London. 321pp.

Fleure, H. J. 1945. The distribution of the types of skin colour. Geogr. Rev. 35: 580-595.

Formicola, V. & M. Giannecchini. 1999. Evolutionary trends of stature in Upper Paleolithic and Mesolithic Europe. J. Human. Evol. 36: 319-333.

Frost, P. 2006. European hair and eye color, a case of frequency-dependent sexual selection? Evol. Human Behav. 27: 85-103.

Fuller, A. *et al.* 2013. Adaptation to heat and water shortage in large, arid-zone mammals. Physiology 29: 159-167.

Galeta, P. & J. Burzek. 2009. Demographic model of the Neolithic transition in Central Europe. Doc. Praehisto. 36: 139-150.

Gamba, C. *et al.* 2014. Genome flux and stasis in a five millennium transect of European prehistory. Nature Comm. 5: e5257.

Gardner, A. R. 2002 Neolithic to Copper Age woodland impacts in northeast Hungary? Evidence from the pollen and sediment chemistry records. Holocene 12: 541-553.

Garrard, A. *et al.* 1994. Prehistoric Environment and Settlement in the Azraq Basin: an Interim Report on the 1987 and 1988 Excavation Seasons. Levant 26: 73-109.

Gasser, A. 2003. World's Oldest Wheel Found in Slovenia. Gov. Comm. Off. Rep. Slovenia. （以下参照. http://www.ukom.gov.si/en/media_relations/background_information/culture/worlds_oldest_wheel_found_in_slovenia/ 閲覧2016.5.10）

Gignoux, C. R. *et al.* 2011. Rapid, global demographic expansions after the origins of agriculture. PNAS 108: 6044-6049.

Gillilan, L. 1974. Blood supply to brains of ungulates with and without a rete mirabile caroticum. J. Comp. Neurol. 153: 275-290.

Gimbutas, M. 1963. The Indo-Europeans: archaeological problems. American Anthropologist 65: 815-836.

Gimbutas, M. 1965. Bronze Age Cultures in Central and Eastern Europe. Mouton & Co. Publ., Netherland. 681pp.

Gimbutas, M. 1966. "The Kurgan culture." Proceedings of the 7 th International Congress of Prehistoric and Protohistoric Sciences, Vol. 1, pp. 483-487. Prague.

Gimbutas, M. 1974. The Gods and Goddesses of Old Europe, 7000-3500BC: Myths, Legends, Cult Images. Thames and Hudson, London. 336pp.

Gimbutas, M. 1978. The Three Waves of the Kurgan People into Old Europe, 4500-2500 B.C. in Anthropologie et Archéologie: le cas des premiers âges des Métaux. Actes du Symposium de Sils-Maria, 25-30.

Giosan, L. *et al.* 2009. Was the Black Sea catastrophically flooded in the early Holocene? Quat. Sci. Rev. 28: 1-6.

Goursau, H. & M. Goursau. 1989. Dictionnaire européen des mots usuels, français-anglais-allemand-espagnol-italisen-portugais. Saint-Orens-de Granville. 764pp.

Gray, R. D. & Q. D. Atkinson. 2003. Language-tree divergence times support the Anatolian theory of Indo-European origin. Nature 426: 435-439.

Green, I. R. E. *et al.* 2010. A draft sequence of the Neandertal genome. Science 328: 710-722.

Gregg, S. A. 1988. Foragers and Farmers, Population Interaction and Agricultural Expansion in Prehistoric Europe. The Univ. Chicago Press, Chicago. 296pp.

Gronenborn, D. 2003. Migration, acculturation and culture change in wester temperate Eurasia 6500-5000 cal. BC. Doc. Praehist. 30: 79-91.

Grygiel, R. & P. Bogucki. 1997. Early farmers in North-Central Europe: 1989-1994 excavations at Oslonki, Poland. J. Field Archaeol. 24: 161-178.

Guerrero, E. *et al.* 2008. The signal of the Neolithic demographic transition in the Levant. In: The Neolithic Demographic Transition and its Consequences (Jean-Pierre, B. A. and Bar-Yosef, O. eds.), pp. 57-80. Springer, NY.

Haak, W. *et al.* 2005. Ancient DNA from the first European farmers in 7500-year-old Neolithic sites. Science 310: 1016-1018.

Haak, W. *et al.* 2010. Ancient DNA from Europe early Neolithic farmers reveals their Near Eastern affinities. PLOS Biol. 8: e1000536.

Haak, W. *et al.* 2015. Massive migration from the steppe was a source for Indo-European languages in Europe. Nature 522: 207-211.

Haase, D. *et al.* 2007. Loess in Europe-its spatial distribution based on a European Loess Map, scale 1: 2,500,000. Quat. Sci. Rev. 26: 1301-1312.

Harding, R. H. *et al.* 2000. Evidence for variable selective pressures at MC1R. Am. J. Hum. Genet. 66: 1351-1361.

Hardy, B. L. & J. A. Svoboda. 2009. Mesolithic stone tool function and site types in Northern Bohemia, Czech Republic. In: Archaeological Science under a Microscope (Haslam, M. ed.), pp. 159-174. ANU Press, Canberra.

ヘロドトス．BC5世紀ころ．歴史［上・中・下］（松平千秋訳 1971）．岩波文庫，岩波書店，東京．1368pp.

Higuchi, R. et al. 1984. DNA sequences from the quagga, an extinct member of the horse family. Nature 312: 282-284.

Hockett, B. S. & N. F. Bicho. 2000. The rabbits of Picareiro Cave: small mammal hunting during the Late Upper Palaeolithic in the Portuguese Estremadura. J. Archaeol. Sci. 27: 715-723.

Hofmann, D. & J. Smyth (eds.). 2013. Tracking the Neolithic House in Europe. Springer, NY. 406pp.

Hollard, C. et al. 2014. Strong genetic admixture in the Altai at the Middle Bronze Age revealed by uniparental and ancestry informative markers. Foresic Sci. Int. Genet. 12: 199-207.

ホメロス．BC6世紀ころ．イーリアス［上］（松平千秋訳 1992）．岩波文庫，岩波書店，東京．454pp.

細島美里ほか．2010．奇蹄目における耳管憩室の形態学的特性．日本哺乳類学会2010年度大会講演要旨集．

堀田あゆみ．2012．モノに執着しないという幻想——モンゴルの遊牧世界におけるモノをめぐる攻防．総研大文化科学研究 8：117-135.

Hu, S-H. et al. 2007. Genetic link between Chaoshan and other Chinese Han populations: evidence from HLA-A and HLA-B allele frequency distribution. Am. J. Physic. Anthrop. 132: 140-150.

今西錦司．1955．都井岬のウマ．光文社，東京．283pp.

Innes, J. B. et al. 2003. Dating the introduction of cereal cultivation to the British Isles: early palaeoecological evidence from the Isle of man. J. Quat. Sci. 18: 603-613.

Innes, J. B. & J. J. Blackford. 2003. The ecology of Late Mesolithic woodland disturbances: model testing with fungal spore assemblage data. J. Archaeol. Sci. 30: 185-194.

Jablonski, N. G. & G. Chaplin. 2000. The evolution of human skin coloration. J. Hum. Evol. 39: 57-106.

Jansen, T. et al. 2002. Mitochondrial DNA and the origins of the domestic horse. PNAS 99: 10905-10910.

Joint Working Group. 1993. Removal of blood from laboratory mammals and birds. Lab. Anim. 27: 1-22.

Kakinuma, S. et al. 1995. Nucleotide sequence of feline immunodeficiency virus: classification of Japanese isolate into two subtypes which are distinct from non-Japanese subtypes. J. Virol. 69: 3639-3646.

加茂儀一．1973．家畜文化史．法政大学出版局，東京．1058pp.

Keeley, L. H. & D. Cahen. 1989. Early Neolithic forts and villages in NE Belgium: a preliminary report. J. Field Archaeol. 16: 157-176.

Keeley, L. H. 1997. Frontier warfare in the early Neolithic. In: Troubled Times: Violence and Warfare in the Past (D. L. Martin and D. W. Frayer, eds.), pp. 303-319. Gordon & Breach, Amsterdam.

Keller, A. et al. 2012. New insights into the Tyrolean Iceman's origin and phenotype as inferred by whole-genome sequencing. Nature Comm. 3: e698.

Keyfitz, N. 1966. How many people have lived on the earth? Demography 3: 581-583.

Keyser, C. et al. 2009. Ancient DNA provides new insights into the history of south Siberian kurgan people. Hum. Genet. 126: 395-410.

Kimura, B. et al. 2011. Ancient DNA from Nubian and Somali wild ass provides insights into donkey ancestry and domestication. Proc. Roy. Soc. Lond. B 278: 50-57.

Kivisild, T. et al. 2004. Ethiopian mitochondrial DNA heritage: tracking gene flow across and around the gate of tears. Am. J. Human Genet. 78: 752-770.

Klingel, H. 1975. Social organization and reproduction in equids. J. Reprod. Fert. Suupl. 23: 7-11.

Kradin, N. 2002. Nomadism, evolution and world-systems: pastoral societies in theories of historical development. J. World-System Res. 8: 368-388.

Krause, J. et al. 2010. The complete mtDNA genome of an unknown hominin from Southern Siberia. Nature 464: 894-897.

Kubiak-Martens, L. 1996. Evidence for possible use of plant foods in Palaeolithic and Mesolithic diet from the site of Calowanie in the central part of Polish Plain. Veg. Hist. Archaeol. 5: 33-38.

Lacan, M. et al. 2011. Ancient DNA reveals male diffusion through Neolithic Mediterranean route. PNAS 108: 9788-9791.

Lalueza-Fox, C. et al. 2007. A melanocortin 1 receptor allele suggests varying pigmentation among Neanderthals. Science 30: 1453-1455.

Larsen, C. S. 1995. Biological changes in human population with agriculture. Ann. Rev. Anthrop. 24: 185-213.

Larsen, C. S. 2003. Animal source foods and human health during evolution. J. Nutr. 133, Suppl. 2: 3893-3897.

Lazaridis, I. et al. 2014. Ancient human genomes suggest three ancestral populations for present-day Europeans. Nature 513: 409-416.

Lehmann, W. P. 1973. Historical Linguistics, an Introduction. Holt, Rinehart & Winston, NY. 273pp.

Levine, M. A. 1990. Dereivka and the problem of horse domestication. Antiquity 64: 727-740.

Librado, P. et al. 2017. Ancient genomic change associated with domestication of the horse. Science 356: 442-445.

Lillie, M. et al. 2003. Stable isotope analysis of 21 individuals from the Epipalaeolithic cemetery of Vasilyevka III, Dnieper Rapids region, Ukraine. J. Archaeol. Sci. 30: 743-752.

Lira, J. et al. 2010. Ancient DNA reveals traces of Iberian Neolithic and Bronze Age linaeages in modern Iberian horses. Mol. Ecol. 19: 64-78.

Lister, A. M. et al. 1998. Ancient and modern DNA in a study of horse domestication. Ancient Biomol. 2: 267-280.

Lubell, D. et al. 1994. The Mesolithic-Neolithic transition in Portugal: isotopic and dental evidence of diet. J. Archaeol. Sci. 21: 201-216.

Ludwig, A. et al. 2009. Coat color variation at the beginning of horse domestication. Science 324: 485.

Macaulay, V. et al. 2005. Single, rapid coastal settlement of Asia revealed by analysis of complete mitochondrial genomes. Science 308: 1034-1036.

マクレガー，N. 2012. 100のモノが語る世界の歴史（1）文明

の誕生（東郷えりか訳）．筑摩書房，東京．286pp.

Maddin, R. et al. 1999. Early metalworking at Cayonu. In: The Beginnings of Metallurgy (Hauptmann, A. et al. eds.), pp37-44. Deutshes Bergbau-Museum, Bochum.

Maggi, R. & M. Pearce. 2005. Mid fourth-millennium copper mining in Liguria, north-west Italy: the earliest known copper mines in Western Europe. Antiquity 79: 66-77.

Mahrous, K. et al. 2011. Genetic variations between camel breeds using microsatellite markers and RAPD techniques. J. Appl. Biosci. 39: 2626-2634.

Mallory, J. P. 1977. The chronology of the early Kurgan tradition. Pt. 2. J. Indo-European Stud. 5: 339-67.

Mallory, J. P. 1989. In Search of the Indo-Europeans: Language, Archaeology, and Myth. Thames & Hudson, London. 288pp.

Manglai, D. et al. 2000. Macroscopic anatomy of the auditory tube diverticulum (guttural pouch) in the throughbred equine. A silicone mold approach. Okajimas Folia Anatomica Jap. 76: 335-346.

Manica, A. et al. 2007. The effect of ancient population bottlenecks on human phenotypic variation. Nature 448: 346-349.

Menozzi, P. et al. 1978. Synthetic maps of human gene frequencies in Europeans. Science 201: 786-792.

三浦慎悟．1992．オリックス，なぜ一滴の水を飲まずに砂漠で生きていけるのか？　テルモ・ワンダーランド1: 1-2.

三浦慎悟．1998．社会（哺乳類の生物学④）．東京大学出版会，東京．156pp.

Molleson, T. 1994. The eloquent bones of Abu Hureyra. Sci. Am. 271: 70-75.

Murphy, J. & S. Arkins. 2007. Equine learning behavior. Behav. Process 76: 1-13.

Myres, N. M. et al. 2011. A major Y-chromosome haplogroup R1b Holocene era founder effect in Central and Western Europe. Eur. J. Hum. Genet. 19: 95-101.

Nash, G. 2005. Assessing rank and warfare-strategy in prehistoric hunter-gatherer society: a study of representational warrior figures in rock-art from the Spanish Levant, southeastern Spain. BAR Int. Series 2005: 75-86.

Nicol, C. J. 2002. Equine learning: progress and suggestions for future research. Appl. Anim. Behav. Sci. 78: 193-208.

Neuninger, H. et al. 1964. Fruhkeramikzeitliche Kupfergewinnung in Anatolia. Archaeol. Austriaca 35: 98-110.

Noonan, J. P. et al. 2006. Sequencing and analysis of Neanderthal genomic DNA. Science 314: 1113-1118.

Oates, J. et al. 2008. Equids and an acrobat: closure rituals at Tell Brak. Antiquity 82: 390-400.

Olalde, I. et al. 2014. Derived immune and ancestral pigmentation allele in a 7,000-year-old Mesolithic European. Nature 507: 225-228.

尾本恵一．1996．分子人類学と日本人の起源．裳華房，東京．469pp.

大貫良夫ほか．2009．人類の歴史（1）人類の起源と古代オリエント．中公文庫，中央公論社，東京．673pp.

大塚柳太郎．2015．ヒトはこうして増えてきた．新潮選書，新潮社，東京．260pp.

オッペンハイマー，S. 2007．人類の足跡10万年全史（仲村明子訳）．草思社，東京．416pp.

Outram, A. K. et al. 2009. The earliest horse harnessing and milking. Science 323: 1332-1335.

Ozdogan, M. 2011. Archaeological evidence on the westward expansion of farming communities from Eastern Anatolia to the Aegean and the Balkan. Curr. Anthrop. 52: 415-430.

Özer, B. K. et al. 2011. Secular changes in the height of the inhabitants of Anatolia (Turkey) from the 10th millennium B.C. to the 20th century A.D. Econ. Human Biol. 9: 211-219.

ペーボ，S. 2015．ネアンデルタール人は私たちと交配した（野中香方子訳）．文芸春秋，東京．365pp.

Palanichamy, M. G. et al. 2004. Phylogeny of mitochondrial DNA macrohaplogroup N in India, based on complete sequencing: implications for the peopling of south Asia. Am. J. Human Genet. 75: 966-978.

Parkinson, W. A. & P. R. Duffy. 2007. Fortifications and enclosures in European prehistory, a cross-cultural perspective. J. Archaeol. Res. 15: 97-141.

Pereira, L. et al. 2005. High-resolution mtDNA evidence for the late-glacial resettlement of Europe from and Iberian refugium. Genome Res. 15: 19-24.

Persson, S. G. B. et al. 1973. Circulatory effects of splenectomy in the horse. Transb. Emerg. Diseases 20: 441-455.

Peters, J. & A. von den Driesch. 1997. The two-humped camel (Camelus bactrianus): new light on its distribution, management and medical treatment in the past. J. Zool. 242: 651-679.

Piazza, A. et al. 1995. Genetic and the origin of European languages. PNAS 92: 5836-5840.

Pinhasi et al. 2005. Tracing the origin and spread of agriculture, Europe. PLOS Biol. 3: e410.

Prothero, J. 1979. Heart weight as a function of body weight in mammals. Growth 43: 139-150.

Radivojevic, M. et al. 2010. On the origins of extractive metallurgy: new evidence from Europe. J. Archaeol. Sci. 37: 2775-2787.

Renfrew, C. 1969. The autonomy of the south-east European Copper Age. Proc. Prehist. Soc. 35: 12-47.

Renfrew, C. 1989. Models of change in language and archaeology. Trans. Philol. Soc. 87: 103-155.

Richards, M. et al. 1996. Paleolithic and Neolithic lineages in the European mitochondrial gene pool. Am. J. Human Genet. 59: 185-203.

Richards, M. et al. 2000. Tracing European founder lineages in the Near Eastern mtDNA pool. Am. J. Human Genet. 67: 1251-1276.

Richards, M. P. & R. E. M. Hedges. 1999. Stable isotope evidence for similarities in the types of marine foods used by Late Mesolithic humans at sites along the Atlantic Coast of Europe. J. Archaeol. Sci. 26: 717-722.

Richards, M. P. et al. 2003a. Stable isotope evidence of diet at Neolithic Çatal Höyük, Turkey. J. Archaeol. Sci. 30: 67-76.

Richards, M. P. et al. 2003b. Sharp shift in diet at onset of Neolithic. Nature 425: 366.

Roberts, B. 2008. Creating traditions and shaping technologies: understanding the earliest metal objects and metal production in Western Europe. World Archaeol. 40: 354-372.

Roberts, D. F. & D. P. S. Kahlon. 1976. Environmental correlations of skin colour. Annals Hum. Biol. 3: 11-22.

Rogers, A. R. et al. 2004. Genetic variation at the MC1R locus and the time since loss of human body hair. Curr. Anthropol. 45: 105-108.

Rootsi, S. et al. 2004. Phylogeography of Y-chromosome haplogroup I reveals distinct domains of prehistoric gene flow in Europe. Am. J. Hum. Genet. 75: 128-137.

Rossel, S. et al. 2008. Domestication of the donkey: timing, process, and indicators. PNAS 105: 3715-3720.

Ryan, W. B. F. et al. 1997. An abrupt drowning of the Black Sea shelf. Marine Geol. 136: 119-126.

Sasaki, M. et al. 1999. CT examination of the guttural pouch (auditory tube diverticulum) in Przewalski's horse (Equus przewalskii). J. Vet. Med. Sci. 61: 1019-1022.

シュミット＝ニールセン, K. 1995. スケーリング（下澤楯夫ほか訳）. コロナ社, 東京. 302pp.

Semino, O. et al. 1996. A view of the Neolithic demic diffusion in Europe through two Y chromosome. Am. J. Hum. Genet. 59: 964-968.

Semino, O. et al. 2000. The genetic legacy of Paleolithic Homo sapiens sapiens in extant Europeans: a Y chromosome perspective. Science 290: 1155-1159.

Serikov, Y. B. et al. 2009. Shaitanskoye Ozeo II. New aspects of the urallian bronze age. Archaeol. Ethnol. Anthropol. Eurasia 37: 67-78.

Serva, M. & F. Petroni. 2008. Indo-European language tree by Levenshtein distance. J. Exp. Front. Physics 81: 68005-68015.

Shennan, S. & K. Edinborough. 2007. Prehistoric population history: from the Late Glacial to the Late Neolithic in central and northern Europe. J. Archaeol. Sci. 34: 1339-1345.

Shennan, S. et al. 2013. Regional population collapse followed initial agriculture booms in mid-Holocene Europe. Nature Comm. 4: 2486-2494.

Sherratt, A. 1983. The secondary exploitation of animals in the Old World. World Archaeol. 15: 90-104.

Short, G. B. 1975. Iris pigmentation and phototopic visual acuity: a preliminary study. Am. J. Physic. Anthrop. 43: 425-434.

シンプソン, G. G. 1989. 馬と進化（原田俊治訳）. どうぶつ社, 東京. 365pp.

Skoglund, P. et al. 2012. Origins and genetic legacy of Neolithic farmers and hunter-gatherers in Europe. Science 336: 466-469.

Soares, P. et al. 2010. The archeogenetics of Europe. Curr. Biol. 20: 174-183.

Sokal, R. R. et al. 1991. Genetic evidence for the spread of agriculture in Europe by demic diffusion. Nature 351: 143-145.

Steinrigl, A. & D. Klein. 2003. Phylogenetic analysis of feline immunodeficiency virus in Central Europe: a prerequisite for vaccination and molecular diagnostics. J. General Virol. 84: 1301-1307.

Steinrigl, A. et al. 2010. Phylogenetic analysis suggests independent introduction of feline immunodeficiency virus clades A and B to Central Europe and identifies diverse variants of clade B. Vet. Immunol. Immnopathol. 134: 82-89.

高津春繁. 1992. 比較言語学入門. 岩波文庫, 岩波書店, 東京. 265pp.

Taylor, C. R. 1969. The eland and the oryx. Sci. Am. 220: 88-97.

Torroni, A. et al. 2006. Harvesting the fruit of the human mtDNA tree. Trends Genet. 22: 339-345.

Turney, C. S. M. & H. Brown. 2007. Catastrophic early Holocene sea level rise, human migration and the Neolithic tansition in Europe. Quat. Sci. Rev. 26: 2036-2041.

Underhill, P. A. et al. 2010. Separating the post-Glacial coancestry of European and Asian Y chromosomes within haplogroup R1a. Europ. J. Human Genet. 18: 479-484.

ヴァルテール, H. 2006. 西欧言語の歴史（平野和彦訳）. 藤原書店, 東京. 588pp.

Vanmontfort, B. 2008. Forager-farmer connections in an 'unoccupied' land: first contact on the western edge of LBK territory. J. Anthrop. Archaeol. 27: 149-160.

Vilà C. et al. 2001. Widespread origins of domestic horse lineages. Science 291: 474-477.

ウェルズ, S. 2008. 旅する遺伝子（上原直子訳）. 英治出版, 東京. 231pp.

ホワイト, L. Jr. 1985. 中世の技術と社会変動（内田星美訳）. 思索社, 東京. 331pp.

クセノポン. BC430-355年ころ. クセノポン小品数（松本仁助訳 2000）. 西洋古典叢書, 京都大学学術出版会, 京都. 279pp.

Yanko-Hombach, V. et al. 2007. Controversy over the great flood hypotheses in the Black Sea in light of geological, paleontological, and archaeological evidence. Quat. Int. 167-168: 93-113.

Zaitseva, G. I. & V. A. Dergachev. 2009. Radiocarbon chronology of the Neolithic sites from the boreal zone of European Russia and environmental changes based on the last proxy data. Quat. Int. 203: 19-24.

Zbenovich, V. G. 1996. The Tripolye culture: centenary of research. J. World Prehist. 10: 199-241.

Zucoloto, F. S. 2011. Evolution of the human feeding behavior. Psychol. Nerosci. 4: 131-141.

Zvelebil, M. & P. Rowley-Conwy. 1984. Transition to farming in Northern Europe, A hunter-gatherer perspective. Norwegian Arhaeol. Rev. 17: 104-128.

Zvelebil, M. & P. Dolukhanov. 1991. The transition to farming in Eastern and Northern Europe. J. World Prehist. 5: 233-278.

第4章　ヨーロッパ古代社会の動物と人間

　ヨーロッパ北部の低地部には巨大な氷床が後退した後に荒涼とした湿地帯が広がっている．低温過湿のために植物遺体はほとんど分解せずに蓄積し，厚い泥炭層（ピート）が形成される．その面積は，たとえばフィンランドでいえば陸地全体のおよそ3分の1に達する．人々は昔からこれを燃料に使ってきた（これで大麦麦芽を乾燥させたので，香り付けされ，ウィスキーができた）．泥炭層から泥炭を，先端がL字形をした独特のシャベルで，適当なサイズに切り出す職人を"ピート・カッター"といった．その泥炭層が広がるデンマーク，ユトランド半島最北の地，グンデストルップで，ピート・カッターたちがいつもと変わらない作業に没頭していると，泥炭層のなかから偶然に，似つかわしくないものを掘りあてた．それはすっかりと黒ずんだ，複数の金属製の板で，わからないままに組み合わせると，どうやらお椀状になる巨大な「容器」のようだった．朝霧の立ち込めた1891年5月28日．

　奇妙な発掘品の知らせはさっそく，地元からデンマーク政府に伝達され，派遣された職員はくだんの「板」を破格の値段で買い取った．思わぬ臨時収入にカッターたちは，後に分配をめぐって一悶着あったとのエピソードが残されている．この発掘品は現在，デンマーク国立博物館の二重ケースのなかに国宝として保管され，公開されている．これが"グンデストルップの大釜"（Gundestrup cauldron）である（図4-1）．

　この地にはかつて湖か湿原が広がっていたのだろう．ヨーロッパ人はなぜか貴重なものを「水」に投げ込む（供える）習性をはるか昔か

図4-1　グンデストルップの大釜．全景（上）と内側側板プレートA（下）（Fernández-Götz 2016とDamery 2004より）．

ら受け継いでいる（ローガン 2008）．ケルト伝説はアーサー王が魔剣"エクスカリバー"を湖水に投げ込んだことを伝えている．この習慣は噴水や湧水にコインを投げ，回転しながら沈んでいくさまに願いを託す現代にも継承されている．それは大切なものを神聖な水の世界に奉納することを起源にしたものと思われる．この宝物もわざわざつくらせ，儀式として水に沈められ，泥のなかに埋められたにちがいない．

　大釜は直径69 cm，高さ42 cm，重量9445 g，90%以上の純銀製で，このことからも実用品ではなく，儀礼または供儀用であったことは明

らかで，BC4-3世紀ころに鋳造されたと推定された．それはヨーロッパ後期鉄器時代を代表する最大の出土品だった．当初，美術形式からルーマニアあるいはトラキア（現ブルガリア）製とみなされたが，現在では，ヨーロッパ北辺領域の製造物であり，時代はかなり下るが，ケルト時代を代表する貴重な出土品である点で異論はない．大釜を飾るモチーフとレリーフがそれを証明している．

大釜は，内側に5枚の，外側に7枚の長方形の側板と，底となる1枚の円形皿から構成され，沼地に沈める前に，すでにばらばらにはずされていたようだ．レリーフの図像から少なくとも3人以上の銀細工師の手によって作成されたと推察された．そのもっとも有名なのがプレートA（整理番号C6571）と名づけられた内側側板の図像だ（図4-1）．左側にシカとヤギ（？）を，右側にイヌ，ハイエナ（？），ライオン（？），ヤギ，人間が乗ったイルカ，そしてやや左側中央に，左手に大きなヘビを，右手に首環(トルク)を手にした人間が配されている．しかも人間の頭からはシカのような角が生えていた．これは"ケルヌンノス"（Cernunnos）と呼ばれる，「枝角のある」半獣形神で，オスジカの角が短期間で急速に成長するところから，豊饒のシンボルとみなされていた（Green 1991）．本来は女神だが，時代が進むにしたがって性は転倒していった．この豊かさの表徴はヘビを手にもつことからも強化されている．ヘビは男根状の形態と脱皮から連想される豊饒と治癒のシンボルだ．ケルヌンノスは人間と動物，その両者にまたがる神だった．このほかのプレートには，騎馬隊と戦士（C6574），ユニコーンのウマの群れ（C6575），ユニコーンのイヌとペガサスのような動物の間に配される車輪をもつ王とおぼしき人間（C6572，C6573），釜の底には2頭のイヌと剣をもつ人間をしたがえ中央にしゃがみこんだ巨大なオスウシ（C6563）が，それぞれレリーフされていた．そして外側は神々か，歴代の王（女王を含む？）と目された7枚のプレートに囲まれていた（C6564-C6570）．この心象世界はローマ帝国に支配される以前の，桎梏のないケルト社会の自由奔放な象徴体系だ．いずれにしても人間と動物との交流をこれほど熱く刻んだ図像(イコン)はない[1]．

4.1 ケルト社会の成立

遊牧民がヨーロッパに侵入し，農耕民と交流し，地域差はあるが，混血した．それは優しさあふれた豊饒を願う母系の農耕民と，勇壮で父系的な遊牧民の「混合」だった．この結果，両者が融合した新たな文化が形成された．それは森と草原の融合文化であり，この融合こそがヨーロッパ文明の基層をなしている．この文化は地域差をもつが，包括的には"ケルト文化"と呼ばれ，それを担った人間集団をまとめて"ケルト人"（CeltまたはKelt）という（Cunliffe 1974, Mallory 1989, Green 1991）．なお『ガリア戦記』で有名な"ガリア"（Gallia）とはこのうちローマ帝国の大陸側占領地，フランス，ベルギー，オランダなどをひっくるめて指す．また古代ローマの歴史家，タキトゥス（AD98年ころ）のいう"ゲルマニア"（Germania）とはライン川の東，ドナウ（ダニューブ）川北部の地で，ドイツ，ポーランド，チェコ，スロバキアなど，ヨーロッパ東部全体を漠然と指した．ここではすべてを一括して"ケルト"と呼称する．

彼らは文字（ルーン文字やオガム文字）をもってはいたが，系統的な記録はほとんど残さなかったために，またその後のローマ支配やキリスト教の布教によって，意図的に改ざん，抹殺され，その歴史は，記録を残した古代エジプトより詳らかではない．ケルトの歴史は，中世キリスト教の定着までの約4000年以上，茫洋とした時間の闇のなかに沈んでいる．彼らはどのような社会を形成し，どのようなまなざしで自然や動物に接し，それはまた後世にどのように伝えられたのだろうか．

(1) 鉄器時代の成立

ケルト社会は青銅器時代から鉄器時代への移行期に成立している．銅に代わって鉄が徐々に

入れ替わる時代であり，鉄製の犂，斧，ウマのハミなどが製作され，農業生産を飛躍的に向上させるいっぽうで，森林を切り開き農地を開拓するなど，環境を大幅に改変できるような時代に突入した．それは環境史の画期をなすと同時に，鉄製の武器が発明され，戦争の形態のみならず，世界の勢力図を塗り替える力をもっていた．社会の有り様を変貌させた鉄と，その精錬はいったいいつどこで始まったのだろうか．

エジプトでは，BC約3500年のゲルゼー墳墓から鉄製の「数珠」が発見されている．しかし，これは7.5%のニッケルを含む「隕鉄」であることが判明していて，精錬されたものではない．隕鉄とは主成分を鉄とする隕石の1種で，一定量のニッケルを含む（地球産の鉄鉱石には含まれない）．鉄は，融点が1538℃だから，銅の精錬のように陶磁器を焼いた偶然の副産物としては生まれない．明確な目的と相応の装置——鉄鉱石を大量の木炭のなかで焼く——がなければ生成できない．歴史家マクニールは『戦争の世界史——技術と軍隊と社会』(2002) のなかで，最初に鉄を冶金したのは遊牧民ヒッタイトだと記述しているが，明らかな根拠があったわけではない．遊牧民との説は捨てがたいが，その起源地は未定だ．キプロス説 (Sherrat 1994)，インド説 (Tewari 2003)，イラン説 (Moorey 1982)，スペイン説，バルカン半島説など，百家争鳴状態で，なお決着していない．

最近ではこのうちアフリカ説が有力で (Clist 1987)，ガーナ，ナイジェリア，ケニア，タンザニア，地中海沿岸部，サブサハラ地域からは，鉄の精錬の際に生じたと考えられる古い鉱滓（スラッグ）がみつかっている (Alpern 2005, Holl 2009 など)．これは当然かもしれない．私たちは農耕の歴史を肥沃の三日月弧からヨーロッパへとたどったが，レヴァント経由でアフリカ，ナイル川周辺へも（植民したかどうかは別に）伝播し，ナイル川上流部や，地中海域，あるいは沿岸域に浸透し，いち早く高い文明を築いた可能性だって否定できない．"進歩の波"は一方向だったわけでも，アフリカが未開の暗黒大陸だったわけでもない．当時の"サハラ

（の大半）には緑の沃野が広がり，農耕を受け入れた人々は農業技術を大いに発展させたにちがいない．その一環として銅から鉄への精錬技術は模索されてよい．森林は豊かであり，そこから木炭を製造し，革新的な冶金技術を確立した可能性がある．なかでもナイジェリア中央部のジョス高原に広がる，BC8-3世紀に栄えたといわれているノク (Nok) 文化遺跡では，溶鉱炉とおぼしき遺構が，鉄製の矢尻，槍の先端に取り付ける尖頭器，装飾用の腕輪といっしょに発見された (Rupp et al. 2005)．この地が人類最初の鉄器文化の発祥地かどうかは断定できないが，もしそうであるなら鉄の精錬技術は速い速度で各地に伝播したと考えられる．このほかにもアフリカ各地には複数の候補地があり，さらに精査される必要がある．

おそらくこの精錬法は，エジプトやアフリカ地中海沿岸地域から逆方向にレヴァントやバルカン半島へ伝播したと思われる．ヨーロッパでの起源地と目される多くの場所が地中海沿岸だからである (Killick & Fenn 2012)．そしてこの精錬法をさらに洗練させたのはなるほどヒッタイトだったのかもしれない (Muhly et al. 1985)．世界初かどうかは不明だが，彼らはBC1300年にはすでに鉄剣とおぼしき武器で武装した歩兵を編成している（図4-2）．鉄の武器が戦争の帰趨を制した．このことがひとたび認識されると，精錬法は燎原の火のように伝播し，共同体の存亡をかけて冶金技術の確立がめざされた．鉄は軍拡競争のるつぼのなかに溶かされたのである．

(2) ケルト社会の輪郭と動物

軍事技術が先行し，後に民生品がつくられる．これは過去も現在も変わらない．ヨーロッパの鉄の精錬技術もまた，遊牧民が農耕民のいた森林の国に侵入した後に，技術移転か独自開発かはともかく，もたらされたのだろう．最初は，矢尻，槍，短剣や剣などの武器が，そして後に斧，犂，釘，ハミなどの生活用具が製作された．ハミは縄→皮革→一時的に銅→鉄へとたちまちに変化した．中央ヨーロッパでは，鉄器はオー

166　第 4 章　ヨーロッパ古代社会の動物と人間

図 4-2　ヒッタイトの首都ヤズルカヤ遺跡（上）と石に彫られた武装歩兵（下）（トルコ，2012 年 5 月著者撮影）．

図 4-3　ハルシュタット（上）（オーストリア，2012 年 6 月著者撮影）とケルト文化（Laing 1979 などを参考に描く）．

ストリア，ザルツブルク近郊の岩塩鉱山，ハルシュタットから初めて出土している（図 4-3）．ここは往時，鬱蒼とした森林に覆われた辺境の山岳地だった．この地が唯一，最初だったかどうかは不明だが，BC1000 年以降に起こった銅器や鉄器をもつヨーロッパ最初の文化で，"ハルシュタット文化"と名づけられた．"ハル"とは岩塩，"シュタット"は場所を意味する．このあたり一帯に成立した製鉄技術は急速にヨーロッパ全域へと拡大していった．この後 "ラ・テーヌ文化"が，そしてケルト文化がこれを継承し，鉄を採用した農畜融合文化が開花していった（図 4-3）．

おそらくケルト時代には鉄はまだ十分普及していたとは考えにくい．村々に鍛冶屋職人が登場するのは，はるか後代の中世になってからで，ケルト時代には王の権力のもとに軍事専用の鍛冶職人か金銀の細工職人が抱えられたにすぎなかった．ケルト社会は土俗的な地方王権を頂点に，厳格な身分制度を有する階級社会として確立された．その下位には順に，戦士（軍人）層と"ドルイド"と呼ばれる僧侶群，鍛冶職などの職人層，そして大多数の農民が位置づけられ，地域的な部族社会を形成した．ドルイドとはインド-ヨーロッパ祖語の"ダル"，つまりオークの木に由来し，これを神とする司祭を指した．農耕民による農耕社会だったが，しかしそこには，遊牧民に特徴的な階層的秩序が存在した．

この社会は合議する「民会」に加え，後にはドルイドが裁判官を兼務する裁判制度をそなえるまでに発展していった（Cunliffe 1997）．貨幣を鋳造し，広く交易が行われたが，しかし，一定のまとまった版図をもつ中央集権的な統一王権をつくるまでには至らなかった．カエサルはこう述べる．「比較的うまく国家を統治していると思われる部族は，誰かが国家について人の評判や噂を聞くと，それを首領に報告して他にもらさないよう法律で決めている」（『ガリア戦記』6 巻 20）．侵略者は倒すべき敵を冷徹に研究していた．ドルイドは祭祀や呪術を行い，

4.1 ケルト社会の成立

農民層が非生産的な階層を支える生産力をすでに有し，かなりの安定的な社会基盤をつくっていたようだ（カンリフ 1998）．

最近，レーザー光線による高精度測量法によって地形の細かい起伏が判読できるようになった．これによって，鉄器時代からローマ支配に至る（BC1000-AD200），ケルト時代のオランダ中央部の巨大な農耕地跡が発見され，図化された（Kooistra & Maas 2008）．その農耕地は，ライン川沿いの河岸段丘に推定約 4500 ha に広がる大規模なもので，土や石垣で周囲を畦状に盛り上げた 30×30 m 程度の耕地が無数に，あたかも刺繍のように区画されていた．1つ1つの畑はおそらく1日分の作業量だったと推測された．もちろん地域によってちがいはあるが，それはボガード（Bogaard 2005）が述べた新石器時代の"園芸農業"の継承だったのはまちがいない．この耕作地は穀物収量で1万人以上相当の生産力を有し，多数の非生産的階層を支えることができた．

このような個別の共同体や部族が占有する領域は，後にローマ占領者の命名によって，"キヴィタス"と呼ばれた．このなかに，農民は"オピドゥム"と名づけられた地域的な村落共同体を形成し，上記のような農耕地を生産基盤にしていたらしい．この共同体は石垣や土塁によってまわりを囲み要塞化され，王は農民に家畜を貸し与え，見返りに農産物や乳産物，肉を納税させたようだ（カンリフ 1998）．この地理的な領域は重要である．そのまま中世，近世へつながる空間的概念として継承されたからだ．その基礎は，砂漠や草原とは異なり，植生条件を反映し，河川で区切られる森林のまとまりを単位に認識された．明らかに農耕民の平面的な秩序である．この地縁的な部族国家同士は，いっぽうでは貨幣経済を基盤とした交易圏を形成しつつも，他方では対立的で，戦争に明け暮れていたようだ．古代ローマのタキトゥスは『ゲルマニア』のなかで「戦争に出ないとき，彼らはいつも狩猟に，より多くは睡眠と飲食とに耽りつつ，無為に日を過ごし」と揶揄している．あたかも観てきたような記述だが，伝聞の伝聞にすぎない．ケルト社会に関しては「日常生活」どころか，その輪郭さえわからない．わずかに残された資料や史料は，以下の3つに分類できる．

第1は，かなり後半になるが同時代人のギリシャ・ローマ人たちの言及と記述．それはカエサルの『ガリア戦記』などを除けば多くの場合は風説のたぐいだ．しかも，被征服民族に対する征服民族の優越意識がむき出しの，誤解と偏見の上に「未開」，「異教」，「邪教」のレッテルが貼られている．前述のタキトゥスの記述はその典型で，正確で客観的な記述にはほど遠い．けれども，彼ら自身の神々（ギリシャ神話やローマの神々）の源流をたどってみれば，邪教とみなしたケルトを含むユーラシアの広い領域のなかに定立されているのだ．そのことを彼ら自身は知る由もないが．

第2は，アイルランド，スコットランド，ウェールズの神話群（たとえばアルスター神話[2]『クーリーの牛争い』など）だ．ケルト民族はゲルマン民族の移動（後述）によって大陸から辺境の地へと移住を余儀なくされたが，その移住後にキリスト教伝道者によって採集されたかなり後半（12世紀ころ）の神話群（8世紀以降の神話とされる）で，大陸時代を反映したサンプルではない．しかもその口承伝承を，「異教・野蛮」とみなすキリスト教の濃厚なフィルターを通してみている．とはいえ，残された神話が語る世界は雄大，華麗で，神々と人間が自在にさまざまな動物へと変身し，相互移行的な交流譚にあふれている．その動物と人間との水平的な関係こそがケルト精神の真髄でもあった．

最後は，おびただしいが断片的な考古学的資料群だ．墓地や聖地に埋められた遺物，川や池に投じられた供儀物（グンデストルップの大釜もその1つ），碑文などに残された図像や文字——大半はキリスト教の定着過程で徹底して破壊された——が発掘，分析されてきた．その多くは日用品や供儀品だが，そこには自然界のモチーフを，豊かな写実性やデザイン性，抽象性によって写し取り，高度で洗練された文化へ昇華させている．この美的感覚は現代をも凌駕す

る．ここではこれらの考古学資料群をおもな手がかりに，ケルト社会の自然や動物との関係を探ってみよう．

ケルト社会における人間と自然

結論を先取りすれば，その高い造形表現や芸術性に比べ，精神的にはなお幼稚で後進的だったといってよい．社会は遊牧民の父権的な秩序で統合されていたにもかかわらず，精神の柱は驚くほど母系的だった．前者は男神の部族神に象徴され，勇壮な戦争神であったが，平時は後者の女神である数多の地母神に彩られていた．両者は排他的ではなく，混然一体に混じり合っていた．それは豊饒と多産の地母神をシンボルとする農耕文化の基層の上に，牧畜文化の断片を重ねたものであり，遊牧民の草原文化は農耕文化に吸着されていたことを示している．ケルト精神はこの脆弱なつぎはぎのなかを彷徨していた．

おそらくケルト世界では，自然のなかにはさまざまな神々や精霊が活躍していて，その支配のネットワークのなかで人間が生き，生かされると考えていた．森羅万象の背後に自然を支配する超自然的な人格の存在を想定するのは至極当然の心性だった．日の出，日没，雷，稲妻，雨などの気象変化は神の降臨であり，水，井戸，樹木，森，山，泉，湖は神がおわす聖なる場所だった．とくに泉や井戸は病気を治癒し，再生する場とみなされた．この信仰は，たとえば"ルルドの泉"のように，キリスト教化された後もなお生きている．また大河は流域に生命を与える源であり，とくに水源や合流点は神聖で，祠や寺院が建立され，宗教的な儀式は川辺と周辺の森のなかで行われた．ダニューブ（ドナウ）川やライン川，ローヌ川は女性神の"Danu"に由来し，川を意味した（Mallory 1989, Delaney 1989）．また，マルヌ川，セーヌ川，ソーヌ川，ボイン川などはいずれも精霊の名にちなむ．ケルト人の世界は河川を通じて開かれていた．陶器や道具には"結び目"などさまざまな模様が描かれデザイン的にもすぐれているが，なかでも，たとえば"3つのらせん

図 4-4 ケルトの代表的なデザイン，"3つのらせん模様"．現代でも広く使われている．これは水滴，水玉のシンボルと考えられている．

模様"（図 4-4）は，ケルトを代表するデザインの1つで，石の道標に刻まれたり，陶器の模様に使用されている．無数のヴァリエーションがあり，3つの女性神，すなわち処女，母，老婆の表象といわれるが，それは「水滴」，「水玉」のシンボルのようにみえ，明らかに水への深い愛着と畏敬が造形されている．

森もまた神々に満ちていた．かつてジェームズ・フレーザーは，人類学と民俗学の記念碑的な名著『金枝篇（きんしへん）』のなかで，樹木崇拝が世界共通の普遍的な信仰であり，ヨーロッパではオークやモミの大樹，イチイやヒイラギ，あるいはヤドリギが祈りの対象だったことを指摘した（フレーザー 1890）．「大樹」の神格化やヒイラギ信仰は日本人にも共通なので了解できるとしても，なぜヤドリギなのか．フレーザーはケルト人の心性をこう解説する．「オークに寄生するヤドリギにはオークの生命がやどっている．冬のさなか葉を落としたオークは，眠っている人がじっと横たわっているときも心臓を打ち続けるのと同じように，枝は枯れても神の命がヤドリギに宿っている」とみなした．

常緑のイチイやヒイラギもまた復活の木，永遠の木だった．天空に枝を広げる大樹も，その枝にあるヤドリギも，雪から立ち上がるイチイやヒイラギも，天と地の間にあってこの地上を見守り，豊饒をもたらす「生命の木」であり，神々の台座だった．自然物と自然現象，そしてそれらを支配する自然諸力は例外なしに人格化され，絢爛たるアニミズムの世界が広がっていた．自然からの自立を開始する，自然と能動的に対峙するその前夜に，人間は神々を待望し，その前にひれ伏している．ドルイドの主要な関心と役割は，超自然的な力を，慰撫と儀式（あ

るいは呪術や魔術）を通じてコントロールすることだった（Green 1992）．そのような精神世界にあって動物はどのように扱われていたのだろうか．多神教世界をのぞいてみよう．

人間と家畜

ケルト社会では動物が宗教において決定的な役割を果たしていた（Green 1996）．家畜や多くの狩猟獣は神格化されて多種多様なフィギュアが創作され，その断片が各地で発掘されてきた（たとえば Piggott 1970）．まず家畜をみよう．ウマはウマの女神"エポナ"とともに，さまざまな像やレリーフに表現されている．エポナはメスウマにまたがり，あるいは果物や農作物をかごに抱えている．この女神は，ケルトの神殿の首座の一画を占め，多産と豊かな大地の恵み，さらには戦争神を象徴していた．ウマはケルト社会のなかで戦力だけでなく信仰，輸送手段，農耕畜としてその存在意義を大きく広げた（Jennings 2011）．

ウシはまだオーロックスの血統を受け継いで巨大であり，野生の獰猛さを維持していたようだ．とくにオスウシは，力強さ，剛健と攻撃のシンボルとして敬われ，崇拝されていたのが"アルスター"など多くの神話からもわかる．メスウシは女神が変身したものとしてしばしば北方神話群のなかに登場し，多産と豊饒の象徴であった．鉄器時代に入り犂がつくられると，ウシ（やウマ）が犂耕に使われるようになった．北イタリアの岩壁画にはそれが描かれている（図4-5; Green 1992）．

ヤギとヒツジはすでに豊饒の象徴として複数の神にはべり，とくに角のあるオスは男らしさと攻撃性のシンボルとして戦士や狩猟神などさまざまな形で描かれている．角はウシ，ヤギ，ヒツジ，シカと，いずれの場合にも共通して豊かさのシンボル（豊饒の角）でもあった．ヤギとヒツジの糞は農業の肥料とみなされるようになり，ヒツジからはウールが収穫されるようになった．ハルシュタットの遺跡には収集されたフリースが保管されている（Green 1992）．イヌは狩猟の神や女神の守護神のかたわらに登場

図 4-5　2頭のウシによる犂耕．角があるのでウマではなくウシと考えられる．北イタリア，カモニカ渓谷，鉄器時代の岩壁画（Green 1992 より）．

する．ブタはイノシシと区別するのがむずかしいが，ケルト人がもっともよく食した家畜で，「殺して食べても翌日には（守護神によって）再生する」（Green 1991）とみなされ，多産と豊熟の象徴だった．

ネコは穀物庫の周辺に生息し，ある程度は身近だったろうが，家のなかで飼育されることはほとんどなかったと推察される．かなり大型で，遺跡の発掘ではヤマネコ類との区別は一般的につきにくい（Davis 1986）．ローマ占領下のイングランドでは，ローマ人たちがイヌとネコを持ち込んだのは確実だが，ネコの出土数はイヌに比べ圧倒的に少ない（O'Connor 1992）．ネコの飼育がさかんであったエジプトでは女神"バステト"あるいは"バスト"として神聖視されたが，ヨーロッパでは対照的だった．ネコはまだまだ希少種だった．そのネコがアルテミスやディアナと結びつき，さまざまな迷信を派生させるのはさらに後代，イエネコが増加し，ペットとして定着する中世以降のことだった．

人間と野生動物

野生動物をみると，シカは，イノシシとともにもっとも身近な狩猟獣であった．敏捷さ，雄々しさ，優雅さ，とくにオスジカは攻撃性の神であると同時に，角は毎年生え替わる多産と豊饒のシンボルだった．すでに紹介したイタリア北部カモニカ渓谷の岩壁画には，樹木のような巨大な角を生やした半獣神が描かれている（Green 1992）．ケルヌンノスは戦争の部族神であるばかりでなく，性を謳歌する豊饒神との両義性をもっていた．イノシシは，アルテミス（後述）の系譜を引くもう1人の女神"アルドゥイナ"が守護した狩猟獣だった．この女神はイノシシのほかに地域によってはクマも保護し

た．イノシシは獰猛，強敵，勇気，果敢，不屈といった特性から戦争のシンボルだったが，この特性はまたクマに共通している．人々はこの2種に畏敬と，共存共栄の念を強く抱き（Green 1992），大いなる猟果と大いなる再生を願った．

　ヒグマ（クマ）はヨーロッパ中央北部の森林生態系に君臨していた最大の哺乳類だ．この動物がどのようにみなされ処遇されたのか，そのまなざしはスイス，ベルン近郊から発掘された有名な青銅像からある程度イメージされる．それは，AD 約 200 年ころに製作されたと推定された，巨大なクマとそれをてなずける女神，"アルティオ"の像で，アルティオもまたアルテミスに近い，森と狩猟者の保護神であると同時にクマの守護神だった．この像はクマと森林が信仰と崇拝の対象であったことを雄弁に物語る．クマは森の最大の支配者にして，卓越した生命力と力強さを体現し，その存在自体が無敵であり，勇気と不屈，永遠の王者の象徴だった（パストゥロー 2014）．これは同時に，病気や怪我からの克服の象徴であり，人々にとって健康と治癒を願う祈りの対象だった．それは北部の森林地帯にあって神々の世界と現実の世界とを結節させた圧倒的な存在だった．

　力による支配という象徴性は，したがって土俗権力や王たちの格好の守護動物（トーテム）となって，その名前，支配地域，家紋，各種記章のなかに採用された．スイスのベルンはドイツ語でクマ（Bär）そのものを意味する町であり，歴史的に町民統合のシンボルとしてクマとその守護神，女神アルティオを戴いてきた．ベルリンもまたクマに由来しているが，その歴史は浅く，近世になってから採用されたといわれている．この2つの「市章」にはクマが堂々と描かれている（図4-6）．マドリードの市章もまた赤い実をつけた木に登るクマだ．この由来は不明だが，西ゴート族の有力者の紋章という解釈が一般的である．いずれもそこには力の誇示がある．

　このクマを支配者たちは無敵の象徴として手元で飼育し，それは中世になると城のなかに「動物園」（メナジェリー）をつくって放し飼いにしたようだ．

図4-6 ベルン（左），ベルリン（中央），マドリード（右）の市章．

このことは複数の古文書史料から確認できるが，このうちもっとも有名なのは，すでに紹介したベリー公ジャン1世の『いとも華麗なる時禱書』で，このなかにはクマの絵と，クマの帽子をかぶる当人と，クマが飼育された城が描かれている（パストゥロー 2014）．ブールジュの大聖堂の地下に眠るベリー公の大理石の棺にはクマの彫刻がほどこされている．チェコのチェスキー・クルムロフという古都の城には，現在でもその入口にはクマが飼育され，王と城の守護神として，その伝統を守り続けている．

　クマは民衆にも愛された．アルデンヌ地方には，その地名の由来となる，アルドゥイナが崇拝されていた．この地の中心地アルデンヌ（現ベルギー南東部）ではクマのぬいぐるみをかぶる「クマ祭り」が毎年執り行われている．この祭りは，おそらくオスグマの激しい性行動，あるいは子を守る母グマの防衛行動に由来し，後者では女神となって多産と豊饒を象徴した．バスク地方やピレネー地方にも「クマ祭り」があって，ぬいぐるみをかぶる（蔵持ほか 1994, Fank 2008）．捕殺したクマの鎮魂なのか，あるいはそもそも獲物などではなく，人間と同じ動物＝仲間であり（天野 2008），その威厳，生命力，繁殖力にあやかる願望が込められていたのかもしれない（ラジュー 2005）．かつて森であったヨーロッパ各地にはクマがなお身近な存在として人々の心のなかに生きている．

　オオカミは家畜をめぐり人間との間には葛藤があったと考えられるが，遺跡からの出土物は，イヌとの区別が困難なこともあって，驚くほど

少ない．あまり軋轢はなかった可能性もある．家畜といえば，放牧は近隣に限られ，夜間には，ロングハウスのなかで同居していた時代だった．

カエサルは『ガリア戦記』のなかで「雛鶏，鵞鳥，兎は神聖視され，食用にされなかった」と書いている．野ウサギ[3]は多産のためにしばしば豊饒神とみなされ，アイルランドでは食べるのは「祖母を食べる」とされ，近年まで禁忌とされた（ウォーカー 1988）．しかしそのほか各地には狩猟シーンのレリーフが残されている．このほかでめだつのは，女神"マッハ"の友であるワタリガラス，豊饒の使いのヘビ，森の使いのコウモリやヒキガエル，フクロウである．なかでもヘビは，体形が長く，地面を這い生活する地母神的動物，多数の子どもを産むことから豊饒神，そして冬眠から蘇る癒しと再生の象徴として崇拝された．これはクマと共通する．なかには角を生やしたヘビが多産のシンボルとして登場する．

これらの動物は愛情と畏敬の対象，さらには身近な存在だったので，ウマ，イノシシ，ウシ，シカ，ツル，フクロウ，ヘビなどはコインにデザインされ，人々の間に流通していた．歴史上，人間と動物がこれほどくったくなく交わり，濃密に関係し合った社会はない．ケルト社会は，遊牧民の粗野で攻撃的な自然観を除去し，農耕民の多元的な価値観と自然認識で置換した．そこでは，自然や動物との一体性と融合性が追求され，神々はあらゆる場面に現れ，人間の姿をとるか，動物の姿をとるかにこだわりはなかった．動物は人間へ，人間は動物へ，境界はないまま自在に入れ替わった．この相互移行性，水平的な関係こそが，ケルト社会の価値観だった．

この守護神が狩猟者の人間と獲物の動物の双方を保護する両面性をもっていた．神の名は地方によってちがうが，アルディナ（アルドゥイナ），アルティオ，コキディウス，ルドノン，ルディオバスなどがそれで，例外なく女神だった（ウォーカー 1988）．そこには女性であらねばならない必然性があった．人々はこう考えたのだろう．狩猟によって殺すことは不死との連続性のなかで許容されるべき行為，したがって

図 4-7 魚の象徴記号（魚の容器"vesicapiscis"）．なかの文字は魚類を意味する"Ichthys（イクトゥス）"である．

その連続性は繁殖と再生の源泉である女性だけが保証できる．だから，守護神に対する崇拝とその許可の下で行われる狩猟は，狩るものと狩られるものとの調和と均衡を導き，狩猟者自身と狩猟獣を保護するのだ，と．この論理と精神世界は記憶されてよい．もっともよく狩猟したケルト人はまたこよなく動物を愛し，崇拝した．

ところでグンデストルップの大釜には「イルカに乗る人」が造形されていた．イルカとはいえ体の表面には細かいうろこ模様が刻まれ，大きな魚の可能性もある．中石器時代，北海やバルト海の沿岸域や河辺では，春や秋にはニシンやサケが大挙して押し寄せただろうし，魚や貝類などの漁労はさかんに行われていたにちがいない．ローマ人は魚をご馳走とし，大いに食した．クジラやイルカもまた海岸に座礁（ストランディング）したから存在は知られ，おそらくは食べられていたのだろう．

魚類は「魚の容器」と呼ばれる2つの円の交差部分を示す記号で象徴されてきた（図4-7）．この記号の起源は不明だが，古代インドやメソポタミア，古代エジプトやギリシャに共通する古い象徴記号だ（ウォーカー 1988）．古代文明は大河のほとりに誕生し，魚は通常の食料であり，身近だったからこそ記号化された．他方でそれは「女陰」を表し，その延長として一般に「子宮」を意味した．魚は豊富だったがゆえに生命のシンボルとなった（越智 2014）．ケルト人は，おそらくインド-ヨーロッパ語圏にあまねく共通した教えを踏襲し，魚類は豊饒の海のなかで育まれる神聖な食物とみなした．人々は「魚を食べると母なる子宮に新たな命が宿る」と理解した（ウォーカー 1988）．そこが生命を再生産する場だからこそ，母なる海もまた女性名詞でなければならなかった．ギリシャ語の

〈コラム 4-1　食肉と宗教〉

　興味深いのは，ヨーロッパの人々は，生きた動物と，その肉とは厳格に区別し，名前が異なることである．日本人はブタと"豚肉"，ウシと"牛肉"，ニワトリと"鶏肉"などと区別しないが，欧米人は"pig (swine)" → "pork"，"cow" → "beef"，"calf（子牛）" → "veal"，"sheep" → "mutton"，"deer" → "venison"，"hen/chicken" → "poultry" などまったく異なる呼称で呼ぶ．それぞれの言葉は古フランス語，古英語，古ノルマン語などにも共通し，別称の起源は"インド-ヨーロッパ祖語"（PIE）のなかにあったもの，つまりアナトリア地域から植民してきた新石器人がすでにもっていた語彙と考えることができる．この言語感覚と，その世界観とはいったいなにか．

　キリスト教では「汚れたもの」と「食べてよいもの」とを区別し（第5章参照），しかも食べてよい肉も「ただし血を含んだまま食べてはならない」（『旧約聖書』創世記9）と厳命しているように，動物から取り出した「肉」の差異化をはかっている．これには，生命は肉にではなく，血に宿っているとの解釈がなされていたと思われる．この宗教上の背景が肉の「別称」を強化してきたことはまちがいないが，インド-ヨーロッパ祖語の成立は，キリスト教のはるか以前のことである．この時代の人々はなぜ別称にしたのか．おそらくこうではないか．

　家畜を含めて動物にはそれぞれ神（女神）がつき，支配している．ということは，捕獲したり屠ることは，それぞれの神の許可や了解のもとで初めて可能となる．だからこそ狩猟や屠畜の際にはその赦しを得るためにさまざまな儀式が行われた．その許可証付の肉は生きた動物とは「別物・別格」として扱われたゆえに「別称」とされたのだろう．それはちょうどイスラム世界で，"ハラーム"（Harām，食べられないもの）を一定法上の作法に則って"ハラール"（Halāl，食べられるもの）にするのに似ている．

"Delphis" や "Delphos" には「魚」と「子宮」という2つの意味がある．これもまた古い文明圏からのメッセージだった．海は女神の胎内であり，魚は豊饒と多産の象徴．しかしこの豊かで深遠な信仰は後に大きく塗り替えられていくことになる．

　さらに注目したいのは，樹木，植物，狩猟，動物の豊饒を願うケルトの神々が，相互に移行し，組み合わされ，習合し，ヨーロッパ南部では"シルヴァヌス"（またはコキディウス）という森林と未開の自然を司る神に包摂されたことだ．この神は，狩猟の守護神である一面で，ハンマーや斧を手にもち，木の葉の冠をいただき，動物の毛皮をまとう異形の姿で登場する．それは森を切り開く自然征服のパイオニアとときに解釈されるが，そうではなく，森林，植物，動物，すべての豊饒を願う神とのケルトの精神世界からみれば，生態系の保全の領導者と理解するのが適切だと思われる．これらの優しさあふれた女性の神々は，その後のギリシャ・ローマ世界に，あるいはヨーロッパ中世世界にどのように受け継がれ，処遇されたのだろうか．

4.2　ヨーロッパの自然観の源流

　川の平野部のほとりに建てられたロングハウス，石垣や柵で囲われた耕地，畑や濠に流れ込むせせらぎや泉，家畜が放たれた野原や丘，これらを包み込む鬱蒼とした森．ここにケルトの世界があった．それは，新石器時代以降ヨーロッパにおいて連綿と続いてきたフロンティアたちの原風景だった．この地にはその後いろいろな人間集団が通り過ぎ，あるいは定着し，そして混血していった．それはときに軋轢や紛争を引き起こしつつも，この離合集散と環境世界こそが新たな文化を育んだ原動力だった．そして人間集団の構成は変わっても，幾世代もの人々がこの地を故郷に生涯を全うした．銅や鉄からはやがて斧が製作され，森は少しずつ切り開かれ，農地や放牧地がつくられた．人々はしだいに集住するようになり，各地に小さな村ができ，周辺には農畜が融合した「田園風景」が徐々に，虫食いのように広がるようになった．しかし，時代は過ぎても，人々がこよなく愛する「神聖な森」はなお優勢であり，たたずまいは大きく変わることはなかった．

新石器時代の生計を支えた野生動物は、人口の増加や流入によって狩猟圧が増し、個体数が大幅に減少していった。これに反比例するかのように家畜への依存が進んだ。遊牧文化との接触によってウマがもたらされ、軍事馬だけでなく、運搬手段、搾乳や肉、農耕畜として欠かせない存在となった（Jennings 2011）。ウシもまたミルクと肉の利用、農耕畜としていまや不動の地位を占め、その糞は貴重な肥料や燃料として利用された。農耕畜としてのウシは、その後に鉄製の農具、犁が導入され、その地位はさらに盤石となった。農耕はウシなしには成立しなかった。

ヒツジとヤギは、搾乳や肉に加えてウールが利用されるようになった。また二圃制の成立とともに糞や尿の供給者として不可欠になった。ヨーロッパのカシ・ナラ林は豊かな堅果類をもたらし、それはブタの大好物だった。この関係がみいだされると、ブタは秋になると森に放たれ、たっぷりと肥やされ、初冬に屠殺される——これが年中行事となった。肉は塩漬けにされ越冬用の食料に欠かせない。イヌは相変わらずに猟犬として活躍したが、番犬の役割も果たすようになったし、ネコは少しずつ増加し、ロングハウスの穀物庫の倉庫番に重用された。そして野生動物はといえば、個体数は減少したが、農畜の不足分を補う重要な食料源に、あるいは農作物を加害する害獣駆除の一石二鳥に、狩猟され続けた。こうして、農畜の融合のケルト社会のなかに、野生動物の狩猟を一体化したヨーロッパの生活スタイルの原型と文化がしっかりと根をおろしていた。

このケルト社会を基盤としたヨーロッパの生活スタイルは、はるか後代になっても伝説や神話の形で脈々と継承されたように思われる。このうち野生動物の狩猟に関するものに限れば、たとえばシンプソン（1992）は、『ヨーロッパの神話伝説』のなかで、1825年にスイスで採取された次のような民話を紹介している。

高山でシャモアを追う猟師に山の霊が登場し、「なぜ私のシャモアを狩り続けるのか、お前の血であがなってもらおう」と警告する。猟師が命乞いすると霊は許してやり、猟師の小屋の前に死んだシャモアを毎週おいてやろうと約束する。約束は守られ、肉を食べたが、やがて退屈してしまい、猟師は再び山に登った。そして1頭のみごとなシャモアを狩ろうとしたせつな、背後に忍び寄った霊に谷底へつき落とされた。

植田（1977, 1999）は『ヨーロッパの祭と伝承』などの著作で、次のような伝説を紹介している。山の獣を司る"ハルケ"という女神は、猟師に昼は狩猟を許したが、夜は自分の洞窟にすべての獣を連れていって休ませるのだという。ある猟師が道に迷い野宿していると、彼が射止めたシャモアを探して「私のかわいいシャモアが死んでいる」と嘆き悲しむ女性の守護霊の声を聞き、彼女に案内されて洞窟に行くと、守護霊が動物を大切に育てていることがわかった。それ以来、猟師は狩猟をやめた。

2つの話は、結末こそ異なるものの同根だったにちがいない。ここには、野生動物は守護霊に保護され、人間が狩猟するためには守護霊の許可が必要であり、無制限には狩猟することは許されないとの、人間と自然との「契約」が存在していた。こうした精神世界は、日本のアイヌや「マタギ」の儀礼をはじめとして、汎世界的に存在している（後藤 2017）。野生動物の守護霊は自然の牧者であり、管理者であり、支配者（アニマル・マスター）である。自然は共有されてはいるものの、人間は神々の管理の枠組みのなかで狩猟行為が許される。それはまぎれもなくケルトと古代の精神世界である。

動物の命を奪う狩猟行為を贖罪、改心や悔悛の対象とするキリスト教が定着するのは後のことで、ここにはなんらの罪悪感はないし、その意識は存在しえない。むしろその行為は神々や自然の協力と許可のもとで初めて可能となると了解されていた。動物たちへの祈りや祭礼は、動物をたたえ、その再生と繁栄をこよなく願う行為だった（山下 1974）。動物の守護神は同時に狩猟神であった。人間が生きるということは、草食獣が草をはむのと同様に、動物を狩猟し、食料にすることにほかならなかった。

ケルト社会は多神教の世界である。神々は彼

図 4-8　トルコ，エフェソスのアルテミス神殿に祭られていたアルテミス像．おびただしい乳房に注意（エフェソス博物館，2012 年 5 月著者撮影）．

性神は農畜伝播の先々で，土着の女性信仰と混交・習合し，環境を反映しながら地域ごと独自に神格化された．バルカン半島を中心に無数の女性神のテラコッタ（素焼き塑像）が発掘されている（ギンブタス 1989）．

図4-8は，トルコ，エフェソスのアルテミス神殿の中央祭壇に祭られていた"アルテミス"像だ．この巨大神殿は，すでに倒壊し基礎だけが残るが，リデュア王国時代に建設が始まりアケメネス朝ペルシャ時代の BC550 年ころに完成したとされる．ローマ帝国支配，キリスト教の国教化，イスラム教支配とも無縁なアナトリア半島南部の，農畜融合の自由で潑剌とした霊的世界が造形されている．なんとも奇妙なのだ．威厳に満ちたその美しい像からは無数の乳頭が房のようにこぼれ落ちている．このたおやかな誇張には，ウシの乳首と解釈されるように，家畜の多産と豊かな乳産物を願った，やや牧畜に傾斜したこの地域の生産と環境が投影されているように思われる．

アナトリア半島北部では"キュベーレ"神と呼ばれる豊饒女神が並立している．これは大地や山，自然，野生動物を守護する大地母神で，おそらく農耕以前の狩猟採集時代に萌芽した可能性がある．アナトリアは農畜融合文化のゲートウェイだったばかりでなく，神々を創造し送り出した聖地でもあった（Roller 1999）．さらにメソポタミアでは豊饒と愛の神"イシュタル"（イナンナ）が崇拝されていた．このキュベーレやイシュタル，アルテミスがないまぜとなって，各地に伝播し，多彩な名前と多様な役割が付与され，分化していった．ギリシャ世界では，大地の女神"ガイア"を祖母とする豊饒神"デメテル"（デーメーテール）が生まれた．この女神は穀物の栽培法を人間に教えたとされる地母神で，アルテミスや"アフロディーテ"とともにオリンポス 12 神[4]の 1 つである．またキュベーレ神が浸透し狩猟神となるいっぽうで，アルテミス神は春の女神"フローラ"や，アフロディーテ（ローマではウェヌス）に変身し，さまざまにデザインされた愛と美の女神が大理石に彫刻された．フローラは春の植物から

ら独自の創造ではなく，出自した共同体がもともともっていた神々の寄せ集めだった．旧石器時代からの先住民，新石器時代の農耕民，東部の遊牧民，それらの宗教が折り重なって，融合している．したがってそこにはユーラシア西部一帯の土着宗教の混交がある．しかもその多くが女性神であり，動物は女神と一体化し守られていた．女性崇拝の伝統は，人間が最初になにかを造形したその瞬間にさかのぼる．旧石器時代，人間は自分自身が属した集団の繁栄と永続，その生活基盤であった狩猟獣の豊かさを願い，なによりもまず女性のフィギュアを具象した．繁殖や出産は神秘であり，それができるいっぽうの性に超自然的な存在が宿るとみなしたのはごく自然の思惟だった．骨や石を削り，粘土や泥をこねたこれらのフィギュアは，ヴィレンドルフのヴィーナス（第 1 章参照）を筆頭に，レヴァント各地も含めて汎世界的につくられた．

農耕と家畜の飼育が始まると，農作物の豊作と家畜の多産の願いは女性神と重なって，明確な豊饒の地母神として偶像化していった．この典型がチャタル・ホユックの女性座位像だ．女

現在では"植物相"（ある地域の植物組成）の意味に転義している．これらの（女）王座が1820年に発見された通称"ミロのヴィーナス"と呼ばれるアフロディーテ像で，BC2世紀ころの製作とみなされている．泡から生まれたとされる女神は，ボッティチェッリなど，ルネサンス期の画家の想像力をかきたてた．

ケルト社会へは，アルテミス神が直接伝播して農畜部門専任の豊饒女神となり，そのテラコッタが祭殿に据えられたほかに，美貌が刻印された貨幣が繰り返し鋳造された．このいっぽうでキュベーレ神とアルテミス神が混交して，あたかも娘を産むかのように，じつにおびただしい数の女神群がつくられた（ウォーカー 1988）．先述のウマの神エポナやルディオバス，クマの神アルティオ，アルディナ，山の獣の神ハルケ，ルドノン，森林の神シルヴァヌス，コキディウス，癒しと温泉の神シロナやネマウシウス，北方の愛と美，戦争と月の女神フレイア，カラスに変身する戦争と破壊の女神モリガン，そしてシカの女神ケルヌンノスもその1人だったにちがいない．八百万の多神教世界である．

なかでも森と野生動物，そして狩猟者の守護神が"ディアナ"だった．フレーザー（1890）は次のように述べる．「聖なる森におけるディアナ崇拝は，はかりしれないほどに古く，きわめて重要な習慣だった．ディアナは森の女神，野生動物の女神，そしておそらくは家畜の女神，大地の実りの女神として崇められた」．ヨーロッパ各地には無数のディアナ（アルテミス）像が残されたり，発掘されている（図4-9）．このディアナ信仰はその後のヨーロッパにおける人間と野生動物との関係，とくに中世期の封建領主たちの狩猟に継承され，女神の「狩猟の戒め」がほんとうに理解されていたかどうかは別に，「狩猟神」として君臨し，頻繁に登場した．これは次章で取り上げる．

ヨーロッパ古代は，野生動物の体臭と女性の慈愛に満ちあふれる多神教社会だった．ここに東方遊牧民が浸透した．遊牧民にとって神とはなんだったのだろうか．多数の家畜が彼らの生活基盤であり，その多産と息災に彼らの願いと

図 4-9　ディアナ（アルテミス）像はヨーロッパ各地から多数出土する．写真は"ギャビーのディアナ"[5]［ルーヴル美術（博物）館，2012年10月著者撮影］．

信仰の中心があったのはまちがいない．ただしこれは農畜の神々の所掌範囲であり，農耕社会との接触によって複数の神がこれに応えた．家畜以上に彼らがつねに直面し，苦悩した懸案は，家畜の多産をもたらす草，草の生育を左右する気象，この平穏と安寧だった．それは雨，風，雷，砂嵐といった日々の天気から四季や年ごとに変化する気象まで，遊牧と移動という生活に直結する天候の安定だった．この流動する社会にあって劇的に変化する天候の秩序こそが彼らの願望の第一義だった．天と地，それを隔てる地平線，この殺風景な空間には直訴すべき巨樹や森，泉などのランドマークはない．この祈りは必然的に天空へと向かい，遊牧民は気象をコントロールする「天候神」を創造するようになった．気象や気候にはもともと「性」はない．だが遊牧民のなかでしだいに性が強化されていく．「母なる大地」から「父なる天」への反転である．

この天候神は，メソポタミアでは"ハダト"，レヴァントでは"バール"，エジプトでは"セト"などいずれも男性神で，その歴史は古く，起源

は農畜文明圏周辺の遊牧民にあったと考えられる．古代シリアの著述家ルキアノス（AD120-180年ころ）は『神々との対話』のなかで，ケルト社会の"トータティス"，"タラニス"，"ダグダ"，あるいは"エスス"といった男性の天空神群を記述しているが，これらもまた遊牧民の宗教に由来したと推測される．タラニスは巨大なハンマーをもつ雷神である．発掘されたベルギーのタラニス神殿の跡には多数の「車輪」が奉納されていた（Green 1979）．ダグダは多産の象徴だが，巨大な角をもつ男性として出現する（Monaghan 2004）．これらの神々は中世期ヨーロッパでは"オーディン"，"ウォーデン"，"トール"，"フレイ"，あるいは"ヴォータン"（ヴォーダン）といった天候神に転じ，中世後期には「魔女狩り」の舞台背景となる．いずれにしても，神々は多分に抽象的な超自然神であり，あらゆる事象を司る最高位に君臨すべき神だった．この神への憧憬は，社会の動乱や戦争の経験が神々の序列化を必然的にうながした結果，やがて男性神へ収斂していった．この典型が，ギリシャ神話では主神"ゼウス"，ローマ神話では最高神"ユピテル"で，両者ともにじつはケルト由来，というよりは小アジア・東ヨーロッパに広く共通した遊牧民の天候神で，前者の系図は，天空神"ウーラノス"→大地神"クロノス"→ゼウスであった．

なお遊牧民の神への希求は，一部の集団や民族ではその苦難の経験を通じてさらに先鋭化され，男性の唯一神，一神教をその共同体の歴史のなかに内在化していった．この点は後述する．

4.3 農畜融合文化が環境に与えた影響

農耕とは，生態学的にみれば，外来種の導入と拡散の歴史でもある．ヨーロッパ農業の出発，それは外来種であるムギ類や野菜類の栽培だが，それとともに多数の外来種の随伴でもあった．外来種がいつどのように入り，現在に至ったのか，新石器時代，青銅器時代，鉄器時代，ローマ時代，中世，近世と，時代を区分して，その植物相（フローラ）の変化がフランス，ドイツ，チェコなど，ヨーロッパ各地で追跡されている．いずれもⓐ在来種，ⓑ古い外来種（西暦1500年以前に渡来），ⓒ新しい外来種（西暦1500年以降），ⓓ年代不明，の4つに分けて，その動向が探られている．フランス東部では，合計501種のうち，ⓐ246種，ⓑ152種，ⓒ63種，ⓓ40種だった．このうちⓑは新石器時代の開始とともに一定の率でゆっくりと増加し，鉄器時代にピーク，以後は減少していく．ⓒはおもに新大陸産のもので，16世紀以後に増加する．20世紀以降は，これに新手の外来種が加わり，とくに1950年代以後に急増して，ⓐやⓑを駆逐し，その約50%を絶滅か，絶滅危惧種に追い込んでいるという（Brun 2009）．

ドイツやチェコでも同様の傾向を示し（Rösch 1998, Pyšek et al. 2005など），新石器時代の農耕導入は着実に耕地や荒れ地の植物組成を変化させてきたものの，歴史的にその比率が最大になったのは，三圃制によって農業が大きな発展をみせた中世であったという．だが，20世紀後半以降に発生した爆発的な増加は，農耕に随伴した外来種という歴史的な性格を塗り替えて，侵略性の強い種が入り込み，生態系の不可逆的な変化をもたらしつつある．

この人間活動と農畜文明が自然におよぼした影響，つまり「環境史」の変遷を，ヨーロッパの辺境の地，イギリスでよりくわしくたどってみよう．グレートブリテン島は，更新世後期以後に何度か大陸と陸続きした地史をもち，旧石器時代から人類は居住し，新石器時代以前にも，由来は不明だが（アフリカ北部からも到達した可能性がある），オーリニャック文化やクレスウェリアン文化[6]を担った先住民がいた．だがその歴史が大きく様変わりし，ヨーロッパの一部としてデビューしたのはやはり新石器時代以後のことである．

最近，これまでに発掘・蓄積された人骨，動物骨，植物断片，土器，石器などすべての出土物の年代測定をあらためて行い，データベースとして整備するプロジェクトが進行している．図4-10は，そのプロジェクトの成果の1つで，

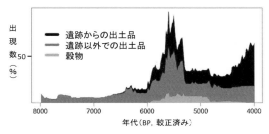

図 4-10 イギリスで出土した遺物の（新たに年代測定した）年代と出現量の推移（Collard *et al.* 2010 を改変）.

カラード（Collard *et al.* 2010）らがまとめた，ブリテン島各地 BP8000-4000 年の 1762 地点で発掘され，正確に測定しなおされた合計 4246 点の遺物出現量の時間的な推移である．これは人間活動の歴史をなにより雄弁に物語っている．このうち，濃い部分がストーンヘンジなどの記念碑的な遺跡での発掘品，明るい部分が穀物遺物（炭化している），中間が遺跡ではない地点での発掘品である．これをみると，BP8000 年以前からいた人間はその活動をわずかずつ増加させ，後半には顕著な遺跡をつくりつつも，大きなエポックが BP6000 年にあったことがわかる．それを境に活動量は指数関数的に増加し，大規模な遺跡とともに，農耕穀物が出現し，増加している．ブリテン島の新石器時代は明らかにこの BP6000 年を起点に出発している．その後に減少し，安定した後，再び約 BP4500 年から巨大遺跡が増加した．炭化穀物量の減少はおそらくより残らない形での消費法が定着した結果と考えられる．

もう 1 つ興味深いのはその地理的分布だ．新石器時代の農耕はイングランド南部とスコットランド南部の 2 つの地域でほぼ同時に発生した．その後，スコットランドのほうは衰亡し，BP 約 5000 年にはイングランド南部だけとなった．おそらくこれには気象条件が関係していると思われる．

ところで，この遺物の総量は人間活動，ひいては人口を反映していると考えられる．これを指標に人口増加率が試算されている．それによると，ここイギリスでも，農耕以前では 0.0016%／年（コーエン 1998）以下の低い値

を示したと考えられるが，新石器時代へ移行するとともに 0.1-0.2%／年（Bocquet-Apple 2008），あるいは 0.37%／年（Collard *et al.* 2010）へ増加したと推定された．両者は前時代に比べ 100 倍以上の上昇になる．イギリスは温暖・湿潤の海洋性気候で，大陸よりむしろ農業適地，牧畜良地であったようだ．農畜文明は文化伝播か，それとも農耕民の到来によってもたらされたのか，チャイルドが提起したこの論争が，その揺籃の地でもあらためて問われている．出土遺物の突然の増加と劇的な人口増加は，ここでもまた移民者の到来説を強く裏づけている．

いずれにしても新石器時代の農畜文化の定着がヨーロッパの生態系を大きく変容させたのはまちがいない．最後に，この農業や家畜が生態系とその構成要素をどのように変えたのか，イギリスでの比較研究を紹介しておきたい．

中石器時代イギリスには 30 種（人間も加えると 31 種）の陸生在来哺乳類が生息していた．ここに新石器時代以降，家畜や外来種が加わり，8 種の動物種が絶滅し，現代に至っている．中石器時代と現代とを比べ，その個体数にどの程度のちがいがあるか，マルーとヤルデン（Maroo & Yalden 2000）が分析している．なお，中石器時代の生息数の推定値は，植生を復元し，その面積をもとに人為影響のないポーランドなどの国立公園での値を外挿し，現代のものは複数の調査結果による（ダマジカとニホンジカについては Yalden 1986 のデータを加えた）．

図 4-11 は 2 人の値を，小型哺乳類（齧歯類，食虫類，ウサギ類），中型哺乳類（食肉類），大型哺乳類（ヒグマ，有蹄類と人間）に分類し，ヒストグラムにしたものである．そこに哺乳類相の大きな変化がみてとれる．これらの差異には，自然的な要因（気象条件の変化，それにともなう植生の変化）と人為的要因（さまざまな自然の改変，狩猟，動物の導入）が反映されている．小型哺乳類では，ミズトガリネズミ，ヨーロッパモグラ，キタハタネズミは増加または大きな変化がないが，このほかはすべてが減少か，絶滅している（ツンドラハタネズミとビーヴァー）．前者のモグラやハタネズミは農耕地

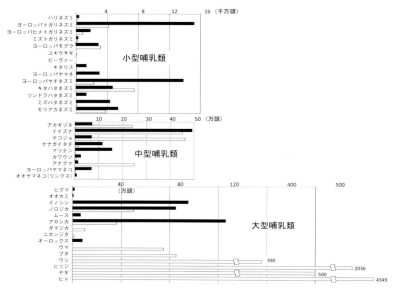

図 4-11 イギリスにおける哺乳類の中石器時代と現在での個体数の比較．濃いヒストグラムは中石器時代，薄いそれは現代．個体数のスケールが異なることに注意（Maroo & Yalden 2000 の推定値より作成）．

に適応している．いっぽう，後者の多くは北方系の種で，環境条件や植生の変化と考えられるが，ビーヴァーやリス，ユキウサギはおもに毛皮獣として狩猟されたことによるらしい（ビーヴァーについては別の理由がある，p.182）．中型食肉類ではカワウソ，マツテンなどいくつかが減少するいっぽうで，キツネ，オコジョ，アナグマは増加した．後者は農耕地などの人為環境によく適応し，現在でも生息域を拡大しつつある．2種のネコのうち，リンクスは絶滅，ヨーロッパヤマネコはイングランドでは絶滅したが，スコットランドには生き残っている[7]．大型種はすべて個体数が減少したか，絶滅した（オオカミ，イノシシ，ムース，オーロックス）．アカシカは過去に比べ全体の個体数は減少しているが，一部地域では増加傾向にある．大型種の大半は家畜に置き換わっている．

バイオマス量（生物量）で比較すると，中石器時代以降生息してきた在来種の総計は約6万トン，これに対して新石器以降に導入された家畜は約 380 万トン（ヒトも加えると約 680 万トン），およそ 60 倍以上（ヒトを加えると 110 倍）に増加した．新石器時代以降，徐々にだが，この大きなインパクトが生態系に加わった．そ

れは巨大な変貌をもたらさずにはおかない．

4.4 古代ギリシャとローマ帝国における動物と人間

いく層にも重なる人間集団の流入と混血によって，地中海地域の南部ではラテン人が，中北部ではケルト人が，後の混血でさらに東部にはゲルマン人が形成された．言語にみられる共通性と多様性もこの混交の結果である．この多地域複合体（民族）集団がヨーロッパ人の特質だ．このうち地中海地域では，アナトリア半島からは指呼の距離だったので，ヤギやヒツジ，ウシが直に導入され，後には青銅器や鉄器が伝播し，さらには海上交易による富を背景にいち早く文明が開化した．それがエーゲ文明だ．

その1つ，ミノア文明（BC2800-1000年）は，ヨーロッパ最初の文明で，クレタ島に興った．おそらく線文字B[8]時代以前からヒツジのウール加工を行い，織物を生産し，文明の礎をつくったと考えられている（Militello 2014）．ヒツジの文明だ．これはいまも同じで，同島ではヒツジ約 33 万頭，ヤギ約 13 万頭が放牧され，ウール製品や乳製品の生産が主産業だ．この文明

はウシとのつながりが深く，その中心地クノッソス神殿跡には，チャタル・ホユックに似て巨大なウシの極彩色の壁画や，ウシを頭にしたミノタウロス像が出土している．おそらくアナトリアから導入された時点で，そのサイズはオーロックスに近く，その巨大さゆえに，王権の象徴や神に捧げる生贄とされたのだろう．それはエジプト古王国時代のファラオがオシリス神やハトホル神としてウシを聖像化したのと同じである．クレタ島（約 8000 km²）はかつて全島が鬱蒼としたカシ・ナラ林に覆われていた．ヒツジとヤギの放牧は生態系を劇的に変え，いまでは貧弱な低木林だけの乾燥した植生へと置換してしまった（Lyrintzis 1996）．クレタ文明は，近隣のペロポネソス半島の都市，ミュケナイに滅ぼされ，ミケーネ文明にとってかわられた．ここでもウシは権威の象徴として崇拝され，祭礼の生贄，饗宴の肉に供された．ウシが農耕畜として重要な地位を占めるのはローマ時代になってからだった（フェイガン 2016）．

　これらの文明を発展させ，人類史に巨大な影響をおよぼしたのはギリシャ，ローマの都市国家だった．これらの地域は，肥沃の三日月弧同様に，地中海性気候に属するものの，その土壌は石灰岩質で痩せ，大河や平地が少なく，起伏が多い急峻な地形のため，農業には向いていない．代わってオリーブやブドウなどの果樹栽培や牧畜がさかんだった．地中海といえば乾燥した地肌のみえる痩せた土地をイメージし，古くはプラトンもまた痩せ衰える裸山ばかりになっていくさまを嘆いた（対話集『クリティアス』BC4 世紀ころ）．確かにこの時代，アテネやアッティカ周辺では船材のための森林伐採や鉱山開発が進み，山々は裸地化した（Hughes & Thirgood 1982）．降雨が奔流となって山を流れ下り，土壌侵食が起こっているとのプラトンの鋭い観察は，人類最初の環境問題の告発だったかもしれない．とはいえ，時代が進むと光景は変わる．アナール派歴史学者の泰斗，フェルナン・ブローデルは『地中海』（Braudel 1949-1966）のなかで地中海一帯は 16 世紀まで森林が密生していたと述べている．鬱蒼とした森林というよりは乾燥に強い常緑硬葉樹林だったのだろう．その痩せた地で，都市国家の人々はどのように食糧を得ていたのだろうか．

　アテネ（アテナイ）を例にとる．多数の文献史料からその穀物生産量を推定したピーター・ガーンジィ（1998）によれば，アテネの位置したアッティカ地域の耕作可能地は土地全体の 35-40％（過大評価ではないか）で，気象条件がよければ約 10 万人程度の収容力をもつが，当時の人口推計値（約 20 万人，変動している）からみればかなりの不足で，周辺から恒常的に穀物を「輸入」しなければならなかったという．ローマではこの傾向はいっそう顕著で，市民の間には食糧不足や飢饉への危惧がつねにあったという．2 つの国家は，食糧危機にたびたび直面し，ときには餓死者が発生する事態が起きていたようだ．明らかにギリシャ・ローマ文明は農業を基盤とした自律的な国家ではない．

　このためこれらの都市国家は，軍事力を背景に周辺領域から農産物や家畜を系統的に収奪するシステムをつくりだした．これなしに国家は成立しなかった．植物の「三要素説（窒素・リン酸・カリウム）」や「最少律」で有名なリービッヒは『化学の農業及び生理学への応用』（通称『農芸化学』，1840）という著作のなかで，ローマの為政者は年間 1 市民あたり 376.5 kg（毎月 5 モディ）の穀物を配給しなければならず，「ローマへの穀物輸出が終局的には自由民の根絶と，奴隷労働に基づく大規模農場経営の導入によってやっと成り立ちえた」と指摘し，ローマ市民の生存は「国家維持のために外部の世界の住民の労働力を破壊し尽くした恐るべき国家機構の歯車の 1 つが停止すれば，直ちに脅かされる」事態になっていたと推論した．土地の肥沃度を化学の視点から初めて分析した鋭い考察だった．

　ローマ帝国における輸入とは，軍事機構を基盤に，農産物を税として徴収することだけでなく，反抗する者をせん滅し，奴隷にすることも意味していた．ギリシャは「植民都市」を，ローマは「属州」という名の植民地をつくり，収奪領域を拡張していった．共和政ローマは「増

大する人口を担い養う能力を，征服という果実で鍛えあげていった」（ガーンジィ 1998）のだ．けれど，当時の世界の食糧生産は，地域を問わず，余剰があったわけではない．生産と生存はつねにぎりぎりの水準だった．この結果，侵略される側の食糧事情は悲劇となった．はてしのない戦争と暴動，そして反乱はその証だった．

（1）古典にみる動物と人間の関係

他国からの収奪と奴隷制を基礎にしたその国家において，「市民」と呼ばれた多数の非生産階層と自由な知識階級が成立し，現代にもつながる科学や哲学が人類史上初めて開花し，文字に残された．これらからその世界が垣間みえる．その都市国家のなか，とくにギリシャでは，科学や哲学は実践（実験）を含む論理，対話と議論によって検証されるとの精神が成熟していった．それがヨーロッパ的な理性と合理性の起源であったとされる．とはいえ2000年以上前ではある．この世界を瞥見しておこう．

『動物誌』（アリストテレス，BC4世紀）

アリストテレス（図4-12）は政治，哲学，自然科学（？）に関する膨大な著作を残したが，この書もその1つである．それは，当時知られていた約520種の動物を，解剖や観察（多くは伝聞情報）によって秩序立てる，つまり発生と形態を基礎に史上初めて動物の分類を試みたものだった．先駆的であることに異論はないが，ほとんどの（動物学的？）記述は時代的な文脈なしに読むことは苦痛である．たとえば，次のような記述．「ウズラやニワトリは好色で，めったに交尾しないカラスは貞潔」（第1巻1章），「ヒトの頭蓋骨の縫合は女が円で，男が三角」，「ライオンの骨は動物のなかで最も硬い．こすり合わせると火が出るほどだ」（第3巻7章），「陸生の胎生動物には毛，陸生の卵生動物には甲羅，散りやすい卵塊を産む魚類には鱗」（第3巻10章），「雄が水を飲んだ後に交尾すると黒い子ヒツジが生まれる」（第3巻12章），「ウナギはミミズから生まれる」（第6巻16章）．切りがない．

図4-12 アリストテレス（Aristotelēs, BC383-322）．アテネ，アクロポリス博物館敷地内で出土したこの像はAD1世紀後半に製作と推定された．2016年開催の「古代ギリシャ展」（東京国立博物館）で展示された（そのパンフレットから）．

しかし他方で，すぐれた観察と記述も光る．たとえば，「シカの枝角は6歳までは毎年数が増えるが，この年以降は毎年同じなので角で年齢は識別できない．角は（対天敵用の）武器となる」（第9巻5章）といった冷静で科学的な記述は，ほぼ同時代に，シカの角が"ケルヌノス"の化神であるとみなしていた北方ケルトの世界とは対照的だ．さらに，「マムシだけは前もって自体内に卵生してから胎生する」（第3巻1章，同じ内容の記述は第5巻34章にもある），「サメ類は軟骨魚類であり，（体内の）子宮で卵から幼動物が発生し，胎生する」（第3巻1章），いずれも真実だ．彼は実際にもサメのメスの体内に胎盤状構造物とそこに付着する幼体を観察していた．驚くほかはない．もっともすぐれた記述は，「クジラは肺をもち，胎生で哺乳する」（第1巻5章，第6巻12章など）で，クジラを魚類とみなしていた中世より先見的で，時代を凌駕していた．伝聞情報だけではなく実際にも解剖や観察を行い，冷静に分析している．ニワトリの胚発生に関する記述

(第6巻3章)も，実際に多数の卵を割り，その過程をつぶさに観察することなしにはありえないように思われる．小さな記載では「クマは何でも食べる．すなわち，果実も食べるし，体がしなやかなので木にも登るし，豆も食べる．また蜂の巣をこわして蜂蜜を食べるし，カニやアリも食べ，肉食もする．すなわち，力が強いので，シカばかりか，気づかれずに襲うことができればイノシシをも攻撃する」(第8巻5章)などが微笑ましい．クマの採食生態に関する現代の知見とも一致する．

さらに彼は，社会性昆虫，とくにミツバチやアリには強い興味を示し，実際にも観察したようで，ミツバチに関する記述が複数の章に散見される（アリの記述は少なく，断片的）．「もっとも勤勉な動物」であり，巣内には（形態は異なるが，当時は，雌雄が不明だった）数匹の「リーダー」または「王」がいて，一般個体の指導や発生に関与していると記述し，それは「オス」とみなしていた（オスがどのように発生に関与するのかは留保）．この性別判定は，ウェルギリウスやプリニウスも踏襲し，古代，中世を通じてヨーロッパ社会の確固たるドグマとなる．寿命は6年で，個体によっては，7年生きる——この知見もまたほぼ正しい（実際，女王の最長寿命は8歳程度）．そして「人間はどんなミツバチの種よりも，どんな群棲的な動物よりも，いっそう国家的動物である」という有名な言葉を著作『政治学』のなかに残している．

ことほど左様にこの時代もまた，人間は相変わらず（野生）動物と濃密な関係をもっていた．アリストテレスはまちがいなくその証人の1人だ．このほか，多くの古典にはその多彩な関係の断片が記されている．その代表例を紹介する．

『イーリアス』(ホメロス，BC12-8世紀?)
この作品は，BC1400-1200年に起こったとされる都市国家トロイアとアテネとの戦争を描いた古代ギリシャの叙事詩で，ここには1200カ所以上にわたる動物の記述がある．もっとも多いのはウマに関するもの（約500カ所）で，

4.4 古代ギリシャとローマ帝国における動物と人間　*181*

ウマが戦力として普及していたのがわかる．次がウシ(70カ所)．ウシがすでに家畜として一般化し，皮革の有用性が認識，利用されていた．またウシ100頭が黄金製の武具と，9頭が青銅製のそれと等価であり，交換財だったことがわかる．家畜がしばしば貨幣に刻印されたことはケルトと同様だった．さらに犂を引くにはウシよりもラバ（オスロバとメスウマの交雑種，不稔）のほうが効率的との認識がすでにあり，アフリカ起源のロバが役畜として広く使われていたこと，さらには他種との交雑が試みられていたことがわかる．次がイヌ(37カ所)．すでに戦闘用の軍用犬が使われていた．また狩猟や野生動物の記述も少なくなく(326カ所)，ライオン，イノシシ，シカ，オオカミ，ツルやハクチョウ，カワセミなどの野鳥が登場している．シカやイノシシが格好の狩猟獣で，獲物はご馳走として供された．人間との関係でもっとも興味深いのは，以下のいくつかの記述である．

有名な"カリュドーンの猪"の記述で，これは女神アルテミスが放ったとされる．「猪は野獣のならいで（カリュドーンの王オイネウスの）果樹園をさんざん荒らしまわった．幾本もの大木を根本から引き抜いて地上に倒す．根ばかりでない果実ももろともだ」(第9歌)．「凶暴な狼が，牧人の不注意から山間に散り散りになった家畜の中から子羊や子山羊を選びだして襲いかかる」(第16歌)．「獰猛な2頭の獅子(ライオン)が先頭の牛の中から声高に唸る牡牛1頭を捕らえて離さず，牛はほえながら引きずられていき」(第18歌)など．イノシシが農業や果樹被害を，オオカミやライオンが家畜被害を引き起こしていたことが読み取れる（小アジアやバルカン半島には当時ライオンが生息していた，後述）．これらは野生動物による人類最初の被害報告だ．イノシシが果実だけでなく幹や枝にも加害しているが，同様の被害は現在でもクリなどに発生する．こうした被害に人々はどのように対処したのだろう．こうある．「夜っぴて寝ずの番をする男」が「肉欲しさに遮二無二進む獅子に」，「松明(たいまつ)をかざして」，「槍が正面から雨のごとく」(以上は第17歌)，あるいは「村を挙げて

集まった男たちが獅子を討ち取る」(第20歌),「多数のまちから狩手と犬とを集めて猪を討ち取る」(第9歌).これらの記述からもわかるように,家畜の番をしたり,集団的な対抗手段を行使していた.それは現在でも「有害鳥獣駆除」として,日本や世界で繰り広げられる原型である.

『歴史』(ヘロドトス,BC5世紀ころ?)

これは,BC5世紀のアケメネス朝ペルシャとギリシャ都市国家との戦争をテーマにオリエント世界の地史や風俗を扱ったヘロドトスの著作で,ここにもみのがせない記述がある.「ミュシアのオリンポス山に途方もなく大きい野猪が現れた.この野猪はオリンポス山から出てきてはミュシア人の農作物を荒らすので,ミュシア人はしばしばその退治に出動した」が失敗し「よりぬきの青年および猟犬」の派遣を王に要請をした(上巻p.38).この結果,駆除隊は「猪を発見するや包囲して投げ槍で攻撃した」(同p.42).このとき,王の息子がその槍にあたって絶命するとのハプニングが起こる.別の章に移る.

馬乳の搾乳法については黒海北部の諸民族の記述といっしょにすでに紹介した.同じ黒海地方の別の民族に関する記述には,「巨大な湖があり,まわりには沼沢があり蘆が生い茂っている.この湖水では川獺(カワウソ)や海狸(ビーヴァー)や四角な顔をした別の獣が捕獲される.これらの皮は彼らの着用する皮の服の縁に縫い附けられ,またその睾丸は子宮病の良薬として彼らに珍重される」(中巻p.73)とあり,動物が衣料のほか薬品に使われていたことがわかる.これは後にローマのプリニウスが『博物誌』において集大成した.なお,「四角な顔をした獣」とは同じ水辺の動物であればカバである可能性が高い.カバはレヴァントや地中海諸島に生息していたが,はたして黒海北部にまで分布していたかどうかは不明だ.

さて,いよいよペルシャ軍が海路と陸路を使ってバルカン半島のスパルタやアテネへ進撃を開始する.その途中,テッサロニキの近郊で,「ライオンの群れが食糧輸送の駱駝部隊を襲撃してきた.ライオンは夜間に巣を出て出没するのであるが,他の荷曳用の獣や人間には一向に危害を加えず,ただ駱駝のみを襲ったのである」.これに続けて「この地方には多数のライオンや野牛が棲息しており,この野牛の巨大な角はギリシャへも多く輸入されている.アブデラの町を貫流するネストス河と,アカルナニア地方を流れるアケロス河とがライオンの棲息地の限界となっており」(下巻p.91)と記されている.野牛とはオーロックスであり,まだ野生で多くが生息していたようだ.ライオンが家畜の脅威であったのがここでも確認できる.

『イソップ物語』(アイソーポス,BC6世紀?)

"イソップ童話"は「北風と太陽」や「兎と亀」などを通して,わが国でも『伊曾保物語』といったタイトルで旧くから翻訳され,なじみ深い.ヘロドトスの前書によれば,BC6世紀の奴隷アイソーポスの創作とされるが,文体が異なり,1人の創作というより,おそらくアイソーポスの出身地(小アジアかバルカン半島のどこか)の民話を複数の人間が収集したものだろう(小堀 2001).創作とはいえ,日常的にみなれた,あるいは強く印象に残った出来事や動物を題材に,説話や訓話に仕立てている.クマに出会ったら「木に登るか」,「死んだふりをする」との記述がすでにあり,この時代のヨーロッパ南部の人間と動物との関係をみるうえで,微笑ましく,そして興味深い.全471編中,じつに344編(73%)に動物たちが登場する.

動物は合計92種,その出現頻度を順にみると,ライオン(52),キツネ(51),イヌ(43),ウシ(42),ロバ(40),オオカミ(40),ヒツジ(32),カラス(コクマルガラスを含む)(24),ヘビ(マムシ,ミズヘビ,カラカラヘビ[9]を含む)(22),ヤギ(16),ニワトリ(16),ウサギ(14),ワシ(13),ネズミ(12),サル(12),ウマ(12),シカ(11),カエル(ヒキガエルを含む)(11),ブタ(9),ラクダ(8),以下にイタチ,クマ,イノシシ,ツバメ,スズメ,ネコ,イルカ,ヒバリなどが続く.これに数は

少ないがセミ (6)，アリ (5)，センチコガネ (4)，ミツバチ (4) などの昆虫類が加わる．いっぽう，人間側では猟師（鳥刺しを含む）(16)，農夫 (15)，羊飼 (12)，漁師 (2) が登場する．おなじみの狡猾なキツネ，冷酷なオオカミを抜いて，ライオンが最多なのは注目されてよいだろう．当時ライオンはなおこの地域に生息していた（『イーリアス』や『博物誌』にも記述）．ラクダはそのめずらしさゆえに取り上げられたと思われる．

こうしてみると，この物語の創作地は，周辺には森林や牧草地が広がる農村地帯で，家畜がしっかりと定着し，生業と結びついていたいっぽうで，狩猟は広く行われ，そして，漁師，イルカ，魚類や貝類の記述があることから，それほど内陸ではない場所だったと推測される．これらの説話から，次のようなことがわかる．

①ムギ畑の主要な加害種はツルをはじめ鳥類だった．②キツネはときどきブドウやチェリーを食害していて，このキツネの食性の広さが農民の反発を招き，「狡猾」というレッテルが定着していた．③ライオン，オオカミ，ヤマネコがヒツジなどの家畜を頻繁に襲っていた．④役畜はもっぱらウシで犂耕と荷車を引き，ロバも利用された．ウシは生贄として殺されることはあったが，少なくともこの地域では食用には供されていなかった．⑤ブタは飼育されていたが，十分に普及していなかったらしい．⑥貯蔵穀物のネズミ退治にネコやイタチが有用だった．しかしネコの出現頻度は少なく（わずか4回），ニワトリやネズミといっしょに登場するだけで，ペットとしても飼育されていなかった．⑦これに対しイヌは頻繁に出現し，複数の品種（たとえば"マルチーズ"）がつくられ，番犬と猟犬は区別されていた．⑧ニワトリがすでにかなり普通に飼育され，鶏卵が食べられていた．⑨ヘビ類やカエル類（ヒキガエルを含む）が高頻度で登場し（合計33，イモリも加えると34），水辺（池や泉）に生息する動物に親近性があった．これにはケルトの多神教的な自然観と共通性がある．⑩ミツバチ，養蜂家，巣箱が登場し，なんらかの道具（巣箱）を使って養蜂が行われていた．しかし，ミツバチが木のうろに巣をつくるとの記述があり，この方法でも蜂蜜は採集された．⑪カラス類（コクマルガラス，ハシボソガラスを含めて合計24）が鳥類では最多で，農耕環境に適応したもっとも身近な鳥類だったことに加え，宗教的な尊崇の対象であったようだ．⑫鳥類は30種以上，哺乳類同様，種ごとによく識別されていた．⑬村落には鍛冶屋，肉屋，洗濯屋がすでにあって，商取引や流通が軌道に乗っていた．こうしてみると，イソップ物語は文明化しつつあった地中海陸域の典型的な農業地帯における人間と動物の交流譚だったことがわかる．

もう少しコメントを加えたい．第1は，①，⑪，⑫の鳥類の記述で，この地域では鳥類が主要な農業加害種だったらしい．このことは，古代ギリシャの詩人，ヘシオドスの『労働と日々』のなかの印象的な記述と符合する．こうある．「（犂で耕したら）そのやや後ろから鍬をもった下男が続き，種子を隠して鳥どもに難儀をかけてやるのがよい」．

もう1つは，出現頻度の高いキツネの，とくにその性格に関してで，「狡猾」のレッテルが貼られるいっぽうで，徹底した憎悪や敵対性は感じられない．どこか憎からず思う愛嬌ものとして許容されている．この心情はどこから生まれるのか．勝手な憶測だが，おそらくそれは，キツネがムギ畑や農耕地の害獣であるハタネズミ類を捕食する益獣だとの認識がすでに定着していたことによる，と思われる．低い姿勢から，飛び上がって襲う，その独自の捕食行動はよくめだち記憶されたのだろう．このことは初期の農耕段階でも，その後の森林を切り開き農耕地を広げた中世期でも，一貫して認識されていたにちがいない．ときどき果樹や農作物を盗む「狡猾さ」と，「憎めない愛嬌もの」の両義性は，中世の代表的な挿話集『狐物語』（後述）や，18世紀ドイツの地方寓話を集めたとされる『グリム童話』，そしてマキャベリの『君主論』(1515) にも通底している．このルネサンスの政治思想家はこう述べる．「君主は野獣のなかでも狐（つまり策略と狡知の手法）と獅子（つ

まりむき出しの暴力による手法）を範とすべし」．

『狩猟について』（クセノポン，BC430-355年ころ？）

クセノポンは古代ギリシャの軍人で，ソクラテスとも親交があり，『ソクラテスの想い出』を執筆し，このほかには『アナバシス』[10]などの著作がある．波乱に満ちた生涯のなかで馬術や騎兵の編成に関する著作のほか，人物論や国家論も執筆している．『狩猟について』は若いころの著作の1つらしい．おもに野ウサギ，シカ，イノシシの狩猟法を解説し，どれもイヌと網を併用した追い込み猟で，馬術に通暁していたにもかかわらず，ウマによる狩猟法の記述はない．紹介している狩猟の大半はギリシャの山地部のものである．興味深いのは「網」で，細い亜麻製の紐を編んだ「罠網」，「獣道網」，「平地網」の3種類を記述，長さ50m以上の大規模なものがあり，網による追い込み猟や，さらにはこの網を地上付近に設置し，足や首を絞めるくくり罠猟が普及していたのがわかる．

野ウサギ猟では巣穴を使うアナウサギと大型のノウサギを明らかに識別していて，その猟法を変えているのが注目される．シカはおそらくアカシカで，オスの捕獲に際しては「角を打ち付け」るので危険なため，遠くから槍を投げて捕殺すべしと指示している．シカはもっぱらメスと子どもの網猟を勧めている．イノシシ猟は，かなりの危険なので，多数のイヌ，罠網，投げ槍，狩猟用槍，足網を使用し，追い込んで最終的には狩猟用槍，つまり止め刺し用の手持ち槍で捕殺せよと指図している．こうした記述に混じって「禁猟期」や「猟場」といった言葉が使われている．その意味は定かではないが，この時代，すでに期間や場所による狩猟規制が存在していた可能性がある．

また当時，狩猟を軍事教練とすることに批判があったのだろう．その反論として彼がアルテミス神を登場させ，力説したのは，狩猟によって「若者を実践的に訓練することにより，節度ある正しい人間」をつくり，それはすぐれた兵士や将軍の予備軍となるだろう，との精神的・肉体的な効用だった．

なお，ギリシャ北部から小アジアには，ライオン，ヒョウ，ヤマネコ，クロヒョウ，ヒグマが生息していて，毒餌やヤギのおとりで捕獲できると付記している．クロヒョウというのはおそらくヒョウの黒色変異個体と考えられる．また『アナバシス』には，プリギュア（アナトリア高原）の宮殿には王専用の「多数の野獣が棲む猟場」があったこと，野生のロバ（アジアノロバ）やダチョウ，ヒグマが生息していたこと，戦争で勝利した際にはアルテミス神にヤギの生贄を捧げたことなどが記述されている．

『博物誌』（プリニウス，AD77年ころ？）

古代ローマ，"大プリニウス"として有名なプリニウスの著作．星の運航，気象，地誌，動植物，農耕暦，病気，薬品などきわめて広範囲にわたる当時の自然科学的知識の集大成，『百科全書』といえ，地球が球体であるとか，「自然界のあらゆる存在は人間のために存在するのであり，人間が自然を正しく認識し接しさえすれば人間にとって有用であるが，誤って利用するなら自然の恩恵にあずかれず，逆に自然から報復を受ける」（第1巻）とか「野生動物は大地の守護者であって，大地を冒瀆の手から守るのだ」（第2巻）といった記述は，きわめて教訓的であり，なお傾聴に値する．森林伐採と豪雨との間には関係があるといった卓見も時代を凌駕している．だが，ペガサス，ユニコーン，狼人間など，をなんらの疑問もなく，実在を確信して記述しているように，全体としては伝聞情報と孫引きが多い．クジラやイルカについては，アリストテレスを受けて，鰓はなく，胎生，哺乳であることは認めていたが，実際にはみていないようで，クジラは約290mもあって，そのために「動けない」といった記述をしている．けっきょく，彼は，動物を総合的に分類するとの視点には立てずに，クジラを「魚類」と同一視し（第4巻），アリストテレスからは後退している．荒唐無稽がめだつ．たとえば，「毛虫から木を守るためには，月経がはじまったばか

4.4 古代ギリシャとローマ帝国における動物と人間

りの婦人が裸足で帯も解いて木の1本1本の周りを歩くことを奨めている」といった記述に彩られるが，当時のローマの，そして人類の知的総括としては第一級の史料であることはいうまでもない．アリストテレスとともに，この特級の，たわいない「遺産」は，中世はおろか，近世に至るも西欧の知的空間のなかに君臨していた．その浩瀚な記述はおいおい紹介するが，このなかで，とくに人間と野生動物の直接的な関係に絞ると次のことが注目できる．

①「フルリィウス・リッピヌスはイノシシとその他の鳥獣類の禁猟区を設けることを考え出した最初のローマ人であった．彼はタルクイニィ地区で野獣の保存を導入した．そしてやがて彼にならう（複数のローマ人の名前，省略）人々が現れた」（第8巻78章）．この区域の規模や必要性，狩猟禁止指定地だったのか，柵で囲った動物園のような施設であったのかは判然としないが，非狩猟の保護地域が初めて設定され，少なくとも複数の地域に拡大していたことがわかる．それは後にみるイングランドの"ディア・パーク"，中世封建領主の「猟区」設定との関連で記憶されてよい．なお，古代エジプト・アブシールのBP4400年の壁画には王らしき男が囲いのなかの草食獣を矢で射る場面があり，パークの起源はさらにさかのぼるかもしれないが．

②ライオン，ヒョウ，トラ，ハイエナ，サルなどの記述があるが，このうち明らかにヨーロッパ南部に生息していたと考えられる種についてみると，まずライオンは「初産は5子で，毎年1子ずつ減り，1子の後は不妊になる」（第8巻17章）とか，「1群のライオンが襲ったとき，その襲撃は1人の婦人の演説によって抑えられた」（同19章）とか記述は相変わらずいい加減だが，分布については（おそらくヘロドトスやアリストテレスの著作に依拠して）「ヨーロッパではアケロウス，メストゥス両河の間にしかいないが，それは力においてアフリカやシリア産のものよりずっと勝っている」と記している．最後の行はともかくとして，当時ライオンは中東やバルカン半島に広く生息していたのがわかる．この濃密な生息分布がイソップでの最多登場回数に反映していた．

③アリストテレスもそうだが，ネコの記述がきわめて少ない．遺骸を漬けたり，ボイルした水にはマウスの防除効果があると，イタチといっしょに紹介したり，月が欠けるようになったときに殺したネコの肝臓の塩漬けはワインに浸すと解熱効果があるとか，ネコの糞は咽喉の痛みを取り去る薬になるとか，もっぱらその効能が説かれるものの，ペットとしての解説はない．ポンペイではイエネコのモザイク画が発掘されているから飼育されていたのは確実だが，それは一部の人たちだけで，ペットとして普及し，人気を博していたわけではない．これはイソップにも共通する．

④ハイエナは「羊飼いの家のあたりでは人間の言葉をまねる」（第8巻44章）とか「屍を求めて墓をあばく」といった無責任な記述ではあるが，反面，ヨーロッパ南部での生息を示唆している．またハイエナが「雌雄同体」と記述されているのは注目される．これはイソップでも「年ごとにその性質を変えて，雄になったり，雌になったり」との定型句があり，アリストテレスでは，「陰部について，1頭で雄のと雌のとを兼ね備えている，といわれていることはうそである」（第6巻32章）との記載があり，メスにもペニス状器官があるのが当時すでに知られていた．これについては後述する．

⑤ミツバチの記載が注目される．ミツバチが巣をつくるのは凶兆であるとか，「王蜂」は針をもっているのか，使わないだけなのか，といった点について論じているが，いっぽうで次のようなすぐれた記述を残している．「初めは何匹かの王蜂が生まれる．王蜂がいないということがないように．しかしその後，これらから生まれた子が成熟し始めると，満場の評決によって彼らはそのうち最も劣った者を殺して勢力が分散しないようにする」（第11巻7章）．「王蜂」と「働き蜂」がメスであること，「満場の評決」かどうかの2点は，留保しても，新女王(クイーン)が生まれると，後続の未孵化の女王は殺されてしまうこと，同時に生まれた2匹の女王は殺し

合うことは事実である．養蜂がかなり身近で行われ，（プリニウスかどうかは別に）丹念な観察が進んでいたことはまちがいない．ただし，プリニウスはこれらの知見を人間社会に必要以上にあてつけている．

⑥サルはおそらくバーバリーマカク（*Macaca sylvanus*）を指すと考えられる．アリストテレスには分布についての記載はないが，イソップでは「猿と海豚」や「猿と漁師」などの表題で登場するから，おそらくは地中海沿岸部に生息していたと考えられる．

このほか，『博物誌』は興味深い記述にあふれている．該当の箇所で参照していきたい．

複数の農業書

古代ローマは，内乱や食糧危機にたびたび直面し，そのたびごとに，より現実的な『農書』や『農業論』が，大カトー（BC2世紀），ヴァッロ（BC1世紀），コルメラ（AD1世紀），セネカ（BC4-AD65）らによって執筆された．ウェルギリウスの『農耕詩』（BC29年ころ）もその1つで，その一節にはこうある．「世界で戦いは頻発し，罪業はじつに多くの形で表れている．犂にはふさわしい敬意が払われず，耕地は農夫を奪われて，荒れ果てている．曲がった鎌さえ溶かされて，硬直した剣が作られている」（第1歌 p.106）．ローマ人は案外なリアリストだった．これらの農書では田園と農業への讃歌が綴られている．キケロは，『義務について』（BC1世紀）の一節で，土まみれの生活を次のように賛美している．「あらゆる利得の源のうち農業経営こそもっとも優れたもの，もっとも実り多きもの，もっとも快きもの，もっとも自由人にふさわしいもの」（村川ほか1993）．これらのうち，ここでは動物についての記述が多いウェルギリウスの『牧歌』（BC39-37年ころ）と『農耕詩』を紹介することにする（小川訳2004）．

この2つの著作を読むと，農業や動物に関する当時の状況がわかり興味深い．おもな点をまとめると，①大規模な放牧が行われていた（「シチリア島に千頭の子羊を所有」との記述がある）．多くはヤギとヒツジで，搾乳が行われ，チーズがつくられていた．ヒツジではすでに羊毛が定期的に刈り取られていた．また，よい羊毛を収穫するために品種改良が行われていた．ブタは堅果のなる森に放たれていたなど，ヨーロッパ中世で成立した家畜との基本的関係はすでに確立していた．疥癬や口蹄疫などの流行病と，その対処法が知られていた．②果樹やオリーブ栽培がさかんだった．農耕は，ウシを使った犂耕が行われ，通常2頭のウシを軛でつないでいた．犂耕にはウマも使われていた．ノロジカやオーロックスがしばしば畑に侵入し加害したので，垣根（ヘッジロー）がつくられていた．③狩猟がさかんに行われていた．狩猟対象はアカシカ，ノロジカ，ダマジカ，イノシシ，ウサギ，ツル，その他の鳥類で，弓矢，投石器，罠や網，鳥もちなどが使われていた．④オオカミやヤマネコが生息していた．おそらくライオン（「大きな獅子」）とオーロックス（「野牛」）も生息していたと考えられる［トラ（「虎」）が登場するが，なにを指すのかは不明］．⑤インドにはゾウがいて象牙が有用であり，乳香や海狸香の存在が知られるなど，汎世界的な知識があったことが注目される．

瞠目すべきは『農耕詩』の「第4歌」で，全編が"ミツバチ"一色に彩られている．そこでは，養蜂技術，ミツバチの生態，利用法が叙述されている．養蜂を行うには「沈丁花」，「麝香草」，「薄荷」などを植え，「菫（スミレ）の花壇をつくれ」と指示し，また人工巣は「細枝で編ん」でつくり，入口は狭くし，「寒暑いずれの力も蜂のために警戒すべきである」として配慮を求めている．燻煙器の使用を指示するなど，実際の経験に裏打ちされていたのだろう．生態の記述も出色だ．ミツバチは完全な分業を行って社会を維持している．その様子を，「ある者は食料の採集に専念し，一定の取り決めに従って，野に出て熱心に働く．またある者は家の囲いの中にいて，水仙の涙と，樹皮から採った粘り気のある膠（にかわ）で，巣のための最初の基盤を作り，つぎにその粘着質の蠟の巣を天井にぶら下げる．ある者は一族の希望を担う成長した若蜂を外へ連

れ出し，またある者は，きわめて純粋な蜜を詰め込んで，巣室を透明な蜂蜜でいっぱいにする」(小川訳 2004) と表現している．ここから，"プロポリス"(p.105 参照) が識別されていたこと，蜜蠟が光源としてすでに使われていたことがわかる (一般的には獣脂を使用)．鋭く正確な観察が光る．ただし「雌雄が交わることなく子供が生まれる」との誤解も含まれるが，こうして，「(蜜) 蜂だけが，子供たちを共有し，都市の家々に共同で住み，権威ある法のもとで生を営むのである．また (蜜) 蜂だけが，祖国と，定まった家を知っている．夏には，やがて来る冬を忘れず労働に精を出し，収穫したものを共同のために蓄える」(小川訳 2004)．そして王の間に反目が生じると，大きな戦乱が起こると記して，ミツバチと王政，国家騒乱のアナロジーを完成させる．ウェルギリウスのこの記述は，アリストテレスとともに，後代のプリニウスに受け継がれ，中世を生き続けることになる．

『植物誌』(テオプラストス, BC285 年ころ)

古代ギリシャの哲学者，アリストテレスの弟子だが，たんなる亜流ではない (ベーメ 1998)．すぐれた植物の観察者で「植物学の祖」と呼ばれる．動物に関する著作はないが，自然観察にもとづく生態学的研究の先駆者として紹介する．テオプラストスは，ギリシャ周辺に生育していた，今日でいえば「属」に相当する植物約 300 種類を取り上げ記述した．アリストテレスの研究方法を踏襲したが，分類体系をつくるのではなく，種間の相違を明らかにし，そのちがいに因果的な説明を加えることを目標とした．植物界 ("植物のゲノス") を「高木，低木，小低木，草本」の 4 つの分類群 ("植物のエイドス") に分け，この基準となるのは「根，茎，枝，小枝，葉，花，実，皮，髄，繊維，脈管」をもつ樹木とみなした．このあたりは理想型を基準にし，そこからの変化をとらえようとするアリストテレスの手法そのものである．鋭い観察が光るのは生態学的な記述だ．植物は自分に適した「トポス」(生態学的環境？) を求める性質があり，

これによって環境には固有の植物が成立——「樹木は適地で生育する」(第 3 巻 3-2)．そしてこの影響によって陸生植物と水生植物が生まれるとした (第 1 巻 4-2)．また，「ヤドリギはオーク以外のもの」として寄生種であると指摘したり (第 3 巻 16-1)，さらには，セイヨウキヅタやウマゴヤシの 1 種がほかの樹木を枯らしたり (第 3 巻 18-9)，「キャベツやゲッケイジュがブドウの生育に害を及ぼす」(第 4 巻) など，明らかにアレロパシーの現象を記述している．

出色なのは葉がこぶ状に変形する虫瘤(ゴール)の，世界最初の観察記録で，彼自身は，樹木が実以外に補助的につくるものとみなし，こう述べる．「オーク類は葉の中央脈に沿って，白い半透明な小球をつくる．それは若く柔らかい間は水が入っている．その中には時にはハエが入っていて，成熟すると小さく滑らかな没食子(もっしょくし)のような具合に固くなる」(第 3 巻 7 章，小川訳，下線筆者)．「ハエ」というのはおそらくクリタマバチ類で，この訪問者がじつはゴールの作成者であることがわかるのははるか後，20 世紀になってからである (Price 1980)．テオプラストスの観察はその直前にまでせまっていた．

もう 1 人紹介しておこう．古代ギリシャとローマの医学，本草学，植物学のディオスコリデスである．彼の最大の著書『薬物誌』(全 8 巻？) は当時知られていた自然の生薬約 1000 種 (内訳は少なくとも植物 600 種以上，鉱物 90 種以上，動物 35 種以上で，ヒポクラテスの薬剤 130 種に比べて格段に多い) を取り上げ，その効用と治療法について記述している (ハクスリー 2009)．きわめて実践的，実用的で，その後，アラビア語など 8 カ国語以上に翻訳され，16 世紀の時点でも翻訳数は 49 種類に達していた．人類は 1700 年以上にわたってこの知識に依拠してきた．現在でもその重要性は失われておらず，約 100 種の薬草は有効であり，使用されている．

(2) 食材としての野生動物

別の角度から動物と人間との関係を取り上げ

てみよう．料理の食材としての野生動物と，その調達方法である．ギリシャ・ローマ人は，普通，後の中世ヨーロッパと同様に1日2食だった．朝と晩だが，昼にはおやつをつまむこともあったらしい．一般的には粗食でつつましく，パンやムギのおかゆ，さまざまな野菜や豆類，リンゴやイチジクなどの果物をいっしょに食していた．これには，葡萄酒やチーズなどが添えられたが，基本的には新石器時代のメニューとさして変わりない．ヨーロッパ料理に欠かすことができないトマトとジャガイモが加わるのは，はるか後代だ．ローマ帝国では，これらの基本食材をローマ市民には無償で，あるいは安い価格で配給するのが，為政者の任務の1つだった．とはいえ，あくなき征服戦争と拡張された属州支配にさかれる莫大な経費は，いつの時代もそうだが，しだいにその余得にあずかる階層とそうでない階層へと分化させていった．格差は一度始まると止まることを知らない．一部の政治家や有力な騎士層などのなかには，贅沢と美食のかぎりを尽くすものが現れ，めずらしい食材を使った高級料理の饗宴がたびたび催された．その模様はキケロやセネカなどの書簡集，ユウェナリスの詩集，後にみるプルタコスの著作，アピキウス（またはアピシウス）の料理本などに残されている．リコッティ（1991）はこれらの文献記録を解読し，当時のレシピまで再現している．トマト抜きのイタリア「高級料理」とはどのようなものだったのか．

宴会の贅沢さは食卓をかざる動物性タンパク質の比率によって測られる．ギリシャ，とくにローマでは，その環境の地域性を反映して，豊富な魚介類が登場した．家畜や家禽よりはるかに高級（漁法，輸送，保存の問題から）で，ディナーの後半に供された．代表的なものでは，カキなどの貝類，タコ，イセエビやウニのほかに，魚類ではウツボやタイ，スズキ，ヒラメ，ウナギなどがもてはやされた．いずれも海岸，浅海，河口性のもので，こうした地域では漁業が営まれていた．煮たりゆでたりしたものにソースをかけるのが普通だった．魚類のうちもっとも高級とされたのはスズキ科のヒメジ（*Upeneus bensasi*）で，大きくはならないが，調理されると澄赤色になるのが好まれたようだ．

高い需要に支えられ，なかには養魚池をつくる者も出現した．多くは淡水で，ウナギやヤツメウナギを飼育・販売したり，なかには属州イリュリクム（バルカン半島一帯，ダニューブ川）からコイを持ち込んで養殖する者（Balon 1995）や，海水池をつくる者もいた．養殖漁業の起源はここにさかのぼる．アナトリア高原南部のサガロッソス（ローマ期の都市遺跡）からは多数のナマズの骨が発見され，よく食べられていたのがわかる．このナマズの骨からDNAを分析すると，それは周辺に生息するものではなく，エジプト，ナイル川産のものに一致し，この地からはるばると運ばれたことが判明した（Arndt *et al.* 2003）．中継のマーケットはあったのだろうが，特注した権力の大きさに驚かされる．

陸上動物に目を向けると，ブタ，ヒツジ，ヤギなどの家畜が，平民（貴族以外の市民）にも休日や記念日には食べられていた．ハムやソーセージなどの燻製肉がつくられ，ヤギやヒツジの肉やミルク，チーズ，ニワトリやガチョウ，鶏卵，蜂蜜が普及していた．しかしウシはもっぱら農耕畜・役畜とみなされ，殺すことが違法とされたので，牛肉はほとんど食べられなかったようだ．カタツムリもまたすでに食材だった．このほかには，イノシシが，ブタとははっきりと区別された高級食材（これはヨーロッパでは現在でもあてはまる）で，おそらくは飼育されたり，狩猟されたものが出回っていた．森林の伐採と環境の改変が進み，地中海沿岸の都市国家周辺では，動物相が徐々に変わり，獲物もめっきり減少したと考えられるが，それでもなお美食家の要望に応え狩猟はさかんだったようだ．イノシシに加え，ノウサギ，ノロジカといった草食獣，キジ，ムクドリなどの野鳥がもっぱら食された．どれもが草原や叢林が入り混じった攪乱環境に適応した動物たちだ．

こうした食材リストのなかでもっとも注目されるのが，クマと「ヤマネ」と記述された動物だ．クマとはもちろんヒグマであるが，宴会に

招待された客も「めったにみられないめずらしい品」と記述していたように，この地域ではほとんど絶滅状態だったと考えられる．なおいいそえれば，ヒグマは現在もなお希少種で，ギリシャ北部には少数が生息している．同時代，北部ケルトの森林地帯では，すでに述べたように，ヒグマは森の支配者，百獣の王として特別扱いされていた．ときには食べられただろうが，それは，畏敬と儀礼の対象として一体化・同体化の行為だった．これに対し陽光まばゆい地中海沿岸地域では，おそらくその地位はライオンに剝奪され，たんなる珍品の食材に成り下がっていたようだ．動物へのまなざしは時代や環境によって変わるが，これほどの落差があった動物もいない．

もう1つの珍品はヤマネ．おそらくヨーロッパヤマネ（*Muscardinus avellanarius*）と思われる．これは，日本のヤマネと同様，樹上性，夜行性で，まとまった森林のなかに生息し，冬眠する．別名"ヘーゼルネズミ"というようにハシバミの堅果やその果実や芽などを主食としている．森林伐採が進み，個体数は減少していたのだろう．この状況は現在も同じで，ヨーロッパヤマネは各地に広域分布するものの，森林の少ない地域では希少種である．個体数が少なかったにもかかわらず，調達できたのはおそらく巣をつくる習性があったためで，葉や枝でつくったボール状の巣に昼間は寝ているから，捕獲は容易だった．それにしても，だ．体重わずか15-40 g程度の小動物に触手を伸ばし，どのように味わったのだろうか．ヘーゼル・ナッツの風味があるかもしれないが，どのように調理されようとも食欲をそそるものではない．

美食はとことんまでエスカレートしていった．版図の拡大とともに，各地からは生きた動物や乾燥した肉が運ばれてきた．これらの動物は，円形競技場の見世物や，クジャクやフラミンゴのように観賞用の飼育に使われたが，その一部は食材に供された．珍品ではラクダの踵（おそらく乾燥したもの）やアフリカ産の各種アンテロープ類が含まれていた．おそるべし美食．このほかには，ローマ周辺ではほぼ絶滅していたアカシカなどの大型のシカ類が各地の属州から持ち込まれ，プリニウスの項でも紹介したように，私設の動物園や猟区のような場所で，専任の管理者によって飼育され，狩猟や食肉用として利用されていたようだ．ここでもう一度『博物誌』の記述にもどり，ローマ属州でのシカ類の飼育状況に関する最近の知見を述べておく．

前節でイギリスの動物相の変化についてみたが，野生動物のうち中石器時代には生息していなかったダマジカとニホンジカに注目すると，ニホンジカは狩猟獣として19世紀に導入されたとの記録はあるが，ダマジカについてはローマ占領以前とか属州時代といった説があり，明確ではなかった．最近，サイクスら（Sykes *et al.* 2011）は，イングランド南部のタネット島のローマ時代のモンクトン遺跡から出土した複数のダマジカの年代測定，形態，エンシャントDNAの分析を行い，これらのシカがBP1850年前後にヨーロッパのどこか（少なくともギリシャ・小アジア産ではない）から人為的に持ち込まれたものだと推定した．属州長官の宮殿跡地だったことから，狩猟用に放し飼いにされていたのではないかと推察している．もしそうであれば，ローマ時代にはこうした猟区（ディア・パーク）が各地につくられていたと考えることができる．属州からの搾取を基盤に，猟区をつくり，そこに狩猟獣を人為的に導入できたローマ帝国の力にあらためて驚かされる．

（3）料理とスパイス

肉類などの動物性タンパク質の料理には，少なくとも調理法の記述や，復元されたレシピ（『アピキウスの料理書』，ローリー2003，ドルビー＆グレンジャー2004）から判断すると，そのほとんどすべてにはコショウがたっぷりと使われていたのがわかる．ソースにしたり振りかけたり，はてはワインやお菓子にまで入れられた．こんなに使ったら辛すぎて（くしゃみばかりで）味がわからないのではないか．プリニウスは『博物誌』のなかで次のように述べる．インドには「胡椒がなる木がいたるところに生えている」，「長胡椒は1ポンドが15デナリウ

ス，白胡椒は 7 デナリウス，黒胡椒は 4 デナリウスで売られている．胡椒の使用がこんなに流行するようになったことは異常である」(『博物誌』第 12 巻 14 章)．どれほどの値段だったのか．1 ポンドを現在と同様約 450 g とし，「小麦は 1 コイニクス (約 1.1 リットル) で 1 デナリウス」(『新約』「ヨハネ黙示録」6 章 6) との記述をふまえると，コショウは，目が飛び出るほどの高級品ではないものの，高価な香辛料だったのがわかる．しかもかなりの人気だったようで，金持ちのなかには大量のコショウを通貨や財産のようにため込み，宴会ではその使用量を競い合う者もいた．だからプリニウスはこう嘆く．「もっとも少なく見積もっても，インドと中国とアラビアは毎年 1 億セーステルティウスをわが国から奪い去る」．1 億セーステルティウスを 85 万ポンドとすれば (山田 1982)，約 380 トンもの金貨だ．プリニウスの嘆きが誇張だったとしても，相当量の交易が行われていたのは確かなようだ．なお黒コショウは熟す直前の実，白コショウは完熟後の実，グリーン・ペッパーは未熟な実で，いずれも同一種 (*Piper nigrum*) であるが，ナガコショウ (*P. longum*) は近縁別種で，コショウに比べ花序は長く実は小さい．現在ではほとんど使われない．

プリニウスは「生姜の価格は 1 ポンドあたり 6 デナリウスだった」とも記録し，コショウ並みだったので，こちらも高級品だが流通していたようだ．また肉類や魚類の料理によっては，シナモン，ジンジャー，カルダモン，コリアンダー，ナツメグなどがふんだんに使われたり，またヨーロッパに自生していたニンニク，タマネギ，マスタード，パセリなどが合わせられ，スパイスやハーブ，野菜が身近にあったことがわかる (これらのスパイス類については後述，第 7 章)．ところで，これらのスパイス類はいつからヨーロッパに輸入されたのだろうか．

ローマから古代ギリシャにさかのぼると，ヒポクラテスは医薬品として複数のスパイスを記載しているし，前述のテオプラストスは『植物誌』のなかで「胡椒には長胡椒と黒胡椒の 2 種類がある」と記載したほかに，オレガノ，カルダモン，シナモンなど複数のスパイス植物を取り上げている．さらにさかのぼるとギリシャ・ミケーネ (ミュケナイ) の線文字 B で書かれた BC15-14 世紀の出土文書にはクミン，ミント，ウイキョウ (フェンネル)，ジンジャー，カルダモンなどの記載がある (山川 1999)．かなり古くからインド方面と香料めあての交易があったようだ．しかし，いずれもが香辛料というより医薬，香薬の貴重な扱いで，テオプラストスにも「味」や「調理法」の解説はない．

古代ギリシャは，ペルシャやアッシリアとのエーゲ海の海路や陸路のルートを通じて，また古代ローマはアナトリア半島西部を領土とし，その東端からペルシャやインドとつながって，各種香辛料を交易できた．ローマの版図がさらに拡大し，エジプトが属州になった後 (BC30 年以降) には，紅海から直接船団を押し出して，一挙にアラビア海を横断し，インド半島西海岸のマルラバル海岸 (現コーチ周辺) などに到達し，良質のコショウの実を大量に調達した．この航路は，初夏には西風，秋には東風の季節風を利用した遠洋航路で，AD40-50 年ころに成立し，その航路は『エリュトゥラー海案内記』(村川訳 2011，"エリュトゥラー海"とは紅海) に記述されている[11]．金銀貨を積載し「大量の胡椒を買い付け」た大型船の数は毎年 120 隻にも達していたという (山田 1982)．こうした大規模な取引があった証左として，インド半島西海岸一帯からは，プトレマイオス朝のエジプト (BC303 年以降) や，帝政ローマ期の各種コインが多数発掘されている (たとえば Turner & Cribb 1986)．それは人類最初の「広域交易圏」の成立であり，おそらくこの交易ルートの確立によってプリニウスを嘆かすほどのコショウブームが起き，香辛料として大々的に使われるようになったと考えられる．推定される『案内記』と『博物誌』の成立年はほぼ一致している．ともあれローマ市民はその調味料に「異常」なほどに飛びついたのだ．なぜだろうか．

ローマ人のコショウ好きは，あながち彼らの嗜好とばかりはいえないだろう．考えてもみよう．冷蔵庫などない時代，人々はいつも新鮮な

肉や魚にありつけたわけではない．流通手段からみても，大半は賞味期限を超えた，においのする，ときには腐敗寸前か腐敗したものだったと思われる．においを消し味つけすることなしには，コショウや生姜をたっぷりとすり込み，ふりかけることなしには，賞味できなかったのではないか．コショウは同時に殺菌・抗菌剤としても機能したので，味覚のみならず，保存にも，防腐にも，食後の消毒にも幅広く使われた．この事情は，ヨーロッパの古代，中世，近代を通じて，一貫して変わりない．ローマが確立したインドからのスパイス・ルートの大半はローマ帝国崩壊後に，ビザンツ帝国（東ローマ帝国）へ，そしてオスマン帝国（1453年，イスラム圏）に編入されてしまう．しかし，ヨーロッパ人のコショウ（を含むスパイス）に対するホットな溺愛は，人口増加と食料増産とともにますます高まっていった．ローマに代わってこの役割を引き継ぎ，ヨーロッパに香辛料をもたらしたのはだれか．それは莫大な利権もからむ国家間の壮絶な闘いでもあった．

（4）古代ヨーロッパから姿を消した野生動物たち

ライオン

複数の古典がライオン，ハイエナ，サルの生息に言及しているが，いずれの種も現在では生息していない．古代におけるこれらの生息状況をみておこう．ライオンについては，ペルシャ軍がライオンに襲われた因縁の地，テッサロニキにあるアリストテレス大学のボルシアドとタトラス（Voultsiadou & Tatolas 2005）が，ここに紹介した古典のほかに，『オデュッセイア』（ホメロス），『アスピス』（ヘシオドス），『ギュナイコーン・カタロゴス』（ヘシオドス）などにおける動物記述の出現頻度を精査し，ウシ340，イヌ183，ヒツジ162，オオカミ14などに対して，ライオンが86回と高いことを指摘した．なお，ライオンは"λέων"または"λῖς"，いずれも"レオ（leo）"と記述されていたという．当時のギリシャ文化圏では，身近だったかどうかはともかく，よく知られた動物だったこ

とはまちがいない．

ライオンは，進化的には成功した大型のグループ・ハンターで，アフリカ起源と考えられ，更新世にはアフリカだけでなく，ヨーロッパ全域，中東，インド，ユーラシア北部に広域分布し，その一部は北米から南米へ達している．アメリカライオン（ピューマ）やジャガーはライオンから種分化したその末裔たちだ．氷河期の終わり，ヨーロッパには2系統のライオン（*Panthera leo*）が生息していた．1つは現生種，もう1つはメガファウナのホラアナライオンで，巨大化していたが，通常，ライオンの亜種（*P. leo spelaea*）に分類される（Burger *et al.* 2004）．ホラアナライオンはほかのメガファウナの絶滅と環境変動によって絶滅するが，ライオンはその後もヨーロッパ南部，中近東，インド北部に広く分布した（アジアライオン）．このうちインド北西部グジャラート州ギル保護区には現在も250頭前後の孤立集団が生き残っている．

さて，そのヨーロッパライオン．この古代のライオンはおそらくタテガミをもたなかったようで，複数の洞窟壁画にもその特徴がはっきりと描かれている（Yamaguchi *et al.* 2004）．各地に分布したようだが，サバンナ性の草原から森林への遷移とともに，大半は絶滅した．それでもBC1000年くらいまではヨーロッパ南部から中東にかけて広く生息していたと考えられる．この種の絶滅にはおそらく2つの人為的要因があったと思われる．1つは『イーリアス』にみられるように牧畜の不倶戴天の敵として立ち現れたので，いち早く徹底した駆除が行われたこと．これはまだ人間との全面対決には至っていないオオカミとは好対照だ．被害はあっただろうが，オオカミの生息地の核は北方の森林地帯だったからである．

もう1つは，狩猟の格好の標的だったことで，円形競技場では，ポンペイウスは600頭の，カエサルは400頭の剣奴との闘争を見世物にした，とプリニウスは記している．またアレクサンドロス大王をはじめ，ペルシャやメソポタミア，アッシリアを含む歴代の王や皇帝は，勇気をためす卓越した対象として狩猟し，その情景を数

多くのレリーフや絵に残している．それは権力者による軍事演習とスポーツ，そして有害獣駆除を兼ねたロイヤルハンティングの原型だ．ライオンの一部はこのために飼育され，放たれていたらしい（Anderson 1985，横井 2014）．とはいえ，王による継続的な狩猟と有害獣駆除は，ヨーロッパと西アジア一帯からライオンを絶滅させた．それは歴史上おそらく人為による最初の地域的絶滅だった．

ヒョウとチーター

プリニウスの『博物誌』にもどると，ライオンに多くのページを割いているが，第8巻にはヒョウ，大ヒョウ，パルドゥス，トラの記載が別々にある．彼自身が「2種類のライオンがいて」とか，「雌ライオンが姦通の相手として雄ヒョウと交合した場合」とか，「人々は斑点ある貴婦人という名前を用い，この種全体を通じてパルドゥスという」などと混乱を極め，どの種がどれに相当するのかが判然としない．ラテン語から直接英訳したもの（Bostock & Riley, eds. 以下参照．https://archive.org/details/naturalhistoryp00bostgoog 閲覧 2015.11.5）によれば，"lion"と"tiger"を除くと，そこには"pard"，"leopard"，"panther"が区別できる．1種は明らかにヒョウ，もう1種はおそらくチーターだと思われる．「斑点のある貴婦人」の名称はそれにふさわしい．

ヒョウ（*Panthera pardus*）は，かつてアフリカ全域のほか，小アジア，アラビア半島，西アジア一帯を含む，インドヒマラヤ，東南アジア，極東アジアなどユーラシア南部に広く生息していた（図4-13）．チャタル・ホユックの豊饒地母神が両脇に抱えていたネコ科動物もおそらくはヒョウなのではないか．遺跡の家の壁画には斑点のある大型のネコが描かれていた．ローマ市民は属州各地から集められたヒョウを直接みていたにちがいない．多数の亜種に分化していて，このうち，小アジアでは絶滅，アラビア半島（ペルシャヒョウ），西アジア，中国，朝鮮半島，極東ロシア（アムールヒョウ）では生息域が縮小し絶滅の危機に瀕している

図4-13 ヒョウ（スリランカ亜種，スリランカ・ウィルパットゥ国立公園にて 1978年3月著者撮影）．

（IUCN 2014）．

チーター（*Acinonyx jubatus*）もまたアフリカのほかアラビア半島や南西アジアからインドにかけてのサバンナに生息していた．アフリカの個体数が減少していて存続が心配されている．ユーラシア産のものはアジアチーター（*A. j. venaticus*）と呼ばれる亜種で，現在でもイランやアフガニスタンなど西アジアのごく一部に生息している．イランでは山岳地帯のみに分布域が局限され，主食はガゼル，アイベックス，野生ヒツジで，生息数はわずか 7-10 頭と推定された（Farhadinia 2004）．存続を願わずにはいられない．しかし，アフガニスタンでは戦乱のなか生存はほぼ絶望的で，すでに絶滅したとみなされている．

ハイエナとはなにか

古典でハイエナと記されていたのは，正確にはブチハイエナ（*Crocuta crocuta*）と思われる．この種は多数の化石が（イギリスを含む）ヨーロッパ各地で出土することから最終氷期までは広く分布していた．メガファウナの1つであったホラアナハイエナは，化石のエンシャントDNAの分析から現在ではブチハイエナの大型化したヨーロッパ亜種（*C. crocuta spelaea*）とみなされている（Rohland et al. 2005）．しかしこの種は，獲物であったメガファウナの草食獣の絶滅や，同じグループ・ハンターであったオオカミとの競争に敗れ BP 約1万年には絶滅

してしまい，以後はアフリカだけに分布するようになった．いないのだ．にもかかわらず，イソップもプリニウスもこの動物を記載している．別の種を"ハイエナ"とした可能性はないか．リカオンあるいはジャッカルか．

リカオンはギリシャ神話ではゼウスに人肉を捧げて"狼"にさせられた人間として当時も有名であり，ハイエナとの混同は十分に考えられるが，ヨーロッパでは化石種で完新世以後の分布はアフリカに限られ，生息していなかった．これに対してジャッカルはアフリカだけではなくバルカン半島，小アジア，近東，インドと広い分布域をもつ．ただし現在では，ユーラシア側の分布域は壊滅状況で，ごく少数の集団がハンガリー，ルーマニア南部，ブルガリア，スロベニア南部，クロアチア南部などに残っているだけで，いずれも希少種だ．したがって，2人はこれを"ハイエナ"と勘違いした可能性があるのか．いやけっして，ありえない．なぜなら，プリニウスはジャッカルを別に記載しているし，しかも2人ともハイエナの「雌雄同体」や「性転換」に言及していて，これらの特徴を想起させるのはハイエナだけだからだ．その特徴とは，こうだ．

ブチハイエナはメスもまたペニス状器官をもつ．これはブチハイエナだけのユニークな特徴だ．このメスのペニス状器官は，じつはメスの外性器クリトリスが巨大化し，そこに偽陰囊が付属したもので，オス同様に勃起し，その開口部は尿道と子宮につながっている．また，この器官の発育は雄性ホルモン（アンドロゲンとテストステロン）に支配されていることがわかっているが，驚くことに，メスハイエナは胎児のときから成獣になっても，このホルモン濃度がオスと同じように高いのである（Racey & Skinner 1979）．なぜメスはオス同様に"ペニス"をもつのだろうか．

ハイエナのメスは，ほかの多くの哺乳類とはちがい，メスはオスよりも1割ほど大きい．ハイエナの社会は，血縁のメスを中心に，これにオスが合流し，50頭を超える群れを形成し，この大集団でグループ・ハンティングを行う．

ペニス状器官が存在する理由の1つの仮説は，この巨大な群れを維持するために個体間では入念な相互認知行動，つまり「挨拶」行動が必要で，ペニスがその主要な役割を果たしているというものだ．アフリカで長期の野外観察を行ったハンス・クルーク（Kruuk 1972）は，個体同士がペニスを中心に陰部を10-15秒間ほどににおいをかぎ，なめ合うという．確かに個体間の挨拶行動は重要だと思われる．しかし，その挨拶がなぜペニスなのか，またそれが個体の生存や繁殖とどのように結びついているのか，いまひとつわからない．この点ではさらに観察と分析が必要だろう．

もう1つの仮説は，ペニスはただたんにホルモン代謝の異常によって副次的に形成されたのであって，適応的な意味はないとする見解だ（グールド 1988）．グールドは，その一連の著作において，形質の変異がすべて「適応」の結果生じたわけではないことを強調した．一般論としてはなるほどそのとおりかもしれない．だがくだんのペニスは繁殖器官そのもの，繁殖の成否は適応度に直結する形質なのだから「付随的，副次的」であるはずはない．ホルモン支配による成長のメカニズム（至近要因）は理解できても，メスのそれは発達すればするほど交尾を阻害し，繁殖率を低下させてしまう．それがなぜ世代間で遺伝的に受け継がれ，進化したのか，この仮説には説得力がなく，適切ではない．けっきょく，どちらの仮説もいまのところ不十分なのだ．ハイエナの謎は2000年以上を経過してもなお解明できてはいない．

イソップもプリニウスもこのまちがえようのないトレードマークを記述していたのだ．そしてアリストテレスが「雌雄同体」と「性転換」の俗説をきっぱりと否定したのは流石だったといえよう．これらのことはハイエナがローマやギリシャ世界ではかなり有名な動物だったことを示している．約2000年前，ハイエナはバルカン半島や西アジアの一角に生息していたのかもしれない．

ヨーロッパのサル

そのほか多くの霊長類と同様に，ネアンデルタール人も，現生人類も，アフリカに起源し，その後にヨーロッパへ分布域を拡大している．この「サル」がローマやギリシャの古典に登場する．おそらくヨーロッパへと版図を広げたサルはバーバリーマカクと推定される．この種や近縁種の化石がヨーロッパ南部各地からみつかっている (Köhler et al. 2000)．しかしすべては絶滅し，現在では唯一バーバリーマカクがスペイン，ジブラルタル周辺に分布し，現在230頭ほどが生息している．このサルはかつて北アフリカ一帯の岩場のある森林に生息し，地中海沿岸域全体に分布を広げたと考えられる．現生種のDNAの分析によれば，その変異は著しく，多数のハプロタイプが検出され，地域ごとに孤立分断化してきた歴史が反映されていると解釈された (Modolo et al. 2005)．この分断化と絶滅の主因は地中海沿岸のポリスの発展にともなった森林の伐採と消失だったと推定される．

（5）家禽の起源とヨーロッパでの飼育

ニワトリ

イソップは鳥の最多出場者として物語に登場させ，プリニウスは「その尿が薬となる」と相変わらず俗説を振りまき，プルタコスは『食卓歓談集』のなかで「鶏が先か卵が先か」の論争を展開した．ニワトリはいつのまにか，すっかりと古代ヨーロッパに根を下ろしていた．アリストテレスもまたおなじみの鳥としてニワトリを紹介し，「ニワトリは冬至前後の2カ月以外では年中卵を産み」，「あらゆる色がついている」との記述からもわかるように，この時代，すでに相当の品種改良が進んでいたようだ．ニワトリの原種は特定の繁殖期をもっていたが，この時代にはその季節繁殖性はすでに打破されていた．これがヨーロッパ全域に普及し，後に中世の食卓を彩る重要な家禽となる．さらに後代，ヨーロッパ産の一部が現代の白色レグホンとブロイラーに改良され，世界中を席巻するまでになった．その羽数はいまや500億羽以上（2013年），世界中の人々の胃袋を支えている．

この鳥はどこでどのように生まれ，そしてヨーロッパへと伝えられたのだろうか．

ニワトリには4種の野生種がいて野鶏（ジャングルファウル）と呼ばれる．セキショクヤケイ (*Gallus gallus*) はヒマラヤ南部から南アジア全域に，ハイイロヤケイ (*G. sonneratii*) は南西インドの一部に，セイロンヤケイ (*G. lafayetii*) はスリランカに，アオエリヤケイ (*G. varius*) はジャワ島とスンダ諸島に，それぞれ分布している．このうちどれがニワトリのルーツなのか．このことを最初に提起したのもまたダーウィンだった．彼はその著作，『家畜・栽培植物の変異』(Darwin 1868) のなかでニワトリの原種はセキショクヤケイである，と明言した．はたしてほんとうなのだろうか．とはいえ，その検証方法がなかったために長い間，研究はほとんど進展しなかった．ようやく始まったのは20世紀後半だった．ウェストと周 (West & Zhou 1988) は，各地の化石とその年代測定にもとづいて，最初の家禽化は南アジアで，その後に中国やインド，そしてヨーロッパ，ロシアへ伝播したことを示唆した．けれど化石や考古学，そして形態学からのアプローチには限界があった．待たれていたのはDNAの解析にもとづく研究だった．

これに先鞭をつけたのが秋篠宮様らの研究グループ (Akishinonomiya et al. 1994, 1995, 1996) で，各地で精力的に収集した4種の原種候補種から30サンプル以上のミトコンドリアDNAの解析と比較を行って，原種がセキショクヤケイであり，少なくともBP4000年にはインダス渓谷で家禽化されたと推論した．ただし，この家禽種はさらにBP8000年の東南アジアに遡及される可能性があると報告した．その後，この知見は複数の研究によって支持されている．最近，エリクソンら (Eriksson et al. 2008) は別の遺伝子マーカー（脚の色を支配する遺伝子）を解析し，ニワトリの祖先種はセキショクヤケイとハイイロヤケイの雑種である可能性を指摘し，なお研究の余地があることを示した．

とはいうものの，東南アジアのセキショクヤケイ→中国・インド→ヨーロッパという基本図式は変わらないように思える．これまでヤギ・

4.4 古代ギリシャとローマ帝国における動物と人間

ヒツジ，ウシ，ブタなどの家畜化でみたように，家（禽）畜はつねにそのすぐれた有用性が認知され，ひとたび家畜化のラインが敷かれると，その伝播と拡散の過程では各地域の地方種や土着種が可能な限り取り込まれ，かけ合わせられ，多種多様な交雑種がつくられる「宿命」のような特性をもつからである．アリストテレスも『動物誌』のなかで，ニワトリには「高級種（純系）と低級種（雑種）がいる」（第6巻1章）と述べるように，すでに複数の品種がつくられていたようだ．では，なぜセキショクヤケイが家禽となったのか，その有用性について考えてみよう．

セキショクヤケイは現在，絶滅危惧種に指定されている（IUCN 2014）が，かつては東南アジアに広く生息していた．体重（最大値）はオスが約1.5 kg，メス1.1 kgで，春から夏の繁殖期には，オスはなわばりをもち3-5羽のメスがそのなかで産卵し，育雛する．1腹卵数は4-7個で，1繁殖期に3-4回繁殖する（Subhai et al. 2010）．体のサイズは，現代のニワトリとはちがい，小さく，卵のサイズも現在の半分以下，しかも卵は繁殖期だけで，合計でも20個以下だ．雛はインプリンティングされるので簡単に馴れるが，家禽化の目的が肉や卵にあったとは想定しにくい．絆は別だ．より有益だったのはオスの時計機能だったのではないか．最近，名古屋大学の新村と吉村（Shimmura & Yoshimura 2013）は，ニワトリの時つくりが日の出前2時間に始まり，安定していること，さらにこの発声は体内時計に支配されていて，照明や周囲の音の影響を受けないことを明らかにした．低緯度地域の昼と夜の長さは1年を通じてほぼ変わらない．時計などない時代，まだ暗いうちから1日の開始を正確に広報した「時告鳥」の存在は，人々に広く歓迎され，愛された（遠藤 2010）にちがいない．

この特性に，後には肉や卵の圧倒的な実利と，放し飼い可能で，少ない餌ですむことなどの利点，さらには闘鶏や観賞の資質も加わって，家禽化が進行していったと思われる．こうして，なかば家禽となったセキショクヤケイが東南アジアからインドへと通過するなか，ハイイロヤケイの地域品種とさまざまに組み合わされて雑種がつくられ，これらの交雑種のいくつかがニワトリとなった可能性がある．それは至極当然な宿命だったのではないか．ダーウィンはやはり正しかったように思われる．次の焦点は，そのニワトリがいつヨーロッパへと伝えられたのか，である．

ギリシャへの渡来はBC5世紀との説がある（Toussaint-Samat 2009）．しかし，この説はこれまでに紹介した複数の古典での扱いとはかなりの齟齬があるように思われる．たとえばアリストテレスに代表される，あれほどの親密性は，もう少し以前に到達していて，長い時間が経過し，ごく普通の家禽になっていなければありえないのではないか．ハルシュタットからはBC6世紀のニワトリの遺物が発見されている（Green 1992）．注目したいのは同じ古典の叙事詩『イーリアス』だ．そこでは，家畜に関する記述が200カ所を超えているにもかかわらず，さらにはカワセミやムクドリなど種名をきちんと付した多数の鳥類が記述されているにもかかわらず，ニワトリはその声も姿もまったく現していない．これは『オデュッセイア』も同様で，ホメロスはニワトリを知らなかったようだ．したがって，ニワトリのデビューはおそらく『イーリアス』以降『イソップ』以前ということになる．『イーリアス』はBC12世紀に起こったトロイア戦争を記述しているが，その成立年代はBC12世紀からBC8世紀までの諸説があって定かではない．

最近，アルツシュラーら（Altschuler et al. 2013）は，ホメロスの叙事詩の成立年代を「進化的言語統計学」という手法を使って推定している．この方法は，インド–ヨーロッパ祖語がヒッタイト語を起源に成立したと仮定し，その単語が，ホメロスの叙事詩を経由して，現代ギリシャ語の単語に，ちょうど生物種が分岐するように，変化していったのかをベイズ統計によって推定したものである．この結果はBC760-710年と見積もられた．確定はできないがおおむね妥当のように思われる．BC7世紀に創作

されたとされるヘシオドスの『アスピス』など一連の著作にもニワトリはまだ記述されていない（Voultsiadou & Tatolas 2005）. それがBC 6世紀のイソップではヤギ並みの家（禽）畜として普及している. とすれば, ニワトリのヨーロッパへの伝播は, BC8世紀後半からBC7世紀初頭までの間と考えることができる. そして, この鳥がギリシャ人やローマ人の手で, あるいは交易ルートを経由して, たちまちのうちにヨーロッパ・ケルト社会へ浸透していった.

ガチョウとアヒル

さて, ヨーロッパにはもう2種類の家禽がいる. ガチョウとアヒルだ. ニワトリに比べればあまり注目されない存在で, 全家禽類のうちアヒルは8％, ガチョウは6％程度を占めるが, それでも肉や卵のほかに, 羽毛が採取できる. その有用性にもかかわらず, ほかの家畜動物やニワトリに比べ研究はあまり進んでいない.

ガチョウに注目すると, これもまた『イーリアス』には記載はないが, それより後代の作とされる『オデュッセイア』には複数回にわたって記述されている. アリストテレスやイソップもまた, ニワトリよりはるかに少ないが, 記述している. 生物学的にみるとガチョウの原種には3種の候補がいる. 1つはエジプトガン（*Alopochen aegyptiacus*）で, 古王国時代の壁画や絵には明らかにこの種が多数描かれている. おそらくBP3000年以前に飼育されていた可能性があり, ダーウィンは前述の本のなかで, ガチョウはBP4000年にエジプトで家禽化されたと述べたが, その根拠はここにあるらしい. ただ, エジプトガンは形態的にはかなり異なっていて, ガンというよりはむしろツクシガモに近い. 一度は飼育されたが, 後でガチョウに入れ替わったとの推測がなされている（Kear 1990）. ちなみにエジプト, サッカラにあるメレルッカ墳墓の壁画には, このエジプトガンに強制的に餌を食べさせている, つまり"フォアグラ"をつくっている光景が残されている. BC2800年の古王国時代, とことん美食を追求できる階級がはっきりと分化していた.

残り2つはサカツラガン（*Anser cygnoides*）とやや小型のハイイロガン（*A. anser*）で, 形態的にはガチョウそのものだ. これまで中国産のガチョウはサカツラガンに, ヨーロッパ産のそれはハイイロガンに, それぞれ由来するとの説が有力である（Crawford 1990）. 多数サンプルによるDNA解析はまだ行われていないが, 予備的な分析では, ヨーロッパ産と中国産には明確なちがいがあり, 複数の地域で原種が異なる種から家禽化が行われたことが示唆されている（Shi *et al.* 2006）. 両種ともにユーラシアに広く分布する渡り鳥であるために, 起源地は不明だが, 早成性（孵化直後から移動できる）で成長が早く, さらには, ローレンツが発見したように, 最初にみたものに"インプリント"されるという習性をもつために, 採取した卵から孵化した雛は容易に順化したので, 各地で飼育されたのだろう.

大雑把にいえばBP6000-3000年に中国, インド, 小アジア, バルカン半島の複数の地域でおそらく多元的に家禽化され, その過程では野生種との交雑が繰り返されたと推測され, ギリシャ, ローマ社会にも早々に到達し, 普及したと思われる. プリニウスは『博物誌』のなかで, ローマきってのグルメの「アピキウスは干した柿をガチョウにたらふく食べさせて肝臓を肥大化させ, その殺したての肝臓をワインと蜂蜜に浸して食べている」（第9巻17章）と記している. フォアグラの知識は, エジプトからか, あるいはすでにあったのかは不明だが, 支配層がさっそく飛びついたのは確かである. そしてこの鳥もまたギリシャ, ローマの植民地政策によってヨーロッパ, ケルト社会へと浸透した. 1-5世紀のイングランドのローマ遺跡からは多数のガチョウの骨が発見されている（Johnstone & Albarella 2002）. とはいえ野生のガン類との区別は困難だから, 狩猟した鳥だった可能性は残るが.

ではアヒルはどうか. 原種は明らかにマガモ（*Anas platyrhynchos*）. 同様に北半球全域に広く分布しているから, その起源地と年代は定かではない. イソップにはないが, アリストテレ

スは少しだけ記述していることから判断すると、おそらくBC4世紀以前に肉用として家禽化されたか、または別の地域で家禽化されたものが地中海沿岸域にもたらされたと推測される。同じくギリシャとローマによってヨーロッパ全域へ持ち込まれ、8世紀以降には定着したと考えられるが、中世初期の遺跡からは、ニワトリとガチョウに比べ、遺骨数は少ない（Serjeantson 2002）。人気はあまりなかったようだ。

第4章　注

1) 発見以来7次の科学調査が行われた。2002年からも新たな分析機器と最新技術を導入して調査が行われ、ニールセンら（Nielsen *et al.* 2005）がその結果をまとめている。新たに明らかになったのは、①銀の組成は87-97％の高い純度をもち、微量に含まれる鉛の放射性同位元素の比率から、イランやトルコ産ではなく、イングランドのコーンウォール地方産を含む、ヨーロッパ北部一円産（フランス北部とドイツ北西部）の合金で、ケルト社会で使われていた銀貨に酷似していた。②容器の内側縁にあった鉄製のリングの鉄は、炭素の含有量0.7-0.8％の鋼鉄で、リンの含量はわずかだったことからデンマーク産ではない。③人間の目にはめ込まれたガラスは地中海域で生産され、交易された後に再加工された。④残されていた微量の蜜蝋と、鉄のなかに含まれている放射性炭素同位体からあらためて年代測定がされ、BC200-AD300年と推定された。ヨーロッパ、ケルト世界が、ローマ帝国の支配以前、広い交易圏をもち、外に開かれた高度な共同体を形成していたのが確認された。
2) アルスター（Ulster）神話はアイルランドのケルト神話を構成する1つの神話群。アルスターとは北方の国名で、この国の英雄クー・フリン（Cu Chulainn）が「名牛」をめぐって隣国と争奪戦を繰り広げる『クーリーの牛争い』などの活躍譚が描かれる。ウシが国の象徴であり、宝であることがわかる。
3) ここでは、アナウサギ類とノウサギ類を一括して野ウサギと呼ぶ。
4) ギリシャ神話でオリンポス山に住まうとされた神々。通常、ゼウス（男神、ジュピター）、ヘラ（女神、ジュノー）、アテネ（女神、ミネルヴァ）、アポロン（男神、アポロ）、アフロディーテ（女神、ヴィーナス）、アレス（男神、マルス）、アルテミス（女神、ディアナ）、デメテル（女神、セレス）、ヘパイストス（男神、バルカン）、ヘルメス（男神、マーキュリー）、ポセイドン（男神、ネプチューン）、ヘスティア（女神、ウェスタ）とされる（カッコ内は「性」とローマ神話との対応名）。ここにディオニュソス（男神、バッカス）を加える場合もある。
5) 通称"ギャビーのディアナ"はローマ近郊のギャビーで発掘、AD20年ころの製作とされる。すけた衣装をまとう清楚で気品の漂う顔立ちは勇壮な狩猟神にはほど遠く、自然と美の表象そのものである。
6) ブリテン島が大陸とつながっていたBP1.2万年以降に成立した現生人類によるブリテン島最初の後期旧石器時代文化。動物骨やマンモスの牙から道具や装身具をつくりだした。
7) イギリス最大の国立公園、ケアンゴーム（Cairngorms）に生息が確認されている。現在、保護施策が展開されているが、野良ネコとの交雑が懸念されている。
8) 1900年、イギリスの考古学者、アーサー・エヴァンスらがクレタ島クノッソス宮殿を発掘した際、書体の異なる複数の粘土板を発見した。エヴァンスはその1つを「線文字A」、もう1つを「線文字B」とした。線文字BはBC15-14世紀に使われ、ギリシャ語の表記文字として解読されたが、線文字Aは、粘土板の数も少なく、品質も悪いためにまだ解明されていない。BC18-15世紀にクレタ島で使われていた言語と解釈されている（Owens 1999）。
9) イソップ寓話集第458話『ロバとカラカラヘビ』に登場。名前はdipsa（渇き）に由来するとされるが（マイマイヘビ科が該当するが、おもに中南米産）、種不明。
10) 『アナバシス』は、ペルシャのキュロス王が雇ったギリシャ人傭兵軍に参加し、バビロンへの侵攻作戦に参加するも、キュロス王自身が戦死し、敵中に取り残され、その脱出行を描いた作品。
11) 『エリュトゥラー海案内記』には、紅海各地域からなにを輸出し、インド方面からなにを輸入していたのかが記載され、紀元直後の遠距離貿易の内容がわかり興味深い。輸出品では鉄製品、ガラス製品、衣装、食料、葡萄酒、農産物、貨幣など。輸入品では、コショウのほかにシナモン、象牙、犀角、乳香、染料、毛皮、奴隷、綿、絹などで、注目されるのは「亀甲」で、各種ウミガメや陸ガメの甲羅が頻繁に取引されていた。

第4章　文献

イソップ. BC6世紀ころ？　イソップ寓話集（中務哲郎訳 1999）. 岩波文庫, 岩波書店, 東京, 372pp.

Akishinonomiya, F. *et al.* 1994. One subspecies of the red junglefowl (*Gallus gallus gallus*) suffices as the matriarchic ancestor of all domesic breeds. PNAS 91: 12505-12509.

Akishinonomiya, F. *et al.* 1995. The genetic link between the Chinese bamboo partridge (*Bambusicola thoracica*) and the chicken and junglefowl of genus *Gallus*. PNAS 92: 11053-11056.

Akishinonomiya, F. *et al.* 1996. Monophyletic origin and unique dispersal patterns of domestic fowls. PNAS 93: 6792-6795.

Alpern, S. B. 2005. Did they or didn't they invent it? Iron in Sub-Saharan Africa. Hist. Africa. 32: 41-94.

Altschuler, E. L. *et al.* 2013. Linguistic evidence supports date for Homeric epics. Bioessays 35: 417-420.

天野哲也. 2008. ユーラシアを結ぶヒグマの文化ベルト. 『野生と環境』ヒトと動物の関係学④（林良博ほか編）, pp. 45-68. 岩波書店, 東京.

Anderson, J. K. 1985. Hunting in the Ancient World. Univ. California Press, Berkeley. 192pp.

アリストテレス. BC4世紀. 動物誌［上・下］（島崎三郎訳 1998）. 岩波文庫, 岩波書店, 東京. 913pp.

アリストテレス．BC4 世紀．政治学（牛田徳子訳 2001）．京都大学出版会，京都．494pp.

Arndt, A. *et al.* 2003. Roman trade relationships at Sagalassos (Turkey) elucidated by ancient DNA of fish remains. J. Archaeol. Sci. 30: 1095-1105.

Arnold, J. *et al.* 2012. Current status and distribution of golden jackals *Canis aureus* in Europe. Mamm. Rev. 42: 1-11.

アピキウス．BC80-AD40 年？ 古代ローマの調理ノート（千石玲子訳，塚田孝雄解説 1977）．小学館，東京．281pp.

Balon, E. K. 1995. Origin and domestication of the wild carp, *Cyprinus carpio* from Roman gourmets to the swimming flowers. Aquacult. 129: 3-48.

ベーメ，G.（編）．1998．われわれは「自然」をどう考えてきたか（伊坂青司・長島隆監訳）．どうぶつ社，東京．524pp.

Bocquet-Apple, J. -P. & P. Y. Demars. 2000. Population kinetics in the Upper Palaeolithic in western Europe. J. Archaeol. Sci. 27: 551-570.

Bocquet-Apple, J. -P. 2008. Explaining the Neolithic demographic transition. In: The Neolithic Demographic Transition and its Consequences (Bocquet-Appel, J.-P. and O. Bar-Yosef, eds.), pp. 35-56. Springer, NY.

Bogaard, A. 2005. 'Garden agriculture' and the nature of early farming in Europe and the Near East. World Archaeol. 37: 177-196.

Bostock, J. & H.T. Riley (eds.). "Pliny the Elder, The Natural History" https://archive.org/details/naturalhistoryp00bostgoog（閲覧 2017.1.20 参照）．

ブローデル，F. 1949-1966. 地中海（全5巻）（浜名優美訳 1991-1995）．藤原書店，東京．2592pp.

Brun, C. 2009. Biodiversity changes in highly anthropogenic environments (cultivated and ruderal) since the Neolithic in eastern France. Holocene 19: 861-871.

Burger, J. *et al.* 2004. Molecular phylogeny of the extinct cave lion *Panthera leo spelea*. Mol. Phylogenet. Evol. 30: 841-849.

カエサル．BC58-52？ ガリア戦記（國原吉之助訳 1994）．岩波文庫，岩波書店，東京．320pp.

Carter, H. 1923. An ostracon depicting red junglefowl (the earliest known drawing of the domestic cock). J. Egyptian Archeol. 9: 1-4.

キケロ．BC1 世紀．義務について（泉井久之助訳 1961）．岩波文庫，岩波書店，東京．368pp.

Clist, B. 1987. A critical reappraisal of the chronology framework of the early Urewe iron age industry. Muntu 6: 35-62.

Collard, M. *et al.* 2010. Radiocarbon evidence indicates that migrants introduced farming to Britain. J. Archaeol. Sci. 37: 866-870.

Crawford, R. D. 1990. Poultry Breeding and Genetics. Elsevier, Amsterdam. 1123pp.

Cunliffe, B. W. 1974. Iron Age Communities in Britain. Routledge & Kegan, London. 389pp.

Cunliffe, B. W. 1997. The Ancient Celt. Oxford Univ. Press, Oxford. 324pp.

カンリフ，B. W. 1998. 図説ケルト文化誌（蔵持不三也監訳）．原書房，東京．406pp.

Damery, P. 2004. The horned god: a personal discovery of cultural myth. San Francisco Jung Inst. Library J. 23: 7-28.

Darwin, C. R. 1868. The Variation of Animals and Plants under Domestication. John Murray, London.（以下参照．http://darwin-online.org.uk/content/frameset?itemID=F877.1&viewtype=text&pageseq=1　閲覧 2017.2.17）

Davis, D. E. 1986. The scarcity of rats and the Black Death: an ecological history. J. Interdiscip. Hist. 16: 455-470.

Delaney, F. 1989. Legends of the Celts. Hodder and Stoughton, London. 256pp.

ドルビー，A. & S. グレンジャー．2004．古代ギリシャ・ローマの料理とレシピ（今川香代子訳）．丸善，東京．228pp.

遠藤秀紀．2010．ニワトリ 愛を独り占めにした鳥．光文社，東京．282pp.

Eriksson, J. *et al.* 2008. Identification of the yellow skin gene reveals a hybrid origin of the domestic chicken. PlosGenetics. 4: e1000010, Doi: 10.1371.

Fank, R. M. 2008. Recovering European ritual bear haunts: a comparative study of Basque and Sardinian carnival performance. Insula 3: 41-97.

Farhadinia, M. 2004. The last stronghold: cheetah in Iran. Cat News. 40: 11-14.

フェイガン，B. 2016. 人類と家畜の世界史（東郷えりか訳）．河出書房新社，東京．357pp.

Fernández-Götz, M. 2016. "Celts: art and identity" exhibition: "New Celticism" at the British Museum. Antiquity 90: 237-244.

フレーザー，J. G. 1890. 金枝篇．マコーミック（2011）による第3版の要約版，『図説金枝篇』全2巻（吉岡晶子訳）．講談社学術文庫，講談社，東京．612pp.

ガーンジィ，P. 1988. 古代ギリシャ・ローマの飢饉と食料供給（松本宣郎・阪本浩訳）．白水社，東京．362pp.

ギンブタス，G. 1989. 古ヨーロッパの神々（鶴岡真弓訳）．言叢社，東京．313pp. (Gimbutas, M. 1974. The Goddesses and Gods of Old Europe, 6500-3500BC Myths and Cult Images).

後藤明．2017. 世界神話学入門．講談社，東京．282pp.

グールド，S. J. 1988. ニワトリの歯［上・下］（渡辺政隆・三中信宏訳）．早川書房，東京．606pp.

Green, M. 1979. The worship of the Romano-Celtic wheel-god in Britain seen in relation to Gaulish evidence. Latomus 38: 345-367.

Green, M. 1991. Women and goddesses in the Celtic world. Religion Today 6: 4-8.

Green, M. 1992. Animals in Celtic Life and Myth. Routledge, London. 283pp.

Green, M. 1996. The celtic goddess as healer. In: The Concept of the Goddess (Billington, S. and M. Green eds.), pp. 26-40. Routledge, London.

ヘロドトス．BC5 世紀ころ？．歴史［上・中・下］（松平千秋訳 1971）．岩波文庫，岩波書店，東京．1368pp.

ヘシオドス．BC700 年ころ．労働と日々（松平千秋訳 1985）．岩波文庫，岩波書店，東京．200pp.

Holl, A. F. 2009. Early west African metallurgies, new data and old orthodoxy. J. World Prehist. 22: 415-438.

ホメロス．BC8世紀ころ？．イーリアス［上・中・下］（呉茂一訳1958）．岩波文庫，岩波書店，東京．1189pp.

Hughes, J. D. & J. V. Thirgood. 1982. Deforestation, erosion, and forest management in ancient Greece and Rome. J. Forest Hist. 26: 60-75.

ハクスリー，R.（編）．2009．西洋博物学者列伝（植松靖夫訳）．悠書館，東京．303pp.

IUCN. 2014. The IUCN Red List of Threatened Species (http://www.iucnredlist.org/details/15954/0).

Jennings, L. M. 2011. The Changing Importance of Horses within the Celtic Society. Master Thesis, Univ. Wisconsin. 55pp.

Johnstone, C. & U. Albarella. 2002. The Late Iron Age and Romano-British mammal and bird bone assemblage from Elms Farm, Heybridge, Essex. Centre for Archaeology Report 45: 1-201.

Kear, J. 1990. Man and Wildfowl. T. & A. D. Poyser, London. 288pp.

Killick, D. & T. Fenn. 2012. Archeometallurgy: the study of preindustrial mining and metallurgy. Ann. Rev. Anthropol. 41: 559-575.

小堀桂一郎．2001．イソップ寓話　その伝承と変容．講談社学術文庫，講談社，東京．305pp.

Köhler, M. et al. 2000. Macaca (Primates, Cercopithecidae) from the Late Miocene of Spain. J. Hum. Evol. 38: 447-452.

Kooistra, M. J. & G. J. Maas. 2008. Celtic field systems in Netherlands. J. Archaeol. Sci. 35: 2318-2328.

Kruuk, H. 1972. The Spotted Hyena: A Study of Predation and Social Behavior. The Univ. Chicago Press, Chicago. 355pp.

蔵持不三也ほか．1994．熊のカルナヴァル──ピレネー地方民俗ノートより．人間科学研究7: 153-166.

Laing, L. 1979. Celtic Britain. Paladin, London. 197pp.

ローリー，B. 2003．中世ヨーロッパ食の生活史（吉田春美訳）．原書房，東京．305pp.

ラジュー，J. D. 2005．ヒグマの民俗．『ヒグマ学入門』（天野哲也ほか編），pp. 173-196．北海道大学出版会，札幌．

リービッヒ，J. V. 1840．化学の農業及び生理学への応用．（邦訳）吉田武彦．1986．化学の農業及び生理学への応用（第9版，1846）．北海道農業試験場研究資料30: 1-152.

ローガン，W. B. 2008．ドングリと文明（山下篤子訳）．日経BP社，東京．378pp.

ルキアノス．AD120-180年ころ．神々の対話，ほか6編（呉茂一・山田潤二訳1953）．岩波文庫，岩波書店，東京．324pp.

Lyrintzis, G. A. 1996. Human impact trend in Crete: the case of Psilorites Mountain. Environ. Conserv. 23: 140-148.

マキャベリ，N. 1515．君主論（池田廉訳2002）．中公文庫，中央公論新社，東京．244pp.

マクニール，W. H. 2002．戦争の世界史（高橋均訳）．刀水書房，東京．565pp.

Mallory, J. P. 1989. In Search of the Indo-Europeans: Language, Archaeology and Myth. Thames and Hudson, London. 288pp.

Maroo, S. & D. Yalden. 2000. Mesolithic mammal fauna of Great Britain. Mammal Rev. 30: 243-248.

Militello, P. 2014. Wool economy of Minoan Crete before Linear B. a minimalist position. In: Wool Economy in the Ancient Near East and the Aegean (Breniquet, C. and C. Michel, eds.), pp. 264-282. Oxbow Books, Oxford.

Modolo, L. et al. 2005. Phylogeography of Barbary macaques (Macaca Sylvanus) and the origin of Gibraltar colony. PNAS 102: 7392-7397.

Monaghan, P. 2004. The Encyclopedia if Celtic Mythology and Folklore. Checkmark Books, NY. 512pp.

Moorey, P. R. S. 1982. Archaeology and pre-Achaemenid metalworking in Iran: a fifteen year retrospective. Iran 20: 81-101.

Muhly, J. D. et al. 1985. Iron in Anatolia and the nature of the Hittite iron industry. Anatolian Stud. 35: 67-84.

村川堅太郎ほか．1993．ギリシャ・ローマの盛衰．講談社学術文庫，講談社，東京．375pp.

越智敏之．2014．魚で始まる世界史．平凡社新書，平凡社，東京．237pp.

O'Connor, T. P. 1992. Pets and pests in Roman and medieval Britain. Mamm. Rev. 22: 107-113.

Owens, G. 1999. The structure of the Minoan language. J. Indo-European Stud. 27: 15-56.

パストゥロー，M. 2014．熊の歴史（平野隆文訳）．筑摩書房，東京．375pp.

Piggott, S. 1970. Early Celtic Art, from its Origins to its Aftermath. The Art Councils of Great Britain. Edinburgh Univ. Press, Edinburgh. 42pp.

プラトン．BC4世紀ころ．ティマイオス・クリティアス（種山恭子・田之頭安彦訳1975，プラトン全集12）．岩波書店，東京．326pp.

プリニウス．AD77年ころ．博物誌（I・II・III分冊）（中野定雄・中野里美・中野美代訳1986）．雄山閣出版，東京．531pp.

プルタコス．AD45-120年ころ．食卓歓談集（柳村重剛訳1987）．岩波文庫，岩波書店，東京．283pp.

Price, P. W. et al. 1980. Interactions among three trophic levels: influence of plants on interactions between insect herbivores and natural enemies. Ann. Rev. Ecol. Syst. 11: 41-65.

Pyšek, P. et al. 2005. Alien plants in temperate weed communities: prehistoric and recent invaders occupy different habitats. Ecology 86: 772-785.

Racey, P. A. & J. D. Skinner. 1979. Endocrine aspects of sexual mimicry in spotted hyaenas Crocuta crocuta. J. Zool. 187: 315-326.

リコッティ，E. S. P. 1991．古代ローマの饗宴（武谷なおみ訳）．講談社学術文庫，講談社，東京．407pp.

Rohland, N. et al. 2005. The population history of extant and extinct hyenas. Mol. Biol. Evol. 22: 2435-2443.

Rösch, M. 1998. The history of crops and crop weeds in south-western Germany from the Neolithic period to modern times, as shown by archaebotanical evidence. Veg. Hist. Archeobot. 7: 109-125.

Rupp, N. et al. 2005. New studies on the Nok culture of central Nigeria. J. Afr. Archaeol. 3: 283-290.

Serjeantson, D. 2002. Goose husbandry in Medieval England,

and the problem of ageing goose bones. Acta Zool. Cracov. 45: 39-54.

Sherratt, S. 1994. Commerce, iron and ideology: metallurgical innovation in 12th-11th century Cyprus. Proc. Int. Symp. "Cyprus in the 11th Century BC", pp. 59-107. Leventis Found., Athens.

Shi, X.-W. et al. 2006. Mitochondrial DNA cleavage patterns distinguish independent origin of Chinese domestic geese and wester domestic geese. Biochem. Genet. 44: 237-245.

Shimmura, T. & T. Yoshimura. 2013. Circadian clock determines the timing of rooster crowing. Curr. Biol. 23: 231-233.

シンプソン，J. 1992. ヨーロッパの神話伝説（橋本槇矩訳）．青土社，東京．283pp.

Subhani, A. et al. 2010. Population status and distribution pattern of red jungle fowl (*Gallus gallus murghi*) in Deva Vatala National Park, Azad Jammu & Kashimir, Pakistan: a pioneer study. Pakistan J. Zool. 42: 701-706.

Sykes, N. J. et al. 2011. New evidence for the establishment and management of the European fallow deer (*Dama dama dama*) in Roman Britain. J. Archaeol. Sci. 38: 156-165.

タキトゥス．AD98年ころ？．ゲルマーニア（泉井久之助訳 1979）．岩波文庫，岩波書店，東京．271pp.

Tewari, R. 2003. The origins of iron-working in India: new evidence from the Central Ganga Plain and the Eastern Vindhyas. Antiquity 536-544.

テオプラストス．BC372-BC288年ころ．植物誌［第1-3巻］（小川洋子訳 2008）．西洋古典叢書，京都大学学術出版会，京都．586pp. 以下にギリシャ語と英語版．https://archive.org/stream/enquiryintoplant02theouoft#page/n1/mode/2up（閲覧 2017.2.17）．

Toussaint-Samat, M. 2009. A History of Food, 2nd ed. Wiley-Blackwell, NY. 776pp.

Turner, P. J. & J. Cribb. 1986. Numismatic evidence for the Roman trade with ancient India. In: Indian Ocean in Antiquity (Reade, J. ed.), pp. 309-319. Routledge, Oxford.

植田重雄．1977．守護聖者伝承とその崇拝習俗の考察．早稲田商学 266: 1-42.

植田重雄．1999．ヨーロッパの祭と伝承．講談社学術文庫，講談社，東京．343pp.

ウェルギリウス．BC39-29年．牧歌／農耕詩（小川正廣訳 2004）．西洋古典叢書，京都大学学術出版会，京都．268pp.

Voultsiadou, E. & A. Tatolas. 2005. The fauna of Greece and adjacent area in the age of Homer. J. Biogeograph. 32: 1875-1882.

ウォーカー，B. 1988．神話・伝承辞典（山下主一郎ほか訳）．大修館書店，東京．897pp.（Walker, B. G. 1983. The Woman's Encyclopedia of Myths and Secrets. Haper & Row Pub. Inc.）．

West, B. & B.-X. Zhou. 1988. Did chickens go north? New evidence for domestication. J. Archaeol. Sci. 15: 515-533.

クセノポン．BC430-355年ころ．クセノポン小品集（松本仁助訳 2000）．西洋古典叢書，京都大学学術出版会，京都．279pp.

クセノポン．BC398年ころ．アナバシス（松平千秋訳 1993）．岩波文庫，岩波書店，東京．423pp.

Yalden, D. W. 1986. Opportunities for reintroducing British mammals. Mamm. Rev. 16: 53-63.

山田憲太郎．1982．南海香薬譜．法政大学出版局，東京．660pp.

Yamaguchi, N. et al. 2004. Evolution of the mane and group-living in the lion (*Panthera leo*): a review. J. Zool. 263: 329-342.

山川廣司．1999．ミュケナイ・ギリシャの香料．愛媛大学法文学部論集，人文学科編 6: 115-136.

山下正男．1974．動物と西欧思想．中公新書，中央公論社，東京．176pp.

横井裕一．2014．動物園の文化史．勉誠出版，東京．331pp.

史料

作者不明の古典．エリュトゥラー海案内記（村川堅太郎訳 2011）．中公文庫，中央公論新社，東京．310pp.

第5章　中世ヨーロッパの動物と人間

　羊皮紙に極彩色で彩られた華麗な図版（図5-1）には，領主とおぼしき人物を中心に森のなかでの朝食風景が描かれている．多数の猟犬とウマを待機させながら，10人ほどの「森番」がシートに座って朝食をすませ，お茶でも飲んでくつろいでいるようだ．絵の中央上には，テーブルが設けられ，そこには主宰者である領主が座り，調理人が料理の皿を運んでいる．よくみると，その料理の皿のそばには，豆のような黒い粒々が2カ所にわたって並べられ，森番の長（狩猟管理人）は議論を交わしながら意見を具申しているが，かの人物はどちらにすべきか，決めかねているようだ．この画面は，おそらくその日の早朝に，猟場を偵察してきた森番たちが持ち帰ったアカシカの糞を品定めして，粒の大きさは概ね体のサイズに比例していることから，ねらう獲物を最終的に決めている「御前会議」なのだろう．

　これは，南フランスの領邦君主（フォア伯），ガストン・フェビウス（Gaston Phébus）が14世紀後半につくらせたとされる『狩猟の書』[1]（"Livre de chasse", 1387-1389）の挿入絵，その有名な一場面である．

　ついでにもう2枚ほど紹介しよう（図5-2）．1枚は，シカがよく出没する森林とムギ畑の境界を，毎朝イヌをつれてパトロールする森番の姿である．アカシカやノロジカがこうした林縁に頻繁に出没し，パトロールが貴族の狩猟だけではなく，猟場周辺の農業被害の防止に役立っていたことを示している．もう1枚は，ムギ畑での狩猟風景だ．1人は森番の長のようでウマに乗って指揮するいっぽうで，2人の森番が，

図5-1　ガストン・フェビウス（Gaston Phébus 1387-1389）の『狩猟の書』の一場面．狩猟前の朝食風景．多数の勢子や猟犬，ウマを待機させながら，森番たちが，領主（中央上）のテーブルにアカシカの糞（黒い粒々）を置き，どちらの糞の落とし主を獲物にすべきかを議論しているようだ．

多数のイヌを使って追い出したアナウサギを弓やクロスボーで仕留めている．よくみると，矢の先端部は丸く，アナウサギは気絶か，打撲死させていたことがわかる．

　最初の1枚は，本番を前に緊張感が漂うものの，狩猟を楽しむ貴族ののどかな日常が，後2枚には，狩猟が荘園や周辺の農業生産を守り，しかも食物を得る重要な手段となっていた光景が，それぞれに切り取られ，好対照をなしている．こうしてみると，この時代には，狩猟が，領主や貴族のたんなる趣味や遊びの範囲を超え，より広い社会的な意義を持ち始めたことを物語っている．

 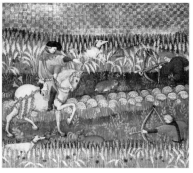

図 5-2 ガストン・フェビウスの『狩猟の書』．左は森林とムギ畑の林縁をパトロールする森番．右はムギ畑での狩猟風景．森番の長が指揮し，2 人の森番が弓とクロスボーでアナウサギを仕留めている（矢の先端は丸く気絶か打撲死させている）．

5.1 中世前期の農業と家畜

ヨーロッパでの古代から中世への移行を教科書風にまとめれば，ローマ帝国は内乱と異民族の侵入からその巨大な領土を防衛するために，東西 2 つの「帝国」に分割，皇帝を 2 人立てて統治するようになった．このうち西ローマ帝国は，ヨーロッパ東北部に勃興したゲルマン民族の大規模な移動と侵入によって 476 年に滅亡する．ゲルマン民族は，もとは中央アジア・ステップの遊牧民をルーツとし，ヨーロッパ東部へと移動・定着した部族（農耕民化したクルガンの諸部族もその分派）で，多数の共同体から構成されていた．ゲルマン民族の移動は，さらに東部の遊牧民であるフン族が寒冷化による草原の不作によって移動，これに押され，玉突きのように継起した．この連鎖反応はヨーロッパ全域におよび，以後 200 年以上続いた．大陸のケルト族はフランク族やブルグルンド族に圧迫され，イギリスへ移住，さらにアングロサクソン族に押されスコットランドやアイルランドへと押し込められた．ゴート族はヨーロッパ南部を西方へ移住した．東ローマ帝国はその後もバルカン半島から小アジアに存続したものの，ヨーロッパ・ケルトの広大な地はローマ支配から解放され，部族や領主（その多くはローマの徴税官の末裔）ごとに小さな国を乱立させた．そのなかで最強国だったのがメロヴィング朝，次いでカロリング朝で，後にフランク王国（その中核部分は後のフランス）を成立させた．

このローマ支配が実質的に終わる 6 世紀以降を「中世」と呼ぶ．ヨーロッパの新たな時代の扉はここでもまた人間集団の大規模な移動と融合によって押し開かれた．それは長期間の漸進的な移行だった．中世は，通常 6-10 世紀を前期，11-13 世紀を中（盛）期，14-16 世紀を後期と区分するが，大きな地域差をともないつつ，気象条件や技術の発展を反映した農業生産と，それを基盤とする社会構造にもとづいて区分される．気温は，中世に入るとともに上昇していき，前期から中期にかけての 950-1100 年には，いわゆる「中世大温暖期」を迎え，安定した温暖な時期が長期にわたって継続したが，1315 年を境に，以降は徐々に寒冷化し，異常気象が繰り返し起こった（図 5-3; Svensmark 2000，フェイガン 2009, Ljungqvist 2010）．この時代区分と環境のなかで，人間と自然，動物と人間の関係はどのようなものだったのか，たどることにしたい．

（1）農民の生活と地域差

遺跡からの出土物の分析から

ヨーロッパに導入されたムギ類の生産性についてはすでに何度か述べてきたが，播種量の 3-4 倍という中世以前の生産量は，ウシを使った犂耕が広く普及し，安定した温暖期が続いたにもかかわらず大幅に増加することはなく，3-4 倍（Duby 1998），あるいは 3-8 倍（Camp-

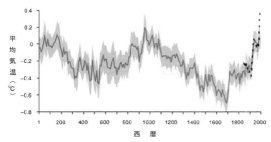

図 5-3 北半球における紀元以後の気温の長期的変動. 平均値（黒線）と標準誤差（灰色）. 酸素同位体（$δ^{18}O$）の生成率による推定値（Ljungqvist 2010 より）.

bell 1988）程度だった．これには，灌漑設備がないことに加え，土壌の劣化，あるいは病虫害の発生や雑草の侵入などの要因が指摘されてきた（Dark & Gent 2001）．実際の収穫量は 1 ha あたり，ドイツでは 600-800 kg，オランダ 800-1000 kg，イングランド 500-800 kg 程度と見積もられた．

ちなみに現代の生産量は，品種改良，灌漑施設の普及，機械耕作，化学薬剤の投与（肥料，殺虫剤，除草剤）の結果，播種量比では 100 倍以上，収穫量では 1 ha あたり 10 トン以上に達している（Oerke 1994）．

こうした低い生産性を背景に，中世農民の食糧事情はどのようなものだったか．ホフマン（Hoffmann 1975）やピアソン（Pearson 1997）らの報告を手がかりに探る．ヨーロッパ各地の住居遺跡や穀物倉跡からは（炭化した）各種の穀物種子が発掘され，その組成が報告されている．そこには大きな地域差がある．寒冷で湿度が高かったドイツ，ミュンヘン近郊では，オオムギが優占し，順にパンコムギ，エイコーンコムギ，スペルトコムギ，エンバク，ライムギが，オランダ東部アルンヘム近郊では，ライムギが優占し，エンバク，オオムギのほかには，食料用のアマ（亜麻）が栽培されていた．またフランス・リール近郊のアナープでは，ライムギはなく，スペルトコムギ，オオムギ，コムギ，エンバクが，さらにイングランド・バークシャーでは，コムギが優占し，以下オオムギ，エンバク，エンマーコムギが続くというように気象や土壌条件に合わせて穀類が栽培されたようだ．このほかには，エンドウマメ，ソラマメ，レン

図 5-4 フランク王国のカール大帝（仏：シャルルマーニュ）（ルーヴル美術館蔵．2012 年 10 月著者撮影）.

ズマメ，ヒヨコマメなどの豆類が，これも地域変異をともない，記録された．どこでも単一種ではなく，冬，春，夏とそれぞれに播くことができるムギ類の特徴を生かし，複数種が栽培されていた．連作を避けた合理的な土地利用であり，同時に天候不順による飢饉に対するリスク回避だった．

フランク王国のカール大帝（Karl，在位 768-814，仏：シャルルマーニュ Charlemagne；図 5-4）が 800 年ころに発した荘園法（「御料地令」）ではムギ類に加えキビや雑穀の栽培が推奨されたが，領民に対しムギ類の備蓄はほとんど求められていない．備蓄できるほどの生産力にはまだおよばなかったようだ．

これに対して動物はどのように消費されていたのか．どの村落でも各種の肉類が歓迎され，家畜の放牧がさかんだったが，ここにも大きな地域差が認められる．ドイツ・ケルンハイム近郊の複数の遺跡から出土した動物骨の構成は，ウシ，ブタ，ヒツジ，ヤギ，ウマ，ニワトリなど，地域によって優占種がウシまたはブタとちがう．おそらく共同体ごとに嗜好性にちがいがあったのかもしれない．また地域によってはアカシカ，ノロジカ，ウサギなどの野生動物が 7 % に達した．イングランド・バークシャーでは，ウシ約 40%，ブタ約 30%，ヒツジ 28% と，

ヒツジの比率がかなり高く，また成獣だったことから，羊毛 – 肉の生産が主軸と推測された．このほかに，ニワトリとガチョウに加えアカシカやノロジカの骨がわずかに出土した．

　イングランド南部では村落1家族平均で，ヒツジ6.2頭，ウシ4.5頭，ブタ3.1頭に加え，労役用のウマかウシ2.35頭が飼育されていた（ギース＆ギース 2008）．フランドル地方のメロヴィング朝フランク王国の代表的な農村遺跡，ブルビエールの発掘結果が紹介されている（堀越 2009）．出土した3700の骨片のうち，ブタ39％，ウシ22％，ヒツジ17％，ウマ6％，ヤギ4％で，野生動物は4％にすぎなかった．屠殺された家畜は余すことなく利用された．オランダ・アルンヘムの遺跡では骨が割られ骨髄が食べられ，フランス・アナープやドイツ南西部ではベーコンやソーセージがつくられていたようだ．フランク王国の法律（「サリカ法」久保 1949）では，条項がブタとウシに集中していることから，家畜が両種に偏っていたことがわかる．また，前述の「荘園法」では飢饉に備えてウシ，ヒツジ，ブタ，ヤギを維持するように命令している．

　ところで，これらの報告は，動物性タンパク質の利用がどこでも家畜に依存し，野生動物が少なく，農畜文化が浸透していたことを示している．野生動物の利用は，周辺の環境によっても制約され，まったく依存しない地域も出現していた．もっとも利用率が高かったドイツなど，鬱蒼とした森林に囲まれていた集落でも7％程度だったから，人々が野生動物から少しずつ離反していったと推察される．しかし単純に考えると，野生動物の出現率が平均約3％だとしても，毎日1種類の肉を消費したとすれば，約1カ月に1回は野生動物食だったことになる．

　たくさんの家畜，生活は一見豊かなようだが，中世の家畜は全体に貧栄養条件だったので小型化していた．計測値をみると，ウシは250kg程度で約65kgの精肉と30kgの屑肉，25kgのファットしか採取できなかった．60kg程度のブタからは25kgの精肉と屑肉と14kgのラード，30kgのヒツジからは11kgの肉と3kgの脂肪，というように満足な量ではない（ゾイナー 1983, Pearson 1997）．ニワトリに至っては年間で50-100個程度の産卵だった（Pearson 1997）．当然のことながら，搾乳量も少なく，現在ではホルスタイン1頭から年間およそ6トンのミルクが得られるが，中世初期ではその6分の1以下にすぎなかった（Hargen 1992）．

　とはいえ，家畜からは搾乳され，ミルクが飲まれ，チーズがつくられ，家禽からは卵が採取された．とくに卵は食用が許されていたものの，領主や教会はその量を定期的に調べ，領民から徴発していたことが，各地に残された「荘園法」からわかる．このほかに，河や湖，海のそばでは，魚類が食べられていた．中世の人々は，カワウソを含め水生のすべての動物を"魚"（fish）と呼んだ．とくにウナギは各地から骨片が多数出土し，好まれていたようだ．ニシン，タラ，マス，カワマス，サケなどの遺物も多数出土する．海や河の近隣では 市（マーケット）が開かれたようだ（Hoffmann 1996, 2005）．

　荘園のなかには，ナシ，リンゴ，カリン，モモ，マルメロ，場所によってはイチジク，サクランボ，ブドウなどの果樹園があった．ナラやブナの堅果類，クルミ，アーモンド，ヘーゼルナッツなど，野イチゴ類やキノコ類が採集された．野菜ではキャベツ，カブ，リーキ，パセリ，セロリ，ニンニク，タマネギ，コールラビなどが栽培された．オオムギからはビールが，ブドウからはワインがつくられた．また，養蜂が行われ，ミツバチは花粉媒介者（ポリネーター（送粉者）の役割を果たし，果樹や野菜の生産にも貢献した．こうしてつくられた蜂蜜は貴重な甘味料だったし，薬用でもあった．

　ところで，ヨーロッパの蜂蜜といえば，現在は「アカシア蜂蜜」か「ミモザ蜂蜜」が有名で，蜜源はニセアカシア（ハリエンジュ *Robinia pseudoacacia*）かフサアカシア（*Acacia dealbata*）だ．しかし，各年代の花粉分析の結果，この2種はヨーロッパに生育していなかった（Moe & Oeggle 2014）．2種は新（北米）大陸とオーストラリア大陸原産の樹木で，前者は1636年に北米からイギリスに，後者は（年代

は不明だが）園芸植物として，それぞれ人為導入された．ニセアカシアは日本にも1873年に街路樹，公園樹，治山・砂防植物用に導入され，各地で野生化している．日本生態学会は侵略的外来種"ワースト100"の1つに指定している．

中世初期の食生活と健康

こうした遺跡の食物リストとともに，最近では人骨コラーゲンに含まれる炭素と窒素の安定同位体の比率から，地域ごとに人間の食性（長期の食物依存）が分析されている．それによれば，植物ではC_3植物（ムギ類），動物質では陸生動物（家畜）と魚類から構成されるが，比率には地域差があって，ポーランドでは雑穀のキビ（C_4植物）が，北海周辺（デンマークなど）と地中海地域では魚類が，それぞれに高かったことが注目された．魚食へのシフトは13世紀以降に起こった（Müldener & Richards 2005）．

ヨーロッパ中世は豊かな食材に彩られていた．しかし問題なのは，それで満足でき，健康だったかどうかである．この点で研究者の見解は分かれる．1人分の摂取量は，たとえば，修道士に課した教会の戒律から推し量られる．6世紀のベネディクト教会のヌルシア院長は1人1日，1ポンド（454 g）のパンと，2皿の料理と1リットルまでのワインを，8世紀の英国教会メッツ司教は1.5-2 kgのパンと，肉と野菜の料理を，8-9世紀のカロリング朝の教会では，平均1.78-2 kgのパンと1.55リットルのビールかワイン，90-110 gのチーズ，230 gの豆類が，そして修道女には1.44 kgのパン，1.38リットルのビールかワイン，90-110 gのチーズ，133 gの豆類が，それぞれに与えられた．

戒律の規定が明確なのでいま少し修道院にこだわる．パリのサンジェルマン・デュ・プレ地区．ここはかつてその名を冠した教会（修道院）とその広大な敷地が広がっていた．というより，6世紀には一面の野原だったその場所に（聖ジェルマンの）修道院が建設され，これを中心に後にパリが発展したというのが正確なところだ．この修道院には当時の自給自足を記録したイルミノン修道院長の手になる有名な備忘録，『所領明細帳』が残っていて，中世初期（9世紀初頭）の経営のやりくりがいろいろな角度から分析されてきた（たとえばパウア 1969）．これを手がかりに分析を進める．ここには120人の修道士と，それを支えた多数の農民と農奴，その家族が暮らしていた．修道士の数ははっきりしているが，農民とその家族の数はわかっていない．1742世帯8700人から2788世帯1万人までの推計値がある．いっぽう，修道院は約3万6000-4万haの土地（そこは現在パリの中心部）を所有し，このうち約60%が耕地，36%が森林，1.6%が牧草地，1%がブドウ園だったと推定された．このような土地の配分ではたして自給自足が可能なのか．この収容力の収支決算をキャシー・ピアソン（Pearson 1997）が行っている（なお計算の詳細は省き，推定幅の中央値を紹介）．

修道院の人間の数を120人の修道士と最低の所帯数，1742世帯（成年男子4188人，女子3556人，子ども939人），それに10%のゲストと農奴を加える．この人間の総数が必要とする食物量はこうなる．パンとビール用穀類3500トン，チーズ用のミルク2000キロリットル，豆類320トン，1年のうち268日間肉を食べるとして600トン．このためには穀類と豆類用の耕作地2687 ha，ウシ4768頭，ヒツジ4万7182頭，ブタを含む肉用家畜1万489頭となる．膨大な数の家畜だ．これに対して供給能力は次のとおり（なおワインの必要量とブドウ園の供給量は不明なので除外する）．耕作地は，二圃制により約60%が使用可能だったとすると，1万3800 ha，このうち60%でムギ類を栽培し，翌年の播種用を引いた500 kg/haの収穫を見込むと，4140トン．残り40%で豆類を栽培し，500 kg/haの収量を見込むと221トン．また牧草地では1365 kg/haの干草量を見込み，1.5 haでウシ1頭を，0.2 haでヒツジ1頭を，それぞれ養育できたとすると，この牧草地面積ではウシ200頭，ヒツジ2000頭となる．もちろん牧草や飼料は，休耕地や収穫後の畑からも供給されたので，実際にはより大きな値となるのは確実だが，必要な頭数にははるかにおよば

ない（20倍増が必要）．

こうしてみていくと，穀類はほぼ均衡（とはいえ天候に左右されただろう），豆類，ミルク，肉は大幅な不足で，需給バランスはきわめて悲観的だった．教会の表向きの戒律とはちがい，修道士や農民は，1日あたりパン360g，チーズ35g，豆類77g，そして肉類か油脂を102g，合計1980-2100 kcal程度の食事だったらしい，と彼女（Pearson 1997）は推測している．慢性の栄養不良，生存ぎりぎりなのだ．修道院にしてこの状況，一般農民は推して知るべしだ．この結果，それでも食料事情に恵まれていたと想定されるカロリング朝フランスであっても，平均寿命は，女性36歳，男性39-40歳．より劣悪だったとされるドイツ，シュトウットガルト周辺では，女性23歳，男性43歳と推定された（Wemple 1985）．女性の寿命が，現代とは異なり，短命だったのは，いうまでもなく妊娠・出産のリスクだ．死亡率は6歳以下の子どもに集中したが，20歳以上になっても年死亡率は45％に達していた．

ダーントン（Darnton 1986）は「農民は民話をとおして告げ口する」（『猫の大虐殺』所収）と題する論考のなかで，「赤頭巾」，「マザーグース」，「グリム童話」（18世紀に収集・編纂されるが，その多くは中世期のもの）などの民話や寓話には，当時の人々の精神世界の象徴や隠喩（メタファー），無意識のモチーフなどが散りばめられていたのではけっしてなく，農民生活の疲弊と困窮がリアルに再現されていたことを説得的に論証した．それは，度重なる飢饉，疫病，戦争といった苦境のなかで重労働を強いられ，餓死との境界線上をさまよう農民の姿そのものだった．すなわち，重労働と地代，さらには人頭税，十分の一税，ペトロ献金[2]で搾取され，殺人，強盗が跋扈し，（とくに女子に対する）子殺しや捨て子，人肉食が横行し，不衛生な環境と病気が常態化し，結婚生活が離婚ではなく女性の死によって中断され，継母の存在が子どもの生存を左右し，肉はほとんど口にできず，栄養不良のなかで満腹がつねに夢であり続けていた農民生活そのものを描写しているのだと喝破した．

みごとな分析といってよい．このような農民の窮状は中世全期を通して続いていた．

不遇は重なった．中世初期では，温暖化傾向にあったとはいえ，断続的に寒冷期が襲った．とくに6世紀初頭，8世紀初頭，10世紀初頭には，厳寒の冬が続き，スカンディナヴィア地域に活動域を拡大した漁民や農耕民は，この寒波に押し戻されるように，ヨーロッパ北部に南下し，一部は掠奪集団に変身し，暴虐の限りを尽くした．ヴァイキングである．また873-874年にはイナゴが大発生し，その大群がドイツ，フランスを襲い，農作物に壊滅的な被害を与え，大飢饉が発生したと記録される．ヨーロッパ中世は前途多難な船出だった（フェイガン 2009）．

（2）中世初期の農業革命と森林の消失

民族の大規模な移動とあいつぐ戦乱は人々の集住を加速させ，農民を守る領主はその所領地のなかに農民を囲い込んだ．教会や修道院も所領地に農民を取り込んで所領経営に乗り出した．領主は農民との関係においてたんなる耕作上の地主ではなく，住民を保護し，その活動のすべてに命令権をもつ支配者となった．これを「狭義の封建制」というが，他方では領主もまた自己を保存する保障として，ほかの有力な領主との間に主従関係を結び，その保護下に入るという支配-従属の階層関係をつくった．この重層的な支配ネットワークを「広義の封建制」という（柴田 2006）．

人々の集住は，共通の農地を耕作地として組織的で，統合的な作業計画や効率的な労働をうながし，三圃制を編み出しただけでなく，村民総出で灌漑・排水施設などを整備させた．鉄製の農具，とくに犂や斧などの普及や進歩，そしてウシからウマへの犂耕の転換，なかでも複数のウマが引く重量有輪犂は，土壌の深耕と大規模な耕作を可能にし，それまで播種量の3-4倍程度だった収穫量を一挙に5-8倍以上へ引き上げた．食糧の余剰を背景に，人口は増加し，物流，商品経済，商業が発達し，やがて町や都市が生まれるようになった（木村 1988，堀越 1997, 2006, 2009）．領主や教会は，農奴を解

5.1 中世前期の農業と家畜　207

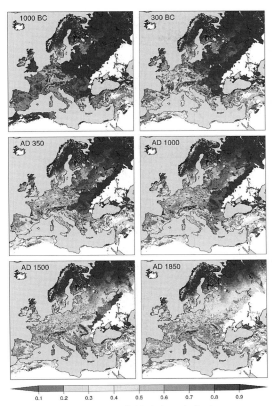

図5-5　ヨーロッパの森林分布の変化（Kaplan *et al.* 2009より）.

図5-6　12世紀初頭のシトー会修道院の分布と主要取引商品．修道院がヨーロッパのすみずみに建設されていたことがわかる（Lekai 1977より）．

放し，自由農民を取り込みながら，自らの所領地を開拓し，耕地面積をさらに拡大させた．こうして中世は農業をエンジンに時代を始動させ，農畜融合社会を盤石なものとした．

　耕地面積の増加は平地を覆っていた森林の伐採と消失の裏返しだった．広大な森林が急激に消え，農耕地に転換されていった．最近，カプランら（Kaplan *et al.* 2009）は，森林は人口密度の関数とみなし，地域ごとの人口密度の推移とほかの環境パラメーターから森林の動向を復元した（図5-5）．それによると，地域差は大きいが，たとえばフランス・ドイツ・イングランドを含むヨーロッパ中西部をみると，BC1000年にほぼ80％を被覆していた森林は，徐々に蚕食され，そのテンポは中世初期後半から速く，14世紀ころまでに約18％に減少してしまう．わずか300年の間に60％以上の森林が消失した．このことをマルク・ブロックは『フランス農村史の基本的性格』（1931）のなか

でこう評した．「先史時代このかた，わが国土を舞台とする耕地面積の最大の増加であった」．その後，森林は黒死病（ペスト）の人口減少によって再び増加するものの，中世末に再び減少し，最終的には10％以下となった．この中世末の減少は耕地への転換ではなく，別の要因による（後述）．

　いっぽう，ベラルーシ，ロシア西部，ブルガリア，ユーゴスラヴィアなどの東ヨーロッパをみると，森林率90％以上が1000年前後から減少し，農業が急速に定着，中世末の17世紀には約20％に低下した．この動向は花粉分析の知見とも一致する（Pongratz *et al.* 2008）．森林の動向は人口密度のたんなる関数ではないが，この時代には農耕地への転換と人口が直結していた．森林に覆われた暗黒の中世は，その景観を一変させ，人間の居住空間とパッチワークのような田園風景を現出させた．

　注目したいのはこの大開墾運動を主導したのが，領主ばかりでなく，教会や修道院だったことである．8世紀の中ごろ，森林領域にはすでに400以上の修道院とその施設があったといわれている（リシェ 1992）．おもな修道院運動には，ベネディクト会，フランチェスコ会，ドミニコ会，クリニュー会などがあるが，なかでもベネディクト修道会の一派だったシトー会は，進んで森のなかに入り，修道院を建設し，森林と原野を開拓してこの時代の大開墾運動を牽引

した（図5-6）．強い宗教的な信念から森林を切り開くことが推し進められた．それは「野生」との闘い，異教の巣窟の撃退，「野蛮」を文明化することにほかならなかった．修道会士たちは，悪魔に取り憑かれた異教神殿の破壊，偶像崇拝の否定，土地の浄化の任務を担う先兵だった（池上2010）．とはいえ，鉄製の鋸が普及するようになったのは13世紀以降だったので，彼らは粗末な斧や道具と人力で森林に立ち向かわなければならなかったから，その活動にはおのずと限界があった．森林を伐採しながら奥地の原生林を切り開いていったわけではない．平地や河川沿いの足場のよい未開墾地や荒れ地を開拓し，農耕地に整備していったのだった．この時代，多くのシトー会修道院は土地が肥沃で水資源の豊かな森林に覆われた扇状地に立地したという（堀越2009）．彼らは開拓した耕地と家畜によって初期には自給自足経済を営んだが，後には水車を設置し，運河を切り開き，川には橋をかけ，商品の流通に関与し，地域経済の発展に貢献した．

こうして，序章で紹介したヨーロッパの景観，その原型がつくられようとしていた．城と修道院が一体となった街並み，これらを取り囲む農耕地のパッチワーク，さらに外側に広がる鬱蒼とした森．町や村のなかには鍛冶屋や肉屋，八百屋が立ち並び，人々の行き交う空間が同居するようになった．川には修道士たちや聖者の手で「橋」がかけられ，道路は森を突き抜けて，隣の町や村とつながり始めた．この景観に「石積みの城壁や道」，「教会」，「庭園」などの人工的自然が付加されたのはしばらく後，中世後期になってからだ．宗教による開墾運動がはたした役割は大きいが，同時にそれは農畜融合文化の必然の発展だったともいえる．このヨーロッパの景観の形成過程は，人々の森や野生動物に対する自然観や動物観に深い影響をもたらさずにはおかなかった．

森林の消失によって減少した動物

大開墾運動による大規模な森林減少は，景観もさることながら，ヨーロッパの動物地図を大

図5-7 ヨーロッパにおけるヒグマの分布と地域個体群（Kaczensky *et al.* 2012a, bより）．濃い部分は恒常的な生息地，薄い部分は一時的な生息地．

きく塗り替えていった．多くの動物が影響を受けたと推定されるが，とくに深刻だったのは森林性のクマ（ヒグマ *Ursus arctos*）だったと考えられる．図5-7と表5-1はヨーロッパにおけるヒグマの分布と個体数である（Kaczensky *et al.* 2012a, b）．現在，総個体数はロシアも含めて約5万頭と推定され，地域によっては絶滅危惧種に指定されている（Zedrosser *et al.* 2001）．ロシア，フィンランド，スウェーデンと北部の個体群はまとまっているが，その他の地域では分布域が細分され，個体数も少ない．なかでも西部個体群は，スペイン北部のカンタブリア山脈には2集団，それぞれ20-30頭，80-100頭と，フランスとの国境ピレネー山脈には30頭以下の1集団に，分断化されてしまい，いまや絶滅寸前だ．このためピレネー山脈では，絶滅を回避するために1993年以降，複数回にわたりスロベニア産の個体を放獣（再導入）し，ようやく回復しつつある（表5-1）．ヒグマは，化石の分布が示すように，BP8000年以後しばらくの間はイギリス，アイルランド，シチリア，アフリカ北部の一部を含む，ヨーロッパ中に広く分布していた（Sommer & Benecke 2005）．この動物の帰趨は，森林の国ヨーロッパの森林保

表 5-1　ヨーロッパにおけるヒグマの地域個体群と生息数，その動向（Kaczensky et al. 2012a, b より）．

地域個体群	国	個体数（2012時点）	傾向
スカンディナヴィア	ノルウェー，スウェーデン	3400	増加中
カレリア	ノルウェー，フィンランド	1700	増加中
バルチック	エストニア，ラトビア	710	増加中
カルパチア	ルーマニア，ポーランド，スロバキア，セルビア	7200	安定
ディナル−ピンドス	スロベニア，クロアチア，ボスニア・ヘルツェゴヴィナ，モンテネグロ，アルバニア，セルビア，ギリシャ	3070	増加
アルプス	イタリア，スイス，オーストリア，スロベニア	45-50	安定
バルカン東部	ブルガリア，ギリシャ，セルビア	600	安定または減少
中央アペニン	イタリア	40-80	安定
カンタブリカ	スペイン	195-210	増加
ピレネー	フランス，スペイン	22-27	増加

護の試金石でもある．

　ヒグマのDNA（ミトコンドリアDNA）が複数の研究者によって分析されてきた．大きくみると，3つの（ハプロ）グループに分けられた．遺伝的な変異は意外に少なく，1つはスペイン・フランスのグループ，2つはカルパチア山脈西部のグループ（ギリシャ・イタリア），3つはロシア・北方系のグループだ．これらは最終氷期に氷河を避け南部に移動した"リフュージア"の場所が反映されていると解釈されてきた．それは正しいのだが，多数の標本を分析すると，現在フィンランドやスウェーデンに生息している集団のなかには，少数だがスペインやフランスのグループが混じっていたことがわかった（Sommer & Benecke 2005, Valdiosera et al. 2008）．このことは，リフュージアが従来想定されていたように別々に独立していたわけではなく，ヨーロッパ南部からカルパチア山脈にかけ連続的に形成されていたことを示唆している．遺伝的変異の少なさもそれに起因している．このリフュージアから氷河期の終了とともに再び分布域を拡大したと推定されている．ヨーロッパには氷河を回避できた安全地帯（リフュージア）が存在していた．人類もまたクマとまったく同様に氷河を避け同じリフュージアに逃げ込んでいた．

　DNAの変異からその個体数のおおまかな変化を追跡すると，ヨーロッパのクマ集団はこれまでに小集団化の繰り返しと極端な個体数の減少（ボトルネック効果，第7章，注25）を経験してきた（Saarma & Kojola 2007, Valdiosera et al. 2008）．おもに2つ時期があり，1つはBP8000年以前，もう1つは約14世紀以降だったという．前者は氷河の拡大・縮小にともなう集団の分断化として理解できるが，後者はなにによってもたらされたのか．もっとも疑われるのが人為による森林の消失と生息地の分断化だ．おそらく中世初期から始まる森林伐採がクマの生息地と集団を分断化させ，個体数を減少させた要因だと推定される．森林消失はヒグマの動向に大きな影響をもたらしてきた．

　ヒグマを保全し，その動向を改善できるのもまた人間だ．20世紀初頭に絶滅に瀕していたスカンディナヴィア個体群は，スウェーデンを中心に徹底した保護と管理が展開され，近年では個体数が順調に回復している．その数はフィンランドを含め現在3400頭．この地域集団の遺伝的な多様性は，ミトコンドリアDNAでは貧弱であるが，マイクロサテライトDNA（核遺伝子）では，4つの分節集団に分化し，多様性が回復しつつあるという（Waits et al. 2000）．

図 5-8 ヨーロッパにおけるリンクス（オオヤマネコ）の分布と地域個体群（Kaczensky *et al.* 2012a, b より）．濃い部分は恒常的な生息地，薄い部分は一時的な生息地．

このことは森林性のもう1種の動物，オオヤマネコ（リンクス *Lynx lynx*）についてもあてはまる．リンクスもまたヒグマと同様にユーラシア，北米大陸北部に広い分布域をもつ．図5-8と表5-2は現在の分布である（Kaczensky *et al.* 2012a, b）．ヒグマと酷似していて，分布と個体群は散在するが，状況はヒグマよりさらに深刻だ．おもな生息地を拾うと，ヨーロッパ・ロシアの状況は不明で，おそらく少数が生息しているにすぎない．ノルウェーには500-600頭，スウェーデン1000-1500頭，フィンランド700-800頭，エストニア500-1300頭，ラトビア400-675頭，リトアニアとベラルーシ，ルーマニアとスロバキア，ギリシャ北部には生息しているが，個体数不明．スイス・アルプス周辺ではイタリア側は20世紀に絶滅，フランス，ドイツ側に200頭程度，ピレネー山脈でも絶滅，バルカン半島にはかろうじて40-50頭が生息し，これらを合計するとヨーロッパ全域には多く見積もっても1万頭以下（Kaczensky *et al.* 2012b）と考えられる．各国はいま個体数回復のため懸命な努力をしている．

リンクスのDNAが分析されているが，ヒグマと同様に，同じリフュージアを共有していたために遺伝的多様性がきわめて低い．おもに2つのグループ，バルカン半島とカルパチア山脈のグループに分化していた（Hellborg *et al.* 2002）．絶滅したアルプス集団はバルカン半島に属していた（Gugolz *et al.* 2008）．リンクス

表 5-2 ヨーロッパにおけるリンクス（オオヤマネコ）の地域個体群と生息数，その動向（Kaczensky *et al.* 2012a, b より）．

地域個体群	国	個体数（2012時点）	傾向
スカンディナヴィア	ノルウェー，スウェーデン	1800-2300	安定
カレリア	フィンランド	2400-2600	増加
バルチック	エストニア，ラトビア，リトアニア，ポーランド，ウクライナ	1600	安定
ボヘミア-バイエルン	チェコ，ドイツ，オーストリア	50	安定または減少
カルパチア	ルーマニア，スロバキア，ポーランド，ウクライナ，チェコ，ハンガリー，セルビア，ブルガリア	2300-2400	安定
アルプス	フランス，スイス	130	安定
ジュラ	フランス，スイス	100	増加
ヴォージュ山地	フランス，ドイツ	19	安定かわずかに減少
ディナル	スロベニア，クロアチア，ボスニア・ヘルツェゴヴィナ	120-130	安定かわずかに減少
バルカン	アルバニア，セビリア	40-50	減少

の生息数と遺伝的多様性の減少には，クマと同様に，中世以降の森林伐採の影響が大きい．ただしこの動物の場合は，ヨーロッパ全域で17世紀以降，個体数の激減が指摘されてきた．生息地の減少と分断化に加え，もう1つ別の人為的要因が存在していた．それはなにか，後に検討したい．

なお，ヨーロッパにはもう1種のヤマネコが生息している．オオヤマネコより小型の別種，イベリアヤマネコ（あるいはスペインヤマネコ Lynx pardinus）で，スペイン北部のポルトガルとの国境沿いやドニャーニャ国立公園などにのみ生息する（Johnson et al. 2004）．その現状は前種より深刻で，1990年代には分布域2000 km^2，1000頭程度が生息していたが，森林伐採によって生息地の80%が消失，また餌であるアナウサギが感染症に罹り激減した結果，40–50頭と見積もられている．現在ではヨーロッパで絶滅がもっとも危惧される種の1つだ．減少してきた最大の要因は中世から近世にかけて大規模に行われてきたヒツジの移動放牧と考えられる．この点は後に述べる（第6章ヒツジ，メリノ種）．このイベリア半島は，氷河期のリフュージアの1つで，ヒグマはその大きな移動性によってこの地に避難できたが，オオヤマネコは利用できなかった．それはおそらくこのイベリアヤマネコとの競争関係があったと推測される．この地にはイベリアハタネズミ（Microtus cabrerae），イベリアミズハタネズミ（Arvicola sapidus），イベリアマツネズミ（Pitymys lusitanicus），グラナダノウサギ（Lepus granatensis）などの固有種が多く，ヨーロッパにおける氷河期の環境変動と生物進化の舞台の1つだったことを物語っている．現在，試験的な再導入が試みられ，わずかだが増加傾向にある（Rodríguez & Calazada 2015）．

森林の減少と増加した動物

森林の減少と生息地の消失によって減少した動物たちがいたいっぽう，放牧地や農耕地など開放的な環境が広がるにしたがって分布域や個体数を増加させた動物たちがいた．森林のなか

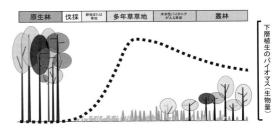

図 5-9 森林の伐採と遷移にともなう下層植生のバイオマスの変化．模式的に示す．森林の適度な伐採は草食獣に良好な餌場をもたらす．

の草本は，上層の樹木がなくなれば日射量が増加するので必然的に増える．この植物側の応答はどこでも起こり，下層植生のバイオマス（生物量）は，伐採後には飛躍的に増加し，その後木本の成長や遷移とともにゆっくりと減少していく（図5-9）．このため森林の（過度ではない）適度な伐採は，景観をモザイクにし，草食獣には良好な餌場を提供し，ほかのマイナス要因が働かなければ，通常，個体数を増加させることになる．このことが中世でも起きたのではないか．牧草地はもちろん，森林との境界，農耕地に転換されたところでも，除草剤などなかったし，粗放的だったろうから，雑草が繁茂し，草食獣の天国になっただろう．それは，家畜にはもちろん，野生の草食獣にも好都合だった．

私たちは，森林の消失と野生動物の減少が並行現象であるとの論述にしばしば出会う．けれど，それは検証されていない固定観念の場合が多い．すべての動物種にあてはまるわけではなく，森林の消失に対する動物側の応答は，動物種の環境要求によって異なり，消失の程度やパターン，攪乱の内容によって種ごとに変化する．一般論をいえば，草原性のウサギ類やハタネズミ類，森林と草原の両方を生息地とするシカ類，あるいは攪乱した環境を好むイノシシやアナグマ，そしてそれらを捕食するキツネやオオカミ，さらには人間の居住地に進出したネズミ類，ハリネズミ，イタチ類にとっては，絶好の生息地の拡大につながっていただろう．草原性や種子食性，草食性の鳥類にも生息環境の拡大だった．やや後代だが，ラ・フォンテーヌの『寓話』（1668）には，クマの出現が減るいっぽうで，

キツネやオオカミ，シカの活躍がめだち，鳥類では典型的な草原の鳥，ヒバリ（*Alauda arvensis*）がたびたび登場する．

これら哺乳類はいずれもイングランドやアイルランドを含むヨーロッパ中にくまなく分布する普通種だ．ヒグマやオオヤマネコと同様に，氷期には南部のリフュージアに避難したが，その後には再移住した．現在，ミトコンドリアDNAやマイクロサテライト遺伝子を使って，アナウサギ，ハリネズミ，ノロジカ，アカシカ，キツネなどのハプログループの分布や集団構造が分析されている．これらの結果は，DNAは多型的で，多数のハプログループが存在しているのが共通している．たとえば，ノロジカ（ヨーロッパノロジカ *Capreolus capreolus*）は，もっともポピュラーな狩猟獣で，恒常的で高い狩猟圧にさらされてきたにもかかわらず，多数の地理的集団に分かれた複雑な遺伝的構造を維持し，遺伝的多様性は高く，氷期以後は個体群の分断化や個体数の激減（ボトルネック効果）を経験していないことを示した（Randi *et al.* 2004）．この結果はアカシカにも共通，ただしアカシカはもっとも人気のある狩猟のために人為による移動放獣が頻繁に行われたようで，遺伝子の攪乱が起こっているのが確認された（Hartl *et al.* 2005，Skog *et al.* 2009）．

ウサギには穴を掘る"アナウサギ類"と巣穴をつくらない"ノウサギ類"がいる．ヨーロッパには3種のウサギがいて，ヨーロッパウサギ（ヤブノウサギ *Lepus europaeus*）とユキウサギ（*L. timidus*）はノウサギ類に属し，おもに東部と北部に生息．もう1種は"ピーターラビット"で有名なアナウサギ（*Oryctolagus curicalus*）で，ヨーロッパ北部を除く全域に生息する．このアナウサギの遺伝的多様性をミトコンドリアDNAでみると，複雑に分化した地域集団が形成され，高い多様性を維持していたが，興味深いことに2000-1000年前に，安定性は崩れ，遺伝的攪乱が生じたことが判明した．とくにフランスの集団では，後にみるように中世中期以後，他集団の持ち込みや家畜品種との交雑がさかんに行われたようだ（Hardy *et al.* 1995）．

これらのDNAの分析は森林の減少と草原環境の増加とともに少なくない動物種が分布域を拡大し，個体数を増加させ，人間との間に新たな関係や葛藤が生じたことを示唆する．これに応答するかのように人間の野生動物に対するまなざしが少しずつ変化していく．その最大の様変わりが，領主や王，そして司教らの狩猟への熱狂的な傾倒だ．その狩猟はといえば，弓や槍による従来型の狩猟のほかに，この時代に初めて行われるようになった「タカ狩り」が加わり，中世の狩猟文化は一挙に開花した．とくに後者は，王や領主と，その夫人を巻き込んで，高貴な遊び，"スポーツ"としてもてはやされ，宮廷文化の花形に成長した．まずは貴族らのその高揚ぶりを紹介する．

5.2 中世における野生動物と森林の管理

（1）狩猟と森林管理

タカ狩り

タカ狩り（hawkingまたはfalconry）が最初どこで行われたのか，その起源の地はわからない．おそらく，弓などを使った狩猟がむずかしい草原地帯で，そのあまりにみごとな捕食行動をつぶさに観察した遊牧民か，農牧の民が，日常の糧を得る狩猟法の1つとして編み出したにちがいない．タカ狩りは，遊びや儀式ではなく，生業から出発している．タカ狩りに使われる猛禽類は，オオタカ，ハイタカなどのタカ類，ハヤブサ，シロハヤブサ，コチョウゲンボウ，チョウゲンボウなどのハヤブサ類で，大型のワシ類は（モンゴルではイヌワシが使用されるが），扱いが困難なためにほとんど使われない．

ところで，ひとことでタカ狩りとはいっても，タカを捕獲して放ったところで獲物が手に入るわけではない．野生の成鳥はけっして馴れないし，まして訓練などできない．タカ狩りは，①巣立ち直後か，巣のなかにいるタカの幼鳥を捕獲し，②飼育しながら馴化させて調教し，③タ

カ狩りに用いながら日常的に飼育する，この３つの段階から成り立つ．もっとも重要なのは，②の訓練で，野生とタカ狩り用のそれとを比較すると，たとえば野生のオオタカではキジ，カラス，ハト，ムクドリ，ツグミ，ヒバリなどの大・中型の鳥類が約90％を占めるのに対し，タカ狩りのそれはノウサギ（アナウサギを含む）が主要なターゲットで，逆に約80％以上を占める．同様にハイタカでは，野生個体はほとんど（95％以上）がハト，ヒバリ，ムクドリ，スズメなどの中・小型鳥類を捕食するのに対して，訓練を受けた個体は90％以上がキジ，ウズラ，ツグミなどの狩猟鳥に偏る（Prummel 1997）．これは，イヌによって追い出される獲物を，上空でホバリングしながら待機した後に捕食するか，馬上（ないし地上）から獲物を確認した後に，その方向に向けて放ち，襲うよう仕向けた，調教による成果なのだ．この訓練には，人間はもちろん，イヌや人工物，それらが発するさまざまな音への馴化を含め，継続的な努力とそれなりの時間が必要だ．

　このようなタカ狩りはどこに起源したのだろうか，あらためて問いたい．少なくとも4世紀以前のヨーロッパにその記録や考古学的証拠はない．アリストテレスは『動物誌』（BC4世紀）のなかでタカを利用した鳥の捕獲は記録しているが，タカ狩りそのものではない．ところが，BC約2000年，エジプトではタカがヒエログラフ文字に採用され，中国では殷時代にタカを使った狩猟が記録されているが，はたして本来の意味の「タカ狩り」が行われていたかどうかはわからない．明確なのは，漢時代の文書で，人間の手から放たれたタカによって狩猟が行われたことが，そして唐時代の文書には「鷹師」と呼ばれる専門家が存在していたことが記録されている．おそらく中国ではBC300年ころには狩猟法としての「タカ狩り」が急速に普及し，それを業とする集団が成立したと推測される．この点では，日本も引けを取らない．古墳時代の埴輪にはタカらしき鳥を腕に乗せたものが群馬県，和歌山県，埼玉県，大阪府などから出土している．「日本書紀」には仁徳天皇の

図5-10　ヒッタイト・ヤズルカヤ遺跡の石に彫られた王と推測される人物と子どものレリーフ．右上にはワシの紋章，手にはタカ（？）をもつ（トルコ，2012年5月著者撮影）．

時代（355年ころ）に「タカを放ってたくさんのキジを捕獲した」とあり，この狩猟法が百済から伝えられたものであること，また「鷹甘部」（鷹飼部）という専門部署が設置されていたことを記録している．タカ狩りは中国から朝鮮経由で伝えられたようだ．

　では中国が起源地かといえば疑問符がつく．BC8世紀前後のペルシャやアッシリアの遺跡からはタカとおぼしき鳥を腕に乗せた王のレリーフが複数発見されている．近年注目されているのは，トルコのヒッタイト遺跡にある神殿の彫刻で，そこには腕にタカをとまらせているような王とおぼしき人間が，はっきりとした「双頭の鷲」の紋章とともに，刻まれている（図5-10）．キャンビィ（Canby 2002）はこれが最古の「タカ狩り」と解釈したが，もしそうならば，タカ狩りはBC14-13世紀にアナトリア半島（小アジア）の草原地帯で編み出された狩猟技術だといえよう．ヨーロッパの生活技術は，鉄の冶金と同様，ここでもまた草原の民に依拠していた．

　タカ狩りは，飼育も含め個人でも可能だが，できればタカを調教，飼育できる専門家集団に委ねるのがてっとり早く，したがってこうした組織を維持できる財力が必要だったこと，さらにはその容姿が気高さや優雅さの象徴につなが

ったがゆえに，支配層のステータス・シンボルになりえたことなどから，古来より権力者が愛好，愛育した技術体系であり，特権階級の手で連綿と育成されてきた．それは日本も同様で，信長，秀吉，家康，吉宗は鷹匠の集団を手元に置き，寸暇を惜しむかのようにタカ狩りに興じた．江戸時代，タカは将軍と大名，大名間のぬきさしならぬ贈答品となり，ときには政治をも左右した（岡崎 2009）．

タカ狩りはおそらく5世紀ころには東方から伝わったと考えられる．調教しているタカの様子を描いた5世紀前半のモザイク画がギリシャ中央部のアルゴスから出土した（Vickers 1976）．その後，ヨーロッパ全域に伝えられただろうが，ただし，この時代のヨーロッパはまだ鬱蒼とした森林で，この狩猟法はそのおもしろさにもかかわらずあまり普及しなかったようだ．処遇が大きく変わるのは，中世初期の大開墾運動以降で，大規模なオープンランドの出現にともないウサギ類やキジ，ウズラなど草原性狩猟鳥獣が大幅に増加したことと無縁ではない．人々は，とくに食料が不足する冬期に，こぞってタカ狩りに勤しむようになった．

領主や司教らが，そこに上品で高貴な遊びの要素を発見したのは自然のなりゆきで，たちまちその虜になった．男性だけではない．それは，格闘や流血をともなわない優雅なスポーツとして，上流階級の女性陣をも魅了し，浸透していった．彼らはオオタカ，チョウゲンボウ，シロハヤブサをとくに高貴な種類とみなし，庶民のそれとは差別化をはかった．なかでもシロハヤブサ（*Falco rustcolus*）は成鳥が全身白色（羽毛の色には白色，灰色，淡茶色の変異がある）となるところから，また獲物を旋回しながら探索するという独特の索餌行動を行うことから，最高貴なものとみなされ，その所持は王や大司教だけに許された．シロハヤブサは，北半球に広く生息するものの，白色が環境への適応であることからもわかるように，極地やツンドラに多い．特権階級のこの鳥への熱望はスカンジナヴィア半島など北方圏との交易を模索する先導の役割を果たした．そしてさらに強調すべきは，支配層によるこのタカ狩りへの熱狂がやがてタカの習性から鳥類一般の生物学，「鳥類学」（ornithology）の端緒を開いたことだった．

13世紀，タカ狩りをこよなく愛した神聖ローマ帝国の皇帝，フレデリック（フリードリヒ）2世は，シチリア王を兼ねていたのでイスラム圏との交流が深く，アラビアのタカ狩りの本を翻訳し，さらにそれにも飽き足らず自分自身で『鷹狩りの術』（1241）を著した．それはタカ狩りの専門書であると同時に，最初の鳥類学の書でもあった．14世紀になると，各地の王侯貴族たちは，これに同調するかのように，さまざまな狩猟書を披露した．その1つ『モデュス王の書』（1328）にはタカ狩りの解説のほかに，農民向けには畑の害鳥退治の方法を指南した（Almond 2003）．またイングランドで発刊された『ラットレル詩篇』（1330 年ころ）には，タカ狩りや小鳥用捕獲ネットの張り方が紹介された（上記の本の紹介は Almond 2003，堀越 2009 による）．当時の散文小説『デカメロン』（ボッカッチョ 1350 年ころ）のいくつかの章（たとえば5日第9話，7日第9話）には，イタリア北部ではタカの飼育と狩りが王族や僧侶だけでなく商人や庶民の間にも普及，流行していたことが綴られている．今日の"スポーツ"という言葉（第9章参照）は，野生動物の狩猟に由来するが，タカ狩りはその本流の1つとして，近代まで受け継がれた．

領主たちの狩猟

中世中期から中世後期にかけて，王や領主，貴族たちの間では「狩猟」が異常なまでに流行した．専門の「狩猟書」が，「タカ狩り書」とともに，続々と編纂された．これらは写本され，貴族たちの間で閲覧され，普及した．冒頭で紹介したガストン・フェビウスの『狩猟の書』，このほかに，たとえば『狩猟物語』（ガス・ド・ラ・ビュイーニュ，1359-1377），『猟犬を用いた狩猟宝典』（アルドゥアン・ド・フォンテーヌ＝ゲラン，1394），『大物猟』（カスティリャ王アルフォンソ10世，1221-1284）などだ（上記の本の紹介は Almond 2003，頼 2005 によ

る）．これらの書物では，おもな狩猟獣の生態，猟具と多彩な狩猟法が解説されていた．なぜ狩猟がそれほどに流行したのだろうか．

　理由の1つは，すでに指摘したように，農耕地の拡大という自然環境の変化にともなって狩猟鳥獣が増加したこと．領民と野生動物の間には「被害」というのっぴきならない軋轢が生じ，これを防止するのが，領主の荘園経営の手腕であり，任務となったことだ．西ヨーロッパ中世の祖，カール大帝は自分の領地の経営規定である『御料地令』（790年ころ）には，鍛冶屋や靴屋に加え，猟犬の飼育業や狩猟用の網製造人をりっぱな職種として遇している（堀越 2009）．領主とは，もともとローマ帝国の属州に派遣された長官や，徴税を請け負った騎士階層の末裔であり，荘園とは，軍事力を背景に私有化した村落の領域だった．多くの農民はそこに取り込まれた「農奴」をルーツとし，安全との引き換えに移動を制限され，税を納め賦役の義務を負った人々だった．野生動物の被害から畑を守るため，そのまわりに柵や生垣（ヘッジロー）をめぐらすのも重要な賦役の1つだった（パウア 1969）．領主が本来なすべき仕事は，この荘園と農民を守ることだった．こうした状況にあって，領主が野生動物を狩るという行為は，支配者として，そして騎士階級として，領民に権威と勇気を誇示するまたとないパフォーマンスだった．だがこれだけに留まらない．そこには中世ならではの見過ごせない社会的背景があった．

狩猟とはなにか

　英語圏では古くから狩猟鳥獣を"ゲーム"（game）と呼んできた．ゲームとはその語源であるゴート語で"ga-" = "together", "me" = "man"だから"人々が集う"ことを意味した．狩猟とは鳥獣の捕獲を競い合う集団のゲームなのだ．このことが当時の社会的状況と照らして重要な意味をもっていた．

　中世中期から後期にかけてのこの時代，王国や帝国といってもヨーロッパはどこでもまだその実態は，泡のように小さな，多数の領邦国家の寄せ集めであり，領主といえどもその地位は盤石ではなかった．群雄割拠，弱肉強食，隙さえあればたがいに侵略し合い，紛争や戦争は絶えなかった．こうした社会を安定させるには，封建制の必然として，ほかの有力な領主との間に臣従関係（封建的主従関係）や縁戚関係，同盟関係を結び，集団的な自衛のネットワークを築くこと以外にはない（頼 2005）．その要諦は時代や地域を問わない，人間社会の宿命といってよい．この外交や政治にもっともふさわしい催事や接待こそが「狩猟」であった．それは，乗馬や槍，弓の技量，獲物を倒す強さや勇気を，たがいに競い合い，たたえ合う絶好の機会であり，これにまさるものはない．そして，獲物はさまざまに調理され，親交を深める晩餐や饗応の席でふるまわれた．規模はちがうが現代風にいえばさしずめ"接待ゴルフ"だが，このためには，多数の狩猟隊と料理人を引き連れ，洗練された形式で勢子や狩猟者の編成や配置，獲物を仕留める規定や手順が取り決められる必要があった．タカ狩りを含む「狩猟書」はまさにこの「マニュアル」だった．

　すでに紹介した『狩猟の書』の著者，ガストン・フェビウスはフランス南部の大都市トゥルーズの南，ピレネー山麓のフォア伯爵領やベアルン子爵領の領主で，近隣の領主（ナバラ伯）の娘と結婚し，フランス王家とも姻戚関係で結ばれていた．頼（2005）によれば，ガストンは，百年戦争という，フランスかイギリスかの帰属をめぐる二者択一の激浪のなかにあっても，狩猟というたくみな外交を通じて領土の保全と拡大につとめた人物であったという．

　領主にしてからがこうだから，同じ特権階級の聖職者や司教たちが同調したのは当然だった．カール大帝は，聖職者たちの目に余る逸脱に猟犬を飼うのを禁止したが，効果はいっこうに現れなかった．それもそのはず，司教や修道院長の大半は，有力貴族のなかから任命された（跡取り以外の子息）ので，その精神と行動は，騎士の支配階級そのもの，神への忠誠や祈りなどとはほど遠い存在だった．しかも貴族からは荘園が寄進されたり，農民からは十分の一税やペトロ献金を取り立て，裁判権をもつなど，実質

的には世俗権力となんら変わりなかった．彼らの多くは「ミサに行くよりは狩猟に行く方を，説教壇に登るよりは馬に乗る方を好んだ」という（野島 2010）．教皇（ローマ法王）のなかには，クレメンス 6 世やヨハネス 12 世，レオ 10 世などのように，職務を投げ出し狩猟に興ずる人物さえいた．

中世を代表する英文学の傑作，『カンタベリー物語』（チョーサー，14 世紀ころ）には，猟犬を飼い狩猟にうつつをぬかす修道士や教会関係者，さらには宮廷騎士に同行する狩りの角笛をもつ「森番」が登場し，狩猟が（表向きでは）特権階級のものだったことを伝えている．狩猟に熱をあげ羽目をはずす領主や教会関係者が多数いたいっぽうで，指摘したいのは，時代が進むにしたがい，その真逆の立場——狩猟に眉をしかめ，軽蔑し，狩猟で怪我を負った動物（ほとんどはシカ）を救い，動物を通して「改心」し，神に帰依した，少なくない聖人や教会関係者がいたことだ．中世を支配したキリスト教は，「狩猟」をどのようにとらえ，どのような態度で臨んだのか．それは中世における人間と自然，人間と動物との関係を占う主要なテーマである．この点はキリスト教との関連で後述する．

中世での狩猟の武器

狩猟用の武器は，中世初期では槍（投げ槍）と剣で，カール大帝などはこれらを使用した（したがって事故も多かった）．弓は独自に発展し，遊牧民の馬上射撃なども広く知られていたが，騎士の武勇や高貴さを示すものではないとして敬遠された（堀越 2009）．しかし弓にカタパルトをつけたクロスボー（ボーガン）が改良され，小型で速射性を増した矢と強力な金属製の弓が普及するにおよんで，13 世紀以降は，とってかわられた[3]．フェビウスの絵（図 5-2 参照）はちょうどこの交代期で，槍，剣，弓に交じり，クロスボーが登場していた．ちなみにクロスボーは，BC4 世紀ころ，中国で発明され，いち早くヨーロッパに伝わった（第 1 章参照）が，ヨーロッパではおもに防御用の兵器として

図 5-11 マーチャーシュ像，たおしたアカシカのそばにクロスボーをもつ．ブタの丘王宮（ブダペスト）（2012 年 6 月著者撮影）．

発展した．それがこのころになると金属製の弓矢が発明され小型・軽量化が進んでいた．武器として重要なのは，機械仕掛けの兵器としてその後の軍事技術の発展に先導的な役割を果たしたことである（クロスビー 2006）．

15-16 世紀になると，クロスボーは一般の狩猟具として普及した．たとえば，フランス北部ノルマンディー近くの村落では，火縄銃もあったが，農民はクロスボーやくくり罠，網を使って，野ウサギや野鳥，ときには（密猟で）シカやイノシシを狩猟したとの記録があり，クロスボーの矢は安価だった（3 スー程度，この地域の靴の値段は当時 15 スー，Ladurie 1987）．ハンガリー，ブタの丘の王宮には"マティアスの泉"と呼ばれる，ハンガリー・ボヘミア王だったマーチャーシュ 1 世（在位 1458-1490）の狩猟シーンを記録した巨大な彫刻がある（1904 年制作であるが，往時をよく再現している）．仕留めたアカシカに乗り，得意のポーズをとる王の手にはクロスボーがしっかりと握られている（図 5-11）．領主も農民もクロスボーを愛好していた．それだけではない．イギリスのカンタベリー大司教は，1621 年にクロスボーでシカ猟を行い，誤射，森番を殺してしまったとの不名誉な記録を残している．

（2）国王の狩猟と狩猟権

封建的主従関係がより強い主君を中心に再編され，やがてその最大の実力者が広大な地域を領有し，国王（皇帝）を名乗ることになる．この中央集権化された絶対王政の国においても国王たちはあたかも職務か権力の証のように狩猟に狂奔した．該当する歴代のフランス王を並べると，ルイ4世（在位 936-954），ルイ9世（1226-1270），フィリップ4世（1285-1314），シャルル5世（1364-1380），シャルル6世（1380-1422），ルイ11世（1461-1483），シャルル8世（1483-1498），フランソワ1世（1515-1547）と，いずれもが名うての狩猟好きだった．このうち，ルイ4世は954年にオオカミを追跡中に落馬して，フィリップ4世は数週間にもわたる大狩猟を6回もしたあげくに狩猟事故で，それぞれ死亡．ルイ11世は狩猟服で猟犬とともに埋葬してくれと遺言し，フランソワ1世（図5-12）に至っては「狩猟の父」とみずからも豪語し，華美な狩猟服や猟具を特注した．蛇足だが，花の都パリは当時，狩猟獣が濃密に生息していた歴代国王のお気に入りの猟場で，ヴェルサイユ宮殿は，ルイ13世（1610-1643）がその猟場の一郭に建てた「狩猟の館」だった．

フランス国外に目を転じると，いずれの国王もまた打ちそろっての狩猟好きだが，このうち狩猟事故による訃報だけを列挙すれば，イングランドのリチャード大公は1081年に，ウィリアム2世は1100年に，神聖ローマ帝国（ドイツ）王ルートビッヒ4世は1347年に，それぞれ不測の事故死を遂げた．また「狩猟王」と呼ばれるほどに狩猟好きだった神聖ローマ帝国初代王ハインリッヒ1世（919-936）は狩猟中の脳卒中が原因だったと伝えられている．こうした死亡診断書は，臣下の貴族まで含めると膨大な数となり，狩猟がけっして中途半端なレジャーでなかったことが理解されよう．

ただし国王の名誉のためにいわなければならないのは，ほかにやるべきことのない暇つぶしだったわけではない．フランソワ1世を例にすると，この野心満々の王は，即位後にイタリア

図 5-12 フランソワ1世．ヴァロア朝第9代のフランス王．狩猟好きでみずからを「狩猟の父」と称した（ルーヴル美術館蔵．2012年10月著者撮影）．

の領有をめぐって神聖ローマ皇帝，カール5世と争い，「パヴィアの戦い」（1525年）では前線で指揮を執るものの，捕虜となり，スペインに幽閉されてしまう．解放後はオスマン帝国やイングランドと同盟し，神聖ローマ帝国に干渉戦争を繰り返した．また，プロテスタントを迫害し，売官制を導入し，財政改革を行った．そのいっぽうで，アメリゴ・ベスピッチの航海を援助し，フランス領カナダの礎を築き，またレオナルド・ダ・ヴィンチなどの芸術家を招き，文芸の発展に尽くすなど，波瀾万丈の生涯を送った．モナリザがルーヴル美術館にある理由はダ・ヴィンチが招かれたアンボアーズの地で客死したことによる．こうした多忙の寸暇を惜しむかのように狩猟に熱中した．

さて，こうした絶対的な権力を背景に，国王や領主は，領地とそのなかに存在する一切のものに対して「所有権」を主張した．このことは，同時に，他者に対する利用の排除，独占的な利用権の押しつけを意味した．したがって領域内に生息するすべての野生動物は土地の所有者に帰属し，所有者だけが狩猟できる権利＝「狩猟権」をもつと主張した．これはいわゆる"ローマ法"の伝統で，ローマ帝国とその属州を受け

ついだフランク王国のメロヴィング朝，カロリング朝，そしてその後のヨーロッパ各国も基本的にはこの精神を踏襲している．カール大帝は『一般巡察使勅令』(802年) のなかですでに「余の森において誰も余の猟獣を盗むことがないように」と厳命している (堀越 2009)．

いっぽう，農民にとっては，もともと自然物の私有という概念はなじみが薄く，森林や野生動物は村落共同体に帰属する共有物であると漠然と認識され，狩猟もある程度自由に行われていたから，狩猟権の一方的な主張と独占は，野生動物や自然物の帰属や対応をめぐって，農民との間に軋轢を生み出すこととなった．この時代，肉や毛皮を供給し，有害駆除を担う猟師という職業 (それは一部の元農民) が社会的に認知されていたことは，たとえば，12世紀のフランスの民間伝承を原型にしたといわれる『狐物語』に典型的に出現している．そこには，当時の商人や宮廷の暮らしが"悪狐ルナール"に託して描かれているが，同時に「狩人」や「毛皮商人」といった職種が登場し，悪さをする動物＝宮廷人や悪徳商人の懲らしめ役を演じ，人々の溜飲を下げている．また，農民の窮状を赤裸々に告白した童話や民話，たとえばグリム童話の「白雪姫」，「12人の狩人」，「腕利きの猟師」などには，じつに多くの「狩人」たちが脇役として登場する[4]．同時に注目したいのは，これらの童話にはまた「樵」も登場していることだ．それは森林から木材を切り出し，木製品や木炭，皮なめし用樹皮を生産する職業が村落のなかに根づくようになったことを証明している．

森林とはなにか

国王や領主 (ときには教会や修道院) は所有した領地のなかに森林や不毛の土地をまとめて，狩猟を行う「禁猟地」(foresta) と呼ばれる専用の土地を占有し，農民の侵入を防いだ．この役割を任されたのが「林務官」(forestrii) や「森番」だった (ドヴェーズ 1973)．禁猟地とは狩猟を禁止する"サンクチュアリ"ではなく，王や領主の"専用猟場"であり，森林管理官の任務は狩猟好きのご主人のために狩猟獣を保護し，密猟者を排除することだった．

他方，この狩猟のための森林に対応して，「共有林」(sylva communis) という名の森林が自然条件や歴史的な経緯を背景に併存していた．共有林とは，領地内にありながらも領民には放牧や薪採取などの利用がある程度許されていた森林か，あるいは所領から外れて農民が自由に使ってきた森林で，中世ヨーロッパには後者のような森林がまだたくさん残っていた．今日，森は"フォレスト"だが，本来"シルヴァ"こそが森だった．

イギリスも同様で，イングランドを征服したウィリアム1世の"フォレスト・ロー"(1066年) はいわゆる"森林法"ではなく，王室専用のシカ猟区 (森もあったが草地や荒廃地から構成された) の設置規定で，目的は農民の排除だった (ドヴェーズ 1973, Green 2013)．

ところで，自然物や野生動物の帰属をめぐる意識の問題にもう一度立ち戻ると，日本では，野生動物は「民法」によって「無主物」と規定され，良悪は別として，かなりあいまいな存在だが，こうした「常識」で今日のヨーロッパ各国の状況をみると，程度にちがいはあるが，野生動物に対する土地所有者の権限が優先されているのに戸惑いと隔たりを感じる．とはいえ，日本におけるこの「あいまいさ」は明治以降のことで，江戸期を含む以前には，大名や権力者が猟区である「標野」，「禁野」，「御留場」を設定し，絶対的な権限を行使したし，物産として重要だったシカ (毛皮) やクマ (熊胆) などには藩が所有権を主張し，違反した者には極刑で臨んだ (千葉 1969, 村上 2007)．

狩猟の取り締まり

この狩猟のための森林は厳格に守られ，違反者は徹底して取り締まられた．ローマ法は本来ローマ市民＝貴族のための法律であり，後には支配者である皇帝の意志を具現化する機能をもっていたから，国王や領主は権限を乱用し，勝手に刑罰を科した．とはいえ，それは他方で領民との妥協の産物との側面も否定できないため，

初期の法令では、農民には農耕地に被害を与えるアナウサギ、キツネ、リス、鳥類などの捕獲についてはある程度目こぼしした。それでも地方の領主や貴族のなかには過酷な罰金刑を科す者がいた。フランス、プロバンス県では1321年にアナウサギ1頭を捕獲した4人の違反者に240ドゥニエ（約2カ月分のパン代）の支払いを命じた（ドロール1998）。しかし農民の狩猟がときに暴走し、密猟行為と区別しにくくなり、また農民のなかには実入りのよい狩人に転身する者が現れるにおよんで、農民の狩猟は全面的に禁止された。シャルル5世（在位1364-1380）は違反農民を徹底して取り締まり、罰金や鞭打刑から徐々に苛酷な刑に強化した。

このフランスでの経過はラガッシュ（1992）やベルナール（1991）が紹介している。アンデル県の領主アングーランは13世紀中ごろ弓矢をもった若者2人を処刑したことで悪評を買い、ときの国王ルイ9世はさすがに叱責したが、みずからの「国王の猟場」では、密猟の初犯者を不具に、再犯者を極刑に処した。変更されたのはかなり後のアンリ4世の時代で、1601年と1607年の王令では初犯者を罰金と鞭打ち刑に、再犯者を財産没収のうえガレー船漕ぎの刑に、再々犯者を死刑に処した。そして1669年、ルイ14世は、国王の慈悲を強調しながら、死刑ではなく再度のガレー船漕ぎを命じた（フランスは当時海外に進出、東インド会社などを経営）。こうした王令は1315年から1669年の間に合計16回発布、とくに「国王の猟場」が成立した16世紀以降、罰則を強化しつつ頻繁に改定された（阿河2005）。

イギリス王は、フランスのノルマンディー公による征服王朝だったために、フランスを手本にしつつも、領民へはいっそう苛酷に対処した。ウィリアム1世はアカシカを殺した者を重罪とし、容赦なくその眼球をくり抜いたし、ウィリアム2世（在位1087-1100）は森林法により初犯者を手か足の切断、再犯者を死刑に処した。後のヘンリー1世（在位1100-1135）は、財政上の収入を目的に重い罰金刑に減刑したが、ウズラやキジなどの狩猟鳥の密猟と、国王のものだったアカシカのそれとでは厳格に区別した。

（3）農民たちの反乱と密猟

ヨーロッパでは14世紀に入ると「小氷（河）期」に突入し、寒冷化、凶作や飢饉にたびたび見舞われた（図5-3参照）。1316年には中世最大の凶作に襲われた（フェイガン2009）。また黒死病（ペスト）が繰り返し発生し、後にくわしくみるように、人口の30-60%を失った（カンター2002）。国際的には百年戦争（後述、第7章）などの戦乱が打ち続き、激動の時代に突入した。農民たちは、中世温暖期の農業生産の飛躍的な発展を背景に、自分たちの手で新たな土地を開墾し、自立する者や、自由となった農奴が多数出現し、領主の桎梏から解放されつつあった。王や領主は、多大な戦費によって財政が逼迫、さらなる重税を課し、あるいは人口減少により労働力が不足したため、農奴制の復活をもくろんだ者も現れた。両者の矛盾はしだいに鮮明になって、農民たちの抗議は各地で一揆や騒乱に発展した。フランスでは1358年に"ジャックリーの乱"が、イングランドでは1381年に"ワット・タイラーの乱"が起こった。こうした農民の無数の一揆や反乱が、反作用として支配層の再編と強化につながり、やがて絶対王政の成立を誘導していった。この時代の社会状況は野生動物へも影を落としている。

ナチュラリストでもあったトレヴェリアンは、その古典的名著『イギリス社会史』（1971）のなかで後者の乱の一端をこう解説した。反徒のなかには「領主の裁判を避けて森に逃げ込んだ農民、密猟を生業とする者、ならず者などのロビン・フッドの群れ」がいたとし、そして次のような14世紀中ごろの庶民詩を紹介した。驚くことにアカシカの密猟者が創作した頭韻を踏む詩。

> 愉しみ多き五月、風やわらかき夏のころ、私はもりへ幸運をとらえに、茂みにかくれて、牡鹿か牝鹿があらわれたら射止めようと出かけた。主が天空より日の光をさしむけ給うとき、私は小川のほとりにたたずんだ。（略）牡鹿は歩みをとどめ、くまなくあたりを見まわ

しつつまた歩むが，ようやく首をたれて，草をはみはじめた．そのとき私は弩の引金をひき，牡鹿を射た．（略）牡鹿は息絶え，びくとも動かずによこたわっていた．

そして詩人は森番にみつからないように死体を隠した．大胆不敵，極刑と引き換えにしてはなんとも風流ではないか．

フランスでは，農民たちの相次ぐ反乱に国王や領主は一定の譲歩を余儀なくされた．シャルル6世は1413年に，アンリ4世は15世紀の中ごろに，それぞれシカ以外のキツネ，アナグマ，カワウソ，ビーヴァー，オオカミなどの狩猟を一時的に許可，シャルル9世は1560年にアカシカやノロジカ，イノシシを「みつけ次第，石を投げたり，叫び声をあげたりして（つまり傷つけることなく）耕作地から追い払う」こと，さらには耕作地にアキレス腱を切ったイヌを放つことを認めた．とはいえ，厳罰をいくら科してももはや農民の密猟を止めることはできなかった．16世紀以降，国王のお膝元のパリにもシカやイノシシの密猟肉が公然と出回っていた．ルイ14世は1669年に領地内の猟区で農民に期間を限ってアナウサギ猟を許可したが，農民たちはおさまるはずはなく，自由な狩猟を求める抗議行動を繰り返した．「野鳥やアナウサギ，野獣による被害は畑地に作物の植え付けをはじめてから収穫のときまで続き，もう我慢できない」（ラガッシュ 1992）．農民の怒りはフランス革命の前夜まで続き暴発寸前だった．

ドイツではやや遅れるが1524年にルターの宗教改革の影響を受け，"ブンドシュウの乱（ドイツ農民戦争）"と呼ばれる農民一揆が発生した．農民たちの掲げた要求の1つは，森林所有権を村落にもどし，農民の禁猟を排して，狩猟権を万民に拡張せよというものだった（ドヴェーズ 1973）．

話をイギリスにもどす．ワット・タイラーの乱に呼応して1389年にイングランドでは狩猟者の資格に関する新しい法律（"The Qualification Act"）が制定された．それは最古の「野生動物法」というべきもので，この法律では，シカやウサギは従来どおり国王の私有財産とみなすいっぽうで，ウズラ，エゾライチョウ（グルース）などの狩猟鳥については，狩猟権を一定の面積を有する土地所有者か，一定の収入がある聖職者などに限って認めるという内容だった．自由に移動する野生動物をあからさまには領主や貴族の所有にはしなかったけれど，土地や財産を基準に特定の階層，つまり特権階級に帰属させた点では，以前の"フォレスト・ロー"と本質的に変わりなかった．この法律とその精神は，その後，紆余曲折を経つつ，基本的には近代まで継承されていく（川島 1987）．

森の覇者としてのシカ

それにしても国王や領主たちのシカ（主としてアカシカ）への執着ははめを外していた．彼らが狩猟という行為に，事故の危険を冒してまで，求めたものとはいったいなにか．

支配者や権力が狩猟対象とした動物は，歴史的にみると，ライオン，ヒグマやオーロックスであった．ライオンはヨーロッパ南部にはいたが，中世以前の段階で絶滅していたし，ヒグマとオーロックスは森林減少で徐々に姿を消していた．9世紀前後，カール大帝はドイツ西部のアーヘン近郊で，息子ロタール（後のイタリア王）とともにオーロックス狩りをたびたび行っている．しかし目的は遂げられず，ある狩猟の猟果は数頭のヒグマだったと記録に残している（リシェ 1992）．ヒグマもまた王の狩猟にふさわしい動物であり，キリスト教に傾倒していたこの権力者は異界の強敵をとことん抹殺しようとした（パストゥロー 2014）．獲物はその卓越した力を狩猟者と同化させるために調理され，盛大な宴会で食された．クマは森林の減少に加え，領主たちの執拗な挑戦を受けて平野部から姿を消すようになった．

これらに代わって王や領主の標的はしだいにアカシカ，それも角の立派なオス成獣へと偏重していった．このいっぽうで，オオカミ，キツネ，アナグマ，カワウソは「卑しい狩り」として見向きもされなくなった．もちろんこの選定基準の1つは獲物としての満足度，肉のおいしさや量にあったのは否定できない．当時の王や

領主が野生鳥獣の肉を偏愛し，肉食過多だったことは「年代記」や「武勲詩」からよく知られている（たとえば木村 1988，堀越 2009）．野生の肉は領土がもたらす資源であり，王や領主たる証はこの貴重な資源の独占を誇示することだった．

もう1つの基準は，すでに述べた支配者や騎士としての力量，勇気や強さの対象だったことで，警戒心と敏捷さ，優雅さと雄々しさをあわせもつシカは，もっともふさわしい動物だった．かのフェビウスは『狩猟の書』のなかでこう述べる．「シカ猟は素晴らしい．シカを追跡するのは楽しく，追い込んでから森に目印をつけるのも快いし，走り去るに任せるのも，それを追い立てるにも，再び狩り出すのも面白いからだ．（中略）シカは綺麗で感じのよい獣だから，私はシカ猟こそ最も高貴な狩猟だと主張したい」（パストゥロー 2014）．このあたりの行動と心理は，地域を超えて世界共通だったように思われる．日本では，封建大名が自分の支配領域に「禁野」などの専用の狩猟地を設定し，軍事演習を兼ねて大規模なタカ狩りや狩猟を繰り返したが，多数の勢子を動員して行った巻狩りの目標はもっぱらシカだった．室町時代の狩猟の故実書『狩詞記』（かりことばのき）（群書類従，第 23 輯所収，中澤 2009）のなかには「かりと云は鹿がりの事なり」との有名なくだりがある．中国では春秋戦国時代から，覇権を争い権力を奪うことを「中原に鹿を逐う」，「逐鹿」（ちくろく）といい，鹿は帝位そのものを表した．支配者はどこでもシカにこだわった．

さらにこの基準を突き詰めると，もう1つはオスジカの角がもつ神秘性や象徴性に行きあたるように思える．それを「ケルヌンノス性」と名づけておこう．ケルヌンノスはすでに紹介したように豊穣を司るケルトの半獣神で，ローマ神話では，いつのまにか性転換して，野生動物の守護神であるディアナの夫におさまっている．森は魔界や異境であり，そこにおわす神やその使者は，想像上のあまたの動物，怪獣や妖怪がそうであったように，神秘の角をもっていた．毎年のように生え換わり，季節とともに形状を変える角は四季のサイクルと，自然と収穫の豊饒を象徴した．この生命力や性的活性がケルヌンノス性のエッセンスだ．オスジカこそが森の神であり，支配者にふさわしい動物だった．それを倒すことは支配者になること，新たな森の支配者として君臨することを意味していた．だからこそ獲物が真の支配者かどうかを見極めるのが大切であり，これはシカの枝角の数によって象徴された．ヨーロッパでもっとも一般的なアカシカの角は，通常 6 歳以上になると 10 本以上に枝分かれする．賞賛に値したのはこうした立派なオスだけであり，その角のトロフィーは覇者の証として居城のなかに飾られた．この伝統はいまも残る．アカシカの角は，先端を"crown"，二番目を"royal"，三番目を"trez"というように各部に名前（これらは王の関連用語）がつけられ，ケルトやゲルマンの末裔であるヨーロッパのハンターは，いまなお毎年のように大会を開き，トロフィーの長さや太さを競い合っている．

（4）シカの角の生物学

角とはなにか

ところで，昆虫を含む多くの動物には武器がある（エムレン 2015）．ニホンジカやアカシカなどのシカ類を含むウシやガゼル，サイなどの有蹄類にはさまざまな形の角が頭の上に生えている（Emlen 2008）．この角は，系統によって骨や皮膚とその由来が異なっている．なかでもシカ類は（化石種も含め）じつに多様な角を発達させてきた．一般的にいえば，草原性で群れサイズが大きくなるにしたがって，角は巨大に複雑化する傾向がある（図 5-13）．シカ類の角（antler）はもともと骨が変化したもので，形成の過程はなかなか複雑だ．まず春に，古い角が落ちると，落ちた部分を皮膚が覆う．この皮膚には，ほかの皮膚と同様に神経と毛細血管が通っているが，おもしろいことにカルシウムをその内側に沈着する特異な性質をもっている．したがって，血管を流れてきた水溶性のカルシウムはここの部分で次々と沈着し，成長していく．このような状態の角は「袋角」（ベルベット）と呼ばれる．

図 5-13 シカ類の角の形態（化石種を含める）．おもなものをあげる．1：ケルピアルケス（化石種），2：オオツノジカ（化石種），7：ニホンジカ，9：ユーケラドセロス（化石種），10：アカシカ，13：ダマシカなど（Emlen 2008 より）．

成長とともに内側のカルシウムは化骨していき，最終的に皮膚は角の表面を覆うだけとなる．晩夏になると，成長しきった角の血管と神経は根元で遮断され，皮膚は死に，剥がれ落ち，角の本体が露出する．これを毎年繰り返す．

これに対してガゼルやウシの角（horn）は，皮膚そのものが進化したものだ．ウシ科動物の頭頂骨には，ふつう骨の突起があるが，この突起を皮膚が包んでいる．皮膚は複数の層から成り立っていて，表面（表皮）は角質の層で覆われている．ケラチンは毛髪や爪をつくる非水溶性のタンパク質で，角では，このケラチン層が極端に肥大化している．ちなみにサイの角もケラチンだが，骨の突起はない．だからいわば髪の毛を束ねたようなものだ．

角は，シカ類ではトナカイを除けばオスだけがもつ．ウシ科動物ではメスにもあるが，巨大で立派なのは，トナカイもそうだが，オスである．角はカルシウムやタンパク質の塊であり，これをつくるのには大きなコストが必要だ．たとえばアカシカの角は 20% のカルシウム，8% のリン，少量のナトリウム，マグネシウムなどのミネラル，そしてタンパク質から構成されるが，オスは摂取したカルシウムの 20-40% を角に配分し，もっともよく成長する時期には一時的にせよ骨のカルシウムを吸収し，角に回す（Muir et al. 1987）．このため骨は骨粗鬆症状態となる．破格の投資なのだ．なぜオスはこのよ

うなものをつくる必要があるのか，またそれは投資にみあうのか．ケルヌンノスの秘密を解き明かしておく必要がありそうだ．

角の機能

角の機能はさまざまに解釈されてきた．天敵に対する「武器説」，「放熱器官説」などだ．アリストテレスは明らかに天敵への武器説を解説していた（前章）．確かに草食獣は天敵に襲われると角で立ち向かう．しかしそれは急場しのぎで，つねに使うわけではない．またそうだとすれば，武器がほんとうに必要なのはオスよりむしろ子どもをもつメスのように思われる．また放熱器官だとしてもなぜオスだけが頭を冷やさなければならないのか，理由がわからない．そうではない．

草食獣のオスは，その繁殖期に角を，天敵ではなく同種のほかのオスに対してもっとも頻繁に使う．シカ類の角もこの繁殖期に合わせて硬くなるようにつくられる．繁殖期の秋，ニホンジカでは図5-14（ノーズアップ・ディスプレイ）のようなオスのディスプレイがしばしば観察される．メスにも向けられるが，ほとんどはほかのオスに対して，「フー」という威嚇の声とともに口を上にあげ，角を背中に添わせる独特のポーズだ．角は反り返っているが，体のサイズに対比されるように相手に顕示される．体や角のサイズが明らかにちがう場合，この動作で優劣が決まり，ディスプレイを受けた弱いほうが逃げ去る．繁殖期のオス同士の相互行動（インタ-ラクション）の92%はこれで決着がつく（Miura 1984）．決着がつかないのは，体格が似ていて，なわばりを隣接させるようなオス同士の場合だ．そのときにはこうなる．

まずは前述のディスプレイの応酬だ．次いで前足で地面をひっかき，攻撃性をむきだしに角を上下させる．この後ときにはディスプレイをしながら平行に行進し，なお決着がつかないと，頭を下げるやいなや両者は角をからませ，ねじり，激しい押し合いとなる．角は攻撃の武器であり，防御用の防具だ．角のぶつかり合うこの熾烈な力相撲は，たじろいだほうが負けで，一

図 5-14 ニホンジカ・オスが繁殖期に頻繁に行う威嚇行動（ノーズアップ・ディスプレイ）（金華山島にて，1978年9月著者撮影）．

挙に押し退けられてしまう．敗者は角の追撃を避けて遁走し，勝者は「ウォ・ウォ・ウォ」と連続的な声をあげ，追い払う．この角の闘いは「角を下げてからませる」といったルールがあるようにみえるが，「儀式化」された行動とはほど遠くきわめて危険だ．

私は各地の調査地でニホンジカの繁殖期の行動を観察したが，この角の闘いで，角の直撃を受け内臓が破裂して即死した個体，枝角を目に受けて失明した個体，さまざまな程度に出血したり，不具になった多数のオスを観察した．草食獣の角の使い方は，種類によって多少異なるが，激しい闘いになるのは共通する．「草食」=「優しい」の形容とは裏腹に，オスの草食獣は同種オスにはひどく攻撃的だ．この闘いによる負傷率は，アカシカでは25%（Clutton-Brock 1982），ビッグホーンでは30%と見積もられている（Geist 1971, Jorgensen, et al. 1997）．それは危険な武器としての角の代償だ．

では，なぜオスだけがこうした激しい闘いを敢行するのか，問われるべきはこれである．立派な角や巨大な角をもつ草食獣，そのメスに注目すると，すべてが例外なく群れ（グループ）をつくって生活する．メスはほかのメスと（子どもも含め）つねにいっしょだ．群れ性は草原などの開放的な環境でよく発達する．天敵につねにねらわれ，餌が（季節によって変動するが）まとまって豊富に存在する環境では，情報

が相互に行き交う集団のほうが生存に有利だからだ．群れは情報交換系である．繁殖行動はこのメスたちとの間で起こる．動物行動学では，進化とは個体の遺伝子頻度（割合）が集団内で時間的に変化していく過程であると理解する．遺伝子頻度は，個体ごとの繁殖成功度（適応度）——すなわち次世代に残す子どもの数——のちがいによって変化していく．したがって，各個体はより高い繁殖成功度を得るために繁殖活動を行う．オスはより多くのメスと交尾するためにほかのオスと競争し（同性間選択），メスはよりすぐれたオスを選別しようとする（異性間選択）．これがダーウィンの「性選択理論」（第3章）だが，この原理を草食獣の角にあてはめてみよう．

メスが群れ性を獲得しグループが形成されると，メスをめぐるオス同士の競争が起こる．この競争関係はグループサイズが大きくなるほど激しく，この過程では，ほかの個体よりわずかでも有利な形質をもつ個体の繁殖成功度が上昇するので，こうした個体の遺伝子は残り，形質は進化していく．角や牙はその典型的な形質の1つだ．どのような形質が進化するかは，動物の系統，オスの競争様式，メスの関与といった要因が加わるので，動物によってちがうが，少なくとも草食獣にとって，角は優劣をつけるもっとも格好の武器だったのだろう．したがって，メスの群れ性が発展するほど，オスの角は，角をもつことによる繁殖上の利益が角をもたないことによる生存上の利益より上回る範囲で発達していく．そして巨大で立派な角をもつ少数の優位なオスが多数のメスを獲得する「一夫多妻性」の社会となる傾向がある．アカシカは典型的な一夫多妻性の哺乳類で，角の大きなオスほど多数のメスと交尾し，生涯に残せる子どもの総数は多くなる（Kruuk *et al.* 2002 など）．

この角の進化にメスがどの程度関与しているかはわからない．大きく立派な角をもつオスはすぐれた遺伝子をもつためにメスが直接選ぶのか，それともオス同士が角によって競争し，なわばりをもったり，順位の高いオスは，体力がすぐれ，良好な遺伝子をもつので，結果として選別されるのかは不明だ．あるいは次のような解釈も成り立つ．大きな角や立派な角は，それをもつこと自体が，すぐれた体力と体調の，そして優良な遺伝子をもつことを示している．角は重くて不自由なハンディキャップであり，大きく立派な角はその克服の証であると（Zahavi 1975）．角は自分自身の育ち（遺伝子），体力と強さを正直に示す証明書である．

角の進化の研究はまだ途上にあるが，王や領主のこだわりの根源が，角がオスの強さと権威の象徴にあったとすれば，その直感は正しかったといわなければならない．またキリスト教の教父や聖職者らがこの動物の角のなかに，森と異教からの使者，生命力の躍動と性的エネルギー，豊饒と再生といったケルヌンノス性をみいだし，恐れおののいたとすれば，その洞察もまた的確だったように思われる．キリスト教はシカとどのように向き合い，シカ猟をどのような視線でみつめたのか，後に検討する．

（5）パークと動物園の誕生

ディア・パーク

王や貴族のシカへの執着はさらに昂じる．古代ローマ時代の記録（第4章，イノシシの放飼場やダマジカの飼育場）は紹介したが，時代は過ぎても権力は野生動物を家畜のように手元に置き，いつでも狩猟したいとの欲望を保持していた．フランスではヴェルサイユなど国王の猟場の一画にシカや動物の飼育施設（メナジェリー）がつくられた．イギリスでは，10世紀以降，国王や貴族が，一定の範囲を木柵で囲い，そこにアカシカやダマジカを放し，いつでも狩猟できる施設，すなわち"ディア・パーク"をつくった．"パーク"とはそもそも狩猟のための「囲い地」を指し，"公園"などではない．この数が13世紀になるとイングランドだけで3200カ所（Birrell 1992）もあり，無数に分布していた（図5-15; ラッカム 2012）．とくに王室は熱心で，各地の所領地に70カ所，後のエリザベス1世の治世下（1558年）では200カ所にもなった（Fletcher 2010）．異常な執着だ．15世紀後半では約700カ所．王は，狩猟やトロフィーに加え，鹿肉（ベニゾン）

5.2 中世における野生動物と森林の管理　225

図 5-15　中世イングランドでの"パーク"（シカの狩猟のための囲い地）の分布．これらパークの平均面積は約 100 ha である（ラッカム 2012 より）．

(venison) を生産した．それは取り巻きの階層への贈答用に使われた．

　シェークスピア（1564-1616 年）の戯曲『ウィンザーの陽気な女房たち』（1602）には，地方の治安判事などの階層がディア・パークをもっていたこと，このシカが格好の密猟対象となり，騎士階級さえ告訴されたこと，そして密猟されたその肉が広く流通していたことなどが綴られ，15 世紀イングランドの世情が垣間見える．

　ディア・パークで問題だったのは，冬期の餌（アカシカは干し草を食べないから）を針葉樹の枝葉でまかなったこと．このため針葉樹は根こそぎ伐採され，それでなくとも少なかったイングランドの森林をさらに減少させた．パークはその後，より広い意味をもつようになるが，イギリスには現在も純正"ディア・パーク"が約 250 カ所もあって，いまだに中世の気分を漂わせている．それどころか，こうした中世の情熱が，海外進出と博物学の勃興へとつながる近世・近代を経て，野生動物の飼育施設＝動物園へと結実していった．私たちはこのことを忘れるべきではない．

　中世の動物飼育熱はフランスに別の形で飛び火した．ヨーロッパでは，すでに述べたように，地条ごとにもともと"ヘッジロー"や"ボカージュ"で仕切り，耕作単位としてきた．それは家畜や野生動物が耕地に侵入する被害の発生を防いだ．フランスでは 13 世紀になるとこのボカージュを動物専用の飼育場——これを「防御しつつ番をする」という意味で"ガレンヌ"(garenne) と呼ぶ——につくりかえた．なかでもアナウサギのそれは食肉と被害防止を兼ねた妙手として，急速に普及，200 カ所以上の領地のなかにつくられたという（ドロール 1998）．これが家畜アナウサギの起源である．この養殖の盛況に，例によってすべての専有を主張した領主は"ガレンヌ権"なるものをでっち上げ，横取りしようとした．けれども農民のほうが一枚上手だった．やがて飼育法やウサギの品種を改良し，小さな庭の片隅でも飼えるようにしてしまう．

　ヨーロッパにはウサギ類が 3 種いることはすでに述べた．ユキウサギの分布はアルプス，スカンディナヴィア半島，スコットランド，アイルランドなどに限られるから，ふつうみかけるのはヨーロッパノウサギとヨーロッパアナウサギだ．前者は巣穴をもたず，よく発達した早成性の子どもを出産する．天敵が接近すると数頭の群れにもなるが，基本的には単独性で，個体同士はかなり排他的だ．これに対し後者は，"ワレン"と呼ばれる巣穴をつくり群れ生活する．体毛の少ない，眼が開いていない晩成性の子どもを出産し，巣穴のなかでゆっくり育てる．メス同士は巣穴では密着して生活するが，メス間には順位があって，高い個体から繁殖を行う (Holst et al. 2002)．おそらく人々はノウサギとアナウサギの両方を飼育，家畜化を試みたにちがいない．けれど成功したのは後者だけ．単独性で排他的な種はまとめて飼育できない．ここにも家畜化の適正基準が適用される．

　フランスで品種改良された飼育アナウサギはその後，イギリス，ヨーロッパ各地へ輸出され，各国でもさかんに飼育されるようになった．またフランスではアンゴラ種（トルコ産との交雑，

その名はアンカラにちなむ）などがつくられ，品種改良が進められた．フランスはアナウサギ（ラパン）の肉と毛皮の生産量，そして肉の消費量がいまでも断トツの世界1位だ．意外なことに日本はかつてこの座を脅かしたことがある．戦前，日本の軍部は肉と軍事用毛皮の生産のために農家にアナウサギの養殖を奨励，その生産量は一時世界第2位に躍り出た．いまでも小学校の校庭の片隅ではアナウサギの飼育が行われているが，その発端は「情操教育」の一環などでは毛頭なく，副業としてウサギを飼うための「職業訓練」だった（田口2000）．このこともまた記憶されてよい．

（6）森林の利用と評価

家畜と森林

森林の管理は，支配者専用の猟場管理――それは農民の利用の排除――から始まった．とはいえ森林はもともと多様な機能をもつので，農民はさまざまな形で森林を利用しつつ暮らしてきた．燃料用の薪炭の採集，建材や資材の伐採，林産物（キノコなど）の採集，木の実の採集と利用，ウシやヒツジの放牧，養蜂などだ．すべてが重要だが，なかでもカシやナラの森林にブタを放し，落下したドングリを食べさせ，太らせることが冬の食料確保に不可欠だった．

ブタは多産で成長が速く，飼育しやすく，たくさんの肉がとれるので中世にはヨーロッパの隅々に普及していた．ブタは，穀類や豆類など非繊維質の食物（そこには当然ドングリも含まれる）を与えた場合，驚くことに，餌に含まれるエネルギー量の35％を肉に変換できる（Kennedy 1984）．それは，ウシの6.5％と比較すると，いかに驚異的かがわかる．1.2kgの子ブタはわずか半年間で体重換算にして5000％も成長できる能力をもつ．ブタは肥るよ，トントン拍子に．農民たちはこのブタを秋になると森に放ち，まるまる太らせ初冬に屠殺，塩漬け肉やソーセージに加工するのが年中行事だった．すでに紹介したベリー公ジャンの時禱書（序章参照）の11月には，森に放たれたブタがもくもくとドングリを食べる様子が描かれ，季

図5-16 ベリー公ジャンの時禱書"11月"の部分．ブタを森に放ち，落下したドングリを食べさせる．森林の価値は堅果類の落下量で評価された（ベスプルグとケーニヒ 2002より）．

節と行事の強い結合を感じさせる（図5-16）．

ヨーロッパでは寒い冬を乗り切ることと動物の屠殺とが直結していて，この伝統はいまでも地方の農村には息づいている．コショウやナツメグなどのスパイスやハーブ類がさかんに使用されるのも肉を加工し保存するための工夫だった．中世でもこれらのスパイスは（陸路経由の交易品として）入手できたが，おしなべて高価だった．スパイス類への欲望と情熱が，後にヨーロッパを世界進出へと駆り立てる原動力の1つとなる．飛躍の原点はポークの香りづけにあった．

さて，そのブタの放牧もまた中世初期には農民たちの権利だった．だが多くの森が王や領主の私有となるにおよんで，利用権は税や売買の対象となり，森林はブタ1頭の放牧に必要な面積に換算され，評価されるまでになった．イングランド最古の土地台帳だった"ドゥームズデイ・ブック"（Domesday Book）[5]には「豚200頭の森」というように，森林はブタの頭数で表された（遠山 2002）．森林の国ドイツでも森林面積はブタの頭数に換算された．フランス，パリ周辺では，ブタ100頭はおよそ153ha（甲子園球場の約40個分）を目安に放たれた（リシェ 1992）．豊作時のミズナラは1m²あたり

500個程度の堅果を落とすから，これをあてはめると，1頭のブタは765万個のドングリを食べることになる．完食ではないとしても，またたくまに太るのがうなずける．ドングリの肉への転換率は殻やタンニンがあるので高くはないが，それでも10%に達する（White 2011）．太るだけでなく，ブナの実やその他の飼料で肥育したものよりおいしい．その代表がイベリコ・ポーク．そして放牧料は多くの場合，ブタの現物払い，つまり"トン・ハネ"だった．

ウシやヒツジ，ウマやヤギも森に放たれた．ブタとはちがいこれらの家畜は春から夏にかけて林間放牧された．放牧された家畜が木の葉ばかりでなく若芽や若葉を食べるので，森林が影響を受けるのを農民たちは認識していた．だからこそ，たとえばドイツの11-12世紀の「慣習法」では放牧する家畜の数が細かく取り決められていた（ハーゼル1996）．こうした規制が無視されたのは，むしろ領主によって私有化され，利用権が乱発されたり，貧農がヤギを放すようになってからで，以後はしだいに，無頓着になった．規制のない取引，貧富の格差，これらが自然利用の秩序を破壊する．現代にも通用する．

18世紀ドイツのある森（ライハルトの森，2万1000 ha）には，5458頭のブタ，3059頭のウマ，5869頭のウシ，1万9374頭のヒツジ，718頭のヤギが放たれたという（ハーゼル1996）．膨大な数の家畜，明らかに過放牧だ．こうしたおびただしい家畜の放牧に，野生の草食獣も加わって，森林生態系に大きなインパクトを与えてきた．草食獣は下層植生や若木を食べ，森林の更新を阻害する．ヨーロッパでは中世以来，この過度なインパクトが森にかけ続けられてきた．

ヨーロッパ特有の，下層植生のない「公園状の森林景観」は，氷河期以降の草食獣，そして中世以降の家畜，この2つの長期にわたる影響や効果によってつくられたとの説がある（Ellenberg 1988など）．とくにナラやハシバミは陽樹で，葉や稚樹は草食獣によく食べられ，更新できずに減少したことが知られている（Gill 2006）．また草食獣による採食は，樹種の構成を変化させ，通常，棘の多い植物が増加するが，ヨーロッパではこのような現象は観察できない．さらに日本では草食獣がスギやヒノキの樹皮を食べたり，シカが角をこする，いわゆる「樹皮剥ぎ」が高い頻度で発生する．ヨーロッパでは，皆無ではないが，低頻度で，しかも破壊的な影響ではない．なんとも不思議だ．日本での草食獣と植物の関係は生態史からみるとヨーロッパほどには緊密ではなく，そして長期ではないのかもしれない．生態系における植物の種類とその組成，動物と植物との相互作用は，地域の歴史や生態的条件に対応して独自にそして多彩に変化するのである（Vera et al. 2006）．

養蜂の歴史と中世

森林での動物利用の最後に「養蜂」を取り上げておく．養蜂といっても中世ではその技術は未熟で，陶器で焼いたツボや樹皮や枝でつくった籠のようなもので誘引した．蜂蜜は森の樹につくられた天然の巣からも直接採取された．蜂蜜はイスラム世界から十字軍によって砂糖がもたらされるまで唯一の甘味料だった．カール大帝の「御料地令」には蜜蜂管理者を置くことを命じている（堀越2009）．中世ではむしろ医薬品として使用され（Cortés et al. 2011），蜂蜜を盗めば死罪となった（Moe & Oeggl 2014）．また，蜜蠟からつくられる蠟燭も必需品だった．獣脂を燃やす以外にはこの蠟燭が唯一の光源だったからだ．この蠟燭は大切な商品であり，領主や教会は領民に対して税として課した．ほとんどの修道院や教会では祭壇の光のために養蜂がさかんに行われた．蠟燭は収入源であり，それ以上にキリスト教の典礼の必需品となった．そして，ミツバチそのものがキリスト教と結びつき，中世社会の道徳的シンボルとなった．光源が獣脂や蜜蠟から別の「動物産品」に置き換わるのはもう少し後のことで，これには人間が新たな生態系に船出することが必要だった．なんだろうか．

（7）中世の食生活

支配層の食卓

中世は桁外れの格差社会だった．農民や庶民と，特権階級である領主，貴族，司祭などとの間にはあらゆる点で径庭があった．なかでも顕著だったのは食生活だ．狩猟権をもっていた領主や貴族は，料理人数十人（国王に至っては数百人）を引き連れた狩猟をたびたび行い，その日の猟果を含め，森番や狩猟長が捕り置いた各種野生動物のもりだくさんのメニューが宴席に並べられた．13世紀ころの王侯貴族の宴会料理を紹介すると（木村1988），「鹿の丸焼き，猪の肩肉，孔雀の丸焼き，鶏のから揚げとロースト，野兎の焼き肉，ノロジカの焼き肉，各種の魚」など延々と続いた．驚くべき大食漢，肉食過多だった．しかも野生動物へのこだわりは相当なものだった．この肉食過多の伝統は中世を通貫し，末期になっても，牛や羊，山羊が豊富に食卓にのぼった．15世紀中ごろ，ブルゴーニュ公の食卓には「羊のあばら肉，肩肉，脚肉，子牛が半分，牛のすね肉，鶏，鳩，雉」が毎日のようにのぼったという（ロリュー2003）．

現代フランスの代表的歴史家，ロア・ラデュリ（Ladurie 1987）は中世期のノルマンディーに近い小さな荘園の領主の日記を紹介している．この領主は農民の結婚式に招待されると，野生のコガモやカモ，アナウサギ，その他の鳥獣肉，1袋のコムギ，カボチャ，2ダースのナシ，強壮剤などを，お祝いに持参した．また彼は夕食の献立を無作為に選んで紹介しているが，その1554年9月18日には「ラードでフライしたニワトリ2羽，ヤマウズラ2羽，野ウサギ1羽，シカ肉のパイ」とあり，1553年1月24日のディナー後の軽食には「ダイシャクシギ1羽，モリバト1羽，ヤマウズラ1羽，イノシシのパテ，無制限のワイン」とある．さまざまな種類の野生鳥獣肉を偏愛し，いかに大量に消費したのかが読み取れる．野生動物は，ジビエ料理となったが，まだ豊富にいたことがわかる．「農民とさほどかわらない生活を送っていた」とされる庶民派領主にしてからがこうだった．

司教や修道士も同様で，庶民には断食や節制を強いながら，病人を治療するための「施薬所」という名の食堂を修道院のなかに設け，肉を輪番で食べていたという（ヘニッシュ1992）．またチーズや鶏卵は肉ではないとし，さらにジビエは肉のリストからはずしていた．中世のある修道院跡の発掘調査によれば，マガモ，コウノトリ，ヤマシギなど28種もの野鳥の骨がみつかったという（ロリュー前掲）．また1342年に催された教皇クレメンス6世の戴冠式での数千人規模の宴会用の食材リストには，「牛118頭，羊1023頭，子牛101頭，子山羊914頭，豚60頭，豚脂肉69キンタル，去勢雄鶏1500羽，雌鶏3043羽，若鶏7428羽，鷲鳥1195羽，卵39980個など」と記載（「アビニオン教皇庁記録」）．聖職者もまた肉食系の大食漢ぞろいだった．

食料としての魚

沿岸地域では魚がよく食べられるようになった．地中海域では小魚が，北海周辺ではタラやサバ，ニシンなどが食料とされ，その塩漬け，乾燥，燻製が工夫され内陸にも運ばれたが，量が限られ，まちがいなく貴重品だった．中世漁業史の権威，バレットら（Barrett et al. 2008）は炭素と窒素の同位体を用いて，埋葬された人骨から過去の食性を推定した．海産魚の ^{14}C 量は相対的に少ないという特徴がある．それによれば北海南部の沿岸域では新石器時代から海産魚が利用されてはいたが，本格的に利用されるようになったのは9世紀以降で，それが13世紀以降には内陸へも拡大していった．

いっぽう，ヨーロッパでは河川が発達している．ライン，セーヌ，ドナウ，エルベなどの大河川とその支流では淡水魚の漁がさかんだった．カワマス，パーチ，ローチ，トラウト，ナマズ，ウグイ，サケ，ウナギなど，淡水魚がもてはやされ，食べられていた（池上2010）．8-10世紀の中世初期，この川魚の消費量は海水魚をはるかに上回っていた（Barrett et al. 2004）．とくにウナギが人気のある高級魚だった．ここでもまた領主や僧侶たちは漁業権を設定してそれ

を独占し，一部の漁民に対し相応の税や代償を見返りに専売権を与えた．

川魚の普及に呼応して，修道院や領主，そして農民らは養魚場や（人工）池をさかんにつくった．こうした施設ではとくにコイ養殖が流行し，コイは中世内陸部を代表する川魚となって庶民の食卓にのぼるようになった．コイは古代ローマですでに養殖が始まったことは紹介したが，今回の養殖の起点はローマではなく，12世紀，黒海沿いの東ヨーロッパ，ダニューブ川沿いで，養殖の簡便さと肉量の多さからたちまちヨーロッパ各地に広がった（Hoffman 1994）．14世紀初頭にはイングランドやパリでも入手できた．しかしこのコイには大きな謎がある．ヨーロッパのコイとはいったい何者か，どこからきたのか，である．

コイ（*Cyprinus carpio*）はユーラシア中部に広く分布し，昔から食用に，あるいは観賞用に珍重され，多数の品種がつくられた．この魚の養殖は中国ではBP6000年に始まったとされ，旧い歴史があることにまちがいない．問題はヨーロッパで，研究者の間では，その養殖の起源地がダニューブ川沿い（ドナウ盆地）である点では一致する（Hoffman 1994）が，くだんのコイがヨーロッパの在来種なのか（Balon 1995），それとも人為導入された外来種なのかである．形態的には品種間，あるいは産地間で変異は大きいので，比較から系統をたどるのは困難だ．出番はDNA．フローフェラ（Froufe *et al.* 2002）は世界各地（日本の「錦鯉」を含む）の品種や産地，22個体のミトコンドリアDNAを分析し，ドナウ盆地を起源とするヨーロッパ種と，BP6000年に中国で飼育化された養殖ゴイとが同一であることを突き止めた．サンプル数が少ないので，結論は確定的ではないが，どうやら日本の「錦鯉」も，ヨーロッパの巨大な「鏡鯉」（ドイツ品種）も祖先は共通で，複雑な交雑の繰り返しによって著しく形態のちがう多品種が生まれたらしい．フナから「金魚」をつくったように，淡水魚類の養殖と品種改良はずいぶんと昔から行われていたようだ．ヨーロッパのコイは，中国からおそらく1回だけダニューブ川に導入され，大繁殖したものらしい．それがいつかはまだ不明だ（ローマ時代にさかのぼるかもしれない）が，しかしなお疑問は残る．だれが，いったいどこから，どのような方法で持ち運んだのか，そしてそもそもそれはなんの目的だったのか，である．

庶民の食卓

農民や庶民の生活はあくまでも悲惨だった．地域にちがいはあるけれど，1日2食をほぼパンと水（ときにはワインやビール），わずかの野菜（ホウレンソウ，キャベツ，玉ねぎ，レタスなど）と森の恵み（木の実やキノコ）でしのいでいたようだ．したがって，中世社会は，ごく少数の肉食偏重者と圧倒的多数のベジタリアンの二極から構成されていた．それとて初期ではコムギの収穫量が少なかったために，ベジタリアンの主食はライムギやエンバク，ソバやアワなどの雑穀のパンや粥だった．だから飢饉はただちに死を意味し，毎年の天候に一喜一憂していた．しかもである．ごちそうに属する，まともなパンはといえば，それを焼くための製粉用の水車とパン焼き竈は領主や教会の所有だったために，料金の支払いが強制されていた（堀越 2009）．パンにたどり着くのも容易ではない．

ところで，この水車は，後にエネルギー革命の端緒となる（池上 2010）．それは製粉というささいな技術ではあったが，家畜を使わない唯一の可動装置であり，そこには歯車，クランクやカムといった回転運動から往復運動への巧妙な構造が駆使され，後には技術革新をともなって工業用の水車へと発展した．中世の家内制工業の核となった「皮なめし」や「羊毛加工」などの技術はこれを源流としていた．

こうした極端な穀類偏重の食事は，脂質欠乏のほか，とくにビタミン群（V-A, B, C, D）の不足から，目の疾患，皮膚病，クル病，壊血病などの疾患を多発させたことが発掘された骨や歯から推測されている（Pearson 1997, Roberts *et al.* 2011 など）．同時に，タンパク質と鉄分の不足から，慢性的な貧血症にかかっていたようだ．これはとくに女性に顕著で，初潮年

齢は古代末より1-2歳遅い12-14歳となり，結婚後の死亡率も，前時代に引き続き，男性より高かった（Bullogh & Campbell 1980）．食事とはけっして楽しみの対象ではなかった．

ブローデル（1985）の表現を借りれば，「農民は領主たちの奴隷であるとともに，それと同程度に小麦そのものの奴隷でもあった」．続いて曰く，「人々はひたすら土を耕して暮らしていた．収穫のリズムや作物の出来や，凶作か豊作かが日々の生活のすべてを左右していた」．けっきょく，「食事とは，この世にあるかぎり，パンを，さらにまたパンを，あるいは粥を消費することなのである」．それだけに動物性タンパク質への渇望は大きかったようだ．人はパンのみにて生くるにあらず（「マタイによる福音書（4）」）．

中世期に職業として成立する「狩人」や「鳥刺し」がもたらした野生鳥獣の肉，そしてガレンヌから得られた飼育アナウサギの肉などは，農民や庶民の動物性タンパク質に対する強い要望に応えたものだった．こうした需要はいっぽうで領主らの密猟取り締まりや課税をますます強化していった．

大開墾時代や三圃制の定着をみた中世中期になると，「中世大温暖期」と呼ばれる温暖で安定した気候を背景に農業生産は飛躍的に上昇した．役畜がウシからウマへ交代したことで，ウシは乳牛や肉牛に広く利用されるようになった．多くの地域ではそれまでウシは貴重な役畜だったので肉は利用されなかったが，この交代の結果，神聖なるウシは一般家畜の座に転落した．ミルクやチーズ，バターを生産する酪農が発展し，各地に乳産物の産地が生まれ，そして牛肉も商品となった．肉屋の数は，たとえばブルターニュの片田舎（カンタン村）でさえ1434年7軒→1469年14軒→15世紀末19軒と増加し（ロリウー 2003），ブタやウシの肉（野生鳥獣の肉を含めて）が農民や庶民の口に届くようになった．16世紀になると，パリなどの大都市周辺には，屠殺人，解体人，皮剝ぎ人などの職人が特権的な地位を得て集住し，家畜市場が形成されるまでになった．

宗教と食生活の転換

各種の肉が市場に出回るようになっても，農民や庶民に平穏な食卓は続かなかった．今度は教会による断食や節制の強制である．キリスト教は，本質的に肉食をきらう宗教で，肉欲は汚れた肉から生まれるとされた．教会は戒律によって肉を断ち，1日1回のパンと水だけで過ごす日を設け，これを破るものを破門した．この「断食（精進）日」は，時代とともに変更されるが，通常，毎週金曜日に加え，四旬節，聖霊降臨祭の直後，秋の斎日，降臨節の4回で，1年間で100日以上（なかでも四旬節の40日間は厳格），一説では半年にもおよんだらしい（Roberts 2007）．16世紀ネーデルラント（オランダ）の画家，ペーテル・ブリューゲルには『四旬節と謝肉祭の戦い』という傑作がある．通常この絵は，謝肉祭を行うプロテスタントと四旬節を過ごすカトリックを左右に配置することで両者の対立を描いていると解釈される．よくみると，左側の村人は肉を食べて明るく陽気，これに対し右側は断食させられ瘦せこけて悲惨，そして暗いトーンが漂う．この対照によって教会が課した四旬節への怨嗟と，プロテスタントへの共鳴が表現されている，と私にはみえる．だが，戒律はいつもいろいろな理屈をつけられ骨抜きにされる宿命をもつ．この抜け道とはいったいなにか，さらに探索を続けよう．

奇妙だったのは，領主や貴族，高位聖職者が独占した野生ジカや鳥類は，『聖書』を根拠に汚れた動物ではないとされ，断食の対象には最初から除外されていた．鶏卵や鶏肉も汚れた"四足獣"（四肢獣）ではないとして除外され，金に余裕のある貴族や聖職者のなかには食費の40%をニワトリにつぎ込む者さえいた（ロリウー 2003）．食物はけっして平等ではないのだ．ポレットとカッゼンバーグ（Polet & Katzenberg 2003）は海辺に近いベルギーの中世修道院の墓地の19人の人骨を回収し，コラーゲンに含まれる同位体から食性を分析した．海産魚類は^{14}Cが相対的に少なく，動物性タンパク質が陸産か海産かが判定できる．全員が雑食だったが，複数の成人男性の炭素量が有意に少なく，

明らかに大量の陸生動物を摂取していたのに対し，残りは海産魚の比率が高かったという．2人はこの肉食いの男性が高位聖職者だったと推定している．

戒律が強化されるなか『聖書』の教えが精査されると，そこに思いがけない記述が発見された．「創世記」(1：28)の「海の魚，空の鳥，地の上を這う生き物をすべて支配せよ」に続けて「すべてあなたたちに与えよう．それがあなたたちの食べ物となる」(1：29)とあり，「レビ記」には「ひれ，うろこのあるもの」は汚れていないので，「海のもの」でも「川のもの」でも「食べてよい」(11)と明言されていた．なんという幸運．このため四旬節の期間にはもっぱら魚類を食べることが許可された（ブリューゲルの絵にも右側には魚が描き込まれている）．キリスト教はもともと魚や漁師と親和性が強い．『新約』によれば，イエス自身がガラリア（ゲメサレト）湖畔で説教を行い，シモン・ペテロなど漁師4人を弟子とし（「マタイによる福音書」4，13，17，「マルコによる福音書」1など），漁をし，魚を食べることを勧め，2匹の魚を増やす「奇跡」さえ行った（「ルカによる福音書」9）．食べるべし魚．

許可のダメ押しにカトリック教会の教父の教えが再調査された．そこではすでに巧妙なすり替えが行われていた．古い「魚の容器」と呼ばれた魚の象徴記号（第4章，図4-7）は教父らの権威によって改作されていた．この記号はもともと魚の生命力や数の多さ，性的活力を宿す，豊饒女神の薫りふんぷんのシンボルだった(Lawrence 1991)が，それがまったく別のものに置換された（これも後述する「習合」の一例）．通称"魚のサイン"とか"イエスの魚"と名づけられて，キリスト教徒のシンボルとされたのだ．古代キリスト教で最大の影響力をもった教父にして理論家，アウグスティヌスは，代表作『神の国』(426年ころ)のなかで，この記号は"ICHTHUS"と読み，ギリシャ語では魚を表すが，同時にそれは"Iesous Christos Theou Unios Soter"="Jesus Christ, Son of God, Saviour"つまり"イエス・キリスト，神の

図 5-17 スナイデルス作 (Snyders)『魚市場』(1579年)．海産魚，淡水魚，カメ類，アザラシ，カワウソ，小型クジラ類などたくさんの種類が販売されていた（ルーヴル美術館蔵，2012年10月著者撮影）．

子，救世主"を意味し，旧い神託のなかにキリストが象徴的に刻印されていた証拠だと解説した（同書第18巻，第23章「エリュトライのシビュラ」）．換骨奪胎，異教の危うさはすっかりと漂白され，魚はキリスト教徒にふさわしい食物として推奨された．西欧中世におけるこの魚の格上げと食物の適格証明書は，その後の漁業資源の開発を推進した．

メニューはおもに川魚，これに北海産のニシンやタラが加わり，果てはあらゆる種類の水生動物に拡張された．フランドルの画家，フランス・スナイデルスの作品に『魚市場』(1579年，図5-17)がある．それは海辺に近い当時の魚屋の店頭風景で，ウナギやコイのほかに，サメ，サケ，タラ，ニシン，オヒョウなどの海産魚，エビ，カニ，カキ，そして驚くことにカメ類，アザラシ，小型のクジラ（ハナゴンドウと思われる），そしてカワウソが売られていたのがわかる．すべてが「お咎めなし」の「魚」なのだ．この「魚」の拡大解釈はとんだ煽りを哺乳類に食らわした．たとえば，ビーヴァー（ヨーロッパビーヴァー Castor fiber）は，中世初期，ヨーロッパ各地の池や沼沢地にたくさん生息し，毛皮獣や薬(p.182参照)として狩猟されたが，ヒレ状の尾をもつために教会が「魚」と認定したので，各地で乱獲が進み，17世紀までに大半の生息地では絶滅してしまう(Kitchner & Conroy 1997)．そういえば『カンタベリー物語』には，ビーヴァーの毛皮帽をか

ぶった商人が登場し，その帽子にわざわざ「フランドル製」と断ることからみて，当時はよく知られた生息地の1つだったのだろう．でも現在はいない．

海産物への需要の高まりは，北海沿岸やビスケー湾一帯の漁村に活況をもたらし，塩漬けや乾物（棒鱈）の加工水産物は陸路や川運で内陸部の都市や農村へも運ばれるようになった．バレットら（Barrett et al. 2004）は，8世紀以降，イングランドの中世遺跡127カ所で出土した魚類の骨を同定し，種組成の時代的変化を分析した．それによると10世紀まではパーチやウナギなどの川魚が主流だったが，11世紀以降は減少し，代わってニシンやタラなどの海産魚種が主役となったという[6]．舞台は明らかに河川から大西洋へ移り，ここに至って，「断食」はもはや有名無実となった．メニューの魚食への拡大には，もちろん，人口増加に対応した新たな食料資源の開発という側面があるが，魚類に目を転じさせた宗教の役割も見逃せない．この新たな資源開拓は漁業のほかに，輸送業，交易などの発展をうながし，このことが，後のヨーロッパの勢力地図を書き換えていく．そして北海海域での漁業資源の争奪戦がそのまま近代へなだれ込む起点となる．

(8) 森林の管理制度の展開

フランスとイギリスの森林管理

13世紀後半以降，各種の産業が勃興し，木材はいろいろな用途に使われ始めた．ガラス工業，製塩業，冶金や製鉄業のための薪炭，造船用の木材，戦争に備えた要塞の築造，各種の建材，さらには都市の建築材や燃料など，膨大な量の木材が使用され，森林は破壊されていった（堀越 2009，池上 2010）．狩猟獣の保護と密猟の監視を軸に出発した森林管理は，こうした事態に対応する形で，つまり森林が本来もつ多面的な機能を発揮する方向で，国王や領主はその組織と制度を整備していった．

管理組織は，国や時代によって変わるが，13世紀のフランスの国王御料林でみると，治水森林長官（grand maitre des Eaux et Forets）→治水森林監督官（matre des Eaux et Forets）→森林監視官（verdier）→森番（gardes）で，それぞれに裁判権を与えた（ドヴェーズ 1973，伊藤 2002）．イギリスもこれにならい（イングランド王はフランス，ノルマンディー公の征服王朝だから基本制度は同じ），森林長官（justice）→森林官（warden）→森林管理人（warderer）→森番（forester）だった（ギース＆ギース 2005）．注目されてよいのは，その官職名から，森林は林産物の供給源だけでなく，水源や国土の保全といった機能をもつと認識されていたことである．

これら行政官が，密猟はもちろん，違法伐採，違法放牧を取り締まり，裁判にかけ，過酷な刑を執行し，あるいは賄賂をとって，農民や職人たちの反感をかった．このいっぽうでは，たとえばフィリップ6世は1346年に森林使用権の拡大を認めないとの勅令（いわゆる「ブリュノアの勅令」）を発し，森林の新たな開墾を禁じた．またシャルル9世は，1573年に国王御料林での高木の伐採率は100分の1以下に，教会林のそれは3分の1以下とする王令を発し，森林の防衛にやっきになっていた．とはいえヨーロッパの社会と環境はその根底から変わろうとしていた．

14世紀以降の小氷期は17世紀前半になると再び温暖に転じ（その後18世紀に再び「マウンダー極小期」と呼ばれる寒冷化に襲われる），ペストによって減少した人口は農業生産の発展とともに回復，さまざまな産業と貨幣経済が，都市の勃興とあいまって発展した．封建社会はその土台から揺るぎ始め，国王や領主の権威は失墜していった．こうした状況は否応なく，森林の乱伐や破壊を進行させた．国王は財政難から森林の利用権を乱発し，貨幣の発行を繰り返した．「善良王」と呼ばれたジャン2世などは1355-1360年の6年間に，驚くことに85回もの貨幣改鋳を行ったが，その質は後になるほど悪くなった．そして新たに貨幣を鋳造するたびに守ったはずの森林から大量の木材を搬出しなければならなかった．それは私権と公権が混在する封建制の矛盾であり，森林管理の破たんだ

った．

中世の森林管理の経過をたどると，いくつかの遺産が現在につながっている．1つは，厳しい強権的な取り締まりによって，結果的には，森林や自然，野生動物が曲がりなりにも保護され，現代に継承された事実だ．現在，ヨーロッパに残されている貴重な自然，たとえば，ヨーロッパ最大の森林公園である"ソローニュの森"（仏ロワール地方）はフランソワ1世の専用猟場，またヨーロッパ最大の原生林で，ヨーロッパバイソンの唯一の生息地，"ビャウォヴィエジャの森"（国立公園，世界自然遺産）はポーランド王の専用猟地というように，いずれも王の御料林や領主の私有地にその起源がある．

上記は辺境の地の話だが，ヨーロッパを代表するロンドン，パリ，ベルリンなどの大都市では，広大な緑地や都市公園が占有し，市民の憩いの場，森林浴，騒音の低減や空気の浄化などの役割を果たしている．都市住民1人あたりの面積は，日本のわずか約 $2m^2$ に対し，どの都市でもその10-20倍．ロンドンのハイドパーク，ウィンブルドンなど，パリのルーヴル（チェイルリー公園），ブローニュの森など，そしてベルリン，ポツダム周辺の公園群など，どれもが国王や領主の広大な猟場（もとは狩猟小屋の宮殿とその庭園）だった．ありふれた自然を享受できる市民の貴重な共有財だ．それはヨーロッパ人の"出生証明"の1つであり，"パーク"が実質的に"公園"に変わった姿だった．

もう1つは，その対極にある精神や心理で，徹底した弾圧や排除は森林や野生動物に対する怨嗟を農民や民衆にもたらし，その感情が敵対意識につながり，徹底した乱伐や乱獲を誘導した要因になった可能性である．近代のイギリスやフランスでの森林の状況はそのことを示唆しているように思われる．より重要なのは，このことが，後代のヨーロッパ人の自然観や動物観の形成に影響をおよぼし，自然や野生動物との本来の関係を屈折させ，近代の際限のない自然破壊や乱獲を導く行動原理に成長したとの指摘である．はたしてそうだろうか．次節ではこれに関連するもう1つの精神的背景，キリスト教のもたらした自然観や動物観について考えてみたい．ともあれ中世は，人間と野生動物や自然が直接向き合うのではなく，そこに封建制という社会制度が介在し，その関係が規定されるのを初めて私たちに示した時代だった．この関係性は時代が進むほど強く，鮮明になっていく．

5.3 キリスト教と動物

(1) キリスト教における自然と動物

西欧史はキリスト教を抜きに語ることはできない．それどころか，キリスト教は世界の歴史そのものに，そしてその延長である現代の世界に，多大な影響を与えてきたし，与えている．このことを正面から取り上げるのは本書の目的ではない．この節では，ヨーロッパでキリスト教が定着したとされる中世という時代において，動物と人間との関係を象徴する事例を当時の社会的な状況とともに取り上げ，キリスト教のもつ自然観や動物観の一端を分析してみたい．

中世におけるキリスト教と教会は，人々の生活と運命，価値観を，いまでは想像できないほどに「左右」してきた．それは「支配」と表現するのが適切だろう．人々は洗礼と礼拝を義務づけられ，日々の行いと信仰心とを，司祭や修道士に対し毎週のように「告解」という名のもとに報告をしなければならなかった．この報告事項は，後になるほど「性」や「欲望」へ広がって，自分の肉体について司祭や修道士に事細かに告知することが求められた．フーコーは，名著『性の歴史』（1986）のなかで，人々は告解という司祭への私秘上の暴露を通じて支配され，神に服従させられたと分析した．こうした体制に反抗したり，枠組みから外れた者は「異教徒」，「異端者」として裁判にかけられ，処罰され，ときには極（火）刑に処せられた．宗教がこれほどまでに個人の日常に介入し，生活を監視し，定期的にその内面にまでおよんで告白させ，事細かに点検したなどという異常な社会は，ヨーロッパ中世においてほかにない．

とはいえこうした体制は一挙に確立されたわ

けではない．民衆を巻き込んで曲がりなりにも完成するのは，地域差はあるけれど，おおむね中世中期後半の12-13世紀，中世の起点を6世紀とするなら，かなり後のことだった．そして，このキリスト教がようやく定着した直後から，中世後期を経て近代への扉が押し開かれようとした時代にかけて，今日ではとうてい理解できないような，動物や，動物に関連した事件や事象がヨーロッパ中で現出したのだった．すなわち「動物裁判」，「魔女狩り」または「狼男裁判」，そして常軌を逸した動物への迫害．なぜこの時代に，どのような理由や背景から，こうした事象が発生したのか．それがこの節のテーマであり，このことに関連して最小限の範囲でキリスト教の歴史や教義にもふれたいと思う［なお『聖書』の引用は新共同訳（1992）より．以下『旧約聖書』を『旧約』，『新約聖書』を『新約』と略す］．

ヨーロッパでのキリスト教の受容

キリスト教は中東の地で生まれた一神教だ．それがローマ帝国の国教化や封建君主の権力を後ろ盾にしながらヨーロッパ中にくまなく浸透していくが，この布教の過程でもっとも困難だったのは，ヨーロッパ在来のケルトやゲルマンの宗教や信仰との摩擦や対立，抗争だったと推測される．初期のキリスト教の伝道者たちは，ドルイド教をはじめ，さまざまな宗教や信仰を「野蛮な異教」とみなし，その寺院や祠などの施設，あるいは巨樹や泉といった祭祀の場を「邪教の巣」として徹底して破壊し，そうした「聖地」に教会や修道院を建て，ディオニュソス（バッカス）祭など伝統的な農耕祭礼や習俗を一方的に禁じた．今日，聖マルティンと敬愛されるマルティヌス（St. Martin）は，4世紀後半にガリアの地で，病気の治癒などの奇跡を行ういっぽうで，ローマ軍団の力を借りながら教区の村々を駆け回り，ケルトの神々の社を打ち壊し，神聖な樹木や岩に十字の印を刻み，偶像破壊を行った（セウェルス360-420年ころ）．現在3600を数える聖マルティヌスを冠した教会のいくつかはその場所にある．聖ボニファティウス，聖エウゲニウス，聖ゲオルクなどにしてしかり，彼らはむき出しの暴力による宗教弾圧の先兵だった．とはいえ，こうした傲慢な強硬路線は人々の反発を招き，「殉教死」する伝道者さえ後を絶たなかった．それでも領主と教会が一体となった「信仰か死か」の二者択一の容赦ない強制と迫害は，表面的であるにせよ，人々をキリスト教の受容へと向かわせた．

ところでキリスト教は，古代イスラエルの地で生まれ，小アジア，ギリシャ，ローマを経ながら拡大する過程のなかで，各地の異教と格闘し，そしてその一部を取り込みながら，みずからも大きく変容させていった．それは「習合」と呼ばれる，宗教自身が新たな社会へと順応するための長い適応過程だった．有名な例をあげれば，キリスト教を公認したテオドシウス帝治下381年の「第2回公会議」でキリストの生誕日を12月25日と決めるが，それは，太陽神ミトラ[7]の誕生を祝う「冬至」の日にあたり，当時，ローマ帝国の農耕文化圏では再びめぐりくる春への起点だった（植田1999，Monaghan 2004）．これが農耕社会への典型的な習合例の1つであり，このことなしにキリスト教はヨーロッパ社会に順応，浸透することはできなかった．そしてそれは人々が育んできた自然観や動物観を根底から揺さぶるものだった．もう少し両者の立ち位置を比較しておく．

キリスト教が本来遊牧民(ノマッド)の宗教であることは，成立の歴史的経緯からも，また『旧約』「創世記」（第4章）に登場する「カインとアベル」の説話における，（農耕民カインに比較して）遊牧民アベルの神（ヤハウェ）への接近度（後述，p.236）からも，さらには聖書のなかに多数登場する動物種のうち，ヒツジの圧倒的な優越性と親近性からも，容易に理解できる．その数多の例の1つは，「主は羊飼い，わたしには何も欠けることがない」（詩編23節）であり，弟子ペトロに対するキリストの返答，「わたしの羊と子羊を飼うことでわたしへの愛を示しなさい」（ヨハネによる福音書21：15-22）となる．

私たちは前章で遊牧民が，その生活様式と均

質な環境を反映して男系的な天候神の創造に至ることを追跡したが，雑多な人間集団を巻き込んで共同体形成がさらに進むと，天候神はその抽象性ゆえに共同体の歴史や精神のなかに継承，内在化され（小田垣 1995），最終的には共通の祖先と歴史，そして共通の守護神へ収斂していった．それが家父長的で一神教的な共同体神や民族神である．そもそも古代ヘブライの神"ヤハウェ"（あるいは"エロヒーム"），つまりキリスト教における父なる神もまた天候神の1つだった（小川 1996）．民族や共同体同士が戦いせめぎ合った古代の中東地域では，集団ごとに一神教が成立し，たがいにしのぎ合う一神教の「多神教」的状況にあったといってよい．山我（2013）は『旧約』の分析を通して，キリスト教の神"ヤハウェ"は「もともとパレスチナ南方の嵐の神であり，特定の集団に結び付いてこれを守り導く神であったが，それがやがてイスラエルの民族神，国家神になった」と解説している．

これに対して，ヨーロッパを含む農畜融合文化圏には，すでに述べたように，起伏に富んだ地形と多様な植生の広がりのなかに，多彩なランドマークが存在し，その場所や樹木と結びついた各種の神々がごく自然に誕生し，崇拝されていた．なかでも農耕の豊作と家畜の多産を願う豊饒（穣）神，デメテル，アルテミス，ディアナ，カリリウス，キュベーレ，ベルヒタ，ホルダなどといった数多の女神が信仰の中心となって，これらの偶像が聖地や聖所に安置されていた．これらの神々の系譜は各地の神話や伝説，民族や共同体の移動や交流による混淆や習合を反映してじつに多彩だった（上山 1998）．また女神群は社会的発展のなかで種々に序列化されるが，基本的には並列的で多元的な価値観を維持していた．インド・ヨーロッパ語圏のなかでは，キリストもマホメットもブッタも男性だが，"宗教"そのものは女性名詞なのである．

こうした土着の信仰世界に対するキリスト教の基本路線は，力ずくの突破，すなわち容赦のない闘争，断固たる破壊と弾圧で臨むことだったが，そのいっぽうでは巧妙な折衷と習合とを織り交ぜていた．前述の聖マルティンは，いつのまにか女神アルテミスと入れ代わり，オオカミ払いを行う家畜の守護聖人になりすまし，11月の「聖マルティン祭」を執り行っている．悪魔と闘う騎士，聖ゲオルクは，ディアナにとってかわり野生動物と狩人の守護聖人へと変身している（植田 1977）．また農耕社会のもう1つの分岐点，「夏至」（6月24日）には弱くなる太陽に力を与える，大きなかがり火をたくのが恒例行事だが，この日はキリストの洗礼者，聖ヨハネの誕生日とされるようになった．10月末日の"ハロウィーン"もまたケルト人起源で，秋の収穫を祝い，悪霊を追い出す宗教行事だった．アメリカには1840年代に，ケルトの末裔，アイルランド移民が持ち込み，いまではすっかり定着している（McKechnie & Tynan 2008）．しかし最大の習合例はこの女性においてほかにない．

「聖母マリア」だ．そもそも聖母マリアは「父なる神――子であるキリスト――精霊」を柱とした家父長的なキリスト教の教理のなかでは，全体としては取るに足らない存在である．『新約』の『ルカの福音書』（1：26-56）に「マリア賛歌」を含めて「処女懐胎」のいきさつが紹介されている以外には，『マタイの福音書』（1：18, 25）や『使徒言行録』（1：14）にも言及されているが，神を人類に授けた御子の「聖母」にしてはその処遇はそっけない．代理母のようだ．にもかかわらずこの聖書の原典以上にさまざまな説話が付与され，神聖の潤色がほどこされている．それは民衆の心に宿っていた豊饒女神群を一括して代表・代替させる最適な人物にほかならなかったからだ，との見解には説得力がある．

上山（1998）はこう述べる．「キリスト教のなかで，マリア信仰ほど地中海沿岸の太母神と習合した信仰はない」[8]．しかしこれらは虚構である．聖母マリアにせよ，守護聖人にせよ，祈るべき「神」そのものではないからだ（山我 2013）．今日，ヨーロッパのカトリック教会に入ると，聖子を抱いた聖母マリア像が，キリスト像とともに，あるいはそれ以上に処遇されて

安置され，なお崇拝の対象であることに，あるいはラファエロやダ・ヴィンチをふくむ中世の宗教絵画の中心が，さまざまなポーズをとるおびただしい数の聖母子像であることに，あらためて驚かされる．フランス各地のカトリック聖堂，"ノートルダム"（Notre-Dame）とは「われらが貴婦人」，すなわち聖母マリアを指している．

キリスト教の自然観

キリスト教の導入は，民衆たちの価値観や世界観との間に必然的に戸惑い，反発，抵抗を醸成させた．その大きな心理的乖離は，「罪」の意識であり，天国と地獄，神と悪魔の二分論によって「贖罪」を強制したことだったと思われる（阿部 2012）．動物と人間との関係をみるうえで，もう1つ重要なのは，神，人間，自然の3者を峻別し，神→人間→自然と序列した自然観を持ち込んだ点にあると思われる．というのは，それまで民衆は，ケルト神話の，動物と人間との変身譚，あるいは神々と動物の相互移行に代表されるように，神−人間−動物は同じ世界を生きる同等の存在であるという，強い水平的な世界観をもっていたからだ．こうした観念世界に，キリスト教はまったく異なる構造を対置したのだった．『旧約』「創世記」は次のように述べる．

> 神は水に群がるもの，すなわち大きな怪物，うごめく生き物をそれぞれに，また，翼のある鳥をそれぞれに創造された．（「創世記」1）

そして，

> 神は言われた．「我々にかたどり，我々に似せて，人を造ろう．そして海の魚，空の鳥，家畜，地の獣，地を這うものすべてを支配させよう」（「創世記」1）

続いて，

> 神は彼らを祝福して言われた．「産めよ，増えよ，地に満ちて地を従わせよ．海の魚，空の鳥，地の上を這う生き物をすべて支配せよ」（「創世記」1）

もっとも有名な冒頭のくだりである．神はみずからをモデルに人間をつくったこと，そして，その人間に動物や自然の支配を委ねたことが明快に宣言されている．「支配せよ」は「治めよ」とも訳されるが，ヘブル語から直訳された英語版 "dominion over" は「統治権または支配権を行使する」の意味だから前者に近い．「原意」はかなり強権的であるが，荒井（2009）は，「支配」には歯止めがかけられているとし，これに続く章（創世記 2，3）に注目する．そこでは，神が「命の木と善悪の知識の木」を植えるが，人間が蛇の誘惑によって後者を食べてしまい（傲慢となり），前者を守るために人間を隔離したとのくだりがある．これは，エゴイズムをもった人間は「命の木」（すなわち自然の源泉）の領域には踏み込むな，という意味であり，そこに強いメッセージがあると解釈する．確かにそのようにも読み取れる．

だが，これに続く文章（創世記 3）に注目すると，人間は「あらゆる家畜，あらゆる野の中で呪われるものとなり」，「生涯這いまわり，生涯食べ物を得ようと苦し」み，「顔に汗を流してパンを得る」存在になったとし，生存のためには善悪と知識によって自然と格闘せよとする人間的営為の肯定性を述べている．したがって，「支配せよ」とは，被造物の最上位に位置づけられ，ほかのすべての被造物を管理する特権的な資格を与えられた人間が，善悪を判断しつつ知識と努力によって被造物を利用し存続させるべし，という以外の解釈は成り立たないように思われる．この神から委託された管理の社会的責務を "スチュワードシップ"（stewardship）という．世界は人間のためにつくられ，人間には支配特権が与えられている．それは素朴でむき出しのままの「人間中心主義」の表明である．

さて，その委託管理者である人間はどのように生きるべきなのか．いま少し「創世記」のページをめくると，次に農耕者であるカインと，牧畜者であるアベルの物語が登場する．すでに紹介したように，そこでは農耕ではなく牧畜への，神の強い傾斜が率直に表明されている．つまり，「出エジプト」の後に各地を流浪したイスラエルの民（ヘブライ人）に，神は，牧畜を主，農耕を従とする生活を営むことを薦める．

端的にいえば，「支配する」とはヤギやヒツジを飼い，その動物を屠り，あるいは乳を搾り，穀物と肉を食する生活を送るように指示している．このことはもう少し後の部分の文章からも裏づけられる．

> 地のすべての獣と空のすべての鳥は，地を這うすべてものと海のすべての魚とともに，あなたたちの前に恐れおののき，あなたたちの手にゆだねられる．うごいている命あるものは，すべてあなたたちの食糧とするがよい．
> （「創世記」9：2-3）

ここには農耕地帯の辺縁部・乾燥地帯における農耕と牧畜による混合経済が反映されている（ラング 2009）．そしてそこでは万物を創造し，所有する神が，その許可のもとで人間に動物の所有と支配を委ねるという原理になっている．しかもその生活，食物，祈り，供犠の方法がこと細かく指示されている．やや長いが，後ほどの議論で大切なので，紹介する．

> 地上のあらゆる動物のうちで，あなたたちの食べてよい生き物は，ひづめが分かれ，完全に割れており，しかも反すうするものである．従って反すうするだけか，あるいは，ひづめが分かれただけの生き物は食べてはならない．らくだは反すうするが，ひづめが分かれていないから，汚れたものである．岩狸（イワダヌキ）は反すうするが，ひづめが分かれていないから，汚れたものである．野兎も反すうするが，ひづめが分かれていないから，汚れたものである．いのししは，ひづめが分かれ，完全に割れているが，全く反すうしないから，汚れたものである．これらの動物の肉は食べてはならない．これらは汚れたものである．（「レビ記」11）

そしてこの後に，「水中の魚類のうち，ひれ，うろこのあるものは，海のものでも，川のものでもすべて食べてよい」とする魚類の除外規定がある（p.231）．

少し注を加えたい．ラクダは反芻胃（瘤胃）をもっていないから，厳密には反芻はできない．また，「岩狸」とあるが，イワダヌキ（ハイラックス）類は中東地域には分布していたと推測されるが，ラクダの次に登場させるほどの普通種ではないから，"アナウサギ"を指すとの意見がある（ハリス 2001）がよくわからない．さらに「いのしし」は野生のそれと家畜ブタを指していると推測される．こうしてみると，食べることが可能だったのは，ヤギ，ヒツジ，ウシに加え，たまに入手できた野生のシカやガゼル類だけだったと解釈できる．なぜかくも厳格にラクダとブタは禁止されたのだろうか．

ラクダは，砂漠地帯の流通にはとりわけ重要な動物だったが，小規模な農業と牧畜を生業とし，後に定着したヘブライ人にとってほとんど無縁の存在だったにちがいない．また，隊商や遊牧への進出は，それまでに利権を確立していたほかの民族（たとえばアラム人やミディア人）と競合のおそれがあった．ようやく定着できるようになったその場所で無用な軋轢を避けるのは至極当然の措置だったのではないか．ではブタはどうだろう．

ブタは，すでに述べたように（第1章），もともと森林性でやや湿性の場所に生息している．汗腺をもたないから，熱い乾燥地帯には生息できない．しかもドングリがなる森林がないので，雑食とならざるをえない．そうなると人間の穀物食と競合するから，こうした生活環境にブタを持ち込むことは明らかに不利益となる．戒律による食物の禁忌は，生態学的な判断にもとづく宗教（支配）の重要な機能といってよい（ハリス 2001）．また，そもそも豚肉を食べる習慣のなかった地域にこの禁忌は戒律として成立しやすかった．

忌避されるもう1つの理由には，ブタ（やイノシシ）がほかの動物に比べより多くの病原菌や寄生虫をもっていることである．「生食用豚肉」などは存在せず，「豚肉は十分に火を通せ」との調理法の指示は，ブタヘルペスウイルス，トキソプラズマ，E型肝炎ウイルス，カンピロバクター，サルモネラ，エルシニア，ブドウ球菌，リステリアなどの病原菌や，回虫（カイチュウ），鉤虫（コウチュウ），蟯虫（ギョウチュウ），サナダムシなどの寄生虫が高率で寄生するとの経験や知識にもとづいている．衛生観念がなく死亡率が高かった時代，高温で腐敗しやすい気候，薪の調達が困難な環境にあって，宗教による禁忌は，病気の発症と蔓延を

回避し，さらには少ない資源を守る重要な機能を果たしていたにちがいない．君子ブタに近寄らず．

食べることが許された肉をさらにくわしくみると，『旧約』では「動物の血は食べてはならない」ことが繰り返し強調される．「ただし，肉は命である血を含んだまま食べてはならない」（「創世記」9：4）．「血を食べる者があるならば，わたしは血を食べる者にわたしの顔を向けて，民の中から必ず彼を断つ．生きものの命は血の中にあるからである」（「レビ記」17：10-12）．「その血は断じて食べてはならない．血は命であり，命と肉と共に食べてはならないからである」（「申命記」12:23-24）など．血と肉に分離し，生命は血に宿っているとの生命観が強調される．食料として重要なのは干し肉だからかもしれない．砂漠の（？）二分法的で，機械論的世界観が表明される．この血はワインに代替され，儀式化されることになる．しかしウサギにしろ，アナウサギかハイラックスにせよ，これらが禁忌される理由はわからない．どの種も近東地域では希少で，生息数は少なかったと考えられるから，少ない資源の保全なのか，めったに口にできないものには（危険だから）手を出すなとの訓告なのか，あるいはウサギ類が糞食習性もつことに対する嫌悪なのか．

こうしてみるとこの宗教は，起源した場所での生活指針に関する限り環境と生業との間には，すべての宗教がそうであるように，整合性を発揮して矛盾がない．ただし，これを異なる環境風土に持ち込んだときには，ブタやウサギ類のタブーからも予測されるように，ただちに大きな摩擦を引き起こすことになる．このことが実際にも起きたのだ．

自然観の背景となる環境に注目すると，聖書には「森」の描写やそれに関する記述はほとんどなく，せいぜい「糸杉」，「樫」，「レバノン杉」，「樅」，「つげの木」が短木で登場したり（イザヤ書など），「緑の茂み」といった記述はあるが，「森」や「森林」といった概念は存在しない．頻繁に登場するのは「荒（れ）野」だが，荒野とは，荒れ果てた「野原」であり，生態学的には木本のブッシュが散在する程度の乾燥草原（ステップ）を指している．したがって森林がもたらす多様な自然は荒野にはない．鬱蒼とした森林とそこにわき出る泉といった心象風景はかけらさえなく，それらへの関心や畏敬とは無縁なのだ．そのため，ヨーロッパへのキリスト教の導入とはもともと異なる精神風土への文化の強制注入だったのである．それは巨大な相克を生み出さざるをえなかった．

ところで，創世記第1章の「地の上を這う生き物をすべて支配せよ」の宣言の後に，

> 見よ，全地に生える，種を持つ草と種を持つ実をつける木を，すべてあなたたちに与えよう．<u>それがあなたたちの食べ物となる</u>．地の獣，空の鳥，地を這うものなど，すべて命あるものにはあらゆる青草を食べさせよう．
> （「創世記」1：29-30）

の下線部を根拠に，キリスト教では人間は本来「菜食主義」なのだ，との見解がある（たとえば奥田 2005）．そして紹介した創世記（9）や，レビ記（11）などの肉食に関する記述は，すべて「ノアの洪水」の後，すなわち神にしたがう者だけが生き残った世界になって初めて出現したことをもって，肉食はこうした人間に対してだけ条件つきで許可されている，との解釈がある（リンゼイ 2001）．はたしてキリスト教の基本は菜食主義であり，肉食は限定つきで許可されているのだろうか．

まずは菜食主義．もう一度，「創世」のスケジュールを整理すると，第1日目には「光」を，2日目には「水と空」を，3日目には「草と木」を，4日目には「夕と朝」を，5日目には「魚と鳥，家畜，獣」を，6日目には「人間」を，それぞれ創造している．したがって，人間が「肉食」をするとすれば，その前日につくった動物ということになる．しかし，そこには問題があった．創造直後で，食料とするには個体数が十分ではなかったのではないか．だからこそ，動物の創造直後に「産めよ，増えよ，（魚は）海の水に満ちよ，鳥は地の上に増えよ」（創世記1：22）と督励するのである．翌日に「支配させる」人間をつくり，動物には「あらゆる青

草を食べさせ」て，個体数の増加をはかったのは適切だったし，この段階で人間に「菜食」をさせたのは当然の措置だった．これは，「収穫の引き延ばし」であり，「家畜化とは『保全』という生物資源の1つの管理形態である」(Russel 1988)との戦略とも一致する．それは自然の摂理であり，菜食の原理ではない．

また，洪水後に初めて肉食が許可されたとする見解にも無理がある．創世記1章の「採食」から9章の「肉食」までの間には，食べものについての記述は，「パンを得る」(3：19)と，洪水の章「食べられるものはすべてあなたのところに集め，あなたと彼らの食糧にしなさい」(6：21)だけで，いずれも「植物食」だったと解釈できる．しかし重要な場面が見落とされている．4章の「カインとアベル」で，アベルは牧羊者となり，カインは農耕者となった後，「カインは土の実りを主のもとに捧げ物として持って来た．アベルは羊の群れの中から肥えた初子を持って来た．主はアベルとその捧げ物に目を留められたが，カインとその捧げ物には目を留められなかった」との，アベルの家畜が捧げ物として認知される，有名なくだりだ．注意したいのはその「捧げ物」の運命だ．この動物の捧げ物に関しては，「民数記」(7-18章)に詳細な規定があって，だれがどのように処理するのかは別として通常は奉納後に食される．とくに家畜の初子についてはこうある．

> 牛，羊，山羊の初子は贖（あがな）ってはならない．これらは聖なるものである．その血を祭壇に振りかけ，その脂肪を焼いて煙にする．これは燃やして主にささげる宥めの香りである．肉は，奉納物の胸の肉や右後ろ肢の場合と同じく，あなたのものとなる」(「民数記」18：17-18)

ヒツジの肉は食べられていたのである．

さらに肉食は無条件で許可されていたわけではない，との見解についてもふれておく．リンゼイ (2001) は，洪水によってノアとその家族だけが生き残り，殺す家畜が人間のものではないことが理解されたので，肉食が許可されたと解釈している．人間は殺すすべての命に対し，神に責任を取らなければならない．その自覚のもとで肉食が許されるのだ．しかしこれでは，文脈的に，論理上，神は人間がやたらに肉食をしようとしたので，洪水を起こしたことになる．はたしてそうか．肉食がただちに悪や堕落であるという言明は聖書には一切ない．神が嘆いたのは「地上に人の悪が増し，常に悪いことばかりを心に思い計」り，また「神の前に堕落し，不法に満ちていた」ことだった．食物ないしメニューに対する憤りではない．キリスト教は基本的に遊牧民の宗教なのである．

キリスト教の論理

さて，以上の素描には，「神－人間－自然」の相互規定に関するキリスト教のもつきわめて重要な公理が宣言されている．すなわち，神－人間－自然（あるいは動物）の関係は，はっきりとした階層構造をもち，しかもそれは超越的な権威である神を頂点に，一方向の直線的な関係を軸に，支配－服従の関係が存在している，との教条である．人間は神の代理人であり，自然や動物は人間に仕える以外にその存在理由はないのだと率直に語っている．それはそれまでのヨーロッパ人がおぼろげながらもっていた自然観や価値観に根本的な転換をせまるものだった．

この階層構造は人間社会へも拡張される．教皇（ローマ法王）－大司教－司教－司祭－民衆という一元的な位階制である．したがって，聖職者は神の代理人として民衆を指導する立場を確立していく．この階層性は，いっぽうで，王（皇帝）－領主－民衆という封建制の支配原理に重ねられることになる．キリスト教を受け入れるということはこの二重支配を承認することだった．蛇足だが，キリスト教の公認に道を開いたローマ皇帝コンスタンティヌス（在位306-337）や，ローマ教会を守護したフランク王国カール大帝は，キリスト教への深い理解と帰依から改宗したとされる（その心情を否定するものではない）が，その核心にあったのは，この宗教がもつ，権力への盲従性，超越的な権威とそれにもとづく絶対的な階層性，そしてこれを背景とした支配秩序の（再）編成だったよ

うに思われる（たとえば井上 2008）．「人は皆，上に立つ権威に従うべきです．神に由来しない権威はなく，今ある権威はすべて神によって立てられたものだからです．従って，権威に逆らう者は，神の定めに背くことになり，背く者は自分の身に裁きを招くでしょう」（『新約』「ローマ信徒への手紙」13:1-2）という説教ほど支配者にとって魅力的な言説はない．ちなみにコンスタンティヌス帝もカール大帝も権力を掌握した時点ではキリスト教徒ではなかったのである．

そもそもキリスト教を含む一神教とは，多神の序列化とその否定のなかから生まれたものであり，強い排他性なしには成立しえない．このことは『旧約』における多神教の偶像崇拝に対する徹底した禁止姿勢にみてとれる．「わたしをおいてほかに神があってはならない」（「出エジプト記」20：3）のである．また共同体や民族ごとに部族神をもつようになると一神教の並立時代が続くが，キリスト教はこのほかの部族神との生存闘争を戦い抜いている．「戦争とは国と国との戦いであると同時に神々同士の戦い」（山我 2013）だった．とくに古代イスラエルの地では"ヤハウェ"を奉じたキリスト教はバール神との闘いを通じてその地歩を確立した歴史をもっている．『聖書』とはその闘争記録といってよい．

> あなたが彼らを撃つときは，彼らを必ず滅ぼし尽くさねばならない．彼らとの協定を結んではならず，彼らを憐れんではならない．
> （「申命記」7：七つの民を滅ぼせ）

一神教（キリスト教）はその本性のなかに攻撃的な排他性と優越性を備えている．そしてそれはしばしば暴力となって噴出することになる．

野蛮を指導する神の代理人である教会や聖職者という公理は，独善的な優越性を濃密に含み，唯一絶対の神である以上，その代理人もまた唯一絶対の存在でなければならないとの矜持と一体化していく．"カトリック"とはもともと「普遍」，つまり人類にあまねくあてはまるという意味だが，そこには神に次ぐ存在であるとのメッセージが含意されている．実際，教皇は，「誰でも裁きうるが誰からも裁かれない」（イノケンティウス 3 世），「唯一のキリストの代理人」（ボニファティウス 8 世）との立場であり，「神的真理の客観的保持者」として君臨することを繰り返し宣言する（小田垣 1995）．こうした心理や態度が危険なのは，多様性や多元性を否定すること，さまざまな価値観や世界観，ひいては人間そのものを排除すること，に結びつくところにある．「階層」と「差別」そして「排他」はつねに共鳴し合う関係にある．

そしてこの排他性は必然的に，みずからを「正」，他者を「邪」とする非対称性を導き，暴力による排除＝抹殺へと突き進むことになる．ヨーロッパにキリスト教が定着してほどなく，宗教的な「陶酔や熱狂」からこのことが現実となる．聖地を異教徒から解放しようとした十字軍（1096 年以降）はその 1 つだが，この軍隊はエルサレムだけをめざしたのではなかった．ヨーロッパ北部の異なる宗教をもつ国や民族へは「邪教撲滅」という名目により"ヴェンデ十字軍"（山内 2011）が，教義の解釈をめぐって対立したフランスのキリスト教分派には「異端討伐」の旗をかかげた"アルビ（アルビジョア）十字軍"（1181 年）が，それぞれ派遣され，暴虐と殺戮の限りをつくした（イベリア半島でもイスラム教徒からの解放，"国土回復運動"（レコンキスタ）が戦われる）．教皇はこれら十字軍の参加者に対し「罪」の赦免を与えた．パスカルの英語版『パンセ』のなかには次のような有名な言葉があり，森島（1970）も『魔女狩り』のなかで引用している．宗教の危険性を示す，これほどふさわしい言葉はない[9]．「人間は宗教的信念から悪を行うときほど，徹底的かつ喜びをもってなすことはない」．

この人間の排除と根絶の論理は，やがて「異端審問」という形で人々を巻き込みながら魔女狩りと狼男の撲滅へと突き進んでいくが，その奔流のなかに動物もまた取り込まれていった．以下これを本題とするが，その前に述べておきたいことがある．このキリスト教がもつ自然観やその底流にある価値観は，続く近代においては新大陸に新たなる未開と野蛮を「発見」し，

異教徒を教化して文明化するとの「福音」のもとに，敵対者を「悪」として，際限のない殺戮と資源収奪を誘導したように思われる．リン・ホワイト Jr.（1972）は，すでに古典となった論文のなかで，この思想の延長線上に現代の生態学的危機があると指摘し，西欧社会に波紋を引き起こした．もちろんこれに対する反論もある．だが私は，キリスト教的価値観がもたらした危機は生態学の領域に留まらなかったのではないかと危惧する．なぜならその思想がいまなお人類のなかに亀裂と差別を生み出し続けているように思うからだ．

（2）狩猟に対するキリスト教の視線

聖書には「狩猟」に関する記述は，『旧約』の「出エジプト記」（15：13），「創世記」（27：30）などごく一部に，食料を得る手段として肯定的に紹介されているが，『新約』にはない．ほとんど森林のない（したがって，ほとんど野生動物がいなかった）乾燥地帯に生活していた遊牧民（と農民）にとって狩猟はほとんど縁のない生業だったといえよう．いっぽう，輸出先のヨーロッパ中央・北部では，鬱蒼とした森林が広がり，野生動物が濃密に生息していた．そこでは農耕とともに狩猟採集が古くからの生活手段として定着していた．そのケルト（ガリアやゲルマン）の地にローマから派遣された初期カトリックの聖職者たちはあまりの環境のちがいに驚き，戸惑ったにちがいない．森は聖書にある「荒野」ではなかった．しかもかの地は豊饒女神がおわす異教のサンクチュアリであるばかりでなく，人々（農民）は野蛮な異端者の群れと映り，「農民」＝「野蛮」＝「異教徒」は同義語（ラテン語 pāgānus）だった．彼らは，異教世界を破壊し，力ずくで突破する以外にキリスト教の布教はありえないと確信し，積極的に暴挙を実践した．10 世紀以降，森のなかに建てられた修道院はその突破口であり，橋頭堡だった．

宣教師や修道士にとって森は敵，森林の伐採や開拓は異教を退治する闘いだった．そこには異教の神々と現実の世界を仲介する多数の使者たちが同居していた．その代表がヒグマ（クマ），アカシカ（シカ），イノシシ，オオカミ，どれもがディオニュソスの厚化粧をほどこした宿敵だった．司教や司祭を弁護すれば，これがみずから率先して狩猟を行った理由の 1 つかもしれない．おまけにシカは聖書でも食べるのが許された「蹄」をもつ動物だった．この当時，人間ともっとも接触があった狩猟獣はクマとシカ，イノシシで，オオカミとの対決はもう少し後の時代になってからだった．

クマは，古代から，森の支配者，力強さ，権力の象徴として，また病気を克服する不屈の動物として権力者や人々からも崇敬された（第 4 章）．そのいっぽうで，粗暴，大食，怠惰，好色，性的放縦といった異教的要素もまとっていたので，教会はこの動物の存在を嫌悪していた（パストゥロー 2014）．キリスト教を受け入れたカール大帝などはクマを積極的に狩猟したが，これにはクマの反キリスト教的性格を排除し，さらにはそれを退治し食べることで力強さと領域の支配者であるのを誇示する目的があった．また，クマは修道院が蠟燭をつくるために飼育に努力した養蜂――それは数少ない換金商品でもあった――の敵対者でもあった．丹精込めたミツバチの巣は大きな被害を受けたにちがいない．当時のシトー会をはじめとした修道院の文書にはこのことが頻出している（ドロール 1998）．それは森で行われた産業の宿命だった．教会は農民のクマ猟を督励した．それは言葉による扇動で，クマは邪悪，野蛮，獰猛，残忍，そして「悪魔はクマに変身する」という虚説（デマゴギー）だった．人々は悪魔となった "Beowulf"，つまり "Bee-wolf"（ミツバチオオカミ）を，おそらく「跳ね上げ式」の大がかりな罠（Almond 2003）[10] で徹底して捕獲，根絶するようになった．カトリック教会によるこの攻撃は近代に至るまで執拗に続けられた．ヨーロッパのキリスト教は森とクマの減少に反比例するように定着していった．この結果，クマはその権威を完全に剝ぎ取られ，18 世紀になると，曲芸の見世物や，イヌに攻撃を仕掛けられるブラッド・スポーツの「苛められ役」へと格下げされてしま

う．ヨーロッパのクマの衰退の歴史にキリスト教は少なくない責任を負っている．

ではシカはどうか．シカはケルヌンノスの伝統を引き継ぎ，エネルギッシュな生，再生と豊饒，そしてアルテミスやディアナ，ヴォータンやキュベーレ，ホルダといった女神の化身とみなされた．イノシシも同様だった．これは教会にとって危険な存在だ．森林が切り開かれオープンランドが広がると生息地や個体数は増加し，領主や国王が狩猟を行うようになると，教会はこれに同調した．それどころか教皇や司祭は率先してこれに加わった．シカ猟がブームになるにしたがって，権力者はこれを独占し，発展させた．こうしてシカのもつ多神教的な性格は完膚なきまでに除去された．

12世紀後半になると，今度はまるで異なる性格がシカに付与され始めた．不思議だ．それは教会主導というより民間伝承として広がっていく．性的要素は除去され，代わって臆病，貞潔，上品，優雅の象徴となり，「森の妖精」といったキャラクターに変身するのである．作者不明の短詩(レー)，『ギンガモール』（12世紀末-13世紀初め）や『ギジュマール』（12世紀後半）などには白いシカ（前者ではイノシシ）が登場し，妖精や女性となって主人公を森のなかに誘い，浦島太郎ばりの「別世界」を経験させるのである（松原1992）．この異界への案内役というプロットは近世の『グリム童話』へも継承されている．1215年には教皇イノケンティウス3世が公会議（第4回ラテラノ公会議）を招集し，司祭の避けるべき行動指針の1つに「狩猟」を指定した．「禁止」ではない．さらに時代が進むと（15世紀），「聖エウスタキウス伝」や「聖フベルトゥス伝」などの聖者伝が教会の手で喧伝される（図5-18）．前者は2世紀に生きたとされる伝説上のキリスト教殉教者，後者は7-8世紀の実在の貴族らしい．両聖人ともに大の狩猟好きで，森にシカ狩りに入ると，途中経過は異なるが，最終的には角の間に「十字架」をもつシカと出会い，諭されて改心するとの筋書きになっている（伊藤2002）．シカはついにキリストの代理か，そのものに変身し，殺傷を

図5-18 中世に喧伝された「聖エウスタキウス伝」．オスジカの角の間にキリスト像を幻視して，改心したとされる．15世紀のイタリア・ルネサンスの画家，ピサネッロ（Pisanello）の作（ロンドン・ナショナルギャラリー．Alomond 2003より）．

戒めるのである．「聖ガイルズ」伝では矢が刺さった手負いのシカを助けるとの物語になる．これらの聖者伝は狩猟に対し明らかに批判的で，狩猟ブームを牽制する．それはいったいなにを意味するのだろうか．

シカはキリスト教と無関係ではない．聖書のなかで「シカ」（このシカはおそらく近東周辺に生息していたアカシカ）は，有名な一節「涸れた谷に鹿が水を求めるように，神よ，わたしの魂はあなたを求める」（詩編42：2）のように，きわめて肯定的に登場する．このほかには，食物としての「かもしかや鹿」（申命記など），速い足のたとえで「鹿の足」（サムエル記など），「優雅な鹿」や「愛情深い雌鹿」（箴言など）などと表現され，どれもが好意的だ．シカはキリスト教にかしずいていた．

宗教はもともと非合理なのであって道理ではない．キリスト教もその内側には深い神秘主義を宿している．神秘主義は，それがどのような形をとるのかは多様だが，人間を超えた絶対的な存在との合一にその本質がある（小田垣1995）．砂漠の宗教だったキリスト教がさまざまな習合を経てヨーロッパに定着したが，この過程でキリスト教も森の要素をその教義や典礼，祭儀のなかに吸収していった．魂や霊はつねに森に生まれて波動し，妖精や精霊はもともとヨ

ーロッパ森林文化の所産——キリスト教もまた森の洗礼を受けたのである．森は同時に神秘主義の迷宮でもあったが，その森が大きく変貌した．14世紀以降の人口増加，都市の肥大化，農地の拡大によって森林は徐々に減少．15世紀末までに，フランスではもとの森林面積の4分の1に，ドイツでは3分の1に，イングランドでは10分の1にまで減少した（Wickham 1994）．鬱蒼とした森林は陽光まばゆい田園風景へと転換していった．

環境は変わった．ところが都市住民（とはいえ元農民）にとって，神と向き合い，交感できる場はなお深い森林においてほかはなかった．ヨーロッパ人はこの生態学の歴史的転換点で初めて「森」を再発見し，風景や景観といった概念を認識した．だからこそこの森を都市のなかに「大聖堂」としてつくったのである（序章参照）．そして都市での布教には新たな舞台と配役が用意される必要があった．それが「地獄」と，「魔王(サタン)」や「悪魔」——ダンテの『神曲』(1472)はその究極の脚本だった．この脚本にはさまざまな森の要素や動物が脇役として登場する．絶対神が支配する世界にあって，なぜ神に背く魔王や悪魔が存在しなければならないのか，そこに論理的必然性はない．教会にとって必要だったのは，このシナリオに沿って危険なものとそうでないものとを選別することだった．魔王や悪魔につながる野蛮と異端をあぶり出し，民衆に周知すること，これが後述の「動物裁判」や「魔女裁判」の1つの精神的背景だったといえよう．

それはよい．だがこれでは森に生まれたすべての魑魅魍魎が悪魔と異教徒に成り下がってしまい，精霊や妖精，天使につながる要素は存在しないことになる．それはキリスト教の神秘主義——自然への敬虔な思いと森の奥に存在するはずの根源的な実在への信奉——にも違背している．そぐわしい動物はどれか．ケルヌンノス性をすっかり漂白されたシカ（ときには「白鹿」）がこうして誕生することになる．シカはいまやキリスト教の神域に遊ぶ慎み深い「聖獣」へと昇格した．シカは多神教だけでなく一神教とも結託できるのだ．このシカ（神鹿）と「神」との結びつきは日本の「神道」にまで広がっている．どんな神にも愛されるこれほどに多義的な動物はいない．なお，森と神との融合というこのキリスト教神秘主義は，その後も引き継がれ，18世紀になると，手つかずの自然への郷愁という新たな装いで，ワーズワースや，エマーソンやソロー，そしてミューアによって表明されることになる．

（3）キリスト教と動物裁判

中世に行われた「動物裁判」は，動物と人間との関係史のなかでもっとも珍妙な出来事だった．動物に人間と同等の権利を認め，弁護人を立て，証人と証拠を吟味し，法律にもとづく手続きを経て，いたって大まじめにその罪を問うたのだから奇天烈というほかはない．動物裁判は旧くはエドワード・エヴァンズ（Evans 1906）の研究（『動物の訴追と重罪』）から始まって注目を集めてきた．エヴァンズは動物裁判を「非常に粗野で，鈍感で，野蛮な正義感」から行われたとみなしたが，実際の裁判は，正反対に，綿密かつ繊細に，洗練された司法手続きに沿って進められた．近年ではコーヘン（Cohen 1986, 1993），池上（1990），エンダース（Enders 2002），オルドリッジ（2007）らが新たな史料の発掘と議論を行っているが，その全体像はなおよくわかってはいない．

動物裁判の判例

エヴァンズは合計191の動物裁判の判例史料を収集したが，実際にはこれをはるかに上回る裁判が行われたと推測した．信頼にたる最古の裁判記録は，824年イタリア・アオスタ渓谷で発生した農作物へのモグラ被害の裁判で，モグラに「退去と破門宣告」の判決を下した．この後の経過が注目されるが，残念ながら記録はない．これを劈頭に動物裁判は徐々に増加していき，14-15世紀にピークを迎えるが，20世紀に入っても（飼い主や所有者ではなく動物自身に判決を下す例は）なくなったわけではない．フランスでの事例が圧倒的に多く，ドイツ，イタ

リア，スイスでも起こるが，大半はフランスとの隣接地域だ．被告となった動物は，驚くなかれ，ブタ，ロバ，ウシ，イヌ，ヤギ，ウマ，モグラ，ネズミ，さらにはニワトリ，ウナギ，バッタ，毛虫，ヒル，アブ，コガネムシ，コクゾウムシなど，ありとあらゆる種類が起訴された．中世における裁判は，「教会裁判所」と「世俗（荘園）裁判所」の２つが独立に存在していて，動物裁判のうち，公共的な被害（たとえば農作物被害など）はキリスト教の教義に関する民事事件として前者に，人間に対する直接の危害は刑事事件として後者に，よってそれぞれ執り行われ，裁定が下された．

世俗裁判所の判例に注目すると，多くは動物による人間の事故死，なかでもブタによる「殺人」が突出する．当時，ブタは村落や街中でほぼ放し飼いにされ，品種改良が進んでいなかったため，繁殖期のオスや，子どもをもつメスの気性は荒く，事故が頻発したと思われる．その代表的な例を紹介する（Girgen 2003 による）．

- 1379 年 サンマルセル，レジェッシー町（フランス）．町はずれにブタが群れで採食していた．突然 3 頭が豚飼いの子どもを襲い，死亡させた．3 頭のブタが告訴され，襲撃と認定され，応報刑により死罪判決．
- 1386 年 ノルマンディー，ファレーズ．子どもの顔と手を引き裂き死亡させたブタ．死刑宣告の後，公衆の面前で公開処刑．
- 1408 年 ポンデラルシェ村（フランス）．子殺しによる 1 頭のブタを 3 週間収監後に死罪の吊るし刑．注目すべきは，看守がこの 3 週間分の収監料（人間と同じ）を飼い主に請求したこと（領収証が残っていた）．
- 1457 年 サヴィニー・シュール・エタン村（フランス）．メスブタと授乳中の子ブタ 6 匹が 5 歳の少年を殺したかどで捕獲，1 カ月間，殺人罪で審問，収監後にサヴィニーの世俗裁判所で有罪判決．やぐらの木に後ろ足をしばって吊るし刑．子ブタに血痕はあったが，年齢を考慮し，母親の罪に免じて無罪．
- 1567 年 サンリス村（フランス）．4 歳の少女を食い殺したブタがその「蛮行と残忍性」のかどで吊るし刑．

同様の例多数．ファレーズでの公開処刑の様子は近隣の聖トリニティ教会にフレスコ画が残

図 5-19 ファレーズ（ノルマンディー）で 1386 年に行われたブタの動物裁判と公開処刑．近隣の教会に残されたフレスコ画（Evans 1906 の復刻版より）．

され（図 5-19），興味深いことに，大群衆に衆知されていたことがわかる．このブタへの傾倒には，ブタを殺すことで「ブタから生まれた」とされるユダヤ人に報復するという，中世初期から芽生え始めた反ユダヤ主義的な感情があったとする見解がある（Enders 2002, White 2011）が，真意のほどは不明だ．また注目したいのは，この時代（16 世紀以前），裁判官が「故意の殺人」と「過失によるそれ」を区別していないことである．さらにブタは吊るされたり火刑にされたが，ポークや焼豚は汚れているとされ，食べることは許されなかった．ブタ以外には以下の例がある．

- 1474 年 バーゼル（スイス）で老オスニワトリが卵を産んだかどで裁判にかけられ有罪．火刑執行（フレーザー 1919 による）
- 1621 年 ザクセン・マヒェルン村（ドイツ）．オスウシが角で女性を突き飛ばし，死亡させた．死刑，死体は埋められた．
- エヴァンズはパリ（1546 年），コルベイユ（1466 年，フランス），ニーダーラート（1609 年，ドイツ）などでの獣姦（ウシ，ウマ，ブタ）の記録を記述．いずれも人間と動物ともに吊した後に火刑．
- 1750 年 獣姦罪の「共犯」として逮捕されたロバが，審理において弁護人がロバの「貞淑と品行方正」を主張し，無罪．

いっぽう，教会裁判所にはどのような判例が残されているのか．もっとも有名なのは，1522年にフランス・オータン県で発生したネズミによる穀物（オオムギ）被害の裁判で，後にプロバンス最高法院の主任判事となるバルテルミー・シャサネによる弁論が行われた．彼は，第1回目の審理では，被告が出頭できないのは，複数の村にすんでいるためやむをえないと主張，次回は各教区で出頭命令書を読み上げるべきだとして，裁判を延期．2回目では，命令にしたがわないのは，出頭にはネコの危険や長旅といった困難さがあるとの論陣をはるものの認められず，判決は土地からの6日以内の退去命令．

また，1519年，イタリア・ステルビィオでモグラが穴を掘って農作物被害を発生させた裁判．農民はその深刻な被害を訴え，裁判所はモグラに退去命令の判決．おもしろいのは，農民側は，退去する際のイヌ，ネコの脅威から安全に移動できる措置を求めたことで，裁判所はモグラの通行権を保証し，14日間の猶予を与えた．結果はみえている．14日後，怒った検事はモグラに，年齢や妊娠にかかわりなく「即刻退去命令」を下した．

1545年，フランス，葡萄酒で有名なサンジュリアン村でブドウを食い荒らすゾウムシ被害の裁判．住民たちは判事に「神の怒りを鎮めるのに適した手段を自分たちに指示し，さらに破門または他のすべての適当な譴責処分によってこの虫たちを完全に追放してくれるよう」請願（フェリ1994）．これに対し司教裁判官は「神によって創造された動物であるから人間と同様に植物を食べる権利を有している」とし，破門を拒絶．つまり弁護士が弁護した昆虫側の完全勝利に終わった．その代わり，原告・弁護士の双方が話し合って「（ゾウムシの）罪の許しを乞う」祈禱式の執行で合意．翌年挙行されると，なぜかゾウムシはいなくなるが，42年後に再び大被害の発生．前回を上回る3日間の盛大な祈禱式の挙行（フェリ1994）．その後の記録はない．

注目すべきは，教会裁判所はしばしば動物側に与したことだ．フランスの哲学者，リュック・フェリ（1994）は15世紀末のスイスでのコガネムシ（タマオシコガネ）の事例を記述した．樹木の根を食べ，枯らしてしまうこの昆虫の幼虫を住民たちが起訴，手続きどおり弁護士が任命され，本物の昆虫も召喚された．しかし，幼虫は「年齢が若く体が小さいので」出頭は不問にされ，代わりに代理人を選出．裁定は「当該昆虫の幼虫は神の被造物であり，生きる権利を有し，幼虫の生活の糧を奪うのは不当」というもので，「今後はもう耕作地に被害を与える機会がないように，それらを野生の森林地帯に遠ざける」ことが求められた．そしてこのことが実行されたという．

いっぽう，正式に破門されることもあった．1451年にベルン湖周辺に多数のヒルが発生．ヒルは起訴され，ベルン湖周辺から離れるために3日間の猶予が与えられた．さすがに効力がないことを確認した司教裁判官は，みずから現場に赴き，次のように述べ破門を宣告した（フェリ1994）．「全能の神，天の裁判官全体，聖なる神の教会の名において，私はおまえたちがどこに行っても，おまえたちを呪うし，おまえたちがすべての場所から消え去るまで，おまえとおまえの子孫は呪われるであろう」．

すべてがこの調子．もちろん被害の解消にはつながらない．それでも教会は動物裁判を生まじめに延々と続けた．こうした裁判では，聖マルティンがクマに説教したとか，フランチェスコ修道会の創設者アッシジの聖フランチェスコが，13世紀にイタリア・キュビオ村に出没していたオオカミに対し主の名にもとづいて「悔い改めよ」と説き，退去させた，とかいった「奇跡」がまことしやかに喧伝された．同様の話が以下のように残っている（オルドリッジ2007）．トーリアのエーベルト司教が聖堂に侵入したツバメを大喝すると，ツバメはかしこまって地面に落ちた．またフォアニーの聖ベルナールが大量に発生したハエを呪詛すると，地面に落ち，スコップですくって外に放り出したほどだったという．さらに11世紀後半，フランス北西部で布教していた聖ジローが，ニワトリを襲うキツネに対し，「よいかもうそのような

ことはするではないぞ」と諭すと，二度と繰り返さなかったという（宮松 2017）．

おそらくこうした動物に対する説教譚の原型は，6世紀のヴェルトウの聖マルタンにさかのぼるように思われる．この聖者は荷駄用のロバを食べてしまったクマに対してこう説教し，命じた．「なぜロバに苦しみを与えたのか．ロバの役目を引き継げ．労働の実践においてその後継者になれ」．クマは首を垂れ，その命令にしたがい，掠奪者から聖者のお供になったという（宮松 2017）．同じような話は繰り返し語られる．この奇蹟譚はキリスト教のヨーロッパ布教の初期段階でふりまかれていたことを考えると，クマは「動物」ではなくおそらく異教徒の隠喩だったのではないか．そこには神の御威光に沿ってキリスト教へ改宗するようにとのメッセージが込められていたにちがいない．

動物裁判の論理

なぜこのような動物裁判がまかり通っていたのだろうか．はっきりしているのは，被告はともかく，原告，検事，弁護士のいずれもが正規の手続きと周到な審理を行い，何度も繰り返された史実からみてもたんなる茶番や愚行では片づけられない．公開の処刑台は数日がかりで粛々と組み立てられ，わざわざ滑車つきの絞首装置が準備された．非合理で馬鹿げた行為なのではない．冗談ではないからこそ人間の精神史における重要なテーマなのだ．池上（1990）は「擬人化説」や「威嚇説」などを紹介しつつ，動物裁判の時代的な意味を次のようにまとめている．それは，「神の法・神の正義の保証のもとに，人間の自然支配を正当化し，人間はその正義を，人と人との関係と同様に，自然（や動物）にも適用し」ようとしたキリスト教「人間中心主義」の発露だったと．またコーエン（Cohen 1993）は，動物裁判は「規範には限界があることを示し，人間社会を超越するような神による正義の普遍性をつくる」のが目的だったと総括している．ハンフリー（Humphrey 1987）は，エヴァンズ（Evans 1906）の「復刻版」の序章のなかで，動物裁判とは「世界で起こる出来事に序列化を強要していく教会側の巨大な文化的努力の一端だった」と解説している．これらの指摘はいずれもが正鵠を射たもので，総括的な評価としては首肯できる．

ただもう少しその推移や歴史的文脈をたどると，動物裁判のピークだった14-15世紀は，すでにみたようにキリスト教が民衆の間に初めて浸透し，ようやく支配体制が確立されようとした時代にあったといえよう．この時代，支配体制は盤石となりつつも，人々の意識や精神には，キリスト教の教義や価値とは相容れない心理や思想が色濃く残っていたと考えられる．制度と，人間の上部構造との間には大きな乖離があり，なおせめぎあいが続いていたと思われる．こうした時代にあって支配者側はどのような戦略を採用すべきか．私はむしろこう考える．動物裁判は，人々の既存の価値観を徹底的に破壊し，『聖書』の権威を示し，キリスト教的正義とその価値観に置き換える，思想改造の好機であり絶好の「場」ととらえたのではないか．だからこそ慎重で誇大な審理が行われ，処罰は大々的に公開されたのである．したがって，そこでは『聖書』の教えが披瀝され，その秩序の原理が説かれた．動物と人間との関係は旧いイデオロギーと対決しなければならない中心的テーマだったのである．

徹底して照合された『聖書』にはこうあった．「牛が男あるいは女を突いて死なせた場合，その牛は必ず石で打ち殺されねばならない．また，その肉は食べてはならない．しかしその牛の所有者に罪はない」（「出エジプト記」21：28）．ウシの判決にあてはめられたのはまさにこれだった．しかし，ブタはどう処罰すべきか．これは後の検討として，次に「獣姦」をみる．これも明確で，『旧約』にはこうある．「動物と交わった男は必ず死刑に処せられる．その動物も殺さねばならない．いかなる動物とであれ，これに近づいて交わる女と動物を殺さなければならない」（「レビ記」20：15, 16）．ロバが許されたのを例外に，すべてがこれにあてはまる．これらの教義はキリスト教の本質をよく表している．それは神 – 人間 – 動物の境界と，その上下

関係を明確にし，領空（海）侵犯は絶対に許さないとの断固たる思想である．この序列化による秩序の維持こそが本旨なのだ．「すべて支配せよ」とはこの序列を前提とした統制であった．このことがブタについても適用された．

ブタの処刑にはいっけん「報復」的要素があるようだがじつはそうではない．ブタは『聖書』では汚れた，忌避すべき動物であるいっぽうで，人々にとっては食べること以外には目的のない家畜であり，越冬のための大切な食料だった．すべての動物は人間のために存在している．ブタもまた食肉を供給するというその典型の役割を負っている．その動物が人間のために本来の役目を果たさずに危害を加えたのは，本分を逸脱していると断じなければならない．子どもを殺したり危害を加えたりした以上に問題だったのは，人間→家畜という上下関係を蹂躙し，人間に反抗し，攻撃したことと解釈できないだろうか．それは教義に反した罪であり火刑に値する．このことはニワトリ裁判にもあてはまる．けっきょくこのオスはニワトリではなく，ニワトリの姿をした「悪魔」として処刑される（フレーザー 1919）が，そこに通底するのは正常というルールに対する侵犯，オスの役割からの逸脱であった．キリスト教にとって動物裁判はキリスト教的秩序を，動物にではなく，人間に示す千載一遇の（教育の）場だった．

このことは教会裁判所の判例にもあてはまる．判決はどう考えても紛争解決＝農業被害の解消や軽減に結びつくものではない．それは検察側である教会も十分に理解していただろう．目的は，そうではなく，神－教会－人－動物という直線的な支配関係を確認し，その階層構造を破っていれば断固断罪するとの決意を示すことにあった．生物が神の許容している範囲の自然法則に則って生きる限りは，生存は許され，さまざまな配慮がなされた．ゾウムシとコガネムシ，モグラも，神の被造物であるがゆえに，その生存と植物を食べる権利は認められ，昆虫もモグラも殺すことは許可されなかった．ただし，両方とも人間とのすみわけが求められ，それが「退去命令」や「祈禱」という形で表現された．

5.3 キリスト教と動物　247

ヒルも生存は認められ，殺すことは許可されなかったが，人間から遠ざかることを要請され，それが「呪詛」の形で表明された．オオカミ，ツバメ，ハエにも生存権は与えられた（ただしオオカミは後に剝奪）．しかし，人間の居住地に入り，人間を襲うこと，教会に侵入し，儀式をかき乱すことは，越権行為であり，命令にしたがえとの「喝」となり，最終的には「破門」に至った．オルドリッジ（2007）は，キリスト教では，想定外の災害が発生すると現代でも公の場で祈禱が執行されるが，動物裁判はこの行事と本質的に変わりがない，と指摘している．そうなのかもしれない．

動物裁判は神の威信を示す格好の宣伝の場であり，神の代理人たる教会と聖職者の意思表明の場だった．動物への支配論理の拡張は，だからこそ，やがて人間への直接的な攻撃へと発展していった．

（4）キリスト教と魔女（狼人間）裁判

動物裁判は忘れ去られたが，人間が人間を攻撃した歴史は人々の心から消え去ることはない．それは戯画ではすまされない．魔女裁判は，暗黒の中世を象徴する歴史の裏面である．人間が悪魔として裁判にかけられ，拷問され，自白が強要され，その多くが死刑判決の後に火刑や絞首刑に処せられた．この「狂気」は，ペスト（黒死病）の流行（14 世紀中ごろ）後の 14 世紀末のフランス南東部を皮切りに，ドイツ，スイス，イギリス，そして全ヨーロッパを包み込み，16-17 世紀に熱狂的な広がりをみせながら，18 世紀末にようやく終息を迎えた．犠牲者の数は，多数の研究者が推測するもなお闇のなかにあり，ドイツだけで少なくとも 2.6 万人以上，全体としては 6 万人以上（Levak 1995），おそらく約 10 万人が犠牲になったと考えられている（Barstow 1994）．

確かに多くは老齢の女性だが，狂気が進行するとともに，若い男女も，子どもまでが犠牲となった．それは特定の性に対する"ジェンダーサイド"ではなく人間すべてに対する"ジェノサイド"だった．なぜ人々はこうした狂気に熱

狂し，むしろ快楽と愉悦のなかで処刑を見守ったのか（上山ほか 1997）．なぜカトリックの牙城であったイタリア，スペイン，ポルトガルには少なく，辺境の地だったフランス，スイスやオーストリア，とくにドイツで多かったのか．そしてなぜ文明化されたはずの中世後期にピークを迎え，近世初期まで続いたのか．疑問は尽きない．

魔女裁判に関する著作や論文は多数あり（森島 1972，浜林 1978，コーン 1983，中村 1987，池上 1990, 1992，高橋 1995，上山 1998，度会 1999，シュルテ 2003，平野 2004，田中 2008，黒川 2014）．日本でもすぐれた研究や解説に多数接することができる．これらから魔女裁判の背景や動機を整理すると，おもなものは，集団的なヒステリー，産婆であった老婆の中絶技術の根絶，教会と権力の腐敗の隠蔽とでっちあげ説，凶作や飢饉の不満や一揆の転嫁説，宗派対立と権力闘争説，正当と異端の再定義の必要説，民衆の多神教とキリスト教との相克説，合理的世界観の浸透と脱魔術化の過程など，じつに多様である．これらの視点や仮説は，この裁判の一面の真理をとらえていると思われるものの，全体像は，動物裁判同様に，なお不明の点が少なくない．

おそらくそれは，複数の要因が重層的に重なり，時系列の進行とともに，複雑に絡み合い相互作用しながら，発展と衰退を遂げた社会的力学と社会病理の合唱（アンサンブル）のようにみえる．この分析は本書の主題ではもちろんないが，その過程では，「動物裁判」，「狼人間」，ネコの虐待など動物と関係する問題が登場するので，考察の対象とする．

魔女裁判の経過と要因

まず教会の動向に注目する．13 世紀初頭，カトリック教皇権の絶対性がフランス国王と対立（「叙任権闘争」）を招きつつも確立され，他方，教会内部では腐敗が進行し，これを批判したり，ときには教会のあり方に反旗をひるがえす集団が出現した．代表的なのはアルビ（カタリ）派，ワルド派，ベガン派などである（小田内 2010）．これらの集団に対しては「異端者」としてアルビ（アルビジョア）十字軍などを派遣，徹底して虐殺したことはすでに述べた．それでも不服従者や反抗者は後を絶たず，異端者の経常的な告発と改宗，ときには除去を目的に，教皇（グレゴリオス 9 世）は 1233 年に「異端審問官」を制度として設置した．個々人への説教 - 告白 - 審問という形式の誘導尋問は，後には拷問も加わって，無実の異端者を次々と摘発していく，反キリスト者の生産装置となった．教皇の兵士を自認するドミニコ会修道士らは，権力エリート集団として，またその崇高な使命感と情熱から，審問を強化していった．この過程で，審問制度そのものが自己目的化され，職務の必然的な拡大，つまり異端概念を，反カトリック教会的な言説から，反キリストの悪魔＝魔女へ拡張することにつながっていった．拷問をともなう審理には，さらに密告制が導入され，おびただしい数の異端者の群れが出現し始めた．それは巨大な権力をもつ裁判機構の現出でもあった．

いっぽう，「魔女」の歴史をたどると，ヨーロッパ農耕圏には，悪天候や災害，病気や家畜の死などをもたらす天候魔女や災害魔女がケルト時代そのままに牧歌的な伝承として存在していた．また，各村落には傷を治療，お産を介助する（老齢の）「産婆」が「医者」代わりにいて，両者は分かちがたく結びついていた．

他方，キリスト教の教義をみると，「女呪術師は生かしておいてはならない」など，『旧約』（「出エジプト記」22），「男であれ，女であれ，口寄せや霊媒は必ず死刑に処せられる」（「レビ記」19，同 20），「申命記」（18）には魔女ないし魔女様女性が登場する．しかし，これらはキリスト教の本義である偶像や偽善者の否定，脱魔術化の表明にすぎない．また，『新約』「イザヤ書」（13.21），「ヨハネ黙示録」（18.2），「マルコ福音書」（5.1-10），「マタイ福音書」（25.31）などには，魔王（サタン）や悪魔（デビル）の記述が多数みられるが，これらは神への敵対者というよりむしろ堕落した天使として扱われ，泡沫的な存在だった．

魔王や悪魔が，キリスト教の不倶戴天の敵としてはっきりと立ち現れるのは，12 世紀初頭の十字軍やアルビ十字軍の派遣前後からで，天国と地獄，正と邪，善と悪といった鮮明な二元論が持ち込まれ，その精神的な支柱によって異端の排除と撲滅に突入してからだった（ミュッシャンブレ 2003）．神やキリスト教が魔王や悪魔と闘争の最中にあるとの危機感が不寛容を生み出した．その敵の手先である異端者の摘発が奨励されると，異端概念は拡張され，ここに村々の無垢な「魔女群」が不可避的に巻き込まれていった．魔女の世界はにわかに広がり，異端の宇宙が幻出した．夜間飛行とサバト（魔女集会）への参加→悪魔との契約と手下→悪魔との性交→悪魔の子どもと世代の継承，魔女はどんどんと自己増殖を遂げた．キリスト教は「異常」に対し徹底した嫌悪感を表明する宗教である．獣姦はすでにみたとおりだが，姦通，近親相姦，同性愛もまた断固として拒絶（「レビ記」18，20）されたように，「掟」をまたいだ越権行為，この場合には魔王や悪魔との交わりが最大の重科とされた．

この自己増殖は，審問官や法学者によって確立された「悪魔学」に権威づけられ，培養された．最初は，審問の際に語られる農民や民衆のとりとめのない数々の迷信から，異端となる可能性を嗅ぎ取った審問官（それが職務だった！）は，魔女の性格や属性分析，魔女かどうかの解剖学的判定法の導入，また拷問によるサバトでの悪魔との性交と結託の告白，さらには密告制による異端集団の結成へと，みずからの虚構のシナリオを，事例を加えてふくらませつつ精緻に体系化していった．なぜなら拷問は審問官の創造の泉なのだから．

この経過は，異端審問官とそのイデオローグたちの一連の著作（それは異端審問と悪魔摘発の指南書），『魔女への鉄槌』（インスティトリスとシュプレンガー 1487）→『魔女の悪魔教』（ボダン 1580）→『悪魔崇拝』（レミ 1595）→『魔女論』（ボゲ 1602）にはっきりとたどることができる（田中 2008）．そこには「妄想」から「確信」へと変わり，「強迫観念」にかられ

て恐怖におののく醜態がさらけ出されている．代表的イデオローグ，ジャン・ボダンは重商主義による中央集権国家の提唱者だが，国家が魔女によって破壊されると本気で考えていた．この時代の先導者らの，過剰なまでの使命意識と本気度こそが不条理な魔女裁判を推進させた原動力だった．知識人にとっても聖書が世界の唯一の説明原理であり，魔王，悪魔，悪霊，天使の実在が自明である限り，魔女はたわいもない作話にはならなかった．その意味で魔女は時代の産物だった．なお参考までにいえば，宗教改革者ルターとて狂信的な魔女狩り論者だった．「聖書に帰れ」との主張に徹すれば，帰るべき聖書にほんとうの悪魔や魔女などいるはずもないのだが．

ここに，各国の権力闘争や国王の宗教的情熱のちがいが魔女裁判の多様な変異型を生み出すが，さらにその全体枠に，地理的な位置のちがいはあるものの，ヨーロッパを次々と襲ったペスト，寒冷化による飢饉，窮乏，農民たちの反乱，打ち続く戦争などがほぼ同時並行的に進行していった．民衆は日常化した死とつねに隣り合わせだった．いやがうえにも社会的緊張とフラストレーションは高まり，人々は孤独と不安，相互不信をつのらせ，ついには悪天候と飢饉の責任を昨日までの隣人へと転嫁させた精神的土壌が生まれた．それは原罪から異端へ，悪魔から地獄への扉を大きく押し開いた特異な時代でもあった．

魔女裁判と女性

この魔女裁判の経過には，それでもなお「なぜ女性なのか」が十分には説明されていない．度会（1999）は各地の魔女裁判で告発された性別を集計している．地域差はあるが，女性が多く全体では 70% 以上を占める．この偏りにはキリスト教のもつもう 1 つの重要な側面があるように，私には思われる．キリスト教は強い倫理性を強調する男性優位の宗教だ．それは，アダム（男）からつくられるエバ（女），罪を犯したエバ，肉欲へのおそれ，女性への嫌悪などから明白といってよい．「禁断の果実」とはセ

ックスの隠喩であり（リドレー 2014），エデンの園でヘビの誘惑に負け，その果実を食べたエバに対し，神はこう告げる．「お前（ヘビのこと）と女（エバ），お前の子孫と女の子孫の間にわたしは敵意を置く．……神は女に向かって言われた．『お前のはらみの苦しみを大きなものにする．お前は，苦しんで子を産む．お前は男を求め，彼はお前を支配する』」（「創世記」3, 15-16）．『旧約』冒頭の物語にしてからがこうで，この女性への度しがたい敵視と嫌悪，不寛容は尋常ではない．キリスト教は肉体と身体の二義性に苦しんだ宗教であった．マリアの受胎，キリストの受肉は，肉体を超越した霊魂の勝利だとするいっぽうで，肉体は欲望の根源，救いや魂の解放からの障害物だった．おそらくここには，生活をともにし，祈りをささげ，禁欲の規律を守り，みずからを純化させていった初期宗教共同体の苦闘が反映されているのだろう．「姦淫してはならない，あなたの隣人の妻を欲してはならない」（「申命記」5）とは『十戒』の主要命題だった．こうした経験が，厳しい性的禁忌をともなう教義をつくり，そしてそれは女性へのぬぐいがたい不信と偏見を醸成させていった．松本（2017）は，ローマのポリス社会は一般に性的には放縦で，小さな宗教共同体が存続していくためには厳格な性的規律が不可欠であったことを強調している．歴代の教皇[11]はおろか，司教や末端の司祭に至るまで女性はいなかった．最初の女性司祭が叙任されたのは，つい最近，1994 年のイングランド国教会においてだった．あれほど熱心にマリア崇拝を説き，あれほど多数の修道女を数多の女子修道院に擁していたのに，である．

こうした特殊な性観念や女性観は，当時のヨーロッパを支配した（キリスト教以前の）世界，自然の摂理に委ねた生活，祭礼などでのおおらかな性，出産や生殖の礼賛といった伝統的な性や女性観とただちに衝突したにちがいない．だからその標的は，豊饒多産の神々，占い師や呪術師，出産の介助者，薬草や軟膏の知識をもった人々に向けられた．これらは（ほとんど）すべてが女性であり，布教と伝道の障害（物）者だった．

中世には，なにが罪で，どのように贖うべきかを定めた複数の『贖罪規定書』があった．その 1 つである『矯正者・医者』（ブルヒャルト 1008-1012 年ころ）を阿部（2012）が紹介している．それによると，多くの項目が，魔術師との交際，異教の崇拝，魔女様人間との交流など（ほとんどは女性！）にさかれ，けっして軽くない贖罪を課していた．さらに妻や女性との混浴，裸体の露出，女性の裸身をみたり接触すること，性的逸脱など，セックスを含めおよそ性にかかわる行為は罪とみなされた．色欲は 7 つの大罪の 1 つとされた．フーコー（1986）は，『性の歴史』のなかで，キリスト教は，性を人間の原罪で，種の保存のためだけに許され，もともと恥ずべきもの，隠すべきもの，そこから快楽を得てはならないものとみなした，と分析した．こうしたいわば性の原罪化が，女性の排除や差別，蔑視を生み出す土壌となったのである．

ところで，顕微鏡の発明によってロバート・フックが細胞を発見したのは 1665 年だが，それに先立つ中世初期から，人間の胎児は男性の「精子」のなかに小さく宿されて存在すると漠然と信じられていた．いわゆる「前成説」である．スコラ哲学の巨人，トマス・アクィナスは，主著『神学大全』（1274）のなかで，なんらの前提や躊躇なしに「女はできそこないの男であり，男の精子を養う容器である」と断言した．驚くべき女性蔑視だ．この女性蔑視の言説がまかり通ってこそ初めて魔女は出現できたのだ．そして今度は，犯罪者予備軍として摘発の対象に変わっていった．その代表的な指南書，『魔女への鉄槌』（1487）は次のように述べる．「（女は）すべて肉欲に支配されており，女は肉欲に飽くことを知らない」，「女は 1 つの欲望からあらゆる種類の悪しき行為へと及ぶ」（田中 2008）．いよいよ魔女は成長し，ついには魔王や悪魔と同盟を結び，悪事を働く手下，憎むべき犯罪者となる．その悪魔学の集大成，『魔女論』（1602）はこう述べる．「悪魔は女たちを利用するが，それというのも女は性の快楽が好き

だと悪魔は知っているからである」．そして結論が導き出される．「魔女の取り調べでは全員がサタンと関係をもったことが明らかになった」（田中訳）．境界の一線をまたいだのである．だからこそ悪魔が宿る魔女は火刑に処されなければならなかったのだ．

魔女裁判にはキリスト教が宿命的にもっていた女性蔑視，性や生殖との断絶，豊饒多産の否定といった姿勢が深く影を落としている．そしてこの態度は，人間だけではなく動物界へも必然的に拡張されていった．動物の世界に立ち入る前に，まずは動物と人間の境界領域へ踏み込んでみよう．

狼（人間）男裁判

魔女と並んで男もまた「狼（人間）男」（werewolf）に仕立てあげられ，処刑された．魔女裁判のうち20-25％は貧乏な農夫や男の職人が犠牲者だった．北部のエストニアやフィンランドでは犠牲者はむしろ男性のほうが多かったが，その多くは「狼男」のレッテルを貼られ，処刑された．

オオカミはキリスト教の成立当初から不倶戴天の敵だった．「ベニアミンはかみ裂く狼，朝には獲物に食らいつき，夕には奪ったものを分け合う」[『旧約』，「創世記」(49.27)]，あるいは「レビ記」(26.21)，「エレミア書」(5.6) などには，倒すべき不正と残忍の象徴として記述された．『新約』には，「偽善者を警戒しなさい．彼らは羊の皮を身にまとってあなたがたのところに来るが，その内側は貪欲な狼である」[「マタイ福音書」7.15] と述べるように，貪欲と偽善の象徴として頻繁に登場する [「マタイ福音書の別章」(10.16)，「ルカ福音書」(10.3)，「ヨハネ福音書」(10.11-12) など]．これらの教義群は，明らかに，生業の中心が牧畜＝ヒツジであり，その主要な妨害者（天敵）がオオカミだったという，キリスト教が遊牧民の宗教であったことを表明している．それはもはや論理不要の戦闘宣言であり，オオカミは根絶すべき対象だった．実際にもこのことがヨーロッパでは断固として遂行された．

ところが，ここで問題にされたのはオオカミそのものではなく人間だった．なぜ人間がオオカミと認定され，処刑されなければならなかったのか．

狼男の伝説はかなり旧い．それはユーラシア一帯に広く定着していた．おそらくオオカミと同所的だった部族や血族が，そのトーテム神として彼らを崇拝したことに始まるのだろう．インド・ヨーロッパ語圏の"Volk"（ドイツ語），"folk"（英語）は人々とオオカミが同じ語だったことを示唆している．古英語では男性を"werewolf"（雄狼），あるいはその略語"wer"といった．それから転じた"beowulf"（ベオウルフ）はゲルマン語族最古の叙事詩（『ベオウルフ』）で，勇者ベオルフが巨人グレンデルやドラゴンを退治する英雄譚である．狩猟採集社会におけるオオカミは崇敬の対象であり，その交流のなかからイヌの家畜化が行われ，また，だからこそ"ヴォルフ"（Wolf），"ブルフ"（Wulff），"ウルフ"（Ulf），"ボルフ"（Volf），"ゼブ"（Zev），"ローパー"（Lauper）など多数の派生語が人名に使われ[12]，そしてその雄姿は家紋に残されたにちがいない．フランスだけでもその多彩な家紋は1200以上に達するという（ベルナール 1991）．そこにはオオカミの勇気，知恵，連帯，忍耐，英雄といった行動や習性の肯定的な側面が抽出されている．だが，人間とオオカミの関係は，農畜文明の定着にともなう家畜や人間への被害発生を契機に，振り子のように反転していった．とくに中世の農業革命以降は急速にUターンしていく（後述）．問題は，オオカミ＋悪魔＝人間，という等式がいつの時代から，なにを背景に，どのような要因によって成立したのか，である．

じつは，オオカミ＝人間という等式は，名前もそうだが，かなり旧くからあった．この変身譚は，ヘロドトスが『歴史』のなかで書いたように，たくさんの神話や伝承に語り伝えられ，プリニウスは『博物誌』のなかでその変身法をかなり丹念に解説している．動物と人間との間の変身譚は世界中に広くみられ，ヨーロッパでもカエルを含めてほとんどの動物がリストさ

る．古代の人々は動物と同じ世界に生きていた．なかでもオオカミが圧倒的に多い．なぜオオカミなのか，なぜ，オオカミのなかに人間の姿をみいだすのだろうか．

　サイズや形態は重要な因子だろうが，やはり行動，とくに人間と遭遇した際の行動にその鍵がありそうだ．オオカミを含む大型肉食獣はヒトをときに捕食する．古代・中世ヨーロッパでは，実際にも多数の人間がヒグマやオオカミに襲われた．ヒグマもそうだが，ヒグマの場合には，獲物を定位した後に，やみくもに襲うというやり方で，そこには人間くささはない．

　これに対しオオカミの場合（子どもなどは例外）にはより慎重で巧妙だ．オオカミの捕食行動は，①獲物の定位，②ストーキング，③接近遭遇，④襲撃，⑤追跡，という段階を踏む（Mech 1981, MacNulty 2002）．獲物を定位してもいきなり襲うことはない．忍び寄って追跡，相手が止まればじっと観察，尾を振って突然に接近，これらを繰り返す．この過程で相手の逃走能力，反撃能力，病気や怪我の有無や程度を評価している．こうして獲物と対峙し，初めて襲撃する．首や鼻，腿や腹に咬みつき，打撃を与え，出血させる．しかし即死させるわけではない．出血し体力を奪った獲物を攻撃しつつ追跡する．この追跡は獲物が倒れるまで続き，力尽きると，獲物が生きていても，腹などの柔らかい部分から食べ始める．それは大量出血となぶり殺しの様相を呈するが，これはオオカミが鋭い爪や巨大な牙をもつ必殺のハンターではないことの証でもある．したがってオオカミの捕食の優先順位が，結果として，子ども，老齢個体，負傷個体，病気の個体となる．もうおわかりだろう．人々がオオカミを擬人化したのは，その襲撃の前段階，つまり忍び寄り，じっと観察，追従，尾を振って接近などの行動，このなかに人間の姿や人間くささを発見したからにちがいない．だからこそ，その捕食行動に，「狡猾な」，「血に餓えた」，「残忍な」，「大食」などの形容がつけられたのである．

　オオカミ＝人間の等式は，オオカミの行動に根ざしていた．でも，それだけではまだ「邪悪な悪魔の化身」とはならない．12世紀後半の『短編物語詩』（マリー・ド・フランス，12世紀後半）には「狼男」が登場するが，オオカミに変身させられた元領主の誠実で忍耐強い姿と，その意趣返しが，肯定的に描かれている．またすでに紹介した『狐物語』（12世紀後半）にはオオカミのイザングランがいつも空腹を抱えた蒙昧漢として登場するが，それは嘲笑の的ではあるものの，憎悪のそれではない．オオカミに悪魔的な要素が積極的に付け加えられるのは，その後，ペストと飢饉，打ち続く戦乱のなかで，オオカミが実際に人間を襲ったり，死体をあさる光景が日常化したこと，さらには狂犬病——無差別に人間を襲い咬みつく症状——が流行したことなどが指摘できよう．

　だが，それを決定的にしたのは，魔女裁判と同様に，ローマ・カトリック教会の異端告発と審問制度だった．キリスト教の正義とは，神のつくった世界には序列化された秩序が存在し，その秩序を守ることだった．したがって，この序列の間を移動する者，境界をまたぐ者は告発され，断罪されなければならなかった．これにさらに魔王や悪魔の異端によって教会が攻撃されているとの危機感があった．しかも悪霊はオオカミに，そして人間に変身している可能性があった．審問官に求められたのは，異端や異教の疑いのある者が，魔王や悪魔，オオカミに取り憑かれていないか，あるいは変身していないか，を人々の前に引き出し，キリスト教的正義と対決させることだった．

　『動物寓意譚』を編集した13世紀の司教ボーヴェはこう述べる．「オオカミは悪魔の化身である．なぜなら悪魔は人間に対して絶えず憎しみを覚えており，魂を欺かんと信者の思念の周りをうろついているからである．（中略）天国から追放されたいまは邪悪な悪魔そのものの象徴である」（伊藤 2002 による．一部変更）．ここに，オオカミと悪魔の合体が成立する．

　今度は，悪魔であるオオカミが人間に変身する番だ．再びボダンに登場してもらおう．彼は，『魔法使いの憑きもの妄想』（1580）という著作のなかで次のように述べた．「もっとも信じが

たいことは，それはいっそう驚くべきことなのだが，人間の姿から動物への，しかも肉体から肉体への変化である．だが（中略），あらゆる物語はそれが確かであることを証拠立てている」（伊藤 2002 による）．偏見に満ちた「狼男」のデビューだが，当代一流といわれた知性を感じさせない没論理で，恐怖だけをあおっている．そして結論はお決まりの断定となる．「すべてのオオカミは，オオカミの姿をした人間か，魔術師か，魔法使いのいずれかである」．もはや本物のオオカミと人間との区別さえままならない．等式はここにみごとに成立することになった．この狼男への闘争宣言によって，少なく見積もっても1万人以上の男たちが犠牲になった．愚かなことである．

だが，それは遠い過去の愚行ではない．ヒトラーはオオカミを自認したし，魔王，悪魔，悪霊はたえず姿を変え，いまなお生き続けている．オカルトや新興宗教，占星術や占い，超能力と心霊現象，亡霊と妄想はたえず再生産され，魔女と狼男，そして悪魔の物語はハリウッド映画の定番として繰り返し製作され，垂れ流されている．私たちはいまだ中世の呪縛から解放されてはいない．

(5) 魔女狩りと動物

魔女狩りや狼男裁判が吹き荒れるとともに複数の動物もその嵐に巻き込まれていった．今度はブタやモグラではなく，なぜかネコ（とくに黒ネコ），コウモリ，フクロウ，ヘビ，ヒキガエル，サンショウウオ，イモリ，そしてオオカミだった．なかでもオオカミは徹底して迫害されたが，これは後に回し，まずは魔女狩りの道づれにされた前7種——これらは"魔女ファミリー"と呼ばれる——の弾圧の理由と経過を追う．

ネコ

奇妙な祭りがある．ベルギーの小さな地方都市イプレスで3年に一度行われる"ネコ祭り"（Kattenstoet）だ．ベルギーはすさまじい魔女狩りが吹き荒れた国の1つ．ハイライトは，ネ

図 5-20 ネコ・オルガン（ピアノ）．ネコはなぜそこまでいじめられ，虐待されたのだろうか（Hankins 1994 より）．

コに扮した人々のパレードの後，道化がぬいぐるみネコを20mほどの屋上から放り投げ，人々が「幸運な」ネコを奪い合う場面である．もっともそれは1817年以降，大幅にデフォルメされている．以前は「生きたネコ」そのものが領主や貴族によって石畳の道に落とされ，人々は喝采するというものだった．残酷な祭りだ．とはいえ，この種の祭りは中世ヨーロッパでは各地で行われていた．

中世パリでは，聖ヨハネの誕生日とされる夏至の前夜，巨大な「大かがり火」（bonfire）が花火よろしく夜空を染めたが，そのたき火のなかに，袋に詰められたネコが放り込まれた．それを市民も歴代国王も，ケージや袋に入れられ，生きながらにして業火に包まれる1ダースほどのネコのイベントを，「真夏の夜の夢」として楽しみにしていた．たき火はまさにネコの骨火だった．「猫いじめ」は，ダーントン（1986）が指摘したように，ヨーロッパ各地では格好の気晴らしやなぐさみ遊びとして民衆の間では広く行われていた．ネコは楽器としても使われようとしていた．"ネコ・オルガン（ピアノ）"——ネコの尻尾に紐をつけ，鍵盤に合せて引っ張り，奇声を上げさせるのだ（図 5-20）．愛猫家がみたら卒倒しそうだが，実際にはつくられず，構想倒れに終わったようだ（Hankins 1994）．でも解明されてよいのは，なぜネコはそこまでしていじめられ，虐待されたのだろうか，この点である．

少なくとも中世初期まで，ネコはネズミを捕食する有益獣で，穀物倉庫の代えがたい番人と

して厚遇されていた．ウェールズの領主，ヒウェル・ドゥダは，930年に法律によって物価を決め，経済を統制したが（こうした物価統制令は歴史上何度も行われた），その価格表にあるネコの値段は，ネズミを捕った経験のない子どもは1ペンス，1回でもネズミを捕った経験があるネコは4ペンスと跳ね上がった（Berry 1981）．そこには純粋な損益原則が貫かれ，ネコへの偏見はない．「黒猫でも白猫でも鼠を捕る猫はよい猫だ」と，歴史は反復するように，約1000年後に中国の鄧小平は同じこと表明した．

冷遇の契機はやはりキリスト教の異端裁判と無縁ではない．異端や悪魔，魔女の存在が人々の意識に定着すると，ネコはいち早くそれらの「化身」や「使い」とみなされるようになった．アルテミスやディアナ女神はネコとなって現れ，女神フレイアはネコが引く乗りものに乗った（ウォーカー 1988）．それは，恐怖の属性をよく体現する身近な動物だったからで（Lawrence 2003など），もとはネコの生物的特性の「誤解」に起因していたように思われる．第1は，自分本位で自由気まま，人間を無視するような横柄な行動，「人間に服従すべき被造物」とのキリスト教的原則から外れていたこと．第2は，おもに夜行性，夜に光る目などの特徴が，邪悪な夜の霊魂，月と結びついた異教の女神群，サバトへの参加を連想させたこと．とくに大きく凝視する目は霊的知性の鋭さを印象させたこと．第3は，繁殖力で，メスは生後約半年で性成熟に達し，ふつう，春と秋に発情，平均約4頭（1-8頭）の子どもを出産すること．当時の人々が接していた動物のなかでもっとも多産だったが，それ以上に，メスは発情期に声を発し，オスに体をこすりつけるなど，キリスト教会がもっともきらった性的な表象だったこと．ネコは"みだらな女"（malkin）を含意し，悪魔と性交する魔女と同義語となり，"子ネコ"は女陰の俗語となった．

ネコはキリスト教の敵対者へ変身した．早くも10世紀にはローマ教皇はキリスト教世界からネコの一掃を命じ，フランス北東部の町メスで数百頭のネコを火あぶりにした．1209年に教皇イノケンティウス3世はキリスト教の巨大な異端集団，アルビ派に対し十字軍を派遣し，南フランス住民を無差別に殺戮した．この異端集団は，またの名を"カタリ派"，つまり通俗ラテン語では"catus"または"cattus"と表記される，「（オス）ネコ」と呼ばれた．この名は，今日，イエネコの学名（亜種名），"*Felis silvestris catus*"に継承されている．13世紀初頭，教皇グレゴリウス9世は，「黒ネコは悪魔の化身であり，飼育するのはカタリ派である」と宣言し，この動物との闘いを繰り返し呼びかけた．また異端審問官ニコラ・レミは「ネコはすべて悪霊である」とし「根絶」を命令，魔女といっしょにネコを拷問にかけ，火刑に処したといわれる（田中 2008）．宗教的な熱狂は人々をネコ狩りに駆り出し，夏至の前夜だけではなく祝祭日には，捕まえたネコを焼き殺すのが「娯楽」となり，習慣となった（ウォーカー 1988）．イングランドでも同様で，エリザベス1世は「魔術取締法」を制定，ネコの飼育は邪悪な行為と規定した．そして自分自身の戴冠式（1559年）では，敬虔な神の僕の証明として，生きたネコを火刑にした．また1558年にはロンドンに反カトリックの群集が集まり，ローマ教皇の藁人形と生きたネコとをいっしょに焼いた（Lawrence 2003）．ネコの撲滅キャンペーンはその後も300年以上にわたって続く．ベルギーの奇祭はその燃え滓である．

ペストとネコ

歴史はときに小さな偶然の出来事の連鎖によってつくられることがある．このときもそうだった．手のひらを返したような人間の仕打ちにネコに抵抗する術はない．かくしてヨーロッパ中のネコ個体群はどこでも激減した．この結果，人間の居住地周辺では捕食者がいなくなり，ネズミ（クマネズミ *Rattus rattus*）が大手を振って跋扈し始めた．人々はネズミの糞まみれのパンやおかゆを食べなければならなかった——ここまでは笑い話ですむが，より悲惨な結末が待ち受けていた．ネズミとノミが媒介する黒死病

がその後ヨーロッパ中で猛威（1347年を最初に15世紀末まで4回）をふるい，今度は人間の人口を激減させた．どれほどの人間が死亡したのか，3000万-5000万人との推定値があるが，回復には少なくとも150年を要している．この病気が流行すると，泣きっ面にハチ，今度はネコ（やイヌ）が病気の媒介者であると喧伝され，さらに殺された．ほぼ壊滅状態のなか生き残ったのは，人々を警戒するようになった半野生の（のら）ネコだけだった（O'Connor 1992）．人間の死者の数さえわからないが，いったいどれほどのネコが殺されたのだろうか．

この病気の（爆発的な拡大）経過からペスト菌-クマネズミ説にはたびたび疑問が提起されてきた．たとえばデーヴィス（Davis 1986）は，クマネズミは船で運ばれて分布を拡大したが，14世紀中葉のイングランド北部やスコットランド，アイスランドにはまだクマネズミが少数か，まったく生息していなかったにもかかわらず"世界流行"（パンデミック）になったこと，そもそもクマネズミは大きすぎてネコの捕食対象にはならなかったのではないかとの視点から，この病気は"Q熱"だったとの説を提出した．少し前の話題だが，黒死病で死亡したとされる遺体の歯の歯髄腔に保存されていた菌のDNA分析から，この菌は"*Yersinia pestis*"，つまりペスト菌だったことが確定している（Drancourt *et al*. 1998）．またちょうどこのころに建てられたイングランドの家の屋根裏からミイラ化したネズミの死体がみつかり同定されると，クマネズミだったことが確認された（コーンウォール博物館所蔵，http://www.dailymail.co.uk/sciencetech/article-2774983/Mummified-rodent-building-renovations-dates-Black-Death.html 閲覧 2016.10.10）．確かにクマネズミとノミに媒介されたペストの大波はヨーロッパをくまなく蹂躙していった．ネコの絶滅を呼びかけた教皇をはじめとする教会関係者は，ペスト拡大の推進者として記憶されてよい．もちろん病気に関する知識が欠落し，因果関係はまったくわかってはいない時代ではあったけれど．

ネコがネズミを捕食するという関係はどのような広がりをもつのだろうか．後代だが，生態学の知識などほとんどなかった時代に，想定した人物がいた．ダーウィンだ．彼はこう述べる．「ある地域にネコが多数いることは，最初にハタネズミの，次いでマルハナバチの介在を通して，ある花がその地域にどれだけ咲くのかをほぼまちがいなく決定しているのだ！」（『種の起源』1859より訳出）．卓見，それは生態系における栄養段階と食物連鎖をいいあてている．

コウモリ

聖書にはコウモリの記述はあまり多くはない．「鳥類のうちで汚らわしいもので，食べてはならない」（「レビ記」11，「申命記」14，コウモリは鳥類であった），「偶像はもぐらやこうもりに投げ与える」（「イザヤ書」2）などの記述から判断すると，汚れた忌避すべき動物ではあるが敵対するほどのものとはみなされていない．ほとんどなじみの薄い動物だった．これに対してヨーロッパには，森林性や洞穴性のコウモリが約40種生息していて（分類群中では最多種），古代や中世には，夜になると多数が群飛していたにちがいない．中世のコウモリ名"Vespertilio"（現在はヒナコウモリ類の名前）は「黄昏時」を意味する．人々はコウモリをどのような動物とみていたのだろうか．紀元前の童話，『イソップ物語』には，コウモリの話が3回出てくるが，もっとも有名なのは，「蝙蝠（コウモリ）と鼬（イタチ）」で，イタチにつかまったコウモリがあるときは鳥ではないと，またあるときにはネズミではないといって難を逃れるそれだ．ここには，ずる賢いけれど，汚い，嫌悪，恐怖などの要素はない．また各地の伝承には，コウモリを吉兆とするものや凶兆にするものなど多義的で，共通性はない．7世紀のセビリアのイシドールスの『語源』には，「高貴な鳥ではないが，ほかの鳥とは違って子どもを産み，ネズミに似る」とある（Barney *et al.* 2006）．おそらく人々にとっておよそ無関心な動物だったのだろう．ラ・フォンテーヌの『寓話』（1668）にはコウモリが2回登場するが，ほぼイソップの焼きなおしで，好悪の対象ではない．

図 5-21 『失楽園』(ミルトン 1667) の後の版に挿入されたギュスターブ・ドレによるサタン (堕天使ルシファー) のリトグラフ. なぜか天使は鳥の翼をもち, なぜか悪魔やサタンはコウモリの翼をもつ (Matos 2011 より).

だが, こうしたコウモリの特性は, 中世の魔女狩りの進行とともに強い磁性を帯びることになる. そのキーワードは, 闇, 翼, 飛翔, 奇妙な顔と歯, そして魔女と悪魔の使だ. 中世の魔女を描いたイラストをみると, 初期では薬や軟膏をつくる老婆が描かれるが, サバトへの飛翔などの魔女像が定着するにしたがい, たとえばスペインの異端の画家ゴヤが描くように, コウモリが魔女の水先案内人のようにステレオタイプで出現する. また,『神曲』(ダンテ 1472) や『失楽園』(ミルトン 1667) に登場する魔王は, 後にギュスターブ・ドレが描くように, コウモリの翼をもつと信じられていた (図 5-21). コウモリは初めて魔女や悪魔と一体となる. なんの変哲もないコウモリがじつは魔女の手先かサタンそのものだ, との所見は人々を驚愕させたにちがいない.

とはいえ, 教会も民衆も夜の帳のなかで活動するコウモリ (フクロウも同様に) に為す術はなかった. 中世の夜は, 歴史家ヨハン・ホイジンガ (Huizinga, 1919) が『中世の秋』の冒頭で指摘するように, 現在よりはるかに深い漆黒の「真の闇」だった. このため人間とコウモリは出会うことはほとんどなかった. まれに捕らえられたとしてもグロテスクな姿と嬌声に手出しは躊躇された. 家に闖入しても追い払うのが精一杯だったようだ. ヨーロッパにはクリスマスの前後に「燻し (十二) 夜」という風習がある. 母屋や家畜小屋で, 薪や薬草を燃やし, くすぶらせ, 煙を充満させる燻蒸作業だ. この習慣は, 災いや病気, 悪魔を追い払う儀式とされる (植田 1999) が, 昆虫やネズミ, そしてコウモリを追い出す実質の効果があったのだろう.

未知なるものへの恐怖心は新たな伝説を生む. 不吉なコウモリに噛まれると死ぬという東欧地方の伝承は, いつしかコウモリは吸血鬼"バンパイア"に変身するとの物語に仕立てられた. この話にヒントを得たイギリスの作家ブラム・ストーカーが『吸血鬼ドラキュラ』を創作したのは 1897 年のことで, 他愛のないこの話は映画という 20 世紀の媒体によって繰り返し再生産された. それは中世と同じ, 根拠のないものへの恐怖の焼きなおしだった. ところが, である. 世界は広い. バンパイア (吸血性コウモリ) はほんとうに生きていたのである. その詳細な生態がわかるのは 20 世紀後半で, 実像は想像をはるかに超えていた.

バンパイアは 3 種いて, いずれもメキシコ, ブラジル, チリ, アルゼンチンなど中・南米に生息し, 夜になると家畜や大型の哺乳類のそばに舞い降り, 鋭利な切歯で皮膚を傷つけ, 流れ出る血液を舌でなめ取る. 吸血ではなく舐血だ. 代表的な 1 種ナミチスイコウモリ (*Desmodus rotundus*) の観察を紹介する. 個体は 1 回の食事で 15-20 g ほどの血液 (体重の約 40%) をなめ取り, 樹洞の巣穴へもどるのが日課だ. とはいえ, あまりにもリスキーな採食行動のために, 巣穴には食事に成功した個体と, 失敗した個体がいることになる. そこで驚くべき行動が展開される. 食事に成功した個体はその一部 (血液は凝固している) をはきもどし, 採食に失敗した別の個体にふるまうのである. ウイルキンソン (Wilkinson 1984) によれば, 1 晩あたり同居する個体の約 3 分の 1 が失敗するという. 問題なのは, 食物にありつけないと, 体が小さいために, 約 3 日で死んでしまうことだ. だから他個体からの給餌は生死を分かつ究極の手段となる. 情けは人の為ならず, 与え, 与え

られる共同社会がこうして成立する．バンパイア（吸血）というリスクの高い採食行動は，食物の分配行動という，動物では稀有な互恵的な社会をつくりだしたのである．

フクロウ

フクロウやミミズクと名前のつく種類は100種以上いるが，ヨーロッパに生息する身近な種はメンフクロウ（*Tyto alba*），モリフクロウ（*Strix aluco*），コキンメフクロウ（*Athene nochtua*）などだ．このうちメンフクロウは，英語で"納屋フクロウ（barn owl）"と名づけられるように農家の納屋，廃墟や教会，巨樹のうろなどに，後2種は，森林の巨樹のうろなどに，それぞれ営巣し，農耕地（や住居周辺），草原などで野ネズミ類を捕食する．このため，古来より，農業の守り手，豊饒神の使いとして人々に親しまれた．古代ローマでは，フクロウは知性と学芸の女神"ミネルヴァ"の使いで，貨幣の絵柄にも使用されたように，尊敬された．コキンメフクロウには「アテナイの夜の鳥」という意味の学名がつけられている．したがってフクロウは，夜行性と幽霊を思わせるような白い姿（メンフクロウ）を特徴とするが，農耕と学問を司る神の使いとして人々に親しまれてきた（飯野 1991）．

他方，聖書にもフクロウの記述が，『旧約』「レビ記」（11），「詩篇」（102）などにみられる．典型例を「イザヤ書」（14, 15）から引用すると，「荒野の獣はジャッカルに出会い，山羊の魔神はその友を呼び，夜の魔女は，そこに休息を求め，休む所を見つける．ふくろうはそこに巣を作って卵を産み，卵をかえして，雛を翼の陰に集める」とあり，明らかに忌むべき鳥と解釈されている．おそらくこの「イザヤ書」に記述された鳥は，ワシミミズク類のキタアフリカワシミミズク（*Bubo ascalaphus*）で，ヨーロッパの種類とは異なり，農耕地や草地から隔絶した砂漠や荒地に生息する種だったのだろう（なお「レビ記」（11）にはコキンメフクロウ，トラフズクなどの記載がある）．キリスト教では，フクロウは，敵ではないとしても，最初から不吉な鳥だった．

キリスト教における凶鳥と農耕社会における聖鳥の，魔女裁判を契機にしたヨーロッパ社会での邂逅は，ほとんど記録には残されていない．たとえばフランスでは納屋の入口には複数のフクロウを串刺しにせよとの迷信はある（ドロール 1998）が，少なくともネコの場合のように過度な虐待には発展しなかったようだ．ところで，キリスト教の定着は，動物（や自然物）がはっきりと人間の下に序列し，人間のために寄与しなければならない，との動物（自然）観を人々に植えつけた．この動物（自然）観は必然的に，とるにたらない生物を含めて，あらゆる動物の効用や働きを見直し，吟味することを流行させた．それはとくにイギリスでは，「論争詩」という形で結実し，有名なものの1つに長編詩，"梟とナイチンゲール"（作者不明，1189-1216年ころ）がある（佐々部 1975）．ナイチンゲール（*Luscinia megarhynchos*，サヨナキドリ）とは，ヨーロッパに広く生息する美しい鳴き声をもつヒタキ科の鳥だ．

この論争詩では，両者の鳴き声のよさ，鳴き方，結婚観，宗教，生活（トイレ）のマナーなどあらゆる分野が争点とされるが，総じて，フクロウが論理的，禁欲的，聡明，権威，教会的であるのに対し，ナイチンゲールは感情的，開放的，無知，社交，俗世的との性格が強調された．なお論争の結末は両者のつかみ合いで，なぜかミソサザイが仲裁に入る．

この詩をどのように解釈すべきか，さまざまな意見があり，決着しているわけではない．けれど，注目すべきは，凶鳥として忌み嫌われているはずのフクロウがどちらかといえば教会側に立っていたことだ．なぜか．私はそこに（作者は聖職者だったかもしれないが），あまりにも不条理な攻撃に対する人々の思い入れと反撃が込められていたと思う．というのは，ナイチンゲールといった世俗の典型のような鳥とあえて対置させることで，フクロウのもつ知性の象徴，教会の守り手（営巣する），崇高といった教会的特性を引き出し，これらを盾に攻撃の矛先をかわそうとしたのではないか．この高等戦

術は二律背反(アンビバレンツ)を解消する人々の知恵だったのだろう．イギリスの傑出した思想史家キース・トマス (1989) は「迷信の力で理不尽な迫害から救われた」動物の1つにフクロウがリストされていたと紹介している．

なお，メンフクロウは，イギリスでは1950年に約7000ペアもいたが，20世紀末には3000ペアへ減少したように，ヨーロッパ各地ではこの半世紀の間に25-49%も減少した．この最大の要因は，うろをもつ巨樹，木造納屋や古い教会，廃墟など，営巣する環境が極端に減少したことである（Eaton et al. 2009）．

ヘビ類

聖書にはヘビが『旧約』「創世記」(3), 「出エジプト記」(4), 「民数記」(21), 「箴言」(23), 「イザヤ書」(11, 14, 30, 59), 『新約』「ヨハネ黙示録」(12) などに多数登場するが，ヘビ一般を"snake"，毒ヘビを"serpent"，マムシを"viper"と使い分けている．その基本プロットは，「創世記」では「女」(エバ)をそそのかす誘惑者，「出エジプト記」，「民数記」では神の力と威光を示す杖，そして「ヨハネ黙示録」では悪魔とサタンの化身，である．きわめて多義的な動物だが，敵と味方にかかわりなく人間の妨害・加害動物とみなされた．

すでに述べたイシドール (7世紀) の『寓意譚』では，精神が邪悪であり，災いをもたらすので，出会ったら服をぬげ（裸であれば誘惑されないとのエバの教訓）と指示され，すでにキリスト教の強い影響が認められる．しかし古代ではヘビは必ずしも邪悪な存在ではなかったことは神話や信仰が語るところだ〔たとえば初期キリスト教には「拝蛇教」がある．ウォーカー (1988)〕．前章で紹介したグンデストルップの大釜には，ヘビが豊饒のシンボルとして刻まれていた．だが，多義的ヘビ像は「黙示録」のサタンやデビルとの結びつきを経て邪悪な敵対者に収束されていった．

フランスでは司祭らによって，ヘビ（ヒキガエル，ネコを含め）は破門のうえ，処刑すべき対象とされ，人々を動員して駆除が行われた（ドロール 1998）．イギリスでは，学士院会員のロバート・ラベルは1661年に，大まじめに，ヘビを，ありふれた小さなヘビと，ドラゴンとに分け，さらに後者を足の有無で2つに細分類した．知識人でさえこうだから，人々は無毒なヘビを含め見境なく殺傷した（トマス 1989）．ガストン・フェビウスまでが『狩猟の書』のなかに「シカはヘビをみつけると踏みつけて食べてしまう」と謬説を書き込み，シカが悪魔の仲間でないことを強調した．今日，イングランド北部にヘビ類が希少なのは，気候が制限要因となっていることもあるが，継続した人為圧の結果であることも否定できない．ヘビの迫害にブレーキがかかるのは20世紀末，つい最近のことなのだ．現在，イギリスのヘビ類はすべて法的に保護されている．

ヒキガエル（カエル）

カエル類（カエル目）は世界に約4800種生息するが，大半は熱帯域に分布する．このうちヨーロッパには1種のヒキガエル（ヨーロッパヒキガエル Bufo bufo），3種のカエルが生息する．カエルは『旧約』「出エジプト記」(7, 8) にエジプトの地に神が「蛙のわざわい」を引き起こすとして登場するものの，ヒキガエルは出てこない．イスラエルの民がめざした荒地や砂漠には水がほとんどなく両生類は希有だった．初期キリスト教の世界ではカエル類は汚れた存在だが，取るに足らない動物．でもヨーロッパでは民間伝承や迷信に登場した魔女や老産婆が，悪魔の手先である「魔女」に仕立て上げられる過程で，とくにヒキガエルがその随伴者としてデビューしている．カエル類（frog）とヒキガエル（toad）は，皮膚や目，運動様式などのちがいから区別される[13]．魔女と悪魔の結びつきは，「ヒキガエルをまじないに使う」，「ヒキガエルの唾液とトゲアザミの抽出液を混ぜて軟膏やローションをつくり，サバトへ行くときに塗る」，「ヒキガエルを切り刻んで悪魔に捧げる」などの風説はいつしか確信に変わった．1580年にドイツ（現オーストリア），スタイアーマークで魔女を火刑にすると，大きなヒキガエル

5.3 キリスト教と動物　259

図 5-22 トラムに書かれたカエルの広告.「あなたの王子に帰る家はありますか？ 電話するだけ——そしてキスを」と書かれている. カエルが身近な存在だ. ドイツ・ドレスデン市内（2012 年 6 月著者撮影）.

が飛び出たなどという噂話がまことしやかに語られ, 家のなかにヒキガエルがいることは魔女の証拠とされた. また, ヨーロッパの一部地域では, ヒキガエルは子宮の象徴とみなされ, 妊娠を望む女性はその小像を拝む風習があったが, これも魔女の証左とされた.

英語では, "つねに迫害される人" のことを "a toad under the harrow" と表現されるようにヒキガエルは長く弾圧の対象だった. "harrow" とは土を砕く農具だ. イギリスでは中世以降, ヒキガエルはみつけ次第に殺された. それは 19 世紀初頭になっても変わらず, あまりのすさまじさに, ある福音派の牧師は 1790 年代にヒキガエル専用の保護（池）地をつくろうとしたほどだった（トマス 1989）. エストニアでは, ヒキガエルやヘビ（ヨーロッパクサリヘビ *Vipera berus*）を殺すことは敬虔な信者の義務であり, 1 頭のヘビは 1 日（または 1 つ）の罪の, 1 頭のヒキガエルは 9 日間（または 9 つ）の罪の贖罪とされた（Klitsenko 2001, www.all-creatures.org/articles/rf.html 閲覧 2017.10.10）. なぜヘビよりヒキガエルのほうが効果的なのか. 人々はこぞってヒキガエル退治に奔走し, エストニアでは 2 種は絶滅危惧種である（Briggs 2004）.

ところでカエルやヒキガエルは日本人にもなじみ深い. カエルから人間へ, あるいは逆の変身譚が多くの昔話に登場する（中村 1984）. またヒキガエルの分泌液をワセリンに混ぜたものを「ガマの油」と称して大道芸で売る商売が私が子どものころにはあった. しかし人間とカエルとの距離はずいぶん広がったように思われる. 構造改善事業や農薬の過剰使用は, 水田風景を変え,「カエルの歌」は聞こえなくなった. 大道のガマの油の口上に接することもない. ところがヨーロッパはちがう. グリムの『蛙の王子』や『蛙の王さま』が世代を超えて読まれ, さまざまな種類のカエルのフィギュアが店頭に並び, そして各地では "ヒキガエル祭" が毎年のように行われ, トラムを彩っている（図 5-22）. そういえば童謡「カエルの歌」（正確には「かえるの合唱」）は, もとをたどればドイツ民謡[14]を明治時代の作曲家岡本敏明が翻訳・紹介したもので, ルーツはヨーロッパにある. カエル類はなお人々の身近にいて, 愛されている. かつて森のなかに共存した動物に対するヨーロッパ人の愛着は深い.

サンショウウオとイモリ

聖書には, 乾燥地だったために, サンショウウオやイモリは登場しない. しかし『旧約』「レビ記」(11) には, 食べてはいけない汚れたものとして,「地上を這う爬虫類」のなかに「とかげの類とやもり」が記述されている. サンショウウオやイモリもこの範疇に入れられた（爬虫類ではないが）と思われる.

ヨーロッパには 13 種のサンショウウオと 10 種のイモリ（1 種のホライモリを含む）が生息する. 多数の伝承が残るが, その代表的なイメージと記述を『動物寓意譚』で紹介すると, おもに 3 つの点で実物とは異なることが注目される. 第 1 は, 実物よりはるかに大きなサイズで, ときには角をもつこと, 第 2 は, 火と親和的で, 火の精, あるいは火から生まれ, 火のなかでも生きられること, 第 3 は, 有毒で, 多数の人間を即死させてしまうほど強力なこと. 第 1 のイメージを誇張した想像上の動物が, 各種ドラゴンとバシリスクだ. 第 2 は, おそらく暖房用の薪に冬眠していたものが焼かれ, 粘液のためにたまたま生き残ったエピソードが誇張されたのか, あるいは, ヨーロッパでもっともみかける

ファイアサラマンダー（*Salamandra salamandra*）のように，派手な黒黄（警戒色）の体色からイメージされたのか，そのどちらかだろう．第3は，大半は無毒種だが，天敵に襲われると有毒で刺激性の液体（ミルク状）を発射する種類がいて，それとの混同と誇張かもしれない．

こうしてみると，この動物はずいぶんと誇大妄想の衣でくるまれてきたことがわかる．中世期にサンショウウオやイモリを積極的に排除し，殺した記録はない．おそらく人々はこの動物におそれをいだき，近づかないようにしたのだろう．妄想はその敬遠の証だったように思われる．

なお，フォークトとシュペーマンは19世紀末から20世紀にかけて，たくみな生体染色法を開発し，ヨーロッパの代表的な2種のイモリ，スジイモリ（*Ommatotriton ophryticus*）とクシイモリ（*Triturus cristatus*）を使い，画期的な発生実験と移植実験を行った．発生の仕組みを解明した実験結果は，いまでは高校「生物」の教科書に紹介されている．2人とも，多数のイモリが生息していた深い森と泉の国，ドイツの人だった．

魔女と動物のなかの多神教世界

魔女ファミリーとして迫害された動物は，このほかに，ヤギ（オス），イヌ，野ウサギ，ハリネズミ，ワタリガラス，トカゲ，ヤモリなど．これらの動物は，有角，黒い体色，人間になつかないなどの特徴をもつが，大多数に共通するのは，夜行性に加え，生息地や営巣場が池，湧水，湿地，巨木，森林，洞穴などだったことだ．そこはなにか，いうまでもない．かの地は，森の民，ケルトやゲルマンの宗教と祭礼の場，聖地そのものだ．魔女狩りは，魔女とともに，古色蒼然たる邪教の本殿に仕える動物たちを標的にしていた．教会権力と聖職者は，なにを敵とし，なにを破壊しなければならないのか，その目標をけっして見誤ることはなかった．これらの動物は，ラテラノ公会議（1215年）以降，教会が強要した「告解」の様式化とともに，キリスト教の7つの大罪のシンボルに動員された．中世後期のリストはおよそ次のようだった．

「傲慢（虚栄）」（superbia）＝ライオン，ウマ，クジャク，「物欲」（avaritia）＝カエル（ヒキガエル），モグラ，キツネ，ハリネズミ，「色欲」（luxuria）＝ヘビ，（ワタリ）カラス，オスヤギ，ノウサギ，サソリ，「大食」（gula）＝ブタ，クマ，ハエ，「憤怒」（ira）＝クマ，イノシシ，オオカミ，「嫉妬」（invidia）＝イヌ，カササギ，ヘビ，「怠惰」（acedia）＝ネコ，ブタ，クマ（パストゥロー 2014など）．中世キリスト教がどのような倫理観をもち，なにをきらっていたのかがよくわかる．

ここで中世の博物学の知識を一瞥すると，紹介した『動物寓意譚』の記述からもわかるように，あまりにも稚拙だったことに驚かされる．この知的レベルは中世を通じて変わらないばかりか，たとえばイギリスでは，海外に雄飛する17世紀初頭になってもめだった進歩はなかった．学士院会員のヘビの分類がそれであり，この時代の代表的な博物学者トプセルは，その著作『四足（肢）獣の自然誌』（1607）や『蛇誌』（1608）のなかで，オオカミの心臓を乾燥させると芳香を放つ，モグラには目がない，ヒキガエルは毒を吐く，サンショウウオは火に強いなど，アリストテレスやプリニウスの時代での謬説と俗信をそのまま蒸し返している（本の紹介はトマス1989による）．同時代のシェークスピアは，『マクベス』など多数の戯曲のなかに魔王や悪魔を登場させたが，上記の迷信的動物像を隠喩や直喩として好んで使っていた（山根 1975）．迷信と呪術から解放され，動物たちを冷静な目でみつめ，客観的に観察する自然誌（博物）学が誕生するのはもう少し後のことだった．

さて，魔女狩りは中世末期にピークを迎える．カトリック教会が，その絶大な権力によって人間の行動や生活，価値観を支配してからすでに500年が経過，近代の足音が迫ろうとしていた時代に，魔女とその使い魔たちが姿を現すのである．それは，キリスト教権力が，人々の表層的な服従を突破し，ヨーロッパ人の根っこのところにようやくたどり着いた証拠のように思えてならない．

マーガレット・マレーは,『西欧における魔女崇拝』(Murray 1921) や『魔女の神』(マレー 1995) のなかで,魔女はキリスト教以前の多神教,つまりアルテミスやディアナの豊饒儀礼のシャーマンに起源し,それがキリスト教支配のなかでも生き残り,宗教改革によって初めて信仰の転換が起こり,対立した魔女群が出現したとの説を展開した.これはフレーザー (1890) の『金枝篇』の視点を発展させ,古い信仰的刻印が世代を超えて民衆意識の古層に定着していたことを指摘するものだった.ギンスブルグは,一連の著作 (『チーズとうじ虫』1984, 『ベナンダンティ』1986) で,古い農耕儀礼と悪魔崇拝が 16 世紀後半まで少なくともイタリア北部には残っていたことを明らかにした.これらの説に対してコーン (1983) は,史料選択と解釈に対し痛烈な批判を加えた.その批判はおおむね妥当だったが,農民や庶民の意識レベルに多神教の多元的世界観が存在していたことについては否定しなかった.

阿部 (2012) は,中世中期の贖罪規定書を検討するなかで,教会が一元的世界観を強要したにもかかわらず,民衆の間にはなお伝統的な世界観が色濃く残っていたことを指摘し,また植田 (1999) は,ヨーロッパの多数の祭りのなかに,多神教の宗教儀礼が,キリスト教と習合する形で継承されていることを解説した.上山 (1998) は『魔女とキリスト教』のなかで,魔女は古代世界の太母神信仰に起源し,土着の信仰として深く定着していたが,キリスト教との激しい相克の過程で,その姿があぶりだされたのだと論じた.ヨーロッパの精神史をふまえた本質をつく議論だと思われる.その代表がアルテミスとディアナだった.もう一度繰り返すと,両者は同じ系譜の豊饒母神であり,農業の豊作と家畜の多産を司ると同時に,野生動物の保護神であり,狩猟の守り手であった.今日,動物相を意味する"ファウナ" (fauna) はディアナの異名であり,野生動物の母である.これらの神々を崇拝する多神教世界が,法的強制を乗り越えて,民衆の間には脈々と息づいていたのである.それは近東から家畜を携えてこの地にた

図 5-23 "ヴェルサイユのディアナ" (BC2 世紀作,ローマ出土) のブロンズ製レプリカ (ルーヴル美術館, 2012 年 10 月著者撮影).

どり着いた新石器時代農耕民の,さらにさかのぼればメガファウナを追ってこの地にたどり着いた旧石器時代狩猟採集民の,自然や動物に対する世界観と動物へのまなざしそのものだった.

ルネサンス盛期のイタリアの画家ヴェチェッリオは魔女狩りが猖獗を極めようとしていた 16 世紀中ごろに『ディアナとアクタイオン』を,同じくイタリアの画家チェザーリは 17 世紀初頭に同じく『ディアナとアクタイオン』を,ネーデルラントの画家フェルメールはやや下火になりかけた 17 世紀末に『ディアナとニンフたち』を,そしてイタリアの画家ブーシェは終結に向かいつつあった近代初頭に『水浴のディアナ』を,それぞれ愛情を込めて描いた.ディアナは暴虐の時代を生き抜いていた.裸体の登場する自由な寓意画に託された神々の姿は民衆の心の発露だったのだろう.

中世期にはまた,ギリシャやローマから掘り出されたアルテミスやディアナの像をオリジナルにそのコピーがつくられ,ヴェルサイユやフォンテンブローなど王や領主の狩場の館や庭園に飾られた.ルーヴル美術館にはこの「ディアナ像」が複数あるが,その 1 つが"ヴェルサイユのディアナ" (BC4 世紀ころ,ローマ時代)

と呼ばれるアルテミス像で，ノロジカの角をつかみ，矢を取り出す緊張の一瞬をとらえている（図5-23）．女神ディアナやアルテミスは，どんなに迫害を受けても，人々の心に残り愛され続けた．そして現在もっともポピュラーな女性名の1つが"ダイアナ"（英"Diana"，仏語"Dion"）だ．

魔女とそれにまつわる動物たちはヨーロッパの古層からの使者たちだった．中世西欧社会における魔女狩りや動物迫害は，ケルトやゲルマンの伝統が内包した多元的な価値観を，そしてその下で人々が育んだ自然や動物への水平的な視線を，征服と支配の世界観へと舵を切る，巨大な価値転換の作業の1つだった．だがその後の歴史は，この転換作業がほぼ成功したとはいえ，よい意味で完成できなかったことを証明しているように，私にはみえる．

（6）キリスト教とミツバチ

『旧約』には「蜂蜜」という言葉が（「詩編」，「出エジプト記」，「民数記」，「申命記」などに頻出）多数登場し，食物として大切だったし，ミツバチもなじみ深い昆虫であった．中世でも，縄などで編んだかご，木箱，素焼きのつぼ，いろいろな道具を工夫して養蜂が行われた．修道院や教会では典礼の必需品となった蜜蠟燭づくりがさかんで，修道僧や司祭は身近になったミツバチの巣やその行動にも注意を注ぐようになった．小さな飼育箱のなかでうごめく小さな虫たちの世界，正確な幾何学模様の巣房の構造，無数のハチの統率のとれた行動，そこに人々や修道僧はなにをみいだしたのだろうか．勤勉，誠実，純粋，正直，忠勤，服従，ある種の秩序，ミツバチが与えたインスピレーションは人々の価値観に投影し，時代とともに変化していった．

中世初期の教父アンブロシウス（340？-390年）は純潔な処女のままに生殖を行うミツバチを神聖視し，教皇グレゴリウス1世（在位540？-605）は，ミツバチは天国から飛来し，その繁殖は聖母の受胎と同様に純潔であり，無垢の生命のシンボルとした．神はミツバチを日曜まで働く勤勉さゆえに赤いクローバーを食すことを禁じた罰を科したと述べた（ベッカー2013）．

ときは移り大司教ヤコブ・デ・ウォラギネの時代になると，蜜蠟は聖なるミツバチがつくりだした神聖なものとみなされるようになり，たとえば彼の著作『黄金伝説』（1267年ころ）のなかでは「聖母マリアのために／私は蠟燭をかかげている．見よ／蠟は／聖母から生まれた真の聖体である．見よ／焰は／神であり／天のすべての力である」と謳われ，蠟燭とその光がカトリックの典礼のなかに根づいたことがわかる．ミツバチが純潔の象徴であり，神のしもべであるとの認識は中世中期に確固としたものとなり，ウルバヌス8世はみずからの紋章にミツバチを採用し，そのデザインをガウンや玉座に印したという（佐藤2014）．この伝統は歴代の教皇や領主，国王に受け継がれた[15]．神聖なるミツバチと蜜蠟，これを超えてインスピレーションはさらに広がる．この契機は古代ギリシャ・ローマ時代の知識が13世紀になってイスラム経由で移入し，再評価されたことによる．ミツバチ像は，アリストテレスやウェルギリウス，プリニウスの著作と接触し，大いなる化学変化を起こした．教会や国家に向けたミツバチ社会のアナロジーだ．

13世紀のドミニコ会士，カンタブレのトマの著作，『ミツバチの普遍的善』が注目される．甚野（2007）によれば，トマはおもにプリニウスやウェルギリウスに依拠し，ミツバチ社会をモデルに，聖職者の共同体の生活規範を提示した．そこではミツバチの統治構造が君主制で，教会組織も1人の支配者に対する絶対的服従を理想的な秩序として強調した．オリジナルな観察は皆無で全編プリニウスの焼きなおしにすぎない．それでもキリスト教にとって，従順なヒツジとともに，自然界の序列や秩序を示す，ミツバチほどおあつらえむきの動物はいない．同じくドミニコ会士，その最大の思想家，トマス・アクィナスは『君主統治論』のなかで，神の被造物であるミツバチや人体，宇宙はそれぞれに1つのもの，すなわちミツバチでは王蜂，人体では心臓，宇宙では神によって支配される

ように，国家は1人の王によって支配されるのが神意にかなうと強調した（甚野 2007）．キリスト教にとってミツバチほど道徳的な動物はいない．「王蜂」はいつでもキリストや教皇の代役となりえたからだ．これが今度は君主制に拡張され，絶対王政の思想として近世まで生き続けることになった．

シェークスピアの戯曲には「蜜蜂」が隠喩として登場する（たとえば『ヘンリー5世』，『ロミオとジュリエット』，『ハムレット』）．内容的にはウェルギリウスの受け売りで，ミツバチに事寄せて説かれていたのは，服従を基礎とした，整然たる秩序を保つ中央集権の絶対王政だった（羽根田 1969）．ミツバチの国家論は近代のイギリスやドイツへ，ぶんぶんと受け売られていった．中世と近世を通じてミツバチは人気のあった動物だった．

これに対し同じく社会性の強いアリはどのように扱われていたか．イソップにはミツバチと同じくらい登場していた．『聖書』には，わずか1回，こうデビューしている．「怠け者よ，蟻のところに行って見よ．その道を見て，知恵を得よ．蟻には首領もなく，指揮官も支配者もいないが，夏の間にパンを備え，刈り入れの時に食糧を集める」（「箴言」6：6-8）．勤勉の鏡である．しかしこの道徳のかたまりのような動物は，ミツバチとは対照的に，長い間，人間の記憶からは遠のいてしまう．再び脚光を浴びるのは19世紀末になってからだった．

5.4　オオカミへの迫害と根絶

（1）ヨーロッパとオオカミ

第四紀以降，オオカミは北米とユーラシアを含む北半球一帯に広く生息していた．ヨーロッパに限れば，かつてはイギリスやイタリア半島，フランス，ドイツ，イベリア半島，バルカン半島を含む全域にいた．オオカミほどの人間の憎悪とともに殺戮され続けた動物はいない．野生動物は，人間との利害が対立するほどきらわれる傾向があるが，それでも憎悪一色というわけではない．オオカミもまた，家畜の犠牲は多少あったとしても，人間との対立が決定的でなかった古代や中世初期では，たとえばローマを建国したロモロス兄弟が1頭のメスオオカミによって育てられた神話のように，むしろ慈悲深さや勇気の象徴として敬愛の対象だった．オオカミが人名や家紋になったことはすでに述べたが，同時に地名としても使われた．イギリスには"Wooly"や"Uldale"などの地名が多数ある．これらの地名はオオカミを意味する古英語"wulfa"やノルド語[16]"ulfr"などから派生したと考えられている．アイブスとヤルデン（Aybes & Yalden 1995）は，これらの地名を収集し（総数は200カ所以上），そこから絶滅したオオカミの分布を復元した．再現された分布は，それまでに遺跡遺物（骨）から推定された分布と比べ，はるかに広域で濃密だったと報告している．地名は遺跡以上に過去を記憶していた．

このオオカミが人間と抜き差しならない対立に発展するのは，中世の大開墾時代，すなわち，森林が伐採され，農耕地や牧草地に転換され，大量の家畜が放牧された時期になってからだった．農耕地周辺や牧草地には，家畜だけでなく，たくさんの野生草食獣が生息するようになった．この「食われる者」の増加が「食う者」であるオオカミに影響を与えた．餌条件に恵まれたオオカミは，草食獣に引っ張られるように，個体数を増加させ，分布域を広げ，家畜への被害を頻発させるようになった．この捕食者と被食者との個体群動態は，約1ミレニアム後の20世紀に，毛皮獣の狩猟統計によって明らかにされるのだが，この時代，それに気づく人たちはいなかった．

早くも813年，このオオカミ被害に呼応して，カール大帝は，フランク王国の各行政区にオオカミ狩猟を専門とする役人を置くよう指示した．後の「オオカミ狩猟隊」の前身組織だ．ただし，この指令がどの程度有効だったのかは疑問符がつく．ガストン・フェビウスが紹介したように，捕獲法はせいぜい稚拙なワナと落とし穴程度だったから，オオカミはほとんど獲れなかったにちがいない．それでも役人にはうまみがあった．

軍務が免除され，農家からは一定量の穀物を徴発する権限が与えられたからだ．この組織はほとんど有名無実のままに14世紀まで受け継がれた．12世紀後半の『狐物語』やその異本である『狐代夫物語』には，池の穴に尾をつけて凍りついたり，だまされ続けてもわからない，まぬけなオオカミたちが描かれ，民衆のくやしい気分を代弁するが，そこに殺伐とした憎悪は感じられない．まだまだ前哨戦の段階だったのだ．両者が決定的に対立し，全面戦争に至るのは，14世紀中ごろ，戦乱（百年戦争1339-1453年），ペスト大流行（1347年以降），大飢饉（14世紀末以降）の連鎖とほぼ同時並行だった．

百年戦争はその名のとおり，フランス北部を中心に民衆を巻き込んで，その後1世紀にわたって続き，ペストはその後4回にわたり1482年まで間歇的に続き，気候は1500年前後から寒冷化し，たびたび飢饉に襲われた．この複合災厄によって，14世紀初頭には9000万人と推定されたヨーロッパの人口は3600万-6000万人に減少してしまう（カンター 2002）．人口の回復にはその後150年を要した．この未曾有の不幸は，社会の多方面に衝撃をもたらした．大開墾時代に開拓された耕地や牧草地は，再び森林へと回帰，あるいは無人のオープンランドのままに放置された．フランスでは14世紀までに開墾された800万-900万haもの農地のうち，中世中期には約300万-400万haが捨て置かれた（Ladurie 1987）．これらの地域では草食獣が爆発的に増え，オオカミもまた追随して増加した．関係の振り子が反転し，その対極へと向かおうとしていた．全面戦争だ．以下，フランスを中心に，オオカミの根絶へと至る人間との類例のない関係史をたどる．この経過の詳細は『狼と西洋文明』（ラガッシュ＆ラガッシュ 1989），『狼と人間』（ベルナール 1991），『オオカミと神話・伝承』（ラガッシュ 1992），『ジェヴォーダンの人食い狼の謎』（シュヴァレイ 2003）などの著作に紹介され，高橋正男氏によって翻訳されている．労を多としたい．まず，これらの著作から組織的狩猟が一段落する1787年までを年表にしてみよう．

（2）フランスのオオカミ

オオカミ根絶への里程

- 1404年　シャルル6世，各行政区にオオカミ狩猟隊と中央にオオカミ狩猟隊長を復活．オオカミを捕獲した周囲8 kmの各戸から費用の徴収を認める．
- 1421-1439年　パリ市内にオオカミがたびたび侵入．
- 1520年　フランソワ1世，オオカミ狩猟隊長官1名と各地にオオカミ狩猟隊長を配置．各地の狩猟隊長は年3回，森林水資源局と住民との協力で駆除を行うことを義務化．各戸からの費用の徴収を継続．
- 1583年　アンリ3世，森林水資源局のオオカミ狩猟を推進．オオカミ狩猟隊との対立．
- 1597, 1601年　アンリ4世，オオカミ狩猟隊を森林水資源局の下部組織に．狩猟隊員は森林水資源局に3カ月ごとに成果の報告義務．
- 1610年-　ルイ13世，ルイ14世，王専属の狩猟隊とオオカミ狩猟隊の連携を強化．オオカミ狩猟隊長は貴族となる．農民の負担が増える．狩猟隊の資格詐称横行．
- 1677年　オオカミ狩猟隊の職権乱用と費用の徴収を監視と監督．
- 1691年　州知事がオオカミの被害に対し独自の討伐隊創設を主張．
- 1692年　国王と知事はオオカミ捕獲に賞金制度を創設．
- 1731年　オオカミ狩猟隊に身分証明書の発行．
- 1785年　ルイ16世，オオカミ狩猟隊長および狩猟隊は王室管轄へ．費用の徴収廃止．
- 1787年　ルイ16世，狩猟隊の成果少なく，出費大のためオオカミ狩猟隊を廃止．

ここまでの経過をたどると，オオカミ狩猟隊の腐敗と形骸化が進むのとは反対に，各地域での被害が時代とともに増加，深刻化していくのがわかる．被害は家畜だけに留まらない．ペストの死体をあさり，餓死者も襲って食べたのだろう．1421-1439年のオオカミのパリ市内への侵入は市民の日記につづられている（伊藤 2002）．オオカミは数年ごとに頻繁に，年によっては毎晩のように出現，墓場の死体の掘り起こしや，子どもを襲って食べたとある．1439年にはモンマルトル周辺で14名を襲い，死亡させている．この後もオオカミはパリ周辺に幾

度か出没した．全国的にみると，狂犬病が流行した1590年にはオオカミに嚙まれて15人が死亡，1610-1643年の間には毎年平均10人が狂犬病を含めオオカミによって殺された．そこには，戦乱やペスト，飢饉が同時進行するなかで狩猟権を奪われなす術のない，ただオオカミへの恐怖と憎悪をつのらせる民衆の姿と，魔女狩りとその火刑に熱狂する民衆の姿とが，二重写しとなる．

それでも国をあげての組織戦で1787年ころまでにオオカミの主要集団は個体数を激減させた．しかし地方では多数が生き残っていた．フランス革命は国王の腐敗に憤激した市民の蜂起だが，一面では農民一揆でもあった．革命後に開かれた1790年の立憲議会は，王や貴族の狩猟権を廃止，土地所有者がオオカミを自由に狩猟することを許可した．同時に，各県に対し一定の猟期を定めるように指示した．ただし，オオカミだけは無期限，無条件に狩猟を許可するように求めていた．そして，1791年の立憲議会は，オオカミに対する報奨金制度を創設，1795年にはそれを増額した．オオカミの首を役所にもっていくと，メス360リーヴル，オス200リーヴルで，かなりの高額だった（貨幣単位は革命後にフラン．ちなみに当時の司祭の年収は約700リーヴル）．

さて，フランス革命後の混乱を収拾したのはナポレオンだったが，彼の登場前後からヨーロッパでの戦争形態は大きく様変わりしつつあった．マスケット銃の登場だ．この銃はまだ火縄式の先込め銃だったが，使いやすく実戦的だった（煙と煤は多かったが）．ナポレオン自身もこの銃を主要戦力に権力を掌握していった．このマスケット銃が，当然のなりゆきとして，狩猟にも採用され，それは狩猟形態を根底から変えた．

それまで狩猟用の武器は，クロスボーと止め刺し用の槍が一般的だったが，マスケット銃が18世紀初頭から使われ始めた．しかし初期には速射性がなかったので，飛ぶ鳥を撃つのはほとんど離れ業，大型獣には危険すぎた．だが，軍隊式にこの銃の数名による一斉射撃は，オオカミには効果的だった．人間はオオカミに対して初めて圧倒的な優位を確保できた．その後の経過を続ける．

- 1796年 オオカミ狩りの自主組織ができる．武器は県から貸与．
- 1804年 ナポレオン，オオカミ狩猟隊の制度を復活．狩猟頭→狩猟隊長→隊員を置く．オオカミの生息状況と捕獲数の報告義務．
- 1806年 狩猟免許制度の創設（一定の金額で狩猟免許を取得）．
- 1807年 報奨金を減額．一部の県では知事が財政難のため支払いを拒否．
- 1814年 オオカミ狩猟隊長は捕獲成果の行政への報告義務．狩猟隊長のほとんどは大地主．このころ年間400-500頭を駆除．
- 1818-1829年 オオカミ狩猟隊による駆除合計1万8709頭．
- 1861年 報奨金の増額．
- 1882年 報奨金のさらなる増額．人身被害は減少，散発的．
- 1910年 オオカミはほとんど姿を消す．
- 1968年 最後の1頭を駆除．
- 1971年 オオカミ狩猟隊の廃止．

後半は，人身被害もあるが，マスケット銃からミニエ銃（先込めから元込め，薬莢の開発）への改良，そして報奨金の後押しによって，オオカミが一方的に駆除される歴史に転じた．捕獲数は1810年代の後半からそれまでの2-3倍に増加，年間約1500頭強が捕獲．1861年に増額された報奨金の額は，成獣が100フラン，人間を襲ったそれは200フラン，職人1日の給料が2-3フランだったからかなりの高額．1878年に全国の状況が集約された．それによれば捕獲地点はパリ周辺も含めて全国的，なお多数が生息しているとされ，報奨金の維持とさらなる駆除が推進された．1883年以降の捕獲数が記録されている．1883年1300頭→1884年1300頭→1885年1000頭→1890年500頭→1891年400頭→1892年330頭→1900年150頭→1902年100頭→1908年15頭→1916年49頭→1917年58頭→1918年88頭，多少の凹凸はあるが，年々減少していったのがわかる．振り子はいよいよその極へ接近していった．次の半世紀も同じ努力が続けられたが，ときどき1-2

オオカミの攻撃とベート事件

次に、オオカミによる人身被害の歴史をまとめておく。フランスでは狂犬病にかかったオオカミによって引き起こされた死者が、17世紀には500人以上、18世紀には308人、19世紀には118人と、ヨーロッパでは突出して多いが（20世紀以降は0人）、ここではそれではなく、生態学的にいえばオオカミによる「被食者の捕食行動」、攻撃行動（襲撃 wolf attack）に焦点を絞る。ド・ボーフォール（de Beaufort 1988）はこの行動を中世にさかのぼって発掘した。めだった例をあげると、1633年にシャルトルで約30人の子どもが、1692年にはオルレアンで約100人の女性と子どもが、1712年に同じくオルレアンで約100人の女性と子どもが、1751年にフォレ・デ・ルアインでは約30人の子どもと若者が、1801年にヴァルジーで17人の子どもが、それぞれに襲撃された。ほとんどの場合、オオカミの個体数や被害の詳細は記録されていないが、リオン近郊のフォレ・ド・ロンシャンで1817-1818年に女性1名を含む17人が襲われた例では、約1年間にわたって発生し、けっきょく子ども9人が殺害された。多くの場合、1頭のオオカミに連続的に襲われていて、最終的に「異常に巨大な」メス1頭が殺されると攻撃は終息した。こうした人身被害地域はフランス全土におよんでいた。教会や狩猟隊の記録など、正確な統計ではないが、図5-24は、前述のド・ボーフォールほかによって集計された襲撃回数、負傷者数、死者数の25年間ごとの推移である（Linnell et al 2002）。被害の多さにあらためて驚かされ、オオカミに対する執拗な根絶戦が展開された理由が理解できる。全体的にみると、19世紀全般までは時代が進むほど攻撃頻度は増加する傾向がある。この傾向はいっぽうでオオカミが捕殺・減少している点を考慮するといっそう顕著だ。この最大の象徴

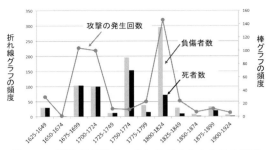

図 5-24　1625年以降のフランスでのオオカミの襲撃数と負傷者、死者数の25年ごとの集計（de Beaufort 1988 と Linnell et al. 2002 により作成）。ただし、これらは正式な統計ではなく、発生回数や被害者数の詳細は不明なものが含まれていることに注意。

的な出来事がいわゆる"ベート事件"だった。それは絶滅への里程のなか、オオカミはあたかも「反撃」するかのように人間を襲った事例である。

"ベート（bête）"とはフランス語で（人間以外の）動物、とくに残忍な野獣を指し、人間を襲って傷つけ、食い殺すことを覚えたオオカミにあてはめられた。ベート事件は、ベルフォール、モンベリエールなどでも起こったが、なかでもジェヴォーダンのそれが有名で、伝説や小説、記録に残され、経過の一部は映画化され、世界各地で公開された[17]。それはフランス南部・ジェヴォーダン地方（現在のロゼール県）で、1764-1767年の4年間に羊飼いの子どもや農婦が次々と襲われ、人々にオオカミの恐怖と残忍さを植えつけた事件だった。ただし、死亡者数などの詳細はいまもって不明だ。ド・ボーフォール（de Beaufort 1988）によれば、オオカミの攻撃は合計で210回におよび、死者は113人、重傷者は49人に達したという。このうち2人は大修道院の院長で、少なくとも98人の死者の一部は食いちぎられ、捕食された。これが同一個体の仕業なのか、それとも特定の群れ（パック）だったのかはわかっていない[18]。戦慄のあまり、人々がイメージしたのは、ウシほどの大きさの、1頭の残忍な怪獣＝オオカミだった。確かに1765年の秋に1頭の巨大なオオカミが殺されると、攻撃は止んだ。しかし、数ヶ月後に再開、この2回目は1767年の夏まで続くが、このときも1頭の巨大な個体が殺さ

れると攻撃は終了．この個体の胃には遺体の一部が残っていたという．

フランスではこの一連の事件の後，19世紀に入り最大の人身被害数を記録した25年間を最後に減少した．しかし20世紀に入りオオカミがほぼ一掃された後も狩猟隊組織はなお健在だった．それが"害獣駆除のための技術に関する行政サービス機関"として衣替えしたのは，ようやく1975年になってからだった．フランスにおけるオオカミの歴史は，国家が総力をあげて特定の動物種を絶滅させた軌跡だった．各国はこの同じ歴史を追うことになる．ここでフランス以外の歴史をたどる．

この種の記録は教会にもっともよく保存されてきた．最近，各国でこの古文書の掘り起こしと分析が進められているが，その1つがイタリアで，最多の記録が残されていた．被害地域は中北部で，とくにアルプスに隣接する北部で多発した．襲撃の回数は，15世紀40回，16世紀30回，17世紀167回，18世紀103回，19世紀112回で，負傷者数や死亡者数などの詳細は不明だ（ただし19世紀の死亡者は77人）．フランスと同様に，森林の伐採，放牧地の拡大，家畜数の増加にしたがって被害は増加する傾向がある（Linnell et al. 2002）．もう1つがエストニアだ．この地域も18世紀初頭から被害が頻発，1762-1855年の間に合計で132名が殺された．なかでも1809-1810年には6つの教区で一挙に54回発生し，36名以上が死亡した（Rootsi 2001, クルーク2006）．このほかにはスペインで，18世紀に40回の襲撃が起こった．

これらの資料にもとづきヨーロッパでのオオカミの攻撃状況をまとめる．まず被害の発生季節で，図5-25は月ごとの発生頻度だ．1年を通して襲撃は発生したが，明白なのは6月から増加し7月にピークとなる一山型を示したことである．次に，襲撃された年齢をみると（N=322人），9歳以下161人，10-18歳159人，19歳以上2人で，9歳以下が最多だが，18歳以下との間には有意差はない．そして襲われた「性」をみると（N=125），男性58人，女性67人で，女性が多いが，統計的な有意差はない．

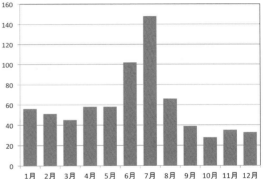

図5-25 ヨーロッパで歴史的に記録されたオオカミ襲撃の月ごとの発生回数（N=719）．ノルウェー，スウェーデン，エストニア，フィンランド，フランス，ラトヴィア，ポーランド，スペイン，イタリアのデータ（Linnell et al. 2002 より作成）．

ここに，これまでに得られた知見，被害は同じ地域で繰り返されたこと，襲撃は群れ（パック）ではなく単独（成獣メス）個体，大きな1頭を殺すと攻撃は終息したこと，などを考慮すると，オオカミの人間への攻撃行動には次のような生物学的背景があったことが示唆される．被害発生時期が集中する6-7月は，人々（とくに子ども）が外出する季節であるのも関連するが，それ以上に重要なのは，この時期がオオカミの出産期と子育て期にあたっていることだ．とくにメスは出産と授乳・育児に大量のエネルギーを消費する時期であり，より簡単に捕食できる餌動物に集中する傾向がある．したがってヒト，なかでも遁走し，反撃行動しない，成人ではなく，体格の小さな（男女を問わない）子どもが最適となる．多くの攻撃事例では，周辺に家畜が多数放牧されていたが，にもかかわらず，オオカミは子どもを選別し，攻撃し，捕食した．それは最適な捕食戦略の結果ではないか．

ヨーロッパの歴史は，人間を襲撃し，捕食するオオカミとの抗争史だった．ところが，北米ではオオカミは，例外的な事例はあるものの，一般には人間を襲わないとされてきた（Mech 1981, Fritts et al. 2003）．きわだった対照だ．ヨーロッパではなぜかくも多数の人間がオオカミに襲われたのか．理由は不明だが，森林の伐採，牧草地の拡大，草食獣の増加，家畜の放牧，

これらの経過がオオカミとの距離を縮めたのはまちがいない．だがそれ以上に指摘できるのが，ヨーロッパでは人間の死というものが身近で，日常化していたという事実だ．ペストや飢饉，数々の戦乱や宗教的迫害，その繰り返しの都度，多数の死者が発生し，しかもその多くは放置された．オオカミが人間への警戒心を解き，死肉をあさり，瀕死の重傷者を襲ったのは不可避のなりゆきだった．オオカミを含む大型食肉類は人間を獲物にすることをいったん経験すると，すみやかに学習し，他個体へも学習によって伝播する（クルーク 2006）．ヨーロッパに多かった狂犬病にかかったイヌが人間を襲う行動もこの学習を助長させたかもしれない．こうしてみると，オオカミの習性を変え，凶暴化させたのはむしろ人間自身の社会のあり様だったのかもしれない．

ヨーロッパ各国のその後の動向は，イングランドではエドワード1世の時代にオオカミの根絶を命じて賞金を払い，15世紀末に，やや遅れてスコットランドでは1769年に，アイルランドでは1770年に，デンマークでは1772年に，それぞれ絶滅させた．そしてその後を追うように，ドイツでは1847-1899年に，スイスとオーストリアでは1914年に，ノルウェーでは1976年に，根絶させた．だがオオカミはしたたかだった．

（3）ヨーロッパにおけるオオカミの現状

各国の執拗で，圧倒的な努力にもかかわらず，ヨーロッパ全域からオオカミは一掃できなかった．図5-26は現在のオオカミの分布域で，わずかだが拡大傾向にある（Kaczensky et al. 2012a, b）．また各国での生息数を表5-3にまとめた．1966年に絶滅したと考えられていたスウェーデンでは，1991年に小さな1集団（10頭以下）が再発見された．この群れには後にロシアから移動した1頭が合流，順調に増加，現在では100頭以上となり，ノルウェーにも分布域を広げている．フィンランドには150-165頭が生息している．東欧圏（ロシアを除く）のベラルーシ，ウクライナ，ルーマニア，ブルガリアには合計7000頭以上のまとまった個体群が分布する．これに隣接するアルバニア，ボスニア，クロアチア，チェコ，スロバキア，スロベニア，ポーランドには個体群が点在（合計

表 5-3 ヨーロッパにおけるオオカミの地域個体群と生息数，その動向（Kaczensky et al. 2012a, b より）．

地域個体群	国	個体数（2012時点）	傾向
スカンディナヴィア	ノルウェー，スウェーデン	260-330	増加
カレリア	フィンランド	150-165	減少
バルチック	エストニア，ラトビア，リトアニア，ポーランド	870-1400	安定または増加
中央ヨーロッパ低地	チェコ，ポーランド	36パック	増加
カルパチア	スロバキア，チェコ，ポーランド，ルーマニア，ハンガリー，セルビア	3000	安定
ディナル-バルカン	スロベニア，クロアチア，ボスニア・ヘルツェゴヴィナ，モンテネグロ，アルバニア，セルビア，ギリシャ，ブルガリア	3900	安定
アルプス	イタリア，フランス，スイス，オーストリア，スロベニア	280	増加
イタリア半島	イタリア	600-800	安定
イベリア半島	スペイン，ポルトガル	2500	減少
シェラモレナ	スペイン	1パック	減少

5.4 オオカミへの迫害と根絶　269

図 5-26　ヨーロッパにおけるオオカミの分布と地域個体群（Kaczensky et al. 2012a, b より）．濃い部分は恒常的な生息地，薄い部分は一時的な生息地．

図 5-27　ポーランド南部で朝に射殺されたオオカミ．この時点でオオカミは狩猟獣だった（1987 年 9 月著者撮影）．

2000 頭以下）．最多はポーランドで 600-700 頭．これら東欧圏では 20 世紀末まで徹底した狩猟が続けられた（Okarma 1993）が，現在では，家畜の被害が著しい一部地域を除き，保護政策がとられている（Salvatori & Linnell 2003）．図 5-27 はポーランド南部で射殺されたオオカミで，1987 年に訪れた際に撮影．その日の早朝に射殺されたもので，この時点ではまだオオカミは狩猟獣だった．

このほかの地域では，ギリシャには 600-700 頭が北部（ブルガリアやアルバニアと隣接）の山地帯に生息．イタリアではアペニン山脈北部とアルプス山脈南部に 400-500 頭が生息．家畜の被害が頻繁に起こり，イタリア政府は多額の補償金を支払っている（Gazzola et al. 2008）．またウサギやノロジカなどの個体数が回復するにしたがって，家畜被害は減少しつつあるという（Meriggi et al. 2011）．イベリア半島では，ピレネー山脈北部，カンタブリカ山脈のスペインとポルトガル，およびシエラ・モネラ山脈の一部に，2000-2300 頭が生息，保護されている．しかし，ヤギやヒツジに多額の被害を発生させ，イタリア同様に被害補償が行われているが，少額のために，密猟が行われるという（Blanco

1992）．

（4）オオカミの再導入

　一度野外で絶滅した野生動物種を，再び集団として蘇らせることを再導入（reintroduction）という．オオカミを対象にこの試みがいまヨーロッパで行われている．ヨーロッパ諸国は 1989 年に「ヨーロッパの野生動物と自然生息地に関する条約」（通称ベルン条約）を締結し，このなかでオオカミは，ヨーロッパ自然遺産の，象徴的，科学的，生態学的，教育的，文化的，レクリエーションを含む内的価値を有する，基本的な構成要素と位置づけ，加盟国にその保全計画の作成と，絶滅した地域での再導入を呼びかけている（Trouwborst 2010）．これは後に EU によって，ヒグマ，リンクスも加えた，具体的なガイドラインが作成され，国境を越えて保全の協力を行うことが取り決められた．現在，フランス，ドイツ，スコットランド，イタリア，デンマークなどで野生復帰が取り組まれている．たとえばこうだ．ドイツ政府は，2000 年，ポーランド側から侵入するオオカミをそのまま放

置するとした．オオカミ集団はこの後，ドイツ側に定着，現在では7パック，約60頭が生息するまでとなった．

　人々の意識はどのように変わったのか．各地でオオカミに対するアンケート調査が実施されている．共通するのは，人々の意識がこの半世紀の間に急速に変化したことだ．一般に，オオカミへの好感度は，ヨーロッパでは北米より低い傾向にあるが，若い人々ほど，都市住民ほど，再導入の賛成派が増加している（Williams et al. 2002）．また，たとえばスウェーデンでは都市住民の約90%が再導入を支持するが，オオカミの生息地周辺に生活し，実際に声を耳にする人では10%以上も低下してしまう（Ericsson & Heberlein 2003）．ドイツでは自然保護庁が2009年に2600人を対象に実施したアンケート調査では賛成67%，反対29%，保留4%，かなりの人たちが躊躇しているのがわかる（http://www.whitewolfpack.com/2011_07_01_archive.html　閲覧2017.8.17）．それでも，ヨーロッパ諸国が大型の野生動物相とその生息地を回復させるとの方向を打ち出したことは画期的だ．実際にそれを実現するのは，畜産と放牧が産業として成立し，大きく競合するなかで，容易ではない．だがそうだとしても，徹底した管理を前提として，このことを目標に努力することは，中世以来のオオカミに対する偏見や誤解を払拭し，いま一度人間と自然との関係を問いなおす，大きなステップであるにちがいない．

　光は暗闇のなかで輝いている（『新約』「ヨハネによる福音書」1）．

第5章　注

1) 原本はすでにないが複数の写本が残る．解説されているのはおもにフランス語で"chase"，つまり追跡猟である．
2) ペトロ献金は「聖庁年貢」ともいわれ，毎年，十分の一税とともに，ローマ教皇庁へ納められた自発的な献金．8世紀終わりころから，宗教改革まで続いた．
3) しかしながらこの移行は単純ではなく，百年戦争の初戦1346年のクレシーの戦いでは，長弓をもつ英軍が，数で勝る，クロスボーをもった仏軍に勝利している．以下は横山（1998）の解説による．英軍の長弓は長さ180 cm以上あるが，ふだんから練習を重ね速度と精度において勝っていた．クロスボーの射程は長弓よりも長かったけれど，重く，弓をセットするのに時間がかかった．クロスボーが1分間に2本の弓を発射したのに対して，長弓は同じ時間で10-12本も発射できたという．英軍の戦法はこの長弓兵を先頭に立て矢を浴びせかけた後に，歩兵と騎兵が突撃した．
4) 「赤頭巾」もその1つだが，この原作とされるペローのオリジナルには「狩り人」は残念ながら登場しない．
5) ドゥームスデイとは「最後の審判の日」の意味で，すべての人の行為と持ち物を検査し，罪を決定する日である．イングランドを征服したウィリアム1世が1085年に作成した．
6) この魚種リストにはじつはサケ類が加わっている．サケ類は秋に大量遡上したので北半球共通の重要メニューであったが，骨がもろく残りにくいので，分所からは外されている．
7) ミトラ教は，AC1-4世紀にローマ帝国内でもっとも繁栄していた密儀宗教で，太陽神ミトラ（またはミトラス）を崇拝していた．各地にミトラ神殿が存在した．ミトラ神は救済者メシアと呼ばれた．洗礼や聖餐などの儀式を有し，キリスト教は強く習合し，原型的要素をもっている．もともとはレヴァント，ペルシャ東方（イラン）起源とされる．
8) この習合例は，たとえば，ボッティチェリ（Sandro Botticeli）が1482年ころに描いたとされる有名な「春（プリマヴェーラ）」にみてとれる（図5-28）．中央にはアフロディーテ（ローマではウェヌス）が位置し，右側には西風ゼフュロス神がクロリスに抱きつき，花の神フローラに変身しようとしている．左側には三美神（エウプロシュネ，タレイア，アグライア）が配され，愛を語り，左端にはマーキュリー（ヘルメス）が杖をもって冬の霧を払っている．古代の神々の春の讃歌である．注目したいのは中央のアフロディーテだ．それはアルテミス神やディアナ神につながる豊穣母神である．この女性は純潔を意味する白衣と贖罪のシンボルである赤の法衣をまとい，やや下腹部がふくらみ妊娠しているようだ．しかも背後にはアーチ状の教会構造物が控え，天使が舞い降りている．ボッティチェリは明らかにアフロディーテに，キリストを身ごもった聖母マリアを重ね合わせている．人々に，マリアとはアフロディーテにほかならないことを示した．なんのことはない「受胎告知図」なのだ．この謎解きは，フィレンツェの盛衰を描いた辻邦夫の小説『春の戴冠』（1977）のモチーフの1つである．

図 5-28　"プリマヴェーラ（春）"（ボッティチェリ作1482年ころ）．

9) 英語版『パンセ』"Pascal's Pensées"（E. P. Dutton &

Co. Inc. 1958, 以下の URL: http://www.gutenberg.org/files/18269/18269-h/18269-h.htm#SECTION_XIV). 原文（断章 894, pp. 265）は "Men never do evil so completely and cheerfully as when they do it from religious conviction." である. しかし, パスカルの仏文原文は "Jamais on ne fait le mal si pleinement et si gaîment que quand on le fait par conscience." (http://www.ub.uni-freiburg.de/fileadmin/ub/referate/04/pascal/pensees.pdf) または "Jamais on ne fait le mal si pleinement et si gayment, que quand on le fait par un faux principe de conscience." (http://gallica.bnf.fr/ark:/12148/btv1b8606964f/f343.image.r=Pens%C3%A9es%20de%20M%20Pascal.langFR) で, 明らかに意訳である. 前者であれば "人間は良心にしたがうときほど悪を徹底的かつ喜びをもってなすことはない", 後者であれば "人間はまちがった良心の原則にしたがうときほど……" となり, 取り立てた意味はない.

10) この罠とおぼしきものが, 時代と地域は異なるが, オラウス・マグヌス (Olaus Magnus) の『北方民族文化誌』(Historia de Gentibvs Septentrionalibvs) に記載されている.

11) 女性教皇ヨハンナ (Ioanna Paissa) が 855-858 年に在位したとの伝説があるが, 多くの歴史学者はその信憑性を疑問視している.

12) "werewolf" は "beowulf" ときわめて近いのも興味深い. 後者は北方アングロサクソン系, 古英語最古の伝承文学で, 英雄ベーオウルフ (ベオルフ) の冒険譚である(『ベーオウルフ』). それは英雄の建国と治世の叙事詩であるが, 北方域の古ノルド語 (ケニング) では "bee-wolf" となり, クマ (ヒグマ) を意味する. 古代の神話世界では強い支配者, オオカミ, ヒグマ, 成人男性が混然一体となっている.

13) カエル類は, 皮膚は湿り滑らかで, 目は丸く上部につき, 飛び跳ねる. これに対しヒキガエル類は, 皮膚は乾き, いぼがあり, フットボール型の目が頭部と接続し, 歩く.

14) エスペラント語のドイツ民謡 "Ranoj kantas" で, その意味は "カエルが歌う" である.

15) たとえばダヴィドの絵画『ナポレオンの戴冠』(1805) が有名である. ミツバチが刺繍されたナポレオンと婦人ジョセフィーヌのガウンが描かれている.

16) スウェーデン人, ノルウェー人, アイスランド人が使用していた古北欧語. インド・ヨーロッパ語族北ゲルマン語群に属する.

17) 記録はたとえば『ジェヴォーダンの人食い狼の謎』(シュヴァレイ 2003), その概要は英語版 (Clark 1971) で出版, その経過の一部は映画化 ("ジェヴォーダンの獣"2001 年公開) された.

18) 狂犬病の個体だった可能性が指摘されるが, ①狂犬病はよく知られていたので, もしそうであれば記録されたはず, ②人間を襲った期間が長すぎること (狂犬病の個体は短期間で死亡する), ③襲われ噛まれた人間は (発症せずに) 生存していたこと, などから判断すると, そうではないと診断される.

第 5 章 文献

阿部謹也. 2012. 西洋中世の罪と罰. 講談社学術文庫, 講談社, 東京. 253pp.

イソップ (Aesop). BC6 世紀ころ？ イソップ寓話集（中務哲郎訳 1999）. 岩波文庫, 岩波書店, 東京. 372pp.

阿河雄二郎. 2005.『狩猟事典』にみる近世フランスの狩猟制度. 関西学院大学人文論究 55: 136-152.

Almond, R. 2003. Medieval Hunting. Sutton Publ. Ltd., Phoenix Mill. 224pp.

アクィナス, T. 1274. 神学大全 [1, 2 巻]（山田晶訳 2014）, 中央公論社, 東京. 851pp.

荒井献. 2009. イエス・キリストの言葉. 岩波現代文庫, 岩波書店, 東京. 396pp.

アウグスティヌス, A. 426 年ころ. 神の国 (4)（「アウグスティヌス著作集 14 巻」）（大島春子・岡野昌雄訳 1980）. 教文館, 東京. 504pp.

Aybes, C. & D. W. Yalden. 1995. Place-name evidence for the former distribution and status of wolves and beavers in Britain. Mamm. Rev. 25: 201-227.

Balon, E. K. 1995. Origin and domestication of the wild carp, *Cyprinus carpio*: from Roman gourmets to the swimming flowers. Aquaculture 129: 3-48.

Barney, S. *et al.* 2006. Etymologyies of Isdore of Seville. Cambridge Univ. Press, Cambridge. 489pp.（以下参照. https://sfponline.org/Uploads/2002/st%20isidore%20in%20english.pdf 閲覧日 2016. 5. 15)

Barrett, J. H. *et al.* 2004. The origin of intensive marine fishing in medieval Europe: the English evidence. Proc. Roy. Soc. Lond. B 271: 2417-2421.

Barrett, J. H. *et al.* 2008. Detecting the medieval cod trade: a new method and first results. J. Archaeol. Sci. 35: 850-861.

Barrett, J. H. *et al.* 2011. Interpreting the expansion of sea fishing in medieval Europe using stable isotope analysis of archaeological cod bones. J. Archaeol. Sci. 38: 1516-1524.

Barstow, A. L. 1994. Witchcraze: A New History of the European Witch Hunt. Harper Collins, San Francisco. 272pp.

ベッカー, G. 2013. ミツバチと養蜂が写す西洋社会の自画像――ドイツの事例からみたその変遷（河野眞訳）. 文明 21 : 37-87.

ベルナール, D. 1991. 狼と人間 ヨーロッパ文化の深層（高橋正男訳）. 平凡社, 東京. 286pp.

Berry, R. J. 1981. Town mouse, country mouse: adaptation and adaptability in *Mus domesticus*. Mamm. Rev. 11: 92-136.

ベスプルグ, F. & E. ケーニヒ. 2002. ベリー公のいとも美しき時祷書（富永良子訳）. 岩波書店, 東京. 270pp.

Birrell, J. J. 1992. Deer and deer farming in medieval England. Ag. Hist. Rev. 40: 112-126.

Blanco, J. C. 1992. Distribution, status and conservation problems of the wolf *Canis lupus* in Spain. Biol. Conserv. 60: 73-80.

ボッカッチョ, G. 1350 年ころ. デカメロン [上・中・下]（柏熊達生訳 1987）. ちくま文庫, 筑摩書房, 東京. 1375pp.

ブローデル，F. 1985. 物質文明・経済・資本主義（村上光彦訳）．みすず書房，東京．493pp.

ブロック，マルク．1959. フランス農村史の基本的性格（河野健二・飯沼二郎訳）．創文社，東京．343pp.

Briggs, L. 2004. Restoration of breeding sites for threatened toads on coastal meadows. In: Boreal Baltic Coastal Meadow Preservation in Estonia, pp. 34-43. Minst. Environ Rep., Estonia.

Bullough, V. & C. Campbell. 1980. Female longevity and diet in the Middle Ages. Speculum 55: 317-325.

Canby, J. V. 2002. Falconry (hawking) in Hittite lands. J. Near Eastern Stud. 61: 161-201.

カンター，N. 2002. 黒死病，疫病の社会史（久保儀明・楢崎靖人訳）．青土社，東京．245pp.

チョーサー．14世紀ごろ．カンタベリー物語［上・中・下］（桝井迪夫訳 1995）．岩波文庫，岩波書店，東京．1148pp.

シュヴァレイ，A. 2003. ジェヴォーダンの人食い狼の謎（高橋正男訳）．東宣出版，東京．231pp.

千葉徳爾．1969. 狩猟伝承研究．風間書房，東京．850pp.

Clarke, C. H. D. 1971. The beast of Gévaudan. Nat. Hist. 80: 44-51, 66-73.

Clutton-Brock, T. H. 1982. The function of antlers. Behaviour 79: 108-124.

Cohen, E. 1986. Law, folklore and animal lore. Past Present 110: 6-37.

Cohen, E. 1993. Crosswords of Justice. Leiden, Brill. 237pp.

コーン，N. 1983. 魔女狩りの社会史（山本通訳）．岩波書店，東京．364pp.

Cortés, M. E. et al. 2011. The medicinal value of honey: a review on its benefits to human health, with a special focus on its effects on glycemic regulation. Cien. Inv. Agr. 38: 303-317.

クロスビー，A. W. 2006. 飛び道具の人類史（小沢千重子訳）．紀伊國屋書店，東京．310pp.

ダンテ，A. 14世紀初頭．神曲／地獄篇（平川祐弘訳 2008）．河出書房新社，東京．509pp.

ダーントン，R. 1986. 猫の大虐殺（海保眞夫・鷲見洋一訳）．岩波現代文庫，岩波書店，東京．382pp.

ダーウィン，C. 1859. 種の起原［上・中・下］（八杉竜一訳 1963）．岩波文庫，岩波書店，東京．842pp. (Darwin, C. On the Origin of Species by Means of Natural Selection. John Murray, London. 以下参照. http://darwin-online.org.uk/contents.html)

Davis, D. E. 1986. The scarcity of rats and the black death: an ecological history. J. Interdiscipl. Hist. 16: 455-470.

de Beaufort, F. G. 1988. Historical ecology of wolves, Canis lupus L. 1758, in France. PhD. Thesis Univ. Paris. 224pp.

ドヴェーズ，M. 1973. 森林の歴史（猪俣礼二訳）．クセジュ文庫，白水社，東京．157pp.

Drancourt, M. et al. 1998. Detection of 400-year-old Yersinia pestis DNA in human dental pulp: an approach to the diagnosis of ancient septicemia. PNAS 95: 12637-12640.

ドロール，L. 1998. 動物の歴史（桃木暁子訳）．みすず書房，東京．443pp.

Duby, G. 1998. Rural Economy and Country Life in the Medieval West (Middle Ages). Trans C. Postan, Univ. Pennsylvania Press, Philadelphia. 632pp.

Eaton, M. A. et al. 2009. Birds of Conservation Concern 3: the population status of birds in the United Kingdom, Channel Islands and Isle of Man. British Birds 102: 296-341.

Ellenberg, H. 1988. Vegetation Ecology of Central Europe. Cambridge Univ. Press, Cambridge. 735pp.

Emlen, D. J. 2008. The evolution of animal weapons. Ann. Rev. Ecol. Evol. Syst. 39: 387-413.

エムレン，D. J. 2015. 動物たちの武器（山田美明訳）．エクスナレッジ，東京．325pp.

Enders, J. 2002. Homicidal pigs and the anti-Semitic imagination. Exemplaria 14: 201-238.

Ericsson, G. & T. A. Heberlein. 2003. Attitudes of hunters, locals, and the general public in Sweden now that the wolves are back. Biol. Conserv. 111: 149-159.

Evans, E. P. 1906. The Criminal Prosecution and Capital Punishment of Animals: The Lost History of Europe's Animal Trials. (以下参照. http://www.gutenberg.org/files/43286/43286-h/43286-h.htm 閲覧2015. 3. 10)

フェイガン，B. 2009. 歴史を変えた気候大変動（東郷えりか・桃井緑美子訳）．河出書房新社，東京．408pp.

フェリ，L. 1994. エコロジーの新秩序（加藤宏幸訳）．法政大学出版局，東京．268pp.

Fletcher, J. 2010. Deer parks and deer farming in Great Britain- History and current status. Enclosures A dead-end 54-61.

フーコー，M. 1986. 性の歴史 1 知への意志（渡辺守章訳）．新潮社，東京．217pp.

フレーザー，J. G. 1890. 金枝篇．マコーミック（2011）による第3版の要約版，『図説金枝篇』（吉岡晶子訳）．講談社学術文庫［全2巻］，講談社，東京．612pp.

フレーザー，J. G. 1919. 旧約聖書のフォークロア（江河徹ほか訳 1975）．太陽社，相模原．578pp.

Fritts, S.H. et al. 2003. Wolves and humans. In: Wolves: Behavior, Ecology, and Conservation (Mech, L. D. and L. Boitani, eds.), pp. 289-316, The Univ. Chicago Press, Chicago.

Froufe, E. et al. 2002. MtDNA sequence data supports and Asian ancestry and single introduction of the common carp into the Danube Basin. J. Fish Biol. 61: 301-304.

Gaston Phébus 1387-1389. Livre de chasse. "The Hunting Book of Gaston Phébus" Manuscrit francais 616. Harvey Miller Publ. 1998. 138pp.

Gazzola, A. et al. 2008. Livestock damage and wolf presence. J. Zool. 274: 261-269.

Geist, V. 1971. Mountain Sheep: A Study in Behavior and Evolution. The Univ. Chicago Press, Chicago. 384pp.

ギース，F. & J. ギース．2008. 中世ヨーロッパの農村の生活（青島淑子訳）．講談社学術文庫，講談社，東京．320pp.

Gill, R. M. A. 2006. The influence of large herbivores on tree recruitment and forest dynamics. In: Large Herbivore Ecology, Ecosystem Dynamics and Conservation (Danell, K. et al., eds.), pp. 170-202. Cambridge Univ. Press, Cambridge.

ギンズブルグ，K. 1984. チーズとうじ虫 16世紀の一粉挽屋の世界像（杉山光信訳）．みすず書房，東京．368pp.

ギンズブルグ，K. 1986. ベナンダンティ（竹山博英訳）．せ

りか書房，東京．398pp.

Girgen, J. 2003. The historical and contemporary prosecution and punishment of animals. Animal Law 9: 96-134.

Green, J. A. 2013. Forest laws in England and Normandy in the twelfth century. Hist. Res. 86: 416-431.

Gugolz, D. *et al.* 2008. Historical DNA reveals the phylogenetic position of the extinct Alpine lynx. J. Zool. 275: 201-208.

浜林正夫．1978．魔女の社会史．未来社，東京．240pp.

羽根田俊治．1969．ロミオとジュリエット——成長の主題．明治大学教養論集 53：60-73.

Hankins, T. L. 1994. The ocular harpsichord of Louis-Bertrand Castel: or the instrument that wasn't. Osiris 9: 141-156.

Hardy, C. 1995. Rabbit mitochondrial DNA diversity from prehistoric to modern times. J. Mol. Evol. 40: 227-237.

Hargen, A. 1992. A Handbook of Anglo-Saxon Food Processing and Consumption. Chippenham, London. 192pp.

ハリス，M．2001．食と文化の謎（板橋作美訳）．岩波現代文庫，岩波書店，東京．393pp.

ハーゼル，K．1996．森が語るドイツの歴史（山縣光晶訳）．築地書館，東京．280pp.

Hartl, G. B. *et al.* 2005. Allozyme and mitochondrial DNA analysis of French red deer (*Cervus elaphus*) populations: genetic structure and its implications for management and conservation. Mammal. Biol. 70: 24-34.

Hellborg, L. *et al.* 2002. Differentiation and levels of genetic variation in northern European lynx (*Lynx lynx*) populations as revealed by microsatellite and mitochondrial DNA analysis. Conserv. Genet. 3: 97-111.

ヘニッシュ，B. A．1992．中世の食生活（藤原保明訳）．ウニベルシタス叢書，法政大学出版局，東京．528pp.

平野隆文．2004．魔女の法廷．岩波書店，東京．356pp.

Hoffmann, R. C. 1975. Medieval origin of the common fields. In: European Peasants and Their Markets (Parker, W. N. and E. J. Jones, eds.), pp. 23-71. Princeton Univ. Press, NJ.

Hoffman, R. C. 1994. Environmental change and the culture of common carp in medieval Europe. Guelph Ichthyol. Rev. 3: 57-85.

Hoffmann, R. C. 1996. Economic development and aquatic ecosystems in medieval Europe. Am. Hist. Rev. 101: 631-669.

Hoffmann, R. C. 2005. A brief history of aquatic resource use in medieval Europe. Helgol. Mar. Res. 59: 22-30.

Holst, D. V. *et al.* 2002. Social rank, fecundity and lifetime reproductive success in wild European rabbits (*Oryctolagus cuniculus*). Behav. Ecol. Sociobiol. 51: 245-254.

堀越孝一．2006．中世ヨーロッパの歴史．講談社学術文庫，講談社，東京．458pp.

堀越宏一．1997．ヨーロッパの農村世界（世界史リブレット 24）．山川出版社，東京．90pp.

堀越宏一．2009．ものと技術の弁証法（ヨーロッパの中世 5）．岩波書店，東京．308pp.

ホイジンガ，J．1971．中世の秋（堀越孝一訳）．中央公論社，東京．602pp.

Humphrey, N. 1987. Foreword. In: The Criminal Prosecution and Capital Punishment of Animals: The Lost History of Europe's Animal Trial. pp. 1-17. Faber & Faber, London.

飯野徹雄．1991．フクロウの文化誌．中公新書，中央公論社，東京．207pp.

池上俊一．1990．動物裁判．現代選書，講談社，東京．236pp.

池上俊一．1992．狼男伝説．朝日選書，朝日新聞社，東京．356pp.

池上俊一．2010．森と川．刀水書房，東京．151pp.

井上浩一．2008．生き残った帝国ビザンティン．講談社学術文庫，講談社，東京．275pp.

伊藤進．2002．森と悪魔．岩波書店，東京．451pp.

甚野尚志．2007．中世ヨーロッパの社会観．講談社学術文庫，講談社，東京．286pp.

Johnson, W. E. *et al.* 2004. Phylogenetic and phylogeographic analysis Iberian lynx populations. J. Hered. 95: 19-28.

Jorgensen, J. T. *et al.* 1997. Effects of age, sex, disease, and density on survival of bighorn sheep. Ecology 78: 1019-1032.

Kaczensky, P. *et al.* 2012a. Status, management and distribution of large carnivores- bear, lynx, wolf and wolverine- in Europe (Part 1). Status of large carnivores in Europe, update 2012. European Commission. 72pp.

Kaczensky, P. *et al.* 2012b. Status, management and distribution of large carnivores- bear, lynx, wolf and wolverine- in Europe (Part 2). Status of large carnivores in Europe, update 2012. European Commission. 200pp.

Kaplan, J. O. *et al.* 2009. The prehistoric and preindustrial deforestation of Europe. Quat. Sci. Rev. 28: 3016-3034.

川島昭夫．1987．密猟と狩猟法．『ジェントルマン・その周辺とイギリス近代』（村岡健次ほか編），pp. 156-193. ミネルヴァ書房，京都．

Kennedy, B. W. 1984. Breeding for feed efficiency: swine and dairy cattle. Canad. J. Anim. Sci. 64: 505-512.

木村尚三郎．1988．西欧文明の原像．講談社学術文庫，講談社，東京．418pp.

Kitchener, A. C. & J. W. H. Conroy. 1997. The history of the Eurasian beaver Castor fiber in Scotland. Mamm. Rev. 27: 95-108.

Kjellström, A. *et al.* 2009. Dietary patterns and social structures in medieval Sigtuna, Sweden, as reflected in stable isotope values in human skeletal remains. J. Archaeol. Sci. 36: 2689-2699.

Klitsenko, Y. 2001. Toad and frogs: religious fables, folklore, legends, and stories. (以下参照．www.all-creatures.org/articles/rf.html 閲覧 2017.2.22)

Kruuk, L. E. B. *et al.* 2002. Antler size in red deer: heritability and selection but no evolution. Evolution 56: 1683-1695.

クルーク，H．2006．ハンター＆ハンティッド（垂水雄二訳）．どうぶつ社，東京．364pp.

黒川正剛．2014．魔女狩り西欧の三つの近代化．講談社，東京．272pp.

Ladurie, E. L. Roy. (translated by Sheridan, A.) 1987. The French Peasantry, 1450-1600. Univ. California Press, Berkeley. 447pp.

ラ・フォンテーヌ．寓話（今野一雄訳 1972）．岩波文庫，岩波書店，東京．715pp.

ラング，B．2009．ヘブライの神（加藤久美子訳）．教文館，東京．379pp．

ロリユー，B．2003．中世ヨーロッパ食の生活史（吉田春美訳）．原書房，東京．305pp．

Lawrence, E. A. 2003. Feline fortunes: contrasting views of cats in popular culture. J. Popular Culture 36: 623-635.

Lawrence, Jr. R. J. 1991. The fish: a lost symbol of sexual liberation? J. Relig. Health 30: 311-319.

Lekai, L. J. 1977. The Cistercians: Ideals and Reality. Kent State Univ Press, Ohio. 524pp.

Levak, B. P. 1995. The Witch-hunt in Early Modern Europe. Routledge, NY. 360pp.

Linnell, J. D. C. et al. 2002. The fear of wolves: a review of wolfs attacks on humans. NINA Oppdragsmelding 731: 1-65.

リンゼイ，A．2001．神は何のために動物を造ったのか（宇都宮秀和訳）．教文館，東京．315pp．

Ljungqvist, F. C. 2010. A new reconstruction of temperature variability in the extra-tropical northern hemisphere during the last two millennia. Physic. Geograph. 92: 339-351.

MacKechnie, S. & C. Tynan. 2008. Halloween in a material world: trick or treat? J. Market. Manage. 24: 1011-1023.

MacNulty, D. R. 2002. The predatory sequence and the influence of injury risk on hunting behavior in the wolf. MS Thesis Univ. Minnesota. 80pp.

マグヌス，O．1991．北方民族文化誌［上・下］（谷口幸男訳）．渓水社，東京．1316pp．

マリー・ド・フランス（12世紀後半）．十二の恋の物語（ギジュマールを含む）（月村辰雄訳1988）．岩波文庫，岩波書店，東京．324pp．

Matos, M. A. 2011. The satanic phenomenon: medieval representations of Satan. Master of Liberal Studies Theses, Rollins College, Paper 28: 1-106.

松原秀一．1992．中世ヨーロッパの説話．中公文庫，中央公論社，東京．340pp．

松本宣郎．2017．ガリラヤからローマへ．講談社学術文庫，講談社，東京．341pp．

Mech, D. 1981.The Wolf: The Ecology and Behavior of an Endangered Species. Univ. Minnesota Press, Minneapolis. 384pp.

Meriggi, A. et al. 2011. Changes of wolf (Canis lupus) diet in Italy in relation to the increase of wild ungulate abundance. Ethol. Ecol. Evol. 23: 195-210.

ミルトン，J．（17世紀中ごろ）．失楽園（平井正穂訳1979）．筑摩書房，東京．595pp．

Miura, S. 1984. Social behavior and territoriality in male sika deer (Cervus nippon Temminck 1838) during the rut. Z. Tierpsychol. 64: 33-73.

宮松浩憲．2017．中世，ロワール川のほとりで聖者たちと．九州大学出版会，福岡．339pp．

Moe, D. & K. Oeggl. 2014. Palynological evidence of mead: a prehistoric drink dating back to the 3rd millennium B.C. Veget. Hist. Archaeobot. 23: 515-526.

Monaghan, P. 2004. The Encyclopedia if Celtic Mythology and Folklore. Checkmark Books, NY. 512pp.

森島恒雄．1970．魔女狩り．岩波新書，岩波書店，東京．207pp．

Muir, P. D. et al. 1987. Growth and mineralisation of antlers in red deer (Cervus elaphus). NZ J. Agri. Res. 30: 305-315.

村上一馬．2007．弘前藩の猟師と熊狩り．季刊東北学10: 145-185．

Murray, M. A. 1921. The Witch-Cult in Western Europe, A Study in Anthroplogy. （以下参照．http://manybooks.net/titles/murraym2041120411-8.html 閲覧2016.10.10）

マレー，M. A．1995．魔女の神（西村稔訳）．人文書院，京都．297pp. Murray, M. A. 1952. The God of the Witches, 2nd ed. Oxford Univ. Press, NY. の翻訳（初版は1931）．（以下参照．http://www.thewica.co.uk/godwitch.pdf 閲覧2016.10.10）

ミュッシャンブレ，R．2014．悪魔の歴史12-20世紀（平野隆文訳）．大修館書店，東京．549pp．

Müldner, G. & M. P. Richards. 2005. Fast or feast: reconstructing diet in later medieval England by stable isotope analysis. J. Archaeol. Sci. 32: 39-48.

中村禎里．1984．日本人の動物観．海鳴社，東京．302pp．

中村禎里．1987．魔女と科学者．海鳴社，東京．134pp．

中澤克昭．2009．狩る王の系譜．『人と動物の日本史②歴史のなかの動物たち』（中澤克昭編），pp. 46-68. 吉川弘文館，東京．

野島利彰．2010．狩猟の文化，ドイツ語圏を中心として．春風社，横浜．410pp．

O'Connor, T. P. 1992. Pets and pests in Roman and medieval Britain. Mamm. Rev. 22: 107-113.

小田垣雅也．1995．キリスト教の歴史．講談社学術文庫，講談社，東京．258pp．

小田内隆．2010．異端者たちの中世ヨーロッパ．NHKブックス，日本放送出版協会，東京．336pp．

Oerke, E-C. 1994. Estimated crop losses due to pathogens, animal pests and weeds. In: Crop Production and Crop Protection (Oerke, E-C. et al., eds.), pp. 535-597. Elsevier, NY.

小川英雄．1996．古代イスラエルの宗教．『宗教と文明』講座文明と環境13（山折哲雄・中西進編），pp. 54-64. 朝倉書店，東京．

Okarma, H. 1993. Status and management of the wolf in Poland. Biol. Conserv. 66: 153-158.

岡崎寛徳．2009．鷹と将軍．講談社選書メチエ，講談社，東京．234pp．

奥田和子．2005．聖書は肉食・動物をどう扱っているのか──創世記．甲南女子大学研究紀要 41: 57-70.

オルドリッジ，D．2007．針の上で天使は何人踊れるか（池上俊一・寺尾まち子訳）．柏書房，東京．314pp．

パストゥロー・M．2014．熊の歴史（平野隆文訳）．筑摩書房，東京．375pp．

Pearson, K. K. 1997. Nutrition and the early-medieval diet. Speculum 72: 1-32.

Polet, C. & M. A. Katzenberg. 2003. Reconstruction of the diet in a mediaeval monastic community from the coast of Belgium. J. Archaeol. Sci. 30: 525-533.

Pongratz, J. et al. 2008. A reconstruction of global agricultural areas and land cover for the last millennium. Global Biogeochem. Cycles 22: GB3018.

パウア，E．1969．中世に生きる人々（三好洋子訳）．UP選

書，東京大学出版会，東京．290pp.
Prummel, W. 1997. Evidence of hawking (falconry) from bird and mammal bones. Int. J. Osteoarchaeol. 7: 333-338.
ラッカム，O. 2012. イギリスのカントリーサイド，人と自然の景観形成史（奥敬一ほか訳）．昭和堂，京都．653pp.
ラガッシュ，G. 1992. オオカミと神話・伝承（高橋正男訳）．大修館書店，東京．300pp.
ラガッシュ，K. & G. ラガッシュ．1989．狼と西洋文明（高橋正男訳）．八坂書房，東京．281pp.
頼順子．2005．中世後期の戦士の領主階級と狩猟術の書．パブリックヒストリー 2：127-148.
Randi, E. et al. 2004. Phylogeography of roe deer (Capreolus capreolus) populations: the effects of historical genetic subdivisions and recent nonequilibrium dynamics. Mol. Ecol. 13: 3071-3083.
リドレー，M. 2014. 赤の女王（長谷川眞理子訳）．早川文庫，早川書房，東京．622pp.
リシェ，P. 1992. 中世の生活文化誌（岩村清太訳）．東洋環出版社，東京．425pp.
Roberts, C. 2007. Unnatural History of the Sea. Ocean Island Press/Sheawater Books, Washington DC. 436pp.
Roberts, C. A. et al. 2011, Palaeopathology: studying the origin, evolution and frequency of disease in human remains from archaeological sites. Encyclopedia Life Support Systems. 72pp.
Rodríguez, A. & J. Calazada. 2015. Lynx pardinus. In: IUCN Red List of Threatened Speices. (http://www.iucnredlist.org/details/full/12520/0)
Rootsi, I. 2001. Man-eater wolves in 19th century Estonia. Proc. Baltic Large Carnivore Init. Symp. "Human dimensions of large carnivores in Baltic countries", pp. 77-91. Šiauliai, Lithuania.
Russell, K. 1988. After Eden: Behavioral Ecology of Early Food Production in the Near East and North Africa. BAR International Series 391. British Archaeological Reports, Oxford. 264pp.
Saarma, U. & I. Kojola. 2007. Matrilineal genetic structure of the brown bear population in Finland. Ursus 18: 30-37.
Salvatori, V. & J. Linnell. 2005. Report on the conservation status and threats for wolf (Canis lupus) in Europe. PVS/Inf 16. Council, 27pp.
佐々部英男．1975．梟とナイチンゲール．あぽろん社，京都．152pp.
佐藤仁．2014．教皇ウルバヌス8世とミケランジェロの《ピエタ》をめぐって．成城美学美術史 20：39-69.
シュルテ，I. A. 2003．魔女にされた女性たち（野口芳子訳）．勁草書房，東京．178pp.
シェークスピア，W. 1602．ウィンザーの陽気な女房たち（小田島雄志訳 1983）．白水社，東京．181pp.
シェークスピア，W. 1600．ヘンリー五世．シェイクスピア全集（小田島雄志訳 1983）．白水Uブックス，白水社，東京．227pp.
柴田三千雄．2006．フランス史10講．岩波新書，岩波書店，東京．229pp.
Simón, M. A. et al. (eds.). 2009. Iberian Lynx ex situ Conservation: An Interdisciplinary Approach. IUCN Cat Group SSC. 556pp.
セウェルス，S. 360-420年ころ．聖マルティヌス伝（橋本龍幸訳1999）．中世思想原典集成 4『初期ラテン教父』．pp. 883-924. 平凡社，東京．
Skog, A. et al. 2009. Phylogeography of red deer (Cervus elaphus) in Europe. J. Biogeograph. 36: 66-77.
Sommer, R. & N. Benecke. 2005. Late-Pleistocene and early Holocene history of the canid fauna of Europe (Canidae). Mammal. Biol. 70: 227-241.
Svensmark, H. 2000. Cosmic rays and earths climate. Space Sci. Rev. 93: 175-185.
田口洋美．2000．列島開拓と狩猟のあゆみ．東北学 3：67-102.
高橋義人．1995．魔女とヨーロッパ．岩波書店，東京．310pp.
田中雅志．2008．魔女の誕生と衰退．三交社，東京．319pp.
トマス，K. 1989．イギリスにおける自然観の変遷（中島俊郎・山内彰訳，山内昶監訳）．叢書・ウニベルシタス，法政大学出版局，東京．609pp.
遠山茂樹．2002．森と庭園の英国史．文春文庫，文芸春秋社，東京．206pp.
トレヴェリアン，G. M. 1971．イギリス社会史 1（藤原浩・松浦高嶺訳）．みすず書房，東京．245pp.
Trouwborst, A. 2010. Managing the carnivore comeback: international and EU Species Protection Law and the return of lynx, wolf and bear to Western Europe. J. Environ. Law 22: 347-372.
辻邦夫．1977．春の戴冠．新潮社，東京．956pp.
植田重雄．1977．守護聖者伝承とその崇拝習俗の考察．早稲田商学 266：1-42.
植田重雄．1980．中部ヨーロッパにおける年間習俗と聖者崇拝の研究．早稲田商学 286：1-58.
植田重雄．1999．ヨーロッパの祭りと伝承．講談社学術文庫，講談社，東京．343pp.
上山安敏．1998．魔女とキリスト教．講談社学術文庫，講談社，東京．404pp.
上山安敏ほか．1997．魔女狩りと悪魔学．人文書院，京都．386pp.
Valdiosera, C. E. et al. 2008. Surprising migration and population size dynamics in ancient Iberian brown bears (Ursus arctos). PNAS 105: 5123-5128.
Vera, F. W. M. et al. 2006. Large herbivores: missing partners of western European light-demanding tree and shrub species? In: Large Herbivore Ecology, Ecosystem Dynamics and Conservation (Danell, K. et al., eds.), pp. 203-231. Cambridge Univ. Press, Cambridge.
Vickers, M. 1976. The villa of the falconer in Argos. Classical Rev. 26: 256-258.
ウォラギネ，J. D. 1267年ころ．黄金伝説 第1巻（前田敬作・今村孝訳 1979）．人文書院，京都．549pp.
Waits, L. et al. 2000. Nuclear DNA microsatellite analysis of genetic diverstiy and gene flow in the Scandinavian brown bear (Ursus arctos). Mol. Ecol. 9: 421-431.
ウォーカー，B. 1988．神話・伝承辞典（山下主一郎ほか訳）．大修館書店，東京．897pp.
度会好一．1999．魔女幻想．中公新書，中央公論社，東京．308pp.

Wemple, S. F. 1985. The medieval family: European and North American research directions. Trends Hist. 3: 27-44.

ホワイト, L. Jr. 1972. 機械と神. みすず書店, 東京. 186pp.

White, S. 2011. From globalized pig breeds to capitalist pigs: a study in animal cultures and evolutionary history. Environ. Hist. 16: 94-120.

Wickham, C. 1994. Pastoralism and underdevelopment in the Early Middle Age. In: Studies in Italian and European Social History, 400-1200, pp. 121-154. British School at Rome, London.

Wilkinson, G. S. 1984. Reciprocal food sharing in the vampire bat. Nature 308: 181-184.

Williams, C. K. et al. 2002. A quantitative summary of attitudes toward wolves and their reintroduction (1972-2000). Wildl. Soc. Bull. 30: 1-10.

山我哲雄. 2013. 一神教の起源. 筑摩書房, 東京. 378pp.

山根正弘. 1975. シェイクスピアの戯曲におけるモグラのイメージ. 英米文化 27: 19-28.

山内進. 2011. 北の十字軍. 講談社学術文庫, 講談社, 東京. 381pp.

横山徳爾. 1998. エドワード三世とその時代. 人文研究（大阪市大）50: 53-77.

Zahavi, A. 1975. Mate selection: a selection for a handicap. J. Theoret. Biol. 53: 205-214.

Zedrosser, A. et al. 2001. Status and management of the brown bear in Europe. Ursus 12: 9-20.

ゾイナー, F. E. 1983. 家畜の歴史（国分直一・木村伸義訳）. 法政大学出版局, 東京. 590pp.

史料・作者不明古典：

サリカ法典（久保正幡訳 1949）. 西洋法制史料叢書 2, 創文社, 東京. 235pp.

日本書紀（上, 坂本太郎校注 1967）. 日本古典文学大系（67）, 岩波書店, 東京. 654pp.

聖書（新共同訳 1992）. 日本聖書協会発行, 東京.

狐物語（鈴木覺ほか訳 2002）. 岩波文庫, 岩波書店, 東京. 345pp.

作者不明. ベオウルフ——新口語訳（大場啓蔵訳 1985）. 岩波文庫, 岩波書店, 東京. 183pp.

第6章　近世への始動

　フィヨルド——それは氷期がつくりだしたスカンディナヴィア半島を代表する独特の景観だ．厚さ数kmに達した氷期の巨大な氷床（スカンディナヴィア氷床）は，地表を陥没させて北海やバルト海をつくり，同時にその侵食作用は残った陸地を削り取り，高さ数百mもの断崖を刻んだ（図6-1）．海と陸との境界はところどころで鋭く湾曲し，深い入江のくし状模様を描いている．陸地はいま氷床の途方もない重さから解放され，年間最大で1cmもの隆起を続けている（Johansson *et al.* 2002）．

　目を内陸に転じる．ヨーロッパを東西に駆け抜ける森林は，その気候的勾配にしたがって，東に向かうほどに寒冷・乾燥化し，北極圏以南では，落葉広葉樹林から，北部では寒帯針葉樹林（タイガ）へ，南部ではステップへと2つの植生帯に分化してユーラシアを駆け抜ける．いっぽう，東欧平原あたりから北方向へ向かうと，北海からの水蒸気が雨雪をもたらして，豊かな森林を南北に育む．この森林帯はおもに温度の影響を受けて，南部の落葉広葉樹林から亜寒帯のカンバ林，そして北部ではトウヒの寒帯針葉樹林へと移行するが，北へ向かうにしたがってまばらになり，北極圏ではツンドラとなる．タイガからツンドラへの移行はおもに夏期の気温で決まる（平均気温10℃以上が1カ月以上あれば前者に，それ以下であれば後者になる）．この広大な森林のなかに，氷床の陥没でつくられた無数の湖や池塘が点在し，森と水の取り合わせが清冽だ．スカンディナヴィア半島は森と水の国である．

図 6-1　フィヨルドの景観（ノルウェー）．深い入江が刻まれている（Nesje 2009 より）．

6.1　ヨーロッパの辺境

　ヨーロッパには独特の文化をもつ多数の民族や人間集団がいる．なかでもサーミ人（Saamiまたは Sami）[1]とバスク人（Basque）は独自の生活様式，生業，食物，習慣，服装によってほかの人間集団からは区別される．多くのちがいのなかでもっとも明確なのはその「言語」だ．ヨーロッパには（数え方にもよるが）140以上の言語がある．これらのほとんどは，しかし，インド-ヨーロッパ語族という，1つの祖語（PIE，第3章 p.127 参照）とそこから派生した変異型である．だが，サーミ語とバスク語はちがう．まったく異質の言語なのだ．

　言語は生きている．語彙，音韻，語形，意味，文の構造などはつねに変化しつつ現在に至る（第3章参照）．言語の変容には内的な要因と外的な要因がある．前者はすべての言語に共通し，私たちが約1000年前に書かれた『源氏物語』

の文章をただちに理解できないように，方言を派生しつつ自律的に変化していく．後者は異なる言語集団同士が接触した場合で，混乱や攪乱をともないながら他律的に変化していく．それは，片方の支配集団が強制的に置換する場合から，混交して借用語，混成語をつくりつつ融合する場合まで，変化の程度は状況依存的だ．ヨーロッパの多数の言語はこの2つの要因を背景に分岐し，成立してきた．したがって，サーミ語とバスク語のように，インド-ヨーロッパ語族以外の言語集団が存在するという事実は，人間集団の移動，混乱，戦乱，征服，定着，同化が歴史的に何度も繰り返されたこの地域にあって，希有の現象というほかはない．このことが成立するためには，少なくとも数千年にわたって，ほかの言語集団とは一切の交流なしに，隔離または積極的に孤立するかのどちらかでなければならないからだ．なぜ，どのようにしてこの奇跡の例外が起こりえたのか．

　このヨーロッパの孤立集団は，サーミ人はおもにトナカイの放牧と狩猟，漁業を，バスク人はおもに狩猟と漁業を，いずれも野生動物との密接なかかわりを基盤とする生業によって，ヨーロッパの辺境地で生き抜いてきた．その彼らが，中世中期以降，あたかも眠りから覚めるように，彼らならではの活躍によって新たな時代を切り開く牽引役となった．この章では，この2つの人間集団にスポット・ライトをあてながら，中世後期から近世にかけての動物と人間との関係を追うこととする．

　いま少し2つの人間集団の出自を確認しておこう．バスク人は現在約1200万人がスペイン北部とフランス国境北部にまたがるピレネー山脈北部山麓，ビスケー湾に面した地域に生活する．これに対しサーミ人は，かなりの少数民族で，スカンディナヴィア半島ラップランドやロシアのコラ半島にわずかに約16万人がいるにすぎない．両者の距離はヨーロッパ中央部をはさんでおよそ3000 km以上離れている．しかし遺伝的距離は意外にも近い．バスク人は血液型のB型はまれ（したがってAB型も）で，大多数はRh⁻型を示すなど，旧くから遺伝的に特異な集団であることが注目され，多くの研究者がDNAの分析に取り組んできた．ミトコンドリアDNAのハプロタイプVはヨーロッパにうすく広く分布するが，バスク人は20.0％（隣接するカタロニア地方26.7％），サーミ人は40.9％もつ．この値を周辺と比べると，スペイン人がわずか5.4％，フィン人（フィンランド周辺にいる）が4.1％だから異常に高く，両者の遺伝的距離は接近している（Torroni et al. 1998, Achilli et al. 2004）．ハプロタイプU5b1も同様で，サーミ人約48％，バスク人12％で，両者だけが高い．これらは"サーミの主題（モチーフ）"と呼ばれる（図6-2）．この2つの集団は，Y染色体遺伝子のR1bやI1b2といったハプロタイプを高頻度でもっている（Semino et al. 2000, Tambets et al. 2004）．この共通性は常染色体のSNP（一塩基多型遺伝子）の比較でも，エンシャントDNAの分析からも確認されている（Izagirre & de la Rúa 1999, Bauchet et al. 2007, Pala et al. 2012）．両者は"遠くて近い親戚"なのだ．なぜだろうか．

　もう一度，ヨーロッパ人成立の歴史を振り返る（第3章参照）．これまで，近東からの農耕民，東方遊牧民クルガン，ゲルマン民族，それらの移動，流入，侵入についてみてきたが，ヨーロッパにはもともと狩猟採集民がいた．これは，アフリカに起源した人類が"出アフリカ"を果たし，ユーラシア各地に分散・移動しつつ，ヨーロッパに到達した集団で，BP約4万-3万年にはヨーロッパに広く分布していたと推測される．それらの集団は，最終氷期最寒冷期（LGM）には氷床が北部一帯を覆ったために，森林やステップが残存していた南部の避難地（リフュージア）へと疎開した．そのもっともまとまった地が"フランコ-カンタブリアン・リフュージア（Franco-Cantabrian Refugium）"（図6-2）で，ラスコーやショーヴェ，アルタミラなどの旧石器遺跡はその構成部分である．

　バスク人もサーミ人も，その祖先はこの避難地にいた避難民だったのだ．それが遺伝子を共有する最大の理由（Tambets et al. 2004, García et al. 2011）で，ハプログループH（とくに

がう動きをした集団が2つあった．1つはトナカイ猟に執着し，これを追って北上した集団だ．最終的に彼らがたどり着いたのは最北の厳寒地，スカンディナヴィア半島――そこはトナカイに残された最後の生息地であり，安住の地，そしてそこに隔離された．もう1つはリフュージアにそのまま残り，狩猟採集と漁労を継続し，異民族の侵入に抵抗し，孤塁を守った集団．前者がサーミ人，後者がバスク人である．両者はヨーロッパの最古層に定位していた生粋の狩猟採集民の末裔だといえよう．

なお，こうしたヨーロッパでの重層的な人間集団の移動，交流，せめぎ合いの歴史は，現在もその家族や心理，制度のなかに残されているとの見解がある．それらは人間集団の重なりや混血の程度によって異なるが，たとえば「姓名」についてみるとフランスでは地理的な偏りが顕著で，その分布は過去の人間集団の移動とその集団がもつHLA遺伝子と密接に関連している（Mourrieras *et al.* 1995, Guglielmino *et al.* 1998）．このことは日本人の姓にもあてはまる．またル・ブラスとトッド（Le Bras & Todd 1981）は，家族の居住人数や戸主の権限に着目し，①大家族で父権が強い地域，②中規模で子どもの同居を認め父権がゆるい地域，③完全な核家族の地域，が存在し，①はゲルマン系，ノルマン系，スラブ系の北部に，②はバスク系の西部に，③はフランク系で中央部に，それぞれ分布が偏る傾向があるとしたうえで，①はヨーロッパ東部の遊牧民に，②はヨーロッパの先住民に，③は母系的な農耕民に，それぞれ由来，対応すると分析した．地域集団はそれぞれが出自した人間集団の精神になお色濃く染め分けられている．脱線回帰，ではその後のサーミ人とバスク人の活躍をみよう．

（1）サーミ人の物語

サーミ人は中石器時代初期にはスカンディナヴィア半島南部に到達していた．この地の海岸線や小河川の流域にはBP約9500年以降の複数の住居址や多数の石器が発見される（Price 1991）．環境はきわめて苛酷だったが，そこは

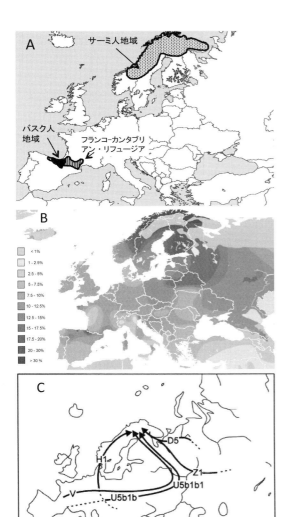

図6-2 バスク人とサーミ人，およびフランコ-カンタブリアン・リフュージアの地域．A：生活する地域．B：ミトコンドリアDNAハプロタイプU5の分布"Eupedia"（https://www.eupedia.com/europe/origins_haplogroups_europe.shtml 2017.3.4 閲覧）．スカンディナヴィア半島北部の空白は人間がほとんどいないことを示す．C：ミトコンドリアDNAハプログループ（V, U5bなどの記号）の分布から想定される移動図（Tambet 2004にもとづく）．

H1, H3）はこのリフュージアに居住した集団の遺伝子と解釈されている（Achilli *et al.* 2004）．第1章の"トナカイ・ハンター"もここの住民たちだった．狩猟採集生活を行った同胞は，温暖化にともなって，再び各地へ拡散し，後発の集団と交雑した．しかし，これらとはち

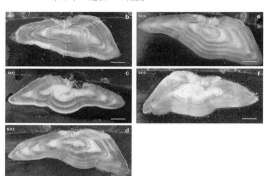

図 6-3 タラの耳石．遺跡からも発掘できる．耳石は魚類（ヒトを含む脊椎動物）の内耳にある炭酸カルシウムの組織で，1日1本ずつ形成される成長線が同心円状の輪紋構造をつくる．低温になるほど間隔は狭くなり，これらは晩冬から早春に捕獲されたことがわかる．白線は1mm（Hufthammer et al. 2010 より）．

意外なほど豊かな資源にめぐまれていた．彼らは，ツンドラで引き続きトナカイ猟を行い，広大な森林では鳥獣類を狩猟し，海や川では漁労を営んだ．なかでもニシンやサケは豊富で，産卵期にはおびただしい魚群が海岸や川を埋め尽くした．漁具などなくとも捕獲でき，塩漬けや干物，燻製をつくった．冬は北方哺乳類の良質な毛皮で衣服をつくった．この辺境の地でも彼らは高い順応性を発揮して生活の足場を築いた．

ところでタラも捕まえられ，食料とされた．ふだん深い海にすむタラはどのように漁獲されたのか．ハフトハマーら（Hufthammer et al. 2010）は，西ノルウェー北海に面した中石器・新石器時代の遺跡からタラの骨を回収し，このなかから6つの耳石（5つは中石器時代，1つは新石器時代）を採集した．魚類の耳石には成長線が毎日1本ずつ外側に形成されることが知られている（したがって最外部は漁獲時点ということになる）．成長線の間隔は，一般に，水温に影響を受け，低温になるほど狭くなる．得られた耳石を切片にして観察すると，6個すべてが外側の間隔が狭いことがわかった（図6-3）．つまりこれらの個体は低水温の時期——それは晩冬から早春にかけてのちょうどタラの産卵期にあたり，この時期だけ浅海域に上がり，群れをつくって産卵する．そこでは，引っかけたりすくったり，取り立てて漁具など必要なか

った．リンバーグら（Limburg et al. 2008）はバルト海のほぼまんなかに浮かぶゴトランド島の遺跡から発掘された新石器時代（BC 約3000年）のタラ魚骨から合計約500個の耳石を取り出し，年齢と，成長線の幅から体長を推定し，それを現代のサンプルと比較した．この結果，新石器時代のタラの体長は平均56.4cm，1995年の49.5cm，2003年の48.2cmより大型，年齢は平均4.7歳で，1995年の3.1歳，2003年の3.6歳より老齢であることがわかった．新石器時代のほうが大型で老齢のタラを捕獲していた．たいした漁具はなかったにもかかわらず．

トナカイの放牧様狩猟

トナカイは寒冷なツンドラ地帯に適応した草食獣だ．冬毛は厚く密生し防寒性にすぐれ，蹄は幅広く（長さは横＞縦である），その先端は鋭利で内側にカールし，氷雪の上でも滑ることはない．夏期はイネ科草本や矮性化した木本の芽や葉を食べるが，冬期は雪を掘り起こしてハナゴケなどの地衣類を食べる．夏はアブなどの寄生虫を避け高原や山地へ，冬は雪の少ない低地のタイガとの境界地帯に，決まった時期に，決まったルートを通って移動する．トナカイ・ハンターは，この移動ルート上で，待ち伏せ猟やおとり猟などを工夫しながら狩猟を行った（第1章参照）．トナカイは肉量が多く（体重の40％，残りは骨と毛皮と内臓，Wiklund et al. 2008），しかも栄養的にすぐれ，毛皮や角，骨なども利用できる理想的な狩猟獣だ．サーミ人（現在ではその一部だが）は，その伝統を受け継いでこのトナカイ猟を軸に生活基盤をつくるが，その猟法はおそらく過去のそれとは異質で，より洗練されているようにみえる．ここではそれを「放牧様狩猟」と名づける（図6-4）．以下，この放牧様狩猟がどのように形成されたのかをみるが，まずその実情を葛野（1990）によって紹介する．

サーミ人は季節や性，年齢，体調で変わるトナカイの体色を50通りも識別するほどにトナカイと密着して暮らしている．しかし，1年を通してトナカイを食べるわけではなく，春から

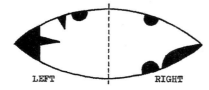

図 6-4 トナカイの放牧様狩猟．上：トナカイを追い込み，寄せ集めている（Paine 1988 より）．下：耳に刻まれる典型的なパターン．これによってトナカイの所有者が確定される（Ingold 1974 より）．

夏にかけては魚類，繁殖に渡ってくる鳥類の卵や雛，海産哺乳類，ベリー類や山菜などを，捕り，獲り，採り分けながら生活する．したがって，それは漁労・狩猟・採集の混合経済だ．トナカイは晩秋から春までの越冬用の食料だが，いいかえると，このトナカイへの依存こそが，基礎代謝に大量のエネルギーが必要な高緯度地域において，ほかに食料が調達できない危機の期間を乗り切ることを可能にした唯一の手段だった．

現代のサーミ人は，自然環境のもとで自活するトナカイの群れのメンバーすべてを，通常，秋に捕獲し，耳にナイフで切れ込みを入れて識別する．この耳の切れ込み（刻み）模様が所有する家族独自のもので（図6-4），数百パターンが存在し，代々受け継がれる．したがって自由に動き回るトナカイ1頭1頭には明確な所有権が存在し，そのルールを破るものは窃盗罪とみなされ，多額の罰金刑が科される．秋の捕獲は，ふつう，家族総出か，息のあった仲間で，協力して行われる．秋の渡りルートに追い込み柵がつくられ，待機役と追い込み役のチームプレイによって，群れを柵内に誘導する．とはいえ作業は容易ではない．トナカイは野生なのだ．

ときに1000頭を超える群れは離合集散を繰り返し，移動する．このために，すべての個体が一挙に捕まるわけではない．また，その年生まれの子どもと母親は，所有権が引き継がれるために，いっしょに捕獲しなければならないなど，労力と慎重さが必要だ．こうした作業の結果，完璧に識別された越冬群のなかから，繁殖が期待できるメスを選択的に残し，残りを適当な時期に捕獲し，屠殺する．

サーミ人は，通常，荷物運搬用の役動物として，あるいはときどき現れる野生個体を捕まえるための囮(デコイ)用として少数のトナカイを飼育する．トナカイは「馴鹿(じゅんろく)」と表記されるほど人間にはよく馴れる．また，野外に放置された個体1頭1頭は所有され，すべての個体の動静は日常的にチェックされるなど，ほぼ完全に管理されている．この管理には500頭のトナカイであれば1年あたり平均2.4人の，1000頭であれば3.8人の労働力を必要とするという（Kvist 1986）．しかし，このようにきめ細かく管理されていても，なおトナカイは「家畜」とはいえない．

ラップランドのトナカイは家畜か

確かにトナカイを家畜とみなす著作や論文は少なくない（たとえばダイアモンド 2000）．シベリアなどでは繁殖を含めて徹底して管理される集団も存在するが，少なくとも，ラップランドでは，自然条件のなかで彼ら自身の自由な選択によって配偶し，世代交代を行ってきた．鄭（1992）は，トナカイには所有された群れと野生群との間に生物学的な差異はないと指摘し，「家畜」とみなすことはできないと述べている．もう一度家畜の定義にもどると（第2章参照），野澤（2009）の「スペクトラム説」では，「生殖管理は意識的に追及」されてはいないし，ゾイナー（1983）の「段階説」では「人間の社会環境に依存させる段階」にはあるものの，形質を標準化する段階にはない．トナカイは家畜への移行過程にある（った）としてもそれを途中段階で止めた野生動物であって，完了型の家畜ではない．この流動的な形態は，文化的にみる

と，狩猟採集と放牧をつないだ特異な様式だといえよう．「放牧様狩猟」の用語はこれにちなんでいる．

トナカイは（十分には）搾乳できないために，利用はおもに肉に限られる．毛皮や角，骨なども利用されるが，いずれにせよ屠殺が必要だ．したがって，元本を取り崩す消費的な傾向が強い．こうした資源浪費型生業には多数の個体を確保し，管理しなければならない．だが，これだけのまとまった数を家畜として維持するには，労力と餌量の点から不可能といってよい．放牧様狩猟はこの欠点を回避している．家畜のような集約性に代わって狩猟の粗放性を徹底して追求している．それは，トナカイという動物の特性と，地域の自然環境を最大限に活用した，もっとも合理的かつ適応的な様式といえよう．

この放牧様狩猟は，規模はさまざまだが，シベリア北部から極東北部にかけて広く分布する．ただし，たとえばシベリア，ギタン地域のネネツ族の場合（吉田 2003 による）には，トナカイ集団との密着度が高く，家族を中心に，「家畜化」したトナカイの群れとともに，移動式の天幕住居を運びながら，「周年遊牧型移動」を行っている（吉田 2003）．群れサイズ 200-300 頭のトナカイ群を日常的に牧犬とトナカイ橇を使って管理し，そのなかから屠畜するが，そのいっぽうでは，トナカイの野生群やほかの野生動物（ホッキョクギツネ，アザラシ，野鳥）の狩猟や，漁労を行い，食料とするほか，換金して小麦粉（パン）や日用品を得る．去勢したオスを橇用として使うが，その他のオスは繁殖を含め関与しない．もちろん繁殖期になると野生群と「家畜群」とは合流して，交雑する．

スカンディナヴィアの歴史とサーミ人

サーミ人は，最終氷期終了後に，トナカイの移動や生息地の北上に合わせこの地に漸進的に到達したと考えられるが，この時点ではおそらく自由な狩猟を行っていたのだろう．トナカイは当然無主物であり，所有権どころかなんらの捕獲規制も存在しなかった．越冬を前に，人々は，必要に応じた頭数を，適当かつ勝手に捕獲

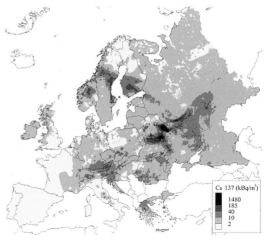

図 6-5 チェルノブイリ原発事故後の放射性降下物（セシウム 137）レベルの分布（Smith & Beresford 2005 より）．高濃度地域がフィンランド南部，スウェーデン，ノルウェーのほか，ウクライナ，ルーマニア，ドイツ南部，オーストリアに広がっている．

していたにちがいない．ラップランドには，北極圏の満天の星のように，各地から北上してきた獲り尽くせないほどのトナカイがいたからだ．その自由な狩猟と放牧様狩猟との間にはかなりの径庭がある．問題なのは，現在のような放牧様狩猟，すなわち捕獲して耳に刻みを入れると所有権が発生し，財産として保全されるというルールがいつ，どこで，なにを契機に発生したのか，である．この厳寒地の人々の生活様式をめぐっていま北欧の研究者の間では，ホットな議論が繰り広げられ，決着はついていない．この難問にアプローチする前に，よりくわしくサーミ人の歴史をたどってみたい．

じつはすべてのサーミ人がこの放牧様狩猟を行っているわけではない．現在 16 万人のサーミ人のうち約 7 万人がラップランドで生活，このうちなんらかの形でトナカイ放牧にかかわる人々は約 10% にすぎない．この約 7000 人が約 50 万頭のトナカイを管理している．だが，この人口は，1986 年以降，急速に減少しつつある．なぜか．

1986 年のチェルノブイリの原発事故である．図 6-5 は事故によるヨーロッパでの放射線降下物［多数の核種のうちここではセシウム 137（^{137}Cs）］の濃度分布だ（Smith & Beresford

2005). チェルノブイリ周辺，加えて西側では，ウクライナ，ルーマニア，ハンガリー，オーストリア，ドイツ南部など，そして北側では，フィンランド南部，スウェーデン，ノルウェーに，高濃度汚染地域が広がっている．後者の多くは，サーミ人の放牧様狩猟の拠点である．しかし，地域の牧草，耕地，土壌が汚染された．コケ類や地衣類の汚染が深刻だが，なかでも地衣類の汚染レベルは，根がなくスポンジのように大気中の放射性物質を取り込み蓄積するので，前者の3-10倍高く，場所によって ^{137}Cs で，5万ベクレル／kg（乾重）を超えた（Rissanen & Rahola 1990）．そして，広域に移動しながらこれを食べるトナカイは，1980年代末の ^{137}Cs で，平均1万ベクレル／kg，個体によっては7.8万ベクレル／kg に達した（Rasilainen & Rissane 2014）．この汚染は，トナカイを屠殺して肉を卸すサーミ人の生業と文化，伝統と生態系を根こそぎ破壊してしまった．また，スウェーデンとノルウェー政府はそれぞれ，誤情報も含めて流しつつ，トナカイ肉を含む食品の許容基準量を，それまでの300ベクレル／kg から1500ベクレル／kg へ，600ベクレル／kg から6000ベクレル／kg へと引き上げた[2]．これらの基準量は年間平均200g程度しか食べない非サーミ系の人々に向けたもので，こうした措置はサーミ人の不信感を募らせ，放牧様狩猟の放棄をうながしていった（Beach 1990）．その後，放射線量は徐々に減少していく（Leppänen et al. 2011；図6-6）ものの，なお高いレベルが維持されている[3]．希有な放牧様狩猟の歴史を解明する前に，この文化が消えてしまわないことを祈りたい．

さて，サーミ人は，その北上の過程で，豊かな森林や海岸，河川と出会い，トナカイ猟から生業の幅を拡大したことだろう．男性は，森林のなかで，トナカイとともに北上したアカシカ，ムース，ヒグマ，イノシシ，ビーヴァー，ウサギ，リス類などの狩猟，海岸ではアザラシ猟や漁労，河川ではサケ漁と，獲物を豊かにした．女性は，狩りを手伝うかたわら，海岸では貝類や営巣する鳥類の卵を，森林ではベリー類など

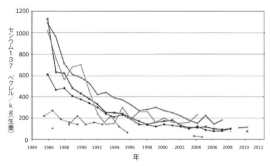

図 6-6　フィンランド北部の複数地点でのトナカイの肉の放射線汚染量の推移（Leppänen et al. 2011 より）．この地域は南部に比べ汚染レベルは比較的低い．

を採集した．16世紀前半にスウェーデンとノルウェーを3年間にわたって旅行した聖職者，オラウス・マグヌス（Olaus Magnus）は，その見聞をまとめた『北方民族文化誌』（1555）のなかで，サーミ人についてこう述べている．

> 彼らがいかに，曲がった，幅広い滑る板を足につけて（スキーのこと），谷や雪山や山の峰をすばやく，移動，滑降し，弓矢で狩りをしながら，危険をかえりみず野獣に立ち向かうかということである．（中略）広大な森にかこまれ北極下に住んでいる者には女性の加勢がないと，狩りができないほど野獣が沢山いるからである．それゆえ女も男と同じように，いやひょっとすると男以上に活発に狩りをする（第4巻，谷口訳）．

サーミ人は，この生活スタイルを中石器時代からずっと続けてきたのだろう．そしてはるか後代に，この安住の地にさまざまな民族や人間集団，スウェーデン人，北方系ゲルマン人，フィン人，ロシア人（ボルガ・ウラル系）がつぎつぎと到来，侵略，劫掠，殺戮，植民，混血，定着したと考えられる．つまりスカンディナヴィア半島の人間集団とは，サーミ人の基層の上に複数の人間集団が折り重なり，程度はさまざまに，混交した，古代スカンディナヴィア人［つまり"ノース（Norse）人"］で，ノルマン人とはその略称（Norseman）である．サーミ人は，この人々とある程度混血しただろうが，なお独自の遺伝的な組成を堅持している（Igman & Gyllensten 2007, Harbo et al. 2010 など）．

そしてこの後発の人間集団が，スカンディナヴィア半島南部を中心に，ヨーロッパ辺境の「遅れてきた国家」としてノルウェー，デンマーク，スウェーデンの3王国を建国した（ストゥルルソン 2009）．9-11世紀のことだ（フィンランドの独立はずっと後の1917年）．もちろんサーミ人もこの激動と無関係ではなかったが，厳寒の地，ラップランドを完全に領有し，支配できる国などなかった．それでも3国はサーミ人から「徴税」という形で支配権を確立しようとした．それがおそらくサーミ人が外部と接触した最初の出来事だったにちがいない．この税（「貢租」，どこでもそうだが最初は現物払い）が，トナカイの毛皮や肉，多種多様な野生毛皮獣やアザラシの毛皮，セイウチやイッカクの牙などだった．

いっぽう，このノース人のルーツの一部であるルース人[4]はドニエプル水系をさかのぼり，スラブ人地域に侵入，定住し，国の礎を築き，やがてノヴゴロド公国（1136年）やキエフ公国（1132年）を建国していった．ちなみにこの歴史を変えたノース人の活動を支え，その長距離航海を可能にした食料こそ，サーミ人が開発した魚の塩漬けと干物，燻製，なかでも乾燥タラ（棒鱈）だった．それは天然のフリーズ・ドライ製法といってよい．マグヌス（1555）も前掲書のなかでその製法を紹介している（第20巻）．これらの海産物は大きな歴史を動かした小さな原動力として記憶されてよい．そして，建設された商業都市や国々は，やがては北海・バルト海域を介して相互に結びつき，ヨーロッパ社会の構造を根底から変えていく．そのネットワークのなかに野生動物は不可欠の構成要素として吸引されていった．

放牧様狩猟の起源

さて，ここまでの歴史をスケッチしたうえで，もう一度，放牧様狩猟の起源の問題に立ち戻ってみたい．そこにはさまざまな見解があって，①9-10世紀のヴァイキング時代にさかのぼる（たとえばStoli 1996），②14-15世紀の中世期に起源する（Bratrein & Niemi 1994など），③17世紀の交易圏の確立にともなって発生（Olsen 1987），さらには④商品経済が浸透し多彩な経済活動が展開された18-19世紀とするもの（Hansen 1996）など，千差万別だがそのおもな論点は，トナカイが税や交易の対象としていつの時点からそのニッチを確立したのか，に集約されている．このため，交換や交易の証拠である銀や貨幣がいつごろ，どこで発掘されているのかといった考古学的検討や，そのような社会制度（統治機構や徴税制度の確立，その対象である社会組織の成立）がいつ生まれたのか，といった文献や史料分析を中心に論争は展開されてきた（総説はWallerström 2000など）．いずれにしてもトナカイの放牧様狩猟という野生動物と人間との関係が，商品や貨幣といった経済的要因によって大きく左右されていたことがわかる．

これまで検討してきた範囲に限れば，マグヌスの文献（前掲）には，「土地の住民のある者は，十頭，十五頭，三〇頭，七〇頭，百頭，三百頭，五百頭のトナカイを所有する」（第27章）と記述されているから，すでに16世紀前半の時点では，トナカイの野生個体はかなりの程度で個人に帰属していたことがわかる．とすれば①または②となり，かなり古い，と結論できそうだ．ではいったいいつなのか．私は，この問題をさらに追究するには，当時の野生動物をめぐる利用状況と，これを軸に回転したより広域の商業ネットワークや当時の国際的関係に，光をあてることが必要だと考える．

そこで，ここではこの問題をいったん棚上げし，このことと関連した別の2つの話題を取り上げる．1つはその後のノース人の活躍で，ヴァイキングを含む彼らは北極圏を中心に新天地開拓の巨大なうねりをつくった．この波動は意外な動物を呑み込んで，サーミ人の生活やその領域にも間接的な影響をもたらしたことだ．

もう1つは「衣料としての動物」という人間生活の根幹にかかわるテーマである．いうまでもなく動物は人間の「食」だけでなく毛皮を通して「衣」にも貢献してきた．この歴史は人類の進化と重なるほどに長いが，中世後半になる

と，その衣料としての動物利用がヨーロッパ北部の「もの」の交流をうながし，人々の生活や社会を大きく変えていった．この巨大なネットワークのなかにサーミ人もまた取り込まれていった．これらのことを取り上げる．歴史は無数の糸によって紡がれている．

（2）ヴァイキングの遺産（レガシー）

ノルウェーを中心としたスカンディナヴィア半島のノース人は，おりからの温暖化を背景に，さらなる富を求め，新たな造船技術を発達させ，またたくみな操船術によって，そして棒鱈を糧に，西ヨーロッパの北部沿岸部を次々と襲い，海賊や略奪行為をほしいままにした．9-10世紀，ヨーロッパ社会に激震をもたらした"ヴァイキング"の登場である．ヴァイキングとは，古ノルド語でフィヨルドのそばに暮らす住人という意味だ（サンドラー 2014）．彼らの乗った船は"ドラカール"（通称"ロングシップ"）と呼ばれ，細長く，1本マストでオールが取り付けられ，速度を優先して喫水は浅く，各地の浜にも簡単に乗り上げることができた（図6-7）．海賊や略奪といえば，むきだしの暴力行為そのものだが，こうした野蛮さは，冒険と投機に彩られた当時の商業活動にはある程度つきものだった．"海賊"（パイレーツ）を意味する古典ギリシャ語"πειρατης"（ペイラティス）とはもともと「海上で一攫千金を試みる」という意味で（堺 2001），漁師や猟師などと同じく，海上で「略奪」行為を行うことは立派な生業だった．ブローデルは『地中海』（1966）のなかで「海賊行為は歴史と同じくらいに古い」と述べ，ベルギーの歴史家，アンリ・ピレンヌ（1956）は「海賊行為こそが商業の第一段階」だと強調した．彼らは，侵略行為のいっぽうで通商ルートを切り開き，交易活動を活発化させた．このノース人の襲撃と占領の繰り返しは，イングランドやフランス北部では，やがて定住地を築き，領国（ノルマンディー公国）や商業都市（ルーアンやナント）を建設していった．

いっぽう，北方へ目を転じると，ヴァイキングは，AD800年のフェロー諸島を皮切りに，

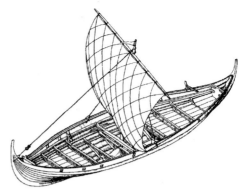

図6-7　ヴァイキングの"ドラカール"（ロングシップ）．ロスキルド（デンマーク）で発掘された長さ約20mのオーク材の船（建造はAD1000年ころ）から復元された（Morrison et al. 1970より）．

オークニー諸島，シェトランド諸島を次々と占領し，イングランドやスコットランドを襲撃する橋頭堡とした．そして870年には，厳寒の島，アイスランドに上陸，占領し，植民している．さらにここから，有名なならず者，"赤毛のエーリック"が発見したといわれるグリーンランドに，985年，彼に率いられた一団が数次にわたって入植（約500人）し，定住している．明らかに両島とも侵略や強奪が目的ではない．先住民イヌイットはわずかにいたが，ほぼ無人の島だったからだ．しかも，グリーンランドに至っては，400年以上も定住していた植民者らが，その後一斉に「故郷」を捨て（1400-1420年），アイスランドへ引き上げているのである［ただしイヌイットらの先住民は定住を続けた．また西欧人（デンマーク人）がグリーンランドに再定住するのは18世紀初頭になってからである］．なぜ，ノース人はグリーンランドに植民したのか，そしてなぜ400年後にそれを遺棄したのか．この中世の古事が，いま，気候変動やカタストロフ，資源利用のあり方などを論点にしながら，あるいは文明史論の立場から，注目を集め，議論されている（フェイガン 2001，ダイアモンド 2005）．

これまでに多数の仮説が提出されてきた．主要なものをあげれば，①気候変動，②環境資源の過剰利用，③適応能力の欠如，④先住民（イヌイットなど）との抗争，⑤病原菌，⑥ペスト

などによるノース人の本国（ノルウェー）との交易の途絶，などである．とくに，入植時期が中世大温暖期に，離島時期が小氷期と重なることから，気候変動を背景にした，森林伐採，農業や牧畜による土壌侵食，資源の過剰利用などの要因が有力視されてきた（ダイアモンド 2005）．これは総括的に"農業・畜産（farming）仮説"と呼ばれ（Frei et al 2015），開拓の経過が検証されてきた．しかし，明らかなのは，人々はアイスランドから植民していて，かの地がいかに農業や牧畜に向いていないのか，いかに"グリーンランド"と名づけられようと，最初から了解済みだったことだ（Keller 2010）．しかも入植時期はけっして温暖ではなく氷河に覆われていたことが判明している（Young et al. 2015）．にもかかわらず農畜の開拓には絶望的なその地に，その後に立派な教会さえ建て，世代交代を行い，400年間にもわたって社会を存続させてきたのである．植民の目的は別のところにあったのではないか．

このいわば農畜開墾仮説に代わって，最近注目されているのが，"交易（trade）仮説"だ．なぜ植民者はグリーンランドから撤退したのか．提唱者のデンマーク考古学者，エルス・ローズダール（Roesdahl 1995）はあっさりとこう述べる．「15世紀初頭になると，アフリカからの象牙輸入が増加し，手ごろな価格になり，余剰が生まれた．この結果，セイウチの牙は交易価値と市場のシェアを失い，暴落した．そして無価値になったグリーンランドは捨てられた」と．つまり，グリーンランドはセイウチの「猟場（ハンティンググランド）」だった，というのである．はたしてほんとうだろうか．彼女の仮説を検証するには，中世での象牙やセイウチ牙の価値，取引の動向，現地での考古学的な状況など，幅広い視点から検討が必要である．現在までに得られている知見を紹介しておこう．

象牙とセイウチの牙

ゾウや象牙は古代からよく知られていた．ゾウの生息地の一部でもあった北アフリカはローマ帝国の版図で，ポエニ戦争（第一次も二次も）ではカルタゴ軍はヌミディア産（現アルジェリア北部とチュニジア西部）のゾウを戦力にローマに侵攻しているし，ローマ軍もまたこのゾウを調達して各地を侵略している．当時ローマでは，プリニウスは『博物誌』のなかで「アジア産」と書いているが，サハラ砂漠を越えて運ばれてきた（アフリカ産）象牙がレプティス（現リビア）港から輸入され，高価ではあったが，広く出回っていた（Swanson 1975）．象牙職人がすでにいて，アルテミス像や各種の装飾品に細工されていた．この需要は根強く，ローマ帝国崩壊後も，東ローマ帝国（ビザンツ帝国）の首都，コンスタンティノープルなどでは，インド産やアフリカ産が，イスラム経由でわずかずつだが，供給されていた．栄華を誇るように皇帝は，象牙を板にして豪華な椅子などをつくらせている（たとえば「マクシアヌスの司教座」）．とくに，キリスト教が定着するようになってからは，教会が，象牙製の聖母子像や"ディプティック"（祭壇背後の二枚板彫刻）をさかんにつくらせ，需給は逼迫していた（Seaver 2009）．光沢と美しさ，質感，耐久性，弾力性など，いずれでも象牙にまさるものはなかった．10世紀初め，イタリアのある修道院長は象牙製（インドゾウ）のディプティックをブドウ園5つ分（面積は不明）の価格で購入したとの記録が残されている（Gaborit-Chopin 2004）．十字軍の遠征やイスラム帝国の台頭のなかでアフリカやインドとの交易ルートはコンスタンティノープル，ヴェネツィア，ジェノヴァとわずかに残されてはいたが，象牙輸入はほぼ途絶えていた．待ち焦がれていたのは代替品だった．

それは意外にも北方からもたらされた．"クジラ魚の歯"あるいは"海ウマのアイボリー"と称され，ブルージュやハンブルクの商人，さらにたどるとノルウェーのベルゲンやトロンハイムから供給されていた（Seaver 2009）．大きさは，長さ約1m，重さ約5kgで，象牙に比べるとサイズは小ぶりで，髄腔が多くて硬く，やや見劣りがするものの，ピンチヒッターには十分だった．象牙職人はこの新たな素材で，さまざまな彫刻の注文に応えるようになった．また

6.1 ヨーロッパの辺境　287

図 6-8　ほぼ同時代に描かれたセイウチ．上は『北方民族文化誌』（マグヌス 1555 より）．さかんに捕獲されていたことがわかる．下はヴァチカンの絵師が塩漬けにされた死体をもとに描いたセイウチ．これは後にゲスナーの図譜（Gesnner1558 "Historia Anialium, Vol. 4"）に採用された．

櫛やチェス駒などにも最適で，需要が急騰した（Rijkelijkhuizen 2009）．これが，ノース人によって "walrus"（ウマ・クジラの意）と呼ばれたセイウチと，その牙である（図 6-8）．

くだんの "象牙" はたちまちにしてヨーロッパ市場を席巻し，価格は高騰するようになった．1327 年にグリーンランドからの積荷が，ペトロ献金（第 5 章，注 2）と 6 年分の十分の一税の代金として，ベルゲンで売却された．積荷は 802 kg のセイウチの牙（260 頭分 520 本）で，税金には多額すぎた（アイスランドなら 4000 人分相当の税，Keller 2010）．14 世紀初頭，価格は安定していて 2 本 1 組で 1 銀マルク，メスウシ 3 頭分と等価だったという（Keller 2010）．また，セイウチからは，厚くて有用な皮革（頑丈なロープをつくる），珍重された陰茎骨（ペニスのなかにある骨，骨細工用），1 頭あたり 2-5 バレルもの獣油が，それぞれ採取できた．まさに「宝の動物」だった．人々が競ってこの動物を捕獲しようとしたのは，ヴァイキングならずとも当然のなりゆきであった．しかもそれは極北の地を知るノース人だけの特権だった．ヴァイキングがイングランドやスコットランドを襲うためにオークニー諸島などを占領したのは橋頭堡という点で理解できる．しかし，そこから 1000 km も離れ，しかも北方，極寒，不毛の島であるアイスランドに，彼らはなぜ上陸，定住する必要があったのか，この謎もまたこの文脈のなかで考察されてよいのではないか[5]．

アイスランドの勃興

いまでこそ，アイスランドは漁業やアルミニウム工業，あるいは金融で栄え，EU トップレベルの GDP を誇るが，過去には，火山噴火や異常気象により飢饉や災害が何度も発生した．森林は乱伐（島の 3 分の 2 はカンバなどの森林だった．現在は 0.3%）され，過放牧による土壌侵食が進行し，ジャガイモや野菜栽培，牧畜がある程度行われているが，ほとんど輸入に頼っている．中世大温暖期には一時的に開墾されたかもしれないが，この地で農畜産業を振興させるのはそもそも土壌が貧弱なため困難なのだ（モントゴメリー 2010）．実際にも，この島の開拓の足取りは，農畜産業なら内陸をめざすはずなのに，一貫して西海岸沿いを進んでいくのである．

首都レイキャビクがその付け根に位置する，レイキャネス半島には "ロスムフバレーンズ" という地名があるが，アイスランド語で "セイウチ" を意味するし，北部の "クヴァララトゥル" は "セイウチのコロニー" という語義だ（Pierce 2009）．そしてレイキャビク，その地そのものがセイウチの一大繁殖コロニーの上につくられた集落だったといわれている（Pierce 2009）．首都の中心部からは，牙を引き抜かれたおびただしい数のセイウチの残骨，一部加工された牙，保管されていただろう牙の束，そして多数の子どもの骨が発掘されてきた（McGovern 2013）が，なお遺跡の全貌は不明だ．この地でヴァイキングたちはヨーロッパの需要を満たすべくセイウチを捕獲し，産業を立ち上げていたにちがいない．ヴァイキングの首領オッタルはノールカップ（ノルウェー北端の岬）から西北に向けた航海で「われらセイウチを狩る，

図 6-9 セイウチの分布域（黒い部分）（IUCN 2016 より描く）．

イッカクもアザラシも」と檄を飛ばしたという（Matheson 1950）．13世紀，アイスランド最初の法律書『グラガス』（Grágás）には，捕殺され漂着したセイウチの帰属を「半分は狩猟者，半分は地主に」と取り決めていた（Pierce 2009）．無用品なら法は不要だ．ヴァイキングはセイウチハンターに変身し，乱獲に邁進しただろう．だが，この地には限界があった．アイスランドは種の分布からみると南限のさらに南に位置していて（図6-9），コロニーがあったとはいえ規模は小さく，個体数は少なかった．セイウチはほどなく姿を消しただろう（おそらく10世紀後半）．人々がめざしたのはより北方の母個体群(マザーポピュレーション)であった．

グリーンランドとその放棄

この時期に，赤毛のエーリックとその仲間は，何度も繰り返し北方や西方への航海を行い，985年にはグリーンランドを発見し，さらにはバッフィン島，ラブラドル半島，ニューファンドランド島などの探検を経て，1000年前後には北米大陸の一画に到達し，一部の人々は明らかに植民さえしている（McGhee 1984）．コロンブスに先駆けること約500年前．この"ヴァイキング・アメリカ発見説"は，考古学的にも文献学的にももはや疑いない（たとえばIngstad 2001 など）が，テーマから外れるのでここではこれ以上言及しない（第8章注1参照）．さて，エーリックらの一連の探検航海の目的はいったいなにだったのか．もちろん有望な資源の探索，なかでもセイウチはその筆頭だったのではないか．彼に率いられた集団は986年にグリーンランドへ移民するが，その人々はアイスランド内でも最富裕者らで，土地や生活に窮した開拓民というわけではなかった（Thór 2000）．この人々はグリーランド西部のディスコ湾周辺や東海岸——セイウチのコロニーが多数あった場所へと植民している．目的は明らかにセイウチ猟だった（Frei et al. 2015）．植民者らはこの島で，セイウチやイッカク，ホッキョクグマ（ときにはアザラシ）を狩り，特産のシロハヤブサを捕獲し，アイスランドやオークニー諸島，ベルゲン経由でヨーロッパへと輸出していた．ベルゲンからは毎年大きな船（船員は40人以上）が通い（Seaver 2009），珍奇の品々は破格の値で取引されたと推測される．取引書類など直接の証拠は残されていないが，1984年以来発掘調査が行われている北部の遺跡では，これまでに約6000個の動物骨が出土し，うち約1500個（約25％）はセイウチだったという（Frei et al. 2015）．残り4分の3が生活の糧だった海鳥やアザラシ，一部導入に成功した家畜なので，セイウチの比率はかなり高い．では彼らはなぜ島を捨てたのか．

気候，森林の消失，農業と牧畜の失敗，獲物動物の絶滅などの要因に加えて，グリーンランド人の「適応能力の欠如」，つまり，彼らは，ヨーロッパの（農畜の）食習慣に固執し，現地調達の食料になじめなかった，という説がある．そうだろうか．ダグモアら（Dugmore et al. 2007）は，グリーンランドから出土した多数のノース人の骨の同位体分析（$\delta^{18}O$）を行い，時代（AD1000-1450年）や気温にともなう食性変化を追跡した．それによれば，海産起源の食物は当初20-30％と低いが，時代が進むにしたがって，また気温が下降するとともに上昇し，末期には80％にも達していた．彼らの食物は，

穀物や家畜依存から徐々に魚貝類や海産哺乳類の肉へとシフトしていったのである．グリーンランド人は，たくましく適応し，したたかに生きていた．彼らをして島を遺棄させた理由は，食料，寒さ，イヌイットとの抗争，セイウチの絶滅（乱獲されたが生き残っていた），いずれでもなく，狩った獲物が商品にならなくなったこと，それが主因らしい．

イスラム支配の下で通商関係が安定するとともに，地中海貿易も徐々に復調し，13世紀後半以降，ジブラルタルや北アフリカなどから象牙がわずかだが出回るようになった（Guérin 2012）．15世紀になると，ディアスやガマによってアフリカ航路が開かれ，ポルトガルが奴隷や黄金の貿易を行うようになると，象牙も主要な交易品としてヨーロッパにもたらされた．高価ではあったが本物の再登場だ．いっぽう，スカンディナヴィア半島では1349年から1637年にかけ数次にわたりペストが大流行し，ノルウェー，ベルゲン周辺では死亡率は40-50％に達し，人口は半減した（Oeding 1990）．弱り目に祟り目，もはや交易どころではなく，船の往来も途絶えた．さらにアイスランドでも1402年に流行し，中継の役割は果たせなくなった．グリーンランドのセイウチ猟はここに終焉を迎えなければならなかった．決定的だったのは，アイスランドでは15世紀中ごろからタラ漁と棒鱈加工が興り，安定した産業として活況を呈するようになった．グリーンランドはタラ漁場からは遠く，労働力を必要としたのはむしろアイスランドのほうであった．セイウチ，イッカク猟からタラ漁へ，安定した産業へ人間もまた移動を開始した．

セイウチの牙はなぜ長いのか

セイウチは，食肉類に属する海生の哺乳類で，アシカ類やアザラシ類とともに鰭脚類のセイウチ科という分類群にまとめられる．1科1属1種で，巨大で長い牙をもち，前脚と後脚がよく発達し，水中はもちろん陸上でもすばやく移動できる．

なぜセイウチには牙が生え，しかも大きくなるのか．人間をひきつけた魅力の源泉を探る必要がある．セイウチは巨大な海獣で，性的二型が発達し，メスは1トン以下だが，オスは2トン以上，体長4mにもなる．牙は両性に生えるが，オスのほうがはるかに長く太くなる．そのめだつ牙をめぐってはさまざまな機能に関する仮説が提出されてきた．もっとも代表的で，もっともらしい説は，牙を使って餌をとる——採餌器官というのがある．この説は，とくにセイウチの食性がおもにオオノガイなど二枚貝やエビなど，ベントス中の動物類であることが判明してからは強い説得力をもつようになった（Fay 1982, Bluhm & Gradinger 2008）．いわば「貝の熊手」説だ．しかし，残念ながら，毎日使えば相当にすり減っているはずなのに，実際にはほとんど磨滅していなかったし，どちらかといえば，磨滅は牙の後方に集中していた（Fay 1982）．またセイウチには牙のない個体が少数いて，採餌器官だとすれば，牙なし個体には致命的であるにもかかわらず，むしろ健康で太ってさえいた．牙はまったく採餌行動に関与していないらしい．採餌行動の映像記録［たとえば，http://www.arkive.org/walrus/odobenus-rosmarus/video-08.html（閲覧 2016.4.12）など］は，左右上顎端を海底に押しつけ，牙を後方にそらせ（海底とほぼ平行），感覚毛（剛毛）をさかんに動かしながら（センサーにして），ベントス中の貝を採取していて，牙は無用であることを示している．このため磨滅するのは感覚毛で，約70本は擦り切れ短くなっている．では牙はなにに使われるのか．

セイウチの属名"Odobenus"とは，"Odo"が"歯"，"benus"が"歩く"で，つまり"歯歩行者"（ティース・ウォーカー）を意味する．もちろん牙で歩くことはないが，氷上へ這い上がるときや，氷に穴をうがつときに使われることがある．いわば"ピッケル説"だ．けれど牙はこのために進化してきたかとなると，疑問符がつく．この使用法が適応度を直接押し上げるとは考えにくいし，もしそうなら氷の環境に生息する他種でも牙は進化したはずである．また牙は天敵に対する防御用の武器との説——実際にもホッキョクグマに対して向け

られる場合もあるが，こちらもこのための専用器官とは考えにくい．牙で対峙するよりも水中へ逃げ去るほうがはるかにすぐれた天敵回避戦略であり，実際にもそうしているからだ．

セイウチの繁殖期は春の移動期に重なり，固定したなわばりやハレムがつくられるわけではない．この時期にオス同士はメスをめぐって闘う．上体を曲げ，口を開いて牙を誇示する．体のサイズと牙が大きいほうが優位だが，ときには顔と顔を寄せ合い，牙で押し合い，牙を突き立てる．攻撃的で，傷つき出血することがある（Miller 1975）．こうした攻撃行動によってオスの間には順位が確立され，優位個体だけがメスと繁殖できる（Fay 1982）．オスの頭部にはこの闘いの傷痕が多数残っている．またこの牙はメスに対しても性的な信号としても機能しているらしい．牙は，ケルヌンノスの角とまったく同様の役割を果たしている．メスも牙をもつ．しかしこの役割はわかっていない．おそらく，トナカイのメスの角と同様に，出産や子育てにともなってメスもまた他個体と資源をめぐって競争しているのかもしれない．セイウチの牙にはまだたくさんの謎がある．

北極の海で牙をもつ海獣にはもう1種，イッカクがいる．セイウチとイッカクの牙は，同じ歯だが，形態的にはかなり異なる．最近，興味深い化石がみつかった．ちょうど，イッカクとセイウチの中間のようなイルカ類で，この牙がどのような機能をもち，どのように使われていたのか，議論を呼んでいる．イッカクの牙とともに，後に紹介しよう．

6.2　衣料としての動物

人類の衣料としての動物利用には長い歴史がある．野生動物の毛皮，カイコの糸やヒツジの羊毛，そして植物繊維，これらの材料から，最初は原形のままに，針をつくって縫い，次いで糸を紡いで布を織り，体にまとった．そこには鞣し，裁断，縫製，紡糸，機織りなど技術が並走している．以下，毛皮を軸にその歴史をたどる．

（1）裸のサルの登場

ここから人間の衣類にまつわる話をするが，その前にまず問われてよいのは，なぜヒトは裸で，着衣を必要とするのかである．

生物種としてのヒトは，ほかの哺乳類と同様に，体毛をもつ（ヒト上科の）霊長類の1種として誕生した．人類がチンパンジーとの共通祖先から分岐した年代については，さまざまな推定があるが，多数の遺伝子座を分析した最近の代表的な研究によれば，630万年前か，それ以降であるという（Patterson et al. 2006）．もちろん全身は体毛に覆われていた．しかしその後になぜか，この霊長類からは特定の部位を除き体毛のほとんどは消えていった．この消失年代は，すでに第3章で紹介した"MC1R"遺伝子の多型の分析によって，いまから120万-56万年前と推定されている（Rogers et al. 2004）．つまり，オーストラロピテクス属（Australopithecus）のなかからホモ属（Homo）が分岐した直後ということになる．なぜ体毛が消えてしまったのだろうか．中世までたどってきた歴史を再び，人類史の「振り出し」にもどして，考えてみよう．

それは服を着たからだ，との説がある（Glass 1966, Kushlan 1985）．だがこれは論理的に成立しないし，実際にもそうでなかったようだ．動物の毛皮を剝いだと考えられる最古の石器（スクレーパー）はヨーロッパでみつかり（Carbonell et al. 2008），BP 78万年と推定された．確かに前述の「推定幅」内．しかし，この石器がほんとうに衣服作成の専用道具だったかどうかは確定できない．毛皮の剝離は調理の準備だったかもしれない．より信頼できるのは，裁縫の道具である針の骨（または角）器で，これはBP約4万年が最古と推定されている（Delson et al. 2000）．このことは後述する．服をつくれるようになるまでに人類は長い試行錯誤と経験を積む必要があったようで，ヒトは長期間「裸のサル」（モリス 1969）だったのはまちがいない．原因と結果が逆なのだ．では，あらためてなぜ体毛が消失したのだろうか．

いくつかの仮説がある（Rantala 2007）。代表的な1つは、シラミやノミなどの外部寄生虫の負荷が大きく、体毛が少ないほうが適応的だったとする説だ（Pagel & Bodmer 2003）。だが、これは哺乳類全体に共通し、なぜ人類だけなのかが説明できない。このほかには脳の発達と関連させた有力な仮説がある。人類は直立二足歩行や集団化にともなって道具の使用やコミュニケーション能力が発達していった。これにともない脳が急速に肥大化したが、大量のエネルギーを消費する脳が過熱しないように、体を冷やす必要が生じたというものだ。皮膚は体温の最大の調節器官であり、放熱と発汗効果を上げるために、汗腺が大幅に増加するいっぽうで、体毛は減少したのだという（Wheeler 1985, 1992, Ruxton & Wilkinson 2011）。

脳の発達と体毛の減少がトレードオフの関係にあるとするこの説はある程度支持されてきた（ジャブロンスキー 2010 など）。とはいえその肝心の頭に、しかし、なぜ体毛が残ったのかがよくわからない（Thierry 2005）。おそらくは遮蔽することで脳温を一定に保つ働き、つまり「帽子」効果があったのだと解釈されている（Zihlman & Cohn 1988）。それでもなお疑問は残る。頭髪は、ほかの場所の体毛に比べ、あるいはほかの霊長類の頭髪に比べ、はるかに急速に伸び続けるという特性をもつ。更新のために必要？ でもタンパク質の過剰投与で、浪費ではないか——私には必要以上と思われる。この点がよくわからない。

裸のサルと称されるが、じつは人類はまったく無毛というわけではない[6]。毛髄質があるいわゆる「硬毛」（terminal hair）は、個体差は大きいが、平均的にはかなり減少している。しかし色素を含まない短くて柔らかい「綿毛」（vellus hair, 毛の解説は第7章参照）はなお、チンパンジーに比べ、より多く、密生している。人類の大半の体毛は、厳密にいえば、短くただ未発達なだけなのだ（Sandel 2013）。この軟毛はたくさんの汗腺（エクリン腺）から出る汗を揮発させるために、多いほど体温調節の機能を向上させる。

図 6-10　チンパンジーの性皮（多摩動物公園, 2017年4月著者撮影）。

では脳温を上げない、つまり日射病や熱中症を避けるために人類は「裸のサル」になったのか、と問われれば、それだけではない、というのが多くの研究者の一致するところだ。私もそう考える。二足歩行と脳の肥大化、これにともなう体温調節と体毛の消失は、体の体勢や環境の変化に対応した自然選択の結果として生じたと考えられる。注目したいのは、この人類化（ホミニゼーション）の過程において、ほぼ同時並行に、人類は繁殖生理や形態、行動や社会など、その基本的な属性を抜本的に変化させたことである。それはおもに性行動や配偶システムなど「性選択」に関係する形質だった。

たとえば、カニクイザルやヒヒ、チンパンジーなど複数のサル類のメスは「性皮」という外性器をもつ（図6-10）。チンパンジーとヒトのDNAの遺伝的組成は98%以上が同じ（数え方にもよる）にもかかわらず、もちろんヒトにはない。排卵前後の期間になるとこの性皮が腫脹して赤くなり、発情しているのが外見的にはっきりとわかる。なんのためにこのような器官があるのだろうか。形質変化の問題に立ち返って考えてみよう。

メスの適応度にとって重要なのはいうまでもなく子どもを産んで確実に育て上げることである。この数が多いほど次世代に多数の子孫を残し、進化的な成功者となる。とくにヒトの繁殖は、長期の妊娠期間と保育期間に特徴づけられ、両方ともメスの一方的なコストとなる。このことは、オスとの関連でいえば、以下のことを意

味する。①この期間はまったく発情しないので、オスとの結びつきは希薄になる。②その反面、この期間は自分自身と子どもをケアし、食物を安定的に供給してくれるオス個体の存在がなによりも重要となる。

ところで、集団生活ではオスとメスとがつねに接触するために、メスをめぐってオス間には強い競争や葛藤が生じる。この競争や葛藤は（とくに繁殖期には）オス同士の熾烈な攻撃行動を引き起こし、ときに「子殺し」行動さえ誘発させる。子殺し行動は、食肉類や齧歯類などの哺乳類や、鳥類でも広く観察され、霊長類でもチンパンジーやゴリラを含めこれまでに多数報告されてきた（van Schaik and Janson 2000）。せっかくの子どもが殺されてしまうのだから、子殺しをいかに防ぎ、回避するのかはメスにとっては死活問題、重要な繁殖戦略となる。これには、ヴァン・シャイクら（van Schaik *et al.* 2004）が指摘するように、2つの方向性がある。1つは、オスに子どもの父性を徹底して確信させるか、もう1つは、父性をとことん混乱させどのオスにも勘違いさせるか、のどちらかだ。前者がテナガザルなどのペア型の社会であり、後者の典型がボノボやチンパンジーなどの乱婚型の配偶システムである。オピーら（Opie *et al.* 2013）は、霊長類での一夫一妻（ペア型）の配偶システムは子殺しの回避というメスの繁殖戦略から進化したと述べている[7]。

そして「性皮」は、この2番目の方向——父性を混乱させる信号として進化したとの仮説が有力だ。これを"段階的信号説"[8]（Nunn 1999, Zinner *et al.* 2002）という。性皮の大きさが段階的に変化するのは排卵の蓋然性を示していて、この期間ではメスは複数のオスと交尾し、父性を混乱させて子殺しのリスクを回避する。そのいっぽうで、もっとも腫脹した時点では交尾する優位オスに父性を偏らせ、父親のケアを導き、よい遺伝子を受け継ぐという利点がある、と解釈する。おそらくそうなのかもしれない。ホミニゼーションもまたこの選択圧を受け継いでいた。それはさておき、この父性を混乱させるには、性皮のようにメスの繁殖情報を完全にオープンにしてオスの誤解を誘導する方向性のほかに、もう1つの選択肢があることに思いあたる。

性周期や発情といった性に関する一切の情報を徹頭徹尾クローズにしてしまうとの代替だ。人類がこの方向を採用したことは自明であろう。しかしこれは大きな不利益がともなう。性的形質を隠すのでオスを誘引できないことである。これを補って求められるのは、いっそう性的になることで、セックス・アピールをすること、性的許容度を増加させることだ。こうすることによって父性を攪乱し、子殺しを回避し、自分と子どもを扶養する保護者であるオスとの関係を安定させ、強化できるのである（Szalay & Costello 1991, Marlowe 2004）。乳房や尻の肥大化（それは高い育児能力誇示）、体の曲線化などに加え最大の転換が「裸のサル」化、肌の露出化、つまり無毛化だったのではないだろうか。それは「性皮」（これもかなり刺激的だが）よりはるかに性的には魅力的で強力だった。頭髪もまたその性的形質の1つだったにちがいない。そしてこれと並行して進化した特性が、特定の発情期の消失と、生殖以外の機能をもつ性行動の多義化だった。

ヒトの性行動は、繁殖期だけの一過性ではなく、長期にわたってオスとの関係を持続させ、オスによる保護と養育を引き出せる絆として進化してきた。ヒト科ホモ属ほどセクシャル・アニマルはいない。この結果、オス間の競争や葛藤を減少させ、オスによる子殺しを回避し、性的結合の強い安定した集団形成が可能となった（山極 2012）。人類の性的二型（性による形態的差異）の減少もオス同士の直接的な闘争からメスとその子どもへの資源（食料）供給競争へ転換する過程のなかで進行したと考えられる。こうした社会組織でない限り、子どもの養育に大きな投資を必要とするメスを含んだ初期の人類集団はサバンナの環境のなかで存続できなかったにちがいない。ヒトの社会はオスの誤解の上に成立している。体毛を少なくすることは、『裸のサル』の著者であるモリス（1969）自身は否定しているものの、強力な性的信号となって性的な接触を増加させ、長期の異性間の結合

を強化する最適な形質だった．同時にそれは，顔の表情をつくり，多彩なコミュニケーションを発達させ，性を超えた個体間の結合を促進させた．メスの選好性を軸にした性選択は自然選択よりずっと強く，短期間に作用したと考えられる（ボイドとシルク 2011）．この無毛化にはさらなる特典があった．

狩猟採集生活の定着と火の恒常的な使用である．火による天敵の追い払い，暖房，さらには調理（Wrangham 2009）といった火への依存習性は無毛だったからこそ可能だったにちがいない．ダーウィン（Darwin 1871）はかつて「火は，言語を除けば人類最大の発明である」と述べた．これほど頻繁に火を使い，これほど一途に火に頼り，これほど熱心に火をあがめ興ずる動物はいない．その心理と行動習性は無毛と結びついている．体毛は明らかに火に対し危険でリスクを負う．可燃性の引火物質であり，火気厳禁なのだ．火を怖がらないという人類だけの特性は，火に対する感度の高さ——無毛というセンサーの獲得によって支えられている．

人類は，ホミニゼーションという独自の進化過程のなかで，体毛を消失させていったと結論できそうだ．そして今度は，このことの代償として2つのことが進化した．1つは，過剰な紫外線を浴びるようになったことだ．この有害光線から皮膚を防御（シールド）するために，肌の黒色化が起こったと考えられる．すでに述べたように，地域ごとの日射量（それはおおむね緯度で変わる）と肌の色（の濃度）の間には明白な相関関係がある（Jablonski & Chaplin 2000）．そしてもう1つが，寒さへの対応だ．熱帯林のなかでの気温は比較的安定しているが，外側のサバンナでは日較差が激しく，夜間はしばしば10°C以下になる．防寒の必要性は火への接近と着衣という行為をうながしたにちがいない．人類がいつから火を利用したのかはわかっていない．アフリカでは150万-140万年前にホモ属（エレクトスなど）が火を使用していたと推定されるが，自然火かコントロールされた火かの区別はむずかしい（Bellomo 1994）．ゴレン=インバーら（Goren-Inber et al. 2004）はイスラエ

ルの遺跡で，特定の可食植物だけが炭化していたのを根拠に，ホモ属は79万前年に火を自由にコントロールしていたと推定した．すでに調理が行われていた可能性もあるが，断定はできない．この推定年代は，冒頭で紹介した，衣服用の毛皮を獲物から剝いだとされる最古の石器年代とほぼ一致する．火の使用，衣類の発明，調理は同時一斉に起こった可能性がある．ほんとうだろうか．だが，残念ながら衣類は残らないので証明はできない．でも，まったく意外なアプローチから衣類の起源（発明）が解き明かされようとしている．シラミ，げに奇想天外．

（2）人類はいつから服を着たのか

人類（ヒト）には3種類のシラミがたかる．コロモジラミ（*Pediculus humanus corporis*），アタマジラミ（*P. h. humanus*），ケジラミ（*Pthirus pubis*）だ．より正確にいうと，ケジラミ1種と，他シラミ類2亜種ということになる．寄生虫シラミ類は種によって寄生する相手（宿主(ホスト)）が厳格に決まっている（「宿主特異性」という）ので，ネコやイヌのそれがヒトに寄生することはない．3種類ともに2-3mm，寿命は1-1.5カ月程度で，卵から孵化すると，幼虫，成虫，雌雄の区別なく，皮膚の毛細血管から吸血して生活する．この3種類のうち，ケジラミは，小型でカニのような形態をもち，陰部（と陰毛）に寄生する（種小名の pubis は陰部の意）．これに対し，アタマジラミとコロモジラミはよく似るが，前者は体に斑紋があって頭髪に，後者はやや大型で斑紋はなく衣類に，それぞれもぐり込んで生活する．この2（亜）種はもともと同じ種，かつてはヒトの頭を含めた全身の体毛のなかに区別なく生息していたと考えられる．ということは，2つの亜種への分化は，ヒトが衣類を着けるようになって，一方は頭髪専門に，他方は衣類専門に，それぞれの生息場所をすみわけ，特殊化していった過程と解釈できる．体毛から服へ，さほどちがいはないようにみえるが，ケジラミにとっては生息環境の激変だったのだろう．この亜種分化がいつ起こったのかである．この分岐年代こそ，タイムラグ

はある程度あるが，ヒト（ホモ属）が衣類を身に着けた時期と一致するはずだ．独創的な着想にちがいない．

キットラーらは（Kittler 2003）は2亜種のミトコンドリアDNAの差異から（分子時計によって），その分岐年代を7.2万年前（中央値）と最初に見積もった．予想以上に新しい．最近，トプスら（Toups et al. 2011）は，複数の遺伝マーカーを使い，最新の統計的手法によって分岐年代を17万-8.3万年前と算定した．亜種分化が起こる以前に「生息地」はすでに成立していたと考えられるから，衣類は実際にはこれ以前（20万年くらい？）に着ていたのだろう．いずれにせよ，着衣という行動はどうやら人類の進化のはるか後代，ホモ属が成立した後に進化した行動特性だったのである．79万年前に火の使用とそのコントロールを可能にし，約78万年前までに石器で獲物から毛皮を剝いだとしても，それらを加工し，衣類として日常的に身にまとうまでには長い時間と試行錯誤が必要だったようだ．

この後もホモ属は長期にわたって2亜種のシラミに苦しめられてきた．痒みのほかにコロモジラミは発疹チフス，回帰熱，塹壕熱を媒介する（アタマジラミは媒介者ではない）．人類がコロモジラミの脅威からようやく解放されるのは，綿製品が普及し，洗濯できるようになった，19世紀以後ということになる．これまたつい最近なのだ．このシラミの痒さにヨーロッパ君主制の社会ではもっぱら剃髪し，かつらをかぶることが流行した．この習慣は現在でもイギリスの裁判官などに受け継がれている．フランスの宮廷社会では華麗に高く盛り上げられ，飾りつけられたかつらがブームとなった．フランス革命ではこのかつらが貴族かどうかのもっとも簡便な判定基準となり，剃髪者はギロチン台へと送られた．

（3）衣類の歴史

これらの知見をまとめ，人類進化と衣類との関係を簡単にたどっておこう．アフリカに誕生したホモ属のうち複数の種（ヘルメイ，ネアンデルタール，ハイデルベルゲンシス，エレクトスなど）は「出アフリカ」を果たし，ユーラシア各地へ分散・拡大していったが，これら人類の従兄妹たちは長期にわたって体毛はなく，裸だったようだ．ネアンデルタール人は無毛でピンク色の肌をしていたらしく（Culotta 2011），氷期に向かう寒冷期，衣類なしにはかなり寒かったにちがいない．

現生人類（ホモ・サピエンス）がアフリカに誕生したのは，さまざまな推定値はあるが，15万年以前（たとえばForster 2004），ミトコンドリア・イブ説にしたがえば20万年以内と推定される（Manica 2007など）．それはちょうど着衣を獲得した前後で，おそらく人類はアフリカにおいてなんらかの衣類を着用していたのだろう．この集団の一部が8万-6万年前に衣装を羽織って「出アフリカ」を果たした．どのような衣類だったのかはわからない．動物の毛皮でつくられたおそらく「紐衣（ちゅうい）」や「褌衣（こんい）」，「腰衣（こしごろも）」程度だっただろうが，火と武器（槍），そして衣類が初期人類の大紀行（グレートジャーニー）を成功に導いたことは疑いない．いや，ダーウィン流にいえば，この3点セットをもった集団だけが存続し，増加できたのである．捕獲された動物の毛皮は干され，嚙むことでなめされたのだろう．その後に氷期が到来し，衣類は乾燥した毛皮を羽織る程度のものから，骨や角を加工した縫い針と，動物の腱や植物繊維や体毛をよった糸が発明され，毛皮を縫い合わせる「捲衣（けんい）」，「胴衣」，「貫頭衣」などに発展していった．最古の骨製の縫い針はデニソワ遺跡やトルバガ遺跡などのシベリア地域でBP4万-2.8万年のものが発見されている（Derevianko & Shunkov 2004）．寒い地域ほど衣類の要請は強かったにちがいない．必要は発明の母．ヨーロッパでは，グルジア（ジョージア）のジュジュアナ洞窟遺跡からはBP2.4万-2.1万年の縫い針が出土している（Bar-Yosef et al. 2011）．中央ヨーロッパではグラヴェット，ソリュートレ，マグダネリアンの各遺跡から精巧な縫い針が発見されている（Soffer 2004）．ラスコー遺跡の近隣コンブ＝ソニエール洞窟からもBP2.5万-2万年のものが発掘された．

ヨーロッパは毛皮獣の宝庫だった．旧石器時代や中石器時代のヨーロッパ各地の遺跡からはキツネ，オオカミ，ヒグマ，クズリ，アナグマ，リンクス，テン類などの食肉類，ビーヴァーやウサギなどの骨が多数出土する．もちろん重要な食料だが，関節が外された痕がある骨がしばしば出土する．野生動物は，食用を兼ね，ときにはそれ以上に毛皮目的に捕獲された可能性が指摘されている（Ruth 1997）．

植物性繊維が利用されるようになるのははるか後代で，樹皮や亜麻の繊維を布地に加工し，衣料がつくられた．おそらくこうした加工技術の蓄積が，ヒツジから羊毛を採集し，糸を紡ぎ，織るという一連の技術（紡績と紡織）に発展していったのだろう．第1章で紹介したBP5300年のアイスマン（p.46）の服装をみると，下着，上着，マントの3層に重ね着していたことが知られている．最近，衣類の毛皮のミトコンドリアDNAが抽出され，その素材が確認された（O'Sullivan et al. 2016）．マントはボダイジュの樹皮から採取した長くて丈夫な靭皮(じんぴ)（植物の茎部分の繊維）から織られ，ちょうど稲わらの蓑(みの)のような体裁をしていた．これにヒツジとヤギの毛皮の上着，ズボンはヤギ，下着はヒツジ，靴ひもはウシの皮革，帽子と靴はヒグマの毛皮製，矢筒はノロジカの毛皮だった．アイスマンは家畜と身近に接していた後期新石器時代の狩猟者だった．ヨーロッパで亜麻製の（糸はあったが）衣料がつくられるのはずっと後代である．

身体を覆い包む衣料は明らかに防寒用として出発した．この発明によって人類はあらゆる地域と環境をみずからの生息地に編入していった．その後，衣料は，植物や羊毛，絹など新素材を取り入れ，さらなる発展を遂げたが，そこには防寒だけではなく，身体を飾るという自己表現と，そこから派生する社会的な機能を添加させ，襤褸(らんる)と華麗が織りなす不平等な装いの歴史を生み出していった．このなかで毛皮や動物素材の果たした役割をさらに追跡してみよう．なお，衣料の歴史のうち，とくに毛皮については，総括的な著作として，西村（2003）の記念碑的な著作『毛皮と人間の歴史』と，下山（2005）の意欲的な著作『毛皮と皮革の文明史』があることを付記しておく．

6.3 古代の服装と動物との関係

（1）古代文明と衣料素材

植物繊維

古代から使われた衣料用植物繊維は，亜麻と綿がある．アマには，アマ科一年生草本の亜麻（リネンまたはリンネル，*Linum usitatissimum*）とイラクサ科多年生草本の苧麻(チョマ)（ラミー，*Boehmeria nivea*）の2種類がある．衣料に広く使われたのは亜麻で，メソポタミアではBC8000年ころには自生していた亜麻から繊維が採取，衣料とされた．シュメール人は，毛皮や羊毛の束と亜麻を組み合わせ"カウナケス"という「腰衣」，「捲衣」，肩掛けの「ショール」などを身に着けていた（村上 1983）．この亜麻が伝播したのか，自生種だったのかは不明だが，エジプトでもBC5000年ころには亜麻栽培が行われ，"カラシリス"と呼ばれる「寛衣(かんい)」（大きくゆったりと身にまとう）が製作された．通気性にすぐれ気候風土によく合ったのだろう．亜麻の栽培法や布地，そして各種のコスチュームは，BC2000-1500年にはギリシャ・ローマに伝えられ，定着した．

もう1つは綿である．綿（cotton）はワタ属の種子から採れる繊維で，世界中に約50種が生育する．このうち衣料素材にされるのは4種で，うち2つがユーラシア産，「木綿(きわた)」と「レヴァント綿」（tree cotton, *Gossypium arboreum* と Levant cotton, *G. herbaceum*）である．残りは南北アメリカ産だ（後述）．これらの綿の利用や栽培の歴史はちがう．にもかかわらず，植物の奇妙な繊維を「糸」にみたて，その糸を紡いで衣類をつくるという営為が，時空を超えユーラシアとアメリカで，独立に着想された．驚きというほかはない．

ユーラシア産の利用は，インダス文明にさかのぼり，BC5000年ころには栽培が開始されたらしい（Moulherat et al. 2002）．アレクサンド

ロスの東征によってBC300年ころに地中海世界に伝えられた．しかしこのときには，奇妙だったのか，受け入れられていない．レヴァント綿の栽培はアラビアやエジプトで行われていたが，同様に，ヨーロッパには定着しなかった．木綿が西欧世界で普及するのは17世紀初頭，イギリス東インド会社がインドから綿原料を輸入，独自の製法と自動織機によって衣類が生産できてからだ．軽くて通気性があり，染色ができ，しかも洗濯可能だったので，羊毛や毛皮製品より（発売当時には）高価だったが，人気を博した．はるか後代，木綿は産業革命の牽引役となる．

動物繊維――絹

絹は動物由来．昆虫のつくった繭をほどくと糸がとれ，紡ぐことができるなどという発想がなぜ生まれ，どのように試みられたのか，その閃きこそが奇天烈だ．繭をつくるのは1本の糸であり，その長さは800-1200mにもなるように，養蚕の歴史は長い．遺跡から出土する絹布の断片や残された文書からすでにBP6000-5000年には行われていたらしい．カイコを含むカイコガ上科にはカイコガ科とヤママユガ科が含まれ，前者にはいわゆる「家蚕」のカイコとクワコが，後者にはクスサン，ヤママユ，サクサンなどのいわゆる「野蚕」が属する．この野蚕は今日でも熱帯地域では「養蚕」の対象だし，19世紀以降，新たな「絹」繊維の開発として飼育され，産業化が試みられてきた．

カイコ（*Bombyx mori*）はクワコ（*B. mandarina*）から「家畜化」されたのはまちがいない．しかしながら両者の間には飛翔能力，擬態行動，採餌行動，食性，繭の色やサイズ，化性（1年間での世代数，産卵回数），眠性（幼虫期の脱皮回数）など多くの点で差異があり，これらの形質は家畜化の過程で人為選択されたと解釈できる（川西ほか2010）．成虫に羽はあるが筋力不足で飛翔できず，脚の把握力が不足のため枝からは落ちてしまい，与えられた桑の葉がなければ餓死し，交尾[9]にも産卵にも人間の助けがいるなど，カイコは完全に「家畜化」された昆虫であり，野外においてもはや自力では生存できない．現在，品種数は世界中で1000を超える．このカイコの起源と家畜化の過程は染色体，アイソザイム，DNAなどを用いて旧くから分析されてきた（吉武1968など）．また近年ではモデル動物の昆虫としてDNAの全塩基配列の解読が日本と中国を中心に進められている（The International Silkworm Genome Consortium 2008）．最近，中国西南大学の夏慶友ほか57名のグループ（Xia *et al*. 2009）は中国国内の29のカイコ系統と野生クワコ11個体を対象に大規模なDNAの比較分析を行っている．おもな知見は以下である．クワコとカイコの間には明確な遺伝的分離があって，すでに別種であること．カイコの系統内には高い遺伝的多様性が存在すること．カイコの起源地は中国だが，単元説と多元説があり，前者の場合には大量の個体が特定地域で一挙に飼育，選別されたか，後者の場合には短期間のうちに同時一斉に飼育されたか，のどちらかになる．しかし，調べられたのが中国国内の限定されたサンプルで，全体像はまだ不明である．

いずれにせよ4000年前ころには養蚕技術が確立され，2000年前ころには朝鮮や日本へ伝来したようだ．祖先種であったこのクワコはもともと北方系の昆虫で，中国，朝鮮，日本，台湾に広く分布し，クワ属やハリクワ属の植物を幅広く食べる．興味深いのはこのクワコの多型性で，DNAにも変異がみられる（Yukihiro *et al*. 2002）が，たとえば染色体数も大陸産が$n=28$，台湾産が$n=28$，日本産が$n=27$で，韓国産は$n=27$と$n=28$の両方，というように分化し，これらのクワコが家畜化や渡来の過程で混じり合い，カイコの多様性が生じた可能性がある．シルクロードはあるが，その出発点がどこなのか，まだ研究が続いている．

しかしはっきりしているのは中国発の絹布が約3200年前には，そのシルクロードを通って，地中海世界へ伝えられたこと，そして古代の西欧世界では，木綿とは対照的に，驚きと興奮のなかで迎えられたこと，だった．それは高貴さの証，垂涎の的だった．

（2）古代ギリシャとローマの服装

古代ギリシャの服装は，壺や皿などに描かれた絵，大理石などの人物像，文書などを手がかりに旧くから研究され，詳細に再現されてきた（たとえばSchaeffer 1975など）．すでにこの時期にはヒツジから羊毛が採取され，フェルトや，糸を紡いだ布地が織られていた．ヒツジは，肉やミルクに加え羊毛をもたらす有用な家畜として地中海一帯で広く飼育されていた．ギリシャやエーゲ文明でBC14-13世紀ころに使われた"線文字B"（第4章参照）による文書には，ムギと亜麻の栽培や，ヒツジの飼育や利用が記述されているという（村川ほか1993）．ポリスの住民は，リンネル製の"キトン"と呼ばれる下（肌）着の上に，男性は，"ヒマティオン"という上着をゆったりと巻きつけ，女性は"ペプロス"という長衣を羽織っていた（図6-11）．どちらも羊毛製だった．ミロス島で発見されたヴィーナス（アルテミス）像の腰布は羊毛製だったとの見解がある（大内1991）．温暖な地のため着付けははなはだ簡易であったが，注目すべきは，男女を含むすべての人々が同じような服装をまとい，古代ギリシャ民主制の反映なのだろうか，衣類に派手さはなく，まだ身分や地位を表現する手段にはなっていなかったと推測されることだ．こうした需要を満たすためにギリシャ周辺でも多数のヒツジが飼育され，身近な動物になっていたらしい．

アリストテレスのヒツジを含む「有角獣」の記述（『動物誌』，第17章）は，切歯が下顎だけにあって上顎にはないことを指摘したうえで，胃は"大胃（こぶ胃）"，"ヘヤネット（網胃または蜂巣胃）"，"エキノス（葉胃または重弁胃）"，"エニストロン（皺胃）"の4室に分かれ，これによって反芻する」とあり，（ほかの記述に比べ）記述の豊富さと正確さに驚かされる．ヒツジは食用なので，おそらく食を通して「解剖学」が発展したのだろう．

羊毛から糸を紡ぎ，機を織り，服をつくるのは女性の仕事だったようだ．ホメロスの叙事詩『オデュッセイア』は，主人公オデュッセウス

図6-11 古代ギリシャの服装．男性は羊毛製のヒマティオンを直接かリンネル製の下着キトンの上にはおり，女性はキトンの上に羊毛製のペプロスをまとっていた．パルテノン神殿の"エラゴスティンの彫刻版"の一部（ルーヴル美術館蔵，2012年10月著者撮影）．

が"金の羊毛（ゴールデン・フリース）"を探し求める冒険譚——この点ですでに美しい羊毛が宝物とされる——だが，留守中にいよいよ多数の求婚者をよそに，羊毛を紡ぎ，手織機にかけ，ひたすら夫を待ち続ける妻ペネロペイアが謳われるなど，全編がヒツジ一色といってよい．ただし羊毛の服は戦争になると一変した．ホメロスの『イーリアス』には，「胸の辺りに肌着を纏い，（中略）巨大な獅子の毛皮を羽織って，槍を手に取った」，「広い背に斑色の豹（ヒョウ）の皮を羽織り，青銅の兜」，「灰色の狼の皮を羽織り，頭には貂（テン）の兜」（いずれも第十歌，松平訳）など，出陣のいでたちが記述されている．兜代わりの猛獣の毛皮，それは近代戦まで変わりなかったこけ脅しのディスプレイだ．

古代ローマの服装はギリシャを引き継いだ．ローマ市民は日常，シャツ状の肌着である"トゥニカ"を着ていて，正装にはこの上に長い一枚布の生地をころも状に捲く"トーガ"をはおった．これらは羊毛製だったが，後期になると亜麻製，あるいは絹製のものが人気を集めた．トーガは男性専用の衣服で，これを着ることがローマ市民の証であり，年齢や地位によって，たとえば16歳以下は紫の縁取り，16歳以上は無色，元老院議員は紫の縁取り，皇帝は紫色というように，配色がちがっていた．衣服が人類史上，着用する人間の社会的地位を表すという機能を初めて帯びた瞬間だった．女性はギリシ

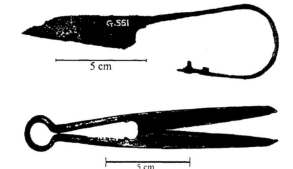

図 6-12 ローマ遺跡から出土した鉄製のはさみ．これで羊毛を刈り取ったと考えられる（Limata 2005 より）．

ャ風のキトンとヒマティオンをそのまま受け継いで着ていたが，後期になるほど，染色や刺繍が施された"パッラ"と呼ばれるゆったりした羊毛製の外套をはおった（ヴェーバー 2011）．

ローマ時代は，古代ギリシャ時代以上に羊毛が普及し，ヒツジの放牧が各地でさかんだった．羊毛は，換毛期にむしり取られたか，櫛状のものですき取られた．「毛を刈る」という表現はヘシオドスの『労働と日々』（BC700 年ころ）のなかにみられ，その後に成立したと考えられる『旧約』にも散見される（「創世記」31：15,「列王記」10：14）．これがどのような道具だったのかは不明だが，鉄製のまるで"和ばさみ"のようなはさみが AD1-6 世紀のローマ遺跡から，サイズはさまざまだが，出土する（Notis & Shugar 2003, Limata 2005; 図 6-12）．このうち最古のものは BC300 年ころとみなされた（Notis & Shugar 2003）．最初はおそらくナイフのようなものだったにちがいない．1 本を固定しもう 1 本を擦り合わせると体毛が切れた——それが"羊毛ばさみ"の発明だった．なお，用途不明だが最古のはさみは青銅器製で，BC1500 年ころにエジプトで発明されたらしい（Scheel 1989）．

プリニウスは『博物誌』のなかで，「子の毛色は親雄ヒツジの舌の下にある血管の色になる」とか，「北風が吹いているときには雄が，南風が吹いているときには雌が産まれる」（いずれも第 8 巻）といった相変わらずの眉唾も記述したが，他方では，牧羊がガリアでもさかんなこと，毛をむしり取る方法がまだ行われ，剪毛がまだ普及していないこと，羊毛用の地方品種がすでに多数あって，色，長さ，太さの異なる羊毛が生産されていること，さらには羊毛の洗浄の際に採集されるラノリン（羊毛の脂肪様ワックス）が軟膏として有用なこと，といった貴重な情報も後代に伝えた．

侵略国家ローマの顔は，コインの表側が軍人なら，裏側にはしばしばその出自である農民が現れる．ウェルギリウスの『農耕詩』（BC29 年ころ）にはつぎのような歌がある．「もし羊毛を得ようとするなら（略），最初から，毛のやわらかな，白い羊を選ぶがよい．しかし，いかにその牡羊の毛が白くても，湿った口蓋の下の舌が黒かったなら，生まれる仔羊の毛に黒い斑ができぬよう，それを斥け，牧場いっぱいに群れている羊を見渡し，別の牡羊を選び出せ」（第 3 歌，小川訳）．プリニウスの記述はこれに依拠していたのがわかるが，それはともかく，この繁殖オスの選別は，ローマ時代に品種改良がたえず行われていたことを示唆する．この田園讃歌の系譜は，すでに紹介した大カトーの『農業論』，ヴァッロの『農業論』，コルメラの『農業論』へ引き継がれた．

そこにはヒツジの放牧，搾乳法，繁殖法（品種改良），病気と治療法，羊毛の見分け方と採取法，牧羊犬などが記載され，同時にアプリア種（南イタリア）やコルキス種（小アジア）などの地方品種が紹介されている（Ryder 1983）．農畜の重要性を理解していた現実主義国家ローマはその領土を拡張する過程で，ヒツジを筆頭に，土着の地方品種を取り込んで交配し，新たな品種をつくり，他方では，侵攻し占領した新しい領土にそれらの家畜を導入し，放牧と品種改良を奨励した．このローマによる農畜文化の種播きは同時代でも有用だったが，はるか後に，さらなる巨大な実りをもたらすことになる．

ローマ帝国が空前の繁栄を誇り，最大の領土を広げた，"ローマによる平和"と呼ばれる紀元前後の時代，その領域の内側では牧羊がローマ人の手で主要産業として推進された．またそ

の外側では，とくに中国や東南アジア方面と，季節風貿易によって交易が行われ，絹や香辛料がもたらされた．ローマでは，コショウが出回り，衣類は美しい光沢となめらかな肌触りの絹のトーガや女性着が圧倒的な人気だった．銀の重さの約2倍とあまりに高価だったので，第2代皇帝ティベリウス（AD14-37年）は男性の絹製トーガの着衣を禁止したものの，効果はほとんどなかった．私たちは後に（p.337-），中世での「奢侈禁止令（サンプチュアリー）」を検討するが，これは歴史上衣服に関する最初の「奢侈禁止令」だった．

北東方向に目を転じると，そこは，ローマ帝政期の人，タキトゥスが『ゲルマニア』（AD98年ころ）のなかで「野獣どもの皮も着る」と，野蛮なゲルマン人らの異習に驚き，蔑んだ地，ゲルマニアである．しかしその未開と森の国，ドイツ東部，ユトランド半島，バルト海沿岸地域の遺跡からはローマ時代のおびただしい数のコインやガラス，陶器類が出土し，交易がさかんだったことがわかる（Brogan 1936）．ローマはなにを輸入していたのか．主要なのは奴隷や琥珀だったとされるが，これに加え北方の良質な毛皮が，交易ルートとして整備されつつあったライン川や，「琥珀の道」[10] を通りローマへと大量に輸送されていた．ヨハン・ベックマン（1780）は『西洋事物起原』（第4巻）の1章を「毛皮の衣服」に割き，このなかで「イタリアが北方のもっとも遠い地域と取引をした商品は毛皮だった」と記している．はたしてほんとうなのか，今度はローマ側から確認してみたい．

ローマ帝国は，戦争経済，悪貨の発行，天災，暴動，商人の投機などで，つねにインフレと物価高騰に悩まされ，為政者はたびたび物価の統制を行っていた．もっとも有名なのはAD301年にローマ皇帝ディオクレティアヌスが発した「価格上限勅令」で，ありとあらゆる商品（約900品目）の上限価格や，職種（160種類）ごとの俸給を定め，経済をコントロールしようとした．石版や銅板に刻まれたその価格表は，かつての帝国領域内の少なくとも40カ所以上で発見され，当時の人々の生活を知る第一級の史料となっている．イギリスの著名な古物研究家，ウィリアム・リーク（Leake 1826）以来，研究者の注目を集め，解読されてきた（Erim et al. 1970 など）．その価格表から関係の品目を拾ってみる．

> ビーヴァー（生皮）：100デナリ[11]，アザラシ（生皮）：250デナリ，同なめし仕立て済み：1500デナリ，クマ（生皮）：200デナリ，オオカミ（生皮）：25デナリ，ヒョウ（生皮）：1000デナリ，同なめし仕立て済み：1250デナリ，ライオン（生皮）：1000デナリ，ウシ1頭分（生皮）：500デナリ，ヤギ8頭分でつくられたキルト：600デナリ，同なめした皮革：750デナリ，絹製トーガ：1万2000デナリ（皇帝専用の絹製紫のトーガ：15万デナリ）

ちなみに農夫の賃金（1日あたり）25デナリ，小麦8リットル100デナリで，衣料品は食品に比べおしなべて高く，なかでも絹が突出していたのがわかる．ヒョウやライオンはユーラシア南部か，アフリカ産と考えられるが，ビーヴァーやクマ，オオカミはヨーロッパ北部産（ガリア産との記載があるものもある），おそらくはタキトゥスが表記した「ゲルマニア」産であったと思われる．値段からみて，クマやオオカミはたくさん生息していたようだ．

なおアザラシとあるが，この時代の地中海にはチチュウカイモンクアザラシ（*Monachus monachus*）が多数生息していたので，この毛皮であった可能性はあるが，北海産のが良質だったので，こちらから輸入されたのだろう．蛇足だがモンクアザラシは，古代から始まる継続的な乱獲によって，現在，アザラシ類のなかではサイマーコワモンアザラシ[12] に次ぐ絶滅危惧種となっている．モンクアザラシは地中海沿岸域に広く分布するものの，生息地は分断化し，現在，600-700頭と推定されている（第8章注15，IUCN 2017）．

ローマ人は，これらの毛皮をマントに仕立て着た．とはいえ，当初は，絹のトーガはともかく，毛皮の衣料はほとんど使われなかったようだ．そもそも気候風土に合っていなかったし，蛮族と蔑んだ人々の衣装をあえて着用する必要も，奇をてらう以外にはなかったからだ．しかし，やがてローマ帝国がガリアやゲルマニアに

その領土を拡大し，これらを属州として支配するなかで，物産や文化の交流，あるいは服属した地域支配層がローマ市民となって人的な交流が進み，北方の衣装や習俗もローマ文化に取り入れられるようになった．こうして毛皮やウールのマント，あるいはゲルマン人のズボンなどが流行るようになった．

4世紀以降，ローマ市民にはフランク族やゴート族などガリアやゲルマニア出身の将軍や重臣が多く占め，頭髪を長く，ズボンをはき，毛皮の外套を着用するのが一般化した．これを示すのがアルカディウス帝（在位377-408）やホノリウス帝（384-423）が発布した（高価な）毛皮の「着用禁止令」で，繰り返し発令されたことから判断して，効果はほとんどなかったようだ（南川 2013）．「物価統制令」にせよ「贅沢禁止令」にせよ，勅令に違反した者は死罪だったにもかかわらずだ．

（3）イスラム世界との交易

古代の末期，東西に分裂したローマ帝国のうち健在だったのは東ローマ帝国（ビザンツ帝国）だけだった．首都コンスタンティノープルは，ヨーロッパとアジアをつなぐ要衝の地で，6世紀から中世末期まで，人口60万人以上を擁する世界屈指の貿易都市だった．地中海や陸路を通じてイタリア，アフリカ（エジプト），ペルシャ，インド，中国とつながり，さまざまな物品が交易された．この都市でもっとも人気を博したのは，中国からの絹織物とインドからのスパイス類だったが，前者は6世紀になると技術そのものがこの地に輸入され，定着した．現在，トルコ各地にはこの時代に輸入されたクワの木の子孫が生育している．またイタリア方面，とくにヴェネツィア商人がビザンツ皇帝の勅許を得て，クリミア半島やアゾフ海へ進出し，毛織物や金属，ガラス製品を輸出，毛皮や塩魚などを輸入した．毛皮はつねに人気で，クロテンと推測される「美しい光沢を放つ黒い毛皮」が黒海経由で北方圏から輸入されていた（Mango 2009）．毛皮好きのローマの伝統はビザンツ帝国にも引き継がれた．

じつはこの当時（9世紀ころ），世界的な商業都市がもう1つあった．アッバース朝の首都バグダッドで，人口はコンスタンティノープルを上回る120万人以上[13]，「三万のモスクと一万の浴場」を有する産業革命以前の世界最大の都市で（中国の開封は100万人で第2位），経済，政治，文化の世界的中心地だった．そこには「知恵の館」と呼ばれる図書館併設の一種の総合研究機関が設立され，イスラム，ギリシャ，エジプト，インドなどの浩瀚な書の翻訳が積極的に進められていた（金子 2000 など）．また中国から伝わった紙の知識にもとづいて製紙工場が建設された．この技術はやがてイベリア半島経由でヨーロッパへも伝播する．中世初頭の，世界最高にして唯一の学術文化センターだった．同時にこの地は商業ネットワークのセンターでもあった．中国，インド，アフリカ，アラビアの各地からは陸路，海路を通じて莫大な量の商品が運び込まれ，活発な都市経済を支えた．ここでも人気があったのは絹織物やスパイス類，毛織物や宝石，毛皮などで，この一部は地中海のレヴァント地域からイタリア商人の手によってヨーロッパへと運ばれた．

この商品目録からまず毛皮に注目する．「クロテンやシロテンの皮はペルシャではいちばんありふれた，価値ある装飾品」だったとは『西洋事物起原』を著したベックマン（1780）の言葉だ．遊牧民は毛皮がこよなく好きなのだ．いったいどこから運ばれてきたのだろうか．イスラム諸国から北方へ向かう交易ルートのいくつかは，カスピ海やアラル海南部のホラサーンやマーワランナフルから北に延び，ヴォルガ川のスラヴ，バルト海，スカンディナヴィア方面へ連結していた．この北方域からは「北方産毛皮（黒てん，白てん，銀狐，山猫，灰色りす，ビーヴァー），海獣歯牙（アザラシ，セイウチ，化石獣）」（家島 1991）がイスラム都市に運ばれていた．化石獣のなかにはマンモスの象牙が，海獣のなかにはセイウチやイッカクの牙が含まれていた．

後世，イスラム世界最大の歴史思想家，イブン・ハルドゥーンは，その記念碑的な著作『歴

史序説』(1377) のなかで，9世紀中葉のこの地域の状況をこう書き残した．「ルース人はビーヴァー毛皮，黒狐皮，刀剣をサクラバ（スラヴ）の辺境からルーム海（地中海）に運ぶ．ビザンツ帝国の支配者は彼らに十分の一税を課す．またサカーリバ川（ドン・ヴォルガ川）を通り，（中略）ジュルジャーンの海（カスピ海）を横断して（中略），ラクダの背に乗せてバグダードまで運んできた」（家島訳 1991）．正確でマクロな情報はバグダッドの「知恵の館」の伝統を引き継いでいる．ルース人とは，すでに述べたようにバルト海沿岸，ドニエプル川，ドン・ヴォルガ川一帯で活動していたヴァイキング（ノルマン）系の狩猟・漁労民で，このころ，キエフやノヴゴロドで国家を樹立しつつあった．この北方辺境国家の人々は，家島（1991）が指摘するように，まぎれもない汎世界的な人間集団だった．交易という窓を通して世界情勢をうかがい，内部にたまったエネルギーを四方に発散させていた．その西方へのエネルギーの発露がヴァイキングであり，東方へは，交易相手だったビザンツ帝国に戦争さえ仕掛けている．それは硬軟の交流で，ビザンツ帝国からはキリスト教（ギリシャ正教）を受け入れている．スウェーデン，デンマーク，フィンランドなどの広範な地域からはビザンツ帝国と歴代のイスラム王朝の貨幣（バグダッド周辺で生産されたとされる「ディルハム貨幣」も含めて）が発掘されている（オクセンシェルナ 1976, Kovalev & Kaelin 2007, 小澤 2010）．この一部は毛皮交易の決算だったにちがいない．この交易による富の蓄積は巨大で，ヴァイキング遠征の原資になったとの指摘もあり（黒石 2001），その植民先のイギリスやアイスランドからもイスラムコインがみつかる（Frei et al. 2015）．世界は急速に結ばれようとしていた．

　この毛皮への傾倒は遊牧民に広く共通する．イスラムに編入され，イスタンブールと名を変えた地は，現在も毛皮や皮革産業がさかんである．それは，なめし加工や染色に必要である明礬が近在の鉱山（フォチャ，現イズミル郊外）から供給できたことによる．

図 6-13 ヒツジの肥尾種．大きく太い尾に脂肪を蓄積し，肥大化して垂れ下がる．かつてはこれ以上に尾が長大な品種もいた．トルコ，ダラマン近郊にて（2012 年 5 月著者撮影）．

　もう 1 つはヒツジの毛織物．これも相当に奇妙だ．この地はもともとヒツジ家畜化の起源地だから，宗教や文化とかかわりなく，多数のヒツジが放牧され，羊毛から糸を紡ぎ，毛織物を織った歴史をもつ．にもかかわらず，イタリアとの貿易では毛織物がもてはやされ，輸入しているのである．羊毛と深く結びついた地域になぜ毛織物が必要だったのか．これは，ヒツジがたえず品種改良されていたことと関係している．ヒツジは半乾燥で植生の少ないこの地域では，肉やミルクを供給する重要な家畜になった．このため乾燥に強く，持久力のある品種が選ばれた．この代表品種が"肥尾種"だ（図 6-13）．この品種は，すでにメソポタミア期の石版やモザイクに記録されているように，かなり古く，中東地域では伝統的に飼育されていたようだ（Ryder 1983）．おもしろいのはその形態で，ラクダのこぶと同様に，尾の基部とその周辺にたくさんの脂肪を蓄積する．このため太く長い尾が異様に垂れ下がることもある．乾燥や草不足にも耐久性があり，アレチネズミ類など小哺乳類のなかにも尾に脂肪を蓄積する種がいる（Eisenberg 1975）．この肥尾種をみると，哺乳類は非常用の栄養ストックをいろいろな部位に蓄積しようとしていることがわかる．遊牧民はこの尾部の脂身が好みで，このかたまりを優先的に切り取って食べる．肥尾種はもっぱら食用だったので，その羊毛はかなり太く，衣料とい

うよりは絨毯を織るのに適していた．衣料の毛織物を輸入した理由も，絨毯がこの一帯の特産である理由も，ここにある．

絨毯は，毛皮とともに，遊牧民はもちろん，移動する隊商などにとって，携帯用の寝具だ．砂漠の夜はかなり寒く，これにまさるものはない．同時に，うってつけの財産であり，みせびらかしのステータス・シンボルだった．このために贅を尽くした高級品が織られ，一目でその価値がわかるようになっていた．毛皮もまたシンボル機能が強化され，衣服の縁取り用に愛好された．

イスラムの服装は下着の上にすっぽりと体を覆うマント状やラフなトゥニカ状のものが多く，女性はこれにブルカやニカブで顔を隠す．女性が顔や全身を覆うのは宗教上の理由というより，最初はむしろ強い日差しや気温から体を守り，しかも夜間は防寒となったことが先行したのだろう．男性は全身を包むワンピースのようなカンドゥーラを着て，この上にイカールなどの帽子をつける．これらは羊毛や山羊毛からもつくられたが，厚くて重いので，エジプトやインドからいち早く取り入れられた亜麻や木綿から織られた．"コットン"や"モヘア"とはそもそもアラビア語なのだ．それでも羊毛製の軽くて薄い衣服は遊牧民のあこがれの的だった．そこに目をつけたのがヴェネツィアなどのイタリア商人で，地中海周辺で調達した羊毛から高級毛織物を織り，ローマ帝国以来の要路を使って，コンスタンティノープルやレヴァントへ輸出した．十字軍の派遣（第1回：1096-1099年，第2回：1147-1149年など）の後，東地中海を舞台としたこの交易にはフィレンツェやジェノヴァが参入し，都市国家と巨大な富を築いていった．

毛皮と毛織物．この2つが後に「世界商品」[14]へと成長し，この商品をめぐる主導権争いのなかにヨーロッパの発展が連鎖していく．北方の毛皮とイスラム圏との交易は13世紀以降，蒙古の襲来によって閉ざされる．すると今度は，新たな出口を求めるかのように，バルト海や北海を経由してヨーロッパへもたらされるようになった．ハンザ交易だ．このヨーロッパ最初の遠隔地広域貿易によって北海沿岸のドイツ諸都市やノヴゴロド（後のロシア）が発展した．これが連鎖の起点であった．

6.4 中世の服装と毛皮交易

中世になると，人々の衣服はおもに亜麻や羊毛を紡ぎ，布を織ったものが主流となった．麻と羊毛の混織まで出現した．これとは別に毛皮も流行し，専門の加工業者が出現した．ヒツジやヤギのウールや毛皮のほかに，ビーヴァー，カワウソ，テンなどの毛皮獣が捕獲され，業者に持ち込まれて毛皮の胴衣や靴などがつくられた．もともと北方ゲルマンの諸民族から構成されるヨーロッパ中北部の人々にとって毛皮の衣料はなじみ深く，カール大帝などは，毛皮を多用するフランク族の伝統的衣装（なかでもカワウソの胴着）を愛用したし（パウア1969），その王女ベルタはクロテンの高価なマントがお気に入りだった．8世紀末から9世紀初頭のカロリング期フランク王国におけるおもな衣料の値段は，下記のとおりである．

> 麻布1枚：4ドゥニエ[11]，ヒツジの毛皮のマント：12ドゥニエ，毛織物のセーター，毛織物の背広，クロテンのローブ：120ドゥニエ，テンあるいはカワウソの毛皮コート：360ドゥニエ．

メスウシ1頭が14ドゥニエで，1ドゥニエで小麦パンなら12個買えた．テンやカワウソのコートは，もっとも高価な家畜だったウマ，それも最上級の軍馬とほぼ等価（リシェ1992）．

また同時代のイギリス・ウェールズでは，すでに紹介したヒウェル・ドゥダの価格表（920年，第5章参照）には，「牛1頭，シカ1頭，キツネ1頭，オオカミ1頭，カワウソ1匹の皮は，羊1頭または山羊1頭の皮の8倍の値段．白いイタチの皮は11倍，マーテンの皮は24倍，ビーヴァーの皮は120倍」（ベックマン1780より）とある．白いイタチとは冬毛のオコジョかイイズナ，マーテンとはマツテンと推測される．これらの値段表は，中世初期に，野生毛皮獣の衣料はすでに破格の扱いを受けていたこと

を物語る．

とはいえ，戦乱と戦闘に明け暮れていたこの時代，王や領主は，城の行事などでは長い寛衣姿だったが，それ以外では乗馬しやすい実用的なズボンとウール製の短衣を着た．女性もズボン（か長いスカート）に上着で，体形に合わせ，活動的な衣類が主流だった．この「体形に合わせる」との被服構成が，やがて織物や服地の生産，裁断と縫製，デザインと仕立てといった分業と専業化（これにともなう職人や商人の勃興）を推し進め，そして流行（モード）をつくりだした．

ヨーロッパの服装史は，これを基調に，さらに2つの流れが合流していく．1つは，ビザンツ帝国の皇帝や聖職者など特権階級の間でもてはやされた服装．これはローマの伝統を継承して，シルクやウール，リンネル製の，流麗なトーガやショールの「寛衣」で，そこには各種の染色，刺繍，金銀などの宝飾がほどこされ，北方からの毛皮も縫い込まれた．もう1つは，十字軍の遠征によって触れた東方イスラム圏の服飾文化．それらは絹製の「胴衣」，ビザンツより洗練された毛皮の装飾，金銀などの刺繍をほどこした各種の衣料だった．北方域から輸入されたアーミン，クロテン，キタリスなどの毛皮は当時"バビロンの毛皮"と呼ばれ，その美しさは十字軍の戦士を驚かせたという（ブーシェ 1973）．聖地イスラエルの解放をめざした十字軍は，軍事以前に，文化や生活水準においてすでに敗退していた「いなかもの」の集団だった．

こうした2つの服飾文化の流れは，中世中期にはイタリアを中心とした南部ヨーロッパへ，そして後にはヨーロッパ全体へと浸透した．1298年のフィレンツェに隣接するイタリアの中世都市ボローニャには毛皮商が287人，これに187人の古着毛皮商がいたという（堀越 2009）．また，これを取り巻く毛織物や毛皮などの活発な商取引が都市を成長させた．この波動は，徐々に地中海からヨーロッパ北部へと拡大していく．それは，アンリ・ピレンヌ（1975）を引用するまでもなく，古代ヨーロッパから中世ヨーロッパへの実質的な覚醒であった．

ヨーロッパでの毛皮獣の動向

中世初期から毛皮は高価な衣類だったので，ヨーロッパ中北部（やイングランド）の農民は，領主や貴族が独占したシカなど大型狩猟獣の狩猟権の範囲外で，うってつけの副業に，くくり罠や箱罠などを工夫し，中・小型の毛皮獣をせっせと捕獲したにちがいない．このインパクトはかなり強かったと推測される．どの程度だったのか，検証してみよう．

おもな毛皮獣はビーヴァーとイタチ類で，このほかにはキタリスやヤマネ，ウサギ類などだったが，後3者の毛皮はあまり良質ではなく，利用も限定的だったのでここでは検討から除外する．ビーヴァーは齧歯類だが，残りはすべてイタチ科（*Mustelidae*）に属する食肉類だ．イタチ科はもともと鮮新世初期にユーラシアで起源したこともあって，ヨーロッパには多数の種類が生息する．イタチ属（*Mustela*）では，イイズナ（weasel, *M. nivalis*, 毛皮名レティス lettice），オコジョ（stoat または ermine, *M. ermine*, 毛皮名アーミン ermine），ヨーロッパミンク（European mink, *M. lutreola*, 毛皮名ミンク mink），ヨーロッパケナガイタチ（European polecat, *M. putorius*, ジェネット genette），ステップケナガイタチ（steppe polecat, *M. eversmanii*），マダライタチ（marbled polecat, *Vormela pergusna*）．またテン属（*Martes*）では，マツテン（pine marten, *M. martes*），ムナジロテン（stone marten または beech marten, *M. foina*, 毛皮名フォインズ, foynes），クロテン（sable, *M. zibellina*, 毛皮名セーブル sable）．これに科のなかで最大のカワウソ（*Lutra lutra*）が加わる．

このうち，分布域がもともとヨーロッパ東南部に限られるステップケナガイタチとマダライタチを除き，すべての種類は，毛皮が良質だったので，この時代を含めて古くから高い捕獲圧にさらされてきた．この継続的な人間との相互作用の結果，個体数の激減や絶滅が繰り返され，現在の分布や地域集団の構造がつくられてきた．この傷痕が分布やDNAにどのように刻印されているのだろうか．いくつかの種の現状を追う．

河川や沼沢地にかつては多数生息していたヨーロッパ（ユーラシア）ビーヴァーは，おもに毛皮を目的に，さらには薬（カストリウム，「海狸香」と呼ばれ，薬品や香料の原料．オス・メス両性がもつなわばりのマーキング用の分泌物）とみなされ，乱獲された．オス・メスのペアと子どもからなる家族群をつくり，なわばりをもつ．子どもは通常1頭のため，増加率は低い．イギリスやヨーロッパ中央部ではほぼ12世紀までに（Kitchener & Conroy 1997），その他の地域でも18世紀までにほぼ絶滅し，ロシア，フランス，ドイツ，オーストリア，ノルウェー，ベルギー，チェコなどの特定地域だけに残された（Nolet & Rosel 1998）．近年，幸いにもフランスやドイツでは生息数や分布域が増加中だ．しかし遺伝的多様性（ミトコンドリアDNA領域の分析）は，過去の極端な個体数減少による影響（ボトルネック効果）のため，ノルウェーやフランスではまったくなく（同じハプロタイプ），ドイツでも異常に低いことが報告されている（Durka et al. 2005, Babik et al. 2005）．この遺伝的多様性から20世紀初頭時点の個体数を推定すると，30頭以下，ヨーロッパ全体でも300頭を上回らないとされた（Durka et al. 2005）．現在，残された個体群の保護のいっぽうで，かつての生息地への再導入が試みられている．遺伝的な攪乱を起こさないよう，遺伝子のさらなる分析と慎重な計画が必要だ（Rosell et al. 2012）．

ビーヴァー同様，カワウソもかつてはヨーロッパ全域の河川や沼沢地に生息していた．オス・メスともに単独性で川に沿ってなわばりをもつため，捕獲されやすい．現在，バルカン半島（ギリシャ，アルバニア），ポルトガル，スペインの一部，北欧のフィンランドやエストニア，フランスの一部，アイルランド，スコットランド，ドイツの一部，イタリアの一部などにある程度の地域集団が分布する．この分布図は興味深い．ビーヴァーにも共通するが，ヨーロッパの中央部（フランスとドイツ，イタリアなど）がほぼすっぽりと抜け落ち，大きな空白部が広がる．まるでドーナツのように，残ってい

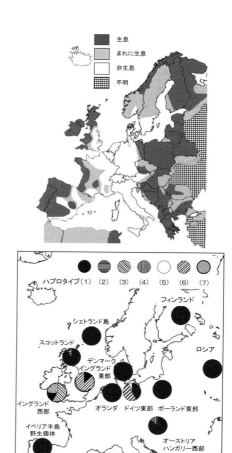

図 6-14 上：ヨーロッパカワウソの分布（Randi et al. 2003による），下：ミトコンドリアDNAのハプロタイプによる遺伝的組成（Mucci et al. 1999, Cassens et al. 2000, Pérez-Haro et al. 2005, Stanton et al. 2009にもとづいて描く）．

るのはもとの形の周縁部だけ（図6-14）．この空白部がどのように形成されたのか，もちろん近代や20世紀の乱開発による生息地の消失や環境汚染と無関係ではないだろうが，おもな要因はかなり古くからの捕獲圧のように思われる．最近のDNA分析は，残された地域集団の遺伝的多様性がきわめて低いこと，地域集団間の分化（遺伝的距離）が進行していること，個体数の減少がすでにBP3000-2000年から始まっていたこと，などを明らかにした（Pertoldi et al. 2001, Pérez-Haro et al. 2005など）．カワウソ

に対する人間の過度な関与は，中世のみならず，はるか以前から始まっていた．現在，各地の生息地やかつての生息地で，保全や再導入が進められているが，道路が整備され，ロードキルという新しい脅威が加わっている（Robitaille & Laurence 2002）．

ヨーロッパにも固有種のミンク［ヨーロッパミンク，アメリカミンク M. (*Neovison*) *vison* とは異なる］が生息する．この種も，生息数はもともと少なかったようだが，かつてはヨーロッパに広く分布していた．しかし現在，ヨーロッパではもっとも絶滅が危惧される種（CR）の1つに指定されている．分布域は，スペイン（バスク地方），フランス（ピレネー山脈），ルーマニア（ダニューブ・デルタ）の3カ所に分断され，DNAの分析は，3集団相互の遺伝的距離が離れ，集団ごとの遺伝的多様性が低いことを明らかにした（Michaux *et al.* 2005）．こうした状況を引き起こした要因は，よくわからないものの，捕獲圧だった可能性は高い．この種は河川や池などの水辺環境になわばりをつくり，魚や両生類，水辺の動物を主食とする．この生息地が限られるという特徴は，ビーヴァーやカワウソと同様に，水際にくくり罠や箱罠などを設置する罠猟には向いていて，徹底して捕獲されたと考えられる．

もう1種あげよう．古代から毛皮の宝石として別格だったクロテン（"セーブル"）はユーラシア北部一帯の寒帯タイガ林に広く分布し，北緯50度以北のヨーロッパ北部地域（ドイツ，ベラルーシ，ポーランド，スカンディナヴィア半島など）にかつては生息していた（Heptner *et al.* 1967）．だが，この過去の分布域と現在のそれとの間には大きなギャップがある．ウラル山脈以西のロシアを含むヨーロッパ側では，完全に一掃され，まったく生息していない．しかも，ウラル以東のシベリアでも，かつては広大なタイガを貫いて連続していた分布域は，分断化され散在している．これは，後にも検討するが，明らかに人間のセーブルに対する異常なまでの執着と，高い捕獲圧の結果である．

その他のイイズナ，オコジョ，ヨーロッパケナガイタチ，マツテンは現在もなおヨーロッパ全域に分布し，健在である．個体数は地域によって異なり，遺伝的多様性が低い集団もある（たとえばマツテン，Kyle *et al.* 2003）が，いまのところ絶滅の心配はない．もちろん毛皮獣だから高い捕獲圧がかけられてきた．しかし，一般にイタチ類やテン類はなわばりをつくるが，これらの種はカワウソやミンク，ビーヴァーとはちがい，生息地は限定的でなく，森林や農耕地など多様な環境に生息できたこと，主要な食物がネズミ（ハタネズミやヤチネズミ類）で，中世の農業革命で，畑地が拡大し，餌動物が豊富だったことが幸いしたのかもしれない．

これらの毛皮獣は，いずれも中世初期には徹底的に捕獲され，個体数は激減したと推察される．農業生産の向上を背景に，人々の生活には，わずかずつだが，ゆとりと安定がもたらされた．こうしたなかで，羊毛や毛皮，亜麻製のまともな衣類への要望が高まっていった．同時に，10世紀まで比較的安定していた気候はその後，変動を繰り返し，11世紀後半には寒冷化，12-13世紀にはもちなおすが，13世紀後半以降徐々に低下，16世紀初頭まで小氷期と呼ばれる厳寒期に突入した．気温は17世紀初頭に一時回復するものの，その後，再び低下，18世紀をはさむ前後には「マウンダー極小期」と呼ばれる低温のピークが襲い，テムズ川さえ結氷した（図5-3参照）．凍てつく寒さのなか，人々にとって毛皮衣料はもはやぜいたく品ではなく，必需品となった．毛皮の値段は高騰し，乱獲し尽くされたヨーロッパの地にはテンやビーヴァーの高級毛皮獣はおろかウサギさえいなかった．1604年，ロンドンに羊毛を買い付けにきたあるヴェネツィア人は日記にこう書いている．「なんとひどい寒さなのだろう．人々はみな毛皮に身を包んでいる，もうすぐ7月だというのに」（Veal 1966）．この高まる毛皮への需要はどのように満たされたのだろうか．

（1）毛皮となめし技術の歴史

動物の毛皮はそのまま乾燥させても衣料には向かない．ごわごわして，段ボールをそのまま

着るようで，体にフィットしないし，やがては腐敗してしまう．動物の皮（hide）や毛皮（skin）を柔らかくし，耐久性のある皮革（leather）や毛皮（fur）にするためには「なめし」（tanning）と呼ばれる加工が不可欠だ．なめしはよく噛むことでもある程度可能だから人類は最初この方法を採用したが，より適当な方法を求め，その後さまざまな試行や工夫がなされてきた．なめし技術の歴史はかなり古い．新約『使徒言行録』（9（43）；10（6））には「皮なめし職人のシモン」が登場するし，『イーリアス』，『オデュッセイア』（ホメロス BC1000年以上）には「皮なめし職人」のほかに「革細工師」が登場する．さらにさかのぼると，エジプトの壁画（アメンホテプ葬祭殿，BC1400年）にはなめしの工程がはっきりと描かれているし（Forbes 1966），メソポタミア（BC3000年）の円筒印章にはなめしの工程や毛皮の取引とおぼしきものが記録されている（Levy 1957）．おそらくBC3500年ころに，なめし技術は確立し，専門業者が出現したにちがいない．この過程は，植物の亜麻以外，ほとんど唯一の素材だった動物の毛皮を，まがりなりにも衣料に転換しようとした悪戦苦闘の歴史だったといえよう．

毛皮のなめしは，植物のタンニンを使う「植物なめし」と，明礬などを使用する「化学剤なめし」に大別できる．歴史的にはおそらくタンニンなめしが先行したものの，古代エジプトでは明礬なめしが行われ，メソポタミアでは明礬なめしとタンニンなめしが併用された（竹之内 2009）．なぜ古代エジプトでは明礬なのか．かの地では「ミイラ」製作のために，古くからヒ素や明礬が身近な薬剤だった．「なめし」とはどのような技術なのか，そしてなぜタンニンや明礬を必要とするのか，そのあらましを述べておきたい．

動物の皮膚とコラーゲン

動物の表面を覆う皮膚（毛皮）は外界との境界をなすシールド器官であり，体温の保持や調節，物質の交換，感覚器官などの機能を果たしている．この毛皮は比較的簡単に剝離できる．それは哺乳類（脊椎動物一般に共通）の皮膚が，表皮，真皮，皮下組織（おもに皮下脂肪）の3層から構成され，比較的弱い結合組織である皮下組織と，前2層との間には組織学的な段差があるため物理的に分離しやすいからである．剝がされた皮膚（表皮と真皮）の成分は，ケラチン（角質，体毛や皮膚表面を構成），エラスチン，コラーゲン，アルブミン，グロブリンなどのタンパク質で，90-95％を占める（主要成分はコラーゲン）．このほかには脂質や，カルシウムや鉄，リンなどの無機質が含まれる．

皮膚は剝がした状態のままでは，乾燥して硬直し，いずれはバクテリアなどが付着し腐臭を放って腐敗してしまう．また60℃以上ではタンパク質が変性（ゼラチン化）し，ぼろぼろとなる運命にある．「なめし」とはこうした変化を防止し，柔軟性，耐菌性，耐熱性を与え，半永久的に毛皮や皮を使用可能にした革新的技術だった．その核心は主要成分であるコラーゲンを処理して安定化させることにある．

コラーゲン（collagen）は，化学的にみると，アミノ酸であるグリシンと，その他2つのアミノ酸（たとえばプロリンとアスパラギン酸など）がペプチド結合したものを単位とする分子だ．先頭のアミノ酸がグリシンであるのは変わらないが，後2つのアミノ酸は置換され（たとえばアスパラギン酸の代わりにヒドロキシプロリン），これに応じて複数のタイプ（現在までに12タイプ）に分類される（Covington 1997）．この分子が次々と線状に連結（一次構造，したがってグリシンが3つごとに繰り返される）し，らせん状に巻いた巨大な分子をコラーゲン，あるいはコラーゲン繊維という．この構造はきわめて安定していて，通常はこの繊維が束のようにまとまり，真皮や軟骨のなかにびっしりと詰まっている．

蛇足を加えたい．壊血病とはコラーゲンを構成する1つのアミノ酸，ヒドロキシプロリンの生合成がブロックされる病気で，合成に必要なビタミンCと鉄の不足によって引き起こされる．最近，コラーゲンを謳う化粧品がブームだ．

保湿効果があるためしっとりとはするだろうが，分子がそのままの形で皮下に吸収されることなどありえない．話をもどす．

「なめし」の主要な目的とは，①このコラーゲン以外のさまざまなタンパク質（アルブミンやグロブリンなど）や物質（脂質，糖，ヒアルロン酸など）を除去し，②コラーゲン繊維の束を解きほぐし，③腐敗しない物質で置換して再結合させることにある．「嚙む」は，不十分ではあるものの①と②の工程にあたるが，③がない．歴史的にみると，この工程ではじつにさまざまな方法や物質が試されたにちがいない．タンニンや明礬はこの③で使われる化合物で，これはかなり早い段階で発見された．これに対し，①と②の段階で使う物質，つまり余分なタンパク質を分解，除去するための物質は，かなりてこずったように思われる．これにはアルカリ性か酸性の化合物，なかでも強アルカリ性の化合物が最適だが，けっきょく，自然物から調達しなければならなかったからだ．

植物を燃やした灰を水に溶かした上澄み液である灰汁（主成分は炭酸カルシウム）はその1つで，これは早くから使われたものの，弱アルカリ性（せいぜい pH10 まで）で高い効果はなかった．より強いアルカリ剤を探し求めた試行錯誤の旅は，最終的に強烈なアンモニア臭のする液体にたどり着いた．そう，イヌや家畜，ニワトリやハトといった動物の糞や尿を発酵させた水溶液，あるいは人間の尿（こちらは pH11 以上になる）だった．このため中世期には，動物の糞尿の回収専門に子どもたちが雇われたり，尿の排泄専用の「公衆トイレ」が辻々に設けられた．ちなみに人類がアンモニアを窒素と水素から直接合成できるようになったのは，はるか後，20世紀初め（1913年）だった．

薬剤や機械がまともになかった近世以前，だからなめしの工程たるやすさまじい（竹之内 2010）．調達された生皮，乾燥，塩漬けの毛皮は，水に漬ける，もむ，たたく，ほぐす，しごく，擦り込む，引きずる，こする，こそぐ，洗う，そしてまた漬ける，もむ……，この連続と繰り返しが，ハエが飛び交いウジがわき，異臭（悪臭）を放つ異常な環境のなかで行われた．中世期にはこうしたなめし職人や加工職人が大きな村や町にいて，立派な職人として遇されていた．その割合は男子人口の20%に達したとの推計がある（西村 2012）．人々は自分の家畜や狩猟の獲物を持ち込み，金を支払って毛皮の衣服や靴，手袋，馬具などさまざまなものを製作してもらった．

中世末期のパリやロンドンでは，都市化が進み毛皮や皮革の需要が増加し，さらには海外交易によって莫大な量の乾した毛皮が持ち込まれるようになると，これらの職人は，大量の水を使うために河川のほとりに作業場を設けて，都市の一画に集住するようなった．職人はしだいに，皮剝ぎ職人（skinner），なめし職人（tanner），ヤギやウシ，シカから角や骨をとってボタンや装飾品に加工する角職人（horner），ベルト職人（girdler），あるいはウマの鞍を専門につくる鞍職人（saddler）などへ専門分化し，それぞれに同業者組合（ギルド）をつくった．この地にはさらにその材料を提供した屠畜場と屠畜職人が集まり，そしてこれらの製品や商品を販売した肉屋，靴屋，鞄屋，革製品屋，仕立屋，ボタン屋などが軒を並べるようになった．

ロンドンの，ロンドン橋にほど近いウォルブルック地区はその典型で，1332年時点でのこの地区の住人107人のうちなめし皮職人は31人を数えた．17世紀の時点では1万2000人以上の動物関連の職人が働いていたという（Yeomans 2006）．なめし剤にはその後，海外で調達された"グアノ"（海鳥のコロニーに蓄積された糞）が加わって，いっそうの異臭を放った．これらの廃液は，屠畜場の廃液といっしょにテムズ川へと流された．1372年，国王エドワード3世（在位 1312-1377）はあまりの悪臭に市当局に規制に乗り出すように手紙を送った（Jørgensen 2010）が，効果はなかったようだ．むしろこの悪臭は，19世紀に至るロンドンの発展——厩舎，屠場，肉や魚市場の増設にともなう汚水や排水の垂れ流しによって，ますますエスカレートしたようだ．20世紀以降に発掘されたこの地区の一画からは，1641年時点で

44人を数えた角職人たちが使い残したウシやヒツジ，シカ類の肩甲骨，上腕骨，大腿骨，橈骨，脛骨の断片が大量に発掘された（Yeomans 2006）．中世末期のロンドンの一画は，まぎれもなく巨大な「動物加工総合工場」だった．

なめし職人は，生活に不可欠だった道具をつくった一方で，「死」と不浄にかかわる職種だったから，中世期には，日本とまったく同様に，刑吏や看守，墓掘人などとともに，差別され，賤民視された（阿部 1978）．しかし毛皮産業が軌道に乗ると，職人たちは組合をつくって自立し，確固たる社会的地位を築くとともに，そうした差別意識は一掃された．そこには臭穢の環境にもかかわらず，生活必需品をつくり，国家の基幹産業の一翼を担い，都市を押し上げているとの強い職人意識と自立意識が確立していた．

これに対し日本では，肉食を表面的には禁忌とし，動物の死体の処理を不浄とみなし，技術を育成することなく，それにかかわる人々を身分制度の補完として構造化し，自立意識の醸成を意図的に排除してきた政策を背景に，近世まで自治組織をつくりえなかった．ここに社会的差別をつくり出した土壌がある（西村 2012）．

タンニンとはなにか

さてタンニンである．タンニンなめしは宿命的に腐敗していった毛皮，これに対して行われた数限りない防腐策の1つ——植物エキスのなかにたまたま浸したことに由来すると思われる．タンニン（tannin），「なめし」（tanning），「なめし職人」（tanner）は同根の言葉だ．タンニンとは植物が生成するポリフェノール系化合物の1つで，タンパク質と結合して変性させる作用をもつ水溶性物質の総称である．すべての植物がタンニンをもち，程度はちがうが，「渋み」を誘起する．これはタンニンが舌や口腔粘膜のタンパク質と強く結合して難水溶性の塩を形成した結果である．したがって，渋みは味覚というよりは一部タンパク質の収斂や破損によるミクロな痛みに起因する．このタンニンがなめしの過程でどのような役割を果たすのか．

図6-15 ドイツの明礬なめし屋（1473年と記録される）．なたで皮につく雑物がすかれ，最近までの手法と同じだったことがわかる（Porter 2005より）．

たたかれ，もまれ，しごかれ，ほぐされて余分な脂肪やタンパク質を除去されたコラーゲン繊維は，分子レベルでは酸素の「腕」をもつ．そこにタンニンの水素が結合（水素結合）し，分子同士，繊維同士をしっかりと「架橋」（高分子同士を結合）するのである（Covington 1997）．タンニンがもつタンパク質の変性作用とは，コラーゲン分子とタンニン分子が結合し，非水溶性の新たな化合物が生成されることと同義である．これは明礬（硫酸アルミニウムカリウム）なめし（クロムなめし[15]も同様，図6-15）でも同じで，遊離した水素がコラーゲン分子と結合し非水溶性の塩をつくる（竹之内 2006）．豆などを煮るとき明礬を入れるのは，明礬の分子が豆の細胞壁のタンパク質と結合し煮崩れを防ぐためである．

すべての植物はタンニン，すなわちポリフェノール類をもつ．それは植物が攻撃を受けたときの生体防御物質だからだ．動物に採食されたり，産卵された際に送り込まれるさまざまな（酵素などの）タンパク質に結合し，変性させ，無力にしてしまう．カキなどの果実の渋は成熟途中で産卵する昆虫の卵を破壊する作用がある．またコナラやオーク類の堅果に多量に含まれる

のは，それを食べる小動物を攻撃する武器だからである．アカネズミにコナラのドングリだけを実験的に食べさせると体重が減少し，死亡してしまうという（Shimada & Saitoh 2003）．オーク類のドングリには 2-8 % ものタンニンが含まれる（Ofcarcik & Burns 1971）．赤葡萄酒(ワイン)やお茶にも大量のタンニンが含まれる．これらが健康食品として機能するのは，抗菌作用や殺菌作用に加え，消化器官の粘膜細胞を変性させ，消化吸収を（ある程度）ブロックすることによる．動物に対する防御物質を，動物を変性させる加工物質に使う．これも生物界の連鎖の1つにちがいない．

すべての植物がタンニンをもつとはいえ，含量が多い種が取捨選別された．ヨーロッパでは地中海沿岸地方に多いウルシ科のコリアリアウルシ（Rhus coriaria），ハンノキなどが有力だったが，もっとも使われたのはオーク類の樹皮だった．どこにでも自生したおなじみの樹種だったからだ．オーク類の樹皮には，樹種によってちがうが，4-10 % の，高濃度のタンニンが含まれる（Kurth 1947）．中世末の15世紀以降，森林は，建築材，造船材，燃料，木炭，灰汁をつくるための灰製造，樹脂採集など，多面的な利用が進み，各地で伐採された．樵が活躍し，各種製造人たちの働き場になった．樹皮剝ぎ職人(バーニヤカー)もその職種の1つだった（堀越 2009）．彼らは 4-5 月に伐採されたオークの樹皮を剝ぎ，乾燥させ"ロード"(ロード)（load）という荷車単位で出荷した．オーク林は萌芽更新（切り株からの新芽で世代交代）するので，炭焼き職人同様に10-20 年おきに伐採を繰り返した．どれほどのオークがタンニンのために伐採されたのかはわからないが，ロンドン郊外のケント州では 19世紀初頭の時点で毎年約6万荷(ロード)が出荷されたという（Bartlett 2011）．15-18 世紀の最盛期では，もっと大量だっただろう．イギリスに断片的に残るオークの雑木林は，日本の里山（薪炭林）と同様に，この樹皮剝ぎと薪炭の伐採の結果つくられた二次林である．

またヨーロッパでは8世紀末ころから水車が普及し，領主が独占し有料で製粉に貸し出されたことはすでに述べたが，一部の水車は「工業用」の機械として醸造用穀類の製粉，亜麻の繊維化，毛織物，鉄の鍛造などに使われ，12世紀になるとこの一部がオーク樹皮専用の粉砕機に使われた．この数が16世紀末までの間，フランス，イギリス，イタリアで合計58カ所（全体の 5.3 %）あったことが確認されている（Lucas 2005）．動物毛皮の加工，なめし技術は，畜産業から林業，農村から都市を巻き込む裾野の広い産業だった．

（2）毛皮交易のダイナミズム
    ——ハンザ同盟

初期には領主の支配下にあった都市は，商工業の発達や貨幣経済の浸透，物品の流通や商取引がさかんになるにつれて，領主からはしだいに独立し，自治都市に成長していった．とくに交易がさかんだった有力な都市——それは，地中海交易圏の北部イタリアから後に北海・バルト海沿岸域へと移る——は，12世紀以降になると，皇帝や国王から自由な商業活動が保証された特許状を得て自治権を獲得し，交易特権を得るといった共通の利害のために都市同士が同盟を結ぶようになった．この最大のものが"ハンザ同盟"（Hanseatic League）だ．強い政治力と独自の軍事力を背景に，16世紀までには北ヨーロッパの商業圏をほぼ独占・支配した（ハンザ Hanse とは古北ドイツ語で「団体」を意味する）．ハンザ同盟にはドイツのリューベックを中心に，北海・バルト海周辺のリガ，クラクフ，エッセン，ブレーメン，ケルン，ハノーファー，ハンブルグなど主要14都市が加盟し，旺盛な商業活動を展開，後には，西はロンドン，東はノヴゴロド，北はベルゲン，ストックホルムなどを包摂，最盛期には約 200 都市を巻き込んだネットワークを形成した（図 6-16）．この遠隔地をまたぐ交易ネットワークでは，なにが取引されたのだろうか．

ドイツを中心としたハンザ都市からは，おもに毛織物，ワイン，鉄や武器などの金属製品，亜麻，絹，塩，貨幣などを輸出し，代わって，さまざまな種類の毛皮，蜜蠟，琥珀，塩漬けの

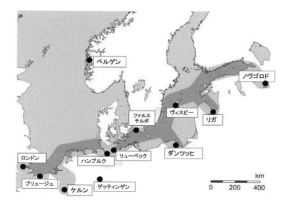

図 6-16　ハンザ同盟の主要都市とネットワーク．

図 6-17　ハンザ同盟のコッゲ（Kogge または Cog）船（Helmolt 1902 より）．

（ニシンやタラ）魚，木材などを輸入した．一本マストで 80 トン程度を積載できる（ときには 200 トンを超えた）大型のコッゲ（Kogge）船（図 6-17）が建造され，この交易を担った（カービーとヒンカネン 2011）．

　この地からはまた，ハヤブサ類の最大種で，分布域が北極圏に限られるシロハヤブサ——それは鷹狩りに熱狂したフランスやイタリア王侯貴族のあこがれの的だった——がハンザ商人の手によってはるばる運ばれた．ところで前節で，スカンディナヴィア地域からは 10 世紀のイスラム王朝の貨幣が出土するとのオクセンシェルナ（1976）などの論文を紹介したが，11 世紀に入ると同じ地域からはイスラム王朝の貨幣に代わって，ドイツ貨幣が出現し始め，時代の進行とともに，莫大な量に達するようになった．これは，北欧の辺境国家群が，ハンザ同盟を中心とした西欧世界との取引のほうが有利であり，徐々にその方向へと舵を切ったまぎれもない物証だった．なおイスラム圏との交易は，すでに述べたように，13 世紀前半にモンゴル帝国が襲来し，キエフやバグダッドなどの都市が破壊され，交易ルートが寸断され，ほぼ完全に終止符が打たれてしまう．

　これらの交易用の物産，とくに主要だった毛皮はどこでどのように調達されたのか．またこうした交易が環境や野生動物に与えた影響はどの程度だったのか，検証してみる．もう一度整理しておく．11-13 世紀当時，スカンディナヴィア周辺には，もとは同じノルマン系である 4 つの国がしっかりと成立していた．ベルゲンを中心としたノルウェー，ストックホルムを中心としたスウェーデン，デンマーク，そしてノヴゴロド国だ．このうちデンマークは王位継承や財政難で混乱したうえにハンザ同盟との覇権戦争で敗退し，当分の間，表舞台からは脱落する．

　ヨーロッパとの交易が行われ始めると，残り 3 国は，スカンディナヴィア各地のハンザ都市の周辺から交易や貢納という形で，あるいは探検という名目の徴用によって，毛皮をかき集めた．たとえば，9 世紀末にドイツ，ヘルゴラント島からノルウェー北西海岸北部に探検旅行に出かけたヴァイキングの首領オッタルは次のように述べる．「彼らの貢物は，野獣の皮，鳥の羽毛，クジラの骨や腱，アザラシの皮，これらがすべてだった．人々は能力に応じて，富める者は 15 ケースのテン皮，5 レーンの鹿皮，1 頭の熊皮，10 ブッシェルの羽毛，ビーヴァー皮のコート，クジラとアザラシ皮でできた長さ 3 スコアの腱 2 本を差し出した」（Martin 1986 より訳出）．単位は不明だが，先住民は相当量の野生動物の産物を進んで貢献したようだ．気前がよかったのはもちろん最初だけだったが．しかしヨーロッパとの交易が軌道に乗るにしたがい，都市周辺では資源が枯渇し，たちまちのうちに供給不足となった．次に 3 国が目をつけたのは，より安定して大量の毛皮を調達できると見込んだ地域，それははからずも 3 国が接し合うほぼ同じ地域，つまりサーミ人の土地だっ

た．そこには広大なタイガが広がり，良質な毛皮獣が無尽蔵に生息していた．この地からいかに大量の毛皮を獲得するのか，それは地場産業をほとんどもたなかった3国にとって，国家利害をむき出しにした争奪戦となった（小澤 2009）．

ハンザとサーミ人

いっぽう，その搾取の対象とされたサーミ人はどのような状況にあったのだろうか．再び『北方民族文化誌』のマグヌス（1555）の記述を借りよう．そこには，キタリス，オコジョ，テン，クロテン，カワウソ，ヤマネコ，クズリ，ビーヴァー，キツネ，ウサギなどの「小動物がすこぶる多いため，（罠は）いたるところに仕掛けられ」，この罠は「ふいにばさっとかぶさって獲物をとらえる」（第18巻）と表現され，おそらく「落とし罠」（重い吊り天井を落とし，通過する動物を圧死させる罠）だった．このほかに，彼らは，船上からの弓矢や投げ槍で，毛皮動物やアザラシやセイウチ，クジラを捕獲し，繁殖に渡ってきた海鳥の卵や成鳥を直接素手で獲っていた．16世紀中ごろの記録とはいえ，極北の地はあくまでも豊かだった．

3国はサーミ人の土地に繰り返し探検隊を派遣するいっぽうで，植民して拠点をつくり，毛皮を収奪した．この活動で一歩先んじたのがノヴゴロド国で，その北部にサーミ人地域を編入した（もちろん無断で）．毛皮収集の方法はおもに2つで，1つは"オブロード（貢納）"という名の税，もう1つは住民との物々交換や売買だった（比嘉 1965, 1968）．この方法は，マーティン（Martin1986）によれば，植民した地域を中心に二束三文で土地を買い，そこに「狩猟権」や「罠権」を設定し，利用する住民から地代や税として毛皮を収集する，封建領主さながらのやり方だった．徴税にしろ，土地の売買にしろ，国家や私有権の概念さえなかったサーミ人（土地や森林は共有財とみなしていた）にとってまさに寝耳に水の仕打ちだった．また売買とはいえ適正価格には程遠く，詐欺まがいの行為も横行した．徴税を含むこうしたやり口は，すべてではないにせよ，後にノヴゴロドから覇権を奪うロシアによって，また後の北米において欧米列強によって，継承されることになる．

イッカクの角

北方やサーミ人からもたらされたセイウチの牙を筆頭とした各種動物産物のなかで，とりわけヨーロッパ人を驚かせたのは，イッカク（*Monodon monoceros*）の牙だった．それはおそらくこの地域に漂着したイッカクの死体から採取されたもので，英名の"narwhal"は，スカンディナヴィア方面で使われた古ゲルマン語の"nár"，つまり"人間の溺死体"に由来する．灰色の体色とその漂着した遺体は人間のそれを彷彿とさせる．イッカク（図6-18）は体長4.5m（体重最大1.6トン）ほどの小型ハクジラ類（イルカと同じ）に属するが，オスの口からは不釣り合いなほどに細長い直線状の牙が生える．この牙は上顎2本の切歯のうち，片側（ほぼ決まって左側，ときには左右2本伸びる）が異常に発達したもので，個体によっては3m（重さは10kg）に達する．螺旋状に巻きながら成長することで牙の強度は高い．なんのためにこの牙はあるのだろうか．動物行動学の現代的理解は後にして，この異様な突起物が当時の人々の想像力をかき立てた．そこにはケルヌンノスの伝統，当時の社会やキリスト教文化が投影している．

マグヌス（1555）はイッカクを「魚」に分類してこう記した．「額に大きな角をもち，それでもって出会う船に穴を開け，破壊し，多くの人間を殺すことができる海の怪物である」（『北方民族文化誌』第21巻）．ずいぶんな誇張，もちろんこのような惨事は起こりえないが，こうした伝道者の紹介がさらにイマジネーションをふくらませた．"一角獣（ユニコーン）"の神話だ．ベーア（1996）は，中世14-16世紀に製作された"ユニコーン"の画，図版，挿絵，タペストリー，像，レリーフなどを包括的に紹介しているが，その角は，ほぼ例外なく，直線的に長く，しかも螺旋に巻いている．モデルは明らかにイッカクの牙（こうした牙の形状は唯一イッカクだ

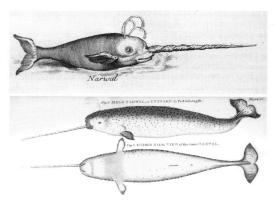

図 6-18 イッカク．上はフランスの薬学者，ピエール・ポメの『一般薬物学』(Pomet 1694) から，下はスコーレスビィ (Scoresby 1820) の著作から．両方ともオラウスやゲスナーなど他書の記述より正確で，実物の見分によると考えらえる（とくに下は精微で，左側上顎切歯が伸びて牙となっているのがわかる）．

け）で，ユニコーンとイッカクは重複している．いつの時代も人間は想像力をはばたかせ，架空の怪物や異形の妖怪を創造するが，中世ほどこうした魑魅魍魎が量産された時代はないし（蔵持・松平 2005），ユニコーンほど現実味をもった動物もまたいなかった．角がそのなによりの物証だったからだ．

これには明らかに当時の社会的状況とキリスト教の影響がある．多数の怪物が出現した背景には，飢饉，窮乏，社会的不安，無知の土壌に，死，異端，地獄，邪，悪の恐怖の種子が説教によって播かれたことがある．これらの抽象的な不安と戦慄は魔女裁判を推進したいっぽうで，人々の心に神秘主義やオカルトを瀰漫させ，途方もない怪物をつくりだした．恐怖は想像の泉だ．ユニコーンもそうした物怪の1つだが，別格だった．カトリック教会の神聖なる「特注品」でもあったからだ．それは強さとときには残忍性をそなえ，あらゆる動物の上に君臨し，支配する霊獣と解釈され，キリスト教の不敗性と謙虚さを示す霊的存在として遇された．その拠りどころはこの角にあった．まっすぐに直立するそれは十字架の支柱，螺旋はキリストの上昇する力の源泉，モーセがもった聖杖とみなされた (Pluskowski 2004)．この螺旋状の棒は，キリスト教の表象として教会の柱や司教杖に広く使われた．

その後17世紀前半，北米大陸北部やグリーンランドの探検で多数のイッカクの角がヨーロッパ社会にもたらされるにおよんで一角獣の神話は急速に廃れてしまうが，なぜイッカクだけが，ほかのイルカ類にはない奇妙な角をもつのかは，その長い角のように，長い間にわたってわからないままだった．

イッカクは北緯80度以上の北極海域の氷海の下に，タラ，オヒョウ，イカ類などを主食に，群れをつくって生活する．その角はさまざまに解釈されてきた．曰く，天敵を突き刺す，氷を割る，餌の魚類を突く，海底の餌を探す，放熱器官，発声器官などだ．しかしすべての説は想像上の産物でしかなかった．これらの「俗説」を退け，秘密を最初に暴露したのがシルバーマンとダンバー (Silverman & Dunbar 1980) だった．彼らは北極海の現地でイッカクの行動を初めて観察し，角が実際どのように使われているのかを報告した．それは，シカ類などの角とまったく同様に（第5章参照），繁殖期にメスとの繁殖をめぐってオス同士が闘い合う武器，ディスプレイの器官として使われていた．とくにイッカクのメスは子どもを含む100-500頭もの強く結びついた（おそらく血縁の）群れをつくり，この群れを獲得できるかどうかがオスの繁殖成功度（適応度）を左右するので，オス同士は激しく争い合い，ハーレムをもてる高い順位を獲得しようとする．角はこの同種オス間の偽りなしの武器だ．とはいえ，鋭く長い角の刺し合い，突き合いは殺し合いとなり，これではオスは絶滅する．ではどうするのか．オスはこの長い角を空中に向けて指し上げ，たがいにフェンシングするのだ (Heide-Jørgensen & Dietz 1995，これを"タスキング"tusking という）．角はけっして水平に向け合っては使われないが，それでも危険な闘争であることに変わりはない．角の先端が折れたオスや，先端が突き刺さって皮下に残る個体，無数の刺し傷をもつ個体が観察される．牙の長さと精巣の大きさには有意な相関があり，長い個体ほど繁殖能力も高いようだ (Kelly et al. 2015)．

セイウチとイッカクでは牙や角，体の形態には大きなちがいがある．最近，この2つの中間，きわめて長い牙をもつイッカクのようなセイウチの化石がペルー（鮮新世）で発見された（Muizon 1993）．生息地は極地でなく熱帯だ．全体としてセイウチ似で，"*Odobenocetops*"（セイウチクジラ）と名づけられた．ホロタイプ（原記載）となった標本の牙は2本あり，釘状に細長く，片方の長さは135 cm，一方は25 cmとアンバランスだった（Muizon & Domning 2002）．この奇妙な牙はどのように使われたのだろうか．もちろん同種内競争の「武器」である可能性が高いが，もう1つ有力な仮説がある．この牙は感覚器で，橇のスレッドのように海底に沿わせ，トロールよろしく魚を検知し，捕獲したのではないかというものだ（Muizon & Domning 2002）．まだわからない．最近，これと歩調を合わせるかのように，イッカクの角に関する新説が提出されている．角は歯が発達したものなので，歯髄のなかに神経が通っている．この張りめぐらされた神経が鋭い感覚器の役割を果たしているのではないかとの説（Nweeia et al. 2014），つまり餌を探索するためのアンテナ説だ．また，角には水中を伝わる音声（音波）を感知する機能があるとの説も有力だ．イッカクは複雑で多彩な音声を発生させ，天敵回避や仲間同士のコミュニケーションを行っていることがわかってきた（Marcoux et al. 2012）．イッカクの角が感覚器かどうか，その採餌活動やコミュニケーションなどさらに野外で調査される必要がある．ただし，私はこの感覚器説には懐疑的だ．その最大の理由が，なぜその機能がオスに偏って発達したのか，合理的な説明がつかないことにある．そうした機能が付随的に発達したとしても，それが主要な機能であり，このためにこそ進化したとはいえないからである．イッカクの角やセイウチの牙，そこにはまだ多くの神秘が残されている．

北極海という限られた生息域，特異な食性，イッカクは，同じ地域に生息する近縁のシロイルカ（"ベルーガ"ともいう，*Delphinapterus leucas*），ホッキョククジラ，セイウチ，ホッキョクグマとともに，温暖化の進行とともに絶滅が懸念される動物にランクされる．氷の量や分布の激減は，餌となる魚類を減少させ，回遊パターン，生理や体調に影響をおよぼし，個体数は確実に減少（ホッキョクグマはここ20年間で22%も減少）しつつある（Laidre et al. 2008）．最近，イッカクの年齢が，"アミノ酸ラセミ化法"（第10章参照）によって推定できるようになった．寿命は考えられていた年齢よりはるかに長く，最長個体は115歳だったという（Garde et al. 2007）．おそらくベルーガやセイウチも長命だと思われる．低温だが，豊かで安定した海域のなかで，動物たちは高い生存率を維持し，長期間にわたり生存しつつ，低い繁殖率であっても，確実に次世代を残す生活史をもつ．北極海だけに生息するこれら希有の動物を絶滅させないためにも人類は温暖化にブレーキをかけなければならない．

毛皮国家ノヴゴロド

再びノヴゴロド国．こうしてかき集められた毛皮は首都のノヴゴロド，リガなどに集積され，ハンザ商人に交易品として引き渡された．また，サーミ人の土地をめぐって利権を争った3国は，1323年にはスウェーデンとノヴゴロドの間で，1326年にはノルウェーとノヴゴロドの間で，それぞれ国際条約を結んだ．これらの条約は，正確な地図などない時代，「国境線を画定した」というよりはむしろ，住民であるサーミ人たちにどの国に税を払うべきか，集落別，属人的に分割したものだった．この交易の中心地だった新興都市国家ノヴゴロドの繁栄ぶりを瞥見しておこう．

ノヴゴロド公国——ルーシ人たちがつくりあげたこの都市国家は12世紀初めに建国され，首都をモスクワ北西約500 kmのノヴゴロドに置き，リガやピエタリ（現サンクトペテルブルク）の良港をもち，ハンザ同盟との交易で独占的な地位を確保した．港には立派なハンザの商館が建ち並び，最盛期の人口は5万人以上だったらしい．近年，「白樺文書」と呼ばれる"古東スラブ語"（オールド・イーストスラヴィック）で書かれた多数の記録文書が解読

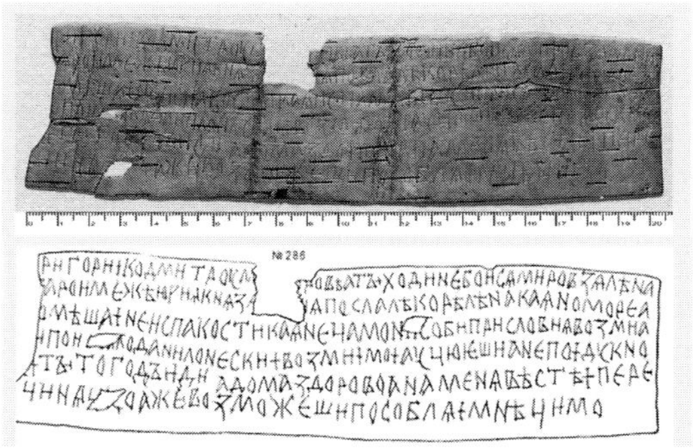

図6-19 「白樺文書」と解読文．白樺の樹皮に"ピサロ"（鉄製または骨製）と呼ばれる筆で書かれた．図はノヴゴロド出土（14世紀）のNo.286の文書．オークの木につくられたミツバチの巣の所有に関する書類らしい（Gippius & Schaeken 2011 より）．

され，この都市国家の横顔が少しずつ明らかになった．白樺文書とは，羊皮紙や紙の代わりに，シラカンバの樹皮を薄く剥ぎ取り，その内側に鉄筆のような硬い筆記具で文字を刻んだ一種の木簡で，紀元前後にはインド北部などでも広く使われたが，ノヴゴロドでは土地台帳，交易記録，公式文書，手紙などありとあらゆる文書がこれに記録された（図6-19）．それらをまとめた保管庫のような建物がいくつか発掘され，1970年代以降，その一部が解読されるようになった．『ノヴゴロド年代記』はその代表的な文書群だ．その概要を紹介した本のタイトルは"白樺の手紙を送りました"（ヤーニン 2001），なんともロマンティックではないか．

『年代記』によれば国家は貴族共和政で，権力者である市長は選挙で選ばれた．木材や蜜蠟，魚類の塩漬けなども輸出したが，突出していたのはいうまでもなく毛皮類．テン，クロテン，ムナジロテン，ビーヴァーなどの高級毛皮を，徴税の物品として，あるいは貴族が奴隷や隷属民を私的な狩猟部隊として組織し，一定期間狩猟したり，武力で掠奪したり，土地に狩猟権を設定したり，ありとあらゆる手段を駆使してかき集め，輸出産品に仕立てた（松木 2002）．この利益は莫大で，「ほとんど二年にあけず，市内各区の街々や郊外で教会建設」（松木 2002）が進められ，総計は83カ所におよんだという．教会とはギリシャ正教の壮大なモスクで，経費

ははかり知れない．なおノヴゴロド国の国章はクマとニシン，存立基盤が毛皮と魚にあることを明示した正直な国だった．なお，ロシアの通貨単位ルーブルはノヴゴロドのそれを踏襲している．

だが栄華は長続きしなかった．乱獲の昂進は資源の枯渇を招き，高級毛皮はしだいに安くて豊富にいた銀リス（キタリス，後述）にとってかわるようになった．これでは稼げない．ほぼ同じころ近隣では，モスクワ公国が，ウラル山脈西部（ペチョラやドヴィナ）にクロテンなど高級毛皮の新たな多産地を開拓し，ここからクリミア経由でイタリアに向け毛皮を輸出し，財力を蓄積していった．めざされたのは軍事大国，最大の取引はイタリア製の（青銅製の）大砲だった．モスクワ公国はこれを武器に軍事的優位を確立した（松木 1980）．1478年，ノヴゴロド国はモスクワのイヴァン3世（在位1462-1505）によって征服され，その後は，公国の1都市として吸収された．この軍事力を背景にイヴァンは1480年にキプチャク＝ハン国を打ち破り「タタールの軛（くびき）」からロシアの地を解放する．それは新たな毛皮大国の誕生だった．次に，この交易によってもたらされた毛皮の行方と波紋を西ヨーロッパ側から追跡するが，その前にやり残した宿題，そうトナカイの放牧様狩猟の起源である．

放牧様狩猟の再検討

ここまでの歴史をたどってきた私たちは，いまようやく，サーミ人たちが行う独特なトナカイの放牧様式，「放牧様狩猟」の起源を再検討できる素材を得た．もちろんトナカイはハンザ都市との主要な交易品そのものではない．したがってその起源を直接証拠立てるものはないが，いくつかのヒントがこの歴史の文脈にあるように思える．もう一度検討してみよう．

トナカイの放牧様狩猟——トナカイの個体を捕獲して耳に刻みを入れると所有権が発生し，財産として保全されるというルールは，個体数が無尽蔵で，トナカイも人間も自由に移動できる条件が保障されている限り，必要性はない．

実際にもサーミ人は，ある歴史時点までは，私有化せずに，すべての人々が必要に応じて自由に狩猟していたと考えられる．トナカイ1頭1頭をマークし，所有を明確にしなければならない理由は，サーミ人がトナカイに自由にアクセスすることが困難になったか，そのような状況が十分に予測された場合かの，どちらかである．そして，アクセスが阻害される状況とは，

①トナカイの個体数が激減し，所有をめぐる競争的な状況が発生した．
②大きな季節移動を行うトナカイに，アクセスが空間的に阻害された．
③捕獲に関するなんらかの法的規制によってアクセスできなくなった．

の3つが想定できる．

まず①．かつては全個体を捕獲することが実際困難なほどに多数のトナカイが生息していたが，それに有限性が認識できるほど個体数が減少した状況が発生した，と考えることができる．この蓋然性は高い．このことが全頭捕獲の前提だからである．だがこれは必要条件なのであって，十分条件ではない．②と③はその十分条件だが，トナカイを直接の対象に全頭捕獲が行われた形跡は存在しない．

しかしハンザ交易が軌道に乗った当時，サーミ人を取り巻いた社会的状況をもう一度振り返ると，②については，国境という概念をもたなかったサーミ人に対し，国境線を確定させたものではなかったが，徴税という形式を通して，国別に空間的な帰属制を導入した――このことは重要だ．この制度は彼らに土地の分断や障壁の存在といった意識を初めて惹起し，醸成させたことだろう．トナカイの私有化は，こうした制限への対抗処置として発生したのではないか．また③の状況は，ノヴゴロドによる植民地の形成過程にみてとることができる．私有化された土地での野生動物に対する捕獲権の設定だ．それはトナカイを対象としたものではなかったが，こうした私権の設定は自分たちの生活を侵害するものと認識されたにちがいない．それはノヴゴロドの一部地域での些細な出来事だったかもしれないが，生存の根幹にかかわるだけに，急速に広まったのだろう．トナカイの私有化はこうしたやり方に対抗する防衛措置だったのではないか．以上の論議から私は，トナカイの放牧様狩猟は，ノヴゴロドの植民都市が形成され，国際条約が締結された14世紀以降に成立したと結論したい．

ウォラーストロム（Wallerström 2000）は14世紀ノルウェーの状況を次のようにまとめている．12世紀に出現し始めた市場（ノルウェー全体でわずか3カ所）は，13-14世紀になると道や移動ルートが整備され，各地に多数つくられた．また13世紀にはトナカイの生息数がなんらかの原因で減少したため，代わって漁業がさかんになり，このため14世紀には魚類とトナカイの肉が商品取引されるようになった．みえる肉塊の私物化は私有制度を促進させる背景となった．さらに14世紀には農業が南部で軌道に乗り，農産物が市場に出回り始めた．スカンディナヴィア半島ではトナカイを巻き込んだ商品経済が14世紀になって確実に浸透したのだ．

西ヨーロッパでの毛皮の流通

ハンザ同盟がノヴゴロドを中心におびただしい量の毛皮をかき集め，西ヨーロッパ各地へと出荷した．原皮（pelt，剝いだ状態で乾燥）は40枚を1束（ロンドンでは木材，"timber"と呼ばれた）に樽詰めされた．1樽あたり5000-1万枚．それを春に船で運んだ．マーティン（Martin 1986）によれば，いろいろ商品が運ばれたが，全商品のうち毛皮の占める割合は，代表的なハンザ商人フェッキンフーゼン家では，1404年60％，1405-1407年40％，1410-1413年78％で，主要産品だったことがわかる．ちなみに1368年にノヴゴロドのリーバル（現エストニア・タリン）で6つの業者から買い付けた17樽の毛皮の値段はリューベックでは2985（リューベック）マルクだったという．

比嘉（1965）はかつて毛皮取引における利潤率の算定を試み，意外にも「きわめて低い」と結論した．手元に届いた商品は巨利を確実に生み出したが，そのいっぽうで出費もまた莫大だ

った．小さな木造帆船，予測のできない天候，未熟な航海術，そして覇権戦争に加えヴァイキングを含む海賊の出現，どれもが確かな航海を保障するものではなかった．船や積み荷を失うことがしばしば起こり，それが巨大なコストとなってのしかかった．バルト海の波は高く，「商業」と「投機」は同義語だった．こうして難をのがれ無事到着した毛皮だけが，需要のあるロンドン，パリ，ハノーファー，ケルンなどの都市に運ばれ，その地のなめし職人の手で加工された．ロンドンについてはすでにみたとおりだが，その他の都市，たとえばパリには1292年の時点で214人のなめし職人と482人の裁縫師（毛皮を縫い合わせる）がいた（Veale 2003）．世界の流行を演出する原点がここにある．

さて，興味深いのはその樽の中身である．厳寒の地の哺乳類の毛皮だからすべてが良質だ．したがって11-12世紀の初期段階では高い輸送コストに見合う高価なセーブル，アーミン，ビーヴァーの高級毛皮が中心だった．しかし交易が進むにしたがい庶民用のリスへと転換していく．15世紀初頭のフェッキンフーゼン家文書によれば，セーブルやアーミンも含むが，その90％以上がベルク（werk）と呼ばれるリスによって占められた（比嘉1965）．とくにハンザ交易の後半期，ロンドン向けには，たとえば1384年では39万6084枚のうち37万7000枚（95.2％），1390年の32万4984枚中30万7000枚（94.5％），1391年には35万960枚と，圧倒的にリスが優占した（Veale 2003）．それまでは一顧だにされなかったリスが，なぜこれほどまでにもてはやされるようになったのか．

このリスはキタリス（*Sciurus vulgaris*）で，北海道を含むユーラシア北部一帯に広く生息する．ヨーロッパでは"アカリス"と呼ばれる（北米にはアメリカアカリス *Tamiasiurus hudsonicus* という別種がいる）が，体毛色や体のサイズには地域的な変異があることが知られている．頭骨などの体のサイズは高緯度ほど小さく，腹部の体毛は白色で共通するが，背側は，明るい赤，灰色，黒などのちがいがある．この

ため，頭骨の形態学的な分析からは，かつては多数の亜種（40亜種）に分類されていた（たとえばCorbet & Hill 1978）．しかし近年のDNA分析は，西ヨーロッパ全体の変異が少ないことを明らかにした（Grill *et al.* 2009）．冬眠はしない．木の葉や花，果実やナッツを主食とするので，豊凶作を反映して生息数が大きく変動する．このリスの毛皮，なかでもノヴゴロド（ロシア）産の冬毛（毛の密度が高く，青みがかった灰色）の毛皮（最上質のものをgrey-werkという）が，王侯貴族，とくにイギリス王室のお気に入りだった．当時のイギリスはまだ貧乏国で高級毛皮は買えなかったとの事情もあった．これがリスに偏った1つの理由だが，加えてノヴゴロドやモスクワ周辺では乱獲によりセーブル，アーミン，ビーヴァーの資源量が枯渇したことが指摘できる．しかしもう1つ，決定的な理由があった．次章で述べる．

さてリスの毛皮．背側の灰色部分だけを使ったものをグリス（gris），腹側の白色に背中の灰色を縁取りしたものをミネヴァ（minever），白い部分だけのものをピュア・ミネヴァと呼び，厳密に区別していた．リスは小さいだけに，1着には途方もない数の毛皮が使用される．たとえば，ヘンリー4世（在位1399-1413）のローブ1着には1万2000頭分のリス毛皮と80頭分のアーミンが使われ，この王が着た一冬分の衣料には合計で7万9220頭分のミネヴァが使用された（Veale 2003）．ハンザ商人から買い入れられたこれらの毛皮はウォルブルック地区のなめし皮職人によって仕立てられた．

ハンザ商人の毛皮交易の変容

空前の流行を引き起こしたさしものリス皮も，15世紀末からはしだいに衰退していった．それはそうだろう．毛皮とはいえ，ほかのイタチ科食肉類やビーヴァーのそれに比べれば，毛の質感や密度，温かさははるかに見劣りし，後者の値段は2-3倍以上するとはいえ，大きさも2倍以上あった．しかもハンザ商人は粗悪で安価のものを含むさまざまなランクのリス皮を供給したので，下層庶民にも広くいきわたるように

なり，毛皮はもはやステータス・シンボルではなくなったからだ．王室や上流階級は早くも見切りをつけ，より高価で上質なアーミンやセーブルへと転向していった．

ヘンリー8世（在位1509-1547）は1537年に約200ポンド（当時の物価から概算すると1ポンドは労働者の約1カ月分の給料に相当）を支払ってセーブル350頭分のガウンをつくったという（Veale 2003）．ハンザ商人の手で大量に持ち込まれたリス皮は，15世紀以降は激減する．交易が始まって約100年，いったいどれほどのリスが西ヨーロッパへ送られたのだろう．そのネットワークの1つだったロンドンでは14世紀末で毎年35万-37万枚（Veale 2003），全期間を通じて毎年40万-60万枚が発送されたとの推計がある（Martin 1986）．単純に，年間50万枚，100年間とすれば，合計5000万頭のアカリスがノヴゴロドとサーミ人の土地で捕獲され，毛皮とされた．現在この地に生息するキタリスは，未曾有の乱獲を生き抜いた稀代の子孫たちといえる．

西ヨーロッパでのリス皮は，ブームが去るとともに，急速にすたれた．衰退原因はファッションだけではなく，明らかに，ほかの毛皮獣と同様，資源の枯渇だった（下山 2005）．また重要なのは，この交易を取り巻いた国際環境が大幅に変わったのも一因だった．バルト海域では，独占状態だったハンザ商人に対し，16世紀になるとネーデルラントやイングランドの商人が活発な活動を開始し，独自の交易ルートを切り開くまでになった．バルト海への玄関口に位置するデンマークは国を再建し，ノルウェー・スウェーデンとともに「カルマル連合」と呼ばれる一種の王国同盟を結び，再びハンザ同盟と対峙しようとしていた．

1537年，デンマークを盟主とするカルマル同盟軍はハンザ同盟（リューベック）軍を破り，覇権を奪った．これを契機にハンザ同盟は実質的に崩壊していった．さらに毛皮の供給側も大きく変貌しようとしていた．長くモンゴル帝国の支配下にあった地域（キプチャク＝ハン国）では，その徴税代行人の1人だったイヴァン1世とモスクワ公国がしだいに実力をつけ，すでに述べたように，イヴァン3世の時代にハン国からの独立とノヴゴロドの併合を敢行した．このロシアもまた，大きく塗り替えられた政治地図のもと，サンクトペテルブルクやリガから，ノヴゴロドをも凌駕する桁外れの毛皮交易に乗り出すが，その前に，もうしばらく西ヨーロッパを中心に，経済や文化の動向をたどる．ここでもまた動物が主役を演ずるが，その波紋は，人間社会の根底を揺るがす．この主役こそが「沈黙のヒツジ」だった．

第6章 注

1) かつてはラップ人と呼称されたが，ラップ（Lapp）とは"辺境の民"，言外に「野蛮で未開な」を意味する蔑称なので，ここでは使用しない．『ムガル帝国史』を著したフランス人医師・旅行家のベルニエ（F. Bernier）は別の著作のなかでラップ人を「まるで熊の血を受け継いでいるような顔」の「卑しい動物」と表現している（岡崎 2013）．
2) もともとこの地域の許容基準量が高いのは，ソヴィエト連邦が1950年代から60年代にノヴァヤゼムリャやカザフスタンなどでさかんに行った核実験の放射線降下物の影響による．チェルノブイリの事故は泣きっ面に蜂なのである．
3) たとえば，トナカイの赤身（筋肉）肉の平均では，1987年6760ベクレル/kgであるのに対し2012年120ベクレル/kgだった（Rasilaine & Rissanen 2014）．
4) このルース（Rus）人の由来については，文献史料の解釈を根拠に，従来，「北方系ノルマン人説」と，「南方系非ノルマン人説」の2つがあった．この2説は，ロシアの古名であり，ロシア国家の起源とも重なっていたために，鋭く対立した論争が長く闘わされてきた（清水 1995）．最新のDNAの解析は，ロシア人の遺伝的組成が北方系ロシア人と南方系ロシア人の2つに大別できることを示し（Morozova et al. 2012），両説ともに妥当であることを明らかにした．したがって，ここでいうルース人とは地理的位置からみてノルマン人系の人間集団と解釈できる．なお，ノルマン人とはノース人（Norseman）である．
5) ミトコンドリアDNAとY染色体DNAのハプロタイプの分析から，アイスランドの始祖集団は，男性がスカンディナヴィアのルース人（つまりヴァイキング）であるのに対し，女性の多くはオークニー島，シェトランド島，スコットランド，アイルランドなどのゲール人（ケルト系）であることが明らかにされた（Helgason et al. 2000, 2001）．どうやら女性は掠奪されたらしい．
6) 人間の体毛は約200万本あるとされ，このうち頭髪は7万-10万本である．
7) 哺乳類全体の配偶システムは，ルーカスとクラットン＝ブロック（Lukas & Clutton-Brock 2013）が指摘するように，子殺しの回避も重要な要因ではあるが，子殺しの

起こらない種も少なくないので，それ以上に子どもの保育に影響する資源量の分布と安定性が重要だ，と私は考える（三浦 1998）．

8) 性皮が最大に腫脹しているときには優位オスに交尾をせきたて，それほど肥厚していないときには劣位オスに排卵の可能性を示して交尾をうながし，けっきょくのところ父性を混乱させ，あいまいにし，オスの子殺しを防ぎ，ケアを引き出す役割をもつとの仮説である（Nunn 1999, Deschner et al. 2004）．とくにチンパンジーのメスの性皮がよく発達しているのは，オスを基盤に群れが形成され，メスはその群れに加入するという「乱婚型」の社会をもち，メスはオスに受け入れられなければならないとの背景があると考えられる．

9) 繭から羽化するとメス成虫はフェロモンを放出し，オス成虫を近づけるとすぐに交尾する（飛べないので人間が行う．繁殖は完全に人間にコントロールされる）．オスの交接器には1対のカギ状の爪（捕握器）があり，メスの交接器に引っかけて交尾する．オスは受精が完全に完了するまで長時間（5-6時間以上）交尾する．交尾後メスは500粒程度の卵を産卵するが，採卵のためにオスとメスを引き離すことを「割愛」という．かつてはオスとメスが自発的に離れるまで交尾させておいたのだろうが，それを人為的に引き離すようになったのは，したがってこの言葉を使うようになったのは，養蚕業が軌道に乗り，効率化のために採卵や成長，繭を一元的に管理するようになった江戸末期と考えられている（横山 2015）．それが「惜しく思うものを思い切って手放す」の意へ，さらに「ある組織が別の組織の要請で人材を手放す」の意に転じたのは最近のことと考えられる．

10) ヴェネツィアからリュリャナ，ブルノ，オーデル川を通ってバルト海へ抜けた．

11) デナリ（denarii）は1デナリウス（denarius）の複数形．古代ローマの銀貨で広く流通したが，徐々に品質は低下していった．聖書には「デナリオン」または「デナリ」と記載されている．この硬貨の影響は強く，ヨーロッパ各国のお金の単位や硬貨名，たとえばドゥニエ（仏），ディナール（セルビア，マケドニア），ディネロ（スペイン），さらには1ペニー（英）を"d"と表記するなどに名前を残している．ドゥニエ（denier）はロマン語の表記．

12) サイマーコワモンアザラシ（Pusa hispida saimensis）は，フィンランドのサイマー湖（淡水）に生息する．わずか250頭と推定される最絶滅危惧種である．

13) モデルスキー（Modelski 2003）による12世紀初頭の推定値による．なお，都市人口のそれは研究者によって大きなちがいがあり，チャンドラー（Chandler 1987）は同時期のバグダッドを15万人，コンスタンティノープルを20万人と推定している．

14) 世界商品とは，世界の複数の国や地域で生産され，世界各国，地域で広く需要があり，国際貿易への依存度がきわめて高い商品といえ，銀，絹，タバコ，（紅）茶，香辛料，ゴム，砂糖，羊毛，綿などがあげられ，現代では石油や自動車をあげることができる．

15) クロムなめしが発明されたのは1830年代で，重クロム酸を使用した．工程は省力化されたが，人体に有害な六価クロムが発生する．

第6章　文献

阿部謹也．1978．刑吏の社会史．中公新書，中央公論社，東京．200pp.

Achilli, A. et al. 2004. The Molecular dissection of mtDNA haplogroup H confirms that the Franco-Cantabrian gralcial refuge was a major source for the European gene pool. Am. J. Hum. Genet. 75: 910–918.

アリストテレス（BC4世紀ころ？）．動物誌［上・中・下］（島崎三郎訳 1998），岩波文庫，岩波書店，東京．913pp.

Babik, W. et al. 2005. Sequence diversity of the MHC DRB gene in the Eurasian beaver (Castor fiber). Mol. Ecol. 14: 4249–4257.

Bartlett, D. M. F. 2011. The history of coppicing in south east England in the modern period with special reference to the chestnut industry of Kent and Sussex. PhD Thesis, Univ. Greenwich.

Bar-Yosef, O. et al. 2011. Dzudzuana: an Upper Palaeolithic cave site in the Caucasus foothills (Georgia). Antiquity 85: 331–349.

Bauchet, M. et al. 2007. Measuring European population stratification with microarray genotype data. Am. J. Hum. Genet. 80: 948–956.

ベーア，R. R. 1996．一角獣（和泉雅人訳）．河出書房新社，東京．280pp.

Beach, H. 1990. Coping with the Chernobyl disaster: a comparison of social effect in two reindeer-herding areas. Rangifer Spec. Iss. 3: 25–34.

ベックマン，J. 1780．西洋事物起原（第4巻）（特許庁内技術史研究会訳 1999），岩波文庫，岩波書店，東京．438pp.

Bellomo, R. V. 1994. Method of determining early hominid behavioral activities associated with the controlled use of fire at FxJj20 Main, Koobi Fora, Kenya. J. Hum. Evol. 27: 173–195.

Bluhm, B. A. & R. Gradinger. 2008. Regional variability in food availability for Arctic marine mammals. Ecol. Appl. 18: 77–96.

ボイド，R. & J. B. シルク．2011．ヒトはどのように進化してきたか（松本晶子ほか訳）．ミネルヴァ書房，京都．788pp.

Bratrein, H. D. & E. Niemi. 1994. Inn I riket. Politisk og økonomisk integrasjon gjennom tusen år. In: Nordnorsk kulturhisorie, Vol. 1 (E. A. Drievenes et al., eds.), pp. 146–209. Oslo.

Brogan, O. 1936. Trade between the Roman Empire and the free Germans. J. Roman Stud. 26: 195–222.

ブローデル，F. 1966．地中海（7）（浜名優美訳 1999）．藤原書店，東京．424pp.

ブーシェ，F. 1973．西洋服装史（石山彰訳）．文化出版局，東京．446pp.

Carbonell, E. et al. 2008. The first hominin of Europe. Nature 452: 465–469.

Cassens, I. et al. 2000. Mitochondrial DNA variation in the European otter (Lutra lutra) and the use of spatial autocorrelation analysis in conservation. J. Hered. 91: 31–35.

Chandler, T. 1987. Four Thousand Years of Urban Growth: A History Census. Edwin Mellan Press, NY. 676pp.

鄭仁和．1992．遊牧．筑摩書房，東京．270pp.

Corbet, G. B. & J. E. Hill. 1978. The Mammals of the Palaearctic Region: British Museum. Cornell Univ. Press, London. 488pp.

Covington, A. D. 1997. Modern tanning chemistry. Chem. Soc. Rev. 26: 111-126.

Culotta, E. 2011. Ancient DNA reveals Neandertals with red hair, fair complexions. Science 318: 545-546.

ダーウィン，C. 1871．人間の由来［上・下］（長谷川眞理子訳 2016）．講談社学術文庫，講談社，東京．997pp．(Darwin, C. The Descent of Man, and Selection in relation to sex. John Murray, London. 以下参照．http://darwin-online.org.uk/content/frameset?pageseq=1&itemID=F937.1&viewtype=text).

Delson, E. et al. 2000. Encyclopedia of Human Evolution and Prehistory. Garland Press, NY. 630pp.

Derevianko, A. P. & M. V. Shunkov. 2004. Formation of the Upper Paleolithic traditions in the Altai. Archaeol. Ethnol. Anthrop. Eurasia 3: 12-40.

Deschner, T. et al. 2004. Female sexual swelling size, timing of ovulation, and male behavior in wild West African chimpanzees. Hormones Behav. 46: 204-215.

ダイアモンド，J. 2000．銃・病原菌・鉄［上・下］（倉骨彰訳）．草思社，東京．679pp.

ダイアモンド，J. 2005．文明崩壊［上・下］（楡井浩一訳）．草思社，東京．850pp.

Dugmore, A. J. et al. 2007. Norse Greenland settlement: reflection on climate change, trade, and the constrasting fates of human settlements in the North Atlantic Islands. Arctic Anthrop. 44: 12-36.

Durka, W. et al. 2005. Mitochondrial phylogeography of the Eurasian beaver Castor fiber L. Mol. Ecol. 14: 3834-3856.

Eisenberg, J. F. 1975. The behavior patterns of desert rodents. In: Rodents in Desert Enviornments. (Prakash, I. and P. K. Ghosh, eds.), pp. 189-224. Springer, NY.

Erim, K. T. et al. 1970. The copy of Diocletian's Edict on maximum prices from Aphrodisias in Caria. J. Roman Stud. 60: 120-141.

フェイガン，B. 2001．歴史を変えた気候大変動（東郷えりか・桃井緑美子訳）．河出書房新社，東京．408pp.

Fay, F. H. 1982. Ecology and biology of the Pacific walrus, Odobenus rosmarus divergens Illiger. US Fish and Wildlife Ser. North American Fauna 74: 1-277.

Forbes, R. J. 1966. Studies in Ancient Technology (V), Leather in Antiquity, pp. 1-79. E. J. Brill, Leiden, Netherland.

Forster, P. 2004. Ice Ages and the mitochondrial DNA chronology dispersals: a review. Phil. Trans. Roy. Soc. Lond. B 359: 255-264.

Frei, K. M. et al. 2015. Was it for walrus? Viking age settlement and medieval walrus ivory trade in Iceland and Greenland. World Archaeol. 47: 439-466.

Gaborit-Chopin, A. 2004. Ivoires: de l'Orient ancien aux temps modernes. Réunion des musées nationaux, 15pp.

García, O. et al. 2011. Using mitochondrial DNA to test the hypothesis of a European post-glacial human recolonization from the Franco-Cantabrian refuge. Heredity 106: 37-45.

Garde, E. et al. 2007. Age-specific growth and remarkable longevity in narwhals (Monodon monoceros) from west Greenland as estimated by aspartic acid racemization. J. Mamm. 88: 49-58.

Gessner, C. 1558. Historia Analium, Vol. 4. （以下参照．https://ceb.nlm.nih.gov/proj/ttp/flash/gesner/gesner.html 閲覧 2017.3.11）

Gippius, A. A. & J. Schaeken. 2011. On direct speech and referential perspective in birchbark letters no. 5 from Tver' and no. 286 from Novgorod. Russ. Linguist. 35: 13-32.

Glass, B. 1966. Evolution of harlessness in man. Science 132: 294.

Goren-Inbar, N. et al. 2004. Evidence of hominin control of fire at Gesher Benot Ya'aqov, Israel. Science 304: 725-727.

Grill, A. et al. 2009. Molecular phylogeography of European Sciurus vulgaris: refuge within refugia? Mol. Ecol. 18: 2687-2699.

Guglielmino, C. R. et al. 1998. Surname, HLA genes and ancient migration. Annals Human Genet. 62: 261-269.

Guérin, S. M. 2012. Avorio d'ogni ragione: the supply of elephant ivory to northern Europe in the Gothic era. J. Medieval Hist. 36: 156-174.

ハルドゥーン，I. 1377．歴史序説（第 1-4 巻）（森本公誠訳 2001）．岩波文庫，岩波書店，東京．1898pp.

Hansen, L. I. 1996. The Saami hunting society in transiton: approaches, concepts and context. In: Congressus Primus Historiae Fenno-Ugricae (K. Julku, ed.), pp. 315-334. Societas Historiae Fenno-Ugricae, Oulu.

Harbo, H. F. et al. 2010. Norwegian Sami differs significantly from other Norwegians according to their HLA profile. Tissue Ant. 75: 207-217.

Heide-Jørgensen, M. P. & R. Dietz. 1995. Some characteristics of narwhal, Monodon monoceros, diving behaviour in Baffin Bay. Canad. J. Zool. 73: 2120-2132.

Helgason, A. et al. 2000. Estimating Scandinavian and Gaelic ancestry in the male settlers of Iceland. Am. J. Hum. Genet. 67: 697-717.

Helgason, A. et al. 2001. MtDNA and the islands of the North Atlantic: estimating the proportions of Norse and Gaelic ancestry. Am. J. Hum. Genet. 68: 723-737.

Helmolt, H. F. 1902. History of the World, A Survey of Man's Records Vol. VII. （以下参照．https://archive.org/details/historyofworldsu07helm 閲覧 2017.5.2）

Heptner, V. G. et al. 1967. Mammals of the USSR, Part 2, Vol. 1. Jerusalem, Israel Program for Scientific Translations. 1147pp.

ヘシオドス（BC700 年ころ）．労働と日々（『仕事と日』松平千秋訳 1985）．岩波文庫，岩波書店．200pp.

比嘉清松．1965．十四世紀末－十五世紀初頭におけるハンザ商人の毛皮取引——フェッキンフーゼン家を中心として．六甲台論集 12: 1-12.

比嘉清松．1968．中世末北ヨーロッパにおける毛皮取引．松山商大論集 19: 27-43.

ホメロス（BC8 世紀ころ？）．イーリアス［上・下］（松平千秋訳 1992）．岩波文庫，岩波書店，東京．942pp.

ホメロス（BC8世紀ころ？）．オディッセイア［上・下］（松平千秋訳 1994）．岩波文庫，岩波書店，東京．743pp.

堀越宏一．2009．ものと技術の弁証法（ヨーロッパの中世 5）．岩波書店，東京．308pp.

Hufthammer, A. K. et al. 2010. Seasonality of human site occupation based on stable oxygen isotope ratios of cod otoliths. J. Archaeol. Sci. 37: 78-83.

家島彦一．1991．イスラム世界の成立と国際商業．岩波書店，東京．443pp.

Ingman, M. & U. Gyllensten. 2007. A recent genetic link between Sami and the Volga-Ural region of Russia. Europ. J. Hum. Genet. 15: 115-120.

Ingold, T. 1974. On reindeer and men. Man 9: 523-538.

Ingstad, A. S. 2001. The Viking Disovery of America: The Excavation of a Norse Settlement in L'Anse Aux Meadows, Newfoundland. Checkmark Books, NY. 192pp.

IUCN. 2016. *Odobenus rosmarus*. IUCN Red List of Threatened Species. http://www.iucnredlist.org/（閲覧 2017. 3. 10）．

IUCN. 2017. Redlist.（以下参照．http://www.iucnredlist.org/ detail 閲覧 2017. 5. 10）

Izagirre, N. & C. de la Rúa. 1999. A mtDNA analysis in ancient Basque populations: implications for haplogroup V as a marker for a major Paleolithic expansion from southwestern Europe. Am. J. Hum. Genet. 65: 199-207.

ジャブロンスキー，N. 2010. なぜ人間だけ無毛になったのか．日経サイエンス 40（5）: 30-39.

Jablonski, N. G. & G. Chaplin. 2000. The evolution of human skin coloration. J. Hum. Evol. 39: 57-106.

Johansson, J. M. et al. 2002. Continuous GPS measurements of postglacial adjustment in Fennoscandia 1. Geodetic results. J. Geophysic. Res. 107: 3-27.

Jørgensen, D. 2010. Local government responses to urban river pollution in late medieval England. Water Hist. 2: 35-52.

金子光茂．2000．西欧文明を築いたイスラーム．大分大学教育福祉科学部紀要 22: 117-131.

川西祐一ほか．2010．分子系統解析によるクワコの進化と日本列島の地理的変動との関係．蚕糸・昆虫バイオテック 79: 109-117.

Kayle, C. J. 2003. Genetic structure of European pine marten, and evidence for introgression with M. Americana in England. Conserv. Genetics 4: 179-188.

Keller, C. 2010. Fur, fish, and ivory: medieval norsement at the arctic fring. J. North Atlantic 3: 1-23.

Kelley, T. C. 2015. Mating ecology of beluga (*Delphinapterus leucas*) and narwhal (*Monodon monocerous*) as estimated by reproductive tract metrics. Marine Mamm. Sci. 31: 479-500.

カービー，D. G. & M. L. ヒンカネン．2011．ヨーロッパの北の海（玉木俊明訳）．刀水書房，東京．452pp.

Kitchener, A. C. & J. W. H. Conroy. 1997. The history of the Eurasian beaver Castor fiber in Scotland. Mamm. Rev. 27: 95-108.

Kittler, R. et al. 2003. Molecular evolution of *Pediculus humanus* and the origin of clothing. Current Biol. 13: 1414-1417.

Kovalev, R. K. & A. C. Kaelin. 2007. Circulation of Arab silver in medieval Afro-Eurasia: preliminary observations. Hist. Compass 5: 560-580.

蔵持不三也・松平俊久．2005．図説ヨーロッパ怪物文化誌事典．原書房，東京．333pp.

黒石晋．2001．社会構造を編成する欲望——ヴァイキング期ヨーロッパの場合（1）（2）．彦根論叢 333: 113-132, 335: 51-70.

Kurth, E. F. 1947. The chemical composition of barks. Chem. Rev. 40: 33-49.

Kushlan, J. A. 1985. The vestiary hypothesis of human hair reduction. J. Hum. Evol. 14: 29-32.

葛野浩昭．1990．トナカイの社会誌．河合出版，東京．290pp.

Kvist, R. 1986. Den samiska handeln och dess roll som social diffrentieringsfaktor-Lule lappmark 1760-1860. Acta Borealia 2: 19-40.

Kyle, C. J. et al. 2003. Genetic structure of European pine martens (*Martes martes*), and evidence for introgression with M. Americana in England. Conserv. Genet. 4: 179-188.

Laidre, K. L. 2008. Quantifying the sensitivity of Arctic marine mammals to climate-induced habitat change. Ecol. Appl. 18: 97-125.

Leake, W. M. 1826. An Edict of Diocletian Fixing a Maximum of Prices throughout the Roman Empire. John Murray, London, 41pp.（以下参照．http://www.worldcat.org/title/edict-of-diocletian-fixing-a-maximum-of-prices-throughout-the-roman-empire-ad-303/oclc/65276694 閲覧 2015. 7. 15）

Le Bras, H. & E. Todd. 1981. L'Invention de la France. Librairie GCnCrale de France, Paris.

Leppänen, A. P. et al. 2011. Effective half-lives of 134Cs and 137Cs in reindeer meat and in reindeer herders in Finland after the Chernobyl accident and the ensuing effective radiation doses to humans. Health Physics Soc. 100: 458-481.

Levy, M. 1957. Chemistry of tanning in ancient Mesopotamia. J. Chem. Educ. 34: 142-143.

Limata, L. E. 2005. An archaeolmetallurgical case study of shears fabrication technology. PhD. Dissertations of Lehigh Univ. 78pp.

Limburg, K. E. et al. 2008. Prehistoric versus moern Baltic Sea cod fisheries: selectivity across the millennia. Proc. Roy. Soc. Lond. B 275: 2659-2665.

Lucas, A. R. 2005. Industrial milling in the ancient and medieval worlds: a survey of the evidence for an industrial revolution in medieval Europe. Techno. Cult. 46: 1-30.

Lukas, D. & T. H. Clutton-Brock. 2013. The evolution of social monogamy in mammals. Science 341: 526-530.

マグヌス，O. 1555．北方民族文化誌［上・下］（谷口幸男訳 1991, 1992）．渓水社，東京．1316pp. 原著 "Historia de Gentibus Septentrionalibus" は以下の URL 参照 http://www.biodiversitylibrary.org/page/41862442#page/491/mode/1up（閲覧 2016. 8. 15）

Mango, M. M. 2009. Byzantine trade: local, regional, interregional and international. In: Byzantine Trade, 4 th-12 th

Centuries. (M. M. Mago, ed.), pp. 3-14. Ashgate Publ. Ltd., Wey Cort East.

Manica, A. 2007. The effect of ancient population bottlenecks on human phenotypic variation. Nature 448: 346-348.

Marcoux, M. et al. 2012. Variability context specificity of narwhal (Monodon monoceros) whistles and pulased calls. Marine Mamm. Sci. 28: 649-665.

Marlowe, F. W. 2004. Is human ovulation concealed? Evidence from conception beliefs in a hunter-gatherer society. Arch. Sexual Behav. 33: 427-432.

Martin. J. 1986. Treasure of the Land of Darkness: The Fur Trade and its Significance for Medieval Russia. Cambridge Univ. Press, Cambridge. 288pp.

Matheson, C. 1950. The walrus. Oryx 1: 10-14.

松木栄三．1980. ロシア＝地中海関係史の一断面──15世紀のロシアとイタリア人．地中海論集 5: 43-54.

松木栄三．2002. ロシア中世都市国家の政治世界．彩流社，東京．418pp.

McGhee, R. 1984. Contact between native North Americans and the medieval Norse: a review of the evidence. Am. Antiquity 49: 4-26

McGovern, T. H. 2013. Walrus tusks and bone for Aðalstræti 14-18. Reykjavik Iceland. Norsec Rep. 50: 1-11.

Michaux, J. R. et al. 2005. Conservation genetics and population history of the threatened European mink Mustela lutreola, with an emphasis on the west European population. Mol. Ecol. 14: 2373-2388.

Miller, E. H. 1975. Walrus ethology 1. The social role of tusks and applications of multidimensional scaling. Canad. J Zool. 53: 590-613.

南川高志．2013. 新・ローマ帝国衰亡史．岩波新書，岩波書店，東京．232pp.

Mithen, S. 2006. After the Ice; A Global Human History 2000-5000 BC. Orion Books Ltd., London (http://upload.wikimedia.org/wikipedia/commons/archive/d/de/20070328081338%21Europe20000ya.png より転載)

三浦慎悟．1998. 哺乳類の生物学④社会．東京大学出版会，東京．156pp.

Modelski, G. 2003. World Cities: -3000 to 2000. FAROS 2000, Washingotn, DC. 245pp.

モントゴメリー，D. 2010. 土の文明史（片岡夏実訳）．築地書館，東京．368pp.

Morozova et al. 2012. Russian ethnic history inferred from mitochondrial DNA diversity. Am. J. Physic. Anthropol. 147: 341-351.

モリス，D. 1969. 裸のサル（日高敏隆訳）．河出書房新社，東京．305pp.

Morrison, J. S. et al. 1970. Aspects of the history of wooden shipbuilding. Maritime Monogr. Rep. (National Maritime Museum) 1: 1-31.

Moulherat, C. et al. 2002. First evidence of cotton at Neolithic Mehrgarh, Pakistan: analysis of mineralized fibres from a copper bead. J. Archaeol. Sci. 29: 1393-1401.

Mourrieras, B. et al. 1995. Surname distribution in France: a distance analysis by a distorted geographical map. Annals Human Biol. 22: 183-198.

Mucci, N. et al. 1999. Extremely low mitochondrial DNA contral-region sequence variation in the otter (Lutra lutra) population of Denmark. Hereditas 130: 331-336.

Muizon, C. 1993. Walrus-like feeding adaptation in a new cetacean from the Pliocen of Peru. Nature 365: 745-748.

Muizon, C. & D. P. Domning. 2002. The anatomy of Odobenocetops (Delphinoidea, Mammalia), the walrus-like dolphin from the Pliocene of Peru and its palaeobiological implication. Zool. J. Linnean Soc. 134: 423-452.

村上憲司．1983. 西洋服装史（第3版）．創元社，大阪．235pp.

村川堅太郎ほか．1993. ギリシャ・ローマの盛衰．講談社学術文庫，講談社，東京．375pp.

Nesje, A. 2009. Fjords of Norway: Complex of Origin of a Scenic landscape. In: Genomorphological landscapes of the world (Migon, P., ed.), pp. 223-234. Springer, Amsterdam.

西村三郎．2003. 毛皮と人間の歴史．紀伊國屋書店，東京．388pp.

西村祐子．2012. 英国における皮革業の社会史──比較文化史の視点から．駒澤大学外国語論集 14: 65-109.

Nolet, B. & F. Rosell. 1998. Comeback of the beaver Castor fiber: an overview of old and new conservation problems. Biol. Conserv. 83: 165-173.

Notis, M. R. & A. N. Shugar. 2003. Roman shears: metallography, composition and a historical approach to investigation. Proc. Int. Conf. Archaeometall. Europe 1: 109-118.

野澤謙．2009. 家畜化と家畜．『アジアの在来家畜』（在来家畜研究会編），pp. 3-14. 名古屋大学出版会，名古屋．

Nunn, C. L. 1999. The evolution of exaggerated sexual swellings in primates and the graded-signal hypothesis. Anim. Behav. 58: 229-246.

Nweeia, M. T. 2014. Sensory ability in the narwhal tooth organ system. Anat. Rec. 297: 599-617.

Oeding, P. 1990. The black death in Norway. Tidsskr Nor Laegeforen 110: 2204-2208.

Ofcarcik, R. P. & E. E. Burns. 1971. Chemical and physical properties of selected acorns. J. Food Sci. 36: 576-578.

岡崎勝世．2013. 科学VS.キリスト教．講談社現代新書，講談社，東京．298pp.

オクセンシェルナ，E. 1976. ヴァイキング．別冊サイエンス特集「考古学文明の遺産」，pp. 69-82. 日本経済新聞社．

Olsen, B. 1987. Stability and change in Saami band structure in the Varanger Area of arctic Norway, AD 1300-1700. Norweg. Archaeol. Rev. 20: 65-80.

Opie, C. et al. 2013. Male infanticide leads to social monogamy in primates. PNAS 110: 13328-13332.

O'Sullivan, N. J. et al. 2016. A whole mitochondria analysis of the Tyrolean Iceman's leather provides insights into the animal sources of Copper Age clothing. Sci. Rep. 6: 31279, Doi: 10.1038.

大内輝雄．1991. 羊蹄記．平凡社，東京．318pp.

小澤実．2009. 北洋のヨーロッパ．『辺境のダイナミズム』ヨーロッパの中世（3）（小澤実・薩摩秀登・林邦夫著），pp. 13-80. 岩波書店，東京．

小澤実．2010. ルーン石碑からみたスカンディナヴィア世界と東方世界の交渉．スラブ研究センター報告書2010: 198-208.

Pagel, M. & W. Bodmer. 2003. A naked age would have fewer parasites. Proc. Roy. Soc. Lond. B (Suppl.) 270: 117-119.

Paine, R. 1988. Reindeer and caribou *Rangifer tarandus* in the wild and under pastoralism. Polar Rec. 24: 31-42.

Pala, M. *et al*. 2012. Mitochondrial DNA signals of Late Glacial recolonization of Europe from Near Eastern Refugia. Am. J. Hum. Genet. 90: 915-924.

Patterson, N. *et al*. 2006. Genetic evidence for complex speciation of humans and chimpanzees. Nature 441: 1103-1108.

Pérez-Haro M. *et al*. 2005. Genetic variability in the complete mitochondrial control region of the Eurasian otter (*Lutra lutra*) in the Iberian Peninsula. Biol. J. Linnean Soc. 86: 397-403.

Pertoldi, C. *et al*. 2001. Genetic consequences of population decline in the European otter (*Lutra lutra*): an assessment of microsatellite DNA variation in Danish otters from 1883 to 1993. Proc. Roy. Soc. Lond. B 268: 1775-1781.

Pierce, E. 2009. Walrus hunting and the ivory trade in early Iceland. Archaeol. Islandica 7: 55-63.

ピレンヌ，H. 1956. 中世ヨーロッパの経済史（増田四郎ほか訳）．一条書店，東京．302pp.

ピレンヌ，H. 1975. 古代から中世へ（佐々木克己編訳）．創文社，東京．190pp.

Pluskowski, A. 2004. Narwhals or unicorns? Exotic animals as material culture in Medieval Europe. Europ. J. Archaeol. 7: 291-313.

Pomet, P. 1694. Hisotire générale des drogues.（以下参照．http://gallica.bnf.fr/ark:/12148/btv1b8626561c/f430.item　閲覧 2017. 5. 10）

Porter, C. 2005. The use of Alum in the preparation of tawed skin for book covers in the 11th-15th centuries: advantages and disadvantages for the book structure. In: L'alun de Méditeranée (Borgard, P. *et al*., eds.), pp. 293-298. Publ. Centre J Bérard, Naples.

バウア，E. 1969. 中世に生きる人々（三好洋子訳）．UP 選書，東京大学出版会，東京．290pp.

Price, T. D. 1991. The Mesolithic of Northern Europe. Ann. Rev. Anthrop. 20: 211-233.

プリニウス（AD10年ころ？）博物誌（第 1-3 巻）（中野定雄・中野里美・中野美代訳 1986）．雄山閣出版，東京．531pp.（以下に英語版．https://archive.org/stream/pliny snaturalhis00plinrich#page/n7/mode/2up　閲覧 2017. 2. 17）

Randi, E. *et al*. 2003. Genetic structure in otter (*Lutra lutra*) populations in Europe: implications for conservation. Anim. Conserv. 6: 93-100.

Rantala, M. J. 2007. Evolution of nakedness in *Homo sapiens*. J. Zool. 273: 1-7.

Rasilainen, T. M. & K. Rissanen. 2014. Distribution of 137Cs in reindeer meat: a comparison of situations with high and low acivity concentrations. Radiochem. 56: 657-664.

Rijkelijkhuizen, M. 2009. Whales, walruses, and elephatnts: artisans in ivory, baleen, and other skeletal materials in seventeenth- and eighteenth-century Amsterdam. Int. J. Hist. Archaeol. 13: 409-429.

リシェ，P. 1992. 中世の生活文化誌（岩村清太訳）．東洋館出版社，東京．425pp.

Rissanen, K. & T. Rahola. 1990. Radiocesium in lichens and reindeer after the Chernobyl accident. Rangifer Spec. Iss. 3: 55-61.

Robitaille, J-F. & S. Laurence. 2002. Otter, *Lutra lutra*, occuence in Europe and in France in relation to landscape characteristic. Anim. Conserv. 5: 337-344.

Roesdahl, E. 1995. Hvalrostand, elfenben og nordboerne i Grønland (Walrus tusks, ivory and the Norse in Greenland). In Danish. C.C. Rafn Forelæsning Nr. 10. Odense Universitetsforlag, Odense. 45 pp.

Rogers, A. *et al*. 2004. Genetic variation at the MC1R locus and the time since loss of human body hair. Curr. Anthrop. 45: 105-108.

Rosell, F. *et al*. 2012. More genetic data are needed before populations are mixed: response to "Sourcing Eurasian beaver *Castor fiber* stock for reintroductions in Great Britain and Western Europe". Mamm. Rev. 42: 319-324.

Ruth, C. 1997. The exploitation of carnivores and other fur-bearing mammals during the north-western European late upper Palaeolithic and Mesolithic. Oxford J. Archaeol. 16: 253-277.

Ruxton, G. D. & D. M. Wilkinson. 2011. Avoidance of overheating and selection for both hair loss and bipedalit in hominins. PNAS 108: 20965-20969.

Ryder, M. L. 1983. Sheep and Man. MPG Book Limited, Bodmin, Corwall. 846pp.

堺雄一．2001. 中世ヨーロッパの遠隔地交易と危険対策（1）．生命保険論集 136: 59-128.

Sandel, A. A. 2013. Hair density and body mass in mammals and the evolution of human hairlessness. Am. J Physic. Anthrop. 152: 145-150.

サンドラー，M. W. 2014. 図説大西洋の歴史（日暮雅通訳）．悠書館，東京．457pp.

Schaeffer, J. A. 1975. The costume of the Korai: a re-interpretation. Calif. Stud. Classic. Antiquity 8: 241-256.

Scheel, B. 1989. Egyptian metalworking and tools. Shire Pub. Ltd., Aylesbury. 68pp.

Scoresby, W. 1820. An account of the Arctic Region with a History and Description of the Northern Whale Fishery. I & II, Cambridge Univ. Press, Cambridge. 1124pp.（以下参照．http://www.biodiversitylibrary.org/item/37536#page/607/mode/1up　閲覧 2015. 10. 10）

Seaver, K. A. 2009. Desirable teeth: the medieval trade in Arctic and African ivory. J. Global Hist. 4: 271-292.

Semino, O. *et al*. 2000. The genetic legacy of Paleolithic *Homo sapiens sapiens* in extant Europeans: a Y choromosome perspective. Science 290: 1155-1159.

Shimada, T. & T. Saitoh. 2003. Negative effects of acorns on the wood mouse *Apodemus speciosus*. Popul. Ecol. 45: 7-17.

清水睦夫 1995. ロシア国家の起源．『ロシア史（1）』（田中陽兒・倉持俊一・和田春樹編），pp. 3-57. 山川出版社，東京．

下山晃．2005. 毛皮と皮革の文明史．ミネルヴァ書房，京都．456pp.

Silverman, H. B. & M. J. Dunbar. 1980. Aggressive tusk use

by the narwhal (*Monodon monoceros* L.). Nature 284: 56-57.
Smith, J. & N. A. Beresford. 2005. Chernobyl: Catastrophe and Consequences. Praxis Publ. Springer, Chichester. 310pp.
Soffer, O. 2004. Recovering perishable technologies through use wear on tools: preliminary evidence for Upper Paleolithic weaving and net making. Curr. Anthrop. 45: 407-413.
Stanton, D. W. G. *et al.* 2009. Mitochondrial genetic diversity and structure of the European otter (*Lutra lutra*) in Britain. Conserv. Genet. 10: 733-737.
Storli, I. 1996. On the historiography of Sami reindeer pastoralism. Acta Borealia 13: 81-115.
ストゥルルソン, S. (13世紀初頭). ヘイムスクリングラ ——北欧王朝史 (2) (谷口幸男訳 2009). プレスポート・北欧文化通信社, 上尾市. 341pp.
Swanson, J. T. 1975. The myth of Trans-Saharan trade during the Roman Era. Int. J. Afr. Hist. Stud. 8: 582-600.
Szalay, F. & R. K. Costello. 1991. Evolution of permanent estrus displays in hominids. J. Hum. Evol. 20: 439-464.
タキトゥス (AD98ころ?) ゲルマーニア (泉井久之助訳 1979). 岩波文庫, 岩波書店, 東京. 271pp.
竹之内一昭. 2006. アルミニウム鞣. 皮革科学 52: 107-115.
竹之内一昭. 2009. 原始時代と古代の皮革. 皮革科学 55: 1-11.
竹之内一昭. 2010. 中世ヨーロッパの皮革. 皮革科学 56: 1-13.
Tambets, K. *et al.* 2004. The western and eastern roots of the Saami-the story of genetic "outliers" told by mitochondrial DNA and Y chromosome. Am. J. Hum. Genet. 74: 661-682.
The International Silkworm Genome Consortium. 2008. The genome of a lepidopteran model insect, the silkworm *Bombyx mori*. Insect Biochem. Mol. Biol. 38: 1036-1045.
Thierry, B. 2005. Hair grows to be cut. Evol. Anthrop. 14: 5.
Thór, J. Th. 2000. Why was Greenland "lost"? Scand. Econ. Hist. Rev. 48: 28-39.
Torroni, A. *et al.* 1998. MtDNA analysis reveals a major late Paleolithic population expansion from southwestern to northeastern Europe. Am. J. Hum. Genet. 62: 1137-1152.
Toups, M. A. *et al.* 2011. Origin of clothing lice indicates early clothing use by anatomically modern humans in Africa. Mol. Biol. Evol. 28: 29-32.
van Schaik, C. & C. H. Janson (eds.). 2000. Infanticide by Males and its Implications. CUP, Cambridge. 569pp.
van Schaik, C. *et al.* 2004. Mating conflict in primates: infanticide, sexual harassment and female sexuality. In: Sexual Selection in Primates: New and Comparative Perspectives (Kappeler, P. and C. van Schaik, eds.), pp. 131-150. Cambridge Univ. Press, Cambridge.
Veale, E. (1966, 2003). The English Fur Trade in the Later Middle Ages. Oxford Univ. Press (1st ed.), London Record Society (2nd ed.), 273pp.
ウェルギリウス (BC70-BC19). 牧歌／農耕詩 (小川正廣訳 2004). 西洋古典叢書, 京都大学学術出版会, 京都. 268pp.
Wallerström, T. 2000. The Saami between East and West in the Middle Ages, an archaeological contribution to the history of reindeer breeding. Acta Borealia 17: 3-39.
Wheeler, P. E. 1985. The loss of functional body hair in man: the influence of thermal environment, body form and bipedality. J. Hum. Evol. 14: 23-28.
Wheeler, P. E. 1992. The influence of the loss of functional body hair on hominid energy and water budgets. J. Hum. Evol. 23: 379-388.
Wiklund, E. *et al.* 2008. Carcass composition and yield of Alaskan reindeer (*Rangifer tarandus tarandus*) steers and effects of electrical stimulation applied during field slaughter on meat quality. Meat Sci. 78: 185-193.
ヴェーバー, K.-M. 2011. 古代ローマ生活辞典 (小林澄栄訳). みすず書房, 東京. 566pp.
Wrangham, R. 2009. Catching Fire: How Cooking Made Us Human. Profile Books Ltd., London. 309pp.
Xia, Q. *et al.* 2009. Complete resequencing of 40 genomes reveals domestication events and genes in silkworm (*Bombyx*). Science 326: 433-436.
山極寿一. 2012. 家族進化論. 東京大学出版会, 東京. 358pp.
ヤーニン, V. L. 2001. 白樺の手紙を送りました (松木栄三・三浦清美訳). 山川出版社, 東京. 311pp.
Yeomans, L. M. 2006. A zooarchaeological and historical study of the animal product based industries operating in London during the post-medieval period. PhD Thesis, Institute of Archaeology, Univ. Coll. London. 381pp.
横山岳. 2015. 蚕の夫婦は仲が良い. シルクレポート 2014. 5: 14-16.
吉田睦. 2003. トナカイ牧畜民の食の文化・社会誌. 彩流社, 東京. 274pp.
吉武成美. 1968. 家蚕日本種の起源に関する一考察. 日蚕雑 37: 83-87.
Young, N. E. *et al.* 2015. Glacier maxima in Baffin Bay during the Medieval Warm Period coeval with Norse settlement. Sci. Adv. 1: e1500806.
Yukihiro, K. *et al.* 2002. Significant levels of sequence divergence and gene rearrangements have occurred between the mitochondrial genomes of the wild mulberry silkworm, *Bombyx mandarina*, and its close relative, the domesticated silkworm, *Bombyx mori*. Mol. Biol. Evol. 19: 1385-1389.
Zihlman, A. L. & B. A. Cohn. 1988. The adaptive response of human skin to the savanna. Hum. Evol. 3: 397-409.
ゾイナー, 1983. 家畜の歴史 (国分直一・木村伸義訳). 法政大学出版局, 東京. 590pp.
Zinner, D. *et al.* 2002. Signifiane of primate sexual swellings. Nature 420: 142.

史料・古典：
聖書 (新共同訳 1992). 日本聖書協会発行, 東京.

第7章　ヒツジとスパイス，そしてクジラ

バスク人の故郷は，ピレネー山脈の北西部からビスケー湾（仏：ガスコーニュ湾，西：ビスカヤ湾）にかけての山地と沿岸地帯である．そこは"フランコ−カンタブリアン・リフュージア"（第6章 p.278 参照）の一画で，彼らは最終氷期の時代からこの地で生活を続けてきた．農耕にはあまり適さないヨーロッパ異郷の地で彼らは狩猟採集と漁労を生業としてきた．半円形状のビスケー湾は，遠浅の大陸棚に縁取られ，沖合を流れる北大西洋海流は，この地でゆっくりと回転し，プランクトンの渦をつくって滞留する（図7-1）．これを食物連鎖の基層に豊かな海洋生態系が成立し，多種多様な海の幸をこの地にもたらしてきた．彼らは槍や銛で魚を突き，カキ，ムール貝，ザル貝などを採集し，生計を立てた．そしてなによりも待ち焦がれたのはときおり漂着するクジラ類だった．

クジラ類は深海から浅瀬に突然変わるような海底地形の場所では浅瀬に乗り上げ，座礁し，身動きがとれなくってしまう．これを"ストランディング"（stranding）という．ビスケー湾一帯は，現在でもヨーロッパ屈指の"ホエール・ウォッチング"の名所であると同時に，ストランディングの多発地でもある（Dabin et al. 2011）．北大西洋海流に乗って回遊してきたクジラ類はビスケー湾の浅瀬にトラップされて座礁する．その数はアカボウクジラ類だけでも1970-2010年の間で毎年平均2-3頭（Dabin et al. 2011），クジラ類がはるかに多かった中世以前ではこの10倍以上，イルカ類も加えれば相当な数にのぼったはずだ．

日本を含め世界共通だが，座礁したクジラ類

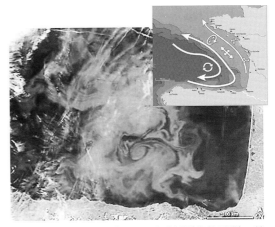

図7-1　ビスケー湾（NASA地球観測衛星画像）．植物プランクトンが大発生して渦を巻いている．右上は海底地形とおもな海流，沖合には4000 m以下の深海域が広がる［Jacques+Descloitres,+MODIS+Rapid+Response+Team,+NASA/GSFC%EF%BC%88http://visibleearth.nasa.gov/view（閲覧 2017.3.15）および Koutsikopoulos & Cann 1996より］．

は，沿岸地域の人々にとって大切な食料となった．「神の恵み」はどこでもお祭り騒ぎを引き起こし，あり余るほど十分な肉は人々に分配，配給された．良質な動物性タンパク質は栄養価が高く，欠かせない食料だった．海流と偶然まかせの歯がゆい「待鯨」はそのうちに小舟による「捕鯨」へと発展した．7世紀，彼らは，これも日本の過去の沿岸捕鯨とまったく同様に，浜に小高い櫓を立てて海を見張り，クジラ類[1]の噴気（潮吹き）や群れを発見すると，小舟の船団を組んでクジラを取り囲み，鳴りものや水面をたたき，入江に追い込んでとどめを刺した（Kurlansky 1999）．これがヨーロッパにおける捕鯨の始まりである．この捕鯨業は，バスク人

が牽引しつつ，その後ヨーロッパで大きく発展した．詳細は後述するとして，この章ではまず，ヨーロッパ社会を変貌させたもう1種の動物，ヒツジの話から始めることにする．

7.1　近代を切り拓いたヒツジ

（1）メリノ種とスペイン

ヒツジは，すでに述べたように（第2章），近東に生息していた野生種ムフロンを原種に，1つの大きな遺伝子プールの複数の地点で多元的に家畜化された（Kijas et al. 2012）．この遺伝子プールには，ミトコンドリアDNAでみると，ハプログループAとBが混在し，大まかにいえば，ハプログループAはアジア，中東地域に，ハプログループBはヨーロッパ在来の野生ムフロンの遺伝子も取り込みながらヨーロッパ各地に，分布域を広げた（Hiendleder et al. 1998）．このBタイプから品種改良の過程でハプログループC，D，Eが分化した（Meadows et al. 2007）．ヒツジは各地で，肉，ミルク，羊毛，毛皮をもたらす貴重な家畜として，農畜融合文化をささえ，遊牧社会を派生させながら，近東やヨーロッパで広く飼育されてきた．その秀でた有用性と温厚な性質，そして高い適応能力ゆえに，家畜化以後，土地ごとの環境や利用形態にあった，じつに多数の品種が各地で作出された．品種数はゆうに1000を超える．DNA（ミトコンドリアDNA，Y染色体遺伝子，マイクロサテライト，SNP，内因性レトロウィルス遺伝子などの遺伝的マーカー）には品種改良の道程が書き込まれているが，その数は中世以降に爆発的に増加した（Chessa et al. 2009）．

それはおもに羊毛専用品種の登場による．この代表が"メリノ"（Merino）種だ．この品種にはおもしろい特徴がある．体毛は換毛することなく伸び続けるので，定期的に刈り取ってやらないと伸び放題——この結果，毛玉になって動けなくなるか，放熱できずに暑さのために死亡してしまう．この品種は，少なくとも17世紀まではイベリア半島だけに生息していて，スペイン王室が独占し，門外不出だった．ミトコンドリアDNAからみるとメリノ種はタイプBで，典型的なヨーロッパ系統である（Pedrosa et al. 2007）．この人間なしには生きられない羊毛の化身のような品種はいったいどこからきたのか．さまざまな説がある．①新石器時代，農耕民が持ち込み，後にイベリア半島で独自の品種となった土着種，②5-11世紀のイスラム支配の下でヴァンダル王国（北アフリカ）のベルベル人が作出，導入したもの，③ローマ帝国が導入したもの，④ローマ帝国の品種にアフリカ産の品種をかけ合わせ改良されたもの．いったいどれなのか．

ローマ帝国は，すでに述べたが，その版図のすみずみにヒツジを持ち込み，放牧した．当時，もっとも良質の羊毛をもたらした品種は，プリニウスの『博物誌』によれば，1位が"アプリア"種，2位がギリシャ（現トルコ）の"ミレトス"種だった．アプリア種はイタリア半島南部のタレントゥム（現ターラント）周辺で飼育されていた品種で，ローマ帝国の退役軍人コルメラは『農業論』（AD50年ころ，p.181参照）にこう書いている．「タレントゥム（のアプリア）種の価値はミトレス種をはるかに上回り，ローマ人はこれをスペインに持ち込んで，そこで北アフリカ産の有色野生ヒツジとかけ合わせた」（原文はRyder 1987による）．つまり④であると．しかしヒツジと人間との関係を追跡し，大著『ヒツジと人間』を著したマイケル・ライダー（Ryder 1983, 1987）は，この説には否定的で，（毛色は白色のまま変化していないので）おそらく交雑はなかったと推定した．はたしてどうか．近年，このメリノ種の来歴がくわしく追跡されている．

スペインには①に由来する複数の土着種が生息するが，DNAを比較すると，メリノ種は，グループ内では品種改良が続けられ複雑に分化するが，ほかの品種とは明確に区別され，長期にわたって独自性を維持してきたと解釈された（Diez-Tascón et al. 2000, Pereira et al. 2006）．ライダーの推測はおそらく正しく，メリノ種はどうやらローマ帝国の本家で産まれた直系子孫

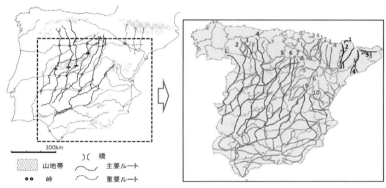

図 7-2 スペインの移動牧羊のルート．主要ルートと重要ルートのほかに無数の枝ルートが存在した（図右）（Bier 2012 と Ruiz & Ruiz 1986 を改変）．

の可能性が高い．イタリア半島ではその後にターラント種は衰退してしまうが，スペインではこの遺産を相続し，この結果，世界に飛躍できる原資さえつくりだした．

現スペイン，その原型は西ローマ帝国の後に成立した西ゴート王国で，これは北アフリカから侵入したベルベル人やアラブ人のイスラム勢力のウマイア朝（と後ウマイア朝）に侵略され，ほぼ壊滅状態となるものの，その治下でかろうじて生き残った北部のアストリア王国に起源する．コルドバを首都とした後ウマイア朝はキリスト教にも寛容で 10 世紀に最盛期を迎え，その後に後継騒動で滅亡すると，小国乱立状態に陥る．この機に乗じてキリスト教勢力は"国土回復運動"（または再征服運動）を開始，カスティリャ王国とアラゴン王国は合同してイスラム勢力を駆逐していった．スペイン王国は 2 つのカトリック王家，前者の女王イサベラ 1 世と後者の国王フェルナンド 2 世の結婚によって建国された（1469 年）．イスラム勢力がグラナダを最後にこの地から完全に放逐されるのは，コロンブスがアメリカを「発見」したとされる 1492 年のことだった．

スペイン王国は，メリノ種の放牧がさかんだったカスティリャ地方の振興をてこに，国力の充実を図った．カスティリャ地方のヒツジ放牧はもともとイスラム国家を構成していた遊牧民のベルベル人たちが行っていたもので，それは，夏には涼しい北部の高原地帯に，冬には温かい南部の低地草原地帯へ，大規模に「移動牧羊」

するもので，スペインの地の利を生かしたものだった．春と秋の年 2 回，数万頭ものヒツジの大群が次々とイベリア半島を南北に縦断した（図 7-2）．傍若無人ともいえるこの移動は，移動路にあたる住民や農耕民との間にさまざまなトラブルや軋轢を引き起こさざるをえなかった．牧羊業者は"メスタ"（Mesta は地域名に由来，それはヨーロッパ最初の農業組合）と呼ばれる「組合」を結成し，この軋轢に対抗しようとした．しかしこれは，国土利用に関する国家スケールの課題のため，最終的には強力な政治権力による解決以外に道はなかった．

メスタは王室との癒着をはかり，ここに両者は一種の利益共同体を形成した（楠 1998）．カスティリャ国王アルフォンソ 10 世（在位 1221-1284）は，1273 年，自らのイニシアティブでメスタの全国組織[2]をつくり，次のような特権を与えた[3]（Klein 1920，大内 1991，楠 1998）．①ヒツジ群の通行の自由，②ヒツジ群の移動路と休息地の維持保全，③通行地当局による恣意的な徴税や暴力からの保護，④耕作地であっても幅 82 m 以内の道をつけること，など牧羊業者優先の規定が盛り込まれた．そこのけそこのけヒツジが通る．この見返りに王室は莫大な収入を得るようになった．こうしてメリノ種を中心とした牧羊はスペインの国策産業となり，毎年約 300 万-700 万頭のヒツジが生み出した羊毛は，メディナ・デル・カンポ，ブルゴス，セゴビアの大市に出荷され，イタリアやフランドルの羊毛商人に売却され，スペイン経

済を大いに潤した．このヒツジの移動路は，鉄道にとってかわられる1920年代まで健在だった．なお品種名"メリノ"とは，移動中のヒツジの監督者メリーノス（Merinos）——それはカスティリャ王が任命した公職に由来するとの説が有力だ（Ryder 1983, 大内 1991）．

この国策の移動放牧は，ただし，延々700年以上にわたるヒツジ集団による国土の蹂躙であり，糞による施肥といったプラス面もあるが，イベリア半島の生態系に深刻な打撃をもたらした．1つは，国土の多様な生態系を牧畜一色に染め上げ，多彩な国土利用や各種産業の発展を阻害したこと（Ruiz & Ruiz 1986）．2つは，ヒツジの採食活動によって植生の組成を変化させ（嗜好植物の減少と不嗜好植物の増加），おまけに糞による種子散布で植物相や景観を均一化した．3つは，最終氷期のリフュージアにあたる地域で，イベリアヤマネコ（第5章 p.211）など貴重な野生動物の生息地を破壊したこと．ヒツジの蹄痕は深い．

とはいえ，これがスペインをして世界に雄飛させた経済的原動力になったことは疑いない．イサベラとフェルナンドの結婚による統一国家スペインは，ジェノヴァ生まれのコロンブスを支援する財力をもつまでになった．だが，この国は頑迷なるカトリック国家．レコンキスタの宗教的情熱はやがて異端審問制度を発足させ，人々の自由な思想を抑圧し，中世のままのキリスト教的自然観を押しつけるようになった．東の果てにはインドがあり，その向こうには異教徒と怪物，そして地獄がある——それが当時の地理的観念だった（岡崎 1996）．これに臆さず船を大海へ漕ぎ出すには，技術の裏づけや勇気を超えた，ある種の確信が不可欠だったように思われる．この知識と学問の土壌が，異端審問官が跋扈するまでの短い間に，スペインには確実に根を下ろし，開花していた．イスラム教の後ウマイア朝の首都コルドバあるいは大都市トレドには，12-13世紀に大図書館が建設され，学問文化の中心地としてヨーロッパ各地から多数の留学生を吸引していた．そこではギリシャ文化やアラビア文化の翻訳作業が続けられ（いわゆる「トレド翻訳学派」，楠 1998），紙の本がつくられ，収蔵されていた．それはイタリアとはちがうもう1つのルネサンスだった．コロンブスやガマ，マゼランらの信念は，この時代のイベリア半島のなかに奇跡的に芽生えた革命思想で武装されていた．

被毛の生物学

話が錯綜する前に，ここでヒツジを含む哺乳類の体毛について整理しておく．哺乳類の体表面から突出した細い突起状構造物を私たちは「体毛」（被毛ともいう，hair）と呼ぶ．体毛は皮膚が変化したもので，表皮細胞起源の非水溶性のタンパク質である角質（ケラチン）からできている．1本の毛は毛根を包む組織である毛包（あるいは毛嚢 follicle）の毛母細胞の分裂と成長により伸長する．毛母細胞は毛包に入り込む毛乳頭（papilla）と呼ばれる毛細血管から栄養供給を受け，頭髪などは体細胞のなかでもっとも速く細胞分裂を行う．1本の毛は毛幹と呼ばれ，髄質と皮質に分けられ，髄質が詰まったものから空洞があるものまで，種や部位によって異なる．たとえばシカ類の剛毛には巨大な空洞が通り抜ける．皮質にはクチクラ層（cuticle）（キューティクル）があり，通常はうろこ状の鱗片（スケール）となる（図7-3）．

体毛はさまざまに分類され，その分類によって独自の呼び名がある．まず成長のパターンで分類すると，成長し続ける「成長毛」（アンゴラ angora）と特定の長さで成長が止まる「限定毛」（definitive）に分けられる．アンゴラウサギやアンゴラヤギは前者の特徴の体毛をもつ品種だ．次に機能から分けると，神経終末が接続したり，感覚細胞から伸びて感覚器として働く毛をとくに「感覚毛」（洞毛あるいは震毛 vibrissae，セイウチのヒゲ）というのに対して，体表面を覆い防護や保温機能をもつものを「体毛」（body hair あるいは防護毛 guard hair）という．そしてこの体毛を形態と構造から分類すると次のようになる．一般に硬くて長く太い毛を「とげ毛」（spine），外側を覆い一方向に伸びる毛を「剛毛」（刺毛 bristle ともいう），その下層に密生する毛を「下毛」（awn）といい，

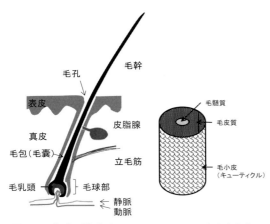

図7-3 体毛の構造（Feldhamer et al. 1999などを参考に描く）.

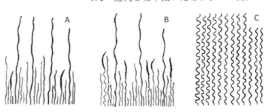

図7-4 ヒツジの体毛. Aは野生ヒツジでケンプとウールが混じる. Cはメリノ種の成獣でウールだけで構成される. Bはメリノ種の幼獣（Noback 1951より）.

この下毛はさらに柔らかい「軟毛」（fur）と，短く体表面に付着する「綿毛」（むく毛，にこ毛 velli）に分けられる．この軟毛のうち，とくに長く縮れて絡み合った（「縮充性」をもつ）ものを「ウール」（緬毛 wool）という（Feldhamer et al. 1999）．したがって"ウール"という名前はヒツジだけでなくヤギ（カシミヤ，モヘア），アルパカ，ラマ，ラクダなどの有蹄類の毛にも（ビーヴァーの毛にも）使う．また"フリース"（fleece）という用語がヒツジ（やラマなど）のウールに対ししばしば使われるが，原義は，1頭のヒツジから採取されたひとまとまりのウールを指す．

この柔らかく絡み合うという体毛の性質は，保温性と弾力性にすぐれ，同時に繊維（紡糸）やフェルトにできるという最大の特性をつくる．一方向の剛毛や軟毛ばかりで構成されるシカ科（たとえばトナカイ）の体毛は糸には紡げない．ヒツジの体毛も剛毛と下毛で構成され，剛毛はとくに「ケンプ」（粗毛 kemp）と呼ばれる．さまざまなヒツジ品種のうち，ケンプの量を少なくし，換毛期をなくして成長毛に変換し，有色毛を（染色しやすい）白色毛に変え，下毛をウール化する方向で改良を徹底したのがメリノ種なのだ．通常のヒツジのウールが直径25μm程度だった中世の時代に，メリノ種のそれは20-17μm以下だった．つまりメリノ種とは，ケンプをなくし，白色のウールをとことんアンゴラ化した希有の品種ということになる．図7-4はヒツジの体毛の構成で（Noback 1951），品種によって構成が異なる．またメリノ種も幼獣までは野生種と同様の構成で，加齢にともないウールだけになるという特性をもつ．

次に加工法だ．ウールには糸に紡ぐ方法とフェルトにする方法に大別できる．後者は，熱と水分と圧力をかけるとキューティクルが開き，たがいに絡み合い，さらに縮充性を増すという性質がある．これを板状にしたものを"フェルト"といい，毛氈，敷物，帽子などがつくられる．フェルトはプリニウスも記述しているようにローマ時代（おそらくそれ以前）には知られ，製法が確立していた．

羊毛を糸に紡ぐにはおもに2つの方法があり，異なる毛織物が生産される．1つは「梳毛」（worsted）方式で，毛足の長い「長毛」のウールを原料に，短いものを取り除きながら梳毛式紡績機で紡糸された細い糸を使って薄手のスーツ生地を織り上げるもの．もう1つは「紡毛」（woolen）方式で，おもに太い「短毛」を原料に，紡毛式紡績機によって縮絨をかけながら厚手の生地を織り上げたもの．これはジャケットやオーバーに使われた．両者には一長一短があるが，歴史的にみると，まず紡毛技術が開発され，後に梳毛方式が編み出された．ヒツジの放牧とウールの品質，紡糸技術とそれから生産される毛織物製品が，国の浮沈を左右するまでになった．ヒツジを制した国こそが覇者だった．たかがヒツジ，されどヒツジ，さすがヒツジ．

（2）羊毛産業の発展と対立

イングランドとネーデルラント

イギリスはヒツジの国だ．品種数ではおそらく世界一，羊毛は現在でも毎年約5万トンを生産する．とはいうものの，イギリスにはヒツジの在来品種はいない．すべて他地域から導入された外来品種なのだ．すでに紹介したライダー（Ryder 1983）は，イギリスのヒツジ導入史には4つの流れがあると推定した．

第1は新石器時代農耕民による導入だ．彼らがアナトリアの地から家畜をともない，イギリス海峡を渡り，はるばるこの地に到達したのはBP約5000年と考えられる．このときのヒツジはすでに絶滅，おそらく，各地の泥炭地で出土する角の長い野生ウリアルに似たそれがこれにあたると解釈されている．スコットランド沖に浮かぶセント・キルダ島に生息するソアイ（あるいはソーイ soay）種はこの末裔とみなされている．ソアイ種は小型で，全身茶色（腹と目の上が白い），尾は短く，角は大きく，年1回換毛し，毛は短くケンプが多い．DNAの分析によればソアイ種は地中海産やアジア産のムフロンに近いとみなされている（Coltman et al. 2003）．またシェットランド島産の一部（ホワイトフェース系）も，この系統を引き継いでいるようだ．

第2は約3500-2500年前の青銅器時代にケルト人が持ち込んだもので，ほとんど残ってはいないが，南部の一部に生息する角の大きな系統がこの子孫にあたると考えられる．ケルト人はウシよりヒツジを多くつれてきたようで，この時代の村落遺跡から出土する動物骨の約90％はヒツジだという（ウシは5％）．

第3はローマ人が導入したもので，ホワイトフェース系で無角か，少なくともメスは無角の品種．AD300年ころからウール生産を目的に，白くて細い（メリノ系統）品種がスコットランドを含めイギリス全土に系統的に持ち込まれたようだ．おそらく多くはイタリア半島南部（ターラント種か？）から運ばれたと推察される．この品種がソアイ種や，それまでに導入されていたほかの品種と交配され，短毛種や長毛種を含むさまざま地方品種が成立したと考えられている．

第4はローマが撤退後にサクソン人やデーン人が入れ替わり立ち替わり持ち込んだ品種群だ．詳細は不明だが，たとえばサクソン系の地名，シップリー，シェプリー，スキプトン，シェプトンマリーはどれもヒツジにちなむ．なんとヒツジ好きな！　また北方系のデーン人や（ヴァイキングを含む）ノース人も各地にヒツジを導入した．イングランド北西部の湖水地方にはこの末裔であるハードウィック種[4]がいる．ヒツジはミルク，ウール，肥料，肉，と必需品だったようで，ウィリアム1世（後述）の即位後に行われた"ドゥームズデイ・ブック"（第5章，p.226参照）の作成では，ノーフォーク，サフォーク，エセックスなど8領地だけで，すべての家畜のなかで桁外れの，総計30万頭以上いたことが確認されている．これらが合流し，多彩な品種が地方ごとに作出された（第9章，図9-10）．

11世紀以降，森林は切り開かれ，放牧地が各地に広がった．ウールは生産されてはいたが，如何せんヨーロッパ辺境の田舎国，技術が未熟のため，粗雑で厚手の毛織物しか生産できなかった．そこでサクソン人たちは対岸のフランドルへ羊毛を輸出，薄手で軽く優良な製品と交換した（パウア 1966，大内 1991）．これがイギリスの対外羊毛貿易の始まり，後にこの国を浮揚させる巨大な力の原点になる．

ここにフランドル地方という地域がある．もともとはフランドル伯領（後にブルゴーニュ公国）で，現在はフランス北東部，ベルギー西部，オランダ南部にまたがる低標高地帯の一画だ．この地域では古くからヒツジの放牧が行われ，古代ローマの歴史家ストラボンは著作『地理書』（BC50年ころ）のなかで「この地ではほかの地域にはないたぐいまれな品質のウールが採れる」と書き残しているという（Ryder 1983）．19世紀の小説，『フランダースの犬』の舞台で，登場するイヌはこの地で飼育されていた伝統的な牧羊犬だ．中世初めには亜麻栽培

が興り，後には湿地が埋め立てられ，牧草地になるとさらにヒツジ放牧がさかんになった．飼育されていたのはおもに角が長く有色毛で小型種のドレンテヒース種（オランダ北部の地名）か，大型種のケンペンヒース種（アントウェルペン郊外の地名）．これらを原料にレイエ川の豊富な水を利用した繊維産業や毛織物産業が発展し，美しく染色された良質の織物を生産した．

中世中期，多様な生産物が商品として流通するようになると，その自由な交換の場として「市」が生まれ，やがては常設の商店が集まって都市が成立した．この商業圏はさらに拡大し，広域の物流ネットワークがつくられると，その連結点では国際的な定期市が開かれるようになった．12世紀初め，その最初がフランス北東部で開催された（シャンパーニュの大市）．この市は，やがて多種多様な商品がより集まりやすい連結地に常態化し，13世紀に入ると，北海に近接したこの地域に移ってきた．ブルッヘ（ブルージュ），ヘント（ガン），ネコ祭りで有名なイープルなど，これらの地では，ハンザ商人がもたらす毛皮や塩ニシンなどの北方の産物，イタリア商人がもたらす絹織物，スパイスや染料（インディゴなど），蝋など東方の物資，イングランドからの羊毛，フランドルの毛織物製品が勢ぞろいし，商取引が活発だった．

フランドルの売りものは高級毛織物，地元産のウールも使われたが，おもにイギリスからの上質ウールを原料に織り上げた最上級品だった（藤井1998）．主力は長毛ウールを原料とする梳毛式紡績機で織り上げる薄手のスーツやワンピースで，フランドルの独壇場だった．ハンザ商人は，持ち込んだ商品をこの高級品や絹，スパイスと交換したし，イタリア商人はといえば，イギリス産やスペイン産ウールを購入し，フィレンツェなどで染色と仕上げ加工の後に，地中海からレヴァントや東インドなど，東方へ輸出した（斎藤1979，星野1980）．フィレンツェはフランドルと並びヨーロッパ最大の毛織物の加工基地だった．この動きはヨーロッパの南北が初めて1つの商業圏に包摂されたことを意味する．それは都市同士が結んだ，国家以前のネットワークだ．この「広域経済圏」を，"世界経済"（ブローデル1979）あるいは"近代世界システム"（ウォーラーステイン1981）と呼ぶかどうかは別としても，その誕生が画期だったのはまちがいない．なぜなら，これによってもたらされた人々の往来，経済的な富，文化的な交流，情報の交換がその後の国や社会のあり様を一変させていったからだ．激動の歴史がいよいよ始まろうとしていた．動物と自然を巻き込んで．

ヒツジの波紋（1）――ルネサンス

ヴェネツィア，ジェノヴァ，フィレンツェなどイタリア北部の都市は，ローマ帝国の崩壊後も地中海交易の拠点であり続けた．地中海地域には古くからローマ伝統のヒツジが放牧され，このウールを集めて11世紀後半には毛織物工業が興った．また歴史的にビザンツ帝国とのつながりが深く，コンスタンティノープルやレヴァント，イスラム圏と通商関係をもち，イタリアからは毛織物，ガラス製品，麻織物を輸出，絹織物，スパイス，各種宝石や象牙，毛皮などを輸入していた．イタリア都市同士は商敵であり，覇権をめぐって抗争を繰り返した．また商業の拡大をめざし，キリスト教軍の拠点として十字軍にも幾度か参加した．聖地の解放には失敗するが，イスラムとの接触を通じて，尋常ならざる格差を認識し，後進性を自覚していた．コンスタンティノープルとの人的交流から，東方世界の情報にも通暁していた．このなかにはバグダッドの「知恵の館」に蓄積された世界各地の古典が含まれていた．イスラムのサラセン文化は当時の西欧をはるかにしのぐ思想的・科学的・文化的な高みに達していた．この知識の「種子」が貿易によって少しずつイタリアの地に播かれ，発芽していった．イスラムの科学技術，ユークリッドの数学，プトレマイオスの地理学や自然科学（医学・数学・化学），プラトンやアリストテレスの哲学，それらのアラビア語からラテン語への翻訳が，往古を再生させ，暮れなずんだ「中世の秋」に再び萌えいずる春を点灯しようとしていた．

それは繁栄する商人の経済力に支えられた消費文化的な傾向の強い運動だった．建築や彫刻，美術にダヴィンチやミケランジェロ，ラファエロなどの多数の傑作が生まれ，またダンテやボッカチオの文芸，マキャベリなどの政治思想が登場し，商人，貴族，教皇が競って保護した．それらは既存の教会・社会体制を正面から批判するものではなかったけれど，近代に成長する個人の独立した精神と自由を萌芽させようとした．ひとたび解き放たれた人間の精神はあらゆる分野の知識を求め，さまよい始めた．この時代に，教会付属学校を母体に神学・法学・医学から構成される「大学」が初めて創設された．

大学（ラテン語 universitas）とは本来「1つの目的をもった学生と教師の共同体」の意味で，学生たちがギルドをつくり教師を雇ったことから始まっている．最古の大学は，ヴェネツィアとフィレンツェの間にある中世都市ボローニャの，1088年に創立されたボローニャ大学である．

この運動はほかの貿易国へ，ネットワークゆえに連鎖反応した．圧政と沈滞への当然の反抗だ．フランドルでは画家のブリューゲルやブーケラール，スナイデルスが庶民の生活を描き，ネーデルラントでは人文主義者のエラスムスが，イギリスではチョーサーやシェークスピア，トマス・モアが登場し，現代につながる作品を残した．そこには近代の自由と合理主義の発露がある．そしてドイツやスイス，フランスでは，ルターやツウィングリ，カルヴァンらが宗教改革を発動させた．それはルネサンスと宗教改革が一体であることを示している（西村 1993）．巨大な英知の奔流だったが，その英知を紡いだのはけっきょく毛織物とヒツジだった．

ヒツジの波紋（2）——百年戦争

フランドル地方のヒツジがもたらす利権はあまりにも莫大だった．それゆえに不安定な政治状況が周辺地域を巻き込んで醸成されていった．この地は地政学的には複雑で，イギリスの封建社会の成立とも関係する．もともとイギリス王政はフランス国内の大領主ノルマンディー公ギョーム2世が，王位を主張して侵攻し，ウィリアム1世（在位 1066-1087）として即位したことに始まる，征服王朝なのだ．このため歴代の王はイギリスとフランスの両方に領地をもっていた．というより，イギリスやフランスといった「国」の概念自体がまだ希薄なのだ．また領主や貴族同士は，封建関係の土台としてたがいに姻戚関係をもった．フランドル伯もノルマンディー公やフランス王家とつながっていた．しかし，フランス王家が強大な権力をもち，中央集権化が進むにしたがって，フランス国王はこのフランドル地方を直接支配下に置こうとした．このためフランドル伯は反発し，羊毛の取引で関係の深かったイギリスと結びつきを強めていった．これがフランドルとイギリスとの因縁だ．

「百年戦争」（1339-1453 年）は，フランス国王の王位継承を契機にフランス国王フィリップ6世（在位 1328-1350）とイギリス国王エドワード3世（在位 1327-1377）が戦火を交えた消耗戦だ．百年戦争といえば，イギリスとフランスがドーヴァー海峡をはさんで渡り合った戦争ではない．そうではなく，イングランドとフランス国内の両方に領地をもつイギリス王と，フランス王の，フランス国内での領地争い，端的にいえば「羊毛産業」をめぐる利権争いだった．イギリスへの忠誠を誓ったフランドル都市連合の反乱，イギリス王の自国産ウールの禁輸，これらよって戦端が切り開かれた．この泥沼のような親族同士の覇権争いは，イギリスが全般的に優勢な戦いを進めるものの，最終的にはフランス国内からのイングランド勢力の一掃，フランスの勝利という形で決着する．が，はたして勝利者はフランスかといえば疑問の余地がある．この戦争を契機にイングランドは，国内産羊毛の禁輸に踏み切り，フランドルから毛織物業者や織布工，各種職人を自国に招き入れ，国内の毛織物産業を育成し，産業の自立と発展に努力したからだ．このことが後にはかり知れない力を生む．

イングランドの経過をたどる．この地の大半の農民はもと農奴，封建領主の下で土地に縛ら

〈コラム 7-1　ヒツジと英国議会の椅子〉

　トマス・モア（Thomas More）といえば，たんなる社会批評家ではない．ヘンリー8世に仕え，大法官（貴族院議長を兼ねる）まで登りつめた，れっきとした大政治家だ．ただし，その王の離婚問題に絡み，最後まで反対の意志を貫き，反逆罪とされ処刑された（1535 年）のだが，それはともかく，話題にしたいのはその彼が座った大法官の「椅子」だ．椅子といってもひじ掛けや背もたれのない，赤い布で包まれた"クッション"なのだ．国王席に近い上座のそれが貴族院議長（大法官）の，下座のより大きなのが主席裁判長の，どちらも羊毛の詰まった"袋"（Woolsack）である．この奇妙なクッションは上院と名前を変えた現在でも議場にどんと据えられている（図 7-5）．議長用のが重さ 364 ポンド（約 165 kg），すなわち"1 サック"（sack）と呼ばれる．この単位の由来は，百年戦争の立役者エドワード3世にさかのぼり，中世以来この国が羊毛によって繁栄してきた象徴として制定されたというのが公式見解．それはそうだが，当時にはもう少し差し迫った現実があった．

　イギリスは羊毛輸出国であったものの，その取引量が増えるにしたがい厄介な問題が浮上した．ウールの重量がまちまちで統一されなかったこと，しかも使用する単位[5]が複雑だったために，地域や年によって重量は1サックあたり 350-375 ポンドの幅で変動したこと（Lloyd 1972）．これでは国王が課税しようにも，政府が取引量を把握するにも，ままならなかった．そこで登場したのがこの重量「原基」だ．エドワード3世の時代，大法官によって1サック＝364 ポンド（＝26 ストーン，1 ストーンは 14 ポンド，6.35 kg）と定められたこの現物が議会のなかに展示された．それは，国の基礎がまさしく議会と度量衡にあることを示したものだった．何度かつくりかえられ，当初はイギリス産だけだったが，後にはオーストラリアなど英連邦産の複数品種のウールが詰められ，統合の象徴とされた．ここでもまたイギリスの出自が確認できる．なお，最近，その組成が吟味されたところ，なぜかウマの毛も混じっていたという．

　蛇足を1つ．このウールサックを担ぐレースが，毎年，コッツウォールズ種の多産地，テドベリーと積出港ブリストルとを結んで行われる．このレースは，男性60ポンド，女性35ポンドの羊毛袋を背負うチームによる駅伝だ．16世紀に始まったとされるが，このレース風景をみると，ヒツジがいまでもイギリス人を引っ張っているような錯覚にとらわれる．

図 7-5　英国議会，大法官（貴族院議長を兼務）の椅子（"ウールサック"）．その起源は羊毛の重さを量る「原基」で，1 サックは 364 ポンドと定めた（イギリス議会のパンフレット Parliamentary Education Service 2007 より）．

れ，共同体をつくり三圃制を担う役割を負わされていた．ヒツジは肉や羊毛，ミルクである以前に，休耕地や転作地に肥料を供給する，三圃制に不可欠な"歩く施肥機械"（Campbell 1981）だった．ヒツジは領主の所有でもあったが，多くは共同体で飼育管理し，共有地に放牧された．そのヒツジから採取されるウールが商品になったことは，農村社会に貨幣経済を浸透させる誘因になった．ヒツジは農民の格好の「副業」になり，生産されたウールはフランドルへ送られた．イギリスのウール輸出量は1349年と1539年の約200年間で140倍も飛躍している（Bell et al. 2007）．ヒツジはイギリスの農村社会を少しずつ，そして着実に変容させていった．

　牧羊からウール生産までの過程は，放牧の管理，ウールの刈り取り，ウールの洗浄や選別といった労働の広い裾野をもつため，現金収入を得た農奴はしだいに自立し，独立自営民（ヨーマン）となった．ウールの「原料」輸出から「製品」輸出への国策転換は，農村地帯に毛織物を小規模な家内工業により生産する動きを加速した．ウール産業の画期的な側面は「素朴な自給自足経済」を打破する潜在力をもつこと（藤田 2005）で，選毛，洗浄したウールは紡糸，染色，織機の織

布,仕上げという段階的な分業と,専業化した職人を生み出しながら,一方ではそれらを編成,統合し,生産の組織化をもたらした.工場制手工業の萌芽だ.これを経済史家,大塚久雄は「工業村落」と呼んだ(大塚1979).そして独立自営民のなかからは土地を所有し,家内工業を仕事とする"郷紳(ジェントリ)"が現れるまでになった.

毛織物はまず糸を紡ぐことから始まる.紡ぎ車(糸車)の手作業だったが,13世紀ごろからは大きな弾み車(フライホイール)を人力で回し,その回転をベルトに伝えて糸を撚り,小さな紡錘(スピンドル)に巻き取るという「糸車」法が考案された.この糸から布を織る工程が家内工業で行われるようになった.弾み車とベルト,紡錘という部品構成は後年,機械化や動力化と結合しやすく,産業革命を導くことになる[6].当時の家内工業には,おもに2つのタイプがあった.1つは旧来からある「紡毛(ウーレン)」方式で,太い短毛を使って縮絨をかけながら紡毛紡績機によって厚手のジャケットやオーバーを織り上げた.この原料を提供したのは西部のヘレフォードやシュロップシャーなどだった(藤田2005).これにフランドルからの毛織物業者たちが加わり,新たに長毛を使う「梳毛(ウーステッド)」方式の紡績を導入するようになった.彼らはおもにイングランド東部のノリッチ周辺に居住し,ここへ長毛の原料を提供したのは西部のコッツウォールズ,東部のリンカンやレスターだった(藤田2005).ここに,多様ですぐれたイギリス産毛織物の基礎が固まった.羊毛の原料輸出国だったイギリスは,14世紀後半から毛織物の製品輸出国へと徐々に転換していく(パウア1966).

イングランドでは百年戦争後にも王位継承をめぐって再び国内戦争が起こった.いわゆる「バラ戦争」(1455-1485年)だ.これは国王の中央集権化に向かう過程での貴族の淘汰といってよい.その後の激動のすべてを省略すれば,最終的には王家とそれにつながる7割程度の大貴族が生き残り,国王はジェントリに依拠し議会を基盤とした絶対王政を確立していった.ジェントリは地主階層の総称となり,貴族の下に位置づけられるまでになった.彼らは農民から地代を取るより,ヒツジを放牧したほうがはるかに儲かるために,つぎつぎと農地を取り上げ,生垣(ヘッジロー)で囲い込んで牧場にし,ヒツジを大々的に放牧するようになった.これが最初の(第一次)「囲い込み運動(エンクロージャー)」だ.この勢いはすさまじい.たとえば,ロンドン北部に位置するノーサンプトンシャーでは,マーチン(Martin 1988)によれば,1547年の調査時点で,全行政区面積の約60%に,合計112群,6万6700頭のヒツジが放牧された.しかも年々増加,1564年には,173群,6万9980頭に達している.「40人の者が生計の資を得ていた場所も,今では一人の者とその羊飼いが一人占めにしている」(トレヴェリアン1971).トマス・モアの有名な言葉,「羊が人も田園も食べ尽くす」光景がこうして現出した.イギリス全体では約2000 km^{2}以上の農地が牧羊地に転換されたといわれる(田中1988).羊毛加工場をつくったジェントリらは農地を失った農民層を雇い,農村の工業化をますます進めた.この羊毛生産と毛織物製品は,17世紀中ごろまでにはイギリスの総輸出産品の3分の2を占め,巨大な富を蓄積した.それが,ヨーロッパ辺境の遅れた田舎国,イギリスが「大英帝国」へと脱皮する直前の姿だった.

フランドル,その後

フランドル地方を含むネーデルラントはその後,激動の歴史をたどる.領主はフランドル伯からブルゴーニュ公へ,次いでハプスブルク家からスペイン王へと代わったが,権力者が代わってもヨーロッパ商業の中心地として経済活動は続けられた.とくにアントウェルペン(アントワープ)やハーグ,アムステルダム,ロッテルダムといった都市が興隆し,商業と金融の枢軸を形成した.豪商フッガー家をルーツとするハプスブルク家は,莫大な財産を後ろ盾にしたたくみな政略結婚によって,オーストリア皇帝やハンガリー国王の家系となったほかに,スペイン王家とも姻戚関係を結び,一族からはスペイン王や神聖ローマ帝国(ドイツ)皇帝を出す

など，絶大な権力をふるった．

　スペインとの結びつきが深くなるとともに貿易量は増加した．ネーデルラントからは亜麻織物，毛織物，金属用具，毛皮（この地を経由した北方産）などを輸出し，スペインからはおもにメリノ種の羊毛を輸入した．羊毛のほかには塩，明礬（ミョウバン），オリーブオイルなどがあげられるが，いずれもマイナーだった（中沢 1984）．16世紀中ごろ，スペイン産羊毛はイギリス産のそれの8-14倍に達していた（Lloyd 1977）．同時代，フランドル地方（ブルージュやアントウェルペン）へは合計約4000トンが輸出された（Phillip 1982）．アントウェルペンでもスペイン産はイギリス産を凌駕していた［中沢（1984）によれば，金額ではイギリス50万グルデン，スペイン125万グルデン］．その大半はメリノ種のウールで，フランドルの毛織物工業の原料となった．カスティリャ地方で生産されたウールの約半分はフランドル地方へ送られ，残り半分は北欧やイタリア（とくにフィレンツェ）へ輸出された．遠隔地貿易の巨利は王侯貴族や教会，一部の商人や牧羊業者だけを儲けさせた．イギリスと同様に（あるいはメリノ種だからそれ以上に）重要な資産をもちながら，国全体を潤せなかったのは，王室の関心が輸出品の確保だけに向けられ，殖産利用という発想や知恵に欠けていたことにある（楠 1998）．この産業構造は後にさらに大きな打撃となって国力を衰退させる．かくしてスペインは羊毛立国から毛織物立国へついぞ舵を切ることはなかった．

　毛織物産業や商業が栄えたフランドルやネーデルラントでは，人々は進取の精神をもって潑剌（はつらつ）と経済活動を展開していた．商業活動を基盤とする市民社会にとって「現世」なるものは肯定すべき世界だ（小田垣 1995）．そこには経済的合理主義が必然的に生まれ，他方では形骸化した教会権威への反発，信仰を見直す機運も高まっていった．宗教改革の諸潮流は，キリスト教の教義をいま一度原理主義的に見直すものなのであって，宗教的な寛容や離反を求めたものではない．キリスト教のむしろ徹底化なのだ．このうちネーデルラントでは，もっとも禁欲的な「カルヴァン主義」を奉じる人々が多数派を形成していった．ドイツ語 "Beruf" には「職業」，「天職」のほかに「召命」（ベルーフ）という意味がある．後者が原義でそこにはカルヴァン主義のエッセンスが詰まっている．つまり，それぞれに与えられた世俗の職業労働というものは神に仕える手段でしかなく，ただただ神の栄光を実現するための天職ということになる．けっきょく，人生とは神から命じられた使命，すなわち「召命」を全うするための期間にすぎないというのだ．だからこそそれは厳粛であり，厳しい戒律のもと，貴重な時間をひたすら勤労に励まなければならない，ということになる．この使命意識が自由闊達で独立心に富んだネーデルラント都市市民の共通の心情だった．ジャン・カルヴァンはさらに神の絶対的権威を「予定説」なる教理に結実させ，こう強調した．「人間が救われるか救われないかは，人間の主体的責任が介入できる余地はなく，神の全知全能によって初めから決められている」．諦観につながる宿命論だ．こうなるともうただ神の摂理にしたがって勤労に邁進するほかに道はない．絶対の倫理なのだ．

　マックス・ウェーバーは，その古典的名著『プロテスタンティズムの倫理と資本主義の精神』（ウェーバー 1920）のなかで，彼らの禁欲的，勤勉，誠実といった生活態度こそが，奢侈などに溺れず，利益を費消せず，蓄積し，さらなる生産へと投資するという，いわば資本主義的発展のための精神的原点をつくりだしたのだ，と指摘した．「人間は委託された財産に対して義務を負っており，管理する僕（しもべ），いや，まさしく『営利機械』として財産に奉仕する者とならねばならぬ」（大塚訳 1989）．人間の自由意志や啓蒙主義的合理主義の神の名による絶対的否定が資本主義精神を生み出した，というのだ．逆転の発想，慧眼．まるでヒツジのような人々こそが資本主義を駆動した．もっといえば，しばしば吝嗇（りんしょく）の揶揄に使われる "ダッチ（Dutch）" こそが，じつはカルヴァン主義の精髄なのである．ここには，禁欲的な職業人の倫理観という時代のいわば「気質」が社会を動かしたとする，

換言すれば，社会的法則性の否定という彼独自の史観が投影されている．各時代や各地の，人間集団の偶然の気分が歴史のすべてを刻んだとは思えないが，でも，ネーデルラントの発展の底流に特異な宗教的確信があったとの指摘は正鵠を射ている．

しかしである．この確固とした宗教的信条は，やがてカトリックの盟主を自認するスペイン王家やハプスブルク家[7]との間に強い政治的な軋轢と葛藤を引き起こさずにはおかなかった．なかでもフェリペ2世（在位1527-1598）である．彼は，オスマン帝国を破って地中海世界を平定し，ポルトガル国王を兼任し，スペイン帝国の絶頂期を築いた人物だが，同時に狂信的なカトリック教徒であり，プロテスタントを徹底的に弾圧したことでも有名だ．1568年，フェリペ2世はゆるぎない治世と信仰を確立するためにこの地で異端審問を開始，プロテスタントを処刑し，排除していった．この呵責な措置にネーデルラントの一部の州は，抗議と反乱を起こし，スペイン軍と交戦を開始した．

1576年，アントウェルペンなどは破壊され陥落してしまうが，北部の7州はスペイン統治を拒否してオラニエ公などを中心に独立戦争を継続した．多くのプロテスタントが北部へと移動し，人口は40万人を突破し，以後約80年間（「80年戦争」），ヨーロッパを巻き込んで対スペイン戦争が戦われ，ようやく「ウェストファリア条約」（1648年）によって決着，北部7州はオランダとして独立が達成される．母国からの独立は，母国が提供したメリノ種のウール，そのたぐいまれな経済力を基盤に達成された．皮肉な構図ではある．なおネーデルラントの南部はその後（スペイン領からフランス領となる）に独立し，ベルギー，ルクセンブルグとなる．ヒツジは人々の精神と国境さえ変える力をもっていた．オランダの独立はヒツジが担い，その成長は，次の動物，ニシンとクジラが支えることになる．徹底した動物依存国家である．

メリノ種の世界制覇

スペイン国家の礎を築いたメリノ種は，利権を独占するためにスペイン王政が門外不出とし，違反する者を「極刑」に処した．だが歴史は，動物を隠匿，独占するなどできないことを教えている．箍はスペイン王室自身により外された．王室外交で最初にメリノ種が贈られたのはプロイセン王フリードリヒ2世（在位1740-1786）で，1748年と1765年に，オスメス200頭以上がザクセン州へ贈られている（Ryder1983）[8]．これらは地元雑種と交雑されることなく大切に飼育され，19世紀にはザクセン・メリノ種として定着，梳毛用長毛種としてスペイン・メリノ種を上回る名声を博するようになった（大内1991）．そしてここを起点にメリノ種はドイツ，オーストリアへと広がった．

フランスはどうか．スペイン継承戦争後に姻戚関係となったフランスは，ルイ16世（在位1774-1792）の時代，1786年に，メスのメリノ種386頭を輸入，これをパリ近郊のランブィエで飼育，在来品種と交雑させ，新たな品種"ランブィエ種（フランス・メリノ種）"を作成した．この大型メリノ種はフランス国内に定着，現在に至っている．またスペイン在来メリノ種は，その後，ナポレン・ボナパルト（在位1804-1814，1815）の引き起こしたイベリア半島戦争の最中，フランス国内に何度も輸送され，各地の牧場に放たれ，在来種との交雑が行われた．ここに至り，スペイン・メリノ種を守った垣根は完全に取り払われることになった．

スペイン・メリノ種の優秀性にいち早く知悉していたイギリスはといえば，18世紀の終わり，非合法手段，つまり窃盗を何度か試み，成功していた．海賊国家の習性は健在だ．盗んだヒツジは王室のキュー・ガーデンなどで飼育されたが，あまりに細い長毛ウールは，意外にも，毛織物業者は地元産種になじんでいたため当初，評判は芳しくなかった．しかし徐々に競売されるほどに人気が上昇，イギリス産のスペイン・メリノ種が複数の地域に定着するまでになった．またスコットランドでは種ヒツジとなって交雑，さまざまな品種（ドーセット種やシェヴィオット種など）のなかにその血統が生き続けている．

近年では中国やインドに抜かれているが，オ

ーストラリアは1995年まで世界最大のヒツジ生産国であり，1992年の統計では1億4800万頭もいた（FAOSTAT 1995）．この大半（85%以上）はウール専用のメリノ種だ．なぜオーストラリアにメリノ種がいるのか．イギリスの植民地だから，関与するのはまちがいないが，イギリスから運ばれたわけではない．なんとそれはオランダのものだった．

オランダ王室は1789年にスペイン王（ブルボン朝カルロス4世）からメリノ種（オス2頭，メス4頭）を贈られている．代替わりの贈答外交だ．この小さな集団は王室に保護，飼育されたが，より乾燥し放牧条件のよい場所へということで，オランダ東インド会社が所有していた南アフリカの"ケープ植民地"に送られた．メリノ種は無事到着，この地にもよく適応し，個体数は増加した．そこはメリノ種にとってもヨーロッパ以外最初の，"植民地"だった．とこ ろがこの地では，地政学上の要地（喜望峰がある）のためイギリスとの間に植民地争奪戦争が起こり，オランダは敗退（1795年）した．メリノ種を管理したゴードン将軍（J. Gordon）は戦死，管理は未亡人に委ねられたが，傷心の彼女はメリノ種を手放し，帰国の予定だった．折よく，港にはオーストラリアとイギリスとの間を運航していた船[9]が停泊していたので，船長にメリノ種26頭を売却した．この26頭がけっきょくオーストラリアにたどり着き，牧羊業のパイオニアになった（Ryder 1983，大内 1991）．また南アフリカに残されたメリノ種もその後にボーア人やイギリス人によって飼育され，1846年には約150万頭に増加した．なお近年では放牧地の劣化が進み，個体数は減少しつつあるという（Dean & Macdonald 1994）．

メリノ種の世界制覇という点でいえば，もう1つの牧羊大国，アメリカが残る．アメリカ大陸へのメリノ種の導入はコロンブスの「発見」と植民地化に始まり，彼の第2回目の航海で早くもメリノ種を同船させ，放牧している[10]．この後の記録は残っていないが，この放牧集団の一部は移動させられ，1521年にはすでにメキシコに到達．さらに北上を続けたが，インディアンの抵抗に遭いつつも，18世紀にはカリフォルニア州に到達した（Ryder 1983）．北米東海岸一帯では，これとは別に17世紀後半以降，イギリス，オランダからの植民者たちがヨーロッパからメリノ種を導入し，この両方が後にアメリカ牧羊業のルーツとなった．

7.2 奢侈禁止条例

ヨーロッパの中世から近世にかけて，今日からみれば，奇妙で，珍奇な法律や制度がたくさんつくられた．動物裁判や魔女裁判，同性愛者の裁判などはその代表例で，これにともない水責めや火責め刑も制度化された．あるいは乞食や娼婦に対し，特別な衣服やバッジの着用も義務づけた．ここに紹介する「奢侈禁止令（条例）」（sumptuary）もその1つで，ぜいたくな食事や衣服に制限を加えたが，多くの場合，奢侈の典型には毛皮や絹の衣服が槍玉にあげられた．このような法律や条例は，封建領主，自治都市の為政者，国王などによって発布された．なぜこのような法律がつくられ，どのように施行されたのか．動物と衣料の関係として紹介する．

そういえば，日本でも，位階に順じて服装を定めた律令制度の古代以来，この種の法令が発布されてきた．なかでも江戸期には将軍や大名によって「倹約令」がたびたび発布され，衣服や食事，ときには風紀に制限が加えられた．それは節約や質素を一般的に奨励するものから，財政上の破たんに対処するために，生活全般について細かく規定し，ルール化するものまであった．とくに後者は「改革」という名目で江戸期末に連発されたが，そこには，飢饉や百姓一揆の多発，商人の台頭と市場経済の発展，武家主導による改革への反発などを背景とした幕藩体制のゆらぎが反映されていた（網野 1997）．

ヨーロッパでも日本でも奢侈禁止令や倹約令は，貨幣経済が進展するなかで「解体消滅しつつあった身分秩序や身分間の差異をなんとか維持しようという，受動的な性格をもつ」（相沢 1988）ことには変わりはないが，日本の場合に

は，為政者が自らも含めすべての階層（階級）を対象になんらかの形で規制を加えたのに対し，ヨーロッパの場合には，発布する主体（階層）が領主，自治都市の為政者，国王などと多様で，時代や場所に応じて意図や性格には微妙なちがいが認められ，一般的にいえば，特定の人間集団が別の人間集団を標的に，よりあからさまな形で規制することを特徴にしている．したがって，これらの法令群を理解するには，いったいだれ（階層）が，だれを念頭に立法しているのかを考えることが，もっとも肝心である．そこには衣服のもつステータス・シンボルとしての機能をめぐる人間集団間の闘いが鮮明に表現されている．

ヨーロッパでの衣装規制の歴史もまた古い．その源流は，たとえば，すでにみたローマでの絹の"トーガ"の着用禁止などにたどることができるが，一般的にいえば，中世初期の教会による庶民への道徳的ないましめがそれにあたるだろう（赤阪 2001）．それは，肉食の禁止や断食の強制ともあいまって，華美な服装がキリスト教の7つの大罪の1つである"色欲"（ラグジュリア）に含まれるとして，俗人，とくに女性や尼僧の衣装に対して制限を加えた．これにはキリスト教独自の女性不信が底流にあることはまちがいない．反面，教皇や高位聖職者には，度を超えた派手な衣装が，神に仕えるにふさわしいものとして許された．

注目したいのは，13世紀，一足早く発展し，ルネサンスを開花させたイタリアのフィレンツェ，ミラノ，ジェノヴァなどの自治都市では，共和制を維持しようとする都市市民層が，権力と富を誇示しようとした貴族や領主の専横を抑える目的で，「奢侈禁止条例」を発布したことである（相澤 2002）．そこには自立した市民が旧体制を廃し，自らの地位とアイデンティを確立しようとした意志がみてとれる．また，14世紀後半から15世紀のイタリア都市では女性の衣服を地位に応じて規定する法令が頻繁に制定された．それは，女性の地位があまりにも向上し，家長がもはや制御できずに立法に委ねるといった社会的状況が存在したとの解釈がある

（相沢 1988）．また，15世紀初頭のヴェネツィアでは，格差の進行が著しく，裕福な者による行き過ぎた富の誇示が，都市エリート層による少数支配の体制にとっても危機的な状況にあり，抑制的にする必要があったと説明される（三浦 2007）．

国家レベルでもう少しマクロにみると，たとえばフランスでは国王が 1274 年，1291 年，1294 年などに，領主や貴族を除き，アーミンやキタリスの毛皮の着用禁止から始まって，断続的に特定の衣装に対する禁令が 17 世紀まで延々と発令されるが，同じ内容の蒸し返しはこの種の法がいかに無力であったのかを証明している．イギリスでも同様で，1337 年の最初の「衣服に関する奢侈禁止令」の発布から，1604年の「奢侈禁止法廃止法」の制定までの 267 年間に，合計 30 ほどの法や布告が発令されるものの，実質的には効果がなかったようだ．つねに「ファッションは法より強し」（川北 1986）なのだ．しかし，そこには時代にともなって変化する社会の巨大なうねりが投影されている．

イギリス奢侈禁止法の変遷と社会

イギリスを例に法律の内容をくわしくみる（法律は Phillips 2007 から訳出）．なお，当時のイギリスでの社会的階層は，国王と王家（ロイヤルファミリー）を頂点に，以下，公爵（デューク），侯爵（マルケス），伯爵（カウント），子爵（ヴァイカウント），男爵（バロン）が貴族（合計 200 家族）と続き，この下に騎士（ナイト），郷士（エスクワイア），地主貴族（ジェントルマン）などと呼ばれ，後に一括して"ジェントリ"にまとめられる階層（合計数万家族）が君臨し，この下に，都市には自由市民（シティズン）と有産上層民（ブルジョア）が，農村には有産の独立自営民（ヨーマン）が位置（人口の約 20％）し，そして最下層に人口の約 75％ を構成する農業労働者や一般職人，奉公人たちがいた．徹底した階級社会だった（そしていまもなお）．

- 最初の法（1337 年）：収入 100 ポンド以下で，騎士と聖職者より下位は，すべての外国産毛皮の着用禁止．国王または議会の承認なくウールの国外輸出禁止．
- 1363 年の法：王室召使とその妻子は 2 マルク（約 1.33 ポンド）以上の衣服（金銀のエ

ナメル製装飾のあるもの），絹製衣服，12ペンス以上のベールの着用禁止．職人・ヨーマンとその妻子は40シリング以上の衣服の着用禁止（銀や絹の装飾品も含め），ただし子羊の毛皮を除く，国産の羊，兎，猫，狐の毛皮は可．騎士より下位で収入（年収と思われる）100ポンド以下の郷士およびジェントルマンとその妻子は年間3ポンド以上の衣服の購入禁止（金銀・絹・宝石の装飾品，および毛皮を含め）．ただし，収入200ポンド以上の郷士およびジェントルマンは，5マルクまでの絹製衣服，銀製装飾品の着用可．その妻子はアーミン・冬毛オコジョ以外のミネヴァの着用可．資産500ポンド以上の商人，市民，ブルジョアとその妻子は，収入100ポンドまでの郷士およびジェントルマンに準じる．資産1000ポンド以上の商人，市民，ブルジョアとその妻子は，収入200ポンド以上の郷士およびジェントルマンに準じる．商人の召使は騎士の召使に準じる．収入400マルクから1000ポンドの騎士と婦人は，アーミン・冬毛オコジョの服，宝石のついた頭飾りを除き，すべての衣服の着用可．聖職者および王室事務官は地位に応じた衣服の着用可．収入200マルク以下の事務官は騎士に準ずる．収入100ポンド以下の事務官は郷士に準ずる．すべての騎士と事務官は冬期の毛皮製，夏期の亜麻製衣服の着用可．資産40シリング未満の農業労働者とこれに準ずるものは，毛布を除き，45インチあたり12ペンス以上の衣類と亜麻製帯の着用禁止．

- 1379年：騎士と婦人を除き，収入40ポンド未満の者は，毛皮および金・絹製品の着用禁止．
- 1402年：さらに細分化．騎士階級より下位の者は金・ベルベットの装飾付の赤色のマント，長い地面に着くような，外国産アーミン・テン・冬毛オコジョのガウンの着用禁止．郷士は，ロンドン・ヨーク・ブリストル市長と経験者を除き，外国産キタリス・ミネヴァの毛皮の着用禁止．レディでない郷士の妻は外国産アーミン・テン・冬毛オコジョ・ピュア・ミネヴァの毛皮着用禁止．
- 1406年：さらに裁判官，見習い司法官，裁判事務官について規定．
- 1420年：男爵より上位者についてさらに詳細に規定．
- 1463年：大規模な改変と再規定．卿より下位の騎士とその妻子は金製品とセーブルの着用禁止．卿より下位のランクの者は紫色シルクの着用禁止．騎士の子息とその妻はベルベットの重ね着の着用禁止．騎士より下位の郷士またはジェントルマンとその妻子は絹・アーミン製の衣類の着用禁止．ただし王室の召使とその妻はセーブル・アーミン製の着用可．収入40ポンド以下の者と妻子はテン，冬毛オコジョ，ミネヴァ，ピュア・ミネヴァ，絹，金銀製装飾品の衣類の着用禁止．収入40シリング以下の者と妻子はファスティアン（綿・麻製），黒または白色の羊皮を除く，毛皮の着用禁止．ただし収入40ポンド以上のジェントリ，ヨーマン，市長，知事，男爵とその妻子を除く．農業労働者と妻は1ヤードあたり2シリング以上の衣類と14ペンス以上の靴下の購入禁止．
- 1478年：市長，知事，議員，行政長官とその妻は収入40ポンドの者と同等．収入20ポンド以上の行政官を除き，すべての行政官は絹・輸入ウール・キャムレット（ラクダのウール）の衣類着用禁止．また，収入20ポンド未満と40ポンド未満の者の妻と未婚女性の服装を規定．
- 1483年：国王家族を除き，金装飾の紫の衣服または絹衣の着用禁止．公爵より下位は金装飾の衣服着用禁止．領主より下位は金の装飾，外国産ウール製，セーブル製の衣服の着用禁止．騎士より下位はベルベット，サテンのガウンの着用禁止．郷士またはジェントルマン以下はサテン，ダマスク，キャメロットの衣服着用禁止．農業労働者と妻は1ヤードあたり2シリング以上の衣類と18ペンス以上の靴下の購入禁止．
- 1509/1510年：1483年の条項を踏襲．以下を加える．伯爵より下位はセーブル製の衣服禁止．男爵より下位は銀装飾，サテン，金銀の刺繍がある衣服の禁止．騎士より下位はベルベットのガウンまたは乗馬服，テンの毛皮服の着用禁止．騎士より下位は，収入100ポンド以上の領主の子息とジェントルマンを除き，ベルベット，サテン，ダマスクの衣類着用禁止．収入20ポンド以下はサテン，ダマスク，絹，キャメロットのガウンやコートの着用禁止．ジェントルマンより下位は輸入毛皮の着用禁止．ジェントルマンより下位の下僕は2.5ヤードを超えるガウン，または3ヤード以上の長いガウン，または毛皮の着用禁

止．農業労働者は1ヤードあたり2シリングの衣服と10ペンス以上の靴下の購入禁止．

最初の法制定（1337年）以降，約170年間を追跡したが，条項の細々にあらためて驚かされる．絶対王政がとくに金銀製の装飾，絹製品，そして外来の高級毛皮にこだわって，その独占に腐心していたことがわかる．権力が権威を維持するために法制定にいかに執拗だったのか，十分明快だ．じつはこの後，数年おきに18回にわたって改定と布告が繰り返され，1604年，ジェームズ1世の「奢侈禁止廃止法」よって全廃されるのだが，うんざりするので省略する．

しかし，これらの法律や布告は，だれがどのように取り締まるかを明文化していないために，ほとんど有名無実だった．例外的に1554年法では，まるで高校生の服装検査よろしく，都市の役人が法文を片手に市門の前に立ち通行人をチェックしたのだという（川北 1986）．それでもなおこれらの法律には，ジェントリ以上の上流階層が，いかに収入があろうと，外国産のセーブルやアーミン，冬毛オコジョ，ミネヴァを公然と着用するのを躊躇させる効果があったようだ．

この結果，ロンドンの毛皮市場にあふれたのは，ミネヴァやグリスまがいのもの，あるいはレッドヴェルク，ポーペル，ラスキンと呼ばれた粗悪なリス皮（他地域や夏毛，若齢個体）ばかりだった．14-15世紀前半，ハンザ商人がロンドンに持ち込んだ毛皮がセーブルやアーミンではなく，リス皮に偏っていたと述べたが，その偏向をもたらした主要な要因は，イギリス国内で「猛威」をふるい，有形無形の圧力をかけたこの「奢侈禁止令」だった．ここでもまた，辺境国家イギリスの当時の実力を確認できる．

だが，この間の変遷は次のことを明らかにしている．初期ではまだ「百年戦争」の直前，1453年法は「バラ戦争」の最中という状況を反映して，羊毛産業の国内育成化と，身分制秩序の厳格化に主要な力点があった．専制君主による重商主義政策のはしりである．しかし，時代が進むにしたがい，有産化していくジェントリやヨーマンの一部といった新興勢力が確実に増え，後半では，年収100ポンド以上の者には基準をゆるめ，実質的にはほとんどを着用可にするなど，これらの階層を積極的に取り込み，身分制を再編したことが読み取れる．社会は商品の自由な消費生活を軸に回転し始めた．

この170年間に，羊毛生産は拡大し，毛織物生産が軌道に乗り，国内生産を牽引するまでになった．16世紀前半，イギリスは毛織物の輸出ブームに沸き，14世紀初頭に2万-3万人程度だったロンドンの人口は一挙に20万人を超えるようになった[11]．原料輸出国から製品輸出国へと転換できた背景には，スペインの圧力によってフランドルやネーデルラントの熟練職人が大量に移住し，染色や織物技術を普及させたことが見逃せない．端的にいえば，イギリスは辺境国家からようやく脱し，ヨーロッパ経済の動脈を構成するようになった．その後，紆余曲折はあるが，この過程での富の蓄積が，やがては海外への飛躍，産業革命への舞台装置を準備していく．ヒツジがもたらした富が着実に一流国に押し上げたのである．

なお，この奢侈禁止令の歴史は，ほとんどが着用の「禁止」なのだが，1488年と1571年の「帽子条例」だけは例外だ．この法律では，"モンマス帽（キャップ）"という帽子の着用が義務づけられたからだ．ヨーロッパでは古くから帽子をかぶる慣習があった．防寒用だったが，傘がなかった時代，雨除けにもなった．平たい"シャブロン帽"や長短とりどりの帽子が地域ごとに流行した．モンマス帽は下層階級が着けた平たい帽子の定番だった．ウール製の丸型編み帽子で，6歳以上を対象に（ただし未婚女性，貴婦人，ジェントルマン，領主，騎士，貴族を除く），日曜祭日での着用を義務化，違反者には3シリング4ペンスの罰金が科せられた．かなりの重罪だ．これは国内産業の育成と自国産ウールの需要増をはかったものだった．ぼろばかりを着せられた農民や庶民だが，頭だけが妙に立派で，ちぐはぐ．もちろん購入は自前なのだが．だがこの強制は，帽子の着用を定着させ，後には予期しなかった余震を引き起こす．ジェントルマンが"キャップ"に対抗して"ハット"を愛用す

るようになり，それはあろうことかグローバルスケールでの野生動物の乱獲へと暴発していった．おそるべし絶対王政．次章以降，その長い道程と，そのなかに巻き込まれていった野生動物たちの軌跡をたどる．

7.3 スパイスの欲望——大航海時代

（1）ポルトガルという国

コロンブス[12]の「新大陸発見」，ヴァスコ・ダ・ガマの「インド航路発見」，そしてマゼラン[13]の「世界周航」，これらを頂点とする大航海時代は，グローバルな世界を切り開いた点では現代につながるが，その内実が恫喝と暴力むき出しの植民地的収奪であったことは忘れるべきではない．このうちガマとマゼランはポルトガル人，コロンブスはジェノヴァ出身のイタリア人，だが卓越した航海術を身に付けたのはポルトガルだった．なぜイベリア半島の小国，ポルトガルが大航海時代の先陣を切ることになったのか．そもそも熱いまなざしを外の世界に向けた動機や背景とはいったいなんだったのか．このこともまた，先取りすれば，動物と無関係ではない．

中世8世紀以降，イベリア半島の大半（西南部）はイスラム教徒の支配地域だった．キリスト教が定着する11世紀になると，一種の宗教的な熱狂がヨーロッパ中心部を包み，異教徒からの解放を掲げた軍隊が，領土的な野心も加わって，次々に派遣された．このうちの1つがイベリア半島にも差し向けられ，レコンキスタのうねりとなった．それは最初，キリスト教徒の抵抗運動にすぎなかったが，やがて新王国の建設戦争へ発展し，最終的にはイスラム勢力の駆逐（1492年グラナダ解放，ただし大半のイスラム教徒はキリスト教へ改宗）にまで至った．ポルトガルはこの解放戦争の過程で地域的に成立した王国である（1143年）．もともと領土が小さかったことに加え，スペインはゲルマン系の西ゴート族の末裔であるのに対し，ポルトガルは土着の非ゲルマン系のスエビ（スウェヴ

図7-6 左はイスラム圏でのダウ（dhow）船，地中海貿易を行った．右はこれを発展させたカラベル（caravel）船，大航海時代の主役となった（右はCulver 1992より．左は同書を参考に描く）．

ィ）族だったので，スペイン，カスティリャ地方からの分離・離脱が独立の目標だった．この結果，スペインの基幹産業であるメリノ種ウールの恩恵にも与れなかった．このため領土的野心と商業的関心はそもそもイベリア半島にはなく，最初から海外へ向けられていた（金七 1996）．そして首都リスボンの眼前には大西洋の大海原がつねに広がっていた．

重要だったのは，スペイン同様に，イスラムとの歴史的な関係だ．そこには，地中海，近東，インドを巻き込んだ汎世界的な世界観と卓越した科学技術が存在していたことはすでに述べた．ここでは船と航海術について追加する．イスラム圏には“ダウ船”と呼ばれる伝統的な商業用の帆船があった．板を突き合わせ張りにし，板の継ぎ目には植物繊維を詰め，タールとピッチを流して防水した．1本か2本のマストを立て三角帆を張り，これで地中海の交易を行った．この造船技術を土台に“カラベル船”と呼ばれる三本マストの小型帆船がつくられた（図7-6）．つくらせたのはほかでもないポルトガルの，エンリケ航海王子（1394-1460年）との説がある（田口 2002）．この船はスピードが速く，操舵性にすぐれ，小回りが利き，外洋の遠洋航海には理想的だった．コロンブスはこれに乗り込んでいる．

外洋航海に不可欠だったのはもう1つ，（単純かつ未熟ではあったが）航海術だ．代表的なのは，天体と水平線との間の角度を測る“アストラーベ”，磁針を水に浮かべた程度の“コンパス（羅針盤）”，簡単な“測距儀”で，コンパ

スはおそらく中国からの伝来だが，ほかはイスラムの知識と技術だった（増田1965）．イスラムの天文学（占星術）は北半球では北極星による天文航法が可能であることを伝授していた．さらにもう1つ，危険な探検行に欠かせないもの——武器である．大砲や小銃，鉄製の兜や刀，槍など，大量の武器は，レコンキスタのなかで十分にストックされた．この武器もまたイスラムとの合作といってよい．すべての準備は整い，待つのは出帆の合図だけ．

（2）スパイスとヨーロッパ

スパイスとはなにか

パイオニア3人の航海も，そしてこれに続く一連の冒険航海も，国王が派遣し，国が総力をあげて取り組んだ国家事業だった．国王や国を突き動かし，彼らが目途とした主要なものは，ずばり"香辛料"だった．

スパイス（spice）とは料理用語，学術的に定義されているわけではない．あえて定義すれば，植物から採取された調味料の1種，風味や香味，辛味，あるいは着色する成分の総称である．これには通常，香草も含まれるが，スパイスというのは「葉」以外の部分を使い，多くは乾燥して用いられるもの，といえよう．なお醤油やマヨネーズ，ケチャップやソース，塩や砂糖などは"薬味"（condiment）といい，スパイスではない．

ヨーロッパでは，ハーブ類の歴史は古く，種類も豊富だ．ニンニク，タマネギ，マスタード，パセリなどは，農畜融合文化といっしょに近東やアナトリア半島からもたらされ，各地で栽培，自生するようになったものである．これに対して，コショウ，ショウガ，シナモン（桂皮，肉桂），クローブ（丁子，丁香），ナツメグ（ニクズク，肉荳蔲），メース（ナツメグ種子を包むレース状の仮種皮），クミンなどのスパイスは，どれも非ヨーロッパ原産（多くはインド産）なのだ．

このスパイスに対するヨーロッパ人のあこがれとこだわりは相当なもの．それは貴重な医薬品だったこととあいまって，各種料理の風味

づけに伝統的に用いられてきた．とくにヨーロッパでは，肉や魚の味つけだけではなく，長期に保存し腐りかけた（ときには腐った）肉や魚のにおい消しに使われた．コショウを含む主要なスパイス類は，すでに述べたように（第4章，p.190），古代ローマ時代から知られ，陸路やエジプト経由でインドから持ち込まれ，ローマ帝国の各地，つまりヨーロッパ全域に普及した．このコショウやショウガ，各種スパイスに，自前のハーブを加えてソースをつくり，肉や魚にかけるか，あるいは煮込むのが，ヨーロッパ料理の定番だ．なかでもコショウは，中世ヨーロッパにおいても，異国の代表的なスパイスとして，不動の地位を確保していた．中世文学において「胡椒がたっぷりと」とは，ぜいたくな食事を描写する常套句だったという（ドルビー2004）．

中世期に，コショウやスパイス類の必要性をさらに加速させたのは，ブタの飼育が普及し，秋になるとナラ林やカシワ林に放し，ドングリを食べさせ，たっぷりと太らせた後に屠畜し，越冬用の食料にするという生活様式の定着だった．屠畜されたブタからはラードを取り，残りの部分は，塩漬けやハム，ソーセージにされたが，そこにはコショウなどのスパイスが加えられ，味つけが工夫された．ほかの家畜や家禽の大部分も，冬期には餌がなくなるので，同じように処理され，保存食とされた．冷蔵庫などない時代，腐敗しかかった肉に，毎日同じで食傷した塩蔵の肉に，コショウやシナモン，クローブ，ナツメグ，セージ，タイムなどは欠かせなかった．スパイスはヨーロッパ農畜融合の食文化と結合した必須アイテムだった——これは強調されてよい．

スパイスの生物学

以上はヨーロッパの話．だがスパイスやハーブは地域や時代を超え世界中で使われている．各国ではどれほどの種類のスパイス類が使われているのか．世界中で出版された4578種類の料理を対象に，そのレシピが吟味された（Sherman & Billing 1999）．もっともポピュラーな

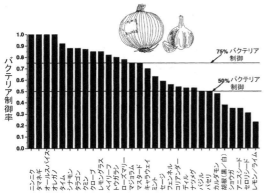

図 7-7 主要スパイスの抗菌作用（バクテリアの制御率）（Billing & Sherman 1998 を改変）.

のがタマネギで約 65％，コショウが 2 位の 63％，ニンニク 3 位 35％，4 位トウガラシ 24％，5 位レモンまたはライム 23％だった．国ごとの伝統的な肉料理に限って，スパイス類の使用状況をみると，インド料理では平均 9.3 種類，インドネシア 6.9 種，韓国 3.5 種などで，ちなみに日本料理は 2.1 種，少ない部類に入る．日本人はあまりスパイスを使用せず，素材の味を大切にする傾向がある．そしてもう 1 つ興味深いのが，年平均気温が高い国ほど香辛料の数は増える傾向があることだ．なぜなのか．

香辛料には，味つけ，におい消し，香りづけのほかに，殺菌や抗菌作用がある．どれほどの効果があるのか．ビリングとシャーマン（Billing & Sherman 1998）は，主要スパイスのバクテリアやイーストに対する殺菌作用を検査して，順位づけしている（図 7-7）．この結果に驚く．ほとんどのスパイスには，はっきりした抗菌作用が認められるからだ．とくにニンニク，タマネギ，オレガノにはほぼ完璧ともいえる殺菌作用がある．なかでもニンニクは，その揮発成分に 1 時間さらすと 93％のブドウ球菌を死滅させた（Arora & Kaur 1999）．タイム，シナモン，タラゴン（エストラゴン），クミン，クローブ，ローリエ，レモングラス，トウガラシ，ローズマリーでは 75％以上の，ミント，セージ，コリアンダー（パクチー）では 50％以上の，コショウやショウガでも 30％以上の，明確な殺菌作用がある．

この評価には，残念ながら（西洋ワサビはあるが）ワサビは含まれていない．付け加えておこう．複数の実験結果（雨宮ほか 2008，高橋ほか 2010）は，ワサビにはショウガやニンニクを上回る抗菌作用があり，しかも効果の持続時間が長いことを明らかにしている[14]．平均気温の高い地域ほどスパイス数が増えたが，増加したのは抗菌作用 75％以上の強いスパイス類だった．気温が高いほど肉や食品は腐りやすく，対抗手段として強力なスパイスが使われる．スパイスに含まれる抗菌・殺菌成分は植物によって異なるが，どれもが細菌，カビ，昆虫から葉や種子を防御するために植物自身がつくりだした抗生（物）物質に由来する．私たち人類はそれを"旨い"と感じるのである．

ところで，トウガラシは辛味スパイスの代表格だ．その主成分は"カプサイシン"，赤くはなく，白い粉末だ．難水溶性だが油にはよく溶ける．日本人はトウガラシを，塩味と同様に，「辛い」と表現するが，英語圏を含む多くの国では"塩辛い"（ソルティ）と"辛い"（ホット）はまったく異質の味覚として区別される．それは生理的にも異なるメカニズムをもつ感覚なのだ．塩味は，甘味，苦味，酸味，うま味と同様に，舌に多数分布する「味蕾」の味（覚）細胞によって感覚される．これに対し，カプサイシンは舌や口腔内に広く存在する"熱さ"や"痛さ"の受容体に働きかける（Caterina et al. 1997）．熱い＝痛い＝辛いは同じなのだ．トウガラシを食べると，舌が痛くしびれ，同時に口のなかに熱さが広がるのはこのためで，ヒリヒリする辛さが発汗をうながすのも同じ理由だ．なお，このカプサイシンには抗菌作用はある．しかし，脂肪を直接燃やすダイエット効果があるかどうかは不明だ．また一般に，哺乳類（モリネズミなど）はトウガラシを忌避するが，鳥類（ツグミ類）は受容体がないので食べる（Tewksbury & Nabhan 2001）．おそらくカプサイシンは，種子の分散者を哺乳類ではなく鳥類に限定するために進化してきたと考えられる．その機能をヒトは踏みにじっている．

もう 1 つの味覚，苦味についても人類は感受

性が高い．おそらく苦味は，消化不良を引き起こすような有害物質を避ける働きがあったのだろう（その代表格，ポリフェノールは現在では健康薬とされるが）．興味深いのはアフリカの一部では苦味を感じない人々が有意に多い地域があり，これにはマラリア抵抗性との関係が指摘されてきた（Soranzo et al. 2005）．マラリア蚊は苦味物質を嫌う可能性があるというのだ．しかし実際にはそのような関係はなく，おそらくは，その地域では長年大量のスパイス料理を食してきた結果，苦味の感度を低下させたのではないかとの説が有力である（Krebs 2009）．

こうしてみると，"スパイス（ハーブ）好き"，"ピリ辛好き"，"辛いもの好き"は，個人の嗜好，ヨーロッパやインドといった地域を超え，人類に広く共通した特性のようにみえる．そこにはもう少し深い進化的な背景があるのではないか．行動生態学者ジョン・オルコック（Alcock 2005）が述べるように，スパイス好きは適応形質であるのかもしれない．あるいはホミニゼーションにおいて重要な適応行動だった可能性がある．

人類の進化とスパイス

第1章（p.43-46）で，私たちは人類の食物と狩猟技術との関係を追跡し，人類の無類の"甘いもの好き"は，森林を生息地としたヒト亜科初期人類の系統がもともと「果実食」から出発したことによると推論した（Milton 1993, Bellisari 2008, 山極 2012 など）．1カ所にまとまり，これほど労働節約型で，高カロリーな食物はない．甘味に対する感受性は，苦味同様に，圧倒的に高い．この点でいえば，人類の"アルコール好き"もまた果糖の発酵産物という点では，甘いもの好きの延長上にあると考えられる（Dudley 2004）．甘辛は同根なのだ．この後に，人類は，果実の豊富とはいえない疎開林やサバンナに進出し，集団生活を営み，メニューを転換させながら，3つの段階の生活様式，①「採集捕獲」，②「採集腐肉あさり」，③「狩猟採集」，を経過させてきたと考えた（Lewin 2004）．もう一度確認しておく．

まず①「採集捕獲」段階では，幅広い食性の雑食性で，果実，木の実や塊茎を主食としつつ，地上で捕獲される各種の昆虫やトカゲ，小動物を雑食した．この期間はオーストラロピテクス類の食性から，250万-200万年前と解釈した（Sponheimer & Lee-Thorp 1999, van der Merwe et al. 2003）．続いて②「採集腐肉あさり」の段階になると，動物脂肪や肉食への傾斜がみられる．それは脳の発達と肥大化にともない大量のエネルギーを消費するようになり，もっとも効率のよい栄養源を求めた可能性がある（Speth 1989, Wrangham 1998）．この肉はどのように調達されたのか．昆虫やトカゲ，小哺乳類の「捕獲」だけでは不足のため，人類はほかの捕食者，ライオンやハイエナ，ヒョウから"つぶて"による組織的攻撃によって奪い取ったと考えられる．石を武器にした"グループ・スカベンジャー"だった．この結果，食べ残した肉のほかに，腐肉や骨髄が得られた（Lewin 2004）．この生活様式の最終段階で，人類は火を獲得し，得られた肉を調理し，加熱殺菌できるようになった．火はコントロールされ，武器にも使われた．これによって人類は捕食者を完全に圧倒できる存在になった．そして槍や投げ槍が発明され，これ以降，肉を自前で調達できる真の③「狩猟採集」段階となった．

この3つの段階を時間的に大別すると，ヒト亜科系統の成立を約250万年前とすれば，①が最初の約50万年，③が最終の約50万年だから，②の中間段階が約150万年で，最長期間ということになる．この期間で調達された多くの動物性タンパク質は，おさがりや残飯，奪い取ったとしても口はつけられ，新鮮なものではなかっただろう．つまり感染しやすく，「危険」な食物だったのだ．この「採集腐肉あさり」段階でおそらく人類は殺菌や解毒の方法，スパイスやハーブとの食べ合わせや薬用植物の発見といった行動習性を並行して進化させたと思われる．異臭や腐臭のする肉は強い芳香のする木の実や苦い葉といっしょに食べる——これがホミニゼーションの主要な期間を生き残った適応行動だったにちがいない．苦味に対する感度の高さも

おそらくスパイスやハーブとの結びつきによって生じたのだろう（Krebs 2009）．そしてこの過程では強い殺菌作用をもつアルコールもまた適応的な食品として嗜好が強化されたと推測される．チンパンジーやボノボ，バブーンでは，症状に合わせて，苦い果実を嚙んだり，葉をまるごと嚥下したりと，薬（?）による自己治療が行われるという（Hart 2005）．また最近，ネアンデルタール人の食性分析が進められ，興味深い知見がもたらされている．それは高性能の質量分析装置（加熱脱着ガスクロマトグラフ）による"歯石"の分析で，歯石内には微量の食物残渣が保存されている．スペイン・シドロン洞窟で発掘されたネアンデルタール人13人（BP5.0万-4.7万年）の歯石検査の結果，彼らは，意外にも肉類のほかに野生植物の種子や根茎を加熱調理してよく食べていたことが判明した．それだけではない．成人からはカモミールやノコギリソウなど，ヨーロッパでは古くから使われてきた苦味の強い"薬草"が検出された（Hardy et al. 2012）．これらが薬（殺菌剤）なのか，ハーブなのか，不明ではあるが．

こうしてみていくと，ヨーロッパ食文化の典型，スパイスやハーブの効いた肉・魚，それとともに大量に飲まれるワイン，食後のとびっきり甘いデザートには，ホミニゼーションにおける食物史がプリミティブな形で反復されているように，私にはみえる．

(3) 中世期のスパイス交易

古代，これらのスパイスは，陸の交易路を通り，アッシリア人やペルシャ人のラクダ隊商の手を経て，インドからはるばる地中海沿岸諸都市へと運ばれた．陸路の危うさ，輸送量の制約にもかかわらず，また中継都市は時代とともに大幅に変更されたが，スパイス・ロードは脈々と受け継がれた．中世になると，この交易は，アラブ商人の手を経て陸路，コンスタンティノープルやベイルートに運ばれ，そこからイタリア商人によって海路，ヴェネツィアやジェノヴァ，フィレンツェ，ピサなどに陸揚げされた．これらのイタリア都市は古代ローマ以来，重要な植民市としてローマ帝国の崩壊後も地中海交易の拠点であり続けた．なかでもヴェネツィアが突出していた．ウェイク（Wake 1979）によれば，15-16世紀の間，この地中海交易でヨーロッパに持ち込まれたスパイスは総計1000-1500トン，ヴェネツィアがこのうち約75％を占めたという．ヴェネツィア商人はそこからおもに陸路（ときには海路）でヨーロッパ北部のフランス北東部（シャンパーニュ），ブルッヘ（ブルージュ）へ絹織物といっしょに運び，交易を行った．ここにはハンザ同盟がもたらした北方の産品（毛皮や銀），フランドル製の毛織物も集まり，スパイスと交換され，莫大な利益を得た．そこを起点にスパイスは全ヨーロッパへ運ばれた．

ヨーロッパ北部と陸路で結ばれたジェノヴァや，港町ピサを併合したフィレンツェが，このスパイス交易を軸に，毛織物工業，絹織物工業，ガラス工業，金属加工などを立ち上げ，高級品の輸出や金融業によって莫大な利益を蓄積した．もともとこれらの都市は地中海地域で生産された種々の羊毛を買い取り，また交易で得た明礬や染料を材料に繊維の染色業を発達させ，安価な毛織物を生産した．これらの商工業者は貴族に対抗するために相互扶助的な同業組合を発展させた[15]．

フィレンツェを支配したメディチ家のルーツは定かではない．だがその名前（Medici）と紋章（図7-8）が丸薬と推測される複数の赤丸であることから，もともとは薬種商・医師（Medicine），つまりスパイス類を取り扱った業者，または繊維染色に必要な明礬の独占輸入販売をした業者で，その成功によって銀行業に転進をはかり，経済的な基盤を固めたとの説が有力だ（森田1999）．私にはその複数の小さな丸が大粒のコショウのようにみえる．後にハプスブルク家と結びヨーロッパの政治に大きな影響力をおよぼす南ドイツ，アウスブルクの豪商，フッガー家もまた，ヴェネツィアに到着したスパイス類をヨーロッパ北部へと運び，販売し，帰途には，北部で産出された毛織物を買い付けヴェネツィアでさばき，莫大な利益を獲得，後に金

図7-8 左：メディチ家の紋章．黒色（実物は赤）5つの玉は"メディチ・ボール"と呼ばれた．中央上の円のなかには"アヤメの花"の図章が3つ配置されている．このアヤメの花はフランス王家を表す図章である．フッガー家の紋章はこれが2つ並列に並べられている．
右：アウスブルクの市章．フッガー家が権勢をふるっていたころに制定された．松ぼっくりが図案化されている．マツは"生命の樹"と呼ばれ，マツの実はヨーロッパでは古くから薬用・食用に用いられた．

融業に転身した業者だった（諸田1998）．こうした商工業者の自由な活動，巨万の富，そしてイスラム文化との接触によって，ルネサンスは開花したのであった．

（4）ポルトガルの挑戦

このイタリアの独占状態に風穴をあけ，スパイスの生産地インドと直接交易し，巨利を得る——それは中世末期，絶対王政のすべてが夢見たことだった．地場産業のほとんどない新興小国，ただただ大西洋に突き出ているだけのポルトガルにとって，この挑戦は必然でさえあった．ポルトガルの新航路開拓の航海は，15世紀初頭から始まり，アフリカ西海岸沿いに飛び石状に南下し，1488年にはディアスがヨーロッパ人として初めて喜望峰に到達した．ガマの成功にも国家的な進取の精神がある．第1回目の航海（1497–1499）では，ディアスにしたがって喜望峰に達し，今度はそこからアフリカ東海岸に沿って北上，モンバサ（ケニア）からアラビア海を横断，インド南端部のコーチン（現コーチ）に到達している．途中，喜望峰周辺では，ミナミゾウアザラシ3000頭の集団繁殖地（ルッカリー）に大砲を撃ち込んだり，ペンギンの1種を「好きなだけ殺し」て食料にしたり，ヒンドゥー教寺院をキリスト教会と勘違いしたり，ときには現地住民を「捕虜に獲ったり」，大砲で威嚇したりと八面六臂，やりたい放題の活躍だが，全体としては「慎重かつ友好的に振る舞い」，おおむね平和裏の航海に終始したのだという（ガマ1497）．

この航海によって，数量は不明だが，コショウ，ショウガ，シナモン，丁子，ナツメグ，麝香や乳香などを持ち帰っている．この快挙に接した国王は，スパイスの産地を独占するために次々と遠征隊を送り（ガマやマゼランも同行している），さらにはインド東部への探検を繰り返した．1511年にはマレー半島のマラッカ（現マレーシア・メラカ）を武力占領，以後約130年にわたってここを拠点にマレー半島スパイス諸島の利権を独占した．

ポルトガルは首都リスボンに"インド庁（カザ・ダ・インディア）"を設立，納入価格1キンタル（約100 kg）あたり16ドゥカード（金貨の単位）に対し，商人には32ドゥカードで転売した（浅田1989）．国庫には当然，莫大な収益が転がり込んだ．「胡椒のあるところへ銀は流れる」のだった（栗原1974）．

ガマのインド航海は3回におよぶ．たとえば1503年に帰国した10隻の船団による第2回航海では合計1900トンのスパイス（その大半はコショウ）を持ち帰り，国王と商人は大儲けした．ポルトガルのインド航路の開設がヨーロッパの商業圏に影響をおよぼしたのは事実だが，しかしイタリア諸都市がこれで追い詰められたわけではなく，この期間も交易は粛々と続けられていた（中沢1993）．イタリアが最終的に没落するのは，おもにオランダとイギリスがインド航路を開設し，スパイス交易に直接に乗り出したことによる（栗原1974）．ポルトガルはリスボン経由でこれらのスパイスをおもにアントウェルペンへ輸送し，ここを中継地にヨーロッパ中に販売した．このスパイス輸入量がくわしく追跡されている（de Vries 2003）．それによれば，毎年4000トン以上がヨーロッパへ輸送され，売買された．国王マヌエル（在位1495–1521）はスパイス取引を王室独占事業と宣言した（中沢1984）．これとは別にマディラ諸島の

砂糖生産もまた王室直轄だった．ポルトガル王室にはどれほどの富が蓄積されたのか．巨万の富，といいたいのだが，あにはからんや，経済に疎い優柔不断の国王の「大名」商売，けっきょくのところ「香料輸送が頂点に達したときでもこれらの請負業者（独占的な商人団）に財政的に依存せざるをえない体質に陥っていた」（中沢1993）．パラサイトのほうがホストよりつねに上手なのである．

　ポルトガルとイタリアがアジアからヨーロッパへと持ち込んだスパイスの総量を毎年6000トンとし，このうち5000トンをコショウとする．1粒のコショウの重さは0.058-0.072 g，平均0.065 gとすると，コショウは合計約770億粒となる．1550年の時点でヨーロッパの人口を7000万人，1日2回の食事をとるとすると，1回の食事で1人平均1.5粒のコショウを消費していたことになる．もちろん年齢や貧富は偏っていたから，富裕層なら10粒以上になるだろう．やはりヨーロッパ人は大のコショウ好きなのだ．ハクション！

（5）大航海時代の意識と環境

　隣国スペインも負けてはいない．カスティリャ王国とアラゴン王国の合同国家，新生スペインの国王フェルナンド2世（在位1479-1516）は，ポルトガルでは雇われなかったコロンブスを採用し，「西回りインド航路」開拓の冒険航海へ向かわせた．1492年，西インド諸島に到達，これによってくだんの航路を発見したと宣言した．次の国王カルロス1世（在位1516-1556）は，これを独占すべくマゼランに5隻の船団と265名の乗員を与え，航路を確定しようとした．この航海は，4年の歳月を経て，再びスペインにもどり，地球が球体であることを立証するが，帰り着いたのはわずか1隻と18名の船員のみ，マゼラン自身も（途中で殺害され）不帰の客となった．だがこうした冒険航海を足がかりに，スペインは，メキシコから南米，太平洋航路によるフィリピンと，到達した場所を次々と占領，植民地化し，莫大な富を収奪していった．

　あまつさえこの両国は，「トルデシリャス条約」（1494, 1506年）なるものによって全世界を二分割し，東南アジアについては，ボルネオやフィリピンをスペイン領に，ジャワ，スマトラ，マレー半島をポルトガル領に線引きし，それぞれの領有を宣言した．なにをかいわんや．この両国のせめぎ合いは日本にも波及（日本は「ポルトガル領に編入」された），1543年にはポルトガル人が種子島に，1549年にはスペイン，イエスズ会宣教師ザビエルが鹿児島に，それぞれ上陸している．明らかに領有のための探索の任務を負って．

　植民地支配，資源収奪，戦争，それが国の使命だった．後のことだが，スペインとイギリスが戦った"アマルダの海戦"（1588年）後の1592年，制海権を握ったイギリスは，「私拿捕」という海賊まがいの行為でスペイン船を襲い，その略奪品をダートマスで競売にかけた．425トンのコショウ，45トンのクローブ，35トンのシナモン，メース，ナツメグ，染料など，総額は50万ポンドに達したという（ドルビー2004）．アマルダの海戦時のイギリスの国家予算はせいぜい20万ポンドだったから，海外からの収奪がいかに巨利を生むのかがわかる．賞や賞金を意味する"プライズ"（prize）という言葉の原義は「海上で拿捕した敵の船荷を奪うこと」である（現在もこの意味は生きている）．なんでもありの世界．この莫大な利権をスパイス諸島に求めて，各国は実力勝負の国家間戦争へ突入し，イギリスは1600年に，オランダは1602年に，フランスは1604年に，デンマークは1612年に，それぞれの国王が特許した「東インド会社」（East India Company）を設立した[16]．オランダ東インド会社の前身にあたるロッテルダム会社に雇われたイギリス人ウィリアム・アダムス（日本名は三浦按針）らが大分県臼杵に漂着するのは出航2年後の1600年，東アジアの産物と極東航路の探索が目的だった．西アジアから東アジアへ，列強の強欲に際限はない．私はこれら列強の動向や浮沈に主要な興味があるわけではない．焦点は，スパイスをめぐる国家間の熾烈な競争が自然環境や野生動物にどのような影響をもたらしたのか，それであ

る．

　オランダはスパイスを採取し終わると，後続の国が収穫できないように，樹木を伐採したり，森林を焼き払った．当時の広大な熱帯林のなか，その影響は取るに足らないものだったが，利害をむき出しにした国家間の資源争奪は生態系そのものを破壊する潜在性をもつ．そしてスパイスの独占のためには住民さえ虐殺した．時代はやや下るが，イギリスは，18世紀以降，植民地インドでは輸出産品と地税収入を増やすことを土地政策の基本とし，綿花と茶のプランテーションを拡大した．この過程では手つかずのまま残っていた広大な森林は，その障害になるとして，徹底的に切り払われ，造船に適していたチーク材だけは本国の木材業者に売却された．これらの木材は1850年代になると本国とインドの鉄道敷設の枕木に使われるようになり，鉄道建設は，皮肉にも，さらに奥地の森林伐採を促進させた（ウェストピー 1990）．本国政府の意向にもかかわらず，このような環境改変が乾燥化や地力の低下を引き起こし，農業生産に悪影響をおよぼし，森林利用そのものが立ち行かなくなるとの危機感が，本国よりむしろ植民地政府の科学者らの間に芽生え，彼らの意見が契機となって19世紀末に森林政策を転換させていく（水野 2006）．またイギリスは18世紀後半以降，東南アジアや世界各地の熱帯林のなかで羽毛の美しいハチドリやゴクラクチョウの捕獲に狂奔するようになる．その理由は後述するが，幸い生息数が多かったため絶滅しなかったものの，生息数は激減した．主権を奪った植民地での資源利用が乱獲や掠奪を招く——これはまだそのほんの序章(プロローグ)にすぎなかった．

　ヨーロッパから喜望峰を回るインド航路にはマスカレン諸島（現モーリシャス共和国）がある．この島はポルトガル人によるインド航路開拓初期の1507年に発見され，後に同じ航路をたどったオランダ人が入植した．そこには飛べないハト目の1科1種の固有種，ドードー（*Raphus cucullatus*，第9章，図9-19）がいた．食用にしたのか，入植者が持ち込んだイヌやブタが駆逐したのか，船で偶然に運ばれてきたネズミが卵を食べ尽くしたのか，あるいはもともと生息数が少なかったのかは不明だ（Hume 2006）が，1681年の目撃を最後に絶滅した．残されたのは2羽の剥製だけだった[17]．

　この諸島にはまた，モーリシャスバン（*Fulica newtonii*），モーリシャスカラスオウム（*Lophopsittacus mauritianus*），2種のハト（モーリシャスカメバト *Nesoenas cicur*，モーリシャスルリバト *Alecteroenas nitidissina*），そして2種のクイナ（モーリシャスクイナ *Aphanapteryx bonasia*，ロドリゲスクイナ *Aphanapteryx leguati*）が生息していた．これらはおそらくニワトリに代わる格好の食料となり，17世紀から18世紀初頭にかけて次々と絶滅した（Hume 2011）．後2種は，たまたま描かれたスケッチに往時の姿が残されている以外，なにも残さなかった．絶滅の足取りは謎のままだ．さらにここには巨大な2種のゾウガメ（*Cylindraspis triserrata*, *C. inepta*）がいた．それらは長期航海の格好の食料として船に積まれ，18世紀までには絶滅した．大航海時代，それに続く列強の植民地支配は，野生動物の絶滅と生態系の破壊を引き起こしつつ，世界を巻き込んでいった．ドードーやクイナの絶滅はまだ序章に続く導入部にすぎなかった．

　なおモーリシャス島には"ドードーツリー"と呼ばれるアカテツ科の樹木が自生するが，この木の種子はドードーが食べることで散布され，発芽すると解釈され，共進化の典型とみなされた（Temple 1977）．しかしその後の検証は，この論拠が薄弱であったことを示した（Winter & Cheke 1991）．

掠奪の延長としての奴隷制

　攻撃されたのは自然や野生動物ばかりではなかった．この節の最後に重い史実を紹介しなければならない．奴隷という名の人間もまた，あたかも野生動物のように「狩」られ，商品にされ，交易の対象とされた．奴隷制の歴史は人間の歴史と同時に20世紀に至るまで，社会の発展度合とはまったく無関係に存在してきた．古代ギリシャ・ローマ社会は奴隷制の基盤なしに

は成立しなかったし，ヨーロッパ中世世界でも，支配的ではなかったにせよ，社会経済の一端を支えた（パターソン 2001）．ルネサンス期の北イタリア都市の繊維工業は極端な奴隷労働に依存していた．戦争は戦争捕虜という名の奴隷を生み出し，多くの戦争は奴隷獲得の目的でもあり手段でもあった．奴隷は資源収奪の一環として遂行された．人間を商品とみなし，襲撃，拉致できる――それを正常な商取引と解釈できる価値観と，海上での略奪行為を海賊として称賛できる価値観とは共通する．

大航海時代から近代社会は飛躍的に成長するが，トリニダード・トバゴの初代首相にして歴史家のエリック・ウィリアムズ（2004）は，この西欧の経済機構と資本主義を台頭させた主要因こそ「奴隷制」だったと告発している．これら奴隷のほとんどすべてがセネガル，ガンビアからアンゴラまでのアフリカ西海岸で調達され，南北アメリカへと運ばれ，消費された．わずかの例外国を除き，ほぼすべての西ヨーロッパ国家はこの貿易に積極的に関与した．この「大西洋横断奴隷貿易」（パターソン 2001）の先陣を切ったのがポルトガルだった．

ポルトガルは15世紀初頭に大西洋に乗り出してまもなくアゾレス諸島やマディラ諸島（2島は無人島），カナリア諸島（先住民がいた）を発見する．ポルトガルはこれらの島々へ植民し砂糖栽培を開始するが，この労働力としてカナリア諸島の先住民を奴隷として使った．このためカナリア諸島の先住民は15世紀末には絶滅寸前となった．エンリケ航海王子の事業を継承した国王ジョアン2世（在位1481-1495）は，1486年にはリスボンに早くも"インド庁"とは別に"奴隷庁"を設置し，アフリカ西海岸を南下するなかで調達された奴隷を連行し，売却している．このおもにポルトガルが関与した1450-1521年の72年間の奴隷交易の規模が複数の研究者によって推計されている．残されていた断片的な資料数（請求書や領収書），輸送時の死亡率の評価によって6万3000-21万人の推定幅がある（Elbl 1997）．注目されるのは時代が下るにしたがい資料がそろい，増加したこ

とで，16万人以上だったのは確実らしい（Elbl 1997）．自然や野生動物への姿勢は同時に人間へのふるまいにも反映されていた．だが，これは奴隷貿易がその巨大な醜態をさらす，まだ前触れにすぎなかった．この後，オランダ，スペイン，フランス，イギリス，アメリカが参入し，国策事業として，はるかに莫大な数の奴隷が，アフリカだけではなく世界的な規模で調達され，売買された．

7.4 海洋生態系における生物資源の争奪と乱獲

(1) ヨーロッパの食料事情――飢饉とジャガイモ

この掠奪戦がもっとも熾烈に展開されたのが海洋だった．なぜ海だったのか，これには陸の食料事情をもう少しくわしくたどる必要がある．ヨーロッパの人口は，14-15世紀，中世小氷期の寒冷化，これにともなう凶作や飢饉，さらにはペストの流行によって，大幅に減少したものの，15世紀後半になると気候の一時的な温暖化で再び農業生産が好転し，徐々に再起するようになった．人口は16世紀初めに8000万人を突破（Durand 1977），さらに増加していた．それでもなお気候は不安定だったので，凶作がたびたび発生した．増えていく人口を養うために各国はいっそう食料（糧）調達にしのぎをけずるようになった．

まず農業分野．中世のムギを中心とした単栽培はしだいに見直され，ソバ，カブ，キャベツ，ニンジンなどの野菜，牧草生産などの多栽培化が，飢饉への対抗策として進められた．牧草地はもっぱらヒツジ増産に向けられた．牧草地造成は領主や教会，自由農民によって行われ，集落のコモンズは私有化されたり，「囲い込」まれ，いっそう縮小した．もう1つ，記憶されてよいのが，ジャガイモの普及だ．歴史家マクニールはある論文（McNeill 1999，「ジャガイモはいかに歴史を変えたか」）のなかで，工業，政治，軍事における西欧の飛躍的な膨張は，人口

増加を支えたジャガイモの桁外れの食料供給能力なしにはありえなかったと述べた．ジャガイモは西欧勃興のまさに燃料．不作と飢饉に脅かされてきたヨーロッパ人にとってまぎれもない天恵だった．

ジャガイモの起源については後述するとして，ここでは先取りし，スペイン人がヨーロッパに持ち帰ったところから紹介する．それは1560年代の末，ちょうどスペインとネーデルラントとの対立が深まっていた時期だった．どんな土地でも簡単に栽培可能で，耐寒性にすぐれ，高い生産性，そして高カロリーと栄養豊富，食料としては出色だ．とすれば，ヨーロッパ農民はさっそく栽培にとりかかった，と想像しそうだが，めんどうな脇道をたどる．食物に先進の気性はあてはまりにくい．問題だったのはその奇妙な形（根塊），南米のインディアンの食物という出自，そしてあまり旨いものではなかったことだった[18]．初期にはとことん敬遠され，蔑視された（Salaman 1985）．それを打ち破ったのが3つの出来事だった．

第1は，セビリアの救民のため病院で患者用食料に採用されたこと．第2は，船員用の食物に頻繁に使用されたこと．ジャガイモは当時恐れられていた壊血病防止の特効薬だった．第3は，これが決定的なのだが，スペイン軍が糧食として携行し，神聖ローマ帝国（ハプスブルク家）の覇権戦争と領土拡大に貢献したこと．たとえば1567年にネーデルラントの独立戦争にイタリアからアルプス経由で干渉したフェリペ2世の軍隊は，フランシュ＝コンデ地域，アルザス，ラインラント地方を行軍したが，その行く先々で携行したジャガイモを埋め，必要に応じて収穫した．戦争はずいぶんと牧歌的，はからずもそれは農業普及の行脚でもあった．これは以後，食料供給の兵站（へいたん）として一般化され，ジャガイモの普及に一役買った．

これらを契機に，ジャガイモはおそるおそるヨーロッパ農民の手で栽培されるようになった．最初は動物飼料用に，そして代用食物用に，最終的には貧農の主食として．とくに冷害に頻繁に襲われた北部，アイルランド，イングランド，ネーデルラント，ドイツなどでは16世紀末までには穀類に代わる主食としていち早く普及した．それでもなおフランスでは17世紀まで「異国の異様な貧者の食物」として定着することはなく，さらにはロシアでは，現在の食習慣からは想像できないが，普及するまでさらに半世紀を要した．恐るべし食の因習．しかし，アイルランドなどでは，一転してジャガイモ一辺倒に舵を切り，新たな危険を抱え込むことになった．18世紀中ごろの異常な寒冷と長雨は，ジャガイモを不作にしたうえに，泣きっ面にハチとばかり，ジャガイモ疫病菌（*Phytophthora infestans*）を蔓延させ，わずかの収穫物さえ腐敗させた．悲劇の再来．1840年代，アイルランドでは少なくとも100万人の農民が餓死している．餓死をまぬがれ，食い詰めた数百万人の難民の群れは北米（アメリカやカナダ）へと旅立った．それが主要な白人移民，アイルランド系アメリカ人の1つのルーツである．アイルランドの人口は1846年820万人から1901年には450万人へと激減し（キング2008），現在もなお回復していない．

ジャガイモの普及によって飢饉はかろうじて回避されたが，薄氷を踏むことに変わりなかった．単年の不作にはなんとか対抗できても，連年はたちまち飢饉を引き起こした．家畜や一部の野生動物の肉は肉屋経由で調達できるようにはなったが，教会によって断食や肉食の節制が強要され，自由な食事はままならなかった．庶民の動物性タンパク質の拠りどころは，教会によって唯一許可された魚類，川魚の漁獲には限度があったから，当然，海産魚類へ向かっていった．これを支えた最初の魚類が北海やバルト海産のニシン，その流通はハンザ交易によって支えられた．

（2）オランダの勃興とニシン

ニシンの生物学とハンザ交易

ニシンはニシン科ニシン属の6種の魚の総称で，主要なのは，タイセイヨウニシン（*Clupea harengus*）とタイヘイヨウニシン（*C. pallasii*）の2種．日本人が食べるのは後者で，いわ

ゆる"ヘリング"（herring）と呼ばれるのは前者だ．動物性プランクトンを捕食する体長約 30 cm 前後の小型魚で，ほかの大型魚の被食者となる．3-13℃ の水温を最適とする遠洋性の回遊魚で，海水温に応答した回遊パターンや年級群（ある年に出生した集団）のサイズによって資源量が劇的に変動するという特徴をもつ．しばしば海岸を埋め尽くすほど大群で押し寄せ産卵放精を行う"群来（くき）"が起こり，このときには網や漁具など不要．サーミ人も利用したように，有史以前から北海海岸域の人々は大量に漁獲し，食料とした．

とはいえこれが交易の対象となるには，塩漬けか，燻製か，干物かに加工されなければならない．もっとも簡単なのは塩漬けだったが，中世において塩はきわめて貴重な天然資源だった．海水を天日に干すか煮詰めるかの製塩法は古代ローマ時代から知られてはいたが，非効率で高価だったので，もっぱら岩塩に頼っていた．11世紀以降，ハンザ同盟がニシンを加工し，交易品にできたのは，その中心都市リューベックの近郊に良質の塩の産地，リューネブルクがあったことが大きい．リューベックからエルベ川を約 80 km さかのぼったこの小さな町には岩塩の厚い層から溶け出した多数の塩泉があって，蒸発させるか少し煮詰めるだけで良質の塩が収穫できた．ハンザ同盟はこの塩を売り，またノヴゴロドから毛皮や木材を買いその基盤を築いた．交易は塩から始まった．12 世紀以降，ハンザ商人は，ノルウェー（ノルウェー海），スウェーデン（ボスニア湾）からは塩漬けにした樽詰ニシンをリューベックに集め，そこからダンツッヒ（現グダニスク）やケルン，その他のハンザ都市へ輸出し，莫大な利益を上げた．

スカニア地方（Scania，スウェーデンの最南端部）やズンド海峡一帯でもしばしば群来が発生した．こうしたとき人々は，浜辺でも沖でもお祭り騒ぎ，沖では 1 万隻を超える小型漁船がひしめきあい獲りまくった．マグヌス（1555）は『北方民族文化誌』（第 28 章）のなかでニシンが大群で押し寄せるために「漁網がやぶれるばかりか，魚群の中へもろ刃の斧か軍隊用の槍

図 7-9 スカニア地方（現スウェーデン）でのニシンの群来（マグヌス『北方民族文化誌』より）．

を投げ込むと，それが突っ立つほどである」（谷口訳）と記している（図 7-9）．たとえば 1399 年，ハンザ商人のリューベック港での記録では，塩漬けニシンが 8 万 1172 ロストック・バレル（ドイツ，ロストックで採用されていた樽の単位）生産された．この量をニシンに換算すると 6818 万 4967 匹分（Jahnke 2012），毎日 2 匹ずつ食べると仮定すれば，合計 18 万 7000 人の半年分にあたる．矢沢（1992）は，同じく代表的なハンザ都市ダンツィヒの 1468-1476 年におけるニシン取引量は年平均で 500 トン（1 ラスト＝2 トンとして換算）以上になると推定した．ハンザ商人の活動がピークを過ぎつつあったこの時代にあっても，ダンツィヒだけでこの量に達するから，樽詰ニシンはヨーロッパ中にいきわたり，庶民の安価で身近な食料だったことがわかる．15 世紀から 16 世紀にかけてハンザ商人が交易したニシンの量は，年変動は激しいが，毎年 2 万-10 万トンに達していたようだ（Alheit & Hagen 2002）．ハンザの春でもあった．

だが春は長くは続かなかった．この理由の 1 つは人為要因で，力をつけてきた新興国家オランダの反抗，デンマークを中心とするカルマル同盟軍との戦争と敗北，さらにはハンザ同盟内部の都市間の対立など，軍事を背景とした強権支配にほころびがみえたことだった．これに加えて，こちらのほうがより重要な要因なのだが，海流が変わり主要な漁場がより北部のノルウェー国境方面のブーヒュースレーン地方へシフトしたことだった．

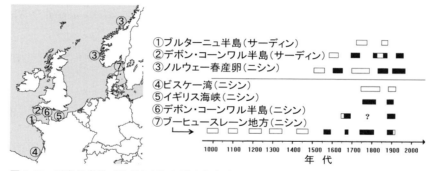

図 7-10 歴史的史料（サガなど）に残されたサーディンとニシンの群来．黒のバンドは確実，白のバンドは期間が不明（Alheit & Hagen 1997 をもとに作成）．

14世紀以降に徐々に小氷期に傾いていった気候はニシンの分布を微妙に変化させたようだ．ハンザの覇権は，他国との国際競争においても，自然の巨大なうつろいによっても色あせていった．最近，ニシン類やイワシ類の個体数変動が，大気，海洋，海洋生態系といった地球規模の気候変動の枠組み，"レジーム・シフト"によって引き起こされることが知られるようになった（たとえば Steel 2004, Beaugrand 2004, 川崎 2009）．海の生態系は太陽エネルギー→植物プランクトン→動物プランクトン→プランクトン食性魚→魚食性小型魚→魚食性大型魚という長く複雑な食物連鎖によって成立している．このうち気温→海水温→海流とつながる変化は下位の生物群の食物連鎖――すなわち植物プランクトンからプランクトン食性魚へと至る食物連鎖にもっとも強く影響を与える．したがって動物プランクトン食者のニシンやイワシの個体数は，この連鎖の上により増幅された形で変動することがわかってきた．この個体数変動は十数年から100年にわたる循環的なリズムをもつといわれている．

北欧やアイスランドには口頭で伝えられてきた神話や伝記を12世紀になって年代記風にまとめた古文書，"サガ"（Saga）がある．スカンディナヴィア半島南西部一帯にも複数のサガが残されていて，そこには，たとえば"エギルのサガ"には10世紀ノルウェーのフィヨーラネで，"オーラブ2世（Olaf the Holy）のサガ"には11世紀にスカニア地方で，ニシンが大量に押し寄せる群来が記述されている（Rollef-

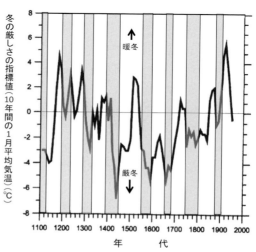

図 7-11 ブーヒュースレーン地方（ノルウェー）での群来の記録と冬の厳しさ（1月の平均気温）との関係．灰色のバンドで群来が発生．その期間は厳冬であったことがわかる（Alheit & Hagen 2002 を改変）．

sen 1966）．浜を埋め尽くした驚異の光景は記録せずにはおけなかったのだろう．この地域には1895年にも群来が発生し，このときには特別の道具なしに27万トン以上が漁獲されたというから，群来のときには少なくとも20万トン以上が押し寄せたと推測される．複数の研究者（Cushing 1982, Alheit & Hagen 1997）が，ヨーロッパ北部の群来の発生年を，サガを含めた各種の記録を使って復元している（図7-10）．その変動は波のように気まぐれで，明確なリズムがあるようにはみえない．アルハイトとハーゲン（Alheit & Hagen 1997）は，こうした群来が起こった時期と，過去の気象条件との関係

を検討している．10年間の1月の平均気温を「冬の厳しさ」の指標にすると（図7-11），ブーヒュースレーン地方での群来の到来は，大規模な気温の下降が引き金となって始まり，気温の上昇によって終了することがわかる．ニシンの漁獲には気温や水温，それと結びついた海流が影響している．やはりレジーム・シフトだったのである．

オランダとニシン

それはネーデルラントやオランダにとって僥倖だった．漁場は指呼の距離，いわば「庭」のような北海南部の浅瀬"ドッガー・バンク"に移ったからだ．オランダは，4-6月に押し寄せる産卵期のニシンを浜周辺で収穫するそれまでの方式から漁船による流網漁に切り替え，漁期を5-12月に拡大して漁業を展開するようになった．5月はシェトランド諸島沖で，それから少しずつ南下し，11月はアムステルダム沖に，そして12月には英仏海峡に入るように魚群を追った（Sahrhage & Lundbeck 1992）．それは，海岸周辺での小規模な「漁労」から，沖合浅海域または外洋の回遊魚を対象にした組織的な「近代漁業」への発展だった．これを実現させるには，たとえば，麻糸製の網から丈夫な亜麻糸製に切り替えて流網をつくる（田口 2002）など，新たな工夫や技術開発が必要だった．ここにも，なにかにつけ創意工夫を凝らすネーデルラントの進取の精神が生かされていた．

船も一新された．カナダの中世漁業史家のアンガー（Unger 1980）によると，オランダではそれまで使用されていたヴァイキング型の"ブザ（buza）船"を改良し，15世紀初めには，浅海域で航行できるように喫水を浅くし，船上で網を引き揚げ，魚を処理しやすいように甲板を広くした，比較的大型のニシン専用"バス船"を開発し，進水させた．これには60-150トンのさまざまなサイズがつくられ，この海域で操業を開始すると，たちまち一世を風靡し，17世紀初頭には500-1000隻がひしめき合うようになった．これらの船には総計で約2万名の船員や漁師が乗り組み，港では魚の加工業者，樽や網などの製造・販売業者を含めると，合計45万人以上の労働力を吸収したという（Coull 1972）．夏に3回の操業航海（合計4カ月）を行った場合，1人あたり88ポンドを支払っても，船主には1隻あたり約560ポンド——貴族並みの収益があった．そのうちいちいち帰港するのは非効率と，船を回って樽を回収する専用船（快速運搬船）が建造された．この小型ボートが"イヨット"（yacht），つまりヨットである（田口 2002）．

ニシンはプランクトンを食べるために夜間に浮上する．流網は夕方に入れて，その端をロープで船につないだまま夜を過ごし，早朝に引き揚げる．バス船は網揚げ専用のウィンチを船上にそなえていて，オランダの知恵はこの腐りやすいニシンを船上で処理し，樽詰めにしたことにある．新鮮なうちに網から取り外し鰓と内臓を抜き取り，丹念に塩漬けにした．経験を積むと1時間で2000匹を処理できたという．この処理法のおかげで，"オランダ・ニシン"はいまやブランド品となり，シェアはハンザ製品を圧倒し，フランスやイギリスではニシンの代名詞として広まった．なおオランダは塩漬け用の塩を，顧客のフランス（ナント）やポルトガル（セツバル）から輸入するいっぽうで，自国でも生産した．それは"泥炭塩"と呼ばれるもので，塩を含んだ泥炭を掘り出し，乾燥して燃やし，塩水を加え塩の結晶を灰と分離する方法で，防腐効果が強いニシン保存用の良質な塩となった（カーランスキー 2005）．

1560年ころ，独立とともに始まるオランダのニシン生産は徐々に増加し，1600-1650年には最盛期を迎えようとしていた．塩漬け樽生産のピークは1602年の約4万ラストで，約6.8万トンの漁獲量に匹敵[19]する．この間の平均生産量は約2.5万ラスト（漁獲量約4.25万トン）——それはヨーロッパ全体の生産量の80%前後を占めた（図7-12）．ニシン貿易の中心地はブルッヘやアントウェルペンからアムステルダムに移り，ヨーロッパ各地へと輸出された．アムステルダムの街角には塩漬け樽があふれ，小売にされたニシンが出回っていた（図7-13）．

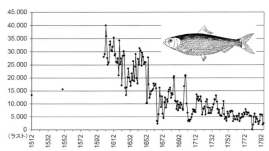

図 7-12 オランダのニシンの漁獲量（ラスト単位）．1512 年と 1552 年に記録がある（Bochove & Zanden 2006 より）．

図 7-13 アムステルダムの街角のニシン売り．塩漬けニシンを買いその場で食べる光景はいまも変わらない．Laan（1705）のエッチング（Poulsen 2008 より）．

毎年 2 万ラストを超えるニシンの経済規模は国家予算を上回り，この地には莫大な富が蓄積され，独立にまつわるすべての負債をたちまちにして返済してしまった（Tracy 1993）．17 世紀後半のオランダの人口は 250 万人だから，その 5 分の 1 がニシン産業に雇用されていたことになる．この波及効果は新興国家オランダが近代に「離陸」できるのに十分な初速度を提供したといってよいだろう．「アムステルダムはニシンの骨によって築かれている」[20]との伝説はあながち誇張ではない．

しかし盛況はいつまでも続かなかった．樽の生産量と漁獲量は 1650 年以降ゆっくりと下落，2 万ラスト前後を推移しながら 1750 年以降では 1 万ラスト以下に低迷した（Bochove & Zanden 2006）．ニシン王国オランダの落日である．この減少はなにによって引き起こされたのか，乱獲か，それとも"レジーム・シフト"か，検証されるべき課題だ．

ところでレジーム・シフト理論では食物連鎖の下位を構成するニシンやイワシの動態が影響を受けるが，これに対して小型魚種を捕食するマグロやカツオなど大型魚種はどうなるのか．これらは餌となる小型魚種の構成が変化すると，その食性を柔軟にスウィッチするという能力をもつ．このため一般にレジーム・シフトの影響はあまり受けない．だが，その代わりに，死亡率の直接的な増加，つまり乱獲の影響は強く受ける．産業革命以前の水準と比べると人類は魚食性大型魚種のすでに 90% 以上を獲り尽くしたとの推定値がある（Myers & Worm 2003）．しかし，このことはイワシやニシンなど下位種の乱獲を許容することを意味しない．小型魚種もまた生態系の構成要素であり，その循環するシステム全体を崩壊させないように生態系を総合的に管理することが重要なのである（川崎 2009）．これがレジーム・シフト理論による水産資源の保全と管理の視点である．オランダによる当時のニシン漁は，この循環的な関係を根こそぎ破壊してしまうほどの乱獲レベルだったのだろうか．

ここで注目したいのが当時のオランダで組織された"偉大な漁業専門学校"（College van de Grote Visserij）と呼ばれる漁業団体の存在だ．この組織は，トップブランドだったオランダ産"樽詰め塩ニシン"の品質を維持するために 16 世紀末に設立され，解散する 1850 年代までの 250 年間以上，オランダのニシン漁をコントロールし，マーケティングを含めて推進した漁業管理団体だった．主要な漁港に支部（ブランチ）をもち，ニシン漁の漁期，漁場，船数，網や網目のサイズ，漁具などを一元的に規制，管理するとともに，漁船の操舵手には外国製漁網の不使用，外国産ニシンの不買を毎年宣誓させてライセンスを発行したり（Beaujon 1923），さらには漁民の訓練や技術研修を行った．"専門学校（カレッジ）"の名はこれにちなんでいる．さしずめ強い管理権限をもった「漁協」のような存在だが，オランダの近代漁業はこの団体なしには語れないし，世界最

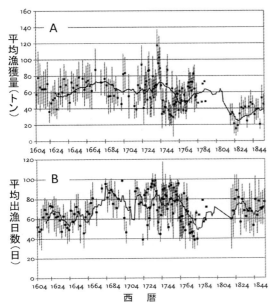

図7-14 オランダのニシン漁. A：1604-1850年の1隻あたりの平均漁獲量. B：毎年，第1回目の平均出漁日数. 棒はレンジ，黒点は平均，黒線は10年間の移動平均. 長期にわたって安定していたことがわかる (Poulsen 2008 より).

初の漁業資源の管理機関として記憶されてよい. この間，毎年のニシン漁に関する膨大な記録（登録船数，操業日数，漁場，樽の生産量など）が残され，蓄積されてきた. デンマークの近世漁業史の研究者，バン・ポールセン (Poulsen 2008) は，隣国という地の利を生かし，この団体の文書群を分析し，当時のオランダと北海周辺諸国のニシン漁の状況を復元している. 興味深いのはこれによって得られた正確な漁獲量（紹介したラスト数はこの分析にもとづく）と，1日1隻あたりの漁獲量（単位努力あたりの収穫量で CPUE と呼ばれる）の推移で，当時のニシン漁が乱獲であったかどうかが判定できる.

1604-1850年の毎年1隻あたりの平均漁獲量の変化をみると（図7-14A），19世紀初頭までは50-80トンときわめて安定していたことがわかる. 出漁すればほぼ一定量が漁獲されていた. もう1つの指標をみる. 毎年どれくらいの操業日数をかけたのかである. 図7-14B は第1回目のもの（1年に3回程度出漁する）で，17世紀初頭は約60日と短く，後には約80日とわずかに長くなるが，全体として平均70日前後と安定している（2回目，3回目も同じ傾向）. 一定の日数を操業すれば一定量の漁獲量が確保されていたといえよう. こうした指標は，オランダを中心とした近世のニシン漁が十分に持続可能なレベルだったことを示唆している. ちなみに，欧州連合（EU）の漁業管理組織である国際海洋調査評議会は北海域のニシン資源量を80万トンと推定し，その漁獲可能量（TAC; Total Allowable Catch）を53.5万トンと設定している（ICES 2005）. 当時の資源量は現在よりはるかに多く，その分，可能量はかなり多いと見込まれるから，10万トン以下の当時の漁獲量は取るに足らない水準だったと考えられる. 船数や漁期，漁場，網などを規制し，結果として乱獲を回避するのに貢献したこの管理機関の役割は大きい. では，なぜオランダの漁獲量は1650年代から減少していったのか.

もちろんイギリスやスペインとの戦争の影響が見過ごせないが，それ以上に大きかったのが他国との競争だった. 80% 前後だったオランダによるニシン漁の独占は，ドイツ，スコットランド，ノルウェーの参入によって破られ，しだいに比率は低下し，18世紀には50% 以下に，19世紀には10% 以下になってしまう（Poulsen 2008）. またタラがニシン以上に出回るようになったことも見逃せない. 各国は漁獲を競い合うが，それでも総漁獲量は10万トン以下を推移していた. この水準が破られるのは1830年代以降で，燻製のひらきが普及したり，缶詰[21]の加工法が定着し，スコットランドなどに工場が建設されてからだった. 1890年代に入るとトロール漁法が，20世紀には蒸気動力漁船が導入され，各国が漁獲を競い合い一挙に合計200万トン以上の，明らかに乱獲といえる水準に突入するのは20世紀，1950年代以降のことであった.

イギリスのニシン漁

イギリスでは，すでに述べたが，川魚から海産魚への転換が11世紀以降に起こった（Barrett *et al.* 2004). ロッカー（Locker 2000）は，イングランド各地の20カ所以上の遺跡で，地域ごと時代ごとに魚種の組成をくわしく追跡した．小さな魚の骨を回収し，同定する地道な調査だ．骨は川魚のほかに，ニシン（イワシも含む），タラ，コダラ（haddock），ホワイティング（whiting，タラ科），メルルーサ（hake），ポラック（pollack，シロイトダラ），サイス（saithe，タラ科），リング（ling，クロジマナガタラ）などを識別．これによれば，東海岸のハートルプールやノリッチ，南部のポーツマスやプリマス，西部のブリストルなど，海岸沿いの遺跡では10世紀ころから多種多様な魚が食べられていたこと，初期にはニシンが主で，15世紀以降にはタラが増加し，16世紀以降にほかのタラ類も加わるというパターンだった．これには，14世紀末のキリスト教による肉食の禁止と魚食の強制，15世紀での「延縄漁」の開発，16世紀での各種の「網漁」など，社会や技術の進歩が反映されている．

このうち内陸（？）にあたるロンドンでは，10-13世紀にはニシンが修道院や街々に搬送された．船がテムズ川をさかのぼって塩漬け樽を運んだ．14-15世紀，ニシンよりタラの比率は増えるが，骨の数は減少する．この時代（1400-1550年），ロンドンの人口はペストのために1万人以下だった．それが，人口の回復する16世紀後半からは，ニシンではなく，タラが圧倒的に多くなる．延縄漁が軌道に乗り，安価で手ごろな食物として人口を支えた．"フィッシュ・アンド・チップス"[22]，イギリス人の食の原点である．

イギリス各地にニシンの塩漬けを送り出していたのは，東海岸のヤーモス，エディンバラ周辺，西海岸のエヤやアーバイ，そしてスコットランドだった．これらの地では15世紀中ごろ以降，イギリスやフランス，フランドルへ塩樽ニシンを輸出していた．海水を蒸発させ，煮詰める製法だったので塩の品質は悪く（不純物が多い），高級品ではなかった．また海岸周辺での収穫か，せいぜい小型ボートによるたも網漁だったために漁獲量には限りがあった．1474-1535年では40-120ラスト，平均76ラスト，16世紀末では500-700ラスト程度が輸出された（Rorke 2005）．この時代，オランダはその約10倍以上を生産，とても太刀打ちできる水準ではなかった．

またコーンワル半島はイングランド屈指の漁業の拠点だった．プリマスやダートマスなどは古くからの漁港で，接尾語"マス"（mouth）とは河口（口と同じ）を意味し，後にはたくさんの植民者らがこの地からアメリカへと向かった．北側にはブリストルがある．この地域の主要な魚種は，近海に押し寄せてきたイワシ[23]（ヨーロッパマイワシ *Sardina pilchardus*）だったが，海水温と海流が変化すると，イワシと入れ替わるようにニシンがしばしば大漁となった（Kowaleski 2000）．北海や周辺で獲れたニシンは，この地で，ポルトガルから輸入した塩で加工し，フランス，スペイン，ポルトガルへ輸出された．

オランダが北海を中心にニシンの操業を開始して軌道に乗ると，また同国がニシンで莫大な収益を上げているとの情報が伝わると，さらにはイングランドやスコットランドの海岸近くで傍若無人にふるまうオランダ人漁師に接するようになると，しだいに自国資源を荒らし回る，かの国への反発が強まるようになった．エリザベス1世の後を継いだジェームズ1世（在位1603-1625）は1609年に「漁業に関する宣言」を公布し，イングランド周辺の26の湾を「王室水域」として設定し，そのいっぽうで海岸沖には自由水域との境界線を引いて，この内側での操業は許可制とし，禁止した．ただしこれは一般的な宣言であり，フランス船やスペイン船は見過ごされ，規制されなかったけれど，オランダ船だけに適用した（水上 2004）．次の王権強硬派のチャールズ1世（在位1625-1649）もまたこの宣言を厳格に踏襲し，「イギリスの海」での操業には国王のライセンスと納税（あるいは貢物）が必要であるとした．しかしオランダ側は，後述するヒューゴ・グロティウスの『海洋自由論』（Grotius 1609）を盾に，また海での優位性を背景にこの宣言を無視し続けた．この後，両国は4回にわたる英蘭戦争（1652-

〈コラム 7-2　ニシンの資源管理の現在〉

　ニシン資源は気まぐれで安定しない．それは日本のニシン（タイヘイヨウニシン）にもあてはまる．ニシンの漁獲量は19世紀後半から増加し，年変動をともないながら，1897年の97万トンをピークに平均約50万トンを推移してきた（図7-15）．それが1950年代に入ると大幅に減少，資源崩壊後の現在では年間1000トン以下を推移している．この約100年間の漁獲量と水温の変化を分析すると，年漁獲量は産卵直前の冬期水温との間に強い負の相関関係があり，水温が高いほど漁獲量は減少すること，また水温の変化はニシンの分布域を変化させていることが確認された（田中2002）．この変動は大きくみると，やはり高温年代と低温年代が10年以上で周期的に入れ替わるレジーム・シフトによって引き起こされていると解釈される．それはそうだとしてもこの大きな変動は，一方では複数の構成部分（水産資源学ではこれを「系群」という）のそれぞれの変動の総体として出現しているという視点もまた大切だ．北海道のニシンは3つの系群で構成されているといわれ，それぞれは遺伝的組成や産卵期，年齢の組成や成熟齢など生物学的特性が異なることが知られている（田中・高柳2002）．その系群は同時に「年級群」と呼ばれる複数の"同時出生集団（コホート）"から構成され，これが年ごとに産卵の主体となるが，通常はこの年級群ごとに大小があって，集団サイズの大きな年級群では大量の卵と稚魚が産まれる．系群と年級群の動態の相乗として表れる結果，ニシン全体の個体数は大幅に変動するのである．2017年，北海道では，複数の地域（小樽ではここ数年，江差では104年ぶり）で群来が確認されるようになった．

　このことはタイセイヨウニシンにもあてはまる．最近，北大西洋産のニシンの遺伝的な組成がさまざまな遺伝的マーカーを使用してくわしく調べられるようになった．この結果，タイセイヨウニシンは単一集団ではなく，それぞれが，海流や水温，塩分濃度に適応し，遺伝的に異なり，独自の産卵域と回遊コースをもち，そして生活史を異にする複数の集団から構成されていることが明らかになりつつある（Ryman et al. 1984, Larsson et al. 2010, Lamichhaney et al. 2012）．したがって，その1つ1つの集団が独自の個体群動態を示してきたのである．漁業というのは，この別々の集団を相手に，人為的な死亡率をかける作業ともいえる．この行為が特定の方向性をもつ場合には個体群に選択圧をかけることと同じで，"進化"を引き起こすことになる．これを「漁業誘発進化」（fisheries-induced evolution）という（Kuparinen & Meriä 2007）．強い漁獲圧をかけると，ニシン集団は成熟年齢が変化し，若齢個体が産卵を行うようになり，したがって個体群の体長などのサイズや卵数，成長のパターンや最長の寿命などの生活史特性は徐々に変化していく（Hutchings 2000, Anderson et al. 2008）．この選択圧を超えるような乱獲を行えば資源は崩壊してしまう．したがって，漁業はこの進化を保証するレベル以下で展開されなければならない（Dickey-Collas et al. 2010）．

　このためには系群ごとに集団のサイズや齢組成を把握し，その個体群動態を予測しながら独自の資源管理戦略を打ち立てておく必要がある．この周到できめ細かい管理こそが大切な資源を持続させる唯一の道である．そのことがいま北大西洋でも日本でも試みられようとしている（高柳・石田2002, Lillegård et al. 2005）．

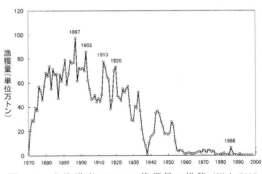

図7-15　北海道産ニシンの漁獲量の推移（田中2002より）．

1654，1665-1667，1672-1674，1780-1784年）に突入した．

　この戦争の直接的な動機は，「アンボイナ事件」にあるとされる．アンボイナ事件とは，オランダ東インド会社が1623年にインドネシアに進出してきたイギリス東インド会社を焼き討ちし，商館員全員を虐殺した事件で，少なくとも第一英蘭戦争はその「報復」であったとの側面がある．しかし英蘭戦争全体の背景には，植民地や資源をめぐる覇権争いがあった．漁業資源もその1つで，イギリスの自国資源を奪われる憤りと，繁栄への妬みがあったのはまちがいない（水上2004）．この一連の戦争を通じてオランダは北海や英仏海峡での制海権を完全に失

いはしたが，それでもニシン漁そのものが頓挫したわけではなかった．戦争の甚大な影響下で，すでに述べたように18世紀中ごろまで5000ラスト以上の塩漬けニシン樽をしたたかに生産し続けていた（Bochove & Zanden 2006）．

話は前後するが，スコットランドでもニシン漁がさかんに行われていたことは，意外にもアダム・スミスの『国富論』（1776，第3巻，第4編）の記述からもわかる．スミスによれば，18世紀中ごろ以前では，①群来は毎年規則的には発生しなかったが，ひとたび起こると，陸地に深く入り込んだ入江を中心にもっぱら小型ボート漁で行われていたこと，②獲れた塩漬けニシンは1樽17-20シリング程度だったので，けっして裕福ではない下層庶民の食物だったこと，③樽のうち3分の2はもう一度外国産の塩で漬けなおされて輸出されたこと，などが確認できる．そしてもう1つ，④1771年以降にイギリス政府はスコットランド漁民に1トンあたり30シリングの「帆船奨励金」を支出，大型漁船による漁業振興をはかっていたこと，である．もちろんスミスの眼目は，国家による経済政策への介入ではなく，「神の見えざる手」，つまり自由主義の立場からこうした奨励金のマイナス面を指摘することにあった．スミスに異議をとなえるつもりはないが，しかしこのときのイギリス政府の大型漁船化の政策（イングランドではかなり以前から推し進められていた）がほどなく功を奏するのだった．

ついでにハンザ交易の拠点であったデンマークのその後の状況をみておく．デンマークではハンザが活躍していた15世紀末の時点で6000人前後の漁民がいて，毎年約7000ラスト（1ラスト2トンとして1.4万トン）程度の塩漬けニシン樽を生産していた（Holm 1996）．ハンザが解体するとオランダの影響を受けながら自力で漁業と交易を行った．ユトランド半島のリムフィヨルド周辺とその対岸であるノルウェー西部が主要な漁場で，近海漁が中心だったために，著しい豊・凶の波があった．1652-1750年では平均1000前後，200-4300ラストの大きな幅で変動した．塩漬け樽の約半分を自国で消費し，残りをスウェーデン，ドイツへ輸出した．

ノルウェーも古くからの漁業国だった．塩漬けの生産量こそ2000トン以下だったが，17世紀初頭からドイツなどに輸出した．1740-1760年に2万トン以上，1820年以降6万トン以上を生産し，ヨーロッパ全体の約2分の1から3分の1を占めるまでになり，オランダにとってかわるようになった（Poulsen 2008）．

オランダ人はニシンの遠洋漁業を行いつつも，あまりに気まぐれで不安定な資源だけに，これのみに依存しない代替の資源，より経済的でより高価な資源を探索していた．先見の明があったのではなく，じつは別の人間集団がその課題にチャレンジしていて，それを軌轍に便乗したにすぎない．それは，ニシン漁より空間的，時間的にはるかに大きなスケールで，しかも新たな技術を導入して展開される必要があった．先人の知恵なくしてとうてい独力では成し遂げられなかった．そしてイギリスもまたこれを追尾していた．中世末から近代への移行期，生物資源の世界的な略奪システム，その歯車が本格的に回転しようとしていた．この動向を追跡するには，最大の先進列強，オランダとイギリスの，さらにその先を先行していた人々に再登場してもらわなければならない．

7.5　バスク人の捕鯨

再びバスク人．9世紀に入ると，ビスケー湾一帯にもヴァイキングが襲来し，その一部がこの地域に定住するようになった．それは私には，スカンディナヴィア半島の親戚（サーミ人）からの，久闊の表敬訪問のように思われる．もちろんそれまでにもさまざまな人間集団の侵入や支配はあったが，めぼしい資源もないことから，またとくにローマ人の占領は農耕地帯と都市の統治を目的にしていたので，この地域はほとんど無視され続けた（Douglass & Bibao 1975）．おそらくヴァイキングはバスク人が本格的に交流した最初の外部人間集団だったにちがいない．ヴァイキングは人々に，船と造船技術，航海術，そして魚の保存法（干物や塩漬け），漁具など

の知識を伝えた．なかでも彼らの乗った船"ロングシップ"（図6-7参照）と，保存食——棒鱈と塩鱈（味もよく2年間も保存できた）は白眉で，バスク人の好奇心を大いに刺激した．タラ漁とその加工技術は早々にマスターできたが，造船のほうは容易ではなかった．オークの板材を複雑に組み合わせる，バナナのようなロングシップは，平底で安定性と速力にすぐれ（ローガン 2008），丸木船程度の技術しか持ち合わせていなかったバスク人にとっては瞠目すべき先端技術だった．それでも10世紀末までには自前のオーク材を加工して，ボートに毛が生えた程度のロングシップの小型船を進水させるまでになった．

この新造船でバスク人は，1059年にはタラ用の網とクジラ専用の銛（ハープーン）を抱えてビスケー湾へと乗り出していった（Aguilar 1986）．"ハープーン"とはバスク語の"アーポール"に由来し，クジラを突き刺し殺傷する彼ら独自の道具だった．新造船の性能も申し分なかった．捕獲されたクジラ類はバイヨンヌなど沿岸の港に陸揚げされ，おもに地元消費用の鯨肉に解体，取引された．たとえば，ずっと後代のものだが，ピレネー山脈西端の麓，ビスケー湾の小さな漁村レケイティオの「教会文書」には捕鯨に関する記録が残されていて，代表的な記載を選ぶと，1543年には合計3頭が捕獲されている．このうち1頭はレケイティオ住民が撃った銛で負傷し，捕獲したのは隣村ムトリクの住民で，獲物は両村で折半している．残り2頭は親子で，住民総がかりで解体し総額2レアル（銀6.8g程度）を受け取ったとある（Markham 1881）．親子クジラに対するバスクの猟法はまず簡単に捕獲できる子どもを殺し，次いでそばに留まる母親を捕獲するというものだった（Richards 2014）．このころにはクジラの商品化が進み，1年に1-2頭程度でも相当の収入だったようだ．しかし一時的には活況を呈しても，徐々に不満はつのっていった．業としてはやはり少なすぎたからだ．

もともとビスケー湾一帯は無尽蔵というほどの漁（猟）場ではなかったので，猟獲が少なくなれば，新たな漁（猟）場を探して北大西洋に船を漕ぎ出して，クジラを求めて外洋を彷徨しなければならなかった．またクジラ猟とタラ漁は漁（猟）場と漁（猟）法がちがうために「猟師」と「漁師」はしだいに分業化するようになった．北大西洋沿岸各地にはこのころに到達したバスク人の足跡が残されている（Kurlansky 1999）．その航跡を，クジラとタラに分けてたどることにする．

(1) 北大西洋におけるクジラの乱獲

最初，バスク人は鯨肉を食べるために漁（猟）を行ったが，ほどなくこの巨大なクジラには多種多様な利用法があることが理解された．フランス人も肉を食べるようになり，なかでも舌（タン）を絶賛した．脂皮（blubber，皮下の脂肪層）からは大量の鯨油が抽出され，灯油やロウソクになることがわかった．ヒゲ（ヒゲ板 baleen または whalebone，上顎の皮膚が変化したもの）と骨は，コルセットの芯やドレスの傘（現在のプラスチックのように使用）になり，高額で取引されるようになった．クジラは途方もない利益を生む，「漁業」なのだ（図7-16）．バスク人は，フランス人やスペイン人の一部も加わって，いよいよ本格的な「商業捕鯨」へ船出することになった（Reeves et al. 1999）．

沿岸から外洋へ．造船技術を発達させ船を大きくした彼らの「出稼ぎ漁」は，16世紀までにはイギリス海峡，アイルランド沖，アイスランド，ノルウェー沖，フェロー諸島を探索しながら，おもにタイセイヨウセミクジラ（Eubalaena glaciallis，この章ではセミクジラと略す）と，北極海域ではホッキョククジラ（Balaena mysticetus）[24]を標的にした（Cumbaa 1986）．前種は北極海南部と高緯度地域の間を季節的に回遊し，後種は北極海域に周年定着している．この2種が標的になったのは，沿岸域に生息し，泳ぎが遅く，噴気が高く上がり視認でき，死亡後も海面に浮くという捕鯨には格好の特性をそなえていたからだ．死亡後に沈んでしまうクジラ類はもともと対象種にはなりえなかった．両種ともヒゲクジラ類で，大量に発生

図 7-16　ゲスナーの『動物誌（第4巻）魚類および海産動物』(1558) に掲載されたクジラの解体風景．脂皮が採取されているが，おどろおどろしい魚の怪物のように描かれている．乳房が誇張され，作者はおそらく実物をみたことがないと思われる．

する微小な甲殻類，小魚，プランクトンを餌とし，海水ごと丸呑みしてヒゲで濾し取って食べる．巨大で，セミクジラは全長13-16 m，体重44-77トン（18 m，100トン以上の個体もいる），ホッキョククジラはさらに大きく全長15-20 m，体重98-110トンに達する．捕獲した個体は捕鯨基地まで曳航し，そこで解体処理しなければならなかった．冷たい高緯度の海はクジラの保存と作業には好都合だった．

近年（2002年），イングランド南部サウスウェールズ，ニューポートのセヴァーン川河口で中世期の造船所跡と建造中の船が発見された（http://en.wikipedia.org/wiki/Newport_Ship 閲覧 2017. 3. 3）．この船は長さ24 mで，残された木材の年輪から1465-1466年ごろに建造，復元された船とドッグの形状からバスク人のものと推定された．捕鯨はバスク人の独壇場だったから，おそらくイギリス人は造船技術の指導を仰いでいたのだろう．バスク人は各地に造船所と捕鯨基地をつくりながら活躍の舞台を広げていった．その足取りは地球規模だ．15世紀初頭，彼らの一部は大西洋を横断し，ニューファンドランド島沖とラブラドル海周辺にまで到達していた．そこで，彼らはセミクジラと，ホッキョククジラのまとまった生息地を発見し，同時に（彼らは漁師でもあったから）タラの一大漁場を探しあてた．バスク人はこの海域に毎年20隻前後の船を送り出し，タラ漁のいっぽうで，300-500頭のクジラ類を捕獲し，1530-1610年には総計2.5万-4万頭を猟獲したと見

積もられている（Aguilar 1986, Bolster 2008, Richard 2014）．

ラブラドル半島，ベルアイル海峡の"レッドベイ"にはこの時代，バスク人によって建設された捕鯨基地が残っていて，遺跡・遺物は2013年に「世界文化遺産」に指定された．湾内には当時活躍していた捕鯨船が沈んでいて，調査・復元されている．船名"サン・ジュアン"の3本マストの木造船は，700トンと巨大で，バスク地方のオーク材とブナ材が使われ，相当に高度な製材技術と造船技術をもっていたことがわかる（Loewen 1988）．ニューポートのそれから約半世紀後，技術は日進月歩だった．捕鯨はこれを母船に複数の小さなボートを搭載して行われていた．そこはまぎれもなく北米大陸の一画．基地の建設こそ16世紀の初めだったとしても，それ以前（1492年）に，バスク人という名のコロンブスたちがこの地に多数到達していたのはまちがいない．先人たち140人以上の墓が荒涼とした北の大地にいまなお残されている（Richards 2014）．

従来，バスク人たちはセミクジラとホッキョククジラの両方を標的にしていたと解釈されてきたが，この理由の1つは，基地が点在したラブラドル半島とニューファンドランドの間の海峡（ベルアイル海峡）からセントローレンス湾一帯がセミクジラとホッキョククジラの生息地とみなされてきたことによる（Greene et al. 2003）．しかし実際にはどうだったのか，新たな方法で再調査されている．

ラストーギら（Rastogi et al. 2004）は北米でバスク人の基地のあった地域周辺で採集されたクジラの骨21個体分からDNAを抽出，種を同定した．この結果，それまでセミクジラ13頭，ホッキョククジラ8頭とみなされていた構成が，じつはセミクジラは1頭だけで，残り20頭がホッキョククジラだったことが判明した．ほかの基地や周辺を含めてさらに多数の骨（合計218個，少なくとも80頭分）が分析され，この結果はセミクジラ1頭，シロナガスクジラ1頭，ナガスクジラ3頭，ザトウクジラ3頭，ホッキョククジラ72頭だった（McLeod

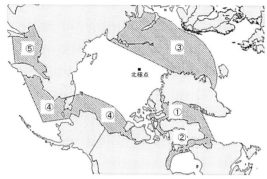

図 7-17 ホッキョククジラの分布. ①デーヴィス海峡とバッフィン湾に生息する個体群, ②ハドソン湾北部フォックス湾個体群, ③スヴァールバル個体群, ④ベーリング-チュクチ-ボーフォート個体群, ⑤オホーツク海個体群. このうち①と②は同一個体群とみなされる (Moore & Reeves 1993, Heide-Jørgensen et al. 2006 より作成).

et al. 2008). どれもが死亡後も浮かぶヒゲクジラ類だが, バスク人たちはかなり偏ってホッキョククジラを捕獲していた. それは選択の結果だったのか, それとも無作為の結末なのかはわからない.

おそらくバスク人が進出してきた 15-16 世紀は, 小氷期の期間で, 海水温度は低下し, 北極海の海氷域面積が拡大したと考えられる. これにしたがって, このあたり一帯はホッキョククジラの生息地に変わり, セミクジラは南へシフトしていたのかもしれない (McLeod et al. 2008). バスク人たちのホッキョククジラへのこだわりは生息環境の他律的な要因によるものらしい. ホッキョククジラにはこれまでの想定以上に強い捕獲圧がかかっていたようだ.

ホッキョククジラは大きくみると北極を取り囲んで, それぞれに異なる分布域をもつ 5 つの地域個体群に分類されてきた (図 7-17; Moore & Reeves 1993). 大西洋には, グリーンランドをはさんで西部に①デーヴィス海峡とバッフィン湾に生息する個体群, ②ハドソン湾北部フォックス湾個体群, 東部に③スヴァールバル (スピッツベルゲン) 個体群が, 太平洋にはベーリング海峡をはさんで④ベーリング-チュクチ-ボーフォート海個体群と, ⑤オホーツク海個体群が, それぞれ分布する. 最近, 人工衛星の観察から①と②の個体は相互に移動していることが確認され, 同一個体群とみなされるようになった (Heide-Jørgensen et al. 2006). また遺伝的にみると③と④はきわめて似ていて, 交流があると推定された (Borge et al. 2007). しかし, ④と⑤は異なり, ⑤は遺伝的に独自性が高い (MacLean 2002). 商業捕鯨の歴史は, まず①を対象に始まり, 次いで③, そしてかなり遅れ, 1848 年以降に④と⑤が対象となった. これらの個体群の商業捕鯨以前の総個体数は, 捕獲記録から約 5 万 3000 頭と推定され, その 93% が獲り尽くされたとみなされた (Woodby & Botkin 1993). しかしこの個体数推定値はかなり過小評価で, アレンとケイ (Allen & Keay 2006) はより詳細な分析から, 商業捕鯨以前のホッキョククジラの総数を約 10 万頭と見積もった. 以後これらの個体群が乱獲されていくが, 次はその③である.

列強による商業捕鯨

バスク人によるクジラ (猟) 漁の独占は長続きしなかった. 1560 年代に 1 バレル 6 ダカット程度だった鯨油は 1590 年代に入ると 15 ダカットと 2 倍以上に高騰した (Richards 2014, 1 ダカットは目安として熟練職人の 10 日分程度の賃金). 巨利を生むことが知れわたると, 各国の国をあげての激烈な資源争奪競争にさらされるようになった. それは宿命だ. もともとクジラはその巨大さと豊富な産品を生み出せる潜在性をもつがゆえに産業に転化されるという特性をもっている. 組織された船団, 造船と船の維持と管理, 肉の解体処理, 鯨油の抽出, その他産物の採取と商品化など, どれもが巨大な資本投下と, 多数の人間の雇用, 流通と販売によって初めて成立する. 当時の絶対主義王政が望んだ重商主義の国家事業にふさわしい. オランダ, イギリス, フランス, スペイン, ポルトガル, ドイツ, スウェーデン, ノルウェー (そして後のアメリカ) は, 先達のバスク人の捕鯨専門家を雇い, 数隻から数十隻の捕鯨船団を建造し, 沿岸捕鯨から大西洋をまたにかけての商業捕鯨へ乗り出した. 15 世紀末, ビスケー湾一

図7-18 鯨油ランプ．ロンドンでは1733年の15基を皮切りに設置された．この画はウィリアム・ペイン作の"ランプ・ライター"（1802）．子どもの仕事だったことがわかる（Shakhmatova 2012より）．右は鯨油ランプのイミテーション．

帯には，フランス，スペインの49もの捕鯨基地が建設されていた（Aguilar 1986）．

最初に目をつけたのは，バスク人の指導もあって，大西洋北部や北海，グリーンランド，北極海周辺でのホッキョククジラ，タイセイヨウセミクジラだったが，後には，漁（捕鯨）場は南下，ザトウクジラ（*Megaptera novaenagliae*），多くはないがナガスクジラ（*Balaenoptera physalus*），キタタイセイヨウミンククジラ（*Balaenoptera acutorastrata*）などのヒゲクジラ類，ネズミイルカ（*Phocoena phocoena*）などのイルカ類を標的とした．鯨肉は一部地域でしか利用されなかったが，主要だったのは鯨油，ヒゲ，ハクジラの歯などの産品で，ヒゲの用途はさらに拡大し，馬車の屋根や服飾（コルセットの骨組み），竿などに，歯は工芸品用に，鯨油からの産品や抽出物は薬品や香料に加工され販売された．なかでも重要だったのは石鹸と灯油だった．前者は，それまでオリーブオイルからつくられていたが，ゴート族やイスラムの侵入で産地からの供給が不十分となり，鯨油はその代役だったが，品質がすぐれていたためすぐに主流となった（Gibbs 1939）．石鹸は皮革なめし用にも使われたが，もっぱら羊毛の洗浄加工に用いられた．オランダとイギリスが捕鯨でしのぎを削るのは，自国内での羊毛産業の発展と軌を一にしている．後者の灯油も画期的で，粘性が低く（オリーブオイルより軽い），そのランプは蜜蝋のロウソクに比べひときわ明るかった（図7-18）．すでに忘れ去られているが，後の1740年代のロンドンには約5000基の，1760年代のパリには3500基もの街灯が鯨油によって灯されていた（森田 1994，キュリーとミズレー 2009）．1661-1800年の間，バスク人をパイオニアとした捕鯨は総計約500万バレルの鯨油をヨーロッパにもたらした（Richards 2014）．

この資源争奪戦は熾烈だった．ちょうどこのころ，北大西洋にはその北部を通りアジアへと突き抜ける"北西航路〔ノースウエスト・パッセージ〕"があると信じられ，列強は探検隊を繰り出してこの航路の発見にしのぎを削っていた．この動きに先鞭をつけたのはオランダで，探検家ウィレム・バレンツは1596年にスヴァールバル諸島を発見していた．17世紀に入るとオランダは，バスク人を雇って捕鯨を行うようになった．捕獲が容易で大量の鯨油が採取できるホッキョククジラを追い，漁（猟）場はしだいに北へ北へと移動し，ニシン漁場のはるか北，ついには北極圏へと突入した．捕獲したクジラを解体，処理して鯨油を絞り取る（脂皮を大鍋で煮る融出法）には漁（捕鯨）場に近いところに陸の基地があることが好都合だった．1612年，オランダは同諸島の最大の島，スピッツベルゲン島の最北端地，スマーレンブルクに捕鯨基地を設けて，商業捕鯨を行うようになった（Braat 1984）．周辺海域はバレンツ海と名づけられた．

前後するが，イギリスはハンザ同盟の衰退後もモスクワ公国を相手に毛皮交易を続けていた．1555年には，国王が勅許する最初の国策会社"モスクワ会社"を設立し，イヴァン4世（雷帝，在位 1533-1584）との交易を継続した．モスクワ公国が自国を初めてルーシの国"ロシア"と名乗ったのもこのころだった．17世紀に入ると，イギリスはバルト海を通過することなくロシアと直接交易できるようにバレンツ海やカラ海の周辺を何度も探索している．この探査行で，多数のクジラやイッカクが目撃され，捕鯨が有望な事業であると認識していた（捕獲を試みたが，経験がなかったので捕獲できたのは数頭の

図 7-19 "グリーンランド会社のアムステルダム支社の鯨油工場"と題されたコルネリウス・デ・マン（Cornelis de Man, 1639年作）の絵（アムステルダム国立美術館所蔵）.

イッカクだけ). 1611 年以降, 英国モスクワ会社はバスク人を雇い, この海域で捕鯨を開始したが, すでにこの海域にはオランダ, スペイン, フランス, ドイツ, バスクの船が操業していて（どの国もバスク人を雇い指導を受けながら）, スピッツベルゲン島にも複数の国の捕鯨基地が存在していた（Alrov 2005).

ここでもイギリスは領有権を主張する. 俄然, この北極海に浮かぶ不毛の小諸島が国際的な係争地となった. イギリスは武装船団を送り込むものの, オランダはグロティウスの『海洋自由論』を根拠に, 海洋の自由原則を主張して譲らなかった. 覇権国家はいつの時代も"グローバルと自由"を強弁する. ここにデンマーク王クリスチャン 4 世（在位 1588-1648）が北海とグリーンランドの領有権と課税権を主張して割り込み, 複雑な様相を呈した国際問題となった（Vaughan 1984, 森田 1994). オランダはモスクワ会社に対抗して 1614 年に"北方会社"を設立, 操業を続けた. 英蘭を軸とした対立は, 局地的な衝突を引き起こしつつ, その最中のイギリス国内では, 革命（ピューリタン革命）と市民戦争によって王室財政が破たんし, モスクワ会社が撤退したために, 以後はオランダの独壇場となった. 1630 年以後, オランダの鯨油生産量は, 大きな年変動はあるが, 平均約 1400 万リットルに達し, 最盛時（1663 年）には 1 万 4000 人もの従業員を雇用していた（Bochov & Zanden 2006). 鯨油はバスク人が使っていた単位"スペイン・バレル"で計量された. 1 バレル（樽）は約 250 kg, 鯨油換算では 180-

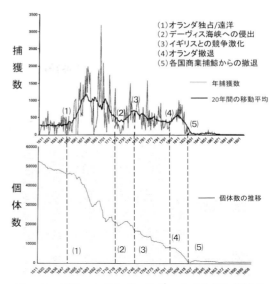

図 7-20 グリーンランド-スピッツベルゲン集団におけるホッキョククジラの捕獲数（上）とそれにもとづいた個体群の動態（下）（Allen & Keay 2006 を改変).

200 リットルだった. ホッキョククジラは極海に生息するため脂皮は約 70 cm と厚く, 1 頭から 70-140 バレルが抽出できた（Richards 2014). オランダ人の画家, コルネリウス・デ・マンは 1639 年当時のスピッツベルゲン島最北部, スマーレンブルグ基地の情景を描いている. クジラの脂皮を切り取り, 大鍋で煮込み, 精油しているのがわかる. 国旗がひるがえり国威発揚とはいえ, 辺境での捕鯨の活況という環境史を切り取ったみごとな 1 枚だ（図 7-19).

1660-1701 年の間, オランダが捕獲したホッキョククジラのグリーンランド東部（スヴァールバル）集団の総数は 3.5 万-4 万頭と推定された（Reeves et al. 1999). アレンとケイ（Allen & Keay 2001, 2006）は, このクジラのすべての捕獲記録（イギリスやドイツを含む）をくわしく分析し, この個体群がたどった経過を復元した. 図 7-20 上が 1611 年から 1901 年までの捕獲数の推移だ. 年によって捕獲数は大きく変動するが, 初期のオランダ独占時代と捕獲圧の強化, イギリスの参入と捕獲競争, 1830 年代の資源崩壊という経緯が読み取れる. この間に捕獲された推定総数は 12 万 507 頭. 複数のモデルを吟味して個体群を復元すると, 1611

年（捕鯨が本格化する直前）時点での個体数は5万2500頭．最初はゆっくりと減少していくが，1665年以降になると高い捕獲率に転じ，個体数が一気に減少していくのが確認できる（図7-20下）．とくに英蘭（これにドイツも加わる）による国レベルの資源争奪が，統制のきかない，いかに資源浪費型の競争だったのか，1730年代以後の単調な減少曲線がそのことをはっきりと物語る．2人は使用したモデルから持続可能な捕獲数を毎年535頭と試算した．だが実際には最大で3000頭，平均1500頭を捕獲していたのである．最初からのルール違反に生物資源の運命は決まっていた．わずか200年間の，持続性からは程遠い資源利用だった．乱獲にさらされたのはクジラばかりではなかった．

スヴァールバル諸島や，途中に浮かぶバレンツ海の小島ビュルネイ島（現ノルウェー領，英名ベアアイランド）には，多数のセイウチがコロニーをつくっていた．巨大な牙は，すでに象牙にとってかわられ，往年ほどの価値はなかった（第6章参照）が，皮革，厚い皮下の獣脂が商品となっていたため，さらに肉は猟師と漁師の大切な食料だったので，1604年ころから（マスケット銃はもっていたが銃弾が高価なため安上がりの）特製の槍や銛で捕獲された．3000頭以上が生息していたビュルネイ島ではあっという間に絶滅．スヴァールバル諸島ではコロニーが分散していたので捕獲地は20カ所以上もあった．総計2万5000頭以上だったセイウチ集団は1870年までに，ロシアやイギリスも加わり，絶滅した（Hacquebord 2001）．現在，1万頭以上が確認されているが，これは絶滅後に北部から分散してきた小さな集団が増加したもので，1970年以降は保護されている．

さらに続く．近年，オランダの基地があったスマーレンブルク周辺で，遺跡調査が行われている．そこではフルマカモメ，ミツユビカモメ，ウミガラス，パフィン（ツノメドリ類），ケワタガモなどの骨が無数に出土している．このうちウミガラスやケワタガモ，パフィンは美味で格好の食料だったことに加え，ほかの種も含めて，羽毛が採集されていたことがわかっている

（Hacquebord 2001）．

ボホフとザンデン（Bochov & Zanden 2006）は，この時代のオランダ"国内総生産"（GDP）に対するニシン漁と捕鯨の寄与率を試算し，"オランダの黄金時代"（ゴールデンエイジ）はこの2つをエンジンに生まれたと結論した．2つの資源開拓で財を成した個人総資産額は5億-5.5億ギルダー（職人の1日の賃金はおよそ1ギルダー）に達したといわれているから，なるほどゴールデンであった．この財によって年間2370万ギルダーの軍事費と，約1000万ギルダーの事業費を支出して，制海権を確保しつつ，数万haの干拓地を造成した（Richards 2014）．一国の勃興がホッキョククジラやセイウチの絶滅（両種の絶滅で除去された生物量の合計は少なくとも4億トン以上），そしてそれによって引き起こされただろう大きな生態系の変更によって償われていることを忘れてはならない．アムステルダムはニシンの骨の上に築かれ，その街に灯を点したのはクジラとセイウチだった．

クジラたちのエレジー

最初は小型ボートから銛や槍を投げ，殺したクジラは大型帆船（母船）が基地へ曳航──このスタイルで始まった商業捕鯨は，産業化とともに技術革新と効率化を加速させた．銛の矢尻のような先端部は，1863年には頭部とシャフトに分離され，バネ機械で撃ち込まれるようになった（捕鯨砲）．解体処理と鯨油抽出は分業化され，殺したクジラには腸に空気を注入し，浮揚させておくことなど，近代捕鯨技術の原型はすでに19世紀末までに，日本ではなく，ヨーロッパにおいて開発されていた．

大型クジラ類の生活史は，20歳以上の性的成熟齢，3-5年の繁殖間隔，低い死亡率，少ない産子数（1頭まれに2頭），50歳を超える繁殖期間，そして長寿命などで特徴づけられ，個体群の増加率はきわめて低い傾向がある．したがって，個体群におよぼす捕鯨のインパクトは強く，絶滅しやすいが，その回復には長い時間を要することになる．クジラ類の資源管理には慎重で緻密な計画と，資源量のきめ細かなモニ

タリングが求められる所以である．

　列強による資源争奪はルールのない乱獲に発展し，資源枯渇へと導いていった．初期商業捕鯨によるその主要なターゲットの動向を確認しておきたい．商業捕鯨が始まる以前の12世紀，タイセイヨウセミクジラがどれだけいたのかはわからない．さまざまな推定値があり，1万2000頭以上いたことは確からしい（Reeves et al. 1999）．おそらくこれをはるかに上回る個体数がいたと思われる．なぜなら，このクジラの年増加率は2.5%程度と推定される（Knowlton et al. 1994）から，単純に見積もっても年間300頭以下であれば個体数はわずかに増加していくが，実際の捕獲数はこれをはるかに上回っていたからだ．桁がちがう．この結果，18世紀初頭には約1000頭となり，現在，その生き残りは約450頭と推定されている．ワルディックら（Waldick et al. 2002）はセミクジラのDNAを採取し，マイクロサテライトの分析から，この種の遺伝的な多様性が，近縁種であるミナミセミクジラ（南半球に生息，Eubalaena australis）に比べ，はるかに低く，ボトルネック[25]が起こった可能性を指摘している．そして，このボトルネックは現在から過去200年間に起こったのではなく，それ以前（18世紀以前）の段階，つまり商業捕鯨が開始された初期段階ですでに起こっていたと推定した．バスク人が発見，捕獲し，その後に列強が争奪戦に加わった時点，おそらく16-17世紀に，大多数が捕獲され，急速な個体数の減少が起こった帰結なのではないか，と思われる．クリステンセン（Christensen 2006）は，タイセイヨウセミクジラの初期の個体数は1万4000頭で，1530年代から本格化した捕鯨によってわずか70年間でその97%の個体が失われたと算出している．

　ほかのクジラ類はどのような状況になったのか．ザトウクジラは全世界の海に広く分布するが，北部大西洋に生息するのはその1つの地域集団（キタタイセイヨウザトウクジラ）で，現在は2万頭以上と推定されるが，1966年の段階ではわずか約1000頭以下だった（Johnson & Wolman 1984）．キタタイセイヨウザトウクジラの遺伝的な組成を調べると，北大西洋には少なくとも5つの系群が生息していて，それぞれ別々の繁殖域をもっていた．この複雑な遺伝的な構造をもっていたおかげで，未曾有の乱獲であったにもかかわらず，遺伝的な多様性は減少していない（Baker et al. 2013）．

　ナガスクジラは広域に分布していて，商業捕鯨以前の生息数は捕獲数の動向から5万-10万頭と推定される．捕獲は17世紀から行われていたが，本格的な商業捕鯨が始まるのは20世紀に入ってからで，1975年までに8000-1万6000頭までに減少してしまう（Chapman 1976）．現在は約2万6500頭にまで回復しているという（IWC 2013）．またミンククジラ（キタタイセイヨウミンククジラ）については，小型種であるためにほとんどデータはないが，相当数が捕獲されたのはまちがいない．現在の生息数は約13万頭と見積もられている（IWC 2013）．こうしてみると，乱獲の後遺症が強く現在もなお回復していない種（ホッキョククジラやセミクジラ），徐々に回復している種（ザトウクジラ，ナガスクジラ，ミンククジラ）がいて，動向は種によって異なる．商業捕鯨以前の生息数はおもに各国の捕獲数の累計から推定されてきたが，統計自体の信頼性は低い．記載漏れや過少申告が頻発するからだ．

　ローマンとパランビ（Roman & Palumbi 2003）は，これとはまったく異なるアプローチから商業捕鯨以前の個体数を推定した．現在の個体に残されているミトコンドリアDNAの多型から，有効個体数（N_e）を算定するのである．それによれば，ザトウクジラは24万頭，ナガスクジラは36万頭，ミンククジラは26.5万頭．これらの値はそれまでの推定値を6-20倍も上回っていた．資源争奪の商業捕鯨の実態は，想定をはるかに超えた規模の，前代未聞の乱獲だった可能性がある．この商業捕鯨は，18世紀に入るとさらに最大の捕鯨大国アメリカが加わって，またヒゲクジラ類からハクジラ類を含むすべての鯨種をターゲットに拡大して，そして舞台を大西洋から太平洋へと押し広げ，空前絶後の乱獲に発展していった．バスク人の播いた

種子は世界中へと拡散した．このことは章をあらためて追跡する．

（2）世界を変えた魚——タラ

　ヨーロッパは人口増加を背景になお飢えていた．バスク人たちは，捕鯨のいっぽうで，自慢の船を駆ってビスケー湾，イギリス海峡，北海南部でさかんに漁を行っていた．ねらったのはもっぱら，ヴァイキングの教えにしたがい，タラだった．釣り上げたタラはヨーロッパ諸国に陸揚げされ，取引され，塩漬けや乾燥鱈（棒鱈）にされた．これらは"ストック・フィッシュ"と呼ばれ，一年を通じて食べられる貴重な動物性タンパク質源となった．

　タラはタラ（亜）科に属する魚類25種ほどの総称であるが，このタラはタイセイヨウダラ（$Gadus\ morhua$，以下タラとする）と呼ばれる．北大西洋の東部（バルト海や北海）と西部（グリーンランド，ニューファンドランド）の近海に広く分布する肉食性の底生魚で，水温4-6℃の海岸近くから大陸棚に，回遊しながら集団で生息している．大きな口やがっしりした顎などの特徴は，小魚，エビ，イカ，貝類などの捕食者であることを示している．巨大化し，なかには体長2m，体重100kg近く，20歳を超える寿命の個体もいる．最長寿命はおそらく25歳程度．ウマやヒツジなみだ．低水温でも血液が凍らない不凍化タンパク質を豊富にもつため，生タラは17.8％の，棒鱈は62.8％のタンパク質を含む（http://www.ars.usda.gov/nutrientdata/sr 閲覧2015.7.20）．その代わり脂肪は1％以下と少なく（Oliveira et al. 2012），独特の風味をもつ栄養豊かな優良食品だ．

　この魚は，ニシンとともにハンザ商人の取引商品でもあり，また近海で獲れたためにヨーロッパ人にはおなじみの食品であったので，列強は国益むき出しの争奪戦に乗り出した．オランダ，ドイツ，デンマーク，スウェーデンなどはおもに北海・バルト海を漁場に，最初はニシン漁の合間に付随的に行われたので（Beaujon 1923），漁獲量はそれほど多くはなく，またこの海域の生息数ももともと多くなかった．この地域のタラが徹底して乱獲されるのは20世紀後半の1960年代以降のことだ（Cook et al. 1997）．大西洋にはまったく別の巨大な個体群が北米側に生息していた．広大な大陸棚が広がるニューファンドランド島の沖合には，ラブラドル海流（寒流）とメキシコ湾海流（暖流）がぶつかり合い豊かな漁場が形成される．そこには"グランド・バンクス"（Grand Banks）と後に呼ばれる巨大な浅瀬（「浅堆」）があって，ここを中心におそらく地球上最大の漁業資源が形成されていた．

　なぜかポルトガル人は，コロンブスがアメリカを「発見」する以前の，1492年までには，ニューファンドランド島を"タラの島"（Terra dos Bacalhaus）と呼び，この大陸棚にはたくさんのタラがいることを知っていた（Cole 1990）．対岸にある巨大な半島は，同様にポルトガル語で，労働者や農民の「働き場所」を意味する"labradores"[26]と名づけられていた．彼らにとって新たに発見された島や半島は最初から漁業労働の工場のような場所だった．スペイン語やフランス語の地名もまた多いが，これらの国々の領土でもない．先着したのは，この地でクジラ猟とタラ漁を展開していたバスク人で，列強はバスク人を雇い，船や漁具，漁法を習得した後に，この地へ引率された後発国だった．自前の船団を組織できるようになったのはさらに後のことだ．けれどこの島は，公式的には，1497年にヘンリー7世に雇われたジェノヴァ生まれのイタリア人，ジョン・カボットが「発見」したとされ，これを根拠にイギリスは領有権を主張したのだが，多（他）国からは無視された．この島は，バスク人が先着し，帰属はあまりに自明との認識があったのがその理由にちがいない．1550年の時点で，バスク人たちを雇い入れた150隻以上のポルトガル，スペイン，フランスのタラ漁船がすでに操業していて（Cole 1990），イギリスが参入したのはさらにその後のことだ．近年では，ヴァイキングや赤毛のエーリックとその一派が先着していたことが，文献学的にも考古学的にも証明されている．

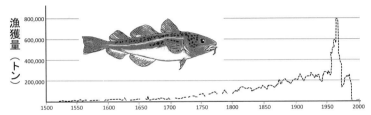

図 7-21 グランド・バンクスでのタラの漁獲量の長期変動（前半の1850年までは Hutchings & Mayer 1995, 後半は Rekacewicz & Bournay 2007 による．それぞれの図を合成）．

ポルトガルでは生産された棒鱈や塩鱈はいち早く「長期保存食」としてガマらの航海に積み込まれた．「ニューファンドランド島にタラあり」との情報はゆっくりとヨーロッパを駆けめぐり，1578年には，フランス105隻，スペインが100隻，ポルトガル50隻，イギリス30-50隻，そしてバスク人20-30隻がニューファンドランド島沖にひしめき合い，総計では8000-1万人の船員や漁師が働いていた（Turgeon 1998）．後発だったイギリスは，タラ漁を国策として漁船の大型船化政策を推し進め，1600年以降になると，プリマスやブリストルを母港に毎年150隻以上の大型漁船を進水させ，この海域に派遣し，しだいにこの地の主導権をにぎるようになった．獲ったもの勝ちのこの時代，タラ漁は一本釣りだったとはいえ，「魚は網でもバケツでも獲れた」とか「あまりにもたくさんいるのでボートが漕げない」といった（やや眉唾の）逸話（Pringle 1997）が残るように，入れ食い状態だった．いったいどれほどのタラがいたのか．

漁業史家のアンドリュー・ローゼンバーグら（Rosenberg *et al.* 2005）は，かつての漁獲量データと漁獲努力量から，グランド・バンクス南西部のノバスコシア沖合に広がる"スコティアン・シェリフ"（Scotian Shelf）と呼ばれる浅堆域の1852年時点でのタラの資源量を大胆に推定した．推定値は約126万トン，したがって漁業開始以前の推定値は150万トン以上．この地域の面積はグランド・バンクス全体の約半分（以下）にあたるから，おそらくグランド・バンクス全体では少なくとも300万トン以上と見込まれた（ちなみにスコティアン・シェリフの現在の推定値はかつての4％，わずか5万トンにすぎない）．そこには未曾有の水産資源の団塊（バイオマス）があった．

16-18世紀，ヨーロッパで食された魚の60％以上はタラ，北海・バルト海産ももちろんあったが，大半はニューファンドランド産だった．このころの漁獲量は年平均約10万トン以上（キュリーとミズレー 2009）で，時代が進むにしたがい徐々に増加していった．1650年時点でのヨーロッパ人口は4000万人だった．このうち80％がマーケットでタラを購入したとすると，タラの年間平均漁獲量は10万トン，タラは1年で2900億kcal，つまり1日あたり約8億kcalを提供したと見込まれる．ヨーロッパ人は年間1人あたり，生身にして100g相当のタラの切り身を20片ほど食していたことになる．打ち続く戦乱，世界大戦のなかでもヨーロッパはタラを獲り続け，タラもまた飢えたヨーロッパを支え続けた．

それは魚の常識を変えた，まさに"世界を変えた魚"（カーランスキー 1999）だった．漁獲量はヨーロッパ人が初めて経験する類例のない水準ではあったが，グランド・バンクスの巨大な潜在資源量と比べれば，なお十分に持続可能なはずだった．図7-21は，グランド・バンクスでのタラ漁獲量の長期の変遷だ．前半の1500-1849年はハッチングスとマイヤー（Hutchings & Mayer 1995）が推定したもの，後半の1850年以降は，ミレニアム生態系評価（第13章参照）の際に用いられたデータだ（Rekacewicz & Bournay 2007）．1500年以降，わずかずつだが一貫して増加していったのがわかる．16世紀，17世紀ともに漁獲量はせいぜ

い1万トン程度．増加したのは18世紀以降，1750年を境に10万トンを突破した．それ以後着実に増加し，19世紀以降20万トン前後を推移している．この間一貫して増加傾向にあるものの，漁獲量は安定していた．その後，漁網や漁具が改良されたり，帆船から蒸気船，動力船へと移行した20世紀に入っても，この傾向は続き，おそらくは持続可能な範囲内にあったと考えられる．この適切な漁獲量を突破し，資源量の明らかな衰退と枯渇を招くのは，つい最近，1960年以降のことだった．1962年に突然50万トン水準を突破した漁獲量は，高い水準を維持し，1979年にピークの約80万トンに迫った後に激減の一途をたどり，1980年代に一時的に回復するものの，その後は完全に枯渇してしまい現在に至っている．資源の「崩壊」である．

漁業が引き起こす魚類の進化

なにがこの崩壊を引き起こしたのか．高い舳とふくらんだ舷側を特徴としていた数百トン級の帆船は20世紀以降さまざまな形式の動力船に置き換わった．漁法も延縄漁や網漁が進歩し，19世紀末にはトロール漁が開発された．なかでも，1950年代に入って開発された"スターン型"と呼ばれる船尾に底引きトロール専用のマストをもつ8000トン級の大型漁船が突出する．大型の"底引きトロール"を巨大な出力で引き，冷蔵船倉がいっぱいになるまで操業を続ける，まるで工場のような巨大資本の漁船は，漁業の様相を一変させた．イギリスでは総トン数は半減しているにもかかわらず，この新型船によって漁獲量は10倍に増加した．従来のトロールに比べると，タラでは50倍，オヒョウなどの底生魚では100倍の効率で捕獲できるようになったといわれる（Engelhard 2008）．ほぼ根こそぎの乱獲なのだ．そればかりではない．このブルドーザーさながらの漁具は海底を犂よろしく耕してしまい，起伏に富んだ地形を平坦化してしまう．ある地域では180回も底引きトロール漁が繰り返された結果，800mも浅くなり，その爪痕は衛星からも確認できるという（Puig et al. 2012）．見るも無残だ．海洋生態系の基盤を破壊するような漁法のもとでまともな漁業が成立するとは思えない．底引きトロール漁の発想は，スパイスの収穫後に他国が収穫できないように熱帯雨林を焼き払った，17世紀オランダの思想と一致しているようにみえる．

乱獲と資源をめぐる国家間の対立は，たとえばアイスランド周辺では1950年代から1970年代に三度にわたって"タラ戦争"を引き起こすほどだった．乱獲による資源の減少はほかの地域でも共通する．北海，バルト海でもそれまでの相対的に低いが安定した漁獲量は，1960-1980年代に急増し，それ以前の3-5倍を推移した後に突然崩壊してしまった（Cook et al. 1997, Jonzen et al. 2001）．たとえば，北海では20万トン程度だった漁獲量が，1980年代に約60万トンのピークをつくった後に激減，現在では平均わずか2万トン程度を推移する．複数のタラ個体群の大半では，もとの集団サイズの95%以上が失われ，禁漁や漁獲制限が行われているにもかかわらず，回復する兆しはない（Frank et al. 2005）．こうした状況を評価してIUCN（世界自然保護連合）はタイセイヨウタラを1996年に絶滅危惧種（VU）に指定した．なぜ資源崩壊が起こったのか．漁獲可能量（TAC）を超える根こそぎの乱獲であることは明らかだが，このほかにも気候変動（レジーム・シフト；O'Brien et al. 2000）や，プランクトンの変動（Beaugrand et al. 2003）など要因が指摘されている．そのメカニズムを探る．

漁業が魚類個体群におよぼす影響にはいくつかの側面がある．もっとも単純なのは集団の減少，すなわち間引き効果だ．個体数が減少するということは集団の遺伝的な組成が変化することであり，遺伝子や遺伝子型の多様性が世代を経て減少していく．これをボトルネック効果という．有史以来人類の漁労や漁業にさらされてきたタラ個体群では遺伝的多様性はどの程度減少してきたのだろうか．オラフスドッティールら（Ólafsdóttir et al. 2014）は，アイスランドの複数の遺跡から出土した1500年以降のタラの椎骨と，20世紀以降近年のそれから，DNAを抽出し（ミトコンドリアDNA，チトクロー

ムb領域），遺伝的多様性を比較している．それによるとこの地域のタラは，遺伝的な多様性の指標の1つである有効個体数（N_e）でみると，16世紀初頭の時点では約33万トンだったものが，乱獲が始まった18-19世紀では7.5万トンに，そして極端に個体数が減少した1990年代には2.1万トンに減少したことを明らかにした．10分の1以下となった．漁業が引き起こす遺伝的な劣化は同様にバルト海やグランド・バンクスでも報告されている（Hutchinson et al. 2003, Poulsen et al. 2008）．漁業は遺伝子プールの構造を変化させ，有害遺伝子が蓄積しやすく，環境変動に弱い集団につくり変えている可能性がある．これだけではない．

重要なのはこの魚は最長寿命20歳を超える複雑な年齢構成をもつ長寿命種であるという点だ．多数の卵を産み，ほとんどは捕食されてしまうものの，幼生期を乗り切ると底生の安定した環境のなかで比較的高い生存率を保ちながらゆっくりと成長し，通常では4歳以上で性的成熟に達し，その後も高い生存率を維持しつつ産卵を繰り返すという生活史特性をもっている（たとえばOlsen et al. 2004）．根こそぎ獲ってしまう近代の底引きトロールとは異なる，近代以前の漁業はこのような魚類集団にどのように作用したのだろうか．一本釣り，延縄漁，大きな目の網は，集団からより巨大な，したがって老齢な個体だけを間引く，明らかに選択的な捕獲だったといえよう．数百年にわたって営々と続いた漁業はつねに集団のなかから大きくて老齢な個体だけを取り除く役割を果たしてきた．これは人為による選択，漁業に誘発された一種の「進化」（fisheries-induced evolution）である（Hutchings 2009）．この結果，どのようなことが起こったのだろうか．

集団の齢構成は老齢個体が少なくなり若齢化していく．繁殖の主役だった大きなオトナは少なくなり，代わって性的成熟に達する年齢は下がり，若齢で小さな個体が繁殖の中心的担い手になっていく．まったく異なる生物学的特徴（生活史特性）をもつ種（集団）が進化するのである．リンブルフら（Limburg et al. 2008）は，新石器時代の遺跡と，現代の漁獲集団から，耳石を採集して分析，その年齢構成と成長パターンを比較している．遺跡から約500個もの小さな耳石を回収した地道な作業に敬意を表したい．漁獲された平均の体長と年齢は，新石器時代の56.4 cmと4.7歳，現代の48.2 cmと3.1歳で，明らかに小さく若齢化している．こうした特性値は数千年や数百年の期間ではなく，漁獲圧，つまり進化でいう選択圧が高ければ，短期間のうちに引き起こされる．スウェイン（Swain 2011）はニューファンドランド島のセントローレンス湾内のタラはこの50年間で，性的成熟齢は約7歳から4歳へ，性的成熟に達する大きさ（全長）は65 cmから35 cmへ，4歳齢のメスの大きさは約70 cmから約40 cmへ，それぞれ減少したこと，さらには性的成熟齢での自然死亡率が若齢化にしたがって増加したことを報告している（図7-22）．タラは別の生物種へ変化しつつある．進化は眼前で起きている．

漁業が集団の生物学的特性を進化させる，なかでも問題なのは集団が脆弱化することだ．産卵数や繁殖率，生存率などの特性値（パラメーター）は一般に若齢個体より成体や老齢個体のほうがはるかに安定している．したがって，繁殖の主役が若齢個体に偏るほどに，集団は環境変動の影響を受けやすくなり，増加率は変化し，個体群は激しく変動する傾向になる（Anderson et al. 2008）．こうなると漁業は不安定となり，立ち行かない．漁獲量の変動には気候要因の影響が指摘されてきた（O'Brien et al. 2000）が，これもまた集団のなかで海水温の影響をより強く受ける若齢個体の割合が増加してきた結果と解釈できよう．プランクトン量の変動という影響も指摘されている（Beaugrand et al. 2003）が，同じように，気候変動→プランクトン量の変動→稚魚や若齢個体の生存率の変動という文脈で解釈することができる．総じてタラの資源問題の核心は，誇張していえば，タラの生物的特性をイワシやニシンのそれに変えてしまったところにある．安定したタラの漁獲を取り戻すにはこの集団の生物学的構成を回復させる以外にはない．

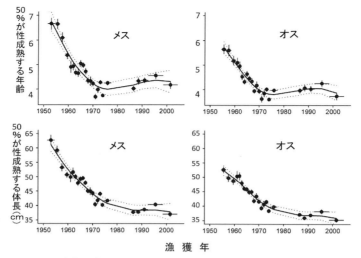

図7-22 時代が進むしたがい漁獲圧が高くなるとともに，タラは若い個体や体長の小さな個体も性成熟するようになった（Swain 2011 より）．

　さて，いつのまにか現代のタラ問題にまでたどり着いてしまった．もう一度，グランド・バンクスでのタラ争奪史の原点に立ち返ることにする．タラは近海では「生」でも食用にされたが，漁師は通常，船上で樽に塩漬けにした．これにはいろいろな製法があって，そのまま漬け込むもの，塩漬けにしたのを乾燥したもの，近海では一度塩漬けにしたものを洗い流したもの（この薄塩をとくに"グリーン"という）などがある（Oliveira 2012）．またタラは脂肪が少ないために寒冷地では簡単にフリーズ・ドライされ，日干し乾燥にされた．この場合には，船員を二手に分け，いっぽうは沖合で漁をし，他方は近辺の岸に上がり，漁から持ち込まれるタラの塩を洗い流し，砂利の上で乾燥させた．この処理法は，高価な塩を大量に使うより，乾燥したほうが安上がりであり，保存性にすぐれ，しかも軽いために，しだいに主流になった．こうしてニューファンドランド島やラブラドル半島の岸辺には小屋が建てられ，最初は数カ月間だった滞在は，後には半年以上におよぶ，現地作業に変化していった．これに合わせて小屋はしだいに立派な魚の加工工場に一新されていった．これはタラの漁業史がたどった必然の，ほんのひとこまにすぎない．だがこの小さなエピソードが，じつは人間と環境，人間と野生動物との関係を根本から変えてしまう転換点（ターニングポイント）になっていく．大量絶滅と歯止めのない乱獲の，である．

北米での初期の絶滅

　バスク人が先導したタラ漁師たちがニューファンドランド島周辺で長期滞在するようになった．この間の食料はもちろんタラ——ではなく，辟易のそれに代わって，スヴァールバル諸島と同様に，食べられそうなものならなんでも現地調達した．人気のあったのは，当時，この一帯にコロニーをつくり，埋め尽くすほどいた"ペンギン"（penguin）と呼ばれる海鳥だった．全長80 cm，体重5 kgほどのこの鳥の肉や卵は美味で，おまけに人間をまったく恐れず，よちよちと歩くだけだったから，頭を棍棒でたたき，簡単に調達できた．その肉は一本釣りタラ漁の手ごろな餌でもあった（Bolster 2008, Scearce 2009）．ほどなくこの鳥からは羽毛と油が採取され，かなり高く売れることがわかると，タラ漁師は副業に，あるいは専門の捕獲業者に転向して採集した．撲殺と収穫，まるで農作業のような乱獲がコロニーの点在するニューファンドランド島とその周辺の島々で行われた．

　この鳥の名は正式にはオオウミガラス（図7-23, *Pinguinus*（*Alca*）*impennis*, 英名 great auk）といい，属名には"ペンギン"の名が冠さ

図7-23 オオウミガラス．北米の画家・鳥類研究者のジェームス・オーデュボンによる．彼は1830年代にラブラドル半島を訪ね，たくさんのオオウミガラスを観察し，この絵を描いた．漁師がこの鳥の雛をタラ釣りの餌に使い個体数が減少していると非難している（Bolster 2008より）．

れ，真の"ペンギン"といってよい．ちなみに，ペンギンが南半球にもいることがわかるのは大航海時代以降，一見似ていたために，この本家の名前が流用された．オオウミガラスはアイスランド，アイルランド，スコットランド，スカンディナヴィア半島，グリーンランドなどの北極海や北海にもいたから，その存在は旧くから知られ，羽毛や肉は少なからず利用されていた．しかし主要な母個体群（マザーポピュレーション）はニューファンドランド島周辺にあって，個体群サイズはゆうに数百万羽を下らなかったらしい（たとえばエッカート 1976）．

タラ漁業の巻き添えを食って16世紀に乱獲され始めると，この地域からは「刈り取り作業」よろしくたちまち絶滅した．コロニー性だったこと，産卵数は1卵，繁殖率はもともと高くなかったことなどが災いし，1750年代には，急峻で人間が接近困難な，わずかな岩礁に残るだけになった．それでも「収穫」は続けられ，最後に残ったのはアイスランド，レイキャビク南部の"ウミガラス岩"という火山島だった．1830年に島は噴火し，生き残った約50羽の個体群は近辺の"エルディー岩礁"に避難したが，今度は，希少種目当ての博物館やコレクターの手で捕獲され，絶滅した．1844年のことだった．

もう1種を加えておこう．ニューファンドランドに隣接するラブラドル半島には1属1種の小型のカモ，カササギガモ（ラブラドールダック Camptorhynchus labradorius）がいた．ラブラドル半島やセントローレンス湾の沿岸で繁殖し，冬には東海岸伝いに南へ渡りをしていたらしい．絶滅の要因は，発見のときからすでに個体数は少なかったこと，食性が小型貝類や甲殻類などに特殊化していたことなどの指摘はあるが，不明だ．まずくて食用には向かなかったようだが，それでも毛皮交易所の設置や入植者の定住で，食用に乱獲されたらしい．最後の個体はニューヨーク沖ロングアイランドで1875年秋に撃ち落された（Dulvy et al. 2003）．

さて，新大陸での日干しタラの生産は，野生動物との新たな出会いでもあったが，新しい人間集団との出会いでもあった．コロンブスによって「発見」されたはずの大陸にはすでに大勢の人間がいた．「発見」は，ほかの新規集団による「侵入」と書きあらためられるべきなのだ．タラ漁師の仕事場には，最初は警戒しながら遠目から，次には興味本位におずおずと，やがてはたくさんの人間たちが訪問したにちがいない．そしてごく自然に交流は生まれ，食物や産物が披瀝され，物々交換されたり，採集や収穫法が伝授されたにちがいない．タラ漁師たちは，このアメリカ・インディアンのいでたちと品物，とりわけ衣装と毛皮に驚いたにちがいない．それは，みたことのない，美しく立派な動物の毛皮だったからである．

7.6 乱獲を支えた自然観

漁業や林業など生物資源の利用には"収（獲）穫"（harvesting）という言葉が使われる．そして際限のない過剰な収穫は"乱獲"（overexploitation）と呼ばれ，生態学的には次のように定義される．「自然の個体群に対して，新規加入による個体の更新速度よりも速い速度でその個体群から個体を収穫すること．したがってその個体群を絶滅に追い込む力となり得る」（ベゴンほか 2003）．新規加入とは繁殖と他集団からの移入を指す．個体群はこの新規加入数から死亡と移出を差し引いた個体数が加わることで増加する．すべての生物集団は，種によっ

て程度のちがいはあるが，増加する能力をもつ．そうでなければ生物種はすでに絶滅している．この増加速度をはるかに上回って，個体群から個体を収穫することが乱獲である．こうした乱獲は，これまでもみたように中世以前にも何度か起こったけれど，その規模が飛躍的に拡大したのは中世末以後だった．このことが人間と自然，人間と野生動物の関係を抜本的に塗り変えていった．こうした方向に人間の姿勢を切り替え，推進した思想や自然観，動物観とは，どこ（やなに）に根ざしたものなのか．

その筆頭は，リン・ホワイトJr.（1985）が率直に指摘するように，やはりキリスト教の影響だったのではないか．中世から近代にかけて，ヨーロッパ人の精神や思考空間を圧倒的に支配したのはいうまでもなくカトリック教会だ．このキリスト教の教義のうち，わけても『旧約』には，自然と動物の存在意義が，人間のために創造され，人間に奉仕するためにこそあるとの素朴な「人間中心主義」が表明されている．そこでは，神→人間→自然（あるいは動物）という明確な階層性が説かれると同時に，神の代理人としての人間の役割，つまり神から委託された被造物に対する特権的な管理（スチュワードシップ）の責務が与えられている．それは，知識の重要性とそれをふまえた管理責任を含意するものではあったけれど，明らかに主眼は，自然や動物に対する支配と征服にあった．

自然や動物は闘いの相手であり，力で屈服させなければならない目標でもあった．そこには対象への配慮や分別はもともと存在しないがゆえに，たがの外れた際限のない利用をもたらす心理と精神を導き出したにちがいない．さらにいえば，支配意識は優越意識と表裏一体の関係にあったことだ．この過剰な思い込みが傲慢な教化意識，あるいは独善的な差別意識を培養していった．キリスト教以外のものを「野蛮」とし，魔女やそれにつながる人間や動物を否認し，排除していく論理がこうして形成されていった．「十字軍」や常軌を逸した「奴隷制」が可能だったのは，この精神的土壌においてほかにない．

さらに別の視点からいえば，救済宗教としての本質，とくに『新約』を中心とする天国と地獄，神と悪魔，霊と肉，聖と俗といった二元論は，原罪思想とあいまって，いっぽうへの希求と接近，他方の断念と棄却という価値観を浸透させていった．この価値意識は，しだいに，現世における生活と営み，そこでの物質的な欲求を廃棄すること，二次的なものへと格下げすることを推し進めたにちがいない．つまり，救済の絶対的な強調は現実からの浮遊や乖離を導く必然性をもっていた．現実はその意味やリアリティを失い，自然物や動物は，まぼろしのように，とるにたらない手段か道具へと貶められていった．この心情は，ウェーバー（1920）が指摘するように，福音を至上とするいわば聖書原理主義ともいえるプロテスタントの姿勢によく表れている．自然や動物は，リアルな存在として真摯に向き合い，大切にし，慈愛を注ぐべき対象ではなくなっていくのである．

他者への配慮を欠いた支配や征服が乱獲を導く．キリスト教の果たした役割は否定しようがない．この乱獲の論理に加えて，思想史的にもう少し細かく振り返ると，私は，次の少なくとも3つの思想的原理があったように思えてならない．

（1）自然物や野生動物の有限性に対する認識の欠如．

（2）無主物，あるいは共有物に対する所有または私有の制度的可能性．

（3）心理的バリアの解除．

これらの原理を中世末期から近代にかけての思想や哲学のなかにたどってみる．

（1）自然と生物の有限性

都市の発展，貨幣経済と商業の発達，海運，流通や交易ルートの整備は，人間の空間概念を大幅に拡張させた．大航海時代の到来は，地球が有限であることをおぼろげに認識させるものだった．冒険航海の記録や旅行記が飛ぶように売れ，地球上にはさまざまな地域と環境が存在し，「未開」の地にはさまざまな「野蛮」な人間と，未知なる生物群がいる——そのことが理解され始めた時代だった．中世の「異界」や

「外界」はようやくその実像を垣間見せつつも，それでもなお個人の精神世界では，空間は無限であり，時間は悠久だった．世界はつねに前の時代を背負っている．その大自然のなかに，動植物は獲っても獲りきれないほど無尽蔵にいるにちがいない，とすべての人々は無邪気に信じていた．無限と想定される世界のなかに有限性の認識は萌芽しない．

中世から近世の過渡期，自然や生物を冷静な目でみつめる人間が少なからずいたいっぽうで，博物学者と称する多くの権威でさえ，生物の分類は，生物が示す「美醜」，上品・下劣といった「品性」，食用・有用性といった人間の「功利」などの基準がまかり通っていた（トマス 1989）．生命は，主観や恣意はまぬがれないとしても，生物自身の性質によって区分されない限りは，連続として認知され，個体が帰属する「類」としての評価は現れない．こうした通俗的な分類を乗り越え，神の被造物の「類」としてのリストづくりが，スウェーデンのリンネによる「二名法」によって開始されるのはもう少し後代だった．

すでに紹介したネーデルラント（オランダ）の法学者，グロティウス（1609）は公海での航行の自由を主張するために『海洋自由論』を著した．彼の主張の根拠は，使用によって使い尽くされるものとそうでない占有できないものに区別し，後者をすべての国や人々の共有財とみなすことにある（水上 2004）．航行はある国の航行が他国の航行を妨げえないから自由なのである．このことは漁業にも適用されるが，興味深いのは海洋と河川が区別され，後者は共有財から外される．こう述べる．「河川での魚の捕獲は，生物資源の枯渇を急速に引き起こす恐れがあることから自由放任するわけにはいかない」．いっぽう，「海洋での漁業は自由である．というのは海洋漁業により生物資源が枯渇することはあり得ないからである」（キュリーとミズレー 2009）．海洋での生物資源は無限だからこそ権利は各国に解放されるべきなのだ．雑誌『ネイチャー』の創設者にして初代編集者ロックマイヤーは，1877 年，この雑誌に乱獲は河川では起こるが海洋では起こらないと書いている（ヒルボーンとヒルボーン 2015）．この共通認識は 19 世紀に至っても変わることはなかった．ダーウィンの盟友であり，進化論の普及推進者であったヘンリー・ハクスリーは，1883 年，ニシンの流し網の影響に関する調査委員会の諮問に答えて，こう断言した．「我々の行動が魚の個体数に影響を及ぼすことはあり得ない」（カーランスキー 1999）．この楽観的な見解に警鐘が鳴らされるのは，このときからまもない 20 世紀に入ってからだった（田中 1985）．

大航海時代の終わり，ジェームズ・クックは科学探査を目的に合計 3 回の世界一周航海（第 1 回 1768-1771 年，第 2 回 1772-1775 年，第 3 回 1776-1780 年）を行い，海洋調査の結果に加え，島々や海域での海獣類の生息状況を，たとえばホーン岬では「ひじょうに多くのアザラシを見た」，サウス・ジョージア島では「アザラシあるいはオットセイはかなり多かった」（ミナミゾウアザラシの誤認）と，詳細に報告している（クック 2005）．それは広い海洋に無尽蔵の海獣類が生息していることを十分に実感させるものだった．だが，18 世紀後半，この報に接したヨーロッパ各国の業者は，油と毛皮を目的に，競うように船団を派遣した．彼らは，皮肉にも，クックの記録した航跡を正確にたどり，くだんの場所に到達し，島を埋め尽くすほどいた，西インド諸島のカリブモンクアザラシ（*M. tropicalis*），南サンドイッチ島のアザラシ，ハワイ諸島ハワイモンクアザラシ（*Monachus schauinslandi*）などのルッカリーを短期間のうちに壊滅させてしまった．その数，総計数百万頭．カリブモンクアザラシは絶滅，ハワイモンクアザラシはごくわずかが生き残り，2010 年現在の生息数は 1100 頭（IUCN, 2011）の絶滅危惧種（CR），いまなお乱獲の後遺症からは回復していない．だが，こうした生物資源の有限性を如実に示した実地検証は，人々の目にふれることも，認識されることもなかった．

（2）無主物の所有

商業や貨幣経済の発達とともに人間の欲望や

願望を全面的に肯定する思想や哲学が現れるのは自然のなりゆきだった．こうした思想に先鞭をつけた一人がベーコン（Francis Bacon）で，人間が生活条件を改善しようとする欲求をもつことは，キリスト教精神の自然に対する支配を強化するもので肯定されるべきとした．彼の洞察によれば，自然研究は神に課せられた任務にほかならなかった．「世界は人間のためにつくられたのであり，世界のために人間がつくられたのではない」，「あらゆる事物に対し影響をおよぼすことが可能になるまで人間の支配領域を拡大せよ」（『ノヴム・オルガヌム』1620）と．自然とは開発されるべき資源であり，本質的には物質運動の体系だった．知識とはこの支配のための道具であり，それは実生活の改善にこそ使われなければならない．この真理と有用性が一体であることの強調は，「知は力なり」という言葉に凝縮されている．ベーコンはその著作のなかで，学問と技術を通じて人間が自然を支配することこそ人間の最後の，もっとも高貴なる段階であるとした．キリスト教精神が自然に対しいっそうの戦闘性を帯びたのはベーコンのこの洞察以降であった．ではその真理はいかにして獲得されるのか，人間のさらなる（というより西欧の）進軍を鼓舞した一人が，ロック（John Locke）だった．

ロックは，知識の源泉は理性にあるのではなく，経験にあるとの立場に立つ．したがってその認識能力や知識には限界があることは認めるが，この経験や観察によって得られる知識によって，自然や土地を「生活の最善の利益と便益のために利用」（『統治二論』1690）すべきであると主張する．この利用を実現するのが労働と理性だとした．ここでいう理性とは，自然からなにを，どのようにして得るのかを判断する能力であるという．神は自然や土地を人類共有のものとして与えたが，それを労働によって獲得した者には私的に所有する権利があるとみなした．この権利は「自然法」，すなわち神が定めた基本法の1つと解釈できるので，普遍的な妥当性をもっている．ロックはいう「神は世界を勤勉で合理的な人の利用に委ねた」（『統治二論』1690）のだと．

この功利論的自然観の評価は留保しても，この思想が自然や生物資源の利用におよぼした影響ははかりしれない．乱獲を支えた法・制度だったからである．努力によって獲得した自然物や資源は私有化できるとのメッセージは，直接ではないにしても，乱獲を許容し，加速する時代の気分や精神を醸成したといえよう．ただし，ロックはこの所有権を無条件に拡大しているわけではない．『統治二論』を要約すると（三浦2006による），①所有できるのは自己の労働の成果に限る，②所有は個人が利用し，消費できる範囲内に限る，③所有量は劣化しない範囲に限る，④ほかのすべての人間に対しても十分に残しておかなければならない．しかし，どのような限定条件をつけようと，一度胚胎した時代の精神はこうした枠組みを軽々と乗り越えていった．

この思想は，共有地の囲い込み運動や，新大陸での土地取得の理論的支柱となり，広く受容されていった．自然物や土地が所有されているかどうかは一目瞭然であって，先住民や共有者に問う必要はなく，最初に労働を加えたと判断できれば私有化が可能なのだという．ずいぶん乱暴な論理だが，これが，イギリスでのジェントリ，アメリカの植民者の考え方とほぼ一致していた．大航海時代，列強の間で取り決められた条約（たとえばスペインとポルトガルによる「トルデシリャス条約」のように）では，発見された土地が，ほかの列強がすでに領有していない限りは「無主地」であると宣言され，領有できた．たとえそこに先住民がいても，である．「野蛮」と「未開」の先住民は「人間以下」と（勝手に）判定される限りにおいては「主権」は存在しない．したがって土地は「無主地」であり，植民地となった．これが「国際法」だった．それはけっして過去のことではない．現代はその延長線上に存在している．

（3）精神的バリアの解除

古代や中世初期，すでに述べたように，人々は自然物や動物を利用するとき，そこに神や超

自然的な存在を認め，それとの間で，ある種の契約が存在すること，そしてそれを尊重し，ときには破らないような規範をつくった．キリスト教の「自然の支配」や「自然に対する人間の勝利」といったスローガンはそれらをあっけなく淘汰してしまったが，近代初頭になると，さらに進み，自然物や動物の性格そのものを根本から変えてしまう思想や自然観が登場した．その代表の一人が哲学者，ルネ・デカルト（René Descartes）である．

デカルトの『方法序説』(1637)，『省察』(1641)，『情念論』(1649) からそのエッセンスを抽出すれば，次のようになるだろう．すなわち，自然や動物を含むすべての物体は神によって創造され，神は同時に物体の運動法則を定めたとする．われわれが知りうるのは運動の法則であって，創造の過程や物体の本質ではない．また物体はいくつかの構成要素から成立し，各要素は独自の性質と運動をもつが，全体はそれらの要素の総和として理解しうる．そして，運動は数量的に測定される面積や体積，長さや時間で，その他の質的属性は考慮される必要はない．したがって，多様なすべての自然は均質的な物体運動の世界へと還元できる．世界は精神と物体の2つに分けられるが，すべての生物や自然物は物体から構成される．時計と同じ，自動機械なのだ（図7-24）．人間もまた機械であることに変わりはないが，その内部には「精神」をもつ，つまり，肉体という物体とは分離可能な「魂」をもつ，唯一の存在なのである．「われ思うゆえにわれあり」との有名な言葉は，人間の存在と，思考する精神が「われ」のなかで統合されることを宣言している．

デカルト思想の真骨頂は，この極端な物体と精神の二元論と，徹底した機械論的自然観にある．自然の運動を，神やキリスト教によってがんじがらめにされていた磁場に空白をつくり，自由に客観的に分析，推論，議論できる思考空間を提示した意味で，つまり近代科学の扉を開いた点で，この思想の果たした先駆的な役割は否定できない．かなり粗雑で乱暴な論理ではあったけれど，それは，自然をキリスト教的価値

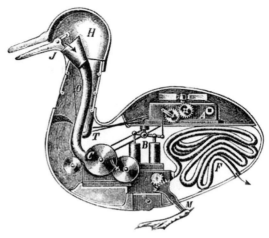

図7-24 ヴォーカンソン（J. Vaucanson）の機械仕掛けのアヒル（1738年製作）．彼は解剖学から出発して，さまざまな生命体の機械装置を発明した．そこには明らかにデカルトの機械論的動物観の強い影響がみてとれる（Poupyrev *et al.* 2007 より）．

観から剝離させることがいかに力技であったかの証でもあった．だが，同じことを別の視点からみると，キリスト教の自然観は，一貫して自然や動物を人間から分離することを主張し，その達成を人々に徹頭徹尾追求させてきた．その意味で，デカルトの哲学は，キリスト教からの離陸ではなく，キリスト教的自然観の完成であった，ともいえよう．そして，この機械論はラ・メトリーの『人間機械論』(1747) によって人間にも拡張され，徹底されることになる．

だが，動物観や生物資源の利用の領域に限定すれば，この短絡的な自然観がもたらした影響はあまりにも無残だ．それは生物や動物から一切の生命力を剝ぎ取って，「魂」のないたんなる自動機械であると解釈する思想である（図7-24）．この思想によって濾過された生命は，無機物に転化された抜け殻にすぎず，なんらの配慮や敬意を払う必要のない「もの」に格下げされてしまう．したがって，動物や生物の資源利用にはなんらの痛痒を感じる必要はないのである（図7-24）．この動物観や自然観が深く急速に人々の間に浸透し，乱獲をうながす心理的・精神的な土壌になったことは疑いない．金森（2012）は，17世紀後半，デカルトの思想を信奉する人間が，近づいてきたイヌを足蹴り

しても（機械なのだから）「あれは別になにも感じない」のだといい放つエピソードを紹介しているが，このあまりにも荒削りな自然観が，近代初頭のヨーロッパに，私たちが考えるよりはるかに広く，定着し，席巻していたことは確認されてよい．

ただし，このデカルトの自然観や動物観に対し，冷静で鋭い批判を対置した人間がいたことも指摘しておかなければならない．その一人が，デカルトと同時代のイギリス人哲学者ヘンリー・モア（Henry More）である．彼は，ほとんどすべての点でデカルトに同意するが，この動物観については異論を唱え，次のような手紙をデカルトに書き送っている．

> ただ『方法序説』の中であなたが告白している生命とりの殺人的な感情だけは別です．あなたはこの感情によってすべての動物から生命と感覚をひったくる，というより与えずにおくのです．なぜならあなたは彼らがほんとに生きていることをけっして認めようとなさらないからです．ここでは，あなたの天才のかすかに光る細身の剣の刃は，私の中に不信というより怖れをかき立てます．それは，生物の運命について気をもむとき，私はあなたの中に，ち密な鋭敏さだけでなく，いわば鋭くて残酷な刀刃をも認めるからです．それはいわば一撃のもとに，事実上すべての動物から生命と感覚を奪いとり，それらを大理石の彫像と機械に変身させてしまうのです（イーズリー 1986 より）．

この指摘には，デカルトの乱暴な自然観だけでなく，その延長上に想定される生物資源や動物の利用のあり方に対しても率直な危惧が表明されている．これに対しデカルトは，ウジやアブ，毛虫に不滅の霊魂を付与するより，それらが機械と同じ仕方で動き回ると信じるほうがよっぽど好ましいと反論して，次のように書く．「だから私の意見は，野獣に対して残酷でもなければ，人間にえこひいきしているわけではありません．……人間はどれほどたびたび動物を食べたり殺したりしても，罪を問われる恐れはまったくないのです」（イーズリー 1986）．このお墨つきを原動力に近代の生物資源利用が展開されていくのである．

第7章 注

1) この海域のクジラはおもにタイセイヨウセミクジラ *Eubalanena glaciallis*，アカボウクジラ *Ziphius cavirostris*，コククジラ *Eschrichtius robustus* である．
2) "名誉あるメスタ会議"（Horado concejo de la Mesta）．
3) よりくわしくみると，①には，王室と大地主には一定の通行料の支払い義務，④にはヒツジが通行中であればいかなる人間もじゃましてはならないし，交雑を防ぐためにいかなる土着ヒツジも近づけてはならないことが付記されている．
4) ハードウィック（herdwick）種は，古ノルド語で牧野を意味する "herdvyck" に由来する．劣悪な環境でも丈夫に育ち，毛質はメリノ種とは真逆で太く頑丈でカーペットなどに用いられる．湖水地方のボローデール（Borrowdale）はその代表的な生息地の1つで，この地では昔から黒鉛（グラファイト）（炭素の塊）が産出し，地表にも散らばっていた．地元の牧羊者はこの黒鉛を使いヒツジの体毛をマークした．これは後に木の間に黒鉛をはさむ標識用の道具となった．これが鉛筆の原型である（Voice 1949）．
5) 羊毛の取引には，ポンドのほかに，ネイル（nail），クローブ（clove），ストーン（stone），トッド（tod），ウェイ（wey）などの単位が伝統的に使われ，中世期には重量が地方ごとにちがっていた．またもちろん国によって異なり，たとえばスペインではアロバス（arrobas, 1 アロバス＝約 25.37 ポンド）が使われた．
6) この紡錘を複数（8個）に増やし，一度に多数の糸を紡げるようにしたのが「ジェニー紡錘機」（1764 年ころ）であり，水車を動力源にこの回転を行ったのが「ミュール紡績機」（1779 年）である．
7) ハプスブルク家はもともとオーストリアの出．婚姻政策によって各国の王家と姻戚関係をつくる．スペイン王カルロス1世は神聖ローマ皇帝にも選出される．その後にスペイン系とオーストリア系に分かれる．スペインはフェリペ2世のもとで全盛期を迎える．
8) なぜフリードリヒ2世に贈られたのか．この王は即位直後の 1740 年にハプスブルク家領シュレージェンに攻め込んでいる．スペインではその後に王位継承戦争が起こり，非ハプスブルク家新王（フェリペ5世，在位 1700-1746，ブルボン朝）が成立した．フリードリヒ2世の侵攻は，新王への加勢の役割を果たした．メリノ種はその新王からのお礼の挨拶だった．
9) エンクロージャーなどによって土地を失った農民は都会へと流入し，労働者になった．犯罪が激増し，監獄が不足した．18世紀後半以降，オーストラリアが犯罪者の流刑地となり，定期船が運行されるようになった．初期の入植者は捕鯨やアザラシなど海獣類の捕獲を生業としたが，これにメリノ種の牧羊が加わり，基幹産業となった．つまりヒツジによって追われた人々はまた別のヒツジによって生かされたのである．
10) このときにはブタも持ち込まれ，中米の地に，ヒツジ同様に放たれている．この多くは後に野生化し，ノブタになったといわれている（Gade 2000）．
11) ターシャス・チャンドラー（Chandler 1987）による推定値．
12) 英語表記は Christopher Columbus, 1451 年ころ-1506 年．スペイン語ではクリストバル・コロン（Cristóbal

Colón）となる．

13) ガマ Vasco da Gama, 1460年ころ-1524年. マゼラン, 1480-1521年. 英語表記は Ferdinand Magellan. ポルトガル名はフェルナン・デ・マガリャンエス（Fernão de Magalhães）である．

14) 抗菌成分はアリルイソチオシアネートといわれ，大腸菌や黄色ブドウ球菌への蒸散暴露では増殖抑制と殺菌の2つの効果があり，この効果はチューブ入り加工ワサビでも認められた．

15) たとえばフィレンツェでの圧倒的に優位だった大組合（"アルテ"と呼ばれる）は毛織物貿易商組合，毛織物製造組合，絹織物組合，薬種商・医師組合，毛皮商組合であったという．

16) これらのうちもっとも巨大だったのはオランダで，出資金からみると，設立年では後れをとったイギリスの約12倍強もあった（羽田 2017）．

17) 2羽のうち1羽はイギリスにあったが，ぼろぼろだったために1755年に焼却処分されてしまった．唯一の標本はチェコにある．

18) 後にみるようにジャガイモには，おいしいが，小さくてあまり収穫できない系（プレハ種 Solanum phreja など）から，おいしくはないが，大型で生産量の高い系統（たとえばアンディジェナ S. andigenum など）まで多数の品種がある．ピサロが持ち帰ったのは，小さくてうまいそれより，まずくても大きくたくさん収穫できる品種だったようだ．

19) 1（オランダ）ラストとは体積にして1976 m³, 重さに換算すると（水と同じとして）1976 kg（約2トン）になる．実際上のニシンの総重量は，バウ・ポルーゼン（Poulsen 2008）によれば，ここには塩（29%）と内臓（21%）が含まれているから，1976 kg×0.71（塩の分を引き）×1.21（内臓重を加え）=1698 kg となる．1ラストは14バレル（樽）だから，1バレルあたり121.3 kg のニシンとなる．ハンザ交易のリューベックでは1バレルあたり117.4 kg だった．

20) この有名な言葉は，レザー（Leazer 2013）によれば，スコットランド人の医者，自然科学者の Robert Sibbald が残した文書にあるという．この人物はシロナガスクジラを最初に記載したことでも有名だ．

21) 缶詰はフランス人ニコラ・アペール（Nicolas Appert）が18世紀末に食料を瓶に詰めて湯煎後に密封すると腐敗しないことを発見し，これに由来するといわれる．現在の缶詰の原型は1810年にイギリス人ピーター・デュラント（Peter Durand）の工夫によるとされ，たちまちのうちに世界中に普及した．

22) 本来は haddock（コダラ）でつくるのが正式であるという．

23) イワシはニシン亜目マイワシ科とカタクチイワシ科の総称．ヨーロッパマイワシ（Sardina pilchardus）や日本のマイワシ（Sardinops melanostictus）はマイワシ科に属する．カタクチイワシ科には日本のカタクチイワシ（Engraulis japonicus）やヨーロッパカタクチイワシ（E. encrasicolus）などが入る．一般に，マイワシ類をサーディン（sardine），カタクチイワシ類をアンチョビ（anchovy）と呼ぶ．

24) ホッキョククジラ（Balaena mysticetus）とセミクジラ類（Eubalaena）の分類についてはチャーチルら（Churchill et al. 2011）による．

25) ボトルネックとは「瓶の首」の意味．集団遺伝学では集団の個体数が激減する（つまり瓶の首になる）と，遺伝子頻度がランダムな効果によって変化し（遺伝的浮動），結果として，集団の遺伝子頻度が変化（遺伝的多様性は低下）する．これをボトルネック効果という．

26) 労働（者）"labor"も同義．ポルトガル語では婉曲的には使役労働者"奴隷"も意味する．ここから労働者が閉じ込められた部屋，"laboratory"という言葉が生まれる．研究室ももとはといえばタコ部屋だった．

第7章 文献

Aguilar, A. 1986. A review of old Basque whaling and its effect on the right whales (*Eubalaena glacialis*) of the North Atlantic. Rep. Int. Whal. Commn. (special issue) 10: 191-199.

相沢隆．1988．奢侈条例と中世都市社会の変容――南ドイツ帝国都市の場合．史学雑誌 97：1025-1106.

相澤隆．2002．奢侈禁止令（ヨーロッパの）．『歴史学事典第9巻 法と秩序』（山本博文編），pp. 314-315．弘文堂，東京．

赤阪俊一．2001．奢侈条例を通して見るヨーロッパ精神史序論．埼玉学園大学紀要 1：35-47．

Alcock, J. 2005. Animal Behavior, 8th ed. Sinauer Assocates, Massachusetts.

Alheit, J. & E. Hagen. 1997. Long-term climate forcing of European herring and sardine populations. Fish. Oceanogr. 6: 130-139.

Alheit, J. & E. Hagen. 2002. Climate variability and historical NW European fisheries. In: Climate Development and History of the North Atlantic Realm (Berger, W. G. and B. K-E. Jansene, eds.), pp. 435-445. Springer, Berlin.

Allen, R. C. & I. Keay. 2001. The first great whale extinction: the end of the bowhead whale in the Eastern Arctic. Exploration in Economic Hist. 38: 448-477.

Allen, R. C. & I. Keay. 2006. Bowhead whales in the Eastern Arctic, 1611-1911: population reconstruction with historical whaling records. Environ. Hist. 12: 89-113.

雨宮和彦ほか．2008．市販わさびの蒸散状態による抗菌作用．国際学院埼玉短期大学研究紀要 19：81-85．

網野善彦．1997．日本社会の歴史［上・中・下］．岩波新書，岩波書店，東京．593pp.

Anderson, C. N. K. et al. 2008. Why fishing magnifies fluctuations in fish abundance. Nature 452: 835-839.

Arlov, T. B. 2005. The discovery and early exploitation of Svalbard. Some historiographical notes. Acta. Borealia 22: 3-19.

Arora, D. S. & J. Kaur. 1999. Antimicrobial activity of spices. Int. J. Antimicrob. Agents 12: 257-262.

浅田実．1989．東インド会社．講談社現代新書，講談社，東京．226pp.

ベーコン，F. 1620．ノヴム・オルガヌム（桂寿一訳 1978）．岩波文庫，岩波書店，東京．253pp.

Baker, C. S. et al. 2013. Strong maternal fidelity and natal philopatry shape genetic structure in North Pacific humpback whales. Mar. Ecol. Prog. Ser. 494: 291-306.

Barrett, J. H. et al. 2004. The origins of intensive marine

fishing in medieval Europe: the English evidence. Proc. Roy. Soc. Lond. B 271: 2417-2421.
Beaugrand G. et al. 2003. Plankton effect on cod recruitment in the North Sea. Nature 426: 661-664.
Beaugrand, G. 2004. The North Sea regime shift: evidence, causes, mechanisms and consequences. Prog. Oceanogr. 60: 245-262.
Beaujon, A. 1923. The History of Dutch Sea Fisheries. 306pp. （以下参照．http://www.biodiversitylibrary.org/item/15982#page/ 閲覧 2016.10.22）
ベゴン, M. ほか. 2003. 生態学 原著第3版（堀道雄ほか訳 1996）. 京都大学出版会, 京都. 1302pp.
Bell, A. et al. 2007. Interest rates and efficiency in medieval wool forward contracts. J. Bank. Finance 31: 361-380.
Bellisari, A. 2008. Evolutionary origins of obesity. Obesity Rev. 9: 165-180.
Bier, C. 2012. Iberian carpets, wool, and the making of modern Spain. Textile Soc. Am. Symp. Proc. 659: 1-10.
Billing, J. & P. W. Sherman. 1998. Antimicrobial functions of spices: why some like it hot. Quart. Rev. Biol. 73:3-49.
Bochove, C. & C. L. Zanden. 2006. Two engines of early modern economic growth? Herring fisheries and whaling during the Dutch Golden Age (1600-1800). In : Ricchezza del mare, richezza dal mare (Cavaciocchi, S., ed.), pp. 557-574. Univ. Utrecht, Netherland.
Bolster, W. J. 2008. Putting the ocean in Atlantic history: maritime communities and marine ecology in the Northwest Atlantic, 1500-1800. Am. Hist. Rev. 113: 19-47.
Borge, T. et al. 2007. Genetic variation in Holocen bowhead whales from Svalbard. Mol. Ecol. 16: 2223-2235.
Braat, J. 1984. Dutch activities in the North and the Arctic during the sixteenth and seventeeth centuries. Arctic 37: 473-480.
ブローデル, F. 1979. 物質文明・経済・資本主義（村上光彦訳 1985）. みすず書房, 東京. 493pp.
Campbell, B. M. S. 1981. The regional uniqueness of English field systems? Some evidence from Eastern Norfolk. Agri. Hist. Rev. 29: 16-28.
Caterina, M. J. et al. 1997. The capsaicin receptor: a heat-activated ion channel in the pain pathway. Nature 389: 816-824.
CES 2005. Report of Herring Assessment Working Group for the Area South of 62°N.（以下参照．http://www.ices.dk/iceswork/wgdetailacfm.asp?wg=HAWG 閲覧 2016.5.10）.
Chandler, T. 1987. Four Thousand Years of Urban Growth: An Historical Census. Edwin Mellen Press, NY.
Chapman, D.G. 1976. Estimates of stocks (original, current, MSY level and MSY) (in thousands) as revised at Scientific Committee meeting 1975. Rep. Int. Whal. Commn. 26: 44-47.
Chessa, B. et al. 2009. Revealing the history of sheep deomestication using retrovirus integrations. Science 324: 532-535.
Christensen, L. B. 2006. Marine mammal populations: reconstructing historical abundances at the global scale. Fish. Cent. Res. Rep. 14: 1-161.
Churchill, M. et al. 2011. The systematics of right whales (Mysticeti: Balanidae). Marine Mamm. Sci. 28: 497-521.
Cole, S. C. 1990. Cod, God, country and family: the Portuguese Newfoundland cod fishery. Maritime Anthropol. Stud. 3：1-29.
Coltman, D. W. et al. 2003. Fine-scale genetic structure in a free-living ungulate population. Mol. Ecol. 12: 733-742.
クック, J.（1768-1771, 1772-1775, 1776-1779）クック太平洋探検（1）-（6）（増田義郎訳 2005）．岩波文庫, 岩波書店, 東京. 2194pp.
Cook, R. M. et al. 1997. Potential collapse of North Sea cod stocks. Nature 385: 521-522.
Coull, J. R. 1972. Fisheries of Europe: An Economic Geography. Harper & Collins, London. 256pp.
Culver, H. B. 1992. The Book of Old Ships: From Egyptian Galleys to Clipper Ships. Dover Publ., NY. 256pp.
Cumbaa, S. L. 1986. Archaeological evidence of the 16 th century Basque right whale fishery in Labrador. Rep. Int. Whale. Comm. Special Issue 10: 187-190.
キュリー, P. & Y. ミズレー. 2009. 魚のいない海（林昌宏訳, 勝川俊雄解説）．NTT出版, 東京. 351pp.
Cushing, D.H. 1982. Climate and Fisheries. Academic Press, London. 363 pp.
Dabin, W. et al. 2011. Stranded beaked whales in France: 1970-2010. IWC. Rep. SC/63/SM 11: 1-10.
ドルビー, A. 2004. スパイスの人類史（樋口幸子訳）．原書房, 東京. 299pp.
Dean, W. R. J. & I. A. W. Macdonald. 1994. Historical changes in stocking rates of domestic livestock as a measure of semi-arid and arid rangeland degradation in the Cape Province, South Africa. J. Arid Environ. 26: 281-298.
デカルト, R. 1637. 方法序説（谷川多佳子訳 1997）．岩波文庫, 岩波書店, 東京. 137pp.
デカルト, R. 1641, 1649. 省察・情念論（井上庄七・森啓・野田又夫訳 2002）．中公クラシックス, 中央公論新社, 東京. 386pp.
Dickey-Collas, M. et al. 2010. Lessons learned from stock collapse and recovery of North Sea herring: a review. ICES J. Marine Sci. 67: 1-12.
Diez-Tascón, C. et al. 2000. Genetic variation within the Merino sheep breed: analysis of closely related populations using microsatellites. Anim. Genet. 31: 243-251.
Douglass, W. A. & J. Bilbao. 1975. Amerikanuak, Basques in the New World. Nevada Univ. Press, Nevada. 521pp.
Dudley, R. 2004. Ethanol, fruit ripening, and the historical origins of human alcoholism in primate frugivory. Integr. Comp. Biol. 44: 315-323.
Dulvy, N. K. et al. 2003. Extinction risk in marine population. Fish and Fisheries 4: 25-64.
Durand, J. D. 1977. Historical estimates of world population: an evaluation. Pop. Develop. Rev. 3: 253-296.
エッカート, A. 1976. 最後の一羽（浦本昌紀・大堀聡訳）．平凡社, 東京. 221pp.
Elbl, I. 1997. The volume of the early Atlantic slave trade, 1450-1521.J. African Hist. 38: 31-75.
Engelhard, G. H. 2008. One hundred and twenty years of change in fishing power of England North Sea trawlers.

In: Advance in Fisheries Science, 50 Years from Beverton and Holt (Payne, A. *et al.*, eds.), pp. 1-16. Blackwell, Oxford.

FAOSTAT 1995.（http://www.fao.org/faostat/en/#home）

Feldhammer, G. A. *et al.* 1999. Mammalogy: Adaptation, Diversity, and Ecology. McGraw-Hill, Boston. 576pp.

Frank, K. T. *et al.* 2005. Trophic cascades in a formerly cod-dominated ecosystem. Science 308: 1621-1623.

藤井美男．1998．中世後期南ネーデルラント毛織物工業史の研究．九州大学出版会，福岡．314pp.

藤田幸一郎．2005．近代イギリスにおける牧羊の歴史的意義．一橋論叢 134: 1029-1051.

Gade, D. W. 2000. Hogs. The Cambridge World History of Food.（http://www.cambridge.org/us/books/kiple/hogs.htm）

ガマ（1497，出版年 1838）．ドン・ヴァスコ・ダ・ガマのインド航海記（野々山ミナコ訳 1965）．『コロンブス，アメリゴ，ガマ，バルボア，マゼラン航海の記録』（大航海時代叢書I），pp. 346-430．岩波書店，東京．

George, J. C. & J. R. Bockstoce. 2008. Two historical weapon fragments as an aid to estimating longevity and movements of bowhead whales. Polar Biol. 31: 751-754.

Gesner, C.（ゲスナー）1558. Historiae animalium IV: qui est De piscium & aquatilium animanium natura. 以下のURLで原著を参照できる（https://archive.org/details/ConradiGesnerimIVGess 2017. 3. 20 閲覧）

Gibbs, F. W. 1939. The history of the manufacture of soap. Ann. Sci. 4: 169-190.

Greene, C. H. *et al.* 2003. Impact of climate variability on the recovery of endangered North Atlantic right wahle. Oceanography 16: 98-103.

Grotius, H.（グロティウス）1609. Mare Liberum.（以下参照．英語版 "The Free Sea", http://oll.libertyfund.org/titles/grotius-the-free-sea-hakluyt-trans 閲覧 2017. 3. 21）．

Hacquebord, L. 2001. Three centuries of whaling and walrus hunting in Svalbard and its impact on the Arctic ecosystem. Environ. Hist. 7: 169-185.

Hardy, K. *et al.* 2012. Neanderthal medics? Evidence for food, cooking, and medicinal plants entrapped in dental calculus. Naturwiss. 99: 617-626.

羽田正．2017．東インド会社とアジアの海．講談社，東京．416pp.

Hart, B. 2005. The evolution of harbal medicine: behavioural perspective. Anim. Behav. 70: 975-989.

Heide-Jørgensen, M. P. *et al.* 2006. Dissolving stock discreteness with satellite tracking: bowhead whales in Baffin Bay. Marine Mamm. Sci. 22: 34-45.

Hiendleder, S. *et al.* 1998. The complete mitochondrial DNA sequence of the domestic sheep (*Ovis aries*) and comparison with the other major ovine haplotype. J. Mol. Evol. 47: 441-448.

ヒルボーン，R. & U. ヒルボーン．2015．乱獲（市野川桃子・岡村寛訳）．東海大学出版部，平塚．154pp.

Holm, P. 1996. Catches and manpower in the Danish fisheries, c1200-1995. In: The North Atlantic Fisheries, 1100-1976: National Perspectives on a Common Resource (Holm, P. *et al.*, eds.), pp. 177-206. Esbjerg. Fiskeri-og Søfartsmuseet, Denmark.

星野秀利．1980．十四世紀フィレンツェにおける毛織物生産．イタリア学会誌 28: 1-14.

Hume, J. P. 2006. The history of the Dodo *Raphus cucullatus* and the penguin of *Maruritius*. Hist. Biol. 18: 69-93.

Hume, J. P. 2011. Systematics, morphology, and ecology of pigeons and doves (Aves: Columbidae) of the Macarene Islands, with three new species. Zootaxa 3124: 1-62.

Hutchings, J. A. & R. A. Myers. 1995. The biological collapse of Atantic cod off Newfoundland and Labrador: an exploration of historical changes in exploitation, harvesting technology, and management. In: The North Atlantic Fisheries: Successes, Failures, and Challenges (Arnason, R. and L. Felt, eds.), pp. 39-93. Inst. Stud. Charlottetown, Prince Edward Island, Canada.

Hutchings, J. A. 2000. Collapse and recovery of marine fishes. Nature 406: 882-885.

Hutchings, J. A. 2009. Avoidance of fisheries-induced evolution: managing implications for catch selectivity and limit reference points. Evol. Appl. 2: 324-334.

Hutchinson, W. F. *et al.* 2003. Temporal analysis of archived samples indicates marked genetic changes in declining North Sea cod (*Gadus morhua*). Proc. Roy. Soc. Lond. B 270: 2125-2132.

イーズリー，B. 1986．魔女狩り対新哲学（市場泰男訳）．平凡社，東京．397pp.

ICES. 2005. Report of the ICES Advisory Committee on Fishery Management, 2005 Vol. 1-11. 1418 pp.

IUCN. 2011. Redlist.（http://www.iucnredlist.org/）

IWC. 2013. Whale Population Estimates.（http://iwc.int/estimate）

Jahnke, C. 2012. The city of Lübeck and the internationality of early Hanseatic trade. In: The Hanse in Medieval and Early Modern Europe (Mrozewicz, J. W. and S. Jenks, eds.), pp. 37-58. Brill NV. Leiden, Netherlands.

Johnson, J. H. & A. A. Wolman. 1984. The humpback whale. Mar. Fish. Rev. 46: 30-37.

Jonzen, N. *et al.* 2001. Variable fishing mortality and the possible commercial extinction of the eastern Baltic cod. Marine Ecol. Prog. Ser. 210: 291-296.

金森修．2012．動物に魂はあるのか．中公新書，中央公論社，東京．262pp.

川北稔．1986．洒落者たちのイギリス史．平凡社，東京．205pp.

川崎健．2009．イワシと気候変動．岩波新書，岩波書店，東京．198pp.

Kijas, J. R. S. *et al.* 2012. Genome-wide analysis of the world's sheep breeds reveals high levels of historic mixture and strong recent selection. PlOS Biol. 10: 2, e4668.

キング，R. 2008．図説人類の起原と移住の歴史（蔵持不三也訳）．柊風社，東京．192pp.

金七紀男．1996．ポルトガル史．彩流社，東京．330pp.

Klein, J. 1920 The Mesta: A Study in Spanish Economic History 1273-1836. Harvard Univ. Press, Cambridge. 273pp.（以下参照．http://libro.uca.edu/mesta/TheMesta.pdf 閲覧 2016. 7. 10）

Knowlton, A. R. *et al.* 1994. Reproduction in North Atlantic right whales (*Eubalaena glacialis*). Canad. J. Zool. 72: 1297-1305.

Koutsikopoulos, C. & B. L. Cann. 1996. Physical processes and hydrological structures related to the Bay of Biscay anchovy. Sci. Mar. 60 (Suppl. 2): 9-19.

Kowaleski, M. 2000. The expansion of the south-western fisheries in late medieval England. Econ. Hist. Rev. 53: 429-454.

Krebs, J. R. 2009. The gourmet ape: evolution and human food preferences. Am. J. Clinic. Nutri. 90 (Suppl.): 707-711.

Kuparinen, A. & J. Meilä. 2007. Detecting and managing fisheries-induced evolution. TREE 22: 652-659.

栗原福也.1974. 16世紀後半の地中海とネーデルラント——胡椒貿易を中心に.一橋論叢 72: 16-27.

カーランスキー, M. 1999. 鱈 (池央耿訳). 飛鳥新社, 東京. 247pp.

Kurlansky, M. 1999. The Basque History of the World. Walker & Comp., NY. 400pp.

カーランスキー, M. 2005.「塩」の世界史 (山本光伸訳). 扶桑社, 東京. 446pp.

楠貞義.1998. スペイン経済の生成と発展.『スペイン経済』(戸門一衛・原輝史編), pp.11-40. 早稲田大学出版部, 東京.

ラ・メトリ, J. 1747. 人間機械論 (杉捷夫訳 1957). 岩波書店, 東京. 132pp.

Lamichhaney, S. *et al.* 2012. Population-scale sequencing reveals genetic differentiation due to local adaptation in Atlantic herring. PNAS 109: 19345-19350.

Larsson, L. C. *et al.* 2010. Temporally stable genetic structure of heavily exploited Atlantic herring (*Clupea harengus*) in Swedish waters. Heredity 104: 40-51.

Leazer, J. 2013. A case for subsidies? Adam Smith and the eighteenth Century Scottish herring fishery. Historian 75: 47-67.

Lewin, R. 2004. Man the scavenger. Science 224: 861-862.

Lillegård, M. *et al.* 2005. Harvesting strategies for Norwegian spring-spawning herring. Oikos 110: 567-577.

Limburg, K. E. *et al.* 2008. Prehistoric versus modern Baltic Sea cod fisheries: selectivity across the millennia. Proc. Roy. Soc. Lond. B 275: 2659-2665.

Lloyd, T. H. 1972. The medieval wool-sack: a study in economic history. Textile Hist. 3: 92-99.

Lloyd, T. H. 1977. The English Wool Trade in the Middle Ages. Cambridge Univ. Press, Cambridge. 351pp.

ロック, J. 1690. 統治二論 (加藤節訳 2007). 岩波文庫, 岩波書店, 東京. 407pp.

Locker, A. M. 2000. The role of stored fish in England 900-1750AD: the evidence from historical and archaeological data. PhD. Thesis, Univ. Southermpton. 303pp.

Loewen, B. 1988. The Red Bay vessel. An example of a 16th-century Biscayan ship. Untzi Museoa Museo Naval 2: 193-199.

ローガン. 2008. ドングリと文明 (山下篤子訳, 岸由二解説). 日経BP社, 東京. 376pp.

MacLean, S.A. 2002. Occurrence, behavior and genetic diversity of bowhead whales in the western Sea of Okhotsk, Russia. MS. Thesis, Texas A&M Univ. 118pp.

マグヌス, O. 1555. 北方民族文化誌 [上・下] (谷口幸男訳 1991). 渓水社, 東京. 1316pp.

Markham, F. R. S. 1881. On the whale-fishery of the Basque Provinces of Spain. Proc. Zool. Soc. Lond. 49: 969-976.

Martin, J. 1988. Sheep and enclosure in sixteenth-century Northamptonshire. Agri. Hist. Review 36: 39-54.

増田義郎 1965. 総説.『コロンブス, アメリゴ, ガマ, バルボア, マゼラン航海の記録』(大航海時代叢書I), pp.9-39. 岩波書店, 東京.

McLeod, B. A. *et al.* 2008. Bowhead whales, and not right whales, were the primary target of 16th-to 17th-century Bsque whalers in the western North Atlantic. Arctic 61: 61-75.

McNeill, W. H. 1999. How the potato changed the world's history. Social Res. 66: 67-83.

Meadows, J. R. S. *et al.* 2007. Five ovine mitochondrial lineages identified from sheep breeds of the Near East. Genetics 175: 1371-1379.

Milton, K. 1993. Diet and primate evolution. Sci. Am. 269: 86-93.

三浦敦子.2007. 中世後期ヴェネツィアにおける奢侈令とその執行——1400年の執行令を通して. 人文学報 (都市大学東京) 385: 1-38.

三浦光永. 2006. 環境思想と社会. お茶の水書房, 東京. 332pp.

水上千之 2004. 海洋自由の形成 (1), (2). 広島法学 28 (1): 1-22, 28 (2): 1-24.

水野祥子. 2006. イギリス帝国からみる環境史. 岩波書店, 東京. 226pp.

Moore, S. E. & R. R. Reeves. 1993. Distribution and movement. In: The Bowhead Whale (Burns, J. J., *et al.* eds.), pp. 313-386. Special Publ. No. 2, Soc. Maine Mamm. Lawrece, KS.

森田勝昭. 1994. 鯨と捕鯨の文化史. 名古屋大学出版会, 名古屋. 421pp.

森田義之. 1999. メディチ家. 講談社現代新書, 講談社, 東京. 358pp.

諸田實. 1998. フッガー家の時代. 有斐閣, 東京. 329pp.

Myers, R. A. & B. Worm. 2003. Rapid worldwide depletion of predatory fish communities. Nature 423: 280-283.

中沢勝三. 1984. 16世紀中葉におけるアントウェルペンのイベリア交易. 地中海論集 9: 147-160.

中沢勝三. 1993. ポルトガル国家の香料政策とヨーロッパ経済. 一橋論叢 110: 626-638.

西村貞二. 1993. ルネサンスと宗教改革. 講談社学術文庫, 講談社, 東京. 348pp.

Noback, C. R. 1951. Morphology and phylogeny of hair. Ann. NY Acad. Sci. 53: 476-492.

O'Brien, C. M. *et al.* 2000. Climate variability and North Sea cod. Nature 404: 142-143.

小田垣雅也. 1995. キリスト教の歴史. 講談社学術文庫, 講談社, 東京. 258pp.

岡崎勝世. 1996. 聖書vs世界史. 講談社現代新書, 講談社, 東京. 254pp.

Ólafsdóttir, G. A. *et al.* 2014. Historical DNA reveals the demographic history of Atlantic cod (*Gadus morhua*) in medieval and early modern Iceland. Proc. Roy. Soc. Lond. B 281: 2013-2976.

Oliveira, H. *et al.* 2012. Processing of salted cod (*Gadus* spp.): a review. Comp. Rev. Food Sci. Food Safety 11: 546-564.

Olsen, E. M. *et al.* 2004. Life-history variation among local populations of Atlantic cod from the Norwegian Skagerrak coast. J. Fish Biol. 64: 1725-1730.

大塚久雄．1979．歴史と現代．朝日選書，朝日新聞社，東京．200pp.

大内輝雄．1991．羊蹄記．平凡社，東京．318pp.

Parliamentary Education Service. 2007. The House of Lords (Parliament Explained 6). 10pp.

パターソン，O. 2001．世界の奴隷制の歴史（奥田暁子訳）．明石書店，東京．814pp.

Pedrosa, S. *et al.* 2007. Mitochondrial diversity and the origin of Iberian sheep. Genet. Sel. Evol. 39: 91-103.

Pereira, F. *et al.* 2006. Genetic signatures of a Mediterranean influence in Iberian Peninsula sheep husbandry. Mol. Biol. Evol. 23: 1420-1426.

Phillip, C. R. 1982. The Spanish wool trade 1500-1780. J. Econ. Hist. 42: 775-795.

Phillips K. M. 2007. Masculinities and the medieval English sumptuary laws. Gender & History 19: 22-42.

Poulsen, B. 2008. Dutch herring. An environmental history, c. 1600-1860. Aksant, Amsterdam. 264pp.

Poupyrev, I. *et al.* 2007. Actuation and tangible user interfaces: the Vaucanson duck, robots, and shape displays. Proc. TEI ACM 2004: 205-212.

パウア，E. 1966．イギリス中世史における羊毛貿易（山村延昭訳）．未来社，東京．168pp.

Pringle, H. 1997. Cabot, cod and the colonists. Canad. Geogr. 31: 30-39.

Puig, P. *et al.* 2012. Ploughing the deep sea floor. Nature 489: 286-290.

Rastogi, T. *et al.* 2004. Genetic analysis of 16th-century whale bones prompts a revision of the impact of Basque whaling on right and bowhead whales in the western North Atlantic. Canad. J. Zool. 82: 1647-1654.

Reeves, R. R. *et al.* 1999. History of whaling and estimated kill of right whale, *Balaena glacialis*, in the Northeastern United States, 1620-1924. Marine Fish. Rev. 61: 1-36.

Rekacewicz, P. & E. Bournay (UNEP/GRID). 2007. Collapse of Atlantic cod stocks off the East Coast of Newfoundland in 1992. (http://www.grida.no/graphicslib/detail/collapse-of-atlantic-cod-stocks-off-the-east-coast-of-newfoundland-in-1992_11e4　閲覧 2016. 3. 10).

Richards, J. F. 2014. The World Hunt. An Enviromental History of the Commodifiation of Animals. Univ. Calif. Press, Berkley. 161pp.

Rollefsen, G. 1966. Norwegian fisheries research. Norwegian Fisheries Res. 14: 1-36.

Roman, J. & S. R. Palumbi. 2003. Whales before whaling in the North Atlantic. Science 301: 508-510.

Rorke, M. 2005. The Scottish herring trade, 1470-1600. Scot. Hist. Rev. 84: 149-165.

Rosenberg, A. A. *et al.* 2005. The history of ocean resources: modeling cod biomass using historical records. Front. Ecol. Environ. 3: 78-84.

Ruiz, M. & J. P. Ruiz. 1986. Ecological history of transhumance in Spain. Biol. Conserv. 37: 73-86.

Ryder, M. L. 1964. The history of sheep breeds in Britain. Agri. Hist. Rev. 12: 65-82.

Ryder, M. L. 1983. Sheep & Man. Duckworth, London. 846pp.

Ryder, M. L. 1987. Merino history in Old World. The use of wool remains in ancient skin and cloth to study the origin and history of the fine-woolled sheep that became the Spanish Merino. Textile Hist. 18: 117-132.

Ryman, N. *et al.* 1984. Lack of correspondence between genetic and morphological variability patterns in Atlantic herring (*Clupea harengus*). Heredity 53: 687-704.

Sahrhage, D. & J. Lundbeck. 1992. A History of Fishing. Springer, Berlin. 348pp.

斎藤寛海．1979．フィレンツェ毛織物工業の性格変化──フィレンツェ毛織物工業の存在形態の理解のために．イタリア学会誌 27: 93-111.

Salaman, R. N. 1985. The History and Social Influence of Potato, 2nd ed. Cambridge Univ. Press, Cambridge. 768pp.

Scearce, C. 2009. European fisheries history: pre-industrial origins of overfishing. ProQuest Discover Guides. (http://www.csa.com/discoveryguides/discoveryguides-main.php)

Scott, K. 2004. The sweet and the bitter of mammalian taste. Curr. Opin. Neurobiol. 14: 423-427.

Shakhmatova, K. 2012. A history of street lighting in the old and new towns of Edinburgh World Heritage Site. Edinburgh World Heritage Trustee. 34pp.

Sherman, P. W. & J. Billing. 1999. Darwinian gastronomy: why we use spices. BioSci. 49: 453-463.

スミス，A. 1776．国富論（水田洋監訳・杉山忠平訳 2001）．岩波文庫，岩波書店．1824pp.

Soranzo, N. *et al.* 2005. Positive selection on a high-sensitivity allele of the human bitter taste receptor TAS2R16. Curr. Biol. 15: 1257-1265.

Speth, J. D. 1989. Early hominid hunting and scavenging: the role of meat as an energy source. J. Hum. Evol. 18: 329-343.

Sponheimer, M. & J. A. Lee-Thorp. 1999. Isotopic evidence for the diet of an early Hominid, *Australopithecus africanus*. Science 283: 368-370.

Steele, J. H. 2004. Regime shifts in the ocean: reconciling observations and theory. Prog. Oceanogr. 60: 135-141.

ストラボン．BC50年ころ．地理書．（以下に英語版．http://www.perseus.tufts.edu/hopper/text?doc=Perseus%3Atext%3A1999.01.0239　閲覧 2017. 3. 15.）

Swain, D. P. 2011. Life-hisotry evolution and elevated natural mortality in a population of Atlantic cod (*Gadus morhua*). Evol. Appl. 4: 18-29.

田口一夫．2002．ニシンが築いた国オランダ．成山堂書店，東京．269pp

高橋大輔ほか．2010．食品の持つ抗菌性を調べる実験の教材化．山形大学紀要 15: 1-20.

高柳志朗・石田良太郎．2002．石狩湾系ニシンの漁獲量変動と体長組成の経年変化．北水試研報 62: 71-78.

田中伊織．2002．北海道西岸における20世紀の沿岸水温およびニシンの漁獲量の変遷．北水試研報 62: 41-55.

田中伸幸・高柳志朗．2002．近年，北海道中部－北部日本海の沿岸漁業で漁獲されているニシンの資源構造．北水試研報 62: 57-69.

田中昌一．1985．水産資源学総論．恒星社厚生閣，東京．406pp.

田中照夫．1988．産業革命期の農業．大阪教育大学研究紀要 20: 33-40.

Temple, S. A. 1977. Plant-animal mutualism: coevolution with Dodo leads to near extinction of plant. Science 197: 885-886.

Tewksbury, J. J. & G. P. Nabhan. 2001. Seed dispersal, directed deterrence by capsaicin in chillies. Nature 412: 403-404.

トマス，K. 1989．人間と自然界（山内昶訳）．ウニベルシタス 272，法政大学出版会，東京．470pp.

Tracy, J. D. 1993. Herring Wars: the Habsburg Netherlands and the struggle for control of the North Sea, ca. 1520-1560. The 16th Cent. J. 24: 249-272.

トレヴェリアン，G. M. 1971．イギリス社会史（1）（藤原浩・松浦高嶺訳）．みすず書房，東京．245pp.

Turgeon, L. 1998. French fishers, fur traders, and Amerindians during the sixteenth century: history and archaeology. William Mary Quart. 55: 585-610.

Unger, R. W. 1980. Dutch herring, technology, and international trade in the seventeenth century. J. Econ. Hist. 40: 253-280.

van der Merwe, N. et al. 2003. The carbon isotope ecology and diet of *Australopithecus africanus* at Sterkfontein, South Africa. J. Hum. Evol. 44: 581-597.

Vaughan, R. 1984. Historical survey of the European whaling industry. In: Arctic Whaling: Proceedings of the International Symposium. University of Groningen, Groningen, The Netherlands. Works of the Arctic Centre (No. 8), pp. 121-134.

Voice, E. H. 1949. The history of the manufacture of pencils. Transact. Newcomen Soc. 27: 131-141.

Vries, de J. 2003. Connecting Europe and Asia: a quantitative analysis of the Cape-route trade, 1497-1795. In: Global Connections and Monetary History, 1470-1800 (Flynn, D. O. et al., eds.), pp. 35-106. Aldershot, UK.

Wake, C. H. H. 1979. The changing pattern of Europe's pepper and spice imports, ca 1400-1700. J. Europ. Econ. Hist. 8: 361-403.

Waldick, R. C. et al. 2002. Evaluating the effects of historic bottleneck events: an assessment of microsatellite variability in the endangered, North Atlantic right whale. Mol. Ecol. 11: 2241-2249.

ウォーラーステイン，I. 1981．近代世界システム I・II（川北稔訳）．岩波書店，東京．594pp.

ウェーバー，M. 1920．プロテスタンティズムの倫理と資本主義の精神（大塚久雄訳 1989）．岩波書店，東京．436pp.

ウェストピー，J. 1990．森と人間の歴史（熊崎実訳）．築地書館，東京．275pp.

ホワイト，L. Jr. 1985．中世の技術と社会変動（内田星美訳）．思索社，東京．331pp.

ウィリアムズ，E. 1968．資本主義と奴隷制（山本伸監訳 2004）．世界歴史叢書，明石書店，東京．416pp.

Witmer, M. C. & A. S. Cheke. 1991. The dodo and the tambalacoque tree: an obligate mutualism reconsidered. Oikos 61: 133-137.

Woodby, D. A. & D. B. Botkin. 1993. Stock size prior to commercial whaling. In: The Bowhead Whale (Burns, J. J. et al., eds.), pp. 387-407. Allen Press, Lawrens.

Wrangham, R. W. et al. 1998. The raw and stolen: cooking and the ecology of human origins. Curr. Anthrop. 40: 567-594.

山極寿一．2012．家族進化論．東京大学出版会，東京．358pp.

矢沢毅．1992 近世初頭のバルト海貿易——リューベックとダンツィヒ．早稲田経済研究 35: 79-93.

Zeh, J. et al. 2002. Survival of bowhead whales, *Balaena mysticetus*, estimated from 1981-1998 photoidentification data. Biometrics 58: 832-840.

第8章　1つに結ばれる世界

　古代中国では，はたおりに使う縦糸を「経」，横糸を「緯」といった．私たちはこの経・緯の座標系によって地球上の位置を正確に知ることができる．緯度は，赤道を0度，北極と南極をそれぞれ90度として，ある地点での天頂と赤道面とがなす角度で表される．それは北極星や南中時の太陽の高度を測れば確実に求めることができる．コロンブスやガマは緯度を熟知し，この測位点に沿って航海を行っている．これに対し経度の測位は困難だった．各国の王は，国の威信をかけてこの「経度問題」を解決しようとした．1567年，スペインのフェリペ2世は懸賞を設け，後継のフェリペ3世（在位1578-1621）は増額している（村山2003）．17世紀，オランダやフランスもこれに見習った．それでも難関だったのは，自転する地球上の位置を知るには正確な"時計"（クロノメーター）が必要だったからだ．

　大海原を航海するとき，出発地点の時刻に合わせた時計と，現在地での時刻が天体観測からわかれば，経度はその時間差から求まる．たとえばこの差が1時間だとすれば経度は15度ずれたことになる．遅ればせながらイギリス政府は1714年に「経度委員会」を設置し，簡便で実際的な方法の開発に対して多額の賞金を用意した．これらの報酬に触発されて，当時の著名な権威，物理学者のホイヘンスや，生命体の最小単位を"細胞"（セル）と名づけたフックらが競い合った．1773年，最終的にこの賞金（総額2万ポンド）を獲得したのはイギリスの時計職人，ジョン・ハリソンだった（Johnson 1989）．このいまにも動き出しそうなハリソンのクロノメーター（図8-1）の改良型を，キャプテン（ジ

図8-1　ハリソンのクロノメーター，1730年製の最初のモデル（H1）．高さ63 cm，幅70 cm，奥行き45 cm，重さ34 kg．機関車のようでとても時計にはみえない．この後，H2-H4の改良モデルが登場，ストップウォッチ状になった（H4の重さは1.4 kg）．キャプテン・クックは第2回と3回の航海でH4モデルを使用した（Betts 2006より）．

ェームズ）・クックは第2回以降の航海に携行している．ちなみに彼の名は現在イギリスの代表的な時計メーカーに受け継がれている．

　さて，経度問題にはなお解決されるべき問題が残されていた．どの地点を起点，"0度"とするのか，である．グリニッジ子午線（本初子午線）とは，ロンドン，テムズ川河畔にあった王立グリニッジ天文台（現在は跡地）を通る経線で，これを基準（経度0度0分0秒）に，各国の標準時刻が定められたのは1884年の国際子午線会議以降だった．列強の反対を押し切ったのは大英帝国の威光だったにちがいない．"子午"とは，方角を十二支で表したとき，北の方角が「子」（ね），南のそれが「午」（うま），両者を結んだ直

線，すなわち経線の意味である．さらに東西を結ぶ，すなわち緯度は「卯」と「酉」から「卯酉線（ぼうゆうせん）」という．

この経線は同時に全球を東西に分割する境界でもある．東側（東経180度まで）が"東半球"，西側（西経180度まで）が"西半球"だが，地球が球体であり，経線がおぼろげながら理解されようとしていた15世紀初頭，西半球という空間には巨大な空白だけが存在していて，実質的には意味がなかった．西半球の向こうにはインド洋が直接相対しているはずだったからだ．しかし実際はまるでちがっていた．そこには，ユーラシア大陸の東端と西端，アフリカ大陸の西部の一部を含むが，ほぼ中央に，南北に細長い2つの巨大大陸が，両極とほぼ接しつつ，パナマ地峡によって連結しながら，すっぽりと収まっていたからである．北アメリカ（米）大陸と南アメリカ大陸．2つの大陸は，グリニッジ天文台が創建された1675年当時でさえ，その輪郭は定かではなかったのである．

この2つの大陸は陸地面積では全世界の28.4%を占め，生物種の比率でみると，全世界の植物（維管束植物）の30%以上，鳥類（陸生種）の約42%，そして哺乳類の約50%が生育・生息している（Meffe & Carroll 1994）．この豊かな生物多様性は，なによりも両大陸の地理的特性――両極から赤道を貫通する経度的変化によってもたらされる．この地理的配置による気候帯の分化，変化に富んだ地形，ツンドラから熱帯雨林に至る多種多様な環境が形成されてきたことによる．コロンブス（1493）は，第1回の探検航海で，上陸したバハマ諸島サンサルヴァドル島での印象を次のように記した．

「この島には高地が多く，（カナリア諸島の）テネリフェ島とは比べものにならない程，沢山の山や高山がありますが，どの山もきわめて美しく，千もの様相の景色に恵まれ，しかも，それがどれも歩いて登れ，かつまた，いずれも天に達するばかりのいろいろな種類の高木におおわれています．きけば，これらの樹木は落葉しないとのことですが，自分がみたところでも，木々はエスパニャの5月のそれのように青々として美しく，あるものは花咲き，あるものは実をつけ，その他その種類にしたがっていろいろな様相を呈しています．私が歩いておりました11月という時に，そこには鶯や千もの種類の小鳥がなきさえずっておりました．椰子の木は6ないし8種類あり，それぞれが変わっておりますが，その美しいさまはまことに見る目も楽しく，また，その他の木々や果実，草木も同じように美しいのであります」（林屋訳）．

そこにはヨーロッパとは異なる生物多様性の発見があった．

豊かな生物多様性はさらに別の理由によっても誘起されている．2つの大陸は，つながってはいるが，その成立過程はまったく異なるからだ．現代の地球科学（「プレートテクトニクス理論」）は，北米大陸が，現在のユーラシア大陸を含む巨大大陸"ローラシア"から，南米大陸が，現在のアフリカ大陸，南極大陸，オーストラリア大陸，インド亜大陸を含む巨大大陸"ゴンドワナ大陸"から，それぞれ分裂し，別々に移動してきた結果，約2億年前にパナマ地峡を介してつながったことを明らかにしている．したがって，両大陸の生物種数の多さは，もともと異なる生態学的な舞台で進化してきた別々の生物群の合算なのである．もちろん連結後に，2つの大陸の間を移動し，交流した種もいるが，大半は由来の異なる生物相から成り立つ．とくに南米大陸は，ゴンドワナ大陸から分裂して，長期にわたり孤立した大陸であったために独自の進化を遂げた固有種が多い．2010年以降，南米大陸，とくにアマゾン流域では新種の脊椎動物441種が新たに発見されている（WWF, CNN, 2013 http://edition.cnn.com/2013/10/25/world/americas/amazon-species-discovered/ 閲覧 2013.11.20）．人類がまだ記載していない生物がこれからも続々と発見されるだろう．それ以前に生態系そのものが破壊されなければ．

この2つの大陸は"新世界（ニュー・ワールド）"と呼び習わされてきたが，この言葉は適切ではない．すべての大陸は1つの巨大大陸（パンゲア）に起源し新旧の差はない．まして「コロンブスの新大陸発見」などという教科書的記述は，コロンブスは北米大陸の本体には到達していないという小さな事実において

も[1]，またヨーロッパ人に限っても（第6章参照）最初の発見者ではないという明白な事実においても，さらには，「発見」以前，すでにそこには多数の人間がいたという圧倒的な事実においても，三重の意味で誤謬なのだ．当時のヨーロッパ世界において，訂正されるべき，そしてもっとも欠落していた認識こそ，世界には多様な人間集団が存在するというまぎれようもない事実だった．コロンブスはかの地がヨーロッパ世界では知られていない事実（未発見）をよく知っていたにすぎない．では，コロンブス以前，そこにはどのような人間集団がどれほどいたのか．

さまざまな人口推計の試みがあるが，代表的な数値を紹介すると，南北両大陸で5730万人（Denevan 1992）から1億4500万人（Stannard 1992），いずれも疫病の死亡率などから逆算されたもので，大きな幅がある．北米では地域の部（氏）族ごとの記録や考古学的資料などを積み上げた，より詳細な調査が多数の研究者によって行われているが，それでも約200万人（Ubelaker 1988）から1800万人の差がある（Dobyns 1983, Snow 1995）．興味深いのは研究史の初期ほど過小評価され，後になるほど資料が再検討され増加する傾向があることだ．数字はおぼろげだが，はっきりしているのは，南北両大陸の隅々，ありとあらゆる場所に，かなり多数の人間が生活していた事実だ．コロンブスも，この地に名前を残す栄誉に浴するアメリゴ・ヴェスプッチも，そして多数のバスク人タラ漁師たちも，これらの人々に出会い，歓待され，そして大いなる援助を受けている．ではこれらの人間集団はいったいどこからきたのか．

8.1 "モンゴロイド"の旅

南北アメリカ先住民の由来

南北アメリカ大陸に居住する先住民（このうちメキシコ以北の集団を慣例的に"アメリカ・インディアン"[2]，以南の集団を"インディオ"と呼ぶことにする）は，地理的な集団としては慣習的に"モンゴロイド"と呼ばれてきた．

モンゴロイドはアジア，オセアニア，東ユーラシアに広く分布する人間集団で，一般的には，黄色い肌，寒冷地適応とされる凹凸の少ない顔立ち，比較的大きな体を特徴とするが，生物学的・分類学的に有効な概念ではない．ここではアジアからの移動民であることを強調するため便宜的に使用する．南北アメリカ人も，生活している多様な環境を反映して形態的な差異は認められるが，モンゴロイドであり，そのルーツがユーラシアであることに変わりない．このことは，言語学的な類似性（Greenberg et al. 1985 など），道具などの考古学的な比較（Morell 1995 など），顔や歯の形態的な解析（Brace et al. 2001 など），そして複数の遺伝的マーカーによるDNAの分析からも確認され，疑う余地はない．

ユーラシアのモンゴロイドは，最終氷期に，ベーリング海峡（シベリア・チュコト半島とアラスカの間）に形成された"ベーリンジア"と呼ばれる陸橋を通って北米へ渡り，この地に人類の新たな生息地を開拓したパイオニアである．だが多くのことがまだ謎だ．モンゴロイド集団はいったいどこから出発したのか，どのようなルートを通ったのか，何人くらいの集団だったのか，そしてそれはいったいいつ，何回試みられたのか，である．

いろいろなアプローチからの研究が進められ，多くの知見が蓄積されてきた．たとえば，南北のアメリカ先住民は複数の血液（ABO）型をもつが，アメリカ・インディアンだけは，その95%以上がO型で，ほかの先住民とは別の，O型から構成された少数の祖先集団に由来することが示唆されてきた（カヴァッリ＝スフォルツァ 2001）．また，アメリカ先住民は約300の言語をもつが，大きくみると，アラスカなどの北極圏の"アリュート（アレウト）語族"，2つはカナダ西部とアメリカ南部の"ナ・デネ語族"，3つは中南米を含むその他の地域の"アメリンド語族"に分類でき（Greenberg et al. 1986 など），それぞれに異なる3つ以上の言語集団とその移動に由来する可能性が指摘されてきた．さらに，各地で遺跡と新石器時代以降の

石器類が発見，発掘され，その大半はBP1万3000-1万2000年以後のクローヴィス型の尖頭器[3]で，パレオ（古）インディアンが製作したとされた．そしてこの人々が一時的に最古の先住民とみなされたが，しかし，その後に発見された複数地点の遺跡（カクタスヒル，ペイズリー洞窟，メドークロフト，モンテベルデ[4]）は，それ以前，BP約2万5000-1万5000年[5]と推定され，石器の様式も異なっていた．モンゴロイドがベーリンジアを渡ってきたという大筋のシナリオに変わりないが，渡来物語はより複雑な様相を帯びるようになった．グリーンバーグら（Greenberg et al. 1986）は，歯や頭骨などの形態分析，言語学的知見，そしてようやく始まりつつあったミトコンドリアDNAの予備的結果を総括して，北米大陸への渡来は時代と経路を別にして合計3回あったと推定した．しかし，待たれていたのはDNAの詳細な分析結果だった．

1990年代後半から2010年にかけて，先住民のミトコンドリアDNA，Y染色体DNA，核遺伝子などの分析が集中的に行われ，結果が相次いで報告された．ミトコンドリアDNAの分析からはおもに4つのハプログループ（Torroni et al. 1992, Horai et al. 1993）が，Y染色体DNAからは大きくみると1つ，細分すると4つ以上のハプログループが，それぞれ識別され（Underhill et al. 1996），時期を異にして複数回の渡来があったことが確認された．研究に先駆的に取り組んだ宝来ら（Horai et al. 1993）は「1つの遺伝的系統は1つの移動と対応する」と述べたが，なお1回説に固執する研究者もいた（たとえばSilva et al. 2002など）．シューアとシェリー（Schurr & Sherry 2004）はこれらの知見とSNP（一塩基多型）の分析結果をふまえて，次のようなシナリオを描いた．

ユーラシア側からの移動はおもに3回あり，1回目はBP約2万-1万5000年に，まずベーリンジアを渡り氷床のないアラスカに住み着き，（巨大な氷床があり，陸路では南下できなかったので）一部の人々が船を駆って沿岸を南下した．この人々が各地にクローヴィス期以前の遺跡をつくり，さらに一群の人々はチリへと到達した．2回目はBP約1万3000年以降で，北米北部の巨大な氷床（ローレンタイド氷床）が融け，南への通路（西側のコルディレラ氷床との間の回廊）が開かれ，そこを通って南下し，北，中央，南アメリカ各地に移動，定着し，アメリンド語族を構成した．3回目は以前からベーリンジアにいた人々が分散移動し，エスキモー人やアリュート人，さらには北米大陸に入り，ナ・デネ語族を形成した．

最近，レイチほか合計52名の著者による巨大な論文（Reich et al. 2012）が"ネイチャー"誌に掲載され，話題を呼んだ．それは言語学，考古学，人類学，遺伝学の研究者による学際的な研究で，とくに遺伝学分野では，シベリアの17集団，南北アメリカの52集団を対象に約37万カ所におよぶSNPを解析している．この分析結果によれば，最初の移動は，氷河の発達によって海水面が下がり，ベーリンジアが形成されたBP約1万5000年にさかのぼり，以後2回，合計3回あったと推定している．南北アメリカ人の大多数は，この最初の祖先集団を起源としていること，北極圏のエスキモー・アレウト語族は，しかし，系統のほぼ半分をアジアからの第二波の集団から受け継ぎ，またカナダのナ・デネ語族であるペチワイン族は系統の約10分の1を第三波の集団から受け継いでいること，などが明らかにされた．さらに南米大陸への移動と分散は急激に起こり（おそらく西海岸づたいに船で移動した），連続的に枝分かれしたと推定された．大きな例外は，パナマ地峡に居住するチブチャ語族で，南北両方からの集団の系統を受け継いでいると判断された．南北の祖先集団がその狭い要路で相互交流を果たしたのはまちがいない．

アメリカ大陸への人類の移動は複数回にわたり，複雑な動きをしたようだ．これを裏づけるかのように，最近の考古学的知見はクローヴィス期の遺跡には2つの異なる人間集団の石器文化が併存していたこと，つまりユーラシアから北米へと移動したのは必ずしも単一集団ではない可能性を示唆している（Jenkins et al. 2012）．

なお，このモンゴロイドの移動は通常，"波"と表現されるので，大規模な集団を想定しがちだが，そうではなく，有効個体数（第1章参照）でいえば70人程度，せいぜい200人以下の集団だったと推定されている（Hey 2005）．いっぽうで，この移民モンゴロイドを送り出したユーラシア側の人間集団の解明が進められている．バイカル湖西部のアルタイ・サヤン地域やアムール川河口のオホーツク海地域の人々が有力視されている（Starikovskaya et al. 2005）が，特定できているわけではない．研究の進展はさらに新しい謎をつくる．「モンゴロイドのはるかなる旅」，その詳細な旅程が解明されるには，さらに多くの研究が必要だ．

8.2　中南米の文明と家畜

（1）南米アンデス文明と動物

北米大陸に到達したモンゴロイドはその後，移動と定着を繰り返しながら南下し，中米とパナマ地峡を通り，「わずか1000年の間」には南米大陸を駆け抜け，最南端の島，フェゴ島へ到達したといわれる（科学朝日編集部 1995）．全行程およそ1万7000 km，数十世代がバトンをつなぐ命のリレーだった．この旅を突き動かしたのはおそらく豊かな生物資源への渇望だったにちがいない．この壮大な旅には，ユーラシアから連れてきたイヌが，狩りの伴侶やときには非常食として，同行していた．多様な生態系を通過する途上で，人々はさまざまな野生動植物に出会い，それらを調達しながら狩猟採集生活を組み立てた．低地の森林地帯ではおもに各種のサル類，ペッカリー，バクなどを狩猟するいっぽうで，アボガドやグアバなどの果実類，ピーナッツやインゲンマメ，あるいは昆虫類（の幼虫）や川魚を採集した．なかでもマニオク（キャッサバやタピオカ），ヤムイモ，マカ，サツマイモなどの球根が重要だった．森林地帯にはまとまった草本の種子（穀類）はなく，果実や地下茎がもっぱら探索対象だったからだ．これらの可食植物は南米大陸ではゆうに300種を超え，この多様性が狩猟採集民の生活を支えた．これらの動植物を利用するピタハンやヤノマミをはじめとする狩猟採集民は現在もなお健在だ．一般に，狩猟採集民は高緯度ほど動物タンパク質に依存し，肉食偏重だが，低緯度の森林地帯ほど肉食率は低下し，植物資源（とくにイモ類）に依存する傾向が強い（Foley 1982）．しかし，これらの塊茎類や果実は各所に分散し，散在的な分布を示すのが特徴で，まとまった収穫は望むべくもなかった．一群の人々は新たな食物資源を求め，徐々に高度を上げアンデスの高山帯へ生活圏を拡大していった．

低地の森林地帯よりも高地の草原のほうが特定の植物群落が成立し，食料は調達されやすい．アンデス山脈の"スニ"（3500-4000 mの冷涼な高原地帯）や"プナ"（4000 m以上の寒冷な高原地帯）と呼ばれる広大な高原地帯（アルティプラノ）（3600-4200 mのアンデス山脈の高原地帯）には，キノア（キヌア，アカザ属の一年草の種子）やカニア（同属一年草の種子），アマランサス（アマランサス属の一年草の種子）などの雑穀，オカ，オユコ，マシュア，ジャガイモなどの塊茎[6]が豊富に存在していた．こうした可食植物はアンデス山脈では後に栽培化されたものだけでも30種を超え（山本 2007），キノアなどは収量が1 haあたり1トンを超える地域もあった（藤倉ほか 2009）．また有毒成分を含むマニオクなどは高標高地ほど無毒になる傾向があった（山本 1993）．とくに重要だったのはジャガイモで，雑穀類の生育地が限定されるのに対して，分布域は広く，標高4000 m以上の高地でも生育できるほど，寒さに強く，しかも（小粒だったが）収量は多かった．

他方，高原地帯にはグアナコとヴィクーニャのラクダ類，ヤマバクやペッカリー，オジロジカ（北米産と同種，第10章参照），ゲマルジカ，マザマジカ，プーズーなどのシカ類，クイ（テンジクネズミまたはギニアピッグ）やヴィスカッチャ（*Lagostomus maximus*）などの齧歯類がそれぞれ豊富に生息していて，狩猟も行われていた．人々はこれらの動植物に依拠して定住生活を開始し，やがて一部の植物を軸とした農

耕とラクダ類の家畜化を実現させていった．"豊穣のアルティプラノ"の秀でた生産性と安定した収穫は人々を吸引し，BP 約 1 万年ころ，この天空の生態系にアンデス文明を胚胎させた．この文明は後にインカ文明へと系譜するものの，スペイン人によって破壊され圧殺されてしまう．だが，その基盤となった生態系の独自さ，歴史的伝統と古さ，そして各種の栽培品種——それは後に人類に多大な貢献をする——と，家畜をつくりだした点では，"肥沃の三日月弧"に並ぶ人類史の一里塚であった．人々はどのような過程で農耕を開始し，どのような関係を通じて野生動物を家畜化したのか，そしてそれはなぜアンデスの高山地帯だったのか，この経過をたどる．ここでもまた私たちは，農耕と家畜化が連動した，別の形の農畜融合文化をみてとることができる．

アンデス文明とラクダ類——リャマとアルパカ

まずは家畜化された奇妙な動物群を紹介する．それらは動物と人間の歴史をたどってきた私たちにとって見逃せない，そして異色の家畜である．リャマ（あるいはラマ，*Lama glama*）とアルパカ（*Vicugna pacos*）だ．両種は，現在，約 800 万頭がボリビア，ペルー，チリ，アルゼンチンのほか，アメリカ，カナダ，ニュージーランド，オーストラリアなどで飼育されている．数のうえではメジャーではない（たとえばウシの 6 分の 1，ヒツジの 8 分の 1 以下）けれど，ウマやラクダよりはるかに多い．リャマは肩高 100-110 cm，体重 110-220 kg に達する大型種で，南米アンデス山脈中央部から南部，アルゼンチンのパンパの海岸部から標高 5000 m 以上の高原部で広く飼育されている．これに対しアルパカは肩高 85-90 cm，体重 55-65 kg と小型で，おもにペルー，ボリビアなどのアンデス山脈中央部の 3500 m 以上の高原地帯で放牧されている．

この 2 つの家畜種の原種となったのが 2 種の野生種，グアナコ（*Lama guanicoe*）とヴィクーニャ（*Vicugna vicugna*）だ．グアナコは肩高 90-130 cm，体重 90-140 kg と大型で，おもにアンデス山脈西側の低山域から標高 5600 m までの乾燥した草原に生息し，イネ科草本や棘の多い灌木やサボテンなどを食べるグレーザーだ．他方ヴィクーニャは肩高 85-90 cm，体重 38-45 kg で，3200-4800 m の高山草原にだけ生息し，どちらかといえばブラウザーの傾向が強く，イネ科，カヤツリグサ科，マメ科，キク科草本のうち，とくに柔らかい部位を選択的に採食する．行動圏は前者より小さいが，乾燥条件へは耐性が弱く，水場への依存度が高い．

野生種と家畜種の 4 種は，分類学的には 2 属に分けられるが，遺伝的にはきわめて近縁で，4 種間では相互に交雑し，しかも雑種はいずれも妊性をもつ正常な子どもを出産する．このため当初は，①野生種グアナコ→リャマ→アルパカの順で家畜化された（ヴィクーニャは家畜化されずに無関係），②グアナコ→リャマ，リャマとヴィクーニャとの交雑→アルパカ，などの「連続的交雑説」が一般的だった．しかし近年の遺伝的解析（ミトコンドリア DNA）は，なお双方向の複雑な雑種化の過程が介在するものの，おもにヴィクーニャからアルパカが，グアナコからリャマがそれぞれ独立に家畜化されたとの説（「二元説」）を支持している（Kadwell *et al.* 2001, Kawamoto *et al.* 2005）．家畜種は野生種よりそれぞれ大きいから，家畜化は大型個体の選抜であったのだろう．

リャマやアルパカは家畜として放牧され，一部は肉用に屠畜されるが，大半はウール採集用に毛刈りされるほか，荷役用にも使用される．標高差の大きな生活圏をもつインディオにとってリャマやアルパカは荷物輸送には欠かせない．また，南米全体のアルパカのウール生産高は毎年 4000 トン以上で，ペルーだけでも 2400 万ドル以上の外貨をかせぎ出す．にもかかわらず 1980 年代まではヒツジやウシの放牧による生息地の圧迫，あるいは密猟などによって 4 種の個体数は激減した．近年では，ウールの優秀性が見直され価格が高騰したこと，あるいは生態系に対する負荷が少ないことなどが再評価され，放牧数は再び増加に転じるようになった．またヴィクーニャやグアナコの野生種も，上記の機

運と相まって，国立公園や保護区が整備され，住民の協力を得た密猟の徹底した取り締まりによって，個体数は増加傾向にある．2010年時点のグアナコは53万-84万頭，ヴィクーニャは13万頭と推定される（Wilson & Mittermeier 2011）．

これら4種は偶蹄目ラクダ科（Camelidae）に属する．ラクダ科は偶蹄類のなかではきわめて原始的で，第三紀始新世（4600万-4000万年前）の寒冷化と乾燥化にともなう草原環境の拡大に対応し，後続する反芻類のシカ類やウシ類に先行し，新たな適応形質を備えた草食獣として北米大陸を舞台に進化した．化石種を含め13属20種ほどに種分化し，一部はベーリング陸橋（ベーリンジア）を経てユーラシアに，一部は南米大陸へと移動し，適応放散したが，現世の6種（南米産4種とヒトコブラクダ，フタコブラクダ）を除き，すべてはその後に進化した反芻類との競争にさらされて絶滅している（Janis 2008）．ではラクダ科が獲得したユニークな適応形質とはどのようなものだろうか．上顎切歯の数を減らしてより効率的に草本食に適応させたこと，蹄を発達させ四肢を走行専用の器官として進化させたこと，特異な繁殖様式などが指摘できるが，もっとも大きな飛躍はその消化システムにあった（本江・藤倉 2007）．

草食獣は，第2章で述べたように，植物繊維を分解，消化するために消化器官のなかにバクテリアの発酵タンクをそなえている．ウマ，ウサギ，ゾウ，ハムスターやカピバラなどの発酵タンクは大腸にある（「後腸発酵動物」）のに対して，ラクダ科は，反芻類と同様に，胃を複数に分化させその1つを発酵タンクに割りあて，反芻を行いながら消化する（「前腸発酵動物」）．それは天敵がいないときには「食いだめ」し，後にゆっくりと消化するという草食獣の採食戦略を編み出した．しかし，ラクダの場合には，反芻類のように胃の分化は4室ではなく，3室と中途半端な段階に留まった（Cumming et al. 1972）．この結果，反芻は行うものの，植物断片は細分，分解されずに，小腸へと送られ消化される．したがって，反芻類に比べ良質の食物が大量にある草原環境では消化効率はやや劣ることになる．ラクダ類がその後に進化した反芻類に後塵を拝し，淘汰された理由がここにある．

しかし，この特徴は繊維質が多くタンパク質の少ない低質の草原では逆に利点となる．消化効率は悪いが消化スピードが速いために，大量に食べることで分解のよいものとそうでないものを早い段階で選別し，栄養吸収できるからだ（San Martin & Bryant 1989）．分解を待つより，回転を速めることで効率を上げる．粗繊維の多いC_4植物を餌に与えた場合，リャマやアルパカは，ヒツジやヤギに比べ，はるかに高い栄養吸収能力をもつ（Sponheimer et al. 2003）．この特性が，反芻類が爆発的に適応放散し，大半の草原環境で優位を占めた後でも，乾燥が著しい，植生が貧弱で繊維質の多い植物しかないような極限環境においては，ラクダ科の一部が，脂肪を蓄えた器官（瘤，長期の絶食に耐える）や独特の体毛（それは寒冷や高温を遮断する）などの形質を同時に進化させつつ，生き残った理由である．

ヒトコブラクダとフタコブラクダはユーラシアの半砂漠地帯や荒漠地に，グアナコとヴィクーニャはアンデス高地に，それぞれが特別な環境に生息している．なかでも後2種は，体重に比較して心臓は大きく，赤血球は小さくて多く（1ミリリットル中1400万個以上），ヘマトクリット値[7]が低く，酸素親和性が高いなど，明らかに空気の希薄な高地に特殊化した哺乳類である（Jürgens et al. 1988）．

野生種グアナコとヴィクーニャの生態

この2種の南米産野生ラクダ類は，旧くからその興味深い行動と生態が調査されてきた（Koford 1957, Franklin 1974, 1983）．なかでもカール・コーフォード（Koford 1957）の先駆的な研究は，動物が生息環境と結びついて多様な"社会"を形成するとの社会生物学の一里塚の1つになった．ラクダ類の社会は基本的によく似ていて，以下の3つの社会単位から構成される．①オス1頭と複数のメスとその子どもから構成される「家族群」で，群れのサイズは

図8-2 野生ヴィクーニャの家族群．ボリビア，ラパス近郊（2017年3月石井信夫氏撮影）．

最大19頭まで，②若齢のオスの群れ，③単独のはぐれオス，である．このほかに季節移動する個体群ではオスとメスの大きな混群が移動時に形成される．典型的な一夫多妻の社会だ．ヴィクーニャを中心に紹介すると，家族群は一定の場所に10-30 ha程度の「採食なわばり」と，10 ha以下の「泊まり場なわばり」（谷の縁などに形成される）をもち，毎日両所を通いながら，ほぼ周年にわたりなわばりを防衛する．採食なわばりは，繁殖期になると，ほかのオスからメスを防衛する繁殖なわばりの役割を果たす．採食なわばりのなかには水場があり，家族群はつねにまとまってなわばりのなかで採食と休息を繰り返す（図8-2）．

またフランクリン（Franklin 1980）によれば，なわばり内の特定の地点には，なわばりのマーキング行動の1つと考えられる糞場があり，家族群のメンバーはその場所に尿や糞を集中して排泄する（糞はシカ同様に小さな俵状）．まるでトイレ．糞場は直径2.5 m，深さは30 cm，糞の量は平均約7 kg以上に達し，1つの採食なわばりのなかには平均588カ所，泊まり場なわばりには75カ所が存在しているという（密度は泊まり場なわばりのほうが高い）．

繁殖期は3-4月，この時期にはなわばりオスはたえず侵入をはかるほかのオスと激しく闘う．オスは，首のからませ合いや噛み合い，追いかけ合い，鳴き合い，あるいは唾液の吐きかけ合い（spitting）など，さまざまな威嚇行動や攻撃行動を展開し，なわばりとメスの争奪を繰り広げる．オス同士の攻撃行動は，愛くるしそうな表情とはかけ離れ，かなり激烈だ．とくに噛みつき行動は，上顎には2対の，下顎には1対の，鋭いノミのような切歯や犬歯が発達するため，しばしば流血に至る[8]．また相手に対してつばを飛ばす行動はラクダ類独特の攻撃行動だ．勝者のオスはハレムを維持し，メスと交尾できる．また家族群から離れたメスをめぐってオス同士が争い，新たな家族群が形成されることもある．メスは徹底したオスのなわばり活動によってつねに監視され，規制され，たえず群れと一緒に活動することが強制される．妊娠期間は340-360日（ヴィクーニャのほうがやや短い）で，翌年2-3月に1頭を出産する．若齢オスは2歳になると家族群を離脱し，メスは群れに留まる傾向がある．したがってメスは血縁関係にあり，その結合は強く，メスはしばしば他子へも授乳する（Zapta et al. 2009）．

以上が南米産ラクダ類（おもにヴィクーニャ）の行動と社会のスケッチだが，とくに家畜化とのかかわりで，注目すべき行動が2つある．1つは，メスの群れ行動に関する習性で，メスの結合や凝集性がオスのなわばり行動によってたえず促されている点だ．メスの群れは，自由な離合集散は許されず，オスによって受動的に統合されているといってよい．このことは家畜化の契機を考えるうえで，重要な行動特性を示唆するようにみえる．メスには群れ形成への強い自発性はないのだ．もう1つは，特定の場所に糞場をつくる習性で，この糞場が特定の植物群落（とくにジャガイモ類）の「苗床」の役割を果たし，この関係がインディオ農業の源流をつくると同時に，家畜化の重要な契機となった可能性である．これらの点に留意しつつ，グアナコからリャマへ，ヴィクーニャからアルパカへ，その家畜化の過程を考えてみたい．

アンデス高地でのジャガイモ農耕

アンデスでは複数の栽培種がつくられるが，ここでは主要な作物，ジャガイモ（Solanum tuberosum）に焦点をあてる．ジャガイモは，

じつはナスやトマトと同属（ナス属 *Solanum*）の近縁種（したがって花はよく似ている）だ．人類はこの「属」からどれほどの恩恵を授かったのだろうか．この野生種はエクアドルからチリ南部にかけてのアンデス一帯に広く自生する．栽培された後は多数の品種がつくられ，野生種や栽培種の塊茎や花を比較すると，形や色，サイズ，味，毒性の有無などが多種多様で，分類学的には1種から21種に分ける研究者まで，かなりの混乱があり，なお意見の一致はない．この混乱から栽培化の過程を再現するのは，一般に，複雑すぎて困難だ．大まかにたどると，栽培種や野生種には通常アルカロイド成分が含まれるので，苦く有毒であり，このため無毒化が志向されたこと，また染色体数は，二倍体から六倍体までと複雑だが，一般に，倍数体の増幅は，植物体の細胞や器官を大きくするので，染色体数を増やすこと，したがって，人為選択はたえず無毒化と塊茎の大型化の2つの方向に働いたと考えられる．余談だがわが国の代表的なジャガイモ，「男爵薯」や「メークイン」は四倍体品種で，すでにアンデスの地で作出されていたらしい．ではどのようにジャガイモはつくられたのか．

20世紀までは，複数の野生種のさまざまな組み合わせ交配によって二倍体から六倍体まで多種多様な品種がつくられたとの多元説が一般的で，さまざまな交雑過程が推測された（Grun 1990, Hawkes & Jackson 1992）．実際にも一度つくられた品種からはさまざまな人為交雑や自然交雑が並行して行われたことは想像に難くない．しかし問題なのはその最初の栽培品種がいつ，どこで，どのように成立したのかである．

近年，スプーナーら（Spooner et al. 2005）は，野生種や地方品種をふくむ合計362個体の大規模なDNA断片長の比較を行い，ジャガイモは多系統の交雑によって派生したのではなく，1種（ペルー南部の *S. bukasovii*）の単系統群から栽培品種が生じたとする単元説を提示した．この説が確定的かどうかはわからないが，ジャガイモはアンデスの比較的狭い高原領域のなかで誕生し，保坂（Hosaka 1995）が述べるように，栽培種がつくられた後でも改良と多品種化が継続して繰り返されたことはまちがいない．ジャガイモはアンデスに定着したインディオにとって生存の要だったはずだから．

ジャガイモはおそらくBP1万年ころには栽培品種がつくられ（Hawkes 1988），BP7800年ころには栽培が始まったようだ（Brush et al. 1981）．この植物の扶養力が一挙に人口を押し上げた．それでも石器か棒切れしかなかった時代，人々は木製の「踏み鋤」，「土砕き」，木と石器を組み合わせた「手鍬」などで土を耕起し，種イモを植えたにちがいない．これらの道具は，その作用部分は鉄に置き換わってはいるが，現代にも継承されている（山本2007）．すぐれた作物の発見がこの地でもまたもう1つの文明を育んだ．幸福な船出ではあったが，しかし，この栽培植物には致命的な欠点があった．土壌の肥沃度を急速に低下させてしまう「連作障害」だ．このため毎年のように栽培し続け，収穫することはできなかった．人々は，数年間休耕にするか，ほかの作物（オカやオユコ）と抱き合わせて栽培するか，どちらかの方法を工夫した．このことは，人口増ともあいまって，耕地面積の拡大を促しただろう．それは最初水平的な拡大だったが，土地面積には限界があったので，後には必然的に垂直方向への拡大へ移行した．かくしてアンデスには，高度差を利用した独自の段々畑（階段耕作）がつくられるようになった．

いっぽうで人々は，ジャガイモの連作障害を回避できるある方法に気づいた．彼らは，野生ジャガイモがどのような場所や環境に生育するのか，十分に観察し，実際，農業もこうした場所から出発したと思われる．ジャガイモはもともとある動物との密接な結びつきと相互作用の下で進化し，生育できた植物なのだ．この動物とはなにか，そうグアナコとヴィクーニャだ．

ジャガイモ農耕とラクダ類との結節点

グアナコは前コロンブス期には300万-500万頭生息していたと推定される（Wilson & Mittermeier 2011）ことから判断して，アンデ

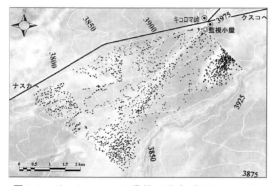

図 8-3 ヴィクーニャの糞場の分布（ペルー，パンパ・ガレーラス国立公園キコロマ地区）．ヴィクーニャは決まった場所にため糞をする．このような糞場（黒点，ここでは 3398 カ所）にはジャガイモの近縁種であるアカウレなどを含む特異な植物群落が生育する（大山ほか 2009 より）．

ス文明の成立以前，ヴィクーニャを含めると1000万頭にせまる個体数が生息していたと考えられる．アンデスを席巻した優占種は高山草原のありとあらゆる場所に無数の「ため糞」の山を築いていたにちがいない．ヴィクーニャの保護区，パンパ・ガレーラス国立自然保護区（ペルー共和国）を調査した大山（2007）は，糞場の密度が約 500 カ所／km² に達したと報告している（図 8-3）．注目したいのは，土壌劣化が進む乾燥地や風衝地にあって，この糞場には，現在もそうだが，独自の植物群落が成立していることだ．肥料たっぷりの苗床には，野生ジャガイモの 1 種であるアカウレ（*Solanum acaule*），イラクサ，フクロウソウ科などが群生し，その周辺にはバラ科やキク科が生育し，コーフォード（Koford 1957）や大山（2007）が述べるように，一見して周囲とは画然の様相を呈しているのだ．これらの植物は棘や刺激臭，有毒成分などで武装し，草食獣の採食から防衛している．換言すると，こうした回避手段を進化させた特定の植物だけが選択され，結果として特異な植物群落が成立してきたのだ．ジャガイモもまた草食獣への防御物質としてアルカロイドを生産し，糞がもたらす豊富なカリウムやリンを有効に利用し，塊茎に養分を蓄えるという生活史を進化させた植物である．

初期の狩猟採集民は，「食物は掘れ」の伝統にしたがい，この糞場のなかにジャガイモの，あたかも糞のような塊茎を見出し，食料として採集したにちがいない．そしてこの塊茎を手近な場所に移植した，つまり「栽培」が次の段階だった．栽培はおそらく保存していた塊茎が芽を吹いたので，近辺に埋めたことから始まったと推測される．この試行錯誤の 1 つが，野生状態に似せ，糞もいっしょに加えた方法であり，これが功を奏した．栽培はいつしか「畑をつくって糞を撒く」のが定番となったと考えられる．ジャガイモ農耕はほとんど最初からラクダの糞と赤い糸で結ばれていた．

家畜化への序走

いっぽう，狩猟採集民は同時に当然，狩猟活動も行った．2 種のラクダ類がおもな獲物だったことはまちがいない．見晴らしのよい高原地帯で採用された猟法は，初期には槍による待ち伏せ猟（武器は弓ではなくもっぱら槍）なども行われただろうが，肥沃の三日月弧と同様に，集団的な追い込み猟（ロート状の石垣の罠に追い込む）だったと考えられる．実際にも石を積み上げた「砂漠の凧」（第 2 章 p.79 ページ参照）のようなコーラル状の罠の遺構があり，獲物を追い込む岩絵（ただし両方とも成立年代は不明）が残る（稲村 2009）．アントファリャ（アルゼンチン）にはこうした石積みの残骸が渓谷段丘沿いに数百個並んでいるという（Moreno 2011）．このタイプの追い込み猟が一般的な猟法だったことは，はるか後代になるが，インカ・ガルシラーソ・デ・ラ・ベーガ（1539-1616）による年代記，『インカ皇統記』には次のような記述があることからも了解される．

> 歴代のインカ王が催していた数多くの大々的な行事の一つに，毎年，一定の時期に行われる盛大な狩猟があり，この狩猟はインディオの言葉で "チャク"，すなわち「遮ること」と呼ばれていた．それは彼らの狩猟が獲物の通路を遮り，囲いこむという方法をとっていたからである．（中略）一年のうち，動物の繁殖期を過ぎた一定の時期に，インカ王は，平和時，あるいは戦時の国情に応じて，自分がもっとも適当と判断した地方に出かけ，そこ

で大々的な狩猟を行うことにしていた．そのため，獲物を追いかける土地の広がりに見合うだけの人手が駆り出されたが，その数は狩りの規模によって増減があるものの，二万あるいは三万にも及んだ．集まったインディオたちは二手に分かれ，それぞれが一列になって左右に長く横隊を組み，それは，彼らが包囲しようとする狩り場の大きさに応じて，20レグワから30レグワ（1レグワ≒5.6 km）にも達する巨大な人垣となるのであった．（中略）列を作って左右に伸びていたインディオたちは，大声をあげながら，出くわした動物を追い立てた．（中略）やがて最終地点にまでやって来ると，インディオたちは，人垣を三重，四重にして徐々に包囲をせばめ，遂には，獲物を手で捕えてしまうのであった（手島訳 2006）．

「動物」や「獲物」とはもちろんヴィクーニャかグアナコ．この時代になると，石垣の定置罠から簡便な木柵や網の使用へと発展していたようだが，人海戦術による追い込み猟であったことに変わりない．これは"チャク"（chakuまたはqayqus）と呼ばれ，現代でもしばしば行われ，捕獲されたヴィクーニャは，肉用に屠殺されたり，毛を刈り取った後に放逐される（稲村 2009, Wilson & Mittermeier 2011）．狩猟採集時代，追い込まれた獲物は囲いのなかに収容されただろうが，ここで，不思議な光景——ほかの草食獣と客観的に比較した場合であって，インディオたちが感じたわけではない——が現出した，と私は確信する．

1つは，逃走パターンがシカ類（南米産のオジロジカ，ゲマルジカ，マザマジカなど）とはまったく異なっていたことだ．シカ類は激走し，囲いに激突するのに対して，2種のラクダは，全速力で逃走するのではなく，勢子とは一定の距離を置きつつ密集したまま移動したと思われる．ガルシラーソの記載のなかにヴィクーニャがパニックになったとの描写はまったくないし，またチャクの実際の映像をみても混乱した様子は感じられない（http://www.youtube.com/watch?v=8nlUz4RtBYc 閲覧 2017.3.3 など）．この2種のラクダの逃走パターンは草食獣としてはかなり異色だ．おそらくこの逃走パターンは生息環境と天敵との関係のなかで進化したものと考えられる．

アンデス高原にもピューマ（*Puma concolor*）やジャガー（*Panthera onca*），アンデスギツネ（あるいはクルペオギツネ，*Pseualopex culpaeus*）などの肉食捕食者が生息する．なかでも前2者は主要な天敵だが，生息密度は低く，しかも待ち伏せ型の捕食者なので，見通しのよい草原をライオンやチーターのように，長距離にわたって追走するような攻撃は行わない（Taraborelli *et al.* 2012）．2種のラクダは，天敵が少なく見晴らしのよい高山草原に適応した動物であり，そもそも全力疾走するような天敵回避行動を進化させてはこなかった．

もう1つは，狭い空間のなかに押し込まれてもきわめて従順なことだ．チャクの記述では最後は「手で捕えてしまう」と表現しているように，近距離まで接近でき，素手で捕獲し，そして暴れることもなく毛刈りまでさせる．無類のおとなしさだ．家畜のような特性を最初からそなえているといってよい．この特性はどこから生まれるのか．第2章で述べたように，なわばりをもたないという習性は，家畜化するにあたって重要な特性だ．ところがヴィクーニャやグアナコは強いなわばり性を示し，家畜としてこの点ですでに失格なのだが，しかし，これはオスであって，メスではない．

動物は一般に強いストレス下に置くと，アドレナリンやコルチゾル（コルチゾン）などの分泌量が増加し，攻撃行動や悲鳴などの頻度が増加する．2種のラクダ類もコーラルに収容したり，捕獲したり，ハンドリングすると強いストレスを引き起こし，ほかの個体にキックしたり，噛みついたりといった攻撃行動が増加する．この際にはコルティゾルが増加することが知られている（Bonacic *et al.* 2006）．ところがこの量はシカ類（オジロジカやアカシカ）などに比べるとはるかに少なく，しかも応答が遅いことを特徴とする（Bonacic & Macdonald 2003）．ヴィクーニャではオスの攻撃行動とコルティゾルレベルとの間には有意な相関が認められるが，メスにはみられない（Tarabolleli *et al.* 2011）．

2種のラクダのストレスに対する応答は，ほかの有蹄類とは異なる選択圧を受けつつ進化した可能性がある（Bonacic & Macdonald 2003）．それがどのような要因なのかは不明だが，少なくとも行動学的側面だけに注目すると，ほかの草食獣と比べかなり異質だといえる．

　オスのなわばり行動のちがいだ．なるほど複数の草食獣ではオスがなわばり性を発揮する．しかしほとんどの場合，それは繁殖期だけに形成される「繁殖なわばり」で，そもそも一過性なのだ．これに対し2種のラクダ類のオスは，季節移動の時期を除き，ほとんど周年なわばりを維持し，そこでは，オスはメスの行動に頻繁に介入し，つねに群れにまとまるように干渉し，攻撃行動で強制する．メスの群れはオスの活動によって維持され，他律的に形成される側面が強い．こうしたオスの干渉行動はメスのストレスを増加させる要因として働くだろう．執拗に繰り返されるオスの攻撃行動に対し，メスが進化させた生理的応答の1つはストレスレベルを下げること，すなわちオスの行動的刺激に対し，耐性を獲得し，感度を下げ，不感症になることだった，と推測できる．それはわずらわしさを回避するメスの積極的な生理適応だったにちがいない．2種のラクダ類の，とくにメスが示す，追い込み，捕獲やハンドリングへの反応，毛刈り時の従順さ，狭い空間への応答——これらはすべて家畜化にあたっての好個の特性だ——は，生息環境と結びついて進化してきた彼ら自身の社会にあって，とくにオスとの相互作用を通じて形成された特性ではないか，と推測される．誤解を恐れずにいえば，メス集団はオスによってすでに「家畜化」されていた．2種のラクダ類は人間と出会う以前から家畜である資質をそなえていた．

ラクダ類の家畜化

　2種は，オスを1頭にするか，オスを排除してしまうかによって，おそらくは簡単に飼育できたと思われる．しかし，本格的な飼育へと軌道に乗せるには，囲い施設をつくって十分な餌食物を供給するか，農業生産力を増加させ，余剰農産物を餌にするか，そのどちらかの条件を整える必要がある．それはずいぶん後代のことだ．そしてここからより大きな個体だけを選抜する品種改良（つまり繁殖管理と家畜化）が行われたのはさらに後だっただろう．それはいったいいつ，どこで起こったのか．

　これを直接示す証拠はない，が示唆する指標は以下の3つである．①遺跡から出土するファウナの構成，②年齢や性の構成，③出土する動物のうち家畜化を示すような部位の変化，だ．それぞれをみる．アンデスには多数の遺跡（多くは洞穴）が存在し，発掘されてきた．これらの遺跡では，もともと2種のラクダ類が優占種であるため，構成比率は高い．それでも2種が圧倒的多数になるのは中央アンデスではBP5300年——ちょうど狩猟採集民が定住を開始するころ，以降だったと推定される（Yacobaccio 2004）．

　次に発掘されたラクダ類の年齢構成をみる．特徴的なのは，初期の遺跡（BP5750-4590年）では，捕獲されやすい若齢個体（3歳まで）と老齢個体（9歳以上）の比率が高い（Gañalons 2008）．これに対しBP4800-3700年になると，若いオトナと0歳の比率が増加する．それは，肉利用の場合，「適当なサイズに達した若い個体」を屠殺するとのペインの基準（第2章，p.89）に一致する．これは繁殖が管理され，繁殖用のメス（とごく少数のオス）を残し，0歳やオスの子どもが選択的に間引かれた結果か，あるいは飼育下では下痢が頻発し，死亡が若齢に偏る傾向があるというこの種の特徴と解釈され，おそらくこのころに家畜化が開始されたと考えられる（Wheeler 1984, 1995）．

　もう1つ重要なのは家畜化された2種（リャマとアルパカ）がいつ誕生したのかだ．2種はいくつかの点で野生種とは異なる．その1つは歯の形態で，下顎の切歯に注目すると，ヴィクーニャでは唇側全体にエナメル質が発達し，永久歯には歯根がない（つまり伸び続ける）のに対し，家畜種アルパカでは唇側上部だけにエナメル質が発達し，歯根をもつという差異があり，これを基準とすると，最初の家畜種アルパカは

BP6500年のテラルマチャイ（ペルーアンデス南部）の発掘標本で，ここが起源地だとされる（Wheeler 1984）.

また家畜種リャマは野生種グアナコに比べ体が大型化するが，骨のうちとくに中足骨[9]に着目すると，その遠位端と近位端の幅が有意に広く，このことが体全体をがっしりとした体型につくっている（Yacobaccio 2004）. この幅を基準に遺跡から出土した骨を分類すると，特定の時期から明確な傾向が出現し，リャマの家畜化は，ペルーアンデス南部ではBP4500年ころ，ボリビアではBP3500年ころにそれぞれ始まったと考えられる（Gañalons & Yacobaccio 2006）.

こうした考古学的知見を整理すると，アルパカはBP6000年に中央アンデスで，リャマはBP4600-3000年に中央南部アンデスで，それぞれ別々に家畜化されたと解釈できる（Gañalons 2008）. 2種の家畜化は，情報交換はあっただろうが，多元的に行われたようで，しかもかなり古い.

リャマとアルパカ，その後

家畜化はおそらく肉用として始まったのだろう. インディオにとって貴重な動物性タンパク質だからだ. 温厚でよく順化したために，荷役用の役畜としても重宝された. また飼育下で収集された糞も，野生のグアナコやヴィクーニャのばらまいた糞も，肥料として農業生産には貴重であった. さらに新たな価値がみいだされた. 長く柔らかい濃密な体毛で，肌触りがよく温かくしかも軽い. 寒冷な高地にはうってつけの衣料だった[10]. 毎年春（南半球なので10月）の換毛期には2種の被毛は1頭あたり3-5 kgも採集でき，れっきとした「産業」になった.

この特性の発見によって家畜化の目標は，肉よりも，しだいに屠殺しない役畜か，もっぱら被毛採集用へ移行したと思われる. このことはインディオ社会に大きな転換をもたらした. ちょうど標高4000 mを境に，上部ではラクダ類の飼育や放牧へ，下部では農耕へと役割分担させ，上部からは生産物である被毛，糞，役畜用動物が，下部からは農産物が，相互に交換される分業システムが確立されていったからである. この上部の放牧圏では，徐々に，オスは繁殖に必要な数だけを残して肉用に殺し，メスは老齢まで残すという飼育や管理法が採用され，同時に，ヴィクーニャからアルパカへ，グアナコからリャマへ，家畜化と品種改良が加速された. とくにヴィクーニャはグアナコより毛質が良好だったので，この方向が追求され，雑種によるアルパカ品種の作出が進められた. こうしてアルパカの代表的な被毛種，"ワカヤ種"や"スリ種"がつくられた. 前者は短毛だが柔らかく，縮れていて，メリノ種に似た毛質をもち，後者はコイル状に巻いた長いアンゴラヤギのそれに似ていた. こうした被毛専用種がいつごろ完成したのかはわからない. しかし被毛を刈り取るためには鋭利な石器が不可欠だったことから判断すると，石器の薄片製作技術が相当に進展した，かなり後期だったと推察される（銅器はインカ帝国にもあったが，鉄器や鉄製はさみはスペイン人が持ち込んだ）.

この被毛や肥料糞の突出した有用性は，人間とラクダ類との関係そのものを根本から変えていった. 前述の『インカ皇統記』には，人々は白いリャマを神格化し，崇拝したこと（2巻第19章），ラクダ類の糞を肥料と認識していたこと（5巻第3章），インカ王は，ウズラ類やハト類，ヴィスカッチャやシカ類などの狩猟は許可するいっぽうで，ラクダ類は捕獲禁止にし，密猟者を死刑に処したこと（6巻第6章），狩猟はチャクと呼ばれる行事として特別に許可され，ヴィクーニャの被毛は支配階級への献上品，グアナコの毛皮と肉は人々に分配されたこと（6巻第6章）などが記されている. ラクダ類は人々に衣類を授け，農耕を支える神へと祭り上げられた. これらのことから判断すると，ラクダ類は権力によって厳格に保護され，許されたのは特別な"狩猟"だけだったと考えられる. 前コロンブス期にラクダ類が多数生息していたのはこうした国家政策の結果だったと思われる. アンデスやインカは，私たちの想像を超えた，農畜融合の文化をつくりあげていた. この融合文化を基盤に，農業と牧畜の発展，垂直的な土

地利用と分業圏の確立，商品交換と人間の交流に支えられ，燦然と輝く文明を築いていた．インカ全盛期（AD1200-1500年）の人口は1600万人に達していたといわれる．首都クスコ（標高3600m）には道路が整備され，精密な石の加工技術によって多数の神殿，祭祀センター，宮殿がつくられ，当時，世界最大の都市国家だった．征服者フランシスコ・ピサロ（1572-1575ころ）はその建築物群の美しさに息を呑み，印象をこう述べた．

> この太陽（神殿）は，いくつかの大きな館をもっており，そのすべてが，ひじょうによく加工された石造建築であった．また同時に，ひじょうに高く，りっぱに加工された石の囲い壁もあった（増田訳 1984）．

少し脱線する．ジャガイモは品種改良の進展や人口増加とともにその栽培圏を低標高域へ拡大していったが，連作障害と肥料不足は相変わらずの課題だった（後代にトウモロコシが中米から伝播し，重要な農作物となるが同様に土壌劣化が発生した）．しかしこのことも人々の非凡な知恵によって克服されようとしていた．そこにもまた動物との奇妙奇天烈な関係がある．舞台は，沖合にアンチョビーの巨大な漁場——そこは同時にエルニーニョ現象の故郷——があるペルー沿岸の島々，そこにはこの魚を餌とするおびただしい数の海鳥がコロニーをつくっていた．ここに数千年（？）にわたって蓄積され続けた莫大な量の糞，"鳥糞石"（グアノ）が堆積していた．この岩化した巨大なかたまりが肥料に使われるのだが，これが肥料になるとの発想がなぜ生まれたのか．それが窒素化合物であり，土壌中で不足する植物の必須元素であるとの知識ははるか後代の知恵で，インカにはない．沿岸地域だから魚かすが植物の成長を促すとの経験は芽生えたかもしれないが[11]，広く流布していたのはラクダ類の糞の発想——動物の排泄物は作物の成長を促すとの経験知だったと思われる．この伝統こそが絶妙なる組み合わせを発想させたのではないか．再び『インカ皇統記』．インカ王は，グアノが貴重な肥料であることを理解していたがゆえに，この堆積物の採集と海鳥の捕獲を厳格に禁止し，それを破る者を死刑に処すいっぽうで，採集を割り当て許可制にしていた（5巻第3章）．死刑はさておきすぐれた保全管理の措置だった．

ところがスペイン人は，金銀ばかりに目を奪われ，この宝の山の存在には気づかず，征服後もほとんど放置したままだった．グアノのぬきんでた効能がほんとうに理解されるのは19世紀中ごろ，独立（1821年）後にペルー政府が天産物としてヨーロッパへ輸出して以降で，たちまち列強の農業を左右する戦略物資に昇格した．ペルー政府は独立戦争のイギリス分の負債をグアノでまかなうため，1850年の9万5000トンを皮切りに毎年20万トン以上を輸出した（Mathew 1968）．ここからフランス，ドイツ，米国を巻き込んだ争奪戦が始まり，ペルー政府は1866-1877年に毎年合計31万-57万5000トンをこれらの国々に輸出している（Clark & Foster 2012）．それでもなお不足し，列強は戦争さえ辞さない構えでその独占に邁進した．その筆頭が米国，1856年に「グアノ島法」なる法律を制定する．その第1節にはこうある．

> 「すべての米国市民が，他国政府の法的管理下にないか，他国政府の市民が占有していない状況で，あらゆる島，岩礁，珊瑚礁においてグアノ堆積物を発見し，平和裡に占有し，領有した場合には，その島，岩礁，珊瑚礁は，大統領の判断で，米国に帰属するとみなされる」（http://www.law.cornell.edu/uscode/text/48/chapter-8 より訳出，閲覧 2015.5.20）．

他国が領有しているか，他国市民が占有しているかどうかの判断は米国政府にあるのだから，つまり，この法律はグアノがある島を一方的に占拠し，その権益を，軍事力をもって防衛できることを公然と宣言しているのと変わりない．この法律によって米国はハワイ周辺や中米地域の100島ほどの海鳥コロニーの領有を宣言し，グアノの発掘を行っている．この法律は正式には廃棄されていないから現在もなお有効ということになる．民主主義国家アメリカの素顔である．だが，それはそもそも海鳥が蓄積した糞の山なのだ．列強が血眼になって争い，世界の農

業を支えるほどのポテンシャルはもともとなく，すぐに枯渇してしまったこと（このためコウモリのコロニーに蓄積した糞まで触手を伸ばしたが運命は同じ），20世紀初頭にはすでにみたように窒素の固定法が確立し，硫安が肥料として用いられ始めたことなど，かくしていつしかグアノの争奪戦は雲散霧消した．なお，このアンモニアのかたまりは貴重ななめし剤としても利用されたことを付記しておこう．

家畜化されたネズミ——モルモットとクイの境界
　アンデス高原には家畜化されたもう1種の動物がいる．インディオはそれを"クイ"（Quy）と呼び，日本語では"モルモット"または"テンジクネズミ"，英名では"ギニーピッグ"（Guinea pig）と名づけられた．原産地はギアナ（アフリカのギアナ共和国，南米の仏領ギアナ）ではないのになぜギニーピッグなのか，定説はない．ピッグは明らかにその愛嬌のある太った短足の体型からだろうが，ギニアはおそらく特定の国や地域を指すのではなく（ホロホロチョウ"Guineafowl"やモロコシ"Guinea corn"と同様に），"異国の"の意と思われる．16世紀，この動物はスペイン，オランダ，イギリスによってヨーロッパに紹介され，"エキゾチック"ペットとして人気を博し，エリザベス1世のお気に入りでもあった．和名でもっとも一般的な"モルモット"は，持ち込んだポルトガル人が"マーモット"と誤解し，発音したことによるといわれるが，ほんとうかどうかはわからない．ここでは現地名にしたがいクイ（*Cavia porcellus*）と呼ぶ．この名前はその独特の警戒音にちなむと思われる．日本語のテンジクネズミは属名 *Cavia*（インド産ネズミ Cavy）を踏襲し，種小名は"小豚"（ブタ "porco" に "小さな" の接尾語 "-lus"）の意だ．
　体重500-1500 g，全長20-40 cm，尾はない．ぬいぐるみのように愛らしく人間によく馴れるこの動物はペット（や実験動物）として世界中に普及するが，現地ではもっぱら食用にされる．湯で軽く茹で毛皮をむしって内臓を取り去り，ローストかフライにする．ネズミの原型が露出し面食らう．『インカ皇統記』には，ウサギの1種とされ，食肉不足のために「貴重なごちそうとして喜んで食べる」（8巻第17章）とある．しかし興味深いのは，食用としてはかなり小型の動物がなぜ家畜化されたのか，である．齧歯類に限っても南米には大型のネズミ科，マーラやアグーチ，カピバラなど，アンデス高原にも4-8 kgに達するヴィスカッチャなどが生息しているにもかかわらず，だ．しかもクイは本来，後に述べるように単独性と考えられ，家畜種の特性である群れ性とは真っ向から対立するのだ．そのクイがなぜアンデス高原で家畜化されたのか，その経過と関係をたどろう．

クイの生物学
　テンジクネズミ属はクイも含め8種が南米に生息する．しかし野生のクイは，すべてが家畜化され，形態的にも変化していたため現在では存在しない．このうちアンデス高原周辺に生息し，近縁種と考えられるのは2種，パンパステンジクネズミ（*C. aperea*）とペルーテンジクネズミ（*C. tschudii*）で，前者は東部低標高地域に，後者はアンデス高山地域に分布する．両種ともにクイと交雑し，雑種も妊性をもつことからかなり近縁であることがわかる．分布や，頭骨形態の類似性（Wing 1977）から，クイは後者から家畜化されたと解釈されてきたが，DNA（ミトコンドリア・チトクローム *b*）の分析結果もこの見解を支持し，起源種はペルーテンジクネズミの西部集団に由来すると考えられている[12]（Spotorno *et al.* 2004, 2006）．
　クイの妊娠期間は10-12週，2-4頭を出産し，授乳する．子どもは急速に成長し，約70日程度で性成熟に達し交尾する．出産後ほどなく発情し，出産を繰り返し，飼育下の寿命は5-7歳．昼行性というより薄暮性で，早朝と夕方に活発に活動する．タンポポやクローバーなどの雑草，緑色の葉はなんでもよく食べ，野菜くずやジャガイモなどで簡単に飼育できる．
　クイは一見，個体同士は親和的で集合性を示し，まとめて飼育しても問題は発生しないようにみえる．しかしメンバーを固定し，集団を仔

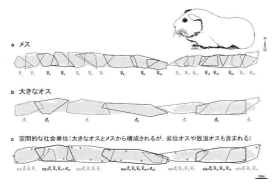

図 8-4　パンパステンジクネズミの社会（Asher et al. 2008より）．薄い灰色は植生がある場所，ここにネズミの行動圏が並ぶ．a はメスの行動圏，b は大きなオスの行動圏で，たがいに避け合い，なわばりが存在する．c は a と b を重ねたもので空間的な社会単位．このなかには劣位オス（点線）も含まれる．一夫多妻的な社会単位であることがわかる．

細に観察すると，オス間やメス間にはさまざまな相互作用が頻繁に行われるのがわかる．とくにオス間では，身を揺らして接近したり，顔を突き合わせてクルクルと鳥のように鳴いたり，ときには取っ組み合うことがある．またオス・メス間では，個体によって毛づくろいやなめたりと相手によって親和度がちがう．攻撃行動の勝敗を追跡すると，オスの間には明確な，メスの間には弱い，順位関係が存在する．またオスと複数のメスの間には社会的な結合がある（Sachser 1998）．ところがこれらは飼育個体の場合で，近縁種の野生群ではまったくちがう様相を示す．

アッシャーら（Asher et al. 2008）はウルグアイの国立公園内で野生のパンパステンジクネズミの社会構造を個体識別やテレメトリー（無線発信機）を装着して研究した．図 8-4 は初夏（繁殖期）の個体ごとの行動圏の分布である．湿ったところに沿って植生が線状に繁茂するので，行動圏が線状に並んでいることがわかる．上（a）がメス，中（b）が 500 g 以上の大きなオスの配置だ．メスの行動圏（平均 320 m²）は大きく重なるが，個体はわずかずつずれて並ぶ．これに対しオスの行動圏（平均 604 m²）はメスのそれよりはるかに大きく，ほとんど重ならない．オスはたがいに排他的でおそらくなわばりをもつと考えられる．そしてオスとメスを合わせたのが下（c）である．大きなオスはなわばりをもち，そのなかに 2-5 頭のメス（と若齢のオスの子ども）を囲い込んでいることがわかる．動物社会を空間的にとらえた説得力のある図だ．こうしてみると，この動物は，基本的には単独性で，オスはたがいに排他的ななわばりをもち，そのなかに，ほかのメスに対してやや許容的な複数のメス（行動圏が重なり合っている多くは母と娘）を抱え，ハレム（一夫多妻の社会）を形成していることが理解される．おそらく家畜以前のクイも同様の社会をもっていたと解釈される（Asher et al. 2008）．家畜化されたクイとはずいぶんちがう．野生のクイはどのように家畜へ飛躍できたのか．またなぜ家畜化されたのか，その理由と過程を考える．

クイの家畜化

クイはおそらくこの地に狩猟採集民が到達し定住生活を始めた BP 約 1 万年から人間との交流があったと思われる（Wing 1977）．人々は洞窟を拠点にしつつも同時に粗末な小屋を建て，ラクダ類やシカ類，ヴィスカッチャを狩り，小さなジャガイモなどの根茎や雑穀類を採集し，生活を営んでいた．これらの小屋はクイの分布域のなかに建てられたと思われる．クイは高山地帯に生息する割には寒さに弱く，冬眠はしない．このため小屋は彼らの格好の避難場所であり，居候個体が出現しただろう（おそらく初めてみる人間にも警戒しなかった）．当然，人間はご馳走として遇したにちがいない．それでも，なわばりをもつ多くの動物は空白が生じるとそこに新たに入り込む個体がいるので，次々と来訪した．これが延々と続いただろう．

農耕が確立し農産物にわずかだが余剰や残飯ができると，この関係はいっそう強固になった．小屋は家になり，その調理場はさらに良好な生息場所になっただろう．温かく，野菜くずがつねにあったからだ．飼育も簡単，同居してもよかったし，高さ 30 cm ほどの囲いをつくれば，逃げることはなかった（クイには尾がないところからみると徹底した地上性で，登りや跳躍は

苦手).系統的な「飼育」がBP約3000年に始まったとされ,このころを境に体が大型化(下顎骨が大きくなる)し,おもに食用を目的に品種改良が進められた(Wing 1977).この家畜化の集団飼育の過程(それは高密度条件)でクイはなわばり性を失い順位性に移行したと思われる.横社会から縦社会への転換だ.とはいえ日常的に食べられるほどの量ではない.飼育の主要な目的は食用というよりは別の方向へずれていった.「愛玩用,ペット」と指摘する研究者もいる(Gade 1967)が,しかしそうではない.そんな余裕はない.目的は,少量とはいえ,糞なのだ.糞の肥料としての価値と有効性なのだ.人々はこの知恵をラクダ類から学んでいたのだろう.穴を掘って種イモを植え付ける彼らの農法にあって,量は少なくても,数粒をいっしょに植え込めばよいのだ.ローセンフェルド(Rosenfeld 2008)はクイの肥料用家畜という役割を強調している.賛成だ.

目的外使用が普及してもクイはなお食用であり続けた.けれどその食べ方は,たんなる食物から農耕との結合やより象徴的な意味が強調されていった.人々はそれを祝い事や祭りの際に限定し,ハレのご馳走として食べるようになった.『インカ皇統記』にもクイが「祭りのご馳走」であることが記されている(キリスト教定着後はクリスマス,復活祭,カーニバルの定番).クイの肉には脂肪が豊富に含まれる(脂肪分7.8%,Rosenfeld 2008).おそらく人々は,クイを飼い,糞を蓄積し,農耕に利用しつつ,収穫が終わる秋(5-6月)に種クイを残し,まとめ食いしたのではないか.それは収穫祭のご馳走であり,冬に向けた(脂肪の多い)格好の食物だったのだろう.

アンデスとインカ文明はジャガイモ農耕を基盤に成立した.けれどその成立はラクダ類やクイによって支えられた.これらの動物は肥料提供という,当時はけっして些細とはいえない支援によって農耕を成り立たせた.この結果,農耕は,垂直的ではあったが焼畑を取り入れることもなく,持続的に発展した.これらの動物に感謝しなければならない.それにしてもこれら

の動物の家畜化は奇妙だ.人間がアクセスしたというより,むしろ動物のほうにその潜在能力があったようにみえるからだ.ラクダ類では,狩猟から家畜化に至るまで,その特異な社会と生理的な適応,つまりオスによるメスの「家畜化」によって円滑に進行した.クイでは人間のアプローチというよりは,積極的に人間に寄生し,行動的な適応を遂げていったようにみえる.アンデス高原で同じように狩猟対象だったヴィスカッチャは,サイズが大きく肉量も多く,地下に穴を掘る集団生活者だから,クイよりはるかに家畜化に向くと考えられるが,いまに至るも飼育の試みすらない.これらの動物たちが,肉(や衣料)を提供するいっぽうで,農耕を側面援助していた.希有な文明というほかはない.

南北両大陸には,もう1つ,巨大な文明が萌芽した.中米のマヤ文明やアステカ文明だ.これらの文明はアンデス,インカをもしのぐ壮大なピラミッド神殿と都市文明をつくりあげた.だがアンデスやインカと比較すると,そして私たちの視点からみると,決定的なちがいがある.家畜をもたなかったことだ.このちがいがその後の文明の盛衰にどのように影響したのか,その足取りを追跡しよう.

(2) メソアメリカ文明とその盛衰

中米メキシコ南部,ユカタン半島,グアテマラ一帯にはBC1200年以前から始まるオルメカ文明を起点に,テオティワカン文明,マヤ文明,アステカ文明へと続く一連の文明が興亡した.それらは総じてメソアメリカ文明と呼ばれる.文明の勃興は,肥沃の三日月弧のムギ類,長江の水稲,アンデスのジャガイモと同様に,キーとなる食糧の発見,ドメスティケーション,そしてその生産によって成立した.この地も例外ではない.トウモロコシ栽培だ.オルメカ文明はメキシコ湾低地(中心都市トラティルコ)の沖積地帯に栄えた都市文明で,巨石による神殿跡,多数の遺物が発掘されているがなお全貌は不明だ.おそらくこの地でトウモロコシ農耕が最初に成立したと思われる.後継のテオティワカンは,メキシコ高原(メキシコシティから北

東40km）に成立した都市国家で，紀元前後から7世紀に繁栄した．おそらく侵略戦争で調達された奴隷を使い，トウモロコシ農耕を大規模に展開し，これを基盤に発展したのだろう．約20 km²以上におよぶ巨大な都市は道路によって碁盤目状に仕切られ，このなかに複数のピラミッド神殿，広場，巨大な建築物が配置されていた（Millon 1993）．推定される人口は13万-20万人，当時世界屈指の大都市だった（なお，この遺跡は1987年に世界文化遺産に登録）．

いっぽう，ユカタン半島からグアテマラ南部の広大な地域にはマヤ文明がAD300-900年に花開いた．マヤ古典期と呼ばれるこの時代には，人口が100万人を突破し（Whitmore et al. 1990），多数の小国家に分かれていた．これらの国家群はモザイク状に分布し，それぞれの領域を統治していた．これらはさらに強力な"ティカル"や"カーヌル"などの地域覇権国家によって緩やかに統合され，分割支配されていたらしい（Munson & Macri 2009）．それぞれの覇権国家は王をいただき，たがいに敵対し合い，領土拡張戦争を行っていた．王は征服した人々を奴隷とし，シュメール文化をもしのぐピラミッド神殿を建設し，天体観測を行って「暦」をつくった．暦（2種類あって，260日で一巡した「神聖暦」と「長期暦」と呼ばれた太陽暦）は365日周期と驚くほどに正確だった．王の役割は時間を「管理」することと同時に，神に「生贄」[13]を捧げる祭礼を指揮することにあったといわれる（Rice 2009）．また人間や動物の頭を象った奇妙な「紋章文字」は1980年代から解読が進み，どの文明もそうであったように，王朝の興亡，王室の系譜，戦争と征服の歴史が記録されていた（コウ 2003）．ローマ支配がほころびをみせ，衰退に向かいつつあった時代に，地球の反対側では複数の「ローマ的帝国国家」が勃興し，繁栄しようとしていた．

これらのメソアメリカ文明はおもにトウモロコシ栽培とその高い人口扶養力に支えられて発展したことはまちがいないが，この食糧の発見はかなり奇妙なのだ．およそ食糧や栽培種という概念からはかけ離れているからである．まずこれについて紹介する．

トウモロコシの起源と品種化

トウモロコシ（メイズ Zea mays）は不思議な植物だ．ムギ類やイネと同様にイネ科に属するものの，2種はC_3植物であるのに対しC_4植物なのだ．だから十分な日照と高温下では高い光合成能力を発揮するので，このような条件下では短い栽培期間で高い収量が得られる．またほかの穀類とは異なり，原種，もしくは原種に近いと判断される種類さえみつかっていない．いったいこの作物はどこからきたのか．

いくつかの候補種がリストされ，その品種化の過程について複数の仮説が提出された．最有力視されたのは，メキシコからグアテマラにかけて広く自生する"テオシント"（teosinte）と呼ばれる雑草だった．だが，箒状に枝分かれすること，包葉につつまれた小さな雌花が枝ごとにつくこと，雌花には2列に並ぶ5-10個程度の小さな扁平な種子が実ることなど，その形質があまりにも異形なのだ（図8-5）．しかもである．有毒ではないけれど味はまずく，食用には向いていない．このためテオシントは候補種からは外され，別属の雑草"トリプサクム"を推す研究者や，あるいは原種は絶滅し，トウモロコシはすでにトリプサクムと交雑してできあがっているとの仮説を提唱する研究者もいた．

こうした混乱を一掃したのも分子生物学的なアプローチだった．初期では，染色体やアイソザイムが分析され，やはりテオシントが有力候補であることが確認され，後には，葉緑体DNAの分析がテオシントとトウモロコシとの結びつきを決定づけた（Kato 1976, Doebley et al. 1987）．このうちドブリーら（Doebley et al. 1995）は，栽培種と野生種との著しい形態差には5つの領域の遺伝子が関与していることを突き止め，さらに硬い殻から裸粒を直接取り出せるようになった栽培種への決定的変化がたった1つの遺伝子（tga1）の突然変異に起因していることを明らかにした（Doebley 2004, Wang et al. 2005）．もはや異論はない．トウモロコシの原種はやはりテオシントだった．形質上のド

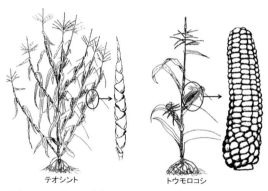

図 8-5　テオシントとトウモロコシ（Doebley et al. 1995 を改変）.

ラスチックな差異は，遺伝子の些細なちがいにすぎなかったのである（福永 2009）．この粒が分離できる小さな突然変異体の発見からその後に5つの領域の遺伝子の変化をともなう品種改良が，おそらく数千年をかけて，進められたのだろう．トウモロコシの栽培化は，ムギやイネ，ジャガイモと比べ，歴史的にはかなり遅れるが，そこには，人々の食用に向けた営々とした努力が結晶している．トウモロコシの起源は食用の野生種にあるのではなく，人間が手塩にかけた人間臭ふんぷんの品種にあるのだ．だからこそメソアメリカ文明はやや遅れて継起したのかもしれない．

最近，松岡ら（Matsuoka et al. 2002，松岡 2007）は，トウモロコシとテオシントのマイクロサテライト遺伝子を分析し，その進化の過程を次のように描いた．トウモロコシは7亜種ほど存在する野生テオシント集団のうち，メキシコ中央部バルサス川上流部（そこはオルメカ文明の成立地に近い）の亜種集団に由来し，BP 9000 年ころ（信頼区間 5700-1万3000年）に栽培化が開始された．この初期集団はメキシコ高地でさまざまに品種改良された後に，北米へ，他方は南米へと，徐々に伝搬していった．この推定された伝播過程はベルウッド（2005）によるトウモロコシの拡散に関する考古学的知見と矛盾しない．主要穀類を軸とした人類の農耕は，地球上のほぼ同緯度に相対する2つの地域で，まったく独立に開始されたのである．

トウモロコシ栽培と焼畑

トウモロコシというすぐれた作物を基盤にメソアメリカ文明は成立した．マヤ古典期の収量は環境条件によって大幅に異なるが，1 ha あたり約 600 kg を超えなかったと推定される（Benson 2011）．それでも中世期のコムギよりも多い．この扶養力が人口増加をもたらしたことはいうまでもない．しかしトウモロコシには，ムギ類やジャガイモと同様に，連作障害という欠陥があった．前2種と比べると，障害の程度は比較的軽いが，それでも土壌は劣化し，減収していった[14]．とくに表土の薄い熱帯地域では，土壌中の窒素含量が指数関数的に減少していく．ジョンストン（Johnston 2003）によれば，マヤ古典期では，1年目の収穫を1とすると，2年目は0.7，3年目以降は0.3-0.15と激減したようだ．また土壌の理化学的特性が劣化し，さらには土壌中の病原菌が増殖し，病害（黒穂病・根腐病）が多発する．マヤ文明の衰退はこのトウモロコシの病気によるとの説がある（Brewbaker 1979）．これらを回避するために，人々は3-6年程度で耕作を停止し，別の地域を伐開して火を放つ焼畑農法（ミルパ）を採用した．同時に窒素を固定するインゲンマメなどを混作した．ほかの文明と比較して，メソアメリカ文明が決定的にちがうのは，家畜と呼ばれる動物をもたず，その恩恵に浴さなかったことである．農の片肺飛行なのだ．

熱帯地域の焼畑農耕はかつて，農業生産だけではなく，土壌や森林の潜在的な生産能力を劣化させる要因とみなされた（FAO 1957）．しかし最近ではこの見解は一面的であり，修正されつつある（たとえば佐藤 1999，横山 2017）．なるほど森林火災と熱帯雨林の衰退の間には密接な関係がある．とくに大規模に発生した森林火災は森林を消失させ，大量の二酸化炭素を放出するばかりでなく，微細な煙粒子の蔓延（ヘイズ）は光合成を阻害し，貴重な生物種や生物多様性に甚大な影響をもたらす（たとえば Silk et al. 2008）．同時に注意したいのは，大半の森林火災はすでに劣化した森林で発生する傾向があることだ．負の連鎖である．

だがここで議論しているメソアメリカの伝統的な焼畑は，常緑性で林冠が閉鎖された，湿性のある熱帯雨林の一次林が対象で，乾燥化した二次林に乾季に火を放つ，したがってコントロールの効かない森林が対象ではない．マヤ古典期にはこうした焼畑がさかんに行われ，トウモロコシ栽培が進められたと考えられる．しかし，稚拙な道具（大半は石器と棒）しかもたなかったので，焼畑の規模は限定的，小規模だったと思われる．これはちょうど林内にあいた穴（ギャップ）をつくるのに等しく，まわりからは種子が散布され，稚樹が芽生え，光が林床に届き下層植生を増加させ，狩猟鳥獣を誘引し，むしろ森林更新や生物多様性を促進する効果をもつ（たとえば Scales & Marsden 2008）．おそらくこのような形態の焼畑が行われていたのではないか．しかも数年間で放棄し，別の地域へ移動するローテーションが確立していた．正確な暦が必要だったのは，季節のリズムを把握し，乾季から雨季への移行を予測し，火入れのタイミングを的確に指示できること，時間を管理し適切な耕作回数を設定できることにあったのではないか．この「休閉」した場所には森林が一定の期間を経て再生し，再びもとの森林に戻ったにちがいない．伝統的な焼畑農耕は，必ずしも森林破壊の元凶ではない．

しかしそれは程度の問題だ．過度の焼畑の繰り返しは森林の再生産能力を奪い，チガヤなどの乾燥草原へ移行させてしまう．それは不可逆的な系だ．いずれにせよ焼畑は森林から草地へ移行する微妙な境界ゾーンの農法なのである．持続性を保障するのはその規模と休閉期間のローテーションにあるといえよう．

マヤ文明の衰退と破壊

オルメカからマヤに至る文明は，テオティワカン，カラコル，エルミラドル，ティカル，ドスピラスなどの巨大な都市が勃興しては衰退し，別の人口センターへ次々と交代するという不思議な経過をたどる．これは，おそらく適当な規模の焼畑耕作地を確保し，初期の高いトウモロコシの生産力を背景に人口を培養していく過程と，焼畑規模と休閉ローテーションの相乗が覇権領域の上限に達し，失速に向かう過程が繰り返された結果であるようにみえる．だからこそ，彼らは新たな覇権領域を確保するため，たえず領土戦争を行わなければならない宿命を負っていた．

なぜメソアメリカ文明，とくに古典期マヤ文明が衰退したのか，いくつかの仮説が提出され，人口増加，森林破壊，戦争，干ばつなどの要因が議論されてきた（青山 2012）．ホーデルら（Hodell et al. 1995）は，中米各地の古気候復元にもとづき古典期マヤ時代には大干ばつに見舞われたことを明らかにしている．しかし，気候変動と乾燥化は，ホーデル自身も認めるように，先古典期を含め繰り返し発生した（Hodell et al. 2001）から，もちろん大きな影響はあっただろうが，環境変動を含めてよりくわしい分析が必要だ．おそらく要因は１つではない．最近では気候変動，人口増加，戦争などの複合的な要因とそのメカニズムが分析されつつある（たとえば青山 2012）．ともあれ，「順調に働いていたシステムが生態的環境の限界に達し，それを超えてしまった『行き過ぎ』」（レンフルーとバーン 2007）の状況にあったことは確かなようだ．

メソアメリカ文明の衰退過程はつまびらかではない．だがその後の歴史は明らかで，不条理だ．この経過を追うのは本書の目的ではないが，征服者コルテスやピサロの記録を読むと常軌を逸した侵略と残虐行為に戦慄する．彼らはもともと時代的な気分を体現した投機的な性格をもつ商業従事者であり，自らの資金で数百名の武装私兵部隊を組織し，最初から略奪行為を目的としていた．そして，かの地が非キリスト教であることから侵略は西欧キリスト教の独断的な優越意識と使命意識によって正当化された．火器と剣，武具，騎兵がたまたま優位だったのであり，文化や知識，技術や精神が優位だったわけではない．インディオがいかに野蛮，残忍，陰険で卑怯であり，これに対し邪教を摘発し，教導しなければならないか，これらをどのようにいいつくろおうと，記録はその犯罪性を証明

している．インディオのつくりだした文明や文化への敬意は微塵もなく，一切学ぶことなしに，ただただ金銀の掠奪と，暴行，虐殺に邁進した．その人道上の罪は重い．インカ全盛期やマヤ古典期に1600万人を擁したと推定される人口は，直接の虐殺と，間接の不帰，その後にヨーロッパ人が持ち込んだ病原菌によって18世紀末には108万人へと激減し，さらには生き残った人々を"エンコミエンダ制"（Encomienda）と呼ばれる「偽装奴隷制」に編入し，強制労働させた．カリブ海諸島はその典型のほんの1例である．

奴隷とアザラシ

この地は大量の奴隷を酷使して大規模な砂糖栽培を行った最初の植民地域だ．砂糖生産は，苗の植え付け，刈り取り，搾り取り，煮詰めて原糖にする各段階で，膨大な労働力を必要とする（川北1996）．スペインはこの労働力を当初はエンコミエンダ制に編入した先住民（カリブ族）でまかなったが，それを消耗してしまうと，今度はアフリカからの奴隷を買い付け，使い捨てにしていった．ヨーロッパで生産した鉄砲やビーズ，綿織物などをまずアフリカに運び，西アフリカの黒人王国で奴隷と交換し，次にこの奴隷をカリブ海諸島や南北アメリカで売却し，最終的に大量の原糖をヨーロッパへ輸入し，莫大な利益を得る，この一連の，そして道義にもとる濡れ手に粟の交易は「三角貿易」と呼ばれ，ポルトガル，スペイン，オランダ，フランス，イギリスによって推進された．これによってヨーロッパ，アフリカ，南北アメリカは有機的に結合し，近代資本主義を生み出す富の1つを蓄積したといわれる．それは人間の掠奪そのものだったが，同時に自然の掠奪でもあった．

サトウキビ（*Saccharum officinarum*）は，典型的なC_4植物で，その速い成長，高い光合成能力と生産性のために，競争力が強く，ほかの植物の生育を妨げると同時に，土壌の地力も急速に失わせてしまう．このため砂糖栽培はつねに新たな土地を開拓しなければならないとの宿命をもつ．それは不毛の土地の拡大でもあっ

た．他方，原糖生産にはさまざまな機械が使われた．とくにサトウキビを搾るためには大がかりな搾汁機が必要で，巨大なうすを家畜や人間が回転させた．うすを回す歯車には多量のグリスや機械油が不可欠だったが，それらはどこから調達されたのだろうか．

カリブ海にはカリブモンクアザラシ（*Monachus tropicalis*）という海獣がいた．熱帯域に生息する海獣であるにもかかわらず，子どもを濃厚なミルクで育てるために厚い脂皮をもっていた．コロンブスは2回目の航海でアザラシ8頭をカリブ海で捕獲したと記録している（コロンブス1493）が，この種にちがいなく，食料としても利用された．17世紀に入ると，その利用はもっぱら「油」にしぼられ，オランダ，スペイン，イギリスの砂糖プランテーションのオーナーらが狩猟隊などを組織し，大々的に捕獲するようになった．最初は，カリブ海西部の小アンティル諸島や北部ヴェネズエラ沿岸で，各コロニーから毎年数百頭ずつが捕殺——出産・子育ての冬期，メスとその子どもは逃げなかったために簡単に撲殺された．それでも，約23万–34万頭と見積もられた生息数からみれば，取るに足らない捕獲圧だった（McClenachan & Cooper 2008）．だが生息地は確実につぶされていった．この地域から一掃されると，猟場は大アンティル諸島からメキシコ湾岸へ移動し，18世紀中ごろには，生息数はめだって減少するようになった．プランテーションは増加し，機械油の需要はますます高まった．20世紀に入ると，生息情報は激減，散発化していったが，希少化するほどに，今度は（とくにアメリカの）博物館や個人コレクターの剥製や骨格標本の蒐集熱が高まり，探索隊が組織され，捕獲された．1950年に複数の目撃情報があった後，1952年を最後に（コロンビア領セラーナ礁）生息は確認されていない．絶滅は確定的だ（Solow 1993）．モンクアザラシとは，首回りの皮膚がたるみ修道士のフードに似ているところから名づけられた．修道士が清貧，貞潔，そして服従を強いられたように，奴隷とアザラシもまた命の服従を強いられた．なお，別に2種の

〈コラム 8-1　中南米の野菜〉

　中南米で栽培化された野菜はジャガイモやトウモロコシだけではない．ウェザーフォード（Weatherford 1988）によれば，現在世界で広く作付されている栽培種の約 60％ はアメリカ先住民によって発見され，品種化されたという．そのほとんどは中・南米産だ．彼らの先見の明と努力，文明の偉大さに感謝しつつ主要な作物を紹介する．

　マメ．栄養価が高く植物タンパク質源として重要な豆類は世界中でさまざまな品種が栽培されているが，中南米産のそれはもっとも一般的で保存がきくインゲンマメ（*Phaseolus vulgaris*）だ．南北アメリカには複数のインゲンマメの野生種が生育していた．おそらく各地で栽培が試みられたと考えられるが，現在につながる栽培種は，DNA の分析によれば，メキシコ北部から中米にかけてと，アンデス山脈をはさむチリ，ボリビア，アルゼンチンの 2 カ所に主要な遺伝子プールが存在するという（Gepts 1998）．このうち前者がトウモロコシとほぼ同じころに栽培化され，南米と北米に伝播したようだ．

　"カボチャ"．まず名前にこだわる．英語ではカボチャを含むキュウリやメロン，スイカなどウリ科植物の総称を"ガード"という．このうちカボチャ属の野菜は"スカッシュ"と総称され，5 種の栽培種と 20 種以上の野生種が含まれる．このうちとくに果皮が黄色またはオレンジのものを"パンプキン"という．スカッシュはすべて南北アメリカが原産だ．このうちもっとも代表的な西洋カボチャ（キンシウリ *Cucurbita pepo*）を例にとると，栽培されたと考えられる最古の種子がメキシコ，オカンポ洞窟から出土し，BP9000-7000 年と推定された（Decker 1988）．おそらくこれを起源として栽培種が早い段階で成立し，南米と北米各地へ伝播したと考えられる．

　ついでにサツマイモ（*Ipomoea batatas*）．これもまたアメリカ大陸原産だが，中米や南米で広く栽培され，北米南部に伝播していた．日本人にはおなじみのこの食物は朝顔に近縁な（ヒルガオ科サツマイモ属）植物の塊根で，その起源が南（中）米にあることを突きとめたのは西山市三（Nishiyama *et al*. 1975）だった．その後，DNA が分析され，ほかの野生種との比較の結果，おそらく中米が起源地で，BP 約 5000 年に品種化され，後にエクアドルやペルー北部で栽培が広く行われるようになり，この地から南米各地に伝播した．これをスペイン人かポルトガル人が東南アジアやアフリカに伝え，そしてそれが日本へも渡来したようだ（Zhang *et al*. 2000, Srisuwan *et al*. 2006）．

　トマト（*Solanum lycopersicum*）の起源に関してはメキシコとペルーの 2 つの説があり，特定されていないが，おそらく前者が有力で，BP2500 年には栽培化が始まったと考えられている（Peralta & Spooner 2007）．この地を占領したスペインによってヨーロッパにもたらされ，その後に各地に広がった．イタリア料理の代名詞のような食材がイタリアにもたらされたのは 1548 年．さらにこの奇妙な食物が庶民の口に受け入れられるのはそれから 150 年以上後である（池上 2003）．

　ピーナッツ（落花生，*Arachis hypogaea*）は，アルゼンチン北西部からボリビア南部にかけての地域で，複数の野生種の交雑によって栽培種が成立したと考えられている（Grabiele *et al*. 2012）．考古学的にもっとも古い種子は BP7800 年でペルーから出土している（Dillehay *et al*. 2007）．高カロリー，高タンパク質，高脂質のすぐれた食品だが，18 世紀まではもっぱら奴隷と家畜の食物だった．

　忘れてならないのがナス科に属するトウガラシ（*Capsicum annuum*）だ．トウガラシ属（*Capsicum*）には多数の野生種があり，いずれも中南米原産．このうち 10 種程度が栽培化されたようだ．もっとも古い種子はエクアドル南西部の遺跡から出土し，BP6000 年以上と推定された（Perry *et al*. 2007）．北米にはカリブ海地域経由で伝播したと考えられている．ピーマンはトウガラシの栽培品種の 1 つである．

　ところでトウガラシの生成するカプサイシンはカプサイシノイドと呼ばれるアルカロイド系化合物の一種で，特有の辛みをもたらす．おそらくこの物質は哺乳類に対する忌避用の刺激物質として，つまり熟した種子が捕食されないためにつくりだされ，進化したと考えられる．実際にも野生種の生育地に生息する数種の種子食者であるネズミ類（シカネズミやモリネズミ）はこれをまったく食べない．しかし種子はいっぽうではだれかに食べられ，別の場所へと散布されなければならない．それはだれか．給餌実験が繰り返されると，あっさりとその答えが引き出された．哺乳類ではなくマネシツグミなどの鳥類だった（Tewksbury & Nabhan 2001）．そういえば，トウガラシの赤い色もまた鳥の誘引に一役かっているにちがいない．カプサイシンは種子運搬者を選別する特効成分だった．この役割分担をこともあろうに人間だけが踏みにじっている．

ついでにいえば，カカオ（*Theobroma caca*）の実からつくるチョコレートもまた中南米原産だ．種子を発酵させ，煎って，すりつぶしたもので，おそらく BP3500 年ころ，メキシコが震源地だったようだ．そしてその地からはまたバニラ（*Vanilla fragrans*）やコカ（*Erythroxylum novogranatense*）がデビューしている．

補足に，その後のアメリカの発展を支えた 2 つの主要農産物を紹介する．1 つは綿で，ユーラシアとは別々に起源したことはすでに述べた．アメリカ産の綿はいわゆる「陸地綿」（*Gossypium hirsutum*）と「長繊維綿」（*G. barbadense*）で，これらもまた別々に，前者はメキシコからグアテマラ，後者はカリブ海地域で，BP 約 7000 年ころに栽培化されたと考えられる（Wendel & Albert 1992）．両者は品種改良のためにさかんに交雑され，遺伝子移入（genetic introgression）が起こっている．

もう 1 つがタバコ．少なくとも年間 500 万人以上の直接の死因である．このニコチンを大量に含む特異な植物は 1 種ではない．その名もニコティアーナ（*Nicotiana*）と呼ばれる属には 60 種以上が知られている．アメリカ先住民は古くからこれらを鎮痛剤や儀式用に，嚙んだり，パイプで吸引したようだ．栽培は BP3000 年以前にメキシコ周辺にさかのぼるとされるが，その高い嗜好性と依存性ゆえに，各地で交配や品種改良が繰り返され，おそらく起源となった野生種はもはや絶滅してしまい，起源はたどれないようだ．はっきりしているのは，先住民の愛好したそれはあまりにも強く，吸引には向かなかったために，現在タバコとされる植物は，北米開拓時にヴァージニア州で確立された，より軽く，より燃焼しやすい種（*N. rustica*）とその品種群なのである．このほかにゴム（パラゴムノキ *Hevea brasiliensis*）とヒマワリ（原産地は北米南西部，*Helianthus annuus*）を記しておきたい．

こうしてみると，中南米原産の作物目録がいかに充実していたのかがわかる．この地は人類のもう 1 つの農耕センターであった．しかもタバコ，コカ，チョコレート，チリ，と官能をくすぐる危険いっぱいの作物まで品揃えしていた．後にみるように，北米インディアンはこの作物目録の一部を継承し，北米の大地に根付かせてきた．ヨーロッパからの開拓者はそれをそっくりそのままに踏襲したにすぎない．ポップコーン，コーンを飼料とするビーフやチキン，チョコバー，アイダホポテト，ピーナッツバターたっぷりのパン，パンプキンパイ，きわめてアメリカ的ではないか．だがそれらは彼らのオリジナルではけっしてなく，肥沃の三日月弧を相続したヨーロッパと同様に，まったくの換骨奪胎だった．それだけではない．トウモロコシにせよ，綿にせよ，そしてタバコにせよ，それによって国を築き，現在ではその最大の生産量と政治力によって世界の農業を支配している．

モンクアザラシがいるが，どちらも現在は絶滅危惧種である[15]．

この節の最後に，もう 1 人の修道士を紹介する．ドミニコ会修道士，ラス・カサス（las Casas）．彼は，最初は征服戦争に加わり，後にはキリスト教の布教活動を行い，侵略行為を目撃し，インディオの悲惨な状況に接するにおよび，生涯を侵略行為の犯罪性を追及することに捧げた．こう告発する（ラス・カサス 1552）．

インディアス（15 世紀から 19 世紀にかけてスペインが領有した南北アメリカ大陸の総称）へ渡った自称キリスト教徒がこの世からあの哀れな数々の民族を根絶し，抹殺するのに用いた手口はおもに二つあった．ひとつは不正かつ残酷で，血なまぐさい暴虐的な戦争をしかけるやりかたである．いまひとつは，自由な生活に憧れや望みを抱いたり，思いを馳せたり，あるいは，現在受けている苦しみから逃れることを考えたりするような首長や一人前の男性を鏖殺（おうさつ）しておいて，生き残った者たち（というのも，ふつうキリスト教徒は戦争では子どもや女性を殺さなかったからである）を，かつて人間が，いや，獣でさえ経験したことのないこの上なく苛酷で無慈悲な恐るべき奴隷状態に陥れて虐げることであった．それ以外にもキリスト教徒は数えきれないほどさまざまな方法であの無数の人々を殲滅した．そしてこう断罪する．「野心と悪魔のような強欲に心を奪われて分別を失い，盲目になった連中が（略）みずから手に入れたと考えている権利をどれほど正当化しようとしても，それは自然の法，人定の法，神の法に照らせばまったく無意味である」（染田訳 1976）．

私たちはここに人間の正義と良心を見出すのである．ただいい添えなければならないのは，カサスが告発したのは奴隷に対する苛酷な扱いなのであって，奴隷制度そのものではない．だ

が，この惨劇の歴史は，しばらく後に，中南米だけではなく，そしてスペインによってだけではなく，北米においても繰り返された．その坩堝のなかに北米インディアンと，無数の野生動物たちが巻き込まれていった．

コロンブスの不釣り合いな "交換"

新大陸（おもに中南米）原産のおびただしい種類の有用作物や果実に加え，（大量の）銀などがヨーロッパを含む旧大陸世界に持ち出され，そのいっぽうでヨーロッパからは，各種の家畜，各種の病原菌（コレラ，ペスト，天然痘，麻疹，百日咳，マラリアなど），そして鉄や銃を含む文化が持ち込まれた．テキサス大学の環境史家，アルフレッド・クロスビー（Crosby 1972）はこのやりとりを象徴的に "コロンブスの交換" と呼んだ．ジャガイモやトウモロコシなど，おびただしい有用作物のヨーロッパ（だけでなく全世界）への圧倒的な貢献に比べ，新大陸にもたらされたのは，病気や銃，（アジア・アフリカからの）サトウキビと奴隷制など，恩恵とは程遠い疫病神ばかりで，ウィン・ウィンというよりは "不平等交換"（山本 2017）であった．交換とは本来，双方に利益をもたらす "等価" であるはずのものなのに．

この交換でもう1つ特徴的なのは，ヨーロッパ側はこれらの "品物" を意図的に持ち出したのに対して，新大陸側は，病原菌を先頭に，偶発的に持ち込まれた場合が多い．なかでもクマネズミやドブネズミ，スズメやハトといった外来種は，生態系に定着し，生物相の変更や一部在来種の絶滅を引き起こした．バミューダ諸島では，白人入植直後からクマネズミ，ハツカネズミ，ネコ，イヌ，ブタ，ヤギなどが野生化し，在来種のトカゲ類や複数の鳥類（4種の在来コウモリを除き，哺乳類はいない）を絶滅危惧種にするいっぽうで，ほかの地域からは多種多様な生物群を人為的に持ち込み，いまでは在来種なのか外来種なのか，判別がつかないほどになっているという（Parham et al. 2008）．

外来種の影響がもっとも深刻なのは，生態系へ侵入し，本来の運動や構造，機能を抜本的に変え，不可逆的な系に変換してしまうことだ．米国での環境史に関する科学書のベストセラー，『1491』（2007a）を著したチャールズ・マンは，コロンブスの "交換品" のうち，このもっとも危険な生物種の筆頭に，意外な動物をあげている．どこにもいそうでありふれたミミズ（マン 2016）．なぜミミズなのか，人類が北米大陸の生態系に強い影響をおよぼすようになる，後世の章（第10章）でふれることにしよう．

8.3　北米大陸への植民と開拓

ヨーロッパ人による虐殺（ジェノサイド）や，ヨーロッパ人が持ち込んだ人間から人間への，あるいは家畜から人間への病気によって南北両米大陸の人口は急減した．無垢の彼らには，銃や病原菌に抵抗するすべなどなかった．今度は北米大陸に注目する．中南米ではスペイン人やポルトガル人が掠奪と虐殺に明け暮れ，この地に植民し，植民地を経営するとの発想はほとんどなかった．このために人口は一方的に減少するばかりだったが，これに対し北米では，多数のヨーロッパ人が入植し，この地を乗っ取った．このため，先住民と白人の人口の間にははっきりとした逆転現象が起こった．この推移を示す正確なデータはないが，ラッセル・ソーントン（Thornton 1987）は『アメリカ・インディアンのホロコーストと生存』と題する著作のなかで，この人口動態を模式化している（図8-6）．

図は厳粛だ．ヨーロッパからの白人と先住していたインディアンは，人口の目盛は異なるが，反比例しながら鮮やかに交差している．植民者は，生態学的にみると，先住民を排除，抹殺した後につくられる空白のニッチを埋めるかのように，その人口を増加させていった．「侵略」とは「国家による他の国家の主権，領土保全若しくは政治的独立に対する，又は国際連合の憲章と両立しないその他の方法による武力の行使であって，この定義に述べられているものをいう」（国連総会決議3314，1974年12月第29回総会）．つまり他国に無断で侵入し，その領土や財産を奪うことだ．経過はまさにこれであっ

8.3 北米大陸への植民と開拓　407

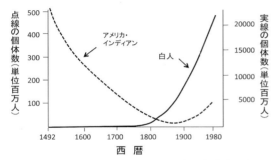

図 8-6　アメリカ・インディアンの人口と白人の人口の推移（Thornton 1987 を改変）．

た．なお，ソーントンは1492年の北米全体の人口を+700万人（エスキモーなどを除いたアメリカ・インディアン[2]の人口は+500万人）と見積もっている．また20世紀以降インディアンの人口が回復するのは居留地や設備が不十分だが，まがりなりにも整備されたことによる．

以後，北米大陸において野生動物との密接な関係を基盤に生活していたアメリカ・インディアンを中心にその後の動向を，おもに「毛皮交易」と「野生動物の乱獲」という2つの視点からたどることにしたい．前者は，この侵略過程における長い初期段階——ごく少数の植民者が活動し，彼らは植民者がもたらした病気によって減少——において，後者は，その中期段階——多数の植民者が押し寄せ，彼らは植民者による殺戮，病気，強制移住，栄養失調によって減少——において，それぞれに発生した．ここでもまた人間の人間に対する理不尽な行為が生態系と野生動物を巻き込んでいく．

(1) 北米における初期の毛皮交易

毛皮植民地ヌーヴェル・フランスの誕生

ニューファンドランド島でタラ漁師の棒鱈生産が軌道に乗るようになると，港，食料，水，越冬地，木材など，よりよい立地条件を求めて探検航海が開始されるようになった．求められたのは，自然の良港と広大な低地があり，温暖で自家消費の農業ができる川沿いだった．先鞭をつけたのはフランスで，狩猟好きの国王フランソワ1世の王令を受けたジャック・カルティエは1534年に，後にセントローレンス川と名づけられる川の河口，シャルール湾に到達した．このときミクマク族と思われるインディアンのカヌー40-50隻が接近してきたという．その光景を次のように綴っている．

　棒の先に毛皮をささげて，上陸するようにしきりに手招きをした．……陸に上がると，毛皮を抱えた人々が寄ってきて（われわれの品物と物々交換が始まり），裸で帰らなければならないほどすっかり交換を終えると，身振りで，もっとたくさんの毛皮をもってくるから明日またこいと告げた（Innis 1930 からの引用）．

それは公式記録に残された北米最初の毛皮交易だった．そしてその毛皮の多くが彼ら自身も羽織っていたビーヴァー毛皮だった．この航海でカルティエ自身はアジアに到達したと錯覚していたようで，この地域一帯を"ヌーヴェル・フランス"（新フランス）と名づけ，ガスペー周辺ではイロクォイ族2名を連行している．5カ月の航海を終え，多数の毛皮を持ち帰るも，もっぱら関心は捕虜の人間，食料や漁法に向けられたので，毛皮については（ヨーロッパではすでに幻になったビーヴァーともわからずに，またほかの動物の毛皮も混じっていたので）見向きもされなかった．17世紀まで，フランスの主要な関心はあくまでも漁業と植民地で，毛皮交易は漁業の副業として続けられたにすぎない．しかしそうではあっても，ヨーロッパから散発的に持ち込まれた目新しい色々な物品は，ビーヴァーの故郷だったインディアン社会には強い衝撃を与え，後述するように，予測を超えた波紋を引き起こすことになる．

転機は約半世紀後に訪れる．16世紀後半から，フランスではパリを中心に山高帽が男性の間で，後には女性も加わって，流行になった．なかでもビーヴァーの下毛（ビーヴァー・ウールという）をフエルトに加工し，それで仕立てた"ビーヴァーハット"がステータスシンボルの高級品として人気を博すようになった．貴族から農民にいたる男という男がビーヴァーハットかその模造品を頭に載せた．この流行が「ビーヴァーの故郷」を見直すきっかけとなった．フランスは，1608年に現在のケベックに恒久

的な毛皮交易所を設置し，この地域一帯をヌーヴェル・フランス植民地とした．現在のケベック州の誕生であり，フランス語を公用語とする所以である．この交易所にはフランス人が常駐し，インディアンが持ち込むビーヴァー毛皮（生皮を干した原皮）を，銃，火薬，鉄製ナイフ，斧，薬缶（ケトル），衣服，アルコール，タバコ，ビーズ，その他のさまざまな日用品と交換した．

やや後の記録（1626年）だが，交易所に同居していたイエズス会宣教師の書き残した報告（『イエズス会関係』）からその日常を瞥見する．

　　彼らはムース，リンクス，キツネ，カワウソ，ときどき持ち込まれる黒いもの（アメリカクロクマか？），テン，（アメリカ）アナグマ，マスクラットを持ち込むが，取引はもっとも利益があるビーヴァーが主だった．今年の数は2万2000頭あまり，通常年では1万2000-1万5000頭，1頭あたり1ピストル（スペイン金貨の単位）だから，悪い収入ではない．ここには40人以上の人員を抱え，給与を払うほかに，船2隻分，少なくとも150人の船員がいて，食料と給与を支払わなければならなかったから，支出もそれなりだった（Innis 1930 からの引用）．

交易はフランスの独占状態だから利益は莫大だっただろう．毛皮交易が名実ともに漁業から独立したことを物語る．インディアンたちは春から夏にかけて，カンバの樹皮を剝いで張り合わせた"ビーチ・バーク・カヌー"をたくみに操って周辺地域からビーヴァー毛皮を持ち込んできた．活況が読み取れるが，この時期のフランス人とインディアンとの関係は，一方的な搾取や掠奪ではけっしてなく（木村 2002，2004），フランス人にもまたインディアンの言語，習慣，生活技術を学び取り，良好な関係を積極的に築こうとする姿勢があった．

ところで，インディアンたちもまた衣料として毛皮を利用していたからビーヴァーを捕獲していた．しかし使用は個人の範囲だから，必要以上に捕獲しなかったし，そもそも商品との発想がなかった．ヌーヴェル・フランスに吸引されたフランス人のなかにはインディアンから捕獲法を習得し，独自に猟師兼毛皮商を営む

"森の猟師"（クールドボア）（Norton, 1974, 下山 2005）も現れるようになった．牧歌的に始まった新産業は，だが，水面下ではインディアン社会に強い衝撃をもたらした．毛皮に新たな価値が付与され，珍奇な物品と交換可能な商品であること——この情報はインディアン社会をまたたく間に駆け抜けた——が理解されると，インディアン同士の利権対立へ，ほどなく氏族や部族間の抗争や戦争へと発展していった．

インディアンはもともと環境条件に対応して狩猟採集，農耕，漁労をさまざまに組み合わせながら，母系を基本とする氏族社会を形成していた．その文化と生活様式は多様であり，氏族ごとに少しずつ異なっていた．狩猟採集民であるカイオワ族はティピ（ティーピー）と呼ばれる円錐状のテントに住んで季節ごとに居住地を移動し，プエブロ族のような農耕民は石造り共同住宅に定住し，イロクォイ族は狩猟採集と農耕を行い，季節ごとにサイズの異なる木造家屋に生活していた．それぞれの氏族は首長を推戴し，一定の地域を領有していた．これらの氏族は言語を共有する氏族同士でゆるやかな連邦的な地域国家を形成し[16]，氏族間の問題を合議制によって調節していた．つまり，西欧とは異なる価値と次元で，十分に高度な政治機構と文化をそなえていたのだ．

毛皮取引はこの伝統社会に楔を打ち込んだ．紛争は，最初，周辺地域でのビーヴァーの氏族間の争奪，後には捕獲氏族と仲買氏族との対立，さらには氏族のヨーロッパ列強への編入と対立，最終的にはフランスとイギリスの全面対立と戦争へ突き進んでいく．ビーヴァーをめぐる，インディアンを巻き込んだ英・仏の戦争は合計3回起こった．最初は，ヌーヴェル・フランスとインディアン氏族との一連の戦争で，"ビーヴァー戦争"（または"フランス-イロクォイ族戦争"1649-1701）といい，イロクォイ族の背後にはイギリスがいた．2回目はスペイン継承戦争を契機にした北米での植民地戦争（"アン女王戦争"後述，1702-1713）．3回目はヌーヴェル・フランス・インディアン連合軍とイギリスとの"フレンチ・インディアン戦争"（北米を

舞台とした"7年戦争"の一環，1755-1763）だ．ビーヴァーの利権は莫大だった．

　初期のヌーヴェル・フランスとビーヴァーの公式の取引統計は残っていないが，宣教師たちの断片情報を総合すると，相当な量に達していたようだ．この徹底した捕獲によって早くも1630年代にはセントローレンス川一帯からビーヴァーの姿は消えてしまう（Innis 1930）．だがそれは類例のない乱獲が北米で開始される，はるか手前で起きた初期微動にすぎなかった．

ビーヴァーの生態と乱獲

　世界中にビーヴァーは2種いる．すでに紹介したヨーロッパビーヴァーとアメリカビーヴァー（*Castor canadensis*）だ．後者は北米大陸に生息する固有種で，極地を除く北米北部からメキシコ北部にかけて広く分布する．『動物記』で有名なシートン（Seton, C. E）は1929年に狩猟の手引書『狩猟動物の生活』を著し，そのなかで北米全体でのビーヴァーの数を6000万頭から4億頭と見積もった．20世紀前半の推定値だから開拓期以前の個体数は最大値を超えていたかもしれない．途方もない数だ．

　北米最大の齧歯類で，成獣は13-31 kg，ずんぐりした体形で，扁平で幅広い特徴的な尾をもつ．また，齧歯類に共通した特徴だが，上・下顎にそれぞれ2本の切歯をもち，切歯の外側（エナメル質）は赤くコーティングされている．これは鉄分子が沈着するからで歯を強化している．切歯は生涯伸び続ける常生歯（または無根歯）なので，つねに硬いものをかじらなければならない．毛皮の色は，黒，茶，黄褐色と集団ごとに変異がある．長い硬毛の下に密生するビーヴァー・ウールは保温効果がとくに良好で，厳寒な季節や地域での生息を可能にし，冬眠はしない．草食性で，イネ科の草本，広葉性草本，水草，水辺のヤナギやハンノキ，広葉樹の枝，芽，樹皮など，植物であればなんでも食べる．成獣のオスとメスがペアをつくる一夫一妻性で，結びつきは強い．冬に交尾し，晩春に2-4頭の子どもを産む．子どもは2-3歳までペアといっしょにいる（Baker & Hill 2003）．ペアと子どもの集団をアメリカ人は"家族"ではなく，"コロニー"と呼ぶ．きわめて長寿命で，飼育下では50年以上，野外でも20歳以上だ（Nowak 1999）．

　ビーヴァーといえば，周辺の樹木を切り倒し，これを材料に巨大なダムと巣（ロッジ）をつくることで有名だ．人工ならぬ，ビーヴァー工だ．最近では湿地生態系を積極的に創出する"生態系エンジニア"としての役割が評価されている（Jones *et al.* 1997）．生態系をつくりだす能力は，同時に，植生，哺乳類や鳥類など，ほかの生物種や群集に大きな影響を与える．このような生物を生態学では"キーストーン種"（要種）という．なぜこのような行動を行うのか．ダムがつくる池には巣があり，天敵は水生以外，寄せつけない．この安全圏のなかでビーヴァーは子を産み，子育てを行い，貯食し，越冬する．ペアはこの池を中心になわばりをつくる．なわばりは尿道周辺の腺から分泌される"カストリウム"（「海狸香」p. 304参照）によって丹念にマーキングされる．

　これらの生態や行動は，毛皮資源との関連では，次のような重要な特徴が浮き彫りにされる．①子どもの数は（ほかの齧歯類に比べ著しく）少ないために，集団の増加率はもともと低いこと．いいかえると，次世代をゆっくりと確実に残す K-戦略種である．したがって捕獲圧には弱く，回復しにくいこと．②なわばりをもつ資源防衛者であるために個体群は薄く広く分布する傾向があること．そして次が決定打だが，③巨大なダムや巣をつくるので生息が一目瞭然なこと．したがって，捕獲は，ダムや巣をみつけながら分布域を塗りつぶしていけばよい．効率的だ．

　ほかの天敵には通用した防衛戦略が人間には逆に仇となった．白人との接触以前のインディアンは，秋から冬にかけて，石と木製の槍か弓で，あるいは"スネア"（くくり罠）で，ときには多数の人数で巣を破壊し，棍棒で捕獲した．上質の毛皮を剥ぎ，脂ののった肉を食用とした．交易が始まり鉄製の武器が入手できると，槍や弓に代わり銃や鉄棒が使われ，またさまざまな

鉄製のトラップ（鉄罠や網と針金を組み合わせた罠）が工夫された．とくに18世紀末以降もっともよく使われたのは鉄罠で，水面すれすれの枝にカストリウムを塗り，水面下に仕掛ける方法だった．銃が普及すると，巣を破壊して撃つ方法も行われた．かくしてビーヴァーはその生息地から徹底して除去された．

オランダの毛皮交易とニューヨーク

ヌーヴェル・フランスでかき集められたビーヴァー毛皮の原皮は本国フランスで加工されたわけではない．当時，フエルトへの加工技術はロシアだけがもっていたから，原皮はオランダ商人の手でモスクワへ送り出され，そこでフエルトに加工され，再びオランダ商人とイギリス商人によってパリへ再輸出された（森永 2008）．これがパリの帽子業者の手でビーヴァーハットに仕立てられた．なんとも手がかかる．原皮が北米から大量に届くこと，それが飛ぶように売れること，これらの情報をイギリスとオランダが見逃すはずはない．

まずオランダ．北米北部にはハドソンが冠された地名が3つある．"ハドソン湾"，"ハドソン海峡"，"ハドソン川"だ．いずれも探検家ヘンリー・ハドソン（Henry Hudson）の名にちなむ．当時，イギリスとオランダは「東インド会社」によるスパイス交易を通じてアジアに利権をもっていたので（第7章参照），北米（巨大な大陸であることは後にわかる）を迂回して，直接アジアに向かう"北西航路"の探索に意欲を燃やしていた．この目的のためにオランダ東インド会社は，1609年にハドソンを雇い，その探索を命じた．彼は，ロングアイランドの南側からニューヨーク湾に入り，ハドソン川を遡上し，オールバニ（現ニューヨーク州，州都）に到達するものの，それが北西航路ではないことを確認して引き上げる．残念な結果だったが，航海は実りあるものだった．ハドソン川航行中にインディアンと交易し，多数のビーヴァー毛皮を持ち帰ったからだ．この成果と報告にもとづき，後にオランダはその地に北米における橋頭堡を築く．ちなみにハドソンは翌年（1610年），今度はイギリス東インド会社に雇われ，もう一度，北西航路の探索に向かう．この航海で，ハドソン海峡とハドソン湾を「発見」するが，乗組員の反乱に遭い不慮の死を遂げる．そのハドソン湾にイギリスが交易所をつくり，本格的に毛皮交易に乗り出すのは，その50年後だった．

オランダはハドソンが探査した一帯を"ニューネーデルラント"と命名し，1621年には「オランダ西インド会社」を設立，植民活動を開始した．この会社が置かれたマンハッタン島の南部は"ニューアムステルダム"と名づけられ，その周囲は板塀の壁で仕切られた．その防壁跡が現在の"ウォール・ストリート"だ．1630年ころには約300人の植民者がいた．とはいえ，なんら産業のない移民者の生業はといえば，もっぱらインディアンとの毛皮取引だった．統計は断片的だが，少し後になる値をトレリース（Trelease 1960）が発掘している．それによると，西インド会社は1635年にビーヴァー，カワウソ，シカ皮など1万6304枚の毛皮を母国に輸出し，13万4925ギルダの収益をあげたという．当時の庶民の年収が150ギルダ程度だったから，900人分以上に相当する，破格の利益だ．だが他方で会社が支払った経費は，1626-1644年の19年間で，総計55万ギルダになったというから，差し引きは「莫大」というわけではない．少し後の1649年，会社は負債のほうが大きいとの報告を本国に送っている．

オランダとイギリスはアジアの交易利権と制海権をめぐって1652年から開戦する．"イギリス‐オランダ戦争"だ．三次にわたる戦争の結果，オランダは，必ずしも敗者ではなかったが，ニューネーデルラントを放棄する代わりに東インドの2島，アフリカのスリナム，ギアナを獲得する．毛皮交易より利幅の大きい奴隷貿易へ重心を移す．1664年，ニューネーデルラントはイギリス領となり，ニューアムステルダムはニューヨークと改称される．多数の移民が押し寄せ，人口は一挙に9000人にふくれ上がり，周辺地域が開拓され，農業や牧畜が行われるが，それでもなお主要産業は毛皮貿易だった．やや

後の期間だが，1700-1755年，ニューヨークからの輸出産品に占める毛皮の割合は，つねに20%以上を占めた（Cutcliffe 1981，そのほかの輸出産品は木材や農畜産物など）．とくに1717-1720年では40%以上，1700年の最初の統計では36%．毛皮輸出量は，後に述べるハドソン湾株式会社とニューイングランド[17]の合計さえ上回っていた（Norton 1974）．ニューヨークはイギリス向け毛皮の主要な供給基地だった．この地位は，1720年以降は首位の座こそハドソン湾株式会社に譲るものの，19世紀中ごろまで変わりなかった．これらの毛皮を加工したビーヴァーハットの，イギリスからの輸出総量（フランスやほかのヨーロッパ諸国への）は，1700年に5786ダースだったが，1710年には1万501ダース，1750年までには4万5000ダース以上へ跳ね上がり，26万ポンド以上を稼ぎ出したという（Norton 1974）．当時，北米イギリス植民地における駐屯軍の維持費が年間約20万ポンドだったからそれさえ上回っていた．植民地経営はビーヴァーによってまかなわれていたといって過言ではない．

とはいえビーヴァーは乱獲にさらされ，1670年ころまでにはニューネーデルラント一帯から姿を消してしまう．当然のことだ．ビーヴァーの供給者だったインディアンは北西部にその猟場をしだいに移していくが，これには捕獲法をマスターした白人トラッパー（後に"マウンテン・マン"と呼ばれる）も合流していた．また，毛皮は，後半になるにしたがって，シカやカワウソなど，あらゆる種類の野生動物へ拡大されていった．さらに銘記しなければならないのは，その植民のやり方だ．

オランダにせよイギリスにせよ，そしてフランスにしても，初期の植民者はインディアンの援助なしに生活はおろか生存さえままならなかった．にもかかわらず農業や牧畜を導入するにあたっては，インディアンの土地を不当に占拠していった．インディアンにはもともと土地は共有であり，「私有」という概念は存在しなかった．それをよいことに所有を一方的に宣言し，逆に排除していった．マンハッタン島には，一握りのビーズ玉と交換されたといった，虚実不明の「神話」があるが，実態もまたそれに近いものだったのだろう．さらに付記すれば，農業や牧畜の定着や発展とともに必要とした労働力は，オランダやイギリスがアフリカや西インド諸島から拉致してきた有色人奴隷だった．その数は植民地時代末期で約50万人，総人口約250万人の2割に達する（本田1991）．彼らの労働力なしにアメリカの建設と発展はなかった．今日，世界の経済と金融を左右する巨大都市，ニューヨークの礎が，ビーヴァーとインディアン，そして奴隷によって築かれたことを，私たちは忘れてはならない．

(2) ハドソン湾株式会社と毛皮交易

ハドソン湾株式会社の誕生

北米での毛皮交易，その全体史からみれば，ヌーヴェル・フランスもニューヨークも，巨大な本流へ合流する小さな傍流にすぎなかった．イギリスは，経緯は省略するが（くわしくは，Innis 1930, 木村2002, 2004, 下山2005），ヌーヴェル・フランスの"森の猟師"からもたらされた「ハドソン湾は毛皮の宝庫」との情報にもとづき，1670年に「ハドソン湾株式会社」を設立する．国王チャールズ2世（在位1630-1685）の下賜した特許状には，会社は「ハドソン湾の海域，沿岸，そこに流れ込む諸河川の流域一帯の，……真の支配者にして所有者」とあり，その領域はきわめてあいまいなものだった．先住民の存在など無視し，国王の気まぐれで発行できる，境界さえ不明な，このような特許状がはたして有効なのか，はなはだ疑問といわざるをえない．歴史はもどせないとしても，検証されてよい課題である，と私は思う．ともかくもそれはルパート王子ほか18名からなる株主が株を持ち合う，現存する世界最古にして，最長命の「株式会社」の誕生だった．現在，カナダでもっとも有名な百貨店チェーン"The Bay"はその後裔である．

ハドソン湾株式会社はハドソン湾に流れ込む主要な河川の河口に交易所を次々と建設して，さっそく業務を開始した．この交易所は

"ファクトリー"と呼ばれたが，工場ではなく，インディアンがカヌーで運んでくる毛皮をさまざまな商品と交換する商館兼要塞だった．ハドソン湾一帯には，今日でも"ヨークファクトリー"とか"フォートセヴァーン"といった，往時の名前を留める地名が多い．この交易所で社員はひたすらにインディアンとその毛皮の到来を待った．期待は的中．イニス（Innis 1930）によれば，会社は，たとえば1676年にはイギリスから650ポンド分の交換用商品を搬入し，見返りとして1万9000ポンド分の毛皮を母国へ「輸出」し，1679年には，ビーヴァー皮1万500枚，テン皮1100枚，カワウソ皮200枚，エルク皮700枚，その他小型獣の毛皮を母国に送った．資本金1万500ポンドで出発した会社は1690年には3万1500ポンドに増資し，25％の配当を株主に払うまでになった（木村2004）．それもそのはずだ．地名を確認したついでに，"グーグル・アース"でこの地域の衛星画像をみると，現在でもはっきりと，多数の池塘が，カンバなどの北方林のなかに，まるで星屑のように点在しているのが確認できよう．そこは北米北部を覆い尽くした超弩級の氷床，"ローレンタイド氷床"が融けた後に形成された巨大な氷河湖，"アガシー湖"のかつての北西部の一画であり（第2章注2参照），まちがいなくビーヴァーの巨大な生息地，"ビーヴァー帝国"の中枢だったからだ．

ほぞをかんだのは宿敵フランスだった．この地がビーヴァー帝国であることを教えたのはもとはといえばヌーヴェル・フランスであり，ケベックからハドソン湾にかけて探査さえ試みていたからだ．両国は，"スペイン継承戦争"（1701-1714年）をきっかけに，北米北部でも直接の戦火を交えるに至った．これをすでに述べたように"アン女王戦争"（アン女王在位1702-1713）というが，むしろ「ビーヴァー帝国の覇権戦争」のほうがふさわしい．この結末は，戦勝国イギリスがニューファンドランド島とハドソン湾を獲得して終わる（「ユトレヒト条約」1713年）．かくして以後，イギリスはハドソン湾一帯の毛皮交易を独占していく．

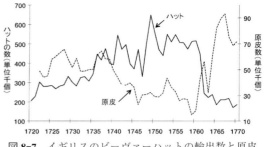

図8-7 イギリスのビーヴァーハットの輸出数と原皮の輸入数の推移（Carlos & Lewis 2010より）．

他方，フランス国内でも波乱があった．帽子製造業者の大半は"ユグノー"と呼ばれたプロテスタントであったが，1685年，ユグノーを敵視したルイ14世は非合法化政策に転じた．この結果，多くのプロテスタントがイギリス，ドイツ，オランダへ移住していった．生産の担い手を失ったフランスはこれ以後徐々に凋落していく．さらにフエルト加工技術もロシア業者の独占から離れ，広く普及するようになった．こうしたいわば棚ボタ式の事情を背景に，ロンドンはパリに代わってビーヴァーハットの世界工場となった．イギリスのビーヴァーハットの輸出量は，1720年の約20万個から1750年の約65万個へと飛躍し（図8-7），フランス，ポルトガル，スペインへ輸出するようになった（Carlos & Lewis 2010）．イギリスの帽子職人は1730年に少なくとも30万人に達した（Carlos & Lewis 2010）．ビーヴァー毛皮は，ニューヨークやニューイングランドからの輸入もあったものの，主力はハドソン湾株式会社によって担われ，空前の活況を呈するようになった．ビーヴァーハットを中核に，毛皮は名実ともに「世界商品」へと変身したのだった．

ハドソン湾株式会社のビーヴァー資源の利用

ハドソン湾株式会社は，株式会社という現在につながる企業形態，あるいは交易という特殊な貿易形態をもつために社会・経済史の視点（Trigger 1986, 木村2004, 下山2005など多数）からも，また交易を白人と先住民の相互作用ととらえ，それが先住民社会にどのようなインパクトを与えたかという民族学的視点（たと

表 8-1 毛皮と商品の交換レート（単位メイド・ビーヴァー）（Carlos & Lewis 2010 より）.

毛皮	メイド・ビーヴァー	交換商品	メイド・ビーヴァー
ビーヴァー（1頭分）	1	銃	7
		手斧	1/2
ビーヴァー（半頭分）	1/2	氷用ノミ	1/2
		火薬（1ポンド）	2/3
ビーヴァー（コート）	1	銃弾（1ポンド）	1/2
		ブランケット	5
テン	1/4	ケトル	1
オオヤマネコ	1	ブランディ	4
アカギツネ	1/2	タバコ（1ポンド）	1
オオカミ	1	ベーズ（1ヤード）	1
クマ類	2	ビーズ玉（1ポンド）	4/3
ムース	6	布地（1ヤード）	2
		櫛	1/2
		ダッフル（1ヤード）	3/2
		フランネル（1ヤード）	1
		針	1/12
		シャツ	1
		糸（1ポンド）	2
		バーミリオン（赤顔料，1ポンド）	10

えば Ray 1974, 岸上 2001 など) からも，きわめて興味深い．ここでの私たちの興味の中心は，独占状態にあった組織が伝統的な先住民族との間で行った生物資源利用が，生態学的な資源管理の歴史的文脈において，はたして適切なものだったかどうか，そして生物資源を保全，維持するためにどのような手段や方策が講じられたのか，という点に向けられる．

交易所（ファクトリー）での毛皮取引は，インディアンたちの持ち込む毛皮と，ヨーロッパ人が用意した物産との物々交換で行われた．交易用産品は，銃から日用雑貨，衣料，食料まで，じつにさまざまだが，その代表的なものを表にする（表8-1）．それをどのように換算し交換したのか，その換算単位が，驚くことに"ビーヴァー"だった．冬毛の良質な成獣1頭分の毛皮を"1メイド・ビーヴァー"（Made Beaver, MBと略す），つまり通貨なのだ．表の数値がそれで，銃なら7MB，手斧なら0.5MB，毛布なら5MBだ．これに対し毛皮は，ビーヴァー半分なら0.5MB，ビーヴァーの中古コート1MB，テン

0.25MB，オオヤマネコ（リンクス）1MB，アカギツネ0.5MB，オオカミ1MB，クマ2MB，ムース6MB．童話のような異次元世界．

インディアンたちはカヌーに毛皮を積載し，陸路は担ぎながら，主要河川を漕ぎ下ってきた．主要な交易相手は，ハドソン湾南部に広大な領域をもっていたクリー族とアシニボイン族で，前者はおもに森林地帯で生活し，夏にはトナカイやムース，ビーヴァーを狩猟するほかに漁労を，冬には疎林地帯に移ってバイソン，オオカミやキツネなどを捕獲する．これに対して後者は，夏には草原地帯でバイソン狩りをし，冬には疎林地帯で，ときには前者といっしょに，狩猟を行う．両者ともに季節に応じて生活場所を変えながら自然資源をたくみに利用する狩猟採集社会を形成していた．その彼らは，無条件に，目新しい物品に飛びついたわけではない．ためつすがめつ値踏みしても，必要以上のものは交換することはなかった．それは十分な生産基盤をもつ自立型の社会を確立していたことの証左にほかならない．端的にいえば，交易を望み，依存したのはもっぱら白人なのであって，インディアンではない．木村（2004）は，白人が毛皮の入荷量を増やすために，物品の価格を下げても，インディアンは毛皮の供給を増やすどころか，逆に減らす傾向があったと分析している．またしばしばヨーロッパ製品の魅力の前に，麻薬のように，たちまち屈したとの伝説や流言があるが，レイ（Ray 1974）はそうした言説がいかに実態とかけ離れていたのかを指摘している．ビーヴァー資源は，生産基盤をもった伝統社会にあって，供給者側の手で保全されていた．このことは強調されてよい．乱獲が横行するのは彼らの生産基盤そのものが破壊されて以降，そして，捕獲事業に多数の白人が直接参入するようになってからだった．

ビーヴァー個体群の運命

ほぼ完全な独占状態が継続していた1695-1780年の間，ハドソン湾株式会社は総計300万頭以上のビーヴァー毛皮を取引した．莫大な数だ．この間の取引数の推移を代表的な2カ所

の取引所で比較してみる（図8-8）．フォートオルバニーは東部のジェームズ湾地域を，ヨークファクトリーはネルソン川流域を，それぞれカバーし，その範囲はヨークファクトリーが最大だった．大きな年次的変動があって，しかも変動レベルは場所ごとにかなり異なるものの，その基本的なパターンはよく似ている．初期に増加し，大きなピークをつくった後に，徐々に減少していく．これらは生物資源利用において，収獲量や収獲努力を固定しない，つまり規制がまったく適用されない場合に，典型的にみられる変動パターンだ．初期は，資源が「開発」され，捕獲努力が低くても容易に捕獲され，この状態は一定の上限値（それは資源量によって決まる）まで継続する．その後は捕獲努力を増加させても資源量の低下にともない減少し，最終的には資源の枯渇によって急速に減少していく．

この統計は取引量であり，実際の個体数変動ではない．個体群の動態を再現するにはモデルを使ったシミュレーションが必要だが，その1つがカルロスとルイス（Carlos & Lewis 2010）によって試みられている．図8-9は，取引の中核だったヨークファクトリーのもので，合わせて標準化された価格が書き込まれている．推定された個体数は，初期に捕獲されたことに応答してわずかに増加するが，以後ゆっくりと減少の一途をたどる．計算は1760年代までだが，この減少が1780年代の崩壊まで続く．増加率や環境収容力を一定に仮定する単純なモデル（ロジスティックモデル；コラム12-1参照）ではあるが，これに近い軌跡をたどりビーヴァーは減少していったにちがいない．なお，このモデルでは理論上，捕獲した分を補充できる持続的な捕獲数（最大持続収量，MSY）を推定することができる[18]．その計算結果はちなみに2万2500頭．つまり，ハドソン湾株式会社は，この値を目安に，捕獲を制限し管理を実行すれば，ビーヴァーは枯渇しなかったということになる．後の祭り，疑う余地のない乱獲だった．

無尽蔵と思われていたビーヴァーの個体数は，1750年以降，めっきり減少していく．この結果，価格は経済法則にしたがって上昇するが，枯渇

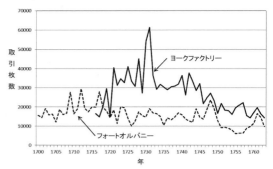

図8-8 ハドソン湾株式会社の取引所でのビーヴァーの取引量の推移．年変動が激しいが，初期に増加，その後ゆっくりと減少している（Calros & Lewis 1993の統計値をもとに作図）．

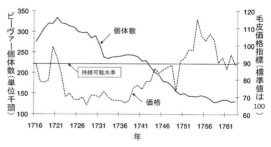

図8-9 ビーヴァーの個体群動態と毛皮価格の変動（ヨークファクトリー周辺）．個体数はシミュレーションによる推定．毛皮の値段は指標による．中央横棒は持続可能な水準（Carlos & Lewis 2010より）．

しつつあった資源量のなかで捕獲数は増加するわけではない．価格の後押しにもかかわらず個体数は減少し，1780年代，ついに交易事業は立ち行かなくなってしまう．これには，必要な物産がすでにインディアンの間に行きわたり，交易のインセンティブが低下したとの要因も指摘できる（木村 2004）が，毛皮はとにかく集まらなくなった．ビーヴァーハットはますます流行し，本国の需要は増えるいっぽうだったにもかかわらず，である．ハドソン湾株式会社が，この危機をほんとうの意味で自覚，つまり資源量と収獲量のバランスの問題であることを認識し，対策と資源管理に乗り出すのはさらにその100年後である．そこへ一挙に進む前に，毛皮にまつわる北米開拓史には，欲望と野心が織りなす無数の栄光と泥縄の波乱が待ち受けていた．このエピソードのいくつかを紹介する．北米大陸はあくまでも広大な領域だった．

ノースウエスト会社の勃興と対立

ハドソン湾株式会社の毛皮取引量が減少したのはその他にも理由があった．1つは白人が持ち込んだ病気で，とくに天然痘は18世紀後半からインディアンの間で何波にもわたって大流行し，クリー族などでは人口の約40％が死亡した（Ray 1974）．毛皮供給者自身がいなくなったことに加え，もう1つは競争者が現れたことだ．独占はつねに破られる．ハドソン湾には，放棄したとはいえヌーヴェル・フランスの残党，多数のフランス人がいた．彼らは，交易商，あるいはカヌーの"漕ぎ手"（ヴォワヤジュール）となってしたたかに毛皮交易に携わっていた．フランス人はインディアンと結婚し，混血者"メイティ"（Métis, 仏語，混血）が次世代をつないでいた．その数は18世紀中ごろで3000人を超えていたという（Ray 1974）．彼らは個々にモントリオールやケベックから五大湖の北部へと進出し，オジブア族などを含む新たな毛皮市場を開拓していった．そのスピードは，川面をすべるカヌーのように速く，18世紀中ごろ，ついに最大のビーヴァー生息地であったアサバスカ湖周辺へ到達する．アサバスカ（Athabasca）とはクリー族語で「アシの生えた地」の意味だが，この葦原を生息地としたビーヴァーは厳寒の冬に耐え抜く濃密なウールをもつ特上品だった．彼らはこの地から毛皮をモントリオールやケベックに搬送していた．それはハドソン湾株式会社のまさに裏庭を通り抜けるようなルートだった．

それにしてもだ．モントリオール→五大湖→ウィニペグ湖→アサバスカ湖は距離にして4400 km，直線距離でいえば札幌−鹿児島間の2.75倍．そこを，カヌーを漕ぎ，荷物とカヌーを抱え，山道を上下しなければならないのだから，もはや人間業を超えていた．そこで考え出されたのが，現地に交易所を設けて滞在し，毛皮を集める者，運搬に専任する者，モントリオールで輸出入する者，と分担する分業体制だった．毛皮を集める者と運搬者は年に1回，ルート上で出会い荷物を移し替えた．この中間地点での邂逅は"ランデヴー"（rendez-vous）と呼ばれた（Innis 1930）．「予定された集結地点」という散文の原義にその後に特化された胸ときめく意味はない．この長距離交易ネットワークは，必然的に組織化され，会社として発足するようになった．複数あるが，その代表が1771年に誕生した"ノースウエスト会社"だ．この新興会社は，輸送コストは大きかったが，1796-1799年の4年間で年平均約100万ポンドの収益をあげ，河口で「殿様取引」をしていたハドソン湾株式会社をたちまちに凌駕してしまった．同社はカナダ西部の毛皮の約80％を占有するまでになった（ハドソン湾株式会社はわずか14％に転落，Innis 1930）．

この冒険的な会社には，希有の探検家がいた．スコットランドからの移民の息子，アレクサンダー・マッケンジー（Alexander MacKenzie）．彼は毛皮資源と，太平洋への到達をめざしてさらに西進した．1回目は失敗するが，周到な準備を整えた，1793年の2回目にはロッキー山脈を越え太平洋へと到達する．それはカルティエがヌーヴェル・フランスに到達してから200年余，ハドソン湾株式会社が設立されてから123年後，ようやくその領域と社有地の西端が明らかにされた瞬間だった．同時にそれは，海路ではなく陸路だったが，多くの探検家が夢に見た"北西航路"（ノースウエスト）を切り開いた壮挙でもあった．だが皮肉にもそこには予想だにしなかった国がすでに先着していた．そしてこの国を突き動かしたのもまた「毛皮獣」だった．これは次節で述べる．

このノースウエスト会社の裏庭を踏み荒らすような「暴挙」に対し，ハドソン湾株式会社が反撃に転じるのは19世紀になってからだ．同社は河口での交易所を撤収し，内陸部に交易所を移すとともに，ビーヴァーを獲り尽くした地域，レッド川周辺に今度は農業植民地をつくり，植民者を募って定着させようとした．ウィニペグ湖とスペリオル湖にはさまれるそこは，ノースウエスト会社の交易ルートの中枢部にあたり，まさに移動路の遮断を企図していた．暴挙には暴挙．両社は激しく対立し，大規模な流血の惨事（セブン・オークス事件，1816年）さえ引き起こした．その後の経過の詳細は省くが，こ

じれた関係を修復し，両者が1821年に合併するのは，ひとことでいえば，時代の巨大なうねりだったように思われる．

フランス革命による国王・貴族支配の終焉（1789年），産業革命による種々の産業の発展と大量生産，近代市民社会の成立，アメリカ独立革命（1776年）による農商業の発展が進むなか，ビーヴァー毛皮の争奪は，コクゾウムシが小さな米粒を取り合うような，些細ないさかいにすぎなくなっていた．17世紀から18世紀後半まで，モントリオールからの輸出の75%以上を占めていた毛皮は19世紀に入ると激減し，木材や農産物にとってかわるようになった（木村2004）．1836年に5万トン程度だった木材輸出は，1851年には100万トンを突破，新興カナダの基幹産業となった（Innis 1930）．合併後，新たに出発した「ハドソン湾株式会社」（合併後も名前は受け継ぐ）は，農業開発や不動産業に転身するもなお毛皮産業に執着し，継続させた．とはいえ，ビーヴァーをはじめとする毛皮獣は乱獲のためにすでに往時の盛況にはなく，二次的な部門に格下げされながら．

落日のなかの模索

人間や組織は苦境に追い込まれたときに真価を発揮することがある．ハドソン湾株式会社もまた紆余曲折を経ながらも，みずからの拠って立つ基盤であった生物資源を，率直にかつ真剣にみつめなおし，その存続と経営とを持続させるために，初めて，さまざまな対策と保全のための管理を展開していった．その再興への模索を付記しておく．なお以下は『毛皮交易におけるインディアン』を著したアーサー・レイ（Ray 1974）のその後の一連の研究（Ray 1975, 1978, 1996, Ray & Roberts 1985），および岸上（2001）に依拠する．

とはいうものの，この英断とほぼ並行して次のような愚行も行われた．当時，オレゴン地方（現オレゴン州，アイダホ州）には独立してまもないアメリカの白人猟師がすでに入り，ビーヴァーをさかんに捕獲していた．これらの猟師を締め出すために計画されたのが"ビーヴァー根絶作戦"だった．それはコロンビア川一帯に専任の捕獲隊を送り込み，新型の鉄製罠を大量に仕掛け，根絶させてしまうことだった．1824-1830年におよそ2万頭の猟果を得た作戦の結果，アメリカ人の侵入を遅らせることができたという（Ray 1978, 木村2004）が，それは，後続他国が利用できないよう，スパイスの実る熱帯雨林を焼き払ったオランダの行為とそっくりではないか（p.347参照）．

英断はロンドン本社の強い指示だった．現地の首脳陣は，しぶしぶ応じて，しばらく"養生"（ナージング）すれば資源はすぐに回復するものと楽観的だった．それは，①合計約600カ所もあった交易所をすべて閉鎖し，新たに高密度生息地だけを対象に統合した．②捕獲者にビーヴァーではなく，ほかの毛皮獣，とくにマスクラトを獲るように奨励した．③品質の悪い夏の毛皮取引を排除するために猟期を冬に限定した．④1822年に新型の鉄製トラバサミの販売を中止した．⑤1826年には，"捕獲頭数の割り当て（クォータ）制度"を1823-1825年の3年間にわたって導入した．⑥子どもの捕獲は行わないよう要請した．いずれもが道理にかなう画期的な措置だったといえる．このうちマスクラト（*Ondatra zibethicus*）はビーヴァーと同じく北米北部に広く生息する齧歯類で，体重は約1.5kg程度と小さいが，ビーヴァーには劣るものの良質の毛皮をもっている（日本にも導入され現在は外来種として定着）．この措置によってマスクラトの捕獲数は1823年に一挙に15万頭に跳ね上がった．また，⑥については食用に最適だったのであまり浸透しなかった．

この管理スキームは残念だが好ましい成果を生まなかった．ビーヴァーはもはやだれの目にも激減していたからだ．その理由をあげると，第1に，継続された乱獲はビーヴァーだけでなく，ムース，トナカイ，バイソンの個体数を大幅に減少させ，それに依存していたインディアン各種族の生存基盤を破壊していた．したがって，狩猟採集のために移動する種族にとって地域割当制は無意味だったこと．第2に，毛皮はすでにインディアンの生計に組み込まれ，捕獲

なしに生活は成り立たなくなっていたこと．また，インディアンにはそもそも将来やストックといった概念がないために上限捕獲数の設定自体が理解できなかったこと．さらにアルコールの浸透がこれに追い打ちをかけ，酒欲しさの捕獲を加速したこと．乱獲にはもはやブレーキがかからなかった．第3に，インディアンの信仰は，野生動物は神の使いであり，伝統に則った狩猟においては「個体数の減少」という現象が理解不能であったこと．第4に，毛皮取引は種族間の，または種族内の紐帯を破壊してしまい，狩猟や取引が個人ごとに分断され，集団による統率や伝統的な狩猟がもはや制御不能になっていたこと．第5に，インディアン以外の白人狩猟者は短期間で最大限の収穫をあげることが目標だったために統制は不能だったこと，などがあげられよう．ハドソン湾株式会社を中心とする1世紀半におよぶ毛皮交易は，生態系と野生動物，そしてそこに生活していた人々の社会と精神を，すっかりと塗り替え，破壊してしまったのである．

その後も同社は，新たな地域割当制度，別の毛皮獣捕獲の賞金制度，さまざまな規制措置を行うものの，明白な効果は認められなかった．それでも首脳陣は，持続可能な管理が，将来，必ずや豊かな果実をもたらすものと信じていた．だがその期待を完膚なきまでに打ち砕いたのは移ろいゆく流行だった．あれほど人気のあったビーヴァーハットは，山高帽に変わりはないのだが，1840年代に入ると突然に"シルクハット"にとってかわられ，もはや陳腐な流行遅れとなった．蚕が桑の葉を食うのを「蚕食」というが，毛皮はまさに虫に蚕食されたのである．流行はつねに廃れる．とはいえ私たちは，この管理スキームが陸上野生動物に対する人類最初のまとまった「保全施策」だったことを確認しておく必要がある．そこには猟期などの時間，地域割当制などの空間，さらに個体群のサイズに応じた捕獲数など，評価は別として，近代的な生物資源管理の枠組みが提示されていたからである．そしてもう1つ，同社の白眉の遺産を紹介してこの節を終えよう．

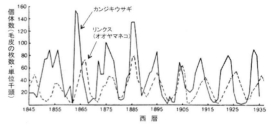

図 8-10　リンクスとカンジキウサギの個体数変動．個体数は約10年の周期的変動を示す．両者は食う者と食われる者の関係にある（MacLulich 1937 より作成）．

ハドソン湾株式会社の遺産

20世紀初頭に，ハドソン湾株式会社が残した膨大な毛皮獣の取引統計を分析した研究者がいた．近代生態学の扉を開いたイギリスの生態学者エルトン（Elton 1924, 1927）である．図8-10は，高校生物教科書にも掲載されるリンクスとカンジキウサギ（*Lepus americanus*）の取引数の年次的変動だ．期間は，ちょうど同社がビーヴァーからほかの毛皮獣へと捕獲対象を切り替えるように指示した直後から約100年間のデータである．縦軸は取引数なので，生息数そのものではない．しかし，捕獲努力が一定であれば捕獲数は生息数をある程度反映しているはずである．同社が雇った捕獲者やインディアンの数はほぼ変わらなかったから，縦軸は実際の生息数のよい指標と考えられる．捕獲数の多さにあらためて驚かされる．陸生野生動物の個体群動態をこれだけ長期にわたって追跡した記録は，それ以前も以降も，ない．2種ともに個体数の増減が顕著な，ほぼ10年（変動幅8-11年）の周期的な変動を示す．エルトンは同社の同じ取引統計を用いてこのほかにホッキョクギツネやアカギツネの個体群を分析している．同様に振幅の激しい周期性のある動態を示す．ツンドラやタイガなど極地周辺の哺乳類にはこうした傾向があるが，なぜそのような周期性が生まれるのか，そのメカニズムはなお十分にはわかっていない．

図 8-10 のリンクスとウサギは，食う者（捕食者 predator）と食われる者（被食者 prey）との関係で，示し合わせたかのように両者とも周期的な変動を示す（ほぼ10年周期，8-11年

〈コラム 8-2　リンクスとカンジキウサギ〉

　リンクスとカンジキウサギの印象的な個体群動態は，エルトン（Elton 1924, 1927, エルトン 1989）が食う者と食われる者との典型的な関係（捕食－被食関係）であると喧伝したこともあってさらに有名になった．その後，これを確かめるために大規模な野外実験が2人の研究者らの手で進められた．なんでも実際にやってみる資金と国土のゆとりがうらやましい．キース（Keith 1983）らはカナダ・アルバータ州の森林地帯に60 haの囲い実験区をつくり，リンクスの侵入を排除して，個体群動態を調べた．するとカンジキウサギ個体数は，リンクスがいなくともほぼ10年周期の動態を示した．これには，冬期の餌であるポプラやヤナギの下層植生の量が重要で，個体数が増加すると植生は減少するのでウサギの死亡率が増加し，ウサギの密度が低下すると，今度は植生が増加するとの，ウサギ個体群と植生との間にまず基本的な食う－食われるの関係が起こっていて，リンクスはウサギの個体群に依存しているだけで，個体群を制御しているわけではないとの「食物仮説」（ボトムアップ）を提出した．

　クレブス（Krebs et al. 1986, 1995, Hodges et al. 1999, Boutin et al. 2002）らはアラスカ・ユーコンでさらに大規模な野外実験を行った．100 haの実験区を次の4つ，①リンクスの侵入をフェンスで排除した区，②冬期にウサギに給餌した区，③リンクスの侵入を排除したうえで給餌した区，④なにもしない対照区，を設け，それぞれの個体数変動を追跡した（図8-11）．これらを比べると，個体群の変動は①＞②＞③＞④の順に激しくなることがわかった．このことからクレブスは，ウサギの個体群動態には，リンクスの捕食と餌量の2つが複合的に関与していると推論した．しかし，①と②をまとめたグループと，③と④をまとめたグループを比較すると，両者の間にははっきりとした差が認められ，捕食以上に餌量（と気象条件）の影響のほうが大きいようにみえる．最近の研究は，ウサギの個体群動態がリンクスだけではなく，鳥類の捕食者（フクロウなど）も加わり，より複雑な食物連鎖の影響を受けること（Krebs 2011），また捕食者の影響は直接的なものではなく，むしろその存在がストレスとなりウサギの繁殖率や生存率へ影響をもたらすこと（Sheriff et al. 2010）などを明らかにしている．食う者と食われる者との関係に関する研究には，より長期で，そして幅広い視点が求められる．

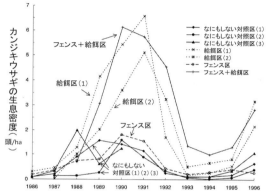

図 8-11　クレブスらはアラスカでカンジキウサギの生息地を操作して大規模な実験区をつくり野外実験を行った．実験区は①リンクスの侵入をフェンスで排除した区，②給餌した区，③フェンスと給餌した区，④なにもしない対照区．図はそれぞれの地域のウサギの10年間の個体数変動．変動はフェンス区でも，給餌区でも起き，フェンス＋給餌区でもっとも激しかった（Hodges et al. 1999 より）．

の幅がある）．しかし注意してみると，2種の増加のピークはわずかにずれ，被食者が先行し，捕食者のほうが遅れ，それを追いかけるように共振動していることがわかる．被食者の増加がなにによってもたらされるかは不明だが，捕食者はこの被食者の増加，つまり餌量の増加を契機に個体数を増加させる傾向があり，その逆，被食者の急激な減少は，捕食者の増加以前，つまり捕食量の増加に先行して起こる傾向がある．捕食者の影響というよりは，むしろ被食者自身の要因（餌である植物量の変動，密度効果，分散など）で減少すると推測できる．

　自然界における食う者と食われる者との関係は，試験管のなかの2種の微生物の挙動のような，単純な2項の相互作用ではなく，複数の要因がからむ，複雑な過程だ．このことは，後に議論する捕食－被食の基本的な関係を理解するうえで重要な視点を提供する．すなわち捕食者の個体数は被食者の個体数に大きな影響を受けるが，被食者の個体数は捕食者によって制御されるわけではない．これは「ボトムアップ効果」と呼ばれる現象で，栄養段階でみると上位

の種の動態が下位の種によって影響を受けると解釈される種間相互作用の基本原則の1つだ．被食者であるレミングやハタネズミ，ウサギなどの個体群が増加のピークに達した後，個体群内部にどのようなメカニズムが働くのか，現在もなお動物生態学の中心的な研究課題である．

8.4 ロシアのシベリア開拓と毛皮獣

ロシアという国

ヨーロッパ以東のユーラシアの森林帯は，北極圏（ツンドラ）以南では，北部でタイガ（寒帯針葉樹林），南部でステップ（草原）がほぼ平行に東西を貫いていることはすでに述べた（序章）．地政学的にみると，このステップが東西に走っていることが重要で，東部地域に勃興した複数の遊牧民が，青銅器時代以降，繰り返しこのステップを移動路に西進し，ヨーロッパ農畜文化に大きな衝撃をもたらした．ロシアの成立もまたこの遊牧民の西進と無関係ではない．進んでいた時間の針をもう一度13世紀中ごろにもどす．

遊牧民は環境変動とそれが引き起こす草原の分布や草本の多寡に鋭敏に応答する．家畜の餌であるイネ科草本の生産量は温度よりむしろ降雨量に強く影響される．中央ユーラシア東部では，11-15世紀，温暖乾燥環境が極端に進行した．このためモンゴル周辺では草原が縮小し，生産量が著しく低下したと考えられる（奈良間 2012）．遊牧民は本来，共通する遊牧圏のなかで相互の軋轢を調節し合う氏族的な政治システムをもつ．この地域社会は生産基盤の変動に対応してより上位の地域国家へ統合される潜在力をもつ．13世紀初めに勃興したモンゴル帝国はこの危機に対応した国家であり，それは最初から農耕地域への侵略と略奪を目的とした軍事国家であった．チンギス＝ハン（在位1206-1227）が率いた1000戸を単位とした騎馬軍（千戸制）は周辺諸国を支配した後，彼自身とその孫バトゥによって西方遠征が企てられた．その目標ははっきりしないが，「モンゴル馬蹄のいきつくところまで」征服するというものだったという（栗生沢 1995）．国を興すきっかけが気候なら，その侵略を可能にしたのも気候だった．12万-14万人ともいわれる大軍勢（3万-4万人との説もある）は，1219年にアルタイ山脈と天山山脈にはさまれる隘路を通過するが，寒冷湿潤期であれば氷河に阻まれていた地域，だがこの時代には水量不足のために氷河は退行していた（奈良間 2012）．

この椿事の結果，モンゴル支配は，東は中国（元），西はロシア，イランに至る広大な領域へと広がった．侵略の爪痕はすさまじく，ロシアでは近代に至って調査された74都市のうち49％が壊滅，19％はそのまま廃墟に，20％が破壊のために村落へ格下げされたという．また虐殺の規模は不明だが，多数の手工業者が殺され，生産そのものが頓挫したとさえいわれる（栗生沢 1995）．その侵略した領土には"ハン（汗）国"と呼ばれる一種の地方政権が配置された．毛皮の中継交易で繁栄しつつあったキエフ公国は交易路や都市を破壊され，崩壊したと前章で述べたが，この地域には1240年"キプチャック＝ハン国"[19]が置かれた．ただしノヴゴロド国はこの侵略からはまぬがれ，ロシア唯一の独立国家としてその後しばらくは生き残る．ロシアの歴史はこの屈辱のキプチャック＝ハン国から始まる．

余談．ヴェネチアの商人，マルコ・ポーロはこの時代にモンゴル帝国の首都大都（現北京）を訪ね，その旅行中の体験と見聞を『東方見聞録』（13世紀末）に記録した．このなかでは各地の野生動物の生息状況を丹念に記録しているが，なかでも第5代フビライ＝ハンとその周辺の様子を採録している点が出色だ．たとえば，モンゴル人の衣類は「大部分が金糸絹糸の布地で，裏に黒貂，貂，りす，狐などの高価な毛皮をつける」とあり，イスラム遊牧民と同様に，モンゴル貴族が毛皮を愛好していたことがわかる．また冬期には首都から40日以内の行程で大規模な狩猟が行われ，「野猪，かもしか，鹿，ライオン，野生驢馬，熊，狼，狐，野生山羊」などが捕獲されること，鷹狩のほかに，「全身に黒，赤，白の縞のある美しい毛皮をもつ（飼

育され，調教された）ライオン」による猟が行われたという．「かもしか」とはおそらくモンゴルガゼル，「ライオン」は明らかにトラだと思われる．このほか，宮殿内には動物の飼育場や「鹿苑」があり，ゾウやラクダのパレードが行われたと記述されている．モンゴルでもまた，動物を飼育し，ロイヤルハンティングを行うのが権力の証だった．閑話休題．

さてキプチャック＝ハン国．ロシア諸国家はこの侵略国家の徴税と徴兵業務を請け負う従属の行政代行国家として出発した．これを"タタールの軛"という．タタールとは元来「ほかの人々」を指す古テュルク語で，モンゴル系，テュルク系諸民族の総称だ．ロシア諸公はこの苛烈な異民族支配のもとで人口調査を行い，徴税と徴兵を庶民に課す業務を粛々と続けた．このなかでもっとも忠実に行政組織を整備し，政治力と経済力をつけ，頭角を現したのが「モスクワ大公国」だった．この国が，やがてハン国に反旗をひるがえし，独立戦争を戦い抜き，南ロシアの地からタタールを追い払い，次いで，ノヴゴロド，リトアニアなどを併合して統一国家ロシアを樹立する．1480年，それはモンゴル支配から約240年後に果たされたロシア人の宿願だった．

ロシアは，このモンゴル支配のやり方を引き継ぎ，農奴制を基本とする専制支配体制を築いた．確立された体制を継承した点ではタタール支配は無意味ではなかったとの評価もあるが，とはいえ，長きにわたった支配と収奪，その後の統一へ向けた内戦の経過はロシアの諸産業や農業基盤を（農奴制と相まって）根本から疲弊させたことは否定できない．ヨーロッパ諸国が急速な発展を遂げようとしていたその時代，ロシアだけが立ち遅れた原因は，このことにおいてほかにない．この救いがたい窮状を挽回すべく後進国家が頼みとした収入源の柱が毛皮貿易だった．中央集権国家を確立したイヴァン4世（雷帝，在位1530-1584）の子，フョードル帝（1584-1589）の時代，毛皮貿易はロシアの国家歳入のじつに3分の1を占めた（森永2008）．ロシアはこの莫大な毛皮をどこでどのように調達したのだろうか．

(1) ロシアのシベリア征服

ノヴゴロド国が北方スカンディナヴィア半島の毛皮獣を原資に国家を樹立したように，ロシアもまた毛皮獣を元手に近代化を進めようとした．今度は北にではなく，無限に続く東に向かって．広大なユーラシア北部を俯瞰すると，すでに述べたように，タイガとステップがほぼ平行に東西に駆け抜ける．モンゴルはこのステップを利用してヨーロッパへ，だったが，ロシアはこのタイガを使って東部へ，つまりシベリアへ進出した．毛皮獣だけにねらいを定めたその足取りは，あたかも遊牧民との接触を恐れるかのように，けっしてタイガを外れることはなかった．それでもあてどころないタイガをさ迷ったわけではない．シベリアには大河がある．西からオビ川，エニセイ川，レナ川，どれもが北極海からの本流が幹のように南北方向に伸びるが，注目したいのはその支流だ．本流から分枝するとそれは，東西方向にまるで根のように深く伸び，しかもたがいに近接し合う．シベリアのタイガはこれらの流域のネットワークのなかに広がっている．最良の方法は，「船を漕いで川を，船をかついで陸路を」である．北米大陸における船（カヌー）と毛皮の組み合わせはこの地でもまた通用した．

ロシアのシベリア「開発」──というより「征服」というべき──でもまたこの方法が踏襲された．先陣を切ったのはイヴァン4世から開拓の勅許を得た製塩業者ストロガノフ家だった．帝政ロシアは軍事活動を含む一切の権限を特定の業者に委託し，徴税と植民によって領域を拡張するという政策をとった．ストロガノフ家に与えられたのはウラル山脈西部，カマ川一帯を開拓する（つまり所領とする）権限で，この財閥は，1581年に，ロシアの統一過程で各国の傭兵となった軍事的共同体である"コサック"の逃亡兵の1人，イェルマークを雇い，この粗暴な人物を先兵にこの地に乗り込んだ．その手法はこうだ．800人ともいわれるイェルマーク隊は，まず先住民に対し，国家への税，

"ヤサーク"（ясак，現物による人頭税）を要求する．税とは唯一の物産，毛皮である．

突然現れた軍隊の一方的な要求に住民が拒否するのは当然だ．するとこれを待つかのように，攻撃を仕掛け，放火，殺人，掠奪など，暴虐の限りを尽くす．それは異民族国家シビル・ハン国のタタール人への復讐との側面も指摘されるが，そもそもが，開拓に名を借りて武力占領し，支配するのが目的だった．このやり方はモンゴルによるロシア支配（服従と献納）そのものだった．1582年には早くも，この逃亡兵による戦果，クロテン皮（セーブル）2400枚，クロギツネ皮20枚，ビーヴァー皮50枚がイヴァン4世に献納された（Fisher 1943）．とはいえ乱暴狼藉はいつまでも通用するはずはない．1584年，イェルマークは住民の反撃を受け，あえなく落命してしまう．しかし以後，帝政ロシアは，拠点となる要塞をつくっては，そこから軍隊を派遣し，ヤサークを課して強奪するか，殺戮するというモンゴル譲りの手法をシベリア全土に貫徹させた．かくして，この徴税強奪システムによってクロテンはその毛皮を徹底して剥ぎ取られた．17世紀初頭に腕のよいトラッパーであれば年間200頭ほど獲れたクロテンは，世紀末には15-20頭がせいぜい，次の世紀にはまったく姿を消してしまったという（Etkind 2011）．

ヤサークは北米での毛皮交易と比べると，「強制」か「自発」かという比較でいえば，明らかに残忍な強制だ．しかし考えてもみよう．自発として行われた北米の交易といえども，その実態たるやひどい不等価交換だった．初期にはまっとうな銃や日用品が提供されたものの，しだいに粗悪品になり，はては水で薄めたアルコールが主流となった．それが商取引の必然といわれればそれまでだが，問題はその点だけにあるのではなく，結果，インディアンに一時の享楽やアル中を蔓延させ，部族間の対立や抗争をあおり，文化を破壊し，隷属させようとした点では，実質上，強制の収奪だったことに変わりはない．アメリカ独立宣言の起草委員の1人，100ドル紙幣に印刷されるベンジャミン・フランクリンはこう述べる．「ラム酒はインディ

アンを消してしまうために神が我々に与え給うた」（藤永1974）．それが当時の進歩的白人為政者の本音だった．本質は，強制か自発かにあるのではなく，従属関係を企図した支配をめざすかどうかにある．

記録すべきはこれだけではない．シベリア進出（というよりは侵攻）の一連の軍事的な暴力によって多数のツングース系やティルク系[20]ほか，先住民の血が流された事実である．たとえば，ウラル山脈周辺にいたヴォグール族，カムチャツカ半島で生活していたチュクチ族やカムチャダール族（現イテリメン族）では，50%以上が殺戮されている．こうした結果，詳細な人数は不明だが，少なくとも12の少数民族が虐殺に遭い，根絶されたという（Etkind 2011）．強制労働か死か，その択一でしかなかった．しかもこのジェノサイド路線はそれ以後のアラスカ開拓においてさらにエスカレートしていく．

容赦ない暴力と殺戮を背景とした徴税システムによってシベリアから集められた毛皮は，1586年ごろには，クロテン（皮）20万枚，クロギツネ1万枚，キタリス50万枚に達した（森永2008）．また，1621-1690年の70年間に700万頭以上のクロテンがこの破廉恥な手段によって徴発され，少なく見積もっても毎年平均5万頭以上が輸出され，5万-10万ルーブルの政府収入をたたき出した（Etkind 2011）．1ルーブル≒2000円としても莫大な収益だ．これに留まらない．シベリアには多数の毛皮業者や商人，ロシア人トラッパーがたくさん入り込むようになり，地方政府に許可料と使用税さえ支払えば，自由な捕獲や取引が可能だった．その業者らがかき集めた毛皮の金額は，政府の収入をはるかに上回っていたらしい．たとえば1631年のヤクーツク地方政府の収益が4万2000ルーブルに対して，同地域の業者らの毛皮の総計は，驚くべき16万2000ルーブルに達したと推計される（Richards 2014）．

帝政ロシアの統治目的は，ありったけの毛皮であり，骨の髄まで毛皮だった．モクスワからの現地への訓令には「ヤサク民からのヤサク金納の申し出は受け付けぬこと」，「毛皮の不猟の

ためになお金納を申し出たら，毛皮を買って納めさせよ」と，まさに毛皮一色だった（鳥山1995）．かき集められた毛皮ははるばるモスクワ経由でサンクトペテルブルクや白海のアルハンゲリスクからおもにエリザベス1世期のイギリスへ輸出された．17世紀を通して，ヤサークと業者の手によってシベリアの大地から運び出された毛皮の枚数は，毎年少なく見積もっても20万-30万枚になると推定される（Richards 2014）．ロシア近代化の道のりには先住民と野生動物の累々とした骸が敷き詰められている．誇張ではない．"シベリア"とはハン国シビルに由来し，その意味は「眠れる大地」だ．人々と野生動物から静かな眠りを奪い去ったのは不条理な暴力だった．

こうしてロシアはシベリアを征服しつつ1648年にはユーラシアの東端へとたどり着いてしまう．驚くべきスピードだ．この東端の探検が行われると，後にカムチャツカ半島と呼ばれる場所には，クロテンが多数生息していて，しかも大きく良質だった．そこにはイテリメン族がいて，例によってヤサークを要求するが，頑として抵抗した．ロシア人は女と子どもを捕虜にし，見せしめに惨殺しては，クロテンを集めた．この怨嗟は3回にわたる（1706年，1731年，1741年）大規模な暴動に発展し，その都度虐殺が行われた．1690年代中ごろに1万3000人いたイテリメン族は1767年には6000人へ半減，さらには白人が持ち込んだ天然痘で1770年代初頭にはわずか3000人になった（Forsyth 1994）．生き残ったのは約20%にすぎない．

シベリアは広い．要塞や拠点といえども大海の一滴にすぎない．そこに軍隊，徴税役人，毛皮商人，猟師，そして流れ者たちが集まって，トボリスク，イルクーツク，ヤクーツク，オホーツクなどの街や都市[21]が生まれた．どれもが大河の支流に位置する．そこからまた新たな毛皮の徴収と搬送の拠点が枝のように伸びる．狩り尽くしては新たな土地へ，それは必然のなりゆきだ．乱獲の連鎖は，毛皮商人の跋扈，毛皮の売買，役人の汚職，ヤサークの横流しなどの，罪業の山を築きつつ，全シベリアを侵蝕していった．領域の拡大にしたがってさまざまな先住民族を取り込んでいくが，アムール川（黒竜江）に到達した南部ではついに異国と接触し，毛皮と領土をめぐる戦争へと発展した．その国とは清朝中国だった．

中国ではモンゴル支配の後，「明」（1368年成立）となるが，その明も1644年には北方遊牧民，満州族の政権「清」にとってかわられる．アムール川まで支配領域を拡張しようとしていたロシアの要塞は，清の攻撃を受けて敗退し，「ネルチンスク条約」（1689年）の締結によって，両国の国境が画定する．この条約は，露中の外交関係史を超えて，後に極東・北太平洋の一帯の人間社会と野生動物に大きな影響をおよぼすことになる．おもな点は第1に，戦争に負けはしたが，ロシアにとってはヨーロッパに加え，あるいはそれ以上に重要な市場（中国）を手に入れたこと．清朝もまたモンゴルと同様に遊牧民だから，毛皮への愛着や嗜好は強く，潜在的に大きな需要をもっていた．この条約を契機に18世紀初頭にはロシアの官営交易団（隊商）が北京に派遣され，いわゆる「北京貿易」が始まる．第2に，この高い需要を背景に，シベリアでの毛皮の枯渇と，領土画定による袋小路は，さらにロシアをして北太平洋へ，そして北米へと押し出す原動力になったことである．このことは日本にも少なからず影響を与えた．レザノフ来航，ゴロヴニン（ゴローニン）事件など，日本とロシアとの一連の接触が江戸期末に集中するのはこの文脈のなかの出来事だった．また，シベリアでの交易活動の広がりが北方諸民族を刺激して，18-19世紀には日本の北部諸藩を相手にして毛皮や絹の貿易活動が行われた（「サンタン交易」，佐々木1996）．以下では，第1の動向をさらに掘り下げる．

ネルチンスク条約以後，ロシアはシベリアでかき集めた毛皮を，モスクワ経由からヨーロッパへ，あるいは官営隊商を組織して北京へ輸出した．後者の中国向け輸出は，しだいに，北京ではなく交易都市キャフタへ重心が移されるようになった．キャフタは，シベリアの中央にあ

るバイカル湖南岸の都市イルクーツクの南部に位置する交易都市だ．森永（2008）によれば，中国向け輸出産品のうち85％が毛皮で，その量は1768-1785年には年間340万-710万枚に達し，ロシアからの総毛皮輸出量の68.5％を占めたという．時代が下るにしたがいキャフタの占有率はさらに増加していく．ロシアは中国を最大の相手国にシベリア産毛皮を輸出し，近代化の原資とするようになった．森永（2008）によってその取引量の内訳をみると，1768-1785年では，クロテン（セーブル）6000-1万6000枚，ギンギツネ160-420枚，クロアカギツネ2200-4万4000枚，ムナジロギツネ6万8000-21万4000枚，アカギツネ300-700枚，ホッキョクギツネ1万-1万5000枚，キタリス200万-400万枚，ビーヴァー3万2000-5万4000枚，カワウソ5300-1万800枚，コサックギツネ1万200-2万7000枚，テン300枚，オコジョ（アーミン）14万-40万枚，リンクス2000-4000枚，ケナガイタチ2万-5万枚，ジャコウネズミ[22]8万3000-20万8600枚，アナウサギ1万4000-5万3000枚．途方もない数だ．この毛皮の構成と生物学的特徴を吟味しておく．

シベリアの毛皮獣

どれもが代表的な毛皮獣で，ビーヴァー，ジャコウネズミ，キタリスを除くとすべて食肉類に属する．キタリスは銃と罠（トラップ）だが，その他の大半は鉄製のトラバサミによって捕獲されたようだ．このうち，複数のキツネが記載されるが，ホッキョクギツネとコサックギツネを除く，ギンギツネ，クロアカギツネ，ムナジロギツネ，アカギツネはどれも同一種のアカギツネ（*Vulpes vulpes*）で，体毛色の変異によるネーミングだ．毛色によって価格が大幅に異なっていて，厳密に区別されたようだが，商品別に分類すると，合計11種類以上になるともいわれる（Bradbury & Fabricant 1988）．哺乳類の毛色は，すでに述べたように（第3章参照），ユーメラニンとフェオメラニンの2つの色素細胞の多寡によって変異する．イヌと同様にキツネの場合，これらの色素細胞をつくる酵素や受容体に関与する遺伝子の突然変異が自然選択されにくく，存続できるという特徴があるようだ．

この統計からもわかるようにクロテンを含むイタチ科動物が突出して多い．テンはマツテンと推察され，オコジョにはイイズナ（*Mustela nivalis*）が，ケナガイタチにはタイリクイタチ（*M. sibirica*）が含まれていると解釈すれば，シベリア産イタチ類はすべてが捕獲され，毛皮にされたと考えられる．これらのイタチ類は木の実や小鳥，その卵なども食べるが，主食はさまざまな種類の齧歯類，ネズミ類やハタネズミ類だ．シベリアには60種以上の齧歯類が生息し，この豊富な齧歯類相がイタチ類の生存を支えている．これにタヌキ（*Nyctereutes procyonoides*）までもが加わる．タヌキは日本では典型的な雑食性だが，ウスリー亜種は肉食性で齧歯類が主食である（Kauhala *et al.* 1993）．イタチ類はいずれの種もなわばりをもち，個体ごとに分散的に生活するが，とくに積雪期には捕獲しやすい．ネズミをとるために巣穴を掘り，その出入口が一目でわかるからだ．プロのトラッパーなら出入口のサイズや形状で獲物がわかり，そこにトラップを仕掛ける．

ところで，イタチ類は，通常，日本を含めどこでも複数の種類が共存する．大まかにいえば体のサイズは種によって異なるが，それぞれの種では一般にオスが大きく，メスが小さい傾向があるため，各種の体長や体重はたがいに重複してしまう．生態学には同じサイズと同じ採餌習性をもち同じ資源を利用する，つまり同じニッチを占める競争的な2種（ましてや多種）は共存できないという「競争排除則」（「ガウゼの原理」ともいう，Gause 1934）がある．にもかかわらず複数のイタチ類はなぜ同じ場所に共存できるのか，競争をどのように回避しているのだろうか．

体のサイズは重なっていても，イタチ類はじつに巧妙にネズミ類を食べ分けているようだ．それをもっともよく示すのが，採餌器官の歯の大きさだ．ダヤンとシンバーロフ（Dayan *et al.* 1992, Dayan & Simberloff 1994）はイングランドとアイルランドで，共存するイタチ類

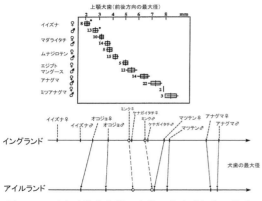

図 8-12　イタチ科食肉類の犬歯のサイズと食べ分け．上は中東での例（Dayan *et al.* 1992 より）．下はイングランドとアイルランドの形質置換の例（Dayan & Simberloff 1994 より）．

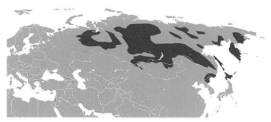

図 8-13　クロテンの分布．分布域（黒い部分）は分断されている（IUCN 2010 より）．

（アナグマを含む）の，もっとも有効な採餌器官である犬歯の直径（楕円形なので最大径を計測）を，雌雄を含め，イギリス産 6 種，アイルランド産 4 種で計測した．この結果，そのサイズは，場所はちがうが，微妙にずれていることを明らかにした（図 8-12）．イタチ類の捕食行動は，獲物の首筋に噛みつく点では同じだが，異なるサイズの獲物を食べ分けるように，犬歯のサイズを分化させていたのである．これを「形質置換」（character displacement）といい，ニッチを分化させる形態的な適応といってよい．シベリアでのイタチ類の歯はまだ検証されていないが，同じ現象が存在すると考えられる．

　もう 1 点指摘したい．シベリア征服の原動力がクロテンだったにもかかわらず，この統計ではクロテンやテンの占める割合が予想以上に少ない．おそらく乱獲の結果，この時代にはすでに希少だったことを示唆する．それに代わりアカギツネやキタリスなど，毛皮としては二流品が多数を占め，産業としては末期的症状を呈していたことがわかる．キツネは清朝満州人が愛好し，キャフタ貿易とともに増加した（森永 2008）．この未曾有の乱獲は現在のクロテンの分布にも反映している（図 8-13）．ユーラシアのタイガを広く縦貫しているはずの分布は，とくに極東シベリア地域で空白化し，分断化傾向が著しい．

　ところで，クロテン資源が急速に枯渇するなかで，もう 1 つ，注目されてよい「謎」がある．ビーヴァー毛皮の枚数がめだつことだ．ビーヴァー（ユーラシアビーヴァー）はロシアにも生息する．だがロシアのヨーロッパ向け初期の輸出リストにはビーヴァーの名はほとんどない．毛皮としてはあまり重要ではなかったのか．しかしキャフタ貿易では枚数こそ多くはないが，取引価格では第 1 位，際立っている（森永 2008）．北米でみた常識的なビーヴァーの値段の比ではない．しかも，極東シベリア地域には本来ビーヴァーは生息していないのである．このビーヴァーとはいったいどこで調達されたのか，そしてそれはほんとうにビーヴァーなのか，追跡を続けよう．

セーブルからラッコへ

　セーブルを求めてロシアは 1581 年からシベリア征服を開始し，わずか 70 年に満たない間にユーラシア東端に達した．だが大海原にクロテンはおろかビーヴァーなぞいるはずもない．けれどそこにはセーブルをもしのぐ宝石のような毛皮獣がいた．半島の人々はそれを身に着けていたので，初めて接したロシア人征服者はその動物はなにかとたずねた．答えて曰く"カムチャツカ"——これはどこかで聞いたつくり話．でもロシア人がそれを"カムチャツカ"，あるいは"カムチャツカ・ビーヴァー"（ボボール）と呼んだのは事実だ．キャフタ貿易に用達されたのはどうやらこの動物．いったいこれはなにか．

　当時のロシアにとって重要だったのは，いまでは考えられないが，征服した土地，膨張する領土はいったいどこまで続くのか，そしてどこ

までが自国なのか，その地球規模の確定だった．しかも喫緊の課題だったのは，領土であるユーラシア大陸は北米大陸とつながっているのか，シベリア東方海上に広がる氷の海は，はたしてヘンリー・ハドソンがめざした"北西航路（ノースウエスト）"なのか，その確認作業だった．ピョートル大帝（在位 1682-1725）はこの国家的懸案の解明に向けて，デンマーク人，ヴィトゥス・ベーリング（Vitus J. Bering）を雇い，北太平洋の探検を命じた．それは西欧化を急いだこの軍人（初代ロシア）皇帝が死ぬ 1 年前だった．

1 回目の航海でベーリングらはチュコト海に到達し，ユーラシアと北米大陸が陸続きではないことは確認するものの，北西航路と北米大陸は未確認のままに引き上げてしまう[23]．このため課題はエカテリーナ 1 世（在位 1725-1727）以降の皇帝に受け継がれた．1733 年からの 2 回目の探検行では資源探査のために雇われたドイツ人博物学者，ゲオルグ・ステラー（Georg W. Steller, シュテラーとも表記）も加わり，総勢 600 名，2 隻の探検船による 9 年間の苦闘の末に，アラスカ沿岸と千島列島を含むこの海域全体の地図を作成し，みごとにその責務を果たした．2 人ともその途上と帰還後に不慮の死を遂げるが，前者は当地の海域，島，海峡などに，後者は当地に生息していた絶滅種を含む複数の野生動物に，その名前が残される．

この 2 回目の航海で収集されたさまざまな標本や物産類のなかに，くだんの動物 900 頭分の毛皮が含まれていて，後にモスクワで売却された．その価格は桁外れの 36 万ルーブルだったという（Grinev 2010）．そしてリンネは，このときの標本にもとづき，この動物を"*Enhydra lutris*"［水（海）にすむカワウソ］と命名し，『自然の体系』の改訂版（第 10 版，1758）に記載した（なお日本語の"ラッコ"はおそらくアイヌ語に由来）．

ラッコはイタチ科最大（成オス 46 kg，成メス 36 kg にもなる）の哺乳類で，沿岸に生息する．海産哺乳類のクジラ類やイルカ類はいずれも皮下には脂皮と呼ばれる分厚い脂肪層を形成し，寒さを遮断するが，ラッコには脂皮はない．

凍てつく海水から身を守るために彼らは分厚い毛皮をまとっている．その量は，部位によって異なるが，1 cm^2 あたり 2 万 6000-16 万 5000 本に達する．陸生哺乳類の，たとえばイヌなら 9000 本程度だから圧倒的に稠密で，毛皮としては比類ない．しかも皮膚からは大量の脂肪が分泌されるために撥水し，毛は短く，扁平で，クチクラ層の鱗片（スケール）は長いため，体毛と皮膚との間には空気の層が形成されやすい．このため保温と防水効果はきわめて高い（Williams *et al.* 1992）．それだけではない．水中生活でたえず奪われる体温を高い代謝率で補うという生理メカニズムを獲得している．このために彼らは 1 日あたり体重の 25-33% におよぶ食物，もっぱら海産の二枚貝，ウニ，カニ，イガイなどを食べなければならない（Costa 1982）．この大食漢と，すぐれた防寒装備によってラッコは，イタチ科の食肉類でありながら，寒冷な海水条件に適応できた奇跡の哺乳類である．

ラッコは両性ともに 2-3 歳でオトナになり，ほぼ毎年 1 頭の子どもを産む．自然条件での最長寿命はメスで 22 歳，オスで 15 歳．オスとメスはペアをつくり，20-80 ha 程度のなわばりをもつが，その範囲は限られる．海岸からせいぜい 100 m 以内，水深 40 m 程度の浅海だけが生息域のため，分布は線状に並ぶという特徴がある．カムチャツカ半島沿岸部から北海道北部，サハリン（樺太）南部を含む千島列島（クリル諸島）に沿って，アラスカ半島から，アリューシャン列島に沿って，またアラスカ，カナダ，アメリカの太平洋岸からカリフォルニア半島に沿って，と島と海岸伝いにちょうど「弧」を描く．北緯 60° 以北には生息できない（図 8-14）．なわばりをもつので高密度になることはなく，個体数はもともと多くはなかったようだ．さまざまな見積もりがあるが，毛皮を目的とした商業捕獲以前の個体数は 15 万-30 万頭と推定される（Bodkin 2003）．

先住民は伝統的な漁網や罠，弓矢で捕獲し，肉と毛皮を利用していたようだ（Ohshima 1996）．征服者も毛皮を傷つけないように先住民の技術を見習ったが，銃猟も行った．ラッコ

図 8-14 ラッコの過去と現在の分布（Bodkin 2003 と IUCN Otter Specialist Group 2016 を改変）.

が知れわたるやいなや，その毛皮は，セーブルにとってかわり，格段の地位を占めるようになった.「北京貿易」でも「キャフタ貿易」でも，毛皮の主役はラッコとなり，北京貿易ではセーブルの 3.5-7 倍の高値がついた（吉田 1963）. 1740 年代には，1 頭分の毛皮が，カムチャツカで 30 ルーブル，キャフタで倍以上の 60-80 ルーブル，と破格だった（森永 2008）. 当時の 30 ルーブルとは銀約 600 g，金約 50 g に相当する. そればかりではない. カムチャツカ周辺には，豊富な海産哺乳類がいた. キタオットセイ（*Callorhinus ursinus*），キタゾウアザラシ（*Mirounga angustirostris*），トド（*Eumetopias jubatus*, 英名にはステラーの名前が冠される），アザラシ類など，どれもその毛皮は有用だった（毛皮獣は陸生哺乳類ではホッキョクギツネ，ホッキョクグマ，カワウソがいた）. 皮下脂肪もまた灯油や石鹸の材料として売れた. 狩猟熱は，あたかもゴールドラッシュのように，この地に多数の猟師や毛皮業者を吸引し，沸騰させた.

アシカ，オットセイ，アザラシ，トドなどの海生哺乳類は食肉類に属し，どちらかといえば，クマかイヌに近い. 鰭脚類（ききゃく（ひれあし））という分類群にまとめられ，アシカ科（Otariidae），アザラシ科（Phocidae），セイウチ科（Odebenidae）に分けられる. 水中生活に適応した食肉類だが，その起源は別々の動物（1 つはクマ型，もう 1 つはイタチ型の動物）が独立に海に入ったのか，1 つの動物から分岐したのか，2 つの説がある. 近年の DNA の分析は後者の，単系統説を支持する（Slade *et al.* 1994; Lento *et al.* 1995; Sato *et al.* 2006）. 単系統とはいえ，形態はかなり異なる. 最大のちがいはその運動器官だ. 前脚が発達し，左右同時に動かし，たくみに泳ぐのがアシカ類で，後脚が発達し，左右を交互に動かして泳ぐのがアザラシ類だ. 後者は，前者に比べスピードは劣るが，長時間，長距離を効率よく泳げる. この差は陸上の移動にも反映され，前脚を使い陸上も難なく移動できるのがアシカ類，脚はほとんど使えないため，全身をゆすりながら這うように移動するのがアザラシ類. また耳介があるのがアシカ類，耳の位置に穴があいているのがアザラシ類. なおセイウチについてはすでに述べた（第 6 章 p. 289 参照）.

ちがいは体毛と皮下脂肪の発達にも現れる. アシカ，トド，オタリア，アザラシには剛毛だけで下毛（綿毛）はなく，セイウチには剛毛もほとんどない. これらの鰭脚類は厚い脂皮の皮下脂肪層によって冷たい海水の影響を遮断する. セイウチでは表皮と真皮の厚さが 10 cm もあり，その下の脂肪層はさらに 15 cm にもなる.

完璧な断熱効果だ．またアザラシ類では体に占める脂肪量が50%に達するほどである．これに対しオットセイやアシカでは，脂皮はあるが，加えて体毛がよく発達し，多数の剛毛とその下には下毛が密生する．下毛の密度は，ラッコやカワウソよりは少ないが，ミンクよりはるかに多い（Liwanag et al. 2012）．豊富な下毛はより外洋に適した形質との解釈もある（和田・伊藤 1999）．またラッコと同様に，短く扁平で，鱗片が長く，空気を毛の間にトラップしやすい特性をもつ．空気の層は安定した浮力をつくるので，これも外洋生活には適している．おもしろいことに体毛には立毛筋はなく，毛を立たせることはできない（ラッコも同様）．また，水に入るにもかかわらず，皮膚には汗腺がよく発達し，汗をさかんにかくようだ．人間が有用とした毛皮や脂皮は，鰭脚類が水中生活に適応する過程で獲得した傑出した形質だった．

ロシア・アメリカ会社

初期は近隣海域を小型船によって操業する程度だったが，島ごとに繰り返された乱獲と枯渇の連鎖は，たがいにテリトリー争いを引き起こしつつも，毛皮商人たちにしだいに大型船を建造させ，新天地に拠点を設け，周辺を狩り尽くす方式を採用させるようになった．それは，北米での開拓方式と同じく，発見した島や土地を占領し，砦をつくっては数年間滞在し，先住民がいればヤサークとして要求し，いなければ自分たちで，根こそぎ掠奪するという手法だったから，軋轢や対立は不可避だった．いくつかの島や地域では先住民への残虐行為や紛争が記録されている．

なかでも記録されるべきは，アリューシャン列島に生活していたモンゴロイド，アリュート人に対するロシア人の毛皮掠奪にともなう虐殺行為だ．アリュート人は独自の言語と文字をもち，すぐれた漁労技術によってこの苛酷な環境に適応した民族だ．18世紀中ごろ，ロシア人が初めて接したとき，アリュート人が何人いたのか，正確な記録はなく，報告者によって1万2000人-2万5000人の幅がある（たとえばLaughlin & Marsh 1951）．いずれも残された住居数から推定されている．この先住民がロシアの強制や要求，あまりの苛酷さに間歇的に反乱を起こし，その都度武力鎮圧された[24]．この結果，人口は19世紀初頭に2500人以下に，さらに追い打ちをかけるように，ロシア人が持ち込んだ天然痘と流行性インフルエンザによって，1945年にはわずか1400人になってしまう．ジェノサイドの規模はおそらく1万人以上，だが詳細は歴史の闇に消え去っている．

新たな島の占領，先住民の強制労働，狩猟団の組織化，先住民の反乱や襲撃，軍隊による鎮圧，こうした状況を背景に，毛皮商人たちは共同して会社をつくり，株を発行し，組織を拡大し，占領と収奪を進めていった．毛皮の掠奪という冒険事業が，線香花火のような，かりそめの産業に引火した瞬間だった．1742年から1800年の間，ロシアが捕獲したラッコの個体数は年平均で8000頭，合計46万4000頭と見積もられている（Jones 2006）[25]．ラッコが繁殖しなければとうに絶滅していた数である．

複数の会社が乱立するが，最大だったのは「ゴリコフ・シェリホフ会社」で，2人の出資商人の名前が冠され1781年に設立された．この会社は1783年からの航海でアリューシャン列島伝いにアラスカ半島へと到達し，アラスカ一帯での権益を独占した．おびただしい数のラッコを含む海産動物が捕獲された．たとえば，1786年に聖ゲオルギー号がキタオットセイの最大の繁殖地であるプリビロフ島（北のセント・ポール島と南のセント・ジョージ島にオットセイの巨大な集団繁殖城(ルッカリー)がある）を発見し，乱獲の結果，その年だけで4万頭のキタオットセイの毛皮，2000頭のラッコの毛皮，6500 kgのセイウチの牙を持ち帰った（Hofman & Bonner 1985）．1790-1799年のわずか10年間にゴリコフ・シェリホフ会社が上げた収益は112万4000ルーブル，途方もない金額だった．交易地も内陸の北京やキャフタから臨海の広東へ移った．

歴史にはときに痛快な証人が現れる．北太平洋，最北の辺境地でこっそりと行われていたは

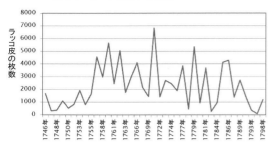

図8-15 北太平洋で捕獲されたラッコから得られた原皮の枚数（森永2008の資料にもとづいて作成）．

ずのロシアの独占事業もまたしっかりと目撃されていた．キャプテン・クックはその最後となる三度目の航海（第3回）で，1778年にアリューシャン列島の1つ，ウラナシカ島周辺でラッコ猟を行うロシア人と接触し，ロシア人の目的が毛皮，なかでも「唯一最大の目標は海ビーヴァー」，すなわちラッコであったことを見抜いている（『クック太平洋探検』(6)）．イギリスへの帰路クックはハワイで死ぬ[26]が，船は広東に立ち寄り，ラッコが「やわらかな金」にたとえられて超高値で取引されているのを知った．この航海記録が後に西欧の毛皮商や捕鯨会社の道しるべとなったことはすでに述べたが，ラッコもまたその取引品目に加えられ，イギリス，新興アメリカ，スペインなどの会社が捕獲に参入するようになった．地球は急速に狭くなっていた．

図8-15は，1746-1798年に，ロシアが北太平洋地域に派遣した狩猟船が持ち帰ったラッコ毛皮の枚数の推移である（森永2008の資料にもとづく）．枚数が，まるで鋸の歯のように，2-3年ごとに大きな変動を示すのが特徴的だ．船の入港状況の反映でもあるが，他方でそれは数年おきに，新たな島に侵入し，拠点を設けるや，島民から強制的に掠奪するか，徹底的に乱獲し，資源を枯渇させては，また次の島へ踏み込むというローテーションだったことを示唆する．

ところで，ゴリコフ・シェリホフ会社が征服した社有地は，皇帝への献納という形式をとるためにアラスカは（国際法上！　先住民はいたにもかかわらず）ロシア領に編入されることになる．詳細は省くが，この会社は，1798年に皇帝が勅許するロシア初の特権株式会社「ロシア・アメリカ会社」[27]へと発展し，さらに北米太平洋西岸伝いに南下する．シェリホフに雇われた同社の有能な幹部，バラノフによって，次々と基地が建設されていった．1799年には自分の名前を冠したバラノフ島にシトカを，1812年にはカリフォルニアに達し，サンフランシスコ北方約100 kmにフォートロス（ロス砦）を設けた．そしてシトカをロシア領アメリカの首都とした．巨大になった会社は沿岸の海産哺乳類だけではなく，内陸にいた本物のビーヴァー，その他，オットセイ，セイウチ，リンクス，キツネなどの毛皮獣を手当たり次第に捕獲し，北米大陸東側からたどり着いたハドソン湾株式会社や新興アメリカの毛皮会社との間に摩擦を引き起こすまでになった．ユーラシア大陸を横断する陸路と北太平洋をまたにかける海岸線，その長く伸びきった補給ラインを維持するよりも，いっそのこと，バルト海から大西洋に出て南下し，南米南端を回って北上するという世界周航の補給路のほうが有利ではないか，との構想さえ生まれ，実際にも合計13回におよぶ試験航海を行っている（和田1997a, b）．その経費を差し引いてもなお毛皮は莫大な収益をもたらした．

1790年代，ロシア，イギリス，アメリカなどが行った競争的なラッコ猟は年平均1万8000頭以上と見積もられる（Jones 2006）が，もはや長続きすることはなかった．毛皮は希少化するほどに高騰し，1850年代には途方もない1枚200ポンド（技術者や教師の年収は約100ポンド）の高値をつけ（Stone 2005），希少化にさらに追い打ちをかけた．1880年代には300ポンドに，20世紀に入ると，2000ポンドに跳ね上がるも捕獲はほとんどできなくなって，もはや「夢物語」の動物に変わり果てた．

いっぽう，プリビロフ諸島やコマンドル諸島，コディアク島などで同時並行に進められた海獣類の捕獲は，個体数が激減し，ついには立ち行かなくなった．プリビロフ諸島のキタオットセイは1786-1867年，毎年4万頭以上，それは最

図 8-16 セントポール島でのオットセイ猟（撲殺風景）．左側に毛皮を剝いだ死体が散乱し，右側には繁殖コロニーがある．画家はアメリカ人，ヘンリー・ウッド・エリオット，1872 年 7 月作．ロシアからアラスカを購入後，「アラスカ商業会社」が乱獲を進めていた（アラスカ大学ノース博物館所蔵，Peck 2014 より）．

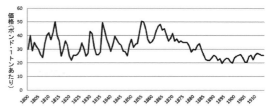

図 8-17 ロンドン市場での海生哺乳類の油脂の価格．多少変動したが，驚くことに価格は長期にわたって安定的に維持されていた（Basberg & Headland 2013 より）．

初ルッカリーに残された子どもの撲殺から始まり，後には成獣個体の銃殺になり，延べ 250 万頭以上（Hofman & Bonner 1985），あるいは 300 万頭以上（Roppel 1984）が捕殺されたと推定される．壮絶というほかはない（図 8-16）．最初，人を恐れなかったオットセイも，しだいに警戒行動をとり，容易には捕獲できなくなった．セイウチも捕獲したが，回収したのは歯牙だけで，毛皮や肉は捨て置かれた．コマンドル諸島では，ベーリングの発見以来ラッコやオットセイの捕獲が続けられ，著名な動物学者のステイネガー[28]は現地調査し，ロシアは 1746-1861 年の間に，合計約 34 万頭のオットセイを捕獲したと報告した（Stejneger 1896）．コディアク島ではラッコのほかに，オットセイやアザラシ，キツネやジリスを加え，ありとあらゆる種類の毛皮獣が乱獲された．スタンリー＝ブラウン（Stanley-Brown 1893）は，ロシアはベーリングの航海以後 1890 年までの間に総計 500 万-600 万頭のオットセイを北太平洋で捕獲し，その個体群を破壊したが，この責任はロシアの「管理ミス」にあると告発している．責任はロシアだけにあるわけではない．海産哺乳類からは毛皮のほかに，油脂が絞られ，価格は高騰したまま推移していた（図 8-16; Basberg & Headland 2013）．だがこの海生哺乳類のほんとうの乱獲は，1867 年以降に本格的に開始されることになる．ロシア，イギリス（カナダ），アメリカ，そして日本も加わって．

おりしもロシアは危機的な財政状況にあった．

クリミア戦争（1853-1856 年）の膨大な戦費で国家財政は破綻し，遠隔地での拠点の維持にむだな経費を使うゆとりはなかった．もはやこれ以上の利益は見込めないと判断したロシアは，1867 年にアラスカとその隣接島礁を（クリミア戦争の対戦国の 1 つだったイギリスにではなく）アメリカに 720 万ドルで売却し，この地域からは撤退してしまう．1799-1818 年の 20 年間，ロシア・アメリカ会社がラッコを含む海産哺乳類からあげた収益は総計約 3500 万ルーブル，1803-1846 年の 43 年間でロシアが毛皮にしたラッコは少なくとも 4 万頭以上，とてつもない金額に達する（Andrews 1917）．毛皮の収益なくして戦争などできなかったのに．搾りかすとなった大地を，多くのアメリカ人は，「白熊の遊園地」とか「巨大な冷凍庫」と揶揄し，その購入交渉を行った国務長官，ウィリアム・スワードにちなんで"スワードの愚行"と罵倒した．その不毛のアラスカで金が発見され，ほんとうのゴールドラッシュに沸くのは皮肉にも売却の 29 年後．六日の菖蒲，果報は寝て待て．

やや先取りするが，この地域のラッコやオットセイの商業捕獲を一時的に禁止し，保全に大きく舵を切るのは 1911 年に締結される国際条約（「ラッコ及びオットセイ保護国際条約」[29]）以降だった（後述，第 10 章）．本格的な捕獲が始まった 1741 年からの 170 年間，ラッコの捕獲総数は 90 万頭（Bodkin 2003），すでに絶滅したと一時は考えられていた．だがそうではなかった．くわしい調査がされると，13 の残存個体群，総計数百頭がかろうじて生き残っていた．それはまさに奇跡だった．そしてその生き残ったラッコの調査・研究が生態学の発展に大

きな寄与をした.

（2）ラッコの乱獲がもたらしたもの

北太平洋をまたにかけたこれほどのスケールの乱獲は過去に例がない．それはただたんにラッコを捕獲し，消失させただけに留まらない．1つはラッコ猟にともなう影響，もう1つはこの地域の海洋生態系の構成要素だったラッコを欠落させたことによる生態学的な影響だ．まず前者からみる．この海域にはさまざまな野生動物が生息していた．ラッコ猟に従事したロシアの猟師たちは劣悪な条件の下，奴隷のように働かせられていた．食料は粗末なうえに不足しがち．とくに野菜不足のために壊血病が蔓延し，死亡者が続出した．苛酷な労働条件と搾取，先住民への乱暴狼藉と掠奪，それらは野生動物の乱獲と同根だった．食料不足を補うために，または自己調達するために，あらゆる野生動物が捕獲され，食された．この結果，絶滅した野生動物が2種いた．1種は哺乳類のステラーカイギュウ（*Hydrodamalis gigas*），もう1種は鳥類のメガネウである．

ステラーカイギュウとメガネウ

ステラーの名前が冠されたこの哺乳類は，ジュゴンやマナティーと同じ海牛目（Sirenia）に属するが，その最大種で，体長は7.5-9 m，体重は5-10トンと推定される（Anderson 1995, 図8-18）．主要な生息地は，カムチャツカ半島の沖合，無人島だったコマンドル諸島のベーリング島とメードヌイ（クーパー）島周辺で，周囲にはラッコが多数生息していた．カイギュウは海岸域に留まりながらコンブ類（ジャイアントケルプ，後述）を主食としていたと考えられる．ベーリングの2回目の探検で，発見したステラーはこう記している．「つねに水のなかにいて，海岸に上がることはない．体色は黒で，あたかもオークの老木のようであった．頭部は体に比べ小さく，歯はなく，白い扁平な上顎と下顎で構成されていた」（Stejneger 1887による）．1741年のことだ．この時点で周辺海域にはおそらく1500頭程度が生息してい

図8-18 パリ自然史博物館のステラーカイギュウ（矢印）．このカイギュウの骨格標本は複数存在する．右隣はアフリカゾウで大きさがわかる（2012年10月著者撮影）．

たと推定される（Stejneger1887）．肉は美味で，脂肪がたっぷりつき，灯油にも使われたという．遭難したベーリングやステラーを含む探検隊の貴重な食料となった．その後どうなったのか．1743年以降はラッコ猟師が多数押しかけるようになり，1760年にはラッコはほとんどいなくなるが，カイギュウはまだいたとの記録がある（Anderson 1995）．だが，1768年には姿をまったく確認できなくなる．それは発見からわずか27年後，あっけない幕切れだ．

ターベイとリズリー（Turvey & Risley 2006）は，カイギュウ1頭で33人の1カ月分の食料になったとの伝聞，島に滞在した猟師数の記録，さらには生存率や繁殖率をジュゴンのデータを参考に，食料調達によってはたして絶滅が起こりうるかどうか，シミュレーションによって検証した．この結果は「黒」，まさに絶滅は人為によって起こったと結論づけた．おそらくそうだったのだろう．ただし，彼らはこの急速な人為絶滅をもって，第1章で取り上げたメガファウナの"オーバーキル仮説"のアナロジーとしているが，食料となる獲物の種類数，機動的な船，銃という武器，初期個体数などの点で，私はまったく異質の事象と解釈するが．

メガネウ（ベーリングシマウともいう．*Phalacrocorax perspicillatus*）は目のまわりが白いことから名づけられた．こちらも生息域はコマンドル諸島で，ステラーによって1741年に記録された．体重5-6 kg，ウ科に属する最

大の海鳥で，おそらくあまり飛べなかったと推測される．大きさから，3人分くらいの食料にはなったらしい．ステラーは"旨い"と書き残しているが，海鳥だから美味とは思えない．絶滅年代は不明，1850年前後に生息記録があるので，それ以後と考えられる．かつての繁殖地からは採取された骨だけが残されていた（Sigel-Causey et al. 1991）．

ちなみに，ステラーが採集し，持ち帰った標本にもとづいて命名された動物は少なくない．このうち学名や英語名にステラーの名前が冠された動物には，ステラーカイギュウのほか，すでに紹介のトド，オオワシ（Steller's sea eagle, *Haliaeetus pelagicus*），コケワタガモ（Steller's eider, *Polysticta stellari*），ステラーカケス（Steller's jay, *Cyanocitta stelleri*）だ[30]．多くは北太平洋に広く分布するが，このうちステラーカケスは，ブルージェイ（アオカケス）の近縁種で，ロッキー山脈太平洋岸の針葉樹林だけに生息し，この針葉樹林はアラスカではアンカレッジあたりまで達する．ベーリングの2回目の探検で，ステラーの乗った探検船（セント・パウロ号）が北米のどこに到達したのかは，確定されていないが，アラスカ湾北部のカヤック島（北緯59度56分，西経144度22分）と考えられている．それは持ち帰ったこの鳥の標本がなによりの渡航証明書だったからだ．

ラッコの海

ラッコは先述の「保護条約」が功を奏し，また移植（relocation）など，その後にさまざまな保護活動が展開された結果，個体数は順調に回復し，2003年の時点では9万3200頭と推定されている（Bodkin 2003）．近年では日本近海にもしばしば姿を現し，アニマルウォッチングの対象であるほかに，漁網にかかったり，また養殖ウニを食べあさる（しかも大食漢）ためにトラブルが発生している．数のうえでは回復しているが，しかし，回復できない乱獲の後遺症が残る．彼らがかつてもっていた遺伝的多様性だ．ラーソンら（Larson et al. 2002）は，遺跡や博物館に残されていた骨から得られたDNAと現生のサンプルのそれを比較し，現生個体は，商業捕獲が始まる以前の個体に対し，対立遺伝子の少なくとも62%，ヘテロ接合の期待値（遺伝的多様性の指標）の43%を消失していることを明らかにした．乱獲による個体数の劇的な減少は強い"ボトルネック効果"を引き起こし，現生個体群はその遺伝子の一部を受け継いでいるにすぎない．

ラッコがおそるべき健啖家であることは何度も述べた．大きな成獣オスは1日11kgもの食物を食べるので，殻を除いたウニであれば200個以上ということになる（養殖業にとって被害は甚大）．さまざまな食物（約100種）が記録されているが，主要なのはウニ，各種二枚貝，アワビ，巻貝，各種軟体動物，甲殻類で，地域や季節に応じて食性を柔軟に変化させるが，一般には魚類やヒトデはあまり食べない．これだけ大量の食物を食べるのだから，ラッコのいる海域とそうでない海域では，生態系には大きな差異が生まれるはずだ．

人為影響のない（つまりウニや貝類を採取していない）場所（アリューシャン列島）で，このことが詳細に調べられた．アメリカの生態学者，ジェームズ・エステスら（Estes & Palmisano 1974）によれば，ラッコが生息する島の周辺海域ではウニ類は1m²あたり平均わずか3.8個だったのに対し，生息していない島の周辺では722個，190倍ものちがいがあった．二枚貝（イガイ）については前者が8個に対し，後者78個，およそ10倍の開きがあった．つまり生態系の構成はラッコが存在するかどうかで格段にちがっていた．それだけでない．ほんとうのちがいはこれを起点に始まる．

ウニ類は海藻を食べて生きている．とくにこの地域ではジャイアントケルプ（別名オオウキモ *Macrocsytis pyrifera*）を主食とする．このコンブ科の巨大海藻は条件がよいと1日で約60cmも伸長し，長さは60m以上に達するが，葉の付け根部分に浮き袋（バルブ）がある（図8-19）ので，海面に向かい直立して漂い，海のなかに「森」をつくる．巨大海藻が織りなす風景は，あたかも巨樹が生い茂る鬱蒼とした森を彷彿と

第8章 1つに結ばれる世界

図8-19 ジャイアントケルプ．葉の付け根には空気バルブがあり，上方へ伸長させる．モントレー湾水族館のパンフレットの絵に加筆．

させて，圧巻だ．

しかし，と，これには限定条件がつく．ラッコが生息する場合に限るのだ．ラッコが捕獲されてしまい生息していない場所，つまり，ウニが多数いる海域ではコンブが食べ尽くされる結果，この光景はみられない．けっきょく，ラッコが生息している海域にはコンブの「森」が，いない海域には岩だらけの「砂漠」が，それぞれに広がり，まったく対照の景観が演出される．ついでにイガイへの効果を述べると，ラッコが生息していると40 mm以下の小貝ばかり，いないと40 mm以上が優占し，貝のサイズは変わるが，景観上，大差はない．景観を左右する主役はウニなのだ．

極寒の海中でこれらの調査と研究を長期にわたって遂行したエステスら（Estes & Duggins 1995）の努力を紹介する．図8-20はラッコの生息する島と，いない島，そして人為導入（移植）が進められ個体数が回復しつつある島（アッツ島）で，ランダムに置かれた方形枠内のコンブの数の頻度分布である．いない島ではコンブがほとんど生育しないのに対して，いる島では多数のコンブが繁茂する状況がはっきりとみてとれる．また移植・導入が進められる場所ではコンブが徐々に回復しているのがわかる．ラッコは海の生物群集と生態系に決定的な影響を与える．もしそうであれば，ラッコの導入とともに生物群集は確実に変化していくはずだ．図

8-21はラッコが定着し恒常的に生息する海域と，新たに導入された海域での，約20年間のウニのサイズと頻度分布の推移である．ラッコは大きなサイズのウニから順に食べる習性がある．両方とも，サイズはしだいに小さくなる傾向があるが，この変化は，導入された海域でより顕著であることがわかる．ラッコはコンブを根絶する大きなウニから順番に捕食していた．

この明快でみごとな結果は生態学に大きな飛躍をもたらした．高校「生物教科書」には，生態学の章に，「食物連鎖」や「栄養段階」の解説がある．これにあてはめると，コンブは光合成によって有機物を生産する生産者，ウニは生産者がつくった有機物を直接利用する一次消費者，ラッコは一次消費者を食べる二次消費者，ということになる．この3つの栄養段階の構造は，一番上位に位置するラッコによって，ラッコ→ウニ→コンブと一方向に制御される典型例と解釈できる．生物群集に大きなインパクトをおよぼす種を"キーストーン種"というが（p. 409参照），この北太平洋の海では，ラッコがそれで，海の生態系は上位種，ラッコの"トップダウン"効果で制御されている，ということになる．ある栄養段階に属する生物の動向が，食物連鎖を介し，ほかの栄養段階に属する生物に玉突きのように影響をおよぼす現象を，段々になって落ちる滝，"cascade"（カスケード）になぞらえて，"栄養段階カスケード"という．この関係は，一般に，種数が少なく，たがいに緊密な関係をもつ，単純な生態系であるほど顕著である．

エステスらの研究は大きな反響を呼び，その後も多くの研究者が加わって知見が蓄積されている．ラッコの生息の有無は，捕食するほかの海産無脊椎動物へ，コンブの繁茂を通して，多種多様な魚類へ，その魚類を食べる海鳥や猛禽類，ほかの海産や沿岸の哺乳類へ，そして，海底に蓄積される死骸やベントスから二酸化炭素の固定に至るまで，食物連鎖の環を通して広がることがわかるようになった．そのキーストーン種の捕獲による除去は，生態系の"メルトダウン"を引き起こすことがある．それは強い閉鎖性をもつ，種間の相互作用が陸上に比べより

8.4 ロシアのシベリア開拓と毛皮獣　433

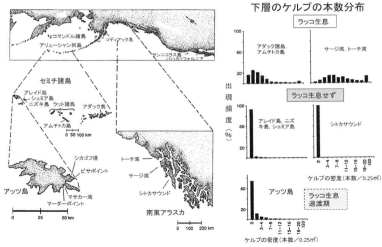

図 8-20　ラッコの生息とジャイアントケルプの生育との関係．ラッコが生息していているとケルプはよく生育する（Estes & Duggins 1995 より）．

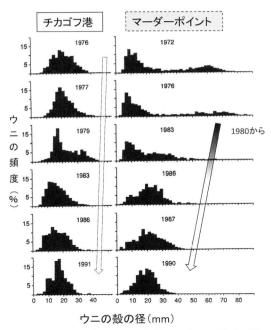

図 8-21　アッツ島の2つの海域でのウニのサイズ分布と経年的変化．ラッコが生息する海域（チカゴフ港）ではウニのサイズはほとんど変化しないのに対して，1980年から新たに導入された海域（マーダーポイント）では大きなウニが劇的に減少している（Estes & Duggins 1995 を改変）．

緊密な海や湖沼の生態系ならではの特徴ともいえよう．ある野生動物から出発した研究は，それが生物群集のネットワークの中心であるがゆえに，漁業のあり方や地球環境の問題をも射程にとらえながら，これからも多くの知識を私たちにもたらすだろう．

ところで，この食物連鎖にもう1種，ステラーカイギュウを加えてみる．カイギュウはコンブを食べる一次消費者だから，ラッコ（増）→ウニ（減）→コンブ（増）←カイギュウ（増）という関係になる（図8-22）．つまり，ラッコの増減とカイギュウの増減は連動していて，カイギュウにとってラッコは不可欠の存在ということになる．カイギュウはターベイとリズリー（Turvey & Risley 2006）が指摘するように，おそらく食料目的の直接的な捕獲による人為絶滅だったのだろう．だが，ラッコの乱獲によって海の生態系と，栄養段階カスケードの構造が大幅に破壊されたのだから，もし捕獲されずに生き残ったとしても生存基盤を失ったカイギュウの運命は早晩同じ結果だったかもしれない．

第8章　注

1) コロンブスは4回の航海を行っているが，上陸したのはおもに西インド諸島で，3回目と4回目の航海では中米に到達している．沿岸を偵察しながら探査しているだけで，上陸はしていない．北回帰線以北の北米大陸にその足跡を記した形跡はまったくない．
2) ここでは，北米大陸に住むネイティブ・アメリカンのうち，北部のエスキモー，アレウト，イヌイット系などの

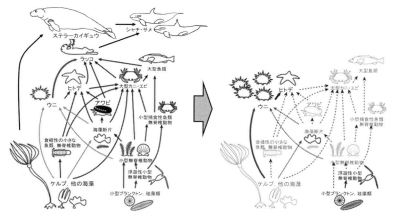

図 8-22 ラッコの乱獲による生態系メルトダウン．左は健全な生態系，右は砂漠化した不健全な生態系（Novacek 2001 を改変）．

集団を除く先住民を，以下「アメリカ・インディアン」，あるいはたんに「インディアン」と呼ぶことにする．それは 1977 年の「国連先住民会議」での彼ら自身の提案にもとづく．

3) Clovis point．この時代を最初の発見地ニューメキシコ州の "Clovis" にちなんでクローヴィス期という．つまりヤンガードリアス期以降である．

4) カクタスヒル（Cactus Hill，ヴァージニア州）ペイズリー洞窟（Paisley Cave，オレゴン州），メドークロフト（Meadowcroft，ペンシルヴェニア州），モンテベルデ（Monte Verde，チリ）やキュエバ・フェル（Cueva Fell，チリ）．

5) これらの遺跡の年代は必ずしも正確ではなく，たとえば，ペドラ・フラーダ洞窟遺跡（Pedra Furada，ブラジル）は，遺物の炭素年代測定法で BP3.2 万年と見積もられ，アメリカの最古の人類遺跡とされたが，後に再計測され 1.5 万年前以降ということになった．しかし，ここにあげた遺跡はすべて BP1.3 万年以前である．

6) 茎や地下茎，根が肥大化した貯蔵器官は「球根」と総称されるが，このうちとくに地下茎が肥大化したもの．

7) ヘマクリット（hematocrit）値は血液中の赤血球の体積比．ヒトでは成人男性の正常値は 40-50% だが，たとえばヴィクーニャでは，血球が小さく，23-34% と低い（Jürgens et al. 1988）．

8) 上顎にはほかの反芻類と同様に切歯はない．これはちょうどまな板（上顎）と包丁（下顎）の関係のように草本を効率よく採食するためである．上顎に生える 2 対の犬歯のうち，前方の 1 対は，第 3 切歯（I3）が変化したものと解釈されている．犬歯は両性に生えるが，とくにオスのそれは巨大で鋭利（後側はナイフ状）で，"闘争歯"（fighting teeth）などと呼ばれる．メスはオス同様に鋭いが大きくはない．

9) 中足骨（metacarpal，末脚骨ともいう）は指をつくる骨の一部だが，多くの有蹄類では長く発達し，1 本に融合する．これは走行への適応である．この長い骨は近位端（体の方向）では足根骨や楔状骨と，遠位端では指骨と接続する．

10) ただし，現在の基準からみると，軟毛の太さは直径 28 μm 以上（すでに述べたようにヒツジのメリノ種では 20 μm 以下）であるため，ヒツジと比べると，繊維がやや太く柔軟性には欠ける．このため被毛は "ウール" ではなく通常 "繊維"（ファイバー）と呼ばれる．

11) インカ皇統記には「二，三粒のトウモロコシの種と一緒にイワシの頭を埋める」とある．

12) ヨーロッパに持ち込まれた 16 世紀以後もペットとしての品種改良が行われ，遺伝子は大きく変化しているという（Spotorno et al. 2006）．

13) 生贄の数は野蛮を強調するためにスペイン人らによって誇張されたが，実数はそれほど多くなかったようだ（青山 2012）．

14) たとえば青森県農業試験場のデータ（http://www.snowseed.co.jp/ 閲覧 2016.11.20）をみると，施肥条件下であっても，土壌の理化学性の悪化などにより，連作障害が発生する．6 年目の収量比でみると，コムギは 60% 減，ジャガイモは 40% 減，トウモロコシは 20% 減となる．

15) ハワイモンクアザラシ（Monachus schauinslandi）とチチュウカイモンクアザラシ（M. monachus）で，両種とも絶滅危惧種（EN）に指定されている．前者は，近代の乱獲がおもな減少要因で，ハワイ島周辺に約 1000 頭が生息している．後者は，すでに述べたように（p.299），地中海周辺に生息する人類ともっとも関係が古い海生哺乳類で，おもな減少要因は混獲や漁業との軋轢である，現在 600-700 頭が生息しているが，各地で分断化されている（以上は IUCN 2017 による）．

16) 厳密な定義ではないが，この地域連邦をここでは便宜的に「部族」と呼ぶ．

17) もっとも古いアメリカ合州（合衆）国の地域で，1616 年に入植者が募集された際の地名に由来．コネチカット，ニューハンプシャー，バーモント，マサチューセッツ，メイン，ロードアイランドから構成される．

18) このモデル（ロジスティックモデル）では，環境は変化しないものと仮定．また，生物個体数を総量として扱うために，性や年齢構成は想定しない．したがって性・年齢の動態や，環境変動による生存率や繁殖率の変化は無視されている．なお Carlos & Lewis（2010）の計算では，1 年あたりの増加率を 0.3，環境収容力（K）を生息密度にして 0.3 頭/km^2 と設定している．前者の値は

19) キプチャック [Kipchak（あるいは Qipchaq）Khanate] とはカザフ語で西は黒海・カスピ海北部から東はアルタイ山脈北部にかけての広大な草原地帯（キプチャック草原）を指す歴史的な呼称.

20) ツングース系はツングース系諸語を話す満州族, オロチョン, エベンキなど. ティルク系はヤクート族など. 現在のサハ共和国の主要住民で, トナカイを飼養する. 17世紀, シベリアにはこれら先住民族が合計 22 万 7000 人いたといわれる（Richards 2014）.

21) ロシア語で「スク」(-ск) や「ツク」(-т(д)ск) は地名接尾語で「都市（街）」の意味である.

22) ユーラシア中北部にジャコウネズミ（*Suncus murinus*）は生息していない. 森下（2008）が"ジャコウネズミ"と記載するのは, シベリアに生息するアカバトガリネズミ（*Sorex daphaenodon*）か, シベリアジネズミ（*Crocidura sibirica*）, あるいはロシアデスマン（*Desmana moschata*）と推定される. いずれも食中類で臭腺をもち, 小型種だが, 体毛は密生して光沢があり, 毛皮は高級品であった.

23) ベーリング海峡の発見者はベーリングとされるが, その約 85 年前にこの地に到達していた人物がいる（Kerner 1948）. シメオン・デジネフ（S. Dezhnev）というコサックの探検家兼セイウチ猟師で, 彼は 1648 年にコリマ川河口からチュクチ海沿岸を東に進み, チュトコ半島沿いにベーリング海峡に入り, 南側のアナディル川河口に達した. この冒険行はユーラシア大陸と北米大陸が分離していることを最初に確認した壮挙で, 記録はヤクーツクに残されたが, 日ならず忘れ去られた. この間, 先住民との衝突を引き起こしつつ, セイウチを狩り, なお高価だった牙を採取した. 現在, ベーリング海峡に面する小さな岬にその名（"デジネフ岬"）が残されている.

24) この一連の反乱の背景には, じつはイギリスのハドソン湾株式会社や新興アメリカの毛皮商人たちも無関係ではない. イギリス人やアメリカ商人もまた 19 世紀初頭にはこの地域に進出し, 先住民との毛皮交易を行っている. それは従来どおりの物々交換方式による取引だった. これによって先住民は銃などを手に入れていた. これに対しロシアはヤサークによる掠奪や強制労働だったから, 当然のように不満が暴発していった. これにはこの地域の利権を横取りしたいイギリスやアメリカが扇動したとの側面も否定できない（森永 2008）. なお, アリュート人の 2000 年現在の人口はセンサスによると 1 万 6978 人である（http://www.census.gov/prod/2002pubs/c2kbr01-15.pdf 閲覧 2016.10.10）.

25) 和田（1997a）は同時期（1743-1800 年）の捕獲数を 18 万 6745 頭とした報告（Tikhmeniov 1920）を紹介している. いずれにしても相当な数だ.

26) 島民を火器（マスケット銃）によって威嚇したり, 射殺したため島民によって殺害された.

27) 露米会社（Российско-Американская компания）. 正式には「ゴリコフ・シェリホフ・ムイリニコフ合同アメリカ会社」だが, この会社名は翌 1799 年に「皇帝陛下の庇護下にあるロシア・アメリカ会社」に改められた.

28) ステイネガー（Leonhard H. Stejneger, 1851-1943）. アメリカスミソニアン博物館の動物学者. オオアカゲラ, アカヒゲ, オオセグロカモメ, クロサンショウウオなど多くの日本産動物に学名をつけている.

29) 公式には「オットセイの保存と保護に関するアメリカと列強国の条約」. 詳細は第 10 章注 24 参照.

30) もう 1 種, "Steller's sea ape" というのがリストされているが, この動物がなにであるのかは判然としない.

第 8 章 文献

Anderson, P. K. 1995. Competition, predation, and the evolution and extinction of Seller's sea cow. Marine Mamm. Sci. 11: 391-394.

Andrews, C. L. 1917. Alaska under the Russians-Baranof the Builder. Washington Hist. Quart. 7: 202-216.

青山和夫. 2012. マヤ文明. 岩波新書, 岩波書店, 東京. 240pp.

Asher, M. *et al.* 2008. Large males dominate: ecology, social organization, and mating system of wild cavies, the ancestors of the guinea pig. Behav. Ecol. Sociobiol. 62: 1509-1521.

Baker, B. W. & E. P. Hill. 2003. Beaver. In: Wild Mammals of North America (Feldhamer, G. A. *et al.*, eds.), pp. 288-310. The Johns Hopkins Univ. Press, Baltimore.

Basberg, B. L. & R. K. Headland. 2013. The economic significance of the 19th century Antarctic sealing industry. Polar Rec. 49: 381-391.

ベルウッド, P. 2005. 農耕起源の人類史（長田俊樹・佐藤洋一郎監訳）. 京都大学学術出版会, 京都. 580pp.

Bennett, M. K. 1955. The food economy of the New England Indians, 1605-75. J. Political Econ. 63: 369-397.

Benson, L. V. 2011. Factors controlling Pre-Columbian and early historic maize productivity in the American Southwest, Part 1: The southern Colorado Palateau and Rio Grande regions. J. Archaeol. Method Theory 18: 1-60.

Betts, J. 2006. Saving time. Nature 444: 821.

Bodkin, J. L. 2003. Sea otter. In: Wild Mammals of North America (Feldhamer, G. A. *et al.*, eds.), pp. 735-743. The Johns Hopkins Univ. Press, Baltimore.

Bonacic, C. & D. W. Macdonald. 2003. The physiological impact of wool-harvesting procedures in vicunas (*Vicugna vicugna*). Anim. Welfare 12: 387-402.

Bonacic, C. *et al.* 2006. Capture of vicuna (*Vicugna vicugna*) for sustainable use: animal welfare implications. Biol. Conserv. 129: 543-550.

Boutin, S. *et al.* 2002. Understanding the snowshoe hare cycle through large-scale field experiments. In: Populaton Cycle (Berryman, A., ed.), pp. 69-91. Oxford Univ. Press, NY.

Brace, C. L. *et al.* 2001. Old World sources of the first New World human inhabitants: a comparative craniofacial view. PNAS 98: 10017-10022.

Bradbury, M. W. & J. D. Fabricant. 1988. Changes in melanin granules in the fox due to coat color mutations. J. Hered. 79: 133-136.

Brewbaker, J. L. 1979. Diseases of maize in the wet lowland tropics and the collapse of the Classic Maya civilization. Econ. Bot. 33: 101-118.

Brush, S. B. *et al.* 1981. Dynamics of Andean potato agricul-

ture. Econ. Bot. 35: 70-88.
Carlos, A. M. & F. D. Lewis. 2010. Commerce by a Frozen Sea, Native American and the European Fur Trade. Univ. Pennsylvania Press, Philadelphia. 260pp.
カヴァッリ=スフォルツァ, L. 2001. 文化インフォマティクス（赤木昭夫訳）．産業図書，東京．273pp.
Clark, B. & J. B. Foster. 2012. Guano: the global metabolic rift and the fertilizer trade. In: Ecology and Power: Struggles Over Land and Material Resources in the Past, Presnt, and Future (Hornborg, A., et al. eds.), pp. 68-82. Routedge, Oxon.
コロンブス, C. 1493. ルイス・デ・サンタンヘル宛の書簡（林屋永吉訳 2011）コロンブス全航海の記録．岩波文庫，岩波書店，東京．320pp.
クック, J. (1768-1771, 1772-1775, 1776-1779) クック 太平洋探検(1)-(6)（増田義郎訳 2005）．岩波文庫，岩波書店，東京．2194pp.
Costa, D. P. 1982. Energy, nitrogen and electrolyte flux and sea-water drinking in the sea otter Enhydra lutria. Phisol. Zool. 55: 34-44.
Crosby, A. W. 1972. The Columbian Exchange: Biological and Cultural Consequences of 1492. Greenwood Press, Westport. 283pp.
Cumming, J. F. et al. 1972. The mucigenous glandular mucosa in the complex stomach of two New World camelids, the llama and guanaco. J. Morph. 137: 71-110.
Cutcliffe, S. H. 1981. Colonial Indian policy as a measure of rising imperialism: New York and Pennsylvania, 1700-1755. West. Pennsylvania Hist. 64: 237-268.
Day, G. M. 1953. The Indian as an ecological factor in the Northeastern forest. Ecology 34: 329-346.
Dayan, T. et al. 1992. Tooth size: Function and Coevolution in Carnivore Guilds. In: Structure, Function, and Evolution of Teeth (Smith, P. and E. Tchernov, eds.), pp. 215-225. Freund Publ House Ltd., Lond. & Tel Aviv.
Dayan, T. & D. Simberloff 1994. Character displacement, sexual dimorphism, and morophological variation among British and Irish mustelids. Ecology 75: 1063-1073.
Decker, D. S. 1988. Origin(s), evolution, and systematics of Cucurbita pepo (Cucurbitaceae). Econ. Bot. 42: 4-15.
Denevan, W. M. 1992. The Native Population of the America in 1492, 2nd ed. The Univ. Wisconsin Press, Wisconsin. 384pp.
Dillehay, T. D. et al. 2007. Preceramic adoption of peanut, squash, and cotton in northern Peru. Science 316: 1890-1893.
Dobyns. H. F. 1983. Their Number Become Thinned: Native American Population Dynamics in Eastern North America. Knoxville. The Univ. Tennessee Press, Tennessee. 378pp.
Doebley, J. F. et al. 1987. Restriction site variation in the Zea chloroplast genome. Genetics 117: 139-147.
Doebley J. F. et al. 1995. teosinte brached 1 and the origin of maize: evidence for epistasis and the evolution of dominance. Genetics 141: 333-346.
Doebley, J. F. 2004. The genetics of maize evolution. Ann. Rev. Genet. 38: 37-59.

Elton, C. S. 1924. Periodic fluctuations in the numbers of animals: their causes and effects. British J. Exp. Biol. 2: 119-163.
Elton, C. S. 1927. Animal Ecology. Macmillan, NY. 207pp.（以下参照．http://www.biodiversitylibrary.org/item/31642#page/2/mode/1up 閲覧2015.2.10）（邦訳：動物の生態学，渋谷寿夫訳 1955）
エルトン, C. 1989. 動物の生態（川那部浩哉ほか訳）．思索社，東京．294pp.
Estes, J. A. and J. F Palmisano. 1974. Sea otters: their role in structuring near shore communities. Science 185: 1058-1060.
Estes, J. A. & D. O. Duggins. 1995. Sea otters and kelp forests in Alaska: generality and variation in a community ecological paradigm. Ecol. Monogr. 65: 75-100.
Etkind, A. 2011. Barrels of fur: natural resources and the state in the long history of Russia. J. Eurasian Stud. 2: 164-171.
FAO. 1957. Shifing cultivation. Unasylva 11: 1
Fisher, H. R. 1943, The Russian Fur Trade, 1550-1700. Univ. Calf. Press, Berkeley. 275pp.
Foley, R. 1982. A reconsideration of the role of predation on large mammals in tropical hunter-gatherer adaptation. Man 17: 393-402.
Forysth, J. 1994. A History of the Peoples of Siberia: Russia's North Asian Colony 1581-1990. Cambridge Univ. Press (Paperback), Cambridge. 476pp.
Franklin, W. L. 1974. Social behavior of the vicuna. In: The Behaviour of Ungulates and its Relation to Management. Vol 1 (Geist, V. and F. Walther, eds.), pp. 477-487. IUCN, Morges.
Franklin, W. L. 1980. Territorial marking behavior by the South American vicuna. In: Chemical Signals, Vertebrates and Aquatic Invertebrates (Müller-Schwarz, D. and R. M. Silverstein, eds.), pp. 53-66. Springer, NY.
Franklin, W. L. 1983. Contrasting socioecologies of South America's wild camelids: The vicuna and the guanaco. In: Advances in the Study of Mammalian Behavior (Eisenberg, J. F. and D. G. Kleiman, eds.), pp. 573-629. Special ed. No. 7. The Amerian Soc. Mammalogist, Allen Pr. Lawrence.
藤倉雄司ほか．2009．キヌアは栽培植物か？――アンデス産雑穀の栽培化に関する一試論．国立民族学博物館調査報告 84：225-244.
藤永茂．1974．アメリカ・インディアン悲史．朝日選書，朝日新聞社，東京．270pp.
福永健二．2009．トウモロコシの起源――テオシント説と栽培化に関わる遺伝子．国立民族学博物館調査報告 84：137-151.
Gade, D. W. 1967. The guinea pig in Andean folk culture. Geograph. Rev. 57: 213-224.
Gañalons, G. L. M. & H. D. Yacobaccio. 2006. The domestication of South American camelids: a view from the South-Central Andes. In: Documenting Domestication: New Genetic and Archaeological paradigms (Zeder, M. A., ed.), pp. 228-244. Univ. Calif. Press, Berkeley.
Gañalons, G. L. M. 2008. Camelids in ancient Andean societies: a review of the zooarchaeological evidence. Quat.

Int. 185: 59-68.

Gause, G. F. 1934. The Struggle for Existence. Wiiliams & Wilkins Comp. NY. 163pp. (以下参照. https://asantos.webs.ull.es/The%20Struggle%20for%20Existence.pdf 閲覧 2016. 10. 10)

Gepts, P. 1998. Origin and evolution of common bean: past events and recent trend. HortSci. 33: 1124-1130.

Grabiele, M. et al. 2012. Genetic and geographic origin of domesticated peanut as evidenced by 5S rDNA and chloroplast DNA sequences. Plant Syst. Evol. 298: 1151-1165.

Greenberg, H. G. et al. 1986. The settlement of the America: a comparison of the linguistic, dental and genetic evidence. Curr. Anthrop. 27: 477-497.

Grinev, A. V. 2010. The plans for Russian expansion in the New World and the North Pacific in the eighteenth and nineteenth centuries. Europ. J. Am. Studies Special issue (2010): 2-24.

Grun, P. 1990. The evolution of cultivated potatoes. Econ. Bot. 44: 39-55.

Hawkes, J. G. 1988. The evolution of cultivated potatoes and their tuber-bearing wild relatives. Kulturpflanze. 36: 189-208.

Hawkes, J. G. & M. T. Jackson. 1992. Taxonomic and evolutionary implications of the endosperm balance number hypothesis in potatoes. Theor. Appl. Genet. 84: 180-185.

Hey, J. 2005. On the number of New World founders: a population genetic portrait of the peopling of the Americas. PlOS Biol. 3: 0965-0975.

Hodell, D. A. et al. 1995. Possible role of climate in the collapse of Classic Maya civilization. Nature 375: 391-394.

Hodell, D. A. et al. 2001. Solar forcing of drought frequency in the Maya lowlands. Science 292: 1367-1369.

Hodges, K. E. et al. 1999. Snowshoe hare demography during a cyclic population low. J. Anim. Ecol. 68: 584-594.

Hofman, R. J. & W. N. Bonners. 1985. Conservation and protection of marine mammals: past, present and future. Marine Mammal Sci. 1: 109-127.

本田創造. 1991. アメリカ黒人の歴史. 岩波新書, 岩波書店, 東京. 260pp.

Horai, S. et al. 1993. Peopling of the Americas, founded by four major lineages of mitochondrial DNA. Mol. Biol. Evol. 10: 23-47.

Hosaka, K. 1995. Successive domestication and evolution of the Andean potatoes as revealed by chloroplast DNA restriction endonuclease analysis. Thero. Appl. Genet. 90: 356-363.

池上俊一. 2003. イタリア (世界の食文化 15). 農山漁村文化協会, 東京. 268pp.

稲村哲也. 2009. アンデスからの家畜化・牧畜成立論――西アジア考古学の成果をふまえて. 国立民族学博物館調査報告書 84: 333-369.

インカ・ガルシラーソ・デ・ラ・ベーガ. 1609-1617ころ. インカ皇統記. (1)-(4) (牛島信明訳 2006). 岩波文庫, 岩波書店, 東京. 1494pp.

Innis, H. A. 1930 (2001ed.). The Fur Trade in Canada. Univ. Toronto Press, Toronto. 463pp.

IUCN. 2017. Redlist. (以下参照. http://www.iucnredlist. org/detail 閲覧 2017. 5. 10)

IUCN Otter Specialist Group 2016. http://www.otterspecialistgroup.org/Images/SEA_Dist.jpg

Janis, C. 2008. An evolutionary history of browsing and grazing ungulates. In: The Ecology of Browsing and Grazing (Gordon, I. J. and H. H. Prins, eds.), pp. 21-45. Springer, NY.

Jenkins, D. L. et al. 2012. Clovis age western stemmed projectile points and human coprolites at the Paisley Cave. Science 337: 223-227.

Johnson, P. 1989. The Board of Longitude 1714-1828. J. British Astron. Assoc. 99: 63-69.

Johnston, K. J. 2003. The intensification of pre-industrial cereal agriculture in the tropics: boserup, cultivation lengthening, and the Classic Maya. J. Anthrop. Archaeol. 22: 126-161.

Jones, C. G. et al. 1997. Positive and negative effects of organisms as physical ecosystem engineer. Ecology 4: 5-19.

Jones, R. 2006. Sea otters and savages in the Russian Empire: the Billings Expedition, 1785-1793. J. Maritime Res. 8: 106-121.

Jürgens, K. D. et al. 1988. Oxygen binding properties, capillary densities and heart weights in high altitude camelids. J. Comp. Phyiol. B. 158: 469-477.

Kadwell, M. et al. 2001. Genetic analysis reveals the wild ancestors of the llama and the alpaca. Proc. Roy. Soc. Lond. B 268: 2575-2584.

科学朝日編集部 (編). 1995. モンゴロイドの道. 朝日選書, 朝日新聞社. 東京. 232pp.

Kato, T. A. 1976. Cytological studies of maize and teosinte in relation to their origin and evolution. MS Agri. Exper. Stat. Res. Bull. 635.

Kauhala, K. M. et al. 1993. Diet of the raccoon dog, Nyctereutes procynoides, in Finland. Z. Säugetierk. 58: 129-136.

川北稔. 1996. 砂糖の歴史. 岩波ジュニア新書, 岩波書店, 東京. 208pp.

Kawamoto, Y. et al. 2005. Genetic differentiation among Andean camelid populations measured by blood protein markers. Rep. Soc. Native Livestock 22: 41-51.

Keith, L. B. 1983. Role of food in hare population cycles. Oikos 40: 385-395.

Kerner, R. 1948. The Russian eastward movement, some observations on its historical significance. Pacific Hist. Rev. 17: 135-148.

木村和男. 2002. カヌーとビーヴァーの帝国. 山川出版社, 東京. 198pp.

木村和男. 2004. 毛皮交易が創る世界. 岩波書店, 東京. 221pp.

岸上伸啓. 2001. 北米北方地域における先住民による諸資源の交易について――毛皮交易とその諸影響を中心に. 国立民族学博物館研究報告 25: 293-354.

Koford, C. B. 1957. The Vicuña and the Puna. Ecol. Monogr. 27: 153-219.

コウ, M. D. 2003. マヤ文字解読 (武井摩利・徳江佐和子訳, 増田義郎監修). 創元社, 東京. 445pp.

Krebs, C. J. et al. 1986. Population biology of snowshoe hare.

I. Demography of food-supplemented populations in the Southern Yukon, 1976-84. J. Anim. Ecol. 55: 963-982.

Krebs, C. J. et al. 1995. Impact of food and predation on the snowshoe cycle. Science 269: 1112-1115.

Krebs, C. J. 2011. Of lemmings and snowshoe hares: the ecology of northern Canada. Proc. Roy. Soc. Lond. B 278: 481-489.

栗生沢猛夫. 1995. 分領制ロシアの時代.『ロシア史 (1)』(田中太陽兒・倉持俊一・和田春樹編), pp. 131-164. 山川出版社, 東京.

Larson, S. et al. 2002. Loss of genetic diversity in sea otter (Enhydra lutris) associated with the fur trade of the 18th and 19th centuries. Mol. Ecol. 11: 1899-1903.

ラス・カサス. 1552. インディアスの破壊についての簡潔な報告（染田秀藤訳 1976）. 岩波文庫, 岩波書店, 東京. 352pp.

Laughlin, W. S. & G. H. Marsh. 1951. A new view of the history of the Aleutians. Arctic 4: 74-88.

Lento, G. M. et al. 1995. Use of spectral analysis to test hypotheses on the origin of Pinnipeds. Mol. Biol. Evol. 12: 28-52.

Liwanag, H. E. M. et al. 2012. Morphological and thermal properties of mammalian insulation: the evolution of fur for aquatic living. Biol. J. Linnean Soc. 106: 926-939.

MacLulich, D. A. 1937. Fluctuations in the numbers of the varying hare (Lepus americanus). Univ. Tronto Stud. Biol. Ser. No. 43: 1-136.

マン, C. C. 2007. 1941, 先コロンブス期, アメリカ大陸をめぐる新発見（布施由紀子訳）. 日本放送出版協会, 東京. 715pp.

マン, C. C. 2016. 1943, 世界を変えた大陸間の「交換」（布施由紀子訳）. 紀伊國屋書店, 東京. 812pp.

マルコ・ポーロ. 13 世紀末？.『東方見聞録』（青木富太郎訳 1983）. 社会思想社, 東京. 260pp.

Mathew, W. M. 1968. The imperialism of free trade: Peru, 1820-70. Econ. Hist. Rev. 21: 562-579.

Matsuoka, Y. et al. 2002. A single domestication for maize shown by multilocus microsatellite genotyping. PNAS 99: 6080-6084.

松岡由浩. 2007. 栽培植物の分子系統学——トウモロコシとコムギを例に. 蛋白質・酵素・核酸 52：1937-1941.

McClenachan, L. & A. B. Cooper 2008. Extinction rate, historical population structure and ecological role of the Caribbean monk seal. Proc. Roy. Soc. B 275: 1351-1358

Meffe, G. K. & C. R. Carroll. 1994. Principles of Conservation Biology. Sinauer Assoc. Inc., Sunderland. 600pp.

Millon, R. 1993. The place where time began: an archaeologist's interpretation of what happened in Teotihuacan history. In Teotihuacan: Art from the City of the Gods (Berrin, K. et al., eds.), pp. 16-43. Thames and Hudson, NY.

Morell, V. 1995. Siberia: surprising home for early modern humans. Science 268: 1279.

Moreno, E. 2011. The construction of hunting sceneries: interactions between humans, animals and landscape in the Antofalla valley, Catamarca, Argentina. J. Anthrop. Archaeol. 31: 104-117.

森永貴子 2008. ロシアの拡大と毛皮交易. 彩流社, 東京. 240pp.

本江昭夫・藤倉雄司. 2007. アンデス高地でラクダ科動物が生き残った理由.『アンデス高地』(山本紀夫編), pp. 311-333. 京都大学出版会, 京都.

Munson, J. L. & M. J. Macri. 2009. Sociopolitical network interactions: a case study of the Classic Maya. J. Antrop. Archaeol. 28: 424-438.

村山定男. 2003. キャプテン・クックと南の星. 河出書房新社, 東京. 173pp.

奈良間千之. 2012. 中央ユーラシアの自然環境と人間——変動と適応の一万年史.『中央ユーラシアの環境史(1)環境変動と人間』(窪田順平監修・奈良間千之編), pp. 267-312. 臨川書店, 京都.

Nishiyama, I. et al. 1975. Evolutionary autoploidy in the sweet potato (Ipomoea batatas (L.) Lam.) and its progenitors. Euphytica 24: 197-208.

Norton, T. W. 1974. The Fur Trade in Colonial New York 1686-1776. Univ. Wisconsin Press, Wisconsin. 243pp.

Novacek, M. J. (ed.) 2001. The Biodiversity Crisis: Losing What Count. Am. Mus. Nat. Hist. Book. The New Press, Washington, DC. 223pp.

Nowak, R. M. 1999. Walker's Mammals of the World, 6th ed., Vol. 2. The Johns Hopkins Univ. Press, Baltimore.

Ohshima, M. 1996. Subsistence and culture of the Aleuts as island dwellers: ethnographical viewpoint. Barrel (Otaru Univ. Commerce Acad. Collect.) : 86-94

大山修一. 2007. ジャガイモと糞との不思議な関係.『アンデス高地』(山本紀夫編), pp. 135-154. 京都大学出版会, 京都.

大山修一ほか. 2009. ジャガイモの栽培化——ラクダ科動物との関係から. 国立民族学博物館調査報告 84：177-203.

Parham, J. F. et al. 2008. Introduced delicacy or native species? A natural origin of Bermudian terrapins supported by fossil and genetic data. Biol. Lett. 4: 216-219.

Peck, R. M. 2014. A painter in the Bering Sea: Henry Wood Elliott and the northern fur seal. Polar Record. 50: 311-318.

Peralta, I. E. & D. M. Spooner. 2007. History, origin and early cultivation of tomato (Solanaceae). In: Genetic Improvement of Solanaceous Crops, Vol. 2 Tomato (Razdan, M. K. and A. K. Mattoo, eds.), pp. 1-24. Science Pub. Enfield, New Hampshire.

Perry, L. et al. 2007. Starch fossils and the domestication and dispersal of chili peppers (Capsicum spp. L.) in the Americas. Science 315: 986-988.

ピサロ. 1572-1575 ころ. ペルー王国の発見と征服（第15章）（増田義郎訳・注 1984）, ペルー王国史, pp. 3-297. 岩波書店, 東京.

Ray, A. J. 1974. Indians in the Fur Trade. Tronto Univ Press, Tronto. 249pp.

Ray, A. J. 1975. Some conservation schemes of the Hudoson's Bay Company, 1821-50: an examination of the problems of resource management in the fur trade. J. Hist. Geography 1: 49-68.

Ray, A. J. 1978. Competition and conservation in the early subarctic fur trade. Ethnohistory 25: 347-357.

Ray, A. J. & A. Roberts. 1985. Approaches to the ethnohistory of the subarctic: a review of the handbook of North American Indians: Subarctic. Ethnohistory 32: 270-280.

Ray, A. J. 1996. The northern interior 1600 to modern times. In: The Cambridge History of the Native Peoples of the America (Vol. 2) (Trigger, B. and W. E. Washburn, eds.), pp. 259-328. Cambridge Univ. Press, Cambridge.

Reich, D. et al. 2012. Reconstructing native American population history. Nature 488: 370-374.

レンフルー，C. & P. バーン．2007．考古学　理論・方法・実践（池田祐ほか監修・訳）．東洋書林，東京．666pp.

Rice, P. M. 2009. On Classic Maya political economies. J. Anthrop. Archaeol. 28: 70-84.

Richards, J. F. 2014. The World Hunt: An Environmental History of the Commodification of Animals. Univ. California Press, Berkley & Los Angels. 161pp.

Roppel, A. Y. 1984. Management of northern fur seals on the Pribilog Island, Alaska, 1786-1981. NOAA Tech. Rep. 4: 1-25.

Rosenfeld, S. 2008. Delicious guinea pigs: seasonality studies and the use of fat in the pre-Columbian Andean diet. Quart. Int. 180: 127-134.

Rosenfeld, S. 2013. Guinea pig: domestication. In Encyclopedia of Global Archaeology (Smith, C., ed.), pp. 3172-3175. Springer, NY.

Sachser, N. 1998. Of domestic and wild guinea pig: studies in sociophysiology, domestication and social evolution. Nat. Wissenschaft. 85: 307-317.

San Martin, F. & F. C. Bryant. 1989. Nutrition of domesticated South American llama and alpacas. Small Rumin. Res. 2: 191-216.

佐々木史郎．1996．北方から来た交易民．NHKブックス，日本放送出版協会，東京．280pp.

佐藤廉也．1999．熱帯地域における焼畑研究の展開──生態的側面と歴史的文脈の接合を求めて．人文地理 51: 47-67.

Sato, J. J. et al. 2006. Evidence from nuclear DNA sequences sheds light on the phylogenetic relationships of Pinnipedia: single origin with affinity to Musteloidea. Zool. Sci. 23: 125-146.

Scales, B. R. & S. J. Marsden. 2008. Biodiversity in small-scale tropical agroforests: a review of species richness and abundance sifts and the factors influencing them. Environ. Conserv. 35: 160-172.

Schurr, T. G. & S. T. Sherry. 2004. Mitochondiral DNA and Y chromosome diversity and the peopling of the Americas: evolutionary and demographic evidence. Am. J. Hum. Biol. 16: 420-439.

Seton, E. T. 1929. Lives of Game Animals, Vol. 4. Doubleday, Doran, NY. 506pp

Sheriff, M. et al. 2010. The ghosts of predators past: population cycles and the role of maternal programming under fluctuating predation risk. Ecology 91: 2983-2994.

下山晃．2005．毛皮と比較の文明史．ミネルヴァ書房，京都．523pp.

Siegel-Causey, D. et al. 1991. Historical diversity of cormorants and shags from Amchitka Island, Alaska. Condor 93: 840-852.

Silk, J. W. F. et al. 2008. Tree diversity, composition, forest structure and aboveground biomas dynamics after single and repeated fires in a Bornean rain forest. Oecologia 158: 579-588.

Silva, Jr. W. A. et al. 2002. Mitochondrial genome diversity of native Americans supports a single early entry of founder populations into America. Am. J. Hum. Genet. 71: 187-192.

Slade, R. W. et al. 1994. Multiple nuclear-gene phylogenies: application to Pinnipeds and comparison with a mitochondrial DNA gene phylogeny. Mol. Biol. Evol. 11: 341-356.

Snow, D. R. 1995. Microchronology and demographic evidence relating to the size of pre-Columbian North American Indian populations. Science 268: 1601-1604

Solow, A. R. 1993. Inferring extinction from sighting data. Ecology 74: 962-964.

Sponheimer, M. et al. 2003. Digestion and passage rates of grass hays by llama, alpacas, goats, rabbits, and horse. Small Rumin. Res. 48: 149-154.

Spooner, D. M. et al. 2005. A single domestication for potato based on multilocus amplified fragment length polymorphism genotyping. PNAS 102: 14694-14699.

Spotorno, A. E. et al. 2004. Molecular diversity among domestic guinea pig and their close phylogenetic relationship with the Andean wild species Cavia tshudii. Revista Chilena de Historia Natural 77: 243-250.

Spotorno, A. E. et al. 2006. Ancient and modern steps during the domestication of guinea pig (Cavia porcellus). J. Zool. 270: 57-62.

Srisuwan, S. et al. 2006. The origin and evolution of sweet potato (Ipomoea batatas Lam.) and its wild relatives through the cytogenetic approaches. Plant Sci. 171: 424-433.

Stanley-Brown, J. 1893. Past and future of the fur seal. Bull. US Fish Commision 13: 361-370.（以下参照．URL: http://www.lib.noaa.gov/collections/imgdocmaps/fish_com_bulletins.html　閲覧 2016.8.12）

Stannard, D. E. 1992. American Holocaust: The Conquest of the New World. Oxford Univ. Press, Oxford. 416pp.

Starikovskaya, E. B. et al. 2005. Mitochondrial DNA diversity in indigenous populations of the southern extent of Siberia, and the origins of Native American haplogroups. Annals Hum. Genetics 69: 67-89.

Stejneger, L. 1887. How the great northern sea-cow (Rytina) become exterminated. Am. Nat. 21: 1047-1054.

Stejneger, L. 1896. The Russian Fur-Seal Islands. US Fish Commision Bulleticn for 1896. Govern. Printing Office, 326pp. Washington.（以下参照．https://archive.org/stream/russianfursealis00stej#page/n5/mode/2up　閲覧 2016.5.20）

Stone, I. R. 2005. Hunting marine mammals for profit and sport: H. J. Snow in the Kuril Islands and the north Pacific, 1873-96. Polar Record 41: 47-55.

Taraborelli, P. et al. 2011. Behavioural and physiological stress responses to handling in wild guanacos. J. Nat. Conserv. 19: 356-362.

Taraborelli, P. *et al.* 2012. Cooperative vigilance: the guanaco's (*Lama guanicoe*) key antipredator mechanism. Behav. Proc. 91: 82-89.

Tewksbury, J. J. & G. P. Nabhan. 2001. Directed deterrence by capsaicin in chillies. Nature 412: 402-403.

Thornton, R. 1987. American Indian Holocaust and Survival: A Population History Since 1942. Univ. Oklahoma Press, Oklahoma. 312pp.

鳥山成人．1995．17世紀モスクワ国家と周辺世界．『ロシア史（1）』（田中太陽兒・倉持俊一・和田春樹編），pp. 363-400．山川出版社，東京．

Torroni, A. *et al.* 1992. Native American mitochondrial DNA analysis indicates that the Amerind and the Nadene populations were founded by two independent migrantions. Genetics 130: 153-162.

Trelease, A. W. 1960. Indian Affairs in Colonial New York: The Seventeenth Century. Univ. Nebraska Press, Ithaca. 379pp.

Trigger B. G. 1986. Ethnohistory: problems and prospects. Ethnohistory 29: 253-267.

Turvey, S. T. & C. L. Risley 2006. Modelling the extinction of Steller's sea cow. Biol. Lett. 2: 94-97.

Ubelaker, D. H. 1988. North American Indian population size, AD1500 to 1985. Am. J. Physic. Anthrop. 77: 289-294.

Underhill, P. A. *et al.* 1996. A pre-Columbian Y chromosome-specific transition and its implications for human evolutionary history. PNAS 93: 196-200.

和田一雄 1997a．ラッコ・オットセイ猟業の成立・変遷と資源管理論（1）．野生生物保護 2：93-120．

和田一雄 1997b．ラッコ・オットセイ猟業の成立・変遷と資源管理論（2）．野生生物保護 2：141-163．

和田一雄・伊藤徹魯．1999．鰭脚類．東京大学出版会，東京．284pp.

Wang *et al.* 2005. The origin of the naked grains of maize. Nature 436: 714-719.

Weatherford, J. 1988. Indian Givers. Westview Press, Colorado. 288pp.

Wendel, J. F. & V. A. Albert. 1992. Phylogenetics of the cotton genus (*Gossypium*): character-state weighted parsimony analysis of chloroplast-DNA restriction site data and its systematic and biogeographic implications. Syst. Bot. 17: 115-143.

Wheeler, J. C. 1984. On the origin and early development of camelid pastoralism in the Andes. In: Animals and Archaeology 3: Herders and their Flocks (Clotton-Brock, J. and C. Grigson, eds.), pp. 395-410. British Archaol. Rep. Int. Series 20. Oxford Univ Press, Oxford.

Wheeler, J. C. 1995. Evolution and present situation of the South American Camelidae. Biol. J. Linnean Soc. 54: 271-295.

Whitmore, T. M. *et al.* 1990. Long-term population change. In: The Earth as Transformed by Human Action (Turner B. L. *et al.*, eds.), pp. 25-39. Cambridge Univ. Press, Cambridge.

Williams, T. D. *et al.* 1992. An analysis of California sea otter (*Enhydra lutris*) pelage and integument. Marine Mammal Sci. 8: 1-18.

Wilson, D. E. & R. A. Mittermeier. 2011. Handbook of the Mammals of the World, 2. Hoofed Mammals. Lynx Edicions, Barcelona. 885pp.

Wing, E. S. 1977. Animal domestication in the Andes. In: Origin of Agriculture (Reed, C. A., ed.), pp. 827-859. The Hague, Mouton Publ., Tuscaloosa.

Yacobaccio, H. D. 2004. Social dimensions of camelid domestication in the southern Andes. Anthrozool. 39: 237-247.

山本紀夫．1993．植物の栽培化と農耕の誕生．『新大陸文明の盛衰』アメリカ大陸の自然史3（赤澤威ほか編），pp. 1-48．岩波書店，東京．

山本紀夫．2004．ジャガイモとインカ帝国．東京大学出版会，東京．335pp.

山本紀夫（編）．2007．アンデス高地．京都大学出版会，京都．624pp.

山本紀夫．2017．コロンブスの不平等交換．角川書店，東京．246pp.

横山智．2017．新たな価値付けが求められる焼畑．『東南アジア地域研究入門1 環境』（山本信人監修・井上真編），pp. 91-112．慶応義塾大学出版会，東京．

吉田金一．1963．ロシアと清の貿易について．東洋学報 45：39-50．

Zapta, B. *et al.* 2009. A case of allosuckling in guanacos (*Lama guanacoe*). J. Ethol. 27: 295-297.

Zhang, D. *et al.* 2000. Assessing genetic diversity of sweet potato (*Ipomoea batatas* (L.) Lam.) cultivars from tropical America using AFLP. Genet. Res. Crop Evol. 47: 659-665.

第9章　近代ヨーロッパでの動物の再発見

9.1　イギリスにおける動物（博物学）ブーム

　18世紀，近世末のヨーロッパは，アジアや南北アメリカの植民地からの収奪と，地球規模の商業圏の確立によって繁栄を迎えた．わけてもイギリスでは，自国産の羊毛や，インド産の綿を加工する工場制手工業(マニファクチュア)が発展し，これに生産手段や技術の急激な革新が合流し，社会・経済上の変革をもたらす産業革命が起こった．いまやイギリスは「世界の工場」として空前の繁栄を遂げるようになった．工場経営者である新興の自由市民(シティズン)や親方らは産業資本家や有産の中流階級として成長していくいっぽうで，"囲い込み(エンクロージャー)"以後，農地を奪われた多数の農民は労働者として都市に流入し，あふれるようになった．この際立った格差社会を内包しながら資本主義は発展し，イギリス社会はいわば黄金期(ゴールデンエイジ)を迎える．この時代はヴィクトリア女王（在位 1837-1901）の統治期にあたるところから"ヴィクトリア朝"と呼ばれる（図9-1）．軍事力を背景にした植民地拡大政策はアフガン戦争（1838-1842），アヘン戦争（1840-1842），クリミア戦争（1853-1856），ボーア戦争（1899-1902）などを引き起こすいっぽうで，「王は君臨すれども統治せず」の立憲君主制の治世の下，自由放任経済と安定した社会のなかで自然主義やロマン主義に彩られた文化が円熟するが，とくに私たちがたどってきた動物と人間の関係という分野においても特筆すべき時代だった．動物や博物学（自然史）に関する出来事や話題がこれほどまでに大衆化し，日常化した時代はな

図 9-1　ヴィクトリア朝ロンドンの黄金期を代表する建築物．ハイドパークに鉄骨と全面ガラス張りでつくられた"水晶宮(クリスタル・パレス)"．1851年に開催された第1回万国博覧会の会場で，600万人以上が入場した．その後は各種イベント（ドッグショーやキャットショーなど）が開催されたが，1936年に火災で焼失した（Vousden 2005 より）．

かったからだ．たとえばこんなふうに．

　中流階級以上の屋敷には客間や食堂がつくられるようになった．客間の暖炉の上には鳥の剥製か，昆虫の標本か，博物画を飾り，食堂には本棚を置くのが定番だった．小説『ジェイン・エア』（ブロンテ 1847）は，主人公ジェインが食堂の本棚で本を手に取るシーンから始まるが，注目したいのはこの本のタイトルだ．トーマス・ビューイック（Bewick 1797, 1804）の『英国鳥類図譜』[1]．現代ならさしずめ"フィールドガイド"といったところだが，こうした図鑑のたぐいが広く普及していたのがわかる．そればかりではない．動物や博物学の専門書もまた次々とベストセラーとなった．時代はやや下るがジョン・ウッド（Wood 1858）の身近な動物の解説本，『英国日常生物』は発売後1週間で，現代の出版社ならやっかみそうな売り上げ，10

万部をあっさり突破した（Gates 2007）．そして中流家庭以上の娘たちならだれでもが教養としてシダ類やキノコ類，甲虫の名前を（学名で）20 や 30 はすらすらとそらんじ，夫婦の間では次のような「日常」会話が取り交わされていたという（バーバー 1995）．

家庭の主婦（ゴス夫人）が夫に，「あら，ヘンリー．あれ"ボレトビア"じゃないかしら」，「ちがうね．ありゃただの毒蛾だ．"オルギュギア・アンティクア"[2]だよ」．これを「おしゃれ」な会話というべきかどうかは別に（とうていそうは思えないが），動物園や植物園は連日押すな押すなの大盛況，ウシの品評会やらドッグショーは毎週のように開催され，標本瓶やらアクアリウムが飛ぶように売れ，そして"顕微鏡の夕べ"なるディナー付のイベントがひっきりなしに開かれていた．奇妙な時代であった．とはいうものの，注目したいのは，この時代に萌芽した動物関連の，ほぼすべてのトピックがそのままそっくりと現代へ引き継がれていることである．なぜこの時代に，人々は自然や動植物，博物学に熱狂し，動物をいじくり回したのか，なぜ動物と人間との距離はかくも短くなったのか．当時の動向や状況を振り返りつつ，その背景や理由について考える．

（1） 博物学（動物）ブームをもたらした社会の動向

検証すべきはまず博物学（動物）ブームの担い手だ．だれがそれに飛びつき，だれが支えたのかである．ヴィクトリア朝の最盛期，1850年代初頭のイギリスの総人口は約 1670 万人（國方 2011）．この時代，新興の有産富裕層やジェントリと，下層労働者層への階級分化が劇的に進んでいた．約 75％ は後者で，大半は都市のスラムで赤貧を洗うような生活を送っていたのに対して，残り 25％ が国王や貴族などの上流階層（全体の 5％）と，新興の企業家，銀行家，一部の特権的な公務員などの中産階級で，彼らが社会を担い，支配する階層として登場していた．この分化をぬきにこの時代の社会は語れない．この状況はさまざまな形で記録され，語り継がれているが，なかでも，後に首相となる保守党指導者，ベンジャミン・ディズレーリ（1804-1881）が，41 歳のときに著した小説『シビルまたは二つの国民』（Disraeli 1845）がもっとも鮮烈であるように，私には思われる．彼は，登場人物にこう語らせる．

> この二つの国民．そこにはなんらの往来や共感はない．彼らはあたかも熱帯と寒帯とに住み分けるかのように，あたかも別の惑星の住民であるかのように，たがいの習慣，思想，感情を理解しようとはしない．まったくちがう食べ物を食べ，異なるしつけで育てられ，別個の慣習をもち，同じ法律で統治されているわけではない．この富める者と貧しき者（原文より訳出）．

すさまじい階級社会の出現だ．大多数の貧しき者に動物ブームを担う余裕はない．これを支え，推進できたのは，明らかに少数派である中・上流階級，とくに中流階級の数がこの時代には約 400 万人以上へ増加していた．もちろん労働者のなかにも自然や博物学に興味を示した人物がいたことは否定しないが，この膨大な数の不労所得者層の誕生こそが，動物ブームや博物学ブームの培地になったのはまちがいない．

新興の中産階級にとって重要だったのは特権の誇示であり，下層階級とは一線が画されるのを示すことだった．それはあらゆる生活場面に広がり，たとえば，鉄道，教会，酒場（パブとコーヒーハウス）などにおける分離や疎隔として実現されていた．とりわけ 1-3 等まであった鉄道の等級差別は露骨で，1 等車の乗客にはポーターがつき，2 等車の客には乗車の指示があり，3 等車のそれには乗車するよう棒で小突かれる，というほどに，扱いはちがった．それどころか 3 等車は無蓋で，屋根がつけられたのは 1844 年以降だった．こうした差別のいっぽうで，新興有産階級の欲望は上流階級を模倣（というより「擬態」と呼ぶべき）し，「気取る」ことにあった．これは，この時代の代表的な批評作家ウィリアム・サッカレー（1846）によって"見栄を張る"（snob）と名づけられ，彼はその俗物根性を痛切に皮肉っている．この典型が華美な服装とペットの飼育にあった．ペット

については後述するとして，ここでは服飾と動物との関係についてもう少し掘り下げる．

この有産階級は，この時期，ナポレオン戦争の後遺症に加えて，アフガン，中国，クリミアへの派兵，さらにはインドやアフリカ南部などの植民地の増加で，多くの男性は支配要員として派遣され，このため成人男女の性比（男女の比率）は大幅に女性に偏り，51万人も多かったという（度会 1997）．しかも，中流階級の（親の資産をもらえない）次男，三男はそれなりのキャリアを積んで資産を蓄えるまで結婚を控えたので，実質的にはさらに女性に偏っていた．また女性は，結婚すると平均5.5-6人の子どもを出産したが，出産のリスクが高かったので，平均寿命は，驚くことに，40歳前後だったといわれる（Mingay 1987）[3]．あきれるほどに若い，専業主婦か，未亡人か，あるいは未婚女性が上流社会にはあふれていた．しかし，「女王の時代」であったにもかかわらず，皮肉にも，女性には「権利」というものが保障されてはいなかった．既婚女性には夫と別の法的人格はなく，権利は夫によって（選挙権も含めて）代行されているとされ，富裕層の（未婚）女性が働くことは想定されておらず，職場をもつことも社会進出の機会もほぼ皆無だった（中村 1987）．妻の離婚申し立てが可能となったのは，ようやく「離婚・婚姻事件法」（1857年）の成立以後だった（度会 1997）．

女性は，家事一切を家政婦や召使に任せて，家庭内にあっては，「紳士」の夫にふさわしい「淑女」の務めを，厳しい競争社会にさらされる男性に安らぎの場を与える「家庭の天使」の役割を，期待されていた．この時代の代表的な美術評論家にして社会思想家だったジョン・ラスキン（1865）はこう述べる．「家庭は『平安』の場所であり，すべての危害だけからだけではなく，すべての恐怖，疑懼，分裂からの避難所である」（木村訳）．女性の役割が強調されている．そして生まれた子どものほぼすべては，雇った「住み込みの乳母」か，自分の家に乳児を連れ帰る「持ち帰り乳母」のどちらかに託された．驚くことに，上流階級の女性には「授乳」という習慣がなかった．乳母はれっきとした「産業」であり，斡旋所を介して雇われた（Fildes 1988）．かくして女性は家庭外にあっては，たっぷりの余暇を背景に，「貴族に擬態」しつつ「不労を誇示」しながら社交にいそしむことが求められた．既婚女性にとっての生きがいは子育てではなく社交であり，独身女性にとっての社交は配偶者探しの場であり，社交性は結婚相手を選ぶ重要な判断基準だった．"顕微鏡の夕べ"，"動物園見学"，"潮溜まりの観察会"，"アリの巣のガラス張りの観察会"——いずれもが"ホビー"という名の社交界だった（バーバー 1995）．もちろんすべての女性が動物や博物学好きではないが，こうした女性の存在と応援なしにヴィクトリア朝の博物学ブーム，動物ブームはありえない．そして「有閑の消費」と「貴族の模倣」のエスカレーションは，社会的な機能としての服飾を極限にまで変装させた（増田 1995）．

女性の人形化と動物

18世紀まで，上流階級の男性はといえば，女性よりむしろ派手で装飾や刺繍のついた華美な上着に半ズボン，ストッキングといったいでたちで，頭にはカツラか，18世紀後半には多種多彩なビーヴァーハットをかぶるのが主流だった．19世紀になると，華美な服装は廃れ，むしろ黒一色のフロックコートか燕尾服，細いズボンに統一され，頭には黒に着色されたシルクハットをかぶるようになった．このスタイルは現代にも踏襲される．

女性の服装はどのように変化したのだろうか．16世紀から17世紀にかけて，上流階級の間では，ヒゲクジラ類のヒゲで内側を釣鐘型に組み立てた大きく派手なスカート（"フープ・スカート"）が流行した．しかし18世紀初めになると，貴族階級を除けば，派手な装飾を嫌いハイウエストで体になじむ，寛衣のような実用性のある服が好まれるようになった．足元や襟元はある程度露出し活動的だった．それが有産階級の増加とともに，有閑の誇示と貴族の模倣化が進行していった．図9-2はヴィクトリア期の女

444　第9章　近代ヨーロッパでの動物の再発見

図 9-2　ヴィクトリア期の代表的な女性ファッションの変遷（Gibbs-Smith 1961 より）．

図 9-3　人気雑誌"パンチ"誌に掲載された風刺画．左は"衣服と女性"（1856 年 8 月 23 日号），右は"女性をお連れする安全な道"（1854 年 10 月 1 日号）と題されている（Nead 2013 より）．

性の服飾の変化で，その傾向がはっきりと読み取れる．時代とともに，スカートは徐々に華麗に，そして巨大化し，ついにはすっぽりと体を覆い，丈は足首を隠してしまった．"ボンネット"と呼ばれる帽子で顔と手の一部以外はほぼ完全に包み隠されていた．このエスカレーションのなかに女性の「淑女」と「家庭の天使」という性格がはっきりと読み取れる．それは女性の「偶像化」，「人形化」だった．女性の「性」の抑圧，その抑圧に動物が加担していた．

この巨大なスカートを内側で支えた道具がヒゲクジラ類のヒゲから製作された"クリノリン"とよばれる骨格だ[4]．クジラのヒゲを「鳥かご」のように加工することは 14 世紀から行われていたが，需要は女王や貴族の衣装だけに限定されていたから，量産はされなかった．1307 年（エドワード 2 世の在位）に制定された冗長な名前の法律，「英国の海岸に漂着し，死亡したクジラの頭部は王の財産に，尾部は女王のそれに帰属する」は，イギリスではもっとも奇妙でばかげた法律として有名だが，このころからすでにクリノリンが製作され，華麗な衣装には必須だったのがわかる．クジラの"ヒゲ"を尾ビレと誤解しているのはご愛嬌だが，このヒゲが中世では唯一の"プラスチック製品"として貴重だった．この需要が 1820 年代

ころから徐々に増加，1840 年代以降になると，クリノリン製の"フープ・ペチコート"として爆発的に売れるようになった．かごの鳥の女性は，文字どおり，鳥かごをまとうようになったのである（図 9-3）．

ロンドンにはクリノリンの専用工場が生まれ，1850 年代には毎日 3000-4000 セットが量産されたという（Nead 2013）．これにともない，1800 年時点では 1 トンあたり 100 ポンド程度だったクジラのヒゲは，1870 年代には 500 ポンド，1900 年代にはなんと 3000 ポンドまで跳ね上がった（Gorman 2002）．クジラの産物は灯油だけに留まらない，ますます重要な水産資源になった．なお，このクリノリンは 1856 年にスチール製ができ，こちらもよく売れた．1860 年代にはついにその直径が 180 cm に達するものまでが出現し，流行は労働者階級の女性にまで拡大した．こうなるともう貴族への擬態効果は薄れてしまう．

ただし，なのだ．人形のような女性がちまたにあふれる結果，どのような事態が起こったのかは，大英帝国の愚かさとして記憶されてよい．トイレ，出入口のドアや階段，乗り物，トラブルはあらゆるところで発生し，はさまれる，巻き込まれる，風であおられる，引っかかる，転倒する，暖炉の火が引火する，毎年約 2 万人以上が事故に遭い，3000 人もの女性が死亡した（増田 1995）．それを皮肉った当時の漫画を掲載しておく（図 9-3）．おかしなスカートは 1870 年代以降になると，今度は"バッスル"型

9.1 イギリスにおける動物（博物学）ブーム　　445

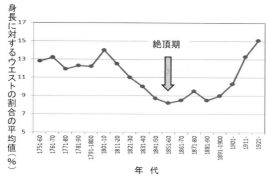

図 9-4　ヴィクトリア期女性のウエストの変化．コルセットの流行とともにウエストは細くなった．Davis（1982）の数値にもとづいてグラフ化した．なぜか，ロンドン万博（1851年）から『種の起源』（1859）の出版年の期間で女性のウエストはもっともくびれた．

といい，円形ではなく，後部だけを張り広げるようにしたクリノリンか，詰め物が製作され，さらにスカートは変形していった．お尻の後ろだけが飛び出たあれ，解説するまでもない（図9-2）．

じつはこの時代の女性を締めつけていたのはクリノリンだけではなかった．女性の「人形化」には，鳥かごスカートと並行して，ウエストを細くすることが（求められ？）志向された．くびれた腰である．この道具が"コルセット"で，もともとは 16 世紀にフランスでつくられたシルクや綿製の"胴着"に由来し，締めつける役割はなかった．それがイギリスへ渡り 17 世紀に入ると，貴族の間ではフープ・スカートが流行るとともに，シルクや綿の布地に小板などを縫い込んでウエストを細くみせる道具に使用された．板はほどなく具合のよいヒゲクジラ類のヒゲにとってかわられた．ヒゲ価格の高騰にはクリノリンだけでなくコルセット製品の需要の高まりがあった．1860 年代ロンドンでは年間 300 万個ものコルセットが生産されたほかに，輸入品も含め市場は 1000 万個以上の規模になった（Davies 1982）．女性のウエストは急速に細くなり，その極限に達した（図 9-4）．この流行は，フランス，ドイツ，アメリカへちまちに飛び火し，新興捕鯨国アメリカには複数の会社が設立された．さまざまなデザインのコルセットがクジラのヒゲや，おりしも大乱獲

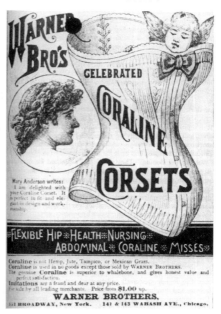

図 9-5　クジラのヒゲと綿でつくられたワーナー・ブラザース社製"コルセット"の広告（Smith 1991 より）．

中だったバイソンの角（第 10 章参照）からもつくられ，自国の需要をまかなうとともに各国へ輸出された．今日，世界有数の映画会社"ワーナー・ブラザース"は，その前身をたどると，もっとも成功したコルセットメーカーだったことがわかる．1880 年代には日産 40 万個ものコルセットを生産，販売，輸出し，年間 50 万ドル以上を稼ぎ出した（図 9-5）．

この極端な「美」の追求に弊害がないはずはない．健康を損ねたばかりか，立居がまともでなかったり，内臓の位置がずれたり，肋骨が変形したり，肺に食い込んだり，重い病気や死亡の直接的な原因となって，若い女性の死亡率をさらに押し上げた（Davies 1982，増田 1995）．1890 年代にはばかげた流行への批判が高まり，ウエストは再び回復する．それでも常軌を逸した道具が完全に廃れるのは 1920 年代以降である．ワーナーブラザースもこのときの儲けを原資に，新産業（トーキー）へ転身を図る．スカートとコルセットの評判が悪くなると，美装(おめかし)は別のところで代替された．おしゃれは不死鳥．

女性の帽子

ヴィクトリア朝社会を映し出した代表的な作家，チャールズ・ディケンズの短編集『ボズのスケッチ』(1836) には，衣装を張り合う2組の中流家庭を描写するこんな一節がある．「トーントン一家のご婦人方はボンネットに造花をつけていたが，ここではブリッジス一家が勝っていて，帽子には羽毛飾りがついていた」（第7話『蒸気船でテームズ下れば』藤岡訳 2004）．女性は豪華な服装に取り合わせ色とりどりの帽子をかぶった．帽子は，最初，刺繍やリボンで飾られ，後には造花や生花，さらには鳥類の羽毛を飾ることが流行るようになった．ディケンズの一節は鳥類の羽が，1830年代の時点で造花よりすでに高級だったことを示していて，興味深いが，このエスカレーションには歯止めがない．アゲハの翅や昆虫をピン止めしたものもその1つだが，これはヒットしなかった．とくに1860年代以降，巨大スカートの流行に陰りがみえてからは，おしゃれの重点はバッスル型スカートとともに帽子の装飾へと移っていった．簡素で実用的なものから正装用のものまで，女性用のありとあらゆる帽子には，さりげない羽根の一本刺しから派手な羽毛の束までが飾られた．後者の派手な範疇では，しだいに，大げさでカラフルなもの，華美で珍奇なものがもてはやされた（図9-6）．多種多様な鳥類の羽毛が，熱帯地域を含むアフリカ，アジア，世界各地から欧米，とくにロンドンへとかき集められた．

この流行はすさまじかった．たとえば，1864年から1885年までにロンドンで発行されたカタログには，総計で，40万羽以上の西インドとブラジル産各種鳥類の，約36万羽の東インド産各種鳥類の，6800羽のゴクラクチョウの，約5000羽のニジキジ（*Lophophorus impejanus*）の，約770羽のセイラン（*Argusianus agrus*）の，羽毛が掲載されていた（Moore-Colyer 2000）．また流行絶頂期の1901–1910年間，ロンドンの業者は世界各地から総計約6400トンの羽毛を約2000万ポンドで購入，1892年にロンドンの業者が行った1回分の取引では，6000羽のゴクラクチョウ，4万羽のハ

図 9-6　女性の羽毛帽子（1900年ころ）．この羽毛はオオフウチョウかコフウチョウのものと推定される（Smith 2014 より）．

チドリ，36万羽の西インド産鳥類が購入されたという（Doughty 1975）．

この流行はたちまち各国に飛び火し，アメリカの女性をもとらえたようだ．1886年にアメリカ自然史博物館の鳥類学者チャップマンがマンハッタンの通りを2回通行して"バードウォッチング"を行ったところ，700人の帽子をかぶった女性に遭い，アジサシやレンジャクなどアメリカ産40種の鳥類を同定できたという（Merchant 2010）．女性たちは，熱に浮かされたように，めだつ鳥類の羽根を頭に戴いた．

このころ，アメリカ国内では野鳥を撃って羽毛を収集することが職業として成り立っていた．1オンス（約28 g）あたり32ドルで，なんと金の2倍，約8万3000人が雇用され，自国の消費と輸出品に回されていた（Stanford Alumni Association 2014）．イギリスでも状況は同じで，1860年代のロンドンでは白いカモメの片翼が1シリングで引き取られていた（Moore-Colyer 2000）．小鳥を撃って帽子店にもっていけば，パブ代くらいの小遣いになった．冒頭でビューイックの『英国鳥類図譜』を紹介したが，その実質的な内容は，こうした捕獲者向けの各種鳥類とウサギの猟場案内だった．な

お，『自伝』（ダーウィン1887）のなかでも披瀝されている有名な話だが，ダーウィンもまた少年期の趣味はもっぱら「鳥撃ち」で，このままではただの狩猟好きのごくつぶしになる，と父親を心配させた．とはいうものの，彼のこの銃の腕前と狩猟好きが，後にビーグル号の乗組員に選ばれた理由の1つでもあった（ブラウン2007）．

世界中でどれほどの鳥類が捕獲されたのか不明だが，とくに熱帯産のゴクラクチョウ類やハチドリ類には大きな影響を与えたにちがいない．エクアドル，ボゴタ周辺だけに生息していたボゴタテンシハチドリ（*Heliangelus zusii*）はこの捕獲によって絶滅したことが知られているが，幸いにも1羽の標本が残っていて，最近，DNAが分析され，ようやくその分類上の位置が確定した（Kirchmen *et al.* 2010）．この流行はしだいに大型の鳥類へ移った．最初はダチョウの羽毛で，1880年前後には狩猟された野生ダチョウの羽毛，平均約50トンがアフリカ東部から毎年ロンドンに輸出された（Baier 1977）．アフリカのケープ植民地（現南アフリカ）ではダチョウの飼育が軌道に乗った．1865年に80羽から始まったダチョウ養殖は，1875年には約3万2000羽となり，年間20万ポンドを稼ぎ出すまでになった（MacKenzie 1988）．これらの羽毛は染色され，まるでヤシの葉が放射するように，頭を飾った．ロンドンでの最盛期は1905-1909年の5年間で，このアフリカ産ダチョウを含む，驚くことに総計約700トンが輸入されたという（Moore-Colyer 2000）．

この大型羽の流行はなぜかしだいに清楚なサギ類の繁殖期の飾り羽に収斂していった．1902年にロンドンで開かれたある羽毛オークションでは，1束840g（約1000ドル）のサギの飾り羽が1608束売買されたとの記録が残る．これはじつに19万2960羽分にあたる（Doughty 1975）．ベネズエラでは1898年だけでじつに154万羽のサギが捕獲され，パリやロンドン，ニューヨークへ輸出された（Schmoll 2004）．フランスでは1914年の時点で6万人が業者や職人としてこの産業にかかわり（Schmoll 2004），国内でもたった5カ月で70万羽の野鳥が捕獲された年があったという（Eifrig 1911）．めちゃくちゃというほかはない．

日本の貢献

このサギ類や大型鳥類のなかには日本産鳥類もまた含まれていた．「鳥獣保護行政」に関する記録（『鳥獣行政のあゆみ』林野庁1969）のなかには「トキの翅羽は羽箒や毛鉤の材料として重要な輸出品である」（1881年）とか，「海外への標本あるいは婦人帽の羽飾りの需要が増え，密猟や乱獲が目に余る」（1891年）といった記述があり，このことが契機になって日本政府は1892年にツル類などの大型鳥類を初めて「保護鳥」に指定した．なおついでながら，開国後まもない日本では，この時代の世界規模の羽毛の需要に応えて，一部の日本人は一攫千金を夢見て太平洋上の海鳥の集団繁殖島へ乗り出していった．

伊豆諸島南端の鳥島にはかつては500万羽以上のアホウドリ（*Phoebastria albatrus*）が島をうめつくし，繁殖していた．東京の回漕業者，玉置半右衛門は無人島であったこの島を東京府から「10年間の無料貸し渡し」許可を取り，1887年に人夫を数十人ほど雇って上陸した．アホウドリは人間をまったく恐れず，採集とは足の踏み場もないほどいた鳥たちを棍棒で撲殺して，羽毛をむしり取ることだった．それは捕獲というより農作業に似ていた．毎年10万羽が撲殺され，30トン以上の羽毛を内地に運び，横浜の外国商会（ウィンケル商会など）に売却し，玉置はたちまちにして巨万の富を築いたという．20世紀になると，アホウドリはめっきり減少したが，彼は「借地願い」を延長し，作業を継続した．この乱獲が停止されるのは1902年．自粛ではけっしてなく，火山島，鳥島の噴火によって撤退を余儀なくされたからだった．操業期間15年，捕獲総数600万羽以上だった（芝山1996，平岡2012）．

日本人による乱獲は鳥島だけに留まらない．太平洋の島々の状況をつぶさに追跡したスペネマン（Spennemann 1998, 1999）によれば，

1881年から1916年にかけて，アメリカやドイツ人商人の支援を受けた6-39人の捕獲人夫が11隻以上の日本船籍の船で，少なくとも13の無人島やサンゴ礁に上陸し，アホウドリ，クロアシアホウドリ，カツオドリ，アジサシなどを，多くの場合，無許可，非合法で，乱獲し，その翼や羽毛を香港などに輸送し，売却していたという．多くは絶海の孤島や自活困難な辺境島で，それゆえに巨大なコロニーが発達する海鳥の楽園だった．その数たるや半端ではない．マーシャル諸島ボカク環礁では1908年に20万羽以上，北西ハワイ諸島レイサン島では，1909-1910年に約30万羽，さらに1914-1915年に15万-20万羽，リシアンスキー島では1904年に28万羽，1909年に14万羽，1914-1915年には11万5000羽，ミッドウェー環礁では1911年に約100万羽，マーカス諸島では1902年に5万羽，このほかに，ウェーク島，クレ環礁，ジョンストン島，クリスマス島などでいずれも数万羽が，それぞれに記録されている．

羽毛市場の世界的な広がりと，捕獲地域の地理的スケールにあらためて驚かされる．日本もまたまちがいなく野生動物の乱獲と輸出大国であった．平岡（2012, 2015）は日本から輸出された羽毛と剥製の数量と国別金額を紹介している．それによると，数量は年ごとに急速に増加し，1900年代では300トン（羽数は不明だが，数百万羽を超える）を突破し，1908年時点の輸出額は，フランス約15万円（羽毛と剥製の合計），イギリス4.6万円，ドイツ3.3万円だったという．1900年の1円≒2017年2万円と換算すれば，フランスへの輸出総額は約30億円に達する．しかし，これらはただたんに日本人冒険商人が海鳥を乱獲し，濡れ手に粟の史実に留まるものではない．平岡（2012, 2015）は，こうした事業の背景には，政府や軍部の積極的な支援があって，国内からは出稼ぎ労働者が送り込まれ，生業を営んだという実績をつくることで，無人島の実効支配，領土の実質的拡張の先兵としての役割があったと指摘している．

再び西欧．この奇妙な帽子への熱狂は，1910年代後半以降，別の帽子や新しい髪型の流行によって急速に廃れていくが，最終的にとどめを刺したのは「市民運動」とその圧力による法律の制定だった．市民運動は，17-18世紀に，イギリス，フランス，あるいはアメリカで，都市の有産階級を中心とした住民が王政や植民地支配に抵抗し，市民的な自由を獲得した一連の「革命」にその源流があるが，20世紀になるとこの形態が発展し，動物愛護や自然保護を含む多様な要求を掲げて市民が連帯し，政治を突き動かす運動へ成長していった．このときもアマチュアや市民を中心に組織された「鳥類保護団体」によってこの運動は推進された．1895年に，イギリスでは"セルボーン協会"が，アメリカでは"オーデュボン協会"がほぼ同時に発足している．イギリスでは，この協会の活動で「海鳥保存法」（1869年），「野鳥保護法」（1872年），「野禽保存法」（1876年）など，一連の野鳥保護の法律が，そして，1880年にはこれらの総括法として「野鳥保護法」がつくられた（村上 2007）．アメリカではとくに後者は，密猟監視員3名が羽毛採集業者の銃弾にあたり死亡したこともあって急速に発展し，1905年には"アメリカオーデュボン協会"となるが，その時点の会員は早くも4万人を超えていた．また，イギリスではセルボーン協会とは別に，小さな婦人グループが1889年に「ダチョウだけは例外に，食用のために殺された鳥の羽毛以外は身につけない」（アレン1990）との運動を展開し，これがほどなく"（英国）鳥類保護協会"に，1904年には"王立鳥類保護協会"へ発展していった．こうした鳥類保護団体の各国での運動状況をエイフリグ（Eifrig 1911）は"Auk"（アメリカ鳥類学会誌）誌上に報告している．この運動は（フランスを除き）アメリカ，イギリス，カナダ，ドイツ，イタリア，オーストリア・ハンガリー，ノルウェー，スウェーデン，スイス，ベルギーなどヨーロッパ各国に燎原の火のように広がり，羽毛禁止の動きはもはや時代の趨勢となった．この運動にはやがてイギリスやアメリカの"動物虐待防止（動物愛護）協会"が連携し，羽毛帽子の反対運動と，法律制定を導いていく．新たな時代の到来である．

(2) 農業の発展と家畜の品種改良

農業革命

イギリスの農村は，第一次「囲い込み」（エンクロージャー）と「農村工業」の発展によって大幅に変わった．その風景をさらに変えたのは伝統的な三圃制農法の見直しだった．この農法では数年に1回の割合で休耕地とし，そこに"歩く施肥機械"である家畜（おもにヒツジの群れ）を入れ，糞や尿で土壌の回復をはかってきたが，休耕地にするのではなく，クローバー（シロツメクサ）やカブを植え，たとえばオオムギ→クローバー（またはライグラスやアルファルファ）→コムギ→カブというローテーションで輪作するのである．とくにクローバーは根粒菌の働きで窒素を土壌中に固定するので地力を回復させる効果があり，しかもクローバーやカブは収穫して家畜の飼料にできたので，それまで初冬に屠殺していた家畜は1年を通じて飼育することが可能となった．この結果，農業や家畜の生産力は飛躍的に増大した．この農法はロンドン北東部のノーフォークで開発されたところから"ノーフォーク農法"（あるいは"輪作式農法"）と呼ばれた[5]．この農法が18世紀に紹介されると，効率的な生産のためたちまち全国に普及した．なおクローバーやライグラス（イネ科草本，ライムギとは別種），カブはどれもが自生していたか，ムギ類の雑草として有史以前に近東から持ち込まれていたものである．

新農法の普及は，人口増加による農畜産物の高い需要を背景に，農業や畜産業に新たな息吹をもたらした．地主やジェントリ，富農は，共有地や荒蕪地，貧農の土地や未開発地を新たな農地とすべく再び「囲い込み」を行った．第二次「囲い込み」だ．この運動は食料増産の国策を受け行政主導で進められ，第一次囲い込みの約3倍（全農耕地の約20％にあたる）が農地に編入されたといわれる．この結果，農村人口は1701年の約280万人から1800年314万人，1851年には384万人へと増加し，耕地面積は1700年の3.6万km^{2}から1851年の6.2万km^{2}へ，穀物生産量は1701年から1851年にかけて

図9-7 ウマ（3頭立て）を使った脱穀機（Lami 1881より）．

2倍以上増加した（O'Brien 1977, Overton 1996a, Broadberry et al. 2010）[6]．18世紀には穀物は毛織物についで主要な輸出産品に，イギリスは押すに押されぬ農業大国となった．農村人口は増加するいっぽうで農地を取り上げられた多数の貧農や小農は工場労働者として都市へ流入し，産業革命を支えた（田中 1988）．

それは「農業革命」といってよい[7]．生産量の飛躍的な増大のみならず，重要だったのは，囲い込みを行った意欲あふれる地主やジェントリが新たな農業技術の開発や，家畜の品種改良に積極的に取り組んだことだ．動物と人間との距離はますます接近していった．たとえば，耕地が大規模にまとまり集約化されたことで，複数のウマに牽引させる鉄製の犂"ロザラム犂"（ロザラムはイングランド中央部の地方都市）が開発され，大面積の耕地を耕した．ウマは新発明の脱穀機や播種機，刈取機などにも使われた（図9-7）．煙こそ出ていないが，地主や資本家は産業革命と一体になってこうした新機軸の機械の開発や導入に狂奔した．1850年代には実際にも煙の出る（つまり蒸気機関を導入した）耕作機が発明された．

家畜の品種改良

16世紀までウマは農耕畜のわずか25％にすぎなかったが，1550年代になるとウシとほぼ拮抗（25万頭）し，1650年には約40万頭，1750年には80万頭，1850年代には100万頭と増加した．これに対し役畜としてのウシは1650年に8万頭，1750年に3万頭，1850年に1万頭と減少したが，役どころを変え，牧草地

に移されて，肉牛や乳牛として，1650年には約100万頭，1750年約150万頭，1850年300万頭へ増加していった．第一次「囲い込み」運動でまとめられた牧草地には，ヒツジやウシが大量に放牧され，1750年時点で1000万頭程度だったヒツジは1850年には2500万頭までに増加した．また養豚もさかんになった．1750年で100万頭程度だったブタは1850年には200万頭を超えるまでになった（以上の家畜数のデータは Broadberry et al. 2010 による）．市場に出されるウシの体重は1710年の平均168 kgから1795年には363 kgに，ヒツジの肉や羊毛量は同17 kgから同36 kgに，それぞれ増加した（Overton 1996a, Broadberry et al. 2010）．農畜産国家イギリスの黄金期だった．貴族やジェントリは，家畜の高まる需要に応え，そして優良品種の作出は儲かる事業だったから，趣味と実益とを兼ね，品種改良に積極的に取り組むようになった．

とはいえ，標準的な品種改良の知識や技術，マニュアルがあったわけではない．もっとも基本的な遺伝の原理，「メンデルの法則」（メンデルの報告は1865年）がド・フリースらによって「再発見」され，公表されるのは1900年のこと．それが普及し，しかも多くの形質が動物にも共通していることが認識されるのは1910年代以降だった．では品種改良はどのように行われたのか．その拠りどころは"ベークウェル育種法"と呼ばれる18世紀中ごろに確立した経験的技術で，骨子は，①広く国内外から評判のよい個体を買い集め，手持ちの繁殖群に加える．②繁殖成績，体形，外貌，飼料などの記録をとる．③改良目標を定め，その目標に近い形質をもつ個体を選抜し，交配する．④こうした形質をもつ子ども同士や親子の間で，交配と選抜を繰り返す，ことだった（佐藤 1986）．ひとことでいえば，「近親交配を恐れずに，やみくもに掛け合わせる」というもので，科学という代物ではないけれど，オスの形質を標識に，品種改良を行うことに特色があった（Derry 2003）．それは伝統的な遺伝の概念にもとづくもので，遺伝は「血液」によって成立し，その血液は新たな世代の発生時点では「精液」に転換されると解釈されていた（Wood 2003）．それでも近親交配の危険性は当時から理解されていて，無数の失敗例が闇に葬られたにちがいないが，徹底した近親交配はときに優秀な品種を生み出した．ダーウィンも『種の起源』（1859）のなかで，人為選択がいかに形質を変化させるのか，ベークウェルの業績を例に好意的に紹介している．

ベークウェルが作出した品種で有名なのはウシとヒツジである．前者は彼の農場のあった土地名から"ディシュレイロングホーン"と呼ばれ，もともとは農耕畜として改良されたもので，在来種の原種はわずか170 kg程度だったが，品種改良の結果，1768年の時点では381 kgと巨大化している（なお現在ではこの品種のオスは1トンを超える）．ヒツジは"イングリッシュ・レスター"（またはニューレスター）と名づけられた品種で，在来の長毛種を成長が速く，大量の羊毛が収穫できるように改良した大型品種だった．1765年に売り出されたオスの値段は8ギニー（1ギニーを約2.5万円程度とすると約20万円）程度だったが，1784年になると80-90ギニー，1786年100ギニー，1789年には最優秀個体に300-400ギニーという破格の値がついた（Wykes 2004）．畜産業の発展とともに優良品種は売れ，品種改良は確実に儲かる事業となった．

ウマ（サラブレッド）

イギリスで作出された主要品種を紹介する．まずはウマのサラブレッド．この時代，農耕馬や馬車の牽引用に，品種改良がなされ多種多様な大型馬やポニーなどが登場した．そのいっぽうで，小型で軽量，脚の速い軍馬が求められた．それはもっぱら海軍の要請で，島国や遠距離の植民地を防衛するために機動力を高める必要があったからだ．この動きは貴族や新興地主のジェントリの，新たな競走馬をつくる機運とも重なった．ウマはもともと貴族らの戦争と移動の手段であり，その所有は富と支配のシンボルだった．このため，古代以来，ウマの速力は権力

者の対抗意識を刺激し，「競馬」が自然発生的に行われた．それが17世紀のイギリスで再現された．

競馬には2種類あった．1つは村々の年中行事に行われる庶民娯楽で，農耕馬や猟馬，ポニーを登場させてギャンブルを楽しんだ．もう1つは，貴族や大地主層らが中心となった本格的な競馬で，今日，"ダービー"（1780年）や"オークス"（1789年）と呼ばれる競馬の源流だ．両方とも，競馬場のあった土地（伯）名や伯爵が名づけたレース名に由来し（荒井1989, Derry 2003），労働馬とはまったく異なり，馬主が自身の高貴な身分を誇示する「レース専用馬」を持ち寄り，たがいに賞金を出し合い順位に応じて取り合う"ステークス"方式によって行われた．"サラブレッド"はその専用馬の1つで，いずれもアラブ系統のオス3頭と，イギリスの伝統的な狩猟馬のメス74頭との間の交配品種として作出された．この交配は，より大きな心臓（とくに全身への血流ポンプである左心室が大きい），より大きな肺，そしてより大きな脾臓（第3章コラム3-2参照）の，希有なアスリート馬をつくりだした（Young 2003）．この結果，アラブ種よりは小型で軽量，抜群の速力を誇り，以後，競走馬の代名詞となった．サラブレッドとは（競走馬の）完璧な（thorough）品種（bred）の意だ．今日ではおなじみの"スタッドブック"（Studbook）と呼ばれる「血統登録」は，最初（1791年時点），その日のレースに出場する（賭ける対象の）個体名のリストで，「父名，母名」はなく，過去の成績，サイズや毛色が記載されたものだった．それが血統（両親の名前）を含め登録されるようになるのは1820年代以降のことで，後にはほかの家畜やペットへも拡張された．

いまや世界中に約50万頭のサラブレッドがいるが，繁殖は完璧に管理され，原則として両親ともにサラブレッドだけが登録される．したがって近親交配が繰り返され，一定の形質に関与する遺伝子がホモ接合となった「純系」である．その結果，対立遺伝子の78%は30頭の始祖個体（うち27頭はオス）に由来し，メス系統の72%は10頭のメスの創始個体に，オス系統の95%は1頭のオスの創始個体に由来するという状況にある．サラブレッドの遺伝子プールの13.8%は3頭の始祖個体のうちの1頭，"ゴドルフィンアラビアン"に由来している（Cunningham et al. 2001）．単純明快な目的の下で繁殖がこれほどに管理された家畜品種は後にも先にもない．

ダービーが行われる"エプソム・ダウンズ"はロンドン南西20kmほどの郊外にある古い競馬場で，1840年ころまでは貴族専用の施設であったが，その後，ダービー当日になると，あらゆる階層の，数万人が集まる大祝祭日の様相を呈するようになった．これは鉄道会社による大衆宣伝の効果で，鉄道開設に合わせて競馬を人々の一大レジャーに仕立てたことによる．それにしてもだ．レースはたった3分程度で終わってしまうのだから，多くの人々はなぜ自分が競馬場にいるのか，よくわからなかったにちがいない．目的は観戦ではなく，そこにいることだったのだ．この時代の代表的な絵画の1つに，フリス作（Frith 1858）の『ダービィの日』がある．メインスタンドが遠望される競馬場周辺には，レースそっちのけで，商いをする者，大道芸をする者，ピクニック気分の人々，いかさま賭博に興じる者，浮かれ，騒ぎ，泥酔する者と，雑多な人々が入り混じり，人間博物館さながらに，たいへんなにぎわいだ．ヴィクトリア朝の気分の凝縮，人々はそれで満足だった．

ウマ（ポニー）

サラブレッドのいっぽうで，さまざまな用途に合わせ，種々の品種が作出された．農耕，荷役用には，1トンを超えるシャイア種やサフォーク種など大型種が，馬車や乗馬専用にはハクニー種などの小型種が，それぞれつくられた．とくに小型種では注目の品種がつくられた．一般に，肩高147cm以下のウマを，品種にかかわりなく，"ポニー"と呼ぶが，このポニーが18世紀以降にさかんに品種改良された．もともとポニーは厳しい環境のなか，持久力のすぐれた荷役用の小型種として古くから複数の品種

図9-8 "ピット・ポニー（炭鉱専用のポニー）"（イギリス国立石炭鉱山博物館による写真 2016）．

図9-9 チャールズ・コリングによって作出された巨大な"ダラムのウシ"．ボールトビー（Boultbee）によるエッチング（1802年制作）（Broglio 2008より）．

がつくられたが，この時代になると，品種改良が加速し，多数の品種と個体が生産された．シェトランド，ハクニー，ハイランド，ギャロウェイなどがその代表で，15品種以上が記録されている．なぜポニーなのか．

1750年以降になると，各地の炭鉱や鉱山でトロッコの牽引や輸送用にこれら小型種がさかんに使われ，需要がにわかに沸騰した．とくにイギリスには当時ヨーロッパで最大の炭鉱と，スズ鉱山があり，狭い坑道のなかでこれらを運搬した．この小型品種を"ピット・ポニー"という（図9-8）．産業革命を支えた石炭，その採掘に子どもたちを動員したのは恥ずべきイギリスの歴史としてよく知られているが，そこには多数のポニーがまた徴用されていた．19世紀になると炭坑や鉱山の増加とともにポニーの徴用数は爆発的に増加し，1913年の最盛期には総計約7.3万頭に達した．イギリスの石炭採掘量は1856年で約6700万トンだったものが，1867年には1億トンを超え，1913年には2.87億トンに達し（Mitchell 1984），ポニーの生産と需要はうなぎ登りだった．その後，1918年には6.5万頭，1939年3.2万頭，1945年2.3万頭と，徐々に減少するが，1992年の時点でもなお24頭が使用され（Wilson 2009），最後の1頭が死んだのは2009年だったという．死んだポニーの肺は炭塵で真っ黒だった（Heppleston 1954）．ということはそこで働いていた子どもを含む人間もまた同様ということにな

る．ポニーという小型ウマは，育種家の趣味や気まぐれでも，愛玩や子どもたちとの交流用でも，けっしてなく，狭窄で劣悪な環境でもなお徹底して酷使できるようにつくられた家畜であった．石炭は人間やウマを動力源から解放したものの，今度は石炭の採掘そのものに動員されることになった．この事実もまた記憶されてよいだろう．

ウシ

ベークウェルの"ロングホーン種"の成功がきっかけとなり，ウシもまた各地でさかんに品種改良された．もっとも有名な品種の1つは，チャールズ・コリングによって作出された肉・乳兼用の"ショートホーン"種で，ベークウェルの方法を踏襲している（Walton 1984）．コリングの農場があった北イングランドの地名にちなんでつけられたいわゆる"ダラムのウシ"は，正確に測定すると，1715kgに達した巨大ウシで，1799年にデヴューした．このウシは1801年に250ポンド（当時の中流階級の年収に匹敵）で売却され，翌年にはロンドンなどで巡業を行い，入場料の収益は1日で最大97ポンドに達したといわれる（Quinn 1993）．このウシはまた，当時の動物画家，ボールトビーによって銅版画として描かれたことでも有名で，これも3000枚を売り上げたという（図9-9）．なお，ダーウィンは『種の起源』のなかでウシの育種家としてベークウェルとともに"コリン

ズ"を紹介しているが，これはショートホーンの作出者"コリング"の誤りである（Ogawa 2001）．

ショートホーン種はたちまち有名となり，ロングホーン種とともにウシの品種ブームに火をつけた．後に続けとばかりに多数の愛好家や育種家（多くは貴族やジェントリ）が現れ，農業団体はさかんにウシの品評会を催すようになった．賞によって格づけられたカリスマウシは高値で取引され，各地には，「家畜血統登録簿」("Herd Book")を作成し，認証し，管理する「育種協会」が生まれるようになった．もともとイギリスには，農耕牛としていろいろな在来種がいたから，そのなかから肉牛や乳牛，兼用牛に特化していろいろと品種改良された．イングランドではヘリフォード，ノース・デヴォン，レッド・ポール，ジャージー，ガーンジーなど，ウェールズではグロースター，ウェリシュ・ブラックなど，スコットランドではシェトランド，アンガス，エアシャー，ギャロウェイなどが代表的で，後に世界を席巻する主要な品種がほぼこの時代に出そろっている．

ウィーナーら（Wiener *et al.* 2004）は，イギリス産ウシ8品種の遺伝的な関係を，マイクロサテライトDNAを使って400頭以上を対象に分析した．それによると，空間的には狭い範囲にもかかわらず，これらの品種はそれぞれにはっきりとした遺伝的な特性を保持していて，遺伝的な系統分析によっても品種間の相互関係は明白に識別できることを明らかにした．こうした品種の遺伝的独立性は，地域ごとに伝統的な在来種をもとに作出の努力がなされたことに加え，おそらくベークウェルの方法——それは徹底した間引きと近親交配——が継承されていたのが大きい，と考えられる．これもまたイギリスの伝統なのか．

ヒツジ

イギリスは中世以来一貫してヨーロッパ最大の牧羊国であり，毛織物は「国民的産業」であることに変わりない（藤田2005）．ヒツジは羊毛や肉，乳を生産すると同時に，三圃制農業に糞や尿の肥料を供給する重要な家畜だった．このため，その飼育頭数はつねに農業とのバランスのなか相補的な関係を維持してきた．三圃制の見直しはこの制約から解放した．ヒツジは1700年代の1570万頭から1850年代の2260万頭に，約1.4倍に増加した．この増加には，ヴィクトリア女王の先々々代で"農民・ジョージ"の異名をとるジョージ3世（在位1760-1820）と，1人の植物学者の貢献が大きかったと思われる．第6章で述べたように，英王室がスペインから盗み出したり，あるいは後にスペイン国王から贈られたメリノ種は，王室の所有の庭園，"キュー・ガーデン"で飼育された．その後どうなったのか．

時代が進むと，ほどなく世界でもっとも著名な植物園となるその「庭」は博物学者ジョセフ・バンクスによって管理運営されるようになった．バンクスはこの時代のイギリスが生み出した世界最初の"プラント・ハンター"であり，傑出した博物学者であると同時に，帝国主義イギリスの水先案内人だった．彼は15歳のときにオックスフォードの植物学の授業を受け，その陳腐でよどんだ講義に幻滅して植物採集という実践の旅に出た，といわれる．貴族の家を継ぎ（したがって経済的には裕福），21歳でニューファンドランド島へ，25歳のときにキャプテン・クックの第一次冒険航海に同乗し，タヒチ，ニュージーランド，オーストラリアに上陸し，多数の植物標本や記録画，球根や種子を持ち帰った．これらは後にこの植物園の重要なコレクションの一部を構成した．そのバンクスが帰国し，29歳からこの植物園を統括し，ジョージ3世のメリノ種の群れを管理する地位についた．王はこれを英国産ヒツジの品種改良の種ヒツジにしたいと考え，バンクスはこの意向を忠実に実行し，ウールの品質ごとに個体を分けて，交配を行い，個体数を増やしていった．この種ヒツジが19世紀初頭に売却され，各地の英国産ヒツジと掛け合わされたのである（Carter 1964）．

この一部は後にオーストラリアに導入され，南アフリカ経由ですでにこの地に渡っていたメ

454　第9章　近代ヨーロッパでの動物の再発見

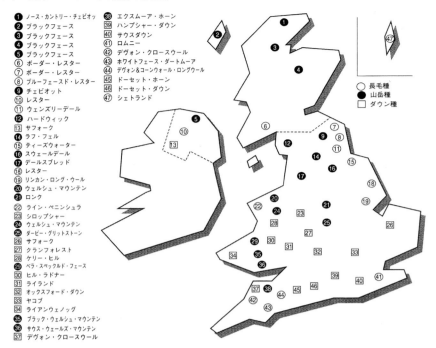

図 9-10　イギリス産のヒツジ品種（大内 1991 を改変）.

リノ種と交配させられ，牧羊国家オーストラリアの礎を築いた．バンクスの名は，博物学や博物学者を擁護し，二名法をいち早く取り入れた植物（博物）学者として評価されるとともに，ここではメリノ種の管理者，継承者としての業績も際立っていたことを指摘しておきたい．そして，農業と科学の重要性を理解していたジョージ3世の名もまた記憶されてよいだろう．

すでに多数の地方品種が出現していて，ベークウェルの農場には各種400頭以上が集められ，それらを材料に目指されていたのは，羊毛も肉もと欲張りな大型兼用種だった．彼の作出したイングリッシュ・レスター種もリンカーン種もその典型であった（Wykes 2004）．この結果，ウールは1700年代の1万5000トンから1850年代の3万2000トンへ，羊肉は同8万7000トンから同27万6000トンへ，それぞれ増加している（Broadberry et al. 2010）．頭数以上にウールも肉も増加しているので，明らかに1頭のサイズが大型化しているが，前者の約2倍に対して後者は3.17倍に飛躍している．そこには，この間の人口増加を反映して羊毛以上に肉の需要が増加していたのがわかる．

この時代，多数の品種が各地でつくられ，それらがほぼ現在のイギリス産品種につながっている．その分類は，おもに生息地によって山岳種と低地種に，毛の長さに応じて短毛種と長毛種に，分けた．前者の場合「山岳種」といっても高標高地に生息するわけではなく（1000 m以上の山岳地帯などない），せいぜい丘陵程度を目安に，それ以下に生息するものを「低地種」といい，ほとんどは短毛種である．そこで，①長毛種，②山岳種，③ダウン種に分けて，主要な地方品種の分布を大内（1991）が描いている（図9-10）．南部にダウン種が，中部に長毛種が，北部に山岳種が多い傾向があるが，すべてではない．まだら模様にあらためてイギリスが牧羊国家であることが確認できる．

現在，ヨーロッパでは771品種のヒツジが登録されている．いうまでもなく，ヒツジは肥沃の三日月弧で家畜化され，世界中に広がった．それは大きくみると，ヨーロッパ系，アジア系，アフリカ系の3つに分化し，多数の一塩基多型（SNP）の分析によれば，弱い地理的な構造はもつものの，遺伝的な分化程度は，（家畜化以降の）進化の短い時間を反映して，きわめて低

いという（Kijas et al. 2009）．このヨーロッパ系に着目して，15カ国，57品種で得られた，遺伝的マーカーである31のマイクロサテライトを分析すると，近東に近いほど遺伝的多様性が高く，そこから離れるヨーロッパ北西部ほど低くなり，全体として，近東とトルコの肥尾種→ハンガリーのザッケル種，バルカン半島のチガイ種，アルバニアのルダ種などヨーロッパ東南部の周辺部種→イギリス産品種を中心とした北西ヨーロッパ種→メリノ種という，遺伝子の地理的クラインが観察され，遺伝的変異はこのクラインに沿って減少している（Peter et al. 2007）．遺伝的多様性の減少の主要な要因は明らかに近親交配によってもたらされるが，その減少の程度を固定指数（F_{st}：2つの対立遺伝子が共通の祖先に由来する確率で評価）でみると13％で，ウシの7-11％，ウマの8％に比べ，なお高かったという（Handley et al. 2007）．これはおそらくヒツジの圧倒的に多い個体数と品種の多さを反映していると思われる．遺伝子にはヒツジの導入と品種改良のために繁殖に介入した歴史が刻印されている．

ブタ

現在，ヨーロッパには1億7000万頭のブタがいる（FAOSTAT 2015）．人口より少ないが，畜産国家デンマークではブタのほうが多い．すでに述べたように，ブタの家畜化はおそらく多元的で，近東やアナトリア半島と，中国やアジア南部など，おもに2つの起源地が存在していたようだ（第2章，Larson et al. 2005）．家畜化の過程であらためて興味深いのはDNAでも形態レベルでも家畜なのか野生なのかが判然としないことで，野生から家畜化への移行が長期に，しかも野生集団との混血が頻繁に起こったと推測される．いずれにしてもブタにはヨーロッパ系とアジア系があったことは確かで，別々の歴史をたどってきたといってよい．それは対照的な道だった．

アジアでは家畜としてのブタは歓迎された．基本的には人間の残飯や排せつ物をあさる家庭用生ごみ処理機であり，手軽な肉の変換機であ
った（White 2011）ので，農家はあたかもイヌのように飼育し，昼間は放し飼いに，夜間は家のなかに収容した．ブタはさまざまに品種改良され，一般に，大型で，太って丸く，白か黒，そして短足の体型に仕上げられた．その典型が大花白豚，梅山豚，八眉豚，金華豚などだ．これに対して近東・ヨーロッパでは，主要な家畜として扱われてはこなかった．その最大の理由は，イネ作のアジアではブタは水田に侵入する害獣にはなりえなかったので，生産の外側での飼育が可能であったのに対し，ムギ作中心の近東・ヨーロッパではブタは生産の加害者，妨害者となったから，頭数も場所も限定した飼育であり続けた．本郷（2002）は狩猟採集社会から農業と家畜化へ移行しつつあったアナトリアの遺跡（チャヨヌ）で，農耕の発展とともにヤギ・ヒツジの動物骨の頻度は増加するが，ブタ（イノシシ）では減少することを報告している．

ヨーロッパでのブタに対する人々の距離や心性は，古代から中世，近世へと，とくにキリスト教の定着を契機に大幅に変化したことはすでに述べた（第5章）が，家畜としてのブタの取り扱いは古代から近世までほとんど変わらなかった．越冬用の肉のストックとして貴重なために最低限は飼育するものの，大規模に飼育されることはなく，秋になるとせいぜい堅果類の実る森林に一斉に放たれる程度だった．しかし，これとてしょせんは生産から切り離された森林での年中行事だった．それでもこれによって「放牧権」は存続し，ヨーロッパの森林の維持や保全には一定の貢献を果たした．それはさておきこの結果，一般に，ヨーロッパのブタは，荒々しく（イノシシと高頻度で交雑），敏捷，細身，脚が長く，牙をむき，ほとんどイノシシと変わりない体型を呈していた（図9-11）．

農業革命が始まる1696年のイギリス，ヒツジは1500万頭，ウシ（肉牛と役牛）は450万頭のいっぽうで，ブタはわずかに97万頭にすぎなかった（Overton 1996b）．このマイナーなブタを取り巻く環境が徐々に変わりつつあった．主要な要因は，第1に，農村では余剰な農産物を飼料に回す余裕が生まれるとともに，ビ

456　第9章　近代ヨーロッパでの動物の再発見

図9-11　イギリスでのブタ2態．上は14世紀に描かれたイギリスのブタ（ラトレル詩篇のパステル画，White 2011）．イノシシとほとんど変わらない．下は18世紀後半の街中に放し飼いにされたブタ．どこか梅山豚に似る．ビューイック（1800）の挿絵．

ールなどの醸造絞りかす，酪農の廃棄物が大量に発生し，これを消費，廃物利用するのにブタが最適であり，その飼育が奨励されたこと（White 2011）．栽培されるようになったジャガイモやコーンはブタの飼料にもなった．18世紀以降は肉の市場が形成され，農家の個人飼いではなく，畜産経営が軌道に乗った[8]．

　第2に，都市の拡大は，街に大量の生ごみが生まれ，その処理にうってつけだったこと．中国や東南アジアの農村地帯に行くと，しばしば太った野良（？）ブタがいて往来のごみ処理にあたっているのに遭遇する．この光景が，17世紀以降のロンドンにもみられた．冒頭で紹介したビューイック（Bewick 1800）のもう1つの著作，『四脚（肢）獣の一般史』[9]には，都会か工場街のなかで活躍する野良ブタの姿が描かれている（図9-11）．右奥には，ところどころに「飼い桶」状のごみステーションが置かれ，ここに生ごみが捨てられていたようだ．注目したいのはこの野良ブタの体型で，中世のものとはちがい，大きく巨大化し，したたかそうだ．

　第3に，人口の増加にともなって食肉の需要が大幅に増加したこと．なかでもイギリス海軍がブタ肉と塩ブタを取り入れて大量に消費するようになった．にわかに増えた需要は値段を引き上げ，さらに飼育熱は高まった．これに対してブタはどのように処遇されたのか．イギリスにも古代以来の在来ブタがいた．そのありとあらゆるブタの品種に中国産のブタが掛け合わされたのである．ビューイックの本のなかにもそのことが記されている．6000-8000年の時を隔て，分離されていた兄弟品種はここから再び1つの歴史を歩むことになった．紹介した街の野良ブタが"中国風"の体型だった理由がここにある．イギリス産品種"ラージ・ホワイト"（別名ヨークシャー），"バークシャー"だけでなく，ヨーロッパの代表的な品種"ランドレース"，"デュロック"，"ウエルシュ"など，（地中海品種を除くと）ほとんどが中国産品種との交雑種だ（Kim et al. 2002）．くわしい記録は残っていないが，DNAの分析によれば，それは，つい最近，18世紀以降のことだったと解釈されている（Guiffra et al. 2000）．

（3）イヌとネコ，ペットの世紀

　家畜の「育種」という，動物を身近に置き，個体の選別とその繁殖に深く介入し，いじくり回す行為がごくあたりまえの，経済的に見合う職業として定着した．そしてできあがった品種は血統登録され，世界中を駆けめぐるようになった．この対象は家畜ばかりでなくペットへも拡張された．

イヌの品種改良と大衆化

　第1章で，イヌの遺伝子解析の結果，イヌの人為交雑（ブリーディング）による遺伝的攪乱が，分子時計的には，きわめて「古い時代」と，ごく「新しい時代」の，おもに2回発生したことを紹介した．そして，この「新しい時代」とは，おおむね18世紀ヨーロッパ，なかでもヴィクトリア朝時代のイギリスに震源地があることを示唆していた．いったいこの時代に，なぜイヌに大きな遺伝的攪乱が生じたのだろうか．

　イヌは猟犬として長い歴史をもつ．狩猟方法

のスタイルと品種改良はつねに相関する．乗馬しながら狩猟するスタイルは，ブラックハウンドやハリアーといった「嗅覚ハウンド」を作出した．これらは主人に呼び戻されない限り獲物を殺してしまう．狩りをするのは人間でなくイヌなのだ．第2は，同じ嗅覚ハウンドだが，アナウサギやキツネといった獲物を巣穴のなかにまで追い詰めるタイプで，テリア，フォックスハウンドなどが含まれる．これも獲物を狩る．第3は，銃猟の発達とともに改良された品種で，ポインターやセッター，リトリーバー，スパニエルなどが属し，これらの犬種は主人に獲物の位置を教えるものの，襲うことはない（エリック 2012）．

最古の「狩猟法」である「1389年法」では一定の土地をもつ地主か一定の財産をもつ聖職者だけに狩猟権を認め，そもそも猟犬を飼うこと自体を禁じた．この後の「1671年法」でも，これを踏襲し，財産資格のない者は猟犬（や猟具）をもてないとした（Kirby 1933，川島 1987）．イヌの所持は狩猟資格をもつ地主ジェントリの特権だった．もちろんこれらの猟犬の一部は愛玩犬化しただろうが，貴族や地主の特権階級の枠組みから外れることはなかった．しかし，18世紀以降の牧草地造成や牧畜業の発達は猟犬に新たな職場を提供した．牧羊犬や番犬で，うってつけの天職だった．優秀なために品種改良は地域ごとにゆっくりと進められた．また19世紀に入ると「狩猟法」が改定され（1831年），財産資格ではなくライセンス制にあらためられ，イヌもまた狩猟と無関係に飼育できるようになった．イヌの職分はあいまいになり，飼ってかわいがるだけの対象，つまりペットとしての愛玩犬がヴィクトリア朝になって初めて登場した．それが，服飾と同様に，特権的な身分や地位をひけらかす手段として，新興の資本家やジェントリなど富裕層がイヌの飼育を流行させ，大衆化させた．庶民にはなお高嶺の花ではあったけれど．それは俄分限の飽くことを知らない趣味と自己満足の放物線上にあった．新しい社会的機能としてのペットの登場だ．この流行は，ドッグショーの開催［最初のドッグショーは1859年に開催（Ritvo 1980, 飯田 2011）］，ペット産業（高価な首輪，ブラシなど），ケネルクラブ，血統書，ペット専門誌の発刊などへ，次々と連鎖していった．1860年にはドッグフードが初めて商品化され，現代へと受け継がれるペットにまつわる伝統はすべてこの時代に起源する．

イヌは地位のシンボルとなり，価値ある財産とみなされるようになった．新たな犬種がブリーダーの手で競って開発され，人気のある犬種や，賞をとった個体やその血統は，ウシ同様に，法外な値段で取引されるようになった．トイマンチェスター，テリア，ポメラニアン，トイプードル，ビーグル，バンドッグ，フォックスハウンド，ブルドッグなどの犬種はこの時代に品種化された．また狩猟が富裕層にも解放されたので，ウサギ狩りのバセット，嗅覚の鋭いポインター，あるいはセッターなど，狩猟兼愛玩犬として品種化された．たとえば地方都市バーミンガムで1891年に初めて開催された"農業・ドッグショー"（このショーは現在も行われている）では総額500ポンドの賞金目当てに640頭がエントリーしたが，その大半は狩猟で使うただの（といってもすべては"ただ"だったが）ポインターやセッターだったらしい．またアイルランドの上流社会の"ラネラ・クラブ"が主催したドッグショーの即売会では，せいぜい10ポンド程度のイヌが600-700ポンドにつり上がったという（Walton 1979）．

こうしてドッグショーは「社会的なみせびらかし」と投機の場と化していった．それをまた相次いで創刊された"アワ・ドッグ"（「我らが犬」），"ケネルガゼット"，"ストック・キーパー"などの愛好誌がさらにあおった．ありふれたイヌはそれこそ1ポンドもしなかった時代に，ショーで称賛されたコリーやセントバーナードには数百ポンド以上，優勝したフォックステリアやトイスパニエルには1000ポンドもの値段がついた（Ritvo 1986）．リトヴォ（1987）はこの時代の異常さを『階級としての動物』のなかでこう述べる．「ドッグショーは，土日を除く，毎日のようにどこかで開催され（たとえば

1895年には257回），ロンドンなどの大きな大会では1500頭以上のイヌが，怪しげな審査のもとに競い合った」（三好訳）．ドッグショーも序列化され，その頂点は水晶宮で開催された．ケネルクラブの事務局さえ「ドッグショーがあまりにも多く，すべてを追跡できない」と吐露する始末だった．犬闘課題．

この時代のイヌの品種改良は，すでに紹介したフォン・ホルトら（von Holdt et al. 2010，SNPの分析から中東のオオカミの単元説を主張，第1章参照）の表現を借りれば，「限られた遺伝子の"道具箱"のなかから，表現型の多型をつくりだすために何度も反復された」，それこそ苦肉の「作」だった．目新しい品種目当てにもう必死だったのだ．しかし19世紀末になると，中国や日本からも各種品種が輸入され，売却されたり，他品種と掛け合わされた．

この光景は現代にも通じていないだろうか．もとより由緒ある血統など存在しようのないイヌに，血統への異常なこだわりが生ずるのは，新興成金の由緒正しい家柄に対する強い憧憬の表れだった（飯田 2011）．血統と純血は「高貴さ」行きへの切符だった．イヌの飼育は，貴族や富裕者階級を中心に一挙にブームとなった．なににでも税金をかけたがる政府は1796年からすでに「イヌ税」を設けて飼育を許可制にしていた．最初は1頭につき5シリング，1878年には7.6シリングに値上がった[10]．これによってスコットランドを含むイギリスのイヌ登録数は正確に把握され，1867年の83万頭から1878年には130万頭へと跳ね上がっている（Harrison 1973）．街中へとあふれ出したイヌのなかからは，飼い主の手から離れ，野良イヌとなるものも出現し，その一部は集団化し，人間を襲う事件が多発するようになった．19世紀中ごろ，ロンドンでは毎年2万頭以上の野犬が捕獲され，イヌはもはや富裕者階級の独占ではなくなろうとしていた．そして深刻な事態が発生した．

狂犬病と愛犬家

"狂犬病"だ．狂犬病は狂犬病ウイルスを病原体とする，もっとも致死率の高い人獣共通感染症の1つである．現在でも世界中で毎年約5万人が死亡する．感染者は水を恐れる特徴的な症状を起こすために恐水症とも呼ばれる．イヌ以外に，ネコやウシ，ヒツジなどの家畜，キツネやアナグマなどの野生食肉類に感染するが，主流はイヌである．イヌが突然凶暴となって噛みつき人間は死に至るので，この病気は古くから知られていた．ロスナー（Rosner 1974）によれば，その最初の記録は，ハンムラビ王によって滅ぼされる都市国家，エシュンナの約BC2300年の法典にあり，こう記さているという．「イヌが発狂し，飼い主がつないでおかずに，人間を噛んで死んだ場合には，銀塊の3分の2を支払うべし」．狂犬病は例によってアリストテレスもプリニウスも記載している．前者は「狂犬病は狂気を起こし，噛まれた動物はヒト以外には皆狂気になる」（第8巻，第22章）と記し，後者は「狂犬病はシリウス星が輝いている期間は人間にとって危険で，狂犬病を引き起こす」と書き，野バラの根が薬となるなどと付け加えている（第8巻，第63章）．聖書には「狂犬病」の記述はないが「気違いイヌ」，「犬の気違い」などの表記がある．危険であることは認識されてはいたが，その病気がなにによって引き起こされるのかは中世，近世を通じてまったくわからなかった．相手はウイルスなのだ．この正体がおぼろげに判明するのは，パスツールの登場する19世紀後半，おりしもロンドンで大流行するまで待たなければならなかった．

1860年以前にももちろん狂犬病は発生していたが，イヌの銃殺が許可され，流行することはほとんどなかった．死亡事故がめだつようになったのは，おびただしい数の野犬が街中をうろつくようになってからだった．1864年には12人がイングランドで，7人がアイルランドで死亡，1866年には36人，うち11人がロンドン，1877年は全国で82人，1885年には27人がロンドン，1886-1898年の13年間で合計160人が死亡した（Fooks et al. 2004）．人々はパニックに陥り，野良イヌをみれば震え上がった（図9-12）．これへの対策として1871年には「ドッ

図 9-12 "イヌの恐怖"と題されたパンチ誌(1886年掲載)の風刺画. 口輪のないイヌに異常におびえる過剰装備の警官(Velsten 2013 より).

グ・アクト」が成立し,警察は捕獲権限を有することになったが,捕獲に不馴れな警察に任せるだけでは不十分だった.

さらに強力な対策を求める声が広がった. 1887年には議会で「狂犬病に関する特別委員会」が開催され,その対策が議論された. 決め手だったのは,野犬の捕獲とともに,公共の場では飼いイヌに「口輪」をはめるのを義務づけることで,それは「咬傷によって皮下組織がウイルスに感染することによって病気が拡大する」とのパスツールの見解に沿うものだった. 政府や地方行政はこの方針を採用する方向だったが,しかし,全会一致にはならなかった. 参加した権威のなかには,たとえば「狂犬病の原因物質はイヌの血のなかにもともとあるもので,イヌに苦痛を与え,興奮させると,発酵して滲み出てくるのだ」(たとえばウィットマーシュの意見)と,パスツールをあげつらう者が多数いた(Walton 1979). これには理由があった. 背景にはウイルスの存在は未確認だったこともあるが,この狂犬病を利用して,労働者たちがさかんに行っていた(後述する)"ブラッド・スポーツ"を「動物虐待」として規制したいとの思惑も働いていたからだった(飯田 2011). 後段の「苦痛を与え,過度に刺激する」といった主張にそのことが読み取れる. それだけではない. イヌに口輪を強制するのは,水が飲めなくなり,口を開いて呼吸できなくなるおそれだ

ってある.「虐待」の声はエスカレートし,大きな勢力にまとまっていった.

その急先鋒の1つが,いまや王室の冠をいただき,巨大な組織に発展した"王立動物虐待防止協会"(RSPCA; Royal Society for the Prevention of Cruelty to Animals)の主流派で,ヴィクトリア女王自身が「反対」の意志表示をしたために運動には拍車がかかったといわれる. 彼らは"反口輪協会"(Anti-Muzzling Association)を立ち上げた. もう1つは愛犬家の"愛犬者保護協会」(Dog-owners' Protection Association)という団体で,両者は1889-1892年に口輪反対の大キャンペーンを行った. そこには先の特別委員会でパスツールを糾弾した権威らも合流し,①虐待である,②効果が期待できない,③個人の自由にいたずらに介入している,の3点の異議申し立てを展開した. そのいわば1頭ごとの不服従はかなり強力で,口輪の強制対策はほとんど進まなかった(Ritvo 1984). しかし,いっぽうでは多数の野犬が捕獲され,確実に狂犬病は減少したこと,たとえば1904年には申告によって49頭の飼いイヌを収容するなど,所有者向けの対策が進むにしたがい,口輪をはめることにも抵抗感が薄れていった. 1918-1922年に野犬312頭の収容を最後に,イギリスからは狂犬病の恐怖が消え去った.

それにしても,である. 人間のための防疫と動物のための愛護とが同じ次元で議論され,前者は後者によって40-50年は確実に遅延したのである. ここにはヴィクトリア朝イギリスの特異な精神状況が刻まれているように私には思える. ペットとしてのイヌの受容がなぜこれほど急速に進んだのか,そして,ことイヌになると人々はなぜかくも迅速に集い,熱狂するのだろうか. 冷静ではいられない,理屈ではないのである. なおRSPCAについては別の視点から後にもう一度ふれる.

ペットとしてのネコ

中世末の魔女狩りに巻き込まれ,ネコは悪魔の手先としてヨーロッパ中でジェノサイドにさらされた. ネコの個体数は各地で減少し,結果

としてクマネズミが繁殖し，ペストの流行に拍車をかけたことはすでに述べた．1665-1666年に最後の，そして最大のペストの流行がイギリス，ロンドンを襲った．ロンドンにネコはほとんどいなかったけれど，それでもごく少数の，ネコを飼う酔狂な家の人々（当時，ペストはネコやイヌが媒介すると信じられていたので，飼育には相当な勇気が必要だった）はなぜかペストに罹患しなかった――この記憶が18世紀になっても残っていた．ペストの感染環や感染ルートがパスツールによって解明されると，ネコへのまなざしは手のひらを返すように変化した．敵意は消えやさしく慈愛に満ちて，それはネコの「社会的役割」を見直しただけではなく，ペットとしての再評価でもあった．よくみると，サイズ，毛並，愛くるしさ，気品，行動，どれを取っても一級品だったからである．ときどき家具に爪を立てることはあったけれど．

フランスのビュフォンもまた『博物誌』（ビュフォンと博物誌については後述）のなかであらためてネコを取り上げ，（イヌの図版は32品種もあったのとは対照的に）たった6品種，ぶっきらぼうに「イエネコ」，「野生化したもの」，「スペイン種」，「シャールズ種」，「アンゴラ種」のタイトルをつけて紹介した．それでもここにペットとしてのネコが誕生したといってよい．とはいえイギリスでは，ネコはおそらくヴィクトリア朝以前にはせいぜい数千頭程度しか生き残っていなかったと思われる．あれだけ毛嫌いされていたネコに対して待遇が一変すると，海外からも一斉に輸入されるようになった．衝撃だったのは女王自身が2頭のブルーペルシャのオーナーとなったことだった（Wastlhuber 1991）．俄然，風向きが変わった．いい加減なのだ，人の気持ちは．

1871年に最初の"キャットショー"が水晶宮で開催された（図9-13）．170頭のネコと子ネコ（たった5品種だったらしい）が出品されたが，そのネコがどのような品種で，なにが特徴で，ほかの品種と比べどこがすぐれているのかを説明できた出品者はだれひとりいなかったといわれている．ある雑誌などはネコの1頭（シ

図 9-13　1871年に水晶宮で開かれた最初の"キャットショー"で表彰されたネコ．週刊新聞"イラストレイテド・ロンドン・ニュース"の記事（Velten 2013より）．

ャムネコのシールポイント）を評して"不自然な悪霊のような種類"[11]と紹介する始末だった（Wastlhuber 1991）．ネコはまだ中世の古着をまとったままだった．それでもネコの飼育が徐々に流行するようになって，1884年には"英国キャットクラブ"が誕生し，品種登録などを行った．1889年に水晶宮で行われたキャットショーには，600頭のネコ，2万人の入場者が押しかけた．

すでに述べてきたように，近世以前のネコは貯蔵食物のネズミの被害を防除するために，人間の生活圏のなかに生息することが許容された動物なのであって，エジプトやキプロスなどを例外として，ペットとして飼育されることは基本的にはなかった．その意味では人間社会への寄生を認められた野生動物であるといってよい（野澤2009）．人間はネコをネズミの捕殺者として帯同したり，移動させた．その新たな土地でネコは，土着のヤマネコ類を含めて「地域的な任意交配集団」を確立してきた（Kuruhima et al. 2012）．これが野生動物としてのネコの特性だ．遺伝的組成が異なるこの創始者集団が長

期にわたって維持されるにしたがい，独自の形質をもった品種が各地で誕生した．

19世紀半ばまでに知られていた品種は，原産国ソマリア（エジプト）の"アビシニアン"，フランスの"シャルトリュー"，イギリス・マン島の"マンクス"，イランの"ペルシャ"，ミャンマーの"バーマン"，タイの"バーミーズ"と"シャム"と"コラット"，ロシアの"サイベリアン"と"ロシアン・ブルー"，トルコの"ターキッシュ・アンゴラ"，それと日本の"ジャパニーズ・ボブテイル"である．なかでもタイは，王室や寺院がネコを特別扱いで保護したために，有数のネコ品種国だったことがわかる．これらの品種がイギリスへ持ち込まれ，品種として確立されたり，ほかの品種と交雑されて新たな品種が作出された．たとえば，総領事ゴードンに寄贈されたタイ産シャムネコは，彼自身が持ち帰り，母国での最初のキャットショーに出品された後に，さまざまな個体と掛け合わされた．この試行錯誤の末に"ハバナ"，"オリエンタル・ショートヘア"，"タイキャット"などの新品種が作出された．

現在，アメリカにある世界最大のネコ登録団体である"キャットクラブ"（CFA）はネコの品種を41と登録している．はるかに上回る品種（80種以上）が存在すると思われるが，ほとんどは由来や血統が不明のまま認知されていない．確かなのは大半（少なくと85%以上）がここわずか75年間の促成栽培品種なのだ（Kurushima et al. 2012）．ネコはほぼ完全に人間社会に取り込まれたけれど，なお野生の顔は失っていない．爪を立てておもちゃに飛びつき，尿をスプレイするのはハンティング行動でありマーキング行動である．そして，どんなに閉じ込められようと，いつのまにか脱出し，地域の自由な「任意交配集団」に参加しようとする．この習性こそ野生動物の証であり，なによりの矜持である．

愛玩鳥類，ダーウィンのハト

この時代，飼育熱や繁殖熱は，家畜やイヌに留まらず際限なく広がった．ハト，セキセイインコ，カナリア，サル類のほかに，異国のめずらしい動物や，はては昆虫まで，人々はありとあらゆる動物をコレクションし，飼育し，ときには品種改良に血道をあげた．人間が動物に熱狂し，これほどまでその繁殖に介入した時代はなかった．これら動物の飼育熱や人為選択，品種改良がダーウィンに大きなインスピレーションを与えたことはいうまでもない．『種の起源』（1859）の第1章は，「飼育栽培のもとでの変異」と題され，ウシやイヌ，ハトの品種の形態的変異から説き起こされている．なかでもお気に入りだったハトについては「私は数名のすぐれた飼育家と知己になり，ロンドンにある2つのハトクラブに入会させてもらった」（八杉訳）と告白し，その品種改良技術，つまり人為による「種の起源」について述べている．ダーウィンの最大の貢献こそ，「人為による選抜」（品種改良）と「自然による淘汰」（自然選択）が本質的には同じ過程であるとの確信だった．

『種の起源』はある生物種がどのような過程を経て複数の種に分岐するのか，つまり進化のメカニズムを論じたものである．現在の視点からいえば，この進化の典型例の1つは，ダーウィン自身が観察し，記録を残したガラパゴス島のダーウィンフィンチ類（『ビーグル号航海記』）だととりちがえてしまうが，『種の起源』を書くにあたってダーウィンはフィンチ類の観察記録を見直したり，分析した形跡はまるでない（ワイナー 1995）．青春時代の大探検，忘れてしまったはずはないのだが，こだわったのは「観賞バト」（fancy pigeon）の品種改良だった．ダーウィンは実際にも一時は90羽に達するほどハトを飼育し，交配し，そして生まれた雛の変異を観察した（Gates 2007）．ダーウィンにとってハトは，劇的に変化する種内変異をもっとも鮮明に表現する生物種の1つであり，自分自身がのめり込み，もっとも興奮させられたお気に入りの対象であり，そしてみずからの学説を開陳すべき人々に対しもっとも身近で説得的な商品見本（カタログ）であった．『種の起源』は，"タンブラー"，"パウター"，"ファンテイル"，"タービット"などとハトの品種を図解なしで記述して

図 9-14 1853 年に開かれた品評会で表彰されたハト．"イラストレイテド・ロンドン・ニュース"の 1853 年 1 月の記事．中央上が"パウター"．左下が"ファンテイル"，その間にいるのが，"バーブ"など．『種の起源』にはこの種の図が掲載されていないが，その意味は読者にはわかっていた（Cassidy & Mullin 2007 より）．

も少なくとも狼狽することのない読者層を対象にしていた（図 9-14）．ダーウィンは，家畜や家禽，ペットを愛好する社会に，ねらいを定めて自分の学説を撃ち込んだのである．

さて，ここでいうハトとは，野生種カワラバト（Columba livia，ドバト）の家畜種である．このハトはヨーロッパ，北アフリカ，西・南アジアに広く分布する普通種で，人間との関係をたどると，約 1 万年前の肥沃の三日月弧一帯の遺跡から骨が出土し，食料として捕獲・調達されていたのが最初だ（Driscoll et al. 2009）．おそらくこの鳥もまた貯蔵された穀物に引き寄せられたのだろう．明らかなのは，ダーウィン自身が書いているように，エジプト古王朝初期（約 4000 年前）に，「ハトが献立表に載っていた」ことで，このころには飼育され食べられていたのだろう．飼育の経験が続くなか，ハトには逃げても戻る習性があることが発見され，ここから「伝書鳩」（carrier pigeon）としての利用と家畜化が始まったと考えられる．エジプトではナイルの洪水に関する情報を送る通信手段として使われ，後にはたとえばカエサルがケルト（ガリア）の地での戦況を伝書鳩でローマへ伝えた．この使用法の伝統は 20 世紀まで受け継がれ（Shapiro & Domyan 2013），イギリス軍は第二次世界大戦中に 25 万羽以上の「軍用バト」（war pigeon）を飼育する専門部隊を創設していた．これに対抗してドイツ軍も大量の軍用バトを飼ういっぽうで，それを襲うタカを飼育・訓練していた．平和の使者は戦争中にその真価を最大限に発揮した．戦後この伝統は「レースバト」（homer）へと受け継がれる．各地で大会が催され，近年の賞金は 30 万ドルを突破する．もうビジネスなのだ．

しかしハトの飼育にはもう 1 つの流れがあった．観賞バトの愛好で，源流はおそらくイスラムやインドの王侯や貴族の趣味にさかのぼると推測される．彼らは例外なく鷹狩りを愛し，その延長として野鳥にも知悉していた．とくに 16 世紀のインドではムガール帝国の王アクバル（1556-1605 年）がカワラバト 500 品種を含む約 2 万羽を飼育し，観賞やレースを楽しんだことが知られている（Kabir 2014）．イギリスはインドの植民地支配からこれらの品種を自国へ持ち帰り，飼育するようになった．パウターやファンテイルといった品種はもともとインド産なのだ．観賞バトが紹介されると飼育はたちまち流行し，"ロンドン・エセックス観賞バト協会"などが続々と誕生し，1847 年には主要団体である"ハト愛好協会"と，後に"英国ハト協会"が設立された[12]．ダーウィンが「2 つのハトクラブ」と書いているのがこれらである．

ハトの品種は少なくともヨーロッパでは 500 品種，全世界ではおそらく 1000 品種以上が知られる．このうちダーウィンがもっとも気に入ったのが"アイスピジョン"という品種で，翼部分を除くと全身は灰白（褐）色，奇妙なことに足の跗蹠（踵から脚の付け根まで）には翼のような立派な羽根が生えている（図 9-15）．自宅に大きな小屋（ロフト）をつくり，この品種のカラーパターンの変異を追跡していた（http://darwinspigeons.com/ 閲覧 2016.10.10）．これもインド起源である（Stringham et al. 2012）．いずれにせよこれほどまで多彩な品種が存在する家禽はいない．ヴィクトリア朝ロンドンは，ハトがどこにでもみかけられるようになった世界最初の都市だった．イギリス人がこよなく愛した鳥はじつはハトだけではない．

9.1 イギリスにおける動物（博物学）ブーム　463

図 9-15　観賞バト．ダーウィンがもっともお気に入りだった"アイスピジョン"（Ice Pigeon）．脚の羽根に注目（Vriends 1988 より）．

図 9-16　学名を命名したジョン・グールド（Gould 1848）が描いたセキセイインコ．この画は著書"The Birds of Australia"に掲載されている．

飼い鳥——セキセイインコ，カナリアなど

カワラバトに続き，野鳥が次々と飼い鳥として飼育されるようになった．現在，世界最多のペット鳥，セキセイインコ（*Melopsittacus undulatus*）は，イギリス人のプラント・ハンターにして動物学者のジョージ・ショーによって1805年に初めて記録された．彼はオーストラリアの動植物について最初に研究した人物で，カモノハシの最初の記録者としても有名だ．野生種は背面が黄色と黒，腹部は緑というおなじみの体色パターンをもち，雑草の種子食で，激しく変動する環境に合わせて，群れをつくって移動し，雨季の直後に樹洞などに営巣する．この鳥を初めてイギリスに持ち帰ったのは，1840年に学名をつけた有名な鳥類研究者，ジョン・グールドだった（図 9-16）．ケープタウン経由でたどり着いたペアは品評会に出品されるや，人々の熱狂と垂涎の的となった．1850年代から繁殖に成功し，少しずつ出回るようになったが，販売価格は，一般労働者の年収が約50ポンド程度の時代，なんと100ポンド以上もした．飼育繁殖が爆発的に流行し，1872年には黄色，1910年には青色の品種というように，さまざまな品種が登場した（Rogers & Blake 2001）．この鳥は紫外線がよくみえるようで，メスは紫外線下でよく光り輝くオスを配偶者に選別するらしい（Pearn *et al.* 2001）．この鳥は嘴の付け根に蝋膜という肉質の膜をもつのを特徴とするが，オスの膜は青色（メスは灰色）で，紫外線下でめだち，性行動の際のコミュニケーションに役立つ．なおオーストラリア産の多くの野鳥（各種のオウムやインコ，キンカチョウなど）が現在では身近な飼い鳥となっている．オーストラリア北部に生息するコキンチョウは，派手な色彩をもつ人気のある飼い鳥だが，19世紀末から飼育愛好家が新しい品種をつくるために，野外でさかんに捕獲，現在の個体数はわずか2000羽程度，近絶滅種になっている（Franklin *et al.* 1999）．

　飼い鳥としてのカナリア（*Serinus canaria*）の歴史はセキセイインコより旧い．この鳥はアゾレス諸島，マデイラ諸島，カナリア諸島に生息し，大航海時代の初期にポルトガルやスペインの船員が船旅の慰みとして飼育し，ヨーロッパへ持ち込んだようだ．スペイン→イタリア→ドイツ→イギリスの順に伝播したらしい（Parsons 1987）．1490年代のイタリアの絵画にはすでにこの鳥が描かれているという（Birkhead *et al.* 2004）．しかもそれは野生種の濃緑色ではなく，黄色であったことから判断して，すでに何代かの飼育を通じて品種改良が成されたようだ．その抜群の"歌"と気品のある愛らしさは

どこでももてはやされたが，高嶺の花だったために，飼育できたのはスペインやイギリスの王室，一部の上流階級，教会などに限られていた．とくに修道士たちは熱心に飼育，繁殖にも成功し，少しずつ出回るようになった．ビュフォンは『鳴禽類の自然史』（Buffon 1778）のなかでこの鳥を絶賛している．

イギリスでも，ビューイックが，すでに述べた『英国鳥類図譜』（1797，1804）のなかで紹介しているように，飼育が流行した．この流行には2つの契機があった（Parsons 1987）．1つは，カナリアが炭坑で飼育されたことだ．この使用法は，イギリスではなくオランダやベルギー[13]で開発され，それがスコットランド南部やヨークシャーなどの炭鉱地帯で大々的に採用された．炭坑ではしばしば有毒ガスが発生し，これを感知する早期警報システムとしてカナリアを用いた．このためこれらの地域では実益と趣味を兼ねたカナリアの飼育が労働者も含めた副業となった．これが"炭坑カナリア"の起源だ．世界中で採用され，イギリスでは1987年まで使われていた．

もう1つは，イギリスの愛好家が換毛期の個体に赤いカイエンヌ・ペッパーを与えると羽毛が赤くなるのを1871年に発見したことで，しかもこのカナリアはグランプリを獲得．新たな品種？が加わって，流行にはさらに拍車がかかった．ちなみにこの赤カナリアは羽毛染めではなく，後には品種改良によって誕生した．

セキセイインコを含むインコ類と人気を二分する飼い鳥である．現在では，羽毛の色や歌だけではなく，羽毛の形や姿勢など多彩な品種が生まれ，毎年どこかで品評会が開催される．ところで最近，人間を虜にしてきた"カナリアの歌"について科学的なメスが加えられつつある．分析対象は，カナリアの近縁種（同じ属）のセリン（$Serinus\ serinus$）というアフリカ北部とヨーロッパ南部に生息する鳥で，カナリア同様にとりわけ長く複雑な（やや騒々しい）歌を歌うことで知られる．この歌は，ほぼ同じ大きさのスズメ目他種に比べ，①最大周波数にして約2 kHz高く，②1音節の間隔が短いという特徴をもち，2つの役割があると考えられてきた（Mota & Depraz 2004）．1つはメスに対する性的刺激と，繁殖活動を促進させること，もう1つはメスに接近するオスに対して攻撃的なメッセージを送り，メスを防衛することで，この2つの要素が歌のなかに含まれると推測されてきた（Mota & Cardoso 2001）．これはカナリアにもあてはまる．そこで，カルドーソら（Cardoso et al. 2007）は録音した音声を，周波数や音節間隔を変えて加工し，野外でプレイバックし，オスやメスの反応を観察した．この結果，メスでは周波数の変化に，オスでは音節間隔の変化に，より鋭敏に反応することがわかった．メスに対してはより高い周波数を，ライバルのオスに対しては速いピッチの音を，それぞれ発するように歌は進化してきたと解釈されている．人間を魅了してきたカナリアの名調子はメスの選好性とオスへの攻撃性をあわせもった性選択の産物だったのである．

このほかにも，鳥類の捕獲は，すでに述べたように18世紀末までは法律で規制されなかったので，いろいろな種類の野鳥を飼うことが流行した．装飾を施した大小さまざまの金属製の「鳥籠」が発売され，飛ぶように売れたのもこの時代だった．ブロンテ姉妹の小説には，タカやレンジャクなどの野鳥を捕獲し，そのなかへ入れて飼育する光景が描かれ，ごく普通の趣味だったことがわかる．ディケンズの小説『荒涼館』（1852-1853）には，すべてに名前がつけられた25羽もの籠鳥を飼育する女性が登場する．鳥の種類は明らかではないが，この鳥たちが「自由」の隠喩として大空に放たれて大団円を迎える．飛べるからには元「野鳥」だったにちがいない．

（4）博物学の誕生とその背景

17世紀入って，インドやマレー半島，カナダ，ニューイングランドなど，世界各地の自然や動植物などの知識や情報が相次いでもたらされ，洪水のようにあふれていった．ヨーロッパの辺境国はいまや世界の最先進国に，ロンドンはそのネットワークの中心地となった．人々は異国

の新しい情報に接し，各地の多様な自然や動植物に驚き，得体の知れない物産に引き寄せられた．大半は異国の珍奇物への好奇心だったけれど，このことは同時に自分たちの国や足元にも目を向けさせ，自然や動植物を観察し，深い洞察を加えることにもつながった．「自然史」（「博物学」）の誕生だ．この節では，なぜこの時代に博物学が鳴り物入りで誕生し，人々に受け入れられ，発展したのか，歴史的な背景を通して考えてみたい．そしてこのことがなぜ，とくにイギリスで開花したのかを探りたいと思う．自然史とイギリス，これにはおもに2つの背景があったように思われる．

1つは実践にもとづく経験主義の蓄積で，家畜やペットの飼育や品種改良の発展，スパイスやハーブの利用，医学分野での薬種の知識，プラント・ハンターと植物園，そしてキャビネットや陳列室を飾るためのコレクションの流行といった一連の展開である．もう1つは科学としての自然史の発展で，プロテスタントの宗教意識，枚挙主義の伝統，そして客観的な観察や思考を基盤とした自然科学の誕生に至る流れである．自然史学（博物学）はこの2つがせめぎ合いつつ合流し，融合した結果ととらえることができる．まず後者の歴史からたどる．

宗教から科学へ——その背景

自然「史」を構成する「歴史」の意味は，ギリシャ語の"Historia"に由来し，「たずねること」，「調査によって得られる知識」を指し，原義は，時間とは無関係な自然現象の系統的な記述を意味した．アリストテレスの『動物誌』（BC 4世紀ころ）には"ヒストリア"はあるが「歴史」という意味はない．ここから転じて「出来事の公式的な記録」，「過去の出来事の連続的な記載」，つまり「歴史」の意味へ拡張されていった．ほぼ同時代のヘロドトスの『歴史』（BC 5世紀ころ）はこの意味に特化されている．時間にとらわれない知識の集成というアリストテレス的解釈はルネサンスを通じてヨーロッパ中に定着したと考えられるが，いっぽうで，自然や生物が時間的背景をもつ存在であるとのヘロドトス的認識もまた欧米人にはすんなりと腑に落ちていた．なぜなら『聖書』がそう語っていたからだ．

聖書は中世の人々の価値や世界観を支配した唯一絶対の教条だった．そこには世界の成り立ちとその秩序が綴られ，徹底した歴史主義で貫かれている．イノケンティウス3世の勅令（1229年）以降，人々は長い間にわたって聖書を読むのを禁止されてきた．これが，印刷され人々の手にわたり（司祭や修道士の説教と無関係に），直接に読めるようになったのは，宗教改革以後，せいぜい16世紀後半から17世紀に入ってからだ．人々は聖書が説く普遍的な原理にあらためて思いをめぐらしたにちがいない．なかでも「聖書に帰れ」をスローガンにした（ルター派やカルヴァン派などの）プロテスタントたちは，宗派への帰属が生死を分けた真剣勝負でもあったからこそ千思万考しただろう．繰り返し精読されたのは，おそらく冒頭，『旧約』の「創世記」から「申命記」までの5文書（「モーセ五書」，モーセが神の啓示を直接受けて書いたとされる）で，そこには，世界の本質，つまり神が時間を駆動しながら世界を創造した過程が語られる．自然や人間は創造による歴史的産物であったとの，この普遍的な原理はプロテスタントの人々や国々でもっとも真摯に，そしていち早く受け止められたことだろう．どこだろうか．

イギリスは，教義というよりは政治的にローマ教皇庁から離脱したため，プロテスタント国家とはいえないが，それでも独立の「国教会」を成立させ，歴史的には揺れつつも，教会的束縛からある程度の自由度を確保しながら，「名誉革命」以降，プロテスタント的な精神的風土を育んできた．小田垣（1995）は17世紀の二転三転した宗教紛争やピューリタンの禁欲主義に対する反動として18世紀のイギリス社会は非宗教的であったと指摘している．そうかもしれない，が，「非宗教的」であったというよりも，その根っこには経験を重視するプロテスタントの合理性による冷めた宗教的寛容であったように思われる．北欧やドイツ，オランダ，ス

イスはプロテスタント国であり，フランスの一部にもユグノーの伝統からこうした宗教的土壌が根付いていた．聖書中心主義とも呼べるこれらの人々が希求したのは，神がつくりあげた「世界」とその「御業」の全容解明であり，その検証だった．

この時代，科学的な営為は，デカルトやニュートンのように，神の存在を認め，神はいったん法則と運動を与えた後は，進行している運動には介入しないとする「理神論」の立場をとるか，あるいは創造の歴史とそのカタログを積極的に解明するとの「自然神学」の立場に立つか，そのどちらかしかなかった．自然史（博物学）はこの後者の立場に立つ積極的な問題意識から出発している．そこには博物学としての「歴史」と神の創造工程としての「歴史」との統合があったと思われる．

枚挙主義の伝統

ヨーロッパには知識の整理と総合をめざす枚挙主義の伝統がある．イシドールス（p. 255 参照）の『語源』，フーゴーの『ディダスカリコン』，ヴァンサンの『諸学の鑑』といった辞典類[14]，あるいは博物学の先駆者であるスイスのコンラート・ゲスナーの『動物誌』（Gessner, 全5巻 1551-1558），そしてエドワード・トプセルの『四足(肢)獣の自然誌』（Topsell 1607）を系譜しつつ，やがて「百科全書」や「博物誌」へと発展していく．このうち，最後の2著は中世末から啓蒙期にかけて発刊されたが，客観的な知識と精神との間にはなお大きな乖離が存在している．すでに紹介した牧師トプセルのそれは，アリストテレスの誤謬，宗教的な俗信や中世の迷信をそのまま受け継ぎ，内容的にはとりたてて進歩はない．ゲスナーは毛皮職人の家に生まれ，宗教的迫害を受けたプロテスタントであり，ペストで死亡している（49歳）．この本は彼の代表的な著作（スイスで出版）で，一部には実証的な記述がないわけではないが，全体的にみれば，アリストテレス流の四肢獣を踏襲して，一角獣を含めた多数の怪物をアルファベット順に並べて解説し，「虚実な

図 9-17 コンラート・ゲスナーの『動物誌（第1巻）』（Gessner 1511）所収のインドサイ．この図は当時の人気画家兼版画家だったデューラーの木版画の転載であるが，20世紀になるまで写実性の高いものとみなされていた（背中にも角がある！）．

い交ぜのごった煮」に終始している（ハクスリー 2009）．それでもカトリック国では「禁書」とされた．おそらくほとんどは実見することなく無批判に受け入れている（Romero 2012）．この本で使われたデューラーの有名なサイの木版画は写実と創作の典型的な混合といえよう（図 9-17）．

イギリスの博物学の礎

この枚挙主義の伝統が近代へと脱皮するには事実や観察にもとづく実証主義のふるいにかけられなければならなかった．先鞭をつけたのがジョン・レイで，『鳥類学』（Ray 1678）や『植物誌』（Ray 1686）といった著作は近代分類学への礎となった．レイは，哺乳類の分野でも，信じて疑われることのなかったアリストレスの「四肢獣」，「有血／無血」，「卵生／胎生」といった古代の埃をかぶった分類概念に，すべての動物には体液があり，すべての動物は卵子から発生するとの新たな知見を対置して，まったく異なる分類法に挑戦した．四肢獣に代わる"被毛動物（Pilosa）"の提案であった．そしてリンネに先行して，種は同一の繁殖集団に属する個体である，と現在からみても的外れではない種の定義から出発し，リンネと同様に，神の被造物であるすべての動植物種を正確に記載しようとした（Schiebinger 1993）．上記の代表的な著作に加え，自然神学の精髄，『創造の技に示

された神の英知』（Ray 1691）を著している．イギリス博物学の始動を告げた人物であり，そのモットーは「自然は直接観察せよ」だった（福本 2007）．そこには「結論は現実の観察や実験から帰納せよ」とのベーコンの近代合理主義が息づいていた（ボウラー 2002）．人間は自然を利用し，開発すべき対象であり，神の被造物である生物のリストをつくるのはわれわれの使命である——それは人間をして，神の「管理人（スチュワード）」に格上げする発想である．

レイのすぐれた観察を，クジラを例に紹介しよう．アリストテレス以降，中世を通じて，四足歩行する脊椎動物は変わることなく"四足（肢）獣（動物）（クォードラペッド）"（Quadruped）と呼ばれてきた．そこには両生類，爬虫類，哺乳類が含まれる．この胎生の四肢獣（哺乳類）を区分，分類するために，彼は"被毛類"という分類群をつくった（哺乳類の分類に関する議論は後述）．これはおおむね正しい概念といえるが，大きな例外が存在する．無毛のクジラ類（口の周囲にはわずかに生えるが）で，しかもクジラ類は四足でもないために，長い間「魚類」に分類されていた．彼は，イルカ類を解剖し，その解剖学に関する最初の著作（『イルカの解剖』Ray 1671）で，なお魚類に分類したものの，この動物群は肺呼吸，二心房二心室の心臓，胎生など陸生哺乳類と共通性が高いことを指摘し．そして『魚類の自然誌』（Ray 1686）という著作では，クジラ類は生物学的には魚類とまったく異なり，別の分類群（陸生の胎生四肢獣＝哺乳類）にまとめられるべきだと主張した（Kusakawa 2000）．クジラ類が最終的に哺乳類に分類されるのは，魚類学の父と呼ばれるスウェーデン人ナチュラリスト，ピーター・アルテディと，その影響を受けたリンネの手によるが，その基礎となったのはレイの実証的な生物学であった（Romero 2012）．

擬人主義の系譜

すべての生物は人間のためにつくられている——それが『聖書』の教えである．だが生物がどのように有用なのかはわからなかった．とるにたらない小さな虫や人間を襲う肉食獣など，いったい彼らはなんのために生き，どのように人間に奉仕しているのか，この探求のための観察が続けられた．こうした観察から，どんな些細な生物であってもその生活の仕方は人間社会の見本として機能しているのではないか，との解釈が生まれるようになった．アリは共通の利益のために共同体をつくるとか，ミヤマガラスには議会があり，そこでは義務不履行者の処刑命令を出しているとか，コウノトリは熱烈な共和主義者であるとか，ムクドリは年次会議を開くとか，ビーヴァーは純粋，完璧な共和制をつくるとか，夢想はふくらんだ．17世紀のイギリスでは動物の擬人主義，社会モデル論が流行し（トマス 1989），これもまたイギリス博物学の発展に貢献した．生態学の「源流」といえなくもない．

このなかでもっともよく観察され，話題をさらったのが，ミツバチだった．アリストテレス，プリニウス，そしてウェルギリウスらの，ミツバチ社会には「王」がいるとの俗信は，オランダの顕微鏡学者スヴァンメルダムの微細な観察によって覆された．彼は，それは王ではなく"女王"だと断定し（トマス 1989）[15]，しかもこの女王は，人間社会のように「支配」しているのではなく，むしろ巣内に定着，他個体と同化的で，多産だと報告した（Wheeler 1911）．『女王の君主制』（1609），『政治的飛翔虫の劇場』（1657），『蜂の観察』（1679）といったミツバチ観察本が何度も発刊された．このミツバチに関する知識やアナロジーは，シェークスピアの後も，ドライデン，アレキサンダー・ポープらによって披露された（福本 2007）．ヴィクトリア女王の良人となったアルバート公（ドイツ・ザクセン公子）は，なにごとにも興味を示す，科学好き，実験好きで，住まいとなったウィンザー王宮にたくさんのミツバチの巣を置き，観察した．これを聞きつけた"パンチ誌"は，漫画を掲載した（図9-18）．巣のなかの働き蜂はなぜか職工や技師たちで，せっせと（イギリスの甘い）「蜜」をつくるのはイギリスの労働者階級であることを，海外出身の夫君にあてつけて

図9-18 プリンス・アルバートのミツバチの巣．この漫画には次のような解説がある．「内側の働き蜂は稀代の珍種で，見たところ英国の職工や技師とそっくりな姿をしている．この巣は，働き蜂が苦心して作った蜜が手際よく抜き取られる仕組みになっている」．ちなみに一緒のご婦人はヴィクトリア女王．『「パンチ」素描集，19世紀のロンドン』（松村 1994）より．

いる．ミツバチの特性のうち，とくに勤勉や忠実が強調されるのは（無害なので）よいとしても，イギリスではその階層構造が人間社会の君主制，とくにヴィクトリア女王を含む女王制，と重ねられた．人間はよほどミツバチが好きなようだ．このアナロジーは，古代，中世，近世，近代を通じて一貫している．だが，ミツバチの社会は20世紀に至っていま一度，予期しない方向へ大きく脱皮していく．

これらアナロジーのなかで際立ったのは，バーナード・マンデヴィルの『蜂の寓話――私悪すなわち公益』（1714）および『続・蜂の寓話――私悪すなわち公益』（1729）だ．それはとくに経済学や倫理学の分野で後に大きな影響ももたらしたことでよく知られている．マンデヴィルはオランダ生まれのイギリスの医者，社会批評家，思想家で，匿名で公表した風刺詩『ブンブンうなる蜂の巣』（1705）の反響が大きく，それらをまとめて出版したものである（この本の波紋も大きく，さまざまな批判が巻き起こっ

た．続編はこれに対する反論をまとめたもの）．ミツバチの社会にことよせて彼が主張したのは，一般には悪徳とされる個人の利己心，虚栄心，貪欲さ，こずるさ，利益追求が，じつは結果として人間の善意，道徳など社会全体の利益を生み出す，つまり，副題にある私悪は公益につながる点にある．こう述べる．

　「人間を社会的な動物にしてくれるものは，交際心とか，善良さとか，哀れみとか，温和さとか，そのほかのうるわしい外面をもつ美点にあるのではなくて，人間の下劣で忌まわしい性質こそ，彼をこのうえなく大きな社会に，そして世の中の通念に従えば，このうえなく幸福で繁栄する社会に，適合させるのにもっとも必要な資質である，と」（泉谷訳）．

それは当時の清教徒的倫理観への感情的な反発であり，人間の性悪説の展開だった．したがって私悪は否定されるべき対象ではなく，公益のためには私悪をなくさないほうがよいのだ！となる．「道徳的には正しくはないかもしれないけれども，（ロンドンの）この繁栄を維持したいのであれば，絶対に私悪を認めなければならない」．ミツバチはとんでもないアナロジーへと飛翔した．ただし，

　「悪徳は偉大で強力な社会から切り離すことができず，それがなければ（社会の）富と壮麗さとは存在できないものだ，とわたくしが主張するとき，なにか身に覚えのある社会の成員でもつねに非難されるべきでないとか，それが犯罪に発展したばあいでもばっせられるべきではない，などといっているのではない」（泉谷訳）

と条件をつける．そこには徹底した自由放任と現状肯定があふれ出ている．公衆衛生の改善，ゴミや悪臭，汚染をなくそうと努力するのは，社会や経済活動の発展を阻害するので止めなさい．現状を追認し，がまんすればよい，ということになる．

　「利己的な人間でも，（ミツバチのような）秩序だった社会を形成することが可能であり，また経済的な発展のためにはむしろ利己的な人間でなければならない」．さらに進め「個人的には美徳であっても社会的には悪徳に転じ，個人的には悪徳であっても社会的には美徳に

転じる」(泉谷訳).

これを"合成の誤謬"という．現代の新自由主義を先取りしたような思想だ．しかし彼は，経済学的には，富の源泉が人間労働と土地にあり，(ミツバチのような) 分業労働による生産性の向上に着目し，利己的個人による商業社会を擁護する．これらの思想はアダム・スミスの経済学に継承される．「神の見えざる手」とはマンデヴィルと同じ思想の別の表現である，といえなくもない．マンデヴィルの著作はケインズやハイエクなどの20世紀の経済思想にも，よい意味でも悪い意味でも，大きな影響を与えた (登尾 2005).

イギリス博物学の神髄

正確な観察と記録を重視するイギリス博物学の伝統は続いてギルバート・ホワイトに受け継がれているように思われる．彼の残した『セルボーンの博物誌』(White 1789) はイギリス経験主義が保有する「健全性」の発露といってよい．なかでもツバメやヨタカなど鳥類の行動や生態に関する記述は秀逸で，みずみずしい感性と鋭い観察力が光る．この観察力はミミズにも注がれ，こう述べる．

> 洪水に繰り返し見舞われる土地はつねに痩せている．それはおそらくミミズが全滅しているからにちがいない．とるにたらない昆虫や爬虫類でさえ，自然エコノミー (economy nature) にあっては，無頓着な人間が認知するよりはるかに重要で重大な影響を与える．ほとんど注意をひかないほどに微小であっても，膨大な個体数と飛び抜けた繁殖力ゆえに，生物は絶大な効果をおよぼすことがある．ミミズ，それこそ外見は小さく，自然の連鎖 (chain) のなかでは見下げ果てた環 (link) でしかないけれど，それが失われれば，悲しむべき空隙 (chasm) をもたらされる．ミミズは，鳥類の約半数と，数種の四肢獣が生存する餌となっているだけでなく，植物が生育する推進者の役割を果たしているからだ．ミミズは土壌に小孔をうがち，貫通させ，土壌粒を移動させ，雨水の浸透と植物体の伸長を容易にさせているのだ (バリントン氏宛て書簡第35信，原文からの訳).

ホワイトが"自然エコノミー"にどのような意味を付与していたのかはわからない．しかしこの文章からは彼が，生態系の循環と食物連鎖，そして土壌動物の役割をきわめて明快に認識していたのはまちがいない．このことが再び脚光を浴びるのは，約100年後，ダーウィン (Darwin 1881) が，彼の最後の著作，『ミミズと土』(原題『ミミズの作用による肥沃土の形成』) を出版してからだった．ダーウィンは，犂は偉大な発明品ではあるが，土地はずっとミミズによって耕されてきたと述べ，「この下等な体制をもつ動物以上に，世界の歴史において，重要な役割を果たしてきた生物がほかにいるかどうか，はなはだ疑問だ」と力説し，ホワイトを援護射撃している．このホワイトの鋭い観察は，最近，温暖化との関連で，彼が記録した生物季節に関するデータ (渡り鳥の渡来日や樹木の開花日など) が注目されている[16]．なおこのホワイトの本は出版以来200版以上を重ね (各国語にも翻訳され)，現在も読み継がれるベストセラーだ．

ところで，ダーウィンの功績は，ヨーロッパでは普通種であるツリミミズ (ナイトクローラー *Lumbricus terrestris*) の行動をくわしく観察して，生態系エンジニアとしての役割を評価したことにあった．それは人間や生態系にとってプラスの効用だ．しかし，ミミズがいない生態系に，生態系エンジニアが侵入するとどうなるのか——マイナスになることもある．このダーウィンも想像しなかった事象が，彼の死後さらに120年を経過して北米大陸で起こる．いったいなにが起こるのか，後述する (第10章).

9.2 大陸における博物学の煌き

(1) フランスの博物学

自然史への熱狂は合理的で批判的な精神をもつ啓蒙主義の大国フランスでも巻き起ころうとしていた．レーウェンフック (1632年) やロバート・フック (1664年) の顕微鏡の発明以来，微小な生物を含め詳細に観察し，記録することが流行するようになった．ノエル＝アント

ワーヌ・プルーシェはその劈頭を飾った人物で，著作『自然の驚異』(1732)にはアリやノミ，各種の鳥類や哺乳類の正確な図説が描かれている．近代昆虫学の先駆者，シャルル・ボネは，これらに影響を受け，多種多様な昆虫の生態観察を行い，アブラムシの単為生殖を発見し，『昆虫学論』(1732)を著した（荒俣1987）．このほかヒドラの繁殖や再生の実証的な研究も行った．彼はプロテスタント（ユグノー）の家系で，スイスへ亡命後にフランスにもどった．この昆虫を中心とした自然観察の伝統ははるか後にアンリ・ファーブルに引き継がれる．

フランスの学術の中心を担ったパリ科学協会(アカデミー)（後のフランス学士院）はロンドンのそれに6年遅れた1666年に創立された．ちなみにヨーロッパで最古のアカデミーは，意外にもイタリアで，ローマの科学アカデミーが1603年に，フィレンツェのそれが1652年に誕生している（モランジュ2017）．そういえばイタリアは，トリチェリ，ガリレオ，カッシーニ，マルピーギなど錚々たる科学者を輩出していた．パリの協会は『科学者雑誌』(ジョルナルデサバン)を発行し，フーリエ，ダランベール，ラヴォアジェ，ホイヘンス（オランダ人）などを糾合して活発に活動した．プルーシェもこの会員に選出されている．博物学の分野でもっともめだったのは，パリ王立植物園の教授から園長を務めたジョルジュ・ルイ・ルクレールこと，ビュフォンだった．彼はこの協会の中心メンバーの1人で，1749年に『（一般と個別の）博物誌』(Buffon, 1788年までに36巻を刊行)を発表した．彼は，地球の起源年代を白熱にした鉄球を冷やす実験にもとづいて（「7万5000年前」と）推定するなど，実証主義的であり，実質的には聖書とは切り離された時間軸＝歴史と世界観を提起していた（岡崎2013）．画期的な書だ．この大著の記述や図版をみる限り，荒俣(1987)が指摘するように，ゲスナーなどに登場していた妖怪やら怪物のたぐいは一掃され，客観性への強いこだわりがみてとれる[17]（ドードーの絵はおそらく標本から書き起こされ，写実性がみごとだ，図9-19）．ここには，博物学の正確な（「個別

図9-19 ビュフォン『博物誌』(1799-1808)に描かれたドードー（*Raphus cucullatus*）．初版にはこの鳥の解説だけがあり，図版はない．この図は第2版のもの．かなり写実的だ．後方の鳥はロドリゲスドードー（*Pezophaps solitaria*）．この鳥は18世紀後半に絶滅したとされ，標本などは残されていない．

の」)枚挙が（「一般の」）自然史として成立することが証明されている．

この著作はヨーロッパの思想界と博物学に大きな影響を与え，「18世紀で一番流布した書物だった」といわれる（ロジェ1992）．初版全9冊，300部以上，当時としては破格の部数は6週間以内に完売したという（シービンガー1996）．このことは「自然は顕著な変動を許し，連続的な変質をこうむり，物質と形態の新たな結合や変化」（菅谷訳）を生み出すといった動的な自然観，「過去に生起したことを想像するには現在生起していることを考察しなければならない」との経験主義，「すべての人間は同一の種に属し，人種とは気候や食物や風習の影響によって形成された変種にすぎない」との人種観［ビュフォン『自然の諸時期』(1778)からの引用］など，それぞれの記述からも，その衝撃がいかに大きかったのかがわかる．現代からみれば，自然と生物に関する大半の記述は誤りだが，まちがいなくビュフォンの『博物誌』は時代を転換させた名著だった．

この博物誌に追随するようにディドロやダランベールの『百科全書』が1751年から出版さ

れた．それはフランス啓蒙思想の到達点であり，自由と平等を求めたフランス革命につながる1つの思想基盤にもなった．ラマルクの『動物哲学』(1809)やキュビエの『四肢獣の骨化石』(1812)もまたこの激動と活発な知的空間のなかで執筆された．ラマルクは，このビュフォンの世話で王立植物園に就職し，研究活動を展開した．今日，謬説「用・不用説」(獲得形質ラマルキズムの遺伝）の提唱者としてのみ名を残すが，同書はそもそも進化の機構を論じたものではない．神経系を基準にすると，動物には単細胞から人間に至る明確な階層性が存在し，単純から複雑へと移行するその説明原理に進化論が導入されている（松永 2005）．彼は次のように述べる．

「発達の限界に達していない動物の場合，体のどの器官でも頻繁に継続的に使っていると，徐々に強化されて発達し，その器官の大きさも増してきて，使用した時間の長さに比例して力が強くなる」，「その種族が長期にわたって身を置いていた環境の影響により，また体のある器官を主に活用したり逆に慢性的に使わなかったりした影響により，個体が自然に獲得したものや失ったものはすべて，生殖によりこれから誕生する新しい個体に受け継がれる」（『動物哲学』小泉・山田訳 1954）．

「用・不用説」が明示されているが，それ以上に強調されているのは，何代にもわたる内的要因と環境要因の重要性であることがわかる．ただし論述はかなり思弁的だが，生物が進化すること，人類もまた進化の産物であることを主張した点では，大きな飛躍だった．なお"生物学"(Biology)や"無脊椎動物"(Invertebrate)はラマルクの造語である．

キュビエは「地質変化の激変ごとに生物は絶滅し，その後ふたたび創造される」との天変地異説を主張し，創造説を擁護したが，骨の形態と機能との結びつきに着目し，化石の比較や復元から今日に至る古生物学の基礎をつくった（矢島 2008）．彼は宗教的な迫害を受けたプロテスタント家系の出身だ．"キュビエ"と"ビュフォン"の名前は，かつての王立植物園と王立博物館（現自然史博物館），現在のパリ植物園の北側と南側の通り名リューに残されている．18世紀末，フランスでは錚々たる人物が輩出し，ヨーロッパを牽引したといってよい．しかしながら，この啓蒙と社会進歩主義のエネルギーはフランス革命とその後の混乱のなかに発散されてしまい（王立アカデミーも解散），フランスの自然科学は一時的に頓挫を余儀なくされた．

ここで，イギリス以外の偉大な博物学者をもう2人紹介しなければならない．1人はドイツ人アレキサンダー・フンボルト，もう1人はスウェーデン人のカール・リンネだ．フンボルトは，フンボルト海流やフンボルトペンギンにその名を残すように，南米大陸や中央アジアの探検調査の経験をふまえて，近代地理学の礎となった『コスモス』(Humboldt, 第1巻 1845年，全5巻）を著した．"コスモス"とは人類と生物が織りなす宇宙コスモスを意味し，この書は空間世界を形づくる自然法則を提示しようとした意欲的なものだった．膨大な数の標本を収集するいっぽうで，植物の分布や生活型と環境との関係を等温線や気候区分の概念を導入してまとめ，動物や人間集団を含めた「生物地理学」を創始した．そこには神の登場は一切なく，自然誌は純粋に生物地理学に転換され，さらに生態学へと飛躍している（岩田 1993）．ここには時間から空間へ拡張された自然史が展開されている．

(2) リンネの貢献

リンネ(Linnæus)は，創造された被造物を通じて神の存在を証明するとの「自然神学」の立場に立ち，その製造物のカタログをつくるのはみずからの崇高な使命だと公言してはばからなかった．代表作『自然の体系』(Systema Naturae)の冒頭には，初版から第12版まで，一貫して以下が引用されている．「主よ，御業はいかにおびただしいことか．あなたはすべてを知恵によって成し遂げられた．地はお造りになったものに満ちている」（『旧約』詩編104. 24）．

この信念は両親ともにルター派教会の牧師の家に生まれた出自と無関係ではないだろう．著作や論文を驚くほど多数執筆，出版した．この『自然の体系』はオランダ滞在中の1735年に初

版を出版．わずか3年そこそこの滞在期間で『ラップランド植物誌』，『クリフォード氏植物園誌』など10点，総計2500ページ余を公表した（西村1989）．その代表作にしても，初版はたった12ページの小冊子程度だったが，死の2年前にあたる1776年の第12版[18]まで（3巻2400ページになる），ほぼ3年に1回ずつのペースで改訂，しかも，ときにはその内容を大幅に変更している．この代表が第10版で，ここに今日，彼の業績としてその名を留める「二名法」を採用し，当時，彼の知っていた動物4400種を初めて記載した．

　二名法とは，「属」（属名）と「種」（種小名）を示す2つの名前を併記する方法（それは形容詞を名詞の後に並べるラテン語の自然な語法であった）で，本書でもこれで各生物を表記してきた．これは当時行われていた「多名法」——それは種についての説明（「毛がふさふさし，尾が長く，耳が大きく，鼻が長く，角が短い」など）を延々と並べたてる方法の代替として提案された．簡便で表現が安定していて，覚えやすく，そして応用が利く画期的な方法だった．ヨーロッパでは学問的な著作にはラテン語を使用するのが中世からの慣習だった．話者のいない（使われない）言語には「変化しない」との利点がある．名前を2つ並べる二名法はすでにスイスの植物学者ガスパール・ボーアンによって提案されたとされるが，彼の場合には属の概念が明確ではなかった．リンネの工夫は，種名は名詞1語の属名と形容詞1語の種小名で表記すると定式化したことにある（松永1992）．偉大な業績だ．この二名法を植物では著作『植物の種』（1753）のなかで，動物では『自然の体系』第10版（1758）の第1巻で採用している．この後者のなかに，リンネは画期的な新機軸を目論むことになる．

　従来，動物の分類は，アリストテレスをふまえていて，リンネも『自然の体系』初版では"四足獣"，"鳥類"（Aves），"両生類"（Amphibia，爬虫類も含む），"魚類"（Pisces），"昆虫類"（Insecta），"蠕虫類"（Vermes）と分けた．蠕虫類とは分類群がはっきりしない蠕動運動をするような無脊椎動物を一括する呼び名だが，この点ではラマルクのほうがすぐれていて，詳細な分類を行った．第10版ではこのうち"四肢獣"を"哺乳類"（Mammalia）に変更し，このなかで，第一番目に"霊長目"（Primates）を置き，さらにその筆頭に"ヒト属"（Homo）を配し，この最初に人類を"ホモ・サピエンス"（Homo sapiens）として記載した[19]．じつにさらりと．プリマテスとは「最高の」，サピエンスとは「知恵のある」の意味だ．この意義は計り知れない．ジョン・レイでさえ人間に対し生物分類上の位置を与えることに躊躇していた時代であった．人間は，神と動物との間の中間的な存在などではけっしてなく，動物界に降格させるべきもの．ここに人類はサルと同じ分類群の一員であることが確定した．キリスト教における自然と動物の階層的世界観はもっとも敬虔なキリスト教徒によって解体宣告された．なおこの第10版では，イッカク，イルカ類，クジラ類が"Cete（クジラ目）"にまとめられ，名実ともに哺乳類に分類された．

　この二名法によって言語のちがいを乗り越えて，人類は初めて生物の世界を共有できるようになった．共通の名前によって生物を特定し，比較・検証できるようになった．二名法と分類群の確定により，地域や環境ごとに，動植物を採集して標本にし，あるいは観察して記録に残し，これをもとに名前（ときには学名をつけ）を整理してリストをつくり，場合によっては図版を作成するという，自然史学のプロトコルがここに完成することになった．それは従来のたんなる博物学ではない．生物学への巨大な貢献だった．

　だが指摘されてよいのは，崇高な神のカタログづくりにしろ，分類にしろ，その使命の重さの割にはリンネの手法が，かなり軽妙で奇抜，ときに剽軽でさえあり，悪くいえば，恣意的で強引，慎重さに欠け，ときに強いこだわりや執着が垣間見えることだ．これらは随所で指摘できる．例をあげる．植物分類学の分野では，たとえばジョン・レイは安定性の高い形質として種子のなかの子葉の数（単子葉，双子葉として

9.2 大陸における博物学の煌き

現在でも使われる）と花弁やがく，葉のつき方に着目し，またパリ王立植物園のトゥルヌフォールは花に加えて種子・果実の形を基準にしたように，一般には，なるべく多数の形質の基準を採用し，可能な限り「自然分類」に努めた（西村 1989）．これに対しリンネは，ひたすら，彼自身が「性の体系」と呼ぶところの生殖器官である雌蕊と雄蕊の数とその特徴という単純な「人為分類」にこだわったのである．この簡便と明快さこそが彼自身の学問的な成功にみちびくのだが，植物の（神の創造した）多彩な形質を評価するにはあまりにも軽く，短絡的だ（したがって彼の分類そのものは現在では使われていない）．

しかも，その「表記法」が諧謔なのだ．雄蕊と雄蕊の数をもとに彼がつくりだした分類群は，"Monandria"，"Diandria"，"Polyandria"，"Polygamia"，"Cryptgamia" などで，接尾語 "-andry" は「配偶上の夫」，"-gamy" は「婚姻」を意味し，上記はそれぞれ "一夫制"，"二夫制"，"一妻多夫制"，"複婚制"，"秘密婚?" といった婚姻形態を示していた．分類と命名という行為には一定の恣意性は避けられない，とはいえ，こだわりが過ぎて，いったいなにを意図しているのかが不明で，「性教育」にもならない．ちなみに占星術で火星を表す "♂" や金星を表す "♀" の記号を生物学のオス・メスの表記に転用したのも彼であった．

また，お気に入りの植物には自分の名前の属名をつけたり（たとえばわが国にも生育するリンネソウ *Linnaea borealis*），憎らしい人物には，みなに嫌われるような植物の名前に託して溜飲を下げている．分類法に批判を繰り返したドイツ生まれのロシアの植物学者シーゲスベック（J. Siegesbeck）には，棘で引っついて嫌われるメナモミ（*Siegesbeckia pubescens*）の属名を引っつけている．

リンネのこだわり——なぜ哺乳類なのか

しかし，これらはまだまだ序の口だ．最大のこだわりは，じつは現在ではおなじみの "哺乳類" というネーミングにある，と私は確信する．

本題からはやや外れるが，動物，多くは哺乳類と人間との歴史をたどってきた私たちにとって，なおざりにできないテーマなので，これにこだわることにしたい．

アリストテレス以来の "四足（肢）獣" という呼び名が，4本足の両生類や爬虫類にも共通して，適当でないことはすでにこの時代にも了解されていた．しかもリンネにとっては，二足歩行の人類もこの分類群に編入するつもりだったから，なおさら改名する必要があった．ではどう名づけるべきか．すでにいくつかの候補がジョン・レイなどによって提案されていた．すなわち，"被毛動物"，"多毛動物"（Trichozooloia），"胎生動物"（Vivipara），"アウレカヴィガ"（Aurecaviga，耳がくぼんだ動物の意味）など，後は適当に選べばよかったが，リンネはそうはしなかった．

ここで哺乳類という動物群（分類階級では "哺乳綱"）のおもな特徴をあげる（Rowe 1988，大泰司 1998，金子 1998，遠藤 2002 など）．

①表面を体毛が覆うが，その体毛が皮膚の表皮組織である角質（ケラチン）に由来するのは哺乳類だけ．哺乳類はクジラ類を除きすべて体毛をもつが，クジラ類でも胎児期には頭部に体毛が生え，成体では口のまわりに痕跡的に残る．

②哺乳類だけが胸腔と腹腔の間に横隔膜をもつ．血液の循環は，鳥類と同様に，左心室から左大動脈弓によって担われる．鳥類とのちがいは赤血球にみられ，鳥類のそれは有核，哺乳類のは無核である．

③下顎は歯骨1つだけでできていて，頭骨とは側頭鱗（鱗状骨）で関節する．耳小骨は鐙骨（stirrup），砧骨（anvil），槌骨（hammer）の3個で構成される（爬虫類と鳥類の耳小骨は鐙骨のみ．哺乳類の砧骨と槌骨は爬虫類の方形骨と関節骨が変化したものと考えられている）．

④繁殖様式は胎生でメスは授乳を行う．ただしこれには無視できない例外がある．まず胎生と呼べるのは胎盤をもつ真獣類だけで，単孔類（カモノハシ，ハリモグラ）は卵生であり，有袋類は胎盤をもたない．また，授乳器官である乳房は乳腺と乳頭（乳首）から構成されるが，

単孔類では乳腺はあるものの乳頭や乳房はなく，メスは皮膚に分泌されるミルクをなめさせる．

①からは「被毛類」，②からは「横隔膜類」，③からは「耳小骨類」と，それぞれ名づけられそうだが，分類とは形態をわかりやすく総合的に評価すべきとの視点からみて，最適なのは①の被毛類だと思われる．また，より厳密に哺乳類を分類する基準からみれば，③の耳小骨類がもっとも妥当で，原始的な単孔類を含め，この基準はあてはまる（Rich *et al.* 2005）[20]．ところが，リンネは④，なかでも"乳房（mammae）"に白羽の矢をたて，哺乳綱（Mammalia）[哺乳類（mammals）]とした．つまり「乳房類」なのである．とすればこの動物の研究は「乳房学」ということになる？ 相当なこだわりだ．この用語の使用にはおもに2つの問題点が指摘できる．

1つは，乳房をもち授乳できるのは種に属するすべての個体ではなく，若齢と老齢を除く，性成熟に達した約半分以下の個体＝つまりメス成獣だけで，代表的な特徴とはとてもいえない．近年，東南アジアに生息するダヤクオオコウモリ（*Dyacopterus spadiceus*）のオスは乳首がふくらみ授乳することが知られている（Francis *et al.* 1994）が，例外中の例外だ．もう1つは，すべての哺乳類のメスに乳房をもつことがあてはまるか，という問題である．この懸案はリンネの死後ほどなく急浮上した．知らないリンネは幸福だった．

カモノハシをヨーロッパに最初に紹介したのは，ジョージ・ショーで（リンネの死の12年後），彼はオーストラリアから送られてきた毛皮標本がビーヴァーのような動物にカモの嘴を縫いつけたものと疑い，ハサミを入れたほどだったという（この標本はいまでも大英博物館に残されている）．しかし，それが鳥なのか哺乳類なのかは判然としないままに，1800年，ドイツの博物学者，ヨハン・ブルーメンバッハによって"*Ornithorhynchus paradoxus*"の学名が与えられた．属名＝「鳥のような鼻先」，種小名＝「矛盾だらけ」の意味である［現在はショーの先取権が認められ，*O. anatinus*（Shaw, 1799）］．鳥か哺乳類か，この後，この動物の帰属をめぐり論争は延々と続いた．最終的に決着がついたのは，1884年にテオドール・ギル（Gill 1884）がその卵を確認したことを，創刊されてまもない『サイエンス誌』に報告したことによる．卵生であり，乳首はないが乳腺が発達していることが確認され，ハリモグラとともに「単孔類」として哺乳類に分類された．乳房のない哺乳類．

ではなぜにリンネは"乳房"にこだわったのか．この経緯はスタンフォード大学のロンダ・シービンガー（Schiebinger 1993）[21]によって鋭く分析されている．彼女のすぐれた論文，タイトルはずばり"なぜ哺乳類は哺乳類と呼ばれるのか"に依拠し，リンネの「こだわり」について考えてみたい．リンネは，博物学者である以前に，最初はルント大学，ついでウプサラ大学医学部に学んだれっきとした医者だった．この御仁はたぶん，愛妻家[22]で子煩悩，細君は生涯に7人の子どもを出産し，おそらく自分で授乳し，すべてを育てたと推測される（うち長男と娘4人が成人した）．その彼が多数の論文や著作を生産し，もっとも充実していた超多忙な時期，（でも子育ては終わっていただろう）1752年に，ラテン語による"Nutrix noverca"[23]という30ページほどの小冊子を発表している．『母乳による養育』とでも訳すべきタイトルだ．このなかで彼は，自身の一連の仕事からは外れていると思われる，重要な主張を展開している．要約はこうだ．「出産後，乳が出るのは自然であり，大切な初乳も子供に飲ますことなしに泌乳を抑えてしまい，乳母に預けてしまうのは極めて不自然であり，母子ともに危険にさらしている」（シービンガー 1996）と乳母制度を，意外なほど敵意むき出しに弾劾している．

この論文は彼自身が執筆したというより彼の学生（弟子）であったウプサラ大学のリンドバーグが著者だといわれるが，それでもこの主張には彼の深い共感と共鳴が込められていたと思われる．彼は多忙のなかでも，神による因果応報という神学的確信から，幅広い社会問題に興味を寄せ，腊葉（押し葉）標本のように多数の

覚書を残していた［この代表が死後に公表された著作『神罰』（レベニース／グスタフソン編 1995）である］．いささか唐突とも思われるこの主張の背景にはどのような社会的状況があったのだろうか．

当時，ヨーロッパの都会では子どもを乳母に預けるのが一般化・制度化していた．乳母の歴史は古く，古代にさかのぼり，今日看護師を意味する"nurse"とは子どもを養育する女性，つまり"乳母"を指していた．ロンドンでも女性の約半分は乳母に頼っていた（ヤーロム 1998）が，極端だったのはパリで，貴族や有産階級はもちろんのこと，一般市民の間にも里子の習慣が浸透していた．街角には乳母の斡旋所が立ち並び，乳母は立派な職業だった．バダンテール（1998）によれば，1780年のパリでは，1年間に出生した2万1000人のうち，母親の手で直接育てられたのはわずか1000人，住込み乳母に育てられたのが（相当な金持ち）1000人，残り1万9000人は里子に出されたという．乳児の死亡率は極端に高い．少し後の統計になるが，金持ちが雇った住込み乳母は約6000人もいて，貧農の娘は，出産すると乳母になるために自分の子どもは捨ててパリに上る始末だった（松田 2004）．貴族や有産階級の女性はここまでして社交に執着し，いそしんだ．里子に出された子どもたちはひどい貧困と衛生状態のなかで育てられ，虐待や捨て子が横行していた（図9-20）．それは悲劇であった．母性愛の重要性を唱道し続けたルソー（1712-1778）でさえ，同棲していた女性との間に生まれた6人の子どもすべてを乳児院の前に捨てたことは有名な話だ．ロンドンでは捨て子の数が17世紀後半にピークとなり，10万人あたり6000人にも達した（Roth 2001）．子どもの命は軽く，死は日常化していた．

この結果，子どもの死亡率は，生後1年以内が28%，5年以内が42%，10年以内が47%，成人になれるのは約半分にしかすぎなかった（バダンテール 1998）．母親はいつ死ぬかもしれない子どもに精いっぱいの愛情を注ぎ，献身的に育てるなどという習慣はそもそもなく，母

図 9-20 ウィリアム・ホガース（W. Hogarth）の18世紀中ごろの連作版画のうち，"ジン通り"（ロンドン）と題された作品．非衛生と喧騒のなか，中央に子どもそっちのけで安酒ジンに溺れる乳母とおぼしき人物（Nicholls 2003 より）．

子の絆は自然に生まれるものではなかった．おそらく，リンネのいたストックホルムやウプサラでも，パリやロンドンほどではないにしても，事情は似たり寄ったりだったのだろう．リンネはこの風潮に憤り，糾弾したのである．アルコールに溺れ，不衛生で病気もちの下層階級の乳母に子どもを託すな，と警告し，母親が母乳を与え，手塩にかけて育てることこそが人間の本務であると告発したのだった．だからこそ人類を含む動物群は授乳を行う「乳房動物」でなければならないのだ．

このアイデアは1758年の『自然の体系』第10版に向けて着想され，その新版で"哺乳（綱）類"が初めて提示，公表された．この最新ヴァージョンは一種の観測気球でもあったのだろう．結果はおおむね評判がよく，多くの人々にたちまち受け入れられた．おそらく気をよくして自信をつけた彼は，1760年の第10版の増刷版では，それまで文字ばかりだった表紙に，唐突にも，この分類群を象徴するかのように，アカシカ，ゾウ，ライオン，サルなどをはべらせ，乳房を露わにした半裸の女性像（木版画）を印刷している（図9-21左）．これはいったいなにか．じつはリンネには『スウェーデン

図9-21 リンネの著作．左は『自然の体系』（第10版）の1760年版の表紙．中央に裸体の，乳房が強調された女性の木版画がはさまれている．この第10版でリンネは初めて哺乳類の分類群を提示した．中央は『スウェーデンの動物誌』(1761)，右はその口絵で，乳房が4つある女性が動物をしたがえ，君臨している．この画はエフェソスのアルテミス（ディアナ）像（p.174参照）を彷彿とさせる．

の動物誌』(Fauna svecica) という，自国スウェーデンを中心とした北欧のファウナを解説した500ページを超える大著がある（図9-21中央）．この初版 (Linnaeus 1746) には，まだ「二名法」や「哺乳類」は採用されていないが，その口絵にはくだんのそれより，さらにあけすけな，乳房が4つもある半裸の女性像（図9-21右）が印刷されている（同絵は後続の1761年版にもある）．女性には，頭上から光が射し，周囲にはガンかカモの鳥類や，ミツバチのような昆虫が飛び交い，アカシカ，ノロジカ，ヤギが遊び，その胴にはフクロウやサギ，ウシやライオン，魚やカニが彫り込まれている．それは，すべての動物が女性によって生み出され，支配されていることを示唆する．世界は乳房動物＝女性が統べる．これが新しい『自然の体系』に込められたリンネのメッセージであった．

これに似たような像は，たとえば，ルネサンス期イタリア，ティボリのエステ家別荘の噴水像（多数の乳房から水が出る）などにあるが，もっともおなじみなのは，そうあのエフェソスのアルテミス（ディアナ）像（図4-8参照）で，乳房の数こそ少ないものの，腰から下の造形はほぼ同じだ．リンネは，この豊饒と多産のシンボルを巻頭に飾っていたのである．これはなにを意味するのだろうか．

シービンガー (1996) は「リンネはヨーロッパの古くからの，多くはカトリックの文化的基盤や習慣に依拠している」と解釈しているが，やや見当ちがいのように思われる．彼の非公表の著作，『神罰』（リンネ 1995）には，リンネがカトリックをさげすみ忌避していたこと，ギリシャ神話やローマ史に精通していたことなどが記述されている．プロテスタントのリンネはキリスト教が定着するはるか以前の，ヨーロッパ文明の源流そのものに遡及し，乳母なる，生物学的には奇怪な制度に頼ることなく，実子には自分の母乳を与え一生懸命に育てる——それを原点にせよと訓令しているのである．「乳房」は哺乳類である人間が母子の絆をつくる専用器官であることを，哺乳類の命名に託して再確認させようとしたリンネの巧妙な挑戦だったのである．キリスト教が目の敵にし，根絶したはずのヨーロッパ基層の宗教はもっとも敬虔なキリスト教徒によって復活させられていた．リンネが愛妻家で子煩悩でなかったとしたら，私たちは哺乳類を別の名前で呼んでいたことだろう（ヤーロム 1998）．

このネーミングは大成功だった．「哺乳類」は確実に受け入れられ，浸透し，18世紀後半以降には，母親が自分の乳房と母乳でみずからの子どもを哺乳することが主流となった．動物愛護運動と宗教復権運動のさかんだった1860年代には，ロンドンで大々的に乳母制度反対のキャンペーンが繰り広げられた．女性史家のリンダ・ポロク (1988) は，必ずしも正確な統計とはいえないが，当時イギリスで書かれた多数の「日記」を渉猟し，17世紀には母乳育児をした母親は43%にすぎなかったが，18世紀半ばには67%に増加したと報告している．しかし，今度はただしこれに呼応して「良妻賢母型」の母親像がまかり通るようになり，女性は男性の庇護の下，家庭にあって「他者の世話をする性」として位置づけられるようになった．「哺乳類」というネーミングは，無意識のうちに，この転換の生物学的論拠となったことは否定できない．この思想は中世以来の「女性は男性のできそこない」とするキリスト教人間観を継承し，「ヨーロッパ人男性を人間の型とし，

女性をその亜種とする」（シービンガー 1996），18 世紀版の「生物学的人間観」の成立に寄与している．過ぐる 150 年は，これに立脚し，家父長制とも結びつき，性差や性的分業が拡張されてきた歴史だった．女性を「出産の機械」などという政治家の発言は，私たちがいまもなお哺乳類の呪縛から解放されていないことを示している．

(3) 収集から蒐集へ

プラント・ハンター

ここで，別の視点から博物学の系譜をたどる．生物の利用や商業などの経験主義の流れである．家畜やペット（イヌ，ネコ）の品種改良や飼育ブームなどについてはすでに述べたので，今度はおもに植物に焦点をあてる．植物はスパイスやハーブとともに「薬種」として利用された伝統がある．近代に入っても医学といえばなお施薬が中心だった．イギリスでは早くも 1621 年に薬草の栽培を目的に最初の植物園（オックスフォード植物園）が設立された．1617 年には薬種商が協会を設立し，1673 年には有名な"チェルシー薬草園"をつくり，植物採集の実習，薬草の同定，薬草園の管理など，組織的活動を活発に展開するようになった．この実用上の要請が正確な同定と分類，命名といった分類法を推進し，やがてリンネの二名法と合流していった．古参のライデン大学植物園（1578 年），パリ植物園（1633 年）もまたそのルーツをたどれば薬草園から出発している．前者はフランドル生まれの医師，シャルル・ド・ルクリューズ（カルロス・クルシウス）が創設したもので，彼はこの地で薬草栽培のかたわらトルコ産チューリップを栽培，品種改良し，後にオランダ中に普及させた．

もう 1 つ注目したい動向は，この時代になると園芸業者が生まれたことだ．庭園の設計や施工に加え，多種多様な観賞用植物や樹木の栽培や販売を行った．ヴィーチ商会が有名で，1808 年にジョン・ヴィーチが設立し，20 世紀後半まで残っていた．これらの団体や業者らが，新たなスパイスやハーブ，産業になる植物，新たな薬草，そして魅力的な植物を求めて，世界各地に分け入り，探索し，採集し，持ち帰るのを任務とする"プラント・ハンター"を派遣した．

このなかでもっとも有名なのが，すでに紹介済みの，メリノ種を管理し，王立キュー・ガーデンを盤石なものとしたバンクスだ．彼が南太平洋やオーストラリアなどで収集した 110 の新属，1300 の新種のうち，75 の新種にはその名が残され（たとえば *Cordyline banksii*），1 つの新属にリンネは "*Bankskia*" と名づけている．見逃せないのはこうした探検行とプラント・ハンティングが植民地の領有と結びついた点だ．オーストラリアは 1770 年にクックやバンクスが上陸して領有を宣言するが，このとき，後にシドニーとなるその前面に広がる小さな湾を，バンクスは "ボタニー湾"，つまり植物学湾と名づけた．そして後にはバンクス自身がキュー・ガーデンのコレクションを充実するために，フランシス・マッソン（北米などで 1700 種以上の新種を発見）やアラン・カニンガム（オーストラリアの探検と多数の植物を持ち帰る）らを派遣した．

その他，さまざまな団体や組織から以下の人々が世界各地に派遣された．ロブ兄弟は東南アジアに，ジョージ・フォレストは中国南部に，ジョセフ・フッカーはインドやシッキムに，チャールズ・マリーズはヴィーチ商会とチェルシー薬草園の後ろ盾で日本やアジアに，ロバート・フォーチュンは日本やアジアに，それぞれ派遣された．マリーズはマンゴー（*Mangifera indica*）を西欧に紹介し，フォーチュンはキンカン属（*Fortunella*）にその名を残した．これらの人々は種子や果実，標本，ときには鉢植えなどにした現物を持ち帰り，苗畑や温室で育てた．コレクションとしても見返りがあり，商売としても儲かった．日本を訪れたフォーチュンは，『幕末日本探訪記』（フォーチュン 1863）のなかに当時の日本の田園風景と自然を，たとえば次のように活写している．「人間の勤労と，大自然の造化の力が渾然と融け合った，平和で魅力的な絵画そのものであった」（三宅訳）．

この時代を象徴する植物の 1 つにオオオニバ

スがある．これはアマゾン川上流に生育する世界最大のスイレンの1種（浮葉の最大径は3mを超え，子どもが乗っても沈まない）で，外交官にしてプラント・ハンターであったロベルト・ショムブルクが，ヴィクトリア女王即位の年に，ガイアナの地で発見したとされ，学名はずばり"ヴィクトリア（女）王または領域"を意味する *Victoria regia* と名づけられた（現在は *V. amazonica*）．現在では大きな植物園の定番商品だが，初期（1846年）にはキュー・ガーデンなどでも生育が試みられたもののうまくいかず，栽培が軌道に乗るのは，ダービーシャー公の主任庭師，ジョセフ・パクストンが，1849年に，スチーム暖房完備の，鉄製の骨組みにガラスをはめた巨大な専用温室をつくったことによる．

それは，現代流にいえば"生物模倣"（バイオミメティクス）の典型で，このスイレンの葉の裏が長い葉柄と巨大な葉脈の立体構造をもち，浮輪のように空気を蓄えて葉を浮かしていることからヒントを得たものであった．そしてこの巨大温室がプロトタイプとなって，万博会場となる水晶宮（クリスタル・パレス）が建設された（Holway 2013）．この功績によりパクストンはナイトの称号を受けた．水晶宮はけっきょくスイレンの模倣の模倣なのである．

おりしも貴族や金持ちの間では温室をつくることが流行った．温室の起源は紀元前後の古代ローマ時代にさかのぼり，油で透明にした布か，雲母（あるいは水晶）かで覆った小さなチャンバーだったらしい．キュウリが大好物だったティベリス帝に毎日欠かさずキュウリを供するために「夜も暖かい特殊な状態で育てた」とプリニウスは『博物誌』のなかで記している．温室はその後もイタリアで発達し，13世紀のヴァチカンや，14-15世紀にはサレルノやパドヴァの植物（薬草）園で一部をガラスで覆った部屋がつくられたといわれる（Woods 1988）．屋根も含めてガラス張りにした近代的な温室はライデン大学植物園内に1599年に建設された．これがヨーロッパに普及し，とくにヴィクトリア朝イギリスでは，前述のパクストンの改良や成功もあって，格好のステータス・シンボルとなった．イギリスを含むヨーロッパ北部の国々では，植物相は概して貧困だから，それを補うように人々（有産階級を含め）はいきおい珍奇で豪華，美しい花を望む傾向があった．

温室では熱帯産の各種の樹木や花，果実などが栽培されたが，もっともふさわしい植物が選別されるようになった．それは現在でも変わりない"ラン科植物"だ．このランを求めて多数のプラント・ハンターが世界を駆けめぐった．なかでも成功したのがフレデリック・サンダーで，ロンドン近郊のハートフォードシャーに温室をつくり，世界各地からかき集めたランを販売し，巨万の富を築いた．技術者の年収が100ポンド程度の時代，主催したオークションでは，アツモリソウ（*Cypripedium*）属の1種に100ポンドの，オドントグロッサム（*Odontoglossum*）の1種になんと1500ポンドの値がつき，売買された（Rowe 2007）．ランこそが地位と富の証だった．彼は23人ものプラント・ハンターを雇い，ランを含む約200万種の植物を取り扱い，温室で育てた．その場所は現在，ナショナル・トラスト，ハートフォードシャー（ガーデン）植物園になって人々に親しまれている．

こうした金儲けとはまったく無縁に，高い宗教的な使命感に燃え，ひたすら神のカタログづくりに邁進した一群の人々がいた．ペール・カルム，フリードリヒ・ハッセルキスト，ペール・レフリング，ペール・フォルスコール，ヨハン・ファルク，ペール・オスベック，ダニエル・ソランダー，カール・ツンベリーなどの人物だ．彼らはいずれもウプサラ大学のリンネの下で学んだ弟子たちで，師の意図を体現して異国の地に赴き，そこに生息，生育するさまざまな生物群の標本を採集し，「自然の体系」づくりに貢献しようとした．多数の標本と情報をもたらし，著作を残して名声を博した人物もいれば，志半ばにして異国の地で斃れた人々も少なくない．末尾のツンベリー（ツンベルクともいう）はリンネの愛弟子で，オランダ東インド会社経由で幕末の日本を訪れ，1年間滞在している．短い滞在期間にもかかわらず約800種の植物標本を作製し，後に『日本植物誌』（"Flora

Japonica" Thunberg 1784) を著した．このうち約 400 種を新種として命名，記載した．帰国後の 1781 年にはウプサラ大学の学長となり，これらの標本は現在ウプサラ大学に保管されている．なお有名なシーボルトはツンベリーの 50 年後に日本を訪問した．"リンネの使徒たち" がたどった軌跡は西村（1989）にくわしい．

リンネは『自然の体系』第 10 版（1758）で動物種の数を 4162 種リストした．リンネは，有名な話だが，全動物種の数を 1 万種程度と想定していたらしい．それが，「使徒たち」の活躍もあって，またたくまに増えていった．1898 年にドイツの動物学者，メビウスが記載した種数を数えると 41 万 5600 種に達していた（バーバー 1995）．140 年の間に 100 倍に．鳥類でたどると，リンネ（1758）444 種→キュビエ（1817）765 種→大英博物館（1834）4000 種→ジョンストン（Johnston 1856）6000 種→オーエン（Owen 1862）8000 種，そして現在では約 1 万種（9800-1 万 50 種，分類学者によって異なる），250 年間で 22 倍だ．また哺乳類は合計 204 種記載しているが，現在では約 5400 種（Wilson & Reeder 2005）だから，増加率は 26 倍程度だ．もっとも哺乳類や鳥類は，よく調べられ，毎年発見される新種はごく少数で，今後も大幅に増加することはない．否むしろ絶滅するほうが心配だ．

こうしてみていくと，哺乳類や鳥類に関する限り，その知識を加速度的に増加させたのは，リンネのインパクトに端を発した博物学の隆盛だったことがわかる．では，世界各地から集められた植物の腊葉標本や種子，鳥類の剥製，哺乳類の毛皮や剥製はどのような運命をたどったのか．

博物館のルーツ

奇妙なものがよく売れた．ものを集めるという行為は人間の生得性なのかもしれない．採集（と狩猟）はホミニゼーションの必須の過程だった．その採集が「収集」へ，そしていつしか「蒐集」に転化したのも不思議ではない．この余裕や財力が生まれたのもルネサンス以降だっ

図 9-22 ヨーロッパ中で発売された"珍奇のキャビネット"．貝やサンゴ，各種の骨や剥製などの収集品が陳列された．ロマルプラケ・ハウス（ロンドン）所蔵（Eastoe 2012 より）．

た．一部の王族や貴族の間では，化石，鉱物，岩石，サンゴ，骨，角や牙，剥製，皮革など，ジャンルを問わず珍品を蒐集し，それらを，装飾を施した豪華な家具のなかに陳列し，見せ合い，自慢することが流行し始めた．蒐集がいよいよ蒐集癖となった．この飾りダンスは"珍奇（好奇の）棚"（cabinet of curiosities）と呼ばれ，販売されるまでになった．さまざまな意匠をこらした（象牙を埋め込んだり，彫刻を施した）各種サイズの奇妙な家具(キャビネット)がヨーロッパ各国で発売され，どこでもよく売れた（図 9-22）[24]．

さまざまなものが蒐集対象となったが，なかでも人気があったのは貝類で，16 世紀以降，海外から持ち込まれためずらしい貝殻に人々は開眼，魅了され，18 世紀，パリには貝殻を扱う専門店が 600 もあって（松永 1992），常時 200 種類のカタログが出回っていたという．有名な蒐集家とそのキャビネットが頭角を現すようになり，その数はなんと 450 を突破したという（Dietz 2006）．異国からもたらされた多種多様な形の貝類は豪華な棚を飾るのにふさわしく，蒐集意欲をかきたてた．1757 年，あるオークションでの最高額は 1700 リーブル 3 スー

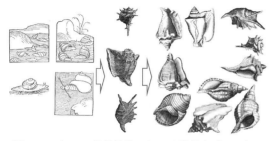

図 9-23　左：15 世紀後半，中：16 世紀中ごろ，右：17 世紀中ごろの典型的なスケッチ．稚拙なスケッチは，高じた趣味と商業取引を経てわずか 150 年間で格段に進歩した（Allmon 2007 より）．それは博物学の発展でもあった．

図 9-25　17 世紀の著名なコレクションの展示陳列館，ウォルミウスの博物館．ライデン（オランダ）に建立され，現在はその一部がデンマーク自然史博物館に残る（Richart 2015 より）．

図 9-24　ロココ様式の模様．草花のデザインだが，そのイメージは明らかに貝殻に由来する（Van Rensselaer 1879 の古いスケッチと Rocca 2008 より）．

と，かのヴァン・ダイクの絵さえ上回ったという（Dietz 2006）．オールモン（Allmon 2007）は，貝類の蒐集が流行する以前と以後での貝を描くイラストの巧拙を比較していて，興味深い．ここでは 15 世紀後半，16 世紀中ごろ，17 世紀中ごろの代表的な 3 つ写生図を並べる．この間わずか 160 年，写実性が格段に向上したことがわかる（図 9-23）．リンネの二名法以前，共通の名前が存在しない取引において，唯一の拠りどころとなったのは写生図だった．取引が真剣勝負であればあるほどに写実性は増した．真摯な観察は自然からリアリティを切り取る．それは博物学の自己運動といってよい．

ところで 18 世紀にフランスを中心に流行した，曲線を多用する繊細で優美な美術様式を"ロココ"（Rococo）様式という．これは岩組や植物の茎や葉の造形に着想を得たものとされるが，もう 1 つの源流は貝殻にある．ロココとはフランス語の"rocaille（岩）"と"coquilles（貝殻）"に由来するとされ，図 9-24 のような代表的デザインは貝殻そのものだ．

趣味の世界は貪欲で，エンドレス．その範囲は，古代ギリシャ・ローマ時代の骨董，コイン，メダルなどの考古学分野に触手を伸ばしながら，しだいに専門化し，そして大がかりになっていった．収まるはずだった蒐集品はキャビネットからあふれ，小部屋から大部屋に，ついには居宅まるごとを陳列館にする名士まで現れるようになった[25]．17 世紀で有名なコレクションと展示館は，イギリスのお抱え庭師ジョン・トレードサント，オランダの医師オラウス・ウォルミウス，ドイツ出身のイエズス会司祭アタナシウス・キルヒャーなどだった（図 9-25）．なかでも，ローマ大学の一画に，キルヒャーがつくりあげた"ブンダー・カンマー（不思議の部屋）"と呼ばれる一大コレクション施設は公開され，もう，博物館そのものだった（小宮 2007）．しかし，じつはこうした動きを率先し，牽引したのは国王や皇帝たちだった．

神聖ローマ皇帝のルドルフ 2 世（在位 1576-1612）やフェルディナンド 2 世（1619-1637

年）は，ボヘミアの地で植物やガラス細工のコレクションを行い，ボヘミアングラスの基盤をつくったことで知られる．また神聖ローマ皇帝（オーストリア皇帝）フランツ1世（1745-1765）は自然科学に興味をもち，さまざまなもの（とくに動物の剥製や骨など）数万点をコレクションした．フランス国王ルイ13世（1601-1643）はコレクション収蔵のために大きな施設をつくり，ルイ14世（1638-1715）もそれを充実させた．またピョートル大帝（1682-1725）は多数の胎児標本や動物学標本，鉱物や医療道具をコレクションし，これを収蔵する巨大な建物を1714年にサンクトブルグに建設した（これが"クンストカメラ"，つまりロシア版"アートの部屋"の原型である）．

これらがプラハ国立博物館，ウィーン自然史博物館，ルーヴル美術館（博物館），パリ自然史博物館（パリ植物園）の原型となるが，後2者については後述する．この蒐集熱は商人や資本家，医者や政治家，貴族と，さまざまな階層の市民を巻き込んで広がった．もう止められない．たとえば，18世紀後半のイギリスの地方都市では，シェフィールドのスプーンやフォークの工場主ジョナサン・サルトは植物や昆虫のコレクションを，マンチェスターの工場経営者ジョン・フィリップは昆虫と考古学のコレクションを，ニューキャッスルの大金持ちマーマデューク・タンストールは動植物の標本のコレクションを，ロンドン，バッキンガム公お抱えの庭師ジョン・トラディスカントは，息子と一緒に，世界各地の植物標本や種子，動物，貝類などのコレクションを，そしてオックスフォードでは政治家で紋章官[26]のエリアス・アッシュモールは動植物の標本や民族資料の大規模なコレクションを，それぞれに公開した．こうした私設博物館が18世紀末のイギリスには，なんと250館もあったという（Alberti 2002）．これらの博物館は後に大学や市に寄贈，移管され，マンチェスター大学付属博物館やニューキャッスル大学博物館（ハンコック博物館），オックスフォード大学自然史博物館，ピットリバース博物館へと成長する．

なかでも桁外れだったのは，アイルランド出身の医師にして準男爵だったハンス・スローンのコレクションだった．彼は医師としてジャマイカの探検行などに同行し，薬種や植物の現物や標本を持ち帰り，チェルシー薬草園の基礎をつくったほか，上流階級相手の医師として成功し，その財によって，"コートンの動植物"，"グルーの植物"，"プルークネットの植物"，"バッドルの昆虫"，"ヘルマンの植物"，"ブールハーフェの植物"などのコレクションや蔵書，写本，絵画を次々と買い取り，充実させていった．その膨大なコレクション——5万冊以上の図書類，3万点以上の貨幣やメダル，5800点ほどの貝類，2300点の鉱物類，8000点以上の植物や乾燥標本，3800点の昆虫，570点の鳥類，1000点以上の哺乳類，2000点の動物類などなど——が彼の死後に残された．イギリス政府はこれを遺族の娘2人に2万ポンド（スローン自身の見積もりによればその価値は8万ポンドに達するという）を支払って譲り受けた（矢島1986）．そしてこの一部は1756年にブルームズベリーにあった鳥類学者，モンタギューの標本館にまとめられ，"大英博物館"として1759年に公開された．その後，この館は焼失してしまうが，惨禍をまぬがれた標本群と，さらに寄贈された多数のコレクション，そしてジョージ4世の蔵書などを合体し，1857年に現在の地に国立の博物館として建設，開館させた．

しかしながら自然史関係のコレクションは次々と増え，ロンドン万国博覧会の開催地，サウス・ケンジントンに「分館」を建設，自然史部門として分離し，1881年に開館させた．これが後（1963年）にロンドン自然史博物館（英国自然史博物館）として独立する．現在そのコレクションは，動物標本5500万点（うち昆虫標本は2800万点），化石標本900万点，植物標本600万点，自然科学関係の蔵書100万冊以上，世界最大級の博物館であり，研究拠点である．

博物館の誕生

フランスでは，市民革命後に王室所蔵の博物

学コレクションや美術品などの破壊や略奪を恐れた国民議会はいち早くルーヴル宮殿を美術館にするとの声明を出している．1791年には「科学と芸術品を集める場所にする」との法案を可決し，王室のコレクションを国有財産とした．開館したのは1793年で，植物や動物は王立植物園に，博物学コレクションは国立自然史博物館にまとめられ，ルーヴル宮殿などに収蔵されていた歴代国王の美術品，工芸品，考古遺物のコレクションはルーヴル美術館として，市民に公開された．国王の所有物を市民が取り戻す，それは啓蒙主義と近代市民社会が成立した証だった．

イギリスでは名誉革命以後，立憲君主制の下で，中産階級の権利はかなりの程度認められ，市民としての自由は保障され，このなかからおびただしい数のナチュラリストや博物学のアマチュアが育った．また貴族など特権階級が保有していた多くのコレクションは公開され，その内容はよく知られていたので，中産階級や市民が，公的博物館の建設を要望したのはごく自然のなりゆきだった．大英博物館の場合には，イギリス政府は特別な資金を調達するためにしばしば「宝くじ」を実施したが，このとき（1753年）にも「大英博物館法」を制定し，宝くじを売り出し，資金を調達した．こうして建設された博物館は，所蔵物は国有財とされ，議会直属の管財人委員会によって運営され，入館料は無料とされた．啓蒙思想の勝利といってよい．その後の1845年に一般の「博物館法」が制定されるが，これには大陸での動向がまちがいなく反映されている．この法律は公費での博物館の設置と運営を可能にしたもので，マンチェスターやニューキャッスル，オックスフォードなどに続々と公営博物館が誕生していく．公設図書館の推進者，トーマス・グリーンウッドは，1888年に「市民の健康で快適な生活にとって，公衆衛生や上水道の完備，街の照明が重要であるのと同じくらい，博物館や図書館は人々の健全な精神と道徳を確保するうえで必須のものである」と述べた（Alberti 2002）．確かにそうなのだが，いっぽうでこの背景には，レスター大学のスーザン・ピアース（Pearce 1990）が指摘するように，「無法な大衆を，ヴィクトリア朝社会の望んだ穏当で責任ある，行儀のよい市民へと変えていく役割」があり，それは革命の嵐が波及することを恐れた特権支配層の上から目線の本音でもあった（矢島 1992）．おりしも 1840-1850 年代は，普通選挙を求めた労働者の"チャーチスト運動"[27]が盛り上がりをみせ，その対抗としても労働者の教育や啓発を急ぐ必要があった．これもまた啓蒙主義の本質といってよい．

植物園とリンネ協会，そして動物園

ロンドン南西部にある"キュー・ガーデン"は世界でもっとも有名な植物園だ．キューとは人名ではなく地名で，そこは最初，エセックス伯爵，ヘンリー・ケープル卿のロッジと庭だったものを，1759年に，ディア・パーク（第5章参照）に隣接して，国王宮殿（ホワイトハウスまたはキュー・パレス）とそれに併設して庭園をつくったことに始まる．その後，国王（ジョージ3世）は顧問（園長）となったバンクスに庭園を拡張して植物を豊かにするように命じた．バンクスは前述のように，プラント・ハンターを北米やオーストラリアに派遣して，栽培種を増やしていった．この地の片隅で国王のメリノ種を飼育し管理したのもこの時代だった．バンクスの友人でその後に園長となる，植物学者のフッカーなどの尽力もあって施設はさらに拡張，1840年には国立植物園として改組，発足した（野間 2014）．1844年には巨大なガラス張りの温室がつくられ，現在では熱帯植物や薬草群を含む3万種以上の植物が育てられている．敷地の総面積は120 ha．このほかに，700万種以上の植物標本，100万点におよぶ書籍，関連資料を擁し，イギリスの誇る世界遺産であると同時に世界屈指の植物学研究の拠点だ．現在，この植物園を核に全世界の植物をリストするプロジェクト"植物学名データベース"が進められている．

イギリスには，このほかに，エディンバラ王立植物園（1670年設立），ケンブリッジ大学植

物園（1762年），ウェールズ国立植物園（1789年），バーミンガム植物園（1829年）など，世界でも有数の植物園が，チェルシー薬草園などとともに存在する．これらは，キュー・ガーデンと並び，世界に植物資源を求め，植民地を拡大していった大英帝国自身の自画像といってよい．

さてここで，唐突だがリンネの遺産，とくに植物を中心とした貴重な標本群の行方をたどっておきたい．なぜこのことにこだわるのか．それは，この標本群からある学術団体が組織され，そして今度はそこから「動物園」が誕生するとの経緯をたどるからだ．ひょうたんならぬ「標本から駒」なのだ．1778年にリンネが死ぬと，膨大な標本群と蔵書は，妻と子どもたちのものとなった．子どものうち，父の後を継いでウプサラ大学の教授となった息子はこの貴重な遺産を必死に守ったが，しかし彼が死ぬと，すべては妻と娘たちのものとなった．彼女らにとって標本や蔵書は生活の糧でしかなく，速やかにできるだけ高価に売却したいと願っていた．この知らせは，キュー・ガーデンの園長だったバンクスにも届き，行きがかり上，彼が購入の交渉を進めるものと思われた．しかし，理由はわからないが，彼はなぜか消極的だったといわれ，その代わり特定の人物に情報を流したらしい（松永 1992）．聞きつけたのは大金持ちの若き医学徒，植物学の研究を志していたジェームス・スミスで，この裕福な商人の息子はさっそく交渉を開始し，商談を900ギニー（945ポンド）でまとめるのに成功した（感覚的には現在の1億円以上）．こうして植物標本約1万4000点，昆虫標本約3万2000点，貝類標本1万6000点，蔵書約1万5000冊など，リンネの未曾有のコレクションはロンドンへと移送されることとなった．リンネの死からわずか6年後，ここにロンドン・リンネ協会（The Linnean Society of London）が誕生する礎が築かれる．地団太を踏んだのはウプサラ大学とスウェーデン政府だったが，遅きに失した．

この標本群と蔵書の保管，および自然（誌）史関連の公開討論の場として，1788年，スミ スを中心に"リンネ協会"が設立された．それは世界最古の生物学関連の学術団体であり，1858年の例会ではダーウィンとアルフレッド・ラッセル・ウォレスが「進化論」のアウトラインを初めて披瀝したことでも有名だ．さて，そのリンネ協会の1822年に行われた"ジョン・レイの誕生日を記念した例会"で，当時の会長で昆虫学者だったウィリアム・カービィは「イングランドとアイルランドに生息する動物を対象に，動物学と比較解剖学に関する専門部会」をつくりたいとの提案を行った（Morris 1985）．これは会員らに歓迎され，何度かの議論を経て，"ロンドン・リンネ協会・動物学クラブ"として正式に発足した．

しかし，このクラブはなにを目的にどのような活動を行うのか，さらに具体的に詰めることが必要だった．じつは，当時のロンドンでの動物学への熱狂は別にもう1つの流れをつくろうとしていた．そもそもの発端は，バンクスや一時帰国していたラッフルズとの話し合いだった．ラッフルズとは，イギリス東インド会社の英雄，英領シンガポールの総督，トーマス・スタンフォード・ラッフルズ，その人だった．

ラッフルズはイギリス東インド会社の元職員で，マレー半島ペナン島への赴任を皮切りに，英領インドから派遣された遠征軍とともに東南アジア一帯のフランス勢力を撃退し，この地の植民地化と統治に貢献した人物だ．ジャワ島のボロブドール遺跡の発見者，シンガポールや自由港の建設者，そして統治者だった．そのいっぽう根っからのナチュラリストで，世界最大の花"ラフレシア"は彼にちなんで名づけられたように，公務の合間に，動植物採集に熱中し，自宅の庭に動植物園と資料のコレクション館をつくった．これらが後にシンガポール国立の動物園，植物園，博物館となる．その彼はまた，自分が集めた動物たちをロンドンに持ち帰り「動物園」をつくりたいと考えていた．動物園とはなにか．彼は，パリ植物園の飼育施設のような「国民に興味を起こさせ，楽しませ」られるような展示施設を構想し，バンクスや王立協会の大物ハンフリー・デーヴィらにも相談し，

〈コラム 9-1　もう 1 つの動物園——"メナジェリー"〉

　近代的な動物園の原型がロンドン動物園だとしても，それに先立つ動物園モドキの施設がこれまでにも多数あった．エジプト，ナイル川中流部，ヒエラコンポリス遺跡からは，ゾウ，カバ，ダチョウ，ワニなど 110 個体以上の骨を含む，土塁でできた BC3800-3100 年と推定される飼育施設が発掘され，エジプトでは古王朝成立以前に有力権力はすでに"モドキ"をもっていたことが知られている (Van Neer et al. 2015)．この伝統はエジプトやメソポタミアの歴代王朝にも，ローマ帝国にも受け継がれた．中国でも BC 約 1100 年，周王朝が飼育施設をもっていたし (Patrick & Tunnicliffe 2013)，すでに紹介したように，マルコ・ポーロは，フビライが多数の動物を飼育していたと記録している．これらの動物は，見物，高貴のシンボル，狩猟，そして闘い用に使われた．洋の東西を問わず王は，富と権力の象徴として，異国の動物や「高貴な」動物を所有したり，誇示することを趣味とした．このような飼育動物のコレクションは"メナジェリー"(menagerie) と呼ばれ，宮殿の庭園の一画に，観賞用や狩猟用の施設としてつくられた．

　カール大帝も自領地アーヘンに，歴代のフランス王はベルサイユ宮殿，後にはパリ植物園に，それぞれ立派なメナジェリーを建設した．なかでも有名なのは，動物好きで知られる，神聖ローマ帝国のマクシミリアン 2 世（在位 1564-1576）で，ベルベデーレ，ノイエバウ，プラハ（ボヘミア王を兼ねたため）の 3 カ所に，大きなメナジェリーをつくった．そこにはゾウ，ノウマ，大型ネコ類，各種の有蹄類を飼育していたが，1569 年にはこれらをシェーンブルン宮殿（オーストリア）にまとめ，そして後にフランツ 1 世は，この施設を妻のマリア・テレジアに贈り，施設は各地から寄贈された動物で充実させていった（図 9-26）．その子，ヨーゼフ 2 世は，1765 年，シェーンブルン宮殿とメナジェリーを，「公共の利益，庭園の美観，そして科学の進歩」のために一般に公開した (Patrick & Tunnicliffe 2013)．それはロンドン動物園の一般公開に先立つこと約 80 年前，王のコレクションが近代動物園へと脱皮する，もう 1 つの動物園の歴史でもあった．そこでは，現在でもシカ類などの哺乳類 12 種，250 種類の鳥類が飼育され，ウィーンの子どもたちの人気スポットとしてにぎわっている．

図 9-26　シェーンブルン宮殿（ウィーン）の一画にある，ハプスブルク家の"メナジェリー"の入口．現在はシェーンブルン動物園，ヨーロッパ最古の動物園でパンダを飼育している．奥にパビリオンがみえ，この周囲を動物舎が囲っている（2012 年 6 月著者撮影）．

同意を得ていたようだ (Scherren 1905)．ただしここでいう「国民」とは選挙権をもつ中流階層以上を指し，すべての人々を含むわけではない．国民には，ディズレーリの指摘どおり，あくまでも 2 種類あるのだ．さて有力者とこうした相談をしておいて，ラッフルズはシンガポールへ再びもどり，今度は目的をもって当地の動物の収集を開始した．バンクスは「生きた動物の施設」をみないままに，1820 年に亡くなったが，その構想は各方面に伝えられていたようだ．

　そのうちの 1 人，"動物学クラブ"のとりまとめ役，ニコラス・ヴィゴースは，生きた動物の展示施設をつくるとの構想に同調しつつ，それを動物学クラブのこれからの方向性と重ねていた．彼は，動物を飼育するには，動物の収集や移動，施設に多大な経費がかかり，財政的な基盤を確保するのが重要であり，このためには，任意の"クラブ"に代わって，しっかりとした会員制の学会組織をつくることが不可欠と認識していた．それが"ロンドン動物学会"（ロンドン動物学協会 Zoologocal Society of London）であり，彼はこの組織の設立に向けて奔走した．その趣意書には「生きた動物のコレク

ションの長所を生かし，この国での家畜化と畜産への応用を図ることを目的とする」とある．そこには当時の家畜の品種改良のブームが反映されている．注意したいのは，この時点ですでに，カービィの動物学としての研究なのか，それとも今回のような応用と実学なのか，あるいはラッフルズの大衆の娯楽と興味なのか，その役割をめぐる，現在もなお変わることのない，動物園の基本的な議論が鼎立していた．

ラッフルズは，といえば，シンガポールを拠点に集めた多数の資料や標本，書画，そして動物園用に準備した多数の哺乳類，鳥類，爬虫類——その数122ケース分，ラッフルズの見積もりによれば2万-3万ポンドを，1824年に帆船"フェーム号"に積んで帰国の途についた．このまさに2月2日，水夫の不注意から火災が発生し，ラッフルズを含め人間は助かったものの，船と荷物のすべては焼失してしまった（Stewart 2007）．痛恨だったが，ラッフルズには失意に沈む余裕はなかった．次の帰国便までの10週間，コレクションを再建すべく全力を尽くした．だが大半は復原不能だったのはいうまでもない．

かくしてラッフルズは1824年8月にイギリスに帰国し，ヴィゴースやカービィらと合流してロンドン動物学会の設立準備を進めた．77名が賛同し，会員登録（入会金3ポンド，年会費2ポンド）を完了．王室からは，かつての国王のシカ狩りの地，リージェンツパークの一画が用地として提供された．こうして1826年4月，ラッフルズを初代会長にロンドン動物学会は「公共生活に有用な四肢獣，鳥類，魚類の品種や変種の導入と家畜化を図り，同時に動物学の一般コレクションを行うことを目的に」発足した（Scherren 1905）．会員数はすぐに151名に倍増，2年後の1828年末には約1300名に達した．飼育舎や，併設の資料館の工事が続くなか，1826年7月にラッフルズは亡くなった．

動物学会の「生きた動物の展示施設」は1828年に完成，公開された．しかし「公開」とはいえ，「社会の比較的貧しい階層の人々が入園することで動物学協会の動物園が汚される

ことを防止するために」（リトヴォ 2001），原則として会員と家族，および紹介された友人だけに限られていた．そこはあくまでもエリートのための動物学の府であり，ロンドン各所で開催されていた各種の動物興行とは差別化されていた．この色濃いタテ型の階層意識とその後の経過は動物園の歴史として記憶されてよい．

1829年に印刷された最初のガイドブック（Vigors & Broderip 1829）には，アラビアオリックス，オランウータン，クアッガ，フクロオオカミを含む哺乳類118種，コウライキジや各種キジ類を含む鳥類191種，爬虫類7種がリストされていた．それはイギリスの世界覇権の象徴であり，ロンドンの"動物学ガーデン"は産声を上げたときからほかの諸施設を凌駕していた．

実際に施設が運営されると，生きた動物の捕獲，搬送，飼育という日常の作業にははるかに労力と経費がかかることがわかった（伊東 2006）．これは寄付金や会費だけでまかなえないし，動物の新たな導入はできそうにないことがすぐに判明した．これを打開したのが一般公開制度の導入で，新幹事ミッチェルの提案にもとづき1847年から開始された．それは必然的な流れであり，これによって財政基盤が強化→展示動物の充実→入園者数の増加，という正の連鎖が生まれた．この一般公開によって動物学の展示施設はロンドン市民の憩いと娯楽の施設に様変わりし，たちまちのうちに動物学の殿堂はロンドン子に"Zoo（動物園）"の愛称で親しまれた（Velten 2013）．おりしも万国博覧会が開催され，会場の水晶宮のほかには，大英博物館，動物園，ロンドン塔がお決まりの見学コースとなったため，ますます入園者を増やした．これにともない一般向けのショーや給餌，そしてキリンやゾウに始まる動物の「スター主義」が取り入れられた．それは名実ともにアミューズメントパークとしての動物園の誕生だった．

現在，ロンドン動物園は800種以上の哺乳類，鳥類，爬虫類，両生類，魚類，昆虫類を展示する，世界（一ではないが）有数の動物園で，ロンドン動物学会が運営していることに変わりな

い．飼育施設や展示を時代に合わせさまざまに工夫し，コビトカバ（*Choeropsis liberiensis*）やオカピ（*Okapia johnstoni*）など希少種の生息地内外（in situ と ex situ）での保全活動に積極的に取り組んでいる．同学会は最近，"エッジ"（EDGE）というユニークな取り組みを進めている（Isaac *et al.* 2007）．エッジとは独自の進化史をもち，特異な分類群に属していて，その種が絶滅するとほかに似た種が存在しない，かけがえのない種で，しかも絶滅の危機にある，"淵（edge）にある種"だ．これらのランキングの公表を通して，動物学を普及・啓発することと，希少種を絶滅から救うことの2つを目標にしている．

一部を紹介すると，哺乳類では，トップ3種は，いずれもニューギニアに生息する卵生のハリモグラ3種で，4番目がニュージーランドに生息するツギホコウモリ（*Mystacina robusta*），5番目がヨウスコウカワイルカ（バイジ *Lipotes vexillifer*）である．これまでに紹介したものでは，チチュウカイモンクアザラシが22位に，ハワイモンクアザラシが23位に，ちなみに日本産哺乳類ではアマミノクロウサギ（*Pentalagus furnessi*）が42位に，オキナワトゲネズミが48位に，それぞれランクされている．鳥類は現在検討中で，ハシビロコウ，カンムリシロムク，グンカンドリ，コキンチョウなどがランクインしているようだ（Jetz *et al.* 2014）．

9.3 イギリスにおける博物学の発展と成熟

(1) 博物学の離陸と自立

自然神学と自然史

ジョン・レイもリンネも自然の万象のなかに神の存在を証明し，創造した生命のカタログをつくるとの強い使命意識に燃えて研究した．自然史や博物学は「自然神学」にそのルーツの1つをもつ（Gates 2007）．リンネの『自然の体系』はその核心の仕事だったし，レイの主著は，すでに述べた『創造のわざに示された神の英知』であり，『鳥類学』や『植物誌』などはその副産物だった．『セルボーンの博物誌』を著したホワイトは神の存在を信じて疑わなかった敬虔な牧師だった．この『博物誌』にしばしば登場し，レイの友人でもあったウィリアム・ダーハムは，『自然神学』（Derham 1713）を著した当時の代表的な思想家であり，同時に鳥類と昆虫のコレクターだった．この本の副題には『天地創造の御業からの神の存在と特性の論証』とあり，「ほとんどの動物が地上世界の最上位に位する人間に特に奉仕するように全てが計画されており，言わば意図的に，限りない御業の中に明示されている造物主の栄光を賛美し，認め，明らかにするために造られている」（門井 2010）．中世の古びたガウンはなお重く厚かった．

「創造説」をかたくなに守る著作は19世紀に入ってもたえず焼きなおされ出版された（とくに19世紀前半に多い）．その代表的な著作を並べる[28]．

> ウィリアム・ペイリー『自然神学――自然の中に見られる神性の存在証明』（1802）
> ウィリアム・バックランド『大洪水の遺物』（1823），『自然神学からみた地質学と鉱物学』（1836）
> チャールズ・ベル『御手，確信のデザインとしてのメカニズムと生きた天性』（1833）
> ジョン・キッド『人間の肉体に及ぼす外的存在の適応』（1834）
> ウィリアム・プラウト『自然神学からみた化学，気象，温浸』（1834）
> ウィリアム・カービィ『神の神性と賢明なる力，動物の歴史，習性，本能』（1835）
> ピーター・ロゲット『自然神学からみた動物と植物の生理学』（1836）
> トーマス・チャーマーズ『自然神学』（1836），『人間のモラルと知性に及ぼす外的存在の適応』（1836）
> ウィリアム・ヒューウェル『帰納科学の歴史』（1837）

これらが続々と発売され，またよく読まれてもいた（ボウラー 1987）．ロイマー（Lorimer 1978）によれば，1850年代でもっともよく読

まれたのは，バニヤンの宗教書『天路歴程（プリグリムの前進）』だったという．神はシャワーのようにふりそそいでいた．参考までに1798年には後のイギリスの政策やダーウィンにも大きな影響をおよぼすトマス・マルサスの『人口の原理（人口論）』が発表されている．カービィやベルはロンドン動物学会設立の有力メンバーであったし，なかでもカービィは「昆虫学の祖」と称され，ロンドン昆虫学会の創設者の1人だが，著作は古色蒼然の創造論に染まっている．これらのうちもっとも爆発的に売れ，息長く人気を博し続けたのが以下の2冊だったという（松永 2005）．

　　ロバート・チェンバース『創造の自然史の痕跡』（Chambers 1844）
　　ヒュー・ミラー『創造神の足跡』（Miller 1849）

内容的には，前者が生物進化を肯定的に，後者が否定的に論じているが，本質的には自然神学の継承であることに変わりない（横山1976）．驚異の売り上げを示した（発売後1週間で10万部）『英国日常生物』（Wood 1858）など，ウッドの一連の著作（『顕微鏡の日常生物』など）もまた「驚異の美をもたらす自然の被造物は畏敬と崇拝の念で満たされる」といった記述に彩られる自然神学のピカピカの規格品だった．なぜこのような著作が次々と発表され続けたのだろうか．

もちろん著者個人の宗教上の動機（情熱や高揚，あるいは釈明）といえばそれまでだが，いっぽうでは，宗教と自然科学とのせめぎ合いという側面も否定できない．自然科学の実証的な観察や情報，厳密な論理，多種多様な研究が進展するにしたがって，宗教との軋轢は増し，その反発として，とことん神に拝跪する立場から妥協点を模索する立場まで千差万別だが，出版された状況があったと解釈できる．この坩堝のふたを開けたのが学協会や学会の学術雑誌，博物学の流行とともに創刊されたアマチュア向けの雑誌，そして多種多様な印刷物だった．今度はこちらの状況をたどる．

イギリスで最古の学協会は1660年に創立された「王立協会」で，世界最古の科学雑誌，『王立協会哲学紀要』（The Philosophical Transactions of the Royal Society）を1665年から定期発行するようになった．ここでいう哲学とは「自然哲学」を意味し，いわば自然神学と理神論の発展をめざしてスタートしたといってよい．ドライデン，ポープ，マンデヴィルといった社会評論家や詩人もまた王立協会会員だった（福本2007）．その1巻（1-22号）をのぞくと，「ガラス・レンズの改良」，「木星の縞模様」，「雷の影響」といった物理系に混じって，「クサリヘビの捕食行動」，「卵から取り出した発生過程の雛鳥の保存法」，「カキのなかにいる寄生虫」，「サンショウウオは火のなかで生きられるか」などの生物系の論文が少なくない．そこには「観察」や「実験」の萌芽がみてとれる．こうした雑誌が継続し，発展していくにしたがって情報の「共有化」や「フォーラム化」（公開討論の場）が進み，必然的に主観性や思弁性は排されていった．この雑誌の第6巻（1671年）にはニュートンの最初の論文，「光と色に関する新説」が掲載されている．彼が理神論の立場から出発し，後に，魔術や錬金術，カルトに耽溺したとしても，「ニュートン力学」はゆるがない真理だった．自然界は神の意匠に沿った数学的法則で貫かれている．そこには事実かどうかを検証せずにはおかない「自然科学」の光が宿っている．論文はしだいに「目的」，「方法」，「結果」，「考察」の形式が整えられ，客観性，論理性，そして検証可能性が追究されるようになった．この雑誌は，毎年1-3巻程度が発刊され，2017年時点で驚くことに372巻に達している[29]．それはイギリスが誇る知の集積である．王立協会はこのほかに1800年からは『王立協会紀要』（Proceedings of Royal Society of London）を発刊している．

リンネ協会は1791年から『リンネ協会雑誌』（Journal of Linnean Society）を発行し，植物や昆虫，鳥類の新種記載や観察記録が掲載されるようになった[30]．ロンドン動物学会は1833年から『ロンドン動物学会紀要』[31]を発行し，各種動物の習性や生態を扱ってきた．この

ほかには，『博物学雑誌』，『博物学年報』，『博物学年報雑誌』[32]，『博物学紀要』（1840-），『ナチュラリストジャーナル』（1831-），『動物学植物学雑誌』（1836-），『月刊誌昆虫学者』（1864-），『昆虫学雑誌』（1832-），『アイビス』（1859-，英国鳥類学者連合の機関誌），『ナチュラリスト』（1864-），『セルボーンマガジン』（1890-）などなど，プロとアマを含めて枚挙にいとまがない．まさに自然誌関連の雑誌の洪水，知識や情報の交換の場だった．こうした雑誌に掲載された多くの論文やトピックはイギリス産の動植物，昆虫類を扱ったものである．イギリス人は，世界各地の自然や標本に触発されつつも，自国の自然を再発見し，それらを観察し，収集し，そしてカタログをつくることが時代のファッションとなった（アレン 1990）．イギリスが誇る世界的な科学雑誌『ネイチャー』（Nature）は一般向けの博物学誌として1869年に創刊された．

これに地方のアマチュア団体，同好会の雑誌が加わり，動植物に関するざっくばらんな記事が掲載された．その数はわからない．しかし，たとえばデヴォン州での鳥類の繁殖に関する記録はおもにこの地方で出版された雑誌に掲載され，その文献数を10年間隔でたどるとつぎのようになる．1790年代：2，1800年代：4，1810年代：1，1820年代：4，1830年代：10，1840年代：22，1850年代：54，1860年代：87，1870年代：99，1880年代：69，1890年代：73，1900年代：54（Holloway 1996）．時代が進むにしたがってナチュラリストやアマチュアが続々と生まれ，熱心に投稿していたのがわかる．『種の起源』（ダーウィン 1859）の初版1250部がたちまちのうちに売り切れた理由もここにある．ダーウィンもまた，教育・研究が定職ではないという意味では，偉大なアマチュアだった．

これにともなってイギリス産の動植物に関する事典，カタログ，各種図譜や図鑑，コレクションのマニュアルなどがあふれ出るように出版された．おもなものを拾うと[33]，『鳥類学辞典』（Montagu 1802），『英国の鱗翅類』（Haworth 1803-1828），『英国鳥類誌』（Bewick 1820年代），『英国植物誌』（Smith 1804），『英国植物誌』（Hooker 1830），『キュベレー・ブリタニカ（英国地理植物誌）』（Watson 1847-1859, 4巻），『ナチュラリスト叢書』（Jardine 1833-1866, 40巻），『動物学図譜』（Swainson 1832-1833），『鳥類の分類と自然史』（Swainson 1836），『自然観察のガイド』（Mudie 1836），『英国産シダ類とその仲間の分析』（Francis 1837），『英国の貝類学』（Geffreys 1840），『英国の藻類学』（Harvey 1841），『英国鳥類誌』（Yarrell 1843），『ナチュラリストのノート』（Thompson 1845），『ナチュラリストの楽しみ』（Loudon 1850），『海辺生物の研究』（Lewes 1858）など，こちらもきりがない．

もちろん，雑誌や書籍の出版はこの後も継続するが，ここまでを時系列でみると，ちょうど19世紀の初頭は，自然誌や博物学が独自の知的空間として自己運動を開始し，自立の道を歩み始めた時期にあたることがわかる．そこには神の存在の危機感があり，自然神学の精神論があたかも追いすがるかのように出版されていたようにも思える．しかしこの時代は，近代科学の起源がガリレオ，ケプラー，デカルト，ニュートンの天文学や物理学を軸とした17世紀の「科学革命」（たとえば村上 1994）であったとすれば，かなり遅れたことになる．17世紀は細胞の発見（フック，1665年）や心臓による血液循環の確認（ハーヴィ，1628年）など生物学史を飾る大きな進歩があったにもかかわらず，この「革命」に参画することはできなかった．なぜなのか．それは生物学が，自然の運動には神の介入はないとする理神論では回避できない，自然を粒子の運動には還元できない，もっとも神に愛され，密着した分野であると了解されていたことと無関係ではない．動物も植物も，そして人間を含めたすべての生物は神が手塩にかけた被造物であり，神の摂理と奇蹟の事象そのものなのだ．

このことが揺らぎ，神との結合を切り離すのを可能にしたのは，熱や電気，気体や酸素といった物理・化学の知識が蓄積し，ようやく生物

現象にあてはめることが可能になったこともあるが，それ以上に重要なのは，生物に関する海外の知識も含めた無数の，多種多様な事実や現象の，有無をいわさぬ記録や記述だったように思われる．この帰納的な推論なしには神からの乳離れはなかった．創造主の緻密でゆるぎない計画の解明をめざし，また一面ではコレクションの趣味や娯楽として始まった自然誌や博物学は，その圧倒的な観察と事実の蓄積のなかで，やがて自立し，神の教えから離れ，背くようになった．この決定的な「決裂」は，ほとんど注目されなかったけれど，直後の1859年にダーウィンによって「宣戦布告」されたのだった．

イギリスは，産業革命と資本主義の自由な発展のもとで，キリスト教のたがが外れた最初の国であったといってよい．神に囲い込まれていた生物は，博物学の名のもとに神の呪縛から解放され，堰を切ったように，大衆化されていったのである．これほど身近で魅力的な対象はない．

博物学のすそ野

この自然誌や博物学への熱狂は，多数のアマチュア，ナチュラリスト，各種コレクター，そして専門家を生み出すとともに，出版社，印刷業，本屋，鳥類などの捕獲業者，鉄砲，剥製師，標本箱，標本ケース，標本用各種ガラス瓶，水槽，飼育箱，標本瓶に入れるアルコールや固定用アルデヒド（ホルマリン）など，関連産業のすそ野を広げていった．

驚くことにこの地，イギリスでは1830年代にはすでに各種鳥類用の巣箱や標識（足環），双眼鏡，望遠鏡などが販売されていた．しかも瞠目すべきは，鳥類のなわばり研究の起首となる有名なハワード（Howard 1920）にさらに先行して，ドヴァストンやバーキットは，自宅の庭のロビンに標識をつけ，それぞれが「個体は独自になわばりをもつ」ことを1820年代には明らかにしていた（アレン 1990）．識別と分類，同定から出発した鳥類学の研究は広がり，野外での行動学や生態学を胚胎させるまでになった．

ガラスの普及と温室の知識は，植物ばかりではなく，両生類や爬虫類を飼育する動物飼育器や，次いで魚類専用の水生動物飼育器，つまり水槽（アクアリウム）の発明につながった．1830年代，発明者はナサニエル・ウォードとされ，最初はシダ類の専用温室だったらしい（Clary & Wondersee 2005）．これが後に本格的な水槽になったのは，ヘンリー・ゴスが1853年に出版した『ナチュラリストのデヴォンシア海岸の散策』のなかで，海水水槽（アクアリウム）と名づけ，魅力的な図入りでその装置について解説したのが契機だったようだ（アレン 1990）．ヘンリー・ゴスとはこの章の冒頭で「おしゃれな会話」を楽しんだ夫婦の良人だ．おりしも海浜や磯での生物観察が流行していたのですぐに大きな反響が巻き起こった．"アクアリウム"に関する本が，ゴス自身の手によっても，ほかの著者によっても立て続けに出版され，完成型とはいえないアクアリウムが売り出された．それは四方をガラスで囲っただけで，魚類を長く飼育できる仕組みではなかった．技術は泥縄，水の循環装置が発明されるのは1870年代で，発明者はウィリアム・ロイドだった．彼はもともとゴス（らナチュラリスト系）の本のコーナーを担当し，そこに併設されたアクアリウムの売り場で働いていた本屋の店員だった．

じつは水族館は，ほぼ同じころ，ウォードの発明品の発展としてロンドン動物園の一画に"フィッシュ・ハウス"を計画したことから始まる．それは小さな水槽を置き，もっぱら上から観察するという代物だった．それでも世界最初の水族館として1853年にオープンし，サンゴやイソギンチャクなど約300種の無脊椎動物が飼育された．看板とはちがい魚類はほとんどいなかった（Rehbock 1980）．その後，施設も展示もどんどん発展するが，フィッシュ・ハウスが"アクアリウム"に変更されたのは，ゴスのネーミングのほうが浸透したことによる．

このガラスの発明品には傑作がある．2枚のガラス板の間でアリを飼う装置だ．これはジョン・ラボックの発明品で，「ラボックの巣（ネスト）」と呼ばれた．この装置による観察や実験から，女王とワーカーが与えられる栄養物のちがいによ

って分化すること，女王の寿命は1年ではなく，驚くことに6-8年間であること，色（とくに紫外線）の識別能力の存在などが明らかにされた．これら一連の結果は1880年代の「リンネ協会雑誌」に掲載され，飼育中だった女王は「まだ生きている」，と報告されている（たとえばLubbock 1882）．こうした地道で，瑞々しい観察こそが自然神学からの離陸を可能にさせたのである．

（2）ロンドンの光と影——動物いじめ

下層庶民の環境と生活

ヴィクトリア朝ロンドンには，羽毛帽子，ペット，品種改良，博物学，博物館，動物園，植物園，これまでに述べてきた流行や施設とまったく無縁の人々が多数いた．1801年に約100万人だったロンドンの人口は，1851年には約250万人，1901年には420万人と4倍以上へとふくれあがったが，その大半は外部から流入してきた人口だった．イギリスの人口の80%は大都市に集中していた．友松（2012）によれば，1851年当時，従業員300人以上の企業はわずか10社で，10人以下が全体の86%を占めていた．19世紀ロンドンは人口の3分の1が零細製造業に従事する「小さな町工場」の都市だった．その階級別の人口比は，1861年の時点で，貴族などの有産階級が0.5%以下，経営者，大商人，銀行家などの「中流階級」が8.2%，公務員，事務員，銀行員などの「下層中流階級」が8.9%，残り約83%が，熟練の職人や労働者，半熟練，一般未熟練労働者だった．

これらの労働者の大半は，都心やイーストエンドと呼ばれる東部のスラム街に居住したか，浮浪していた．ヴィクトリア朝を彩った華やかで高尚な流行は，せいぜい人口の20%以下の有資格者の，大半は教養とは無縁の成り上がりの守銭奴たちだったから，そのまたごく一部の人々だけが享受した特異な文化であり，圧倒的多数は蚊帳の外に置かれていた．ではいったいこれらの人々はどのような生活を送っていたのか．

このころのイギリスでの労働者や庶民の実態はマルクス主義思想の創始者の1人フリードリヒ・エンゲルスによって観察され，鋭く分析されていた．彼は，父親が共同経営していたマンチェスターの綿工場に派遣され，労働者の貧困と悲惨な生活に衝撃を受け，25歳のときに『イギリスにおける労働者階級の状態』（1845）を出版した．このなかでこう述べる．

> （貧民街の）「道路はでこぼこで，流水口もない．膨大なごみくず，吐き気をもよおさせる糞便が，よどんだ水たまりのあいだに，いたるところにちらばっている．大気はそれらのものの発散する悪臭で汚染され，1ダースもの工場の煙突の煙でくもり，重苦しくなっている．ぼろを着た多数の子供や女が，灰だまりや水たまりになじんでいる豚と同じような不潔さで，このあたりをうろついている」（一條・杉山訳）．

人々は犯罪の横行する臭穢のなかにあえいでいた．

> 「人びとが酸素よりも石炭の煙やほこりをより多く吸い込むような天井の低い部屋で，そのうえたいていは早くも6歳からおこなわれる労働は，彼らからあらゆる力と生きる楽しみを奪い去ってしまった」，「義務教育期の2500人の児童のうち1200人が学校に通わずに，工場で成長している」（一條・杉山訳）．

イングランドに小学校が設置されたのが1870年，それが義務教育化されたのは1880年代に入ってからだった．それまでは多数の子どもがちまたにあふれ，しかも子どもの賃金は大人の半分以下だったから，資本家は重宝し，12時間労働を強要した．こうした子どもたちが工場だけでなく，炭坑でもポニーといっしょに働かされていた．エンゲルスは労働者の待遇と無権利な状態を弾劾し，彼らの健康状態を疫学的データによって告発している．彼の鋭い眼には，ロンドンはそのきらびやかな外装を剥げば資本主義の荒涼たる砂漠にみえたにちがいない．

当時の大半の労働者の賃金は週20シリング（必要な食料品，燃料，家賃をまかなうのは困難）以下で，エンゲル係数は70%以上だった（友松2012）．なかには10シリング程度の労働者も多数いて，約80%がパン，オートミール，ジャガイモへの支出だった．食肉の摂取回数と

平均所得との間にははっきりとした相関関係が存在し，労働者階級はせいぜいベーコンを週3回程度しか食べられなかった（原田 2010）．多数の人々がいかに劣悪な衣食住の環境のなかに放置されていたのかがわかる．

とくに，煙突掃除，道路掃除，炭坑に刈り出される子どもたちの目を覆うばかりの悲惨な状況は，エンゲルスの後にロンドンで社会調査を行ったヘンリー・メイヒュー（1851a）もつぶさにルポルタージュしていた．煙突掃除には体の小さい子どもたちが徴用された．孤児オリバーの成長を描いた，ディケンズの小説『オリバーツイスト』には煙突から子どもを出てこさせるために親方が火をたく場面が登場するが，それはあながちフィクションではない．そしてこの煙突掃除の子どもたち（クライミング・ボーイ）には，陰嚢癌（いんのうがん）が特異的に発生すること，その原因が皮膚に慢性的に付着する煤（すす）であることを，ロンドン市内の病院の医師，パーシヴァル・ポットが指摘していた．1775年，それは世界最初の「発癌物質」の告発でもあった（ムカジー 2016）．

ロンドンの都市環境の鏡，テムズ川はどうだったか．ディケンズが経営していた週刊誌『ハウスホールド・ワーズ（家庭の言葉）』には，ロンドン万国博覧会の10年前，1841年に「テムズ川の川神」という記事が載っている．そこには

「バターシーとロンドン橋との間に備え付けられた141本の下水溝から流れ込む下水，両岸のガス工場，醸造所，厩舎，皮なめし液槽，魚市場などから流される汚水や廃水，屠場から放出される血や臓物，『死体のひしめく教会墓地』を通って流れ込むどす黒い水，動物の死体，腐った野菜くず等々で，テムズ川はどろどろに汚れて，名状し難い悪臭を放っている」（松村 1994）．

悪臭ふんぷん．同じくディケンズには『蒸気船でテムズ下れば』という短編があることを紹介したが，こうしたイベントが楽しみとしてほんとうにあったのか，疑わざるをえない．この時代のテムズ川の惨状を皮肉った風刺画は多い．ぜひ紹介したいのが，例によってパンチ誌の漫画だ（図9-27）．題して『沈黙の追いはぎ（ハイウェイマン）』．

図9-27 "沈黙の追いはぎ"と題されたパンチ誌の風刺画．1840-1850年代のテムズ川はよほどくさかったのだろう．毎年夏，この種の漫画が繰り返し登場している（松村 1994 より）．

普通の追いはぎなら「命が惜しくば金を出せ」ということになるのだが，ここでは「金が惜しくば命を！」となっている．それは環境衛生改善のための予算をけちるロンドン市当局への痛烈なあてつけだった．

この状況はドイツ人，エンゲルスに指摘されるまでもなく，それ以前からすでにイギリス人自身の手によって冷静に分析されていた．とくに1831-1832年にはひどい衛生状態からコレラが大流行（パリにも飛び火する）し，1万8000人もの人々が死亡し[34]，対応が求められていた．王立「救貧法」問題調査会もその1つで，メンバーの1人だったエドウィン・チャドウィック（1842）は1842年に画期的な報告書を公表する．それが『大英帝国における労働者の衛生状態に関する報告書』[35]である．「救貧法」とは，もともと教会によって行われた病人や老人を救済する慈善事業を17世紀に制度化したものだったが，それを，コレラを契機に，「新救貧法」（1834年）へ改定した．この改定の主目標は，管轄を国家の委員会にし，救貧を最小限にして労働を強制した（「貧者の監獄」になっていた）点にあった．衛生環境を整備するいっぽう，事業の削減なのだ．このため労働者の反発が強く，救貧事業をどのように立てなおすのかが調査委員会の役割だった．

かなり上から目線の報告だが，そのなかに興味深い統計がいくつか掲載されている．1つは，地域別・階層別にみた死亡者の平均年齢で，農村地区のラトランド州と，マンチェスターやロンドンなどの都市との比較で，農村地区ではジェントリが52歳，職人や商売人が41歳，職工や労働者は38歳であるのに対し，たとえばロンドン中心部のベスナルグリーン地区では，順に45歳，26歳，16歳だった．後者は工業地帯で公衆衛生は最悪，多数が感染症のほかに，呼吸器や神経系の病気にかかっていた．もう1つは子どもの死亡率だ．乳幼児の死亡率が異常に高かったことはすでにパリでの状況を紹介したが，イギリスではこの上に劣悪な居住環境と不潔な公衆衛生，粗末な食生活などが加わって，さらに悪化していた．工業都市リヴァプールでは，0歳の死亡率は30.5％，1歳18.5％，2歳8.3％，3歳5.3％，4歳3.7％で，出生後5歳までの合計が66.3％で，6歳になれるのは半分にも満たなかった．しかもその後に子どもにとっても苛酷な労働と貧困，慢性的な栄養失調が待ち受けていた．マリー・ルイス（Lewis 2002）は，中世と近代，工業都市といなかの4カ所の墓で，中世と近代に埋葬された子どもの骨を詳細に分析し，中世では子どもの骨成長にはまったく差異はなかったが，近代になると，工業地帯の子どものうち，54％に栄養代謝疾患による骨異常が認められたと報告した．これがたった180年前のイギリスの素顔である．

工業地帯の汚染は，人間（とくに子ども）に深刻な影響をおよぼしたが，野生生物にも少なくない衝撃をもたらした．少し脱線する．林立した煙突からは真っ黒な煙が立ちのぼり，空と街を黒色に染めあげた（図9-28）．煤煙は木々の幹にも付着し，暗色に変えた．オオシモフリエダシャク（*Biston betularia*）は，イギリスではどこにもいるごく普通の小さな「ガ」だが，そのガに異変が起こった．このガはもともと胡椒のような霜降りの明るい灰白色（英名はpeppered moth）の体色をもつが，工業地帯では黒色の個体がみつかるようになった．最初の発見者はマンチェスターのナチュラリスト，エ

図9-28 産業革命まっただなかの19世紀中ごろのマンチェスターの工場群．真っ黒な煤煙が空と街を覆い，昼なお暗かった．工業地帯では人間の健康被害を引き起こしたが，同時に生物へも大きな影響を与えた．イギリスの建設関係の雑誌"The Builder"（1853）に掲載された石版画（Saunders 2016より）．

ドレストン（Edleston 1864）で，「1848年に初めて黒いタイプをみつけ，その後どんどん増えている．白いオリジナルは絶滅してしまうだろう」と，創刊されたばかりの『月刊誌昆虫学者』に報告している．彼の予測どおり，その後，工業地帯では暗色型が多数派になった（Kettlewell 1958）．この現象は"工業暗化"（industrial melanism）と呼ばれ，工業地帯では突然変異で生まれた黒い個体のほうが鳥などの捕食が少なく生存率が高い結果，集団の遺伝子構成が変化すると考えられ，進化の見本として高校生物教科書の定番である．現在では，この黒化にかかわる遺伝子も解明されている（van't Hof et al. 2016）．大気汚染の規制が強化される1970年代以降，今度は徐々に白色型が増えていき，いまではもうすっかり黒色型は消えてしまった．進化は眼前で刻々と起きていた．余談をもどす．

チャドウィックは，住環境や上下水道の整備，公衆衛生の改善を強く提唱するが，それはあくまでも，こうした状況を改善，整備する利益のほうが，国富の源泉である労働力を安定的に供給できなくなる不利益より上回るとの功利的主義的な発想にもとづくもので，労働者への視線は冷たい．彼にとって労働者とは「経験もなく，無知で，ばか正直で，怒りっぽく，熱烈で，危険で，肉体だけでなく道徳をも絶え間なく低下

させる傾向をもつ」存在でしかなかったようだ（尾崎 2011）．もっとも恐れていたのはその彼らが暴動を起こすこと，この引き金になる飲酒など自己破壊的な悪習慣に代わって，博物館や動物園，公園，美術館，劇場などの娯楽施設を整備するのが大切だと考えていた（重森 2007）．

こうした生活のなかでのささやかな楽しみはといえば「飲酒」と，あやしげな興業，賭けごと，見世物小屋，胡乱な芝居小屋，そして動物いじめなどだった．前者についてみると，イギリスでのアルコール類（ジン，ウィスキー，ビール）の消費量は 1820-1830 年代と，1870 年代にピークをつくるが，2 つの時期は，労働条件が過酷で都市環境がもっとも劣悪な時期とほぼ重なり，飲酒は 19 世紀の労働者の生活のなかで大きな比重を占めた（見市 1982）．なかでも労働の辛さから束の間の解放を約束したのは 1 杯 1 ペンスの粗悪なジンだった．それはホガースの版画にもみてとれる（図 9-20）．次に後者をみる．

ブラッド・スポーツ

オールティック（1978）は，ヴィクトリア朝ロンドンでのさまざまな種類の見世物を紹介している．いわく，ディオラマ館，アストリー曲馬劇場，パノラマ劇場，パントマイム，ロンドン塔の動物園，私設博物館，剥製の展示（ロンドン剥製動物館），合成された剥製（人魚）や骨（巨大海蛇）の展示，移動動物園，生きた人間の展示（コイコイ族，サン族[36]，インディアン，水頭症の子ども，象皮病や肥満症の人間など），（タッソーの）蝋人形館など．多くは地方からおしかけてきたロンドン見物の興行であり，こけおどしやまやかし，贋物だった．だが，これらとて労働者には高値で，気晴らしの解消や欲望を満たすものではなかった．日常的にもっとも人気があったのは闘鶏，闘犬，ネズミ殺しなど，"アニマル・スポーツ" とか "ブラッド・スポーツ"[37] と呼ばれるものだった．

イギリス（に限らず広くヨーロッパ）には旧くからさまざまなブラッド・スポーツの伝統があった．代表的なものを紹介する．大がかりだ

ったのは「熊掛け」（bear-baiting）や「牛掛け」（bull-baiting）だ．有名なのは 1561 年，ロンドン，ホワイトホール宮（かつて存在した王室の宮殿）で行われたフランス大使歓迎のイベントで，女王陛下と枢密顧問官や大勢の貴族が出席した（「ヘンリー・メイチンの日記，1550-1563 年」，オールティックからの引用）．当時はこのクマを調達し行事を取り仕切る "国王御用命熊係" という役職があったという（飯田 2011）．シェークスピアの喜劇『ウィンザーの陽気な女房たち』（1597 年以前作）には「熊掛け」が地方巡業していて，人気があったことが記述されている．しかし，ヒグマはイギリスではすでに（おそらく 9-10 世紀ころに）絶滅していたから，大陸から輸入されたものだった．熊掛けとは，リング中央の杭にクマを鎖でつなぎ，5-6 頭のイヌを次々と仕掛けて攻撃させる「娯楽」だが，最終的には多くのイヌ（とクマ）が死亡した．牛掛けも同様に 1 頭のウシに数頭のイヌをけしかけて，ウシがその角でイヌを空中に放り投げるなど反撃の様子を楽しむゲームだった．18 世紀にはこの「熊掛け」や「牛掛け」の専用劇場がロンドンのサザーク地区，ロンドン橋のたもとにあった（現在の "ベア・ガーデン通り"）．英語で "noisy as bear garden" といえば「騒々しい場所」や「喧騒の巷」を意味するが，震源地はここだ．

野外でウシをイヌに追いかけさせるのをとくに「牛追い」（bull-running）といった．このほかにイヌを使うスポーツには，「ドッグ・レース」，「アナグマ掛け」，「ネズミ掛け」，「ウサギ掛け」，「（ケナガ）イタチ掛け」，「闘犬」などがあった．バンドッグ，マスティフ，ブルドッグなどの犬種は「熊掛け」，「牛掛け」専用の品種であり（ブルドッグのブルはオスウシ），ブルテリアは闘犬用の品種だった．グレイハウンドは「アナグマ掛け」用品種で，"グレイ"（grey）とはもともとアナグマを意味した（松井 2002）．クマやウシを使った大がかりなアニマル・スポーツは 19 世紀になるとさすがに廃れてしまい，残ったのはネズミ掛けや闘犬など特定の種目だった．

図 9-29 "ネズミ掛け". 一定の時間内にイヌが何匹のネズミを殺せるか, 紳士らが賭け合った. 1850 年代ロンドン. ドブネズミが採集され, 飼育され, アルビノ系からペットが生まれ, そして実験動物ラットが誕生した (Velten 2013 より).

ネズミ掛け (ratting, rat-baiting) というのは, 一定の時間内でイヌがいったい何匹のネズミを食い殺せるかを競うゲーム (図9-29) で, 社会調査で有名なメイヒュー (Mayhew 1851) は『ロンドンの労働者とロンドンの貧民』のなかで, その実態をくわしく紹介している[38]. このゲームを主宰していたパブの主人の 1 人, ジミー・ショウという人物は, 入場料と掛け金, イヌを持ち込んだ客からはネズミ代を取って収益を上げ, 毎週 300-700 頭 (平均 500 頭), 1 年合計で 2 万 6000 頭もの生ドブネズミを捕獲人から買い上げていたという. いっぽう, このネズミ捕獲人で名を馳せたのがジャック・ブラックなる人物で, ロンドンの屠殺場付近の排水溝でドブネズミ (*Rattus norvegicus*) を弄ぶように捕獲したという. いいかえればそれは, ややぞっとするロンドンの非衛生状態が提供した「娯楽」だった.

捕獲したドブネズミはしばしばまとめて保管され, 飼育された. これらはよく馴れ, そのうち繁殖するようにもなった. この一部は大量に飼育され, 品種改良され, まもなく"ファンシーラット"(このうちアルビノは"ホワイトラット") というペットとして販売された. 繁殖に積極的に介入し, 品種の系統的な選抜, つまり「家畜化」が行われた. このホワイトラットをアメリカ, コロンビア大学の心理学の大学院生のジョン・ワトソンが 1902 年に迷路学習のテスト動物に採用し, その結果を論文にまとめ公表した (Watson 1907). これがたちまち流行し, 実験心理学分野のモデル動物としてあらためてデビューした. ほぼ同じころ, 飼育が簡単で, 扱いやすく, 観察がしやすいために医学分野のさまざまな実験動物としても使われるようになった. ラットはブラッド・スポーツの申し子だった. 現在, その飼育頭数は, (法律で統計をとるよう定められている) イギリスに限っても 26 万頭になる (National Statistics 2014) ことから判断すれば, 全世界では 500 万頭以上に達すると推定される. では, 現在ではほぼいっしょに飼育され, 実験動物化されているマウス (ハツカネズミ *Mus musculus*) はいつから使われたのだろうか.

じつは, マウスのペットとして飼育された歴史はラットよりも古い. 16 世紀の解剖学者ウィリアム・ハーヴェイはすでにマウスを解剖し,「血液循環説」の確信を得たといわれる. また有名な例では, 遺伝学者メンデルは当初, 体色パターンに着目してマウスを材料に遺伝研究を開始した. しかし, 修道院長の「くさくて生殖する」とのクレームにより, エンドウマメに切り換えたといわれている (Guénet & Bonhomme 2004). においはともかく,「生殖＝sex」は修道院ではご法度だった. ちなみにメンデルの選別眼は鋭く, マウスの体色パターンもまたメンデル遺伝にしたがうことが明らかにされている (Guénet & Bonhomme 2004).

「ネズミ掛け」にはマウスも使用されたようだが, 動きが鈍く人気はなかった. ペット業者が, ラット同様に, "ファンシーマウス"を販売, それらが出回る 20 世紀には実験動物としてさかんに売買された. 現在では, 動物ではヒトに次いで 2 番目に全ゲノムが解析され, 医学や遺伝子研究には欠かせない動物となった. イギリスでの飼育頭数は約 300 万頭 (National Statistics 2014), 全世界ではおそらく 1000 万頭を超えるだろう. しかし, 不潔で穢れたラットや, 動きの鈍いマウスより, なんといっても人気を

9.3 イギリスにおける博物学の発展と成熟　495

図 9-30　セント・ジェームス・パークにあった王立のコックピット．1805年作の木版画（Velten 2013 より）．

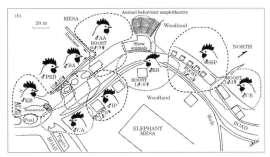

図 9-31　サンディエゴ動物園に放たれたヤケイのオスのなわばり．オスは鶏冠の形状で個体識別され名前（アルファベット2文字）がついている．それぞれのオスは"止まり木"（roost）をもち，そこに別の個体（オスもメスも）の休息も許容する（Collias & Collias 1996 より）．

博したのが，パブや専用劇場で行われた「闘鶏」（cocking, cock-fighting）だった．

闘鶏の生物学

闘鶏は，古代のインド，東南アジア，中国などで広く行われていた．たとえば春秋戦国時代（BC8-3世紀）の諸国の逸話を収集した『戦国策』（劉向 BC1世紀ころ）には，臨淄（現山東省淄博市）などの大都市では「闘鶏や走犬（ドッグ・レース）」が賭博としてさかんに行われていたと記されている．闘鶏の専用品種である軍鶏はタイ原産のアシール種を品種改良したもので，各国に輸出された．わが国へは江戸期に輸入され，軍鶏（シャモ）（シャムにちなんだ名前）として独自に品種改良されてきたが，ヨーロッパやイギリスへはすでに古代ローマ時代に導入されていたようだ（Doherty 2013）．貴族やジェントリなど上流階級男性の高貴な遊びとして発展し，ヘンリー8世（在位1509-1547）は王宮のなかに専用の闘鶏場をつくったほど愛好した（荒井 1989, Velten 2013）．闘鶏場は外側に観客席が囲み中央部に円形のステージがあって，これを"コックピット"と呼んだ（図9-30）．

ニワトリはオスもメスも攻撃性が強い．ノルウェーの動物学者シェルデラップ＝エッベ（Schjelderup-Ebbe 1935）はニワトリを観察し，メスの間にはつついたり，つつかれたりという関係が固定的であることを発見し，"つつきの順位"（pecking order）と名づけた．これが，現在では多くの動物で広く観察される「順位性」（dominant-subordinate relationship）という社会機構の1つで，この発見が動物の行動や社会の研究の端緒となった．オスはなわばりをもつためにさらに攻撃的で，朝の時つくり（第4章参照）は，つつきの順位の順番にしたがって発声されるという（Shimmura et al. 2015）．ニワトリの原種である野鶏（ヤケイ Gallus gallus）がどのような社会をもつのかは，野生では観察が困難なために詳細は不明だが，その代わりに動物園で放し飼いにされた集団の詳細な観察がある．

場所はアメリカ，サンディエゴ動物園．ここには1940年以来，インド産とビルマ（ミャンマー）産のヤケイが40 haの園内に放し飼いにされ，自然繁殖し，行動生態学者のコリアス夫妻，ズック，ソーンヒルなどの著名人が継続的な観察を行ってきた．都合のよいことに個体は鶏冠の大きさや形状によって識別できる．そこには（1980年代の時点で），強く優位なオス（独裁オス）が6-9羽いて，それぞれが数千 m^{2}のなわばりをもちすみわけていて，それぞれのなわばりには数羽から10羽のメス（と複数の若い劣位オス）を囲い込んでいた（図9-31）．野生のヤケイもこうした社会をもつと考えられる．なわばりをもつオス同士が出会ったときに，そして若いオスがチャレンジするときに，激しい闘いが起き，ときには死亡さえする．なわば

りを維持できる期間は数カ月から最長4年と個体差があり，それはオスの強さによる．では，このオスの強さを決める形質や特性とはなにか．リゴンら（Ligon et al. 1990）は，この放し飼い集団の観察と，ときにはオス同士を狭い場所に閉じ込めた優劣判定実験（傷がつかないように配慮した）から，この特徴を絞り込んでいった．それによれば，1歳までのオスは老齢オスに対して必ず劣位だが，1歳以上になると年齢とは無関係になる．優位を示したオスの特徴は以下だ．①闘いを開始した個体，②体重の重い個体，③頸羽（首回りの羽）の長い個体，④蹴爪（スパー）の長い個体，⑤跗蹠長（踵（かかと）から趾（あしゆび）上部まで）の長い個体，⑥鶏冠の大きい個体，⑦鶏冠のより赤い個体．このうち，いったいどの特性が優劣に関与したのか．じつはこれらはホルモンを介して相互に密接に関係する特性なのだ．ホルモン量を定量（アッセイ）すると，雄性ホルモンのテストステロンは，鶏冠のサイズと色，筋肉量や攻撃性と直接に相関し，同様に雄性ホルモンのアンドロゲンも鶏冠のサイズと色に関係することがわかった．またチロキシン（サイロキシン，甲状腺ホルモンの1種）は羽毛の大きさや色に関与していて，多いほど大きく黒くなる傾向があることがわかった．健康に育ったオスほど，体が大きく，跗蹠や蹴爪は長く，羽は黒くて長く，大きく赤い鶏冠をもち，攻撃性の強い個体になる．もっとも評価しやすいのが鶏冠で，そのサイズと色は（雄性ホルモンの分泌を媒介に）オスの体調を示す正確な指標だ．それは優秀な配偶相手を選びたいメスにとっても好都合で，メスは，長くて輝くような鶏冠，赤みがかった目，赤みがかった羽毛をもつオスを選好する強い傾向がある（Zuk et al. 1990）．

この行動学的な知識は経験的に理解されていたのだろう．松井（2002）によれば，試合に出すのは攻撃的になる2歳以上で，強い個体を若い段階で選別し，訓練を施した．オスにはもともと大きく，上方に伸びる鋭い蹴爪が発達し，この攻撃行動によってなわばりを守る．この訓練は"スパーリング"と呼ばれ，蹴爪には"マフラー"という覆いがつけられ，傷つくのを防い

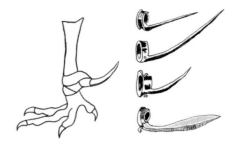

図9-32 闘鶏用の蹴爪．脚首に装着された．この爪はやがてナイフとなった（Atkinson 1977などを参考に描く）．

だ．これらの言葉は後にボクシング用語となった（マフラーとはボクシングのグラブのこと）．本番では，嘴がやすりで砥がれ，蹴爪には鉄製の「人工蹴爪」が装着された（図9-32）．相手にあたれば確実に殺傷できる．後代には爪ではなく「ナイフ」が装着された．

18世紀後半から19世紀前半，ロンドンにはこうした闘鶏場が30-40カ所も常設され（松井2002），絶大な人気を博していた．中部のヨークシャーの田舎でさえ，闘鶏場は33カ所あって，9-11月を除く農閑期，土日を除く毎日（火水木曜日が多かった）のように行われていた（Middleton 2003）．こうした血なまぐさいアニマル・スポーツは，ギャンブルやアルコールと結びつきやすい特徴があり，パブでさかんに行われる民衆や労働者の大衆的なスポーツになるにしたがって，混乱と喧騒，粗野と野蛮の代名詞となった．そしてこれをにがにがしくみつめ，忌み嫌う一群の人々が出現することになる．

動物へのまなざし

この時代，動物をかわいそうとみたり，動物への虐待といった観念はほとんどなかった．ダーントン（1986）はすでに紹介した『猫の大虐殺』のなかで1730年代に発生した印刷工たちの「ネコ殺し」を紹介している．労働者たちは複数のネコを捕まえて半殺しにし，模擬裁判（まさに「動物裁判」）にかけた後，大いに爆笑しながら，それらを絞首台に吊るしたという．この騒動では二十数頭ものネコが犠牲となったが，小規模な，類する遊びや悪ふざけ，あるい

9.3 イギリスにおける博物学の発展と成熟

図 9-33 ウィリアム・ホガースの"虐待の最初のステージ"と名づけられた版画．ネコのほか，イヌ，各種動物が人々の遊び慰みに虐待された（Jaffe 2003 より）．

は意趣返し（ネコの飼育者は多くの場合親方の夫人だった）は広く行われていた．生きたまま皮を剥がされたネコがときどき裏通りに放置されもした．なぜおもにネコなのかは第5章でみたとおりである．徹底して忌み嫌われ，もだえ苦しむべきはネコだった．また，断食を強要された四旬節前の謝肉祭では無礼な歓楽と放縦が人々に許されていた．その格好の対象もまたネコであり，猫いじめやネコの火刑が伝統行事化していた．これは中世から近世初期のヨーロッパに共通する娯楽として広く定着した．『ドン・キホーテ』（セルバンテス 1605）には，スペインでのネコへの悪質ないたずらが指南され，『ジェミナール』（ゾラ 1885）にはフランスでの炭鉱労働者のネコへの悪行と，それによるうっ憤晴らしが綴られている．多くの人々（そうでない人もいたが）はなんらの憐れみや痛みを感じることなく，ネコをいじめ，フラストレーションを解消していた．デカルトの思想もそれなりにお手伝いして．

ネコだけでなく，イヌ，その他の動物の「虐待」もまたごく日常的に行われていた．ヴィクトリア朝ロンドンの気分を切り取った異才の版画家ホガースはここでも名作を残している（図9-33）．その他の動物のいくつかを紹介しておく．主要な交通手段であり農耕用の役畜だったウマは酷使され，痩せ衰えてもなお，鞭や棒で打たれた．この時代，都市のウマは，交通や輸送手段の主要な担い手となった．1830年代の35万頭から，1870年代には84万頭以上へ増加し，都市の各所には働けなくなったウマを屠殺する廃馬処理場があった．ロンドン市内の乗合馬車が生まれたのは1829年で，車室に12人，屋根に10人，これに御者と車掌がいるから総計24人を2頭のウマが輓いた．頑健な輓馬とはいえ，文字どおり「馬車馬のように」酷使されたから，長くて7年，短い場合には2年で死んだ（高橋・高橋 1993）．普通のウマなら寿命はゆうに20歳を超えるが，ウマが重い荷車を引いて坂道を登れないときには「藁を取ってきて腹の下に火をたく」（リトヴォ 2001）方法が採用されていたし，たたかれ，ときには舌を切り取られてもいた．

市場へ持ち込むウシは「角の一部をわざと鋸で切り落とし」（リトヴォ 2001），追い立てられた．羊飼いは群れについてこられないヒツジに石をあて，棍棒でなぐり，ときには片足を切断した．ブタもまた徹底してたたかれた．片目をえぐりとられたイヌがしばしば街中を徘徊していた．けれどもこうした仕打ちは虐待とは理解されていなかった．それはそうだ．中世末から近世に入っても，西欧では人間（異端者や魔女など）に対する拷問や残虐な（火刑を含む）刑が人々の眼前で執行されていた．人間が人間を虐待した．だからこれらの行為は労働者や下層民の欲求不満や慰みの発露というよりは，むしろこの時代までに培われた人間の動物に対する人間一般の態度というべきもののように思われる．それは人間が人間に対する応接の変異型の1つにすぎなかった．

近世までの人間の動物に対する一般的な価値観は，動物は実利だけの存在であり，道具であり食物，それ以上でもそれ以下でもなかった．家畜とは「野生から改心したもの」であり，人間に奉仕するために存在するものだと理解されてきた（トマス 1989）．ネコはこの実利からもっともかけ離れたところに存在していたからこそ，いじめられ殺されたのだ．

何度も紹介してきたキース・トマス（1989）は，18世紀後半から19世紀にかけてイギリス人と自然界との関係は広範囲にわたって「人間中心主義」からの逆転現象がみられると述べ，自然や動物を搾取し，利用すべき資源とだけみなしてきた姿勢は，この時代になると，正反対にこれらを保護し，慈しむ対象へと累進的に変化したと主張し，この原因が「自然史の諸発見」と「ロマン主義の浸透」にあったと解釈している．はたしてそうだろうか．トマスの鋭い分析は，この局面に至ってやや抽象的である．自然史がもたらした大きな果実が人間の動物観を大きく変えたことは認めるが，それがただちに価値観までを揺るがしたわけではない．この論拠としてトマスは「動物愛護」運動の発生，その潮流の発展を指摘しているが，はたしてこれらが「人間中心主義」からの脱却を意図したものだったのか，大いに疑問である．後に検討する．またロマン主義が個人主義を背景に自我の欲望を発見し，個人の感性や愛情に傾斜し，その時代的気分が自然観に影響を与えたことは確かだとしても，人間と自然や動物の関係を抜本的に転換できるような力となりえたのか，これもまた検証される必要がある．

動物を「かわいい」とか，「かわいそう」だとかいった感情は，同じ平面上で動物と向き合い，密着することなしには生まれようがない．こうした感情は往々にして動物総体ではなく，個体を通して生まれる．したがってこの感情が成立するには，動物が個体として認識され，人間が「個としての自立」を果たし，自由な感情をもつことが必要条件となる．この意味では，ペットの普及とロマン主義の潮流は動物愛護や保護には必要な舞台装置だった．こうして強い愛情にもとづいて動物愛護や自然の大切さにめざめた人間がこの時代になって現れたのも確かだろう．だが，これはすべての人間にあてはまるわけではない．多くの人々の意識はそこにあったのではない．とくに貴族や聖職者，そして強い宗教的な信念をもつ支配的な上層の中産階級がもっとも意識したのは，動物の虐待そのものではなく，多数の下層庶民が酒を飲み喧騒のなかで流血を楽しむような野蛮な道徳性への懸念なのであって，それを教化しなければ，社会秩序が（フランス革命のように）破壊されてしまうとの恐怖だった．貧民法を導入したのも，博物館を整備したのも，動物園を開放したのも，そのままでは堕落してしまう奔放で野蛮な下層庶民を教導しなければならないとの信念からだった．またイギリス・ロマン主義の発酵熱もドイツのそれに比べればかなり冷めたものといわなければならない．この支配層の思い上がりと思惑の例をもう1つ述べる．

なお，闘鶏や闘犬は，現在でも，アメリカやアジア諸国で広く催され，賭博の対象となっている．アメリカでは2008年に違法となるも，やみで行われている（ハーツォグ 2011）．そこでは蹴爪はもっぱらナイフかカミソリ，より殺傷能力の高いものに「改善」されているという．

（3）自然保護運動の萌芽

レジャーと自然

中世以来日曜日は安息日として定着していた．この日は神から預かる体を休ませ，神に祈りを捧げる日だから仕事と娯楽は一切禁止された．というより過酷な長時間の労働にあって休むこと以外，下層労働者には選択の余地などなかった．疲労困憊の日曜日．しかし1830年代までは週72時間以上だった労働時間は，高度成長と社会改革を経験するなかで，1850年代には（週）60時間，70年代には56時間，80年代には54時間と徐々に減少した（荒井 1989）．並行して賃金や給与はわずかずつだが増加し，余暇を楽しむゆとりがようやく芽生えようとしていた．これに鉄道の敷設があたかも人々を応援するかのように行楽に誘い，余暇を呑み込もうとしていた．

イギリスでの鉄道建設はリヴァプール－マンチェスター間で1830年に開始されるが，驚くことに，1870年までに主要な幹線網の敷設はほぼ完了してしまう（図9-34; ラングトンとモリス 1989）．この高速・大量輸送手段は工場と産地，港湾などを結び，石炭，鉄鋼，機械を輸送し，産業をさらに発展させた．そしてこの安

9.3 イギリスにおける博物学の発展と成熟

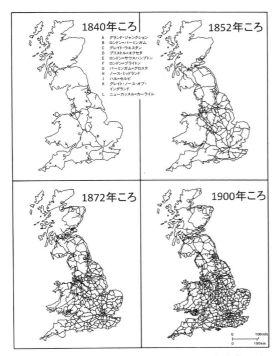

図 9-34 イギリスでの鉄道網の発展．産業革命の近代化のなか鉄道はその象徴として急速に敷設され，1900年ころにはほぼ現代と同じ規模となった（ラングトンとモリス 1989 より）．

価な輸送手段は人々の生活をも一変させた．街中をうろうろする程度だった下層庶民にも郊外への日帰りレジャーを初めて提供したことだ．鉄道会社は日帰りの行楽列車を仕立てて，新聞や貼紙などで宣伝をうって客を募った．この草分けは，1841年に開催された禁酒運動の集会に，熱心なプロテスタント（バプテスト派）伝道師，トーマス・クックが格安料金で参加できるように斡旋した団体旅行にあった．それはあくまでも大衆を健全な娯楽へと教導しなければならないとする宗教による社会改良運動の一環であったが，このツアー業は，万国博覧会を契機に，大成功を収めた（Smith 1998）．現在，彼の名を冠した"トーマス・クック・グループ"は世界でも有数の旅行代理店である．

こうしたなかでも，人気があったのはロンドン周辺の競馬場で，とくにダービーやオークスが開催されたエプソム競馬場（エプソム・ダウンズ）には30万人以上の人々がおしかける盛況だった．それまで地方の貴族や地主が仲間う

ちで楽しむだけの「競馬」が一挙に大衆化した．それがすでに紹介したフリスの絵の光景である．客の増加→収益の増加→掛け金や配当金の増加→優秀なウマ作出→人気の沸騰，熱狂の連鎖が作動し，19世紀末のダービーには50万人が訪れるほどになった．これがサラブレッドに対する異常な執着の原点だ．

それまでに貴族や一部の特権階級たちが開拓し，利用した内陸部の温泉や海岸保養地（スパ）などにも庶民や労働者が押しかけ，日帰りの行楽を楽しむようになった．ロンドンから80 km南の代表的な海辺のリゾート地であるブライトン——それはロンドンからエプソム・ダウンズを経由する終着駅——は，1820年代なら馬車で6時間，車外席でも往復12シリングもかかり，よほどの余裕がない限りは高嶺の花だった．だが1844年に鉄道が開通すると，4.5時間に短縮，最初は9.6シリング，1850年代には3.6シリング，そして1860年代には2.6シリングとなった（荒井 1989）．年1回の楽しみ，なんとかなりそうだ．また「海水に浸るのは健康によい」などといった医学筋からのご高説が人々の背中を押した．こうなるともう止まらない．閑静なリゾート地はまたたくまに大衆化され，日曜や休日には数万人が押しかける一大行楽地となった．この時代のイギリス人は，「強迫観念にとりつかれて海浜に殺到」し，集団で海に突っ込む「レミング」のようだった（川島 1982）．

とはいえ海水浴の流儀があったわけではない．人々は"ベイシング・マシーン"と呼ばれる奇妙な着替え用の専用コーチからおそるおそる海水に浸った．もっぱら楽しんだのは行楽地での自由な喧騒，娯楽や遊戯の各種イベントであり，人気があったのは浜辺の散策と磯の博物学だった．それでも浜辺での束の間の1日は「都市の乾いた生活に潤いを与えたパラダイスだった」（荒井 1989）．1850年代に"アクアリウム"ブームが起きたことを紹介したが，この背景には海辺のリゾート地に出かけ，海浜の生物を調べて楽しもうとした人々の強い要望があった．ヘンリー・ゴスは『軟体動物の自然誌』（1854）や『海のアクアリウムのハンドブック』（1855）を

出版し，またベストセラー作家，ジョン・ウッドは「日常生物」の海岸版『海辺の日常生物』(Wood 1857) を著した．このほかには，『英国の海藻』(Gatty 1863)，『海神グラウコス——海浜の驚き』(Kingsley 1855)，『貝類入門』(Johnston 1850)，『磯の研究』(Lewes 1858)，『海辺ブック』(Harvey 1849) など，図鑑や入門書のたぐいが飛ぶように売れた．

　イングランド国教会が律するこの国には，チャールズ2世（在位 1660-1685）のころより「日曜聖日遵守法」（1677年制定）という法律があって，日曜には工場を閉鎖し，人々は世俗の仕事を休み，ひたすら神に祈る日とされた．陰鬱な日曜日．その風景が大いに変わり，安息の日はいつしか楽しみと喜びの日に置き換わろうとしていた．その風潮に待ったをかけ，クレームをつける団体が出現する．この法律をいっそう強化し，徹底させるべく，一部の貴族や聖職者，イングランド国教会系の支配的な中産階級を中心に1831年には"主の日曜日遵守協会"が結成された．この団体は，日曜日の商店の営業はもちろん，旅行，鉄道や船舶の運航，飲酒，賭博，闘鶏，狩猟，その他の遊びなどを一切禁止し，違反者には重い罰金を科す「日曜営業規制法案」を採決するように議会に何度も働きかけた（荒井 1989）[39]．

　しかし，日曜の行楽が人々の間に定着し，鉄道の旅が一般化するにおよんで，この法案はその都度否決された．1855年に再上程されたが，このときにはハイドパークに15万人もの人々が押し寄せ，「日曜法案廃棄」を叫んで暴動状態となり，政府や議会をあわてさせた．日曜法案の提出はこれが最後となったが，記憶すべきなのは，ヴィクトリア朝社会には，神の名において，粗野で，野蛮で，無教養な下層庶民は，箸の上げ下ろしに至るまで教導されなければならない，と考える一群の人々がつねに存在したことである．大きなお世話ではある．

ナショナル・トラスト

　ナショナル・トラストといえば，歴史的な名所や自然景勝地の保護を目的とする環境保護運動の一形態，環境保護思想の発展として評価される（たとえば四元 2003）．「国民」のために歴史的建造物と自然美を保護するための非営利法人である．それはよい．だが，この運動体が，無条件で広く公共に資する環境保護をそもそも目的としていたのかは検討の余地がある．ナショナル・トラストにはその源流となる主要人物が3人いる．1人は，慈善活動家オクタヴィア・ヒルで，彼女は生活環境が劣悪な都市住民に公園などのオープンスペースを確保するために奮闘した．その献身的な活動は重要だし，評価されるべきだ．しかしオープンスペースがなぜ必要なのかに対し，彼女はこう述べる (Hill 1877)．「ロンドン子は忌まわしいほどの不潔さに取り囲まれている．金持ちなら部屋を飾り立てることで気分を多少緩和できるだろうが，有り余る財産など持ちあわせない，洗練からほど遠い人々は，年がら年中，家の内外で不潔さに囲まれて生活しなければならない．もしこの状態を改善することができるならば，彼らを洗練し，文明化に導けるだろう」（佐久間 1997）．

　この見通しは，当時，都市部で自然環境の必要性を認識していた議会の「公共遊歩道に関する特別委員会」（チャドウィックも委員の1人）の認識とほぼ一致する．その報告書はこう述べる．「下層階級の娯楽用の開かれた土地を確保することは，彼らを下等かつ退廃的な娯楽から引き離す一助となるものと確信する．居酒屋での飲酒，闘犬あるいは拳闘の賭試合に多くの不満がよせられてはいるが，労働者に別の娯楽が提供されない限り，彼らはそうした楽しみに引きよせられるのだから」（佐久間 1997）．

　もう1人は弁護士のロバート・ハンターだ．ハンターはヒルとともに結成されたばかりの"共有地保存協会（コモンズ）"に参画していた．弁護士である彼は，共有地を（開発のための）「囲い込み（エンクロージャー）」から守るためには，（株式会社法による）「法人」が所有して保存するというアイデアをもった．これがヒルの「共有地は個々の共同体の占有，とくに低階層の共有財産として継承されるべき」（平松 1999）との考えと一致し，"ナショナル・トラスト"の結成，設立へと突き進ん

でいった．「所有」されないために「所有」するのだ，それが委託団体（トラスト）の方針だった．この手法はロンドン郊外のハンプステッドヒースやウィンブルドン，エッピング・フォレストなどの土地の取得と保存にきわめて有効だったことを証明した．この運動にはもう1人，異色の人物が参加していた．

経済学者のジョン・スチュワート・ミルだ．ミルは共有地保存協会の設立準備会から熱心に加わり，設立総会で議長を務めるほどで，地主による囲い込みに反対し，土地保有制度の封建遺制の撤廃，共有地を公共の福祉のために自然景勝地として保全する意義を訴えている（大森 2001）．彼はその代表的な著作『経済学原理』(1848)のなかに，「静止（定常）状態の経済」という1章を設け，明確に自然の有限性を前提とした，今日にもつながる「環境経済学」のアイデアの原型を提示した．これについては第13章でまた述べる．

さて，この運動は必然的に郊外に広がっていき，やがて鉄道敷設のために共有地を含めて土地の取得に乗り出していた鉄道会社と対立するようになった．その最大の係争地が，イングランド北西部の，大小無数の湖が点在し，旧くから貴族や金持ちの高級リゾート・保養地であった，「湖水地方（レイク・ディストリクト）」だ．ここには，もう1人の創始者キャノン・ローンズリイが立ちふさがり，鉄道会社の開発計画に反対運動を展開した．ナショナル・トラストは，直接的にはこの湖水地方の土地を，入会権を盾に買い取る法人を設立するために，1893年に発足している．所有される対抗手段として所有するとの運動は，この地方の自然環境と景観を保存するのに大きな力を発揮した．こうして守られた土地は1951年に，イングランドでは最大の面積（約2300 km^2）を誇る"レイク・ディストリクト国立公園"として指定された．ローンズリイとこの運動の功績はまちがいなく大きい．しかし自然を守るために「所有する」という方針には危うい側面がある（平松 1999）．

同じく鉄道会社の開発計画に初期の段階から反対していたこの地域の名士，「湖畔の詩人」こと，ワーズワースは，1844年『モーニングポスト』紙に次のような手紙を寄稿している．

「鉄道会社の重役たちは下層階級に家庭を離れて娯楽を楽しませるため常日頃から工夫をこらしている．その結果，株主や下級の宿屋の利益のために，拳闘試合や競馬・競艇が無数に開催されるようになり，それにつれて酒場やビール店も興奮を煽り立てることになるだろう．（中略）湖水地方その他の地区でも，安息日の神聖がますます冒瀆されていくことは疑いのないことである」（荒井 1989）．

ワーズワース[40]の反対論の核心は，下層階級による俗化と大衆化を防ぎ，その締め出しにあったのだ．これは下層庶民に対する垣根であり，そこには，彼らは教化しなければならない対象と考える，冷酷な上からの目線がある．

(4) 動物愛護運動の展開

この節の最後に，イギリスでの「動物の虐待防止」に関連する法律の成立経過を追う．その端緒は貴族（上）院議員パルトニーが「牛掛け」の非合法化法案を1800年に議会に提出したことだった．ただし，多くの議員は興味すら示すことなく，「下層階級の楽しみを奪うとして」可決には至らなかった．しかし，都市部の廃馬処理場や屠畜場周辺での動物処理にともなう下層庶民の度を超えた虐待がしばしば目撃され，これに対する抗議が発生するにおよんで，議会の対応が求められるようになった．これを受けて大法官であった貴族院議員アースキンは，ウマやロバ，ウシやヤギなどの家畜を念頭に「動物虐待防止法」[41]を作成し，1809年議会に上程するが，貴族院では通過するものの庶民（下）院では否決された．しかしこの種の法律が議員らの関心をひいたのはまちがいなく，その1人だった庶民院議員リチャード・マーティンが再度「牛の不当な扱いと虐待を防止するための法律」[42]につくりなおし，1821年に上程し，いったんは否決されるものの，翌1822年に再提出され，成立した．

おもな内容は，「雄馬，雌馬，去勢馬，ラバ，ロバ，子を産んだ雌牛，若い雌牛，若い雄牛，

去勢雄牛，羊その他の家畜」を対象に，違反した者には10シリング5ポンドの罰金か，3カ月の禁固刑に処すというもので，かなりの重罪だった．ただし，これにはマーティンが最大の標的にしていた牛掛け用の「雄牛」は含まれなかったので，その後に「牛掛け」(1823)，「闘犬」(1823)，「熊掛け」(1826) などの禁止を謳った法案を繰り返し上程し，1835年にはそれらをまとめた包括的な法律「動物虐待防止法」[43]を上程し，成立させた．ここには従来の動物に「（去勢されていない）雄牛，子羊と犬」が追加された．また「雄牛，熊，アナグマ，犬その他の動物（家畜，野生を問わない）が虐められ，追い立てられ，闘争させられる場所や闘鶏場などを維持し，または利用した者」（青木2002による）を罰するとの条文が盛り込まれた．さらには「畜獣や動物が十分な給餌なしに24時間以上収容されているときは，何人たりともその柵内に立ち入り，動物に給餌することができる．給餌者はそれによって不法侵入その他の責を負わない」（青木2002）との条文を加えた．この総括法が有名な「マーティン法」だ．ただし，この法律にはブタやヤギ，そしてネコは含まれていなかった．

マーティン法は1849年に改正され[44]，対象動物が去勢豚，豚，ヤギ，ネコに拡大，虐待を進めた人間も処罰の対象にした．1854年には「虐待防止をより効果的に行うための法律」[45]に改正され，イヌを牽引に使用することの禁止に関する条項を新たに加えた．さらに1876年の改定では，「動物実験」を対象に，「生きた動物に苦痛を与えると見積もられるいかなる実験」も禁止され，実験者は，内務大臣からの免許を受け，実験場所を特定し，検査を受けなければならなくなった．そしてこの動物実験禁止条項を含めて1911年に包括法「動物保護法」[46]が成立し，一応の決着をみることになる．この法律がさらに改定されたのは，今度は21世紀になってからだ（「動物福祉法」2006年）．

なお隣国フランスでも，イギリスの虐待防止法成立に直接影響を受けるかたちで，グラモン将軍が「動物虐待防止法」，いわゆる「グラモン法」を1849年に提出，議決され，翌1850年から施行された．これによって「家畜に対して公然と，みだりに虐待行為を行う者」に対し罰金を科し，場合によっては禁固刑に処した（マターニュ 2006）．この法律の目的には，動物はたんに財物ではなく同情に値する存在であること，虐待防止が人間の道徳や風俗の改善に資すること，農業の振興に寄与することなどが謳われた．また，この法律を充実させるためには，イギリスのように，動物愛護団体の活動が重要であると指摘されていた（青木2002）．なお，この法律は，その後ペットや捕獲した動物にも拡大され，罰則を強化して，1959年まで有効だった（青木1998）．

イギリスでの動物愛護に関する一連の法律の成立過程をみると，マーティン法案の成立から改定，包括法の成立まで，何度も，かつきわめて迅速で，そこには組織的な宣伝活動およびロビー活動が同時並行に展開されていたのがわかる．この組織が"イギリス動物虐待防止（動物愛護）協会"（SPCA; Society for the Prevention of Cruelty to Animals）で，1824年にマーティンや議員，宗教活動家らによって結成され，法律改定の後押しをした．そしてこの団体は1835年にヴィクトリア王女（女王就任は1837年）と，母親ケント公夫人をトップに戴くことに成功し，これを機に多数の貴族や上流階級の紳士淑女が加わり，1840年には"Royal"の称号を冠し"王立動物虐待防止協会"（RSPCA）と名のる．組織は飛躍的に拡大し，巨大な愛護運動のうねりとなって発展，20世紀初頭までに一挙に「動物実験の禁止」へ突き進んでいく．

この拡大過程は協会による違反者の告発件数にみてとれる（Harrison 1967；図9-35）．1830年代に1300件ほどだった件数は，10年ごとにほぼ倍増し，1890年代には7万件を突破する．また，協会の調査員の数は1832年にはわずか2名にすぎなかったが，1855年8名，1878年48名で，1897年には120名となった（Harrison 1973）．1866年を例にとると，「日曜聖日遵守法」で検挙されたのは合計486人，うち374人が罰金，6人が拘留，71人が放免，その

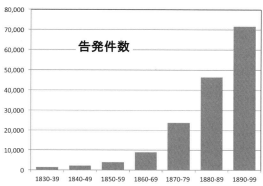

図 9-35 "王立動物虐待防止協会"による動物虐待の告発件数。この過程で協会の会員数は大幅に増加していく（Harrison 1967 より作成）。

他35人であるのに対し，「動物虐待防止法」で検挙された5349人の内訳は，罰金3226人，拘留224人，放免1802人，その他97人だった．この法律がいかに厳しかったのかがわかる．協会は泣く子もだまる鬼組織として社会に君臨した．また1838-1841年の4年間で起訴された243名についてみると，159名が有職者で，1名を除き，残りすべてが労働者だった（Harrison 1967）．アニマル・スポーツに興じていたのは労働者ばかりではなかったはずだし，狩猟や乗馬，馬車の使用を「虐待」だとすれば，当然支配層や上流階級のアニマル・スポーツも告発の対象になりえたはずだ．にもかかわらず彼らは告発されることはなかった．この協会の活動は階級差別の色彩に着色されていた．かくして不満はこうつのった．

「この法律は金持ちのためのものだ．……RSPCAは貧乏人の闘鶏や闘犬ばかりを攻撃するが，金持ちの狐狩りや狩猟はとんと無視している」（Harrison 1967）．

それを裏づけるかのように，1839-1857年のRSPCAの報告書には，"残忍そうなやから"，"いかにも無骨なやつ"，"うすぎたないやつ"，"極端に病的なやから"などの差別的蔑称が散りばめられていた（Harrison 1967）．問題とされた上流階級の「狐狩り」と「狩猟」については後に述べる．

ここで注目したいのはこの組織の中心メンバーと設立理念だ．発起人はマーティンのほかに，ジェームズ・マッキントッシュ，バジル・モンタギュー，トーマス・バクストン，ウィリアム・ウィルバーフォースなど，議員や産業資本家，銀行家，当代一級の知識人が顔をそろえていたが，どちらかといえば行政や法律関係の文化人で，動物の専門家ではない．バクストンやマッキントッシュ，ウィルバーフォースは熱烈な福音主義者であると同時に著名な奴隷制廃止論者で，SPCA立ち上げの1824年，ほぼ同時に"反奴隷制協会"を設立している．また事務局長には英国国教会の牧師であったオーサー・ブルームを迎えた．マーティン自身も，カトリックで洗礼を受けるものの，宗旨替えした熱心なプロテスタントであったように，多くの指導的メンバーが宗教活動家だった．1832年にブルームによって作成されたSPCAの文書には「この協会の方針はキリスト教の信仰とキリスト教の原理に完全に基づく」ことが宣言されている（ターナー 1994）．反奴隷制協会の副会長となるバクストンはこの協会の設立に向けた1823年の文書のなかで，「奴隷制度は，イギリス政体やキリスト教の原理に矛盾する」（近藤 1987）と述べている．

これらのことから判断すると，この組織は，強い宗教色をまといつつ，この方針に同調する貴族や有産階級，いまや社会を指導する立場になりつつあった，上層の中流階級の人々を中心に，宗教を基礎に社会改革や秩序の維持をめざしていたことは明白だ．そして自分たちとは異なる生活様式や価値観を有する人々の動物への虐待行為を糾弾し，告発するという構造になっている．奴隷制度の廃止は無条件で了解されるとしても，この「虐待防止」運動はすんなりとは受け入れがたい．

イギリス動物愛護運動とはなにか

さて，ここで考えてみたい．家畜への虐待防止，動物いじめの廃止から始まったイギリスの動物愛護運動がなぜかくも急速に発展を遂げ，最終的には動物の「生体実験の禁止」にまで突き進むのだろうか．確かに後の時代における動物実験の規制について日本と比較すると，その

立ち遅れが指摘できる．2005年と2012年に改正された日本の「動物愛護法」のなかに動物実験に関するいくつかの条文が盛り込まれたほか，基準（「実験動物の飼養及び保管並びに苦痛の軽減に関する基準」）が設けられたものの，イギリスのような「免許制」，「施設認定」，倫理を含めた「トレーニング・プログラム」は整備されていない．見習うべき点は多々あるといえよう．だがここで問題にしたいのは，そうした制度設計がなぜイギリスでは19世紀後半から20世紀初めにかけての早い段階で一挙に成されたのか，という歴史的な背景である．

　もう一度，初期の動物愛護運動を惹起させた要因について考えてみよう．トマス（1989）は，すでに述べたが，この時代に「自然史の諸発見」と「ロマン主義の浸透」を背景に自然や動物に対する価値観の転換があったと解釈している．両方ともやや抽象的で，前者は否定できないとしても，後者については，とくにイギリスでは，ワーズワースを除けば，成熟することなく，みるべきものがない．いっぽうターナー（1994）は『動物への配慮』のなかで，その要因をヴィクトリア朝イギリス社会での2つの文化的衝撃，1つは急速な工業化と都市化，もう1つは科学的な諸発見であるとし，後者についてはとくに「ダーウィンの進化論」と「ベンサムの哲学」をあげ，この2つによって動物の苦痛に対する同情心や，人道主義や道徳に対する覚醒が起こったとしている．具体的だがやや情緒的な評価であると思われる．両者に対しリトヴォ（2001）は，すでに何度も紹介した『階級としての動物』のなかで，とりたてて動物愛護的ではなかった19世紀初頭までのイギリス人がこの時代になって急速に動物愛護に傾斜するのは，そこに抜きがたい階級的対立が存在し，動物愛護がその利害をめぐる最前線の1つだったことを指摘した．はたしてだれの分析が妥当なのか，検証してみたい．

　まずターナーの"ベンサム"だ．ジェレミー・ベンサムはイギリスの哲学者・経済学者で，「快楽や幸福をもたらす行為が善である」とした道徳原理を導入し，苦痛より快楽や幸福の度合いを「効用」とし，その量を最大化することが行為や政策の基準であるとする「功利主義哲学」を確立したことで有名だ．「苦痛を回避し快楽と幸福の追求こそが人間の原動力であり権利である」と．このことを動物に敷衍すると，人間と動物との境界は，デカルトのように，「理性の有無」ではなく，苦痛を受けているかどうかが基準となり，苦しみを与えるような動物への残虐行為は道徳的には正しくないことになる．プリミティブなかたちでの「動物の権利論」(アニマルライト)の登場だ．

　ターナーは，ベンサムの影響力は強く，功利主義の主張が19世紀初めの時点で動物に対しても「すぐに」拡張されたと述べた．確かに，この時代には，異国人や動物に対し強いシンパシィを表明する少なくない知識人が現れた．ルソーは「文明こそが自然や人を腐敗させる根源だとみなし」，「高貴なる野蛮人」や自然への回帰を主張したし，アレキサンダー・ポープは「エデンの園」を評して「人間は獣とともに歩き，樹陰の下でともに憩い……生命を絶って衣服とし，生命を絶って糧とすることもなかった」（トマス1989）と述べ，こうした思潮が一定の影響力をもったのはまちがいない．この時代的な気分から愛護運動に飛び込んだ上流階級の人々がいたのも否定できない．しかし，彼らの主張はベンサムの功利主義思想から発想されていたわけではない．SPCAの多くの指導者が進めた「奴隷解放運動」についても，福音派やクウェーカー教徒が強く共有していた人道主義や博愛主義の立場だけではなく，むしろ台頭しつつあった産業資本家たちの，植民地などで横行していた奴隷制の非効率で非合理な旧来のままの労働形態に対する反発と改善だったと指摘されている（近藤1985，1987）．それがなぜ「動物愛護」に結びつくのかは後に検討する．

　では"ダーウィン"はどうか．『種の起源』(1859)や『人間の由来』(1871)などの著作が「人間は特別の存在などではなく，人間もまた進化の産物であり，動物界の一員である」とか「人間と動物との能力と性向の差異は程度の問題にすぎない」ことを明確に宣言するが，これ

らのことがほんとうの意味で理解されたかどうかは疑わしい．それらはキリスト教に対する真っ向からの挑戦であり，階層性とスチュワードシップの全面否定だったからである．ターナーはダーウィンの主張が当時の動物愛護運動家に影響を与え，熱狂的に支持した人々がいたと述べたが，ごく少数にトーマス・ハクスリーのような人物がいたことは確かだとしても，またその言説が急速に浸透した（ブラウン 2007）としても，進化論がSPCAの発展の原動力になったとはとうていいえないだろう．ダーウィンは著名人であり，出版された著作は広く読まれたとはいえ，その内容が科学的に吟味され，実質的な影響力をもつのはもう少し後（20世紀以降）で，思想や社会に一定のインパクトをもたらしはしたけれど，動物愛護運動が出発，発展する時期との間にはかなりのずれがあったといわなければならない．

ボウラー（1992）はダーウィンの進化論的自然観はヴィクトリア朝社会にはほとんど影響をもたらさなかったと指摘している．人間の認識や理解の歴史は直線ではない．なお，ダーウィンの進化論をめぐってハクスリーと論争したイギリス国教会司教，サミュエル・ウィルバーフォースは，かのウィルバーフォースの息子で，父親譲りの保守派だったと伝えられている．また「動物実験の禁止」を盛り込むマーティン法の改正に先立つ 1875 年，ダーウィンは王立委員会に意見を求められている．ダーウィンは，生体解剖の残酷性を強く非難しつつも，冷静に，医学の発展がほかの倫理に優先すると証言したといわれる（ウォースター 1989）．トマス（1989）もまたダーウィンの著作はヴィクトリア朝では，衝撃的ではあったものの，実際上ほとんど影響力をもつことはなかったと指摘している．

SPCAが動物虐待防止運動でめざしていたのはあくまでも宗教と道徳の範囲なのであった．ターナーの分析はあまりにも表層的，心情的である．では，いったい初期の動物愛護運動とはなんだったのか，あらためて問うことにしよう．

まず確認したいのは近世でのキリスト教の状況だ．要約的に述べれば，宗教改革によってさまざまな宗派に分裂し，イギリスでは，紆余曲折はあるが，「国教会」としてローマ・カトリックからは独立しつつも，その後に改革派，長老派，信仰覚醒運動派，クエーカーなどに分裂を繰り返していた．いっぽう，産業革命を背景に自然科学は着実に進展し，「理神論」や「自然神学」によって神との衝突は回避しながら知識を広げていった．この成果はしだいに，そして不可避に，キリスト教の教義への疑義を深めることとなった．いわく，「地球は惑星の1つ」，「神の創造以前にはるかに長い歴史の存在」，「世界は人間のためにつくられたものではないし，動物もまた人間のために存在しているのではない」．こうした「真理」がもはや揺るぎなく浸透し，宗教的不信が19世紀までのイギリスには広く渦巻き，「伝統的なキリスト教の解体に向けたすさまじい力学」（小田垣 1995）が働いていた．つまりこの時代は「宗教上の大激変期」であり，労働者や下層階級の大半はもはや宗教的な足枷からは解放されていた，といってよい．

そしてこの宗教的な危機は，「無神論」のほかに，さまざまな宗教的思潮を派生させた（小田垣 1995）．その代表的なものが「全生物には生きる権利があり，自然そのものに精神的な価値が内在している」，「神はすべてに宿り，生けるものは神聖」といった「汎神論」（それはまるで古代ヨーロッパの多神教への回帰）であり，あるいは「絶対者である神と自己との精神的な合一を体験する」との「神秘主義」だった．ポープやワーズワースはこれらの思想を体現していた．このほかにもいろいろな宗派が分派しただろうが，とくにこれらに注目する理由は，後にみるように，アメリカへ波及した動物愛護運動や，さらに後の自然保護運動に強い影響力をもつからである．

さて，この宗教的な危機にあって，強い宗教色に彩られた旧貴族層や新興の産業資本家層はどのように認識し，対抗しようとしたのか．彼ら支配層にとってもっとも問題だったのは，動物いじめや虐待は残酷で非人道的であるという

より，道徳的な退廃であり，宗教的危機の現れと映ったにちがいない．残虐性は下層階級の野蛮さと放縦の証明であり，放置すれば犯罪の温床と社会の腐敗へつながると考えられた．もっとも危惧されたのは，その粗野で，無教養な，そして気まぐれな群衆による暴動であり秩序の破壊であり，自分たちの経済的・社会的権益が損なわれることだった．川島（1983）は「19世紀前半の中流階級によるすべての改革運動の背後には，無知と悲惨さと悪徳のうちに放置された労働者大衆への恐怖が潜在していた」と鋭く分析している．実際にも労働者や下層民は，成人男子の選挙権や団結権など社会的・経済的な改革を求めて組織された運動を展開し，やがて"チャーチスト運動"に合流していった．このためには野蛮な下層民らを自分たちの宗教や道徳，価値観によって徹底して指導，教化しなければならないと考え，実践に移した．それは宗教的な情熱であり，強い使命感で裏打ちされた一種の熱狂だった．やや後の1890年代に，『社会進化論』（Kidd 1894）という文明の興亡を主題にしたベストセラーがあった．ムーア（2011）の解説によれば，この本は典型的な中・上流階級による啓蒙書で，その最大の懸念は，イギリスにおける組織化された労働者の台頭と選挙権の拡大，そして貧民による社会支配の危機と，それによる国家の衰退だったという．

SPCA（動物虐待防止協会）指導部の多くが「反奴隷制協会」と重複するのは，個人所有とされる奴隷労働の「道徳的退廃性」という同じ問題意識が働いていたからにほかならない．それは，重労働を強いられる奴隷の前近代的で，非効率的な労働形態への懸念であり，奴隷労働の延長でもある「親方・徒弟」式の旧来の価値観を変えない限り，近代的な生産様式へ脱皮できないとの危機意識があったからだと思われる．このためには新たな「道徳」によって武装されたキリスト教の博愛主義と人道主義によって改革される必要があると考えたのだった．この愛護運動の指導者，そして反奴隷運動の大御所，国会議員のウィルバーフォースは『イギリス上・中流階級のキリスト者による効果的な教義体系』（Wilberforce 1797）という著作のなかで次のように公言する．国家の道徳律を説いたこの本は強い影響力をもった．やや長いが，運動の性格がよく表れていると思われるので引用する．

「キリスト教は，社会階層に不平等を下層階級にはより苛立たしくないものに仕向け，代わって彼らを勤勉で謙虚で忍耐強くなるように教える．そしてキリスト教は，宗教がすべての階級に分け隔てなく与える，貧民には手の届かない高価な物品に勝る真の満足を，……，下層階級が幸いにもまぬがれている多くの誘惑にさらされないでいることを，貧民の人生での地位は恵まれなくとも，神の手から受けるにたる地位よりもましなのだから『衣食を持ちて満足すべき』ことを，……思い起こさせるのである」（原文p.292より訳出）．

本音があからさまだ．奴隷解放運動はこの延長線上にある．それは，より自由で平等な社会を目指した思想に根ざしたというよりは，産業革命以降に本格的に登場するようになった産業資本家層の新たな主導権獲得運動だった．この道徳によってもたらされる慈愛と博愛は動物へも拡張可能なのである．

注目したいのはこの種の「社会運動」が当時，いくつも並走し始めたことである．カンタベリー大司教の要請でジョージ3世が発布した「悪習防止布告」（1787年）を皮切りに，1802年には同じくウィルバーフォースが"悪習抑止協会"を立ち上げ，公衆道徳の逸脱や売春などを取り締まった(Hind 1987)．この組織は後に"風俗改革協会"へ受け継がれ，1880年ころまで活動した．また"イギリス禁酒推進協会"が1835年に設立され，1865年にはメソジスト派の牧師，ウィリアム・ブースによって有名な"救世軍"が組織され，労働者への伝導運動が始められた．SPCAを含めこれらの慈善団体は，物質的な貧困の救済より，人道的な（上流階級の）キリスト教徒の指導による風俗習慣の改革を優先した．それは危機にあったキリスト教の復権運動でもあった．ただしそこには，リトヴォ（2001）が指摘するように，支配される者と支配しようとする者との間に明確な利害対立が

見え隠れしていた.

　1837年の最初の法律でなによりも優先されたのはウマとウシだった. 御者（労働者）によって粗末に扱われたウマとその馬車の大半は, 貴族や有産階級の所有物であり資産だった. またウシなどの家畜は品種改良の対象であり, 利殖の大切な道具だった. これらの動物を労働者の虐待や暴虐から守るのは所有者の義務であるといってよい. 後にイヌやペットが加わるが, それらとて保持できたのは特権階級に限られ, その特権は安泰に維持されなければならなかった. だからこそ, 同じ動物虐待でも, 競馬——走行に特化させた異常な品種改良と鞭による強制走行, グレイハウンドレーシング——走行専用犬の作出と走行の強制, ペットや愛玩動物——人工空間への拉致と人間への隷属の強要, 貴族のキツネ狩り——野外における動物いじめ（なぶり殺し）そのもの, など上流階級の特権は完全に頬かむりされていた. 慈愛と同情, 道徳と人道主義で厚化粧された動物愛護運動の看板の裏側は古い既得権で塗り固められていた.

動物の生体実験禁止運動

　では, 家畜やペットの法律制定後の1876年に「動物の生体実験禁止」へ一挙に突き進むのはどのような理由からだろうか. 注意しなければならないのは, 当時のイギリス国内ではこの法律制定の契機になるような衝撃的な「動物実験」は行われてはいない. 王立となったRSPCAは, 開発されたばかりのエーテル麻酔を獣医師の手術に使うように勧めていたし, 公衆衛生学者で局所エーテル・スプレーを発明したリチャードソンに対して「特別賞」を1876年に授与したほどだった（ターナー 1994）. だから, 協会は「無痛」であればどちらかといえば実験を推進する立場にあった. それが一転, 全面的禁止の強硬路線へと邁進するのはおもに2つの理由があったように思われる.

　1つは海外, とくにフランスの動向で, 著名な動物生理学者ベルナールらが動物実験をさかんに行い, 『実験医学序説』（1865）を著し, 膵臓や肝臓の機能を明らかにしていた時期だっ た[47]. これらの知見はおもに生体解剖によってもたらされた. 細菌学者パスツールも多数の動物実験を重ねて, ようやく狂犬病ワクチンの開発に成功した. こうしたフランスの成果はほどなくドイツやアメリカを巻き込んでイギリスへも波及しようとしていた. しかもかの国は「動物は痛みを感じない」とするデカルトの動物機械論の牙城だったこともあって, その思想的, 科学論的な反発も加わったのは否定できない.

　もう1つは, 心情的, 情緒レベルの反発で, それは協会が発展したことの必然的な帰結だったように思われる. RSPCAは運動体だった. 会員数はふくれあがり, 1850年代には名実ともに巨大な慈善団体に成長した. それまでは上流階級の乗馬, 狩猟, アニマル・スポーツには一切頬かむりしてきたが, あまりの差別に不満が嵩じて1860年代に至ると地位や財産にかかわりなく告発するという方針に転換した. 事実, 1863年にハスティング公爵を闘鶏主催のかどで告訴している（Harrison 1967）. このふくれあがる組織には貴族や有産階級の人々, とくに女性会員が多数を占め, 動物虐待には情緒的に応答する傾向が急速に高まっていた. おりしも前記のベルナールの夫人（後に離婚）と娘が, その生体解剖の残酷性を世間に告発したこともあって, いっそうの反発を強めた. いまや生体実験は, 論理抜きに, 総毛立つ忌まわしい罪業となり, 組織をゆり動かすまでになった.

　最後にいま一度確認しておきたい. 19世紀のイギリスにおける動物愛護運動は, 動物の個体に対し, 不必要な苦痛を与えることなく, 人道的に取り扱うことを目的とした「動物の福祉」（福利, animal welfare）論の運動なのであって, 動物の利用や殺傷そのものに異議を申し立てた運動ではない. この点では, 原型の1つではあったとしても, 「動物の権利」（animal rights）論ではない. 似てはいるがその本質にはかなりの乖離がある.

キツネ狩りとイギリス狩猟法の行方

　王立動物虐待防止協会（1840年）が生まれ, 「動物虐待防止法」（1849年）が成立し, その

後にも「野鳥保護法」（1880 年）ができ，王立鳥類保護協会（1904 年）が発足し，「動物保護法」が成立する．イギリスの動物愛護や動物保護の法律や制度の整備は矢継ぎ早に進んだ．闘犬や闘鶏のブラッド・スポーツははるか旧事に属するようになった．にもかかわらず，多数のイヌを動員してキツネを襲わせ嚙み殺す，ブラッド・スポーツの権化のような「キツネ狩り」は，ヴィクトリア朝 19 世紀はおろか 20 世紀になってもしたたかに生き残ってきた．イングランドとウェールズでの「キツネ狩り禁止法」が成立したのは，ようやく 21 世紀の初め，2004 年になってからだ．それもはなはだ中途半端な格好で．

1997 年，イギリス総選挙で，「キツネ狩りの禁止法案の提出」を公約に掲げたトニー・ブレアの労働党が勝利すると，2001 年に政権はこの法案を提出し，下院では，多数の労働党議員が，動物愛護団体（もちろん RSPCA を先頭に）や都市住民の支持を受けて，可決した．上院でも可決されると予測されたが，しかしいざ蓋を開けると，貴族などの保守党議員が頑強に抵抗して，否決してしまった．下院での可決，上院での否決というキャッチボールが，何度か反復され，そのせめぎ合いのピークでは，キツネ狩りの愛好家，貴族，地主，猟犬やウマの飼育人，地方ホテルの関係者など，40 万人規模の人々が議事堂周辺に集結し，キツネ狩り禁止法案反対デモを繰り返し，機動隊とも衝突した（Marvin 2007）．この予想をはるかに超えた反対運動に，政権は，「許可制による存続」という形で妥協を図ったが，これも上院では反対され，頓挫し，最終的には同じ法案が 2 会期連続で拒否された場合には「下院の議決が優先される」との議会法を適用して，変則的に成立させた．しかし，反対運動は，地方の振興を掲げ，会員 10 万人を擁するといわれる"田園連盟"，地主や貴族を中心に根強く，キツネ狩りの完全な臨終にはほど遠い状況が続いた．いうまでもなくキツネ狩りを行うのはごく一握りの特権階級にすぎない．しかし考えられなければならないのは以下のことだ．この風変わりな狩猟がな

ぜ地主や貴族に深く浸透し，かくも長く存続してきたのか，そしてその底流にはいったいなにがあるのか，である．いま一度，イギリスの狩猟法の歴史を振り返っておこう．

イングランドでは 1389 年に最古の「狩猟法」ができ，シカとウサギは国王の私有財産，ウズラ（イワシャコ）やグルースなどの狩猟鳥は，貴族などの土地所有者か聖職者に限るとし，これらの人々にだけ狩猟権を認めたことはすでに述べた（第 5 章）．狩猟というものが領主の権威と軍事装置の一環と解釈されたことによる．この法の精神が近代，現代に引き継がれる．17 世紀には地主ジェントリ層の勃興を受けて，「狩猟法」が 1671 年に改定され，狩猟権を一定の土地か一定の財産をもつ，国王，貴族，領主，聖職者に加え地主ジェントリに拡張されるが，その特権の本質に変わりない．これにともない猟具や猟犬の所持を禁止した．また少しさかのぼる 1603 年には，狩猟で得たウズラ，グルース，ノウサギの肉の売買を禁じた．これは猟果が封建的な主従関係を媒介するものと理解されたことによる（アカシカのベニゾンは国王からの贈答物）．しかし密猟者や肉の取引が横行し，空文化していた（川島 1987）．こうした精神を再確認し徹底するために，1752 年には"全イングランドの狩猟鳥獣保護のための貴族とジェントルマン協会"が結成される．狩猟の独占をあくまで死守したいのだ．

このころ（18 世紀中ごろ）になると，狩猟には散弾銃が普及し（これは "hunting" ではなく "shooting" と呼ぶ），"バテュー（battue）" という "狩り出し猟" がフランスから導入され，流行するようになった．これは，勢子やイヌがウズラやキジを射手の待ち場へ追い込み，一斉に撃ち落とすスポーツで，もっぱらその落とした猟果を競い合った（村上 2007）．このために，大量の獲物が必要になり，貴族や地主は "ゲームキーパー" という専門家を雇って，ウズラやキジを飼育・繁殖させ，その日に放鳥した．ゲームキーパーはまた "ビーター" と呼ばれる勢子を差配し，狩猟を管理・運営した．その大量の需要に応えるために，貴族や地主は世界各地

からさかんに狩猟鳥獣を購入した．イギリスには外来種が多いが，キジ（コウライキジ），キンケイ，イワシャコ，ニホンジカなどの外来種はこの時代に導入され，定着したものである．さて，ここで問題が発生する．

キジやイワシャコ，アナウサギ（とノウサギは外来種）が大量に飼育・繁殖するようになると，そこに捕食者であるキツネが誘引され，飼育施設を襲うようになった．もっともめだつ天敵であり，貴族や地主，ゲームキーパーからはジェントルマンのスポーツを妨害する動物として毛嫌いされ，一斉駆除が行われるようになった．これが，嗅覚の鋭いフォックスハウンドを多数（通常25-40頭）動員して駆除するというスタイルになった．そればかりではない．イギリスでは，18世紀初頭に，ノスリ，アカトビ，ハイイロチュウヒなどの猛禽類やワタリガラスの分布域や個体数が激減している．同じ時期に，マツテンやフェレット，ヤマネコといった上位捕食者の哺乳類の分布が極端に減少している．これは，森林減少など生息環境の変化とは無関係で，どうやら狩猟鳥獣の保護のために天敵類をさかんに捕獲したことによるらしい（Langley & Yalden 1977）．この狩猟鳥獣の保護のことを"保存（preservation）"といった．自分たちの狩猟行為を確実に維持するために，野生動物相の変更もいとわなかったのである．その後にアメリカも含めてさかんに行われるようになる"プレデター・コントロール"の原点がここにある．

しかしながら，これは矛盾をはらんでいた．キツネはハタネズミなどの野ネズミ類やノウサギを捕食するので穀物生産などの農業にとっては「益獣」だからだ．その益獣を見境なく殺すのは，したがって，多くの農民の反感を買った（養鶏農民は歓迎したが）．その農業を敵に回しても，なおジェントルマンは狩猟の既得権を保持しようとした．この農民の不満は密猟の横行に拍車をかけたものと思われる．密猟件数は1810年ころから徐々に増加し，1821-1829年には合計458件ものピークを示す．とくに1829年には「夜間密猟法」が制定され，徹底した取り締まりと重い禁固刑（7年）が科せられた．1830年には"スウィング暴動"[48]が発生している．この暴動は，農民が貧窮と労働条件の改善を訴えて，農業機械を破壊し，干し草の山を燃やした一揆的行為だが，地主層の横暴な狩猟に対する恨みもその一因と解釈されている．

この暴動の影響もあって「狩猟法」は翌年1831年に改正され，狩猟鳥獣は第一義的に土地所有者の私有財産と規定し，資格要件の一部を緩めた（川島1987）結果，暴動はようやく沈静化に向かうが，本質は変わりなく，徹底した取り締まりは続けられた．いっぽう，1815年に地主と国内産穀物の保護を目的に「穀物法」が制定された．それは，都市労働者に高い穀物を負担させる仕組みだったために，産業資本家や庶民院議員らを中心に"反穀物法同盟"が結成された．この運動の結果，1845年に「穀物法」は廃止され，自由貿易を推進する方向へ転換された．このときにも，狩猟にうつつを抜かす地主層に対して，「狩猟法を廃止し，農民にウサギを自由に捕獲させよ」との要求が巻き起こっていた（Kirby 1932）．ここでもパンチ誌は時代の憤懣を活写している（図9-36）．

これらの動向は，貴族や地主などの特権階級がいかに狩猟に執着していたのかをよく示している．彼らは骨の髄までハンターだった．この精神は，その後も紆余曲折をたどりつつ，基本的には近代まで継承されたが，それにしても「動物虐待防止法」，各種「動物保護法」と，いよいよ肩身が狭くなり，「狩猟法」はもはや風前の灯だった．この活路はどこにみいだせるのか，新たな新天地はどこにあるのか．「あった！」との声はまったく別のところから上がった．

この節の最後にもう1人の人物を紹介しておきたい．イギリスの代表的なナショナル・トラストとなる"エッピング・フォレスト"の所有者であり，"反奴隷制協会"と"動物虐待防止協会"の立役者，トマス・バクストン准男爵には孫がいた．エドワード・バクストンといい，祖父の活動を受け継いで，政治家，社会改良家となって活躍すると同時に，名うてのハンターと

図 9-36 「狩猟法」の苛酷さを皮肉るパンチ誌の風刺画．"ノウサギへの農民の生贄"（1844年掲載）．この絵は，ウサギの密猟の嫌疑で捕えられた農民が「狩猟法に照らして」と治安判事から刑をいいわたされる場面．ウサギの王が農民の上位に君臨している（松村1994より）．

もなった．彼はアフリカ各地を駆けめぐって「大物猟」の新天地をみいだし，後にアフリカの自然保護政策に強い影響をおよぼす"帝国野生動物相保存協会"なる組織をつくった．この組織はなにを目的にどのように活動したのか，後にみるが，そこにもイギリス上流階級の本音が現れているように私には思われる．

第9章 注

1) ビューイック（Thomas Bewick）の『英国鳥類図譜』（A History of British Birds）は2巻本で，第1巻 "Land Birds" は1797年に，第2巻 "Water Birds" は1804年に出版された．ジェインが手に取ったのは内容からみると第2巻と思われる．なお同名（または近似）の著作は，Eleazar Albin によって "A Natural History of Birds"（1731）と "A Natural History of English Songbirds"（1737）が，Edward Dnonovan によって "The Natural History of British Birds"（1794）が，そして William Yarrell によってまったく同名の本（1843年）が，それぞれ出版された．Albin のそれはイギリス最初のカラー図版だった．

2) ボレトビアは Boletobia 属のガ，オルギュギア・アン

ティクア（Orgyia antiqua）は広葉樹にたかるガでヨーロッパに広く分布．オリギアまたはオルギアの表記が適切．

3) イギリス女性の平均寿命は徐々に延び，1890年47歳，1910年52歳，1930年63歳，1990年78歳，150年かけてほぼ倍となる（増田1996）．

4) crinoline はフランス語でウマのたてがみ "crino" と，リネン "lin" の意味で，最初は亜麻の生地にウマのたてがみを縫い込むことによって紡錘状にした．またフランス語ではこの枠をパンかご（pannier）にちなんでパニエ（panier）"とも呼んだ． "baleen" または "whalebone" とはクジラの骨ではなく，鯨ヒゲ，つまりヒゲクジラ類の上顎にみられる板状繊維の採食器官である．

5) この農法の開発にはノーフォークシャーの男爵，タウンゼント公の果たした役割が大きい．彼はカブの栽培を推進し，"かぶのタウンゼント"（Turnip Townshend）と呼ばれた．

6) 穀物生産量は気象条件の影響を受け地域や年ごとに変動するので単純な比較はできない．たとえば，ノーフォークでのコムギ収量は，1680-1709年の平均14.7ブッシェル／エーカーが1854年には30.0ブッシェル／エーカーなので，2.04倍ということになる（Campbell & Overton 1993）．イギリス全体では，1700-1709年の平均14.38ブッシェル／エーカーが1850-1859年には25.25ブッシェル／エーカーなので，1.76倍である（Broadberry et al. 2010）．イングランド南部のハンプシャー，リンカーンなどのコムギの平均では1700年を100とすると，1850年は180で1.8倍．ノーフォークとサフォークの穀物全体の同じ比較では，2.5倍となる（Overton 1996b）．

7) この農業革命には，生産力の飛躍には農法の変更や機械の導入だけではなく，深い水路を掘り，パイプを入れるなど排水設備が充実されたこと，さらには堆肥をつくったり，ペルー産グアノを肥料として使用したこと，ナタネ栽培が普及したり，南米産トウモロコシやジャガイモの栽培が定着し，しかも（ナポレオン戦争により）値段が高騰したために農業が多角化したことなどを含んでいて，社会経済の抜本的な変化であった．

8) 同時代人，アダム・スミスは『国富論』［あるいは『諸国民の富』，正確にいえば『諸国民の富の性質と原因に関する研究』（An Inquiry into the Nature and Casuses of the Wealth of Nations）］のなかで鹿肉や毛皮の値段がどのように決まるのかを考察していて，興味深い．豚肉についてもこう述べる．「豚は，もとは廃物利用として飼われたものである．（中略）ほとんどあるいはまったく費用をかけずに飼育できる動物の数が，十分に需要を満たしうるかぎり，この種類の食肉は他のどの種類の食肉よりもはるかに低価格で，市場にでる．しかし需要がこの量で満たしうる以上に上昇するときには，（中略）価格は必然的に上昇し，他の食肉の価格よりも高くなったり低くなったりする」（第1編，第11章 水田・杉山訳）．

9) "A General History of Quadrupeds", 下記の URL 参照．https://archive.org/details/generalhistoryof00bewi（閲覧 2016.5.20）．

10) 現代の金銭感覚でいえば1シリング＝2500円程度か．なおイギリスでイヌ税が廃止されるのは1988年である．

11) 原文は "an unnatural, nightmare kind of cat".

12) ロンドン・エセックス観賞バト協会は "London & Essex Show Pigeon Society". ハト愛好協会は "Philoperisteron Society", 英国ハト協会は "The National Columbian Society", 現在の「ハト協会」は "Peristeronic Society". 図9-14のハトは"ハト愛好協会"の大会で表彰された. なお "Peristeron" はギリシャ語でハトの意, "Columbiane" はラテン語でハトの意.

13) 炭鉱は, オランダには南部リンブルフ州, ベルギーワロン地方にあった. 採掘が本格化するのはイギリスより遅れ18世紀後半以降.

14) 『語源』("Historia de regibus Gothorum, Vandalorum et Suevorum") はセビリアのイシドール (Isidore de Sevillia. 7世紀) の作. https://la.wikisource.org/wiki/Historia_de_regibus_Gothorum,_Vandalorum_et_Suevorum (閲覧2016.6.20). 『ディダスカリコン』("Didascalicon") はサン・ヴィクトルのフーゴー (Hugh of St. Victor. ドイツ, 1130年代) の作. https://archive.org/stream/didasciconmedi00hugh/didasciconmedi00hugh_djvu.txt (閲覧2016.6.20). 『諸学の鑑』("Miroir Historial, Speculum historiale") はヴァンサン・ド・ボーヴェ (Vincent de Beauvais, フランス, 13世紀) の作. http://gallica.bnf.fr/ark:/12148/btv1b84557843 (閲覧2016.6.20).

15) トマス(1989)によれば, ヤン・スヴァンメルダム (Swammerudam) が女王蜂の存在を証明したのは1685年であったが, その著作が出版されたのは1740年で, しかもオランダ語とラテン語だったために, ほとんど普及しなかったという. なお, スワンメルダムは顕微鏡観察のパイオニアであり, 赤血球の発見者でもある.

16) 『セルボーンの博物誌』が書かれたのは"マウンダー極小期"と呼ばれる最寒冷期後のかなり寒い時代であった (桜井2003). また, ホワイトはとくに鳥類の観察に熱中していたようで, カッコウの托卵鳥としてカヤクグリ, ビンズイ, ノドジロムシクイ, ロビン, ハクセキレイを記載したが, 現在では後3種の記録はなく, オオヨシキリが主要種になっていて, 托卵習性が時間とともに変化し, パラサイトとホストの間には軍拡競争型の共進化であることがわかる (Brooke & Davies 1987). ナチュラルヒストリーの真価はここにある.

17) 例外として当時"クラーケン"(kraken)と呼ばれた伝承上の動物を"大ダコ"として紹介している. 帆船をも沈める巨大なタコは実際には確認されていない.

18) 『自然の体系』はリンネの死の12年後に第13版が出版されている. それは3巻, 10分冊構成で, 総計は6300ページを超えていた.

19) リンネはしかし当時知られていたすべての「人種」を一括して, ホモ・サピエンスと呼んだわけではない. ホモ・サピエンスには, 「才知があって, 典礼に支配される」ヨーロッパ人, 「高慢で貪欲, 謬見に支配される」アジア人などの亜種がいて, これとは別に「穴に居住し, 歯擦音で話す"穴居人 (*Homo troglodytes*)"」などの別種を設けた. 明らかにケープ植民地でのオランダ人の情報に依拠している (p.607).

20) 最近, 耳小骨が下顎骨に取り込まれた白亜紀初頭の哺乳類化石 (*Yanocondodon*) が発掘され (Luo *et al.* 2007), ほかの形質では哺乳類だが, 下顎にはメッケル軟骨から石灰化した槌骨と鐙骨が接着していて爬虫類との移行型を示している.

21) シービンガーのこの論文は後に, そのままの形で, 著作『女性を弄ぶ博物学——リンネはなぜ乳房にこだわったのか?』(原題:"Nature's Body: Gender in the Making of Modern Science"1993, 小川眞理子・財部香枝訳1996, 工作舎, 東京. 276pp.) の第2章に掲載される.

22) サラ・リサ(Sara Lisa)として知られる. 厳格な母であり, 口やかましい主婦であったようだ.

23) 以下のURLで公開されている. http://reader.digitale-sammlungen.de/de/fs1/object/display/bsb11053598_00001.html (閲覧2015.11.20).

24) そもそも"キャビネット"とは陳列用の小部屋を指す. それが今日では「内閣」という意味をもつが, これは為政者たちが小さな部屋に集まって意思決定を行ったことに由来する. ついでに"キャビネ版"という写真のサイズ (5×7インチ=130×180 mm) がある. これが家具や小部屋に展示する標準的なサイズだった.

25) これらは, cabinets of wonder, フランス語では"cabinets de curiosités", ドイツ語では"Wunderkammer(驚異の部屋)"とか, "Kunstkabinett(アートのキャビネット)"とか, "Kunstkammer(アートの部屋)"と呼ばれた.

26) 紋章官(Officer of arms)とは, 君主や国家によって任命される公務員で, 紋章にまつわる事案を発議し, 紋章に関する系譜や記録を登録し, 管理する.

27) チャーチスト運動とは, ロンドンの労働組合の指導者たちが「成人男子の選挙権, 秘密投票, 議会の任期」などを『国民憲章』(People's Charter)としてまとめ, それを議会に請願によって採択させる運動で, 憲章とは大憲章に依拠する. 1830年代から1850年代後半まで大きなうねりとなったが, 弾圧と分裂により消滅した.

28) 以下の著作と閲覧できるURL.
Paley, W. (ペイリー) 1802. Natural Theology: or, Evidences of the Existence and Attributes of the Deity. https://archive.org/details/naturaltheologyo1802pale (閲覧2017.5.5).
Buckland, W. (バックランド) 1823. Reliquiae Diluvianae. https://archive.org/details/b2201729x (閲覧2017.5.5).
Buckland, W. 1836. Geology and Mineralogy Considered with Reference to Natural Theology. https://archive.org/details/geologymineralo1buck (閲覧2017.5.5).
Bell, C. (ベル) 1833. The Hand: Its Mechanism and Vital Endowments as Evincing Design. https://archive.org/details/handitsmechanis02bellgoog (閲覧2017.5.5).
Kidd, J. (キッド) 1834. On the Adaptation of External Nature to the Physical Condition of Man. https://archive.org/details/b28748013 (閲覧2017.5.5).
Prout, W. (プラウト) 1834. Chemistry Meteorology, and the Function of Digestion Considered with Reference to Natural Theology. https://archive.org/details/bub_gb_rhkHAAAAQAAJ (閲覧2017.5.5).
Kirby, W. (カービィ) 1835. On the Power, Wisdom and Goodness of God as Manifested in the Creation of Animals and in Their History, Habits and Instincts. https://archive.org/details/onpowerwisdoman01kirbgoog (閲覧2017.5.5).
Roget, P. (ロゲット) 1836. Animal and Vegetable Physiology, Considered with Reference to Natural Theology. http://www.biodiversitylibrary.org/

item/68854#page/9/mode/1up（閲覧 2017.5.5）．

Chalmers, T.（チャーマーズ）1836. On Natural Theology. https://openlibrary.org/books/OL6281004M/The_works_of_Thomas_Chalmers（閲覧 2017.5.5）．

Chalmers, T. 1836. Sketches of Moral and Mental Philosophy. https://archive.org/details/worksofthomascha05chal（閲覧 2017.5.5）．

Whewell, W.（ヒューウェル）1837. History of Inductive Science. https://archive.org/details/historyofinducti03unse（閲覧 2017.5.5）．

29) この雑誌は1885年からは「物理学，数学，工学分野」の雑誌（A）と「生命科学分野」（B）に分けられて発行されている．2017年現在，Aは375巻，Bは372巻．

30) 現在，この雑誌は分野ごとに以下の3つに分けられている．"Biological Journal of the Linnean Society", "Botanical Journal of the Linnean Society" "Zoological Journal of the Linnean Society".

31) "Proceedings of the Zoological Society of London"，現在は "Journal of Zoology London"．

32) 『博物学雑誌』（Magazine of Natural History）は最初の博物学専門誌（1828-），『博物学年報』（Annals of Natural History, 1838-），『博物学年報雑誌』（Annals and Magazine of Natural History, 1841-）．

33) 以下の著作と閲覧できる URL．

Montagu, G. 1802. Ornithological Dictionary. https://archive.org/details/ornithologicald01montgoog（閲覧 2017.5.5）．

Haworth, A. H. 1803. Lepidoptera Britannica. https://archive.org/details/lepidopterabrit00hawogoog（閲覧 2017.5.5）．

Smith, J. E. 1804. Flora Britannica. https://archive.org/details/florabritannica00smitgoog（閲覧 2017.5.5）．

Hooker, W. J. 1830. British flora. http://www.biodiversitylibrary.org/item/106389#page/6/mode/1up（閲覧 2017.5.5）．

Watson, H. C. 1847-1859. Cybele Britannica. http://www.biodiversitylibrary.org/item/104172#page/5/mode/1up（閲覧 2017.5.5）．

Jardine, W. 1833-1866. The Naturalist's Libraly. http://www.biodiversitylibrary.org/bibliography/17346#/summary（閲覧 2017.5.5）．

Swainson, W. 1832-1833. Zoological Illustration. http://www.biodiversitylibrary.org/bibliography/42279#/summary（閲覧 2017.5.5）．

Swainson, W. 1836. The Natural History and Classification of Birds. https://archive.org/details/in.ernet.dli.2015.237833（閲覧 2017.5.5）．

Mudie, R. 1836. A Popular Guide to the Observation of Nature. http://www.biodiversitylibrary.org/item/65184#page/5/mode/1up（閲覧 2017.5.5）．

Francis, G. W. 1837. An Analysis of the British Ferns and Their Allies. http://www.biodiversitylibrary.org/item/209944#page/7/mode/1up（閲覧 2017.5.5）．

Geffreys, J. G. 1840. British Conchology. http://www.biodiversitylibrary.org/item/22884#page/7/mode/1up（閲覧 2017.5.5）．

Harvey, W. H. A. 1841. Manual of the British Marine Algae. http://www.biodiversitylibrary.org/item/22382#page/9/mode/1up（閲覧 2017.5.5）．

Yarrell, W. 1843. A History of British Birds. http://www.biodiversitylibrary.org/item/48244#page/13/mode/1up（閲覧 2017.5.5）．

Thompson, E. P. 1845. The Note-book of a Naturalist. https://www.google.co.jp/search?q=thompson+1845+naturalist&oq=thompson+1845+naturalist&aqs（閲覧 2017.5.5）．

Loudon, Mrs. 1850. The Entertaining Naturlist. https://archive.org/details/entertainingnat00jangoog（閲覧 2017.5.5）．

Lewes, G. H. 1858 Sea-side Studies at Lifracombe, Tenby, the Scilly Isles, and Jersey. https://archive.org/details/seasidestudiesat00lewe（閲覧 2017.5.5）．

34) コレラは1848-1849年に再び猖獗をきわめ，イギリス全体では5万3000人が死亡．さらに1853-1854年にも発生し，約2万人が死亡．コレラ菌は飲食物の経口感染による．汚染された水を飲み，排泄物が十分に処理されていない都市環境の問題だった．ジョン・スノウ（John Snow）は1854年に人類最初の疫学的調査を行い，コレラの発生源が汚染されたロンドン市内の公共井戸水にあることを突き止めている（Fine *et al.* 2013）．すぐれた業績である．

35) Edwin Chadwick. 1842. Report on the Sanitary Condition of the Labouring Population of Great Britain. これは日本語版で出版されている．『大英帝国における労働人口集団の衛生状態に関する報告書』（橋本正巳訳，1990，日本公衆衛生協会）．

36) オランダ人入植者によって，かつてコイコイン（Khoikhoin）族（あるいはコイコイ族）は「ホッテントット」（Hottentot）と，サン（San）族は「ブッシュマン」（Bushman）と蔑称された（第11章参照）．

37) "スポーツ（sport）"とは，『オックスフォード英語辞典』によれば，もともと「なにかを運び去る」を意味するラテン語 "deportare"から「心配事を運び去る」つまり「気晴らし」に転じたフランス語 "desporter"を介して，15世紀にイギリスで生まれた言葉で，本来は人間が行う運動や競技という意味はなく，貴族階級のもっぱら動物を使った鷹狩りや狩猟などの「遊戯」や「娯楽」を意味した．そこに競争的な運動遊戯，さらには自発的な身体活動という意味が加わる．運動競技という意味に限定されるのは，動物を使った娯楽が消失した後，近代オリンピックの成立する19世紀末以降だった（1896年第1回オリンピック大会，アテネ開催）．なおブラッド（アニマル）・スポーツは "baiting"と呼ばれ，イヌをけしかけて動物をいじめることを指す．

38) この一部は『ロンドン路地裏の生活誌（上・下）』（植松靖夫訳 1992）に翻訳されている．

39) より宗教色の強いスコットランドでは日曜に鉄道を運行することが1840年代まで禁止されていた．

40) ワーズワースはこの地域の緑化に外来種であるカラマツを植林することに反対した（パスモア 1998）．

41) 「動物に対する理不尽で悪意のある虐待防止法」"Preventing the Wanton and Malicious Cruelty Towards Animals"である．

42) "Act to Prevent the Cruel and Improper Treatment of Cattle"（1822）．

43) "Act to Consolidate and Amend the Several Laws Re-

lating to the Cruel and Improper Treatment of Animals, and the Mischiefs Arising from the Driving of Cattle, and to Make Other Provisions in Regard Thereto" (1835).
44) "Act for the More Effectual Prevention for Cruelty to Animals".
45) "Act to Amend an Act of the Twelfth and Thirteenth Years of Her Present Majesty for the More Effectual Prevention of Cruelty to Animals".
46) "Protection Animal Act 1911".
47) ベルナールの膵臓や肝臓の研究は，"内的環境の定常性"（milieu intérieur）という概念，すなわち後の"ホメオスタシス"（homeostasis）に発展する．
48) スウィング暴動（Swing riots）：農民たちは地主に対して脅迫状を送ったが，そこにはキャプテン・スウィング（C. Swing）という架空の指導者の名が書かれていたことに由来する．なおスウィングとは農民が脱穀用に使った棒（殻竿）の揺れに由来する．

第9章 文献

Alberti, S. J. 2002. Placing nature: natural history collected and their owners in nineteenth-century provincial England. British J. Hist. Sci. 35: 291-311.
アレン，D. E. 1990. ナチュラリストの誕生（安部治訳）．平凡社，東京．462pp.
Allmon, W. 2007. The evolution of accuracy in natural history illustration: reversal of printed illustrations of snails and crabs in pre-Linnaean works suggests indifference to morphological detail. Archives Nat. Hist. 34: 174-191.
オールティック，R. D. 1970. ロンドンの見世物 I-III（小池滋監訳）．国書刊行会，東京．1378pp.
青木人志．1998. 動物虐待罪の日仏比較法文化論．一橋大法学研究 31：141-237.
青木人志．2002. 動物の比較法文化．有斐閣，東京．281pp.
荒井政治．1989. レジャーの社会経済史．東洋経済新報社，東京．332pp.
荒俣宏．1987. 目玉と脳の大冒険．筑摩書房，東京．317pp.
アリストテレス（BC4世紀ころ？）．動物誌［上・中・下］（島崎三郎訳 1998，岩波文庫）．岩波書店，東京．913pp.
Atkinson, H. 1977. Cockfighting and Game Fowl. Spur Publishers, Liss Hampshire. 288pp.
バダンテール，E. 1998. 母性という神話（鈴木晶訳）．ちくま学芸文庫，筑摩書房，東京．518pp.
Baier, S. 1977. Trans-Saharan trade and the Sahel: Damerugu, 1870-1930. J. African Hist. 18: 37-60.
バーバー，L. 1995. 博物学の黄金時代（高山宏訳）．国書刊行会，東京．431pp.
ベルナール，C. 1865. 実験医学序説（三浦岱栄訳 1970）．岩波文庫，岩波書店，東京．395pp.
Bewick, T. 1797, 1804. The History of British Birds. Vol. 1 "Land Birds", Vol. 2 "Water Birds". 以下参照. http://www.bl.uk/collection-items/bewicks-history-of-british-birds（閲覧 2015.5.20）．
Bewick, T. 1800. A General History of Quadrupeds. Newcastle upon Tyne. 第4版は以下参照. https://archive.org/details/generalhistoryof00bewi（閲覧 2014.3.10）．

Birkhead, T. R. et al. 2004. Domestication of the canary, Serinus caria: the change from green to yellow. Archiv. Nat. Hist. 31: 50-56.
Bower, M. A. et al. 2012. The genetic origin and history of speed in the Thoroughbred racehorse. Nature Comm. 24 Jan. 1-8.
ボウラー，P. J. 1987. 進化思想の歴史［上・下］（鈴木善治ほか訳）．朝日新聞社，東京．651pp.
ボウラー，P. J. 1992. ダーウィン革命の神話（松永俊男訳）．朝日新聞社，東京．313pp.
ボウラー，P. J. 2002. 環境科学の歴史［I・II］（小川眞理子ほか訳）．朝倉書店，東京．440pp.
Broadberry, S. et al. 2010. British Economic Growth: 1270-1870. Working Paper Ser. No. 35, Univ. Warwick. 69pp.
ブラウン，J. 2007. ダーウィンの『種の起源』（長谷川眞理子訳）．ポプラ社，東京．202pp.
Broglio, R. 2008. "Living Flesh": animal-human surfaces. J. Visual Cult. 7: 103-121.
ブロンテ，C. 1847. ジェイン・エア（小池滋訳 1995）．みすず書房，東京．729pp.
Brooke, M. L. & N. B. Davies. 1987. Recent changes in host usage by cuckoos Cuculus canorus in Britain. J. Anim. Ecol. 56: 873-883.
Buffon, G-L. 1749-1788. Histoire naturelle, générale et particulière（自然誌）．以下参照. http://www.biodiversitylibrary.org/bibliography/66490#/summary（閲覧 2015.5.20）．
ビュフォン，G-L. 1778. 自然の諸時期（菅谷暁訳 1994）．法政大学出版局，東京．423pp.
ビュフォン，G-L. 1799-1808. ビュフォンの博物誌（荒俣宏監修，ベカエール直美訳 1991），工作舎，東京．372pp.
Campbell, M. S. & M. Overton. 1993. A new perspective on medieval and early modern agriculture: six centuries of Norfolk farming c. 1250-1850. Past & Present 141: 38-105.
Cardoso, G. C. et al. 2007. Female and male serins (Serinus serinus) respond differently to derived song traits. Behav. Ecol. Sciobiol. 61: 1425-1436.
Carter, H. B. 1964. His Majesty's Spanish Flock, Sir Joseph Banks and the Merinos of George III of England. Angus & Robertson, Sydney. 520pp.
セルバンテス，M. 1605. ドン・キホーテ I-VI（牛島信明訳 2001）．岩波文庫，岩波書店，東京．2574pp.
チャドウィック，E. 1842. 大英帝国における労働人口集団の衛生状態に関する報告書（橋本正巳訳 1990）．日本公衆衛生協会，東京．510pp.
Chambers, R. 1844. Vestiges of the Natural History of Creation. 以下参照. https://archive.org/details/vestigesofnatura00unse（閲覧 2016.6.23）．
Clary, R. M. & J. H. Wandersee. 2005. Through the looking glass, the history of aquarium view and their potential to improve learning in science classroom. Sci. Educ. 14: 579-596.
Collias, N. & E. C. Colias. 1996. Social organization of a red junglefowl, Gallus gallus, population related to evolutionary theory. Anim. Behav. 51: 1337-1354.
Cunningham, E. P. et al. 2001. Microsatellite diversity, pedigree relatedness and the contributions of founder lin-

eages to thoroughbred horses. Anim. Genet. 32: 360-364.

ダーウィン, C. 1859. 種の起原 [上・下] (八杉龍一訳 1990). 岩波文庫, 岩波書店, 東京. 854pp.

ダーウィン, C. 1871. 人間の由来 [上・下] (長谷川眞理子訳 2016). 講談社学術文庫, 講談社, 東京. 997pp. (Darwin, C. The Descent of Man, and Selection in relation to sex. John Murray, London. 以下参照. http://darwin-online.org.uk/content/frameset?pageseq=1&itemID=F937.1&viewtype=text)

ダーウィン, C. 1881. ミミズと土 (渡辺弘之訳 1994). 平凡社, 東京. 317pp. 原題『ミミズの作用による肥沃土の形成』(以下参照. http://darwin-online.org.uk/content/frameset?pageseq=7&itemID=F1357&viewtype=side 閲覧 2015. 8. 10)

ダーウィン, C. 1887. ダーウィン自伝 (八杉龍一・江上生子訳 2000). ちくま学芸文庫, 筑摩書房, 東京. 382pp. (以下参照. http://www.gutenberg.org/ebooks/2010 閲覧 2016. 8. 10)

ダーントン, R. 1986. 猫の大虐殺 (海保眞夫・鷲見洋一訳). 岩波現代文庫, 岩波書店, 東京. 382pp.

Davies, M. 1982. Corsets and conception: fashion and demographic trends in the nineteenth century. Comp. Stud. Soc. Hist. 24: 611-641.

Derham, W. 1713. Physico-Theology (自然神学) https://archive.org/details/physicotheology00derhgoog (閲覧 2016. 5. 20).

Derry, M. 2003. Bred for Perfection: Shorthorn Cattle, Collies, and Arabian Horse since 1800. The Johns Hopkins Univ. Press, Baltimore. 203pp.

ディケンズ, C. 1836. ボズのスケッチ [上] (藤岡啓介訳 2004). 岩波文庫, 岩波書店, 東京. 281pp.

Dietz, B. 2006. Mobile objects: the space of shells in eighteenth-century France. British J. Hist. Sci. 39: 363-382.

Disraeli, B. 1845. Sybil or Two Nations. 以下参照. http://www.gutenberg.org/files/3760/3760-h/3760-h.htm (閲覧 2015. 7. 10).

Doherty, S. 2013. New perspective on urban cockfighting in Roman Britain. Archaeol. Rev. Cambridge 28: 82-95.

Doughty, R. W. 1975. Feather Fashion and Bird Preservation.: A Study in Nature Protection. Univ. Calif. Press, Berkeley. 184pp.

Driscoll, C. A. et al. 2009. From wild animals to domestic pets, an evolutionary view of domestication. PNAS 106: 9971-9978.

Eastoe, J. 2012. The Art of Taxidermy. Pavilion, London. 160pp.

Edleston, R. S. 1864. Amphydasis betularia. Entomologist 2: 150. 以下参照. http://www.biodiversitylibrary.org/item/43656#page/180/mode/1up (閲覧 2017. 5. 5).

Eifrig, G. 1911. Bird protection in foreign lands. Auk 28: 453-459.

遠藤秀紀. 2002. 哺乳類の進化. 東京大学出版会, 東京. 383pp.

エンゲルス, F. 1845. イギリスにおける労働者階級の状態 [上・下] (一條和生・杉山忠平訳). 岩波文庫, 岩波書店, 東京. 670pp.

エリック, S. 2012. 図説世界史を変えた50の動物 (甲斐理恵子訳). 原書房, 東京. 223pp.

Fildes, V. 1988. Breast, Bottles and Babies: A History of Infant Feeding. Edinburgh Univ. Press, Edinburgh. 462pp.

Fine, P. et al. 2013. John Snow's legacy: epidemiology without borders. Lancet 381: 1302-1311.

Fooks, A. R. et al. 2004. Rabies in the United Kingdom, Ireland and Iceland. In: Historical Perspective of Rabies in Europe and the Meditarranean Basin (King, A A. et al., eds.), pp. 25-32. OIE, Paris.

フォーチュン, R. 1863. 幕末日本探訪記 江戸と北京 (三宅馨訳 1997). 講談社学術文庫, 講談社, 東京. 363pp.

Francis, C. M. et al. 1994. Lactation in male fruit bats. Nature 367: 691-692.

Franklin, D. C. et al. 1999. The harvest of wild birds for aviculture: an historical perspective on finch trapping in the Kimberley with special emphasis on the gouldian finch. Australian Zool. 31: 92-109.

藤田幸一郎. 2005. 近代イギリスにおける牧羊の歴史的意義. 一橋論叢 136: 1029-1051.

福本宰之. 2007. 英詩に見られるナチュラリスト的視点――ドライデン, ポウプ, 王立協会, 蜜蜂. 龍谷大学紀要 29: 61-74.

Gates, B. T. 2007. Introduction: why Victorian natural history? Victorian Lit. Cult. 35: 539-549.

Gatty, A. Mrs. 1863. British Sea-weeds. 以下参照. http://www.biodiversitylibrary.org/item/151577#page/9/mode/1up (閲覧 2017. 5. 5)

Gessner, C. 1551-1558. Historia animalium. (動物誌, 全5巻) 以下参照. http://www.biodiversitylibrary.org/item/136711#page/24/mode/1up (閲覧 2016. 6. 22).

Gibbs-Smith, C. H. 1961. The fashionable lady in the 19th Century. Victorian Stud. 4: 272-273.

Gill, T. 1884. The eggs of Ornithorhynchus. Science 4: 452-453.

Gorman, M. 2002. The slaughter of the whale. 以下参照. http://www.scran.ac.uk/packs/exhibitions/learning_materials/webs/40/fashion.htm#return (閲覧 2013. 5. 10).

Gosse, P. H. 1854. Natural History: Mollusca. 以下参照. https://archive.org/details/naturalhistorym00gossgoog (閲覧 2017. 5. 5).

Gosse, P. H. 1855. A Handbook to the Marine Aquarium. 以下参照. https://archive.org/details/ahandbooktomari00gossgoog (閲覧 2017. 5. 5).

Gould, J. 1848. The Birds of Australia. 以下参照. http://nla.gov.au/nla.obj-52986886 (閲覧 2016. 6. 20).

Guénet, J. L. & F. Bonhomme. 2004. Origin of the laboratory mouse and related subspecies. In: The Laboratory Mouse (H. Hedrich, ed.), pp. 3-14. Elsevier Sci., NY.

Guiffra, E. et al. 2000. The origin of the domestic pig: independent domestication and subsequent introgression. Gnenetics 154: 1785-1791.

Handley, L. J. L. et al. 2007. Genetic structure of European sheep breeds. Heredity 99: 620-631.

原口正美. 2010. 市場の開設をめぐる特権と大衆の消費. 『伝統ヨーロッパとその周辺の市場の歴史 (I) 市場と流通の社会史』(山田雅彦編), pp. 235-265. 清文堂, 大阪.

Harrison, B. 1967. Religion and recreation in nineteenth-cen-

tury England. Past Present. 38: 98-125.
Harrison, B. 1973. Animals and the state of nineteenth-century England. English Hist. Review 88: 786-820.
ハーヴェイ, W. 1628. 動物の心臓ならびに血液の運動に関する解剖学的研究（暉峻義等訳 1961）. 岩波文庫, 岩波書店. 東京. 200pp.
Harvey, W. H. 1849. The Sea-side Book. 以下参照. http://www.biodiversitylibrary.org/item/80509#page/7/mode/1up（閲覧日 2017.5.5）.
Heppleston, A. G. 1954. Changes in the lungs of rabbits and ponies inhaling coal dust underground. J. Pathol. Bacteriol. 20: 349-359.
ハーツォグ, H. 2011. ぼくらはそれでも肉を食う（山形浩生ほか訳 2011）. 柏書房, 東京. 366pp.
ヘロドトス（BC5 世紀ころ?）. 歴史［上・中・下］（松平千秋訳 1971）. 岩波文庫, 岩波書店, 東京. 1368pp.
Hill, O. 1877. Our Common Land (and Other Short Essay). MacMillan & Co. 205pp. 以下参照. https://archive.org/details/ourcommonlandan00hillgoog（閲覧日 2016.10.10）.
Hind, R. J. 1987. William Wilberforce and the Perceptions of the British People. Hist. Res. 60:321-335.
平松紘. 1999. イギリス, 緑の庶民物語, もうひとつの自然環境保全史. 明石書店, 東京. 244pp.
平岡昭利. 2012. アホウドリと「帝国」日本の拡大南洋の島々への進出から侵略へ. 明石書店, 東京. 279pp.
平岡昭利. 2015. アホウドリを追った日本人――一攫千金の夢と南洋進出. 岩波新書, 岩波書店, 東京. 224pp.
Holloway, S. 1996. The Historical Atlas of Breeding Birds in Britain and Ireland, 1875-1900. Poyser, London. 476pp.
Holway, T. 2013. The Flower of Empire: The Amazon's Water Lily, the Quest to Make it Bloom, and the World it Helped Create. Oxford Univ. Press, Oxford. 328pp.
本郷一美. 2002. 狩猟採集から食料生産への緩やかな移行. 国立民族学博物館調査報告 33: 109-158.
Howard, E. 1920. Territory in Bird Life. John Murray, London. 386pp.
Humboldt, A. 1845. Kosmos（コスモス）. 以下参照. http://www.biodiversitylibrary.org/bibliography/4717#/summary（閲覧 2016.6.22）.
ハクスリー, R. 2009. 西洋博物学者列伝（植松靖夫訳）. 悠書館, 東京. 303pp.
飯田操. 2011. それでもイギリス人は犬が好き. ミネルヴァ書房, 京都. 267pp.
Isaac, N. J. et al. 2007. Mammals on the EDGE, conservation priorities based on threat and phylogeny. PLOS ONE 2: e296. Doi:10.1371.
伊東剛史. 2006. 19 世紀ロンドン動物園における科学と娯楽の関係. 社会経済史学 71: 49-71.
岩田慶治. 1993. コスモスの思想. 同時代ライブラリー, 岩波書店, 東京. 322pp.
Jaffe, B. 2003. William Hogarth and eighteenth century English law relating to capital punishment. Law Literat. 15: 267-278.
Jetz, W. et al. 2014. Global distribution and conservation of evolutionary distinctness in birds. Curr. Biol. 24: 919-930.
Johnston, A. 1856. Physical Atlas of Natural Phenomena (2nd ed.). 以下参照. http://www.davidrumsey.com/luna/servlet/view/search?sort=Pub_List_No_InitialSort%2CPub_Date&q=+Pub_List_No%3D270372.000%27%22+LIMIT%3ARUMSEY~8~1&pgs=50&res=1（閲覧 2017.5.3）.
Johnston, G. 1850. An Introduction to Conchology. 以下参照. https://archive.org/details/introductiontoco00johnrich（閲覧 2017.5.5）.
Kabir, M. A. 2014. Known and unknown pigeons in Mughal history. Soc. Basic Sci. Res. Rev. 2: 277-283.
門井昭夫. 2010. ウィリアム・デラムの自然神学. 健康科学大学紀要 6:43-54.
金子之史. 1998. 分類（哺乳類の生物学①）. 東京大学出版会, 東京. 148pp.
川島昭夫. 1982. リゾート都市とレジャー.『路地裏の大英帝国』（角山榮・川北稔編）, pp. 191-216. 平凡社, 東京.
川島昭夫. 1983. 19 世紀イギリスの都市と「合理的娯楽」.『都市の社会史』（中村賢二郎編）, pp. 294-318. ミネルヴァ書房, 京都.
川島昭夫. 1987. 狩猟法と密猟.『ジェントルマン』（村上健次・鈴木利章・川北稔編）, pp. 156-193. ミネルヴァ書房, 京都.
Kettlewell, H. B. D. 1958. A survey of the frequencies of Biston betularia (L.) (Lep.) and its melanic forms in Great Britain. Heredity 12: 51-72.
Kidd, B. 1894. Social Evolution. Basingstoke, Macmillan. 以下参照. https://archive.org/details/socialevolution00kiddgoog（閲覧 2015.6.10）.
Kijas, J. W. et al. 2009. A genome wide survey of SNP variation reveals the genetic structure of sheep breeds. PLOS ONE 4:e4668.
Kim, K. I. et al. 2002. Phylogenetic relationships of Asian and European pig breeds determined by mitochondrial DNA D-loop sequence polymorphism. Anim. Genet. 33: 19-25.
Kingsley, C. 1855. Glaucus; or, the Wonders of the Sea. 以下参照. http://www.biodiversitylibrary.org/item/201495#page/8/mode/2up（閲覧 2017.5.5）.
Kirby, C. 1932. The attack on the English game laws in the forties. J. Modern Hist. 4: 18-37.
Kirby, C. 1933. The English game law system. Am. Hist. Rev. 38: 240-262.
Kirchman, J. J. et al. 2010. DNA from a 100-year-old holotype confirms the validity of a potentially extinct hummingbird species. Biol. Lett. 6: 112-115.
小宮正安. 2007. 愉悦の蒐集ヴンダーカンマーの謎. 集英社新書ヴィジュアル版, 集英社, 東京. 222pp.
近藤尚武. 1985. イギリス植民地における奴隷制廃止の研究史的考察. 三田商学 28: 73-84.
近藤尚武. 1987. 「反奴隷制協会」の研究――19 世紀前半イギリスにおける反奴隷制運動の一断面. 三田商学 30: 76-95.
國方敬司. 2011. イギリス農業革命研究の陥穽. 山形大学紀要（社会科学）41: 39-64.
Kurushima, J. D. et al. 2012. Variation of cats under domestication: genetic assignment of domestic cats to breeds and worldwide random-bred populaitons. Anim. Genet. 44: 311-324.

Kusakawa, S. 2000. The *Historia Piscium* (1686). Notes. Rec. Roy. Soc. Lond. 54: 179-197.

ラマルク，C. 1809. 動物哲学（小泉丹・山田吉彦訳 1954）．岩波書店，東京．359pp.

Lami, E. O. 1881. Dictionnaire encyclopédique et biographique de l'industrie et des arts industriels. "Batteuse". 以下参照．http://www.livre-rare-book.com/search/current.seam?reference （閲覧 2016. 12. 15）．

Langley, P. W. & D. W. Yalden. 1977. The decline of the rarer carnivore in Great Britain during the nineteenth century. Mamm. Rev. 7: 95-117.

ラングトン，J. & R. J. モリス．1989. イギリス産業革命地図 近代化と工業化の変遷 1780-1914（米川伸一・原剛訳）．原書房，東京．249pp.

Larson, G. *et al.* 2005. Worldwide phylogeography of wild boar reveals multiple centers of pig domestication. Science 307: 1618-1621.

Lewes, G. H. 1858 Sea-side Studies at Lifracombe, Tenby, the Scilly Isles, and Jersey. 以下参照．https://archive.org/details/seasidestudiesat00lewe （閲覧 2017. 5. 5）．

Lewis, M. E. 2002. Impact of industraialization: comparative study of child health in four sites from medieval and postmedica England（A.D. 850-1859）．Am. J. Physic. Anthrop. 119: 211-233.

Ligon, J. D. *et al.* 1990. Male-male competition, ornamentation and the role of testosterone in sexual selection in red jungle fowl. Anim. Behav. 40: 367-373.

Linnæus, C. 1746. Fauna Svecica. 以下参照．http://www.biodiversitylibrary.org/item/129804#page/6/mode/1up （閲覧 2016. 6. 23）．

Linnæus, C. 1752. Nutrix noverca. 以下参照．https://archive.org/details/NutrixNoverca （閲覧 2016. 6. 10）．

Linnæus, C. 1753. Species Plantarum. 以下参照．https://en.wikipedia.org/wiki/Species_Plantarum （閲覧 2016. 6. 12）．

Linnæus, C. 1758. Systema Naturae (10 th ed.). 以下参照．http://www.biodiversitylibrary.org/item/10277#page/3/mode/1up （閲覧 2016. 6. 23）．

Linnæus, C. 1760. Systema Naturae. 以下参照．http://www.biodiversitylibrary.org/item/31224#page/5/mode/1up （閲覧 2016. 6. 23）．

Linnæus, C. 1761. Fauna Svecica. 以下参照．http://www.biodiversitylibrary.org/item/100333#page/11/mode/1up （閲覧 2016. 6. 23）．

リンネ，C. 1995. 神罰（レペニース／グスタフソン編，小川さくえ訳）．法政大学出版，東京．409pp.

Lorimer, D. A. 1978. Colour, Class and the Victorians. Leicester Univ. Press, Leicester. 300pp.

Lubbock, J. 1882. Observation on ants, bees, and wasps, PartIX. J. Linn. Soc. Lond. 16: 110-121.

Mackenzie, J. M. 1988. The Empire of Nature, Hunting, Conservation and British Imperialism. Manchester Univ. Press, Manchester. 340pp.

マンデヴィル，B. 1714. 蜂の寓話（泉谷治訳 1985）．法政大学出版局，東京．404pp.

マンデヴィル，B. 1729. 続・蜂の寓話（泉谷治訳 1993）．法政大学出版局，東京．431pp.

マルサス，T. R. 1798. 人口の原理（高野岩三郎・大内兵衛訳 1962）．岩波文庫，岩波書店，東京．295pp.（Malthus, T. R. 1798. An Essay on the Principle of Population, as it Affects the Future Improvement of Society. 以下参照．https://archive.org/details/essayonprincipl00malt 閲覧 2015. 10. 10）

Marks, S. 1972. Khoisan resistance to the Dutch in the seventeenth and eighteenth centuries. J. Afr. Hist. 13:55-80.

Marvin, G. 2007. English foxhunting: a prohibited practice. Int. J. Cult. Property 14: 339-360.

増田秀俊．1995. ディケンズ時代の女性 (1). 文芸研究 73: 1-25.

増田秀俊．1996. ディケンズ時代の女性 (2). 文芸研究 75: 1-21.

松田裕子．2004. パリにおける「住込み乳母」(1865-1914). 国立女性教育会館研究紀要 8: 51-60.

松井良明．2002. 失われた民衆娯楽——イギリスにおけるアニマル・スポーツの禁圧過程．『スポーツ』近代ヨーロッパの探求 (8)（望田幸男・村岡健次監修），pp. 99-143. ミネルヴァ書房，京都．

松村昌家．1994. 『パンチ』素描集．岩波文庫，岩波書店，東京．262pp.

松永俊男．1992. 博物学の欲望．講談社現代選書，講談社，東京．196pp.

松永俊男．2005. ダーウィン前夜の進化論争．名古屋大学出版会，名古屋．280pp.

Mayhew, H. 1851. London Labour and the London Poor. 以下参照．http://dl.tufts.edu/catalog/tei/tufts:UA069.005.DO.00079/chapter/ （閲覧 2016. 9. 20）．

メイヒュー．H. 1851a. ヴィクトリア朝ロンドンの下層社会（松村昌家・新野緑編訳 2009）．ミネルヴァ書房，京都．255pp.

メイヒュー．H. 1851b. ロンドン路地裏の生活誌［上・下］（ジョン・キャニング編，植松靖夫訳 1992）．原書房，東京．459pp.

Merchant, C. 2010. George Bird Grinnell's Audubon Society: bridging the gender divide in conservation. Environmental Hist. 15: 3-30.

Middleton, I. M. 2003. Cockfighting in Yorkshire during the early eighteenth century. Norhern Hist. 40: 129-146.

見市雅俊．1982. パブと飲酒．『路地裏の大英帝国』（角川榮・川北稔編），pp. 217-244. 平凡社，東京．

ミル J. S. 1848. 経済学原理 1-5 巻（末永茂喜訳 1959, 1960, 1960, 1961, 1963）．岩波文庫，岩波書店，東京．1832pp.

Miller, H. 1849. Footprints of the Creator, or the Asterolepis of Stromness. 以下参照．https://archive.org/details/footprintscreat00millgoog （閲覧日 2016. 6. 23）．

Mingay, G. E. 1987. The Transformation of Britain 1830-1939. Paradin Book, London. 233pp.

Mitchell, B. R. 1984. Economic development of the British coal industry 1800-1914. Cambridge Univ. Press, Cambridge. 396pp.

ミッチェル，R. J. & M. D. R. リーズ．1971.『ロンドン庶民生活史』（松村越訳）．みすず書房，東京．269pp.

マターニュ，P. 2006. エコロジーの歴史（門脇仁訳）．緑風出版，東京．317pp.

ムーア，R. 2005. 19 世紀ヨーロッパにおける人種と不平等——身体と歴史（五十嵐泰正訳）．『人種概念の普遍

性を問う』（竹沢泰子編），pp. 113-150．人文書院，京都．
Moore-Colyer, R. J. 2000. Feathered women and persecuted birds: the struggle against the plumage trade, c. 1860-1922. Rural Hist. 11: 57-73.
モランジュ，M. 2017．生物学の歴史（佐藤直樹訳）．みすず書房，東京．394pp．
Morris, D. 1985. The making of institutional zoology in London 1822-1836: Part I. Hist Sci. 23: 153-185.
Mota, P. G. & G. C. Cardoso. 2001. Song organization and patterns of variation in the Serin (*Serinus serinus*). Acta Ethol. 3: 141-150.
Mota, P. G. & V. Depraz. 2004. A test of the effect of male song on female nesting behavior in the serin (*Serinus serinus*): a field palyback experiment. Ethology 110: 841-850.
ムカジー，S. 2016．がん——4000年の歴史［上・下］（田中文訳）．早川書房，東京．1001pp．
村上紗知子．2007．19世紀後半イギリスの野鳥保護の背景——F・O・モリスの執筆活動から．青山学院大学文学部紀要 55: 123-147.
村上陽一郎．1994．文明のなかの科学．青土社，東京．251pp．
中村敏子．1987．「淑女から人間へ」——イギリスにおける女性の権利拡大運動の思想的前提（1）．北大法学論集 38: 49-75.
National Coal Mining Museum for England. 2016. Pit Ponies Overview. 3pp. Overton (www.ncm.org.uk)
National Statistics Home Office. 2014. Annual Statistics of Scientific Procedures on Living Animals, Great Britain 2013. William Lee Group, London. 58pp.
Nead, L. 2013. The layering of pleasure: women, fashionable dress and visual culture in the mid-Nineteenth Century. Nineteenth -Century Cont. An Interdis, J. 35: 489-509.
Nicholls, J. 2003. Gin Lane revisited: intoxication and society in the gin epidemic. J. Cult. Res. 7: 125-146.
西村三郎．1989．リンネとその使徒たち．人文書院，京都．348pp．
登尾章．2005．個人の悪徳と社会の秩序——マンデヴィル蜂の寓話を契機に．千葉大学社会文化科学研究 10: 35-46.
野間晴雄．2014．王立キュー植物園の設立と拡大（前編）——大英帝国ネットワークの一翼．関西大学東西学術研究所紀要 47: 133-166.
野澤謙．2009．家畜化と家畜．『アジア在来家畜』（在来家畜研究会編），pp. 3-14．名古屋大学出版会，名古屋．
O'Brien, P. K. 1977. Agriculture and the industrial revolution. Economic Hist. Rev. 30: 166-181.
小田垣雅也．1995．キリスト教の歴史．講談社学術文庫，講談社，東京．258pp．
Ogawa, M. 2001. The mysterious Mr. Collins: living for 140 years in Origin of Species. J. Hist. Biol. 34: 461-479.
大森正之．2001．J.S.ミルにおける自然保護の理論と実践——wealth, natural riches, commons 概念の手がかりとして．経済論叢 70: 139-179.
大泰司紀之．1998．形態（哺乳類の生物学②）．東京大学出版会，東京．163pp．
大内輝雄．1991．羊蹄記．平凡社，東京．318pp．
Overton, M. 1996a. Agricultural Revolution in England: The Transformation of the Agrarian Economy 1500-1850. Cambridge Univ. Press, Cambridge. 206pp.
Overton, M. 1996b. Re-establishing the English agricultural revolution. Agir. Hist. Rev. 44: 1-20.
Owen, R. 1862. On the Extent and Aims of a Natural Museum of Natural History. Saunders, Otley, London. 126pp. 以下参照．https://archive.org/details/onextentandaims00owengoog（閲覧 2017.3.5）．
尾崎耕司．2011．エドウィン・チャドウィックの救貧法および公衆衛生思想に関する一考察——その労働者と家族のイメージに着目して．大手前大学論集 12:63-81.
Parsons, J. 1987. The origin and dispersal of the domesticated canary. J. Cult. Geograph. 7: 19-33.
パスモア，J. 1998．自然に対する人間の責任（間瀬啓允訳）．岩波書店，東京．349pp．
Patrick, P. G. & S. D. Tunnicliffe. 2013. A history of animal collection. In: Zoo Talk (Patrick, P. G. and S. D. Tunnicliffe, eds.), pp. 5-18. Springer, Heidelberg, NY.
Pearce, S. M. 1990. Archaeological Curatorship. Leicester Univ. Press, Leicester. 223pp.
Pearn, S. M. *et al*. 2001. Ultraviolet vision, fluorescene and mate choice in a parrot, the budgerigar Melopsittacus undulates. Proc. Roy. Soc. Lond. B 265: 2273-2279.
Peter, C. *et al*. 2007. Genetic diversity and subdivision of 57 European and meddle-eastern sheep breed. Anim. Genet. 38: 37-44.
ポロク，L. A. 1988．忘れられた子供たち（中地克子訳）．勁草書房，東京．421pp．
プリニウス（AD10年ころ？）博物誌（第1-3巻）（中野定雄・中野里美・中野美代訳 1986）．雄山閣出版，東京．531pp．
Quinn, M. S. 1993. Corpulent cattle and milk machines: nature, art and the ideal type. Soc. Anim. 1: 145-157.
Ray, J. 1671. An account of the dissection of porpess, promised numb. 74; made, and communicated in a letter of Sept. 12 1671, by the learned Mr. John Ray, having therein observ'd some things omitted by Rondeletius. Phil. Trans. 6: 2274-2279.
Ray, J. 1678. The Ornithology（鳥類学）．以下参照．https://archive.org/details/ornithologyFran00Will（閲覧 2016.6.25）．
Ray, J. 1686a. De Historia Piscium（魚類の自然誌）．以下参照．https://babel.hathitrust.org/cgi/pt?id=nyp.33433006664092;view=1up;seq=9（閲覧 2016.6.25）．
Ray, J. 1686.b Historia Plantarum（植物誌）．以下参照．http://www.biodiversitylibrary.org/item/124499#page/7/mode/1up（閲覧 2016.6.25）．
Ray, J. 1691. The Wisdom of God Manifested in the Works of the Creation（創造の技に示された神の英知）．以下参照．http://www.biodiversitylibrary.org/item/76945#page/3/mode/1up（閲覧 2016.8.4）．
Rehbock, P. F. 1980. The Victorian aquarium in ecological and social perspective. In: Oceanography: The Past (Sears, M. and D. Merriman, eds.), pp. 522-539. Springer, NY.
Rich, T. H. *et al*. 2005. Independent origins of middle ear bones in monotremes and therians. Science 307: 910-914.

Richart, M. B. 2015. Biblioteca y Gabinete de Curiosidades una relacion zoologica. Univ. Complutese de Madrid, Madrid. 64pp.

林野庁．1969．鳥獣行政のあゆみ．林野弘済会，東京．572pp．

Ritvo, H. 1984. Plus ça change: anti-vivisection then and now. Science, Tech. Human Values 9: 57-66.

Ritvo, H. 1986. Pride and pedigree: the evolution of the Victorian dog fancy. Victorian Studies 29: 227-253.

リトヴォ，H．2001．階級としての動物（三好みゆき訳）．国文社，東京．409pp．

Rocca, D. J. L. 2008. Pattern books by Gilles and Joseph Demarteau for firearms decoration in the French Rococo Style. Metoropol. Mus. J. 43: 141-155.

ロジェ，J．1992．大博物学者ビュフォン（ベカエール直美訳），工作舎，東京．568pp．

Rogers, C. H. & J. Blake. 2001. World of Budgerigars (5th ed. revised). Northbrook Publishing, West Sussex. 176pp.

Romero, A. 2012. When whales became mammals: the scientific journey of cetaceans from fish to mammlas in the history of science. In: New Approaches to the Study of Marine Mammals (Romero, A. and E. O. Keith, eds.), pp. 3-30. InTech, Rijeka, Croatia.

Rosner, F. 1974. Rabies in the Talmud. Med. Hist. 18: 198-200.

Roth, R. 2001. Homicide in early modern England 1549-1800: the need for a quantitative synthesis. Crime, Hist. Soc. 5: 33-67.

Rowe, A. 2007. Hertfordshire Garden History: A Miscellany. Univ. Hertfordshire Press, Hertfordshire. 217pp.

Rowe, T. 1988. Definition, diagnosis, and origin of Mammalia. J. Verteb. Paleont. 8: 241-264.

劉向編．BC1世紀ころ．戦国策・国語・論衡（常石茂訳 1972）．中国古典文学大系（7），平凡社，東京．581pp．

ラスキン，J．1865．胡麻と百合（吉田誠訳 1990）．筑摩書房，東京．255pp．

佐久間亮．1997．19世紀後半イギリスにおける環境保護運動——共有地保存運動を中心に．徳島大学総合科学部人間社会文化研究 4: 113-139.

桜井邦明．2003．夏が来なかった時代．吉川弘文館，東京．223pp．

佐藤俊夫．1986．19世紀イギリスにおける混合農業の展開と家畜改良．九大農学芸誌 40: 65-74.

Saunders, R. 2016. Unravelling Britain: British History since 1801. Course Handbook. Queen Mary, Univ., London. 76pp.

Scherren, H. 1905. The Zoological Society of London : a sketch of its foundation and development, and the story of its farm, museum, gardens, menagerie and library. 以下参照．http://www.biodiversitylibrary.org/item/69477#page/50/mode/1up（閲覧 2016.8.25）．

Schiebinger, L. 1993. Why mammals are called mammals: gender politics in eighteenth-century natural history. Amer. Hist. Rev. 98: 382-411.

シービンガー，L．1996．女性を弄ぶ博物学（小川眞里子・財部香枝訳）．工作舎，東京．277pp．

Schjelderup-Ebbe, T. 1935. Social behavior in birds. In: Murchison's Handbook of Social Psychology. pp. 947-972. Clark Univ. Press, Worcester. 以下参照．http://psycnet.apa.org/psycinfo/1935-19907-007（閲覧 2016.6.8）．

Schmoll, F. 2004. Erinnerung an die Natur: Die Geschichte des Naturschutzens in deutschen Kaiserrech. Campus-Verlag, Frankfurt am Main. 508pp.

シェークスピア，W．1597 以前．ウィンザーの陽気な女房たち（小田島雄志訳 1985）．白水社，東京．181pp．

Shapiro, M. D. & E. T. Domyan. 2013. Dinestuc ougeibs, Curr. Biol. 23: 302-303.

Shaw, G. 1799. The duck-billed platypus. Naturalists Misc. 10: 385.

芝山忠美．1996．黙契．山川出版社，東京．291pp．

重森臣広．2007．エドウィン・チャドウィックと困窮および衛生問題——政策分析における知識戦略の転換を中心に．政策科学 14: 43-59.

Shimmura, T. et al. 2015. The highest ranking rooster has priority to announce the break of dawn. Sci. Rep. 5: e11683.

スミス，A．1776．国富論（1-4巻）（水田洋監訳，杉山忠平訳）．岩波文庫，岩波書店，東京．1824pp．

Smith, B. 1991. Market development, industrial development: the case of the American corset trade, 1860-1920. Business Hist. Rev. 65: 91-129.

Smith, K. G. 2014. 100 years ago in the American Ornithologists' Union. Auck 131: 776-778.

Smith, P. 1998. The History of Tourism-Thomas Cook and the Origins of Leisure Travel. Routledge, London. 544pp.

Spennemann, D. H. R. 1998. Japanese economic exploitation of Central Pacific seabird populations, 1898-1915. Pacific Studies 21: 1-41.

Spennemann, D. H. R. 1999. Exploitation of bird plumages in the German Mariana Islands. Micronesica 31: 309-318.

Stanford Alumni Association. 2014. Plumage trade. 以下参照．http://www.standoralumini.org/birdsite/text/essay/Plum_Trade.htmt（閲覧 2014.6.10）．

Stewart, R. M. J. 2007. Raffles of Singapore: the man and the leacy. Asian Affairs 13: 16-27.

Stringham, S. A. et al. 2012. Divergence, convergence, and the ancestry of feral populations I the domestic rock pigeon. Curr. Biol. 22: 302-308.

高橋裕子・高橋達史．1993．ヴィクトリア朝万華鏡．新潮社，東京．302pp．

田中照夫．1988．産業革命期の農業．大阪教育大学附属高等学校研究紀要 20:33-40.

サッカレー，W．1846．いぎりす俗物誌（斎藤美州訳 1961）．世界文学大系，筑摩書房，東京．432pp．

トマス，K．1989．人間と自然界（山内昶訳）．法政大学出版局，東京．470pp．

Thunberg. C. P. 1784. Flora Japonica. 以下参照．http://bibdigital.rjb.csic.es/ing/Libro.php?Libro=2367（閲覧 2017.5.2）．

友松憲彦．2012．19世紀ロンドン労働者の家計分析——日用品流通史の視角から．駒澤大学経済論集 43 (3/4) : 17-42.

Topsell, E. 1607. The Historie of Foure-footed Beast. 以下参照．http://luna.folger.edu/luna/servlet/detail/FOLGER

CM1~6~6~137323~107703:The-historie-of-foure-footed-beaste，（閲覧 2016. 6. 22）．
ターナー，J. 1994．動物への配慮（斉藤九一訳）．法政大学出版局，東京．250pp.
Van Neer, W. et al. 2015. Traumatism in the wild animals kept and offered at Predynastic Hierakonpolis, Upper Egypt. Int. J. Osteoarchaeol. Doi: 10. 1002
Van Rensselaer. 1879. Rococo. The Art Journal 5: 293-298.
van't Hof et al. 2016. The industrial melanism mutation in British peppered moths is a transposable element. Nature 534: 102-105.
Velten, H. 2013. Beastly London: A History of Animals in the City. Reaktion Books, London. 288pp.
Vigors, N. A. & W. J. Broderip 1829. Guide to the Gardens of the Zoological Society. 以下参照．http://books.google.co.jp/books?hl=ja&lr=&id=ABsFAAAAQAAJ&oi=fnd&pg=PA3&dq=vigors+1829+a+guide+to+the+gradens+of+the+zoological+society&ots=onepage&q&f=false（閲覧 2016. 8. 20）．
von Holdt, B. M. et al. 2010. Genome-wide SNP and haplotype analyses reveal a rich history underlying dog domestication. Nature 464: 898-902.
Vousden, P. J. 2005. London missionaries and the great exhibition of 1851. BYU Stud. 44: 123-135.
Vriends, M. M. 1988. Pigeons: A Complete Pet Owner's Mannual. International Standard Book, NY. 81pp.
Walton, J. K. 1979. Mad dogs and Englishmen: the conflict over rabies in late Victorian England. J. Social Hist. 13: 219-239.
Walton, J. R. 1984. The diffusion of the improved shorthorn breed of cattle in Britain during the 18th and 19th centuries. Trans. Institute of British Greograph. 9: 22-36.
Wastlhuber, J. 1991. History of domestic cats and cat breeds. In: Feline Husbandry (Pedersen, N. C., ed.), pp. 1-59. Am. Vet. Publ., Goleta.
度会好一．1997．ヴィクトリア朝の性と結婚．中公新書，中央公論社，東京．246pp.
Watson, J. B. 1907. Kinæsthetic and organic sensations: their role in the reactions of the white rat to the maze. Psychol. Rev. Monogr. Suppl. 8: 1-101.
ワイナー，J. 1995．フィンチの嘴（樋口広芳・黒沢玲子訳）．早川書房，東京．396pp.
Wheeler, W. M. 1911. The ant colony as an organism. J. Morph. 22: 307-325.
ホワイト，G. 1789．セルボーンの博物誌（新妻昭夫訳 1997）．地球人ライブラリー，小学館，東京．281pp.
White, S. 2011. From globalized pig breeds to capitalist pigs: a study in animal culture and evolutionary history. Environ. Hist. 16: 94-120.
Wiener, P. et al. 2004. Breed relationship and definition in British cattle: a genetic analysis. Heredity 93: 597-602.
Wilberforce, W. 1797. A Practical view of the Prevailing Religious System of Professed Chiristians in the Higher and Middle Classes in this Country, Contrasted with Real Christianity. 以下参照．http://www.gutenberg.org/files/25709/25709-h/25709-h.htm（閲覧 2014. 3. 10）．
Wilson, D. E. & D. M. Reeder. 2005. Mammal Species of the World, 3rd ed. The Johns Hopkins Univ. Press, Baltimore. 2142pp.
Wilson, R. T. 2009. Unusual applications of animals power underground: ponies in coal mines. Draught Animal News No. 47: 1-109.
Wood, J. G. 1858. The Common Objects of the Country. Routlegde, London. 252pp.（以下参照．ただし 1866 年版，https://archive.org/details/commonobjectsofc00woodiala　閲覧 2016. 12. 5）
Wood, J. G. 1857. The Common Objects of the Sea Shore. 以下参照．https://archive.org/details/commonobjectsof00wood（閲覧 2017. 5. 5）．
Wood, R. J. 2003. The sheep breeders' view of heredity (1723-1843). In: A Cultural History of Heredity II (Rheinberger, H. J. and S. Muller-Wille, eds.), pp. 21-46. Max Plank Institute for the History of Science, Berlin.
Woods, M. 1988. Glass Houses: History of Greenhouses, Orangeries and Conservatories. Aurum Press, London, 224pp.
オースター（ウォースター），D. 1989．ネイチャーズ・エコノミー（中山茂ほか訳）．リブロポート，東京．492pp.
Wykes, D. L. 2004. Robert Bakewell (1725-1795) of Dishley: farmer and livestock improver. Agri. Hist. Rev. 52: 38-55.
ヤーロム，M. 1998．乳房論（平石律子訳）．リブロポート，東京．350pp.
矢島國雄．1986．近代博物館と古代における博物館の前史．明治大学学芸員養成課程年報 1: 17-31.
矢島國雄．1992．英国博物館史——その 2．明治大学学芸員養成課程年報 3: 25-33.
矢島道子．2008．化石の記憶．東京大学出版会，東京．219pp.
横山利明．1976．ロバート・チェンバースと『創造の自然史の痕跡』．科学史研究 15:147-156.
四元忠博．2003．ナショナル・トラストの軌跡．緑風出版，東京．294pp.
Young, L. E. 2003. Equine athletes, the equine athlete's heart and racing success. Experiment. Physiol. 88: 659-663.
ゾラ，E. F. 1885．ジェルミナール［上・中・下］（安土正夫訳 1954）．岩波文庫 1-3，岩波書店，東京．737pp.
Zuk, M. et al. 1990. The role of male ornaments and courtship behavior in female choice of red jungle fowl. Am. Nat. 136: 459-473.

第10章　北米での野生動物の激動と保全

10.1　北米大陸での開拓と「発展」

"感謝祭(サンクスギビング)"はアメリカとカナダの国定祝日の1つだ．前者では11月の第4木曜日，後者では10月の第2月曜日だ．この日には，神の恩寵に感謝し，開拓者の苦労をしのんでパンプキンパイやシチメンチョウを食べる．カボチャは初期の開拓者がつくった最初の農作物の1つ，シチメンチョウは最初の獲物だった．入植当時，周辺には野生シチメンチョウ，ライチョウ（グルース），ウズラ（クェイル）が豊富に生息していた．現在，この日に合わせて北米では狩猟が解禁され，この猟果が感謝祭の食卓に彩りを添える．

17世紀初頭，イギリス，フランス，スペインは，ニューファンドランド島へ上陸，滞在し，短期の入植を繰り返し試みていたし，イギリスは1607年に，ヴァージニアに橋頭堡，ジェームズタウン（国王ジェームズ1世にちなむ）をつくり，植民地として入植を始めていた．これとは別に，アメリカ正史としてしばしば語られるのは，イギリスでの宗教的な迫害を逃れたピューリタンが，1620年，メイフラワー号に乗船し，ニューイングランド植民地の「礎」をつくったとの物語だが，やや潤色されている．メイフラワーの乗客102名のうち，35名は確かに宗教的な背景をもつカルヴァン派プロテスタント（ピューリタン）だが，残りはロンドンで募集された前科者を含む種々雑多な人間たちだった（藤永1974）．1630年以降，多数のピューリタンが押し寄せるが，このときにも同様に，宗教や政治と無縁な人々もいっしょだった．

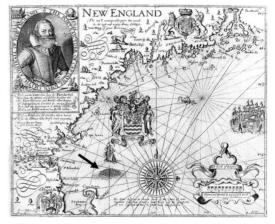

図10-1　ジョン・スミス（John Smith）が1614年の探検にもとづいて1616年に出版した『ニューイングランドの描写』という本に挿入された地図．北米東海岸一帯で，内陸の記載はほとんどない．この本でスミスはニューイングランドにはタラ，クジラ，そのほか高価な魚種が豊富にいると絶賛した．注意してみるとアン（Anne）岬とコッド岬（Cape Jamesとある）の間のマサチューセッツ湾には，タラの群れの黒い盛り上がり（矢印）が書き込まれている．この地図が植民者を引き寄せ，メイフラワーはコッド岬の先端に錨をおろした（Bolster et al. 2011より）．

"ピルグリム・ファーザース(巡礼父祖)"と偶像視される最初の乗船客は，マサチューセッツ州ニューイングランド，プロヴィンスタウンに上陸するも，着の身着のまま，家畜はもたず住居さえなかった．作物の種子はもっていたが，上陸したのは11月下旬だった．どうやら彼らは農耕ではなく漁労で生計を立てるつもりだったらしい．簡単な釣り道具は，しかし，漁期の過ぎた荒れた海では使いものにはならなかった（マン2007）．メイフラワー号はタラやクジラの漁船兼運搬船として建造され，クジラを突く銛をそ

なえ，グリーンランド方面での捕鯨の実績もあり，斡旋した"プリマス会社"の前身は漁業を主とする冒険商人の会社だった．めざした地点は有数のタラ漁場，"コッド岬"（タラ）（図10-1），移民のお膳立てにはタラとクジラのにおいが染みついていた．

寒さと食料不足のために翌年までに乗員のうち半数が死亡した．ジェームズタウンも同様で，1610年までに合計900人が入植したものの，生存したのはわずか150人足らずだった．それでも生き残ることができたのは，インディアン（ネイティブ・アメリカン）の小屋から食料を奪ったり，あるいは彼らから食料援助を受けながら，罠のつくり方，狩猟法，農耕や漁労の方法，住み場所，ありとあらゆる生活技術の手ほどきを受けたことによる（ウェザーフォード 1996，マン 2007）．ささげられるべき感謝は，神ではなく，インディアンをおいてほかにない．そのインディアンに対し，後には，詐欺や欺瞞，暴力と殺戮で報い，土地を奪い，追い立て，排除していった．マサチューセッツとはマサチューセット族の土地であり，ヴァージニアとはチェロキー族，ポウハタン族，ショーニー族など複数部族の集落地で，"処女地"（ヴァージニア）などではない．

初期植民者と接触したこれらのインディアンは，言語的にはアルゴンキン語族（すでに述べたクリー族，アシニボイン族も同じ）に分類されるが，生活様式でみると，「東部森林文化圏」に属している[1]．その輪郭を，代表的なチェロキー族でみると，彼らはアパラチア山脈周辺に木造の小屋をつくって生活していた．春から秋にかけては，トウモロコシやカボチャ，豆，タバコなどを栽培するいっぽうで，果実や木の実の採集，海岸部や河川周辺ではカヌーをつくって漁労を行い，新石器から古代ヨーロッパと同じような巨大で細長い"ロングハウス"に複数家族で同居していた．冬になると，家族単位で窓のない小さな小屋に季節移動し，男は周辺の森林で罠や弓矢，クロスボーでおもにシカやウサギ，ときにはアメリカグマ（アメリカクロクマ *Ursus americanus*）を狩猟し，肉は食料に，毛皮からは衣類やカーペットなどをつくった（Waldman & Braun 2000）．生態系の特性に合わせ，生物資源をじつにたくみに利用しながら生活を組み立てていた．

ヨーロッパ人にとって幸運だったのは，最初の出会いが，このような文化をもつ部族とその環境だったことである．インディアンには敵意なく底抜けに明るく親切といった心情を超えて，そこには生活基盤そのものが既存していたことだ．加えて，獲物となったシカなど野生動物が豊富だったこと，生活の糧となったトウモロコシやカボチャの農耕文化圏だったこと，そして住居と燃料を供給した豊かな森林があったこと．これらを基盤に，後にアメリカ合衆国[2]の独立と発展がもたらされるのである．まず北米での農業と，野生動物と人間との関係をたどる．

（1）北米大陸での農業の原型

インディアンの農法

ヨーロッパからの植民者もムギなどの種子を持ち込んだが，ニューイングランド地方はヨーロッパに比べ，夏はメキシコ湾流の影響でより暑く，冬はラブラドル海流により寒冷であるために，栽培にはほとんど成功しなかった．唯一の拠りどころはインディアンたちが行っていた農耕だった．植民者はトウモロコシやカボチャなどに初めて接し，その奇妙な作物に驚きつつも，いち早く栽培法を学び，実行に移したのが幸いした（Bennett 1955）．なかでも有益だったのはトウモロコシ栽培だ．"インディアン・コーン"と名づけられたそれは出色で，C_4植物のため，短い栽培期間，大きな収量，保存がきき，そして天候不順や災害にも強かった．19世紀のイギリス人作家ウィリアム・コベットはこう述べたという．「先住民から教わったトウモロコシの豊かな実りがなければ，植民者は強力な国を築くことができなかっただろう．トウモロコシは神が人間に与えた最も素晴らしい恵みだった」（ポーラン 2009）．

トウモロコシ栽培を行っていたインディアンは，独自の暦をもち，播種時期である4-5月を新年にし，9-10月に収穫した．それらは茹でてそのまま食べたり，粉にしてさまざまな調理

法が工夫された．インディアン社会では性的分業が明確で，農耕はもっぱら女性の役割だった．クロノン（1995）によれば，1人の女性は4000-8000 m^{2}の畑で働き，年間900-2000リットル程度のトウモロコシを収穫できたようだ．それは5人家族が必要な年間熱量の半分ないし，それ以上に匹敵し，これにほかの作物を加えれば，女性労働は家族の生計のほぼ4分の3に貢献したという．これに男性の狩猟による獲物が加わって，少なくとも東部森林文化圏のインディアンたちの生活基盤は安定していた．

インディアンはトウモロコシ以外にもカボチャやインゲンマメを栽培した．また，トマトはプエブロ族が古くから栽培していたのが確実で，ニューイングランド南部のインディアンも栽培していた．このほかにもジャガイモ，ピーナッツ，トウガラシ，タバコなどをときどき栽培していた．どれも中南米原産で，ゆっくりと伝播してきたようだ（第8章，コラム8-1参照）．しかし，後に初期植民者がニューイングランド一帯で育てたジャガイモは，南米からインディアンに伝来した土着種ではなく，スペインがヨーロッパに導入し，栽培化された1品種（17世紀にスコットランドかアイルランドで栽培されたのと同一品種）を植民者が再び持ち込んだものだった．ポテト，故郷に帰る．

さて，開拓期である．チェロキー族などニューイングランドのインディアンは，森林の開けた場所や林縁に畑をつくった．そのサイズは地域によって異なるが，農耕適地である南部ほど大きい傾向があった．4-5月に大きな貝の鋤で，あたかもモグラ塚のような小山の畝を6 cmほどの間隔でつくり，1カ所に5, 6個の種子を播いた．トウモロコシが成長すると，そこにマメとカボチャ，そして必要に応じてタバコなどの種を播き，混植した．マメやカボチャはトウモロコシに巻きつき，雑草の「小山」状態を呈した．この粗放性は，単一栽培の農地ばかりを見慣れていたヨーロッパ植民者にとって，とてもまともな農耕には思えなかったらしい．しかしこのやり方こそ土壌の湿度を保ち，雑草の生育を抑え，しかもマメ科植物の窒素固定作用によって高収量をもたらす，合理的な農法だった（クロノン 1995）．

これだけではない．インディアンたちは，この畑地を含む森林の各所に，春と秋のほぼ2回，定期的に火を放った．火と煙は開拓地にしばしばせまり，入植者たちをいらだたせた．「この野蛮人は，やってきた場所のどこにでも火をつけ，それを焼くのが常だった」と入植者の1人は書き残している（クロノン 1995）．しかしこの伝統的な火入れによって，作物にとりつく病原菌や害虫を一掃し，野バラ類のブッシュや下生えを除去し，土壌に養分を還元する循環を誘起させたのである．それはおそらくマヤ文明の伝統を受け継いだ農法だったのだろう．肥料の知識のない時代，土壌はしだいに肥沃度を失い，畑地は数年間隔で移動せざるをえなかったが，火入れはある程度土壌を回復させ，畑地のローテーションを可能にした（マン 2016）．ブッシュの少ない森林や林縁は，低い温度ですばやく燃え広がり，短時間で自然に消えた．後年，ヘンリー・ソロー（1854）が「松林におおわれ，木の間ごしに池と，松やヒッコリーが生え出している，森の中に開けた小さな原が見わたされた」（飯田訳）と描写したニューイングランド，ウォールデンの「自然」の森は，手つかずの原生林ではけっしてなく，インディアンたちが火入れによって不断に「生態系のモザイク的性格を促進させた」（クロノン 1995）人為の森だった．インディアンもまた生態学的な構成要素の1つ，と正しく見抜いたのは20世紀初頭の生態学者たちだった（Day 1953）．

インディアンの火入れは，ただ農耕のためだけに行われたのではなかった．人為的な火は，低木や灌木をたえず除去し，森林の更新を妨げ，遷移を一定の段階に維持した．それは林冠を突き抜ける陽光と，土壌の養分によって森林の下層にはつねに栄養豊かな上質の草本を生育させた．なんのためにか．たえまのない人為攪乱は，なにより，シカ類，エルク，ビーヴァー，野ウサギ類，そしてシチメンチョウ，ウズラ，ライチョウ（グルース）など草食狩猟鳥獣に豊かな餌を供給し，個体数を増やし続けた．

（2）北米大陸の開拓と野生動物

北米のシカ——インディアンと開拓者

ここでは北米大陸に生息する野生動物のうち，東部地域でインディアンと密接な関係をもっていたシカについて取り上げる．北米大陸には多数のシカ科哺乳類がいる．生息域と対応させて北からみると，高緯度地域のツンドラ地帯にはトナカイ（*Rangifer tarandus*）が，北部のタイガの森林地帯にはムース（*Alces alces*）が，中西部の森林地帯と草原にはエルク（ワピチともいう，*Cervus elaphus*，これはヨーロッパのアカシカと同種）が，同じく中西部にはオグロジカ（亜種によってはミュールジカとも呼ばれる，*Odocoileus hemionus*）が，そして東部を中心とした中西部一帯にはオジロジカ（*O. virginianus*）が，それぞれ生息，場所によっては複数種が共存している．北米で"ディア"（deer）と呼ばれるのは最後の2種で，東部のインディアンがおもに狩猟対象にしたのはオジロジカだ．

オジロジカは複数の亜種に分類され，南米北部にも生息する．40-150 kgの中型のシカで，おもに森林や林縁，その周辺の草地に生息し，オスは前に突き出るような角をもつ．日本の道路でときどきみかける「動物注意」の標識にはシカが描かれるが，あれは「ニホンジカ」ではなく，このシカだ．メスは2歳で成熟し，1-3頭の子どもを産み，ニホンジカに比べて多産である．イネ科の草本や木の葉などを食べ，繁殖期以外は，メスは子どもとともに，オスはオス同士でそれぞれの群れをつくる．

かつてシートンは，すでに紹介した『ガイドブック』（p.409）で，ヨーロッパ人入植以前のオジロジカ（以下シカとする）の個体数を「ひかえめな推定値として」2000万-4000万頭と見積もった（Seton 1929）．約500年後の現在，北米全体では約3000万頭以上が生息していると推定され，毎年600万頭以上が狩猟されている（U.S. Fish & Wildlife Service 2011）．それでもなお個体数は増加傾向にある．シートンの時代と現在とを比べると，両者の個体数には大差ない．しかし，そのことはシカ個体群がつつがなく平穏無事に経過したことを意味しない．そうではなく，この間に彼らは，人間や環境の変化と結びつきながら劇的な個体数変動を遂げてきたのである．このことを追跡する．まずは，開拓期をはさむ時代，ニューイングランド周辺ではどのような状況だったのだろうか．

多くのエピソードが残る．コッド岬に上陸した巡礼者(ピルグリム)たちは半数が死亡するものの，インディアンの高庇によって生き残った者たちが，翌年最初の感謝祭を挙行した．ワンパノアグ族（アルゴンキン語族）の族長，マソサイトも宴席に招かれ，90名を引き連れて参列するが，あまりの粗餐に呆れたらしい．彼の指示でインディアンらは森に入り，ほどなく多数のシカの獲物が持ち込まれ，宴を飾ったという．この地の年代記の1632年に，ある人物は「もっとも有益で，もっとも大切な獣はシカである．すこぶる多い」と書き残し，隣接地メリーランドに入植したあるカトリック神父は1632年に「多数のシカがいて，有益というより騒々しい限りだ」と表現した（McCabe & McCabe 1984）．入植地ニューイングランドはオジロジカの多産地だったのはまちがいない．いったいどれほどのシカがいたのか，そしてどれくらい捕獲されたのか，マッケイブ兄弟（McCabe & McCabe 1984, 1997）の論文を手がかりに見積もってみよう（図10-2）．

この地域には複数の生息記録が残されている．生息密度は1 km^{2}あたり22-39頭だったというから，そのまま概算すれば，400万-700万頭となる．膨大な数だ．これに対して，インディアンの人口は7万-10万人と推定される（クロノン 1995）．インディアンは北米の年平均で1人あたり2-3頭を消費したと推定されているが，この地域はより依存度が高かったと考えられるので，3-4頭とすると，毎年の捕獲数は21万-40万頭と推定される．最大値でも生息数の10％程度の捕獲圧では，毎年15-30％程度増加すると見込まれるオジロジカ個体群にとって脅威とはならない[3]．捕獲数を5-6頭に増やしても，20％以下である．インディアンはけっし

10.1 北米大陸での開拓と「発展」

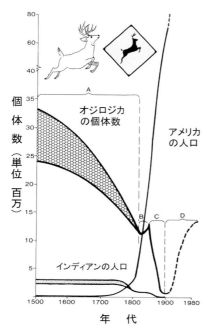

図10-2 北米での人口，インディアンの人口，シロオジロジカ個体数の推移（McCabe & McCabe 1984 より）．オジロジカの個体数は大きく変動した．A期はインディアンだけの利用期．B期はインディアンの狩猟圧の減少期．C期が白人入植者による乱獲期．D期は管理の徹底化による回復期，と解説される．しかし，A期の解釈は適切ではない．17世紀前半までは確かにインディアンだけだが，後半以降は白人入植者が加わることによる減少と考えられる．オジロジカ（オドコイロス属）の角は，ニホンジカとはちがい，前方へ湾曲しながら伸びる．日本の動物注意の「交通標識」（上方）はこのオドコイロス属のシカを描いている．

て乱獲とはいえないレベルで狩猟していた．つまり，彼らは定期的な火入れによる生息地の管理を通じて持続的な「収穫」を展開していた，といえる．

インディアンはさまざまな方法でシカを狩った．集団の追い出し猟は火入れと同時に行われた．近東の"砂漠の凧"（第2章 p.79参照）のような大規模な木柵を使った集団的な追い込み猟，シカの頭をかぶっての個人の忍び寄り猟，イヌによる追い出し猟，罠猟などだ．武器は弓矢，クロスボー，槍で，獲物の肉，毛皮，骨，角など，余すことなく利用し，衣服，靴，手袋，矢尻，アクセサリーなどをつくった．これらは同時に部族間の交易品ともなった．

シカ個体群の減少とその要因

さてその高いレベルにあったシカ個体群は，ヨーロッパ人の到来と開拓者の増加とともに激減していった．とはいえ白人入植者は続々と押しかけてきたわけではない．ニューイングランドの人口は1700年になってようやく9万人に達した程度だった．にもかかわらず，この早い時代に，驚くことにシカの保護政策が発動されている．ロードアイランド州では1646年に「狩猟禁止」が，コネチカット州とマサチューセッツ州では1698年に，ヴァージニア州では1699年に，ニューヨーク州1705年，ペンシルヴェニア州1721年，メリーランド州1730年，ノースカロライナ州1738年，ニューハンプシャー州1740年，バーモント州1741年に，それぞれ「猟期の限定」を行った．どれもがニューイングランドか，その隣接州で，しかも開拓地の拡大と並行して公布されている．またニュージャージー州では1679年にインディアンとのシカ皮取引が禁止された．これらの地でも，カナダと同様に，安酒や鉄砲と野生動物毛皮との現物取引が横行していた．

これらは中世領主の狩猟権にもとづく「シカ猟禁止措置」とは意味合いが異なり，人類最初の近代公的権力による陸上動物に対する保護政策である．なぜ植民地政府が対応せざるをえないほどにシカは激減したのだろうか．

開拓地の増加や森林の伐採は必ずしもシカの生息数減少の要因にはならない．少なくとも1750年代までは，森林の伐採や耕作地の増加など，ある程度の攪乱は，森林をよりモザイクにし，下層植生を増やすために，むしろシカを含む草食獣にはプラスに働き，個体数を増加させる．このことは中世の農業革命の章（第5章参照）で述べたが，農耕地の拡大や農業の発展にともなう野生動物の動向と同じだ．植民者は住居や燃料，レンガを焼くために森林を伐採し，木材を採取した．なかでも燃料用の木材は寒い冬をしのぐために大量で，1世帯あたりの伐採面積は毎年約4000 m^{2}に達した（クロノン 1995）．また木材は初期入植者の基幹産業で，船舶用マスト材や燃料用の薪が母国イギリスへ

と輸出された．この量は年々増加するものの，それでもニューイングランド全体の広大な森林面積のほんのわずかだった．アメリカ，初期のシカ研究者，バートレット（Bartlett 1949）は，点在するようになった伐採跡地と農耕地は，シカを誘引し，餌を供給し，その増加に貢献した，と総括的に述べている．このような初期入植者による環境改変はほかの野生動物にも影響を与えた．このことは後に検討する．

　もう1つ，シカ個体群を増加させたはずの要因がある．インディアンの狩猟圧の劇的な低下だ．その第1は，インディアン人口を極端に減少させた病気だ．天然痘，麻疹，百日咳，マラリア，結核など，ヨーロッパ人の持ち込んだ病原菌は免疫をもたないインディアンにとっては致命的であった．死亡率は部族によって異なり，さまざまに推定される（Ray 2005）が，とくに白人との接触がタラ漁師の時代からあったニューファンドランド地方では壊滅的だった．白人を迎え感謝祭に招かれたマソサイトは2万人以上のインディアン諸族同盟の族長だが，繰り返し襲われた病気の流行後に同盟の人口は数千人にまでに激減した．プリマスの総督は，「われわれに土地を明け渡させた伝染病の流行は《神のご加護》であった」と書き残している（マン 2007）．道義にもとる言葉だ．

　第2は，その後のアメリカ史が延々とたどるインディアンの排除戦争の開始だ．インディアンとの軋轢や紛争は入植開始直後から発生している．とくにイギリス人入植者（多くは貧農）は土地獲得に熱心で，土地を占有し，労働によって価値あるものに変換した者は所有できると考えていた．そこには，明らかに前章で紹介したジョン・ロックの思想がある．彼（ロック 1690）は次のように断じた．「共有地の借地人である未開のインディアンは，豊かな資源と肥沃な土地を他のどの国民よりも惜しみなく与えられておりながら，それを労働によって改良することをしないため，イングランドの日雇い労働者より貧しいものを食べ，貧弱な家に住み，粗末な服を着ているのである」（加藤訳）．恐るべき偏見とはこのことだ．したがって，「労働の所有者である人間は所有権の偉大な基礎をもつ」とした．つまりインディアンは怠け者だから，働き者の白人には土地所有の権利が発生しうるのだと．これを「盗っ人猛々しい」という．

　だが，この論理を押しつけられるほうはたまらない．インディアンは個人や共同体が土地を利用する「使用権」を暗黙のうちに認め合っていた．ただしそれは恒久的なものではなく，私有という概念はもともと存在しなかった（クロノン 1995）．土地はあくまでも共有財なのだ．それはヨーロッパの農民自身がわずか500年前までに共有していた共通の土地概念だった．だが，現実は，勝手につくられた「条約」や「譲渡書類」に族長が署名（とはいえ実際に書いたのは「×」程度の記号）すれば有効とされ，土地を追い払われた．紛争はやがて果てのない流血の惨事へと突入していく．ビアード夫妻の名著『（新版）アメリカ合衆国史』（ビアードとビアード 1960）にはこうある．

　　文明という浅薄な外皮をはげば，野蛮な強欲と獣性を多分にもっていた無数の白人たちは，インディアンに対して，掠奪，惨殺，裏切りを敢えてし，また，かれらを奴隷にしようとさえした．白人の商人たちはかれらにウィスキーや鉄砲などを売りつけ，そして毛皮の取引においても，土地の買い入れ交渉においても，かれらをだましたものであった．かくして，白人たちは，前には好意をもっていたインディアンのうちさえ，復讐の気持ちをおこさせるにいたったのであった（松本ほか訳）．

　その後の詳細な経過はほかの書（藤永 1974, ヘーガン 1984 など）に譲るが，1676 年までの一連の戦争（フィリップ王戦争[4]など）と白人による虐殺によって，ニューイングランドの土地からインディアンはほぼ一掃されてしまった．残されたのは1500名ほど，少数者はその後のモデルとなる「居留地（タウン）」に押し込められたが，後にはここにもヨーロッパ人が入り込み，最終的には白人社会に呑み込まれていった（有賀と大下 1994）．この重い歴史をシカの動向に重ねると，インディアンの伝統的な狩猟圧は急速に萎縮していき，解放されたシカ個体群は一挙に

増加するはずであった．だが一転，彼らは激減していき，為政者が手立てしなければならないほどの状況に追い詰められたのである．なぜか．減少の要因を探ろう．

　初期植民者は多数の家畜を導入した．ウシ，ヒツジ，ヤギ，ウマ，ブタ，ニワトリをヨーロッパから持ち込んだ．南北アメリカの先住民は，イヌと，南米のアルパカ，リャマ，クイ（第8章）を除けば，家畜をもたなかった．家畜にとって北米はまさに処女地だった．これらの家畜が野生動物と競合し，大きな影響をおよぼすのは，西部開拓が始まってからで，ニューイングランドの時代には，小規模な木柵のなかにせいぜい数頭（羽）単位で飼う程度だった．これはシカの主要な減少要因とはなりえない．やはり圧倒的な狩猟圧だった．インディアンではなくヨーロッパ人の．

　初期開拓民は食料や生活の糧に野生動物を銃でさかんに狩猟した．銃はインディアンの猟法より手軽ではるかにすぐれていたのはいうまでもない．狩猟は開拓民のほとんど唯一の生業といってよい．なかでもシカや大型鳥類（シチメンチョウとグルース）の肉や毛皮，皮革（ハイド），羽毛は数少ない換金産品であり，上質の毛皮であれば，1719年のマサチューセッツ州では1ポンド（0.45 kg）あたり7シリング6ペンス（MaCabe & MaCabe 1984），かなりの金額だ．肉（ベニゾン）も売れた．インディアンもまた，ヨーロッパ人の到来後は，この市場に合流し，銃やさまざまな日用品と交換した．すでにみた1679年のニュージャージーの法律の主旨は，戦争の報復の一端で，この市場から，残されたインディアンだけを排除するものであった．これらの市場でかき集められた毛皮は，良質なものはロンドンなどへと輸出され，粗悪品は国内で消費された．ニューイングランド地域からの毛皮の輸出実態はわからない．多くはおそらくニューヨークから，北部はケベックから輸出されたようだ（Norton 1974）．南部周辺には以下のような記録が残されている（McCabe & McCabe 1984）．ヴァージニアからは毎年平均1万3755頭（1698-1715），カロライナ同5万250頭（同），サウスカロライナ同7万5000頭（1715-1735），チャールストン（サウスカロライナ）同15万1000頭（1739-1765），ノースカロライナ3万頭（1753）などである．17世紀前半から18世紀まで，北米東部の初期開拓地では，毎年少なくとも30万頭以上（Richards 2014），それにもっとも多くシカが生息していたニューイングランドを加えれば，おそらくは80万頭程度のシカ皮（ディアスキン）が，アライグマやミンクなどほかの野生動物の毛皮とともに輸出されていた．この数もまた莫大だった（Richards 2014）[5]．母国イギリスではこの毛皮を原料に各種衣料品に加工した．なかでもシカ皮からは手袋（グローブ）や二叉手袋（ミトン）をつくり，自国とヨーロッパ中で売りさばいた．ヨーロッパは小氷期を迎えていた．この途方もない毛皮出荷量が初期アメリカ経済を支え，発展の土台となるとともに毛皮加工は産業の端緒となった．シカを激減させた要因はこれであり，主要な貿易産品の枯渇を危惧したからこそ，植民地政府は法的規制に乗り出したのだ．

　シカの乱獲はインディアンの憤激もかった．生活資源を奪われたヤマシー族を中心に1715年にはサウスカロライナ周辺の多数のインディアン部族がまとまってヨーロッパ人開拓者やシカ皮業者を襲い，多数を殺害した．これは"ヤマシー戦争"と呼ばれ，2年後に鎮圧された．ヤマシー族の4分の1は虐殺されたり，奴隷にされた（Ramsey 2003）．これを契機にインディアンとヨーロッパ人入植者の対立は決定的となり，全面戦争に至った．

　シカの乱獲はその後も西部開拓にともなって各地で引き継がれた．シカ個体群の分布は各地で分断化され，急速に減少し，20世紀をはさむ1900年ころまでには，北米全体で約35万頭にまで落ち込んだと推定される（Miller et al. 2003）．それは往時の10％への縮小だ（図10-2）．このシカ個体群がどのような経過をたどるのか，後章で再び追うことにする．

　余談だが，経済学の父と呼ばれ"神の見えざる手"で有名なアダム・スミスが『諸国民の富』[6]を出版したのは1776年．奇しくもそれはアメリカ独立宣言の年だった．この著作とアメ

リカとの関係は深く，植民地として登場するほとんどの場合はアメリカを指していたし，人間の初期状態や原始的社会として想定していたのはインディアンとその社会だった．彼は「労働価値説」を唱えたことで有名だが，それを説明する有名なものの1つに"シカ＝ビーヴァー・モデル"がある．こう述べる（スミス1776）．

> たとえば（未開状態の）狩猟民族のあいだで，1頭の鹿を殺すのに費やされる労働の2倍の労働が，1頭のビーヴァーを殺すのに費やされるのが通例だとすれば，1頭のビーヴァーは，当然に2頭の鹿と交換される，つまり2頭の鹿の値うちがあることになるだろう．ふつう2日または2時間の労働の生産物であるものが，ふつう1日または1時間の労働の生産物であるのものの，2倍の値うちをもつのは当然である（水田・杉山訳）．

これは，ビーヴァーが捕獲しにくくなり毛皮の値段が高騰していたいっぽうで，シカはなお狩猟しやすく肉や毛皮が安価だった当時の状況を十分にふまえた記述であったと解釈できる．しかし，たとえば現代の代表的な環境経済の思想家，ハンス・イムラー（1993）は，肉という交換価値を尺度に，「1頭の鹿の有用性は1頭のビーヴァーのそれと較べて何倍もの大きさを持っている」のだから，スミスが例示したこのモデルは，「労働価値説の確認というよりはその否定に役立っている」と述べている．たいへんな誤解だ．ビーヴァーが毛皮という絶大な交換価値をもっていたこと，シカよりはるかに捕獲が困難であったことを知らない，管見である．

新興国アメリカの毛皮交易

ニューイングランド13州は，1776年に独立を宣言する．第3代大統領，トーマス・ジェファーソン（在任1801-1809）が起草したといわれる，人間の平等と自由，幸福の追求を高らかに謳い上げたその宣言の後段，イギリス国王の暴政を書き連ねた最終項目には「年齢，性別，地位にかかわりなくすべての人々を無差別に殺戮する戦争ルールで知られた残忍なインディアン野蛮人」[7]とあり，インディアンの排除を正当化している．独立宣言は，圧政を押しつける母国イギリスへのマニフェストであると同時に，インディアンへの宣戦布告でもあった．イギリスとは二度にわたる戦争によって独立と経済的自立が1812年に達成されるも，インディアンとの戦争は19世紀末まで継続する．この歴史は葬り去られるべきではない．入植と開拓は，インディアンを排除しながら徐々に西へと拡大していく（図10-3）．

この間アメリカは，1803年にはルイジアナ[8]をフランスから購入し，1819年にはフロリダをスペインから購入し，1845年にはテキサスを，1846年にはカリフォルニア（2つともスペイン領メキシコ）を，スペインと闘って併合させ，割譲させた[9]．そして1867年にはアラスカをロシアから購入したことはすでに述べた．図10-4は一連の領土拡大の歴史である．

ふくれあがった広大な「未開」の国土に政府は，ロシアとまったく同様に，探検隊を何度も送り出し，自己の版図を確かめようとした．ルイスとクラークの探検隊はその先駆けで，彼らは3年をかけて太平洋に至るルートを踏査し，1805年に到達する．それはマッケンジーがカナダ側から到達を果たしたちょうど10年後にあたる．彼らは数千種類の動植物の記録をその日誌に残し，同時に捕獲・収集した標本を持ち帰っている．また1804年から1807年にかけて，ゼブロン・パイク，トーマス・フリーマン，ジェームス・ウィルキンソンらがミシシッピ川やリオグランデ川をさかのぼりアメリカ南西部の輪郭を明らかにした．

これらの探検隊には毛皮交易を行っていたインディアンや白人トラッパー（マウンテン・マン）が同行し，道案内を務めた．したがってその多くの踏査ルートは後にマウンテン・マンやインディアンが行き交う交易ルートとなり，ランデヴーと呼ばれた「落ち合い」地点は後に交易拠点となった．そこから毛皮はモントリオールやニューヨークに運ばれ，イギリスやフランスへ輸出された．こうした毛皮取引の最前線にいた1人が，ドイツからの移民，ジョン・アスターで，後に，貿易と土地取引によって巨万の富を築き，最初にアメリカンドリームを実現し

イス毛皮会社"，1822年には"ロッキーマウンテン毛皮会社"などを設立した．

群雄割拠ではあったが，アスターの毛皮会社は他を圧倒した．1810年にはオレゴン州コロンビア川の太平洋を望む河口部に彼自身の名前を冠した毛皮拠点，"アストリア"（現アストリア市）を建設し，さらに地歩を固めた．1811年に"太平洋毛皮会社"，1812年には"南西会社"を設立し，おりしも進出していた"ロシア・アメリカ会社"とのラッコをめぐる最後の争奪戦を演じ，ロシア撤退後もアザラシなどの海産哺乳類を含め，この地域の毛皮取引を独占した．そして，この毛皮の一部と，鉄製ナイフ，斧，毛布，銃などを，ヴァンクーヴァーから西海岸沿いに太平洋をまたいで直接中国（広東）へ輸出し，帰りは絹，キャラコ，スパイス，茶などを輸入した．1788-1826年，この航海は総計127回に達し，経費の5-20倍に達する莫大な利益を上げたという（Gibson 1992）．この航海の途上，船員たちは日本近海で多数のクジラが泳ぐ光景を目にして会社に報告する．これが後に大きな波紋を巻き起こすことになる．それは後述するとして，もう少しこの時代の毛皮取引の動向を追跡する．

クレイトン（Clayton 1966）によれば，1810年代には英米戦争の影響で5万枚程度に減少していた毛皮は1820年代に入ると増加し，30年代前半にかけては，約70万枚に飛躍した．主力はマスクラット，シカ類，アライグマ，ミンクなどで，ビーヴァーは枯渇してしまい帽子ブームにも陰りがみえるようになっていた．取引総額は1828年の44.2万ドルから1833年には84.2万ドルに倍増した．

1830年代後半に入ると，デイビー・クロケットがテキサス，アラモ砦の戦闘で1836年に死亡し，愛用していた帽子が特徴的なアライグマだったことから空前のブームとなった．アライグマの毛皮は年平均で一挙に250万枚も輸出され，総額は143万ドルに跳ね上がった．1840年代から1850年代にはさらに900万枚の水準に増加するものの，大半は安価なマスクラットだったために総額では100万ドルに落ち込んだ．

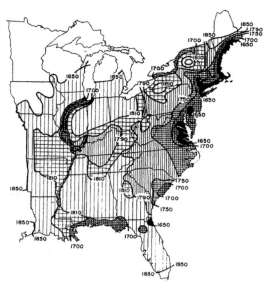

図10-3 アメリカの入植と開拓の歴史．先住民インディアンを排除しながら開拓地は西部へと拡大し続ける（Newman 1985より）．

図10-4 アメリカの領土拡大地図（西山 2014より）．

た人物として有名だ（Emmerich 2011）．彼は商才にたけ，代理店・取引店をランデヴー地点にいち早く配置し，初期にはおもにラムやウィスキーの安酒との交換で毛皮を集めたようだ（下山 2005）．1807年に"アメリカ毛皮会社"を設立し，新興国アメリカの毛皮取引のパイオニアとなった．この時代，マヌエル・リーサ，ピーター・シャーピィ，ウィリアム・アシュリー，シュートウ家など多数の毛皮商が出現し，1808年に"ミズーリ毛皮会社"，1809年に"セントル

その後，西部地域からのバイソンや，太平洋地域からのアザラシなどが加わり，年間総額100万ドル（1870-1891年）以上の収益を上げ続けるが，もはや大量の移民者を吸収できる産業ではなかった．毛皮は確かに初期開拓民を支えた花形産業だったが，不安定で投機的な性格，自然からの掠奪だけの生業は近代産業にはなりえなかった．産業は衰退してもまちがいないのは，後に発展する多くの地方都市がこの毛皮取引所から出発したことである．

時代は大きく変わりつつあった．1820年代に13万人程度だった移民の数は1830年には54万人，1840年代には突如143万人を突破，その後も続々と押しかけるようになった．南部では，多くの開拓地が大規模なプランテーションに変わり，多数のアフリカ人奴隷を使った綿花やタバコ栽培が広く行われるようになった．北部では綿加工を中心とした工業が興り，多数の労働力を吸収した．しかしなお押し寄せる移民は，新たな土地を求め，しだいに「未開」の新天地，西部をめざすようになった．旧フランス領ルイジアナや旧スペイン領メキシコのテキサスがその舞台だ．そこで再び白人はインディアンの領土への侵略の歴史を刻むのである．ここでもまた野生動物を巻き込みながら．

（3）バイソンの王国

北アメリカ中央部を南北に走る大平原は，ずばり"グレートプレーンズ"，そこに広がる草原は"プレーリー"（prairie）と呼ばれる．プレーリーとはフランス語で"草地"の意だ．面積約130万km^2，日本が3つ以上収まってしまう．プレーリーはイネ科草本と広葉性草本で構成され，降雨量によって背丈が異なり，東側で高く，西にいくほど低くなる．ここには平原インディアンが生活していた．彼らはおもにバイソンを追って季節的な遊動を行う，ブラックフット族，スー族，シャイアン族，アラパホ族，コマンチ族，アシニボイン族などの「遊牧グループ」と，定住して農耕を行うアリカラ族，ヒダーツァ族，アイオア族，ミズーリ族などの「定住グループ」とに大別できる．前者はトウモロコシやタバコ栽培を手がけながら，テントに居住して遊動生活を行い，おもにバイソンを狩猟する．後者は村落をつくって定住し，おもに農耕を行い，付随的にバイソンを狩猟する．どちらのグループも程度の差こそあれ，狩猟と農耕の合間に多種多様な果実や球根，根，木の実，ときにはバッタを採集した狩猟農耕型社会であった．バイソンへの傾斜は強いが，食物の多様性と柔軟性が彼らの生活形態であり，生存を支えた．すべての部族は狩猟地と農耕地を排他的に利用するために，土地をめぐる対立や抗争は絶えることがなかった．その調整はインディアン自身の「連邦国家」の主要な役割だったが，ときには連邦国家と部族，連邦国家同士が大規模な戦争を繰り広げることもあった．

平原インディアンの往時の人口は定かではないが，18世紀後半の時点では12万人以上と推定されている（Isenberg 2000）．バイソンは，伝統的には，集団的な追い込みによる"バイソン・ジャンプ猟"（第1章参照）や，オオカミの毛皮をかぶって接近し，弓矢やクロスボー，槍を使う小グループ猟で狩猟された．しかし，ヨーロッパからウマが持ち込まれると，インディアンはいち早くその有用性を認識し，狩猟や移動手段に利用，インディアン社会に広く浸透するようになった．ここで少しアメリカ大陸でのウマの歴史にふれる．

ウマは，コロンブスの第2回目の航海で，ほかの家畜といっしょにすでに南米に持ち込まれていた．北米にはスペイン人，コロナードがメキシコ北西部を探検した1539年に558頭のウマを使ったことが知られている．もちろんメキシコのインディアンはその動物に瞠目したにちがいないが，定着することはなかった．残った2頭はメスだったからだ．おそらくインディアンのウマのルーツとなったのは，ニューメキシコを征服し，植民地をつくったスペイン人オニャーテが，1592年に持ち込んだウマを含む7000頭以上の大量の家畜だったと考えられる．そこには両性が含まれていた．インディアンはほかの家畜には歯牙にもかけなかったが，ウマだけは別で，大切に育てられ，個体数を増やし

た．スペインのウマはプエブロ族へ，プエブロ族からコマンチ族へ，そしてナバホ族やオマハ族へと，順次交易された（Isenberg 2000）．現在，北米ロッキー山脈南部のグレートベイスンには約5万頭の野生（化）ウマが生息するが，これらはスペインの植民地から野生化したか，インディアンが放棄したウマに由来する（Berger 1986）．ウマの家畜化はインディアンの歴史のなかでごく最近の出来事だった．だが，この秀逸なる家畜の採用は彼らの社会や文化にまちがいなく大きな影響をもたらした．"コロンブスの交換"（第8章 p.394）の数少ないアメリカ側の効用だ．顕著なのは，集団猟を行っていた巨大な部族社会が，ウマの高い能力と機動性を背景に徐々により小さなバンド社会へと分裂する傾向を示したことである（Isenberg 2000）．

バイソンとインディアン

この地には，北米最大の陸生哺乳類，アメリカバイソン（*Bison bison*，通称"バッファロー"とも呼ばれるが，これは本来スイギュウを指すので正確ではない）が無数にいた．バイソンには2つの亜種がいる．モリバイソン（*B. b. athabascae*）とソウゲンバイソン（*B. b. bison*）だ．前者のほうがやや大きく（オスは1トン近くになる），名前のとおり，北部タイガの開けた森林と，プレーリーとにそれぞれ大きな群れをつくって生活していた．オス，メスともに2歳で性成熟し，メスは3歳以降1頭の子どもを毎年出産するが，ただしメスの繁殖率は餌条件に依存し，40-60%の変動幅をもつ．最長寿命は20年以上（Reynolds *et al.* 2003）．これらの生活史パラメーターはバイソンがけっして高い増加率を示す動物ではないことを示す．

開拓が始まる18世紀以前，北米にはどれほどのバイソンがいたのか．シートン（Seton 1929）は，例のハンドブックのなかで7500万頭と推定したが，草原の分布と生産量からみて，過大評価との批判が根強い．目撃記録を含めあらためて算定すると，3000万頭（McHugh 1972），2700万-3000万頭（Isenberg 2000）程度となる．それでも圧倒的な個体数だったことに変わりはない．幅30 km，長さ80 kmにおよぶ大河のような群れが（かなりの誇張？）記録されている（藤原1976）．壮大な光景だ．バイソンはプレーリーを埋め尽くしつつ草を求めて季節的な移動を繰り返していた．

平原インディアンはバイソンを狩りながら集団生活していた．集団サイズは季節や地域，ウマの有無，時代によって変化した．彼らはバイソンにまつわる祭礼，祈り，供犠，禁忌など，多彩な文化と宗教をもっていた．このなかには乱獲を戒める宗教上の禁忌や戒律が存在し，バイソンを必要以上に捕獲することは「聖地を汚すこと」として強くいさめられた．そして実際にも捕獲数を調整していたようで，捕獲数は年ごとに変化した．この頭数がどこでどのように決められたのかは不明だが，草の生育状況やバイソンの生息数などを勘案していたようだ．

プリンストン大学のアンドリュー・アイゼンバーグ（Isenberg 2000）は，インディアンは1人・1年あたり6-7頭のバイソンを消費していたとの過去の記録から，主要な平原インディアン合計6万人分の捕獲数は年間合計36万-42万頭と推定した．しかしこの頭数は単純計算でもかなりの過大評価のように私には思われる．バイソンの体重をオス750 kg，メス420 kg，平均585 kgとし，収量率50%程度で，約300 kgの肉が採れたとする．消費量を1人・1日あたり2-3 kgとすると，バイソン1頭では100-150人が養えることになる．ここから年間に換算すると，6万人のインディアンでは14.6万-21.9万頭になる．インディアンが毎日3 kgもの肉を消費したかどうか，またほかにも食料があったことを考慮すると，まだ過大評価だが，後者のほうがより実態に近いように思われる．いずれにしても巨大な食料の塊であったからこそ彼らは集団猟を行い，集団生活を営むことができたのである．この貴重な生物資源から彼らは住居の天幕，衣服，寝具，靴，鞄，水筒，ベルト，紐，馬具，貯蔵用の干し肉（ペミカンやジャーキー），骨からはピンや矢尻，アクセサリー，角からはカップやスプーンなど，ありとあらゆる生活用具を製作した．また乾燥したバ

イソンの糞は，世界中の多くの遊牧民と同様に，燃料として使われた．

　東部のインディアンは定期的に火入れを行い，草食獣に栄養豊かな餌を供給し，すでに述べたが，公園状の景観を意図的につくりだした．草原インディアンもまた同様に草原に繰り返し火を入れていた．図10-5は，1819-1820年に行われたステファン・ロングの探検隊（セントルイスからプラット川を遡行し，ロッキー山脈へと至る）に同行した公式記録画家，セイモアのスケッチで，はるかにロッキー山脈を望むグレートプレーン中央部の，まるで広大なゴルフ場のような風景だ（James 1823）．これは，バイソンの採食とインディアンが徹底して火入れを行っていた結果の光景である．もちろんヨーロッパ人の入植以前で，バイソンの群れがみえ，印象的である．この燎原の火は，雷による自然発火の場合もあって，場所によっては年に数回，おもに7-8月に発生したが，多くの場合にはインディアンによって放たれた．彼らは頻繁に火を入れるが，多くは4月と，9-10月に集中した．動物を追ったり，警告信号，キャンプの痕跡や足跡を隠す，戦争や儀式の際などじつにさまざまな目的に火は使われたが，主要な目的はそれらではない．多くはこれらとは無関係に行われたからだ（Higgins 1986）．インディアンはおそらく，自然発火した場所では翌年には草がよく育ち，バイソンなどの草食獣がしきりに集まることを経験的に認識していたのだろう．この自然現象を模倣していたのだ．火入れとその後の雨は養分を土壌中に循環させ栄養豊かな草本を維持し，食植性の昆虫を減少させ，木や灌木の侵入を防ぐ．火入れという適度な人為攪乱は，遷移の進行を押し止め草原（状態）の維持（疑似的な平衡状態の成立）に貢献している（Triett 2003）．そればかりではない．火は外来種を除去し，希少種を含む地域本来の生物群集と多様性を保全する（Sieg 1995）．

　インディアンは，動物を家畜化するのではなく，生態系を管理することを通じて食肉を生産していた（マン 2007）．動物の家畜化とは，ラッセル（Russell 1988）が述べたように（第2

図10-5　アメリカ，グレートプレーン中央部の1819-1820年ころの光景．広大なゴルフ場のような景観はインディアンが繰り返し火入れを行った結果成立している．はるか遠くにロッキー山脈が，前景にバイソンの群れがみえる．ステファン・ロングの探検隊の報告書から転載（James 1823より）．

章参照），動物集団を生息地から隔離し集約的な管理を通じて生物資源を「保全」する1つの形態だ．しかしインディアンはこれとはまるで異なる，より合理的で粗放的な方法を採用していた．動物ではなく生息地そのものを管理する選択肢，である．探検家クラークは太平洋からの帰路，1806年にルイジアナ購入地の北部で「2万頭ものバイソンが草原で草をはむのを初めて見た」（Branch 1997）と記した．しかしそこはインディアンが周到につくりあげた牧場だったのである．ヨーロッパ人開拓民は，家畜は飼育するものとの先入観があるためにこの「間接的な形の畜産技術」（クロノン 1995）をまったく理解できずにいた．立ち上がる草原の炎と煙に開拓民はいらだち，家畜は驚き，その習慣を粗暴だと嘆くだけであった．開拓者が入った多くの地域ではほどなくインディアンの火入れを禁止する政策が打ち出された．けれどそれは，インディアンの文化と生態系に対して，以後執拗に続けられたヨーロッパ人の攻撃のほんの緒戦にすぎなかった．

　ところでインディアンに深い興味を抱き，その生活や家族，文化について人類学的な調査を行った白人がいた．ルイス・モーガン，弁護士を本職とする彼は，狩猟採集と農耕を行うイロクォイ族のなかに入り，その調査結果と洞察をまとめ1877年に『古代社会』を出版した．この書は人類学の記念碑的な古典で，その独創性

はインディアンの家族形態を親族の名称体系と関連づけて考察し，初期の婚姻形態が母系的な集団婚であったことを力説したことにある．そして人間社会の発展を「野蛮」→「未開」→「文明」の3つの段階に区分し，家族制度や文化が単線的に「進化」するとの立場，「進化主義人類学（文化進化論）」を確立し，後の人類学の発展や，隣接分野に大きな影響を与えた．

それは，社会や文化の展開には歴史的な方向性があるとしたことは1つの見解だとしても，差別や階層性に根拠を与えた点では致命的な欠陥があった．注意しなければならないのは，この場合の「進化」とは生物学的概念ではまったくないことだ．人間の社会や文化が環境や資源と不可分に結びつき，多様に分化するのは確かであり，人類学の魅力もまたその多様化の解明にある．だがその社会や文化を未開から文明の系列上に定位し，文明＝進歩，野蛮や未開＝退歩と解釈するのは明らかに誤謬であり，偏見である．人間の社会や文化の多様な展開は，人間の進歩とは次元の異なるテーマなのである．

草原のジェノサイド

旧宗主国からの購入や戦争による併合によって広大な国土を獲得した連邦や州政府は，大量に押しかける植民者や土地業者にその土地を無償で，あるいはただ同然で売却した．無断で侵入，居住する者さえ続出した．当然，そこに生活するインディアンとの間に紛争や武力対立が発生し，軍隊を派遣して武装占拠することになる．交戦が頻発し，白人側が一敗地に塗れることも少なくなかったが，この軍事力を背景にインディアンの部族や部族連邦に「条約」を強要していった．これが紛争解決の一連のパターンだった．

独立後から1871年までの間に連邦政府がインディアンとの間に結んだ条約は370以上に達したという（鎌田 2009）．条約とはいえ土地からの立ち退き（強制的移住）を前提にするこれらの条約はもとより平等であるはずもなく，しかもその条約さえ後年にはことごとく反故にしたのだった．"若いアメリカ運動"の提唱者，ジョン・オサリバンらは，領土拡張は「未開から文明化への過程であり，神から授かった明白なる使命（マニフェスト・デスティニー）である」と強弁し，多くの支持者を集めた（清水 1994，鎌田 2009）．それは侵略の論理そのものだ．いまもその本質において変わりのないアメリカという国の最大の特徴の1つは「巨大な偽善性と虚構性」（藤永 1974）にある．

大地は虫食いの葉のように侵食され姿を変えていった．グレートプレーンズでの状況が一変するのは19世紀以降，白人による開拓が本格化してからだった．入植者たちは定住し，広大な土地に柵をめぐらし，農場や牧場を，あるいは叢林を切り開いて果樹園をつくった．初期の西部開拓者にとってバイソンを含む野生動物は，ここでもまた自分で調達できる格好の食料で，肉もまた美味だったようだ．豊富な野生動物がいなければ北米の開拓はこれほど急速，かつ大規模には進まなかっただろう．皮肉なことにバイソンはみずからの破壊者を養っていたのである．人間の定住と土地の改変は，野生動物から生息地を奪うと同時に，牧草や農作物の加害者へと変身させた．かくしてバイソンなどの草食獣は駆除され，排除されていった．

じつはバイソンなどの草食獣は，この時代，その個体数をおそらく最大限に増加させていた．幌馬車から西部開拓者がみた草原を埋め尽くすバイソンの群れはその絶頂期の光景だった．捕食者であるインディアンの人口は，ニューイングランドと同様に，ヨーロッパ人との接触から天然痘，麻疹，百日咳，結核などの疫病が繰り返され，急速に減少していた．その死亡状況は不明だが，1770年と1877年における人口の比較データ（Isenberg 2000）によれば，ブラックフット族やコマンチ族などの「遊牧グループ」では，6万7800人から3万7613人へ，減少率は45%！ アリカラ族やヒダーツァ族などの「定住グループ」では，4万4500人から9732人へ，減少率は79%！！ 免疫のないインディアンがいかに病気に弱く，死亡率が高かったのか，これらの数字は雄弁に物語る．インディアンのバイソンへの捕獲圧は長期にわたって

半分以下に抑えられていたのだ．最大の死亡要因だった狩猟が減少要因リストから外され，解放されたバイソンはその生態学的限界まで，環境収容力ぎりぎりへと増加したにちがいない．カナダの偶蹄類の著名な研究者，ガイスト (Geist 1998) は「バイソンが分布域と個体数を途方もなく増やしたのはインディアンの大量死による」と述べている．この病気に連結するようにヨーロッパ人によるインディアンの強制排除や虐殺が多発する．全面戦争だ．バイソンの巨大な群れは北米大陸で最初に現出した最後を飾る光景だった．

1820年代，バイソンの毛皮や皮革が服や靴，敷物などに加工され，商取引の対象になると，狩猟は徐々に本格化していった．バイソン専門のハンターや，イギリス仕込みの皮剥ぎ職人(スキナー)が現れ，組織された集団が各地で活躍するようになった．ハンターは1日でなんと250頭を殺し，職人は1頭5分で毛皮を剥いだという．1830年代には，毎年3万-8万枚の毛皮がセントルイスからコロンバスを経てポトマック川からニューヨークへ，南部ではプラット川やミズーリ川を経由，ミシシッピ川からニューオーリンズへと運ばれた．

ミシシッピ川に蒸気船が運行されるようになると，そこに毛皮が積まれ，毛皮専用運搬船の様相を呈した．後年，東部から西部への「国道」が相次いで敷設されるが，どれもがバイソンを運んだ毛皮の道だった．多数の毛皮商が押し寄せたが，なかでもアスターの"アメリカ毛皮会社"は，中西部を中心に毎年7万枚以上の毛皮を出荷した．会社は毛皮運搬専用の蒸気船"セント・ピーター号"まで所有していた (Isenberg 2000)．毛皮だけではない．セントルイスやカンザスシティの街ではバイソンの肉，舌(タン)，灯油用となる獣脂が売られた (Branch 1997)．なかでも舌は絶品とされ，高価で取引された．こうしてバイソンはケンタッキーやイリノイ州などの東部では狩り尽くされ，1830年代に入ると中央東部のミズーリ州でも根絶された．

1862年にその後のアメリカ史の自然や土地利用に大きな影響をおよぼす画期的な法律が公布された．大統領リンカーンが提出した「ホームステッド法」（自営農地法）で，広大になった公有地を5年間の開墾を条件に一家の家長もしくは21歳以上の者を対象に160エーカー（約65万m^2，金額にして当時200ドル）を払い下げるというものだった．都市に住む労働者や失業者，食い詰めた貧農が，西部へと移住し，そこで開墾の鍬をふるい，農耕地や牧草地を切り開いた．人口は西部フロンティアへ向かってゆっくりと希釈されていった．開拓民はインディアンと闘い，生活の糧にバイソンや野生動物を狩猟した．

これらの狩猟に加えてさらに乱獲を助長したのが道路や鉄道の敷設と，狩猟のレジャー化だった．西部へと向かう幌馬車からのバイソン撃ちは格好の娯楽だった．西部に向けた100台の幌馬車を列ねる「バイソン狩り」は幾度となく運行され，参加したサンタフェのある商人は「世界中の狩猟のなかで最高に刺激的だ」と記している (Branch 1997)．セントルイスには毎年20万-30万頭もの毛皮が各地からかき集められるいっぽうで，バイソン狩りはしだいに撃つことだけを目的にした無差別猟の様相を強めていった．それでもなおウィリアム・ホーナディ (Hornady 1889) は，1865年の時点でミズーリ川上流北西部やテキサス州には1000万-1500万頭が生息していると推定した．この調査を行ったホーナディはハンター兼剥製師で，開館したばかりのアメリカ自然史博物館の依頼でバイソンの捕獲と標本づくりを行っていた．しかしあまりの惨状に，ハンターをやめ動物保護運動に転身する．後のニューヨーク動物園の園長にして海獣保護運動の立役者，後節で再会することになる．

シカゴを起点にカンザスシティ，ソルトレイクシティを経由してカリフォルニアに至る大陸横断鉄道は1863年に着工された．バイソンは，敷設にあたっては労働者の食料に，鉄道が通ってからは列車からの，テレビゲームさながらの，発砲ゲームに供された．先駆けとなった1868年のシンシナティ発シカゴ行「周遊旅行」の広告にはこうある．「木曜日出発，帰りは金曜日．

図 10-6　これは 1863 年から着工されたカンザス太平洋鉄道の様子．カンザスシティ発コロラド行の列車．乗客が銃を取り出して発砲している（Hornady 1898 より）．

図 10-7　カンザス州ドッジシティに積まれたバイソンの生皮．毛皮が高騰した最盛期の 1874 年に撮影（Isenberg 2000 より）．

バッファロー見物にはたっぷりの時間．沿線に多数のバッファロー．車内から毎日狩猟ができます．前回は 6 時間で 20 頭の実績．手軽な値段でリフレッシュを．料金 $10」（Branch 1997）．多数の人々が西部に押しかけ，狩猟に興じた（図 10-6）．1872 年から 1874 年のわずか 3 年間にカンザス州では 350 万頭のバイソンが殺戮された（Taylor 2007）．草原を埋め尽くしていたバイソンの姿は，一転して，消滅，めったにみかけられなくなった．

二束三文だった毛皮の値段は希少化とともに 3-4.5 ドルへ高騰した．おりしもイギリスやドイツでは皮革加工技術が進歩し，毛皮の需要が伸びて輸出量は飛躍的に増加した．1871 年には 10 万頭程度だった輸出毛皮は，22 万（1872），75 万（1873），72 万（1874）と増加し，カンザス州では生皮の山をつくった（図 10-7）．1875 年にはピークの 110 万に達し，100 万（1876），80 万（1877），22 万（1878）と激減し，1880 年には 0 となってしまう（Taylor 2007）．こうした高騰の最中に頭角を現したプロのハンターが多数いる．なかでも有名なのが，バッファロー・ビルことウイリアム・コディ，彼は毎日平均 12 頭のバイソンを撃ち，毎月 500 ドルの利益を稼ぎ出したという（Branch 1997）．彼らは残されたバイソンの最後の墓掘人たちだった．

こうして最後に残されていたミズーリ川上流域やテキサス州の，分断化されたいくつかの集団も 1884 年までには狩り尽くされた．なおこ

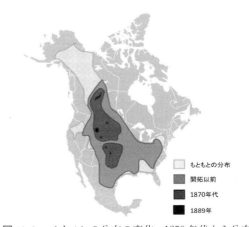

図 10-8　バイソンの分布の変化．1850 年代から分布域と個体数は急激に減少する（Hornady 1889，Reynolds et al. 2003 より作成）．

の末期のバイソン撃ち（1883 年 9 月）には，後に 26 代大統領となって北米の国立公園と野生動物管理の基礎をつくるセオドア・ローズヴェルトが参加し，オス 1 頭を仕留めている．

この間の分布の変貌を確認する（図 10-8）．広大な分布域は，空気が抜けた風船のように急速に縮小し，最後には残骸のような断片に散らばったことがわかる．立ち昇っていた埃と硝煙の後に，バイソンの姿は 1890 年までにはほぼすべての地域から消え去っていた．それは本格的な狩猟が始まってわずか 60 年間の出来事だった．アメリカ西部開拓の道のりには文字どおりバイソンの累々たる屍が敷き詰められている．これがたんなる比喩でないことは後に述べる．

バイソン絶滅とエコサイド

バイソン絶滅の経過は4つのステージに区分できよう．第Ⅰ期は，1800年まで，おもにグレートプレーンズの東部が舞台．この時代は流行病と大量死によってインディアンの捕獲圧が下がり，バイソンは4000万頭程度に増加したと思われる．開拓民は食料と換金産物としてバイソンをさかんに獲った．毛皮商や狩猟者集団が参入し，狩猟を行った．インディアンのなかには換金目当てに積極的に狩猟に加わる者もいた．しかし，捕獲個体はすべて毛皮や食料に利用され，捕獲圧は取るに足らない水準だったと考えられる．とはいえ牧場や農場が進出し，狩猟によって分布の外縁部，オハイオ州などでは絶滅した．

第Ⅱ期は，1800–1830年の，グレートプレーンズ東部に多数の開拓民が入植し，インディアンとの間に軋轢や衝突が頻発するようになった期間．アスターの会社を筆頭に多数の毛皮業者や専門ハンター集団が組織的な狩猟を行い，大量の毛皮が搬出された．インディアンはみずからの生活基盤を支える食料の乱獲に怒りと反発を募らせ，入植者や狩猟者集団を襲う事態が発生した．対立は憎しみを呼び，ヨーロッパ人の憎悪はインディアンの生活基盤であるバイソンにぶつけられ，利用を前提としない乱獲が始まった．ある将軍は「インディアン国を滅ぼすには，兵隊を送り込んで50年を要するより，ハンターを派遣してバイソンを殺したほうが賢明だ．わずか数年ですむ」といったという（Smith 2012）．辺縁部のイリノイ，ケンタッキー州では絶滅した．商業狩猟と乱獲が個体群に影響を与えたことは確かだが，全体を俯瞰すればまだ著しい個体数減少は起きていないと思われる．エバーハート（Eberhardt 1987）はバイソンの持続可能な収穫量を，20世紀後半に回復し管理された集団の狩猟実績から15.4％と見積もった．ただし，これはオオカミなどの捕食がない条件での算定なので，ここではそれを見込み10％を採用することとする．すると，いま2000万頭のバイソン集団がいたとすれば，毎年少なくとも200万頭以上の捕獲がなければ集団を減少させることはできない．この水準の捕獲圧がこの時代に発生したとは考えにくい．またこの頭数は，すでに紹介した肉の消費量の換算からみてインディアンがいかに持続可能な狩猟を行っていたかを証明している．

第Ⅲ期は，1830–1860年の，グレートプレーンズ周辺には多数の開拓者が入り，また毛皮業者やハンターが活躍し，道路や水上交通が整備され，広い地域で乱獲が行われた期間だ．これに拍車をかけたのが鉄道敷設と，それにともなって出現した狩猟の観光化，レジャー化だった．バイソンは生活の糧や毛皮目的を超え，たんなる標的として乱獲された．周辺地域では絶滅が連続的に発生した．また1845–1856年には大旱魃がグレートプレーンズを襲い，草と水不足のために多数のバイソンが死亡している．それでもなおホーナディ（Hornady 1889）が報告した1865年までの時点では，グレートプレーンズ中央部170万km^{2}には1000万–1500万頭が生息していた．またそこには約16.4万人のインディアンが生活し，白人入植者はまだその土地の1％も所有していなかったのである（Taylor 2007）．これが次のステージで一挙に壊滅させられる．

第Ⅳ期は，1860年から実質的に絶滅した1890年までの期間である．ホームステッド法によって増加した開拓民や市民，毛皮業者とプロの猟師による乱獲は，日常化したインディアンとの紛争や毛皮の高騰とあいまって，かつてない水準に達したと思われる．『北アメリカの草原と住人』の著者，リチャード・ダッジ（Dodge 1876）は，サンタフェ・カンサスパシフィック鉄道とユニオンパシフィック鉄道の実際の現場を視察して運搬された毛皮の枚数を推定した．それは1872–1874年の3年間で控えめに見積もって137万8350枚になるという．同じ本のなかでテキサスなどの小さな町では「数エーカーにわたって毛皮が敷き詰められ，まるで毛皮の町だった」と述べている．この時代，持続可能な収穫量をはるかに突破した乱獲が繰り広げられた．同時にこのころ，西部へと大量のウシを運ぶ"ロング・ドライブ"が行われ始

め，じゃまをするバイソンはやみくもに射殺された（鶴谷 1989）．乱獲は南北戦争をはさんでもいっこうに衰えることはなかった．生まれたばかりのアメリカ議会では，バイソンの乱獲に対して保護法案が何度か上程され，論議された形跡がある（藤原 1976）．しかしそれらはすべて廃案にされ，乱獲はむしろ助長されたようだ．そして最後にとどめを刺したのは，より巧妙で卑劣な政治的・社会的な圧力だったように私には思われる．

アメリカ政府は，ホームステッド法にみられるように，移民の増加と開拓地の拡大にしたがってインディアンを未開地の西部へと押しやる政策を一貫して遂行してきた．インディアンとの紛争や衝突には陸軍が対応した．1824 年にインディアン対策局の前身組織が陸軍長官によって設置された．1830 年に政府は「インディアン強制移住法」を制定し，武力を背景にミシシッピ川西岸への移住を強要した．もちろんこれに反発して蜂起する部族もあったが，多くは「説得工作，つまり（族長への）賄賂，脅迫，両者の組み合わせ」（ヘーガン 1984）を受け入れ，グレートプレーンズ地域に移住した．無理な追い立て，寒さと疲労，飢えの道中で，4000 人を超える人々が命を落とした．これが有名な"涙の旅路"と呼ばれる強制移住の実状だ．

1849 年，現在では国立公園や野生動物の保全・管理を一括して扱う"内務省"が，陸軍省に代わって設置された．内務省の役割はインディアン問題と土地管理を統括的に処理することだった．内務省インディアン対策局長オーランド・ブラウンは次のように述べる．「バイソンの根絶はインディアンの生存基盤を減退させることであり，必然的に，彼らに重大な損害を負わせるばかりでなく，複数の部族を狩猟地の争奪に引き入れ，彼らの間に流血の衝突と皆殺し戦争を引き起こす」（Isenberg 2000）と．恐ろしいことだ．

生活様式や文化の異なる部族を特定の地域に集める．バイソンは季節にもとづいて移動し，部族もまた移動する．割りあてられた領地は秩序を失い，混乱に陥る．この地でどのようなこ

図 10-9　デトロイトにあった肥料会社"ミシガン・カーボン・ワークス"に集積されたバイソンの骨の山．1885 年ころこの会社は年産約 9000 トンほどの肥料を生産した（Isenberg 2000 より）．

とが起こるのか，白人局長は十分に理解していたのだった．はたして，伝統的な領地への複数部族の乱入は部族同士のいさかいや抗争へと発展していった．混乱のなかで無数のバイソンがまったく無意味に殺された．たがいにみずからの生存基盤を奪い合ったのだ．後の長官ジョージ・メニペニーは 1855 年に「彼らが新たに占拠した場所では危機が訪れるにちがいない．その危機こそが将来を決めるのだ」と述べたという（Branch 1997）．対立をあおり，インディアン同士を戦わせること，それが政府の一貫した方針だった．これほどの悲劇はない．それは，インディアンの社会や文化，そしてその生態系の圧殺でもあった．バイソンはその卑怯で執拗な政策の結果として根絶されたのだった．

第 V 期ともいえる後日談がある．草原を埋め尽くした累々としたバイソンの屍はその後十数年にわたって価値をもち続けたのである．肥料としての骨だ．草原からかき集められた骨は 1 トンあたり 4-12 ドルで売れたために開拓民の格好の副業となった．骨は鉄道に乗せられてセントルイスやデトロイトなど複数の肥料会社に運ばれ，粉砕され，肥料として売られた．集積地の 1 つドッジシティにはこの骨の山が 400 m にもわたって築かれたという．有名なこの写真（図 10-9）は，デトロイトにあった肥料会社"ミシガン・カーボン・ワークス"に集

積された骨の山で，1885年ころこの会社は年産約5000トンの肥料（ボーンブラック）と約4000トンのアッシュを生産した．死して野牛は骨を残す．

バイソン，再び

最後にその後のバイソンを要約し，この節を終える．バイソンはプロのハンターの手で最後にはあっけなく絶滅された．インディアンも棹尾を飾る戦いを挑み，カスター指揮下の第七騎兵隊を全滅させたりもした（1874年）ものの，その生活基盤を失ってはもはや抵抗する力はなかった．バイソンの姿はグレートプレーンズからは消えた．だが，いくつかの動物園では，すでに幻の動物となったバイソンを飼育していた．また，目ざとい牧場主は交配用の種牛として，あるいは将来の投資として何頭かを飼っていた．さらには，20世紀をはさんで小さな野生群が奇跡的に生き残っていたのが確認された．シンリンバイソンはカナダ・アルバータ州北部に300頭が，ソウゲンバイソンはモンタナ州北部やカナダ・バンフ国立公園に約300頭がそれぞれに生き残っていた．北米大陸の広さと懐の深さゆえというべきか．総計約900頭．それは開拓以前の陣容からみれば塵のような生残者だ．

その後の経過は大幅に略すが，これらの個体はまとめられ，特別の保護区に移され，厳重に保護された．順調に繁殖し，個体数は徐々に増加していった．さらにはその後，各地の保護区へ再導入が繰り返され，この結果，現在では10以上の保護区や国立公園に合計70万頭以上が生息するようになった．これは野生動物を絶滅の淵から救い出した人類初の取り組みと努力だった．それでも後遺症は重い．遺伝的な多様性は歴史的なボトルネックと創始者効果からきわめて低いことが明らかにされている（Wilson & Strobek 1999, Halbert & Derr 2008）．ほんとうの意味の回復はまだなのである．ついでながら，保護されたバイソンは他方で，カナダやアメリカの個人牧場でも飼育されるようになった．1980年代以降その数は急速に増加し，現在では，北米全体で2500カ所以上の牧場，合計約34万頭におよぶ（http://www.bisoncentral.com　閲覧2017.6.20）．肉用に毎年約5万頭が屠殺され，流通している．赤身の多い肉は，環境に優しいヘルシーミートとして人気があり，1kg約8ドル前後で販売されている．現金なものだ．

（4）ジェノサイドの系譜

草原の連鎖

北米西部の開拓に引きずり込まれ，絶滅またはそれに近い状況に追い込まれた哺乳類はバイソンだけではない．プロングホーン（エダツノレイヨウ *Antilocapra americana*）は，バイソンとともにプレーリーを埋め尽くし，開拓以前はおそらく1000万-4000万頭が生息していたと推定される（McCabe et al. 2004）．それが開拓民の食料に狩猟され，20世紀初頭までには約1.5万頭までに激減した（現在では法律が整備され，70万-100万頭に回復）．またアメリカ産のアカシカ，"エルク"のうちグレートプレーンズ周辺に生息していたいくつかの亜種，チュールエルク（*Cervus elaphus nannodes*），イースタンエルク（*C. e. canadensis*），メリアムエルク（*C. e. merriami*）は，絶滅したり，寸前までに追い込まれた．さらに見落としてはならない動物たちがいる．

ここには日本でもおなじみのプレーリードッグ[10]が多数生息していた．彼らは地下に複雑なトンネル網をつくり，"タウン"と呼ばれる集団で生活している．19世紀半ばの時点で，グレートプレーンズの草原地帯には約30億頭以上が生息していた（Barko 1997）．開拓当初は肉や毛皮も利用されたが，徹底して狩猟されたのは牧畜が本格化してからだった．ウマやウシが巣穴に脚を取られ怪我すること，草食のため家畜の餌が減ることから，牧場主は，自身でも，また専門ハンターを雇い，銃や罠，毒餌を使い，各地で根絶させていった．

加えて20世紀に入ると伝染病（腺ペスト）が流行，プレーリードッグも感染したので減少したが，宿主として恐れられたため，撲滅運動には拍車がかかった．人々はストリキニーネを

混ぜたエンバクをばら撒いた．この毒殺作戦には連邦政府も財政支援を行い，同時にプレーリードッグ駆除専門の部門も発足させた．毎年9万km^{2}以上の面積に毒餌が散布され，数百万頭のプレーリードッグが系統的に毒殺された（ウォルフ 2003）．分布はまたたくまに縮小，大半の地域から姿を消した．現在の分布域は開拓以前のわずか2%にすぎない．その後の研究はこれらの風説がじつは冤罪であったことを証明した．

まずは草の競合．プレーリードッグの食性を調べると，実際にはきわめて偏食で，ウシやウマが好む草は食べないし，逆にプレーリードッグが好む草は家畜が食べないことが判明した（Urek 1984）．それだけでなく，プレーリードッグが生息するほうが，土壌が肥沃で，草の生育が良好となり，飼料としての栄養価も優れていることがわかった（Urek 1984 など）．プレーリードッグは巣穴を掘ることで土壌を耕耘し，トンネル内の各部屋には干し草を大量に持ち込み，そして糞や尿を排泄する．これらの活動を通じて土壌に養分を供給し，草原生態系の循環に寄与するのである（Hoogland 1995 など）．プレーリードッグもまた草原を維持する"生態系エンジニア"（p. 89, p. 409）なのだ．

次に伝染病に関しては，齧歯類なので宿主になるのは事実だ．ただよくめだつために疑われやすいが，この点ではほかに生息する多くのネズミ類と変わらない．また主要な媒介者はノミやダニなどだから，これらの媒介昆虫を防除するのが第一義なのだ．さらには巣穴による家畜の怪我．これも皆無ではない．しかし実際その発生率はきわめて低いことがわかった（Aschwanden 2001）．脚をとられるのはもっぱら人間だった．総じてプレーリーからプレーリードッグを排除しなければならない理由はみあたらない．そればかりかプレーリードッグの激減は別の哺乳類を絶滅の瀬戸際に追い込んだ．

イタチの仲間クロアシイタチ（クロアシフェレットともいう．*Mustela nigripes*）だ．ほかのイタチ類のように毛皮目的に乱獲されたためではない．この哺乳類がプレーリードッグ専門の"ハンター"だったことによる．このイタチの巣穴，といってもプレーリードッグの空巣を利用するのだが，そこに残っていた糞を分析すると，小型のネズミ類も含まれてはいたが，じつに82%はプレーリードッグの骨だったという（Sheets & Linder 1969）．プレーリードッグが2本足で立ちながら発する独特な警戒音の主要な標的は，じつはこのイタチに向けられていた[11]．興味深い音声が発せられたと思われるが，音声分析以前に絶滅寸前で，いまだに研究は行われていない．このイタチは50-60 cmでプレーリードッグよりやや大きいが，短足，細く柔らかい体で巣穴に侵入する．夜間に巣穴に忍び込み，睡眠中のプレーリードッグを襲うという独特の捕食行動をもっている．

捕食者は被食者なしには生存できない．依存度が高いほど脆弱だ．プレーリードッグのタウンが健在だった1920年代には約50万頭が生息すると推定された（Clark 1987）が，被食者の激減に歩調を合わせ，クロアシイタチの分布域も縮小していった．政府のプレーリードッグ駆除部門は，駆除のいっぽうでこのイタチの生息状況を追跡したが，1953年の時点で野生個体は70頭以下しか発見できなかった．この急激な減少にはディステンパーなどの病気が追い討ちをかけていた．これらの個体は捕獲され，飼育された．1966年に可決されたアメリカ最初の「絶滅の危機にある種の保存法」でも，真っ先にリストされたほど，この種の状況は危機的だった．しかし，所詮，プレーリードッグの駆除と捕食者であるイタチの保護という矛盾する二正面作戦は両立するはずはなく，1979年には最後の飼育個体が死亡し，この種は絶滅した，と宣言された．

ところがである．やはり北米大陸は広い．1981年，ワイオミング州の一部にごく少数がプレーリードッグのタウンとともに健在であることが確認された（ウォルフ 2003）[12]．政府はさっそくに"生息地外保全"のプロジェクトを発足させ，この地域から18頭のイタチを捕獲し，人工増殖を図った．幸いにもこれが成功し，わずかずつ回復し（といっても現在なお約350

頭程度で，絶滅の危機にあることに変わりない），ワイオミング州の他地域にも再導入が試みられ，ある程度は成功している．別の州でも試みられたが，成功してはいない（Svendsen 2003）．なによりも餌となるプレーリードッグの回復が要なのだ．

　プレーリードッグの負の連鎖に巻き込まれたのはクロアシイタチばかりではない．（プレーリードッグの）巣穴を利用するアナホリフクロウ（Athenen cunicularia）もまたその被害者だ．このフクロウは，名前とはちがい，自力では穴を掘ることができず，プレーリードッグの放棄した巣穴を利用し，繁殖する．これまた，フクロウ科に属するものの，昼行性で，もっぱら小型齧歯類や昆虫類を捕食する（プレーリードッグを襲うことはない）．プレーリードッグは巣穴を提供するいっぽう，フクロウはバッタやハタネズミを捕食し，食草の生育に貢献するので，さらにはコヨーテやキツネ，ワシタカ類が共通の天敵のため，同所的なのは相利的である．このため両種の分布域は完全に重なる．デスモンドら（Desmond et al. 2000）の7年間の追跡調査によれば，アナホリフクロウの生息密度はプレーリードッグの巣穴の密度ときわめて強い相関があり，プレーリードッグの古巣の減少がフクロウの生息数の減少と直結していることを明らかにした．プレーリードッグの分布域の減少はこの種の生息数の激減を引き起こした．これには牧草地への転換にともなう過剰な農薬や殺虫剤の散布も要因の1つと指摘される．現在，アメリカとカナダで絶滅危惧種に指定されている（Klute et al. 2003）．

　さらにもう1種の鳥類が加わる．ミヤマチドリ（Charadrius montanus）というチドリ科の鳥で，種小名が"山の"（montanus）とされているのは，記載されたのがロッキー山脈の山麓（じつはグレートプレーンズ）の記録と標本による．この鳥もまたプレーリードッグとの結びつきが強く，彼らの採食行動によって成立した短茎草原だけに営巣する．その理由は，昆虫を主食とする採餌行動には有利であり，プレーリードッグの警戒音が天敵回避に役立ったことなどが考えられる．プレーリードッグの分布域の縮小にともなってこのチドリも激減した．絶滅危惧種に指定され，一時は5000-1万羽程度と推定されたが，近年では，プレーリードッグの保護施策や生息地の整備が実り，1万5000-2万羽に回復している（Tipton et al. 2009）．

北米大陸の開拓とオオカミとの軋轢

　北米開拓のなかで迫害されたもう1種の哺乳類を最後に取り上げる．その迫害たるや圧倒的で比類がない．ハイイロオオカミ（またはタイリクオオカミ Canis lupus）はユーラシア北部と北米大陸全体に広く生息していた．ヨーロッパオオカミ同様に"パック"と呼ばれる群れをつくり，数百km^2，ときには数千km^{2}のなわばり内を移動しながら，シカなどの草食獣を狩って生活する．毛皮は良質で，とくにハドソン湾周辺のものは色や毛質にすぐれ，珍重されたが，大量には獲れなかったので主要な交易品にはならなかった．

　オオカミとの軋轢が増加するのは，開拓が進み，家畜の放牧や，各地に牧場がつくられ，多数の家畜が飼養される19世紀に入ってからだ．この背景には，定住した開拓者が毛皮や食料のために野生動物を乱獲したこと，なかでもオオカミの餌の定番だったシカ類（オジロジカ，エルクなど）が，毛皮と肉のために獲り尽くされ，家畜を代替の餌として捕食するようになったことが指摘できよう．この事情はヨーロッパでも，日本（エゾオオカミ，ニホンオオカミ）でも共通する．草食獣の乱獲は，オオカミを憎悪すべき家畜の加害獣に転換させていった．それは人間との直接的な対峙だった．

　これに西欧社会に深く浸透していた潜在的恐怖が，狂犬病のおそれや遠吠えの不気味さなど現実の恐怖とあいまって，一挙に，撲滅や根絶へと突き進んでいった．大多数の植民者の精神はヨーロッパの中世世界のなかにあった．なかでも多数を占めたカルヴァン派プロテスタント（ピューリタン）は宗教的には固陋であった．宗教改革とは，すでに述べたように，キリスト教そのものの改革ではなく，聖書への復帰を柱

とした強烈な原理主義運動だった．このため，オオカミへの偏見は根強く，さらには宗教的な頑迷さゆえに，西欧最後の魔女裁判と19名にのぼる大規模な焚刑が1693年に初期入植地，マサチューセッツ州セイラムで行われたほどだった．そればかりではない．

シカなどの草食獣が減るのは，自分たちの狩猟は棚に上げて，もっぱら捕食者が主因だとする解釈が広く受け入れられていた．したがって，毛皮や肉が大切なシカ類を増やすにはまず捕食者であるオオカミを駆除することが肝要だ，との見解が多数派を占めた．これを受け，州政府は報奨金制度などをつくり推進した．マサチューセッツ州では入植後まもない1630年にはその制度を発効させている．各州政府はこれに見習い開拓と並行して報奨金制度を設けた．この施策を"プレデター・コントロール"（predator control）という．制度の浸透とともに標的は他種にも拡張された．たとえば1843年に創設されたオレゴン州の対象種と金額は，ピューマ（$5），オオカミ（$3），クマ類（ヒグマとクロクマ，$2），リンクス（$1.5）である．驚くことにイタチ類も，そしてイヌワシやハクトウワシなどの猛禽類も（狩猟鳥を襲うので）コントロールの対象となった．この政策は各地に広がり，全米は捕食鳥獣の撲滅一色に染まった．後年，連邦政府は野生動物管理の専門部局（「内務省野生生物局」）を設置するが，その下部組織に捕食獣駆除（とプレーリードッグ駆除）の専門の部門をつくり，担当者みずからが掃討戦に乗り出した（後述）．

銃殺，毒餌，巧妙な鉄罠，オオカミは各地で殺され続けた．この結果，19世紀末には北米東部から，20世紀初頭には西部とニューファンドランドから一掃された．なかにはしたたかに，人間との知恵比べに挑戦する個体もいたが，圧倒的な力と執拗な攻撃に逃れる術はなかった．1960年代，北米のオオカミはアラスカ，カナダの一部，ミネソタ北部を残してほぼ完全に消滅した．なおスケールはちがうが，日本のエゾオオカミもまた，開拓と草食獣の減少→家畜への被害→懸賞金→毒殺という同じ経過をたどって，1890年代に絶滅した．

北米ではその後，毒餌の禁止や罠の制限などの措置がとられ，また草食獣の回復ともあいまって，1975年以降，モンタナ州，ミネソタ州，五大湖北部，アラスカ州，カナダ各地では個体数や分布域が少しずつ増加に転じ，現在では北米北部を中心に5万-5万5000頭が生息すると推定されている（Paquet & Carbyn 2003）．また一部の国立公園には再導入が試みられている．イエローストーン国立公園では，周辺住民との協議や周到な準備期間を経て，1995年に3パック21頭が放逐され，その後順調に推移し，2004年14パック96頭，2010年の時点では40パック500頭以上までに増加した（公園内のみ）．これにともない一部の個体やパックが公園外へも分散し，家畜の被害が発生するなど新たな課題に直面している（Greater Yellowstone Science Learning Center 2010）．

北米大陸での野生絶滅のロードマップ

北米大陸への侵出と開拓にともなって多数の野生動物が絶滅した．北大西洋での漁場の争い，卵と羽毛目的の乱獲の結果，オオウミガラス（1844年）とカサギガモ（1875年）が絶滅，これを序開きにさらに続く．旧来の植民州ヴァージニアに隣接するカロライナには，カロライナインコ（*Conuropsis carolinensis*）という大型のインコがいた（カロライナインコ *C. c. carolinensis* とラドヴィックカロライナインコ *C. c. ludoviciana* の2亜種）．200-300羽で群れをつくり，森林のなかにコロニーをつくり繁殖した．メンバーが傷つくと扶助する習性をもつため，群れごとに一網打尽にされた．開拓のための森林が伐採されたことに加え，果樹を加害したことや，羽毛目当てのために獲られた．1878年に野生個体は絶滅した（動物園の個体は1914年まで生き残る）．

グレートプレーンズ東部のプレーリーにはヒースヘン（正確にはニューイングランドソウゲンライチョウ *Tympanuchus cupido cupido*）というソウゲンライチョウ類の1亜種がいた．草原のごくありふれた鳥で，入植者はさかんに

撃って食べた．とくに「感謝祭」ディナーの定番だった．シチメンチョウはこの鳥が調達できなくなった後の代替品だ．入植や開拓とともに急速に減少，18世紀末にはほぼ消滅した．19世紀後半は全米各州で絶滅したが，わずかな個体が東海岸の小さな島に生き残っていた．しかし，これも異常低温と野火のために1932年には絶滅した．

以上の3種3亜種の絶滅には北米東部から西へたどる入植と開拓の足跡がそのまま刻印されている．滅び去ったすべての動物はおそらく「種」として認知されないまま，その他多数の野生動物の乱獲にまぎれて激減し，絶滅していった．そこには是非もない生物種の認識レベルと自然観が背景にあったと思われる．もう1種を追加する．大都市ニューヨークの一部であるロングアイランド島の西方沖にはガル島という面積わずか6.9 haの小島がある．現在，カモメやアジサシの集団繁殖地として有名だが，20世紀以前には固有種ガルアイランドハタネズミ（*Microtus nesophilus*）が生息していた．アメリカ政府は対スペイン戦争のために，1897年，要塞と砲台をつくった．植生を剝ぎとる大規模な環境改変によってこの種はあえなく絶滅したようだ．絶滅したことがわかったのは残されていた標本が再吟味され，新種だったのがわかったことによる．現在，15頭の標本がスミソニアン自然史博物館に保管されている．なお最近では，独立種というよりアメリカハタネズミ（*M. pennsylvanicus*）の1亜種とみなされている（Tamarin 1985）．

ウィリアムスとノワック（Williams & Nowak 1986）によれば，北米大陸カナダとアメリカではヨーロッパ人の渡来と入植以降の約500年間で，28種の野生動物が絶滅したという（魚類15種，両生・爬虫類3種，鳥類5種，哺乳類5種）．亜種を含めると合計で65（亜）種になる．すべてが狩猟による乱獲や，水産業や開発などによる環境改変，すなわち人為絶滅である．時間あたりの絶滅率はほぼ10年に1（亜）種以上と破格のスピードだ．そして大半が「絶滅」とは認識されずに絶滅した．これまで私たちは野生動物の減少や絶滅にこだわり，かなりのページを割きその経過を追跡してきた．この目的をあらためて確認すれば，なぜ絶滅や乱獲が起こったのか，その背景や要因を環境や社会のなかに探り，歴史・社会的な文脈のなかに位置づけることにある．この作業を通して自然や野生動物に対する人間の多様な営為をとらえなおし，ここから新たな行動原理を抽出したいと思うからである．絶滅種の検証は回避すべき絶滅の生きた教科書なのである．最後に，北米で起こったもっとも劇的で大規模な絶滅を紹介してこの項を終える．

リョコウバト

多くの種の減少や絶滅もまだ序章にすぎなかった．入植者が大挙して押し寄せるようになった18世紀後半，北米東部にはあまりの大群に通過する上空が切れ目なく覆われたほどのハトがいた．渡りをするところからリョコウバト（*Ectopistes migratorius*）と名づけられた．生息数にはさまざまな説があるが，30億-50億羽というのが大方の一致するところだ．当時の世界人口が約10億人だったから，リョコウバトはおそらく地球上最多の陸上脊椎動物だったにちがいない．バイオマスに換算すれば全北米鳥類の25-30%に達するはずだ．肉は美味で，ヒースヘンと並んで入植者たちの絶好の食料だった．北米北東部の森林で繁殖し，秋には大群で南・西部に渡ったので，繁殖地，渡りの通過地，越冬地のいたるところで乱獲された．捕獲は簡単で，棒で叩き落としたり，大網ですくいとったり，群れに向けて散弾銃を撃てば一挙に130羽が落ちたとか，一晩で6000羽が獲れたなどの記録が残る（図10-10）．肉は塩漬けや，あまりの多さに肥料に，羽毛は羽根布団の材料に，使われたという．

その夥多は多くの人々によって語り継がれてきた．極貧のなかで北米の鳥たちを描き続けたジョン・オーデュボンはこの鳥のいきいきとした姿を，彼自身が撃ち落とした鳥をもとに描いている．そして「なにものもこのハトの数を減らすことなどできない」とメモに付け加えた．

10.1 北米大陸での開拓と「発展」　543

図 10-10　大空を覆うリョコウバトの大群．人々がやみくもに発砲しているのがわかる．1875年ルイジアナ州での光景（Ziswiler 1967 より）．

アメリカ自然保護運動の父，ジョン・ミューアもまた1830年3月に，「ニューヨークの市場はどこもかしこもハトだらけで1羽1セントで売られていた」と書き記している．絶滅することなどありえない，とだれもが思っていた．

ところが19世紀後半になると，この桁外れの鳥は，あたかも渡りのコースを変えてしまったかのように，めっきりと姿をみせなくなった．それでも人々はどこかに生息しているものと思い込んでいた．しかしそうではなかった．20世紀に入ると，オハイオ州など3カ所で撃ち落とされた後，1907年にカナダ，ケベックで撃たれたのを最後に，安否情報はぷっつりと途絶えてしまう．何羽かがシンシナティ動物園で飼育されていたが，最後のメス個体が死んだのは1914年．名を"マーサ"（初代大統領ジョージ・ワシントンのファーストレディにちなむ）といった．おりしも同じ年，同じ動物園で飼育されていた最後のカロライナインコも息を引き取った．

これがよく知られたリョコウバトの挽歌(エレジー)だ．だがその経過をくわしく追跡すると曖昧さにも突きあたる．1本のマツに40-50巣をかけ，枝が折れた（Kalm & Grpmnerger 1911）などの逸話に彩られるが，この鳥はもともとこれほど多数が生息していたのか．絶滅までにわずか60年間，乱獲が主因だったとしても，個体数の減少にほかの要因は関与していないのか．あらためて検討されてよい課題だと思われる．

これほどまとまって簡単に捕獲でき，しかも美味であったとすれば先住民もまた捕獲し，メニューにしていたはずだ．貝塚ならぬ「鳩塚」があってもよい．ところが意外な事実がある．ニューマン（Neumann, 1985）は，リョコウバトのかつての分布域であった東部一帯のクローヴィス期からBP500年までの先住民（インディアン）遺跡，37カ所から出土した動物骨の組成を検討している．それによれば，鳥類の骨が出土した遺跡は97％に達するものの，ハト類はきわめて少なく，骨数10個以上のものはわずか16％にすぎなかったという．ちなみに10個以上のシチメンチョウは57％に達する．リョコウバトは食物として選好されなかったか，捕獲できるほど多数生息していなかったか，のどちらかだ[13]．

民俗学的な調査によれば，インディアンはリョコウバトさえいれば積極的に捕獲し，好んで食べる傾向があったという（Neumann 1985）．草食獣に比べはるかに手軽だったからだ．とすれば，ヨーロッパ人が渡来する以前，リョコウバトは，少数とはいわないまでも，空を覆い尽くすほどの数には達していなかったのではないか．こんな疑問が浮上する．ではなにがこの鳥の個体数を爆発的に増やしたのか．

リョコウバトは堅果類，果実類，穀類，木の芽や花を主食とする．なかでもナラやカシ類のドングリや，アメリカブナの実を好んで食べ，集団で食べ尽くしながら森林から森林へと飛び渡っていたようだ．かつてのハトの分布域は，とくにホワイトオークのそれとよく一致するのが注目される．これらの樹種の実りには豊凶があるため，おそらくハトの繁殖率は年によって大きく変動したと考えられる．つまりリョコウバトは餌資源の量に応じて大きな個体数変動を示す$r-$戦略種（第1章 p.28参照）だったと推測される（Halliday 1980）．ここでハトの好物だったホワイトオーク（*Quercus alba*）に着目する．

この樹種のドングリはシカやリスなど野生動物の餌でもあったが，同時にインディアンが食糧に利用した．耐乾性や耐火性にすぐれるため，

図 10-11 リョコウバトの分布域と繁殖地．繁殖地は相対的に狭く，広い地域を"渡り"をしながら利用していた（Neumann 1985, Ellsworth & MaComb 2003 より作成）．

野火が入り，林床植生が除去されるとよく生育する性質があった．したがって，インディアンが行った火入れ，燃料の搬出，林床の刈り払い，畑をつくることがこの樹木を選抜し，優占種に押し上げていったと考えられる（Abrams 1992）．インディアンは意図的にホワイトオークの森を仕立てていたのだ．この森のドングリに依拠してリョコウバト個体群は増加していった（Ellsworth & MaComb 2003）．しかしその歴史は遠い過去ではなく，オークの森の優占度が飛躍的に増加するのは 17 世紀になってからで，18 世紀から 19 世紀末にかけても，引き続き開拓民が行った燃料用や木炭用の伐採は限定的だったために，高い優占度を維持するのに貢献したようだ．爆発的な増加が引き起こされたもののこのオークの繁殖地の森は東部に限定されていた（図 10-11）．しかし，20 世紀以降の植民と開拓地の拡大，それにともなう大規模な森林伐採や攪乱は，森林そのものの消失と，残った森ではレッドオーク（*Q. rubra*）へ，続いてブナ，カエデ，ポプラなどの広葉樹林へ遷移させていったと考えられている（Abrams & Copenheaver 1999）．

以上のスケッチはリョコウバトの餌と生息環境が時代の進行にしたがい大幅に変化したことを示している．しかもドングリの増加と並行して，インディアンの行った小規模なトウモロコシ栽培，これを継承した開拓民のトウモロコシ農耕，後に規模を拡大するトウモロコシやコムギの農業，これらはいずれもハトの餌条件を大幅に改善したにちがいない．リョコウバトは開拓期の典型的な「害鳥」だったといわれる（Neumann 1985）．さらにいえば，草食獣を保護するためのプレデター・コントロールは，ハトの捕食者でもあったピューマ，クマ，オオカミ，テンなどの食肉類と一部の猛禽類を徹底して駆除した．こうした環境史の視点からみると，19 世紀初めから中期にかけて記録されたリョコウバトの常軌を逸した大群は，インディアンと開拓民が合作した環境改変が引き起こした個体群の爆発的増加だった可能性が否定できない．それは明らかに，安定した生態系で発生した通常の生態学的現象ではない．

最近，ジェンマ・マリーら（Murray *et al.* 2017）は残された複数のリョコウバト標本の核 DNA やミトコンドリア DNA を分析し，遺伝的多様性がきわめて低かったことを明らかにした．このことは，この種の特定の集団が短期間で一挙に増加したことを示唆している．

このおびただしい大群が乱獲された．頻繁に捕獲されたのは移動中の集団で，明らかに群居性が災いした．19 世紀中期以降，おそらく彼らの移動パターンは変更を余儀なくされただろう．それは季節的な渡りというよりもむしろ採食できる森を求める放浪の旅だったように思われる．工業用の木炭や木材生産用に商業的な伐採が広く行われ，牧草地や大規模な農耕地へと転換されていった．森林はしだいに減少し，まとまった繁殖地や採食場所は断片化し，縮小していった．森から森への移動頻度は増して，その移動中に捕獲されたのだ．この効率のよい捕獲の反復が個体群を激減させ，そして野生絶滅に導いたのだろう．それははめをはずした乱獲だったことはまちがいないとしても，同時に，リョコウバトの個体群爆発を引き起こし，それを支えた生息環境の巨大な変貌だったことも忘れてはならない．

（5）海洋でのクジラの乱獲

アメリカ捕鯨の前史

　北米での動物と人間の関係史のなかで，忘れてはならない野生動物とその生息地がある．太平洋におけるクジラ類だ．私たちはすでに第7章で大西洋上での捕鯨の概要を18世紀までたどったが，ここに最大の捕鯨国アメリカを加えてその後の盛衰と経過を追跡する．アメリカの捕鯨の歴史は旧く，クジラ類との因縁も浅くはない．マサチューセッツ州，コッド岬の基部，ニューベッドフォード周辺や，その沖合の小島ナンタケット島では，アルゴンキン語族系マサチューセット族連邦ワンパノアグ族インディアンがクジラ漁を行い，食料にしていた．"ナンタケット"とは"海上の中間点"の意で，この地には遠浅の砂州が広がり，フランスのビスケー湾と同様に，たびたびクジラ類がストランディング（座礁）し，このことがクジラ漁を発展させた背景だった．ストランディングしたのはクジラばかりでない．ここは船の難所としても有名で，1976年にはタンカー（アルゴ・マーチャント号）が座礁して大量のオイル汚染を引き起こした．この地でインディアンは浅瀬に迷い込んだクジラやアザラシ，さまざまな魚類を手づかみや銛で捕獲した．最初の入植地の1つ，プリマスはこの地から指呼の距離にあった．メイフラワーの乗客たちは「船のまわりでクジラが遊ぶのを毎日みた」と書き残し，「3000-4000ポンドの価値がある鯨油を手に入れることができるのだが」と夢見ていた．入植者たちはクジラの価値を十分に認識していた．そして錨をおろしたコッド岬では「10-12人のインディアンが小型のクジラを解体し，魚を捕まえていた．嵐の後はいつもこうなのだ」と入植者の1人は記した（Bolster 2008）．前節で，「植民者は漁労で生計を立てようとしていた」と書いたが，その見通しの根拠はどうやら当時イギリスで流されていた風説や地図と，この航海中の見聞によるものらしい．とはいえ，この砂州からたまに得られる「収穫」は約100人もの入植者を養うにはほど遠かった．

　それでも入植後しばらくは，漂着クジラはけっこうな副収入になった．早いもの勝ちだったからだが，そのうち入植地政府が権利を主張するようになって，うま味はなくなった．このコッド岬周辺で入植者たちがクジラ漁を開始したのは1650年ころ，オランダ出身の捕鯨経験者が指導したといわれる（Starbuck 1878）．ナンタケット島に櫓を立てて沖合を見張り，通過するセミクジラの噴気を確認すると，数人の男たちが乗り込んだ数隻の小型ボートを漕ぎ出し，銛を打ち込んで殺し，浜へ綱で引き上げた．そこで脂皮を大釜で煮て鯨油を搾り取った．まったくのバスク流だが，もっぱら油が目的で，鯨肉は食べなかった（例外的に食用，Shoemaker 2005）．なぜ彼らは鯨肉を食べなかったのか，それどころか嫌悪したのか．私にはこの理由が，大多数の欧米人と日本人との間に，その後のクジラ「観」をめぐる大きな分岐を生み出す精神的な土壌の1つのように思われる．指摘できるのは，この初期の鯨油製造工程で発生する，度を超えたすさまじい異臭と引火による火災の危険性，この2つと無関係ではないのではないか．鯨油とは悪臭と危険にまみれた「工業製品」そのものであり，食料という概念からはほど遠い存在だった．だれも（石油の）原油を飲もうなどとは思わない．この点では，最初に「食」ありきから始まった日本，バスク，フランス北西部，ノルウェー，イヌイットと，工業産品とみなした欧米とはおのずとクジラ類に対する親和性や心理的障壁の程度が異なるのである．

　ヒゲクジラ類であるセミクジラ（p.359参照，英名 right whale）は，夏は高緯度北極域で採餌し，冬は低緯度域で繁殖する回遊性で，北米東部には11月下旬から翌春5月ころまでの間に出現し，漁期はこの間に集中する．1700年1月には1日で29頭も捕獲された記録があるという（Reeves et al. 1999）．この形態の沿岸捕鯨は，おもに回遊性のクジラ類を対象に，後に紹介する大きな転機が訪れる1730年ころまで続いた．では，この間に何頭のクジラが捕獲されたのか．正確な捕獲数は記録されていないが，おおよその頭数は，①スターバック（Starbuck

1878)[14]によるナンタケット島からの鯨油の出荷記録，②アレン（Allen 1916）がまとめたコッド岬沖のセミクジラの目撃数，などから推測できる．前者についていえば，スターバックは注目すべき記述を多数残しているものの，興味の中心は鯨油出荷量とその価格，あるいは船の管理に関するもので，捕獲数の記述は少ない．後者については，シェビルら（Schevill et al. 1986）がアレンの記録と現在の目撃記録とを比較し，当時の目撃記録が非常に多いことを指摘している（セミクジラ個体群がまだ十分に回復していないことを示唆）が，目撃数＝捕獲数ではないので，換算するのは困難だ．

著名な捕鯨史学者のランドール・リーブスら（Reeves et al. 1999）は，これらをふまえ，新たにロンドンに輸入された鯨油量やクジラヒゲの統計量から捕獲数の推定を試みた．これによれば，最大捕獲数は1707年の111頭で，鯨油生産高は4000バレルに達したが，1708年にはわずか600バレルに激減するなど，年変動が激しかったようだ．1697年から1734年までのコッド岬を中心としたニューイングランドでの捕獲数は37年間で総計3610頭（推定幅3300-3900頭）と推定している．ここに，1697年以前の捕獲数を年間平均35頭程度（1697-1700年の平均）と見込むと，沿岸捕鯨が本格的に開始される1650年から1730年までの捕獲数は5200頭程度と推定できる．しかし，この推定値はかなり過小評価だと思われる．なぜなら不明年が複数年あり加算されていないこと，あくまでも輸出量であり国内での消費は含まれていないことである．これらを考慮すると，小型オープンボートによる約80年間の沿岸捕鯨の総数は1万頭を超えたと推定される．

ところで，捕鯨はコッド岬などニューイングランドの独占ではなかった．ニューヨーク周辺のロングアイランドやデラウェア湾，さらにはサウスカロライナやフロリダでも捕鯨は植民初期から行われていた．東海岸沖はヒゲクジラ類の有数の回遊ルートにあたり，クジラがしばしばストランディングを起こし，インディアンはそれらを貴重な食料として利用していた．入植者たちはそれを見過ごさなかったし，後には沿岸でも捕鯨が行われた．この時代の捕獲数は漁業日誌などに記録され，これらを総括的に分析したジェフリー・ボルスター（Bolster 2008）は，たとえば，メイン州，デラウェア湾での1696-1734年のセミクジラの捕獲数は控えめな数として2459-3025頭と推定した．この数字は，同時期のニューヨークからロンドンへ向け輸出された鯨油量から推定されたリーブスらの捕獲数の推定値213頭の，およそ10倍にあたる．北米での，初期沿岸捕鯨の捕獲数は公式の輸出量統計から推定されるそれよりかなり多かったことはまちがいない．アメリカは国の原型がその母体に宿ったときからすでに世界でも有数の捕鯨国家だった．

捕鯨国家アメリカ

鯨油産業がさかんになり，捕鯨基地，コッド岬やナンタケット島は活況を呈した．捕鯨乗組員は経験を積みエキスパートとなり，小型ボートはより大型化した．しかしセミクジラやザトウクジラの捕獲が増加するとともに，沖合に現れるその数はしだいに減少していった．より多くのクジラを捕獲するために，船を大型化し，捕鯨海域を少しずつ拡大させていった．1710年代ナンタケット島には6隻の新鋭スプール型帆船（1本マスト40トン前後の中型帆船）が進水し，数隻の小型ボートを引き連れて遠洋へ出航するようになった．そうしたさなかに小さなハプニングが起こった．まっすぐに吹き上がるセミクジラの噴気ではない，群れになったクジラの1頭を，あるスプール船の船長（ハッセー）が捕獲してしまったのだ．前方斜めに吹き上げる噴気からそれはマッコウクジラ（*Physeter macrocephalus*）とわかったが，巨大な頭と，細く長い下顎と大きな歯をもち，群れをつくり，ときには攻撃的で，小舟などは木端微塵にされることから恐れられ，捕獲は敬遠されてきた．だからこそセミクジラを"獲るべき正しいクジラ"（ライトホエール）と呼び習わしてきたのである．しかし浜に引き上げてみると，頭部からは膨大な量（約3トンにも達した）の上質な"鯨油"があふれ出し，

脂皮からも，ほかの鯨種と同様に，大量の鯨油が採れた．脂皮を煮るより効率よく採油され，しかも悪臭はほとんどなかった．このことが契機となり，ナンタケットではマッコウクジラをも標的に加えた捕鯨へと拡大していった．

1730年代に入ると，20隻以上の大型スプール船を母船にした捕鯨船団が，グリーンランド周辺やバフィン諸島など北方海域に進出した．1760年代，乱獲によってこの海域の個体数が減少すると，アゾレス諸島へ，そして一転して南の，ブラジル沖やアフリカ近海にまで操業範囲を拡大した．鯨種はすでにマッコウクジラを含めてなんでもありの状態になった．いまやアメリカは大西洋での捕鯨の覇者となり，ナンタケット島周辺は200隻以上の大型スプール型捕鯨船（乗組員数は総計で1万人以上）の母港となった（Starbuck 1878）．

マッコウクジラも加わって鯨油加工は巨大産業となった．ここで"鯨油"について整理しておくと，鯨油は2種類に分けられるようになった．1つはおもにヒゲクジラ類の脂皮から融出法によって採油されるもので，「ナガス油」などと呼ばれるが，歴史を考慮すれば"ヒゲクジラ油"というのが適切だろう．もう1つはマッコウクジラの脳油である"マッコウ油"(spermaceti，鯨蠟(げいろう)ともいう)だ．両者は成分的に異なり，後者にはワックス・エステル（融点の高い油脂）が大量に含まれ，食用にはならないが，潤滑油に用いられたほか，セタノール（セチルはクジラの意）というアルコールの1種がつくられ，医薬品や化粧品，乳化剤などの原料となった．もちろんマッコウクジラにも脂皮があり，ここからは鯨油が採れた．鯨油からは灯油のほか，石鹸，蠟燭，マーガリン，クレヨンなどがつくられた．灯油は，燈台の光源にされるほどに明るく，アメリカでは1862年まで現役だった．蠟燭は植民地アメリカの発明によりマッコウ油からも量産できるようになり，ナンタケットでは，1792年に10カ所の蠟燭工場が1802年には19カ所に増加している（Starbuck 1878）．ランプ同様に明るくしかも無煙だった．

これらさまざまな用途のうち，なかでも機械油（潤滑油）の需要が高く，高速回転のスピンドル油にはワックスやエステルの多いマッコウ油，車軸のグリスにはヒゲクジラ油というように多種多様な機械のメンテナンスの必需品となった．とくに南部では，この時代，大きく広がったプランテーションから収穫された大量の綿花を処理するために紡績機械や蒸気機関が導入され，その運転の必須アイテムとなった．このほかに，ヒゲクジラのヒゲやマッコウクジラの歯，皮などはコルセットなど各種工作品に相変わらず高い需要があった．ところで，マッコウクジラが生産する産品にはもう1つ，"龍涎香(りゅうぜんこう)"（「灰色の琥珀」の意）というとっておきの珍品があった．少し解説しておく．

これは灰黒色の大理石のような蠟状物質で，古代エジプトの時代から香料や薬剤として使用され，破格の値で取引された．それはときどき海岸に漂着したものが商品になる程度だったので，貴重で，出所は不明だった．それが，マッコウクジラが捕獲され，解剖されるようになって，所在が突き止められた．腸内の残渣物質だったのだ！　このことはボストンの医師ボイルストンがナンタケットで確認し，論文にまとめ，それを（すでに紹介した）イギリスの科学雑誌，『王立協会哲学紀要』に送った．1724年に掲載されたその論文（Boylston 1724）のなかで彼は，オスのマッコウクジラの体内から20ポンド（約9 kg）が採取されたと記した後に，「偶然に入り込んだのか，体内で生産されたのかは不明」と書いている．この同じ号で，当時の編集者だったポール・ダッドリイ（Dudley 1724）は「この物質はおそらくクジラの体内で生産されたにちがいない」と的を射たコメントを記している．形成メカニズムの詳細はなお不明だが，龍涎香はおそらくイカ類の消化過程で形成される特異的な「結石」の一種と考えられる．ちなみに和名の"マッコウ"は龍涎香の色や香りが「抹香」（シキミからつくる線香）に似ている（らしい）ことに由来する．徒話．

さて，こうして工業生産を支える鯨油の需要が伸びるにしたがって，マッコウクジラを中心

に捕鯨場は拡大されていった．1770-1775 年，マサチューセッツ州を含む東部海岸で生産された年間鯨油量は，ほかの鯨種の8500 バレルに対して，マッコウクジラは4万5000 バレルに達し（Starbuck 1878），独立直前の植民地アメリカは空前の活況を呈していた．ここに歴史のエピソードがある．ボストンからの帆船はこれらの鯨油樽を満載し，ロンドンへと定期的に運搬した．しかし問題なのはその帰途だった．商売上，空荷にはできない．帆船にはさまざまな生活物資とともに大量の「紅茶」箱が積み込まれた．この紅茶というのが問題だった．大量の在庫を抱え経営破綻寸前だったイギリス東インド会社の製品で，植民地での茶の販売を独占するべく，関税を含めて市価の半額程度で売られる代物だった．それが植民地での貿易独占を続けたい母国イギリスの魂胆だった．これに対し植民地の自由貿易を主張する一部急進派のボストン市民は，1773 年 11 月末，この鯨油輸送帆船の1 つ，ダートマス号を襲い，すべての紅茶箱（300 箱以上）を海に投げ捨ててしまった．これが"ボストン茶会（ティーパーティ）事件"である．アメリカ人が紅茶よりコーヒーを好む理由の発端だ．やや大げさだが，クジラはアメリカ独立革命とも無関係ではない．

植民地アメリカの活況は欧米諸国に伝わり，本国イギリスのほか，フランス，オランダ，ドイツもこの争奪戦に参戦した．マッコウクジラを求めての捕鯨海域の拡大はついに，マゼラン海峡から広大な太平洋へ，一部は喜望峰からインド洋へと，世界中の海を舞台とする新たな段階へと突入した．ちょうど大型新造船には新たな技術革新が施される 18 世紀末である．巨大な搾油鍋を甲板に据え，捕獲したクジラを船上で解体処理し，搾った鯨油は樽詰めにし，船倉に保管した（森田 1994）．このため捕鯨船団は上陸する必要がなくなり長期間にわたって操業が続けられた．ナンタケットでは新造船が次々と進水し，1830 年代までには 400 隻以上を保有し，さらに造船は続いた．

捕鯨海域は拡大されたとはいえ，初期にはもっぱらチリやペルー沖の南米太平洋岸の沿岸に留まって操業した．それでもミナミセミクジラなどがたくさんいて十分に満足だった．ニューベッドフォード捕鯨船長，ダニエル・マッケンジーは，18 世紀末を振り返って「チリやペルー沿岸にはクジラが豊富で，その地で船を（鯨油で）満杯にでき，それ以上先の海に行く必要はなかった」と述べている（ドリン 2014）．しかし，捕鯨の情報は，樽荷の積み下ろしのために筒抜けになるとの宿命があるから，宝の海は，後続の船が駆けつけ，次々と獲り尽くされていった．こうしたなか，新たな捕鯨海域，"ガラパゴス・グランド"が発見された．

ガラパゴス——悪夢の遺産

ガラパゴス諸島は，エクアドル本土から西約 900 km，赤道直下の東太平洋上に浮かぶ，火山活動起原の大洋島で，大小100 以上の島々から構成される．公式には，スペイン人神父，ベルランガが 1535 年に発見した[15]が，18 世紀末まで，利用したのはもっぱら海賊だった．脚光を浴びたのは，イギリス捕鯨会社が 1792 年に，島の周囲にマッコウクジラが多数生息するのを発見してからで，後に"ジャパン・グランド"が発見されるまで，世界最大のマッコウクジラの捕鯨海域となった．周辺には深海域が広がり，マッコウクジラの繁殖と採餌の最適地だった．島々は，捕鯨基地になっただけでなく，オットセイやアシカの繁殖場（ルッカリー）があり，リクガメやイグアナが多数生息していたので，食料や水，資材の調達拠点となった．このためあらゆる生物が攪乱と乱獲の坩堝に呑み込まれることになった．

まずはマッコウクジラ．捕鯨は1800 年ころから本格化し，最初はイギリス，フランス，ドイツ，ノルウェーが参加したが，後にはアメリカがほぼ独占，1830-1840 年代には85 隻以上の捕鯨船が押しかけ，ピークをつくり，以後，急速に衰退していった．このピーク時の捕鯨船の日誌［そこには捕獲記録や目撃記録（頭数や地点）が記載される］を分析したホープとホワイトヘッド（Hope & Whitehead 1991）は，1830 年時点でこの海域にマッコウクジラは7500-2 万3000 頭が生息し，毎年約 500 頭以上

のペースで捕鯨が行われたと推定した．その捕獲圧は増加率6%以下と見積もられた集団には致命的で，19世紀後半になると資源はあっさりと枯渇してしまった．

ガラパゴス諸島には2種の海獣類の固有種，ガラパゴスオットセイ（*Arctocephalus galapagoensis*）とガラパゴスアシカ（*Zalophus wollebaeki*）が生息，繁殖する．これらもまた毛皮や食肉，獣脂目的で捕獲された．なかでも前者は，南半球に生息する8種のミナミオットセイ属[16]の最小の1種で，毛皮が上質だったために，後述のグアダルーペオットセイやその他のミナミオットセイ類とともに乱獲された．1812年以降，捕鯨船のオットセイ猟師は，アメリカだけでも700名以上に達し，島々の繁殖場に集まる母子を撲殺し，根絶した（Denkinger *et al.* 2013）．1784-1860年の間，ガラパゴスオットセイは少なくとも10万頭以上が捕殺され，商業的には成立しなくなった（Townsend 1925）．幸い複数の島で少数が生き残り，個体数は，現在，約4万頭に回復している．

捕鯨船員は海獣，海鳥，野鳥，ウミガメ，イグアナなんでも捕獲し，食料としたが，もっとも好んだのが巨大なリクガメ——ゾウガメだった．そもそも，ガラパゴスとは，カメを意味するスペイン語"Galápago"に由来し，リクガメが多数生息していたことから名づけられた．ダーウィンがこの島に到着したのは，アメリカ商業捕鯨の最盛期，1835年9月．彼もまたこの地でゾウガメに舌鼓を打ち，焼いても，スープにしても旨かったと記している（ダーウィン1839）．

ガラパゴスゾウガメ（*Geochelone nigra*）は，ガラパゴス諸島に生息する巨大な，固有リクガメで，最大400 kg以上に達する．サボテン類や植物の葉，花，果実などを食べる植食性だ．DNAの分析によれば，この種にもっとも近縁な種は，南アメリカに生息するチャコリクガメ（*Chelonoidis chilensis*）——驚くことにこの種は最大でも体重8 kg，甲羅長40 cm程度とサイズはまったくちがう——で，この種を起源に進化したと考えられている．約1200万-600万年前，この種の妊娠メスか，オス・メスのペアが流木に乗り，フンボルト海流に流され，この地に漂着したらしい（Caccone *et al.* 1999）．そして各島に分散し，急速に亜種分化したと推定されている（Beheregaray *et al.* 2004）．大型化はこの進化過程で進んだ．

大型化の背景には，捕食者がいなかったこともあるが，季節変動と年変動が著しい島の環境にあって，餌や水の極端な不足に対抗するための適応とみなされている（Fritts 1984）．飲食せずに1年間生存していたとの記録がある（Porter 1822）．水分は蓄積した脂肪の代謝からも得る．鞍またはドーム型の巨大な甲羅は脂肪の蓄積器官として進化したと解釈されている（Fritts 1984）．肉の旨さはまさにこの蓄積と関係する．低い代謝量と異温性により，寿命は100年をはるかに超えると考えられる（Powell & Caccone 2006）．島ごとに15亜種が識別され，現在11亜種が生き残り，いずれも絶滅危惧種だが，かつてはおよそ25万頭もいたと推定されている（たとえばRoza 2002）．亜種は，おもに甲羅の形態や前部の反り返りの程度で区分される——それは島ごとの餌植物と採餌行動のちがいと結びついている（Caccone *et al.* 2002）．ダーウィンの時代にもその形態的な差異は認識されていた．なにがこの巨大なリクガメを絶滅に追いやったのだろうか．

原因はもちろん乱獲にあるが，それはこのカメのもつ驚くべき耐久力（食物・水分耐性）と関係している．適当なサイズと旨さも手伝って，長期航海の絶好の食料になったことだ．保存は不要，生きたまま甲板に転がしておけばよい．立ち寄った捕鯨船などはこのカメを食料にすべく，こぞって捕獲した．その数たるやすごい．タウンゼント（Townsend 1925）はアメリカ捕鯨船の航海記録を調べ，1831-1868年に少なくとも1万373頭，1隻あたり平均68頭を捕獲したと見積もっている．未記録，他国の船を含めると，さらに膨大な数になる．ダーウィンは「1隻で700頭を持ち去る船もあった」とまで書き，当のビーグル号もまた30頭を調達している．真偽のほどは不明[17]だが，そのうちの

1頭がオーストラリアで降ろされ，その後に動物園で飼育，"ハリエット"の愛称で，2006年6月まで生存していた．捕獲時5歳と推定されるから，2006年で御歳175歳！

かくしてゾウガメは複数の島で根絶され，多くの島で絶滅の危機に瀕した．北部ピンタ島に生息していた固有亜種，ピンタゾウガメ（*G. n. abingdoni*）は，オス1頭だけが生き残ったが，2012年にはこの個体（愛称"ロンサム・ジョージ"）が死亡し，絶滅した．また，南部エスパニョーラ島のそれ（*G. n. hoodensis*）は，1971年に発見された時点ではオス2頭，メス12頭しか生残していなかった．後に飼育のオス1頭を加え，1977年から生息地外保全プログラムがつくられ，個体数は現在1000頭に回復している（Milinkovitch *et al.* 2013）．

ガラパゴス諸島は，1978年，世界自然遺産，第1号に指定された．観光客の増加，環境の改変，住民人口の増加，周辺海域の漁業によって脆弱な自然と貴重な野生動物はたちまち保全上の問題に直面した．このため，世界遺産委員会は2007年に「危機遺産」に指定した．なかでも深刻なのは外来種の侵入と定着だ．それはすでに1820年代後半，ダーウィンも書いているように，エクアドルの開拓民200-300人がヤギやブタ，イヌやネコをともなって入植した時代から始まっている．現在，島には44種の外来種が記録され，うち20種が繁殖集団を確立し，定着している（Philips *et al.* 2012）．とくに哺乳類が，その後もクマネズミやハツカネズミが加わり，捕食や採食，攪乱など甚大な影響をおよぼしている．エクアドル政府は外来種の計画的排除，観光客の制限，移住者の制限などに取り組み，2010年には危機遺産は解除されたが，なお前途は多難だ．

マッコウクジラの鼻と耳

ガラパゴス周辺での捕鯨が続くいっぽうで，新たな，有望な捕鯨海域の探索が南太平洋からハワイ周辺へと拡大された．1818年，おりしもアメリカ西海岸から北西航路をとって太平洋をまたぎ中国，広東と毛皮交易を行っていた（毛皮王アスターの）船が，日本近海で多数のマッコウクジラが噴気を上げて泳いでいるとの報をもたらした．ここが後に，"ジャパン・グランド"と呼ばれる，ガラパゴスにとってかわる世界最大の捕鯨海域となる．多数の捕鯨船がここを目がけて殺到するようになった．

2隻程度の小型開放型のキャッチャーボートを引き連れた船団方式で，約30カ月間におよぶ操業は約3万5000ドル（現在の価格に換算すれば約1億円）もの巨利を獲得することができた．1830年代に400隻だった船の数は，1840年代には700隻を突破し，コッド岬周辺に空前の富と活況をもたらした．メルヴィル（H. Melville）の名作『白鯨（モービィ・ディック）』（1851）は，このころのナンタケットのにぎわいと矜持をつぎのように書いている．

> この陸と海からなる地球の三分の二は依然としてナンターケットびとのものである．というのは海はナンターケットびとのものであり，皇帝が帝国を領有するように，ナンターケットびとが海を領有しているからである．他の船乗りたちは海を通過する権利をもっているにすぎない（八木訳）．

さて，ここで大量の鯨油を保有する，「海の黄金」と呼ばれたマッコウクジラとはどのような動物なのか，あらためて取り上げてみたい．

マッコウクジラのサイズにはオスとメスで著しい性差（性的二型）がある．オスは体長16-18 m，体重約50トン（これを上回る個体もいる），メスは12-14 m，約25トン，体長で30-50%，体重で約2倍の開きがある．水滴のようにもっこりとふくらんだ特徴的な頭部は体長のおよそ3分の1に達するが，その内実は脳そのものではない．それでも脳のサイズは全哺乳類のなかでは最大で，オスで平均7.8 kgある（人間の約5倍）が，体重と比べた相対値（スケーリング，第1章 p.17 参照）では，必ずしも大きいわけではない．

ダイオウイカ（*Architeuthis dux* など複数種の総称）やダイオウホウズキイカ（*Mesonychoteuthis hamiltonia*）など大型のイカ類を主食とする．このことは解体した胃内容物からも，体表面に巨大イカ特有の吸盤痕が多数残される

ことからも疑問の余地はない．イカ類はすぐに消化されるから，捕食直後しか胃のなかには残っていないが，軟骨性の嘴（カラストンビといい，上顎と下顎では形がちがう）は消化されにくいので胃内に留まる．ニュージーランド海域で捕獲された2頭のマッコウクジラの胃からはニュウドウイカ類（*Moroteuthis* sp.）などの大型イカ類が（下顎だけの数）955個，1163個出現したという（Gaskin & Cawthorn 1967）．またイギリス，コーンウォールでストランディングした1頭のオスの胃からは4種の大型イカ類のカラストンビ（下顎110個，上顎125個）が採集された．この下顎のサイズからイカ類のサイズを推定し，採食量を見積もると435 kgと算定された（Clarke & Pascoe 1997）．消化のスピードは不明だが，かなりの大食漢であるのはまちがいない．

マッコウクジラの細長いピンセットのような下顎と鋭い歯は，巨大イカをつかみとる採餌装置である．これらのイカ類は深海底生魚をその長い触腕で捕食している最大の無脊椎動物だ．マッコウクジラは水深3000 m，90分程度，潜水したとの記録はあるが，通常は600-1000 mの水深（海域によってややちがう）で，1回平均45分程度の採餌行動を繰り返す（Watwood *et al.* 2006）．深海での長時間の潜水は，無呼吸状態のままで肺に空気は存在しない（空気があると圧縮と膨張で危険）．このことを可能にしているのはミオグロビン（鉄分を含む色素タンパク質で酸素分子を保持）が筋肉に大量に含まれていることによる（したがって肉は赤い）．この生理的な適応による深海潜水行動によって巨大イカを捕食できる．もっとも無防備であるはずの軟体無脊椎動物が，魚類を捕食できるように体のサイズを最大化できたのは天敵のいない深海だけであった．その深海に，最大の餌動物を追って最大の哺乳類が特殊化する．もっとも特殊で奇妙な取り合わせというほか表現のしようがない．そして，このマッコウクジラの頭部には大量の鯨油が含まれる．なぜ頭部は油で満たされなければならないのか，この疑問はじつはこの適応行動と密接に結びついている．

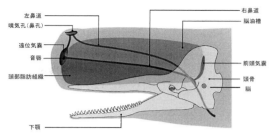

図10-12 マッコウクジラの頭部．頭部は頭骨で覆われているわけではなく，大半が脳油槽であることがわかる（Whitehead 2003を改変）．

マッコウクジラの頭部は，白濁色の脳油（マッコウ油）が詰まった軟骨性の巨大なケースが収まり，脳は，頭蓋骨に覆われてこのケースの基底部末端に位置する（図10-12）．マッコウ油（鯨蠟）はワックス状のエステルで，年齢とともに増量する．マッコウクジラの英名"sperm whale"はこの脳油を"精液"ととりちがえたところから名づけられている（なんと大量な，しかも頭部に）．むろん誤解だ．ではなにか．いくつかの説がある．代表的な仮説を検証してみよう．

1つは，"潜水浮揚器官"説ともいうべきものだ．クラーク（Clarke 1978）は，マッコウ油の物理化学的性質に着目し，約30℃を境に，以上では液体に，以下では凝固して固体になることを発見した．きわめて可塑性に富んだ物質なのだ．この脳油ケースには血管と気道が通っていることに注目すると，マッコウ油は，潜水に際しては，鼻から海水を入れ，冷却し，固化させて比重を大きくして「重り」に，逆に浮上に際しては海水を出し，血液で温めて液化し，比重を小さくして「浮力」に，それぞれ使うと考えた．卓見である．実際にもマッコウクジラは巨大な体をいとも簡単に潜水させ，浮揚させている．頭部は，潜水艦のバラスト・タンクと同様に，その潜航浮上装置である公算が高い．しかし，くわしく検討すると，この機能を支える気道や血管などの解剖学的な構造が，温度調節（熱変換）を必ずしも効率的に行えるような仕組みにはなってはいない（Whitehead 2003）．付随的な効果である可能性はあるが，主目的は明らかにこれではない．ではなにか．

これよりさらに重要で，主要な機能がもう1つある．"ソナー・システム"説である．深海には光はなく視覚に頼ることはできない．これに代わって使えるのは音だ．ソナー（SONAR; Sound Navigation and Ranging）とは水中を伝搬する音波を発射し，物体から反射してくる音波をとらえ，物体の方向や距離を探知するシステムである．暗闇のなかでコウモリが反響定位（エコロケーション）をするように，マッコウクジラもまたこの音（音波）を使って巨大イカを探索しているのではないか．しかも音は水中では空気中より約4倍も速く，より遠くまではっきりと伝播できるという特性をもつ．実際にも彼らは"クリック音"（カチッという短い断続音）と呼ばれる音声をさかんに発射しながら潜水しているのが確認されている（Miller et al. 2004, Watwood et al. 2006 など）．ではこの音はどのようにつくられるのか．

マッコウクジラの頭部を解剖すると，噴気孔内のすぐ下に黒い唇のような器官があるのが昔から知られていた．フランス人はその類似性から"サルの唇"と呼んだが，これが音源であることが確かめられたのは1970年代以降だった．この説の最初の提唱者，ノリスとハーヴェイ（Norris & Harvey 1972）は，この器官［後に"音唇"（phonic lip）と名づけられる］でつくられた音は次のような経路を通って発射されると推定した．そしてこの仮説はその後に多くの研究者によって検証され（Møhl 2001, Madsen et al. 2002, Zimmer et al. 2005 など），現在では定説となっている．音は，驚くことに，噴気孔の外にではなく，内側に発射されていたのだ．それはこうである．

もう一度マッコウクジラの頭部の構造を見直す（図10-13）．巨大な頭部は2層の部屋で構成される．上部は脳油がたっぷりと詰まったマッコウ油の部分，下部は脳油が含まれているが硬い結合組織と脂肪組織とが交互にはさみ込まれた褐色の部分，である．後者は鯨油の品質が劣るので"ジャンク"（頭部脂肪組織，がらくたの意味）などと呼ばれてきた．そしてこの2層の間に左右の鼻孔が通っていることがわかる．

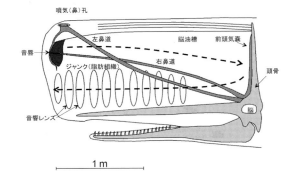

図 10-13　マッコウクジラのソナーシステム．頭の上部と下部の2つの脂肪組織は音声の拡声装置である．暗闇の深海でマッコウクジラはこれでイカ類を探索している（Madsen et al. 2002 を改変）．

音はまず音唇で発生される．この音は上部のマッコウ油全体を振動させながら，後部の頭蓋骨に沿って広がり，（前頭）気嚢へと伝わり，反射される．この反射音は下部のジャンクを通過していくが，結合組織の何層もの壁がちょうど"音響レンズ"（スピーカーの外側の共鳴板と同じ）の役割を果たし，音を音波として整え，拡大していき，最終的には頭部前面から発射される．この拡声された音量はなんとライフル銃の発射音より大きく，イカを気絶させてしまうほどの威力があるという（Møhl et al. 2003）．マッコウクジラはすべての動物のなかでもっとも大声でやかましい動物なのである．頭部は，全体としては滴状だが，前面が共鳴板状に扁平であることは興味深い．物にあたって反射された音もここで受け止められ，ジャンクを通って拡大され，分析されるからだ．

この詳細なメカニズムにはまだ未解明の部分はあるが，マッコウクジラが，コウモリと同様に，音を使って深海を探索しているのはまちがいない．彼らはまたエコロケーションだけではなく，多彩な音を発生させ，仲間同士のコミュニケーションを行っている．母親と子どもの親和行動，オスからメスへの求愛行動，オス同士の戦いに用いる威嚇音など，あらゆる場面で用いられる（Madsen et al. 2002）．同時に，その猛烈な音は天敵のシャチにも向けられ，撃退する効果をもつらしい（Møhl et al. 2003）．なお，イルカを含むハクジラ類は，ほぼ同じ機能のメ

10.1 北米大陸での開拓と「発展」 553

図 **10-14** マッコウクジラ．ストランディングしたオスのスケッチで，写実的である．鯨油がしたたり，採油している．この画がマッコウクジラのイメージを定着させた．巨大なペニスが印象的で，"sperm whale" の名前にも反映されている．オランダ人ゴルティウスの画（1598年）を後に息子ヤコブが銅版画にして販売（1601），好評を博した（Papadopoulos & Ruscillo 2002 より）．

ロン（melon）器官をもつことが知られるが，発生学的にみると，その構造はマッコウクジラのそれとは異質なものである．水中でのコミュニケーション，それは一種の収斂進化だった．人間が血眼になって追い求めたのはその器官，マッコウクジラの鼻と耳だった．

マッコウクジラの体のなかでもう1つめだつ部分がある．図10-14は1598年にオランダ人ヘンドリック・ゴルティウスが描いたストランディングの風景だ（これは後に息子ヤコブが銅版画にして販売）．この画がマッコウクジラのイメージを定着させた．巨大な体の中央部に，尖塔のように突き出た，これまた巨大なペニスがリアルに描かれている．クジラ類のペニスは，ヒトのような海綿状組織ではなく，偶蹄類と同様に（両者はきわめて近縁で「クジラ偶蹄目」にまとめられる）弾性線維の組織で，普段は腹腔に収まっていて，必要なときに押し出される．その長さは実際2mを超える．一般にクジラ類のペニスは巨大だが，そのサイズは体と相関していて，シロナガスでは2.4-3.0m（太さ30-36 cm），セミクジラでは約2.7 m，マッコウクジラでも2m以上でかなり大きいが，とくに巨大というわけではない．それでも頭部から大量の白濁色の液体がこぼれたとき

「精（子）液」と勘違いしたのはこのペニスからの発想だったにちがいない．

さてこのペニス，もちろん繁殖器官だが，機能はそれだけではないようだ．パックら（Pack et al. 2002）は，マッコウクジラではないが，ザトウクジラ（同様にサイズは2 m以上）の群れを観察し，オスがしばしばこのペニスを押し出す行動を行うと報告した．とくにこの行動は，1頭のメスに複数のオスがエスコートしているような群れで頻繁にみられ，強いオスは，ペニスを突き立て振り回しながら，ほかのオスを追いかけ，排除するのだという．こうした観察から，ペニスは，オスの間で順位を争い合う攻撃行動において，オスのディスプレイ用の社会的器官としても機能していると解釈される．おそらく正しく，マッコウクジラも含めて，その他のクジラ類もこの使用法を踏襲しているにちがいない．まるで有蹄類の角や牙と同じ機能だが，海中では，これらは遊泳のじゃまとなるので，出し入れ自由なペニスがその代役を務めるべく進化したのだろう．

マッコウクジラは群居性が強く，複数のメスは子どもとともに群れをつくる．メスは1頭の子どもを出産し，5年以上にわたって授乳するといわれる．出産間隔は3-6年とされるから，繁殖率（増加率）はきわめて低く，乱獲に対しては脆弱である（Whitehead 2003）．群れは集団で子どもをシャチから防衛したり，傷ついた個体を誘導したり，さらには他個体への授乳も行う．繁殖期にはこのメス集団に1頭のオスが合流し，一夫多妻群となる．性的二型が発達しているのも一夫多妻性であることを示唆する．オス同士はメスをめぐって激しく争い，ペニスはその「武器」だ．オスは攻撃的で，メスに接近するほかのオスや，船やシャチなども攻撃する．この性質がマッコウクジラの捕鯨を躊躇させ，恐れられた理由でもあった．実際にも，1820年にはナンタケットの捕鯨船エセックス号が，1851年にはニューベッドフォードの捕鯨船アン・アレクサンダー号が，それぞれ襲われて大破し，船員が遭難したことがあった．メルヴィルの『白鯨』（1851）は，21名の乗組員

のうち8名だけが生き残った前者の実話をモチーフとしている．それは明らかに攻撃だった．この事件に巻き込まれた航海士のオーエン・チェイス（Chase 1821）はその状況を「まるで憤怒で気が狂ったようにのたうった」と報告している．

アメリカ捕鯨の波紋

アメリカ捕鯨のその後をたどる．1776-1783年の独立戦争の間，捕鯨基地ナンタケットは海上戦の戦場の1つとなり，荒廃してしまった．独立したとはいえ，鯨油の最大の輸出国はイギリスであり，そのイギリスは，自国の捕鯨を振興させるいっぽうで，植民地の「独立」に対する報復としてアメリカ産鯨油に関税をかけ，締め出した．転機が訪れるのは19世紀に入ってからで，鯨油の国内需要が劇的に増加したことによる．各種産業や工業の発展は大量の潤滑油を必要としたし，また家庭用ランプの需要のほかに，ニューヨークやボストンなどの大都市では，ロンドンやパリにならって多数の街灯が設置された．1820年代以降アメリカ捕鯨産業はかつてない高い生産性を誇るようになった．1846年のピーク時，世界中の捕鯨船総数900隻のうち，アメリカ船は735隻を占めるに至った．捕鯨船が頻繁に行き交うため，基地は手狭なナンタケットからその対岸の，より広く便利なニューベッドフォードへ移った．最大の収益をあげた1853年には，8000頭以上のクジラを仕留め，10万3000バレルのマッコウ油と26万バレルのヒゲクジラ油，570ポンドのクジラヒゲを生産し，1100万ドルの収益をあげた．いまや7万人の生活を支える，全米で堂々第5位の産業へのしあがっていた（ドリン 2014）．捕鯨船団は世界各地の海で，マッコウクジラ，セミクジラ，ホッキョククジラ，コククジラ，ザトウクジラなど，もはや鯨種とは無関係に獲りまくるようになった．

世界最大の捕鯨国アメリカの黄金時代，いったいどれほどのクジラが捕獲されたのだろうか．ここでこの時代の代表的な人物を紹介する．チャールズ・メルヴィル・スキャモンだ．この人物は，捕鯨船長にして，アザラシ猟者であり，そのおもな猟場だったカリフォルニア沿岸では，ゾウアザラシやアシカを採油のために大乱獲し，コククジラを最初に捕獲したアメリカ人として知られ，それを追い込んだカリフォルニア半島西海岸の浅瀬は現在も"スキャモンの礁"と呼ばれる．そのいっぽうで彼はすぐれたナチュラリストだった．1874年に『北アメリカ北西海岸の海洋哺乳類』（Scammon1874）を出版，そのなかでクジラ類やアザラシ類などの海産哺乳類の生態や捕獲技術を，多数の興味深い挿画といっしょに紹介しつつ，自分がかかわったアザラシ猟や捕鯨産業の動向を冷静に分析している．

それによれば，1835-1872年の38年間に捕獲されたクジラ類は総計29万2714頭，年平均7703頭，このうちマッコウクジラは16万2000頭と見積もった．この数字は2つの点で注意が必要だ．1つは，捕獲数は，直接数えたものではなく，輸出したヒゲクジラ油とマッコウ油の総量を，1頭のクジラから採油できる樽数で除した値であること．もう1つは，捕獲数には未回収分も含まれていたことである．死亡したクジラは当時の状況ではすべて回収できたわけではなく，沈んだり，漂流し，そのまま海の「藻屑」となる個体が相当いた．その割合をスキャモンはマッコウクジラでは約10％，ヒゲクジラ類では約20％と見積もったのである．それぞれにきわめて興味深い推定値だ．前者の樽数による推定法についていえば，彼は1頭からの採油量を平均25バレルとしたが，現在からみれば，マッコウクジラを例にとると，大型の個体なら通常45バレル，平均33.6バレルといわれるから，明らかに過小評価だ．デイヴィスら（Davis et al. 1988）はこのスキャモンのデータを再吟味し，19世紀アメリカのクジラの捕獲数を推定しなおした．

まずマッコウクジラ．デイヴィスら（Davis et al. 1988）は，バレル換算量と遺失分を考慮すると全世界での捕獲数は23万6000頭となり，うちアメリカは17万7000頭（4分の3以上）を占めたが，当時の精油技術（甲板上で釜を炊く）ではむしろスキャモンの換算量のほうが現

実的で，おそらくアメリカは24万8000頭程度を捕獲したと考えられた．では世界中にはいったい何頭のマッコウクジラがいたのか．120万-240万頭と，さまざまな推定値がある（Allen 1980など）が，根拠があるわけではない．ホワイトヘッド（Whitehead 2002）は各海域での過去と現在の発見（率）状況の比較から商業捕鯨以前の生息数を111万頭と，またクリステンセン（Christensen 2006）は過去の捕獲数からの個体群再構成（リコンストラクション）から100万頭と見積もっている．これらの値からみると，マッコウクジラの全世界個体群に対するアメリカの捕獲率はかなり高いもの（およそ4分の1に達する）だったことがわかる．

次にヒゲクジラ類．デイヴィスら（Davis et al. 1988）は，スキャモンの60バレル換算，回収率80％を基礎に，19世紀のアメリカの捕獲数を18万頭と推定した．この値はセミクジラに限定した，ベスト（Best 1987）の7万頭（1805-1909年）やスカーフ（Scarff 2001）の最盛期10年間（1840-1849年）の2.1万-3万頭などの推定値よりはるかに多い．しかし，アメリカは19世紀に全世界でセミクジラを19万3500頭捕獲したとの報告もあり（Braham & Rice 1984），圧倒的な捕獲数を誇っていたのはまちがいない．

ところで，スカーフ（Scarff 2001）は，セミクジラを対象にスキャモンの提起した捕殺したが回収できなかった比率（20％）をあらためて検証している．それによると，複数の航海で，記録に残されていた捕殺数と回収数を比較すると，たとえば，327頭捕殺のうち回収は133頭，80頭のうち49頭などと，回収率がスキャモンの値よりはるかに低いことが判明した．こうしてみていくと，輸出量とバレル換算から捕獲数を推定するのは危険で，かなり過小評価になると考えられた．

クリステンセン（Christensen 2006）は，現在までにキタタイセイヨウセミクジラの97％，キタタイヘイヨウセミクジラの97％，ミナミセミクジラの92％，北太平洋のザトウクジラとコククジラの大半が，それぞれ枯渇したと見積もり，その主犯が，キタタイセイヨウセミクジラを除き（この最大の捕獲国はオランダ），アメリカであったと断定している．

"スキャモンの礁"に言及したついでに，この周辺で行われた海獣類の乱獲についても述べる．カリフォルニア西海岸からカリフォルニア半島沿岸にかけては，ガラパゴスオットセイと同属のグアダルーペオットセイ（*Arctophalus townsendi*）が生息していた．"グアダルーペ"とは大規模繁殖地があった島の名だ．毛皮や油の商業的利用以前には20万頭以上が生息していたと見積もられる（Hubbs 1979）．下毛が密生した高級毛皮であったため商業的な捕獲が18世紀後半から始まった．各地に基地をつくり大規模な捕獲が進行し，たちまちにして個体数は減少し，1825年には絶滅した，とみなされていた．この間，記録上では少なくとも5万2000頭以上が捕獲され，なお捕獲は続けられていた（Aurioles-Gamboa 2015）．おそらくバハ・カリフォルニア周辺の小島などに分散して存続していたが，そこの集団も捕獲され，1928年には二度目の絶滅が宣言された．

しかしそれでもなお生き残っていた．1954年，グアダルーペ島でわずか14頭だが，その生息が確認された（Hubbs 1979）．この再発見を契機に，アメリカ・メキシコ両政府はようやく保護政策に転じ，以後徐々に増加，2010年には2万頭まで回復した（Aurioles-Gamboa et al. 2010）．これを受け，IUCNは2015年に「準絶滅危惧種」から「軽度懸念」にランクダウンした．だが，過去の激減によるボトルネック効果で，遺伝的多様性はきわめて低い（Weber et al. 2004）．

毛皮としてすぐれていたミナミオットセイ類は，グアダルーペ島，ガラパゴス諸島，フアン・フェルナンデス諸島，ニュージーランドなどで同様に乱獲され，その毛皮はロンドンや中国・広東に輸送され，取引された．近年，その取引量を再調査したリチャーズ（Richards 2003）は，1788-1833年の間，これまでの見積もりよりはるかに多い，700万頭以上が捕殺されたことを明らかにした．この毛皮輸送船兼捕

鯨船が"ジャパン・グランド"をみつける．後述（p.663）するように1911年にはアメリカが主導して海獣類の国際条約が締結されるが，この条約作成の背景にはみずからが招いた資源の衰退状況があった．

　付録．このグアダルーペ島は，オットセイ猟やクジラ漁の基地として使用され，17世紀後半以降多くの漁猟師が滞在・定住し，ガラパゴス諸島と同様に，ヤギやイヌ，ネコなどの家畜が持ち込まれた．ここにはグアダルーペカラカラ（Caracara lutosus）というハヤブサ科の猛禽類，グアダルーペウミツバメ（Oceanodroma macrodactyla），グアダルーペユキヒメドリ（Junco insularis）というホホジロ科の小鳥などの固有種が生息している（た）．前者は子ヤギを襲うとの理由（あるいは狩猟の楽しみ）から捕獲，最終的には博物館や収集家の手で，おそらく1900年に絶滅させられた（Abott 1933）．二番目は小型のウミツバメの1種で，かつては多数がこの島で繁殖していた．1906年の時点ではまだ多数が生息していたとの記録がある．おそらく野生化したネコの捕食のために急速に減少し，1911年に2羽が標本として捕獲されたのを最後に，以後，何度かの調査が繰り返されたものの，生存は確認されていない（Carlton et al. 1999）．後者の小鳥は，北米のユキヒメドリと近縁だが，別種で，この島に留鳥として生息していた．かつて多数がいたが，おそらくネコの捕食や野生化したヤギの生息地の破壊によって減少．しかし幸いにも50-100羽の生存が確認されている（http://beautyofbirds.com/guadalupejuncos.html 閲覧2016.11.30）．現在，「近絶滅種」に指定されている．なおメキシコ政府はこの島で外来種の駆除を積極的に進めていて，2006年には，野生のヤギの根絶に成功している（Aguirre-Muñoz et al. 2008）．

　話をもどす．こうした海獣類を含むクジラ類の乱獲が眼前で展開されていながら，なおアメリカは楽観的であった．当時の代表的な意見が1851年に出版された『白鯨』のなかにある．メルヴィルはわざわざ「鯨は絶滅するか？」との章を設け，バイソンが人間の狩猟で絶滅したことと比較して，これはマッコウクジラには「絶対に」あてはまらないと述べ，この理由としてバイソンへの捕獲圧とはまったくレベルがちがうと力説した．そのうえでマッコウクジラが減少しつつあるとの（当時からあった）説に対してこう述べる．

　　マッコウクジラは，なんらかの安全上の理由から，いまでは大移動集団を形成して海上を移動する傾向があり，これはこれまでひとり鯨やふたり鯨，群れや学校（スクール）をなす鯨などに分散して行動していたものが，巨大な，しかし相互に大きくへだたった，ゆえに，めったにお目にかからぬ軍団に再編成された結果であろう．ただそれだけのことだと思う（第105章，八木訳）．

捕鯨による「行動変化説」とでも呼ぶべきもので，野生動物の絶滅が心配されると，この根拠のない説が時代や場所を超え，つねに登場するのである．さて，アメリカはこのセミクジラやザトウクジラを追跡して北太平洋へと進出したが，そこでさらにもう1種のクジラを絶滅の淵に追い込んでいる．そう，あのホッキョククジラだ．

ホッキョククジラの傷痕

　ホッキョククジラは北極をはさんで5つの地域個体群が存在していたことはすでに述べた（図7-17参照）．このうち北大西洋の3つの個体群はほぼ獲り尽くされて壊滅状態にあった．残されていたのはベーリング海峡をはさむ北極海の個体群（ベーリング・チュクチ・ビュフォート）とオホーツク海の個体群だった．それらは太平洋を北上し，千島列島を通過するか，アリューシャン列島からベーリング海を通り抜けるかのどちらでしか出会えるルートはなかった．よもやこの極北の海に，かつての捕鯨の主役，ホッキョククジラが生き残っているなどとだれ一人考える者はいなかった．その聖域へと誘導したのがマッコウクジラだった．1848年，ナンタケットの捕鯨船スーペリア号は，わずか数カ月の航海の後に1600バレルもの鯨油と高価で巨大なクジラヒゲで船倉を満杯にしてホノルルに帰港した．港はこの快挙に沸き，船長ロ

イズは，マッコウクジラを追跡してベーリング海に入ると，200バレル以上の鯨油と，巨大なクジラヒゲをもつ大型の"セミクジラ"に遭遇し，まだたくさんいると自慢げに報告した．これが発火点だった．多数の捕鯨船がこの海域に殺到し，最後のホッキョククジラ個体群の捕獲を競い合った．いったいどれほどの個体数が捕獲されたのか．

ボックストスら（Bockstoce et al. 2005）は，この捕獲競争に参加したすべての船の捕獲記録を調べ，1849-1912年には，総計で3198頭と見積もった．しかし，乗組員の証言によれば，競争のために捕獲は過小に報告され，実際の捕獲数はこれをはるかに上回っていたと考えられた．そこで，操業日数と目視記録を吟味して再度見積もると，推定された捕獲数は1万6594頭，なんと申告の5倍以上だった．捕鯨をふくむ漁獲や生物資源の統計には，往々にしてこうした「ウソ」がまかり通る．オホーツク海にもホッキョククジラの集団（せいぜい数百頭）がいることがわかり，この海域もほどなく乱獲された．この結果，両集団の93％が獲り尽くされ，生き残ったのはかろうじて約1000頭と推定された（Woodby & Botkin 1993）．現在もなお絶滅の危機水準にあるが，個体数はわずかずつ回復しているようだ．

ところで，アラスカでは，ホッキョククジラを対象に，モラトリアム後もエスキモーの"伝統捕鯨"が許可されてきた．その意味でアメリカはいまなおれっきとした「捕鯨国」である．2007年，アラスカ最北端のバローで捕獲され，引き上げられたホッキョククジラを解体すると，その脂皮（脂肪層）のなかから，この捕獲の際に撃ち込まれたものではない別の"銛とシャフト"が発見された（図10-15）．取り出されたそれらを精査すると，1879年にナンタケットの捕鯨銛製造会社（"エベンエゼル・ピアス社"）で製造されたものと特定された（George & Bookstoce 2008）．この個体は銛を打ち込まれたが致命傷には至らず，それは部厚い脂皮のなかに留め置かれたまま，少なくともその後129年間を生き抜いてきたということになる．また

図10-15　2007年に捕獲された際にホッキョククジラの脂皮から出てきた1879年製造のエベンエゼル・ピアス社製の爆発銛．右側が弾頭で，左側が銛との結合部．幸いにも爆発せず，このクジラは少なくとも129歳以上であることが判明した（George & Bookstoce 2008より）．

別の個体からは鉄製以前の石や動物の牙から製作された"銛"が回収され，それらは，まだ分析中だが，17世紀末から18世紀初頭に使われていた代物と推定された．したがって，ホッキョククジラには200歳を上回る個体がいることはほぼ確実なようだ．この寿命の推定値は，別の年齢推定法（アミノ酸ラセミ化法）[18]による値とも一致していた（George et al. 1999）．動物のなかには，たとえば400歳以上の二枚貝や，200歳以上になるコイなど，長い寿命をもつものがいる．ちなみに脊椎動物のなかでもっとも長寿なのはグリーンランド周辺海域に生息する深海性のニシオンデンザメ（Somniosus microcephalus）だといわれている．目のレンズによる放射線年代測定法によれば，最長で390歳以上になるらしい（Nielsen et al. 2016）．生息海域はホッキョククジラと重なっている．しかしこれほど長命の哺乳類は，ホッキョククジラを除いて例はない．

ゼーら（Zeh et al. 2002）は，尾びれの切れ込みパターンから識別された個体の追跡調査を

行い，その年生存率を推定した．それによれば成獣の生存率はある推定法（ジョリー・セーバー法）では 0.984，また別の推定法（ベイズ推定の MCMC 法）では 0.948–1.000（最大値は1）の間にあると見積もられた．もし前者の生存率であると単純に仮定すれば，ホッキョククジラは 100 年後にも約 20% の個体が生き残っていることになる．野生哺乳類としては驚異的に高い生存率だ．ホッキョククジラの成獣は，豊富な餌，清浄で安定した北氷洋の局限された生息地にあってほとんど死なない，超然とした神のような存在なのである．

俄然，注目されるようになったのがホッキョククジラの遺伝子，なかんずく「長寿遺伝子」だ．ヒトやほかの哺乳類と比べてどこがちがうのか，なにが長寿をもたらすのか，特異的な遺伝子が存在するのか，このゲノム（トランスクリプトムも含めて）の解析がマイケル・キーンら（Keane *et al.* 2015）によって行われ，報告された．結果は期待外れかもしれない．特定の長寿遺伝子といったものの存在は確認できなかったからだ．けれどその代わり，細胞周期，DNA 修復，ガン耐性，加齢に関係する遺伝子と，体温調節，感覚能力，食物適応，免疫応答に関与する遺伝子に，ちがいが認められた．長寿はこうした遺伝子の総合的な働きによって実現されていると考えられた．もとよりとっておきの「長寿遺伝子」などないのである．

地球規模の乱獲は太平洋を巻き込んだ．ジャパン・グランドの発見でハワイ，ホノルルやサンフランシスコは一大捕鯨基地となった．地球上にもはやクジラが人間とは無関係に生きられる安住の地はなくなっていた．アメリカは，そのすべての海域に進出し，1835 年以降，年平均約 120 万バレルのマッコウ油と，約 22 万バレルのその他クジラ類の鯨油とクジラヒゲ——その金額は 800 万ドル以上（現在の貨幣価値で 200 億円以上）を稼ぎ出した（Walter 1907）．イギリス，フランス，ロシア，オランダその他の国々がしのぎをけずったが，いまやアメリカは世界でも突出した捕鯨国に成長していた．ジャパン・グランド，この極遠の海に多数の外国船が出現し始め，その数は，たとえば 1846 年には 292 隻に達したという（近藤 2001）．にわかに騒がしくなった日本では，これと連動するかのように「攘夷思想」が巻き起こった．鎖国の眠りからめざめさせたのは，あるいはクジラ類の哀歌だったのかもしれない．ペリーの強硬ともいえる開国要求とは，太平洋を横断し，水と食料，寄港地を必須としたアメリカ捕鯨業界の死活にかかわる悲願だった．

こうして 1854 年に「日米和親条約」（神奈川条約）が締結される．だが皮肉なことに，捕鯨船への便宜が確保されてまもない 1861 年にペンシルヴェニアで油田が発見されると，マッコウ油や鯨油の需要は徐々に減少していき，20 世紀初頭には，アメリカはいともあっさりと捕鯨からは撤退してしまう．しかし，この撤退の理由を，代替品としての石油の登場ばかりに帰すべきではないように思われる．灯油や潤滑油の需要はなお高く，クリノリンやコルセット用クジラヒゲの値段も大幅に高騰していて，ホッキョククジラやセミクジラの捕鯨熱は冷めていなかったからだ．この撤退を決定的にしたのは，デイヴィスら（Davis *et al.* 1988）が指摘するように，常軌を逸した乱獲の結果，資源がほぼ枯渇し，捕鯨が経済的に成り立たなくなったのが主因だと考えられる．現金な国ではある．せっかくの条約はその真価を発揮できないままに時代は明治へと変わり，20 世紀以降の近代捕鯨の主役はアメリカからノルウェー，日本，ロシアへとバトンタッチされることになる．

バイソンやリョコウバトに対するアメリカ人の姿勢は，そのまま開国に関する条約文書にも反映されている．「日米和親条約」には付帯文書がある．いわゆる「下田条約」だが，その第 10 条に「鳥獣猟遊はすべて日本において禁ずる所なれば，アメリカ人もまたこれに伏すべし」とある．「猟遊」とは文字どおりレジャー・ハンティングだ．この条項は外交文書にしてはいささか異色だ．いったいこの一文はなにを意味するのか．明らかにそこには，条約締結直前にアメリカ人が多数上陸し，野生動物を遊び半分に撃ち殺したことに対する日本側の不服

または抗議と解釈できる．これがアメリカ人の外交官や捕鯨船乗組員の典型的な行動だった．同時にそれは，当時の日本には，幕府の禁制令により多くの野生動物が生息し，かつ大切に扱われていたことを示唆している．幕末期に日本を訪れたシーボルト（1897）を筆頭に，ツンベリー（1791, 1793），フォーチュン（1863）らは驚きをもって野生動物の豊富さを記述している．

セミクジラ，ホッキョククジラ，ザトウクジラがほぼ絶滅状態にあったとはいえ，マッコウクジラはなお健在であったし，このほかに，ナガスクジラ，シロナガスクジラ，ニタリクジラ，ミンククジラ，クロミンククジラ，イワシクジラなど多くのクジラ類はまだ商業捕鯨の対象にはなっていなかった．これらに触手を伸ばし，南氷洋を含め全世界が近代捕鯨にからめとられるのはもう少し後で，高速汽船や大型母船，捕鯨砲の登場などの技術の進展を待たなければならない．

10.2　アメリカにおける自然保護の覚醒

（1）灰燼の後に

北米の野生動物は，20世紀までに，リョコウバトやバイソンなどが（野生）絶滅し，多くの種が絶滅の危機にあったか，大幅に減少していた．それでもなお人々の関心をひくことはなかった．大多数の人々は，野生動物は徹頭徹尾利用すべき獲物であり，開拓の敵であり，そして厳しい自然は征服すべき対象であるとの価値意識のなかにたたずんでいた．人為によって大きく変容してしまった自然から，しかし，看過できない「異変」が次々ともたらされるようになった．

砂まみれの1930年代

最初の兆候はグレートプレーンズの周辺で起こった．この地域ではもともと局所的で一時的な「砂嵐」が発生し，春の風物詩の1つだったが，18世紀末からは常軌を逸した勢いになった．

図10-16　"ブラック・サンデー"．1935年4月14日（日曜日）にカンザス州西部を襲った大砂嵐．これはアメリカ東部に到達し，大西洋の船の視界を遮ったほどだった（Worster 1982 より）．

砂塵は光を遮り，砂は家や畑地，作物を覆い尽くし，あらゆる場所や身体，食物にまで侵入した．呼吸器患者は25%も増加し，乳幼児の死亡率は30%を超え，オクラホマ州などでは人口が約20%減少し，郡によっては半減した．大規模な砂嵐は1886年，1894年，1913年，1932年，1934年，それ以降は毎年（1935, 1936, 1937年など）のように発生，とくに1934年と1935年は壮絶で，東部ワシントン一帯やカナダにまでに到達，大西洋を航行していた船の視界を遮ったほどだった（図10-16）．1935年の砂嵐は日曜日に発生したところから"ブラック・サンデー"と呼ばれ，3億トン以上の土壌が運び去られたといわれる．しかも1931年と1934年は大旱魃に見舞われ，グレートプレーンズ一帯では農作物はまったく収穫できず，30万人以上の砂嵐難民が発生した（Worster 1982, ウォースター 1989）．また，このために政府は海外から小麦を緊急輸入しなければならなかった．ジョン・スタインベックの名作『怒りの葡萄』（1939）は砂嵐で開拓地を放棄し，カリフォルニアへと流浪する農民，"ジョード一家"の悲劇を描いている．

砂嵐の原因は明らかだった．インディアンを追い出したヨーロッパ人開拓民は，プレーリーの草原と表土を剝ぎ取り，畑地に変えたからだ．とりわけ20世紀に入ると，ガソリンエンジンと鉄製犂を組み合わせたトラクターが発明され，第一次世界大戦後には小型で廉価な仕様（モデル）が販売されるにおよび，開拓者はこれをこぞって買い，

農地の大規模化を進めた．トラクターは地中深くに根を張ったプレーリーの多様な草本を文字どおり根こそぎに掘り起こし，土壌をえぐり出して耕地に転換した．それは全面的な裸地化であり，生態系の根本的な転換だった．これが大規模な砂嵐を引き起こして，農業それ自体を不毛にさせてしまった．開拓者は借金にあえぎ，すべてを手放し，農機具メーカーだけが莫大な収益を上げた．風が舞い上げたのは砂塵だけでなく人間そのものだった．じつは原因はそればかりではなかった．

グレートプレーンズには意外にも多数の植物種が生育している．イネ科草本を中心に3000種以上ともいわれる（Wishart 2012）．これらの植物種が地形，気候，水分条件（降水量），土壌，動物，火入れなどの影響を受けつつ多様な植生タイプを成立させてきた．リヒト（Licht1997）によれば，プレーリーは大まかにみると，①草丈の短い短茎草本プレーリー，②草丈の高い高茎草本プレーリー，③その中間の混合草本プレーリー，の3つに区分できるという．これらはロッキー山脈に沿ったグレートプレーンズの西部に短茎（草本）プレーリーが，東部のミネソタ・アイオワ州などに高茎プレーリーが，そしてその中間のカンザス・ネブラスカ・サウスダコタ州などには混合プレーリーが分布する．つまり草丈は東へ行くほどに高くなる傾向がある（図10-17）．これら3つのプレーリーは，さまざまな要因のうち，なかでも降水量と草食動物の採食圧の2つにもっとも強い影響を受けて種組成は変化する（Truett 2003）．

プレーリーにはさまざまな草食獣がいる．主要なのはバイソン，インディアンが持ち込んだウマ，プロングホーン，エルク，そしてプレーリードッグだ．ウマやバイソンは典型的な喫食者（グレーザー）で，前者は高茎のイネ科草本を，後者は高低いずれのイネ科草本を食べる．プロングホーンは中茎の広葉性草本（摘み取り者（ブラウザー）の傾向が強い）を，プレーリードッグは短茎の草本を，それぞれ食べ分ける．この採食系列[19]によって，草食動物の多く，乾燥した地域では短茎プレーリーが，湿潤で草食動物が少ない地域では高茎

図 10-17　グレートプレーンズ，3つのプレーリーの分布．高茎草本と中間草本の境界は降水量と草食動物の採食圧によって変化する．高茎草本は現在東へシフトしている（Truett 2003より）．

プレーリーが，その中間では混合プレーリーが発達する．したがって，この3つの境界は，長期の気候変動と，草食獣個体群の動向によって，歴史的に変化してきた（図10-17）．

前節で，19世紀初頭のルイスとクラークの探検行を紹介した．1804年に彼らが通過したネブラスカ北部は，現在では高茎プレーリーとなっているが，当時は，バイソンとプレーリードッグが多数生息していた短茎プレーリーだった．彼らは次のように記録している．「いたるところに鳴きリス（プレーリードッグ）がいて，ボウリング場の芝地[20]のような短い草の草原が広がり，バッファローとエルクの大群がみえた」（Truett 2003からの引用）．この短茎プレーリーはインディアンの火入れの反復によってたえず草食獣を引き入れ，その独自の採食様式と採食圧によって維持されてきた．しかし，この草食獣の陣容を徹底して破壊し，根絶してしまったのである．東部までに拡大していた短茎プレーリーは急速に縮小し，高茎プレーリーへ置き換わった．

注目したいのはその植生の土壌保持力だ．動物の採食系列によってもたらされる短茎草本は小さく密度が高いために基底被度[21]が，中茎草本や高茎草本に比べて高く（McNaughton 1984），また土壌表層での根の密度が高いことが知られている（Sims et al. 1978）．このために土壌保持力は強く，土壌侵食を食い止める効

果をもつ．短茎プレーリーが後退し，拡大した高茎プレーリーは，そのみかけとは裏腹に，強い風によって土壌を舞い上げる震源域となった．その後，大量に導入されたウシやヒツジは，バイソンとその在来草食獣の代替にはならなかった．多くの地域で，今度はプレーリーの収容力を無視した「過放牧」が行われ，プレーリーそのものが破壊されていった（Truett 2003）．こうした非持続的な家畜生産が見直されるのはようやく1940年代に入ってからだった．とはいえ，短径プレーリーはヨーロッパから持ち込まれた外来牧草によって種組成が入れ替わってしまった．

現在，プレーリーの95％以上は牧草地や農耕地に転換された．そこでの農業は土木事業による大規模な灌漑設備と散水技術で成立していて，土壌の流出は止まっているわけではない．機械化された大面積・集約的な農業が脆弱な基盤の上に展開されている．その脆弱性を示すかのようにこの地域の人口はゆっくりとだが減少している（Linsdale & Archer 1998）．

農業被害と農務省の対応

異変は東部でも起こっていた．アメリカの農業は南部の綿花栽培から発展し，機械化の導入によって，1850年代に140万人だった農業人口は，1880年代には400万人，1910年代には640万人と順調に推移していた．農作物は輸出され，農業はアメリカの基幹産業となった．しかし当時の農業は肥料など十分に与えられない地力収奪型で，また殺虫剤などはなかったから虫害がたびたび発生し，同じ地域の収穫量は徐々に減少していった．農民は土地を捨て，新たな土地を求めて移動した．西部開拓運動とは，一面では，肥沃な土地を求めてのある地域から他地域への，州から州への移住の累積でもあった（岡田1994）．農民はさまざまな病害や昆虫被害に苦しんでいた．それはいまに始まったわけではなく，入植時代からの宿痾のようなものだった．

昆虫害の概要をアメリカ農務省が発行した『連邦昆虫学』（USDA 2008）という報告書からたどる．初期入植地のボストン周辺に植えられたリンゴは1660年代にシャクトリガの1種（*Paleacrita vernath*）によって甚大な被害を受け，ナシやサクランボにはハバチ（*Caliroa cerasi*）が群がった．インディアンに耕作法を教わったトウモロコシは，貯蔵するとバクガ（*Sitotroga cerealella*）が卵を産み，幼虫独特のいやなにおいを発した．植民者が母国イギリスへ書き送った多くの手紙には，ブユ，カ，ノミの多さと不快さに加えて，猖獗を極めた農地の加害昆虫への悲鳴が綴られていた．1740年，マサチューセッツ州にはイナゴが飛来し，農地は壊滅した．ヨーロッパから持ち込んだコムギやオオムギ，ライムギにはコムギタマバエ（*Mayetiola destructor*）が何度も大発生し，ヒツジから刈り取った羊毛にはウェビングガ（*Tineola bisselliella*）が繁殖して商品にはならなかった．だが，それらはまだほんの序幕にすぎなかった．

農地が拡大し農業が軌道に乗る18世紀に入ると，南部の綿花畑にはメキシコワタノミゾウムシ（*Anthonomus grandis*）や，さらには複数のガ類（*Alabama argillacea*や*Spodoptera litura*など）が発生し始め，アメリカの産業を支える原料に大きな被害を与えた．またタバコ畑にもニセタマヤナガ（*Peridroma saucia*）などが集まり，貴重な輸出品に打撃を浴びせた．このほかに，複数のカメムシ類（*Blissus hirtus*など）が特産のトウモロコシ，カボチャ，そしてコムギ類に被害をおよぼし，複数のウリハムシ類（*Diabrotica undecimpunctata*など）が野菜を食害し，コロラドハムシ（*Leptinotarsa decemlineata*）がジャガイモ畑に壊滅的な被害をもたらした．コムギタマバエは相変わらず大発生し，1836年などはまったくの無収穫だったのでパニックさえ起こった．西部開拓が進むにつれて，ロッキートビバッタ（*Melanoplus spretus*）が猛威を振るった．とくに深刻だったのは1873-1877年，コロラド，カンザス，ミネソタ，ネブラスカの各州を中心に被害額は毎年200万ドル以上に達した．大群はカリフォルニア州より巨大な50万km²以上に広がり（推

定12.5兆匹），ジェット気流に乗り，カナダへ飛来，飛行ルートの農作物を壊滅させた．1740年にマサチューセッツを襲ったイナゴの大群もこの分派だった．アメリカ農業——それは，新たな生態系に単一作物を大量に栽培するとの無謀な実験ともいえ，したがってそれは，宿命ともいえる，害虫との闘いの歴史でもあった．

　森林でも同様で，養蚕目的でヨーロッパから輸入したマイマイガ（*Lymantria dispar*）が逃れ，爆発的に増加し，針葉樹・広葉樹を問わず葉を食害し，大面積の森林を枯死させた．この異常大発生は，ヨーロッパでは病原菌などの天敵によりほとんど起こらないが，北米では現在もなお約10年周期で繰り返されている．

　この被害の多さに連邦政府は，1849年に，"内務省・特許局"内に"農業部局"を創設，そのなかに"昆虫担当部署"を配置し，1853年には1000ドルの予算で昆虫の農作物の被害状況を調査した．農業部局が特許局内にあったのは，主要な仕事だった作物種子（昆虫も同様）の収集・登録が，農器具の発明や改良の特許登録と同じ範疇にあったことによる．生物の登録と機械の発明が同じ特許対象であるとの発想は日本人にはなじみ薄いが，このことは後年，たとえば遺伝子の発見は特許との認識など，国際条約やその交渉の過程ではしばしば浮上し，権利概念にずれが生じることになる．これについては「生物多様性条約」との関連で後述する．この農業部局は1862年に"農務省"に昇格，このなかに"動物産業局"を創設，この部門の1つが1879年に"昆虫学局"として昇格した．昆虫戦争，真っ最中．なかでも莫大だったのは外来種による被害で，1800年の時点ですでに36種の農業加害虫が外来種と確認され，被害額は毎年1000億ドルを突破していた（USDA 2008）．ヨーロッパから持ち込んだ作物と，そこについていた多種多様な昆虫は，新たな生態系で外来種に変身し，爆発的に増加したのであった．

　農業が拡大し，作付すれども被害が反復する状況に，いやがうえにも気づかされることがあった．昆虫を捕食してくれるはずの鳥類がまったくいなくなったこと．開拓当初にはあれほどいた野鳥が，黒い塊となって空を覆い尽くしたほどにいた渡り鳥が，リョコウバトと同様に，最近さっぱりとみかけなくなった．それはアメリカ史上，最初の"サイレント・スプリング"だった．昆虫被害の頻発はこの鳥類の極端な減少と無関係ではないのではないか．鳥類が減少したのは，開拓者の大切な食料として，また羽毛は大流行中の羽毛帽子の材料として，高く売れたので人々は副業にこぞって捕獲したことが原因だった．もう一度自然環境における鳥類の役割を適切に評価し，鳥類の保護を農業政策のなかに取り込む必要があるのではないか．こうした指摘が昆虫学局の担当者や大学の研究者らによってなされ始めた．

　これらの指摘を受け農務省は1885年に，大学のような"経済鳥類学・哺乳類学部"を発足させた．この部局は主要な野生動物種の分布や現況を調査したが，そのネーミングからもわかるように，野生動物を経済的に評価（食料，毛皮資源）することを目的にしていた．なかでも農業の昆虫被害に対する鳥類の抑制効果，すなわちそれぞれの種がどれくらいの比率で昆虫や穀物を食べるのか，その定量的な評価によって「益鳥」と「害鳥」に仕分けるのを業務としていた．このため2万5000羽分もの鳥類の胃（嗉嚢）を収集し（ウォースター 1989），種ごとにその食性を精力的に分析・調査した．この調査結果は，1883年に創立したばかりのアメリカ鳥類学会の機関誌"オーク"に毎号のように掲載された．たとえばその13巻4号には，

　　イエミソザイ（*Troglodytes aedon*）は健康に有害な昆虫類を排他的に食べるので評定は有益．オリオール（*Icterus galbula*，アメリカムクドリモドキ）は83%昆虫食，うち3分の1は幼虫，緑色の豆類やブドウをつつくが，保護すべき鳥類に認定．マイマイガは38種の鳥類に捕食されるが，このうち12種はこの害虫の駆除にはとくに有益である（Judd 1896）．

と，こんな調子．蛇足だが，アメリカに遅れること約30年，1920年代からわが国でも農務局農事試験場で鳥類の食性分析が開始され，これによって日本産鳥類を，昆虫食の「益鳥」と農作物食の「害鳥」に区分しようとした．撃った

鳥類の嗉嚢から食物を取り出して分析するのだが，このときに使われ，食物ごとに分類された多数の小さな標本瓶が，私の以前の勤務先，森林総合研究所に現在もなお保管されている．便益を基準とした野生動物の差別化は，アメリカに見習ったのか，世の東西を問わない．

じつはこの部局創設にはもう1つの理由があった．シャクトリガなどの加害昆虫の駆除を目的にイギリスからイエスズメ (*Passer domesticus*) が持ち込まれ，1850年にニューヨークで放たれた．16羽のスズメは，個体数が減少していたほかの鳥類のニッチを埋めるかのように，たちまちにして増加し，1875年には東部一帯まで分布域を広げた．導入された外来種が初期に爆発的に増加する例は多くの種で知られている．このスズメもそうで，シャクトリガやマイマイガを捕食したのはよかったが，あろうことか，個体数が少なくなっていたほかのツバメ類，ルリツグミ (*Sialia sialis*)，イエミソサザイ，オオヒタキモドキ (*Myiarchus crinitus*) などを追い払ったり，巣を破壊したり，卵を食べるようになった (Moulton *et al.* 2010)．このいっぽうで穀物類への食害もめだち始めた．

同様に昆虫防除のために放たれたのがヨーロッパホシムクドリ (*Sturnus vulgaris*) だ．この鳥は1890年と1891年にニューヨーク・セントラルパークで50ペアが放鳥され，うち16ペアが生残，その後に分布域を拡大し，個体数を増加させた．スズメ同様，昆虫を捕食したのは歓迎だったが，それ以上に，農作物や，家畜の飼料を食べ，被害金額は毎年8億ドルに達した．さらには樹洞営巣性のキツツキなど20種以上の在来鳥類の巣を乗っ取るなど繁殖を妨害するようになった (Linz *et al.* 2007)．

この部局は，これらの外来種の調査やら，対応と駆除やらの主要な部隊となった．それは，後年始まる外来種対策の原型でもあった．当のスズメやホシムクドリはいまではすっかりアメリカ社会に定着し，外来種の面影はない．ホシムクドリの推定生息数は現在2億羽で毎年8億ドルの農業被害を引き起こしているのだが (Koenig 2003)．

この駆除と関連するが，この部局にはさらにもう1つ，重要なミッションがあった．すでに紹介済だが，1つは，グレートプレーンズのプレーリードッグ捕獲作戦の遂行で，毒入り穀物を開発し，農家に配布，生息地に散布させた．もう1つは，プレデター・コントロールの推進．家畜や，大切な資源であるシカ類を襲う捕食者，オオカミ，ピューマ，コヨーテなどを職務として駆除し，排除することだった．州ごとに別個に行われた捕食者駆除政策がいよいよ連邦政府に統括され，大々的に展開されることになった．

コロンブスの交換の"代償"

ここで意外な外来種を紹介する．北米大陸の外来種には，意図的に持ち込まれた種のいっぽうで，非意図的に侵入した種も少なくない．これらは新しい生態系で激増し，堰を切ったように分布域を広げていった．このなかには，オカヒジキ，野生エンバク，クズ，クマネズミ，イガイなど，生態系の構造や機能，運動を大幅に変えた種も多い．これらの外来種のうち最近もっとも注目されているのがミミズ類だ．

ミミズ類は，環形動物門貧毛綱に属する無脊椎動物で，地球上には4000種以上が生息しているといわれ，通常，10 cm程度だが，なかには2-3 mに達する種もいる（日本産の最大種は石川県から滋賀県にかけて分布するハッタミミズで約60 cmになる）．意外に長生きで，平均で1-2年，なかには8年生きる個体もいる．極地を除き汎世界的に分布しているが，ヨーロッパでは氷床に覆われ，土壌が凍結したような北緯60度以北にはおおむね生息していない．北米でも同様で，ほぼ国境を境に北のカナダには生息していない．図10-18左は，北米の代表的な在来種であるカロライナミミズ (*Eisenoides carolinensis*) の分布で，最終氷期（ウィスコンシン氷期）の氷河（ローレンタイド氷床）の南部に生息していることがわかる．ここに外来種であるミミズが侵入した．侵略者はおもにイギリス出身，それはダーウィンが行動を仔細に観察したツリミミズ（ナイトクローラー）を筆頭に，アカミミズ (*Lumbricus rubbellus*)

図 10-18 北米での在来ミミズ（左）と外来ミミズ（右）の分布．太い実線は最終氷期の氷床の南限ライン．

やシマミミズ（*Eisenia fetida*），ムラサキツリミミズ（*Dendrobaena octaedra*）などといった面々で，現在では，北米産ミミズ類 183 種のうち，約 60 種が外来種といわれている（Blakemore 2006）．

これらの外来ミミズ類の起源は，開拓期初期から連綿と続いたヨーロッパとの交易にあったと推定され，各種の苗木についた土，船を安定させるバラスト用の泥や土砂などといっしょに運ばれてきたと考えられている．マン（2007, 2016）は，ジェームズタウンでタバコ栽培に成功し，母国への輸出が始まると，ヨーロッパからの輸送船には安定のためにバラストが積まれ，それをジェームズ川に捨てたことにさかのぼると推測した．しかし，代表的な複数の外来種の分布をみると（図 10-18 右），ジェームズタウンを中心に，というよりは，カナダ（セントローレンス川沿いのケベックやモントリオール）を含む東海岸全体に広がり，多数地点での長期にわたった交易（毛皮を含む）が震源地のようにみえる．同じことはまた西海岸でも起こったようだ．ミミズ類は雌雄同体で通常交接により繁殖するが，無性生殖も行うため，少数のパイオニアでも増殖が可能だ．その外来ミミズ類が北米北部の落葉広葉樹林や針葉樹林で分布域を広げた．ミミズは食虫類や小哺乳類，鳥類の食物になるほか，ダーウィンが絶賛した生態系エンジニアの役割（第 9 章 p.469）も期待され，「益虫」といってよい．そのどこに「不都合な真実」があったのだろうか．

北米の北方林は，ミミズのいない土壌環境のもとで成立してきた．森林はつねに地面に枝葉を落とし，それらは地表に腐葉土層（上層は粗腐植層（ダフ），下層は腐植層（ハムス））を形成する．一般に冷温で土壌動物相が貧弱であれば，この層はゆっくりと分解されるので，厚く堆積される．北方林を構成する樹木，次世代の稚樹や林床植物はこの深い腐葉土層に適応してきた．ミミズはそこに侵入したのである．ミミズは典型的なデトリタス食者（腐食者）で，分解されつつある枝葉の小片，線虫や原生動物，バクテリアなどを土といっしょに食べ，有機物を消化・吸収して，消化管末端から排泄する．ダーウィン（1881）はこの量がどの程度なのか，土壌や生息密度のちがう複数の地点で一生懸命に推定していて，たとえば 1 個の穴の入口に堆積する糞の重量は 0.5 g/日，生息密度を 13 万頭/ha とすると，1 年間では 24 トンの土が耕されるといった計算をしている．

この量は現在ではさまざまな種を対象に，さまざまな土壌条件で測定されている（Curry & Schmidt 2007）．ミミズの種類や土壌のちがいで大きな差があるが，おおむね 1 日あたり体重の 3 分の 1 程度の土壌を食べる——かなり大量だ．実際にも，北方林各地で外来ミミズ類の生息密度が調査されている．さまざまな測定値があるが，たとえばカナダのカエデ林では最大 3000 頭/m^2，混交林ではアカミミズが 80-176 頭/m^2，別の場所ではムラサキツリミミズが平均 2600 頭/m^2 といった数値が並ぶ（Dymond et al. 1997, Addison 2009）．ヘクタール換算すれば（この数値の 1 万倍）どれも膨大な頭数で，耕起される土の量は，ダーウィンの推定値より 1-2 ケタ以上大きい．これにともなってミミズが消費する有機物量も莫大だ．かくして北方林では，枝葉が蓄積されるスピードより外来ミミズが消費するスピードが上回り，腐葉土層が薄くなったり，消失する地域が広がるようになった．このため，森林の更新が阻害され，群集組成が変化したり，複数の固有種（ゴブリンシダ，エンレイソウの 1 種，カタクリの 1 種，昆虫類やサンショウウオ類など）が希少化しつつある．

また外来ミミズ類は植物の病原菌を持ち込み，拡散させる危険性が指摘されている（Hendix & Bohlen 2002）．だが，問題はそれだけに留まらなかった．

腐葉土層は生態系のなかで炭素吸収源（カーボンシンク）の役割をもつことが広く知られている．ここにミミズが侵入するとどうなるのか．土壌中の炭素貯留量（ストック）は，ミミズが腐葉土を分解するので減少するはずだが，必ずしもそうはならない．団粒状の糞は有機物を安定化させる働きがあるために炭素隔離を促進し，貯留量はむしろ増加するとの報告もある（荒井 2014）．しかし，腐葉土は分解・消化されるので，その分はCO_2として放出されるのも確かだ．チャンほか（Zhang et al. 2013）は，ミミズの存在は，土壌中の炭素貯留量には影響を与えないものの，CO_2放出量を 33% 増加させると報告した．それは，炭素吸収源としての役割をもつと評価された北米の森林がミミズ類の侵入によりその重要な機能を消失しつつあることを示している．

レーシー法の登場

止まらない農業の昆虫被害と野鳥の減少．連邦政府による最初の野生動物に関する法律は 1900 年に成立をみる有名な「レーシー法」で，北米におけるその後の野生動物保全を発展させる大きな転換点となった．この法律は，各州で捕獲された野生動物（とくに鳥類とシカ類）とその産物をほかの州に移動させることを禁止または制限することを骨子とした．なぜ，野生動物（とくに鳥類）を直接に保護する法律ではなく，州間の移動を禁じるといった，まだるっこい，隔靴掻痒の内容だったのか．提案者のジョン・レーシー（アイオア州選出）は熱心な農業振興論者で，昆虫被害の増加は，鳥類を商品市場に持ち込むプロのハンターがやたらに「益鳥」を撃って，減少させたことに原因があると考えた．しかしこの時代はまだ鳥類（やシカ類）は農民の大切な食料で，いきなり制限を加えるのは躊躇された．そこで，野生動物の州間での移動や取引を監視すれば，益鳥の乱獲や害鳥の拡散（スズメの放鳥など）が防げるのではないか，こう判断し，法律を作成した．これには農務省も後押しした．主旨にも賛成だったが，監視業務が農務省とできたばかりの経済鳥類学・哺乳類学部の権限拡大につながると期待したからだった．このレーシー法の果たした役割は大きい．それらを列挙すれば，

①州間をまたぐ野生動物の商取引の実態を明らかにしたこと．
②その違法性を，たとえばニューヨーク州では 4 万 7000 羽の鳥類を別の州から持ち込んだ業者に対して 100 万ドル以上の罰金が科されたことなどの事実を通じて，広く市民に認識させたこと．
③この法律が契機となって各州は野生動物に関する法律を整備したこと．
④獲物の自由な移送と取引が制限を受けたことによってプロのハンターが減少したこと．

などが指摘できる．なかでも①と②は，人々に対する教育や啓蒙という点では絶大な効果を発揮した．ごくあたりまえに売られていた「食物」（野鳥）の由来と，その食物が自然のなかで果たしていた大切な役割を，乱獲の実態とともに初めて理解したからだった．また羽毛帽子の材料調達が実質的に困難となり，この流行を終わらせることにも貢献した．そして自然や野生動物に向けられた人々の価値意識とまなざしはしだいに変わり始めようとしていた．また④は北米での毛皮交易や野生動物の乱獲の歴史をたどってきた私たちにとっては感慨深い．その主要な担い手だったプロハンターが歴史的な役割を終え，表舞台から退場する契機になったからだ．それに代わって北米の狩猟の主役は，レクリエーション（またはスポーツ）ハンターが担うことになる．

さらに指摘したい．現在，私たちは野生動物の保全に関するいくつかの国際条約をもつが，そのうちの 1 つが「絶滅の恐れのある野生動植物の種の国際取引に関する条約」（CITES，ワシントン条約，後述）だ．この条約は違法に捕獲または収穫された野生動植物とその産物の輸出入を禁止することを通じて希少種の保護を目的とする．その基本は，州間での商取引の規制

を国(際)間に拡張した構造であり，原型がレーシー法であることがわかる．

(2) 森林の危機から森林の管理へ

アメリカ合衆国には，ヨーロッパからの入植が始まる以前の1600年当時，国土（その後に領有と購入した地域も含めて）の46%，423万km^{2}が森林に覆われていた．この森林が開拓によって農地へと転換された．マサチューセッツ州を中心にわずか4000人だった人口は，1790年代400万人，1850年代2400万人に達し，農地は1790年代の約8万km^{2}から1850年代の約31万km^{2}へ拡大した．伐採された木材は建築用材や燃料，あるいは開拓者が土地を仕切る柵に使われた．その柵の総延長は1850年の時点で512万km，なんと地球120周分の距離に達したといわれる（MacCleery 1993）．土地の私有化，それは開拓者の夢だった．こうした利用に加えて見逃せない需要があった．19世紀後半以降，鉄道敷設が進み，1910年には延べ56万kmの距離となり，燃料，枕木，橋梁や駅舎の建設に使われた．

木材需要は1850年の54億ボード・フィート（板材の単位，1ボード・フィートは約2.36リットル）から1910年の445億ボード・フィートへ大幅に増加した．森林の伐採面積は毎年約32万km^{2}および，伐採量は成長量をはるかに上回っていた．しかもアメリカの森林には大きな弱点があった．開拓にともなう火入れや自然発火による森林火災が，毎年のように発生し，少ない年で8万km^2，多い年では20万km^{2}もの面積が消失した．20世紀をはさんでアメリカの森林は危機の時代を迎えていた．でも，このような状況にあって，政府は，国有地である森林に対し，長期的な計画も，さらには植林の計画すらなかった．リンカーンの「ホームステッド法」（1862年）はなお，都市の失業者を救済するとの名目で放漫な土地売却を行い，森林の荒廃を加速していた．

大きく変わりつつあった森林の姿に各方面から警鐘が鳴らされるようになった．ヘンリー・ソローは急速に変わったウォールデンの森を目のあたりにし，軽率な森林破壊をやめ自然の「秩序」へ回帰すべし，とのロマン主義的メッセージを『森の生活』(1854)に込めて出版した．ジョージ・マーシュは『人間と自然』（Marsh 1864）のなかで地中海文明は森林破壊による土壌流出によって崩壊したと説き，これが現在のアメリカでも起きていると警告した．こうした著作が都市住民を中心に受け入れられ始めたのにはいくつかの理由がある．1つは，喪失していく自然や森林，野生動物に見出されるフロンティアへの，いわば郷愁にも似た時代的気分だ．もう1つは政治に対する強い参加意識で，独立革命を達成した建国の気概が南北戦争（1861-1865年）の経験を機にさらに高揚したことである．なかでもアメリカ人には，多数者の共通利益は私権より優先するとの「公共信託論」が広く浸透するようになった（畠山1992）．それは，ローマ法の公共的所有の概念に起源し，国王の絶対的な権利を制限した「マグナ・カルタ」(1215)と，その系譜上にある清教徒革命（1641-1649年）の伝統の上に成立していた．アメリカ建国に参加した少なくない人物はその末裔だった．

公共信託論とは，公共的な利益を有する公共財，森林，公有地，海，海岸，湖，野生動物などは国に帰属し，行政府に信託され，保護されるべきものとの理論だ．この考え方が，ホームステッド法によって土地売却が不正取得や投機の温床（岡田1994）となっていた経過や，さらには売却すべき辺境の開拓地が枯渇していった状況を打開した．公有地は政府によって保有され，管理されるべきである，と．

国立公園の誕生

こうした声を受けアメリカ政府が最初に行ったのは，土地売却の対象から外し「守るべき森林」を選別したことだった．その最初の候補地が"イエローストーン"地域だ．そこは，北米最大の火山地帯で，間歇泉や山岳景観，森林生態系が手つかずのままに残されていた（と思われたが，ユト・アステカ語族系ショショーニ族インディアンなどの狩猟と信仰の地）秘境だっ

た．白人による探検は1857年に初めて行われ，1871年には，土地売却の競売用の報告書がまとめられ，公表された．ここで初めて，添付された写真や絵を通し，雄大な自然と美しい景観の存在が認識された．議員らは驚嘆し，これによって議会はこの地域を売却リストから外すように議決し，「イエローストーン国立公園設置法」を制定した．そして第18代グラント大統領の署名により1872年に最初の"国立公園"として発足した．ここに約9000 km^2（山形県よりやや小さい）におよぶ地域自然を軸とした完全国有地（?）であるアメリカ型国立公園（「営造物型」と呼ばれる）が制度として初めて誕生した．しかし，この制定の意義は，売却や開発対象から除いたことにあるのであって，理念にもとづく新たな制度創設といったたぐいのものではない．国立公園の概念や役割はあいまいのまま（上岡2002, McCullough 2006），政府はなにをすべきか，共通理解があったわけではない．この暗中模索の状況は，初期のイエローストーンでは，自然を手なずけるとして，クマ類の餌付をさかんに行ったことにもよく表れている（上岡2002）．イエローストーンと並行して，もう1つの国立公園が誕生しつつあった．

ヨセミテ渓谷はカリフォルニア州，シエラネバダ山脈の西山麓に広がる．この地は，もともとユト・アステカ語族系のパイユート族やアワニーチー族などの居住地と農耕地で，ジャイアント・セコイアの森林，花崗岩の断崖，まとまった動植物が生息・生育する原生的な地域として古くから知られ，インディアンを追い出した後には観光・名勝地化が進んでいた．地元の有識者，なかでもゲイラン・クラークやジョン・ミューア（John Muir）らは，これ以上の俗化や開発を懸念して，その保存を州政府に積極的に働きかけていた．そこで政府は1864年にこの地を州政府に払い下げ，州立公園として保存することを決定し，実行された．しかし州政府は，ホームステッド法によって譲渡された土地から入植者や放牧を排除する権限をもたなかったので，州立公園の管理には限界があった．この地が氷河地形であることを証明したミューアは，人間の影響から隔離された原生のままに保存されるべきことを力説し，国立公園としての指定運動を展開した．この結果，州政府の土地は再び連邦に返還され，あらためて1890年に"ヨセミテ国立公園"（面積約3000 km^2）として指定されることになった．

イエローストーンとヨセミテ――両者の合計はほぼ新潟県の面積に匹敵――これを核に後にアメリカの国立公園が発展するが，それは森林を中心とした公有地を，放漫な売却から方針転換し，現状を凍結する地域と林業利用地域に仕分ける一体的な作業のいっぽうの姿だった．このことは以下の目まぐるしい経過からも理解できる．すなわち，1881年，農務省に"森林部"が設置され，続いて1891年に，実質的にホームステッド法を終結させる「森林保護区法」が成立し，これにともない1901年に"国有林局"へ，そして1905年，最終的に"森林局"に改組された．これと連動して1916年には"国立公園局"が設立された．国有林と国立公園は同じ母体から誕生したいわば双子だった．そして野生動物の保全はこの両者のなかに目的として位置づけられた．国有地を共有財として保護するこうした動きは，"アディロンダック保存林地域"（ニューヨーク州，1891年），"ペリカン島鳥類保護区"（フロリダ州，1903年）のほか複数の"渡り鳥保護区"の設置や，「テーラー放牧法」（1934年）などにみられる．後者は国有地の用途を制限し，放牧を許可制にするものだった．乱獲と乱開発にまみれた失われたときを取り戻すかのように，これらの動きを率先して推し進めたのが，第26代大統領，セオドア・ローズヴェルト（在任1901-1909）だった．

保全か保存か――ピンショーとミューア

創成期の国家制度とその方針にはときとして個人の強烈な個性や思想が反映されることがある．農務省森林局の初代長官，ギフォード・ピンショー（Gifford Pinchot）にもそのことがあてはまり，北米におけるその後の自然資源の利用や野生動物の管理を方向づけた人物として特筆されてよい．彼は「森林保護区法」の成立に

もとづいてまず次のような方針で国有地を森林保護区へ編入した．①森林の保存と保護，②最適な条件での水源と流域の確保，③木材の持続的な供給，である．この結果，1897年までに16万km^{2}以上の土地が国有林に生まれ変わった．彼の基本的な考え方は「保全」という言葉に集約されている．いまでは日常語となった"conservation"（保全）は，言葉自体は古くからあったが，そこに彼は新たな意味を付与した．もともとイギリスの植民地インドでの森林の出先管理機関を意味した"conservator"をヒントに，「賢明な利用」を前提とした保護に対してこの言葉を使用した（Bolen & Robinson 1995）．端的にいえば，「賢明な利用を通しての管理」あるいは「利用のための保護」（加藤 2005）である．もちろんピンショーは国有林と林業の行政上の責任者であったから，その軸足は「利用」にあったことは確かだが，この"コンサベーション"こそが，米国の自然資源を乱獲や枯渇から守る唯一の手段だと確信していた．つまり，コンサベーションの本質とは持続可能な資源利用にあった．その柱は以下の3つに要約できるだろう．
①人間は自然資源を利用しなければ生存できないが，絶対に浪費してはならないこと．
②自然資源は少数者（業者や企業など）のためにあるのではなく，将来世代も含めた万民の利益のために利用されなければならないこと．けっきょく，ピンショーにとっての自然保護とは最大多数の人間のための利用とその永続化にほかならない．
③資源利用に際しては科学を基礎に展開されなければならないこと，
である（MacCleery 1993）．彼は書く，「保全とはなによりまず科学運動であり，その歴史的役割は科学と技術の社会における連携」（Hays 1959による）なのだと．そこに徹底した合理主義，功利主義，科学主義が表明されている．

ピンショーがこのキーワードをことさら強調するのには理由があった．北米の自然が将来にわたってどのように扱われるべきか，時代はちょうどその岐路にあるとの自覚があったからだ．

これに対して，他方の分かれ道を選択すべしとの無視できない運動が存在していた．その旗手がミューアだった．ミューアはシエラネバダ山脈を探検し，その自然をこよなく愛し，巨大な自然保護団体"シエラ・クラブ"の創設者としていまなおアメリカ人の尊敬を集めている．ピンショーと同様に，大統領ローズヴェルトの友人であり，ヨセミテ国立公園の誕生に尽力した時代の寵児だった．敬虔なキリスト教徒で，エマーソンやソローの影響を受け，その主張は強い精神主義に貫かれている．

ミューアは，一切手をつけない自然の保護，"保　存"であることに徹底してこだわった．「保存こそ，神が，たんに人間だけではなく，すべての生物が享受すべき世界を創造したとの信念の中心にある」（Manetta 2012による）と述べる．彼にとっての自然とは，自然資源が広がる空間では毛頭なく，霊魂が宿り，内在的価値が存在する地であり，神とそれ自身のために存在する原生的自然であった．そこが彼の故郷であり，「神の原初の大寺院」だった．したがって原生的自然は手つかずのままに「保存」しなければならないとの主張になる．彼の言説は，ワーズワースやポープと同様に，キリスト教の神秘主義や汎神論を拠りどころとする強い宗教上の信念に彩られる．たとえばポープは「すべての生物は1つの巨大な全体のなかの部分にすぎない」，「肉体は自然であり，霊魂は神である」（Pope 1733）と書き遺すが，これらの思想はミューアの言説と大幅に重なる．それは，後のアメリカ自然保護運動の1つの源流のように私には思われるが，この点は留保し，ピンショーの「利用のための保全」という主張は，このミューアの「尊厳を守るための保存」へのアンチテーゼとして対置されたものであった．

この鋭い対立は，できたばかりのヨセミテ国立公園内の渓谷にダムをつくる計画をめぐって決定的となった．これが有名な"ヘッチ・ヘッチーダム論争"だ．論争の詳細は別書（岡島1990，畠山1992など）に譲るとして，結末はピンショー側の勝利に終わるが，この論争でのおもな論点を整理すると，以下のことが指摘で

きよう．

　両者ともに，北米での自然（や資源）のあり方を見直し，将来の方向性を提示した点では画期的であり，前進だった．なかでもミューアの主張はいたずらに破壊されてきた原生的自然の重要性を指摘し，またそれを広く市民に浸透させた点では，大きな意義があった．だが，「ヘッチ・ヘッチーはかつて人間の心が神にささげたもっとも神聖な伽藍ではないか」との主張に表れるように，あまりにも抽象的・精神主義的でありすぎた．このために，巨大な都市（サンフランシスコ）を支える当時の水供給の差し迫った必要性，つまり資源利用の切実さの前には，現実性と十分な説得性をもちえなかった（Manetta 2012）．

　これに対しピンショーは，競合する利害は「長期的な最大多数者の最大の福祉」というベンサム流の功利主義原理，あるいは公共信託論における公共的な権利からの調整が図られるべきとの主張を展開した．これは，すべてではないにせよ，現代につながる評価軸を提示した点で意義深い．後に『自然の権利』を執筆するアメリカの環境学者，ロデリック・ナッシュ（1989）は「ピンショーは自然保護を民主主義の延長に位置づけた」と評価する．だが，自然の合理的な利用と多数者の幸福を強調するあまり，自然の複合的価値，多義的な価値を十分に評価できないとの弱点がある（Worster 2005）．自然の価値はすべて経済的な最大効用に還元できるわけではない．

　もう少し述べる．ピンショーの"ワイズ・ユース"や自然保護思想には強い批判が提出されてきた（たとえばウォースター 1989）．"ワイズ"に明確な定義がない限り，"ユース"はつねに多彩なワイズで化粧されてしまう．ワイズであるためには「持続可能性」を基準にユースが制御される必要があるが，当時はまだこの基準があいまいだった．現代でも，その色濃い功利性ゆえに，むしろ業界団体や開発企業の経済活動の標語やその運動（"ワイズ・ユース運動"）として利用され，批判は根強い（諏訪 1996, Jacob 2011）．しかし，この時代は，自然保護はごくあたりまえの考え方として広く浸透し，人々が手軽に自然の恩恵に浴する状況にあったわけではない．多くの人々の関心は，森林の私有化や商業的な利用，住宅建設などの経済活動にあって，この強い社会的な要請に対し，政府や行政が応えることが求められていた——このことを歴史的コンテキストとして理解しておく必要がある（畠山 1992）．こうした時代状況のなかで「保全」をキーワードに国の制度として国有林管理を設計したことは十分に評価されてよい（ウォースター 1989）．実際にも彼の時代には，野生動物の保護を含む，森林の保全に配慮した管理が展開されていた（畠山 1992）．

　他方，ミューアのような宗教的な心情を基礎とした自然保護は制度的にも困難であり，また誤りでもあった．さらに，ミューアの固執する"原生（的）自然"についていえば，「原生自然」とはなにかが問われなければならない．彼が制定に努力したヨセミテにしても，イエローストーンと，その後に制定されるほとんどすべての国立公園にしても，厳密な意味では原生自然では毛頭ない．そこは先住民の居住地であり，狩猟地であり，火入れや農耕など，環境改変が古来（場所によってはクローヴィス期）から展開されてきた場所なのだ．攪乱の程度は異なるが，北米において人為影響から完全に隔離された原生的自然など存在しない（クロノン 1995）．このことを私たちは冷静に認識する必要がある．ミューアがみつめていた自然は幻想にすぎない．これに関連してより重要なのは，保存の焦点が「原生自然」だけに絞られてしまい，ほかは無価値な自然に格下げされてしまうことだ．ミューアの自然保護思想は，人為的な攪乱を含む多様な自然を保護し，存続させるには無力だったし，目的でもなかった．抽象的な美と精神性を観賞できたのはごく一部の裕福な白人だけにすぎない（McCullough 2006）．ミューアの思想は下層階級の俗化から湖水地方を保存しようとしたワーズワースの差別主義と重なる．一部の人々の精神に宿るだけの宗教的自然に普遍性はない．なおこの記念碑的なダムは現在，河川政策の大幅な見直しにより撤去される予定である．

有名なピンショーとミューアの論争をやや長めに振り返ったが，それには理由がある．「保全」と「保存」の定義などの詳細は別書（パスモア 1974, 鬼頭・福永 2009）に譲るとして，注目したいのは，環境や自然，とくに野生動物に関するその後のアメリカの政策や方向，あるいは環境保護運動や環境倫理学の軌跡には，2人の思潮，考え方のちがいが，さまざまな発展型や変異型を含みながら，現代に至るまで通底しているように思われるからである．両者のちがいには，西欧キリスト教がもつ多義的な思想の異なる側面が投影されているように私にはみえる．それはともかく，ここでは，ピンショーの主張を「ピンショー主義」，ミューアの主張を「ミューア主義」と名づけ，これらをキーワードに，以後のアメリカでの動物と人間との関係を追跡する．

なおピンショーには，ミューアとの論争のほかに，もう1つ，ローズヴェルトの後継大統領，ウィリアム・タフト（在任 1909-1913）の内務長官アキレス・バリンジャーとの有名な論争（いわゆる"バリンジャー事件"）がある．この事件は，ローズヴェルトの政策を継承すると目されていたタフト大統領の政権下で起こった．このときピンショーはなお森林局長官だった．この新大統領はしかし前大統領の政策を反故にし，国有地を会社や利益団体に再び払い下げる路線に転換しようとした．その推進者がタフト内閣の内務省長官バリンジャーで，事件は，ロシアから買い取ったアラスカで発見された炭田を"モルガン＝グッゲンハイム金融財閥連合"に，国有地を管轄していた新任長官が不正に払い下げを行ったのではないかとの疑惑から始まった．ピンショーはそれを内部告発から知ったといわれる．

ピンショーにとってこれは公共の利益に反する自然保全運動への挑戦であり，彼はその疑惑を"国家灌漑水資源会議"の席上で告発した（Ganoe 1934）．同じ内閣のいわば上司を告発したこの行動は，国の自然は国民全体のものであり，一部の私企業や利益団体に委ねてはならないとの功利主義的自然保全思想の信念を表明したものだった．真相は不明だが，ピンショーの告発がおそらく正しかったことは，タフト内閣のその後の政策が証明している．ピンショーはこの行動によってタフトから罷免され，バリンジャーも2年後には辞任した．ピンショーはその後ペンシルヴェニア州知事などを歴任，多くの政治運動，自然保護運動に関与しながら1946年に死亡した．この事件についてはナッシュ（1989）がくわしく紹介している．ミューアが夢見た原生自然は後にアラスカで結実するが，そのアラスカを，身を賭して守ったのは外でもないピンショーだった．

ローズヴェルトの遺産

ローズヴェルトの最大の功績は，でたらめな売却にさらされていた国有地を公共的な「場」，自然保護・野生動物保護の拠点として確立したことにある．その面積は合計約93万 km^2 におよび（その後も増加），法律や制度を整備しながら150の国有林，5つの国立公園，51の連邦鳥類保護区，4つの狩猟鳥獣保護区，18の天然記念地を設立した．約60万 km^2 の国有林は同時に禁猟区に指定され，野生動物保護区の役割もあわせもつ．これらはいずれもアメリカが世界に誇る自然と歴史的遺産，そしてその管理制度だ．ローズヴェルトの任期9年間は，自然と野生動物にとって，ほかのだれより，さらには歴代すべての大統領の合算より，かけがえがない．米大統領の権限と英断には瞠目すべきものがある．ついでだが，この種の英断は彼の外交姿勢にも現れていた．海軍力を後ろ盾とした力の外交は「棍棒外交（棍棒をもって穏やかに話せ）」と呼ばれ，カリブ海諸国を保護国とするものだった．

ローズヴェルトの功績？　確かにそうだが，そこにはぬぐいがたい汚点がある．鬼頭（1996）は，自然の原生性の議論に重ねながら，19世紀後半に「原生的自然」をその国土のなかに有していたのは西洋社会のなかでは唯一アメリカだけだった，と指摘している．一面の真実ではある．しかしこの指摘は厳密には正しくない．国土全体もそうだが，とくに国立公園を

含む原生的な自然は，インディアンを「モラルのない，無頓着な野生動物の屠殺者，生態破壊者」としてその権利を無視し，強制的に排除した土地だからである（Keller & Turek 1998, Spence 1999）．「無主地」の無人地帯だったわけではない．だからこそ初期の訪問者は軍隊による護衛サービスを受けなければならなかった（Burnham 2000）．このことは忘れ去られるべきではない．しかも，設立された国立公園には有色人種（インディアンやアフリカ人），ユダヤ人は入場さえできなかった．あらためられるのはようやく第二次世界大戦の後，国民の理解と支持が浸透してからだった．先住民の権利を回復する課題は可能な限り追求されなければならない．

次に，ローズヴェルトの野生動物の保全への貢献をたどる．彼はナチュラリストであると同時に，熱狂的なハンターだったことはよく知られている．狩猟に関する本も何冊か執筆し，表向きはスミソニアン博物館の標本採集という名目でアフリカにまで遠征し，ハンティングツアーを行い，大統領在任中も全米各地で狩猟を楽しんだ．なかでもイエローストーン国立公園への思い入れは深く，何度か足を運んだ．そして公園内では，狩猟の標的だったエルクの減少に落胆し，天敵であるオオカミやピューマを「荒廃と浪費の野獣」，「血に飢えた卑劣漢」と評して，当時の施策であった"プレデター・コントロール"に率先して参加した（Johnston 2002）．ローズヴェルトが基礎を固めた国立公園や鳥獣保護区の制度は，彼自身の趣味の延長線上にあったのはまちがいない．しかし，その個人的な愛着を狩猟鳥獣の保全の枠組みに引き上げ，持続的な制度として整備した点は卓越している．ローズヴェルトは，1910年に狩猟鳥獣保全に関する基本原則を次のようにまとめる．それは"ローズヴェルト・ドクトリン"（Leopold 1933）としてよく知られ，その後の北米の野生動物管理（ワイルドライフ・マネジメント）の方向を決定づけた．

①アウトドア資源（狩猟鳥獣）は統合された全体である．

②野生動物のワイズ・ユースを通じての保全は公的な責任である．

③科学はその公的な責任を果たすためのツール（道具）である．

内容を確認する．①は狩猟鳥獣は自然資源の総体として管理されるという意味と思われるが，積極的に解釈すると，利用する狩猟鳥獣だけでなく，すべての野生動物，ひいては生態系の保全に拡張しているようにも理解できる．だが，この解釈は，後にみるように，ひいきの引き倒しであることがわかる．②では，野生動物が個人の所有物でなく共有財であることを宣言し，ワイズ・ユースを前提に，管理責任が国や公共機関（行政）に付託されていることを確認している（野生動物に関する「公共信託論」の歴史については Batcheller et al. 2010 を参照）．③では，制度の根幹には野生動物に関する生物学や生態学を基礎とした科学が優先されることが表明されている．公共信託論，ワイズ・ユース，科学優先主義と，全体としてピンショーの影響が濃く，おそらく彼が起草したものと思われる．

このなかで注目されるのは，森林保全の分野でもそうだったが，科学の役割が全面的に押し出され，強調されたことだ．しかし，保全や管理のための科学とはいったいどのようなものなのか，どのように役立てるのかは判然としない．このことを野生動物管理の分野で一貫して追求したのは，ピンショーの部下であった，アルド・レオポルド（Aldo Leopold）である．次に彼の野生動物管理における軌跡と貢献をたどる．

（3）科学としての野生動物管理の始動

レオポルドの狩猟鳥獣管理

レオポルドは「土地の倫理」の提唱者として広く知られる．野生動物の生態研究者で，国有林に職を得てピンショーの下で働いた後，ウィスコンシン大学教授，アメリカ生態学会会長などを務めた．彼は1933年に『狩猟鳥獣管理』という記念すべき著作を書いた．狩猟鳥獣管理とは「レクリエーション（この場合は狩猟）利用のために野生鳥獣の持続的な収穫（資源の利用）を生み出すような土地をつくるアートであ

る」と述べる．"アート（技法・技術）"という表現には，当時飛躍的に発展しつつあった生態学を実践のなかに適用しようとする意気込みが感じられる．

そのころほとんどの州では，草食獣の減少に対応し，禁猟や保護の法律を制定し，猟期や猟区を設定していたが，どのように狩猟や保護を組み合わせ，動物集団と生息地を総合的に管理すればよいのかは模索状態だった．レオポルドの本はこの要請に応えるものだった．

彼は，有益な種の生産量を最大にし，有害な種の生存率を最小にするという資源管理の視点から，狩猟資源の増加能力を減少することなしに持続的な最大収穫を得る具体的な手法を提示した．さまざまな狩猟動物の繁殖率や死亡率の知見をまとめ，環境ごとの増加率を計算し，これを「潜在繁殖力」や「環境抵抗」という当時の新しい概念で整理した．また，個体数や密度の調査技術とその適用法を解説し，適正な捕獲数の計算法，性や年齢に偏らせた捕獲の重要性を解説した．さらに「環境収容力」，すなわちその土地に生息できる野生動物の最大個体数という，生態学の最新概念を導入し，どのように算定するかを餌の量の評価法とともに示した．加えて，水場の配置や収容力をあげるための生息地の改善法（人為的な火入れなど）を解説した．そして，有益鳥獣を増加させるためには死亡率を低下させるとの視点から捕食者除去，"プレデター・コントロール"の有用性を力説した．かくしてここに，乱獲を回避し最大の収穫を上げることを最大の目標に，野生動物管理は狩猟のための科学として始動した．

これをもとに各州では，猟区ごとに狩猟動物の個体数や密度，生息状況を毎年詳細にモニタリングし，狩猟のやり方，つまり個体数が少ないときは「オス1頭」，個体数が多いときは「メスも含めて頭数無制限」などと，狩猟期間の周知とともにハンターにきめ細かい指示を行った．また生息地ごとに環境収容力を定量化する研究が始まった．

こうした調査や研究を支えたのが，猟区や動物ごとに決められた"入猟料"と，1937年に制定された「ピットマン・ロバートソン法」であった．それはスポーツとしての狩猟用の銃器，弾薬に対して物品税をかけ，収入を野生動物の調査や管理に使うという法律で，野生動物管理の財政的基盤をつくった点で注目されてよい．そして盤石となった財政的基盤を足がかりに，農務省のなかにあった経済鳥類学・哺乳類学部などの野生動物関連部局は1905年に"生物調査局"に改組され，その後の1940年には，内水面漁業部局と統合されて現在の"内務省魚類・野生生物局"に整備された．しかしながら，この法律の骨格部分，つまり公共財である野生動物の保全がハンターによって支えられるとの仕組みについては，はたして適切なのか，検討すべき余地は残されている．

レオポルドの狩猟鳥獣管理学は，ほどなく野生動物の劇的な動態のなかで真価が試されることになる．20世紀直前，北米のほとんどの州では大型草食獣，とくに食料として重要なシカ類はどの種も絶滅寸前にあった．このため，多くの州でシカ類は，禁猟か保護されたか，あるいは角のあるオスだけに限定して狩猟された．一夫多妻性の社会をもつシカ類では，オスは狩猟されても，少数が生き残れば集団の増加率に影響を与えることは少ない．この結果，減少の極にあった野生動物個体群は徐々に回復し，今度はいよいよ反対側へ転じようとしていた．この振り子運動は，以下のような要因によって加速されたと考えられる．

①各地で展開された森林の大規模な伐採や環境改変が，シカの生息地をモザイク状に変え，餌である下層植生を大幅に増やしたこと．すでに前節で述べたように，オジロジカやオグロジカはとくに餌条件の変化には鋭敏で，伐採による下草植生の増加は個体群増加の引き金になった（Wallmo & Schoen 1981など）．

②"プレデター・コントロール"が功を奏して，オオカミやピューマなどの天敵が壊滅状態になったこと．各州で実行されていた懸賞金つきのプレデター・コントロールについては前章で紹介したが，1905年以降には生物調査局の政策として正式に採用され，1907年には全国

で1800頭のオオカミと2万3000頭のコヨーテが殺された（ウォースター1989）. なかでも国立公園では徹底され，たとえばイエローストーンでは1904-1935年の間に，121頭のピューマ，132頭のオオカミ，4352頭のコヨーテが捕獲された（Connolly 1981）. 毎年約300万ドルの予算で，毒餌や罠の開発，捕殺隊によって多数の食肉類とプレーリードッグなどの齧歯類が除去された. これは1940年以降も魚類・野生動物局の政策として引き継がれた.

③さらには「テーラー放牧法」（1934年）によって公有地での家畜の放牧が全面的に規制され，餌をめぐる家畜との競合が減少し，野生草食獣の本来の生息地にもどった．

このため1930年代前半には，オグロジカやオジロジカなどのシカ類は各地で爆発的に増加するようになった. 農作物や牧草の被害が激増し，場所によっては森林内の若い樹木の葉や幹は食べ尽くされた. それは世界で最初の"ディア・ウォー"の勃発だった.

レオポルドは各地を視察して回り，「角のないシカ（メスと若いオス）」の選択的な狩猟を提言したが，多くの州は保護にこだわり対応が遅れ，個体数は環境収容力の4倍以上に達したところもあった（Leopold et al. 1947）. そしてついに1930年代後半，シカ集団の「崩壊」——すなわち餌の極端な不足により栄養失調と冬の寒さによる大量死が発生した. たとえば，ペンシルヴェニア州では1905年に1000頭だったオジロジカは1928年には100万頭に達し，1935年冬には10万頭以上が餓死し，1938年まで餓死と狩猟で半数に減少した. これと似た状況は北米48州中30州で起こった，とレオポルドは報告した（Leopold et al. 1947）. この事態が引き金となり，以後，各州政府はメスの捕獲に本腰で取り組むようになった. この経験は，個体群の動向や環境収容力を調査し，ダイナミックに変化する野生草食獣集団の個体数管理を行うことがいかに大切かを，レオポルドの名とともに，広く認知させた. 加えてそこにはもう1つ，重要な盲点があった.

ディア・ウォーとプレデター・コントロール

レオポルドはディア・ウォーの指揮官として各地を忙しく駆け回るなか，その世界観や思想をふくらませていった. なかでもアリゾナ州"カイバブ高原"での見聞はその契機となったようだ. カイバブ高原はコロラド川上流部，グランドキャニオンの北側に隣接する約3200 km^{2}の，周囲を切り立った断崖で囲われる台地で，1906年にローズヴェルトにより国立狩猟獣保護区に指定された後，1919年には南部をグランドキャニオン国立公園に，北部をカイバブ高原国有林に切り分けて再指定した. この地では狩猟獣保護区の指定とともに"プレデター・コントロール"が1939年まで徹底して行われた. 中途半端な数ではない. コヨーテ7388頭，ピューマ816頭，ボブキャット863頭，オオカミ30頭（Rasmussen 1941），捕食者はほぼ壊滅状態になった. これに呼応するかのように草食獣は増加していった.

ユタ州立大学のダニエル・ラスムッセン（Rasmussen 1941）は，森林管理官などによるさまざまな情報を記述するいっぽうで，自分の推定にもとづいてこの草食獣の個体群動態を記録した. ここでは"生態学モノグラフ"誌に掲載された彼の原図を紹介する. 手書きの図には複数の情報が追跡され，そのなかに彼の推定値が慎重に書き込まれている. それによれば，1905年に4000頭と見積もられたミュールジカは，年率約20%で増加していき，1924年には10万頭に達し，栄養失調で数千頭が死亡し，植生は破壊された. このために狩猟が許可され，毎年メスを含む1000頭以上が殺された. 1930年には個体数は2万頭にまで激減したが，なお植生が回復しなかったために減少し，1939年には1万頭に落ち込んだ（図10-19A）.

聞き込みと現地調査によってこの経過を知ったレオポルドは，彼のもっとも有名な論文"シカの崩壊"（1943）をウィスコンシンの小さな科学雑誌に書いた. その論文に添えられた図（図10-19B）は，ラスムッセンによると断りながらも，シカ個体数の変動の経過を，植生の状況や餓死の発生と関連づけて端的に表現したも

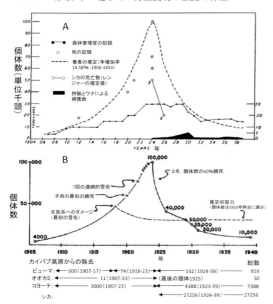

図 10-19 カイバブ高原のミュールジカの個体数変動．日本語以外は原図．Aはラスムッセン（Rasmussen 1941）による個体数の変動．彼自身の推定値は点線で示されている．その他のデータも挿入されている．Bはレオポルド（Leopold 1943）による変動．ラスムッセンによると断りながらも変動のパターンは微妙に異なる．

ので，10万頭のピークの後には，60％が餓死し2年後には4万頭へと落ち込んでいた．ラスムッセンの推移がゆったりとした正規分布のような山であるのに対し，レオポルドのそれは，明らかに「崩壊」にふさわしい劇的な落下で，「捕食者の役割」をより強調する内容だった．このためローカルな雑誌にもかかわらず問い合わせが殺到し，彼の名声はいっそう高まる結果となった．だが，あまりの明快さゆえに後に疑問符が投げかけられる．はたしてほんとうだったのか，と．このことは後述する．ともあれこの論文から彼が導いた結論は以下である．

　1つの有益な種（草食獣）を増加させるために有害と思われるほかの種（肉食獣）を間引くのは，生物間の相互作用を破壊し，けっきょくは生物共同体（生物群集）全体を壊してしまうのではないか．「オオカミの根絶は共同体の統合性を損なうことになる」（ナッシュ 1999）．したがって，プレデター・コントロールの施策は短絡的にすぎて誤りで，生物共同体全体に目を向けなければならない．この論理はさらに発展していく．もしそうであれば，生物共同体とそれを支える水や土壌を含めた土地全体を「保存」していく必要があるのではないか．そしてこの土地保存の論理は「倫理」の対象として拡張されなければならない，と．これが有名な「土地の倫理」である．

　レオポルドは死の翌年（1949年）に出版された『砂の国のこよみ』（邦題『野生の歌が聞こえる』）という一般向けのエッセイのなかで次のように述べる．

> 土地の倫理とは，土壌，水，植物，動物を含む生物共同体，つまりその総体である土地へと単純に拡張したものである．……土地の倫理はヒトという生物種の役割を土地・生物共同体の支配者から，単なる一メンバー，一市民へと変える（新島訳）．

そこには，人間も生物群集の1構成要素とする徹底した「生態学的平等主義」とでも呼べるような思想が表明されている．なかでも強調されたのは原生的自然の重要性で，健全な生態系のモデルとしてその積極的な保存が提唱される．「原生的自然は，土地の健康を研究するための願ってもない重要な実験室」であるとの表現は，「土地」を「生態系」に置き換えてみればすぐれて現代的なメッセージであることがわかる．また，自然や野生動物をたんに経済的価値や功利的価値だけでなく，文化的，レクリエーション的，教育的，歴史的な価値を有しているとの主張は，ピンショーを乗り越え，生物多様性の価値論につながる意義をもつ．

　ややわき道にそれるが，この「原生自然の保存」の提唱は，彼自身も参加する自然保護団体"ウィルダネス協会"によって推進され，1964年の「原生自然法」（Wilderness Act）となって結実する．この結果，65カ所約2万8000 km² が"国立原生保存地域"に指定された．また1980年の「アラスカ国有地保全法」によって約40万 km² がほぼ同じ扱いの保存地域に追加された（ちなみに日本の国土面積は約38万 km²）．原生保存地域とは，「人間とその活動が支配する地域とは対照的に，地球と生物共同体

が人間活動の妨害を受けていない地域であって，人間それ自体も訪問者であって，留まることを許されない」[第2条（C）項]と定義される．したがって，ここでは経済活動はもちろん車輌など（自動車，モーターボート，飛行機）の乗り入れと，道路などの建設が禁止されている．

レオポルドのいう「保存可能であるし，保存すべき」原生的自然が，20世紀後半まで北米にはこれほども，意図されずに結果として「保存」されていた事実に，あらためて驚かされる．彼と，北米の自然保護運動には敬意を表したい．だが，この「保存」は「倫理」上の問題ではないように私には思われる．

土地の倫理は成立するか

レオポルドの議論にもどると，その論理が，一般向けエッセイという制約もあって，かなり粗雑であることは否定できない．たとえば，倫理の自然への拡張，野生動物の生存権や「土地」の存続権の無条件の承認は，やはり飛躍であり，必ずしも説得的ではない．また倫理が人間と土地（自然環境）との関係へと「生態学的な必然性として進化」するといった表現や解釈は，書くのは勝手だが，なんらの根拠はない（加藤1991）．倫理とは，人間と人間，または人間と社会との関係における「ことわり」，「道理」，「規範」をいい，すぐれて上部構造的な概念であるのに対して，人間と自然との関係は，個人の主観や価値観に属する部分があるとしても，主要な部分は，人間社会や生産，経済の構成要素であり，それを媒介とする複雑なシステムとして関係づけられる．このシステムの自然との関係性や調節こそが問題なのであり，この点を捨象したうえでの人間と自然との倫理上の結合はうわべにすぎない．野生動物の生存権や生態系の存続権についても権利主体のあいまいさを内包し，倫理と同様に，たんなる個人の内面の問題へと矮小化させてしまう．

また，「土地という有機体」，「自然のバランス」といった表現にみられる生物群集の安定性や統合性の過度の強調は，当時勃興しつつあった，全体論的な色彩の強いクレメンツらの「生物群集（共同体）」概念の強い影響と思われる．確かに誕生まもない生態学が，タンスリーの「生態系」概念を含め，時代的背景であった有機体論や全体論の影響を強く受けていたことは否定できないし，この視点の一端は大切であり，現在にも受け継がれる．だが，少なくとも，それぞれの構成要素や生物集団が，相互作用，攪乱，外的要因の強い影響のもとで特異の現象を表出することは事実だとしても，レベルやパターンが時空間のなかで複雑に変動する動的な系ととらえる現代生態学の群集像，生態系観とはかなりの距離があることは指摘しておきたい．加えて「自然に対する愛情，尊敬や感嘆の念」といった汎神論や神秘主義への強い傾斜は，けっきょくはミューア主義への回帰にすぎず，あくまでも個人的な心情の域を出るものではない．

レオポルドと「土地の倫理」は環境倫理の創始者として，いわゆる（ポップ）エコロジー運動では一貫して高く評価する潮流がある（ナッシュ1990）．その問題提起を否定するものではない．しかし，均衡や安定，統合といったレオポルドの論拠は必ずしも生態学に立脚していたわけではない．最後に，彼が「原点」とした「シカの崩壊」論文に立ちもどり，その生態学的な意義を吟味する．

シカの崩壊はほんとうにあったのか

レオポルドの「シカの崩壊」の論文は注目を浴び，アリー（Alee 1949），オダム（Odum 1953）など，生態学の初期の教科書やカーソン（1962）の『サイレント・スプリング』に紹介された．それだけに，その後もさまざまな研究者が取り上げ，この報告の妥当性が検討されてきた．このなかでもっとも問題とされたのは，データのあいまいさと恣意性だった．とくに個体数については，森林管理局の推定値などがあったにもかかわらず（Binkley *et al.* 2006），伝聞情報にもとづく極端な推定値を採用し，現象の劇的効果を「演出」していたことだった．またシカの個体数増加を引き起こした要因については，「捕食者の欠如」以外に複数が指摘されるが，これらについてはほとんどが無視されて

いた点である．このうちの1つが家畜の影響だ．
　この地には1889年に約20万頭のヒツジと2万頭のウシが放牧されていたが，規制によって（こうした規制が後に「テーラー放牧法」につながる），1908年にはヒツジは5000頭に，ウシは少数に減少させられた（Caughley 1970）．したがって，家畜との競合は圧倒的に緩和された状況にあった．また，この地域では19世紀以降，第二次世界大戦中も，一貫して商業的な伐採（直径50 cm以上の針葉樹の択伐）が行われ，光環境が改善され林床には多数の若木が育っていた．さらに狩猟が1920年代まで禁止され，完全に保護されていたことに加えて，1880年代までは4-8年ごとに継続して行われた火入れが1890年代にはとりやめられた．この結果，下層の草本は少なくなったが，代わりにハコヤナギなどの低木や若木が増加した（Binkley et al. 2006）．ほんとうにシカ個体群は，捕食獣を除去したため，ちょうどラッコがいなくなったウニのように，トップダウン効果のたががはずれて増加し，生息地を壊滅させ，ついには餌がなくなって餓死するまでの自己崩壊を招いたのだろうか．
　ビンクリーら（Binkley et al. 2006）は，この地で生育しているハコヤナギなどの樹木の毎木調査を行い，その年輪からこれらの木がいつ出現したのかを丹念に調べ上げた．それによると，大半の樹木が1910年代以前か，1940年代以降に生育したもので，シカが崩壊したとされる1920年代前後のハコヤナギはほとんどなかったという．この時期にシカが高密度になり，低木の若木を徹底して食べ，生息地を荒廃させたようななんらかの事態が起こっていたことは確からしい．ただしそれが「崩壊」という劇的な現象だったかどうかはわからないとしている．
　確かにニホンジカを含むシカ類の多くは，ときに異常に増加して生息地の植物を食べ，群集組成を変えたり，高密度になって土壌や植生に大きな影響をもたらすことはよく知られている．北米でも現在，シカ類の増加によって希少植物種が絶滅し，植生や景観が変化する地域が続出し，大きな社会問題となっている（McShea et al. 1997, Côte et al. 2004）．そしてそのような地域のほとんどが，かつてプレデター・コントロールが行われ，捕食者がいないか少数になった場所だ．ベルナー・フレック（Flueck 2000）は，各地の研究を総括して，北半球で大型捕食者が生息する生態系では例外なくシカ類の爆発的な増加は起こらないと結論した．オオカミ，ピューマ，コヨーテなどの大型上位捕食者，草食獣，そして餌植物が栄養段階カスケードを形成し，上位は下位に対しトップダウン効果を発揮したのは確からしい．とはいえ，このトップダウン効果の消滅がただちに草食獣の異常な増加とカタストロフを引き起こすわけではない．シカが増加し，植生を破壊し，餌植物がなくなって大量餓死し，自己崩壊に至るのは，島などの閉鎖系か，豪雪などで行き場を失った場合に限られるようだ（Klein 1968, 丸山・高野1985, Takatsuki et al. 1991, Kaji et al. 2004）．では上位捕食者がいる条件のもとで，シカ個体群に対しトップダウン効果は実際にはどのように働くのか，くわしく追跡してみよう．
　プレデター・コントロールによってオオカミがいなくなったイエローストーンには，周辺地域住民との十数年の議論を経て，1995年と1996年の2回にわたって，カナダ産オオカミ31頭［合計7（群）パック］が再導入された．その後，順調に増加し，2003年には174頭（14パック），2011年には500頭以上（40パック以上）に増加し，このうち100頭以上（10パック）が公園内に生息している．いっぽう，主要な被食者であるエルクは，オオカミ再導入以前，1万5000-3万頭（夏に多く，冬は季節的移動を行うために少ない）が生息し，このためポプラやヤナギなどの低木類は消失していたが，導入後は公園内のエルクの個体数はゆっくりと減少し，植生や生態系は大幅に回復，低木類も再生するようになったという（Ripple & Beshta 2005）．劇的なトップダウン効果だ．しかしエルク個体群への実際の直接的な効果はどうか．
　詳細な調査が進められてきた．そのいくつかの報告（Vucetich et al. 2005, Smith et al. 2006）によれば，オオカミは夏期にはエルクや

プロングホーン，バイソンなどの子ども，ビーヴァーやジリスなどを捕食していて，エルクを襲うのはもっぱら冬期，積雪で自由に動けなくなった個体を襲う．この頭数はオオカミ1頭，1カ月あたり平均で11月は1.4頭，積雪が多い3月は2.2頭になる．いま毎月の平均を2頭として，11-4月の半年間の捕食数を，毎年のオオカミの個体数から見積もると，導入後の1997年には960頭，ピークであった2003年には2088頭，平均120頭程度だと仮定すると毎年1440頭程度が冬期に捕食されたと推定される．これに夏期の捕食数（おもに子どもの捕食数）を200頭とやや過大に見積もって加算すると，オオカミはエルク個体群に対して最大でも10%程度の捕食効果しかもたらさない．しかもその多くは老齢個体と子どもで，繁殖の主要な担い手であるメス成獣は少ない（第1章参照）．スミスら（Smith *et al.* 2004, 2006）やヴセティッチら（Vucetich *et al.* 2005）は，エルクの個体数の漸減を引き起こした主因は，オオカミの捕食ではなく，雨不足や厳冬による餌不足と，隣接する猟区での狩猟（捕獲実績は捕食数推定値より多い）であったと推論している．エルクの個体数は，捕食によって制御され，調節されるというよりむしろ草の量やその生育状況というボトムアップ効果に強く影響を受けているようだ．

　もう1つの例を紹介する．五大湖の1つスペリオル湖の北岸近くにアイル・ロイヤル島という小さな島が浮かんでいる．小さいとはいえ面積544 km²（淡路島よりやや小さい，周辺の島や地域といっしょに国立公園に指定）．この島には20世紀の初頭，湖が結氷して対岸からムースが渡り，定着するようになった．ムースは巨大な草食獣（オスでは500 kgを超える）で，おもに（バルサムモミなどの）木の葉や芽，広葉性の草本を食べるブラウザーだ．餌が豊富な処女地に渡ったムースはその個体数を（ここでもまた）爆発的に増加させ，1930年代には3000頭に達するが，そうなると今度は餌不足のために多数が餓死し，1930年代後半には崩壊した．その後，植生の回復にともなって

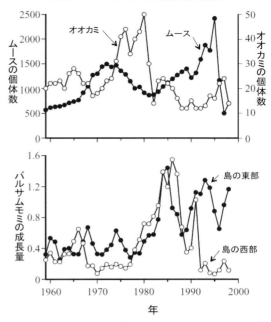

図10-20 アイル・ロイヤル島におけるムース，オオカミの個体数変動，バルサムモミの成長量との関係．モミの成長量は島の東西の調査地で伐採し，その年輪の年ごとの成長量から推定した．年輪幅が大きいほどよく成長し，ムースの餌である枝葉をたくさんつける（Vucetich & Peterson 2004 より）．

ゆっくりと増加したが，1940年代後半，再び結氷し，今度は対岸からオオカミ集団が渡ってきた．ここに，オオカミとムースとの食う者と食われる者との関係が新たに成立した．カスケード効果はどのように発揮されたのだろうか，そこはまさに自然の実験場だ．

　この経過はピーターソンら（Peterson 1999, Vucetich & Peterson 2004）によって，餌植物であるバルサムモミの成長量（年輪幅）を含めて，くわしく追跡されている（現在も）．その経過をたどろう．図10-20はオオカミとムースの個体数の変動，それは40年以上にわたる攻防戦の軌跡だ．注目したいのは1980年代までの初期で，ムースを捕食したオオカミ個体数の増加→餌量の限定によるオオカミの減少→ムースの増加（＝モミの成長量の低下，とくに西部）→オオカミの増加→ムースの減少（＝モミの成長量の増加）という一連の相互作用が観察され，栄養段階カスケードがはっきりと成立していることがわかる．しかし，1980年代以降

の後半には，オオカミの個体数の長期の低下→ムースの増加が起こるが，今度はこれに対応するオオカミの増加はないままに終始する．そしてモミの成長量には場所によるちがいが認められた．オオカミ→ムース→モミの関係は単純なトップダウン効果ではないようにみえる．くわしい統計的分析でも，オオカミの個体数はムースの個体数やモミの成長量の変動の約半分を説明するものの，残り半分は不明で，ムースの個体数は少なくともオオカミによって一方的に調節されるわけではない．この3者のカスケードには，降雪量の多寡とオオカミの群れサイズの変化，それにともなう捕食成功率の変化など，より複雑な要因が関与しているとの指摘がある (Post 1999)．捕食者の導入が植生の回復へつながる栄養段階カスケードが，草食獣の個体数減少という単純なトップダウン効果でないとすれば，いったいどのような経路で成立するのか．

自然界での捕食者と被食者との関係は単純ではありえない．被食者は群れサイズを増やして警戒のアンテナを張りめぐらし，緊張度を高めるなど天敵回避の戦略を編み出すいっぽうで，肉食獣はそれを上回る戦略を対置して捕食しようとする．それは果てしない軍拡競争の共進化だ．オオカミやピューマの存在は，直接の捕食だけではなく，エルクやシカ，ムースの行動を抜本的に変える効果をもつ．1つは，ピーク (Peek 1980)がいち早く指摘したように，分布パターンを変えることだ．1カ所にまとまるのではなく，分散し，オオカミの分布とつねに重ならないように移動する．もう1つは採食行動そのものを変えることだ．長時間にわたり1カ所に留まり徹底して食べるのではなく，移動しながらつまみ食い的に採食を繰り返す．だから植物への採食圧は拡散して，相対的に低下したのだ (Ripple & Beschta 2005)．捕食者の存在は草食獣本来の行動を覚醒させる (Schmitz et al. 2000)．栄養段階カスケードとは，こうした行動学的なチャンネルを介しての効果でもあった[22]．

プレデター・コントロールが始まる以前，カイバブ高原にどれほどのオオカミが生息していたかはわからない．1906-1931年に30頭が捕獲され，絶滅したと考えられるが，もし1906年以前にも30頭程度であれば，捕食や行動に対するトップダウン効果はほとんどなかったにちがいない．おそらく家畜の放牧とともにオオカミは徹底して捕獲され，30頭はその最後の生き残りだったと思われる．これに対して800頭以上のピューマが駆除されたことは注目に値する．おそらくこの数は，家畜の放牧と競合種であるオオカミの減少によって増えたものと思われる（コヨーテも同様）．ピューマは警戒しない家畜を襲い，家畜の減少後にシカを捕食したと考えられる．ピューマはオス成獣で8-11日，メス成獣で14-17日おきに1頭のシカを捕食するといわれている (Ackerman et al. 1984) から，成獣1頭あたり平均12日間隔で1頭のシカを捕食すると仮定すると，1年に合計30頭のシカを消費する．捕獲数は累計だから毎年平均500頭が高原に生息していたとすれば，1年あたり1500頭のシカを捕食していたことになる．

この捕食数は，シカの初期の推定数4000頭に対しては過大であり，シカ個体群は増加するどころか減少してしまう．1906年の段階でも多数の家畜がいたものと推測される．しかしシカがひとたび増加し1915年のように数万頭に達した段階では，ピューマが捕食しようとしまいと，爆発的な増加に歯止めをかけることはできなかったと考えられる．カイバブ高原で実際にどのようなことが起こったのかはわからないが，大きな鍵を握るのはけっきょく，家畜の動向，放牧数の推移のように思われる．コーリー (Caughley 1970) が指摘した家畜放牧数の激減は，現在では地方レベルの統計で，カイバブ高原だけを対象としたものではないことがわかっている (Binkley et al. 2006)．しかし，シカの競合種が大幅に減少していたことには変わりない．おそらくその経過は次のようなものだったのではないか．

家畜放牧の禁止や伐採などによって生息地の条件が変化した．これを契機に，おもにボトムアップ効果によって，加えて捕食者の消滅とい

う副次的な効果によって，シカ個体群は増加し，高い密度に到達した．この過程で多くの個体は南部と西部の周辺地域へ分散したにちがいない．ピークに達した集団は，生息地の劣化により一部は餓死した（ラスムッセンは数千頭と記す）としても，崩壊の結末を迎えたのではなく，繁殖率の低下と死亡率の増加，さらには分散と狩猟によって急速に減少していった．レオポルドが書いたように「2年間で60%が集団餓死」したとすれば，カイバブ高原は6万頭以上の累々たるシカの死体で埋め尽くされたことになるが，そうはならなかったのだろう．この経過はラスムッセン（Rasmussen 1941）が最初に報告したとおりだったにちがいない．

レオポルドの報告は，分散が可能な開放系でもあるにもかかわらず，捕食者と被食者の関係をかなり単純化し，共同体の「均衡」の重要性を脚色しているように思われる．とはいえ，プレデター・コントロールが栄養段階カスケードを破壊するまちがった施策であることを指摘したことは出色だった．生態系の生物群集は可能な限り本来の組成にもどすべきであるとの主張は正鵠を射たものである．しかしながらこの施策はその後も継続された．プレデター・コントロールの誤謬と政策変更を強く迫ったのは，レオポルド自身ではなく，同じ生物調査局のムーリー兄弟や，アメリカ哺乳類学会の研究者たちだった．同学会長チャールズ・アダムス（Adams 1925）は哺乳類学会誌に「肉食獣の保全」を掲載し，1930年には"プレデター・コントロールに関するシンポジウム"を組織し，「制御は道理にかなっていない」（Adams 1930），「政策は分岐点にある」（Howell 1930）として，生物調査局の方針変更を強く求めた．さらに1950年には「肉食獣を含むあらゆる野生動物は国民すべてのものであり，科学，教育，レクリエーション上重要である．したがって漁業・野生生物局は保全のために最大限の努力をなさなければならない」との決議を提出した（ASM 1950）．

弟のアドルフ・ムーリーは1944年に『マッキンレー山のオオカミ』（ムーリー 1944）を書き，オオカミの存続を強く訴えた．こうした再三の見直し要求にもかかわらず，野生生物局は，農務省や牧畜業者の圧力によってなおプレデター・コントロールの施策を，オオカミが実質的に絶滅するまで，延々と継続させた．この施策が，家畜被害などに対し限定的に行われるのを除き，公式に放棄されるのは，1972年，じつに最近のことだった（Council on Environmental Quality 1972）．長い道のりである．かろうじて絶滅をまぬがれたのは，国土の広さゆえに，根絶できなかっただけにすぎない．ローズヴェルト・ドクトリンの「狩猟鳥獣は統合的な全体」とは，狩猟鳥獣≠野生動物と解釈する，骨の髄まで染まった功利主義の宣言だった．

10.3　アメリカにおける野生動物保全のうねり

"はめをはずした乱獲の灰"（Hudson 1993）のなかから，アメリカでは，（すぐれた）指導者の牽引と，自然保護運動のうねりを追い風に，そしてその国土の，たっぷりの余裕を背景に，国立公園や野生動物生息地が整備され，野生動物保全の体制が確立されようとしていた．この姿勢は，国境を越えて他国との利害の調整という国際分野にも拡張された．大きな課題は，①資源争奪にまかされてきた海産毛皮獣の保全をはかること，②農業昆虫を捕食し，大切な食料となる渡り鳥を増やすこと，である．なかでも前者は，オットセイやアザラシ，ラッコがもはやだれの目にも資源枯渇と絶滅が迫っていて，国際的なルールをつくることが求められていた．アメリカはこの国際舞台にどのような姿勢で臨み，イニシアティブを発揮したのか，追跡する．この結末は，人類最初の野生動物保全のための国際条約の締結へと結実するが，その過程では，ピンショー主義とミューア主義との対立を底流に，政治と結びつくアメリカの自然保護運動の原型がみてとれる．

（1）アラスカと日本

アメリカ領アラスカ

ラッコやオットセイを乱獲したロシアがアラスカを売却したことはすでに述べた．"ロシア・アメリカ会社"は，合資会社"ハッチンソン・コール"などいくつかの会社に買い取られ，後には"アラスカ通商会社"となった．プリビロフ諸島周辺にはラッコは減少していたが，オットセイ（おもにキタオットセイ）やアザラシは乱獲にさらされながらもなお多数が生息し，毛皮は高値で取引されていた．同社はアメリカ政府から毎年10万頭のオットセイ猟の権限を5万5000ドルで20年間リースされ，オットセイやアザラシの捕獲を継続した．ラッコ猟は10万頭を上限に許可された（Atkinson 1988）．1870-1889年の20年間のオットセイの捕獲数は合計197万7277頭，毎年平均約10万頭におよんだ（Riley 1967）．契約条項には捕獲対象は非繁殖オスに限定されていた（実態は不明）とはいえ，驚く数だ．ロシアの乱獲の後になおこれだけの個体数が生息していた．この契約が1890年に切れ，新たな契約が，今回は毎年6万頭の捕獲，捕獲数は資源量によって変更されるのを条件に，"北アメリカ通商会社"との間で結ばれ，実行に移された．

しかしいざふたをあけてみると，オットセイやアザラシ，ラッコの生息数は少なく，オットセイの捕獲数は，1890-1909年合計34万5876頭，年平均1万7000頭，前回の5分の1以下と，惨憺たる結果だった（Riley1967）．1870年の時点で250万頭以上生息していたはずのキタオットセイは1911年にはわずか20万頭程度にまで激減していた（Baker et al. 1970）．それもそのはずだ．図10-21はオットセイ捕獲数の推移である（Riley 1967）．明らかに初期18年間の10万頭を超える過剰な，連続的捕獲によって資源は大打撃を受けていたのである．ところがアメリカはそうとは考えなかった．原因はおもにイギリスやカナダ，ロシアなどが行う"遠洋捕獲"にあると解釈した．資源が枯渇すると主因が他国に転嫁される事態はしばしばみられ

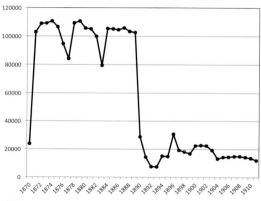

図 10-21 キタオットセイの捕獲数の推移（Riley 1970より作成）．

る．この捕獲は（上陸しないで）海上で銃殺するために，①性を確認しないまま無差別であること，②出産メスの場合には新生子も共倒れになること，③50-80％が沈んでしまい，回収できずに不合理であること（Baker et al. 1970），などが指摘されていた．この外国船による遠洋捕獲はアラスカ（とその隣接島嶼）がアメリカ領に編入（1768年）されたのを契機に始められ，徐々に増加し，揚句はアメリカの捕獲数を上回るまでになった．しかも遠洋捕獲された毛皮（たとえば1893年には12万1000頭が該当）はロンドン市場で堂々と取引されていた．公海上とはいえアメリカ政府はもはや看過できない事態とみなし，1886年と1889年に数隻のイギリス（カナダ）船を拿捕した．これに対してイギリスは軍艦を派遣し，アメリカ，イギリス，カナダの間には緊張が高まった（カナダの独立は1931年，それまでは英連邦内の自治領）．

英米両国は，1892年に「仮条約」を締結し，裁定を国際仲裁裁判所に仰ぐことで矛を収めた．その裁判では，イギリスはといえば，かつて散々オランダにしてやられたグロティウスの『海洋自由論』（第7章）を今度は盾に，アメリカの権限は3海里内だけで，その外側は領海外であり，海獣類の捕獲は自由だと主張した．これに対しアメリカは上記の3点に加えて，④領海は3海里だとしても，資源維持のためこれまでにも28海里（イギリス），700海里（ニュージーランド），14-33海里（イタリア）が認め

られた実績があることなどを主張し，その締めくくりとして，この生物資源を守ることは，「人類共同の利益」，「人類一般の幸福」に寄与すると強調した．それは野生動物が国を超えた普遍的な価値をもつとする初めての宣言だった．フランス，イタリア，スウェーデン，ノルウェーなどの裁判官らが下した1893年の裁定は，①ロシアのオットセイ猟などすべての権利はアメリカに移管されるが，②オットセイが3海里の外側で発見された場合には，アメリカはいかなる保護権も所有権も有していない，とアメリカの主張を退けるものだった．しかし，これには①禁猟地域の設定，②禁猟期間の設定，③捕獲法の改善，などについて，アメリカ，イギリス双方に共同規制措置（国際的調整）をとるように勧告していた（高林1972）．

話は前後するが，アメリカのオットセイ猟漁船も1891-1892年にロシアによって拿捕され，仲裁裁判にかけられた．こちらはアメリカが勝つが，拿捕合戦の様相を呈し，いずれにせよオットセイやラッコの捕獲については国際間の調整とルールづくりが強く求められた．おりしもアメリカの著名な動物学者ら（Mendenhall & Merriam 1895）がこの海域を調査して報告書を提出し，そこではラッコ，オットセイやアザラシが危機的状況にあり，早急に対応するようにと訴えていた．ラッコや海獣類の保全のためにも国際間の調整と条約の締結が喫緊の課題だった．では，どの国と交渉すべきか．イギリスとロシアはもちろんだが，この資源争奪ゲームには見落とせない国がもう1国あった．開国まもない日本，参加が要請された．日本がどのようなプレイヤーだったのか，またこの国際交渉にどのような立場で臨んだのか，追跡する．

日本のラッコと海獣類の猟獲

ロシアはアリューシャン列島からアラスカ，北米大陸西岸沿いにラッコやおびただしい数の海獣類の捕獲を続けるいっぽうで，千島列島にも徐々に触手を伸ばしていた．1767年にはエトロフ島に進出し，1768年にはウルップ島に拠点を置きながらラッコ猟を開始した（高橋2003）．ロシアは（例によって毛皮税を課したり，虐待するので）先住民との間にたびたび衝突を引き起こしつつ，19世紀中ごろまで海獣類の捕獲を続けた．18世紀後半から19世紀初頭にかけて，ロシア船がしばしば蝦夷地や日本を訪問し，ラクスマンやレザノフなどが幕府に通商を求めるなど，北方域がにわかに騒がしくなったのはロシアの海獣猟の進出と無関係ではない．これには通商のほかに，アラスカを維持するため日本からの食料や燃料の調達という目的があった．仙台藩の藩医，工藤平助が『赤蝦夷風説考』（1781）を著したのもこのころだ．

ところで，松前藩の記録（『新羅之記録』[23]）によれば，先住民アイヌは1610-1620年代に松前藩との間でラッコやオットセイの毛皮や鷲羽（オジロワシやオオワシ）などと日本産の物産との交易を行っていた．江戸期前期にラッコや海獣類がどれだけ取引されたのか，詳細は不明だが，『和漢三才図会』（寺島1711）には蝦夷地に多くいて「その美しさはこれに比するものがない．価も最も貴重である．その生きた全体の姿を見たものはいず，皮の形からその姿を想像するだけである．この皮は長崎に送られ，中華の人が争ってこれを求める」とあり，それなりの数が供給されていたらしい．永積（1987）は，1763-1821年の長崎貿易におけるラッコ皮の輸出量を記録し，その総数は8170枚，3210俵，72箱となる．「俵」や「箱」の単位は不明だが，明らかに1万枚を超えていた．また高橋（2003）は蝦夷地での天明期（1781-1789）と文化期（1804-1818）の北海道でのラッコ皮の価格をまとめているが，米換算で前者は979リットル，後者は720リットルとほかの産物（アザラシ皮など）より圧倒的に高価だ．

シーボルトは『江戸参府紀行』（1897）のなかで，江戸では（おそらく蝦夷地から運ばれてきた）ラッコ毛皮が売買され，1826年時点でその値が小判70枚（70両）であったと記している．当時の町方奉公人（公務員）の年収が2両であったというからかなり高額だったことがわかる．

それでもラッコは，先住民アイヌの捕獲技術

や狩猟圧では，乱獲に至ることはなかった．アイヌと松前藩との間にも，ロシアとの関係同様に，軋轢や衝突がたびたび発生した．もっとも有名なのは，「クナシリ・メナシの戦い」(1789年）で，不当な商取引や苛酷な労働の不満から，アイヌが蜂起し，多数の死傷者が発生した．侵略者の行動に大きな差異はない．司馬遼太郎の小説『菜の花の沖』に登場する高田屋嘉兵衛は，18世紀末に千島列島に渡り，アイヌと衣類や鉄鍋，刀剣などの「日本品」と，ラッコや海獣類の毛皮，アザラシ油，各種乾物などの交易を行い，莫大な利益をあげていた冒険商人だった（高橋 2000）．したがって，ロシアのこの地域への進出は海獣類をめぐる日本とロシアの資源争奪，利権争いとなる潜在性をもっていた．

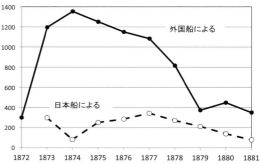

図10-22 千島におけるラッコの捕獲数の推移（1872-1881年）（吉川 1992より作成）．

明治期のラッコと海獣類の乱獲

1867年日本が開国し，1869年，明治政府が北海道に開拓使を設置すると，エトロフ島にはその出張所が置かれ，海獣類や漁業の操業管理や密猟の取り締まりを任務とした．北海道の開拓初期，海獣類の捕獲や漁業が大きなウェイトを占めていたことがわかる．北海道各地や岩手県，宮城県からは「臘虎船（ラッコ）船」と呼ばれるラッコやオットセイ猟専門の船が千島列島各地に出発するようになった．1872年に日本政府はラッコ猟・海獣猟を官営事業にし，日本漁船を許可制にして一括買い取りを行ういっぽうで，"海獣密猟取締所"を設置し，外国船の密猟を監視することにした．そして，ほどなく1875年には，ロシアとの間に「樺太・千島交換条約」を締結し，日本は樺太（サハリン）での権益を放棄する代わりに，ウルップ島以南18島を日本領とした．この地はなおラッコと海獣類の宝庫だった．千島列島周辺ではどれほどの猟果があったのか．

図10-22は千島における1872-1881（明治5-14）年のラッコの捕獲数の推移である（吉川 1992）．かなりの捕獲数に驚かされるが，問題はその内容だ．日本船は合計で1949頭，毎年平均217頭を捕獲．これに対し，予想外にも，外国船は合計8325頭，年平均833頭を捕獲していた．日本の約4倍だ．この外国船とは，ロシア，イギリス，アメリカのそれである．海獣密猟取締所とはこの外国船と外国人による密猟の取り締まりを目的としたが，船の性能が劣り捕縛できなかったこと，（当時の不平等条約では）拿捕したとしてもそのまま相手国領事に引き渡さなければならなかったため，実効性はなかった．イギリス人，ヘンリー・スノー（Snow 1910）は，1873-1896年間に16回の捕獲航海を行い，莫大な利益をあげ，後に『禁断の海，クリル諸島でのラッコ猟の思い出』という本を書き，そのなか，たとえば1874年のシーズンには，日本の港からイギリスのスクーナー船（2本以上のマストをもった帆船）を出航させて現地に向かい，母船に積んだ小型のボートで70回の狩猟を行い，ラッコ成獣80頭，幼獣12頭，オットセイ6頭，上陸してキツネ6頭の猟果をあげつつ，「日本側の取り締まりは一貫せず」，「違法操業を取り締まるにはほとんど効果がなかった」と，うそぶいた．

この国益に直結するラッコや海獣類の密猟の実態を把握すべく，明治政府は農務省水産調査所に調査を命じ，報告するよう指示した．できあがった報告書は，題して『臘虎（ラッコ）臘胸（オットセイ）獣調査報告』（明治27年，農商務省 1894）．その内容は衝撃的だった．まず寄港した外国船が持ち込んだ毛皮の枚数をみる．函館港では1875-1896（明治8-29）年の間，ラッコ418枚，オットセイ4万7038枚，外国船内訳はアメリカ50，イギリス22，スイス2，ドイツ1．注目してよいのはラッコの値段で，函館では約58円程度で

表10-1 漁業種別の漁業・漁猟員奨励金累計（1898-1924年）（二野瓶1981を改変）.

漁業種類	件数	漁業・漁猟奨励金合計（千円）	1件平均		
			トン数	奨励金額（円）	漁猟員あたり（円）
ラッコ・オットセイ猟	221	190	75	618	241
捕鯨	22	61	220	2525	237
延縄	352	143	27	338	68
タラ一本釣	75	91	116	1142	78
施網	19	33	48	1710	16
トロール	14	16	119	1084	48
カツオ釣	458	82	23	139	40
流網	96	25	18	252	4
曳網	14	9	13	657	—
刺網	24	2	12	74	—

取引されていた．当時の巡査の1カ月の給料は約6円，破格の値だ．横浜港では1889-1896（明治22-29）年の間，ラッコ106枚，オットセイ4430枚，船籍はイギリス321，アメリカ9．また，とくに多かった1896年では，この2港のほかに大船渡，釜石，宮古などに総計で1万5000枚以上のオットセイ皮が持ち込まれた．つまり，日本は国策として海産毛皮獣の捕獲を進めていたが，アメリカ，イギリス，ロシアなどによりはるかに上回る数が捕獲されていた．貸したわけではない庇から母屋が乗っ取られていた．日本の立場はちょうどアメリカのそれと似ていた．

こうした状況を打開するために，つまり外国との資源競争に負けないように，明治政府は「遠洋漁業奨励法」(1839)を策定し，汽船（100トン以上）または帆船（60トン以上）の日本漁船に対して，毎年一定額の奨励金を支出していた．対象となる漁業の種類は，「カツオ漁」，「延縄漁」，「流網」，「立縄漁」，「トロール」，「捕鯨」など多彩だが，1898-1924（明治31-大正13）年間の奨励金累計の1位は，"ラッコ・オットセイ猟"の19万円で，しかも漁猟員1人あたりの奨励金もトップだった．やや大げさにいえば，日本の近代遠洋漁業はラッコ・オットセイ猟を1つの柱に出発している（表10-1）．これは銘記されなければならない．なぜなら漁業の本命が魚類ではなかったという点においても，また投機的で後進的な性格をその胎動から宿していたという点においても，である．

この奨励法の支援で，1898-1911年の14年間の捕獲数は，ラッコ939頭，オットセイ13万5066頭へと跳ね上がっている（宇仁2001）．ちなみにこの後，ラッコ・オットセイ猟は，外国漁船が猟獲の低迷から撤退するなか，日本船だけで第二次世界大戦の終了まで細々と続けられた．1929-1945年の，ラッコの総捕獲数は681頭，アシカなどの海獣類のそれは6117頭であった（宇仁2001）．その猟獲はこの地域からの，少なくともラッコ個体群については，一掃，根絶だったと思われる．「遠洋漁業奨励法」は，生物資源の破壊を促進した法律として，私たちは記憶しておかなければならない．幸い，ラッコは千島列島に広域に分布していたからおそらく絶滅には至らなかったようだ．1980年代以降，毎年1-2頭が道東海岸で目撃されている（Hattori et al. 2005）が，なお個体群として定着し，繁殖地として確立してはいない．ここで，日本の海獣類がたどったもう1つの哀史を報告しておく．

ニホンアシカの絶滅？

日本近海には8種の鰭脚類が生息する．多くの種は北太平洋上に広い分布域をもつが，日本近海だけに生息していた固有種がいた．ニホンアシカ（*Zalophus californianus japonicus*）．アシカ類のなかでは大型で，オスは500 kg近くにもなる．かつては日本を取り巻くように広く分布していたようだ．日本近海には海驢とか鰭

と名のつく小島や岩礁が数多く存在するが，そのいくつかはまちがいなくニホンアシカの越冬地と繁殖地である．明治期以前には3万-5万頭が生息したと推定される（和田・伊藤 1999）．毛皮や肉，油脂のために本格的に捕獲されるようになったのは明治以降，とくに遠洋漁業奨励法により，ラッコ・オットセイ猟が推進されたのと無関係ではない．アシカの生息地はしだいにせばまり，東シナ海や日本海西部に限られるようになった．1890年ころからこの周辺でもさかんに捕獲が行われ，最終的には竹島だけが残った．

竹島でも本格的な捕獲が始まり，地元有志は1905（明治38）年に「竹島漁猟合資会社」を設立した．魚を獲る「漁」と鳥獣を獲る「猟」との組み合わせは，明らかに漁師のアシカ猟専門会社であることを示している．1905-1911年の7年間で合計1万1046頭が捕獲されたとの記録が残るが，捕獲個体をどのように処理し，どこに送られたのかは不明，そして1911年に会社は解散してしまう．その後も1940年まで毎年数十頭が捕獲され，生息確認がなくなり，最後は1975年だったが，絶滅年は不明だ（和田・伊藤 1999）．

さて，ここまでがアメリカが自国資源を守るために交渉に臨もうとしていた相手国の1つ，日本の状況だった．では，日本はこの国際間の調整でどのような役割を果たしたのか．

（2）国際条約への道のり

北太平洋オットセイ保護条約の締結

こうしてアメリカは外交上の危機と自国資源も守るためにみずからが主導し，関係国との交渉を開始した．この交渉の代表が，タフト政権の商務労働省長官，チャールズ・ナーゲルだった．ナーゲルもまた"ワイズ・ユース"のガウンを羽織ったばりばりのピンショー主義者であり，彼の率いた商務労働省の役割は取得したばかりのアラスカ（とプリビロフ諸島などの属島）を管理し，生物資源の商取引を育成し，発展させることにあった．したがってナーゲルの立場は，自国の「陸上捕獲」は一時的に制限するとしても，他国の「遠洋捕獲」を全面禁止できれば，資源回復が可能であり，再び経済的利用ができると判断していたようだ．

こうして外交交渉が始まった．この交渉過程を，環境史学者，カーク・ドーシイ（Dorsey 1991）がくわしく追跡し，分析している．彼によれば，最大の論点はラッコやオットセイの所有権がどの国に帰属するのか，という点にあったという．これを打開するにはイギリスと交渉する必要があった．なぜならイギリス領カナダは海獣類の繁殖地（ルッカリー）を所有せずに公海上でのみラッコやオットセイを，「公海の自由」原則を根拠に，遠洋捕獲してきたからである．2国間交渉の結果，妥協案は，遠洋捕獲を禁止する代償として所有権の15%を譲渡するというものだった．これについてはロシアも賛成した．プリビロフ諸島はアメリカに帰属するものの，ロシアはコマンドル諸島の領有権を有するからである．これに対し，日本は，①海獣類は野生動物であるからそもそも「無主物」であり，所有権は存在しないこと，②日本領内では外国船による海獣類の密猟が横行し，大きな被害を蒙っていること，③したがって所有権を主張するのであれば，アメリカ，ロシアはイギリス（カナダ）と日本に損害賠償するべき，などと主張した．これらの議論をふまえて，①イギリスと日本はベーリング海と北太平洋上で遠洋捕獲を行わないこと，②違反者の取り扱いは別途定めること，③加盟国は違法に捕獲された毛皮を買わないこと，の3点を柱に「暫定協定」が結ばれ，これをベースに1911年7月「北太平洋オットセイ1911年条約」[24]が締結された．

この条約の骨子は，①保護地域の設定と保護地域内でのラッコ，オットセイの捕獲禁止，②海面上での遠洋捕獲の禁止，③違法捕獲の毛皮取引の禁止，④資源の回復後には陸上捕獲のみ制限つきで認め，このうち30%を他国に分配する．すなわち，アメリカとロシアはカナダと日本に利益の15%ずつを，日本はアメリカ，イギリス，ロシアに10%ずつを支払うこと，⑤15年の時限条約とする，であった．総括的にいえば，アメリカとイギリス，カナダの利害

10.3 アメリカにおける野生動物保全のうねり

対立，戦争（日露戦争）直後の日本とロシアの感情的しこりなどを乗り越え，生物資源の保全を目的に条約成立に至ったことは高く評価できよう．この条約は原則論を掲げた日本の立場とは齟齬があり，妥協があったものと推測される．日本側代表の1人，枢密顧問内田康哉男爵は，オットセイ猟の推進論者ではあったが，この産業は長続きしないことを見通していたようで，なんらかの補償があれば，その見返りに遠洋捕獲は放棄してもよいとのスタンスだったといわれる（Dorsey 1991）．ともあれ，これが世界最初の野生動物の「国際法」であった．野生動物保全のために国際的な枠組みをつくった点では画期的であり，この条約作成で議論された「生物資源の保有国の主権」，「生物資源利用にともなう利益の分配」などの論点は現在もなお新鮮であるといえる．

なお，この条約は戦争のために1940年に破棄されるが，1957年にはこの条約を引き継ぐ形で「北太平洋オットセイ保存に関する暫定条約」が結ばれた．この暫定条約は1984年に失効している．また日本政府は1911年の条約批准を受けて国内法を整備した．その名を「臘虎膃肭獣猟獲禁止ニ関スル法律」（1912，明治45年）といい，第1条には「農林大臣はラッコ及びオットセイの捕獲を禁止または制限することができる」とある．この法律は1942（昭和17）年に「臘虎膃肭獣猟獲取締法」に改正され（海上猟獲を限定的に認める），現在も有効である．

国際条約とアメリカでの波乱

条約は締結されるが，アメリカ国内ではこの後にもう一波乱巻き起こった．遠洋捕獲だけではなく，陸上を含めたオットセイやアザラシ，ラッコ猟の全面禁止と，さらには"北アメリカ通商会社"との契約破棄にまで発展していった．条約交渉が始まると，この経過とアザラシの状況を扇情的にあおった人物がいた．ホーナディやヘンリー・エリオットらで，動物保護の立場に立てばオスの捕獲もメスの捕獲も，海上捕獲も陸上捕獲も，銃殺する点では変わりないと主張し，オットセイ猟を「血塗られた殺戮産業」，「多くの毛皮は子ども」と告発した．彼らは，つぶらな瞳の新生子のスケッチを配布し，ニューヨーク・タイムズなどのマスコミも動員しながら，オットセイ猟そのものの全面禁止を求めて，市民や科学者を組織し，議会に訴えた．

その情緒的な運動が功を奏し，オットセイ猟と毛皮産業そのものが非難の集中砲火にさらされ，急速に衰退，1917年までには完全消滅に至った．これによってオットセイとラッコは，毛皮利用からは完全に回避され，絶滅からまぬがれることになった．この結果は適切と思われる．だが，その感性と情緒だけに依拠した力ずくの運動論には，最近のクジラ問題にも共通して，危うさを感じる．それは論理を超えた情念のミューア主義である．なおホーナディとは，そう，すでに紹介したバイソンの調査を行い，その保護をうったえた著名な動物学者で，ボーイスカウト運動にも尽力，ニューヨーク動物園（現ブロンクス動物園）の園長を務め，園の発展に貢献した人物である．その園長時代に彼は，サン族（ピグミー系アフリカ人）の1人をサル飼育舎の檻のなかに「展示」させている（後年この人物は自殺，Bergman 2000）．人種差別とオットセイへの偏執，もはやこれ以上の言葉を要しない．なお，人々はこの展示をみるために行列をつくったといわれる．また，この種の展示を行ったのは彼だけではない．動物園は時代の風潮を写し取り，差別の展示施設でもあった．

渡り鳥条約とハクトウワシ

レーシー法は，農業振興のために，食料や羽毛帽子によって乱獲された鳥類，とくに昆虫食の「益鳥」を増やすことを目的にしていたが，この法律を契機にして生物調査局では鳥類の渡り調査が進められた．最初は渡りの目視調査が主だったが，1920年代以降になると捕獲とバンディング（足環調査）が取り入れられた大規模なものに発展した．この結果，カナダとメキシコを結んで4つの渡りルートがあることが判明し（Lincoln 1935），これを受けてアメリカ政府は，「北太平洋オットセイ条約」に続き，

一連の国際条約（「渡り鳥条約」）を，1916年にはカナダ政府（イギリス政府が代理）[25]と，1936年にメキシコ政府との間に締結した．そして，生物調査局の強い要請で国内法である「渡り鳥条約法」（1918年）を整備した．この法律は現在もなお有効で，約800種がリストされ，その追跡，狩猟，捕獲，捕殺，売買，羽毛と卵の採集が禁止され，保護されている．ただし，1918年の段階では例外規定が存在した．カモ科，クイナ科，ツル科，チドリ科などの狩猟鳥類は禁止されたが，その代わり狩猟印紙（いわゆる"ダック・スタンプ"）を購入した分だけは許可された．この資金は渡り鳥保護区の用地買収に充てられた．また，ハクトウワシ（*Haliaeetus leucocephalus*）とイヌワシ（*Aquila chrysaetos*）については，捕獲や飼育，プレデター・コントロールが許可されていた．両種は子ヒツジの捕食者として敵視されたため，プレデター・コントロールはここでも猛威を振るっていた．なお，渡り鳥条約は，後年，日本（1972年）やロシア（1976年）とも締結される．

ところが例外規定として捕獲が認められていたハクトウワシは，その後，生息数が減少しているとの報告が相次ぎ，しかもこの鳥は，「国鳥」であり，「国章」や各種コインにデザインされる国のシンボルだったために，第二次世界大戦へ突入するや多分に戦意高揚という時代の空気が投影され，1940年には「ハクトウワシ保護法」が成立し，全面的に保護されることになった．それは個体数が減少，希少あるいは絶滅のおそれのある特定の種を対象に，その保護を目的とした最初の法律だった．この法律が切り開いたその後の足取りをたどる．

(3) サイレント・スプリングの波紋

時は進み，おりしも化学薬剤万能の時代であった．とりわけアメリカ農業は，処女地に近い生態系の大規模改変と，大半は外から持ち込まれた農作物，いわば外来生物の大量栽培だったために，昆虫による被害は桁外れ，宿命的でさえあった．昆虫との闘いは農務省昆虫学局発足以来の伝統だったから，化学薬剤は，天恵か福音のように，導入され，大量に使用された．代表的な薬剤であるDDTは，1874年にドイツ，バイエル社で開発されていたが，殺虫作用があることが判明したのは1939年のことだった．この報が伝わるや，第二次世界大戦中，ヨーロッパでは軍隊や市民がマラリアやチフスの予防に使用するようになった．1940年以降，1980年までの間に全世界では300万トン以上が生産され，使用のピークである1960年代には全世界で毎年約40万トンが散布された（Smith 1991, Doherty 2000など）．アメリカでは，1945年には1ポンドあたり1ドルだった価格は，5年後には4分の1に下がり，安価で即効性のある農薬として綿花，トウモロコシ，ジャガイモなどの農産物，あらゆる果樹，合計334品目に対し使用され，1963年の使用のピーク時には8万トンが生産された（Baris *et al.* 1998）．しかし人体，とくに妊婦と子どもへの健康被害は深刻で，成長阻害，発がん性，生殖機能障害，神経障害などを引き起こす．生態系内では昆虫を網羅的に殺すほか，残留性があること，鳥類の卵殻の薄化を引き起こすことなど，多くの問題点が指摘されてきた．

1960年代初頭，内務省魚類・野生生物局の研究者として働いた経験をもつレイチェル・カーソンは，『サイレント・スプリング』（Carson 1962）を著し，食物連鎖や生物濃縮といった生態系のメカニズムを平易に解説しつつ，殺虫剤や農薬（DDT）の使用にかかわる危険性に警鐘を鳴らした．「鳥の危機は人類の危機そのもの」とのメッセージはきわめて明快で，科学的な説得力をもっていた．著書はたちまちにしてベストセラーになり，多くの人々，そしてときの大統領ケネディ（任期1961-1963）や政治家に大きな影響をおよぼした．この本を端緒に，人々のまなざしや意識が，確実に，自分たちを取り巻く環境や自然へと向けられるようになった．それは万能と思われていた化学薬剤を見直す大きな転換点であり，後の（1972年）アメリカでのDDT使用禁止に大きく道を開いた[26]．残留性が強いDDTやBHC，PCB，水銀などの化学汚染が現在もなお生態系，とくに

海洋生態系や野生動物に影響をおよぼしている（田辺・立川 1990，粕谷 2011 など）．また，最近ではネオニコチノイド系薬剤が広範囲に使用され，野生生物への影響が懸念されている（後述）．サイレント・スプリングの波紋をさらに追跡する．

　カーソンの化学薬剤への警鐘は，市民運動へとつながったが，いっぽうではさまざまな対応策を行政に迫ることになった．この小さな取り組みの1つが，アメリカに生息する野生動物の現状点検，希少性や絶滅の危険性の評価であった．これに対応して，魚類・野生動物局には"希少・絶滅危機生物種委員会"が設置され，野生動物の生息情報が種ごとに収集された．内務省は，この委員会の報告をまとめ『レッドブック，アメリカにおける希少・絶滅危機魚類と野生生物，予報』[27]というタイトルをつけて1964年に出版した．それは連邦政府が絶滅の危機にあると公式に認めた野生動物の最初のリストであり，哺乳類14，鳥類37，両生・爬虫類6，魚類22，軟体動物21，昆虫7（亜）種が掲載されていた．そしてこれ以降の「希少・絶滅危機種に関する出版物」には"レッド"が冠される発端となった．東西冷戦のさなか共産主義＝レッドは"危険"の象徴だった．

　議会はこれを受けて，1966年にこの種の最初の法律である「絶滅の危機にある種の保存法」を成立させた．それは世界に先駆けた，新たな時代を切り開く法律ではあったが，連邦所有の野生動物保護区内に生息する野生動物だけが対象（つまり保護区外に移動すると対象外となる）で，他省庁は"自発的"な範囲で守る義務を負うにすぎなかった．また市民参加のプロセスがなかったためにほとんど浸透することはなかった（畠山 1992）．

　有効性が薄いと判断した議会は，前法を見直し，1969年に「絶滅の危機にある種の保全法」を成立させた．おなじみの「保存」と「保全」のちがいだが，この時代になると2つの概念は対立項ではなくなることが注目される．この法律は，内務省の権限を強化し，予算を増やしたこと，リスト種の州間の移動を禁じたことなど，1966年法とレーシー法の補完的な意味合いが強かったが，対外的・国際的には画期的だった．世界的な規模で絶滅の危機にある種をリストし，その種の国内への輸入を禁じたこと，そして拘束力のある国際条約の締結を目的とした会議を開催することを内務省長官に命じていたからだった（畠山 1992）．「ワシントン条約」（正式にはCITES，「絶滅の危機にある野生生物種の国際取引に関する条約」1973年，後述）はまさにこの法律の落とし児として誕生する．

　時代は，地球規模での環境危機が認識されつつあった．1970年には"アース・デイ"と呼ばれる大規模な集会が全米各地で開催され，環境汚染の防止，自然環境や野生生物の保護を訴えて，2000万人以上の市民がデモンストレーションした．エコロジー運動は市民権を得て定着し，野生生物を絶滅から救うことは地球環境問題の1つ，優先事項であることが理解されるようになった．もはやだれの目にも，2つの旧法には限界があることは明らかだった．大統領ニクソン（任期1969-1974）はより強固な法律の必要性を強調し，新たな法律の準備を議会に求めた．おりしもベトナムの反戦・厭戦気分が充満し，それは国内問題にすりかえる格好の材料でもあった（後述）．

　こうした状況を背景に，2つの旧法を改定・統合し，1973年に1つの新たな法律「絶滅の危機にある野生生物種法」（以下「絶滅危機法」とする）が成立した．背景はともかくも，法律の効果を点検し，問題点を整理し，改善に向け迅速に対応する為政者の姿勢は，政治本来の役割を私たちに強く印象づけた．そしてこの法律そのものが「これまでに世界でつくられてきた同種の法のうちもっとも精緻なもの」（ロルフ 1997）と評価されるように，野生生物に対する人類の英知の1つの到達点であるようにみえる．

絶滅危機法

　この法律の概要を紹介する（法律の解説と邦訳はロルフ 1997，全文は連邦野生生物局"U.S. Fish & Wildlife Service"のHP）．最大の意義

は，リストされた絶滅のおそれのある種の保全を，ほかのすべての考慮事項の上に置き，利害の調整を超えた絶対的なものとして位置づけたことにある．これは次の条項にみてとれる．「連邦各行政機関は，（みずからが）承認し，資金提供し，実施する行為が，絶滅のおそれのある種の，継続的な存続を危うくしたり，生息地を破壊したり，改変したりすることがないよう保障すること」（7 条 a(2)）．そこにはピンショーの「長期的な最大多数者の最大の福祉」が，ミューアやレオポルドが説いた「審美的，生態学的，教育的，レクリエーション的」価値をふまえて，野生動物種の保全にこそあると，宣言されている．

法律の目的，種の保全（"コンサベーション"）の定義も意義深い．保全とは「絶滅のおそれのある種を，（この法律のなかで）規定された措置がもはや不必要となるような水準に至るまでに必要なあらゆる方法と手続き」である．絶滅のおそれのある現状を維持するのではなく，再生や回復によって危険な状態を脱することこそ目標なのである．ここにピンショーの「保全」は，ミューアの「保存」の積極的な解釈と融合し，幅広い政策選択肢が与えられている．

この法律の対象となる生物は，哺乳類，鳥類，両生・爬虫類，魚類だけでなく，軟体動物，甲殻類，節足動物など，つまり無脊椎動物を含むすべての動物と，植物界のすべての構成種である．そして種全体，亜種，地域個体群が対象で，内務省長官（海洋動物については商務省長官）が，絶滅のおそれのある種を指定する．

これまで「絶滅のおそれのある種」といういい方をしてきたが，厳密にいうと 2 つに分けられる．1 つは「絶滅危機種」（"endangered species"）[28]で，「その生息地の全域または重要な部分において絶滅のおそれがある種」と定義．もう 1 つは「絶滅危惧種」（"threatened species"）で，「その生息地の全域または重要な部分において，予知しうる近い将来に絶滅危機種となりそうな種」と定義される．もちろん危険度は前者が高く，指定された種には厳しい規制がかけられる．後者については「必要な望まし

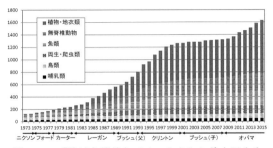

図 10-23　「絶滅危機法」でリストされた希少野生生物種の変遷．各時期の大統領名．野生動物や自然に対する政権の姿勢がよく表れている（アメリカ魚類・野生生物局の絶滅危機法の解説ページ https://www.fws.gov/endangered/esa-library/index.html#species より作成）．

い」規制とされるものの，状況によってはきわめて強い場合もある．このほかにリストに掲載するかどうかの検討を待つ「候補種」（"candidate species"）が選定される．

長官はリストすべき種を「利用可能な最善の科学的データと商業的データ」にもとづいて指定する．もちろんそれは長官自身ではなく，専門家集団に委ねられている．この業務を遂行するために魚類・野生生物局の組織はさらに大きくなり，専門の担当部局が設置された．指定にあたっては，経済的，政治的，社会的事情ではなく，生物学・生態学的判断によってなされる．この種の指定とともに保全と回復に不可欠な「重要生息地」も指定される（これは危惧種も同様）．

調査と準備を経て次々と種が指定されていった（69 年法にもとづきたとえば哺乳類ではチンパンジーやアフリカゾウなどを含む 359 種がリストされるが，ここではアメリカ産だけに絞る）．1973 年の時点で危機種と危惧種の合計 126 種は徐々に増加し，1980 年の時点では 281 種（内訳，危機種では哺乳類 32 種，鳥類 58 種，植物 50 種など），1990 年では 596 種と倍増し，2000 年では 1244 種に，2015 年では 1618 種に達した（図 10-23）．図には各時期の大統領名を記した．指定数の推移には自然や野生生物に対する政権の姿勢が表れて興味深い．では，指定された種や生息地はどのように扱われるのか．まず捕獲，輸出入，所持（標本も含む），売買，輸送など一切が禁止され，違反した個人または

団体には最高2万ドルと半年の懲役刑が科せられる．また，重要生息地については，破壊や改変，悪化させることを明確に禁止する．そして場合によっては重要な生息地の私有地を取得する権限が長官に付与されている．もっとも重要なのは，この法の最終目的「保全をもはや必要としないレベル」，つまりこの法律の管轄外に置くために「回復戦略」と「計画」の作成が求められることである．

指定された種の，現状の分布や生息数，生態，生活史，生理，行動，環境要求などはじつに多様だ．これをどのような方法とステップで回復させていくのか，専門的な知識と技術が求められる．通常は，行政権限をもつ連邦機関の代表者と専門知識のある科学者による「回復チーム」がつくられ，計画が作成されるが，場合によっては個人と専門性の高いNGOなどの団体が「チーム」をつくる．そしてこの回復計画は公開され，市民はさまざまな意見を述べることができ，同時に，その実効性を確保するために市民訴訟が可能である．こうして順調に回復した種は，定期的なモニタリングを受けながら，危機種から危惧種へ，そして最終的には普通種へともどされる．きわめて合理的な仕組みだ．たとえば，「危機種」だったハクトウワシはその後，順調に回復し，1995年には「危惧種」へ再分類され，「危機種」だったハヤブサは1999年にリストから外された．法律はその後何度か改定されたが，本質部分は揺るがなかった．

当然だが，この法律はさまざまな軋轢を生み出した．とくに危機や危惧の判断基準，重要生息地の判断基準，私有地とのかかわり，保証措置，生息地の破壊や悪化の解釈をめぐって無数の係争や訴訟が発生した．なかでも産業の育成や開発を促進する地元の業界や経済界とはときには鋭い対立に発展した．また，時の政権の姿勢，とくに共和党政権にあっては，大統領に任命された内務省長官が種の指定や法律の執行を妨害したり，予算を削ったり，新たな種のリストへの追加を停止することが横行した．種の保全法の歴史はほかの利権とのせめぎ合いのなかで展開されたまさに「振幅の軌跡」（畠山1992）だった．この節の最後にこの典型ともいえる1つの種の「軌跡」を紹介する．

マダラフクロウ——絶滅危機法のゆくえ

舞台はミューアとローズヴェルトの原点，シエラネバダ山脈とその北部，そこに広がるピンショーの国有林である．ここにマダラフクロウ（*Strix occidentalis*）という斑点模様をもつ翼長33 cm，体重600 gほどの，とりたてめだたない中型のフクロウが生息する．このフクロウはカナダからメキシコにかけての西海岸沿いのおもにダグラスファー（ベイマツともいう）の成熟した自然林（樹齢200年以上）に生息する．3つの亜種に分けられ，キタマダラフクロウ（*S. o. caurina*）がカナダ，ワシントン，オレゴン，カリフォルニア北部に，カリフォルニアマダラフクロウ（*S. o. occidentalis*）がオレゴンからカリフォルニアにかけて，メキシコマダラフクロウ（*S. o. lucida*）がおもにメキシコに，それぞれ生息する（図10-24）．

ダグラスファーの大木の洞などに巣をつくり，1-2卵を産み，アメリカモモンガ（*Glaucomys sabrinus*）やウッドラット（*Neotoma fiscipes*）など森林性の齧歯類を捕食して生活する．産卵数はフクロウ類のなかでは少ない．営巣する木は60 cm（胸高直径）以上の大径木で，活動する場所のほとんどもこのような森林に限られる．しかも，電波発信器による追跡の結果，その行動圏（活動範囲）の面積は，1ペアあたり10-20 km^{2}におよび，なわばりをもつことが判明した．渡りをせずにペアは1年中ほぼ同じところに定着している．繁殖力が低いこと，生息地が大径木の自然林に限定されること，この2つの生態的特徴が，地域産業との間にのっぴきならない軋轢を生み出す潜在要因だった．

この種の保護の歴史は旧く，すでに紹介した「渡り鳥条約法」にもとづき1936年には保護すべき「渡り鳥」に指定された．渡りなどしないのに．生態は不明でも通用した時代だった．長い間わからなかった生態や生息状況は，オレゴン州立大学の大学院生だったエリック・フォー

図 10-24　絶滅危機種マダラフクロウ（とその亜種）の分布（Chutter *et al.* 2004 を改変）.

スマンによって調査がなされ，1976 年に『マダラフクロウの予備的調査』と題される修士論文にまとめられ（Forsman 1976），そこで彼はフクロウの個体数が減少していると指摘した．この小さな報告が後に大きな波紋になり広がっていく．なお，彼はその後，国有林（連邦林野局）の生物研究者となりフクロウの生態調査を精力的に続け，多数の論文を書き，この鳥の保護運動に大きな貢献をした．

1973 年は，「絶滅危機法」の成立にともない各州はその対応や方針をとりまとめる只中だった．オレゴン州でも"絶滅危機種対策委員会"を発足させ，登録種の保全・管理のガイドラインを作成した．マダラフクロウへの取り組みもこの一環で，その最中にもたらされたフォースマンの報告は貴重だった．1977 年，この報告を根拠に 1 ペアの行動圏面積を $1.2 \, km^2$ として，290 ペアの保護をはかることを目標とする管理方針を打ち立てた．

いっぽう，国有林も「国有林管理法」（1976 年）の制定を受けて，50 年単位での資源評価を行い，オレゴンからカリフォルニア北部にまたがるこの地域の森林管理計画を作成中だった．ピンショーの国有林は，野生動物の保全，水源林の維持，レクリエーションといった公益的機能と木材生産を両立させる地域区分（ゾーニング）を行いつつ，伐採と木材の販売を基幹部分として維持する方針だ．新計画でもこの地域におけるダグラスファーの伐採は，数万人の雇用と 500 億円以上の収益を生み出す重要な位置を占めていた．フクロウの生存と保護を考慮し，1977 年に提出された最初の案は，オレゴン州対策委員会の報告に依拠し，ペアの最小面積を $1.2 \, km^2$ とし，合計約 290 ペアの生息を確保することとした．そしてこれは後に「カリフォルニア原生保全法」（1984）の新管理方針などを受け，1 ペアあたり $4 \, km^2$，合計 551 ペアの生息を確保すると修正した．

この森林計画の最終案は 1984 年に公表された．シエラ・クラブ，全米オーデュボン協会など自然保護団体は少なすぎると，ワイズ・ユース運動などの木材業界は多すぎると批判し，ここに 20 年以上にわたる論争の火ぶたが切られることになった．自然保護団体は「国家環境政策法」にもとづき「環境影響評価」の異議申し立てを行い，農務省長官もフクロウの生物学的資料が不足していることを認めた．国有林はこれをふまえ，1986 年に森林計画の「補足環境影響評価」の原案を提出した．この原案には A-L の 12 の選択案が含まれ，F 案を最良とした．この案はペアの最小面積を約 $9 \, km^2$ とし，少なくとも 550 ペアの生息を確保するいっぽうで，伐採の影響を最小限にするために，約 1000 人の木材労働者の解雇と大幅減収を織り込んでいた（USDA Forest Service 1986）．この環境影響評価案がパブリックコメント（一般に公表し評価を求める）にかけられると，数万通もの意見が寄せられ，「フクロウか仕事か」の論争はしだいに「自然林の保存か森林資源の利用か」の様相を呈し始めるようになった．それはまさにピンショーとミューアの論争の再現だった．歴史は繰り返す．

話はわき道にそれるが，この時代，フクロウの適正な生息数と生息面積をめぐって，数字がセリ値のようにめまぐるしく入れ替わった．野生動物の個体数は，環境の変動，生物自身の生存率や繁殖率の変化，洪水や山火事などの突発的な出来事，さらには遺伝的組成の変化によって変動した．このような環境や集団の「ゆら

ぎ」のなかにあっても，将来も存続できる最少の個体数が，野生動物の生態や生活史，遺伝的な多様性，環境要求性などがくわしくわかると，シミュレーションから推定可能となる．50年後や100年後に確率95%や99%以上で生物的に活性のある集団として存続できる最少の個体数は「存続可能最少個体数」（MVP）と呼ばれる．この数は，生存を保証する十分な値ではけっしてなく，それ以下にしてはならない下限値なのであって，目標数はこの下限値にプラスアルファされて見積もられることになる．フクロウのこの数についての論文が1980年代後半には多数の研究者によって算定され，次々と発表された（たとえばLande 1988）．その数字は，生存率のゆらぎ，遺伝的多様性の維持，カタストロフの評価によって異なるが，おおむね250ペア以上，子どもも入れた羽数は1000個体以上で一致していた（Doak 1989など）．

また，適正な生息地面積は，なわばりをもつ動物ではなわばりの面積にペアの数をかけた積から求まる．この面積は「存続可能最小要求面積」（MAR）と呼ばれる．また，現状において生息数がわかっている場合には，将来の生存リスクもシミュレーションによって評価することができる．このシミュレーションによる評価を「存続可能性分析」（PVA）という．わが国でもツキノワグマなどを対象にMVPやPVAの算定が試みられた（三浦・堀野 1999）．

木材業界と林業関係者は，1ペアがほんとうに9 km^{2}もの面積を必要とするのか，フクロウは若齢の森林に生息できないのか，さらにきちんとした調査を行うことを要求し，雇用を犠牲にする森林利用の行き過ぎた制限はすべきではないと主張した．これに対し環境保護団体側は，自然林の保存はフクロウだけの問題ではなく，この計画にもとづく伐採ペースでは，10年間の仕事は継続できても，いずれ木材は枯渇し雇用がなくなるレベルであると反論した．1987年になると，環境保護団体が伐採木の売却を阻止したり，道路を封鎖したり，さらに一部団体は大径木に鉄やセラミックを打ち込み，チェーンソーによる伐採を妨害するなど，さらに騒然

とするなかで，内務省長官は同種を絶滅法の保護リストへの掲載を公式に拒否した（諏訪 1996）．1988年には，国有林の補足環境影響評価報告書が公表された．4万2000通ものコメントによる改訂版だったが，実質的には1986年のF案と変わりなかった．しかもウィルダネス協会の調査によれば，自然林の残存面積が林野局公表の1万km^{2}とは大幅に異なって4600 km^{2}しかないという現状だった．

シエラ・クラブなどの環境保護団体は，魚類・野生生物局に対し，経済的・政治的な配慮を排除し，生物学的データのみに依拠し，迅速な絶滅法の保護リストへの掲載を求めた．同局の担当者は政治的，経済的圧力があったことを認め，また局長が絶滅の危険性が高いとする以前の報告を握りつぶしたと暴露され，辞任に追い込まれもした．レーガン（任期1981-1989）政権の下で絶滅法の執行には大きなブレーキがかけられていた（畠山 1992）．自然保護団体がリスト掲載を求めた訴訟を起こすに至り，同局は，世論に押されて指定にかかわる生物学的データを再評価せざるをえなかった．レーガン政権末期，議論はいよいよ加熱し，訴訟合戦が繰り広げられた．

絶滅危惧種の衝撃

1990年，シアトル地裁は，魚類・野生生物局のリストへの非掲載は恣意的で，再評価を行うこと，計画されていた林野局の伐採木材の販売を一時凍結するとの判決を下した．木材業界と林業関係者は深刻な打撃を受け，自然保護団体との交渉と妥協を探るしか道はなかった．木材生産量を大幅に減らし，保護団体に伐採箇所の指定を委ねた．6月，魚類・野生生物局はキタマダラフクロウを正式に「絶滅危惧種」に指定した．地裁はこれにともなう新たな「森林計画」が提出されるまで，伐採を全面的に禁止するとともに，早急な「重要生息地」の指定を促した．翌1991年提出された重要生息地は私有林を含む2万8000 km^{2}におよぶものだった．これに対し，国有林や私有林の林業関係者は，直接・間接を含め総計1万5000-3万人が離職

を余儀なくされるとして，当然だが強く反発した．とはいえ，この法律は私有財産にかかわりなく利用の規制を妨げるものではなかった．林業関係者や木材業界の要請を受けたブッシュ（任期 1989-1993）政権は 1992 年に自然保護団体との妥協を模索したが，受け入れられることはなかった．そしてこの年に行われた次期大統領選挙での争点の1つにもなった．

大統領となったクリントン（任期 1993-2001）は 1993 年に「森林会議」を開き，ダグラスファーの自然林とフクロウの保護，さらにはこの地域の生物多様性の保全を織り込み，いっぽうの林業地域には「生態系管理」，「順応的管理」を導入し，モニタリングを行いながら持続可能な形での木材生産を行うことで，この問題を政治的には決着させた（村嶌 1998）．それは「保存か利用か」の二者択一をまがりなりにも「保存と利用」の統合へと誘導する新たな出発点でもあったようにみえる．

この間の論争を振り返ると，双方ともにきちんとした科学データにもとづこうとした姿勢は評価したい．ただ林業関係者にはやはり「たかが野生動物1種に」との価値観にとらわれ，脱却できなかった弱点が指摘できよう．このことが同時にダグラスファーの天然高齢大径木のほんとうの意味の価値づけを誤ったことにもつながったのではないか．こうして，1970-80年代には 12 億-15 億ボードメートル（板換算の単位）もあった木材生産量はいまや1億ボードメートル以下になり，1万人以上の林業労働者は予測どおり職を失うことになった．基幹産業を失ったオレゴンなど3州には新計画（"北西森林プラン"）により総額6億ドル前後の財政支援金（「フクロウ補償」と呼ばれる）が国有林から支払われている．

この一連の動向は日本ともけっして無縁ではない．伐採されたダグラスファーの少なくない比率は，ヘムロック（ベイツガ）などとともに安価な北米材として日本に輸出されていたからだ．1960 年代後半から本格化するこの外材輸入は，熱帯林から北方林へと拡大を続けた．フクロウ生息地を直撃した伐採量の増加は明らかに日本向け輸出が契機だった．1961 年に 80% を超えていた日本の木材自給率は，この時期には 40% 台に落ち込み，2000 年は 18% の最低水準となったが，その後徐々に回復，2015 年現在では 31% となっている．それでも，戦後植林された膨大な面積の森林の大半は管理されないままに放置され，シカなどの獣害にさらされている．市場原理のみにもとづく資源利用のあり方は，国の基盤や自立の問題であるばかりでなく，輸出国の森林の破壊や荒廃と，そしてそこに生息する野生生物の存続や生物多様性の保全に深刻な問題を投げかける．資源と野生生物をめぐる課題は地球環境問題に直結する．

では現在マダラフクロウはどのような状況にあるのか．絶滅法リスト掲載と重要指定地が設定され，熱い議論はほとんど冷めている．解雇をまぬがれた林業労働者は制限された範囲での伐採を継続しているが，なお数千人の労働者が離職を迫られている．それはフクロウではなく林業機械の導入による合理化であるという．森林伐採によるマダラフクロウの絶滅のおそれは低下しているにもかかわらず，魚類・野生生物局は 2004 年の再評価でもなお絶滅危惧種であると確認し，とくにキタマダラフクロウは年率約 7.3% で減少しつつあると指摘された（Anthony et al. 2004）．この原因は意外だ．もともと東部に生息していた普通種で，近縁種であるアメリカフクロウ（Strix varia）が分布域を拡大し，攻撃性が強いために，マダラフクロウを駆逐していること，さらには，あろうことかアメリカフクロウと交雑し，雑種が生まれたことによる（Haig 2004）．マダラフクロウの遺伝子を守るためになにをなすべきか．外来種との交雑問題に共通する新しい時代の課題だ．2007 年，魚類・野生生物局は，①森林に火を入れて餌となる齧歯類を増加させること，②アメリカフクロウを捕獲すること，を提案している．絶滅危惧種を普通種へ回復させる模索がなお続けられている．

（4）北米での野生動物の保全の到達点

アメリカでの野生動物の保全は，連邦レベル

では現在おもに4つの機関によって進められている．内務省の3つの機関，魚類・野生生物局，国立公園局，土地管理局と，農務省林野局で，それぞれが各種野生生物保護区（約34万km²），国立公園（約29万km²），原生保護地域（45万km²，うち42万km²はアラスカにある），国有林（77万km²）をもつ．全国有地面積の64%，それだけで日本の国土面積の約5倍にあたる．この広大な土地に生息する野生動物が各種機関の下で保全され，管理されている．このほかに農務省検疫局なども検疫や農業被害を通じて野生動物管理に参画する．各機関は管轄する土地の枠組みを越えて相互に連携・協力体制をもち，野生動物は重層的に保全・管理されている．

野生動物保全といえば，国立公園内での野生動物の調査や研究，救護，啓蒙・普及活動などを想い起こす方々が多いにちがいないが，それはごく一端にすぎない．それでも，たとえばイエローストーン国立公園（約8900 km²）だけでも広島県をやや上回るほど大きく，そこに生息するシカやクマなどの野生動物が厳格に保護されている．国立公園では現在の"自然放置主義"(ナチュラル・レギュレーション)がとられ，自然の山火事，シカ集団の増加などに対し，人為的な関与は行われていない．また，"捕食者コントロール"(プレデター)されていたオオカミは，生態系の構成要素を復元させるために，イエローストーンなどでは，再導入が試みられている．それは，あらためて指摘するまでもなく，広大な国有地の存在を前提にした施策だ．

魚類・野生生物局は，5年ごとにアウトドア，レクリエーションの実態調査を行っている[29]が，その2001年の集計をみると，16歳以上の参加者は国民の40%にあたる約8000万人で，その支出総額は1100億ドル（日本円で12兆円）．内訳は，釣りが3400万人（支出総額350億ドル），狩猟1300万人（200億ドル），自然観察6600万人（400億ドル）．このうち魚類・野生生物局は，釣り・狩猟用の物品税，その管轄地である国設狩猟動物保護区や管理釣り場でのライセンス料などで収益を得るが，この総計（アメリカとカナダ合計）は，毎年600億ドル以上（6兆円）となる．これには年間3億人以上が訪れる国立公園などの統計は含まれていない．これらを加えると北米における自然保護や野生動物管理から直接間接にあげる収益は天文学的な金額になる．なにより指摘したいのは，資本や投資など一切投入することなく放置した，自然と野生生物にあふれた国有地を，ほかにどのような利用，活用の手段があろうとも，これほどの収益をあげることはできない．自然保護や野生動物の保全・管理に熱心だとか，先進的に取り組んでいるなどという以前に，北米のそれらはまぎれもない社会資本であり，1つの経済＝「巨大産業」として成立している．

そしてここに各州政府の野生動物保全の制度が合流している．たとえば，レオポルドが活躍したウィスコンシン州は，面積約17万km²，人口約536万人の比較的小さな農業州だ（それでも北海道の約2倍）が，ここでは，"州自然資源部"によって野生動物管理が，野生動物による被害の補償制度を含めて，展開されている．そこでは，州内を120の管理ユニット（平均面積は1170 km²）に細分し，たとえばシカでは毎年，餌の状態，環境収容力，繁殖率，個体数の調査がなされ，これを基準にユニットごとに捕獲数が割りあてられ，捕獲許可と狩猟タグ（違法でないことの証明，捕獲したときに耳につける）が販売される（銃猟は30ドル）．猟期は11月の「感謝祭」直前の9日間で，狩猟タグは完売される．獲れた獲物にはタグがつけられ，頭数，性，年齢などがチェックされた後に，肉（ベニゾン）とトロフィーに解体される．この生物学的データをもとに翌年の集団の動向が予測される．基本的に同じことがアメリカクロクマ，シチメンチョウ，キジなどにも適用されている．

この管理システムは，狩猟が市民レベルに深く定着していることで支えられている．驚くことに，ウィスコンシン州（ほかの州でもほぼ同様）では，同州生まれのすべての人は34歳までに「ハンター教育コース」（実習も含め10教科，10時間程度）を受け，修了証明書をもつ

義務を課している．この証明書は狩猟タグの売買や，火器の使用の際には提示しなければならない．だから多くの州民は16歳以上になるとこぞってハンターになる．銃社会アメリカの培養器をみる思いがする．1990年代後半の統計では，毎年約70万人が銃ハンターとして登録される．このライセンス登録にかかわる直接収入だけでも270万ドル，これに州外からの狩猟登録や，狩猟にともなう宿泊や食費は，1人平均1300ドル．宿泊施設やレストランなどの雇用は1万6000人，さらに捕獲された約40万頭のシカは，肉に換算すると，4000万ドル以上（シカだけの分，これにシチメンチョウ，キジ，クマ猟などの免許料や捕獲許可料が加わる）．これらを合計した経済効果は，驚くなかれ3億ドル以上（日本円で300億円以上！），それは一大産業と呼ぶにふさわしい．

この盤石な経済的基盤を背景に，野生動物の農業被害に対する「補償制度」が存在する（北村2001）．ウィスコンシン州の農林業被害（とくにトウモロコシ）は毎年，3700万ドル程度発生する．州は「野生動物被害減収補償プログラム」をもち，野生動物管理局の専門官によって査定される評価は迅速で，被害金額は，翌年には支払われる．2004年では642件の被害発生に対し，2400万ドルの評価，最終支払額は1800万ドルだった（Woodbury & Fike 2005）．なおこのプログラムでは，防護柵の設置（2004年度実績，約38 km），簡易フェンスの設置，忌避剤の散布などが行われる．

北米での野生動物管理は連邦政府，州政府の各種機関によって担われる．大学との協力や連携もさかんで，北米各地の主要大学には，名称はさまざまだが野生動物管理に直接関連した学科や講座が少なくとも100以上あり，各種の調査・研究を連邦機関や州機関との共同で進めている．1980年代初めのやや古い統計だが，内務省魚類・野生生物局には200名近い専任の狩猟監督官が，さらに州には総計で7000名を超える監督官が配置されている．研究者やその他の職種（調査者や指導者，インタープリターなど），事務官を加えれば，野生動物関連の職業は驚くほど広い裾野をもち，それらは毎年おそらく4000名近い卒業生たちの人気の就職先である．野生動物管理者はけっして特殊な職業ではない．

北米型野生動物保全の限界

野生動物に供される広大な国立公園，野生動物保護区，原生自然地域，国有林，各種の管理地域などは，野生動物の保護や愛護の「楽園」として維持されてきたのではなく，最大の効用と便益を生み出す「聖域」として整備されてきたのである．この制度と土地利用は，余裕ある国土を背景に，公共信託論を基盤にしつつ，さまざまな批判や，ミューアやソローを原点とする自然保護運動の多彩な理念や要求をも呑み込みながら，国民の圧倒的な支持によって保全され，管理されてきた．

特筆したいのは，野生動物管理制度が科学によって構造化されていることだ．狩猟鳥獣は再生可能な資源であり，その持続的な利用量は繁殖と生存によってもたらされる加入量を上回ってはならない，との原則が確立されている．そして制度運用の必須条件として野生動物の生態や生活史がくわしく調査・研究されてきた（狩猟鳥獣以外の種の調査は驚くほど少ないが）．これらの研究はその後の水産資源の研究とも合流し「最大持続収穫」（MSY）理論をつくりだし，さらには最近では生態学的な平衡を前提とした適正値（生態学的持続収穫 ESY）概念へと深化していくが，いずれにしても世界の資源管理学や保全生物学の発展をリードしてきたのはまちがいない．

生物資源の評価とその管理の意思決定過程における科学の優位性を「科学優位主義」と名づけるとすれば，乱獲の灰のなかから学びとった核心とは，この科学優位主義にもとづく制度構築だったのではないだろうか．このことは強調されてよい．利用と保全は同義語ではない．利益は自然発生的に資源管理における科学優位主義を誘導するわけではない．それは漁業の資源管理においてしばしば指摘されてきたところである．科学優位主義は先導者の強い意志のもと

で意識的に追求されてきたのだ．科学こそが生物資源の持続的利用と持続的な便益の保障であるとの到達点は新たなパラダイムの確立であったといってよい．この科学優位主義は，「絶滅危機法」にもみられ，絶滅危機種の指定にあたっては，経済的，政治的，社会的事情ではなく，なによりも生物学・生態学的情報によってのみ判断される．それは徹底した合理主義，功利主義，実利主義，保全主義の追求，いわば「ピンショー主義」とでも名づけられる原理の実現だったともいえよう．

このような自然保護や野生動物管理の制度を国民は享受している．国立公園の利用者数は1980年代には3億人を突破し，混雑や環境破壊など深刻な過剰利用に直面し，入場者の規制も検討されているほどだ．すでに紹介したように魚類・野生生物局管轄の地域だけでも年間約8000万の人々が訪れ，釣り，ハンティング，自然観察などのアウトドアやレクリエーションに利用している．彼らは年間に平均2週間以上を現地に滞在し，GNPの1％を超える12兆円ものお金を支出する．ビジターに関するくわしい統計（階層など）はないが，多くが都市住民であり，どちらかといえばホワイトカラー，クリスチャンの富裕層に属し，多くが，数百万人から数十万人を擁する全米野生生物連盟やシエラ・クラブ，オーデュボン協会，ウィルダネス協会などの会員といったところだろう．もちろんこうした人々の考え方や思想を一律にくくるのは問題だとしても，少なくとも自然や野生動物への強いあこがれ，畏敬の念，美しさや愛情などの精神主義を共有していることは疑いない．ミューアやソロー，あるいはレオポルドへの時代を超えた深い共感や尊敬はそのことを示唆している．こうしてみると，アメリカの自然保護と野生動物管理は，合理主義と非合理主義という両極の思想の共存によって支えられている．ピンショーのつくった学校でミューアを学ぶ．不思議なとりあわせではある．

この野生動物管理の制度は，ヨーロッパでは，土地の私有制が歴史的に浸透し，多くの場合土地所有者や専門家を有する団体が管理のイニシアティブをとる点では北米と異なるが，狩猟が人々の間に広く普及し，狩猟動物が高い経済性をもち，人気の食物として定着していることに変わりない．西欧でも「ゲーム」といえば秋の味覚を代表する食料であり，都市の高級レストランの定番メニューなのである．制度の詳細は国によって異なるものの，全体的な管理制度は，利益を生み出す土地利用として，北米ほどではないにせよ，科学的な裏づけや調査・研究を取り入れながら展開されている．

北米における国立公園や野生動物管理の制度は生態系保全や野生動物保全のすぐれたモデルとして地球上に存在することを誇りに思うし，またこの制度を確立してきた人々や国の努力に惜しみない賞賛を送りたい（三浦2008）．だが，北米の制度や原理は，はたしてグローバルスタンダードだろうか．また世界の国々はこうした仕組みを受け入れることができるだろうか．問題はそれほど単純ではないように思われる．

最大のちがいは，北米の余裕ある国土が（先住民の排除により）近代的な土地所有やがんじがらめの権利関係からまぬがれてきた歴史的経緯があることだ．北米の国立公園や野生動物保護区，管理猟区には人々の影が希薄であることに違和感を覚える．ほとんどは無人地帯だ．国立公園や自然保護地域だから当然と思われるかもしれないが，世界を見渡すと，土産物屋や飲食店が立ち並ぶ日本のそれは論外だとしても，人間の生活領域から完全に隔絶している場所はむしろ少ない．もちろんこうした場所を厳格な保護地域として保存していくのには大切なことだ．しかしこの制度だけをモデルに世界の自然や野生動物，生物多様性を保全するのには，絶対的に不足であり，あまりにも頼りなく，また誤りでもある．したがって，いっぽうでは，人々が生活を営む地域にも目を向け，自然公園や野生動物保護区，またはそれに準ずる保全地域へ編入すること，可能な限り持続可能な利用を進めることが不可欠だ．北米の制度はその点ではモデルとはならない．差別された，優等生すぎた，とりすました，よそいきの，人間不在のご都合主義なのである．

おそらく世界の大半の地域では，人々は，より日常的に，より密着した，より複雑な関係を自然や野生動物との間で取り結び，自然や野生動物を利用し，生産と消費を行っている．野生動物は食物であると同時に，ときには生存や生産を脅かす加害者として立ち現れる．この人々とそこでの生活をぬきに自然公園や野生動物保護区の設定や管理などありえない．問題なのはこのような自然保護制度は，それぞれの国の歴史や文化，そして実状の反映であり，強い創造性や固有性をもつはずなのであり，またそうしていかなければならない．その制度が，あたかもグローバルスタンダードかのように海外に輸出され，押しつけられたときには，悲劇と，野生動物保全そのものが立ち行かなくなる可能性をはらんでいる．その典型例を私たちはアフリカにみることができる．

第10章　注

1) 北米の先住民には300以上の部族があり，それぞれに異なる言語と生活様式をもっていた．言語でみると，これらは30ほどのグループに，さらには10程度の「語族」に大別できる．また，生活様式でみると，7程度の文化圏に分類できる．言語と文化圏の分布域は，おおむね重なるものの，必ずしも一致していたわけではない．

2) United States of America, USA（アメリカ合衆国）だから本来であれば「合州国」とすべきだが，これは高校教科書「地理」，「歴史」などでは使われていない．「衆」は大勢の人々，人間集団を指し，地方政府や州(State)の意味はない．

3) オジロジカの増加率は子どもを1-3頭産むので，1頭しか産まないニホンジカに比べるはるかに高い．また捕獲が個体数変動に与える影響は性によって異なる．メスだけ捕獲する場合にはインパクトが大きいが（これに対し角のあるオスだけの場合には影響はほとんどない），インディアンは性や年齢にかかわりなく捕獲していたようだ．

4) フィリップ王戦争とは1675-1676年に白人入植者とインディアンの間で戦われた戦争．フィリップ王とは，入植者がつけたワンパノアグ族の族長メタコメットのあだ名である．初期入植者はインディアンらに助けられたにもかかわらず，約束を反故にして入植地を拡大するにおよび複数の部族が入植地を攻撃した．メタコメットと多数のインディアンは殺害され，捕虜は奴隷にされた．

5) リチャーズ (Richards 2014) によれば，1700-1763年で，シカ皮を除く，ビーヴァー，アライグマ，テン，キツネ，ミンクなどの毛皮，毎年平均41万頭が輸出された．この量は，1780-1799年には90万頭，1830-1849年には170万頭となる．

6) あるいは『国富論』だが，正確には，『諸国民の富の性質と原因の研究』(An Inquiry into the Nature and Causes of the Wealth of Nations) である．

7) 原文にはこうある．"the merciless Indian Savages, whose known rule of warfare, is an undistinguished destruction of all ages, sexes and conditions."

8) ルイジアナは南部の単一の州ではなく，モンタナ州，ノースダコタ州，ネブラスカ州，アイオワ州，カンザス州，ミズーリ州，オクラホマ州，アーカンソー州などを含む中西部一帯を指す．この地はもともとフランス人サミュエル・ド・シャプランやラ・サールらの探検行によって17世紀までにフランス領になっていた地域で，ルイ14世に献上されたところから"ルイジアナ"と名づけられた．フレンチ-インディアン戦争 (p.408) によるフランスの敗北の結果，最初はイギリスとスペインに割譲され，後に (1803年) はアメリカ合衆国に売却された．

9) この西部への領土拡張は，未開拓地の「文明化」をめざすアメリカが神から与えられた天命であるとの思想によってゴリ押しされた（高校歴史教科書『詳説世界史』山川出版社 2006）．

10) 正確にはオグロプレーリードッグ (*Cynomys ludovicianus*)，オジロプレーリードッグ (*C. leucurs*)，メキシコプレーリードッグ (*C. mexicanus*)，ユタプレーリードッグ (*C. parvidens*)，ガニソンプレーリードッグ (*C. gunnisoni*) の5種が，グレートプレーンズとその周辺部に生息する．

11) プレーリードッグは高度なコミュニケーション能力を発達させている．ノーザン・アリゾナ大学のスロボチコフら (Slobodchikoff *et al.* 1991) は，コヨーテやキツネ，ヘビ，タカなど捕食者の種類によって警戒音を鳴き分けること，しかもこのなかでは，知覚的な限定性を加えている可能性を発見した．彼らは人間へも独特の警戒音を発するが，ソナグラムをくわしく分析すると，そこには人間の（服の）色や大きさなどにかかわる意味論的な情報が含まれるのではないかと推論している．危険なものほどくわしい情報が求められる．

12) この再発見物語は興味深い．ワイオミング州ミーティーツェ (Meeteetse) の牧場主，ホッグ夫妻は1981年9月26日夜中午前3時に愛犬がけたたましく吠えるのを聞いた．翌朝，愛犬の食器のそばに奇妙な小動物の死体があるのに気づいた．ミンクに似てはいたが初めてみる動物で，背骨が折れているだけできれいだったので，剥製をつくるために地元の剥製屋さんに持ち込んだ．剥製師は一目見るや「これは絶滅危惧種だから私にはいじれない」といい，すぐに政府機関に連絡をとったという（ウォルフ 2003, http://articles.latimes.com/1985-03-17/sports/sp-35545_1_black-footed-ferrets）．愛犬の名は"シェップ" (Shep)，シェパードの意だ．

13) このほかにリョコウバトの骨は残りにくいとの要因があるが，ほかの小型鳥類やシチメンチョウが同時に出土していることから判断すれば，この可能性はほとんどない．

14) Starbuck, A. 1878. History of the American Whale Fishery from Its Earliest Inception to the Year 1876. この文献は http://mysite.du.edu/~ttyler/ploughboy/starbuck.htm で直接読むことができる．興味はもっぱら船の管理と鯨油量で，クジラの頭数に関する記述はきわめて少ない．なお，この人物の名前は『白鯨』に登場するコーヒー好きの一等航海士，E. C. Starbuck と無関係だが，コーヒーチェーン"スターバックス"はこの一等航海士の名前に由来する．

15) フレイ・トマス・デ・ベルランガ (Fray Tomás de Berlanga) はスペインドミニコ会宣教師で，1535年，スペイン領ペルーのパナマ司教区の司教に任命された．スペインからパナマに到着後，船でペルーに向かう途中，太平洋上で嵐に遭遇，難破し，ガラパゴス諸島に漂着した．
16) オットセイ亜科はミナミオットセイ属 (*Arctocephalus*) とキタオットセイ属 (*Callorhinus*) に分類される．前者には，ナンキョクオットセイ (*A. gazella*)，グアダルーペオットセイ (*A. townsendi*)，フアンフェルナンデス (チリ) オットセイ (*A. philippii*)，ミナミアフリカオットセイ (*A. pusillus*)，ニュージーランドオットセイ (*A. forsteri*)，ミナミアメリカオットセイ (*A. australis*)，アナンキョクオットセイ (*A. tropicalis*)，ガラパゴスオットセイが含まれる．
17) ハリエットはメス，その記録は飼育施設が洪水のために消失している．彼女のDNAの分析はサンタクルーズ島産の亜種のようで，この島にビーグル号は立ち寄っていない (Powell & Caccone 2006).
18) アミノ酸による年齢査定法．生物体を構成するアミノ酸には異性体であるL体とD体があり，生成時はL体であるが，その後時間に比例して徐々にD体へと変化していく．これをラセミ化という．なかでもアスパラギン酸はもっともラセミ化の速度が速いので，歯や水晶体に含まれるアスパラギン酸のL体とD体の比率を分析すると，その個体の年齢が推定できる．これによって推定されたホッキョククジラの年齢は210歳であった (George *et al.* 1999).
19) 採食遷移 (grazing succession) と訳されることがあるが，ここでは極相に至る生態遷移との混同を避ける．
20) 初期のボウリングは芝地の上にピンを立てて，小さな鉄球で倒した．現在のような形は1895年にニューヨークで考案された．
21) 植物群落での個々の植物種の基部を対象とした地表面に対する面積の割合．
22) エルクの行動学的変化によって植生が回復するとの効果は少なくともポプラにはあてはまらないようだ (Winnie 2012).
23) 『新羅之記録』，1643年に幕命により編纂された松前藩家系図にさまざまな記録を補筆した書 (以下参照. http://archives.c.fun.ac.jp/fronts/detail/reservoir/516ea10a1a55724270001255 閲覧2016.6.3).
24) 正確には "Convention between the United States and Other Powers Providing for the Preservation and Protection of Fur Seals"「オットセイの保護と保存に関するアメリカと列強国間の条約」である．全文は以下参照. http://docs.lib.noaa.gov/noaa_documents/NOS/ORR/TM_NOS_ORR/TM_NOS-ORR_17/HTML/Pribilof_html/Documents/THE_FUR_SEAL_TREATY_OF_1911.pdf (閲覧2015.5.10).
25) 正確には "Convention between the United States and Great Britain (for Canada) for the Protection of Migratory Birds".
26) アメリカでは1972年以降も生産され，年間300トンが輸出された．完全に中止されるのは1985年である．なおDDTが世界的に禁止されるのは2004年のストックホルム条約によるが，インドや北朝鮮ではなお使用されている．
27) The Redbook on Rare and Endangered Fish and Wildlife of the United States: Preliminary Draft (1964).
28) endangered と threatened などのカテゴリーの翻訳には混乱があり，定着していない．ここでは危険度がより高い endangered を「危機」，threatened を「危惧」と訳した．
29) National Survey of Fishing, Hunting, and Wildlife-Associated Recreation. 以下参照. http://wsfrprograms.fws.gov/Subpages/NationalSurvey/National_Survey.htm

第10章 文献

Abott, C. G. 1933. Closing history of the Guadalupe caracara. Condor 34: 10-14.

Abrams, M. D. 1992. Fire and the development of oak forests. Bioscience 42: 346-353.

Abrams, M. D. & C. A. Copenheaver. 1999. Temporal variation in species recruitment and dendroecology of an old-growth white oak forest in the Virginia Piedmont, USA. Forest Ecol. Manage. 124: 275-284.

Ackerman, B. B. *et al.* 1984. Couger food habits in southern Utah. J. Wildl. Manage. 48: 147-155.

Adams, C. C. 1925. The conservation of predatory mammals. J. Mamm. 6: 83-96.

Adams, C. C. 1930. Rational predator animal control. J. Mamm. 11: 353-362.

Addison, J. A. 2009. Distribution and impacts of invasive earthworms in Canadian forest ecosystem. Biol. Invasions 11: 59-79.

Aguirre-Muñoz, A. *et al.* 2008. High-impact conservation: invasive mammal eradication from the islands of Western Mexico. J. Human Environ. 37: 101-107.

Alee, W. C. 1949. Principles of Animal Ecology. Saunders Co., Philadelphia. 864pp. (以下参照. https://archive.org/details/principlesofanim00alle 閲覧2015.6.10)

Allen, G. M. 1916. The whalebone whales of New England. Mem. Boston Soc. Nat. Hit. 8: 107-322. (以下参照. http://www.biodiversitylibrary.org/bibliography/25585#/summary 閲覧2015.10.10)

Allen, K. R. 1980. The influence of schooling behavior on CPUE as an index of abundance. Rep. Int. Whal. Comm. (Special Issue B) 2: 141-146.

Anthony, R. G. *et al.* 2004. Status and trends in demography of northern spotted owls, 1985-2003. Final Report to Interagency Regional Monitoring Program, Portland, Oregon. Oregon Cooperative Fish and Wildlife Research Unit, Corvallis, USA. 163: 1-48.

荒井見和. 2014. 生態学的プロセスを活用した農地土壌における炭素隔離メカニズムの解明. 横浜国立大学博士論文. 102pp.

有賀貞・大下尚一. 1994. イギリス領北アメリカの発展. 『アメリカ史1』(有賀貞・大下尚一・志邨晃佑・平野孝編), pp.3-109. 山川出版社, 東京.

Aschwanden, C. 2001. Learning to live with prairie dogs. Nat. Wildl. Mag. 39: 20-29.

ASM (American Society Mammalogist). 1950. Thirtieth annual meeting of the American Society of Mammalogist.

31: 479-485.

Atkinson, C. E. 1988. Fisheries management: an historical overview. Marine Fisheries Rev. 50: 111-123.

Aurioles-Gamboa, D. *et al.* 2010. The current population status of Guadalupe fur seal (*Arctocephalus townsendi*) on the San Benito Island, Mexico. Marine Mamm. Sci. 26: 402-408.

Aurioles-Gamboa, D. 2015. *Arctocephalus townsendi*. The IUCN Red List of Threatened Species. (http://www.iucnredlist.org/details/2061/0 閲覧 2015.5.10)

Baker, R. C. *et al.* 1970. The northern fur seal. US Fish and Wildlife Service, Bureau of Commercial Fisheries Circular 336. (http://spo.nmfs.noaa.gov/circulars.htm 閲覧 2015.5.10)

Baris, D. *et al.* 1988. Agricultural use of DDT and risk of non-Hodgkin's lymphoma: pooled analysis of three case-control studies in the United States. Occup. Environ. Med. 55: 522-527.

Barko, V. A. 1997. History of policies concerning the black-tailed prairie dog: a review. Proc. Okla. Acad. Sci. 77: 27-33.

Bartlett, I. H. 1949. White-tailed deer: United States and Canada. Trans. N. Wildl. Conf. 14: 543-553.

Batcheller, G. R. *et al.* 2010. The Public Trust Doctrine: Implications for Wildlife Management in the US and Canada. The Wildlife Society, Bethesda. 30pp.

ビアード, C. & M. ビアード. 1960. アメリカ合衆国史 (松本重治ほか訳 1964). 岩波書店, 東京. 564pp.

Beheregaray, L. *et al.* 2004. Giant tortoise are not so slow: rapid diversification and biogeographic consensus in the Galápagos. PNAS 101: 6514-6519.

Bennett, M. K. 1955. The food economy of the New England Indians, 1605-75. J. Polit. Econ. 63: 369-397.

Berger, J. 1986. Wild Horses of the Great Basin. The Univ. Chicago Press, Chicago. 325pp.

Bergman, J. 2000. Ota Benga: the pygmy put on display in a zoo. CEN Tech. J. 14: 81-90.

Best, P.B. 1987. Estimates of the landed catch of right (and other whalebone) whales in the American fishery, 1805-1909. Fish. Bull. 85: 403-418.

Binkley, D. *et al.* 2006. Was Aldo Leopold right about the Kaibab deer herd? Ecosystems 9: 227-241.

Blakemore, R. J. 2006. American earthworms (Oligochaeta) from North of Rio Grande: a species checklist. A series of searchable texts on earthworm biodiversity, ecology and systematics from various regions of the world, 2nd ed. COE Soil Ecology Research Group, Yokohama National University, Japan, 1-16.

Bockstoce, J. R. *et al.* 2005. The geographic distribution of bowhead whales, *Balaena mysticetus*, in the Bering, Chukchi, and Beaufort Seas: evidence from whaleship records, 1849-1914. Marine Fishery Rev. 67: 1-43.

Bolen, E. G. & W. L. Robinson 1995. Wildlife Ecology and Management, 3rd ed. Prentice Hall, New Jersey. 620pp.

Bolster, W. J. 2008. Putting the ocean in Atlantic history: maritime communities and marine ecology in the Northwest Atlantic, 1500-1800. Am. Hist. Rev. 113: 19-47.

Bolster, W. J. *et al.* 2011. The historical abundance of cod on the Nova Scotian Shelf. In Shifting Baselines (Jackson, J. B. *et al.* eds.), pp. 79-112. Island Press, Washington DC.

Boylston, Z. 1724. Ambergirs found in whales. Phil. Trans. 33: 193.

Braham, H. W. & D. E. Rice. 1984. The right wahle, *Balaena glacialis*. Marine Fish. Rev. 46: 38-44.

Branch, E. D. 1962 (1997 new ed.). The Hunting of the Buffalo. Univ. Nebraska Press, Nebraska. 341pp.

Burnham, P. 2000. Indian Country God's Country: Native American and Nationa Park. Island Press, Washington DC. 406pp.

Caccone, A. *et al.* 1999. Origin and evolutionary relationships of giant Galápagos tortoises. PNAS 96: 13223-13228.

Caccone, A. *et al.* 2002. Phylogeography and history of giant Galápagos tortoises. Evolution 56: 2052-2066.

Carlton, J. T. *et al.* 1999. Historical extinctions in the sea. Ann. Rev. Ecol. Syst. 30: 515-538.

カーソン, R. 1962. 沈黙の春 (青木簗一訳 2004). 新潮社, 東京. 342pp.

Caughley, G. 1970. Eruption of ungulate population, with emphasis on Himalayan thar in New Zealand. Ecology 51: 53-72

Chase, O. 1821. The wreck of the whaleship Essex. Harcourt Brace (1999), San Diego. 106pp.

Christensen, L. B. 2006. Marine mammal populations: reconstructioning historical abundances at the global scale. Fish. Cent. Res. Rep. 14: 1-161.

Chutter, M. J. *et al.* 2004. Recovery Strategy for the Northern Spotted Owl (*Strix occidentalis caurina*) in British Columbia. BC Ministry of Environment, Victoria, BC. 74 pp.

Clark, T. W. 1987. Black-footed ferret recovery: a progress report. Conserv. Biol. 1: 8-11.

Clarke, M. R. 1978. Structure and proportions of the spermaceti organ in the sperm whale. J. Mar. Biol. Ass. UK. 58: 1-17.

Clarke, M. R. & P. L. Pascoe. 1997. Cephalopod species in the diet of a sperm whale (*Physeter catodon*) stranded at Penzance Cornwall. J. Mar. Biol. Ass. UK. 77: 1255-1258.

Clayton, J. L. 1966. The growth and economic significance of the American fur trade, 1790-1890. Minnesota History 40: 210-220.

Connolly, G. E. 1981. Limiting factors and population regulation. In: Mule and Black-tailed Deer of North America (Wallmo, O. C. ed.), pp. 245-285. Univ. Nebraska Press, Nebraska.

Council on Environmental Quality. 1972. Environmental quality: the third annual report of the Council on Environmental Quality. Gov. Print. Office, Washington DC.

Côte, S. D. *et al.* 2004. Ecological impacts of deer overabundance. Ann. Rev. Ecol. Evol. Syst. 35: 113-147.

クロノン, W. 1995. 変貌する大地 (佐野敏行・藤田真理子訳). 勁草書房, 東京. 362pp.

Cronon, W. 1996. The trouble with wilderness: or, getting

back to the wrong nature. Environ. Hist. 1: 7-28.

Curry, J. & O. Schmidt. 2007. The feeding ecology of earthworms, a review. Pedobiologia 50: 463-477.

ダーウィン, C. 1839. ビーグル号航海記 [上・下] (島地威雄訳 1959). 岩波書店, 東京. 581pp. オリジナルは下記参照. http://literature.org/authors/darwin-charles/the-voyage-of-the-beagle/ (閲覧 2015.5.20).

Davis, L. E. et al. 1988. The decline of US whaling: was the stock of whales running out? Business Hist. Rev. 62: 569-595.

Day, G. M. 1953. The Indian as an ecological factor in the Northeastern forest. Ecology 34: 329-346.

Denkinger, J. et al. 2013. From whaling to whale watching: cetacean presence and species diversity in the Galapagos marine reserve. In: Science and Conservation in the Galapagos Islands, Frameworks and Perspectives (Walsh, S. J. and C. E. Mena, eds.), pp. 217-235. Springer, NY.

Desmond, M. J. et al. 2000. Correlations between burrowing owl and black-tailed prairie dog declines: a 7-year analysis. J. Wildl. Manage. 64: 1067-1075.

Doak, D. 1989. Spotted owls and old growth logging in the Pacific Northwest. Conserv. Biol. 3: 389-396.

Dodge, R. I. 1989. The Plains of North America and their Inhabitants. (以下参照. http://wylelif.ru/buselube.pdf 閲覧 2017.5.10)

Doherty, R. E. 2000. A history of the production and use of Carbon Tetrachloride, Tetrachloroethylene, Trichloroethylene and 1, 1, 1-Trichloroethane in the United States: Part 2 Trichloroethylene and 1, 1, 1-Trichloroethane. J. Environ. Forensics 1: 83-93.

ドリン, E. J. 2014. クジラとアメリカ アメリカ捕鯨全史 (北条正司ほか訳). 原書房, 東京. 570pp.

Dorsey, K. 1991. Putting a ceiling on sealing: conservation and cooperation in the international arena, 1909-1911. Environ. Hist. Rev. 15: 27-45.

Dudley, P. 1724. An essay upon the natural history of whales, with a particular account of the ambergris found in the sperma ceti whales. Phil. Trans. 33 (1724-1725): 256-269.

Dymond, P. et al. 1997. Density and distribution of *Dendrobaena octaedra* (Lumbricidae) in aspen and pine forests in the Canadian Rocky Mountains (Alberta). Soil Biol Biochem 29: 265-273

Eberhardt, L. L. 1987. Population projections from simple models. J. Appl. Ecol. 24: 103-108.

Ellsworth, J. W. & B. C. MaComb. 2003. Potential effects of passenger pigeon flocks on the structure and composition of presettlement forests of Eastern North America. Conserv. Biol. 17: 1548-1558.

Emmerich, A. 2011. "John Jacob Astor", In Immigrant Entrepreneurship: German-American Business Biographies, 1720 to the Present. http://immigrantentrepreneurship.org/entry.php?rec=6 (閲覧 2015.6.3).

Flueck, W. T. 2000. Population regulation in large northern herbivores: evolution, thermodynamics, and large predators. Z. Jagdwiss. 46: 139-166.

Forsman, E. D. 1976. A preliminary investigation of the spotted owl in Oregon. MS Thesis. Oregon State Univ., Corvallis.

フォーチュン, R. 1863. 幕末日本探訪記 江戸と北京 (三宅馨訳 1997). 講談社学術文庫, 講談社, 東京. 363pp.

Fritts, T. 1984. Evolutionary divergence of giant tortoises in Galapagos. Biol. J. Linnean Soc. 21: 165-175.

藤永茂. 1974. アメリカ・インディアン悲史. 朝日新聞社, 東京. 270pp.

藤原英司. 1976. アメリカの動物減亡史. 朝日新書, 朝日新聞社, 東京. 308pp.

Ganoe, J. T. 1934. Some constitutional and political aspects of the Ballinger-Pinchot controversy. Pacif. Hist. Rev. 3: 323-333.

Gaskin, D. E. & M. W. Cawthorn. 1967. Diet and feeding habits of the sperm whale (*Physeter catodon* L.) in the Cook Strait region of New Zealand. N. Z. J. Marine Freshwater Res. 1: 156-179.

Geist, V. 1998. Buffalo Nation: History and Legend of the North American Bison. Voyageur Press, MN. 144pp.

George, J. C. et al. 1999. Age and growth estimates of bowhead whales (*Balaena mysticetus*) via aspartic acid racemization. Can. J. Zool. 77 : 571-580.

George, J. C. & J. R. Bockstoce. 2008. Two historical weapon fragments as an aid to estimating the longevity and movements of bowhead whales. Polar Biol. 31: 751-754.

Gibson, J. R. 1992. Otter Skins, Boston Ships, and China Goods: The Maritime Fur Trade of the Northwest Coast, 1785-1841. McGill-Queen's Univ. Press, Kingston.

Greater Yellowstone Science Learning Center. 2010. https://www.nps.gov/bica/learn/nature/greater-yellowstone-science-learning-center.htm (閲覧 2015.6.10).

ヘーガン, W. T. 1984. アメリカ・インディアン史 (西村頼男ほか訳). 北海道大学図書刊行会, 札幌. 288pp.

Haig, S. M. et al. 2004. Genetic identification of spotted owls, barred owls, and their hybrids: legal implications of hybrid identity. Conserv. Biol. 18: 1347-1357.

Halbert, N. & J. N. Derr. 2008. Patterns of genetic variation in US federal bison herds. Mol. Ecol. 17: 4963-4977.

Halliday, T. R. 1980. The extinction of the passenger pigeon *Ectopistes migratorius* and its relevance to contemporary conservation. Biol. Conserv. 17: 157-162.

畠山武道. 1992. アメリカの環境保護法. 北海道大学図書刊行会, 札幌. 464pp.

Hattori, K. et al. 2005. History and status of sea otters, *Enhydra lutris* along the coast of Hokkaido, Japan. Mamm. Study 30: 41-51.

Hays, S. P. 1959. Conservation and the Gospel of Efficiency. Harvard Univ. Press, Cambridge. 320pp.

Higgins, K. F. 1986. Interpretation and compendium of historical fire accounts in the Northern Great Plains. US Dept. of the Interior, Fish and Game Serv. Res. Pub. 161: 1-39.

Hogland, J. L. 1995. The Black-tailed Prairie Dog. The Univ. Chicago Press, Chicago. 562pp.

Hope, P. L. & H. Whitehead. 1991. Sperm whales off the Galápagos Island from 1830-50 and comparisons with modern studies. Rep. Int. Whal. Commn. 41: 273-283.

Hornady, W. T. 1889. The Extermination of the American

Bison, Smithsonian Institution Press, Washington. 256pp.（以下参照．http://www.gutenberg.org/files/17748/17748-h/17748-h.htm 閲覧2016.5.20）

Howell, 1930. At the cross-roads. J. Mamm. 11: 377-389.

Hubbs, C. L. 1979. Guadalupe fur seal. Mammals in the Seas, Rep. 2: 24-27.

Hudson, R. J. 1993. Origin of wildlife management in the western world. In: Commercialization and Wildlife Management, Dancing with the Devil (Hawley, L., ed.), pp. 5-21. Krieger, Malaba.

イムラー，H. 1993．経済学は自然をどうとらえてきたか（栗山純訳）．農山漁村文化協会，東京．585pp.

Isenberg, A. C. 2000. The Destruction of the Bison. Cambridge Univ. Press, Cambridge. 206pp.

Jacobs, H. M. 2011. The anti-environmental "wise use" movement in America. Land Use Law & Zoning Disgest. 47: 3-8.

James, E. 1823. Account of an Expedition from Pittsburgh to the Rocky Mountains. 以下参照．http://www.loc.gov/exhibits/lewisandclark/images/ree0112as.jpg（閲覧 2016.07.10）．

James, S. W. 1995. Systematics, biogeography, and ecology of Nearctic earthworms from eastern, central, southern, and southwestern United States. In: Earthworm Ecology and Biogeography in North America (Hendrix, P. F., ed.), pp. 29-52. Lewis Publishers, Boca Raton.

Johnston, J. 2002. Preserving the beasts of waste and desolation: Theodore Roosevelt and predator control in Yellowstone. Yellowstone Sci. 10: 14-21.

Judd, S. D. 1896. Contribution to economic ornithology: four common birds of the farm and garden. Auk 13: 335-338.

Kaji, K. et al. 2004. Irruption of a colonizing sika deer population. J. Wildl. Manage. 68: 889-899.

Kalm, P. & S. M. Gronberger. 1911. A description of the wild pigeons which visit the Southern English colonies in North America, during certain years, in incredible multitudes. Auk 28: 53-66.

鎌田遵．2009．ネイティブアメリカン．岩波新書，岩波書店，東京．240pp.

上岡克己．2002．アメリカの国立公園．築地書館，東京．221pp.

粕谷俊雄．2011．イルカ．東京大学出版会，東京．640pp.

加藤尚武．1991．環境倫理学のすすめ．丸善新書，丸善，東京．226pp.

加藤尚武．2005．新・環境倫理学のすすめ．丸善新書，丸善，東京．215pp.

Keane, M. et al. 2015. Insights into the evolution of longevity from the bowhead whale genome. Cell Rep. 10: 112-122.

Keller, R. & M. Turek. 1998. American Indians and National Parks. Univ. Arizona Press, Tuscon. 319pp.

北村喜宣．2001．野生動物による農作物被害への対応――米国ウィスコンシン州の制度とその実際．『現代先端法学の展開』（矢崎幸生編），pp. 79-98. 信山社，東京．

鬼頭秀一．1996．自然保護を問いなおす．ちくま新書，筑摩書房．254pp.

鬼頭秀一・福永真弓．2009．環境倫理学．東京大学出版会，東京．287pp.

Klein, D. R. 1968. The introduction, increase, and cash of reindeer on St. Matthew Island. J. Wildl. Manage. 32: 350-367.

Klute, D. S. et al. 2003. Status assessment and conservation plan for the Western burrowing owl in the United States. US. Fish and Wildlife Service, Washington DC. 120pp.

Koenig, W. 2003. European starlings and their effect on native cavity-nesting birds. Conserv. Biol. 17: 1134-1140.

近藤勲．2001．日本沿岸捕鯨の興亡．山洋社，東京．449pp.

工藤平助．1781．赤蝦夷風説考（井上隆明訳1987）．教育社，東京．294pp.

Lande, R. 1988. Demographic models of the northern spotted owl (*Strix occidentalis caurina*). Oecologica 75: 601-607.

Leopold, A. 1933. Game Management. Charles Scribner's Sons, New York. 481pp.

Leopold, A. 1943. Deer irruption. Wisconsin Acad. Sci. Arts Lett. 35: 351-366.

Leopold, A. et al. 1947. A survey of over-populated deer ranges in the United States. J. Wildl. Manage. 11: 162-177.

レオポルド，A. 1949．野生の歌が聞こえる（新島義昭訳 1997）．講談社学術文庫，講談社，東京．370pp.

Licht, D. S. 1997. Ecology and Economics of the Great Plains. Univ. Nebraska Press, Lincoln. 227pp.

Lincoln, F. C. 1935. Migration of Birds. US. Fish and Wildlife Service, Washington DC. 113pp.

Linsdale, R. E. & J. C. Archer. 1998. Emptying area of the United States, 1990-1995. J. Geography 97: 108-122.

Linz, G. M. et al. 2007. European starlings: a review of an invasive species with far-reaching impacts. Proc. Int. Symp. Managing Verteb. Invasive Species (USDA): 378-386.

ロック，J. 1690．統治二論（加藤節訳 2007）．岩波文庫，岩波書店，東京．407pp.

MacCleery, D. W. 1993. American Forest: A History or Resiliency and Recovery. Forest History Society, Durham. 71pp.

Madsen, P. T. et al. 2002. Male sperm whale (*Physeter macrocephalus*) acoustics in a high-latitude habitat: implications for echolocation and communication. Behav. Ecol. Sociobiol. 53: 31-41.

Manetta, B. 2012. John Muir, Gifford Pinchot and the Battle for Hetch Hetchy. 以下参照．http://www.ithaca.edu/hs/history/journal/papers/sp02muirphinchothetchy.html（閲覧 2012.7.10）．

マン，C. C. 2007．1491――先コロンブス期（布施由紀子訳）．日本放送出版協会，東京．715pp.

マン，C. C. 2007．植民地建設当時のアメリカ．ナショナル・ジオグラフィック 13: 36-59.

マン，C. C. 2016．1943．世界を変えた大陸間の「交換」．紀伊國屋書店，東京．812pp.

Marsh, G. P. 1864. Man and Nature or, Physical Geography as Modified by Human Action. Charles Scribner & Co. NY. 587pp.

丸山直樹・高野慶一．1985．ニホンジカ個体群への1984年

豪雪の影響．『森林環境の変化と大型野生動物の生息動態に関する基礎的研究報告書』pp. 248-253. 環境庁自然保護局，東京．

McCabe, T. R. & R. E. McCabe. 1984. Of slings and arrows: an historical retrospection. In: White-tailed Deer, Ecology and Management (Halls, L. K. and C. House, eds.), pp. 19-72. Stackpole, Harrisburg.

McCabe, T. R. & R. E. McCabe. 1997. Recounting whitetails past. In: The Science of Overabundance: Deer Ecology and Popualtion Management (McShea, W. J. *et al.*, eds), pp. 11-26. Smithsonian Inst. Washington DC. 208pp.

McCabe, R. E. *et al.* 2004. Prairie Ghost: Pronghorn and Human Interaction in Early America. Univ. of Colorado and Wildlife Management Institute, Colorado. 208pp.

マッカロー，D. 2006. 知床・イエローストーン国立公園比較への序論．『世界自然遺産 知床とイエローストーン』（マッカロー，D. ほか編），pp. 13-32. 朝日新聞社，東京．

McHugh, T. 1972. The Time of the Buffalo. Alfred A. Knopf, NY. 383pp.

McNaughton, S. J. 1984. Grazing lawns: animals in herds, plant form, and coevolution. Am. Nat. 124: 863-886.

McShea, W. J. *et al.* (eds.) 1997. The Science of Overabundance: Deer Ecology and Population Management. Smithsonian Inst. Press, Washington DC. 402pp.

Mendenhall, T. C. & C. H. Merriam. 1895. Fur seal arbitration. Report of the US Bering Sea Commissioners. (https://www.afsc.noaa.gov/.../Albatross_rpt_1892.pdf)

メルヴィル，H. 1851. 白鯨［上・中・下］（八木敏雄訳 2004）．岩波文庫，岩波書店，東京．1557pp.

Milinkovitch, M. C. *et al.* 2013. Recovery of a nearly extinct Galápagos tortoise despite minimal genetic variation. Evol. Appl. 6: 377-383.

Miller, K. V. *et al.* 2003. White-tailed deer. In: Wild Mammals of North America (Feldhamer, G. A. *et al.*, eds.), pp. 906-930. The Johns Hopkins Univ. Press, Baltiomore.

Miller, P. J. O. *et al.* 2004. Sperm whale behavior indicates the use of echolocation click buzzes 'creaks' in prey capture. Proc. Roy. Soc. Lond. B 271: 2239-2247.

三浦慎悟・堀野眞一．1999. ツキノワグマは何頭以上いなければならないか——人口学からみた存続可能最小個体数（MVP）の試算．生物科学 51: 225-238.

三浦慎悟．2008. ワイルドライフ・マネジメント入門．岩波書店，東京．123pp.

モーガン，L. H. 1877. 古代社会（青山道夫訳 1958）．岩波文庫，岩波書店，東京．788pp.

森田勝昭．1994. 鯨と捕鯨の文化史．名古屋大学出版会，名古屋．421pp.

Moulton, M. P. *et al.* 2010. The earliest house sparrow introductions to North America. Biol. Invations 14: 1-4.

村嶌由直．1998. アメリカ林業と環境問題．日本経済評論社，東京．239pp.

ムーリー，A. 1944. マッキンレー山のオオカミ［上・下］（奥崎政美訳 1975）．思索社，東京．510pp.

Møhl, B. 2001. Sound transmission in the nose of the sperm whale *Physeter catodon*: a post mortem study. J. Comp. Physiol. A. 187: 335-340.

Møhl, B. *et al.* 2003. The monopulsed nature of sperm whale clicks. J. Acoust. Soc. Am. 114: 1143-1154.

Murray, G. *et al.* 2017. Natural selection shaped the rise and fall of passenger pigeon genomic diversity. Science 358: 951-954.

永積洋子．1987. 唐船輸出入数量一覧 1637-1833. 創文社，東京．396pp.

ナッシュ，R. 1989. 人物アメリカ史［下］（足立康訳 1989）．新潮選書，新潮社，東京．323pp.

ナッシュ，R. F. 1999. 自然の権利（松野弘訳 1999）．ちくま学芸文庫，筑摩書房，東京．537pp.

National Survey of Fishing, Hunting, and Wildlife-Associated Recreation. 2001. (http://wsfrprograms.fws.gov/Subpages/NationalSurvey/National_Survey.htm 閲覧 2015. 7. 16)

Neumann, T. W. 1985. Human-wildlife competition and the passenger pigeon: population growth form system destabilization. Human Ecol. 13: 389-410.

Nielsen, J. *et al.* 2016. Eye lens radiocarbon reveals centuries of longevity in the Greenland shark (*Sominiosus microcephalus*). Science 353: 702-704.

二野瓶徳夫．1981. 明治漁業開拓史．平凡社，東京．342pp.

西山隆行．2014. アメリカ政治．三修社，東京．239pp.

Norris, K. S. & G. W. Harvey. 1972. A theory for the function of the spermaceti organ of the sperm whale. In: Animal Orientation and Navigation (Galler, S. R. *et al.*, eds.), pp. 397-417. NASA, Washington DC.

Norton, T. W. 1974. The Fur Trade in Colonial New York 1686-1776. Univ. Wisconsin Press, Wisconsin. 243pp.

農商務省水産調査所編．1894. 臘虎膃肭獣調査報告．大日本水産会．85pp. (以下参照．http://kindai.ndl.go.jp/info:ndljp/pid/842809 閲覧 2016. 3. 15)

オダム，U. P. 1953. 生態学の基礎［上・下］（三島次郎訳 1974）．培風館，東京．782pp.

岡田泰男．1994. フロンティアと開拓者．東京大学出版会，東京．325pp.

岡島成行．1990. アメリカの環境保護運動．岩波新書，岩波書店，東京．233pp.

Pack, A. A. *et al.* 2002. Penis extrusions by humpback whales (*Megaptera novaeangliae*). Aquatic Mammals 28: 131-146.

Papadopoulos, J. K. & D. Ruscillo. 2002. A Ketos in Early Athens: an archaeology of whales and sea monsters in the Greek World. Am. J. Archaeol. 106: 187-227.

Paquet, P. C. & L. N. Carbyn. 2003. Gray wolf. In: Wild Mammals of North America (Feldhamer, G. A. *et al.*, eds.), pp. 482-510. The Johns Hopkins Univ. Press, Baltimore.

パスモア，J. 1998. 自然に対する人間の責任（間瀬啓允訳）．岩波書店，東京．349pp.

Peek, J. M. 1980. Natural regulation of ungulate (What constitutes a real wilderness?). Wildl. Soc. Bull. 8: 217-227.

Peterson, R. O. 1999. Wolf-moose interaction on Isle Royale: the end of natural regulation? Ecol. Appl. 9: 10-16.

Philip, R. B. *et al.* 2012. Current status of alien vertebrates in the Galápagos Islands: invasion history, distribution, and potential impacts. Biol. Invasions 14: 461-480.

ポーラン，M. 2009. 雑食動物のジレンマ［上・下］（ラッセ

ル秀子訳).東洋経済新報社,東京.604pp.
Pope, A. 1733. An Essay on Man. (以下参照. http://faculty.washington.edu/cbehler/teaching/coursenotes/Texts/selPopeEssayMan.html 閲覧 2016. 10. 10)
Porter, D. 1822. Journal of a Cruise made to the Pacific Ocean Vol. 1. (以下参照. https://archive.org/details/journalofcruisem00port 閲覧 2016. 9. 15)
Post, E. 1999. Ecosystem consequences of wolf behavioural response to climate. Nature 401: 905-907.
Powell, J. & A. Caccone. 2006. Gigant tortoises. Curr. Biol. 16: 144-145.
Ramsey, W. L. 2003. "Something cloudy in their looks": the origins of the Yamasee War reconsidered. J. Am. Hist. 90: 44-75.
Rasmussen, D. I. 1941. Biotic communities of Kaibab Plateau, Arizona. Ecol. Monogr. 11: 229-279.
Ray, A. J. 2005. Indians in the Fur Trade. Univ. Toronto Press, Toronto. 249pp.
Reeves, R. R. *et al.* 1999. History of whaling and estimated kill of right whales, *Balaena glacialis*, in the Northeastern United States, 1620-1924. Marine Fish. Rev. 61: 1-36.
Reynolds, H. W. *et al.* 2003. Bison. In: Wild Mammals of North America (Feldhamer, G. A. *et al.*, eds.), pp. 1009-1060. The Johns Hopkins Univ. Press, Baltimore.
Reynolds, J. W. 1995. Status of exotic earthworm systematics and biogeography in North America. In: Earthworm Ecology and Biogeography in North America (Hendrix, P. F., ed.), pp. 1-28. Lewis Publishers, Boca Raton.
Richards, J. F. 2014. The World Hunt: An Environmental History of the Commodification of Animals. Univ. Calif. Press, Berkeley. 161pp.
Richards, R. 2003. New market evidence on the depletion of southern fur seals: 1788-1833. NZ J. Zool. 30: 1-9.
Riley, F. 1967. Fur seal industry of the Pribilof Islands, 1786-1965. US Fish and Wildlife Service, Bureau of Commercial Fisheries Circular 275. (以下参照. http://spo.nmfs.noaa.gov/circulars.htm 閲覧 2016. 2. 10)
Ripple, W. J. & R. L. Beschta 2005. Linking wolves and plants: Aldo Leopold on trophic cascades. BioScience 55: 613-621.
ロルフ,D. J. 1997. 米国種の保存法概説(関根孝道訳).信山社,東京.316pp.
Roza, C. 2002. The Galapagos Islands. Rosen Classroom, NY. 24pp.
Russell, K. 1988. After Eden: Behavioral Ecology of Early Food Production in the Near East and North Africa. BAR International Series 391. British Archaeological Reports, Oxford. 262pp.
Scammon, C. M. 1874. Marine Mammals of the North-Western Coast of North America, Described and Illustrated: Together with and Account of The American Whale-Fishery. John H. Carmany Comp., San Francisco. 以下参照. https://archive.org/details/marinemammalsofn00scam(閲覧 2015. 11. 8)
Scarff, J. E. 2001. Preliminary estimates of whaling-induced mortality in the 19th century North Pacific right whale (*Eubalaena japonicas*) fishery, adjusting for struck-but-lost whales and non-American whaling. J. Cetacean Res. Manage. (Special Issue) 2: 261-268.
Schevill, W. E. *et al.* 1986. Status of *Eubalana galcialis* off Cape Cod. Rep. Int. Whale Comm. Spec. Iss. 10: 79-82.
Schmitz, O. J. *et al.* 2000. Trophic cascades in terrestrial systems: a review of the effects of carnivore removals on plants. Am. Nat. 155: 141-153.
Seton, E. T. 1929. Lives of Game Animals. Vol. III. Doubleday, Dorans, NY. 780pp.
Sheets, R. G. & R. L. Linder. 1969. Food habit of the black-tailed ferret in South Dakota. Proc. South Dakota Acad. Sci. 48: 58-61.
司馬遼太郎.2000.菜の花の沖(1-6).文春文庫,文芸春秋社,東京.2515pp.
シーボルト.1897.江戸参府紀行(斎藤信訳 1967).東洋文庫,平凡社,東京.347pp.
清水忠重.1994.共和国の発展と領土膨張.『アメリカ史 1』(有賀貞・大下尚一・志邨晃佑・平野孝編),pp. 273-352.山川出版社,東京.
下山晃.2005.毛皮と比較の文明史.ミネルヴァ書房,京都.523pp.
Shoemaker, N. 2005. Whale meat in American history. Environ. Hist. 10: 269-294.
Sieg, C. H. 1995. The role of fire in managing for biological diversity on native rangelands of the Northern Great Plains. Fort Robinson State Park Symp. Proc. Nebraska, 31-39.
Sims, P. L. *et al.* 1978. The structure and function of ten western North America grassland: 1. Abiotic and vegetational characteristics. J. Ecol. 66: 251-285.
Slobodchikoff, C. N. *et al.* 1991. Sematic information distinguishing individual predators in the alarm calls of Gunnison's prairie dogs. Anim. Behav. 42: 713-719.
スミス,A. 1776. 国富論(第 1 巻)(水田洋監訳,杉山忠平訳 2000).岩波文庫,岩波書店,東京.446pp.
Smith, A. G. 1991. Chlorinated hydrocarbon insecticides. In: Handbook of Pesticides Toxicology (Hayes, W. J. and E. R. Laws, eds.), pp. 731-945. Academic Press, San Diego.
Smith, D. W. *et al.* 2004. Winter prey selection and estimation of wolf kill rates in Yellowstone National Park, 1995-2000. J. Wildl. Manage. 68: 153-166.
スミス,D. W. *et al.* 2006. イエローストーン国立公園へのオオカミ再導入.『世界自然遺産 知床とイエローストーン』(マッカロー,D. ほか編), pp. 73-86.朝日新聞社,東京.
Smith, M. J. 2012. The Wild Duck Chase: Inside the Strange and Wonderful World of the Federal Duck Stamp Contest. Pic Publ., Bloomsbury. 261pp.
Snow, H. J. 1910. In Forbidden Seas: Recollections of Sea-Otter Hunting in the Kurils. E. Arnold, London. 303pp.
Spence, M. 1999. Dispossessing the Wilderness: Indian Removal and the Making of the National Parks. Oxford Univ. Press, Oxford. 200pp.
Starbuck, A. 1878. History of the American Whale Fishery from Its Earliest Inception to the Year 1876. (以下参照. http://mysite.du.edu/~ttyler/ploughboy/starbuck.htm 閲覧 2016. 10. 23)
スタインベック,J. 1939. 怒りの葡萄.[上・下](黒川敏行

訳 2014). 早川書房, 東京. 878pp.

諏訪雄三. 1996. アメリカは環境にやさしいのか. 新評論, 東京. 378pp.

Svendsen, G. E. 2003. Weasels and black-footed ferret. In: Wild Mammals of North America (Feldhamer, G. A. et al., eds.), pp. 650-661. The Johns Hopkins Univ. Press, Baltimore.

高林秀雄. 1972. ベーリング海オットセイ仲裁裁判事件, 米露仲裁裁判事件.『ケースブック国際法』(田畑茂二郎・太寿堂鼎編), pp. 171-176. 有信堂, 東京.

高橋周. 2000. エトロフ問題の歴史的起源——一九世紀初頭の漁業経営. 日本研究 22: 151-165.

高橋周. 2003. 近世日本のラッコ皮輸出をめぐる国際競争.『アジア太平洋経済圏史』(川勝平太編), pp. 47-69. 藤原書店, 東京.

Takatsuki, S. et al. 1991. Age structure in mass mortality in the sika deer (Cervus nippon) population on Kinkazan Island, northern Japan. J. Mamm. Soc. Jpn. 15: 91-98.

Tamarin, R.H. 1985. Biology of New World Microtus. American Society of Mammalogy, Shippensburg. 893pp.

田辺信介・立川涼. 1990. 環境汚染と鯨類.『海の哺乳類』(宮崎信之・粕谷俊雄編), pp. 231-239. サイエンティスト社, 東京.

Taylor, M. S. 2007. Buffalo hunt: international trade and the virtural extinction of the North American bison. Working Paper 12969. BVER WP Ser. 57pp.

寺島良安. 1711. 和漢三才図会 (島田勇雄・竹島淳夫・樋口元巳訳注 1985). 東洋文庫, 平凡社, 東京. 388pp.

ソロー, H. D. 1854. 森の生活[上・下](飯田実訳 1995). 岩波文庫, 岩波書店, 東京. 665pp.

ツンベリー(ツュンベリー), C. P. 1791, 1793. 江戸参府随行記 (高橋文訳 1994). 東洋文庫, 平凡社, 東京. 406pp.

Tipton, H. C. et al. 2009. Abundance and density of mountain plover (Charadrius montanus) and burrowing owl (Athene cunicularia) in Eastern Colorado. Auk 126: 493-499.

Townsend, C. H. 1925. The Galapagos tortoises in relation to the whaling industry. Zoologica 4: 55-135. (以下参照. http://mysite.du.edu/~ttyler/ploughboy/townsendgaltort.htm 閲覧 2017. 2. 10)

Truett. J. C. 2003. Migrations of grassland communities and grazing philosophies in the Great Plains: a review and implications for management. Great Plains Res. 13: 3-26.

鶴谷壽. 1989. カウボーイの米国史. 朝日選書, 朝日新聞社, 東京. 236pp.

宇仁義和. 2001. 北海道近海の近代海獣猟業の統計と関連資料. 知床博物館報告 22: 81-92.

Urek, D. W. 1984. Black-tailed prairie dog food habits and forage relationships in western South Dakota. J. Range Manage. 38: 466-468.

USDA Forest Service. 1986. Draft supplement to the FEIS. (以下参照. http://www.lib.duke.edu/foret/Research/usfscoll/policy/northern_spotted_owl/1986 閲覧 2017. 2. 15).

USDA (United States Department of Agriculture). 2008. Federal entomology: beginnings and organization entities in the US Department of Agriculture, 1854-2006, with selected research highlights. Agri. Inf. Bull. 802: 1-89.

U. S. Fish & Wildlife Service. 2011. http://www.fws.gov/hunting/huntstat.html.

Vucetich, J. A. & R. O. Peterson. 2004. The influence of top-down, bottom-up and abiotic factors on the moose (Alces alces) population of Isle Royale. Pro. Roy. Soc. Lond. B 271: 183-189.

Vucetich J. A. et al. 2005. Influence of harvest, climate and predation on Yellowstone elk, 1961-2004. Oikos 111: 259-270.

和田一雄・伊藤徹魯. 1999. 鰭脚類. 東京大学出版会, 東京. 284pp.

Waldman, C. & M. Braun. 2000. Atlas of the North American Indian. Checkmark Books, NY. 450pp.

Wallmo, O. C. & J. W. Schoen. 1981. Forest management for deer. In: Mule and Black-tailed Deer of North America (Wallmo, O. C., ed.), pp. 434-448. Univ. Nebraska Press, Nebraska.

Walter, T. S. 1907. A History of the American Whale Fishery. John C. Winston Co. (以下参照. http://books.google.com/books/about/History_of_the_American_whale_fishery_fr.html?id 閲覧 2016. 2. 17)

Watwood, S. L. et al. 2006. Deep-diving foraging behavior of sperm whales (Physeter macrocephalus). J. Anim. Ecol. 75: 814-825.

ウェザーフォード, J. 1986. アメリカ先住民の貢献 (小池祐二訳 1996). パピルス, 東京. 349pp.

Weber, D. S. et al. 2004. Genetic consequences of a severe population bottleneck in the Guadalupe fur seal (Arctocephalus townsendi). J. Hered. 95: 144-153.

Whitehead, H. 2002. Estimates of the current global population size and historical trajectory for sperm whale. Marine Ecol. Prog. Ser. 242: 295-304.

Whitehead, H. 2003. Sperm Whales: Social Evolution in the Ocean. The Univ. Chicago Press, Chicago. 431pp.

Williams, J. & R. Nowak. 1993. Vanishing species in our own backyard. In: The Last Extinction (Kaufman, L. and K. Mallory, eds.), pp. 107-139. The MIT Press, MS.

Wilson, G. & C. Strobek. 1999. Genetic variation within and relatedness among wood and plain bison populations. Genome 42: 483-496.

Winnie, Jr. J. A. 2012. Predation risk, elk, and aspen: tests of a behaviorally mediated trophic cascade in the Greater Yellowstone Ecosystem. Ecology 93: 2600-2614.

Wishart, D. J. (ed.) 2012. The Encyclopedia of Great Plains. Univ. of Nebraska-Lincoln. (以下参照. http://plainshumanities.unl.edu/encyclopedia/ 閲覧 2016. 3. 1).

ウォルフ, D. W. 2003. 地球生命の驚異 (長野敬・赤松眞紀訳). 青土社, 東京. 260pp.

Woodbury, B. & L. Fike. 2005. Wildlife damage abatement and claims program, 2004. (以下参照. http://dnr.wi.gov/topic/wildlifehabitat/wdacp.html 閲覧 2016. 2. 20)

Woodby, D. A. & D. B. Botokin. 1993. Stock sizes prior to commercial whaling. Soc. Mar. Mammal. Special Publ. 2 (The Bowhead Whale): 387-406.

Worster, D. 1982. Dust Bowl: The Southern Plains in the

1930s. Oxford Univ. Press, Oxford. 304pp.
ウォースター，D. 1989. ネイチャーズ・エコノミー（中山茂ほか訳）．リブロポート，東京．492pp.
Worster, D. 2005. John Muir and the modern passion for nature. Environ. Hist. 10: 8-19.
吉川美代子．1992. ラッコのいる海．立風書房，東京．179pp.
Zeh, J. *et al.* 2002. Survival of bouwead whales, *Balaena mysticetus*, estimated from 1981-1998 photoidentification data. Biometricus 58: 832-840.

Zhang, W. *et al.* 2013. Earthworms facilitate carbon sequestration through unequal amplification of carbon stabilization compared with mineralization. Nature Comm. Doi: 10.1038/ncomms3576.
Zimmer, W. M. X. *et al.* 2005. Three-dimensional beam pattern of regular sperm whale clicks confirms bent-horn hyposthesis. J. Acoust. Soc. Am. 117: 1473-1485.
Ziswiler, V. 1967. Extinct and Vanishing Animals: A Biology of Extinction and Survival (translated Bunnell, F. and P. Bunnell). Springer, NY. 132pp.

第 11 章　動物保護の異相

11.1　野生の王国——アフリカ

　見慣れたメルカトル図法の世界地図では高緯度の拡大率が極端に大きいためそのような印象を受けないが，驚くことにアフリカは，ロシア，中国，インドの合計面積とほぼ等しい（日本の約81倍）．巨大大陸アフリカ．ここには，砂漠からサバンナ，熱帯雨林に至る多様な生態系が広がり，全世界の約5分の1強にあたる哺乳類（約1100種），約4分の1強の鳥類（約2600種），約5分の1の爬虫類（1320種），約5分の1の両生類（1200種が記載，おそらくそれ以上），約3000種以上の淡水魚類，約1万種以上の昆虫類が生息する．まぎれもない生物多様性の宝庫だ．この圧倒的な生物相を基盤に，人類はこの地で誕生し，その後は，すでにみたように，世界各地へ移動，分散し，確固たる地歩を占めてきた．この地域に現在56カ国，10億人以上の人々が生き，なおその生活の一部をこの生物多様性と野生動物に依拠しながら明け暮らしている．

　第二次世界大戦以前，アフリカは，2カ国（エチオピア，リベリア）を除いて，すべてヨーロッパ7カ国（フランス，イギリス，ドイツ，イタリア，スペイン，ポルトガル，ベルギー）の植民地であった[1]．植民地とは未開の人々にキリスト教の名において宗教，言語，政治，経済，文化を与え，文明化するための統治形態である，として正当化された．しかし現実に行われたのは，宗主国による苛烈な支配と，直線的に引かれた国境線による利権の分割だった．多くの国々は，「アフリカの年」と呼ばれる1960

図 11-1　セレンゲティ国立公園のオグロヌーの群れ．乾季と雨季の変わり目に数十万頭の巨大な群れとなって季節的移動を行い，この移動中に子どもを出産する．下記のURLより http://www.tanzaniatourism.com/en/destination/serengeti-national-park （閲覧 2017.5.5）．

年か，その直後に独立を果たすが，その後の歩みはけっして平たんな道のりではなかった．世界最貧国49カ国のうち35カ国がサハラ以南のアフリカに集中する．発展を妨げる病巣は，紛争や暴動，経済危機，風土病や流行病，指導層の腐敗，強権的支配，未熟な民主主義などが指摘されるが，どの国にも共通する要因は植民地支配の負の遺産である．

アフリカの国立公園

　つい先ほどまで垂れこめた鉛色の雲から大粒の雨滴が赤色の地面をたたいていた．雨が上がると，熱帯の強い日差しが照りつけ，土の強い薫りが草いきれのなかに充満している．小さな緑の新芽がアカシアの枝に点描し，雨季の到来を告げている．ここはタンザニア，セレンゲティ国立公園．広大なサバンナにかすかな地鳴りが響く．ケニア，アンボセリ国立公園側に目を

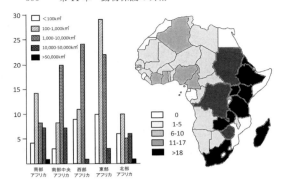

図 11-2 アフリカの国立公園．地域別公園数とそのサイズ（Siegfried *et al.* 1998 を改変）．アフリカ東部から南部の旧イギリス植民地に多い．

凝らすと，地平線に墨点がにじんだかと思うと，たちまちのうちに膨張し，黒い奔流となって近づいてくる——オグロヌー（*Connochaetes taurinus*）の巨大な群れだ（図 11-1）．サバンナはいまヌーに埋め尽くされ，採食しながらの移動が続く．その距離は毎年数百 km におよび，移動中に多数の個体が川で溺れ，捕食者に襲われる．そのいっぽう，ヌーは繁殖期を迎え，一斉に出産する．この草食獣の濃密な命のにぎわいがサバンナ生態系の食物連鎖を支えている．

アフリカには多数の国立公園や野生動物保護区が広がる．それらは生物多様性と野生動物保全の世界的な根拠地であるといってよい．その数は，現在，53 カ国，確認できるだけでも合計 340 カ所以上におよんでいる．多くは 1000-1 万 km^2 の範囲にあるが，なかには，ボツワナの中央カラハリ国立公園やアルジェリアのタッシリ・ナジェール国立公園のように，5 万 km^2 を超えるものもある（図 11-2）．このなかには住民を完全に排除した「要塞（fortress）型」公園から，面積や境界さえあいまいな「ペーパー上の公園」まで，さまざまな変異型があるが，理想とされてきたのは前者だ．「要塞型」とは，周囲をフェンスなどで物理的に囲い込み，無許可の侵入者は違法者として罰し，排除する公園や保護区を指し，観光サファリがもたらす莫大な外貨収入をあて込んでいる．そこでは，ホテルやロッジが整備され，観光客はフランス料理を楽しみながらサファリを満喫する．ケニアやタンザニアには毎年 237 万人以上が海外から訪れ（世界銀行 2015, http://data.worldbank.org/indicator/ST.INT.ARVL 閲覧 2016.4.10），1 人あたり 600 ドル以上を使い，15 億ドル以上の外貨を落とすといわれる．

たとえばその詳細をケニアでみれば，25 の国立公園，4 つの海中公園，21 の野生動物保護区には，海外から延べ 126 万人（2014 年時点）が入園し，合計約 56 億ドルを出費する．それは国内総生産（約 540 億ドル）の 10.5% に達する（World Travel & Tourism Council 2015）．いささか旧聞に属するが，FAO（国連食糧農業機関）のエコノミスト，スレッシャー（Thresher 1981）は，アンボセリ国立公園のライオン 1 頭は，寿命を 15 年とすれば，生涯に 51 万 5000 ドルの収益（人間の 50 倍以上）をあげると試算した．ドル箱である野生動物を保護するために政府は 1977 年以降スポーツ・ハンティングと狩猟を全面的に禁止し，現在に至っている．抜群の収益をあげるツーリズムと両立させながら，広大な自然生態系とそこに生息する野生動物を保全しようとするこの政策は出色で，野生動物と人間との関係や，資源の"ワイズ・ユース"の 1 つのあり方であるにはちがいない．なぜアフリカには，かくもたくさんの国立公園がどのような経過でつくられたのか，それは生物多様性と野生動物の保全に寄与しているのか，そしてそれは地域の人々にどのように受け入れられ，幸福や豊かさに貢献しているのか，検証してみよう．

（1）アフリカの野生動物と植民地支配の歴史

ヨーロッパ列強が獲得した植民地において，野生動物を保護する「法律」をつくり，国立公園や「野生動物保護区」を整備したのはおもにイギリスだった．アフリカの自然保護はイギリス政府の主導の下で展開されてきたといってよい．なぜイギリスなのか．そこにはヴィクトリア朝イギリスでの社会の動向，とくに有産階級の狩猟の趣味や博物学の流行と無関係ではないように思われる．それらがアフリカにどのように投影しているのか，追跡する．

イギリスとアフリカとのかかわりにはおもに3つのルートがあった．1つは西インド諸島とアメリカ南部，そして西アフリカを結びつけた「三角貿易」で，ナイジェリアやシエラレオネからは労働力である奴隷を輸出し，西インド諸島やアメリカ南部のプランテーションで働かせ，砂糖や綿製品を輸出し，莫大な収益をもたらしたこと．2つはフランス人，フェルナン・ド・レセップスがつくったスエズ運河の経営権を1858年にイギリス政府が買収し，エジプト進出への足がかりを築いたこと．3つは，香辛料交易を担った東インド会社の交易ルートの中継点だったこと，である．なかでもこの3つめがもっとも重要で，イギリスはここに橋頭堡をつくり，歴史的にアフリカ支配を進めた．

この交易ルートのうちもっとも便利だったのは喜望峰のある南アフリカだったが，この地はすでに覇を争ったオランダ（オランダ東インド会社）によって植民地とされていた．17世紀前半には多数のオランダ人が入植し，後にはフランスを追われたユグノーやドイツ系のプロテスタントなどが加わり，移民国家"ケープ植民地"を樹立した．人々はサバンナを切り開き，農園や牧場をつくり，やがて白人同士は混血し独自の社会，ボーア人（ブール人ともいう．オランダの古語で「農民」を意味）共同体を形成した．

初期の入植者らは，開拓の敵であり同時に食料だった野生動物を狩猟し，森林を伐採し，原野に火を入れて牧場やプランテーションをつくった．ライオン，チーター，ハイエナなどは人間や家畜の加害獣なので，経営が軌道に乗っても安全のために執拗に殺され続けた．殺したのは野生動物ばかりではない．そこは，コイコイ（コイコイン）族，サン族などの居住地であったが，入植者らは"ホッテン・トット"，"ブッシュマン"と名づけ，彼らを排除しつつ入植地を拡大した．前者は「吃音を話す人」という意味のオランダ語蔑称．後者はオランダ東インド会社が東南アジアに生息していた"オランウータン"につけた別称だった．しかも彼らは穴に住んでいると欧米には紹介され，彼らが人間なのか動物なのかが真剣に議論されてもいた．リンネの"ヒト（Homo）属"の範疇にはすでに述べたように"穴居人"[2]という「人種概念」があるが，これはケープ植民地での「知識」にもとづくものと推測される．入植を効率よく進めるために，コイコイ族やサン族の生活の糧である野生動物を徹底して駆除したばかりか，奴隷としても調達したし，そしてこんな「事件」さえ引き起こした．狩猟に出かけたオランダ人入植者らは，"ブッシュマン"をオランウータンと同じサルだと思い込み，1人を射殺し，食べてしまったという（岡崎 2013）．驚くことに，この種の「狩猟行為」は1936年まで合法であった（Marks 1972）し，ボーア人司令官はなんらの罪悪感なしにコイコイ族やサン族などの先住民の掃討命令をしばしば発したのである（Van Den Berghe 1963）．

それでもなおケープ植民地の野生動物は豊富に生息していた．エランズバーグ（"エランドの山"），リノスター・コップ（"サイの丘"），ゲムスボック・ラグト（"ゲムスボックの谷"）など，新たにつけられた地名がそのことを物語っていた．ボーア人の入植地は海岸部一帯に限られていたこと，彼らは基本的に農耕民だったので狩猟圧は限定的だったこと，などが幸いした．状況が変化したのは，イギリス人が入ってきてからだった．かねてよりこの地に領土的野心をもっていたイギリスは，1795年，ナポレオン戦争の混乱に乗じて軍隊を派遣，ケープ植民地を占領し，イギリスからの移民政策を進めるようになった．ウィーン会議[3]（1815年）によってオランダは独立を回復するものの，ケープ植民地は正式にイギリスのものとなった．この間，オランダがフランスに占領され，帰るべき母国を失ったボーア人は，イギリス支配を嫌い，ケープ植民地の内陸北東部に新たな新天地を求めて集団的に移住し，ナタール共和国（1839年），トランスヴァール共和国（1852年），オレンジ共和国（1854年）を，それぞれに建国した．このボーア人の移動と入れ替わるようにイギリスからは大量の移民が押し寄せ，入植した．

これにはデビッド・リビングストンなど，宣教師兼探検家とともに，さらに一群の人々が申し合わせたかのように押しかけ始めた．ゴードン・カミング，ウィリアム・オズウェル，フレデリック・セラス，リチャード・バートン，サミエル・ベーカー，アルフレッド・ピースなど，著名な面々で，いずれもイギリス出身の大物猟愛好家だった．彼らのなかには（前2者のように）探検隊といっしょに行動し，護衛を務め，布教活動を支えた人物もいたが，多くは上流階級や貴族出身の金持ち（後2者は貴族）で，本国ではもっぱらアカシカ猟の専門家で鳴らし，その趣味の延長としてアフリカやインドにまで出張るまでになった．奇特な人々ではない．彼らは，母国では，獲物が少なくなり，動物愛護運動がかまびすしさを増し，狩猟も批判にさらされると，巨大な獲物が豊富で，狩猟が自由に満喫できる新天地を求めるようになった．植民地での狩猟熱は，自然征服の証かのようにエスカレートし，危険で手ごわい動物や希少な動物を倒すことが社会的な地位の勲章となった（リトヴォ 2001）．アフリカではゾウやライオン，大型アンテロープ類が，インドではサイやトラが該当する標的だった．植民地はまさにジェントルマンの精神と力量を試す絶好の聖地と化した．先駆者のカミングなどは1シーズンで78頭ものサイを倒したとの逸話が残るように，まったくの野放図，無制限だった．

このイギリス人紳士による桁外れの乱獲と，食料の調達を目的とした狩猟の結果，ケープ植民地では，19世紀後半の早い段階で，ブルーバック（*Hippotragus leucophaeus*）やサバンナシマウマの1亜種クアッガ，あるいはライオンの亜種ケープライオン（*Panthera leo melanochaitus*）が絶滅した[4]．このような状況に対してケープ植民地政府は早くも1822年には「狩猟法」を発布し，野生動物保護の姿勢を打ち出したが，効果は薄かった．狩猟は思わぬ後ろ盾に支えられて，以前にも増して堂々と行われたからだった．ハンティングとナチュラルヒストリーの結合だ．もちろんそれまでも金持ちの大物狩猟家はコレクション用の部屋をつくり，トロフィーや全身剥製を陳列して自慢したが，これに社会的な意義が付与されたのだ．おりしもイギリスでは各地に自然史博物館が新設され，展示用学術標本の需要が急騰中だった．なかでも大英博物館では自然史分館（現ロンドン自然史博物館）を新設するため，しかもその責任者だったリチャード・オーエンが標本の重要性を認め，その展示を推進したこともあって，大量の標本が必要だった．カミングやオズウェルが狩猟した動物は標本の原皮としてロンドンへ輸出された．少し後だが，1891年の時点でロンドン市内には369人もの剥製専門業者がいて（MacKenzie 1988），この標本作成を請け負っていた．アメリカではスミソニアン自然史博物館の要請で元大統領さえ（喜んで）アフリカに赴いた．250名のポーターを引き連れて．ローズヴェルトの名誉のためにいい添えれば，彼はこの狩猟行で少なくとも1万1400点もの動物標本を採集し，持ち帰っている（Science 1909）．

ゾウの乱獲と象牙の輸出

さらにこの狩猟では，象牙やトロフィーが戦利品として母国に持ち帰られたが，このお土産が商品になると，たんなる趣味や自己満足を超え，一種の「産業」の様相を呈するようになった．象牙やダチョウの羽毛，動物毛皮だ．象牙は17世紀以降，ポルトガルやオランダがヨーロッパに輸出し，地位を示す高級品としてかの地でもよく知られていたが，植民地の異国趣味も手伝い，17世紀後半にはさらなるブームになった．1815年に1本たった59ポンドの象牙（それでも執事の年収に匹敵）は，1816年には282ポンド，1825年には1万6586ポンドに跳ね上がった．なんと280倍！ ダチョウの羽毛はすでに述べた婦人用の帽子の流行で人気が沸騰し，狩猟した羽毛がアフリカ各地からヨーロッパへ輸出された．また大型で日持ちのする卵は航海用食料として重宝された．ヒョウやトラ，シマウマなど，各種動物毛皮の敷物やタペストリーが流行し，1820年に平均2324ポンドだった毛皮は，1825年には2万3544ポンドへ急騰

した（MacKenzie 1988, 佐久間 1998）．エキゾチシズム薫る（煽る）動物ブーム，こうなるともう歯止めはかからなくなった．

そのうえ，こうした狩猟者たちが帰国後に狩猟の経験やエピソードのたぐいを吹聴しつつ著作を出版した．『ゴリラ・ハンティング』，『ライオン・ハンティング』，『少年ハンター』，『黒い象牙』，『キリン・ハンター』，後年では有名な『ジャングル・ブック』（Kipling 1894）など，狩猟探検記録というより，多くは虚実ないまぜの冒険譚や創作，自慢話のたぐいで，これらの出版物がさらにアフリカ行やインド行をあおり，狩猟ブームに火をつける役割を果たした．南部アフリカから東アフリカには多くのハンターが洪水のように押しかけ，ケープタウンやナイロビには専門のツーリスト会社が設立された．この大物猟のためのツーリズムは"サファリ"（スワヒリ語で"旅"の意）と呼ばれ，必要な装備一式とガイドやスカウト，料理人，50人から数百人のポーターがまとめて貸し出されるようになった．同じことはインドでも起きた．金持ちは（単身でも）現地に行きさえすればなにもかもが「お膳立て」られ，まさに「大名狩猟」だった．それは，ヨーロッパでの狩猟の歴史をたどった私たちにとっては，ちょうど"ガストン・フェビウス"の世界を彷彿とさせる，中世への回帰だった．封建君主の自然や領民に対するまなざしがそのまま帝国主義ヨーロッパの心情へと引き継がれている．時代と場所，そして獲物が変わっただけにすぎない．「帝国主義」とは，『広辞苑』によれば，軍事力を背景に他国または後進の民族を征服して大国家を建設しようとする傾向，つまり一連の政策や思想であり，それは領土や資源の獲得や文化の拡大をめざし，この文化の浸透を通じて植民地の政策を支配していく．それは環境や資源利用，野生動物保護の分野にも絶大な力を発揮する．ジョン・マッケンジー（MacKenzie 1988）はイギリスを典型とするこの植民地政策を「自然帝国主義」あるいは「環境帝国主義」と呼んだ．

その"君主"たちは次のような華々しい記録を残している．トランスヴァール共和国の農園主でハンターの，ヘンリー・ハートレイは生涯に1000-1200頭のゾウを撃ち，ウィリアム・フィナウティは1868年だけで95頭のゾウを撃ち，約2.3トンの象牙を得て売り払い，フレデリック・セラスはローデシア西部（現ザンビア，ジンバブエ）で1872-1874年の3年間にゾウ約2000頭を射殺し，約45トンの象牙を集めて売却した（MacKenzie 1988）．これら白人ハンターの活躍によって象牙はヨーロッパへ滔々と輸出され続けた．セラスの名前はタンザニア南東部の広大な保護区（"セラス鳥獣保護区"）に冠されている．

ヨーロッパ向け象牙輸出量の全体は不明だが，断片的な記録がいくつか存在する．アンゴラのルアンダからは1.36トン（1832年）→47.4トン（1844年）→85.8トン（1859年）がポルトガルに向けて，ドイツ領（その後イギリスとフランス領）カメルーンからは1896-1905年に毎年平均45トンがハンブルグに向けて（以上はSpinage 1973），東アフリカのザンジバルからは，たとえば1859年に221トンのように，毎年かなりの量がロンドンに向けて，輸出されていた（Beachey 1967）．なかでも注目したいのはスーダンのハルツームからトリポリ経由でベルギーのアントウェルペンに輸出された1853-1879年の27年間の記録で，毎年平均137トン（最小79トン，最大205トン）とかなりの量に達し，アフリカ中央部と北部をつなぐ陸路の交易ルートがすでに確立されていたのがわかる（Spinage 1973）．

こうしてみると，南部アフリカや東アフリカでかき集められた象牙は，おもにザンジバルからと，陸路ハルツームからトリポリ経由で，ヨーロッパへ輸出されていた．その年間輸出量は，19世紀前半で100-200トン，後半では平均約300トン，ピーク時は20世紀前半（1900-1914年）で，800-1200トンに達したようだ（Lindsay 1986, Parker & Graham 1989，それは1頭25kgとすれば，3万2000-4万8000頭分にあたる）．1890年以降の75%はタンザニア，ザンジバルからイギリス，アメリカへ輸出された．この欧米での飛躍的増加はピアノの鍵盤に

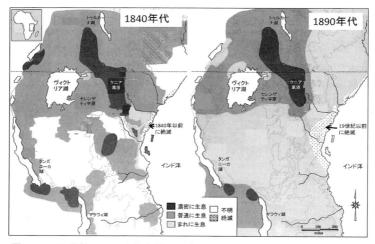

図 11-3　19世紀のアフリカ東部におけるアフリカゾウの分布と生息密度. ゾウ個体群の分布と個体数は大きく変化したことがわかる. 1840年代（左）の南部の白色部分は「不明」だが，おそらく「まれ」か「普通」に生息していたと考えられる（Håkansson 2004 を改変）.

象牙が使われるようになったこととに関係している. 象牙の鍵盤ピアノはアメリカで1850年に1万台だったものが，1910年には37万台に，イギリスでは同時期2万3000台から7万5000台へ増加している. この異常ともいえる大量殺戮と捕獲圧の結果，東アフリカ一帯のアフリカゾウの分布域は短期間のうちにみる影もなく縮小してしまった（図11-3, Håkansson 2004）.

象牙とはなにか

ゾウ科動物に生える長い牙，"象牙"（アイボリー）は正真正銘の1本の「歯」である. 構造は歯そのもの，解剖学的には上顎の第2切歯（I^2）だ. したがって象牙は，どの歯にあたるのかは種によってちがうが，イノシシの牙，カバの牙，セイウチの牙，イッカクの角とまったく同質のものである. 歯だから当然，エナメル質，象牙質，セメント質から構成されるが，この歯はとくに歯根は形成されずに，一生にわたって伸び続けるという特徴がある（常生歯）. エナメル質は牙の先端を覆うだけで，加齢にしたがい剝離し，オトナではほとんどが象牙質で，セメント質は外側に薄い膜になって形成されている. これまでに採取された最大のものは，"キリマンジャロの牙"（タスク）と名づけられた1899年に撃たれたもの（図11-4）で，長さは左右それぞれ約3m，重さ101.9 kg，96.3 kgに達していた（Rijkelijkmuizen 2011）. 年齢は不明だが70歳をはるかに超えていたらしい[5]. 当然のことながら狩猟では巨大な牙をもつ個体から順に撃たれたと推測されるから，象牙の重量は白人ハンターの増加とともに急速に軽くなり，20世紀に入るとサイズは平均わずか11-13 kgになった（Sikes 1971）.

歯の象牙質，つまり象牙は，ミネラルとコラーゲンタンパク質が結合した硬組織［70%はリン酸塩鉱物（ヒドロキシアパタイト），20%はコラーゲン繊維，10%は水］だ. 象牙質は歯髄腔にある象牙芽細胞から少しずつ供給されて伸び（成長し）続ける. したがって象牙を切断すると，ときどきの体調や栄養条件を反映した成長線が観察できる. これとは別に，異なる模様も観察できる. ドイツ人ベルンハルト・シュレーゲルが1800年に発見した，通称"シュレーゲル線"と呼ばれるもので（Schreger 1800），これが象牙独特の美しさをもたらす. じつは，この線は現在では「象牙細管」と呼ばれ，直径2.2 μm以下の細い管で，象牙質内にはこれが放射状に無数に走る. この管によって栄養や刺激が象牙質全体に到達する. 冷たいもので歯がしみるのはこの管のせいだ. ところでこの管の模様. 外側に対して凸型に走るものと，

11.1 野生の王国——アフリカ

図 11-4　1899年に撃たれ、"キリマンジャロの牙"と名づけられたアフリカゾウ最大と推定される牙．長さ 3 m、重さ 102 kg（左）、96 kg（右）だったという（Rijkelijkmuizen 2011 より）．

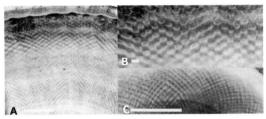

図 11-5　アフリカゾウ（A, B）とマンモス（C）の象牙のシュレーゲル線．シュレーゲル角（2つの線が織りなす角度）は異なり、種が特定できる（Locke 2008 より）．スケール（白い実線）はA、Cは1 cm、Bは1 mm．

凹型に走るそれが交差し、「市松（菱形）模様」となるが、2つの線が交差する角度を"シュレーゲル角"という。興味深いのは、この角度が種ごとにちがうことがわかってきた。なかでもアフリカゾウとマンモスではそれぞれ 40-100° と 90-150° と重なりが少なく、はっきりと区別できる（図 11-5; Espinoza & Mann 1991, Locke 2008）。これを武器に、密猟のアフリカ産象牙をロシア産の化石マンモスと偽る違法行為を取り締まるのが可能となった。これによって、アフリカゾウとアジアゾウ、マストドンとほかのゾウ類、それぞれが識別可能である（Trapani & Fisher 2003）。さらに現在では、象牙の生産地を正確に特定することが、炭素、窒素、ストロンチウムの同位体（van der Merwe et al. 1990）や、DNA によって可能である（Wasser et al. 2004）．

さてこの象牙、ゾウはいったいなんのためにそんな重いものを持ち歩くのだろうか。樹木を押し倒して葉を食べたり、木材を持ち上げ運んだり、ときには天敵に誇示したりと、ゾウはじつにじょうずに牙を使うが、このための道具なのか。どうもちがうようだ。象牙は両性がもち、それぞれ成長するが、オスのほうがはるかに長く、著しい性差を示す。シカやアンテロープの角、ゾウやイノシシ、セイウチの牙など、動物の「角状器官」は「性的な武器」、つまりメスをめぐるオス同士の闘いの武器として進化してきたと最初に主張したのはダーウィン（Darwin 1871）だった。この説は 20 世紀後半から始まる行動学的研究によってさらに補強され、角は直接的な武器ばかりでなく「順位」を示す社会的なシグナルとしても機能しているとみなされた（Geist 1966, Emlen 2008）。実際にも、角のサイズや長さは個体の体重や体力と強い相関関係があって、個体の闘争能力を反映する"正直な器官"だと解釈されてきた（Clutton-Brock 1982）。では、この説がアフリカゾウにもあてはまるのだろうか。

まず指摘したいのは、オスゾウも頭をぶつけ合ったり、押し合ったりと激しい闘いを行う。しかし、このような状況でゾウは、牙を突き立てたり、絡ませて押し合うなど、牙を「武器」として使うことはほとんどない。イノシシやシッカクとは闘い方がちがうのだ。むしろ牙があたることをたくみに避け合っているようにみえる。牙の硬度（モース硬度）は 2.25-2.75（http://www.gemologyonline.com/ivory.html 閲覧 2016.5.10）で、亜鉛かアルミニウム並み、張力も低く（Rajaram 1986）、どちらかといえば柔らかく折れやすい。もし本格的に武器として使われるなら、牙は破損し、ぼろぼろになるはずだ。ときどきそうした牙の個体もいるが（ほかの原因でもそうなる）、多くは老齢になっても立派な牙を保持する。どうやら牙は「武器」そのものではないようだ。もっともこの巨

図11-6 ゾウ（長鼻）目各種の牙．この目の系統的な進化は牙が直接的な武器ではないことを示している．1：*Anancus arverbebsus*，2：*Trilophodon* sp.，3：*Mammuthus primigenius*，4：*Stegotetrabelodon syrticus*，5：*Deinotherium giganteum*（Emlen 2008の図に*Trilophodon*を加筆）．

軀で牙を武器に本気で闘えば，とてつもない衝撃力でオスの死亡率は際限なく増加してしまうだろう．牙が真剣勝負の武器でないことはゾウの系統進化をたどっても裏づけられる．下顎から下方に牙が伸びている種（デイノテリウム *Deinotherium*），上顎と下顎から4本の牙が放射状に伸びる種（ステゴテトラベロドン *Stegotetrabelodon*）など（図11-6），およそ武器とは考えにくい．牙は武器というより，順位を左右するディスプレイ器官として進化してきたようにみえる．では，オスの順位はなにによって決まるのだろうか．

ここで注目したいのは，ゾウは陸生哺乳類のうち最大であるうえに，長命だという点だ．オスの最長寿命は野生でも65歳以上と推定される．肩高，体重，牙の長さと重さは生涯にわたって成長し続ける．たとえば40歳のオスゾウは，20歳に比べ，体重ではおよそ2倍，身長では約30％も増えるという（Poole 1989）．これに付随して興味深いのは繁殖力の低さだ．ゾウは明確な繁殖（交尾）期や出産期をもたない．メスの妊娠期間は約22カ月で，1頭を出産し，手厚く育て離乳するまで通常3年程度かかる．メスは3-9年ごとにわずか3-6日だけ発情するにすぎない．これに対しオスは個体ごとに"発情期間"（musth）をもつ．この期間では雄性ホルモンのレベルが上昇し，攻撃的になり，メスへ求愛行動を頻繁に行う．側頭腺（目の後部）からは強い異臭を放つ分泌物（フェノール類やクレゾールが含まれる）があふれ，濡れ落ちる．オスが初めて「発情」するのは，驚くことに平均29歳で，以降継続するが，この発情期間は年齢とともに長くなる．たとえば，25歳以下では2日，26-35歳では13日，36-40歳52日，41-45歳69日，46-51歳81日（Hollister-Smith *et al.* 2007）．メスは発情したオスの「におい」が好きなようで，けっきょく，交尾は発情した老齢のオスと高い頻度で行われる傾向がある．体のサイズ，年齢，象牙のサイズ，発情の有無，いったいどのようなオスが（メスに選ばれ，）より多くの子どもを残すのだろうか．

アフリカの2つの保護区（ケニア，アンボセリ国立公園とバッファロー・スプリング自然保護区）で長期調査が行われている（Hollister-Smith *et al.* 2007, Rasmussen *et al.* 2007）．その結果はどちらも「年齢」で一致した．なかでも密猟の取り締まりが徹底され50歳以上のオス個体が多数残るアンボセリでは，メスとの繁殖行動は30歳以上で増加し，ピークは，驚くことに，45-53歳だったという（Hollister-Smith *et al.* 2007）．もちろん「発情」した個体の繁殖成功度（父親になれる子どもの数）は高いが，発情していない老齢個体もしばしば交尾した（26％は非発情個体の交尾）．ゾウの順位は年齢を第一義に，発情の有無を第二義に決まっているようだ．メスは長寿命で老齢の，したがって社会性があって賢い個体との繁殖を選択しているようにみえる（McComb *et al.* 2001）．歳を重ねるのも捨てたものではない（図11-7）．このことが真実であれば牙の大きな老齢個体をねらって除去する「密猟」はゾウの繁殖に予想以上に深刻な影響を与えている可能性がある．こうした繁殖様式は，アクティブな若齢期や壮齢期にオスの繁殖成功度がもっとも高くなる一般の多くの哺乳類とは様相を異にする．陸生哺乳類ではゾウだけだといってよいだろう［マッコウクジラやホッキョククジラもこのパターンかもしれない（Whitehead 2003）］．

オスにとって長寿命がなにより重要であれば，象牙は，折れてしまえば再生不能なので，ますます武器には不向きな形質となる．使用しない

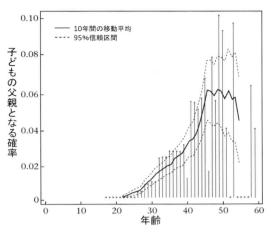

図 11-7　オスゾウの年齢と繁殖成功度の関係．オスは高齢で子どもの父親となる確率が増加する (Hollister-Smith *et al.* 2007 より)．

で温存させるほうが重要だ．象牙は，順位に直結する器官ではなく，補助的な社会的シグナルであるようにみえる．メスは，年齢や発情のにおい，知恵や社会性，体のサイズ，あるいは低音の声などを手がかりに配偶相手を選ぶ．だがそれは，結果的には牙の大きなオスであることが多い．ゾウの場合，牙は武器や社会的シンボルである以上に，その長さは年齢を示すよい指標でもあり，同時に，オスのすぐれた体調や遺伝的性質をメスにディスプレイする最適な器官でもある．牙の長さは外部寄生虫の負荷が少ないほど長くなることがインドゾウで知られている (Watve & Sukumar 1997)．大きな牙をもつということはオスにとってたいへんなハンディキャップであることはまちがいない．したがってそれ保持することは，病気や寄生虫の感染に免疫や抵抗性をもって克服し，優良な遺伝子を有し，体調にすぐれ，体力を維持し，知恵を蓄積し，そして長期にわたって生き抜いてきたなによりの証である．象牙は"ハンディキャップ仮説"(Zahavi 1975) にもとづいて進化してきた特異の形質なのかもしれない．

植民地の「闇」

ところで，この大量の象牙は南部アフリカや東アフリカだけでまかないきれる量ではない．このほかに，いったいどこで調達され，供給されていたのだろうか．ここに見落とせない地域がある．アフリカ中央部のコンゴで，サバンナ森林にはゾウが豊富に生息していた (Kingdon 1988)．コンゴは後にベルギー領植民地となるが，初期段階でのその実態たるやベルギー国王，レオポルド 2 世（在位 1835-1909）のまったくの「私領地」だった．アフリカの大半が列強の植民地となるなかで，後発のベルギーが目をつけたのはアフリカの中央部の空白地帯，ザイール川流域で，国王はこの地をヘンリー・スタンリーに探検させ，「文明化」をもたらすために，一帯を植民地とし，1876 年には「コンゴ自由国」として名乗りを上げた．これは列強によるアフリカ分割を確定したベルリン会議（1885 年）で「植民地」として承認されたが，土地も資産もすべては国王個人に帰属するもの，つまり個人所有の国家（松尾 2014）なのだ．レオポルド 2 世は「コンゴ国際協会」という支配・利権団体に委託統治させ，先住民を奴隷として強制労働させ，その地の産物をハルツーム，トリポリ経由でアントウェルペンへ輸出していた（一部はロアンゴへも運ばれる）．「自由」，「輸出」とは名ばかりで，実態は収奪そのものだった．

この初期の産物が象牙で，建国した 1876 年には 120 トン，以後 1877 年には 185 トン→1878 年 205 トン→1879 年 80 トンと，かなり大量だったことがわかる (Spinage 1973)．これらは強制労働によってコンゴ国内からハルツームへと運ばれた．ジョセフ・コンラッドの小説，『闇の奥』(1899) には「コンゴ上流開拓会社」——それは「コンゴ国際協会」のあてつけ——が登場し，象牙の収奪システムの一部が描かれている．しかし産出量などのデータは，植民地に承認されて以後はまったく不明となってしまう．まさに闇．はっきりしているのは，この植民地支配の権益によって，ベルギーは英，米，独，仏，オランダに次ぐ世界第 6 位（松尾 2014）の列強へとのしあがったことだ．

象牙の次の産物が「生ゴム」だ．ゴムは粘弾性をもつ無定形，ラテックス状高分子物質で，南米アマゾン流域にはパラゴムノキをはじめ数

図11-8 植民地での蛮行．先住民には象牙やゴムの採集が強制された．ノルマに達しないとこうした残虐な刑罰が科されたり，ときには銃弾使用の証拠に手が切断された．宣教師アリス・シーリー・ハウスによりこの写真が公表されコンゴ自由国の実態が暴かれた（Hochschild 1998 より）．

種がゴムを産することが，コロンブスの時代から知られていた．しかし伸縮性に富んだ材料として実用に供されるようになったのは，アメリカ人チャールズ・グッドイヤーが"加硫"法を発明（1844年）した後で，これによって靴やホースのほか多種多様な弾性材料，防水材料がつくられた．それは鉄，石炭と石油の化石燃料とともに産業革命を支えた重要産品だった．ゴムからはすぐにタイヤが発明されたが，乗り心地はよくなかった．アイルランド人ジョン・ダンロップはタイヤのなかにさらにゴム製のチューブを入れた"空気入り自転車用タイヤ"を発明した．これは爆発的に売れ，1889年にはダンロップタイヤ会社が設立され，空前のゴムブームが引き起こされた．この初期の原料になったのは，パラゴムノキのゴムに加えて，おもにアフリカ産のランドルフィア属（*Landolphia kirkii*, *L. heudelotis*, *L. owariensis* など）——"つる"性の木本で，アフリカ中央部の森林に自生——の"コンゴ・ゴム"であった．

巨大な需要が押し寄せるなか，しかし栽培ができなかったために，樹液を採るためには自然林のなかで木をみつけて登り，先端部に傷をつけて小さな容器にためるほかはなかった．これは重労働で，奴隷化と虐待による強制労働なしには成り立たなかった．このためにあらゆる暴力がまかり通っていた（図11-8）．この結果，巨万の富が国王の懐に落ちた——これが文明化という名のヨーロッパ人の「善行」だった．だが，コンラッドの小説はその実情を暴き出してはいないとの指摘がある（藤永 2006）．どれだけの虐殺が行われたのか，なお不明だが，やや控えめの見積りでも800万-1000万に達したとの推定がある（Weisbord 2010）．それはナチスのユダヤ人虐殺をはるかにしのぐ．ベルギーは戦後も植民地の支配と経営を継続し，1960年に独立を果たすものの，なお干渉を続けた．紛争や内戦を経て1997年にコンゴ民主共和国となるが，インフラや経済は大幅に立ち遅れているのである．

ヨーロッパ人の植民地支配には大量虐殺と乱獲が大手を振ってまかり通っていた．植民地支配と野生動物の乱獲，そして象牙に象徴される野生生物産品の輸出，それらはその後のアフリカ野生動物の動向を大きく左右したといってよい．私たちはその歴史を記憶しておく必要がある．問題にされ，規制されなければならないのは，ヨーロッパ人自身の狩猟や行為なのであって，ほかの人間集団のそれではない．

（2）アフリカの国立公園の歴史

列強による植民地の確定以後，アフリカの野生動物はどこでも，だれの目にもはっきりと減少していった．こうした状況を背景に1900年，「アフリカの野生動物の保護に関する宗主国会議」[6]がロンドンで開催され，植民地をもつヨーロッパのすべての宗主国が参加した．その目的は野生動物を一般的に保護するというよりは，ハンティングを継続させるために狩猟動物（ゲーム）をいかに存続させるのか，その方策を話し合うことだった．この会議では，アフリカ産野生動物を5つのカテゴリーに分け，今後の規制レベルと管理の方向を決めている．

カテゴリー1の「狩猟の完全禁止」にはキリンやゴリラ，チンパンジーやエランドが入り，カテゴリー2・3の「メスと子どもは狩猟禁止」にはゾウ，カバ，サイ，シマウマがリスト

された．いっぽうカテゴリー4・5は「害獣」で，4は「個体数を限定的に減らすべき動物」で，チーター，ジャッカル，サーヴァルが，5は「個体数を減らすべき動物」で，ライオン，ヒョウ，ハイエナ，リカオン，カワウソ，ヒヒ類などが，それぞれ指定された．

このほかの議題では，「野生動物保護区」（"ゲームリザーブ"）の設置推進が取り決められた．しかしこの会議の案件は批准国が少なく「条約」として発効することはなかった．あらためて取り上げられるのは，1933年にロンドンで開かれた「自然状態にある動植物相の保存条約」[7]という条約作成のための会議だった．この会議のくわしい内容は後述するので，ここでは条約の一部，「保護すべき種」について紹介する．保護すべき野生鳥獣をカテゴリーAとBに分類して，Aではゴリラやシロサイ，象牙5kg以下の子ゾウなどを対象に含み，科学研究などの特別許可以外は捕獲禁止とし，Bではチンパンジー，クロサイ，エランド，ゾウ，キリン，ダチョウなどを対象に，捕獲には特別許可を必要とした．注目しておかなければならないのは，森林性の小型草食獣である，ミズマメジカ（*Hyemoschus aquaticus*）やダイカー類（*Cephalophus*），センザンコウ類（*Manis*）がカテゴリーBに指定されたことで，これらはもっぱら先住民の食料，"ブッシュミート"だった．この国際条約は現在もなお有効である．

このアフリカの野生動物保護に関する初期の一連の国際会議を振り返って興味深いのは，特定種を指定して保全と管理の方針をカテゴリー化するという「種指定主義」が適用されたことで，この手法は後に「ワシントン条約」にも踏襲される．もっともこの会議での種指定は「希少性」といった生物学的基準ではなく，狩猟の都合上，残したい種とそうでない種，明らかに"捕食者コントロール"の思想で貫かれ，狩猟（鳥）獣の天敵を排除対象としていた．保護すべきは白人のハンティングの対象である大型の狩猟獣なのである．

この最初の会議をきっかけに，会議の目的に合わせるかのように，イギリスでは「帝国野生動物相保存協会」（SPWFEと略す[8]）が1903年に誕生した．主要メンバーはエドワード・バクストン，エドワード・グレイ，ジョン・カーク，そして既述のセラスなど，貴族，政界，財界のエリートハンターたちだった．協会は，イギリスの上流階級の特権であるハンティングを人格形成の精神文化として継承発展させることを目的にし，後には，アフリカにおける国立公園や野生動物保護の設立に大きな政治的な圧力を加え続けていった．バクストンは反奴隷制協会と動物虐待防止協会の立役者，トーマス・バクストンの孫である．組織のエッセンスは中世君主の狩猟にまつわる気分や道徳のアナクロニズムと，ナチュラルヒストリーの教養とを体現し，いよいよその本領を発揮していく．なぜ狩猟団体が国立公園の設置にこだわり邁進したのか，またそのことが可能だったのか，その経緯のなかに現代につながるアフリカの自然保護政策の基本的な問題が内包されている．

イギリス，ランカスター大学の環境史学者，マッケンジーは，その著書『自然の帝国』（MacKenzie 1988）のなかで，この協会やイギリス政府がアフリカ（やインド）の国立公園や野生動物の政策決定にいかに大きな影響力をもちえたのか，またその結果，そこに住んでいた人々を苦しめ，いかに大きな負の遺産をもたらしたのか，多数の史料や文献を検証して明らかにしている．労作だ．ここでもこの著作に依拠して，アフリカを中心に国立公園の建設と野生動物政策を追跡する．なおマッケンジーが著作のなかで展開した論点については，佐久間（1998, 2003, 2004, 2008, 2013）が一連の紹介と解説を行っているほかに，1933年の「ロンドン議定書」についてはイギリス植民地省が保管していた史料を独自に分析した研究がある（佐久間 2009）．労を多としつつこれも紹介する．

国立公園の誕生

アフリカでは1846年のトランスヴァール共和国の「狩猟法」を最初のステップに各国植民地では「狩猟法」が制定された．これらは，植

民地の環境によって多少のちがいはあるが，①狩猟期間の指定，②狩猟鳥獣の指定，③狩猟者の指定，④狩猟方法の指定，⑤狩猟場所の規制，の5点を軸に「狩猟」をコントロールすることを目的としていた．イギリス植民地が先行し，ほかの植民地はそれに追随したために，内容はほぼ共通していた．主要な点を拾うと，②では，自分たちの狩猟する獲物を"高貴な狩猟鳥獣"(ロイヤルゲーム)として特別ライセンスを必要としたこと，③では植民地の官僚や警官をトップにすえてライセンスを階層化したこと，④では「人道的殺傷」(ヒューメイン・キル)と「残虐な殺傷」(クルエル・キル)に分け，「銃」猟だけを前者に指定して許可し，その他の罠猟，トラップ猟，ネット猟，追い込み猟などは後者に指定し，禁止とした．総じて，この狩猟法の精神は，白人が獲物を独占し，先住民を排除することにあり，けっして野生動物相全体や生態系を保全するものではなかった．先住民のなかで唯一狩猟が許可されたのは白人狩猟者のアシスタントだけであった．

　この狩猟法を実現するには，「場」が必要である．1894年，最初の"ゲームリザーブ"がトランスヴァール共和国の北東部，ポンゴラに設置された．ゲームリザーブとは"狩猟獣保護区"のことだが，野生動物保護地域一般を意味するわけではない．あくまでも狩猟を前提に，特定の人間のために狩猟獣を確保する「場」(リザーブ)という意味だ．"ポンゴラ保護区"は1898年に拡張され"サビ保護区"に，そしてボーア戦争終了後の1926年には，サビ保護区を拡張して，"クリューガー国立公園"を設立した．"クリューガー"とはトランスヴァール共和国初代大統領，ポール・クリューガーその人で，大農場主にして熱烈なハンターだった．またイギリスは，英領東アフリカに1899年に2つのゲームリザーブをつくり，ケニア植民地政府は1900年に狩猟布告を発し，ライセンスを所持しないすべての狩猟を禁止した（Adams 2008)．

　アフリカでの野生動物の保護に関する国際会議は，第一次世界大戦（1914-1918年）の混乱で一時頓挫するが，戦後再開される．まず，1930年に"アフリカ動物相の保存会議"がパリで開かれ（Onslow 1938)，主要な議題は各植民地で保護区や国立公園の設立を推進することだった．ほぼすべての植民地で「狩猟法」の制定が完了し，狩猟者，狩猟動物，狩猟方法が差別化され，住民を狩猟から排除してきたが，今回はその仕上げとして住民をこうした保護地域から排除することをめざした．それはイギリス政府とSPWFEの主導のもとで進められ，各植民地における国立公園の候補地が選定され，点検された．しかしながら各国，各植民地はまだ準備不足で，批准国は少なく，条約調印には至らなかったが，それでも重要だったのはこの基本路線が了承されたことである．

　2年間の準備期間を経た1933年，会議は"自然状態にある動植物相の保存条約議定書会議"と銘打たれてロンドンで開かれた（「保護すべき鳥獣種」のカテゴリーについてはすでに紹介した）．この間，イギリス政府はSPWFEのメンバーや植民地省の役人を中心に「準備委員会」を組織し，各植民地での国立公園と保護区の取り組み状況を点検し，条約案を準備した．各植民地政府とイギリス政府，準備委員会との間で激しい議論が交わされ，多くの植民地政府はこの条約案に署名することを躊躇したものの，最終的には国際条約として成立した（佐久間2009)．最大の難題は，先住民の伝統的・慣習的な権利をどの程度認めるのか，国立公園や保護区から住民をどの程度，どのように排除するのか，といったことで，それらは，そこに成立する共同体と人々の社会や生活，習慣や文化と真っ向から対立する要素を内包していた（条約の全文はhttp://www.webcitation.org/69hsbtkwR　閲覧 2016.1.10)．しかし，ひとたび成立したこの「国際条約」は確実に植民地政府をしばりあげていった．条文には危険な「爆弾」が書き込まれていたからだ．

1933年「国際条約」の威力

　条約について紹介する．条文1には全体の構成が紹介され，条文2には「国立公園」と「厳正自然保護区」の定義があり，この定義は現在

も踏襲されている．そして，締約国の役割は条文3以下にある．
〈条文2〉
　第1項：国立公園は以下の地域を指す．
　(a) 公的コントロール下に置かれ，境界は改変されないか，すべての部分が所轄立法府行政の許可以外にはほかに転用されないこと，(b) 野生動植物の繁殖，保存，保護のため，あるいは美学，地理学，先史学，歴史，考古学のため，または一般国民の喜び，利便，利益のための科学的な便益のために設置され，(c) そこでは，野生動物相のハンティング，殺傷，捕獲，および植物相の採集と破壊が，公園当局のコントロールまたは指示下にあることを除き，禁止されていること．
　第2項：厳正自然保護区とは，公的コントロール下に置かれ，野生動植物相を傷つけ，攪乱するおそれのある，いかなる形式のハンティング，フィッシング，または林業，農業，工業に関連するいかなる事業，またはすべての土地に対する開削，採鉱，掘削，整地のいかなる作業，または土壌や植生にかかわる改変，配置換えのいかなる行為も厳格に禁止される地域．（以下略）
〈条文3〉
　第1項：協定国政府は，すみやかに，前項で定義される国立公園または厳正自然保護区を自国内に設置する可能性について探究する．このような公園または保護区の設置が可能な場合には，この条約発効の2年以内に，必要な作業をただちに開始すること．
　第2項：国立公園と保護区の設置が現段階では実行不可能な場合には，領土の開発をふまえつつ可能な限りすみやかに適当な地域を選定し，領土当局の裁定の下，環境が整い次第，公園と保護区に移行させること．
〈条文4〉
　協定国政府はその領土内で以下の行政的措置をとることを考慮する．
　第1項：自然の動植物相に対して攪乱することがないように，白人または先住民の入植をコントロールすること．（以下略）
〈条文7〉
　協定国政府は，条文3の措置をとるかどうかにかかわらず，公園および保護区の予備または補完的な施策として，
　第1項：自国内に，動物相をハンティング，

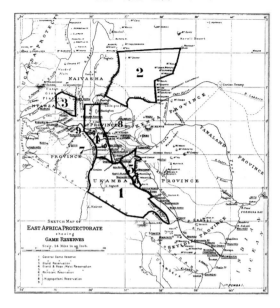

図11-9　1930年代以降に英領東アフリカ（ケニア）で設置され，または計画された"ゲームリザーブ"の線引き．国境同様に，明らかに机上で境界を機械的に線引きしている．それぞれのリザーブの番号は，1-2：一般リザーブ，3-5：エランド（ローンアンテロープ）リザーブ，6：サイリザーブ，7-9：カバリザーブ（MacKenzie 1988 より）．

殺傷，捕獲することを禁じた適切な地域を確保すること．（以下略）
　第2項：当該地域を可能な限り拡張すること．
　第3項：自国内に，保存することが望ましい動植物相の保護区を確立する可能性を考慮すること．

　これらの条文から，締約国は可能な限り国立公園または保護区を義務としてつくらなければならなかったし，現状では困難であっても，努力を尽くし，設置のための準備を進めなければならなかったのである．この会議と条約が，明らかにターニングポイントで，アフリカにおける国立公園と自然保護区を産み落とす「産婆役」を果たした．実際にも，第二次世界大戦が起こったため戦後にはなったが，設立ラッシュが始まった．たとえば，図11-9は英領東アフリカ（ケニア）で設置され，または計画された"ゲームリザーブ"だ（MacKenzie 1988）．国境同様に，机上で境界を機械的に線引きしたのは明らかで，無残でさえある．またイギリス領タ

ンガニーカ（最初はドイツ領だったが，第一次世界大戦後の1920年以降イギリス領）では，ドイツが森林保護政策を進める一環として，1896年にはキリマンジャロ山麓西部とルフィジ川流域に2つのゲームリザーブを先住民の利用も許容しつつ設置した．第一次世界大戦後は11カ所のリザーブが，1933年までには13カ所のリザーブが指定され，1948年にセレンゲティ保護区を国立公園に，それに隣接するンゴロンゴロ・クレーターを1959年に保全地区に指定した．またタンザニア独立（1961年）後の1973年にはキリマンジャロ国立公園が設置された．各国，各植民地でのこうした動きをイギリス政府は支持し，SPWFE は全面的にバックアップした．公園の多くが南部アフリカから東アフリカにかけての地溝帯沿いに集中するのはその大半がイギリスの植民地だったからだ（Siegfried et al. 1998）．SPWFE やそれに同調するヨーロッパ人の動物学者はこの国立公園をどのような方向に導こうとしたのだろうか．代表的な見解を拾ってみる．

SPWFE が発行する雑誌の1947年に掲載されたキース・コードウェル（Caldwell 1948）の『中央・東アフリカでの野生動物相の現況報告』と題された論文をみる．そこには中央・東アフリカのどこでも野生動物の個体数が減少していると指摘され，その最大の原因は住民の狩猟にあると非難されている．「原住民，彼らは自然のハンターであり，もしもコントロールされないなら，彼ら部族の狩猟地からは狩猟獣は一掃されてしまうだろう」，「現在，狩猟できる地域は以前に比べ半減し，多くの地域では個体数の減少が不可避である」．オグロヌーの季節的移動と行動をくわしく調査したアメリカ人生態学者，リー・タルボットは「公園内にマサイ族を残すことは，野生動物にとっての公園の価値を減ずることになる．白人ツーリストの利益にとってもリスクとなる」．後にケニア野生動物公社初代長官となるリチャード・リーキーの父親にして，著名な人類学者，古生物学者のルイス・リーキーはこう述べる．「マサイ族はセレンゲティに留まるなんらの法的権利などもっ

ていない．もしそうだとしても，彼らの利益は全世界の残りすべての人々の利益と釣り合うことはない」（Kideghesho & Mtoni 2010 より）．そして世界的に有名なドイツ人動物学者のグルチメクは，明らかに野生動物の保護に熱いまなざしを注ぎつつ，そこに軸足を置きながら『生息地のない野生動物たち』（Grzimek 1955）や『セレンゲティは滅びず』（Grzimek & Grzimek 1959）を著した．ペプシコーラの重役にして熱心な狩猟家，ラッセル・アルンデルはアメリカの狩猟団体と自然保護団体を代表して，国立公園とリザーブの建設を植民地政府に要請し，その要請文のなかでこう述べる（Neumann 1998）．「マサイ族などの言い分を鵜呑みにして，彼らが主張する土地に対する『固有の権利』とやらを代弁する者たちがいるが，それらは法によって明確に規定されたものでも，条約に記されたものでも，さらには歴史に刻まれたものでもない．（中略）われわれは，アフリカ人たちにとっての基本的で固有の権利とは，彼らの自然という遺産を（われわれに）守ってもらうことなのであり，それは彼ら自身の過ちから保護されることですらあるのだ，ということを論じておきたい」（訳は佐久間 2008，一部変更）．なお，SPWFE はその後"動物相保存協会"→"動植物相保存協会"→"国際動植物相協会"と名前を変え[9]，「環境帝国主義」のにおいを薄めようとしている．

セレンゲティ国立公園を例にとると，当初，タンガニーカ植民地政府は7800-1万 km^2 程度の国立公園を予定していたが，SPWFE などの圧力でさらに巨大な公園となっていった（当初案は2万6000 km^2 余）．この結果，そこに居住していた人々との間に緊張，軋轢は必然的に高まった．この地には少なくとも25部族が居住し，農耕や遊牧を行っていた．なかでも問題だったのは最大の勢力，4万人の遊牧民，マサイ族の処遇であった．1948年，植民地政府は外郭の運営管理団体である"セレンゲティ国立公園管理委員会"を立ち上げ，公園境界案をまとめて提案した．ただちに住民からは異論が噴出したが，1950年代からは強制立ち退きを開始し，

以後約10年にわたり，しばしば暴動さながらの事態まで引き起こした．マサイ族の抵抗運動は激しく，各地で「境界」の無視，放火，ときにはマサイ族の槍のささったサイの死骸を放置したりした．管理委員会は公園の縮小とマサイ族との共存を認める妥協案を検討したが，SPWFEはこの委員会に科学者としてロンドン大学の植物学教授ウィリアム・パーソールを派遣し，公園予定地の生態学的調査を行って，「アフリカの土地利用，なかんずく遊牧は非合理であり，生態学的には破壊的である」，「公園管理にはより科学的でなければならない」との報告書を提出し，改正案を反故にさせてしまった（Neumann 2002）．

植民地政府もマサイ族も「公園と人間とは共存できない」ことをあらためて示し，両者がこれを確認した格好となった．1951年になって植民地政府はけっきょく，全体を国立公園にすることをあきらめ，2つの管理単位，西部を"セレンゲティ国立公園"（1万4763 km^2）——岩手県よりやや小さい，東部を"ンゴロンゴロ保全地域"（8288 km^2）に分けて線引きを行い，後者では，マサイ族の居住と家畜の遊牧を認めざるをえなかった．このための移住が行われた．この移住は部族間の社会秩序を必然的に崩壊させ，部族の再編を余儀なくし，割りあてられた土地をめぐる新たな抗争を引き起こし，激化させた（Shetler 2010）．現在，アフリカ各地にみられる部族間の対立や憎悪の根っこには政府による強制的な部族の移住政策が横たわっている（Shetler 2010）．

この歴史的経緯は，アフリカにおける保護地域に2つのことを宿命づけた（Neumann 1992）．第1は，住民の歴史や権利を破壊し，国立公園や保護地域はトップダウンの告示でつくりうること．第2は，宗主国のヨーロッパには，もともと人間のいない自然地域なるものはなく，国立公園なる明示的な概念は存在していない．このことが押しつけられた．人間の居住の排除と，土地や生物資源に対する住民の権利の否定．明らかにそれは，イエローストーン国立公園やヨセミテ国立公園，その延長としてのクリューガー国立公園をモデルにした，爆発物を抱え込む政治的決定であった．アフリカの国立公園の礎には部族の悲劇とアイデンティティとが宿っている．それでも国立公園は次のように謳い上げられる．タンザニア政府発行の『国立公園』というパンフレットには「景観はかつて存在した自然の基点としてスポイルされないままに維持する」（Tanzania National Parks 1994）．そこには先住民を排除した「原生自然」と「保存」の厚化粧がほどこされている．

アフリカ人の歴史と権利

なぜ国立公園の設置にアフリカ人は頑強な抵抗を示したのか．それは自分たちの権利が奪われることにほかならないが，その歴史性，環境との結びつきを，マサイ族をモデルに検証しておこう．アフリカは現生人類の故郷だ．そこには熱帯雨林からサバンナ，砂漠に至る多様な環境が広がり，環境と生物資源に応じて狩猟採集民，農耕民，遊牧民を含めて現在でも2000以上の部族や共同体が生活する多様な地域である．3000以上の言語があるといわれ（http://ethologue.com/ 閲覧2017.2.10），言語学的には以下の主要な語族に分類される．

①アフロ・アジア語族（セム・ハム語族）：中東，北アフリカ，アフリカの角やサヘルの一部に分布．
②ナイル・サハラ語族：スーダン，チャド，東アフリカに分布．
③ニジェール・コンゴ（コルドファン）語族（バントゥー語族と非バントゥー語族を含む）：アフリカ北部を除く，西部，中部，東部，南部に広く分布．
④コイサン（コイコイ）語族：ナミビア，ボツワナの乾燥地に分布．
⑤オーストロネシア語族：マダガスカル，アジア起源．
⑥インド・ヨーロッパ（アフリカーンス）語族：アフリカ南端部，ボーア人など．

このほかに関連のない，起源不明，未分類の言語がまだ存在し，さらなる研究が必要ではあるが，おおまかにいえば以上の6つに分類できる

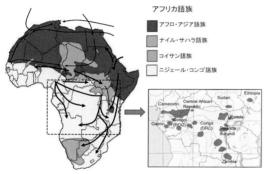

図 11-10 アフリカの主要な語族と分布．中央部では，ニジェール・コンゴ語族（バントゥー系）が移動し，先住のピグミー系集団の分布（濃い部分）が断片化している（Scheinfeldt et al. 2010 と Cavalli-Sforza 1986 より作成．主要移動ルートは Reed & Tishkoff 2006 による．太い線は先史時代，細い線は歴史年代）．

(Greenberg 1966, Scheinfeldt et al. 2010)．図11-10 は各部族や共同体の拡大や縮小，勢力の変遷，移動（たとえばバントゥー語族の移動）にともない，勢力圏や版図をダイナミックに変えてきたことを示唆する．なお，マサイ族はナイル・サハラ語族に属する「マサイ語」を話す．この言語集団と遺伝子との間には，ほかの地域と同様に，強い結びつきが存在する．

この言語・生活様式・文化を異にする人間集団のミトコンドリア DNA（たとえば Vigilant et al. 1991），Y 染色体 DNA（Semino et al. 2002など）が分析されてきた．ペンシルヴェニア大学のサラ・ティシュコフら（Tishkoff et al. 2007）は，これらに加えて，多数のマイクロサテライト DNA やインデル（Indel，挿入欠失変異），SNP などの遺伝的マーカーを駆使して，アフリカ 113 集団（部族），2400 人以上を対象に，その遺伝的な組成と相互関係を分析した．この結果，ここには，ほかの地域よりも，遺伝的にはもっとも変異に富んだ，そしてもっとも古い（現生人類の起源地だから当然だが），多様な人間集団が存在することを明らかにした．このデータにもとづきアフリカ民族の形成過程の概要をたどる（Campbell & Tishkoff 2008, 2010）．

現生人類は BP 約 20 万–15 万年にこの地に誕生した．この集団は移動・分散し，新たな環境へ進出，適応するなかで複数の集団に分化していった（ミトコンドリア DNA でみるとハプログループ L1, L2, L3）．このうち東アフリカに分布した 1 つの集団（L3）から派生した（ミトコンドリアイブの）グループが BP 8 万–4 万年にユーラシア大陸へ移動，「出アフリカ」を果たした．問題なのはアフリカに残された本家集団のその後だ．

残された集団は劇的な環境変動にさらされ，新しい環境への適応，個体数変動，ボトルネックなどを経験しながら，さらに複数の集団に分化していった．サハラ砂漠以南でもっとも主要だったのは，BP7 万年とされるピグミー系[10]とバントゥー系への分裂だった．両者ともに森林のなかで狩猟採集生活を行う集団だが，前者はより熱帯雨林の中心部に，後者はより辺縁部へ生活領域を移し，前者ではその適応の結果としてやや矮小・小型化した．なぜ森林のなかでは体形が小型化するのか．いくつかの解釈があるが，ペリーとドミニー（Perry & Dominy 2008）は，小人化は「発育阻害」によって引き起こされ，これには成長よりも性的成熟と初産齢を早める効果があるという．熱帯雨林では，食物資源は安定しているが豊富ではなく，病気が多く死亡率が高いために，たとえば 15 歳まで生残できるのはサバンナなどの狩猟生活者の 59–76% と比べると，わずか 30–51% にすぎない．このために早熟の生活史特性が有利となる．こうした特性を誘導するには獲得したエネルギーを成長よりむしろ繁殖へ配分するのが最適となる．小人化は熱帯雨林という環境のなかで進化してきた表現型と考えられる（Migliano et al. 2007）．

次の段階ではこのピグミー系から，より乾燥地帯で狩猟採集を行いクリック音の言語（吸着音または舌打音）を使うコイサン語族（ハッツァ族，サンダウェ族，サン族など）が BP3.5 万年ころに分化，南部に分布域を拡大した．したがって南部にはバントゥー系，ピグミー系，コイサン系の 3 つが分布するようになった．それぞれの集団には言語・文化・生活様式・DNA の共通性がある．この 3 つの集団は長期

にわたって併存状態が続いた．大きく変動したのはかなり後年で，バントゥー系の一部が，北部から農耕文化を獲得し，人口増加をともないつつ，森林を伐開，移動し，ほかの集団を取り込みながら農耕圏を拡大していった．この大規模移動はBP5000年ころから開始したと推定されている（Campbell & Tishkoff 2010）．ヨーロッパでの新石器文化の侵入とまったく同じことがアフリカでも起こったのである．この影響はすさまじく，コイサン系はカラハリ砂漠を中心とした乾燥地帯に，ピグミー系は断片化された熱帯降雨林のなかに，それぞれ追いやられ，バントゥー系は，サハラ以南のほとんどの地域を占領し，現在に至っている（図11-10）．

いっぽう，北部をみるとサハラ北部には農耕文化をもった人々が中東アジア，レヴァント方面から侵入した．これがアフロ・アジア語族だ．最終氷期の終了とともにサハラ砂漠は湿潤化し，森林，サバンナが広がった．"グリーンサハラ"はBP5000年ころまで続き，この地域は農耕や牧畜にうってつけだった．この集団は，バントゥー系集団とも接触し，農耕文化を彼らに伝えながら，分布域を拡大した．砂漠化が始まると，アフロ・アジア語族は地中海沿岸域やナイル川流域，チャド湖周辺，スーダンや紅海周辺など，各地に分散した．この砂漠化はいっぽうでバントゥー系集団の移動も引き起こしたようだ．このアフロ・アジア集団のなかからスーダンを中心に農業や牧畜，一部は漁労を営むナイル・サハラ語族（やクシ語族）が形成された．とくに乾燥環境の高原地帯では牧畜が発達し，地域ごとにいくつかの部族が誕生し，なかでもマサイ族はもっともウシ牧畜に特化した遊牧集団として成立した．それはBP3000年ころと考えられる（図11-10）．

マサイ族の社会

さて，そのマサイ族（Maasai）．人口は2009年の時点で80万人を超え，ケニアからタンザニアにまたがる約10万km^{2}以上の高原サバンナ地域に居住，生活する．彼らはウシ，ヒツジ，ヤギ，ロバの放牧を生活基盤にし，農耕や狩猟採集は行わない（近年は農耕する人たちもいるが）．家畜のうちもっとも重要なのはウシで，ミルクと生血，ヨーグルトを主食とする．ロバはもっぱら荷駄用で世帯あたり平均0.8頭を所有する（McCabe 2003）．ウシ，ヒツジ，ヤギは肉食されることもあるが，後2者はもっぱら食料不足のときの穀物購入用に牧畜されている．野生動物は，加害するライオンを除き，基本的に狩猟の対象ではない（飢饉の際には狩猟されたが）．マサイ族の言葉（マー語，マサイ語）には400以上のウシに関する単語があり，すべてのウシは神から与えられたものと解釈され，ウシの所有こそが至上価値とみなされる（Check 2006）ほど，ウシとの関係は深く，ウシに依存する．土地所有の概念はないが，家畜には厳密な所有概念が成立している．ウシの数が貧富の基準であり，ステータスシンボルであり，婚資となって，一夫多妻の妻の数に反映する．極端な父権的社会が形成される．基本単位は夫，妻（1-5人）と子どもの世帯で，この世帯が複数まとまって集落を形成する．定住はしないが，家は木材に泥や牛糞をぬった小屋で，円状に集住し，集落ごとに家畜の放牧管理を行い，周囲に灌木の柵を張りめぐらし，夜間はその中央部に家畜を入れて大型の捕食獣から守る．この集落の上位の単位として地域集団が存在し，長老の合議制で集落ごとの放牧地の割りあてなどを決定する（Homewood et al. 1987）．明確な年齢階梯制をもち，牧童→戦士→長老とおおむね15年ごとに入れ替わり，牧童から戦士へは成人の通過儀礼がある．戦士階級は武装し，地域集団の放牧圏をテリトリーとして防衛するほか，（現在では行われていないが）家畜を襲うライオンなどを定期的に狩猟したり，ときにはほかの部族や集団を襲い，その家畜を強奪することもその役割であった．

ウシはマサイ族の生産と生活基盤であることはいうまでもないが，なぜこれほどまでにウシとの関係が濃密なのか．アフリカには2種類，ウシ（*Bos taurus*）とコブウシ（*B. indicus*）がいる．まず前者．アフリカはかつてウシ家畜化の有力起源地の1つだった（Payne 1964,

Bradley et al. 1996）が，現在では，すでに述べたように（第2章 p. 85 参照），近東，小アジアであることがほぼ確定しているから，アフリカへの渡来は，農畜文化の移動・伝播の一環と考えられる．いっぽう，マサイ族（東アフリカの多くの遊牧民も含め）が家畜にするのは，"ゼブー"と呼ばれる後者だ．コブウシの"コブ"とは背中の肩部に隆起した皮膚の突起（筋肉と結合組織から構成）で，皮下脂肪が蓄積される．それはラクダのコブと同様の機能をもつと考えられている（Arieli 2004）．極端な高温条件や乾燥条件に耐性があり，害虫や病気にも強い．では，なぜ東アフリカの遊牧民はこのコブウシを家畜としたのか，またウシとの関係はどのように推移したのか．

ナイロビの国際家畜研究所のアノットら（Hanotte et al. 2002）はアフリカ各地50カ所で2種のウシのDNAを採集，分析（15のマイクロサテライトDNA）し，その伝播と移動ルートを推定した．それは言語集団で想定された移動と重なっていた．ウシはひとりでは移動しない．まずはアフロ・アジア語族が近東方面からBP約7000年ころに地中海沿岸地域や，ナイル・サハラの内陸部にウシをもたらした．これが拡大し，西アフリカにいたバントゥー系語族に伝播したと考えられる．バントゥー語族はBP約5000年ころに大移動を行い，大陸中央部を通って東部へも伝えられた．いっぽう，このウシはナイル・サハラ語族を通じて東部に伝えられ，大地溝帯（リフトバレー）に沿って南部に一時は分布域を広げたと推定される．しかしその後に，アラビア半島経由でインド産のコブウシが東アフリカへ導入され，マサイ族を含む多くの遊牧民がこのウシを飼育し，一挙に東アフリカ全域に分布域を広げたと推定される．この転換の理由はウシよりコブウシのほうがアフリカの極端な環境変化に対する耐性と，無数の風土病に強い抵抗性を示したためと考えられる．この時期はBP約4000年ころ，いっしょに家禽ニワトリ，ヒトコブラクダ，ソルガム（モロコシ），シコクビエなども伝播したと考えられている．後2種はアフリカ農業の重要品種である．これはウ

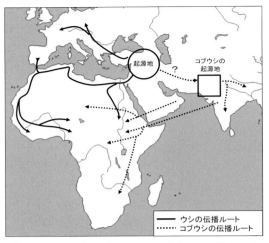

図 11-11　ウシとコブウシのアフリカへの伝播ルート．ミトコンドリアDNAの知見からの推定（Loftus et al. 1994 を改変）．

シのミトコンドリアDNAの分析から想定される伝播図（図11-11）とほぼ一致する（Loftus et al. 1994）．マサイ族とウシとの結びつきは少なくとも4000年以上の歴史をもっている．この長期間の関係は人間になにをもたらしたのか．

マサイ族は長身，視力がよく，虫歯がないなどの特徴をもつ．これらは遺伝的な性質ではなく，成長時の環境条件と結びついた後天的特性であることがわかっているが，特筆すべき先天的な特性が存在する．乳糖分解酵素の活性持続性だ．これは，すでに第2章で述べたように，ヒトを含む哺乳類は授乳期には乳糖を分解するラクターゼをもつものの，この活性は離乳とともに消失し，成人の多くはミルクを飲むと不快，下痢や腹痛を引き起こす（乳糖不耐性，たとえば日本人の約7割）．しかし，ミルクを常飲する集団では成人になってもラクターゼを維持する人が多く，乳糖を分解できる（乳糖耐性，たとえばスウェーデン人の9割以上）．この活性持続性には遺伝子が関与していて，ヨーロッパ人では，ラクターゼ遺伝子に隣接して，プロモーターの役割を果たす別の遺伝子（"MCM6"）のなかにある1つの塩基が突然変異することで起こることが知られていた（Enattah et al. 2002）[11]．しかし，ティシュコフら（Tishkoff et al. 2007）は，アフリカの遊牧民でこの部位

を調べると，彼らは乳糖耐性であるにもかかわらず，突然変異は起きていなかった．その代わり，このプロモーターの別の部位3カ所で突然変異が発生していて，このうち1つでも変化すると乳糖耐性となることを突き止めた．つまり，アフリカ遊牧民は，ヨーロッパ人とは独自に，まったく別の方法で活性持続性を進化させてきたのであった．この形質が獲得された最古の年代はBP約7000-6000年と推定された．つまりこうだ．

ナイル・サハラ語族は近東から渡来したウシを一度は受け入れ，アフリカ東部一帯に分布域を拡大し，一部は遊牧民となった．しかし，このウシは乾燥環境や病気に弱く，このため遊牧民はアラビア半島経由（アラビア半島南西部とアフリカのマンダブ海峡は陸続きだった）で渡来したインダス文化圏のコブウシのほうを受け入れ，転換していったと考えられる．ロンドン大学のイタンら（Itan et al. 2010）は世界中の乳糖耐性の分布を描いているが，それにはヨーロッパ系統と，アラビア系統の2つがあって，アフリカ遊牧民は後者と共通であることを突き止めた．アフリカ人特有と思われた乳糖耐性は，じつは世界とつながっていた．家畜コブウシといっしょに人間集団が移動した可能性もある．それは「出アフリカ」ではなく，同じ場所での「入アフリカ」だった．

マサイ族はもう1種，独自の家畜を飼育している．"レッド・マサイ"と呼ばれるヒツジの品種だ．このヒツジは文字どおり体毛が赤く，尾の太い"肥尾種"（p.301参照）で，成獣は35-45 kgとやや大きく，もっぱら肉用か換金用で，羊毛用ではない．マサイは世帯あたり平均で約10頭を飼育する（McCabe 2003）．このヒツジの最大の特徴は，アフリカに多い吸血性線虫（捻転胃虫 *Haemonchus contortus*）に高い抵抗性を示すなど，風土病や乾燥環境に強い．アフリカには2系統のヒツジがいる．北アフリカと西アフリカにはヨーロッパと同じ"細尾種"が，東アフリカと南アフリカには逆に肥尾種がいる．この2系統はいつどこからアフリカのどこへ渡来したのか．

おそらくは近東・レヴァントで家畜化され，ほどなくヒツジはアフリカにもたらされたと思われる．スーダンのレッド・シー・ヒル遺跡からはBP約7000年の，リビア北部の遺跡からはBP6800-6500年のヒツジ骨が，それぞれ出土する（Muigai & Hanotte 2013）．おそらくこれらは細尾種だったと考えられる．また東アフリカではトゥルカナ湖畔の遺跡からはBP4500-3500年のヒツジ骨が出土し（MacDonald & MacDonald 2000），これはおそらくレッド・マサイと同じ肥尾種と推測されている．

最近，レッド・マサイのDNAがSNPやマイクロサテライトなどのマーカーを使って分析されている．いずれの結果も，興味深いことに，レッド・マサイはヒツジの品種のなかでは独特で，ほかの品種との類縁性が少なく，遺伝的には遠い距離にあることが判明している（Farid et al. 2000, Kijas et al. 2009）．ここでヒツジのDNAについてもう一度おさらいすると（第2章），ヒツジは1つの大きな遺伝子プールに属する祖先種から家畜化されたと解釈される（Kijas 2012）．これをミトコンドリアDNAでみると，このプールには少なくとも2つのハプログループ（ハプログループA，B）が存在し，その後の家畜化や各地への移動分散にともなって3つ（ハプログループC，D，E）に分化したと考えられる（Meadows et al. 2007など）．祖先の遺伝子プールのハプログループAはアジア系統であり，Bはヨーロッパ系統であるといわれる（Meadows et al. 2007）．東アフリカと南アフリカの肥尾種はすべてA，これに対し細尾種のほとんどはB（Aは10％）である（Gornas et al. 2011）．つまりアフリカ東部と南部に分布する肥尾種と西部に分布する細尾種はそれぞれ別の系統であり，別々の場所から渡来したと推察できる．このことはY染色体遺伝子のハプロタイプの分析でも同じ結果で，追認された（Muigai & Hanotte 2013）．この肥尾種の系統は，乾燥や病気に強く，おそらく近東の乾燥地帯で品種化され，アラビア半島経由でアフリカにもたらされ（コブウシといっしょだったかもしれない），マサイ族などの遊牧民に飼

図 11-12 アフリカへのヒツジの伝播ルート．ミトコンドリア DNA と Y 染色体遺伝子による推定（Muigai & Hanotte 2013 より）．濃い実線が肥尾種（レッド・マサイを含む）のルート．コブウシとレッド・マサイはよく似る．ただしヒツジの家畜化の場所（図中 D）には疑問がある．

育された．そしてこの系統がそのままアフリカ南部へと到達し，ダマラ種やペディ種などの土着種になったと考えられる（図 11-12; Muigai & Hanotte 2013）．受け取った年代は不明だが，おそらく BC4500-3500 年と推測される．

　マサイ族の生活様式と家畜との関係をたどってきた．アフリカ大陸のほかの部族や共同体もまた，奴隷貿易，植民地支配の深刻な社会的打撃を受けながらも，悠久の歴史，多様な環境と生活様式，独自の文化と知恵をもっていることを確認したかったからである．したがって，マサイの例は千万無量のほんの 1 例にすぎない．けれど強調すべきは次のことだ．このマサイ族が，さまざまな経緯を経てセレンゲティのサバンナに居住し，放牧を行い，ほかの部族を追い払い，排他的に利用し，管理してきたからこそ，この地に豊かな動物相が存在し，維持されてきたのである．このことは，程度はさまざまだが，ほかの狩猟採集民や農耕民にもあてはまる．この歴史をみすえ，正当に評価することなしに，アフリカの国立公園や自然公園が抱え込み，提起している課題は解決できるはずはない．

（3）アフリカ国立公園の政策と現実

　こうした観光サファリやエコツーリズムが，しかし，野生動物と地域住民の生活を同時に守る理想郷と考えるのは早計だ．恩恵に浴している観光産業をケニアでみると，2015 年では，運転手やガイド業など直接雇用者が約 28 万人，間接雇用者が約 26 万人，合計 54 万人を数えるが，それは総人口の約 9.2%，どちらかといえばエリート層なのである．また観光サファリがもたらす影響も見過ごせない．繰り返し押し寄せるオフロード車と観光客の圧力は，植生を剝ぎ取り，ライオンやチーターの日周期活動や繁殖活動を妨害さえしている．野生動物個体群の動向をたどると，アフリカ 78 保護区における大型哺乳類 69 種，586 個体群のデータベース[12]によれば，1970 年から 2005 年の間に生息数は，西アフリカで 85%，東アフリカ 52%，南アフリカ 25%，平均 59% 減少している．ライオンは個体群が消失し，遺伝的多様性は急激に減少しつつある（Barnett et al. 2006）．個別にみると，たとえばケニア全体のサイ（シロサイとクロサイ）個体群は 1970 年代には 1 万 8000 頭を数えたが，1992 年にはわずか 400 頭へ激減している．マサイ・マラ国立保護区では，1977 年から 2009 年の間に，大半の野生動物は 3 分の 1，またはそれ以下に減少し，隣接のウガンダでは，1960 年から 1998 年の間に，ゾウは 97%，インパラ 85%，アフリカスイギュウ 57%，ウガンダコブ 57% に減少し，深刻な状況に立ち至っている（Awiti 2012）．保護区は実質上「空」になり，生物多様性の存続そのものが懸念されている（Harrison 2011）．

　この主因は，たとえばマサイ・マラ保護区では，気温上昇にともなう循環的な旱魃や，1997 年から 98 年にかけてあった大洪水にあると指摘されている（Ogutu et al. 2009）．気候変動は草原の分布や草の量を空間的・時間的に変化させ，これにともなって動物の移動パターンやルート，生息場所を変化させつつあるという．行き場を失い，公園から外へとあふれでた野生動物はどのような問題を引き起こすのだろうか．

ケニアでは，保護地域外の50%は家畜放牧地であり，25%は居住地，残り25%が農耕地や農園などである．この保護区外に主要な野生動物個体群の約70%が生息していると推定され（ゾウとアフリカスイギュウは少なく，前者は個体群の約26%，後者は約21%; Sindiga 1995），1万頭以上のヌーの移動群が居住地周辺や農地を通過することがある（岩井 2001）．この動物と人間とが入り乱れる混乱はおびただしい被害を引き起こす．ケニア，モイ大学のシンディガ（Sindiga 1995）は1994年の時点でのこの軋轢を，人身被害と死亡事故，農作物や植林地への直接被害，家畜の捕食，居住地への侵入などなど，合計31タイプあり，しかもすべての発生件数が年3.5%の割合で増加傾向にあると報告している．ケニア政府（ケニア野生動物保全管理局）は1977年に徹底した野生動物保護政策をとる代わりに，野生動物による農牧畜被害を補償することにしたが，あまりの多さにその被害額のほとんど（81%）を反故にしたまま放置してきた（小林 1990）．担当がケニア野生動物公社に民営化され，その初代長官リーキーは1990年にアンボセリ国立公園の収益25%を周辺地域に還元すると公言したが，わずかな額がごく一部の部落に配布された以外は実現されていない（目黒 2011）．1992年と93年，マサイ・マラ近郊のナロックだけでもゾウによる死者が16名に達したが，政府は1人あたり430ドル，わずか4万円ほどの賠償請求さえはねつけている（Sindiga 1995）．ゾウによる農作物被害は，銃猟が完全に禁止されたケニアでは，住民が採用できる選択肢は石などを投げる，懐中電灯の光をあてる，手近なものに火をつけるなどに限られ，それが無害であることが認識されると，ゾウの加害行動はいっそうエスカレートする傾向があって，抜本的な防止手段はないという（目黒 2011）．優等生の例にあげたケニアやタンザニアにしてからがこう，ほかの国や地域は推して知るべし．

ブッシュミート

野生動物が減少する理由は気候や旱魃などの自然的要因だけではない．たとえばザンビアでは，最近20年の間に野生動物の個体数が約70%減少しているが，このおもな要因は"ブッシュミート"と呼ばれる野生動物の肉を得るための住民の行為とみなされている．アフリカ人はもともと動物性タンパク質のほとんどを野生動物から得てきた．そのメニューは，昆虫の幼虫，シロアリ，カタツムリ，トカゲ類やリクガメなどの爬虫類，野鳥，ネズミなどの齧歯類，各種のサル類，ダイカーなどの小型草食獣など．たとえばコンゴ盆地では200種以上が数えられるほど多種多様で，総じて"ブッシュミート"と一括される．地方の青空マーケットや都市の小さな商店には，各種の野生動物が，生きたまま あるいは原形のまま屋台に並べられ，驚かされることがある．1日1人あたりの平均消費量は，ガボンでは180 g，コンゴでは89 g，カメルーンでは26 g，タンザニアでは27 gなど（Ceppi & Nielsen 2014）で，年間1人10-150 kg，摂取タンパク質の80%以上を占め，都市も含め72%の住民が日常的にブッシュミートを利用する．こうした統計は枚挙にいとまがない．野生動物に依存する伝統的な食習慣は現在もなおアフリカでは息づいている．この総量はアフリカ全体では天文学的レベルに達する．人々は生物多様性を基盤に生活している，といってよい．

ブッシュミートの調達は希少種を除けば一般的には許されてはいるが，問題なのは国立公園や保護区のなかに侵入し，法的に保護されている動物種も含め，違法な猟具で，見境なく狩猟すること，すなわち「密猟」だ．こうした密猟はアフリカのほぼすべての国立公園や保護区で横行し，しかも年を追うごとに増加している．カメルーンのコラップ国立公園の周辺住民は年間1人あたり100 kg以上のブッシュミートを調達するが，この遡源はおもに国立公園と考えられ（Lindsey et al. 2013），背景には，人口増と貧困にともなう需要の増加，戦争や紛争の勃発や拡大にともなう公園地域への避難や移動などが指摘できる（Lindsell et al. 2011）．ハンソンら（Hanson et al. 2009）は，アフリカで過

去に発生した，あるいは現在行われている戦争や紛争の多くが国立公園や生物多様性の"ホットスポット"（第13章参照）のなかか，その周辺で発生していて，多数の難民がそこへ逃げ込み，紛争や戦争の際に使用された重火器によってブッシュミートが調達されていると報告した．

最近，ダスキンとプリングル（Daskin & Pringle 2018）は，アフリカ126カ所の国立公園を含む野生動物保護区での武力衝突の発生状況と，それが野生動物集団におよぼす影響を"ネイチャー"誌上に報告している．それによれば，1989年から現在までの間，じつに71%の保護区で武力衝突が発生し，そこに生息するゾウ，カバ，クーズーなど36種の大型草食獣172集団の増加率は，紛争回数に相関して，マイナスに転じたという．野生動物の減少にかかわる最大要因は紛争なのである．

密猟は周辺住民が日々の食物を得るために個人的にも行われるが，同時にもっとも手っ取り早い現金収入源であるために，仲間をつのり，しだいに組織的な活動と商業的取引へと発展する．貧困はこのことを培養する．セレンゲティ地域では，周辺住民の約34%がブッシュミートの取引を唯一の収入源にしているといわれる（Barnett 2000）．南アフリカ（に限らないが）では，密猟で逮捕された地域住民に保釈金を支払う地域ぐるみの「共済制度」さえつくっている（Warchol & Johnson 2009）．こうした組織は，いっぽうでは武器使用のエスカレーションをともないながら，流通ルートを整備し，国境をまたいだ取引網の成立へと成長していく．この取引総量は，タンザニアでは毎年約2000トン（取引額の総計5000万ドル以上），中央アフリカでは5.9万トン，モザンビークでは18万-37万トン（3.7億-7.3億ドル）に達すると見込まれている（Lindsey et al. 2013）．だが，それも氷山の一角にすぎない可能性がある．密猟者の遠征1回あたりの賃金は約100ドル（Lindsey et al. 2013），ザンビアの都市住民の平均年間収入が約120ドルであることを考えると，破格の収入なのだ．この密猟の結果，コビトカバ，マルミミゾウ，レッドコロブスなどいくつかの種は絶滅の危機に瀕しているとされるが，実態すらわかってはいない（朝日新聞2012年10月29日付）．

このブッシュミートの尋常でない普及によって，ルワンダ，ウガンダ，コンゴなどで軌道に乗りつつあったチンパンジーやゴリラのエコツーリズムは継続が危ぶまれている（山極 2003）．さらに近年では，ブッシュミートの密猟・密輸組織は，チンパンジーやボノボ，ゴリラを含むより希少で高価な獲物へと触手を広げ，ヨーロッパ市場へ供給さえしている．その背景にはヨーロッパで成功したアフリカ人富裕層の強い要望があるようだ．2002年にロンドン，ヒースロー空港で腐臭をはなつゴリラの死体が没収された（石 2009）ことは有名だが，この動きは現在もなお続いている．サル類を含む10トンものブッシュミートを輸入したカメルーンからの毎日便などが摘発された．それは人類と共通の祖先をもつ姉妹種，"ヒト亜科"（Homininae）であり，"人身売買"であるばかりでなく，HIVに似た新たな免疫不全ウィルス病（SIV）の脅威ともなっている．南アフリカでは希少になったクロサイやシロサイは以前から密猟が絶えなかったが，最近では角を採取するために異常に頭数が跳ね上がっている．2007年には13頭だったものが，83頭（2008年）→122頭（2009年）→333頭（2010年）→448頭（2011年）→584頭（2012年），と留まるところを知らない（http://www.org/news/continued-poaching-south-africa-increases-concern 閲覧2014.8.4）．この背景には，経済発展著しい国々の，漢方薬として珍重する根強い伝統がある．

密猟の原因は赤貧だけにあるわけではない．底流には，野生動物を利用してきた人々の伝統的な生活を断ち切り，土地を所有するという意識や概念がないことにつけ込んで強制的に移住させ，農業被害や人身被害を放置してきた政府の政策に対する積年の不満，苦しみ，恨みの蓄積がある．まったく還元されないままの国立公園や保護区からの収益，無権利状態のままに置き捨てられた住民，容赦のない密猟の摘発，そ

こには，野生動物と人間との関係を敵対化させてきた歴史と政策とがある．野生動物を保全しようとする住民の意識やインセンティブは驚くほどに希薄であり（Suich et al. 2009），それどころか住民は，公園や保護区の監視官（スカウト）や監督官と銃撃戦を展開したり，ときには彼らを射殺するといった事件さえ惹起する（西崎 2009）．これに対し密猟者をさらに徹底して取り締まり，厳罰に処すべきとの意見は少なくない．だが，この取り締まりの強化策の延長線上に，確固とした展望はみいだせない．地域住民の利益と乖離したままのアフリカの国立公園は，ほんとうに生物多様性の保全と絶滅に瀕した野生動物を救う拠点になりうるのだろうか．

野生動物の利用

アフリカでの国立公園の存続，生物多様性の保全にはブッシュミート問題が立ちはだかる．密猟を非難し，糾弾することは容易だが，この問題に切り込むことなしには解決策などありえない．まず，はっきりさせておきたいのは，西欧的な価値観の押しつけ，たとえば食習慣の変更や家畜などへの転換はそうたやすいことではない（Van Viet 2011）．文化や伝統にかかわる問題であり，強制は反発を招くと同時に，貧困にあえぐ人々にはそもそも高価すぎて手が出ない．セレンゲティ国立公園周辺での調査によれば，もっとも安価な動物タンパク質は魚類で，次がブッシュミート，もっとも高価なのはヤギ肉やチキンで，ブッシュミートの平均約3倍，最高値と最安値では30-35倍の開きがある（Rentsch & Damon 2013，ちなみにビーフは比較的安い）．格差は他地域でさらに広がる．また近代的な牧畜や畜産は広大な土地や施設を必要とし，野生動物の排除や生態系の破壊など新たな環境問題を引き起こす．たとえばコンゴ盆地全体でみると，ここでは年間約600万トンのブッシュミートが調達・消費されている（アフリカ全体のブッシュミートの70%を占めると推測）が，これはブラジル全体の牛肉生産量に匹敵する．つまり，これだけの肉量を生産するためには2500万haの森林を牧草地に転換しなければならないことを意味する（Nasi et al. 2008）．森林の伐採や土地のフェンスによる囲い込み，火入れなどは，せっかくの国立公園や保護区を別の脅威にさらす結果となる．

とすれば，もともとの身近な資源，野生動物を持続的に利用し，収穫することが，経済的にも生態学的にも合理的であり，道理にかなうと思われる．たとえば，東アフリカ，サバンナでの各種アンテロープ類の現存量は，1 km^{2}あたり15.8トンで，比較的よく管理された牧草地のウシ5.6トン，マサイ族の伝統的な牧畜2.8トンと比べ，圧倒的に高い．しかも野生草食獣は栄養的にもすぐれ，成長も早く，病気にも強い．ほかの生態系では，雨量の少ない乾燥サバンナでは2トン程度，雨量の多い森林では4-8トンと，野生動物の現存量は雨量と密接な関係をもつことが知られている（Robinson & Bennett 2004）．

これらをまとめると，ブッシュミートの利用は次のような利点をもつ（三浦 1995）．①野生動物は激しく変動するアフリカの環境（ひどい乾燥や高温）に適応している．②トリパノソーマ（媒介虫ツェツェバエ）など，各種風土病に高い抵抗力がある．欧米から持ち込んだ家畜には免疫がない．したがって牧畜の場合には，定期的な火入れを行う必要がある．これが灌木を焼き払い，乾燥化や砂漠化をさらに促進してしまう．③環境を破壊する必要がない．むしろ森林を残すほうが野生動物を増やすことにつながる．樹木の伐採は生態系の物質循環を根底的に破壊してしまうので，土壌の衰退を引き起こす．④農耕ができないような不毛の土地でも動物性タンパク質の生産が可能である．⑤過放牧の危険がない．これらの利点を生かし生物生産を行うとの方向性が，著名な動物生態学者のダスマン，タルボット，リーダー＝ウィリアムズらによって推進されてきた[13]．

このすぐれた特性を生態系の保全と両立させながら持続的に利用することは不可能ではない．また雨林などでは草食獣に代わって齧歯類や霊長類，その他の動物が利用可能となる．地域や社会状況，人々の嗜好性によって変動するが，

実際の利用状況は，齧歯類では50%以下，草食獣では20%以下，霊長類では5%以下といわれている（Robinson & Bennett 2004）．持続可能な収穫量は，種の生活史や繁殖力によってかなり異なるものの，ごく一般的な目安を示せば，10%が1つの基準となるだろう（Milner-Grand & Akçakaya 2001, Robinson & Bennett 2004）．課題は，その利用を持続可能な枠組みのなかでどのように実現できるのか，にある．安岡（2010）はカメルーン東南部の雨林で，ブッシュミートの狩猟圧と持続可能性レベルをフィールドワークによって検証している．それによれば，実際の狩猟圧は持続性レベルをはるかに突破し，早晩枯渇してしまうと警告している．ただし，この狩猟が自家消費目的の範囲内にあれば，十分に"サステイナブル"であり，この枠組みを破壊しているのは，森林の開発や道路の開設，ブッシュミートの商品化と交易圏の拡大，外来狩猟者の侵入などであると指摘している．こうした要因を取り除き地域住民が資源を保全できる仕組みをどのように構築できるのか，課題はそこにある．

住民参加型の管理

野生動物の利用形態には，家畜化，ファーミング（順化），ランチング（一定の場所をフェンスで囲う），野生からの収穫などの方式が提案され，各地で試みられてきた．このうちランチングは南部アフリカを中心に1960-1970年代に広く取り組まれ，ナミビアには約29万 km²，南アフリカには約20万 km²，ジンバブエには2.7万 km²の牧場があり，ナミビアでは1.6万-2.6万トンの草食獣の肉が生産されている（Lindsey et al. 2013）．管理のむずかしさ，土地の配分，制度上の不備など解決すべき課題がある．ブッシュミートの関連でいえば，もっとも重要なのは「野生からの収穫」である．この方式が成功するかどうかは，いうまでもなく野生動物資源を保全し，増加する需要と，許容範囲，つまり利用速度が対象個体群の生物学的な生産速度を上回らない範囲のなかでいかに持続的に利用できるかどうか，その1点にかかって

図 11-13　サファリ（スポーツ）・ハンティング．西欧の金持ちはライオンの狩猟に莫大な金額を支払う．南アフリカのサファリ・ハンティング会社の広告（http://huntinginafricasafaris.com/project/african-lion-hunting-safari-packages-south-africa/ より閲覧 2016. 3. 5）．

いる．野生動物の生息数の推定，集団の成長率の算定，持続可能な収穫量などの基準が欧米の科学者らによって提案されている（Milner-Gulland & Akçakaya 2001, Damania et al. 2005）が，とりわけ問題なのは，この管理方式を，だれが，どのように実施していくのか，その主体形成にある，と考えられる．

初期には政府や行政，あるいは国際的なNGOの指導，海外からの援助などが必要としても，最終的には，野生動物と密接にかかわり，その生息地のなかに生活する地域住民が，地域の共有財として認識し，持続的に管理していくとの強い意識を醸成していく以外にはない．この管理方式を，「要塞型管理」に対抗して，「住民参加型管理」（またはコミュニティ主体の管理，community-based management）といい，いま，地域社会を野生動物管理の主人公とするこの取り組みが少しずつ広がりをみせている（安田 2013, 目黒 2014）．まず，南部アフリカ，ジンバブエの例に，その骨格の1つを紹介する．

ジンバブエの挑戦——キャンプファイアー

ジンバブエではこの制度を政府主導から，より地域に密着する方向に切り替えてきた．このため，別々だった国立公園と野生動物管理の組織を統合し（国立公園野生動物管理局という），1975年に「公園野生動物法」をつくり，この法律にもとづいて，通称"キャンプファイアー"

〈コラム 11-1　サファリ・ハンティング〉

　サファリ・ハンティングでもっとも高価なのはやはり大型の肉食獣である．たとえば，ライオン（図11-13）は，地域によって差はあるが，ジンバブエでは，2005-2009年の間，17頭がオークションにかけられ，総額91万3000ドル，1頭あたり5万3700ドル（日本円で約550万円）で落札され，ハンティングされた（Funston et al. 2013）．やはり破格の金額だ．この収益を持続的に維持することが重要だが，このハンティングはどのような影響をライオン集団にもたらすのか．

　ラヴァリッジら（Loveridge et al. 2007）はサファリ・エリアでオス62頭に発信器を装着し，その後どのようなことが起こったのかを追跡した．このうち34頭が死亡，うち24頭がサファリ・ハンティングによる．多くはオス（成獣13頭，亜成獣6頭，残りはメス5頭）なので，繁殖とは無関係，個体群にはほとんど影響はないようにみえる．だが，実際には大きな影響をもたらした．ライオンの集団——プライドではオスが入れ替わると，新参のオスは1歳以下の子どもを「子殺し」することが知られている（Packer & Pusey 1982）．それはプライドでのオスの滞在期間には（オス同士の激しい競争のために）限りがある（平均約2年）ので，その間に子どもをもうけ父性を獲得することが重要だが，子持ちのメスは発情しないために，子どもを殺すのである．もちろんメス親は激しく抵抗するが，オスの執拗な攻撃に最終的には子どもを放棄してしまう．ハンティングはこのプライドオスを除去したために，周辺から新たなオスがプライドに加わり，そうしたプライドでは頻繁に子殺しが発生することになる．また，こうした子殺し後のメスは一斉に発情し，一斉に出産し，このときの子どもの性はオスに偏ることが知られている（Packer & Pusey 1987）．こうしたオス（兄弟やいとこ）は若齢になるといっしょに「連合（コアリッション）」をつくり，プライドを離れ，分散していく．オスのハンティングは個体群の動態に予想以上に影響をもたらしているようだ．

　また，ハンティングが進行していくと，オス（メスも）の行動圏サイズは減少し，プライドのなわばりや個体間の空間的な重複度は増加することが知られるようになった（Davidson et al. 2011）．これは，ハンティングがライオンに心理的な動揺を引き起こし，個体を凝集させる効果をもつと解釈されている．この解釈が適切かどうかはわからないが，ハンティングは個体の分布や土地利用に影響を与えることはまちがいない．

　サファリ・オペレーターはこうした行動生態学的な変動も勘案しながらハンティングを運営していかなければならない．

(CAMPFIRE; 地域資源のための共有地管理プログラム The Communal Area Management Programme for Indigenous Resources) と呼ばれる施策を実施してきた．これは次のように行われる．まず，政府は，未利用地を積極的に収用したり，買い上げ，公有の「サファリ・エリア」を指定する．サファリ・エリアとは「自然の生息地とそこに生息する野生動物の保全のために設立され，キャンピング，狩猟，釣り，写真，アニマル・ウォッチングなどその利用は公共に開放される地域」である．経済的に成立すればどのような利用も可能だが，その中核はやはり"サファリ・ハンティング"と呼ばれる狩猟だ（図11-13）．その方法は，欧米からのハンターを募り，一定期間の間に決められた種類の動物を一定の頭数，狩猟することを許可するもので，費用は動物の種類と期間によってさまざまなランクに分けられている．通常，入猟費は1日250-700ドル．獲物ごとに価格表があり（場所によってもちがう），たとえばセーブルでは800-2000ドル，リードバックでは150-500ドルである．ハンターはトロフィーをもらい，肉は地域の管理者に委ねられ，ブッシュミートとして売却される．世界各地から集まる金持ちハンターたちがもたらす収益は大きい．最近では，国立公園の観光を含む入場料とハンティングなど野生動物関連の総収入は200万-250万ドル（それは国家収入の約3-4%），うち90%以上がハンティングによる収入だ（Muchapondwa et al. 2008）．これは本質的には北米の管理猟区制度と変わりない．

　サファリ・エリアはサファリ・オペレーターと呼ばれる責任者に貸与される．オペレーターは，地域社会や狩猟者ガイド団体の代表者たち

によるオークションによって決められる．そして，サファリ・エリアの管理と経営が軌道に乗れば，収益のうち40-60%はエリアのある地域や住民に還元され (Fischer et al. 2011)，学校や浄水施設，病院の建設，送電設備などに使われる．なお最近では，サファリ・エリアの収益をめぐって汚職事件が発生するらしい．とはいうもののこのプログラムの目的——エリアの経済的な便益を通じて野生動物の保全意識を地域のなかに育む——はおおむね成功しているように思われる．

プログラムは地域住民に歓迎され，サファリ・エリアは徐々に拡大している．かつて牧場や開発が行われた地域もサファリ・エリアにもどされ，野生動物の生息地として回復しつつある．現在までにサファリ・エリアは16カ所，総面積約2万km^{2}におよんでいる（国立公園野生動物管理局が管轄する全面積は約5万km^{2}で，国土面積の約13%にあたる）．しかし，すべてのサファリ・エリアがオペレーターに貸与されるわけではない．野生動物の生息密度が低い地域は「調査地域」に指定され，その回復がはかられる．また，こうした政策が定着するには，なによりも政治が安定していることが大切だ．アフリカでは政治権力が腐敗し，国家財政や統治機構が崩壊しやすい．ジンバブエも例外ではない（松本 2008，勝俣 2013）．着実に積み上げてきたこのプログラムが，大統領ムガベ（在任 1987-）の暴力による独裁と失政によっていまや風前の灯にある[14]．心配だ．一部の役人，地方の政治家を潤おすだけで，収益の地元への還元がきわめて不安定となっているらしい（佐久間 2009）．

このようなタイプのハンティング制度は，現在，規模はさまざまだが，カメルーン，中央アフリカ，エチオピア，ザンビア，ボツワナ，ナミビア，南アフリカなどで行われている．少なくともジンバブエに限れば，ライオンやヒョウ，猛禽類などの希少種を含めほとんどのすべての種を狩猟対象にしていること，（旧宗主国との歴史的関係から）欧米の金持ちのハンターを優遇し，彼らのスポーツ・ハンティングに依存せざるをえない体質をもつこと，さらには資源量調査が十分に制度化されていないことに加え，管理と運営に関する評価機関や組織が整備されていないことなど，多くの弱点が指摘できる．なかでも，管理の科学性が十分に担保されず，持続性を評価できる仕組みが欠落しているのは致命的である．

たとえば，アフリカゾウについていえば，1989年までのキャンプファイアーの収益の約60%は日本や台湾，香港への象牙輸出によってもたらされてきた．しかしそれ以降は，ワシントン条約により象牙取引は，その後2回の試験的な輸出が認められたものの，禁止されてきた．この禁止されたはずの象牙は，2009年以降，加工品（カーヴィングやハンコの断片）として，中国や日本，アメリカやドイツ，スペインなどに輸出されている (http://www.lionaid.org/news/2013/04/thumbing-their-noses-at-cites-zimbabwes-ivory-trade.htm 閲覧 2017.2.5)．欧米の環境保護団体からは「過剰な収穫」，「密猟と密輸の監視体制の不備」と指摘されてきたが，ジンバブエ政府は「持続可能な範囲」であるとの主張を繰り返してきた．その論拠はやや抽象的との批判はまぬがれない．少なくとも「持続可能性」を謳うのであれば，総生息数とその現状，増加率，加入量と捕獲数のデータ，さらにはその調査・監視体制をきちんと示す義務があると思われる[15]．利用はただちに保全を導くわけではない．だから保全の制度的な努力は開示されなければならないのである．

こうした点で，私はジンバブエの政策を全面的に支持するわけではない．だが，野生動物を生態系とともに積極的に保全することの重要性を，もっとも自然な形で地域社会に，もっとも差し迫った人々に，還元させている一点において，評価したいと思う．とくに，人口の爆発と貧困，砂漠化の進行と野生動物の減少が加速度的に進行するアフリカにあって，野生動物とその生息地を地域住民と敵対させることなしに保全できる数少ない選択肢の1つとして承認したい (Lindsey et al. 2007)．密猟もまた地域住民の強い財産意識，保全意識なしに根絶すること

などできないのである．とくに多くの国々では，観光サファリやエコツーリズムなどからあがる収益だけでは，保全活動全体を支えていくには不十分だからである．

安田（2013）は，サファリ（スポーツ）・ハンティングが導入されると，野生動物の利用権や管理権が，政府や，ハンターを斡旋するヨーロッパの観光事業者の手に移り，地域住民の狩猟や利用が禁止され，生業活動や伝統文化が奪われている現状を指摘し，この管理方法に疑問を投げかけている．カメルーンの国立公園の現地調査をふまえた重要な指摘だが，問題なのは，主導権や管理権を真にもちえない住民参加型の構造にあるのであって，サファリ・ハンティングそのものにあるのではない．再生産に大きなインパクトをおよぼすエコツーリズムもあれば，むしろ再生産をうながすハンティングもありうる．野生動物をどのような形で利用するのかは本来，地域住民の意志の問題であり，それを自発的に決定し，運営できない制度に欠陥がある．その制度をどのように構築するのか，問題はそこにある．

人間と野生動物

確かに，金持ちハンターや象牙からの経済的収益を軸とする現状のキャンプファイアーと，ブッシュミートの保全と持続的な利用との間にはかなりの距離がある．カネになる野生動物の収穫だけを追求するのであれば，それはたんに動物の商品化にすぎない．重要なのは，どのようにすれば収穫の持続性が実現できるのか，である．始まりは一部の動物が対象であっても，その経験や知識を蓄積し，地域社会のなかに組織や制度として根づかせることだと思われる．こうした実践と試行錯誤が，やがては自分たちを支える生態系やブッシュミートの大切さを理解させ，保護すべき種を峻別させ，野生動物管理と持続的な利用へと向かう，大きな飛躍につながるのではないか．一時の破壊的な収穫より非破壊的な利用のほうがより多くの富をもたらすことを人々に浸透させる以外にはない．時間はかかろうとそれが唯一の道なのではないか

と私は思う．

もちろん，東アフリカ諸国などの野生動物の絶対的な保護政策，広大な生態系の保全，そして高度に発達したツーリズムの組み合わせもまた否定するものではない．それは条件にめぐまれた地域においては大いに追求されるべき課題だ．周辺地域への被害問題，排除された元住民への補償，密猟など，解決すべき課題は山積するものの，野生動物と生態系が織りなす魅力あふれる光景――サバンナ，草食獣の群れのダイナミズム，食う者と食われる者との関係，採食系列（遷移）などなど――は生きた地球生態学の教科書として保存されてよい．それはまちがいなく野生動物の賢い利用のあり方である．最近，ケニアやタンザニアでは国立公園外に排除された元住民が地域社会に管理権を委譲する運動が起きている（Nelson et al. 2010 など）．当然のことだと思う．土地利用の代償として地域社会は自然保護地域の利益を受ける正当な理由をもっているからだ．利権の配分ではなく，地域社会が生態系と野生動物の主体的な管理者となる道を探ることが大切だ．

目黒（2014）は，コミュニティ主体の管理の結果，国立公園収入の一部が還元され，これを原資に農地を取得する動きが進行していることを報告している．すると今度は，農地に対するゾウなどの野生動物被害が多発し，多くの住民が野生動物との共存に否定的になりつつあるという．しかしたとえそうであっても，管理の基盤がコミュニティにある以上，この方向は，新しい方策や技術を取り込んで，推進されなければならないだろう．

アフリカにおける野生動物の保全と利用にはさまざまな形態がある．なにをめざすべきか，どれが正しいのか，その画一的な回答はない．要は，その社会と自然の条件を勘案し，地域住民や地域社会が自立できる多様な利用形態を認め，それに応じた保全と管理を推進することだと思われる．野生動物の保全には，なによりもまず「地域共同体による効果的な保全のための条件とインセンティブをつくる」ことが必要だ（WPI・IUCN・UNEP 1993）．とはいえ，住民

参加型管理や地域共同体管理への全面依存だけで現在の希少野生動物集団の保全が可能かどうかはきわめて心もとない．より多くのNGOの支援，研究者の協力が必要だろう（Caro & Sherman 2013）．この共同的管理は，別の表現を借りるなら，「環境ガバナンス」による管理ともいえる．環境ガバナンスとは，政府や海外NGOからのトップダウンによる強い指示と，地域住民によるボトムアップによる自発的な自治との統合の上に成り立つ概念であり（松本 2002），「共同的な管理」の実現をめざすものである．このガバナンスの成立と成長に期待する以外に道はないのである．

アフリカにおける野生動物は典型的な共有資源（コモンズ）であるといえる．ギャレット・ハーディン（Hardin 1968）は，後に紹介する有名な論文のなかで，オープンアクセスにある共有資源は，多数者が自己の利益を最大にしようとするために，資源の枯渇や崩壊を意味する"コモンズの悲劇"を招くことを指摘した．しかし世界各地の多くの共有資源が，実際には，さまざまな組織や共同体によって，資源の枯渇なしに，持続的に管理されていることを最初に対置したのは，政治学者のエレノア・オストロム（Ostrom 1990）であった．彼女は，多くの共同体には，社会的規範が存在し，その構成員の協力によって共有資源は成功裏に管理されていることを立証してみせた．この功績により2009年のノーベル経済学賞を受賞している．これには，①信頼にもとづくコミットメント，②低位ですむモニタリングコスト，③資源への近接性にもとづく質の高い資源管理能力，という，3つの条件（茂木 2014）が満たされていることが必要だと主張した．アフリカでは，歴史的に低い人口密度と稚拙な狩猟技術によって野生動物資源は枯渇しなかったが，それとともに少なくない共同体には，従来，森林，燃料，ブッシュミートなどの共有資源を対象に，伝統的な知識にもとづき，それなりの管理が行われてきたと考えることができる（Phuthego & Chanda 2004）．このことをむしろ破壊してきたのは，旧宗主国や植民地政府，そして外国資本などの外部権力

であったのではないか．オストロム（Ostrom 1990）は，持続可能な共有資源の制度設計として，いくつかの原理を提示している（第13章参照）．そこには，①共有資源の境界が明確なこと，②共有資源の仕組みやルールに関する自治権が外部権力によって侵害されていないこと，などがあげられている．つまり，共同体が組織されず排他的利用権が確立できなければ，共同体による管理は失敗するのである．持続可能な管理の土台には生きた人間の連帯が必要なのである．境界を不明瞭にし，自治権を奪い，共同体を破壊し，戦乱や難民を生み出してきたのは，いったいだれで，どのような経過であったのか，真剣に問われてよい課題である．

著名な地球環境科学者ノーマン・マイヤース（1981）はかつてこう述べた．「種の保全を至上の目的として追求するのではなく，長期にわたる人間の福祉のあらゆる面での向上に努めるという枠組みのなかでなしうるだけのことをすべきである」（林訳）と．率直で明快な「人間中心主義」の表明だ．私は，この言葉を全面的に支持する．ただしそれは，種の絶滅より人間の生存のほうが重要との同一次元の択一問題として提起しているのではない．人間の利益を大幅に犠牲にしても種の絶滅は回避しなければならない局面も含め，そこには人間を守ることと動物を守ることは表裏一体の関係，すなわち保全や管理の主体を創出することなく種を守ることはできないとの強い信念と共感がある．「なしうるだけのこと」という表現は，受動的な自然発生の範囲内での努力を意味するのではない．そうではなく，種を存続させる強い意志のもと，より攻撃的に，より積極的に人類の英知を結集すべきであることを宣言している．はたして人類はこのことに最大限の努力を払っているといえるだろうか．

11.2 ナチス・ドイツと動物愛護，自然保護

ドイツには"法正林"（Normalwald）という森林管理に関する基本概念がある．フンデス

ハーゲン（Hundeshagen 1826）が構想した古典的なモデルで，毎年，樹木の成長量に見合う分を伐採し，そのいっぽうで植林し，育林していけば，木材は安定して収穫でき，持続的な林業（人工林による）が成立することになる．ドイツらしい完璧な基準（ノーマル）だ．日本の林業もこの思想を範としてきた．数学を駆使した精緻な理論化が可能でさまざまなモデルが提案されてきたが，実際には，しかし，生態学的要因や生育条件の変化，自然災害，需給バランス，市場経済の変動などの非定常性と不確実な要因に左右され，達成されることはない．

再びアルド・レオポルド．森林官として出発した彼もまた，ある財団の後援で，当時の森林先進国であったドイツ（それは祖父の国でもあった）に渡り，林業と，その応用と考えられていた野生動物管理の状況をつぶさに視察した．後に「あまりに人工的な管理で"野生（ウィルダネス）"と多様性が欠落している」との印象を『砂の国のこよみ』に書き記している（レオポルド 1949）が，他方では滞在した社会に強い思想的影響を受けたようにも思われる（サックス 2002）．同じ本のなかには，すでにみたように「共同体への尊敬の念」とか「有機体がもつ独特の美しさ」（レオポルド 1949）といったやや全体論的な言説が散見されるからだ．レオポルドが渡独した1935年とは，ナチスが政権の座につき独裁体制を敷いてちょうど2年後，アーリア民族の優秀性と優越性を喧伝しつつ，反ユダヤ主義をかかげ，急ピッチに戦争準備へと突き進む，その序奏段階にあった時期だ．この「繁忙期」にあって，ナチス・ドイツは，今日の環境先進国ドイツを先取りしたともいえる，「動物の屠殺に関する法律」（1933年），「帝国動物保護法」（1933年），「帝国狩猟法」（1934年），「帝国自然保護法」（1935年）といった，一連の法律（ヒトラーの署名がある）を矢継ぎ早に制定している．レオポルドもその息吹を肌に感じなかったはずはない．

なぜ全体主義国家は，その他の法律に先駆け，しかも今日からみて「先進的」とも思われる，動物や自然に関する多数の法律や制度を整備し

図 11-14　ドイツ人とイヌ．公共施設を含め街中でイヌはしばしばみられ，風景の一部となっている（2012年6月著者撮影）．

たのか．それは大きなパラドックスのようにも思われる．この章では，これら法律の内容とその制定の背景，そしてこの時代に展開された動物や自然にまつわる重要な問題について追跡する．これらの法律は戦後幾度か改定され，現在にも連結している．ドイツの街を歩くと，歩道はいうにおよばずマーケットやレストラン，駅や電車のなかで，イヌを連れた多くの人々と出くわす．大型犬もいてびっくりさせられるが，イヌもまたよく調教されている．人間とイヌはごく自然に，あたりまえのように共存している（図 11-14）．こうした光景は，人間と動物との距離を接近させるような政策や法律の裏づけなしにはありえない．その意味で動物保護法が果たした役割は歴史的に大きい．

(1) ナチスの動物法と環境法

動物保護法

ナチス・ドイツの中心的な動物法制は，「動物保護法」[16]〔1933年11月制定，藤井（2009）による全文訳を許可を得て章末付録に転載〕だ．この法律は5章，全15カ条からなり，その規定は戦後も存続し，現行法の起点をなす1972年の連邦「動物保護法」にほぼ受け継がれ，その意味では動物に対するドイツ人の民族的，文

化的観念が投影されていると解釈される（浦川 2003，藤井 2008）．第1章は「動物虐待」で，「動物を不必要に虐待し，または，粗暴乱暴に扱うことは，禁ずるものとする」とあり，第2項では「虐待」する者を次のように定義する．「長期永続的にまたは反復的に相当の身体的苦痛または精神的苦痛を動物にもたらす者」．そして第2章2条で12項目にわたって具体的な禁止項目を列挙する．「世話の怠慢・遺棄」，「酷使」，「苦痛」，「キツネにイヌをけしかけるよう調教すること」，「尾切」，「麻酔なし，および不適切な手術」，「家禽の強制肥育」，家畜などを「気絶させずに殺すこと」などだ．明らかにイギリスのキツネ狩り，フランスのフォアグラづくりを想定している．注目したいのは，「生きているカエルの腿を引きちぎること」，「有蹄類の坑内使用は許可制」などが特記されている点で，後者はイギリスの"ピットポニー"（第9章参照）を指し，動物一般を公平にというわけではなく，イヌやウマ，カエルへの偏愛が奇妙に突出している（カエルについては第5章参照）．

第3章が「生きている動物の実験」（生体解剖）に関する規定で，全面的に禁止されているわけではなく「専門的な科学者，適切な設備，実験動物の麻酔を含めた十分なケア」を条件に許可制としている．第4章が「刑罰規定」で，違反者に対し「2年以下の懲役もしくは罰金」，「150帝国マルク」を科すなど，かなりの厳罰である．

この法律は条文をみれば明らかなように，「動物保護法」とはいえ，対象はあくまでも家畜または身近な動物の個体であり，日本の現在の法律でいえば「動物の愛護及び管理に関する法律」にあたり，イギリスの「虐待防止法」を敷衍したドイツ版「動物福祉法」といえる．この法律の原型は，領邦国家の時代，バイエルンやプロイセンの法律にあった「動物虐待罪」という規定や，第二帝政時代のドイツ刑法典（1871年）にさかのぼり，ただしそこでは，「不快感を与えるような（人間の）虐待（行為）」が禁止されていた．つまり行為を受け取る人間の感情を保護していた．これに対しこの法律では，人間に配慮を求めているのではなく，より積極的に，生存する「動物をそれ自体のために保護する」（浦川 2003）ことを目的とし，大きなちがいが読み取れる．ヒトラーは「ドイツ民族に動物保護のために有効な法律を授けた．人類と動物の友」として動物愛護運動家からも歓迎され，評価されたという（西村 2006）．このような法律を準備させた精神的土壌には，領邦時代からナチスへ至る系譜だけでなく，かなり深い民族的感性が背景にあるように思われる．ドイツの代表的な哲学者カントはすでに1797年の著作（『人倫の形而上学，第二部，徳論の形而上学的基礎』第17節）のなかで次のように述べる．「動物を暴力的に，また同時に残虐に取り扱うことは，人間の自己自身に対する義務によりいっそう心底から背いている．というのはそうすることによって，動物の苦痛に対する人間のうちなる共感が鈍くなりそのことによって，他の人間との関係における道徳性に非常に役立つ自然的素質が弱められ，そのうちに根絶されてしまう」（吉沢・尾田訳）．動物虐待は人間性の喪失にかかわる倫理の問題であると指摘している．それは後年イギリスで生まれる動物愛護運動よりその内実において深い．イヌやウマへの労りは人間自身の義務に還元されていた．この伝統が現在につながっている．さらにカントはこう述べる．「単なる研究のためだけの苦痛の多い生体実験は，それをしなくとも目的を達成することができる場合には，忌避されるべきである」（同上訳）．これもまたたんなる感情的な反生体解剖運動より一歩進んだ「実験動物指針」の"3R"（後述，第12章 p. 707）の内容に直結している．

ところで，この法律には，同じ年に先行して制定された（1933年4月）「動物屠殺に関する法律」の一部が重複して記述されている．この「屠殺法」には「温血動物は，畜殺に際して，出血を始める前に気絶させるものとする」（第1条，訳は藤井 2008）とあって，事前の気絶なしの屠殺が厳禁されているが，同じ規定がこの法律の第2章2条（10項）や3章7条（4

項）でも繰り返される．これは明らかにユダヤ人が行ういわゆる"コーシャ屠殺"（Koscher Schlachten）を抑圧することを目的としている．コーシャ屠殺とは，ユダヤ教で定められたやり方で，気絶させることなく，頸動脈を一気に切断し，肉から血を完全に抜き取るという方法だ（西村 2006）．ユダヤ教の聖典である「旧約」では「動物の血は食べてはならない」と繰り返し強調されている（「レビ記」17: 10-12,「申命記」12: 23, 24など）から，これは宗教と密接に結びついた方法である．それを「動物虐待」と国家レベルで認定し，非合法としたことは宗教的弾圧にほかならなかった．この動物保護法のナチスの意図の1つはここにあった．なおイギリス王立協会の"動物に対する残虐行為の防止委員会"は，1855年に，コーシャ屠殺を残虐としてロンドンのユダヤ人社会を告訴したことがあったという（サックス 2002）．19世紀後半，ヨーロッパでの動物愛護運動の焦眉の関心事はコーシャ屠殺と生体解剖だった．

　この法律の制定にともなって「動物積込および動物輸送の指針に関する命令」（1937年）が発布され，ウマ，ウシ，ブタなどの輸送の際には十分な「空間」，「飼料と清掃」が義務づけられ，また「鉄道交通命令，鉄道動物運賃表」（1938年）がつくられている（藤井 2009）．後年，ユダヤ人はあれほどすし詰めにされていたのに．ついでにもう1つの法律を紹介する．動物保護法の翌年（1936年）に制定された「生魚およびその他の冷血動物の屠殺および保存に関する法律」だ．その第1条1項にはこうある．「その肉が人間の嗜好に供される魚は殺す前に気絶させなければならない．気絶は眼の上方頭部を十分に重く固いもので，力を込めて打つことによってなされなければならない．気絶後，直ちに魚を殺さなければならない」（訳は藤井 2009による）とか，ウナギは皮に切れ目を入れ，心臓を摘出して殺してもよい，とされた（サックス 2002）．おそろしく念の入った規定だ．「生きづくり」などたちまちにして逮捕されたことだろう．これが各種魚類，カレイ類，ザリガニ，ロブスター，カエルに至るまで，「電気魚気絶装置」を使ってよいとか悪いとか，その殺し方について詳細に規定している．ああ，ほとんど病気にちがいない．実際にもこんなことがあったという．ミツバチの「8の字ダンス」でノーベル賞を受賞した，動物行動学の創始者の1人，カール・フォン・フリッシュは，「ミミズを十分に麻酔することなく解剖した」容疑で内務省から叱責を受けている（サックス 2002）．なにをいうべきか．

　鳥類保護に関しては先進的で1908年に「帝国鳥類保護法」がつくられている．これは，たとえばプロイセンではすでに1880年段階で「耕地・森林警察法」があり，そのなかで，「他人の土地で権限なく狩猟禁止鳥類を捕獲し，鳴禽類を捕獲するための罠その他これと同様の装置を設置し，鳥の巣を破壊しまたは鳥の卵もしくは雛を取り去る」ことを禁止した．これが1888年にはドイツ全体に拡張され，この法にまとめられた．これはヨーロッパの羽毛反対運動の大きな力になった．

　動物（愛護）保護がドイツの動物に対する伝統的な心構えとすれば，ドイツにはもう1つ別の動物に対する伝統的な姿勢がある．狩猟だ．

帝国狩猟法

「帝国狩猟法」（1934年）．ドイツにおける狩猟は伝統的には森林管理の一環として展開されてきた．しかし，森林管理は各領邦ごとに独自に行われていたので，ナチスは1934年に「帝国森林荒廃防止法」を制定し，森林管理を統括するために「帝国森林庁」を設置し，ヒトラーはその長官に，ナチス政権のナンバー2にして名うての狩猟愛好者ゲーリングを任命した．それは，「帝国狩猟長官」も兼ねていたからゲーリングの強い希望でもあった．そして，「帝国狩猟法」と「帝国自然保護法」がつくられ，この官庁の下で狩猟管理，森林管理，自然保護が一元的に遂行された．ゲーリングはといえば，もっぱらの関心は，狩猟を行うために彼自身がもっていた別荘を取り巻く，東プロイセンの約400 km^{2}の自然保護地域（ショルフハイデ自然保護区，狩猟獣保護区）の維持にあった

〈コラム 11-2　ゲーリングの夢〉

　オーロックスは，すでに述べたように，ユーラシア一帯に広く生息していた．ウシはこのうち中東周辺のオーロックス亜種が家畜化され（第2章 p. 85），これがヨーロッパに持ち込まれたと考えられている．この導入の過程では，ウシはヨーロッパ産オーロックス亜種とも交雑したとみなされてきた．このヨーロッパ産亜種は，16世紀中ごろのゲスナーの『動物誌』にも登場し，領主や貴族の格好の獲物で，こぞって狩猟したため，激減した．最終的にはプロイセン王国のヤクトローの森林（現ポーランド）で保護されていたが，1627年に最後のメス1頭が死亡し，絶滅した（マターニュ 2006）．ゲーリングはこの動物の再生こそがゲルマン民族の再興にふさわしい事業だと思い込んだようだ．
　2人の兄弟，ルッツとハインツ・ヘックに白羽の矢が立った．2人はそれぞれミュンヘンとベルリンの動物園の園長で，1920年代からオーロックスの再生に独自に取り組んでいた．ナチスはそれを本格的なプロジェクトにし，大々的に援助した．2人の手法は，"先祖帰り繁殖"と呼んだ品種改良法で，より先祖に近いと考えられる形質を計画的にかけ合わせるものだった．とはいえオーロックスがどのような動物だったのかは，ラスコーの壁画程度で，詳細は不明．その意味では通常の人為選択と変わらなかった．15品種のウシを12年間にわたり周到にかけ合わせた結果，"新オーロックス"が誕生したとされるが，その大半は戦時下で殺されたようだ．このプロジェクトが明らかにされたのは第二次世界大戦後の1951年（Heck 1951）で，この子孫（?）は現在でもミュンヘン（ヘラブルン）動物園で，"ヘックウシ"として公開されている（溝井 2014）．
　このヘックウシの末裔は35年後の1980年代にオランダの自然保護区に放たれ，個体数は徐々に増加しているという．これは，野生に完全にもどすことで"脱家畜化"を行い，"再野生"をつくりだす試みといわれている（Vera 2000）．ただし最近，家畜ウシとヨーロッパ産オーロックス亜種との間には遺伝的な交流はなかったとする研究結果が報告されている（Bollogino et al. 2008）．もしそれが正しければ，ヨーロッパ産オーロックスは誕生しようがないのだが．ちなみにこの兄弟はヨーロッパの野生ウマの作出も試みていて，"ターパン"そっくりなウマができたらしい．このウマも現在，オランダの保護区に導入されている（Lorimer & Driessen 2013）．

（Dominik 1992）．森林管理と自然保護については後述するとして，最初に狩猟法をみる．その序文では「自然とその被造物への愛と森林や原野での狩猟の喜びは，ドイツ国民の奥底に根づいている．かくしてドイツの上品な狩猟技術は，大昔からのドイツの伝統に寄りかかりながら数世紀を通じて発展してきた．国民の貴重な財産である狩猟と狩猟鳥獣をドイツ国民のために永久に保護しなければならない」と宣言している（フェリ 1994）．
　条項の概要を列挙すると，①狩猟者には銃の取り扱い試験が義務づけられた．②狩猟犬を原則禁止し，使用を許可制にした．これは人間が狩猟においてイヌを使うのはスポーツ精神にもとり，フェアではないことにもとづいている．③鋼鉄の罠の使用，毒物を使う残虐な狩猟，夜間照明による狩猟を禁止した．これも②と同じ理由．④苦痛をすみやかに取り除くため，負傷した獲物は必ず「止めさし」（苦しませずに殺すこと）を義務づけた．⑤割りあて以上の獲物を撃った者には厳しい罰則を科した．⑥狩猟免許取得者には狩猟鳥獣への給餌を義務づけた．そして猟師の役割を「この名にふさわしい猟師の義務は，狩猟鳥獣を狩猟するだけでなく，狩猟鳥獣にとってより健全な，より強い，種に関して，より多様な状況が生まれ，保護されるようにするために，それを養い，世話することである」と定めている．きわめて積極的だ．ただし⑥は餌付けで，行き過ぎた干渉である．この点を除けば，いずれも内容的にすぐれ，先進的，多くが現在の「ドイツ狩猟法」へ受け継がれている（野島 2010）．
　ナチスはイヌやオオカミと親和性が高い．ヒトラーは無類のイヌ好きだったし，"イヌの日"まで制定している．親衛隊はイヌ類研究所を設け，動物心理学会の研究者に対しイヌを訓練し

11.2 ナチス・ドイツと動物愛護，自然保護　637

広大な狩猟獣保護区に指定した（サックス 2002）．この森林こそ，現在ポーランド，ベラルーシ国境をまたぐ"ビャウォヴィエジャの森"だ．そこにはオオカミ，オオヤマネコ，ムース，ヨーロッパバイソンが生息していた．ゲーリングの脳裏に閃いたのは，絶滅したオーロックスをこの森のなかに復元することだった．

森林法と自然保護法

森林はドイツの自然のエッセンスといってよい．ナチスは森林を重視し，政権を奪った早い段階で「帝国森林荒廃防止法」（1934年）を制定し，森林庁長官には先述のようにゲーリングを起用した．この法律の目的は，森林を破壊から保護すること，具体的には樹齢50年未満の森林の伐採を禁止し，若木を育てた（西村 2006）．またゲーリングはドイツ中央森林会の1936年の大会で，ドイツ林業と林学が世界に提出した，「①森と民族の緊密性，②持続性，③有機的生物機構としての森林，という3つの観念はナチス思想を包含する」（ハーゼル 1996）と演説し，さらにこう続ける．「持続性の観念は現世を犠牲にして後世のためを計り，公共のために私益を断念するもので，ナチスの標語に合致し，さらに公共的観念および森林を有機体と認識することはドイツの伝統思想と感情だが，ナチスによって再び興隆した」（山縣訳）と．

この「森林荒廃防止法」との関連で，ナチスは「森林の種に関する法律」（1934年）を制定している．その前文には「ドイツ森林の価値の高い遺伝的遺産を維持し，品種改良し，同時に種的に価値の低い林分と個々の樹木を除去する」（山縣訳）ことを目的にするとある．その後に起こったことから逆算すれば，同じ思想が植物，動物，人間へと，一貫して通底し，ナチス的な法であることがわかる．森林に関する法律や政策を追求するには，さらに総合的な「森林法」を制定する必要があり，1941年，1942年に帝国森林庁はその草案を提出するが，成立しなかった．それもそうだ．戦争準備のために伐採量を大幅に増加させ，持続性の宣言など，

図 11-15　ナチス親衛隊のロゴ．もとはブルクヴェーデル（ニーダーザクセン州）の市章である．上がヴェアヴォルフ（雄狼），下がオオカミの罠（アンゲル）で，この部分が後に鍵十字の原型となった．

て会話できるように要請し，イヌ部隊の創設を目論んでいた（サックス 2002）．オオカミの罠をデザインした"ヴォルフス・アンゲル"が最初のナチス党のロゴ（図 11-15）であったように，オオカミに親近感が強い．それは"雄狼"（ヴェアヴォルフ）（第5章 p.251 参照）の復活だった．ヒツジであるユダヤ人の天敵を自認した．オオカミの研究が推奨され，ルドルフ・シェンケルは消極的に，コンラート・ローレンツは積極的に，これに協力した（サックス 2002）．ドイツ動物心理学会はこうした研究者の集まりとして組織された．イヌやオオカミに対する異常なほどの興味は，絶対的な服従性，ヒエラルキーの構造によって社会秩序が維持されていること，あるいは品種改良による「純血性」といったナチスの政策の核心に重なる生物学的特性をもっていたことによる．すでにドイツ国内にはオオカミは生息していなかったが，ナチスは1934年，将来の自国領土を想定しながら，次に述べる「自然保護法」によりオオカミを法的に保護するとした世界最初の国となった．

1939年，ドイツはポーランドに侵攻し，占領すると，その地の森林をゲルマン民族の継承遺産であるとし，周辺のポーランド人を虐殺したり，強制移住させて村落を取り壊し，一帯を

ナチスはみずから放棄してしまい，戦時下では完全に破綻してしまったからだ（西村 2006）．

いっぽう，自然保護法制の核となったのは「帝国自然保護法」（1935 年）だ．それまでにもプロイセンやバイエルンなどの領邦にはすぐれた法律が多数存在し，ナチスはこれらを土台に総括法を，ゲーリングの推進もあって，早い段階で制定している．法律のくわしい内容は北山（1990）や，西村（2006, 2014）に解説されている．記憶されてよいのは，この法律や動物保護法，狩猟法，森林関連法などは，ナチスのいわゆる「全権委任法」[17]により，議会の議決を経ることなしに制定されたことだ（西村 2014）．この法律は，序章でも紹介したように，その前文に，「過去も現在も，森林と原野の自然は，ドイツ民族の憧憬であり，喜びであり，癒しである．郷土の景観は過去と比べ根本的に変化し，景観を構成した植生は，集約的な農林業，一面的な耕地整理，そして針葉樹人工林によって様相を一変した．郷土の景観が持っていた自然の生命空間とともに，森林と原野に生命を与えていた多種多様な動物相も消失した．こうした変化は，多くの場合経済的要請によって引き起こされた」（西村訳）とあり，「国民同胞にドイツの自然美への共感を保証する」ことを目的にする，と宣言している．法の柱は，①種の保存，②自然記念物の指定と保存，③自然保護区の指定と保全，④景観の保全，であった．①種の保存では，a）植物の毀損，引き抜き，掘り出し，b）罠を仕掛け，捕獲または殺傷，c）動植物の持ち込み，d）土地の改変および変更，などを禁止した．c）では動植物の人為的移動に着目している点で先見的だ．

②自然記念物については，まず次のように定義される．「個々の自然の造形物であり，その学問・歴史・郷土学・民俗学にとっての意義から，あるいはその他の固有性のため，その維持が公共の利益にかなうもの」（西村訳）．北山（1990）は日本の「天然記念物」とは異なるとして「自然記念物」と名づけているので，ここでも踏襲する．"エクスターンシュタイネの巨石群"，"ヘルゴラント島の海鳥繁殖地"，巨木・古木など約 5 万件が指定され，保存された．

③自然保護区もまた「全体，あるいは部分的な保護が，その学問・歴史・郷土学・民俗学にとっての意義から，あるいはその景観美・固有性のため，公共の利益にかなう」（西村訳）地域と定義される．ワッデン海地域，アイフェル地域，ベルヒテスガーデンなどが指定された．自然保護区に隣接する私有地は，法律の規定上は「収容され得る」と記述されている．

④景観の保全については，これに先行してプロイセンなどでは「景観の傑出した地域の醜悪化防止法」などの法律ができていて，新築や改築，広告看板などを制限し，国土の美化や文化景観の維持に貢献していた（野呂 2002）．これらの法律は「郷土保護運動」と結びついて発展し，自然保護法にまとめられた．法律では，広告看板などについては警察命令によって，指定地域の新築・改築は知事の命令によって，禁止された．

この法律はドイツ民族主義を過度に強調しつつ，また「公益は私益に優先する」とのナチス的原理を垣間見せながらも，明らかに自然や文化財の重要性を周知徹底させることを目的とした．きわめて体系的・包括的で，しかも（文言上は）強力だった．おりしもドイツの自然保護運動は大きな発展を遂げつつあった．ボンに本部のあったドイツ動物保護協会は 1892 年当時 7 万人の会員を擁していた（藤井 2008）．羽毛帽子の反対運動を契機に 1899 年に発足したドイツ鳥類保護連盟[18]は，1902 年には会員 6100 名を擁するようになり，12 年後の 1914 年には 4 万名を突破した（Dominick 1992）．1909 年にミュンヘンで設立されたドイツ自然保護公園協会はわずか 4 年後に 1 万 6000 人の個人会員と 600 以上の団体会員を擁するまでに成長していた（Schmoll 2004）．そしてバイエルン自然保護同盟は 1939 年には「ヨーロッパ最大の自然保護団体」としてその名をとどろかせた（ユケッター 2015）．動物保護や自然保護に関心のある人々や運動家はこの法律を絶賛し，もろ手をあげて支持した．実際にも自然保護区の数は際立って増加し，1940 年までには 800 カ所に

達した．「ナチス時代のほかにはドイツ史上，これほど短期間にここまで多くの自然保護（区）地域が指定された時代は後にも先にもなかった」（ユケッター 2015）．

この法律を動かすために上級・下級の"自然保護庁"とその助言機関としての"帝国自然保護局"が設置され，国土計画や地域の開発計画に関与できるとされた．そしてその自然保護局のなかには，運動家のうちから1100名あまりの「自然保護受託人」が任用され，実質的な業務を分担したという（西村 2014）．しかし，時間の経過とともに，この法律は，実際には，人員も体制も不十分のまま，かけ声だけの機能不全に陥ってしまったし，戦争に突入するや保護区の内実も貧相になった．最大の国土改造計画，アウトバーン建設でも一切の関与は許されることなく，戦争準備のなかで権限は実質的に消滅していった（ユケッター 2015）．自然保護の思想とナチスのそれは本質的には相容れなかったのである．ドイツ全土で600-700を数えるまでにふくれあがった動物保護団体は，1938年にはナチスの指導のもとで"ドイツ動物保護連盟"へと糾合された．その加入条件には「ドイツ人またはこれに準ずる血統の個人」とある（サックス 2002，藤井 2009）．ヨーロッパを焦土に変え，もっとも"緑（グリーン）"と縁遠かった政治はもっとも"緑（エコロジー）"を身近に演出した．地獄への道は緑の迷彩で塗り固められていた．

民衆運動とその背景

自然保護法を推進させた運動の1つに，"郷土保護運動"というものがあった．西プロイセン博物館の館長，フーゴ・コンヴェンツと，ベルリン王立音楽大学教授エルンスト・ルドルフ，ミュンヘン大学教授兼バイロイト博物館長ヴィルヘルム・リールらが主導した運動で，19世紀末から多くの市民を巻き込んで成長し，1904年にはドレスデンで"郷土保護連盟"が設立された．この連盟のおもな活動方針は，①文化財の保護，②受け継がれてきた田園地域・庶民的な建築物の保護（現状維持），③廃墟を含む風景・景観の保護，④土地固有の動植物ならびに地質学的な特徴の維持，⑤民衆芸術，⑥習俗・風習・祝祭民族衣装の保存，であった（高橋 2004，北山 1990）．主要な関心が文化的・伝統的なものに傾斜しつつも，動植物や自然記念物の保護も含まれていて，「帝国自然保護法」の原型をなしていたことがわかる．この組織は1914年には25以上の地方協会と，3万人以上の会員を擁するまでになり，ヴァイマル共和国へも引き継がれていく．なぜこのような運動が芽生え，成長していったのか．

19世紀半ば，ドイツにもようやく産業革命のうねりが押し寄せ，急速な工業化とめざましい経済発展のもと，平地の開発，森林の伐採，河川や沼沢の埋め立てや改変，そして環境汚染が進行した．同時に農村から都市へと大規模な人口流動が起こった．1860-1925年，ドイツ全体で2200万-2500万人が都市へ流入したといわれ（赤坂 1992），イギリス同様に，住環境や公衆衛生の問題が発生し，景観が一変した．働き手を失った農村は疲弊し，農地は放棄され，この結果，穀物は輸出国から輸入国へと転落した．このような社会と環境の巨大な変容に反発する形で自然保護運動が発生し，高まっていった．しかしそこに文化財や民俗，景観の保護が大幅に重なるのはなぜか．ここにはドイツならではの歴史が反映されているように思われる．

人々が拠って立つ足元に目を移せば，そこには群小の領邦[19]が乱立したままの中世ドイツの旧態があった．この国は，はたして1つの領土と経済圏をもつ統一国家をつくりあげることができるのか，このいらだちにも似た気分が人々の間には鬱積していた．そうでなければ，われわれはヨーロッパの後進国として他国の後塵を拝してしまう．こうした危機感や焦燥感はしだいに，ドイツ人とはなにか，国や文化とはなにか，といった自問自答へと収斂されていった．それは，地縁，血縁，友情などから自然発生した共同体を意味するドイツ独自の"ゲマインシャフト"という郷土愛とも共鳴して，自分たちのアイデンティティを確認する真剣な問いかけに集約されていった．有形無形の文化財や民俗，景観の探索と育成，保護はその究明の一環だっ

たにちがいない．それはよい．だが，濃厚な危機意識を背景に，追究は普遍性よりもむしろ特殊性へ傾倒していった．民族の起源，他民族とのちがい，そして優秀性などの「発見」は，やがて急進的なナショナリズム，「ドイツ民族主義」として発酵していったように思われる．

これを背景にドイツは，普墺戦争（プロイセン‐オーストリア戦争，1866年）と普仏戦争（1870-1871年）の勝利に乗じて，もっとも精強な軍隊を擁していたプロイセン王国を中心にビスマルクが統一を達成した．神聖ローマ帝国を「第一」とすれば，これをドイツ「第二帝国」といい，その後のドイツ革命でヴァイマル共和国となるが，不安定のままに推移し，やがてナチスの台頭となる．そしてここにドイツは史上最初の中央集権国家，すなわち「第三帝国」となる（坂井 2003）．

ワンダーフォーゲル運動

こうした歴史的動向を背景に，多彩な運動や流行が起こった．ドイツ（圏）には中世以来「遍歴学生」という伝統がもともとあった．たとえば夭折の作曲家，シューベルトには「旅」や「さすらい」をテーマとする多数の"ドイツ歌曲"があり，そこでは，若者が放浪や遍歴を繰り返しながら，自然や社会について思索し，魂の成長が歌われる．これがドイツロマン主義の土壌でもあった．この土壌から芽生えたイベントの1つが若い学生のエネルギーをたまたま吸収した．ラカー（1985）によれば，ドイツの"ワンダーフォーゲル運動"は，とある高等中学校にあった"速記術研究会"の遠足に端を発したという．その遠足はなにかを予感させる創造的な取り組みだったようで，主催者のヘルマン・ホフマンとその友人カール・フィッシャーは遠足後にさっそく"ワンダーフォーゲル・学生遠足会"という結社とその規約をつくり1901年に活動を開始した．山歩きがもっぱらの活動だったが，それとともに地域の伝統文化の掘り起こし，とくに民謡を採集し「ワンダーフォーゲルの歌」としていった．

出色だったのは，当時の最先端だった写真で記録したこと，それにイラストや解説文をつけて宣伝活動をやったこと．この組み合わせはたちまちのうちにドイツ全土の若者の心をとらえ，都市を中心に各地で支部がつくられるようになった．これに，1909年にはプロイセンの小学校教師，リヒャルト・シルマンが，青少年少女に安全で安価な旅を提供しようと"ユースホステル運動"を開始して合流した．両者はその後，世界中に広まった．そして1913年にはワンダーフォーゲル運動のリーダーたちが集まって"自由ドイツ青年運動"[20]という組織を結成した．そこではすでに気楽なハイキングやトレッキングの発想は後景に退き，ドイツ精神の復興を旗印に硬派の方針に彩られた．ナチスはその急進的民族運動のさまざまな分派の1つだった．なお，この時代，国家や巨大組織が青少年（少女）を組織し，（さまざまな形態で）教育を行い社会活動させる団体が生まれた．"YMCA"はキリスト教団によって1844年に，"ボーイ（ガール）スカウト"はイギリスの退役軍人によって1908年に，それぞれ組織された．

有機農法

ドイツでは「有機体思想」の定着に呼応するかのように，1920年代から「有機農法」が流行するようになった．オーストリア帝国出身の神秘主義思想家，ルドルフ・シュタイナーが唱導した"バイオダイナミック農法"（BD農法）で，心霊的な色彩の濃い農業である．シュタイナー自身はけっして農業プロパーではなく，むしろ教育や社会改革の分野で活躍する有名人（副総統のルドルフ・ヘスも心酔者の1人といわれる）で，この農法の開発は，農民から土壌の劣化や減収の相談を受けたことが発端だったらしい．これがナチス政権の民族主義的なイデオロギーの1つである「血と土」の政策として，食料・農業大臣ヴァルター・ダレによって評価，推進された（ブラムウェル 1992）．その特徴は，①占星術にもとづく独自の「農業歴」を用いる，②農場を，畑，土壌，生垣，沼池，家畜，人間などから構成される生命有機体の個体ととらえ，その自律的な運動を重視する，③工場生産され

る化学肥料を外部から与えられる異物として拒否する．④その代用に農場内で生産される家畜の糞尿や堆肥などの有機肥料を用いる，である．

どれもが理解しにくいが，なかでも化学肥料に対する不快感だ．アンモニア（硫安）の化学合成にいち早く成功したのは，ほかでもないドイツ（1906年）である．それは第一次世界大戦中，火薬の原料にもなったが，肥料としても販売された．新製品が登場してそれほど時間が経過していないにもかかわらず，拒絶感が蔓延したのは，当初爆発的に使われたものの，多投が災いし土壌の劣化が発生したこと，また費用が農家経済を圧迫するようになったことだといわれている（藤原 2005）．「有機農法」の提案はその代替として歓迎され，ただちに推進普及団体が発足した．その名は，農業を人間に教えた豊穣神にちなみ"デメテル協会"といった．そうあのデメテル神だ（第4章 p.174）．とはいえ，肥料には水晶や，ウシの角，動物の骨を使うなどかなり胡散臭く，通常の方法に比べてとくにすぐれていたという証拠は，当然だが，存在しなかった（Reganold 1995）．一度は称賛したナチスだが，生産性の低さに（また化学肥料を使うよう仕向けるために）この農法を禁止している．

藤原（2005）は，しかし，この農法がなお強制収容所のなかで実験的，系統的に続けられていた事実を驚きとともに指摘し，次のように述べる．「ナチスの人種主義が決して生命感覚の鈍麻から生じたものではなく，むしろ『生命』の充溢と氾濫と過剰から生まれていることを意味している．ユダヤ人の『生命』を『もの』のように処理する精神を支えていたものは，ドイツの農場，農法，農民，土壌をいかに細部に至るまで『生命力』をみなぎったものにしているか，という溢れんばかりの生命観だった」．

こうした一種のエコロジー運動の先駆けのなかにあったのは，このほかに「生活改善運動」，「禁酒運動」，「菜食主義運動」，「裸体主義運動」，「田園都市運動」，「共同体建設運動」，「嫌煙権運動」などだった．ナチス政権の登場前夜，ドイツ社会は自然への回帰，有機体讃歌，神秘主義と民族主義の高揚のなかにどっぷりと浸っていた．そしてこのエコロジー運動を育んだエコロジー思想もまたこのドイツ社会のなかに萌芽していた．

この動向はドイツだけにとどまらなかったようだ．「異相」と思われたアフリカの国立公園もまた，その出発点が狩猟と自然保護にあったという点ではエコロジー思想であったといえよう．その思想が帝国主義や人種差別と結びついたときいかに大きな問題を生み出すのか，私たちは再確認しておく必要がある．

（2）ナチス・ドイツを準備した生物学——ヘッケルの一元論

生態学（ecology）を志す人にとってエルンスト・ヘッケル（1834-1919）の名は忘れがたい．"エコロギー"（Oecologie，英語ではエコロジー）という言葉を最初に造語した人物だからだ．彼はその主要著作，『一般形態学』（1866，全2巻，合計1200ページ以上の大著）のなかで，「関係生理学」の1分野としてエコロジー（ギリシャ語の「家計」を表す「オイコス」と学問を表す「ロギー」の合成）を定立し，次のように定義した．「生物とそれを囲む外界との関係を扱う総合的な学問と理解され，この外界には広い意味ではすべての『生存条件』が含まれうる．これらの生存条件は，生物学的自然の場合もあるし，無機的自然の場合もある」（佐藤訳）．じつは同じ領域にもう1つの別の分野が存在する．"コロロギー"（Chorologie）で，こちらは「生物の空間的な分布，地球表面における生物の地理的，地形的な広がりを扱う総合的な学問領域」と定義した．つまり，ヘッケル自身は，「生物とその外界との間に成立する諸関係」は「エコロギー的諸関係と，コロロギー的諸関係の総体」であるとし，前者が基本的には生物の個体レベルでの一定空間における環境（生物も含む）との関係を対象とするのに対し，後者は生物の集団レベルの分布，移動，生物地理を扱う領域と考えていたようだ（佐藤 2001）．2つの区分は今日的にはまったく意味をなさないし，ヘッケル自身は生態学上の業績

はほとんどないといってよい[21]が，生物学のなかに生態学を定義づけ，認知させた意義は大きい（沼田 1967，佐藤 2015）．

彼はまた「個体発生は系統発生を繰り返す」[22]といういわゆる「（発生）反復説」の提唱者としてよく知られる（この説とヘッケルの名は 2012 年の改定以前の高校「生物」の教科書に掲載）．この説（くわしくは後述）もまた『一般形態学』のなかで展開され，そこでは，彼が発見，記載した無脊椎動物を中心に（ヘッケルは 3700 種以上の新種を記載した），形態や構造，その発生が詳細に比較されている．それ自体は進化論以前の旧式の形態分類学の継承だ（田隅 1980）が，異彩を放っていたのは，この解剖学的視座を高等動物や植物へも拡張し，無生物と生物との連続性，動物と植物の一体性，精神活動と自然との結合といった，彼の一元論的世界観を解説，主張していたことだ．

同時にヘッケルは，ダーウィン進化論のドイツでの唱導者であり，自他ともに認める戦闘的な啓蒙家だった．専門書，普及書を問わず多数の著作を出版し，また精力的に講演や社会活動を行い，進化論と自分自身の思想の普及に努力した．これらの活動を通してヘッケルはドイツ社会だけではなく，西欧社会に大きな影響を与えた．彼の著作はその断定的な物言いと大胆な表現の魅力によって広く読まれ，たとえば『世界の不思議』（1899）は当時のドイツ語圏で 50 万部も売れた大ベストセラーだったし，『自然創造史』（1868）は出版後 11 年で 7 版を重ね，これらの著作は英訳や和訳（『宇宙の謎』，『自然創造史』）され，世界中で広く読まれた．これら一連の著作を通して，彼はキリスト教とその自然観を全面的に否定し，自然が真理の源泉であり，人間は自然の法則にしたがって生きることこそ合理的だとする思想（「自然宗教」）を提唱した．こう書けばヘッケルは徹底した唯物論者かといえば，大きな疑義が生じる．

こうしてみるとヘッケルのなかに，当時のドイツ博物（自然史）学の発展と生物学，ドイツロマン主義の自然観，世界観，ドイツの一元的な自然観が凝縮されていることがわかる．この人物を通して，ドイツにおける当時の社会や思想状況，動物観と自然観について考えてみよう．アンナ・ブラムウェル（1992）は，『エコロジー，起源とその展開』のなかで，ヘッケルが果たした役割を，学術領域での生態学の創始者だったばかりでなく，思想領域にまで拡張し，その全体論的一元論が社会改革の視座を提供したと指摘し，その意味で現代につながる"エコロジー運動"の創始者であると主張した．いっぽう，ダニエル・ガスマン（Gasman 1971, 2004）は『国家社会主義の科学的起源』のなかで，ヘッケルの生物学説とその一元論的な世界観や思想はやがて国家社会主義（ナチズム）と結びつき，その運動の主要な理論的根拠となった，との見解を表明している．いったいどちらが正しいのか．ヘッケルはなにを思索し，どのような思想を創造し，人々になにを啓蒙したのだろうか．

ヘッケルの意識のパラダイム

19 世紀末から 20 世紀にかけては科学の大きな転換点だった．生物学においては博物学の熱狂と顕微鏡の普及によって，生物の観察が格段に進歩したが，その波はやや遅れたもののドイツにも到達した．しかし，その後の展開は瞠目すべきものがあった．フォン・ベアは哺乳類の卵母細胞を発見（1826）し，比較発生学の分野を切り開いた．シュライデンによる植物細胞の発見（1838）と，シュワンによる動物細胞の発見（1839）によって「細胞は生きた単位であり，すべての生物は細胞から成り立つ」との細胞説が確立された．ほどなくネーゲリが染色体を発見した（1842）．さらにはフィルヒョウによって「すべての細胞はほかの細胞に由来する」（1858）との病理学の基礎がすえられ，そこにコッホなどを中心にドイツ医学が勃興していった．またヴァイスマンによる生殖細胞と体細胞の区別や実験発生学の確立など，一連の業績によってドイツは生物学・医学の分野で世界をリードするようになった．ド・フリースによってメンデル遺伝学が再発見され（1900），サットンは染色体が遺伝を担う「染色体説」を提唱し

た（1902）．博物学はしだいに緻密になり，体系化が進み，本格的な生物学がスタートしたといってよい．また，体や骨の形態を比較する比較解剖学や比較形態学として発展していき，それが比較発生学と結びついて，進化論や系統研究の基礎となった．

他方，物理学を中心とした自然科学の分野においても，シュテファンが実験を行い（1879），ボルツマンが理論化（1884）した電磁波の研究，レントゲンによるX線発見（1895），ベクレルによる放射線の発見（1896），トムソンによる電子の発見（1897），キューリー夫妻によるラジウムの発見（1898），プランクによる量子論の提唱（1900），そしてアインシュタインの登場など，いずれも「見えない世界」において驚異的な進展があった（ドイツ圏の科学者の貢献が著しい）．これらは，なかでも1895-1900年のわずか5年の間に集中している（柴山 2004）．

こうした科学の巨大な発展は，キリスト教とその世界観を根底から揺るがし，もはや妥協や折衷では糊塗することはできなくなっていた．ここに理神論や自然神学は急速に，そして実質的に，崩壊してしまった．自然科学が，その実証主義にもとづく「切断」によって，キリスト教から独立し，完全に自己運動を開始するようになった（小田垣 1995）．この状況は，急激な社会の変貌と宗教改革を経験した，とくにドイツにおいてめざましかった．キリスト教の絶対性や唯一性が放棄されるいっぽうで，その代替としてどのような思想や意識が生まれ，この時代の意識や知のパラダイム（"エピステーメ"「枠組」，フーコーの提唱）のなかに，流入し，注入されたのか，探ってみよう．

ドイツロマン主義とヘッケル

1つはドイツロマン主義と呼ばれるものだ．ロマン主義は「機械論」に対する反発から生まれた思想で，有機体論はその核として提示された．このロマン主義の伝統は生物学分野でいえばゲーテ（1749-1832）にさかのぼることはまちがいない（図11-16）．ゲーテは自然を全体としてとらえ，進化概念をもった人物として知

図 **11-16** ゲーテと愛用の顕微鏡．ゲーテ博物館，デュッセルドルフ（2012年6月著者撮影）．

られる．この分野でもっとも有名なのは，切歯の生える上顎骨はほぼすべての哺乳類に共通していて，本来は独立した骨だが，ヒトの場合には上顎骨と完全に癒合しているのを発見したことで，ヒトは哺乳類の一部，サルから進化したと解釈した．この結合部を走る縫合を"切歯縫合"[23]という（大鶴 1999）．もう1つはいわゆる"メタモルフォーゼ"（変態とか変容の意）論で，生物は「原型」（原植物や原動物）から出発して，無限に生成・変化する多様な運動体であるとした（福元 2006）．「すべての比較的完全な有機体自然は，一つの原形象に基づいて形成されており（中略），日々生殖において形成と変形が加えられていく」（ヘッケル『一般形態学』のなかに引用されるGoethe 1796の文章，福元訳）．この原型からの変容過程をゲーテは「進化」（"Entwicklung"発展，創造の意）と解釈したのだった．ロマンティシズムの本質とは，認識の外に存在する「永遠」への思慕であり，到達不可能なものへのあこがれであり（小田垣 1995），その底流には（スピノザ流の）強い汎神論的世界観が流れている．ヘッケルはこのゲーテの思想をまちがいなく受け継いでいる．

ヘッケルの『一般形態学』のなかにはこうある．「今日地球上に生息している，あるいはかつていつの時代かに生息したことのあるすべての有機体（生物）は，漸次の変化と緩慢な完成によって，ごく少数の共通する祖先形態から発

展してきたものである」（福元訳，一部変更）．またダーウィンの要約としてヘッケルがまとめた次の例（ヘッケル 1863）はより鮮明だ．「……，いかに多様に異なっていても，全部がいくつかの僅かな，いやおそらく唯一の祖先型である極度に単純な原子生物から長大きわまりない年月の間に徐々に発達してきたものである」．これらの言説はゲーテそのものといってよい．さらにこの理論を精緻なものとするために，彼は，"モネラ" や "ガストレア" といった仮想生物を造語し，無生物と生物の中間段階のミッシングリンクに，動物の共通の祖先に，それぞれ採用した．新たな造語をつくるのは彼の得意とするところだった（田隅 1980）．これらの仮想生物は「（卵から複雑に分化する）個体発生は（単細胞から多細胞へ至る）系統発生を繰り返す」との反復説の中心概念であり，補強でもあった．ここに登場する「個体発生」(Ontogenie)も「系統発生」(Phylogenie)も彼の造語による概念だ．ここには同時に彼独自の徹底した一元論が表明され，こう述べる．「自然界においては無生物と生物の間には境界などは存在せず，両者は本質的には同じ物理的科学的な法則に支配されたものであり，その差は進化の段階の差にすぎないのである」（佐藤訳）．ヘッケルの思想にあっては「無機物と生物」，「植物と動物」，「精神と物質」，「神と世界」はけっして分離できるものではなく，一体化していた．その統一原理こそが「進化」なのであった．混沌とした境目のない世界には感覚や精神があまねく漂い，「あらゆる自然物には精神と活力が宿る」(Haeckel 1905)との汎神論的世界観を誘導している．物質とエネルギーを1つにすることで，ヘッケルは「スピノザの汎神論的一元論に，自然科学の衣を着せた」（佐藤 2015）．それはドイツロマン主義の1つの帰結でもあった．

ヘッケルは啓家家であり，ドイツにおけるダーウィンの熱烈な支持者であり，熱心な唱道者であった．その戦闘的な「表向きの」唯物論にもとづいてダーウィンの「進化論」を喧伝し，ドイツでの受容を飛躍的にうながした．さらに は，『自然創造史』，『人類の進化』，『世界の不思議』といった，彼独自の一元論にもとづく一連の啓蒙書は，それが "ダーウィニズム" かどうかは別として，「進化思想」の普及と伝播に多大な貢献をなしたことはまちがいない．ダーウィンの「進化論」はこのドイツの地において科学理論から哲学・思想へと「深化」し，開花したのだった．だが，ヘッケルがほんとうの意味でダーウィンを理解していたかどうか，は大いに懐疑的である．たとえば，「(自然)選択」(Auslese)と並んでダーウィンの重要な概念である「適応」(Anpassung)——彼はそれを進化の原動力とみなしていた——については記述がほとんどなく，関心を示していない（ボウラー 1992）．"メタモルフォーゼ" とほぼ同義語として，おそらく劣った形質の除去装置として理解していた．

また「反復説」においては，グールド(1987)が指摘するように，ヘッケルは有用な変異は親がその生涯の間に積極的に獲得したもので，それらは遺伝によってその子孫に受け渡されるとのラマルク説を進化理論の軸にすえていた．「反復説は本質的にラマルク的な概念なのであって，ダーウィン的なそれではない」．みずからもダーウィン主義者として任じていたヘッケルが普及させたのは，ダーウィンの科学理論であるというよりはむしろヘッケル自身の一元論的哲学だった．ボウラー(1992)は，ヘッケルのダーウィン的原理へのこだわりは「いい加減であった」と評価し，「偽」ダーウィニストと断じている．

ヘッケルは生物が神の創造ではなく進化の所産であることを示した点ではダーウィンと同じではあったが，ダーウィンが進化の機構を提示したのに対して，ヘッケルは進化の結果——形態学上の連関性とその再構成，に法則性をみいだそうとしていた．ヘッケル(1863)が「ダーウィンの根本思想はけっして新しいものではない」と述べ，ほかの進化思想（けっして同じではないラマルクやゲーテもごちゃまぜに）と同一視しているのは，ダーウィンの理解の浅さをいみじくも露呈していて興味深い．しかし，こ

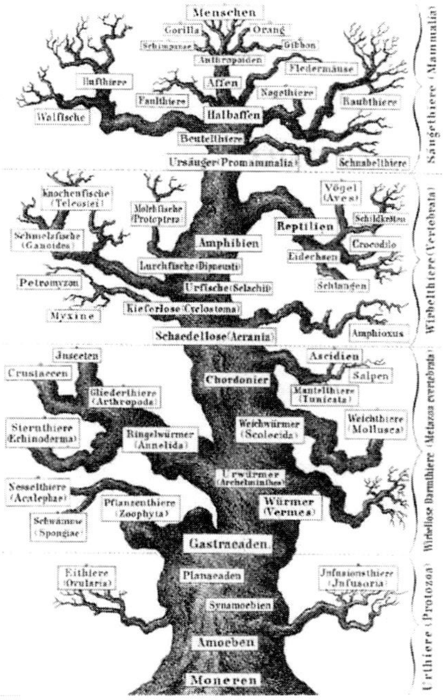

図11-17 ヘッケル（Haeckel 1874）の『人類学または人類の進化』(Anthropogenie: oder, Entwickelungsgeschichte des Menschen) の第2巻に掲載された有名な人類の系統樹．上方へと向かう太い枝があり，人類はその頂点に進化の最終産物として描かれている．

のことによってみいだされた彼の進化の再構成は，『人類の進化』(1879) に掲載された有名な図によく現れている（図11-17）．そこには上方のヒトへと向かう太い幹があり，その頂点には進化の最終産物であるとするヒトが描かれ，ほかの生物は途中段階のそれぞれの枝に押し止められている．明らかに進化は人類を生み出す前進的な目的論として解釈されている．この枝はなにを意味するのか，人間以外の生物は進歩を停止した「生きている化石」としてのみ扱われる（ボウラー 1992）．似たような図に私たちはときどきお目にかかることがあるが，系統進化を示すこの図はダーウィンの発想とは抜本的に異なっている．おまけに，ヘッケルの場合には，ここに胚から成長するヒトの個体発生の過程がかぶるのである．こうして，地球上のすべての動物は，ヒトの成長過程にある途中段階でのそれぞれの枝，つまり未完成の枝として位置づけられるのである．ヘッケル(1863)は「未来は進歩だけのものなのです」と臆面もなく述べるが，そこには進化＝進歩とする教条だけが先行している．

ところで，ダーウィン（Darwin 1859）の進化論では生物進化の単位，つまり自然選択の対象は「個体」だった．この点は明確であり，ゆるぎない．しかしながら，ヘッケルの場合にはきわめてあいまいなのだ．ときには「個体」であったり，ときには民族や人種，国家にまで拡張された．前者の場合，たとえば『自然創造史』では，優生学を採用した人類最初の国家としてスパルタを称賛し，「社会の衰退」は懸念されるので，その「凋落と転落」を避けるために優生学の導入を勧めたり，他方では，よりあけすけに，永久に消えることのない病をもつ親が，医療のおかげで寿命が延び，その不治の病を子孫が受け継ぎ，ますます増えることは問題であると主張する．後者の場合には，民族や人種，国家は，全体論のアナロジーとして，1個体あるいは1つの有機体とみなされ，「生存闘争」の場へとただちに引き出される．「動植物の類縁関係と同じ進歩の法則が人類の歴史的発展においてもいたるところで作用している．……なぜなら，市民的，社会人的関係においても同じ生存闘争と自然選択の原理が存在し，人びとをいやおうなしに前進に駆り立て」る（ヘッケル 1863）．

この思想はホッブスの「万人の万人に対する闘争」における「淘汰」の延長上にあり，同時代のハーバード・スペンサーの「社会進化論」を誘起させているようにみえる．スペンサー（Spencer 1864）は『種の起源』に啓発されて『生物学の諸原理』を書いたと述べるが，むしろヘッケルに近い．彼は「自然選択」や「生存競争」に代えて，"適者生存"(survival of the fittest) という用語を造語し，これこそが社会発展の原動力であり，人間社会は敗者の犠牲の上に勝者が栄える「弱肉強食」の原理にもとづいて進化するとした．その単位は，すぐれた個人，強者の集団，優秀な民族，秀でた人種とないまぜで，驚くほどヘッケルに重なっている．社会進化論とはダーウィンの"生存のための闘争"の概念を基盤に自然を競争的にみるイデオ

ロギーである（Weikart 1993）とされるが，その論拠はダーウィンではなくヘッケルにあるように思われる．社会進化論はその単純明快さゆえに，たちまち一世を風靡した．スペンサーは同時に社会有機体論者で，全体は部分の単純な総和ではなく，全体こそが部分に先行するとの全体論に立脚していた．ガスマン（Gasman 2004）は，ヘッケルが人類の単一種への統合に異議を唱えて反対し，人種間のちがいはクマ，オオカミ，ネコ間のちがいより大きく，重要であると述べたことを紹介している．ナチスは後にこのヘッケルやスペンサーの「生物学」を徹底して利用したのである．

ヘッケルは自分の一元論思想を広めるために1906年に"ドイツ一元論協会"を創設した．高齢のため会長にこそならなかったが，老いてもなお精力的に活躍する実践の人だった．この協会の目的は，国家と教会を分離し，キリスト教に代わって「真・善・美」を理念とする一元論的世界観を普及しようとするものであった．それは，ヘッケル自身によって「自然宗教」と名づけられた．こう述べる．「教会信仰とは独立に，すべての人間の胸には，真の自然宗教の萌芽が存在しています．それは人間的存在そのもののもっとも高貴な側面と，密接不離なものです．その宗教の最高の掟は，自然に生じる利己主義を同胞の利益のために，また自分がその一員である人間社会の福祉のために，抑制する愛です」（ヘッケル 1877）．これは一神教絶対神の異教的多神教への置き換えであり，汎神論と神秘主義の復活にほかならない[24]．この単純な「利他主義」は共同体のヒエラルキーを認め，上位への服従を容易なものとした．「個体発生は系統発生を繰り返す」との命題は，系統という全体が個体という個を規定していることを意味し，その逆ではない．この点ではこの命題もまた確固とした全体論でもあったといえよう．

ヘッケルの命題が再び脚光を浴びるようになったのは20世紀後半，遺伝子の解析が進んでからだった．大腸菌やハエ，人間を含むさまざまな生物の遺伝情報が分析されると，じつに多様な知見が得られたが，その最大の知識の1つは，形態が著しく異なるにもかかわらず，生物体を形づくるタンパク質と，それをつくりだす遺伝子は広く共有されている事実だった．材料と設計図は同じなのだ．問題だったのは，この共通性にもかかわらず，なぜ形態の多様性が生まれるのか，である．大きな進展は，形態発生の過程でスイッチの役割を果たす調節遺伝子（たとえば"Hox 遺伝子"など）の存在が突きとめられたことである．しかもこの遺伝子はハエからニワトリ，ヒトに至るまで共通であることがわかった．つまり，これら調節遺伝子群のさいな突然変異とそのスイッチのやりくりこそが生物の形態の進化と多様性をもたらしているのだ（解説はたとえばキャロル 2007）．この研究分野は"進化発生生物学"（Evolutionary Developmental Biology），通称"エボデボ"と呼ばれ，さらなる研究の進展が期待される．さて，この"エボデボ"からヘッケルの命題をみると，どうなるのか．

脊椎動物の発生過程においては，正常に発生を継続するために変化できない，"ファイロタイプ"（phylotype）の段階と，ある程度の変化が可能な段階の2つがあると考えられる．前者の段階では調節遺伝子群が働いたり，ある相互作用が全体に影響をもたらすと解釈される．したがって，この段階では進化による分岐と同様のパターンで進行しているようにみえる．しかしそれはみえるのであって，個体発生はもちろん系統発生を反復しているわけではない．けっきょく，「個体発生は進化によってつくられる」（倉谷 2008）ことになる．個体が進化の単位であるとすれば，選択された遺伝子のスイッチ群の操作が個体発生をつくり，その結果として進化が起こるのである．

ヘッケルが多様な動物の形態学と発生学の研究の果てに到達した地平は，柴山（2004）も指摘するように，自然が真理の源泉であり，人間生活の指針となり，自然を崇拝し，自然の法則にしたがって生きることこそ合理的かつ理性的であるとの確信だった．このような自然信仰の普及が，これまでに述べてきた有機農業，生活改善運動，ワンダーフォーゲル運動，田園都市

運動の発展に寄与し，動物愛護法や自然保護法の制定をうながしたことはまちがいない．ヘッケルの後ろ姿はドイツ社会に根深く，長い影を落としている．

（3）全体論生物学の系譜

養蜂という生業と結びついてミツバチは，蜜や蜜蠟をもたらし，人間社会を映す隠喩として，人類の友人であり続けてきた．なおドメスティケートされないままに．これに対してアリは，ミツバチ同様に興味深い社会をもっているにもかかわらず，なんの産品ももたらさないためなのか，地中に巣をつくるからなのか，近世になってもほとんど注目を集めることはなかった．大きな関心が集まるようになったのはやはり『種の起原』（1859）以降で，ダーウィンはこのなかで，アリについてのおもしろい，当時の最新知見を3つ披瀝している．1つは，アリとアリマキの相利共生に関するもので，そこではダーウィン自身の実験も含めて，「本能」もまた自然選択されることを解説している．2つは，スイス人ナチュラリスト，ピエール・ユベールの『アリの自然誌』（Huber 1820）から，他種のアリの巣を襲い，サナギを育てて，奴隷にする（社会的寄生性）アリ（アカヤマアリ *Formica sanguinea*，日本ではサムライアリが有名）がいることを引用したうえで，そこに自分自身の観察結果を交え，なぜそのような習性が獲得されたのかを議論している．3つは，まったく子どもを産まない働きアリ（ワーカー）の形質がなぜ子孫に遺伝するのか，という問題提起の記述である．ダーウィン自身はこれに関し自然選択理論では合理的な説明ができなかった．このことが（完全ではないにしても）可能となるのは，20世紀の後半になってからである．

このダーウィンの問題提起を契機に"アリ学"[25]が，フォーレルやエメリーらの手によって大きく発展する．2人はおもにアリ類の系統や分類を研究し，数千種を記載したが，なんといっても好奇心をそそったのは，暗い地下巣のなかで展開される行動や生態，社会のあり方だった．これに合わせるかのように，イギリスではジョン・ラボックがガラスをはさんだアリの観察装置，"ラボックの巣"を考案し（第9章参照），その観察結果を『アリ，ハチ，スズメバチ』という本にまとめ，出版した（Lubbock 1882）．しかし，このアリ・ブームの火つけ役はなんといっても，われらがヘッケルだった．

ヘッケルの一元論とは全体への統合であり，その統合は個人の奉仕によって成立し，奉仕活動は「動物の社会本能」とみなされた．ヘッケル（1877）は，その本能なるものを「アリ塚」の破壊を例にこう説明する．「破壊の最中にすぐ，何千という熱心な国民が，自分のいとしい生命を救うためではなく，自分が一員である貴重な共同体を守るためにせっせとはたらきます．アリ国家の勇敢な兵士たちは，突っこんだわれわれの指にたいして，力強い抵抗を試みます．若い看護婦たちは"アリの卵"を救助します．勤勉な労働者たちはただちに，新たな住居をつくる仕事をはじめます」（八杉訳）．そこには全体主義のメッセージがあからさまに開陳されている．

このハチやアリの行動や社会の比較，系統的な発展とその社会性の進化というテーマは，昆虫社会学，社会生物学として大きく発展していった．その先鞭をつけたのがドイツ生まれのアメリカ人，ハーバード大学のウィリアム・ホィーラーだった．彼は，1923年に『昆虫の社会生活』という記念碑的な本を出版し，そこでは研究された各種ごとに，女王，王，ワーカー，兵隊の形態や解剖学的特徴，行動や生態をくわしく記述し，系統ごとに社会形態の進化を，"前社会性"（infrasocial），"亜社会性"（subsocial），"社会性"（social），"超有機体"（super-organism）という段階を定義しつつ，「共生」や「相互扶助」といった用語を使いながら再構成していった．ミツバチやアリは最高段階の超有機体であるとした．昆虫のなかに社会の進化が存在する．それは新鮮で画期的な研究であった．

なぜ昆虫の社会進化の研究が大切なのか，ホィーラーの思想はむしろ1911年の論文（Wheeler 1911）に，より鮮明に表明されている．題して『有機体としてのアリのコロニー』．

やや長いが，その序章の一部を引用する．

　　生物学者は生物界の（有機体）階層性を論じてきた．出発点となるのは，スペンサーやヴァイスマンが仮説としている，もっとも簡単な有機体，生理学的な単位としての"バイオフォア"（biophore）である．これが生物の基本属性である代謝，繁殖，防護を実現している．次いで，これがほかの細胞を取り込んで，より複雑な集合体を形成し，原生動物や原生植物が生まれた．これに対してはヘッケルの用語である"パーソン（個体，人格）"をあてはめるのが適切である．パーソンとはたんに，細胞の寄せ集め，高等動物の体節が集合した複合体にすぎないけれど，それぞれの体節は多少とも変更され，高度に特殊化している．体節と非体節部分の統合によって"後生動物"が出現した．単純なパーソンが結合してコロニーを形成し，そこではパーソンごとに代謝を行い，ほかのパーソンと限定的固定的な空間的な関係をつくる．このいっぽうで，社会性昆虫のようにより特殊化した動物では，移動可能なパーソンの家族を構成し，連合体の示導動機(ライトモチーフ)としての繁殖を行う．ヒトにあっては，家族が統合しあい，より複雑な集合体を，すなわち真の社会を形成している．もう1つの包括的な有機体は，異種の動物と植物がつくる多少とも限定的な統合体である，"ケノビオシス"（coenobioses，共生体）で，現在，生態学者が解析の努力を行っている．最後に，宇宙惑星系それ自体も途方もない1つの有機体とみなし，また地球全体も1つの有機体にすぎないと主張するフェヒナー[26]のような哲学者もいることを述べる．最少がバイオフォアから始まり，最後はもっとも包括的な宇宙へと至る，それこそ熱心な汎心論者さえ満足させるような，はかりしれないほど壮大な有機体の階層性をわれわれはもっているのだ．

　ケノビオシスなる概念が，多数の類似概念を経た後で，今日，「生物群集」や「生態系」という生態学的概念に置き換わっていることは説明を要しない．ホィーラーの思想は濃密な「全体主義」的な要素で染まっていることがわかる．そして，見落としてならないのは，そこにはヘッケルの強い影響があったことだ．ホィーラーはほぼ直截にヘッケルの思想を受け継いでいるといってよい．

　それは時代の気分なのかもしれない．この時代，生態学は黎明期にあったけれど，ドイツでは，その全体論的な伝統（ブラムウェル 1992）を背景に，ユクスキュルの動物による「環境世界」から始まって，メビウスの"バイオシノーシス"（biocenosis），フリードリッヒスの"ホロコーエン"（holocoen）など，今日の群集や生態系の類似概念であふれていた（Jax 1998）．どれもその実体は有機体概念だ．これらの概念はスイス人のブラウン・ブロンケの「植物社会」やアメリカ生態学へと影響をおよぼしていく．その最大の生態学者が極相(クライマックス)概念の提唱者，クレメンツだ．クレメンツ（Clements 1916）はこう述べる．「植物共同体は誕生し，成長し，老化し，死んでいく有機体である．この過程が遷移(サクセッション)であり，共同体は均衡に達した状態，つまり極相へと到達する．極相と複雑な有機体とは一対の概念である」．この時代の知的空間からホィーラーも，そしてレオポルドもまた自由ではありえなかった．クレメンツの有機体や生物共同体概念は，オダムやアリーへと継承されていく．

　ホィーラーの開拓した昆虫社会学は多くの研究者やアマチュアを獲得しながら，日本を含む世界中で発展していった．ハチやアリ，シロアリの社会は新たな概念を導入しながらより精緻に分類され，その進化が追跡されている．ハチの花粉媒介行動と社会性を研究したカンザス大学のスザンヌ・バトラ（Batra 1966）は，ハチの社会の類型として半社会性（semisocial）と社会性という言葉を使ったが，社会性をさらに分け，メスがその姉妹といっしょに造巣行動を行う場合を"真社会性"（eusocial）と呼び，より高い段階にあるとして区別した．これをふまえてチャールズ・ミッチナー（Michener 1969）は，ハナバチ類の社会性を比較した論文のなかで，真社会性をつぎの3つの属性をもつものとして定義した．

　(1) カーストが存在し分業が行われていること．
　(2) 親世代と子ども世代の親が重複して存在

すること，
(3) 協働すること．
である．そしてウィルソンは，ハナバチ類を対象にしたミッチナーの定義をつぎのように修正し，ほかの社会性昆虫類へもあてはめることを試みた（Wilson 1971）．なお，ウィルソンはホィーラーのいたハーバード大学昆虫学研究室の後任教授である．

(1) 同種の複数個体が子育てのために協働する．
(2) 生殖上の分業があり，多少とも不妊の個体（またはカースト）が，妊性をもつ同巣の他個体（カースト）のために働く．
(3) 少なくとも 2 世代，コロニー維持のための仕事をする能力のある発育段階の個体が共存し，そのため子は一生のある時期，親を助ける．

この定義は多くの研究者に受け入れられ，その結果，ミツバチ類，スズメバチなどの社会性カリバチ類，アリの全種類，シロアリの全種類が，真社会性であるとみなされるようになった．しかも後にこの定義は，すべての動物に拡張され，哺乳類のハダカデバネズミ（Jarvis 1981），サンゴ礁のエビ（Duffy 1996），アザミウマ，アブラムシなど，共同繁殖を行い，特定のメスに繁殖が著しく偏るような特徴をもついろいろな動物群で報告されるようになった（Nowak et al. 2010）．動物界は一時「真社会性(ユーソシアル)」のトピックであふれかえった．この定義と新しい知識は，動物の利他行動の出現，分業や協働の形成，特定の個体になぜ繁殖が偏るのか，といったメカニズムも含めた要因を分析する動物行動学の研究を大いに進展させたことはまちがいない．
しかしながら他方で，"ユーソシアル"なる単語の氾濫を招いたことも事実で，そこには違和感がある[27]．この概念が（客観的で）純粋の学術用語だとしても，接頭語 "eu-" は "ほんとうの，真性の，完全な" を意味し，生物の社会進化の 1 つの特異な繁殖システムを，価値判断をともなう「真社会」と呼ぶのが適当かどうか，大いに問題があるといわなければならない．そこには，極端に階層化され，分業化された全体主義的な組織を「ほんとうの」あるいは「完全な」社会とミスリードするメッセージからけっして自由ではありえない．この用語の使用には批判が少なくない（たとえば Crespi & Yanega 1995）．ウィルソン（Wilson 1975）は大著『社会生物学』のなかで，「社会は，1 個の生物個体または任意のサイバネティクス系と同様に，部分の分化と統合によって進歩するという古くからいわれたことの『昆虫版』である」（坂上・羽田訳，下線は筆者）と述べている．そこには，進歩とは「全体論」的統合であるとの命題が表明されているが，それはヘッケル→ホィーラーの「古くからの」呪縛にほかならない．

真社会性の哺乳類

哺乳類や鳥類には繁殖するメスを，子どものめんどうをみたり，給餌するなど，「お手伝い」する個体がいることが知られている．"ヘルパー"という．「真社会性」とはこれを極端に推し進めた社会組織だといえ，1 頭（羽）の繁殖メスに対し多数のヘルパーが存在するという社会構成になる．その真社会性を示す哺乳類がいる．ハダカデバネズミ（*Heterocephalus glaber*）だ（図 11-18）．この種はアフリカの乾燥サバンナに分布し，地中に大きなトンネルシステムをつくって集団生活を営む．植物の根茎やイモなどを主食とする．1 つのコロニーあたりの頭数は，平均で 70-80 頭（最大は 295 頭におよぶ）になる（Jarvis 1981, Sherman et al. 1991）が，興味深いのは，個体の役割が産むものと働くもの（手伝うもの）にはっきりと分化していることだ．1 頭の繁殖メスと 1-3 頭の繁殖オス，そしてその他の個体（メスとオス）から構成され，その他多数はすべてヘルパーとなる．繁殖メスの出産数はきわめて多く，1 回平均 14 頭の子どもを 1 年に 4-5 回出産する．ヘルパーはメスとその子どもの世話に従事する，ちょうどアリやハチのように．ヘルパーは繁殖メスによって性的成熟が抑制されていると考えられている．生息場所が限定され，子どもは分散できないために，コロニーの血縁関係はきわめて近縁で，この社会は明らかに近親交配によ

図 11-18 ハダカデバネズミ．実験動物でも，動物園でも飼育されるようになった（埼玉県こども動物自然公園，2016 年 7 月著者撮影）．

って成立している（Sherman et al. 1991）．DNA フィンガープリントによる解析でも異常に高い近親交配が行われているのが確認されている（Reeve et al. 1990）．

　アフリカには複数のデバネズミ類が生息する．近縁種のダマランドデバネズミ（*Cryptomys damarensis*）なども同様の社会をもつことがわかったいっぽうで，より湿潤で餌が多い環境に生息する近縁のフタイロデバネズミ（*Georychus capensis*）やシルバーデバネズミ（*H. argenteocinereus*）は，真社会性ではなく，個体ごとに散らばる単独性社会をもつことが知られている（Jarvis et al. 1994）．この特異な社会は，ハダカデバネズミに関する限り，生息地や食物，繁殖場所が局限され，個体が分散できないような環境，したがって近親交配を発達させるような状況と強く結びついて進化したと考えられる．強調したいのは，このきわめて特異な社会を，私たちは"真"と呼ぶのである．これはやはり「誤り」ではないか．

　ところで，このハダカデバネズミは実験動物として飼育されるようになり，くわしい研究が進み，この過程で驚くべき事実が判明した．なんとこのネズミは 30 年以上も生存する（！）のである（Buffenstein 2008）．ほぼ同じサイズのマウスは，その大半が 2 年以内に死亡してしまう（Selman et al. 2009）から，彼らの寿命は桁外れであることがわかる．俄然，このメカニズムや遺伝子が注目されるようになった．遺伝子にちがいはないか，いったいなにが長寿命をもたらすのか，である．ちょうどホッキョククジラのように，精力的な研究は，これまでに，老化の遅延が起こり，がんの発生への抵抗性，低酸素非感受性を示すことを明らかにしている（Kim et al. 2011, Tian et al. 2013）．今後の成果が期待される．

第 11 章　注

1) 西ヨーロッパ列強は 1800 年の時点で，全陸地面積の 35 % を植民地化していた．そして 1914 年の時点でこの比率は 84 % へと跳ね上がる．
2) 穴居人 "*Homo troglodytes*" といい，現在，この種小名はチンパンジー（*Pan troglodytes*）につけられている．
3) フランス革命とナポレオン戦争後のヨーロッパの領土分割と秩序再編を目的に開かれた会議で，各国の利害が対立し，延々と協議が続けられた．
4) ブルーバックは 1800 年ころまでには絶滅した．クワッガは 1861 年に野生絶滅したが，複数の個体は動物園で飼育され，最後の個体は 1883 年にアムステルダム動物園で死亡した．なお，クワッガはヤマシマウマ（*Equus zebra*）の近縁種であることが DNA により確認されている（Higuchi et al. 1984）．ケープライオンは 1860 年ころに絶滅したといわれる．たてがみが黒く大きなことから亜種とされてきたが，最近のミトコンドリア DNA の分析によれば，南アフリカ集団と同種であることが確認されている．
5) 象牙のサイズ（長さや重さ）と年齢との関係式（Pilgram & Western 1986）にあてはめると，推定年齢は 250 歳以上 !?
6) 正式には "The Convention for the Preservation of Wild Animals, Birds and Fish in Africa" と呼ばれる．これは「1900 年のロンドン会議」として知られ，多国間の野生動物保護条約を根拠に開催され，イギリス，フランス，ドイツ，イタリア，ポルトガル，スペイン，コンゴ自由国などが参加した．
7) Convention Relative to the Preservation of Fauna and Flora in their Natural State.
8) Society for the Preservation of the Wild Fauna of the Empire.
9) 動物相保存協会（Fauna Preservation Society），動植物相保存協会（Fauna and Flora Preservation Society），国際動植物相協会（Fauna and Flora International）である．
10) ギリシャ神話の小人族ピグマイオイ（Pygmaioi）にちなんで"ピグミー"と呼び習わされてきた．ここでは遺伝学的系統を指す用語として使用するが，蔑称であり，可能な限りは個別の部族名で呼ぶ．
11) マサイ族などアフリカ遊牧民の乳糖分解酵素の活性持続性（LP: lactase persistence）は，同じ"イントロン 13"の別の部位 3 カ所の塩基配列（13907 番目，13915 番目，14010 番目）のうち，少なくとも 1 カ所以上の塩基（C→G，T→G，G→C のいずれか）が突然変異することで発生した（Tishkoff et al. 2007）．
12) このデータベースはマッカーサーとウィルソンによってつくられ，彼らの『島嶼生物学』（MacArther & Wilson 1967）では種数と生息地面積との関係を理論化する

13) 異論もある．たとえばマックナブ（MacNab 1991）は「野生動物を収穫し，地域住民に食物を供給する野生動物の収穫が野生動物と生息地の保全に貢献するとの仮説は拒否すべきである．……アフリカの途上国における収穫スキームの歴史はほとんどすべて非経済的であり，持続性のテストに失敗してきた」と述べている．なお，このマックナブなる人物は，著名な4名の生態学者，アフリカスイギュウの個体群動態を研究したシンクレア（Sinclair, A. R. E.），イエローストーンでエルクの個体群動態を追跡したヒューストン（Houston, D），動物個体群の研究者コーリー（Caughley, G.），セレンゲティの草食獣の研究者ノートン=グリフィス（Norton-Griffiths, M）のペンネームだといわれる．
14) 2017年11月にムガベ政権は崩壊した．しかしハイパーインフレのなかで混乱は続き，予断は許さないという．
15) サファリ・ハンティングと象牙輸出を推進するジンバブエやボツワナでのゾウの個体数は，前者が10万頭，後者が13万頭で増加し，密猟者は減少していると発表しているが，実数は半分との批判がある（Williams 2010）．
16) これは正確には「ライヒ動物保護法」と呼ばれる．"ライヒ"とは"帝国"（Reich）の意味だが，ここでは，この法律を含めほかの法律に冠される「帝国」を，煩雑のために削除する．この時代のドイツには，①「第二帝国」（プロイセン王の国王に戴く連邦国家）時代に成立した法律，②ヴァイマル憲法にもとづく共和国政府のもとで成立したそれ，そして③1933年3月24日の「民族および帝国の危機を除去するための法律」，いわゆる「授権法」が公布されナチスの独裁体制が完成した，いわゆる「第三帝国」以降の法律，が混在していた．なお，「第一帝国」とは神聖ローマ帝国を指す．
17) いわゆる全権委任法は正式には「民族と帝国の窮状を除去するための法律」（1933年3月24日）といい，これによってナチス政権はヴァイマル憲法に拘束されない立法権を獲得し，独裁政権の道を開いた．この段階でナチスは趣味のように法律をつくり，おもちゃのようにもてあそんだ．
18) ドイツの鳥類保護運動の歴史は古い．1875年には鳥類学協会がハレで設立され，会員数は230名．それが発展し1878年にはドイツ鳥類保護協会と名称を変え，1892年には会員数1232名を数えたという（Schmoll 2004）．羽毛帽子反対運動はこの組織を基盤として発展した．
19) 1648年のウェストファリア条約によればこの領邦数は約300（池上 2015）．
20) 旧東ドイツの支配政党ドイツ社会主義統一党参加の青年組織「自由ドイツ青年団」とは異なる．
21) 生態学的な業績の1つに，佐藤（2015）は，海洋生物学者のヴィクトル・ヘンゼンとの間にあった，プランクトンの動態に関する生態学的論争を紹介し，あげている．
22) 『一般形態学』（Haeckel 1866，第2巻，p.300）には"個体発生のテーゼ41"として「個体発生は系統発生の短縮された，かつ急速な反復であり，この反復は遺伝（繁殖）と適応（栄養）の生理学的機能によって規定される」とある（原文は：Die Ontogenesis ist die kurze und schnelle Recapitulation der Phylogenesis, bedingt durch die physiologischen Functionen der Vererbung (Fortpflanzung) und Anpassung (Ernährung)．これは『生物学辞典（初版）』にも掲載されていた．
23) 切歯縫合は "Sutura incisiva Goethei"，ゲーテの名がつけられる．
24) キリスト教の絶対性や唯一性は放棄されても，「観念論」の強い残渣はさまざまなかたちで生き残り，汎神論と神秘主義が流行した．メスメーの「動物磁気学」，ブラヴァツキーの「神智学」，シュタイナーの「人智学」などはその代表で，世紀末前後は空前のオカルトブームでもあった．
25) "Myrmecology"という．ギリシャ語でアリは "myrmex"．これに学問の "-logie" または "-logy" をつけた．
26) ドイツの哲学者，物理学者のGustav T. Fechner（1801-1887）と思われる．その思想は精神と物質は1つであり，宇宙は意識と物質が統合されたものと考えた．歴然たる一元論者だ．
27) 個体の能力，分業や協働，繁殖の偏りなど，社会性の程度に応じて，その後「真社会性」は，"原始的な（primitively）真社会性"，"高度な（highly）真社会性"，"発展した（advanced）真社会性"，"義務的（obligate）真社会性"，"条件的（facultative）真社会性"などに区分されることが提案されている．"facultative eusocial" は "一般の真社会性" とも訳せる．

第11章 文献

Adams, B. 2008. Green Development: Environment and Sustainability in a Developing World. Routledge, London. 480pp.

赤坂信．1992．ドイツ郷土保護連盟の設立から1920年代までの郷土保護運動の変遷．造土雑誌 55: 232-247.

Arieli, R. 2004. Breasts, buttocks, and the camel hump. Israel J. Zool. 50: 87-91.

Awiti, A. O. 2012. Stewardship of national parks and reserves in the era of global change. Environ. Develop. 1: 102-106.

Barnett, R. 2000. Food for Thought: The Utilization of Wild Meat in Eastern and Southern Africa. TRAFFIC East/Southern Africa, Nairobi. 264 pp.

Barnett, R. et al. 2006. Lost populations and preserving genetic diversity in the lion Panthera leo: implications for its ex situ conservation. Conserv. Genet. 7: 507-514.

Batra, S. W. T. 1966. The life cycle and behavior of the primitively social bee, Lasoglossum zephyrum (Halictidae). Kansas Univ. Sci. Bull. 46: 359-422.

Beachey, R. W. 1967. The east African ivory trade in the nineteenth century. J. Afr. Hist. 8: 269-290.

Bollongino, R. et al. 2008. Y-snps do not indicate hybridisation between European auchochs and domestic cattle. PLOS ONE 3: e3418.

ボウラー，J. P. 1992．ダーウィン革命の神話（松永俊男訳）．朝日新聞社，東京．313pp.

Bradley, D. G. et al. 1996. Mitochondrial diversity and the origins of African and European cattle. PNAS 93: 5131-5135.

ブラムウェル，A. 1992．エコロジー（金子務訳）．河出書房新社，東京．400pp.

Buffenstein, R. 2008. Negligible senescence in the longest living rodent, the naked mole-rat: insights from a suc-

cessfully aging species. J. Comp. Physiol. B 178: 439-445.
Caldwell, K. 1948. Occasional Paper No. 8, Report of a Faunal Survey in Eastern and Central Africa. Issued by SPWFE, pp. 1-38. 以下参照. http://www.rhinoresourcecenter.com/index.php?s=1&act=refs&CODE=s_refs&boolean=or&author=Caldwell%2C+K (閲覧 2016. 8. 10).
Campbell, M. & S. A. Tishkoff. 2008. African genetic diversity: implications for human demographic history, modern human origins, and complex disease mapping. Ann. Rev. Genom. Hum. Genet. 9: 403-433.
Campbell, M. & S. A. Tishkoff. 2010. The evolution of human genetic and phenotypic variation in Africa. Current Biol. 20: 166-173.
Caro, T. & P. W. Sherman. 2013. Eighteen reasons animal behaviourists avoid involvement in conservation. Anim. Behav. 85: 305-312.
キャロル, S. B. 2007. シマウマの縞, 蝶の模様（渡辺政隆・経塚淳子訳）. 光文社, 東京. 405pp.
Cavalli-Sforza, L. L. (ed.). 1986. African Pygmies. Academic Press, Florida. 316pp.
Ceppi, L. & M. R. Nelsen. 2014. A comparative study on bushmeat consumption patterns in ten tribes in Tanzania. Trop. Conserv. Sci. 7: 272-287.
Check, E. 2006. How Africa learned to love the cow. Nature 444: 994-996.
Clements, F. E. 1916. Plant Succession. Carnegie Institution, Washington. 242pp. (以下参照. http://www.biodiversitylibrary.org/bibliography/56234#/summary 閲覧 2017. 3. 15)
Clutton-Brock, T. H. 1982. The function of antlers. Behaviour 79: 108-124.
Crespi, B. J. & D. Yanega. 1995. The definition of eusociality. Behav. Ecol. 6: 109-115.
Damania, R. et al. 2005. A bioeconomic analysis of bushmeat hunting. Proc. Roy. Soc. Lond. B 272: 259-266.
ダーウィン, C. 1859. 種の起原［上・下］（八杉龍一訳 1990). 岩波文庫, 岩波書店, 東京. 854pp.
ダーウィン, C. 1871. 人類の起原（池田次郎・伊谷純一郎訳 1967). 『世界の名著 (39)』. 中央公論社, 東京. 574pp.
Daskin, J. H. & R. M. Pringle. 2018. Warfare and wildlife declines in Africa's protected areas. Nature 553: 328-332.
Davidson, Z. et al. 2011. Socio-spatial behaviour of an African lion population following perturbation by sport hunting. Biol. Conserv. 144: 114-121.
Dawson, T. P. et al. 2011. Beyond predictions: biodiversity conservation in a changing climate. Science 332: 53-58.
Dominick III, R. D. 1992. The Environmental Movement in Germany, Prophets and Pioneers, 1871-1971. Indiana Univ. Press, Indianapolis. 290pp.
Duffy, J. E. 1996. Eusociality in coral-reef shrimp. Nature 381: 512-514.
Emlen, D. J. 2008. The evolution of animal weapons. Ann. Rev. Ecol. Evol. Syst. 39: 387-413.
Enattah, N. S. et al. 2002. Independent introduction of two lactase-persistence alleles into human populations reflects defferent history of adaptation to milk culture. Am. J. Hum. Genet. 82: 57-72.

Espinoza E. O. & M. J. Mann. 1991. Identification guide for ivory and ivory substitute. WWF, Traffic. 37pp.
Farid, A. et al. 2000. Genetic analysis of ten sheep breeds using microsatellite markers. Can. J. Anim. Sci. 80: 9-17.
フェリ, L. 1994. エコロジーの新秩序（加藤宏幸訳). 法政大学出版局, 東京. 268pp.
Fischer, C. et al. 2011. A bio-economic model of community incentives for wildlife management under CAMPFIRE. Environ. Res. Econ. 48: 303-319.
藤井康博. 2008. 動物保護のドイツ憲法前史 (1)「個人」「人間」「ヒト」の尊厳への問題提起 1. 早稲田法学会誌 59: 397-453.
藤井康博. 2009. 動物保護のドイツ憲法前史 (2・完)「個人」「人間」「ヒト」の尊厳への問題提起. 早稲田法学会誌 59: 533-594.
藤永茂. 2006.『闇の奥』の奥. 三交社, 東京. 237pp.
藤原辰史. 2005. ナチス・ドイツの有機農業. 柏書房, 東京. 306pp.
福元圭太. 2006. ゲーテとヘッケル――エルンスト・ヘッケルの思想 (3). 西日本ドイツ文学 18: 1-16.
Funston, P. J. et al. 2013. Insights into the management of large carnivores for profitable wildlife-based land uses in African savannas. PLOS ONE e59494. Doi: 10. 1371.
Gasman, D. 1971, 2004. The Scientific Origin of National Socialism: Social Darwinism in Ernst Haeckel and the German Monist League. Sci. Hist. Publ., NY. 204pp.
Geist, V. 1966. The evolution of horn-like organ. Behaviour 27: 175-214.
Gornas, N. et al. 2011. Genetic characterization of local Sudanese sheep breeds using DNA markers. Small. Ruminant. Res. 95: 27-33.
グールド, J. S. 1987. 個体発生と系統発生（二木帝都・渡辺正隆訳). 工作舎, 東京. 649pp.
Greenburg, J. H. 1966. The Languages of Africa. Indiana Univ. Press, Indianapolis. 180pp.
Grzimek, M. 1955. No Room for Wild Animals (translated by R. H. Stevens 1956). Thomas & Hudson, London. 250pp.
Grzimek, B. & M. Grzimek. 1959. Serengeti Shall Not Die. Ballantine Books, NY. 280pp.
ヘッケル, E. H. 1863. ダーウィンの進化学説について.『ダーウィニズム論集』（八杉龍一編訳 1994), pp. 91-116, 岩波文庫, 岩波書店. 東京.
Haeckel, E. 1866. Generelle Morphlogie der Organismen. Akkgeneube Entwickelungsgeschichte der Organismen. Berlin. (以下参照. 第 1 巻：http://books.google.co.jp/books?id=-pk5AAAAcAAJ&printsec=frontcover&hl=ja&source=gbs_ge_summary_r&cad=0#v=onepage&q&f=false 第 2 巻：http://books.google.co.jp/books?id=-5k5AAAAcAAJ&printsec=frontcover&hl=ja&source=gbs_ge_summary_r&cad=0#v=onepage&q&f=false 閲覧 2014. 7. 15)
ヘッケル, E. H. 1868. 自然創造史（第 1, 2 巻）（石井友幸訳 1946). 晴南社, 東京. 360pp.
Haeckel, E. 1868. Natürliche Schöpfungsgeschichte (『自然創造史』, 以下参照. https://archive.org/details/natrlichesch00haec（英語版）Haeckel, E. 1880. The History

of Creation: or the Development of the Earth and its Inhabitants by the Action of Natural Causes. http://www.gutenberg.org/ebooks/40472 (第1巻) http://www.gutenberg.org/ebooks/40473 (第2巻) (閲覧 2014. 7. 16).

Haeckel, E. 1874. Anthropogenie: oder, Entwickelungsgeschichte des Menschen. 以下参照. https://archive.org/details/anthropogenieod02haec (閲覧 2014. 7. 14).

ヘッケル, E. H. 1877. 綜合科学との関係における現代進化論について. 『ダーウィニズム論集』 (八杉龍一編訳 1994), pp. 117-151, 岩波文庫, 岩波書店, 東京.

ヘッケル, E. H. 1899. 『宇宙の謎』 (内山賢次訳 1929). 春秋文庫, 春秋社, 東京. 25pp.

Haeckel, E. 1905. Die Lebenswunder. Stuttgart. 以下参照. http://caliban.mpipz.mpg.de/haeckel/lebenswunder/index.html (閲覧 2014. 7. 14).

Håkansson, N. T. 2004. The human ecology of world systems in East Africa: the impact of the ivory trade. Hum. Ecol. 32: 561-591.

Hanotte, O. et al. 2002. Imprints of origins and migrations. Science 296: 336-339.

Hanson, T. et al. 2009. Warfare in biodiversity hotspots. Conserv. Biol. 23: 578-587.

Hardin, G. 1968. The tragedy of the commons. Science 162: 1243-1248.

Harrison, R. D. 2011. Emptying the forest: hunting and the extirpation of wildlife from tropical nature reserves. BioScience 61: 919-924.

ハーゼル, K. 1996. 森が語るドイツの歴史 (山縣光晶訳). 築地書館, 東京. 273pp.

Heck, H. 1951. The breeding-back of the aurochs. Oryx 1: 117-122.

Higuchi, R. et al. 1984. DNA sequences from the quagga, and extinct member of the horse family. Nature 312: 282-284.

Hochschild, A. 1998. King Leopold's Ghost. Macmillan, London. 400pp.

Hollister-Smith, J. A. et al. 2007. Age, musth and paternity success in wild male African elephants, Loxodonta africana. Anim. Behav. 74: 287-296.

Homewood, K. et al. 1987. Ecology of pastoralism in Ngorongoro Conservation Area, Tanzania. J. Agri. Sci. Camb. 108: 47-72.

Homewood, K. M. 1992. Development and the ecology of Maasai pastoralist food and nutrition. Ecol. Food Nutrit. 29: 61-80.

Huber, P. 1820. The Natural History of Ants. Longman, London. (以下参照. https://archive.org/details/naturalhistoryof00hube 閲覧 2014. 7. 16)

Hundeshagen J. C. 1826. Die Forstabschätzung auf neuen wissenschaftlichen Grundlagen. H. Laupp, Tübingen. 以下参照. http://www.worldcat.org/title/forstabschatzung-auf-neuen-wissenschaftlichen-grundlagen/oclc/34836929/editions?start_edition=11&sd=desc&referrer=di&se=yr&editionsView=true&fq= (閲覧 2014. 7. 14).

石弘之. 2009. キリマンジャロの雪が消えていく. 岩波新書, 岩波書店, 東京. 233pp.

Itan, Y. et al. 2010. A worldwide correlation of lactase persistence phenotype and genotypes. BMC Evol. Biol. 10: 36

岩井雪乃. 2001. 住民の狩猟と自然保護政策の乖離——セレンゲティにおけるイコマと野生動物保護のかかわり. 環境社会学研究 7: 114-128.

Jarvis, J. U. M. 1981. Eusociality in a mammals: cooperative breeding in naked mole-rat colonies. Science 212: 571-573.

Jarvis, J. U. M. 1994. Mammalian eusociality: a family affair. TREE 9: 47-51.

Jax, K. 1998. Holocoen and ecosystem: on the origin and historical consequences of two concepts. J. Hist. Biol. 31: 113-142.

カント, I. 1797. 人倫の形而上学. カント全集第11巻 (吉沢伝三郎・尾田幸雄 1969), 理想社, 東京. 569pp.

勝俣誠. 2013. 新・現代アフリカ入門. 岩波新書, 岩波書店, 東京. 250pp.

Kideghesho, J. P. & P. E. Mtoni. 2010. Who compensates for wildlife conservation in Serengeti? Int. J. Biodiversity Sci. Manage. 4: 112-125.

Kijas, J. W. et al. 2009. A genome wide survey of SNP variation reveals the genetic structure of sheep breeds. PLOS ONE 4: e4668. Doi:10. 1371.

Kijas, J. et al. 2012. Genome-wide analysis of the world's sheep breeds reveals high levels of historic mixture and strong recent selection. PlOS Biol. 10: 2, e4668.

Kim, E. B. et al. 2011. Genome sequencing reveals insights into physiology and longevity of the naked mole rat. Nature 479: 223-227.

Kingdon, J. 1988. East African Mammals. Vol. IIIB. The Univ. Chicago Press, Chicago. 433pp.

Kipling, R. 1894. The Jungle Book. Macmillan, London. 146pp. (以下参照. http://www.literaturepage.com/read/thejunglebook.html 閲覧 2014. 8. 10)

北山雅昭. 1990. ドイツにおける自然保護・景観育成の歴史的発展過程と法——ライヒ自然保護法 Reichsnaturschutzegesetz vom 26. 6. 1935 への道. 比較法学 23: 25-119.

小林聡史. 1990. ケニアにおける野生動物による被害の現状. 1990年度日本哺乳類学会講演要旨集.

コンラッド, J. 1899. 闇の奥 (中野好夫訳 1958), 岩波文庫, 岩波書店, 東京. 227pp.

倉谷滋. 2008. 反復説再考. 第7回日本分類学会連合公開シンポジウム講演要旨集.

ラカー, W. 1985. ドイツ青年運動 (西村稔訳). 人文書院, 京都. 318pp.

Leopold, A. 1949. A Sand Country Almanac. 邦訳, レオポルド『野生の歌が聞こえる』 (新島義昭訳 1997). 講談社, 東京. 370pp.

Lindsay, K. 1986. Trading elephants for ivory. New Scientist 112: 48-52.

Lindsell, J. A. et al. 2011. The impact of civil war on forest wildlife in West Africa: mammals in Gola Forest, Sierra Leone. Oryx 45: 69-77.

Lindsey, P. A. et al. 2007. Economic and conservation significance of the trophy hunting industry in sub-Saharan Africa. Biol. Conserv. 134: 455-469.

Lindsey, P. A. et al. 2013. The bushmeat trade in African savannas: impacts, drivers, and possible solutions. Biol. Conserv. 160: 80-96.

Locke, M. 2008. Structure of ivory. J. Morph. 269: 423-450.

Loftus, R. T. et al. 1994. Evidence for two independent domestications of cattle. PNAS 91: 2757-2761.

Lorimer J. & C. Driessen. 2013. Bovine biopolitics and the promise of monsters in the rewilding of Heck cattle. Geoforum 48: 249-259.

Loveridge, A. J. et al. 2007. The impact of sport hunting on the population dynamics of an African lion population in a protected area. Biol. Conserv. 134: 548-558.

Lubbock, J. 1882. Observation on Ants, Bees, and Wasps, Part IX. J. Linn. Soc. Lond. Zool.

MacDonald, K. C. & R. H. MacDonald. 2000. The origin and development of domesticated animals in arid West Africa. In: The Origin and Development of African Livestock: Archaeology, Genetics, Linguistics and Ethnography (Blench, R. M. and K. C. MacDonald, eds.), pp. 127-162. Routledge, NY.

MacKenzie, J. M. 1988. The Empire of Nature. Manchester Univ. Press, Manchester. 340pp.

Marks, S. 1972. Khoisan resistance to the Dutch in the seventeenth and eighteenth centuries. J. Afr. Hist. 13:55-80.

マターニュ，P. 2006. エコロジーの歴史（門脇仁訳）．緑風出版，東京．317pp.

松本和夫．2002．環境ガバナンス（環境学入門12）．岩波書店，東京．201pp.

松本仁一．2008．アフリカ・レポート．岩波新書，岩波書店，東京．205pp.

松尾秀哉．2014．物語ベルギーの歴史．中公新書，中央公論社，東京．244pp.

McCabe, J. T. 2003. Sustainability and livelihood diversification among the Maasai of Northern Tanzania. Hum. Organ. 62: 100-111.

McComb, K. et al. 2001. Matriarchs as repositories of social knowledge in African elephants. Science 292: 491-494.

Meadows, J. R. et al. 2007. Five ovine mitochondrial lineages identified from sheep breeds of the Near East. Genetics 175: 1371-1379.

目黒紀夫．2011．「コミュニティ主体の保全」を通じた地元住民と野生動物の共存可能性──ケニア南部アンボセリ生態系に暮らすマサイの事例から．東京大学学位論文．240pp.

目黒紀夫．2014．さまよえる「共存」とマサイ．新泉社，東京．433pp.

Michener, C. D. 1969. Comparative social behavior of bees. Ann. Rev. Entomol. 14: 299-342.

Migliano, A. B. et al. 2007. Life history trade-offs explain the evolution of human pygmies. PNAS 104: 20216-20219.

Milner-Gulland, E. J. & H. R. Akçakaya. 2001. Sustainability indices for exploited populations. TREE 16: 686-692.

三浦慎悟．1995．アンテロープ類の資源利用と生態系保全の道．畜産の研究49: 147-154.

溝井裕一．2014．動物園の文化史．勉誠出版，東京．311pp.

茂木愛一郎．2014．北米コモンズ論の系譜──オストロムの業績を中心に．『エコロジーとコモンズ』（三俣学編著），pp. 47-68. 晃洋書房，京都．

Muchapondwa, E. et al. 2008. Wildlife management in Zimbabwe: evidence from a contingent valuation study. Aousth African J. Econ. 76: 685-704.

Muigai, A. & O. Hanotte. 2013. The origin of African sheep: archaeological and genetic perspective. Afr. Archaeol. Rev. 30: 39-50.

マイヤース，N. 1981. 沈みゆく箱舟（林雄次郎訳）．岩波書店，東京．348pp.

Nasi, R. et al. 2008. Conservation and use of wildlife-based resources: the bushmeat crisis. Secretariat of the Convention on Biological Diversity, Montreal and Center for International Forestry Research (CIFOR), Bogor. Technical Series 33: 1-50.

Nelson, F. et al. 2010. Payments for ecosystem services as a framework for community-based conservation in Northern Tanzania. Conserv. Biol. 24: 78-85.

Neumann, R. P. 1992. Political ecology of wildlife conservation in the Mt. Meru area of northeast Tanzania. Land Degrad. Rehabil. 3: 85-98.

Neumann, R. P. 1998. Imposing Wilderness, Struggles over Livelihood and Nature Preservation in Africa. Univ. Calif. Press, Berkeley. 256pp.

Neumann, R. P. 2002. The postwar conservation boom in British Colonial Africa. Environ. Hist. 7: 22-47.

西村貴裕．2006．ナチス・ドイツの動物保護法と自然保護法．人間環境論集5: 55-69.

西村貴裕．2014．ナチス・ドイツの自然保護（1）──帝国自然保護法（1935年）を中心に．大阪教育大学紀要（第II部門）62: 1-23.

西崎伸子．2009．抵抗と協働の野生動物保護．昭和堂，京都．197pp.

野島利彰．2010．狩猟の文化．春風社，横浜．410pp.

野呂充．2002．ドイツにおける都市景観法制の形成（1）──プロイセンの醜悪化防止法．広島法学26: 117-143.

Nowak, M. A. et al. 2010. The evolution of eusociality. Nature 466: 1057-1062.

沼田真．1967．生態学方法論．古今書院，東京．254pp.

小田垣雅也．1995．キリスト教の歴史．講談社学術文庫，講談社，東京．258pp.

Ogutu, J. O. et al. 2009. Dynamics of Mara-Serengeti ungulates in relation to land use changes. J. Zool. 278: 1-14.

岡崎勝世．2013．科学VS.キリスト教．講談社現代新書，講談社，東京．304pp.

Onslow, E. 1938. Preservation of African fauna. J. Royal Afr. Soc. 37: 380-386.

Ostrom, E. 1990. Governing the Commons: The Evolution of Institutions for Collective Actions. Cambridge Univ. Press, Cambridge. 280pp.

大鶴正満．1999．ゲーテの切歯縫合（間顎骨）について（総説）．琉球医学会誌19: 53-57.

Packer, C. & A. Pusey. 1982. Co-operation and competition within coalitions of male lions: kin selection or game theory? Nature 296: 740-742.

Packer, C. & A. Pusey. 1987. Intrasexual cooperation and the sex ratio in African lions. Am. Nat. 130: 636-642.

Parker, I. S. & A. D. Graham. 1989. Elephant decline (Part I) downward trends in African elephant distribution

and numbers. Int. J. Environ. Stud. 34: 287-305.
Payne, W. J. A. 1964. The origin of domestic cattle in Africa Empire. J. Exper. Agri. 32: 97-113.
Perry, G. H. & N. J. Dominy. 2008. Evolution of the human pygmy phenotype. TREE 24: 218-225.
Phuthego, T. C. & R. Chanda. 2004. Traditional ecological knowledge and community-based natural resource management: lessons from a Botswana wildlife area. Appl. Geograph. 24: 57-76.
Pilgram, T. & D. Western. 1986. Inferring the sex and age of African elephants from tusk measurements. Biol. Conserv. 36: 39-52.
Poole, J. H. 1989. Announcing intent: the aggressive state of musth in African elephant. Anim. Behav. 37: 140-152.
Rajaram, A. 1986. Tensile properties and fracture of ivory. J. Material Sci. Lett. 5: 1077-1080.
Rasmusen, H. B. et al. 2007. Age-and tactic-related paternity success in male African elephants. Behav. Ecol. 19: 9-15.
Reed, F. A. & S. A. Tishkoff. 2006. African human diversity, origins and migrations. Curr. Opinion Genet. Develop. 16: 597-606.
Reeve, H. K. et al. 1990. DNA "fingerprinting" reveals high levels of inbreeding in colonies of the eusocial naked mole-rat. PNAS 87: 2946-2500.
Reganold, J. 1995. Soil quality and profitability of biodynamic and conventional farming systems: a review. Am. J. Alt. Agri. 10: 36-45.
Rentsch, D. & A. Damon. 2013. Prices, poaching, and protein alternatives: an analysis of bushmeat consumption around Serengeti National Park, Tanzania. Ecol. Econ. 91: 1-9.
Rijkelijkmuizen, M. 2011. Large or small? African elephant tusk sizes and the Dutch ivory trade and craft. Stud. Tech. Soc. Cont. Past Fauna Remains, pp. 225-232. Wroclaw.
リトヴォ，H．2001．階級としての動物（三好みゆき訳）．国文社，東京．409pp.
Robinson, J. G. & E. L. Bennett. 2004. Having your wildlife and eating it too: an analysis of hunting sustainability across tropical ecosystems. Anim. Conserv. 7: 397-408.
坂井榮八郎．2003．ドイツ史10講．岩波新書，岩波書店，東京．232pp.
佐久間亮．1998．イギリス帝国と環境保護——英領南アフリカにおけるハンティングと自然保護政策の起源についての覚え書き．徳島大学総合科学部人間社会文化研究5: 107-119.
佐久間亮．2003．イギリス帝国と環境保護（2）——クリューガー国立公園の成立．徳島大学総合科学部人間社会文化研究10: 99-118.
佐久間亮．2004．クリューガー国立公園と「神話」論争．徳島大学総合科学部人間社会文化研究11: 55-73.
佐久間亮．2008．英領タンガニーカにおける「自然の創造」——セレンゲティ国立公園，およびンゴロンゴロ保護区域の経験1920-1959．立命館文學604: 643-658.
佐久間亮．2009．1933年ロンドン議定書と国立公園の成立．徳島大学総合科学部人間社会文化研究16: 35-51.
佐久間亮．2013．英領マラヤにおける野生動物保護政策の展開1921-30年．徳島大学総合科学部人間社会文化研究21: 61-83.
佐藤恵子．2001．エコロジーの誕生——背景としてのE・ヘッケルの学融合的な思想．文明研究所紀要21: 57-71.
佐藤恵子．2015．ヘッケルと進化の夢．工作舎，東京．417pp.
サックス，B．2002．ナチスと動物（関口敦訳）．青土社，東京．287pp.
Scheinfeldt, L. B. et al. 2010. Working toward a synthesis of archaeological, linguistic, and genetic data for inferring African population history. PNAS 107: 8931-8938.
Schmoll, F. 2004. Erinnerung an die Natur: Die Geschichte des Naturschutzens in deutschen Kaiserrech. Campus-Verlag. Frankfurt am Main. 508pp.
Schreger, B. N. 1800. Beitrag zur geschichte der zähne. Beitrage Zergliederungsk. 1: 1-7.
Science. 1909. President Roosevelt's African trip. 28: 876-877.
Selman, C. et al. 2009. Ribosomal protein S6Kinase1 signaling regulates mammalian life span. Science 326: 140-144.
Semino, O. et al. 2002. Ethiopians and Khoisan share the deepest clades of the human Y-chromosome phylogeny. Am. J. Hum. Genet. 70: 265-268.
Sherman, P. W. et al. (eds.). 1991. The Biology of the Naked Mole-Rat. Princeton Univ. Press, Princeton. 536pp.
Shetler, J. B. 2010. Historical memory as a foundation for peace: network formation and ethnic identity in North Mara, Tanzania. J. Peace Res. 47: 639-650.
柴山英樹．2004．ドイツにおけるダーウィニズムと教育思想——エルンスト・ヘッケルの反復発生説を中心に．教育学雑誌39: 105-118.
Siegfried, W. R. et al. 1998. Regional assessment and conservation implications of landscape characteristics of African national parks. Biol. Conserv. 84: 131-140.
Sikes, S. K. 1971. The Natural History of the African Elephant. Widenfeld and Nicholson, London. 397pp.
Sindiga, I. 1995. Wildlife-based tourism in Kenya. J. Tourism Stud. 5: 45-54.
Sindiga, I. 1996. Domestic tourism in Kenya. Annals Tourism Res. 23: 19-31.
Spencer, H. 1864. Principle of Biology（生物学の原理）．（以下参照．https://archive.org/details/principlesbiolo05spengoog 閲覧2017.7.2）
Spinage, C. A. 1973. A review of ivory exploitation and elephant population trends in Africa. East Afr. Wildl. J. 11: 281-289.
Suich, H. et al. 2009. Evolution and Innovation in Wildlife Conservation: Parks and Game Ranches to Transfrontier Conservation Area. Earthscan, London. 480pp.
高橋真樹．2004．自然保護の変遷——ドイツ郷土保護運動を中心に．年報人間科学25: 167-181.
Tanzania National Parks. 1994. National Policies for National Parks in Tanzania. Tanzania National Parks National Policy Committee. 76pp.
田隅本生．1980．ヘッケルは何を書いたのか——反復説の原像．哺乳類科学40: 49-62.
Thresher, P. 1981. The economics of a lion. Unasylva 33: 34-

35.

Tian, X. *et al.* 2013. High-molecular-mass hyaluronan mediates the cancer resistance of the naked mole rat. Nature 499: 346-349.

Tishkoff, S. *et al.* 2007. Convergent adaptation of human lactase persistence in Africa and Europe. Nature Genet. 39: 31-40.

Trapani, J. & D. C. Fisher. 2003. Discriminating Proboscidean taxa using features of the Schreger pattern in tusk dentin. J. Archaeol. Sci. 30: 429-438.

ユケッター, F. 2015. ナチスと自然保護（和田佐規子訳）. 築地書館, 東京. 293pp.

浦川道太郎. 2003. ドイツにおける動物保護法の生成と展開. 早稲田法学 30: 195-236.

Van Den Berghe, C. L. 1963. Racialism and assimilation in Africa and the Americas. Southwest. J. Anthrop. 19: 424-432.

Van der Merwe, N. J. *et al.* 1990. Source-area determination of elephant ivory by isotopic analysis. Nature 346: 744-746.

Van Vliet, N. 2011. Livelihood alternatives for the unsustainable use of bushmeat. Report Prepared for the CBD Bushmeat Liaison Group. Technical Ser. No. 60, SCBD, Montreal. pp. 1-46.

Vera, F. 2000. Grazing Ecology and Forest History. CABI Publ., Wallingford. 507pp.

Vigilant, L. *et al.* 1991. African populations and the evolution of human mitochondrial DNA. Science 253: 1503-1507.

Warchol, G. & B. Johnson. 2009. Wildlife crime in the game reserves of South Africa: a research note. Int. J. Comp. Appl. Criminal Justice. 33: 143-154.

Wasser, S. *et al.* 2004. Assigning African elephant DNA to geographic region of origin: applications to the ivory trade. PNAS 101: 14847-14852.

Watve, M. G. & R. Sukumar. 1997. Asian elephants with longer tusks have lower parasite loads. Current Sci. 72: 885-889.

Weikart, R. 1993. The origin of social Darwinism in Germany, 1859-1895. J. Hist. Ideas 54: 469-488.

Weisbord, R. G. 2010. The king, the cardinal and the Pope: Leopold II's genocide in the Congo and the Vatican. J. Genocide Res. 5: 35-45.

Wheeler, W. M. 1911. The ant-colony as an organ. J. Morph. 22: 307-325.

ホィーラー, W. M. 1923. 昆虫の社会生活（渋谷寿夫訳 1986）. 紀伊國屋書店, 東京. 306pp.

Whitehead, H. 2003. Sperm Whale: Social Evolution in the Ocean. The Univ. Chicago Press, Chicago. 464pp.

Wilson, E. O. 1971. The Insect Societies. Harvard Univ. Press, Cambridge. 548pp.

Wilson, E. O. 1975. Sociobiology.『社会生物学』（1984, 日本語版監修伊藤嘉昭）, 第4巻（坂上昭一・羽田節子訳）. 思索社, 東京. 214pp.

World Travel & Tourism Council (WTTC). 2015. Travel and Tourism, Economic Impact, Kenya. 24pp.

WPI・IUCN・UNEP. 1993. 生物の多様性保全戦略（佐藤大七郎ほか訳）. 中央法規, 東京. 248pp.

山縣光晶. 1996. 『森が語るドイツの歴史』の訳注（ハーゼル, K. 著）. 築地書館, 東京. 273pp.

山極寿一. 2003. 内戦下の自然破壊と地域社会——中部アフリカにおける大型類人猿のブッシュミート取引とNGOの保護活動. 『地球環境問題の人類学』（池谷和信編）, pp. 251-280. 世界思想社, 京都.

安田章人. 2013. 護るために殺す？ アフリカにおけるスポーツハンティングの「持続可能性」と地域社会. 勁草書房, 東京. 215pp.

安岡宏和. 2010. バカ・ピグミーの狩猟実践——罠猟の普及とブッシュミート交易の拡大のなかで. 『森棲みの生態誌』（木村大治・北西功一編）, pp. 303-331. 京都大学学術出版会, 京都.

Zahavi, A. 1975. Mate selection: a selection for a handicap. J. Theoretic. Biol. 53: 205-214.

〈付録〉

「動物保護法」(RGB.lIS. 987) 1933年1月24日成立 (1938年5月23日の動物保護法を補充する命令 (RGB.lIS. 98) による正文).藤井康博 (2009) による日本語訳,許可を得て転載.

第Ⅰ章
動物虐待
第1条

(1) 動物を不必要に虐待し,または,粗暴乱暴に扱うことは,禁ずるものとする.

(2) 動物を虐待する者とは,長期永続的または反復的に相当な身体的苦痛または精神的苦痛を動物にもたらす者である.虐待が不必要である場合とは,合理的な,正当化された目的に資するものではない場合である.動物を乱暴に扱う者とは,相当な身体的苦痛を動物にもたらす者である.乱暴な扱いが粗暴であるのは,無感情の心情に対応するときである.

第Ⅱ章
動物の保護のための規定
第2条

以下のことを禁ずる.

1. 所有,世話,もしくは,収容している動物を,または,運搬の際に動物を,それによって相当な身体的苦痛または相当な損害をこうむるように,置き去りにすること.
2. 動物を,明らかにその力を越えて,もしくは,それに相当な身体的苦痛を与え,または,その状態ゆえに不可能である労役に不必要に用いること.
3. 動物を,調教,映画撮影,見世物,または,同様の催し物のために,そのことが動物にとって相当な身体的苦痛または相当な健康障害を伴う場合に,用いること.
4. 即時に身体的苦痛なく死なせる以外の目的では,その家畜のための生命存続が虐待を意味することになる,虚弱,病弱,過労,または,老齢の家畜を,譲渡または取得すること.
5. 所有する家畜［ペット］を,その動物から解放されるために,遺棄すること.
6. 生きているネコ,キツネ,または,その他の動物に,イヌが激しくせめたてるように調教し,または,試すこと.
7. 生後2週間以上のイヌの耳または尾を短く切ること.それが気絶させて行われるときは,切断は許される.
8. ウマの尾の付根を短く切る (刈り込む) こと.それが悪癖または付根の擢病の治療をするために獣医によって麻酔をして行われるときは,切断は許される.
9. 動物に,非専門的な方法または麻酔なしで身体的苦痛を伴うような手術を行うこと.ウマ,生後9箇月以上のウシ,生後6箇月以上のブタ,ならびに,性成熟期のヒツジおよびヤギにつき,去勢は身体的苦痛を伴うような手術とされる.手術に伴う身体的苦痛がわずかにすぎない,または,人間と同様もしくは類似の手術が通例は麻酔せずにすまされる,または,麻酔が個別の事情で獣医の裁量にもとづき実施不可能と思われる限りで,麻酔は必要とされない.
10. 農場で保有された毛皮動物を,気絶させて,または,それ以外に身体的苦痛なく殺すこと.
11. 家禽を詰め込むこと (肥育) で飼料摂取を強制すること.
12. 生きているカエルの腿を引き千切ること.

第3条

刈り込まれたウマの輸入は禁ずる.帝国内務大臣は,特別に理由のある事情で例外を認めることができる.

第4条

奇蹄類を坑内で用いることは,ラント所轄官庁の許可することでのみ許される.

第Ⅲ章
生きている動物の実験
第5条

生きている動物に実験目的で行う,相当な身体的苦痛または傷害と結びついた,手術または処置は,第6ないし8条の規定が他に定めのない限り,禁止される.

第6条

(1) 帝国内務大臣は,所轄の帝国官庁またはラント最上級官庁の提案にもとづき,科学的に指導を受けた特定の研究所または実験室に,生きている動物の科学的な実験を行う許可を付与することができる.ただし,主任科学者が必要な専門家の専門教養および信頼性を有しており,動物実験を行うための適切な設備が現にあり,実験動物の良好な世話および収容の保証がなされているときに限られる.

(2) 帝国内務大臣は,許可の付与を他の最上級ラント官庁に委任できる.

(3) 許可は,いかなる時も補償なくして取り消すことができる.

第7条

動物実験 (第5条) の実行に際して,以下の規定は遵守されるものとする.

1. 実験は,主任科学者,または,その者によって特別に授権された代理の全責任の下でのみ実行してよいものとする.
2. 実験は,これにつき科学的に事前教育された者によって,または,その者の指導の下でのみ,および,目的のために不要なすべての身体的苦痛を回避する下でのみ,行ってもよいものとする.
3. 研究目的の実験は,それが,従来科学によって未だ証明されていない一定の成果を期待させるときのみ,または,従来解決されていない問題を明らかにするのに資するときに限ってのみ,試みられるものとする.
4. 実験は,主任科学者の判断にもとづいて実験の目的が,これを無条件に排除しないならば,または,手術と結びついた身体的苦痛が,実験動物の麻酔と結びついた健康の侵害よりも些細なものではないならば,麻酔の下でのみ行われるものとする.

麻酔を受けていない当該動物に,困難な手術の,または,身体的苦痛を与えて出血しない実験以上のことを,実行してはならない.

困難な,特に手術と結びついた実験の術後に相当な身体的苦痛をこうむらざるをえない動物は,このことが主任科学者の判断にもとづき実験の目的と一致する限り,直ちに身体的苦痛なく死なせるものとする.

5. ウマ,イヌ,ネコ,または,サルの実験は,他の動物の実験によって意図された目的を達することができないときのみ,実行される.
6. 当該問題を明らかにするために必要以上に動物は用いられてはならない.
7. 教育目的のための動物実験は,他の教材,例えば,写真,模型,標本,映画では達せられないときのみ,許されるものとする.
8. 実験の,用いられる動物の種類,目的,実施および成果について,記録文書は作成されるものとする.

第8条

人間もしくは動物の疾病を認識する目的,または,すでに実証済もしくは国家に承認された方法にもとづき血清もしく

はワクチンを採取もしくは検査（価値決定）するための，生きている動物の裁判の利益ならびに接種および採血のための動物実験は，第5ないし7条の規定に服しない．ただし，当該動物も，相当な身体的苦痛をこうむらざるをえず，死亡させることが実験の目的と一致するときは，直ちに身体的苦痛なく死なせるものとする．

第Ⅳ章
刑罰規定
第9条

（1）　動物を不必要に虐待し，または，粗暴乱暴に扱う者は，2年以下の軽懲役および罰金，または，そのいずれかに処する．

（2）　第1項の場合を除き，必要な許可なく生きている動物に実験（第5条）を行う者は，6箇月以下の軽懲役および罰金，または，そのいずれかに処する．

（3）　以下を故意または過失によって行いたる者は，行為がすでに第1，2項の科刑へ当たらない限り，150帝国マルク以下の罰金または拘留に処せられる．
1. 第2ないし4条の禁止の一つに違反
2. 第7条の一規定に違反
3. 帝国内務大臣またはラント政府によって第14条にもとづき公布された動物を保護する一規定に違反
4. 監督下にあって家族共同体に属する子または他の者に，本法の規定に違反させないようにしなかった不作為

本法9条2項は，2ないし4条の故意または過失による違反などに対して，150帝国マルク以下の罰金または拘留の刑罰を規定する．

第10条

（1）　故意の違反ゆえに第9条を理由として下された刑罰と並び，動物が有罪判決を受けた者に属するときは，その動物を没収し，または，動物を死なせることを宣告できる．没収に代えて，他の方法で動物を有罪判決を受けた者の費用において3箇月間まで収容し，世話することを命令することができる．

（2）　訴追され，または，有罪判決を下される者が特定できないならば，他の点で前提がこれにつき存在するときは，動物を没収し，または，動物を死なせることを宣告できる．

第11条

（1）　ある者が反復して故意の違反ゆえに第9条を理由として有罪確定判決を受けたならば，その者に対し，ラント所轄官庁は，特定の動物の保有，または，一定期間もしくは長期間その動物と関わる職業上の業務もしくは行為を禁止できる．

（2）　禁止命令の確定判決から一年を経過した後，ラント所轄官庁は，その命令を再び取り消すことができる．

（3）　保有，世話，または，収容するにあたり，有責にも相当にわたって置き去りにされた動物は，ラント所轄官庁によって，その動物の所有者から没収され，異議の余地のない動物保有について保証が現にあるまで，長期的に他の方法で世話されるよう収容を受けることができる．当該収容の費用は，有責者に対して課されるものとする．

第12条

行為が2条1または2号の禁止に該当するか否か，刑事手続において疑義があるならば，この点については手続の可能な限り初期の段階で公務の獣医，および，農業経営の問題となる点では，帝国食糧職分団に聴取するものとする．

第Ⅴ章
終末規定
第13条

本法の意味における気絶させることは，全身から身体的苦痛をなくし，または，局部的に身体的苦痛感覚を除く，あらゆる方法と理解されるものとする．

第14条

帝国内務大臣は，本法を実施および補充するため，法規則および行政規則を公布することができる．帝国内務大臣が，当該授権を行使しない限り，ラント政府が必要な実施規定を公布することができる．

第15条

本法は，1934年2月1日に，第2条8および11号ならびに第3条を例外として施行し，例外に関しては帝国食糧農業大臣と協力して施行の時点を取り決める．

刑法典第145bおよび360条13号は，1934年2月1日に失効する．

1908年5月初日の鳥類保護法（帝国法律官報314頁）の規定は，存置する．

第 12 章　保全・管理と環境倫理の架橋

12.1　日本の生物資源管理

（1）　捕鯨の歴史

　日本では捕鯨が，伊勢，三河，安房，紀州，土佐，長州，壱岐，隠岐，筑前，平戸，五島，対馬などの沿岸地帯や島嶼で往時から行われてきた．多くは海底地形や海流の関係からクジラのストランディングが多発する地域だった．クジラはつねに大量の肉を地域共同体に提供する自然の恵みだったから，しだいに神格化され，漁業神である恵比須信仰として各地に成立していった．クジラの待望はやがて自然発生的に積極的に捕獲する生業としての「捕鯨」を生み出した．それは沖を通過するクジラを発見すると，銛や鉾をたずさえて小型船で追尾して仕留め，海岸に曳航して，解体・処置するもので，15世紀ころには成立したと考えられる（森田1994）．バスク人から遅れること約400年，それでも日本独自の挑戦だった．佐賀県松浦半島と沖合の島での天保（1840年ころ）年間の捕鯨の様子を書き残した豊秋亭里遊（『小川嶋鯨鯢合戦記』）は，「鯨一頭捕れば七郷浮かぶ」との当時のことわざを紹介したうえで，次のような短歌を残している．

　　　　いにしえの今もかわらす末の代も
　　　　　金（の）花さく勇魚捕らん

　勇魚とはむろんクジラの古称．江戸期の漁村は意外にも功利の現実主義に浸かっていた．
　この時代の沿岸捕鯨は「突き取り方式」と呼ばれる．この漁（猟）法では，死んでも沈まない，遊泳速度の遅い，小型のゴンドウクジラ，

図 12-1　『鯨史稿』（大槻清準 1808）の一部［『肥前国産物図考』（国立公文書館「内閣文庫」蔵）より］．クジラが網で捕獲され，浜に曳航され，解体されている．脂皮が切り取られ，後ろに立ち並ぶ納屋場で，採油されたり，塩漬けなどにされた．浜にはクジラを監視する探鯨台，巨大な脂皮を剥ぎ取る轆轤がみえる．

セミクジラ（正確にはタイヘイヨウセミクジラ[1]）などが目標だった．初期には，処理された鯨肉は沿岸の共同体内で分配，消費されていたが，保存できる食品（塩漬け）や油などの加工品が出回り，商品化され，流通するようになると，クジラの需要は急騰し，それに対応して専門的な捕鯨・処理集団が成立するようになった．高橋（1992）は，貨幣経済が成立しなくとも，捕鯨に必要な技術（捕獲と処理）があり，獲物の有効な分配を可能にするだけの制度と慣習が存在すれば，捕鯨作業に必要な規模の集団が組織される，と述べた．クジラの潜在力を示す重要な指摘だ．クジラは，海岸域の人々にとっては自明な食料だったために，捕獲技術さえめどが立てば，それを供給するような人々を組織したのである．この捕鯨集団は「鯨組」と呼ばれ，戦国時代の水軍がその成立には一役買っ

たとの指摘がある（森田 1994）．しかしながらこの方式では，クジラの回遊様式に依存していて年変動が大きく，また捕獲技術が稚拙でしばしば取り逃がしてしまうなど，確実性が低く，収穫量を安定させるのが困難だった．それでも，19世紀初頭のクジラに関する記録，『鯨史稿』(1808)によれば，16世紀末，この方式の捕鯨が行われた神奈川県三浦では，20年以上にわたって，1年間で100-200頭を捕獲したとの記録があるという．クジラ類が十分に豊富だった時代にはこれでも生業として成り立っていたのだ．なお，『鯨史稿』というのは江戸後期の仙台藩の儒学者，大槻清準（平泉）が著したクジラ類に関するすぐれた解説書で，平戸藩生月島に滞在し，その実地検分にもとづき捕鯨方法や処理法，鯨種の特徴，その解剖学，骨学的知見などを，図解を交え正確かつ具体的に記述している（図12-1）．それは，わが国最初の本格的な動物学書と呼ぶべきものだった（次のURLを参照：http://dl.ndl.go.jp/info:ndljp/pid/2609180 閲覧 2015.8.10）．

さて，この「突き取り方式」の捕鯨を第1期とすると，以後，日本の捕鯨はいくつかの段階を踏んで発展していく．ここでは，捕鯨技術とクジラへのインパクトをおもな指標に，大きく以下の3つの段階に分けて考察を進める．

第2期：「網取り方式」→第3期：「大型船沿岸捕鯨」→第4期：「船団方式遠洋捕鯨」．興味深いのは，それぞれの段階の後半では，捕獲数や捕獲率がしだいに低下し，限界がみえると，新たな技術が模索され，そしてその技術の開発や導入に成功すると，今度はそれを梃子に，次の段階へと移行し，新たな鯨種の取り込みや捕鯨場の拡大によって飛躍していく．以下，このことに焦点をあてつつ，クジラの資源管理を通して日本の野生動物への姿勢を検討する．

網取り方式の沿岸捕鯨

網取り方式とは，クジラを巨大な網に追い込んで捕獲する方式だ（高橋 1992）．おそらく網は，最初は小規模で，イルカやゴンドウクジラなどに使い，好成績をあげるにしたがい大規模化したものと思われる．この方式を編み出したのは和歌山県太地といわれている．この地の海岸は入り組んでいて湾が深く，古くからクジラを湾に追い込み，その入口を網で仕切り，なかの獲物を銛で突くことが行われてきた．網取り方式はその発展・応用型といってよい．網は当初，藁縄製で不首尾だったが，後には麻縄製で成功したといわれ，この方式は1670-1690年に確立したと考えられる（森田 1994）．重要なのは，これに並走して，クジラを追尾する銛舟が「八挺櫓」となり，推進力を増し，高速となったことである．この結果，セミクジラ，ゴンドウクジラ，マッコウクジラに加え，死後沈んでしまうザトウクジラやイワシクジラも，網内に確保でき捕獲が可能となった．太地の捕獲技術はたちまち各地へと伝播し，西日本各地で，以後約200年間，沿岸捕鯨を支えてきた．

クジラは，すでに述べたように（第7章），その巨大さと豊富な産品ゆえに人々を組織して大きな産業へと転化させる潜在力をもっている．このことは世界共通で，日本も例外ではない．捕鯨は基本的に「捕獲」と「処理」という2つの作業工程から構成される．捕鯨はまず，クジラを発見することから始まる．これは「探鯨台」と呼ばれる浜に立てた櫓（あるいは丘）から沖合を通過するクジラを探す．しかし，クジラを発見できても捕獲に至るのはごくわずかだ．佐賀県松浦半島の鯨組（中尾組）の記録には発見頭数と捕獲頭数が併記されている．これによれば1847（弘化4）-1859（安政6）年の（うち記録されている）8カ年で，毎年の目撃数は平均217.4頭，このうち捕獲できたのは平均27.1頭，捕獲成功率は12.5％，1割強だった（服部 1992）．それでも発見の報（方向，鯨種，頭数などが信号旗などの手段で）があれば，舟はつぎつぎと出走していった．機動力の勝負なのだ．勢子舟，持双舟（クジラの曳航舟），双海舟（網舟），樽舟，道具舟など，総数20-40隻で編成され，乗組員の総数は，ゆうに500人以上となる．双海舟が網をはって樽で浮かせ，そこに勢子舟がクジラを追い込み，最終的には銛で突く．首尾よくクジラが捕獲され，浜に曳

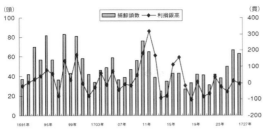

図 12-2 長崎県五島の有川組のクジラの捕獲数と利損銀高の推移. なお銀の単位「貫」は 3.75 kg で, よいときには銀 700 kg 以上の儲けがあった (末田 2009 より).

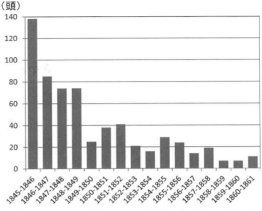

図 12-3 壱岐益富家鯨組の捕獲数の推移 (馬場 1942, 近藤 2001 より作成).

航されると, 解体されて部位別に「納屋場」に持ち込まれ, 切り身, 塩漬け, 採油などの処理がなされた. 肉は地元で消費されたほかに, さまざまに加工, 塩蔵, 樽詰にされ, また脂皮は加熱され採油された. これら産物は専門の流通業者の手によって運ばれ, 販売された. この納屋場には, 解体人, 船大工, 網職人, 鍛冶職人, 樽職人など, 専業職人が働き, 捕鯨に使う器械, 漁具や網が整備され, 保管されていた. これらの職人を含めると, 捕鯨は総勢で 1000 人を超える人々を吸収し, 家族を含め数千人の地域共同体を形成していた.

同時に捕鯨は藩を支える重要な殖産事業でもあった. 封建時代, 漁 (猟) 場は封建領主の所有物だった. したがって捕鯨の認可権は藩がもち, 藩は事業を監督しつつも, その権利を地元有力者と共同体に貸与し, その代償として地元は運上金 (税) を支払うことが取り決められていた. 捕鯨は藩の第 3 セクターだった. この時代のクジラの捕獲と事業経営の状況をみる.

図 12-2 は, 末田 (2009) による, 五島列島の有川に存在した捕鯨共同体「有川組」の 1691 (元禄 4) –1727 (享保 12) 年のクジラの捕獲数と収支決算の推移である (収支は銀による決算). この地域は五島列島の捕鯨の中心地で, 毎年 40-60 頭 (80 頭を超えた年もある) を捕獲した 1712 年まで, 経営は順調に推移したが, 1714 年の不漁を契機に赤字に転落, 1719 年以降赤字が累積していった (末田 2009). 1725 年以降, 捕獲数は順調に推移したにもかかわらず, だ. この資料では鯨種の内訳は不明だが, 初期では大型種 (セミクジラなど) が多かった. 後半になるほど小型種 (ゴンドウクジラなど) が多数になったと推測される (だから赤字化).

図 12-3 は, 馬場 (1942) と近藤 (2001) が紹介する, 江戸末期の, 1845 (弘化 2) 年から壱岐で始まった益富家 (出身は長崎県北松浦郡) 鯨組の捕獲数の推移である. 壱岐周辺では 18 世紀初頭から捕鯨が始まり, 複数の鯨組の参入や交代があったが, 図は網取り方式の最終段階の状況である. ここでも鯨種は不明だが, 捕獲数は L 字カーブを描いて減少している. これ以降, 漁の不振を理由に, 捕獲権を藩に返却し, 廃業している. もう 1 つ紹介する.

図 12-4 は, 山口県の北西部, 日本海に面する代表的な鯨組の 1 つである川尻浦の 190 年間以上の鯨種別捕獲数 (一部不明) の推移である (馬場 1942, 近藤 2001). この北浦沿岸一帯は, 毎年春に日本海沿岸を東シナ海へと南下する各種クジラ類の通り道にあたり, 古くから複数の鯨組が成立し, 地域の基幹産業として捕鯨を競い合ってきた地域である. それだけに鯨組間, 藩と鯨組の間で漁業紛争が絶えなかったところでも有名だ (戸島 1994 など). 各浦は湾が入り組みクジラを誘導しやすかったために, 網取り方式というよりは「定置網」に近い漁法が発展した. 記録によれば (近藤 2001), 川尻浦の捕鯨は早くも 1714 年ころには軌道に乗り,

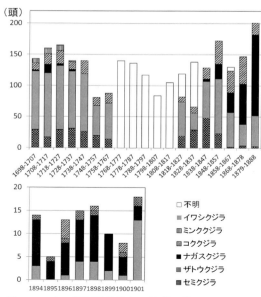

図 12-4 山口県川尻浦鯨組の鯨種別捕獲数の200年間の推移．前半（上）は複数の鯨組による．後半（下）は1894年以降一本化された組織による（馬場1942，近藤2001より作成）．

1868年にはセミクジラとザトウクジラを7頭捕獲し，銀63貫の収入をあげるなど好況に沸き，以後堅調に推移し，藩財政に貢献した．1801年に最不漁年を記録し，以後1817年まで不漁が続き，加えて1845年以降に防波堤の工事や修理を行ったため，1860年以後は赤字に転落した．図12-4をみると，10年単位の捕獲総数には多少の凹凸があるが，毎年10頭程度の水準は維持され，後半はむしろ増加傾向がみられる．なぜ赤字に転落したのだろうか．

鯨種別の推移をみると，前半ではセミクジラやザトウクジラが主流だったのに対し，後半になるにしたがい，ザトウクジラは減少し，セミクジラはまったく獲れなくなっている．これに代わって増加しているのがナガスクジラだ．ナガスクジラやシロナガスクジラは巨大だが，遊泳速度が速く，潜行深度は深く，それまでの漁法では追跡できず獲物とならなかった鯨種だった．それがなぜ捕獲できるようになったのか，である．その理由の1つは，舟を増強し，包囲網から脱出できないように「口張舟」と呼ばれる，網をもった舟を逃げる方向に配置したり，網目を細かくする（片岡・亀田2012）など，技術的進展があったこと．もう1つは社会的な理由で，社会と捕鯨組織には大きな変化があったことだ．明治政府発足後の1876（明治9）年，「鯨組」が村の共有なのか，それとも代表者の私有なのか，という裁判が提起され（この係争のため1877年は無操業），代表者12名の共有との判決が下された．

この結果，鯨組は再編されて組織が一本化され，操業区域は拡大され，捕鯨は一致結束して展開されるようになった．ナガスクジラの捕獲が可能になったのはこのことと無関係ではないように思われる．新たな組織は，広い海域を次々とバトンタッチしながら追尾し，湾の網に追い込む漁法を編み出した．図12-4下は，1894年以降毎年の鯨種別の捕獲数の推移である．これには「アメリカ式」（後述）や「ノルウェー式」（後述）の新技術の導入や，新造船の投入など新たな試みもあったが，ナガスクジラへの転換はおもに口張舟の導入と組織再編によって実現している．しかし，それはほぼ限界点でもあった．

資源管理の視点から，この歴史的経過をみると，捕鯨「組」を核とした日本の伝統沿岸捕鯨には次のような特徴が指摘できよう．活動海域が湾を中心に限定されているので，捕獲数は一定のレベルに維持される傾向があるいっぽうで，そこには上限があるようにみえる．これは操業する地形や地理的範囲で規定される．それでも生息数に対する捕獲圧は相対的に高く，継続的な捕獲は捕獲数を漸減させ，やがて枯渇させていく．そうなると，今度は捕獲法を柔軟に変化させ，ターゲット種を転換させ，捕獲数を維持する傾向がある．このことは捕鯨技術を格段に発展させた近代捕鯨にもあてはまる．

ところで川尻浦一帯は長州藩の一部で，後半では，外国船へ砲撃し，占領された下関戦争（1863-1864年）や，その後の二次にわたる幕長戦争（1864年，1866年）が勃発し，その舞台とも無縁の場所ではなかった．この動乱の歴史の片隅で沿岸捕鯨が地域住民の努力で営々と続いていたのは感慨深い．もちろん地域によっ

て著しい濃淡はあるけれど，捕鯨を推進させた技術体系と，捕鯨がもたらした産物の浸透と広がりは，「文化」と呼ぶにふさわしい生活様式を育んだことはまちがいない．

資本による近代的沿岸捕鯨

網取り方式の不振を，セミクジラからナガスクジラへの転換を，口張舟の配置，網の工夫などによって突破をはかったものの，もはや打開することはできなかった．その大きな理由の1つはアメリカ，イギリス，ロシア，フランスの継続的な乱獲と資源量の大幅な減少だった．300トンほどの帆走母船でクジラを追尾し，小型ボートを下ろして銛を撃ち込み，脂皮を剥いで，船上で採油し，樽詰にして船内に保管するという方式は資源を効率よく枯渇させていった．世界有数のクジラ生息地，"ジャパン・グランド"の只中に位置した日本（森田1994）は大した恩恵にもあずかれないまま，周回遅れの船に乗ることさえかなわずに，各地に成立していた「鯨組」は解体していった．この苦境を打開するために行われたのは新技術の導入だった．その1つは乱獲の当事者からの知恵，「アメリカ式」と呼ばれるもので，帆船の船を使い，"ボムランス"（ボンブランスともいう）と呼ばれる爆薬が仕掛けられた小型の銛を船上から捕鯨銃で発射する方法で，1870年以降，各地で試射が行われたが，暴発が多く危険だったこと，死亡後も浮く鯨種（セミクジラやザトウクジラなど）にしか適用できなかったことから，採用は一部地域だけに留まった（長崎平戸など，片岡・亀田2012）．

もう1つは，爆薬を装塡した大型銛を高速船の先頭から"捕鯨砲"で発射する方式で，ノルウェー人フォインが，おそらくボムランス銃を参考に，発明した．この方式では銛が体内深く貫入し，それにロープが取り付けられているために，獲物は取り逃がすことなく，船体に括りつけて基地へと曳航することができた．森田（1994）は，捕鯨砲を，バスク人による帆船捕鯨に並ぶ，捕鯨技術の革新だったと評価している[2]．このノルウェー方式は極東では1890年ころからまずロシア船が採用し，その肉を長崎で売却したので，鯨組や業者も周知していた．紆余曲折はあるが，その高速捕鯨船と捕鯨砲を手に入れ，本格的な捕鯨業を開始したのは「日本遠洋漁業会社」の岡十郎で，1900年のこと，砲手はすべてお抱えノルウェー人だったという．この会社はその後，日露戦争（1904-1905年）で拿捕したロシア捕鯨船も譲り受け，資本金を増やし，後に「東洋捕鯨」と名前を変えて急速に成長していった．ここに捕鯨は資本による近代的営利活動として再出発することになった．

日本の近代「遠洋」漁業は，ラッコ・オットセイ猟を1つの柱にスタートしたことはすでに述べた．開始後まもない1906（明治39）年の「遠洋」漁業の魚種別漁獲金額の内訳は，カツオ漁が86万円，ラッコ・オットセイ猟39万円，捕鯨31万円，ブリ漁11万円，タラ漁10万円などで，黒字になったのはラッコ・オットセイとクジラ類くらいだったという（二野瓶1981）．もちろん，これらは「漁業」というには相応しくはないが，そこには日本の逃げ場のない後進性があったというべきだろう．明治政府は水産調査所を設置し，そして奨励金を補助して，ラッコ・オットセイ猟と捕鯨を推進した．この後，ラッコ・オットセイ猟は資源の激減と1911年の国際条約への加盟によりその歴史的使命は終わるが，捕鯨については，官民を巻き込んで，いっそう奨励，推進されていった．

ノルウェー式捕鯨は，捕鯨砲をもつ高速船でクジラを捕獲し，数頭をまとめて船体に括りつけ基地へもどる方式だった．このために捕鯨場との間を何度も往復しなければならなかった．この方式の利点を網取り方式と比較すると（片岡・亀田2012），①多数の舟や網が不要で，その耐用年数を考慮する必要がなかった．②捕獲に要する人数は従来の500人規模に比べ，はるかに少なくてすんだ．③汽船のためにその活動範囲は格段に広くなり，操業は物理的には1年中可能であった．④このため捕獲数は飛躍的に増加した．捕鯨船5隻を有した東洋漁業は1906年には純利益41万円以上の空前の利益をあげ，5割4分の配当を行った．こうした好況

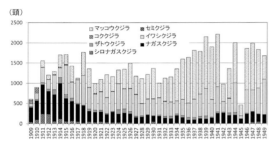

図 12-5 ノルウェー式捕鯨による日本沿岸での鯨種別捕獲数の推移(馬場 1942, 近藤 2001 より作成).

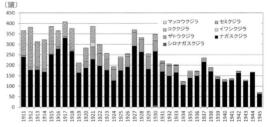

図 12-6 朝鮮, 樺太, 台湾, 中国(関東州)沿岸域で日本企業が捕獲した鯨種別捕獲数の推移(近藤 2001 より作成).

の結果, 各地には鯨組の旧組織を基盤に捕鯨会社が立ち上がった. その数は 1907 年にしてたちまち合計 12 社, 捕鯨船は総計 28 隻に達した(二野瓶 1981). いまや捕鯨は日本の基幹産業の 1 つに昇格した. その捕獲成績と内容を吟味する.

図 12-5 は, 1909-1949 年の日本沿岸域の鯨種別捕獲頭数の推移である(明治期の「遠洋」漁業とは日本近海を指し, ここには 1934 年以降の南氷洋捕鯨は含まれていない). この間, 捕鯨会社の規模や数, 捕鯨船の数や性能は大幅に変更されたが, これらは考慮されていない. 捕獲数はノルウェー式捕鯨を開始すると, たちまち 1000 頭を超え, 1500 頭との間を推移した. 1500 頭を超えるのは初期の数年と, 日中戦争以降で, 開戦と敗戦年には激減したものの, 高いレベルを維持した. この内訳は興味深い. 初期では, ザトウクジラや小型のイワシクジラも捕獲されたが, シロナガスクジラやナガスクジラが主流だった. 1500 頭以上の大量捕獲後, 捕獲数は減少していき, 後 2 種の捕獲割合は捕鯨が進むにしたがって減少していった. なかでもシロナガスクジラはまったく獲れなくなった. この穴を埋めるかのように, イワシクジラとマッコウクジラが増加していく. とくにマッコウクジラの割合は 1930 年以降に増加し, 高率のまま推移していった.

この動向はどのように解釈されるのか. 前半は明らかに, クジラが食料として大切であり, 高い需要があったことを示している. 大型で効率のよいシロナガスクジラ, ナガスクジラ, ザトウクジラ, セミクジラがまず目標とされ, こ

のため徹底して捕獲され, 個体数は激減していった. これに代わり小型種のイワシクジラやコククジラ, そしてマッコウクジラが次に目標とされたのである. マッコウクジラを除く鯨種は徐々に減少するが, マッコウクジラは増加していく. とくに 1934 年以降はマッコウクジラがむしろ主要なターゲットとなり, 日本の捕鯨を牽引していった. これはいったいなにを意味するのか. この時期は, 戦争の準備, 日中戦争, 太平洋戦争と戦時体制が強化された期間と一致し, 鯨油もまた戦略物資となり,「硬化油」の製造, 爆薬の原料となるグリセリン製造などに回され, また同時に, 海外への数少ない輸出産品の 1 つとなって貴重な外貨を稼いだ(森田 1994). 捕鯨の目的が鯨肉よりむしろ軍事物資の生産に移行したのだった.

なお, 日本が海外植民地とした朝鮮, 樺太, 台湾, 中国(関東州)で行われた日本企業の捕獲統計が別に存在する(図 12-6). これは各植民地での食料調達を目的としたもので, マッコウクジラはまったく捕獲されていない. 150-350 頭程度の捕獲が継続する. ナガスクジラやコククジラがおもに捕獲されたが, 後者の捕獲が減少する代替にザトウクジラが一時的に捕獲された. しかし, 最終的にはナガスクジラもザトウクジラも捕獲数は確実に減少し, ついには消失していった. ノルウェー方式の実力のすごさがみてとれよう. この方式には小さすぎる捕鯨場であった. この推移は, このレベルでの捕獲圧が資源量に対し明らかに過剰であったことを示唆する.

シロナガスクジラの北太平洋個体群は現在,

東部地域（アメリカ沿岸域）では順調に回復しつつあるいっぽうで，日本沿岸域を含む西部地域ではまったく生息が確認できていない．おそらく絶滅したと考えられている（Clapham *et al.* 2007）．すべてではないにしてもその責任の一端は日本が負っているのはまちがいない．

日本のクジラ類の資源管理と資源観

1907年に12社のノルウェー式捕鯨会社が乱立すると，たちまちに競争状態となった．捕獲数と業績が落ち込んだため6社は話し合い，合併することになった．これによって創立したのが「東洋捕鯨株式会社」（1908年）で，捕鯨船20隻，基地である事業所20カ所を有し，全国をネットする巨大企業となった．企業の発意で行われたとされるが，競争回避と国策企業にしたい国の意向を酌んだものだった（馬場1942）．翌1909年，政府はこの再編を念頭に，農商務省は省令によって「鯨漁取締規則」を公布した．その内容は，①ノルウェー式捕鯨業を許可制とする，②捕鯨基地（鯨漁根拠地）の設置を同じく許可制とする，③鯨漁汽船数を30隻とする，であった．このほかに，政府は，明らかに資源の存続を考慮し，捕獲圧を下げるために，並行して場所によっては漁期を設定した．この保全に向けた資源管理は，クジラ類では世界最初の積極的な施策であり，高く評価されてよい．だが，実際には統合され，身軽になった企業が効率的に捕獲を行い（1911–1918年），適正な捕獲水準を突破したようにみえる．図12-7は日本近海でのシロナガスクジラとナガスクジラの捕獲の推移（"Whaling Statistics" http://luna.pos.to/whale/sta.html 閲覧2015.4.30）で，漸減傾向は明らかであり，1920年以降は乱獲のために捕獲数は確実に減少していく．ここで捕鯨に携わった代表的な人々の当時の捕鯨・資源観をみておこう．

● 豊秋亭里遊の心情論（『小川嶋鯨鯢合戦記』1840年から）：里遊は，メスと子クジラの捕鯨を実際に観察した．多数の銛を撃ち込まれ，血で真っ赤に染まった海面での最後の瞬間をこう記した．「母子一緒の断末魔，苦しむ声は

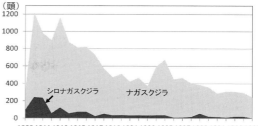

図12-7 シロナガスクジラとナガスクジラの日本近海での捕獲数の推移（"Whaling Statistics"より作成）．

山々に響き渡ってすさまじく，身の毛もよだつほどである」（現代語訳，田島1995，以下同じ）．そして「鯨を捕って売りさばけば，たしかに小判の山をもたらすけれども，このような情こまやかな鯨を殺すことを生業として妻子を養い，世を渡ることになんらの悔悟の心を持たず，いたずらに金銭を浪費するとしたらなんとも恐るべきことである．よくよく考えてみるべきことである」と続き，結論は「昔の人も，断末魔の声を聞いては鯨の肉を食うに忍びない，といったという．……ご高説はしごくもっともであるが，人間にも生死があり，万物もみなそうである．大きな鯨も小さな白魚も命には変わりがない．……これも天命である．……無益の殺生でなければ，少しも罪となるものではない．……鯨のその肉は数千人の口にはいって，そのおいしさが喜ばれ，味わわれる．……数百人の生活を助けている．……（それは）鯨の大きな功徳である」とまとめられ，だから「僧侶を招いて鯨の供養を営み，一頭ごとに法名をつけて，ねんごろに弔う」のだという．

殺すことのうしろめたさを率直に表明するいっぽうで，完全に利用し，人々の幸福につながる，無益の殺生ではない，おまけに供養までするので許されるべきというのが骨子だ．このアンビヴァレントな心情は当時の人々に広く共通したものだったにちがいない．渡邊（2006）はここから「供養を行っている→クジラをいくら殺してもよい」へと転化する可能性を指摘しているが，少なくとも里遊の言説にはその要素はない．むしろ私が指摘したいのは，クジラは「共有物」であり，捕獲は競争であるとの認識

があったことである．こう述べる．「鯨組というのが諸国にあって，遠くには紀州の熊野，四国の土佐，長州の仙崎，近くには壱岐，対馬をはじめ五島，大村，平戸，出雲の国々に鯨組がある．ここで捕えられなければ，ほかで殺されるのは必定である」．これはクジラを典型的なコモンズとみなし，けっして無尽蔵であるとは認識していなかったことの証左である．日本の場合，拙い捕獲技術であったことが幸いし，ただちに極端な乱獲には至らなかったものの，その兆候はすでに網取り方式であっても現れていた．捕鯨＝競争であるとの思想は鯨組の伝統として捕鯨組織の人々のなかに深く浸透していた，と私は考える．

●岡十郎の永久無尽説：東洋捕鯨株式会社の社長，日本の近代捕鯨の立役者だ．『本邦の諾威式捕鯨誌』（ノルウェー）（明石1910）［後に『明治期日本捕鯨誌』（明石1989）と改題し復刻］は，岡十郎の談話から稿を起こしたものといわれる．その「本邦捕鯨業の将来」という章のなかで，岡は将来展望に関して自説を開陳する．それによれば，クジラ類の資源見通しには「繁殖絶滅説」と「永久無尽説」という２つの説があるという．前者は，捕獲を続けていけば，サイズがしだいに減少していき，ついには繁殖個体を獲り尽くし，絶滅に至るというもので，これに対し後者は，餌資源が存在する限りは，特定の地域で捕獲し尽くしても，「海洋の広き」を考慮すれば，いつかは必ず「来殖補墳して，その漁場を永久に存続せしむる」というものである．岡は，前者は琵琶湖のなかの養殖マスと例示するように，閉鎖系を前提に，後者は海洋という開放系を対象にしている点で，「立論」がまるでちがうと強調するが，広い海洋＝開放系とする根拠は示されていない．みずからが行う捕鯨という行為が地球規模のスケールで展開されているとの認識がないか，意図的に蔽目するかのどちらかである．

とはいうものの，いっぽうでは捕鯨によってザトウクジラが減少し，セミクジラも皆無になっていると述べている．しかし，これはクジラ資源が減少しているのではなく，危険を察知する習性から別の場所に移動していると強調する．これらの点は，プレーリーという閉鎖系でバイソンが絶滅したのとは異なり，海洋では行動を変えどこかに必ずいるとした，『白鯨』のメルヴィルの発想ときわめてよく似ている．19世紀初頭のアメリカ，19世紀末の日本，時代にはちがいはあるが，そこには海洋とクジラ資源に対する同じ目線があった．

●馬場駒雄の管理論：日本捕鯨株式会社の南氷洋捕鯨の主任として母船式捕鯨の指揮を執った人物．太平洋戦争の突入直後の1942（昭和17）年に出版された『捕鯨』のなかで「鯨の保護捕獲制限の問題」（第7章）と章立てて，クジラ類の資源管理や国際管理を論じている．当時のクジラ類をめぐる国際的状況がわかり，興味深い．まず要旨を箇条にする．

①日本近海の捕鯨は，日本が自主的な規制制度をもち，「乱獲による種族の絶滅を未然に防ぎ」，事業の堅実なる発展に寄与してきた．

②南氷洋での母船式捕鯨についても国内法で「取締規制」をもち，国際的な規制に参加せよとの海外圧力があったが，これには参加せず，自主的に改善してきた．しかし近年では，捕獲量はノルウェー，イギリスに次いで3位となり，不参加の口実がなくなりつつある．これに対応して国内法を修正しているが，なお国際規制には不参加の方針である．

③過去，欧米が行った西大西洋や（アメリカを中心とした）ジャパン・グランドの捕鯨は国同士が競争して乱獲となり，資源が消耗した．この乱獲に対しては，生物学者は「安息場」がないために絶滅すると主張し，経済学者は過剰捕獲であり，事業の継続に支障をきたすと警告する．

④ノルウェーは捕鯨業者を届出制とし，小さなサイズの個体の捕獲禁止，捕獲頭数による報酬の歩合制禁止，事業報告の提出の義務化を定めた規制案を提出した．この案を国際協約として1931年に国際会議（ジュネーブ）が開催された．しかし日本は，この時点ではまだ南氷洋の国際捕鯨に本格的に参入していなかったので，国際協約を受け入れなかった．

⑤こうしている間（1929-1930年）にイギリスは南氷洋で大量の乱獲的捕鯨を行い，個体数は減少し，国際鯨油市場は大幅に下落した．この状況を改善するために，イギリスとノルウェーは操業時期の規制と各種の生産制限を設け，南アフリカ，アルゼンチン，オーストラリア，ドイツ，ニュージーランドを巻き込んで1937年に国際捕鯨会議（ロンドン）を開き，国際協定をつくった．日本は参加を要請されたが時期尚早として拒否した．

⑥捕鯨には乱獲の弊害が起こるので取り締まりが必要である．捕獲を制限し，保護の意見が台頭するのは当然である．しかし捕鯨は公海上で行われるので国を取り締まるのはむずかしい．南氷洋は各国の「入会漁場」であり，国は自国産業の振興をはかるのは当然であり，国は排他性をもち，可能な限り自国を有利な立場に置こうとする．したがって，「船数または生産量を制限する」ことは不可能だ．

⑦捕獲数制限論者には2タイプある．1つは，無制限に捕獲すると，資源量が減少するので生産費が上昇するいっぽうで生産過剰となって市場の混乱を招くとの経済的視点．もう1つは，クジラ類はもともと絶滅を運命づけられた貴重な生物だから，少数の業者が暴力的にこれを加速して捕獲することは人類の恥ずべき行為であるとする生物学者の視点，である．

⑧これに対して，捕鯨業者を中心に制限反対論者がいる．その論拠には，南氷洋はクジラ類の索餌場と繁殖場で，毎年捕獲されるのはその一部にすぎず，大部分は残存していること，あるいは，捕獲数は毎年の繁殖によって「十分補充せられつつあり」と推定されていることがあげられる．もし絶滅の危機があったとしても「独り鯨に限らず，人類が自己の便益のためにあらゆる天恵を利用するのはその本然の姿である．人智を尽くして最高度にこれを利用するのは寧ろその本分である」とする．

⑨とはいえ適当な捕獲数の制限は必要で，資源の持続ははかるべきだ．しかし，まったくクジラに利害をもたない国が国際会議に参加して個体数制限を主張するのは遺憾だ．

⑩捕獲により個体数が減少し，ほかの国の捕獲が採算割れとなったとしても，（鯨肉を食べるので）日本の企業だけが余裕をもてることになり，その場合には南氷洋捕鯨は日本の独占となり，こうなれば「初めて最も合理的なる制限も可能となる」のだ．

論点は多岐におよぶがそのほとんどが現在につながる．①，②では日本の国際連盟の脱退（1933年）など国際社会へのかたくなな姿勢がこの分野でも踏襲されていることがわかる．③のこれまでの捕鯨の歴史の総括から，④，⑤ではノルウェー，イギリスを中心に捕鯨協定の締結など国際的な努力が続けられていたことがわかる．⑥では「入会漁場」との表現でクジラ類が"コモンズ"であることが認識されていた．⑦，⑧ではクジラ資源の状態が評価されている．このなかで，捕獲量は資源量の一部で捕獲圧は低く，十分なリクルートがあるという楽観論が紹介されているが，文脈から馬場はこれには与していないようだ．むしろ捕獲制限の必要なことを示唆し，それで絶滅したとしても人類に貢献したとして評価されるべきだとしている．⑨ではコモンズの認識がありながら国際管理の意味を理解していないことが吐露されている．⑩は結論といってよい．日本だけがクジラ類を徹底的に利用し，不可欠であるのに対し，諸外国は鯨油が主だから，将来撤退してしまう可能性がある．このときになって初めて合理的な管理が展開できるとの展望が披瀝されている．資源の持続性より企業活動の優先，多国間より1国と，全体として自国中心主義（渡邊 2006），独善的傾向が強い．とはいえ⑩の結論部分では，その後の南氷洋捕鯨の経過は，日本が実質的には独占的な捕鯨国となるなど，ほぼ馬場の予想どおりに進行していった．問題なのは，こうした状況にあってその後の日本は「合理的なる制限」，つまり適切な資源管理を展開してきたか，どうかである．

（2） 南氷洋とヒゲクジラ類

現生のクジラ目は，採餌器官として「髭」をもつヒゲクジラ類，「歯」をもつハクジラ類に

大別できる．前者は10種と少数であるが，大型，巨大種が多い．これに対し後者は，約65種（種数は増加する可能性がある），最大種はマッコウクジラで，残りの大多数はイルカ類などの小型種だ．ヒゲクジラ類は，さらにセミクジラ類（タイセイヨウセミクジラ，タイヘイヨウセミクジラ，ホッキョククジラ）と，ナガスクジラ類に分類され，後者は大きさの順にシロナガスクジラ，ナガスクジラ，イワシクジラ，ザトウクジラ，ニタリクジラ，ミンククジラとなる．シロナガスクジラは体長30m以上，体重180トン以上，かつて生息していた恐竜類を含めて，地球上に生存した，そして生存する最大の動物種だ．ナガスクジラ類はスマートな体型で遊泳スピードが速いので，商業捕鯨以前には，追尾できないことに加えて捕殺すると沈んでしまうので，ほとんど捕鯨対象にはならなかった．しかし，近代および現代捕鯨を支えたクジラ類は，マッコウクジラを除き，ヒゲクジラ類，とりわけナガスクジラ類だった．その捕鯨のおもな舞台は南氷洋であった．なぜ南氷洋は巨大なナガスクジラ類の生息地なのか．

多くのヒゲクジラ類が季節的な移動を行うことは古くから知られていた．最近では，発信器をつけて衛星から移動を追跡したり（Bailey *et al.* 2009），動物にデータロガーを装着し，位置や深度を記録させ，後に回収して移動を再現することが行われている（Block *et al.* 2011）．図12-8は，後者の方法による北米西海岸でのシロナガスクジラの移動の軌跡である（Bailey *et al.* 2009）．冬から春にはアラスカ湾へ，夏から秋にはカリフォルニア湾などの低緯度地域へ移動を繰り返しているのがわかる．これらのクジラは北米海岸沿いを生息地としているもので，これとは別に東太平洋沿いを南北に移動する別の集団が存在し，日本にも姿をみせる．

南氷洋ではまだこうした調査は行われていないが，シロナガスクジラの目撃や捕獲，鳴声など膨大な記録が蓄積されてきた．これらの記録をプロットしたのが図12-9である（Branch *et al.* 2007）．南氷洋一帯，南米西海岸，マダガスカル周辺，インド洋北部，オーストラリア南東

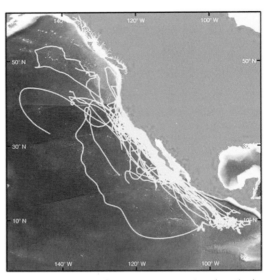

図12-8 1994-2007年の間にデータロガー（タグ）を装着した92頭のシロナガスクジラのアメリカ西海岸における移動の軌跡（Bailey *et al.* 2009とBlock *et al.* 2010を改変）．

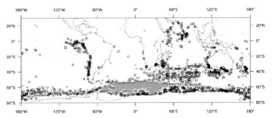

図12-9 南半球におけるシロナガスクジラの分布．灰色は1973年とそれ以前の記録，黒色は1973年以降の記録．×は捕獲，〇は目視，△はストランディング，□は音声記録（Branch *et al.* 2007より）．

部などに分布し，季節ごとに区分すると11月から翌年3月までの期間（南半球なので，つまり春から晩夏まで）は南氷洋周辺に，4月から10月上旬までの期間（つまり秋から晩冬まで）はインド洋北部など低緯度海域におもに分布し，多くは南北に季節移動をすると考えられる（Branch *et al.* 2007）．しかし周年同じ地域に留まる地域集団もいるようだ．シロナガスクジラは頻繁に鳴声を発することが知られている．低い声（低周波）で遠距離に届き，おそらく個体間の重要なコミュニケーション手段だと考えられてきた．興味深いのは，最近，この声の特性がオーストラリア，マダガスカル，スリランカなど，地域ごとに異なることで，おそらく地域

集団ごとに別々の「方言」をもつらしい（Samaran *et al.* 2013）.

多くの個体は春から晩夏までの期間は索餌海域である南氷洋にいるが，秋から晩冬までの期間は餌の少ない低緯度海域に移動し，メスは出産，子育てする．妊娠期間は 10-12 カ月で，メスは 2-3 年に 1 回，1 頭の子どもを産み，その後半年以上にわたりほぼ絶食しながら授乳し，子育てを行う．この間，体重は約 40％ も減少するといわれる（Oftedal 1993）．きわめて過酷な条件だが，なぜ，そうまでして，長距離の移動を行うのか．低緯度域の海域は穏やかで，温かい海水は子どもの体温維持に都合がよいなどの仮説（Brodie 1975）もあったが，きわめて明快なのだ．捕食者であるシャチとの遭遇リスクを可能な限り回避し，出産と子育ての機会を最大化しているのだ（Corkeron & Conner 1999）．クジラ類の子どもはシャチの格好の獲物となる．多くのシャチは秋から冬の期間，南氷洋か北極海に生息する．したがってシャチの攻撃から子どもを守るには同じ海域にいないことが最適となる．とはいえ，この季節的な移動にはより大きな疑問が残る．そもそもナガスクジラ類の生息地がなぜ南氷洋なのか，である．

クジラのヒゲとはなにか

ヒゲクジラ類はヒゲという独特の採食器官で獲物を濾し取って食べる．これを濾過採食（filter feeding）という．ジンベイザメやイトマキエイも濾過採食者だが，両種ともにヒゲの代わりに鰓を使ってプランクトンを濾し取る．このヒゲは歯ではない．篩状に変化した角質（非水溶性のタンパク質）で，口のなかの皮膚が変化したものだ．材料はウシ類やアンテロープ類の角と同じ．大型のクジラ類はこの南氷洋でオキアミという大型のプランクトンを細かい刷毛のようになったヒゲで採食する．南氷洋にはクジラ以外にもオキアミを採食する哺乳類がいる．カニクイアザラシ（*Lobodon carcinophagus*）やヒョウアザラシ（*Hydrurga leptonyx*）だ．これら動物の歯を観察すると，形質の可塑性を示して「傑作」である．前臼歯と臼歯の咬頭が

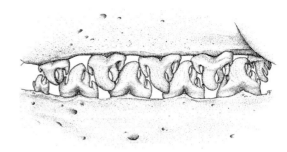

図 12-10 カニクイアザラシの頬歯のスケッチ．上顎と下顎を合わせると，複雑な隙間が現れ，オキアミを濾過（フィルタリング）していることがわかる（Riedman 1990 より）．

鋸状に分岐し，上顎と下顎を合わせると交互で，複雑に隙間がつくられている．明らかに小さな動物を濾過するフィルター構造なのだ（図 12-10）．なかでもカニクイアザラシは食物の 94％ をオキアミに依存していて，歯がオキアミ専用に特化している（ヒョウアザラシは約 50％ 依存，Riedman 1990）．カニクイアザラシはカニなど食べてはいない．しかしヒゲクジラ類には歯がない．なぜ彼らには歯とは別のこのような器官が進化したのだろうか．

歯の代わりに最初からヒゲが生まれたとは想定しにくい．ヒゲクジラ類の化石は漸新世後期（チャッティアン期，3000 万-2400 万年前）の北米やニュージーランドから発見されている．すでに歯は消失．もう少しさかのぼった漸新世の前期から後期にかけて（3400 万-2400 万年前）に注目すると，北米やオーストラリアなどからママロドント（Mammalodontidae）科，エティオセッティ（Aetiocetidae）科などの原始的なクジラ類の化石がみつかり，これらには歯がある（Fitzgerald 2006）．サンディエゴ博物館のディメアら（Demëré *et al.* 2008）は，このうちの 1 種であるエティオセタス・ウェルトニ（*Aetiocetus weltoni*）の顎の骨を詳細に観察し，歯に沿って小さな穴と線状の溝が存在しているのを確認した．これらの小孔と溝は現生のミンククジラでも観察され，ここからヒゲが伸びていることが判明した（図 12-11）．

同時にディメアら（Demëré *et al.* 2008）は，このクジラのエナメル質からエンシャントDNA を抽出し，ほかのクジラ類と比較してい

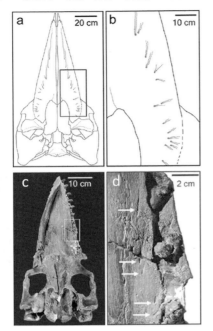

図 12-11 ヒゲクジラのヒゲの起源．a, b は現生種ミンククジラ．歯のあるところに溝と小孔がありそこからヒゲが伸びている．c, d は化石種 *Aetiocetus weltoni*．歯に沿って小さな穴と線状の溝が観察される．ヒゲクジラ類はハクジラ類から進化したと推定される（Deméré *et al.* 2008 を改変）．

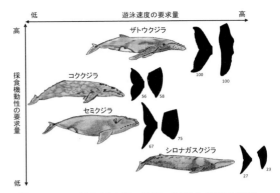

図 12-12 ヒゲクジラ類の体型，尾鰭と前鰭の形状，食性と採食行動，遊泳速度の比較（数値はザトウクジラを 100 としたときの大きさの相対値）（Woodward *et al.* 2006 を改変）．

る．この結果，このクジラは，現世のハクジラ類ではなく，ヒゲクジラ類に属することが確認された．ハクジラ類からヒゲクジラ類が進化した有力な知見だ．つまり，クジラ類のヒゲは最初，群れをつくる小魚や大型のエビ類などを効率よく採食できるように歯の補助器官として進化し，後にさらに食性が分化し，一部のクジラ類はこの採食様式の有効性を徹底して追求し，さらに特殊化したと考えられる．この過程では歯の退化とヒゲの発達が並行して進行し，ヒゲクジラ類が誕生したと解釈される．なお，この化石クジラの近縁種であるエティオセタス・ポリデンティタス（*A. polydentatus*）は，1990年に北海道足寄町の漸新世地層からほぼ完全な頭蓋が発見され，「歯のあるヒゲクジラ」として，現在，足寄動物化石博物館で一部が復元展示され，研究が続けられている（新村ほか 2011）．

ヒゲクジラ類のヒゲの発達程度と体型，鰭，

そしてその食性を比較すると，次のような傾向があることに気づく（Woodward *et al.* 2006; 図 12-12）．まず比較的小型のコククジラ（小型であるところからコクジラ，チゴクジラとも呼ばれる）で，海底の砂や泥を口のなかに入れて，カニやナマコ，ベントスを濾し取って食べる．ヒゲは高さ 50 cm 程度で短く，遊泳スピードは遅い．

セミクジラやホッキョククジラ（両種は同じ科に属し近縁）は，海面に浮上する小さな動物プランクトンを，口を開けたまま遊泳しながら吸い込んで，濾し取っていく．これを"スキミング"（skimming）という．スキミングとは上澄みをすくい取るという意味で，カード情報を"すくい取る"犯罪の意にもなる．極端に口が大きく，体はずんぐりとふくらんで流線型とはいえず，遊泳スピードは速くはない．ヒゲがもっともよく発達していて，ホッキョククジラのそれは高さ 3 m にも発達する．動きの鈍い小さな動物プランクトンを完全に濾し取ることに特化していて，ときには複数の個体が V 字に並んで採食することがある．商業捕鯨がホッキョククジラを標的にした理由は，鯨油より，むしろ貴重で需要が高かったヒゲにあった．

ザトウクジラは尾や前鰭が大きく，速いスピードで遊泳しながら，口を開けオキアミのほかに，ニシン，サバ，シシャモなどの魚類もよく食べる．ヒゲは高さ 70-100 cm 程度だ．大き

な尾と鰭が特徴で，これで機動的に泳ぎ回り，複数の個体といっしょに連携しながら泡をはき，網のように上昇させて一斉に採食する，"バブルネット・フィーディング"（bubble net feeding）を行う．深度30 m以下には潜らない．

もっとも特徴的なのがナガスクジラ，シロナガスクジラだ．両種とも尾と前鰭は小さいが，流線型で，遊泳速度は最速約50 kmといわれる（McDonald et al. 1995）．採食はもっぱらオキアミで，この場合にはゆっくりと泳ぎながら口をいっぱいに開け，オキアミを含む海水を大量に吸い込む．顎は，アコーディオンの蛇腹のように，弾力のある，繊維性の軟骨の畝のような板で支えられ，下顎は左右に分離し，上顎とゆるく接続しているので，口は通常の約4倍，長さにすると体長の3分の2ほどに，大きくふくらむ．このときの口の容量は体重の70%以上に達する（Goldbogen et al. 2006）．つまり，150トンのシロナガスクジラであれば，約100トンの海水が流入する．この採食法を"突進採食"（lunge feeding）という．かなり力ずくで，エネルギー・コストがかかる採食法だが，南氷洋ではもちろん収支決算はプラス，それどころかあり余って十分なのだ．いったい南氷洋にはどれほどのオキアミがいるのだろうか．そしてそもそもわからないのは，なぜ南氷洋にはそれほどのオキアミがいるのか，である．

南氷洋とオキアミ

オキアミと呼んできたが正式にはナンキョクオキアミ（*Euphausia superba*）といい，エビやカニに近縁な小型の甲殻類だ．なぜこのオキアミが南氷洋では大量に発生するのか．これには南極の海洋物理学，とくにこの地域に固有な物質循環が関係している．南極圏とは，南極点（南緯90度）からその外側南緯66度33分までを指し，南極大陸とその周囲の海，南氷洋（あるいは南極海）から構成される．南氷洋は地球上の全海洋面積の約1%である．また，冬期に氷塊が形成される南緯50度から60度の間の不規則な線（実際には線ではなく幅をもつ地帯）を南極前線（南極収斂線）と呼び，その内側を通常，南極地方という．冬期ではこの海域の4分の3が氷で覆われ，逆に夏期では4分の3が海面となる．全球規模の海氷のゆるやかな膨張収縮運動だ．

冬期，海水温がマイナス1.8℃以下になると，南極海域の海水は結氷する．水だけが凍るために，取り込まれた塩類は濃縮され，氷の結晶からはじき出され，細い毛管状のセルに閉じ込められる．この濃縮塩水を"ブライン"（brine）といい，塩分の外にミネラルを多量に含み，大きい比重のために氷の下部に集積する．夏期，このブラインを含む氷床が分裂，氷塊が大量に漂い，太陽エネルギーが射し込むようになると，低温で重いブラインは海水中に溶出するが，これを起点に，生態系に大きな影響をもたらす一連の現象がスタートする．1つは，氷の下部ではブラインに含まれた大量のリン酸塩，硝酸塩，珪酸塩を取り込んで珪藻や藻類などの植物プランクトンが大量に発生する．このプランクトン群集をとくに"アイス・アルジー"（ice algae）と呼ぶ．とくにブラインの抜け落ちた部分はポケットとなり，植物プランクトンの格好の培養池となる．つまり氷の下に微細藻類の畑ができるのだ．

もう1つは，氷から融け出したブラインは冷たく重いので，海水中を下降していき，深層にある比較的暖かい海水と混じり合い，これを攪拌する．この垂直方向の混合によってミネラル豊富な深層暖水が上昇することになる．この深層水の上昇は別の力でも加速される．南極収斂線周辺では，強い偏西風がつねに吹く．この風は南極海の表層水をたえず北方域に押し流すように働く．このため，この押し出された表層分を補うように，下層の暖温水が下から上昇する．ここでもまた，大量にミネラルを含んだ暖温水は植物プランクトンを育てることになる．

ナンキョクオキアミはこの植物プランクトンを餌に増殖する．小型の甲殻類だが，寿命は最長4年，体長は8 mmから最大6 cm程度，重さは0.01 gから最大2 gまで．成長した個体は1–3月の夏から秋にかけて南極海で受精・産卵する．卵は大陸棚や深度3000 mまで下降し，

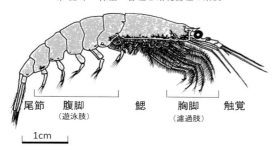

図 12-13 ナンキョクオキアミ.

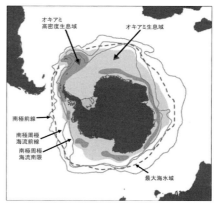

図 12-14 南極地方. ナンキョクオキアミの分布 (Hofmann & Murphy 2004 を改変).

孵化，ノープリウス幼生など成長するにしたがい上昇し，植物プランクトンを採食する．オキアミの頭胸部には8節があり，それぞれから付属肢が発達する．前2節の付属肢は触角となり，残り6節は脚（胸脚，濾過肢）となる．脚には樹枝状の濾過毛が発達し，外側に露出する（図12-13）．この濾過毛を動かして微小な植物プランクトンを非選択的に取り込み採餌する．氷の下ではこの濾過毛を耕運機のように回転させ，微小の藻類を刈り取る．つまりオキアミもまたヒゲクジラ類と同様に濾過採食者(フィルター)なのだ．食物連鎖でいえば，生産者である植物プランクトンを食べる一次消費者，植物プランクトンならなんでも食べる南氷洋のグレーザー（喫食者）ということになる．

このオキアミの栄養を分析すると，78-83%は水分だが，残り17-22%のうち，54-91%がタンパク質，2-21%が脂質，約15%がミネラル，約10%が炭水化物だ（Tou et al. 2007）．炭水化物が少なく人間にはダイエット食品で，優良なタンパク質と脂質のかたまりといってよい．このオキアミが食物連鎖の核となって魚類を含むほかの多様な生物群集を支える．その意味でナンキョクオキアミは南極生態系のキーストーン（要）種だ．アイス・アルジーが生成される海にはオキアミ類やカイアシ類が大発生する．世界有数の捕鯨場は，例外なく，結氷する海とそれに隣接する海域に存在している．

南極海でオキアミの生息状況を調査すると，ウェッデル海からドレーク海峡にかけて密度が高く，アムンゼン海やロス海では低く，均一には分布していない（図12-14）．この分布の偏りには，植物プランクトンの発生をうながす鉄の濃度が関係するとの仮説が提出された（Martin et al. 1990）．この仮説は，後に鉄の散布実験によって検証されたが，鉄だけがその要因かどうか，不明の点はまだ残っている．それはともかく，いったいどれほどのオキアミが生息しているのだろうか．さまざまな推定値がある．代表的な調査例をあげると，ハムナーら（Hamner et al. 1983）は，2万-3万頭/m^{3}と推定した．バイオマスに換算すると，約5億トン（Nichol & Endo 1997）とか，1.3億-7.5億トンとか（FAO 2005），1.2億-3.8億トン（Atkinson et al. 2009）などの推定値がある．いずれの値にせよ，これは単一種の現存量としては，人類以外では，最大である（人類は70億人，1人50kgとすれば3.5億トンとなる．またアリ類の現存量も大きいが，単一種ではない）．ナガスクジラ類はこの地球最大の生物資源に依拠して生存している．では，いったいナガスクジラ類はどれほどのオキアミを食べるのか．

ナガスクジラの収支決算

シロナガスクジラは秒速約3.7mのスピードで潜水しながら採食する．1回あたり平均の潜水時間は約9.8分で，これはほかのクジラ類に比べると短い．この1回の潜水で平均3.5回の突進採食を行い，オキアミを食べる（Goldbogen et al. 2012）．いま体長25m，体重96.6トンのサイズのシロナガスクジラがいるとすると，このクジラは1回の突進採食で80トン

(80 m³) の海水を呑み込むことができる．ゴールドボーゲンら (Goldbogen et al. 2011) は，さまざまな密度でオキアミが生息する海域で，突進採食を行った場合の獲得エネルギーと，消費した運動エネルギーの収支決算を試算した．それによると，エネルギーの獲得量は，当然だが，オキアミの密度依存で，かなり高密度 (4.5 kg／m³) の場合には平均 486 万 8640 kJ，これに対しエネルギーの消費量は平均 6345 kJ であるので，エネルギー効率はなんと 76.7 倍，1 日 2 回程度の突進採食で 1 日分のエネルギー要求量は満たされてしまう．いっぽう，生息密度がかなり低い 0.15 kg／m³ の場合には，エネルギー効率は 2.6 倍と低くなるが，それでも収支は（もちろん）プラスと推定した．こうした低密度の海域では 1 日約 50 回程度の突進採食を行わなければ要求量は満たされない．

しかし，この計算は呑み込まれた海水からオキアミを 100% 濾過できると仮定した場合で，実際にはかなりのとりこぼし量があると推測される．濾過採食は，文字どおり「水も漏らさぬ」ではなく，いかにじょうずに「水を漏らし」，オキアミをかすとして残すかにかかっている．ところで，突進採食するナガスクジラ類の左右の下顎はゆるく接着していることはすでに述べたが，最近，ペンソンら (Pyenson et al. 2012) は，この左右に顎の間の結合組織のなかに，新たな感覚器が存在していることを発見した．それは口を閉じた後にヒゲでふさぎ，水を排泄し，呑み込むという各段階の動きを調節，完了させる情報を脳に伝えているらしい．口を大きく広げてオキアミを流入させ，ヒゲで濾過する突進採食の一連の行動はかなり精妙に制御されているようだ．

ではナガスクジラ類はいったいどれほどの量のオキアミを採食できるのか．この採食量を野外で直接評価することはできないので，体の大きさから推定する．一般に，動物の 1 日の摂食量は体のサイズや心臓などの器官の関数として表される．サージェント (Sergeant 1969) は，心臓重量／体重比からこの値を初めて推定し，2-2.5 トンと推定した．それは体重の 4%，捕獲したシロナガスクジラで記録された最大の胃内容量に匹敵する．しかし，ガスキン (1982) はこの値はやや過大評価で，代わって体重比で 2.5-3% であると推定した．近年，レイリィら (Reily et al. 2004) はシロナガスクジラ類，平均体重 84 トンで 1 日あたり 1.68-2.53 トンと見積もっている．このクジラが夏期の 120 日間，南氷洋で採食する量は，約 200-300 トンと推定される．オキアミの現存量に比べればとるにたらない量だ．しかしクジラ類全体で見積もるとどれほどの値になるのか．

南氷洋でオキアミを食べるクジラ類には，ナガスクジラ，ザトウクジラ，セミクジラ，イワシクジラ，ミンククジラがいる（ミンククジラがもっとも多い）．種ごとの 1 日の摂食量と生息個体数の積にさらに滞在日数（120 日とする）をかけなければならない．アームストロングとジークフリード (Armstrong & Siegfried 1991) はこの値を 3700 万トンと推定した．膨大な値で，過大推定であるとの批判がある．前述のレイリィら (Reily et al. 2004) は，オキアミが増殖し，クジラ類がもっとも集まるウェッデル海からドレーク海峡にかけての海域ではせいぜい 160 万-270 万トンとの推定値を報告した．それはこの地域で発生するオキアミの総バイオマス量の推定値 4400 万トン (Hewitt et al. 2004) の，4-6% 程度であるという．

まだ確定ではないが，これがクジラ類の摂取量だ．しかし，オキアミに依存しているのはクジラだけではない．海鳥，ペンギン，アザラシ類，イカ類，魚類である．クロカッサールら (Croxall et al. 1985) によれば，海鳥のオキアミ依存率は 82%，アザラシ類のそれは 54% で，両者合計の採食量は 1600 万トンに達するという．サウス・ジョージア島周辺に絞っても，そこに生息するナンキョクオットセイが 384 万トン，マカロニペンギン (Eudyptes chrysolophus，マカロニの名前はオレンジ色の長い飾り羽による) が 808 万トンのオキアミを消費するとの報告がある (Boyd 2002)．イカ類や魚類がどれほど消費するのかは，もともと資源量が不明のために，よくわからないが，イカ類で

は300万-500万トン，魚類では700万-2000万トンといった推計値がある（Hureau 1994）．この魚類やイカ類を起点にまた三次消費者の栄養段階が形成されている．ナンキョクオキアミの生態系での大きな役割がここでも確認できる．南氷洋捕鯨の主要な標的とされたシロナガスクジラ，ナガスクジラは，極地の，けっして複雑ではないけれど，豊饒で壮大な生態系のなかで進化した希有の海産哺乳類だった．

そのオキアミのバイオマス量が，あろうことか年々減少しつつあると報告されている（Atkinson et al. 2004）．オキアミの発生密度はその前年冬の海氷面積と，つまりアイス・アルジーを供給するので，正の相関があり，1926年以降の長期間の経時的な変化は，海氷面積が，確実に減少していることを示している．バイオマス量の減少は明らかに温暖化と関係している．

（3）現代捕鯨と日本

南氷洋捕鯨の前奏――フォークランド諸島

南米アルゼンチン南端の東方約500km沖には，フォークランド諸島（アルゼンチン名：マルビナス諸島）が，そのさらに東方約1000kmにはサウス・ジョージア島がある．1982年3月に発生した「フォークランド紛争」は，この2つの島嶼を舞台にイギリスとアルゼンチンがその領有をめぐって戦った本格的な現代戦だった．戦争は約3カ月間にわたって戦われ，イギリスの勝利で終結したことは記憶に新しいが，地球のほぼ反対側にも位置するこの島の領有を主張し，実効支配に固執した背景には，イギリスの資源争奪の軌跡が投影されているように，私にはみえる．それは当初，クジラではなく，アザラシだった．

フォークランド諸島にはダーウィンが1833年と1834年に2回訪れている．まだスペイン，フランス，アルゼンチン，イギリスが領有権を主張し，争っている最中だったようで，「国旗を護って残留したイギリス人は当然の結果として惨殺された」（『ビーグル号航海記』1839）と生々しい状況を書き記している．いっぽう，サウス・ジョージア島は，キャプテン・クックに

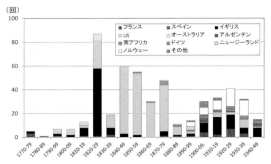

図12-15 南極と南極周辺の国別探検隊数（10年ごとに集計）（Roberts 1958a, b より作成）．

よって発見された．その第2回目の探検航海（1772-1775年）でクックらは南極圏へと進入し，南極大陸から約120kmの地点にまで接近し，多数の氷山を目撃している．この探検航海からの帰途，南米南端から喜望峰へ向かう途中で，サウス・ジョージア島を発見，上陸し，「小銃を発射させ国旗を掲げ，国王陛下の名においてこの土地の領有を宣言」している．国王とはあの"農民ジョージ"こと，ジョージ3世，1775年1月17日のことであった．そして「アザラシあるいはオットセイはかなり多かった．海岸には子どもが群がっていたから，われわれがみたものの大部分はおそらく雌だったのだろう」（『クック太平洋探検』(4)，第二回航海，1772-1775）と記した後で，「大量のアザラシとペンギン」を撃って持ち帰り，乗組員全員でこのご馳走に舌鼓を打ったと記録している．このクック航海の後に，スペイン船やフランス船も何度か南極圏に接近し，探検航海を試みた．クックたちの航海日誌を読んだアザラシハンターや捕鯨業者が，その記録をたよりにくだんの場所に駆けつけたことはすでに述べたが，このときもそうだった．ただしアメリカは独立戦争（1775-1783年）のために10年ほど後になるのだが．

ロバーツ（Roberts 1958a, b）は南極海周辺の探検記録をまとめている．先陣は1675年，アントニオ・ロシェのイギリス隊によるもので，これでサウス・ジョージア島を発見している（しかし未上陸）．本格化するのは1770年以降で，探検隊数を（10年ごとに）国別にたどると，

きわめて興味深い（図12-15）．もっとも精力的だったのは，イギリスとアメリカで，とくにアメリカは1890年ころまではアザラシ猟と捕鯨のためにさかんに探検を行い（多い年には50隊以上），橋頭堡をつくろうとしていたことがわかる．しかし19世紀末，捕鯨に見切りをつけると，この地からは撤退してしまう．代わってノルウェーやフランスなどが乗り出し，イギリスとせめぎ合いながら捕鯨のための基地探索を行っている．この渦中（1910年）に日本もまた「白瀬探検隊」を送り，捕鯨戦争に名乗りを上げた．南極と南極海周辺のガイド役を務めたのはアザラシとクジラであった．

南極海とその周辺には7種類の海獣（ヒョウアザラシ，カニクイアザラシ，ウェッデルアザラシ，ロスアザラシ，ミナミゾウアザラシ，ナンキョクオットセイ，そしてオタリア）がいた．どれもが厳寒の地で密生した良質の毛皮をまとい，厚い皮下脂肪（脂皮）を蓄積していたから，毛皮のほかにも油が抽出できた．オタリアなどはもっぱら油専用だった．皮下2.5-15 cmに脂肪が蓄積し，この油は灯油，石鹸の材料，機械油となったほか，後には硬化油技術の進展でマーガリンなどの食用になった．毛皮も油もきわめて貴重で高価だった．1765年，イギリス海軍士官ジョン・バイロンは西フォークランド島北部のポート・エグモントに停泊したとき，海岸はオットセイで埋め尽くされていたと記録している（Armstrong 1994）．それはクジラを獲るよりもはるかに容易だった．まったく人間を恐れなかったので，槍や専用の"ハカピク"という，木製の棒の先端に鉄製の鈎とハンマーを取り付けた道具で，毛皮に傷をつけないように，即死させた．先鞭をつけたのがイギリス人で，後にアメリカ人が加わった．しかし，こうしたやり方は長続きしない．子どもを含めた，根こそぎの全頭捕獲だったのでリクルートがまったくなくなったこと，海獣はしだいに人間を警戒するようになって海へ逃げるようになったことによる．あたかも1つ1つの島を消しゴムで消去するように，乱獲が，フォークランド諸島→サウス・ジョージア島→サウス・シェトランド諸島（1819年発見）→サウス・オークニー諸島（1821年）→ウェッデル湾→南極大陸上陸（1820，1821年）と連鎖していった．

1821年にサウス・オークニー諸島を発見したアメリカ人のパーマーと，イギリス人のパウエルも，1823年にウェッデル海を発見し，アザラシにも名前がつけられているウェッデルも，1821年に，前記パーマーと前後して，南極大陸に上陸するデイヴィスも，航海者兼探検家であるにはちがいないが，その肩書きの前に，いずれも有名なすご腕のアザラシ専門猟師だった（Basberg 2015）．1818年にサウス・シェトランド諸島に上陸しようとしたアルゼンチン探検家，アギーレの許可理由はアザラシ猟の基地をつくることだったし，同島に初めて上陸したイギリス人のスミスはアザラシの毛皮や油を取引していた商人だった．さらに，南太平洋上のパルミラ環礁などを発見したアメリカ人，ファニングはフォークランド諸島やサウス・ジョージア島でアザラシ猟を行い，その毛皮を中国の広東やニューヨークに運んでいた商人兼ハンターだった．

いったいどれほどのアザラシやオットセイが捕獲されたのだろうか．さまざまな推定値があるが全貌はよくわかっていない．アームストロング（Armstrong 1994）は，フォークランド諸島では，1790年ころからイギリス人とアメリカ人が定住し，1793年には約36万頭，1821年には約20万頭の毛皮の輸出記録があり，1隻で平均2000-4000頭を捕獲したと推定している．サウス・ジョージア島では1778年に100隻の船と3000人のハンターが入り，4万頭のゾウアザラシを捕獲し，毛皮と，油2800トンを採取したという（Basberg 2015）．サウス・シェトランド島では，1819-1827年の間，80万-90万頭のアザラシ類の毛皮が運び出されたと推定される（Pearson & Stehberg 2006）．リチャーズ（Richards 2003）は，1788-1834年の間で，少なく見積もって，サウス・ジョージアからは120万頭，サウス・シェトランドからは25万頭の毛皮がそれぞれ捕獲され，ニュージーランドを含めた南半球全体からは合計で700

万頭の海獣類の毛皮が輸出されたと推定した．ニュージーランドでもアザラシ猟は18世紀の末から始まっていた（Smith 2002）．

これに対し，バスバーグとヘッドランド（Basberg & Headland 2013）は1812年までの間で，南極海周辺の島嶼からは520万頭のアザラシ類と80万頭のゾウアザラシが捕獲されたと推定した．相当な個体数であることはまちがいない．クリステンセン（Christensen 2006）はすでに紹介した報告で，ミナミゾウアザラシとナンキョクオットセイの捕獲数の記録から，個体群動態を再構成し，アザラシ猟以前の個体数を推定している．それによれば初期個体数は，前者が74万頭，後者が158万頭だった．捕獲数の記録は完全ではないので，初期数はもう少し増える可能性がある．この間の総捕獲数は，再生産が繰り返されるので，この初期個体数の3-4倍を上回ると考えられる．それでも，陸上動物とは異なり，絶滅することはなかった．それは明らかに海という逃げ場があったからだ．南極海は，クジラの宝庫である以前にアザラシとオットセイのドル箱だった．

付け加えると，油を搾り取られたのはアザラシばかりではない．ほとんど記録に残っていないが，たとえばフォークランドでは1866年に6万3000ガロンの"ペンギンオイル"が輸出された．1ガロンの油を生産するには約8羽のペンギン（イワトビペンギンなど）が必要とされるから，総計では約50万羽近いペンギンが乱獲されたことになる（Strange 1992）．もちろん捕獲されたのはこの年だけではないので，インパクトはたえずかけられたようだ．1870年代だけでおそらく200万-250万羽が捕殺されたと推定される（Armstrong 1994）．しかも油だけではなかった．1924年発行の『フォークランド諸島の経済活動』というタイトルの論文にはペンギンの卵の採集と輸出が重要な産業と紹介されている（Jones 1924）．絶滅しなかったのは逃げ場があったのに加え，日持ちのしない卵が経済的に成立しなかったからにすぎない．

しかし，陸生哺乳類では事情がちがう．確実に追い詰められ，絶滅した哺乳類がいた．フォ

図12-16　フォークランドオオカミ．この絵はダーウィンが編集した『ビーグル号の航海の動物学（第2巻，哺乳類）』（Darwin ed. 1839）に掲載されている．

ークランドオオカミ（*Dusicyon australis*）だ（図12-16）．この種は，フォークランド諸島の固有種，しかも唯一の陸生哺乳類だ．形態的にはオオカミというよりキツネに近縁で，キツネよりやや大型，中型犬程度の大きさ，鼻は短く，体毛はふさふさしている．この島には主要捕食種であるネズミ類はいないからおそらくは海鳥類を捕食したか，海獣類の死骸をあさる腐肉処理者だったと推測される．ダーウィンも目撃していて「馴れ馴れしく好奇心に富んでいる」（前掲）と書き残し，この人懐こさがあだとなって近い将来にドードーと同様に絶滅するだろう，と予言した．これは不幸にも的中，1876年ころに絶滅したようだ．最初の出会いがアザラシハンター，あまりにも不遇な組み合わせだった．それは何度も繰り返された，人間の侵入過程での野生動物の絶滅という1パターンにすぎないが，注目されたのは絶滅してから100年以上後のこと，絶滅動物が見直される時代になってにわかに論争が巻き起こった．この動物はいったいどこからきて，どのように島へとたどり着いたのか，である．

南米にはタテガミオオカミ（*Chrysocyon brachyurus*）が生息する．もっとも順当な仮説は，タテガミオオカミがこの島にわたり別種に分化した，である．そこで，絶滅したフォークランドオオカミの標本からエンシャントDNAが抽出され，両種が比較されると，遺伝的には

かなり遠い関係にあることがわかった（Slater et al. 2009）．そこで今度は化石種も含めてエンシャントDNAが抽出され，分析，検討されると，すでに1000年前に絶滅したアルゼンチンオオカミ（Dusicyon avus）と近縁であることがわかり，2つの種は約1万6000年前に分岐したと推定された（Austin et al. 2013）．なぜタテガミオオカミが生き残り，アルゼンチンオオカミが絶滅したのか，理由はわかっていない．もう1つわからないことがある．フォークランド諸島は南米大陸から最短でも460 km離れ，水深も100 m以上と深い．どのように渡ったのか，である．古気象学や古地理学の知識を動員すると，何度か大陸と近接した時期は存在したが，それでも20 km以上離れ，水深は10-30 mはあったらしい．厳寒の海を泳いだとはとうてい考えにくい（Austin et al. 2013）．謎のままだ．

フォークランド諸島には現在，樹木はないが170種以上の固有種を含む，350種以上の草本類が生育し，200種以上の固有種を含む鳥類が，そして6種の固有淡水マス類が生息する（Armstrong 1994）．しかし，人間の定住は，ウマ，ヒツジ，ブタ，ヤギなどの家畜種のほか，産業動物としてグアナコやキツネなどを導入し，随伴種としてドブネズミ，スズメを定着させた．フォークランドの生態系は，いまやすっかり変わり果ててしまった（Armstrong 1994）．とくにサウス・ジョージア島では1911年にノルウェーから10頭のトナカイが放たれ，その後よく適応し一時は3000頭以上に増加した．しかし，一部が雪崩などで死亡したため，その後2回（1912年と1925年）追加放獣され，長期間にわたって1000-2000頭の個体群が維持されてきた．そこは草食獣を知らない脆弱な生態系だ．またたくまに，植生は採食されて剝ぎ取られ，一部では土壌が流出し，生態系に大きなインパクトをおよぼすようになった（Leader-Williams 1988）．現在では，外来種トナカイの導入は誤りであり，生態系を再生させる重要性が広く認識されるようになった．トナカイの一部は持ち出され，さまざまな飼育施設に引き取られたが，ついにフォークランド地方政府は，2013年から根絶のための捕殺プロジェクトを開始した（Anon 2013, 2014）．この予算は"フェーズ1"だけで50万ポンドの支出が見込まれ，その一部は捕獲したトナカイの肉を売却して調達するのだという（Anon 2013）．並行して現在，島に定着した数百万頭と推定されるドブネズミの根絶プロジェクトも展開されている．外来種を排除し，本来の生態系を回復するには多大な労力と経費が必要なのである．

南氷洋捕鯨

さてクジラ．イギリスやアメリカのアザラシハンターは手っ取り早いアザラシから捕獲していったが，油や毛皮を提供しさえすれば（ペンギンでも）なんでもよかった．もっとも効率よく巨利を生み出す獲物はなんといってもクジラだった．可能な限りクジラを捕獲した．けれどアメリカ方式では殺したクジラを完全に回収できなかったために，捕獲はザトウクジラやミナミセミクジラだけに限られていた．この点ではどんなクジラでも回収できるノルウェー方式のほうがすぐれていた．近代捕鯨の大国ノルウェーは，その目線を資源が枯渇しつつあった北大西洋から南氷洋へと移し，捕鯨の可能性を模索し始めた．大きな問題が2つあった．

1つは，鉄製の頑丈な蒸気船とはいえ，たかだか60-90トン程度の捕鯨船（キャッチャーボート）ではるばる南氷洋までたどり着き，操業できるのか，である．しかし，乗組員はこれについてはほとんど問題にしなかったらしい（Isachsen 1929）．さすがヴァイキングの末裔だ．もう1つは，これが最大，最重要の問題なのだが，はたして捕鯨が可能なほどにクジラがいるのか，である．イギリス海軍のロス（Ross 1847）らの報告などには多数のセミクジラが生息とあるものの，それが採算に見合うかどうかは別問題だった．やはり試す以外にはない．

ノルウェーは1901-1903年にラルセンを船長とした"南極号"（アンタークティク）を派遣し，サウス・ジョージア島およびサウス・シェトランド諸島周辺のクジラの生息状況について探査させた．これに確

信を得たラルセンは，ノルウェー政府とアルゼンチン政府に働きかけ，南氷洋捕鯨を目的とした"アルゼンチン捕鯨会社"を，地の利のよい首都ブエノスアイレスに設立した．それはアルゼンチン資本ではあるが人員，船，装備一切はノルウェー側が負担し，会長にラルセンを選出し，1904年から操業を開始した (Isachsen 1929)．この結果が白眉，1904年だけで198頭を捕獲し，883トンの鯨油を生産し（森田1994），北大西洋捕鯨よりはるかに高利であることを証明してみせた．その後もノルウェーは一頭地を抜き，サウス・ジョージア島，サウス・シェトランド諸島を含むフォークランド諸島全体で，1906-1927年の間，650万バレル，金額にして6億8000万ノルウェー・クローネを稼ぎ出した．ちなみにノーベル賞の原資であるノーベルが残した財産は約3100万スウェーデン・クローネ，当時はノルウェー・クローネとほぼ等価だったので，約22倍ということになる．そういえば，ノーベルの蓄財のもとになったダイナマイトは，その原料のグリセロール（グリセリン）もまた鯨油からつくられた．鯨油は脂肪酸とグリセロールのエステルであり，加水分解によって両者は分離する．グリセロールをニトロ化すると強力な爆発物が生成されることはイタリアの化学者，ソブレロによって1846年には発見されていたが，あまりに危険であったためにほとんど使用されなかった．ノーベルはそれを珪藻土にしみ込ませることで，安定的でしかも強力な爆発物の商品化に成功した．第一次世界大戦（以降も）はその実験場であり，莫大な利益を得た．さらに鯨油は各種兵器の潤滑油の貴重な原料となった．鯨油はもはやただの灯油や，石鹸，マーガリンの材料ではなく，重要な戦略物資へと変身していた．

この間の操業はおもにサウス・ジョージア島を基地にして，母船と3隻の小型捕鯨船で船団を組み，捕獲したクジラを母船が基地に運んで，解体，搾油していた．この捕鯨にはイギリスも1905年から本格的に参入するようになった．サウス・ジョージア島，サウス・シェトランド諸島を含めてフォークランド諸島はイギリスが領有するが，軒を貸して母屋を取られる状況に，イギリス政府は1909年に南氷洋捕鯨を許可制(ライセンス)にし，使用料を課すことを宣言した (Beck 1983)．これに対してノルウェーは宣言の一部を受け入れつつ，イギリス領以外の場所に基地を設けるべく探検を行った．いまや南氷洋はイギリスとノルウェーの資源争奪と意地の張り合いの地域と化した．1911-1912年にかけて南極点をめざしたノルウェー人のアムンセンと，イギリス人のスコットの先陣争いはその一断面であり，ノルウェーにとっては新たな基地探査，イギリスにとっては新たな資源の科学探査だった (Beck 1983)．

敵の意地悪はときに革新的な発明を生む．ノルウェーは母船をより大型化し，捕獲したクジラを母船の甲板に引き上げ，そこで解体と搾油を連続，一括して行ってしまう画期的な船体を開発した．いわゆる"スリップウェイ方式"の母船で1924年に完成する．初期はスクリューにクジラが絡まることからスリップウェイは船の前方につくられたが，後に改良された．この母船によって基地に立ち寄ることなく，どこにでも自由に捕鯨船団を展開できるようになった．しかも欧米の場合には，主として鯨油（とヒゲ）が目的だったから，基地方式だと，1頭ずつ引き上げる労力がかかり，さらには大量の残渣（肉や血液）を処理しなければならなかったが，新方式では，1頭ずつ甲板に引き上げて脂皮など必要な部位を採取すれば，残りはそのまま海に投棄すればよかった．母船は"工場船"(ファクトリー・シップ)と呼ばれたが，スリップウェイ母船とはクジラの肉塊を廃棄する油脂工場だった．

後にイギリスも（そしてさらに後にはパナマ，デンマーク，ドイツ，アメリカも）スリップウェイ方式の母船を建造して捕鯨に参入するものの，およそ1930年代までの南氷洋はノルウェーの独壇場だった．そのほとんどの標的は巨大で効率のよいシロナガスクジラとナガスクジラだった．たとえばシロナガスクジラを例にとると（図12-17上），1909/10年（秋に出港して年を越し，翌年春に帰港するので以下このように表記）から1925/26年までの17年間の毎年

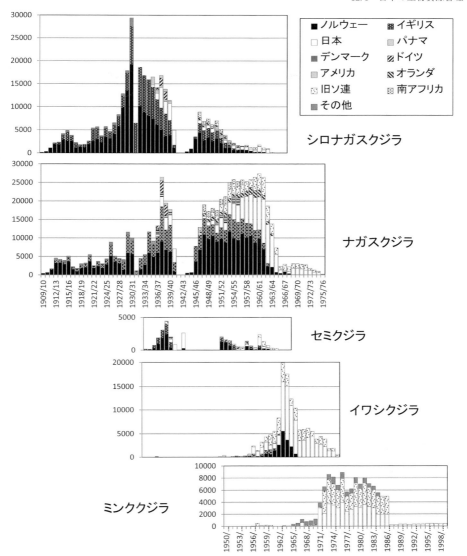

図 12-17 南氷洋での各種クジラの国別捕獲数の推移 ("Whaling Statistics" より作成).

の平均捕獲数は1952頭で，捕獲圧はかなり高いものの，それでもこのレベルであれば持続性が見込まれると考えられた．しかしイギリスが本格的に加わると，この水準は大幅に跳ね上がった．1928/29-1930/31年の3年間，毎年の平均捕獲数は異次元の1万4187頭．母船と捕鯨船の数は，1930/31年にピークとなって，ノルウェーとイギリスだけでも，それぞれ40隻以上，230隻以上に達した．地球，最後の辺境地，南氷洋は無数の船がひしめき合う資源争奪の戦場と化した．鯨油生産量と備蓄量は大幅に上昇

した結果，価格は暴落してしまった．このため，ノルウェー政府はオスロ近郊（サンデフヨルド）に「国際捕鯨統計局」を設立し，クジラの資源管理のための捕獲資料の収集と，クジラの捕獲規制を国内法として整備した．また，イギリスとノルウェーの会社[3]は生産調整のカルテルを結び，1931/32年にノルウェーは捕鯨を自粛し，捕獲数はわずか61頭だった．捕獲数をコントロールしたのは，資源量の評価というよりも，捕鯨会社の存続をはかる経済的な要請だった．

ちなみにこのカルテルにおいて使われた換算単位が"シロナガスクジラ単位"（Blue Whale Unit; BWU）で，シロナガスクジラ1に対し，ナガスクジラは2，ザトウクジラ2.5，イワシクジラ6とされ，後の国際条約や"国際捕鯨委員会"（以下IWC; International Whaling Commission）の基準にされた．それはシロナガスクジラ1頭あたり標準で110バレル（約1万7500リットル）の油量を想定している．欧米はあくまでもクジラ＝油田の思想なのである．この資源観にはもう1つの弊害があった．もっとも厚い脂皮をもつ，つまりもっとも資源的な価値を有する個体はメス，なかでも妊娠中の成獣メスであることが経験的によく知られていた（Lockyer 1987）．このため捕鯨船の砲手はこのメスに照準を合わせ，最優先で捕獲した．それは資源の存続を柱とする管理にとって致命的だった．再生産の主体である個体をいの一番に除去する愚挙だったからである．

こうした明らかな乱獲に歯止めをかけようとする動きが国際社会（国際連盟を中心に）のなかに生まれたのは当然だ．国際捕鯨条約に向けての会合がベルリンやジュネーブで開かれ，1936年には発効した．条約の主要な目的は，①漁期の統一，②最小捕獲サイズの設定，③セミクジラとコククジラ保護，だったという（Grieves 1972）．しかしながら，ドイツや日本が締結しなかったため強い効力はなく，それ以上に，この間にノルウェーやイギリスの突出した捕獲が南氷洋の資源状況を根本から変化させてしまい，条約成立の時点では規制内容はもはや時代遅れになっていたのだった（板橋1987）．なお日本はこの条約への加盟を約束していたにもかかわらず戦争のために反故にしてしまった．このことが戦後の国際捕鯨社会への復帰に強い不信感をもたらす一因になったといわれる（奈須1990，大隅2013）．

日本の参入

この時期に日本は南氷洋母船式捕鯨への参入を模索していた．鯨油価格が暴落し，ノルウェーとイギリスは生産カルテルを結んで製油量の38%減を取り決めた（板橋1987）．このため母船や捕鯨船は過剰となり，老朽船は売りに出されていた．日本の捕鯨会社はこの中古船を買って，南氷洋捕鯨のデビューを果たしたのだった．1934/35年，母船1隻，捕鯨船3隻から構成された，にわか初陣船団の戦果は，シロナガスクジラ125頭，ナガスクジラ83頭，ザトウクジラ4頭，マッコウクジラ1頭の合計213頭，鯨油生産量2160トン（板橋1987）で，期待を下回った．しかし経験を積み，準備期間を経た，母船1隻，捕鯨船5隻からなる船団の，第2回の戦績（1935/36年）は，シロナガスクジラ456頭，ナガスクジラ174頭，ザトウクジラ9頭，合計639頭，鯨油量7358トンに達し（板橋1987），大成功を収めた．だが同時期のノルウェーとイギリスのそれは，たとえばシロナガスクジラでみると，それぞれ7349頭，6959頭と，足元にもおよばない．それでもこれは国内的には壮挙で，肉と鯨油がもたらした利益は十分だった．この捕鯨を主動した，元「東洋捕鯨株式会社」こと日本捕鯨株式会社（後の日本水産）は，中古船購入の金額を数年で取り戻している．

独占体制はつねに崩される．その後，日本では，他社（大洋漁業）の参入，国産母船の建造を経つつ，船団を増やして，捕獲数を飛躍的に増加させていった．第二次世界大戦直前の，1937年から1941年までの4期間をシロナガスクジラでみると，ノルウェーは平均3390頭，イギリスは同3361頭に対して，日本のそれは3489頭と，早くも肩を並べるレベルに到達した．おそるべし新参の捕鯨小国．しかし，第二次世界大戦突入の1940年までの状況は，シロナガスクジラでみると次のようになる．総捕獲数は26万3392頭，このうちノルウェーとイギリスの合計は23万965頭（占有率87.7%）に対し，日本は1万5944頭（わずか6.1%）だった．

しかし戦後，この状況は一変する．そこへ話を進める前にまず，捕鯨をめぐる国際的な取り決めについて確認する．イギリス，ノルウェーを中心に欧米では捕鯨会社と油脂産業を守るために捕鯨規制が必要と認識されていた．このた

めに漁期と頭数を規制する国際会議が，戦後の鯨油の大幅な需要増を見越して，戦争末とはいえなお激戦続く1944年にロンドンで開催され，捕獲頭数の削減を決定した．これを受け大戦終了後の1946年に，早くも「国際捕鯨（規制）条約」が提案され採択された．それは「クジラ類という天然資源に対し適切な保全をはかることを通じて将来世代に残し，捕鯨産業の秩序ある発展を可能にすること」を目的にしていた．そしてこの条約の実行機関として，1949年にIWCが創設され，第1回会合が開催された．この委員会は，①クジラ資源の保存および利用についての規則の作成，②クジラ類および捕鯨に関する研究および調査の勧告と組織の提案，③クジラ類の現状，増減傾向，捕鯨活動の影響に関する統計的資料の分析，を目的にしていた．「条約」も「委員会」もすべては「捕鯨」の存続と発展に寄与することが目標だった．

日本は，といえば，敗戦の翌年（1946/47年）から南氷洋捕鯨を開始した．それは（鯨肉の）食料調達と鯨油による外貨獲得を目的に，かろうじて残っていたオンボロ船2隻を母船に改造し，GHQ（連合国軍最高司令官総司令部）の強い指導の下で，よろけながらの再出発だった（捕鯨条約やIWCの会合には日本は占領下で主権がなかったために参加していない）．この状態がしばらく続いたが，それでも食料難の時代，鯨肉は貴重な動物性タンパク質として日本人の食生活を支えた．団塊の世代が誕生する1947-1949年，肉類全体に占める鯨肉の割合は45%前後と突出する（残りの大半は魚類で，ニワトリ，ブタ，ウシはごくわずか）．南氷洋への本格的な進出は，1951年のサンフランシスコ講和条約の発効と，国際捕鯨条約への加盟の後に可能となった．この年，大洋漁業は新造船を進水させ，日本水産は中古船を改造し，2船団を派遣した．1941年にはクジラの有効活用を目的に大洋漁業が現在の鯨類研究所の母体となる組織をつくるが，生物研究や資源管理に関する研究が行われたわけではない（大隅2013）．その後，急ピッチに復興し，1960年代には7船団を擁するまでになり，再び最盛期を迎えた．1960年の鯨肉消費量は15万トン，1962年にはピークの22.6万トンに達した．この日本の足取りは，南氷洋母船式捕鯨という国際的な資源管理の枠組みのなかで，主要なプレーヤーとしてふるまってきた歴史でもあった．

IWCの最初の規制は，捕獲上限をBWU（シロナガスクジラ単位）で1万6000頭とし，決定日時から南氷洋で一斉に捕鯨を開始し，各船団は本国政府に捕獲数を報告し，各国政府はまとめて前述の国際捕鯨統計局に捕獲数を打電し，統計局ではこの報告数の趨勢からその年の達成終了日を予測して宣言し，各国に通達するというもので，通称"オリンピック方式"と呼ばれた．この方式は最初のグローバルな捕獲数規制という点では評価されてよいが，肝心なのはその規制に対し資源のほうが耐え切れなかったことだ．この方式のエッセンスは，オリンピック競技同様に，「早いもの勝ち」，「獲ったもの勝ち」であり，競争を，つまり乱獲をあおりたてるように作用したからである．しかもBWU換算だから，「大きいもの勝ち」，つまり大型種（とくにシロナガスクジラとナガスクジラ）の捕獲に偏重させた．けっきょく，力のあるものには処理時間を短くさせて過剰な捕獲をうながし，弱小のものは追いつけずに落伍させるメカニズムをもっていた．こうして漁期そのものが短縮していった．条約の目的である「捕鯨の秩序ある発展」からは明らかに逸脱し，南氷洋のクジラ資源に「決定的な打撃」（森田1994）を与えることになった．また自主申告であったために報告された捕獲数にはつねに疑問がつきまとっていた（奈須1990，高橋1992）．

この方式はしかし日本にとってきわめて有利に働いた．クジラの需要が油脂だけではなく，肉という2本立てで，国や企業には死活問題であるとの競争原理が働き，しかも国民の強い声援があったからだ．この意識や心情は，たとえば砲手を務めた田中（1987）らの「国威発揚」や「他社船団に負けるな」の辞に表れている．この規制方式の捕鯨は，1946年から1959年まで，捕獲枠は1万4500-1万6000頭の間を変動しながら，13年間にわたって継続した．日本

は徐々に捕獲数を増加させ，1955/56年にはイギリスを抜き，1958/59年にはノルウェーとほぼ肩を並べる水準に達した．また旧ソ連が1946年から南氷洋捕鯨に参加し，その後徐々に船団数を増やした．こうした各国の「秩序なき」激しい争奪戦に，1956年にはパナマが，1957年には南アフリカが，1963年にはイギリスが，1964年にはオランダが，そして1968年には王者ノルウェーが南氷洋捕鯨から撤退していった（図12-17）．

この間の捕獲数の推移をシロナガスクジラでみると，日本の占有率は，すでに指摘したように，第二次世界大戦直前の4年間に増加し，戦後では1955年以降に増加したことがわかる．ここで，南極海のシロナガスクジラの個体群動態を，捕獲数実績を組み込んだ統計的推定（ベイズ法による）によって再構成した結果を紹介したい．2つの試算があるので両方ともに紹介する（Chiristensen 2006, Branch 2008）．捕鯨以前の初期個体数は，前者では32万7000頭（95%信用区間；29万8000-35万9000頭），後者では25万6000頭（23万5000-30万7000頭）とやや異なるが，その後の様相はほぼ一致する．もっとも急激に減少したのは1930年代に入ってからで，わずか10年間で個体群は3分の1から5分の1以下に減少してしまう．大戦中に減少は一時止まるが，戦後は再びゆっくりとだが確実に減少していき，1960年代にほぼ絶滅に至る．衰退がだれの目にも明らかになってもなお捕獲は続けられたのだった（図12-18）．シロナガスクジラは1963年以降，実際に捕獲できなくなり，1964年から捕獲禁止とされた．減少の主因は1930年代と，1950年代後半から1960年前半の捕獲にあって，前者ではノルウェーとイギリスに，後者ではおもに日本に，責任があるといえよう．

こうして1959年にはオリンピック方式は終了する．各国が捕鯨から撤退する動きのなかで捕獲数は自主宣言方式にあらためられるが，旧ソ連が自主宣言なしに捕鯨に参加するなど，IWCは混乱に陥り，この間，一時的に捕獲数は1万7000頭を突破したこともあった．1960

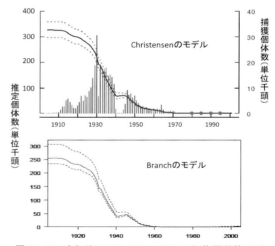

図 12-18 南極海シロナガスクジラの個体群動態の再構築．どちらもベイズ推定による．下の推定値はやや少ないが，基本的にはよく似ている．上の●は現在の推定数，縦棒が捕獲数．実線が中央値，破線が95%信用区間（Christensen 2006, Branch 2008を改変）．

年，IWCはより科学的な資源管理を行うために，当時著名な水産資源研究者3名で委員会（当初はシドニー・ホルト，ダグラス・チャップマン，ケネス・アレンの「3人委員会」，後にジョン・ガランドが加わり「4人委員会」となる）を構成し，資源評価法や適正な捕獲枠の設定などを検討させた．1962年には「3人委員会」は，①シロナガスクジラとザトウクジラの全面的な捕獲禁止，②ナガスクジラの捕獲数の削減，③種類別の捕獲数の設定，という勧告案を提出した（Elliot 1979, Gambell 1993）．そしてこの委員会で検討され，提出されたのが，当時の漁業資源管理学の最先端である，有名な"最大持続生産量（MSY）"理論だった（コラム12-1参照）．

3人委員会の委員の1人，アレン（Allen 1972）は，それまでに得られていたナガスクジラに関する実測値（推定値）をこの理論にあてはめている．それによると，純加入数と密度との関係はきれいな半円とはならず，大きく右側に偏り，密度が高いほうが，つまり個体数が多いほうがナガスクジラの場合には加入率が高いことが示唆された．またこの分析は，現状の個体数がMSYからは大きく外れ，資源存続にとってきわめて危険な状態であることを明らかに

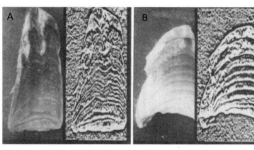

図 12-19 ヒゲクジラ類（ミンククジラ）の耳垢栓. A, B それぞれの右図は CCD による映像で，変移層を示す（Kato et al. 1988 より）.

示していた．たいへん重要な分析と提言だった．そして日本の研究者もこの国際的な研究に多大な貢献をした．

たとえば，大隅（大隅 1977）らは，耳垢栓（クジラ類には耳殻はなく耳道は外に開いていない．耳骨は下顎骨の近位端にあり，音を骨伝導で聴いている．耳骨には閉鎖系の耳道が接続し耳垢が蓄積し栓状となる．この断面）に形成される成長層が年齢を示すことを明らかにし（図 12-19），捕獲したサンプルの年齢査定を行い，最長年齢がシロナガスクジラでは 110 歳，ナガスクジラでは 114 歳であると見積もった．またこの結果から個体群の年齢組成を解析し，性成熟齢，繁殖間隔，齢別生存率など，管理にとっても不可欠な生活史特性に関する知見を提供した（Ohsumi 1979, Kato et al. 1988, 加藤 1990）．ホッキョククジラの最長寿命が 200 歳を超えることはすでに述べたが，ナガスクジラ類 2 種もまたそれに劣らない長寿命をもつと推測された（サンプルサイズが少ないため寿命はさらに伸びる可能性がある）．南北両極に生息する代表的なクジラ類は，ほかの哺乳類とはまったく異なる時間軸に生きている．濾過（突進）採食という独特の採餌法を進化させ，豊かで安定した海洋を生息地に，ナガスクジラ類は高い生存率を獲得しつつ，遅い繁殖開始齢と長い繁殖間隔のなかで大切に子育てを行い，高齢になっても繁殖を継続させる特異な生活史を進化させた．それはきわめて低い増加率だが，確実に世代交代を行う生活史戦略であるといえる．したがって，想定される MSY は推定増加率と個体群サイズの「積」以下と見積もられる．しかし，実際にこうした努力や成果が管理に生かされることはなかった．水産資源学の理論的泰斗，田中（1991）はこの状況を振り返って次のように総括している．「MSY 理論は存在しながら，この理論を実際に適用するための方法論が，技術として存在していなかったように思われる．理論と実際とのギャップが大きすぎ，MSY などの推定値の疑問ばかりが先走り，実際の資源管理は全く別の次元で動いていた」のである．

「南氷洋捕鯨規制」が成立し，「国別割当制」が実施されたのは 1962 年以降のことである．ここから日本は世界最大の捕鯨国として，捕獲数の半分以上を，ノルウェー（1968 年に撤退するが，完全撤退は 1974 年），旧ソ連とともに，占めることになった．1972 年に「国連人間環境会議」がストックホルムで開かれ，その多数の勧告の 1 つとして「商業捕鯨の 10 年間のモラトリアム」が採択された．これを受けたこの年の IWC 総会では，この勧告には科学的な根拠がないとして否決したいっぽうで，適切なクジラ資源管理の具体的な方法を模索しようとしていた．1975 年の総会には前述のアレンによって「新管理方式」（NMP 方式）が提案され，クジラ資源を「初期管理資源」，「維持管理資源」，「保護資源」の 3 つに分類し，分類群ごとによりきめ細かな管理と保全を行うことをめざした．さらに，複数の代替管理方式が提案され，種類ごとに適用される予定だった（桜本 1991）．しかし，こうした方向は大きく舵を切ろうとしていた．それは，IWC が資源管理の方針を議論する場ではなく，しだいに捕鯨そのものの賛否を問う国際政治の場に変貌していったからだ．主導したのはアメリカで，1982 年の IWC 総会では，「鯨類資源の科学的不確実性」，つまり提案された NMP 方式では蓄積されたデータが不足し，捕獲枠の設定が行えないとの理由から，商業捕鯨の一時的な「全面的中止」が決議された．それはあくまでも捕鯨の"一時停止"，すなわち"モラトリアム"だったのだが，にもかかわらず，現在もなお継続されている．これは

〈コラム 12-1　最大持続生産量——MSY 理論〉

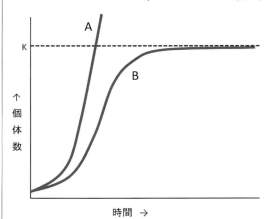

図 12-20　生物個体群の成長．A は指数関数型増加，B はロジスティック型増加．多くの生物は B のパターンを示す．

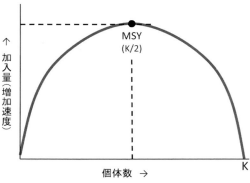

図 12-21　ロジスティック型増加を仮定した場合の個体数と加入量（増加速度）の関係．個体数が $K/2$ のときに，加入量は最大となる．したがって，このとき理論的には最大の持続収穫量（MSY; Mmaximum Sustainable Yield）が得られる．

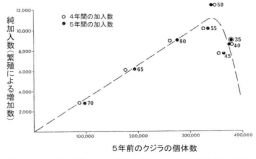

図 12-22　南極海のナガスクジラの MSY 曲線（純加入数と個体数との関係）．$K/2$ で加入数はピークにならない．個体数の増加にしたがって加入数は増加するが，実際には資源は枯渇してしまった（Allen 1972 より作成）．

　生物個体群は，個体の出生と死亡をともないながら，指数関数的に増加し続ける傾向をもっている．個体数を N, 時間を t として，増加の「速度」を表すと，
$$dN/dt = rN$$
となる．r は内的自然増加率と呼ばれる．r は（一時的に $r<0$ になることもあるが）平均的には $r>0$ である．なぜなら，そうでなければ生物は絶滅しているはずだからだ．しかし，r がつねに一定であれば，生物は図 12-20A のように増え続け，地球はこの生物で満杯となってしまう．実際にそうならないのは r が変化するからである．r が変化するもっとも大きな理由は資源や生活空間をめぐって個体間に争いや競争があって，生息数や密度が増加すれば，出生数が減り，死亡数が増え，r が 0 に接近するという現象（密度効果）が生じるからである．この個体数や密度の上限を「環境収容力」（K）といい，
$$dN/dt = rN(1-N/K)$$
と表すことができ，このモデルをロジスティック式（シグモイド式）という．個体数 N が K に接近するほど増加速度は小さくなることがわかる（図 12-20B 参照）．多くの生物個体群はこのロジスティック型増加を示すと考えられる．ここが出発点で，最大持続生産量の概念もこのロジスティック型増加を仮定する．このロジスティック式で，今度は個体群への加入量を縦軸に，個体数を横軸にとると，図 12-21 のような曲線（MSY 曲線）となる．このうち増加速度（加入量）が最大になるのは，$K/2$ のとき（ロジスティック式の変曲点，もう 1 回微分した値）である．したがってシナリオはこうなる．まず人間が生物資源に関与していない状態（処女資源）では r はほぼ 0（つまり出生数≒死亡数）であるが，その資源を開拓すると，この曲線の右側に移行していく．もっとも頻繁にそして最大の収穫量を得られるのは，明らかに加入量が最大となる中程度の密度のときで，それ以上に収穫すれば，乱獲となり，絶滅へと向かう．最大持続生産量（MSY）とはこの加入量の最大時点の密度や個体数を指す．

　しかしこの概念と理論には，一般的に，次のような大きな問題点がある．①対象となる生物個体がロジスティック型の成長曲線を示すかどうかは不明である．しかも個体群を構成する個体はすべて均一で，性や年齢の構造，それによる成長や，死亡率，繁殖率の差異を無視していること，②環境の変動はまったく想定していないこと，さらに致命的だと思われるのは，③MSY の値を得るためには，かなりの乱獲や完全な保護を実際に行ってみる必要があること，そして，④い

ったん増加してしまった捕獲努力を減少させることはきわめて困難であること，である．またとくにクジラ類への適用については，これらに加え，かなりの長寿命であり，繁殖は通常1産1子で繁殖間隔は長く，死亡率は低く，したがって増加率はきわめて低いという生物学的特性をもつので，密度の変化には即応的に反応しないと考えられる．この概念の機械的な適用はきわめて危険で，実際にも南極海のナガスクジラにMSY曲線をあてはめると，きれいな半円形にはならず，個体数は激減してしまう（図12-22）．

ペゴンら（2003）は，MSYの推定値を得ることは実際上不可能であるとし，それを目標とすることは資源管理の成功を判定するための唯一の基準でも最良の基準でもない，と強調している．

明白に条約上の枠組みからは外れる．国際捕鯨条約とIWCが求めるモラトリアムとはあくまでも資源管理上の措置なのであって，文化やモラルへの反発，感情や倫理上の問題ではないからである．

（4）捕鯨への視座——資源を利用し管理することの責任

捕鯨は，国家やさまざまなレベルでの共同体に与えられた地域資源利用の1つのあり方であり，多様で多彩な生態系の利用様式は人類の適応形態の1つとして認められてよい（秋道2009）．国際捕鯨条約を含めた国際法の一般的な理解によれば，すべての国家や共同体は，例外なしに，クジラを（食料を含めて）利用することが認められている．それは権利だといってよい（Aron et al. 2002）．私は，種や系統群の存続にとって生息数（資源量）が十分にある場合や，その増加が生態系や，あるいは人間の生態系利用に著しい不利益をもたらす場合には，科学的な資源量調査をふまえた徹底した資源管理の専権的な意思決定の下に，けっして経済（商業）的判断に委ねることなく，持続的に利用してもよい，利用すべきだと考える．捕鯨は推進されるべきだ．しかし，この資源が，広く共有財(コモンズ)であると認識される場合には，その資源の水準はつねに明示され，持続性が証明されなければならない．つまり保全と管理の責任が問われるのである．この視点から，モラトリアムに至るまでの日本の捕鯨をもう一度振り返る．

図12-23は，南氷洋における5種のクジラの総捕獲数と，そのなかでの日本の捕獲数の推移だ．大きいサイズから順に捕獲され，次々と資源を崩壊，枯渇させていったのがわかる．確かに戦前の日本は，シロナガスクジラやナガスクジラの激減に対する寄与度は低い．しかし，戦後の様相はかなりちがう．シロナガスクジラ，ナガスクジラ，ザトウクジラ，それぞれが減少し，その後の最終フェーズでなお主要な捕獲圧をかけ続けたのである．つまり，もっともクリティカルな局面で決定的な役割を果たしていたことがわかる．3種が幸いに絶滅しなかったのは強い保全努力の結果ではなく，たんなる偶然にすぎないのである．さらにこれら3種の資源崩壊後に，イワシクジラに転換し，これをほぼ枯渇させた後に，ミンククジラへ移行している．日本はほぼ単独で，この1960年代以降の一連の交替劇をあからさまに主動してきた（1978年以降は旧ソ連も加わるが）．しかもこの間に，日本だけではないとしても，捕獲数の不正が積み重ねられた．この独演会を国際社会はどのようにみつめたのだろうか．とうてい日本は保全と管理の責任を果たしてきたとはいいがたい．

この不正という名の責任放棄は沿岸捕鯨の分野でもあからさまだ．捕獲数のごまかしが横行していたのである．近藤（2001）は，マッコウクジラの捕獲数は1950年以降，「神のみぞ知る」状況にあって，まったく無意味だったと述べる．粕谷（2011）は，当時の研究者は日本の沿岸捕鯨のマッコウクジラは公表数字の2-3倍を獲っていたとみなせると述懐している．これらの数字を根拠に，あるいは実績にして「日本の捕鯨業は過大な捕獲枠を得ていた」のだという（粕谷2011）．この捕獲統計は科学的な検証に耐えられないとの指摘をIWCから受けていた．これはツチクジラにもあてはまり，公表された統計数値は疑問だらけで，「解析自体は科学的にまったく無価値」だった（粕谷2011）．

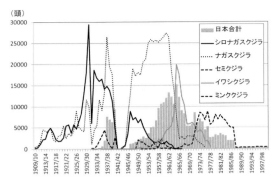

図 12-23 南氷洋捕鯨（シロナガスクジラ，ナガスクジラ，ザトウクジラ，イワシクジラ，ミンククジラ）の捕獲数の推移と，日本の捕獲数（棒グラフ）（Whale Statistics より作成）．

近藤（2001）は現状のクジラ資源の枯渇を嘆き，「無計画な営利のみを目的とした，ただ濫獲の一語に尽きる」と述べている．日本はクジラ類の資源管理においてけっして誠実ではなかったのである．

調査捕鯨

こうしてモラトリアムを迎える．商業捕鯨は科学的な資源管理の枠組みで行われるべきものであったが，それがようやく緒についた段階で，商業捕鯨の舞台は閉じられてしまったのだ．残された道は，①モラトリアムに異議を申し立てたうえで商業捕鯨を継続するか，②先住民の生存捕鯨と認定されるか，③国際捕鯨条約の第8条を根拠に，科学的調査研究を第一義とした調査捕鯨を行うか，④国際捕鯨条約から脱退するか，選択肢は4つしかない．②と④は実際上ありえない．日本，ノルウェー，ペルー，旧ソ連が異議申し立てを行った．ノルウェーは①のもとで合計280頭（1989-1994年）のミンククジラを捕獲した．アイスランドは，③の調査捕鯨（後述）と④のIWCの脱退と再加盟（モラトリアム反対を条件に）を繰り返しながら，ナガスクジラ合計282頭（1986-1989年），イワシクジラ合計70頭（1986-1988年），ミンククジラ合計200頭（2003-2007年）をそれぞれ捕獲した．日本とペルーは1985年に異議申し立てを撤回した．これは排他的経済水域での日本漁船の漁獲割りあての削減可能性（「パックウッド・マグナソン修正法」）を示唆したアメリカの圧力によるものだった．これで日本はモラトリアムを受け入れ，南氷洋での商業捕鯨を完全に停止した．しかし，この代償措置として，1987年からはアイスランドと同様に「調査捕鯨」を開始し，以降継続してきた．

調査捕鯨とは国際捕鯨（取締）条約，第8条の，各加盟国が国内主体に対して，「科学的研究のために鯨を捕獲し，殺し，及び処理することを認可する特別許可書をこれに与えることができる」との条文を根拠にしている．つまり，各国の権利として特別に許可された調査のための捕鯨（JARPA: Japanese Whaling Research Program under Special Permit in the Antarctic）だ．これを実施しようとする国はIWCに計画書を提出すればよく，最終的な権限は加盟国がもつ．ただし，この調査によって得られた科学的な資料は毎年提出，公表しなければならないこと，さらに2009年には調査捕鯨の「ガイドライン」が制定され，これに留意した調査が期待されている．調査捕鯨は過去にカナダと旧ソ連も行っている．

この調査捕鯨（JARPA）の目的は，①南半球産のミンククジラ（クロミンククジラ[4]）の資源管理に必要な生物学的な特性や生活史パラメーター（とくに齢別自然死亡率の推定）の把握，②南氷洋生態系におけるクジラ類の種間相互作用と，生態系に与えるインパクトの把握，③調査の過程で別種とされたクロミンククジラの系統群の構造解析，であった（日本鯨類研究所 2015）．こうして日本は，1987/88-2004/05年の18年間，合計6795頭のクロミンククジラを捕獲し，分析を行った（藤瀬 2008）．いっぽう，この間にIWCでは「新管理方式」に代わって，不確実性を考慮してより柔軟に捕獲枠を設定できる「改定管理方式」（RMP方式）の採用が承認され（IWC 1988），この方式のもとでの捕獲枠の設定に関する計算法の開発が議論されていた．日本のチームは，センサス法の開発，各種数理モデルの開発，フィードバック法など，この調査捕鯨のデータを活用して貢献してきた．それは，科学的な知見と論理を第一義

とする国際的な研究空間がもたらした成果だといってよい（大久保2007）．

この実績をふまえて日本は，第二次の調査捕鯨（JARPA II）を2005/06年から開始することとした．その目的は，①南氷洋海洋生態系のモニタリング（クジラ類の資源量動向，オキアミの資源量とクジラ類の採餌生態，汚染物質の影響など），②クジラ類の種間相互作用とモデリング，資源管理のための捕獲枠の設定法，③クジラ類の資源構造における時期的・空間的変動の解明，④クロミンククジラ資源の資源管理方式の改善（藤瀬2008，日本鯨類研究所2015），で第一次とはやや目的を異にしている．これにもとづき，毎年，クロミンククジラ850頭，ナガスクジラ50頭，ザトウクジラ50頭の捕獲計画を提出し，初年度の2005/06年はクロミンククジラ856頭，ナガスクジラ10頭を捕獲した．この後，捕獲を継続したが，捕獲数は，"シーシェパード"の妨害などで，2011年267頭，2012年103頭，2013年251頭と，漸次減少していった．そしてこの調査捕鯨の進行中に思わぬ横やりが入った．

政権交代したオーストラリア政府は選挙の公約にしたがって調査捕鯨の停止を求める外交交渉を日本政府と行ったが，決裂後の2010年に，日本政府を相手にJARPA IIが国際捕鯨条約違反であるとして国際司法裁判所に提訴した（この提訴には後にニュージーランド政府も加わる）．2013年，この判決が同裁判所から下されたのである（判決文原文：http://www.icj-cij.org/ 仮訳：http://www.mofa.go.jp/mofaj/files/000035016.pdf 閲覧2016.10.21）．大きな波紋を呼んだ判決の骨子は，JARPA IIは国際捕鯨条約違反であるというものだった．これをめぐり，多数の人々がさまざまな論評を加えている（児矢野2014，坂元2014，Smith 2014，稲本2015）．論点は多方面におよぶが，私は，この判決は生物資源の利用と管理に関する国際的な基準を提示した点では積極的な意義をもつものと理解する．そこで，ここではこの点に絞り最小限のコメントを加える．

判決の意味すること

まず確認したいのは，なぜ日本の調査捕鯨が「違反」とされたのか，である．オーストラリアは日本のJARPA IIが資源管理に対する科学的貢献度がないと主張したが，判決では，これを明確に否定し，「クジラの致死的サンプリングを含むJARPA IIの活動は概ね『科学的調査』と性格づけることができる」［判決パラグラフ（以下「判パラ」とする）127］と判断されている．それにもかかわらず「違反」と認定されたのは，JARPA IIの計画と実行の各要素，①致死的手法の使用の決定，②設定標本数の規模，③標本数の決定方法，④設定標本数と実際の捕獲頭数の比較，⑤計画の時間的制約，⑥科学的成果，⑦計画とほかの関連する研究プロジェクトの連携（判パラ88），が科学研究のためには合理的とは判断されなかったことによる（判パラ127-227）．なかでも①の致死的手法の合理性，③の標本数の決定法について，日本側は説得的な説明をできなかった，もしくは説明に一貫性を欠いたことによる（判パラ155-156，158，189，193-196，225-226など）．とくに計画では日本側は「必要と考える以上に致死的手法を利用しない」（判パラ80）と言明しながら，その標本数の合理性を説明できなかったことが大きい（判パラ137-138）．

これと関連して重要なのは，調査捕鯨はIWCが採択してきた決議やガイドラインを尊重すべきであると裁定され（判パラ83），調査捕鯨が「科学的調査の目的か否か，という問題はたんに当該国の見解にのみ依存するものではない」（判パラ61）とし，その権限は加盟国の判断だけに委ねられないとしたことである．とくに決議やガイドラインが「全会一致により採択された場合」には考慮されなければならないことを確認している（判パラ46）．さらに，日本も加盟する「国連海洋法条約」はクジラ類の保全，管理，研究についてはIWCを通じ協力活動することを締約国に義務づけている（稲本2015）点から判断して，調査捕鯨は国際的に理解される必要があるだろう．これは国際捕鯨条約の第8条の実質的な変更だったといってよい．

このことは裁判所が捕鯨条約を「進化する法律文書」(an evolving instrument)（判パラ45）であるとみなしていることからも確認できる．つまり，JARPA II は，その内容が，発展しつつある捕鯨条約の枠組みからも逸脱し，国際機関での協力義務に違反していると判定されたのである．

この判決では日本側の姿勢が問題でもあった．審理の過程では，政府高官の「ミンククジラを安定的に供給していくためには，やはり南氷洋での調査捕鯨が必要だった」，「調査捕鯨のビジネスモデル」といった国会答弁が指摘され，JARPA II の動機が，調査ではなく，商業捕鯨そのものであることが見抜かれていた．ところで，JARPA II では，捕獲数や方法だけではなく，捕獲対象が拡大されていた．計画では，クロミンククジラのほかに，ナガスクジラ50頭，ザトウクジラ50頭が含まれる．これは調査目的のおもに②のクジラ類の種間相互作用（種間競合）に沿うものであると解釈される．この捕獲数の設定には科学的サンプリングとして問題があると指摘される（判パラ176，179）が，このこと以上に問題があるように，私には思われる．商業捕鯨によって両種ともに資源量は激減し，現在はその回復過程にある集団（Christensen 2006）を対象としていることだ．この捕殺調査が喫緊の課題とは思えない．またこの調査目的のなかには，「クジラ類の採餌生態」の解明ということで，胃内容物の調査が積極的に進められている．それは生態系での食物連鎖と種間関係との動的変化を分析する意欲的な調査であると考えられる．その分析のなかで，個体数が多いミンククジラは魚類を大量に捕食しているとの知見が得られたという（田村 2010）．この知見は重要であり，生態系のモデルとして検討されるべき課題だと考える（藤瀬 2008）．しかし，それをもって「クジラは害獣」であり，捕獲すべき対象であると喧伝すべきだろうか．不確実性が残っていて，さらなるデータを収集し，十分吟味する必要があると報告者自身が述べているにもかかわらず，だ．それは資源利用という拠って立つ基盤に対する自己否定である．

また，クジラの資源管理にとって，生活史パラメーター，とくに繁殖率や繁殖期での死亡率を推定することが決定的に重要と思われるが，インド洋などを含む繁殖海域の調査はまったく計画されていない．

さらにいえば，IWCの総会では，保護委員会が設置されているが，日本はその設置の提案に反対したり，その後の委員会に欠席したりしている．たびたび南極海の"保護区"が提案されているが，反対もしくは無視してきた．その姿勢はかたくなで一貫している．確かにそれは，保全生物学上の保護区域（コア）というよりも，捕鯨を排除する"聖域"（サンクチュアリ）との政治的性格が色濃いが，たとえそうであっても資源の保全管理の視点から国際的な討論には参加するべきと思われる．そこにはむき出しの資源収奪の体質が露呈し，捕鯨産業がいかに科学に立脚してこなかったのかを証明している．

そうであっても，なお，今回の判決は，オーストラリアやニュージーランドが「鯨類の保存」に，より限定した解釈を求めた（判パラ57）のに対して，「鯨類の適当な保存を図って捕鯨産業の秩序ある発展を可能にする」との捕鯨条約の趣旨と目的は変更できないと明確に拒否している．このことはまた「RMP方式が控えめかつ予防的な管理ツールであり，依然としてIWCの適用可能な管理方式であることに同意」（判パラ107）し，その改良もしくは完成がめざされるべきと認めるなど，捕鯨の存続を否定しているわけではない．さらにオーストラリアが，日本が再度調査捕鯨を実施しないように追加的な措置を求めているのに対し，判決は，それを不要とし，日本の再提出の際には「判決に含まれる理由づけと結論を考慮するように」期待している（判パラ246）．これらの判決文はいったいなにを意味するのか．私には，進むべき方向性がかなり明確に指示されているように思われる．

基本的に問題なのは，資源利用のあり方と，保全や管理といった枠組みとが別個のものとして切り離されていることである．「保存」(preservation) とは対象物（生物）の現状の

厳格な維持や存続を,「保護」(protection) とは, 対象生物への人為などによる外圧の排除を, それぞれ意味するが, 現在ではより広い統合的な概念として「保全」(conservation) が提唱されるようになった (土肥ほか 1997). それは対象生物の合理的な利用, 調節を通じて適切な状態に維持することだといってよい. 保存, 保護, 利用 (ときには除去も含めて) を通して, 人間との関係や相互作用においてもっとも適切な状態に誘導・維持することを野生動物の分野では「管理」(management) という言葉が使われてきた (三浦 2008). したがって, 保全と管理という言葉はほぼ同義語だといってよいし, 利用と保全は対立する概念ではない. しかしながら, 水産庁は"conservation"の用語を含む多くの水産関係の国際協定や条約の, この部分をあえて「保存」と訳し, 利用とは対立する概念として紹介している. それは漁業にとって「保護」という発想が阻害要素であるとの根強い偏見が垣間見える. この狭い伝統的な考え方が国際的にも日本の態度として示され, 知らず知らずのうちに日本は商業一色の資源利用であると受け取られてきたにちがいない. 捕鯨を含む漁業という幅広い生物資源の利用様式には, 保全を積極的に組み込んでいくことが必要だ. 課題はそれをどのように具現化していくべきか, である.

じつは, 南氷洋調査捕鯨のほかに日本は, 1994 年以降, 北西太平洋調査捕鯨 (JARPN; Japan's Whale Research Program in the Western North Pacific) を行ってきた. 1994-1999 年を第一期にミンククジラ約 500 頭を捕獲した. 2000 年以降を第二期 (JARPN II) として 2015 年現在まで継続している. JARPN II の調査目的は, ①将来策定される予定の複数種一括管理モデルに情報を提供すること, ②環境汚染のモデリング, ③クジラ類の系統群構造の解明 (日本鯨類研究所 2015), でこれまでに「沖合」と「沿岸」を含めて, 毎年, ミンククジラ約 150 頭, イワシクジラ 40-100 頭, ニタリクジラ約 50 頭, マッコウクジラ 5-10 頭を捕獲してきた. この調査捕鯨についてはなんらかの国際的な関与や規制は受けていない. 私は, この JARPN II をクジラ類の持続的な利用と保全とを両立させる典型的な管理モデルとして再構築し, 国際社会に提示していくことが大切だと思う. このためには以下の項目が重点化されてよいだろう.

(1) 漁業とクジラ類との競合を過度に強調した現行の生態系アプローチ (「複数種一括管理モデル」) ではなく, IWC が全会一致で採用を決定した改定管理方式 (RMP) を徹底して追究し, 具体化することが重要である. 不確実性に対して頑健性をもつといわれている RMP を実際のデータを用いて検証し, その完成に寄与すること. それは判決にも明記された国際的な課題でもある.

(2) 生息状況についてのモニタリングを実施し, その評価を繰り返すというフィードバック (順応) 管理を適用すること. 系統群とその個体数や分布を把握すること. 非致死的方法も採用しつつ, 系統群の生物学的特性値を解明すること.

(3) 繁殖域を中心に保護地域を設定する. 利用の前提としてゾーニングを行い宣言すること.

これらは持続可能な捕鯨を追究することにほかならない[5]. 海洋生物資源に対する管理の転換は隣接分野でも求められている.

(5) 漁業資源の持続可能な管理

TAC 制とはなにか

漁業は (おもに) 野生魚類を漁獲する産業であり, 魚類もまた乱獲すれば枯渇する有限な生物資源だ. イワシやニシン, サンマ, サバは"レジーム・シフト"と呼ばれる地球規模の環境 (海流) 変動によって個体数が十数年ごとに大幅に変化することはすでに述べた (第 7 章). 再生産力と加入数が不規則に変動するために, 個体群の動態予測はほとんど困難であり (deYoung *et al.* 2008), ときには漁獲しなくても減少したり, 漁獲しても増加することが起こる. したがって, 資源予測や管理などは不要でなりゆきに任せるべきだ, との意見もある. しかし, 漁業対象種の個体群動態がいかに気まぐれであっても, 管理を徹底し, 乱獲を可能な限り避け

ることは大切だ．魚種は自然的要因によって減少するが，漁獲はそれを強化する方向に作用するから，加入量が減少しているのであれば，漁獲圧を低下させれば，回復は早まることになる．このことはタラ漁業などで広く知られている（Anderson et al. 2008）．きめ細かな管理は状況にかかわりなく必要だ（勝川 2007）．それでは「管理」とはどのような仕組みで，どのようになされるのだろうか．

　1982年，「国連海洋法条約」（「海洋法に関する国際連合条約」）が採択され，日本も翌年に署名し，1994年にこの条約が発効すると，日本は1996年に批准した．この条約は領海，接続水域，排他的経済水域，大陸棚，公海，深海底，海洋環境保護・保全，海洋科学調査，国際海洋法裁判所の設置など，海洋に関する包括的な国際制度を規定している．前文と17の部，全320条の条文から構成される大規模な条約だ．漁業はこの条約なしに営むことはできない．なかでも沿岸加盟国に対し「排他的経済水域」を設定する権限を与えている（第55条および57条）からである．そのいっぽうで，この水域での生物資源を（探査し，開発し）保全し，管理する義務を課している（第56条）．この義務の1つとして「漁獲可能量」（TAC; Total Allowable Catch）を定めることを締約国に求めている（第66条）．これを受けて日本は同年にTAC法（「海洋生物資源の保存及び管理に関する法律」）をつくり，TAC制度を導入した（これをここでは「日本版TAC制」と呼ぶ）．この制度を適用する魚種は，①漁獲量が多く国民生活上の重要種，②資源状態が悪く緊急に管理すべき魚種，③日本周辺で外国人が漁獲する魚種，という3つの基準をあてはめ，マアジ，マサバ（およびゴマサバ），マイワシ，サンマ，スケトウダラ，ズワイガニ，スルメイカの7種とした．日本人が利用する魚種は約400種だから，あまりにも少ないのだが，この点は留保するとしても，TACは捕獲上限を意味し，漁獲量がそれを上回らないように管理すれば，乱獲を防ぐ有効なメカニズムとなる．しかし，日本版TAC制は，実際には，そのように機能することはほとんどなかった．多くの問題点があるが，ここでは2つのことを指摘する．

　第1に，TAC制度は，漁業規模や魚種に応じて，TACの分担が漁業団体や都道府県に下ろされるが，いずれにせよTACは総量規制であり，上限値をそのまま公表すれば「捕獲目標」に転換してしまうという性格をもつ．実質は，捕鯨同様に「獲ったもの勝ち」のオリンピック方式なのだ．早いもの勝ちの競争をあおり，力あるものは高性能の漁船や魚探を駆使して，漁獲サイズや年齢と無関係に，とにかく漁獲量が先行することになる．この結果，後続資源となるはずの小型幼魚も根こそぎ獲られる．他漁業者との事前調整がないために往々にして過剰捕獲となり，自主申告制はそれを助長する．オリンピック捕鯨の教訓はまったく生かされてはいない．

　第2に，TACがどのように決まるのか，その仕組みの問題だ．日本版TACの設定にはまず基礎数が算定される．それが「生物学的許容漁獲量」（ABC; Acceptable Biological Catch）で，おもに水産総合研究センターが中心に，資源への加入量，加入量あたりの産卵量，成長量，自然死亡率（係数M）などのデータを収集し，これらのパラメーターを基礎に算定する．だが，この値がそのままTACとなるのではない．提出されるABCをもとに，農林水産大臣が水産政策審議会の意見を聞いて策定した「基本計画」の「魚種ごとの中期的管理方針及び資源動向を踏まえ，漁業の経営状況を勘案しつつ」TACの設定を行うことになっている．つまり，社会経済的な要因にABCを加味してTACを決めるのだ．もっとも問題なのは，本来は突破してはならないはずのABCをTACが大手を振って上回るのである．図12-24は水産庁が公表しているABCとTACとの関係だ（「TAC制度等の検討に関する有識者懇談会資料」2008）．全7種のうち，5種においては一貫してTAC＞ABCなのである．スルメイカはTAC≒ABCであり，サンマの場合は，前半がほぼTAC≒ABC，最終年がABC＞TACであるが，これはレジーム・シフトによって大発生

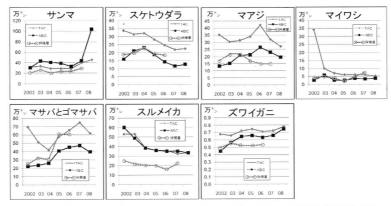

図 12-24 水産庁が公表している ABC と TAC との関係．横軸は漁期年（TAC 制度等の検討に関する有識者懇談会資料 2008 より）．

し，生産過剰となった，調整の局面である．この看過できないひどい分離は 2009 年以降，研究者の強い指摘もあって徐々に改善されてはいるが．

EU など多くの国や地域では，科学者が資源の持続性を勘案して直接 TAC を提言するシステムとなっているが，アメリカは，日本と同様，科学者の提言した ABC をもとに漁獲枠を別個に設定する．アメリカの場合には，生物学者の ABC にもとづいて，資源学者や経済学者が社会経済的要素を考慮して TAC を決定するが，その際には，生物学的 ABC 以下に設定するのが原則である（勝川 2012）．TAC＞ABC とは，乱獲の意図的誘導であり，資源管理ではありえない原則である．

第 1 の点についてもう少し検討すると，TAC をどのように配分するのかが課題として残る．現状では，都道府県に配分された TAC は，最終的には漁協（漁業協同組合）などに配分され，罰則もないために努力目標としてプランクトンのように浮遊することになる．この点を改善したのが「IQ 方式」（Individual Quota; 個別割当方式）で，配分された TAC をさらに漁業者，漁業団体あるいは漁船ごとに分配する方式だ．捕獲できる量が決まっているので，競争とはならず，マーケットをみながら魚価の高い特定の年齢群を選択的に捕獲できる利点がある．IQ 方式のうち分配された量を，ほかの漁業者や団体に譲渡できるような方式をとくに「ITQ 方式」（Individual Transferable Quota; 譲渡可能個別割当方式）という．漁業経営の安定化がはかれるとの利点がある．これらのうちどのような方式を具体的に適用すべきなのか，日本の場合，それを左右する最大の要素は，よい意味でも悪い意味でも「漁協」という自主的な漁業管理組織の存在だ．合意形成は必要だとしても，生物資源の回復なしに漁業の再生はないのだから，徹底した資源管理を進めていく以外に選択の余地はない．なお，新潟県では IQ 方式の導入が決定されている．どのような年級群に TAC を設定すべきなのかは，魚種の生活史特性によって異なると考えられる．個体群の再生産（増加率）にどの年級（齢）群がもっとも寄与するのか，感度（弾性度）分析などが行われる必要があるだろう．

漁業の管理制度については TAC のほかに「TAE」（漁獲努力可能量；Total Allowable Effort）がある．これは出漁できる船の数，日数の上限，休漁期間，網の規制を決めるもので，いくつかの魚種を対象に地方自治体や漁協が取り組んでいる方式だ．IQ／ITQ の代わりに「IVQ 方式」（Individual Vessel Quota; 漁船別漁獲割当方式），つまり漁業者の既得権を最優先し，漁獲枠を漁船ごとに配分する方法がある．ノルウェーでは，この方式を採用して，適切ですぐれた漁業管理を展開している．図 12-25 は，日本産マサバと，北東大西洋産タイセイヨウサバの漁獲量とそのなかでの年齢組成の比較であ

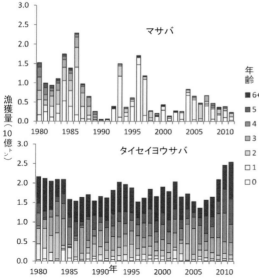

図 12-25 マサバ（日本近海）とタイセイヨウサバの漁獲量と漁獲年齢の比較（小川・平松 2015 より）．

る（小川・平松 2015）．マサバの漁獲量には大きな年次変動があるのに対し，タイセイヨウサバは高いレベルで安定していて，グラフの濃度が濃いことからもわかるように，4歳以上の高年齢の，したがって魚体サイズの大きな個体が選択的に漁獲されていることがわかる．両種の生活史が同じかどうかは留保しても（おそらく大差はない），このことは管理方法によって生物資源がその動向や動態を大きく変化させる証左だろう（小川・平松 2015）．捕鯨においても自主的な管理方式を早くから採用し，南氷洋捕鯨から早々に撤退した資源大国ノルウェーの素顔である．

（6） マグロ──日本から世界へ

FAO（2014）の『世界漁業・養殖業白書』（SOFIA）によれば，世界人口が摂取するタンパク質の 17% は魚類で，最大 70% に達する沿岸国や島嶼国があるという．2012 年時点での漁業生産量は過去最大の 1 億 3600 万トン，1 人あたりの消費量は 19 kg に達するという．なかでも日本は魚の消費量が多い．総生産量は 559 万トンで世界第 5 位だが，1 人あたりの消費量は 56.9 kg．近年では魚と肉の消費量が逆転しつつあるが，それでも世界第 1 位だ（水産庁 2011）．近海・遠洋を含め世界各地で魚を獲り，そして輸入している．カナダの魚類学者，マイヤースやワームらは，日本の延縄漁のデータを用いて大型のマグロ類の生息数が 1988-2003 年の 15 年の間に 80% が減少している（Myers & Worm 2003）とし，海の生物多様性が急速に崩壊するなか，2048 年には有用魚種が消失するとの警鐘を鳴らしている（Worm et al. 2006）．『魚のいない海』（キュリーとミズレー 2009），そして"漁業崩壊（fishing down）"（Pauly et al. 1998）の現出である．ここでは世界中の海産資源動向のうち，日本がもっとも強く関与してきたマグロ類の管理問題について考える．

マグロ類は，サバ科マグロ属（*Thunnus*）に分類される暖海性の大型回遊魚で，合計 8 種いるが，漁業にとって重要なのは，クロマグロ（*Thunnus orientalis*），ミナミマグロ（*T. maccoyii*），タイセイヨウクロマグロ（*T. thynnus*），メバチマグロ（*T. obesus*），キハダマグロ（*T. albacares*），ビンナガマグロ（*T. alalunga*）の 6 種である．なかでも前 4 種が，刺身用の需要が大きく，大半が日本で消費されている．このほかにヨシナガ（*T. tonggol*），タイセイヨウマグロ（*T. atlanticus*）[6]がいる．なお，カジキは，ときにカジキマグロなどと混同されるが，別の分類群（カジキ亜目 Xiphioidei）の魚だ．いずれも流線型の滑らかな体型で，体長 1 m 以上，体重 20 kg 以上，最大種はタイセイヨウクロマグロで，4.5 m，680 kg 以上との記録が残されている．この種とクロマグロはかつて同種に分類されたが，形態的には鰓耙（鰓の前方にある櫛状の突起）の数や，成長パターンなどが異なることに加え，ミトコンドリア DNA の分析は別種レベルのちがいを明らかにした（Collette et al. 2001）．

泳ぐことに囚われた魚

近年のマイクロエレクトロニクスの発達にともない，小型の計測器を動物に装着して，人間が直接観察できないような位置，行動，生理な

どに関する情報を記録する装置（各種センサーとデータロガー）が開発されてきた．この装置を使い，いろいろな魚類の生物学を解明する分野（バイオロギング bio-logging）がさかんだ．小型の記録用タグ（アーカイバル）を魚の体のなかに埋め込み，後で回収する手法が，最初に行われたのはマグロ類だった．そこから驚くべき生態が明らかにされた．タイセイヨウクロマグロでは，産卵地であるメキシコ湾産と，地中海産のそれぞれの幼魚（各200頭以上）にタグを取り付けて放逐した．図12-26（Block *et al.* 2005, Rooker *et al.* 2007）は，数年後に回収された個体（それぞれ36頭と26頭）がもたらした移動の軌跡だ．北大西洋北部を東西に広域に移動（回遊）していて，2つの集団（メキシコ湾集団と地中海集団）がはっきりと識別される．2つの集団の分布域は大幅に重なり合うが，毎年の産卵期には生まれた場所にそれぞれもどり，たがいにその産卵域には侵入していないことがわかる．

いっぽう，クロマグロは北部太平洋の東西に広く分布するが，注目したいのは，その産卵域で，東シナ海，沖縄，南西諸島一帯と，日本海側沿岸地域に限られることだ．広大な生息域ではあるが，産卵域は小さく，そのほぼすべてが日本の排他的経済水域内にある．このことはクロマグロの保全と管理において日本が果たす役割が決定的に重要であることを示している．日本沿岸で生まれたクロマグロは黒潮に乗って，成長しながら，北部太平洋を横断し，バハ・カリフォルニア周辺域にまで到達し，数年後に再び日本近海の産卵域へともどる回遊パターンを描いた（Itoh *et al.* 2002）．この壮大な環太平洋の回遊運動はカリフォルニア半島西岸で捕獲した標識個体（253頭に装着，143頭分回収）からも確認される（図12-27; Boustany *et al.* 2010）．図12-28はその典型的な1頭の軌跡である（Itoh *et al.* 2002）．東シナ海産のこの幼魚は日本近海で成長し，太平洋を横断しているが，海水温の記録を重ねると，10-23℃の温度帯を利用していて，かなりの低温域へも進入しているのがわかる．その場所はちょうど冷水域と温水域が混じり合う境界で，そこでは「潮

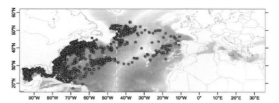
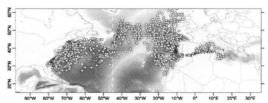

図12-26 アーカイバル・タグをつけて放したタイセイヨウクロマグロの移動の軌跡．上はメキシコ湾で，下は地中海でそれぞれ捕獲・放逐された（Block *et al.* 2005, Rooker *et al.* 2007より）．

目」が生まれ，寒暖両域の魚群が密集する場所と推測され，それに沿って移動している．タイセイヨウクロマグロにしろ，クロマグロにしろ，巨大な海洋のほぼ同じ緯度帯をグローバルに回遊する，地球規模の魚類であるといえる．

マグロ類は，成長段階に応じて食性が変化し，仔魚はプランクトン食，これ以後は魚食性となり，成魚は海洋生態系の食物連鎖のなかで（サメ類とともに）最上位，頂点捕食者（トッププレデター）となる．栄養段階でいえば，植物プランクトン→動物プランクトン→小型浮魚→中型浮魚→大型捕食魚の順に5番目ということになる．ニシンやサバ，イカなどの集団を襲い，捕食し続けながら泳ぎ続ける．おもしろいことに，前述のバイオロギングのデータをみると，夜間は浅い表層で，昼間は100-300 m以下のかなり深い深海域で魚群を探査し，捕食している（Itoh *et al.* 2003）．その深さは1000 m以下にもなる（Block *et al.* 2005）．三日月型の尾鰭を振動させて推進力を得て泳ぎ，巡航速度は時速45 km以上に達する（Bushnell & Holland 1997）．そして魚群に遭遇すると，強い瞬発力でときに時速100 kmのスピードでしなやかに動き回りながら集団で獲物に襲いかかり，一網打尽にする．

ところが（海）水の熱伝導度は空気の20倍以上，熱容量も5倍以上大きいために，水中を高速で遊泳する生物は速やかに大量の熱を失う

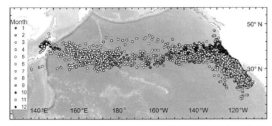

図 12-27 アーカイバル・タグを装着したタイヘイヨウクロマグロの月ごとの軌跡．カリフォルニア沿岸で捕獲した143頭の記録（Boustany et al. 2010 より）．

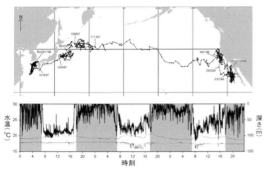

図 12-28 日本近海で捕獲されたタイヘイヨウクロマグロの幼魚の移動の軌跡（上）と，タグに記録された水温，深さ，時刻の記録（下）（Itoh et al. 2002 より）．

（会田・金子 2013）．マグロ類とて同じ．しかもクジラ類のような脂皮をもたないから，いっそう冷却される．しかし，バイオロギングの温度センサーの記録は，驚くことに，マグロの体温が海水温よりつねに 5-10℃（ときには 20℃）高く維持されていることを示した（たとえば Kitagawa et al. 2001）．もちろんマグロは"恒温動物"ではないから体温自体は変動するものの，それでも 20-30℃ の幅を維持しようとする傾向が認められる（Boustany et al 2010）．ほとんどすべての魚は"変温動物"であり，マグロ類（とホオジロザメなどの一部サメ類）はその唯一の例外だといってよい．このマグロ類の秘密はバイオロギングの登場によって初めて明らかにされた（Carey & Lawson 1973）．

ところで，少し前までは，哺乳類や鳥類は"恒温動物"，魚類や両生類，爬虫類は"変温動物"と分けるのが定番だった．しかし，最近では，この用語はほとんど使われない．恒温動物でも体温はふつう，数℃ の幅で変動するのが通常で，またコウモリなどは恒温動物であるにもかかわらず日中や冬眠時に体温は大幅に変動する．いっぽう，変温動物のなかでもたとえば深海魚のようにまったく体温に変化がみられない動物がいる．問題は変温か恒温かではない．こうした用語に代わって，体内の熱生産によって体温をつくりだせるかどうかで動物を分けるようになった．代謝によって体温を保持できる性質を"内温性"といい，体温をつくれずに外部環境に依存する性質を"外温性"という．そして前者のなかで生理周期（日周期や季節）によって体温が変化する性質を"異温性"と呼ぶ．したがって，一般の魚類は泳いでいる水の温度と同じ体温を示すので，典型的な外温性魚類であるのに対し，マグロ類と一部のサメ類は内温性魚類ということになる．では，どのようにしてマグロ類はこの内温性を獲得しているのだろうか．マグロが赤身であることはじつはこのことと関係している．

マグロはなぜ「赤身」なのか

よく知られているように，筋肉は，その色によって「赤色筋繊維」と「白色筋繊維」に分けられる．この2つを筋繊維の収縮速度でみると，前者は「遅繊維」，後者は「速繊維」に分類できる．一般の脊椎動物（人間も含めて）では，筋中に速・遅繊維が混在するが，魚類では赤色筋繊維は「血合筋」（または赤色筋）に，白色筋繊維は「普通筋」（または白色筋）にそれぞれ偏在する（会田・金子 2013）．筋肉の色は，赤色の色素タンパク質であるミオグロビンやヘモグロビン（これらのほかにシトクロム c）の含有量に依存し，筋肉 100 g あたり 10 mg 以上になると，赤色を呈する．これらの色素タンパク質には鉄（Fe）原子を含むヘムタンパク質があって，酸素と二酸化炭素とのガス交換を行うことは，すでにマッコウクジラで紹介した（第10章）．血合筋は，色素タンパク質のほかに大量の脂質を含み，タンパク質や水分は少ない．これに対し普通筋はミオシンやアクチンなどタンパク質の筋原線維とエネルギー源としてのグリコーゲンを大量に含む．普通筋は，嫌気的な条件のなかでもすばやく収縮でき，瞬発的

な運動が可能だが，疲れやすく持続性はない．血合筋は，大量のミトコンドリアを含み，好気的な条件のもとで脂肪をエネルギー源に代謝しながら長時間持続的に遊泳することができる．これがマグロ類のメインエンジンだ．

　泳ぎながら食べ，泳ぎながら眠る．酸素消費量は遊泳速度の上昇にともなって指数関数的に増加する（Korsmeyer et al. 1996）．飛び抜けた巡航速度で泳ぐマグロ類の酸素要求量（単位重あたり）は，ほかの魚類のゆうに数十倍に達する．その酸素をマグロ類は，今度はほかの魚類とまったく同様に，鰓から調達しなければならない．鰓は毛細血管が通過している細い繊維を束ねた櫛状器官で，ここを水が通過する過程で水中の溶存酸素と体内の二酸化炭素が置換される．通常，魚類は口の開閉とリズミカルに連動した鰓蓋（鰓弓）開閉によって呼吸運動（換水）を行うが，遊泳速度が秒速20 cm以上になると，口を開けたまま大量の水を通過させることで換水が行われる．これを前進運動によるガス交換，"ラム換水" という（会田・金子 2013）．この効率はかなり高く，もともと少ない溶存酸素（0.005%以下）のうち，約80%を吸収できる．大量の酸素を要求するマグロ類はこれによって呼吸を行う．マグロ類は泳ぎ続けなければ死んでしまう所以だ．しかもその鰓面積は，一般魚類の30倍にもなるという（Joseph et al. 1988）．大量の酸素は大量の水流を通過させること，つまり高速で泳ぐことによって得られている．しかし他方では，高速で泳ぐためには大量の酸素が必要となる．どちらが先か，連携は止まらない．

　さてその体温だ．代謝によって筋肉運動が行われ，熱がつくりだされる．せっかくの熱もそのままなら皮膚から放熱され，筋肉組織は鰓を通った（水流にさらされた）新鮮な動脈血によって再び冷やされてしまうことになる．この血液の循環にマグロ類は画期的な「工夫」を加えた．筋肉を通過し温められた静脈血と，鰓と心臓を通過してきた冷たい動脈血を，同一平面上に集合させ，熱交換し，筋肉組織に入る新鮮血を温めているのである．このラジエター装置が

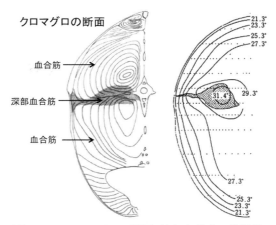

図 12-29　クロマグロの断面（左）と体内の等温線（右）．奇網がある深部血合筋の部分でもっとも温度が高い．ここで組織で温められた静脈血と鰓を通過した冷たい動脈血の熱交換が行われ，温められた動脈血が筋肉運動を支えている（Carey & Teal 1966, Carey et al. 1971, 塚本 1993 より）．

マグロを横断したとき，ちょうど脊椎を境に，上部と下部とを分ける大きな血合部分（深部血合筋）に形成され，全身を貫いている（図12-29）．ここでは，多数に分かれた動脈と静脈が密に分布し，交差して「奇網」をつくっている（図12-30; Carey & Teal 1966, Carey et al. 1971, 塚本 1993）．奇網とは，動脈と静脈が隣接し合い，対向流を形成する熱交換システムで，基本的に同じ構造が草食獣の脳の下部にあることはすでに紹介した（第3章 p. 146参照）．この熱交換システムは，積極的に体温をつくりだすというよりは，捨ててしまう熱を回収して魚体の保温性を高めるという，やや受動的なシステムだ（Steavens & Neil 1978）が，すぐれた生理機構だといえよう．この体温の恒常性は，代謝を安定的に行い，神経の伝達速度を維持し，機敏で活発な活動を行うことに貢献している．また，マグロ類の，流線型というよりは，紡錘形の体型も，体重に比較して表面積が少なくなる効果をもち，熱の放散を防ぎ，内温性の維持に役立っている．もう1つ注目したいのは，この赤身に対する「トロ」の関係だ．

　トロとは脂質の含量が高い腹腔を取り巻く皮下組織である．この部分に皮下脂肪が蓄積されるのは構造的に2つの意義がある．1つは消化

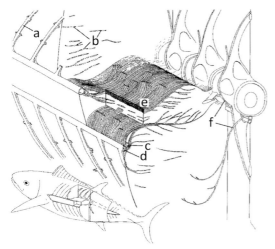

図12-30 奇網のある深部血合筋の拡大図（Carey & Teal 1966 より）．a：側方血管，b：側方血管から分岐した枝管，c：側方動脈，d：側方静脈，e：奇網，f：腹大動脈から分岐した血管は主要な静脈から分岐した血管をともなう．

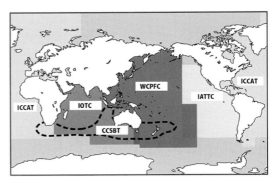

図12-31 マグロ類の国際管理機関（WWFのHPから http://www.wwf.or.jp/activities/2014/08/1217311.html 閲覧日 2015. 2. 10）．

器官などの内臓の断熱剤の役割を果たし，外水温の影響を可能な限り遮断していることだ．もう1つは，魚類にとって脂質は主要なエネルギー源であり，赤身がエンジンだとすればその燃料である．トロはエンジンのもっとも近くに備蓄されたオイルタンクなのだ．機能的な構造である．国立極地研究所の渡辺ら（Watanabe et al. 2015）は，魚類における内温性の適応的な意義について議論している．そこでは①低水温海域にも分布域を広げニッチを拡大できるという説と，②高い有酸素代謝によって高速遊泳を維持できるという説とが検証され，結論としては後者，すなわち，定常的に泳ぎながら一定の時間的制約のなかでより広範な海洋を探索できること，ここにマグロの内温性の適応的な意義があると強調した．それはいいかえれば頂点捕食者であることの追求にほかならない．私たち，日本人はいったいなにを好物としているのか，もう一度，嚙みしめなければならない．

マグロの国際管理

国際（国連）海洋法条約はこのマグロ類の保全と管理について国際管理機関の設立を求めている（「高度回遊性の種の保全管理」第54条）．

この国際管理機関は現在5つ設置されている．1つめは大西洋全域を対象にした"大西洋マグロ類保全国際委員会[7]"（ICCAT），2つめは東部太平洋の"全米熱帯マグロ類委員会"（IATTC），3つめはインド洋の"インド洋マグロ類委員会"（IOTC），4つめは中西部太平洋の"中西部太平洋マグロ類委員会"（WCPFC），5つめは特定の海域を定めない"ミナミマグロ保全委員会"（CCSBT）．図12-31はそれぞれの管轄域である．ここでは，まず"大西洋マグロ類保全国際委員会"の動向をたどりつつ，その到達点をふまえて"中西部太平洋マグロ類委員会"と"全米熱帯マグロ類委員会"，さらに"ミナミマグロ保全委員会"の動向を探り，日本の果たすべき役割を検討することにする．

ICCATは「大西洋マグロ類の保全のための条約」の執行機関として1966年に発足した[8]（発効は1969年）．アメリカ，日本，EUを含む50カ国が加盟する．この委員会はマグロ類を魚種ごとに管理するが，タイセイヨウクロマグロの場合には，前述の分布状況を考慮して，伝統的に西経45度線を境界に東西に分け，北米側の西部集団と，地中海側の東部集団に対し，科学委員会の調査研究をふまえた勧告により，それぞれの漁獲可能量（TAC）を設定してきた．この動向を「西部集団」でたどる（図12-32）．1980年代ではTACそのもののレベルが，漁業者や企業の圧力でかなり高く，ほぼ漁獲量に一致していた．このころにはTACはほとん

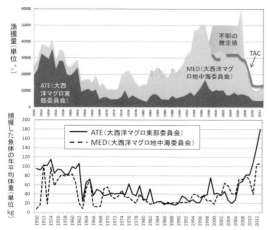

図 12-32　大西洋マグロ類保全国際委員会（ICCAT）による管理の下での漁獲量，平均体重の経過（ICCAT 2015 より）．

ど機能することなく，「管理の偽装」とか「国際的恥辱」と揶揄され続けた．しかし 90 年代に入ると資源量の大きな落ち込みがもはやだれの目にも明らかになるにおよび，危機意識を反映して低い TAC が設定された．にもかかわらず，漁獲量はつねにそれらを上回り，TAC もまたこの勢いに引っ張られるように上昇していった．2002 年には最大の漁獲量 3319 トンを記録．翌 2003 年には，資源量は減少してしまい，こうなるともはや大きな捕獲努力を投下しても TAC にまで到達することはむずかしい．高い TAC の設定にもかかわらず漁獲量は落ち込んだ．2006 年の ICCAT の年次会合ではタイセイヨウクロマグロの回復計画を，2008 年の同会合では大幅な TAC の削減を決定したにもかかわらず，捕獲数はこれを上回った．さらに問題だったのが 1996 年以降の密漁の横行だ．その詳細は不明であるが，タイセイヨウクロマグロの全体でみると，消費量と漁獲量の差，約 4 割が密漁と推定され，2007 年のピーク時にその規模は TAC とほぼ同じだったと見積もられた（ICCAT 2015）．TAC は有名無実だったのだ．転機が訪れたのは 2009 年，漁業小国モナコがタイセイヨウクロマグロをワシントン条約（CITES，後述）の付属書 I （同後述）への掲載を提案してからだ．当該種の国際的商業取引の全面的な禁止である．

この提案自体は 2010 年のワシントン条約締約国会議（第 15 回）で，アメリカ，ノルウェーらの賛成，カナダ，韓国，日本などの反対で，否決された．しかし提案の衝撃は大きかった．日常的に消費している漁業資源もまた，野生動物である以上，絶滅のおそれがある場合には商業取引，ひいては漁業そのものが規制される可能性があることを世界に知らしめたからだ．呼応して 2011 年には，国際自然保護連合（IUCN 2011）が『レッドリスト』で，タイセイヨウクロマグロを「データ不足」から一気に「絶滅危機種（EN）」（絶滅危惧 IB 類）に，クロマグロを「危急種（VU）」（絶滅危惧 II 類）に，ミナミクロマグロを「近絶滅種（CR）」（絶滅危惧 IA 類）に，それぞれ指定した．ICCAT もまた EU 主導のもとで監視員を漁船に乗船させたり，30 kg 未満の未成魚の漁獲禁止など，規制の厳守に努力を払った．

いっぽう，これを契機に，マグロの輸入販売を手がけてきた企業を中心に養殖業に参入，事業拡大を進める動きが加速した．体制の立て直しと厳格な規制，わずか 5 年に満たなかったが，この結果，資源には回復の兆候がみられるようになった．図 12-32（下）（ICCAT 2015）は捕獲されたタイセイヨウクロマグロの平均魚体サイズの年次的推移だ．漁業では，捕獲が年齢にしたがって繰り返されるために，集団は若齢化し，魚体サイズが減少する傾向がある．タイセイヨウクロマグロ西部集団では，1960 年代と 70 年代では平均 33 kg だったが，1986-1988 年には平均約 20 kg と，最低になった．それが 2006 年ころから，規制の徹底とともに徐々に回復し，2014 年の時点では平均 93 kg になった．それは，生物資源は的確に管理すれば，確実に回復するとの証明であった．

次に太平洋のクロマグロの状況をたどる．この地域は中西部太平洋マグロ委員会（WCPFC）[9]，全米熱帯マグロ類委員会（IATTC）の 2 つの機関により，西経 150 度線（南緯 4 度以南は西経 130 度）を境界に管理されている．この 2 つの機関は共通の科学委員会をもち，資源状況の把握を行い，報告書にまとめた（PBT-

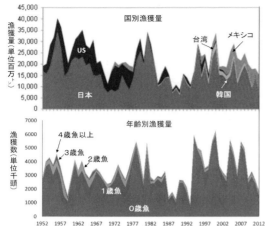

図 12-33 タイヘイヨウクロマグロの漁獲量と齢別漁獲数の推移（PBTWG 2014 より）．

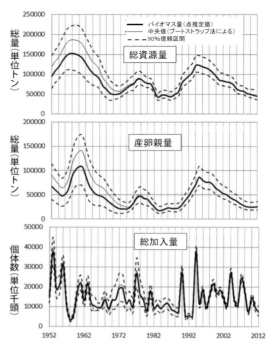

図 12-34 タイヘイヨウクロマグロの総資源量，産卵親量，および加入数の年次的変化（PBTWG 2014 による）．

WG 2014）．図 12-33 上は国別の漁獲量の推移だ．最大は 1956 年の 4 万 383 トン，最小は 1990 年の 8653 トン．年によって大きく変動するが，おおむね 1 万-2 万 5000 トンを推移する．一貫して日本が最大の漁獲国である．1980 年まではアメリカが第 2 位だったが，予告なしに撤退し，代わって，台湾やメキシコ，韓国が増加していった．これらの国々も自家消費はほとんどなく，大半は日本へ輸出している．

この捕獲量や年齢構成，捕獲努力あたりの捕獲量（CPUE）などから資源量を再構成したのが図 12-34 だ．1955 年に 15 万頭以上（中央値）だったマグロは減少し，一時的に回復するものの，1983-1987 年に約 5 万トンの最低値になり，1994 年に再び増加するが，それ以降は漸減，現在は約 5 万トンと推定される．この資源レベルは，資源未開発状態（初期資源量）の 6% 以下と推定されている．つまり漁獲が行われていなかったとすればマグロは約 100 万トン生息していて，現在はその 94% 以上がすでに失われてしまったことを意味する．現在約 5 万トンの資源量のうちなお 1 万 5000 トン以上の捕獲が行われている．やはり高い捕獲圧といわなければならない．

とくに問題だと思われるのはマグロの捕獲年齢だ．図 12-33 下は捕獲頭（本）数と年齢構成の推移である．捕獲本数は，捕獲量同様に年変化が著しいが，1990 年で前後を区切ると，本数は前半で少なく，後半で明らかに増加している．しかし漁獲量（図上）は前半で多く，後半で少ない．これはマグロ漁の進行にしたがって魚体が小さくなっていることを示す．その年齢構成をみると，前半から 0 歳魚が多数を占めるものの，それでも 1 歳，2 歳，3 歳以上の魚がいたが，1990 年以降の後半になると，大半が 0 歳魚で占められるようになった．

こうした資源状態の報告を受けて，中西部太平洋マグロ委員会（WCPFC）では，①すべての漁獲努力を 2002-2004 年の平均レベルより下げること，② 30 kg 未満のクロマグロの漁獲量を 2002-2004 年の平均レベルより 50% 削減すること．漁獲枠を超えた量は，翌年の漁獲枠から削減すること，③ 30 kg 以上のクロマグロについても漁獲量が 2002-2004 年の平均レベルを超えないよう，可能な限りの手段を講じること，などが合意された．また全米熱帯マグロ類委員会（IATTC）では，①漁獲上限を下げること，② 30 kg 未満の漁獲量を 2002-2004 年より 50

％削減すること，などを取り決めた．これらはこれで積極的ではあるものの，最大の漁業国にして，最大の消費国，しかもクロマグロの太平洋における唯一の産卵海域をもつ国であることを考慮するならば，日本の対応はかなり不十分だといえないだろうか．確かに毎年の加入量は著しく変動し，親魚量との間には明確な関係はみられないが（図12-34），それでも漁獲量の大半が未成魚であることから判断すれば，未成魚の漁獲を可能な限り減らし，産卵親魚にまで生残させることこそもっとも大切である．しかしながら2002-2004年の半減とは，4007トン以下となるが，この値は2012年の捕獲実績（3815トン）を上回っていて実質的には削減になっていないのである．また産卵のために集まる親魚の漁獲も，「可能な限りの手段を講ずる」とあるが，実質的には制限されてはいない．やはり一定の海域を産卵保護地域に指定し，親魚と未成魚を安定的に維持していく必要があると考えられる．

最後にミナミマグロ保全委員会（CCSBT）の状況をみておく．この機関にも科学委員会が併設され，資源状況に関する最新情報が報告されている（CCSBT-ESC 2014）．ミナミマグロは南半球におもに生息し，その産卵場は唯一，インドネシア，ジャワ島南東水域のインド洋にあるとされる．この資源は日本を中心に50年以上にわたって漁獲され，そのピークは1961年の8万1750トン（日本は7万7927トン）で，オーストラリア，後にニュージーランド，インドネシア，台湾，韓国などが加わった．オーストラリアはもっぱら日本への輸出用に漁獲し，1990年以降では蓄養用に未成魚を獲り，大きくしてこれまた日本に輸出する．近年の漁獲枠は約1万-1万2000トンで，国別に配分量（TAC）を設定している．2015年ではオーストラリア5665トン，日本4737トン，韓国1140トン，ニュージーランド1000トン，インドネシア750トンなどだ．このTACは2035年までに産卵親魚の資源量を初期資源量の20％に回復することを目標に設定されてきた．しかしながら，この資源現況がよくわからないのである．その最大の理由は，過去10-20年間の市場および蓄養での実態調査と，各国から報告された漁獲量のデータとの間には大きなズレが生じ，資源状況の把握を困難にさせていることによる．すべてのマグロ国際管理委員会がそうであるように，CCSBTにおいても各国には正確な漁獲統計の報告義務を課しているが，報告書には「漁獲量が大幅に過小報告であった可能性」と記載されている．そして2013年のCCSBT委員会では「違法，無報告，無規制漁業活動の関与が推測される船舶リストの設立」に関する決議が採択されるのである．指摘されているのは2006年以前の10-20年間で，第1位は日本（合計15万7270トン），2位がオーストラリア（12万6447トン），3位以下は取るに足らないのだ．この構図はクジラ類の資源利用と通底し，オリンピック捕鯨を彷彿とさせる．日本は，はたしてマグロ類の保全と管理に責任を負う立場にあるのだろうか．

（7）　日本の資源管理

人間とクジラ類やマグロ類との関係はつねに乱獲の歴史で，主要なプレーヤーの1人が日本であったことは否定できない．遠洋マグロ漁が本格化したのは戦後のことで，遠洋カツオ・マグロ漁と南氷洋捕鯨は，M-N社にみられるように，車の両輪として発足している．そこには，戦後の食料事情を契機とした社会的な使命意識，オリンピック方式という競争をあおる未熟な国際的規制方法，さらには企業の論理などを媒介要素に，資源収奪というベクトルが合成されていったと考えられる．そこにはハーディン（Hardin 1968）が指摘した典型的な"共有地の悲劇"が生まれていた．共有地とは共有財であり，共有地における各人の最善の利益を追求するという自由こそが破滅をもたらすのである．クジラ類もマグロ類も同じ価値観の系譜のなかにあった．この系譜は，最近では，商業捕鯨そのままの「調査捕鯨」の提案と，産卵にくる親魚も含めて幼生魚も見境なく捕獲し，なんらの手を打たない管理当局の姿勢に現れている．マグロ類資源は明らかに枯渇に向かっている．マ

グロ類の個体群動態は，海流や日射量など地球規模の物理化学特性に左右される植物プランクトンから出発し，動物プランクトン，二次，三次消費者とつらなる複雑な栄養段階と，緊密な食物連鎖や種間関係に強く影響され，もちろん単純ではありえないが，それでも資源減少の大きな要因に乱獲があることはまちがいない．この乱獲を可能な限り回避しようとする施策を展開するのが，国連海洋法条約の理念であり，各国の責務である．だからこそFAOは「責任ある漁業のための行動規範」（1995年総会）をまとめ採択している．その存立の基盤である魚類資源なしに，社会や企業は成立しない．私たちは，オリンピック方式という「共有地の悲劇」から解放されなければならない．この乱獲と正面から向き合い，乱獲を回避し，適正な資源管理を行う——再出発はここにしかない．このことに真摯かつ地道に取り組む地域や団体を紹介し，この節を終える．

ハタハタ（*Arctoscopus japonicus*）はスズキ目の魚で，おもに日本海側で底引き網や定置網によって大量に水揚げされる大衆魚である．秋田県では初冬に各家庭が大量に購入し，塩漬けやみそ漬けにして冬の間の主要なタンパク質源とするのでなじみ深い．秋田県では最盛期の漁獲量は2万トンを記録したが，1976年には1万トンを切り，それ以降減少傾向が続き，1983年には1000トン，1984年にはとうとう74トンにまで落ち込んだ．県民や漁業者，行政の間には資源枯渇の危機意識がいやがうえにも高まり，県の主導で"秋田県漁業資源対策協議会"が発足した．協議会は全面禁漁を打ち出したが，一部漁協はこれに反対し，この段階では禁漁施策はまとまらなかった．その後ややもちなおすものの，しかし1991年には再び71トンとなった．この段階に至り，熱心な合意形成に向けての話し合いをふまえ，1992-1995年の間，ハタハタ漁の全面禁漁を決定し，実施した．もちろん強い反発も巻き起こったが，県や漁協の周到で粘り強い説得の結果，この試みは成功した（佐久間1999）．図12-35は秋田県を含めた日本海側の漁獲量の推移である（日本海区水産研

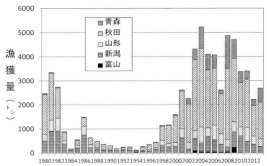

図 12-35 ハタハタ日本海北部系群の県別の年次漁獲量（日本海区水産研究所 2014 を改変）．

究所 2014）．事実は雄弁だ．禁漁がいかに資源回復に大きく貢献するかがわかる．これは比較的小さな領域での取り組みであるが，秋田県はその後自主的に漁獲枠を設定し，それを順守し現在に至っている．

日本海西部のズワイガニ（*Chionoecetes opilio*）漁は1970年代には1万4000トンの水揚げ量があったが，その後急速に減少し，1980年代には2000トン以下で低迷した．これに対し，漁期や漁獲サイズの自主規制による制限が行われたものの，減少傾向には歯止めはかからなかった．京都丹後半島でも状況は同じで，400トンあった水揚げ量は1980年代には100トン以下で低迷した．京都府はこの状況に対して1983年以降，以下のような自主的な取り組みを展開してきた（山崎1991）．①全国に先駆けて，漁場内の一定区域にコンクリートブロックによる漁礁を設置し，周年操業禁止とする保護区を設定した．②水深帯220-350 mの底曳漁を操業禁止とした．③一定の漁獲サイズ以下の「混獲ガニ」をすばやくリリースする．この3つの取り組みにより，一時の資源枯渇状況から脱しつつあり，漁獲は再び上向き傾向にある．なかでも出色なのは，保護区の設置で，現在までに6カ所，合計67.8 km^{2}で，カニ漁場全体の4.4%を占める．面積割合はなおわずかだが，繁殖海域（交尾，メスの産卵と孵化）を含み，その効果は際立っている．これは，ズワイガニの生態研究をふまえた，すぐれた実践管理への応用だ（山崎1991, 2008など）．

このほかにも伊勢湾・三河湾のイカナゴ，由

比ヶ浜サクラエビ漁などが持続可能な漁業の取り組みとして評価されている．それらは特定地域の小規模な漁業であり，資源の持続的な利用を実現できるタイトなローカル・コモンズである（Feeny et al. 1990）．グティエレスら（Gutiërrez, et al. 2011）は，全世界で共同体管理がなされている130の漁業を対象に，どのような要因が持続的な漁業に貢献するのかを検証している．その結果，成功に貢献しているもっとも重要な要件は「強いリーダーシップ」であり，続いて「個別または共同体の割当量」，「社会的結束」，「保護水面」で，「実施機構」や「長期の管理方針」よりも重要であることを明らかにした．これらの要件は，紹介したハタハタ，ズワイガニ，イカナゴ，サクラエビなどにも共通していて，すぐれた共同体リーダーと，確固とした社会資本の存在が不可欠であることを示している．これらの要件は，オストロム（Ostrom 1990）が提起した共同体管理の条件——排他的な利用権，社会的・政治的リーダーシップ，団結力と関連していて，彼女の指摘が漁業でも成立することを示唆している．こうしたすぐれた取り組みは，生態系管理を展望しつつ，共同体から地域へ，そして国レベルへと拡張していかなければならないだろう．

以上のことは魚種の科学的な知見をふまえ，組織化された人間集団が周到な管理さえ行えば資源は確実に蘇ることを示している．私たちは，国の，あるいは世界の共有資源である魚類の資源管理を妨げる要因とはなにかを見極めていかなければならない．魚類学者の川崎健（1999）は次のように述べた．「資源利用（資源管理）を科学に基づいて行うこと．科学は価値観と政治から独立していなければならず，政治が科学を尊重するという仕組みを作らねばならない」．そしてこう続ける「資源利用には，実効ある国際協力が必要である．この協力は科学に基づいて行われ，政治を優先してはならない．各国政府から独立した調査研究機関を作り，そこからの勧告に基づいて資源管理を行うようにする」．肝に銘ずるべきである．

2017年3月，環境省・水産庁は合同で『海洋生物レッドリスト』を発表した（http://www.env.go.jp/press/103813.html 閲覧 2017.8.25）．環境省は約3900種の一般魚類を，水産庁は主要な漁業対象魚類と小型クジラ類94種を評価した．この結果，環境省は絶滅危惧種16種，準絶滅危惧種89種，情報不足112種を掲載したが，対照的にそして驚くことに，水産庁は，情報不足1種（ナガレメイタガレイ）を除きすべてをランク外，つまり「絶滅の懸念なし」と認定した．ここには，大型クジラ類とマグロ類といった国際的な水産資源を評価から外したこと，独自の評価基準を採用していること，各自治体が作成している『レッドリスト』との齟齬（たとえばスナメリは11都府県が絶滅危惧カテゴリーに評価）が出来ていること，などの問題点が指摘されている（木村ほか 2018）．そこには，生物資源の現状とその保全・管理と正面から向き合うことのない水産庁の姿勢がみてとれる．

12.2 環境倫理学の始動

（1） 環境大国アメリカ

ヴェトナム戦争

世界は第二次世界大戦の戦禍で深い傷を負うなかで，唯一アメリカだけが戦場となることなく戦勝国として残り，戦時の巨大な生産力と核を含む武力を背景に，世界秩序を維持する超大国として君臨するようになった．「人類の未来はわれわれ次第だという自負が生まれていた」とはトルーマン政権の大統領補佐官，ジョンソン政権の国防長官，クリフォードの言葉だ（ドキュメンタリー映画"ハーツ・アンド・マインズ"より）．その最大の使命は，資本主義陣営として共産主義勢力の拡大を防ぎつつ，東西冷戦を戦い抜くことだった．かの思想や制度の侵入を許すもっとも弱い環は，ドイツや朝鮮半島，インドシナ半島，シナイ半島など，世界各地に広がっていた．ドイツでは東西の境界を国境として固定化することで均衡を保ち，朝鮮半島ではその後に大規模な戦争が勃発（1953年）し，

シナイ半島ではイスラエルが建国（1948年）した．ではインドシナ半島ではどのように歴程したのか．

この地域は，日本の無条件降伏後に，宗主国フランスが軍隊を派遣し，再び植民地支配を目論んだものの，1954年フランス軍はディエンビエンフーにおいてヴェトナム軍（ヴェトミン）によって決定的な敗北を喫し，敗退させられた．同年，ジュネーブでインドシナ休戦協定が調印され，フランス軍が撤退し，2年後に「南北統一選挙」が実施される運びとなっていた．だが，軍事援助や軍事顧問団を派遣していたアメリカは，ヴェトナム南部を橋頭堡に共産主義のドミノ拡大を防ぐべく，(傀儡)政府（ゴ・ジンジェム政権）を樹立して（1955年ジェム大統領就任），（北）ヴェトナム軍と対峙し，本格的な戦争へと突入していった．ヴェトナム戦争．それは"フロンティアの倫理"に裏づけられた「世界の警察国家」を自認するアメリカの世界（支配）戦略の論理であった．

アイゼンハワー，ケネディ，ジョンソン，ニクソンなどの歴代大統領が「法の秩序を回復する」などとして南ヴェトナム政府を全面的に支援して北ヴェトナムと戦った．米軍兵力は徐々に増え，1965年には8万5000人，1966年には早くも朝鮮戦争を上回る32万人，1969年のテト攻勢時にはピークの54万2000人（これにオーストラリアや韓国などの同盟軍7万2000人が加わる）に達するなど，延べ250万人以上が派遣された．（核を除く）ありとあらゆる武器や兵器が投入され，試験され，実戦に使われた．この間には恒常的な北爆や，南部の絨毯爆撃などが，国土面積と人口，たった33万km^{2}と3200万人（戦争前）のヴェトナムに対し繰り返し行われた．1964-1973年間の総爆弾重量は620万トン，それは第二次世界大戦中にアメリカがヨーロッパと太平洋の戦線で使用した総量215万トンの約3倍に相当する（Miguel & Roland 2011）．これだけではない．

生態学や環境問題として（当時もいまも）注目されるのは，南部の熱帯雨林を中心に1961-1971年の間，延べ約7700万リットルもの枯葉剤（除草剤）が散布されたことだ（Stellman et al. 2003）．薬剤を詰めたドラム缶の色から"オレンジ剤"，"ホワイト剤"（主成分は 2,4-D 剤），"ピンク剤"（主成分 2,4,5-T），"グリーン剤"（主成分 2,4,5-T），"ブルー剤"（主成分はカコジル酸）などがあったが，深刻だったのは 2,4-D 剤（2,4-ジクロロフェノキシ酢酸）と 2,4,5-T 剤（2,4,5-トリクロロフェノキシ酢酸）を混合させたオレンジ剤で，これが4930万リットルも撒かれたことである．このオレンジ剤にはその生産過程でダイオキシン類が不純物として生成され，含まれていた．ダイオキシン類（ポリ塩化ジベンゾパラジオキシンを含む複数の化合物の総称）は，人類がつくりだした最強の毒性をもつ化学物質であり，強毒性・発がん性に加えて，強い催奇性をもっている．散布された枯葉剤には少なくともダイオキシン類が366 kg含まれていたと推定される（Westing 1989, Stellman et al. 2003, Ngo et al. 2006）．この値がいかに高いのかは，わが国のダイオキシン類の1日摂取量の許容上限値が1日体重1 kgあたり4 pg-TEQ（『ダイオキシン類関係省庁共通パンフレット 2009』より）であることからも十分に推測できよう［pg＝10^{-12}gm，1兆分の1 g，なお TEQ（Toxic Equivalent）はさまざまなダイオキシン類の毒性の強さを標準化して換算した値］．この枯葉剤を直接浴びたのは400万人以上と推定され，この結果，おびただしい数の奇形障害児が生まれたほか，死産，発がんや腫瘍など健康障害，家畜や野生動物の大量死を引き起こしている．

この一部がようやく認められるのは戦争終了後7年たってからだった（Westing 1984）．また，アメリカ軍を含む多数の兵士にも健康被害者を発生させた（Palmer 2005）．ヴェトナム戦争は人員を殺傷し，社会を毀損しただけではなく，国土と生態系そのものを破壊した"エコサイド"だった．死者数は米軍4万6166人，各国軍5210人，南ヴェトナム政府軍17万1331人，北・解放戦線軍94万1000人に達した．それでもなおアメリカは勝利できなかった，否，むしろ完敗した．1975年4月30日，北ヴェト

〈コラム 12-2　ヴェトナム戦争のエコサイド〉

　枯葉剤は少なくとも263万haの森林や農耕地，集落に散布された（図12-36; Quy 2005）．散布濃度はアメリカ国内の除草剤基準の10倍以上，地域によっては，10回以上繰り返された．こうした土地では，後にもナパーム弾が投下され，森林は燃やされ，ブルドーザーが入り，徹底して破壊された．面積は，マングローブ林を含む少なくとも170万haにおよぶ．裸地化した土地では土壌が破壊されて固まり，チガヤ（*Imperata cylindrica*）が繁茂するようになった（Dudley et al. 2002）．世界最強の侵略的外来雑草で，森林や農地が回復することはまずない．この森林破壊によるハビタットの喪失は，アジアゾウ，ジャワサイ，マレーグマ，バンテン，クープレイ，ガウル，トラ，テナガザル，ドゥクラングール，鳥類ではオオヅル（*Grus antigone*），オニトキ（*Pseudibis gigantea*）など，この地域の希少野生動物にも大きな影響をおよぼしたと考えられる．ヴェトナム中部のルオイ渓谷は枯葉剤と爆撃で森林が徹底して破壊された地域だが，そこで野生動物相の調査を行うと，鳥類24種，哺乳類5種が確認された．しかし，近隣の破壊されていない森林，2カ所では，鳥類それぞれ170種と145種，哺乳類55種と30種と，大きな差異が認められた（Quy 2005）．

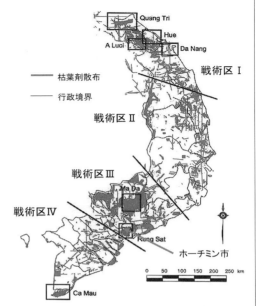

図12-36　南部ヴェトナムでの枯葉剤の散布地域（1965-1971年）（Quy 2005より）．

ダイオキシンの影響はわかっていない．ヴェトナム戦争におけるエコサイドの真実が明らかになるのはむしろこれからなのだ．

ナム正規軍戦車が大統領官邸に突入し，南ヴェトナム政府は崩壊した．それはあっけないほどの幕切れだった．

　1950年に軍事顧問団を派遣し，南ヴェトナム軍を養成してから四半世紀，アメリカにとって深い傷を残した戦争だった．多数の戦死者と，莫大な数の負傷者の帰還，士気の低下，モラルの衰退や麻薬の流行，厭戦気分と反戦運動，黒人差別と公民権運動の発展，1000億ドルといわれる莫大な戦費（諏訪1996），そしてドルの下落，もはや戦争遂行の体力も名分も失われていた．なぜヴェトナムに介入し，戦い，そしてなにを得たのか．アメリカ社会は精神的にも疲弊し，荒れていた．

　さて，ここで目を転じて，この戦争の経過とアメリカ社会の変化を俯瞰すると，両者の間にはもう1つの奇妙な関係が浮かび上がる．民主党のケネディ，ジョンソン，共和党のニクソン，歴代大統領のいずれもが，戦争にのめり込み，戦力をエスカレートさせる局面，局面で，国内の環境問題に懸命に取り組む姿勢を示す事実である．たとえば，ケネディ政権は，ヴェトナムへの派兵拡大や爆撃を命じるいっぽうで，レイチェル・カーソン（1964）が『沈黙の春（サイレント・スプリング）』で提起した農薬問題を正式に取り上げて，科学諮問委員会で調査を決定した．ニクソン大統領は1970年1月の一般教書で「70年代の最大の課題は，全アメリカ人の生得権である，汚染されていない環境をいかに守っていくべきかである」と高らかに宣言した（ナッシュ1999）．そのいっぽうヴェトナムでは，前代未聞の枯葉剤作戦を敢行して未曾有の環境汚染を繰り広げていたのである．同政権はまた，1970年4月22日の"アース・デイ"には12万5000ドルの資金援助を行い（諏訪1996）つつも，この1週間後（4月29日）には大規模なカンボジア侵

攻作戦を発令し，戦線を拡大したのである．これらの経緯は，けっして大国アメリカの度量の広さや余力を示すものではない．そうではなく，環境や自然，野生動物への一連の政策や姿勢は，戦争遂行のための，補完的ポーズとして精力的に取り組まれたのではないか．それは，戦争の実態を覆い隠し，目をそらす政策的な配慮，あるいは巧妙な情報操作の一環であったように思われる．この周到な煙幕の演出なしには軍事規模で史上最大の戦争は遂行できなかったにちがいない．以下におもな環境関連の法律や出来事と，その成立年を示す．

「大気清浄法」（1963），「原生自然法」（1964），「大気質法」（1965），「水質法」（1965），「動物福祉法」（1966），「絶滅の危機にある種の保存法」（1966），「原生景勝河川法」（1968），「国家環境政策法」（1969），「絶滅の危機にある種の保全法」（1969），「アース・デイ」（1970），「環境保護局の設置」（1970），「自然資源防衛委員会の設置」（1970），「連邦水質汚染規制法」（1972），「国連人間環境（ストックホルム）会議」（1972），「DDTの全面禁止」（1972），「連邦農薬規制法」（1973），「絶滅危機にある種の法」（1973），「海産哺乳類保護法」（1973）．

切れ目なく，目白押しだ．環境関連の法律整備がそれまで遅れていたことを考慮しても，この期間への集中は突出している．ヴェトナム戦争終了後の25年（1975-2000年）と比べると，とくにレーガン政権（1981-1989年）とその後継の（父）ブッシュ（1989-1993年）政権では環境保護推進には逆行し[10]，関連の法律はほとんどなく，後半のクリントン政権（1993-2001年）になってようやく「森林会議」（1993）などが開かれ，いくつかの政策が展開されたにすぎない．やはり「環境」はすぐれて政治的な道具なのであった．

（2）環境倫理学の誕生

とはいえ，環境問題は政府主導の演出ばかりであったわけではない．この間，環境問題をめぐって，人々の活動や言論もまた大きく発展していったのだ．このことは強調されてよい．筆頭にあげるべきはやはりカーソン（1964）で，後の農薬規制や絶滅危惧種法の成立に貢献したことはすでに述べた（第10章 p.586）．カーソンが告発した農薬はダウケミカル社，シアナミド社，モンサント社などが生産したもので，これらの会社はほぼ同時にヴェトナムで使われた枯葉剤（除草剤）も生産した主要メーカーだった．これらの農薬会社やそこに雇われた化学者らは，カーソンの研究や調査結果を，日本のチッソ株式会社が水俣病の原因物質である有機水銀説を否定したのと同様に，「非科学的であり根拠がない」と批判し，これに同調した雑誌 *Time* も *Life* も「ヒステリックで明らかに信用できない」，「疑いなく誇張だ」と散々にこき下ろしたのだった（http://www.pophistorydig.com/topics/rachel-carson-silent-spring/ 閲覧 2014.10.20）．それらの批判を覆したのは，彼女の確かで揺るぎないデータだった．ちなみにモンサント社は現在では巨大なアグリビジネス企業として成長し，バイテクによってつくりだされた種苗と肥料・農薬をセットにして，途上国を含め世界中に売りさばき，世界の農業を支配しつつある．それは，健康や安全性の問題であるばかりではなく，種子の独占によって食料主権を破壊し，土壌や環境，生物多様性にとっても脅威となっている．このことは後述する．

問題となったのは農薬ばかりではない．1964年にはイギリスのルース・ハリソン（Harrison 1964）が『アニマル・マシーン』を著し，動物福祉の観点から，近代的・工業的な集約畜産のあり方について問題点を摘発し，その改善をうながし，アメリカの畜産業に一定の影響をもたらした．それはイギリス動物福祉運動がたどった1つの道程であり，後の「動物権利」論などにも影響を与えた．なおこの著作の序文には，カーソンが「生命を，とても生命などとはいえないような，ただ生きているだけの存在にしてしまう権利が（人間には）あるのか」と熱く書きつづっている．

1967年にはカリフォルニア大学のリン・ホワイト Jr.（White 1967）が現在の生態学的な危機を招いたのは西欧キリスト教文明の傲慢さ

にあると告発し，西欧社会の伝統的な価値観に対して一定の衝撃を与えた．この論文についてはたびたびふれてきた（たとえば p. 371）．衝撃はよほど強かったのだろう．1968 年には，ホワイトに対抗して，同じ大学に所属するギャレット・ハーディン（Hardin 1968）が"共有地の悲劇"を発表した．この論文でハーディンは，個人の自由な活動である家畜の放牧も，環境収容力を超えた場合には，けっきょく共有地そのものを破壊してしまう可能性を指摘し，人間の自由や生存権，所有権といった基本的な枠組みもまた生態系の変化に応じて変わりうること，そして環境問題とは，思想や価値観の問題ではなく，人口問題であることを主張した．これに代わって，共有地（財）を維持するには完全な私有か公有にすべきだと提言したのである．所有形態を私有＝近代的，共有＝野蛮に短絡させるあまりに皮相な発想だが，共有地の私有地化を推進する大きな影響力をもっていた．このなかでハーディンは，次のような例もあげている．ヨセミテなどの国立公園も一種の共有地であり，一切の制限なく，すべての人々に入園を許可しているが，これでは共有地の価値を毀損してしまう．これを避けるためには入園を制限すべきだと提言した．単純化が過ぎるが，現在につながる課題ではある．

　ハーディンはこの視点をさらに発展させ，1974 年に"救命ボートの倫理"（Hardin 1974）を発表した．ここでは，次のような極限状況を想定した．すなわち収容人数 60 人の救命ボートが 50 人を乗せて漂流していて，その周囲には 100 人の人々が溺れかかっているとする．この場合，どのように対処すべきか，選択肢は 4 つ．①全員を収容して，船は沈没する．② 10 人だけを収容する．③溺れかかっている人たちのために現在乗っている人たちに，良心に訴えて，何人か降りてもらう．④無理をせず，溺れかかっている人たちを見殺しにする．である．ハーディンの示した採用すべき選択肢は④だ．これは明らかに人口と南北問題にかかわる比喩である．救命ボートに乗っているのは先進国，とりわけアメリカ，海に投げ出されているのは途上国，環境や資源問題を解決するために先進国は，途上国を見捨てるべし，と，これもまたあまりにも単純すぎる人口還元論といわなければならない．

　ハーディンの論文が発表され，次の 2 つのことが明らかになるには，さらに 20 年以上が必要であった．1 つは，世界中の多くの共同体では，実際には，共有地の悲劇なるものは起こることなく，資源はある程度持続的に管理されてきたこと．これを多彩なフィールドワークによって立証したのはすでに紹介したエレノア・オストロム（Ostrom 1990）——彼女もまたカリフォルニア大学の政治学者，であった．もう 1 つは，アメリカ人の乗る 60 人用の救命ボートは，じつは 700 人以上もの人間が乗れるサイズだったこと（後述の"エコロジカル・フットプリント"による算定）．ハーディンの論稿には，アメリカ（の一部の人々）の途上国に対するぬぐいがたい偏見と差別意識が露呈しているようにみえる．

　それはヴェトナム戦争においても垣間見えていた．アメリカの戦略目標は「ヴェトナム化政策」にあったといわれる．これはアジア人同士を戦わせつつ実効支配をめざすものだった．この戦略の総指揮を執ったウェストモーランド大将はあけすけにこう語る．「東洋では西洋ほど命の値段が高くない．人口が多いから命が安くなる」（記録映画"ハーツ・アンド・マインズ"より）．この戦略は，はたしてヴェトナム戦争だけで終わったのか．なおハーディンのこのあまりにも直截的な主張は後に大きな批判を巻き起こした．それが直接の原因かどうかは不明だが，2003 年，彼は妻とともに自殺している．

　さて，ハーディンの最初の問題提起に前後して，地球は無尽蔵の大地ではなく，有限の資源しかもたない"一隻の宇宙船"であるとの思想が，ミシガン大学のイギリス出身の経済学者，ボールディング（Boulding 1966）らによって広められた．この経済思想に呼応するかのように，有名企業人の民間シンクタンクである"ローマ・クラブ"は，有限資源に対応して今後の経済活動をいかに展開していくべきかを探るた

図 12-37 ザ・ブルー・マーブル．アポロ17号の乗組員の1人が撮影した写真で，著作権はパブリックドメイン．以下URLより転載．https://visibleearth.nasa.gov/view.php?id=57723（閲覧 2014. 11. 5）

めに，マサチューセッツ工科大学に研究を委託した．この研究の成果が当時のベストセラー『成長の限界』（メドウズ 1972）で，そこでは，地球と資源の有限性が力説され，人口や環境汚染がこのまま推移すれば，資源は不足し，経済成長は限界に達するだろうとの予測が立てられていた．地球はいつのまにかすっかりと掌大のサイズに変身していた．

沢田教一の1枚の写真がヴェトナム戦争の不条理を告発したように，たった1枚のそれが人々の意識を根底から変えることがある．おりしも1972年12月，アポロ17号の乗組員によって4万5000 km上空から撮られた地球の写真，"ザ・ブルー・マーブル"（図12-37）が公開された．それは宇宙に浮かぶ，最初の鮮明な，そしてもっとも流布された地球の姿だった．地球は，美しく毅然と輝いてはいたが，なんと小さく，はかない存在なのか，これが先進国の大多数が受けた率直な印象だった．なかにはもう少し踏み込んで地球をみつめる人々がいた．孤立無援の地球は，はたしてこれからも存続できるのか，と．"宇宙船地球号"はいきなり身近にせまり，不時着でもするかのような錯覚にとらわれたのである．なかでもアメリカでは，厭戦気分に浸りつつも，アース・デイなどを契機に，自分たちの足元をみつめ始めていた中間層や知識層には，この錯覚は緊張と現実味をもって迎えられた．背景にはいろいろあるが，集約

すれば，これが，アメリカを中心として誕生する「環境倫理学」の舞台背景であったように思われる．その産声はいろいろな音調で鳴り響き，たちまちのうちに世界中に広がった．環境倫理学の紹介者であり日本での推進者である加藤尚武（1991）によれば，環境倫理学は3つの主張から構成されるという．

1つは，自然の生存権の問題——人間だけではなく，生物種，生態系，景観などにも生存や存続の権利がある．2つは世代間倫理の問題——現在世代は未来世代の生存可能性にも責任をもつ．3つは地球全体主義——地球は有限であり，1つの系である．はたしてこれらの主張が地球環境の保全や利用に有効なのか，以下，動物倫理学，自然の権利論，そして地球全体主義のそれぞれの主張を，代表的な人物とその思想を紹介しながら検討する．

ちょうど同じころ，日本ではなにが起こっていたのかを書きとめるのはむだではないかもしれない．1950年代後半から1970年代にかけて，日本では，「公害」という名の企業（群）の社会的災害が始まっていた．環境問題は，自然破壊や生物種の減少もさることながら，人命を直接的に奪うという，いっそう野蛮な形で進行したからである．水俣病は，1950年代後半に熊本県水俣湾で発生したチッソ水俣工場の有機水銀を含む廃液によって海洋汚染が起こり，それを原因に魚類の食物連鎖を介して人体に影響をおよぼし，100名以上の死者と数千名の被害者を生み出した．第二水俣病は，1960年代に新潟県阿賀野川流域で発生した，昭和電工による有機水銀廃液による汚染である．同様に魚類の食物連鎖を通じて人体に入り発症．被害者は1000名以上と推定されるが，詳細は不明，裁判は現在もなお続いている．四日市ぜんそくは，1960年代から1970年代前半にかけて三重県四日市市のコンビナート地帯で発生した複数の企業が排出したおもに亜硫酸ガスによる大気汚染だ．喘息患者は6000人以上に達し，このうち汚染物質を直接的な原因に，おそらく1000人以上が死亡したと考えられる．イタイイタイ病は，1910年代から1970年代まで，富山県神通

川流域に発生した，三井金属工業が排出した精錬廃液に含まれたカドミウムによる水質汚染で，この水が水田に引き込まれ，コメを汚染した．数百名の患者を出し，重症患者は「イタイイタイ」と苦しんで，死亡した．これらは，人間の引き起こした環境破壊として世界史のなかに残されるべき性格のものである．これらの公害は技術の発展や工業化の過程で「必然的」に引き起こされたものではけっしてなく，その責任は明らかに，新たな技術を検証しないまま使用した企業と，規制のないまま，企業を誘致，特権的な地位を与え続けた行政にあった．それは，環境倫理の問題であるというよりも18世紀さながらの環境汚染犯罪である（石牟礼 1969）．

(3) 生物権利論の系譜

19世紀，イギリスで始まった王立動物虐待防止協会（RSPCA）による動物虐待防止（愛護）運動（第9章）は，一連の法律の制定とその強化によって，貴族のキツネ狩りなどを除き，ほぼその目的を達しつつあった．この巨大な運動のうねりは留まるところを知らず，続いて動物の「生体解剖」反対運動へと矛先を変えていった．動物を生きたままに解剖するという「忌まわしい」実験が摘発され，糾弾された．もっぱら使われていたのはイヌやネコだった．だが，華々しく出発したはずの運動は20世紀に入ると急速にしぼんだ．なんといってもベルナールやパスツール，コッホやベーリング，北里らによる，狂犬病ワクチンやジフテリアの血清療法の開発，結核菌やコレラ菌の発見など実験医学や細菌学の数々の偉大な成果を前に意気はあがらなかったし，さらにはトーマス・ハックスリーらが，この生体解剖反対運動の法律制定に対抗して1875年には科学者団体を立ち上げる動きを示した．ハックスリーはもちろん生体解剖に与する医学者ではなかったが，その善悪を超え，生理学の発展が重要であることを認識していた．ダーウィンもしぶしぶだったがこの組織への参加を表明していた（Ritvo 1984）．

こうしてRSPCAは，その軸足を反生体解剖というよりも，動物福祉運動へ移していった．そこでは，「不必要な動物実験を行わない」，「不必要な苦痛を与えない」といった動物への配慮や福利を求めるのが主流だった．しかしながら，動物実験そのものの，生体解剖それ自体の廃絶を要求する原理主義の火種や動きは，ソルトの『社会進歩と動物の権利』（Salt 1892）やニコルソンの『動物の権利』（Nicholson 1879）といった著作を通じて，くすぶり続け，消えたわけではなかった．20世紀以降，時代が進むにしたがい実験動物の顔ぶれは大幅に変わった．それまでのイヌやネコから，主流はラットやマウスへ移り，心理的な距離は拡大した．なお現在，実験動物種の約80％以上は2種で占められる．

1950年代に入ると，RSPCAの運動に呼応してイギリスでは動物実験を行う大学が集まり，その指針をつくることが始まった．この大学連合［動物福祉のための大学連合（UFAW）］は1959年に，動物学者のラッセルと細菌学者のバーチ（Russell & Burch 1959）の起草による『人道的実験技術の原理』という実験動物指針を公刊し，このなかで実験の代替原則を，今日では有名となった「3つのR」として提案した．3Rの1つは「削減」（Reduction）で，より少ない動物から同等の情報を，または同じ数の動物からより多くの情報を，それぞれ得るための方法，2つは「純化」（Refinement），痛みや苦痛を最小限にする方法，3つは「置換」（Replacement）で，動物を使わない方法，である．これらの代替法は，実施に移され，後にさらに洗練され，1999年には「ボローニャ宣言」（生命科学における代替法と動物使用に関する世界会議）にまとめられ，現在では法的および道徳的な義務として，実験動物を用いる世界のすべての関係者に課している．この基準や規制を受け入れることなしに動物実験は行えない．なお，アメリカでは1966年に「動物福祉法」が成立し，動物商の登録と実験者の免許が求められている．この法律の対象は，イヌ，ネコ，サル類，ウサギ，ハムスター，モルモットだが，ラットとマウスは除外されている．またイギリスでは1986年に「実験動物法」が成立し，実験用に

使われたすべての動物が追跡され，その統計が"Scientific Procedures on Living Animals"として毎年公表されている（National Statistic Home Office 2014）．

それはそれでよいが，ただし，これらの指針や宣言はあくまでも動物への配慮を厳格に求めているにすぎないのである．これには，動物の命の絶対的保護をめざした一部の愛護運動家には不満が残る内容であった．こうした問題点に触発されるように，さらに急進的な思想が生まれていった．それは動物愛護運動の1つの必然的な帰結だったのかもしれない．

動物の解放論と権利論

先鞭をつけたのはオーストラリアの哲学者，ピーター・シンガーだった．彼は，"動物解放論"などの一連の論文（Singer 1973, 1993）を通して道徳や倫理の対象範囲を動物にも拡張すべきとの主張を展開した．この論拠として，彼は，ジェレミー・ベンサムの功利主義哲学を取り上げ，苦痛を感じる能力こそが道徳の本質的基盤であるとし，動物もまた人間と同じ快苦の利害関心（インタレスト）をもつと主張した．そして動物を道徳的配慮から除外するのは，"種差別"（speciesism）であると断定し，原理的には人種差別や性差別と同質であると糾弾した．道徳的優位性は人間だけに存在するのではなく，「すべての利害関係者は平等な道徳的配慮を受けなければならない」のである．かくして，道徳的共同体は，理性による「精神」空間ではなく，一挙に動物学上の「生理」空間へと押し広げられていった．

シンガーは，功利主義の立場から，快苦を感じる能力を道徳的行為の必要条件とみなした．これに対してアメリカのトム・レーガン（1995）は，動物の存在そのものに「固有の価値」があるとして，"動物権利論"を展開した．固有の価値とは，あるものが存在することそれ自体の価値のことで，「内在的価値」とも呼ばれ，ほかの存在に対して役立つとする「道具的価値」とは区別される．レーガンの立論はカントに依拠するという．カントによれば，「人格」（Person）とは，自分にせよ，他人にせよ，理性的で自律可能な，かけがいのない存在であり，それは手段として利用するようなものではないと定立された．自分が他人を手段として利用すれば，他人もまた自分を手段として支配するようになるだろう．ここに果てしない戦いが生じてしまうのだ．このことを，カントは無条件の道徳上の命令である「定言命法」（第二法式）としてこう言明する．「君自身の人格ならびに他のすべての人の人格に例外なく存するところの人間性（Menschheit）を，いつでもまたいかなる場合にも同時に目的として使用し決して単なる手段として使用してはならない」（カント 1785）．人間は，自分と他人の人格を手段としてではなく，「目的（それ）自体」（Zweck an sich Selbst）として無条件に尊重し，ふるまわなければならない．この目的自体が人格の固有価値であり，したがってすべての人格は平等であり，道徳的権利の基礎として尊重されるべき権利と義務になりうる．「目的自体」とはどのような概念なのかはとりあえず留保して，この原理がカント流の義務論的倫理学である．

レーガンは，カントの「人格＝固有価値」論から出発し，その適用範囲を動物へと拡張していく．その際，最大の問題は，この固有価値の領域をどの動物にまで拡張できるのか，という点だ．その認定基準をレーガンは「生の主体」（subject of a life）という概念で認定する．詳細は省くが，ここには，あらゆる成長段階にあるヒトに加え，少なくとも「正常な1歳以上の哺乳類」が包含される．しかし，その基準にしたがえば，爬虫類や鳥類を含む多種多様な動物が潜在的には含まれると考えられる（伊勢田 2008）．

動物は，人間と同様に，利害関係と道徳的権利をもつ．だからその生存には人間同様に最大限の配慮がなされなければならない．単純明快で，ベンサムやカントなどの古典的道徳哲学で武装した「解放論」や「権利論」は，欧米では，動物愛護論者の理論的支柱となり，その一部を巻き込んで，支持を広げ，しだいに大きな影響

力をもつようになった（ナッシュ 1999）．この結果，実験動物，家畜，畜産，狩猟，見世物利用（動物園も含め），ペット，肉食に至る，動物とかかわるありとあらゆる分野や場面において，動物への姿勢や扱いを大きく揺るがすようになった．動物の解放運動や権利運動は，動物のいたずらな殺戮，動物への虐待や苦痛の廃絶を強く要求する．この限りにおいて私は全面的に賛意を表したい．しかしながら，その思想や運動を無条件に受け入れるわけではない．それらが，人間と自然，人間と動物との関係を正しくとらえ，適切に導く指針となるかどうかは，十分に吟味される必要がある．この点でいえば，カナダ，クィーンズ大学のフォックス（1993）は，解放論や権利論が登場した初期の時点でいち早く批判を展開し，その論考のなかに，両者に対する原理的な論点が尽きているように私には思われる．以下おもに3つの点に絞り，問題点を指摘する．なおシンガーは『動物の解放』のなかでもっとも問題にしたのが動物実験と工場畜産であり，その存続を許さないために，肉や卵，乳製品の消費をやめるべきだとして，レーガン（Regan 1975）同様，自分自身もベジタリアンとなって菜食主義を推進した．この菜食主義のなかには，人間の消費のために動物の利用を一切拒否するヴィーガニズム（Veganism）と呼ばれる潮流も生まれた（菜食だけでなく皮革や毛皮の否定）．このことは個人の心情と価値観の問題であり，ここでは言及しない．

動物権利論の陥穽

(1) 道徳や権利は人間の社会や制度と不可分な概念である．

まずシンガーの「痛み」を感じる能力について考えてみたい．確かに痛覚は，危険を回避しようとする神経系の働きであり，散在神経系から進化して集中神経系（かご形神経系，はしご形神経系，管状神経系）をもつ動物群では，痛みは神経を通じて脳へと伝達され，脳の複数の部位で認知される．この生理的特性という表層的な意味では人間と動物との間には連続性がある．しかしこの連続性はまったく同質なのかどうか，不連続だとすればその基準はなにか，など，別の問題を提起してしまうが，ここではこの点にはふれないことにする．ところで近年の精神医学の発展は，人間が感じる痛みがじつに多種多様であり，複雑なメカニズムをもつことを明らかにしてきた（快楽も同じだがここでは痛みに絞る）．たとえば，痛みに見合うだけの解剖学的，病理学的な要因が存在しないにもかかわらず強い痛みを訴える「疼痛性障害」という症状があるが，このおもな原因は情緒的な葛藤や社会的心理的問題と関係すると解釈される．いっぽうで，強い痛みが発生しているにもかかわらず，痛みの閾値が高く反応性が低い「境界性人格障害」，あるいは「統合失調症による痛覚鈍麻」といった症状がある．これらの病気は強い社会的心理的ストレス下で脳の高次の機能として発症することが知られ，おそらくは動物には存在しないものと推測される．これらの症状は，人間の苦痛というものが，動物と重なる部分もあるが，他方では，動物とは異なり，社会的，心理的要因に強く左右される相対領域が存在することを示唆する．人間の快苦のすべてはたんに動物の生理的な延長にはない．

痛みが生物的作用だけでないなら死もまたその延長にはない．人間は生理的な苦しみからも，そして精神的な苦しみからも解放されるべくみずからの命さえ絶つ．自殺という行為は動物には存在しない．自殺遺伝子は進化しえないからだ．死の選択は自己決定権に属し，人間の尊厳にかかわる問題だ．そもそも問題なのは，道徳的な地位や権利の論拠を生理的な快苦に求めること，それ自体にある．フォックス（1993）はこの例として人間の難病である「先天性全身無痛覚症」——この病気は現在では「遺伝性感覚性自律神経症ニューロパチー（HSAN）」と呼ばれ，痛覚や温覚がないために痛みはないうえに発汗することはない——をあげ，人間の道徳や権利の起源が生理的快苦にはないことを示した．ではどこから生まれるのか．

レーガンはその論拠をカントの「人格＝固有価値」論に置いた．問題なのはこの「人格概念」を動物へと延長できるのか，だ．カント自

身は別の著作（『人倫の形而上学，第二部，徳論の形而上学的基礎』1797）で「年老いた馬や犬」に対して，「間接的には，これらの動物に関する人間の義務に属するが，しかし直接的には，それはいつでもただ人間の自己自身に対する義務にすぎない」と述べ，動物には固有価値はなく，しかも動物に対する人間の義務は，人間性への間接的な義務でしかないと表明する．カントはほかの動物を手段化しうる人間の「特権」を完全に承認する．「人間が羊に向かって，お前が身体につけている毛皮を自然がお前に与えたのは，お前のためではなく私のためなのだ，と言って羊から毛皮を剥ぎとり自分の皮衣にしたときに，彼は初めて，人間にはその本性上あらゆる動物を処分できるという特権が与えられていることを認得した．そこで人間は，動物共をもはや自分と同格の被造物と見ないで，自己の任意の意図を実現するために意のままに用いる手段であり道具であると見なした」（『人類の歴史の憶測的起源』1786）．カントは人間による自然支配を礼賛するキリスト教原理主義者．そしてその1行後に，「このようなことを他の人間に向かって言うべきではない」とくぎを刺している．レーガンの論拠は梯子が外されていたのである．

ところでレーガンは「権利」について述べるものの，それがいったいなんなのかは驚くほどに語ってはいない．人間の「権利」＝人権はすぐれて歴史的・社会的な概念であるといえる．人間が生まれながらもつ社会的権利とされる「人権」もまた，その主要な起源は，事物の自然の本性から導かれるとされる「自然法」や，国家と市民との関係を示した「社会契約説」——これらの思想は近代市民社会の叡智であり，否定するものではないが——にあるわけではない．そうではなく，それは個人の尊厳についての社会的な認識の深化にある，と私は思う．なぜ個人は尊重されなければならないのか．個人の人格が不可侵であるとの認識には個人が自律的な存在であるという前提がある．この自律を裏づけるのは人間としての能力で，たとえばマクロスキー（McCloskey 1975）は，自由に活動できる能力，徹頭徹尾合理的に選択し決定できる能力，創造的である能力，自己自身を形成できる能力などをあげる．自律性は固有性と不可分なのだ．この能力の保持者，または潜在的な保持者を自律者（すなわち固有価値を有する人格）と認定することができる．第3回国連総会（1948年）は『世界人権宣言』を採択し，その前文のなかで人権が「人間の固有の尊厳」に由来することを宣言する．そしてこの人格の集合体が，環境倫理学者のジョン・パスモア（1979）が指摘するように，道徳的価値を有する共同体を形成している，ということになる．

この共同体が自由と平等を獲得した自律的個人から構成されているとの認識は，封建制度を倒した近代市民社会の成立とともに歴史的に確立した．近代的な「自我」の確立であり，近代法はこの「自律する個人」を基礎に置く．権利や義務はこの共同体のなかでのみ通用する社会的概念なのだ．したがって権利は人間社会と切り離しては存在しない．権利は与えられるものではなく，それを要求する主体の存在なしにはありえない（岩佐 1994）のだ．パスモア（1979）もまた動物には相互の義務を認識する能力がないがゆえに権利は存在しないと述べた．ダゴニュ（1992）は，権利が歴史的に形成されたものであり，「動物の権利」については，「闘争対立を経て勝ち取られなかった権利などというものは，本当に価値があるのか」と揶揄している．けっきょくのところ，動物における権利論や固有の価値論は，フォックス（1993）や岩佐（1994）が見抜いたように，誤った前提から出発した，表皮だけは同じの「疑似問題」にすぎないのである．動物権利論は，意味のない権利をいったいだれに向かってふりかざすのだろうか．複雑な種間相互作用によって織りなされる"生物群集"（biotic community）は人間の"共同体"（human community）とは同質ではない．インパラはその生存の権利を捕食者であるライオンに主張したところで無意味でしかない．いま一度繰り返す．「すべての国民は，個人として尊重される」（日本国憲法，第13条）からこそ権利と義務が発生するのである．

(2) 境界の曖昧性と恣意性

どの動物にまで，道徳性や権利を認めるべきか，それはつねに恣意的であり曖昧だ．苦痛を基準にとるシンガーの場合には，脊椎動物は当然その対象であるが，大幅に拡張され，シンガー自身も，カキ（軟体動物）や昆虫が含まれる可能性を否定しない（Singer 1973, 1993）．生物学的にいえばプラナリアも候補になりうる．レーガンの場合には「生の主体」の基準に，信念をもてること，欲求や感情をもつこと，知覚や記憶能力があること，未来の感覚があること，目的指向性があること，個体として同一性や論理的な独立性などをあげる（それらを厳密に検証すれば権利は「人間」だけになるように思われる）が，その曖昧さゆえに鳥類や爬虫類にも適用可能となる（伊勢田 2008）．しかしながら，その（軽重のないはずの）権利が，極限状況になると，じつにあっさりとひっくり返されてしまう．たとえば，レーガン（1995）自身が次のような状況を設定している．救命ボート（環境倫理学では極限状況の設定にしばしば救命ボートが登場する）に5人の人間と1匹のイヌが乗っていて，だれか1人か1匹を突き落さなければボートが沈んでしまう．この場合の犠牲者はいったいだれになるのか．人間とイヌが同等の真の動物権利論者であれば答えは躊躇され，人間とイヌの両方が選択されるはずだ．だが実際のレーガンの選択肢は，生命には価値の差があり，やはり「レベルがちがう」としてイヌが犠牲にされるのである．生命の価値？ レベル？ 権利は計量的な概念ではない，と思うが．道徳論や権利論では「人間中心主義」として否定したはずの種差別主義は，生命の価値論になるといとも簡単に棚上げにされ正当化されてしまう．一貫性のないご都合主義というほかはない．このことは，権利や価値の根拠を客観的自然的な実体的区別に設定する虚構性を示す（亀山 1995）．

(3) 個体主義

道徳論や権利論もその射程は個体にあって，個体の利益と幸福を追求することにその眼目がある．これは，個体は人間に委ねられているが，種は神のものである，とのキリスト教の伝統的な考え方である．そしてこの考え方は動物愛護の心情を充足するものの，生態学とは相容れない．とくに「生命の主体」を主張する権利論にあっては，その模範的な権利の保持者はあくまでも個体なのであって，どのような種に属そうとも個体間に優先順位は存在しない．したがって絶滅危惧種のトキに対して，迷子のネコよりも大きな保護の責任はない（高橋 2011）ということになる．これは鬼頭（2009）が指摘するように，基本的には「環境倫理学」の枠組みからは外れている．哲学者のサゴフ（Sagoff 1984）は，動物解放論と環境倫理学は「まちがった結婚」をしたので，「即刻に離婚」すべしとの論文を書いた．しかしながら動物の権利論は，環境倫理学，ひいては自然の権利論への扉を開く役割を果たしたことはまちがいない．なおシンガーの論文（Singer 1973, 1993）はヴェトナム戦争中に思索され，準備され，終了とともに公表された．地球環境の最大の破壊が進行するその最中に，実験動物の廃絶を訴え，ヴェジタリアンを勧めるこの論文を執筆しなければならなかった動機はどこにあるのだろうか．

(4) 自然の権利論

「自然の権利」とは，この運動に好意的なナッシュ（1999）によれば，自然あるいは自然を構成している各要素は，人間が尊敬すべき固有の価値をもつという意味だという．この自然の権利論は，重ねてナッシュにしたがえば，すでに述べたレオポルドの『土地の倫理』の思想——生物共同体の有機的な全体性，安定性，そしてその美的景観に寄与するかどうかを倫理原則とする．これ自体は自然の権利論ではない——にさかのぼるという．しかし，そこには欧米での既存のさまざまな思想潮流や世界観が入り混じっているようにみえる．この節ではアメリカ環境運動におけるこの概念の形成について考える．当時の状況から判断して，そこには，さしあたって，動物の「権利論」と"ディープ・エコロジー"が重要な役割を果たしていた

ようにみえる．ディープ・エコロジーとはなにか，まず，その主張をたどることから始める．

ディープ・エコロジーとはなにか
"ディープ・エコロジー"とは，オスロ大学の哲学者アルネ・ネスの提唱した環境倫理論だ．彼は1973年の論文（Næss 1973）で，従来のエコロジー運動や思想を"浅い"（shallow），つまり「皮相」で「軽薄」として一線を画し，これからの新しいそれは，"深い"（deep），すなわち世界観や価値観を根底的（ラジカル）に問うものでなければならないと啖呵を切った．そこでは，ネス自身が述べるように，実証科学としての生態学というよりは，行動に指針を与える包括的な実践哲学であることが強調される．ディープ・エコロジーでは，生物圏の全体性と，すべての生物に固有の内在的価値を認め，人間中心主義に替えて，生命中心主義を標榜し，すべての生物がそれぞれに自己実現を保障される平等な権利をもつと主張する．それは，地球環境の危機といったテーマに味つけされつつも，強い宗教的色彩を帯びた全体論的な神秘主義を特徴とし，生態学的には，クレメンツらの「遷移」概念にみられる過度な生物間の統合性や全体性を拠りどころに，思想的には，エマーソン，ソロー，ミューアへと系譜する伝統的なロマン主義を共鳴させて，"メイド・イン・USA"の装いのもとに広められ，結果，アメリカでは広く受け入れられた．ここに，各種アニミズムの思想やスピリチュアリティ，エコフェミニズムなどが取り込まれていった．もう1つ加えたいのが，地球生命圏が1つの超有機体であるとみなすラヴロック（1984）の「ガイア仮説」[11]だ．この仮説は神秘主義的な全体論へ傾斜しがちだが，その出発は地球の大気や水，土といった無機環境が生物と密接な相互作用を営み，1つのシステムをつくっているとの指摘であり，この知見自体は科学的で，的外れではない．しかしそこには，超有機体の女神の運動といった宗教的思潮も混入し，この雑多な思想の寄せ集めが，1970年代後半から80年代のアメリカ環境倫理学の主要な潮流に発展した．「人間は環境内の事物ではなく，関係の体系における接合点にあり」，続けて「この関係の体系が人間を有機体系として動物と植物に結びつけ，さらに人間という有機体の内部にある，あるいは外にあると習慣的に言われている生態系とも結びついている」（ネス 1997）．理解はほとんど不能で，宗教の教義に近い．"ディープ"とはけっきょく，神への「深い」帰依にほかならなかった．それでも欧米の白人中産階級の環境問題への焦りや内面的な渇きを，十分かどうかは別に，癒す思潮だった．だがその本質は"ポップ・エコロジー"にすぎない．

ディープ・エコロジストの綱領ともいえる「基本原則」（"プラットフォーム原則"という）がある（ドレグソン・井上 2001）．それらを紹介すると，①地球上の人間とそれ以外の生命が幸福にまた健全に生きることは，それ自体の価値（内在的な固有の価値）をもつ．②生命が豊かに多様なかたちで存在することは，第一原則の価値の実現に貢献する．また，それ自体，価値をもつことである．③人間は，不可欠の必要を満たすため以外に，この生命の豊かさや多様性を損なう権利をもたない．④人間が豊かにまた健全に生き，文化が発展することは，人口の大幅な減少と矛盾するものではない．いっぽう，人間以外の生物が豊かに健全に生きるためには，人間の数が大幅に減ることが必要になる．⑤自然界への人間の介入は今日過剰なものになっており，さらに状況は急速に悪化しつつある．⑥それゆえ，経済的，技術的，思想的な基本構造に影響をおよぼすような政策変更が不可欠だ．変革の結果生まれる状況は，今日とは深いレベルで異なるものになる必要がある．⑦思想上の変革は，物質的生活水準の不断の向上のこだわりを捨て，生活の質の真の意味を理解する（内在的な固有の価値のなかで生きる）ことが，おもな内容になる．「大きい」ことと「偉大な」こととのちがいが深いところで認識される必要がある．⑧以上の7項目に同意するものは，必要な変革を実現するために，直接・間接に努力する義務を負う．

以上だが，その核心は④と⑥にあると思われ

る．その④では，人口増加の表層的な危機感であり，本質はハーディン流の人口制限論でしかない．世界の人口は10億人でよいなどという主張（ネス1997）は基本的には環境倫理学とは相容れない．また⑥では環境問題の本質が社会や制度にあることから目をそらし，心情の問題へと置き換えられる．ラジカルに変革されるのは心だけであることが⑦でも確認される．人間と自然，人間と動物との直接的な関係を個人の心理や感性のレベルで抽象的に突き詰めても，そこから生まれるのはせいぜい生の姿勢，生き方，心情の充足の範囲に留まる．そのこと自体を否定するつもりはないが，環境の危機は個人の生活や信条の改革だけでは乗り越えられない．また検討してきた権利論についていえば，「人間は生命共同体の一員にもどれ」と説かれても，動植物を問わず等しくばらまかれた権利のなかで，人間の生の営みがどのように可能なのか，落としどころの論理は提示されないままだ．これはディープ・エコロジーのアキレス腱である（森岡1993）．その本質は趣味的な人間中心主義批判でしかない（加藤2005）．哲学者リュック・フェリ（1994）は，人間中心主義批判と動物権利論の強調のなかに，すでにみたナチズムの思想上の親和性を指摘し，藤原（2005）は有機農法の分析から同様の指摘を行った．しかし，それでもなお権利のバーゲンセールはアメリカ社会のなかに浸透していった．

　この権利論の一連の検討と議論のなかで，アメリカの哲学者，ファインバーグ（Fineberg 1974）の「動物と未来世代の諸権利」という論文が注目された．彼は，新たな基準を導入することで，シンガーの提起した「利害関心」（"インタレスト"）という概念についての議論を一歩進めた．彼によれば，インタレストとは，「意識的な願望（wishes），欲求（desires），希望（hopes），懇願（urges），衝動（impulses），無意識の意欲（drives），目的（aims），目標（goals），潜在的な傾向（tendencies），成長の方向（direction of growth），自然な充足（fulfilments）」であり，このインタレストを保持する（または保持しうる）者だけが権利を有する存在者になれるとした．これ自体は，西欧の伝統的な功利主義，自由主義，個人主義の枠組みを超えるものではない（畠中2005）が，抽象的で思弁的な権利論争に自律的な存在の意味を法的に吟味している点で注目できる．

裁判における「自然の権利」

　1972年に，南カリフォルニア大学のクリストファー・ストーン（Stone 1972）は"樹木は法廷に立てるか"（Should trees have standing?），正確にいえば"樹木はスタンディングをもつべきか"という画期的な論文を書いた．"スタンディング"とは訴訟当事者の憲法上の資格を意味し，訴訟を起こす者は，争訟の結果に個人的な利害関係をもつ者でなければならないと規定されている．そうでなければ，両当事者間には真の争訟性はないことになり，裁判所が判決を下さなければならないような性質のものではないことになる．その当事者資格だ．なぜこのような論文が書かれたのか．

　1970年代初めまで，アメリカでは，自然破壊や環境汚染が進行するなか，人々や環境保護団体が訴訟を起こしたが，環境保護団体にはスタンディングの資格がないとされた．たとえば，カリフォルニア南部，シエラネバタ山脈南部のミネラルキング渓谷にスキー場などのリゾート開発を進めようとしていたウォルト・ディズニー社に対し，この地域の自然保護を進めてきたシエラクラブが反対運動を行い，訴訟を提起した．1970年，カリフォルニア州高等裁判所は，クラブ自体はなんの経済的被害も受けないという理由から，開発を止める「当事者適格」を欠いているとの評決が下された．ほかならぬ地元カリフォルニア，ストーンはこの判決に不満と危機感を抱き，問題の論文を執筆したのだった．その論拠は2つ．1つは，同じく憲法上の規定として，当事者能力（capacity）のなかには，未成年者や心神喪失者については適切な代理人や後見人を置くことが可能であると示されていること，もう1つは，公共信託論だ．公共信託論とはすでに述べたように，森林，公有地，海，海岸，湖，野生動物などの公共財は，行政府に

信託され，政府は国民の利益のためその保全と管理に責任を負わなければならないとの思想だ（畠山 1992）．ストーンはこの2つを根拠に論陣を張った．1972年の最高裁の上告審では再び訴訟は却下されたが，この判決に反対し，「川，湖，森林，山脈などの環境にもスタンディングを与えるべき」としたダグラス最高裁判事のような少数意見が現れ，その後，この意見は少しずつ定着するようになった．この論文は，自然や生態系，あるいはその構成要素の価値を，なにもその抽象的で思弁的な「生存権」や「内在的の価値」といった議論から始める必要はないこと，自然や生態系，その構成要素の関係や動態を解明し，その多様な価値を理解できるのは人間でしかなく，裁判はこの人類共通の価値尺度によって行われてよい，と宣言したのである．なおディズニー社は訴訟経費の高騰と世論の高まりに押され，開発計画を断念し，1978年に，政府は同地域をセコイア国立公園に組み込むことによって最終的に決着した．

「自然の当事者適格論」は大きな流れとしてアメリカでは定着してきた．とくに1973年に改定された「絶滅の危機にある種の法」では，野生動物種を原告とした訴訟が提起された．ハワイ州では1978年に希少種であるアトリ科のパリラ（キムネハワイマシコ *Loxioides bailleui*）にスタンディングが与えられ，絶滅危機種に認定され，その保全と回復がハワイ州政府に命令された．この鳥はマウナケア生態系の固有種でマーマネ（ハワイ固有種のマメ科，*Sophora chrysophylla*）の低木林に生息するが，森林は外来種のヤギやヒツジによって食べ尽くされ，絶滅が危惧されていた（Amarasekare 1993）．判決では州政府に外来種を2年以内に根絶させ，パリラの生息地を回復することが求められた．

また，リトル・テネシー川では，スズキ目に属する小型魚種，スネール・ダーター（*Percina tanasi*）にスタンディングが与えられ，テネシー川流域開発公社（TVA）の"テリコダム"建設を，ほぼ完成していたにもかかわらず，中止させた．ダムと開発計画はほぼ完全に息を止められた．しかし，その後，パナマ運河法案（運河をめぐるアメリカの利権を維持する法律）をめぐり議会との関係修復を急いだカーター大統領は，残念だが，最終的には「ダムを完成させる」法案に政治的駆け引きで署名した．スネール・ダーターは現在，近隣河川に移植され，その一部が個体群を維持している．そして，絶滅危機種から絶滅危惧種にランクダウンされた．けっきょくは，開発推進派の執拗な巻き返しでダムは完成したが，この裁判は，しかし，絶滅の危機にある種の保存が人間活動に無条件に優先することをはっきりと示した点で画期的だった（畠山 1992）．そこには新種スネール・ダーターの発見者であるテネシー大学の魚類学者エトニアの保全に向けた努力と貢献が光る．

さらに指摘したいのは，この「絶滅の危機にある種の法」には，市民訴訟条項を明文化し，希少野生動物の保全に関し，連邦行政機関の作為・不作為に不服ある者にはすべて自動的に原告適格が与えられている（畠山 1992）．なぜ「自然の権利」裁判がアメリカでは実現できるのか．公共信託論の定着や強力な法律，これらに加え，所有権の争奪から歴史的にまぬがれてきた自然物がなお多数，なお広く存在していること，そしてこれに結びついた多数の環境NGOの存在と活動などが指摘できる．このうえで宮守（2014）は法律の成り立ちという観点から「判例法主義」をあげる．条文の形で制定した成文法をもっとも重要な法源（根拠）とする「制定法主義」（ドイツ，フランス，日本）に対して，判例法主義とは，過去の同種の判例をもっとも重要な法源とする考え方で，イギリスやアメリカ（アングロ・サクソン系）で採用される．したがって『六法全書』がない代わりに，過去から集積された膨大な判例記録を頼りに，これを渉猟し，分析し，事実関係をあてはめていく．それは，法文の解釈ばかりにこだわる硬直的な姿勢を乗り越え，宮守（2014）によれば，法律家は，判例をもとに，事実関係に即して，柔軟な発想で妥当な解決をはかることを重視し，裁判官もまた従来の法解釈に拘泥することなく，事件ごとに新しい判例をつくりだす

ことにインセンティブをもたらす意義がある．
　宮守（2014）がもう1つ指摘しているのは，2つの法分野の存在で，伝統や慣習，先例を重視する"コモンロー"（common law）とは別に，"エクイティ"（equity）の分野が認められている．エクイティとは「衡平法」のことで，とかく硬直しがちなコモンローに対して，裁判官（イギリスでの起源は「大法官」だった）が，個別的な救済を目的に，陪審制なしに，個人的な良心や正義にしたがって柔軟に「履行命令」や「差し止め命令」を出すことができる．環境汚染や自然破壊に関する訴訟の場合には，この分野での裁判となるケースが多く，そこでは，しばしば，個別的で具体的，かつ急所を押さえた，柔軟な判決が，裁判官の裁量のもとに下される．もともとエクイティ裁判では，裁判官は事件への積極的な介入や関与が求められるのである．環境問題に有効性を発揮するすぐれた法体系だといってよい．日本との構造上の落差は大きい．
　それでもなお，日本でも1995年に「奄美自然の権利訴訟」が提訴された．この裁判は，特別天然記念物であるアマミノクロウサギ（*Pentalagus furnessi*）の生息地でゴルフ場の開発計画が持ち上がり，その開発許可の無効と取り消しを求めたものであり，クロウサギのほかに，ルリカケスなどが共同原告として名を連ねた．この訴訟は，その後事業者の撤退によって1998年に開発計画は中止となり，また訴訟も動物には法的権利主体性が存在せず，動物の記載は無意味として却下された．しかしその判決文は傾聴に値する．末尾にはこうある．

　　（この裁判では）原告らに原告適格を認めることはできないとの結論に達した．しかしながら，個別の動産，不動産に対する近代所有権が，それらの総体としての自然そのものまでを支配し得るといえるのかどうか，あるいは，自然が人間のために存在するとの考え方をこのまま押し進めてよいのかどうかについては，深刻な環境破壊が進行している現今において，国民の英知を集めて改めて検討すべき重要な課題というべきである．原告らの提起した『自然の権利』という観念は，人（自然人）及び法人の個人的利益の救済を念頭に置いた従来の現行法の枠組みのままで今後もよいのかどうかという極めて困難で，かつ，避けては通れない問題を我々に提起したということができる．

ここには裁判長の勇気と苦闘が表現されている．このほかにも，その後，諫早湾のムツゴロウ，霞ヶ浦のオオヒシクイ，大雪山のナキウサギなど，動物を原告に加えた訴訟が提起されてきた．いずれの場合にも，しかし，自然物や動物は共同原告とは認められなかった．
　社会生物学者の巨人，ウィルソンはその著書『バイオフィリア』（1994）のなかで，シンガーの生理的延長主義，ストーンの法的拡張主義の両方を批判し，次のように述べる．「こうした議論全体を（生理的な）近縁性や法的権利といった薄っぺらな枠組みのなかに押しこめようとすることは，自然保護を進める理由を矮小化するものであり，判断基準を別の基盤にもとづいて正当化することで，自然保護を表面的な倫理の一部へと貶めようとするものだ」（狩野訳）．ウィルソンは，自然保護の動機づけが，人間と生物との深い結びつき，人間の生得的な生命への愛情にもとづかなければならないことを強調する．強引な没論理に妙な説得力があるのはウィルソンだからか．
　動物の道徳や権利，自然の権利から始まった環境倫理学は，その反論や批判，ほかの領域を巻き込んで1970年代後半から一気に花開き，たちまち百家争鳴状態となった．その議論と広がりをたどる．

（5）　地球全体主義の系譜

　オーストラリアのパスモア（1979）は，『自然に対する人間の責任』という著書で，動物や植物，景観などに「生存権」を主張するのは無用な混乱を招くとして批判し，「権利」という観念は，端的にいって，人間でないものにあてはめることはできないと主張した．彼は，現代の環境問題には「万物は人間のために造られた」とする「自然支配の思想」があることを認めるが，その源流は，ホワイト（White 1967）

が主張するように，キリスト教の教理，とくに『創世記』にみられる自然に対する支配や傲慢性にあるのではなく，むしろ古代ギリシャ思想やストア派哲学にたどることができるとして，その系譜を論証し，ホワイトを批判した．そして，この自然支配の思想は，近代ではベーコンやデカルト，なかでも自然との関係を断ち切ったデカルトに引き継がれ，その意味では自然支配と生産力の拡大を志向したマルクス主義もその延長線上にあると批判した．

パスモアは，西欧文明には，伝統的に自然に対する人間の思想として，①自然を神聖なものとみなす神秘主義，②人間の生命と自然の生命との統一的な環のつながりとみなすダーウィン主義，そして，③「自然の協力者でありその世話を任されてきた」と考える"スチュワードシップ"，の3つがあり，拠って立つべきなのはこの3番目の思想であるとした．自然保全の思想は自然との調和をめざしたスチュワード精神を基盤に再構築すべきだ．したがって，必要なのは新しい倫理ではなく，「現存する道徳原理の強化」，スチュワード精神に裏づけられた「啓蒙された人間中心主義」であると主張した．またロールズ（1979）にしたがって未来世代のために資本蓄積は継承されなければならないと世代間の倫理を表明したことが注目できる．一部には異論もあるが，全体としては客観的で冷静な分析といえよう．しかし，その底流には，スチュワードシップの過度な強調など，キリスト教を擁護する伝統的な思想が息づいている．

ブクチンの社会エコロジー

環境倫理学のなかでもっとも（当時の）生態学や進化論に依拠したのが"社会的エコロジー（ソーシャル）"派だった．その提唱者であるアメリカ・バーモント大学の哲学者，ムレイ・ブクチン（1995, 1996）は，環境問題には「人間による自然支配」思想があることを認め，その根底には「人間による人間支配」の構造があることを断罪し，この是正こそが環境問題の最重要課題であると指摘した．したがって環境問題には自然の破壊と社会の不公正の両方の解決が求められると主張する．この点ではディープ・エコロジーの致命的欠点（現実の社会体制の軽視，社会的不公正に対する幼稚な認識）を徹底して批判する．ではどのように解決すべきか．その理想のモデルをブクチンは生物学，とくに生態学と進化に求めた．（生物学的）自然こそが人間の倫理の基礎なのである．ブクチンにとって「自然」とはどのようにとらえられたのか．

ダーウィン（主義）は（生物的）自然を「生存闘争」や「階層（順位）」（ヒエラルキー），「適者生存」といった敵対と対抗性，競争の概念で描いたが，それは一面にすぎない．生物間の相互作用は，クロポトキンが指摘するように，互酬性や相互扶助，相利的な共生関係によって構成される．クロポトキン（1902）はその著書『相互扶助論，進化の要因』の多くのページをさいて，当時の動物に関する著作（たとえばEspinas 1878『動物社会』など）を紹介しつつ，「競争や適者生存が働くのは動物界では例外的時期にのみに限られ」，「社会生活が決して動物界の例外ではなく」，「団結と相互扶助が動物の規則である」と結論づけた．ブクチンはこれを敷衍する．社会生態系には食物網や食物連鎖といった敵対的な関係ばかりではなく，そこには全体的な統合と安定性が存在し，「究極的な和解を導くような秩序」が展開されている．したがって「相利共生は，自然の多様性と複雑性の進化を促す機能をもつゆえに，善である」（Bookchin 1990）．だから自然は「容赦のない競争的な市場」ではなく「創造的で豊饒な生物共同体」として描かれるべきだ．これが生態学（エコロジー）の原則であり，それによってつくられる「相利共生，自己組織化，自由，主体性」が社会の目的であり，モデルである．「豊かな概念的，社会的，想像的，建設的な属性によって特徴づけられる人間の生物種としての独自性を，自然の豊饒さ，多様性，創造性と同調させなければならないのだ」（ブクチン 1996）．それは生態学的ユートピア主義とでも呼べるもので，この目的は倫理的にも善なのである．

この生物的自然が人間の「倫理」の根拠となりうるのか．じつはこの点はブクチンの専売特

許ではない．それは彼の依拠しているクロポトキンのオリジナルだ．19世紀末の無政府主義者(アナキスト)であるクロポトキンは，前著(『相互扶助論』)のなかで，生物進化の要因は，生存競争だけではなく，それ以上に動物同士の相互扶助が重要であると指摘した．その例として，同種内での群れ行動，社交，協働や共同行動，異種間での共生や相互扶助行動などをあげて，「競い合うな，それが自然の傾向である」と断言し，ここから次のように飛躍する．「相互扶助が，われわれ（人間）の倫理概念の真の基礎だということは，十分に明白であるように思われる」．それは動物から出発して「現在にいたるまでの人間進化のすべての段階を通じて」貫徹される．したがって，人間と自然との関係や社会の変革は相互扶助論を倫理の基礎にすえて行われなければならない，とブクチンは主張する．それは了解するとしても，しかし，問題なのは，論拠がクロポトキンやバクーニンの政治思想だけに留まり，後に発展した生態学や進化に関する知識によって更新されていないのだ．彼自身のエコロジーの理解が焦点なのである．相互扶助論はもともとスペンサーの「社会進化論」に反発して生まれた考え方だ．社会進化論は，自然選択を闘争や競争として単純に「人間社会」にあてはめる思潮で，適者生存を旨とした当時の社会思想に一定の影響を与えたが，ヘッケルに近く（第11章），本来のダーウィンの進化論ではない．自然選択とは，ブクチンも同じ知識空間を共有すると理解するが，自然条件の変化に対応し，個体の適応度（生存率や繁殖率）のちがいによって選別される過程だ．したがってそこに直接的な進化要因として相互扶助行動は介在していない．また生物群集（それは往々にして「生物共同体」と訳される）や生態系内では，捕食・被食関係，寄生，競争，共生など多様な異種間の相互作用がダイナミックに展開され，たがいに助け合う相互扶助論の典型である相利共生はその1つの関係にしかすぎない．そしてその進化には倫理の要素はない．

この生態や進化の理解を基礎にブクチンが提示するのは，"自由主義的地域自治主義(リバータリアン)"といういう一種の自治社会だ．このためには，ますます増大する資本主義国家の権力を共同体に奪い返す必要がある．この共同体は，コミュニタリアン社会ともいうべきもので，そこでは，真に民衆の民主的な欲求を前提に，エコロジーの要請に応え，共有と協働にもとづいて新しい倫理の発展をめざしている（ブクチン 1996）．展望されるのはアナキズムによるコミューンにほかならない．

ブクチンのアナキズムは，エコロジー運動を活性化しつつも，その急進性ゆえに支持は広がらなかった．だが，それに共鳴し，経済思想として受けついだ潮流があった．経済的なアナキズムだ．経済活動にかかわるあらゆる規制を撤廃し，市場の自由競争に委ね，小さな政府を信奉する，「新自由主義」と呼ばれる思想だ．この徹底した市場原理主義は，その後，新興宗教さながらに，アメリカの政財界に浸透し，「グローバル化」，「1つの世界」を旗印に世界を巻き込んでいった．このことは最終章でふれる．

キャリコットの生態系中心主義

すでにみたようにレオポルドの眼目は，生態系の存続を人間の倫理のなかに組み入れることを提起した点にある．ノーステキサス大学の哲学教授，ベアード・キャリコットは，レオポルドを再発見したと自認し，この視点をさらに発展させた．それはレオポルドの「土地倫理(ランド・エシックス)」の基準，つまり「（土地利用に関係する）物事は，生物共同体の全体性，安定性，美観を保つものであれば（倫理的に）妥当だし，そうでない場合は間違っているのだ」（キャリコット 1995）を継承し，徹底する路線だ．するとなにが生まれるのか．シカ類の保全は当然の施策だが，そのシカが増え，植生や生態系に大きな影響を与える状況では，個体群をコントロールするのは適切であり，捕食者であるピューマやオオカミをコントロールするのは生物群集の正常な種間関係や，生態系の本来の循環を攪乱するのでまちがいということになる．確かにレオポルドの路線だ．ではここに人間を加えた場合にはどうなるのか．

キャリコット（1995）はこう述べる．「人間も，自然界全体の福祉との関連で道徳的価値評価を受けることになる．たとえば個々のシカの尊さというものは，ほかのすべてのシカ同様，その全体の個体数と反比例する．環境主義者はしかし，この同じ論理を人間にあてはめることがどうしてもできない．雑食動物としての人間の適正な人口はおそらく，同じ雑食だが身体の大きさは人間の倍である熊の人口の倍程度ということになろう．それなのに実際の世界人口は40億人をこえ（中略），現時点ではこれは，生物共同体にとっては地球規模の災害なのである」．そこには，生態系の保護のためには人間の排除（や人口の調節）をも辞さない，生命圏中心主義，あるいは生態系中心主義の立場が表明されている．これは確かに論理的には「絶滅の危機にある天然痘ウィルスが，生態系の有機的な全体性に貢献できるためには，一部の人間を保菌者にしてもよい」（ナッシュ 1999）ということになる．この主張は主著，『土地倫理の防衛』（Callicott 1987）でさらにくわしく展開され，レオポルドの土地倫理が，（あくまでもキャリコットの理解では）理論的にはヒューム，スミス，ダーウィンの思想に一致し，哲学的に基礎づけられていることを強調した．その系譜は現在の「ガイア仮説」にもつながるとし，強い全体主義的傾向を露出させる．この過激な主張には多くの問題点が指摘され，たとえば林（2009）はヒューム哲学を環境倫理学に援用する際の課題や限界を指摘している．またレーガン（1995）は，その生命圏至上主義を「より大きな生物的善のためには"共同体の統合，安定，美"の名において個体が犠牲にされることがはっきり予見される」と述べ，それは「環境ファシズム」，「エコ・ファシズム」であると断罪した．

キャリコットは，その後の著作（『地球の洞察』2009）では，ガイア仮説などの全体主義的傾向をなお維持しつつも，世界各地の宗教（ヒンドゥー教，ジャイナ教，仏教，道教など）や文化のなかに生態学的世界観を訪ね歩き，土地倫理を含む環境思想を位置づけなおすなど，多元主義的な方向を模索しつつあるようだ．

将来世代の権利，生きた環境倫理学の模索

ニューヨーク，ニュースクール大学の，ドイツ生まれで亡命ユダヤ人の実存主義哲学者，ハンス・ヨナスは，『責任という原理』（2000）を著した．そこでは，現代の科学技術文明は多くの便益をもたらすいっぽうで，巨大な力は環境を破壊し，人類の存続すら危ぶまれるような状況をつくりだし，これに対しては人間相互の関係性を重視してきた従来の倫理学では，対応できない状況になった．したがって，未来世代を含めた人類と自然の存続を前提とするような倫理学を構築する必要があると主張した．ではどのような倫理学が求められるのか．ヨナスは，まず，「なぜ人間は世界に存在しなければならないのか」との問いには，世界の普遍的原理を理性によって認識しようとする形而上学に依拠して「存在というものはもともと存続を善としている」と答え，「存在は積極的に存続しようと努力する」と考える．したがって，存在である人類もまた存続が原理となる．こうしてカントの定言命法に代わる新たな命法の第1は「人類は存在すべし」であり，第2は「君の行為の結果が，地球上で真に人間的な生命が永続することと両立するように行為せよ」（ヨナス 2000）となる．

ヨナスは次にこの未来倫理の命法を実現するために「責任」の原理を提示する．この責任こそ有名な「乳飲み子の倫理」だ．彼は乳飲み子に対する人々の行動を「責任」の原型ととらえる．それは特別であり，窮状に陥った隣人に対する一般の人々の行動とは異なり，もっとも弱い立場の，無垢の存在を無条件に守るべく，人々は無償かつ盲目的に行動する．それは存在の存続に対する責任であり，根源的だ．この乳飲み子に対する基本的な責任は，未来世代のための責任と構造的には一致すると主張する．この責任を将来世代につながる環境倫理学の出発点とすべきである．理論的にはかなり純朴といえる（加藤 2005）．

確かに乳飲み子に対する責任はかなり異質で，

特別であることに異論はない．しかし，これと未来世代に対する責任とが同じかどうかは議論が分かれるところだ．いうまでもなく乳飲み子が個別，具体的であるのに対し，将来世代は一般的，抽象的なのだ．乳飲み子への行動は，適切であれば，泣き止んだり，笑ったり，寝たりと明確な応答が生まれ，一定の責任が果たされたことがわかるが，将来世代との間にはこのようなコミュニケーションは成立しえないし，見返りはないまま，責任が達成されたかどうかは不明だ（清水 2012）．責任とは本来なにかの発生に対する応答と，その対処の義務を指すわけだから，この責任行為は充足されることはない．責任のベクトルはつねに過去にあるのであって，未来には向いていない．また，この責任は子どもをもたない人々や子どもを望まない人々を含めつねにすべての世代が負うとすれば，責任の所在が抽象化し，実際になされる行為は非常に限定的にならざるをえない，と清水（2012）は指摘する．正鵠を射ている．視点を変えると，この乳飲み子の倫理は「北」の先進国の中流階層の人々に向けたメッセージであるといえる．地球上の途上国の大半の人々，現在を生き抜くのに精いっぱいの人々にとって，自分の生を子どもに託す人々はいても，未来の子どものために自分の生を削れる人々はいない，ほとんど不可能なのだ．世代間の倫理についてのその他の批判は太田（2011）が紹介している．

乳飲み子の倫理は環境倫理学の裾野を広げた重要な問題提起だった．しかしそれを現実化するには大きな困難が立ちはだかる．ヨナスの問題意識の根底にはキリスト教への深い帰依があることはまちがいない（ヨナスはもともとキリスト教グノーシス主義研究者）．そこには神の領域を冒した人間がいまや神の創造した自然さえ危機に陥れているとの義憤がある．責任論では形而上学として神学論を巧妙に避けるが，神の創造の秩序の回復を人間の責任として追求する．そこには「人間の責任とは神の像に創造された者の責任である」（久米 2002）との告発がある．

（6） アメリカ環境倫理学の到達点

1960 年代から 80 年代初頭にかけてアメリカを中心に環境倫理学が勃興し，複数の分野で侃々諤々の論争が巻き起こった．それらはヨーロッパや日本にも紹介され，大きな影響をもたらした．さまざまな環境思想が生まれ，議論が深まり，世界の人々の幸福，自然環境や野生動物の保全に貢献していく．そのこと自体は歓迎すべきことである．しかしながら，その後の世界の環境保全の動向をたどると，国連人間環境会議（1972 年），地球サミット（UNCED, 1992 年）など大きな進展があるいっぽうでは，「持続可能な開発」，「グローバリゼーション」，「世界自由市場」，「GATT, NAFTA, WTO, 最近の TPP」，「ひとつの地球」論など，必ずしも地球環境の保全に貢献しない，あるいは否むしろ，環境破壊を進めたり，生物多様性の保全に背を向ける潮流がアメリカを中心に台頭してきた感がある（たとえばグレイ 1999，ザックス 2003 の指摘）．このことは「生物多様性条約」や「気候変動枠組条約」に対するアメリカの姿勢によく現れている．だがグローバルな物流の背後には膨大な化石燃料の消費があり，地域の固有な生態系の総体が地球の生物多様性を支えていることを，私たちは忘れてはならない．環境倫理学の成立とその後の発展は，私には，こうした政治・経済の動向を批判し，抑制する有効な対抗理論や原理には必ずしもなっていないように思われる．この弱点がどこにあるのか，アメリカ生まれの環境倫理学を総括しておく．

(1) グローバルな危機意識

環境倫理学には地球レベルのマクロ視点からの強い危機意識がある．その 1 つは人口問題に現れている．人口の議論は旧くからあるが（マルサスなど），アメリカでの火つけ役は，昆虫学者ポール・エーリックで，彼の著書，『人口爆弾』（エーリック 1974）は当時ベストセラーとなった．そこでは地球上の人口増加が警告され，その危機を救うには人口調節しかないこ

とが強調される．それはハーディンの主張とあいまってキャリコットらによって引き継がれた．もう1つは地球をまるごととらえる発想に現れている．"宇宙船地球号"という言葉は，思想家，フラーの造語で，1963年には『宇宙船地球号の操船マニュアル』（フラー 1988）なる本を書き，全球的な視野の重要性を説いた．すでに紹介した経済学者ボールディングはこれを受けて地球上の資源や環境は1つだから経済活動は地球規模で考える必要があると提言した．この問題意識は『成長の限界』（メドウズ 1972）とまったく同じであり，正しい認識だ．

当時，アメリカは，人工衛星や各種センサー技術，コンピューター技術など，全球的に俯瞰する技術をほとんど独占し，アメリカ人が地球の全体像をもっとも精緻に観測していたといってよい．このマクロな発想や思考は，ヴェトナム戦争の失敗を早く清算し，局地（所）論ではなく，世界を指導しなければならないとの思想（あるいはアメリカ的価値観）と再び結びつき，地球規模での資源や環境の「管理」意識を醸成させた．ディープ・エコロジーの深くマクロな，一種の宗教的な発想や，"ガイア"思想が，たちまちのうちに定着していった背景にはこのことがある．ガイア仮説を着想したラヴロックは1960年代にNASAの研究者だった．人口問題や南北問題は表層的な理解のままに，まなざしは，多様な地域社会や固有な生態系ではなく，「ひとつの世界」に凝縮していった．それはグローバル企業の目線とも重なっていた．

(2) アメリカの伝統思想と生態学の不在

環境倫理学にはいくつかの系譜がある．"エコロジー"である「生態学」の分野では，有機体説を信奉する全体主義的なクレメンツの影響があるのは否定できないが，それほど深いようには思えない．とくにその後大きく発展するアメリカ生態学の成果とはほとんど無縁である．代表的な生態学者，ハッチンソンは地域生態系を構成する生物群集のニッチ解析を発展させ，生物圏の概念を提唱したが，注目されたのはもっぱらラヴロックの"ガイア"だった．当時流行したのは，コモナー（1972）の生態学，『なにが環境の危機を招いたか』だったが，それは体系化された理論というよりも，生活標語のようなもので，骨格である"エコロジー4原則"は，①すべてはほかのすべてと相互につながりあっている，②すべてのものはどこかへと行き着く，③自然が一番よく知っている，④すべての代償は支払わねばならない，である．これらからなにが展開できるのかはいまひとつ不明だ．しかし，コモナーが当時提起していた環境問題は，①放射能汚染，②大気汚染（光化学スモッグ），③窒素肥料による土壌汚染，④湖の富栄養化，⑤農薬，⑥合成洗剤，⑦プラスチック製品，⑧食品添加物，だった．これらは現在もなおまったく解決されていない．「生物種の絶滅」，「温暖化」，「熱帯林の破壊」，「砂漠化」などはないが，すぐれた見識と指摘だった．

環境倫理学は生態学よりもむしろアメリカの思想を吸着している．その源流は，ワーズワースやポープなどヨーロッパのキリスト教神秘主義にあるが，ここから，エマーソン，ソローの超絶主義を系譜しながら，ミュア，そしてレオポルドへと引き継がれている．いずれもが自然のなかに神や「大霊」をみいだし，"原生的自然"を賞賛する．アメリカ環境倫理学は，例外なくレオポルドの思想，というよりもその"エッセイ"を出発点としている．ウィルダネスの併存を許容できる「土地の倫理」がはたして倫理学体系として成立するのかどうかは留保するとしても，レオポルドの着想は，傾斜の程度はさまざまだが，ブクチン，キャリコット，シュレーダー＝フレチェット，ディープ・エコロジーのアメリカでの唱道者セッションズ，ナッシュなど主要な論客に受け継がれている［この系譜はナッシュ（1999）自身もまた認めている］．この点からみれば，環境倫理学はそもそも地球環境問題を射程としたものではない．ブラムウェル（1992）が指摘するように，"エコロジー"の起源は，アメリカに萌芽した生気論的な超絶主義にあるといってよい（「生態学」の起源は，ヘッケルが命名したとはいえ，ダーウィンにあると私は思う）．後に紹介するデイ

リー（2005）は「アメリカにおいて影響力のある道徳原理の大部分は聖書に直接由来し，教会と大学によってこの国の津々浦々に広まった」と述べている．環境倫理学はいびつな宗教国家のなかに胚胎した特異な思想潮流であった．

(3) 環境倫理学の「国籍」

この環境倫理学の誕生にかかわった人々の国籍に注目すると，ネスがノルウェー，シンガー（後にアメリカ国籍）とパスモアがオーストラリア，残りのすべてはアメリカということになる．なぜこの時期にアメリカ人は環境思想にこだわり始めたのか．ヴェトナム戦争に敗退した1975年は，アメリカは独立戦争の開始からちょうど200年目にあたる．ヴェトナム戦争はアメリカにとって建国以来の政治的な危機だった．第二次世界大戦は独裁国家からの解放という大義名分があり，政治的には安定していた．興味深い指摘がある．西山（2012）は，政治変動の季節を迎えると，アメリカは，新たな刷新ではなく，建国の精神へと立ち返るという政治学者，サミュエル・ハンティントンの見解を紹介している．建国の精神とは，独立革命と憲法の理念（自由，平等，個人主義，民主主義，法の支配）であり，どの理念が強調されるのかは状況によってしばしば異なるらしい．建国の精神とは，より率直にいえば，神により選ばれしアングロサクソン，プロテスタントによる「明白な天命」という標語（ジョン・オサリヴァンの造語）を意味した（カミングス2013）．天命とは，"フロンティア"の開拓（西部への西漸運動）であり，「未開」と「野蛮」を文明化することにほかならなかった．アメリカでの政治的危機はつねにこのフロンティアへの原点回帰によって回避されてきたのである．アメリカ史における"フロンティア"の重要性を最初に指摘したのは歴史学者ターナー（Turner 1893）であったが，多くの歴史学者もまたこれに同調している．しかし，このフロンティアは1890年のインディアンとの戦闘（"ウーンディド・ニーの虐殺"，藤永1974）を最後に実質的には消滅した．フロンティアには「未開地」と「最前線」という意味があるが，両者はいっしょに消え去ったのである．帰るべきフロンティアはもはやない．

1960-1970年もまた大きな政治的動乱期だった．では，この危機はなにによって回避されようとしたのか．この"フロンティア"になりえたのが，"環境"であり"ウィルダネス"であったのではないか．大気や水，野生動物などの環境一般は政府の主導によっても推進されたが，いっぽうで後者は，国立公園や各種保護区が開拓期の面影の代替としてフロンティアの役割を果たした．そこにはエマーソン，ソロー，ミューア，レオポルドへと連なるアメリカ自然保護思想が堆積している．ウィルダネスは，原生生態系に関する生態学の教科書ではなく，アメリカ版修身の教科書として受け入れられたのである．だからこそ，アメリカ環境倫理学は，当時の環境問題や社会と切り結ぶというよりは，マクロ的には包括的な人口問題へと傾斜し，ミクロ的には個人の心情や精神のあり様に集中した．個体から自然への権利論の拡張，動物の解放や権利に終始するのはこのことの証左だ．ウィルダネスの権利に関する法律や運動がこれに呼応して起こり，ヨナスやパスモアがキリスト教の立場から環境を語るのである．ブクチンはこの点を鋭く指摘したものの，その急進性ゆえに受け入れられることはなかった．いっぽうで，ネスのディープ・エコロジーが例外的に受け入れられたのは，その抽象的な神秘主義にあった．

シンガーやパスモアの国籍はオーストラリアで，ここでも環境倫理学の興起があった．そこには，ヴェトナムに派兵し（1965年），死傷者の急増に反戦運動が巻き起こったこと，アングロサクソンの植民地であり，先住民アボリジニから土地を取り上げ，未開地が消失していったことなど，驚くほどアメリカと似た背景がある．そのフロンティアに対する消失感と社会的危機が重なる．この土壌に環境倫理学が発芽したのである．したがってその限りではこの倫理学には普遍性はなく，その「服用」には注意が必要だ，といえよう．アメリカ環境倫理学の真の製作者はヴェトナム戦争だった．とはいえ，私は，

人間と自然との関係，人間と動物との関係を問い続ける環境倫理学の問題提起は重要であると考える．倫理学とはそもそも，共同体を維持していくために個人の行為を内面的に律する規範として生まれてきたものである．したがって，地球環境問題が人間の社会や共同体の存続にとって不可避の課題である以上，環境倫理学は普遍的に成立するし，成立させなければならない．ただしこの処方箋には注意書きが必要である．倫理学はつねに道徳上の価値観を帯びる．したがって，倫理学上の言明は，その反対者を「まちがい」の側に追いやるだけでなく，「反道徳的」であるとのレッテルを貼りやすい（森下2008）．レオポルドを源流とするアメリカ環境倫理学にはとくにその弱点が色濃い．アメリカの倫理学だけに固執することなく，新しい「環境倫理学」が模索され，展開されてよい，と私は確信する．『新・環境倫理学のすすめ』（加藤2005）や『環境倫理学』（鬼頭・福永編2009）はその新しい試みであり，そこには従来から脱却しつつある視点がある．その発展を望みたい．

環境経済学の発動

ややいびつなアメリカ環境倫理学の勃興のなかにあっても，地球的な視野から資源の枯渇や持続可能性の条件を分析しようとした自然科学者や経済学者がいたことは記録されてよい．これらは後に「環境経済学」と呼ばれる現代経済学の大きな分野の源流となっていく．おもに3つの流れがあると考えられる．1つは，再生可能な資源の「持続性」を追求した流れだ．これに大きな役割を果たした1人がドイツからの移民で森林学者のベルンファルト・ファノウである．彼は，祖国ドイツで実践されていたロベルト・リーの法正林思想，『持続可能な収量と社会的秩序』をアメリカに紹介し（ウォースター1997），当時，自由放任主義による乱伐に任されていた森林管理に警鐘を鳴らした（高橋2004）．いま1人が農務省の農業経済学者，グレイ・タワーズだ．彼は，ウィスコンシン大学在学中に指導教授のエリーから，ファノウによるドイツの持続的収穫理論を学び，自然資源の持続的利用をアメリカに定着させた．彼は『保全の経済学的可能性』という論文を執筆し，おもに農業分野で持続的利用の思想を普及させた（Crabbé 1983）．注目したいのは，ファノウの思想は後にピンショーに受け継がれ，エリーの下からはレオポルドが育ち，森林分野で活躍後に恩師の後を継いだ．

もう1つは，厚生経済学の流れで，そのルーツはイギリス経済学者のピグーにさかのぼる．ピグーは企業活動によって生まれる汚染などの不効用を市場の失敗による外部不経済とみなし，この社会的コストを是正する手段として課税（ピグー税）するアイデアを提出した．このアイデアを後に明確化したのは，ドイツ移民でブルックリン大学教授のカール・カップだった．彼は1950年に『私的企業と社会的費用』（カップ1959）を執筆し，私的企業の社会的費用が例外的な事象ではなく，むしろ一般的で，その費用の評価法とそれを政策化し，経済学のなかに取り込む方法を提示してみせた．それはアメリカにおいて企業による環境汚染が表面化する直前のことだった．アメリカで最初の公害とも呼べる事件が発生したのは，フッカー社の化学工場が有害廃棄物の垂れ流し，運河を汚染したラブ・カナル事件で，1942-1952年に発生したが，明るみになったのは1978年だった．

興味深いのは，空気や水の汚染についての分析に混じって，1章を設け野生動物の減少と絶滅に関する社会的費用について言及している．そこでは，人為によって急激に減少または絶滅した各種の水産魚類，海生哺乳類，鳥類，陸生哺乳類などを取り上げ，絶滅が無統制な競争状態で発生すること，その社会的損失の費用ははかり知れないことを指摘している．こうした乱獲を防止するには，公的所有権を宣言し，「公の手で統制する」ことが重要だと述べ，また，国際的争奪戦に巻き込まれている種については「国際的な保護条約以外にはない」と断言した．卓見だ．

最後は自然科学や哲学から経済学へのアプローチで，その肇始はイギリスの化学者，フレデリック・ソディにさかのぼる．彼は放射性元素

や同位体の研究で1921年にノーベル化学賞を受賞した．"アイソトープ"の名づけ親だ．ソディにとって最大の関心は，原子力や科学などの成果を社会に還元するためには世界が安全であり，このためには経済制度を安定化させなければならないことだった．それが彼の経済学批判だった．ソディの経済システムに対する最大の疑義は，熱力学的発想の欠如で，経済学の再出発はエントロピー法則の適用にあるとした（デイリー 2005）．1921年以降経済学研究を行い，なぜそうなるのかは不明だが，彼の経済学上の主張は金本位制を捨て，変動相場制の国際為替市場に移行することだった．現在これらは実現されているが，不安定であることに変わりはない．

熱力学の第一法則と第二法則の経済学への適用は，すでに紹介したケネス・ボールディングに引き継がれた．彼は，それまで無限の収奪が可能な資源浪費型経済を"カウボーイの経済"と名づけるいっぽうで，今後はこの発想とは異なる有限性をもつ循環型の経済に切り替える必要があると主張し，これを"来るべき宇宙船地球号の経済学"と呼んだ（ボールディング 1970）．斬新でたくみな比喩だ．閉鎖系の地球では，資源（低エントロピーの物質）から始まり，廃棄物（高エントロピーの物質）に終わる一連の過程は，熱力学的には"スループット"（throughput，通過物）とみなすことができる．資源が制約され，閉ざされた地球にあってはこのスループットを最小化させるような経済にしなければならないと力説した．

これをさらに発展させたのがヴァンダービルト大学の亡命ルーマニア人，ジョージェスク＝レーゲンだった．彼は，エントロピー概念を取り入れて，経済過程の不可逆性や，ストックとフローの関係などを明らかにし，経済成長を停止させて定常経済に移行することを説いた（ジョージェスク＝レーゲン 1981）．しかしその難解さも加わって異端扱いにされ，米国の経済学会ではほとんど無視されてきた．このジョージェスク＝レーゲンの経済思想を受け継ぎ，全面的に復活させたのが，レーゲンの教え子，ハー

マン・デイリーだった．彼は，世界銀行の上級エコノミストを経てルイジアナ州立大学教授となるが，世銀での経験を生かし，世界的な視野から資源の持続性や社会的公正やコストを取り込んだマクロ経済学を展開した．1973年に編集した『定常状態の経済学に向けて』（Daly 1973）という最初の編著書のなかで，先駆的に，資源利用と廃棄物の排出に関する3つの原則を打ち立てた．

①森林や海の生物，土壌，水といった再生可能な資源の利用速度は，その資源の再生速度を超えてはならない．

②化石燃料や鉱石などの再生不可能な資源の利用速度は，それに代わる資源の開発速度を超えてはならない．

③汚染物質の排出速度は，自然界が安全に吸収，循環，無害化できるサイクルの速度を超えてはならない．

きわめて的確な原則だ．生態系が持続可能であるためには，自然資本である生態系を収奪することなしに，この資本が生み出す純益だけを取り出し，消費することを原則としなければならない．持続可能性とは，けっきょく，加藤（2005）も指摘するように，枯渇型資源への依存と，廃棄物の累積の2つからの脱却ということができる．これがデイリーの出発点だった．これをどのように実現すべきか．彼は，後に"エコロジー経済学"と名づけた分野を開拓しつつ，このことを一貫して追求する．彼の思想がどのように発展していくのか，次章でみる．

第12章 注

1) セミクジラはセミクジラ属に分類され，正確には，タイセイヨウセミクジラ *Eubalaena glacilis*，タイヘイヨウセミクジラ *E. japonica*，ミナミセミクジラ *E. australis* の3種から構成される．
2) この捕鯨砲は火薬式のため大きな反動があった．改良されるのは1920年代で，アメリカ人，クラレンス・バーズアイ（Clarence Birdseye）によって機械式・無反動砲となる．この発明にもかかわらず，アメリカは捕鯨から撤退してしまう．なおバーズアイは捕鯨砲より，冷凍食品を発明したことで知られ（Kurlansky 2014），現在"バーズアイ"はアメリカのもっともポピュラーな冷凍食品の1つである．
3) イギリスのリーバー・ブラザーズ（Lever Brothers）社

とオランダのマーガリン・ユニエ（Margarine Unie）社は合併し，ヨーロッパ最大の油脂会社ユニリーバ（Unilever）社を設立し，この会社とノルウェーのリルボルグ（Lilleborg）社との生産調整カルテルによる（Sandvik & Stori 2010）．

4) ミンククジラ（*Balaenoptera acutorostrata*）はかつて1種とみられていたが，南氷洋には形態的に異なる別種が存在していることが指摘されていた（Omura 1975 など）．この調査捕鯨のサンプルを使用して，それが遺伝的に異なることが確認され（Pastene *et al.* 1994），クロミンククジラ（ミナミミンククジラ *B. bonaerensis*，英名 Southern minke whale）と名づけられた．

5) 2017年6月13日，「共謀罪」採決の混乱のなか，「商業捕鯨推進法」（「商業捕鯨の実施等のための鯨類科学調査の実施に関する法律」）が可決した．この法律は，調査捕鯨を継続的に実施するために，調査計画，調査体制の整備，妨害行為への対応措置について定め，海洋生物資源の持続的な利用に寄与することを目的としている．クジラ類の保全や保護に関する文言は一切なく，「北太平洋調査捕鯨」とともに「南氷洋調査捕鯨」という商業捕鯨一色の従来の方針を推進することを目的にしている．これでは国際的に理解されることはない．

6) タイセイヨウクロマグロ（Atlantic bluefin tuna）とまぎらわしいが，大西洋西部に生息する全長1m程度の小型種で，blackfin tuna と呼ばれる．ヨシナガは尾が大きく長いのが特徴で，インド洋・太平洋南部で漁獲されるが，マグロでは小型種である．

7) マグロ類管理に関する国際条約や国際機関を表記する"conservation"を水産庁は公式に「保存」と訳しているが，ここでは「保全」と呼ぶ．この表記は，クジラ類の管理についても同様で，かなり本質的な問題を含むと思うからである．

8) ICCAT は "International Commission for the Conservation of Atlantic Tunas" の略称で，「大西洋マグロ類の保全のための条約」"International Convention for the Conservation of Atlantic Tunas" の執行機関である．

9) 正確には「西部太平洋における高度回遊性魚類資源の保全と管理に関する条約」（2004年）．日本は，水産業界を中心に不利な規制を多数決で押し通されるとしてその準備会合をボイコットしたものの，けっきょくは日本抜きで条約は成立し，日本は翌年加入書を寄託する形で条約に参加した．ここにも日本の資源に対する姿勢がみてとれる．

10) レーガン政権の内務省長官は，ジェームス・ワット（James G. Watt）で，環境保護主義を敵対視した．公有地はすべて牧場と人工林に転換し開発せよとの思想の持ち主だった．この長官のもとで「種の保全法」による保護種の数は最少となった．この最少記録は，（息子）ブッシュ政権の内務省長官，ダーク・ケンプソーン（Dirk Kempthorne）のもとで打ち破られる．彼は，確定していたにもかかわらず，保護種のリスティングを15カ月間も引き延ばし続けた．両政権とも事あるごとに国立公園局や野生生物局を目の敵にし，生物多様性条約など国際環境条約の署名すらしなかったことでも有名だ．

11) "ガイア（Gaia またはゲエ）"とは，ヘシオドスの『神統記』によると，ギリシャ神話に登場する最大の地母神である．オリュンポス12神が登場する以前，カオスから降臨する原初の女神であり，母なる自然の女神，デーメテール，アルテミシア，ディアナはここから直接・間接に系譜する．古代社会共通の多神教の神は，その後に呼び名はさまざまに変化するが，なお健在だった．ラヴロックは「この地球という惑星は1つの有機的な全体であり，その諸部分を単純に足し合わせた総合以上の存在である」とした．全体主義的であると同時に，女神や大地母神の復権を唱える"エコフェミニズム"のスピリチュアリティとも共鳴していた．

第12章　文献

会田勝美・金子豊二（編）．2013．魚類生理学の基礎（増補改訂版）．恒星社厚生閣，東京．272pp．

明石喜一．1910．本邦の諾威式捕鯨誌．東洋捕鯨株式會社，大阪．280pp．（改題復刻，明石喜一．1989．明治期日本捕鯨誌．東洋捕鯨株式會社，大阪）

秋道智彌．2009．クジラは誰のものか．ちくま新書，筑摩書房，東京．231pp．

Allen, K. R. 1972. Further notes on the assessment of Antarctic fin whale stocks. Rep. of IWC 22: 43-53.

Amarasekare, P. 1993. Potential impact of mammalian nest predators on endemic forest birds of western Mauna Kea, Hawaii. Conserv. Biol. 7: 316-324.

Anderson, C. N. K. *et al.* 2008. Why fishing magnifies fluctuations in fish abundance. Nature 452: 835-839.

Anon 2013. Reindeer eradication project, Phase 1 summary report. Gov. South Georgia. 17pp.

Anon. 2014. Reindeer eradication project, End of phase 2 report. Gov. South Georgia. 12pp.

Armstrong, A. J. & W. R. Siegfried. 1991. Consumption of Antarctic krill by minke whales. Antarctic Sci. 3: 13-18.

Armstrong, P. H. 1994. Human impact on the Falkland Islands environment. Environmentalist 14: 215-231.

Aron, W. *et al.* 2002. Scientists versus whaling: science, advocacy, and errors of judgement. BioSci. 52: 1137-1140.

Atkinson, A. *et al.* 2004. Long-term decline in krill stock and increase in salps within the Southern Ocean. Nature 432: 100-103.

Atkinson, A. *et al.* 2009. A re-appraisal of the total biomass and annual production of Antarctic krill. Deep-Sea Res. 156: 727-740.

Austin, J. *et al.* 2013. The origins of the enigmatic Falkland Islands wolf. Nature Com. 4: 1552/Doi: 10,1038.

馬場駒雄．1942．捕鯨（海洋科学叢書）．天然社，東京．326pp．

Bailey, H. *et al.* 2009. Behavioural estimation of blue whale movements in the Northeast Pacific from state-space model analysis of satellite tracks. Endang. Species Res. 10: 93-106.

Basberg, B. 2015. Commercial and economic aspects of Antarctic exploration: from the earliest discoveries into the 19th century. NHH Discussion Paper 1-26.

Basberg, B.L. & R.K. Headland. 2013. The economic significance of the 19th century Antarctic sealing industry. Polar Rec. 49: 381-391.

Beck, P. J. 1983. British Antarctic policy in the early 20th century. Polar Rec. 21: 475-483.

ベゴン, M. ほか. 2003. 生態学 原著第3版（堀道雄監訳）. 京都大学学術出版会, 京都. 1304pp.

Block, B. A. *et al.* 2005. Electronic tagging and population structure of Atlantic bluefin tuna. Nature 434: 1121-1127.

Block, B. A. *et al.* 2010. A view of the ocean from Pacific predators. In: Life in the World's Oceans: Diversity, Distribution and Abundance (McIntyre, A., ed.), pp. 291-312. Wiley-Blackwell, Oxford.

Block, B. A. 2011. Endothermy in tunas, billfishes, and sharks. Encyclop. Fish Physiol. 3: 1914-1920.

Block, B. A. *et al.* 2011. Tracking apex marine predator movements in a dynamic ocean. Nature 475: 86-90.

Bookchin, M. 1990. The Philosophy of Social Ecology: Essays on Dialectical Naturalism. Black Rose Book, London. 183pp.

ブクチン, M. 1995. ソーシャル・エコロジーとは何か（戸田清訳）.『環境思想の系譜2』（小原秀雄監修, リチャード・エバノフ・戸田清解説）, pp. 194-217. 東海大学出版会, 東京.

ブクチン, M. 1996. エコロジーと社会（藤堂麻里子・戸田清・萩原なつ子訳）. 白水社, 東京. 295pp.

Boulding, K. E. 1966. The economics of the coming Spaceship Earth. *In*: Environmental Quality in a Growing Economy (Jarrett, H., ed.), pp. 3-14. The Johns Hopkins Univ. Press, Baltimore.

ボールディング, K. E. 1970. 経済学を超えて（公文俊平訳）. 竹内書店, 東京. 301pp.

Boustany, A. M. *et al.* 2010. Movements of pacific bluefin tuna (*Thunnus orientalis*) in the Eastern North Pacific revealed with archival tags. Prog. Oceanography 86: 94-104.

Boyd, I. L. 2002. Estimating food consumption of marine predators: antarctic fur seals and macaroni penguins. J. Appl. Ecol. 39: 103-119.

Branch, T. A. *et al.* 2007. Past and present distribution, densities and movements of blue whales *Balaenoptera musculus* in the Southern Hemisphere and northern Indian Ocean. Mamm. Rev. 37: 16-175.

Branch, T. A. 2008. Current status of Antarctic blue whales on Bayesian modeling. Rep. IWC SC/60/SH7:1-10.

Brodie, P. F. 1975. Cetacean energetics, an overview of intraspecific size variation. Ecology 56: 152-161.

ブラムウェル, A. 1992. エコロジー（森脇靖子ほか訳）. 河出書房新社, 東京. 471pp.

Bushnell, P.G. & K.N. Holland. 1997. Tunas. Virginia Mar. Res. Bull. 29: 3-6.

Callicott, J. B. 1987. In Defense of Land Ethic: Essays in Environmental Philosophy. NY State Univ. Press, NY. 336pp.

キャリコット, J. B. 1995. 動物解放論争——三極対立構造（千葉香代子訳）.『環境思想の系譜3』（小原秀雄監修, 鬼頭秀一・森岡正博・リチャード・エバノフ・戸田清解説）, pp.59-80. 東海大学出版会, 東京.

キャリコット, J. B. 2009. 地球の洞察（山内友三郎ほか監訳）. みすず書房, 東京. 568pp.

Carey, F. G. & J. M. Teal. 1966. Heat conservation in tuna fish muscle. PNAS 56: 1464-1469.

Carey, F. G. *et al.* 1971. Warm-bodied fish. Am. Zool. 11: 137-145.

Carey, F. G. & K. D. Lawson. 1973. Temperature regulation in free-swimming bluefin tuna. Comp. Biochem. Physiol. 44: 375-392.

カーソン, R. 1964. 生と死の妙薬（後に『沈黙の春』）（青樹簗一訳）. 新潮社, 東京. 342pp.

CCSBT-ESC. 2014. Report of the 19th meeting of the Scientific Committee. Auckland.

Christensen, L. B. 2006. Marine mammal populations: reconstructing historical abundances at the global scale. Fish. Cent. Res. Rep. 14: 1-161.

Clapham, P. J. *et al.* 2007. Determining spatial and temporal scales for management: lessons from whaling. Marine Mamm. Sci. 24: 183-201.

Collette, B. B. *et al.* 2001. Systematics of the tunas and mackerels (Scombridae). In: Tuna: Physiology, Ecology, and Evolution (Block, B. A. and E. Donald, eds.), pp. 5-35. Academic Press, San Diego.

コモナー, B. 1972. なにが環境の危機を招いたか（安部善也・半谷高久訳）. 講談社, 東京. 360pp.

クック, J. (1768-1771, 1772-1775, 1776-1779) クック 太平洋探検 (1)-(6)（増田義郎訳 2005）. 岩波文庫, 岩波書店, 東京. 2194pp.

Corkeron, P. J. & J. C. Conner. 1999. Why do baleen whales migrate? Marine Mamm. Sci. 15: 1228-1245.

Crabbé, P. J. 1983. The contribution of L. C. Gray to the economic theory of exhaustible natural resources and its roots in the history of economic thought. J. Environ. Econ. Manage. 10: 195-220.

Croxall, J. P. *et al.* 1985. Relationships between prey life-cycles and the extent, nature and timing of seal and seabird predation in the Scotia Sea. In: Antarctic Nutrient Cycles and Food Webs (Siegfried, W. R. *et al.*, eds.), pp. 516-533. Springer, Berlin and Heidelberg.

カミングス, B. 2013. アメリカ西漸史（渡辺将人訳）. 東洋書林, 東京. 718pp.

キュリー, P. & Y. ミズレー. 2009. 魚のいない海（林昌宏訳・勝川俊雄監訳）. NTT出版, 東京. 351pp.

Daly, H. E. 1973. Toward a Steady-state Economy. Macmillan, NY. 332pp.

デイリー, H. E. 2005. 持続可能な発展の経済学. みすず書房, 東京. 384pp.

ダゴニュ, F. 1992. バイオエシックス（金森修・松浦俊輔訳）. 叢書・ウニベルシタス374, 法政大学出版局, 東京. 310pp.

Darwin, C. (ed.). 1839. Mammalia Part 2 No. 1 of the zoology of the voyage of H.M.S. Beagle. (以下参照. http://darwin-online.org.uk/content/frameset?viewtype=text&itemID=F8.2&pageseq=35 閲覧 2016. 7. 15)

ダーウィン, C. 1839. ビーグル号航海記［上・下］（島地威雄訳 1959）. 岩波書店, 東京. 581pp.（オリジナルは以下参照. http://literature.org/authors/darwin-charles/the-voyage-of-the-beagle/ 閲覧 2016. 8. 2)

Demëré, T. A. *et al.* 2008. Morphological and molecular evidence for a stepwise evolutionary transition from teeth to baleen in Mysticete whales. Syst. Biol. 57: 15-37.

DeYoung, B. et al. 2008. Regime shifts in marine ecosystems, detection, prediction and management. TREE 23: 402-409.

土肥昭夫ほか．1997．哺乳類の生態学．東京大学出版会，東京．261pp.

ドレグソン，A.・井上有一．2001．ディープ・エコロジー運動のプラットフォーム原則（井上有一訳）．『ディープ・エコロジー』, pp. 75-82. 昭和堂，京都．

Dudley, J. P. et al. 2002. Effects of war and civil strife on wildlife and wildlife habitat. Conserv. Biol. 16: 319-329.

Elliot, G. H. 1979. The failure of the IWC, 1946-1966. Marine Policy 3: 149-155.

エーリック，P．1974．人口爆弾（宮川毅訳）．河出書房新社，東京．221pp．

Espinas, A. V. 1878. Des sociétés animals. Germer Baillière, Paris, France. English translation 1977. Arno Press, NY. 364pp.

FAO. 2005. Species Fact Sheet, Euphausia superba. (http://www.fao.org/fishery/species/3393/en)

FAO. 2014. The State of World Fisheries and Aquaculture (SOFIA). http://www.fao.org/fishery/sofia/en（閲覧 2015. 4. 8）．

Feeny, D. et al. 1990. The tragedy of the commons: twenty-two years later. Human Ecol. 18: 1-18.

フェリ，L．1994．エコロジーの新秩序（加藤宏幸訳）．法政大学出版局，東京．268pp．

Fineberg, J. 1974. The rights of animals and unborn generations. In: Philosophy and Environmental Crisis (Blakstone, W. T., ed.), pp. 43-68. Univ. Georgia Press, Athens.

Fitzgerald, E. M. G. 2006. A bizarre new toothed mysticete (Cetacea) from Australia and the early evolution of baleen whales. Proc. Roy. Soc. Lond. B 273: 2955-2963.

フォックス，M. A. 1993．「動物の解放」──一つの批判（樫則章訳）．『環境の倫理（上）』（シュレーダー＝フレチェット編，京都生命倫理研究会訳），pp. 208-232．晃洋書房，京都．

藤永茂．1974．アメリカ・インディアン悲史．朝日新聞社，東京．270pp．

藤瀬良弘．2008．海洋生態系を探る──鯨類捕獲調査がめざすもの．『日本の哺乳類学③水生哺乳類』（加藤秀弘編），pp. 203-228．東京大学出版会，東京．

藤原辰史．2005．ナチス・ドイツの有機農業．柏書房，東京．306pp．

フラー，B．1988．宇宙船「地球号」操縦マニュアル（東野芳明訳）．西北社，東京．251pp．

Gambell, R. 1993. International management of whales and whaling: an historical review of the regulation of commercial and aboriginal subsistence whaling. Arctic 46: 97-107.

ガスキン，D. E. 1984．クジラとイルカの生態（大隅清治訳）．東京大学出版会，東京．450pp．

Goldbogen, J. A. et al. 2006. Kinematics of foraging dives and lunge-feeding in fin whales. J. Exper. Biol. 209: 1231-1244.

Goldbogen, J. A. et al. 2011. Mechanics, hydrodynamics and energetics of blue whale lunge feeding: efficiency dependence on krill density. J. Exper. Biol. 214: 131-146.

Goldbogen, J. A. et al. 2012. Scaling of lunge-feeding performance in rorqual whales: mass-specific energy expenditure increase with body size and progressively limits diving capacity. Functional Ecol. 26: 216-226.

グレイ，J．1999．グローバリズムという妄想（石塚雅彦訳）．日本経済新聞社，東京．324pp．

Grieves, F. L. 1972. Leviathan, the international whaling commission and conservation as environmental aspects of international law. West. Polit. Quart. 25: 711-725.

Gutiërrez, N. et al. 2011. Leadership, social capital and incentives promote successful fisheries. Nature 388: 386-389.

Hamner, W. N. et al. 1983. Behavior of Antarctic krill, Euphausia superba: chemoreception, feeding, schooling, and molting. Science 220: 433-435

Hardin, G. 1968. The tragedy of the commons. Science 162: 1243-1248.

Hardin, G. 1974. Lifeboat ethics. BioSci. 24: 561-568.

畠山武道．1992．アメリカの環境保護法．北海道大学図書刊行会，札幌．464pp．

畠中和生．2005．環境倫理学の成立（II）．広島大学大学院教育研究科紀要 No. 54: 67-76.

ハリソン，R．1979．アニマル・マシーン（橋本明子・山本貞夫・三浦和彦訳）．講談社，東京．293pp．(Harrison, R. 1964. Animal Machines. Ballantine Books, London. 215pp. の邦訳)

服部徹（編）．1992．日本捕鯨彙考（明治後期産業発達史第102巻），［大日本水産会明治21年（1908年）刊の複製］．龍渓書舎，東京．

林誓雄．2009．環境倫理学におけるヒューム哲学──その限界と可能性．京都生命倫理研究会2009年3月報告：1-15.

Hewitt, R. P. et al. 2004. Biomass of Antarctic krill in the Scotia Sea in January/February 2000 and its use in revising an estimate of precautionary yield. Deep-Sea Res. II 51: 1215-1235.

Hofmann, E. E. & E. J. Murphy. 2004. Advection, krill, and Antarctic marine ecosystem. Antarctic Sci. 16: 487-499.

豊秋亭里遊．1840．小川嶋鯨鯢合戦記．日本農書全集第58巻（現代語訳，田島佳也 1995），pp. 281-383．農山漁村文化協会，東京．

Hureau, J-C. 1994. The significance of fish in the marine Antarctic ecosystem. Polar Biol. 14: 307-313.

ICCAT. 2015. ICCAT report 2014-2015, Atlantic Bluefin tuna, executive summary. https://www.iccat.int/en/（閲覧 2015. 2. 10）．

稲本守．2015．南極海調査捕鯨に関する国際司法裁判所判決──その分析と今後の課題．人間科学研究（東京海洋大学）12: 16-43.

Isachsen, G. 1929. Modern Norwegian whaling in the Antarctic. Geogr. Rev. 19: 387-403.

伊勢田哲治．2008．動物からの倫理学入門．名古屋大学出版会，名古屋．364pp．

石牟礼道子．1969．苦界浄土．講談社，東京．294pp．

板橋守邦．1987．南氷洋捕鯨史．中公新書，中央公論社，東京．233pp．

Itoh, T. et al. 2002. Migration patterns of young Pacific Bluefin tuna (Thunnus orientalis) determined with ar-

chival tags. Fish. Bull. 101: 514-534.
Itoh, T. et al. 2003. Swimming depth, ambient water temperature preference, and feeding frequency of young Pacific Bluefin tuna (*Thunnus orientalis*) determined with archival tags. Fish. Bull. 101: 535-544.
IUCN. 2011. Red List of Threatened Species.〈http://www.iucnredlist.org/〉閲覧 2014. 7. 13〉
岩佐茂．1994．環境の思想．創風社，東京．215pp.
IWC. 1988. Management procedures. Report of Science Committee. Rep. Int. Whal. Commn. 39: 38-39.
ジョージェスク＝レーゲン，N．1981．経済学の神話（小出厚之助ほか訳）．東洋経済新報社，東京．285pp.
ヨナス，H．2000．責任という原理（加藤尚武監訳）．東信堂，東京．438pp.
Jones, C. F. 1924. The economic activities of the Falkland Islands. Geogr. Rev. 14: 394-403.
Joseph, J. et al. 1988. Tuna and billfish: fish without a country. Inter-Am. Trop. Tuna Comm., FAO. 69pp.
亀山純生．1995．「動物の権利」論と動物倫理への基本視点．日獣会誌．48: 929-934.
カント，I．1785．道徳形而上学原論（篠田秀雄訳 1960）．岩波文庫，岩波書店，東京．189pp.
カント，I．1786．人類の歴史の憶測的起源（『啓蒙とは何か』所収，篠田秀雄訳 1960）．岩波文庫，岩波書店，東京．189pp.
カント，I．1797．人倫の形而上学（横井正義・池尾恭一訳 2002）．『カント全集 11』岩波書店，東京．452pp.
カップ，K. W．1959．私的企業と社会的費用（篠原泰三訳）．岩波書店，東京．321pp.
粕谷俊雄．2011．イルカ．東京大学出版会，東京．640pp.
片岡千賀之・亀田和彦．2012．明治期における長崎県の捕鯨業——網取り式からノルウェー式へ．長崎大水産学部研究報告 93: 79-106.
Kato, H. et al. 1988. Summary of preliminary experiments using an image processing system to enhance the age determination of the southern minke whale from earplugs. Rep. Int. Whale Comm. 38: 269-272.
加藤秀弘．1990．ヒゲクジラ類の生活史，特に南半球産ミンククジラについて．『海の哺乳類』（宮崎信之・粕谷俊雄編），pp. 128-150．サイエンティスト社，東京．
加藤尚武．1991．環境倫理学のすすめ．丸善，東京．226pp.
加藤尚武．2005．新・環境倫理学のすすめ．丸善，東京．215pp.
勝山俊雄．2007．マイワシ資源への漁獲の影響．日本水産学会誌 73: 763-766.
川崎健．1999．漁業資源．成山堂書店，東京．210pp.
木村清志ほか．2018．海産魚類レッドリストとその課題．魚類学雑誌 65: 97-116.
Kitagawa, T. et al. 2001. Thermoconservation mechanism inferred from peritoneal cavity temperature recorded in free swimming Pacific bluefin tuna (*Thunnus thynnus orientalis*). Mar. Ecol. Prog. Ser. 220: 253-263.
Kitagawa, T. et al. 2009. Immature Pacific bluefin tuna, *Thunnus orientalis*, utilizes cold waters in the Subarctic Frontal Zone for trans-Pacific migration. Environ. Biol. Fish 84: 193-196.
鬼頭秀一．2009．環境倫理の現在——二項対立図式を超えて．『環境倫理学』（鬼頭秀一・福永真弓編），pp. 1-22．東京大学出版会，東京．
鬼頭秀一・福永真弓（編）．2009．環境倫理学．東京大学出版会，東京．287pp.
近藤勲．2001．日本沿岸捕鯨の興亡．山洋社，東京．449pp.
Korsmeyer, E. E. et al. 1996. Tuna aerobic swimming performance: physiological and environmental limits based on oxygen supply and demand. Comp. Biochem. Physiol. 113: 45-56.
児矢野マリ．2014．国際行政法の観点からみた捕鯨判決の意義．国際問題 636: 43-58.
クロポトキン（1902）の『相互扶助論，進化の要因』（"Mutual Aid, A Factor of Evolution"）は以下の URL で読める〈http://dwardmac.pitzer.edu/Anarchist_Archives/kropotkin/mutaidcontents.html〉．翻訳は大杉栄（1917）によるが，その現代語訳が同時代社から出版されている（1996）．参照したのはその「増補改訂版」（2012）である．
久米博．2002．ハンス・ヨナスの未来倫理——「生命の原理」から「責任の原理」へ．立正大学文学部論叢 116: 19-42.
Kurlansky, M. 2014. Frozen in Time: Clarence Birdseye's Outrageous Idea about Frozen Food. Random House Children's Book, NY. 176pp.
Leader-Williams, N. 1988. Reindeer on South Georgia: The Ecology of an Introduced Population. Cambridge Univ. Press, Cambridge. 319pp.
レオポルド，A．1997．野生のうたが聞こえる（新島義昭訳）．講談社，東京．370pp.
Lockyer, C. 1987. The relationship between body fat, food resource and reproductive energy costs in north Atlantic fin whales (*Balaenoptera physalus*). Symp. Zool. Soc. Lond. 57: 343-361.
ラヴロック，J. E．1984．地球生命圏（星川淳訳）．工作舎，東京．296pp.
Martin, J. H. et al. 1990. Iron in Antarctic waters. Nature 345: 156-158.
McCloskey, H. J. 1975. The right to life. Mind 84: 403-425.
McDonald, M. A. et al. 1995. Blue and fin whales observed on a seafloor array in the Northeast Pacific. J. Acoust. Soc. Am. 98: 712-721.
メドウズ，D. H．1972．成長の限界．ダイヤモンド社，東京．203pp.
Miguel, E. & G. Roland. 2011. The long-run impact of bombing Vietnam. J. Develop. Econ. 96: 1-15.
三浦慎悟．2008．ワイルドライフ・マネジメント入門．岩波書店，東京．123pp.
宮守代利子．2014．「自然の権利」に関する考察——なぜアメリカでは実現できたのか．社学研論集 24: 17-32.
茂木愛一郎．2014．北米コモンズ論の系譜——オストロムの業績を中心に．『エコロジーとコモンズ』（三俣学編），pp. 47-68．晃洋書房，京都．
森岡正博．1993．ディープエコロジー派の環境哲学・環境倫理学の射程．科学基礎論研究 21: 85-90.
森下直紀．2008．「保全」概念の源流と資源管理行政の成立——20 世紀初頭におけるアメリカ合衆国環境思想に関する一考察．Core Ethics 4: 475-484.
森田勝昭．1994．鯨と捕鯨の文化史．名古屋大学出版会，名古屋．421pp.

Myers, R. A. & B. Worm. 2003. Rapid worldwide depletion of predatory fish communities. Nature 423: 280-283.

Næss, A. 1973. The shallow and the deep, long-range ecology movement: a summary. Inquiry 16: 95-100.

ネス，A．1997．ディープ・エコロジーとは何か（斎藤直輔・開龍美訳）．文化書房博文社，東京．365pp.

ナッシュ，R. F. 1999．自然の権利（松野弘訳）．ちくま学芸文庫，筑摩書房，東京．506pp.

奈須敬二．1990．捕鯨盛衰記（食の科学選書1）．光琳，東京．229pp.

National Statistic Home Office. 2014. https://www.ons.gov.uk/（閲覧2015.6.10）．

Ngo, A. D. et al. 2006. Association between Agent Orange and birth defects: systematic review and meta-analysis. Int. J. Epidemiol. 35: 1220-1230.

Nichol, S. & Y. Endo. 1997. Krill fisheries of the world. Fisheries Technical Paper 367: 1-100.

Nicholson, E. W. 1897. The Rights of an Animal: A New Essay in Ethics. Kegan Paul & Co.（以下参照．https://archive.org/details/rightsananimala01lawrgoog 閲覧2014.7.17）

日本鯨類研究所．2015．HP．(http://www.icrwhale.org/scJARPAJp.html 閲覧2016.6.20)

日本海区水産研究所．2014．平成26（2014）年度ハタハタ日本海北部系群の資源評価．(http://abchan.job.affrc.go.jp/digests26/details/2649.pdf 閲覧2016.6.20)

二野瓶徳夫．1981．明治漁業開拓史．平凡社選書70，平凡社，東京．342pp.

西山隆行．2012．アメリカのナショナル・アイデンティティに関する一考察――サミュエル・P・ハンティントンの議論を中心として．甲南法学53: 1-59.

Oftedal, O. T. 1993. The adaptation of milk secretion to the constraints of fasting in bears, seals, and baleen whales. J. Dairy Sci. 76: 3234-3246.

小川太輝・平松一彦．2015．マサバ太平洋系群と北東大西洋のタイセイヨウサバの資源評価・管理の比較．日本水産学会誌 81: 408-417.

大久保彩子．2007．国際捕鯨規制の科学と政治――日本の捕鯨外交の再検討に向けて．海洋政策研究 4: 35-50.

大隅清治．1977．鯨類の齢査定と成長．哺乳類科学17: 54-65.

Ohsumi, S. 1979. Interspecies relationships among some biological parameters in Cetaceans and estimation of the natural mortality coefficient of the Southern Hemisphere minke whale. Rep. IWC 29: 397-406.

大隅清治．2013．国際捕鯨委員会／科学小委員会の変遷と日本との関係（I）戦前の国際捕鯨規制と科学の関与．鯨研通信 458: 1-7.

太田明．2011．世代間正義論はなぜ困難なのか――さまざまな批判的論法に着目して．玉川大学文学部紀要 52: 119-140.

Omura, H. 1975. Osteological study of the minke whale from the Antarctic. Sci. Rep. Whales Res. Inst. 27: 1-36.

Ostrom, E. 1990. Governing the Commons: The Evolution of Institutions for Collective Actions. Cambridge Univ. Press, Cambridge. 280pp.

大槻清準．1808．鯨史稿（全6巻）．（以下参照．http://dl.ndl.go.jp/info:ndljp/pid/2609180 閲覧2014.1.10）

Palmer, M. G. 2005. The legacy of agent orange: empirical evidence from central Vietnam. Social. Sci. Med. 60: 1061-1070.

パスモア，J．1979．自然に対する人間の責任（間瀬啓允訳）．岩波書店，東京．349pp.

Pastene, L. A. et al. 1994. Differentiation of mitochondrial DNA between ordinary and dwarf forms of southern minke whale. Rep. IWC 44: 277-281.

Pauly, D. et al. 1998. Fishing down marine food webs. Science 279: 860-863.

PBTWG. 2014. Stock assessment of Bluefin tuna in the Pacific Ocean in 2014. ISCTNPO. 121pp.

Pearson, M. & R. Stehberg. 2006. Nineteenth century sealing sites on Rugged Island, South Shetland Islands. Polar Record 42: 335-347.

Pyenson, N. D. et al. 2012. Discovery of a sensory organ that coordinates lunge feeding in rorqual whales. Nature 485: 498-501.

Quy, V. 2005. The attack of agent orange on the environment in Vietnam and its consequences. Proc. Paris Conf. (Agent Orange and Dioxin in Vietnam, 35 years later), 1-11.

ロールズ，J．1979．正義論（矢島鈞次監訳）．紀伊國屋書店，東京．482pp.

Regan, T. 1975. The moral basis of vegetarianism. Canad. J. Phylosophy 5: 181-214.

レーガン，T．1995．動物の権利の擁護論（青木玲訳）．『環境思想の系譜3』（小原秀雄監修，鬼頭秀一・森岡正博・リチャード・エバノフ・戸田清解説），pp. 21-44．東海大学出版会，東京．

Reilly, S. et al. 2004. Biomass and energy transfer to baleen whales in the South Atlantic sector of the Southern Ocean. Deep-Sea Res. II 51: 1397-1409.

Richards, R. 2003. New market evidence on the depletion of southern fur seals: 1788-1833. New Zealand J. Zool. 30: 1-9.

Riedman, M. 1990. The Pinnipeds: Seals, Sea Lions, and Walruses. Univ. Calif. Press, Berkeley. 439pp.

Ritvo, H. 1984. Plus ça change: anti-vivisection then and now. Sci. Tech. Human Values 9: 57-66.

Roberts, B. 1958a. Chronological list of Antarctic expedition. Plolar Rec. 9: 97-134.

Roberts, B. 1958b. Chronological list of Antarctic expedition (Continued). Plolar Rec. 9: 191-239.

Rooker, J. R. et al. 2007. Life history and stock structure of Atlantic Bluefin tuna (*Thunnus thynnus*). Rev. Fish. Sci. 15: 265-310.

Ross, J. C. 1847. A voyage of discovery and research in the southern and Antarctic regions during the years 1839-43. Murray, Lond., 502pp.（以下参照．https://archive.org/details/voyageofdiscover02rossuoft 閲覧2016.9.10）

Russell, W. M. S. & R. L. Burch 1959. The Principles of Humane Experiental Technique. Methuen, London. 238pp.

ザックス，W．2003．地球文明の未来学（川村久美子・村井章子訳）．新評論，東京．344pp.

Sagoff, M. 1984. Animal liberation and environmental ethics: bad marriage, quick divorce. Law Ecol. Ethics Symp. 2:

297-308.

坂元茂樹．2014．日本からみた南極捕鯨事件判決の射程．国際問題 636: 6-19.

佐久間美明．1999．資源管理から環境管理に向けて．漁協 81: 37-38.

桜本和美．1991．モデル依存型鯨類資源管理方式．『鯨類資源の研究と管理』（桜本和美・加藤秀弘・田中昌一編），pp. 173-183. 恒星社厚生閣，東京．

Salt, H. 1982. Animals' Rights Considered in Relation to Social Progress.（以下参照．https://books.google.co.jp/books?id=2AniVZ166noC&dq=henry%20solt%201892%20animal%20right&hl=ja&source=gbs_book_other_versions　閲覧 2016. 9. 18）

Samaran, F. et al. 2013. Seasonal and geographic variation of southern blue whale subspecies in the Indian Ocean. PLOS ONE 8: e71561, 1-10.

Sandvik, P. T. & E. Storli. 2010. Controlling Unilever: whale oil, margarine and Norwegian economic nationalism, 1930-31. Econ. Hist. Rev. 63: 1-22

Sandvik, P. T. & E. Storli. 2011. Confronting market power, Norway and international cartels and trusts, 1919-1939. Scand. Econ. Hist. Rev. 59: 232-249.

Sergeant, D. E. 1969. Feeding rates of Cetacea. FiskDir. Skr. Ser. HavUnders. 15: 246-258.

清水俊．2012．乳飲み子の倫理と未来世代の責任．先端倫理研究 6: 36-48.

Singer, P. 1973. Democracy and Disobedience. Oxford Univ. Press, Oxford. 158pp.

シンガー，P. 1993．動物の解放．『環境の倫理（上）』（シュレーダー＝フレチェット編，京都生命倫理学会訳），pp. 187-207. 晃洋書房，京都．

新村龍也ほか．2011．歯のあるヒゲクジラ Aetiocetus polydentatus の復元．化石 90: 1-2.

Slater, G. J. et al. 2009. Evolutionary history of the Falklands wolf. Cur. Biol. 19: 937-938.

Smith, I. W. 2002. The New Zealand Sealing Industry: History, Archaeology, and Heritage Management. Dept. of Conservation, Wellington. 71pp.

Smith, J. J. 2014. Evolving to conservation?: the International Court's decision in the Australia/Japan Whaling Case. Ocean Develop. Int. Law 45: 301-327.

Stellman, J. M. et al. 2003. The extent and patterns of usage of Agent Orange and other herbicides in Vietnam. Nature 422: 681-687.

Stevens E. D. & W. H. Neil. 1978. Thermal relations of tunas especially skipjack. In: Fish Physiology (Hoar W. S. and D. J. Randall, eds.), Vol. 617, pp. 315-359. Academic Press, NY.

Stone, C. D. 1972. Should trees have standing?: toward legal rights for natural objects. Calif. Law Rev. 45: 450-501.

Strange, I. J. 1992. A Field Guide to the Wildlife of the Falkland Islands and South Georgia. Harper Collins Ltd., London. 188pp.

末田智樹．2009．近世日本における捕鯨漁場の地域的集中の形成過程．岡山大学経済学会雑誌 40: 49-72.

水産庁．2011．水産業をめぐる情勢の変化．(http://www.jfa.maff.go.jp/j/kikaku/kihonkeikaku/pdf/shiryo2_4.pdf　閲覧 2014. 3. 25)

諏訪雄三．1996．アメリカは環境に優しいのか．新評論，東京．378pp.

高橋順一．1992．鯨の日本文化誌．淡交社，京都．166pp.

高橋広次．2011．環境倫理学入門．勁草書房，東京．167pp.

高橋義文．2004．持続性概念からみたエコロジカル経済学．北海道大学農経論叢 60: 175-188.

田村力．2010．クロミンククジラの食性と採餌量について．鯨研通信 448: 1-7.

田中省吾．1987．鯨物語．柴田書店，東京．245pp.

田中昌一．1991．1つのモデル独立型鯨類管理方式の提案．『鯨類資源の研究と管理』（桜本和美・加藤秀弘・田中昌一編），pp. 184-197. 恒星社厚生閣，東京．

戸島昭．1994．大津郡捕鯨紛議（四）──近世，瀬戸崎浦と川尻浦の対立．山口県文書館研究紀要 21: 1-17.

Tou, J. C. et al. 2007. Krill for human consumption: nutritional value and potential health benefits. Nut. Rev. 65: 63-77.

東洋捕鯨株式会社（編）（岡十郎）．1989．明治期日本捕鯨誌．マツノ書店，徳山．280pp.（『本邦の諾威式捕鯨誌』1910 年復刻）

塚本勝巳．1993．魚類の遊泳運動──水中への適応．比較生理生化学 10: 249-262.

Turner, F. J. 1893. The Significance of the Frontier in American History.（以下参照．https://www.learner.org/workshops/primarysources/corporations/docs/turner.html　閲覧 2015. 7. 17）．

渡邊洋之．2006．捕鯨問題の歴史社会学．東信堂，東京．222pp.

Watanabe, Y. Y. et al. 2015. Comparative analyses of animal-tracking data reveal ecological significance of endothermy in fishes. PNAS 112: 6104-6109.

Westing, A. H. (ed.). 1984. Herbicides in War: The Long Term Ecological and Human Consequences. Paylor & Frances, Philadelphia. 210pp.

Westing, A. H. 1989. Herbicides in warfare: the case of Indochina. In: Ecotoxicology and Climate (Bourdeau, P. et al., eds.), pp. 337-357. John Wiley & Sons, Hoboken.

White, Jr. L. 1967. The historical roots of our ecologic crisis. Science 155: 1203-1207.

ウィルソン，E. O. 1994．バイオフィリア（狩野秀之訳）．平凡社，東京．253pp.

Woodward, B. L. et al. 2006. Morphologial specializations of baleen whales associated with hydrodynamic performance and ecological niche. J. Morph. 267: 1284-1294.

Worm, B. et al. 2006. Impacts of biodiversity loss on ocean ecosystem services. Science 314: 787-790.

ウォースター，D. 1997．自然の富（小倉武一訳）．農山漁村文化協会，東京．347pp.

山崎淳．1991．京都府沖合海域におけるズワイガニの生態に関する研究（6）．京都府立海洋センター研究報告 14: 32-38.

山崎淳．2008．なぜ，京都のズワイガニは復活できたのか．日本水産学会誌 74: 289.

終章　生物多様性と持続可能な社会

13.1　生物多様性とはなにか

（1）地球には何種の生物種が存在するのか

　神の創造物目録(リスト)をつくろうとしたリンネは，「二名法」を考案するいっぽうで，1735年にはわずか12ページの小冊子，『自然の体系』を出版した．壮大な企てにしてはささやかな出発だったが，彼のなかには，神の御業である生物種はせいぜい1万種以内とのやや楽観的な「想定」があったといわれている（Steam 1959）．しかし，新種が次々と増え，その第10版（1758年）では，植物が約6000種，動物が約4200種と，あっさり1万種を突破してしまう．それでもなお「1万種」にはこだわったようで，今度は，植物と動物，それぞれ1万種という考えに軌道修正するが，これもほどなく弟子たちによって更新されてしまう．とはいえ，形態の類縁性にもとづいた「二名法」という人為分類は，皮肉にも神の道からは外れたが，進化や系統という着想を得て，科学の道を推進していくことになる．
　生物種数は時代とともに確実に増えていった（Erwin 1991）．イギリスの先進的な自然神学の博物学者であった，ジョン・レイは17世紀末の時点で世界中には昆虫だけでも2万種以上と推定していたらしい（Westwood 1833）．リンネの遺産を引き継いだリンネ協会，その会長を務めた昆虫学者のウィリアム・カービィ（p.483参照）は，1830年ころ，地球上には40万-60万種の生物がいると見積もったという（Westwood 1833）．生物種数はいったいどこまで増えるのか．イギリス，ロザムステッド農事試験場の昆虫学者，キャリントン・ウィリアムズ（Williams 1964）は『自然のバランスのパターン』という著作のなかで，生物の種数を300万種と推定し，一挙に100万種のオーダーに載せた．だがその後，地球上の生物種数について言及する研究者はほとんどいなくなる．最大の理由は，生物種のなかで昆虫類が突出して多いこと，しかも主要な生息地は熱帯雨林で，そこの生息状況がまったく不明だったことによる．神は熱狂的な昆虫マニアだったようだ．熱帯雨林の昆虫相の調査が本格的に始まるのは1970年代後半に入ってからだった（図13-1）．
　先鞭をつけたのはスミソニアン研究所のテリー・アーウィン（Erwin 1982）．彼はパナマの熱帯雨林でシナノキ科の樹木19本の林冠部を調査し，59科1200種の甲虫類を採集した．このうちこのシナノキに特異的な甲虫類は163種

図13-1　東南アジアの熱帯雨林．パソー森林保護区（マレーシア）（1995年1月著者撮影）．

だったという.この知見から彼の大胆な推理が展開される.世界の熱帯雨林の樹種を5万種とし,それぞれの種に特異的な甲虫が同じように生息するとすれば,163種×5万種＝815万種となる.甲虫は節足動物門の一部で,その割合を40％とすると,全節足動物種数は約2000万種となる.また,林冠部には林床部の2倍生息すると仮定すると,全熱帯雨林は約3000万種の節足動物がいることになる.樹種特異的な固有種が多いことを考慮すれば,約5000万種の節足動物がいる可能性があるとした（Erwin 1988, 1991）.これに対しイギリス自然史博物館のナイジェル・ストーク（Stork 1988）は,樹種特異性の不適切な割合,林床部の比率の過小評価,甲虫類の割合の過大評価といったアーウィンの仮定を批判し,あらためて700万-1000万種と推定した.両者ともにずいぶんと粗い推定値ではある.

リバプール工科大学のホジキンソンとケイソン（Hodkinson & Casson 1991）は,この問題に別の視点からアプローチした.注目したのはカメムシ類だ.インドネシア,スラウェシ島の森林内でいろいろな方法で採集したカメムシは1690種だった.同定の結果,このうち62.5％にあたる1056種が未記載種であった.この記載種と未記載種の比率を基準に,どの地域にも適用可能と仮定し,全世界のカメムシ類の種数→昆虫類に占めるカメムシ類の比率（7.5％）→全体に占める林冠種の比率（10％）→熱帯雨林の昆虫の種数から,世界の総種数を190万-300万種と推定した.アーウィンのそれよりはるかに少ない値である.ある既知サンプルの数値を拡張する方法を「外挿法」というが,この外挿もまた大胆だ.

前後してこの推定を試みたのは,現代の指導的な生態学者,イギリス,オックスフォード大学のロバート・メイ（May 1988）だった.一般に,動物のサイズと種数との間には一定の相関関係があることが経験的に知られている.つまり,体長[1]が10分の1になると,そのサイズ区分に含まれる種数は100倍に増える傾向がある（図13-2）——メイはこの関係に着目した.

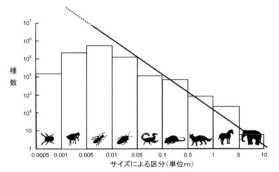

図 13-2 サイズと種数の関係（May 1986, 1988 より）.体長数mから数cmのサイズ区分では種数と体長との間には強い相関関係が認められるが,1cm以下ではこの関係は成立しない.これは1cm以下の種について記載が見落とされたり,見逃されてきたことによると考えられる.この関係が体長1mmまで成立しているとすれば,種数は1000万種以上となる.

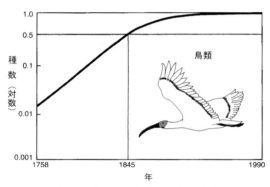

図 13-3 鳥類の種の記録曲線.現在の種数を1として,記録された種数.1845年にちょうど半分の種数が記載された.

しかしなぜこうした関係が成立するのか,肝心な点の根拠は薄い.この規則性は体長数mから数cmまでの間では成立するが,これより小さくなると成り立たない.この原因は小さな動物ほど分類学者が見落としたり,特定の形質を見逃し種の認識ができない頻度が増加することによるのだとメイは解釈した.同様に,この関係を外挿し,サイズと種数の関係が少なくとも体長1mmまで成立すると仮定すると,種数は動物だけでも約1000万種になると推定した.ここに,植物や菌類,また1mm以下の生物種を加えると,全生物種数は3000万種程度になるだろうと予測した.この値は広く受け入れられ,ウィルソン（1995）やピムら（Pimm *et al.*

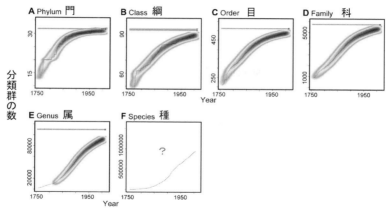

図 13-4　種数の推定．「動物界」でみると，種数（F）は，まだ増加中で，飽和がまったく予測できない．これに対し，分類群のレベルを上げる，つまり，大分類群の科や目，綱になると，飽和点の予測が可能となる．Mora et al. (2011) はこれによって種数を推定した．

1995）などの著名な研究者も 3000 万-5000 万種説を採用することが多い．

　最近，カナダ，ダルハウジー大学のカミロ・モーラら（Mora et al. 2011）は別の角度からこの課題にチャレンジしている．そのアプローチがおもしろい．さまざまな現象はある一定の値までは急速に増加し，ゴールが近づくにつれて変化が遅くなる傾向を示す．これを「飽和曲線」という．人間の分類学の営為もこれに似る．たとえば，鳥類は現在 9800 種ほどが記載される．これを 1 として，時間にともなう累積種数を描くと（図 13-3），リンネが分類と記載を始めて以降（1758 年），種数は急速に増えていき，1850 年にはちょうど半分に達し，その後は徐々に少なくなり，1930 年代にはほぼ飽和，近年では 1 年あたり 3-5 種程度の新種が記載されるにすぎない．よくめだち人間との接触が多い哺乳類や被子植物の傾向もこれにしたがう．しかし，これ以外の多くの分類群ではなお多数の種が継続的に記載され，増加中で，飽和点（つまりゴール）が予測できない．

　しかしながら，種ではなく，属，科，目，綱，門などの上位の分類単位に着目すると，それぞれの分類単位を構成する下位単位の数（たとえば界を構成する門の数，門を構成する綱の数）は時間推移とともに飽和や，飽和しないとしても飽和点（極大値）を予測することが可能だ．

　図 13-4 は動物界（Animalia）の場合で，種数は増加中だが，「属」や「科」以上の分類単位では，飽和の傾向がみられ上限値の推定ができる．上位の分類単位もまた種の多様性，種数の指標となるので，全体の種数が予測できる．これによって推定された地球上の生物総種数は 875 万種（標準誤差 ±130 万種）という（このうち海産生物種は 220 万種 ±18 万種）．大方の予測よりやや少ないように思われる．菌類や原生生物類，バクテリア類，古細菌類などの推定値は，モーラら自身も指摘するように，かなりの過小評価と考えられる．たとえば菌類は現在，記載種が 7.4 万種だが，かなり保守的にみても 150 万種との意見は少なくない（Hawksworth 2001）．こうした意見を含め，やや過大に見積もると，総種数は約 1000 万種といったところになるだろうか．

　これでもまだ問題は残る．形態ではなくもっぱら分子レベルの変異を示すバクテリア類や古細菌類では，どのように「種」を定義し，把握すべきなのか，きちんとした答えを私たちは現在でもなお持ち合わせていない．今後の課題だ．また，「界」ではなく，それ以下の「門」や「綱」を単位に同じ分析を行ったほうがより正確な推定値は求められる可能性がある．しかしここではこれらすべてを保留し，結論として総種数の推定値を 1000 万種としておく．

この仮の推定値からあらためて判断すると，私たちは，現在，全生物種のうち記載したのはわずか14.2%，まだ85.8%が未記載種のままということになる（海産生物の記載種はさらに低く，わずか8.8%）．はるかなゴールをめざしスタートを切ったにすぎないのだ．現在，世界中には3万-4万人程度の分類学者がいて（こちらは過大評価か），毎年約1万2000程度の新種を記載しているという．このペースでいけば，人類が全生物種をリストするにはあと625年かかると予測される．記載するペースより絶滅するペースのほうが速いから，またマイナー種ほどみつけるのが困難だから，この人類に課せられた宿題はやり遂げられそうにない．

もう一度，種数問題の出発点に立ちもどる．ミズーリ大学付属植物園園長，ピーター・レーヴン（1993）は"グローバル生物多様性戦略"（WRI・IUCN・UNEP 1993）という本の冒頭の章「生物多様性の本質と価値」のなかで次のように述べる．「われわれは地球上の生物の種数を，その桁数でさえ，推定できていない．知識という点においても，人類の将来に積極的に貢献するわれわれの能力という点においても，ぞっとするほどお寒い状況にある．これほど人類と直結する分野であるにもかかわらず，明らかに，これほど既知であることが少ない科学の分野も希有といってよい」．

（2） 生物界を構成する生物

ところで近年，生物の分類が大幅に変更されつつある．少し前までの生物の分類は，おもに形態や代謝様式を指標に，ロバート・ウィッタッカーやリン・マーギリウスらの提唱（Whittaker & Margulis 1978）に準じて，5つの「界」（kingdom）に分けるのが普通だった．植物界，動物界，菌界，原生生物界，原核生物（モネラ）界の5つ，『高校生物教科書』にも掲載される，おなじみのラインナップだ．しかしこの分類が，いま大きく様変わりしつつある．

先導したのは，イリノイ大学の微生物学者，カール・ウーズで，"3ドメイン（domain）説"を提唱した（Woese et al. 1990）．ウーズは，生物の外形や形態ではなく，細胞内の構造と遺伝子に着目した．すべての生物の細胞にはリボソーム（ribosome）という巨大な構造が存在する．それはすべての生物に共通する細胞内の器官（細胞小器官）だ．リボソームとはリボソームRNAと複数のタンパク質から構成される複合体で，そこでは遺伝情報であるmRNAを読み取り，多種多様なタンパク質を合成するという生物としての基本的機能を果たしている．リボソームタンパク質とは，タンパク質製造工場に設置された製造装置といってよい．生命とはまさに多様なタンパク質の存在様式にほかならない．ウーズは，各種の真核生物や原核生物を対象に，このリボソームの，リボソームRNAの塩基配列と，タンパク質の構造と数に着目し，分析した．すべての生物は真核生物（Eukaryote）と原核生物（Prokaryote）のどちらかに分類できる．真核生物とは遺伝物質DNAが細胞の核のなかに線状に収まっている生物群であるのに対し，原核生物とは細胞内に明確な輪郭をもつ核がなくDNAが細胞内に環状に存在している生物群だ．この分析の結果，以下のことがわかった．

①真核生物——これまで4つの「界」に分類されてきた原生生物，菌，植物，動物はすべて78個のリボソームタンパク質をもつ．

②原核生物は，57個のリボソームタンパク質をもつバクテリア（真正細菌）類と，67個をもつ古細菌類（アーキア）の2つに分類される．

③この2つのタイプでは，リボソームRNA（16SrリボソームRNA）の塩基配列が異なり，古細菌類のそれは真核生物類との共通性が高く，真正細菌類とは別系統である．

これらの知見からウーズは，地球上の生物は，最初，共通の祖先である原核生物から出発し，その後に古細菌とバクテリアに分化，この古細菌からさらに後に真核生物が進化したという，生物進化と系統分化の基本シナリオを描いた（図13-5; Woese et al. 1990）．そして，古細菌（Archaea アーキア），真正細菌（Bacteria バクテリア），真核生物（Eucarya ユーカリア）

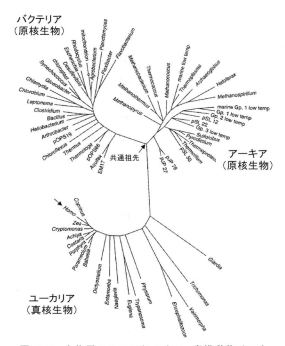

図13-5 生物界の3つのドメイン．脊椎動物はヒト属（*Homo*）を代表として，ユーカリアドメインの左上にトウモロコシ（*Zea*）と菌類（*Coprinus*）の間に置かれている（矢印）．生命観の大きな変革である（Pace 1997 より）．

の3グループに分け，最上の分類単位，"ドメイン"（「超生物界」と訳すことがある）と呼んだ．ドメインとは"領域"や"領地"を意味する．この図は，すべての可視的生物――そして私たちを含む脊椎動物が，真正細菌ではなく，古細菌と共通の祖先をもつことを意味している．現在，この"3ドメイン説"が多くの生物学者に支持されるようになった．2014年以降，これにともない『高校生物教科書』は大幅に改定された．なおこの3ドメイン説にはウイルスは含まれない．ウイルスは細胞が退化した状態と解釈され，生物の最小単位である細胞や，エネルギーの変換機構（代謝系）をもたないことをおもな理由に「非生物」とみなされるからだ[2]．いっぽうで，遺伝子をもち自己複製し，増殖できること，生物なしには存在できないなど生物的特徴を示すことなど，生物学的性格は否定できない．遠くない将来このウィルスを加えて4ドメインとなる可能性は高い（Moreira & López-García 2015）．

古細菌とはなにか

真核生物や細菌には聞き覚えがあるとしても，"古代の細菌"という意味の古細菌についてはまだ十分に普及しているとは思えないので，螳螂の斧だが少し説明を加える（古賀・亀倉 1998 による）．古細菌は粒状，棒状または不定形の1-10μmサイズの微生物で，形態学的には真正細菌と区別できない．しかし，リボソームのタンパク質や塩基配列が異なることに加え，細胞膜を構成する脂質が，細菌や真核生物ではエステル型脂質であるのに対し，古細菌ではエーテル型脂質である点でちがう[3]．単純な細胞分裂によって増殖する．古細菌は，少し前までは，深海底熱水孔や温泉などの高温・高圧環境，超低温環境などの極限環境に生息する微生物として認知されてきたが，現在では，こうした環境だけではなくごく普通の環境にも広く生息することが明らかになってきた．古細菌の1つであるメタン菌などはヒトや家畜の消化管や，海洋堆積物，汚泥，水田土壌，火山泥などを含むさまざまな環境に生息する（布浦・高井 2009）．古細菌は現在までに約320種が記載されているといわれるが，それは，種数が少ないのではけっしてなく，おもに種を単離・培養するのが困難なため同定できないことによる．このことは，ゲノムDNAを直接読み取ることで種の同定が進められる高度好塩菌では，1科だけでも36属140種以上に達することからも了解できる（Filker *et al.* 2014）．研究が進むほど種数は確実に増加するだろう．私たちの古細菌に関する知識はまだ断片にしかすぎない．なお古細菌は，例外はあるが，通常，病原菌になることはない．

微生物と生物多様性

古細菌の登場と広がりは，微生物が生物多様性に含まれることは了解していても，生物多様性の概念を大きく揺り動かさずにはおかない．ここでは，古細菌を含む微生物と生物多様性や生態学との関係について，おもに3つの視点から議論する．第1は生物の進化にかかわる問題だ．生物が真正細菌と古細菌，真核生物に分類され鼎立するということは，それぞれの細胞の

特性の比較から，全生物の共通祖先，つまり生命の誕生（起源）と，巨大で複雑な構造をもつ真核生物の発生過程，つまり進化の具体像を提供することになる．前者の「起源」については，生物の共通祖先が超好熱菌だった可能性など，現在，さまざまな議論が展開されている（たとえば古賀・亀倉 1998，山岸 2009 など）．明らかなのは，化学的な反応性と物理学的な空間性を基礎に，生命は，必然として，物質循環が成立する最小サイズから出発したことだ．いきなり巨大細胞や多細胞生物が誕生するわけではない．いっぽう，真核生物の「進化」については，細胞小器官である葉緑体がシアノバクテリアに，ミトコンドリアが α プロテオバクテリアに，それぞれ近縁であることは DNA の解析からも支持され，このことから真核生物の細胞が，真正細菌と古細菌それぞれの祖先が融合し，共生するかたちで誕生したとする説を裏づける（山岸 2009，Spang *et al.* 2015 など）．この原型はこれまでに「共生説」として知られてきたが，この仮説がいろいろな証拠でますます有力となった．可視的な生物の進化と多様性の原点は複数の微生物種の融合にあった．とはいえ，生命の誕生が 40 億万年前だとすれば，生物進化の大半（85% 以上）はおそろしく退屈な，淡々とした，際限のない細胞分裂の反復にすぎなかったといえよう（フォーティ 2003）．生物という存在の本質は細胞の分裂という現象に凝縮されているのかもしれない．

　第 2 は，微生物，なかでも古細菌の分布とバイオマス（生物量）の問題だ．微生物は，地球上のすべての環境——それは高度 8000 m の大気圏から 1 万 m 以下の深海まで，マイナス 70℃ の酷寒から 100℃ 以上の熱水まで，強アルカリ性，超高塩濃度から強酸性まで，ありとあらゆる環境に生息する．地球表層の生物の生息範囲を"生物圏"（biosphere）というが，この領域の支配者は微生物だといってよい．好熱菌を例にとると，*Thermus aquaticus*（サーマス・アクアティクス）というグラム陰性桿菌（真正細菌）は，イエローストーン国立公園の熱湯が吹き出す間欠泉で採集され，90℃ 以上の高温でも変性しないことで有名だ[4]．しかし特殊と考えられたこの高温耐性は，その後，次々と更新された．バロスとデミング（Baros & Demming 1983）は，水深約 2500 m の深海底で熱水が噴出する煙突状構造物に微生物相を発見した．この水温は 340℃ と計測され，採集した複数微生物（それらはすべて古細菌）は 265 気圧，250℃ の条件で培養されたという．水圧のために沸騰しないが，なんと沸点以下では凍死してしまう．また，pH12.5 の強アルカリに生育する細菌や，pH1 以下で生育する好酸性の古細菌が発見されている．後者は 1.2 モルの濃硫酸溶液にどっぷり浸かっているのと同じ条件なのだ（Schleper *et al.* 1995）．そして真正細菌ドメインのなかにも新たな生物学的特性をもつ細菌群が次々とみつかっている（Brown *et al.* 2016）．

　さらに驚くのはその量である．微生物のバイオマスは，身近な例をあげると，通常，1g の土壌中には 5000 万個，1 ミリリットルの淡水には約 100 万個，人体のなかには 2 兆個以上（つまり人体の乾燥重量の 10%），さらには 4000 m² あたりの土壌中には平均約 2 トンなど，と見積もられてきた．しかしそれだけではない．海洋研究開発機構の高井やプリンストン大学のオンストットら（Takai *et al.* 2001）は南アフリカの金鉱山地下 3000 m の地点で微生物相の調査を行った．そんな場所に生物はいるのか．高温多湿，高圧，光や酸素，有機物がまったく存在しない坑道の岩石や水のなかから，驚くことに，場所によっては，1g あたり 10 万-100 万個体の微生物，その大半は古細菌，を採集した．レーゲンスブルグ大学のステッターら（Stetter *et al.* 1993）は，北海油田とアラスカ油田の地下 3000 m の油層水中から 1 リットルあたり 100 万個体の好熱性古細菌を採集した．同様の報告は各地から続々ともたらされている．地下数 km に達する高温高圧の条件のなかに想像を超えた地下生物圏が存在するのはもはや疑いない．また，最深 1 万 m 以上に達する海底に蓄積する海底堆積物には，古細菌が高い密度で生息するが，そのバイオマスは地球上で最大と

見積もられる（Lipp et al. 2008，布浦・高井 2009）．なんということか，彼らはいったいなにをしているのか．これらの事実は生物圏と呼ばれる地球の表層を再定義しなければならないことを示唆する．

コーネル大学のトム・ゴールド（Gold 1992）は，この生物圏を深度5-10 km，限界温度110-150℃として，そのバイオマスを$2×10^{12}$トン（200兆トン）と見積もった．この値より大きな推定値さえある（Whitman et al. 1998など）が，実態は不明だ．けれどそれは植物と動物の総バイオマスを凌駕しているのはほぼまちがいない．グールド（1998）は，地球が「バクテリアの惑星」であり，生命誕生以来，首尾一貫，「バクテリアの時代」が継続していると力説したし，フォーコウスキー（2015）は微生物が地球循環系のなかで果たす多様な役割を強調した．地球上に君臨する支配的な生物は古細菌と真正細菌であり，この巨大な生物世界のお膳立てのうえに，視覚的な生物多様性が派手に花開いているにすぎない．二重構造なのだ．この深奥なる構造性に地球の生物多様性が成立している．さらに追究しなければならない．もはや止められない．

（3） 地球における生物多様性の起源

酸素の誕生と生物進化

第3は，古細菌を含む微生物の地球上における物質循環や生態系との関係だ．あらためて取り上げたのは，この微生物の働きが，地球上の生物の進化と多様性の舞台をつくりだす，未曾有で途方もない出来事と連結しているからである．まずは炭素の循環を検討することから始める．次の式は植物が行う有名な反応式で，前半は「光合成」，後半は「呼吸」だ．

$$6CO_2+12H_2O \xrightarrow{光合成} C_6H_{12}O_6+6O_2+6H_2O \rightarrow 6CO_2+12H_2O$$

植物はデンプンなどの糖の合成過程で確かに酸素をつくり放出するが，いっぽうでは呼吸[5]で酸素を消費して，二酸化炭素を放出する．前半と後半はバランスする．このため，森林は酸素の供給源だとか，「アマゾンは地球の肺」といった主張は，光合成産物（木材など）がどこかに蓄積されない限りは根拠がないということになる．リグニン分解生物（白色腐朽菌，シイタケやマイタケなど）[6]がいなかった，したがって石炭が大量に蓄積されたデボン紀や石炭紀では，大気中の酸素濃度は実際にも大幅に上昇した（Berner 2004）が，現在では，呼吸と枯死による分解過程で酸素のほとんどは失われてしまっている（ウィルキンソン 2009）．ではだれが地球上の酸素を準備したのだろうか．この酸素と生物との壮大な関係史をたどろう．それが地球上の生態系と物質循環の根幹なのだ．

酸素は紫外線による水の光解離でも発生するが，地球を包むほど大量の酸素は期待できない．そうではなくそれは葉緑体をもつ最初の，酸素発生型の真正細菌，シアノバクテリア（ストロマトライトを含む，藍色細菌）によってつくられたと考えられるようになった（Catling & Claire 2005）．その光合成による反応は，

$$12H_2O+12NADP^+ \xrightarrow{明反応} 6O_2+12NADPH+12H^+$$

である．NADP（ニコチンアミドアデニンジヌクレオチドリン酸）は光合成の過程で使われる電子伝達物質で，酸化型（$NADP^+$）と還元型（NADPH）がある．シアノバクテリアはグラム染色性陰性菌で，クロロフィルaをもち，この色素分子が光エネルギーを吸収し，その際に励起した電子が水を電子供与体として酸素を発生させる．励起とは原子や分子が外部からエネルギーが加えられることでより高いエネルギーをもつ状態に移行することである．酸素をつくりだすにはこの一方向の反応が必要だ．酸素が地球の大気中に蓄積しなければ生物圏は（嫌気性の）微生物の段階で留まっていたはずだ（和田 2002）．その意味でシアノバクテリアは地球上の「可視的生物」の創造主だったといえる．では，シアノバクテリアは，生命が誕生したとされる40億-35億年前に突然地球上に出現し，いきなり酸素を生産し始めたのか．これは，しかし，明らかに誤りだ．その理由の1つは，シアノバクテリア（ストロマトライト）の最古の

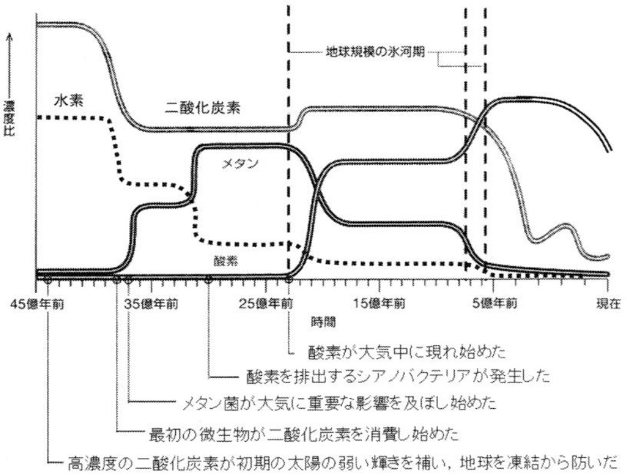

図13-6 地球の大気成分の変化（カスティング2004を改変）．

化石は27億年前で，生命誕生のはるか後代にあたり，かつて考えられていたような最初の生命ではなかったこと（Garwood 2012）．もう1つは，始生代（40億年–25億年前）[7]は，太陽の輝きが少なくかなり暗かったため，効率的な光合成はほとんどできなかったと考えられるようになったことだ（Kasting & Siefert 2002, カスティング 2004）．したがって，シアノバクテリアは地球生命の創始者ではなかった．シアノバクテリアの登場を準備したさらなる創造神が存在していた．しかもこの「神」は地球環境を最初につくりかえた（生態系）エンジニアであり，功労者だった．

始生代の太陽の活動は現在の約80%程度だったと推定される（Kasting & Howard 2006）．このため地球は寒冷凍結し，スノーボール状態になったとの推定もある（Salyards et al. 1992）が，実際にはそうはならなかったようだ．それは強力な温暖化（温室効果）ガスが存在していたからだといわれている．最初は，二酸化炭素やアンモニアがその候補と考えられていたが，検討の結果，これらでは十分な効果は得られないことがわかった．代わってもっとも強力な候補，それはメタンと考えられるようになった（Pavlov et al. 2000）．メタンの温室効果は二酸化炭素の20倍以上で，大気中に0.1%存在すれば，地球が凍結することなく，しかも地表温度を安定的に維持できると解釈された（Pavlov et al. 2003）．このメタンをつくりだした生物こそが「創造神」なのだ．古細菌のメタン菌．メタン菌の起源がシアノバクテリアより古いことは分子レベルの解析でも確認される（Xiong et al. 2000, Gribaldo & Philippe 2002）．その反応は二酸化炭素と水素から，

$$CO_2 + 4H_2 \xrightarrow{合成} CH_4 + 2H_2O$$

あるいは単純な有機酸である酢酸から，

$$CH_3COOH \xrightarrow{分解} CO_2 + CH_4$$

である．メタン菌はまったく無酸素状態（嫌気的環境）でメタンを合成して廃棄し，この反応で得られるエネルギーを自分自身の生命維持に使用する．それは酵母菌や乳酸菌による「発酵」と同じで，この副産（廃棄）物としてアルコールやヨーグルトが生まれるが，彼らには不要だ．最初の反応で使われる水素は火山活動などで原始地球には大量に存在していた．このメタン菌が生産したメタンによって地球の気温は上昇していき，太陽が暗かったにもかかわらずかなりの高温を保てたらしい（Kasting & Ono 2006, Shaw 2008）．さまざまなメタン菌類は種数にして古細菌のおよそ半数を占め，ウシや人間の消化管にも生息するが，多くは高温条件のなかで生きている．このメタン菌の活動によって生まれたメタンは原始地球を覆い，メタンの雲を生み出した．この雲は地球からの熱をさらに強く反射し，温室効果を高めるいっぽうで，高層では太陽光線を吸収し，宇宙空間へ再放射する働きをした．負のフィードバックがかかったこのバランスは，今度は，地球の気温を徐々に低下させていった．大量に存在した水素はメタン菌の増殖で減少していき，また太陽活動が再びさかんになると，光合成を行うシアノバクテリアが誕生し，酸素を排出するようになった．酸素の前にメタンあるべし．

図13-6は地球の大気成分の変化だ．生命の舞台装置は古細菌と真正細菌のダイナミックな交代によって生まれた（Lenton 2002, Lenton et al. 2004）．酸素は嫌気環境にいた当時の生物，なかでも古細菌にとってはきわめて有害で，多くの微生物を絶滅に追いやったにちがいない．

生物がもたらした最初で最大の環境破壊は"酸素汚染"だった．これを"酸素破局"または"酸素危機"という．現在ではメタン菌は，高温高圧で無酸素などの特殊な環境へと追いやられているが，その活動の成果は天然ガスやメタンハイドレートなどの資源に形を変えている．人類はまだこれほど世話になった古細菌の，重要な生理・生態機能のすべてを理解していない（高野・大河内 2010）．

もう少し話を進める．シアノバクテリアによって大量に発生した酸素は，最初はおそらくその大半が還元された鉄などの鉱物の酸化に使われたが，それが飽和すると大気中に急速に増加するようになった．メタンは酸化され，二酸化炭素は吸収され，温暖化ガスを失った地球は急激に寒冷化し，原生代後期には全球凍結した可能性がある（Hoffman & Schlag 2002）．酸素濃度は地史とともに大幅に変化してきたのである．この濃度変動曲線は推定したエール大学のロバート・バーナーにちなんで"バーナー曲線"と呼ばれる（Berner et al. 2004）．現在の濃度は約21%だが，石炭紀にはなんと35%にも達したと推定された．

次にこの酸素と生物との関係をたどる．それまでの嫌気条件という環境は，空気中の酸素濃度1%（パスツール点と呼ばれる）を境に好気条件へシフトし，この条件で生存できる微生物群や代謝系を進化させていった．どういうことなのか．たとえば酵母菌を例にとると，酵母菌はミトコンドリアをもつ．しかし嫌気条件ではミトコンドリアを使わずに，アルコール発酵を行い，エネルギーを得る（2分子のATP）．代謝産物はエタノールと二酸化炭素だ．これに対し好気条件ではミトコンドリアを使い「呼吸」（代謝）を行い，大量のエネルギーを取り出し（36分子のATP），二酸化炭素と水を排出する．この差は18倍，好気条件のほうが効率ははるかによい．この代謝は約1000の化学的な反応から構成され，さまざまな代謝産物（ステロイド，アルカロイドなど）がつくりだされる．この結果，細胞内では役割分化が生まれ，情報部門，工場，倉庫などに区画化されていった．この区画化は，もともとミトコンドリアや色素体（葉緑体など）は原核細胞同士が共生したものなので無理なく進行したが，遺伝情報であるDNAは核という新たな構造のなかに収納されることになった．真核細胞の誕生だ．細胞の構造化は細胞そのものを肥大化させ，真核細胞は，原核細胞に比べると数倍から10倍程度巨大化した（Stamati et al. 2011）．

好気的地球の誕生はもう1つ巨大な変化を引き起こした．オゾン層の形成である．約25億年前にシアノバクテリアから排出された酸素は，いろいろな元素と結合し，多種多様な鉱物を生成した後に[8]，地表を覆い尽くして成層圏に到達するようになった．ここで酸素は紫外線と強く反応してオゾン（O_3）を生成し始めた．オゾンは酸素の同素体[9]で，酸化力が強く，刺激臭のある有毒な気体だ．酸素は高度20-30 kmに達し，紫外線が強く照射されると光解離し，酸素原子となり，これがほかの酸素分子と結合し，オゾンとなってオゾン層を形成する．このオゾン層は，約20億年前に形成されたといわれ（Cockell 2000），そして以後，太陽から地球に到達する（波長240-300nmの）有害な紫外線のほとんどがこの層によって吸収されてきた．紫外線は細胞活性を破壊するため，オゾン層なしにすべての生物は生存できない．オゾン層が形成される以前，生物の生息地は，陸上はおろか，紫外線の届かない深度10 m以下の海洋に限られていた．この舞台が基本から変わった．陸上を含む地球上のあらゆる場所が生物のすみかとして提供されるようになった．

このほかにも，硫酸還元菌やイオウ細菌と硫化水素，硝酸菌や亜硝酸菌と窒素など多くの微生物が原始地球の環境形成にかかわった．地球における物質循環の主要な担い手は微生物だった．古細菌のつくりだした地史の壮大なステージに，真正細菌が共演し，さらに真核細胞が競演しているのである．ここで強調されてよいのは，生命の歴史が生物同士の強い相互作用によって形成され，地球環境や生態系，物質循環が成立してきたことだ．生物の多様性はこの歴史的な産物にほかならない．

単細胞から多細胞へ

古細菌や真正細菌の微生物だけでは，生物は微視的世界に留まり，生物の多様性は生まれない．このための第一歩は，細胞が分化し，細胞同士の間で関係性が成立しなければならない．多細胞生物のなかで最少の細胞数なのは，クラミドモナス目に属する植物の1種で，わずか4つ．その細胞の集まり方が4つ葉のクローバーに似ているところから"幸せ藻"(Tetrabaena socialis)という（図13-7）．単細胞生物から多細胞生物への進化もまた酸素が深く関係する．多細胞は動物，菌類，植物，紅藻，緑藻，褐藻で観察され，それぞれ別々に少なくとも6回進化したと考えられる．なぜ多細胞生物，すなわち細胞間の結合が形成されたのか，これにはいくつかの仮説がある．ゾウリムシのような繊毛虫類をモデルに，多核体から進化したとする説（繊毛虫類起源説）などがあるが，最近では，襟鞭毛虫類（Choanomonada）をモデルに，多細胞性（multicellularity）が起源したとの説が有力だ．

襟鞭毛虫類というのは，10μm以下の単鞭毛の原生動物で，鞭毛のまわりを囲んで"襟"と呼ばれるロート状の特徴的な構造をもち，150種ほどから構成される．この襟は鞭毛の撹拌によって餌を集めるいわば口の役割を果たす（図13-8）．襟鞭毛虫には群体性の種がいて，それが多細胞生物の原型とみなされるカイメンやボルボックスと多くの共通性をもつ．カイメンやボルボックスにも襟があること，群体性の襟鞭毛虫では，カイメンやボルボックスと同様に，内側と外側で細胞形態が分化していることなどだ．近年，襟鞭毛虫を含む群体を形成するいわゆる"前カイメン類"と呼ばれる生物群の分子生物学的な研究が行われ，カイメンを含む後生動物と襟鞭毛虫類は共通の祖先をもつ単系統群であることが明らかになった（Carr et al. 2008）．この襟鞭毛虫類からどのような過程を経て多細胞生物が生まれたのか，まだ多くの点が不明だ．今後の研究に期待したい．

ところで，襟鞭毛虫にしろボルボックスやカイメンにしろ，多細胞形成には，別の細胞同士

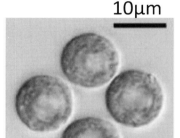

図13-7 "幸せ藻"（Tetrabaena）（Arakai et al. 2013より）．

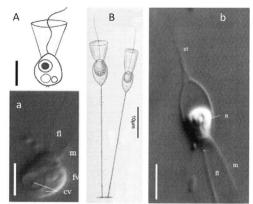

A,a: *Sphaeroeca leprechaunica*, B,b: *Salpingoeca longipes*
fl: 鞭毛，m: 襟突起，n: 核，st: 茎状部，cv: 収縮胞（数字のないスケールは5μm）

図13-8 襟鞭毛虫類2種．鞭毛のまわりを囲む傘状部分が"襟"である（Jeuck et al. 2014より）．

が凝集するのか，親細胞から生まれた娘細胞が接着するのかは別として，細胞同士が安定的に結合しなければならないとの前提がある．このことが成立しなければ細胞が分化することも，細胞間で情報（シグナル）伝達することもできない．ボルボックスでは，その一部を除去すると，やがて死亡することが知られているので，集合体はたんなる細胞の寄せ集めではないことがわかる．この細胞の結合にはコラーゲンが不可欠だ（植物細胞ではセルロース）．

コラーゲンは多細胞動物の細胞外基質（細胞外マトリクス）の主成分で，その生成には特有の成分であるヒドロキシプロリンが必須である．そしてこの物質の生成（プロリンをヒドロキシル化したアミノ酸で，これは酸化反応）には大量の酸素が必要となる．この酸素を供給したのは，約23億年前と推定される"酸素破局"の直

後と考えられる（Donoghue & Antcliffe 2010）．最近，エル・アルバニら（El Albani et al. 2010）はガボン南東部の21億年前の地層から顕微鏡サイズの多細胞生物とみなされる化石を報告している．これがほんとうの多細胞生物なのか，確定してはいないが，もしそうだとすれば多細胞生物は酸素の爆発的増加に引っ張られるように出現したことになる．

多細胞化と生物間の相互作用

多細胞体制はなによりも個体のサイズを増大させることを可能にする．同時に複雑化も可能だ．多細胞生物がもつ細胞の種類は植物や菌類では10-20種類にすぎないが，動物では従属栄養であるために100-150種類（ヒトでは約200種類）にもおよぶ．後で進化したものほど，これらの細胞は集合して器官や組織に分化し，さらに複雑化する．この過程で生殖細胞と体細胞の分化が起こったと推測される．細胞の分業体制が成立することは，個々の細胞の死が必ずしも個体の死にはつながらないので，寿命を延長できるとの利点がある．さらに生物多様性の視点から重要だと思われるのは，ほかの生物との相互作用において多細胞のほうが有利なことだ．

襟鞭毛虫のある種では，餌であるバクテリアといっしょに培養すると，捕食のためにコロニー性の生活様式が維持される（Fairclough et al. 2010）．また逆の場合もある．微細な緑藻類のイカダモ属の1種（Scenedesmus acutus）は，通常，野外では群体だが，単独にもなりえて，実験室内では単独で培養される．しかし，捕食者である枝角類（Cladocera目）の1種，オオミジンコ（Daphnia magna）の培養液を加えると，たちまちに群体を形成する（Grosberg & Strathmann 2007）．また単細胞のクロレラ（Chlorella vulgaris）は，肉食性の鞭毛虫類と100世代程度いっしょに培養すると，安定した群体を形成するようになる（Grosberg & Strathmann 2007）．多細胞性は生息条件に依存的だが，多細胞体制は，食べる——捕食側にも，食べられる——被食側にも有利に働く．

食物連鎖に組み込まれた一連の動物群は多細胞化が進行していったようだ．サイズの差異化によって，生態学的にはより長い食物連鎖の成立が可能となり，食う者と食われる者との関係からより大型であることの有利性が生まれた．単細胞の嫌気的な食物連鎖では，ほとんどすべては酸生成菌かメタン菌であるために，取り込んだ約90％が二酸化炭素か硫化水素，メタンにガス化してしまい，菌体から菌体への転換率はわずか10％程度と低いので，長い食物連鎖は成立しえない．腐食連鎖を例にすれば，デトリタス→分解菌である．"デトリタス"とは生物の遺体または生物由来の断片だ．これに対し好気的な食物連鎖では転換率が40％以上と高いために，食う食われるの関係がつながり，長い食物連鎖を支えることが可能となる（ウィルキンソン2009）．海の生食連鎖では，デトリタスから始まったとしても，ピコ植物プランクトン→大型プランクトン→小型魚類→中型魚類→大型魚類と，少なくとも6段階以上の栄養段階が成立する．複雑な生態系が成立するためには，その前提として，酸素型光合成が可能な好気的環境が広がり，多細胞生物が生まれなければならない．

酸素と体のサイズ，生活様式の多様化

生物におよぼす酸素の働きはそれだけではない．酸素濃度は体のサイズに直接影響を与える．ニジマス（Oncorhynchus mykiss）の子どもを酸素過剰（38％）の部屋に置いた水槽で飼育すると，通常条件（21％）に比べ，18週後の体重は約30％以上増加することが知られている（Dabrowski et al. 2004）．前述のバーナーら（Berner et al. 2007）は，アメリカアリゲーター（Alligator mississippienis）の胎児をさまざまな酸素濃度（16-35％）条件下に置き，その成長過程を観察した．酸素は，成長率や骨の組成と正の相関を示し，濃度が増加するほど大きく成長したものの，最適な濃度は27％だったと推定した．なぜなら，最大の酸素濃度条件（35％）ではよく成長したが，死亡率が高かったからだという．爬虫類，つまり恐竜の大型化には酸素条件が大きく関与していたと推察され

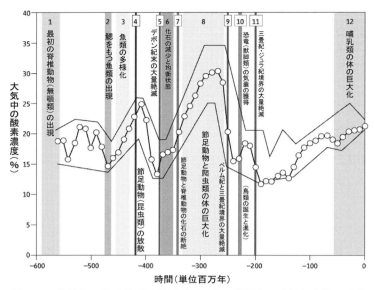

図 13-9 大気中の酸素濃度の増減（バーナー曲線という）と生物の進化
(Berner *et al.* 2007 に進化上の主要な出来事を書き込んだ).

ている．このことは哺乳類の大型化にも共通する（Falkowski *et al.* 2005）．

酸素濃度は動物の生活や運動様式にも影響をおよぼす．航空機が空中を飛べるのは，翼による「揚力」とエンジンによる「推力」の2つの力を発生させているからだ．このうち揚力は翼が気流を下向きに曲げることによって発生する．気流とは酸素を含む大気の流れで，大気中の酸素濃度は揚力に影響を与え，酸素量が多いほど揚力は強くなる．動物の飛翔は翼を広げ羽ばたくことによって推力と揚力を得る．この運動様式は大気中の酸素の濃度が一定量になることで初めて可能となった．酸素は窒素やメタンより重いからだ．

昆虫は節足動物の甲殻類から約4.8億年前のオルドヴィス紀に誕生したと考えられる（Dudley 1998）．多くの昆虫は有翅亜綱（Pterygota）に属し，ノミやシラミなど，翅が退化したものも含まれるが，その名のとおり「翅」をもつ．昆虫の翅は外骨格をつくるキチン質[10]が変化したものである．昆虫は，気門からの気管，そこから分枝した毛細気門を通じて酸素を直接組織に取り入れることで呼吸している．この気門による呼吸様式そのものが濃い酸素の存在を前提に機能している．昆虫の翅は，おそらく最初は空気中の酸素濃度が低かった時代に，気門に入る空気が不十分だったので，空気を送り込む補助ファンとして進化したらしい（Dudley 1998）．しかし酸素濃度の増加とともにこの補助換気扇は不要となり，代わって運動器官へと用途替えが可能となったと解釈されている（Graham *et al.* 1995）．有翅亜綱の爆発的な適応放散——それは同時に体が大型化した巨大昆虫の出現でもあった——は，酸素濃度が35％のピークに達した約3億年前の石炭紀に起こっている（Stamati *et al.* 2011）．それは新たな運動器官の獲得でもあった．巨大昆虫はその後の酸素濃度の低下とともに絶滅していった．

大気中の酸素濃度は，これまたバクテリアや菌類の動向に対応して地史的に変動し，その増減は自然選択圧として働き，新しい呼吸器官を進化させた（図13-9）．鰓は，酸素の溶けた水と体液とのガス交換装置であり，とくに水環境に生息する節足動物や魚類で発達した．鰓は浸透圧の調節や採餌器官としても機能する．鰓はより大量の水を通過させることでガス交換を効率化させた．陸上への進出にはさらに効率的なガス交換装置が必要だった．鰓は陸上では二酸化炭素の排出に不十分だったからだ．新たな方法は肺呼吸．原理は気門と同じく空気と体液と

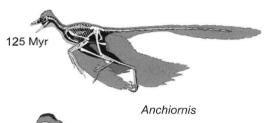
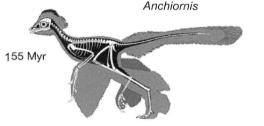

図 13-10 獣脚類，コエロサウルス類の体のほとんどは羽毛に覆われていた（Hu *et al.* 2009 より）．Myr は100万年．

の直接的なガス交換だが，ただし交換の場は肺胞と呼ばれる，より微細で洗練された仕組みに置き換わった．この器官が進化した時代もまたおそらく酸素濃度が相対的に高い時期だったと考えられる（Stamati *et al.* 2011）．爬虫類（恐竜類）は，酸素濃度にともなう体の大型化と，この仕組みによって繁栄した（Berner *et al* 2007）．また，この恐竜（獣脚）類が気嚢を獲得し，鳥類の誕生と繁栄に道を開いたのも酸素濃度の一時的な上昇時期であった（O'Conner & Claessens 2005）．

　昆虫とは別の飛翔様式は鳥類の誕生とともに生まれた．鳥類の飛翔は翼による羽ばたきから推力と揚力を得ることで可能となった．最古の鳥類とされるアルケオプテリクス（*Archaeopteryx*）はジュラ紀後期から白亜紀にかけて（1.46億-1.41億年前）出現した．この鳥は基本的には地上で二足歩行していたと考えられ，翼は，樹木を駆け登ったり，滑空程度はできただろうが，本格的な飛翔用ではない（ギル 2009）．アルケオプテリクス以外に，鳥類の初期進化を示す化石がこれまでに10種類以上発見されてきた．近年では，とくに獣脚類，コエロサウルス類やドロマエオサウルス類の化石から羽毛が確認され（図13-10），鳥類の祖先は恐竜類そのものであるとの説の根拠となってい

る（Hu *et al.* 2009）．これらの恐竜化石はジュラ紀後期（1.55億年前）や白亜紀初期（1.25億年前）から出土する．これら羽毛や翼状器官では明らかに飛翔はできない．おそらく内温性への移行にともなう体の保温（ギル 2009）や，ディスプレイ用の器官（Li *et al.* 2010）として生まれたのだろう．それが昆虫の捕食や，樹木を駆け上り，枝を渡るのに役立つなかで飛翔能力をしだいに獲得したようだ．獣脚類や初期鳥類が出現したジュラ紀後期は，三畳紀に低下した酸素濃度が再び増加に転じ，約2倍になった時期と一致し，濃い酸素が飛翔能力の獲得に寄与したことはまちがいない．鳥類の飛翔もまた酸素の飛躍から生まれた．

脊椎動物の繁殖様式

　酸素濃度は脊椎動物の運動能力だけでなく繁殖様式にも強い影響を与えた．最後に，卵生から胎生に至る繁殖様式の進化をたどる．哺乳類の祖先はシナプシド類（Synapsida）と考えられている（Hedges *et al.* 1996）．これは，側頭窓をもつ単弓類[11]に属する哺乳類型爬虫類で，約3億年前の石炭紀からペルム紀にかけて出現した．このシナプシド類からは，後に，哺乳類に属するカモノハシなどの原獣亜綱（Prototheria）や，あるいはジュラ紀後期のドリオレステス類（Dryolestes）を経由して有袋類や有胎盤類（Placentalia，あるいは真獣類 Eutheria）が分岐する（Luo *et al.* 2012）．まずこれらの動物に注目する．シナプシド類は爬虫類なのでもちろん卵生だった．だが，産み落とされた卵は両生類やその他の爬虫類とはまったく異なっていた．それはカルシウムを主成分とした卵殻に包まれ，外部環境から独立し，乾燥にも耐えられるものだった．これによって，水のなかに産卵する必要がなくなり，陸上環境での繁殖が可能となった．大きな飛躍だ．どうしてそのようなことが可能になったのか．

　それはひとことでいえば卵のなかに胚専用の水環境をつくったことによる．卵のなかに小さな池のゆりかごをつくることで水環境のくびきから脱出したのである．このタイプの卵を産む

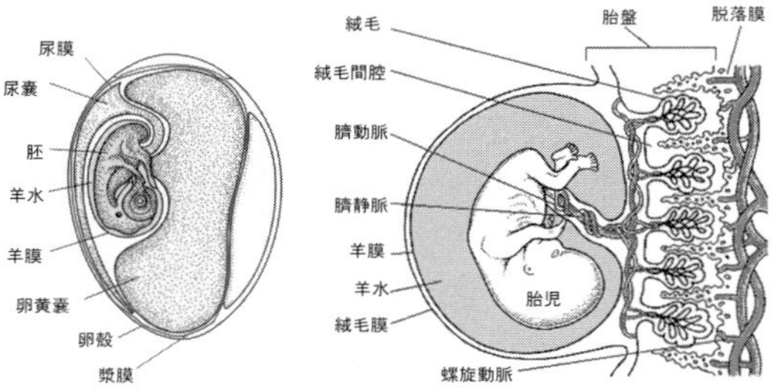

図 13-11 羊膜類の鳥類（左）と哺乳類（右）の発生．基本的構造はよく似ている．鳥類や爬虫類の一部では漿膜と尿膜が融合し尿漿膜を形成し，ガス交換を行う（左：高校生物教科書［数研出版］に加筆，右：Beer *et al.* 2004 より）．

動物を（有）羊膜類（Amniota）という．卵のなかは複数の膜で仕切られている．胚を水環境に浸す膜（羊膜），外部とガス交換をする膜（漿膜），老廃物を蓄えておく膜（尿膜），そして栄養となる卵黄を包む膜（卵黄嚢）である（図 13-11 左）．胚は羊膜内の羊水に浸かり，卵黄を少しずつ吸収しながら発育・成長する．成長にともない代謝によって生じたアンモニアなどは，最終的には尿酸の形で排泄され，尿膜のなかに蓄積される．尿酸は水に溶けにくく，卵のなかを汚染することはない．卵殻には無数の「気孔」（pore）が貫通していて，内部とガス交換を行う．その数は 60 g ほどの鶏卵では約 1 万個で（Rokitka & Rahn 1987），酸素を取り入れ二酸化炭素を放出する．ある程度硬くて強度を保ちながら，細菌などの侵入を遮断しつつ，同時に呼吸しなければならない．卵はこの相反する 3 つの制約を突破している．これによって子どもの生存率は飛躍的に高まり，この利得ゆえにこの繁殖様式は進化した．だが，この閉じた世界のなかで孵化までの間，成長しなければならないので，息苦しい．羊膜類は酸素欠乏にきわめて鋭敏に反応する（Mortola 2011）．成長の後半では大量のガス交換が必要なために，尿膜と漿膜はしだいに融合し，一層の尿漿膜をつくり，傘を広げるように，卵殻の裏側いっぱいに張り，卵殻外部から大量の酸素を吸収しようとする（Ferner & Mess 2011）．同時に卵殻からはカルシウムを吸収し，骨格形成に役立てる．この複雑な構造を創造する，いわば進化の試行錯誤を可能にさせたのは，唯一，酸素濃度が地球上で最大のピークに達した石炭紀からペルム紀にかけてだった．この進化的優位性によって哺乳類型爬虫類や鳥類などの羊膜類が地球上の代表的な動物相となった．羊膜類の卵と哺乳類の胎盤は，表面上はちがうが，内実は驚くほどよく似る．哺乳類の胎生はこれを基礎につくりだされたのだ．

最初の有胎盤類は 1.6 億年前のジュラ紀末に登場したジュラマイア（*Juramaia*）だといわれる（Luo *et al.* 2011）．そして，この有胎盤類は，白亜紀末から第三紀にかけて爆発的に適応放散したようだ（Wible *et al.* 2007）．有胎盤類はその名のとおり胎生で，胎児と母体は胎盤で接続される．胎児と母体との間で物質交換やガス交換を行う血管はこの胎盤のなかで交差する．重要なのは，両者の血液はけっして混合しないことだ（図 13-11 右）．胎児は母体内で独立した異物として成長していく．胎児側からの血管は絨毛をつくって胎盤に入り，いっぽう母体側からの血管はこの絨毛部周辺を循環し，両者は胎盤膜で隔てられ，この膜を通して物質交換，ガス交換が行われる．巧妙で秀逸な構造だが，その基本設計が羊膜類の卵と共通であることがわかる．子どもを母親の体内で完璧に保護し，一定のサイズまで確実に育て上げられる．これによって子どもの生存率は大幅に上昇し，その繁殖上の有利性ゆえに哺乳類は進化上の成功者となった．

ガス交換に注目すると，母体の血液のヘモグロビン（成人型）と胎児の血液のそれ（胎児型）とは性状が異なり[12]，胎児型では低い酸素分圧下でも酸素と結合しやすい特性をもち，母体から胎児へ酸素の受け渡しが容易である．出生後 2-3 日の新生児の約 90% に黄疸が発症するのは，胎児型ヘモグロビンから成人型ヘモグロビンへと移行するからである．この命綱である酸素のリレーはそもそも空気中の高い酸素濃度を前提にして可能だった．白亜紀末から第三紀にかけて酸素濃度は上昇し，第三紀中期には石炭紀以後再びピークをつくった．有胎盤類はこの時期に爆発的な進化を遂げ（Falkowski *et al.* 2005)，多彩な形態と生活史，生態と行動を開花させたのである．第1章で紹介した，哺乳類を中心としたメガファウナもまたこの時期以降に誕生した．それは酸素濃度の増加が体のサイズの増加にともなう代謝量の増加を支え，後押しした結果でもあった．

ワシントン大学の古生物学者にしてすぐれた啓蒙家であるピーター・ウォード（2008）は，生物が低酸素状態の時代には大量絶滅し，高酸素状態の時代には繁栄を繰り返したのは，前者では多くの生物が絶滅するいっぽうで，体節などの新しい体制や，鰓や気嚢といった新しい器官をもった生物が出現し，それが後者で爆発的な適応放散を遂げた結果であるとの壮大な仮説を提示した［この仮説は，その後，カーシュヴィンクとの共著（2016）でさらに補強・検証されている］．生物の進化もまた地球環境の変動の歴史と強く結びついている．

（4）生命によってつくられる地球

地球環境と生物の進化，つまり生物多様性の成立過程を，粗削りだが，おもに酸素との関係を軸にして——それは多彩な相互作用のうちのほんの断片——スケッチした．この「関係性」，あるいは「一体性」こそが生物多様性の特徴である．強調されてよいのは，明らかに生物が環境変動の主体であり続けてきたことだ．地球環境は生物自身によってつくりだされ，生物間の連綿とした相互作用，相互依存性によって，種や生態系がそれぞれに誕生してきたといえる．生物の存在なしに"青い地球"（ブルーマーブル）は生まれなかったのである．生物は大気の組成や，鉱物や岩石の生成に関与してきたし，石炭も，すでに指摘したように，リグニン分解生物が進化していなかった時代の特異的産物という点では，生物と「無関係」という関係を有する．もう1つは石油だ．

現代文明は石油なしにはありえないが，ではその石油はどのように生成されたのか．石油は完全に分子に分解されているため，無機成因論が近年まで唱えられたが，ミュンヘン大学のアルフレッド・トライブスが1930年代に，石油に含まれるポルフィリン（porphyrin）がクロロフィルの分解産物であることを突き止めて以降，有機起源説が主流となり，現在では揺るがぬものとなった（Walters 2006）．藻類やプランクトンなどの遺骸が主成分で，それらが重合して油母（kerogen）が形成されると考えられている．そのおもな理由は，浅川（1993）によれば，①石油の99％以上が堆積岩中に含まれ，さらにほぼすべてが生物起原の炭酸岩塩中に貯留されていること，②石油成分のなかに，ポルフィリン以外にも，ステラン（sterane）やトリテルパン（triterpane）など，生物起原の物質が多数含まれ，これらの物質は生物指標（バイオマーカー）と呼ばれること，③成分のなかには，生体特有の「施光性」[13)]を示す物質が多数あること，④無機的な合成には高温を必要とするが，生物指標のほとんどは200℃以下で生成されること，などである．その石油もまたまぎれもなく過去の生物多様性の産物なのである．

こうしてみると，非生物的自然と生物的自然を機械的に仕分けることが，その一体的な関係性から，ほとんど無意味であることに気づかされる．ラヴロック（1984，2003）は，すでに紹介したように，地球と生物とは1つの生命体であり，気候や化学環境は自己制御されるという「ガイア仮説」を提唱した．この（とくに初期の）主張のなかには，惑星上の環境は時代ごとの生物相に最適なように調節されている，との超有機体的思想が顔をのぞかせるが，地球の大気，水，土，地殻といった環境と，生物はひとつのシステムとして密接な相互作用を行い，進化してきたとする解釈（Lovelock 2003）は誤りではなく，首肯できる．「自己複製性」をもたない地球が生命体ではないのは自明だが，1つの複雑な系であるとの理解や認識はさらに深められる必要がある．ラヴロック独自の神秘主義的な全体論に与することなく，科学的な知見は蓄積されてよい．生態学の主役は，地球の生命史のほとんどをつくりだした微生物であることはほぼまちがいない（ウィルキンソン 2009，フォーコウスキー 2015）．生物多様性とは，とどのつまり，生命の歴史性と連続性，階層性と

相互の関係性と依存性，環境との一体性と循環性，そしてそれらの全体性であると結論できる．

この生物多様性の基本的な認識をふまえ，この最終章では，本書のまとめとして，生物多様性の保全をどのように実現していくのか，この課題について考えてみる．ヨーロッパから出発した動物と人間の関係史の旅は，必然的に，地球全体の生物相保全に向けた人類の歩みへと収斂されていく．最初に生物多様性の保全を目的とする制度（法律）を紹介し，次に，ストックとしての生物多様性と，そのフローとしての生態系サービスを，社会と経済のなかに持続可能性を基準にどのように構築すべきかを考察する．有限の地球が1つの自然生態システムであるとするならば，人間の社会や経済は，そのサブシステムとして位置づけられるしかないのだが，この構造化がはたして可能なのか，検討することとしたい．

13.2　生物多様性と生態系保全への道程

（1）　関連する地球環境条約

20世紀は地球規模の巨大な経済発展と大規模な開発，それにともなう野生動物の未曾有の「絶滅の時代」だった．それ以前の300年の間でわずか50種にも満たなかった絶滅種は，この100年間に350種以上へと飛躍的に増加した．IUCN（国際自然保護連合）のレッドリスト（IUCN 2009）によれば，約5500種の哺乳類のうち21%が，約1万種の鳥類のうち12%が，約6400種の両生類のうち29%が，危機の程度はさまざまだが，それぞれに絶滅危惧種にリストされている．魚類や爬虫類，被子植物は5%程度と見積もられているが，意外な低さのおもな理由は実態が把握されていないだけで，おそらく20%は超えると考えられる．絶滅危惧の要因は多岐におよぶが，なかでも生息地の消失や破壊，過剰な殺戮と利用，外来種や家畜などの移入種による影響が上位を占める．この要因を，ウィルソンは"HIPPO"という頭字語（アクロニム）で呼んだ（Wilson 2002）．すなわち，H＝生息地の消失（habitat loss），I＝外来種の侵入（invasive species），P＝汚染（pollution），P＝人口増加（over-population），O＝過剰収穫（獲）（over-harvesting）だ．この危機は21世紀に入ってさらに加速している．WWF（2014）によれば，1970-2010年の間に地球上に生息している哺乳類，鳥類，爬虫類，両生類，そして魚類の個体数は52%減少したという．生態系を維持する閾値，臨界点を"ティッピング・ポイント"（tipping point）というが，この絶滅速度の増加はもはや後戻りができない不可逆的な系へ移行しつつある．

この節では，動物と人間との関係史をたどってきた総括として，人類の努力，人間と（野生）動物との関係や動向を左右する国際条約の現状と意義について整理するとともに，今後の課題や方向について考える．こうした国際的な制度や仕組みを通して，人類ははたして，野生動物を含む動物や自然を存続させることができるのか．そこに人間の存続もかかわっている，と私は考える．

a）ワシントン条約

人種差別撤廃と公民権を求めてマーチン・ルーサー・キングが「私には夢がある」と演説し，大行進を行った1963年，後に世界最初の本格的な多国間の国際条約をつくる小さな始動があった．世界規模の"自然保護"を実現するため1948年に創設された国と個人によるNGO団体，IUCN（国際自然保護連合）は，世界中の野生動物に関する情報収集と分析を行っていたが，その第7回ナイロビ会合（1960年開催）で，野生生物種の減少に危惧をいだき，"レッドリスト"の作成と，国際連携を進めるためより強力な国際的な枠組みをつくることの必要性が話し合われた．この議論の結果，前者については，今日では広く定着している『レッドデータブック（第1版）』が1963年に出版された．また後者については，IUCNの法律家，ベルギー人のブルヘンネ＝ギルミンが担当し，検討することとした．彼女は，夫のドイツ人，ブルヘンネと

協力しながら国際法の模索を続け，同じく1963年にその骨格をつくりあげた．それが「絶滅のおそれのある野生動植物の種の国際取引に関する条約」(条約が採択された都市の名称をとって，通称「ワシントン条約」あるいはまた英文の頭文字をとってCITES（サイテス）と呼ばれる[14]）の草案だった．1960年にIUCNの会合で，もっとも危惧された国際取引の1つが日本によるタイマイ取引だったことは記憶されてよいだろう．なお，2人は後の「生物多様性条約」の共同作成者にも名前を連ねる．

この案は1972年のストックホルムでの「国連人間環境会議」の議論を経て，1973年のワシントンの会議で80カ国の参加を得て承認され，10カ国以上の締約を確定し，1975年から国際条約として発行した（わが国は1980年に加盟）．その条約の仕組みは，各国の実状を反映して，参加国に対して（国際）法的拘束力をもつ，つまり「京都議定書」と同様，典型的な「規制」条約であるものの，各国の国内法には立ち入らず，自主性を重視するなど，巧妙，かつ画期的なものだった．それゆえに有効な国際法としての地位を確立し，今日に至るいくつかの国際環境条約の範を示すものだった．この点では，世界最初の野生動物に関する小さな多国間条約である「北太平洋オットセイ条約」が，特定種を対象にその禁猟を求め，たがいに協力し合うとの枠組みとは抜本的に異なる．2017年現在，世界182カ国が批准している（国連加盟国193カ国のうち未批准は北朝鮮，イラク，ミクロネシアなど11カ国）．この条約は，明快に，国際的取引を輸出国と輸入国の協力により，禁止または規制することを通じて，絶滅危惧種の乱獲を防止し，保護することを目的とする．規制の対象は，生物種の生体のみならず，死体や剝製，毛皮，角，球根などの産物か，それらの製品だ．このために，その種がいかに絶滅の危機にあろうと，国際取引の対象となる経済生物でない限り，この条約の対象とはならない．

ワシントン条約の構造

現在，約5000の動物種，約2万9000種の植物種が対象種とされ，これらが3つの付属書（I, II, III）に危機の程度にしたがってリストされる．このリストとそれに準じた取り扱いに違反した取引を「違法」とするのである．条約は加盟国に以下の4つ，①管理当局と科学当局の選任（第9条），②違法取引を防止する法の整備（第8条）で，これには③違法取引への罰則と，④標本の没収または返還措置，を求める．しかし，少し前まで，これらの項目すべてを満たしている国は，加盟国の約半数程度にすぎなかった（Reeve 2002）．付属書の概略をみる．

[付属書I] 絶滅のおそれのある種で，商業目的のための国際取引が全面的に禁止される種．ただし学術研究目的（主として動物園や大学などでの展示，研究，繁殖）のための取引は例外的に（輸出許可書と輸入許可書が必要）認められる．約1200種．ゴリラ，チンパンジー，ボノボ，ヒョウ，ジャガー，チーター，ジュゴン，マナティー，アジアゾウ，およびアフリカゾウの多数の個体群など．

[付属書II] 必ずしも絶滅のおそれのある種ではないが，国際取引によってはその種の存続を脅かす可能性があるので利用を厳格に規制する種．したがってこの種の国際取引には，輸出国の輸出許可書（取引が種の存続を脅かすものではなく，同時に個体が適法に捕獲されたものであることを証明するもの）が必要．約2万1000種．輸入許可書が不要のために，実際にはこれにリストされる数十万頭が毎年輸出入されている．アメリカクロクマ，ホオジロザメ，ハートマンヤマシマウマ，ヨウム，グリーンイグアナ，クイーンコンク（ホラ貝の1種，真珠が採れる）など．

[付属書III] 世界的にみると絶滅のおそれは少ないが，締約国がその国内では保護を必要とする種で，ほかの締約国に商業目的のための国際取引の禁止に協力を求める種．ここにリストされた場合には，輸出国の輸出許可書または原産地証明書（協力を求めた国以外であることの証明）が必要である．約170種．コスタリカのフタユビナマケモノ，ボツワナのアフリカジャコウネコ，アメリカのワニガメ（カミツキガメ）など．

かなりの種数がリストされるが，輸出入総量からみると，このうち約65％が木材，25％が魚類，7％が林産物（医薬植物，観賞植物），

残り約3％がペット，毛皮，ブッシュミート，珍品（各種の動物産品）などだ．しかし，その市場規模は，大半の木材と魚類を除いても，約210億ドル（2兆1000億円），アメリカだけでも15億ドルになる．条約の変更，およびこの付属書へのリスティングの変更は2-3年に一度開催される締約国会議（COP）において各代表のプレゼンテーションと投票による3分の2以上の賛成で決定される．なお，特定種のリスティングおよびその変更については締約国には「留保」が認められている．もっとも指摘される弱点だが，アイスランド・日本・ノルウェーのヒゲクジラ類，サウジアラビアの鷹狩用の各種タカ類が有名だ．また，1983年のガボローン（現ハボローネ，ボツワナの首都）での第4回締約国会議（COP4）では，地域経済統合体（REIO，たとえばEUや南部アフリカ）にも投票権が与えられるべきとの要求がなされたが，否決された．

ワシントン条約の意義

ワシントン条約は全体として北の先進諸国の視点が強いものの，スワンソン（Swanson 1996）が評価するように，国際貿易の枠組みを規制することを通じて途上国が自国内において野生動物を保全するよう努力できるメカニズムをつくりだした点では画期的だった．大枠の基準を設定し，その枠組みのなかで，各国が自国の動物との関係史や社会的状況をふまえて独自の努力を傾注できるメカニズムを構築したのは大きな前進である．全体として，文化のおしつけではなく，多元性を認め，その問題意識と制御を加盟国に委ねたことは積極的だったが，それでも条約にはいくつかの問題点や不備が指摘されてきた（磯崎 1988）．

第1に，対象種の国際取引に限定するため，国内の希少状況やその利用には，（第9条では国内責任主体の指定が義務づけられるが）関与できないこと，とくに国内問題である密猟などには干渉できないこと，である．商業的取引の禁止がただちに違法取引の消滅に直結するわけではなく，場合によって密猟を横行させ，取引はアンダーグラウンド化する場合だってある．それは，最大の弱点だが，この条約の役割を超えているように思われる．この点に関しては，締約国や先進国の役割は重要だ．たとえば，一部の特権階級が求める"珍品"，犀角や虎骨は，薬効などまったくないことを率先して示すべきなのだ．だが現実はほど遠い．第2に，食習慣や伝統には踏み込まず，希少性だけを基準にリスティングする手法は適切だが，希少性を科学的にどのように評価し，判断するのか，は曖昧である．とくに「絶滅のおそれ」，あるいは「種の存続を脅かす」といった（重要な）用語には，客観的で科学的な基準が設定される必要がある．第3に，締約国は輸出入データを定期報告する義務を負う（第8条7項）が，なお実際の輸出入との間に乖離が存在することだ．たとえば，最大の輸入国であるアメリカを例にとると，条約事務局に報告された統計量と，税関で集約されたそれには著しい差が認められる（Blundell & Mascia 2005）．巨大な取引量に達するキャビア，各種希少貝類，サンゴ，チョウセンニンジン，マホガニーなどでは，この差は驚くことに，376-5202％に達し，一致しない．実態は闇のなかだ．アメリカにしてからがこう．これはこの条約の根幹をなす構造の致命的な欠陥だ．この点をもう少し追跡する．

この違法取引を監視するために，ワシントン条約事務局との協力の下，IUCNやWWFと連携して国際NGO組織"トラフィック"[15]（TRAFFIC）が1973年に設立され，現在，東アフリカ，ドイツ，日本，オランダ，フランス，東南アジア，南アジア，インド，ロシア，北アメリカなどに事務所を置き，数年ごとにランク種や問題別の報告書を作成している．トラフィックによってまとめられた各地域での違法状況に関する報告（Rosen & Smith 2010）をみると，1996-2008年間で，合計967件の違反が摘発され，さまざまな物品が押収された．それによると，76％が付属書ⅠとⅡの種で，約19万頭の生きた個体が押収されている．このうち20％がインド，11％が中国，10％がイギリス，6％がアメリカ，ベルギー，オーストラリア，

マレーシアであったという．押収された51％が哺乳類とその産物で，26％は毛皮（大半がトラとヒョウ），25％は象牙であった．象牙は過去12年間で総計42トンに達した．生きた個体を取り上げると，このうち69％が爬虫類（うち38％がカメ類），16％がサル類で，両生類も含め，先進国でのペットブームを背景に増加しつつあるという．違法取引は，新しい外来種を生み出すばかりでなく，個体はいずれも劣悪な条件で輸送されるので，多くは死亡，または衰弱し病気を発症するなど，新たな病原菌の危険性をばらまく．グローバル化しつつある野生動物にまつわる問題は，いまやワシントン条約における希少種の取引規制の範囲を超えつつあるようだ．

生物多様性保全の視点からみると，すでに述べたようにもっとも懸念されるのは商業取引の対象種で，絶滅の危機の程度を反映しているわけではない．その対象は圧倒的に，脊椎動物，なかでも哺乳類と鳥類に偏る（近年では危機を反映して両生類が増加しているが）．これは，IUCNのレッドリスト，各国のレッドデータにも共通していて，顕著に，大きく，魅力的，おもしろい，有用な生物に，さらにいえば，アイコン化されやすく，カリスマ性をもつ，エンブレムやポスターになりやすく，多くの人々を動員できる生物に偏重している．カナダ農務・農産食品省のスモール（Small 2011）は，レッドリストを検討し，絶滅のおそれがあるにもかかわらず，さらにはさかんな国際取引があるにもかかわらず，無顎類（ヤツメウナギなど），尾索類（ホヤなど），半索類，棘皮動物（ナマコ，ウニなど），クモやサソリ類，植物では海藻類，菌類，バクテリアなどは，まったく無視，あるいは評価とリスティングの対象からほとんど外されていると指摘した．この人間による無意識のうちの選別と優先は"ノアの方舟"問題と呼ばれ，検討課題であるのはまちがいない．

b）世界遺産条約

日本人はよほど「世界遺産」がお好きなようだ．「世界遺産検定」，「世界遺産をめぐるツアー」，世界遺産の登録には自治体が一喜一憂し，マスコミがこぞって取り上げ，決まれば観光客が押しかけるとの構図だ．しかし，文化遺産なのか自然遺産なのかを区別している人はほとんどいない．2つは厳格に区別されている．「世界遺産条約」は2つの内容を骨格とする．1つはユネスコが，国際協力を通じてその保全に努力してきた経験から，世界各地に残る顕著で普遍的な記念工作物，建造物群，遺跡などを「世界文化遺産」として指定し，保全する国際条約を画策していた．もう1つは，レッドリストを作成し，ワシントン条約などの成立に協力してきたIUCNが特異な非生物の生成物や，ユニークな生物種または生物群を有する地域を「世界自然遺産」として指定することをめざしていた．この2つの国際条約は1972年の国連人間環境会議（ストックホルム会議）に提案されたが，1つに統合することが求められ，同年のユネスコ総会で「世界遺産条約」として採択された（したがってその正式名称は「世界の文化遺産および自然遺産の保護に関する条約」[16]という）．アメリカは1972年が国立公園制度発足100周年にあたり，大々的に宣伝し祝うために，この条約を推進し，真っ先に批准した[17]．2015年時点で，190カ国の加盟，802の文化遺産，197の自然遺産，そして32の複合遺産，合計1031の遺産が，150以上の国で指定されている．

世界遺産の基準と登録

2つの性格が異なる遺産を1つにまとめていることは，遺産の普及という点では強みだが，同時に弱点でもある．両者は内容的にあまりにもかけ離れているからだ（田中2012）．ここでは自然や野生動物の保全にとって重要な「世界自然遺産」に着目する．なお文化遺産について，総括的にいえば顕著な普遍的な価値をもつ建築物や遺跡などで，その登録基準は注を参照されたい[18]．自然遺産とは，同じく総括的にいえば，顕著な普遍的な価値をもつ地形や生物多様性，自然景観をそなえる地域ということになるが，その登録基準は，以下だ．

①最上級の自然現象，または類まれな自然

美・美的価値を有する地域を包含する．

②生命進化の記録や，地形形成における重要な進行中の地質学的過程，あるいは重要な地形学的または自然地理学的特徴といった，地球の歴史の主要な段階を代表する顕著な見本である．

③陸上・淡水域・沿岸・海洋の生態系や動植物群集の進化，発展において，重要な進行中の生態学的過程または生物学的過程を代表する顕著な見本である．

④学術上または保全上顕著な普遍的価値を有する絶滅のおそれのある種の生息地など，生物多様性の生息域内保全にとってもっとも重要な自然生息地を包含する．

以上の基準をみると，自然美や美的景観といったものも含まれているが，主要なのは地球史（地史）の過程や，生物の進化の舞台，生態系の典型などであり，そのハードルはきわめて高い．とくに自然遺産には，「顕著で普遍的な価値」を証明する"完全性"（Integrity）が求められている．完全性とは，自然現象や生態系が完全に観測できるような面積や体制をもつことで，十分な面積と，保全のための法律や保全管理体制の整備が求められる．これを担保する法律は，日本では，文化遺産が「文化財保護法」，自然遺産が「自然環境保全法」および「自然公園法」である．なお，日本の自然遺産，屋久島は①と③，白神山地は③，知床は③と④，小笠原諸島は③を満たすと評価された．また，複合遺産というのは，文化遺産の基準と自然遺産の基準をそれぞれ1つ以上もつものであるが，その数はきわめて少ない．

世界遺産に登録するには，まず，各国の政府機関が登録に先立って，世界遺産委員会（締約国総会で選出される21カ国の委員国からなる委員会）の事務局であるユネスコの世界遺産センター（発足1992年）に自国の遺産リストを提出する．これが「暫定リスト」である．各国はこの暫定リストのなかから準備が整ったものを候補として推薦する．遺産センターは，文化遺産候補については国際記念物遺跡会議（ICOMOS）または文化財保存と修復の研究のための国際センター（ICCROM）に，自然遺産については国際自然保護連合（IUCN）に，それぞれ評価を依頼し，現地調査をふまえて可否を諮問する．これら機関の勧告にもとづき，世界遺産委員会において最終的に審議し，決定する．

登録された世界遺産のうち，戦争や紛争（内戦），自然災害，開発，伐採，密猟，保全計画の不備，治安の悪化などで，遺産として「顕著で普遍的」価値を損なうおそれのあるものは，「危機遺産リスト」に登録され，国際協力や各国からの資金援助を受けることができる．またこの価値が失われたと判断された場合には，世界遺産から「抹消」される．

やや古い統計だが，IUCNのジム・トーセルとヴィレッジ・フォーカス・インターナショナル（VFI）[19]のトッド・サイガティ（Thorsel & Sigaty 2001）が自然遺産に登録された世界129サイトの実状を報告した．129サイトのうち74（57.4％）は無人地帯で，55には住民がいて，その平均は5585人だという．統計がとれている118サイトには年総計6300万人が訪れ，年間100万人以上となるのは14サイト．これに対し14サイトは，アクセスが困難，セキュリティの問題，あるいは政府が訪問を禁止するなどの理由から訪問者は0人，また11サイトについてはツーリズムのデータが存在しないという．自然遺産地域への年間訪問者の84％（5400万人）はアメリカ，カナダ，オーストラリア，ニュージーランドのサイトで占められる．アフリカの30サイトについては，訪問者の平均は2万2705人．世界自然遺産地域には大きな地域格差が生じている．

世界自然遺産の意義

遺産条約は，CITESの「規制条約」とは異なり，締約国の自発性に依拠する典型的な「奨励（インセンティブ）条約」だ．このことは，文化遺産では国内においてもボトムアップ的に候補地への登録競争となり，遺産条約本来の積極的な役割といえる．これに対し，自然遺産は，指定においても，保全・管理においてもトップダウン的で，国が大きな役割を果たさなければならない．日本は"生物多様性ホットスポッ

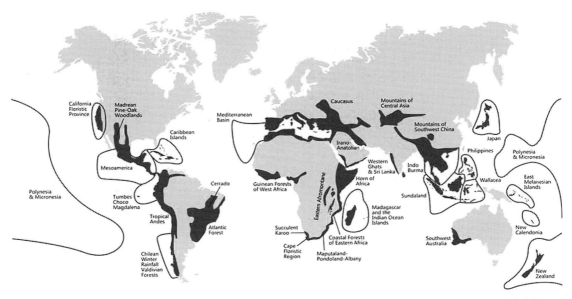

図 13-12　世界のホットスポット（Mittermeier *et al.* 2011 より）．合計35地域が指定され，このなかには日本も含まれている．

ト"[20]（図13-12）を構成する1つの地域に指定されている（Mittermeier *et al.* 2011）にもかかわらず自然遺産の登録地は少ない．2015年時点では，白神，屋久島，知床，小笠原とわずか4カ所，奄美・琉球については，準備は進みつつあるが，地域指定ができないために，登録には至っていない．日本にはたくさんの国立公園があるが，なぜ推薦が困難なのか．

2003年に白神，屋久島の次の世界自然遺産候補地の暫定リストを準備するために，環境省と林野庁は学術的な検討会を開催した（私も検討委員の1人だった）．そこでは，知床，小笠原，奄美・琉球を最終的に選定したが，もっとも問題だったのは，「完全性」を担保するための面積要件だった．日本には自然遺産に推薦されてよい重要な生態系や貴重な地形・地質的見本が各地に多数あるのだが，その地域を「核心地域」として保存するにも，周囲を「緩衝地域」に指定するにも十分な面積を確保するのが困難である．有望なのは国立公園なのだが，そもそも日本の国立公園は「大風景地や名勝を保護するとともに国民の利用に供する」ことを目的につくられているので，多くは自然遺産の登録基準とは相容れない．生物多様性や生態系と

いった概念が，「自然公園法」のなかに盛り込まれるのは2010年の改定以降だ．さらに，大半の国立公園は，その歴史的な経緯から，国が所有し管理する「営造物型」ではなく，地域を指定し，行為を制限する「地域制」を採用してきた（加藤 2000）ので，もともと自由にゾーニングできる面積は少ない．こうしてみると，今後も，国有地のなかから世界自然遺産候補地を推薦していくのは困難なのではないか，と考えられる．この代替措置として，重要な生態系や多様性ホットスポット，地形や地質を保存・管理するには，小面積でも可能な，ユネスコの"生態系保護地域（エコパーク）"，"ジオパーク"といった施策を積極的に取り入れることが重要である，と思われる．

自然遺産の登録にあたっては管理計画の策定と計画を実行する科学委員会などの体制が求められる．白神や屋久島では管理計画の必要性そのものが理解されていなかった状況のなかで，登録地のモニタリングとその評価にもとづく計画へのフィードバックという方法や制度が理解されたことは重要な進展だった（吉田 2008）．登録にあたっては，岡野（2008）が紹介するように，多くの課題が指摘されてきた．白神や屋

久島では入り込み数が飛躍的に増加しているが，それを評価し，管理方法をさぐる科学委員会がまだ組織されていない．知床では海洋保護区の設置，ダムの撤去，シカやヒグマの管理などが課題である．小笠原では多種の外来種排除がなお大きな課題として残されている．

近年，自然遺産地域ではエコツーリズムがさかんに行われるようになった．小林（2006）は，世界自然遺産地域でのエコツーリズムの代表的事例を紹介しつつ，今後の方向性を検討している．それによれば，エコツーリズムには①エコツーリズム関連の事業者やツーリスト，②研究機関や大学，NGOなどの関連団体，③地元自治体や地元住民を含むコミュニティ，の3つのグループがあるが，長期的な観点から持続可能な環境保全と観光との両立をはかるには，地元コミュニティが自律的に管理運営の一部を担う仕組みづくりを構築することが不可欠であると指摘している．重要な指摘だ．従来の消費的な観光活動という枠組みを超えて，ガイドの質を自発的に高めていくことが必要である．自然遺産は人類全体の遺産であると同時に，その価値を地域の共同体やコミュニティが深く認識し，その持続的な利用と，自発的な管理を通じて，地域に還元されることが重要である．

c）ラムサール条約

ラムサール条約とは，1971年にイラン，テヘラン近郊のラムサールで開催された"国際水鳥調査局"（IWRB）が主催した国際会議（"水鳥と湿地の保全に関する国際会議"）で採択された条約で，正式には"特に水鳥の生息地として国際的に重要な湿地に関する条約"[21]という．オーストラリア，フィンランド，ノルウェー，イランなど7カ国が最初の締約国となり，1975年に国際条約として発効した．日本の加盟は1980年．2015年現在，締約国数168カ国，登録湿地数2208サイト，総面積約210万haに達している．この条約（1条1項）による湿地（ウェットランド）とは，「天然のものであるか人工のものであるか，永続的なものであるか一時的なものであるかを問わず，さらには水が滞っているか流れているか，淡水であるか汽水であるか鹹水（かんすい）（海水）であるかを問わず，沼沢地，湿原，泥炭地または水域をいい，低潮時における水深が6mを超えない海域を含む」と定義されている．したがって貯水池，用水路，汚水処理場，珊瑚礁なども対象となり，「湿地」から想定されるより広い概念の水域である．締約国は「国際的に重要な」水域を指定し，条約事務局の登録簿（ラムサール・リスト）に記載する．締約国が加盟するには最低1カ所のサイトを指定しなければならない．なにが「国際的に重要な」のかを判断する基準は，「生態学上，植物学上，動物学上，湖沼学上または水文学上の国際的重要性」のほかに「水鳥にとっていずれの季節においても重要」（2条2項）である．締約国みずからが指定し，その保全をはかる典型的な「奨励条約」（インセンティブ）である．特徴的なのは，この湿地を保全するだけではなく，「賢明な利用」（ワイズ・ユース）に供されることが目的として強調されている点だ．

湿地は，生物多様性の保全にとってもっとも重要な生態系であり，淡水や海水の水質浄化の役割を担い，各種水生生物の生育・生息場所であり，それを餌とする鳥類の重要な生息地となるなど，生態系のサービス機能は十分に解明されているとはいえない．にもかかわらず，各国に共通するが，歴史的には開発を阻害する地域であり，埋め立ての対象となってきた．IUCNのレッドリストのなかで，近年とくに顕著なのは両生類の種数が加速度的に増加していることで，2007年には，両生類約7000種のうち，約30%がリストされ，しかもその70%が絶滅寸前種や絶滅危機種のリスクの高いカテゴリーに評価されている．両生類の約70%はカエル類だから，このことは湿地環境が世界的に急速に減少しつつあることを示唆する．日本においても，「公有水面埋立法」［1921（大正10）年成立］などの開発法がなお存在していて（坂口1992），この法律では埋め立て免許を受けたうえで，海，河，干潟，湖，沼などの国有地を埋め立てれば，その者に埋め立て地の所有権を与えるとしている．しかも1973年改正以前には

「追認制度」（無免許で埋め立てを行った者に対し，免許を受けていたとみなす）さえあった．

ラムサール条約は，よい意味でも悪い意味でも，奨励条約であるために，推薦，登録，管理を含めてすべては各国政府の判断に委ねられる．したがって当該地域が水鳥のフライング・ウェイにとってほんとうに重要であるかどうかの評価には踏み込まないことになっている．それは国際条約の限界でもあるのだが，IWRB はもともと調査・研究を展開する NGO だから，そのデータや国際的な情報交換を基礎にした強い推薦の働きかけがあってもよいのではないか．また条約のなかでは，保全とともに「賢明な利用」が謳われているが，この概念の共通理解が，条約当局は努力しているにもかかわらず，進んでいないことだ．「賢明な利用」とは，利用限界を有限な環境容量に対応して明示し，その範囲内で実行することだが，標語によって過剰利用が偽装される可能性がある．日本の登録湿地数は，2015 年現在，50 カ所，合計約 14 万 8000 ha である．その大半は，国指定の鳥獣保護区，国立公園の特別保護地区など，すでに指定されている地域ばかり．諫早干拓地をはじめ，三番瀬，曽根干拓地，和白干拓地など，その生態的な価値が世界的にも評価されてきた湿地については登録されていない（田中 2008）．湿地の優先順位はなお高いとはいえない．

d）ボン条約

遺産条約やラムサール条約は，地球規模での生物多様性や野生動物の生育地や生息地を指定して保全する条約であるのに対し，CITES（ワシントン条約）は野生動物の種を指定して国際的な取引を規制する条約だが，種と生息（育）地とを指定して，両方の保全をはかる条約がある．それが，「移動性野生動物種の保全に関する条約」（CMS）[22]だ．この条約は，陸上，海洋，空中など地球規模の移動（渡り）をする野生動物の種とその主要な生息地を保全することを目的に，国連環境計画（UNEP）のバックアップのもとで，1979 年にドイツ，ボンで採択された．このことから通称「ボン条約」と呼ばれる．この条約の作成には，CITES 同様に，IUCN とブルヘンネ＝ギルミンが主導的な役割を果たしている．加盟国は，2015 年現在，122 カ国に達している．日本は未加盟．

この条約の骨格は，陸生動物類，海洋動物類，鳥類のうち，移動性の種を指定し，その生息地を含む保護を，多国間協定の締結と共同研究によって進めるところにある．その意味では，締約国にこのような協定の締結に向けて努力することを求めた「奨励条約」である．付属書 I には絶滅の危機に瀕している種のうちただちに保護措置をとるように努めるべき種を，付属書 II には保全と管理のために協定を締結すべき種を，それぞれリストしている．条約にリストされている代表的な動物は，アカウミガメ，タイマイ，オサガメ，アオウミガメなどのウミガメ類，マナティーやジュゴンなどのカイギュウ類，ラプラタカワイルカなどのイルカ類，イッカク，セミクジラ，ザトウクジラなどのクジラ類，ジンベイザメなどの魚類，フラミンゴ，アホウドリ，ノガンなどの水鳥，シロオリックスやアダックスなどのアンテロープ類，アフリカゾウ，ソデグロヅルなどのツル類，サイガなどである．これまでに，ヨーロッパのコウモリ類，地中海と黒海のクジラ類，バルト海と北海の小型クジラ類，ワッデン海のアザラシ類などの多国間協定や覚え書きが結ばれている．野生動物利用の大国（かつては日本），中国（1997 年に加盟）を含め，ほとんどの先進国が加盟している．なぜ日本は加盟しないのか．おもな理由は，商業捕鯨のマイナスになるような要素を排除しておきたいとの思惑があるようだ（このほかには，現在でも小笠原で一部に許可されているアオウミガメ漁，海鳥の混獲問題がある，といわれている）．しかし，クジラ類でリストされているのは，セミクジラとザトウクジラで，実質的には商業捕鯨の対象ではない．こうした姿勢そのものが，野生動物の利用や管理にかかわる日本の不信感へとつながるように思えてならない．

（2） 生物多様性条約

現代の指導的な生態学者，ピーター・レーヴ

ンはかつて「生物多様性の損失こそが現在人類が直面しているもっとも深刻な問題である」と述べた（タカーチ 2006）．全面的に賛成だ．以上の生物関連国際条約に加え，人類は，現在，生物多様性を保全するもっとも包括的な条約をもつに至っている．「生物多様性条約」（CBD; The Convention on Biological Diversity）だ．この条約の誠実で完全な履行は人類史的な挑戦だと私は考える．だが，このもっとも重要な条約は，もっとも軽視されてきた条約でもあったように思われる．

生物多様性条約の始動

この条約作成には4つの大きなステップがあったと考えられる．第1は1972年にストックホルムで開催された「国連人間環境会議」．この会議では，環境の重要性を指摘した「人間環境宣言」が公表され，そのアクションプランとしての「環境国際行動計画」が採択された．その内容は，先進国は開発を抑制し環境保護を優先すること，これに対し途上国は，低開発から環境問題が発生するから開発を優先させ，先進国の援助を増やすことなど，やや短絡的ではあったが，環境保全に取り組む世界的な重要性を最初に提唱した点では画期的だった．この会議に向けては，1968年に設立された"ローマ・クラブ"『成長の限界』（メドウズ 1972）の影響が指摘できよう．そこでは，現状のまま人口増加や環境破壊が続けば，資源の枯渇と地球の破局を招くとの強い危機感が表明されていた．それは経済活動が脅かされるとの西欧経済人の危機意識でもあった．なおこの会議では，CITESと世界遺産条約の作成が提案され，承認されている．そして，この計画を実行するために国際連合の下部組織として環境問題を専門的に扱う「国連環境計画」（UNEP）がケニア，ナイロビに人間環境会議10周年にあたる1982年に設立され，その第1回会合が開かれた．そこでは，将来の環境政策の指針を示す「特別委員会」の設立が日本から提案され，承認された．この提案は翌年の国連総会（通称「ブルントラント委員会」の設立）で結実する．

第2は，1982年に開催された「国連先住民作業部会会議」である．ここでは，先住民の人権と先住権が初めて提起され，確認された後に，この会議は国連人権委員会の主要な下部組織の1つ，"国連先住民族常設フォーラム"となった．この一連の会議で，生態系や生物多様性が少数民族を含めてだれに帰属するのか，またそれが「国際法」の対象になりうると認められた．しかし，その骨子である「先住民族の権利に関する国際連合宣言」が採択されたのは，ようやく2007年だった．

第3は，1982年に開催された国連総会での「世界自然憲章」の採択だ．この憲章は「人類の幸福が多様な動植物，肥沃な土壌，清浄な水，そして澄んだ空気など，生態系を含む健全な生物圏を維持することにかかっている」と謳い上げた．そしてこのなかで，世界の自然が危機に瀕し，自然に対する悪影響を最小限に抑止しなければならないと述べ，「生命共同体」への敬意と配慮を実行に移すために，予防原則など4つの生態系保全のための原則と，すべての計画に対し環境影響評価を実施しなければならないこと，さらにはその評価結果は広く公開されなければならないことが，宣言された．そこには，"生命共同体"，"将来世代への義務"，"動物への虐待防止"，"3R"（リデュース・リユース・リサイクル）など，勃興しつつあった環境倫理学の用語が散りばめられていた．

最後は，1987年に公表された「環境と開発に関する世界委員会」の報告書，『われら共有の未来』だ．これは，1983年に国連事務総長であったデ・クエヤルが日本の提案にもとづき設置した委員会，「環境と開発に関する世界委員会」（委員長は当時のノルウェーの首相，ブルントラント）が作成したものである．12章からなる報告書は，人口増加を抑制しつつ，熱帯雨林や野生動物の保全，食料や土壌，水，森林など「環境と資源基盤を保全しつつ開発を進める」という「持続可能な開発」概念が初めて強く打ち出された．1991年には，先鞭をつけたローマクラブが『第一次地球革命』（キングとシュナイダー 1992）というレポートを公表

し，そこでは地球環境問題を「市場メカニズムだけでは解決することは不可能である」とし，国際的に枠組みをつくることを提言した．これらの動きと，ブルントラント委員会で提起された課題が1992年の「環境と開発に関する国連会議」（UNCED; UN Conference on Environment and Development）へと引き継がれ，「アジェンダ21」，「森林原則声明」の合意，「気候変動枠組条約」と「生物多様性条約」への署名，「砂漠化防止条約」の作成（後の「砂漠化対処条約」1994年成立）へ結実していった．これらは人類の英知が示した巨大なステップだったといえよう．

これらの動きと連動するように，1980年代に入ると，ここにFAOやUNESCOなどの国連機関や，WWFやIUCNなどの国際NGOに参加する科学者が合流するようになった．生物学的多様性（"biological diversity"）という言葉を最初に使用したのは，野生生物学者のダスマン（Dasmann 1968）だといわれる．しかし，それは各種野生動物の保護や保全という一般的な文脈のなかで「多種多様な」という意味で使われていた．生物学（biological）と多様性（diversity）を結合させて"生物多様性"（biodiversity）なる言葉を意図的に造語したのは生物学者ウォルター・ローゼンといわれ，全米科学アカデミー主催のフォーラムの企画に参加していた彼が，フォーラムのタイトルに用いたのだという（Franco 2013）．このフォーラムは生物種絶滅に対する強い危機意識の表明の場でもあった．これを機に，ハーバード大学の生態学の泰斗，ウィルソン（Wilson 1988, 1989）がさまざまな著作や論文のなかで繰り返し使用し，広まっていった．後はこれに追随して，著名な研究者や団体，国連機関などが野生動物保全上の喫緊の課題を取り上げる際に好んで使用した（McNeely et al. 1990）．そして，1990年代の"生物多様性条約"の発効にともなって一挙に普及し，確固たる市民権を得るようになった．

条約の作成経過

「生物多様性条約」の作成過程をたどる．前項のブルントラント委員会の報告書の最終章には「環境保全と持続可能な開発に関する条約」を準備するよう求められていた．この要請を受けUNEPは1988年から「生物多様性専門家特別会合」を立ち上げ，条約作成の可能性を探った．その第1回（1988年11月，ジュネーブ）会議にはアメリカ，オーストラリア，ブラジル，中国，フランス，マレーシア，イギリスなど25カ国の行政担当者と，FAOやUNESCO，CITESなどの条約事務局，IUCNやWWFなどのNGOの研究者がオブザーバーで参加していた．その報告書を読むと（一連の報告書は以下参照．http://www.cbd.int/history/ 閲覧2016.12.10），まず，生物多様性保全については世界的な合意が存在しているにもかかわらず，ほかの条約の改定では代替できないこと，つまり新たな国際条約をつくる必要性を確認していた．とくに従来の条約や計画では生物多様性の保全には不十分，つまり，ワシントン条約（CITES），ラムサール条約，ボン条約――特定の種や生息地を指定する方法では限界があることを認識し，共有していた．このためには，生物多様性保全の意味を共通の理解にさせ，複数のメカニズムを組み合わせ，ほかの条約とも整合性をとりつつ，より包括的な上位条約（アンブレラ条約）をつくることで合意している．あわせて，現在の国際条約を吟味し，有効な法制化の基準と範囲を調査すること，世界の生物多様性の現状と方向性について，UNEP事務局に報告書[23]を提出するよう依頼したこと，の2点を確認し，会議を終了した．その合意文書からは参加者の熱気と意気込みが伝わる．

第2回会合（1990年2月，ジュネーブ，参加国は日本を含む41カ国）では，さらに踏み込んで，①この国際条約の法的性格，②必要性とコスト，③資金メカニズム，④遺伝資源の取り扱い（管轄権と制制法），⑤バイテクの国際的な移転，などの課題が討議された．①では，既存の条約との整合性をとることを再確認し，家畜品種や栽培品種も含め，あるいは生息地内外の保全を含めることなど，条約の方向性が確認された．そして，ここでは，現在につながる

きわめて核心的な部分，すなわち②-⑤が提起され，議論が沸騰した．なにが問題だったのか．

農業や園芸，化粧品，医薬品の大半は，野生種を品種化したものか，生物に由来する物質を製品や原料としたもので，これらは生物遺伝資源と総称され，たとえば，微生物の殺菌作用を応用したペニシリンなどの抗生物質のように，「直接的価値」をもち，莫大な利益をもたらす．これらはバイテク技術の進展によってさらに広がり，市場規模は，農業分野で3000-4500億ドル，医薬・化粧品で750-1500億ドル（円で最大60兆円規模）に達するといわれる（Kate 1997）．従来，これら遺伝資源は人類の共有財であり，だれもが自由にアクセスできるとされ，技術をもつ先進国が製品化と特許化を行い，独占的な利益を得てきた．しかし，この遺伝資源はいったいだれのものなのか．有名な例では，マダガスカル南西部の限られた地域に生育するニチニチソウ（*Catharanthus roseus*）には古くから薬効があり，霊薬として地元ではよく知られていた．1960年代に欧米の製薬会社が調べると，70種以上のアルカロイド類が含まれ，いくつかは薬剤の有効成分と有力視された．アメリカのある製薬会社は，このうちの1つを小児白血病の特効薬（生存率を10%から95%に改善）として製品化し，一時は年間1億8000万ドルもの利益を得た．それにもかかわらず，マダガスカル政府や自生する地域の住民に対しては，一切の利益還元を行わなかった（高倉 2002）．この行為は，①伝統的な医薬として認識した知的財産と，②このための保全コストの負担，に対する二重の背信行為で，上前だけをはねる，遺伝資源の「盗賊行為」（バイオパイラシー）として，強い不満を募らせた．同様のことは遺伝資源をもつ途上国で広く行われていた．そこで，新しい条約のなかでは，経済的利益をきちんと位置づけ，権利関係を明確にすることが求められた．当然の要求だ．

原産国である途上国は，少なくとも加工されない遺伝資源については，アクセスを定める権限を原産国に保証したうえで，原産国-先進国企業の当事者の間での契約について交渉できるように主張した．また途上国では生物種を保全するには累積債務と人口増加が保全の障害になっているので，十分な経済的な追加支援とそのメカニズムが必要であることに加え，①その法的枠組み，②保全のグローバルな責任，③利用と原産国の権利，④地域的な組織を国連内外に設立すること，⑤あらゆるレベルでの適正な教育プログラムの組み込み，などを要求した．これらを織り込みながら条約作成作業は，IUCNのギルミン，ハルドゲート，シンジ，グローカ，マックニーリーを中心に急ピッチで進められた．

第3回会合（1990年8月，ジュネーブ，参加国は78カ国）では，条約を維持する資金メカニズム，遺伝資源のアクセスとバイテクの技術移転，条約に盛り込むフレームを重点的に議論し，資金や技術移転，重要種と生息地のリスト作成などについてはサブワーキンググループをつくり，詳細をつめることで合意した．

第4回会合（1990年11月，ナイロビ）では，早くも条約の原型が提示され，各条項へのコメントを中心に会議は進行した．参加国は72カ国，第3回会合とあわせ条約作成の流れはもはや巨大な主流となりつつあった．この原案はその後各国とのすり合わせによる5回の改定を経て1992年の第6回全体会合で暫定案がまとまった．なお，付属書として掲載予定であった「重要な種，生息地，生態系リスト」は作成された（第4回の各国折衝会議の付属文書）が，条約には含めないこととした．また最後まで残された生物多様性を「（人類）共有遺産」とする文言は，国家の裁量権に違反するとの懸念から暫定案では削除された．

条約の構造と意義

生物多様性条約は1992年の「国連環境開発会議（UNCED）」に提案され，多くの国によって署名された．わが国もまた同会議で署名し，1993年5月に締結，同12月に発効させた．2015年現在，全国際連合加盟国と欧州連合およびクック諸島などの準国家，195カ国が加盟している．ただしアメリカ合衆国はブッシュ政権からクリントン政権に変わって署名したもの

の，遺伝資源から生ずる利益配分に関して自国のバイテク産業に影響をおよぼすとの理由から議会の承認が得られず，締結していない[24]．

その構造をみる．第1条は「目的」で，①生物多様性そのものの保全，②その構成要素の持続可能な利用，そして③遺伝資源の利用から生ずる利益の公正かつ衡平な配分，の3つが掲げられている．目的①については，締約国に生息地域内外での保全（第8条と第9条），環境影響評価の実施などの措置を講ずること（第7条）を求めている．目的②については，持続可能な利用を計画や政策へ取り込むことを求めている（第6条b，第10条，第11条，第14条）．目的③では，遺伝資源保有国の主権を認め，提供国と利用国に生じる利益の配分や途上国への技術移転を求めている（第15条，第16条）．これらの条項の大半には，締約国は「その個々の状況及び能力に応じ」，または「可能な限り，かつ，適当な場合には」と記述し，各国の裁量権を認めている（第3条）．そして，これらの措置を担保するために，締約国には生物多様性に関する「国家戦略」または「国家計画」を立てること（第6条a），加えて関連部門，部門間にまたがる計画や政策を組み入れること（第6条b），さらには重要な地域と重要な構成要素についてモニタリングを行うこと（第7条），などを求めている．この条約の核心はここにある．目的を実現するために各国は自発的に計画を立案し，実行に移すこと，これが最大の眼目だ．

第15条から第19条は，おもに遺伝資源についての規定で，この条約のもう1つの骨格部分だ．条約では，遺伝資源は原産国の主権を認めたものの，過去については遡及されないことで合意した．しかし，これには長い歴史的な経緯があり，いったいどこまでとするのかは当事者間でつねに紛争する．また条約では「生物資源」，「遺伝資源」，「遺伝資源の原産国」，「遺伝資源の提供国」，「バイオテクノロジー」などの用語が明確に定義されているにもかかわらず，締約国間ではその概念は一致，共有されることはなく，これまたつねに対立を引き起こしてい

る（森岡 2009）．そもそも，生物遺伝資源の利益とはいったいなにか，そこからだれがどのように利益を得ているのか，さらには利益が生じているとしても，その利益をだれから，だれがどのように受け取り，配分するのか，その全体像は描き切れていない（池上ほか 2010）．この条約の作成から締約国会議ごとに「遺伝資源のアクセスと利益配分」（ABS）については議論が繰り返され，2002年には「ボン・ガイドライン」（COP6）が作成されるものの，法的拘束力はなく，なお合意には達していない（詳細は省く，解説は西村 2010）．この状況は現在も続き，インドやブラジルなどの資源提供国は，国際法の制定を求めている．なお，このボン・ガイドラインにより，EUは毎年6000万-2億ユーロを支払い，少なくとも16カ国の途上国は年間10億ドルの歳入を受けている．

また，遺伝子組み換え生物（LMO）については，LMO輸出国側（アメリカ，カナダ，オーストラリア）と，規制を求めるEUおよび途上国側との対立が深く，1999年カルタヘナ（コロンビア）での特別締約国会議で採択がめざされたものの，なお意見の隔たりが大きく，ようやくモントリオールでの特別締約国会議において採択された．これを「カルタヘナ議定書」という．日本国内では，この議定書にもとづき，カルタヘナ法（「遺伝子組換え生物等の使用等の規制による生物の多様性の確保に関する法律」，2006年）が制定され，遺伝子組み換え生物使用の規制措置がとられている．

ここで，用語が定義されている第2条にもどり，キーワードをみる．まず「生物多様性」は次のように定義される．「すべての生物（陸上生態系，海洋その他の水界生態系，これらが複合した生態系その他生息又は生育の場のいかんを問わない）の間の変異性をいうものとし，種内の多様性，種間の多様性及び生態系の多様性を含む」．つまり，生物多様性とは，種数だけではなく，生物の3つの階層性，すなわち遺伝子，種，生態系における差異性とプロセスを包含している．ひとことでいえば，「生物の豊かさ」を包括的に示した概念だということがわか

る．前節の検討からもすぐれた用語であることがわかり，言葉のさらなる普及を願う．しかし，同時にあまりにもあいまい抽象的で，この用語から，なぜこの条約がつくられなければならないのか，生物多様性の減少とはなにを意味するのか，またなぜ多様性を保全しなければならないのか，判然とぜず，必然性は生まれない．それでも時代をとらえた言葉を普及し，武器にしていかなければならない．関連の深い「生態系」とは，「植物，動物及び微生物の群集とこれらを取り巻く非生物的な環境とが相互に作用して1つの機能的な単位を成す動的な複合体」と定義されている．

続いて，「生息地内（in situ）保全」と「生息地外（ex situ）保全」．前者は，「生態系及び自然の生息地を保全し，並びに存続可能な種の個体群を自然の生息環境において維持し及び回復すること」であるのに対し，後者は，「生物の多様性の構成要素を自然の生息地の外において保全すること」をいい，このために，「植物，動物及び微生物の生息域外保全及び研究のための施設を設置し及び維持すること」（第9条b）と，さらに「脅威にさらされている種を回復し及びその機能を修復するため並びに当該種を適当な条件の下で自然の生息地に再導入するための措置をとること」（第9条c）が要請されている．コウノトリやトキの野生復帰は条約にもとづく措置であるといってよい．

もう1つ．第一次産業と関連する「持続可能な利用」だ．それは，「生物多様性の長期的な減少をもたらさない方法および速度で生物多様性の構成要素を利用し，もって現在および将来の世代の必要および願望を満たすように生物多様性の可能性を維持すること」と定義される．蛇足を要しないが，これは明らかに活動，事業，経営の持続性（およびそれによる「最大収量，収穫」の持続性）ではなく，利用には生態学的な平衡を前提とした閾値（threshold），または適正値（ecologically sustained yield）が存在していることを示している．また，生物多様性の保全の骨格として，第8条では，保護地域，自然生態系や生息地の重要性，さらにはその復元（修復）や再生が強調されるが，このことは「持続可能な利用」と無関係に切り離されているわけではない．自然環境や自然生態系の存在は，「持続可能な利用」を可能にする基盤，あるいはそれを導く教科書やモデルとして位置づけられていることを指摘しておきたい．このことと関連して第8条hでは「外来種の導入を防止しまたはそのような外来種を制御もしくは撲滅すること」として外来種の排除を明確に謳っている．このためには「予防的な取組」が重要であることがCOP5, 6で繰り返し確認されている．持続可能な利用は，自然生態系と生物多様性の保全の延長にあることを明示している．

生物多様性条約はいわゆる「枠組み条約」という性格をもち，義務規定や紛争解決策は回避しつつ，原則と全体的な方向性を提示することにその意義がある．つまり，生物多様性条約は，そのまま各国の国内法として縛るものではなく，状況のちがいを勘案し，ある程度の自由裁量権を認めつつ，各国の基本方針や施策のなかに位置づけることを求めている（だから国家戦略や計画を作成していない国も20カ国以上はあるといわれている）．生物多様性の保全を求める理念条約であり，そこには強い教育的な効果がある．この条約がもたらした意義は，次のようにまとめられるだろう．

①生物多様性を地球環境問題として認知し，生物多様性を経済と国際政治の舞台に引き入れたこと．各国の生物多様性の状況を俯瞰的に評価できるようにし，その保全と利用の進展状況を追跡できる枠組みをつくったこと．

②生物多様性という新たな価値基準を設定し，破壊と毀損を繰り返してきた自然や生態系，生物種に対し，人間の姿勢と視座の転換をはかるという人類史的意義を獲得したこと．

③持続可能性の概念を提示し，各国の役割と責務を明確にしたこと．

④生物資源から生まれる利益の配分と管理に国際的な権威や政治的な力を認めず，公平かつ衡平としたこと．

⑤少数民族や先住民の権利を認めたこと．

⑥世界目標の設定を可能にしたこと．このこ

とによって「地球規模生物多様性概況」（Global Biodiversity Outlook）が行われていて，現在はその第4版が公開されている．

繰り返すが，この条約には強制力はない．理念条約であり，そこには実効性の保証はない．教育的効果にウェイトがあり，きわめてもどかしく，歯がゆく，物足りない．締約国会議ではほぼ10年ごとに「生物多様性の損失速度を顕著に減少させる」との戦略目標の未達成が確認され，現状では残念だが，同じ骨子の新たな目標が設定されている．だが，世界の生物多様性の保全はこの条約に依拠し，その枠組みのなかで進めていくほかはないのである．

日本の生物多様性国家戦略

生物多様性条約第6条にもとづき，日本国政府は1995（平成7）年に最初の「生物多様性国家戦略」を，7年後の2002（平成14）年には2回目（「新・生物多様性国家戦略」）を，2007（平成19）年には3回目（「第3次生物多様性国家戦略」）を，2010（平成22）年には4回目（「生物多様性国家戦略2010」）を，それぞれ策定し，これらを受けてほぼ毎年1回，戦略の点検とレビューを実施してきた．この国家戦略の策定を受けて，各省庁は法律の改定（「河川法」，「農業基本法」などのなかに自然環境の保全，環境配慮，生物多様性の重要性などを盛り込む）や新たな法律の制定を行ってきた．

2002年の「新・国家戦略」では，わが国の生物多様性に脅威をもたらす3つの「危機」を提起し，広く議論を呼びかけた．その第1は，人間活動と開発が直接的にもたらす種の減少，絶滅，生態系の破壊，分断化，劣化による生息地の縮小，消失．第2は，生活・生産様式の変化，人口減少などの，人為の働きかけの減少による里地，里山などの環境変化にともなう，種や生息地の減少．第3は，外来種による攪乱と在来種への影響，である．これらの危機に対応して，保全の強化，持続可能な利用の促進，地域の生物多様性保全を進めるための社会的な仕組みや枠組みの構築，自然再生事業の着手，さらには対策などの課題をあげた．これを受けて翌年（2003）には「自然再生推進法」が施行され，2004年には「外来生物法」（特定外来生物による生態系等に係る被害の防止に関する法律）が成立した．続いて2007年の「第3次戦略」では，これらに加えて，「逃れることができない深刻な問題」として地球温暖化の危機を追加した．

2008年には，生物多様性の保全と持続可能な利用についての基本法（「生物多様性基本法」）が制定された．そこでは保全と利用の基本原則として長期的な観点での「予防的・順応的な取組」の推進が謳われ，また地方公共団体の「生物多様性地域戦略」の策定が義務づけられた．

そして，2010年の第10回締約国会議（COP10）をひかえて作成された「戦略2010」では，第1の危機に「人間活動や開発の危機」，第2の危機に「自然に対する働きかけの縮小による危機」，第3に「人間により持ち込まれたものによる危機」，第4に，温暖化に海洋酸性化を加え，「地球環境の変化による危機」としてまとめられた．またこの2010年度版では，5つの課題として，①生物多様性に関する理解と行動，②担い手の連携の確保，③生態系サービスでつながる「自然共生圏」，④人口減少などをふまえた国土の保全管理，⑤科学的知見の充実，をあげ，2020年までの短期目標（「愛知目標」後述）には，生物多様性の損失を止めるためにわが国の効果的かつ緊急な国別目標をあげている．指摘された4つの「危機」はいずれもきわめて的確で，納得できる．またこのための課題や目標についても適切であり，首肯できる．

しかしながら，その対策や施策の展開については，「自然再生推進法」，「外来種法」の制定や，それにもとづく特定の事業を除いては，具体性を欠き，かなり弱いといわなければならない．生物多様性条約の主要な目的である「生物多様性の保全」については，危機として「人間活動と開発が直接的にもたらす生態系の破壊」と指摘されているにもかかわらず，なお生息（育）地や生態系の破壊が継続している．たとえば，「国土利用計画法」や「全国総合開発計

画（全総）」（「第5次計画」では「地域の自立の促進と美しい国土の創造」と謳い上げられているが）には生物多様性の保全はほとんど反映されていない．とりわけ2011年に発生した東日本大震災では，原発事故によって（人間の生活圏を含めた）生態系や生息（育）が毀損・消失しているが，これをどのようにしていくのか，方針さえない．さらに復興事業のなかで，破格の予算を投入した大規模な公共事業が展開され，沿岸や里山などの生態系が大幅に改変されつつある．大規模な埋め立て計画は沖縄でも進められようとしている．懸念されるのは，こうした事業が人間と自然との関係そのものを破壊しかねないことだ．

生物多様性条約の骨格部分の1つである「生物多様性の構成要素の持続可能な利用」については，他省庁が管轄しているが，その目標や到達度の点検などが不十分である．たとえば，農業分野では「食料・農業・農村基本法」にもとづき，「基本計画」を策定し「生物多様性の保全に向けた活動を促進する」とあり，「農業生産の維持や生産基盤の管理と生物多様性の保全を両立させる取組」の1つとして「冬期湛水」を実施するとしているが，どこでどれくらいなのために行うかは明確ではない．また「生態系の機能を活用した技術開発」，「生態系に配慮した水田や水路の技術整備」を行うとしているが，この内容は判然としない．森林・林業分野では，「育成単層林と天然生林を減らし，育成複層林を増やす」としているが，その転換が生態学的に適切で，生物多様性の保全にとってプラスとなるのかは不明である．さらに漁業の分野では，藻場や干潟の維持管理や，沿岸域の環境生態系の保全の取組を促進すると述べているが，その量的目標はない．またすでに指摘したように（第12章），乱獲が進行しつつあるが，日本版TAC制度が生物多様性の保全やその構成要素の持続的利用に貢献しているのかは議論されていない．

総じて，関係省庁連絡会議を招集するものの自主的・自発的な点検に任されている．どのような基準や仕組みをつくり，統合化していくのか，具体的な姿はみえにくい．そもそも生物多様性の保全という課題の追求が，成長や開発の，支障のない範囲内に存在するのか，あるいはまたそれらの前提として存在するのか，環境関連の各省庁の政策を並べるだけではみえてこない．この条約の精神と核心は後者にあることを示している．たとえば，生物多様性条約第5回締約国会議で採択された「エコシステムアプローチ」（2000年5月）では，全部で12原則が述べられているが，もっとも重要なのは「生態系サービス（水土保全，水源涵養，木材生産，生物多様性保全などの機能）を維持するため，生態系の構造と機能を保全することが優先目標である」（原則5）こと，したがって，「生態系はその機能の範囲内で管理されなければならない」（原則6）とする．また，「生態系管理の目標は長期的に策定すべきであり」（原則8），「管理するにあたっては不確実性をもつ変化が不可避であり」（原則9），これには実行と検証とを有機的に結びつけた「順応的管理」の採用が強調される．さらに「生物多様性への最大の脅威は，自然や人口への無理解にもとづく市場のゆがみによって生じる」（原則4）とし，生物多様性の保全と持続可能な利用を経済的な観点から適切に評価することの重要性を謳っている．

「生物多様性2010」と，COP10で採択された「愛知目標」は，きわめてすぐれた合意文書だ．その目標〈4〉は次のように述べる．「政府，ビジネス及びあらゆるレベルの関係者が，持続可能な生産及び消費のための計画を達成するための行動を行い，またはそのための計画を実施しており，また自然資源の利用の影響を生態学的限界の十分安全な範囲内に抑える」．これは日本国もまたしたがい，実現されるべき短期目標として掲げられた課題だ．この目標の言葉の重さには不適当な施策がいまなおまかり通る．「生物多様性」という言葉だけは踊るものの，その実効性には根拠が乏しく，改善の方向はみえにくい．「国家戦略」とはいったいなになのだろうか．

（3） ミレニアム生態系評価

生態系サービスとはなにか

生態系は機能をもつ．その機能が人類に役立つものをとくに「生態系サービス機能」という．つまり自然の恵みである．経済学では，ストックとはある時点で貯蔵されている量であるのに対し，フローとは一定期間の流出量をいう．通貨供給量，資産，資本総額などはストック，消費，国民総生産，経常収支，投資などはフローだ．生態系サービスとは，人類にとっての，生態系の生物多様性がもつフロー機能であるといえる．最初に，「生態系サービス」という言葉を使ったのはエーリック夫妻（エーリックとエーリック1992）だといわれる（「エコシステムのサービス」として使用）．この"サービス"という言葉は，売買の際に値引きしたり，景品をつけるといった商業用語の語感が強く，誤解を招きやすい．このことは欧米でも同様で，生態系機能の本来を伝えていないとの批判がなお根強い（たとえばPeterson et al. 2009）．それはともかく，このサービス機能は生態系の構造とプロセス，つまり，食物網や食物連鎖を通して行われる，分解，物資生産，物質循環，エネルギー循環によってもたらされる．それらは通常，以下の4つに分類される．

①基盤的サービス（supporting）
②供給的サービス（provisioning）
③調節的サービス（regulating）
④文化的サービス（cultural）

基盤的サービスとは，植物の光合成による同化（第一次生産），酸素の供給，栄養循環，土壌の生成などで，生態系の基本的な機能形成を指し，以下の3機能はその上に成立すると考えられる（図13-13）．供給的サービスとは，食料，水，木材と林産物，燃料など人間が直接利用しているものを指す．調節的サービスとは，気候の緩和，水質浄化，洪水防止，病原菌の予防，天敵による病虫害大発生の防止など生物防除を含め，生態系による諸機能を指している．文化的サービスとは，自然の審美性や精神性，祭礼，レクリエーションや教育，科学研究などを含め

図13-13 生態系サービスの構成と構造．

る．

国連は，千年紀を機（2001-2005年）に，"ミレニアム生態系評価"（MA）を行った．それは地球規模の人類初の環境アセスメントで，95カ国から1360人以上の研究者が参加した．ここでは，生態系のもつサービス機能を，上記の4つに分類し，生態系別に評価した．この結果は，2005年に『国連ミレニアム生態系評価』（Millennium Ecosystem Assessment 2005）と題してとりまとめられた．その概要は後にして，ここではまず，生物多様性と，生態系サービスの関係について整理する．

生物多様性と生態系サービス

生物多様性と生態系サービスとは同じではないが，密接に関係しているのはいうまでもない．両者の関係で，最大の焦点は，生態系サービスが，種数が多いほど，つまり生物多様性が豊かなほど増加するかどうかである．モントリオール大学のイサベルら（Isabell et al. 2011）は，草本植物の各種はなんらかの形で生態系機能を担い，種数が多いほど生態系サービスが増進することを多数サンプルの分析から突き止めた．種数が多いほどサービスが増加するかどうかは，「種間促進効果」と呼ばれ，これはある種の資源利用が多種の存在のもとで促進されるために発生し，典型的には，ある作物を単一栽培するより，複数の種や品種と混植したほうが収量の増加がもたらされるとの現象にみられる．各地の実験を総括すると，約80%の実験で，多種区のほうが単一区より収量が増加したとの知見が得られた（Cardinale et al. 2007）．生物多様

性による生産力の底上げ効果だが，いってみれば生物多様性を排除してきた農業にどのように利用できるのか，今後の課題だ．

フーパー（Hooper et al. 2012）らはメタデータ解析から種数が多いほど生態系の基盤や調節サービスが増加することを明らかにした．生物多様性が水の浄化機能をもつことはよく知られ（たとえばデイリーとキャサリン 2010），たとえば，藻類の種数の増加がニッチ分割効果による窒素酸化物（NO_3）の吸収を通じて水質を改善するとの報告がある（Cardinale 2011）．ニッチ分割効果（nich partitioning）とは，種間のニッチのちがいから生まれる功利的な資源利用効果だ．

次に生物群集の安定性と種数との関係をみる．一般に，生物群集は種数が多いほど安定する傾向がある．これはポートフォリオ効果（portfolio）という[25]．いろいろな銘柄の株や多種の金融商品をもつことがリスク分散につながるとの経済学用語だ．生物群集の多様性がその安定性や復元力（レジリエンス）に寄与するかどうか，生態学のテーマの1つで，長い間，議論されてきた（McCann 2000）が，最近，植物群集のバイオマスの時間的変動は，種数が多いほど低下し，安定化することが確認されている．しかし，たとえば供給的サービスをみると，長期実験によれば，草原生態系の生産性や安定度は多様性と関係して増加するとの知見があり（Tilman et al. 2001b），多様性を取り入れた生態系の劣化を招かない農業の必要性が指摘されている（Tilman et al. 2001a）．また病虫害の防止には生物間の相互作用の成立が必要であり，植物種数の増加とともに複数の栄養段階の生物の安定性に寄与している（Haddard et al. 2009，Scherber et al. 2010）．群集内の食物網の多様性と安定性に人間活動が大きな影響をおよぼすことが知られてきた（Rooney et al. 2006）．

このことは海洋生態系での供給的サービスである漁業にあてはまる．漁業が魚種の多様性を減少させ，それが海洋生態系の供給的サービスを減少させていることが指摘されている（Worm et al. 2006）．調節的サービス機能の焦点は生態系の多機能性を発揮させることにあり，これは一般に生物多様性が高いほど実現されやすい（Hector & Bogchi 2007）．文化的サービスにおいても単一種よりも生物群集が重要な役割を果たし，多様性が主要な構成要素となる．とすれば，生態系と多様性は切り離せない関係にあり，両者は相互補完的であるといえよう（Poisot et al. 2013）．

ちなみに，サービス機能別にみた全世界の生態系の評価額は，20世紀末の時点で，毎年平均33兆ドル（円にして4000兆円）と見積もられた（Costanza et al. 1997）．この金額は当時の全世界のGNP18兆ドルを超え，実体経済の3倍で，その意味では「無意味」との批判がある（Toman 1998）．生態系と生物多様性は疑いのない社会・自然資本である．生物多様性が生態系サービスと結びついている以上，その変動性や安定性を科学的に分析するのは生態学の役割である（宮下ほか 2012）．

ミレニアム生態系評価とその処方箋

この評価で以下が報告された．それは生態系の変化がいかに人間生活に影響をおよぼしているのかを赤裸々に示した結果だった．主要なものを箇条にする（MEA Synthesis 2005）．

(a) 人為による生態系の変化
- 大気中のCO_2濃度は，産業革命以前（1750年）の280 ppmから，1959年316 ppm，2003年376 ppm，2050年には560 ppmと予測．
- 過去40年間で河川や湖沼からの取水量が2倍に増加し，ダムの貯水量は自然河川の水量の3-6倍に増加．
- 1945年以降，陸地全域の4分の1が耕作地化．
- 化学肥料の大量散布と急増．この結果，1960年比で窒素は2倍，リンは3倍に増加．
- 人為により生産された窒素量は生態系プロセスで生産された量より多く，窒素の海への流入量は1860年の2倍．
- 1980年以後，35%のマングローブが消失，サンゴ礁の20%が壊滅，さらに20%が劣化．
- 海産漁業資源の4分の1以上が過剰漁獲．漁

獲量は1980年までは増加したが，現在は資源量不足のために減少．

(b) 人為影響による生物多様性の減少
- 生物の絶滅速度は，自然状態に比べ約100-1000倍．とくに現在，淡水生態系で増加．
- 21世紀末までに鳥類の12%，哺乳類の25%，両生類の少なくとも32%が絶滅と予測．多くの種で個体数と生息地が減少．
- 在来種の絶滅と外来種の増加により生物相は均一化．

(c) 生態系サービスの評価
- 生態系サービス24項目のうち，1950年代との比較で，4項目（穀物生産量，家畜生産量，養殖生産量，気候調節）だけが向上，15項目（漁獲量，木質燃料量，遺伝資源量，淡水量，災害制御など）が劣化または非持続的，残り5項目は不明．
- 生態系サービスの劣化や，富栄養化，乱獲による漁業の破綻，漁獲量の減少による漁業者の失業，森林伐採による洪水被害の増加などの経済的被害．
- 1人あたりの食料は増産されているが，栄養失調人口は（とくにサブサハラ地域で）増加．
- 砂漠化の進行．
- 生態系サービスの劣化（とくに食料と飲料水）は貧しい地域の人間を直撃し，貧困を再生産している（「貧困の罠」）．
- 生態系サービスの需要増加は21世紀にも生態系劣化を継続．飢餓の撲滅，幼児死亡率の減少，感染症の流行は，生態系管理の良否と強く関係する．

　断片の紹介ではあるが，生態系が荒廃し，惨憺たる状況にあり，暗然とさせるものがある．株価や為替相場には一喜一憂するが，自然や生物の現況はほとんど顧慮されることがない．どのような処方箋があるのか，「MA報告」は複数の選択肢を提言している．
- 多国間の環境協定，経済的・社会的国際制度の下で，協調をはかる．政策決定に利害関係者を参加させ，決定の透明性と説明責任を高める．
- 生態系サービスの過剰消費につながる補助金を撤廃する．
- 生態系への負荷の上限設定とその取引市場を整備する．
- 持続可能な利用を支持する消費者の選択を，市場を通じて反映させる．
- 従来無視された非市場的な重要性（たとえば多くの調節サービス）を資源管理や投資判断に加える．
- 伝統的な在来産業の技術力を維持・増進させ，その知識を生態系管理に取り入れる．

　また，MAを主導した1人，コロンビア大学のジェフリー・サックス（2009）は，以下の提言を追加している．
① 人口管理，ミレニアム開発目標，気候変動の3つの課題に関して新たに統合的な世界協力体制をつくりあげる．
② 生物多様性ホットスポットを中心に陸上，海洋に新たな保護区を設置する．南極海を海洋保護区にする．
③ 上記の目標を達成するために国際基金を創設し，割り当て，増加分は最貧国に振り当てる．
④ 京都議定書以後の新たな気候戦略で，森林伐採回避にあてる特定の世界基金を保証する．
⑤ 公海でのトロール漁を禁止し，外航船のバラスト水を熱処理する．
⑥ これら提言の前提として，アメリカには，生物多様性条約をはじめとする国際条約への早急な加盟と，その遵守を求める．

　異議はない．これらに私は以下を加えたい．
⑦ WTOやTPPなど多国間の貿易協定を撤廃する．無条件な自由貿易はMAの提言違反であり，再考すべき．化石燃料の8分の1は物品の輸送の際に消費される．
⑧ 生きた（野生）動物の国間の移動を原則禁止とする．
⑨ 合成薬剤（肥料や殺虫剤）の世界共通の使用基準を設定する．
⑩ 大量に生産されているプラスチックは生分解性に転換する．また洗顔料や歯磨き粉などに使われるマイクロプラスチックは海洋汚染につながるため完全に生産中止とする．このための国

〈コラム 13-1　緑の革命と特許〉

　生物多様性や生態系サービスの根幹をなすのは生物間の相互作用と関係性，およびその循環である．この２つに深刻な打撃を与える，不可逆的な事象がいま地球的規模で拡大しつつある．１つは，「緑の革命」，もう１つは「ミツバチのCCD」だ．まったく別々の現象のようにみえるが，病根は同じ土壌に根ざすように，私には思われる．

　緑の革命とは，1950年代以降に行われたアメリカ主導による途上国に対する農業援助政策で，「奇跡の種子」と呼ばれた高収量品種の開発，大量の化学肥料と農薬の導入，大規模灌漑施設の整備をパッケージにして，農作物の飛躍的な増産を目的とした．これを財政的に後押ししたのが世界銀行やIMFだった．1970年代に入るとこの政策が功を奏し，メキシコ，インド，フィリピン，パキスタンなどでは収量は一挙に2-3倍に跳ね上がった．この増収によって飢餓や栄養失調が回避されたのも事実だが，いっぽうこの政策でもたらされた在来品種の駆逐，肥料や農薬の大量投入，水の集中管理は，多種多様な病虫害の多発，塩類の集積，水争い，農民の格差拡大による社会・経済的不安など，重大な問題を引き起こした．もっとも深刻なのは土壌の侵食や劣化による生態系の破壊で，土壌学者モントゴメリー（2010）は，土壌という財産を消費してしまう農業のあり方に警鐘を鳴らしている．インドの人権活動家，ヴァンダナ・シヴァ（1997）は次のように述べた．「集中的な農薬使用と集約的な灌漑の２つは，土地を劣化させ，土地不足にさせ，おまけに殺虫剤，肥料，集中的な水利用なしではすまされないような中毒状態をもたらした」．この問題をどのように解決していくべきなのか．

　1980年代の後半になると，貿易の自由化や経済のグローバル化を背景に緑の革命は別の形で推進されるようになった．第２世代の革命は，しかし，生物多様性や生態系へ，また人間と社会へ，さらなる打撃を与えるものだった．バイテクの導入だ．新手の高収量品種はまがまがしい．種子企業や農薬企業はバイテク技術により，遺伝子組み換え（GM作物；Genetically Modified）の綿やトウモロコシ，大豆，ナタネなどの種子を作成した．たとえば，バイオ企業モンサント社は自社の除草剤"ラウンドアップ"（round-up）に耐性を示す遺伝子組み換え作物——総称"ラウンドアップレディ"を1980年代に作成し，販売した．これを栽培して除草剤を撒けば，他種の雑草は枯れ，生産性は向上する．それは種子と除草剤の抱き合わせ販売で，利益を倍化させつつ，農民を支配していった．

　種子と農薬の一体化は，グローバル化と企業合併や買収によって，一握りの巨大なアグリビジネス多国籍企業を育成する．モンサント社はインドにあった大半の綿種子会社をライセンス契約で子会社化し，コントロールしている．農民はそこから毎年種子と薬剤を購入しなければならない．ちなみに"ラウンドアップ"とは，モンサント自身が開発・販売し，ヴェトナム戦争で使われた2,4-D系の"オレンジ剤"の後継で，ダイオキシンを除去した"グリフォセート"を有効成分とする除草剤だ．本来，それは"一斉摘発"という意味で，「雑草退治」に転意させているが，農民を"一斉検挙"し，がんじがらめにしてしまうという意味にも受け取れる．とはいえ，それは合成薬剤の生態系への大量投与であるから生態系の劣化は必然的に引き起こされる．同時にそこは，薬剤によって生物を選別する舞台でもあったので，やがてラウンドアップに耐性を示す雑草が進化していった．

　次世代はさらに強力だ．今度はラウンドアップ耐性に加え，殺虫成分のタンパク質をつくる遺伝子を組み込んだ作物を2002年ごろから販売するようになった．そのタンパク質とはもともと土壌微生物，*Bacillus thuringiensis*（バチルス チューリンゲンシス）が生成する殺虫性の毒素で，この遺伝子に組み換えた作物を"Bt体"という．Btコットン，Btコーン，Bt大豆，Btトマト，Btナスなど，なんでもありだ．したがって，これらの作物を昆虫が食べると，昆虫は死んでしまう．「夢の作物」，「21世紀の食料危機のキーテクノロジー」，「生分解性」との宣伝が実って，アメリカでは2014年時点で7310万ha（日本の国土面積の5倍）の農地でGM作物が栽培され，大豆の94%，トウモロコシの93%，綿の96%に達した（ロバン2015）．なんと，日本はその農産物を輸入している．

　インドではこの組み換え体のBtコットンが大々的に宣伝，販売され，多数の農民が購入，栽培したが，触れ込みほどの収量はなく，借金まみれで破産する農民が続出した．農民の自殺者数は2002-2006年間，合計8万7000人に達したという（Ho 2010）．そしてここでもまたお決まりどおりBt耐性の多種の害虫類が進化し，別の殺虫剤を散布しなければならない事態が広がった．この遺伝子組み換え作物はさまざまな問題を提起する．生物多様性と生態系の破壊，人間の健康や安全，そして地域社会の破壊だが，ここで

緑の革命と巨大企業によるGM作物の押しつけは，伝統的な農業技術や在来品種の駆逐と，地域に蓄積されてきた知的財産の剥奪につながる．生物多様性条約は，遺伝資源への適切なアクセスと関連テクノロジーの適切な移転，さらには遺伝資源の利用から生まれる利益の公正かつ衡平な配分を定めている（第8条，第10条，第15-19条）．関連した条約には，植物の新品種開発者の権利を定めた「植物の新品種の保護に関する国際条約」（1961年成立，1991年改正，UPOV[26]）がある．ここでは，開発者に独占的な権利を認めるいっぽうで，この権限がおよばない特例として「農民特権」を認めている．そこでは農民は開発者の許可なく，ライセンス料を支払うことなく，自らが収穫した種子を次期の播種のために貯蔵，再播種，近隣農家との交換，販売が可能であると規定している．ところが，これらの条約の後に，WTO協定の一環として成立した（1995年発効）「知的所有権の貿易関連の側面に関する国際協定」（TRIPS協定[27]）では，国際的な財産の保護の1つとして，GM作物の遺伝子は自然界には存在しない人造の「発明品」として認定し，その特許を認め，この保護を各国に義務づけている．多国籍企業の特許と，地域の伝統や農民の権利がここで真っ向から対立する．モンサント社はこのTRIPS協定を盾に，農民特権にもとづく種子の利用を禁止している．しかもGM作物を購入していない近隣農地での花粉散布による遺伝子交雑についても遺伝資源の利用とみなし，ライセンス料の請求さえ行っている．モンサント社は，GM作物によって引き起こされる生物多様性の消失や生態系の劣化には責任を頬かむりしたまま，みずからの「権利」だけは主張する（シヴァ2005）．いまやGM作物の世界市場90％を占める世界企業へと成長した．

　知的財産権（特許）とはいったいなにか．生物に由来する製品と，それにかかわる製法は特許の対象となり，知的所有権を主張し，独占（私物化）できることである．この特許には，新規性（商業的に利用されていないこと），識別性（ほかの品種と明確に区別できること），安定性（変化させずに再生産できること），利用可能性などの要件があるが，なかでも問題なのは新規性や進歩性が遺伝資源国（地域）の伝統的知識と重なり，侵害していないか，である．TRIPS協定でも伝統的知識は保護を受けることとされる．しかしながら，生物多様性条約では締約国に「伝統的知識の尊重，保存及び維持等」を行うことを定めているにすぎず，伝統的知識を知的財産権として保護することを加盟国に義務づけていない以上は，TRIPS協定には抵触しないとの解釈も可能だ（田上2006）．このことに乗じて，多国籍企業は次々と特許申請を行い，知的所有権を取得してきた経緯がある．その例が，薬用植物のニーム（インドセンダン，グレース社）やターメリック（個人特許），あるいはコムギ品種（Nap Hal遺伝子，モンサント社）などで，いずれもその後に伝統的知識の範囲内であることが認められ，特許が取り消されている（森岡2005）．

　だが，問題なのは，特許を取り消すには，裁判を提起し，新規性や進歩性を否定し，公共性に反し，伝統的知識であることを立証しなければならないのだ．それは，遺伝資源国や地域住民，NGOや個人であり，莫大な時間と資金，労力が強要されることになる．こうした訴訟や抗議がなければ特許が認められてしまう．生物多様性条約は，締約国の天然資源に対し「主権的権利」を認める．この条約と知的所有権を主張する自由貿易を整合させるにはより厳密なTRIPS協定の改定が必要だ．なぜなら私たちの生存基盤は生物多様性にあるのであって特許にあるのではない．そうでなければ，自由貿易は実質的に"バイオパイラシー"を助長させることになる[28]．知的財産権と特許は，他者を生存手段に対する権利とアクセスから排除しつつ利潤を確保するシステムとの告発がある（シヴァ2002，2003）．

際条約をつくる．
⑪UNEPの権限を大幅に強化する．
説明を加える．⑦はグローバルな一次産品の移動は各国の自主的，多面的な発展を阻害するので撤廃に舵を切ることが必要だ．⑧は外来種の拡大を防ぐために，サックスの提言を拡張したもので，この措置は伝染病の対策にも必要だ（たとえばMarano *et al.* 2007）．⑨は生物多様性条約の根幹にかかわる問題と私は考える（コラム参照）．これで十分か，なお検討の余地がある．

生物多様性と生態系を保全するための資金

　さて，これらの計画を実行に移すにはいずれも莫大な費用がかかる．たとえばコンサーベーション・インターナショナル（CI）によれば，2007年の段階で陸地動植物の70％を実質的に保護するには，300億ドルを一度拠出すれば，

〈コラム 13-2　ハチの CCD と農薬〉

　植物と昆虫の共生関係の代表例は"花粉媒介"(pollination)で，植物は花粉を媒介してもらい昆虫は蜜と花粉を得るという相利関係だ．これを虫媒（entomophily）といい，ハチ類やアブ類，チョウ類がその役割を務める．リンゴ，ナシ，ベリー，メロン，アーモンド，カボチャ，トマト，キュウリ，ピーマンなど，じつに 3 分の 1 以上の果実と野菜の結実には昆虫が不可欠である．コスタンザ（Costanza et al. 1997）は，生態系の送粉サービスは世界の食料生産の 35% を支え，金額に直すと毎年 1170 億ドルに達すると推定した[29]．農業分野でのこのサービスはおもにハナバチ類とミツバチ類に託され，マルハナバチなどが送粉用昆虫として売買されている．近年，アメリカではセイヨウミツバチが主役で，長距離，広範囲での養蜂が行われるようになった．2000 年以降，このミツバチのコロニーが突然消えてしまうとの現象が多発した．"蜂群崩壊症候群"（CCD; Colony Collapse Disorder）．アメリカでは 1945 年には 600 万もあったミツバチのコロニーは 2008 年にはその 3 分の 1，約 200 万にまで減少し（Ellis et al. 2010），日本でも 25% が CCD に襲われた（Neumann et al. 2010）．原因は不明，複数の原因が疑われてきた．けだし，ハチの過労働・環境変化のストレス説，疫病・ウィルス説，農薬・殺虫剤説，遺伝子組み換え作物説，はては携帯電話の電磁波説まで登場した（ジェイコブセン 2009）．ミツバチと人間との長い関係をたどってきた私たちにとって，このハチの突然の失踪は見過ごせない．

　この失踪事件と関連して注目されるのは最近のミツバチの生活スタイルだ．ほんの以前にはミツバチにも安息のときがあった．秋の最後の花期が終わると，女王と生き残った 1 万-2 万匹の働き蜂が巣箱のなかでじっと身を寄せ合い，集めた蜂蜜を消費しながら約 5 カ月間にわたって越冬するのである．ところが，とくにアメリカでは最近，この長い「冬休み」がない．晩秋にはフロリダなどの南部へ，年明け早々にはアーモンドのカリフォルニアへ移動を開始し，春にはオレンジの中西部へと，ほぼ一年中，さまざまな作物や果実の花を求めて北米大陸を駆けめぐり受粉を行うのだ．これを「移動養蜂」といい，養蜂家にとっては蜂蜜に加え受粉料を稼ぐことができる一石二鳥なのだ．ミツバチたちは巣箱ごとトレーラーで運ばれ，ちがった場所で次々とちがう花の仕事に追い立てられる．ご苦労様．過労働と環境変化のストレスとはこのことを指している．ミツバチの歴史のなかでこれほどに働かせられる時代はなかった．それが CCD の直接の主因とは考えにくいが，背景にあることはまちがいない．

　次の仮説は疫病・ウィルス説．ミツバチもまた，ほかの生物とまったく同様に，さまざまな病気にかかる．代表的なのは腐蛆病やノゼマ病，チョーク病で，いずれも真菌類による幼虫感染だ．有力視されたが，感染していないコロニーもあって，現在では，直接の原因とはみなされない（Higes et al. 2009）．もう 1 つがミツバチヘギイタダニ（Varroa destructor）で，翅を萎縮させるいわゆるバロア病を引き起こす．これは，ミツバチと同じ節足動物に属する小型の外部寄生ダニで，CCD が発生したコロニーではこのダニが高い確率でみつかる．しかし，このダニ自体はミツバチの背中にとりついて養分を吸い取り，体力は奪うものの，直接死亡させるわけではないことがわかった（Ratnieks & Carreck 2010）．多くの寄生虫は宿主を破壊することなく共存関係を維持しようとする．共倒れで自滅しないこと，それが進化の結果でもある．危惧されるのは，このダニが媒介する病原性微生物で，チジレバネウイルス，サックブルードウイルス，イスラエル急性麻痺ウイルスなどが注目され，新種のウイルスも次々と発見された（Granberg et al. 2013）．しかし，いずれも CCD に共通する決定的なウイルスとはみなされていない（Stankus 2008, Knudsen & Chalkley. 2011）．摩訶不思議な症候群だ．

　だが共通した要因がある．1 つはミツバチが Bt 組み換え体のいろいろな作物の受粉に広く利用されてきたことだ．組み換え作物が形成する Bt はタンパク質分解酵素の阻害剤として働くタンパク質（Cry-1Ab）で，この成分は花粉にも含まれる．低濃度であれば生存率にほとんど影響しないとの知見があるいっぽうで，働き蜂の学習行動や採食行動に，あるいは免疫機構に影響を与えるとの報告もある（Ramirez-Romero et al. 2008, James & Xu 2012）．もう 1 つは Bt より直截の影響をもたらす物質がある．ネオニコチノイド系殺虫剤だ．これは多国籍薬品企業バイエル社が開発したニコチン様のクロロニコチニル系合成農薬で，クロロチアニジン，イミドクロプリド，アセタミプリド，ニチアジンなどの商品名で発売される（日本でも日本曹達や武田，住友化学がライセンス生産をしている）．全世界 120 カ国以上で毎年 2 万トン以上が使用されていると推定される（Simon-Delso et al. 2015）．アメリカではこれを大規模に空中散布するほか，トウモロコシ，綿，大豆，ヒマワリの種子は，この薬液に漬け浸透させた種子（「アクセルロン

種子処理法」)を播く方法が一般的で，その意味では，ネオニコチノイド系薬剤と無縁な農地はほとんどない．

毒性は比較的弱いとされるが，残留性は高い（日本の食品残留基準値は，たとえば，アセタミプリドではEUが0.01ppmに対し5ppmであり，ホウレンソウでは2015年から従来の13倍の40ppmに引き上げられている）．なお参考までにいえば，日本の使用量は毎年約400トンで，面積あたりの使用量は世界一だ．この農薬の影響については欧米を中心にたくさんの研究がなされてきた．これらの報告を総括すると，影響に否定的な見解もある (Staveley et al. 2013) が，低濃度でも，昆虫のアセチルコリン受容体に作用すること，体力や免疫力を低下させること，栄養失調を起こしやすいこと，花蜜や花粉に残留することなどが報告されてきた (Hopwood et al. 2012, Pettis et al. 2013など)．殺虫剤である以上，ミツバチに影響しないことなどありえない．北米ではネオニコチノイド殺虫剤の使用量に比例してあらゆる訪花性昆虫が減少した (Burkle et al. 2013)．近縁のマルハナバチでは，女王の繁殖力を低下させ，コロニーの成長が抑制されることが判明している (Whitehorn et al. 2012)．

この傾向は，ネオニコチノイド系殺虫剤を使用する各国に共通する (Potts et al. 2010)．オランダでは昆虫食性の鳥類の生息密度が薬剤の使用量に反比例して低下したとの報告がある (Hallmann et al. 2014)．このためEU諸国，フランス，ドイツ，イタリア，オランダ，デンマークでは2006年以降相次いで，薬剤の販売と，薬剤の種子処理を禁止した．研究が進めば進むほどこの殺虫剤への疑いは強くなる (Kessler et al. 2015)．直接の主因ではないとしても，体力や免疫力の低下が，ミツバチへギイタダニの寄生や病原菌の感染を招きやすい条件をつくることはまちがいない (Mullin et al. 2010など)．アメリカはいま再びネオニコチノイド系殺虫剤によって"サイレント・スプリング"の危機に見舞われている．

さて，モンサント社はこの殺虫剤の生産を直接行っているわけではない．しかし無関係ではない．バイオ企業アクセルロン社の「種子処理法」の特許を買い取り，バイエル穀物化学社と提携して，ネオニコチノイド系農薬で処理した種子を販売してきた経緯がある．このためモンサント社はCCDの原因をミツバチへギイタダニ＋ウィルス説に固執してきた (http://www.monsanto.com/improvingagriculture/pages/honey-bee-health.aspx 閲覧2017.9.5)．その生産と使用は，花粉媒介という生態系サービスの持続のために緊急に禁止されるべきとの主張が大勢となっている (Sluijs et al. 2013)．私たちはいま岐路にあるといわなければならない．生産性と効率性だけを追求してきた，モンサント社を筆頭にした農業生産のあり方が，けっきょくは生物多様性と生態系サービスを破壊し，不可逆的な系をつくり，人間が本来もっていた持続可能な生産を瓦解させている．ネオニコチノイド系殺虫剤使用の転換が求められているのは，生物多様性へのゆるぎない信頼とその生産のあり方である．

2018年4月，EUはネオニコチノイド系殺虫剤の使用を全面的に禁止した (https://ec.europa.eu/food/animals/live_animals/bees/pesticides_en 閲覧2018.4.30)．日本政府の立ち遅れが際立っている．

熱帯雨林雨保護地域（アマゾン，コンゴ川流域，ニューギニア）など全世界25カ所の生物多様性のホットスポット（図13-12）が保護できるという（サックス2009）．またバードライフインターナショナルのマッカシーら (McCarthy et al. 2012) は2012年の時点で，全世界で絶滅危惧種に指定されているすべての鳥類の絶滅を回避するには毎年8.7億-12.3億ドルの支出が必要と試算した．鳥類は飛翔できるので保護地域は広域となり費用評価の対象としては適切だ．全世界約1万2000カ所のほかの動物を含めたホットスポットの適正な保全と管理には2020年まで毎年761億ドルの資金が必要だと述べた．

日本円にして約8兆円．問題にしたいのは，これらの金額がはたして実現不可能な，天文学的数字であるか，どうかだ．武器輸出，タバコ，核燃料など"社会の病気"のトレードに高額の税をかけたらどうかとのアイデアがあり，数百億ドル以上の調達が見込まれるとの試算もある (Barbier 2012)．

こんな数字を紹介したい．大量破壊兵器を保有するとして2003年に開始されたイラク戦争は，泥沼化させたままに放置して，米軍は2011年に完全撤退したが，その9年間にアメリカが費やした直接的な戦費は合計8000億ドル．このなかにはさまざまな形の日本の分担も

含まれるが，大半はアメリカの軍事産業を潤し，多数の人々の命を奪っただけだった．だがほんとうの戦費はさらに巨額だったらしい．ボストングローブ誌によれば，その金額は桁違いの2兆2000億ドル，さらに恩給や傷病への補償を含めた最終的な戦費は6兆4000億ドルに達するという（http://hiddennews.cocolog-nifty.com/gloomynews/2007/11/post_55e4.html　閲覧2013.11.10）．この不条理きわまりない無謀な戦争が，現在の底知れない危機を招いているのだ．最近，ブラウン大学のワトソン研究所は，9.11以降，アフガンやイラクで使われた戦費は合計5.6兆ドル（うちアメリカの戦費は4.8兆ドル）に達し，この結果，37万人が直接的に，80万人が間接的に死亡し，1000万人以上の難民が発生したと見積もっている（http://watson.brown.edu/costsofwar/　閲覧2017.11.10）．全世界の生物多様性の保全に必要な金額はその足元にもおよばない．いま少し踏み込むと，世界銀行の調査では，1年あたり540億ドルを費やせば，全世界の飢餓と栄養失調は解消され，さらに300億ドルをプラスすれば初等教育の費用がまかなえるという．世界の人口増加はおもに途上国の高い出生率によってもたらされる．出生率を低下させるには，飢餓や栄養失調を解消させ，教育の充実をはかることが重要だ（大沼2014，大塚2015）．この点はまた後で述べるが，人口の抑制は，自然や生物資源への圧力を軽減する．それが1000億ドルで実現可能なのだ．減額されたとはいえ，2014年のアメリカの国防費は破格の6100億ドル，2017年に誕生した新政権は，一時減額されていた国防費を大幅に増額するという．いったいなにからなにを守るというのだろうか．

13.3　人間と生物多様性を守る価値観と経済学

(1)　環境経済学の行方

人間とその環境が存続し持続的であるためには，地球生態システムというメインシステムの下に，人間社会とその政治経済をサブシステムとして組み込まなければならない．主要テーマは地球環境に適合させた「環境経済学」を確立することだと思われる．環境経済学とは「環境問題を経済学的に分析すること，その方法論として資源配分と利用資源の効率性の分析や，環境問題とそれへの対処が所得分配に対して持つ含蓄如何ということである」（工藤1980），あるいは，「環境問題の原因を経済のメカニズムや運動法則のなかに見出し，その原因診断に基づいて，あるべき環境政策を論じる経済学の一分野」（伊東2004）と定義される．このなかでは，公害を含む多様な環境問題の発生を背景に，環境資源，外部不経済，社会的費用，経済体制などの視点からいろいろなアプローチがなされ（たとえば植田ほか1991，ターナーほか2001，諸富ほか2008など），外部経済と外部不経済を中心に環境への配慮や政策が論じられてきた．しかしながらいま，資本や物流のグローバル化のなかで，はるかに複雑化しながら大きなスケールで環境を巻き込んだ経済が展開され，生物多様性と生態系サービスの持続性が問われるようになった．

ロンドン大学の環境経済学者，デヴィッド・ピアスとガイルズ・アトキンソン（Pearce & Atkinson 1993）によれば「持続可能な発展」という概念には，「弱い持続性」（weak sustainability）と「強い持続性」（strong sustainability）をめざす2つの方向があるという．前者は自然資本の減少を人工資本の増加で代替可能であり，これによって総資本量を維持または増加させることが合理的であるとする，技術主義の立場であり，後者は自然資本の減少は技術による人工資本では代替できず，2つの資本は相互補完的であり，とくに一定の自然資本の維持が持続性には不可欠とする，生態系重視の立場である（解説はターナーほか2001，高橋2004）．環境問題における技術の重要性は認めつつも，すべてを技術で代替し，生物多様性の消失と生態系サービスの劣化をその発展や革新で突破できるとの発想はもはや通用しないように思われる．人類は，地球環境のこれ以上の消

失と劣化を市場や政策の「失敗」に帰すことは許されない状況に至っているのではないか．

とすれば，問われている中心のテーマは，生物多様性と生態系サービスの価値を正当に評価し，存続のための保全や再生の費用を，市場に関係する多様な主体（利害関係者や経済プレイヤー〈ステークホルダー〉）に認知させ，どのように支払わせるのか，そのメカニズムをつくりだすことだ，と思われる．価値を評価して「可視化」すること，そして政策や課税，市場経済への内部化などを通じて「主流化」すること，この2つに集約できる（吉田 2013）．コスタンザら（Costanza et al. 1997）による生態系サービスの評価は可視化に向けた最初のステップだったといえよう．

生物多様性と生態系サービスの価値

この課題は，「生物多様性と生態系サービスの経済学」（"TEEB"; The Economics of Ecosystem and Biodiversity）と呼ばれ，生物多様性と生態系サービスの存続を目的に，2007年のG8+5カ国の環境大臣会合の合意とUNEPの主導の下で発足した研究プロジェクトだ．2008年にはその中間報告書（住友信託銀行ほか 2008）が，2010年の名古屋開催での締約国会議（COP10）では最終報告書（http://www.iges.or.jp/jp/archive/pmo/1103teeb.html 閲覧 2015.2.10）が，とりまとめられ，公表された．そこでは，生物多様性と生態系サービスを詳細にカテゴリー化し，その経済的価値を見積もっている．これは，価値の可視化の試みだが，評価法にはいろいろな手法（トラベルコスト法，ヘドニック法，CVM，コンジョイント法など）があり，なお開発過程にあること（吉田 2013），生物多様性や生態系サービスのすべての要素が評価できないことなど，なお多くの課題が残されている．

並行して追求されなければならないのは資金の調達だ．これは「生態系サービスのための支払い」（"PES"; Payment for Ecosystem Service; 一方井・西宮 2011）と呼ばれ，個人の寄付や献金，環境税の導入などの政策，環境コストの内部化，取引可能な価値づけと市場化など，いろいろなレベルで方法を探り，実績をつくり，主流化していくことが大切だ．環境を守るためにはなによりも資金なのだ．たとえば森林分野では，炭素クレジットの売買が軌道に乗りつつある．これは，途上国での森林減少や劣化を防止することが人為的な二酸化炭素の排出量を20％抑制できることに相当するとして，二酸化炭素の排出企業に"REDD"〈レッド〉（Reduced Emissions from Deforestation and Degradation）クレジットを購入してもらい，それを基金に途上国の森林や生物多様性の保全活動を支援するというものだ．現在はその発展型である"REDD+"〈レッドプラス〉に移行し，うまく機能すれば莫大な資金が市場方式によって調達され，途上国の森林保全が可能となる（Dutschke et al. 2008）．これは気候変動枠組条約のCOP21（パリ協定，2015年12月）でも推進が合意された．

グローバル化の進行とともに市場が世界規模で統合され，資本や資金が移動し，物流が激しくなった．この国際貿易網の拡大が生物多様性を脅かしている．世界各地の途上国で生産されて輸出されるコーヒー，茶，砂糖，織物，魚介類など約1万5000種類の商品取引が生息地を破壊するなどレッドリスト記載種の30％の動向に負の影響を与えているという（Lenzen et al. 2012）．こうした影響を低減させるには生息地の保全がなによりも必要だが，この資金調達でもっとも注目されるのが，金融取引税や通貨取引税（トービン税など）などだ（大沼 2014）．その金額はG20諸国の取引に限っても，前者では，株取引に0.1％，債券取引に0.02％の税をかければ，年間480億ドルの，また後者では0.05％をかければ年間4000億ドルの，それぞれ収益があるという（Barbier 2012）．莫大な額で，世界中の重要な地域を保全するのに十分貢献できる．だが，問題はどのように集めるのかで，このための国際的機関は存在しない．

とくに重要だと思われるのは，TEEBの報告書でも述べられているように，環境や生態系にもっとも影響を与えているのは企業活動で，社会的な責任がある［これはCSR（Corporate Social Responsibility）と呼ばれる］．欧米では，

生態系サービスに対する直接・間接の支払い，生物多様性オフセットなどに積極的に取り組む企業が増えている（田中・太田黒 2010，河口 2015）．日本でも「企業と生物多様性イニシアティブ」なる団体が発足し，ビジネス戦略と関連させていろいろな活動が展開されている．それはそれでよい．しかし，多くの一般企業にとってはなお，環境や生態系は生産活動と市場の範囲外（外部経済）にある．

内閣府が 2009 年に実施した「環境問題に対する世論調査」によれば，回答した国民の 82.4% が「生物多様性に配慮した企業活動」に期待している．これに対し，環境省が 2010 年に約 3000 社の企業を対象に実施したアンケート調査によれば，「企業活動と大いに関連があり，重要視している」と答えたのはわずか 17.2% にすぎなかったという（武内・渡辺 2014）．期待と姿勢の間には落差がある．比較的参加しやすい森林分野では，少なくない企業（307 社中 65%）が，植林・育林活動，森林保全活動，環境教育，社員研修などを行っている．しかし，その多くは，地域社会への貢献，従業員の研修，消費者や株主への企業イメージの向上などを目的にしていて，海外での森林保全活動を行う NGO/NPO への支援は 10% 程度にすぎない（環境省 2010）．

世界規模での生物多様性や生態系の保全に対する意識は，一部を除き，きわめて薄い．もとより企業は，（自然資本を含む）資源を生産に取り込み，商品に転換し，その売買を通じて利潤を得ることに存在意義があり，利便性を宣伝し，たえず消費を刺激し，新たな市場を開拓することにその本質がある．その意味で意識の中心は，「パレート最適」（もっとも効率的な配分）にもとづく資金や資源の最適な配分であり，経営が順調であれば環境は配慮されるが，業績が悪化したり，競争が激化すればその猶予はない．企業の努力は，賢い消費者のリサイクル，節電，ごみの減量，環境にやさしい生き方を乗り越えて大量の消費財を生産し続けなければならない．先進国での物量は飽和点をとうに突破している．資本主義経済と自然環境との関係は，いま，グローバル化の進行とともによりいっそう風化させられ，外部化するように思える．

グローバル化と生態系サービス

グローバル化とは，「経済面において，商品，サービス，資本，労働のフローが増加することにより，世界各国の経済がさらに緊密化すること」（スティグリッツ 2006）と定義されるように，市場が統合され，金融や貿易を世界規模で自由化し，資源を効率的に配分するシステムといえよう．この国際的な競争原理のなかにあって企業はどのように行動するのか，そして生物多様性と生態系にどのようなインパクトを与えるか．イギリスの著名な経済思想家，ジョン・グレイ（J. Gray）は『グローバリズムという妄想』（グレイ 1999）という，現代資本主義の危険性について述べた先駆的な著作のなかで，「環境問題に敏感な（従来の）経済では，企業活動が社会や自然界にもたらすコストを企業が負担するような税制上，規制上の政策が考案される．大陸ヨーロッパ諸国では，長い間そうであった．グローバル自由市場はそのような政策に圧力をかける．環境責任をとる企業が作る製品は，公害を起こし放題な企業が作る同じような製品よりも高くなる」からだと見抜いている．市場における自由な競争は，公的な介入や規制を排除し，環境保全や野生動物の保護，乱開発の防止，生物多様性の保全，地域文化などを一挙に後景へ押しやってしまう．

青木（2009）は，グローバル化によって企業の生産拠点が世界中に分散すると，環境破壊に対抗する術はほとんどなくなる，と警鐘を鳴らしている．環境破壊に対する各国の姿勢は異なるため，市場主義は，環境に厳しい規制をかける国から，環境保全に取り組まない国へと，生産拠点を資本の論理にしたがって必然的に移転させるだろう．生産コストは後者のほうがはるかに安くすむからだ．結果，規制のゆるやかな国では経済が発展し，保全に取り組む国は疲弊していく．このことが進行していけばやがてすべての途上国は生物多様性と生態系を手放してしまうだろう．世界の均一化だ．

インド，ボパールの農薬工場で農薬が流出し，2000人以上が死亡し，現在なお30万人以上に健康被害をもたらしているユニオンカーバイト社事件（Gupta 2002），日本との合弁企業がマレーシアで放射性物質トリウムを生産し，その放射性鉱滓を野積みにして，井戸水や大気を汚染し，地域住民に健康被害を発生させたマレーシア ARE 社事件（信澤 1997）などは，このグローバル化の先駆け事例にすぎない．グローバル化にともなう森林破壊については，アマゾンで典型的に進行し，アメリカ向けの肉牛の飼育と中国向けの大豆栽培のために森林の伐採と火入れが止まらない（Nepstad et al. 2006, Brando et al. 2013）．このほかの環境問題については，ジェームズ・ライス（Rice 2007）が世界的な農産物資本による不公平な取引によって途上国には生態的に不公正な土地利用が進行していることを，根本（2007）が一次産品生産にともなう世界各国での事例とフェア・トレードの重要性を，また平岡（2001）がフィリピンを例に，途上国での森林の減少，資源の乱獲，公害施設の輸出，農薬や水質の汚染などを歴史的に追跡し，分析しているなど，枚挙にいとまがない．重要なのは，そこでは，自然環境の破壊が，地域社会を変容させるとともに，人々を低賃金と苛酷な労働にさらし，生活をも破壊していく過程と重なっていることである．映画『ダーウィンの悪夢』（H. ザウパー監督 2006年公開）は，外来種ナイルパーチ（*Lates niloticus*）が，魚加工工場を所有するインド人資本家を潤すいっぽうで，豊かなヴィクトリア湖の生態系を破壊し，その結果，人々の生活と地域社会が崩壊していく過程を描いている．これはグローバル化にともなって，地域の生物多様性と社会とが同時に破壊される典型例だ．

グローバル化にともなう人，金，多種多様なものや生物の移動は，さまざまなリスク（病気や被害など）を引き起こしつつ，外来種を不可避的に増加させ，やがては地域固有の生態系を破壊し，生物多様性を減少させ，生物相の均質化へと向かわせる．他国への生態系サービスの無条件依存は，輸出国には国内経済のゆがみをもたらし，輸入国には自立や独立の問題を提起する．

ところで，記憶に新しい，世界的な金融危機を招いたリーマンショックとは，ハーヴェイ（2007）によれば，そもそも規制を取り払った結果，郊外と準郊外に無秩序な土地開発と不動産投資を可能にし，そこに怪しげな住宅ローンを売買したことに元凶がある．規制緩和，金融工学，そして株主に向けた短期の企業決算である．この会計方式では，天然資源の開発でも，短期契約であるために，乱開発や過剰開発が横行することになる．ハーヴェイ（2007）はまたグローバル化のもとでは，地域の自然も含めて，地域の文化や歴史，遺産などあらゆるものが商品化され，人間は使い捨てにされると指摘し，こう述べる．「（社会の）不安定性，社会的連帯の解体，環境悪化，時間・空間関係の急激な変化，投機的バブルなどといったことと，危機を醸成する資本主義内部の一般的傾向とのあいだには，密接なつながりがある」．このグローバル化と自由競争を押し進めてきたのが新古典派と，その一流派で，現代を席巻しつつある新自由主義の経済理論と政策だった．この経済学と対峙することなしに生物多様性と生態系サービスの保全はない．必要なのは自然と人間を正当に評価する「強い持続性」を志向する経済学である．

（2） 近代経済学における環境

ミクロ経済学とマクロ経済学

経済学には"セイの法則"（Say's Law）という奇妙な，そして根強いドグマがある．「供給はそれ自身の需要を創造する」というのがそれで，フランス革命前後に活躍した実業家，ジャン＝バティスト・セイによって唱えられた．彼は経済の後退は需要の不足にあるのではなく，回復させるには供給を増やせばよいのだと主張した．この法則は現実には成立しない（森嶋 1994）けれども，リカードゥや，後に「新古典派」と呼ばれる一群の人々，マーシャル，ジェヴォンズ，メンガー，ワルラス，パレートらに強い影響をおよぼし，新しい経済学を確立させ

る拠りどころとなった．

　彼らは，「限界効用」を軸にした経済理論，一般にはミクロ経済学と呼ばれる「近代経済学」の一分野を創始した．限界効用とは，ある財の消費を1単位増加した場合の消費者の効用（満足）の増加分で，商品の価格（価値）は個人の主観的な欲望，つまり「効用」の大きさによって決まるとした．具体的にその価格は，市場における需要と供給との均衡（バランス）と，そこに参加している経済主体の最適化された行動によって決定されるとした[30]．いわば「(神の)見えざる手」による予定調和論の理論化であった．そこには市場経済を至上とする徹底した自由放任主義（レッセ・フェール）[31]が読み取れる．この労働から効用への価値観の転換は，一挙に土地や環境，人間をあいまいにさせる役割を果たした．土地や人間は明らかに有限だが，効用や欲望には限界がない．

　この市場や均衡を分析するために多彩な数理モデルと精緻な数学理論が導入された．その考え方がもっとも鮮明に表れるのは「失業」という現象だ．そもそも賃金は市場での競争によって均衡しているため，完全雇用はつねに達成されているとの状況にある．したがって失業という現象が発生しているとすれば，それは現在の賃金では働く意欲のない人間がよりよい就職先をみつけだすのを自発的に選択している状態にある，と解釈する．均衡から出発する以上失業はありえないのだ．たとえばワルラスやパレートらの経済学は労働者の救済を目的として出発した．しかしセイの法則を前提とした展開は，必然的にそれに背いた結果を導き出した（森嶋 1994）．新古典派経済学のテーマは需要と供給の均衡であり，汚染や環境破壊などその他の要素は「外部不経済」として扱われ，自然の経済的貢献は大枠において無視された．人間の労働と自然は，市場の坩堝のなかに溶解させられた（Gómez-Baggethn et al. 2010）．この理論は19世紀末から20世紀前半にかけて流行したが，1930年代に発生した大量の失業者の発生と生産設備の遊休による大不況によって，当然のことながら現実的な有効性を疑わせる結果となった．この状況を救ったのがケインズ経済学だった．なお，新古典派のなかで花咲いたさまざまなモデルや理論（パレート最適，ナッシュ均衡，ゲーム理論など）は生態学や行動学の分野でも利用されている．

　この新古典派経済学はケインズにも受け継がれた．しかしケインズは，資本主義経済には不況や恐慌を引き起こす構造的欠陥があり，市場にはそれを修正する自動調整能力はないとし，市場の「自由放任」とは徹底して闘ったのである（ケインズ 1971）．有効需要を増大させることによって失業と貧困を取り除くとの彼の「福祉国家像」は，労働の価値を認めたうえに構築されている．国家や国民レベルから経済のマクロな動向を分析し，政策を提言する彼の経済学は「マクロ経済学」と呼ばれた．金本位制から管理通貨制への移行とそれによる金融政策によって国内経済（雇用や物価）を優先させ，この有効需要を増加させるために，不況時にあっては，極論すれば「穴を掘って埋め戻すだけでよい」とまでに表現された公共事業への財政出動が薦められた．これを先取りしたのが皮肉にもアウトバーンの建設などに動員されたナチスの経済政策だった．戦後のアメリカではケインズ理論をもとにニューディール政策が実行され，その一環としてテネシー川流域開発事業が行われ，不況時での有効性が証明された．なおこの巨大な公共事業はその後も継続し，ストップするのは，その支流であるリトル・テネシー川にテリコダムが建設され，その途中で希少種スネール・ダーター（p.714参照）が発見された1978年になってからだ．

　ケインズの理論は，しかし，政府は産業を保護しマクロ経済をコントロールするものの，あくまでも有効需要の創出や投資先などは企業の自由裁量に任されていたために，自然や環境はほとんど考慮されることはなかった．景気が復活し，企業が再生し，技術革新が起こり，投資がさかんになると，国によるマクロ管理は中止され，可能な限り自由な経済が復活した．経済は市場に任せるべきとの声が強まって，ケインズは退場していった（森嶋 1994）．

経済学の危機

この自由放任主義をさらに推し進めたのが，「新自由主義」という潮流で，基本的には新古典派を継承する．それは，ミーゼス，ハイエク，そしてフリードマンなどを経て，現代へ連結している．3人に共通するのは，自由を前面に押し立てた，むきだしの反社会（共産）主義イデオロギーと徹底した市場原理主義にある．その核心にある「自由」とはなにか．ハイエクは「ある人が別の人の恣意的な意志によって強制を受けないような状態」（バリー 1984 より引用）と定義している．そこには取り立てて深い思索はなく，感覚的，受動的といってよい．こうした思想はユダヤ系の生い立ちと深く結びついているようにみえ，3人は歴史観も共有していたにちがいない．ハイエク（1992）はこう述べる．「文明の発展が可能になったのは，市場における『個人を超えた非人格的な諸力』に，人々が身を任せてきたからであり，このことなしに，今日のような高度文明が発展することは決してありえなかった」（『隷属への道』第14章）．ここには社会科学における法則性の否定と，個人の自由と市場経済に対する全幅の信頼がみてとれる．この市場経済を駆動するのが競争であり，ハイエクはこの競争を有効に機能させるためには，確固とした法的枠組みと，通貨制度，度量衡の基準，教育，公衆衛生，保健，生産方法などの分野での政府や国家の必要性を強調する（同，第3章，第9章）．それは無政府的な自由至上主義ではない．

しかし，この自由市場の論理をさらに推し進めたのがフリードマンだった．彼は，ケインズの総需要管理政策を批判し，いっそうの反社会（共産）主義を掲げて，この対抗理論として無制限の自由を保障する経済学を対置した．個人の自由はいつのまにか企業（法人）の自由に転化された．景気は貨幣供給量と利子率によって循環するとの理論から，スタグフレーション（経済的停滞とインフレの併存状況）には通貨供給量を増やすことを主張し，この政策が一定の効果をあげた．しかしそれは，財政政策や規制を撤廃し，小さな政府の下で，あらゆるものの商品化と市場化を促す政策と一体化していた．フリードマン（1962）は『資本主義と自由』のなかで，国や政府の役割を通貨制度，法律，国防などに限定し，可能な限り自由競争の市場原理にすべきものとして以下の項目をあげている．この一連の政策がレーガンやサッチャー政権によって推し進められた．①義務教育，②病院，③郵便事業，④農産物買い取り保証価格，⑤輸入関税または輸出制限，⑥産出規制（農作物の作付面積制限，原油の生産割当など），⑦家賃統制，全面的な物価・賃金統制，⑧法定の最低賃金や価格上限，預金の利率など，⑨細部にわたる産業規制（銀行に対する規制，輸送産業の規制など），⑩ラジオとテレビの規制，⑪社会保障制度，とくに老齢・退職金制度，⑫事業・職業免許制度，⑬公営住宅，住宅建設を奨励するための補助金制度，⑭平時の徴兵制，⑮国立公園，⑯公有公営の有料道路，などをあげている．ただし，これらはごく一部にすぎないとの但し書きがある．このほかにもフリードマンは⑰鉄道事業，⑱電信電話事業などに言及していて，これらはアメリカではすでに民営化されていた．サッチャー政権では，それまで国営であった航空会社，電信電話，鉄鋼，電機，ガス，石油，炭坑，水道，バス，鉄道，公営住宅などが売却，民営化された．こうしてみると，日本は，中曽根内閣以降，⑭を除きフリードマンのシナリオを忠実に実行してきたことがわかる．

このシナリオは，ソ連や東欧の「社会主義体制」の崩壊を追い風に，あたかも資本主義の優位性を示すかのように喧伝された．この結果，構造改革の名の下，際限のない規制緩和と，経済活動の止めどないグローバル化が推し進められ，利益優先の市場競争をあおりつつ，人々には，経済格差の拡大，温暖化をはじめとした環境の破壊，自由という名の自己責任，不安定な社会が押し付けられてきたのである．市場の外で生じる労働や環境の問題はコストやリスクであり，正当には考慮されることはない．これは「自由」に名を借りた企業恣行主義である．この経済理論の下では格差は爆発する．2016年には世界1%の最富裕層が保有する資産が残り

99％の人々の資産を上回り，2017年にはとうとう世界の富豪トップ8人の資産が下層36億人分の資産に相当するまでになった（Oxfam International 2017, https://www.oxfam.org/ 閲覧 2017.4.5）．なにをかいわんや．これが新自由主義のメカニズムだ．それでもフリードマンは「不平等な富の配分は，政治的自由を守るのに役立つ」（同書第1章）とうそぶく．それは，ケインズが予測した「貨幣愛」の世界である．そのゆりかごは，戦争の不安，テロの危機，排外主義とナショナリズムによって温存されるのである（ハーヴェイ 2007）．そこには人間や自然に対する尊厳や敬意は微塵もない．道徳と倫理の欠落した経済学．成長と"トリクルダウン"の幻想をふりまき，人間や環境を食いものにする．元世界銀行のエコノミスト，スティグリッツ（2002）は，すぐにばれてしまうトリクルダウン理論には変種があって，女性の教育や活躍，社会保障などもときどきは取り込むのだという．また，彼は，IMF（国際通貨基金）を，本来援助しなければならない貧しい国の福祉よりも，グローバル経済を支え国際金融機関の利益を優先させた元凶として告発した．

経済人類学の創始者，カール・ポランニー（1975）は，第二次世界大戦終了直前に，市場経済の再建に向けての提言をまとめた著作のなかで「市場メカニズムに，人間の運命とその自然環境の唯一の支配者となることを許せば，いやそれどころか，購買力の量と使途についてそれを許すだけでも社会はいずれ破壊されてしまうことになるだろう」と述べ，そしてこの市場経済を「悪魔のひき臼」と呼び，そこから社会の人間的・自然的な実態（人間労働，土地や自然）を守る必要があると警告していた．私たちはいまその地獄の臼のなかにいる．

（3）　経済学の復権

経済学の源流

経済学はそもそも倫理学と道徳の衣をまとって誕生した．そこには人間と自然への敬意があふれている．17世紀，経済学の創始者の1人，ペティは「土地が富（価値）の母であるように，労働は富の父であり，その能動的要素である」と書き遺した（イムラー 1993）．スミスは，『国富論』（1776）のなかで「社会の富は，労働によって実体化された総量によって実体化された結果」であり，「世界のすべての富が最初に購買されたのは，金や銀によってではなく，労働によってである」と述べた．『人口論』で有名なマルサスは『経済学における諸定義』（1853）という著作のなかで，土壌，鉱物，漁場などを「土地」という範疇にまとめ「自然資本」と定義し，人口に対するその上限の概念を導入した．リカードゥは商品の価格は，その生産に必要な相対的な労働時間で決まるというスミスの労働価値説を継承し（イムラー 1993），「自然資本」に"自然からの贈り物"（gift of nature）という言葉を与えた．さらにミルは自然資本を"天恵物"（natural riches）と呼んだ．経済学の創始者たちは，多少のちがいはあるが，共通して，富（価値）の源泉が労働と土地にあるとし，労働という名で「人間」を，土地という名で「自然」を，敬意と愛情をもって経済学の柱に据えた．

この立場はマルクスに受け継がれた．「労働はすべての富の源泉ではない．自然もまた労働と同じ程度に，使用価値の源泉である」（マルクス 1875）との言明は，労働とともに自然の重要性を指摘している．このことは『資本論』（第1巻，マルクス 1867）においても，"物質代謝"（Stoffwechsel）という言葉を使い，人間と自然との関係が議論されている．「労働は，……人間と自然とのあいだの物質代謝を，したがって人間の生活を媒介するための，永遠の自然必然性である」（p.58），「労働は，まず第一に人間と自然とのあいだの一過程である．この過程で人間は自分と自然との物質代謝を自分自身の行為によって媒介し，規制し，制御するのである」（p.234），「労働過程は，……人間と自然とのあいだの物質代謝の一般的な条件であり，人間生活の永久的な自然条件であり，……」（p.241），などである．これらは人間と自然の間において素材が労働によって変化すること，

または人間生活は，労働によって自然物が使用価値のあるものに変換され，それを消費し，再び自然に排出されること，と解釈できるだろう．この「人間と自然とのあいだの物質代謝」が自然の循環の範囲内である限りは自然に還元される．だが，この生態系における物質循環が破壊されることを指摘し，それを「物質代謝の攪乱」と呼んだ．

> 資本主義的生産は，それによって大中心地に集積される都市人口がますます優勢になるにつれて，いっぽうでは社会の歴史的動力を集積するが，他方では人間と土地とのあいだの物質代謝を攪乱する．すなわち，人間が食料や衣料の形で消費する土壌成分が土地に帰ることを，つまり土地の豊穣性の持続の永久的自然条件を攪乱する．したがってまた同時に，それは都市労働者の肉体的健康をも農村労働者の精神生活をも破壊する（p.656）．

ここで注目されるのは「食料や衣料が土壌成分」であるとし，明らかに，土地的自然が生産物を直接的に生み出す源泉であり，この物質代謝（相互作用）の毀損が労働を通じて正常な人間生活をも破壊することを認識していた．

経済学批判の書としての『資本論』は，全体としてみれば，当時の労働者の状態を反映して，自然よりも労働の分析に力点が置かれていた．それは資本主義生産における労働の分析（本質部分はいまも変わらないが）と，労働者の解放が優先されていた時代の制約だったからだ．19世紀後半に使われていた主要なエネルギーは石炭で，これによって蒸気機関車や蒸気船が動き，水力や人力，畜力が加わり，生産が行われた．世界人口は1900年の時点でも約16億人．自動車や航空機が登場するのははるか後だ．ロンドンの空は煙り，テムズ川は汚染されてはいたが，資源や自然にはなおゆとりがあり，生産が自然や環境によって制約されるとの認識は希薄だった．それでもなお自然と人間との関係を冷徹に分析していたことは評価されてよい．マルクスやエンゲルスの著作には環境問題へのヒントが多数含まれている（Gómez-Baggethn et al. 2010）．

エンゲルスには『サルが人間になるにあたっての労働の役割』（1876）という有名な論文がある．「自然とならんで——労働は富の源泉である」と冒頭で述べた後に，人間労働の起源と役割について考察している．そこでは，直立二足歩行こそが人類への大きなステップであると指摘し，これによって移動運動から解放された手が行った自然への働きかけ，つまり「労働」こそが人間をつくりだしたのだと強調している．時代に先んじた卓見だ．この後で，エンゲルスは自然に対する人間の姿勢についてこう指摘する．

> われわれは，われわれ人間が自然にたいしてかちえた勝利にあまり得意になりすぎることはやめよう．そうした勝利のたびごとに，自然はわれわれに復讐する．なるほど，どの勝利もはじめはわれわれの予期した勝利をもたらしはする．しかし二次的，三次的には，それはまったく違った，予想もしなかった作用を生じ，それらは往々にして最初の結果そのものをも帳消しにしてしまうこともある（伊藤訳）．

時代と正面から向き合い，人間の姿勢を戒めていた．とはいえここでもまた環境を取り巻く状況は，規模においても質においても現在とはまったくかけ離れていた．高度に発達し，グローバル化した現代資本主義が自然や環境にどのような影響をもたらすのか，私たちはまだ十分に解明できていない．

私たちは，マルクスやエンゲルスの仕事を過大にも過小にも評価することなく，歴史的な文脈のなかでとらえる必要がある．ただし，再確認されてよいのは，2人が，自然や労働を正当に評価し，その理論の中心に位置づけたことである．しかし，その理論から導出されたとされる，その後の「社会主義計画経済」なるものがいったいなにだったのかは検証されなくてはならない．ソ連や東欧では環境汚染や自然破壊が進行し，自然や生態系に深刻な打撃を与えたことは広く知られている（たとえばショルカル2012）．収容所付の自由迫害体制や官僚体制を発達させ，ハイエク流にいえば，ただの「集産主義社会」だったと揶揄されるが，はたしてこうした社会が本来の「社会主義」なのかどうか，

徹底して究明されるべきだ，と私は考える．

ミルの視座

さて，これら古典派経済学のなかにあって，自然保護やトラスト運動にも熱心だった（p.500 参照）ミルに再び注目する．その著作，『経済学原理』（1848）には「停止状態について」（第4巻，第4篇，第6章）と題される短い章があり，そこでは経済成長の限界について考察している．興味深い．

ミルは，土地（や自然）が人間労働の産物ではないことから，土地の私有とそこからの地代や利潤の獲得は認めつつも，それは道徳と法律によって社会的には制約されるべきと考える．ミルの時代に即していえば，それは経済発展が共有地であるすべての土地を囲い込む(エンクロージャー)ことであり，これは止めるべきだとする．また，経済発展の終極には必然的に資本蓄積が停止する定常的状態が訪れると指摘したうえでこう述べる．

> 自然の自発的活動のためにまったく余地の残されていない世界を想像することは，決して大きな満足を感じさせるものではない．人間のために食糧を栽培しうる土地は一段歩も捨てずに耕作されており，花の咲く未墾地や天然の牧場はすべてすき起こされ，人間が使用するために飼われている鳥や獣以外のそれは人間と食物を争う敵として根絶され，生垣の余分の樹木はすべて引き抜かれ，野生の灌木や野の花が農業改良の名において雑草として根絶されることなしに育ちうる土地がほとんど残されていない――このような世界を想像することは，決して大きな満足を与えるものではない（末永訳）．

ここにはナチュラリストとしてのミルがいる．ミルはこの停止状態をけっして否定的にはとらえていない．むしろ「私は後世の人たちのために切望する．彼らが，必要に強いられて停止状態にはいるはるかまえに，自ら好んで停止状態にはいることを」望むとの言明には，人類は自発的にこの状態を誘導すべきだとの主張がある．そして強調しているのは「資本及び人口の停止状態なるものが，必ずしも人間的進歩の停止状態を意味するものではない」こと，さらには，富の公正な再配分の制度化を前提に，人類の「あらゆる種類の精神的文化や道徳的社会的進歩」の余地がさらに整備されること，である．ミルの掲げた人類のこの理想は追求されてよい．市場競争原理とグローバル化の資本主義経済を所与のものとみなす立場から，私たちはより「自由」でなければならない．

デイリーの定常状態の経済学

ハイエク，フリードマン流の新自由主義経済の跳梁のいっぽうで，別の経済学が模索されてきた．すでに述べた「環境経済学」と呼ばれる分野がそれで，主要な流れは，資本主義経済と自由な市場メカニズムを前提としつつも，環境問題は市場経済の潜在的な欠陥の表れととらえ，これを是正するための政府や社会の役割を強化しなければならないとの立場に立ってきた（植田ほか 1991，ピアスほか 1994，ターナーほか 2001，諸富ほか 2008）．それは小さな政府と市場経済一辺倒の新自由主義とは対立する．このほかにも，市場メカニズムと近代経済学のあり方には限界があり，エコロジー（あるいは熱力学法則，エントロピー）に依拠して新たな経済システムを打ち立てるべきとの主張（玉野井 1978，ジョージェスク＝レーゲン 1993，中村 1995），あるいは環境問題の本質は企業が社会的費用を負担しないところにあり（カップ 1959），資本蓄積のあり方と体制の問題だとする学説（宮本 1975，ハーヴェイ 2012）などがある．重要なのは，「環境経済学」の枠組みではなく，主流「経済学」にとってかわることだと思われる．とりわけ，世界規模での人間の貧困や福祉と，生物多様性を含む自然環境の保全や持続性の2つを統一し，止揚することが大切だ（多くの試みのうち，たとえばダスグプタ 2007）．ここではこうした経済のあり方を一貫して追究してきた，ハーマン・デイリーの思索の軌跡をたどる．

デイリー（2005）は，経済成長にはなんらかの根本的な生態学的限界が存在するとの認識から出発する．この「成長」という経済の量的な規範を，「発展」という質的な規範へと転換し，

自然資本という制限要因を最大限節約しつつ，持続可能な方向へ舵を切ること，それが彼の一貫したテーマであり，この成長なき発展を"定常経済"(stable-state economics)と呼んだ．デイリーによれば，現在の経済規模は人間が本来必要とするそれをはるかに上回っているとみなす．同感だ．なぜ経済がかくも大幅に拡大するのか，おもな理由は，マクロ経済学には「規模」という概念が存在しないことにあると考える．無量無辺の世界，その典型が「貨幣崇拝(フェティシズム)」に現れているといい，貨幣の発展過程をたどる（デイリー 2005）．

いま商品(commodity)をC，貨幣(money)をMとすると，最初の物々交換の段階では，ある商品Cが別の商品C'と交換されるが，これを記号で表すと，C-C'となる．2つの商品の交換価値は等しい．次の段階では貨幣が登場し，商品の循環が生まれる．C-M-C'と表され，貨幣が交換のたんなる便宜的な手段であることがわかる．この商品の単純な循環がしだいにM-C-M'にとってかわられる．それは貨幣が資本として増殖していく過程だ．商品Cは，その使用価値によって，交換価値の拡大をもたらす中間的ステップの役割を果たす．2つの貨幣資本には，抽象的な交換価値の増加によって差が生じる．これがΔMで，$\Delta M = M'-M$と表すことができる．注目すべきは，この差分には具体的な制限が設けられていないことで，交換価値は利子を生むことでひとりでに増加できる．だがこれには矛盾がある．デイリーはこう指摘する．実物的な富の総額が，抽象的な交換価値の蓄積と同じ程度に速く成長しなければ，インフレーションまたは別の形の債務不履行によって破綻するだろう．現代ではそれがさらに進んで，具体的な商品は交換価値の拡大過程の中間的ステップとしてさえ出現せず，M-M'にとってかわられる．これを「ペーパー経済」と呼んだ．この取引は，「恣意的でしかも変化する課税原則，会計慣行，減価償却，企業合併，広報活動によるイメージ，広告，訴訟」などによって成立する．こうしたペーパー経済の下では，社会的な富は増加せず，ΔMはある人々にはプラスに，別の人々にはマイナスに作用する．その場合，私たちは「ペーパー上成長し続けるのであって，現実にではない」．これがデイリーの現代経済の理解だ．

ところで，デイリーのこの貨幣論の構造は，マルクスの『資本論』と多くの点で共通する．「M-C-M'」は，マルクスではG-W-G'と表記され（GはGelt=money，WはWare=commodity），ここでは，Gによって労働という商品Wを買い，これが剰余価値を生んで新たなG'を生産するという資本主義の本質が解明される（第2巻）．そしてさらに「M-M'」の取引はG-G'と表記され，これを「利子生み資本」（または空資本）と呼んだ．それは貨幣が「最もよそよそしく最も呪術的な形態」（第3巻，第5編，第24章）へと到達する段階であるとした．そして，資本主義が「空資本」＝株や債券を生み出す必然性をもっていること，その取引は際限なくふくらんでいくが，それが「虚構」である以上，最終的には弾けてしまう性格をもつと解明した．マルクスの時代は金本位制であったのに対し，現代は管理通貨制であり，財政政策によって通貨量は意図的に増やすことが可能で，しかもグローバル化が進む．空資本の空化は空前の規模となる．

デイリー（2006）は続ける．マクロ経済には最適な「規模」というものが存在しなければならない．それは純便益が最大となるような規模が想定される．図13-14は総ストック（横軸）と総便益／総費用（縦軸）との関係である．総ストックに対し，総便益は一山型に増減し，総費用は逓増的に増加する．A点では2つの曲線の傾き（曲線の微分）が等しく，この点で2曲線間の垂直距離が最大となる．換言すると，限界費用と限界便益が等しい点で純便益は最大となる．これが経済的に適切な地点であり，最適規模だ．これ以上になると便益は縮小していく．たとえばB点では，総便益曲線の傾きは0で，限界便益はなく，限界費用が増加する．つまりさらなる成長はかえって私たちの生活レベルを劣化させ，福祉を減少させる．成長がかえって不経済なのである．さらに成長を続け，総費用

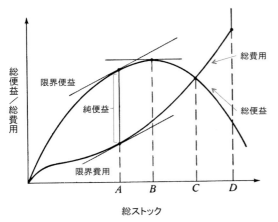

図13-14 デイリーによる総ストックと総便益／総費用との関係（Daly 1991 より）.

が総便益を上回ると，福祉と物資の貧しさのために，行き止まりのない成長の要求に貫かれてしまう．成長によって貧困は解決できないのだ．どうだろうか，私たちはいま A 点より右へと急速に移行しつつあるのではないか．

ここで定常状態の概念を定義する（Daly 1983, 1991）．まずそれを構成する3つの大きさがある．「ストック」，「サービス」，「スループット」だ．

- ストック（stock）：人間の欲求を充足させるすべての物的なものの集合，生産財，消費財および人間の総在庫（人口）．
- サービス（service）：ストックから産出される，欲求が充足されるときに経験する満足，最終的な便益．
- スループット（throughput）：資源を地球から取り出し，汚染物として地球に排出するまでの物的フロー．最終的な費用．この概念は，ボールドウィンによる「熱力学」にもとづく．

この3つの大きさの間には次の関係式が成立する．

$$\frac{サービス}{スループット} = \frac{サービス}{ストック} \times \frac{ストック}{スループット}$$

ストックは充足されなければならないし，将来世代に対しても持続的でなくてはならない．したがって，ストックは最小の一定値に設定される．とすると，サービスはストック一定の条件の下で最大化され，スループットはストック一定の条件の下で最小化されなければならない．これは，右辺の2つの比のうち，ストック／スループットの比では，分子を一定にして分母を最小化することで最大化され，サービス／ストックの比では，分母を一定にして分子を最大化することで，最大化されることを意味する．したがって定常状態とは，「可能な範囲でもっとも低率なスループットによって，よい生活には十分で，かつ遠い将来にまで持続可能として選択された水準に，人々や人工物といったストックが一定に維持されること」，換言すれば，一定のスループットの範囲内でストックを最大化することと定義できる．この関係式は，すでに紹介した1970年代のデイリー（1973）の「原則」（第12章 p.723）をさらに一歩進めたものであるといえよう．スループットは"エコロジカル・フットプリント"や，製造過程における資源やエネルギーのロスに着目して原価計算を行う"マテリアル・フローコスト会計"によって把握が可能だ．

では，この定常状態はどのようにつくりだせるのか．デイリーによれば，社会には3つの独立した価値とそれに対応した政策目標があるという．第1は「持続可能性」で，これは「最適規模」によって実現されなければならない．第2は「公正性」で，「分配」の問題に還元されるが，これは，第1目標と同様に，市場メカニズムによって決定されるべき性格のものではない．成長が貧困や格差に対する処方箋になりえない以上，この「分配」の問題は社会的な意思決定に委ねられるべきで，個人の所得や富の限界，法人の最大規模などが決められてよい．ここではまた世代間の公正性をも考慮される必要がある．第3は「効率性」で，これについては，持続可能性と公正性の制約の下で，市場原理，つまりパレート原理による最適資源配分によって実現されてよい．しかし，現在はこの効率性だけが独り歩きし，社会を決定づけるのである．なおされるべき方向は，持続性を基盤とし，次いで公正性，そしてその上に経済の効率性を走らせるべきなのである．デイリーは，国民総生

13.3 人間と生物多様性を守る価値観と経済学　779

〈コラム 13-3　エコロジカル・フットプリント〉

　ブリティッシュ・コロンビア大学のカナダ人，ウィリアム・リース（Rees, W.）とスイス人，マティース・ワケナガル（Wackernagel, M）は1990年に資源と土地利用を標準化するために"エコロジカル・フットプリント"（ecological footprint）[32]という概念を考案し，提示してみせた（ワケナガル・リース 2004）．これは，デイリーの自然資源の再生能力や廃棄物吸収能力を定量化する具体的な試みだった．エコロジカル・フットプリントとは「世界全体または特定の国が年間に消費した資源を生産するため，または排出している廃棄物を吸収，無害化するために必要とされる生物生産が存在する陸地と海洋の合計面積」と定義される（Rees 1992）．その眼目は，世界や各国の資源の消費量を世界の平均的な生物生産力がある土地面積に換算することにある．つまり，一般的には，①石油・石炭など化石燃料の消費によって排出する CO_2 を吸収するための森林などの面積，②畜産物や農産物を生産するために必要な牧草地などの面積（魚類であれば水域面積），③木材や紙，衣類を生産するための森林などの面積，④道路や建築物の建設に必要な土地面積，など，これらを合計面積で表す．そしてこれらの消費量を計測するための共通の尺度として，それを生産するための仮想的な土地面積を設定する．これが"グローバル・ヘクタール（gha）"である．1 gha とは世界平均の生物生産力を有する1 ha 分の土地（水域も含む）である．それぞれの国や地域は，生産と消費，廃棄のためにいったいどれほどの土地を使っているのだろうか．

　この面積を2002年の段階でみると，世界平均は2.2 gha，アメリカは9.6 gha，日本4.4 gha，インド0.8 gha などで，アメリカが圧倒的に高かったが，ランクは少しずつ変化し，2010年の段階では，世界平均2.7 gha，上位にはアラブ首長国連邦10.68 gha，カタール10.51 gha の産油国が占め，アメリカは8.0 gha，日本4.73 gha，中国2.21 gha と続き，1 gha 以下には，インド0.91 gha，マラウィ0.73 gha，アフガニスタン0.62 gha などが並ぶ（http://www.footprintnetwork.org/en/index.php/GFN/page/ecological_footprint_atlas_2010　閲覧 2012.11.10）．

　これに対して，"生物生産力"（biocapacity）とは「再生資源を生産し，廃棄物を吸収する能力をもつ土地面積」と定義される．フットプリントの環境負荷に対し，どの程度環境は耐えられているのかを定量的に表現する．この場合，"オーバーシュート"（overshoot）とはフットプリントが同じ地域の生物生産力を超過している状況を指している．いわば「生態学的な赤字」だ．オーバーシュートは，先進国のなかではオーストラリアやニュージーランド，カナダ，ノルウェーやフィンランドなどを除き，軒並み「赤字」で，アラブ首長国連邦では1人あたり−4.45 gha，日本−1.18 gha，アメリカも広大な土地をもつにもかかわらず−0.01 gha，中国−0.03 gha，インド0.00，マラウィ0.02 gha，アフガニスタン−0.09 gha など（Ewing 2010）．

　こうした値の比較は，人類の共有財産である地球上において，資源を不平等に多く消費し，大量の汚染物質をばらまく国々，資源の分配にわずかしか預かれず，地球にはほとんど負荷を加えていない国々，あるいはまた豊富な資源をもちながらもその分配から排除され人口の多さゆえに，貧困にあえぐ国々など，じつにさまざまな国々の存在を暴き出している．地球環境問題とはこの不公正で不条理な仕組みをどのように解決していくのかという課題に挑戦することにほかならない．なお，日本のエコロジカル・フットプリントについては WWF-J（2012）を参照せよ．

産（GNP）や国内総生産（GDP）などの従来の経済的指標に代わり，「持続可能な経済的福祉指数」（ISEW; Index of Sustainable Economic Welfare）を考案し，試算している．

　こうした転換は，デイリーによれば，たとえば「排出権取引」のような制度として軌道に乗りつつあるという．ここでは，第一段階として持続可能な総汚染量が生態学的に決定され（持続可能性），第二段階ではこの総量に対する汚染権を公正な方法で配分され（公正性），第三段階で初めてこれを市場において取引するという「規模→分配→資源配分」の手続きがふまれ，この社会的意思決定の仕組みを高く評価するからである（片山 2004）．現在，この排出権取引は国別の国内制度として取引市場が設置されつつあるが，しかし，各国の自主規制に任され，法的拘束力には差があること，関連して多国籍企業が途上国で汚染問題を引き起こしているこ

と，汚染権が「汚染のライセンス」につながっていることなど，多くの問題点も指摘される（片山 2004）．この段階論でもっとも重要なのは地球環境問題という生態学的テーマをグローバルな規模で，公共的意思決定がはたして可能なのかという第一段階に立ち返ってしまうことにある．この点で興味深いのがデイリーのグローバル化に対する見解だ．

デイリーは途上国への世界銀行の政策としていくつかの提言を行っているが，その1つとしてこう述べる．「自由貿易，自由な資本移動，輸出主導型の成長によるグローバルな経済的統合というイデオロギーから脱却し，きわめて効率的なことが明らかな場合に限って国際貿易に頼りながら，最も重要な選択肢として国内市場向けの国内生産を発展させるような，より国民主義的な方向を目指せ」．自由貿易や自由な資本移動により，経済的国境を消滅させてグローバル化することは公益のために政策を遂行できる主要な共同体の単位に致命傷を与えてしまうと指摘する．グローバル化は，いっぽうでは，国民共同体や地域共同体を無力化し，他方では，多国籍企業の力を強化する．なぜならグローバルな資本をグローバルな利益のために規制できる「世界政府」が存在しないからであり，そのような方向もまたまちがいだからだ．これは生物と人間社会の多様性を保全する本義である．必要なのは資本をグローバル化することではなく，国民的にすることである．また別のところでは，輸送費に莫大なコスト（化石燃料の消費）がかかること，貿易依存によって国民の職業選択の幅が低下すること，国際競争の結果，安全，賃金，福祉，社会保障，医療，環境汚染などの費用が国内で内部化されることなどを指摘している．共同体の義務をまぬがれてきた多国籍企業のグローバリズムは世界共同体の幸福に資するわけではない，と強調する．こうしたグローバル化の方向こそが世界的な公共的意思決定を阻害してきたのであると断じる．グローバル化はけっして既定路線ではないのだ．デイリーはローカルな共同体，地域主義的なコミュニティに立脚しながらグローバルな持続性を展望する．それは自然や生物多様性の公共的管理を目指した「コモンズ環境主義」（片山 2004）とでも呼べる立場だといえよう．ただし，この管理対象からは「緑の革命」と「原子力」は除かれている．持続性と公正性が担保されないからである．

この立場を発展させたのが，オストロム（Ostrom 1990）であった．彼女は世界各地にはさまざまな共同体が存在し，その少なくない地域では，共有財や資源が，"共有地の悲劇"なしに，管理されていることをみいだし，そのような共同体では，どのような設計原理が働き，持続的な管理が実現されているのかを，フィールドワークによって分析し，まとめた．彼女が演繹した成功に導く設計原理とは，①コモンズの境界が明確に定義されていること，②コモンズの利用と配分に関するルールが地域的条件と整合的であること，③集団の意思決定に対し利害関係者が参加できること，④コモンズの利用に関し利用者同士がモニタリングし合うこと，⑤違反への制裁は段階化されていること，⑥紛争解決のための迅速で安価なメカニズムがそなわっていること，⑦組織に関する自治権が外部の権力によって侵害されないこと，⑧これらの管理機能が多層化して組織され，入れ子構造になっていること，である．このような条件が存在すれば，共有資源は悲劇を回避し，持続的，自治的に管理される．逆にいえば，共同体が排他的な利用権を確保する法的な枠組みをもたないとき，あるいは共同体が組織化されておらず，団結していない場合には，共同体による管理は失敗するのである（ヒルボーンとヒルボーン 2015）．公共的な管理，共同体による管理とは，じつに人間同士の紐帯にもとづく，人間くさい管理なのである．生物多様性の保全はこの共同体の管理に立脚しなければならない．国家の全面的な管理より，生物資源や多様性の特性に知悉し，実効性の高いモニタリングが可能なのは地域共同体においてほかにないからである．

さて，デイリーの主張は明らかに持続性と公正性を優先させる社会を展望している．このことは「経済学の終焉」を意味しないとデイリー

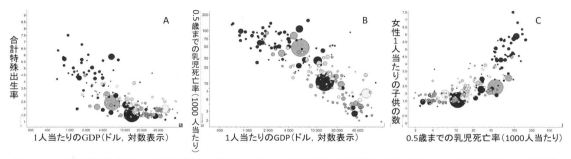

図 13-15 世界各国と地域の 2015 年統計．所得が少ないほど子どもの数は増加する（A）．これは所得が少ないほど乳児死亡率が増加することによる（B）．乳児死亡率が低ければ，子どもの数は著しく減少する（C）．大きい円は地域，小さい円は国．"Gapmainder"（https://www.gapminder.org/ 閲覧 2016.7.10 より作成）．

は強調する．成長なき経済は維持，質的改善，共有，倹約，自然の限界への適応といったより複雑で微妙な経済学へ「成長」すると予言する．そこで人間の精神はどうなるのか．資本主義社会は個人の自由を保障し，個人の積極性を引き出し，多くの人々の知恵を結集することが可能な経済システムだ．展望される社会は一見，息苦しいように思えるが，はたしてこの個人の自由と両立が可能なのか．またいったん定常状態に達したなら，その社会を安定的に維持していかなければならないとすれば，退屈で覇気のない社会のように思えるが，はたしてどうなのか．

自由について考える．「自由」には一般的にはいろいろな意味合いがあるが，この文脈で集約される「自由」はきわめて表層的な経済的自由であり，けっきょくは市場原理における自由に還元される．つまるところ市場への政府の介入を許さない"リバタリアニズム"の意味だ．この点での自由は拒否されるべきだ．なぜならそれは少数の人々の経済的自由は多数の人々のあらゆる自由を奪うという構図だからである．ミルは，定常状態の経済にあっても精神的な文化や道徳的な社会進歩が保証されていると述べ，さらに「人間的技術を改善，開発する余地があり，人間の心が立身栄達の術のために奪われることをやめるために，はるかに大きくなる」と強調している．人間が金儲けや限度を超えた消費の呪縛から解放されれば，人々のエネルギーはより対人関係に向けられ，そこに幸せをみいだし，友情や家族をより重視するようになるだろうと，デイリーとファーレイ（2014）は予言

する．それは人間と自然，生物多様性を復権させる社会でもある．

この定常経済にはもう 1 つの前提がある．人口の定常だ．デイリーは「人口」について多くを述べてはいないが，人口を減らすには，避妊薬とその配布制度と並んで，女性の識字率と社会保障制度への援助が重要であると述べる（デイリー 2005）．人口に関する統計と研究が 20 世紀後半に飛躍的に進んだ．その最大の発見は，途上国では，高学歴，高所得，都市居住などの社会的文化的な条件が出生率の低下をもたらしたことだ（大沼 2014，大塚 2015）．この 200 年間における世界各国の人口，所得，環境負荷の動向を網羅した HP に"Gapminder"（http://www.gapminder.org/）がある．これで，女性が一生の間に産む子どもの数（合計特殊出生率）と所得との関係をみると，所得が少ないほど子どもの数は多いことがわかる（図 13-15A）．次に，乳児死亡率と所得との関係をみると（図 13-15B），所得が少ないほど乳児死亡率が高い傾向がある．そして，乳児死亡率と女性 1 人あたりの子どもの数との関係をみると（図 13-15C），死亡率が低いほど少産で，高いほど多産であることがわかる．これは途上国では将来を子どもに依存する傾向があることによる．しかし，子どもが確実に生き残ることがわかれば多数の子どもを出産する必要はないのだ．この少ない出生（率）数が結果として人口増加にブレーキをかけるのである．また，初産齢が遅いほど出生率は低いこと，すなわち人口増加率が低いことが知られている．したがって途上

国（とくにアフリカ諸国）の人口を抑制するためには，乳児死亡率を低下させ，初産齢を遅らせることがなにより重要なのだ．つまり幼児への食料援助や医療，そして婦女子の教育を援助することが大切である．世界の自然や生物多様性を守るためには，こうしたプログラムを着実に実行していく必要がある．

地球上の環境問題の本質は，けっきょくは富の分配と社会的公正にかかわる問題に起因している．貧富の格差はその後に台頭する新自由主義経済のなかでますます強まっていく．デイリーはこの提案を聖書の複数の記述から裏づけて，モーセの11番目の戒律として創作する．

汝，私有財産の分配において
無制限の不平等を許すなかれ．

そしてこう結論する．「われわれは，不平等に対する制限を制度化しないならば，成長から定常状態へ移行することは不可能だろう」．宗教国家にして資本主義国家，アメリカへの強いメッセージだ．このことは徹底されなければならない．世界はこの国と多国籍企業によってどれほどいびつにさせられているのか．

デイリーの設計図はまだ粗い．片山（2004）も指摘するように，彼のマクロ経済をどのように共同体や国レベルでデザインしていくのかは今後の大きな課題だ．ともあれ，デイリーの検討を通して，私たちは労働という人間と，土地という自然をもう一度復権させる必要がある．デイリーの提起はミルやマルクスの現代的な焼きなおしのように私にはみえる．その還るべき新しい経済は古典のなかにすでに存在していたのである．私たちは資本主義の呪縛から解き放たれ，経済のあり方により自由でなければならない．持続可能な社会とは，生物多様性の歴史性や連続性を確保し，生物間の相互作用や循環を保全し，環境との一体性を保証する経済の仕組みをつくることにほかならない．

終章　注

1) 体重でもよいが体長のほうがより相関が強い．それは体長の3乗が体積を示し，この体積が種数と関係すると考えられていることによる．

2) 生物の定義としては「自己境界性」，「自己維持性」，「自己複製性」をあげることができる．ウイルスの場合，「自己維持性」が明確でないため，生物であることに疑義がある．

3) 真核生物や真正細菌の細胞膜は，脂肪酸がグリセロールにエステル結合したエステル型脂質でできているのに対し，古細菌のそれは，炭化水素がグリセロールにエーテル結合したエーテル型脂質からできている．

4) DNAの分析技術のなかに，DNAを短時間の間に多数増幅させるPCR（Polymerase Chain Reaction，ポリメラーゼ連鎖反応）法と呼ばれる技術がある．この技術で，少し前まで用いられたのが，*Thermus aquaticus* から抽出された"Taqポリメラーゼ"というDNA合成酵素だ（Taqは学名の下線）．それは90℃以上の高温でも酵素が変性しないという特性を応用している．この方法を着想したマリス（Mullis）は1993年にノーベル化学賞を受賞した．

5) この場合の「呼吸」とはいわゆる肺のガス交換ではなく，ミトコンドリアで行われるエネルギーを得る過程（異化）のこと．解糖系→クエン酸回路→電子伝達系の3つの過程があり，エネルギーの発生効率が高い．エネルギーはATPに蓄えられる．

6) 化石とDNA解析から，リグニン分解酵素をもつ白色腐朽菌が担子菌類のなかから進化したのは2.95億年前の石炭紀の終わりからペルム紀だと考えられる（Floudas et al. 2012）．いっぽう，私たちが知るもっとも古い木本植物はシダ植物のアルケオプテリス（*Archaeopteris*）で，4.16億年前から始まるデボン紀に登場し，その後に進化した裸子植物とともに大森林をつくりだした．したがって約1億年以上は，木本は分解されないままただひたすらに蓄積されたのである．石炭が枯渇しそうにない理由に納得がいく．

7) それ以前を冥王代（Hadean eon），以後を原生代（Proterozoic）と呼び，この3時代を先カンブリア時代（Precambrian），以後を顕生代（Phanerozoic eon）と分ける．

8) カーネギー研究所のヘイゼン（Hazen et al. 2008，ヘイゼン 2010）は，地球上の鉱物（結晶性の化合物）は，地球が誕生したときにはわずか十数種類でしかなかったのに，今日では少なくとも4400種類以上が存在している．この鉱物の多様性は酸素破局に続く地史的な環境変動や生物の活動と密接に関係していて，多くが，地球上に生物が生まれなかったら生成されなかっただろうと述べた．たとえば，炭酸塩岩は全堆積岩の最大で20%を占めるが，その多くは微生物由来で，バクテリアが固定した炭酸塩鉱物である（幸村・長沼 2008）．

9) 同素体は同一元素から構成される性質の異なる分子．なお同位体は同一元素で質量の異なる原子である．

10) キチン質（chitin）はムコ多糖類の1種（ポリ-β1-4-Nアセチルグルコサミンを主成分としている．もともと真正細菌の細胞壁を形成している物質で，動物では表皮を形成する．表皮を覆う成分はクチクラ，つまりキューティクルと呼ばれ，植物ではロウ物質（高級脂肪酸とアルコールのエステル），昆虫ではキチン質，哺乳類の体毛では非水溶性のタンパク質，ケラチンである．

11) 側頭窓は単弓類の特徴で，頭蓋骨の側頭下部の左右に空いている穴である．

12) 赤血球のヘモグロビン（Hb）には胎児型（HbF）と成人型（HbA）があり，前者は2本のα鎖と2本のγ鎖

によって，後者は 2 本の α 鎖と 2 本の β 鎖で，それぞれつくられている．HbF の F は胎児 (Fetus)，HbA の A は成人 (Adult) の意味である．

13) 施光性 (optical rotation) とは，直線偏光がある物質を通過するとき，偏光面を左右に回転させる性質で，タンパク質や核酸，糖の溶液などで発現される．

14) "Convention on International Trade in Endangered Species of Wild Fauna and Flora".

15) TRAFFIC は，The Wildlife Trade Monitoring Network (野生生物取引監視のネットワーク) の意味で，野生動植物の取引が自然保護の脅威とならないことを盤石にすることを目的にしている．各種団体や個人の寄付によって運営されている．なお通称"トラフィック"は通商量を意味する"Traffic"にもとづく．

16) "Convention Concerning the Protection of the World Cultural and Natual Heritage".

17) ニクソン大統領は，世界遺産を，アメリカで誕生した，世界に誇るべき国立公園概念を世界規模に拡大したものだと，認識していたという (田中 2012)．この宣伝はヴェトナム戦争から目をそらすニクソン政権の政策でもあったのだろう．

18) 文化遺産の登録基準 (http://bunka.nii.ac.jp/special_content/world 閲覧 2017.8.15)
①人類の創造的才能を表す傑作である．
②建築，科学技術，記念碑，都市計画，景観設計の発展に重要な影響を与えた，ある期間にわたる価値観の交流またはある文化圏内での価値観の交流を示すものである．
③現存するか消滅しているかにかかわらず，ある文化的伝統または文明の存在を伝承する物証として無二の存在 (少なくとも稀有な存在) である．
④歴史上の重要な段階を物語る建築物，その集合体，科学技術の集合体，あるいは景観を代表する顕著な見本である．
⑤あるひとつの文化 (または複数の文化) を特徴づけるような伝統的居住形態もしくは陸上・海上の土地利用形態を代表する顕著な見本である．または，人類と環境とのふれあいを代表する顕著な見本である (特に不可逆的な変化によりその存在が危ぶまれているもの)．
⑥顕著な普遍的価値を有する出来事 (行事)，生きた伝統，思想，信仰，芸術的作品，あるいは文学的作品と直接または実質的関連がある (この基準は他の基準とあわせて用いられることが望ましい)．

なお文化遺産については"真正性 (あるいは真実性，Authenticity)"が求められる．それは，建造物や景観などの文化遺産が，本物かどうか，つまり，独自の文化的な背景や伝統を本当に継承していることが検証されなければならない．それは，修復においても本来の材料，構造，工法が条件となる．

19) Village Focus International (VFI) は 2000 年に設立された NGO で，村民とともに学校建設，保健医療，農業指導，自然資源管理などの援助を展開している．

20) 地球規模での生物多様性は高いが，人為による破壊が進行している地域．定義は，1500 種以上の維管束植物が生育しているが，原生的植生の 7 割以上が改変された地域 (Myers et al. 2000)．

21) IWRB は "International Waterfowl Research Bureau". ラムサール条約は "The Convention on Wetlands of International Importance, especially as Waterfowl Habi-tat".

22) ボン条約：略称 CMS, "The Convention on the Conservation of Migratory Species of Wild Animals".

23) この報告書は "Global Biodiversity Strategy" (WRI, IUCN, UNEP 1992) として出版された (邦訳『生物の多様性保全戦略』1994, 中央法規)．

24) とくに共和党は，外来種 (alian species) にはアメリカ産家畜が含まれると解釈したり，資源国が生物遺伝資源に対し知的財産権を強く主張し，主導権が取れないことを懸念したといわれる (森岡 2009)．

25) もともとは書類を入れるケースやフォルダーに集められた 1 セットのまとまりを示すイタリア語．

26) UPOV は "International Union for the Protection of New Varieties of Plants" の略称．

27) TRIPS 協定は "Agreement on Trade-Related Aspects of Intellectural Property Rights" の略称．

28) この動きを日本政府は推進している．2017 年 3 月「主要作物種子法廃止法」が十分な審議を経ないままに可決成立した．そのおもな理由は国や都道府県によって種子生産が「独占」され，民間企業の参入を「阻害」してきたことにあるという．生態系の供給サービスの根幹である種子開発に民間企業が参入できるように規制緩和したのである．それは，公共的な知的財産権をみずから放棄する愚行であり，生物多様性の時代への逆行である．

29) この金額 (市場価値) は，"生物多様性および生態系サービスに関する政府間科学政策プラットホーム" (2016) により，2350 億-5770 億ドルに修正された．

30) 近代経済学では，限界効用，限界費用，限界収益など「限界」が頻出するが，これは一般的な意味での「限度」(limit) ではなく，「無限小」(marginal) を指し「微分」を意味している．モデルとその解析など微分学との親和性は非常に高い．

31) 自由放任主義 (laissez-faire) は，「なすに任せよ」の意味．経済学用語としては 16-18 世紀の絶対君主制国家がとった重商主義政策に対する重農主義者のアンチテーゼで，企業や個人の経済活動には関与すべきではないとの主張．

32) この概念はもともと "Appropriated Carrying Capacity", すなわち「割り当てられた環境収容力」と表現された．"appropriate"には「横取りする」という意味がある．すなわち「横領 (収奪) された収容力」だ．しかしあまりにも露骨だったので，後に"エコロジカル・フットプリント"=「生態学的足跡」と書きあらためられた．足跡とは人間が環境に与えた影響，負荷である．

終章 文献

青木泰樹．2009．資本主義の地平——経済社会学序説．帝京大学短期大学紀要 29: 17-92.

Arakai, Y. et al. 2013. The simplest integrated multicellular organism unveiled. PLOS ONE 8: e81641. Doi:10. 1371.

浅川忠．1993．石油の有機起原．地学雑誌 102: 708-714.

Barbier, E. 2012. Tax "societal ills" to save the planet. Nature 483: 30.

Baros, J. A. & J. W. Deming. 1987. Growth of "black smoker" bacteria at temperatures of at least 250℃. Nature 303: 423-426.

バリー，N. P. 1984. ハイエクの社会・経済哲学（矢島鈞次訳）．春秋社，東京．303pp.
Beers, M. H. 2004. The Merck Manual of Medical Information (2nd Home Edition). Gallery Books, NY. 1952pp.
Berner, R. A. 2004. The Phanerozoic Carbon Cycle: CO_2 and O_2. Oxford Univ. Press, Oxford. 158pp.
Berner, R. A. et al. 2007. Oxygen and evolution. Science 316: 557-558.
Blundell, A. G. & M. B. Mascia. 2005. Discrepancies in reported levels of international wildlife trade. Conserv. Biol. 19: 2020-2025.
Brando, P. M. et al. 2013. Ecology, economy and management of an agroindustrial frontier landscape in the southeast Amazon. Phil. Trans. Roy. Soc. B 368: 2012-2015.
Brown, C. T. et al. 2016. Unusual biology across a group comprising more than 15% of domain Bacteria. Nature 523: 208-211.
Burkle, L. A. et al. 2013. Plant-pollinator interactions over 120 years: loss of species, co-occurrence, and function. Science 339: 1611-1615.
Cardinale, B. J. et al. 2007. Impacts of plant diversity on biomass production increase through time due to complementary resource use: a meta-analysis. PNAS 104: 18123-18128.
Cardinale, B. J. 2011. Biodiversity improves water quality through niche partitioning. Nature 472: 86-89.
Carr, M. et al. 2008. Molecular phylogeny of choanoflagellates, the sister group to Metazoa. PNAS 105: 16641-16646.
Catling, D. C. & M. W. Claire. 2005. How earth's atmosphere evolved to an oxic state: a status report. Earth Planet. Sci. Lett. 237: 1-20.
Cockell, C. S. 2000. The ultraviolet history of the terrestrial planets: implications for biological evolution. Planet. Space Sci. 48: 203-214.
Costanza, R. et al. 1997. The value of the world's ecosystem services and natural capital. Nature 387: 253-260.
Dabrowski, K. et al. 2004. Effects of dietary ascorbic acid on oxygen stress, growth and tissue in rainbow trout. Aquacult. 233: 383-392.
デイリー，G. C. & E. キャサリン．2010. 生態系サービスという挑戦（藤岡伸子ほか訳）．名古屋大学出版会，名古屋．369pp.
Daly, H. 1973. Toward a Steady-State Economy. W. H. Freeman, San Francisco. 332pp.
Daly, H. 1991. Steady-State Economics (2nd ed.). Island Press, Washington DC. 302pp.
デイリー，H. 2006. 定常状態の経済（八塚みどり・植田和弘訳），『リーディングス環境 第5巻 持続可能な発展』（淡路剛久ほか編），pp. 335-354. 有斐閣，東京.
デイリー，H. E. 2005. 持続可能な発展の経済学（新田功ほか訳）．みすず書房，東京．335pp.
デイリー，H. E. & J. ファーレイ．2014. エコロジー経済学（佐藤正弘訳）．NTT出版，東京．470pp.
ダスグプタ，P. 2007. サステイナビリティの経済学（植田和弘監訳）．岩波書店，東京．413pp.
Dasmann, R. F. 1968. A Different Kind of Country. MacMillan, NY. 276pp.
Donoghue, P. C. & J. B. Antcliffe. 2010. Origins of multicellularity. Naure 466: 41-42.
Dudley, R. 1998. Atmospheric oxygen, giant Paleozoic insects and the evolution of aerial locomotor performance. J. Exp. Biol. 201: 1043-1050.
Dutschke, M. S. et al. 2008. How do we match country needs with financing? In: Moving Ahead with REDD Issures, Options and Implications (Angelsen, A., ed.), pp. 41-52. CIFOR, Bogor.
El Albani, A. et al. 2010. Large colonial organisms with co-ordinated growth in oxygenated environments 2.1 Gyr age. Nature 466: 100-103.
Ellis, J. D. et al. 2010. Colony losses, managed colony population decline, and colony collapse disorder in the United States. J. Agri. Res. 49: 134-136.
エンゲルス，F. 1876. サルが人間になるにあたっての労働の役割（伊藤嘉昭訳 1967）．青木書店，東京．136pp.
エーリック，P. & A. エーリック．1992. 絶滅のゆくえ（戸田清ほか訳）．新曜社，東京．323pp.
Erwin, T. L. 1982. Tropical forests, their richness in Coleoptera and other arthoropod species. Coleopterists Bull. 36: 74-75.
Erwin, T. L. 1988. The tropical canopy: the heart of biotic diversity. In: Biodiversity (Wilson, E. O., ed.), pp. 123-129. National Acad. Press, Washington DC.
Erwin, T. L. 1991. How many species are there?: revisited. Conserv. Biol. 5: 330-333.
Ewing, B. 2010. Ecological Footprint Atlas 2010. Global Footprint Network, Oakland. 111pp.
Fairclough, S. et al. 2010. Multicellular development in a choanoflagellate. Curr. Biol. 20: 875-876.
Falkowski, P. G. et al. 2005. The rise of oxygen over the past 205 million years and the evolution of large placental mammals. Science 309: 2202-2204.
フォーコウスキー，P. G. 2015. 微生物が地球をつくった（松浦俊輔訳）．青土社，東京．243pp.
Ferner, K. & A. Mess. 2011. Evolution and development of fetal membranes and placentation in amniote vertebrates. Resp. Phyiol. Neuro. 178: 39-50.
Filker, S. et al. 2014. "Candidatus Haloectosymbiotes riaformosensis" (Halobacteriaceae), anarchaeal ectosymbiont of the hypersaline ciliate Platynematum salinarum. Syst. Appl. Microbiol. 37: 244-251.
Floudas, D. et al. 2012. The Paleozoic origin of enzymatic lignin decomposition reconstructed from 31 fungal genomes. Science 336: 1715-1719.
フォーティ，R. 2003. 生命40億年全史（渡辺政隆訳）．草思社，東京．493pp.
Franco, J. L. 2013. The concept of biodiversity and the history of conservation biology: from wilderness preservation to biodiversity conservation. História 32: 21-48.
フリードマン，M. 2008. 資本主義と自由（村井章子訳）．日経BP社，東京．380pp.
Garwood, R. 2012. Patterns in palaeontology: the first 3 billion years of evolution. Palaeont. Online 2: 1-22.
ジョージェスク＝レーゲン，N. 1993. エントロピー法則と経済過程（高橋正立ほか訳）．みすず書房，東京．598pp.

ギル，F. B. 2009. 鳥類学（山岸哲監訳，山階鳥類研究所訳）．新樹社，東京．746pp.

Gold, T. 1992. The deep, hot biosphere. PNAS 89: 6045-6049.

Gómez-Baggethn, E. et al. 2010. The history of ecosystem services in economic theory and practice: from early notions to markets and payment schems. Ecol. Econ. 69: 1209-1218.

グールド，S. 1998. フルハウス（渡辺政隆訳）．早川書房，東京．324pp.

Graham, J. B. et al. 1995. Implications of the late Palaeozoic oxygen pulse for physiology and evolution. Nature 375: 117-120.

Granberg, F. et al. 2013. Metagenomic detection of viral pathogens in Spanish honeybees: co-infection by Aphid lethal paralysis, Israel acute paralysis and Lake Sinai viruse. PLOS ONE 8: e57459.

グレイ，J. 1999. グローバリズムという妄想（石塚雅彦訳）．日本経済新聞社，東京．324pp.

Gribaldo, S. & H. Phillippe. 2002. Ancient phylogenetic relationships. Theoret. Pop. Biol. 61: 391-408.

Grosberg, R. K. & R. R. Strathmann. 2007. The evolution of multicellularity. Ann. Rev. Ecol. Evol. Syst. 38: 621-654.

Gupta, J. P. 2002. The Bhopal gas tragedy, could it have happened in a developed country. J. Loss Prevent. Proc. Indust. 15: 1-4.

Haddad, N. M. et al. 2009. Plant species loss decreases arthropod diversity and shifts trophic structure. Ecol. Lett. 12: 1029-1039.

Hallmann, C. A. et al. 2014. Declines in insectivorous birds are associated with high neonicotinoid concentrations. Nature 511: 341-343.

ハーヴェイ，D. 2007. 新自由主義（渡辺治監訳，森田成也ほか訳）．作品社，東京．395pp.

ハーヴェイ，D. 2012. 資本の謎（森田成也ほか訳）．作品社，東京．397pp.

Hawksworth, D. L. 2001. The magnitude of fungal diversity: the 1.5 million species estimate revisited. Mycol. Res. 105: 1422-1432.

Hazen, R. M. et al. 2008. Mineral evolution. Am. Mineral. 93: 1693-1720.

ヘイゼン，R. M. 2010. 生物が作った多様性　鉱物進化論．日経サイエンス2010年6月号：52-60.

Hector, A. & R. Bagchi. 2007. Biodiversity and ecosystem multifunctionality. Nature 448: 188-190.

Hedges, S. B. et al. 1996. Continental breakup and the ordinal divergence of birds and mammals. Nature 381: 226-229.

Higes, M. et al. 2009. Honeybee colony collapse due to Nosema ceranae in professional apiaries. Environ. Microbiol. Rep. 1: 110-113.

ヒルボーン，R. & U. ヒルボーン．2015. 乱獲（市野川桃子・岡村寛訳）．東海大学出版部，平塚市．154pp.

平岡義和．2001. 環境問題拡散の社会的メカニズム．『講座　環境社会学　第5巻　アジアと世界』（飯島伸子編），pp. 93-120. 有斐閣，東京．

Ho, M. W. 2010. Farmer suicides and Bt cotton nightmare unfolding in India. Sci. Soc. 45: 32-39.

Hodkinson, I. D. & D. Casson. 1991. A lesser predilection for bugs: Hemiptera (Insecta) diversity in tropical rain forests. Biol. J. Linnean Soc. 43: 101-109.

Hoffman, P. F. & D. P. Schrag. 2002. The snowball earth hypothesis: testing the limits of global change. Terra Nova 14: 129-155.

Hooper, D. U. et al. 2012. A global synthesis reveals biodiversity loss as a major driver of ecosystem change. Nature 486: 105-108.

Hopwood, J. et al. 2012. Are neonicotinoids killing bees? A review of research into the effects of neonicotinoids on bees, with recommendations for actions. The Xerces Society for Invertebrate Conservation. 1-32.

Hu, D. et al. 2009. A pre-Archaeopteryx troodontid theropod from China with long feathers on the metatarsus. Nature 461: 640-643.

ハイエク，F. 1992. 隷属への道（西山千明訳）．春秋社，東京．382pp.

池上甲一ほか．2010.「生物多様性の種子の未来――アフリカ農村の現場から考える」からの提案．アフリカ研究 77: 45-59.

一方井誠治・西宮洋．2011. PES制度の制度設計に向けて．『生物多様性の経済学』（馬奈木俊介・IGES編），pp. 214-227. 昭和堂，京都．

イムラー，H. 1993. 経済学は自然をどうとらえてきたか（栗山純訳）．農文協，東京．585pp.

Isabell, F. et al. 2011. High plant diversity is needed to maintain ecosystem services. Nature 477: 199-203.

磯崎博司．1988. 野生動物の国際取引，ワシントン条約の問題点．岩手大学人文社会科学紀要 42: 261-288.

伊東光晴（編）．2004. 岩波現代経済学事典．岩波書店，東京．904pp.

IUCN. 2009. The IUCN Red List of Threatened Species. http://www.iucnredlist.org/

ジェイコブセン，R. 2009. ハチはなぜ大量死したのか（中里京子訳）．文芸春秋，東京．339pp.

James, R. R. & J. Xu. 2012. Mechanisms by which pesticides affect insect immunity. J. Inv. Pathol. 109: 175-182.

Jeuck, A. et al. 2014. Extended phylogeny of the Craspedida (Choanomonada). Euro. J. Protistol. 50: 430-443.

環境省．2010. 企業とNGO/NPOのパートナーシップによる世界の森林保全に向けて．環境省地球環境局，東京．74pp.

カップ，K. W. 1959. 私的企業と社会的費用．岩波書店，東京．321pp.

カスティング，J. F. 2004. 原始地球の気候を支配したメタン菌．日経サイエンス2004年10月号：78-84.

Kasting, J. F. & J. L. Siefert. 2002. Life and the evolution of Earth's atmosphere. Science 298: 1066-1068.

Kasting, J. F. & S. Ono. 2006. Paleoclimates: the first two billion years. Phil. Trans. Roy. Soc. B 361: 917-929.

Kasting, J. F. & M. T. Howard. 2006. Atmospheric composition and climate on the early Earth. Phil. Trans. Roy. Soc. B 361: 1733-1742.

片山博文．2004. 最適規模とコミュニティの経済学――ハーマン・デイリーの諸説によせて．桜美林エコノミックス 50/51: 33-51.

Kate, T. K. 1997. The common regime on access to genetic

resources in the Andean Pact. Biopolicy J. 2: 2-25.

加藤則芳．2000．日本の国立公園．平凡社新書，平凡社，東京．270pp.

河口真理子．2015．新しく古い「自然資本」という考え方．大和証券調査季報 19: 104-121.

ケインズ，J. M. 1971．自由放任の終焉．『世界の名著 57 ケインズ・ハロッド』（宮崎義一訳），pp. 130-158．中央公論社，東京．

Kessler, S. C. et al. 2015. Bees prefer foods containing neonicotinoid pesticides. Nature 521: 74-78.

キング，A. & B. シュナイダー．1992．第一次地球革命［ローマクラブ・レポート］（田草川弘訳）．朝日新聞社，東京．208pp.

Knudsen, G. M. & R. J. Chalkley. 2011. The effect of using an inappropriate database for proteomic data analysis. PLOS ONE 6: e20873.

小林英俊．2006．自然遺産管理とツーリズムが共存する仕組み．国立民博報告 61: 167-197.

古賀洋介・亀倉正博（編）．1998．古細菌の生物学．東京大学出版会，東京．301pp.

工藤和久．1980．環境の経済学．『経済学大辞典（II 巻）』（熊谷尚夫・篠原三代平編），pp. 543-557．東洋経済，東京．

Lenton, T. M. 2002. The coupled evolution of life and atmospheric oxygen. In: Evolution on Planet Earth: Impact of the Physical Environment (Rothschild, L. and A. Liste, eds.), pp. 33-51. Academic Press, NY.

Lenton, T. M. et al. 2004. Climbing the co-evolution ladder. Nature 2004: 913.

Lenzen, M. et al. 2012. International trade drives biodiversity threat in developing nations. Nature 486: 109-112.

Li, Q. et al. 2010. Plumage color patterns of an extinct dinosaur. Science 327: 1369-1372.

Lipp, J. S. et al. 2008. Significant contribution of Archaea to extant biomass in marine subsurface sediments. Nature 454: 991-994.

ラヴロック，J. E. 1984．地球生命圏（星川淳訳）．工作舎，東京．296pp.

ラヴロック，J. E. 2003．ガイアの時代（竹田悦子訳 2003）．産調出版，東京．388pp.

Lovelock, J. 2003. The living earth. Nature 426: 769-770.

Luo, Z. X. et al. 2011. A Jurassic eutherian mammal and divergence of marsupials and placentals. Nature 476: 442-445.

Luo, Z. X. et al. 2012. The petrosal and inner ear of the Late Jurassic cladotherian mammal *Dryolestes leiriensis* and implications for ear evolution in therian mammals. Zool. J. Linnean Soc. 166: 433-463.

McCarthy, D. P. 2012. Financial costs of meeting global biodiversity conservation targets: current spending and unmet needs. Science 338: 946-949.

マルサス，T. R. 1853．経済学における諸定義（玉野井芳郎訳 1977）．岩波文庫，岩波書店，東京．203pp.

Marano, N. et al. 2007. Impact of globalization and animal trade on infectious disease ecology. Emerg. Infect. Dis. 13: 1807-1809.

マルクス，K. 1867．資本論（第 1 巻）［1890 年第 4 版による］（大内兵衛・細川嘉六監訳 1968）．大月書店，東京．658pp.

マルクス，K. 1875．ゴータ綱領批判（マルクス＝エンゲルス選集慣行委員会訳 1969）．大月書店，東京．158pp.

May, R. M. 1988. How many species are there on earth? Science 241: 1441-1449.

May, R. M. 1992. How many species inhabit the earth? Sci. Am. 267: 42-48.

McCann, K. S. 2000. The diversity-stability debate. Nature 405: 228-233.

McNeely, J. A. et al. 1990. Conserving the World's Biological Diversity. IUCN, Gland. 193pp.

メドウズ，D. H. 1972．成長の限界．ダイヤモンド社，東京．203pp.

ミル，J. S. 1848．経済学原理（末永茂喜訳 1959, 1960, 1961, 1962）．岩波文庫 1-5 巻，岩波書店，東京．1832pp.

Millennium Ecosystem Assessment（編）．2007．国連ミレニアムエコシステム評価（横浜国立大学 21 世紀 COE 翻訳委員会責任翻訳）．オーム社，東京．241pp.

Mittermeier, R. A. et al. 2011. Global biodiversity conservation: the critical role of hotspots. In: Biodiversity Hotspots. pp. 3-22. Springer, Berlin.

宮本憲一．1975．日本の環境問題．有斐閣，東京．332pp.

宮下直・井鷺裕司・千葉聡．2012．生物多様性と生態学．朝倉書店，東京．176pp.

モントゴメリー，D. R. 2010．土の文明史（片岡夏実訳）．築地書館，東京．338pp.

Mora, C. et al. 2011. How many species are there on earth and in the ocean? PLOS Biol. 9(8): e1001127.

Moreira, D. & P. López-Garcia. 2015. Evolution of viruses and cells: do we need a fourth domain of life to explain the origin of eukaryotes? Phil. Trans. Roy. Soc. B 370: 20140327.

森岡一．2005．薬用植物特許紛争にみる伝統的知識と公共の利益について．特許研究 40: 36-47.

森岡一．2009．生物遺伝資源のゆくえ．三和書房，東京．354pp.

森嶋通夫．1994．思想としての近代経済学．岩波新書，岩波書店，東京．246pp.

諸富徹ほか．2008．環境経済学講義．有斐閣，東京．296pp.

Mortola, J. P. 2011. Metabolic and ventilator sensitivity to hypoxia in avian embryos. Resp. Physiol. Neuro. 178: 174-180.

Mullin, C. A. et al. 2010. High levels of miticides and agrochemicals in North American apiaries: implications for honey bee health. PLOS ONE Doi:10. 1371.

Myers, N. et al. 2000. Biodiversity hotspots for conservation priorities. Nature 403: 853-858.

中村修．1995．なぜ経済学は自然を無限ととらえたのか．日本経済評論社，東京．256pp.

根本志保子．2007．グローバリゼーションと環境問題——労働・環境配慮型「フェアトレード」の可能性．日大経科研レポート 32: 9-11.

Nepstad, D. C. et al. 2006. Globalization of the Amazon soy and beef industries: opportunities for conservation. Conserv. Biol. 20: 1595-1603.

Neumann, P. et al. 2010. Honey bee colony losses. J. Agri. Res. 49: 1-6.

西村智朗．2010．生物多様性条約における遺伝資源へのアク

セス及び利益配分,現状と課題.立命館国際研究 22: 133-152.
信澤久美子.1997. マレーシア ARE 事件について——放射性廃棄物投棄事件をめぐって.法学新報 103: 283-306.
布浦拓郎・高井研.2009. いま明らかにされるアーキアの物質循環における役割.蛋白質・核酸・酵素 54: 114-119.
O'Connor, P. M. & P. A. M. Classens. 2005. Basic avian pulmonary design and flow-through ventilation in non-avian theropod dinosaur. Nature 436: 253-256.
岡野隆宏.2008. 日本の世界自然遺産——その役割と課題.地球環境 13: 3-14.
大沼あゆみ.2014. 生物多様性保全の経済学.有斐閣,東京.378pp.
Ostrom, E. 1990. Governing the Commons: The Evolution of Institutions for Collective Actions. Cambridge Univ. Press, Cambridge. 280pp.
大塚柳太郎.2015. ヒトはこうして増えてきた.新潮社,東京.260pp.
Pace, N. R. 1997. Molecular view of microbial diversity and the biosphere. Science 276: 734-740.
Pavlov, A. A. et al. 2000. Greenhouse warming by CH4 in the atmosphere of early Earth. J. Geophys. Res. 105: 11981-11990.
Pavlov, A. A. et al. 2003. Methane-rich Proterozoic atomosphere? Geology 31: 87-90.
Pearce, D. W. & G. D. Atkinson. 1993. Captial theory and the measurement of sustainable development: an indicator of "weak" sustainability. Ecol. Econ. 8: 103-108.
ピアス,D. W. ほか.1994. 新しい環境経済学(和田憲昌訳).ダイヤモンド社,東京.206pp.
Peterson, M. J. et al. 2009. Obscuring ecosystem function with application of the ecosystem services concept. Conserv. Biol. 24: 113-119.
Pettis, J. et al. 2013. Crop pollination exposes honey bees to pesticides which alters their susceptibility to the gut pathogen. PLOS ONE 10: e0070182.
Pimm, S. L. et al. 1995. The future of biodiversity. Science 269: 347-35
Poisot, T. et al. 2013. Trophic complementarity drives the biodiversity-ecosystem functioning relationship in food webs. Ecol. Lett. 16: 853-861.
ポラニー,K. 1975. 大転換(吉沢英成ほか訳).東洋経済新報社,東京.427pp.
Potts, S. G. et al. 2010. Global pollinator declines: trends, impacts and drivers. TREE 25: 345-363.
Ramirez-Romero, R. et al. 2008. Does Cry1Ab protein affect learning performances of the honey bee Apis mellifera L. (Hymenoptera, Apidae)? Ecotoxicol. Environ. Saf. 70, 327-333.
Ratnieks, F. & N. L. Carreck. 2010. Clarity on honey bee collapse. Science 327: 152-153.
レイブン,P. 1993. 生物の多様性とは何か——その性質と価値.『生物の多様性保全戦略』(佐藤大七郎ほか訳),pp. 1-19. 中央法規,東京.
Rees, W. E. 1992. Ecological footprints and appropriated carrying capacity: what urban economics leaves out. Environ. Urban. 4: 121-130.
Reeve, R. 2002. Policing International Trade in Endangered Species: The CITES Treaty and Compliance. Earthscan, London. 346pp.
Rice, J. 2007. Ecological unequal exchange: consumption, equity, and unsustainable structural relationships within the global economy. Int. J. Comp. Sociol. 48: 43-72.
Rokitka, M. A. & H. Rahn. 1987. Regional differences in shell conductance and pore density of avian eggs. Resp. Physiol. 68: 371-376.
Rooney, N. et al. 2006. Structural asymmetry and the stability of diverse food webs. Nature 442: 265-269.
Rosen, G. E. & K. F. Smith. 2010. Summarizing the evidence on the international trade in illegal wildlife. EcoHealth 7: 24-32.
ロバン,マリー=モニク.2015. モンサント(村澤真保呂ほか訳).作品社,東京.565pp.
サックス,J. 2009. 地球全体を幸福にする経済学(野中邦子訳).早川書房,東京.485pp.
Salyards, S. L. et al. 1992. Paleomagnetic measurements of nonbrittle coseismic deformation across the San Andreasa Fault at Pallett Creek. J. Geophysic. Res. 97: 12457-12470.
坂口洋一.1992. 地球環境保護の法戦略.青木書店,東京.231pp.
Scherber, C. et al. 2010. Bottom-up effects of plant diversity on multitrophic interactions in a biodiversity experiment. Nature 468: 553-556.
Schleper, C. et al. 1995. Picrophilus gen. nov., fam. nov.: a novel aerobic, heterotrophic, thermoacidophilic genus and family comprising archaea capable of growth around pH 0. J. Bacteriol. 177: 7050-7059.
Shaw, G. H. 2008. Earth's atmosphere—Hadean to early Proterozoic. Chemie der Erde 68: 235-264.
ショルカル,S. 2012. エコ資本主義批判(森川剛光訳).月曜社,東京.372pp.
シヴァ,V. 1997. 緑の革命とその暴力(浜谷喜美子訳).日本経済評論社,東京.302pp.
シヴァ,V. 2002. バイオパイラシー(松本丈二訳).緑風出版,東京.246pp.
シヴァ,V. 2003. 生物多様性の危機(高橋由紀・戸田清訳).明石書店,東京.240pp.
シヴァ,V. 2005. 生物多様性の保護か,生命の収奪か(奥田暁子訳).明石書店,東京.186pp.
Simon-Delso, N. et al. 2015. Systemic insecticides (neonicotinoids and fipronil): trends, uses, mode of action and metabolites. Environ. Sci. Pollut. Res. 22: 5-34.
Sluijis, J. P. et al. 2013. Neonicotinoids, bee disorders and the sustainability of pollinator services. Curr. Op. Environ. Sus. 5: 293-305.
Small, E. 2011. The new Noah's ark: beautiful and useful species only, Part 1. Biodiversity conservation issues and priorities. Biodiversity 12: 232-247.
スミス,A. 1776. 国富論(第 1 巻)(水田洋監訳,杉山忠平訳 2000).岩波文庫,岩波書店,東京.446pp.
Spang, A. et al. 2015. Complex archaea that bridge the gap between prokaryotes and eukaryotes. Nature 521: 173-179.
Stamati, K. et al. 2011. Evolution of oxygen utilization in multicellular organisms and implications for cell signal-

ing in tissue engineering. J. Tissue Engin. 2: 1-12.
Stankus, T. 2008. A review and bibliography of the literature of honey bee colony collapse disorder: a poorly understood epidemic that clearly threatens the successful polination of billions of dollars of crops in America. J. Agri. Food Inf. 9: 115-143.
Staveley, J. P. et al. 2013. A causal analysis of observed declines in managed honey bees (Apis mellifoera). Human Ecol. Risk Assess. 20: 566-591.
Steam, W. T. 1959. The background of Linnaeus's contributions to the nomenclature and methods of systematic biology. Syst. Zool. 8: 4-22.
スティグリッツ, J. E. 2002. 世界を不幸にしたグローバリズムの正体 (鈴木主税訳). 徳間書店, 東京. 390pp.
スティグリッツ, J. E. 2006. 世界に格差をバラ撒いたグローバリズムを正す (楡井浩一訳 2006). 徳間書店, 東京. 414pp.
Stetter, K. O. et al. 1993. Hyperthermophilic archaea are thriving in deep North Sea and Alaskan oil reservoirs. Nature 365: 743-745.
Stork, N. 1988. Insect diversity: facts, fiction and speculation. Biol. J. Linnean Soc. 35: 321-337.
住友信託銀行・日本生態系協会・日本総合研究所. 2008. 生態系と生物多様性の経済学 (TEEB) 中間報告 (https://www.cbd.int/iyb/doc/prints/teeb-jp.pdf), 68pp.
Swanson, T. 1996. International regulation for environmental protection: learning from CITES. Economic Affairs 16: 8-16.
タカーチ, D. 2006. 生物多様性という名の革命 (狩野秀之ほか訳, 岸由二解説). 日経BP社, 東京. 433pp.
高橋義文. 2004. 持続性概念からみたエコロジカル経済学. 北大農経論叢 60: 175-188.
Takai, K. et al. 2001. Archaeal diversity in waters from deep South African gold mines. Appl. Environ. Microbiol. 67: 5750-5760.
高倉成夫. 2002. 資源アクセスと利用を巡る法制度——生物多様性条約と知的財産権.『生物資源アクセス』(財バイオインダストリー協会監修, 渡辺幹彦・二村聡編), pp. 121-145. 東洋経済新報社, 東京.
高野淑識・大河内直彦. 2010. 海底下の地下生物圏——過去と現生のリンクを担う生物地球化学プロセス. 地球化学 44: 185-204.
武内和彦・渡辺綱男 (編). 2014. 日本の自然環境政策. 東京大学出版会, 東京. 246pp.
玉野井芳郎. 1978. エコノミーとエコロジー. みすず書房, 東京. 354pp.
田中章・大田黒信介. 2010. 戦略的な緑地創成を可能にする生物多様性オフセット——諸外国における制度化の現状と日本における展望. 都市計画 59: 18-25.
田中謙. 2008. 湿地保全をめぐる法システムと今後の課題. 長崎大学経済学部研究年報 24: 51-74.
田中俊徳. 2012. 世界遺産条約の特徴と動向・国内実施. 新世代法政策学研究 18: 45-78.
田上麻衣子. 2006. 生物多様性条約 (CBD) と TRIPS 協定の整合性をめぐって. 知的財産法政策学研究 12: 163-183.
Thorsell, J. & T. Sigaty. 2001. Human use in world heritage natural sites: a grobal inventory. Tourism Recreat. Res. 26: 85-101.
Tilman, D. et al. 2001a. Forecasting agriculturally driven global environmental change. Science 292: 281-284.
Tilman, D. et al. 2001b. Diversity and productivity in a long-term grassland experiment. Science 294: 843-845.
Toman, M. 1998. Why not to calculate the value of the world's ecosystem services and natural capital. Ecol. Econ. 25: 57-60.
ターナー, K. R. ほか. 2001. 環境経済学入門 (大沼あゆみ訳). 東洋経済新報社, 東京. 345pp.
植田和弘ほか. 1991. 環境経済学. 有斐閣, 東京. 258pp.
ワケナガル, M. & W. リース. 2004. エコロジカル・フットプリント (和田喜彦監訳, 池田真介題). 合同出版, 東京. 293pp.
和田英太郎. 2002. 地球生態学. 岩波書店, 東京. 171pp.
Walters, C. C. 2006. The origin of petroleum. In: Practical Advances in Petroleum Processing (Hsu, C. S. and P. R. Robinson, eds.), pp. 79-101. Springer, NY.
ウォード, P. D. 2008. 恐竜はなぜ鳥に進化したのか. 文芸春秋, 東京. 365pp.
ウォード, P.D. & J. カーシュヴィンク. 2016. 生物はなぜ誕生したのか. 河出書房新社, 東京. 440pp.
Westwood, J. O. 1833. On the probable number of species of insects in the creation, together with descriptions of several minute Hymenoptera. Magaz. Nat. Hist. & J. Zool. Bot. Mineral. Geol. Meteorol. 6: 116-123.
Whitehorn, P. R. et al. 2012. Neonicotinoid pesticide reduces bumble bee colony growth and queen production. Science 336: 351-352.
Whittaker, R. H. & L. Margulis. 1978. Protist classification and the kingdoms of organisms. BioSyst. 10: 3-18.
Whitman, W. B. et al. 1998. Prokaryotes: the unseen majority. PNAS 95: 6578-6583.
Wible, J. R. et al. 2007. Cretaceous eutherians and Laurasian origin for placental mammals near KT boundary. Nature 447: 1003-1006.
Williams, C. B. 1964. Patterns in the Balance of Nature: and Related Problems in Quantitaive Ecology. Academic Press, London. 324pp.
Wilson, E. O. (ed.). 1988. Biodiversity. National Acad. Press, Washington DC. 127pp.
Wilson, E. O. 1989. Threats to biodiversity. Sci. Am. 261: 108-117.
ウィルソン, E. O. 1995. 生命の多様性 [I・II] (大貫昌子・牧野俊一訳). 岩波書店, 東京. 559pp.
Wilson, E. O. 2002. The Future of Life. Knopf, NY. 256pp.
ウィルキンソン, D. 2009. 生物多様な星の作り方 (金子信博訳). 東海大学出版部, 神奈川. 229pp.
Woese, C. R. et al. 1990. Towards a natural system of organisms: proposal for the domains Archaea, Bacteria, and Eucarya. PNAS 87: 4576-4579.
Worm, B. et al. 2006. Impact of biodiversity loss on ocean ecosystem services. Science 314: 787-790.
WPI・IUCN・UNEP. 1993. 生物の多様性保全戦略 (佐藤大七郎ほか訳). 中央法規, 東京. 248pp.
WWF. 2014. 2014 Living Planet Report. WWF, Gland. 176pp.
WWF-J. 2012. 日本のエコロジカル・フットプリント. WWF

ジャパン，東京．37pp.
Xiong, J. *et al.* 2000. Molecular evidence for the early evolution of photosynthesis. Science 289: 1724-1730.
山岸明彦．2009．生命進化と古細菌．蛋白質・核酸・酵素 54: 108-113.
吉田健太郎．2013．生物多様性と生態系サービスの経済学．昭和堂，京都．270pp.
吉田正人．2008．世界遺産条約と生物多様性の保全．地球環境 13: 15-22.
幸村基世・長沼毅．2008．炭酸塩岩と微生物．環境バイオテクノロジー 8: 3-7.

おわりに

　私は"アニマ世代"に属している．雑誌『アニマ』とは野生動物（哺乳類，鳥類）や昆虫などを扱った平凡社の月刊誌で，1973年から1993年まで刊行されていた．1978年にはニホンジカの生態や行動を扱った特集号「シカの社会」（9月号，No. 66）に拙文を書き，初めて稿料なるものを頂戴した．金額は忘れたが，うれしかった記憶は鮮明だ．動物写真家の本格的な登場もこのころだった．躍動の一瞬を切り取った誌面に，わくわくし，毎月の発刊が待ち遠しかった．あれから40年以上，日本の自然も社会も大きく変わった．アニマの時代，絶滅が心配されたツキノワグマはいまや数年ごとに大量出没し，野外でも観察できるようになった．宮島や奈良公園，金華山島などでしか観察できなかったニホンジカは，いまや列島中にあふれんばかりだ．保護獣だった法律上の処遇は害獣兼狩猟獣となり，農林業や生態系に深刻な被害を引き起こしている．いっぽう，あれほどいたフナやゲンゴロウはため池とともに消え，いまや外来種に置換されている．私のいる早稲田大学所沢キャンパスには，アライグマが闊歩し，ガビチョウがかまびすしい．人間の自然からの乖離，自然や社会の激変と落差，有為転変．なんと短期間のうちに，自然や野生動物に対する人間社会と人々の目線は変わってしまうのか，つくづくそう思った．この激変と落差が本書を執筆した動機であった．こうしたことが過去の歴史のなかでも起こったのか，と．

　動物は，歴史のなかで，人間とどのように邂逅し，どのように利用され，処遇されてきたのか，その関係史をたどってみようと思った．絶滅や家畜化を含め人間は，動物に働きかけ，その作用の結果，動物に甚大な影響を与え続けてきたが，同時に人間もまた動物からさまざまな影響を受けてきた．生活様式や文化，宗教や科学はその反作用の波紋や影響であるように思われる．動物は歴史の歯車をまちがいなく回転させてきた存在であった．その相互作用を分析し，考察したいと思った．やや気負っていえば，動物を通じて世界の成り立ちを理解したい，と思った．3-4年で形になるだろうと考えていた浅慮は，ほどなく無謀であることがわかった．動物たちの無数の足跡は人間の悠久の歴史のなかに溶解し，汲めども尽きないのだ．動物と人間との結びつきがこれほど深く多様だったのか，あらためて思い知らされた．しかし同時に，これほどおもしろく，刺激に満ち，興奮させられた作業もまたなかったように思われる．事象が関係し合い連鎖していくとの発見は歴史学の魅力の1つなのだろう．この連鎖は脱稿後も続いている．

　歴史をどのように解釈するのか．歴史学を含む社会科学の分野では，個人の社会観や価値観が投影されるのは当然で，その意味では歴史は「主観」から自由ではありえない．本書でも，多くの部分は論争的なテーマで構成されているため，提示した意見や視点，仮説は強い主観に彩られているといってよい．しかし，それらには十分な論拠があるのか，客観性や推論には問題はないのか，利用可能な著作や論文を参照し，可能な限り従来の研究的蓄積に配慮したつもりである．歴史学と生物学の学際的な議論に寄与できれば幸いである．ただし，研究がつねに

そうであるように，歴史学や生物学もまた研究の進展とともに新たな解釈や仮説が繰り返し生まれる．この研究の息吹や前線を的確にフォローできているか，誤解や勘ちがいはないか，もとより歴史学は専門ではない私にとってとても心配だ．まちがいの責任は私にあり，お詫びするとともに，ご指摘やご意見をいただければ幸いである．

いつのまにかたくさんの先生方や友人を失う歳になった（以下敬称略）．朝日稔，日高敏隆，伊藤嘉昭，川村俊蔵，小野勇一，伊藤健雄，桑畑勤，池田啓，新妻昭夫．こんな本を書いたと報告したら，なんといわれるだろうか．これは研究書なのかとお叱りを頂戴しそうだ．またこれまでにたくさんのご指導とご鞭撻をいただいてきた先生方と友人がいる．以下に氏名を記して，謝意を表する次第である（以下敬称略）．河合雅雄，内田照章，山岸哲，前田満，阿部永，大泰司紀之，丸山直樹，村上興正，土肥昭夫，金子之史，川道武男，森川靖，大沢秀行，花井正光，岩本俊孝，樋口広芳，長谷川博，椿宣高，恩地実，江口和洋，川路則友，山極寿一，石井信夫，高槻成紀，梶光一，平川浩文，小泉透，山田文雄，高橋春成，江崎保男，幸島司郎，羽澄俊裕，伊谷原一，松田裕之，堀野眞一，常田邦彦，岸元良輔，中川尚史，大井徹，佐々木史郎，田口洋美，関島恒夫，伊澤雅子，三谷雅純，南正人，宝川範久，大迫義人，永田尚志，岡輝樹，岡田あゆみ，樋口尚子，安田雅俊，東出大志，澤栗秀太，竹下和貴．このほか（以下敬称略），藤井康博には「動物保護法」（ドイツ1933制定）の日本語訳の再掲載を許可していただき，石井信夫，饗場木香，柏雅之には貴重な写真を借用させていただいた．謝意を表する．

あわせて早稲田大学にも感謝したい．早稲田大学人間科学学術院（人間科学部人間環境学科，大学院人間科学研究科）に奉職しなければ，このような本を書くこともなかっただろう．私は「動物行動学」や「保全生物学」の科目を担当しているが，理系と文系の統合や融合といった課題のなかにそれらをどのように定立すべきか，退職直前のいまもなお考え続けている．本書はその格闘の1つの形，到達点である．歴史ある図書館と豊富な図書，その利用に恵まれて，引用和書のほとんどを読むことができた．つねに親切な対応をいただいた司書の皆様にも感謝する．また2012年には特別研修期間をいただき，本書の主要なプロットである地域や施設を訪ね，見聞することができた．恵まれた制度である．

東京大学出版会編集部の光明義文さんには終始たいへんお世話になった．著作の打診を受けたのは10年前であったと記憶する．構想メモをつくってお渡しし，企画の了承をいただいてから9年以上が過ぎた．以後，大半のエネルギーをこの本に傾注してきたにもかかわらず，実力不足，蟷螂の斧であったことは否めない．それでも光明さんの挑発とおだてなくしては完成することはなかった．ブタはどこにでも登ってしまうのである．心からの謝意を表したい．また，たくさんのまちがいを指摘していただいた，校正者の方にも感謝する．

最後に2人の女性に感謝したい．母美津と，妻節子に．

トキの野生復帰，10周年記念の日，佐渡にて．

事項索引

おもな法律，行政，団体は国別に分類した．

C_3 植物　29-36, 41, 42, 64-66, 116, 205, 400
C_4 植物　29-36, 41, 42, 64-66, 116, 205, 400, 522
DDT　586, 597
　——全面禁止（アメリカ）　704
DNA　149, 210, 212, 296, 305
　エンシャント——　18, 27, 33, 47, 49-50, 54, 84-86, 124, 126, 127, 133, 135, 141, 150, 155-157, 189, 192, 278, 669, 676, 677
　核——　84, 135, 386
　マイクロサテライト——　84, 96, 209, 326, 365, 453, 455, 620, 622
　ミトコンドリア——　47, 48, 96, 123-125, 157, 209, 212, 278, 294, 304, 326, 365, 368, 386, 397, 620, 622, 623
　Y 染色体——　85, 123-125, 155, 157, 278, 326, 386, 620, 623
FAO（国連食糧農業機関）　5, 103, 606, 700, 755
HLA 遺伝子　122, 279
IUCN（国際自然保護連合）　35, 697, 734, 746, 748-750, 752, 753-756
K-戦略種　20, 28, 409
MC1R 遺伝子　132, 133, 290
PCB　586
PCR（ポリメラーゼ連鎖反応）　124, 782
r-戦略種　28, 543
REDD（レッド）　769
　——＋（レッドプラス）　769
SNP（一塩基多型）　85, 156, 278, 326, 386, 454, 458, 620, 623
TPP　719, 763
WTO　719, 763, 765
WWF（世界自然保護基金）　746, 748, 755, 779

ア 行

アース・デイ　587, 703, 704, 706
アートの部屋　481
愛玩動物→ペット
アイス・アルジー　671, 672, 674
アイスマン　46, 156, 295
アイン・ガザール遺跡　68, 76, 89
アイン・マラッハ遺跡　50, 68, 69, 72, 76
青い地球（ブルーマーブル）　706, 745
アカ族　74
アクアリウム　489, 499
アジェンダ　21, 755
足寄動物化石博物館　670
アステカ文明　399
アストラーベ　341
アテネ（アテナイ）　179
アナグマ掛け　493
アナトリア語　128
アニマル・ウェルフェア（動物の福祉，福利）　102, 104, 507
アニマル・マスター　173
アニマルライト（動物の権利論）　504, 708
アフガン戦争　441
アブフレイラ遺跡　68, 69, 70, 76, 77
アフリカ
　——動物相の保存会議　616
　——の年　605
　——の野生動物の保護に関する宗主国会議　614
アフロ・アジア語族　619, 621, 622
アフロディーテ（ヴィーナス）　174, 297
アヘン戦争　441
アボリジニ　19, 22, 25
甘いもの好き　44, 344
アマルダの海戦　347
網取り方式　660
アミノ酸ラセミ化法（年齢推定）　313, 557, 597
アメリカ
　——ウィルダネス協会　574, 591, 595
　——原生景勝河川法　704
　——原生自然法　574, 704
　——国立公園　537, 593
　——絶滅の危機にある種の保存法（1966 年法）　539, 587
　——絶滅の危機にある種の保存法（1969 年法）　587
　——絶滅の危機にある野生生物種法（絶滅危機法）（1973 年法）　587, 590
　——全米野生生物連盟　595
　——動物虐待防止（動物愛護）協会　448
　——動物福祉法　707
　——内務省
　　——魚類・野生生物局　572, 586, 592, 594
　　——国立公園局　567
　　——特許局・農業部局　562
　　——野生生物局　541
　——農務省　561-563, 565, 567, 572, 579, 586, 590, 592
　　——経済鳥類学・哺乳類学部　562, 572
　　——国有林局　567
　　——森林局　567, 592
　　——森林部　567
　　——生物調査局　572
　　——動物産業局昆虫学局　586
　——ホームステッド（自営農地）法　534, 536, 537, 566, 567
アメリカ・インディアン（先住民）　385, 405-417, 421, 522-537, 543, 545-546, 559-560, 566, 567, 571
アメリカ毛皮会社　529, 534
アメリカ哺乳類学会　579
アメリンド語族　285, 286, 385
アラゴン王国　327, 347
アリコシュ遺跡　68, 70, 80, 90
アリュート人　386, 427
　——語族　385, 386
歩く施肥機械　6, 333, 449
アルゴンキン語族　522
アルタミラ洞窟　2, 14, 278
アルティオ　170, 171, 175

794　事項索引

アルティプラノ　387, 388
アルテミス　169, 170, 174, 175, 181, 184, 235, 242, 254, 261-262
　——神殿　174
アルドゥイナ（アルディナ）　169, 171
アレンの規則　17, 132
アングロサクソン族　202
アンゴラ　328
アン女王戦争　408, 412
アンデス文明　387, 395
アンボイナ事件　357
アンボセリ国立公園　605, 606, 612, 625
イエローストーン国立公園　541, 571, 593
　——設置法　567
異温性　694
異教（徒）　208, 224, 231-234, 240-241, 243, 246, 250, 252, 254, 328, 341,
イギリス
　——悪習抑止協会　506
　——英国キャットクラブ　460
　——英国（ロンドン）自然史博物館　481, 608
　——英国ハト協会　462
　——王立協会　487
　——王立植物園→キュー・ガーデン
　——王立鳥類保護協会　448, 508
　——王立動物虐待防止協会（RSPCA）　459, 502, 507, 707
　——救貧法　491
　——漁業に関する宣言　356
　——国教会　465
　——実験動物法　707
　——大英博物館　481, 608
　——鳥類保護協会　448
　——動物虐待防止（動物愛護）協会（SPCA）　448, 502, 504, 506, 509, 615
　——動物福祉運動　704, 707
　——動物福祉法　502
　——日曜聖日遵守法　500
　——東インド会社　296, 347, 357, 376, 410, 548, 607
　——フォレスト・ロー　218, 220
　——モスクワ会社　362
イギリス-オランダ戦争　410
生垣（ヘッジロー）　9
移行帯　137
イシュタル（神）　174
イスラム　214, 227, 240, 262, 327,

331, 342, 362
　——教　328, 341
　——コイン　301, 310
　——交易　286, 300,
　——国家　327
　——支配　326
　——勢力の台頭　286, 300, 327
　——の科学技術　331, 342
　——文化　346
偉大な漁業専門学校　354
異端（者，集団）　233, 241, 243, 248-249, 252, 254
　——審問（官）　240, 248-249, 252, 254, 328, 336
　——討伐　240
一角獣→ユニコーン
イッカク
　——牙（角）　284, 288, 290, 300, 311-313
　——牙のアンテナ説　313
　——猟　287, 289
一夫一妻性（動物社会）　45, 409, 572
一夫多妻性（動物社会）　45, 135, 224, 390, 398, 553, 572, 621
イテリメン族　422
遺伝子
　——組み換え生物（LMO）　757, 766
　——プール　48, 50, 85, 107, 326, 369, 404, 451
　——流動（ジーンフロー）　49, 107, 124,
　——長寿——　558
遺伝的多様性　305, 365, 368, 431, 455, 555
イヌ
　——のオオカミ起源説　47
　——のオオカミ様化石　47, 49, 50
　——の感覚能力　46, 52
　——のジャッカル起源説　47
　——の認知能力　48, 52
　——の東アジア単元説　48
　——の品種改良　456-458
燻し十二夜　256
移牧　140, 149
イヨット　353
インカ文明　388, 395, 399
インド航路　341, 346, 347, 348
インド洋マグロ類委員会（IOTC）　696
インド-ヨーロッパ
　——語族　127, 154-155, 157, 277,

278
　——祖語　127-128, 155, 172, 195, 277
ヴァイキング　3, 284, 285-287, 301, 316, 358, 366
　——アメリカ発見説　288
ヴィクトリア朝　4, 49, 441, 442, 443, 446, 451, 456-459, 462, 478, 482, 490, 493, 497, 500, 504, 505, 606
ウィルダネス（原生［的］自然）　568, 569, 570, 574
ヴィルム氷期　15, 23
ウーステッド（梳毛）　329, 331, 334
ウール（羊毛）　140, 329, 330-337, 338-340, 341, 345
　——加工　178, 229, 334
　——サック　333, 334
　——細毛　329
ウーレン（紡毛）　329, 334
ヴェトナム戦争　701-704, 721, 764
　——反戦運動　587, 703, 721
ヴェルサイユ宮殿　217, 224, 261, 484,
ヴォータン　176, 242
牛掛け　493
宇宙船地球号　705, 706, 720, 723
乳母　443, 474, 475, 476
　——制度　475, 476
ウマ
　——鐙（あぶみ）　144
　——鞍（くら）　144
　——歯槽間縁（歯隙）　144, 146
　——蹄鉄　7, 144
　——頭絡（とうらく）　144
　——の騎乗　144
　——の脾臓　145
　——ハミ　144, 148
ウマイア朝　327, 328
羽毛帽子　446, 448
ウラル-ヴォルガ語族　155
ウル王朝　63, 92, 150
ウルのスタンダード　63, 64, 107, 150
栄養段階　418, 432, 576, 578
　——カスケード　432, 433, 577, 578, 579
エーゲ文明　178, 297
易脱穀性　67
益鳥　562, 565, 572, 585
エクイティ　715
エコサイド　536, 702, 703
エコツーリズム　624, 626, 631, 752

事項索引　795

エコロギー　641
エコロケーション　552
エコロジー
　　——運動　641, 712, 717
　　——経済学　723, 776
エコロジカル・フットプリント
　　705, 778, 779, 783
エプソム・ダウンズ　451, 499
エポナ　169, 175
沿岸捕鯨　325, 361, 545, 546, 659, 660, 662, 663, 685
エンクロージャー→囲い込み
園芸農業（ガーデン・アグリカルチャー）　137, 167
エンコミエンダ制　403
遠洋漁業奨励法　583
オオカミ狩猟隊　264-266
狼人間裁判　247, 251-253
オークス　451, 498
オーストロネシア語族　619
オーディン　176
オーデュボン協会　448, 595
オーバーキル仮説　18-25, 430
オーリニャック文化（期）　13, 14, 23, 38, 39, 124
オガム文字　164
オスマン帝国　191, 217, 336
オハローⅡ遺跡　68, 69, 70, 73
オランダ
　　——西インド会社　410
　　——の黄金時代　364
　　——のニシン　336, 350-355
　　——東インド会社　337, 347, 357, 377, 410, 478, 607
　　——北方会社　363
オリンピック方式　681, 682, 690, 699
オルメカ文明　399, 401, 402
オレンジ共和国　607
温室　478, 482, 489
　　——効果ガス　738
温暖化　18, 32, 39, 117, 124, 285, 674, 720, 738, 759, 773

カ　行

カースト　105
ガイア　174
　　——仮説　712, 718, 720, 745
外温性　694
階級対立　503
海賊　285, 316, 336, 347, 349
害鳥　544, 562, 565
改定管理（RMP）方式　688, 689
カイバブ高原　573, 578

海洋自由論　356, 363, 373, 580
外来種　532, 550, 556, 561, 562-564, 592, 677, 714, 746, 749, 752, 758, 759, 762, 765, 771
　　——外来生物法（日）　759
カウナケス　295
価格上限令　299
角質（ケラチン）　7, 222, 306, 328
囲い込み（エンクロージャー）　334, 374, 376, 441, 449, 500, 775
ガス交換　695, 742-744,
カスティリャ王国　327, 328, 335, 341, 347
カストリウム（海狸香）　304, 409, 410
家畜（定義）　46, 77-78, 281
　　——化（ドメスティケーション）　47, 48, 49-54, 64, 73, 76-81, 82-91, 93-95, 96-101, 103, 107, 117, 120, 139-144, 147-150, 153, 195, 225, 239, 251, 282, 296, 301, 388-390, 392-395, 397-399, 454-456, 462, 485, 494, 531, 532, 621, 623, 628,
　　——化センター　86
　　——起源説（病気の）　100-101
　　——血統登録簿（ハードブック）　453
　　——二次産品革命　91, 140
　　——の品種改良　449-456, 485
カトリック（教会，教徒）　235, 236, 240, 247, 259, 260, 327, 328, 336, 372, 476, 503, 505, 524
カヌー　407, 408, 412, 413, 415, 420, 522
カプサイシン　343
花粉媒介（者）（ポリネーション，ポリネーター）　204-206, 648, 766
花粉分析　34, 119, 204, 207
鎌状赤血球　101
竈（かまど）　229
神の見えざる手　358, 527, 772
カムチャダール族　421
カラシリス　295
ガラパゴス・グランド　548
カラベル船　341
狩り出し猟（バテュー）　508
加硫（かりゅう）法　614
カリウス　174, 235
カルヴァン主義（派）　335, 521, 540
枯葉剤　702, 764
カロリング朝　202, 218, 302

皮なめし　229, 306-309
寛衣　295, 303, 443
環境
　　——影響評価　590, 591, 757
　　——経済学　500, 722, 768, 776
　　——収容力　414, 534, 572, 573
　　——帝国主義　609
　　——倫理学　569, 701, 706, 711, 712, 715, 716, 718, 719-722, 754
観光サファリ　606, 609, 614, 624, 631
ガンジダレ遺跡　70, 79, 80, 90
感謝祭（サンクスギビング）　521, 524, 526, 542, 593
完新世　14-17, 64, 70, 193,
感染環　99-100, 102
寒帯針葉樹林→タイガ
貫頭衣　294
間氷期　14, 15, 17, 20, 31, 36, 37
管理　689, 701, 780
寒冷化　30, 202, 206, 219, 232, 249, 264, 305, 349, 389
キーストーン種　409, 432, 672
機械油（潤滑油）　403, 547
機械論的（世界観）自然観　238, 375
幾何学式庭園　4
危機遺産　550, 750
危急種　35, 697
飢饉　203, 204, 206, 219, 229, 248, 249, 252, 263, 264, 268, 337, 349, 350, 621
気候変動　285-286, 402, 560
　　——説　22
　　——枠組条約　719, 755, 769,
儀式化された行動　25, 223
擬人主義　467
寄生者（パラサイト）　99
北太平洋オットセイ条約　429, 435, 585, 597, 747
キタリス毛皮　316, 338, 339
キツネ狩り　507
　　——禁止法案　508
キトン　297
絹　295, 296, 297, 299, 300, 303, 309, 529
　　——織物　300, 331, 337, 338-340, 345
奇網　146, 695, 696
キャットクラブ（CFA，アメリカ）　461
キャットショー　460
キャフタ貿易　422, 424, 426
キャンプファイアー

796　事項索引

（CAMPFIRE；地域資源のための共有地管理プログラム）　628-630
キュー・ガーデン　336, 453, 477, 482, 483
救命ボートの倫理　705, 711
丘陵部粗放天水農耕　70, 86, 88
キュベーレ　174, 235, 242
狭食性　130
共進化　104, 578
競争排除則（ガウゼの原理）　423, 424
共有地（財）→コモンズ
共有林（シルヴァ）　218
漁獲可能量（TAC）　355, 690, 696
漁獲努力可能量（TAE）　691
漁業崩壊　692
漁業誘発進化　357, 369
極相（クライマックス）　648
居留地（タウン）　526
ギリシャ
　──神話　193, 197
　──都市国家　182
　──文明　297
ギリシャ・ローマ文明　167, 172, 179, 188, 196
キリスト教　1, 3, 5, 25, 164, 167, 168, 172-174, 216, 220, 224, 227, 230, 231, 233-263, 286, 301, 311-312, 327, 328, 331, 335, 338, 341, 346, 356, 372-375, 399, 402, 405, 455, 472, 476, 489, 503-506, 540, 568, 570, 605, 640-646
　──神秘主義　568
　──的自然観　328, 375
　──の階層構造　239, 247
近親交配　103, 450, 451, 453, 455, 649-650
近絶滅種　556, 697
近代経済学　771
近代世界システム　331
グアノ（鳥糞石）　307, 396, 397
　──島法　396
食う者と食われる者（捕食者‐被食者）の関係　263, 418, 577-578
クォータ（捕獲割当）制度　416
群来　351
クジラ
　──組（捕鯨共同体）　659, 660, 661-663, 666
　──の行動変化説　556
　──ひげ（ヒゲ板）　359, 362, 443-445, 556
クチクラ（キューティクル）　328
口輪　459

反──協会　459
軛（くびき）　7, 186
熊掛け　493
グランド・バンクス　366, 367, 369
クリスタル・パレス（水晶宮）　441, 458, 460, 478, 485
グリニッジ子午線（天文台）　383
クリニュー会　207
クリノリン　444-445, 558
クリミア戦争　429, 441, 443
クリューガー国立公園　616
クルガン　153, 155
　──仮説　128, 153-157
グレーザー（喫食者）　30, 31, 33, 81, 140, 388, 560, 672
グレートプレーンズ　34, 41, 42, 530-533, 536-538, 540, 541, 559, 560, 563
クレタ文明　178, 179
黒い森　2
クローヴィス人　36
　──型石器（尖頭器）　19, 386,
　──期　18, 23, 27, 40, 42, 386, 543, 569
クロスボー（ボーガン）　46, 201-202, 216, 265, 522, 525, 530,
クロノス　176
グンデストルップの大釜　163-164, 167, 171
形質置換　424
経度問題　383
競馬　499
ケープ植民地　337, 447, 607, 608
ゲーム→狩猟鳥獣
ゲーム・リザーブ　615, 616, 617
鯨油ランプ　362
毛皮交易（貿易）　301, 302, 309, 313-314, 316-317, 362, 371, 407-421, 528, 550, 565
蹴爪　496
ケルト
　──時代　163, 164, 166, 248,
　──社会　164, 165-173, 175, 176, 196, 241
　──族（人）　2, 3, 5, 6, 164, 165, 167-171, 178, 202, 221, 234, 235, 260, 262, 330
　──伝説　163, 180, 183, 189, 462
　──文化　164
ケルヌンノス　164, 169, 175, 180, 221, 223, 242
　──性　221, 224, 243
ゲルマン民族　202, 278
ケルン大聖堂　1

圏外放牧　140
原生（的）自然→ウィルダネス
顕微鏡　250, 442, 443, 469, 642
ケンプ　329
賢明な利用（ワイズユース）　568, 569, 584, 606, 752
香辛料→スパイス
コイコイン（族）　607
　──語族　619
交易仮説　286
交易所（ファクトリー）　411-412
公害　706-707
コーキシン　98
工業暗化　133, 492
公共信託論　566, 569, 571, 594, 713, 714
光合成　29, 30, 737-738, 741, 761
工場制手工業　334, 441
工場畜産　102, 704, 709
広食性　43, 130
更新世　14, 15, 17, 18, 20, 31, 32, 36, 37, 47, 70, 82, 85, 176
厚生経済学　722
合成の誤謬　469
後腸発酵　389
ゴート族（語）　1, 202, 215, 300, 362
功利主義　504, 568, 569, 570, 579, 595, 708, 713
　──哲学　504, 708
コキディウス　171, 172, 175
呼吸　737, 739, 742, 744
国際
　──海洋法裁判所　690, 696
　──記念物遺跡会議（ICOMOS）　750
　──司法裁判所　687
　──動物相協会（SPWFE）　618
　──捕鯨委員会（IWC）　681-689
　──捕鯨統計局　679, 681
国土回復運動→レコンキスタ
国内総生産（GDP）　364, 778
国民総生産（GNP）　778
黒曜石　115
国連
　──海洋調査評議会（ICES）　355
　──海洋法条約　690
　──環境開発会議（地球サミット，UNCED）　719, 754, 756
　──環境計画（UNEP）　754, 755
　──人間環境会議　719, 746, 753, 754

事項索引　797

互恵的利他主義　75
子殺し　292
コサック　420, 421, 435
ゴシック建築　1
個体群
　　──動態　418
　　──の崩壊　573, 575
　　──爆発　544
個体発生　642-646
国家社会主義（ナチズム）　642
琥珀　105, 299, 310
　　──の道　299, 318
瘤胃（反芻胃，ルーメン）　81, 237
個別割当（IQ）方式　691
互酬制　75
コモンズ（共有財，共有地）　374, 526, 665
　　──の管理　632
　　──の悲劇　700, 705
　　──（共有地）保存協会　500
暦　63, 400
コラーゲン　307
ゴリコフ・シェリホフ会社　427, 428
コルセット　445, 558
コルディエラ氷床　33, 386
ゴロヴニン（ゴローニン）事件　422
コロンブスの交換　406, 531, 563-564
コンゴゴム　614
コンゴ自由国　613
コンサベーション→保全
コンサベーション・インターナショナル（CI）　765
ゴンドワナ大陸　384
コンパス（羅針盤）　341

サ 行

サーミ
　　──人（語）　277, 278-285, 311, 313-315, 317, 351, 358
　　──モチーフ（サーミの主題）　278
最終氷期最寒冷（LGM）期　14, 15, 25, 28, 37, 38, 278
採食系列（遷移）　560, 597, 631
菜食主義（ベジタリアン）　238, 709
最大持続収量（MSY）　414, 594, 683-685
裁判
　　教会──所　244, 245
　　世俗──所　244

動物──　243-247,
サイレント・スプリング　562, 575, 586, 703, 704, 767
サガ　352
魚の容器　171, 231
搾乳　91-95, 282, 298
　　──の起源　91-93
殺菌作用　343, 345
砂漠の凪　79, 143, 392, 525
サファリ　606, 609, 614, 630
　　──ハンティング　628-629, 631
三角貿易　403, 607
産業革命　441, 442, 449, 452, 489, 492, 505, 506
サン族（ブッシュマン）　74, 607
酸素濃度　737, 739, 741-744
酸素破局（酸素汚染）　739
三圃制　6, 7-10, 87, 94, 140, 206, 230, 333, 449, 453
シエラ・クラブ　568, 590, 591, 595, 713
ジェントリ（郷紳）　334, 338, 340, 449, 453
ジェントルマン　340
塩　335, 342, 351, 353, 356
　　泥炭──　353
ジオパーク　751
シカ猟禁止措置（北米）　525-527
耳管憩室　146
資源の崩壊　357, 363, 367, 368
耳垢栓　683
四旬節　230, 231
耳小骨　473-474
始新世　30, 32, 389
耳石　280, 369
自然
　　──史（ナチュラルヒストリー）　441, 465, 466, 469-472, 486, 487
　　──誌→博物学
　　──資本　762, 768, 770, 774, 777
　　──宗教　642, 646
　　──主義　441
　　──状態にある動植物相の保存条約議定書会議　616
　　──神学　466, 486, 488, 490
　　──選択　17, 65, 66, 98, 134, 291, 293, 461, 645, 646, 742
　　──のエコノミー　469
　　──の権利論　706, 711, 713-715
　　──法　374, 710
　　──保護運動　498, 505, 543, 570, 575, 579, 594, 595, 638, 639
持続可能（サステイナブル）　628, 630, 632, 689, 690, 701, 722, 723,

731, 746, 751, 754, 755-760, 763, 767, 768, 777-782
　　──な経済的福祉指数（ISEW）　779
　　──な収穫　368
　　──な利用　757-760, 763
四足（四肢）獣　230, 260, 466, 467, 469, 472, 473, 485
氏族制社会　152, 408
私拿捕　347
シトー会　207, 208, 241
脂皮　359, 362, 363, 403, 425, 426, 694
ジビエ（野生鳥獣肉）　228
脂肪好き　44
姉妹種　15, 96
シミュレーション　19, 21, 23, 414, 591
社会
　　──エコロジー　716-717
　　──主義経済　775
　　──進化論　505, 645
　　──生物学　647-650
奢侈
　　──禁止法　338, 340
　　──禁止（条例）令（サンプチュアリー）　299, 337-340
ジャックリーの乱　219
謝肉祭（カーニバル）　230, 399
シャハル・ハゴラン遺跡　71
ジャパン・グランド　548, 550, 556, 558, 663, 666
車輪　63, 128, 147, 152-154, 164, 176
シャンパーニュの大市　331, 345
収穫（獲）の先送り原則　88, 144
宗教改革　220, 332, 335
十字軍　227, 240, 248, 254, 286, 302, 303, 331, 372
　　アルビ（アルビジョア）──　240, 248
　　ヴェンデ──　240
集住　3, 8, 206, 230, 307
集団の有効なサイズ（Ne，有効集団サイズ）　103, 365, 368-369, 386
修道院　205-208, 215, 218, 227-229, 234, 241, 250, 262, 266
　　──運動　207
十分の一税　1, 206, 215
習合　231, 234
自由ドイツ青年運動　640
住民参加型管理　628
宿主（ホスト）　99-101, 121

798　事項索引

――特異性　99, 293
終――　99, 101
中間――（ベクター）　99
種差別主義　711
出アフリカ　51, 124, 278, 294, 620, 623
狩猟
　――仮説　24-25, 27, 43, 45
　――鳥獣（ゲーム）　212-215, 217-220, 232, 241, 269, 280, 303, 402, 508, 509, 523, 558, 571, 586, 594, 607, 614, 616, 635, 636
　――鳥獣管理　571
　――による捕獲圧　536
シュレーゲル線　610, 611
順位　47, 495
順応的管理　592, 739, 760
荘園　3, 201, 204, 215, 216, 228, 244
商業捕鯨　359, 361, 365, 546, 549, 555, 559, 668, 670, 683, 686, 688, 699
　――推進法　724
　――モラトリアム　685, 686
焼成土器　71, 108
小氷（河）期　219, 232, 305, 349, 351, 361
小穂脱落性　67
将来世代の権利　718-719
常緑硬葉樹林　2, 179
奨励（インセンティブ）条約　750, 752, 753
ショーヴェ洞窟　14, 27, 278
食物連鎖　418, 432, 433, 586, 672, 688, 693, 700, 706, 716, 741, 761
所領明細帳　205
白樺文書　314
シルクハット　417
シルヴァヌス　172, 175
白い森　2
シロナガス単位　680, 681
進化主義人類学　533
新管理（NMP）方式　683, 686
人口
　――増加　131, 349, 366, 396, 401, 402, 449, 454, 550, 566, 621, 625, 630, 712, 719, 746, 754, 756, 768, 781
　――増加率　21, 131, 177, 191, 781
　――問題　705, 719, 720, 721, 763, 767, 780, 781
針広混交林　2
真社会性　648-649
人獣共通感染症（ズーノーシス）　99

新自由主義　717, 773-774
神聖ローマ皇帝（帝国）　217
新石器
　――革命　73, 128, 129
　――時代　2, 6, 38, 69-71, 78, 86, 87, 89, 90, 92, 94, 96, 122, 125-127, 128-131, 135-137, 138-139, 143, 148, 150-151, 153, 155, 156, 167, 172, 174, 176-177, 178, 188, 228, 261, 280, 295, 326, 330, 369, 385, 522
　――時代人　117, 122, 125-127, 138
　――先土器文化期　76, 139
　――農耕民　121, 126, 138, 151, 155, 156
　――文化　69, 71, 121, 127, 138, 153, 156
　――文化パッケージ　91, 123
森林会議（クリントン）　592, 704
スウィング暴動　509
スカベンジャー（腐肉食）　43, 344
犂　6
　――耕　6, 9, 11, 137, 165, 169, 173, 181, 183, 186
　軽量――（アラトラム）　11
　重量有輪――（カルッカ）　7, 11, 206
　鉄製――　165, 169, 173, 181, 183
　ロザラム――　449
鋤　6, 391,
スキャモンの礁　554, 555
スタッドブック　451
スタンディング　713-714
スチュワード（管理人）　467
スチュワードシップ（管理）　236, 372, 505, 716
ステップ　15, 134, 139, 140, 141, 147, 148, 151, 153, 154, 156-157, 202, 238, 270, 277, 278, 419, 420
ストーンヘンジ　177
ストランディング　171, 325, 545, 546, 553
砂嵐　559
スニ　387
スパイス（香辛料）　189-191, 226, 331, 341-346, 347, 368, 465, 477, 529
　――交易　341-346
　――（ハーブ）好き　344
　――ルート　191
スプール船　546
スペイン継承戦争　336, 408, 412,

542
スポーツ　212, 214, 241, 459, 493-496, 502, 507-508
スミソニアン自然史博物館　542, 571, 608
スリー・アール（3R）　634, 707, 754
スリップウェイ方式　678
スループット　723, 777, 778
スワードの愚行　429
セイウチ
　――牙　286, 300, 363
　――の採餌器官（貝の熊手）説　289
　――の対天敵防御説　289
　――のピッケル説　289
生活史（生物の）　20, 28, 66, 74, 149, 313, 357, 364, 365, 382, 531, 588, 591, 594, 620, 628, 683, 686, 688, 692
　――生活史特性　18, 20, 357, 369, 683
聖書　230-231, 234-241, 242, 246-247, 249, 255, 257-259, 263, 458, 465, 466, 470, 540, 721
　――原理主義　372
性選択　45, 134, 224, 291, 312-313, 464
生息地外保全　539, 550, 758
生息地内保全　758
生体実験　507
生態学的コリドー（回廊）　10
生態系　170, 172, 176-179, 227, 228, 255, 283, 325, 328, 347-349, 351, 354, 364, 368, 384, 387, 388, 406, 409, 417, 430-433, 469, 522, 523, 532, 537, 539, 544, 559, 562-564, 566, 571, 574-576, 579, 586, 593, 595, 605, 606, 616, 627, 630, 631, 648, 672, 674, 677, 685, 687-689, 691, 702, 705, 706, 712, 714, 717-720, 723, 737, 739, 741, 745, 746, 749-752, 754, 757, 758-771, 774, 775
　――エンジニア　89, 409, 469, 539, 738
　――サービス　746, 759-771
　――サービスのための支払い（PES）　768, 770
　――中心主義　717-718
　――保護地域（エコパーク）　751
　――メルトダウン　432, 434
性的成熟（齢）　364, 369, 683
性的二型　45, 289, 292, 550, 553

青銅器時代　98, 150
セイの法則　771,
性皮　291, 292, 318
征服王朝（ノルマンコンクェスト）
　　332
生物
　　――遺伝資源　756, 757
　　――学的許容漁獲量（ABC）
　　　690
　　――権利論　707, 709
　　――の種数　731-733
生物群集（生物共同体）　432, 532,
　　574, 575, 579, 648, 672, 710, 717,
　　720
生物圏（ビオスフェア）　712, 720,
　　736, 737, 737, 754
生物多様性　384, 692, 704, 719,
　　731-745, 746-767
　　――条約　719, 753-765
　　――と生態系サービスの経済学
　　　（TEEB）　769
　　――保全　595, 627, 770
　　――ホットスポット　626, 750,
　　　763
生物模倣（バイオミメティクス）
　　477, 478
聖母マリア　235, 236, 286
西洋式庭園　4
ゼウス　176
世界
　　――遺産センター　750
　　――遺産条約　749
　　――自然遺産　550, 749
　　――周航　341
　　――商品　302, 318, 412
　　――文化遺産　1, 360, 400, 748,
　　　749, 783
石炭紀　737, 739, 742, 743, 744,
世代間倫理　706, 716, 718-719
絶滅　17-38, 42, 141, 149, 177-178,
　　189, 191-194, 299, 304, 313, 330,
　　348, 363-364, 370, 371, 373, 389,
　　400, 403, 405, 406, 425, 427, 429,
　　430, 431, 433, 665-667, 676, 682,
　　684, 685, 697, 704, 711, 714, 718,
　　722, 734, 738, 742, 746, 747, 749,
　　753, 755, 759, 762
　　――危機種　588, 589, 697
　　――危惧種　195, 405, 588, 591
　　――の恐れのある野生動植物の種
　　　の国際取引に関する条約
　　　（CITES）　565, 587, 746-750,
　　　753
セト　175

セルボーン協会　448
セレンゲティ
　　――国立公園　605, 618, 619, 627
　　――国立公園管理委員会　618
　　――保護区（地域）　618, 624,
　　　626,
遷移　523, 532, 544, 648, 712
前コロンブス期　391, 395
線状紋土器（LBK）　92, 116, 117,
　　119, 121, 125, 126, 135, 139, 153
潜水浮揚器官説（マッコウクジラ）
　　551
全体論生物学　647-649
前腸発酵　389
前適応　88
先土器新石器文化　69, 70, 71, 78,
　　85, 86, 87, 89, 96, 107, 117, 139
セントルイス毛皮会社　529
全米熱帯マグロ類委員会（IATTC）
　　696, 698
線文字B　178, 190, 197, 297
象牙　286, 287, 300, 363, 609-613
創始者効果（ファウンダーエフェク
　　ト）　124, 134, 538
創造説　471, 486
測距儀　341
ソナー・システム説（マッコウクジ
　　ラ）　552
存続可能最少個体数（MVP）　591
存続可能性分析（PVA）　591

タ　行

ダービー　451, 499
ダイオキシン類　702, 703
タイガ（寒帯針葉樹林）　2, 32, 44,
　　46, 277, 280, 305, 311, 417, 419,
　　420, 424
大開墾運動　207
大学（ウニベルシタス）　332
大航海時代　341, 346, 347, 348, 371,
　　372, 373, 374, 463
第三紀　17, 30, 31, 141, 389, 744
大西洋マグロ類保全国際委員会
　　（ICCAT）　696
体内時計　195
ダイナマイト　678
大量絶滅　370
ダウ船　341
タウバッハ遺跡　20
タカ狩り　212-215, 221
竹島漁猟合資会社　583, 584
多国籍アグリビジネス　104
タタールの軛　314, 420
多地域進化モデル　123

タラ戦争　368
単位努力当たりの収穫（獲）量
　　（CPUE）　355
炭坑カナリア　464
断食　230, 232
ダンスガード-オシュガー振動　64
炭素吸収源　565
炭素同位体法　30, 33, 42, 138
タンニン　72, 306-309
チーズ　93, 94, 186, 188, 204, 205,
　　230
　　――ストレーナー　92-93, 116,
　　　121
チェルシー薬草園　477, 478, 481,
　　482
チェルノブイリ原発事故　282-283
地球全体主義　715-721
逐鹿　221
乳飲み子の倫理　718-719
チャーチスト運動　482, 506, 511
チャク　392-393, 395
チャタル・ホユック遺跡　68, 70,
　　93, 115-117, 121, 152
　　――の女性座位像　116, 174, 192
チャヨヌ（遺跡）　68-71, 76, 85, 89,
　　93, 152
中世大温暖期　202, 230, 286, 287
中西部太平洋マグロ類委員会
　　（WCPFC）　696, 697, 698
中石器時代　118-119, 125, 127, 130,
　　133, 137, 171, 177, 178, 189, 279,
　　280, 283, 295
チュクチナ族　421
調査捕鯨　686-689
調節遺伝子　646
頂点捕食者（トッププレデター）
　　693, 696
直立二足歩行　24, 43, 291, 775
珍品棚　479
塚状神殿（ジクラート）　63
突き取り方式　659, 660
角（動物の）　2, 16, 25-28, 38,
　　39-42, 82, 103, 134, 164, 169, 171,
　　176, 180, 182, 184, 221-224, 227,
　　242, 244, 259, 260, 262, 280, 282,
　　290, 294, 307, 311-313, 330, 331,
　　445, 472, 479, 493, 497, 524, 525,
　　531, 553, 572, 573, 610-612, 626,
　　669
　　――の機能　180, 223-224, 611,
　　　612
　　――の闘い　82, 223-224, 612
　　――の武器説　223
　　――の放熱器官説　223

800　事項索引

　　　──は正直な器官　611
　　袋──　221
ツンドラ　15, 28, 30, 46, 277, 280, 384, 417, 419
ディア・ウォー　573
ディア・パーク　185, 218, 224-225, 233
ディアナ　175, 235, 242, 254, 261, 476
ディープ・エコロジー　712-713, 716, 721
定住グループ　530, 533
定常状態の経済学　776-780
蹄鉄　7, 144
締約国会議　748
テーラー放牧法　576
テオティワカン文明　399
適応　7, 28, 42, 49, 70, 77, 85, 88, 130, 132, 133, 134, 136, 146, 147, 149, 178, 183, 188, 193, 214, 234, 280, 282, 284, 288, 289, 291, 337, 344, 357, 385, 389, 393, 394, 399, 424-427, 620, 627, 644, 677, 685, 696, 781
　　──度　45, 101, 142, 224, 289, 312, 717
　　──能力　42, 66, 122, 285, 326
　　──放散　31, 42, 65, 141, 149, 389, 742, 744
鉄器　164, 165
デフレイカ遺跡　147
デボン紀　737
デメテル（デーメーテール）　174, 235
　　──協会　641
テリコダム　714, 772
テリトリー（農耕民，遊牧民，人間社会）　151, 427, 621
電撃戦仮説　22, 24
伝統捕鯨　557
デンマーク東インド会社　347
ドイツ
　　──一元論協会　646
　　──郷土保護運動　638-639
　　──動物保護連盟　639
　　──連邦自然保護法　3
　　──ロマン主義　441, 497, 498, 504, 566, 643
胴衣　294, 303
同位体（安定同位体）　30, 230
　　放射線──　42
ドゥームズデイ・ブック　226, 330
闘鶏　495-496
同時出生集団（コホート）　357

同綴（どうてつ）語　128
動物
　　──愛護運動　477, 501, 503-507, 608, 634, 708
　　──園　225, 442, 443, 482, 483, 484, 485, 490, 492, 493, 495,
　　──虐待防止法　501, 502, 507
　　──権利論　708, 710, 711, 713
　　──の解放論　708, 711
トータティス　176
灯油　359
トール　176
独立自営民（ヨーマン）　333, 338
時計（クロノメーター）　383
土壌侵食　560
土地の倫理　711, 717
ドッガー・バンク　352
ドッグショー　442, 457-458
ドッグレース　493
突進採食　671-673, 683
突然変異　400
トップダウン効果　432, 576, 578
トナカイ・ハンター　36, 39-40, 279, 280
ドミニコ会　207, 248
ドラカール　285
トラフィク（TRAFFIC）　748, 783
トランスヴァール共和国　607, 609, 615, 616
トリポリエ遺跡群　143
ドルイド　166
トルデシリャス条約　347, 374
奴隷　179, 180, 182, 289, 299, 314, 348, 349, 400, 402, 405, 503, 505, 526, 527, 530, 596
　　──解放運動　504, 506
　　──制　348, 349, 372, 405, 503, 504, 505
　　──貿易　348, 349, 410
　　反──制協会　503, 505, 509
トロイア戦争　148, 181, 195
トロール
　　──漁法　355, 368
　　──底引き　368

ナ　行

内温性　694, 696
ナイル・サハラ語族　619
ナショナル・トラスト　500-501
ナタール共和国　607
ナチス・ドイツ
　　──自然保護庁　638
　　──全権委任法　637

　　──帝国自然保護法　3, 633, 637
　　──帝国狩猟法　633, 635
　　──帝国森林荒廃防止法　637
　　──帝国鳥類保護法　635
　　──帝国動物保護法　633-635
　　──動物の屠殺に関する法律　633-634
ナ・デネ語族　385
ナトゥーフ（期）文化　69, 116, 117, 124
鞣し（なめし）　290
　　──技術　301, 306-309
　　──剤　307, 397
　　──職人　308, 316
なわばり（型）　142, 390, 394, 398
南氷洋　666, 667, 671-673, 685-687
　　──捕鯨　666, 667, 668, 674-675, 677-683, 692, 699
二元論　375
ニジェール・コンゴ語族　619
西ゴート族（王国）　327, 341, 361
ニッチ　406, 423, 424
二圃制　6, 87, 94
二名法　372, 454, 472, 476, 477, 479, 731
ニューアムステルダム　410
乳糖（ラクトース）　93-94
　　──耐性　93-94, 622, 623
　　──不（非）耐性　46, 93-94, 622
　　──分解酵素→ラクターゼ
ニューネーデルラント　410, 411
二輪戦車（チャリオット）　148, 150
人形化（女性の）　443
人間中心主義　372, 498, 632, 711
ヌーヴェル・フランス　407, 408, 409, 410, 411, 412, 415
ネアンデルタール人　2, 15, 20-23, 38, 39, 44, 68, 118, 119, 123, 133, 135, 194, 294
ネオニコチノイド系殺虫剤　766-767
ネズミ掛け　493
熱交換（ラジエター）　695
熱帯雨林　605, 619, 620, 702, 731, 732, 754, 763
　　──の破壊　720
ネルチンスク条約　422
年級群　357, 691
年齢（性）構成　38, 89, 369, 394, 683
ノア
　　──の洪水　117, 238

事項索引　*801*

――の方舟問題　749
農耕・家畜化・搾乳の同時一体起源説　95
ノヴゴロド　301, 302, 310, 313-314, 315-317, 419, 420
　　――公国（国）　284, 310, 313-314, 419, 420
農畜開墾仮説　286
農畜複合（体）文化　9, 129
ノースウェスト会社　415, 416, 425
ノース人　284, 285-287, 288
ノーフォーク農法　449
ノク文化遺跡　165
野尻湖　36
ノルマン（ノース）人　279, 283
のろ（鉱滓）　153, 165

　ハ　行

歯（構造，エナメル質，セメント質，象牙質）　32, 610
歯（構成，臼歯，切歯，前臼歯，高冠歯，低冠歯）　32, 394, 406
バール　175
バイオダイナミック農法　640
バイオテクノロジー（バイテク）　757
バイオパイラシー　765
バイオマス（生物量）　178, 672-674, 736, 737, 761
バイオロギング　693
倍数性進化　67
バイソン狩り　534
バイソン・ジャンプ猟　41-42, 530
排他的経済水域　690
ハイドパーク　233, 500
バウデルオベジール遺跡　38
延縄漁　356
ハクトウワシ保護法　586
博物学　260, 441-443, 454, 464-467, 469-471, 472, 474, 477, 479-482, 486-490, 499, 503, 642
　　――者　731
　　――の誕生　464
　　――ブーム　441, 442
博物館　479, 480, 481-483, 490, 493, 498
バスク（語）人　277-279, 325, 358-363, 364, 366, 370
　　――捕鯨　358-363, 365, 545
バス船　353
裸のサル　290
ハダト　175
ハタハタ漁　700
蜂蜜　105, 204, 262

ハト
　観賞――　461, 462
　軍用――　462
　伝書――　462
　レース――　462
　ロンドン・エセックス観賞――協会　462
ハドソン湾株式会社　411
花泉遺跡　37
バビロンの毛皮　303
ハプスブルク家　334, 336, 345, 350
バブルネット・フィーディング　671
ハプロタイプ　123, 124-126, 156-157, 278, 304, 623
　　――グループ　123, 124-127, 131, 155-156, 209, 212, 279, 326, 620, 623
バラ戦争　334, 340
パリ
　　――王立植物園　470, 471, 473, 480, 481, 484
　　――王立博物館（自然史博物館）　48, 471, 480
　　――科学協会（フランス学士院）　470
ハルシュタット（文化）　166, 169, 195
ハレム（型）　142, 398
ハン（汗）国　419
ハン・キプチャック＝ハン国　419, 420
ハンザ
　　――交易　302, 309-311, 313-314, 315-317, 350, 351, 353, 358
　　――商人　310, 313, 315-317, 331, 340, 351, 366
　　――同盟　309-311, 313-314, 315-317, 345, 351, 363
　　――都市　310, 314, 351
播種量　7, 202, 203
汎神論　505, 568, 575, 643, 644, 646
反芻　81, 297, 389
反生体解剖運動　707
パンチ誌　444, 459, 468, 491, 510
ハンディキャップ仮説　224, 613
バントゥー系　619, 620, 621
反奴隷制協会　503, 506, 509
バンパイア　256
反復説　642-646
火入れ（アメリカインディアン，その他）　523, 525, 532, 544, 560, 566, 569, 572, 576, 627
ビーヴァー

　　――ウール　407, 409
　　――根絶作戦　416
　　――戦争（フランス-イロクォイ族戦争）　408
　　――ハット　231, 407, 410, 411, 412, 414, 417, 443
ビーチ・バーク・カヌー　408
ピート（泥炭）　163
ヒエログリフ（象形文字）　106, 213
東ローマ帝国（ビザンツ帝国）　191, 202, 286, 300, 303, 331,
ピクチャレスク　5
ピグミー系　620
ビザンツ帝国→東ローマ帝国
ピダハン族　75, 387
ヒッタイト　63, 128, 153, 165
　　――遺跡　166, 213
　　――語　128, 195,
ピット・ポニー　452
火の使用　293
ヒマティオン　297
ビャウォヴィエジャの森　233, 637
百年戦争　219, 264, 332-334, 340
ピューリタン（革命）　363, 465, 521
肥沃の三日月孤　64-67, 69, 71-73, 77, 78, 81, 82, 84-86, 88, 90, 93, 95, 96, 103, 107, 121, 122, 127-129, 137, 139, 148, 156, 165, 179, 388, 454, 462
肥料　94, 136, 169, 173, 203
　　――会社　537
品種改良　203, 226, 229, 244, 449, 450, 452, 453, 455, 456-458, 461-462, 464, 465, 477, 485, 490, 494, 507
ピンショー主義　570, 579, 584, 594, 595, 722
ファンシーマウス（ラット）　494
フィギュリン（小さな人形）　25
フィヨルド　277, 284, 285
フィリップ王戦争　526, 596
フィン-ウゴル語族　155
風景式庭園　4
フープ・スカート　443, 445
フェリニン　98
フェルト　329, 407, 412
フォークランド紛争　674
フォーゲルフェルト遺跡　23, 27
フォン・ドゥ・ゴーム洞窟　14
ブザ船　353
フッガー家　334, 346
復活祭　399

802 事項索引

ブッシュミート　74, 625-629, 631, 632
不凍化タンパク質　366
ブナ　387
ブラウザー（摘み取り者）　31, 81, 388, 560, 577
ブラック・サンデー　559
ブラッド・スポーツ　459, 493-498, 501-508
フランク（族）王国　202, 203, 204, 218, 239, 263, 279, 300, 302
フランコ－カンタブリアン・リフュージア　278, 325
フランス
　──革命　220, 264, 265, 471, 498
　──グラモン法　502
　──国立自然史博物館　482
　──東インド会社　219, 347
フランス－イロクォイ族戦争　408
フランチェスコ会　207, 245
プラント・オパール（シリカ）　41
プラント・ハンター　453, 477
フランドル　330, 332, 334
フリース　329
ブリュノアの勅令　232
ブルグルンド族　202
ブルジョア（有産上層民）　338
ブルントラント委員会　754, 755
フレイ　176
プレーリー　530, 531, 538, 539, 559-561
プレデター・コントロール（捕食者駆除政策）　509, 541, 544, 563, 572-574, 576-579, 593, 615
フレンチ－インディアン戦争　408
プロテスタント　217, 230, 335-336, 372, 412, 465, 466, 470, 471, 476, 503, 521, 540, 721
プロポリス　106, 187
フロンティア　721
　──フロンティアの倫理　702, 721
分子時計　49, 123, 294
ブンダー・カンマー（不思議の部屋）　480
ブンドウシュウの乱（ドイツ農民戦争）　220
平均寿命　206
ベークウェル育種法　450, 451, 452, 453, 454
ベイズ統計（推定，MCMC法）　195, 558, 682
ベート事件　266
ペーパー上の国立公園　606

ベーリング陸橋（ベーリンジア）　29, 33, 36, 47, 385, 386, 389
ペインのモデル（基準）　89-90, 394
北京貿易　422, 426
ヘッチ・ヘッチ－ダム論争　568-569
ペット　51, 53, 442, 451, 452, 456-465, 477, 489, 494, 498, 502, 507
ペトロ献金　206
ベネディクト会　207
ヘモグロビン　694, 782
ベルーフ　335
ベルグマンの規則　17
ヘルパー　51, 52, 649
ベル・ビーカー型土器（CWC）　151, 153, 156
ベルヒタ　174, 235
ベルベル人　327
ペンギンオイル　676
片利共生　91
ボーア人（ブール人）　607, 619
ボーア戦争　441
蜂群崩壊症候群（CCD）　766-767
封建
　──的主従（臣従）関係　3, 4, 206, 215, 217, 233, 239
　狭義の──制　206
　広義の──制　206
帽子条例　340
豊饒（穣）神　76, 92, 116, 169, 171, 174, 224, 231, 235, 242, 250, 258, 261
棒鱈（魚の乾物）　232, 284, 285, 289, 358, 365, 366
放牧　137, 140, 142, 144, 149, 152, 278, 280, 282, 298, 301, 326, 327, 329, 330-337
　──様狩猟　280-281, 282, 283, 314-315
北西航路（ノースウェスト・パッセージ）　362, 410, 415, 425, 550
牧畜　129, 136, 139, 140, 148, 149
　──民　156
捕鯨　325, 358-365, 545-559, 662-665, 669-689, 692, 699
　──基地　360, 361, 362, 546, 548, 665,
　──砲　364, 559, 663, 723
保護（プロテクション）　525, 534, 537, 538, 539, 544, 555, 559, 562, 565-573, 576, 586, 587-591, 593-595, 667, 684, 689, 711, 718,

744, 747, 751, 753, 755, 763, 765, 770
保護区（サンクチュアリ）　688
母個体群（マザーポピュレーション）　288, 370
ボストン茶会事件　548
保全（コンサベーション）　567, 568, 588, 606, 615, 616, 618, 627-632, 638, 659, 665, 681, 683, 685, 687, 689, 690, 693, 696, 699, 706, 714, 717, 719, 746-760, 765-771
保存（プリザベーション）　500, 509, 567, 568-569, 574, 575, 587, 681, 688, 689, 690, 704, 750, 751, 765
ボタイ遺跡　147
ポップエコロジー　712
ボトムアップ効果　418, 577, 578
ボトルネック（瓶首）効果　122, 209, 212, 304, 365, 368, 377, 431, 538, 555, 620
ホミニゼーション（人類化）　24, 44, 45, 291, 292, 293, 344, 345
ポリネーション→花粉媒介
ポリフェノール　308
ホルダ　174, 235, 242
ポルトガル
　──インド庁　346, 349
　──奴隷庁　349
ボン条約　753

マ　行

マーキング行動　390
マーティン法　502, 504
枚挙主義　465, 466
マイクロウェア　41
マイクロプラスチック　763
マイコブ文化　151, 154
マウンダー極小期　232, 305
マウンテン・マン　411, 528
マグダレニアン文化期　14, 15, 26, 118, 294
マクロ経済学　723, 771
マサイ族（語）　149, 618-624, 627
魔女　248-251, 253-254, 256, 257, 258, 260-261
　──狩り　176, 234, 240, 253-254, 256, 260-261, 265, 460
　──裁判　243, 247-251, 252, 257, 540
マスケット銃　265, 364
マッコウ油（鯨蠟）　547
マヤ文明　66, 399, 523

事項索引 *803*

マルクス主義　774-775
マンモス・ステップ　29, 30, 31, 33, 46
見栄を張る（スノブ）　442
ミオグロビン　551, 695
ミクロ経済学　771
ミケーネ文明　98, 179, 190
ミズーリ毛皮会社　529
密猟　625-626, 646
蜜蠟　105, 187, 227, 262, 362
ミトコンドリア・イブ説　51, 123, 294
緑の革命　104, 764, 765, 780
ミナミマグロ保全委員会（CCSBT）　696, 699
ミニエ銃　265
ミネラル　16, 31, 130, 136
ミノア文明　98, 178
ミューア主義　570, 575, 579, 585
明礬（硫酸アルミニウムカリウム）　291, 301, 306, 307, 308, 335, 345
　──なめし　306-308
ミレニアム生態系評価　367, 761-764
無主物　218, 373
無神論　505
ムスティエ文化　39
　──期（ケバラ文化期）　14, 23, 38, 68
無政府主義　717
ムレイビット遺跡　68, 69, 70
　──文化期　70, 79
メイティ（混血者）　415
メイド・ビーヴァー　413
メガファウナ（巨大動物相）　13-37, 40-42, 744
　──絶滅　18-37, 40-42
メキシコ湾流　522
メソアメリカ文明　399-402
メソポタミア　63, 65, 85, 91, 92, 95, 106, 140, 147, 150, 154, 171, 175, 191, 295, 306
　──文明　64, 68, 75, 76, 301, 306
メタ個体群（メタポピュレーション）　35-36
メディチ家　345
メナジェリー　170, 484
メラニン色素　132, 423
メロヴィング朝　202, 204, 218
メンデルの法則　450, 494
モース硬度　611
モーセ
　──五書　465
　──の戒律　250, 782

銛（ハープーン）　325, 358, 364
森の猟師（クールドボア）　408, 411
森番　201, 218, 228
モンゴル
　──支配　419, 422
　──族　3, 149, 153, 419
　──帝国　310, 317, 419
モンサント社　703, 764-767
紋章文字　400
モンマス帽　340

ヤ 行

焼畑　6, 135, 399, 401-402
　──農法（ミルパ）　401
薬味（コンディメント）　342
ヤサーク　421, 422, 427, 581
ヤズルカヤ遺跡（ヒッタイト）　128, 166, 213
野生動物保護区　606, 615
ヤノマミ族　74, 387
ヤハウェ（エロヒーム）　235, 240
ヤマシー戦争　527
ヤムナヤ遺跡　151
槍　22, 44, 138, 143, 153, 165, 181, 182, 215, 216, 265, 294, 297, 325, 342, 344, 351, 364, 392, 409, 675
投──器　45
投げ──　44, 118, 182, 216,
ヤンガードリアス（ドライアス）期　15, 36, 54, 64, 65, 70, 107, 118, 124, 130
有機農法　640, 646
遊牧（定義）　95, 140
　──グループ　530, 533
　──社会　95, 139, 140, 143, 147, 148, 149, 151, 153-156, 326
　──文化　173
　──民　95, 124, 128, 139, 147, 148, 151, 154-156, 157, 164-166, 168, 171, 174-176, 202, 212, 216, 234, 239, 241, 251, 278-302, 327, 618, 622-623
ユニコーン　164, 184, 311, 312
ユネスコ（UNESCO）　750, 755
ユピテル　176
弓　40, 45-46, 118, 138, 143, 151, 201, 212, 215, 216, 392, 409
　──矢　40, 45-46, 116, 186, 216, 219, 425, 522, 525, 530
ヨーグルト　94, 152
要塞型
　──管理　628
　──国立公園　606

養蚕　296
養蜂　104-106, 183, 186, 204, 226, 227, 241, 262, 263, 468, 647, 766
　──家　183, 185,
ヨセミテ国立公園　567

ラ 行

ライデン大学植物園　477, 478
ラクターゼ（乳糖分解酵素）　94, 108
落葉広葉樹林　2, 46, 67, 72, 277
ラスコー洞窟（遺跡）　13-14, 26-27, 38, 278, 294
ラッコ
　──及びオットセイ保護国際条約　429
　──毛皮（クチクラ層）　425
　──船　582, 583
　──猟　580, 581, 582, 585
ラブラドル海流　522
ラボックの巣　489, 647
ラムサール条約　752, 753
乱獲（定義）　22, 24, 231, 233, 349-371, 375, 434, 525, 527, 528, 531, 534, 536-544, 545, 547, 548, 553-558, 565-568, 572, 579-582, 585, 594, 608, 614, 663, 665-667, 675, 676, 680, 681, 684, 689-691, 699, 700, 722, 747, 760, 763, 771
ランデヴー　415, 528, 529
リイントロダクション（再導入）　269, 576, 758
理神論　466, 487, 488, 505
リフュージア　14, 15, 23, 26, 38, 118, 124, 209, 210, 211, 212, 278-279, 325, 328
龍涎香　547
領主　3, 201, 202, 204, 206-207, 212-216, 217-221, 224-233, 234, 239, 242, 252, 253, 254, 261, 262, 303, 309, 311, 508
林務官（フォレスタリー）　218
ルーヴル
　──宮殿　482
　──美術（博物）館　175, 481, 482
ルーフィニャック洞窟　14
ルーン文字　164
ルネサンス　4, 175, 183, 261, 328, 331, 332, 346, 479
レーシー法　565, 585, 587
齢別生存率　683
レヴァント　49, 50, 68-71, 73, 78-80, 84, 85-87, 90, 95, 96-97,

116, 117, 120, 139, 149, 152, 300, 302, 331
　──綿　295,
レコンキスタ（国土回復運動）　240, 327, 328, 341, 342
レジーム・シフト　352-354, 357, 368, 689, 690
レス　2, 129, 136, 138
レッドリスト（レッドデータブック）　697, 746, 749, 752, 769
連作障害　94, 136, 391, 396, 401
ローズヴェルト・ドクトリン　571, 579
ローセル洞窟　26
蝋燭　106, 227, 241, 262, 467-469, 476, 547
労働価値説　528, 774-775
労働者階級　444, 467, 490, 491
漏斗状ビーカー土器（TRB, FBC）　119, 139, 151, 152
ローマ
　──教皇（法王）　216, 228, 239, 240, 242, 248, 250, 254-255, 262, 332, 338, 465
　──時代　98, 176, 179, 182, 186-190, 195, 224, 229, 261, 262, 297-299, 329, 330, 331, 338, 342, 351, 478, 480, 484, 495
　──支配　167, 169, 171, 174, 179, 189, 202
　──市民（社会）　179, 188, 190, 192, 195, 196, 297, 300, 348
　──帝国　106, 164, 174, 178, 179, 189-191, 202, 215, 217, 286, 298-300, 302, 326, 331, 342, 345, 400, 484
　──による平和（パックスロマーナ）　298
　──法　217, 218,
　──人　167, 169, 171, 184, 186, 188, 190, 196, 298, 299, 326, 330, 358
　──神話　176, 197
ローマ・クラブ　705, 720, 754
ローヤルゼリー　105-106
ローラシア　384, 385
ローレンタイド氷床　33, 386, 412, 563

濾過採食　669, 672, 683
ロココ様式　480
ロシア・アメリカ（露米）会社　427, 428, 429, 435, 529, 580
ロジスティック
　──式（シグモイド式）　684, 685
　──モデル　414, 684-685
ロングハウス　120, 135-136, 137, 171, 172, 173, 522
ロンドン
　──動物園　485
　──動物学協会　484, 485, 487
　──万博博覧会　441, 481, 491
　──リンネ協会　483, 487

ワ　行

渡り鳥
　──条約　586, 589
　──条約法　586
　──保護区　567, 586
ワット・タイラーの乱　219, 220
ワンダーフォーゲル運動　640, 646

生物名索引

ア 行

アーモンド　68, 72, 204
アイアイ　19
愛玩鳥類　461-464
アイベックス　46, 82, 138
アインコーンコムギ　64, 67, 69, 72
アオウミガメ　753
アオエリヤケイ　194
アカウミガメ　753
アカウレ　392
アカシカ（エルク）　2, 10, 13, 14, 23, 26, 27, 33, 38, 39, 77, 79, 81, 82, 86, 87, 119, 143, 147, 178, 184, 186, 189, 201, 203, 212, 216, 219-225, 241-242, 283, 476, 508
アカテツ　348
アカトビ　509
アカバトガリネズミ　435
アカヒゲ　435
アカボウクジラ類　325, 376
アカミミズ　563-564
アカヤマアリ　647
アザラシ　119, 129, 231, 282, 283, 284, 288, 299, 300, 310, 311, 403, 426-427, 429, 529, 530, 545, 554, 579-580, 581-582, 585, 673, 674-676, 677,
　　──（科）類　282, 283, 289, 299, 426, 554, 674-676
アジアゾウ（インドゾウ）　77, 78, 286, 611, 613, 703, 747
アジアチーター　192
アジアノロバ（オナガー）　141, 150, 184
アジアヤマネコ　96
アジアライオン　191
アシカ　548, 554, 583-584
　　──（科）類　289, 426
アジサシ　446, 448, 542
亜硝酸菌　739
アダックス　753
アタマジラミ　293-294
アツモリソウ　478
アナウサギ　118, 184, 201, 202, 211, 212, 213, 219, 220, 225-226, 228, 230, 237, 238, 423, 457, 508
　　──類　212, 238
アナグマ　178, 211, 220, 295, 424, 458, 493, 502
アナホリフクロウ　540
アヒル　196-197
アブ　244
アブラナ科　68
アフリカジャコウネコ　747
アフリカスイギュウ　31, 624
アフリカゾウ　31, 35, 286, 430, 611-612, 630, 747, 753
アフリカノロバ　141
アホウドリ　447-448, 753
アボガド　387
亜麻（リネンまたはリンネル）　295, 297, 303, 305, 309
アマミノクロウサギ　99, 486, 715
アマランサス　387
アムールヒョウ　192
アメリカアカリス　316
アメリカアナグマ　408
アメリカアリゲーター　741
アメリカオオカミ　47, 55
アメリカクロクマ（アメリカグマ）　408, 522, 541, 593, 747
アメリカハタネズミ　542
アメリカフクロウ　592
アメリカマストドン　23
アメリカミンク　305
アメリカモモンガ　589
アメリカライオン（ピューマ）　191, 393, 541, 544, 563, 571, 572, 573, 576, 578, 717
アライグマ　527, 529, 596
アラビアオリックス　485
アリ　91, 103, 181, 183, 443, 467, 470, 489, 647-649, 651
アリマキ（アブラムシ）　91
アルガリ　83
アルケオプテリクス　743
アルゼンチンオオカミ　677
アルパカ　78, 329, 388-390, 394-395, 527
アルファルファ　449
アレチネズミ類　301

アワ　29, 66
アワビ　431, 434
アンゴラヤギ　395
アンズ　129, 143
アンチョビー（カタクチイワシ）　377, 396
アンデスギツネ（クルペオギツネ）　393
アンテロープ類　189, 669
E 型肝炎ウィルス　237
イイズナ　178, 302, 303, 305, 423, 424
イエスズメ　89, 563
イエミソザイ　562, 563
硫黄細菌　739
イガイ　563
イカダモ属　741
イカナゴ　701
イカ類　313, 673-674
維管束植物　384
イセエビ　188
イタチ　182, 185
　　──イタチ（属，科）類　303, 317
イチイ　168
イチゴ　68
イチジク　68, 129, 188, 204
イッカク　284, 288-290, 300, 311-313, 472, 610, 611, 753
イトマキエイ　669
イナゴ　136, 561
イヌ　17, 46-54, 55, 98, 100, 102, 143, 164, 169, 170, 173, 181, 182, 183, 164, 191, 201, 213, 220, 241, 244, 245, 251, 255, 260, 268, 293, 307, 330, 348, 375, 387, 406, 423, 425, 426, 455, 456-459, 460, 461, 477, 493, 494, 497, 502, 507, 508, 525, 527, 550, 556, 633, 634, 636, 707, 711
　　──科　99
イヌの品種
　　秋田犬　48, サルキ　49, 柴犬　48, 51, シベリアンハスキー　48, スパニエル　457, セッター　457, チャウチャウ　48, テリア　47, 457, ト

806　生物名索引

イスパニエル 457, トイプードル 457, トイマンチェスター 457, バセンジー 48, 49, ハリアー 457, バンドッグ 457, 493, ビーグル 457, フォックスハウンド 457, 509, ブラックハウンド 457, ブルテリア 493, ブルドッグ 457, 493, ポインター 457, ボクサー 49, 北海道（アイヌ）犬 48, ポメラニアン 457, マスティフ 493, マルチーズ 47, リトリーバー 457, 琉球犬 48
イヌワシ 212, 541, 586
イネ 30, 66
　——科 28-30, 33, 64-69, 76
　——科草本 530, 560,
イノシシ 10, 14, 28, 36, 69, 78, 81, 83-86, 102, 116, 118, 119, 143, 169-171, 178, 181, 182, 184, 185, 186, 188, 211, 216, 220, 224, 228, 237, 241, 242, 260, 283, 455, 610, 611
イベリアハタネズミ 211
イベリアマツネズミ 211
イベリアミズハタネズミ 211
イベリアヤマネコ（スペインヤマネコ） 211, 328
イモリ 183, 253, 259-260
イラクサ 392
イルカ 119, 164, 171, 182, 183, 184, 660
　——類 325, 362, 467, 472, 668, 753
イワシ 351, 354, 356, 370, 689, 690
イワシクジラ 559, 660, 662, 664, 668, 673, 679, 680, 685, 686, 689
イワシャコ 508
イワダヌキ（ハイラックス） 237
イワトビペンギン 677
インゲンマメ 8, 387
インコ 463, 464
インドサイ 466
インドセンダン 765
インパラ 624, 710
インフルエンザ 100
ウィキョウ 190
ヴィクーニャ 387, 388-395
ヴィスカッチャ 387, 397, 398
ウイルス 98, 99, 101-102, 735, 766
ウェッデルアザラシ 675
ウェビングガ 561
ウガンダコブ 624, 626
ウグイ 228
ウサギ 3, 6, 10, 17, 18, 42, 68, 69, 78, 118, 119, 139, 144, 145, 177, 182, 186, 188, 203, 212, 220, 225-226, 238, 283, 295, 303, 305, 311, 389, 397, 419, 423, 707,
　——類 147, 177, 214, 225, 238, 269, 303, 305
ウシ 6-9, 16, 17, 22, 64, 76, 79, 81, 83, 84-86, 87, 88, 90-93, 101, 102-103, 116, 129, 137, 139, 141, 143, 146-149, 164, 169, 171, 172, 173, 174, 178, 179, 181, 182, 183, 186, 188, 191, 195, 202, 203-204, 205, 221-222, 226-227, 230, 237, 243, 244, 246, 266, 388, 389, 442, 449-450, 452-453, 455, 457, 458, 461, 476, 493, 497, 501, 507, 527, 536, 539, 561, 576, 621-623, 627, 635, 636, 641, 738
　——（科）類 222, 389, 669, 681
ウシの品種
　アンガス 453, ウェリシュ・ブラック 453, エアシャー 453, ガーンジー 453, グロースター 453, シェトランド 453, ジャージー 453, ショートホーン種 452, ディシュレイロングホーン 453, ノース・デヴォン 453, ヘリフォード 453, ホルスタイン 204, レッド・ポール 453, ロングホーン種 452
ウズラ（クェイル） 180, 213, 219, 220, 521, 523
ウッドラット 589
ウツボ 188
ウナギ 180, 188, 204, 228, 231, 232, 635
ウニ 188, 425, 431-433, 434, 749
ウマ 6-9, 36, 38, 76, 81, 91, 100, 128, 129, 132, 139-148, 149-150, 151-155, 164, 169, 171, 173, 175, 181, 182, 184, 186, 201, 204, 206, 227, 230, 244, 260, 333, 366, 388, 389, 449, 450-452, 455, 496-497, 499, 501, 507, 527, 530-531, 539, 560, 633-635, 677
　——の芦毛 141
　——の鹿毛 141
　——の家畜化 140-148
　——の黒毛 141
　——の心臓 145
　——の赤血球 145
　——のトビアノ（まだら） 141
　——の肺 145
　——の白毛 141
　——の脾臓 145
　——類 19, 141, 142, 146, 147
ウマゴヤシ 187
ウミガラス 364
ウミツバメ 556
ウリアル 83, 84
ウリハムシ類 561
エイ 119
エイコーンコムギ 203
HIV（ヒト免疫不全ウイルス） 120
エキノコックス 99-101
エジプトガン 196
エジプトマングース 424
エゾオオカミ 540
エゾナキウサギ 715
エゾライチョウ（グルース） 220
枝角類 741
エティオセタス・ウェルトニ 669
エティオセタス・ポリデンティタス 670
エティオセッティ科 669
エビ 231
エピオルニス 19
エボラウイルス 102
エラスモテリウム 16
エランド 607, 614, 615
襟鞭毛虫類（エリベンモウチュウ） 740
エルク（ワピチ） 39, 523-524, 538, 540, 560, 571, 576-577, 578
エルクの亜種
　イースターンエルク 538, チュールエルク 538, メリアムエルク 538
エルシニア 237
エンドウマメ 8, 70, 129, 203,
エンバク（カラスムギ, オーツ, 野生） 6, 8, 9, 66, 129, 203, 563
エンマーコムギ 69, 72
エンレイソウ 564
オウム 463
オオアカゲラ 435
オオウミガラス（オーク） 370, 371, 541
オオオニバス 477-478
オオカミ（タイリクオオカミ, ハイイロオオカミ） 24, 39, 47-49, 54, 55, 84, 87-88, 100, 170, 178, 181, 182, 186, 191, 193, 211, 217, 221, 225, 241, 245, 247, 251, 252-253, 260, 263-270, 271, 295, 299, 302, 413, 530, 536, 540-541, 563, 571-573, 576-579, 593, 636-637, 646, 676, 718
オオシモフリエダシャク 133, 492

生物名索引　807

オーストラロピテクス属　290
オオセグロカモメ　435
オオタカ　212
オオツノジカ　16, 27-28, 31-33
オオヅル　703
オオヒシクイ　715
オオヒタキモドキ　563
オオフウチョウ　446
オオミジンコ　741
オオミズナギドリ　99
オオムギ　6, 8, 64, 65, 66-69, 119, 129, 143, 203-204, 245, 449, 561
──類　66-67
オオヤマネコ（リンクス）　210-211, 212, 413, 417-418, 423, 428, 541
オオヨシキリ　511
オーロックス（原牛）　2, 13-14, 16, 23-24, 26, 31-33, 36, 38, 79-80, 83-86, 88, 93, 116, 118, 138, 147, 169, 178, 179, 182, 186, 220, 636-637
オオワシ　431, 581
オカ　387, 391
オカピ　486
オカヒジキ　563
オキアミ（類）　669-674, 687
オキナワトゲネズミ　486
オグロジカ（ミュールジカ）　524, 572, 573
オコジョ（アーミン）　178, 302-303, 305, 311, 339, 423, 424
オサガメ　753
オシドリ　171
オジロジカ　23, 387, 393, 524, 525, 540, 572-573
オジロワシ　581
オタリア　426, 675
オットセイ　119, 548, 555, 579-585, 663, 674-676
──類　549, 555
オドントグロッサム　478
オナガー（クーラン）　141, 150
オニトキ　703
オヒョウ　231, 312, 368
オマキザル　91
オユコ　387, 391
オランウータン　485, 607
オリーブ　2, 68, 129
オリオール（アメリカムクドリモドキ）　562
オリックス　146
オレガノ　190, 343

カ 行

カ　561
カイアシ類　672
海牛目（カイギュウ類）　430, 753
カイコ　290, 296
回虫　237
カイメン　740
貝類　119
ガウル　703
カエデ　544, 564
カエル　634, 635
カカオ　405
カキ（貝類，軟体動物）　188, 231, 325, 711
カキ（柿，植物）　196
カササギ　260
カササギガモ（ラブラドールダック）　371, 541
カシ　2, 33, 38, 118, 119, 136
カジキマグロ　692
カシワ　106
ガゼル　69, 78-81, 82, 83, 86-87, 139, 221, 222
──類　237
カタクリ　564
カタツムリ　188, 625
ガチョウ　188, 196-197, 204
カツオドリ　448
カッコウ　511
褐藻　740
カナリア　461, 463-464
カニ　119, 181, 231, 669
カニア　387,
カニクイアザラシ　669, 675
カニクイザル　291
カバ（植物）　15, 65
カバ（動物）　19-20, 182, 484, 610, 614
カピバラ　389, 397
カブ　8, 129, 204, 349, 449
カボチャ　129, 228, 404, 521, 522, 523, 561
カメ　119
──類　119, 231
カメムシ類　561
カモ　25-28, 228, 474, 476
──科　586
カモシカ　41, 102
カモノハシ　473, 474, 743
カモメ　542
カヤクグリ　10, 511
カヤツリグサ科　118
カラス　213, 260

ガラパゴスアシカ　549
ガラパゴスオットセイ　549
ガラパゴスゾウガメ　549
カリフォルニアマダラフクロウ　589
カリブモンクアザラシ　373, 403
カリフラワー　129
カリン　204
ガルアイランドハタネズミ　542
ガ類　561
カルダモン　190, 343
カレイ類　635
カロライナインコ　541
カロライナミミズ　563
カワウソ　204, 220, 231, 302-305, 311, 408, 425, 426, 427, 614
カワセミ　181
カワマス　119, 228
カワラバト（ドバト）　462-463
ガン　476
カンジキウサギ　417-418
カンピロバクター　237
カンムリシロムク　486
鰭脚類　426-427
キジ　188, 213, 214, 219, 508, 593, 594
──類　485
キタアフリカワシミミズク　257
キタオットセイ　426, 427-428, 580
キタオットセイの亜種　596
キタゾウアザラシ　426
キタタイセイヨウザトウクジラ　365
キタタイセイヨウミンククジラ　362
キタハタネズミ　177
キタマダラフクロウ　589
キタリス（アカリス）　303, 311, 314, 338, 339, 421, 423, 424
キツネ（アカギツネ）　24, 78, 84, 99-100, 118, 178, 182-183, 211, 212, 219, 220-222, 245, 260, 295, 302, 311, 408, 413, 417, 423, 424, 428-429, 457, 458, 507-509, 676, 677, 707
キノア（キヌア）　387
キノコ類　129, 204, 226, 229
キハダマグロ　692
キビ　66, 143, 203, 205
キャベツ　8, 70, 129, 187, 204, 349
キャラウェイ　343
キャン　141, 150
キュウリ　404, 478
吸血性線虫（捻転胃虫）　623

808　生物名索引

蟯虫　237
棘皮動物　749
巨大なラクダ　34
魚類　467, 472, 485, 489, 670, 672, 673, 681, 688, 689, 692, 694-696, 700-701, 706, 722
キリン　31, 485, 609, 614, 615
キンイロジャッカル　49
ギンギツネ（アカギツネの毛色多型）　51
キンケイ　509
キンシウリ　404
菌類　733, 734, 739, 741, 742, 749, 766
グアダルーペウミツバメ　556
グアダルーペオットセイ　549, 555
グアダルーペカラカラ　556
グアダルーペユキヒメドリ　556
クアッガ　141, 485, 608
グアナコ　387, 388-390, 391-393, 395, 677
グアバ　387
クイ（テンジクネズミ，モルモット，ギニアピッグ）　17, 387, 397-399, 527, 707
クイーンコンク（ホラ貝の１種）　747
クイナ科　586
偶蹄目　389
クープレイ　703
クーラン　141, 150
クサビコムギ　72
クサリヘビ　487
クシイモリ　260
クジャク　189, 260
クジラ　119, 171, 180, 184, 287, 311, 325, 359-365, 366,
──類　325, 336, 359-365, 753
クズ　563
クズリ　295, 311
クマ（ヒグマ）　87, 169-171, 175, 177, 181, 182, 189, 208-210, 218, 220, 241, 245-246, 260, 271, 299, 314
──類　14, 27
クマネズミ　96, 98, 254, 406, 460, 550, 563
クミン　190, 342-343
クモ類　749
グラナダノウサギ　211
クラミジア　99
クラミドモナス目　740
グリーンイグアナ　747

クリタマバチ類　187
クルミ　204
グレビーシマウマ　141, 142
クロアカギツネ　423
クロアシアホウドリ　448
クロアシイタチ（クロアシフェレット）　539-540
クローバー　449
クローブ（丁子，丁香）　342-343
クロギツネ　421
クロサイ　31, 615, 624, 626
クロサンショウウオ　435
クロテン（セーブル）　300, 302, 303, 305, 311, 314, 339-340, 421-426
クロヒョウ　184
クロマグロ　692-693, 693-699
クロミンククジラ　559, 686-687, 688
クロレラ　741
クワイ　118
クワコ　296
クワ属　296
グンカンドリ　486
ケープライオン　608
ケサイ　14, 16, 20, 23-24, 27-28, 31, 33, 36
ケジラミ　293-294
ゲッケイジュ　187
ケナガイタチ　423
ケナガネズミ　99
ケナガマンモス　16, 17, 18, 23, 27-28, 31, 33, 36
ゲマルジカ　387, 393
ケワタガモ　364
原核生物　734-735
──（モネラ）界　734
堅果（ドングリ）類　76, 89
原獣亜綱　743
原生生物界　734
原生生物類　733
原虫　99, 101
コイ　188, 229, 231
甲殻類　431
広節裂頭条虫　108
紅藻　740
鉤虫　237
好熱性古細菌　736
コウノトリ　228, 467
コウモリ類　15, 37, 253, 255-256, 753
コウライキジ　485, 509
コエロサウルス類　743
コールラビ　204

コカ　405
小型アンテロープ類　31
コガネムシ　244, 245, 247
コガモ　228
コキンチョウ　463, 486
コキンメフクロウ　257
コククジラ（チゴクジラ）　376, 554, 555, 662, 664, 670, 680
コクゾウムシ　137, 157, 244, 416
コクマルガラス　182
ゴクラクチョウ　446, 447
コケワタガモ　431
古細菌類（アーキア）　733, 734-737, 739
コサックギツネ　423
コショウ（胡椒）　189-191, 226, 342-343, 346
コダラ　356
コチョウゲンボウ　212
コナラ　308
コビトカバ　486, 626
コブウシ（ゼブー）　85, 103, 149, 621-623, 624
コフウチョウ　446
ゴブリンシダ　564
コムギ　6, 8, 9, 29, 64, 65-67, 71-72, 119, 143, 203, 228, 401, 449, 544, 561
──（属）類　66, 71
コムギタマバエ　561
コヨーテ　47, 541, 563, 573, 576, 578
コリアリアウルシ　309
コリアンダー（パクチー）　190, 343
ゴリラ　101, 609, 614, 615, 747
コルクガシ　2
コレラ菌　491
コロモジラミ　293
コロラドハムシ　561
コロンビアマンモス　17, 23, 33
昆虫　343, 344, 605, 625, 647-648, 711, 719
──類　387, 540, 561-563
ゴンドウクジラ　659, 660

サ　行

サーヴァル　614
サイ　221-222, 607, 608, 614, 624
サイガ　132, 147, 753
細菌（真正細菌，バクテリア）　81, 99, 100, 101, 564, 734-739, 744, 749
サイス（タラ科）　356

生物名索引　*809*

サイマーコワモンアザラシ　299
サカツラガン　196
サギ　447, 476
サクラエビ　701
サクランボ　204
サケ　119, 171, 204, 228, 231, 280, 283
サソリ　260
　　──類　749
サツマイモ　404
サトウキビ　29, 403
ザトウクジラ　360, 362, 365, 546, 553, 554, 555, 556, 559, 660-664, 666, 668, 670, 673, 677, 680, 682, 685, 687, 688, 753
サナダムシ　101, 237
サバ　228, 670, 689, 692, 693
　　──科　692
サバンナシマウマ　141, 608
サムライアリ　647
サメ（類）　180, 231
サラブレッド　450-451
ザリガニ　635
サル　182, 185, 186, 472, 476
　　──類　387, 461, 707
ザル貝　325
サルモネラ　237
サンザシ　68
サンショウウオ　253, 259, 487
　　──類　564
サンマ　690, 691
酸生成菌　741
シアノバクテリア　736, 737, 738, 739
幸せ藻（シアワセモ）　740
シイタケ　737
シカ　2, 6, 10, 36, 40, 116, 119, 134, 143, 164, 169, 171, 175, 180-181, 182, 184, 189
　　──類　40, 143, 189, 212, 221-223, 522, 523, 524-528, 529, 540-541, 543, 563, 565, 572-579, 594, 717
シカネズミ　404
シカマトガリネズミ　37
シコクビエ　622
シダ類　105
シチメンチョウ　521, 523, 527, 542, 543, 593-594
シナノキ　2
　　──科　731
シナプシド類　743
シナモン（桂皮，肉桂）　190, 342-343, 346, 347

シベリアジネズミ　435
シマウマ（類）　31, 608, 614
シマミミズ　564
ジャイアントケルプ　431-433
ジャガー　191, 393, 747
ジャガイモ　129, 188, 349-350, 377, 390-392, 396, 397, 398, 399, 401, 404, 406, 457, 490, 523, 561, 586
　　──疫病菌　350
シャクトリガ　561
ジャコウウシ　36, 84
ジャコウネズミ　423
シャチ　434, 669
ジャッカル　47, 49, 193, 614
シャモ（軍鶏）　495
シャモア　173
ジャワサイ　703
獣脚類　743
住血胞子虫類　101
ジュゴン　430, 747, 753
ジュラマイア　744
ショウガ（ジンジャー，生姜）　190, 342-343
硝酸菌　739
条虫類　99-100, 101
植物界　734
食虫類　564
食肉類　289, 292, 295, 317
シラミ　293-294, 742
シリアミツバチ　106
ジリス　577
シルバーデバネズミ　650
シロアリ　625, 648
シロイルカ（ベルーガ）　313
シロオリックス　753
シロサイ　31, 615, 624, 626
シロナガスクジラ　360, 559, 662, 665, 668, 671-673, 679-686
シロハヤブサ　212, 310
真核生物　734-736
真獣類　743
ジンベイザメ　669, 753
スケトウダラ　690
スジイモリ　260
ススキ　29, 30
スズキ（目）　119, 188, 714
スズメ　182, 406, 677
スズメノチャヒキ類　69
スズメノテッポウ類　69
スズメバチ　647, 649
ズッキーニ　129
ステゴテトラベロドン　612
ステゴドン　42
ステゴマストドン　18

ステップケナガイタチ　303
ステップバイソン　16, 36-37
ステラーカイギュウ　430-431, 433, 434
ステラーカケス　431
ストロマトライト　737
スナネコ　96
スネール・ダーター　714
スパイス　325, 331, 341-347, 368
スペルトコムギ　203
スミロドン　17
スルメイカ　690, 691
ズワイガニ　690, 691, 700-701
セイウチ　284, 286-290, 300, 311, 313, 328, 364, 426-427, 428, 429, 435
　　──科　289, 426
　　──の陰茎骨　287
　　──の牙　286-290, 610, 611
　　──の繁殖場　287, 290
セージ　342-343
セイヨウキズタ　187
セイヨウミツバチ　105-107
セイラン　446
セイロンヤケイ　194
セキショクヤケイ　194
セキセイインコ　461, 463-464
節足動物　732, 742, 766
セミ　183
セミクジラ　359-360, 365, 377, 545-548, 553, 554-559, 659, 660, 661, 662, 663, 664, 666, 668, 670, 673, 677, 679, 680, 686, 753
セリン　464
セロリ　204
センザンコウ類　615
センチコガネ　183
繊毛虫類　740
ゾウ　17, 389, 420, 475, 484, 485
ゾウガメ　348
　　──類　549
ソウゲンバイソン　531, 538
ゾウムシ　247
ソデグロヅル　753
ソバ　118, 349
ソラマメ　8, 203
ソルガム（モロコシ）　29, 622

タ 行

タイ　188
ダイオウイカ類　550
ダイオウホウズキイカ　550
ダイカー（類）　74, 615, 625
ダイコン　8

ダイシャクシギ 228
タイセイヨウクロマグロ 692, 698, 724
タイセイヨウセミクジラ（セミクジラ） 359-360, 362, 365, 376, 659, 723
タイセイヨウニシン 350
タイセイヨウマグロ 692
大腸菌 377, 646
タイヘイヨウセミクジラ（セミクジラ） 555, 659, 668, 723
タイヘイヨウニシン 350, 357
タイマイ 753
タイム 342-343
タイリクイタチ 423
タカ類 212
ダグラスファー（ベイマツ） 589, 592
タコ 188
ダチョウ 145, 184, 447, 484, 608, 615
タテガミオオカミ 47, 676-677
タヌキ 423
タバコ 405, 522, 523, 530, 561, 564
タマオシコガネ 245
ダマジカ 6, 69, 79, 80, 81, 82, 177, 178, 186, 189, 224
タマネギ 190, 204, 342-343
ダマランドデバネズミ 649
ダヤクオオコウモリ 474
タラ 204, 228, 231, 232, 280, 284, 312, 355, 359-360, 366-371
タラゴン（エストラゴン） 343
タルホコムギ 72
チーク 348
チーター 145, 192, 607, 614, 624, 747
チガヤ 703
チチュウカイミズナギドリ 99
チチュウカイモンクアザラシ 299, 434, 486,
チドリ科（類） 586
チャコリクガメ 549
チョウゲンボウ 212
超好熱菌 736
長繊維綿 405
苧麻（ラミー） 295
鳥類 384, 404, 406, 409, 418, 430, 441, 446-448, 463-464, 466, 469, 470, 472-473, 476, 479, 481, 484-486, 487-489, 508
チンパンジー 17, 43, 52, 53, 91, 101, 290-292, 318, 345, 614, 615, 626, 747

ツェツェバエ 627
ツキノワグマ 36, 591
ツギホコウモリ 486
ツグミ 213
ツゲ 238
ツバメ 182, 245, 247
——類 563
ツリミミズ（ナイトクローラー） 469, 563
ツル 171, 181, 183, 186,
——（科）類 447, 586
ツンドラハタネズミ 177, 178
ディステンパー 100
デイノテリウム 612
ディプロトドン 18
ディンゴ 47
テオシント 400-401
テナガザル 703
テン 118, 339, 408, 412, 413, 423, 424
——（属）類 295, 303, 305
テントウムシ 91
トウガラシ 343, 404, 523
——属 404
ドードー 348, 470
トウヒ 2, 15, 34, 37
動物界（Animalia） 733, 734
トウモロコシ（メイズ） 29, 30, 64, 104, 129, 396, 399-402, 404, 406, 522-523, 530, 544, 561, 586, 594
トウヨウミツバチ 105
ドール 47
ドールシープ 82
トカゲ（類） 43, 259, 260, 344, 625
トキ 447, 711
トキソプラズマ 237
ドックラングール 703
トド 426, 431
トナカイ 13, 14, 23, 26-27, 36, 39-40, 77, 78, 222, 278, 279, 280-284, 290, 314-315, 329, 413, 416, 524, 677
トピ 31
ドブネズミ（ラット） 17, 406, 494, 677, 707
トマト 129, 188, 391, 404
トラ 36, 185, 186, 192, 608, 703
トラフズク 257
ドリオレステス類 743
トリパノソーマ 627
トリプサクム 400
ドルカスガゼル 82
ドロマエオサウルス類 743

ナ 行

ナイチンゲール（サヨナキドリ） 257
ナイルパーチ 771
ナウマンゾウ 20, 36-37,
ナガコショウ 190
ナガスクジラ 360, 362, 365, 559, 662, 663, 664, 665, 668, 671-673, 679, 680-683, 684, 685, 686, 687-688
——類 668, 673, 683
ナシ 204
ナス属 391
ナッツ類 74
ナツメ 68
ナツメグ（ニクズク，肉荳蔲） 190, 226, 342-343
ナマコ 670, 749
ナマズ 119, 188, 228
ナミチスイコウモリ 91, 256
ナラ（オーク） 1, 2, 15, 32, 38, 67, 68, 72, 76, 118, 136, 166, 168, 173, 179, 187, 204, 226, 227
——類 308
ナンキョクオキアミ 671-674
ナンキョクオットセイ 673, 675, 676
軟骨魚類 180
南蹄類 18
ニシオンデンザメ 557
ニジキジ 446
ニジマス（トラウト） 228, 741
ニシン 171, 204, 228, 231-232, 280, 310, 314, 331, 336, 350-358, 362, 364, 366, 370, 373, 670, 689, 693
ニセアカシア（ハリエンジュ） 204
ニセタマヤガ 561
ニタリクジラ 559, 668, 689
ニチニチソウ 756
ニホンアシカ 583
ニホンオオカミ 540
ニホンジカ 10, 177, 178, 189, 221, 223, 509, 524, 525, 576
ニホンミツバチ 105
ニホンムカシジカ 36
ニホンムカシハタネズミ 37
ニホンモグラジネズミ 37
二枚貝 117, 118, 119, 157, 425, 431
ニューイングランドソウゲンライチョウ（ヒースヘン） 541
ニュウドウイカ類 551
ニレ 32, 118
ニワトリ 17, 101, 102, 103, 194-

生物名索引　*811*

195, 203, 204, 228, 230, 244, 245, 495-496, 527, 622, 681
ニンジン　8, 129, 349
ニンニク　190, 204, 342-343
ヌー（オグロヌー）　28, 31, 605, 606, 618, 625
ネコ（イエネコ）　17, 95-99, 120-121, 169, 173, 182, 183, 185, 192, 245, 248, 253-255, 257, 258, 260, 406, 456, 458, 459-461, 477, 484, 496-497, 502, 550, 556, 707, 711
　──（属）科　98, 101, 116, 192
ネコの品種
　アビシニアン　461, オリエンタル・ショートヘア　461, コラット　461, サイベリアン　461, ジャパニーズ・ボブテイル　97, 121, 461, シャム　461, シャルトリュー　461, シンガポールネコ　97, ターキッシュ・アンゴラ　461, タイキャット　461, チョウセンネコ　97, バーマン　461, バーミーズ　461, ハバナ　461, ペルシャ　460, 461, マンクス　461, ロシアン・ブルー　461
ネコ免疫不全ウィルス（FIV, Feline Immunodeficiency virus）　120-121
ネズミ　182, 183, 211, 244, 253-256, 257, 260
　──類　99, 100, 137, 211, 244, 245
ネズミイルカ　362
熱帯熱マラリア原虫　101
野イチゴ類　204
ノウサギ　184, 188, 212, 213, 225, 260
　──類　212, 509
野ウサギ　171, 184, 216, 260, 523
ノウマ（ターパン）　2, 13-14, 23-24, 26-27, 33, 38, 141, 484, 636
　──類　23
ノガン　753
ノスリ　509
ノドジロムシクイ　511
野ネズミ類　257
ノミ　254-255, 539, 561, 742
ノヤギ（パサンまたはベゾアール）　82, 84
ノロジカ　10, 118, 143, 178, 188, 201, 203-204, 212, 220, 228, 262, 295, 476
ノロバ　141, 150
　──系　141, 150
　──のソマリ集団　150

　──のヌビア集団　150

ハ　行

パーチ　228, 232
バーチェルシマウマ（サバンナシマウマ）　141
ハーテビースト　80
ハートマンヤマシマウマ　747
バーバリーマカク　186, 194
ハーブ類　190, 226,
バーラル（ブルーシープ）　84
ハイイロガン　196
ハイイロチュウヒ　509
ハイイロネコ　96-97
ハイイロヤケイ　194
ハイエナ　24, 43, 87, 88, 164, 185, 191, 192-193, 344, 607, 615
　──科　101
バイソン（アメリカバイソン）　17, 40-41, 413, 416, 530, 531-538, 556, 558, 559, 560, 577, 585
バイソン（ヨーロッパバイソン）　2, 13, 23, 26, 637
ハイタカ　212-213,
ハエ　245, 247, 260, 646
バク　387,
バクガ　561
ハクジラ類　311, 668-670
ハクセキレイ　511
ハクチョウ　181
ハクトウワシ　541, 585-586
ハコヤナギ　576
ハシバミ（ヘーゼルナッツ）　38, 118, 126, 204, 227
ハシビロコウ　486
ハシボソガラス　183
パセリ　190, 204, 342
ハダカデバネズミ　649-650
ハタネズミ　28, 177, 509
ハタハタ　700
ハチドリ　446, 447
爬虫類　467, 469, 472, 473, 486, 489, 741, 743
ハツカネズミ（マウス）　17, 69, 89, 96, 98, 406, 494, 550, 707
バッタ　244
ハッタミミズ　563
ハト　213, 406, 461-462
　──類　395, 461
ハトの品種
　アイスピジョン　462, 463, タービット　461, タンブラー　461, ハーブ　461, パウター　461, ファンテイル　461

ハナゴンドウ　231
ハナバチ類　105, 648-649
バニラ　405
ハバチ　561
パピルス　30
パフィン（ツノメドリ類）　364
ハマダラカ（類）　101
ハムスター　389, 707
ハヤブサ　212, 589
　──（科）類　212, 556
パラゴムノキ　405, 614
ハリクワ属　296
ハリネズミ　10, 102, 178, 211-212, 260
ハリモグラ　474
パリラ（キムネハワイマシコ）　714
バルサムモミ　577
ハルパゴルニスワシ　20
パレオロクソンドン　20
ハワイモンクアザラシ　373, 434, 486,
パンコムギ　71, 203
半索類　749
バンテン　703
ハンノキ　309
パンパステンジクネズミ　397, 398
ビーヴァー（アメリカビーヴァー）　177, 407-417, 421, 427-428, 467, 474, 523, 528, 529, 577, 596
ビーヴァー（ヨーロッパビーヴァー）　118, 147, 177, 178, 231, 283, 295, 299, 300-301, 302-305, 310, 314, 317, 409, 421, 423-424
Bt菌　764
ピーナッツ（落花生）　404, 523
ヒイラギ　168
ヒキガエル　171, 182-183, 253, 258-260
ヒグマ（クマ）　14, 16, 20, 36, 147, 170, 175, 181, 182, 188-189, 209-211, 212, 220, 241, 252, 269, 283, 295, 493
ヒゲクジラ類　20, 667-672
ピコ植物プランクトン　741
尾索類　749
ヒシ　118
被子植物　7, 31, 733, 746
ピスタチオ　68, 70, 72, 87, 119
ビッグホーン　82, 223
　──類　41
ヒツジ　6, 8-9, 17, 64, 67, 76, 78, 79-90, 91-92, 95, 99, 100, 102-103, 116, 128, 129, 137, 139-140, 143, 145, 146, 147, 148, 149, 169, 173,

812　生物名索引

178-179, 180, 182-183, 186, 188, 191, 192, 195, 203-204, 205, 211, 226-227, 234, 237, 239, 251, 262, 269, 290, 295, 297-298, 301, 302, 308, 317, 325-336, 340, 349, 366, 388-389, 450, 453-455, 458, 497, 527, 561, 576, 586, 621, 623-624, 636, 677, 714
ヒツジの品種
　アプリア種 326, イングリッシュ・レスター 450, 454, ケンペンヒース種 331, シェヴィオット種 336, シェプトンマリー 330, シップリー 330, スキップトン 330, ソアイ種 330, ダウン種（低地種）454, ドーセット種 336, ドレンテヒース種 331, ホワイトフェース系 330, ミレトス種 321, メリノ種 211, 326-328, 329, 330, 335-337, 341, 453-455, 477, 482, ランビエ種 336, 細尾種 623-624, 山岳種 454, 短毛種 454, 長毛種 450, 454, 肥尾種 301, 455, 623-624
ヒトコブラクダ　149, 389, 622
ヒト上科　290
ヒトデ　431, 434
ヒバリ　182, 213
ヒヒ（バブーン）　291, 345
　──類　615
ヒマラヤスギ　67
ヒマワリ　405
ヒメジ　188
ビャクシン　32
ヒョウ　24, 36, 43, 87, 88, 184, 185, 192, 299, 344, 608, 615, 630, 747
ヒョウアザラシ　669, 675
ヒヨコマメ　129, 203
ヒラコテリウム　144
ヒラメ　188
ヒル　244, 245, 247
ヒワ　129
ビンズイ　510
ピンタゾウガメ　549
ビンナガマグロ　692
貧毛綱　563
ファイアサラマンダー　260
ブーズー　387
フェレット　509
フェンネル　343
フォークランドオオカミ　676
フクロウ　171, 253, 257-258, 476,
フクロウソウ科　392
フクロオオカミ　485

フサアカシア　204
ブタ　2, 8-9, 17, 76, 81-86, 90, 100, 101, 102, 103, 129, 143, 146, 169, 172, 173, 182, 183, 186, 188, 195, 203-204, 205, 226-227, 230, 237-238, 244, 246-247, 253, 260, 342, 348, 397, 406, 450, 455-456, 497, 502, 527, 550, 635, 677, 681
ブタの品種
　ウエルシュ 456, デュロック 456, バークシャー 456, ヨークシャー 456, ラージ・ホワイト 456, ランドレース 456, 金華豚 455, 大花白豚 455, 梅山豚 455, 八眉豚 455
フタイロデバネズミ　650
フタコブラクダ　149, 389
ブタヘルペスウィルス　237
フタユビナマケモノ　747
ブチハイエナ　192-193
ブドウ（野生）　68, 129, 179, 183, 187, 204, 205, 245
ブドウ球菌　237, 377
ブナ（ヨーロッパブナ）　2, 15, 32, 204, 227
ブユ　561
プラナリア　711
フラミンゴ　189, 753
プラム　143
プランクトン　325, 351, 353, 359, 368, 369
プリオヒップス　145
ブルーバック　608, 650
プルツェワルスキーウマ　141
フルマカモメ　364
プレーリードッグ　538-540, 541, 560, 563
　──の亜種　596
ブロッコリー　70, 129
プロングホーン　42, 145, 538, 560, 577
　──科　17
糞生菌（スポルミナリン）　34, 119
ヘイゲンシマウマ（グラントシマウマ）　142
ペスト　207, 219, 232, 247, 249, 252, 254-255, 264, 265, 268, 285, 289, 349, 355, 406, 460
ペッカリー　387
ヘックウシ　636
ベニバナ　68
ヘビ　164, 171, 182, 183, 250, 253, 258, 259, 260
　──類　258

ヘムロック　592
ペルーテンジクネズミ　397
ペルシャヒョウ　192
ペンギン　673, 674, 676, 677
　──類　673
ベントス　670
ホウレンソウ　132, 229
ホオジロザメ　747
ボゴタテンシハチドリ　447
ボダイジュ　295
ホッキョクギツネ　36, 417, 423, 426
ホッキョククジラ　313, 359-363, 377, 554, 556-559, 612, 668, 670, 683
ホッキョクグマ　288, 289, 313
ポニー　451-452, 490, 634
ポニーの品種
　ギャロウェイ 452, シェトランド 452, ハイランド 452, ハクニー 452
哺乳綱　474
哺乳類　55, 384, 389, 404, 406, 409, 417, 423, 425, 426, 428, 429, 430, 432, 466-467, 470, 472, 473-476, 479, 481, 485-486, 509, 733
哺乳類型爬虫類　743-744
ボノボ　91, 101, 345, 626, 747
ホホジロ科　556
ホモ・サピエンス　472, 511
ホモ（ヒト）属　290, 292-293, 294, 472
ホモテリウム　16
ホヤ　749
ホラアナグマ　14, 16, 23-24, 27, 38
ホラアナハイエナ　14, 16, 38, 192
ホラアナライオン　14, 16, 23-24, 27, 38, 191
ポラック（シロイトダラ）　356
ボルボックス　740
ホロホロチョウ　397
ホワイティング（タラ科）　356
ホワイトオーク　543

マ 行

マアジ　690, 691
マーマネ（ハワイ固有種のマメ科）　714
マーモセット　91
マイタケ　737
マイマイ　562
マイマイヘビ科　197
マイワシ　377, 690, 691
マウンテンガゼル（ヤマガゼル）

生物名索引　*813*

　　　82
マカ　387
マガモ　196, 228
マカロニ（デュラム）コムギ　71
マカロニペンギン　673
巻貝　431
マグロ属　692
マグロ類　692-700
マサバ（ゴマサバ）　690, 691
マザマジカ　387
マシュア　387
マジョラム　343
マス　204
マスクラット　408, 416, 529
マスタード　190, 342
マストドン　16, 33, 34, 35-36, 611
マダライタチ　303, 424
マダラフクロウ　589-592
マツ　15, 34, 119
マッコウクジラ　546-548, 550-559, 612, 660, 664, 668, 680, 685
マツテン　178, 303, 305, 423, 424, 509
マナティー　430, 747, 753
マニオク（キャッサバ）　387
マヌルネコ　96
マネシツグミ　404
ママロドント　669
マムシ　180, 182
マルハナバチ　255, 766-767
マルミミゾウ　626
マルメロ　204
マレーグマ　703
マンモス　14, 16, 17, 18-19, 20-21, 23, 26-27, 28-34, 36-37, 611
ミオヒップス　145
ミズトガリネズミ　177
ミズナラ　226
ミズハタネズミ　178
ミズヘビ　182
ミズマメジカ　615
ミツアナグマ　424
ミツガシワ　118
ミツバチ　104-107, 108, 181, 183, 185, 186-187, 204, 227, 241, 262-263, 314, 467-469, 476, 635, 647-649, 766-767
ミツバチヘギイタダニ　766
ミツユビカモメ　364
ミナミオットセイ類　549, 555
ミナミセミクジラ　365, 548, 555, 723
ミナミゾウアザラシ　346, 373, 675, 676

ミナミマグロ　692, 696, 699
ミミズ　406, 469, 563-564, 635
ミヤマガラス　467
ミヤマチドリ　540
ミンク（アメリカミンク）　527, 596
ミンククジラ　559, 662, 668, 669, 673, 679, 683, 686-687, 688-689, 724
ミント　190, 343
ムース（ヘラジカ）　2, 36, 118, 132, 178, 283, 408, 413, 416, 524, 577-578, 637
ムール貝　325
無顎類　749
ムギ　6-7, 10, 349
　　──類　30, 202-203, 205, 399, 400
ムクドリ　188, 195, 213, 467
無鉤条虫　108
無脊椎動物　471
ムツゴロウ　715
ムナジロギツネ　423
ムナジロテン　303, 314, 424
ムフロン　83, 84-85, 326, 330
ムラサキツリミミズ　564
メガテリウム　18
メガネウ　430
メガファウナ　16-37, 40, 118
メキシコマダラフクロウ　589
メキシコワタノミゾウムシ　561
メタン菌　738
メナモミ　473
メバチマグロ　692
メリキップス　145
メルクサイ　20, 37
メルルーサ　356
メロン　404
メンフクロウ　257
モア類　19-20, 21
猛禽類　212
モーリシャスカメバト　348
モーリシャスカラスオウム　348
モーリシャスクイナ　348
モーリシャスバン　348
モーリシャスルリバト　348
モグラ（類）　177, 243-244, 247, 253, 255, 260
モネラ　644
モミ　168
木綿　295-296
モモ　204
モリアカネズミ　178
モリネズミ　343, 404

モリバイソン　531, 538
モリバト　228
モリフクロウ　257
モロコシ　30, 397
モンクアザラシ　299

ヤ 行

ヤギ　4, 6, 8-9, 14, 17, 23, 76, 78-88, 89, 90, 92, 95, 100, 102-103, 116, 129, 137, 139, 140, 143, 146, 147, 149, 164, 169, 173, 178-179, 182, 184, 186, 188, 194, 203-204, 227, 237, 244, 260, 269, 295, 299, 302, 307, 329, 389, 406, 455, 476, 501, 527, 550, 556, 621, 627, 677, 714
　　──類　23
ヤケイ　194, 495
ヤツメウナギ　188, 749
ヤドリギ　168
ヤナギ（類）　28, 30, 32
ヤブイヌ　47
ヤベオオツノジカ　36-37
ヤマウズラ　228
ヤマシギ　129, 228
ヤマシマウマ　141, 142
ヤマネコ　97, 118, 169, 183, 184, 186, 311, 460, 509
　　──属　98
　　──類　95, 96, 97, 121, 169
ヤマノイモ類　74
ヤマバク　387
ヤムイモ　387
有鉤条虫　108
有翅亜綱　743
有胎盤類　743-744
（有）羊膜類　744
ユキウサギ　177, 178, 212
ユキヒメドリ　556
ヨウスコウカワイルカ（バイジ）　486
洋ナシ　129
ヨウム　747
ヨーロッパウサギ（ヤブノウサギ）　212
ヨーロッパクサリヘビ　259
ヨーロッパケナガイタチ（ジェネット）　303, 305
ヨーロッパトガリネズミ　178
ヨーロッパヒキガエル　258
ヨーロッパヒメトガリネズミ　178
ヨーロッパホシムクドリ　563
ヨーロッパマイワシ　356, 377
ヨーロッパミンク　303, 305, 424
ヨーロッパモグラ　177

814　生物名索引

ヨーロッパヤチネズミ　178
ヨーロッパヤマネ　189
ヨーロッパヤマネコ　96-98, 178
ヨシナガ　692
ヨモギ　28, 30

ラ 行

ライオン　43, 87-88, 164, 180-186, 189, 191-192, 220, 260, 299, 344, 476, 606, 607, 608, 609, 615, 621, 624, 628, 629, 630, 711
ライグラス　449
ライムギ　6, 8, 66, 203, 449, 561
ラクダ　76, 91, 101, 237, 329, 339, 345
 ──（科）類　17, 19, 23, 31, 389
ラッコ　424-433, 529, 576, 579-585, 663
ラッサウイルス　102
ラドヴィックカロライナインコ　541
ラバ　181, 501
ラプラタカワイルカ　753
ラフレシア　483
ラマ　329
ラン科　478
藍色細菌　737
ランドルフィア属（ゴム）　614
リーキ　204

リカオン　47, 193, 614
リクガメ　625
陸地綿　405
リグニン分解生物（白色腐朽菌）　737
リケッチア　99
リス　118, 178, 219
 ──類　283, 300, 316-317
リステリア　237
リビアヤマネコ　96-97
リャマ（ラマ）　388-389, 394-395, 527
両生類　467, 472, 473, 486, 489
緑藻　740
リョコウバト　542-544, 558, 559, 562
リング（クロジマナガタラ）　356
リンゴ　188, 204
リンネソウ　473
ルリカケス　715
ルリツグミ　563
霊長目　472
レヴァント綿　295-296
レタス　8, 129, 229
レッドオーク　544
レッドコロブス　626
レトロウイルス　121
レバノンスギ　67, 72, 238
レミング　499

レムール類　19
レモングラス　343
レンジャク　446, 464
レンズマメ　8, 70, 129, 203
ローズマリー　343
ローチ　228
ローリエ　343
ロシアアザミ　118
ロシアデスマン　435
ロスアザラシ　675
ロタウイルス　100
ロッキートビバッタ　561
ロドリゲスクイナ　348
ロドリゲスドードー　470
ロバ　141, 142, 143, 149-150, 244, 501, 621
ロバの雑種
　ヒニー　150, ラバ（ミュール）　150
ロビン（コマドリ）　511
ロブスター　635

ワ 行

ワシ（類）　182, 212
ワタリガラス　260, 509
ワニ　484
ワニガメ（カミツキガメ）　747

人名索引

ア 行

アーウィン（テリー）　731, 732
アーサー王　163
アースキン（トーマス）　501
アードレイ（ロバート）　24-25, 45
アイゼンバーグ（アンドリュー）　531, 533, 537
アインシュタイン（アルベルト）　643
赤毛のエーリック　285, 288
アギーレ（ホアン・ペドロ）　675
アクィナス（トマス）　250, 262
アゲンブロード（ラリー）　19, 35
アスター（ジョン・J）　528-529, 534, 536, 550
アダムス（ウィリアム）　347
アダムス（チャールズ・C）　579
アッシュモール（エリアス）　481
アピキウス（マルクス・ガビウス）　188, 189, 196
アマーマン（アルバート・J）　122
アムンセン（ロアール）　678
アリー（ワールダー・クライデ）　575, 648
アリストテレス　47, 180-181, 184-187, 194-196, 213, 223, 260, 262, 297, 331, 458, 465, 466, 467, 472,
アルカディウス帝　300
アルテディ（ピーター）　467
アルバート公　467, 468
アルフォンソ10世（カスティーリャ）　214, 327
アルロイ（ジョン）　21-24
アルンデル（ラッセル）　618
アレクサンダー（アレクサンドロス）大王　7, 191-192
アレン（グローバー・モリル）　546
アレン（ケネス・R）　682, 683
アンガー（リチャード・W）　353
アン女王　408, 412
アンソニー（デヴィッド・W）　147, 148, 154
アンリ3世　264
アンリ4世　264
イヴァン3世　314, 317
イヴァン4世（雷帝）　362, 420, 421
イェルマーク（チモフェーイェビッチ）　420-421
イサベラ1世　327, 328
イシドールス（セビリアの）　255, 466
イソップ（アイソーポス）　182-183, 185-186, 193, 194-196
イノケンティウス3世　240, 242, 254, 465
今西錦司　95, 142
イムラー（ハンス）　528, 773, 774
イルミノン修道院長　205
インカ・ガルシラーソ・デ・ラ・ベーガ　392, 395, 396, 397, 399
インスティトリス　249
ヴァイスマン（アウグスト）　642
ヴァッロ（マルクス・テレンティウス）　106, 186, 298
ヴィーチ（ジョン）　477
ヴィゴース（ニコラス）　484, 485
ヴィクトリア女王　441, 453, 459, 468, 502
ウィタッカー（ロバート）　734
ウィッスラー（クラーク）　122
ウィリアム1世　218, 219, 330, 332
ウィリアム2世　217, 219
ウィリアムズ（エリック）　349
ウィリアムズ（キャリントン・ボンサー）　731
ウイルキンソン（ジェラルド）　256
ウィルソン（エドワード・E）　18, 20, 649, 732, 746, 755
ウィルバーフォース（ウィリアム）　503, 506
ウィルバーフォース（サミュエル）　505
ウーズ（カール）　734
ウェーバー（マックス）　335
ウェストモーランド（ウィリアム）　705
ヴェスプッチ（アメリゴ）　385
植田重雄　173, 234, 235, 255, 261
ヴェチェッリオ（ティツィアーノ）　261
ウェッデル（ジェームズ）　675
上山安敏　235, 248, 261
ウェルギリウス（プーブリウス・マロ）　107, 186, 262, 298, 467
ウォースター（ドナルド）　504, 559, 562, 569, 573, 722
ウォド（ナサニエル）　489
ウォーラーステイン（イマニュエル）　331
ウォッシュバーン（シャーウッド）　25
ウォラギネ（ヤコブ・デ）　262
ウォルミウス（オラウス）　480
ウォレス（アルフレッド・ラッセル）　483
ウッド（ジョン）　441, 487, 500
梅棹忠夫　86, 95
エイズリー（ローレン）　18
エヴァンス（アーサー）　197
エヴァンズ（エドワード・ペイソン）　243, 244
エーベルト司教（トーリア）　245
エーリック（ポール）　719
エーリック夫妻（ポール, ドロシー）　761
エカテリーナ1世　425
エステス（ジェームズ）　431-433
エセックス伯爵　482
エドレストン（R. S.）　492
エドワード1世　268
エドワード2世　444
エドワード3世　332, 333
エバーハート（レスター・リー）　536
エマーソン（ラルフ・ワルド）　568, 712, 720
エメリー（カルロ）　647
エラスムス（デジデリウス）　332
エリー（リチャード・T）　722
エリオット（ヘンリー）　585
エリザベス1世　224, 254, 356, 397, 422
エルトン（チャールズ・サザーランド）　417-418
エンゲルス（フリードリヒ）　490, 491, 774-775,

人名索引

エンジェル（ジョン・ローレンス） 129-131
エンリケ航海王子 341, 349
オーエン（リチャード） 479, 608
大槻清準（平泉） 660
オーデュボン（ジョン・ジェームズ） 542
オートラム（アラン） 148
オーラブ2世 352
岡十郎 663, 666
オサリヴァン（ジョン） 533, 721
オズウェル（ウィリアム） 608
オストロム（エレノア） 632, 701, 705, 780
オスベック（ペール） 478
織田信長 214
オダム（ユージン・P） 575, 648
オニャーテ（ジュアン・デ） 530
オラニエ公 336
オルコック（ジョン） 344

カ 行

カーク（ジョージ） 615
カーソン（レイチェル） 575, 586-587, 703
カートミル（マット） 25
カービィ（ウィリアム） 483, 485, 486, 731
カーランスキー（マーク） 353, 367, 373
カール（シャルルマーニュ）大帝 144, 203, 239, 484
ガイスト（ヴァレリウス） 17, 223, 534
カヴァッリ＝スフォルツァ（ルイジ・ルーカ） 122-128, 133, 134, 385
カエサル（ガイウス・ユリウス）（ジュリアス・シーザー） 2, 166, 167, 171, 191, 462
ガスマン（ダニエル） 642
カッシーニ（ジョヴァンニ） 470
カップ（カール・ウィリアム） 722, 776
加藤尚武 706, 713, 718, 722, 723
カニングガム（アラン） 477
カボット（ジョン） 366
ガマ（ヴァスコ・ダ） 289, 328, 341, 346, 367, 383
カミング（ゴードン） 608
加茂儀一 77
ガランド（ジョン） 682
ガリレオ（ガリレイ） 470, 488
カルヴァン（ジャン） 332, 335
カルティエ（ジャック） 407, 415
カルム（ペール） 478
カルロス1世 347
カルロス4世 337
カンタブレのトマ 262
カンタベリー大司教 506
カント（イマヌエル） 634, 708-710, 718
キース（ロイド・B） 418
キーフィッツ（ネイサン） 131
キケロ（マルクス・トゥッリウス） 186, 188
北里柴三郎 707
キッド（ジョン） 486
木村和男 408, 411, 412, 413, 414, 416
キャリコット（ベアード・J） 717-718, 720
キャン（レベッカ） 51, 123
キャンベル（ブルース） 6, 333
キューリー夫妻（マリ, ピエール） 642
キュビエ（ジョルジュ） 471, 479, 642
教父アンブロシウス 262
ギヨーム2世 332
ギル（テオドール） 474
ギルガメッシュ 72
キルヒャー（アタナシウス） 480
キング（マーティン・ルーサー） 746
ギンスブルグ（カルロ） 261
ギンブタス（マリア） 153-154, 174
グールド（ジョン） 463
グールド（スティーヴン・ジェイ） 193, 644, 737
クセノポン 184
クック（ジェームズ, 通称キャプテン・クック） 373, 383, 428, 453, 477, 674
グッドイヤー（チャールズ） 614
工藤平助 581
クラーク（ウィリアム） 528, 532, 560
クラーク（マルコム） 551
クライブ（ロジャー・L） 140, 149
クラットン＝ブロック（ジュリエット） 47, 48, 77, 87
グリーンウッド（トーマス） 482
クリスチャン4世 363
クリフォード（クラーク・M） 701
クリューガー（ポール） 616, 619
クリントン（ビル） 588, 592, 705
グルチメク（ベルンハルト） 618
クルテン（ビョーン） 18
グレイ（エドワード） 615
グレイ（ジョン） 719, 770
グレイ（タワーズ） 722
グレーブナー（シーン・M） 122
グレゴリウス1世 262
グレゴリウス9世 254
グレック（スーザン・A） 137
クレブス（チャールズ・J） 418
クレメンス6世 216, 228
クレメンツ（フレデリック・E） 648, 712, 720
グローカ（ライル） 756
クロスビー（アルフレッド） 43, 406
グロティウス（ヒューゴ） 356, 363, 373, 580
クロノン（ウィリアム） 523, 524, 525, 526, 532, 569
クロポトキン（ピョートル・A） 716-717
ケインズ（ジョン・メイナード） 469, 772-774
ゲーテ（ヨハン・ヴォルフガング） 1, 642, 643-644
ケーブル（ヘンリー）卿 482
ゲーリング（ヘルマン・ヴィルヘルム） 635, 637, 638
ゲスナー（コンラート） 359, 466, 470
ケネディ（ジョン・F） 702, 703
ケプラー（ヨハネス） 488
ケント公夫人 502
コーエン（エスター） 243, 246
コーエン（ジョエル・E） 131
コードウェル（キース） 618
ゴードン将軍（ロバート・ヤコブ） 337
コーフォード（カール） 389, 392
コーリー（グレアム・ジェームズ） 578, 651
ゴス（ヘンリー） 442, 489, 499
コスタンザ（ロバート） 766, 769
コッホ（ハインリヒ・H・ロベルト） 642, 707
コベット（ウィリアム） 522
コモナー（バリー） 720
コリアス夫妻（ニコラス, エルジー） 495
ゴリコフ（イワン・ラリノビッチ） 427
コリング（チャールズ） 452, 453
ゴルティウス（ヘンドリック） 553
コルテス（エルナン） 402

人名索引　　*817*

コルメラ（ルシウス・ユニウス）　106, 186, 298
ゴロヴニン（ゴローニン）（ヴァシーリー）　422
コロナード（フランシスコ・バスケス）　530
コロンブス（クリストーフォロ，クリストバル・コロン）　288, 327, 328, 337, 341, 347, 360, 366, 371, 383, 384-385, 403, 406, 433
コンヴェンツ（フーゴ）　639
コンスタンティヌス帝　239
コンラッド（ジョセフ）　614

サ 行

サージェント（ディヴィッド・E）　673
サゴフ（マーク）　711
サッチャー（マーガレット・ヒルダ）　773
サットン（ウォルダー・S）　642
ザハヴィ（アモツ）　224, 613
ザビエル（フランシスコ）　347
サルト（ジョナサン）　481
沢田教一　706
シーゲスベック（ヨハン・ゲオルク）　473
シートン（アーネスト・トンプソン）　409, 524, 531
シービンガー（ロンダ）　470, 474-477
シヴァ（ヴァンダナ）　764-765
ジェヴォンス（ウイリアム・スタンレー）　771
シェークスピア（ウィリアム）　225, 260, 263, 332, 467
ジェームズ1世　340, 356, 521,
ジェファーソン（トーマス）　528
シェラット（アンドリュー）　91, 140
シェリホフ（グレゴリー・イワノヴィッチ）　427-428
シェルデラップ＝エッベ（トルライフ）　495
シェンケル（ルドルフ）　639
司馬遼太郎　582
ジャコブ（フランソワ）　32
シャトーブリアン（フランソワ＝ルネ・ド）　1
シャプラン（サミュエル・ド）　596
シャルル5世　217, 219
シャルル6世　217, 220, 264
シャルル8世　217
シャルル9世　220, 232

ジャン2世　233
ジャン・ボダン　249, 252
シュタイナー（ルドルフ）　640
シュテファン（ヨーゼフ）　642
シュプレンガー（ヤーコブ）　249
シュペーマン（ハンス）　260
シュライデン（マティアス・ヤーコブ）　642
シュレーゲル（ベルンハルト）　610
シュレーダー＝フレチェット（クリスティン・S）　720
シュワン（テオドール）　642
ショウ（ジミー）　494
ショー（ジョージ）　463, 474
ジョージ3世　453-454, 482, 506, 674
ジョージ4世　481
ジョージェスク＝レーゲン（ニコラス）　723, 776
ジョンストン（アレクサンダー・キース）　479
ジョンソン（リンドン）　701, 702, 703
白瀬矗　675
シンガー（ピーター）　708-709, 711, 713, 715, 721
シンジ（ヒュー）　756
ジンジェム（ゴ）　702
スヴァンメルダム（ヤン）　467, 511
スキャモン（チャールズ・メルヴィル）　554-555
スコット（ロバート・F）　678
スターバック（アレキサンダー）　545, 546, 596
スタインベック（ジョン）　559
スタンリー（ヘンリー）　613
ズック（マリーン）　495
ステイネガー（レオナード・ヘス）　429, 435
ステラー（シュテラー）（ゲオルグ）　425-426, 430-431
ストーク（ナイジェル）　732
ストーン（クリストファー・D）　713-715
スナイデルス（フランス）　231, 332
スノー（ヘンリー）　582
スピノザ（バールーフ・デ）　643, 644
スペンサー（ハーバード）　645, 646, 648
スミス（アダム）　358, 469, 510, 528, 718, 774

スミス（ウィリアム）　675
スミス（ジェームズ・エドワード）　483
スレッシャー（フィリップ）　606
スローン（ハンス）　481
スワード（ウィリアム）　429
セイ（ジャン＝バティスト）　771
聖エウゲニウス　234
聖ゲオルク　234
聖ジロー　245
聖フランチェスコ　245
聖ベルナール　245
聖ボニファティウス　234
聖マルタン　246
聖マルティヌス（マルティン）　234
セッションズ（ジョージ）　720
セネカ（ルキウス・アンナエウス）　186
セラス（フレデリック）　608, 609, 615
セルバンテス（ミゲル・デ）　497
ゾイナー（フレデリック・E）　77, 83, 87, 204, 281
ソーンヒル（ランディ）　495
ソクラテス　184
ソディ（フレデリック）　722-723
ソブレロ（アスカニオ）　678
ゾラ（エミール）　497
ソランダー（ダニエル）　478
ソルト（ヘンリー）　707
ソロー（ヘンリー・デイヴィッド）　523, 566, 568, 594, 595, 712, 720

タ 行

ダ・ヴィンチ（レオナルド）　5, 217, 236, 332
ダーウィン（チャールズ・R）　77, 78, 134, 224, 255, 293, 294, 373, 447, 450, 453, 461-463, 469, 483, 487, 488, 505, 549, 550, 563-564, 611, 642, 644-645, 647, 674, 676, 707, 716, 717, 718, 720, 771
ダート（レイモンド）　24, 45
ターナー（ジェームズ）　503-504, 507
ターナー（フレデリック）　721
ダーントン（ロバート）　206, 253, 496
ターンブル（コリン）　25
ダイアモンド（ジャレド）　18, 65, 77, 100, 154, 281, 285,
大司教ヤコブ・デ・ウォラギネ　262
大カトー（マルクス・ポルキウス・

カト・ケンソリウス　186, 298
タウンゼント（チャールズ・ハスキンズ）　549
タキトゥス（コルネリウス）　2, 11, 164, 167, 299
ダゴニュ（フランソワ）　710
ダスマン（レーモンド・F）　627
ダッドリイ（ポール）　547
タフト（ウィリアム）　570, 584
玉置半右衛門　447
ダランベール（ジャン・ル・ロン）　470
タルボット（リー）　618
ダレ（ヴァルター）　640
タンストール（マーマデューク）　481
タンスリー（アーサー・ジョージ）　575
ダンテ（アリギエーリ）　243, 256, 332
ダンロップ（ジョン）　614
チェイス（オーエン）　554
チェーザリ（ジュゼッペ）　261
チェンバース（ロバート）　487
チャーマーズ（トーマス）　486
チャールズ1世　356
チャールズ2世　411, 500
チャイルド（ゴードン）　121, 122, 128
チャップマン（ダグラス・G）　682
チャップマン（フランク・M）　446
チャドウィック（エドウィン）　491, 492, 500
チョーサー（ジェフリー）　216, 332
チンギス＝ハン　419
ツウィングリ（フルドリッヒ）　332
ツンベリー（ツンベルク）（カール・ペーテル）　478
デ・クエヤル（ハビエル・ペレス）　754
ディアス（バルトロメウ）　289, 346
デイヴィス（ジョン）　675
デイヴィス（ランス・E）　554-555, 558
ディオクレティアヌス帝　299
ディオスコリデス（ペダニウス）　187
ディケンズ（チャールズ）　446, 464, 491,
ディズレーリ（ベンジャミン）　442, 484
ディドロ（ドゥニ）　470

ティベリウス帝　299
デイリー（ハーマン）　720-721, 723, 776-782
デーヴィ（ハンフリー）　483
テオプラストス　187, 190
デカルト（ルネ）　375-376, 466, 488, 497, 504, 507, 716,
デジネフ（シメオン）　435
デューラー（アルブレヒト）　466
テレジア（マリア）　484
ド・フリース（ヒューゴー）　450, 642
ドヴァストン（ジョン・フリーマン・M）　489
ドゥダ（ヒュエル）　253, 302
トゥルヌフォール（ジョセフ・ピットン・デ）　473
ドーシイ（カーク）　584
徳川家康　214
徳川吉宗　214
トプセル（エドワード）　260, 466
トマス（キース）　258, 373, 467, 498, 504, 505, 511
トムソン（ジョセフ・ジョン）　643
豊臣秀吉　214
ドライデン　467, 487
トラディスカント（ジョン）　481
トリヴァース（ロバート）　75
トリチェリ（エヴァンジェリスタ）　470
ドレ（ポール・ギュスターブ）　256
トレヴェリアン（ジョージ・M）　219, ⑪
トレードサント（ジョン）　480

ナ　行

ナーゲル（チャールズ）　584
ナッシュ（ロデリック）　569, 570, 574, 575, 703, 709, 711, 718, 720,
ナポレオン（ボナパルト）（ナポレオン1世）　265
ナルメル王（エジプト初期王朝）　150
ナンム王（ウル、シュメール）　63
ニクソン（リチャード）　587, 702, 703
ニコルソン（エドワード・ウィリアム・B）　707
西村三郎　295, 479
ニュートン（アイザック）　466, 487, 488
ネーゲリ（カール・ヴィルヘルム）　642
ネス（アルネ）　712-713, 721,

ノエル＝アントワーヌ・プルーシェ　470
ノーベル（アルフレッド・ベルンハルド）　678
野澤謙　77-78, 281, 460
ノリス（ケネス・S）　552
ノルマンディー公　219, 232

ハ　行

ハーヴェイ（ウィリアム）　494
ハーヴェイ（ジョージ・W）　552
ハーヴェイ（デヴィット）　771, 774, 776
バーキット（ジェームズ・パーソンズ）　489
バーズアイ（クラレンス）　723
パーソール（ウィリアム）　619
バーチ（レックス）　707
ハーディン（ギャレット）　632, 699, 705, 713, 720
ハートレイ（ヘンリー）　609
バートレット（イロ・H）　526
バートン（リチャード）　608
パーマー（ナサニエル・B）　675
ハーラン（ジャック）　66
ハイエク（フリードリヒ・アウグスト）　469, 773, 776
バイロン（ジョン）　675
ハインリッヒ1世　217
パウエル（ジョージ）　675
バクーニン（ミハイル・A）　717
バクストン（エドワード）　509, 615
バクストン（トーマス）　503, 509, 615
ハクスリー（トーマス・ヘンリー）　373, 504
パスカル（ブレーズ）　240, 271
パスツール（ルイ）　458-459, 460, 507, 707
パスモア（ジョン）　570, 710, 715, 716, 721,
バダンテール（エリザベート）　475
バックランド（ウィリアム）　486
ハッセルキスト（フレデリック）　478
ハッチンソン（ジョージ・E）　720
バッファロー・ビル（ウイリアム・コディ）　535
バトウ　419
ハドソン（ヘンリー）　410, 425
バトラ（スザンヌ）　648
バニヤン（ジョン）　487
馬場駒雄　661, 665, 666-667,

人名索引　*819*

バラノフ（アレクサンドル）　428
ハリソン（ジョン）　383
ハリソン（ルース）　704
バリンジャー（アキレス）　570
ハルドゥーン（イヴン）　301
ハルドゲート（マーティン・W）　756
パルトニー（ウィリアム）　501
パレート（ヴィルフレド・F）　771
バレンツ（ウィレム）　362
ハワード（ヘンリー・エリオット）　489
バンクス（ジョセフ）　453-454, 477, 482-483
ハンター（ロバート）　500
ハンムラビ王　458
ビアード夫妻（チャールズ，メアリ）　526
ピアソン（キャシー）　205
ピース（アルフレッド）　608
ピグー（アーサー・セシル）　722
ピサロ（フランシスコ）　396, 402
ピターソン（ロルフ・O）　577-578
ヒトラー　253, 633, 634, 635, 636
ヒポクラテス　190
ピム（ステュアート・L）　732
ビューイック（トーマス）　441, 446, 456, 464, 509
ヒューウェル（ウィリアム）　486
ヒューム（デイヴィッド）　718
ビュフォン（ジョルジュ＝ルイ・ルクレール・ド）　460, 470-471
ピョートル大帝　425, 481
ヒル（オクタヴィア）　500
ピレンヌ（アンリ）　303
ピンショー（ギフォード）　567-571, 574, 579, 584, 588, 590, 594, 595, 722
ビンフォード（ルイス・ロバート）　43
ビンフォード夫妻（ルイス，サリー）　122
ファーブル（アンリ）　470
ファインバーグ（ハーヴェイ）　713
ファニング（エドモンド）　675
ファノウ（ベルンハルト）　722
ファルク（ヨハン・P）　478
フィッシャー（カール）　640
フィリップ（ジョン）　481
フィリップ４世　217
フィリップ６世　232, 332
フィリップ王　526, 596
フィルヒョウ（ルドルフ・ルートビッヒ）　642

ブーケラール（ヨアヒム）　129, 332
フーゴー（ミシェル）　233
フーゴー（サン＝ヴィクトルの）　466
ブース（ウィリアム）　506
フーリエ（ジョゼフ）　470
フェビウス（ガストン）　201, 214, 215, 216, 258, 263, 609
フェリ（リュック）　245, 713
フェリペ２世　336, 350, 383
フェリペ３世　383
フェルナンド２世　327, 328, 347
フェルメール（ヨハネス）　261
フォークト（ヴァルター）　260
フォースマン（エリック）　589
フォーチュン（ロバート）　477
フォーレル（アウグスト）　647
フォックス（マイケル・W）　709, 710
フォルスコール（ペール）　478
フォレスト（ジョージ）　477
フォン・ベア（カール・エルンスト）　642
フォンテーヌ＝ゲラン（アルドゥアン・ド）　216
ブクチン（マレイ）　716-717, 720, 721
フッカー（ジョセフ）　477, 482
フック（ロバート）　250, 383, 469, 488
ブッシュ（ジョージ・W，父）　704
プトレマイオス（クラウディオス）　331
フビライ＝ハン　419, 484
フョードル帝　420
プラウト（ウィリアム）　486
ブラウン（オーランド）　537
ブラウン（ランスロット）　4
ブラック（ジャック）　494
プラトン　179, 331
ブラムウェル（アンナ）　640, 642, 648, 720
プランク（マックス・カール）　643
フランクリン（ベンジャミン）　421
フランス（マリー・ド）　252
フランソワ１世　217, 264, 407
フランツ１世　481, 484
フランドル伯　330, 332, 334
フリードマン（ミルトン）　773, 774, 776
フリードリッヒス（カール）　648
フリードリヒ２世　336
フリシュ（カール・フォン）　635

フリス（ウィリアム）　451, 499
プリニウス（ガイウス・セクンドゥス）（大プリニウス）　2, 6, 47, 106, 181, 184-186, 187, 189-190, 191, 192, 193, 194, 196, 251, 260, 262, 298, 326, 329, 458, 467, 478
ブリューゲル（ペーテル）　230, 231, 332
ブルーム（オーサー）　503
ブルーム（ドナルド・M）　86
ブルーメンバッハ（ヨハン）　474
ブルゴーニュ公　228
プルタコス　188, 194
ブルヘンネ（ウォルガング・E）　746
ブルヘンネ＝ギルミン（フランソワーズ）　746, 753, 756
ブルントラント（グロ・ハーレム）　754, 755
ブレア（トニー）　508
フレーザー（ジェームズ）　168, 175, 261
ブレステッド（ジェームズ・ヘンリー）　65
フレデリック２世　214
フレデリック・サンダー（ヘンリー・C）　478
ブローデル（フェルナン）　179, 230, 285, 331
ブロック（マルク）　3, 11, 207
ブロンテ（シャーロット）　441, 464
フンボルト（アレキサンダー）　471
ペイリー（ウィリアム）　486
ペイン（セバスチャン）　89-90
ベーカー（サミュエル）　608
ベークウェル（ロバート）　450, 452, 453-454
ベーコン（フランシス）　374, 716
ベーリング（ヴィトウス）　425, 429, 430, 431, 435
ベーリング（エミール・アドルフ・フォン）　707
ベクレル（アンリ）　642
ヘシオドス　106, 183, 191, 196, 298
ヘス（ルドルフ）　640
ヘック（ハインツ）　636
ヘック（ルッツ）　636
ベックマン（ヨハン）　7, 299, 300, 302
ヘッケル（エルンスト）　641-648, 649, 720
ペティ（ウィリアム）　774
ベリー公ジャン　9, 226

ベル（チャールズ）486
ベルウッド（ピーター）67, 401
ベルナール（クロード）507, 513, 707
ベルランガ（フレイ・トマス・デ）597
ヘロドトス 148, 182, 185, 251, 465
ヘロフィロス 146
ベンサム（ジェレミー）503-504, 708
ヘンリー1世 219
ヘンリー4世 316
ヘンリー7世 366
ヘンリー8世 317, 333, 495
ホィーラー（ウィリアム）647-648
ホイジンガ（ヨハン）256
ホイヘンス（クリスティアーン）383, 470
ボイルストン（ザブディール）547
豊秋亭里遊 659, 665
ボウラー（ピーター・J）467, 486, 505, 644
ボーヴェ（ヴァンサン・ド）466
ボーヴェ司教 252
ホーナディ（ウィリアム）534, 536, 585
ポープ（アレキサンダー）4, 467, 487, 504, 505, 568, 720
ポーラン（マイケル）522
ボールディング（ケネス・E）705, 720, 723
ポーロ（マルコ）419, 484
ホガース（ウイリアム）475, 497
ボグツキ（ピーター）93
ボゲ 249
ホジキンソン（イアン・D）732
ボッカチオ（ジョンバンニ）332
ボッティチェッリ（サンドロ）270
ポット（パーシヴァル）491
ボニファティウス8世 240
ボネ（シャルル）470
ホノリウス帝 300
ホフマン（ヘルマン）640
ホフマン（リチャード・C）203
ホメロス 148, 181-182, 191, 195, 297, 306
ポラニー（カール）774
ボルツマン（ルートヴィッヒ）642
ホルト（シドニー）682
ポロク（リンダ）476
ホワイト（ギルバート）469, 486
ホワイト（Jr. リン）7, 241, 372, 704, 716
ホワイトヘッド（ハル）548, 555

ポンペイウス 191

マ 行

マーギリウス（リン）734
マーシャル（アルフレッド）771
マーシュ（ジョージ・P）566
マーチャーシュ1世 216
マーティン（ジャネット）311, 315
マーティン（ポール）15, 18, 19, 21, 22, 24, 25
マーティン（リチャード）501, 502, 503, 505
マイヤース（ノーマン）632
マキャベリ（ニッコロ）332
マクシミリアン2世 484
マグヌス（オラウス）283, 284, 287, 311, 351
マクニール（ウイリアム）100, 165, 349,
マクロスキー（ヘンリー・ジョン）710
マゼラン（フェルディナンド）328, 341, 346, 347
マソサイト 524, 526
マッキントッシュ（ジェームズ）503
マックニーリー（ジェフリー）754
マッケンジー（アレクサンダー）528
マッケンジー（ジョン）609, 615
マッケンジー（ダニエル）548
マッソン（フランシス）477
マヌエル国王 346
マリーズ（チャールズ）477
マルクス（カール・H）774-775, 777, 782
マルサス（トーマス・ロバート）487, 719, 774
マルピーギ（マルチェロ）470
マレー（マーガレット）261
マロリー（ジャームズ・P）147, 154, 164
マン（コルネリウス・デ）363
マン（チャールズ）406, 522, 526, 532, 564
マンソン（ロイ）90
マンデヴィル（バーナード）468-469, 487
ミーゼス（ルートヴィヒ・フォン）773
ミケランジェロ（ブオナローティ）332
ミッチナー（チャールズ）648

ミューア（ジョン）543, 567-570, 575, 579, 585, 588, 589-590, 594-595, 712, 720
ミラー（ヒュー）487
ミル（ジョン・スチュアート）501, 774, 775, 780, 782
ミルトン（ジョン）255-256
ムーリー（アドルフ）579
ムーリー（オラウス）579
ムカベ（ロバート・ガブリエル）630
メイ（ロバート）732
メイチン（ヘンリー）493
メイヒュー（ヘンリー）491, 494
メタコメット 596
メドウズ（ドネラ・H）705, 754
メニペニー（ジョージ）537
メビウス（カール・アウグスト）648
メラート（ジェームズ）115-116
メルヴィル（ハーマン）550, 553, 556
メンガー（カール）731
メンデル（グレゴール・ヨハン）450, 494, 642
モア（トマス）332, 333, 334
モア（ヘンリー）376
モーガン（ルイス）532-533
森島恒雄 240, 248
モンタギュー（バジル）503

ヤ 行

ユウェナリス（デキムス・ユニウス）188
ユークリッド（エウクレイデス）331
ユクスキュル（ヤーコブ・フォン）648
ユベール（ピエール）646
ヨーゼフ2世 484
ヨナス（ハンス）718-719, 721
ヨハネス12世 216

ラ 行

ラ・サール（ロベール＝カブリエ・ド）596
ラ・フォンテーヌ（ジャン・ド）212
ラーバル（レオン）13
ライダー（マイケル）326, 330
ラヴィダ（マルセル）13
ラヴォアジェ（アントワーヌ）470
ラヴロック（ジェームズ）712, 720

ラクスマン（アダム） 581
ラス・カサス 405
ラスキン（ジョン） 443
ラスムッセン（アーヴィン） 573-574, 579
ラッセル（ウィリアム） 707
ラッセル（ネリッサ） 89, 532
ラッフルズ（トーマス・スタンフォード） 483-485
ラファエロ（サンティ） 332
ラベル（ロバート） 258
ラボック（ジョン） 489, 646, 647
ラマルク（ジャン＝バティスト・ピエール） 471, 472, 644
ラルセン（カール・アントン） 677-678
ランガム（リチャード） 25
リーキー（リチャード） 618
リーキー（ルイス） 618
リーク（ウィリアム） 299
リース（ウィリアム） 779
リーダー＝ウィリアムズ（ニゲル） 627
リービッヒ（ユストゥス・フォン） 179
リーブス（ランドール） 546
リール（ヴィルヘルム） 639
リカードゥ（デヴィッド） 771, 774
リチャードソン（ベンジャミン・ウォード） 507
リチャード大公 217
リトヴォ（ハリエット） 457, 485, 497, 504, 506
リビングストン（デヴィッド） 608
リンドバーグ（フレドリック） 474
リンネ（カール・フォン） 466-467, 471-479, 483, 486-487, 511, 607, 731, 733,
ルイ4世 217
ルイ9世 217, 219
ルイ11世 217
ルイ13世 217, 264, 481
ルイ14世 219, 220, 264, 412, 481, 596
ルイ16世 264, 336
ルイス（メリウェザー） 528
ルートビッヒ4世 217
ルクリューズ（シャルル・ド）（カルロス・クルシウス） 477
ルソー（ジャン＝ジャック） 475, 504
ルター（マルティン） 220, 249, 332
ルドルフ（エルンスト） 639
ルドルフ2世 480
ルパート王子 411
レイ（アーサー） 413, 416
レイ（ジョン） 466-467, 473, 483, 486, 731,
レーヴィン（マーシャ・A） 147
レーウィン（ロジャー） 43
レーウェンフック（アントニ・ファン） 469
レーヴン（ピーター） 734
レーガン（トム） 708-709, 710, 711, 718
レーガン（ロナルド・W） 591, 704, 773
レーシー（ジョン） 565, 585, 587,
レーマン（ウィンフレッド・P） 154
レオ10世 216
レオポルド（アルド） 571-575, 579, 588, 593, 633, 711, 717-718, 720, 721, 722
レオポルド2世 613
レザノフ（ニコライ） 422, 581
レフリング（ペール） 478
レミ（ニコラ） 254
レントゲン（ヴィルヘルム・コンラート） 643
レンフルー（コリン） 128, 402
ロイド（ウィリアム） 489
ローゼンバーグ（アンドリュー） 367
ローズヴェルト（セオドア） 567, 568, 570-571, 573, 579, 589
ロールズ（ジョン） 716
ローレンツ（コンラート） 25, 47, 52, 196, 637
ローンズリイ（キャノン） 501
ロゲット（ピーター） 486
ロシェ（アントニオ） 674
ロス（ジェームズ・クラーク） 677
ロタール 220
ロック（ジョン） 374, 526
ロックマイヤー（ノーマン） 373
ロビン・フッド 219
ロブ兄弟（トーマス，ウィリアム） 477
ロング（ステファン） 532

ワ 行

ワーズワース（ウィリアム） 501, 504, 505, 568, 569, 720
ワケナガル（マティース） 779
ワシントン（ジョージ） 543
ワトソン（ジョン） 494
ワルラス（マリ・エスプリ・レオン） 771

三浦慎悟（本名：三浦慎悟　みうら・しんご）

著者略歴
1948 年　東京都に生まれる．
1973 年　東京農工大学大学院農学研究科修士課程修了．
　　　　兵庫医科大学医学部助手，農林水産省森林総合研究所森林動物科長，独立行政法人森林総合研究所研究管理官，新潟大学農学部教授などを経て．
現　在　早稲田大学人間科学学術院教授，理学博士（京都大学）．日本哺乳類学会元会長，高碕賞受賞（1981 年），環境保全功労者環境大臣表彰（2013 年）．
専　門　哺乳類の行動生態学・野生動物管理学．

主要著書
『哺乳類の生態学』（共著，1997 年，東京大学出版会）．
『哺乳類の生物学④社会』（1998 年，東京大学出版会）．
『野生動物の生態と農林業被害──共存の論理を求めて』（1999 年，全国林業改良普及協会）．
『ワイルドライフ・マネジメント入門──野生動物とどう向き合うか』（2008 年，岩波書店）．
「日本の哺乳類学　全 3 巻」（共監修，2008 年，東京大学出版会）ほか．

動物と人間──関係史の生物学

　　　　　2018 年 12 月 5 日　初　版
　　　　　2019 年 3 月 15 日　第 2 刷
　　　　　　　［検印廃止］
　著　者　三浦慎悟
　発行所　一般財団法人　東京大学出版会
　　　　　代表者　吉見俊哉
　　　　　153-0041　東京都目黒区駒場 4-5-29
　　　　　電話 03-6407-1069　Fax 03-6407-1991
　　　　　振替 00160-6-59964
　印刷所　株式会社三秀舎
　製本所　誠製本株式会社

© 2018 Shingo Miura
ISBN 978-4-13-060232-7　Printed in Japan

〈出版者著作権管理機構　委託出版物〉
本書の無断複製は著作権法上での例外を除き禁じられています．複製される場合は，そのつど事前に，出版者著作権管理機構（電話 03-5244-5088，FAX 03-5244-5089，e-mail: info@jcopy.or.jp）の許諾を得てください．

日本の食肉類 生態系の頂点に立つ哺乳類	増田隆一［編］	A5判・320頁/4900円
日本のシカ 増えすぎた個体群の科学と管理	梶光一・飯島勇人［編］	A5判・272頁/4600円
日本のサル 哺乳類学としてのニホンザル研究	辻大和・中川尚史［編］	A5判・336頁/4800円
日本のネズミ 多様性と進化	本川雅治［編］	A5判・256頁/4200円
日本のクマ ヒグマとツキノワグマの生物学	坪田敏男・山﨑晃司［編］	A5判・376頁/5800円
日本の外来哺乳類 管理戦略と生態系保全	山田文雄・池田透・小倉剛［編］	A5判・420頁/6200円
日本の犬 人とともに生きる	菊水健史・永澤美保・外池亜紀子・黒井眞器［著］	A5判・240頁/4200円
ウサギ学 隠れることと逃げることの生物学	山田文雄［著］	A5判・296頁/4500円
有袋類学	遠藤秀紀［著］	A5判・256頁/4200円
ニホンヤマネ 野生動物の保全と環境教育	湊秋作［著］	A5判・272頁/4600円
ツキノワグマ すぐそこにいる野生動物	山﨑晃司［著］	四六判・290頁/3600円
ニホンカモシカ 行動と生態	落合啓二［著］	A5判・290頁/5300円
ニホンカワウソ 絶滅に学ぶ保全生物学	安藤元一［著］	A5判・224頁/4400円
リスの生態学	田村典子［著］	A5判・224頁/3800円
ネズミの分類学 生物地理学の視点	金子之史［著］	A5判・320頁/5000円
新世界ザル［上］ アマゾンの熱帯雨林に野生の生きざまを追う	伊沢紘生［著］	四六判・428頁/3600円
新世界ザル［下］ アマゾンの熱帯雨林に野生の生きざまを追う	伊沢紘生［著］	四六判・516頁/4200円
ゴリラ［第2版］	山極寿一［著］	四六判・292頁/2900円
オランウータン 森の哲人は子育ての達人	久世濃子［著］	四六判・196頁/3000円
哺乳類の生物地理学	増田隆一［著］	A5判・200頁/3800円
哺乳類の進化	遠藤秀紀［著］	A5判・400頁/5400円
野生動物の行動観察法 実践 日本の哺乳類学	井上英治・中川尚史・南正人［著］	A5判・194頁/3200円
野生動物管理システム	梶光一・土屋俊幸［編］	A5判・260頁/4800円
狼の民俗学［増補版］ 人獣交渉史の研究	菱川晶子［著］	A5判・448頁/7800円
イルカ 小型鯨類の保全生物学	粕谷俊雄［著］	B5判・656頁/18000円

ここに表記された価格は本体価格です．ご購入の際には消費税が加算されますのでご了承ください．